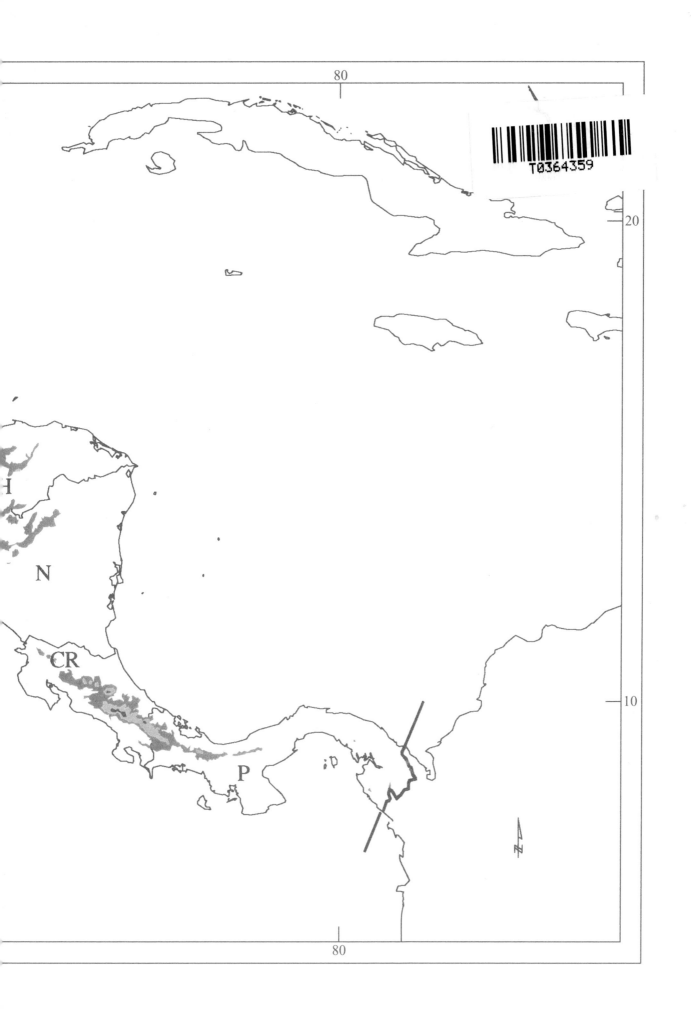

80

20

H

N

CR

P

10

80

FLORA MESOAMERICANA

VOLUMEN 5, PARTE 2

ASTERACEAE

GERRIT DAVIDSE, MARIO SOUSA S.†, SANDRA KNAPP, FERNANDO CHIANG

(EDITORES GENERALES)

CARMEN ULLOA ULLOA

(EDITORA DEL VOLUMEN Y TRADUCTORA RESPONSABLE)

JOHN F. PRUSKI

(EDITOR EN ASTERACEAE)

FRED R. BARRIE

(EDITOR ASOCIADO Y ORGANIZADOR)

ALBA L. ARBELÁEZ, TERI BILSBORROW

(ASISTENTES EDITORIALES)

DIANA GUNTER

(EDITORA TÉCNICA)

UNIVERSIDAD NACIONAL AUTÓNOMA DE MÉXICO

INSTITUTO DE BIOLOGÍA

MISSOURI BOTANICAL GARDEN

THE NATURAL HISTORY MUSEUM (LONDON)

2018

ISBN 968-36-3309-9 obra completa

ISBN 978-0-915279-98-2 volumen 5, parte 2

Library of Congress Control Number 97156103

CONTENIDO

	PÁGINA
PARTICIPANTES EN EL VOLUMEN 5, PARTE 2	IX
PREFACIO	XI
AGRADECIMIENTOS	XIII
INTRODUCCIÓN GENERAL	XV
NOTAS ACERCA DEL FORMATO	XVII
233. ASTERACEAE	1
I. Anthemideae	7
II. Arctotideae	18
III. Astereae	19
IV. Bahieae	58
V. Calenduleae	64
VI. Cardueae	65
VII. Cichorieae	74
VIII. Coreopsideae	92
IX. Eupatorieae	113
X. Gnaphalieae	214
XI. Helenieae	231
XII. Heliantheae	236
XIII. Inuleae	346
XIV. Liabeae	353
XV. Millerieae	359
XVI. Mutisieae	393
XVII. Nassauvieae	400
XVIII. Neurolaeneae	408
XIX. Onoserideae	420
XX. Perityleae	425
XXI. Senecioneae	427

XXII. Tageteae   473

XXIII. Vernonieae   488

BIBLIOGRAFÍA   513

GLOSARIO PARA ASTERACEAE   541

ÍNDICE   547

Verbesina sousae J.J. Fay. La primera (en 1973) y única Asteraceae, de al menos 36 especies de plantas nombradas en honor de Mario Sousa Sánchez. Ilustración de Charles C. Clare. Reproducido con permiso del editor de: John J. Fay, New species of Mexican Asteraceae. *Brittonia* 25(2): 196. © 1973, The New York Botanical Garden, Bronx, New York.

PARTICIPANTES EN EL VOLUMEN 5, PARTE 2

Jorge E. Arriagada (SCL), Department of Biological Sciences, St. Cloud State University, St. Cloud, MN 56301-4498, Estados Unidos.

John H. Beaman† (MSC), Department of Plant Biology, Michigan State University, East Lansing, MI 48824-1312, Estados Unidos.

Margaret R. Bolick (NEB), C.E. Bessey Herbarium, University of Nebraska State Museum, Lincoln, NE 68588-0514, Estados Unidos.

Leticia Cabrera R. (NMSU), Department of Biology, Northwest Missouri State University, Maryville, MO 64468-6001, Estados Unidos.

Bonnie L. Clark, 8201 Hauser Drive, Lenexa, KS 66215-2542, Estados Unidos.

Susana E. Freire (SI), Instituto de Botánica Darwinion, Casilla de Correo 22, Labardén 200, San Isidro, Buenos Aires, Argentina.

Vicki A. Funk (US), United States National Herbarium, Department of Botany, NMNH, MRC-166, Smithsonian Institution, P.O. Box 37012, Washington, DC 20013-7012, Estados Unidos.

Adrienne Michele Funston, Missouri Botanical Garden, P.O. Box 299, St. Louis, MO 63166-0299, Estados Unidos. Dirección actual: Topeka, KS 66604, Estados Unidos.

Guy L. Nesom, 2925 Hartwood Drive, Fort Worth, TX 76109-1238, Estados Unidos.

Bertil Nordenstam (S), Department of Phanerogamic Botany, Swedish Museum of Natural History, P.O. Box 50007, S-104 05, Stockholm, Sweden.

John S. Olsen (SWMT), Department of Biology, 2000 North Parkway, Rhodes College, Memphis, TN 38112-1690, Estados Unidos.

James C. Parks† (MVSC), Biology Department, Millersville University, P.O. Box 1002, Millersville, PA 17551, Estados Unidos.

John F. Pruski (MO), Missouri Botanical Garden, P.O. Box 299, St. Louis, MO 63166-0299, Estados Unidos.

Harold Robinson (US), United States National Herbarium, Department of Botany, NMNH, MRC-166, Smithsonian Institution, P.O. Box 37012, Washington, DC 20013-7012, Estados Unidos.

Gisela Sancho (LP), División Plantas Vasculares, Museo de La Plata, Paseo del Bosque s/n, 1900 La Plata, Buenos Aires, Argentina.

David M. Spooner (WIS), USDA, Agricultural Research Service, Department of Horticulture, University of Wisconsin, 1575 Linden Drive, Madison, WI 53706-1590, Estados Unidos.

John L. Strother (UC), University Herbarium, University of California, 1001 Valley Life Sciences Bldg., # 2465, Berkeley, CA 94720-2465, Estados Unidos.

PREFACIO

La *Flora Mesoamericana* constará de trece volúmenes. El volumen seis fue publicado y distribuido el 9 de marzo de 1994, el volumen uno, el 7 de noviembre de 1995, el volumen cuatro (parte 1), el 30 de noviembre de 2009, el volumen cuatro (parte 2), el 8 de marzo de 2012, el volumen dos (parte 3), en mayo de 2015 y los restantes serán publicados a intervalos irregulares. Las familias están ordenadas en secuencia taxonómica; sin embargo, los volúmenes no aparecerán en secuencia numérica.

La idea de la *Flora Mesoamericana* fue impulsada por Peter H. Raven, Presidente Emérito del Missouri Botanical Garden quien, desde 1972, ha promovido activamente el concepto de una Flora Centroamericana. En ese año Raven organizó una reunión, conjuntamente con el XIX Simposio Anual de Sistemática en St. Louis, Missouri, para discutir la factibilidad del proyecto. Aunque entonces hubo un acuerdo general sobre la necesidad y utilidad de la obra, la mayoría de los asistentes pensaron que no era aún el momento para iniciarla. Una de las principales razones era que la *Flora of Guatemala* y la *Flora of Panama* aún no habían sido terminadas. En 1979, tras la conclusión de la *Flora of Guatemala* (1977) y la inminente culminación de la *Flora of Panama,* se contaba ya con una infraestructura suficientemente amplia como para efectuar un tratamiento más extenso de la flora de toda la región. Sobre estas bases, Raven, junto con José Sarukhán K., entonces director del Instituto de Biología de la Universidad Nacional Autónoma de México, y John F. M. Cannon†, entonces Keeper of Botany del British Museum (Natural History), como era llamado en ese entonces, propusieron un proyecto florístico aún más ambicioso que cubriera no sólo a América Central sino, además, la región tropical del sur de México, esto es, la parte más importante del área tropical del subcontinente Norteamericano. Estas tres instituciones se volvieron entonces las organizadoras del proyecto de la *Flora Mesoamericana.*

Tras estos primeros pasos, las tres instituciones eligieron a Gerrit Davidse (MO), Mario Sousa S.† (MEXU), Arthur O. Chater y Christopher J. Humphries† (ambos BM) como organizadores y editores del proyecto. Previendo la conveniencia de contar con la opinión y la cooperación de individuos de instituciones a nivel internacional al principio del proyecto, a comienzos de 1980 distribuimos un amplio esquema del plan de trabajo entre individuos e instituciones en América Latina, Estados Unidos y Europa, los cuales se habían mostrado particularmente activos en el quehacer de la taxonomía botánica de la región. Se solicitaron comentarios y se enviaron invitaciones para la asistencia a una reunión de organización y planeación auspiciada por las instituciones, en St. Louis, los días 14 y 15 de julio de 1980. A esta reunión asistieron veintiséis personas representantes de trece instituciones de siete países: Frank Almeda, Jr., California Academy of Sciences, San Francisco; María de la

Luz Arreguín S., Instituto Politécnico Nacional, México; William C. Burger, Field Museum of Natural History, Chicago; Graciela Calderón de Rzedowski, Instituto Politécnico Nacional, México; John F. M. Cannon, British Museum (Natural History), London; Arthur O. Chater, British Museum (Natural History), London; Fernando Chiang C., Instituto de Biología, UNAM, México; Mireya D. Correa, Universidad de Panamá, Panamá; Clark P. Cowan, Colegio Superior de Agricultura Tropical, Cárdenas, Tabasco; Thomas B. Croat, Missouri Botanical Garden, St. Louis; William G. D'Arcy†, Missouri Botanical Garden, St. Louis; Gerrit Davidse, Missouri Botanical Garden, St. Louis; John D. Dwyer†, Missouri Botanical Garden, St. Louis; Alwyn H. Gentry†, Missouri Botanical Garden, St. Louis; Mack Gilkeson, National Science Foundation, Washington, D.C.; Alfredo Grijalva, Herbario Nacional de Nicaragua, Managua; Christopher J. Humphries, British Museum (Natural History), London; Luis Eduardo Mora†, Herbario Nacional Colombiano, Bogotá; Cirilo Nelson, Universidad Nacional Autónoma de Honduras, Tegucigalpa; Peter H. Raven, Missouri Botanical Garden, St. Louis; William J. Riemer, National Science Foundation, Washington, D.C.; Jerzy Rzedowski, Instituto Politécnico Nacional, México; José Sarukhán K., Instituto de Biología, UNAM, México; Mario Sousa S., Instituto de Biología, UNAM, México; W. Douglas Stevens, Missouri Botanical Garden, St. Louis; Robert L. Wilbur, Jr., Duke University, Durham, North Carolina.

En esta ocasión, contrastando con la reunión de 1972, se contó con la aprobación general para el inicio de la flora sinóptica en español y el proyecto se puso en marcha oficialmente. El nombre *Flora Mesoamericana* fue propuesto por José Sarukhán K., puesto que el concepto de América Central en su habitual acepción geopolítica casi nunca incluye el sur de México y, puesto que el término Mesoamérica, como es utilizado en otras disciplinas, incluye siempre aquella región, así como una gran parte de América Central, el título *Flora Mesoamericana* resultó ser apropiado y conciso.

La reunión general fue seguida inmediatamente por una reunión del comité organizador y editorial, con el objeto de preparar un plan detallado de la secuencia y el formato de la Flora, para iniciar un centro de traducción en México y para organizar el trabajo de campo que se debía efectuar. Esto resultó en una *Guía para autores / Guide for authors,* bilingüe, por G. Davidse, M. Sousa S. y A. O. Chater, publicada por el British Museum (Natural History) en 1982, y un *Glosario para Spermatophyta* por M. Sousa S. y S. Zárate P., publicado por la Universidad Nacional Autónoma de México en 1983 (reimpreso en 1988). Estas publicaciones se actualizaron más tarde y están disponibles en el sitio web de la Flora Mesoamericana (http://www.tropicos.org/Project/FM/).

Entre tanto, se dio amplia difusión al proyecto a través de una serie de revistas botánicas *(Annals of the Missouri Botanical Garden, Macpalxóchitl, Systematic Botany y Taxon)* y se buscaron colaboradores por medio de contactos personales.

Los lectores familiarizados con la *Flora Europaea* notarán de inmediato las similitudes entre ésta y la *Flora Mesoamericana*. La *Flora Europaea* ha sido ampliamente reconocida como un proyecto exitoso, que produjo rápidamente una relación sinóptica muy precisa y útil de la flora de un área muy extensa y, ya que el objetivo principal de ambos proyectos era una publicación autorizada que reuniera la mejor información taxonómica actual para el área, pensamos que la misma sería un excelente modelo para la *Flora Mesoamericana*.

Sin embargo, nuestra flora es más numerosa y diversa pero menos conocida, hay menos floras nacionales y locales, listas florísticas, monografías y otras publicaciones taxonómicas disponibles, y faltan colecciones generales de muchas áreas muy ricas en especies. En consecuencia, hay inevitablemente varias diferencias importantes con la *Flora Europaea*. Así, la escasa información sobre tipificación nos indujo a incluirla para las especies aceptadas. De igual manera, la falta de publicaciones sobre distribución basadas en especímenes mesoamericanos nos llevó a incluir esta información en la Flora.

También diferimos a otro nivel operativo básico. Debido al inadecuado número de colecciones de ciertas áreas críticas, decidimos hacer énfasis en un programa de colecta simultánea a la organización y redacción de la Flora. Por lo anterior, gran parte de lo que aquí se presenta está basada en información recientemente recabada por el proyecto mismo.

En el Volumen 5 (parte 2) se incluye una sola familia con 282 géneros y 1072 especies. Estos taxones se distribuyen de la siguiente forma.

Tabla 1. Estadística de las tribus de Asteraceae mesoamericanas.

Tribus	*Géneros*	*Especies*	*Géneros endémicos*	*Especies endémicas*
I. Anthemideae	10	18	0	0
II. Arctotideae	1	1	0	0
III. Astereae	23	83	1	31
IV. Bahieae	5	7	0	1
V. Calenduleae	2	2	0	0
VI. Cardueae	5	15	0	4
VII. Cichorieae	11	27	0	5
VIII. Coreopsideae	9	42	1	7
IX. Eupatorieae	48	333	9	187
X. Gnaphalieae	6	36	0	8
XI. Helenieae	3	5	0	0
XII. Heliantheae	56	196	4	80
XIII. Inuleae	5	10	0	0
XIV. Liabeae	5	16	0	9
XV. Millerieae	21	62	1	18
XVI. Mutisieae	4	7	0	1
XVII. Nassauvieae	3	14	0	8
XVIII. Neurolaeneae	3	17	0	7
XIX. Onoserideae	2	7	0	3
XX. Perityleae	2	2	0	0
XXI. Senecioneae	28	94	3	49
XII. Tageteae	8	32	1	5
XXIII. Vernonieae	22	46	1	16
TOTAL	282	1072	21	439

AGRADECIMIENTOS

El desarrollo del proyecto *Flora Mesoamericana* ha sido posible gracias al apoyo financiero de una amplia variedad de instituciones e individuos.

Nuestras instituciones, el Missouri Botanical Garden, la Universidad Nacional Autónoma de México y el Natural History Museum, London, han destinado por muchos años sus recursos para el desarrollo de todas las fases del proyecto. El proyecto debe mucho al continuo apoyo de Peter Wyse Jackson, Presidente del Missouri Botanical Garden, a Peter H. Raven, Presidente Emérito del Missouri Botanical Garden, a Olga Martha Montiel, Vicepresidente del Centro de Conservación y Desarrollo Sostenible, y a Warren D. Stevens, Robert E. Magill y James S. Miller, Vicepresidentes de Investigación del Missouri Botanical Garden. Merece especial mención el total apoyo financiero para la publicación de los volúmenes por parte de la Universidad Nacional Autónoma de México, logrado gracias al esfuerzo de José Sarukhán K., Antonio Lot H., Héctor M. Hernández, Tila María Pérez O. y Víctor Manuel Sánchez-Cordero D., Directores del Instituto de Biología; para la publicación de este volumen se contó con el apoyo de fondos del Missouri Botanical Garden. También, en 1985, el British Museum (Natural History), como en aquel tiempo se llamaba, creó una sección de Flora Mesoamericana dentro de su departamento de botánica, lo que posibilitó a varios de sus miembros a dedicar sus esfuerzos curatoriales, de colecta y de investigación al proyecto, con el continuo apoyo de Stephen Blackmore, Richard Bateman y Johannes Vogel, Keepers of Botany, y de Phil Rainbow y Tim Littlewood, Heads of Life Sciences. Queremos agradecer a Neil Chalmers y a Michael Dixon, Directores del Natural History Museum, London, por el apoyo general.

Estamos sumamente agradecidos a la National Science Foundation (NSF) de Estados Unidos, por la serie de convenios que otorgaron apoyo financiero para el trabajo de campo realizado por algunos de los colaboradores de la Flora y que en gran medida apoyaron la participación del Missouri Botanical Garden en el proyecto. De igual manera, agradecemos al Consejo Nacional de Ciencia y Tecnología (CONACYT), de México, y recientemente a la Comisión Nacional para el Conocimiento y Uso de la Biodiversidad (CONABIO), que han aportado varios generosos apoyos para una participación similar por parte de la Universidad Nacional Autónoma de México; el Colegio de Postgraduados, en Chapingo; la Escuela Nacional de Ciencias Biológicas del Instituto Politécnico Nacional, en México; la Universidad Autónoma Metropolitana (UAM-Iztapalapa), en México; y el Colegio Superior de Agricultura Tropical, en Cárdenas, Tabasco. La Dirección de Investigación Científica y Superación Académica de la Secretaría de Educación Pública apoyó el trabajo de campo de la Universidad Autónoma Metropolitana (UAM-Iztapalapa). La Coordinación de Ciencias de la Universidad Nacional Autónoma de México subsidió inicialmente parte del trabajo de traducción y editorial en el Instituto de Biología. El Consejo Nacional de Investigaciones Científicas y Tecnológicas de Costa Rica (CONICIT) aportó el apoyo necesario para el trabajo de campo por parte del Museo Nacional de Costa Rica.

Asimismo, apreciamos la serie de donaciones de las siguientes instituciones que contribuyeron significativamente al éxito del proyecto. Aportes de la Monsanto Company, en St. Louis, permitieron el nombramiento de C. Dennis Adams† como Investigador Asociado del Missouri Botanical Garden en el Natural History Museum, London. La Jessie Smith Noyes Foundation proporcionó becas a un buen número de participantes para visitar el Missouri Botanical Garden, ayudándolos a terminar los tratamientos de las familias para el proyecto. La National Geographic Society, en Washington, D.C., contribuyó con fondos para el trabajo de campo en varios países mesoamericanos. El apoyo de USDA Cooperative State Research Education and Extension Service permitió al Misssouri Botanical Garden ingresar a bases de datos todas sus colecciones mexicanas y mesoamericanas, más de 750 000 ejemplares. Una beca del Global Biodiversity Information Facility (GBIF) permitió al Missouri Botanical Garden georeferenciar la mayor parte de las colecciones de El Salvador, Honduras y Belice. Una beca similar de la NSF le permitió al Missouri Botanical Garden georeferenciar sus colecciones de Guatemala, y ha permitido que el trabajo de georeferenciación continúe con las colecciones de Panamá, Costa Rica y México. Una beca de The Science Database Fund del Natural History Museum permitió crear bases de datos de gran parte del material mesoamericano del British Museum (BM). En los últimos años, un generoso apoyo financiero destinado al proyecto Flora Mesoamericana en el Missouri Botanical Garden proviene de The Wallace Genetic Foundation, The Richard Lounsbery Foundation y The Mellon Foundation. El generoso apoyo financiero de The Taylor Fund for Ecological Research ha sido especialmente apreciado. El Programa del Medio Ambiente de la British Airways proporcionó vuelos para la colecta de material y reuniones editoriales. El Smithsonian Tropical Research Institute (STRI) ha brindado una generosa asistencia financiera para colectas en Panamá. El Field Museum of Natural History, en Chicago, ha proporcionado generosamente espacio para oficinas, sus magníficas colecciones mesoamericanas y otros servicios a Randall J. Evans y Fred R. Barrie, permitiéndoles así trabajar por un periodo prolongado.

Agradecemos sinceramente a los autores cuya aportación y dedicación enriquecieron enormemente este volumen y a los numerosos botánicos, en todo el mundo, que han contribuido con sus conocimientos, tiempo y esfuerzo en este proyecto. Sin su ilimitada ayuda, un proyecto como éste sería imposible. Es también un placer expresar nuestro reconocimiento a las numerosas instituciones botánicas que generosamente nos permitieron el acceso a sus colecciones y bibliotecas.

El programa de traducción en el MO usado para el volumen 5 (parte 2) fue desarrollado por Hong Song (St. Louis) y el trabajo fue hábilmente realizado por Carmen Ulloa Ulloa y Alba L. Arbeláez (ambas del MO).

Agradecemos a Allison M. Brock y Liz Fathman del Missouri Botanical Garden Press quienes nos orientaron sobre la publicación, y a Diana Gunter (Oak View, California) por su eficiente desempeño en la edición técnica. A Carlos e Inés Villanueva, Ciudad de México, agradecemos los consejos editoriales y los archivos necesarios para los acabados del volumen.

A los editores generales del proyecto, Davidse, Sousa y Knapp se sumó, para el volumen 4 (parte 1), Fernando Chiang C. (MEXU), el cual nos había hábilmente auxiliado en numerosas tareas editoriales en el pasado, así como también Fred R. Barrie (MO, F), Christopher Humphries (BM) y David A. Sutton (BM), quienes estuvieron muy involucrados con el proyecto en sus primeras etapas. Para el volumen 4 (parte 2) se sumó Carmen Ulloa Ulloa (MO) como editora, organizadora y responsable de la traducción y de igual forma lo ha hecho para este volumen 5 (parte 2). Le debemos un agradecimiento especial a Jeany Vander Neut Davidse y Teri Bilsborrow (MO), quienes han trabajado en todas las etapas de producción de la Flora, desde la incorporación de los manuscritos en computadora hasta el procesamiento de las numerosas colecciones nuevas generadas a partir del programa de colecta del Missouri Botanical Garden en Mesoamérica; a Cirri R. Moran (St. Louis) quien ha sido responsable de la captura de los datos florísticos de Mesoamérica en Tropicos®, la base de datos del Missouri Botanical Garden, e investigación bibliográfica; a Robert E. Magill, Heather Stimmel, James L. Zarucchi (todos del MO) y Jay Paige (St. Louis), por su valioso consejo y ayuda en la computarización y en la base de datos; y a Bruce E. Phillips, Shirley Anton Suntrup, Gail Luecke, Virginia G. Laschober†, John S. Skinner† (todos del MO) y Mark Rendel (BM), por la incorporación de los datos taxonómicos en la computadora y a Emily Horton y Marlene Katz por tareas misceláneas; y a Stephanie Keil, Fred Keusenkothen, Mike Blomberg, Randy Smith y Wendy Westmoreland (todos del MO) por ágilmente escanear los ejemplares y hacerlos disponibles para los autores a través del Internet. Agradecemos a Alfonso Delgado S., Patricia Dávila A., Héctor M. Hernández, Miguel Ulloa S., Claudio Delgadillo M., y Gerado Adolfo Salazar Chávez, Jefes del Departamento de Botánica del Instituto de Biología de la UNAM, quienes colaboraron en la fase organizativa y, en la actualidad, en la consecución de recursos para el proyecto, y a Gloria Andrade por su enorme ayuda en aspectos curatoriales, de organización y de administración del proyecto en MEXU, lo que ha permitido el desarrollo eficiente del mismo. Nuestro agradecimiento a Héctor M. Hernández por su voluntad para dar continuidad al proyecto en MEXU a partir de este año. Debemos dar las gracias también a Alex Monro (actualmente K), María Peña-Chocarro, Simon P. Thornton-Wood, Thorunn Helgason (actualmente en York) y Karen Sidwell (todos del BM), quienes han ayudado grandemente con la organización de la Flora en el Natural History Museum en Londres y con la producción de los manuscritos. Asimismo, a Charles E. Jarvis (BM), Fred R. Barrie (MO, F) y Roy Gereau (MO) quienes han dado valiosas opiniones en problemas de tipificación y nomenclatura.

El proyecto *Flora Mesoamericana* no hubiera sido posible sin el trabajo dedicado de los cientos de colectores de los dos últimos siglos. De los muchos que han contribuido de esta manera desde los comienzos del proyecto en 1980, queremos hacer especial mención a aquellos contratados específicamente para el proyecto: Esteban Martínez S., Edgar F. Cabrera C., Gabriel Aguilar Méndez, Demetrio Álvarez Montejo, Alush S. Ton y Alberto Reyes G (todos de MEXU).

XIV

INTRODUCCIÓN GENERAL

El objetivo del proyecto *Flora Mesoamericana* es lograr un inventario sinóptico de las plantas vasculares de Mesoamérica. La obra sintetiza la información ya existente con los nuevos datos generados por el proyecto, así como por otros proyectos que se llevan a cabo en la región. Al igual que otros autores de Floras, reconocemos que la calidad de los juicios taxonómicos que se presentan en la obra es irregular, lo cual refleja en parte el nivel de conocimiento de los distintos grupos, así como las limitaciones de tiempo impuestas por el proyecto. En una flora en la que constantemente se descubren y describen nuevos géneros y especies, y en la cual la mayoría de los géneros no cuentan con revisiones recientes, la labor de los autores es particularmente difícil. Por esta razón recurrimos, hasta donde nos fue posible, al auxilio de los especialistas que, a través de años de conocimiento íntimo de sus grupos, tanto en el campo como en el herbario, están capacitados para producir tratamientos taxonómicos de calidad.

GRUPOS QUE CUBRE LA OBRA

La *Flora Mesoamericana* cubre todas las plantas vasculares incluyendo a los helechos y plantas afines, cicadáceas, coníferas y angiospermas. La secuencia de las familias de helechos y grupos afines ha sido modificada a partir de la de Crabbe, Jermy y Mickel (1975), *A new generic sequence for the Pteridophyte herbarium*. La secuencia de coníferas sigue la de Dallimore y Jackson, revisado por Harrison (1966), *Handbook of Coniferae and Ginkgoaceae*. La secuencia de angiospermas hasta el volumen 4 (parte 1) fue en esencia la de Melchior (1964), *Syllabus der Pflanzenfamilien*. Sin embargo, a partir del volumen 4 (parte 2) se adoptó la clasificación y secuencia filogenética general propuesta por el *Angiosperm Phylogeny Group* III-APG III (2009), y recientemente actualizada de cierta forma por el *Angiosperm Phylogeny Group* IV-APG IV (2016); la delimitación de las familias ha sido modificada por los autores de las familias, siempre bajo la consulta de los editores. En general no hemos vacilado en aceptar conceptos más recientes en los casos en los que las nuevas evidencias han sido contundentes.

El contenido de los volúmenes será: Vol. 1: Helechos y grupos afines; Vol. 2 (parte 1): Cycadaceae a Cactaceae; Vol. 2 (parte 2): Piperaceae; Vol. 2 (parte 3): Saururaceae a Zygophyllaceae; Vol. 3 (parte 1): Fabaceae a Geraniaceae; Vol. 3 (parte 2): Erythroxylaceae a Icacinaceae; Vol. 4 (parte 1): Cucurbitaceae a Polemoniaceae; Vol. 4 (parte 2): Rubiaceae a Verbenaceae; Vol. 5 (parte 1): Solanaceae a Caprifoliaceae; Vol. 5 (parte 2): Asteraceae; Vol. 6: Alismataceae a Cyperaceae; Vol. 7 (parte 1): Araceae a Typhaceae; Vol. 7 (parte 2): Orchidaceae.

Además de las especies nativas, se incluyen plantas exóticas naturalizadas, malezas agrícolas y ruderales, plantas cultivadas a escala agrícola, árboles de calles, plantas de ornato muy comunes y otras plantas cultivadas extensamente. Las plantas cultivadas en pequeña escala, sólo en jardines privados, jardines botánicos y estaciones de investigación no han sido incluidas, pero, dependiendo del autor, se mencionan en los tratamientos correspondientes. Los híbridos se tratan con mayor o menor profundidad, dependiendo de la frecuencia de su aparición.

ÁREA QUE COMPRENDE LA OBRA

La delimitación del área que cubre la Flora es principalmente geográfica, con la intención de que incluya el corazón del área tropical de América del Norte.

Aun cuando es posible referirse a una flora mesoamericana característica, su distinción de la flora sudamericana se ha desvanecido considerablemente a partir del cierre del Istmo de Panamá durante el Pleistoceno hace aproximadamente 2.5 millones de años. Como resultado de esto, no existe una marcada división florística en el límite sureste del área de la Flora entre Panamá y el vecino Chocó en Colombia. Sin embargo, la conformación del istmo y su abrupta diferenciación del subcontinente sudamericano marcan un límite claramente definido que nosotros hemos adoptado. En el noroeste, la región del Istmo de Tehuantepec fue elegida como límite, ya que el área al sureste de la misma incluye virtualmente toda el área auténticamente cálido-húmeda de México, cuya vegetación está predominantemente relacionada con la de Centroamérica y Sudamérica. Algunas consideraciones prácticas adicionales jugaron también un papel importante en la delimitación del área de estudio. Hacia el sureste, la *Flora of Panama* termina su distribución en la frontera colombo-panameña, y la *Flora de Colombia* inicia ahí la suya. Hacia el noroeste, en México, las fronteras estatales conforman un buen punto para la delimitación, ya que la división política simplifica el manejo de ejemplares para propósitos de préstamos y mapeo. Con estas consideraciones en mente, se eligieron las fronteras Veracruz-Oaxaca y Tabasco-Chiapas como la línea noroeste para la delimitación de la Flora. Puesto que cuatro áreas razonablemente bien definidas fuera de esta región, a saber, Uxpanapa y los Tuxtlas en Veracruz, y Chimalapa y Tuxtepec en Oaxaca cerca de la confluencia de las fronteras de Oaxaca, Chiapas y Veracruz, muestran también un carácter marcadamente mesoamericano, se decidió que los taxones de estas áreas podían ser incluidos en la Flora si el colaborador en cuestión estimaba que eran de procedencia tropical y bien podían eventualmente ser hallados dentro de los límites formales de la *Flora Mesoamericana*. Así, Veracruz y Oaxaca se citan sin abreviar.

La Flora, por lo tanto, cubre las siguientes unidades geográficas políticamente bien definidas: los estados mexicanos de Tabasco, Chiapas, Campeche, Quintana Roo y Yucatán, y los países centroamericanos de Belice, Guatemala, Honduras (incluyendo las Islas Swan), El Salvador, Nicaragua, Costa Rica (incluyendo la Isla del Coco) y Panamá.

Con el propósito de ser más precisos en la citación de distribuciones en la Flora, se decidió citar un ejemplar de herbario por cada territorio, o una cita bibliográfica.

IDIOMA

Elegimos publicar la Flora en español y no en inglés, que es por lo general el idioma más utilizado tanto en ciencia como en el comercio, puesto que el español es la principal lengua de la gente que habita la región. Creemos que con esto la Flora será más útil para los usuarios que viven en el área. La única excepción la constituye Belice, en donde el inglés es el idioma oficial y el español es el segundo idioma.

TERMINOLOGÍA

En general, hemos tratado de utilizar una terminología técnica sencilla pero precisa. El *Glosario para Spermatophyta, español-inglés* (1988, 1a. reimpresión), escrito por Sousa S. y Zárate P. como un glosario mínimo para este proyecto, constituye el núcleo del vocabulario técnico. Hemos tratado, hasta cierto punto, de uniformar la terminología, una tarea que no es siempre fácil, especialmente cuando un variado grupo de autores contribuye a un proyecto de esta magnitud. Actualmente se mantiene en MEXU un banco de datos computarizado de equivalentes español-inglés, tal como se usan en la *Flora Mesoamericana*. La primera edición de esta lista de términos equivalentes fue publicada bajo el título *Glosario inglés-español, español-inglés* por Chiang, Sousa S. y Sousa-Peña en 1990. Se decidió incluir en el volumen 1 un Glosario, ya que sería de utilidad para los usuarios al ser este el primer volumen dentro de las plantas vasculares comprendidas en la flora, además se agrega la terminología sugerida para los helechos y plantas afines. Actualmente, se puede revisar el glosario, junto con la versión electrónica de la Flora, en línea, en el sitio web de la Flora Mesoamericana (http://www.tropicos.org/Project/FM/).

BIBLIOGRAFÍA

Cada volumen de la Flora contará con una bibliografía completa de toda la literatura citada en las referencias, salvo aquellas que forman parte de las citas de especies. R. J. Hampshire y D. A. Sutton, del Natural History Museum de Londres, han desarrollado una bibliografía mesoamericana computarizada, la cual fue publicada bajo el título de *A Preliminary Bibliography of the Mesoamerican Flora* (1988), que está siendo continuamente revisada y actualizada y, al término de la publicación completa de la *Flora Mesoamericana*, se publicará una versión final compilatoria. Mientras tanto, todas las referencias han sido incorporadas a la base de datos bibliográficos general de Tropicos®. Esta bibliografía puede ser consultada por las siguientes entradas: categorías taxonómicas, geográficas y referencias cruzadas por temas.

BASE DE DATOS COMPUTARIZADA Y VERSIÓN EN INTERNET

En 1988 se decidió iniciar una base de datos computarizada con los datos florísticos mesoamericanos que fuera paralela y complementaria a la *Flora Mesoamericana* publicada. Utilizando el sistema de manejo de la base de datos Tropicos®, toda la información en la *Flora Mesoamericana* sobre nomenclatura, tipos, taxonomía, distribución, ecología y hábitat es incorporada a la base de datos desde el momento en que se dispone de ella para cada volumen. Continuamos construyendo la sección de especímenes de la base de datos (incluyendo la georeferenciación de las localidades de colecta cuando hay suficiente información descriptiva). Todos los especímenes que se citan en el volumen están incorporados incluyendo los especímenes tipo, todas las colecciones Mesoamericanas en el Missouri Botanical Garden, los conjuntos de datos provistos por los contribuyentes y los especímenes seleccionados, de importancia especial, y de otros herbarios. Además de la información bibliográfica mencionada en la sección anterior, también se están incluyendo las citas completas de los nombres de los taxones aceptados y de sus sinónimos, al igual que su distribución geográfica, utilizando información sobre distribución de la *Flora Mesoamericana*, información de la base de datos de los especímenes y se complementa con los registros de trabajos taxonómicos importantes publicados previamente sobre plantas mesoamericanas (p. ej., *Flora of Guatemala, Flora de Nicaragua, Manual de Plantas de Costa Rica, Flora Costaricensis, Flora of Panama, Flora Neotropica, Flora of Chiapas, Listados Florísticos de México, Flora Ilustrada de la Península de Yucatán,* revisiones y monografías).

En su actual etapa formativa la base de datos se utiliza principalmente para propósitos editoriales. Sin embargo, ahora que ya tiene incorporada gran cantidad de información, creemos que se convertirá en una herramienta importante de referencia para los participantes de los volúmenes siguientes y, más aun, para los usuarios de la información florística mesoamericana en general.

La versión en internet de *Flora Mesoamericana* (W3FM) apareció por primera vez en 1994 desde el servidor de Natural History Museum. En 1995 cambió al Missouri Botanical Garden y actualmente se puede acceder a ésta desde el servidor del Missouri Botanical Garden usando Tropicos®. Se convirtió en la versión en tiempo-real en octubre de 1997, y desde ese día se actualiza continuamente.

VOLUMEN DE SINOPSIS HISTÓRICA Y ACTUALIZACIÓN

Ha sido nuestra intención, desde el inicio de este proyecto, producir, una vez concluida *Flora Mesoamericana,* un volumen en donde se presente una revisión de la historia florística de Mesoamérica (incluido el proyecto *Flora Mesoamericana*), su historia geológica y clima, su vegetación y el estado que guarde en esa fecha, así como la actualización de los volúmenes publicados anteriormente.

NOTAS ACERCA DEL FORMATO

Los autores de todos los tratamientos son citados al comienzo de cada familia y género. En unos cuantos casos, alguien más además de alguno de los editores generales ha organizado los manuscritos dentro de una familia, lo cual también se indica. Sin embargo, los cuatro editores generales y la editora del volumen son responsables por la forma en que los textos hayan sido finalmente publicados.

Los géneros y especies se ordenan alfabéticamente cuando no se dispone de un arreglo taxonómico satisfactorio.

Se incluyen claves dicotómicas con sangrías para todas las familias, géneros, especies, subespecies y variedades.

La literatura publicada sobre las familias, géneros o especies se cita después de las respectivas descripciones cuando se considera útil para su determinación, cuando brinda información nueva y significativa, o cuando ha sido utilizada extensamente durante la redacción de los tratamientos. La más reciente estimación del número de géneros y especies en términos mundiales se cita después de las descripciones de familias y géneros, respectivamente.

DESCRIPCIONES

Por lo general las descripciones de los taxones se basan en el material del área de la Flora. Sin embargo, particularmente cuando se trata de familias y géneros, las descripciones son a veces más amplias que una descripción estrictamente mesoamericana la cual podría resultar engañosa a escala mundial.

A menos que el autor explícitamente dé excepciones, se sobreentiende que los caracteres incluidos en las descripciones de categorías taxonómicas elevadas pertenecen a todos los taxones inferiores incluidos en la misma categoría.

Las dimensiones de los caracteres en las descripciones, cuando aparecen sin especificar, se refieren siempre a la longitud o a la altura. Dos cifras unidas por un signo de multiplicación y sin especificación alguna, se refieren a la longitud y la anchura respectivamente. Los límites excepcionales fuera del intervalo normal de las dimensiones se colocan entre paréntesis. Los números cromosómicos que se citan al final de las descripciones se refieren a recuentos basados en plantas mesoamericanas.

DISTRIBUCIÓN

La distribución de familias, géneros, especies, subespecies y variedades se da en términos generales. Dentro del área de Mesoamérica, la distribución de especies, subespecies y variedades se indica por las siguientes abreviaturas y secuencias de las doce unidades geográficas: T (Estado de Tabasco), Ch (Estado de Chiapas), C (Estado de Campeche), Y (Estado de Yucatán), QR (Estado de Quintana Roo), B (Belice), G (Guatemala), H (Hon-

duras), ES (El Salvador), N (Nicaragua), CR (Costa Rica), P (Panamá). Se cita únicamente un ejemplar para cada una de las unidades geográficas en las que el taxón está presente, aunque se conozcan muchos otros. Solamente se citan en esta sección los ejemplares que han sido vistos personalmente por el autor del grupo. Si el autor no ha visto un ejemplar de cierta región, pero considera que un taxón existe en la región basándose en algún registro de la literatura, se cita éste en lugar del ejemplar. La distribución general se presenta en el siguiente orden: Canadá, Estados Unidos, México, Mesoamérica, Colombia, Venezuela, Guyana, Surinam, Guayana Francesa (Guayanas, si se trata de las tres últimas en conjunto), Ecuador, Perú, Bolivia, Brasil, Paraguay, Uruguay, Chile, Argentina, Antillas, Trinidad, Europa, Asia, África, Australia, Islas del Pacífico.

CITACIÓN DE EJEMPLARES

Algunos prominentes colectores en el área mesoamericana (p. ej., Tonduz, Pittier, von Türckheim y Liebmann) no siempre numeraron sus muestras con sus propios números. Para citar números de estas colecciones, hemos hecho lo siguiente. En los casos de Tonduz y Pittier, citamos el número de registro del herbario del Instituto Físico-Geográfico Nacional de Costa Rica. Para von Türckheim, citamos el número de John Donnell Smith, quien distribuyó las colecciones. Para Liebmann, citamos el número que escribió en sus etiquetas de herbario bajo "Plantae Mexicanae" y no bajo "Flora Mexicana".

NOMBRES VULGARES

Después de los nombres científicos, y precedidos por la abreviatura N.v., se dan los nombres vulgares más conocidos y más ampliamente usados por la población de habla hispana. Estos nombres han sido incluidos a discreción de los autores y editores generales. Cuando el uso de los nombres es muy local, así se indica por medio de la abreviatura geográfica respectiva.

ABREVIACIÓN DE CITAS

Los nombres de los autores de los taxones se abrevian de acuerdo con *Authors of Plant Names* (APN) de Brummitt y Powell (1992), aunque se usan espacios entre las iniciales y el apellido o apellidos y se actualizan continuamente en *The International Plant Names Index* (IPNI) en http://www.ipni.org/index.html; los libros, de acuerdo con *Taxonomic Literature* 2a. ed. (TL2) de Stafleu y Cowan (1976-1988), y Stafleu y Mannega (1992), y las publicaciones periódicas de acuerdo con *Botanico-Periodicum-Huntianum/2* (B-P-H/2) de Bridson y Smith (1991). Para la literatura y los nombres de los autores no tratados por estas tres obras se usarán los mismos principios de abreviación.

HÁBITAT

Para la mayoría de las especies se incluyen breves caracterizaciones de los hábitats, tipos de vegetación o biomas. Sin embargo, debido a la falta de una terminología ecológica globalmente aceptada, no se ha hecho ningún intento para uniformar su uso.

ILUSTRACIONES

Como la Flora no es ilustrada se decidió citar una referencia por taxones, y si no se localizó, se utiliza la expresión "Ilustr.: no se encontró".

TIPOS Y SINÓNIMOS

Los tipos se citan únicamente en los casos de nombres aceptados, pero no en el caso de los sinónimos, en un formato conciso que incluye el país de origen, los estados mexicanos, el colector, el número y el acrónimo del herbario. Si se desconoce el país preciso, la cita respectiva puede estar sustituida por una breve nota del protólogo. Cuando la palabra "tipo" es empleada sin más especificaciones, indica que el autor no sabe con certeza qué clase de tipo representa el elemento citado (p. ej., holotipo, isotipo, sintipo, lectotipo o neotipo). Por lo anterior y de acuerdo con la versión actual del *International Code of Nomenclature for Plants, Fungi, and Algae* (Código Internacional de Nomenclatura para Plantas, Hongos y Algas—Código de Melbourne), nuestra cita de un tipo nunca debe ser tomada como la selección formal de un lectotipo, excepto cuando se utiliza la expresión "Lectotipo (designado aquí)". Todas las lectotipificaciones hechas previamente se indican por medio de una referencia de la literatura, si se conoce. En esta Flora los sintipos, en ocasiones, son empleados en un sentido más amplio que lo usado por el Código Internacional de Nomenclatura. Algunas veces hemos citado como sintipos a ilustraciones que fueron parte del material original en lo que se basó un nombre; en cambio, el Código se limita únicamente a especímenes como sintipos. Un acrónimo de herbario seguido de un signo de admiración indica que el tipo ha sido visto por el autor.

Por lo general, sólo se citan los sinónimos importantes en Mesoamérica, pero se incluyen otros a discreción de los autores y editores generales, principalmente para explicar usos taxonómicos o de nomenclatura. Los sinónimos se ordenan alfabéticamente.

ABREVIATURAS MÁS USADAS

Anon.	colector no conocido, anónimo (anonymus)
Aprox.	aproximadamente
auct.	de autor(es) (auctorum)
B	Belice
c.	cerca de una cifra (circa)
C	Campeche
C.	Centro
Ch	Chiapas
cm	centímetro(s)
com. per.	comunicación personal
cons.	conservado (conservandus)
CR	Costa Rica
cult.	cultivado
cv.	cultivar
E.	Este
ed.	edición
Edo.	estado
ES	El Salvador
emend.	enmendado, corregido (emendatus)
et al.	y otros (et alii)
f.	figura
fam.	familia
fragm.	fragmento
G	Guatemala
gen.	género(s) (genus, genera)
H	Honduras
Herb.	Herbario
i.e.	esto es (id est)
Ilustr.	Ilustración
inéd.	inédito
Is.	Isla(s)
m	metro(s)
mm	milímetro(s)
MS	manuscrito
n	número cromosómico haploide
N	Nicaragua
N.	Norte
n.v.	no visto (non visus)
N.v.	Nombre vulgar
nom. cons.	nombre conservado (nomen conservandum)
nom. nud.	nombre sin descripción (nomen nudum)
nom. illeg.	nombre ilegítimo (nomen illegitimum)
O.	Oeste
P	Panamá
p. ej.	por ejemplo
p. p.	en parte (pro parte)
prep.	preparación
QR	Quintana Roo
S.	Sur
sect.	sección (sectio)
s. l.	sentido amplio (sensu lato)
s.n.	sin número
s. str.	sentido estricto (sensu stricto)
sp(p).	especie(s) (species)
subfam.	subfamilia
subgen.	subgénero (subgenus)
subsect.	subsección (subsectio)
subsp(p).	subespecie(s) (subspecies)

syn.	sinónimo (synonymus)	vs.	contra (versus)
t.	tabla, lámina	x	número cromosómico básico
T	Tabasco	Y	Yucatán
var.	variedad (varietas)	$2n$	número cromosómico diploide

233. ASTERACEAE

Compositae, nom. alt.

Descripción de la familia por J.F. Pruski y H. Robinson.

Hierbas anuales o perennes, arbustos, algunas veces árboles o bejucos trepadores, algunas veces epífitas, rara vez plantas acuáticas, generalmente ginomonoicas o rara vez dioicas o poligamodioicas (en Mesoamérica solo en *Archibaccharis*, *Baccharis* y *Lycoseris*), las raíces frecuentemente fibrosas o axonomorfas, rara vez tuberosas; carbohidratos almacenados como el oligosacárido inulina (no como almidón), iridoides ausentes y en cambio produciendo una amplia variedad de lactonas sesquiterpenas; tallos generalmente subteretes y no alados, la médula típicamente sólida, la epidermis frecuentemente desprendiéndose en tiras; estípulas ausentes. Hojas generalmente caulinares, algunas veces en rosetas basales, típicamente patentes, alternas y espiraladas, opuestas y decusadas, o algunas veces verticiladas, la lámina simple o algunas veces disecada; pecíolo ausente o presente, típicamente no alado, basifijo o muy rara vez subpeltado, rara vez con espinas axilares pareadas (Barnadesioideae), una sola espina (ocasional en Athroismeae) o enaciones nodales (algunas *Mikania*, algunas Liabeae), frecuentemente con 3 haces vasculares. Inflorescencia primaria una cabezuela polisimétrica con 1-numerosas flores sobre un clinanto común ("receptáculo" de la inflorescencia) envuelta por 2-numerosas brácteas comunes (filarios), las cabezuelas solitarias o agrupadas en una capitulescencia (la inflorescencia secundaria). Capitulescencia monocéfala a de varias o numerosas cabezuelas y luego de maduración determinada, sésil a pedunculada. Cabezuelas (cabezuelas compactas) de flores sésiles, homógamas (discoides, ligulares, bilabiadas) o heterógamas (radiadas, disciformes, o diversamente bilabiadas), madurando en una manera indeterminada (cuando es radiada la cabezuela es típicamente protógina), sobre un clinanto común, sin páleas o paleáceo, abrazado por un involucro de 2-numerosos filarios, las flores individuales algunas veces abrazadas por una bractéola interna (pálea) generalmente hacia la mitad del clinanto; involucro cilíndrico a globoso, rara vez aplanado longitudinalmente; filarios graduados (a subiguales o obgraduados), imbricados (a eximbricados), generalmente isomorfos (en color y textura, frecuentemente escarioso-cartáceos a hialino-membranáceos) o algunas veces los filarios externos variadamente herbáceos y los internos más delgados, la nervadura generalmente subparalela, libre (o connata), la base frecuentemente articulada o los filarios externos rara vez continuos con el pedúnculo, los márgenes típicamente enteros, los filarios más externos algunas veces son llamados filarios estériles y no son subyacentes a flores, los filarios más internos algunas veces son llamados fértiles debido a que abrazan ya sea las flores radiadas o las flores del disco más externas; clinanto típicamente aplanado o convexo, en ocasiones cónico o claviforme, paleáceo o sin páleas, glabro (setoso), típicamente esclerificado entre las cicatrices de las cipselas, sólido o algunas veces internamente fistuloso; páleas típicamente externas y subyacentes a una flor individual del disco, aplanadas o más generalmente abaxial-radialmente conduplicadas y encerrando la flor del disco, típicamente atenuadas apicalmente. Flores bisexuales, unisexuales, o estériles, (3-)5-meras; cáliz generalmente representado como un vilano, típicamente con polinización cruzada; corola simpétala, actinomorfa o zigomorfa, generalmente con una zona de abscisión en la base de la corola y decidua, la nervadura enlazada y cerrada, nunca prolongándose más allá del punto de fusión, diversamente coloreada. Flores marginales (radiadas, liguladas o bilabiadas externas) frecuentemente con una corola zigomorfa, en cabezuelas disciformes actinomorfas; tubo basal de la corola (rara vez ausente) típicamente dando origen a un limbo aplanado (enrollado) radiando bilateralmente y longitudinalmente simétrico con 2 o más nervios, la superficie abaxial del limbo (al menos proximalmente) con frecuencia refleja los rayos ultravioleta y así actúa como guía polínica, la superficie adaxial lisa debido a que es diversamente papilosa, los nervios superficiales o inmersos abaxialmente, frecuentemente con 2 nervios (el cáliz) de soporte muy prominentes y el limbo longitudinalmente doblado hacia adentro cuando en yema; estilo cuando presente en general liso y sin papilas colectoras (de ese modo típicamente no son estilos referidos en las claves dicótomas de identificación; así diferenciados de los estilos de las flores del disco), la orientación de la rama frecuentemente tangencial (en numerosos Coreopsideae el estilo tangencialmente comprimido de manera extraña tiene orientación radial). Flores internas (del disco, ligulares o bilabiadas) frecuentemente actinomorfas; corola en general con un tubo conspicuo dando origen a un limbo amplio consistiendo de una garganta fusionada y (3-)5 lobos, los lobos generalmente iguales, el tubo y la garganta generalmente 5-nervios con nervios a lo largo de las líneas de fusión entre los segmentos de la corola, los nervios frecuentemente asociados con 1-2 conductos resinosos, las 2 nervios laterales de cada lobo característicamente uniéndose apicalmente y cerrando la nervadura, nunca prolongándose más allá del punto de fusión; estambres sinantéreos, iguales en número a los lobos de la corola y alternando con ellos, epipétalos en el punto de unión tubo-garganta, los filamentos típicamente libres, lisos, y glabros, con frecuencia tangencialmente aplanados, el anteropodio (cuello del filamento) en ocasiones ampliado justo próximo al conectivo formando el cuello, las células de las paredes del cuello algunas veces irregularmente-engrosadas o en secuencia como cuentas, las anteras lateralmente ditecas, característicamente unidas formando un tubo que rodea al estilo, rara vez ligeramente conniventes, introrsamente dehiscentes por hendiduras longitudinales, el polen empujado distalmente a través del tubo estaminal por el subsecuente alargamiento del estilo y así expuesto a polinizadores (en general insectos) o viento, las tecas más largas que anchas, la base más corta que el cuello, truncada a sagitada (y polinífera) a caudada (caudada sin polen o espolonada y polinífera-calcariforme), colas y 1 espolón por teca, 2 por estambre, el conectivo en general apicalmente prolongado más allá de las tecas, el ápice de esta manera con frecuencia con apéndices diversos, los apéndices aplanados y alargados (p. ej., Mutisioides) a relativamente cortos y navicular-cóncavos adaxialmente (p. ej., grupo Heliantheae), las células endoteciales de las paredes sin formar un patrón o más generalmente ni radiales ni polarizadas; polen típicamente tricolporado (muy rara vez pantoporado), generalmente esferoidal a rara vez prolato (en Mesoamérica en *Centaurea*, Mutisieae, Nassauvieae, Onoserideae, microequinado a más generalmente obviamente equinado, en ocasiones (especialmente Cichorieae y Vernonieae) lofado, las columelas típicamente distribuidas uniformemente (agregadas solo en Cichorioideae), internamente vacías (Asteroideae, con espacio entre la exina y la cubierta) o en grupos basales de Mutisioides no vacías, la columela y la tecta con un foramen interno (Asteroideae) o en grupos basales (Mutisioides) sin foramen interno; gineceo sincárpico, el ovario ínfero, 2-carpelar, 1-locular; estilo generalmente filiforme, bífido o 2-ramificado, la orientación de la rama típicamente tangencial-radial, el estilo con la base (estilopodio) inmersa por dentro o bulbosa por encima del nectario anular típicamente encima del ovario, el tronco en general internamente con 2 nervaduras longitudinales y

1

asociadas a los conductos de resina, la epidermis lisa y glabra (en la mayoría de los grupos) a distalmente papilosa debajo de las ramas (Vernonioides), las ramas (estigmatíferas) frecuentemente alargadas y delgadas (Asteroides), algunas veces cortas y ovadas (Mutisioides), las superficies estigmáticas adaxial-marginales, continuas (generalmente Mutisioides y Vernonioides) o en 2 líneas y 2 bandas (mayoría de Asteroides y Helianthoides) a lo largo de la longitud de la rama y fértil hasta el extremo o el ápice algunas veces con diversos apéndices estériles, colectores de polen representados en general como papilas barredoras distal-abaxiales (las papilas colectoras de las flores del disco y flores ligulares frecuentemente asociadas con el mecanismo de polinización proyectada (el polen es empujado hacia afuera del tubo de estambres -formado por fusión y alrededor del estilo- por medio de tricomas o cúpulas en el estigma), rara vez se ha reportado colectores de polen (Robinson y Brettell, 1973h; Cabrera, 1944: 281, t. 7B; Erbar, 2015) como con uno o más septos tranversales (p. ej., algunas Helianthae, algunas Eupatorieae, *Eremothamnus*, *Piptocarpha*); óvulo 1, anátropo, basal, ascendente, integumento 1. Cipselas (frutos, aquenios) a partir de un ovario ínfero con una sola semilla, sésiles sobre un clinanto o muy rara vez pediceladas, las superficies frecuentemente pelosas con tricomas gemelos (Small, 1919: 102, t. 11), pero menos comúnmente de tricomas simples en Arctotideae y Cardueae, véase Herman, 2001; McKenzie et al., 2005; Jeffrey, 2007 [2006], o de tricomas de Barnadesioide en Barnadesieae), algunas veces también con tricomas glandulares, algunas veces glabras, típicamente angostadas hasta un carpóforo anular (a veces zigomorfo o variadamente esculpido) donde se une al clinanto, el pericarpo frecuentemente adnato a la pared de las semillas, de color pálido (y entonces con rafidios, como en Senecioneae, Vernonieae) o frecuentemente ennegrecido por los depósitos de fitomelanina (carbonizadas, p. ej., Helianthoide, Eupatorieae y varios géneros que fueron tratados tradicionalmente como Helianthea s. l.) o por secreciones ennegrecidas no identificadas en algunos Helianthoideae (p. ej., Electranthera y Vernonieae subtribus Sipolisiinae) que supuestamente actúa como un detractor para los insectos predadores; semilla 1, con aceites grasos, integumento 1, la placentación basal, las paredes megasporangiales delgadas; embrión recto, el saco embrionario con persistentes células multinucleadas antipodales, el endospermo básicamente ausente (exalbuminoso; endospermo nuclear); vilano (el cáliz) algunas veces ausente, generalmente de (1)2-numerosas escamas, aristas, setas o cerdas capilares bilateral o radialmente dispuestas, pajizas (coloreadas), en 1(-varias) series. Aprox. 1600 gen., aprox. 23.000 spp., cosmopolita excepto en Antártica e islas aledañas; 23 tribus, 282 géneros y 1072 especies en Mesoamérica.

Asteraceae es la familia más grande dentro de las Angiospermas, con entre 8-10% de las especies, y fue reconocida como el orden natural Sympetalae en tiempos pre-linneanos. Asteraceae son bien conocidas como ornamentales que incluyen margaritas, girasoles, crisantemos, dalias, coreopsis, gerberas, *Calendula*, *Echinacea*, *Rudbeckia*, zinnias. Para una familia de este tamaño las Asteraceae, sin embargo, son poco usadas como alimento. Entre las Asteraceae bien conocidas usadas como alimento incluyen lechuga (*Lactuca*), diente de león (*Taraxacum*), semillas y aceite de girasol (*Helianthus*), chicoria y endivia (*Cichorium* spp.), alcachofa (botón de la cabezuela de *Cynara*) y salsifí (*Tragopogon*). Asteraceae se usa en bebidas e incluyen el té de manzanilla (*Chamaemelum nobile* (L.) All. y en América tropical especialmente *Matricaria chamomilla*) y el edulcorante natural stevia (*Stevia*). En Asia, *Crassocephalum* se usa como un estimulante y *Gynura* medicinalmente, pero especies similares nortempladas de *Ageratina* s. str. o *Eupatorium* s.l. están llenas de alcaloides potencialmente tóxicos para el hombre y el ganado. Asteraceae usadas periféricamente incluyen el colorante rojo (*Carthamus*), el té medicinal pericón (*Tagetes lucida*), el saborizante (*Artemisia absinthium*) ampliamente usado en licor de ajenjo y el piretro (*Chrysanthemum*) y tanaceto (*Tanacetum*) ambos usados como insecticidas naturales. Más

generales son las aborrecidas malezas de Asteraceae, incluyendo *Ambrosia*, cuyo polen es una de las mayores causas de la fiebre del heno.

El hecho de que las Asteraceae tienen una química muy robusta de lactonas sesquiterpenas y poliacetilenos secundarios, y además el eficiente síndrome de polinización ha llevado a algunos (p. ej., Cronquist, 1981, 1988) a especular que estas son entre las razones para que la familia tenga tantas especies y sea tan ampliamente común. Los sesquiterpeno-lactonas están especialmente bien representados en Asteraceae, especialmente concentrados en los tricomas glandulares secretorios (Seaman, 1982; Hegnauer, 1977; Mabry y Bohlmann, 1977). Importante bibliografía adicional sobre la química de Asteraceae incluye Seaman et al. (1990), Caligari y Hind (1996), Hind y Beentje (1996), Bohm y Stuessy (2001), y Langel et al. (2011). Hegnauer (1977) y Mabry y Bohlmann (1977) anotaron que la mayoría de las 13 tribus tradicionalmente reconocidas en Asteraceae también contienen poliacetilenos en los ductos de resina. Sin embargo, en la mayor parte de Senecioneae, no se encuentran acetilenos y en lugar frecuentemente producen alcaloides (Hegnauer, 1977; Langel et al., 2011). Cichorieae y Liabeae en forma similar carecen de poliacetilenos y en su lugar tienen un sistema bien desarrollado de laticíferos que contienen látex rico en triterpenos. Hay una fuerte tendencia en las tribus de Asteraceae a "tener canales secretorios o laticíferos pero no ambos" (Carlquist, 1976), aunque tanto laticíferos como canales de resina co-ocurren, por ejemplo, *Gundelia* L., *Parthenium* y *Warionia* Benth. et Coss. (Augier y Mérac, 1951; Mabry y Bohlmann, 1977).

Además de tricomas glandulares secretorios, el follaje de Asteraceae también contiene una amplia variedad de tipos de tricomas no glandulares que varían desde simples a peltados o variadamente dendroides (Bremer, 1994; Carlquist, 2003; Cuatrecasas, 1969, 2013; Drury, 1973; Drury y Watson, 1965; Ehleringer y Cook, 1987; Haro-Carrión y Robinson, 2008; Holmes y Pruski, 2000; Jeffrey, 1987; Lundin, 2006; Nordenstam, 2006b; Pruski, 1982, 2016a, 2017a; Ramayya, 1962; Redonda-Martínez et al., 2012; Robinson, 1989, 1993, 1999; Small, 1919; Villaseñor Ríos, 1991). El indumento de las cipselas de Asteraceae incluye tricomas glandulares, pero tricomas dobles no glandulares son característicos de la mayoría de tribus (Cabrera, 1944; Hess, 1938; Mukherjee y Nordenstam, 2012; Small, 1919), aunque las cipselas con tricomas barnadesioides uniseriados con pocas células y otros tricomas uniseriados se conocen en pocas (Bremer, 1994; Herman, 2001; Jeffrey, 2007 [2006]; McKenzie et al., 2005). En otras partes, tricomas dobles son casi exclusivos de las cipselas, pero se han reportado en las corolas de Mutisieae (Sancho y Katinas, 2002) y se conocen en las aristas del vilano de Coreopsideae (obs. pers.). Los complementos de tricomas son ampliamente usado taxonómicamente en Asteraceae.

También caracteres taxonómicos particularmente útiles en Asteraceae son varios caracteres y microcaracteres florales (p. ej., Anderberg, 1991a, 1991b; Baagøe, 1977; Bremer, 1994; Cabrera, 1944, 1977; Carlquist, 1957, 1958, 1976; Cuatrecasas, 1969; Dormer, 1961, 1962; Erbar, 2015; Erbar y Leins, 2015; Fayed, 1979; Gustafsson, 1995; Hind y Beentje, 1996; Hind et al., 1995; Hoffmann, 1894 [1890], 1894 [1891]; Jeffrey, 1987, 1992; Jeffrey y Chen, 1984; Jeffrey et al., 1977; Katinas et al., 2008; King y Robinson, 1987; Koch, 1930a, 1930b; Koyama, 1967; Kubitzki, 2007 [2006]; Manilal, 1971; Nesom, 2000; Nordenstam, 1978, 2007 [2006]; Pruski, 1998b, 2012b, 2012c, 2017a; Robinson, 1981, 1999; Robinson y Brettell, 1973h, 1973f, 1974; Rzedowski, 1978; Sancho y Katinas, 2002; Small, 1919; Sundberg, 1985; Torrecilla y Lapp, 2010; Vincent y Getliffe, 1988, 1992; Wetter, 1983).

Otros caracteres y microcaracteres tradicionales adicionales de las características de cipselas y vilanos ampliamente se usan taxonómicamente en Asteraceae (p. ej., Anderberg, 1991b; Bean, 2001; Behjou et al., 2016; Bremer, 1994; Bremer y Humphries, 1993; Cabrera, 1944; Dillon y Sagástegui, 1991b; Drury y Watson, 1966; Fayed, 1979; Harling, 1995; Herman, 2001; Hind y Beentje, 1996; Hind et al., 1995;

Hoffmann, 1894 [1890], 1894 [1891]; Jeffrey, 2007 [2006]; King y Robinson, 1987; Kubitzki, 2007 [2006]; McKenzie et al., 2005; Mesfin Tadesse y Crawford, 2014 [2013]; Mukherjee y Nordenstam, 2008, 2010, 2012; Mukherjee, 2001; Mukherjee y Sarkar, 2001; Nesom, 2000; Nordenstam, 1978; Norlindh, 1943; Pandey y Dhakal, 2001; Pruski, 1982, 1992, 1996a, 1996b, 2015, 2016a, 2017c; Pruski et al., 2015; Robinson, 1914a; Robinson, 1981, 1999; Rzedowski, 1978; Small, 1919). Caracteres universales de morfología gruesa de la capitulescencia y de las cabezuelas así como caracteres inconspicuos como del polen y números cromosómicos se citan en todas partes en los tratamientos de las especies aquí presentadas y son muy numerosos para citar las referencias.

Small (1919) indicó un origen sudamericano para Asteraceae, y por las anteras fusionadas con dehiscencia introrsa y similares mecanismos de presentación del polen secundarios sugirió *Senecio* y el género basal y derivado de Campanulaceae. Por otro lado, tanto Bentham (1873) como Cronquist (1955, 1981), tomaron a Heliantheae como basal, y Asteraceae como más cercanamente emparentada a Rubiaceae. Cronquist (1955, 1981) trató Asteraceae como la única familia de Asterales. Asterales en la actualidad se reconoce con al menos diez familias (Gustafsson, 1995, 1996; Gustafsson y Bremer, 1995; Lundberg y Bremer, 2003), entre estas tanto Campanulaceae como Calyceraceae. El macrofósil más antiguo que se conoce de Asteraceae data de 47 MA (Eoceno) y son conocidos del sur de Sudamérica, donde Calyceraceae, la familia hermana de Asteraceae está centrada. Se presume que ambas familias tienen origen sudamericano, y son similares en tener carbohidratos almacenados como inulina, cabezuelas involucradas floreciendo centripetalmente, nervaduras laterales de la corola fusionadas apicalmente, ovarios ínferos y óvulos solitarios 1-loculares. Calyceraceae, aunque superficialmente similar a Asteraceae, difiere en tener iridoides, corolas 10-nervias con la nervadura medial prolongada más allá de las laterales fusionadas, el estilo capitado, y óvulos apicales. Asteraceae, por otro lado, no tiene iridoides, tiene corolas del disco 5-nervias con la nervadura media nunca prolongada más allá de las laterales fusionadas, los estilos bífidos y óvulos basales. Henri Cassini (p. ej., 1826a, 1826b, 1834), fue el primero en tomar Calyceraceae como hermana de Asteraceae.

Henri Cassini, el padre de la sinanterología, propuso el esquema de clasificación tribal de Asteraceae inicial y más ampliamente usado (entonces moderno) (Cassini 1819a, 1819b, 1826b, 1827, 1829b, 1830, 1834), donde él reconoció 19 tribus. Esta circunscripción se basó principalmente en las características de las ramas del estilo en las flores del disco (Cassini 1813, 1818, 1826b, 1826c, 1827, 1829b, 1830, 1834). Cassini (1829b, 1830) también proporcionó una nomenclatura genérica completa. Se indican las ilustraciones útiles de Cassini de las características estilares y otros caracteres importantes en la familia y varias son particularmente útiles [p. ej., Barroso (1986); Bentham (1873); Bohm y Stuessy (2001); Bremer (1987, 1989); Cabrera (1978); Cassini (1826b); D'Arcy (1975a [1976]); Funk et al. (2009); Gandhi y Thomas (1989); Gentry (1993); Howard (1989); Lessing (1832); Pruski (1997a); Pruski y Sancho (2004); Robinson y Brettell (1973b); Strother (1997); Tudge (1997)] y sirven de suplemento a la presente flora.

Lessing (1832) y Candolle (1836, 1837 [1838], 1838) presentaron las perspectivas más importantes después de Cassini. Los autores con más influencia en los tratamientos después de Cassini, sin embargo, fueron Bentham y Hooker (1873) y Bentham (1873), quienes reconocieron 13 tribus, estas generalmente descritas y circunscritas medio siglo antes por Cassini. Asteraceae fue reconocida durante la mayor parte del siglo pasado (p. ej., Cronquist, 1955, 1977; Heywood et al., 1977a, 1977b) como comprendiendo las 13 tribus de Bentham y 2 subfamilias, Lactucoideae (Liguliflorae o actualmente Cichorioideae, y conteniendo una sola tribu) y Asteroideae (Tubuliflorae, conteniendo las restantes 12 tribus). El resumen completo de la sistemática tribal de Heywood et al. (1977a, 1977b) también proporciona un importante

nomenclador genérico. Casi al mismo tiempo, Harold Robinson (p. ej., Robinson y Brettell, 1973a, 1973b, 1973c; Robinson, 1981, 1994, 2004, 2005; King y Robinson, 1987) también produjo la primera reevaluación comprehensiva de los límites genéricos (y supragenéricos) después de Bentham (y básicamente todas las numerosas propuestas de Robinson relacionadas con las plantas de Mesoamérica son seguidas aquí). Otros trabajos particularmente útiles a nivel de familia incluyen los de Bremer et al. (1992), Bremer (1994), Hind y Beentje (1996) y Kubitzki (2007 [2006]).

Iniciando con Augier y Mérac (1951), Poljakov (1967), Robinson y Brettell (1973b), Wagenitz (1976) y Carlquist (1976), las interrelaciones tribales y la clasificación subfamiliar de Asteraceae que se sigue en este tratamiento, cambiaron dramáticamente del esquema entonces usado de Bentham de Liguliflorae como hermana de todo el resto de Asteraceae. Augier y Mérac (1951) y Robinson y Brettell (1973b) similarmente delinearon 2 agrupaciones tribales informales más o menos iguales en tamaño distinguidos por los caracteres de las ramas del estilo de una sola línea vs. en líneas estigmáticas en pares. Esas agrupaciones tribales sirven como base para reconocimiento por Poljakov (1967), Wagenitz (1976) y Carlquist (1976) de 2 subfamilias más o menos iguales en tamaño. Ellos alinearon tribus ligulares, bilabiadas y discoides todas en Cichorioideae y las llamadas tribus radiadas en las Asteroideae, cada subfamilia conteniendo 5 a 8 tribus. Las tribus de Cichorioideae generalmente tienen una superficie estigmática continua cubriendo la parte interna de las ramas del estilo, las anteras algunas veces con apéndices apicales aplanados y las bases espolonadas o caudadas, los lobos de la corola del disco largos y angostos, y la corola bilabiada, ligulada, (cuando los lobos presentes) el limbo 5-lobado (Robinson y Brettell, 1973b). Los caracteres de las tribus de Cichorioideae contrastan con aquellos de las tribus de Asteroideae, las cuales típicamente tienen líneas estigmáticas en pares cubriendo la superficie interna de las ramas del estilo, las anteras con apéndice apical de forma navicular y bases redondeadas, los lobos de la corola del disco cortos, y limbo de las corolas radiadas (cuando presentes) 3-lobados.

Solo una década más tarde, Jansen y Palmer (1987) encontraron que virtualmente todas las plantas terrestres de Mutisieae subtribus Barnadesiinae no presentan la inversión 22 kb del cloroplasto de ADN que se encuentra en las Asteraceae, y Bremer y Jansen (1992) formalmente elevaron Mutisieae subtribus Barnadesiinae a nivel de subfamilia como Barnadesioideae, la cual es hermana del resto de las Asteraceae. A partir de entonces, Bremer (1994, 1996) proporcionó tratamientos completos de todos los géneros de Asteraceae y supragéneros como eran entendidos hasta entonces. El diagrama tribal y de subfamilia de Bremer (1996: f. 1) reconoció 17 tribus en 4 subfamilias, con las Mutisioides no ubicadas en una subfamilia. Pruski y Sancho (2004) formalmente reconocieron la subfamilia Mutisioideae, cinco subfamilia en total y contaron 560 géneros y 8040 especies en América tropical. Cronquist (1977) comentó que "la debilidad en el arreglo de Carlquist es que las tribus de su concepto de Cichorioideae no muestran la coherencia y ni siquiera se acercan a aquella mostrada por la tribus de Asteroideae", y con seguridad no solo Mutisioideae, sino varias otras subfamilias tempranamente divergentes han sido segregadas de Cichorioideae sensu Carlquist (1976). Por otro lado, todas las filogenias desde entonces (p. ej., Bremer, 1987; Bayer y Starr, 1998) han rescatado básicamente Asteroideae sensu Carlquist (1976) como monofilético, mostrando la validez del arreglo original de Carlquist.

El trabajo de Bremer (1994, 1996), Jansen (Jansen et al., 1991; Kim y Jansen, 1995; Jansen y Kim, 1996; Kim et al., 2005), y Panero (Panero y Funk, 2002, 2007, 2008; Panero et al., 2014) muestra que Mutisieae, basal y tempranamente divergente, no es monofilética, básicamente resultando (hasta hoy) en descripciones generalmente por Panero y reconocimiento por él de un total de 13 subfamilias dentro de Asteraceae. Las cinco subfamilias de Asteraceae reconocidas por Pruski y Sancho (2004) contienen todas las 13 tribus de Bentham y proporcionan una clave para las tribus que ellos reconocen en el continente americano. Las cuatro subfamilias de Asteraceae en Mesoamérica son aquellas reconocidas por Pruski y Sancho (2004) excepto por la tribus Barnadesieae, la cual es endémica de Sudamérica. Tanto *Barnadesia* Mutis ex L. f. como *Dasyphyllum* Kunth (de la tribu Barnadesieae) se encuentran en el norte de Colombia y se podrían encontrar en la frontera con Panamá. En el otro extremo de la filogenia de la familia, básicamente debido a la reciente divergencia de la tribus Eupatorieae la cual está anidada dentro de Heliantheae (ambas tienen la sinapomorfía de los frutos carbonizados con fitomelanina, véase Pandey y Dhakal, 2001), está Eupatorieae de Cassini que es monofilético y se podría continuar reconociendo (el cual contiene 0.05% de las Angiospermas). Baldwin et al. (2002) segregaron varias tribus de Heliantheae. También, siguiendo el realineamiento tribal de Augier y Mérac (1951), Poljakov (1967), Wagenitz (1976), y Carlquist (1976), futuros ajustes tribales fueron propuestos por Robinson y Brettell (1973b, g, h), Robinson (1994), Panero y Funk (2002, 2007, 2008), Pruski (2004a, 2004b), Cariaga et al. (2008), Katinas et al. (2008), Funk y Robinson (2009), Funk et al. (2009) y Panero et al. (2014). Actualmente se reconocen 13 subfamilias y 44 tribus de Asteraceae. Las Asteraceae tempranamente divergentes parecen tener un número cromosómico base de $x = 9$, mientras que las que tal vez emergieron de poliploidía más tardíamente tienen $x = 19$.

Debido a que numerosas tribus son tan grandes o más grandes que numerosas familias de Angiospermas, en esta revisión de las Asteraceae de Mesoamérica, los géneros (y, en el caso de Heliantheae s. str., subtribus) están dispuestos alfabéticamente dentro del esquema jerárquico tribal también alfabéticamente listado. La Tabla 2 presenta las 4 subfamilias de Asteraceae (en negrita mayúscula), organizadas desde Mutisioideae, la divergente más tempranamente, hasta Asteroideae, la divergente más recientemente, listando las 23 tribus que se conocen en Mesoamérica. Las tribus y géneros que se reconocen en este tratamiento (Tabla 3) son en su mayoría los mismos del monumental tratamiento de las Asteraceae de Kubitzki (2007 [2006]).

En Mesoamérica se encuentran 282 géneros y 1072 especies de Asteraceae, de los cuales 21 géneros (8%) y 439 especies (42%) son endémicos (Tabla 1, pg. xii). De las 439 especies endémicas, 226 especies (51%) están restringidas a una sola región (Tabla 4); las nueve regiones con especies endémicas del total de especies calculadas son las siete repúblicas Centroamericanas, y los estados mexicanos de Chiapas y Yucatán. Nueve de los 21 géneros endémicos de Asteraceae mesoamericanos son Eupatorieae; nueve géneros son endémicos de solo un país, con 3 en cada uno Costa Rica y México (Tabla 5).

Tabla 2. Las cuatro subfamilias y 23 tribus de Asteraceae mesoamericanas.

MUTISIOIDEAE
3 tribus: Mutisieae, Nassauvieae, Onoserideae;
CARDUOIDEAE
1 tribus: Cardueae;
CICHORIOIDEAE
4 tribus: Arctotideae, Cichorieae, Liabeae, Vernonieae;
ASTEROIDEAE
15 tribus: Anthemideae, Astereae, Bahieae, Calenduleae, Coreopsideae, Eupatorieae, Gnaphalieae, Helenieae, Heliantheae, Inuleae, Millerieae, Neurolaeneae, Perityleae, Senecioneae, Tageteae.

Tabla 3: Arreglo de 282 géneros en las 23 tribus de Asteraceae en la Flora Mesoamericana

I. Anthemideae
Achillea, Anthemis, Argyranthemum, Artemisia, Chrysanthemum, Cotula, Glebionis, Leucanthemum, Matricaria, Tanacetum;

II. Arctotideae
Arctotis;
III. Astereae
Archibaccharis, Astranthium, Baccharis, Bellis, Callistephus, Chloracantha, Conyza, Dichrocephala, Diplostephium, Egletes, Erigeron, Grindelia, Gymnosperma, Heterotheca, Laennecia, Laestadia, Osbertia, Pityopsis, Psilactis, Solidago, Symphyotrichum, Talamancaster, Westoniella;
IV. Bahieae
Achyropappus, Espejoa, Florestina, Loxothysanus, Schkuhria;
V. Calenduleae
Calendula, Dimorphotheca;
VI. Cardueae
Carthamus, Centaurea, Cirsium, Cynara, Silybum;
VII. Cichorieae
Cichorium, Crepis, Hieracium, Hypochaeris, Lactuca, Launaea, Pinaropappus, Sonchus, Taraxacum, Tragopogon, Youngia;
VIII. Coreopsideae
Bidens, Chrysanthellum, Coreopsis, Cosmos, Dahlia, Electranthera, Goldmanella, Heterosperma, Hidalgoa;
IX. Eupatorieae
Adenocritonia, Adenostemma, Ageratina, Ageratum, Amolinia, Austroeupatorium, Ayapana, Bartlettina, Blakeanthus, Brickellia, Campuloclinium, Carminatia, Chromolaena, Condylidium, Conoclinium, Critonia, Critoniadelphus, Decachaeta, Eupatoriastrum, Eupatorium, Fleischmannia, Fleischmanniopsis, Gongrostylus, Gymnocoronis, Hebeclinium, Heterocondylus, Hofmeisteria, Iltisia, Isocarpha, Koanophyllon, Macvaughiella, Matudina, Microspermum, Mikania, Neomirandea, Nesomia, Oxylobus, Pachythamnus, Peteravenia, Piptothrix, Piqueria, Polyanthina, Pseudokyrsteniopsis, Sciadocephala, Standleyanthus, Stevia, Tuberostylis, Zyzyura;
X. Gnaphalieae
Achyrocline, Chionolaena, Gamochaeta, Gnaphalium, Pseudognaphalium, Xerochrysum;
XI. Helenieae
Gaillardia, Helenium, Hymenoxys;
XII. Heliantheae
A. Heliantheae subtribus Ambrosiinae
Ambrosia, Parthenium, Xanthium;
B. Heliantheae subtribus Ecliptinae
Baltimora, Calyptocarpus, Clibadium, Delilia, Eclipta, Elaphandra, Eleutheranthera, Iogeton, Jefea, Lasianthaea, Lundellianthus, Melanthera, Oblivia, Otopappus, Oyedaea, Perymenium, Plagiolophus, Rensonia, Riencourtia, Sphagneticola, Synedrella, Tilesia, Tuxtla, Wamalchitamia, Wedelia, Zexmenia;
C. Heliantheae subtribus Enceliinae
Flourensia;
D. Heliantheae subtribus Engelmanniinae
Borrichia;
E. Heliantheae subtribus Helianthinae
Aldama, Garcilassa, Helianthus, Heliomeris, Iostephane, Lagascea, Sclerocarpus, Simsia, Tithonia, Viguiera;
F. Heliantheae subtribus Montanoinae
Montanoa
G. Heliantheae subtribus Montanoinae
Rojasianthe;
H. Heliantheae subtribus Spilanthinae
Acmella, Salmea, Spilanthes;
I. Heliantheae subtribus Verbesininae
Podachaenium, Squamopappus, Tetrachyron, Verbesina;
J. Heliantheae subtribus Zinniinae
Echinacea, Heliopsis, Philactis, Sanvitalia, Tehuana, Zinnia;

XIII. Inuleae
  Epaltes, Pluchea, Pseudoconyza, Pterocaulon, Tessaria;
XIV. Liabeae
  Erato, Liabum, Munnozia, Oligactis, Sinclairia;
XV. Millerieae
  Acanthospermum, Alepidocline, Alloispermum, Cuchumatanea, Desmanthodium, Galinsoga, Guizotia, Ichthyothere, Jaegeria, Melampodium, Milleria, Oteiza, Rumfordia, Sabazia, Schistocarpha, Selloa, Sigesbeckia, Smallanthus, Tridax, Trigonospermum, Unxia;
XVI. Mutisieae
  Adenocaulon, Chaptalia, Gerbera, Leibnitzia;
XVII. Nassauvieae
  Acourtia, Jungia, Trixis;
XVIII. Neurolaeneae
  Calea, Enydra, Neurolaena;
XIX. Onoserideae
  Lycoseris, Onoseris;
XX. Perityleae
  Galeana, Perityle;
XXI. Senecioneae
  Barkleyanthus, Charadranaetes, Crassocephalum, Delairea, Digitacalia, Dresslerothamnus, Emilia, Erechtites, Euryops, Gynura, Jessea, Kleinia, Monticalia, Nelsonianthus, Ortizacalia, Pentacalia, Pittocaulon, Psacaliopsis, Psacalium, Pseudogynoxys, Robinsonecio, Roldana, Senecio, Talamancalia, Telanthophora, Villasenoria, Werneria, Género *A;*
XXII. Tageteae
  Adenophyllum, Comaclinium, Dyssodia, Flaveria, Gymnolaena, Pectis, Porophyllum, Tagetes;
XXIII. Vernonieae
  Centratherum, Cyanthillium, Cyrtocymura, Eirmocephala, Elephantopus, Eremosis, Harleya, Lepidaploa, Lepidonia, Lessingianthus, Orthopappus, Pacourina, Piptocarpha, Piptocoma, Pseudelephantopus, Rolandra, Spiracantha, Stenocephalum, Struchium, Trichospira, Vernonanthura, Vernonia.

Tabla 4. Especies endémicas por región.

Región	Especies endémicas
Belice	7
Costa Rica	64
El Salvador	4
Guatemala	68
Honduras	8
México (Chiapas)	29
México (Tabasco, Campeche, Yucatán, Quintana Roo)	6
Nicaragua	9
Panamá	31

Tabla 5. Géneros endémicos (21) de Asteraceae mesoamericanos.

Género	Tribus	Endémicos de un solo país
Amolinia	Eupatorieae	
Blakeanthus	Eupatorieae	
Charadranaetes	Senecioneae	Costa Rica
Comaclinium	Tageteae	
Critoniadelphus	Eupatorieae	
Cuchumatanea	Millerieae	Guatemala
Goldmanella	Coreopsideae	
Harleya	Vernonieae	
Iltisia	Eupatorieae	
Iogeton	Heliantheae	Panamá
Jessea	Senecioneae	
Matudina	Eupatorieae	México
Nesomia	Eupatorieae	México
Ortizacalia	Senecioneae	Costa Rica
Plagiolophus	Heliantheae	México
Pseudokyrsteniopsis	Eupatorieae	
Rojasianthe	Heliantheae	
Squamopappus	Heliantheae	
Standleyanthus	Eupatorieae	Costa Rica
Westoniella	Astereae	
Zyzyura	Eupatorieae	Belice

CLAVE PARA LAS TRIBUS DE ASTERACEAE EN MESOAMÉRICA
Por J.F. Pruski.

1. Plantas dioicas o poligamodioicas.
  2. Corolas generalmente blancas o blanco-amarillentas (*Archibaccharis* y *Baccharis*).   **III. Astereae** (p. p., 1 de 2)
  2. Corolas típicamente anaranjadas (*Lycoseris*).
                         XIX. Onoserideae (p. p., 1 de 2)
1. Plantas monoicas.
  3. Cabezuelas con al menos algunas flores bilabiadas o con cipselas robustamente estipitado-glandulosas (*Adenocaulon* de Mutisieae); polen típicamente prolato.
    4. Ramas del estilo con los ápices truncados.   **XVII. Nassauvieae**
    4. Ramas del estilo con los ápices redondeados.
      5. Hierbas arrosetadas.   **XVI. Mutisieae**
      5. Hierbas con tallos foliosos a escandentes o arbustos o arbolitos arqueados (*Onoseris*).   **XIX. Onoserideae** (p. p., 2 de 2)
  3. Cabezuelas nunca con flores bilabiadas; polen esferoidal (rara vez prolato, solo en *Centaurea* de la tribu Cardueae).

  6. Flores todas liguladas (y entonces las cabezuelas no con 4 flores y no con 8 filarios en 4 pares decusados); limbos de la corola con ápices 5-dentados; follaje con látex lechoso, hojas alternas.   **VII. Cichorieae**
  6. Flores nunca liguladas con limbos apicalmente 5-dentados, o solo subliguladas cuando las cabezuelas tienen 4 flores y 8 filarios en 4 pares decusados (Vernonieae: *Elephantopus, Orthopappus* y *Pseudelephantopus*); follaje típicamente con savia transparente (con látex lechoso en algunas Liabeae, pero entonces las hojas opuestas).
    7. Tronco del estilo distalmente con un anillo anular densamente papiloso o largamente papiloso.
      8. Cabezuelas radiadas; vilano generalmente de escamas hialinas (nativo de Sudáfrica y solo 1 especie rara vez naturalizada en Mesoamérica).   **II. Arctotideae**
      8. Cabezuelas típicamente discoides, algunas veces seudorradiadas; vilano frecuentemente de cerdas alargadas (común y generalmente nativo).   **VI. Cardueae**

7. Tronco del estilo nunca distalmente con un anillo anular papiloso bien definido aunque los troncos algunas veces uniformemente papilosos distalmente.

9. Tronco del estilo uniformemente papiloso distalmente.

10. Cabezuelas disciformes; ramas del estilo de las flores pistiladas marginales con la superficie estigmática de 2-bandas.

XIII. Inuleae (p. p., 1 de 2; géneros mesoamericanos excepto *Pterocaulon*)

10. Cabezuelas radiadas o discoides; ramas del estilo de las flores del disco con superficies estigmáticas continuas.

11. Hojas opuestas; cabezuelas radiadas o discoides; corolas generalmente amarillas. **XIV. Liabeae**

11. Hojas alternas; cabezuelas discoides o discoide-subliguladas; corolas generalmente blancas a rojizas o purpúreas, en Mesoamérica nunca amarillas. **XXIII. Vernonieae**

9. Tronco del estilo liso/glabro.

12. Cipselas no carbonizadas, no obcomprimidas; clinanto sin páleas.

13. Anteras caudadas.

14. Cabezuelas radiadas; cipselas sin vilano; cipselas radiadas obviamente ruguloso-tuberculadas abaxialmente (nativo del Viejo Mundo, y solo 2 especies cultivadas y rara vez naturalizadas en Mesoamérica). **V. Calenduleae**

14. Cabezuelas disciformes, discoides, o radiadas; cipselas típicamente con vilano (sin vilano solo en cabezuelas radiadas rara vez escapando de *Euryops* en la tribu Senecioneae); cipselas nunca obviamente ruguloso-tuberculadas abaxialmente; (común y generalmente nativo).

15. Filarios en 1(2) series, subiguales, la 1/2 distal no obviamente escariosa ni delgadamente papirácea completamente; cabezuelas disciformes, discoides, o radiadas.

XXI. Senecioneae (p. p., 1 de 2)

15. Filarios en (1)2-10 series, típicamente graduados, la 1/2 distal frecuente y obviamente escariosa o delgadamente papirácea en su totalidad; cabezuelas disciformes.

16. Filarios con lámina distal obviamente escariosa o delgadamente papirácea en su totalidad; ramas del estilo con ápices típicamente truncados (algunas veces agudos en *Chionolaena* y *Xerochrysum* pero entonces los tallos sin alas y las capitulescencias monocéfalas o corimbosas o umeladas).

X. Gnaphalieae

16. Filarios cartáceos a algunas veces membranáceos o herbáceos, los márgenes y el ápice algunas veces escariosos; ramas del estilo con ápice agudo; capitulescencias terminales, espigadas; tallos largamente alados.

XIII. Inuleae (p. p., 2 de 2; *Pterocaulon*)

13. Anteras con base truncada a sagitada.

17. Filarios secos y más bien completamente escariosos; vilano ausente o coroniforme, algunas veces con pocas escuámulas inconspicuas; estilos sin apéndices, las ramas del estilo con ápices típicamente truncados. **I. Anthemideae**

17. Filarios no secos y más bien completamente escariosos; vilano presente o ausente; estilos con apéndice o sin apéndice; ramas del estilo con ápices truncados a subulados.

18. Filarios en 1(2) series, subiguales; vilano generalmente de cerdas, sin escamas membranáceo-escariosas.

XXI. Senecioneae (p. p., 2 de 2)

18. Filarios en (1)2-varias series, subiguales a graduados, cuando los filarios en 1 serie entonces el vilano con escamas membranáceo-escariosas.

19. Ramas del estilo con apéndices, los apéndices deltado a lanceolados; clinanto sin páleas; anteras con apéndice más o menos aplanado, las tecas con tejido endotecial típicamente radial; vilano variado, generalmente de numerosas cerdas, no de escamas membranáceo-escariosas.

III. Astereae (p. p., 2 de 2)

19. Estilos generalmente sin apéndices y las ramas con ápices truncados, si con apéndices (*Gaillardia*) entonces el clinanto con enaciones setiformes tan largas como las cipselas del disco; anteras con apéndices carinados, las tecas con el patrón del endotecio generalmente polarizado; vilano típicamente de varias escamas membranáceo-escariosas.

XI. Helenieae

12. Cipselas carbonizadas o cuando el pericarpo ornamentado con secreciones oscuras no identificadas (*Electranthera*) entonces las cipselas obcomprimidas; clinanto paleáceo o sin páleas.

20. Estilos con apéndices obvios y largos, distalmente con los apéndices estériles 1-3 veces más largos que las porciones estigmáticas proximales, las ramas generalmente subteretes en la porción fértil proximal; hojas generalmente opuestas; cabezuelas discoides; corolas nunca amarillas. **IX. Eupatorieae**

20. Estilos sin apéndices o los apéndices solo moderados pero entonces los apéndices más cortos que las porciones estigmáticas, las ramas al menos escasamente aplanadas en la porción fértil; hojas alternas u opuestas; cabezuelas radiadas o discoides; corolas frecuentemente amarillas.

21. Clinanto sin páleas.

22. Follaje con frecuencia obviamente variegado (líneas) con cavidades pelúcidas internas, cuando no variegado (*Flaveria*) entonces las capitulescencias de agregados o glomérulos fuertemente compactados. **XXII. Tageteae**

22. Follaje sin líneas de cavidades secretorias; capitulescencias monocéfalas a abiertas, no compactas ni de glomérulos.

23. Vilano típicamente de varias escamas o escuámulas erosas engrosadas y de base ancha; cipselas generalmente obpiramidales a subteretes; corolas del disco 5-lobadas.

IV. Bahieae

23. Vilano ausente o coroniforme y de 1-2 cerdas más largas de base angosta; al menos algunas cipselas obcomprimidas o comprimidas; corolas del disco 4(5)-lobadas, cuando 5-lobadas entonces las cipselas sin vilano. **XX. Perityleae**

21. Clinanto típicamente paleáceo.

24. Involucros generalmente dobles con una conspicua serie de filarios externos diferenciada en textura y color de la serie interna cartácea y translúcida (involucros no dobles y filarios todos amarillo-escariosos en *Goldmanella*); páleas aplanadas; cipselas del disco frecuentemente obcomprimidas.

VIII. Coreopsideae

24. Involucros no dobles o cuando de apariencia doble la serie interna no translúcida, todos los filarios no amarillo-escariosos; páleas generalmente conduplicadas (algunas veces lineares o filiformes, p. ej., *Alepidocline, Eclipta, Selloa, Unxia*); cipselas del disco no obcomprimidas (o si de apariencia comprimida, como en *Enydra*, entonces las páleas marcadamente abrazando las flores del disco formando una unidad cipsela-pálea endurecida).

25. Vilano típicamente presente y bilateralmente dispuesto, rara vez radialmente dispuesto, coroniforme o frecuentemente de pocas aristas, cerdas, o escuámulas pequeñas, o a veces el vilano ausente; estilos sin apéndices o con apéndices, las superficies estigmáticas continuas o en 2 bandas.

XII. Heliantheae

25. Vilano típicamente presente y radialmente dispuesto, a veces el vilano ausente; estilos sin apéndices o casi sin apéndices, las superficies estigmáticas con 2 bandas.

26. Cipselas por lo general finamente estriadas (las estrías siendo interrupciones en la capa carbonizada); carpóforo generalmente no esculpido. **XV. Millerieae**

26. Cipselas sin estrías longitudinales pequeñas interrumpiendo la capa punteado-carbonizada; carpóforo frecuentemente esculpido. **XVIII. Neurolaeneae**

I. Tribus **ANTHEMIDEAE** Cass.

Ursinieae H. Rob. et Brettell
Descripción de la tribu y clave genérica por J.F. Pruski.

Hierbas anuales a arbustos, frecuentemente aromáticos, polinizados por insectos, rara vez por viento; follaje generalmente con tricomas simples, los tricomas rara vez dolabriformes. Hojas típicamente alternas, mayormente caulinares, en general lobadas o disecadas a profundamente pinnatífidas, frecuentemente amplexicaules o abrazando el tallo; láminas generalmente cartáceas, pinnatinervias, las nervaduras de tercer orden frecuentemente inconspicuas, el ápice, los lobos y las denticiones frecuentemente mucronatos. Capitulescencia comúnmente terminal. Cabezuelas radiadas, discoides o disciformes, cuando son radiadas son frecuentemente grandes y vistosas; involucro hemisférico o campanulado; filarios en 2-varias series, secos y más bien escariosos, frecuentemente con la zona media verde, los márgenes generalmente escarioso-hialinos, persistentes o deciduos; clinanto sin páleas hasta rara vez con páleas; páleas típicamente deciduas. Flores radiadas ausentes o 1(2)-seriadas, pistiladas o rara vez estériles; limbo de la corola frecuentemente blanco o amarillo, generalmente 5-7-nervio, las nervaduras adyacentes comúnmente anastomosadas y unidas hacia el ápice, papiloso adaxialmente, típicamente no glanduloso abaxialmente. Flores del disco bisexuales o rara vez funcionalmente estaminadas; corola brevemente (3)4-5-lobada, comúnmente amarilla, comúnmente esparcidamente glandulosa o glabra; anteras de color crema, las tecas con la base redondeada u obtusa, no caudada (Mesoamérica) o rara vez cortamente caudada, el tejido endotecial con las paredes de las células casi siempre, si no siempre, con engrosamientos radiales, el apéndice apical comúnmente ovado, los filamentos cortos; ramas del estilo generalmente cortas, con 2 bandas desde la base hasta el ápice, sin apéndices, el ápice típicamente truncado, típicamente con el margen papiloso/fimbriado, las papilas obtusas apicalmente. Cipselas isomorfas o dimorfas, algunas veces obcomprimidas, frecuentemente acostilladas, el pericarpo con células mixógenas (absorbentes de agua) pero nunca carbonizadas, o sin estas, rara vez setoso, sésil en el clinanto o rara vez obviamente pedicelado, el carpóforo no esculpido; vilano generalmente ausente, algunas veces coroniforme o escamuloso, pero nunca presente como cerdas capilares. Aprox. 110 gen., c. 1800 spp. Cosmopolita, con concentración de géneros y especies en la zona nortemplada del Viejo Mundo; c. 25 gen. en el continente americano.

Los miembros de la tribu se conocen ampliamente por su uso como plantas medicinales y ornamentales. Las margaritas, los piretros, los ajenjos, las artemisas y los crisantemos de jardín son todos miembros de esta tribu, como lo son las diversas manzanillas medicinales que pertenecen a varios géneros. El polen de las especies de *Artemisia* transportado por aire es una de las causas principales de la fiebre del heno. El grupo es taxonómicamente difícil y frecuentemente se requiere de frutos maduros para la identificación. Anthemideae con frecuencia tiene follaje aromático, pero existe una gran variación en la característica disección de las hojas aun dentro de un mismo individuo, y carece de vilano parcial o totalmente, una característica que en el resto de las Asteraceae es comúnmente usada taxonómicamente. Las características técnicas que ayudan a definir la tribu son las ramas del estilo con 2 bandas normalmente truncadas, las anteras no caudadas, y cuando son radiadas teniendo las corolas radiadas adaxialmente papilosas. Las cipselas son inusuales en Asteraceae en que frecuentemente son aplanadas en el plano paralelo al de los filarios (tangencialmente comprimidos u obcomprimidos). La mayoría de la literatura que trata la tribu Anthemideae utiliza distintos nombres genéricos para taxones individuales; sin embargo, Bremer y Humphries (1993) resumen una restructuración genérica y también listan especies a nivel mundial. Por ejemplo, Bremer y Humphries (1993) reconocieron en *Chrysanthemum* solo 2 de las más de c. 150 especies tradicionales, transfiriendo muchos

de los nombres a *Dendranthema*, pero más recientemente el tipo de *Chrysanthemum* fue conservado y es el mismo que el de *Dendranthema*. En un momento dado, el nombre genérico *Matricaria* fue rechazado nomenclaturalmente, pero en la actualidad el tipo ha sido conservado, haciendo posible la aplicación del nombre.

Los géneros de manzanillas de fuera de Mesoamérica que deberían encontrarse naturalizados son *Chamaemelum* Mill. y *Tripleurospermum* Sch. Bip. Entre estos, *Chamaemelum* se asemeja más a *Anthemis* por los clinantos con páleas y *Tripleurospermum* se asemeja más a *Argyranthemum* por los clinantos sin páleas, pero se diferencia por las cipselas con costillas gruesas que son tranversalmente rugulosas sobre las caras entre las costillas y tienen dos sacos resinosos abaxial-apicales. Es posible que ejemplares de *Chamaemelum* o *Tripleurospermum* o ambos, del área de Mesoamérica, hayan sido identificados erróneamente como la especie similar *Matricaria chamomilla*, la cual difiere de estos por el vilano frecuentemente coroniforme.

Soliva Ruiz et Pav., una maleza postrada ampliamente distribuida, posiblemente se encuentra en Mesoamérica. Tanto *S. anthemifolia* (Juss.) Sweet como *S. sessilis* Ruiz et Pav. [sinónimo *S. pterosperma* (Juss.) Less.] se han registrado del estado cercano de Veracruz (Rzedowski y Calderón de Rzedowski, 1997). *Soliva sessilis* es una maleza agresiva de amplia distribución en gran parte del sur de los Estados Unidos. Las plantas se conocen por "pegatinas" y se reconocen por los frutos espinosos que cortan los pies descalzos; estas espinas están formadas por los estilos espinescentes persistentes, así como por las alas laterales de las cipselas. El género se asemeja a *Cotula mexicana* por su hábito cespitoso y por las cabezuelas disciformes pequeñas con las flores exteriores pistiladas y las interiores funcionalmente estaminadas. El follaje de *Santolina chamaecyparissus* L. (un subarbusto grisáceo con clinantos de páleas y cabezuela discoides, visto con poca frecuencia en flor) es ampliamente utilizado en bordes de jardines urbanos tropicales y templados. Podría estar cultivada en Mesoamérica, pero no se espera que pueda naturalizarse. En forma similar, *Coleostephus myconis* (L.) Cass. (caracterizado por el vilano coroniforme alto), se cultiva ocasionalmente como ornamental en América tropical, pero nunca parece volverse naturalizado.

Los tratamientos más frecuentemente consultados para las circunscripciones de géneros y especies, para claves de especies, y de las cuales parte de este tratamiento ha sido adoptado incluyen: Arriagada Mathieu y Miller (1997), Bremer y Humphries (1993), Dillon (1981), Jeanes (2002), Rydberg (1916), Rzedowski y Calderón de Rzedowski (1997), Schultz (1844), Thompson (2007) y Turner (1996c).

Bibliografía: Arriagada Mathieu, J.E. y Miller, N.G. *Harvard Pap. Bot.* 2: 1-46 (1997). Bremer, K. y Humphries, C.J. *Bull. Nat. Hist. Mus. Lond. (Bot.)* 23: 71-177 (1993). Dillon, M.O. *Fieldiana, Bot.* n.s. 7: 1-21 (1981). Jeanes, J.A. *Hort. Fl. S.E. Australia* 4: 348-449 (2002). Robinson, H. y Brettell, R.D. *Phytologia* 26: 76-85 (1973). Rydberg, P.A. *N. Amer. Fl.* 34: 217-288 (1916). Rzedowski, J. y Calderón de Rzedowski, G. *Fl. Bajío* 60: 1-29 (1997). Schultz, C.H. *Tanaceteen* 1-69 (1844). Thompson, I.R. *Muelleria* 25: 59-100 (2007). Turner, B.L. *Phytologia Mem.* 10: 1-93 (1996).

1. Cabezuelas discoides o disciformes, rara vez inconspicuamente radiadas.
  2. Capitulescencias piramidal-paniculadas; indumento frecuentemente con algunos tricomas dolabriformes; polinización por viento.   **4. Artemisia**
  2. Capitulescencias corimbosas a corimboso-paniculadas o monocéfalas; indumento de tricomas simples, o ausente; polinización por insectos.
    3. Capitulescencias de panículas corimbosas aplanadas en el ápice; corolas 5-lobadas.   **10. Tanacetum** p. p.

3. Capitulescencias corimbosas a monocéfalas; corolas comúnmente 3-4-lobadas.
    4. Hierbas decumbentes, las raíces fibrosas; cabezuelas hasta c. 2 mm en la antesis; corolas de color crema o algunas veces amarillentas; cipselas radiadas escasamente pediceladas.   **6. Cotula**
    4. Hierbas más o menos erectas, la raíz axonomorfa; cabezuelas generalmente 5-10 mm; corolas amarillo-verdosas; cipselas sésiles en los clinantos.   **9. Matricaria** p. p.
1. Cabezuelas radiadas.
    5. Flores radiadas estériles, rara vez estilíferas; clinantos con páleas en c. 2/3 distales.   **2. Anthemis**
    5. Flores radiadas pistiladas; clinantos generalmente sin páleas.
      6. Hojas pubescentes con algunos tricomas dolabriformes y cipselas sin vilano.   **5. Chrysanthemum**
      6. Hojas glabras o la pubescencia generalmente de tricomas simples, cuando tricomas dolabriformes presentes (a veces en *Tanacetum*), entonces las cipselas con el vilano coroniforme.
        7. Subarbustos; cipselas aladas, las alas extendiéndose a la corona del vilano al menos adaxialmente.   **3. Argyranthemum**
        7. Generalmente hierbas; cipselas sin alas, o cuando aladas las alas no se extienden a la corona del vilano.
          8. Hojas punteado-glandulosas y el limbo de las corolas radiadas ya sea abaxialmente glanduloso o generalmente rojizo.   **10. Tanacetum** p. p.
          8. Hojas algunas veces no glandulosas y el limbo de las corolas radiadas comúnmente no glanduloso, comúnmente blanco o amarillo, rara vez rosado.
            9. Hierbas rizomatosas; tallos simples o poco ramificados desde la base; corolas radiadas blancas, rara vez rosadas; clinantos con páleas o sin estas.
              10. Hojas profundamente 2-3-pinnatisectas; flores radiadas (3-)5, el limbo de las corolas corto y orbicular o cuneado; cipselas obcomprimidas, débilmente 2(3)-nervias; vilano ausente; clinantos paleáceos; puntas de la raíz nunca rojas.   **1. Achillea**
              10. Hojas simples y enteras a pinnatilobadas; flores radiadas 20-40, el limbo de las corolas alargado, mucho más largo que ancho; cipselas obcónicas, marcadamente c. 10-acostilladas; cipselas radiadas algunas veces con algunas escuámulas inconspicuas adaxialmente; clinantos sin páleas; puntas de las raíz rojas.   **8. Leucanthemum**
            9. Hierbas con raíz axonomorfa; tallos ramificados; corolas radiadas amarillas o blancas; clinantos sin páleas.
              11. Clinantos convexos, sólidos; cipselas dimorfas; hojas enteras a pinnatífidas; vilano ausente.   **7. Glebionis**
              11. Clinantos cónicos, fistulosos; cipselas isomorfas; hojas pinnatisectas; vilano algunas veces coroniforme.   **9. Matricaria** p. p.

1. Achillea L.
Millefolium Mill., *Ptarmica* Mill.
Por J.F. Pruski.

Hierbas aromáticas, perennes, rizomatosas, las puntas de la raíz nunca rojas; tallos generalmente simples o poco ramificados desde la base, generalmente erectos o ascendentes, algunas veces fasciculados; follaje si pubescente, con tricomas simples. Hojas basales y caulinares, pocas a numerosas desde la base del cáudice, profundamente 2-3-pinnatisectas, sésiles o pecioladas. Capitulescencia comúnmente en panículas corimbosas aplanadas en el ápice, de numerosas cabezuelas pequeñas, rara vez monocéfala. Cabezuelas radiadas (Mesoamérica) o rara vez discoides; involucro cilíndrico a hemisférico; filarios imbricados, graduados, 3-4-seriados; clinanto convexo a cortamente cónico, al menos en parte paleáceo; páleas membranáceas, algunas veces con una vena media. Flores radiadas generalmente 3-12; corola generalmente blanca, algunas veces amarilla o rosada, el tubo ligeramente compri-

mido, el limbo corto y orbicular o cuneado, patente, no glanduloso. Flores del disco 8-75(-100), bisexuales; corola blanca, amarillenta, o rosada, el tubo frecuentemente comprimido, el limbo frecuentemente más ancho que el tubo y 5-lobado; apéndice apical de la antera con ápice frecuentemente obtuso; ramas del estilo aplanadas. Cipselas obcomprimidas, oblongas u obovadas, de pared delgada, sin alas, débilmente 2(3)-nervias, glabras, con células mixógenas, lateralmente engrosadas; vilano ausente. $x = 9$. Aprox. 115 spp. Subtrópicos del Viejo Mundo hasta las zonas subárticas; 1 sp. naturalizada en América tropical. Varias especies se cultivan como ornamentales.

Bibliografía: Huber-Morath, A. *Ber. Schweiz. Bot. Ges.* 84: 123-172 (1974 [1975]).

1. Achillea millefolium L., *Sp. Pl.* 899 (1753). Lectotipo (designado por Huber-Morath, 1974 [1975]): Europa, *Herb. Linn. 1017.20* (imagen en Internet ex LINN!). Ilustr.: Nash, *Fieldiana, Bot.* 24(12): 581, t. 126 (1976). N.v.: Alcanfor, mil en rama, Y; alhucema, cola de ardilla, mil en rama, plumajillo, G; alhucema, milenrama, talquezal, H.

    Achillea millefolium L. subsp. *occidentalis* (DC.) Hyl., *A. millefolium* var. *occidentalis* DC., *A. occidentalis* (DC.) Raf. ex Rydb., *A. pecten-veneris* Pollard, *Chamaemelum millefolium* (L.) E.H.L. Krause.

    Hierbas 25-65 cm; tallos estriados, vellosos. Hojas profundamente 2-3-pinnatisectas, de contorno oblanceolado o lanceolado, las superficies algunas veces glandulosas, por lo demás glabrescentes a generalmente esparcidamente velloso-tomentulosas; hojas proximales pecioladas, el pecíolo de hasta 3 cm; hojas caulinares generalmente 3-13 × 0.5-2.5 cm, el raquis c. 0.8 mm de diámetro, subamplexicaules, los segmentos primarios laterales 15-20 por lado, generalmente 5-20 mm, los últimos segmentos generalmente hasta c. 5 × 1 mm, lanceolados, con punta espinulosa, sésiles. Capitulescencia generalmente con 50-100 cabezuelas, dispuestas por arriba de las hojas distales; pedúnculos 2-7 mm, vellosos. Cabezuelas c. 5 mm; involucro 4-5 × 2-3 mm, cilíndrico o angostamente campanulado; filarios 15-25, 3-4-seriados, generalmente con la vena media prominente, verdosos y los márgenes pajizos, subcarinados, marginalmente fimbriados; filarios externos c. 2 × 0.9 mm, ovados a elíptico-lanceolados, ligeramente vellosos; filarios internos 4-5 × c. 1 mm, lanceolados, el ápice ligeramente velloso; clinanto convexo, paleáceo; páleas 1.5-3 mm, lanceoladas. Flores radiadas (3-)5; corola blanca a rara vez rosada, el tubo c. 1 mm, el limbo 1.5-2 × 1.5-2 mm, ligeramente exerto del involucro, débilmente 2-nervio, adaxialmente papiloso, el ápice anchamente 3-dentado. Flores del disco 8-25; corola 2-3 mm, tubular, blanca, frecuentemente glandulosa, los lobos c. 0.3 mm; ramas del estilo c. 0.5 mm. Cipselas 1.5-2 mm. Floración generalmente jun.-feb. $2n = 18, 36, 54, 72$. *Laderas inclinadas, bosques de* Pinus, *bosques nublados, pastizales, pastizales alpinos, áreas alteradas, páramos, orillas de caminos.* Ch (*Matuda 15422*, MO); Y (*Millspaugh 47*, F); G (*Titus 205*, MO); H (Nelson, 2008: 143); N (*Moreno 3411*, MO); CR (*Pruski et al. 3832*, MO). (40-) 1400-3500 m. (Nativa de Europa; Canadá, Estados Unidos, México, Mesoamérica, Colombia, Venezuela, Ecuador, Perú, Brasil, Chile, Argentina, Antillas, Asia, África, Australia, Nueva Zelanda; ampliamente cultivada, adventicia y naturalizada.)

    Varias infraespecies (algunas basadas en poliploides ocasionales y ecotipos) se reconocen de varias formas (p. ej., Huber-Morath, 1974 [1975]), pero aquí se trata a la especie en el sentido amplio y no se reconocen infraespecies. Se dice que las plantas de Yucatán fueron introducidas con heno importado.

2. Anthemis L.
Por J.F. Pruski.

Hierbas anuales o perennes hasta subarbustos, frecuentemente aromáticos, polinizados por insectos, glabros o pubescentes; tallos erectos (Mesoamérica) a decumbentes, ramificados, subteretes; follaje si pubescente, con tricomas generalmente dolabriformes. Hojas 1-3-pinna-tisectas, obovadas a espatuladas, las superficies glabras o pubescentes, los segmentos angostos, subsésiles (Mesoamérica). Capitulescencia laxamente corimbosa a monocéfala. Cabezuelas radiadas o rara vez discoides; involucro hemisférico; filarios imbricados, subiguales o graduados, 3-5-seriados, persistentes, los márgenes escariosos o hialinos; clinanto cónico o hemisférico, completamente paleáceo o solo distalmente, rara vez sin páleas. Flores radiadas comúnmente presentes, estériles o generalmente pistiladas; corola blanca o rara vez amarilla o rojiza, el tubo rara vez setuloso, el limbo generalmente oblongo. Flores del disco bisexuales; corola infundibuliforme, generalmente amarilla, el tubo generalmente cilíndrico basalmente, no sacciforme en la base, algunas veces engrosado en fruto, los lobos 5. Cipselas isomorfas, obcónicas a obovoides, sin alas, obviamente 9-10-acostilladas, la superficie por lo demás lisa o tuberculada, glabra o glandulosa, con células mixógenas; vilano ausente o coroniforme. x = 9. Aprox. 175-210 spp. (Europa, Asia, África; algunas spp. naturalizadas en Norteamérica, Sudamérica, Australia, Nueva Zelanda.)

Anthemis se parece a *Chamaemelum* por las hojas disecadas, los clinantos paleáceos y las corolas radiadas generalmente blancas, pero esta otra manzanilla se diferencia por tener los tricomas siempre simples, las páleas con el margen escarioso y el ápice redondeado, las cipselas débilmente 2-3-acostilladas (y finamente estriadas entre las costillas) y las corolas del disco con la base sacciforme. *Anthemis* también es similar a *Matricaria*, la cual difiere por los clinantos sin páleas.

Bibliografía: Yavin, Z. *Israel J. Bot.* 19: 137-154 (1970).

1. Anthemis cotula L., *Sp. Pl.* 894 (1753). Lectotipo (designado por Yavin, 1970): Ucrania, *Gerber Herb. Linn. 1016.16* (imagen en Internet ex LINN!). Ilustr.: Cabrera, *Fl. Prov. Jujuy* 10: 449, t. 188 (1978). N.v.: Dog-fennel, mayweed.

Chamaemelum cotula (L.) All., *Maruta cotula* (L.) DC.

Hierbas anuales, 0.1-0.6(-0.9) m, la raíz axonomorfa; tallos totalmente ramificados, estriados, glabros o pubescentes o algunas veces glandulosos. Hojas 1.5-5 × 1-2(-3) cm, profundamente 2-pinnatisectas, glabras o pubescentes o algunas veces glandulosas, los segmentos distales individuales triangulares a lineares. Capitulescencia abierto-corimbosa con cabezuelas terminales en las últimas ramas; pedúnculo 2-9 cm, frecuentemente pubescente especialmente distalmente. Cabezuelas radiadas, generalmente 5-9 mm, el disco cónico; involucro 3-4.5 × 5-9 mm, hemisférico; filarios 3-4.5 × 1-1.2 mm, casi subiguales, c. 3-seriados, más o menos lanceolados, cortamente vellosos; clinanto cónico, paleáceo en c. 2/3 distales; páleas 2-3 mm, lineares, algunas veces glandulosas. Flores radiadas 10-16, estériles, rara vez estilíferas; corola 5-11 mm, blanca, el limbo c. 4-nervio, no glanduloso. Flores del disco c. 150; corola 1.9-2.6 mm, algunas veces glandulosa. Cipselas 1.2-1.8 mm, tuberculadas, algunas veces glandulosas; vilano ausente. 2n = 18. *Áreas cultivadas, áreas alteradas.* H (*Molina R. 15233*, NY). c. 800 m. (Europa, Asia, África; frecuentemente cultivada y se ha vuelto rápidamente invasiva en Canadá, Estados Unidos, México, Mesoamérica, Bolivia, Brasil, Paraguay, Uruguay, Chile, Argentina, Australia, Nueva Zelanda.)

En este trabajo se sigue el concepto de Yavin (1970) y no se reconocen infraespecies de *Anthemis cotula*. La especie es similar *A. arvensis* L., especie igualmente invasiva, que podría encontrarse en Mesoamérica y que difiere por las flores femeninas y las superficies de las cipselas sin tubérculos. También es similar a *Chamaemelum nobile* (n.v. manzanilla romana), la manzanilla económicamente más importante utilizada en infusiones, que podría encontrarse naturalizada en Mesoamérica, pero es una hierba perenne rizomatosa con los limbos de las corolas radiadas glandulosas.

3. Argyranthemum Webb ex Sch. Bip.

Preauxia Sch. Bip.

Por J.F. Pruski.

Subarbustos a arbustos; tallo generalmente simple, erecto o procumbente, ramificado, frecuentemente glabro. Hojas enteras a generalmente 1-2-pinnatífidas, de contorno frecuentemente obovado, las superficies sin glándulas, generalmente glabras, los lobos marginales cuneados a lineares, sésiles o pecioladas. Capitulescencia monocéfala o laxamente corimbosa; pedúnculos erectos. Cabezuelas radiadas, con numerosas flores; involucro hemisférico; filarios c. 28, imbricados, escalonados, 3-seriados o 4-seriados, persistentes, los márgenes y ápices anchamente hialinos, los filarios internos algunas veces dilatados apicalmente; clinanto convexo o cortamente cónico, sin páleas. Flores radiadas 12-30, pistiladas, 1-seriadas o algunas veces en pocas series en las formas cultivadas; corola blanca (Mesoamérica), rara vez amarilla o rosada, el limbo generalmente oblanceolado, algunas veces glanduloso abaxialmente. Flores del disco generalmente 80-150, bisexuales; corola tubular-infundibuliforme, 5-lobada, amarilla, por lo común muy ligeramente glandulosa, los lobos sin canal central de resina. Cipselas dimorfas, aladas, acostilladas, glabras o algunas veces glandulosas entre las costillas, en Mesoamérica con alas que se extienden en la corona del vilano, sin células mixógenas; cipselas radiadas triqueras, 3-aladas; cipselas del disco comprimidas, 2-aladas; vilano típicamente coroniforme al menos adaxialmente. x = 9. Aprox. 22-24 spp. Macaronesia, varias especies ampliamente cultivadas en todo el mundo como ornamentales y naturalizadas fuera de su distribución nativa.

El género fue revisado por Humphries (1976), quien reconoció 22 especies.

Bibliografía: Humphries, C.J. *Bull. Brit. Mus. (Nat. Hist.), Bot.* 5: 147-240 (1976).

1. Argyranthemum frutescens (L.) Sch. Bip. in Webb et Berthelot, *Hist. Nat. Îles Canaries* 3 (2.2): 264 (1844). *Chrysanthemum frutescens* L., *Sp. Pl.* 887 (1753). Lectotipo (designado por Humphries, 1976): Europa, *Herb. Clifford 417, Chrysanthemum 5* (imagen en Internet ex BM). Ilustr.: Jeanes, *Hort. Fl. S.E. Australia* 4: 367 (2002), como *A. frutescens* subsp. *frutescens*. N.v.: Margarita, G.

Argyranthemum foeniculaceum (Willd.) Webb ex Sch. Bip.?, *Chrysanthemum foeniculaceum* (Willd.) Steud.?, *Pyrethrum foeniculaceum* Willd.?, *P. frutescens* (L.) Willd.

Subarbustos, 0.5-1 m; follaje frecuentemente glauco, verde o verde-azulado. Hojas 2-8 × 1-6 cm, 1-2-pinnatífidas frecuentemente casi hasta la vena media, las superficies glabras, la base pectinada o entera, los márgenes con 2-5 pares de lobos primarios subopuestos, los lobos primarios 2-4 × 0.1-1 cm, cuneados a lineares, irregularmente dentados o partidos de nuevo. Capitulescencia de 1-10 cabezuelas; pedúnculos generalmente 4-15 cm. Cabezuelas de hasta 7 cm de diámetro, incluyendo los rayos, el disco convexo; involucro 7-10 × 6-22 mm de diámetro; filarios c. 3-seriados, 5-7 × 1.5-3 mm, los filarios internos dilatados apicalmente. Flores radiadas 15-21; tubo c. 3 mm, el limbo 6-20 × 2-6.5 mm, oblanceolado a oblongo, c. 13-nervio. Flores del disco con corola de 2-4 mm. Cipselas con el cuerpo 2.5-5 × 1-4.5 mm, las alas de hasta 1 mm de diámetro; vilano coroniforme, la corona hasta 2 mm. Floración feb., abr., nov. 2n = 18. *Cultivada, orillas de caminos, bosques de* Pinus-Quercus. Ch (Breedlove, 1986: 42); N (*Stevens y Montiel 18518*, MO). 1100-2200 m. (Nativa de Macaronesia; cultivada en todo el mundo y naturalizada en Estados Unidos, México, Mesoamérica, Colombia, Ecuador, Perú, Bolivia, Antillas mayores, Europa, Asia, África, Australia, Islas del Pacífico.)

Aunque Humphries (1976) y Jeanes (2002) reconocieron infraespecies, en este tratamiento se prefiere tratar a la especie en sentido amplio sin tomar decisiones sobre el uso de infraespecies. El nombre *Argyranthemum foeniculaceum* a veces se aplica a la especie de Mesoamérica cuando el follaje es glauco, pero es incierto si las dos especies son sinónimas o si los nombres han sido aplicados incorrectamente. Aquí, se ha adoptado el nombre con prioridad y se lista el segundo nombre como un posible sinónimo. Hay que reconocer que se puede estar circunscribiendo el taxón en forma demasiado amplia. Esta especie se está volviendo cada vez más común en el continente americano; quizás ha sido modificada en horticultura, y es con frecuencia identificada erróneamente como *Glebionis coronaria*, una especie que era mucho más común, y que es similar por las cipselas aladas pero que carecen de corona en el vilano.

4. Artemisia L.

Absinthium Mill., *Artemisia* L. subg. *Absinthium* (Mill.) Less.
Por J.F. Pruski.

Hierbas anuales o perennes, o arbustos, frecuentemente aromáticos, polinizados por viento, el indumento frecuentemente de algunos tricomas dolabriformes; tallos generalmente erectos, muy ramificados, estriados. Hojas generalmente lobadas o disecadas, rara vez no lobadas, pinnatinervias, glabras o glandulosas a diversamente pubescentes, la pubescencia frecuentemente tomentosa, típicamente grisácea al menos abaxialmente, pecioladas. Capitulescencia de numerosas cabezuelas, piramidal-paniculada, las ramas individuales frecuentemente virguliformes, espigadas o racemosas. Cabezuelas disciformes (en Mesoamérica) o algunas veces discoides, pequeñas; involucro cilíndrico a hemisférico, las flores solo escasamente exertas o no exertas; filarios imbricados, graduados, en pocas series, libres, al menos los filarios internos ligeramente escariosos con los márgenes hialinos; clinanto comúnmente convexo, sin páleas, glabro u ocasionalmente piloso. Flores radiadas ausentes. Flores marginales: corola cilíndrica, sin un limbo diferenciado, comúnmente amarillenta, 2-4-dentada; ramas del estilo peniciladas, apicalmente redondeadas a truncadas. Flores del disco bisexuales (Mesoamérica) o algunas veces funcionalmente estaminadas; corola tubular-infundibuliforme, 5-lobada, comúnmente amarillenta; apéndice de la antera triangular, el ápice agudo a angostamente agudo, las espinas del polen vestigiales; estilo incluido o las ramas exertas, las ramas peniciladas, apicalmente truncadas. Cipselas elipsoidales a obovoides, teretes o con menos frecuencia levemente obcomprimidas, glabras o algunas veces pubescentes, algunas veces con células mixógenas; vilano ausente. $x = 8, 9, 17$. 350-520 spp. Subcosmopolita con la gran mayoría de especies en Eurasia templada y Norteamérica templada; aprox. 9 spp. en América tropical.

En este trabajo se reconoce *Artemisia* en el sentido amplio como lo hizo Shultz (2006) y no se lo segrega como lo hizo Ling (1995). Varias especies son de importancia económica (por ejemplo, *A. dracunculus* L. el "estragón", *A. absinthium* el "ajenjo"). *Artemisia tridentata* Nutt. del oeste de Norteamérica es la famosa "*sagebrush*".

La polinización por viento que caracteriza a *Artemisia* es un estado derivado de la típica polinización por insectos de Anthemideae. Se parece a *Ambrosia* y con frecuencia erróneamente se confunde con este debido a la polinización por viento, las hojas disecadas y las últimas ramas virguliformes de la capitulescencia, pero se diferencia (además de las características técnicas tribales) por tener las cabezuelas estaminadas y pistiladas separadas, siendo el involucro de las cabezuelas estaminadas cupuliforme y al menos connato basalmente.

Bibliografía: Gabrieljan, E.T. y Chandjian, N.S. *Novosti Syst. Vyssh. Rast.* 23: 206-217 (1986). Keck, D.A. *Proc. Calif. Acad. Sci.* ser. 4, 25: 421-468 (1946). Ling, Y.-R. *Advances Compos. Syst.* 255-281 (1995). Shultz, L.M. *Fl. N. Amer.* 19: 503-534 (2006). Villar Anléu, L.M. *Fl. Silv. Guatemala* 1-99 (1998).

1. Clinantos pilosos.   **1. A. absinthium**
1. Clinantos glabros.
   2. Base de las hojas sin lobos.   **2a. A. ludoviciana** subsp. **mexicana**
   2. Base de las hojas con 1 o 2 pares de lobos dentados.   **3. A. vulgaris**

1. Artemisia absinthium L., *Sp. Pl.* 848 (1753). Lectotipo (designado por Ling en Jarvis y Turland, 1998): Europa, *Herb. Clifford 404, Artemisia 7* (imagen en Internet ex BM!). Ilustr.: Britton y Brown, *Ill. Fl. N. U.S.* ed. 2, 3: 525, t. 4578 (1913). N.v.: Ajenjo, H.

Hierbas perennes 0.4-1 m, aromáticas; tallos muy ramificados; follaje finamente canescente-seríceo con tricomas subadpresos. Hojas verde-gris 1-3-pinnatisectas; lámina 1.3-3 × 1.5-2.5 cm, de contorno anchamente ovado, los últimos segmentos 1-1.5 mm de diámetro, oblongos; pecíolo de hasta 2 cm. Capitulescencia angosta a anchamente racemoso-paniculada, bracteada. Cabezuelas c. 3 mm, generalmente nutantes; involucro 2-3 × 3-5(-6) mm, hemisférico o subgloboso; filarios densamente seríceos, los internos c. 1.5 mm de diámetro, ovados; clinanto largamente piloso, enaciones generalmente 0.5-1 mm, con frecuencia confundidas erróneamente por el vilano en el material no disecado. Flores marginales 10-20. Flores del disco 15-40; corola 1-1.7 mm, glandulosa, por lo demás glabra. Cipselas 0.5-1 mm, glabras. $2n = 18$. *Cultivada y ocasionalmente escapada.* G (Fernández Casas et al., 1993: 127); H (Nelson, 2008: 150). c. 1000 m. (Nativa de Eurasia y N. África; introducida en Canadá, Estados Unidos, México, Mesoamérica, Colombia, Ecuador, Perú, Bolivia, Chile, Argentina y Brasil subtropical.)

2. Artemisia ludoviciana Nutt., *Gen. N. Amer. Pl.* 2: 143 (1818). Tipo: Estados Unidos, *Nuttall s.n.* (PH). Ilustr.: Britton y Brown, *Ill. Fl. N. U.S.* ed. 2, 3: 529, t. 4588 (1913).
Artemisia vulgaris L. subsp. *ludoviciana* (Nutt.) H.M. Hall et Clem., *A. vulgaris* var. *ludoviciana* (Nutt.) Kuntze.

2a. Artemisia ludoviciana Nutt. subsp. **mexicana** (Willd. ex Spreng.) D.D. Keck, *Proc. Calif. Acad. Sci.* ser. 4, 25: 452 (1946). *Artemisia mexicana* Willd. ex Spreng., *Syst. Veg.* 3: 490 (1826). Holotipo: México, estado desconocido, *Humboldt y Bonpland 4359* (microficha MO! ex B-W). Ilustr.: Nash, *Fieldiana, Bot.* 24(12): 582, t. 127 (1976), como *A. mexicana.* N.v.: Ajenjo del país, T; estafiate, insenso de monte, Ch; macho, telkox, C; incienso, incienso de monte, G; incienso, ES.
Artemisia ghiesbreghtii Rydb., *A. indica* Willd. var. *mexicana* (Willd. ex Spreng.) Besser, *A. ludoviciana* Nutt. var. *mexicana* (Willd. ex Spreng.) Fernald, *A. muelleri* Rydb., *A. vulgaris* L. subsp. *mexicana* (Willd. ex Spreng.) H.M. Hall et Clem., *A. vulgaris* var. *mexicana* (Willd. ex Spreng.) Torr. et A. Gray, *Oligosporus mexicanus* (Willd. ex Spreng.) Less.

Hierbas; tallos varios desde un solo rizoma, cada uno simple o muy ramificado distalmente, subteretes o angulados, estriados, tomentulosos a glabrescentes. Hojas 2.5-11.5 × 0.2-1 cm, enteras a pinnatífidas, las superficies de las láminas ligeramente discoloras, la superficie adaxial verde, laxamente tomentulosa con tricomas dolabriformes a glabrescente, algunas veces glandulosa, la superficie abaxial grisáceo-tomentosa, frecuentemente glandulosa, la base atenuada, los márgenes frecuentemente revolutos, el ápice acuminado, sésiles o el pecíolo de hasta 5 mm; las hojas inferiores con frecuencia ligeramente pinnadamente 3-5(-7)-lobadas, de contorno obovado, los lobos enteros, escasamente dirigidos hacia adelante; las hojas distales del tallo lanceoladas a linear-lanceoladas, simples. Capitulescencia abierto-paniculada, subcolumnar, las ramas laterales 4-9 cm, las últimas ramas racemosas o espigadas; pedúnculos de hasta 1 mm, algunas veces basalmente 1-bracteolados, las bractéolas 4-10 mm. Cabezuelas disciformes, 2.5-4.5 mm, algunas veces resupinadas; involucro 2.5-4 × 2-3 mm, campanulado; filarios 8-10, 2-3-seriados, escasamente flocosos, los márgenes y el ápice anchamente hialinos, los filarios externos c. 2 × 1 mm, elíptico-lanceolados, los internos 3-4 × 1-1.5 mm, elíptico-ovados. Flores marginales 5-10; corola 1.2-1.8 mm, tubular-filiforme, ligeramente glandulosa; estilos muy exertos. Flores del disco bisexuales, 8-15(-20); corola 1.5-2 mm, tubular-infundibuliforme, amarilla o algunas veces teñida de color violeta apicalmente, ligeramente glandulosa, los lobos c. 0.3 mm; ramas del estilo de hasta c. 0.6 mm. Cipselas de hasta 1 mm, obovoides, escasamente comprimidas, ligeramente nervadas al madurar, glabras. Floración ago.-sep. 2*n* = 18, 36. *Arvense en orillas de caminos y campos, laderas forestales.* T (*Faust y Ucan 934*, MO); Ch (*Breedlove 37110*, MO); C (Villaseñor Ríos, 1989: 28); QR (Rodríguez et al., 2003: 120, como *Artemisia mexicana*); B (*Chanek 181*, F); G (*Castillo y Castillo 1607*, MO); H (*House 145*, MO); ES (*Pank 020*, MO). (100-)800-2600 m. (SO. Estados Unidos, México, Mesoamérica.)

La especie de Mesoamérica y el tipo del género (*Artemisia vulgaris*) son las dos especies más generalizadas y morfológicamente variables en América de este género notorio y taxonómicamente difícil. El informe de Millspaugh y Chase (1904) de *A. mexicana* en Yucatán fue descartado por Standley (1930), que en su lugar refirió el ejemplar (*Valdez 40*) a *A. vulgaris*. Del mismo modo, otros informes de la literatura se han cuestionado y tal vez se basan en ejemplares que se han identificado como *A. vulgaris*.

Artemisia ludoviciana tiene varias subespecies vagamente definidas (Keck, 1946), pero solo una subespecie se encuentra en Mesoamérica. Esta subespecie se distingue de la subespecie nominante por su capitulescencia paniculada más abierta con las ramas laterales más largas y las hojas del tallo principal pinnadas, ligeramente pinnatilobadas, con los márgenes frecuentemente revolutos.

3. Artemisia vulgaris L., *Sp. Pl.* 848 (1753). Lectotipo (designado por Gabrieljan y Chandjian, 1986): Europa, *Herb. Linn.* 988.41 (foto MO! ex LINN). Ilustr.: Britton y Brown, *Ill. Fl. N. U.S.* ed. 2, 3: 527, t. 4583 (1913). N.v.: Ajenjo, altamisa, sisin, si'isim, tsi'itsim, tzitzim, zizim, Y; ajenjo, C; ajenjo, QR; ajenjo, altamisa, hierba de San Juan, G; ajenjo, CR; ajenjo, altamis, altamisa, artemisa, incienso, H; ajenjo, N; ajenjo, CR.

Hierbas perennes, 0.3-1.5(-2) m, ligeramente aromáticas; tallos varios, erectos, simples proximalmente y ramificados distalmente, glabros a esparcidamente pubescentes. Hojas 1-2-pinnatífidas; láminas 2-10 × (1-)2-8 cm, lineares a ovadas, la base con 1 o 2 pares de lobos, los márgenes generalmente con 2 o 3 pares de lobos primarios, los lobos de hasta 20 mm de diámetro, dentados. Capitulescencia abiertopaniculada. Cabezuelas disciformes; involucro 2-3(-4) × 3-4 mm, campanulado; clinanto glabro. Flores marginales 6-12; corola c. 2 mm. Flores del disco 5-15(-20); corola 1.3-2.5 mm; anteras con tejido endotecial con engrosamientos radiales. Cipselas 0.5-1.2 mm, glabras. 2*n* = 18, 36, 40, 54. *Cultivada y ocasionalmente escapada.* Y (*Valdez 40*, F); C (Rodríguez et al., 2003: 121); QR (Rodríguez et al., 2003: 121); G (Nash, 1976e: 389); H (Nelson, 2008: 150); N (*Rueda et al. 16486*, MO); CR (Standley, 1938: 1432). 0-1500 m. (Nativa de Europa; introducida en Canadá, Estados Unidos, México, Mesoamérica, Colombia, Perú, Asia.)

Artemisia vulgaris es muy similar a *A. ludoviciana*. El material neotropical que se llamaría *A. vulgaris* es frecuentemente identificado como *A. verlotiorum* Lamotte. La cita de Villar Anléu (1998) de *A. dracunculus* en Guatemala probablemente es en referencia a esta especie.

5. Chrysanthemum L.
Dendranthema (DC.) Des Moul., *Pyrethrum* Medik. sect. *Dendranthema* DC.
Por J.F. Pruski.

Hierbas perennes a subarbustos, ligeramente lignificados basalmente y estoloníferos; tallos erectos, poco ramificados a densamente ramifica-

dos en algunas formas cultivadas, subteretes a marcadamente angulosos, comúnmente pubescentes, algunos tricomas dolabriformes. Hojas frecuentemente incisas o lobadas, rara vez enteras, la superficie con algunos tricomas dolabriformes. Capitulescencia laxamente corimbosa o monocéfala, largamente pedunculada, en general por encima de las hojas subyacentes. Cabezuelas radiadas, con numerosas flores; involucro hemisférico; filarios imbricados, graduados, en pocas series, con los márgenes pardo oscuros, en Mesoamérica con los filarios internos dilatados apicalmente; clinanto aplanado a convexo, sin páleas. Flores radiadas 1-seriadas o en las formas cultivadas extremas pluriseriadas; corola comúnmente blanca, rosada, o amarillenta, el limbo angostamente oblanceolado a oblongo. Flores del disco numerosas; corola tubular-infundibuliforme, 5-lobada, amarilla, comúnmente glandulosa; apéndice de la antera angostamente agudo; estilo brevemente bífido. Cipselas isomorfas, obcónicas y algunas veces curvadas, sin alas, débilmente 5-8-estriadas, rugulosas al través, la pared delgada, con células mixógenas en líneas verticales; vilano ausente. Aprox. 37-41 spp. Principalmente en Asia, 1 spp. se extiende al este de Europa; algunas spp. comúnmente cultivadas y ocasionalmente adventicias.

Chrysanthemum, cuando fue tipificado con *C. coronarium*, fue tratado por Bremer y Humphries (1993) con solo 2 especies, siendo 150 especies transferidas a otros géneros. Entre los géneros más grandes recientemente reconocidos por especialistas está *Dendranthema*, que incluye muchas de las especies ornamentales conocidas, incluyendo la especie de Mesoamérica. Otros géneros segregados grandes también reconocidos son *Argyranthemum*, *Leucanthemum* y *Tanacetum*. El tipo del género *Chrysanthemum*, sin embargo, fue recientemente conservado como *C. indicum* L. (Greuter et al., 2000), que también tipifica el género posterior *Dendranthema*. El lectotipo anterior de *Chrysanthemum*, *C. coronarium*, se excluye de este tratamiento como una especie de *Glebionis*. *Chrysanthemum* está estrechamente relacionado con *Tanacetum*, pero difiere de *Tanacetum* por las cipselas sin vilano y de paredes más delgadas con células mixógenas. *Chrysanthemum* está también relacionado a *Glebionis*, pero se diferencia de este por las cipselas isomorfas (vs. dimorfas) con las superficies transversalmente rugulosas (vs. más o menos suaves). *Chrysanthemum* es quizás parafilético en que algunas de las especies pueden estar más estrechamente relacionadas con el género discoide *Ajania* Poljakov que con el núcleo de *Chrysanthemum* (Bremer y Humphries, 1993).

Bibliografía: Ramatuelle, T. *J. Hist. Nat.* 2: 233-250 (1792).

1. Chrysanthemum morifolium Ramat., *J. Hist. Nat.* 2: 240 (1792). Tipo: cultivado en Europa, de China o Japón (P). Ilustr.: Huxley et al., *Dict. Gard.* 1: 613, 615 (1992). N.v.: Chrysanthemum, crisantemon, margarita, rosa de novia, H; margarita, N; crisantemo, CR.

Anthemis grandiflora Ramat., *Dendranthema grandiflorum* (Ramat.) Kitam. non *C. grandiflorum* Brouss. ex Willd., *D. morifolium* (Ramat.) Tzvelev, *Matricaria morifolia* Ramat., *Tanacetum morifolium* Kitam.

Hierbas generalmente perennes hasta rara vez subarbustos en las formas cultivadas, 0.2-1(-1.5) m; tallos crespo-pubescentes, los tricomas generalmente subadpresos, cuando ascendentes menos de 0.5 mm. Hojas pecioladas, comúnmente auriculadas basalmente; láminas 2.5-6(-10) × (0.5-)2-5(-7) cm, pinnatilobadas, generalmente con 2 pares de lobos subopuestos, la superficie adaxial glabra o ligeramente puberulenta, la superficie abaxial pubescente, frecuentemente glandulosa, basalmente atenuadas, el par de lobos distales mayor que el par proximal, de contorno comúnmente ovado u obovado, los lobos hasta 2.5 cm, enteros o generalmente gruesa y desigualmente o remota y secundariamente lobados, los lobos secundarios de hasta 5 mm; pecíolo 0.5-2(-3.5) cm. Capitulescencia comúnmente de 1-10 cabezuelas, o hasta 100 cabezuelas en las formas cultivadas extremas; pedúnculos 2-10(-21) cm, pubescentes, frecuentemente 1-2-bracteolados, las bractéolas 0.5-1 cm, lanceoladas. Cabezuelas 3-8(-15) cm de diámetro, incluyendo las corolas radiadas, vistosas, el disco convexo; involucro generalmente hasta c. 1 × 3 cm; filarios externos 3-6 × c. 1 mm, lanceolados a oblongos, comúnmente con la zona media verde y pubescente y el margen estrecho hialino; filarios internos 6-9 × 4-7 mm, ovados, los márgenes anchamente escarioso-hialinos; clinanto 4-10 mm de diámetro, convexo. Flores radiadas 30-200; tubo corolino 1.5-3 mm, comúnmente verdoso, el limbo 15-40(-70) × 3-6 mm, linear-oblanceolado a oblongo, blanco y palideciendo a rosado, rara vez amarillo o color violeta, algunas veces glanduloso abaxialmente. Flores del disco hasta 100, algunas veces casi ausentes y representadas por flores radiadas pluriseriadas en las formas cultivadas extremas; corola generalmente 3-5 mm, glandulosa, el tubo frecuentemente verdoso, el limbo generalmente amarillo, los lobos 0.6-1 mm. Cipselas 1(-1.5) mm cuando fértiles, frecuentemente no se forman en las plantas cultivadas. Floración durante todo el año. 2*n* = 36, 52-56, 64, 72. *Ampliamente cultivada, algunas veces persistente, bosques de* Pinus-Quercus. T (Cowan, 1983: 24, como *Dendranthema morifolium*); Ch (Breedlove, 1986: 45, como *D. morifolium*); G (*Santos 2201*, USCG); H (*Molina R. y Molina 35142*, MO); ES (Berendsohn y Araniva de González, 1989: 290-4, como *D. grandiflorum*); N (*Cardenal 4*, MO); CR (Standley, 1938: 1441, como *Chrysanthemum indicum*); P (*D'Arcy 16394*, MO). 90-1200 m. (Nativa de parientes de Asia; introducida en los Estados Unidos, México, Mesoamérica, Colombia, Ecuador, Perú, La Española, Europa, África.)

Ramatuelle (1792) reconoció a *Chrysanthemum morifolium* como distinta de *C. indicum* y dio una descripción detallada en tres nombres homotípicos publicados válidamente en forma simultánea. *Chrysanthemum morifolium*, desconocido en estado silvestre en Asia, se derivó de cultivo y es de parientes mixtos de seis especies, siendo *C. indicum* el padre dominante. Este comprende tanto el crisantemo común de maceta como los crisantemos japoneses comunes de otoño, de los cuales se conocen cientos de cultivares. Esta especie es la que se usa en "en la elaboración de Silletas" en Antioquia, Colombia. El nombre del padre principal, *C. indicum*, es con frecuencia aplicado incorrectamente a las plantas de Mesoamérica (Ramatuelle, 1792), pero en el sentido estricto, esta última especie no se encuentra en forma adventicia en América. El informe de Molina R. (1975) de *C. indicum* en Honduras es probablemente en referencia al material de *C. morifolium*. El nombre utilizado para la especie en *Dendranthema* fue *D. grandiflorum*, pero ese epíteto está bloqueado en *Chrysanthemum*.

6. Cotula L.

Lancisia Fabr., *Strongylosperma* Less.

Por J.F. Pruski.

Hierbas pequeñas, anuales o perennes no aromáticas, polinizadas por insectos, las raíces fibrosas, frecuentemente rizomatosas o estoloníferas; tallos decumbentes (Mesoamérica) a erectos, simples o ramificados desde la base, glabros; follaje con indumento de tricomas simples. Hojas alternas o arrosetadas, 1-3-pinnatífidas o rara vez enteras, generalmente amplexicaules, algunas veces envainadoras, glabras a pilosas o estrigosas o no densamente pilosas o estrigosas, algunas veces punteado-glandulosas, sésiles a pecioladas. Capitulescencia monocéfala, pedunculada; pedúnculos filiformes (Mesoamérica) u ocasionalmente robustos. Cabezuelas disciformes (Mesoamérica) o muy rara vez inconspicuamente radiadas, pequeñas (Mesoamérica hasta 2 mm en la antesis); involucro campanulado a hemisférico; filarios subiguales, 2-seriado o 3-seriados, elíptico-ovados, glabros a ligeramente pilosos, verdosos, 1-3-estriados, apicalmente redondeados; clinanto aplanado, sin páleas, glabro o piloso, frecuentemente áspero debido a los pedicelos persistentes de las flores marginales. Flores radiadas ausentes. Flores marginales generalmente en mayor número que las flores del disco, pistiladas, (1)2-4-seriadas, brevemente pediceladas y casi tan largas como las flores del disco; corola generalmente ausente (Mesoamérica) o la corola algunas veces presente (filiforme-tubular, 2-4-lobada); estilo corto, desnudo encima del ovario, las ramas del es-

tilo exertas, casi tan largas como la base del estilo, el ápice obtuso a truncado, la base frecuentemente persistente pero nunca espinescente; pedicelos c. 0.5 mm, algunas veces notablemente aplanados tangencialmente. Flores del disco sésiles en el clinanto, bisexuales o algunas con apariencia funcionalmente estaminada, no muy exertas del involucro; corola infundibuliforme a tubular-campanulada, (3)4-lobada, de color crema o algunas veces amarillenta, algunas veces glandulosa, los lobos frecuentemente con un canal resinoso central, la base a veces abaxialmente sacciforme y reflexa por encima del aquenio. Cipselas típicamente dimorfas, las externas escasamente pediceladas y obviamente obcomprimidas, con frecuencia anchamente aladas lateralmente, el cuerpo pardusco, las alas de color más claro, las superficies lisas o glandulosas, algunas veces con células mixógenas, algunas veces con glándulas mucilaginosas lineares, algunas veces dorsalmente con corniculos apicales pequeños, los corniculos cortos, ni rígidos ni espinescentes; vilano ausente (Mesoamérica) o rara vez presente adaxialmente en las cipselas externas. Aprox. 55 spp. Generalmente en el hemisferio sur y el Viejo Mundo, especialmente diverso en el sur de África; 4 spp. en el continente americano, 2 de estas nativas.

Lloyd (1972) ubicó a la especie mesoamericana de *Cotula* en *Cotula* sect. *Strongylosperma* (Less.) Benth., caracterizada por las flores pistiladas sin corola y por las flores del disco en menor número que las pistiladas. Las flores del disco (al menos en Mesoamérica) quizás son funcionalmente masculinas, al menos los ovarios (cipselas) nunca son tan largos o tan aplanados como las cipselas marginales, ni tampoco son aladas. *Cotula coronopifolia* L. se caracteriza por los tallos erectos subcarnosos, las hojas enteras hasta apenas lobadas, y las cabezuelas con una sola hilera de flores marginales, y debería encontrarse en Mesoamérica.

Las especies decumbentes con hojas pinnatífidas, vegetativamente se parecen a *Soliva* (también tribu Anthemideae), más bien por las características técnicas de las cabezuelas discoides o disciformes con cipselas obcomprimidas, estas aladas lateralmente, y por las ramas del estilo truncadas. *Soliva* difiere de *Cotula* por la ausencia de cipselas (vs. presencia), el estilo rígidamente espinescente y persistente. Las especies decumbentes a veces son identificadas erróneamente como *Plagiocheilus* Arn. ex DC. (tribu Astereae), un género que es similar en el hábito, el tamaño de la cabezuela, la ausencia de vilano, las flores internas pistiladas estériles, pero *Plagiocheilus* difiere por las cipselas radialmente comprimidas (vs. tangencialmente comprimidas), las cipselas marginales sésiles (vs. pediceladas), las flores marginales con corola (vs. corola generalmente ausente) y las ramas de estilo con apéndices apicales triangulares (vs. truncados y sin apéndices en *Cotula*). Tanto *Soliva* como *Plagiocheilus* se debería encontrar en Mesoamérica.

Bibliografía: Lloyd, D.G. *New Zealand J. Bot.* 10: 277-372 (1972).

1. Capitulescencia terminal, largamente pedunculada, exerta de las hojas subyacentes; involucros 3-5 mm de diámetro; filarios 12-20; flores marginales 25-50; cipselas apicalmente redondeadas; corola del disco 4-lobada; pecíolos algunas veces ligeramente pectinados. **1. C. australis**
1. Capitulescencia generalmente axilar, cortamente pedunculada, al mismo nivel que las hojas subyacentes; involucros menos de 2 mm de diámetro; filarios hasta 10; flores marginales 7-10; cipselas apicalmente bicorniculadas; corola del disco 3-lobada; pecíolos basalmente enteros.
2. C. mexicana

1. Cotula australis (Sieber ex Spreng.) Hook. f., *Fl. Nov.-Zel.* 1: 128 (1852). *Anacyclus australis* Sieber ex Spreng., *Syst. Veg.* 3: 497 (1826). Isotipo: Australia, *Sieber 331* (NY!). Ilustr.: McVaugh, *Fl. Novo-Galiciana* 12: 282, t. 41 (1984).

Cotula villosa DC., *Lancisia australis* (Sieber ex Spreng.) Rydb., *Soliva tenella* A. Cunn., *Strongylosperma australe* (Sieber ex Spreng.) Less.

Hierbas anuales 4-28 cm, infrecuentes, delicadas; follaje velloso a algunas veces glabrescente, los tricomas patentes o subadpresos, de hasta 1 mm; tallos difusos, muy ramificados desde la base, laxamente ramificados distalmente. Hojas caulinares, pecioladas o las distales sésiles; lámina 1-3.5(-5) × 1-1.5 cm, profundamente 2-pinnatífida o 3-pinnatífida en segmentos de contorno linear-lanceolado, elíptico-obovado o espatulado, el raquis c. 1 mm de diámetro, los lobos alternos u opuestos, los segmentos de primer orden 5-9, cada uno profundamente 3-6-partido secundariamente, los últimos segmentos 1.5-4.5 × 0.6-1.2 mm, lineares, agudos, apiculados, los tricomas frecuentemente más largos que el ancho de los lobos; pecíolo algunas veces ligeramente pectinado, dilatado basalmente, más o menos envainador, las hojas distales sésiles. Capitulescencia terminal, monocéfala, largamente pedunculada, exerta de las hojas subyacentes; pedúnculo 1-6 cm. Cabezuelas c. 2 mm en la antesis, de hasta c. 3 mm en el fruto; involucro 3-5 mm de diámetro, hemisférico; filarios 12-20, 1.7-2.2 × c. 1 mm, 2(3)-seriados, verdes algunas veces con los márgenes blanco-verdosos, la costilla media algunas veces anaranjada, esparcida y largamente setosa o generalmente glabrescente; filarios externos más angostos que los internos, algunas veces sin los márgenes escariosos obvios, el ápice obtuso o algunas veces agudo; filarios internos con márgenes 0.1-0.2 mm de diámetro, escariosos, blanco-verdosos, el ápice obtuso; clinanto glabro. Flores marginales 25-50, 2-3-seriadas; estilos 0.3-0.4 mm. Flores del disco 20-45, al parecer bisexuales; corola 0.6-0.8 mm, infundibuliforme a campanulada, 4-lobada, de color crema; estilo incluido. Cipselas 1.1-1.5 × c. 0.7 mm, obovoides, redondeadas apicalmente, las cipselas marginales pediceladas, pardo pálidas con las alas pajizas, las alas c. 0.1 mm de diámetro, las caras papilosas, las cipselas internas pardo oscuras, glabras o casi glabras. Floración jul., nov. 2*n* = 36, 40. *Jardines urbanos, laderas de volcanes.* G (*Pruski 4477*, MO). 1500-2700 m. (Canadá, Estados Unidos, México, Mesoamérica, Colombia, Ecuador, Perú, Bolivia, Uruguay, Chile, Argentina, Asia, África, Australia, Nueva Zelanda, Islas del Pacífico.)

2. Cotula mexicana (DC.) Cabrera, *Bol. Soc. Argent. Bot.* 8: 207 (1960). *Soliva mexicana* DC., *Prodr.* 6: 143 (1837 [1838]). Lectotipo (designado por McVaugh, 1984): *Sessé y Moc.*, Ilustr. Hunt Inst. 6331.1473. Ilustr.: Rzedowski y Calderón de Rzedowski, *Fl. Bajío* 60: 19 (1997).

Cotula minuta (L. f.) Schinz non G. Forst., *C. pedicellata* (Ruiz et Pav.) Cabrera non Compton, *C. pygmaea* (Kunth) Benth. et Hook. f. ex Hemsl. non Poir., *Gymnostyles minuta* (L. f.) Spreng., *G. peruviana* Spreng., *Hippia minuta* L. f., *Lancisia minuta* (L. f.) Rydb., *Soliva minuta* (L. f.) Sweet., *S. pedicellata* Ruiz et Pav., *S. pygmaea* Kunth.

Hierbas bajas, infrecuentes, de vida corta, perennes, las raíces fibrosas; tallos algunas veces con apariencia casi acaule, o aéreos c. 7 cm, delgados, foliosos, los estolones a veces más de 15 cm, glabros o ligeramente pilosos. Hojas 1-3.5 × c. 1 cm, 1-pinnatífidas o 2-pinnatífidas, frecuentemente de contorno oblanceolado, pecioladas; lámina con los segmentos laterales opuestos o subopuestos, c. 3-6-pareados, enteros o lobados, los últimos segmentos 3-6 × 1-2 mm, oblanceolados, generalmente 3-nervios, las nervaduras laterales cercanamente paralelas a los márgenes, agudos a obtusos, generalmente con punta espinulosa; pecíolo 3-nervio, la base entera, dilatada. Capitulescencia generalmente axilar, cortamente pedunculada, dispuesta entre las hojas subyacentes; pedúnculo 1-2 cm, algunas veces velloso, especialmente distalmente. Cabezuelas c. 2 mm; involucro hasta 2 mm de diámetro; filarios hasta 10, c. 1.5 × 0.4 mm, 2-seriados, glabros a ligeramente pilosos, el margen hialino algunas veces apicalmente color violeta; clinanto escasamente setoso, las setas c. 0.5 mm. Flores marginales 7-10, 1-seriadas o -2-seriadas; estilos c. 0.3 mm. Flores del disco 3-6, al parecer funcionalmente estaminadas; corola c. 0.8 mm, infundibuliforme a tubular-campanulada, 3-lobada, de color crema; estilo presente, sin ramificar. Cipselas c. 1.5 × 1.1 mm, obovoides, en parte verdosas y parecidas a los filarios, glabras o rara vez apicalmente glandulosas cuando inmaduras, apicalmente bicorniculadas. Floración abr., sep. *Áreas urbanas, lacustre en páramos, subpáramos.* CR (*Pruski et al.*

3907, MO); P (*Weston 10174*, MO). 1400-3400 m. (México, Mesoamérica, Colombia, Venezuela, Ecuador, Perú, Bolivia, Chile, Argentina.)

7. Glebionis Cass.
Xantophtalmum Sch. Bip.

Por J.F. Pruski.

Hierbas anuales u ocasionalmente perennes de vida corta, la raíz axonomorfa; tallos erectos o decumbentes al madurar, poco ramificados, estriados, glabros o ligeramente araneoso-pubescentes; follaje cuando pubescente con tricomas simples. Hojas enteras a profundamente 3-pinnatífidas, esencialmente sésiles, subamplexicaules; lámina de contorno oblanceolado a obovado, las superficies no glandulosas, glabras o algunas veces araneoso-pubescentes, la base frecuentemente con lobos pectinados. Capitulescencia monocéfala o en ocasiones laxamente corimbosa; pedúnculos robustos, glabros u ocasionalmente puberulentos, exertos de las hojas subyacentes. Cabezuelas radiadas, con numerosas flores; involucro hemisférico; filarios hasta c. 50, imbricados, graduados, en pocas series, escariosos, anchos, con numerosos nervios, los márgenes hialinos especialmente anchos en las series más internas, con finos nervios, frecuentemente solo la vena media coloreada y obvia, los filarios internos dilatados apicalmente; clinanto convexo, sin páleas. Flores radiadas 1-seriadas; corola generalmente amarilla (Mesoamérica), algunas veces blanca o de color crema con una mácula roja proximalmente, el limbo generalmente oblanceolado, generalmente no glanduloso abaxialmente. Flores del disco numerosas, bisexuales; corola tubular-infundibuliforme, 5-lobada, amarillenta, muy ligeramente glandulosa, el tubo algunas veces comprimido, los lobos con un canal de resina central; apéndice de la antera ovado, el ápice obtuso o anchamente ovado. Cipselas dimorfas, algunas veces con una ala ventral que no se extiende a la corona del vilano, no rugulosas, sin células mixógenas; cipselas radiadas 3-anguladas, los ángulos escasamente (Mesoamérica) a marcadamente alados; cipselas del disco cilíndricas a prismáticas, la superficie ondulada y de apariencia acostillada; vilano ausente. 2 o 3 spp. Nativo del Mediterráneo, Europa, Asia Menor y África; 2 spp. ampliamente naturalizadas, una más común en áreas templadas y la de Mesoamérica más común en zonas subtropicales y tropicales; ambas ampliamente cultivadas y naturalizadas en el continente americano.

Las especies anuales o perennes de vida corta de *Chrysanthemum* s.l. se reconocen bajo el género segregado *Glebionis*. Entre estos se encuentra *C. coronarium*, que fue citado como el lectotipo genérico de *Chrysanthemum* (Britton y Brown, 1913a; Jarvis et al., 1993), una lectotipificación en la actualidad reemplazada por el tipo conservado de *C. indicum* (Wiersema et al., 2015). *Glebionis* difiere de *Chrysanthemum* en las características técnicas de cipselas dimorfas (vs. isomorfas), no rugulosas (vs. transversalmente rugulosas). *Glebionis* se confunde frecuentemente con *Argyranthemum* (y viceversa), por las cipselas radiadas aladas pero en *Argyranthemum* las alas de la cipsela son contiguas con la corona del vilano. Aunque *C. carinatum* Schousb. ha sido tradicionalmente aliada con las especies ahora en *Glebionis*, Bremer y Humphries (1993) la reconocieron como el género monotípico *Ismelia* Cass. Turland (2004) señaló que los lectotipos de las dos especies representan el mismo taxón y propuso el tipo conservado de *C. coronarium* para mantener el uso tradicional del nombre.

Bibliografía: Turland, N.J. *Taxon* 53: 1072-1074 (2004).

1. Hojas profundamente (1)2-3-pinnatífidas; cipselas inconspicuamente acostilladas, 1-aladas. **1. G. coronaria**
1. Hojas enteras o ligeramente 1-pinnatífidas; cipselas del disco 10-acostilladas, no aladas. **2. G. segetum**

1. Glebionis coronaria (L.) Cass. ex Spach, *Hist. Nat. Veg.* 10: 181 (1841). *Chrysanthemum coronarium* L. *Sp. Pl.* 890 (1753). Tipo cons.:

Grecia, *Kyriakopoulos y Turland 1166* (UPA). Ilustr.: Ghafoor, *Fl. Pakistan*. 207: 47, t. 7 (2002). N.v.: Crisantema, Y; margarita, H; conchita, CR.

Matricaria coronaria (L.) Desr.

Plantas c. 1 m; tallos erectos o decumbentes, glabros o araneosopubescentes. Hojas de hasta c. 7 × 4 cm, profundamente (1)2-3-pinnatífidas, de contorno oblanceolado a oblongo, el raquis angosto, la base pectinada con c. 6 pares de lobos primarios generalmente 0.5 cm, los 2/3 distales de la lámina generalmente hasta con 4 pares de lobos hasta 2 cm, subopuestos; hojas distales hasta c. 2 cm, generalmente 1-pinnatífidas. Capitulescencia monocéfala a ocasionalmente laxamente corimbosa en pocos nudos distales; pedúnculos c. 10 cm. Cabezuelas con c. 100 flores, el disco convexo; involucro (7-)10-15(25) mm de diámetro; filarios c. 3-seriados, ovados con grandes ápices hialinos redondeados; filarios externos de hasta c. 5 × 2.5 mm, la porción basal central c. 3 mm, herbácea a escariosa; filarios internos de hasta c. 10 × 5 mm, el ápice hialino frecuentemente hasta 5 mm. Flores radiadas 15-25; corola amarilla o algunas veces descolorida a blanca en el ápice, el tubo 3-4 mm, el limbo 10-15(-20) × 3-5 mm, c. 10-nervio, el ápice hasta 5 mm de diámetro, truncado o diversamente dentado. Flores del disco numerosas; corola c. 5 mm, los lobos c. 0.5 mm, papilosos por dentro. Cipselas con el cuerpo 2-2.5 × 1.5-2 mm, pardusco, marcadamente 1-alado adaxialmente, el ala hasta 1.5 mm de diámetro, inconspicuamente acostilladas, las caras glandulosas, el carpóforo de hasta 1 mm de diámetro, pajizo; cipselas radiadas obcónico-triquetras; cipselas del disco con la costilla adaxial frecuentemente subalada. Floración mar. 2*n* =18. *Áreas cultivadas.* T (Turner, 1996c: 81-84, como *Chrysanthemum coronarium*); Ch (*Breedlove 50500*, CAS); H (Clewell, 1975: 166, como *C. coronarium);* ES (Standley y Calderón, 1941: 277); CR (Standley, 1938: 1441, como *C coronarium*). 500-1500 m. (Nativa de Europa; introducida y escapada en Canadá, Estados Unidos, México, Mesoamérica, Ecuador, Perú, Bolivia, Chile, Antillas mayores, África, Islas del Pacífico.)

Glebionis coronaria se encuentra generalmente naturalizada donde se cultiva. Se considera en sentido amplio en Mesoamérica, pero a veces las formas de colores (p. ej., Turland, 2004) se consideran como variedades del Viejo Mundo.

2. Glebionis segetum (L.) Fourr., *Ann. Soc. Linn. Lyon* sér. 2, 17: 90 (1869). *Chrysanthemum segetum* L., *Sp. Pl.* 889 (1753). Lectotipo (designado por Grierson, 1980): Europa, *Herb. Clifford 416, Chrysanthemum 2* (BM). Ilustr.: Alavi, *Fl. Libya* 107: 164, t. 46f (1983).

Matricaria segetum (L.) Schrank, *Pyrethrum segetum* (L.) Moench, *Xantophtalmum segetum* (L.) Sch. Bip.

Hierbas 0.2-0.6(-0.8) m. Hojas de hasta 12 cm, enteras o ligeramente 1-pinnatífidas, oblongas, los lobos 1-4 por cada lado. Involucro 8-12 × 13-20 mm de diámetro; filarios 3.5-9 mm. Flores radiadas 1-15; corola 10-20 mm. Flores del disco: corola 4-4.5 mm. Cipselas del disco 2-3 mm, 10-acostilladas, no aladas. 2*n* =18. *Áreas cultivadas, tal vez escapada.* ES (Standley y Calderón, 1925: 218). Elevaciones medias. (Nativa de Europa; introducida y escapada en Canadá, Estados Unidos, México, Mesoamérica, Colombia, Asia, África, Australia, Nueva Zelanda, Islas del Pacífico.)

Glebionis segetum es muy similar a *G. coronaria*.

8. Leucanthemum Mill.

Por J.F. Pruski.

Hierbas anuales o perennes (Mesoamérica), algunas veces aromáticas, rizomatosas, las raíces con la punta roja; tallo generalmente 1, erecto, simple o poco ramificado desde la base, angulado, estriado, glabro a híspido; follaje si pubescente, con tricomas simples. Hojas simples y enteras a pinnatilobadas, sésiles o pecioladas; lámina con superficies glandulosas, glabras a puberulentas; pecíolo alado o no alado. Capitulescencia monocéfala, rara vez laxamente corimbosa, largamente pedunculada y muy por encima de las hojas del tallo. Cabezuelas radiadas (Mesoamérica), rara vez discoides, con numerosas flores; involucro hemisférico; filarios numerosos, imbricados, graduados, 3-4-seriados, lanceolados, escariosos, 1-nervios, distal y apicalmente con los márgenes hialinos, estos algunas veces parduscos al secarse, el ápice no anchamente dilatado; clinanto convexo (Mesoamérica) o algunas veces cónico, sin páleas. Flores radiadas (13-)20-40; corola generalmente blanca, algunas veces blanca con el tubo verde, el limbo alargado, mucho más largo que ancho, generalmente oblanceolado, la superficie papilosa adaxialmente, no glandulosa abaxialmente. Flores del disco 100, bisexuales; corola tubular-infundibuliforme, 5-lobada, generalmente amarilla, algunas veces amarilla con el tubo verde, el tubo no alado, algunas veces basalmente inflado o sacciforme abaxialmente y cubriendo el ápice abaxial del aquenio; apéndice de la antera con ápice obtuso o anchamente agudo. Cipselas isomorfas, obcónicas, sin alas, marcadamente c. 10-acostilladas, la superficie parda, de pared gruesa, con células mixógenas, las costillas uniformemente espaciadas, pajizas, prominentes al madurar; vilano ausente a escamuloso, las cipselas radiadas algunas veces con unas pocas escuámulas inconspicuas adaxialmente, las cipselas del disco algunas veces con una aurícula adaxial. *x* = 9. Aprox. 35-43 spp. La mayoría de spp. en Europa y el norte de África, con pocas especies en Norteamérica; 2 spp. naturalizadas en América tropical.

Leucanthemum es un antiguo segregado de *Chrysanthemum*, que se diferencia ligeramente por tener las puntas de la raíz rojas (con antocianinas). Dos de las especies más conocidas de *Leucanthemum* están naturalizadas en Mesoamérica. En Mesoamérica las plantas de estas dos especies frecuentemente han sido unidas con *L. vulgare* (tipo del género) (p. ej., D'Arcy, 1975f; Nash, 1976e; Berendsohn y Araniva de González, 1989), aunque Standley (1938), Clewell (1975) y Molina R. (1975) tratan a la segunda especie como *C. lacustre* Brot. (o como el homotípico *L. lacustre* (Brot.) Samp. como en Nelson, 2008) (actualmente *L.* ×*superbum*). Una característica notable del género es la superficie adaxial marcadamente papilosa del limbo de las corolas radiadas, una característica común de la tribu Anthemideae, pero no tan obviamente manifestada como lo es aquí.

Bibliografía: Böcher, T.W. y Larsen, K. *Watsonia* 4: 11-16 (1957). Ingram, J.W. *Baileya* 19: 167-168 (1975). Soreng, R.J. y Cope, E.A. *Baileya* 23: 145-165 (1991).

1. Plantas hirsutas o glabras; tallos 4-10 mm de diámetro en la base; hojas sésiles, más o menos uniformemente serradas, los dientes 10-25 por margen, 1-2.4 mm; corolas del disco 4-5 mm; vilano de las cipselas radiadas de escuámulas 1-2 mm. **1. L. ×superbum**
1. Plantas glabras o puberulentas; tallos 2-3(-4) mm de diámetro en la base; hojas basales frecuentemente pecioladas, los lobos marginales y dientes irregularmente espaciados, generalmente hasta 8 por margen, 2-6 mm; corolas del disco 2.5(-3) mm; vilano de las cipselas radiadas ausente o de escuámulas c. 0.7 mm. **2. L. vulgare**

1. Leucanthemum ×superbum (Bergmans ex J.W. Ingram) D.H. Kent, *Watsoni*a 18: 89 (1990). *Chrysanthemum* ×*superbum* Bergmans ex J.W. Ingram, *Baileya* 19: 167 (1975). Holotipo: Estados Unidos, *Bailey s.n.* (BH). Ilustr.: Jeanes, *Hort. Fl. S.E. Australia* 4: 422 (2002). N.v.: Shasta daisy; margarita, G; margarita, H; margarita grande, CR; margarita, P.

Plantas generalmente 50-100 cm, hirsutas o glabras; tallos 4-10 mm de diámetro en la base, con frecuencia distalmente ramificados, las hojas basales generalmente ausentes en la antesis. Hojas (1-)4-20 × (0.5-)1-4 cm, oblanceoladas, gruesamente cartáceas o subcarnosas, nítidas, basalmente amplexicaules o las basales largamente atenuadas y de apariencia peciolada, los márgenes más o menos uniformemente serrados, los dientes 10-25 por margen, 1-2.4 mm, sésiles. Capitulescencia con pedúnculos generalmente 5-20 cm, moderadamente robustos. Cabezuelas generalmente 4-8 cm de diámetro incluyendo las flores radiadas, vistosas; involucro generalmente 10-20 mm de diámetro; filarios generalmente 35-50, 5-10 × 2-3 mm, c. 3-seriados, el margen hialino generalmente menos de 1 mm de diámetro; clinanto generalmente 1-2 cm de diámetro. Flores radiadas 25-40, 1-seriadas o algunas veces pluriseriadas en las formas cultivadas; corola blanca o generalmente blanca con el tubo verde, el tubo c. 1.5 mm, el limbo 20-40 × c. 6 mm, el ápice ligera e irregularmente 2-dentado o 3-dentado. Flores del disco mucho más de 200; corola 4-5 mm, tubular-infundibuliforme, los lobos c. 0.5 mm; ramas de estilo c. 0.5 mm. Cipselas radiadas 2.2-2.7 mm, el vilano de pocas escuámulas alargadas, las escuámulas 1-2 mm; cipselas del disco 2.4-3 mm. Floración mar.-ago., nov. *Laderas de volcanes, pastizales, vegetación secundaria, selvas altas perennifolias, ocasionalmente arvense, cultivada y naturalizada.* Ch (*Breedlove 39777*, MO); G (*Véliz y Rosito MV99.7003*, MO); H (*Montoya 173*, MO); ES (Berendsohn y Araniva de González, 1989: 290-7, como *Chrysanthemum lacustre*); N (*Paguaga y Toval 300*, MO); CR (*Wunderlin et al. 706*, MO); P (*D'Arcy y Hammel 12482*, MO). (1000-) 1500-3200 m. (Canadá, Estados Unidos, México, Mesoamérica, Colombia, Ecuador, Perú, Brasil, Argentina, La Española, Europa, Asia, Madagascar, Australia, Nueva Zelanda, Hawái.)

Leucanthemum ×*superbum* tiene numerosos sinónimos de uso común y ha sido variadamente identificada en la literatura. Algunas de las aplicaciones erróneas más comunes publicadas incluyen los nombres *Chrysanthemum lacustre* (p. ej., Clewell, 1975), *C. leucanthemum* (p. ej., D'Arcy, 1975f; Nash, 1976e) y *L. maximum* (Ramond) DC. (p. ej., Ingram, 1975; Soreng y Cope, 1991). Sin embargo, esta conocida planta ornamental escapada, que ha sido cultivada por más de 200 años, es actualmente determinada como *L.* ×*superbum* [p. ej., Jeanes, 2002].

Leucanthemum ×*superbum* es un híbrido estable de jardín y probablemente tiene parentesco con *L. lacustre* y *L. maximum*, estos últimos ocasionalmente cultivados en sus áreas nativas en la Península Ibérica (Ingram, 1975; Soreng y Cope, 1991). Esta especie parece ser la más común del género en Mesoamérica, excepto en laderas de volcanes en Costa Rica, donde *L. vulgare* se encuentra con más frecuencia.

2. Leucanthemum vulgare Tourn. ex Lam., *Fl. Franç.* 2: 137 (1778 [1779]). *Chrysanthemum leucanthemum* L., *Sp. Pl.* 888 (1753). Lectotipo (designado por Böcher y Larsen, 1957): Europa, *Herb. Clifford 416, Chrysanthemum 3, fol. 2* (BM). Ilustr.: Britton y Brown, *Ill. Fl. N. U.S.* ed. 2, 3: 518, t. 4560 (1913), como *C. leucanthemum*. N.v.: Ox-eye daisy, moon-daisy, lilita, ES; margarita, CR.

Chrysanthemum vulgare (Lam.) Gaterau, *Leucanthemum leucanthemum* (L.) Rydb., *Matricaria leucanthemum* (L.) Desr., *Pyrethrum leucanthemum* (L.) Franch., *Tanacetum leucanthemum* (L.) Sch. Bip.

Plantas generalmente 25-60 cm, glabras o puberulentas; tallos 2-3(-4) mm de diámetro en la base, generalmente simples o poco ramificados distalmente, las hojas basales frecuentemente presentes en la antesis. Hojas 2-7(-11) × 0.3-1 cm, pecioladas a sésiles, cartáceas, los lobos marginales y dientes generalmente hasta 8 por margen, 2-6 mm, irregularmente espaciados; hojas basales con lámina hasta 7(-11) cm, frecuentemente espatulada, el pecíolo c. 3.5(-8) cm; hojas distales amplexicaules, algunas veces pectinadas, ocasionalmente subenteras, sésiles. Capitulescencia con pedúnculos generalmente 1-13 cm, algo delgados. Cabezuelas generalmente menos de 4 cm de diámetro incluyendo las flores radiadas, vistosas; involucro generalmente 10-20 mm de diámetro; filarios generalmente 30-40, 2.5-8 × 1-2.5 mm, c. 3-seriados, el margen hialino hasta 1.5 mm de diámetro; clinanto generalmente 0.4-1.2 cm de diámetro. Flores radiadas 20-30; corola blanca, el tubo 1-1.5 mm, el limbo 10-30 × c. 4.5 mm, c. 10-nervio, el ápice ligeramente 3-dentado. Flores del disco generalmente c. 100; corola 2.5(-3) mm, los lobos c. 0.5 mm, las ramas del estilo c. 0.4 mm. Cipselas c. 1.5(-2) mm, el vilano de las cipselas radiadas ausente o de escuámulas c. 0.7 mm. Floración sep.-nov., feb., mar., jun. $2n = 18, 36$. *Laderas de volcanes, selvas altas perennifolias, orillas de caminos, ocasional-*

mente cultivada. Ch (Turner, 1996c: 81); G (Nash, 1976e: 389); H (Clewell, 1975: 166, como *Chrysanthemum leucanthemum*); ES (Berendsohn y Araniva de González, 1989: 290-7); CR (*Pruski et al. 3831*, MO). 1200-3300 m. (Nativa de Europa; Estados Unidos, México, Mesoamérica, Colombia, Venezuela, Ecuador, Perú, Bolivia, Brasil, Chile, Argentina, Antillas; en la actualidad una maleza cosmopolita.)

Leucanthemum vulgare es una maleza agresiva en las laderas de volcanes y en Mesoamérica solo se conoce de ejemplares de Costa Rica. Los reportes de esta especie de Guatemala, Honduras y El Salvador posiblemente se basan en identificaciones erróneas de *Leucanthemum* ×*superbum*, que se conoce de cada uno de estos países. El ejemplar que documenta el registro de *Chrysanthemum leucanthemum* de Panamá (D'Arcy, 1975f y Correa et al., 2004) corresponde a *L.* ×*superbum*.

9. Matricaria L., nom. cons.
Chamomilla Gray

Por J.F. Pruski.

Hierbas anuales o perennes de vida corta, con raíz axonomorfa, frecuentemente aromáticas, polinizadas por insectos, glabras o con menos frecuencia pubescentes; tallos más o menos erectos, ramificados, subteretes; follaje si pubescente, con tricomas simples. Hojas 1-3-pinnatisectas, sésiles o pecioladas, subamplexicaules, la base angostamente fimbriada por la lámina decurrente; las superficies de la lámina no glandulosas, los segmentos generalmente lineares. Capitulescencia por lo general laxamente corimbosa hasta rara vez monocéfala; pedúnculos generalmente pubescentes, no bracteolados. Cabezuelas radiadas o algunas veces discoides a disciformes; involucro campanulado a hemisférico; filarios imbricados, subiguales o algunos filarios externos c. 1/2 de la longitud, c. 2-4-seriados, más o menos angostos, glabros o ligeramente puberulentos, la zona media verdosa, los márgenes pajizo-hialinos, redondeados apicalmente; clinanto cónico (Mesoamérica) o raras veces apenas convexo, sin páleas, fistuloso. Flores radiadas generalmente presentes, pistiladas; corola blanca, el tubo algunas veces tangencialmente aplanado, el limbo adaxialmente papiloso, abaxialmente no glanduloso. Flores marginales (cuando las cabezuelas son disciformes): corola amarillo-verdosa. Flores del disco numerosas, bisexuales; corola tubular-infundibuliforme, algunas veces tangencialmente aplanada, amarilla a amarillo-verdosa, ocasionalmente glandulosa, el tubo engrosado en el fruto, los lobos 4 o 5(6), rara vez con canales resinosos; anteras con las bases obtusas, el apéndice apical angostamente deltado, los conectivos algunas veces resiníferos; ramas del estilo c. 0.3 mm. Cipselas isomorfas, obcónicas y escasamente obcomprimidas, no aladas, sésiles sobre el clinanto, basalmente arqueadas, los ápices con frecuencia oblicuamente truncados, moderadamente 3-5-acostilladas adaxialmente, la superficie lisa entre las nervaduras, glabra o finamente glandulosa, sin sacos resinosos apicales grandes, con células mixógenas, pardo claras, la nervadura de color crema; vilano ausente o coroniforme. Aprox. 6-7 spp. Cosmopolita, 1 sp. generalmente cultivada, 3 spp. en el continente americano; las 2 spp. neotropicales son casi cosmopolitas y ampliamente naturalizadas (una es nativa del oeste de Norteamérica) en el continente americano.

En el contexto histórico la nomenclatura y la aplicación del nombre *Matricaria* y de varias especies del género han sido inestables. En 1753 Linneo trató cinco especies del género, de las cuales solo dos todavía se refieren a este. *Matricaria chamomilla* y *M. recutita* simultáneamente fueron validadas en *Species Plantarum*, conduciendo a cierta confusión histórica (por ejemplo Applequist, 2002). Linneo cambió posteriormente la circunscripción de las dos especies más generalizadas proponiendo dos nombres nuevos, revertiendo la circunscripción de *M. chamomilla* e impidiendo el uso posterior de *M. recutita*.

Se han propuesto dos diferentes lectotipos genéricos (p. ej., Hitchcock y Green, 1929; Jeffrey, 1979) para *Matricaria*. Uno de los tipos del género propuesto (*M. recutita*) no tiene material original y el protólogo y la mayoría del material original del segundo (*M. chamomilla*, lectotipificado por Grierson, 1974a) no concuerda con la descripción del género (p. ej., Jeffrey, 1979). En consecuencia, el nombre *Matricaria* fue rechazado como *nom. confusum* en favor del nombre posterior *Chamomilla* de Rauschert (1974). A su vez, Turner (1996c) utilizó los nombres *C. recutita* y *C. suaveolens* para las dos *Matricarias* de Mesoamérica. En este tratamiento no se usa ni el género ni los nombres de especies que optó Turner (1996c), pero en cambio el de Wiersema et al. (2015) y se reconoce *Matricaria* como tipificado por *M. recutita*, aunque sea sinónimo de *M. chamomilla*. Se reconoce la segunda especie mesoamericana como *M. discoidea*, pero se excluye *M. matricarioides* (Less.) Porter ex Britton de la sinonimia. De acuerdo con Gandhi y Thomas (1991) se considera *M. matricarioides* como un nombre de reemplazo para *Tanacetum pauciflorum* Richardson y se trata a ambos como sinónimos taxonómicos de *T. huronense* Nutt. de Norteamérica templada.

Matricaria es similar a *Tripleurospermum*, por las hojas disecadas, los clinantos sin páleas y las corolas radiadas blancas; *Tripleurospermum*, otra manzanilla, difiere por tener un clinanto sólido, los lobos de la corola con un canal central de resina evidente y las cipselas abaxialapicales resiníferas entre las costillas.

Bibliografía: Applequist, W.L. *Taxon* 51: 757-761 (2002). Davis, P.H. *Notes Roy. Bot. Gard. Edinburgh* 33: 207-264 (1974). Gandhi, K.N. y Thomas, R.D. *Sida* 14: 514-517 (1991). Hitchcock, A.S. y Green, M.L. *Nom. Prop. Brit. Bot.* 111-199 (1929). Jeffrey, C. *Taxon* 28: 349-351 (1979). Rauschert, S. *Folia Geobot. Phytotax.* 9: 249-260 (1974).

1. Cabezuelas radiadas; pedúnculos generalmente 2-7 cm; segmentos de las hojas finamente 3-nervios; corolas del disco generalmente 5-lobadas; vilano con frecuencia irregularmente coroniforme, la corona 0.2-0.6 mm.
1. M. chamomilla

1. Cabezuelas típicamente discoides, rara vez disciformes; pedúnculos 0.3-1.2 cm; segmentos de las hojas 1-nervios; corolas del disco generalmente 4-lobadas; vilano esencialmente obsoleto.
2. M. discoidea

1. Matricaria chamomilla L., *Sp. Pl.* 891 (1753). Lectotipo (designado por Grierson, 1974a): Europa, *Herb. Clifford 415, Matricaria 1* (BM). Ilustr.: Nash, *Fieldiana, Bot.* 24(12): 584, t. 129 (1976), como *M. courrantiana*. N.v.: Manzanilla, Ch; manzanilla, manzanilla común, G; manzanilla, H; manzanilla, ES; manzanilla, N; manzanilla, CR.

Chamomilla chamomilla (L.) Rydb., *C. courrantiana* (DC.) K. Koch, *C. recutita* (L.) Rauschert, *C. vulgaris* Gray, *Chrysanthemum chamomilla* (L.) Bernh., *Matricaria chamomilla* L. var. *coronata* Boiss., *M. chamomilla* forma *courrantiana* (DC.) Fiori, *M. chamomilla* var. *recutita* (L.) Fiori, *M. coronata* (Boiss.) J. Gay ex W.D.J. Koch, *M. courrantiana* DC., *M. recutita* L., *M. recutita* var. *coronata* (Boiss.) Fertig, *M. suaveolens* L.

Hierbas anuales aromáticas 20-60 cm, glabras hasta con menos frecuencia ligeramente pubescentes; tallos poco a varias veces ramificados, estriados. Hojas generalmente 2-4(-6.5) × 1-2 cm, profundamente 2-pinnatisectas, de contorno más o menos obovado, basalmente pectinadas, los segmentos pectinados frecuentemente agregados cerca del tallo, los segmentos distales individuales 2-15 × c. 0.5 mm, lineares a filiformes, ampliamente patentes, finamente 3-nervios, los márgenes enteros, el ápice frecuentemente apiculado. Capitulescencia abiertamente corimbosa, generalmente de varias cabezuelas; pedúnculos generalmente 2-7 cm, delgados, glabros o casi glabros. Cabezuelas generalmente 3-8 mm, radiadas, las cabezuelas del disco cortamente cónicas; involucro 2-3 × 4-7(-8.5) mm, anchamente campanulado o hemisférico; filarios 25-35, 2-3.2 × c. 1 mm, 2-seriados o 3-seriados, oblongos a oblanceolados; clinanto c. 5 mm en fruto. Flores radiadas 10-15(-25); corola blanca, con frecuencia pronto deflexa a medida que se alarga el clinanto, el tubo c. 1 mm, frecuentemente comprimido, el limbo 5-8 × 2-3.3 mm, oblanceolado u oblongo, exerto del involucro, débilmente 5-7-nervio, el ápice truncado o brevemente 3-dentado. Flores del disco generalmente más de 200, rara vez algunas de las flores central-terminales filiformes y estériles y parecidas a las páleas; corola 1.2-1.7 mm, generalmente 5-lobada, amarilla, los lobos c. 0.2 mm, erectos. Cipselas 0.8-0.9 mm, rara vez con glándulas mucilaginosas lineares de color ferrugíneo; vilano con frecuencia irregularmente coroniforme (Mesoamérica) o algunas veces ausente, la corona 0.2-0.6 mm, con prolongaciones laterales o sin estas, de color más claro que la cipsela. Floración mar.-nov. 2*n* = 18, 36. *Orillas de caminos, claros, áreas quemadas, selvas altas perennifolias, laderas.* Ch (*Breedlove y Raven 13984*, NY); G (*Lundell y Contreras 20901*, MO); H (*Valerio 3156*, MO); ES (*González JCG00291*, MO); N (*Rueda et al. 13194*, MO); CR (*Hammel y Aguilar 18571*, MO). 900-3900 m. (Nativa de Europa; Estados Unidos, México, Mesoamérica, Colombia, Ecuador, Perú, Bolivia, Brasil, Paraguay, Uruguay, Chile, Argentina, La Española, Asia, África, Australia.)

Se trata de la manzanilla común casi cosmopolita (inglés: *False chamomile*) que se utiliza en medicina natural y como tizana. La corona de la cipsela en las plantas neotropicales tiene una tendencia a ser mucho más grande que en las plantas de Norteamérica y Europa, y en ocasiones esta forma se ha reconocido como *Matricaria chamomilla* var. *coronata*. Sin embargo, las características del vilano no son consistentes, y no se reconocen variedades, pero más bien son tratadas libremente dentro de la especie ampliamente definida.

Matricaria chamomilla es vegetativamente muy similar a *Anthemis cotula* y algunos ejemplares de *M. chamomilla* de Chiapas (p. ej., *Breedlove y Raven 13984*) fueron distribuidos como *A. cotula*. También similares son las manzanillas inodoras de *Tripleurospermum inodorum* (L.) Sch. Bip. y *T. maritimum* (L.) W.D.J. Koch, que deberían encontrarse naturalizadas en Mesoamérica.

2. Matricaria discoidea DC., *Prodr.* 6: 50 (1837 [1838]). Holotipo: Estados Unidos, *Douglas s.n.* (G-DC). Ilustr.: Britton y Brown, *Ill. Fl. N. U.S.* ed. 2, 3: 521, t. 4568 (1913), como *M. matricarioides*. N.v.: Pineapple weed.

Akylopsis suaveolens (Pursh) Lehm., *Chamomilla discoidea* (DC.) J. Gay ex A. Braun, *C. suaveolens* (Pursh) Rydb. non *Matricaria suaveolens* L., *Lepidanthus suaveolens* (Pursh) Nutt., *Matricaria suaveolens* (Pursh) Buchenau non L., *Santolina suaveolens* Pursh, *Tanacetum suaveolens* (Pursh) Hook.

Hierbas anuales 4-30(-45) cm, con olor a piña, glabras o casi glabras; tallos ramificados desde la base, algo carnosos, algunas veces ligeramente estriados. Hojas 1-3(-5) × 0.5-2 cm, generalmente 2-pinnatisectas, de contorno más o menos elíptico, basalmente pectinadas, los segmentos pectinados no agregados, los segmentos individuales distales generalmente 5-10 × c. 0.5 mm, lineares a filiformes, dirigidos hacia abajo, 1-nervios, los márgenes enteros, el ápice frecuentemente apiculado. Capitulescencia corimbosa, generalmente de varias cabezuelas; pedúnculos generalmente 0.3-2 cm, robustos, ocasionalmente vellosos. Cabezuelas generalmente 5-10 mm, típicamente discoides, rara vez disciformes por las flores marginales con anteras no funcionales, el disco cónico, el involucro generalmente 2.5-3.7 × 4-7 mm, anchamente campanulado o hemisférico, c. 1/2 de la longitud de la cabezuela; filarios 25-35, 2.5-3.7 × 1.2-2 mm, generalmente subiguales o algunos filarios externos c. 1/2 de la longitud, 2-seriados o 3-seriados, con la vena central verdosa, por lo demás más o menos pajizos, la mayoría de los filarios anchamente ovados o subrectangulares o algunos de los filarios internos más externos lanceolados; clinanto alargándose al madurar c. 7 mm. Flores radiadas ausentes. Flores del disco 100-250, bisexuales o rara vez las externas funcionalmente pistiladas, las más externas casi tan largas como el involucro, las internas exertas del involucro por el clinanto cónico; corola 1.1-1.3 mm, generalmente

4-lobada, la garganta algunas veces glandulosa, los lobos c. 0.2 mm, frecuentemente reflexos. Cipselas 1-1.2 mm, las costillas laterales con glándulas mucilaginosas lineares de color ferrugíneo frecuentemente c. 1/2 de la longitud de la cipsela; vilano esencialmente obsoleto, representado por una corona diminuta (c. 0.1 mm). Floración jul.-sep. 2*n* = 18. *Áreas alteradas, sitios urbanos.* Ch (*Breedlove 10475*, CAS); G (*Véliz 95.4993*, MO). 100-2400 m. (Canadá, Estados Unidos, México, Mesoamérica, Chile, Argentina, Europa, Asia, África, Australia, Nueva Zelanda.)

10. Tanacetum L.
Pyrethrum Zinn.
Por J.F. Pruski.

Hierbas aromáticas anuales o perennes (Mesoamérica), rara vez subarbustos, rizomatosos, polinizados por insectos; tallos decumbentes a erectos, ramificados, subteretes, generalmente estriado-acostillados, glabros o pubescentes; follaje si pubescente, con tricomas simples (Mesoamérica), rara vez con tricomas estrellados. Hojas algunas veces profundamente pinnatífidas, generalmente pecioladas, rara vez arrosetadas; láminas pinnatífidas a 1-3-pinnatidisecadas, ocasionalmente apenas lobadas o dentadas, de contorno generalmente elíptico, generalmente punteado-glandulosas (Mesoamérica). Capitulescencia corimbosa o algunas veces monocéfala, pedunculada, por encima de las hojas subyacentes. Cabezuelas radiadas a disciformes o discoides, con numerosas flores; involucro hemisférico a campanulado; filarios imbricados, graduados a subiguales, 2-3(-5)-seriados, lanceolados a obovados, los márgenes hialinos generalmente parduscos, en Mesoamérica no dilatados apicalmente; clinanto generalmente convexo, rara vez aplanado o cónico, sin páleas o rara vez paleáceo o peloso, algunas veces tuberculado. Flores radiadas (0-)10-21, pistiladas o rara vez estériles; corola generalmente amarilla o blanca, el limbo generalmente oblongo. Flores marginales (cuando las cabezuelas son disciformes) 8-30, bisexuales; corola casi actinomorfa, 3-4-lobada, generalmente amarilla. Flores del disco 60-200, bisexuales; corola angostamente infundibuliforme, el tubo cilíndrico, 5-lobado, amarillento, ligeramente glanduloso; apéndice de la antera alargado; estilo escasamente engrosado en la base. Cipselas isomorfas, cilíndricas a obovoides al madurar, sin alas, (3-)5-12-acostilladas, las costillas regularmente espaciadas, pálidas, generalmente glandulosas, por lo demás glabras, sin células mixógenas; vilano más o menos diminutamente coroniforme, menos frecuentemente de escamas libres, rara vez una aurícula adaxial o ausente. *x* = 9. Aprox. 160 spp. (históricamente circunscrito de varias formas). La mayoría de las especies son nativas de Eurasia, algunas del norte de África o Norteamérica; varias especies ampliamente cultivadas; aprox. 3 spp. naturalizadas en América tropical.

Tanacetum cinerariifolium (Trevir.) Sch. Bip. rara vez se cultiva en Mesoamérica; se caracteriza por las hojas profundamente pinnatisectas, las cabezuelas radiadas y las corolas radiadas blancas. Esta especie es cultivada comercialmente para la extracción de piretrinas usadas en insecticidas. Otros miembros del género son utilizados localmente como repelente de insectos. *Tanacetum*, que también puede tener tricomas dolabriformes, es un segregado de *Chrysanthemum* difiriendo de este por el carácter técnico del vilano coroniforme y al menos en las especies mesoamericanas diferendo por la característica más sobresaliente de los filarios no dilatados apicalmente. Behjou et al. (2016) caracterizaron la morfología de las cipselas de *Tanacetum*.

Bibliografía: Behjou, A.M. et al. *Flora* 222: 37-51 (2016).

1. Cabezuelas disciformes. **3. T. vulgare**
1. Cabezuelas radiadas.
  2. Hojas con láminas profundamente 2-pinnatífidas; corolas radiadas generalmente rojizas, el limbo 11-15 mm. **1. T. coccineum**

  2. Hojas con láminas 1-pinnatífidas o ligeramente 2-pinnatífidas; corolas radiadas blancas, el limbo 4-7 mm. **2. T. parthenium**

1. Tanacetum coccineum (Willd.) Grierson, *Notes Roy. Bot. Gard. Edinburgh* 33: 262 (1974). *Chrysanthemum coccineum* Willd., *Sp. Pl.* 3: 2144 (1803). Sintipo: Europa, *Anon. s.n.* (B-W). Ilustr.: Jeanes, *Hort. Fl. S.E. Australia* 4: 445 (2002). N.v.: Pyrethrum.

Chrysanthemum roseum Adams, *Pyrethrum coccineum* (Willd.) Vorosch., *P. roseum* (Adams) M. Bieb., *Tanacetum roseum* (Adams) Sch. Bip.

Hierbas perennes 0.2-0.6 m; tallos erectos, generalmente simples, subglabros, dispersamente foliosos; follaje con algunos tricomas dolabriformes. Hojas sésiles (aquellas distales) a cortamente pecioladas (hojas proximales); láminas hasta 10 × 4 cm, elíptico-oblonga en contorno, profundamente 2-bipinnatífidas, segmentos linear-lanceolados a oblongos, los segmentos primarios irregularmente incisos, alternos en toda la longitud o solo alternos distalmente y en 3-7 pares opuestos en hojas proximales, algunas veces las hojas distales del tallo con los márgenes enteros, las superficies puberulentas con tricomas en forma de "T" y cortamente pediculados hasta glabras, no punteado-glandulosas. Capitulescencia cimosa abierta con cabezuelas solitarias (raramente 2-3 por ramita) sobre pedúnculos erectos; pedúnculos hasta 10 cm o más. Cabezuelas radiadas, hasta 5(-7) cm de diámetro; disco fuertemente convexo, obviamente heterocromo; involucro 4-6 × 12-15(-20) mm; filarios c. 4-seriados, con una zona media lanceolado-herbácea y márgenes escariosos parduzcos más pronunciados apicalmente pero nunca dilatados, las superficies adpreso-pubescentes con tricomas en forma de "T" cortamente pedicelados hasta subglabras, los filarios externos linear-lanceolados graduando hasta los internos linear-oblongos. Flores radiadas 20-30, uniseriadas (o pluriseriadas en formas cultivadas); tubo de la corola 1.2-2 mm, el limbo 11-25 mm, linear-elíptico, usualmente rojizo, 6-10-nervio, el ápice 2-3-denticulado. Flores del disco con corola 2.2-3.2 mm. Cipselas 1.1-1.5 mm, amarillas, 7-8-acostilladas, pentagonales en contorno cuando vistas desde arriba; corona del vilano 0.1-0.3 mm, levemente obtuso-lobado. *Ampliamente cultivada por las flores.* T (Cowan, 1983: 24). 0-100 m. (Nativa de Europa, Turquía, Cáucaso; cultivada y algunas veces persistiendo en Canadá, Estados Unidos, México, Mesoamérica, Antillas Mayores; Asia, África, Australia, Nueva Zelanda, Islas del Pacífico.)

Grierson (1974b) reconoció *Tanacetum coccineum* y trató *T. roseum* en sinonimia con esta, mientras que Tzvelev (2000) reconoció cada una como especies distintas es decir con las dos "parcialmente en transición" entre sí y como el sinónimo genérico *Pyrethrum*. Ninguna de las tres subespecies, algunas veces reconocidas, se reconocen formalmente o en sinonimia en este tratamiento.

2. Tanacetum parthenium (L.) Sch. Bip., *Tanaceteen* 55 (1844). *Matricaria parthenium* L., *Sp. Pl.* 890 (1753). Sintipo: Europa, *Herb. Clifford 416, Matricaria 3* (imagen en Internet ex BM). Ilustr.: Nash, *Fieldiana, Bot.* 24(12): 583, t. 128 (1976), como *Chrysanthemum parthenium*. N.v.: Altamisa, Santa María, Ch; altamisa, artemisa, chusita, margarita, G; altamisa, H; me quiere, no me quiere, ES; altamisa, feverfew, CR; manzanilla, P.

Aphanostephus pinulensis J.M. Coult., *Chrysanthemum parthenium* (L.) Bernh., *Pyrethrum parthenium* (L.) Sm.

Hierbas perennes aromáticas?, 0.6(-1) m; tallos erectos, puberulentos a glabrescentes. Hojas con láminas c. 8 × 6 cm, 1-pinnatífidas o ligeramente 2-pinnatífidas, de contorno ovado, la nervadura pinnada, las superficies generalmente puberulentas, los lobos primarios 2-4 × 0.5-1 cm, ovados, en 2-5 pares subopuestos, los ápices redondeados; pecíolo 0.2-2(-3) cm, angostamente alado. Capitulescencia laxamente corimbosa, con 10-30 cabezuelas en los nudos distales; pedúnculos generalmente 2-7 cm, ascendentes, puberulentos, ocasionalmente 1-bracteolados o 2-bracteolados, las bractéolas de hasta 2 mm, linear-filiformes. Cabezuelas 5-7 mm, radiadas, con c. 100 flores, el disco convexo; involucro 3-5 × 9-11 mm, hemisférico; filarios 2-4 × c. 0.5 mm, 2-seriados o 3-seriados, lanceolados, glandulosos y puberulentos, la porción hialina distal angosta, los filarios externos con una zona media central herbácea; clinanto generalmente paleáceo. Flores radiadas 10-21, 1-seriadas (o pluriseriadas en las formas cultivadas); corola blanca, el tubo c. 1 mm, comprimido, el limbo 4-7 × 2.5-3.5 mm, oblongo a obovado, 5-7-nervio, finamente papiloso adaxialmente, glanduloso abaxialmente, el ápice obtuso a redondeado, ligeramente 3-lobado. Flores del disco c. 100; corola c. 1.6 mm, glandulosa, el tubo y la garganta no diferenciados entre sí, los lobos c. 0.4 mm. Cipselas 1.1-1.5 mm, marcadamente 5-10-acostilladas, glandulosas; corona del vilano 0.1-0.2 mm. Floración feb., abr.-oct., dic. $2n = 18$. *Laderas de montañas, selvas mixtas, selvas húmedas, pastizales, zonas urbanas.* Ch (*Matuda 776*, MO); G (*Donnell Smith 2407*, US); H (*Molina R. 34411*, MO); ES (*Villacorta y Calderón 385*, MO); CR (*Oersted 130*, K); P (*Dwyer 7014*, MO). (0?-)1000-2300 m. (Nativa de Europa; ampliamente cultivada y naturalizada en Canadá, Estados Unidos, México, Mesoamérica, Colombia, Venezuela, Ecuador, Perú, Bolivia, Brasil, Chile, Argentina, Antillas, Asia, África, Australia, Islas del Pacífico.)

3. Tanacetum vulgare L., *Sp. Pl.* 844 (1753). Lectotipo (designado por Humphries en Jarvis et al., 1993): Europa, *Herb. Clifford 398, Tanacetum 3* (BM). Ilustr.: Britton y Brown, *Ill. Fl. N. U.S.* ed. 2, 3: 522, t. 4569 (1913).

Chrysanthemum vulgare (L.) Bernh. non (Tourn. ex Lam.) Gaterau, *Pyrethrum vulgare* (L.) Boiss.

Hierbas perennes robustas 0.5-1.5 m; tallos erectos, con costillas pardo-amarillentas, verdes entre las costillas, glabrescentes a más generalmente puberulentos con tricomas simples. Hojas generalmente 4-15 × 3-7 cm, 2-pinnatífidas, de contorno elíptico a obovado, las superficies glabras a puberulentas, los lobos primarios 1.5-5 × 0.5-1 cm, partiéndose casi hasta la costilla media, lanceolados, en 5-12 pares subopuestos, los ápices agudos, los lobos primarios generalmente 5-8 serrado-lobados secundariamente c. 1/2 hasta el raquis secundario. Capitulescencia una panícula corimbiforme aplanada; pedúnculos generalmente 0.5-3 cm. Cabezuelas 4-6 mm, disciformes, el disco ligeramente convexo; involucro 3-5 × 5-10 mm, hemisférico; filarios 2-3 × 0.5-1.5 mm, 3-seriados; clinanto sin páleas. Flores radiadas ausentes. Flores marginales 20-50, 1-seriadas; corola 1.5-2 mm, cilíndrica. Flores del disco c. 150; corola 1.6-2.5 mm, angostamente infundibuliforme, 5-lobada. Cipselas 1-2 mm; corona del vilano c. 0.1 mm. $2n = 18$. *Frecuentemente cultivada para arreglos florales y rápidamente invasora.* 1000-2500? m. (Nativa de Europa; cultivada en Canadá, Estados Unidos, México, Colombia, Venezuela, Ecuador, Perú, Bolivia, Brasil, Chile, Argentina, Antillas, Asia, África, Australia, Islas del Pacífico.)

Aunque aún no se ha documentado la presencia de *Tanacetum vulgare* con un ejemplar de herbario, se anticipa encontrar en las altas elevaciones de Chiapas, Guatemala y Costa Rica.

II. Tribus **ARCTOTIDEAE** Cass.
Descripción de la tribus por J.F. Pruski.

Hierbas a arbustos; follaje rara vez lechoso. Hojas alternas, simples o lirado-pinnatisectas, algunas veces espinosas. Cabezuelas radiadas (en Mesoamérica) o rara vez discoides; filarios imbricados, libres o connatos, algunas veces espinosos; clinanto sin páleas. Flores radiadas pistiladas o menos comúnmente estériles, 1-seriadas, los estaminodios algunas veces presentes. Flores del disco bisexuales o con menos frecuencia funcionalmente estaminadas; corola 5-lobada; anteras no caudadas (Mesoamérica) o caudadas y calcariformes, los engrosamientos de las células del endotecio radiales (Mesoamérica) o polarizados, el apéndice apical corto y ovado, aplanado, delgado y arrugado; estilo sin apéndice, el tronco cortamente papiloso distalmente, también con un anillo largamente papiloso, la superficie estigmática continua. Cipselas obovoides; vilano escuamoso. 17 gen., aprox. 215 spp. Nativa del Viejo Mundo, principalmente sudafricano. 1 gen. y 1 sp. en Mesoamérica.

La especie africana *Arctotheca calendula* (L.) Levyns y especies del género africano *Gazania* Gaertn. son a menudo cultivadas en América tropical, pero no se sabe si se escapen o se vuelvan naturalizadas.

11. Arctotis L.
Venidium Less.
Por J.F. Pruski.

Hierbas anuales o perennes, menos comúnmente arbustos, frecuentemente arrosetadas y escapíferas; follaje araneoso a lanoso y/o glanduloso. Hojas inermes, pecioladas o sésiles. Capitulescencia monocéfala; escapo lanoso y fistuloso. Cabezuelas con numerosas flores; involucro campanulado a hemisférico; filarios libres, los márgenes algo escariosos; clinanto aplanado, alveolado, fimbriado, las fimbrias algunas veces

escamulosas. Flores radiadas pistiladas; corola amarilla o blanca a color púrpura o azul, el limbo oblongo, 4-nervio, 3-4-denticulado. Flores del disco: la corola infundibuliforme, amarilla a color púrpura, los lobos glandulosos, el ápice frecuentemente con la punta oscura; anteras con la base obtusa a redondeada; estilo conspicuamente engrosado distalmente. Cipselas 3-5-acostilladas, las costillas acrescentes y tornándose aladas; vilano 1-2-seriado o rara vez ausente, de 5-10 escamas hialinas casi tan largas como el cuerpo de las cipselas. $x = 9$. 50-60 spp. Sur de África. Una especie es cultivada y algunas veces naturalizada en América.

Bibliografía: Brown, E.A. et al. *Fl. New S. Wales* 3: 131-341 (1992). Cullen, J. et al. *Eur. Gard. Fl.* 6: 508-666 (2000).

1. Arctotis stoechadifolia P.J. Bergius, *Descr. Pl. Cap.* 324 (1767). Tipo: Sudáfrica, *Bergius s.n.* (SBT?). Ilustr.: Brown et al., *Fl. New S. Wales* 3: 318 (1992).

Arctotis grandis Thunb., *A. venusta* Norl.

Hierbas perennes, 0.2-0.6(-1) m, con raíz axonomorfa leñosa; tallos algunas veces postrados basalmente a erectos, foliosos, poco ramificados; follaje blanco-gris tomentoso. Hojas 4-20 × 0.5-4.5 cm, angostamente oblanceoladas a espatuladas, gruesamente cartáceas, 3(-5)-nervias desde 1/3-2/3 distales de la lámina, los márgenes de 1/3-2/3 distales de lámina ondulados a 2-5-pinnatilobados, el ápice obtuso, subsésiles con una base peciolariforme alada a mayormente sésiles y amplexicaules distalmente. Pedúnculo 5-15 cm. Cabezuelas 1-2 cm; involucro 1.2-2.5 cm de diámetro; filarios graduados, c. 4-seriados, araneosos; filarios externos 2-3 × c. 1 mm, lanceolados, algunas veces patente-reflexos, cartáceos, el ápice agudo, algunas veces con la punta herbácea; filarios de las series internas 10-15 × 2.5-6 mm, obovados, los márgenes escarioso-hialinos c. 0.5 mm de diámetro, el 1/3 distal finamente puberulento, el ápice obtuso, las superficies también esparcidamente glandulosas. Flores radiadas 15-30; corola completamente color violeta o purpúrea o la superficie adaxial del limbo blanca a rosada, el limbo 15-30 × 2-4(-5) mm, las denticiones c. 0.2 mm, la superficie abaxial esparcidamente glandulosa y algunas veces araneosa. Flores del disco numerosas; corola c. 5 mm, angostamente infundibuliforme, color púrpura o frecuentemente amarilla, los lobos c. 1.2 mm, lanceolados; anteras púrpura-negras; estilo cortamente bífido. Cipselas 2-3 mm, largamente seríceas, los tricomas más de 2 mm, las caras oscuras, las costillas y las alas pajizas, la cara abaxial al madurar con 2 canales oscuros, oblongos, retraídos, con costillas o alas engrosadas; escamas del vilano 3-4 mm, oblongas. Floración jul. $2n = 18$. *Campos.* G (*King 3210*, NY). c. 2300 m. (Nativa de Sudáfrica; cultivada y algunas veces naturalizada en Estados Unidos, Mesoamérica, Brasil, Uruguay, Argentina, Europa, Australia y probablemente en otros sitios.)

Debido que no se ha visto mucho material o tipos pertinentes, es mejor circunscribir *Arctotis stoechadifolia* (syn. *A. grandis*) en el sentido amplio tradicional (como en Brown et al., 1992), así se incluye el segregado *A. venusta* en sinonimia. [Como una nota adicional hay que decir que los dos nombres más utilizados se presentan aquí en sinonimia]. Sin embargo, en el sentido estricto, *A. stoechadifolia* podría verse como una especie endémica sudafricana de distribución restringida, caracterizada por tener grandes cabezuelas con los filarios de la segunda serie ampliamente triangulares. Si se circunscribe *A. stoechadifolia* de manera tan estrecha, entonces *A. venusta* (descrita en 1965) se referiría al material de distribución más generalizada y a menudo cultivado, como fue usado por Cullen et al. (2000), a menos que para bien de estabilidad (a escala global) se proponga un tipo conservado para *A. stoechadifolia*.

III. Tribus **ASTEREAE** Cass.
Descripción de la tribu y clave genérica por J.F. Pruski.

Hierbas anuales a arbustos, rara vez árboles o bejucos, monoicos (rara vez dioicos o poligamodioicos); tallos foliosos o a veces las hojas en su mayoría basales, rara vez afilos, generalmente no espinosos. Hojas simples hasta a veces pinnatífidas, alternas (rara vez opuestas), típicamente pinnatinervias, rara vez paralelinervias, pecioladas o sésiles. Capitulescencia diversamente corimbosa o paniculada o a veces monocéfala. Cabezuelas típicamente bisexuales y de un solo tipo en todas las plantas (rara vez unisexuales y de dos tipos en plantas diferentes), generalmente radiadas o disciformes, rara vez discoides; involucro campanulado a hemisférico o a veces cilíndrico, los filarios generalmente numerosos, generalmente desiguales, imbricados, (2)3-5-seriados o en más series, herbáceos a cartáceos o cartáceo-escariosos pero no totalmente secos y más bien escariosos, las nervaduras generalmente no resinoso-anaranjadas, los márgenes a veces escariosos, el ápice agudo a redondeado; clinanto generalmente aplanado a convexo, rara vez cóncavo o cónico, sin páleas (rara vez paleáceo, en Mesoamérica solo paleáceo en las cabezuelas radiadas de *Baccharis pedunculata* y *B. trinervis*), liso o alveolado. Flores del radio pistiladas (rara vez estériles); corola amarilla o blanca a azulada o a veces rojiza, el limbo generalmente 3-5-nervio, el ápice agudo a subtruncado. Flores marginales (en las cabezuelas disciformes) pistiladas, 1-3-seriadas o en más series; corola actinomorfa, generalmente amarilla o blanca. Flores del disco generalmente bisexuales, rara vez funcionalmente estaminadas o estériles; corola (4)5-lobada, generalmente amarilla, frecuentemente glandulosa, los lobos cortos a rara vez largos, erectos a recurvados; anteras con la base obtusa a redondeada (rara vez caudada), el apéndice apical triangular a lanceolado, más o menos aplanado, típicamente eglanduloso (rara vez glanduloso), el tejido endotecial típicamente con engrosamientos radiales; ramas del estilo cada una con superficies estigmáticas con 2 líneas marginales proximales y un apéndice (apendiculado) distal estéril, deltado a lanceolado típicamente más corto que las líneas estigmáticas, el apéndice papiloso adaxialmente con papilas generalmente redondeadas, en antesis tardía con frecuencia pronado (cruzando al través). Cipselas generalmente monomorfas, teretes y obcónicas a prismáticas o rara vez comprimidas, generalmente 2-5-nervias, rara vez rostradas, generalmente setosas, generalmente sin glándulas, a veces glandulosas, el carpóforo generalmente pequeño y simétrico; vilano generalmente de cerdas escabrosas, subiguales, persistentes, las series externas a veces de escamas o aristas más pequeñas pero no escamas membranoso-escariosas, a veces todas o algunas cipselas sin vilano. Aprox. 170-220 gen., 2800-3100 spp. Cosmopolita, pero principalmente en las zonas templadas. 23 gen. y 82 spp. en Mesoamérica, de estos 30 spp. y 1 gen. endémicos.

Bentham y Hooker (1873) reconocieron seis subtribus de Astereae (incluyendo los agregados genéricos con frecuencia referidos como grupos homócromos y heterócromos), y 90 géneros y 2400 especies. Noyes y Rieseberg (1999) dieron evidencia que sugiere que la tribu se originó en el Viejo Mundo. Nesom (1994a, 2000) reconoció 14 subtribus, y Nesom y Robinson (2007 [2006]) más recientemente reconocieron 18 subtribus. Pero como lo anotaron Nesom y Robinson (2007 [2006]), no todos los límites subtribales parecen estar completamente resueltos, y, p. ej., en Sudamérica Sancho et al. (2010) modificaron la circunscripción de Podocominae. Además, como resultado de este tratamiento florístico, en Mesoamérica, *Osbertia*, ubicado en Chrysopsidinae G.L. Nesom por Nesom y Robinson (2007 [2006]), está en conflicto con la subtribu por sus filarios aplanados (no carinados) y cerdas del vilano subiguales (vs. desiguales).

La tribu Astereae está particularmente bien representada en México y varios géneros extra mesoamericanos se encuentran en Oaxaca y Veracruz. Entre estos géneros se encuentran, p. ej., *Aphanostephus* DC. (p. ej., *A. ramosissimus* DC.) y especies que pertenecen al anterior concepto más ampliamente definido de *Machaeranthera* Nees (p. ej., *Leucosyris riparia* (Kunth) Pruski et R.L. Hartm.), que se debería encontrar en Mesoamérica.

El único género endémico en Mesoamérica es *Westoniella*. El género más diverso de Astereae en Mesoamérica es *Archibaccharis* con 19 especies y también con el mayor número de endémicos (12). *Myriactis* Less. y *Westoniella* son notorios por el alto número de endémicos en Mesoamérica, con 11 y 12 respectivamente. *Erigeron* es el segundo género más diverso de Astereae en Mesoamérica con 9 especies, 5 de ellas endémicas. Alrededor del 20% de las Astereae mesoamericanas pertenecen sea a *Baccharis* o a *Conyza*, pero estos son géneros malezas y no tienen endémicos. La mitad de los géneros de Astereae de Mesoamérica están representados por una sola especie, y de estos es llamativo *Dichrocephala*, un género paleotropical que solo recientemente se ha registrado en el continente americano de dos localidades en Guatemala.

La clave genérica, en parte, se modela según aquellas de Cuatrecasas (1969) y Nesom y Robinson (2007 [2006]).

Bibliografía: Bentham, G. *Vidensk. Meddel. Dansk Naturhist. Foren. Kjøbenhavn* 1852: 65-121 (1853). Blake, S.F. *Contr. Gray Herb.* 52: 16-59 (1917). Cuatrecasas, J. *Webbia* 24: 1-335 (1969). D'Arcy, W.G. *Ann. Missouri Bot. Gard.* 62: 835-1321 (1975 [1976]). Jones, A.G. *Brittonia* 32: 230-239 (1980). Nesom, G.L. *Phytologia* 67: 67-93 (1989); 68: 205-228 (1990); 76: 193-274 (1994); *Sida Bot. Misc.* 20: 1-100 (2000). Nesom, G.L. y Boufford, D.E. *Phytologia* 69: 382-386 (1990). Nesom, G.L. y Robinson, H. *Fam. Gen. Vasc. Pl.* 8: 284-342 (2007 [2006]). Noyes, R.D. y Rieseberg, L.H. *Amer. J. Bot.* 86: 398-412 (1999). Sancho, G. et al. *Bot. J. Linn. Soc.* 163: 486-513 (2010). Semple, J.C. et al. *Canad. J. Bot.* 58: 147-163 (1980). Zardini, E.M. *Darwiniana* 23: 159-169 (1981).

1. Plantas dioicas o poligamodioicas (rara vez monoicas, *Archibaccharis androgyna*, *Baccharis salicifolia* subsp. *monoica*); cabezuelas unisexuales o funcionalmente unisexuales, de dos tipos generalmente en diferentes plantas.
  2. Plantas generalmente poligamodioicas; cabezuelas generalmente disciformes o rara vez radiadas; apéndice de las anteras de las flores del disco de las cabezuelas estaminadas marcadamente apiculado.   **12. Archibaccharis**
  2. Plantas generalmente dioicas; cabezuelas discoides; cabezuelas pistiladas isógamas y corolas isomorfas; apéndice de las anteras de las flores del disco de las cabezuelas estaminadas acuminado a obtuso.   **14. Baccharis**
1. Plantas monoicas; cabezuelas bisexuales, de un solo tipo en todas las plantas.
  3. Cabezuelas radiadas, las corolas radiadas amarillas.
    4. Follaje resinoso; vilano ausente, diminutamente coroniforme, o de 2-4 aristas basalmente caedizas.
      5. Hierbas perennes; bases foliares subauriculadas, los márgenes generalmente serrados; cabezuelas 10-15(-20) mm, conspicuamente radiadas generalmente con más de 100 flores.   **23. Grindelia**
      5. Arbustos; bases foliares atenuadas, los márgenes enteros; cabezuelas 4-6 mm, indistintamente radiadas, con 7-15 flores.   **24. Gymnosperma**
    4. Follaje no resinoso; vilano de cerdas persistentes al menos en las cipselas del disco.
      6. Cipselas del radio sin vilano, glabras a rara vez estrigulosas; cipselas del disco comprimidas.   **25. Heterotheca**
      6. Cipselas del radio comosas, estrigosas a seríceas; todas las cipselas teretes.
        7. Capitulescencias de cabezuelas monocéfalas; filarios cortamente estipitado-glandulosos en especial apicalmente.   **28. Osbertia**
        7. Capitulescencias de 3-numerosas cabezuelas; filarios generalmente sin glándulas, los internos rara vez cortamente estipitado-glandulosos apicalmente.
          8. Hojas seríceas; cabezuelas de tamaño mediano (10-16 mm, las corolas de radio 9-19 mm, los limbos obviamente exertos); ramas del estilo de los flósculos del disco filiformes; vilano desigualmente 2-seriado.   **29. Pityopsis**
          8. Hojas nunca seríceas; cabezuelas pequeñas (3-7 mm, las corolas del radio 1.5-4(-5) mm, los limbos cortamente exertos); ramas del estilo de los flósculos del disco lanceoladas; vilano de cerdas subiguales.   **31. Solidago**
  3. Cabezuelas disciformes, o radiadas y con las corolas del radio blancas a purpúreas o rojizas.
    9. Plantas principalmente afilas, a veces espinosas.   **17. Chloracantha**
    9. Plantas foliosas, no espinosas.
      10. Cabezuelas disciformes o a veces subradiadas.
        11. Cipselas sin vilano, cortamente coroniforme o de 1-2 (pocas) cerdas cortas, lisas, caducas.
          12. Plantas con tallos foliosos, generalmente erectas o ascendentes; flores del disco bisexuales.   **19. Dichrocephala**
          12. Hierbas formando cojines, los tallos decumbentes; flores del disco funcionalmente estaminadas.   **27. Laestadia**
        11. Cipselas con vilano de cerdas.
          13. Nervaduras de los filarios resinoso-anaranjadas.   **18. Conyza**
          13. Nervaduras de los filarios no resinoso-anaranjadas.
            14. Flores marginales con la corola filiforme-tubular o rara vez filiforme-subradiada; cipselas generalmente glandulosas distalmente.   **26. Laennecia**
            14. Flores marginales con el limbo corolino tubular-bulboso, dirigido hacia abajo (ligeramente radiando); cipselas sin glándulas.   **34. Westoniella**
      10. Cabezuelas radiadas.
        15. Filarios con nervaduras resinoso-anaranjadas.   **22. Erigeron**
        15. Filarios con nervaduras no resinoso-anaranjadas.
          16. Corolas de las flores del radio generalmente rojizas o purpúreas; cipselas con vilano de cerdas caedizas.   **16. Callistephus**
          16. Corolas de las flores del radio blancas o azules; vilano de cerdas persistentes.
            17. Cipselas al menos las del disco con el vilano de cerdas.
              18. Cipselas del radio sin vilano.   **30. Psilactis**
              18. Todas las cipselas comosas.
                19. Arbustos a árboles.   **20. Diplostephium**
                19. Hierbas.   **32. Symphyotrichum**
            17. Cipselas sin vilano.
              20. Follaje estipitado-glanduloso.   **21. Egletes**
              20. Follaje no estipitado-glanduloso.
                21. Cipselas al menos las del radio con un rostro corta a densamente glanduloso.   **33. Talamancaster**
                21. Cipselas sin glándulas, sin rostro.
                  22. Subarbustos con tallo herbáceo folioso; filarios con ápice agudo a acuminado.   **13. Astranthium**
                  22. Hierbas arrosetadas; filarios con ápice generalmente obtuso.   **15. Bellis**

12. Archibaccharis Heering
Hemibaccharis S.F. Blake

Por J.F. Pruski.

Hierbas perennes, arbustos o bejucos (al madurar, aunque inicialmente a veces son hierbas procumbentes), poligamodioicos (rara vez monoicos, *Archibaccharis androgyna*, o andromonoicos en 3 spp. fuera de Mesoamérica); tallos a veces fractiflexos (deflexos en los nudos) o rara vez volubles, típicamente sin glándulas, las hojas por lo general gradualmente decrecientes. Hojas simples, alternas, rara vez sésiles; láminas anchas, pinnatinervias, las nervaduras secundarias 3-7 por lado, la superficie adaxial generalmente opaca y no lustrosa, rara vez rugosa, la base rara vez auriculado-subamplexicaule. Capitulescencia corimbosa o corimbiforme-paniculada, terminal o axilar. Cabezuelas de dos tipos generalmente en plantas diferentes, típicamente son funcionalmente estaminadas o funcionalmente pistiladas, de tamaño pequeño o mediano, generalmente discoides o disciformes, rara vez cortamente radiadas con el limbo corolino obviamente patente en las flores marginales, las flores de sexos opuestos (cuando están presentes) típicamente estériles; filarios imbricados, graduados, 3-6-seriados, las series medias e internas principalmente lanceoladas a linear-lanceoladas, las series externas a veces ovadas, la zona media verdosa, los márgenes angostamente hialinos; clinanto aplanado a convexo, alveolado. Cabezuelas estaminadas generalmente unisexuales; involucro generalmente campanulado, generalmente más corto que las flores; flores marginales tubular-filiformes o cortamente radiadas generalmente ausentes, el ovario estéril (rara vez fértil); flores del disco funcionalmente estaminadas, la corola generalmente hipocraterimorfa o campanulada, rara vez angostamente infundibuliforme, 5-lobada, setulosa especialmente en la parte proximal o media, el tubo y el limbo generalmente más o menos subiguales, los lobos lanceolados o muy rara vez triangulares, el apéndice de la antera marcadamente apiculado, las ramas del estilo lanceoladas hasta a veces rómbicas o rara vez deltoides, finamente papilosas a rara vez marcadamente papilosas. Cabezuelas pistiladas de apariencia heterógama (pero funcionalmente pistiladas) o al menos con las corolas heteromorfas, el estilo por lo general obviamente más largo que la corola, rara vez cortamente radiadas y entonces el estilo típicamente más corto que la corola o más o menos subigual a esta; involucro con frecuencia turbinado-campanulado, generalmente casi tan largo como las flores; flores marginales pistiladas en pocas a varias series, la corola generalmente tubular-filiforme con la boca oblicua o rara vez obvia y cortamente radiada, setulosa proximalmente, el limbo generalmente diminuto y erecto, rara vez obviamente expandido y patente, las ramas del estilo lineares, glabras; flores del disco con las corolas como en las cabezuelas estaminadas. Cipselas ovadas a elípticas (ovario estéril de las flores del disco cilíndrico), comprimidas, 2-5(-7)-nervias, hispídulas, a veces sésil-glandulosas, a veces largamente persistentes en el clinanto; vilano de 20-40 cerdas escábrido-ancistrosas, capilares, 1-seriadas, aquellas de las flores del disco a veces claviformes, no alargándose en fruto. $x = 9$. Aprox. 30 spp. México y Centroamérica.

Este tratamiento es adaptado principalmente de Jackson (1975), pero se usan los conceptos más estrechos de *A. standleyi* por Nash (1976b) y de *A. hirtella* (DC.) Heering de Nesom (1988). Sin embargo, las medidas florales que se dan tienden a ser más pequeñas con respecto a aquellas dadas en Jackson (1975). Jackson (1975) reconoció dos secciones, Nesom (1991) reconoció seis secciones, y los caracteres seccionales de ambos autores se incorporan en el actual tratamiento.

Bibliografía: Blake, S.F. *Contr. U.S. Natl. Herb.* 20: 543-554 (1924). Jackson, J.D. *Phytologia* 28: 296-302 (1974); 32: 81-194 (1975). Nesom, G.L. *Phytologia* 65: 122-128 (1988); 71: 152-159 (1991); 84: 50-52 (1998). Sundberg, S.D. *Syst. Bot.* 9: 295-296 (1984).

1. Hojas sésiles, la base anchamente alada, peciolariforme, auriculado-abrazadora, verde; corola de las flores del disco angostamente infundibuliforme, los lobos cortamente triangulares. **4. A. blakeana**
1. Hojas subsésiles o pecioladas, la base atenuada a cordata; corola de las flores del disco generalmente hipocraterimorfa o campanulada, los lobos generalmente lanceolados.
  2. Arbustos escandentes o bejucos.
    3. Hojas con láminas gruesamente cartáceas, las nervaduras secundarias y terciarias con frecuencia elevadas adaxialmente.
      4. Cipselas subglabras, 4-7-nervias; flores del disco de las cabezuelas estaminadas con las ramas del estilo angostamente oblanceoladas; Costa Rica. **8. A. jacksonii**
      4. Cipselas setulosas, 2-3-nervias; flores del disco de las cabezuelas estaminadas con las ramas del estilo largamente obromboidales; México a Honduras.
        5. Cabezuelas estaminadas 3.7-4.3 mm; cabezuelas pistiladas 4-6 mm; vilano de cerdas parduscas. **13. A. salmeoides**
        5. Cabezuelas estaminadas 5-6 mm; cabezuelas pistiladas 6.5-7.5 mm; vilano de cerdas típicamente pajizas. **10. A. lucentifolia**
    3. Hojas con láminas moderadamente cartáceas, las nervaduras secundarias y terciarias generalmente no elevadas adaxialmente.
      6. Hojas generalmente lanceoladas, atenuadas basalmente; tallos volubles. **6. A. flexilis**
      6. Hojas generalmente elípticas a ovadas, con frecuencia obtusas basalmente; tallos fractiflexos.
        7. Tallos estriados; superficie adaxial sésil-glandulosa, lisa. **14. A. schiedeana**
        7. Tallos teretes; superficie adaxial sin glándulas, con frecuencia rugulosa. **18. A. taeniotricha**
  2. Subarbustos a arbustos, erectos a arqueados.
    8. Cabezuelas pistiladas cortamente radiadas; cipselas glandulosas.
      9. Tallos y superficies foliares estipitado-glandulosos. **9. A. lineariloba**
      9. Tallos y superficies foliares sin glándulas o sésil-glandulosos.
        10. Superficies foliares sin glándulas; las cabezuelas estaminadas discoides o disciformes; limbo corolino del disco esencialmente cortado hasta la base por lobos largos. **11. A. nicaraguensis**
        10. Superficies foliares generalmente sésil-glandulosas; cabezuelas estaminadas cortamente radiadas; gargantas de las corolas del disco conspicuas, la 1/2 de la longitud de los lobos.
          11. Hojas obviamente pecioladas, elíptico-lanceoladas. **5. A. corymbosa**
          11. Hojas subsésiles o cortamente pecioladas, elípticas a elíptico-ovadas. **17. A. subsessilis**
    8. Cabezuelas pistiladas y estaminadas (o a veces bisexuales) discoides o disciformes; cipselas glandulosas o sin glándulas.
      12. Hojas glandulosas adaxialmente y/o abaxialmente.
        13. Hojas abruptamente decrecientes inmediatamente por debajo de la capitulescencia; hojas con lámina (4-)6-16 cm, la base cuneada o anchamente obtusa. **1. A. aequivenia** p. p.
        13. Hojas gradualmente decrecientes en la capitulescencia; hojas con lámina (2-)3-6 cm, la base cordata a redondeada. **16. A. standleyi**
      12. Hojas sin glándulas, a veces con tricomas granulosos (submoniliformes?) o tricomas moniliformes bien desarrollados.
        14. Hojas glabras a casi subglabras.
          15. Tallos totalmente glabros; pedúnculos glabros; superficies foliares completamente glabras; plantas monoicas. **2. A. androgyna**
          15. Tallos hírtulos al menos en los pedúnculos de las capitulescencias; superficies foliares glabras o pelosas; plantas poligamodioicas.
            16. Hojas cortamente pecioladas, las nervaduras terciarias débilmente prominentes pero no obviamente elevadas adaxialmente, los pecíolos 1-4 mm. **1. A. aequivenia** p. p.
            16. Hojas pecioladas, las nervaduras terciarias prominentes y obviamente elevadas adaxialmente, los pecíolos 4-10 mm. **19. A. trichotoma**
        14. Hojas pelosas.
          17. Hojas con la superficie abaxial densamente blanco-grisáceo tomentosa. **15. A. serratifolia**
          17. Hojas con la superficie abaxial subglabra a densamente pilósula.
            18. Garganta de las corolas de los flores del disco indistinta, diminuta, los lobos incisos casi completamente hasta la base de la garganta. **12. A. panamensis**
            18. Garganta de las corolas de las flores del disco conspicua, casi tan larga como los lobos.
              19. Base de la lámina foliar generalmente acuminada hasta a veces cuneada, los márgenes generalmente serrados a serrulados; México a Nicaragua. **3. A. asperifolia**
              19. Base de la lámina foliar generalmente cuneada u obtusa, los márgenes generalmente subenteros a serrulados; Costa Rica y Panamá. **7. A. irazuensis**

1. Archibaccharis aequivenia (S.F. Blake) D.L. Nash, *Fieldiana, Bot.* 36: 73 (1974). *Archibaccharis standleyi* S.F. Blake var. *aequivenia* S.F. Blake, *Brittonia* 2: 340 (1937). Isotipo: Guatemala, *Skutch 2056* (F!). Ilustr.: Jackson, *Phytologia* 32: 129, t. 11h-k (1975), como *A. standleyi* var. *aequivenia*.

Subarbustos a arbustos, 1.9-3 m, erectos; tallos rectos y no fractiflexos, moderada a densamente hírtulo-hirsútulos; hojas abruptamente decrecientes inmediatamente por debajo de la capitulescencia; follaje con tricomas 0.1-0.2 mm. Hojas cortamente pecioladas; láminas (4-)6-12(-16) × (0.8-)1.5-2.5(-3.5) cm, lanceoladas a elíptico-lanceoladas o a veces elíptico-oblongas, moderada a rígidamente cartáceas, las nervaduras terciarias débilmente prominentes pero no obviamente elevadas adaxialmente, la superficie esparcidamente hispídula o hírtula (y entonces generalmente también sésil-glandulosa) hasta a veces casi subglabra y solo puberulenta abaxialmente en las nervaduras principales (y entonces generalmente sin glándulas), la base cuneada a anchamente obtusa, los márgenes subenteros a ligeramente serrulados o mucronulatos apicalmente, el ápice angostamente agudo a atenuado o liso subfalcado; pecíolo 1-4 mm, subterete a aplanado. Capitulescencia generalmente 10-20 cm de diámetro, laxamente corimbosa, redondeada, de varias a numerosas cabezuelas, las ramitas laterales pocas a numerosas, relativamente cortas, generalmente solo 1-1.5 veces la longitud de las hojas axilares subyacentes; pedúnculos hasta 15(-22) mm, con frecuencia 1-bracteolados. Cabezuelas estaminadas 4.5-6 × 3-5 mm, discoides o rara vez disciformes; filarios hírtulos a subglabros, la zona media verde, moderadamente ancha; flores marginales estériles 0-3, la corola c. 2.2 mm, casi tan larga como los filarios más largos, tubular-filiforme, blanca, el limbo 0-0.2 mm, indistinto; flores del disco 20-30, la corola 3.2-4.3 mm, blanca, el limbo cortado hasta cerca de la base por los largos lobos, los lobos 1.6-2.3 mm, esparcidamente glandular-papilosos apicalmente, las ramas del estilo angostamente lanceoladas. Cabezuelas pistiladas 4-5 × 2.5-4 mm, disciformes (indistintamente subradiadas), los filarios hírtulos a subglabros; flores pistiladas 26-31, la corola 2.7-3.5 mm, tubular-filiforme (subradiada), blanca, el limbo 0.5-1.1 mm, erecto y angosto, mucho más corto que los estilos bien desarrollados, lineares, erectos; flores estériles del disco 1-3, la corola 3.2-3.5 mm, el limbo corolino esencialmente cortado hasta la base por lobos largos. Cipselas 1.4-1.7 mm, c. 4-nervias, setulosas, también glandulosas; vilano de cerdas 2.9-3.8 mm, blancas. Floración dic.-mar. *Matorrales húmedos, bosques de* Pinus, *bordes de caminos.* Ch (*Matuda 4011*, MO); G (*Steyermark 33893*, F). 900-1800 m. (Endémica.)

2. Archibaccharis androgyna (Brandegee) S.F. Blake, *Contr. U.S. Natl. Herb.* 23: 1509 (1926). *Baccharis androgyna* Brandegee, *Univ. Calif. Publ. Bot.* 6: 77 (1914). Isotipo: México, Chiapas, *Purpus 6666* (MO!). Ilustr.: Jackson, *Phytologia* 32: 139, t. 14j-l (1975). N.v.: Sakil turisno te', Ch; copalilla, G.

Hemibaccharis androgyna (Brandegee) S.F. Blake.

Arbustos, 0.6-2.4 m, rígidamente erectos, monoicos; tallos rectos y no fractiflexos, a veces pardo-purpúreos, totalmente glabros. Hojas cortamente pecioladas; láminas 6-12 × 0.7-2(-2.5) cm, angostamente lanceoladas, moderada a rígidamente cartáceas, las nervaduras secundarias relativamente delgadas y no marcadamente elevadas, las nervaduras terciarias embebidas, no prominentes, la superficie sin glándulas, completamente glabra (y los márgenes no ciliolados), la base cuneada o a veces obtusa, los márgenes subenteros a obviamente serrulados distalmente, el ápice acuminado a atenuado; pecíolo 1-3 mm. Capitulescencia generalmente 5-13 cm de diámetro, redondeada, varias a numerosas cabezuelas, las ramitas laterales pocas a numerosas, ascendentes hasta a veces patentes, más cortas que las hojas subyacentes; pedúnculos glabros. Cabezuelas 3.4-5 × 3.2-4 mm, la mayoría al parecer bisexuales (algunas tal vez solo estaminadas) y por tanto la mayoría al parecer disciformes; filarios 4-5-seriados; flores marginales 17-30, todas pistiladas, la corola 1.7-3 mm, más o menos tubular-filiforme, blanca, el limbo (0-)0.5-0.9 mm; flores del disco (1-)4(-15), funcionalmente estaminadas aunque típicamente producen ramas del estilo linear-lanceoladas, exertas, la corola 3.2-4.4 mm, campanulada, blanca, la garganta muy corta, los lobos 1.1-1.5 mm, las ramas del estilo lanceoladas, obviamente papilosas. Cipselas 1-1.4 mm, setulosas, sin glándulas; vilano de cerdas 1.8-3.6 mm, blancas. Floración ago.-mar. 2*n* = 18. *Selvas medianas perennifolias, bosques de neblina, bosques de* Pinus-Quercus. Ch (*Jackson 1034*, MO); G (*Steyermark 51922*, F). (700?-)1900-3000 m. (Endémica.)

Las cabezuelas son principalmente bisexuales, tienen flores del disco estaminadas fértiles, con polen y estilos consistentemente bien desarrollados, exertos. Se piensa que Jackson (1975) erró al citar 700 m como la elevación más baja.

3. Archibaccharis asperifolia (Benth.) S.F. Blake, *Contr. U.S. Natl. Herb.* 23: 1509 (1926). *Baccharis asperifolia* Benth., *Pl. Hartw.* 86 (1841). Isotipo: Guatemala, *Hartweg 589* (NY!). Ilustr.: Nash, *Fieldiana, Bot.* 24(12): 484, t. 29 (1976). N.v.: Sakil ch'aal wamal, Ch.

Archibaccharis sescenticeps (S.F. Blake) S.F. Blake, *Baccharis scabridula* Brandegee, *Conyza asperifolia* (Benth.) Benth. et Hook. f. ex Hemsl., *Hemibaccharis asperifolia* (Benth.) S.F. Blake, *H. sescenticeps* S.F. Blake.

Arbustos, 1-3(-6) m, rígidamente erectos; tallos rectos y no fractiflexos, con frecuencia purpúreo-rojizos, por lo general laxa a finamente vellosos distalmente hasta a veces subglabros; follaje generalmente con tricomas 0.2-0.5 mm. Hojas pecioladas; láminas 4-14 × 1-4.7(-7) cm, generalmente elíptico-lanceoladas, moderadamente cartáceas, las superficies sin glándulas, la superficie adaxial por lo general obviamente escabrosa, la superficie abaxial puberulenta al menos en las nervaduras, la base generalmente acuminada hasta a veces cuneada, los márgenes generalmente serrados a serrulados, rara vez subenteros, el ápice acuminado; pecíolo 2-15(-20) mm. Capitulescencia generalmente 10-18(-25) cm de diámetro, redondeada, varias a numerosas cabezuelas, las ramitas laterales varias, ascendentes a patentes, no más altas que el eje central. Cabezuelas estaminadas 3-5.5(-7) × 3-4(-5.5) mm, discoides o rara vez disciformes; filarios c. 4-seriados; flores marginales estériles a veces presentes, la corola 1.6-2.4 mm, tubular-filiforme; flores del disco 22-44(-56), la corola 2.5-4.7 mm, angostamente campanulada, blanca, la garganta conspicua, casi tan larga como los lobos, los lobos 0.7-1.5 mm, las ramas del estilo angostamente lanceoladas. Cabezuelas pistiladas 4-5.5(-7.5) × 3-4.5(-6) mm, disciformes; filarios glabros; flores pistiladas 25-55(-70), la corola 2-3(-3.5) mm, tubular-filiforme, blanca o color crema, setulosa distalmente, el limbo 0.1-0.6 mm, corto, indistinto, mucho más corto que los estilos los cuales son bien exertos; flores estériles del disco 1-7, la corola 2.5-4(-4.5) mm, angostamente campanulada, la garganta conspicua, casi tan larga como los lobos. Cipselas c. 1 mm, 2-4-nervias, setulosas, sin glándulas; vilano de cerdas 2-4 mm, blancas. Floración ago.-abr. 2*n* = 18. *Bosques de neblina, pantanos, selvas medianas perennifolias, áreas abiertas, bosques de* Pinus-Quercus, *orillas de caminos, matorrales, pastizales húmedos.* Ch (*Purpus 6665*, NY); G (*von Türckheim II 1637*, MO); H (*Williams et al. 15592*, F); N (*Moreno 14338*, MO). 1200-3000(-3400?) m. (México, Mesoamérica.)

Archibaccharis asperifolia, al menos como se encuentra y está circunscrita en Mesoamérica (p. ej., Jackson, 1975), es similar *A. irazuensis* y tal vez gradúa con esta. Sin embargo, al norte en el centro de México *A. asperifolia* difiere por las cabezuelas mucho más pequeñas y los tallos menos pelosos.

4. Archibaccharis blakeana Standl. et Steyerm., *Publ. Field Mus. Nat. Hist., Bot. Ser.* 22: 296 (1940). Holotipo: Guatemala, *Standley 58597* (F!). Ilustr.: Jackson, *Phytologia* 32: 163, t. 22a-c (1975).

Subarbustos subescandentes hasta arbustos, 1.5-3 m; tallos rectos a ligeramente fractiflexos, acostillado-angulados, vellosos a glabros, los entrenudos con frecuencia casi tan largos como las hojas; follaje con tricomas 0.1-0.4 mm. Hojas sésiles con la base peciolariforme anchamente alada; láminas 5-13(-15) × 2-6(-8.5) cm, espatulado-elípticas a espatulado-ovadas, moderadamente cartáceas, sin glándulas, la superficie adaxial esparcidamente escabroso-híspida, la superficie abaxial con las nervaduras hispídulo-vellosas y aréolas subglabras, la base (0-)10-30(-40) × 0.2-10 mm, peciolariforme, auriculado-abrazadora, verde, la porción expandida de la lámina con la base obtusa a redondeada por tanto abruptamente contraída en una base peciolariforme, los márgenes denticulados a serrados, el ápice acuminado a largamente acuminado. Capitulescencia terminal de 10-20 cm en las ramas axilares, corimbiforme-paniculada, los últimos agregados 6-12 cm de diámetro, anchamente redondeados, ligeramente foliosos, las ramitas 2-4 cm, pocas, más largas que las hojas subyacentes; pedúnculos 2-10 mm, aquellos de las plantas pistiladas generalmente más largos, vellosos, 2-4-bracteolados. Cabezuelas estaminadas 3.2-4.3 × 2.5-4 mm, discoides; filarios a veces purpúreos distalmente, puberulentos o los internos glabros, los márgenes a veces ciliolados, el ápice generalmente agudo; flores del disco 17-25, la corola 3.1-4.2 mm, angostamente infundibuliforme, blanco-amarillenta, el tubo 1-1.3 mm, la garganta conspicua y bien desarrollada, los lobos 0.5-0.8 mm, cortamente triangulares y obviamente mucho más cortos que la garganta, las ramas del estilo angostamente lanceoladas. Cabezuelas pistiladas 4.5-5.8 × 3-4.6 mm, disciformes; involucro campanulado a anchamente campanulado; filarios puberulentos o los internos glabros, el ápice agudo hasta a veces obtuso, con frecuencia ciliolado; flores pistiladas 30-53, la corola 3-3.3 mm, tubular-filiforme, blanco-amarillenta, el limbo hasta c. 0.5 mm, indistinto, erecto; flores estériles del disco 0-3, la corola 3.4-3.8 mm, angostamente infundibuliforme, los lobos cortamente triangulares y obviamente mucho más cortos que la garganta. Cipselas 1.2-1.5 mm, 2-3-nervias, setulosas; vilano de cerdas 2.5-3.8 mm, blancas a pajizas. Floración dic.-ene. 2*n* = 18. *Selvas medianas perennifolias, bosques de* Pinus, *bosques rocosos, matorrales.* Ch (*Breedlove y Thorne 31094*, MO); G (*Jackson 1036*, NY). 1500-2300(-3000) m. (Endémica.)

La etiqueta en el ejemplar tipo dice "nov.-feb." pero todos los otros ejemplares conocidos están en flor solo de diciembre a enero. Jackson describió las cabezuelas estaminadas como de hasta 6 mm, pero siempre parecen ser de menos de 4.5 mm.

5. Archibaccharis corymbosa (Donn. Sm.) S.F. Blake, *J. Wash. Acad. Sci.* 17: 60 (1927). *Diplostephium corymbosum* Donn. Sm., *Bot. Gaz.* 23: 8 (1897). Lectotipo (designado por Blake, 1924a): Guatemala, *Nelson 3639* (imagen en Internet ex US!). Ilustr.: Jackson, *Phytologia* 32: 129, t. 11a-d (1975).

Hemibaccharis corymbosa (Donn. Sm.) S.F. Blake.

Subarbustos erectos a arqueados hasta arbustos, 1-3 m; tallos rectos y no fractiflexos, tomentulosos, esparcidamente sésil-glandulosos distalmente. Hojas obviamente pecioladas; láminas 5-9(-12.2) × (1-)2-3(-4) cm, elíptico-lanceoladas, moderadamente cartáceas, la superficie adaxial hírtula, sésil-glandulosa, la superficie abaxial hispídula, sésil-glandulosa, la base cuneada, los márgenes serrados a serrulados, el ápice agudo a acuminado; pecíolo (2-)11-15 mm. Capitulescencia generalmente 6-12 cm de diámetro, redondeada a rara vez casi aplanada en el ápice, de varias a numerosas cabezuelas, las ramitas distales generalmente 1-3, ascendentes, con frecuencia casi tan largas como el eje central; pedúnculos esparcidamente glandulosos. Cabezuelas estaminadas 5-8 × 3-5 mm, cortamente radiadas; filarios a veces purpúreos; flores marginales 9-12(-23), generalmente estériles; corola 4-4.8 mm, cortamente radiada, a veces rosada madurando a purpúrea, el limbo 1.5-2 mm; flores del disco 29-38, la corola 3.4-4.4 mm, angostamente campanulada, generalmente rosada madurando a purpúrea, la garganta conspicua, casi tan larga como los lobos, los lobos c. 1.1 mm, las ramas del estilo angostamente lanceoladas. Cabezuelas pistiladas 5-7 × 2.5-4 mm, cortamente radiadas; filarios a veces purpúreos, los filarios externos densamente vellosos, los filarios internos subglabrescentes; flores pistiladas 27-40, la corola 3.3-4.8 mm, cortamente radiada, a veces rosada madurando a purpúrea, el limbo 1.4-2.4 mm, oblongo; flores estériles del disco 1-4, la corola 3.4-4.2 mm, generalmente rosada madurando a purpúrea, la garganta conspicua, c. la mitad de la longitud de los lobos. Cipselas 0.9-1.4 mm, setulosas y glandulosas; vilano de cerdas 3-3.9 mm, el ápice a veces rosado a rojo. Floración nov.-may. 2*n* = 18. *Selvas altas perennifolias, bosques de* Pinus, *bosques de* Pinus-Quercus, *matorrales, laderas de volcanes.* Ch (*Breedlove 24352*, MO); G (*Jackson 1043*, MO). 2100-3700 m. (Endémica.)

6. Archibaccharis flexilis (S.F. Blake) S.F. Blake, *J. Wash. Acad. Sci.* 17: 60 (1927). *Hemibaccharis flexilis* S.F. Blake, *Contr. U.S. Natl. Herb.* 20: 549 (1924). Isotipo: Guatemala, *von Türckheim II-1636* (MO!). Ilustr.: Jackson, *Phytologia* 32: 186, t. 29e-h (1975).

Bejucos escandentes, 3-8(-10) m; tallos rectos o volubles (rara vez fractiflexos apicalmente), estriados, pilósulos a piloso-hirsutos; follaje con tricomas generalmente 0.3-1 mm. Hojas pecioladas; láminas 4-12(-15) × 1.5-3.5(-4.5) cm, generalmente lanceoladas a elíptico-lanceoladas o elíptico-oblanceoladas, moderadamente cartáceas con las

nervaduras secundarias y terciarias generalmente no elevadas adaxialmente, las nervaduras terciarias algo indistintas y no conspicuamente reticuladas, las superficies sin glándulas, la superficie adaxial esparcidamente pilósula o subglabra hasta rara vez moderadamente hirsútula a hirsuta, opaca a sublustrosa, la superficie abaxial pilósula hasta a veces hirsuta, la base atenuada a cuneada, los márgenes subenteros a serrulados, el ápice acuminado; pecíolo 2-15 mm. Capitulescencia en numerosas ramas axilares cortas (4-10 cm), corimbiforme-paniculada, los últimos agregados generalmente 3-6 cm de diámetro, redondeados, foliosos, las ramitas generalmente casi tan largas como las hojas subyacentes; pedúnculos en su mayoría 2-5 mm. Cabezuelas estaminadas 4-6 × 2.5-4 mm, discoides o rara vez disciformes; involucro 3-4 mm; filarios subglabros o los pocos externos puberulentos, el ápice generalmente agudo; flores marginales pistiladas generalmente ausentes; flores del disco 10-22, la corola 3.8-5.8 mm, principalmente blanco-amarillenta, el tubo 1.5-2.7 mm, el limbo cortado casi hasta la base por los largos lobos, la garganta indistinta, los lobos 2.2-2.8 mm, obviamente mucho más largos que la garganta, las ramas del estilo lanceoladas. Cabezuelas pistiladas 5-6 × 2.5-3.5 mm, disciformes; involucro 4-5 mm; filarios subglabros o los pocos externos puberulentos, el ápice agudo; flores pistiladas 15-27, la corola 2.5-3.5 mm, tubular-filiforme, principalmente blanco-amarillenta, el limbo 0.1-1 mm, indistinto, erecto; flores estériles del disco 1-4, la corola 3.8-4.8 mm. Cipselas 1-1.6 mm, 3-5-nervias, setulosas; vilano de cerdas 2.7-4.3 mm, pajizas a parduscas. Floración (sep.-)nov.-mar.(-abr.). 2*n* = 18. *Bosques de neblina, selvas altas perennifolias, vegetación secundaria, matorrales húmedos, bosques de* Pinus, *laderas.* Ch (*Matuda 16235*, MO); G (*Standley 62291*, NY); ES (*Molina R. et al. 16865*, NY); N (*Molina R. y Williams 31239*, MO); CR (*Smith A579*, MO). 500-2700(-3000) m. (Endémica.)

El holotipo de US y el isotipo de MO de *Hemibaccharis flexilis* tienen la fecha de marzo de 1908, mientras que *von Türckheim II 1636* en GH y NY tienen la fecha de febrero de 1907 y no fueron considerados como material tipo por Blake (1924a). Si bien en *Standley 65058* dice "2250-3000" metros de elevación, esta colección posiblemente proviene de una elevación menor a 2900 m.

Las poblaciones de más al sur frecuentemente tienen las superficies adaxiales de las hojas hirsutas (pero no del modo que se encuentra en *Archibaccharis taeniotricha*, la cual se diferencia por las cabezuelas estaminadas más pequeñas con gargantas de las corolas del disco evidentes y las nervaduras secundarias marcadamente elevadas abaxialmente), mientras que las poblaciones hacia el norte son ocasionalmente subglabras.

7. Archibaccharis irazuensis (S.F. Blake) S.F. Blake, *J. Wash. Acad. Sci.* 17: 60 (1927). *Hemibaccharis irazuensis* S.F. Blake, *Contr. U.S. Natl. Herb.* 20: 551 (1924). Holotipo: Costa Rica, *Pittier 14079* (foto MO! ex US). Ilustr.: Jackson, *Phytologia* 32: 152, t. 19f-i (1975).

Subarbustos, 1-2 m, rígidamente erectos con tallos herbáceos; tallos rectos y no fractiflexos, generalmente purpúreos, simples por debajo de la capitulescencia, pilósulos a tomentulosos; follaje con tricomas 0.2-0.5 mm. Hojas subsésiles a pecioladas; láminas 5-12.5 × 1.5-3.5 cm, lanceoladas a elíptico-lanceoladas, rígidamente cartáceas, sin glándulas, la superficie adaxial densamente pilósula, la superficie abaxial esparcidamente pilósula, la base generalmente cuneada u obtusa, los márgenes generalmente subenteros a serrulados, el ápice por lo general largamente acuminado a largamente atenuado; pecíolo (0-)2-7 mm. Capitulescencia generalmente 9-21 cm de diámetro, ligeramente redondeada a más o menos aplanada en el ápice, las ramitas laterales pocas a numerosas, ascendentes, casi tan largas como el eje central o a veces más largas que este, rara vez mucho más cortas que el eje central; pedúnculo con pubescencia mucho más densa que la pubescencia de la bractéola peduncular. Cabezuelas estaminadas 4.5-6 × 4-4.5 mm, discoides o rara vez disciformes; filarios ciliolados, los filarios externos glabros a esparcidamente puberulentos, los filarios internos glabros; flores marginales estériles a veces presentes (0-7), la corola 1.6-2.2

mm, tubular-filiforme; flores del disco 20-33, la corola 3.3-5 mm, angostamente campanulada, blanca, la garganta conspicua, la garganta y los lobos más o menos subiguales, los lobos 1.2-1.8 mm, las ramas del estilo angostamente lanceoladas. Cabezuelas pistiladas 4.5-6 × 3-5 mm, disciformes o rara vez discoides; filarios externos puberulentos; flores pistiladas 32-48, la corola 2.9-3.9 mm, tubular-filiforme, blanca, el limbo c. 0.3 mm, indistinto. Cabezuelas pistiladas y tronco del estilo subiguales o el tronco del estilo a veces más largo que la corola con las ramas a veces bien exertas; tronco del estilo más largo que la corola con las ramas bien exertas; flores estériles del disco (0-)3-6, la corola 3.5-4 mm, angostamente campanulada, la garganta conspicua, en general ligeramente más corta que los lobos, los lobos c. 1 mm, incisos hasta la mitad, hasta ligeramente más de la mitad o hasta la base de la garganta. Cipselas 1-1.8 mm, setulosas, sin glándulas; vilano de cerdas 2.9-4.5 mm, blancas. Floración ene., mar.-may., jul., sep.-nov. *Bosques de neblina, selvas altas perennifolias, laderas, vegetación riparia, vegetación secundaria, subpáramos, matorrales.* CR (*Pruski et al. 3950*, MO); P (*Woodson y Schery 463*, MO). 2300-3400 m. (Endémica.)

Archibaccharis irazuensis fue reconocido tanto por Blake (1924a) como por Jackson (1975) y además debido a su distribución alopátrica es provisionalmente aceptada en esta flora como un segregado geográfico débil de *A. asperifolia*.

8. Archibaccharis jacksonii S.D. Sundb., *Syst. Bot.* 9: 295 (1984). Holotipo: Costa Rica, *Turner y Turner 15028* (foto MO! ex TEX). Ilustr.: Sundberg, *Syst. Bot.* 9: 296, t. 1 (1984).

Arbustos escandentes o bejucos, 2-3 m, en estado inmaduro ocasionalmente descritos como arbustos desparramados; tallos rectos y no fractiflexos, diminutamente estriados, pilósulos a subglabros; follaje con tricomas 0.2-0.5 mm. Hojas pecioladas; láminas 3-8 × 1.2-3.3 cm, elíptico-lanceoladas a elípticas o a veces oblongas, gruesamente cartáceas con las nervaduras secundarias elevadas adaxialmente, algunas nervaduras terciarias ampliamente separadas y ligeramente elevadas adaxialmente, las nervaduras terciarias abaxiales hundidas o casi hundidas, las superficies sin glándulas, la superficie adaxial sublustrosa, glabra o las nervaduras mayores puberulentas, la superficie abaxial hirsútula o las aréolas subglabras, la base cuneada, los márgenes serrulados distalmente, el ápice acuminado; pecíolo 5-10 mm. Capitulescencia terminal de 20-30 cm en numerosas ramas axilares, abiertamente corimbiforme-paniculada, los últimos agregados 6-10 cm de diámetro, redondeados, sostenidos por arriba de las hojas subyacentes, las ramitas 8-15 cm, pocas a varias, más largas que las hojas subyacentes, las últimas ramitas con frecuencia 1-bracteoladas; pedúnculos 3-10 mm, hirsútulos. Cabezuelas estaminadas 3.7-4.2 × 2-2.5(-3) mm, discoides; filarios con la zona media ancha, los márgenes angostamente escariosos, a veces rosados, los filarios de las series medias anchamente lanceolados, generalmente agudos; flores del disco 8-15, la corola 3.2-3.9 mm, blanco-amarillenta, el tubo 1.6-2 mm, la garganta indistinta, los lobos 1.6-1.9 mm, cortados casi hasta el tope del tubo, las ramas del estilo angostamente oblanceoladas, fina a moderadamente papilosas. Cabezuelas pistiladas 3.3-4.5 × 1.8-2.8 mm, disciformes; involucro turbinado hasta campanulada en fruto; filarios con la zona media ancha, los márgenes angostamente escariosos, los de las series medias anchamente lanceolados, ciliolados, por lo demás glabros; flores pistiladas 9-11, la corola 2.2-2.8 mm, tubular-filiforme, blanca, diminutamente setulosa en los 2/3 proximales, el limbo diminuto; flores estériles del disco generalmente 1, la corola 3.1-3.6 mm, la garganta indistinta, los lobos 1.2-1.4 mm, incisos casi totalmente hasta la base de la garganta. Cipselas 1.2-1.5 mm, 4-7-nervias, sin glándulas, subglabras; vilano de cerdas 2.5-3.4 mm, pajizo-pardas. Floración jun.-sep. *Laderas de volcanes.* CR (*McDaniel 6690*, MO). 2300-2700 m. (Endémica.)

9. Archibaccharis lineariloba J.D. Jacks., *Phytologia* 28: 300 (1974). Holotipo: Guatemala, *Molina R. et al. 16446* (F!). Ilustr.: Jackson, *Phytologia* 28: 301, t. 2 (1974).

Subarbustos erectos a ligeramente arqueados, hasta c. 1.5 m; tallos rectos y no fractiflexos, heterótricos, densamente estipitado-glandulosos, también esparcidamente hispídulos; follaje estipitado-glanduloso también peloso con tricomas generalmente más largos y no glandulares. Hojas cortamente pecioladas; láminas 2.5-6 × 1.5-3 cm, generalmente elípticas a elíptico-obovadas, moderadamente cartáceas, la superficie adaxial escabrosa, estipitado-glandulosa, la superficie abaxial estipitado-glandulosa, también esparcidamente hispídula, la base cordata a redondeada, los márgenes dentados a denticulados con frecuencia con dientes de puntas agudas, el ápice acuminado; pecíolo 1-3 mm. Capitulescencia generalmente 4-11 cm de diámetro, redondeada a rara vez casi aplanada en el ápice, con varias a numerosas cabezuelas, las ramitas laterales pocas, bien espaciadas, ascendentes, generalmente no tan largas como el eje central ni más largas que este; pedúnculos estipitado-glandulosos. Cabezuelas estaminadas c. 7 × 5 mm, cortamente radiadas; filarios externos hirsútulos, también esparcidamente estipitado-glandulosos. Flores marginales c. 9, estériles, la corola 5.1-5.8 mm, cortamente radiada, el limbo bien desarrollado; flores del disco c. 36, la corola 4.5-5 mm, campanulada, blanca a purpúrea, la garganta 0.8-0.9 mm, conspicua, los lobos 1.7-2.2 mm, más largos que la garganta, las ramas del estilo angostamente lanceoladas. Cabezuelas pistiladas c. 6 × 3 mm, cortamente radiadas; filarios externos vellosos, también sésil-glandulosos; filarios internos ciliados, por lo demás subglabrescentes; flores pistiladas 30-40, la corola 3.4-4.6 mm, cortamente radiada, blanca a purpúrea, el limbo 1.2-2 mm, oblongo; flores estériles del disco c. 2, la corola 3.7-4.2 mm, campanulada, la garganta 0.5-0.8 mm, conspicua, los lobos 1-1.2 mm, más largos que la garganta. Cipselas 1-1.5 mm, 2-3-nervias, setulosas y glandulosas; vilano de cerdas 3.5-4.5 mm, blancas o a veces amarillo pálido. Floración ene.-mar. *Laderas rocosas en bosques de coníferas.* G (*Véliz et al. 7943*, MO). 3200-3700 m. (Endémica.)

Archibaccharis lineariloba solo se conoce de los alrededores de San Juan Ixcoy en la meseta de Cuchumatanes.

10. Archibaccharis lucentifolia L.O. Williams, *Fieldiana, Bot.* 29: 388 (1962). Holotipo: Honduras, *Williams y Williams 17497* (F!). Ilustr.: Jackson, *Phytologia* 32: 168, t. 24d-f (1975). N.v.: Amargoso, H.

Bejucos escandentes; tallos fractiflexos o ligeramente fractiflexos, a veces estriados distalmente, esparcidamente hirsutos a hírtulos distalmente a glabrescentes; follaje con tricomas 0.2-0.7 mm. Hojas pecioladas; láminas (2-)3-12 × (1.5-)3-5 cm, elípticas a elíptico-lanceoladas, gruesamente cartáceas con las nervaduras secundarias elevadas adaxialmente, algunas nervaduras terciarias ampliamente separadas y ligeramente elevadas adaxialmente, las nervaduras secundarias ligeramente elevadas abaxialmente (más elevadas cuando han sido prensadas en etanol), las nervaduras terciarias hundidas o muy ligeramente elevadas, las superficies sin glándulas, la superficie adaxial subglabra o la vena media hírtula, sublustrosa, la superficie abaxial esparcidamente hírtula a glabrescente, la base cuneada a casi redondeada, los márgenes subenteros a remotamente mucronulatos distalmente, el ápice agudo a acuminado; pecíolo 2-11 mm. Capitulescencia terminal de 15-40 cm en las ramas axilares, corimbiforme-paniculada, los últimos agregados 4-10 cm de diámetro, ligeramente redondeados, ligeramente foliosos, las ramitas 4-6 cm, pocas, generalmente casi tan largas como las hojas subyacentes; pedúnculos 3-9 mm, hirsutos a hírtulos, 1-2-bracteolados. Cabezuelas estaminadas 5-6 × 3-4 mm, discoides; filarios con márgenes a veces rosados, ciliado-lacerados, los filarios externos generalmente obtusos graduando a los filarios internos generalmente agudos; flores del disco 12-15, la corola 4.2-5.3 mm, blanco-amarillenta con las puntas purpúreas, el tubo 2.1-2.5 mm, la garganta 0.4-0.5 mm, los lobos 1.7-2.3 mm, esparcidamente setulosos apicalmente, las ramas del estilo largamente obromboidales, marcadamente papilosas. Cabezuelas pistiladas 6.5-7.5 × 2.5-4 mm, disciformes; involucro turbinado a campanulado; filarios ligeramente hírtulos o glabros, las series medias anchamente lanceoladas, generalmente ciliado-laceradas, los filarios externos agudos a obtusos graduando a los filarios internos agudos a largamente acuminados o atenuados, los márgenes a veces rosados; flores pistiladas 8-14, la corola 3-3.6 mm, tubular-filiforme, blanco-amarillenta con las puntas purpúreas, el limbo generalmente c. 0.5 mm, indistinto, erecto; flores estériles del disco 2-3, la corola 4-5 mm. Cipselas 1-1.5 mm, 3-nervias, setulosas, sin glándulas; vilano de cerdas 3.5-4.5 mm, típicamente pajizo. Floración ene.-mar. *Bosques de neblina, laderas rocosas.* H (*Molina R. et al. 17004*, NY). 1800-2500 m. (Endémica.)

11. Archibaccharis nicaraguensis G.L. Nesom, *Phytologia* 65: 158 (1988). Isotipo: Nicaragua, *Neill 3843* (MO!). Ilustr.: no se encontró.

Arbustos erectos, c. 1 m; tallos rectos y no fractiflexos, sin glándulas, densamente hirsútulos; follaje con tricomas 0.1-0.2 mm. Hojas cortamente pecioladas; láminas (4-)5.5-8 × (0.8-)1.2-2 cm, lanceoladas a elíptico-lanceoladas, moderadamente rígidas y cartáceas con el retículo ligeramente elevado adaxialmente, las superficies sin glándulas, la superficie adaxial glabrescente, la superficie abaxial esparcidamente hírtula en las nervaduras, la base angostamente cuneada, los márgenes remotamente mucronulatos, el ápice angostamente agudo a acuminado; pecíolo 1-4 mm. Capitulescencia 10-14 cm de diámetro, corimbosa, ligeramente redondeada a casi aplanada distalmente, las ramitas laterales 6-9 cm, pocas, subapicales, por lo general ligeramente más largas que las hojas axilares subyacentes. Cabezuelas estaminadas c. 4 × 3-4 mm, discoides o disciformes; filarios linear-lanceolados, ligeramente hírtulos o glabros; flores pistiladas 0-2, estériles, casi tan largas como los filarios más largos, la corola tubular-filiforme, el limbo 0-0.2 mm, indistinto; flores del disco 20-30, la corola c. 3 mm, blanca, el tubo c. 1.2 mm, el limbo esencialmente cortado hasta la base por los lobos largos, los lobos c. 1.8 mm, esparcidamente glandulosos o papilosos apicalmente, las ramas del estilo angostamente lanceoladas. Cabezuelas pistiladas 4-5 × 3.5-5 mm, cortamente radiadas; filarios linear-lanceolados, ligeramente hírtulos o glabros; flores pistiladas varias a numerosas, la corola 3.5-3.8 mm, cortamente radiada, el tubo c. 2.5 mm, el limbo 1-1.3 mm, moderadamente conspicuo, linear, casi tan largo como el estilo; flores estériles del disco 2-3, el limbo corolino esencialmente cortado hasta la base por los largos lobos. Cipselas 1.6-1.8 mm, 4-5-nervias, esparcidamente setulosas y finamente glandulosas; vilano de cerdas 3.5-4 mm, blancas. Floración mar., may. *Bosques enanos, laderas rocosas.* N (*Moreno y Sandino 7803*, MO). 1400-1700 m. (Endémica.)

12. Archibaccharis panamensis S.F. Blake, *Ann. Missouri Bot. Gard.* 28: 472 (1941). Holotipo: Panamá, *Allen 751* (imagen en Internet ex US!). Ilustr.: D'Arcy, *Ann. Missouri Bot. Gard.* 62: 1008, t. 34A-C (1975 [1976]).

Subarbustos rígidamente erectos o arbustos, c. 1.5 m; tallos rectos y no fractiflexos, simples por debajo de la capitulescencia, pilósulos a vellosos; follaje con tricomas 0.2-0.4 mm. Hojas cortamente pecioladas; láminas 5.5-9.5 × 2-3 cm, elíptico-oblongas a elíptico-obovadas, moderadamente cartáceas, la superficie adaxial puberulenta, la superficie abaxial densamente pilósula, con diminutos tricomas granulosos (submoniliformes?, c. 2 células), la base cuneada, los márgenes denticulados distalmente, el ápice por lo general cortamente agudo a cortamente acuminado; pecíolo c. 3 mm. Capitulescencia c. 27 cm de diámetro, ligeramente redondeada a más o menos aplanada en el ápice, las ramitas laterales pocas a varias, ascendentes, casi tan largas como el eje central o a veces más largas que este, rara vez mucho más cortas que el eje central; pubescencia del pedúnculo y de la bractéola peduncular igualmente densa. Cabezuelas estaminadas desconocidas. Cabezuelas pistiladas c. 5 × 2.5-3 mm, disciformes; filarios linear-lanceolados, los filarios externos moderadamente hirsútulos, las series internas glabras; flores pistiladas 18-24, la corola 2.5-2.8 mm, tubular-filiforme, blanca, el limbo c. 0.3 mm, diminuto, erecto y más corto que los estilos, tronco del estilo subigual a la corola con ramas moderadamente exertas; flores

estériles del disco 1 o 2, la corola 3.2-3.5 mm, la garganta indistinta, diminuta, los lobos 1.6-1.8 mm, incisos casi totalmente hasta la base de la garganta, el ovario c. 1 mm, las ramas del estilo angostamente lanceoladas. Cipselas 1.5-1.6 mm, eventualmente tornándose 4(-7?)-nervias, setulosas, sin glándulas; vilano de cerdas 3-3.6 mm, blancas. Floración sep. *Hábitat no conocido.* P (*Allen 751*, MO). 100-800 m. (Endémica.)

Jackson (1975) describió las hojas de *Archibaccharis panamensis* como glandulosas, pero se piensa que las superficies son más bien diminutamente granulosas con diminutos tricomas tricomas submoniliformes de c. células que no son obviamente resinosos, pero sin embargo semejan ser glándulas. Si bien D'Arcy (1975b [1976]) describió para *A. panamensis* un limbo de la corola del flósculo pistilado "definido" de c. 1 mm, la corola es más corta que el estilo (véase Jackson, 1975: 152, t. 19c) y no está descrita en este tratado como radiada. El protólogo de *A. panamensis* describe las cipselas como "inmaduras", y si bien Sundberg (1984) describió las cipselas con "4-7" nervaduras, este hecho no es del todo manifiestamente obvio en el isotipo de *A. panamensis* con cipselas inmaduras que se han examinado.

13. Archibaccharis salmeoides (S.F. Blake) S.F. Blake, *J. Wash. Acad. Sci.* 17: 61 (1927). *Hemibaccharis salmeoides* S.F. Blake, *Contr. U.S. Natl. Herb.* 20: 548 (1924). Holotipo: Guatemala, *von Türckheim II 1641* (imagen en Internet ex US!). Ilustr.: Jackson, *Phytologia* 32: 168, t. 24a-c (1975).

Archibaccharis vesticaulis G.L. Nesom.

Bejucos escandentes; tallos rectos casi rectos proximalmente y ligeramente fractiflexos distalmente, débil y cortamente estriados, esparcida a densamente hírtulos a pilósulos a proximalmente glabrescentes; follaje con tricomas 0.2-0.3 mm. Hojas pecioladas; láminas 4-9 × 2-4(-5.5) cm, elípticas a elíptico-ovadas, gruesamente cartáceas con las nervaduras secundarias terciarias elevadas adaxialmente, las superficies sin glándulas, la superficie adaxial subglabra o la vena media hírtula, sublustrosa, la superficie abaxial esparcidamente hírtula en las nervaduras a subglabra, las nervaduras terciarias muy ligeramente elevadas, la base anchamente cuneada a obtusa, los márgenes subenteros a remotamente mucronulatos distalmente, el ápice acuminado a apiculado; pecíolo 2-13 mm. Capitulescencia terminal en las ramas axilares, delgadas, largas, corimbiforme-paniculada, los últimos agregados generalmente 6-8 cm de diámetro, ligeramente redondeados, con varias a numerosas cabezuelas, foliosas, las ramitas 4-6 cm, pocas, generalmente casi tan largas como las hojas subyacentes. Cabezuelas estaminadas 3.7-4.3 × c. 3.5 mm, discoides; filarios c. 4-seriados; flores del disco 16-24, la corola 2.9-3.4 mm, purpúrea distalmente, el tubo 1.4-1.7 mm, la garganta c. 0.3 mm, los lobos 1.2-1.4 mm, esparcidamente setulosos apicalmente, las ramas del estilo largamente obromboidales, marcadamente papilosas. Cabezuelas pistiladas (3-)4-6 × 3-4 mm, disciformes; filarios ligeramente hírtulos o glabros, el ápice obtuso a agudo o los internos a veces cortamente acuminados, las series medias elíptico-lanceoladas; flores pistiladas 8-12, la corola 2.6-2.9 mm, tubular-filiforme, con las puntas purpúreas, el limbo generalmente c. 0.5 mm, indistinto, erecto; flores estériles del disco 1-2(-4), la corola 3.5-4 mm, purpúrea distalmente, las ramas del estilo largamente obromboidales, marcadamente papilosas. Cipselas 1.2-1.8 mm, 2-nervias, setulosas, sin glándulas; vilano con cerdas 3-4 mm, parduscas. Floración nov.-mar. *Selvas altas perennifolias, vegetación secundaria.* Ch (*Sundberg et al. 2423*, NY); G (*von Türckheim II 1657*, NY). 1300-1900 m. (México [Veracruz], Mesoamérica.)

La descripción de las cabezuelas estaminadas fue adaptada de Jackson (1975) de plantas de Veracruz. Es posible que estas plantas estaminadas sean en realidad la especie similar y descrita posteriormente, *Archibaccharis venturana* G.L. Nesom, la cual por lo demás no se conoce en la condición estaminada y se diferencia por las cabezuelas pistiladas pequeñas. *Archibaccharis tuxtlensis* G.L. Nesom es muy similar tanto a *A. salmeoides* como a *A. venturana*, pero se diferencia por las cipselas glandulosas.

Las plantas de *A. salmeoides* de áreas más abiertas tienden a tener los tallos notablemente más densamente pelosos. Nesom (1991) diferenció *A. vesticaulis* de la especie simpátrica *A. salmeoides* por las cabezuelas pistiladas más pequeñas, las corolas del disco más pequeñas y las hojas glandulosas abaxialmente, pero el isotipo de NY de *A. vesticaulis* tiene las hojas sin glándulas (aunque ligeramente resinosas cuando están abolladas) y se piensa que las medidas grandes de las cabezuelas pistiladas de *A. salmeoides* que se dan en Jackson (1975) son debido a que los ejemplares disponibles de Guatemala están en fruto tardío.

14. Archibaccharis schiedeana (Benth.) J.D. Jacks., *Phytologia* 28: 297 (1974). *Baccharis schiedeana* Benth., *Vidensk. Meddel. Dansk Naturhist. Foren. Kjøbenhavn* 1852: 83 (1853). Lectotipo (designado por Jackson, 1974): México, Veracruz, *Schiede 318 (320)* (imagen en Internet ex GH!). Ilustr.: McVaugh, *Fl. Novo-Galiciana* 12: 74, t. 8 (1984). N.v.: Tzajal vala xik', Ch; cahacillo, cano cillo, culebrina, té silvestre, G.

Archibaccharis torquis (S.F. Blake) S.F. Blake, *Baccharis elegans* Kunth var. *seemannii* Sch. Bip., *B. scandens* Less. non (Ruiz et Pav.) Pers., *B. thomasii* Klatt, *Hemibaccharis torquis* S.F. Blake.

Bejucos escandentes (inicialmente hierbas procumbentes), 2-10 m; tallos fractiflexos, estriados, puberulentos a pilósulos, las estrías pajizas, los surcos generalmente verdosos; follaje con tricomas generalmente 0.1-0.5 mm. Hojas pecioladas; láminas 2.5-10 × 1.5-5.5 cm, generalmente ovadas hasta a veces elíptico-ovadas, moderadamente cartáceas, las nervaduras secundarias y terciarias generalmente no elevadas adaxialmente, las nervaduras finamente reticuladas, las superficies lisas, la superficie adaxial pilósula y diminutamente sésil-glandulosa, opaca, la superficie abaxial pilósula a hirsuta, típicamente también esparcidamente sésil-glandulosa, las nervaduras terciarias más o menos hundidas, la base cuneada a redondeada, los márgenes serrados a rara vez subenteros, el ápice agudo a acuminado; pecíolo 1-13 mm. Capitulescencia terminal de 5-15 cm en las ramas axilares, corimbiforme-paniculada, los últimos agregados 2-15 cm de diámetro, redondeados, foliosos, las ramitas generalmente casi tan largas como las hojas subyacentes; pedúnculos en su mayoría 2-9 mm, puberulentos. Cabezuelas estaminadas 4-5.5 × 2.5-3.5(-4) mm, discoides o rara vez disciformes; involucro 3.5-4 mm; filarios puberulentos, ciliolados, el ápice agudo; flores pistiladas generalmente ausentes; flores del disco 10-23, la corola 3.5-4.7 mm, en su mayoría blanco-amarillenta, el tubo 1.5-2.2 mm, los lobos 1.6-2.3 mm, obviamente mucho más largos que la garganta, las ramas del estilo oblanceoladas, finamente papilosas. Cabezuelas pistiladas 4-5(-6) × 2.5-3.5(-4) mm, disciformes; involucro 3.5-4 mm; filarios subglabros o los pocos externos puberulentos, el ápice agudo; flores pistiladas generalmente 25-35, la corola 1.3-1.8 mm, c. 1/2 de la longitud del estilo, tubular-filiforme, en su mayoría blanco-amarillenta, el limbo 0.1-0.4 mm, indistinto, erecto; flores estériles del disco 1-3, la corola 2.8-4 mm. Cipselas 0.9-1.2 mm, 2-3(-5)-nervias, setulosas; vilano de cerdas 2-3 mm, pajizas a parduscas. Floración (jul.-)sep.-ene.(-mar.). $2n = 18$. *Chaparrales, matorrales secos, bordes de bosques, selvas altas y medianas perennifolias, bosques de* Quercus, *bosques de* Pinus-Quercus, *orillas de caminos, orillas de ríos.* Ch (*Cronquist y Becker 11218*, MO); G (*von Türckheim 1350*, NY); H (*Mejía 23*, MO); ES (*Sandoval 1733*, MO); CR (*Skutch 3444*, MO); P (*Pittier 2855*, NY). 600-2600 m. (México, Mesoamérica.)

El número de la especie de este taxón en el protólogo es 318, el número de la colección tipo es 320 (según el isotipo en HAL), pero el fragmento en GH del holotipo de Berlín (designado por Jackson como el lectotipo) indica "318". El informe de Nelson (2008) de *Archibaccharis schiedeana* en Honduras está basado en la identificación errónea del ejemplar.

15. Archibaccharis serratifolia (Kunth) S.F. Blake, *Contr. U.S. Natl. Herb.* 26: 236 (1930). *Baccharis serratifolia* Kunth in Humb.,

Bonpl. et Kunth, *Nov. Gen. Sp.* folio ed. 4: 46 (1820 [1818]). Holotipo: México, Guanajuato, *Humboldt y Bonpland s.n.* (foto MO! ex P-Bonpl.). Ilustr.: Jackson, *Phytologia* 32: 144, t. 17f-j (1975). N.v.: Sak bakte', Ch.

Archibaccharis mucronata (Kunth) S.F. Blake, *A. mucronata* [sin rango] *paniculata* (Donn. Sm.) S.F. Blake, *A. mucronata* var. *paniculata* (Donn. Sm.) S.F. Blake, *A. serratifolia* (Kunth) S.F. Blake var. *paniculata* (Donn. Sm.) S.F. Blake, *Baccharis micrantha* Kunth, *B. mucronata* Kunth, *Diplostephium paniculatum* Donn. Sm., *Hemibaccharis mucronata* (Kunth) S.F. Blake, *H. mucronata* var. *paniculata* (Donn. Sm.) S.F. Blake, *Pluchea floribunda* Hemsl.

Arbustos erectos o rara vez arqueados, 1-3 m; tallos rectos y no fractiflexos, a veces purpúreos y blanco-grisáceo-tomentosos; follaje con tricomas 0.3-1 mm. Hojas pecioladas; láminas 4-12(-17) × 1.5-5.5(-7) cm, elíptico-lanceoladas o elípticas hasta a veces oblongas u ovadas, moderada y gruesamente cartáceas, sin glándulas, la superficie adaxial densamente hirsuta, la superficie abaxial densamente blanco-grisáceo-tomentosa, la base cuneada u obtusa hasta a veces redondeada, el acumen c. 5 mm, los márgenes serrados a serrulados, el ápice acuminado hasta a veces agudo; pecíolo 5-15 mm. Capitulescencia generalmente c. 15 × 15 cm, más o menos piramidal, las ramitas laterales pocas, patentes hasta a veces ligeramente ascendentes, sin sobrepasar el eje central; pedúnculos 3-9 mm, paucibracteolados, blanco-tomentosos, marcadamente contrastando con los filarios glabros a subglabros. Cabezuelas estaminadas 3.5-4.5 × 2.5-4 mm, discoides; involucro casi tan largo como las flores; filarios subglabros; flores del disco generalmente 20-30, la corola 2.5-4 mm, blanca o color crema, la garganta conspicua, por lo general ligeramente más corta que los lobos, los lobos 0.7-1.3 mm, las ramas del estilo angostamente lanceoladas o oblanceoladas. Cabezuelas pistiladas 4-5 × 2.5-3.5 mm, disciformes; filarios glabros; flores pistiladas 18-40, la corola 1.8-2.8 mm, tubular-filiforme, blanca o color crema, el limbo c. 0.5 mm, más corto que los estilos; flores estériles del disco 1-4, la corola 2.5-3.5 mm, la garganta conspicua, casi tan larga como los lobos. Cipselas 0.7-1.4 mm, 2-nervias, esparcidamente setulosas, sin glándulas; vilano de cerdas 2-3 mm, pardo-pajizas. Floración oct.-mar. $2n = 18$. *Bosques mixtos, selvas altas y medianas perennifolias, bosques de* Pinus-Quercus, *laderas rocosas, matorrales.* Ch (*Matuda 0744*, MO); G (*Nelson 3629*, GH). 1200-2600 m. (México, Mesoamérica.)

16. Archibaccharis standleyi S.F. Blake, *J. Wash. Acad. Sci.* 19: 271 (1929). Isotipo: Honduras, *Standley 56193* (F!). Ilustr.: Jackson, *Phytologia* 32: 129, t. 11e-g (1975), como *A. standleyi* var. *standleyi*.

Subarbustos erectos, 0.4-1.2 m; tallos rectos y no fractiflexos, con frecuencia glandulosos distalmente, moderada a densamente hírtulos, las hojas gradualmente decrecientes en la capitulescencia; follaje con tricomas 0.1(-0.2) mm. Hojas cortamente pecioladas; láminas (2-)3-6 × 1.5-2.5 cm, lanceolado-ovadas, moderada a rígidamente cartáceas con las nervaduras secundarias y terciarias a veces elevadas adaxialmente, las nervaduras secundarias proximales a veces más gruesas que las distales, las superficies sésil-glandulosas, por lo demás finamente hispídulas a subglabras, la base cordata a redondeada, los márgenes subenteros a ligeramente denticulados apicalmente, el ápice acuminado; pecíolo 1-3 mm. Capitulescencia generalmente 8-9 cm de diámetro, ligeramente redondeada a más o menos aplanada en el ápice, con varias a numerosas cabezuelas, las ramitas distales pocas. Cabezuelas estaminadas 4-7 × 3-4 mm, por lo general indistintamente disciformes; filarios puberulentos, también sésil-glandulosos; flores marginales estériles generalmente 2-5, la corola 2.6-3.9 mm, tubular-filiforme, blanca, el limbo 0.7-1.2 mm, erecto, casi tan largo como el estilo; flores del disco 7-15, la corola 4-5 mm, blanca, el limbo esencialmente cortado hasta la base por los largos lobos, los lobos 1.8-2.5 mm; antera con apéndice c. 0.3 mm, alargado, las ramas del estilo angostamente lanceoladas. Cabezuelas pistiladas c. 5.5 × 4 mm, ocasionalmente encontradas en las plantas de otro modo masculinas, disciformes; filarios puberulentos; flores pistiladas c. 12, la corola 3.5-4 mm, tubular-filiforme, blanca, el limbo 0.1-1 mm, a veces moderadamente desarrollado pero no más largo que el estilo, erecto; flores estériles del disco c. 6, la corola c. 3.7 mm, blanca, la garganta pequeña, los lobos largos. Cipselas inmaduras hasta 1 mm, glandulosas; vilano de cerdas 3.4-4.6 mm, blancas. Floración feb.-mar. *Bancos rocosos abiertos, vegetación secundaria.* H (*Evans 1389*, MO). 1100-1800 m. (Endémica.)

17. Archibaccharis subsessilis S.F. Blake, *Brittonia* 2: 339 (1937). Isotipo: Guatemala, *Skutch 1736* (F!). Ilustr.: Jackson, *Phytologia* 32: 123, t. 9a-e (1975).

Subarbustos a arbustos erectos a arqueados, 1-3 m; tallos rectos y no fractiflexos, sin glándulas, densamente hispídulos, esparcidamente sésil-glandulosos distalmente. Hojas subsésiles o cortamente pecioladas; láminas 3-10 × 2-5 cm, elípticas a elíptico-ovadas, moderadamente cartáceas, una o ambas superficies con glándulas sésiles, la superficie adaxial hispídula, la superficie abaxial esparcidamente hispídula a subglabra, la base cordata a redondeada, los márgenes serrados a serrulados, el ápice acuminado; pecíolo 1-3 mm. Capitulescencia generalmente 7-18 cm de diámetro, ligeramente redondeada a casi aplanada en el ápice, con varias a numerosas cabezuelas, las ramitas distales pocas a varias, generalmente bien espaciadas, ascendentes; pedúnculos esparcidamente glandulosos. Cabezuelas estaminadas 4-5.5(-6) × 3-4 mm, cortamente radiadas; filarios 4-5-seriados. Flores marginales 4-14, estériles, la corola 3-4.5 mm, cortamente radiada, blanca hasta a veces purpúrea, el limbo bien desarrollado; flores del disco 17-38, la corola 2.7-4.4 mm, angostamente campanulada, blanca hasta a veces purpúrea, la garganta conspicua, c. 1/2 de la longitud de los lobos, los lobos 1.2-1.6 mm, por lo general angostamente linear-lanceolados, las ramas del estilo angostamente lanceoladas. Cabezuelas pistiladas 4-6(-8) × 2.5-3.2 mm, cortamente radiadas; filarios externos hirsútulos, también sésil-glandulosos; filarios internos con frecuencia ciliados, esparcidamente hírtulos a subglabros, también con frecuencia sésil-glandulosos distalmente, flores pistiladas 17-29, la corola 3.2-4.2 mm, cortamente radiada, blanca hasta a veces purpúrea, el limbo 1.2-2.2 mm; flores estériles del disco 1-7, la corola 3.3-4.8 mm, la garganta conspicua, casi la 1/2 de la longitud de los lobos. Cipselas c. 0.7 mm, setulosas y densamente glandulosas; vilano de cerdas 2.5-4.3 mm, blancas o a veces amarillo pálido. Floración (ago.)nov.-abr. $2n = 18$. *Bosques de* Quercus, *bosques de* Pinus, *selvas medianas perennifolias.* Ch (*Jackson 1033*, MO); G (*Williams et al. 25815*, NY); H (Nelson, 2008: 149). 1300-3000 m. (México [Oaxaca], Mesoamérica.)

Los ejemplares hondureños distribuidos como *Archibaccharis subsessilis* que se han estudiado están identificados erróneamente, cuestionando la validez del reporte de Nelson (2008) de esta especie para Honduras.

18. Archibaccharis taeniotricha (S.F. Blake) G.L. Nesom, *Phytologia* 65: 125 (1988). *Archibaccharis hirtella* (DC.) Heering var. *taeniotricha* S.F. Blake, *J. Wash. Acad. Sci.* 24: 433 (1934). Holotipo: Guatemala, *Skutch 276* (imagen en Internet ex US!). Ilustr.: Jackson, *Phytologia* 32: 176, t. 26a-c (1975), como *A. hirtella* var. *taeniotricha*. N.v.: Chichol mut, Ch.

Bejucos escandentes, 3-6 m; tallos fractiflexos, teretes y no obviamente estriados, densamente piloso-hirsutos; follaje con tricomas 0.5-1.5 mm, generalmente patentes. Hojas cortamente pecioladas; láminas 2.5-7(-10.5) × 1.5-3.5 cm, generalmente elípticas hasta a veces elíptico-lanceoladas, moderadamente cartáceas con las nervaduras secundarias y terciarias generalmente no elevadas adaxialmente, todas las nervaduras secundarias más o menos de igual grosor, 4-7 por lado, marcadamente elevadas abaxialmente, las nervaduras terciarias reticuladas, ligeramente elevadas, las superficies sin glándulas, la superficie adaxial con frecuencia rugulosa, pilósulo-hirsúta o a veces esparcidamente pilósulo-hirsúta a escabriúscula, la superficie abaxial pilósulo-hirsúta a densamente piloso-hirsuta, la base obtusa a casi redondeada, los márgenes distalmente serrados o a veces subenteros, el

ápice agudo a acuminado; pecíolo 1-8 mm. Capitulescencia terminal de 5-20 cm en las ramas axilares, corimbiforme-paniculada, los últimos agregados 3-7 cm de diámetro, ligeramente redondeados, ligeramente foliosos, las ramitas 1-3(-5) cm, pocas, generalmente casi tan largas como las hojas subyacentes; pedúnculos 1-5(-8) mm, pilósulo-hirsútulos a densamente piloso-hirsutos, 0-1-bracteolados. Cabezuelas estaminadas 3-4.3 × 2-2.5 mm, discoides; involucro (1.5-)2-3 mm; filarios a veces purpúreos distalmente, pelosos, el ápice generalmente agudo, los filarios internos rápidamente caducifolios; flores del disco 15-25, la corola 2.6-4 mm, blanco-amarillenta con el ápice purpúreo, el tubo 1.4-2 mm, el tubo y el limbo subiguales, la garganta generalmente aparente, los lobos 0.9-1.3 mm, generalmente más largos que la garganta, las ramas del estilo apicalmente bulboso-deltoides, finamente papilosas. Cabezuelas pistiladas (3.8-)4.5-5.5 × 2-2.5 mm, disciformes; involucro 4-5 mm, angostamente campanulado; filarios ligeramente hírtulos o los internos glabros, el ápice agudo; flores pistiladas 10-18, la corola 1.9-2.8 mm, tubular-filiforme, blanco-amarillenta con el ápice purpúreo oscuro, el limbo c. 0.5 mm, indistinto, erecto; flores estériles del disco 1 o 2, la corola 3-4 mm. Cipselas 0.9-1.5 mm, 3-4-nervias, setulosas; vilano de cerdas 2.3-3.4 mm, blancas a pajizas. Floración dic.-feb., jun., sep. $2n = 18$. *Bosques de neblina, matorrales húmedos, bosques de* Pinus-Quercus, *laderas arboladas.* Ch (*Ton 560*, NY); G (*Jackson 1042*, MO); H (*Mejía 279*, MO); ES (*Molina R. y Montalvo 21675*, NY). 900-3000(-3800?) m. (S. México, Mesoamérica.)

Jackson (1975) excluyó los paratipos de Blake de Oaxaca. Los ejemplares de El Salvador que se conocen tienden a tener menos flores por capítulo de lo usual. Nesom (1988) dio para las cabezuelas pistiladas medidas de "2-2.5 mm" pero en realidad son el doble de largo.

19. Archibaccharis trichotoma (Klatt) G.L. Nesom, *Sida* 19: 85 (2000). *Baccharis trichotoma* Klatt, *Leopoldina* 20: 91 (1884). Holotipo: México, Oaxaca, *Liebmann 55(10,994)* (C). Ilustr.: Jackson, *Phytologia* 32: 139, t. 14f-i (1975), como *A. caloneura*.
Archibaccharis caloneura S.F. Blake.

Arbustos rígidamente erectos, 1.5-2.5 m; tallos rectos y no fractiflexos, a veces purpúreos, glabros, proximalmente tornándose hírtulos (tricomas 0.1-0.2 mm) en la capitulescencia. Hojas pecioladas; láminas 5-9 × 1.5-3.5 cm, lanceoladas a elípticas, gruesamente cartáceas, las nervaduras terciarias prominentes y obviamente elevadas adaxialmente, las superficies sublustrosas, sin glándulas, glabras o casi glabras, la base cuneada u obtusa, los márgenes serrulados a agudamente serrados, a veces distalmente ciliolados, el ápice agudo a atenuado o falcado; pecíolo 4-10 mm, rojizo. Capitulescencia 5-11 cm de diámetro, ligeramente redondeada a casi aplanada en el ápice, con varias a numerosas cabezuelas, generalmente abiertas y no muy foliosas, las ramitas laterales pocas, ascendentes; pedúnculos hírtulos, los tricomas 0.1-0.2 mm. Cabezuelas estaminadas 4.5-5.5 × 4-6 mm, discoides; filarios glabros o casi glabros; flores marginales estériles generalmente ausentes; flores del disco 24-36, la corola 3.4-5.3 mm, angostamente campanulada, blanca, la garganta generalmente muy pequeña, los lobos 1.6-2.1 mm, las ramas del estilo angostamente lanceoladas. Cabezuelas pistiladas 5-6.5 × 3.5-4.5 mm, disciformes; filarios 4-6-seriados, glabros o casi glabros; flores pistiladas 16-24, la corola 2-2.7 mm, tubular-filiforme, blanca, el limbo básicamente ausente; flores estériles del disco 2-4, la corola 3.8-4.5 mm. Cipselas 1.2-2 mm, setulosas, sin glándulas; vilano de cerdas 3.4-4 mm, blancas, a veces connatas en grupos. Floración nov., abr. $2n = 18$. *Bosques de neblina, bosques de* Pinus-Quercus, *laderas húmedas empinadas, acantilados.* Ch (*Ton y Martínez de López 9522*, MO); H (*House 1184*, MO). 2400-2800 m. (México [Oaxaca], Mesoamérica.)

La especie muy similar *Archibaccharis breedlovei* G.L. Nesom et B.L. Turner de Oaxaca tiene hábito, tallos glabros, hojas subnítidas, número de rayos en los capítulos pistilados similares, pero se diferencia por los tallos con pubescencia moderada (vs. generalmente glabros) y el carácter técnico de tener 9-11 flores del disco (vs. 24-36) en las cabezuelas estaminadas.

13. Astranthium Nutt.

Por J.F. Pruski.

Hierbas anuales a perennes o subarbustos, con raíz axonomorfa o a veces fibrosa; tallos erectos hasta a veces decumbentes, escasa a moderadamente foliosos con 0-pocas hojas basales, poco ramificados, las hojas caulinares y basales, o con frecuencia solamente caulinares, nunca en una roseta basal conspicua, hirsutas o estrigosas a rara vez glabras. Hojas simples, alternas, cartáceas, la vena media ancha, las nervaduras secundarias típica e inconspicuamente pinnadas, las superficies hirsutas o estrigosas a rara vez glabras, sin glándulas, los márgenes generalmente enteros, con una base peciolar alada o sésiles; hojas basales y proximales típicamente espatuladas, típica y abruptamente reducidas en longitud y anchura distalmente donde las últimas con frecuencia son linear-lanceoladas. Capitulescencia abierta, monocéfala a paucicéfala, cabezuelas con frecuencia péndulas; pedúnculos típicamente alargados. Cabezuelas bisexuales, radiadas; involucro campanulado a hemisférico; filarios 15-30, laxamente imbricados, subiguales, en pocas series, pajizos, delgadamente cartáceos, inconspicuamente 1-acostillados, la costilla no resinosa, las superficies estrigosas o rara vez glabras, los márgenes anchamente escariosos, típicamente ciliados distalmente; clinanto cortamente cónico, alveolado. Flores del radio 1-seriadas; corola completamente blanca o el limbo a veces con líneas de color violeta abaxialmente, el tubo setuloso, el limbo oblanceolado, glabro, el ápice 2-4-dentado. Flores del disco 40-260, bisexuales; corola infundibuliforme a angostamente campanulada, 5-lobada, amarilla, el tubo corto, la garganta abruptamente ampliada, setulosa, los lobos deltados a cortamente lanceolados, patentes; anteras color crema, basalmente obtusas, el apéndice angostamente agudo; estilo con las superficies estigmáticas de las ramas restringidas a la 1/2 proximal de las ramas, el apéndice apical largamente triangular a lanceolado, papiloso. Cipselas obovoides, comprimidas (Mesoamérica), sin rostro, glabras o las caras pelosas, sin glándulas, redondeadas apicalmente, los márgenes a veces ligeramente engrosados, nunca alados, las caras lisas o papilosas, rara vez ligeramente 1-2-estriadas; vilano ausente o diminutamente escuamoso. $x = 3, 4, 5$. 12 spp. Estados Unidos (3 spp.), México y una sola especie se extiende al sureste a Mesoamérica.

Astranthium difiere de *Erigeron* por las nervaduras de los filarios discretas y no resinosas (vs. conspicuas y resinosas), el apéndice del estilo largamente triangular a lanceolado (vs. deltado), el limbo de los radios amplio (vs. estrecho) y el clinanto convexo a cortamente cónico (vs. aplanado a marcadamente convexo). De Jong (1965) excluyo del género a *A. guatemalense*, una especie sin vilano que no tiene el apéndice de las ramas del estilo largamente triangular lanceolado típico de *Astranthium*. Debido a la ausencia de vilano, Nash (1976b) reconoció este taxón como *Achaetogeron guatemalensis*, pero en este tratamiento se lo considera como sinónimo de *E. guatemalensis*, siendo *Achaetogeron* un sinónimo genérico de un concepto de *Erigeron* ampliamente definido.

Bibliografía: De Jong, D.C.D. *Publ. Mus. Michigan State Univ., Biol. Ser.* 2: 429-528 (1965). Larsen, E.L. *Ann. Missouri Bot. Gard.* 20: 23-44 (1933).

1. Astranthium purpurascens (B.L. Rob.) Larsen, *Ann. Missouri Bot. Gard.* 20: 33 (1933). *Bellis purpurascens* B.L. Rob., *Proc. Amer. Acad. Arts* 27: 172 (1893 [1892]). Isotipo: México, San Luis Potosí, *Pringle 3819* (MO!). Ilustr.: Nash, *Fieldiana, Bot.* 24(12): 486, t. 31 (1976). N.v.: Ak' wamal, sak nich wamal, sakil nich wamal, Ch.

Subarbustos perennes infrecuentes, con tallos herbáceos, hasta 60 cm, el cáudice con raíces fibrosas, nunca estolonífero, cada rama principal con una a varias cabezuelas pedunculadas; tallos varios basales o a veces simples, las hojas caulinares y basales, foliosos en especial proximalmente, simples a proximalmente ramificados, verdosos a pardo-rojizos, estriado-angulosos, típica y largamente hirsutos. Hojas con las superficies típica y largamente hirsutas a seríceo-estrigosas, los tricomas generalmente antrorsos; hojas basales 2.5-9(-13) × 0.6-1.5(-2) cm, angostamente espatuladas, básicamente uninervias, largamente atenuadas en una base peciolar alada, el ápice obtuso; hojas caulinares varias, 1-4 × 0.2-1.2 cm, con frecuencia casi tan largas como los entrenudos, lanceoladas o espatulado-oblanceoladas, los márgenes ciliados, el ápice agudo-cuspidado, las hojas caulinares más distales sésiles. Capitulescencia monocéfala; pedúnculos (1-)5-13 cm, típica y profundamente sulcados, moderadamente seríceo-estrigosos hacia el ápice. Cabezuelas 5-7 mm; involucro campanulado; filarios 3-7 × 1-2 mm, 2(3)-seriados, lanceolado-ovados, centralmente estrigosos a esparcidamente estrigosos, los márgenes hialino-escariosos, 0.3-0.5 mm de diámetro, el ápice agudo a acuminado. Flores del radio 10-30; corola 9.7-14.9 mm, totalmente blanca, el tubo 0.7-0.9 mm, el limbo 9-14 × 1.5-2.5 mm, c. 4-nervio, el ápice 2-3-denticulado, a veces enrollado; estilo c. 3 mm. Flores del disco 40-155; corola 2.5-4.5 mm, angostamente campanulada, el tubo c. 0.4 mm, la garganta generalmente más larga que los lobos, los lobos 0.8-1.3 mm, lanceolados; apéndice apical de las ramas del estilo largamente triangular, típicamente casi tan largo como las superficies estigmáticas. Cipselas 1.5-2.3 × c. 1.3 mm, pardas, anchas en el ápice, glabras o casi glabras, las caras lisas; vilano con escuámulas (cuando presentes) hasta 0.1 mm. $2n = 16$. *Áreas alteradas, pastizales, bosques de* Quercus, *bosques de* Pinus. Ch (*Ghiesbreght 548*, MO). 1600-2300 m. (México, Mesoamérica.)

El registro de Guatemala (Nash, 1976b: 142) fue como especie esperada.

14. Baccharis L., nom. cons.

Neomolina F.W. Hellw. non *Neomolinia* Honda, *Pingraea* Cass., *Pseudobaccharis* Cabrera, *Psila* Phil.

Por J.F. Pruski.

Arbustos o árboles pequeños, rara vez hierbas perennes, dioicos (rara vez monoicos, *Baccharis salicifolia* subsp. *monoica*), foliosos; tallos erectos a decumbentes o postrados, a veces alados; follaje con frecuencia víscido. Hojas simples, alternas o rara vez opuestas, sésiles o pecioladas, individuales (Mesoamérica) o rara vez en fascículos axilares, rara vez ausentes o reducidas; láminas lineares a ovadas, cartáceas o rara vez coriáceas, pinnatinervias y con frecuencia 3-5-nervias desde cerca de la base, enteras o diversamente dentadas, generalmente glabras y resinosas, a veces punteado-glandulosas, rara vez flocosas. Capitulescencia tirsoide-paniculada o corimbosa, rara vez racemiforme, espiciforme o monocéfala. Cabezuelas de dos tipos generalmente en plantas distintas, unisexuales, discoides o rara vez disciformes, con 15-200 flores, casi siempre unisexuales, sésiles o pedunculados. Cabezuelas pistiladas más grandes que las estaminadas; involucro cilíndrico, campanulado o hemisférico; filarios imbricados, graduados o rara vez subiguales, generalmente rígidos pero con los márgenes escariosos, 1-nervios (Mesoamérica), a veces marcadamente patentes con la edad, típicamente glabros, a veces fimbriados apicalmente; filarios internos a veces caducos; clinanto aplanado a convexo, las cabezuelas estaminadas típicamente sin páleas, las cabezuelas pistiladas generalmente sin páleas, solo las de algunas especies son paleáceas. Cabezuelas estaminadas con 10-50 flores; corola anchamente campanulada, profundamente 5-lobada, los lobos en su mayoría largos y enrollados hacia atrás, blancos, amarillentos, verdosos o ligeramente purpúreos; anteras obtusas en la base, en su mayoría color crema o pardusco, en su mayoría exertas de la corola; estilo generalmente exerto, las ramas sin superficies estigmáticas marginales, frecuentemente connatas; ovarios estériles, el vilano de cerdas capilares como en las cabezuelas pistiladas, pero más cortas y en menos número, con frecuencia con los ápices agrandados, no mayormente exertos del involucro. Cabezuelas pistiladas sin flores funcionalmente estaminadas, con 20-150 flores; corola tubular-filiforme, el ápice denticulado, el tubo blanco, amarillento, verdoso o purpúreo; ramas del estilo en su mayoría linear-oblongas, diversamente papilosas, rara vez casi glabras. Cipselas ligeramente comprimidas, glabras o pelosas, 5-10-acostilladas; vilano de numerosas cerdas capilares, blancas a rara vez pardas, generalmente bastante exertas del involucro y con frecuencia bastante acrescentes en fruto. *x* = 9. Aprox. 400 spp. América, algunas especies nortempladas, la mayoría neotropicales, c. 100 spp. en Chile.

Los ejemplares de *Conyza panamensis* Willd., colectados por Humboldt y Bonpland, parecen representar una especie de *Baccharis*, pero probablemente fueron colectados en Sudamérica en lugar de Panamá (Nesom y Boufford, 1990). Entre las especies mesoamericanas de *Baccharis*, *C. panamensis* se parece más a *B. trinervis*, pero *C. panamensis* se diferencia por las hojas sésiles y las cabezuelas más grandes.

Los tratamientos de *B. pedunculata* y *B. trinervis* están adaptados de Pruski (2010). Cuatrecasas (1969), Matuda (1957), Müller (2006) y Nesom (1990h, 1998a) también proporcionaron tratamientos útiles para algunas de las especies mesoamericanas de *Baccharis*. No se tiene certeza de la identidad de las plantas guatemaltecas que Bentham (1853) llamó *B. nervosa* DC.

Bibliografía: Cuatrecasas, J. *Caldasia* 10: 3-26 (1967). Matuda, E. *Anales Inst. Biol. Univ. Nac. México* 28: 143-174 (1957). Müller, J. *Syst. Bot. Monogr.* 76: 1-341 (2006). Nesom, G.L. *Phytologia* 69: 32-39 (1990); 84: 43-49 (1998). Pruski, J.F. *Monogr. Syst. Bot. Missouri Bot. Gard.* 114: 339-420 (2010).

1. Plantas monoicas, las cabezuelas estaminadas y pistiladas entremezcladas en la capitulescencia de plantas individuales.
      6a. B. salicifolia subsp. **monoica**
1. Plantas dioicas, las cabezuelas en dos tipos diferentes de plantas.
  2. Hojas con láminas marcadamente 3-nervias, los márgenes enteros; cabezuelas pistiladas con clinanto en parte paleáceo.
    3. Subarbustos erectos o arbustos; follaje resinoso, glabro; capitulescencia terminal con ramitas ascendentes. **5. B. pedunculata**
    3. Subarbustos o arbustos con frecuencia de tallos volubles; follaje generalmente no resinoso, peloso; capitulescencia con numerosas ramas axilares casi en ángulos rectos con el tallo principal. **8. B. trinervis**
  2. Hojas con láminas ya sea dentadas o las nervaduras generalmente 1-nervias o pinnadas; cabezuelas pistiladas sin páleas.
    4. Follaje no resinoso, peloso con tricomas no glandulares; láminas de las hojas con las nervaduras finamente reticuladas, los márgenes agudamente serrulados o agudamente serrados con numerosos dientes.
      5. Hojas con láminas pinnatinervias; filarios purpúreos distalmente; cabezuelas pistiladas 6.5-10 mm; cipselas con vilano maduro 6-8 mm.
          4a. B. multiflora var. **multiflora**
      5. Hojas con láminas 3-nervias desde la base; filarios no purpúreos distalmente; cabezuelas pistiladas 5-7.5 mm; cipselas con vilano maduro 3.5-4.5(-5) mm. **7. B. serrifolia**
    4. Follaje resinoso-glanduloso, por lo demás en su mayoría glabro; láminas de las hojas con los márgenes enteros a distal y remotamente 1-2-dentados.
      6. Hojas con láminas 3-nervias justo por arriba de la base, los márgenes distal y remotamente 1-2-dentados; todos los ápices de los filarios típicamente con una zona resinosa oscura y conspicua.
          2. B. glandulifera
      6. Hojas con láminas en su mayoría 1-nervias, las nervaduras secundarias tenues, los márgenes generalmente enteros; ápices de los filarios sin una zona resinosa oscura y conspicua.
        7. Capitulescencia abierta, con subglomérulos pedicelados exertos de las axilas de las hojas y casi tan largos como las hojas subyacentes; plantas restringidas a áreas costeras, 0-10 m. **1. B. dioica**
        7. Capitulescencia densa, de numerosos fascículos axilares básicamente subsésiles en las axilas de las hojas más distales, generalmente

mucho más cortos que largos que las hojas subyacentes; plantas de zonas interiores, 1400-3900 m. **3. B. lancifolia**

1. Baccharis dioica Vahl, *Symb. Bot.* 3: 98 (1794). Sintipo: Antillas, Montserrat, *Rohr y Ryan s.n.* (microficha MO! ex C-VAHL). Ilustr.: Vahl, *Symb. Bot.* 3: t. 74 (1794).

Baccharis vahlii DC.

Arbustos erectos, 0.5-3 m, dioicos; tallos moderada a densamente ramificados, estriado-angulados, típicamente foliosos solo distalmente; follaje resinoso-glanduloso, por lo demás glabro o casi glabro. Hojas cortamente pecioladas; láminas (1.5-)2-5 × 0.5-1.7(-2.2) cm, oblanceoladas u obovadas a espatuladas, rígidamente cartáceas o carnosas, 1-nervias, rara vez 3-nervias desde arriba de la base, ambas superficies punteado-glandulosas y típicamente resinosas, la base atenuada, los márgenes generalmente enteros o rara vez distal y remotamente 1-2-dentados por margen, con frecuencia revolutos, el ápice obtuso a retuso; pecíolo 0.2-0.5(-1) cm. Capitulescencia abierta, corimbiforme-paniculada, apicalmente redondeada, con varios subglomérulos pedunculados, exertos de las axilas de las hojas y casi tan largos como las hojas subyacentes, cada subglomérulo de varias cabezuelas sésiles o subsésiles; pedúnculos 0-4(-17) mm, angulado-sulcados. Cabezuelas estaminadas 4.5-6 mm, con 18-28 flores; involucro 2.5-4 mm de diámetro, turbinado; filarios 0.7-4.5 mm, 4-5-seriados, elíptico-lanceolados a lanceolados, glabros, con una porción central ancha verde, el ápice sin una zona resinosa oscura, obtuso o a veces agudo a acuminado, los márgenes delgadamente escarioso-erosos; corola 3-4 mm, el tubo 1.7-2.3 mm, ligeramente papiloso distalmente, los lobos 1-1.3 mm, típicamente recurvados; anteras c. 1.1 mm; ovario 0.2-0.4 mm, estéril, glabro, el vilano 3-3.5 mm. Cabezuelas pistiladas 6-8 mm, con 30-54 flores; involucro 3-4 mm de diámetro, turbinado-campanulado; filarios 1-4.5(-5.5) mm, 5-6-seriados, elíptico-lanceolados a lanceolados, glabros, con una porción central ancha verde, el ápice sin una zona resinosa oscura y conspicua, obtuso o a veces agudo a acuminado, los márgenes delgadamente escarioso-erosos; clinanto sin páleas; corola 3-3.5 mm, glabra, los lobos c. 0.2 mm; estilo largamente exerto. Cipselas 1-1.7 mm, 10-acostilladas, glabras; vilano de cerdas 4-6 mm. Floración may.-nov. *Manglares, matorrales de dunas costeras, selvas bajas con cactáceas, vegetación secundaria en suelo arenoso.* Y (*Gaumer et al. 23347*, MO); QR (*Sousa y Cabrera 11217*, MO). 0-10 m. (Estados Unidos [S. Florida], Mesoamérica, Cuba, Jamaica, La Española, Puerto Rico, Islas Vírgenes, Antillas Menores.)

Para la Península de Yucatán, Millspaugh y Chase (1904) citaron *Baccharis dioica* como *B. halimifolia* L., y Standley (1930) y Sousa Sánchez y Cabrera Cano (1983) como *B. heterophylla* Kunth. Howard (1989) citó la lámina de Vahl como "tipo", pero debido a que el material original todavía existe, la cita de Howard no establece la lectotipificación.

2. Baccharis glandulifera G.L. Nesom, *Phytologia* 69: 32 (1990). Holotipo: México, Oaxaca, *Rzedowski 19619* (imagen en Internet ex TEX!). Ilustr.: no se encontró. N.v.: Arrayan, G.

Arbustos a árboles pequeños, hasta 1-4.5 m, dioicos; tallos moderada a densamente ramificados, las ramas sulcado-anguladas; follaje ligeramente resinoso-glanduloso, por lo demás glabro. Hojas subsésiles a pecioladas; láminas 1.5-5 × 0.4-2 cm, oblanceoladas, rígidamente cartáceas, 3-nervias desde arriba de la base, la vena media a veces impresa adaxialmente, las superficies punteado-glandulosas, subresinosas, por lo demás glabras, la base generalmente atenuada, los márgenes con la parte distal remotamente 1-2-dentada, rara vez enteros, a veces revolutos, el ápice obtuso a rara vez agudo; pecíolo 0.2-1 cm. Capitulescencia densa, en pequeños agrupamientos espigado-aglomerados en las ramas axilares más distales, con 3-15-cabezuelas, las hojas más distales a veces caducifolias de manera que los agrupamientos individuales son largamente pedunculados. Cabezuelas subsésiles o breve o cortamente pedunculadas; pedúnculos 0.5-2.5 mm.

Cabezuelas estaminadas 4.5-6 mm, con 15-28 flores; involucro 3-4 mm de diámetro, campanulado; filarios 1.5-4 mm, 3-4-seriados, lanceolados, todos los ápices de los filarios típicamente con una zona resinosa oscura y conspicua, apicalmente obtusos o a veces agudos, los márgenes con frecuencia delgadamente escariosos, los filarios internos con frecuencia apicalmente erosos o ciliados; corola 3.5-4 mm, glabra o a veces el tubo ligeramente papiloso, el tubo 2.2-2.5 mm, los lobos c. 1 mm, recurvados; anteras 1-1.2 mm; ovario c. 0.2 mm, estéril, glabro, el vilano 3-3.3 mm. Cabezuelas pistiladas 4-10 mm, con 35-70 flores; involucro 3.5-5 mm de diámetro, campanulado; filarios 1.7-4.5 mm, 4-5-seriados, lanceolados o a veces los más exteriores elíptico-lanceolados, todos los ápices de los filarios típicamente con una zona resinosa oscura y conspicua, obtusos y a veces erosos, los filarios internos a veces con ligeras estrías de color violeta distalmente; clinanto sin páleas; corola 2-2.7 mm, glabra o casi glabra, los lobos c. 0.1 mm; estilo largamente exerto. Cipselas 0.8-1.5 mm, c. 10-acostilladas, glabras; vilano 4.5-6.5 mm, las cerdas muy alargadas en fruto. Floración ene.-may. *Bosques de* Pinus-Quercus*, riberas, selvas estacionales, selvas altas perennifolias.* Ch (*Breedlove 35077*, MO); G (*Pruski y Ortiz 4273*, MO). 1000-3300 m. (México [Oaxaca], Mesoamérica.)

Baccharis glandulifera es un segregado alopátrico de *B. heterophylla*.

3. Baccharis lancifolia Less., *Linnaea* 9: 266 (1834). Isotipo: México, Veracruz, *Schiede 210* (MO!). Ilustr.: Nash, *Fieldiana, Bot.* 24(12): 487, t. 32 (1976), como *B. vaccinioides*. N.v.: Mes te', Ch; arrayan, limoncillo, raiján, raiján cachump, G.

Baccharis confertoides G.L. Nesom.

Arbustos a árboles pequeños, 1-5(-10) m, dioicos, típicamente con troncos cortos y corona densa redondeada; tallos moderada a densamente ramificados, las ramas angulado-estriadas, foliosos distalmente; follaje resinoso-glanduloso, por lo demás generalmente glabro. Hojas subsésiles a subpecioladas; láminas 1-3(-4.2) × 0.6-1.4 cm, lanceolado-elípticas a elíptico-obovadas, rígidamente cartáceas, 1-nervias o débilmente pinnatinervias, las nervaduras secundarias 1-4 por lado pero sin retículo terciario conspicuo (unas pocas nervaduras terciarias a veces muy tenues entre las secundarias), la vena media con frecuencia ligeramente elevada adaxialmente, ambas superficies resinosas cuando inmaduras, punteado-glandulosas, a veces granulosas, por lo demás glabras, la base generalmente atenuada hasta una base subpeciolar 1-4 mm, los márgenes enteros, aplanados hasta a veces subrevolutos, a veces diminutamente papilosos, el ápice obtuso a agudo, a veces apiculado. Capitulescencia densa, de numerosos fascículos axilares básicamente subsésiles en las axilas de las hojas distales cercanamente espaciadas, generalmente mucho más cortos que las hojas subyacentes, cada fascículo con 2-10-cabezuelas; pedúnculos 0.5-1 mm. Cabezuelas estaminadas 4-6 mm, con 25-40 flores; involucro 3-4.5 mm de diámetro, campanulado; filarios 1.5-5 mm, 4-5-seriados, los filarios externos triangulares o elíptico-deltados graduando hasta los filarios internos lanceolados, las nervaduras a veces rojizas distalmente, los márgenes con frecuencia delgadamente escariosos y diminutamente fimbriados, el ápice sin una zona resinosa oscura y conspicua, agudo u obtuso en los filarios externos, los filarios externos a veces granulosos; corola 3.3-4.5 mm, el tubo y la garganta a veces ligeramente papilosos, el tubo 2.3-3 mm, los lobos 0.7-1 mm, con frecuencia recurvados; anteras c. 1.2 mm; ovario c. 0.2 mm, estéril, glabro; vilano de cerdas 3-3.7 mm. Cabezuelas pistiladas 5-8 mm, con 45-70 flores; involucro 3.5-5 mm de diámetro, campanulado; filarios 0.8-4.5 mm, 5-6-seriados, los filarios externos triangulares o elíptico-deltados graduando a los filarios internos lanceolados, las nervaduras a veces rojizas distalmente, los filarios externos con frecuencia granulosos proximalmente y débilmente rojizos distalmente, los márgenes con frecuencia diminutamente fimbriados, el ápice sin una zona resinosa oscura y conspicua, agudo o los filarios externos obtusos; clinanto sin pálea; corola 2-3 mm, glabra a ligeramente papilosa distalmente, los lobos c. 0.1 mm; estilo larga-

mente exerto. Cipselas 1-1.3 mm, 10-acostilladas, glabras; vilano 4.5-7 mm. Floración durante todo el año. *Matorrales, bosques de neblina, bosques de* Quercus*, bosques de* Pinus-Quercus*, laderas rocosas, vegetación secundaria.* Ch (*Breedlove y Thorne 30436*, MO); G (*Pruski y Ortiz 4271*, MO); H (*Nelson et al. 1593*, MO); ES (*Martínez 727*, MO). 1400-3900 m. (México, Mesoamérica.)

Matuda (1957) y Nash (1976b) usaron el nombre *Baccharis vaccinioides* Kunth para los ejemplares mexicanos y mesoamericanos con hojas enteras. Se coincide con Nesom (1990h) acerca de que el uso del nombre *B. vaccinioides* en Mesoamérica está mal aplicado, pero se puede discernir un solo taxón de hojas enteras para el cual el nombre *B. lancifolia* tiene prioridad. Así como está reestructurado, *B. lancifolia* es raro al sur-centro de México, pero es mucho más frecuente en Mesoamérica, donde se extiende al sureste a Honduras y El Salvador.

4. Baccharis multiflora Kunth in Humb., Bonpl. et Kunth, *Nov. Gen. Sp.* folio ed. 4: 46 (1820 [1818]). Isotipo: México, Edo. México o Distrito Federal, *Humboldt y Bonpland s.n.* (imagen en Internet ex B-W!). Ilustr.: Matuda, *Anales Inst. Biol. Univ. Nac. México* 28: 169, t. 36, 37 (1957).

Neomolina multiflora (Kunth) F.H. Hellw.

4a. Baccharis multiflora Kunth var. **multiflora**.

Arbustos, 1-2.5 m, dioicos; tallos angulado-estriados, los ángulos a veces ligeramente coloreados, pilósulos a pilosos; follaje no resinoso, peloso con tricomas crespos no glandulares. Hojas pecioladas; láminas 1-4(-6.2) × 0.3-1.8(-2.5) cm, oblongas a obovadas, pinnadas, las nervaduras finamente reticuladas, las nervaduras secundarias 4-7 por lado, las nervaduras secundarias y terciarias hundidas, las superficies típicamente sin glándulas, la superficie adaxial glabra o las nervaduras a veces puberulento-hírtulas, la superficie abaxial sórdido-puberulento-hírtula, la base obtusa o redondeada o a veces angostamente cuneada, los márgenes agudamente serrulados o agudamente serrados con numerosos dientes, el ápice obtuso o a veces agudo; pecíolo 2-5 mm. Capitulescencia 4-10(-15) cm de diámetro, corimbiforme-paniculada, ligeramente compacta, apicalmente casi aplanada o anchamente redondeada, las ramas laterales 2-10 cm, las cabezuelas obviamente pedunculadas; pedúnculos 3-15 mm, puberulentos, a veces poco bracteolados. Cabezuelas estaminadas 5-6 mm, con 19-31 flores; involucro 4.5-5.5 × 3.5-5 mm, turbinado-campanulado; filarios c. 4-seriados, lanceolados u oblanceolados, purpúreos distalmente, las nervaduras oscuras distalmente, glabros, los márgenes distalmente ciliado-fimbriados, el ápice agudo; corola 4-6 mm, el tubo setuloso, el vilano de cerdas 4-5 mm. Cabezuelas pistiladas 6.5-10 mm, con 21-33 flores; involucro 4.5-7 × 4.5-6 mm, turbinado a turbinado-campanulado; filarios 3(4)-seriados, oblanceolados, purpúreos distalmente, las nervaduras indistintas tanto proximal como distalmente, las superficies glabras, los márgenes distalmente ciliado-fimbriados, el ápice acuminado a obtuso; clinanto sin páleas; corola 3.6-4.8 mm. Cipselas 1.5-3 mm, c. 5-acostilladas, glabras; vilano maduro 6-8 mm. *Bosques de coníferas.* Ch (Matuda, 1957: 170). Probablemente c. 2500 m. (México, Mesoamérica.)

El número cromosómico de la especie es $2n = 18$. No se han visto ejemplares de la otra variedad, *Baccharis multiflora* var. *herbacea* McVaugh de Michoacán, que tiene las hojas 3-nervias como en *B. serifolia*, una especie similar.

5. Baccharis pedunculata (Mill.) Cabrera, *Bol. Soc. Argent. Bot.* 7: 240 (1959). *Conyza pedunculata* Mill., *Gard. Dict.* ed. 8 *Conyza* no. 15 (1768). Lectotipo (designado por Cabrera, 1959): México, Campeche, *Anon. s.n.* (foto MO! ex BM). Ilustr.: Cuatrecasas, *Webbia* 24: 252, t. 61J-L (1969).

Baccharis braunii (Pol.) Standl., *Eupatorium braunii* Pol.

Subarbustos erectos o arbustos, a veces volubles, hasta 4(-7) m, dioicos; tallos poco a moderadamente ramificados, a veces subsuculentos y rojizos, estriados, rara vez tomentulosos distalmente; follaje resinoso y glabro. Hojas pecioladas; láminas 3.5-15(-18) × 1-5.5(-6.5) cm, elípticas a oblanceoladas, las nervaduras marcadamente 3-nervias arriba de la base, las nervaduras principales con frecuencia rojizas, las superficies glabras, la base cuneada, los márgenes enteros, el ápice agudo a acuminado, rara vez obtuso; pecíolo 5-30(-40) mm. Capitulescencia corimbiforme-paniculada, terminal con las ramitas ascendentes, con numerosas cabezuelas, con frecuencia grandes, generalmente no bracteoladas; pedúnculos 1-20 mm, delgados, sulcados, ocasionalmente tomentulosos distalmente. Cabezuelas estaminadas 4-6 mm, con 20-50 flores; involucro 3-4.5 mm de diámetro, campanulado; filarios 2-5 mm, 4-5-seriados, deltados a lanceolados, apicalmente obtusos o los internos agudos; corola 3-4.1 mm, esparcidamente glandulosa, el tubo 1.5-2 mm, los lobos hasta c. 1.3 mm, con frecuencia apicalmente puberulentos; anteras c. 1.2 mm; ovario estéril, puberulento, el vilano 3-4 mm. Cabezuelas pistiladas 6-10 mm, con 70-200 flores; involucro 3.5-5 mm de diámetro, campanulado; filarios 2.2-6.5 mm, 5-6-seriados, deltados a lanceolados, apicalmente obtusos o los internos agudos; clinanto en parte paleáceo; corola 2.5-3 mm, esparcidamente puberulenta; estilo largamente exerto. Cipselas c. 1.4 mm, c. 5-acostilladas, generalmente glabras; vilano hasta (6-)9 mm, las cerdas muy alargadas al madurar. Floración durante todo el año. *Selvas altas y medianas perennifolias y subperennifolias, bosques mixtos, selvas caducifolias, bosques de neblina, flujos de lava, pastizales, pinares, orillas de caminos, matorrales rocosos semiáridos, sabanas, laderas empinadas, riachuelos, vegetación secundaria.* Ch (*Breedlove 19891*, MO); C (*Anon. s.n.*, BM); G (*Nee et al. 47349*, MO); H (*Nelson et al. 5720*, MO); ES (*Carballo 79*, MO); N (*Robleto 112*, MO); CR (*Polakowsky 508*, W); P (*Valdespino et al. 602*, MO). (200-)300-2100 m. (Mesoamérica, Colombia, Venezuela, Ecuador, Perú, Bolivia, Antillas Menores.)

Aunque *Baccharis pedunculata* fue tipificado con material de México (Campeche), es poco común al norte de Costa Rica y Panamá. La sinonimia fue presenta en Pruski (2010) y esa circunscripción es la que se sigue en este tratamiento. Las cabezuelas pistiladas rara vez parecen ser bisexuales.

6. Baccharis salicifolia (Ruiz et Pav.) Pers., *Syn. Pl.* 2: 425 (1807). *Molina salicifolia* Ruiz et Pav., *Syst. Veg. Fl. Peruv. Chil.* 210 (1798). Lectotipo (designado por Müller, 2006): Perú, *Ruiz y Pavón s.n.* (MA). Ilustr.: Müller, *Syst. Bot. Monogr.* 76: 162, t. 58 (2006).
Pingraea salicifolia (Ruiz et Pav.) F.H. Hellw.

6a. Baccharis salicifolia (Ruiz et Pav.) Pers. subsp. **monoica** (G.L. Nesom) Joch. Müll., *Syst. Bot. Monogr.* 76: 306 (2006). *Baccharis monoica* G.L. Nesom, *Phytologia* 65: 161 (1988). Isotipo: México, Chiapas, *Breedlove 28727* (MO!). Ilustr.: no se encontró. N.v.: Antizl chilkan, wol nich te', Ch; chilca, G; chilca, jaboncillo, lengua de gallina, lik, H; chilca, sauce, ES; chilca, N.

Arbustos erectos a árboles pequeños, 1.5-5 m, monoicos; tallos moderadamente ramificados, estriados, rojizos; follaje resinoso, por lo demás glabro o casi glabro. Hojas sésiles o subpecioladas; láminas 5-12.7 × 0.3-1.4 cm, angostamente lanceoladas a lanceoladas, inconspicuamente 3-nervias desde la base, ambas superficies resinosas y punteado-glandulosas, por lo demás glabras, la base generalmente atenuada en una base subpeciolar 0-10 mm, los márgenes subenteros a serrulados, rara vez serrados, el ápice acuminado. Capitulescencia corimbiforme-paniculada, con varias a numerosas cabezuelas, los grupos laterales en pedúnculos de c. 5 cm, las cabezuelas estaminadas y pistiladas entremezcladas en la capitulescencia de la misma planta, generalmente con la cabezuela estaminada terminal y las cabezuelas pistiladas laterales; pedúnculos 1-7 mm. Cabezuelas estaminadas 4.5-6 mm, con 15-30 flores; involucro 3-4.5 mm de diámetro, campanulado; filarios 1-4 mm, 6-7-seriados, elípticos a linear-lanceolados, la porción distal de las nervaduras y el ápice pardo-rojizos, apicalmente agudos a obtusos, los márgenes con frecuencia delgadamente escariosos, a veces fimbriados; corola 4.3-4.8 mm, la unión del tubo-garganta típicamente

papilosa, el tubo 2.6-2.8 mm, los lobos 1.2-1.5 mm, con frecuencia recurvados; anteras c. 1.5 mm; ovario 0.3-0.4 mm, estéril, glabro, el vilano c. 4 mm, claviforme apicalmente. Cabezuelas pistiladas 5.5-7 mm, con 50-150 flores; involucro 3.5-5 mm de diámetro, campanulado; filarios 1-5 mm, c. 7-seriados, elípticos a linear-lanceolados, la nervadura rojiza distalmente, apicalmente agudos a obtusos, el clinanto sin páleas; corola 2.2-2.8 mm, glabra, los lobos c. 0.1 mm; estilo largamente exerto. Cipselas 0.7-1.1 mm, 5-acostilladas, glabras; vilano 3.5-4.5 mm. Floración durante todo el año. *Selvas altas y medianas perennifolias, selvas caducifolias, campos abiertos, bosques de galería, laderas secas, bosques de* Quercus, *orillas de caminos, selvas estacionales perennifolias, bosques de* Pinus, *riachuelos.* Ch (*Matuda 4875*, MO); B (*Davidse y Brant 32404*, MO); G (*Pruski et al. 4523*, MO); H (*Williams y Molina R. 10514*, MO); ES (*Rohweder 3489*, MO); N (*Rueda et al. 12500*, MO). 300-2800 m. (México [Oaxaca], Mesoamérica.)

Se cree que la elevación más baja indicada por Nash (1976b) se refiere a ejemplares de fuera de Mesoamérica.

La subespecie típica, *Baccharis salicifolia* subsp. *salicifolia*, es dioica y se encuentra desde México (Oaxaca) hacia el norte en los Estados Unidos y desde Colombia hacia el sur hasta Chile y Argentina. Las plantas mesoamericanas están geográficamente entremezcladas entre los dos "elementos típicos" y podrían merecer el reconocimiento subespecífico como lo hizo Müller (2006).

El número cromosómico de la especie es $2n = 18, 36$.

7. Baccharis serrifolia DC., *Prodr.* 5: 403 (1836). Holotipo: México, estado desconocido, *Anon. s.n.* (foto MO! ex G-DC). Ilustr.: no se encontró. N.v.: Bak te', ch'aal wamal, ch'uy akan, Ch; té, té de montaña, té de monte, G; canutillo, H.
Archibaccharis prorepens S.F. Blake, *Baccharis kellermanii* Greenm., *B. parviflora* Less. non (Ruiz et Pav.) Pers., *B. prorepens* (S.F. Blake) J.D. Jacks.

Subarbustos erectos xilopódicos hasta arbustos, 1-3 m, dioicos; tallos subteretes hasta a veces ligeramente comprimidos, angulado-estriados, los ángulos a veces ligeramente coloreados con las caras verdosas, pilósulos a pilosos; follaje peloso con tricomas crespos o moniliformes, no glandulares. Hojas pecioladas; láminas 2-4(-5.5) × 1-1.7(-2.5) cm, lanceoladas a elíptico-lanceoladas, 3-nervias desde la base, las nervaduras finamente reticuladas, ambas superficies típicamente sin glándulas o a veces las hojas jóvenes ligeramente punteado-glandulosas, generalmente no resinosas, sórdido-puberulentas pero con frecuencia glabrescentes adaxialmente, la base atenuada, los márgenes agudamente serrulados o agudamente serrados con numerosos dientes, el ápice obtuso a agudo, a veces apiculado; pecíolo 2-9 mm. Capitulescencia corimbiforme-paniculada, moderadamente abierta, apicalmente redondeada, con 4-30-cabezuelas, las ramas laterales 5-15 cm, las cabezuelas obviamente pedunculadas; pedúnculos 3-10(-20) mm, puberulentos, diminutamente 1-3(-8)-bracteolados. Cabezuelas estaminadas 3.5-6 mm, con 12-25 flores; involucro 3-4 mm de diámetro, turbinado a campanulado; filarios 1.1-4 mm, 4-5-seriados, lanceolados, las nervaduras oscuras distalmente, glabros a puberulentos, no purpúreos distalmente, los márgenes con frecuencia delgadamente escariosos, apicalmente obtusos o a veces agudos; corola 2.7-4 mm, el tubo 1.2-1.8 mm, ligeramente papiloso distalmente, los lobos 1-1.3 mm, con frecuencia recurvados; anteras c. 1.1 mm; estilo ramificado, exerto hasta 1 mm de las anteras, las ramas papilosas, el ovario 0.3-0.9 mm, glabro, el vilano 3-3.5 mm. Cabezuelas pistiladas 5-7.5 mm, con 18-30 flores; involucro 2.5-3 mm de diámetro, campanulado; filarios 1.3-5.5 mm, c. 5-seriados, lanceolados, las nervaduras oscuras o indistintas proximalmente, glabros a puberulentos, no purpúreos distalmente, el ápice obtuso o a veces agudo, con frecuencia ciliado, con frecuencia rojizo en toda la porción distal; clinanto sin páleas; corola 2.5-3 mm, glabra o casi glabra, los lobos c. 0.1 mm; estilo largamente exerto. Cipselas 1-1.7 mm, c. 5-acostilladas, glabras o casi glabras;

vilano maduro 3.5-4.5(-5) mm. Floración (mar.-)oct.-feb. $2n = 18$. *Cafetales, selvas medianas perennifolias, pastizales, bosques de* Quercus, *bosques de* Pinus, *bosques de* Pinus-Quercus, *orillas de caminos, laderas.* Ch (*Ton 797*, MO); G (*Kellerman 5356*, F); H (*Nelson et al. 3982*, MO); ES (Nash, 1976b: 146); N (*Moreno 14348*, MO). 800-3100 m. (México, Mesoamérica.)

Nash (1976b) trató a *Baccharis prorepens* como una especie "buena" y listó *B. parviflora* en sinonimia de *B. serrifolia*. Sin embargo, el nombre de Lessing parece ser un sinónimo de *B. mexicana* Cuatrec., una especie glabra cercanamente emparentada. Nesom (1998a) publicó una clave útil para *B. serrifolia* y algunos de sus parientes.

8. Baccharis trinervis Pers., *Syn. Pl.* 2: 423 (1807). Holotipo: Brasil, *Commerson s.n.* (microficha MO! ex P-LAM). Ilustr.: Pruski, *Fl. Venez. Guayana* 3: 214, t. 168 (1997). N.v.: Sakil vala xik', sakil xijch, siban te' wamal, walak' xik', xijch, Ch; arnica, barba fina, bisib, bisik'am, chilca, crucito, t'isib, G; alcotán, barba fina, chilca, comida de yegua, corrimiento, crucito, lengua de gallo, lengua de vaca, San Antonio, Santo Domingo, támara de montaña, trastrás, valeriana, H; canutillo, guarda-barranca, hierba de Santo Domingo, tapa barranco, ES; alcotán, largo trapo, Santo Domingo, CR; Santa María, P.

Conyza trinervis Lam. non Mill., *Heterothalamus trinervis* (Pers.) Hook. et Arn., *Pseudobaccharis trinervis* (Pers.) V.M. Badillo, *Psila trinervis* (Pers.) Cabrera.

Subarbustos a arbustos arvenses, 0.4-5 m, dioicos; tallos con frecuencia volubles, moderada a densamente ramificados, las ramas con frecuencia casi en ángulos rectos con el tallo, subteretes a angulados, marcadamente estriados, puberulentos a laxamente tomentosos, tornándose glabrescentes proximalmente; follaje generalmente no resinoso, cuando tomentoso el indumento con frecuencia fasciculado. Hojas cortamente pecioladas; láminas (1-)2-7.5(11.5) × 0.5-4(-5.5) cm, elípticas a rara vez lanceoladas o elíptico-ovadas, marcadamente 3-nervias desde cerca de la base, la superficie adaxial glabra a puberulenta, rara vez tomentulosa, la superficie abaxial puberulenta a tomentulosa, rara vez glabra, la base cuneada a obtusa, los márgenes enteros, el ápice agudo a atenuado, rara vez obtuso a redondeado; pecíolo 3-10 mm. Capitulescencia corimbosa, con varias cabezuelas, con numerosas ramas axilares c. 20 cm, casi en ángulos rectos con el tallo principal, desnuda o foliosa; pedúnculos 0.5-10 mm, generalmente puberulentos a tomentulosos. Cabezuelas estaminadas 4-5 mm, con 22-36(-44) flores; involucro 2.5-4 mm de diámetro, campanulado; filarios c. 4.2 mm, 3-4-seriados, elípticos a elíptico-lanceolados, los filarios externos puberulentos, los filarios internos glabros a distalmente puberulentos, apicalmente obtusos o redondeados o los internos agudos; corola 3.3-4.5 mm, esparcidamente glandulosa o puberulenta en la garganta y generalmente también en el ápice de los lobos, el tubo 1.5-2.1 mm, los lobos 1.3-1.9 mm; anteras c. 1.2 mm; ovario estéril, esparcidamente puberulento, el vilano 3-4 mm, en ocasiones ligeramente ancistroso apicalmente. Cabezuelas pistiladas 4-9 mm, con 40-250 flores; involucro 2.5-4 mm de diámetro, campanulado; filarios c. 4.5 mm, 4-6-seriados, elíptico-lanceolados o los internos lanceolados, puberulentos o los internos distalmente puberulentos, apicalmente obtusos a agudos; clinanto en parte paleáceo; corola 2-2.5 mm, esparcidamente puberulenta distalmente; estilo largamente exerto. Cipselas 1-1.5 mm, c. 5-acostilladas, generalmente puberulentas; cerdas del vilano c. 6.5 mm, moderadamente alargadas al madurar. Floración durante todo el año. $2n = 18$. *Terrenos pantanosos, bosques enanos, selvas altas perennifolias y subperennifolias, bosques mesófilos, selvas medianas perennifolias, selvas caducifolias y subcaducifolias, cafetales, campos abiertos, bosques de neblina, vegetación secundaria, bosques de* Quercus, *pastizales, bosques de* Pinus, *potreros, quebradas, orillas de caminos, sabanas, matorrales.* T (Cowan, 1983: 24); Ch (*Pruski et al. 4192*, MO); Y (*Cabrera y Cabrera 15620*, MO); C (*Lundell 1261*, MO); QR (Sousa Sánchez y Cabrera Cano, 1983: 78); B (*Arvigo et al. 510*, NY); G (*Pruski et al. 4547*, MO); H (*Molina R. y Molina 34878*, MO); ES (*González y Villacorta 40*, MO); N (*Tate 209*, K); CR (*Pruski y Sancho 3815*, MO); P (*Fendler 161*, US). 0-2500 m. (México, Mesoamérica, Colombia, Venezuela, Guyana, Ecuador, Perú, Bolivia, Brasil, Paraguay, Uruguay, Argentina.)

Esta especie ampliamente distribuida parece no estar presente en las Antillas. *Baccharis trinervis* var. *rhexioides* (Kunth) Baker con frecuencia se reconoce como distinta (p. ej., Müller, 2006), pero fue incluida en la sinonimia por Pruski (2010), lo cual se sigue en este tratamiento y en cuya referencia se puede encontrar la sinonimia completa.

15. Bellis L.

Por J.F. Pruski.

Hierbas bajas, anuales o perennes de vida corta, con raíces fibrosas, con frecuencia acaules, arrosetadas, a veces estoloníferas; tallos con una roseta basal o las hojas a veces caulinares y reducidas, estrigosas; follaje sin glándulas. Hojas simples, alternas, con una base peciolariforme; láminas cartáceas, 1-nervias o pinnatinervias con pocos pares de nervaduras, estrigosas, los márgenes generalmente enteros a crenado-serrados. Capitulescencia monocéfala; pedúnculo alargado. Cabezuelas bisexuales, radiadas; involucro hemisférico a campanulado; filarios subimbricados, subiguales, 1-2(3)-seriados, adpresos o el ápice patente, aplanados, oblongos, herbáceos, 1-nervios, el ápice con frecuencia obtuso, estrigoso; clinanto anchamente cónico a convexo, alveolado. Flores del radio 35-90, 1(-2)-seriadas; corola generalmente muy exerta, totalmente blanca o el limbo ligeramente rosado abaxialmente. Flores del disco 60-80, bisexuales; corola tubular-infundibuliforme, brevemente (4)5-lobada, amarilla, el tubo más corto que la garganta, los lobos erectos, deltados; anteras pajizas; estilo con las superficies estigmáticas de las ramas restringidas a la 1/2 proximal, el apéndice apical deltado, papiloso. Cipselas obovadas, comprimidas, los 2 márgenes engrosados, a veces ciliados, las caras estrigosas o rara vez glandulosas; vilano ausente o muy reducido (diminutamente fimbriado-coroniforme). $x = 9$. Aprox. 8-15 spp. Nativo de Europa, América, Asia, África, Islas del Pacífico; 1 sp. cultivada y naturalizada en América tropical.

1. Bellis perennis L., *Sp. Pl.* 886 (1753). Sintipo: Europa, *Herb. Clifford 418, Bellis 1* (BM). Ilustr.: Cronquist, *Ill. Fl. N. U.S.* ed. 3, 3: 474 arriba izquierda (1952).

Hierbas perennes erectas, arrosetadas, escapíferas, 4-18(-25) cm, rizomas cortos con 1-pocas rosetas, los tallos aéreos generalmente ausentes, cuando presentes c. 5 cm hasta la base del pedúnculo con hojas mucho más largas que los entrenudos. Hojas ascendentes o rastreras; láminas 2-7(-9) × 0.6-1.5(-2.2) cm, espatuladas a obovadas, 3-subparalelinervias proximalmente a pinnatinervias distalmente con pocas nervaduras ascendentes, las superficies esparcidamente estrigosas, la base abrupta y largamente atenuada en una base peciolar subabrazadora típicamente tan larga o más larga que la parte expandida de la lámina, los márgenes ligeramente crenados, el ápice redondeado hasta a veces anchamente agudo. Capitulescencia 1 por roseta; pedúnculo 4-15(-25) cm, laxo a rígidamente erecto, rara vez filiforme, generalmente más del doble de la longitud de las hojas, esparcidamente piloso proximalmente a estrigoso distalmente. Cabezuelas (incluyendo los rayos) 1.5-3 cm de diámetro, los limbos de las corolas del radio lateralmente bien exertas y los del disco formando un domo bajo; involucro generalmente 5-8 mm; filarios c. 13, (3-)4-6 × 1.4-2 mm, esparcidamente vellosos, los márgenes a veces ciliolados, el ápice generalmente obtuso; clinanto c. 5 × 3-5 mm. Flores del radio numerosas, las cipselas generalmente en una sola serie, pero los limbos de las corolas con frecuencia traslapados distalmente; tubo de la corola 0.5-0.7 mm, setoso, el limbo (4-)6-11 × 1-1.5 mm, linear-oblanceolado, 2-3-nervio, entero apicalmente. Flores del disco con la corola y las cipselas subiguales;

corola c. 1.5 mm. Cipselas 1-1.5 mm, sin glándulas, las del radio generalmente más pelosas que las del disco. $2n = 18$. *Áreas alteradas, pastizales, potreros, laderas de volcanes.* CR (*Pruski et al. 3856*, MO). 2100-3200 m. (Canadá, Estados Unidos, México, Mesoamérica, Ecuador, Bolivia, Brasil, Chile, Argentina, Europa, Asia, Nueva Zelanda, Hawái.)

Bellis perennis es ampliamente cultivada como ornamental, y por tanto las flores del radio son a veces 2-seriadas, con el limbo brevemente oblongo y a veces marcadamente bicolor o completamente rojo oscuro.

16. Callistephus Cass., nom. cons.

Asteriscodes Kuntze, *Callistemma* Cass.

Por J.F. Pruski.

Hierbas anuales con raíz axonomorfa; tallos erectos, piloso-hirsutos. Hojas caulinares, alternas, pecioladas o las distales sésiles; láminas cartáceas, triplinervias desde cerca de la base, sin glándulas, por lo demás glabras a esparcidamente estrigulosas a estrigosas. Capitulescencia terminal, foliosa, monocéfala a laxamente corimbosa. Cabezuelas bisexuales, radiadas; involucro hemisférico; filarios imbricados, 3-4-seriados, en su mayoría oblongos, aplanados, los filarios externos foliáceos, los internos por lo general ligeramente más cortos, subhialinos o al menos escarioso-marginados; clinanto convexo, a veces con los márgenes alveolados parecidos a escuámulas. Flores del radio 1-2-seriadas (de apariencia pluriseriada en algunos cultivares vía zigomorfia de la corola del disco); corola generalmente rojiza o purpúrea. Flores del disco bisexuales; corola infundibuliforme, amarilla, los lobos 5, cortamente lanceolados, erectos; tecas de la antera basalmente obtusas, el apéndice alargado; estilo con el apéndice apical de las ramas deltado a triangular, papiloso. Cipselas de contorno oblongo a obovado, comprimidas, los hombros redondeados, las caras finamente c. 3-estriadas, estrigosas distalmente; vilano doble (2-seriado), caduco, las series externas escuamosas, las series internas de cerdas ancistrosas. $x = 9$. 1 sp. Nativo de Asia (China, Japón, Corea), ampliamente cultivado.

Los ejemplares mesoamericanos de *Callistephus chinensis* de cultivares de radios múltiples, con frecuencia son identificados erróneamente como *Chrysanthemum morifolium*, que se diferencia vegetativamente por las hojas de la mitad del tallo a veces glandulosas (vs. sin glándulas), pinnatilobadas (vs. por lo general gruesamente 2-7-dentadas) y los tallos crespo-pelosos (vs. piloso-hirsutos) con tricomas en su mayoría subadpresos (vs. patentes), cuando son ascendentes menos de 0.5 (vs. 0.5-1) mm.

1. Callistephus chinensis (L.) Nees, *Gen. Sp. Aster.* 222 (1832). *Aster chinensis* L., *Sp. Pl.* 877 (1753). Sintipo: China, *Herb. Clifford 407, Aster 2* (foto MO! ex BM). Ilustr.: Hu y Wong, *Fl. Hong Kong* 3: 316, t. 284 (2009).

Asteriscodes chinensis (L.) Kuntze, *Callistemma chinensis* (L.) Skeels, *C. hortense* Cass., *Callistephus hortensis* Cass. ex Nees, *Diplopappus chinensis* (L.) Less.

Hierbas, 0.3-1 m; tallos solitarios, simples a poco ramificados, los entrenudos generalmente casi la 1/2 de la longitud de las hojas, los tricomas 0.5-1 mm, patentes. Hojas: láminas 2-6 × 1-5 cm, romboidal-ovadas y las distales graduando a oblanceoladas, la base truncada a cuneada o a veces subcordata, los márgenes de las hojas de la mitad del tallo gruesamente 2-7-dentados o a veces 2-7-crenados, las hojas distales a veces subenteras, el ápice agudo a acuminado; pecíolo de las hojas proximales 2-4(-6) cm, angostamente alado, no abrazador. Capitulescencia con 1-pocas cabezuelas; pedúnculos no mucho más largos que el diámetro de la cabezuela. Cabezuelas 4-8(-12) cm de diámetro (medidas de ápice a ápice del limbo de las corolas del radio); involucro 1.5-3.5 cm de diámetro; filarios externos 10-15(-22) × 2-4

mm, con frecuencia patentes o reflexos, ciliados, los cilios c. 1 mm; filarios internos sin cilios, reticulados. Flores del radio 25-100 o más; corola muy exerta, el tubo 2-3 mm, el limbo 10-30 × 2-7 mm, c. 9-nervio, angostado hacia un ápice 3-denticulado. Flores del disco: corola 4-6.5 mm, los lobos c. 1 mm; ramas del estilo c. 1 mm. Cipselas 3-3.5 × c. 1.5 mm; vilano de cerdas 3-4.5 mm, las escuámulas c. 0.2 mm. Floración feb.-abr., sep. $2n = 18$. *Cultivada.* H (*Haylock 143*, MO); ES (Standley y Calderón, 1941: 276). 1100-1500 m. (Nativa de Asia; ampliamente cultivada y a veces escapando en Canadá, Estados Unidos, México, Mesoamérica, Surinam, Perú, Brasil, Argentina, Europa, Australia, Nueva Zelanda, Islas del Pacífico.)

Jarvis (2007) listó *Aster chinensis* sin designar un lectotipo.

17. Chloracantha G.L. Nesom, Y.B. Suh, D.R. Morgan, S.D. Sundb. et B.B. Simpson

Aster L. sect. *Spinosi* (Alexander) A.G. Jones, *A.* [sin rango] *Spinosi* Alexander, *Erigeron* L. sect. *Spinosi* (Alexander) G.L. Nesom et S.D. Sundb.

Por J.F. Pruski.

Subarbustos formando colonias, en su mayoría afilos, los tallos herbáceos, la base leñosa, las axilas proximales con frecuencia espinosas con ramas laterales modificadas como espinas robustas; tallos erectos, delgados, verdes, generalmente glaucos y glabros, las ramas ascendentes. Hojas del follaje proximal caulinares (en su mayoría marchitas en la antesis), simples, alternas, oblanceoladas o escuamosas, cartáceas y flácidas, 1-nervias, los márgenes enteros o rara vez 1-5-dentados, sésiles. Capitulescencia corimbiforme-paniculada con varias cabezuelas en tallos individuales, rara vez también laterales; pedúnculos cortos. Cabezuelas bisexuales, cortamente radiadas; involucro turbinado a hemisférico; filarios imbricados, graduados, 3-5-seriados, en su mayoría 3-nervios; clinanto aplanado a convexo. Flores del radio 1-seriadas; corola blanca, el limbo cortamente radiando. Flores del disco bisexuales; corola 5-lobada, el tubo más largo que la garganta, las nervaduras anaranjadas; ramas del estilo con líneas estigmáticas en pares proximalmente, el apéndice apical deltado. Cipselas obovoide-fusiformes, a veces ligeramente comprimidas, 5(6)-nervias; vilano de numerosas cerdas capilares persistentes, 1(2)-seriadas. $x = 9$. 1 sp. Sur y suroeste de los Estados Unidos, México, Mesoamérica.

Chloracantha, generalmente colocado tanto en *Aster* (p. ej., D'Arcy, 1975b [1976]; Nash, 1976b; Jones, 1980) o *Erigeron* (p. ej., Blake, 1924c; Nesom, 1989a), fue descrito por Nesom et al. (1991) basado en evidencia molecular. Difiere de *Aster* y *Erigeron* s. l. por los tallos a veces espinosos y los filarios 3-nervios careciendo de zonas clorofílicas distintas. Las poblaciones tropicales generalmente tienen espinas más largas que los ejemplares de zonas más templadas. Los ejemplares en floración son generalmente sin hojas o solo con hojas escamosas, pero ocasionalmente los ejemplares de la costa central del Pacífico de México son frondosos (p. ej., los tipos de *A. spinosus* var. *jaliscensis* y *E. ortegae*). Las diferencias entre espinoso vs. no espinoso, la forma del ápice de los filarios del medio y la longitud del vilano para mí son características sin valor taxonómico importante, si bien la monografía de Sundberg (1991) reconoce cuatro variedades. Nesom (1991) enfatizó la naturaleza determinada de la capitulescencia de *Chloracantha*; pero esto es la norma para las 25 000 especies de Asteraceae (Pruski, 2004a).

Bibliografía: Blake, S.F. *Proc. Biol. Soc. Washington* 37: 55-62 (1924). Jones, A.G. *Brittonia* 32: 230-239 (1980). Nesom, G.L. *Phytologia* 67: 67-93 (1989). Nesom, G.L. et al. *Phytologia* 70: 371-381 (1991). Pruski, J.F. y R.L. Hartman, *Phytoneuron* 2012-98: 1-15 (2012). Sundberg, S.D. *Phytologia* 70: 382-391 (1991).

1. Chloracantha spinosa (Benth.) G.L. Nesom, *Phytologia* 70: 378 (1991). *Aster spinosus* Benth., *Pl. Hartw.* 20 (1839). Holotipo: México, Aguascalientes, *Hartweg 148* (K). Ilustr.: D'Arcy, *Ann. Mis-*

souri Bot. Gard. 62: 1012, t. 35 (1975 [1976]). N.v.: Espinosilla, Ch; espina de agua, espinaza, G; espina de bagre, florecilla de bagre, vara de bagre, H; manzanilla, CR.

Aster spinosus Benth. var. *jaliscensis* McVaugh, *A. spinosus* var. *spinosissimus* Brandegee, *Chloracantha spinosa* (Benth.) G.L. Nesom var. *jaliscensis* (McVaugh) S.D. Sundb., *C. spinosa* var. *spinosissima* (Brandegee) S.D. Sundb., *C. spinosa* var. *strictospinosa* S.D. Sundb., *Erigeron ortegae* S.F. Blake, *Leucosyris spinosa* (Benth.) Greene.

Subarbustos rizomatosos, 0.5-1.5(-2.5) m; tallos generalmente solitarios desde la base, densamente ramificados distalmente, rara vez ramificados basalmente, estriados, angulados, las ramas ascendentes hasta c. 45 grados, las espinas 0.5-7 cm, aplanadas a subteretes, simples o rara vez trífidas, cada una abrazada por una hoja escamosa de 2-4 mm, lanceolada. Hojas del follaje (cuando presentes) 1-6 × 0.5-1 cm, angostamente oblanceoladas a espatuladas, glabras o casi glabras, los márgenes esparcidamente ciliados, el ápice agudo a redondeado. Capitulescencia poco bracteolada, las bractéolas con apariencia de hojas escuamosas; pedúnculos terminales 2-7(-11) cm, los pedúnculos laterales 0.1-3 cm. Cabezuelas 5-8 mm; involucro 4-6(-7.5) × 5-6 mm; filarios 1-6(-7.5) × 0.5-1.5 mm, lanceolados, la zona media anchamente pardo-verdosa, la superficie glabra, los márgenes escariosos, a veces ciliados, el ápice agudo o a veces obtuso; clinanto 1.5-2.5 mm de diámetro. Flores del radio (10-)20-33; corola 6-8 mm, blanca, el tubo 3-4 mm, setoso, el limbo 3-4 × c. 1 mm, glabro. Flores del disco (13-)20-70; corola 3.5-6 mm, tubular-infundibuliforme, amarilla, el tubo setoso, los lobos 0.4-1 mm, erectos, triangulares; estilo con las ramas c. 1(-1.5) mm. Cipselas 1.5-3.5 mm, pardo pálido, glabras; vilano con cerdas de 2.5-6 mm, blancas, más corto que la corola del disco o a veces ligeramente más largo que ésta. 2*n* = 18. *Riberas pedregosas, sitios húmedos.* Ch (*Sánchez 1078*, MO); G (*Heyde y Lux 3424*, MO); H (*Williams 23285*, NY); ES (*Martínez 330*, MO); N (*Neill 1165*, MO); CR (*Tonduz 7060*, NY); P (*White y White 108*, MO). 200-1600 m. (S. y SO. Estados Unidos, México, Mesoamérica.)

La distribución de esta especie es rara entre las Asteraceae de Mesoamérica debido a que se encuentra en la costa del golfo en los Estados Unidos (Pruski y Hartman, 2012), pero es desconocida en la Península de Yucatán.

18. Conyza Less., nom. et typ. cons.

Por G. Sancho y J.F. Pruski.

Hierbas anuales o bianuales (rara vez perennes), con frecuencia arvenses; tallos con frecuencia simples, las hojas típicamente caulinares y gradualmente decrecientes, las hojas basales a veces presentes en la antesis; follaje generalmente peloso. Hojas simples a pinnatisectas, alternas, cartáceas, pinnatinervias, generalmente pelosas, a veces también glandulosas, en su mayoría sésiles. Capitulescencia en su mayoría diversamente paniculada, con menos frecuencia racemosa o subespigada, rara vez monocéfala. Cabezuelas bisexuales, inconspicuamente heterógamas, disciformes hasta a veces subradiadas, pequeñas, subsésiles o delgadamente pedunculadas; involucro en su mayoría campanulado; filarios subimbricados, generalmente graduados o a veces subiguales, en 2-varias series, 1(-3)-nervios, lineares a lanceolados, la zona media herbácea, las nervaduras resinoso-anaranjadas, los márgenes hialinos; clinanto en su mayoría aplanado, débilmente foveolado-fimbriado; subinvolucro a veces engrosado o inflado. Flores marginales numerosas y pluriseriadas, pistiladas; corola filiforme-tubular con estilo exerto sobrepasando el ápice de la corola o filiforme-subradiada con el limbo ligeramente más largo que el estilo, blanca a débilmente purpúrea distalmente. Flores del disco pocas-varias(-numerosas), bisexuales, muy rara vez funcionalmente estaminadas; corola con nervaduras anaranjadas, angostamente infundibuliforme, generalmente breve o cortamente (4)5-lobada, amarillenta o a veces blanca; anteras pardo-amarillentas, obtusas en la base; estilo con el apéndice de las ramas

triangular, papiloso, el ápice agudo a obtuso. Cipselas oblongas a obovoides, comprimidas, sin glándulas, pelosas o glabras, cada margen generalmente 1-acostillado, las flores del disco rara vez con ovarios estériles; vilanos del radio y del disco típicamente presentes y similares, 1(-2)-seriados, con 8-30 cerdas capilares, escábridas, blancas o pajizas a rara vez rosado-parduscas, casi tan largas como las corolas del disco. *x* = 9. Aprox. 50-60 spp., 25-40 de estas en América.

Conyza se reconoce en este tratamiento principalmente como fue circunscrita por Cronquist (1943), pero excluyendo a *Laennecia*, de acuerdo a Zardini (1981) y Nesom (1990c). Noyes (2000) notó que *Conyza* como está actualmente definido no es monofilético. Greuter (2003) no reconoció *Conyza*, pero Pruski y Sancho (2006) y Nesom y Robinson (2007 [2006]) sí lo hicieron. Sin embargo, es posible que ni *Conyza* ni *Erigeron* sean monofiléticos, y que se necesite remover más especies de cada uno de ellos. Por ejemplo, *C. chilensis*, un sinónimo de *C. primulifolia*, es considerada el tipo del género conservado, pero las corolas del disco setosas de este taxón son anómalas entre las especies mesoamericanas.

Los nombres *C. apurensis* y *C. chilensis*, usados respectivamente en Nash (1976b) y D'Arcy (1975b [1976]), fueron sinonimizados bajo nombres más antiguos por Pruski (1998a) y Lourteig y Cuatrecasas (1985), respectivamente. La aplicación de los nombres *C. bonariensis* y *C. canadensis* (y en consecuencia sus nombres comunes) fue empleada también en Nash (1976b) y D'Arcy (1975b [1976]), y modificada por Pruski y Sancho (2006), quienes adoptaron el nombre *C. sumatrensis* para parte de los ejemplares.

Bibliografía: Cronquist, A.J. *Bull. Torrey Bot. Club* 70: 629-632 (1943). Greuter, W.R. *Willdenowia* 33: 45-47 (2003). Lourteig, A. y Cuatrecasas, J. *Phytologia* 58: 475-476 (1985). McClintock, D. y Marshall, J.B. *Watsonia* 17: 172-173 (1988). Noyes, R.D. *Pl. Syst. Evol.* 220: 93-114 (2000). Pruski, J.F. *Brittonia* 50: 473-482 (1998). Pruski, J.F. y Sancho, G. *Novon* 16: 96-101 (2006).

1. Lobos de la corola del disco setosos; hojas basales persistentes en la antesis, las hojas caulinares remotas y rápidamente decrecientes.

    6. C. primulifolia

1. Corolas del disco glabras; hojas en su mayoría caulinares y gradualmente decrecientes, las hojas basales típicamente ausentes en la antesis.

    2. Filarios en su mayoría subiguales.

        3. Cabezuelas generalmente 5-7 mm; involucros generalmente 5-7 mm de diámetro; tallos a veces estipitado-glandulosos; capitulescencias ligeramente congestas.

            3. C. coronopifolia

        3. Cabezuelas 3-3.5 mm; involucros 3-4.5 mm de diámetro; tallos sin glándulas; capitulescencias corimbiforme-paniculadas, más o menos aplanadas apicalmente.

            5. C. microcephala

    2. Filarios desiguales, algunos filarios externos reducidos.

        4. Hojas proximales espatuladas; tallos poco a muy ramificados distalmente.

            4. C. laevigata

        4. Hojas proximales lineares a elípticas; tallos generalmente simples en las capitulescencias.

            5. Cabezuelas subradiadas; corolas del disco generalmente 4-lobadas; filarios de las series mediales con la porción central coloreada casi tan ancha como (o más angosta que) los márgenes pajizos.

                6. Hojas con láminas generalmente linear-lanceoladas o linear-oblanceoladas, 0.2-1.6 cm de diámetro; filarios generalmente sin punta purpúrea.   **2a. C. canadensis** var. **canadensis**

                6. Hojas con láminas lineares, 0.1-0.3(-0.5) cm de diámetro; filarios generalmente con la punta purpúrea.   **2b. C. canadensis** var. **pusilla**

            5. Cabezuelas disciformes; corolas del disco generalmente 5-lobadas; filarios completamente verdes o las porciones centrales coloreadas al menos en los filarios de las series mediales generalmente más anchas que los márgenes pajizos.

                7. Follaje típicamente gris-pubescente; capitulescencias corimbosas, piramidales o aplanadas apicalmente; flores marginales 5-7-seriadas; clinantos 2.5-4 mm de diámetro.   **1. C. bonariensis**

7. Follaje generalmente no gris-pubescente; capitulescencias cilíndrico-paniculadas, cabezuelas numerosas; flores marginales 3-4-seriadas; clinanto 1.5-2.5 mm de diámetro.
    8. Filarios glabros o subglabros.   **7a. C. sumatrensis** var. **leiotheca**
    8. Filarios hirsutos.   **7b. C. sumatrensis** var. **sumatrensis**

1. Conyza bonariensis (L.) Cronquist, *Bull. Torrey Bot. Club* 70: 632 (1943). *Erigeron bonariensis* L., *Sp. Pl.* 863 (1753). Lectotipo (designado por D'Arcy, 1975b [1976]): America australi, *Herb. Linn. 994.11* (microficha MO! ex LINN). Ilustr.: Funk y Pruski, *Mem. New York Bot. Gard.* 78: 96, t. 34 (1996).
    Conyza ambigua DC., *C. linearis* DC., *C. linifolia* (Willd.) Täckh., *C. plebeja* Phil., *Erigeron crispus* Pourr., *E. linifolius* Willd., *Leptilon bonariense* (L.) Small, *L. linifolium* (Willd.) Small, *Marsea bonariensis* (L.) V.M. Badillo.
    Hierbas anuales, hasta 1 m, malezas, con raíz axonomorfa; tallos 1(-pocos) desde la base, generalmente simples hacia la capitulescencia, rígidamente erectos, típica, uniforme y densamente foliosos en toda su longitud, sin hojas basales en la antesis, con costillas pálidas, esparcida a densamente pilosas, también con frecuencia heterótricas con indumento estriguloso corto; follaje típica y densamente gris-pubescente, sin glándulas. Hojas simples o rara vez las proximales 1-2-pinnatisectas desde el 1/2 de la lámina hacia el ápice, sésiles; láminas 2.5-15 × 0.2-1.2(-2.5) cm, oblanceoladas o elípticas y distales con frecuencia linear-lanceoladas, pinnatinervias, las superficies hirsútulo-subestrigosas, también con frecuencia heterótricas con indumento esparcidamente piloso especialmente en las nervaduras abaxialmente, la base atenuada a largamente atenuada, los márgenes ligeramente serrados o las distales con frecuencia enteras, cuando pinnatisectas los lobos dirigidos apicalmente, los lobos hasta c. 1.5 cm, el ápice del lobo obtuso, el ápice de la lámina agudo. Capitulescencia 8-20 × 5-10 cm, corimbosa, piramidal o aplanada apicalmente, abierta, con pocas a varias cabezuelas, a veces linear-foliares; pedúnculos 5-15(-30) mm, densamente hirsútulo-subestrigosos. Cabezuelas 5-6.5(-8) mm, relativamente grandes, disciformes, hasta con 250 flores; involucro 5-7 mm de diámetro, hemisférico o urceolado cuando inmaduro, la base típicamente redondeada; filarios (2-)4-5 × 0.3-0.4 mm, desiguales con algunos filarios más cortos en el subinvoluco, 2-3-seriados, linear-lanceolados, densamente hirsuto-pilosos, completamente verdes o al menos la porción central de las series mediales de filarios coloreada, más ancha que el margen pajizo; clinanto 2.5-4 mm de diámetro. Flores marginales numerosas, 5-7-seriadas; corola 3.7-4 mm, filiforme-tubular, blanquecina, el ápice bífido. Flores del disco c. 20; corola 4-4.5 mm, 5-lobada, amarillo pálido, glabra, los lobos c. 0.2 mm. Cipselas 1-1.3 mm, pardas, esparcidamente setulosas; vilano de c. 20 cerdas, c. 4 mm, blancas a rosadas. Floración durante todo el año. *2n* = 54. *Áreas alteradas.* G (*Pruski y Vega 4478*, MO); CR (*Rodríguez 2509*, MO). 1200-1500 m. (Estados Unidos, México, Mesoamérica, Colombia, Venezuela, Ecuador, Perú, Bolivia, Brasil, Paraguay, Uruguay, Chile, Argentina, Cuba, Jamaica, La Española, Puerto Rico, Antillas Menores, Europa, Asia, África, Australia, Islas del Pacífico.)
    Pruski y Sancho (2006) anotaron que el uso generalizado del nombre *Conyza bonariensis* en Mesoamérica se refiere a otra especie.

2. Conyza canadensis (L.) Cronquist, *Bull. Torrey Bot. Club* 70: 632 (1943). *Erigeron canadensis* L., *Sp. Pl.* 863 (1753). Lectotipo (designado por D'Arcy, 1975 [1976]): Canadá, *Herb. Linn. 994.10* (microficha MO! ex LINN). Ilustr.: Liogier, *Fl. Española* 8: 92, t. 201-21 (1996). N.v.: Pascueta, P.
    Aster canadensis (L.) E.H.L. Krause, *Caenotus canadensis* (L.) Raf., *Conyzella canadensis* (L.) Rupr., *Leptilon canadense* (L.) Britton, *Marsea canadensis* (L.) V.M. Badillo.
    Hierbas anuales, 0.2-2.5 m, malezas con raíz axonomorfa o raíces fibrosas; tallos solitarios, generalmente simples en la capitulescencia, rígidamente erectos, típica, uniforme y densamente foliosos en toda su

longitud, sin hojas basales en la antesis, verdes, acostillados, las costillas pálidas, glabros a esparcidamente pilosos; follaje sin glándulas. Hojas simples, ascendentes, sésiles a subsésiles; láminas 2-9 × 0.1-1.6 cm, lineares a lanceoladas u oblanceoladas, pinnatinervias, las superficies subglabras a hirsutas especialmente en la vena media abaxialmente, la base atenuada a largamente atenuada, los márgenes generalmente enteros (rara vez ligeramente serrados), con frecuencia hirsuto-ciliados, el ápice agudo. Capitulescencia 5-30 × 3-20 cm o más grande, cilíndrico-paniculada, generalmente con numerosas cabezuelas, generalmente linear-foliosa; pedúnculos 2-10 mm, delgados, hirsútulo-estrigulosos a esparcidamente hirsútulo-estrigulosos. Cabezuelas 3-4.2(-4.6) mm, pequeñas, subradiadas, con 40-64 flores; involucro 2.5-4 mm de diámetro, campanulado; filarios 1-4 × 0.3-0.4 mm, desiguales, graduados, 3-4-seriados, generalmente linear-lanceolados, glabros o esparcidamente setosos, la porción central de los filarios de las series mediales coloreada casi tan ancha como (o más angosta que) el margen pajizo, el canal de resina irregularmente resinoso; clinanto 1.5-2.3 mm de diámetro. Flores marginales 30-50, 2-3-seriadas; corola 2.5-3 mm, filiforme-subradiada, blanca hasta color crema o el limbo a veces violeta abaxialmente, el tubo distalmente setuloso, el limbo 0.5-1 mm, 2-dentado, el estilo casi tan largo como la corola. Flores del disco 10-14; corola 2.2-3 mm, 4-lobada, amarillo pálido, glabra, los lobos 0.2-0.3 mm. Cipselas 1-1.2 mm, pajizas, esparcidamente setulosas; vilano de c. 15 cerdas, 2-2.5 mm. Cosmopolita. Consta de 2 variedades. *2n* = 18. *Áreas alteradas, áreas rocosas, matorrales, áreas cultivadas, orillas de caminos, áreas arenosas, vegetación secundaria, áreas húmedas.* Ch, Y, B, G, ES, N, CR, P. 0-2000(-2700) m. (América, Europa, Asia, África, Australia, Nueva Zelanda, Islas del Pacífico.)

2a. Conyza canadensis (L.) Cronquist var. **canadensis**.
    Conyza canadensis (L.) Cronquist var. *glabrata* (A. Gray) Cronquist, *Erigeron canadensis* L. var. *glabratus* A. Gray, *E. canadensis* var. *strictus* (DC.) Farw., *E. paniculatus* Lam., *E. strictus* DC., *Senecio ciliatus* Walter.
    Generalmente 1-2.5 m, robustas; tallos glabros o esparcidamente pilosos. Hojas con láminas 0.2-1.6 cm de diámetro, generalmente lanceoladas u oblanceoladas, los márgenes enteros o remotamente serrados. Filarios generalmente sin punta purpúrea. Floración durante todo el año. *Vegetación secundaria, áreas rocosas.* Ch (*Pruski et al. 4251*, MO); Y (*Cabrera y Cabrera 13664*, MO); B (*Croat s.n.*, MO); G (*Pruski y Ortiz 4295*, MO); ES (*Croat 42182*, MO); N (*Stevens 10486*, MO); CR (*Grayum 4803*, MO); P (*Croat 10413*, MO). (200-)1000-2000(-2700) m. (Canadá, Estados Unidos, México, Mesoamérica, Colombia, Venezuela, Ecuador, Perú, Bolivia, Brasil, Paraguay, Uruguay, Chile, Argentina, Cuba, Jamaica, La Española, Puerto Rico, Antillas Menores, Trinidad y Tobago, Europa, Asia, África, Australia, Nueva Zelanda, Islas del Pacífico.)

2b. Conyza canadensis (L.) Cronquist var. **pusilla** (Nutt.) Cronquist, *Bull. Torrey Bot. Club* 74: 150 (1947). *Erigeron pusillus* Nutt., *Gen. N. Amer. Pl.* 2: 148 (1818). Holotipo: Estados Unidos, *Nuttall s.n.* (BM?). Ilustr.: no se encontró. N.v.: False algalia, incensio, ES.
    Conyza parva Cronquist, *Erigeron canadensis* L. var. *pusillus* (Nutt.) B. Boivin, *Leptilon canadense* (L.) Cronquist var. *pusillum* (Nutt.) Daniels, *L. pusillum* (Nutt.) Britton.
    Generalmente 0.2-0.8(-1) m; tallos subglabros. Hojas con láminas 0.1-0.3(-0.5) cm de diámetro, lineares, los márgenes enteros. Filarios generalmente con la punta purpúrea. Floración durante todo el año. *Áreas alteradas, matorrales, áreas cultivadas, pastizales, orillas de caminos, áreas arenosas, vegetación secundaria, áreas húmedas.* T (Cowan, 1983: 24, como *Conyza canadensis*); Ch (*King 2776*, NY); Y (*Gaumer 846*, MO); QR (*Sousa 11246*, MO); B (*Schipp 815*, MO); G (*Standley 60879*, NY); H (*Evans 1301*, MO); ES (*Croat 42179*, MO); N (*Atwood 3975*, MO); CR (*Haber 10220*, MO); P (*Davidson 663*, MO). 0-2000 m. (Estados Unidos, México, Mesoamérica, Sudamérica, Antillas.)

La mayoría de ejemplares de *Conyza canadensis* de Mesoamérica y las Antillas se pueden referir a la var. *pusilla*, la cual se reconoce provisionalmente, como lo hicieron Cronquist (1980) y McVaugh (1984). Sin embargo, la punta purpúrea de los filarios no es un carácter ni constante ni notable y la var. *pusilla* podría demostrar ser un ecotipo adaptado a suelos pobres.

3. Conyza coronopifolia Kunth in Humb., Bonpl. et Kunth, *Nov. Gen. Sp.* folio ed. 4: 55 (1820 [1818]). Isotipo: México, Distrito Federal, *Humboldt y Bonpland 4155* (foto MO! ex P-Bonpl.). Ilustr.: Sánchez Sánchez, *Fl. Valle México* ed. 4, t. 332B (1978). N.v.: Tan wamal, Ch.

Conyza obtusa Kunth, *Erigeron variifolius* S.F. Blake.

Hierbas anuales, 0.2-1 m; tallos erectos o ascendentes, simples a densamente ramificados desde la base, las hojas en su mayoría caulinares, más o menos uniformemente patentes a lo largo del tallo, sin hojas basales en la antesis, verdes, acostillados, las costilladas pálidas, hirsuto-pilosos a densamente hirsuto-pilosos, con frecuencia también muy cortamente estipitado-glandulosos; follaje con tricomas no glandulares hasta 1 mm. Hojas simples o 3-furcadas a rara vez pinnatífidas en los 2/3 distales; láminas 2.5-8(-10) × 0.5-2(-3.5) cm, oblanceoladas a elíptico-obovadas, básicamente pinnatireticuladas, finamente 3-5-plinervias desde la base, las nervaduras finas marcadamente ascendentes pero pronto reticuladas, las superficies sin glándulas, hirsuto-pilosas, la base generalmente subamplexicaule, los márgenes subenteros a 1-5-lobados por lado, los lobos hasta 1.2 cm, lineares a oblongos, los márgenes de los lobos enteros, el ápice de los lobos obtuso, típicamente 3-furcado al menos en algunas hojas por planta. Capitulescencia 10-20 cm, en el 1/3 distal de la planta, ligeramente congesta, con 5-20 cabezuelas, cimosa, las ramas laterales pocas o ausentes; pedúnculos 1-10(-25) mm, esparcidamente hirsuto-pilosos, también con frecuencia estipitado-glandulosos, el subinvoluco con frecuencia obviamente acrescente en fruto. Cabezuelas generalmente 5-7 mm, relativamente grandes, disciformes; involucro generalmente 5-7 mm de diámetro, hemisférico, la base truncada, ligeramente carnosa; filarios 3.5-5 × 0.7-0.9 mm, en su mayoría subiguales, (2)3-seriados, linear-lanceolados, 1(-3-nervios), hirsuto-pilosos, con frecuencia también cortamente estipitado-glandulosos, la región medial ancha, verde, los márgenes angostamente hialinos, a veces purpúreos distalmente, el ápice atenuado; clinanto 3.5-5.2 mm de diámetro. Flores marginales 200-400, en varias series; corola 2.5-3 mm, filiforme-tubular (o rara vez filiforme-subradiada), blanca, el ápice denticulado. Flores del disco (10-)20-35; corola 3-4 mm, 4-lobada, amarilla, glabra, los lobos 0.2-0.4 mm. Cipselas 1-1.2 mm, oblongas, pardusco pálido, glabras a esparcidamente setulosas en los ángulos cerca del carpóforo, menos setulosas en las caras; vilano de varias cerdas, 3-3.5 mm. Floración jun.-ago., oct., feb., abr. 2*n* = 18. *Áreas alteradas, orillas de caminos, campos, pastizales alpinos, laderas volcánicas, bosques de* Pinus-Quercus. 2*n* = 18. Ch (*Ghiesbreght 485*, MO); G (*Pruski y Ortiz 4297*, MO); H (*Tróchez 67*, MO); ES (*Tucker 1227*, NY); CR (*Tonduz 12199*, GH). 1000-3800 m. (México, Mesoamérica, Colombia?)

Blake (1917c) se refirió a las flores marginales como "ligulares" pero se piensa que rara vez son apenas subradiadas. El material inmaduro de *Conyza coronopifolia* con frecuencia se confunde con *C. microcephala*. La cita de Cuatrecasas (1969) de *C. coronopifolia* en Colombia probablemente se base en ejemplares de la especie similar *C. cardaminifolia* Kunth. Igualmente, pensamos que los ejemplares de Argentina llamados *C. obtusa* por Cabrera (1978) y *C. coronopifolia* por Sancho y Espinar (2003) también se pueden referir a *C. cardaminifolia*.

4. Conyza laevigata (Rich.) Pruski, *Brittonia* 50: 475 (1998). *Erigeron laevigatus* Rich., *Actes Soc. Hist. Nat. Paris* 1: 112, como 105 (1792). Lectotipo (designado por Pruski, 1998a): Antillas, *LeBlond 338* (foto US! ex G). Ilustr.: D'Arcy, *Ann. Missouri Bot. Gard.* 62: 1020, t. 37 (1975 [1976], como *Conyza apurensis*). N.v.: Ajenjo, ájuya saika, amargoso, púpkuia, H; algalia, repolla, talía, talilla, taliya, ES.

Conyza apurensis Kunth, *C. apurensis* var. *hispidior* Benth.?, *C. subspathulata* Cronquist, *Erigeron apurensis* (Kunth) Griseb., *E. hispidus* Baker?, *E. spathulatus* Vahl.

Hierbas anuales, arvenses, 0.15-1 m; tallos solitarios, erectos o ascendentes, pocas a varias ramificaciones distalmente, sin hojas basales en la antesis, verdes, acostillados, las costillas pálidas, pilosos a esparcidamente pilosos, rara vez densamente pilosos en especial proximalmente; follaje sin glándulas. Hojas 1.5-7(-13.5) × 0.4-3(-6) cm, las proximales espatuladas graduando a las distales las cuales son con frecuencia oblanceoladas, ascendentemente pinnatinervias, las superficies moderada a esparcidamente pilosas, la base atenuada y con frecuencia alado-peciolariforme, a veces subabrazadora, los márgenes poco crenado-dentados a enteros en las hojas más distales, rara vez las hojas basales lirado-lobadas, los lobos 1-1.5(-3) cm, el ápice agudo o rara vez obtuso. Capitulescencia típicamente hasta 5 cm de diámetro, abiertamente corimbosa, más o menos aplanada apicalmente, con varias a numerosas cabezuelas; pedúnculos 4-25 mm, filiformes, hirsútulos a densamente hirsútulos. Cabezuelas 4.5-6(-7) mm, subradiadas; involucro 5-8 mm de diámetro, hemisférico; filarios 3-4.1 × 0.4-0.5 mm, desiguales, 2-4-seriados, linear-lanceolados, hirsútulos, la región medial angosta, verde, casi tan ancha como los márgenes pajizos o más angosta en las series internas, el ápice a veces purpúreo; clinanto 3-4 mm de diámetro. Flores marginales 200-250, 3-5-seriadas o en más series, las externas filiforme-subradiadas, graduando a las internas filiforme-tubulares; corola 2-2.6 mm, blanca o las series internas amarillentas, el limbo 0.6-1 mm, el ápice 2-dentado, las flores marginales internas con las corolas c. 1.5 mm, a veces amarillentas, el ápice dentado, a veces setuloso. Flores del disco 20-50; corola 2-2.5 mm, 4(-5)-lobada, amarillenta, glabra, los lobos 0.1-0.2 mm. Cipselas c. 1 mm, oblongas, pardusco pálido, esparcidamente setulosas; vilano de 20-25 cerdas, c. 2 mm. Floración durante todo el año. 2*n* = 36, 40. *Cafetales, áreas alteradas, orillas de bosques, jardines, pastizales, orillas de caminos, áreas rocosas, sabanas, quebradas, riachuelos, pastizales pantanosos, bosques de* Quercus. T (*Magaña y Zamudio 182*, NY); Ch (*Breedlove 34310*, MO); B (*Gentle 1486*, NY); G (*Pruski et al. 4505*, MO); H (*Yuncker et al. 5679*, MO); ES (*Standley 19381*, MO); N (*Molina R. y Williams 20092*, NY); CR (*Brenes 20411*, NY); P (*Woodson y Schery 775*, MO). 0-1800(-2800) m. (Estados Unidos [Florida], México, Mesoamérica, Colombia, Venezuela, Ecuador, Perú, Bolivia, Brasil, Argentina, Cuba, La Española, Puerto Rico, Islas Vírgenes, Antillas Menores, Trinidad y Tobago.)

El tipo, *LeBlond 338*, fue originalmente mal etiquetado como de "Guyane-française" (Pruski, 1998a).

5. Conyza microcephala Hemsl., *Biol. Cent.-Amer., Bot.* 2: 126 (1881). Isosintipo: México, San Luis Potosí, *Parry y Palmer 396* (MO!). Ilustr.: Sánchez Sánchez, *Fl. Valle México* ed. 4, t. 332C (1978).

Hierbas anuales, 0.4-0.8 m; tallos solitarios a rara vez 2-3-ramificados desde la base, simples, erectos, moderadamente foliosos, sin hojas basales en la antesis, acostillados, sin glándulas, esparcidamente hirsuto-pilosos; follaje con tricomas no glandulares generalmente hasta c. 0.5 mm. Hojas sésiles; láminas 2-4.5 × 0.3-0.5(-0.7) cm, linear-lanceoladas a oblongas, indistintamente 3-5-plinervias desde la base, las superficies sin glándulas, marginalmente ciliadas, por lo demás glabras a esparcidamente hirsútulas adaxialmente o hirsuto-pilosas abaxialmente en las nervaduras, la base ligeramente angostada, generalmente subamplexicaule, los márgenes típicamente subenteros o rara vez las hojas proximales 1-3(4)-dentadas por lado en el 1/3 distal de la lámina, el ápice agudo u obtuso. Capitulescencia 5-10 × 3-5 cm, corimbiforme-paniculada, más o menos aplanada apicalmente con las ramas marcadamente ascendentes c. 25 cm, varias a numerosas cabezuelas; pedúnculos 1-6 mm, densamente hirsutos. Cabezuelas 3-3.5 mm, pequeños, disciformes; involucro 3-4.5 mm de diámetro, campanulado a hemisférico, truncado a redondeado en la base; filarios 2-2.5 × 0.3-

0.4 mm, en su mayoría subiguales, 2-3-seriados, linear-lanceolados, hirsútulos, la región medial verde pálido más ancha que los márgenes hialinos, el ápice a veces eroso; clinanto 1.5-2.5 mm de diámetro. Flores marginales c. 100, c. 5-seriadas, a veces de apariencia estéril; corola 1.3-1.5 mm, filiforme-tubular, blanca, el ápice denticulado. Flores del disco 3-8; corola 2.5-3 mm, 5-lobada, color crema o amarillo pálido, glabra, los lobos 0.5-0.7 mm. Cipselas 0.7-0.9 mm, oblongas, pardusco pálido, setulosas; vilano de 7-12 cerdas, 2-2.2 mm. Floración jul.-ago. *Bosques de neblina, campos, orillas de caminos, bosques de* Pinus-Quercus. Ch (*Breedlove 26210*, MO). 2200-2300 m. (México, Mesoamérica, Colombia?)

Conyza microcephala es esperada en Guatemala según Nash (1976b: 153). La cita de *C. microcephala* de Cuatrecasas (1969) en Colombia podría basarse en ejemplares de la especie similar *C. cardaminifolia*.

6. Conyza primulifolia (Lam.) Cuatrec. et Lourteig, *Phytologia* 58: 475 (1985). *Inula primulifolia* Lam., *Encycl.* 3: 261 (1789). Lectotipo (designado por Lourteig y Cuatrecasas, 1985): Icon. Plumier mss. 4: 68 (P). Ilustr.: Cabrera, *Fl. Prov. Jujuy* 10: 184, t. 81A-F (1978).

Conyza chilensis Spreng., *C. myosotifolia* Kunth, *C. scabiosifolia* J. Rémy, *C. yungasensis* Rusby, *Erigeron buchii* Urb., *E. chilensis* (Spreng.) D. Don ex G. Don, *E. pinetorus* Urb., *E. primulifolius* (Lam.) Greuter, *Marsea chilensis* (Spreng.) V.M. Badillo.

Hierbas bianuales o perennes subescapíferas con raíces fibrosas, (0.3-)0.4-0.9(-1.5) m; tallos simples o rara vez hasta 5 desde la base, rara vez 1-2-ramificados justo por debajo de la capitulescencia, erectos, las hojas en rosetas basales, las hojas caulinares remotas y rápidamente decrecientes, acostillados, densamente subestrigoso-hirsútulos, los tricomas c. 0.4 mm, antrorsos. Hojas sésiles; hojas basales 2-6(-10), las láminas (4-)6-17(-21) × (0.9-)1.5-3.5(-4.5) cm, oblanceoladas a obovadas, la superficie subestrigoso-hirsútula, la base largamente atenuada, subamplexicaule, los márgenes crenados, el ápice redondeado a obtuso; hojas caulinares 2-10(-15) × 0.2-1.5(-3) cm, oblanceoladas o las más distales lineares, las superficies subestrigoso-hirsútulas, la base atenuada, los márgenes crenados o los más distales enteros, el ápice obtuso a agudo. Capitulescencia 2-12 cm, cimosa, con 5-12 cabezuelas, típicamente agregados, cortamente pedunculados a subsésiles; pedúnculos 2-10(-20) mm, densamente subestrigoso-hirsútulos. Cabezuelas 7.5-8 mm, relativamente grandes, disciformes; involucro 10-12 mm de diámetro, hemisférico; filarios débilmente imbricados, graduados, 3-4-seriados, linear-lanceolados, subestrigosos a estrigosos, la región medial verde ancha, los márgenes pajizos anchos, endurecidos, el ápice angostamente agudo; filarios externos 3-3.5 × 0.5-0.6 mm; filarios internos c. 7 × 0.8 mm, el ápice a veces purpúreo; clinanto 4-5 mm de diámetro. Flores marginales hasta 400, en numerosas series; corola 5-5.5 mm, blanca, glabra o subglabra, el ápice dentado. Flores del disco 20-50; corola 4.5-5 mm, 4-5-lobada, amarillenta, el tubo y el limbo no conspicuamente diferenciados, los lobos 0.3-0.5 mm, setosos. Cipselas 1.5-1.8 mm, oblongas, pardo pálido, subglabras, los márgenes ligeramente engrosados; vilano de c. 20 cerdas, c. 5 mm. Floración durante todo el año. 2*n* = 72. *Áreas alteradas, riberas, cafetales, pastizales, laderas húmedas, bosques de* Quercus, *bosques de* Pinus, *bosques de* Pinus-Quercus, *potreros, orillas de caminos, laderas rocosas, vegetación secundaria*. Ch (*Breedlove 25510*, MO); G (*Seler y Seler 2666*, NY); H (*Williams y Molina R. 10080*, MO); ES (*Standley 23551*, US); N (*Standley 10596*, F); CR (*Pruski et al. 3890*, MO); P (*Woodson y Schery 778*, MO). (200-)400-2200 m. (México, Mesoamérica, Colombia, Venezuela, Guyana, Surinam, Ecuador, Perú, Bolivia, Brasil, Paraguay, Uruguay, Chile, Argentina, La Española, Puerto Rico, África, Australia.)

7. Conyza sumatrensis (Retz.) E. Walker, *J. Jap. Bot.* 46: 72 (1971). *Erigeron sumatrensis* Retz., *Observ. Bot.* 5: 28 (1789 [1788]). Neotipo (designado por McClintock y Marshall, 1988): Sumatra, *Rid-*

ley s.n. (K). Ilustr.: Pruski, *Fl. Venez. Guayana* 3: 255, t. 212 (1997), como *C. bonariensis*. N.v.: Tabaquillo, P.

Hierbas comunes, arvenses, anuales 1-2 m, tallos solitarios, generalmente simples en la capitulescencia, rígidamente erectos, típicamente uniforme y densamente foliosos en toda su longitud, sin hojas basales en la antesis, acostillados, subglabros a hirsutos o pilosos; follaje generalmente no gris-peloso. Hojas sésiles, subglabras a densamente hirsutas especialmente en los márgenes y la vena media; hojas proximales con láminas 6-12 × 0.6-2 cm, elípticas a linear-elípticas, la base largamente atenuada, los márgenes enteros o generalmente serrados, el ápice agudo; hojas distales con láminas 3-4 × 0.2-0.5 cm, linear-elípticas, la base atenuada, los márgenes enteros, el ápice agudo. Capitulescencia cilíndrico-paniculada, con numerosas cabezuelas; pedúnculos 3-11 mm, generalmente hirsutos. Cabezuelas 4.5-6 mm, disciformes, con numerosas flores; involucro 4.5-5.5 × c. 6 mm, campanulado, la base angosta; filarios desiguales, graduados, 3-4-seriados, ovado-agudos, glabros o con pocos tricomas hasta densamente pelosos, las porciones coloreadas del centro al menos de los filarios de las series mediales generalmente más anchas que los márgenes pajizos; filarios externos 2-2.5 × c. 0.5 mm; filarios más internos 4.5-5.5 × 0.5-0.6 mm; clinanto 1.5-2.5 mm de diámetro. Flores marginales 3-4-seriadas; corola 4-4.3 mm, tubular, blanca o color crema, el tubo a veces peloso, el limbo cuando presente muy corto, el ápice 2-3-dentado; ramas del estilo exertas de la corola. Flores del disco pocas; corola 3.8-4 mm, 5-lobada, amarillo pálido, glabra, los lobos c. 0.4 mm. Cipselas 1.2-1.4 mm, comprimidas, 2-anguladas, densamente pelosas; vilano de pocas cerdas, c. 4 mm, pálidas. Cosmopolita. Consta de 2 variedades. *Vegetación secundaria*. T, Ch, B-P. 10-3200 m. (América, Europa, Asia, África, Australia, Nueva Zelanda, Islas del Pacífico.)

7a. Conyza sumatrensis (Retz.) E. Walker var. **leiotheca** (S.F. Blake) Pruski et G. Sancho, *Novon* 16: 98 (2006). *Erigeron bonariensis* L. var. *leiothecus* S.F. Blake, *Contr. Gray Herb.* 52: 28 (1917). Holotipo: Guatemala, *Holway 39* (GH!). Ilustr.: Pruski y Sancho, *Novon* 16: 99, t. 1 (2006).

Conyza bonariensis (L.) Cronquist var. *leiotheca* (S.F. Blake) Cuatrec., *C. floribunda* Kunth, *C. floribunda* var. *laciniata* Cabrera, *C. sumatrensis* (Retz.) E. Walker var. *floribunda* (Kunth) J.B. Marshall, *Dimorphanthes floribunda* (Kunth) Cass., *Erigeron bonariensis* L. var. *floribundus* (Kunth) Cuatrec., *E. bonariensis* forma *glabrata* Speg., *E. floribundus* (Kunth) Sch. Bip., *Marsea bonariensis* (L.) V.M. Badillo var. *leiotheca* (S.F. Blake) V.M. Badillo.

Filarios glabros o subglabros. *Bosques alterados, orillas de caminos*. Ch (*Croat 40455*, MO); C (Martínez Salas et al., 2001: 24, como *Conyza bonariensis*); G (*Pruski y Ortiz 4279*, MO); H (*Nelson y Vargas 2528*, MO); N (*Williams et al. 23886*, NY); CR (*Pruski et al. 3818*, MO); P (*Hamilton y Krager 3722*, MO). 200-3200 m. (México, Mesoamérica, Colombia, Venezuela, Ecuador, Perú, Bolivia, Brasil, Paraguay, Uruguay, Argentina, Antillas.)

7b. Conyza sumatrensis (Retz.) E. Walker var. **sumatrensis**.
Baccharis ivifolia Blanco, *Conyza albida* Willd. ex Spreng., *C. altissima* Naudin ex Debeaux, *C. bonariensis* (L.) Cronquist var. *microcephala* (Cabrera) Cabrera, *C. bonariensis* forma *subleiotheca* Cuatrec., *C. erigeroides* DC., *C. floribunda* Kunth var. *subleiotheca* (Cuatrec.) J.B. Marshall, *C. groegeri* V.M. Badillo, *C. naudinii* Bonnet, *Erigeron albidus* (Willd. ex Spreng.) A. Gray, *E. bonariensis* L. forma *grisea* Chodat et Hassl., *E. bonariensis* var. *microcephalus* Cabrera, *E. crispus* Pourr. subsp. *naudinii* (Bonnet) Bonnier, *E. musashensis* Makino, *E. naudinii* (Bonnet) Humbert.

Filarios hirsutos. *Vegetación secundaria*. T (*Spellman et al. 118*, MO); Ch (*Breedlove 34981*, MO); B (*Croat 24366*, MO); G (*Ortiz 729*, MO); H (*Yuncker et al. 8448*, MO); ES (*Villacorta 1075*, MO); N (*Stevens 11940*, MO); CR (*Quesada 454*, MO); P (*Antonio 4581*, MO). 10-1300 m. (Estados Unidos, México, Mesoamérica, Colombia,

Venezuela, Guyana, Ecuador, Perú, Bolivia, Brasil, Paraguay, Uruguay, Chile, Argentina, Antillas, Europa, Asia, África, Australia, Nueva Zelanda, Islas del Pacífico.)

19. Dichrocephala L'Hér. ex DC.

Por J.F. Pruski.

Hierbas anuales; tallos foliosos. Hojas simples a lirado-pinnatífidas, alternas, sésiles o pecioladas; láminas delgadamente cartáceas, pinnatinervias, la base a veces subauriculada. Capitulescencia en cimas abiertas, racimos o panículas, rara vez monocéfala. Cabezuelas pequeñas, globosas, disciformes; involucro campanulado o hemisférico o crateriforme; filarios imbricados, subiguales, c. 2-seriados; clinanto convexo a cónico u obovoide, sin páleas, a veces agrandado en fruto. Flores marginales varias-numerosas, pluriseriadas, pistiladas; corola tubular, a veces bulbosa proximalmente, esparcidamente glandulosa, el ápice 2-3(4)-denticulado. Flores del disco en menor número que las flores marginales bisexuales; corola campanulada o hipocraterimorfa, 4(5)-lobada, los lobos generalmente ascendentes a erectos; anteras obtusas a sagitadas basalmente, el apéndice apical obtuso-triangular; estilo con las superficies estigmáticas de las ramas cortas, el apéndice lanceolado. Cipselas isomorfas, obovadas, comprimidas, pardo pálido, generalmente glandulosas al menos apical y/o basalmente, por lo demás glabras, los márgenes gruesamente acostillados, las caras lisas o con 1-2 estrías diminutas, el fruto a veces brevemente estipitado-pedicelado; vilano ausente (flores marginales) o 1 a pocas aristas cortas, lisas, caducas. 3 spp. Nativo de Asia, África y las Islas del Pacífico; introducido en Mesoamérica, S. de Europa y Australia.

Dichrocephala es un género nativo del paleotrópico, registrado como un género nuevo para América por Pruski (2011b), que citó para el continente americano solo 3 especímenes de una sola especie de Guatemala. *D. integrifolia* se espera se vuelva naturalizada en las regiones adyacentes a Centroamérica y en las Antillas.

Bibliografía: Fayed, A.-A. *Mitt. Bot. Staatssamml. München* 15: 425-576 (1979). Pruski, J.F. *Phytoneuron* 2011-65: 1-9 (2011).

1. Dichrocephala integrifolia (L. f.) Kuntze, *Revis. Gen. Pl.* 1: 333 (1891). *Hippia integrifolia* L. f., *Suppl. Pl.* 389 (1781 [1782]). Lectotipo (designado por Fayed, 1979): India, *Herb. Linn. 1039.1* (microficha MO! ex LINN). Ilustr.: Pruski, *Phytoneuron* 2011-65: 6, t. 1 (2011).

Centipeda latifolia Cass. ex Less., *Cotula bicolor* Roth, *C. latifolia* Pers., *Dichrocephala bicolor* (Roth) Schltdl., *D. latifolia* DC., *Ethulia integrifolia* (L. f.) D. Don, *E. paniculata* Schkuhr, *Grangea bicolor* (Roth) Willd. ex Loudon, *G. latifolia* Lam. ex Poir. non Desf., *Hippia bicolor* (Roth) Sm.

Hierbas anuales 0.1-0.8(-1.3) m; tallos erectos o ascendentes a rara vez decumbentes, simples o poco ramificados distalmente, esparcidamente vellosos o pilosos a glabrescentes. Hojas generalmente pecioladas; láminas (2-)3-10 × (0.5-)1-6.5 cm, de contorno lirado-pinnatífido y ovado a obovado, menos frecuente no lobadas o lanceoladas a elípticas, con frecuencia 5-nervias, la superficie esparcidamente araneosopubescente o pilosa a subglabra, típicamente no glandulosa, rugulosa adaxialmente, la base obtusa a atenuada, los lobos marginales 1-2(3) por lado, cada uno generalmente 1-3.5 × 0.3-2 cm pero el par proximal obviamente el más pequeño, oblongos a obovados, irregularmente serrados o crenados, el lobo terminal 3-5.5 cm, ovado, el ápice agudo a obtuso; pecíolo 1-3.5 cm. Capitulescencia 4-7 × 3-6 cm, laxamente piramidal-paniculada, de varias ramitas axilares generalmente terminadas por una cima con 3-9 cabezuelas; pedúnculos 0.3-2.5 cm, delgados, con frecuencia 1-bracteolados o 2-bracteolados; bractéolas 1-2.5 mm, linear-lanceoladas. Cabezuelas 2-4 × 2-4 mm, al inicio de la antesis ligeramente bicoloreadas con las corolas de las flores del disco más

oscuras que en las flores pistiladas; involucro 1-1.3 mm; filarios 10-15, 0.4-0.7 mm de diámetro, oblanceolados a oblongos, glabros, los márgenes ligeramente escariosos, a veces fimbriados, el ápice agudo a obtuso; clinanto convexo o en fruto tornándose globoso u obovoide. Flores marginales 4-8-seriadas; corola 0.4-0.7 mm, tubular, totalmente cilíndrica, blanca, los dientes apicales menos de 0.1 mm, moderadamente persistentes y en fruto con frecuencia reflexos hacia arriba; estilo débilmente exerto. Flores del disco: corola 0.6-1.2 mm, campanulada, 4-lobada, blanco-amarillenta o blanco-verdoso-amarillenta (o los lobos a veces rosados), el tubo más corto que el limbo, los lobos 0.2-0.4 mm; anteras c. 0.3 mm, ovadas, amarillentas, el apéndice diminuto; ramas del estilo 0.1-0.2 mm, papilosas abaxialmente cerca de la base, el ápice agudo. Cipselas 1-1.5 mm, más largas que las corolas, en fruto las externas con frecuencia dirigidas hacia abajo y ocultando el involucro que es mucho más corto, esparcidamente glandulosas distalmente o en especial apicalmente, el ápice obtuso hasta a veces emarginado, prontamente caduco; cuando las cipselas del disco no tienen vilano las 1-2 cerdas marginales 0.4-0.8 mm. $2n = 18$. Floración abr., sep. *Áreas alteradas, riberas*. G (*Holt E6843*, MO). c. 1500 m. (Nativa de Asia, África; introducida en Mesoamérica, Europa, Australia.)

20. Diplostephium Kunth
Piofontia Cuatrec.

Por J.F. Pruski.

Arbustos o árboles; tallos con frecuencia muy ramificados, foliosos distalmente con entrenudos mucho más cortos que las hojas, la cicatriz de la hoja prominente; follaje con tricomas simples y/o sésil-glandulosos. Hojas simples, alternas, sésiles o pecioladas; láminas lineares a anchas, cartáceas a subcoriáceas o a veces subcarnosas, los márgenes enteros o rara vez con pocos dientes, aplanados a revolutos, las superficies con frecuencia marcadamente discoloras, abaxialmente densamente tomentosas. Capitulescencia corimbosa o paniculada o a veces monocéfala, terminal. Cabezuelas radiadas (Mesoamérica) o rara vez disciformes; involucro cilíndrico a hemisférico; filarios imbricados, graduados, 4-7-seriados, típicamente rígidos, los internos generalmente lanceolados; clinanto aplanado a convexo, liso o las aréolas de los radios alveoladas. Flores del radio 1-3-seriadas; corola blanca, de color violeta, azulada, o purpúrea, el tubo generalmente papiloso, el limbo generalmente alargado y exerto del involucro, rara vez corto y casi incluido. Flores del disco funcionalmente estaminadas (rara vez bisexuales); corola tubular-infundibuliforme a campanulada, 5-lobada, blanco-amarillenta, amarilla, verdosa o violeta, los lobos deltados a lanceolados; anteras auriculadas basalmente, el apéndice elíptico-oblongo; ramas del estilo típicamente sin superficies estigmáticas marginales, cortas y más o menos adpresas (Mesoamérica) o patentes y linear-subuladas, el ápice obtuso a acuminado, los ovarios estériles, c. 5-estriados. Cipselas obovoide-oblongas, comprimidas, los márgenes típicamente acostillados, las caras (0-)1-2-estriadas; vilano de numerosas cerdas escabrosas, 2-seriadas, subiguales y casi tan largas como la corola del disco o a veces aquellas externas mucho más cortas. $x = 9$. Aprox. 70 spp. Mesoamérica a Venezuela hasta Bolivia y Chile; mayormente montana.

Las especies mesoamericanas de *Diplostephium* tienen la inserción del filamento entre lo que aparentemente parece ser el punto medio del tubo, consecuentemente la garganta bizonal está bien ampliada solo muy por arriba de este punto de inserción. La mayoría de las especies de *Diplostephium* tienen cabezuelas conspicuamente radiadas, mientras que las dos especies mesoamericanas tienen el limbo de las corolas del radio solo ligeramente exerto del involucro.

Bibliografía: Blake, S.F. *Contr. U.S. Natl. Herb.* 24: 65-86 (1922); *Amer. J. Bot.* 15: 43-64 (1928). Greenman, J.M. *Proc. Amer. Acad. Arts* 40: 28-52 (1905 [1904]). Klatt, F.W. *Bull. Soc. Roy. Bot. Belgique* 31(1): 183-215 (1892 [1893]).

1. Vilano con cerdas de punta purpúrea; corolas de color violeta a rojizo-purpúreas; cabezuelas con 26-70 flores, flores del radio 16-34; cipselas obviamente papilado-glandulosas. **1. D. costaricense**
1. Vilano con cerdas completamente pajizas; corolas blancas a blanco-amarillentas; cabezuelas con (10-)14-21 flores, flores del radio (5-)7-11; cipselas subglabras o esparcidamente papilado-glandulosas. **2. D. sp. A**

1. Diplostephium costaricense S.F. Blake, *Contr. U.S. Natl. Herb.* 24: 82 (1922). Holotipo: Costa Rica, *Pittier 10459* (US!). Ilustr.: Alfaro Vindas, *Pl. Comunes P.N. Chirripó, Costa Rica* ed. 2, 143 (2003).

Arbustos redondeados hasta a veces árboles, 1-3(-4.5) m, las ramas con frecuencia fastigiadas distalmente; tallos más o menos densamente foliosos distalmente, tomentosos tornándose glabrescentes proximalmente. Hojas subsésiles con base peciolariforme larga y angostamente fimbriada lateralmente por el tejido grisáceo-tomentoso de la lámina abaxialmente; láminas 2-5 × 0.1-0.7(-1) cm, oblanceoladas a linear-oblanceoladas o rara vez oblongas, rígidamente cartáceas, pinnatinervias a inconspicuamente pinnadas, las nervaduras secundarias generalmente 4-8 por cada lado, patentes en relación con la vena media hasta 45-60°, la superficie adaxial tomentulosa a glabra, la vena media impresa, la superficie abaxial y los nervios completamente grisáceo-tomentosos o la vena media rara vez con una línea glabra, la vena media c. 0.5 mm o más de diámetro y marcadamente elevada, la base atenuada, los márgenes marcadamente revolutos, enteros (rara vez 1-4-denticulados o más por cada lado), el ápice agudo a obtuso o rara vez redondeado, calloso-apiculado. Capitulescencia 2-5 cm de diámetro, corimbosa, con varias cabezuelas, anchamente redondeada, no muy por arriba de las hojas; pedúnculos blanco-tomentosos, marcadamente contrastando con los filarios. Cabezuelas 6-10 mm, radiadas, con 26-70 flores; involucro 5-8 mm de diámetro, campanulado; filarios 2-6.5 × 0.9-1.4 mm, todos generalmente persistentes, los filarios externos situados 1-2.5 mm próximos a los internos, los filarios externos angostamente triangulares, parduscos o aquellos más internos purpúreos, flocoso-tomentosos (especialmente las series externas y c. 2 mm distales de las series internas) tornándose glabros (más rápidamente así en los 2/3 proximales), el ápice agudo a acuminado. Flores del radio 16-34, 1-3-seriadas; corola de color violeta, el tubo 3-3.5 mm, el limbo 2-4 × 0.4-0.8 mm, linear-oblanceolado, rara vez teratológicamente bífido en la base, ligeramente exerto lateralmente del involucro, ocasionalmente más corto que el estilo, glabro abaxialmente, el ápice 3-denticulado; ramas del estilo c. 0.6 mm. Flores del disco 10-36; corola 4.5-5 mm, infundibuliforme-campanulada, rojiza-purpúrea, papilado-glandulosa en la 1/2 proximal, la parte distal de la garganta glabra, los lobos 1.2-1.8 mm, erectos o ligeramente patentes, con frecuencia esparcidamente sésil-glandulosos, las glándulas con frecuencia doradas; anteras 1.2-1.5 mm, incluidas o parcialmente exertas, pardo-amarillentas; estilo casi cilíndrico en el ápice, el ápice ligeramente exerto, purpúreo, las ramas adpresas o levemente patentes, finamente papilosas, el ovario hasta c. 2 mm, terete, cilíndrico, obviamente papilado-glanduloso. Cipselas 1.5-2.5 mm, obviamente papilado-glandulosas, también a veces esparcidamente setosas; vilano con cerdas 4.5-5.5 mm, purpúreo distalmente (con frecuencia pajizo proximalmente). Floración sep.-mar. *Ciénagas, bosques montanos, páramos, laderas rocosas empinadas, laderas de quebradas, bosques de subpáramo, laderas de volcanes.* CR (*Pruski et al. 3922*, MO); P (*Monro et al. 4082*, MO). (1500?-)2400-3700 m. (Endémica.)

El material de Costa Rica de *Diplostephium costaricense* fue citado por Klatt (1892 [1893]) como *D. rupestre* (Kunth) Wedd., pero según la clave de Cuatrecasas (1969) se identifica como *D. schultzii* Wedd., y fue citado como tal por Greenman (1905a [1904]); esa especie difiere por las nervaduras secundarias marcadamente ascendentes y las cipselas sin glándulas. *Diplostephium costaricense* y *D. schultzii* son notables por la amplia variación en el número de flores del disco por capítulo, a veces resultando en la inusual condición de cabezuelas teniendo menos flores del disco que flores del radio.

2. Diplostephium sp. **A**. Ilustr.: no se encontró.

Arbustos a árboles, 1-5 m, con ramas a veces fastigiadas distalmente; tallos moderada a densamente foliosos distalmente, esparcidamente tomentulosos apicalmente a tempranamente glabrescentes. Hojas subsésiles a cortamente pecioladas; láminas 1-3 × 0.3-0.8 cm, oblanceoladas a oblongas, rígidamente cartáceas, pinnatinervias, las nervaduras secundarias hasta 10 por cada lado, inconspicuas, patentes a 80-90° en relación con la vena media, la superficie adaxial ligeramente tomentulosa a generalmente glabrescente, a veces aparentemente resinoso-subglandulosa (aunque no manifiesto en ejemplares colectados en etanol), la vena media más o menos aplanada, la superficie abaxial y las nervaduras secundarias amarillo-pardo-tomentosas, la vena media 0.2-0.7 mm de diámetro, marcadamente elevada, generalmente glabra la mayoría de su longitud o rara vez tomentosa, la base cuneada a atenuada, los márgenes aplanados o ligeramente revolutos proximalmente, moderadamente revolutos distalmente, enteros, el ápice obtuso o a veces anchamente agudo, calloso-apiculado; pecíolo 2-4 mm, robusto y ancho, típicamente verde y glabro. Capitulescencia 2-2.5 cm de diámetro, densamente corimbiforme, con pocas cabezuelas, redondeadas a casi aplanadas, generalmente no dispuestas por arriba de las hojas; pedúnculos tomentulosos y similar en indumento a los filarios externos. Cabezuelas 8-9.5 mm, radiadas, con (10-)14-21 flores; involucro 3.5-4.5(-6) mm de diámetro, angostamente campanulado; filarios 1.6-6.5 × 1.3-1.5 mm, persistentes o los internos con frecuencia caducos después del fruto, los filarios externos situados 1-1.5 mm próximos a los internos, los filarios externos anchamente triangulares, color pardo-crema, los de las series medias e internas purpúreos distalmente, los de las series externas tomentulosos, los de las series medias tomentulosos distalmente, los de las series internas subglabros pero generalmente cortamente fimbriados distalmente, el ápice agudo. Flores del radio (5-)7-11, 1-seriadas; corola blanca, el tubo 2.8-3.8 mm, el limbo 3-3.5 × 0.3-0.6 mm, linear a oblanceolado, ligeramente exerto del involucro lateralmente, ligeramente más largo que el estilo, glabro abaxialmente, el ápice subentero a 2-denticulado o 3-denticulado; ramas del estilo 0.4-0.6 mm. Flores del disco (5-)7-10; corola 4.5-5.2(-5.8) mm, campanulada, blanco-amarillenta, setuloso-papilada en la 1/2 proximal, parte distal de la garganta glabra o setuloso-papilada, los lobos 1.2-2 mm, patentes a reflexos, el ápice a veces esparcidamente sésil-glanduloso; anteras 1.7-2.2 mm, mayormente exertas, pardo-amarillentas, el endotelio radial; estilo color crema-ocre, exerto 1-2 mm, los c. 0.7 mm apicales bulbosos, gruesamente papilosos, las ramas c. 0.6 mm, adpresas, el ovario 1.8-2.5(-3.6) mm, terete, cilíndrico, esparcida a moderadamente papiloso-glanduloso. Cipselas 1.5-2.3 mm, subglabras o esparcidamente papilado-glandulosas; vilano con cerdas 3.5-4.5(-5) mm, completamente pajizo. Floración ago.-abr. *Ciénagas, bosques enanos, pastizales, bosques montanos, bosques de* Quercus, *páramos, bosques en subpáramos.* CR (*Chacón 568*, MO). 2400-3500 m. (Mesoamérica, Colombia, Ecuador.)

Esta planta ha sido variadamente identificada como *Diplostephium floribundum* (Benth.) Wedd. o *D. venezuelense* Cuatrec.

21. Egletes Cass.

Eyselia Rchb., *Platystephium* Gardner, *Xerobius* Cass.
Por J.F. Pruski.

Hierbas anuales o perennes de vida corta; tallos alternado-ramificados o a veces simples, erectos a decumbentes o rastreros, subteretes a angulados, pelosos o rara vez glabrescentes, con frecuencia estipitado-glandulosos, a veces araneoso-pubescentes; follaje con frecuencia víscido y aromático, generalmente estipitado-glanduloso. Hojas simples, alternas, sésiles o pecioladas; láminas obovadas o espatuladas o a veces oblanceoladas, diversamente dentadas, lobadas, o pinnatífidas (rara vez enteras), cartáceas, pinnatinervias, generalmente estipitado-glandulosas, pelosas o rara vez glabrescentes, a veces auriculado-amplexicaules. Capitulescencia monocéfala y axilar u ocasionalmente en cimas corimbosas terminales de pocas cabezuelas; pedúnculos presentes, típicamente no bracteolados o 1-bracteolados. Cabezuelas bisexuales, radiadas a inconspicuamente radiadas, con varias a numerosas flores, breve o corta o largamente pedunculadas; involucro campanulado a cortamente hemisférico; filarios 10-25, imbricados, subiguales, ligeramente 2-3-seriados, lanceolados, pelosos, agudos a acuminados, los filarios externos delgadamente herbáceos, los filarios internos delgadamente herbáceos medialmente, los márgenes a veces delgadamente escariosos; clinanto generalmente cónico hasta a veces convexo, glabro. Flores del radio típicamente inconspicuas, 1-seriadas o en más series; limbo de la corola escasa a moderadamente exerto del involucro, filiforme a angostamente oblanceolado, blanco o color crema, entero o diminutamente 2-3-lobado. Flores del disco bisexuales; corola tubularinfundibuliforme, 3-5-lobada, amarilla, con frecuencia resinoso-glandulosa, el limbo solo ligeramente ampliándose; anteras color crema, el apéndice apical apiculado, basalmente obtuso; apéndice apical de las ramas del estilo triangular-papiloso. Cipselas sin vilano, oblongas, con frecuencia ligeramente comprimidas, 2-acostilladas, sin rostro, pilosas o estipitado-glandulosas, rara vez glabrescentes; vilano generalmente representado por un anillo coroniforme bajo, las cerdas ausentes. $x = 9$. 6 spp. América tropical y subtropical.

Shinners (1949) revisó las especies sudamericanas restantes. La especie caribeña y sudamericana *Egletes prostrata* (Sw.) Kuntze es la única especie que puede tener tallos y hojas glabrescentes. Los dos taxones en Mesoamérica son similares en sus hojas conspicuamente amplexicaules y las cabezuelas a veces en grupos terminales, mientras que los otros taxones tienen hojas no amplexicaules y axilares, las cabezuelas solitarias. Las plantas son a veces usadas en medicina popular. Por ejemplo, en el protólogo de *Platystephium graveolens* (=*E. viscosa*), Gardner menciona que la planta entera con frecuencia tiene "un potente olor a manzanilla, y que es usado como un substituto de esa".

Bibliografía: Shinners, L.H., *Lloydia* 12: 239-247 (1949 [1950]).

1. Cabezuelas con más flores del radio que del disco; flores del radio 3-5-seriadas, el limbo filiforme, 0.1-0.2 mm de diámetro.   **1. E. liebmannii**
1. Cabezuelas conspicuamente con menos flores del radio que del disco; flores del radio 1-seriadas, el limbo angostamente oblanceolado, 0.5-0.8 mm de diámetro.   **2. E. viscosa**

1. Egletes liebmannii Sch. Bip. ex Klatt, *Leopoldina* 23: 88 (1887). Holotipo: México, Veracruz, *Liebmann 277 / 9714* (foto MO! ex C). Ilustr.: Nash, *Fieldiana, Bot.* 24(12): 489, t. 34 (1976), como *E. liebmannii* var. *yucatana*. N.v.: Artemsia segunda, swamp tomato, B.

Egletes liebmannii Sch. Bip. ex Klatt var. *yucatana* Shinners, *E. pringlei* Greenm.

Hierbas, hasta 0.7(-1) m, la raíz axonomorfa; tallos erectos, poco ramificados o a veces simples, a veces angostamente fistulosos, los tallos y las hojas heterótricos, víscidos con tricomas glandulares cortamente estipitados, también esparcidamente vellosos con tricomas no glandulares más largos. Hojas típicamente sésiles y auriculado-amplexicaules, o aquellas proximales a veces con la base subpeciolar; base subpeciolar, cuando definida, angostamente alada hasta la base, ligeramente amplexicaule, 1-3 cm; láminas 2-10 × 0.7-4 cm, típicamente obovadas o espatuladas, la base angosta o atenuada, auriculado-amplexicaule, los márgenes gruesamente dentados, subliradas a profundamente 1-pinnatífidas, cuando pinnatífidas los lobos hasta 10 mm de profundidad, a veces llegando hasta cerca de la vena media, enteros a serrados. Capitulescencia con pocas cabezuelas o rara vez con numerosas cabezuelas; pedúnculos (3-)6-16(-28) mm, ocasional-

mente 1-bracteolados. Cabezuelas con 150-200 flores, con más flores del radio que del disco; involucro 3-4 mm; filarios c. 1.5 mm de diámetro, 2-seriados, vellosos, a veces también escasa y cortamente estipitado-glandulosos, angostamente agudos apicalmente. Flores del radio 100-150, 3-5-seriadas; corola 1.5-3 mm, el tubo 0.7-1.1 mm, ligeramente puberulento, el limbo 0.8-1.9 × 0.1-0.2 mm, filiforme. Flores del disco c. 50; corola 1.1-1.3 mm, el tubo típicamente glanduloso, los lobos 0.2-0.3 mm. Cipselas 1.1-1.4 mm, oblongas, 4-5-anguladas, glandulosas, ligeramente puberulentas; vilano una corona c. 0.1 mm, con frecuencia más ancho que el cuerpo de la cipsela. Floración feb.-may. *Acahuales, selvas medianas perennifolias, áreas cultivadas, lugares pantanosos, orillas de caminos, selvas bajas caducifolias, selvas bajas subcaducifolias inundables, borde de quebradas, áreas húmedas.* T (*Novelo y Ramos 2565*, MO); Ch (*Martínez S. 11449*, MO); C (*Lundell 1263*, F); QR (*Ucán et al. 3339*, MO); B (*Arvigo et al. 516*, MO); G (*Contreras 1993*, MO); H (*Mancías y Hernández 1142*, MO). 0-300 m. (México, Mesoamérica.)

Este taxón parece ser más común en la Península de Yucatán a bajas elevaciones y mucho más raro en otras partes.

2. Egletes viscosa (L.) Less., *Syn. Gen. Compos.* 252 (1832). *Cotula viscosa* L., *Sp. Pl.* 892 (1753). Lectotipo (designado por Nesom en Jarvis y Turland, 1998): México, Veracruz, *Houstoun Herb. Clifford 417, Cotula 4* (foto NY! ex BM). Ilustr.: McVaugh, *Fl. Novo-Galiciana* 12: 318, t. 50 (1984). N.v.: Cabeza de pollo, H.

Egletes floribunda Poepp., *E. obovata* Benth., *E. viscosa* (L.) Less. forma *bipinnatifida* Shinners, *E. viscosa* var. *dissecta* Shinners, *E. viscosa* var. *sprucei* Baker, *Grangea domingensis* (Cass.) M. Gómez var. *viscosa* (L.) M. Gómez, *Platystephium graveolens* Gardner.

Hierbas, hasta 0.6 m, la raíz axonomorfa o las raíces difusas; tallos erectos a ascendentes o a veces ligeramente decumbentes, tallos y hojas típicamente heterótricos, largamente vellosos, también víscidos con dispersos tricomas glandulares cortamente estipitados, rara vez sésil-glandulosos, a veces angostamente fistulosos. Hojas sésiles o las proximales a veces con una base subpeciolar angostada pero anchamente alada; láminas 1.6-7(-12) × 2-6 cm, de contorno oblongo u obovado, sublirado o subespatulado a levemente 1-pinnatífidas, rara vez profundamente 1-2-pinnatífidas, la base auriculado-amplexicaule, a veces angostada hasta una base subpeciolar, los márgenes fuertemente dentados a lobados, cuando pinnatífidos los lobos generalmente 5-10 mm de profundidad, llegando hasta c. 1/2 de la distancia a la vena media, típicamente con algunos dientes. Capitulescencia con numerosas cabezuelas, rara vez con pocas cabezuelas, terminales cerca del ápice del tallo o a veces axilares; pedúnculos 3-10(-20) mm. Cabezuelas con 98-160 flores, conspicuamente con menos flores del radio que del disco; involucro 3.2-4.5 mm; filarios 1.1-2 mm de diámetro, 2-3-seriados, vellosos y cortamente estipitado-glandulosos, angostamente agudos a acuminados apicalmente. Flores del radio 18-30, 1-seriadas; corola 2.5-3.5 mm, el tubo c. 1 mm, el limbo 1.2-2.5 × 0.5-0.8 mm, angostamente oblanceolado. Flores del disco 80-130; corola 1.2-1.6 mm, el tubo puberulento o glanduloso, los lobos 0.2-0.3 mm. Cipselas 1.1-1.7 mm, puberulentas o glandulosas; vilano una corona 0.1-0.2 mm. Floración dic.-ago. $2n = 54$. *Selvas altas perennifolias, playas de lagos, bosques de matorral bajo, bordes de camino, zanjas, sabanas inundadas, pantanos estacionalmente inundados, bosques secundarios, pantanos secundarios, borde de quebradas.* Ch (*Breedlove 29058*, MO); C (Martínez Salas et al., 2001: 24); B (Balick et al., 2000: 150); G (*Harmon y Dwyer 3318*, MO); ES (*Rosales 1918*, MO); N (*Oersted 83*, K); CR (*Tonduz 13877*, MO). 0-1000 m. (Estados Unidos [S. Texas], México, Mesoamérica, Colombia, Venezuela, Ecuador, Perú, Bolivia, Brasil, Paraguay, Argentina, Cuba.)

Nash (1976b) dio el ancho del limbo de la corola de las flores del radio como "0.4-1.6 mm" pero no se han encontrado de más de 1 mm de diámetro. Martínez et al. (2001) citaron *Lundell 1263* como uno de los dos ejemplares de *Egletes viscosa* en Campeche. *Lundell 1263* es el tipo de *E. liebmannii* var. *yucatana* y por tanto la cita de Martínez et al. (2001) de Campeche del ejemplar *Lundell 1155* no se ha estudiado.

22. Erigeron L.

Achaetogeron A. Gray, *Asterigeron* Rydb., *Astradelphus* J. Rémy, *Darwiniothamnus* Harling, *Diplemium* Raf., *Fragmosa* Raf., *Gusmania* J. Rémy non *Guzmania* Ruiz et Pav., *Heterochaeta* DC. non Besser, *Musteron* Raf., *Phalacroloma* Cass., *Polyactidium* DC., *Polyactis* Less. non Link ex Gray, *Stenactis* Cass., *Terranea* Colla, *Trimorpha* Cass., *Woodvillea* DC., *Wyomingia* A. Nelson.
Por G.L. Nesom y J.F. Pruski.

Hierbas perennes, rara vez anuales, bienales, o arbustos, rara vez acaules; tallos generalmente erectos o al menos distalmente erecto- ascendentes, subteretes, glabros a pilosos. Hojas simples, alternas o rara vez todas basales, sésiles o cortamente pecioladas; láminas lineares a anchas, cartáceas, pinnatinervias, las superficies generalmente sin glándulas, los márgenes diversamente dentados o partidos. Capitulescencia monocéfala o típicamente con pocas cabezuelas, corimbosa o tirsoide-paniculada, cabezuelas típicamente sobre ramas erectas afilas. Cabezuelas bisexuales, radiadas o rara vez disciformes; involucro campanulado o hemisférico; filarios levemente imbricados, subiguales o 2-(5)-seriados, linear a lanceolados, herbáceos a subescariosos, los nervios resinoso-anaranjados; clinanto aplanado a ligeramente convexo. Flores del radio numerosas, generalmente 1-2-seriadas; corola blanca a rosada o purpúrea, el limbo casi siempre presente o rara vez ausente, típicamente largo, angosto. Flores del disco numerosas, bisexuales; corola tubular a campanulada, levemente 5-lobada, los nervios resinoso-anaranjados; anteras amarillentas hasta color crema, obtusas en la base; ramas del estilo cortas, oblongas, apéndice triangular, papiloso, agudo a obtuso. Cipselas oblongas, mayormente comprimidas, sin glándulas, pelosas o glabras, cada margen generalmente marcada y gruesamente 1-acostillado, las caras también a veces 1-(variadamente)-acostilladas; vilanos de las flores del radio y del disco típicamente presentes y similares, 1-2-seriados, típicamente de varias a numerosas cerdas capilares, escábridas, frágiles, pajizas, casi tan largas como las corolas del disco, generalmente una serie externa de cerdas más cortas, escamas o una corona también presente. $x = 9$. Aprox. 400 spp. Mayormente en el continente americano y en Eurasia, algunas en África.

Las cipselas de *Erigeron* son de maduración tardía, y la mayoría de los ejemplares tiene los frutos inmaduros que aún no muestran los nervios marginales. Cronquist (1943), que por lo general se ha seguido en este trabajo, transfirió varias especies arvenses disciformes de *Erigeron* a *Conyza*. Nash (1976) reconoció *Achaetogeron* como distinto, pero Nesom (1982) redujo *Achaetogeron* a la sinonimia de *Erigeron*. Nash (1976b) trató *E. pacayensis* en la sinonimia de *E. karvinskianus*, y D'Arcy (1975 [1976]) trató ambos *E. irazuensis* y *E. maxonii* como sinónimos de *E. karvinskianus*, pero nosotros seguimos a Nesom y Pruski (2011) quienes restablecieron *E. pacayensis*, *E. irazuensis* y *E. maxonii* de la sinonimia de *E. karvinskianus*.

Bibliografía: Berendsohn, W.G. y Araniva de González, A.E. *Cuscatlania* 1: 290-1-290-13 (1989). Hind, D.J.N. et al. *Fl. Mascareignes* 109: 1-261 (1993). Lowden, R.M. *Taxon* 19: 19-35 (1970). Nesom, G.L. *Sida* 9: 223-229 (1982). Nesom, G.L. y Pruski, J.F. *Phytoneuron* 2011-36: 1-10 (2011). Nesom, G.L. y Sundberg, S.D. *Sida* 11: 249-250 (1985).

1. Tallos postrados, con frecuencia enraizando en los nudos; vilano esencialmente ausente o cipselas del radio ocasionalmente con 1-7 cerdas frágiles de 0.1-0.7 mm. **4. E. guatemalensis**
1. Tallos generalmente erectos o al menos distalmente ascendente-erectos; cabezuelas sobre ramas erectas; vilano tanto del radio como del disco con cerdas o menos frecuentemente el vilano del radio diminutamente coroniforme y sin cerdas.

2. Vilanos del radio y del disco diferentes, el vilano del radio diminutamente coroniforme y sin cerdas, el vilano del disco con cerdas c. 2 mm y también escuámulas externas cortas. **1. E. annuus**
2. Vilanos del radio y del disco similares, con cerdas.
3. Tallos generalmente sin ramificar; limbo de las corolas del radio apretadamente enrollado o generalmente enrollado al menos distalmente.
4. Hierbas anuales; hojas mayormente en una roseta basal persistente, las hojas caulinares mayormente bracteadas; involucros 3-7 mm de diámetro. **3. E. cuneifolius**
4. Hierbas perennes; hojas basales y caulinares o las basales ausentes, las hojas caulinares no bracteadas; involucros 10-15 mm de diámetro. **7. E. longipes**
3. Tallos ramificados; limbo de las corolas del radio generalmente no enrollado o solo ligeramente enrollado apicalmente.
5. Tallo con indumento patente a reflexo.
6. Hoja con márgenes enteros o rara vez remotamente serrulados distalmente, al menos las hojas de la mitad del tallo basalmente subamplexicaules; limbo de las corolas del radio ligeramente enrollado en el ápice. **2. E. aquarius**
6. Hoja con márgenes 2-4-dentados o 2-4-lobados, la base no amplexicaule; limbo de las corolas del radio no enrollado. **5. E. irazuensis**
5. Tallo con indumento antrorsamente adpreso a ascendente.
7. Hojas lineares a linear-oblanceoladas. **9. E. pacayensis**
7. Hojas elípticas a obovadas o espatulado-obovadas, las distales tornándose lanceoladas.
8. Hierbas perennes; tallos con hojas axilares con frecuencia fasciculadas, las hojas no amplexicaules; involucros 2.5-5 mm; limbo de las corolas del radio (0.5-)0.8-1.3 mm de diámetro. **6. E. karvinskianus**
8. Subarbustos; tallos con fascículos de hojas axilares ausentes, base de las hojas subamplexicaule; involucros 4.8-6.8 mm; limbo de las corolas del radio 0.1-0.3 mm de diámetro. **8. E. maxonii**

1. Erigeron annuus (L.) Pers., *Syn. Pl.* 2: 431 (1807). *Aster annuus* L., *Sp. Pl.* 875 (1753). Lectotipo (designado por Scott, 1993): Canadá, *Herb. Clifford 408, Aster 13* (BM). Ilustr.: D'Arcy, *Ann. Missouri Bot. Gard.* 62: 1027, t. 38A (1975b [1976]).

Aster stenactis E.H.L. Krause, *Erigeron annuus* (L.) Pers. forma *discoideus* Vict. et J. Rousseau, *E. annuus* var. *discoideus* (Vict. et J. Rousseau) Cronquist, *E. heterophyllus* Muhl. ex Willd., *Stenactis annua* (L.) Cass. ex Less.

Hierbas anuales, 30-150 cm, con raíces fibrosas o levemente axonomorfas; tallos erectos, con hojas basales y caulinares, las hojas basales tempranamente caducifolias o marchitas, esparcidamente piloso-híspidas, a veces estrigosas sobre la porción distal, sin glándulas. Hojas mayormente lanceoladas a oblanceoladas u ovadas, la base no amplexicaule, los márgenes gruesamente serrados a casi enteros; hojas caulinares 1.5-8 × 0.3-2 cm, ligeramente reducidas hasta la mitad del tallo, lanceoladas a oblongas, esparcidamente estrigoso-hirsutas, sin glándulas. Capitulescencia laxamente paniculada o agrupado-corimbiforme, generalmente con 5-50 cabezuelas. Cabezuelas radiadas; involucro 3-5 × 6-12 mm; filarios 2-seriados o 3(4)-seriados, esparcidamente vellosos a velloso-hirsutos, diminutamente glandulosos. Flores radiadas 80-125, 1-seriadas o 2-seriadas; corola 4-10 mm, blanca, el limbo 0.3-0.6 mm de diámetro, ligeramente enrollado. Flores del disco: corola 2-2.8 mm. Cipselas 0.8-1 mm, 2-nervias, esparcidamente estrigosas; vilano de las flores radiadas y del disco diferentes, el de las radiadas diminutamente coroniforme y sin cerdas, el vilano de las flores del disco con cerdas c. 2 mm y con escuámulas externas delgadas cortas. Floración durante todo el año excepto en feb. $2n = 27 (18+9)$. *Orillas de caminos, sitios alterados.* N (*Moreno 17052*, MO); CR (*Pruski et al. 3829*, MO); P (*Luteyn 1506*, MO). 1000-2400 m. (Canadá, Estados Unidos, México, Mesoamérica; introducida en Europa, Asia.)

El lectotipo fue incorrectamente citado como 409 en el protólogo lineano.

2. Erigeron aquarius Standl. et Steyerm., *Publ. Field Mus. Nat. Hist., Bot. Ser.* 22: 301 (1940). Holotipo: Guatemala, *Standley 65053* (F!). Ilustr.: no se encontró.

Hierbas perennes de vida corta a subarbustos, 15-50 cm, con rizoma de raíces fibrosas, corto, delgado, leñoso; tallos 1-varios desde la base, 2-6 ramificados a partir de la parte media del tallo o más distalmente, erectos, sin hojas basales en la antesis, los fascículos de hojas pequeñas rara vez presentes en la axila de las hojas, las hojas caulinares relativamente del mismo tamaño a lo largo de los tallos, verdosas, el indumento reflexo, moderadamente hirsuto-piloso con tricomas 0.2-0.6 mm. Hojas 1.8-4 × 0.2-1.2 cm, oblanceoladas a elíptico-oblanceoladas, las nervaduras secundarias con frecuencia marcadamente visibles, las superficies hirsuto-pilosas, basalmente subamplexicaules al menos en las hojas de la mitad del tallo, los márgenes enteros o rara vez remotamente serrulados distalmente, angostamente revolutos o ligeramente engrosados, ciliados con tricomas patentes sobre la 1/2 proximal. Capitulescencia con 1-6 cabezuelas; pedúnculos 5.5-8 cm. Cabezuelas radiadas; involucro 4.8-5.5 × 7-9 mm; filarios subiguales a graduados, 3-4-seriados, esparcidamente estrigosos con tricomas 0.2-0.5 mm de base delgada, esparcida a moderada y diminutamente glandulosos, los tricomas no marcadamente aplanados o torcidos, la vena media pardo-dorada, la región medial pardo-verdosa, opaca, los márgenes pajizos, ni anchos ni escariosos. Flores del radio 80-180, 1-2-seriadas; corola 3-6 mm, blanca, blanca o matizada de purpúreo cuando seca, el limbo 0.2-0.3 mm de diámetro, casi filiforme, ligeramente enrollado apicalmente. Flores del disco: corola 3.4-4.5 mm. Cipselas c. 1.6 mm, 2-nervias, esparcidamente estrigosas; vilano con 18-24 cerdas, también con algunas setas externas de 0.2-0.3 mm. Floración jul.-sep. *Pastizales, matorrales, bosques de* Pinus-Liquidambar. G (*Standley 65164*, F); H (*Molina R. 22247*, NY). 1500-2500 m. (Endémica.)

3. Erigeron cuneifolius DC., *Prodr.* 5: 288 (1836). Holotipo: Puerto Rico, *Wydler 303* (foto MO! ex G-DC). Ilustr.: Funk y Pruski, *Mem. New York Bot. Gard.* 78: 101, t. 37F-J (1996).

Hierbas anuales, 10-32 cm, con raíces fibrosas, el cáudice simple o delgado; tallos 1-10 desde la base, ascendentes, generalmente sin ramificar (a veces con 1 o 2 ramitas cortas por arriba de la mitad del tallo), con hojas mayormente en una roseta basal persistente, las hojas abruptamente reducidas en tamaño distalmente, glabrescentes a esparcidamente estrigosas distalmente, con tricomas patentes proximalmente. Hojas 1.2-5.5 × 0.4-1.6(-1.9) cm, anchamente oblanceoladas o espatuladas a cuneadas, los márgenes con frecuencia levemente crenados o serrados sobre la mitad distal, el ápice redondeado; hojas caulinares mayormente bracteadas, más o menos del mismo tamaño, a veces subamplexicaules. Capitulescencia monocéfala, con 1-10 cabezuelas por planta. Cabezuelas: involucro 3.8-5 × 3-7 mm; filarios graduados, 2-3-seriados, con frecuencia connatos basalmente e insertados sobre un anillo delgado de tejido, glabros a esparcidamente estrigosos, a veces diminutamente glandulosos. Flores del radio 40-80(-100), 1-2-seriadas; corola 3-4.5 mm, el limbo 0.1-0.2 mm de diámetro, blanco, apretadamente enrollado. Flores del disco: corola 2.5-3 mm. Cipselas 1.1-1.4 mm, 2(3)-nervias, una de las caras a veces con una vena media, esparcidamente estrigosa; vilano con 17-24 cerdas, a veces con algunas setas externas. Floración jun.-jul., sep.-dic. 2*n* = 18. *Sabanas abiertas, orillas de caminos, campos húmedos.* G (Nash, 1976b: 157, como *Erigeron jamaicensis*); H (*Williams y Molina R. 10150*, MO); N (*Seymour 5532*, MO); CR (*Rivera 1408*, MO); P (*Davidson 730*, MO). 0-1200 m. (México [Oaxaca, Veracruz], Mesoamérica, Cuba, Jamaica, La Española, Puerto Rico, Islas Vírgenes; introducida en las Islas del Pacífico.)

Los ejemplares de esta especie de las regiones interiores de América con frecuencia se han identificado erróneamente como *Erigeron jamaicensis* L. (p. ej., por Nash, 1976b; Standley, 1938). *Erigeron bellioides* Griseb. y *E. domingensis* Urb., aunque citadas por D'Arcy (1975b [1976]) como sinónimos de *E. cuneifolius*, son tratadas aquí

como especies diferentes, como también lo es *E. jamaicensis*, endémica de las Antillas Mayores.

4. Erigeron guatemalensis (S.F. Blake) G.L. Nesom, *Sida* 9: 224 (1982). *Astranthium guatemalense* S.F. Blake, *Brittonia* 2: 335 (1937). Isotipo: Guatemala, *Skutch 1239* (F!). Ilustr.: no se encontró.

Achaetogeron guatemalensis (S.F. Blake) De Jong.

Hierbas perennes de vida corta, 20-55 cm, con raíces fibrosas, el cáudice simple, con frecuencia con un rizoma leñoso corto; tallos postrados, con frecuencia enraizando en los nudos, ascendentes en el ápice, con hojas basales y caulinares, esparcidamente hirsutas, sin glándulas. Hojas esparcidamente estrigoso-hirsutas, los márgenes enteros a levemente serrados o crenados; hojas basales 1.5-9.5 × 0.4-1.6 cm, espatuladas; hojas caulinares 0.5-2 cm, obovadas, relativamente del mismo tamaño, la base generalmente amplexicaule a subamplexicaule. Capitulescencia terminal, monocéfala. Cabezuelas radiadas; involucro 4-5 × 8-10 mm; filarios subiguales, 2-3-seriados, hirsutos, esparcida y diminutamente glandulosos. Flores del radio 55-75, 1-seriadas; corola 5.5-8 mm, blanca, el limbo 0.6-1.2 mm de diámetro, no enrollado. Flores del disco: corola 2.4-3 mm. Cipselas 1.2-1.6 mm, 2-nervias; vilano esencialmente ausente o las cipselas del radio ocasionalmente con 1-7 cerdas frágiles de 0.1-0.7 mm. Floración jul., ago. 2*n* = 18. *Claros o pastizales en bosques de* Pinus, *pastizales alpinos.* G (*Beaman 3207*, MSC). 2800-3400 m. (Endémica.)

5. Erigeron irazuensis Greenm., *Proc. Amer. Acad. Arts* 40: 36 (1905 [1904]). Lectotipo (designado por Nesom y Boufford, 1990): Costa Rica, *Pittier 14075* (GH!). Ilustr.: no se encontró.

Sufrútices perennes, 17-45 cm, con raíces axonomorfas leñosas; tallos generalmente varios desde la base, al menos distalmente erectos a ascendente-erectos (a veces procumbentes proximalmente), generalmente 1-5 ramificados desde la mitad del tallo o más distalmente, sin hojas basales en la antesis, los fascículos de hojas axilares ausentes, purpúrea a rojizos, hirsuto-pilosos, el indumento patente a reflexo, los tricomas 0.1-1 mm. Hojas 2.5-9 × 0.5-1.2 cm, espatulado-obovadas, las superficies hirsuto-pilosas, la base no amplexicaule, los márgenes 2-4-dentados o 2-4-lobados distalmente, muy angostamente revolutos. Capitulescencia con 1-5 cabezuelas; pedúnculo 0.5-5.5 cm. Cabezuelas radiadas; involucro 5.2-6.8 × 9-14 mm; filarios graduados, 3-4-seriados, lanceolados, esparcidamente estrigoso-pilosos con tricomas 0.5-1.2 mm, aplanados, vítreos, ascendentes, sin glándulas, los márgenes anchamente escariosos y diminutamente lacerado-ciliados, la región medial generalmente con un brillo dorado, el ápice agudo a acuminado, purpúreo, los filarios internos delgados con 3 nervios anaranjados con frecuencia prominentes. Flores del radio 40-115, 1-2-seriadas; corola blanca a rosada o purpúrea, generalmente la superficie adaxial o el ápice purpúreo al secarse, el limbo 0.1-0.3 mm de diámetro, filiforme, no enrollado. Flores del disco: corola 3.3-4.5 mm. Cipselas 1.5-1.9 mm, 2-nervias, esparcidamente estrigosas; vilano con 15-23 cerdas, con una serie externa de setas 0.2-0.5 mm, conspicuo. Floración feb.-may., oct. *Áreas alteradas, pastizales, orillas de caminos, laderas de volcanes.* CR (*Rodríguez y Ramírez 2164*, MO). 2200-2800 m. (Endémica.)

La figura en Alfaro (2003) como *Erigeron irazuensis* se basa en un ejemplar que aquí se ha identificado como *E. maxonii*.

6. Erigeron karvinskianus DC., *Prodr.* 5: 285 (1836). Holotipo: México, estado desconocido, *Karwinsky s.n.* (M). Ilustr.: Nash, *Fieldiana, Bot.* 24(12): 490, t. 35 (1976). N.v.: Nich wamal, sak nich wamal, sakil nich wamal, Ch; manzanilla silvestre, ES.

Erigeron gaudichaudii DC., *E. karvinskianus* DC. var. *mucronatus* (DC.) Asch., *E. leucanthemifolius* S. Schauer, *E. mucronatus* DC.

Hierbas perennes, 10-100 cm, las raíces leñosas, a veces con una raíz axonomorfa evidente, el cáudice generalmente simple, a veces enraizando adventiciamente; tallos erectos a desparramados o a veces decumbentes proximalmente, generalmente ramificados desde la mitad del tallo o más distalmente, con hojas basales y caulinares, las hojas basales caducifolias antes de la floración, las hojas axilares con frecuencia fasciculadas, las hojas caulinares por lo general relativamente del mismo tamaño a lo largo de los tallos, el indumento antrorsamente adpreso a ligeramente ascendente, esparcidamente estrigoso a glabrescente, sin glándulas. Hojas mayormente 1-4(-5) × 0.5-1.3 cm, esparcidamente elípticas a obovadas, laxamente estrigosas a hirsuto-vellosas, no amplexicaules en la base, los márgenes enteros o con 1-2 pares de dientes mucronulatos agudos o los lobos poco profundos distalmente. Capitulescencia dispuesta difusamente, generalmente con 1-5 cabezuelas en ramas largas distales desde la mitad del tallo; pedúnculos 2.5-13 cm. Cabezuelas radiadas; involucro 2.5-5 × 7-10 mm; filarios subiguales a graduados, 3-4-seriados, con frecuencia basalmente fusionados en un anillo angosto, los márgenes angostamente escariosos, las superficies esparcidamente estrigosas a hirsuto-vellosas a glabrescentes, sin glándulas a diminutamente glandulosas. Flores del radio 45-80, 1-seriadas; corola 5-11 mm, blanca, a veces rosada al secarse, el limbo (0.5-)0.8-1.3 mm de diámetro, linear-oblanceolado, ligeramente enrollado apicalmente o no enrollado. Flores del disco: corola 2-3.3 mm. Cipselas 1-1.4 mm, cada margen 1-nervio, cada cara también a veces 1-nervia, esparcidamente estrigosas; vilano con 15-27 cerdas, las setas externas 0.2-0.3 mm. Floración durante todo el año. 2*n* = 18, 27 (18+9), 36. *Hábitats húmedos acantilados, barrancos, bosques de* Quercus *o* Pinus, *vegetación secundaria.* Ch (*Pruski et al. 4206*, BRIT); G (*Standley 84384*, MO); H (*Molina R. 10124*, MO); ES (*Montalvo 4794*, MO); CR (*Gómez 20733*, MO). 900-3200 m. (México, Mesoamérica, Colombia, Venezuela, Ecuador, Perú, Chile, Argentina, Jamaica, La Española, Antillas Menores; ampliamente cultivada y naturalizada en Estados Unidos [California], Europa, Asia, África, Australia, Nueva Zelanda, Islas del Pacífico.)

Los nombres comunes de *Erigeron karvinskianus* citados por Nash (1976b) no pueden ser aplicados con certeza ni a *E. karvinskianus* ni a *E. pacayensis*. Todo el material citado por D'Arcy (1975b [1976]) como *E. karvinskianus*, una especie muy ampliamente circunscrita, se ha vuelto a identificar en este tratamiento como *E. maxonii*.

7. Erigeron longipes DC., *Prodr.* 5: 285 (1836). Holotipo: México, estado desconocido, *Karwinsky s.n.* (M). Ilustr.: Sánchez Sánchez, *Fl. Valle México* t. 331F (1969), como *E. scaposus*. N.v.: Margarita de rosa, G.

Erigeron affinis DC., *E. macranthus* Sch. Bip. ex Klatt, *E. orizabensis* Sch. Bip. ex Klatt, *E. scaposus* DC., *E. scaposus* var. *latifolius* DC.

Hierbas rizomatosas, perennes de vida corta, 4-45(-80) cm, con rizomas leñosos delgados escamoso-foliosos; tallos estrictamente erectos, generalmente sin ramificar (raramente 1-2-ramificados cerca de la mitad del tallo), con hojas basales y caulinares o sin hojas basales en la antesis, a veces las hojas más proximales bien espaciadas por alargamiento de los entrenudos, las hojas caulinares gradualmente reducidas en tamaño distalmente, estrigosas con tricomas de bases angostas, por lo general retrorsamente adpresos pero rara vez antrorsamente adpresos o patentes, sin glándulas. Hojas 2-6(-9) × 0.4-1.9(-2.4) cm, largamente obovadas a obovadas, angostamente elípticas u ovado-lanceoladas, las superficies laxamente estrigosas a estrigoso-hirsutas, basalmente amplexicaules, los márgenes serrados a crenados, el ápice redondeado a agudo, las hojas caulinares no bracteadas. Capitulescencia monocéfala, péndula en yema; pedúnculos alargados. Cabezuelas radiadas; involucro 5-7.5 × 10-15 mm; filarios subiguales, 3-4-seriados, estrigoso-hirsutos a moderado-vellosos, por lo general diminutamente estipitado-glandulosos. Flores del radio (120-)175-350, 2-4-seriadas; corola 7-11 mm, blanca pero tornándose rosada a purpúrea al madurar, el limbo generalmente 0.2-0.4(-0.6) mm de diámetro, apretadamente enrollado o enrollado al menos distalmente. Flores del disco: corola (3-)3.3-5.5 mm. Cipselas 1-1.2 mm, 2-nervias; vilano generalmente con 18-24 cerdas, con algunas setas externas. Floración may.-sep.(-nov.). 2*n* = 18, 27

(18+9), 36. *Pastizales, campos, generalmente en sitios alterados, bosques de neblina, bosques de* Quercus *o de* Pinus. Ch (*Breedlove 26399*, MO); G (*King y Renner 7057*, MO); H (*Williams y Molina R. 10158*, F); ES (Berendsohn y Araniva de González, 1989: 290-5, como *Erigeron scaposus*); N (*Kral 69403*, MO). 800-2600 m. (México, Mesoamérica.)

Esta especie fue tratada por Nash (1976b) bajo el nombre de *Erigeron scaposus*. *Erigeron longipes* fue tratada como un sinónimo de *E. scaberrimus* (Less.) G.L. Nesom non Gardner en Nesom y Sundberg (1985), pero reconocida como diferente por Nesom (1989a).

8. Erigeron maxonii S.F. Blake, *Contr. U.S. Natl. Herb.* 22: 594 (1924). Holotipo: Panamá, *Maxon 5306* (US!). Ilustr.: Alfaro Vindas, *Pl. Comunes P.N. Chirripó, Costa Rica* ed. 2, 70 (2003), como *E. irazuensis*.

Erigeron chiriquensis Standl.

Subarbustos, 17-45 cm, con raíz axonomorfa leñosa; tallos generalmente varios desde la base, erectos o rara vez procumbentes, generalmente 1-5 ramificados, sin hojas basales en la antesis, los fascículos de hojas axilares ausentes, purpúreos o rojizos, esparcidamente estrigosos a hirsuto-pilosos, indumento antrorsamente adpreso a ascendente, los tricomas 0.1-1 mm. Hojas 2.5-7.5 × 0.5-1.2 cm, espatulado-obovadas, las distales tornándose lanceoladas, la base subamplexicaule, las hojas proximales largamente atenuadas y la base peciolariforme, los márgenes 2-4-dentados o 2-4-lobados distalmente, muy angostamente revolutos y ciliados con tricomas ascendentes, el ápice endurecido-mucronulato. Capitulescencia con pocas cabezuelas; pedúnculos 5-55 mm. Cabezuelas radiadas; involucro 4.8-6.8 × 9-14 mm; filarios 3-4-seriados, los más externos c. 1/2 de la longitud de los internos, lanceolados con ápice agudo a acuminado, delgados con 3 nervios anaranjados con frecuencia prominentes sobre las series internas, los internos con ápices purpúreos, los márgenes angostamente escariosos y diminutamente lacerado-ciliados, esparcidamente estrigoso-pilosos con tricomas 0.5-1.2 mm, aplanados, vítreos, ascendentes, sin glándulas. Flores del radio 40-115, 1-2-seriadas; corola generalmente erecta a ascendente-erecta, blanca a rosada o rojo oscuro, generalmente con ápices purpúreos al secarse, el limbo 0.1-0.3 mm de diámetro, filiforme, no enrollado. Flores del disco: corola 3.3-4.5 mm. Cipselas 1.5-1.9 mm, 2-nervias, esparcidamente estrigosas; vilano con 15-23 cerdas, con series externas de setas 0.2-0.5 mm, conspicuo. Floración durante todo el año. *Bosques de* Quercus, *páramos, laderas rocosas, matorrales.* CR (*Pruski et al. 3910*, MO); P (*Davidson 872*, MO). (1700-)2000-3800 m. (Endémica.)

9. Erigeron pacayensis Greenm., *Publ. Field Columb. Mus., Bot. Ser.* 2: 266 (1907). Lectotipo (designado por Lowden, 1970): Guatemala, *Kellerman 6111* (F!). Ilustr.: no se encontró.

Erigeron deamii B.L. Rob., *E. tripartitus* S.F. Blake.

Subarbustos, 6-55 cm, con un rizoma de raíces fibrosas, leñoso, generalmente horizontal, o axonomorfo; tallos 1-numerosos, erectos, ramificados desde cerca de la base o distalmente, con hojas relativamente del mismo tamaño a lo largo del tallo, las hojas basales deciduas antes de la floración, los fascículos de hojas axilares ausentes, el indumento antrorsamente adpreso, moderada a esparcidamente estrigoso con tricomas 0.2-0.8 mm, sin glándulas. Hojas 1-3.5(-6.5) × 0.1-0.3(-0.6) cm, lineares a linear-oblanceoladas, 1-nervias, ambas superficies esparcidamente estrigosas, la base atenuada hasta una región peciolar, no amplexicaule, los márgenes a veces ampliamente variables dentro de una misma planta, enteros o con 1-2(3) pares de dientes con ápices mucronulatos o los lobos lineares, con frecuencia muy angostamente revolutos. Capitulescencia generalmente con 1-6 cabezuelas; pedúnculos 2.8-4.8(-9) cm. Cabezuelas radiadas; involucro 3.5-5 × 6-10 mm; filarios subiguales a graduados, 3-4-seriados, con frecuencia basalmente fusionados en un anillo angosto, esparcidamente estrigosos, sin glándulas, el ápice a veces purpúreo. Flores del radio (50-)80-120,

1-2-seriadas; corola 4-4.8 mm, el tubo con frecuencia híspido-piloso con tricomas puntiagudos, el limbo 0.1-0.3 mm de diámetro, filiforme, blanco, rosado a purpúreo al secarse o madurar, no enrollado. Flores del disco: corola 2.3-3.3 mm. Cipselas 1.3-1.5 mm, 2(3)-nervias, una cara a veces con una vena media, esparcidamente estrigosas; vilano con 17-23 cerdas, con pocas setas externas de 0.2-0.4 mm. Floración dic.-ago. *Orillas de caminos, vegetación alterada, bosques de* Quercus-Pinus. G (*Pruski y Ortiz 4284*, MO); ES (*Montalvo 6251*, MO). 1000-2900 m. (Endémica.)

23. Grindelia Willd.
Demetria Lag.
Por J.F. Pruski.

Hierbas anuales o perennes, rara vez subarbustos; tallos erectos a rara vez decumbentes; follaje generalmente resinoso, típicamente glanduloso, por lo demás mayormente subglabro. Hojas alternas, pecioladas hasta las distales sésiles, cartáceas a rígidamente cartáceas; hojas proximales a veces pinnatífidas; hojas caulinares lanceoladas a oblongas o espatuladas, a veces lineares, 1-nervias, las superficies a veces pelosas o estipitado-glandulosas, los márgenes generalmente serrados. Capitulescencia monocéfala a corimbosa. Cabezuelas bisexuales, radiadas o rara vez discoides, generalmente con más de 100 flores; involucro generalmente hemisférico o campanulado; filarios imbricados, generalmente 5-seriados o más, cartáceos con ápice herbáceo, erecto o recurvado, resinoso-pegajosos (Mesoamérica), generalmente glabros, persistentes. Flores del radio (0-)12-50; corola amarilla, el limbo linear-lanceolado. Flores del disco generalmente 100-200, típicamente todas bisexuales; tubo de la corola corto, la garganta gradual a abruptamente ampliada, los lobos 5, deltados; apéndice de las ramas del estilo deltado a lanceolado, papiloso. Cipselas elipsoides a obovoides, subcomprimidas o a veces prismáticas, las caras lisas o estriadas a rugosas, el ápice truncado; vilano de 2-8 escamas subuladas o aristas, basalmente caedizas. $x = 6$. Aprox. 30-60 spp. Estados Unidos, México, Sudamérica; introducido en el Viejo Mundo.

Las especies norteamericanas de *Grindelia* fueron revisadas por Steyermark (1934), quien reconoció numerosas especies subsecuentemente reducidas a la sinonimia por Barkley et al. (2006b). En esta última se puede encontrar la sinonimia completa para todas las especies mesoamericanas (aunque tal vez con el concepto agregado.)

Bibliografía: Steyermark, J.A. *Ann. Missouri Bot. Gard.* 21: 433-608 (1934).

1. Grindelia hirsutula Hook. et Arn., *Bot. Beechey Voy.* 147 (1841 [1833]). Isotipo: Estados Unidos, *Beechey s.n.* (K). Ilustr.: Steyermark, *Ann. Missouri Bot. Gard.* 21: 579, t. 35 (1934).

Grindelia nana Nutt., *G. perennis* A. Nelson.

Hierbas perennes, 0.3-1 m; tallos ramificados distalmente, a veces rojizos, pelosos a glabros; follaje resinoso. Hojas 1-8 × 0.3-2.5 cm, las hojas de las ramas laterales mucho menores que las del tallo principal, oblanceoladas a espatuladas, las superficies no estipitado-glandulosas, la base subauriculada, los márgenes generalmente serrados (hojas distales a veces enteras), el ápice generalmente obtuso o redondeado. Capitulescencia con 4-10 cabezuelas, a veces casi aplanada distalmente; pedúnculos generalmente 1-3 cm, o a veces las cabezuelas inmediatamente subyacentes a 1 o 2(3) hojas bracteadas. Cabezuelas 10-15(-20) mm, conspicuamente radiadas (los radios rara vez ausentes); involucro 12-22 mm de diámetro, campanulado a subgloboso; filarios 2-13 × 0.5-1.4 mm, marcadamente graduados, 4-7-seriados, lanceolados a linear-lanceolados, generalmente no estipitado-glandulosos, el ápice angosto y subescuarroso de las pocas series externas por lo general marcadamente recurvado. Flores del radio (0-)20-40; limbo de la corola generalmente 10-25 mm. Flores del disco: corola generalmente 5-6 mm. Cipselas 3-5 mm; vilano con 2-4 aristas de 3-5 mm, 2/3 o más de

la longitud de las corolas del disco. Floración desconocida. $2n = 12$, 24. *Hábitat desconocido*. Y (Steyermark, 1934: 487, como *Grindelia perennis*). 0-100 m. (Canadá, Estados Unidos; introducida en Mesoamérica.)

El único ejemplar que se conoce de este taxón en Mesoamérica, *Millspaugh 33* (F), fue citado por Millspaugh y Chase (1904: 97) como *Grindelia nana*, y por Steyermark (1934: 487) como *G. perennis*; ambos nombres fueron tratados por Barkley et al. (2006b) como sinónimos de *G. hirsutula*.

24. Gymnosperma Less.
Selloa Spreng. non Kunth
Por J.F. Pruski.

Arbustos (rara vez subarbustos); tallos rectos, estriados, foliosos distalmente con entrenudos mucho más cortos que las hojas, a veces con fascículos axilares de hojas jóvenes; follaje resinoso, subglabro. Hojas simples, alternas, sésiles; láminas cartáceas, 1-nervias o 3-nervias directamente desde el tallo, ambas superficies punteado-glandulosas. Capitulescencia una panícula corimbiforme con numerosas cabezuelas casi aplanadas distalmente, últimas 2-7 cabezuelas en fascículos bracteolados. Cabezuelas bisexuales, pequeñas, indistintamente radiadas; involucro cilíndrico a angostamente turbinado; filarios imbricados, graduados, 3-4-seriados, rígidos, conduplicados, las series externas subcarinadas en 2/3 proximales. Flores del radio: corola cortamente radiada, más corta que la corola del disco, amarilla, el limbo muy corto, básicamente incluido en el involucro o casi incluido. Flores del disco mayormente bisexuales (a veces algunas funcionalmente estaminadas); corola angostamente campanulada, 5-lobada; anteras amarillentas, obtusas en la base, las tecas angostadas hasta cerca del conectivo apicalmente, apéndice triangular; apéndice apical de las ramas del estilo casi tan largo como la porción fértil, largamente triangular o lanceolado, papiloso. Cipselas obcónicas o cilíndricas, ligeramente comprimidas, indistintamente 6-8-nervias, densamente blanco-subestrigulosas; vilano ausente o rara vez diminutamente coroniforme. $x = 4, 8$. 1 sp. Suroeste de Estados Unidos, México, Mesoamérica.

Gymnosperma, un arbusto resinoso con las hojas angostas enteras, es similar en estas características a *Gutierrezia* Lag. (Lane, 1982), el cual se diferencia solo ligeramente en tener cabezuelas obviamente radiadas (a veces discoides) y un vilano generalmente de escuámulas pero a veces ausente. *Gundlachia* A. Gray del Caribe, es también un arbusto resinoso similar con hojas angostas enteras, tiene cabezuelas pequeñas con pocas flores (brevemente radiadas) y una capitulescencia similar en forma, pero difiere de *Gymnosperma* por las corolas blancas, el vilano bien desarrollado, y el número básico cromosómico de $x = 9$.

Bibliografía: Lane, M.A. *Syst. Bot.* 7: 405-416 (1982).

1. Gymnosperma glutinosum (Spreng.) Less., *Syn. Gen. Compos.* 194 (1832). *Selloa glutinosa* Spreng., *Novi Provent.* 36 (1818). Tipo: cultivado en Berlín (P?). Ilustr.: McVaugh, *Fl. Novo-Galiciana* 12: 484, t. 76 (1984).

Gymnosperma corymbosum DC., *G. multiflorum* DC., *G. scoparium* DC., *Selloa corymbosa* (DC.) Kuntze, *S. multiflora* (DC.) Kuntze, *S. scoparia* (DC.) Kuntze, *Xanthocephalum glutinosum* (Spreng.) Shinners.

Arbustos (rara vez subarbustos), 0.4-2 m. Hojas (1.5-)2.5-6(-8) × 0.2-0.7 cm, por lo general angostamente lanceoladas, la base atenuada, los márgenes enteros, escábridos, a veces revolutos. Capitulescencia generalmente hasta c. 15 cm de diámetro; pedúnculos 0.5-1.5 mm. Cabezuelas 4-6 mm, con 7-15 flores; involucro 1.5-2 mm de diámetro; filarios 10-15, 1.5-4 × c. 1 mm, lanceolados o los externos a veces elípticos, pajizos con márgenes hialinos, los filarios externos verdes apicalmente, las nervaduras inconspicuas, el ápice obtuso o agudo.

Flores del radio 4-9; corola 2-3 mm, el limbo 0.5-1 mm, elíptico a orbicular. Flores del disco 3-6, ligeramente exertas del involucro; corola 2.5-3.5 mm, el tubo ligeramente más corto que el limbo, los lobos lanceolados, reflexos; ramas del estilo c. 1 mm. Cipselas 1.2-1.8 mm; corona del vilano (cuando presente) c. 0.1 mm. Floración mar.-ago. 2*n* = 16. *Matorrales con* Juniperus, *bosques de* Pinus-Quercus, *laderas rocosas, zonas con caliza.* Ch (*Breedlove 27024*, MO); G (*Pruski y Ortiz 4285*, MO). 1000-2300(-2800) m. (SO. Estados Unidos, México, Mesoamérica.)

25. **Heterotheca** Cass.
Ammodia Nutt.

Por J.F. Pruski.

Hierbas anuales o perennes con raíces axonomorfas; follaje no resinoso, sésil-glanduloso o cortamente estipitado-glanduloso, también generalmente estrigoso a híspido o hirsuto con tricomas alargados no glandulares. Hojas basales y caulinares o las basales marchitas en la antesis, simples, alternas; láminas cartáceas, 1-nervias o pinnatinervias, las superficies híspidas a estrigosas, glandulosas, los tricomas no glandulares de las hojas basales y proximales del tallo rígidos y gradualmente atenuados, la base atenuada o las hojas distales con frecuencia amplexicaules o auriculadas; pecíolo (cuando presente) ciliado. Capitulescencia abierta, monocéfala a corimbosa o a veces paniculada. Cabezuelas bisexuales, radiadas o rara vez discoides; involucro turbinado a hemisférico; filarios imbricados, graduados, 3-6-seriados, adpresos a patentes, lanceolados o linear-lanceolados, rígidos, 1-nervios, estrigosos o estrigulosos y sin glándulas o cortamente estipitado-glandulosos; clinanto con frecuencia foveolado. Flores del radio 4-35, 1-seriadas; corola amarilla, el tubo a veces setoso, el limbo exerto, sin glándulas o rara vez estipitado-glanduloso proximalmente, con frecuencia enrollado. Flores del disco 10-100, bisexuales; corola angostamente infundibuliforme, rara vez glandulosa, el tubo más corto que la garganta, los lobos erectos a patentes, deltados a lanceolados; anteras pajizas, el apéndice lanceolado; ramas del estilo filiformes, el apéndice apical linear-lanceolado. Cipselas todas subteretes o a veces las del disco comprimidas, 4-12-estriadas, pardas, glabras a estrigosas; cipselas del radio sin vilano (Mesoamérica) o con pocas cerdas cortas, el vilano del disco 2-3-seriado, las series externas de pocas a varias cerdas o escamas cortas persistentes, las 1 o 2 series internas de numerosas cerdas alargadas, escábridas o ancistrosas persistentes, pajizas a pardas, el ápice de las series más internas a veces levemente claviforme. *x* = 9. 25-30 spp. La mayoría de las especies se encuentra en Canadá y Estados Unidos, aprox. 10 spp. en México y 1 sp. en Mesoamérica.

Heterotheca subaxillaris es el tipo del género y *H.* sect. *Heterotheca* fue revisado por Wagenknecht (1960a, 1960b). *Heterotheca* tradicionalmente (p. ej., Wagenknecht, 1960a, 1960b) se ha circunscrito ampliamente, pero Semple et al. (1980) redefinieron *Heterotheca* con las flores del radio generalmente sin vilano, mientras que los segregados *Chrysopsis* (Nutt.) Elliott y *Pityopsis* Nutt. tienen flores del radio y también del disco con vilano. Adicionalmente, *Heterotheca* tiene las hojas con tricomas rígidos no glandulares gradualmente atenuados (no filamentosos ni flageliformes) (Semple et al., 1980).

Heterotheca subaxillaris es similar a *H. inuloides* Cass. de México, la cual es a veces usada medicinalmente y llega en su límite sur hasta Veracruz y Oaxaca. *Heterotheca inuloides* podría encontrarse en Mesoamérica: difiere por el follaje con indumento denso y por los filarios internos típicamente de más de 9 mm. *Heterotheca graminifolia* fue reconocida por Nash (1976b), pero ha sido recientemente transferida a *Pityopsis*.

Bibliografía: Gandhi, K.N. y Thomas, R.D. *Sida Bot. Misc.* 4: 1-202 (1989). Harms, V.L. *Trans. Kansas Acad. Sci.* 68: 244-257 (1965). Nesom, G.L. *Phytologia* 69: 282-294 (1990). Wagenknecht, B.L. *Rhodora* 62: 61-76 (1960); 62: 97-107 (1960).

1. **Heterotheca subaxillaris** (Lam.) Britton et Rusby, *Trans. New York Acad. Sci.* 7: 10 (1887). *Inula subaxillaris* Lam., *Encycl.* 3: 259 (1789). Holotipo: Estados Unidos, *Walter s.n.* (foto MO! ex P-LAM). Ilustr.: Cronquist, *Intermount. Fl.* 5: 243 (1994).

Chrysopsis lamarckii Nutt., *C. scabra* Elliott, *Diplopappus scaber* (Elliott) Hook., *Heterotheca lamarckii* Cass., *H. latifolia* Buckley, *H. latifolia* var. *arkansana* B. Wagenkn., *H. latifolia* var. *macgregoris* B. Wagenkn., *H. psammophila* B. Wagenkn., *H. scabra* (Elliott) DC., *H. subaxillaris* (Lam.) Britton et Rusby subsp. *latifolia* (Buckley) Semple, *H. subaxillaris* var. *latifolia* (Buckley) Gandhi et R.D. Thomas, *H. subaxillaris* var. *petiolaris* Benke, *H. subaxillaris* var. *procumbens* B. Wagenkn.?, *Inula scabra* Pursh, *Stelmanis scabra* (Elliott) Raf.

Hierbas raras anuales o bianuales, hasta 1(-1.5) m, procumbentes a erectas; tallos generalmente poco ramificados basalmente, estriados, estrigosos a híspidos con tricomas no glandulares hasta 0.5 mm en Mesoamérica, hasta 2 mm fuera de Mesoamérica, también por lo general cortamente estipitado-glandulosos distalmente. Hojas caulinares basales y proximales frecuentemente marchitas en la antesis, las láminas c. 6 × 4 cm, lanceoladas a ovadas, el pecíolo 1-3 cm, angostamente alado; hojas caulinares (0.5-)1-4(-6) × 0.5-2 cm, tornándose remotas y bracteadas distalmente, lanceoladas u ovadas, las superficies escabrosas, también esparcidamente subestipitado-glandulosas, la base con frecuencia subauriculada, los márgenes subenteros, sésiles. Capitulescencia con pocas cabezuelas, corimbosa a paniculada; pedúnculo 0.3-4(-6) cm, a veces bracteado, estrigoso, también cortamente estipitado-glanduloso. Cabezuelas c. 10 mm, radiadas; involucro 6-8 mm de diámetro, campanulado a hemisférico; filarios numerosos, 4-6-seriados, lanceolados, los filarios externos 1-3 mm, los filarios internos 5-8(-9) × c. 1 mm, las superficies sésil-glandulosas o subestipitado-glandulosas en especial apicalmente, también el ápice hirsuto, papiloso, hasta a veces glabro, los márgenes y la base escariosos, el ápice verde; clinanto con bordes foveolados hasta c. 0.5 mm. Flores del radio 15-35; corola glabra, el tubo 2-4 mm, el limbo 4-8 × 1-2 mm, generalmente 4-nervio. Flores del disco 20-50; corola generalmente 3-6 mm, glabra o la garganta a veces setulosa, los lobos 0.5-0.7 mm, glabros. Cipselas del radio 1.5-2.5 mm, sin vilano, obcónico-triquetras, glabras hasta los márgenes rara vez estrigulosos; cipselas del disco 2-4 mm, comosas, comprimidas, las caras estrigosas, el vilano externo hasta 0.6 mm, el vilano interno con cerdas generalmente 3.5-6 mm, generalmente pardo-amarillento a pardo pálido. Floración jun. 2*n* = 18. *Sabanas.* B (*Gentry 8053*, MO). 0-10 m. (Estados Unidos, México, Mesoamérica.)

Heterotheca subaxillaris se reconoce en este tratamiento sin infraespecies (como lo ha hecho Nesom, 1990i), sin embargo en base a la característica de la pubescencia de los filarios Gandhi y Thomas (1989) reconocieron dos variedades y Barkley et al. (2006b) reconocieron dos subespecies. Wagenknecht (1960a) describió *H. subaxillaris* var. *procumbens* de las playas arenosas del centro de la costa del Golfo de Estados Unidos, pero Harms (1965) sugirió que no fuese reconocida. En este tratamiento es tratada como un sinónimo provisional. Las plantas de áreas costeras en Mesoamérica típicamente tienen los tallos con tricomas no glandulares de menos de 1 mm, mientras que las poblaciones de tierra adentro tienen los tricomas que son con frecuencia hasta 1.5(-2) mm. *Heterotheca chrysopsidis* DC. fue tratada en la sinonimia de *H. subaxillaris* por Nesom (1990i), pero parece diferir por el vilano interno del disco pardo-ferrugíneo y las cabezuelas más grandes.

26. **Laennecia** Cass.
Conyza Less. sect. *Laennecia* (Cass.) Cuatrec.

Por G. Sancho y J.F. Pruski.

Hierbas anuales, con raíz axonomorfa o rara vez hierbas perennes; tallos con hojas caulinares (a veces también las basales persistentes en la antesis) y más o menos uniformemente distribuidas a lo largo del tallo, esparcidamente vellosos a densamente tomentosos; follaje con frecuencia glanduloso, los tricomas glandulares mucho más cortos que los tricomas no glandulares. Hojas simples o rara vez pinnatífidas, alternas, sésiles; típicamente pequeñas y angostas, cartáceas, pinnatinervias, las superficies tomentosas a subglabras. Capitulescencia típicamente angosta, paniculiforme o espiciforme, rara vez abiertamente corimbiforme-paniculada. Cabezuelas bisexuales, disciformes o subradiadas, con numerosas flores; involucro campanulado a hemisférico, a veces urceolado cuando inmaduro; filarios pajizos con la región medial verdosa, nunca con una vena media resinoso-anaranjada, con frecuencia el ápice violeta, laxamente imbricados, graduados o subiguales, 2-4(5)-seriados, típicamente linear-lanceolados, tomentosos o vellosos hasta rara vez subglabros; clinanto y subinvoluco no engrosados ni inflados. Flores marginales pistiladas, numerosas, 2-5-seriadas; corola filiforme-tubular o rara vez filiforme-subradiada con el limbo corto, generalmente no muy exerto de las cerdas del vilano, blanca o blanco-verde, dentada o fimbriada en el ápice. Flores del disco bisexuales, pocas; corola tubular-filiforme a angostamente campanulada, típicamente blanca o amarilla, los nervios levemente coloreados (no anaranjados), 5-lobada, el tubo alargado, delgado, los lobos lanceolados, casi tan largos como el limbo; anteras obtusas basalmente, los apéndices delgados, subagudos; estilo linear, el apéndice de las ramas largamente triangular a lanceolado, papiloso. Cipselas típicamente de contorno obovado, comprimidas, los márgenes a veces ligeramente engrosados, el ápice típicamente ancho, el cuerpo con frecuencia moderadamente setoso sobre los márgenes y las porciones distales de cada cara, las caras generalmente también glandulosas distalmente, rara vez todo el cuerpo de la cipsela largamente seríceo; vilano 1-2-seriado, al menos con una serie interna de numerosas cerdas subiguales alargadas casi tan largas como las corolas del disco, con frecuencia también con una serie externa de escamas o cerdas mucho más cortas e inconspicuas (vilano doble), las cerdas y escamas típicamente color crema a pajizo, escábridas. $x = 9$. 19 spp. Estados Unidos, México, Mesoamérica, Andes de Sudamérica desde Venezuela al sur hasta el norte de Argentina, La Española.

Zardini (1981) restableció *Laennecia* de la sinonimia de *Conyza* diferenciándolo por el vilano 2-seriado (doble). Nesom (1990c) expandió *Laennecia* para incluir especies con vilano 1-seriado. Nesom (1990c) afirmó que los lobos largos de la corola del disco, los filarios sin una vena media resinoso-anaranjada y las cipselas glandulosas (como fueron ilustradas por Sancho y Pruski, 2004) son caracteres que distinguen a *Laennecia*.

Bibliografía: Sancho, G. y Pruski, J.F. *Novon* 14: 486-488 (2004).

1. Cabezuelas subradiadas.
2. Hoja con superficies típicamente discoloras, abaxialmente tomentosas, sin glándulas, los márgenes típicamente subenteros; flores marginales con el limbo corolino 1-1.5 mm. **1. L. confusa**
2. Hoja con superficies concoloras, vellosas, glandulosas, los márgenes poco dentado-lobados distalmente; flores marginales con el limbo corolino 0.4-0.6 mm. **4. L. schiedeana**
1. Cabezuelas disciformes.
3. Tallos y hojas hírtulos a vellosos; vilano con cerdas 1-seriadas, subiguales; hojas con láminas típicamente pinnatífidas a 2-pinnatífidas. **5. L. sophiifolia**
3. Tallos y superficies abaxiales de la hoja tomentosos; vilano con frecuencia 2-seriado y desigual; hojas con láminas subenteras a levemente pinnatífidas.
4. Cipselas densa y largamente seríceas, pardo-rojizas a purpúreas; involucro 5-6 mm de diámetro; pedúnculos delgados. **2. L. filaginoides**
4. Cipselas setulosas, pardas; involucro 6.5-9 mm de diámetro; pedúnculos robustos. **3. L. gnaphalioides**

1. Laennecia confusa (Cronquist) G.L. Nesom, *Phytologia* 68: 217 (1990). *Conyza confusa* Cronquist, *Bull. Torrey Bot. Club* 70: 632

(1943). Lectotipo (designado por McVaugh, 1984): México, Guanajuato, *Humboldt y Bonpland s.n.* (foto MO! ex P-Bonpl.). Ilustr.: Kunth, *Nov. Gen. Sp.* folio ed. 4: t. 331 (1820 [1818]).

Erigeron gnaphalioides Kunth non *Conyza gnaphalioides* Kunth, *Heterochaeta gnaphalioides* (Kunth) DC.

Hierbas perennes, (12-)20-65 cm, con raíces fibrosas; tallos simples o 2-5 ramificados desde la base, erectos, ligeramente angulados, tomentosos. Hojas caulinares y basales, las hojas más basales de la roseta marchitas en la antesis; láminas 1-3(-5.5) × 0.2-0.8(-1.3) cm, oblanceoladas a espatuladas, las superficies sin glándulas, típicamente discoloras, la superficie adaxial esparcidamente tomentosa a subglabra, la superficie abaxial densamente blanco-tomentosa, la base ancha, los márgenes típicamente subenteros o las hojas basales a veces ligeramente serruladas distalmente, el ápice agudo a obtuso. Capitulescencia 7-35 cm, con pocas a varias cabezuelas, abiertamente corimbiforme-paniculada o a veces angostamente cilíndrica y espiciforme, las ramas laterales 2-5.5 cm, típicamente presentes, ascendentes, cada una con 1-5 cabezuelas; pedúnculos 2-20 mm, robustos, tomentosos. Cabezuelas 6.5-8 mm, subradiadas; involucro 6.5-8 mm de diámetro, campanulado; filarios c. 0.5 mm de diámetro, graduados, c. 3-seriados, linear-lanceolados, por lo general esparcidamente tomentosos, los filarios externos 2.5-3.2 mm, los filarios internos 4.2-5.5 mm. Flores marginales 67-104, 2-3-seriadas; corola 3.3-4 mm, filiforme-subradiada, blanca, el limbo 1-1.5 mm, angosto, el ápice 2-dentado. Flores del disco 13-21; corola 3.5-4.5 mm, infundibuliforme, amarilla, los lobos 0.8-1 mm. Cipselas 1.2-1.6 mm, angostamente obovadas, pardas, setulosas y glandulosas, los márgenes a veces ligeramente engrosados; vilano 1-seriado y subigual o 2-seriado y desigual, las cerdas más largas 18-23, 3.2-3.8 mm, a veces con cerdas o escuámulas externas pequeñas de c. 0.2 mm. Floración jun.-ago. $2n = 18$. *Laderas de matorrales o gramíneas, bosques abiertos de* Pinus *o* Quercus. Ch (*Breedlove 26368*, MO); CR (Bentham, 1853: 81, como *Erigeron [Heterochaeta] gnaphalioides*). 1400-2400 m. (México, Mesoamérica.)

Nash (1976b: 151) registró esta especie como esperada en Guatemala, bajo el nombre *Conyza confusa*. Los informes de *Laennecia confusa* en Sudamérica se deben a una confusión nomenclatural (epíteto) con *L. gnaphalioides*.

2. Laennecia filaginoides DC., *Prodr.* 5: 376 (1836). Holotipo: México, Distrito Federal, *Berlandier 820* (microficha MO! ex G-DC). Ilustr.: Hernández y Gally Jordá, *Pl. Medicinales* 171 (1981). N.v.: Simonillo, Ch.

Conyza filaginoides (DC.) Hieron., *Laennecia parvifolia* DC., *L. pinnatifida* Turcz.

Hierbas anuales, 10-60 cm, con raíces axonomorfas, típicamente simples o rara vez poco ramificadas especialmente desde o cerca de la base en plantas averiadas; tallos erectos o ascendentes, tomentosos. Hojas con láminas 1.5-2.5(-3) × 0.1-0.2(-0.4) cm, oblanceoladas, las superficies concoloras, tomentosas a rara vez levemente tomentosas, también esparcidamente glandulosas, la base subamplexicaule, los márgenes ligeramente revolutos, 1-5-serrados distalmente o levemente pinnatífidos, las hojas más apicales a veces subenteras, el ápice típicamente obtuso. Capitulescencia 3-25(-40) cm, hasta c. 1/2 de la longitud de la planta, con numerosas cabezuelas, angostamente espigada, ocasionalmente paniculada o con pocas ramas; pedúnculos 3-5(-15) mm, delgados, tomentosos, a veces exertos de las hojas subyacentes después de la floración y la fructificación. Cabezuelas 5.5-5.6 mm, disciformes; involucro 5-6 mm de diámetro, campanulado, generalmente tomentoso, típica y cercanamente subyacente a una hoja; filarios graduados, 2-3-seriados, los filarios externos 1.8-2 mm, linear-lanceolados, tomentosos basalmente, los márgenes distales a veces laciniados, los filarios internos 4-4.8 × c. 0.8 mm, típicamente elípticos, esparcidamente pelosos basalmente, los márgenes anchamente hialinos. Flores marginales c. 40, 2-3-seriadas; corola 1.1-1.6 mm, filiforme-tubular, mucho más corta que el estilo, blanca o verdoso pálido, dentada en el ápice. Flores del disco 3-6(-10); corola 2.2-2.8 mm, angostamente campanulada, blanca o los lobos con frecuencia de color violeta, los lobos 0.5-0.8 mm. Cipselas 1.4-1.6 mm, obovadas, pardo-rojizas a purpúreas, densa y largamente seríceas, el indumento típicamente ocultando las glándulas; vilano 2-seriado, desigual, las series externas con c. 25 cerdas, 0.8-1.2 mm, las series internas con c. 20 cerdas, 2-3 mm. Floración sep.-nov. 2*n* = 18. *Áreas alteradas, pastizales, barrancos inclinados, bosques de* Pinus *o* Quercus. Ch (*Breedlove 41278*, MO); G (*Standley 58375*, NY). 1500-3100(-3300) m. (Estados Unidos, México, Mesoamérica, Colombia, Venezuela, Ecuador, Perú.)

A pesar de que *Laennecia parvifolia* está basada en una colección mezclada, el holotipo es *L. filaginoides*, como fue tratado por Zardini (1981). Cuatrecasas (1969) y Nesom (1990c) trataron *L. parvifolia* en la sinonimia de *L. gnaphalioides*, aparentemente en base a ejemplares no tipo montados en un isotipo en el herbario de París.

3. Laennecia gnaphalioides (Kunth) Cass., *Dict. Sci. Nat.* ed. 2, 25: 92 (1822). *Conyza gnaphalioides* Kunth in Humb., Bonpl. et Kunth, *Nov. Gen. Sp.* folio ed. 4: 57 (1820 [1818]). Holotipo: Venezuela, *Humboldt y Bonpland s.n.* (foto MO! ex P-Bonpl.) Ilustr.: Kunth, *Nov. Gen. Sp.* folio ed. 4: t. 327 (1820 [1818]).

Conyza evacioides Rusby, *C. pulcherrima* M.E. Jones, *Heterochaeta stricta* Benth., *Marsea gnaphalioides* (Kunth) V.M. Badillo.

Hierbas anuales, (5-)10-45 cm, con raíces axonomorfas o fibrosas; tallos simples o poco ramificados desde la base, erectos o ascendentes a muy rara vez decumbentes, acostillados, tomentosos. Hojas con láminas 1-2.5 × 0.2-0.7 cm, oblanceoladas, las superficies concoloras con tricomas glandulares con frecuencia inconspicuos, la superficie adaxial tomentosa, la superficie abaxial densamente tomentosa, la base subamplexicaule, los márgenes distales 2-4-serrados, el ápice obtuso a anchamente agudo. Capitulescencia 10-20(-30) cm, hasta c. 1/2 de la longitud de la planta, con 3-60 cabezuelas, angostamente paniculada u ocasionalmente espigada; pedúnculos 2-15 mm, robustos, tomentosos, típicamente exertos de las hojas subyacentes. Cabezuelas 5.5-7 mm, disciformes; involucro 7-9 mm de diámetro, hemisférico, típica y densamente tomentoso basalmente, con frecuencia subyacente a una hoja; filarios ligeramente graduados, c. 3-seriados, linear-lanceolados, los márgenes laciniados, los ápices con frecuencia purpúreos, los filarios externos 3-3.5 × c. 0.5 mm, tomentosos, más densamente tomentosos basalmente, los filarios internos 3.8-4 × c. 1 mm, esparcidamente tomentosos, los ápices con frecuencia purpúreos y largamente atenuados. Flores marginales c. 90, 3-4-seriadas; corola 1-1.2 mm, mucho más corta que el estilo, filiforme-tubular, blanca, dentada en el ápice. Flores del disco 4-20; corola 2.5-2.8 mm, angostamente campanulada, blanca, los lobos 0.5-0.8 mm. Cipselas 1.3-1.8 mm, obovadas a anchamente obovadas, pardas, sin glándulas, los márgenes y la parte distal de cada cara setulosos, los márgenes a veces ligeramente engrosados; vilano 2-seriado, desigual, la serie externa de escamas 0.1-0.6 mm, la serie interna de c. 15 cerdas 2.8-3.5 mm. Floración jun.-ago. 2*n* = 18. *Áreas alteradas, pastizales húmedos de altas elevaciones.* Ch (Nesom, 1990: 221). 2000-2700 m. (México, Mesoamérica, Colombia, Venezuela, Ecuador, Perú, Bolivia.)

La clave en Nesom (1990c) dice que las cipselas en *Laennecia gnaphalioides* son glandulosas, mientras que para este tratamiento no se han encontrado glándulas. *Heterochaeta stricta* es un sinónimo de *L. gnaphalioides* (véase Zardini, 1981; Cuatrecasas, 1969), pero el tipo (*Hartweg 1145*) es una colección mezclada y algunos duplicados se han vuelto a identificar como *L. filaginoides*.

4. Laennecia schiedeana (Less.) G.L. Nesom, *Phytologia* 68: 224 (1990). *Erigeron schiedeanus* Less., *Linnaea* 5: 145 (1830). Isotipo: México, Veracruz, *Schiede 314* (GH!). Ilustr.: Barkley et al., *Fl. N. Amer.* 20: 38 (2006).

Conyza erythrolaena Klatt, *C. schiedeana* (Less.) Cronquist, *C. subdecurrens* DC., *Erigeron subdecurrens* (DC.) Sch. Bip. ex A. Gray, *E. subspicatus* Benth., *E. subspicatus* var. *leiocarpus* S.F. Blake, *Leptilon integrifolium* Wooton et Standl., *L. subdecurrens* (DC.) Small.

Hierbas anuales a perennes de vida corta, 10-60(-90) cm; tallos simples o poco ramificados desde la base, erectos o ascendentes, densamente foliosos, parduscos o rojizos al secarse, acostillados, esparcida a densamente vellosos. Hojas con láminas 1-3.5(-5) × 0.2-0.8(-1.5) cm, simples a rara vez pinnatífidas, típicamente poco dentado-lobadas distalmente, lanceoladas a oblanceoladas, las superficies concoloras, vellosas, con frecuencia glandulosas, la base de las hojas distales dilatada, subamplexicaule, los segmentos marginales triangulares, el ápice obtuso a anchamente agudo. Capitulescencia 3-25 cm, racemosa o espigada cilíndrico-paniculada desde los 5-30 nudos distales, a veces foliosa; cabezuelas generalmente solitarias en las axilas; pedúnculos 2-8(-20) mm, vellosos. Cabezuelas 5-6 mm, subradiadas; involucro 5-6 mm de diámetro, campanulado, con frecuencia cercanamente subyacente a una hoja del tallo; filarios graduados, c. 3-seriados, la vena media ancha y a veces glandulosa, los márgenes hialinos, el ápice a veces laciniado y purpúreo, los filarios externos 2-3 × c. 0.5 mm, linear-lanceolados, vellosos, con frecuencia ligeramente glandulosos, los filarios internos 4-5(-6) × 0.7-0.8 mm, elípticos, esparcidamente vellosos a subglabros. Flores marginales c. 135, 4-5-seriadas; corola 3-3.2 mm, filiforme-subradiada, casi tan larga como el estilo, blanca a blanco-grisácea, el limbo 0.4-0.6 mm, corto, ascendente, 2-dentado. Flores del disco 5-15; corola 3.5-4 mm, angostamente campanulada, amarillo pálido, los lobos 0.7-0.9 mm. Cipselas 1.1-1.4 mm, angostamente obovadas, pardas, esparcidamente setulosas, a veces glandulosas cerca del ápice, rara vez subglabras, los márgenes no engrosados, el ápice angostado; vilano con 13-22 cerdas, 3-4 mm, subiguales, 1-seriado, rara vez de color bronce. Floración sep.-mar., jun. 2*n* = 18. *Pastizales alpinos, matorrales, bosques de* Juniperus, *laderas, chaparrales* Pinus-Quercus, *áreas secundarias, suelos volcánicos.* Ch (*Breedlove 29343*, MO); G (*Skutch 1214*, GH); CR (*Oersted 268*, GH); P (*White 49*, MO). 2000-3600. (Estados Unidos, México, Mesoamérica.)

La sinonimia en este tratamiento es básicamente la de Blake (1917c). Nash (1976b) incluyó *Laennecia prolialba* (Cuatrec.) G.L. Nesom en la sinonimia, pero esta especie sudamericana parece ser diferente por su pubescencia más densa.

5. Laennecia sophiifolia (Kunth) G.L. Nesom, *Phytologia* 68: 225 (1990). *Conyza sophiifolia* Kunth in Humb., Bonpl. et Kunth, *Nov. Gen. Sp.* folio ed. 4: 56 (1820 [1818]). Isotipo: México, Distrito Federal, *Humboldt y Bonpland 4156* (imagen en Internet ex B-W!). Ilustr.: Sánchez Sánchez, *Fl. Valle México* ed. 4, t. 332D (1978), como *C. sophiifolia*. N.v.: Rastrojera, G.

Conyza coulteri A. Gray var. *tenuisecta* A. Gray, *C. pulchella* Kunth, *C. serpentaria* Griseb., *Eschenbachia tenuisecta* (A. Gray) Wooton et Standl., *Marsea sophiifolia* (Kunth) V.M. Badillo.

Hierbas anuales, 20-80(-200) cm, con raíces axonomorfas; tallos simples o poco ramificados desde la base, erectos o ascendentes, densamente foliosos, acostillados, esparcidamente vellosos y glandulosos. Hojas con láminas 2-4(-5.5) × (0.2-)0.8-1.5 cm, típicamente pinnatífidas a 2-pinnatífidas, de contorno típicamente ovado a espatulado (a veces las hojas distales simples y lineares), las superficies hírtulas a vellosas, con frecuencia también glandulosas, la base atenuada, los segmentos marginales (cuando pinnatífidas) linear-oblongos, el ápice subagudo. Capitulescencia 5-30 cm, hasta c. 1/2 de la longitud de la planta, con numerosas cabezuelas, angostamente paniculada (o las plantas jóvenes con panículas racemiformes cilíndricas); pedúnculos 1-3(-5) mm, vellosos. Cabezuelas 2.8-3.8 mm, disciformes; involucro 1.8-3 mm de diámetro, campanulado o hemisférico a urceolado cuando inmaduro; filarios subiguales, c. 2-seriados, linear-lanceolados, los márgenes hialinos, los filarios externos 1.5-2 × c. 0.4 mm, vellosos,

47

los filarios internos 2-2.7 × 0.2-0.3 mm, la región medial esparcidamente vellosa. Flores marginales 20 a numerosas, 3-4-seriadas; corola 0.8-1.4 mm, mucho más corta que el estilo, filiforme-tubular, blanca, el ápice dentado. Flores del disco 2-6; corola 2.2-3 mm, infundibuliforme, blanca, el tubo y la garganta a veces setulosos, los lobos 0.6-0.7 mm. Cipselas 0.6-0.8 mm, anchamente oblanceoladas, pardo pálido, esparcidamente pelosas a subglabras, generalmente sin glándulas o diminutamente glandulosas, los márgenes a veces ligeramente engrosados; vilano con 8-12(-20) cerdas, 2-2.4 mm, subiguales, 1-seriado, no continuo en la base. Floración mar.-ago. 2*n* = 18. *Pinares, orillas de caminos, áreas alteradas.* Ch (*Breedlove 26211*, MO); G (*Pruski y Ortiz 4296*, MO); H (*Izaguirre 127*, MO); ES (Nesom, 1990c: 226). 1200-2300(-3000) m. (SO. Estados Unidos, México, Mesoamérica, Colombia, Venezuela, Ecuador, Bolivia, Argentina.)

27. **Laestadia** Kunth ex Less.
Por G. Sancho y J.F. Pruski.

Hierbas perennes a subarbustos bajos; tallos ramificados, generalmente procumbentes, decumbentes u ocasionalmente erectos, densamente foliosos, los entrenudos típicamente mucho más cortos que las hojas; follaje generalmente glanduloso. Hojas simples, alternas, esencialmente sésiles; láminas pequeñas, angostas, cartáceas a subcoriáceas, las superficies glabras, glandulosas o esparcidamente pilosas. Capitulescencia de cabezuelas pedunculadas solitarias en el ápice de las ramas; pedúnculos cortos a largos, típicamente bracteolados. Cabezuelas bisexuales, disciformes; involucro campanulado a hemisférico; filarios laxamente imbricados, subiguales, (2)3-4-seriados, herbáceos o cartáceos, aplanados, generalmente oblongos con el ápice subobtuso, glandulosos, esparcidamente pilosos o glabros, los más internos generalmente con márgenes hialinos; clinanto bajo-convexo. Flores marginales varias-numerosas, 2-4-seriadas, pistiladas; corola campanulada, blanca o purpúrea, glabra o glandulosa, el tubo muy corto, el limbo ampliado, 4-5-lobado, los lobos rectos o ligeramente revolutos; base del estilo a veces ligeramente ampliada, ramas ovadas, el ápice agudo, por fuera papiloso, las papilas a veces extendiéndose proximalmente casi hasta el punto de bifurcación. Flores del disco numerosas, funcionalmente estaminadas, los ovarios estériles; corola anchamente campanulada, 5-lobada, blanca o purpúrea, glandulosa especialmente sobre el tubo y los lobos, el tubo largo, los lobos erectos o ligeramente revolutos; anteras con tecas redondeadas basalmente, los apéndices angostamente ovado-obtusos a lanceolado-agudos; ovario cilíndrico a angostamente obovoide, 6-10-acostillado, no notablemente atenuado, ligeramente glanduloso basal y apicalmente. Cipselas sin vilano, aquellas de las flores marginales subteretes (cuando inmaduras hasta a veces ligeramente comprimidas), obovoides, marcadamente 7-10-acostilladas, glabras o esparcidamente glandulosas, ligeramente atenuadas basal y apicalmente, la base glandulosa, el ápice cupuliforme, densamente glanduloso, la cúpula corta hasta larga, típica y ligeramente más ancha que la porción apical del cuerpo de la cipsela. 6 spp. América tropical a elevaciones altas; 4 spp. en los Andes; 1 sp. en Mesoamérica; 1 sp. en La Española.

1. Laestadia costaricensis S.F. Blake, *Contr. U.S. Natl. Herb.* 22: 593 (1924). Holotipo: Costa Rica, *Pittier 10500* (US!). Ilustr.: no se encontró.

Hierbas formando cojines, 15-25 cm, con raíces fibrosas; tallos varios desde la base, 0.5-1 mm de diámetro, decumbentes, foliosos hasta el ápice de las ramas, subteretes, parduscos, glandulosos, tallos más viejos también esparcidamente vellosos. Hojas con láminas 5(-11) × 1-1.6(-2.4) mm, oblongas u obovadas, las superficies densamente glandulosas, con frecuencia también esparcidamente pilosas, la base atenuada, semiamplexicaule, los márgenes enteros, con frecuencia ciliados, el ápice subobtuso, apiculado. Capitulescencias monocéfalas,

generalmente varias-numerosas por planta; pedúnculos 2-6 cm, a veces color violeta, los entrenudos mucho más largos que las bractéolas; bractéolas pocas, 2.5-4 × menos de 1 mm de diámetro, foliosas. Cabezuelas 3.5-4.5 mm; involucro 4-5 mm de diámetro, a veces cercanamente subyacente a 1 o 2 bractéolas; filarios c. 3(4)-seriados, herbáceos, verdosos o rara vez matizados de color violeta, apicalmente glandulosos, por lo demás glabros, los filarios más externos 3-3.2 × c. 0.5 mm, elíptico-oblongos, angostamente agudos; los filarios más internos 2.2-2.5 × c. 0.5 mm, oblongos, una región central ancha oscuramente coloreada con frecuencia discernible en especial apicalmente, los márgenes distales hialinos, el ápice agudo a obtuso, típicamente fimbriado. Flores marginales c. 35, 2-3-seriadas; corola c. 0.8 mm, de color violeta a blanca, glandulosa, el tubo 0.1-0.2 mm, el limbo ampliado, 3-5-lobado, el estilo largamente exerto, ramas 0.3-0.5 mm, el ápice agudo. Flores del disco 15-23; corola 1-1.8 mm, color violeta, a veces verdosa basalmente, glandulosa especialmente sobre los lobos, el tubo 0.5-0.7 mm, los lobos hasta c. 0.6 mm; anteras hasta c. 0.7 mm, elíptico-ovadas, pajizas; estilo exerto, sin ramificar o ramificado, color violeta apicalmente; ovario 1-1.4 mm, angostamente obovoide. Cipselas 1.3-2 mm, la cúpula apical c. 0.2 mm. Floración durante todo el año. *Páramos o subpáramos pantanosos.* CR (*Pruski et al. 3948*, MO); P (*Weston 10160*, MO). (2000-)2600-3500 m. (Endémica.)

Laestadia linearis J. Bommer et M. Rousseau, también basada en un ejemplar de Pittier de Costa Rica, es un hongo descrito bajo el homónimo *Laestadia* Auersw. 1869 (non Kunth ex Less. 1832).

28. **Osbertia** Greene
Haplopappus sect. *Osbertia* (Greene) H.M. Hall.
Por J.F. Pruski.

Hierbas perennes, el cáudice con 1-varios tallos; tallos simples a poco ramificados, foliosos proximalmente; follaje no resinoso. Hojas simples, alternas, sésiles o pecioladas; láminas típicamente espatuladas a oblanceoladas, cartáceas, las superficies pelosas, los márgenes generalmente enteros. Capitulescencias abiertas, de cabezuelas monocéfalas. Cabezuelas bisexuales, con numerosas flores, radiadas; involucro campanulado a anchamente hemisférico; filarios laxamente imbricados, moderadamente graduados, aplanados, herbáceos con márgenes escariosos angostos, 1-acostillados; clinanto convexo a hemisférico, alveolado. Flores del radio 1-3-seriadas; corola típicamente amarilla en la antesis, ocasionalmente setosa. Flores del disco bisexuales; corola brevemente 5-lobada, glabra a esparcidamente setosa, el tubo corto; anteras color crema, basalmente obtusas, el apéndice lanceolado, el ápice angostamente agudo; superficies estigmáticas de las ramas del estilo restringidas a los 2/3 proximales de las ramas, el apéndice apical largamente triangular, moderadamente papiloso. Cipselas teretes, subfusiformes, ligeramente 4-16-nervias, seríceas; vilano del radio y del disco típicamente 1-seriado, con 15-40 cerdas, persistentes, en Mesoamérica todas alargadas y subiguales. *x* = 5. 3 spp. México y Mesoamérica.

Osbertia fue revisada por Turner y Sundberg (1986). *Osbertia* fue ubicado en Chrysopsidinae por Nesom y Robinson (2007 [2006]) debido a los filarios como aquellos de los miembros de esa subtribu descritos por ellos como "carinados", una característica que no se ha visto en *Osbertia*. También, *O. stolonifera* tiene un vilano de cerdas subiguales difiriendo del típico Chrysopsidinae.

Bibliografía: Turner, B.L. y Sundberg, S.D. *Pl. Syst. Evol.* 151: 229-240 (1986).

1. Osbertia stolonifera (DC.) Greene, *Erythea* 3: 14 (1895). *Haplopappus stolonifer* DC., *Prodr.* 5: 349 (1836). Holotipo: México, estado desconocido, *Andrieux 322* (microficha MO! ex G-DC). Ilustr.: Nash, *Fieldiana, Bot.* 24(12): 492, t. 37 (1976), como *H. stoloniferus*. N.v.: K'anlej nich, k'anlej wamal, yak' tz'I' wamal, Ch.

Erigeron heleniastrum Greene, *Haplopappus stolonifer* DC. var. *glabratus* J.M. Coult., *H. stolonifer* var. *heleniastrum* (Greene) S.F. Blake, *H. stolonifer* var. *puber* DC., *Osbertia heleniastrum* (Greene) Greene, *O. heleniastrum* var. *glabrata* (J.M. Coult.) Greene, *O. heleniastrum* var. *scabrella* Greene.

Hierbas estoloníferas, 10-60 cm, desde un cáudice grueso; tallos fértiles y erectos o laterales y estoloníferos, subteretes, pilosos a densamente papilosos, con frecuencia esparcidamente estipitado-glandulosos, rara vez glabrescentes, los tallos laterales foliosos y con nuevas rosetas distalmente; follaje con frecuencia heterótrico, estipitado-glanduloso (cuando presente) más largo que el indumento ocasionalmente enmarañado de los pedúnculos, pero mucho más corto que el indumento piloso-seríceo. Hojas basales y proximal-caulinares; hojas basales de la roseta varias, las láminas 2-8 × 0.4-2.7 cm, 1-nervias a pinnado-ascendentes, las superficies piloso-seríceas, rara vez también estipitado-glandulosas o glabrescentes, la base atenuada hasta una base peciolar angostamente alada (0-)1-4(-10) cm, los márgenes enteros a rara vez serrulados, el ápice obtuso; hojas del estolón 1-3 × 0.1-0.9 cm, espatuladas a oblongas; hojas caulinares fértiles 0.5-2.5 × 0.1-0.8 cm, generalmente bracteadas y remotas distalmente, elípticas a linear-lanceoladas, las superficies tanto de las hojas del estolón como de las hojas caulinares erectamente pilosas a densamente pilosas, con frecuencia esparcidamente estipitado-glandulosas, de base ancha a subamplexicaule. Capitulescencia sobre un pedúnculo bracteado robusto, típicamente piloso, a veces también cortamente estipitado-glanduloso. Cabezuelas 0.9-1.6 × c. 3.5 cm incluyendo las flores del radio; involucro anchamente hemisférico; filarios numerosos, 8-15 × 0.8-1.3 mm, 4-6-seriados, linear-lanceolados, las superficies pilosas, la superficie externa mucho más densamente pilosa, también cortamente estipitado-glandulosa especialmente en el ápice, rara vez glabrescente, los márgenes escariosos 0.1-0.3 mm de diámetro, a veces rojizos, el ápice largamente acuminado; clinanto 5-10 mm de diámetro, los alvéolos hasta 0.5 mm, profundamente cupuliforme. Flores del radio 34-70(-120); corola 9-18 mm, completamente amarilla (o a veces el limbo rojizo abaxialmente antes de la antesis), glabra, el tubo 2-3 mm, el limbo 7-15 × 1-1.6 mm, linear-lanceolado, 4-nervio, el ápice acuminado, 2-3-denticulado, en ocasiones asimétricamente denticulado. Flores del disco numerosas; corola 4-5.8 mm, angostamente infundibuliforme, amarillo intenso, glabra, el tubo c. 1.2 mm, el limbo solo ligeramente ampliado, la garganta 2.8-3.4 mm, los lobos 0.7-1.2 mm, lanceolados; ramas del estilo c. 1.1 mm. Cipselas 1-2 mm, los tricomas c. 0.5 mm; vilano con c. 40 cerdas, 4.5-6 mm, frágiles, escabriúsculas. Floración ago.-feb. $2n = 10$. *Áreas subalpinas alteradas rocosas, pastizales, bosques rocosos de* Pinus. Ch (*Ghiesbreght 872*, MO); G (*Pruski y Ortiz 4264*, MO). 2000-3600 m. (México, Mesoamérica.)

Osbertia stolonifera fue tratada por Nash (1976b) como *Haplopappus stoloniferus*. Ella dio el límite de elevación superior hasta "4600 m", haciendo referencia a colecciones fuera de Mesoamérica.

29. **Pityopsis** Nutt.

Chrysopsis (Nutt.) Elliott [sin rango] *Pityopsis* (Nutt.) Torr. et A. Gray, *Heterotheca* Cass. sect. *Pityopsis* (Nutt.) V.L. Harms, *Heyfeldera* Sch. Bip.

Por J.F. Pruski.

Hierbas perennes; tallos subteretes, seríceos o rara vez pilosos, a glabrescentes, a veces cortamente estipitado-glandulosos; follaje no resinoso, con tricomas filamentosos no glandulares y con frecuencia anastomosados. Hojas basales y caulinares, simples, alternas, sésiles; láminas típicamente lanceoladas u oblanceoladas, cartáceas, con nervios paralelos, las superficies grisáceo-seríceas a plateado-seríceas (rara vez glabrescentes), los márgenes generalmente enteros. Capitulescencias abiertas, corimbosas (rara vez en floración cuando son monocéfalas), con frecuencia más o menos aplanadas distalmente. Cabezuelas bisexuales, radiadas; involucro turbinado a campanulado; filarios laxamente imbricados, graduados, 3-5(-8)-seriados, adpresos a patentes o reflexos con la edad, linear-lanceolados, rígidos, 1-nervios, la región medial o al ápice verdoso, la superficie típicamente serícea o pilosa a cortamente estipitado-glandulosa o glabrescente, no pegajoso-resinosos, los márgenes por lo general anchamente escariosos, típicamente fimbriados distalmente, el ápice acuminado; clinanto convexo, liso o a veces crestado. Flores del radio 8-35, 1-seriadas; corola amarilla, el limbo obviamente exerto del involucro aunque a veces enrollado. Flores del disco numerosas, bisexuales; corola muy angostamente infundibuliforme, brevemente 5-lobada, glabra a rara vez esparcidamente setosa, los lobos erectos a patentes, deltados; anteras ligeramente exertas, pajizas, el apéndice lanceolado; ramas del estilo filiformes, las superficies estigmáticas restringidas a la 1/2 proximal de las ramas, el apéndice apical linear a linear-lanceolado, papiloso. Cipselas teretes, subfusiformes, finamente 8-10-estriadas, pardas a negras, estrigosas; vilanos del radio y del disco presentes, desigualmente 2-seriados, persistentes, las series externas de pocas a varias cerdas o escamas muy cortas, linear-triangulares, persistentes, las series internas de numerosas cerdas escábridas a ancistrosas, alargadas, persistentes, el ápice a veces levemente claviforme. $x = 9$. 7 spp.; 1 sp. América tropical; SE. Estados Unidos, México, Mesoamérica, Bahamas.

Pityopsis, diversamente tratado dentro de *Heterotheca* (p. ej., Nash, 1976) o *Chrysopsis* (p. ej., Cronquist, 1980), fue revisado por Semple y Bowers (1985), quienes reconocieron siete especies. Los géneros de compuestas amarillas *Chrysopsis*, *Heterotheca*, y *Pityopsis* son similares por compartir la característica de un vilano 2-seriado en las flores del disco. Entre estos géneros, *Pityopsis* difiere por las hojas graminioides seríceas y paralelinervias. Semple et al. (1980) además distinguieron *Pityopsis* por los tricomas filamentosos no glandulares.

Bibliografía: Fernald, M.L. *Rhodora* 44: 457-479 (1942). Semple, J.C. y Bowers, F.D. *Univ. Waterloo Biol. Ser.* 29: 1-34 (1985).

1. Pityopsis graminifolia (Michx.) Nutt., *Trans. Amer. Philos. Soc.* n.s. 7: 318 (1840). *Inula graminifolia* Michx., *Fl. Bor.-Amer.* 2: 122 (1803). Holotipo: Estados Unidos, *Michaux s.n.* (P).

Chrysopsis graminifolia (Michx.) Elliott, *C. graminifolia* (Michx.) Nutt. ex Torr. et A. Gray, *Diplogon graminifolium* (Michx.) Kuntze, *Diplopappus graminifolius* (Michx.) Less.

1a. Pityopsis graminifolia (Michx.) Nutt. var. **tenuifolia** (Torr.) Semple et F.D. Bowers, *Univ. Waterloo Biol. Ser.* 29: 28 (1985). *Inula graminifolia* Michx. var. *tenuifolia* Torr., *Ann. Lyceum Nat. Hist. New York* 2: 212 (1828 [1827]). Holotipo: Estados Unidos, *James s.n.* (NY!). Ilustr.: Correll y Correll, *Fl. Bahama Archip.* 1501, t. 656 (1982), como *Heterotheca graminifolia*.

Chrysopsis argentea (Pers.) Elliott, *C. correllii* Fernald, *C. graminifolia* (Michx.) Elliott var. *latifolia* Fernald, *C. graminifolia* var. *microcephala* (Small) Cronquist, *C. latifolia* (Fernald) Small, *C. microcephala* Small, *C. nervosa* (Willd.) Fernald, *C. nervosa* var. *stenolepis* Fernald, *C. nervosa* var. *virgata* Fernald, *C. tracyi* Small, *Erigeron nervosus* Willd., *Haplopappus gramineus* Benth., *Heterotheca correllii* (Fernald) H.E. Ahles, *H. graminifolia* (Michx.) Shinners, *H. graminifolia* var. *tenuifolia* (Torr.) Gandhi et R.D. Thomas, *H. microcephala* (Small) Shinners, *H. nervosa* (Willd.) Shinners, *Heyfeldera sericea* Sch. Bip., *Inula argentea* Pers., *Pityopsis argentea* (Pers.) Nutt., *P. graminifolia* (Michx.) Nutt. var. *aequilifolia* F.D. Bowers et Semple, *P. graminifolia* var. *latifolia* (Fernald) Semple et F.D. Bowers, *P. graminifolia* var. *microcephala* (Small) Semple, *P. graminifolia* var. *tracyi* (Small) Semple, *P. nervosa* (Willd.) Dress.

Hierbas, 0.2-0.6(-0.9) m, con raíces fibrosas, estolones (cuando presentes) rara vez flageliformes; tallos 1-5 por rizoma, poco ramificados distalmente, seríceos a rara vez glabrescentes, entrenudos proximales mucho más cortos que las hojas proximales. Hojas generalmente 3-5-nervias; hojas basales pocas o muy rara vez marchitas, 8-25(-42) ×

(0.1-)0.3-1(-2) cm, patentes; hojas caulinares 2-10 × 0.2-0.8 cm, remotas a superpuestas, ascendentes a casi erectas. Capitulescencia ramificada generalmente en ángulos de c. 45°, con (2-)6-20(-50) cabezuelas; pedúnculos 1-10(-15) cm, típicamente seríceos a piloso-vellosos; bractéolas 3-15, mayormente 3-5(-8) mm, adpresas, con frecuencia graduando hasta los filarios. Cabezuelas 10-16 mm; clinanto a veces crestado; involucro (4.5-)7-12 × 3-8 mm, campanulado (en Mesoamérica) a turbinado; filarios numerosos, 2.5-12 × 0.6-1.4 mm, sin glándulas, esparcida o moderadamente piloso-vellosos a rara vez glabrescentes, el ápice a veces purpúreo; filarios internos rara vez cortamente estipitado-glandulosos apicalmente, los filarios externos patentes a reflexos con la edad. Flores del radio 8-13(-16); corola 9-19 mm, las corolas típicamente setosas o papilosas cerca de la unión tubo-limbo, el tubo 4-5 mm, ligeramente más corto que las cerdas del vilano, el limbo 5-14 × 1-2(-2.5) mm, angostamente lanceolado, 5-7-nervio, el ápice obtuso, 2-3-denticulado. Flores del disco 15-50; corola (4-)6-8.5 mm, el tubo generalmente 3-3.7 mm, la garganta glabrescente a esparcidamente setosa, los lobos 0.5-0.8 mm, glabrescentes a esparcidamente setosos; ramas del estilo c. 1.5 mm. Cipselas 2.5-4.5 mm; vilano con cerdas pajizas hasta a veces parduscas, las series externas 0.4-0.9 mm, las series internas 24-40, 5-9 mm. Floración jun.-oct. *Áreas arenosas, sabanas, márgenes de lagunas, orillas de caminos, bosques de* Pinus-Quercus. Ch (*Breedlove 27105*, MO); B (*Gentle 4091*, MO); G (*Steyermark 31650*, US); H (*Davidse et al. 34988*, MO). 500-2500 m. (S. y E. de Estados Unidos, México, Mesoamérica, Bahamas.)

Semple y Bowers (1985) reconocieron *Pityopsis graminifolia* var. *latifolia* sobre ejemplares mesoamericanos, pero parece ser un ecotipo de influencia medioambiental con una capitulescencia abierta de cabezuelas grandes.

Fernald (1942) aseguró que un "involucro glanduloso o no glanduloso" es de importancia taxonómica "menos fundamental" que el hábito, mientras que para Cronquist (1980) los tricomas glandulares tuvieron más importancia taxonómica que el hábito. Dentro de *P. graminifolia*, la var. *graminifolia* tiene filarios estipitado-glandulosos, mientras *P. graminifolia* var. *tenuifolia*, que es mucho más común, no tiene glándulas.

En los Estados Unidos, *P. graminifolia* var. *tenuifolia* es mayormente simpátrica con *P. graminifolia* var. *graminifolia*, pero también se encuentra en las Bahamas y es disyunta en el este y sur de México y Centroamérica. Hay que anotar que *P. graminifolia* var. *graminifolia* aparentemente no tiene sinónimos heterotípicos.

El número cromosómico de la especie es $2n = 18, 36, 54$.

30. Psilactis A. Gray

Machaeranthera Nees sect. *Psilactis* (A. Gray) B.L. Turner et D.B. Horne

Por J.F. Pruski.

Hierbas anuales o perennes; tallos ascendentes a erectos, subteretes, estipitado-glandulosos, también generalmente con tricomas no glandulares adpresos o patentes. Hojas mayormente caulinares en la antesis (las basales generalmente caducifolias), alternas, graduando desde las proximales peciolariformes hasta las distales sésiles o amplexicaules, cartáceas hasta las distales rígidamente cartáceas. Capitulescencia terminal, laxamente cimosa (en Mesoamérica). Cabezuelas bisexuales, radiadas; involucro anchamente turbinado a hemisférico; filarios imbricados, cartáceos, 1-nervios, típicamente clorofílicos y estipitado-glandulosos distalmente, los márgenes escarioso-estramíneos, al menos los externos con base endurecida, reflexos después del fruto. Flores del radio c. 2-seriadas, sin vilano; corola blanca o el limbo a veces azuloso o violeta, generalmente apretadamente enrollado después de la polinización. Flores del disco bisexuales, comosas; corola tubular-infundibuliforme, amarillo pálido, los lobos 5, triangulares, erectos; antera con tecas redondeadas basalmente, el apéndice ovado; ramas

del estilo cortamente lineares, el apéndice apical deltado a lanceolado, papiloso. Cipselas elipsoidales a obovoides, uniforme y cortamente subestrigulosas (Mesoamérica), aquellas del radio ligeramente triquetro-compresas; cipselas del disco subteretes; vilano ausente en las cipselas del radio, las cipselas del disco con vilano 1-seriado de 20-40 cerdas escábridas contiguas, ligeramente desiguales. $x = 3, 4, 9$. 6 spp. Estados Unidos, México, Mesoamérica, Andes de Sudamérica.

Psilactis se puede reconocer por las flores de radio sin vilano. Turner y Horne (1964) lo trataron como *Machaeranthera* sect. *Psilactis*, pero Morgan (1993) lo restableció como género.

Bibliografía: Morgan, D.R. *Syst. Bot.* 18: 290-308 (1993). Turner, B.L. y Horne, D.B. *Brittonia* 16: 316-331 (1964).

1. Psilactis brevilingulata Sch. Bip. ex Hemsl., *Diagn. Pl. Nov. Mexic.* 2: 34 (1879). Isotipo: México, Distrito Federal, *Schaffner 211* (foto MO! ex GH p. p.). Ilustr.: McVaugh, *Fl. Novo-Galiciana* 12: 84, t. 19 (1984), como *Aster brevilingulatus*.

Aster brevilingulatus (Sch. Bip. ex Hemsl.) McVaugh, *Machaeranthera brevilingulata* (Sch. Bip. ex Hemsl.) B.L. Turner et D.B. Horne, *Psilactis brevilingulata* Sch. Bip. ex Hemsl. forma *andina* Cuatrec.

Hierbas anuales, 14-60(-70) cm, con raíz axonomorfa; tallos simples o pocos desde la base, poco ramificados distalmente; follaje con tricomas estipitado-glandulosos, 0.1-0.2 mm. Hojas basales (cuando presentes en la antesis) pocas, 4-6 × 0.8-1.7 cm, pinnatilobadas, de contorno oblanceolado, los lobos 2-4 por cada lado en el 1/3 distal de la lámina, c. 1 × 0.2(-0.3) cm, linear-oblanceolados, subestrigulosos; hojas caulinares (0.4-)1-4(-6) × 0.1-1 cm, linear-oblanceoladas a linear-lanceoladas y bracteadas, las nervaduras generalmente 3 desde la base, las superficies subestrigulosas y cortamente estipitado-glandulosas, la base peciolariforme no muy angostada, los márgenes enteros o en las hojas proximales a veces 1-2-pinnatilobados, el ápice agudo u obtuso. Capitulescencia con 5-50 cabezuelas, ligeramente aplanadas distalmente, las ramas laterales bracteadas, a veces sobrepasando el eje central; pedúnculos 0.3-2 cm, con pocas bractéolas, densa y cortamente estipitado-glandulosas. Cabezuelas 4-5(-6) mm, subglobosas; involucro 3-5(-7) mm de diámetro; filarios c. 25, 1.5-3.5 × c. 0.5 mm, subiguales a ligeramente graduados, 2-3-seriados, linear-lanceolados, el ápice agudo a atenuado, a veces purpúreo. Flores del radio 15-33(-40); corola cortamente exerta, a veces papilosa, el tubo 1-1.5 mm, el limbo 1.5-3 × 0.3-0.6 mm, c. 3-nervio. Flores del disco 12-30; corola 2-2.7 mm, los lobos c. 0.3 mm, a veces esparcidamente papilosos; anteras c. 0.6 mm; ramas del estilo c. 0.5 mm. Cipselas 1-2 mm, inconspicuamente 6-10-nervias; vilano del disco con cerdas de 2-2.5 mm. Floración jun. $2n = 18$. *Campos.* Ch (*King 3012*, MICH). c. 1500 m. (SO. Estados Unidos, México, Mesoamérica, Colombia, Perú.)

Psilactis brevilingulata, que en su aspecto general se asemeja a *Conyza*, es la única especie de *Psilactis* conocida de Sudamérica.

31. Solidago L.

Actipsis Raf., *Anactis* Raf., *Aster* L. subg. *Solidago* (L.) Kuntze, *Leioligo* Raf., *Lepiactis* Raf., *Oligoneuron* Small

Por J.F. Pruski.

Hierbas perennes con raíces fibrosas, desde rizomas o cáudices; tallos erectos o ascendentes hasta a veces decumbentes, típicamente simples hasta la capitulescencia, glabros o pelosos, con hojas basales y/o caulinares; follaje en Mesoamérica no resinoso ni estipitado-glanduloso. Hojas simples, alternas, con la base peciolariforme hasta al menos las caulinares claramente sésiles; láminas con frecuencia lanceoladas u oblanceoladas, algunas veces 3-nervias, las superficies glabras o pelosas (en Mesoamérica nunca seríceas), rara vez glandulosas, no pegajoso-resinosas, la base a veces subamplexicaule, los márgenes enteros a serrados o dentados. Capitulescencia generalmente terminal y piramidalmente paniculada, rara vez corimboso-aplanada distalmente, con menos frecuencia virguliforme, a veces axilar, con pocas a numerosas cabezuelas. Cabezuelas pequeñas, con frecuencia cortamente radiadas, rara vez discoides; involucro 1.7-12 × 1.5-10 mm, cilíndrico a campanulado o a veces hemisférico; filarios 10-35, imbricados, graduados o rara vez subiguales, 3-5-seriados, generalmente las bases ligeramente cartilaginosas graduando a subherbáceas distalmente, los márgenes escabrosos, la vena media ligeramente prominente, rara vez ligeramente estriada, glabra a ligeramente pelosa, a veces glandulosa o resinosa; clinanto aplanado a convexo, alveolado. Flores del radio (0)1-18, 1-seriadas; corola amarilla (rara vez blanca), típicamente glabra, el limbo cortamente exerto del involucro. Flores del disco 3-25(-60), bisexuales; corola infundibuliforme, 5-lobada, típicamente glabra, el limbo más largo que el tubo, los lobos triangulares a lanceolados, a veces más largos que la garganta, erectos a patentes; ramas del estilo lanceoladas, el apéndice casi tan largo como las líneas estigmáticas, triangular, abaxialmente papiloso. Cipselas pequeñas (Mesoamérica), cilíndricas a angostamente obcónicas, teretes o rara vez ligeramente comprimidas, típicamente 5-8(-10)-acostilladas, glabras o estrigosas; vilano del radio y del disco con 20-40 cerdas, persistentes, escábridas a ancistrosas, alargadas y subiguales (Mesoamérica), (1)2-seriadas, atenuadas o las más internas a veces claviformes, rara vez una serie externa de escamas setiformes presente. $x = 9$. Aprox. 100 spp., la mayoría en Norteamérica, algunas en América tropical, 4 spp. de Sudamérica templada, 1-pocas spp. euroasiáticas.

Un concepto más estrecho de lo que aquí se llama *Solidago virgata* es segregar el material mesoamericano como *S. maya*, el epíteto del cual el nombre es en aposición. Sin embargo, aquí se usa el nombre *S. virgata* (sensu Semple, 2013) para el material de hojas caulinares decrecentes de Chiapas y Guatemala, y así mismo se aplica este nombre para el material de Tabasco y el citado por Barkley et al. (2006) para Belice.

Bibliografía: Correll, D.S. y Correll, H.B. *Aquatic Wetland Pl. SW. U.S.* 1-1777 (1972). Croat, T.B. *Brittonia* 24: 317-326 (1972). Dillon, M.O. et al. *Monogr. Syst. Bot. Missouri Bot. Gard.* 85: 271-393 (2001). Fernald, M.L. *Rhodora* 37: 423-454 (1935). Gray, A. *Proc. Amer. Acad. Arts* 17: 163-230 (1882). McVaugh, R. *Contr. Univ. Michigan Herb.* 9: 359-484 (1972). Melville, M.R. y Morton, J.K. *Canad. J. Bot.* 60: 976-997 (1982). Reveal, J.L. et al. *Huntia* 7: 209-245 (1987). Semple, J.C. *Phytoneuron* 2012-107: 1-10 (2012); 2013-42: 1-3 (2013). Taylor, C.E.S. y Taylor, R.J. *Sida* 10: 223-251 (1984).

1. Hojas generalmente pelosas, las basales ausentes en la antesis, las proximal-caulinares generalmente marchitándose en la antesis; involucros 1.7-3 mm; flores del disco generalmente 3-6(7) por cabezuela.
1. S. canadensis
1. Hojas glabras o subglabras, las basales y proximal-caulinares generalmente presentes en la antesis; involucros c. 3 mm; flores del disco c. 8 por cabezuela.
  2. Hojas gradualmente decrecientes; capitulescencias generalmente piramidal-paniculadas, el extremo de las ramas proximales recurvado; involucros 3-4(-5) mm; rizoma ausente. **2a. S. sempervirens var. mexicana**
  2. Hojas por lo general abruptamente decrecientes; capitulescencias virguliformes a claviformes, las ramas erectas; involucros 4-5.5 mm; rizoma presente. **3. S. virgata**

1. Solidago canadensis L., *Sp. Pl.* 878 (1753). Lectotipo (designado por Reveal et al., 1987): Norteamérica, *Herb. Linn.* 998.2 (microficha MO! ex LINN). Ilustr.: Britton y Brown, *Ill. Fl. N. U.S.* ed. 2, 3: 393, t. 4248 (1913). N.v.: Goldenrod.

Aster canadensis (L.) Kuntze.

Hierbas, 0.3-2 m, las hojas caulinares, las basales ausentes en la antesis, las proximal-caulinares generalmente marchitándose en la antesis, los rizomas presentes; tallos erectos, estrigoso-vellosos o hispídulos a proximalmente glabrescentes. Hojas numerosas, 3-15(-19) × 0.5-2(-3) cm, gradualmente decrecientes y generalmente foliosas hasta en la capitulescencia, lanceoladas, cartáceas, 3-nervias desde la base

hasta bien por arriba de la base, la superficie adaxial glabra o escabrosa, la superficie abaxial escabrosa o hispídula a veces mayormente solo sobre las nervaduras o a veces glabra, los tricomas 0.1-0.2 mm (con frecuencia curvados), los márgenes serrulados hasta con frecuencia fuertemente serrados en las hojas de la mitad del tallo, escabrosociliolados, el ápice acuminado, subsésiles. Capitulescencia piramidal-paniculada, con numerosas cabezuelas, a veces foliosa, el ápice a veces recurvado, con las ramas laterales patentes, recurvadas, inserción de las cabezuelas sobre las ramitas a veces en un solo lado y adaxial; pedúnculos 1-3.5(-5) mm, delgados, generalmente estrigoso-vellosos o hispídulos, 0-3-bracteolados. Cabezuelas 3-4 mm, generalmente con 11-20 flores; involucro 1.7-3 mm, angostamente campanulado; filarios 3-4-seriados, linear-lanceolados, glabros o esparcidamente hispídulos, los márgenes ciliados, el ápice mayormente agudo. Flores del radio generalmente 8-14; corola 1.5-2.8 mm, amarilla, el limbo 0.5-1.5 × 0.2-0.3 mm, lanceolado. Flores del disco generalmente 3-6(-7); corola 2.2-3 mm, los lobos 0.4-0.8(-1) mm. Cipselas 1-1.5 mm, estrigosas; vilano con cerdas 2-2.5 mm. $2n = 18$. *Orillas de caminos*. N (*Rueda 18020*, MO). 100-600 m. (Canadá, Estados Unidos, México, Mesoamérica; introducida en Europa.)

Croat (1972), Cronquist (1980), Dillon et al. (2001) y Taylor y Taylor (1984) trataron *Solidago canadensis* incluyendo *S. altissima* L. en sinonimia, pero *S. altissima* L. se reconoce en este tratamiento como una especie distinta, como en Melville y Morton (1982) y Barkley et al. (2006b). Sin embargo el único ejemplar mesoamericano que se ha visto es un pedazo apical inmaduro que tiene hojas grandes (con tricomas curvados 0.1-0.2 mm) dentro de la capitulescencia, las corolas del radio solo 2.5-2.8 mm y las cabezuelas (aunque inmaduras) solo 3-3.5 mm, como es típico de *S. canadensis* s. str. La especie similar *S. altissima*, que se podría encontrar en el norte de Mesoamérica, se diferencia por las hojas con frecuencia abruptamente decrecientes inmediatamente por debajo de la capitulescencia, por las hojas abaxialmente con tricomas patentes de 0.2-0.9 mm y por las cabezuelas más grandes.

2. Solidago sempervirens L., *Sp. Pl.* 878 (1753). Lectotipo (designado por Taylor y Taylor, 1984): Norteamérica, *Herb. Linn.* 998.1 (microficha MO! ex LINN). Ilustr.: Semple y Ringius, *Univ. Waterloo Biol. Ser.* 26: 41, t. 13 (1983).

Aster sempervirens (L.) Kuntze.

2a. Solidago sempervirens L. var. **mexicana** (L.) Fernald, *Rhodora* 37: 447 (1935). *Solidago mexicana* L., *Sp. Pl.* 879 (1753). Lectotipo (designado por Taylor y Taylor, 1984): Estados Unidos [como "México?"], *Herb. Linn.* 998.13 (microficha MO! ex LINN). Ilustr.: Correll y Correll, *Fl. Bahama Archip.* 1530, t. 673 (1982), como *S. sempervirens*.

Aster mexicanus (L.) Kuntze, *Solidago sempervirens* L. subsp. *mexicana* (L.) Semple.

Hierbas, 0.4-1(-1.5) m, las hojas mayormente basales o a veces basales y caulinares, las hojas basales y proximal-caulinares generalmente presentes en la antesis, el rizoma ausente; tallos erectos, glabros a escabroso-puberulentos en la capitulescencia. Hojas gradualmente decrecientes, gruesas o subcarnosas, las superficies glabras, los márgenes enteros, el ápice agudo; hojas basales 10-40 × 1-6 cm, por lo general angostamente ovadas a oblanceoladas, la base angostamente alado-peciolariforme, amplexicaule o casi amplexicaule; hojas caulinares 4-6 × 0.5-1 cm, lanceoladas, los márgenes no ciliolados o escabroso-ciliolados, sésiles. Capitulescencia generalmente 5-15 × 3-9 cm, generalmente piramidal-paniculada (rara vez claviforme), con numerosas cabezuelas, a veces foliosa, al menos las ramas proximales patentes y recurvadas; pedúnculos 2-3 mm, glabros a esparcidamente hispídulos, bracteolados. Cabezuelas 4-7 mm, con 17-39 flores; involucro 3-4(-5) mm, campanulado a angostamente campanulado; filarios 3-4-seriados, lanceolados, glabros o esparcidamente hispídulos, los márgenes ciliados, el ápice agudo. Flores del radio 7-11; corola 2-4(-5) mm, amarilla, el limbo 0.5-0.8 mm de diámetro, elíptico-lanceolado. Flores del disco 10-16; corola 3-3.2 mm, los lobos 0.5-1.2 mm. Cipselas c. 1.5 mm, estrigosas; vilano con cerdas 3-4 mm. 2*n* =18. *Pantanos.* T (Villaseñor Ríos, 1989: 97). 0-100 m. (E. Estados Unidos, México, Mesoamérica, Antillas.)

Gray (1882) anotó que el tipo de *Solidago mexicana* "vino muy probablemente" de los Estados Unidos, no de México. Sin embargo, McVaugh (1972a) trató a los ejemplares conocidos por él como provenientes de hábitats marítimos de la costa del Golfo de Veracruz y Tabasco (incluyendo aquellos citados por Cowan, 1983, como *S. sempervirens*) como *S. stricta* Aiton. La verdadera *S. sempervirens* var. *mexicana* se encuentra en Veracruz (p. ej., *Sinaca et al. 945*, MO). Villaseñor Ríos (1989) subsecuentemente registró *S. sempervirens* var. *mexicana* de Tabasco por ejemplares más recientes.

Solidago sempervirens var. *mexicana* es similar a *S. stricta*, y fue por lo que Fernald (1935) dijo que "mucho del material sureño de la var. *mexicana* había sido erróneamente identificado" como *S. stricta*. Correll y Correll (1982) trataron *S. stricta* como un sinónimo de *S. sempervirens* var. *mexicana*. Si bien Fernald (1935) declaró que *S. sempervirens* var. *sempervirens* se puede diferenciar fácilmente de *S. sempervirens* var. *mexicana* "por sus hojas más angostas y cabezuelas más pequeñas", en este estudio se encuentra que la colección inmadura LINN-998.1 (el lectotipo de la variedad nominante) aparentemente tiene hojas menores y cabezuelas más pequeñas que aquellas de LINN-998.13 (el lectotipo de *S. mexicana*).

3. Solidago virgata Michx., *Fl. Bor.-Amer.* 2: 117 (1803). Holotipo: Estados Unidos, *Michaux s.n.* (microficha MO! ex P). Ilustr.: Nash, *Fieldiana, Bot.* 24(12): 495, t. 40 (1976), como *S. stricta*. N.v.: Yax tutz' ni', Ch.

Solidago maya Semple.

Hierbas, 0.5-1 m, las hojas mayormente basales o a veces basales y caulinares, las hojas basales y proximal-caulinares generalmente presentes en la antesis, rizoma presente; tallos erectos, glabros o subglabros a esparcidamente pelosos en la capitulescencia. Hojas muy decrecientes, por lo general abruptamente decrecientes con la capitulescencia finalmente con hojas bracteadas, las superficies glabras, los márgenes típicamente enteros, a veces escabroso-ciliolados distalmente, el ápice agudo; hojas basales 7-20(-35) × 0.5-2.4 cm, patentes a ascendentes, por lo general angostamente espatuladas a oblanceoladas u oblongas, la base angostamente alada, peciolariforme, subamplexicaule; hojas caulinares 1-5 × 0.2-0.5 cm, adpresas, lanceoladas, sésiles; hojas distales adpresas. Capitulescencia 5-30 × c. 5 cm, virguliforme a claviforme, por lo general angostamente paniculada o angostamente tirsoide-paniculada, con numerosas cabezuelas, las ramas generalmente erectas o algunos extremos de las ramas ligeramente recurvados; pedúnculos 2-10 mm, esparcidamente puberulentos o hispídulos (Mesoamérica) a glabros. Cabezuelas 5-7 mm, con 11-19 flores; involucro 4-5.5 mm, angostamente campanulado; filarios 3-4-seriados, oblongos, glabros, el ápice agudo a obtuso. Flores del radio 3-7(-11); corola 2-4 mm, amarilla, el limbo 0.5-1.3 mm de diámetro, elíptico-lanceolado. Flores del disco 8-12; corola 3-5 mm, los lobos 1-1.2 mm. Cipselas 1.5-2.2 mm, estrigosas; vilano con cerdas de 3-4 mm. Floración abr., jun.-nov. 2*n* = 18, 36, 54. *Dunas costeras, ciénagas, cocotales, pantanos, pinares, vegetación secundaria.* T (*Conrad y Conrad 2935*, MO); Ch (*Breedlove y Thorne 21282*, MO); B (Barkley et al., 2006b: 138); G (*Contreras 2135*, MO). 0-2200 m. (E. Estados Unidos, México, Mesoamérica, Antillas.)

Semple (2013) corrigió la aplicación de los nombres *Solidago stricta* y *S. virgata*, el material mesoamericano que Nash (1976) había mal aplicado a *S. stricta* ahora se llama *S. virgata*. *Solidago stricta* (sensu Semple, 2013) es endémico de los Estados Unidos. *Solidago virgata* se reconoce en este tratamiento sin infraespecies como lo hizo McVaugh (1972a), quien usó el nombre *S. stricta* para el material meso-

americano y fue el primero en tratar el taxón en México. Barkley et al. (2006b) reconocieron dos infraespecies, y refirieron los ejemplares mesoamericanos como *S. stricta* subsp. *stricta*, una aplicación errónea de Semple (2013) para *S. virgata*.

32. Symphyotrichum Nees

Aster L. sect. *Oxytripolium* (DC.) Torr. et A. Gray, *A.* subg. *Oxytripolium* (DC.) A. Gray, *A.* subg. *Symphyotrichum* (Nees) A.G. Jones, *Conyzanthus* Tamamsch., *Lasallea* Greene, *Mesoligus* Raf., *Tripolium* Dodoens ex Nees sect. *Oxytripolium* DC., *Virgulus* Raf.

Por J.F. Pruski.

Hierbas perennes o rara vez anuales; follaje con frecuencia glabro, rara vez distalmente estipitado-glanduloso; tallos ascendentes a erectos, alternativamente poco ramificados distalmente, subteretes, poco estriados, glabros u ocasionalmente puberulentos en líneas especialmente en la capitulescencia. Hojas caulinares y basales o las basales ausentes en la antesis, simples, alternas, por lo general progresivamente reducidas distalmente, las distales generalmente sésiles y amplexicaules, rara vez cordatas, las proximales generalmente con pecíolo atenuado-alado, cartáceas, generalmente pinnatinervias, los márgenes enteros a serrados. Capitulescencia abierta tirsoide-paniculada, con pocas a numerosas cabezuelas; pedúnculos bracteados o bracteolados. Cabezuelas bisexuales, radiadas o rara vez disciformes, con numerosas flores; involucro hemisférico a turbinado; filarios imbricados, desiguales a subiguales, marcadamente graduados o rara vez solo ligeramente graduados, 1(-3)-nervios, típicamente endurecidos basalmente y al menos la mayoría de las series con una zona clorofílica distal fuertemente delimitada, los filarios externos a veces foliosos o el involucro a veces cercanamente subyacente a las bractéolas; clinanto rara vez levemente paleáceo en algunas plantas cultivadas de *Symphyotrichum novae-angliae* (L.) G.L. Nesom. Flores del radio típicamente presentes; corola de color lavanda o rosada a blanca, con frecuencia vistosa, exerta del involucro, generalmente 1-seriada. Flores del disco bisexuales, generalmente más numerosas que las del radio; corola infundibuliforme (al menos en Mesoamérica), glabra (al menos en Mesoamérica), el tubo generalmente más corto que el limbo, cortamente lobada, los lobos erectos a reflexos; anteras ligeramente exertas, pardo pálido; ramas del estilo erectas o ascendentes, linear-lanceoladas, el apéndice apical lanceolado, papiloso. Cipselas angostamente obovoides a rara vez fusiformes, ligeramente comprimidas, con frecuencia atenuadas apicalmente, pardas, (3-)5(-10)-nervias, generalmente sin glándulas, glabras o a veces puberulentas cuando jóvenes; vilano de numerosas cerdas capilares atenuadas persistentes, típicamente libres en la base, ligeramente más cortas que las corolas del disco, pero más largas que las cipselas. *x* = 5, 7, 8, 13, 18, 21. c. 90 spp. Nativo de América, c. 12 spp. en América tropical.

El género *Aster* s. l. es principalmente norteamericano, y fue reconocido en la mayoría de las primeras floras americanas (p. ej., Cronquist, 1980; Nash, 1976b; Clewell, 1975). La mayoría de las especies americanas tienen frutos 5-nervios obovoides a ligeramente comprimidos. *Aster*, sin embargo, es tipificado por *A. amellus* L. (Jones, 1980) del Viejo Mundo, el cual tiene frutos 2-nervios marcadamente comprimidos. Las especies americanas se han segregado en varios géneros, como lo sugirió Jones (1980), y Semple y Brouillet (1980) transfirieron 11 especies americanas a *Lasallea*. Nesom (1994c [1995]) trató *Lasallea* como un sinónimo *Symphyotrichum* que es un nombre más antiguo.

Bibliografía: Bailey, L.H. *Man. Cult. Pl.* Rev. ed. 1-1116 (1949). Bosserdet, P. *Taxon* 19: 244-250 (1970). Nesom, G.L. *Phytologia* 77: 141-297 (1994 [1995]); *Sida* 21: 2125-2140 (2005). Semple, J.C. y Brouillet, L. *Amer. J. Bot.* 67: 1010-1026 (1980). Sundberg, S.D. *Sida* 21: 903-910 (2004).

1. Hojas caulinares distales con la base auriculado-amplexicaule y obviamente mucho más ancha que los tallos; corolas del radio generalmente azules o de color lavanda. **2. S. laeve**

1. Hoja caulinares distales con la base no amplexicaule, generalmente casi tan ancha como los tallos; corolas del radio generalmente blancas.

   2. Hojas caulinares 3 cm, estrigulosas a hirsutas; pedúnculos diminutamente estipitado-glandulosos. **4. S. trilineatum**

   2. Hojas caulinares 2-17 cm, generalmente glabras; pedúnculos glabros o hirsútulos en líneas, no estipitado-glandulosos.

      3. Hierbas perennes; tallos hirsutos en líneas o completamente. **1. S. bullatum**

      3. Hierbas anuales; tallos glabros o axilas estrigulosas. **3. S. subulatum**

1. Symphyotrichum bullatum (Klatt) G.L. Nesom, *Phytologia* 77: 276 (1994 [1995]). *Aster bullatus* Klatt, *Ann. K.K. Naturhist. Hofmus.* 9: 359 (1894). Isotipo: México, Oaxaca, *Galeotti s.n.* (imagen en Internet ex GH!). Ilustr.: no se encontró. N.v.: Margarita silvestre, G.

Aster jalapensis Fernald.

Hierbas perennes, 0.1-0.5 m; tallos basalmente decumbentes, a veces purpúreos, poco ramificados distalmente, foliosos solo en la mitad distal donde son con frecuencia cercanamente espaciados, hirsutos en líneas o completamente hirsutos, rara vez glabros. Hojas 2-6(-17) × 0.3-1(-1.8) cm, linear-lanceoladas a oblanceoladas, las nervaduras secundarias reticuladas, las superficies generalmente glabras, atenuadas hasta la base peciolariforme luego con frecuencia ligeramente dilatadas, la base casi tan ancha o ligeramente más ancha que el tallo, los márgenes subenteros, a veces setosos o setulosos, el ápice acuminado, sésiles. Capitulescencia corimbosa, con pocas cabezuelas, las ramas laterales con frecuencia ligeramente más altas que el eje central, las hojas abruptamente decrecientes y graduando hasta bractéolas distalmente; pedúnculos 2-6 cm, generalmente bracteolados, hirsútulos con frecuencia en líneas, no estipitado-glandulosos, bractéolas 3-6 mm, con frecuencia laxamente graduando a filarios 1-nervios. Cabezuelas 6-8 mm; involucro 5-7 mm de diámetro, campanulado; filarios 3-6 × c. 1 mm, los filarios externos generalmente más de 1/2 de la longitud de los internos, ligeramente graduados, 3-4-seriados, linear-lanceolados, con una zona clorofílica oblanceolada en toda su longitud o en la mitad distal, la superficie glabra hasta a veces esparcidamente estrigulosa distalmente o los márgenes distales ciliados, los márgenes angostamente escariosos, el ápice erecto, con frecuencia verde a lo largo de todo el margen, agudo a apiculado. Flores del radio 15-26, 1(2)-seriadas; corola blanca, el tubo 2-2.7 mm, el limbo 5-7 (no enrollado) × 1-1.5 mm, típicamente en 2-4 rollos hacia afuera cuando prensada. Flores del disco 15-20; corola 5-5.5 mm, el tubo y la garganta subiguales, los lobos c. 0.7 mm, triangulares. Cipselas 2-2.6 mm, 5-nervias, esparcidamente estrigulosas, el ápice angostado; vilano con cerdas 4-5 mm, pajizo. Floración durante todo el año. $2n = 16$. *Suelos cenagosos, rupícola, laderas de quebradas, cerca de cascadas de agua, selvas altas perennifolias.* Ch (*Ton 5809*, MO); C (Martínez Salas et al., 2001: 23, como *Aster bullatus*); B (*Peña et al. 1065*, MO); G (*von Türckheim II 1603*, MO); H (*Nelson et al. 3962*, MO). (200-)400-2000(-2200) m. (SE. México, Mesoamérica.)

2. Symphyotrichum laeve (L.) Á. Löve et D. Löve, *Taxon* 31: 359 (1982). *Aster laevis* L., *Sp. Pl.* 876 (1753). Lectotipo (designado por Cuatrecasas, 1969): Estados Unidos, *Kalm Herb. Linn.* 997.44 (microficha MO! ex LINN). Ilustr.: Britton y Brown, *Ill. Fl. N. U.S.* ed. 2, 3: 420, t. 4315 (1913), como *A. laevis*. N.v.: Ramillete, Y; lila, margarita margaritilla, G; azulina, ES; lila, CR.

Hierbas perennes, 0.5(-1.2) m; tallos erectos, a veces pardos proximalmente, poco ramificados distalmente; follaje glabro o casi glabro y tendiendo a ser glauco. Hojas basales mucho más grandes que las hojas caulinares distales; láminas gruesamente cartáceas a subcarnosas, las nervaduras inconspicuas, los márgenes enteros a en ocasiones leve-mente serrados, el ápice agudo a obtuso, mucronulato, pecioladas o aquellas distales sésiles; hojas basales (generalmente marchitas en la antesis) y hojas caulinares proximales 3-19 × 1-4 cm, oblanceoladas a espatuladas, basalmente atenuadas generalmente hasta un pecíolo amplexicaule alado de 2-7 cm; hojas caulinares distales 1-11 × 1-3 cm, sésiles, lanceoladas a oblanceoladas, la base auriculado-amplexicaule y obviamente mucho más ancha que el tallo. Capitulescencia abiertamente corimbiforme-paniculada, las hojas axilares bastante decrecientes y bracteadas sobre las ramas rígidas y los pedúnculos; pedúnculos 0.5-3.5(-6) cm, las bractéolas subamplexicaules. Cabezuelas c. 1 × 1 cm; involucro 4.5-7 mm, campanulado; filarios 3-6-seriados, regularmente imbricados y adpresos, lanceolados a oblanceolados, con una zona clorofílica distal generalmente 1-2 mm en forma de diamante, el ápice agudo. Flores del radio mayormente 13-25; corola generalmente azul o de color lavanda, bastante exerta del involucro, el tubo c. 2 mm, el limbo 7-13 × c. 2 mm, 4-nervio, diminutamente 3-emarginado en el ápice. Flores del disco 30-35; corola (4-)5-6 mm, el tubo ligeramente más corto que la garganta, los lobos 0.6-0.9 mm, triangulares; anteras pajizas. Cipselas 1.5-2.5 mm, pardas, glabras; vilano con cerdas 3.5-4.5(-6) mm, parduscas a rojizas. Floración durante todo el año. $2n = 48$. *Jardines, orillas de caminos.* Y (Standley, 1930: 439, como *Aster laevis*); G (*Pruski 4481*, MO); H (*Molina R. 31736*, MO); ES (*Araniva y Villacorta RV-00021*, MO); CR (*Croat 46907*, MO). 0-1500 m. (Nativa de Estados Unidos y Canadá; generalmente cultivada y persistiendo o escapando en México, Mesoamérica, Colombia, Guayana Francesa, Ecuador, Bolivia, Argentina, Europa.)

Symphyotrichum laeve se trata en un sentido amplio y sin infrataxones; es similar a *S. novi-belgii* (L.) G.L. Nesom, pero se diferencia por los filarios regularmente imbricados y adpresos (vs. laxamente imbricados, a veces reflexos), con una zona clorofílica en forma de diamante (vs. alargada) generalmente 1-2 mm (vs. con frecuencia más larga de 2 mm). El informe de Berendsohn y Araniva de González (1989) de *Aster novi-belgii* L. en El Salvador y el de Bailey (1949) en Honduras son identificaciones erróneas de *S. laeve*.

3. Symphyotrichum subulatum (Michx.) G.L. Nesom, *Phytologia* 77: 293 (1994 [1995]). *Aster subulatus* Michx., *Fl. Bor.-Amer.* 2: 111 (1803). Lectotipo (designado por Bosserdet, 1970): Estados Unidos, *Michaux s.n.* (P). Ilustr.: Correll y Correll, *Aquatic Wetland Pl. SW. U.S.* 1620, t. 750 (1972), como *A. subulatus*. N.v.: Ch'unbal te', tzijtzim wamal, Ch; espina de bagre, H.

Aster asteroides (Bertero ex Colla) Rusby, *A. bahamensis* Britton, *A. bangii* Rusby, *A. barcinonensis* Sennen, *A. divaricatus* L. var. *graminifolius* (Spreng.) Baker, *A. divaricatus* var. *sandwicensis* A. Gray ex H. Mann, *A. ensifer* Bosser., *A. exilis* L. var. *australis* A. Gray, *A. exilis* var. *conspicuus* Hieron., *A. exilis* forma *subalpinus* R.E. Fr., *A. heleius* Urb., *A. inconspicuus* Less., *A. linifolius* Griseb., *A. madrensis* M.E. Jones, *A. pauciflorus* Nutt. var. *gracilis* Benth. ex Hemsl., *A. sandwicensis* (A. Gray ex H. Mann) Hieron., *A. squamatus* (Spreng.) Hieron., *A. squamatus* var. *graminifolius* (Spreng.) Hieron., *A. subtropicus* Morong, *A. subulatus* Michx. var. *australis* (A. Gray) Shinners, *A. subulatus* var. *bahamensis* (Britton) Bosser., *A. subulatus* var. *cubensis* (DC.) Shinners, *A. subulatus* var. *elongatus* Bosser. ex A.G. Jones et Lowry, *A. subulatus* var. *euroauster* Fernald et Griscom, *A. subulatus* var. *obtusifolius* Fernald, *A. subulatus* var. *sandwicensis* (A. Gray ex H. Mann) A.G. Jones, *Baccharis asteroides* Bertero ex Colla, *Conyza berteroana* Phil., *C. graminifolia* Spreng., *C. squamata* Spreng., *Conyzanthus graminifolius* (Spreng.) Tamamsch., *C. squamatus* (Spreng.) Tamamsch., *Erigeron depilis* Phil., *E. expansus* Poepp. ex Spreng., *E. multiflorus* Hook. et Arn., *E. semiamplexicaulis* Meyen, *Mesoligus subulatus* (Michx.) Raf., *Symphyotrichum bahamense* (Britton) G.L. Nesom, *S. expansum* (Poepp. ex Spreng.) G.L. Nesom, *S. graminifolium* (Spreng.) G.L. Nesom, *S. squamatum* (Spreng.) G.L. Nesom, *S. subulatum* (Michx.) G.L. Nesom var. *elongatum* (Bosser. ex

A.G. Jones et Lowry) S.D. Sundb., *S. subulatum* var. *parviflorum* (Nees) S.D. Sundb., *S. subulatum* var. *squamatum* (Spreng.) S.D. Sundb., *Tripolium conspicuum* J. Rémy, *T. conspicuum* Lindl. ex DC., *T. moelleri* Phil., *T. oliganthum* Phil., *T. subulatum* (Michx.) Nees, *T. subulatum* var. *boreale* DC., *T. subulatum* var. *cubense* DC., *T. subulatum* var. *parviflorum* Nees.

Hierbas anuales a veces subsuculentas, 0.3-1.5(-2.5) m con raíz axonomorfa; tallos completamente verdes o purpúreos proximalmente, generalmente simples desde la base, a veces difusos y muy ramificados distalmente, glabros o estrigulosos en las axilas, rara vez angostamente fistulosos. Hojas sésiles o las proximales pecioladas; hojas caulinares basales y proximales c. 17 × 2 cm, todas típicamente marchitándose en la antesis; hojas caulinares distales 2-12 × 0.2-1 cm, linear-lanceoladas a lineares, remotas, las nervaduras secundarias inconspicuas o tenues, las superficies glabras, la base atenuada, no dilatada, no amplexicaule, casi tan ancha como el tallo, los márgenes enteros a serrulados, sin setas o a veces cortamente setulosas, el ápice acuminado. Capitulescencia por lo general anchamente corimbiforme-paniculada, las ramas principales con frecuencia 10-30 cm, foliosas, el eje a veces levemente deflexo en los nudos; pedúnculos 0.5-4 cm, 4-12-bracteolados, generalmente glabros, no estipitado-glandulosos, las bractéolas 2-4(-6) mm, graduando a filarios, suladas. Cabezuelas 5-6.5(-8) mm; involucro 4-6 mm de diámetro, cilíndrico a turbinado; filarios 2-6(-7) × 0.5-1 mm, marcadamente graduados, (3)4-5-seriados, lanceolado-subulados, con una zona clorofílica lanceolada a oblanceolada en toda su longitud o en las series internas la zona clorofílica solo en la 1/2 distal o los 2/3 distales, la superficie glabra, los márgenes escariosos, el ápice agudo a apiculado, a veces incurvado o purpúreo. Flores del radio 16-40(-50 o más), 1-2-seriadas; corola generalmente blanca (rara vez rosada o de color lavanda), el tubo 2-4 mm, el limbo 1.5-3.5 × 0.2-0.6 mm, típicamente en 1-3 rollos hacia afuera y a veces de apariencia más corta que las ramas del estilo cuando prensado. Flores del disco 7-23; corola 3.5-5 mm, los lobos c. 0.5 mm, triangulares. Cipselas 1.5-2.8 mm, 5(6)-nervias, esparcidamente estrigulosas, el ápice angostado; vilano con cerdas de 3-4.5(-5.5) mm, libres o a veces levemente connatas basalmente, blanco. Floración durante todo el año. 2*n* = 10, 20. *Suelos cenagosos, áreas alteradas, orillas de lagos, áreas pantanosas, caños pantanosos, pastizales, pinares, orillas de caminos, áreas salinas, áreas arenosas, sabanas, laderas de quebradas, caños húmedos.* T (*Cowan 2411*, MO); Ch (*Pruski et al. 4209*, MO); C (*Álvarez et al. 10338*, MO); QR (*Téllez et al. 3465*, MO); B (*Gentle 936*, MO); G (*Proctor 25092*, MO); H (*Nelson 5566*, MO); N (*Moreno 3313*, MO); CR (*Oersted 254*, K). 5-2400 m. (Canadá, Estados Unidos, México, Mesoamérica, Colombia, Venezuela, Ecuador, Perú, Bolivia, Brasil, Paraguay, Uruguay, Chile, Argentina, Cuba, Jamaica, La Española, Puerto Rico, Islas Vírgenes; introducida en Europa, Asia, África, Australia, Nueva Zelanda, Islas del Pacífico.)

Sundberg (2004) reconoció cinco variedades de esta especie ampliamente distribuida, mientras que Nesom (2005) reconoció cinco especies dentro de *Symphyotrichum subulatum* sensu Sundberg (2004). Los segregados propuestos *S. subulatum* var. *parviflorum* y *S. expansum* fueron usados para ejemplares mesoamericanos respectivamente por Sundberg (2004) y Nesom (2005). Dentro de *S. subulatum* sensu Sundberg (2004) se reconocen dos especies, *S. subulatum* y *S. divaricatum* (Nutt.) G.L. Nesom. La aplicación del nombre *Aster exilis* Elliott es incierto (Cronquist, 1980; Sundberg, 2004), sin embargo este ha sido erróneamente aplicado (p. ej., Clewell, 1975; Standley, 1938) para las especies mesoamericanas. Bentham (1853) trató esta especie en Costa Rica bajo el nombre de *A. caricifolius* Kunth.

Tanto *S. divaricatum* como *S. tenuifolium* (L.) G.L. Nesom de las Antillas y la costa del golfo de Estados Unidos son similares a *S. subulatum*, pero difiere por el limbo de las corolas del radio más largo. Ambas se podrían encontrar en las áreas costeras de la Península de Yucatán.

A elevaciones bajas, las plantas de *S. subulatum* son con frecuencia atrofiadas y a veces se asemejan a plantas difusas de (y son errónea-

mente identificadas como) *Conyza canadensis* (la cual se diferencia por las hojas largamente setosas, los filarios basalmente verdes y los frutos aplanados) y *Chloracantha spinosa* (la cual se diferencia por los filarios 3-nervios y los tallos a veces espinosos).

4. Symphyotrichum trilineatum (Sch. Bip. ex Klatt) G.L. Nesom, *Phytologia* 77: 293 (1994 [1995]). *Aster trilineatus* Sch. Bip. ex Klatt, *Leopoldina* 20: 91 (1884). Holotipo: México, Veracruz, *Liebmann 519* (microficha MO! ex C). Ilustr.: no se encontró. N.v.: Margarita de monte, margarita silvestre, G.

Aster bimater Standl. et Steyerm., *Virgulus bimater* (Standl. et Steyerm.) Reveal et Keener.

Hierbas perennes, erectas, delgadas, 0.2-0.45(-1) m; tallos marcadamente ascendentes, frágiles, moderadamente foliosos distalmente, hirsutos a esparcidamente estrigulosos, generalmente diminutamente estipitado-glandulosos distalmente; follaje con tricomas no glandulares alargados, los tricomas estipitado-glandulosos cuando presentes hasta c. 0.1 mm, diminutos y mucho más cortos que los tricomas no glandulares. Hojas 1-3 × 0.1-0.3 cm, linear-lanceoladas a linear-oblanceoladas, inconspicuamente 3-nervias con un par de nervios indistintos cerca del margen, las superficies estrigulosas a hirsutas, la base obtusa a redondeada, no amplexicaule, casi tan ancha como el tallo, los márgenes enteros, rígido-ciliados a antrorsamente rígido-ciliados, el ápice cuspidado, sésiles. Capitulescencia corimbosa, con pocas cabezuelas, las ramas laterales con frecuencia casi tan largas como el eje central; pedúnculos 2-11 cm, generalmente con pocas a varias bractéolas, estriado-sulcados, brevemente estipitado-glandulosos y también con frecuencia hirsútulos, las bractéolas c. 4 × 1 mm, a veces laxamente graduando a filarios. Cabezuelas 8-12 mm; involucro 7-10 mm de diámetro, campanulado; filarios 3-6 × c. 1 mm, ligeramente graduados a rara vez subiguales, 3-seriados, linear-oblanceolados, brevemente estipitado-glandulosos y también hirsútulos a estrigulosos, 1/2 distal completamente clorofílica y pelosa en ambas superficies, los filarios externos típicamente c. 2/3 de la longitud de los internos, el ápice con frecuencia obtuso y a veces recurvado, los filarios internos a veces matizados de violeta en el ápice agudo a acuminado. Flores del radio 7-22, 1-seriadas; corola blanca, el tubo 2.5-3 mm, el limbo 5-10 × 1-2 mm, típicamente enrollado cuando prensado. Flores del disco 15-30; corola 5-6 mm, el tubo más corto que el limbo, los lobos 0.5-0.6 mm, triangulares. Cipselas 2-2.5(-4) mm, madurando tardíamente, 5-8-nervias, estrigosas a hirsútulas con células terminales a veces divergentes, rara vez estipitado-glandulosas; vilano con cerdas 4-6 mm, pajizo a pardusco. Floración may.-jul. 2*n* = 10. *Bosques de* Pinus-Quercus. Ch (*Purpus 9071*, F); G (*King y Renner 7046*, MO). 1400-2300 m. (E. y SE. México, Mesoamérica.)

Nash (1976b) trató a la especie mesoamericana como *Aster moranensis* Kunth, la cual solo tiene indumento no glandular y en su distribución más al sur solo llega hasta Oaxaca y Veracruz.

33. Talamancaster Pruski
Lagenophora Cass. sect. *Pseudomyriactis* Cabrera
Por G. Sancho y J.F. Pruski.

Hierbas anuales o perennes, generalmente con rizomas, nunca verdaderamente escapíferas; tallos ramificados o simples, generalmente foliosos, a veces subescapíferos, las hojas generalmente basales y caulinares. Hojas generalmente simples o rara vez pinnatífidas, alternas, las superficies glabras o densamente seríceo-pubescentes, los márgenes dentados a lobados; hojas basales por lo general largamente pecioladas; hojas caulinares generalmente sésiles. Capitulescencia monocéfala hasta con pocas a varias cabezuelas en racimos abiertos o cimas, las cabezuelas pedunculadas. Cabezuelas bisexuales, radiadas, pequeñas; involucro campanulado a hemisférico; filarios subiguales, 2-3-seriados, generalmente oblongos, herbáceos, la vena media generalmente conspicua, glabros o esparcidamente pelosos, ciliados y hialinos en los márgenes, el ápice generalmente subobtuso. Clinanto ligeramente convexo, sin palea. Flores del radio pocas a numerosas, 1-2(-4)-seriadas, pistiladas (nunca funcionalmente estaminadas); corola blanca a purpúreo-pardusca, glandulosa o glabra, el tubo muy corto, el limbo angosto, 2-3-dentado. Flores del disco numerosas, bisexuales; corola infundibuliforme, 5-lobada (nunca 4-lobada), blanca a verdosa o purpúreo-pardusca; anteras redondeadas basalmente, los apéndices angostamente ovados; ramas del estilo lineares u ovadas, papilosas abaxialmente desde el ápice hasta cerca del tronco, el ápice agudo. Cipselas sin vilano, obovadas (o a veces las cipselas del disco subcilíndricas), comprimidas, gruesamente-marginadas, con el collar apical; collar densamente glanduloso o el collar de las flores del disco más pequeño, a veces las cipselas de las flores del centro más angostas. 6 spp. Venezuela, Panamá, Costa Rica, Guatemala.

Talamancaster contiene 6 especies de hierbas con hojas caulescentes, flores bisexuales 5-meras, los frutos del disco con collar (Pruski, 2017c). Las especies de *Talamancaster* fueron inicialmente tratadas en el género *Lagenophora* Cass. (p. ej., Badillo, 1947b; Beaman y De Jong, 1965; Cabrera, 1966; Cuatrecasas, 1982b), un género de hojas arrosetadas, discos estaminados y centrado en el hemisferio sur. Más recientemente fueron tratadas en el género asiático *Myriactis* con flores 4-meras y frutos sin rostro (p. ej., Cuatrecasas, 1986; Nesom, 2000).

Los tres géneros (*Lagenophora*, *Myriactis* y *Talamancaster*) son muy parecidos por tener los frutos sin vilano, parcial a completamente comprimidos, pero Nesom y Robinson (2007 [2006]) trataron *Lagenophora* y *Myriactis* en la subtribu Lagenophorinae G.L. Nesom, mientras que Noyes y Rieseberg (1999) y Nakamura et al. (2012) alinearon *T. panamensis* con la subtribu Podocominae típicamente con vilanos largos. Acerca de que *Talamancaster* sea una unidad monofilética fue aludido por Beaman y De Jong (1965), quienes dijeron que "Las especies centroamericanas y sudamericanas parecen tener más caracteres en común entre sí que con los otros miembros de *Lagenophora*", y también por Cabrera quien las trató bajo la atípica *L.* sect. *Pseudomyriactis* y Nesom (2000) quien dijo que *Talamancaster* constituye "un grupo natural".

Bibliografía: Badillo, V.M. *Darwiniana* 7: 331-332 (1947). Beaman J.H. y De Jong, D.C.D. *Rhodora* 67: 36-41 (1965). Cabrera, A.L. *Blumea* 14: 285-308 (1966). Cuatrecasas, J. *Phytologia* 52: 166-177 (1982); *Anales Jard. Bot. Madrid* 42: 415-426 (1986). Nakamura, K. et al., M. *Biol. J. Linn. Soc.* 105: 197-217 (2012). Pruski, J.F. *Phytoneuron* 2017-61: 1-35 (2017).

1. Plantas subescapíferas, las hojas proximales caulinares, remotas y bracteadas.
  2. Láminas de las hojas basales glabras, obovadas, las bases largamente atenuadas.   **3. T. minusculus**
  2. Láminas de las hojas basales seríceas, ovadas, las bases cortamente atenuadas.   **5. T. sakiranus**
1. Plantas no subescapíferas, los tallos foliosos.
  3. Láminas de las hojas basales pinnatilobadas a 2-pinnatífidas.   **6. T. westonii**
  3. Láminas de las hojas basales dentadas a lobadas.
    4. Flores del radio 1-seriadas, el tubo de la corola obviamente peloso-glanduloso.   **2. T. cuchumatanicus**
    4. Flores del radio 2-seriadas, el tubo de la corola glabro o subglabro.
      5. Hojas basales largamente pecioladas, las láminas ovadas a elípticas, las superficies vellosas, la base cortamente atenuada.   **1. T. andinus**
      5. Hojas basales seudopecioladas, las láminas oblanceoladas o claviformes, las superficies glabras, la base largamente atenuada.   **4. T. panamensis**

1. Talamancaster andinus (V.M. Badillo) Pruski, *Phytoneuron* 2017-61: 16 (2017). *Lagenophora andina* V.M. Badillo, *Darwiniana* 7: 331 (1947). Isotipo: Venezuela, *Steyermark 57501* (US!). Ilustr.: Aristeguieta, *Fl. Venez.* 10: 258, t. 30 (1964).

Myriactis andina (V.M. Badillo) M.C. Velez.

Hierbas perennes en tapetes, 7.5-18 cm, no subescapíferas; tallos ascendentes, simples, las hojas basales en rosetas pero los tallos foliosos con hojas solo ligeramente decrecientes hasta cerca de las cabezuelas, vellosos. Hojas basales largamente pecioladas; láminas 2.5-3 × 1.3-2 cm, ovadas a elípticas, las superficies vellosas, la base cortamente atenuada, los márgenes 7-8-dentados, el ápice subobtuso, el pecíolo 3-4 cm; hojas caulinares 1.5-2.5 × c. 4 mm, sésiles, las superficies pelosas a vellosas, la base amplexicaule, vaginada, los márgenes 1-3-dentados, el ápice subobtuso a obtuso. Capitulescencia en cimas, con 1-3 cabezuelas; pedúnculos 3-30 mm, esparcidamente vellosos. Cabezuelas: involucro 4-5 × 5-7 mm, hemisférico; filarios subiguales o los más externos más cortos, 2-3-seriados, los filarios externos 3.5-4.5 × 0.8-1 mm, los filarios internos 4-4.5 × 0.9-1 mm. Flores del radio 35-45, 2-seriadas; corola c. 2 mm, blanca a purpúreo-pardusca, el tubo glabro o subglabro con algunos tricomas glandulosos, el limbo c. 1.8 mm, el ápice 2-dentado. Flores del disco c. 2 mm, amarillo-verdes, los lobos 0.8-0.9 mm, papilosos. Cipselas 1.8-2 mm, aquellas de las flores del centro más angostas (fértiles?) y con un rostro poco glanduloso. *Páramos, páramos arbustivos, acantilados húmedos.* CR (*Pruski et al. 3935*, MO). 3100-3500 m. (Mesoamérica, Venezuela.)

2. Talamancaster cuchumatanicus (Beaman et De Jong) Pruski, *Phytoneuron* 2017-61: 20 (2017). *Lagenophora cuchumatanica* Beaman et De Jong, *Rhodora* 67: 36 (1965). Isotipo: Guatemala, *Beaman 3756* (GH!). Ilustr.: Nash, *Fieldiana, Bot.* 24(12): 494, t. 39 (1976).

Myriactis cuchumatanica (Beaman et De Jong) Cuatrec.

Hierbas perennes, 8-15 cm, no subescapíferas; tallos decumbentes, simples, ramificados solo muy hacia la base, cilíndricos, esparcidamente pelosos, foliosos, las hojas caulinares gradualmente decrecientes. Hojas con láminas glabras adaxialmente, pilosas abaxialmente y en los márgenes; hojas basales largamente pecioladas, con láminas 1-1.5 × 0.9-1.1 cm, elípticas a orbiculares, la base redondeada a subatenuada, los márgenes 4-5-dentados, el ápice obtuso-mucronado, el pecíolo 0.8-2 cm, velloso, vaginado en la base; hojas caulinares mediales sésiles a subpecioladas, con láminas 1.5-1.8 × 0.7-0.8 mm, la base subamplexicaule, los márgenes 2-3-dentados; hojas caulinares distales sésiles, con láminas 0.9-1.2 × 0.4-0.6 cm, obovadas, la base amplexicaule, los márgenes 1-2-dentados. Capitulescencia monocéfala, rara vez más de una cabezuela por tallo. Cabezuelas con 18-34 flores; involucro 3.5-4 × c. 5 mm, anchamente campanulado; filarios subiguales o los más externos los más cortos, c. 3-seriados, glabros o subglabros, a veces purpúreos en el ápice, los filarios externos c. 3 × 0.8 mm, los filarios internos 3.5-4 × c. 0.9 mm. Flores del radio 10-20, 1-seriadas; corola c. 2.5 mm, blanca tornándose rojo-pardusca con la edad, el limbo c. 2 mm, angosto, glabro, el tubo obviamente peloso-glanduloso. Flores del disco 8-14; corola 1.8-2 mm, amarilla tornándose a rojo-pardusca con la edad, el limbo peloso-glanduloso, los lobos 0.7-0.8 mm, papilosos. Cipselas 2.5-2.8 mm, similares tanto en las flores marginales como en las del centro. *Áreas abiertas en bosques alpinos de* Pinus. G (*De Jong 694*, NY). 3200-3700 m. (Endémica.)

3. Talamancaster minusculus (Cuatr.) Pruski, *Phytoneuron* 2017-61: 22 (2017). *Lagenophora minuscula* Cuatrec., *Phytologia* 52: 172 (1982). Holotipo: Panamá, *Weston 10154* (MO!). Ilustr.: no se encontró.

Myriactis minuscula (Cuatrec.) Cuatrec.

Hierbas subescapíferas perennes, 3-28 cm; tallos ascendentes, simples, acostillados, glabros o subglabros, las hojas caulinares proximales, remotas y bracteadas. Hojas basales largamente pecioladas, con láminas 1-2 × 0.3-1 cm, obovadas, las nervaduras inconspicuas abaxialmente, las superficies glabras, la base largamente atenuada, los márgenes 2-5-dentados, el ápice subagudo, el pecíolo 1-5 cm, glabro, vaginado basalmente; hojas caulinares muy pocas, 0.6-0.9 × 0.1-0.2

cm, sésiles, oblongas, las superficies subglabras, la base amplexicaule, los márgenes 1-3-dentados distalmente, el ápice agudo. Capitulescencia monocéfala. Cabezuelas con c. 27 flores; involucro 3-4 × c. 4 mm, anchamente campanulado; filarios subiguales o los más externos más cortos, c. 3-seriados, glabros, a veces purpúreos distalmente, los filarios externos 2.5-3.5 × c. 0.8 mm, los filarios internos 2.5-3.5 × 0.8-0.9 mm. Flores del radio c. 17, 1-seriadas; corola 3-4.5 mm, blanca tornándose purpúrea, el limbo 2.5-4 mm, angosto, glabro, el tubo glabro. Flores del disco c. 10; corola 2-2.5 mm, infundibuliforme, blanca a blanco pálido, mayormente glabra, los lobos 0.6-0.8 mm, papilosos. Cipselas 1.8-2 mm, aquellas de las flores del centro con rostro sin glándulas. *Áreas de páramo pantanosas.* CR (*Davidse et al. 25873*, MO); P (*Weston 10154*, MO). 2900-3300 m. (Endémica.)

4. Talamancaster panamensis (S.F. Blake) Pruski, *Phytoneuron* 2017-61: 24 (2017). *Lagenophora panamensis* S.F. Blake, *Ann. Missouri Bot. Gard.* 26: 314 (1939). Isotipo: Panamá, *Woodson et al. 1047* (MO!). Ilustr.: D'Arcy, *Ann. Missouri Bot. Gard.* 62: 1030, t. 39 (1975 [1976]).

Myriactis panamensis (S.F. Blake) Cuatrec.

Hierbas fasciculadas perennes, 8-25 cm, no subescapíferas; tallos ascendentes, simples, cilíndricos, subglabros o glabros, foliosos, las hojas caulinares gradualmente decrecientes. Hojas sésiles, los márgenes a veces ciliados; hojas basales 4-5.5 × 1-1.4 cm, oblanceoladas u oblongas, las superficies glabras, la base largamente atenuada y largamente seudopeciolada, vaginada, los márgenes 5-8-dentados, algunos dientes dobles, el ápice subagudo; hojas caulinares 1.7-2.5 × 0.4-0.5 cm, oblanceoladas a oblongas, las superficies glabras, la base amplexicaule, los márgenes 1-4-dentados, el ápice subobtuso. Capitulescencia en cimas; pedúnculos 4-15 mm, generalmente pelosos. Cabezuelas 1-5, c. 85 flores; involucro 4-4.2 × 7-9 mm, hemisférico; filarios subiguales o los más externos más cortos, c. 3-seriados, glabros o subglabros, a veces purpúreos distalmente, los filarios externos 3-3.2 × c. 0.8 mm, los filarios internos c. 4 × 0.8 mm. Flores del radio c. 57, 2-seriadas; corola c. 4.5 mm, rosado pálido, el limbo c. 2 mm, angosto, glabro, el tubo glabro. Flores del disco c. 28; corola 2-2.5 mm, mayormente glabra, los lobos 0.6-0.8 mm, papilosos. Cipselas 1.8-2 mm, las de las flores del centro angostadas (fértiles?). *Potreros, páramos.* P (*Davidson 1037*, GH). 2500-3400 m. (Endémica.)

5. Talamancaster sakiranus (Cuatr.) Pruski, *Phytoneuron* 2017-61: 26 (2017). *Lagenophora sakirana* Cuatrec., *Phytologia* 52: 170 (1982). Holotipo: Costa Rica, *Weston 5834* (US!). Ilustr.: no se encontró.

Myriactis sakirana (Cuatrec.) Cuatrec.

Hierbas subescapíferas perennes, rizomatosas, c. 25 cm; tallos ascendentes, simples, ligeramente acostillados a cilíndricos, esparcidamente pilosos, las hojas caulinares proximales, remotas y bracteadas. Hojas basales largamente pecioladas, con láminas 2-2.5 × 0.9-1.5 cm, ovadas, las superficies seríceas, la base cortamente atenuada, los márgenes brevemente 4-6-lobados, el ápice obtuso, mucronado, el pecíolo 1-1.8 cm, piloso, vaginado basalmente, purpúreo; hojas caulinares sésiles, con láminas 0.5-1 × 0.1-0.2 cm, oblongas, las superficies subglabras, la base subamplexicaule, los márgenes 1-2-dentados distalmente, el ápice obtuso a agudo. Capitulescencia monocéfala. Cabezuelas con c. 40 flores; involucro 3.5-4 × 4-5 mm, anchamente campanulado; filarios subiguales o graduados, 2-3-seriados, glabros, los filarios externos 2.5-3 × 0.7-0.8 mm, los filarios internos 3.5-4 × 0.8 mm. Flores del radio c. 25, 1-seriadas; corola c. 3.5 mm, blanca a pardusco-purpúrea, el tubo glabro o con algunos tricomas glandulosos, el limbo 2.8-3 mm, angosto, glabro. Flores del disco c. 15; corola 2-2.2 mm, blanca a pardusco-purpúrea, papilosa. Cipselas 2-2.2 mm, aquellas de las flores del centro reducidas, angostas, sin rostro, sin glándulas. *Pastizales alpinos, páramos, laderas de ríos.* CR (*Pruski et al. 3857*, MO). 2400-3300 m. (Endémica.)

6. Talamancaster westonii (Cuatrec.) Pruski, *Phytoneuron* 2017-61: 27 (2017). *Lagenophora westonii* Cuatrec., *Phytologia* 52: 169 (1982). Isotipo: Costa Rica, *Weston 5867* (MO!). Ilustr.: no se encontró.

Myriactis westonii (Cuatrec.) Cuatrec.

Hierbas no subescapíferas perennes, 17-32 cm; tallos ascendentes, simples, cilíndricos, foliosos, vellosos, ramificados en la capitulescencia, las hojas caulinares gradualmente decrecientes. Hojas basales largamente pecioladas, con láminas 6-7 × 2.5-3 cm, pinnatilobadas a 2-pinnatífidas, los lobos oblongos y subobtusos, las superficies vellosas, los márgenes ciliados, los pecíolos 3-4.5 cm, vellosos, vaginados en la base; hojas caulinares sésiles, con láminas 2.5-3 × 0.4-1 cm, la base amplexicaule, las hojas caulinares proximales mayormente pinnatífidas, las hojas caulinares distales mayormente 2-3-lobadas, los lobos oblongos. Capitulescencia en racimos o cimas; pedúnculos 5-18 mm, vellosos. Cabezuelas 2-5, con c. 54 flores; involucro 3.3-5 × 5.5-8 mm, campanulado a hemisférico; filarios 2-3-seriados, glabros, el ápice purpúreo, los filarios externos c. 3 × 0.8-0.9 mm, los filarios internos c. 4 × 0.8-0.9 mm. Flores del radio c. 40, 2-seriadas; corola 2.4-2.8 mm, blanca a purpúrea, el limbo 1.8-2 mm, glabro, el tubo peloso-glanduloso. Flores del disco c. 14; corola 2.5-3 mm, amarilla-verde, los lobos 0.8-1 mm, papilosos. Cipselas 1.5-3 mm, similares tanto en las flores marginales como en las del centro. Floración todo el año esporádicamente. *Páramos.* CR (*Weston 6064*, US); P (*Gómez et al. 22645*, MO). 3000-3500 m. (Endémica.)

34. **Westoniella** Cuatrec.

Por J.F. Pruski y G. Sancho.

Arbustos erectos a subarbustos bajos en cojines postrados; tallos por lo general irregularmente angulados; pubescencia lanuginosa o lanosa con tricomas 1-seriados delgados, glandulosos con tricomas glanduloso-pediculados o subsésiles, o pilosa con tricomas 1-seriados largos multiseptados; hojas generalmente agregadas apicalmente. Hojas simples, alternas, sésiles, lineares a angostamente elíptico-lanceoladas, ligeramente amplexicaules o amplexicaules en la base, los márgenes enteros a ligeramente dentados, generalmente revolutos, apicalmente agudos. Capitulescencia terminal, con 1(-3) cabezuelas, o corimbosa a subglomerada y con pocas a varias cabezuelas, las cabezuelas por lo general cortamente pedunculadas. Cabezuelas bisexuales, disciformes (de apariencia seudoradiada), con numerosas flores; involucro campanulado o hemisférico, rara vez cilíndrico; filarios subiguales a desiguales, 3-5-seriados, generalmente cartáceos, generalmente pajizos proximalmente y rojizos distalmente, generalmente glandulosos, lanuginosos o pilosos; clinanto alveolado. Flores marginales generalmente 2-4-seriadas, pistiladas; corola tubular-infundibuliforme (seudoradiada), setuloso-papilosa en la unión del tubo con la garganta, el tubo alargado, el limbo tubular-bulboso, dirigido hacia afuera (ligeramente radiado), el ápice desigualmente 3-5-dentado; ramas del estilo generalmente exertas. Flores del disco más o menos numerosas, generalmente funcionalmente estaminadas (aparentemente bisexuales en *Westoniella triunguifolia*); corola infundibuliforme o tubular, 5-lobada, setuloso-papilosa en la unión del tubo con la garganta, generalmente con la garganta y los lobos rojo-purpúreos, los lobos con frecuencia glandulosos por fuera; anteras con apéndices largamente acuminados, las tecas con bases redondeadas, a veces sagitadas; ramas del estilo ovado-agudas, papilosas casi hasta el punto de bifurcación, el ovario estéril (aparentemente fértil en *W. triunguifolia*), cilíndrico, 5-nervio. Cipselas obovoides, comprimidas, 2-3-acostilladas, esparcidamente pelosas o en ocasiones densamente pelosas, sin glándulas; vilano de numerosas cerdas, las cerdas subiguales, generalmente casi tan largas como la corola, 1-seriadas, pajizas, escábridas a ancistrosas. 6 spp. Género endémico.

Westoniella es notable por las corolas de las flores marginales disciformes (aparentemente seudoradiadas), las cuales son infundibuliformes o tubulares, pero con los limbos dirigidos hacia afuera. *Westoniella barqueroana*, *W. chirripoensis* y *W. kohkemperi* son endémicas del Macizo Chirripó y *W. lanuginosa* es endémica del Cerro Fabrega, Panamá. *Westoniella eriocephala* y *W. triunguifolia* son las únicas especies que se encuentran tanto en el Macizo Chirripó como en el Cerro Buenavista (Cerro de la Muerte) y sus alredededores.

Bibliografía: Cuatrecasas, J. *Phytologia* 35: 471-487 (1977).

1. Subarbustos erectos 0.5-1.5 m; tallos erectos, simples a poco o moderadamente ramificados; capitulescencia subglomerada a corimbosa; cipselas por lo general esparcida y cortamente setulosas.
  2. Hojas angostamente elípticas a lanceoladas, los márgenes 2-3 mucronado-dentados.   **3. W. eriocephala**
  2. Hojas lineares, los márgenes enteros.
    3. Hojas 15-25 mm, adaxialmente glandulosas, por lo demás glabras a levemente araneosas.   **4. W. kohkemperi**
    3. Hojas 8-18 mm, adaxialmente glandulosas y ligeramente lanuginosas (hojas jóvenes densamente gris-lanuginosas).   **5. W. lanuginosa**
1. Plantas en cojín a subarbustos bajos de menos de 0.26 m; tallos densamente ramificados; capitulescencia generalmente monocéfala (o a veces con 2 cabezuelas); cipselas por lo general moderada a densamente pilosas.
  4. Hojas 3-5 lobadas, adaxialmente buliformes, abaxialmente densamente tomentoso-lanadas.   **6. W. triunguifolia**
  4. Hojas enteras, adaxialmente lisas, abaxialmente glandulosas y esparcidamente lanuginosas al menos proximalmente.
    5. Hojas 4-8 mm; filarios externos glandulosos y marcadamente pilosos hasta cerca del ápice; flores marginales con limbos angosto-bulbosos.
                                                                        1. W. barqueroana
    5. Hojas 3.5-5 mm; filarios glandulosos, por lo demás generalmente glabros o a veces levemente lanuginosos; flores marginales con limbos bulbosos engrosados.   **2. W. chirripoensis**

1. Westoniella barqueroana Cuatrec., *Phytologia* 35: 476 (1977). Holotipo: Costa Rica, *Weston 3645* (US!). Ilustr.: Cuatrecasas, *Phytologia* 35: 486, t. 2I-Q; 487, t. 3P-S (1977).

Subarbustos perennes en cojín, hasta 0.1 m; tallos postrados a ascendentes, densamente ramificados, foliosos en la 1/2 distal, glabros o levemente araneosos. Hojas 4-8 × c. 1 mm, linear-lanceoladas, cartáceas, la superficie adaxial lisa, araneosa, la superficie abaxial glandulosa y esparcidamente lanuginosa, la vena media visible, los márgenes enteros, revolutos, el ápice agudo. Capitulescencia generalmente monocéfala (o con 2 cabezuelas), sésil o muy cortamente pedunculada, los pedúnculos (0-)3-4 mm, glandulosos y pilosos con tricomas 1-seriados multiseptados. Cabezuelas c. 8 mm, envueltas por hojas; involucro 6.5-7 × 8-9 mm, hemisférico; filarios graduados, 3-4-seriados, linear-lanceolados, cartáceos, los filarios externos 4-5 × c. 1 mm, glandulosos y marcadamente pilosos hasta cerca del ápice con tricomas 1-seriados multiseptados, el ápice glabro, los filarios internos c. 6 × 0.9-1 mm. Flores marginales c. 60 o más, 3-4-seriadas; corola 3.5-4 mm, el tubo color crema, glanduloso, peloso, el limbo 0.8-1 mm, tan largo como el estilo, angosto-bulboso, levemente exerto del involucro, de color violeta. Flores del disco c. 35, funcionalmente estaminadas; corola 4-4.5 mm, infundibuliforme, color crema, glandulosa en el 1/2, la garganta y los lobos de color violeta, gradualmente ampliándose, los lobos erectos, apicalmente pelosos; ovario peloso. Cipselas 1.8-2 mm, esparcida a moderadamente pilosas; vilano con cerdas c. 4 mm. Floración sep., dic.-ene. *Páramo, sitios húmedos de tierras bajas.* CR (*Pruski et al. 3921*, MO). 3400-3800 m. (Endémica.)

2. Westoniella chirripoensis Cuatrec., *Phytologia* 35: 475 (1977). Holotipo: Costa Rica, *Weston 3614* (US!). Ilustr.: Cuatrecasas, *Phytologia* 35: 485, t. 1C; 486, t. 2A-G; 487, t. 3I-J (1977).

Subarbustos perennes en cojín, 0.06-0.08 m; tallos postrados hasta bajamente ascendentes, densamente ramificados, glabros o levemente araneosos. Hojas generalmente agregadas apicalmente, 3.5-5 × 0.8-0.9

mm, linear-lanceoladas, cartáceas a carnosas, la superficie adaxial lisa, mayormente glabra, a veces glandulosa, la superficie abaxial glandulosa, esparcidamente lanuginosa proximalmente, la vena media visible abaxialmente, los márgenes enteros, revolutos, el ápice agudo, navicular. Capitulescencia monocéfala, las cabezuelas sésiles o subsésiles, cercanamente subyacentes a las hojas. Cabezuelas 5.5-6 mm, con 65 flores o más; involucro 5-6.5 × 4-6 mm, turbinado-campanulado; filarios subiguales, 3-4-seriados, linear-lanceolados, delgadamente cartáceos, glandulosos, por lo demás generalmente glabros o a veces levemente lanuginosos, los filarios externos 3.5-4 × 0.7-0.8 mm, purpúreos, los filarios internos 5-5.5 × c. 0.7 mm. Flores marginales c. 40 o más, 2-3-seriadas; corola 4-4.5 mm, color crema, el tubo glanduloso, el limbo engrosado bulboso, exerto; estilo exerto. Flores del disco c. 25, funcionalmente estaminadas; corola 4-4.5 mm, glandulosa en la base del limbo, el tubo c. 1.3 mm, color crema, la garganta y lobos gradualmente ampliándose, purpúreos, los lobos 0.4-0.5 mm, erectos, glandulosos. Cipselas 1.5-2 mm, por lo general moderadamente pilosas; vilano con cerdas c. 4 mm, generalmente más cortas que la corola, el ápice ligeramente claviforme. Floración sep.-feb. *Páramos, sobre rocas.* CR (*Pruski et al. 3924*, MO). 3400-3800 m. (Endémica.)

3. Westoniella eriocephala (Klatt) Cuatrec., *Phytologia* 35: 482 (1977). *Senecio eriocephalus* Klatt, *Bull. Soc. Roy. Bot. Belgique* 31(1): 212 (1892 [1893]). Holotipo: Costa Rica, *Pittier 3425* (GH!). Ilustr.: Alfaro Vindas, *Pl. Comunes P.N. Chirripó, Costa Rica* ed. 2, 127 (2003).

Erigeron adenophorus Greenm.

Arbustos, 0.5-1 (-1.5) m; tallos erectos, poco a moderadamente ramificados, glabros a laxamente araneosos, estipitado-glandulosos sobre los tallos viejos, las hojas proximales con la base persistente, foliosos distalmente. Hojas 15-30 (40) × 2-6 (10) mm, angosto-elípticas a lanceoladas, cartáceas, la vena media visible abaxialmente, ambas superficies pilosas con tricomas 1-seriados multiseptados y tricomas glandulares estipitados, el indumento más denso abaxialmente, los márgenes crenulados a serrados con 2 o 3 dientes mucronados afilados hasta 0.7 mm, aplanados o levemente revolutos. Capitulescencia subglomerada a corimbosa, con pocas a 15 cabezuelas, moderadamente exerta por arriba de las hojas más distales, ramas densamente pilosas, con tricomas 1-seriados multiseptados; cabezuelas pedunculadas, los pedúnculos 4-13 mm, marcadamente pilosos. Cabezuelas 8-9 mm; involucro 6-6.5 × c. 9 mm, campanulado; filarios subiguales, levemente graduados, 3-4-seriados, lanceolados, cartáceos, verdes proximalmente, de color violeta distalmente, marcadamente pilosos con tricomas multiseptados 1-seriados; filarios externos c. 4 × 0.6-1 mm; filarios internos c. 6 × 0.6-0.8 mm. Flores marginales c. 50-90, c. 3-seriadas; corola c. 4.5(-5) mm, color crema o al ápice levemente de color violeta, el tubo glanduloso, especialmente cerca de la unión con el limbo, el limbo 1.2-1.5 mm, angosto-bulboso, exerto; ramas del estilo brevemente exertas de la boca del limbo. Flores del disco (18-)30-50, funcionalmente estaminadas; corola c. 4.5 mm, infundibuliforme, glandulosa en la mitad y también en el ápice de los lobos, el tubo color crema, la garganta y los lobos gradualmente ampliándose, de color violeta, los lobos 0.6-0.8 mm, erectos; ovario marcadamente 3-acostillado. Cipselas c. 2 mm, esparcida y cortamente setulosas; vilano con cerdas 4.5-5.5 mm. Floración sep.-abr. *Páramos, lugares rocosos y húmedos.* CR (*Pruski et al. 3917*, MO). 3100-3700 m. (Endémica.)

La localidad tipo es cerca del Cerro Buenavista (Cerro de la Muerte), pero ejemplares más recientes provienen del Macizo de Chirripó. El tipo de *Westoniella lanuginosa* señala que fue encontrada "también en el Cerro Sakira", pero se piensa que esto hace referencia a *W. eriocephala*, un arbusto similar.

4. Westoniella kohkemperi Cuatrec., *Phytologia* 35: 480 (1977). Holotipo: Costa Rica, *Weston 3612* (US!). Ilustr.: Cuatrecasas, *Phytologia* 35: 485, t. 1A, E; 487, t. 3E-H (1977).

Arbustos, 0.5-1.5 m; tallos erectos, simples a levemente ramificados con hojas dispersas a lo largo del eje del tallo y agrupadas todas juntas en vástagos cortos, glabros a laxamente araneosos, densamente foliosos distalmente. Hojas 15-25 × 0.6-1 mm, lineares, cartáceas, la superficie adaxial glandulosa, por lo demás glabras a levemente araneosas, la superficie abaxial lanuginosa y glandulosa, la base auriculada, los márgenes enteros, marcadamente revolutos, casi plegados, el ápice agudo. Capitulescencia densamente pilosa, terminal, subglomerada a corimbosa, con pocas a 15 cabezuelas, escasa a moderadamente exerta por arriba de las hojas más distales; cabezuelas pedunculadas, los pedúnculos 2-10 mm, marcadamente pilosos con tricomas 1-seriados multiseptados. Cabezuelas 7-9 mm; involucro 5.5-7 × 8-9 mm, campanulado; filarios levemente graduados, c. 3-5-seriados, lanceolados, distalmente purpúreos, marcadamente pilosos con tricomas 1-seriados multiseptados, los filarios externos 2.5-3 × 0.7-0.8 mm, purpúreos, los filarios internos 5-6 × 0.5-0.7 mm. Flores marginales c. 115, c. 3-4-seriadas; corola 4.5(-5) mm, glandulosa cerca de la unión del tubo y el limbo, purpúrea al menos apicalmente, el limbo 1-1.2 mm, angosto-bulboso, exerto del involucro; ramas del estilo brevemente exertas de la boca del limbo. Flores del disco generalmente 30-40, funcionalmente estaminadas; corola 4.5-5(-5.3) mm, infundibuliforme, glandulosa en la mitad y también en el ápice de los lobos, el tubo c. 1.6 mm, color crema, la garganta y los lobos gradualmente ampliándose, de color violeta, los lobos c. 0.6 mm, erectos; ovario subglabro o esparcidamente glanduloso apicalmente. Cipselas 2-2.5 mm, marcadamente 3-acostilladas, esparcida y cortamente setulosas; vilano con cerdas 5-6 mm. Floración sep., dic.-feb. *Páramos.* CR (*Pruski et al. 3925*, MO). 3400-3800 m. (Endémica.)

5. Westoniella lanuginosa Cuatrec., *Phytologia* 52: 173 (1982). Holotipo: Panamá, *Weston 10169* (MO!). Ilustr.: no se encontró.

Arbustos, 1-1.5 m; tallos erectos, ramificados con hojas agregadas a lo largo del eje del tallo, en especial distalmente, glabros a laxamente araneosos, glandulosos. Hojas 8-18 × c. 1 mm, lineares, cartáceas, la superficie adaxial glandulosa y ligeramente lanuginosa (hojas jóvenes densamente gris-lanuginosas), la superficie abaxial glandulosa, la base subauriculada, los márgenes enteros, marcadamente revolutos, el ápice apiculado. Capitulescencia densamente lanosa, terminal, subglomerada a corimbosa, con pocas a 15 cabezuelas, cercanamente subyacentes a las hojas; cabezuelas cortamente pedunculadas, los pedúnculos hasta c. 10 mm, marcadamente lanuginosos y pilosos con tricomas 1-seriados multiseptados. Cabezuelas 6-7.5 mm; involucro 4-6.5 × 8-9 mm, campanulado; filarios subiguales, 3-4-seriados, linear-lanceolados, pálidos o purpúreos, en especial apicalmente, marcadamente pilosos con trico-

mas 1-seriados multiseptados. Flores marginales c. 90, 3-4-seriadas; corola generalmente 3.8-4.2 mm, distalmente rojiza, glandulosa cerca de la unión del tubo y el limbo, el limbo 1-1.2 mm, angosto-bulboso, levemente exerto del involucro; ramas del estilo no exertas del limbo. Flores del disco c. 35, al parecer funcionalmente estaminadas; corola generalmente 4.5-5 mm, infundibuliforme, glandulosa en la mitad y también en el ápice de los lobos, la garganta y los lobos gradualmente ampliándose, de color violeta, los lobos 0.6-0.7 mm, erectos. Cipselas 1.5-2 mm, 3-acostilladas, esparcida y cortamente setulosas; vilano con cerdas 4.5-5 mm. Floración mar., abr. *Páramo.* P (*Gómez et al. 22471*, MO). 3100-3300 m. (Endémica.)

Esperada en Costa Rica.

6. Westoniella triunguifolia Cuatrec., *Phytologia* 35: 478 (1977). Holotipo: Costa Rica, *Weston 10076* (US!). Ilustr.: Cuatrecasas, *Phytologia* 35: 485, t. 1F; 486, t. 2H; 487, t. 3A-D (1977).

Subarbustos perennes bajos, en cojín, hasta 0.25 m, con raíz axonomorfa; tallos postrados a erectos, densamente ramificados, foliosos en toda su longitud, tomentoso-lanosos. Hojas por lo general densamente imbricadas u ocasionalmente patentes y laxamente espaciadas en tallos agrandados. Hojas generalmente 5-6.5 × 1.8-2.5 mm, pequeñas, obovadas (3-5-lobadas), coriáceas, la superficie adaxial marcadamente buliforme, mayormente araneosa o tornándose glabra, la superficie abaxial densamente tomentoso-lanosa, la base oblonga y luego semiamplexicaule, los márgenes 1-2-lobados distalmente, los lobos c. 1 mm, agudos, unguiculados, marcadamente revolutos, el ápice agudo a unguiculado. Capitulescencia generalmente monocéfala o con 2 cabezuelas, generalmente envuelta por hojas; cabezuelas sésiles o subsésiles, los pedúnculos (0-)1-4 mm, lanosos. Cabezuelas 7.5-8 mm; involucro 6-7 × c. 8 mm, cilíndrico o turbinado; filarios subiguales a desiguales, levemente graduados, c. 4-seriados, lanceolado-agudos, delgadamente cartáceos, glandulosos, verdes proximalmente, de color violeta distalmente, los filarios externos araneoso-lanuginosos, los filarios internos generalmente solo glandulosos. Flores marginales c. 30 o más, c. 2-seriadas; corola 5-5.2 mm, blanco-purpúrea, levemente glandulosa cerca de la unión del tubo y el limbo, el limbo c. 2 mm, no exerto del involucro. Flores del disco 10-15, aparentemente bisexuales; corola 4.5-6 mm, infundibuliforme a campanulada, de color violeta, glandulosa y esparcidamente largo-vellosa en la mitad y también sobre los lobos, los lobos c. 0.6 mm, erectos. Cipselas 1.5-2 mm, aquellas de las flores marginales y del disco similares, moderada y largamente pilosas, apicalmente glandulosas; vilano con cerdas de 4-4.5 mm. Floración jul.-sep., dic.-feb. *Páramo.* CR (*Alfaro 3559*, MO). 3100-3800 m. (Endémica.)

IV. Tribus **BAHIEAE** B. G. Baldwin
Bahiinae Rydb.
Descripción de la tribu y clave genérica por J.F. Pruski.

Hierbas anuales o perennes, rara vez arbustos; follaje sin cavidades secretoras ni látex, glandulosas. Hojas típicamente caulinares, alternas u opuestas, no lobadas a pinnatisectas o palmatisectas, mayormente pecioladas. Capitulescencias terminales, abiertamente cimosas a abiertamente corimboso-paniculadas, con menos frecuencia monocéfalas a rara vez congestas (solo fuera de Mesoamérica). Cabezuelas radiadas o discoides; involucro turbinado a hemisférico; filarios subimbricados a rara vez imbricados, subiguales a rara vez graduados, 1-seriados o 2(-4)-seriados, algunas veces con los márgenes o el ápice escariosos, típicamente persistentes; clinanto aplanado o convexo, sin páleas. Flores radiadas (cuando presentes) 1-seriadas, pistiladas; corola blanca

o amarilla, el limbo con las nervaduras típicamente igualmente delgadas, la superficie adaxial más o menos lisa. Flores del disco bisexuales (funcionalmente estaminadas solo en *Neothymopsis* Britton et Millsp.); corola por lo general brevemente 5-lobada (rara vez profundamente lobada), simétricamente lobada a rara vez asimétricamente lobada, amarilla o blanca a algunas veces rojiza o purpúrea, frecuentemente glandulosa, las gargantas sin resina coloreada en los conductos resinosos, los lobos lisos o papilosos por dentro; anteras no caudadas, los filamentos glabros, las tecas pálidamente coloreadas, algunas veces purpúreas, no negras, el patrón del endotecio polarizado (radial solo en *Chamaechaenactis* Rydb.), las células del endotecio cuadrangulares y en hileras longitudinales, el apéndice apical ovado; estilo sin apéndices y cuando apendiculado el apéndice estéril mucho más corto que las porciones estigmáticas, la base glabra (papilosa solo en *Chamaechaenactis*), las ramas del estilo moderadamente aplanadas, con las superficies estigmáticas en 2 bandas y no confluentes apicalmente, recurvadas en la antesis, el ápice agudo a redondeado, rara vez atenuado-cuspidado. Cipselas isomorfas, obpiramidales a subteretes, (obcomprimidas en el género monotípico *Bartlettia* A. Gray) indistinta a obviamente 3-5-anguladas, carbonizadas, las paredes sin rafidios, generalmente estriadas, el ápice truncado, vilano típicamente de varias escamas o escuámulas erosas persistentes, 1-seriadas, la base ancha y engrosada (Mesoamérica), con una vena media prominente engrosada o sin esta, la vena media algunas veces continuando en un ápice aristado, las cipselas rara vez sin vilano. Aprox. 20 gen. y 80 spp. Regiones cálidas del continente americano, algunos en los paleotrópicos. 5 gen. y 7 spp. en Mesoamérica.

Debido a las características Helianthoides con los clinantos sin páleas, los géneros mesoamericanos de la tribu Bahieae han sido tradicionalmente ubicados en la tribu Helenieae (p. ej., Bentham y Hooker, 1873; Rydberg, 1914; Williams, 1976b; Turner y Powell, 1977; Karis y Ryding, 1994a, 1994b; Villarreal-Quintanilla et al., 2008), dentro de la cual Turner y Powell (1977) reconocieron casi 70 géneros. Sin embargo, Karis y Ryding (1994a) anotaron que Helenieae s. l. es parafilética y "debía ser dividida". Baldwin et al. (2002) segregaron en Bahieae, de Helenieae, los taxones con un vilano de escuámulas con la vena media engrosada, mientras que la tribu Helenieae s. str. técnicamente difiere por las cipselas no carbonizadas (Panero, 2007a, 2007b [2006]). Robinson (1981) y Karis y Ryding (1994a) trataron a la mayoría de géneros mesoamericanos entre los c. 25 géneros ubicados por Robinson en Heliantheae subtribu Chaenactidinae Rydb.

Más recientemente, Baldwin et al. (2002) ubicaron a *Chaenactis* DC. y dos géneros cercanamente emparentados en la tribu recientemente descrita Chaenactideae B.G. Baldwin. Entre las tribus segregadas de Helenioide, Bahieae es similiar a Madieae Jeps., Perityleae y especialmente Chaenactideae (véase Robinson, 1981; Karis y Ryding 1994a), pero de estas tres solo Perityleae se conoce en Mesoamérica. Aunque Chaenactideae tiene las cipselas similarmente carbonizadas, difiere de Bahieae por las hojas típicamente alternas y por las escuámulas del vilano frecuentemente connatas basalmente y deciduas como una unidad (Baldwin et al., 2002).

Cuatro de las especies discoides de Mesoamérica tienen numerosas flores y hojas que son simples o lobadas en segmentos anchos. La reducción en el número de flores y disección de las hojas en segmentos angostos, sin embargo, se encuentra en *Florestina pedata*, especie discoide, que confusamente se parece a *Schkuhria pinnata*, una especie con flores radiadas. Las dos especies radiadas de Mesoamérica tienen las hojas partidas en segmentos lineares.

Bibliografía: Baldwin, B.G. et al. *Syst. Bot.* 27: 161-198 (2002). Bentham, G. y Hooker, J.D. *Gen. Pl.* 2: 163-533 (1873). Karis, P.O. y Ryding, O. *Asteraceae Cladist. Classific.* 521-558 (1994); 559-624 (1994). Panero, J.L. *Fam. Gen. Vasc. Pl.* 8: 433-439 (2007 [2006]). Robinson, H. *Smithsonian Contr. Bot.* 51: 1-102 (1981). Rydberg, P.A. *N. Amer. Fl.* 34: 1-80 (1914). Strother, J.L. *Fl. Chiapas* 5: 1-232 (1999). Turner, B.L. y Powell, A.M. *Biol. Chem. Compositae* 2: 699-737 (1977). Villarreal-Quintanilla, J.A. et al. *Fl. Veracruz* 143: 1-67 (2008). Williams, L.O. *Fieldiana, Bot.* 24(12): 361-386, 571-580 (1976).

1. Hojas sésiles; filarios imbricados, graduados, desiguales, 3-4-seriados.
   36. Espejoa
1. Hojas al menos de los tallos proximales pecioladas; filarios subimbricados, subiguales, 1-2-seriados.
   2. Cabezuelas por lo general cortamente radiadas , con 4-10 flores; cipselas individuales asimétricamente pelosas; hojas 1-2-pinnatífidas o 1-2-pinnatisectas en segmentos lineares.

3. Hierbas diminutas, 1-2 cm; involucros campanulados a hemisféricos; cipselas moderadamente 3-5-anguladas, la cara abaxial (externa) glabra y la cara adaxial (interna) hispídula, la base atenuada basalmente formando una base alargada conspicuamente piloso-hirsuta.
   35. Achyropappus
3. Hierbas delgadas, 10-75(-150) cm; involucros turbinado-obcónicos; cipselas obvia y marcadamente 4-anguladas, las caras glabras (rara vez estrigulosas) y los ángulos estrigulosos a piloso-seríceos, breve y largamente atenuadas en un carpóforo oblicuamente anular glabro.
   39. Schkuhria
2. Cabezuelas discoides, con (4-)8-70 flores; cipselas individuales simétricamente pelosas; hojas simples o profundamente lobadas en segmentos anchos (pedato-palmatisectas en segmentos angostos solo en *Florestina pedata*).
   4. Hojas opuestas proximalmente y alternas distalmente, las superficies de las láminas hírtulas; filarios finamente estriados o con la vena media ligeramente desarrollada; ápice de las ramas del estilo atenuado-cuspidado; vilano dispuesto simétricamente, las escuámulas con la vena media prominente engrosada al menos basalmente. **37. Florestina**
   4. Hojas casi completamente opuestas, las superficies de las láminas canescente-tomentulosas; filarios gruesamente carinados con la vena media muy prominente; ápice de las ramas del estilo obtuso a truncado; vilano obviamente dispuesto asimétricamente, las escuámulas uniformemente delgadas y sin vena media obvia, la cara adaxial (interna) de las cipselas con escuámulas más largas que casi alcanzan al ápice del tubo de la corola, las escuámulas de la cara abaxial (externa) muy reducidas.
   38. Loxothysanus

35. Achyropappus Kunth

Por J.F. Pruski.

Hierbas anuales; tallos delgados, moderadamente foliosos, hirsutos con tricomas simples y glándulas estipitadas. Hojas opuestas, cartáceas, 1-2-pinnatífidas en segmentos lineares, pecioladas. Capitulescencias terminales, por lo general abiertamente cimosas, con (1)2-5 cabezuelas; pedúnculos afilos. Cabezuelas radiadas, con 8-35 flores; involucro campanulado a hemisférico; filarios c. 5, subimbricados, subiguales, 1-2-seriados, obovados, más o menos aplanados, subherbáceos, los márgenes angostamente escariosos; clinanto aplanado. Flores radiadas 2-5; corola amarilla o blanca, el tubo estipitado-glanduloso, el limbo 0.6-8 mm, ovado a orbicular, abaxialmente glanduloso, el ápice emarginado. Flores del disco 6-30; corola anchamente campanulada, brevemente 5-lobada, amarilla, el tubo estipitado-glanduloso; tecas de la antera cortamente sagitadas, el apéndice apical triangular-lanceolado, navicular, no glanduloso (vs. algunas veces glanduloso en *Bahia* Lag.); ápice de las ramas del estilo agudo, diminutamente papiloso. Cipselas angostamente obpiramidales, moderadamente 3-5-anguladas (vs. 4-anguladas en *Bahia*), estriadas, las cipselas individuales asimétricamente pelosas con la cara abaxial (externa) glabra y la cara adaxial (interna) esparcida a densamente hispídula, la base atenuada basalmente formando una base alargada conspicuamente piloso-hirsuta (tricomas ascendentes o erectos) y un carpóforo de apariencia blanquecina; vilano simétrico, de 8-10 escuámulas pajizas ovadas a obovadas, mucho más cortas que los frutos y las corolas, sin una vena media prominente. $x = 10$. 3 spp. México, Mesoamérica.

Blake (1937) y Williams (1976b) incluyeron esta especie en *Bahia* e indicaron como especie más cercana *B. anthemoides* (Kunth) A. Gray [*Schkuhria anthemoides* (Kunth) Wedd.? non (DC.) J.M. Coult.], tipo del género *Achyropappus*. Aunque Ellison (1964c) trató a la especie mesoamericana en *Vasquezia* Phil. (tribu Perityleae), *Vasquezia* difiere obviamente por las cipselas sin vilano. *Achyropappus* se mantiene en este tratamiento como marginalmente distinto de *Bahia* de acuerdo a Rydberg (1914), Baldwin et al. (2002), Panero (2007b [2006]) y Turner (2012b).

Bibliografía: Blake, S.F. *Brittonia* 2: 329-361 (1937). Ellison, W.L. *Rhodora* 66: 67-86, 177-215, 281-311 (1964). Turner, B.L. *Phytoneuron* 2012-83: 1-5 (2012).

1. Achyropappus depauperatus (S.F. Blake) B.L. Turner, *Phytologia* 92: 345 (2010). *Bahia depauperata* S.F. Blake, *Brittonia* 2: 352 (1937). Isotipo: Guatemala, *Skutch 1271* (US!). Ilustr.: Williams, *Fieldiana, Bot.* 24(12): 571, t. 116 (1976), como *B. depauperata*.

Vasquezia depauperata (S.F. Blake) Ellison.

Hierbas diminutas, 1-2 cm; tallos densamente hirsutos. Hojas de contorno obovado; láminas 0.2-0.5 × c. 0.1 cm, 3-5-lobadas, las superficies hispídulas y esparcidamente piloso-glandulosas, no punteado-glandulosas, la pelosidad más densa abaxialmente, los lobos 0.3-0.7 mm, el basal más grande, dirigido hacia adelante, entero o algunas veces nuevamente lobado, el ápice obtuso; pecíolo 0.3-0.5 cm, casi tan largo como la lámina, angostamente alado hasta la base y dilatado en el tallo. Capitulescencias c. 1/2 de la altura de la planta, con (1)2 o 3 cabezuelas, sostenidas no muy por encima de las hojas; pedúnculos 0.3-0.4 cm. Cabezuelas 2.5-3 mm, cortamente radiadas, con 6-8 flores; involucro c. 2.5 mm de diámetro; filarios c. 5, 2-2.5 mm, obovados, esparcidamente hirsutos con tricomas simples y estipitados, el ápice anchamente obtuso o redondeado. Flores radiadas c. 2, básicamente incluidas dentro del involucro; corola amarilla, el tubo y el limbo más o menos subiguales, el tubo c. 0.6 mm, el limbo c. 0.6 mm, orbicular. Flores del disco c. 6, el ovario y el tubo incluidos, el limbo corto y más o menos exerto; corola c. 1.3 mm, el tubo y el limbo más o menos subiguales, los lobos c. 0.4 mm, triangulares; ramas del estilo c. 0.2 mm. Cipselas c. 2 mm, el carpóforo 0.2-0.3 mm; vilano de escuámulas c. 0.2 mm. Floración sep. *Pastizales alpinos, áreas rocosas en bosques de* Juniperus. G (*Skutch 1271*, A). 3000-3700 m. (Endémica.)

36. Espejoa DC.

Por J.F. Pruski.

Hierbas anuales; tallos erectos o patentes, por lo general moderadamente ramificados; entrenudos casi tan largos como las hojas; follaje no glanduloso. Hojas completamente opuestas, sésiles, rígidamente cartáceas o subsuculentas, pinnatinervias, subglabras, los márgenes enteros, escabriúsculo-ciliolados. Capitulescencias terminales o axilares, abiertamente cimosas, con pocas a varias cabezuelas, moderadamente exertas de las hojas subyacentes en pedúnculos alargados frecuentemente afilos. Cabezuelas discoides, con 6-16 flores; involucro turbinado-campanulado; filarios 8-12, imbricados, graduados, desiguales, 3-4-seriados, anchamente elípticos a orbiculares, más o menos aplanados, rígidamente cartáceos pero con los márgenes angostamente escariosos, con varias estrías; clinanto aplanado. Flores radiadas ausentes. Flores del disco: corola infundibuliforme-campanulada, profundamente 5-lobada, amarillenta hasta el tubo verde amarillento o los lobos purpúreos, glabra o los lobos pelosos, el tubo robustamente engrosado, marcadamente dilatado, los lobos lanceolados, más largos que la garganta, los lobos con nervaduras marginales; antera con apéndice apical ovado; ramas del estilo cortas, el ápice agudo a obtuso, esparcidamente papiloso. Cipselas angostamente obpiramidales pero por lo general ligeramente comprimidas especialmente cuando inmaduras, estriadas, 4-5-anguladas, negro-parduscas pero la superficie frecuentemente ocultada por un indumento pardo-amarillento a blanco, densamente seríceo, la base gradual y largamente atenuada hasta un carpóforo muy pequeño, oblicuamente anular, seríceo; vilano simétrico, con 12-16 escuámulas alargadas subiguales, las escuámulas hasta c. 1/2 de la longitud de los frutos maduros y alcanzando casi la base de los lobos de la corola, ovado-oblongas, con una vena media prominentemente engrosada, completamente pajizas o la vena media pardusca, los márgenes anchamente escarioso-hialinos, sobrelapados, el ápice acuminado, ligeramente eroso a mucronato o aristado. x = 9. 1 sp. México, Mesoamérica.

1. Espejoa mexicana DC., *Prodr.* 5: 660 (1836). Holotipo: México, estado desconocido, *Alaman s.n.* (microficha MO! ex G-DC). Ilustr.: Candolle, *Icon. Sel. Pl.* 4: t. 41 (1839). N.v.: Frijolillo, mulata, H.

Jaumea mexicana (DC.) Benth. et Hook. f. ex Hemsl.

Hierbas 20-75 cm; tallos opuestos a dicotómicamente ramificados con el eje central sobrepasado por las ramas laterales, uniformemente foliosos en la mitad distal, subteretes, pardo pálido, glabros o las partes distales hispídulas en líneas. Hojas con láminas 2.5-7(-8) × 1-2.5(-3) cm, elípticas a oblongas, algunas veces internamente negro-punteadas, las nervaduras secundarias delgadas, por lo general indistintamente reticuladas, la base obtusa a redondeada, algunas veces subabrazadora, el ápice agudo a obtuso o algunas veces redondeado, mucronato. Capitulescencias con pedúnculos 3-9(-12) cm, delgados pero rígidamente ascendentes. Cabezuelas 9-13 mm; involucro 6-10 mm de diámetro; filarios 3-11 × (3-)4-6 mm, verdes hasta los internos teñidos de purpúreo distalmente, algunas veces internamente negro-punteados, el ápice obtuso a anchamente redondeado. Flores del disco 6-16, escasamente exertas; corola 4-5 mm, los lobos c. 2 mm; anteras amarillento pálido; ramas del estilo c. 0.3 mm. Cipselas 6-8 mm; vilano de escuámulas 2-4 × c. 1 mm. Floración jul.-ene. 2n = 18. *Áreas alteradas, campos, bosques abiertos, orillas de caminos, sabanas, laderas arboladas.* Ch (*Breedlove 28307*, MO); G (*Standley 79432*, F); H (*Williams y Molina R. 10792*, MO); ES (*Calderón 1317*, US); N (*Seymour 1784*, MO); CR (*Opler 1522*, MO). 0-1500 m. (México, Mesoamérica.)

37. Florestina Cass.

Por J.F. Pruski.

Hierbas erectas anuales a perennes de vida corta, con raíz axonomorfa, algunas veces tornándose fibrosa; tallos simples desde la base, moderadamente foliosos, típicamente ramificados distalmente, la médula típicamente sólida, los entrenudos (Mesoamérica) mucho más largos que las hojas; follaje heterótrico con tricomas no glandulares y estipitado-glandulares, patentes y frecuentemente antrorsos, rara vez glabrescentes, los tricomas estipitado-glandulares frecuentemente por encima pero casi tan largos como los tricomas no glandulares. Hojas (Mesoamérica) simples a lobadas en segmentos anchos (en Mesoamérica rara vez disecadas en segmentos angostos), en las especies fuera de Mesoamérica lobadas a disecadas, mayormente opuestas proximalmente y alternas distalmente, todas o al menos las de los tallos proximales pecioladas uniformemente patentes a lo largo de la longitud de tallo; láminas cartáceas, 3-5-plinervias desde la base, las nervaduras secundarias de la mitad de la lámina en las hojas simples marcadamente ascendentes, la nervadura no prominente, las superficies hírtulas (Mesoamérica). Capitulescencias abiertamente corimbosas, con pocas a varias cabezuelas, típica y dicotómicamente ramificadas, las ramas laterales frecuentemente tan largas como el eje central; pedúnculos alargados, desnudos o indistintamente poco bracteolados. Cabezuelas discoides, en Mesoamérica con (4-)8-20 flores; involucro campanulado a turbinado; filarios 6-13, subimbricados, subiguales, 1-2-seriados, oblongos, anchos, cartáceos pero con los márgenes escariosos, finamente estriados o con la vena media ligeramente desarrollada, las corolas del disco ligeramente exertas del ápice del involucro; clinanto aplanado. Flores radiadas ausentes. Flores del disco: corola típicamente infundibuliforme, asimétrica, moderada a marcadamente 5-lobada, de color crema a violeta, el tubo más corto que la anchura del limbo los lobos ligeramente desiguales, escasamente reflexos; anteras cortamente obtusas en la base, el apéndice apical ovado-lanceolado, no glanduloso; estilo obviamente apendiculado, las ramas con 2 bandas estigmáticas, el ápice atenuado-cuspidado, frecuentemente papiloso. Cipselas largamente obcónicas a oblongo-subpiramidales, escasamente c. 4-anguladas, negras, indistintamente c. 10-estriadas, las cipselas individuales simétricamente pelosas, largamente atenuadas hasta un carpóforo pequeño oblicuamente anular, glabro; vilano de 8-10 pajizas escuámulas erosas, anchs, frecuentemente mucho más cortas que la corola, simétricamente dispuestas, monomorfas o algunas veces dimorfas, subiguales o desiguales, con una vena media prominentemente engrosada al menos basalmente, los márgenes distales anchamente hialino-escariosos, el ápice truncado o largamente atenuado. $x = 10$; rara vez $x = 11$ o 12. 8 spp. Suroeste de Estados Unidos, México, Mesoamérica, 3 spp. en Mesoamérica.

Florestina se parece a *Palafoxia* Lag. por el número cromosómico base de $x = 10$-12, pero se diferencia por los estilos sin apéndices o con ápices agudos a obtusos y por las cipselas algunas veces heteromorfas. Aunque *F. latifolia* y *F. platyphylla* se diferencian por las características del vilano de escuámulas aristadas vs. apicalmente redondeadas, *Schkuhria pinnata* se define por tener individuos con escuámulas sea de una o de ambas formas.

Bibliografía: Turner, B.L. *Brittonia* 15: 27-46 (1963).

1. Hojas pedato-palmatisectas, las láminas (cuando son simples) o los segmentos linear-lanceolados o linear-oblanceolados; corolas típicamente de color crema.   **2. F. pedata**
1. Hojas simples, las láminas deltado-cordiformes o deltado-ovadas a orbiculares; corolas, al menos algunas, rojizo-purpúreas o violeta al menos apicalmente.
2. Vilano de escuámulas c. 3/4 de la longitud de las corolas, elíptico-lanceoladas, abruptamente aristadas a largamente atenuadas apicalmente.   **1. F. latifolia**
2. Vilano de escuámulas c. 1/2 de la longitud de las corolas, obovadas a suborbiculares, anchamente redondeadas a truncadas apicalmente.   **3. F. platyphylla**

1. Florestina latifolia (DC.) Rydb., *N. Amer. Fl.* 34: 58 (1914). *Palafoxia latifolia* DC., *Prodr.* 5: 125 (1836). Holotipo: México, Oaxaca, *Andrieux 286* (microficha MO! ex G-DC). Ilustr.: Williams, *Fieldiana, Bot.* 24(12): 574, t. 119 (1976). N.v.: Matapulgas, H.

Polypteris latifolia (DC.) Hemsl.

Hierbas robustas, 30-70(-100) cm; tallos erectos, parduscos a purpúreos, densamente hirsútulos; follaje hirsútulo con tricomas estipitado-glandulares y no glandulares. Hojas simples, las proximales pecioladas y las distales bracteoladas sésiles; láminas 2-5(-8) × 1-4(-6) cm, deltado-cordiformes a orbiculares, las superficies finamente hírtulas, la base anchamente obtusa o truncada a subcordata, los márgenes crenado-dentados, algunas veces profunda o irregularmente dentados, el ápice agudo a obtuso o redondeado; pecíolo 1-5 cm. Capitulescencias típicamente de pocas a varias cabezuelas; pedúnculos 1-9 cm, purpúreos, finamente hírtulos. Cabezuelas 8-11 mm; involucro 5-10 mm de diámetro, anchamente turbinado; filarios 7-10 × 2.5-6 mm, oblanceolados a obovados, verdes a purpúreos apicalmente, con c. 9 nervios, finamente hírtulos, el ápice obtuso a redondeado. Flores del disco 20-45; corola 4.5-5 mm, angostamente infundibuliforme, moderada y asimétricamente lobada, las flores marginales con la corola completamente rojizo-purpúrea o al menos apicalmente, las flores centrales algunas veces con corola de color crema o matizada de rosado, el tubo c. 1.5 mm, los lobos 1-1.5 mm, moderadamente desiguales en longitud, más cortos que la garganta, el ápice papiloso; ramas del estilo c. 0.8 mm. Cipselas 3.5-5.5 mm, densamente setosas o las internas casi glabrescentes; vilano de escuámulas 3.5-6 mm, alargadas, c. 3/4 de la longitud de la corola, elíptico-lanceoladas, monomorfas, el ápice aristado a largamente atenuado, cuando dimorfas con 4 escuámulas más largas abrupta y largamente atenuadas alternando con 4 escuámulas más cortas y menos rostradas. Floración may.-nov. $2n = 24$. *Áreas alteradas, matorrales, bosques espinosos, selvas caducifolias, sabanas, selvas secas.* Ch (*Breedlove 36684*, MO; G (Strother, 1999: 50); H (*Williams 16920*, MO); N (*Morley 741*, MO). 75-1300 m. (México, Mesoamérica.)

Florestina latifolia es una especie común que no fue citada por Turner (1963) como presente en Guatemala. Ese autor indicó que esta especie tiene $x = 12$, por tanto diferenciándose citogenéticamente de otras conocidas en *Florestina*.

2. Florestina pedata (Cav.) Cass., *Dict. Sci. Nat.* ed. 2, 17: 156 (1820). *Stevia pedata* Cav., *Icon.* 4: 33 (1797). Lectotipo (designado aquí): cultivado en Madrid, de México, *Anon. s.n.* (microficha MO! ex MA-476379, pliego de la izquierda). Ilustr.: Calderón de Rzedowski y Rzedowski, *Fl. Bajío, Fasc. Compl.* 20: 70 (2004).

Achyropappus pedatus (Cav.) Less., *Ageratum pedatum* (Cav.) Ortega, *Florestina viscosissima* (Standl. et Steyerm.) Heiser, *Hymenopappus pedatus* (Cav.) Cav. ex Lag., *H. pedatus* (Cav.) Kunth, *Palafoxia pedata* (Cav.) Shinners, *Schkuhria viscosissima* Standl. et Steyerm.

Hierbas delgadas, 25-60 cm; tallos erectos, verdosos o pardo pálidos, acostillados, típicamente hirsútulos con tricomas estipitado-glandulares, también subestrigosos con tricomas no glandulares. Hojas mayormente 3-5-pedato-palmatisectas en segmentos angostos, las hojas proximales algunas veces simples; láminas 2-5.5 × 1-3 cm, de contorno anchamente-triangular a ovado, en segmentos o la lámina cuando simple linear-lanceolada o linear-oblanceolada, las superficies esparcida a moderadamente subestrigoso-hírtulas con tricomas no glandulares, la superficie abaxial de la vena media en ocasiones estipitado-glandulosa proximalmente, la base angostamente cuneada, los márgenes subenteros o rara vez ligeramente serrados, el ápice obtuso; pecíolo 0.8-1.6 cm. Capitulescencias de pocas a varias cabezuelas; pedúnculos 0.5-7 cm, filiformes, parduscos, hirsútulos con tricomas glandulares, también típica y densamente subestrigosos con tricomas no glandulares. Cabezuelas 5-7 mm; involucro 3-5 mm de diámetro, turbinado a angostamente campanulado; filarios 4-6 × 1-3 mm, obovados, verdosos o el ápice algunas veces color violeta, (1-)3-5-nervios, estrigulosos con tricomas no glandulares, el ápice obtuso a redondeado. Flores del disco (4-)8-13; corola 2-3.3 mm, anchamente infundibuliforme, moderada y asimétricamente lobada, típicamente color crema, glabra a estipitado-glandulosa o los lobos algunas veces sésil-glandulosos, el tubo 0.7-1 mm, los lobos 0.9-1.5 mm, moderadamente desiguales en longitud, escasamente más largos que la garganta, lanceolados; ramas del estilo c. 0.5 mm. Cipselas 3-4.5 mm, típicamente moderada a densamente setosas, las setas algunas veces crespas; vilano de escuámulas 1-2.5 mm, c. 1/2 de la longitud de la corola, obovadas a suborbiculares, redondeadas a truncadas apicalmente, rara vez agudas. Floración jul.-oct. $2n = 20, 22$. *Áreas alteradas, matorrales espinosos, selvas caducifolias.* Ch (*Breedlove 20110*, MO); G (*Molina R. y Molina 27813*, MO). 500-1200(-2000?) m. (México, Mesoamérica.)

En aspecto general *Florestina pedata* es parecida a *Schkuhria pinnata*, pero se diferencia por el indumento estipitado-glanduloso y los detalles florales.

Las plantas de jardín del lectotipo se encuentran a la izquierda en el pliego de MA-476379, y claramente identificadas como "tab. 356" y julio "1797", por lo tanto correspondiendo con el protólogo. Las plantas de la derecha del pliego parecen corresponder a material colectado en el campo por Née en México, por tanto pareciendo técnicamente ser parte de una colección separada que no se designa como parte del lectotipo.

3. Florestina platyphylla (B.L. Rob. et Greenm.) B.L. Rob. et Greenm., *Proc. Amer. Acad. Arts* 32: 49 (1897 [1896]). *Schkuhria platyphylla* B.L. Rob. et Greenm., *Amer. J. Sci. Arts* ser. 3, 50: 156 (1895). Isotipo: México, Oaxaca, *Pringle 4975* (MO!). Ilustr.: Turner, *Brittonia* 15: 34, t. 9 (1963).

Hierbas robustas, 20-90 cm; tallos erectos, parduscos, densamente hirsútulos completamente con tricomas no glandulares, c. 1/2 distal también con tricomas estipitado-glandulares, los tricomas glandular-estipitados del tallo proximal son de más de 1 mm, casi dos veces tan largos como aquellos que se encuentran distalmente. Hojas simples, pecioladas, mayormente alternas; láminas (1-)2-5 × (0.3-)1.3-4.5 cm, simples, deltado-ovadas, las superficies finamente subestrigoso-hírtulas con tricomas no glandulares, las hojas inmaduras en ocasiones también esparcidamente estipitado-glandulosas, la base anchamente obtusa a subcordata, los márgenes crenado-dentados, algunas veces profunda o irregularmente, el ápice obtuso; pecíolo (0.2-)0.5-2 cm. Capitulescencias de varias a numerosas cabezuelas; pedúnculos 1-4.5 cm, parduscos, finamente hírtulos con tricomas glandulares y no glandulares, los tricomas estipitado-glandulares más largos que los no glandulares. Cabezuelas 6-9 mm; involucro 6-9 mm de diámetro, anchamente turbinado; filarios 4-7 × 3-4 mm, obovados, verdes a escasamente purpúreos apicalmente, c. 9-nervios, finamente hírtulos medial y basalmente con tricomas glandulares y no glandulares, el ápice obtuso a redondeado. Flores del disco 15-20; corola 2.5-3 mm, angostamente infundibuliforme, escasa y asimétricamente lobada, color violeta al menos apicalmente, el tubo 0.7-0.8 mm, los lobos 0.7-1.1 mm, escasamente desiguales en longitud, escasamente más cortos que la garganta, glabros o los lobos ligeramente papilosos; ramas del estilo c. 0.7 mm. Cipselas 3-4 mm, setosas; vilano de escuámulas 1.5-2 mm, c. 1/2 de la longitud de la corola, obovadas a suborbiculares, el ápice anchamente redondeado a truncado. Floración nov. *Bosques de* Pinus-Quercus. Ch (*Breedlove 47086*, CAS). c. 1600 m. (México [Oaxaca], Mesoamérica.)

Florestina platyphylla parece ser una especie rara que se conoce de pocos ejemplares y de acuerdo a Strother (1999) un solo ejemplar en Mesoamérica.

38. Loxothysanus B.L. Rob.

Por J.F. Pruski.

Hierbas perennes o subarbustos, rupícolas; tallos decumbentes a patentes, por lo general diversamente curvados o doblados, opuestamente ramificados, las ramas laterales no sobrepasando el eje central, foliosas distalmente; entrenudos mucho más cortos que las hojas; follaje resinoso. Hojas simples a profundamente 3(-5)-lobadas en segmentos anchos, casi opuestas a todo lo largo(las más distales algunas veces alternas), largamente pecioladas, cartáceas, la nervadura 3-palmatinervia desde la base, también con 1-3 nervaduras secundarias prominentes por lado distalmente, abiertamente reticuladas, las superficies algunas veces escasamente discoloras, canescente-tomentulosas con tricomas crespos, los márgenes enteros, ligeramente crenados, algunas veces profundamente 3-lobados, los dientes o lobos con el ápice obtuso; pecíolo delgado. Capitulescencias terminales, abiertamente corimbosas, con pocas a varias cabezuelas, exertas de las hojas subyacentes y algunas veces ramificadas por encima de estas, los últimos pedúnculos afilos. Cabezuelas discoides, con 35-70 flores; involucro turbinado-campanulado a campanulado (turbinado en yema); filarios 9-13, subimbricados, subiguales, 1-2-seriados, oblanceolados a oblongos, naviculares, rígidamente cartáceos, gruesamente carinados con la vena media muy prominente y sobresaliendo en especial proximalmente, cercanamente crespo-vellosos y densa y finamente glanduloso-puberulentos; clinanto aplanado o casi aplanado. Flores radiadas ausentes. Flores del disco: corola infundibuliforme a campanulada, breve a moderadamente 5-lobada, escasa y asimétricamente lobada, blanca a rosada, glanduloso-papilosa especialmente proximalmente, el tubo delgado, solo escasamente más corto que el limbo, escasamente dilatado, los lobos triangular-lanceolados, escasamente desiguales especialmente en las flores externas; anteras con tecas pardo-amarillentas a purpúreas, cortamente sagitadas, el apéndice apical ovado, con frecuencia esparcidamente glanduloso; ramas del estilo con el ápice obtuso a truncado, papiloso-fasciculado. Cipselas angostamente obpiramidales y 4-anguladas a casi claviformes, negras, la superficie del lóculo de patrón irregular, no formando estrías, las cipselas individuales simétricamente pelosas (hírtulas) en su totalidad, los ángulos ligeramente calloso-engrosados, la base largamente atenuada hasta un carpóforo muy pequeño anular, glabro; vilano obvia y asimétricamente dispuesto,

de 5-8 escuámulas pajizas obviamente desiguales, erosas, mucho más cortas que las corolas y cipselas, cuando inmaduras algunas aparentan estar connatas casi formando en un anillo basalmente, separándose luego de la antesis, las escuámulas uniformemente delgadas y sin una vena media obvia, la cara adaxial (interna) de la cipsela con escuámulas más largas casi llegando al ápice del tubo de las corolas, las escuámulas de la cara abaxial (externa) muy reducidas. x = 15. 2 spp. México.

Al describir *Bahia nepetifolia*, Gray (1862 [1861]) comentó que por virtud del "extraordinario vilano" podría constituir un "género nuevo". De forma similar en el protólogo de *Loxothysanus*, Robinson (1908 [1907]) citó como carácter diagnóstico el "vilano marcadamente asimétrico".

Bibliografía: Gray, A. *Proc. Amer. Acad. Arts* 5: 174-191 (1862 [1861]). Robinson, B.L. *Proc. Amer. Acad. Arts* 43: 21-48 (1908 [1907]). Turner, B.L. *Wrightia* 5: 45-50 (1974).

1. Loxothysanus sinuatus (Less.) B.L. Rob., *Proc. Amer. Acad. Arts* 43: 43 (1908 [1907]). *Bahia sinuata* Less., *Linnaea* 5: 160 (1830). Lectotipo (designado aquí): México, Veracruz, *Schiede 358* (foto MO! ex HAL-98095). Ilustr.: Villarreal-Quintanilla et al., *Fl. Veracruz* 143: 47, t. 9 (2008).

Bahia nepetifolia A. Gray, *Loxothysanus filipes* B.L. Rob.

Hierbas o subarbustos, 0.3-1 m; tallos tomentulosos, pardos. Hojas: láminas 1.5-9 × 1-6 cm, variables en tamaño y forma, ovadas a deltadas, algunas veces lobadas hasta cerca de la base en 1(2) segmentos anchos por lado e irregularmente cuneados, las superficies por lo general escasamente discoloras, la superficie adaxial verdosa, moderadamente canescente-tomentulosa, la superficie abaxial por lo general densamente blanquecina canescente-tomentulosa, la base obtusa a truncada o en ocasiones subcordata, los márgenes sinuado-crenados, el ápice agudo; pecíolo (0.5-)1-4.5 cm. Capitulescencias anchamente redondeadas a aplanadas distalmente; pedúnculos 0.5-3 cm, tomentulosos, bracteolados; bractéolas 2-5, 1-2 mm, lineares, ascendentes. Cabezuelas 7-9 mm; involucro 8-10 mm de diámetro; filarios 12-14, 5-7.5 × 1.5-2.5 mm, verdes, la vena media 0.2-0.3 mm de diámetro, el ápice agudo. Flores del disco 45-70, escasamente exertas; corola 2.8-3.2 mm, los lobos 0.8-1.2 mm; ramas del estilo 0.6-1 mm. Cipselas 3-4 mm; vilano de escuámulas 0.5-1.5 mm. Floración nov.-mar. 2n = 30. *Áreas rocosas*. Ch (*Pruski et al. 4201*, MO). 400-1300 m. (México, Mesoamérica.)

39. Schkuhria Roth, nom. cons.

Cephalobembix Rydb., *Chamaestephanum* Willd., *Hopkirkia* DC. non Spreng., *Mieria* La Llave, *Rothia* Lam. non Schreb., *Tetracarpum* Moench

Por J.F. Pruski.

Hierbas anuales, con raíz axonomorfa, rara vez hierbas perennes; tallos erectos y simples desde la base pero dicotómicamente muy ramificados en la capitulescencia, algunas veces basalmente ramificados y casi postrados, verdes o con el eje principal o los nudos solo algunas veces rojizos, 5-6-angulados, glabros a estrigulosos a hispídulos con tricomas frecuentemente bulboso-claviformes, foliosos con segmentos foliares más angostos que los tallos; follaje punteado-glanduloso, en Mesoamérica sin glándulas estipitadas. Hojas 1-2-pinnatisectas (Mesoamérica) a rara vez simples, opuestas proximalmente tornándose alternas distalmente, cortamente pecioladas, cartáceas, las superficies esparcidamente puberulentas y punteado-glandulosas, los segmentos foliares 3-7 o más, lineares, casi tan delgados como el pecíolo. Capitulescencias en panículas corimbosas abiertas y foliosas con cabezuelas solitarias y terminales en las ramitas; pedúnculos delgados. Cabezuelas radiadas o discoides, con varias a numerosas flores, el involucro turbinado a campanulado, frecuentemente piriforme en yema; filarios 4-8(-18), algunas veces abrazados por 1-3 bractéolas caliculares secundarias, subimbricados, subiguales, 1-2-seriados, oblongos a obovados, cóncavos pero aplanados al secarse, cartáceos, verdes con los márgenes y el ápice escariosos blanquecinos o purpúreos, uniformemente pluriestriados o la vena media algunas veces diminutamente carinada, punteado-glandulosos, el ápice obtuso a redondeado; clinanto aplanado. Flores radiadas 0-3(-6); corola amarillo pálido o blanca, inconspicua, el tubo glanduloso-papiloso, el limbo ovado a cuneado, 2-3-lobado, los lobos obtusos. Flores del disco (3-)5-10(-40); corola anchamente tubular a angostamente infundibuliforme, brevemente (4)5-lobada, amarilla o algunas veces con la punta rojiza, el tubo ancho, papiloso-glanduloso, el limbo no extremadamente ampliado, los lobos deltado-triangulares, papilosos por dentro; antera con tecas cortamente hastadas, el apéndice apical ovado, algunas veces glanduloso; estilo proximalmente engrosado, el ápice de la rama cortamente agudo, mamiloso-papiloso. Cipselas obpiramidales, obvia y marcadamente 4-anguladas, discoloras con caras negras y costillas (y el ápice) pajizas, las caras en las cipselas del radio poca y cortamente estriadas o algunas veces c. 3-acostilladas, las en las cipselas del disco poca y cortamente estriadas, las cipselas individuales asimétricamente pelosas con la cara glabra (rara vez estrigulosa) y los ángulos estrigulosos a piloso-seríceos especialmente muy cerca de la base casi hasta un carpóforo, breve y largamente atenuadas en un carpóforo pequeño oblicuamente anular, glabro; vilano simétricamente dispuesto, de 8 escuámulas fusiformes a orbiculares, típicamente no contiguas basalmente y sobrelapadas distalmente, pajizas o algunas veces teñidas de purpúreo, con una vena media prominente, la vena media algunas veces abaxialmente pilósula, los márgenes anchamente escariosos, cuando aristadas el ápice angosto surgiendo directamente desde la vena media calloso-engrosada, las escuámulas de los ángulos de la cipsela más aristadas que las intermediarias o algunas veces todos las escuámulas obtusas a redondeadas apicalmente. $x = 10, 11, 12$. Aprox. 5 spp. Suroeste de Estados Unidos, México, Mesoamérica, Sudamérica; introducido en Europa, África, Australia.

El género *Schkuhria* fue revisado por Heiser (1945), quien reconoció seis especies, pero subsecuentemente Turner (1995b) y Strother (1999) las redujeron a cinco tratando dos de las especies más comunes en el sentido de Heiser como una sola especie.

Bibliografía: Blake, S.F. *Leafl. W. Bot.* 6: 154-155 (1951). Clewell, A.F. *Ceiba* 19: 119-244 (1975). Heiser, C.B. *Ann. Missouri Bot. Gard.* 32: 265-278 (1945). McVaugh, R. *Contr. Univ. Michigan Herb.* 9: 359-484 (1972). Turner, B.L. *Phytologia* 79: 364-368 (1995).

1. Schkuhria pinnata (Lam.) Kuntze ex Thell., *Repert. Spec. Nov. Regni Veg.* 11: 308 (1912). *Pectis pinnata* Lam., *J. Hist. Nat.* 2: 150 (1792). Holotipo: cultivado en París de semilla de origen desconocido, *Anon. s.n.* (microficha MO! ex LAM). Ilustr.: Villarreal-Quintanilla et al., *Fl. Veracruz* 143: 63, t. 11 (2008), como *S. pinnata* var. *wislizeni*. N.v.: Conchalagua, escoba amarga, flor de mosquito, G; escoba amarga, pulguilla, H; escoba amarga, ES.

Amblyopappus mendocinus Phil., *Chlamysperma polygama* Triana?, *Hopkirkia anthemoides* DC., *Mieria virgata* La Llave, *Rothia pinnata* (Lam.) Kuntze, *R. pinnata* var. *pallida* Kuntze, *R. pinnata* var. *purpurascens* Kuntze, *Schkuhria abrotanoides* Roth, *S. abrotanoides* var. *pomasquiensis* Hieron., *S. advena* Thell., *S. anthemoides* (DC.) J.M. Coult. non (Kunth) Wedd., *S. anthemoides* forma *flava* (Rydb.) Heiser, *S. anthemoides* (DC.) J.M. Coult. var. *guatemalensis* (Rydb.) Heiser, *S. bonariensis* Hook. et Arn., *S. coquimbana* Phil., *S. guatemalensis* (Rydb.) Standl. et Steyerm., *S. hopkirkia* A. Gray, *S. isopappa* Benth., *S. octoaristata* DC., *S. pinnata* (Lam.) Kuntze ex Thell. var. *abrotanoides* (Roth) Cabrera, *S. pinnata* var. *guatemalensis* (Rydb.) McVaugh, *S. pinnata* var. *octoaristata* (DC.) Cabrera, *S. pinnata* forma *pringlei* (S. Watson) Heiser, *S. pinnata* var. *virgata* (La Llave) Heiser, *S. pinnata* var. *wislizeni* (A. Gray) B.L. Turner, *S. pringlei* S. Watson, *S. virgata* (La Llave) DC., *S. wislizeni* A. Gray, *S. wislizeni* forma *flava* (Rydb.) S.F. Blake, *S. wislizeni* var. *frustrata* S.F. Blake, *S. wislizeni* A. Gray var. *guatemalense* (Rydb.) S.F. Blake, *S. wislizeni* var. *wrightii*

(A. Gray) S.F. Blake, *S. wrightii* A. Gray, *Tetracarpum anthemoideum* (DC.) Rydb., *T. flavum* Rydb., *T. guatemalense* Rydb., *T. pringlei* (S. Watson) Rydb., *T. virgatum* (La Llave) Rydb., *T. wislizeni* (A. Gray) Rydb., *T. wrightii* (A. Gray) Rydb.

Hierbas delgadas, 10-75(-150) cm; tallos erectos, muy ramificados distalmente, las ramas ascendentes en ángulos de casi 45°, puberulentas a glabrescentes, angostamente fistulosas. Hojas alternas (especialmente en ejemplares incompletos de herbario), 1-3(-5) cm, de contorno elíptico a ovado, 1-2-pinnatisectas, las superficies punteado-glandulosas, por lo demás puberulentas a algunas veces subglabras, los lobos de hasta 1.5 × 0.1 cm, el ápice obtuso. Capitulescencias difusas; pedúnculos 0.5-2.5(-5) cm, afilos. Cabezuelas 4.5-7 mm, con 4-10 flores, por lo general cortamente radiadas; involucro 3.5-6 mm de diámetro, turbinado-obcónico; filarios 4-5, 4.5-6 × 1.5-3 mm, obovados, escasamente carinados, las superficies típicamente glabras excepto por las puntuaciones glandulosas y los cilios marginales distales, los márgenes y 1/3-2/3 distales frecuentemente purpúreos; bractéolas caliculares 1-3 mm. Flores radiadas (0)1, incluidas dentro del involucro o el limbo escasamente exerto y escasamente patente; corola con tubo c. 1 mm, el limbo 1-2.5(-3.5) × 1-1.5 mm, débilmente 3-5-nervio. Flores del disco (3-)5-7(-9); corola 2-3 mm, el tubo c. 1 mm, constricto por encima de la base, los lobos c. 0.5 mm; anteras 0.5-0.6 mm, el polen amarillo; ramas del estilo c. 0.6 mm. Cipselas (2.5-)3-4.5 mm, frecuentemente bicoloras o tricoloras con caras y ángulos (y algunas veces tricomas) discoloros, los ángulos densamente piloso-seríceos (Mesoamérica) a cortamente estrigulosos, los tricomas (0.2-)0.5-1 mm, blancos, con ángulos pajizos y ápice pajizo c. 0.2 mm de diámetro; vilano de escuámulas (0.5-)1-3.7 × 0.5+ mm, subiguales o desiguales, más cortas que las corolas del disco hasta más largas que estas, incluidas a escasamente exertas del involucro, aquellas en los ángulos de las cipselas frecuentemente más largas y más rostradas que las escuámulas de la cara intermedia, el ápice redondeado a aristado en varias combinaciones, cuando aristado c. 1/2 proximal de las escuámulas longitudinalmente cóncavas. Floración durante todo el año, mayormente jul.-dic. $2n = 20, 22$. Ch (*Breedlove 28439*, MO); G (*Bernoulli 135*, NY); H (*Williams y Molina R. 10683*, MO); ES (*Calderón 962*, NY); N (*Seymour 6384*, MO); CR (*Spellman et al. 732*, MO). 600-2000(-2400) m. (SO. Estados Unidos, México, Mesoamérica, Colombia, Venezuela, Ecuador, Perú, Bolivia, Brasil, Uruguay, Chile, Argentina; introducido en Europa, África, Australia.)

Heiser (1945) llamó a la mayoría de plantas sudamericanas *Schkuhria pinnata* var. *pinnata*, y estas plantas son obtuso-escuamulosas. Turner (1995b) además caracterizó a las poblaciones sudamericanas de *S. pinnata* como diferenciándose por el limbo de las corolas radiadas más largo y cipselas menos pilosas. Heiser (1945) anotó que la mayoría de plantas de México y Mesoamérica son diversamente aristado-escuamulosas y usó el nombre de *S. pinnata* var. *virgata* para aquellas con 5 o más flores del disco y cipselas con ángulos cortamente piloso-seríceos. Heiser (1945) usó el nombre de *S. anthemoides* (Kunth) Wedd. para los ejemplares con 5 o menos flores del disco y cipselas con ángulos largamente piloso-seríceos.

Blake (1951) anotó que *S. anthemoides* (DC.) J.M. Coult. es ilegítimo, y usando la taxonomía de Heiser adoptó el nombre *S. wislizeni* para los ejemplares largamente aristado-comosos distribuidos desde Estados Unidos hasta Mesoamérica. McVaugh (1972) hizo la combinación *S. pinnata* var. *guatemalensis*, que usó para los ejemplares de México y Mesoamérica. Clewell (1975) en su tratamiento de Compositae de Honduras, usó el nombre *S. virgata* para los ejemplares que Heiser había tratado anteriormente bajo dos especies. De forma similar, en las Helenieae de la *Flora of Guatemala*, Williams (1976b) usó el nombre *S. virgata*. Sin embargo, ya que McVaugh (1972a) no fue citado ni por Clewell (1975) ni por Williams (1976b), cada uno aparentemente escribió sus textos antes de la publicación del artículo de McVaugh. Hasta la actualidad muchos ejemplares de herbarios mesoamericanos son distribuidos como *S. virgata*.

Turner (1995b) trató todo los ejemplares (incluyendo los tipos de *S. pinnata* var. *virgata*, *S. pinnata* var. *guatemalensis* y *S. wislizeni*) de Estados Unidos, México y Mesoamérica como una sola variedad no típica, pero hizo la combinación incorrecta *S. pinnata* var. *wislizeni*. Si todos los ejemplares de Norteamérica y Mesoamérica se reconocen como una variedad no típica, el nombre *S. pinnata* var. *virgata* tiene 40 años de prioridad sobre la var. *wislizeni* de Turner.

Por otro lado, aunque las cipselas ilustradas en el protólogo aparecen cortamente vellosas, el supuesto tipo sudamericano tiene las escuámulas del vilano lanceoladas, por tanto pareciéndose de muy cerca a los ejemplares mexicanos. En realidad, es posible que el tipo sea de semillas mexicanas, en cuyo caso el nombre *S. pinnata* var. *virgata* sería remplazado por la variedad típica. Sin embargo, debido a que hay básicamente completa intergradación entre los extremos de forma en el vilano y pelosidad del ángulo de las cipselas, provisionalmente se trata al material de ambos continentes como una sola especie como lo hicieron McVaugh (1972a) y Turner (1995b) y sin reconocimiento de variedades en el sentido de Strother (1999).

Hay que anotar, sin embargo, que mientras *S. pinnata* tiene formas con vilano de escuámulas apicalmente redondeadas o aristadas o ambos tipos, las mismas características del vilano se han usado para diferenciar *Florestina latifolia* de *F. platyphylla*.

V. Tribus **CALENDULEAE** Cass.
Descripción de la tribus y clave genérica por J.F. Pruski.

Hierbas a árboles pequeños, algunas veces espinosos. Hojas simples a diversamente disecadas, alternas (Mesoamérica) o rara vez opuestas; láminas cartáceas (Mesoamérica), pinnatinervias (Mesoamérica). Capitulescencia monocéfala (Mesoamérica) a corimbosa; pedúnculos típicamente presentes, las cabezuelas rara vez sésiles. Cabezuelas radiadas; filarios subiguales (Mesoamérica) o algunas veces graduados, 1-4-seriados; clinanto sin páleas. Flores radiadas pistiladas o estériles; limbo de la corola generalmente bien desarrollado, 3-denticulado. Flores del disco bisexuales o funcionalmente estaminadas; corola infundibuliforme a angostamente campanulada, 5-lobada; anteras cortamente caudadas, no calcariformes, los engrosamientos de las células del endotecio polarizados, el apéndice apical triangular-ovado; ramas del estilo cortamente bífidas (Mesoamérica), más o menos aplanadas, la superficie estigmática con 2-bandas al menos proximalmente. Cipselas no carbonizadas, secas (Mesoamérica) o rara vez drupáceas, isomorfas a dimorfas o graduando a heteromorfas, rectas a curvadas, teretes a comprimidas, aladas o sin alas, lisas a tuberculadas (en Mesoamérica las cipselas del radio obviamente ruguloso-tuberculadas abaxialmente); vilano ausente. 12 gen., aprox. 120 spp. Nativa del Viejo Mundo, principalmente región sudafricana a mediterránea, sur de Europa, Asia Menor.

1. Flores radiadas 2-3-seriadas o en más series, las corolas con el limbo amarillo a anaranjado; flores del disco funcionalmente estaminadas; cipselas radiadas curvadas, más o menos subteretes, setosas, todas ruguloso-tuberculadas abaxialmente, graduado-heteromorfas, las cipselas de las flores externas del radio gradual y largamente subrostradas apicalmente.
   40. Calendula
1. Flores radiadas 1-seriadas, las corolas con el limbo adaxialmente blanco o blanco-amarillento, abaxialmente azul a purpúreo; flores del disco bisexuales; cipselas radiadas más o menos rectas, subteretes a triquetras, esparcida y cortamente estipitado-glandulosas distalmente, ruguloso-tuberculadas, dimorfas, las cipselas de las flores externas del radio obtusas apicalmente, las cipselas del disco comprimidas, glabras, la superficie lisa.
   41. Dimorphotheca

40. **Calendula** L.
Por J.F. Pruski.

Hierbas a subarbustos. Hojas simples, sésiles; láminas lineares a obovadas. Cabezuelas con numerosas flores; involucro campanulado a hemisférico; filarios linear-lanceolados a lanceolados, 1-seriados o 2-seriados, herbáceos, los márgenes angostamente escariosos al menos proximalmente. Flores radiadas pistiladas, 2-3-seriadas o en más series (Mesoamérica); limbo de la corola linear a oblanceolado. Flores del disco funcionalmente estaminadas; estilo sin ramificar, distalmente engrosado-cónico y cortamente papiloso, el ovario estéril. Cipselas radiadas curvadas, más o menos subteretes (Mesoamérica), todas ruguloso-tuberculadas abaxialmente, graduado-heteromorfas; cipselas radiadas externas cimbiformes a escasamente arqueadas, graduándose hacia las series de cipselas radiadas internas conspicuamente lunular-incurvadas. $x = 7, 8, 9$. Aprox. 15 spp. Región mediterránea (norte de África, sur de Europa, Asia Menor).

1. Calendula officinalis L., *Sp. Pl.* 921 (1753). Lectotipo (designado por Alavi, 1983): Europa, *Herb. Linn. 1035.4* (microficha MO! ex LINN). Ilustr.: Hu y Wong, *Fl. Hong Kong* 3: 280, t. 249 (2009).

Hierbas anuales o perennes, 15-65(-90) cm; tallos decumbentes a erectos, el tallo principal largo, totalmente ramificado, con varias costillas; follaje estipitado-glanduloso y aromático, la punta glandular pequeña, también algunas veces laxamente araneoso-flocoso. Hojas 3-17 × 1-3(-4.5) cm, oblanceoladas a espatuladas, las hojas caulinares distales amplexicaules, los márgenes subenteros, el ápice agudo a obtuso. Pedúnculo 2-8(-12) cm. Cabezuelas 1-1.5 cm; involucro 1.5-2.5 cm de diámetro; filarios generalmente 20-35, 8-13 × 1.5-2 mm, 2-seriados, el ápice gradualmente (menos común abruptamente) atenuado-caudado. Flores radiadas 25-60; limbo de la corola 14-20 × 3-5 mm, c. 2 veces la longitud de los filarios, amarillo a anaranjado, 4-6-nervio. Flores del disco 30-100; corola (4-)5-6 mm, concolora o ligeramente de color más pálido que la corola de las flores radiadas, los lobos c. 1.3 mm, lanceolados. Cipselas radiadas verdes a parduscas al madurar, setosas; cipselas radiadas externas 1.5-2(-2.5) cm, el ápice gradual y largamente subrostrado, graduando en tamaño y forma a cipselas radiadas internas, éstas c. 1 cm. Floración nov. $2n = 28, 32$. *Cultivada como medicinal, frecuentemente escapada.* Ch (Breedlove, 1986: 43); G (*Pruski 4554b*, MO); H (Molina R., 1975: 112). CR (*Poveda s.n.*, CR). c. 1500 m. (Nativa de Europa y Asia; cultivada en Estados Unidos, México, Mesoamérica, Colombia, Ecuador, Perú, Bolivia, Brasil, Chile, Argentina, Asia, Australia, Nueva Zelanda, Islas del Pacífico.)

Calendula officinalis típicamente produce semillas en cultivo y puede persistir por varios años.

41. **Dimorphotheca** Moench., nom. cons.
Acanthotheca DC., *Blaxium* Cass., *Castalis* Cass., *Xenismia* DC.
Por J.F. Pruski.

Hierbas a menos comúnmente arbustos. Hojas simples a diversamente partidas, sésiles o pecioladas; láminas lineares a oblongas. Cabezuelas con numerosas flores; involucro campanulado a hemisférico; filarios linear-lanceolados, 1-o 2-seriados, herbáceos, los márgenes escariosos. Flores radiadas pistiladas (Mesoamérica) o estériles, 1-seriadas; corola con el limbo oblanceolado a oblongo. Flores del disco bisexuales (Mesoamérica) o funcionalmente estaminadas. Cipselas más o menos rectas, dimorfas; cipselas radiadas subteretes a triqueteras, elipsoidales o subglobosas, ruguloso-tuberculadas (Mesoamérica) a lisas, esparcida y cortamente estipitado-glandulosas distalmente (Mesoamérica) a glabras; cipselas del disco comprimidas, redondeas a elípticas o de contorno obovado, glabras, los márgenes engrosados, algunas veces alados, superficies lisas. $x = 9$, 10. Aprox. 19 spp. África.

Bibliografía: Standley, P.C. *Publ. Field Mus. Nat. Hist., Bot. Ser.* 18: 1137-1571 (1938).

1. Dimorphotheca pluvialis (L.) Moench, *Methodus* 585 (1794). *Calendula pluvialis* L., *Sp. Pl.* 921 (1753). Sintipo: Etiopia, *Herb. Linn. 1035.5* (microficha MO! ex LINN). Ilustr.: Brown et al., *Fl. New S. Wales* 3: 315 (1992). N.v.: Margarita azul, ES.

Dimorphotheca annua Less.

Hierbas anuales, 10-40 cm; tallo principal corto, ramificado principalmente en la parte proximal; follaje más o menos densamente hirsuto con tricomas alargados, no glandulares, generalmente también brevemente estipitado-glanduloso, la punta glandular pequeña. Hojas 1.5-8 × 0.4-2.5 cm, las hojas basales (cuando presentes en la antesis) mucho más grandes que las hojas caulinares, oblanceoladas a oblongas o las hojas basales espatuladas, simples, los márgenes subenteros a profundamente dentados con pocos dientes, el ápice agudo a obtuso, sésiles. Pedúnculo 3-10 cm. Cabezuelas 0.8-1.2 cm, algunas veces nutantes; involucro 0.9-1.4 cm de diámetro; filarios c. 15, 7-12 × 2-2.5 mm, 2-seriados, el ápice gradual a abruptamente atenuado-caudado. Flores radiadas 10-18; corola con el limbo 15-30 × 2-4 mm, c. 2-3 veces más largo que los filarios, 4-nervio, blanco o blanco-amarillento adaxialmente, azul a purpúreo abaxialmente. Flores del disco 30-50; corola 4-6 mm, amarilla con dientes purpúreos. Cipselas pardusco claro, las cipselas radiadas 4-5(-6) mm, obtusas en el ápice, las cipselas del disco 6-8 × 4-6 mm. $2n = 18$, 20. *Cultivada*. H (Molina R., 1975: 113); ES (Standley y Calderón, 1941: 278, como *Dimorphotheca annua*); CR (Standley, 1938: 1450, como *D. annua*). Probablemente elevaciones medias (p. ej., 500-2000 m). (Nativa de África; cultivada en Estados Unidos, Mesoamérica, Bolivia?, Europa, Australia.)

Si bien al momento de este escrito no se ha examinado ningún material de Mesoamérica, Standley (1938) describió los limbos de las corolas radiadas como blancos adaxialmente, dejando pocas dudas acerca de la identidad del material.

VI. Tribus **CARDUEAE** Cass.

Centaureeae Cass., *Cynareae* Less., *Cynarocephaleae* Lam. et DC., *Echinopseae* Cass.
Descripción de la tribus y clave genérica por J.F. Pruski.

Hierbas anuales a perennes, rara vez arborescentes, rara vez acaules, frecuentemente espinosas; tallos simples o ramificados, frecuentemente fistulosos. Hojas basales y/o caulinares, alternas, generalmente pinnatilobadas a pinnatífidas, algunas veces ligeramente dentadas o enteras, generalmente cartáceas o subcoriáceas, generalmente espinosas. Capitulescencia monocéfala o corimbosa, rara vez paniculada o globoso-sincéfala. Cabezuelas generalmente con numerosas flores (Mesoamérica) o rara vez unifloras, generalmente discoides o rara vez las flores marginales falsamente seudoradiadas; filarios (1-)3-15-seriados o en más series, frecuentemente con una espina apical; clinanto aplanado a subcónico, sin páleas, generalmente cerdoso-setoso, aréolas aplanadas o cóncavas en la inserción de la cipsela. Flores marginales pistiladas o estériles generalmente ausentes, cuando presentes la corola seudoradiada o actinomorfa. Flores del disco típicamente discoides y bisexuales; corola generalmente tubular a infundibuliforme, actinomorfa, 5-lobada, generalmente color lavanda a purpúrea u ocasionalmente amarilla; anteras largamente caudadas, el ápice con un apéndice, los filamentos libres o rara vez connatos basalmente, frecuentemente papilosos, las tecas con tejido endotecial polarizado; polen típicamente esferoidal (en Mesoamérica prolato en *Centaurea* y oblato-subprolato en *Carthamus*), generalmente subpsilado y microequinado; estilo con el tronco con un anillo anular articulado densamente papiloso distalmente justo por debajo de la bifurcación, glabro proximalmente a este anillo y generalmente papiloso al menos adaxialmente distal a este, las ramas con las superficies estigmáticas continuas. Cipselas generalmente isomorfas, basifijas a oblicuas o lateralmente unidas al clinanto, oblongas u obcónicas, comprimidas o prismáticas, apicalmente redondeadas a truncadas, el anillo apical típicamente evidente y de color más claro que el cuerpo de la cipsela, coronado por la base persistente del estilo, la superficie generalmente dura, glabra a algunas veces vellosa, lisa o rara vez rugulosa o estriada, el carpóforo pequeño; vilano pluriseriado, comúnmente de cerdas alargadas pajizas, escábridas a plumosas, rara vez escuamosas. Aprox. 83 gen. y 2500 spp. Generalmente en las regiones templadas del Viejo Mundo. 5 gen. y 15 spp. en Mesoamérica. Los únicos endémicos se encuentran en *Cirsium* con 4 de las 8 especies endémicas para el norte de Mesoamérica.

Los nombres tribales Cardueae (p. ej. Dittrich, 1977; Dittrich et al., 1980; Jeffrey, 1968; Nash y Williams, 1976), y Cynareae (p. ej. Bremer, 1994; Dillon, 1982; García López y Koch, 1995; Kubitzki, 2007 [2006]) han sido usados para esta tribu (s. l.), pero al parecer Cardueae es el nombre tribal válido más antiguo para la tribu como es circunscrita generalmente.

Cardueae está entre las Asteraceae más tempranamente divergentes y entre los primeros miembros herbáceos de la familia que se han extendido a las zonas templadas del hemisferio norte. Varios géneros de Cardueae (p. ej., *Centaurea*, *Cirsium*, *Saussurea* DC.) contienen cientos de especies por lo general nortempladas. Cardueae se asemeja a Mutisieae s. l. por las ramas del estilo algunas veces cortamente ovadas y las anteras caudadas. Estas dos tribus son también similares por tener numerosas especies que fructifican rápidamente.

Los miembros típicos de Cardueae tienen cabezuelas con numerosas flores y hojas partidas y espinosas, pero la subtribu Centaureinae Dumort. difiere en tener hojas enteras generalmente inermes, las corolas frecuentemente amarillas y las flores marginales frecuentemente seudoradiadas. La subtribu Echinopsinae Dumort. difiere de la típica Cardueae por las cabezuelas globosas con una sola flor. Tanto Centaureeae como Echinopseae ocasionalmente se reconocen, pero incluidas dentro de Cardueae y así por tanto se reconocen aquí como subtribus.

Cardueae es una de las tres tribus de Asteraceae cuyas especies tienen comúnmente las hojas espinosas. Las otras dos tribus comúnmente con hojas espinosas son Barnadesieae (en general arbustos andinos caracterizados por cabezuelas 2-labiadas y espinas nodales pareadas) y Lactuceae (generalmente hierbas con látex por lo general lechoso y cabezuelas ligulares); pero Cardueae difiere por las cabezuelas típicamente discoides.

Algunas malezas casi cosmopolitas de Cardueae, con vilano no plumoso, que se deberían encontrar en Mesoamérica son: *Arctium minus* (Hill) Bernh., *Carduus nutans* L. y *Onopordum acanthium* L. *Arctium* L. es una hierba inerme con tallos no alados y rara por los filarios externos uncinados. *Carduus* L. y *Onopordum* L. tienen las hojas espinosas y los tallos alados, pero *Onopordum* difiere de numerosas Cardueae por el clinanto no cerdoso.

Los tratamientos más frecuentemente consultados para las circunscripciones de las claves genéricas y de las especies fueron: Ariza Espinar y Delucchi (1998), Dillon (1982), Dittrich (1977), Dittrich et al. (1980), García López y Koch (1995) y Jeffrey (1968).

Bibliografía: Ariza Espinar, L. y Delucchi, G. *Fl. Fan. Argent.* 60: 3-26 (1998). Dillon, M.O. *Fieldiana, Bot.* n.s. 10: 1-8 (1982). Dittrich, M. *Biol. Chem. Compositae* 2: 999-1015 (1977). Dittrich, M. et al. *Fl. Iranica* 139b: 287-468, t. 277-417 (1980). García López, E. y Koch, S. *Fl. Bajío* 32: 5-51 (1995). Jeffrey, C. *Kew Bull.* 22: 107-140 (1968). Morton, J.F. *Atlas Med. Pl.* 1-1420 (1981).

1. Plantas inermes (rara vez las hojas o los filarios espinosos); cipselas oblicua a lateralmente unidas a los clinantos; clinantos con areolas cóncavas en la inserción de la cipsela.
  2. Filarios subiguales u obgraduados, los externos foliosos; cabezuelas homógamas y discoides; polen esferoidal. **42. Carthamus**
  2. Filarios desiguales, los externos no foliosos; cabezuelas típicamente heterógamas, seudorradiadas o rara vez disciformes, rara vez homógamas y discoides; polen prolato. **43. Centaurea**
1. Plantas espinosas; cipselas basifijas; clinantos con areolas aplanadas en la inserción de la cipsela.
  3. Vilano de cerdas simples; anteras con filamentos connatos. **46. Silybum**
  3. Vilano de cerdas plumosas; anteras con filamentos libres.
    4. Hojas no glandulosas (Mesoamérica); clinantos más o menos secos; filarios generalmente cartáceos o subcoriáceos. **44. Cirsium**
    4. Hojas glandulosas; clinantos carnosos; filarios gruesamente coriáceos. **45. Cynara**

42. Carthamus L.

Por J.F. Pruski.

Hierbas inermes (Mesoamérica) o espinosas, anuales a rara vez perennes; tallos generalmente erectos, ramificados; follaje frecuentemente glanduloso, por lo demás glabro a araneoso-pubescente. Hojas basales y/o caulinares, alternas; láminas pinnatilobadas o pinnatisectas o no lobadas, dentado-espinulosas a espinosas. Capitulescencia monocéfala o abierta y corimbiforme. Cabezuelas homógamas y discoides; involucro ovoidal o elipsoidal; filarios numerosos, imbricados, subiguales u obgraduados; filarios de las series externas y medias parecidos a las hojas distales del tallo en tamaño, forma y textura, rígidos, los márgenes pinnatilobados a espinulosos; filarios internos menos rígidos; clinanto aplanado a convexo, desnudo o escamoso, las areolas cóncavas en la inserción de la cipsela. Flores 15-60, bisexuales; corola tubular-infundibuliforme, amarilla o anaranjada a roja o purpúrea, el tubo delgado, los nervios de la garganta y los lobos oscuros, los lobos linear-lanceolados; anteras con filamentos libres, generalmente papilosos, las colas cortas, el apéndice apical oblongo; ramas del estilo conniventes hasta cerca del ápice, papilosas. Cipselas oblicuamente unidas al clinanto, escasamente dimorfas, ovoides a obpiramidales, c. 4-anguladas, glabras, la superficie rugulosa o subpsilada, la base asimétrica, las paredes del ovario con cristales de oxalato de calcio de tres tipos (drusas, de contorno elíptico y de contorno rectangular); vilano ausente o doble con numerosas escamas desiguales persistentemente rígidas, pluriseriadas, con los márgenes lisos. $x = 10, 11, 12, 32$. Aprox. 14-20 spp. Nativo de Europa, región mediterránea y Asia; cultivado y ampliamente naturalizado en todo el mundo.

Carthamus lanatus L., especie de flores amarillas, es algunas veces arvense y debería encontrarse en Mesoamérica. Aunque *C. lanatus* tiene técnicamente las características de *Carthamus* (p. ej., vilano corto de escamas y cipselas oblicuamente unidas), las hojas espinoso-pinnatífidas y el filario externo espinoso ligeramente la asemejan a *Silybum marianum*.

Numerosos ejemplares prensados de *Centaurea benedicta* presentan las hojas distales del tallo (falsamente) cubriendo el involucro, así superficialmente pareciéndose, y es frecuentemente erróneamente determinado como *Carthamus*.

Bibliografía: McVaugh, R. *Contr. Univ. Michigan Herb.* 11: 97-195 (1977).

1. Carthamus tinctorius L., *Sp. Pl.* 830 (1753). Lectotipo (designado por Dittrich et al., 1980): Egipto, *Herb. Clifford 394, Carthamus 1* (foto MO! ex BM). Ilustr.: García López y Koch, *Fl. Bajío* 32: 8 (1995). N.v.: Cártamo, T.

Hierbas anuales, 0.3-0.7(-1.5) m, inermes, axonomorfas; tallos sin alas, lisos, pajizos, médula más o menos sólida; follaje glabro, eglanduloso. Hojas (2-)3-12 × (1-)1.7-4(-5) cm, caulinares, lanceoladas a elípticas, no pinnatilobadas, las superficies concoloras, la base generalmente obtusa a semiamplexicaule, los márgenes dentado-espinulosos o rara vez enteros, los dientes generalmente 1-2 mm, el ápice agudo, sésiles; hojas distales del tallo subiguales en tamaño a los filarios, 3-5-subplinervias. Capitulescencia foliosa, de varias cabezuelas casi subsésiles en los extremos de las ramas. Cabezuelas 2.5-3.5 cm; involucro 1.9-2.6(-2.9) cm de diámetro, folioso; filarios obgraduados, 4-seriados o 5-seriados; c. 20 filarios externos de 20-29 × 5-10 mm, más largos que los filarios internos, romboidal-lanceolados, verdes en c. 2/3 distal, generalmente patentes, las nervaduras prominentes, la base constricta, los márgenes delgado-espinulosos, el ápice atenuado, grueso-espinoso, la espina terminal 2-3 mm; los filarios internos gradualmente 20-22 × 4-5 mm, lanceolados, los márgenes enteros, el ápice generalmente acuminado. Flores del disco: corola 20-30 mm, mucho más larga que las escamas del vilano, anaranjada o amarilla brillante, el tubo 15-23 mm, garganta c. 1 mm, mucho más corta que los lobos; anteras con filamentos 1-2 mm, las tecas anaranjadas o amarillo brillante. Cipselas 6-9 mm, blancas o pajizas; vilano ausente o de escamas 2-7 mm, no exerto del involucro. Floración mar.-abr. $2n = 24$. *Cultivada, naturalizada en áreas alteradas.* T (*Calzada 2364*, XAL); ES (Fernández Casas et al., 1993: 126); N (*Baker 144*, MO). 0-700 m. (nativa de la región mediterránea; cultivada y naturalizada en Canadá, Estados Unidos, México, Mesoamérica, Paraguay, Chile, Argentina, Europa, Asia, África, Australia.)

Carthamus tinctorius es ampliamente cultivada por el colorante (un substituto del azafrán) extraído de las corolas y por el aceite extraído de las cipselas. Este es frecuente en monocultivos extensos y puede naturalizarse rápidamente donde crece. La localidad dada por Fernández Casas et al. (1993) fue Servatoropoli, la cual McVaugh (1977: 177, 182) señala con el equivalente latino de San Salvador.

43. Centaurea L., nom. cons.

Carbeni Adans., *Cnicus* L., *Cyanus* Mill., *Hierapicra* Kuntze, *Leucacantha* Nieuwl. et Lunell, *Plectocephalus* D. Don

Por J.F. Pruski.

Hierbas anuales a perennes, completamente inermes o rara vez las hojas o los filarios espinosos; tallos simples o ramificados, generalmente no alados. Hojas basales y/o caulinares, alternas, generalmente sésiles o subsésiles al menos distalmente; láminas enteras a 2-pinnatisectas, frecuentemente glandulosas. Capitulescencia monocéfala a corimbiforme-paniculada. Cabezuelas típicamente heterógamas, seudorradiadas o rara vez disciformes, rara vez homógamas y discoides; involucro cilíndrico a globoso; filarios numerosos, imbricados, desiguales, distalmente lacerados o pectinados a espinosos, el ápice angostamente escarioso o algunas veces con un apéndice notorio; clinanto aplanado, cerdoso, las cerdas frecuentemente más largas que el vilano, las areolas cóncavas en la inserción de la cipsela. Flores 15-400; cuando las cabezuelas son heterógamas las flores marginales son estériles o rara vez con estaminodios; corola color violeta a rosada, rara vez amarilla o blanca, el tubo delgado, frecuentemente doblado en la garganta. Flores marginales: corola generalmente grande y seudoradiada, algunas veces pequeña y actinomorfa, el limbo típicamente radiando hacia afuera, los lobos desiguales. Flores del disco bisexuales; corola infundibuliforme, actinomorfa; filamentos de la antera libres, lisos o finamente papilosos, las tecas caudadas, el apéndice apical generalmente oblongo; polen prolato; estilo con ramas cortas. Cipselas oblicua a lateralmente unidas al clinanto, la superficie lisa a rara vez estriada o prominentemente acostillada, glabra a algunas veces pilosa, los tricomas 1-seriados o 2-seriados (pelos gemelos), la base asimétrica; vilano ausente o comúnmente de numerosas escamas o cerdas persistentes o prontamente deciduas, desiguales, con c. 2 series. $x = 7, 8, 9, 10, 11, 12, 13$. 250-650 spp. Nativo de Eurasia y la región mediterránea, pocas especies nativas de América; varias especies son arvenses y cosmopolitas.

Centaurea es tratada aquí en sentido tradicional amplio, con *Cnicus* y *Plectocephalus* en sinonimia, aunque *Plectocephalus* ha sido sugerido (Hind, 1996) como diferente. Aunque el tipo del género del sinónimo *Cnicus* (*C. benedictus*) es reminiscente de *Carthamus*, el involucro de *Centaurea benedicta* no es folioso ni los filarios externos asemejan las hojas distales; más bien la semejanza entre estos taxones es superficial debido a que ejemplares de *C. benedicta* que tienen las hojas distales del tallo (falsamente) cubriendo las cabezuelas es artificial creado al momento del prensado.

Las especies arvenses, casi cosmopolitas, como *Centaurea calcitrapa* L., *C. melitensis* L. y *C. solstitialis* L. se conocen de México y Sudamérica, y deberían encontrarse en Mesoamérica. *Centaurea melitensis* y *C. solstitialis* tienen las corolas amarillas, los tallos alados y las hojas caulinares con los márgenes enteros, pero *C. solstitialis* difiere por los filarios con espinas notoriamente largas. *Centaurea calcitrapa* se caracteriza por los tallos no alados, las hojas caulinares pinnatífidas, los filarios espinosos notoriamente largos y las corolas purpúreas, pero se diferencia de las especies mesoamericanas por las cipselas sin vilano.

Bibliografía: Greenman, J.M. *Bot. Gaz.* 37: 219-222 (1904). Hind, N. *Curtis's Bot Mag.* 13: 3-7 (1996).

1. Hojas con las superficies escasamente discoloras, no glandulosas, las hojas caulinares distales lineares; involucros 1.1-1.6 × 0.9-1.5 cm; filarios sin apéndices notorios; flores marginales con el limbo de la corola cuneado; cipselas estrigoso-vellosas. **3. C. cyanus**
1. Hojas con las superficies concoloras, glandulosas, oblanceoladas u oblongas a lanceoladas; involucros 2-4 × (1-)2-5 cm; al menos los filarios internos con apéndices notorios; flores marginales con corolas filiformes; cipselas glabras.
  2. Hojas espinosas; cabezuelas subsésiles, discoides o disciformes; corolas mayormente amarillas; filarios espinulosos a espinosos distalmente o los filarios internos con apéndices robustos pectinado-espinosos; cipselas 6-10 mm, marcadamente c. 20-acostilladas. **2. C. benedicta**
  2. Hojas no espinosas; cabezuelas pedunculadas, filiforme-seudoradiadas; algunas corolas color lavanda a rosado; filarios con apéndices distales notorios, los apéndices pectinados pero nunca espinosos; cipselas 3.5-5.5 mm, inconspicuamente estriadas.
    3. Filarios de las series medias con apéndices generalmente con 3-7(8) pares de dientes bien espaciados, los apéndices blanquecinos a pajizos. **1. C. americana**
    3. Filarios de las series medias con apéndices de 8-12 pares de dientes cercanamente espaciados, los apéndices pardos. **4. C. rothrockii**

1. Centaurea americana Nutt., *J. Acad. Nat. Sci. Philadelphia* 2: 117 (1821). Tipo: Estados Unidos, *Nuttall s.n.* (microficha MO! ex PH). Ilustr.: Steyermark, *Fl. Missouri* 1627, t. 383, f. 9 (1963). N.v.: Cardo, ES.

Centaurea mexicana DC., *C. nuttallii* Spreng., *Plectocephalus americanus* (Nutt.) D. Don.

Hierbas anuales, 0.5-2 m. Hojas 5-20 cm, oblanceoladas a lanceoladas, no espinosas, las superficies concoloras, punteado-glandulosas, hírtulas. Cabezuelas pedunculadas, filiforme-seudoradiadas; involucro 2-3.5 × 2-5 cm; filarios con apéndice distal notorio, el apéndice pectinado pero nunca espinoso; filarios de las series medias con apéndice generalmente con 3-7(8) pares de dientes bien espaciados, el apéndice blanquecino a pajizo, los dientes ciliolados a ciliados. Flores marginales 25-50: corola filiforme, seudoradiada, color lavanda a completamente rosada o el tubo algunas veces amarillento. Flores del disco: corola amarillenta o color crema. Cipselas 3.5-5.5 mm, pardo-grisáceas, inconspicuamente estriadas, glabras; vilano de cerdas 6-10 mm. $2n = 26$. *Cultivada como ornamental, frecuentemente naturalizada en áreas alteradas.* H (Molina R., 1975: 112); ES (Standley y Calderón, 1941: 349). 700-1000 m. (Nativa de Estados Unidos y México; introducida en Mesoamérica, Europa.)

Centaurea americana es muy similar a *C. rothrockii*. Aunque no se ha visto los ejemplares pertinentes, el reporte de esta especie en Centroamérica no es cuestionado. Como ya lo anotó Greenman (1904b), *C. americana* y *C. rothrockii* parecen estar cercanamente relacionadas, pero solo *C. americana* se sabe que está ampliamente naturalizada fuera de su distribución nativa.

2. Centaurea benedicta (L.) L., *Sp. Pl., ed. 2* 1296 (1763). *Cnicus benedictus* L., *Sp. Pl.* 826 (1753). Lectotipo (designado por Jeffrey, 1968): Europa, *Herb. Clifford 394, Cnicus 1* (foto MO! ex BM). Ilustr.: Baillon, *Hist. Pl.* 8: 8, t. 11 (1886 [1882]). N.v.: Cardo bendito, G.

Hierbas anuales, 0.2-0.7 m, axonomorfas; tallos no alados, ramificados desde la base o en toda su longitud, postrados a erectos, rojizos, con pocas costillas, piloso-vellosos, los tricomas patentes generalmente 2-4 mm. Hojas basales y caulinares, 4-25 × 1-5 cm, espinosas, runcinadas o pinnatilobadas, algunas veces las más distales apenas espinoso-dentadas, lanceoladas a oblongas en contorno, reticuladas, la vena media frecuentemente oscura, las nervaduras secundarias frecuentemente blanquecinas en la superficie abaxial, las superficies concoloras, glandulosas, también esparcidamente piloso-vellosas y/o araneoso-pelosas, los márgenes generalmente con 3-5 pares de lobos bien espaciados, los lobos de las hojas mediales del tallo incisos c. 1/2 de la distancia a la vena media, los lobos 5-20 × 3-8 mm, triangulares a elípticos, los lobos y senos espinulosos a espinosos, las espínulas y espinas generalmente 1-2 mm, el raquis generalmente 1 cm de diámetro, el ápice agudo; hojas proximales alado-pecioladas, las hojas distales sésiles y generalmente semiamplexicaules. Capitulescencia foliosa, con pocas a varias cabezuelas casi subsésiles en los extremos de las ramas. Cabezuelas disciformes o rara vez discoides; involucro 3-4 × (1-)2-3.5 cm, ovoide a globoso, estrechamente abrazado por varias hojas patentes no lobadas; filarios con cuerpo generalmente 10-20 × 3-7 mm, ovados a lanceolados, ligeramente graduados, 4-seriados o 5-seriados, delgadamente cartáceos, generalmente glabros, adpresos con un ápice o apéndice patente, el ápice espinuloso a espinoso o los filarios internos 10-15 con un apéndice notorio, robustos pectinado-espinosos, amarillentos a purpúreos, la espina terminal 3-10 mm, espínulas laterales de hasta 4 mm; clinanto con cerdas casi tan largas como las cerdas de las series externas del vilano. Flores marginales pocas, inconspicuas, casi tan largas como las flores del disco, estériles; corola actinomorfa, filiforme, color crema a amarillo pálido, 2-4-lobada. Flores del disco numerosas; corola 19-24 mm, (3-)5-lobada, amarilla a amarillo pálido, el tubo c. 2 veces la longitud del limbo, los lobos frecuentemente sin nervios notorios; anteras frecuentemente oscuras. Cipselas 6-10 × c. 3 mm, obovoides, pardo-nítidas, marcadamente c. 20-acostilladas, glabras, la cicatriz basal de hasta 2 mm, obovada, pajiza, el ápice con una corona dentada rígida c. 0.5 mm; vilano 2-seriado, las series externas 9-12 mm, c. 10 cerdas aristadas lisas o escabriúsculas, algunas veces escasamente exertas del involucro, las series internas 2-4 mm, de cerdas escabriúsculas. $2n = 22$. *Cultivada y ocasionalmente naturalizada*. G (Morton, 1981: 920). c. 1000 m. (Nativa de la región mediterránea; cultivada y naturalizada en Canadá, Estados Unidos, México?, Mesoamérica, Venezuela, Ecuador, Brasil, Uruguay, Chile, Argentina, Europa, Asia, África.)

Centaurea benedicta es ampliamente cultivada en Mesoamérica como una hierba medicinal, al menos en Guatemala, donde la venden los yerbateros.

3. Centaurea cyanus L., *Sp. Pl.* 911 (1753). Lectotipo (designado por Wagenitz, 1980): Europa, *Herb. Linn. 1030.16* (microficha MO! ex LINN). Ilustr.: Cronquist, *Intermount. Fl.* 5: 419 (1994). N.v.: Centuria, H.

Jacea segetum Lam., *Leucacantha cyanus* (L.) Nieuwl. et Lunell.

Hierbas anuales, 0.2-0.8 m, inermes, axonomorfas; tallos generalmente solitarios, erectos, no alados, estriados, ramificados distalmente, frecuentemente araneoso-flocosos cuando inmaduros. Hojas 3-11 × 0.2-0.8 cm, graminiformes o las hojas basales lirado-pinnatífidas, oblanceoladas hasta lineares en las hojas caulinares distales, las superficies escasamente discoloras, no glandulosas, verdes adaxialmente, grises y esparcidamente araneoso-flocosas abaxialmente, la base algunas veces escasamente decurrente, los márgenes enteros o las hojas basales algunas veces con 1-3 pares de lobos linear-lanceolados de hasta 1 cm, el ápice agudo. Capitulescencia corimbiforme abierta, redondeada o aplanada, las cabezuelas varias, pedunculadas; pedúnculos generalmente 5-10 cm. Cabezuelas seudoradiadas, con 25-35 flores; involucro 1.1-1.6 × 0.9-1.5 cm, campanulado tornándose anchamente turbinado después de la fructificación; filarios graduados, 4-7-seriados, adpresos, verdes proximalmente, 3-7-estriados, glabros o algunas veces esparcidamente araneoso-flocosos, regularmente pectinado-lacerados distalmente, los dientes c. 1 mm, triangular-lanceolados, el ápice escarioso c. 1 mm, sin apéndices notorios, blancos a oscuros, no espinosos; filarios externos 2-5 × 1.3-2.5 mm, triangulares; filarios internos 11-16 × c. 3 mm, lanceolados; clinanto con cerdas de hasta 5 mm, con los márgenes lisos. Flores marginales generalmente 7-12, estériles; corola 20-25 mm, seudoradiada, generalmente azul, el limbo cuneado, escasamente ascendente a lateralmente exerto, los lobos generalmente 4-6 mm, generalmente menos de la 1/2 de la longitud del limbo, triangular-lanceolados. Flores del disco: corola 10-15 mm, generalmente azul, la garganta 2-3 mm, los lobos generalmente 3-5 mm, los nervios submarginales; anteras azules a negruzcas, el apéndice c. 2 mm, frecuentemente arqueado hacia afuera; estilo con el tronco con un anillo anular de 0.2.-0.3 mm, subterminal, las ramas c. 0.5 mm, patentes. Cipselas 3-5 mm, elipsoidales, blanquecinas, estrigoso-vellosas, la cicatriz basal de hasta 1 mm; vilano 1.5-5 mm, no exerto del involucro, de numerosas cerdas escabriúsculas desiguales persistentes. Floración abr.-jun. $2n = 24$. *Cultivada como ornamental en jardines, arvense en maizales*. Ch (*Santíz 753*, CAS); H (*Cámbar 169*, TEFH); ES (Standley y Calderón, 1941: 370). 1500-2400 m. (Nativa de Europa; ampliamente cultivada y naturalizada en Canadá, Estados Unidos, México, Mesoamérica, Ecuador, Chile, Argentina, Asia, África, Australia, Nueva Zelanda, Islas del Pacífico.)

4. Centaurea rothrockii Greenm., *Bot. Gaz.* 37: 221 (1904). Holotipo: Estados Unidos, *Rothrock 527* (GH). Ilustr.: McVaugh, *Fl. Novo-Galiciana* 12: 210, t. 31 (1984).

Plectocephalus rothrockii (Greenm.) D.J.N. Hind.

Hierbas anuales o bianuales, 0.3-1.5 m, inermes, axonomorfas; tallos generalmente solitarios, erectos, no alados, sulcado-estriados, poco ramificados, glandulosos, por lo demás hírtulos distalmente. Hojas

3-10 × 0.7-1.5(-2) cm, oblanceoladas a lanceoladas, no espinosas, las superficies concoloras, punteado-glandulosas, la superficie adaxial hírtula, la superficie abaxial esparcidamente araneoso-flocosa y también frecuentemente hírtula, la base subamplexicaule, los márgenes enteros o algunas veces denticulados, hispídulos, el ápice agudo a atenuado; hojas distales tornándose brácteas. Capitulescencia monocéfala, 1-5 por planta, los tallos uniformemente bracteado-foliosos hasta cerca de las cabezuelas, las cabezuelas pedunculadas; pedúnculos generalmente 2-10 cm, dilatados y fistulosos distalmente, glandulosos y araneoso-flocosos. Cabezuelas 3-5 cm, seudoradiadas, con 50-100 flores; involucro 2-3.5 × 2-5 cm, hemisférico; filarios generalmente 2-3 mm de diámetro, 8-10-seriados, adpresos, verdes proximalmente pero con un apéndice distal notorio, c. 7-estriados, el apéndice 3-10 × 4-7 mm, triangular, pectinado pero nunca espinoso, los filarios de las series medias con apéndice de 8-12 pares de dientes linear-lanceolados generalmente cercanamente espaciados, los dientes 2-4 mm, ciliados, el apéndice erecto o patente, pardo, frecuentemente puberulento; filarios externos ovados, flocoso-tomentosos, uniformemente graduando hasta los filarios internos, los filarios internos oblongos y generalmente glabros; clinanto con cerdas de hasta 10 mm, con los márgenes lisos. Flores marginales 25-50, estériles; corola 35-70 mm, filiforme-seudoradiada, patente lateralmente o inclinada, completamente color lavanda a rosada o el tubo algunas veces amarillento, los lobos generalmente 5, 15-30 mm, lineares, los nervios submarginales. Flores del disco c. 50; corola 20-31 mm, amarillenta o color crema, el tubo 8-15 mm, la garganta y los lobos subiguales, los lobos 6-8 mm; anteras 5-7 mm; ramas del estilo c. 0.5 mm. Cipselas 3.5-5.5 mm, elipsoidales a obovoides, pardo oscuro, inconspicuamente estriadas, glabras; vilano (2-)5-8 mm, no exerto del involucro, de numerosas cerdas ancistrosas desiguales, decíduas, las cipselas externas algunas veces sin vilano. *Áreas alteradas, pastizales, bosques de* Pinus-Quercus. Oaxaca (*García-Mendoza 981*, MEXU). 2000-2300 m. (Estados Unidos, México [Oaxaca].)

Especie esperada en Mesoamérica. Greenman (1904b) mencionó que sus observaciones de *Centaurea americana* y *C. rothrockii* fueron sobre ejemplares depositados en GH; Hind (1996) citó el holotipo de Greenman como de F, pero no se ha visto ninguno de los potenciales tipos.

44. Cirsium Mill.

Por J.F. Pruski.

Hierbas anuales a perennes generalmente robustas, rara vez acaules, espinosas; tallo generalmente solitario desde la base, erecto, simple o distalmente ramificado, comúnmente estriado, ocasionalmente alado, frecuentemente fistuloso. Hojas basales (arrosetadas, frecuentemente delicuescentes) y caulinares, alternas, generalmente pinnatilobadas a pinnatífidas, pinnatinervias, las superficies glabras a araneoso-tomentosas, generalmente no glandulosas (Mesoamérica) o algunas veces glandulosas, las glándulas capitadas o punteadas, los márgenes y lobos espinosos, las espinas simples, generalmente pajizas; generalmente sésiles y subamplexicaules. Capitulescencia monocéfala o corimbosa hasta rara vez paniculada. Cabezuelas discoides; involucro comúnmente cilíndrico o urceolado a hemisférico o globoso; filarios numerosos, generalmente elíptico-lanceolados a linear-lanceolados, imbricados, subiguales o comúnmente graduados, pluriseriados, generalmente cartáceos o subcoriáceos, típica y proximalmente pajizos o verdes, distalmente coloreados (frecuentemente violeta); filarios externos y de las series medias frecuentemente con una espina distal, la base adpresa, distalmente patentes o algunas veces recurvados a erectos; series internas generalmente erectas o ascendentes, el ápice frecuentemente sin espina; clinanto aplanado a convexo, más o menos seco, sin páleas pero generalmente cerdoso-setoso, las setas frecuentemente de hasta c. 10 mm, los márgenes enteros, las aréolas aplanadas en la inserción de la cipsela. Flores del disco 25-200, típicamente bisexuales; corola alargada, tubular-infundibuliforme, 5-lobada, frecuentemente el extremo distal doblado hacia afuera, generalmente color violeta o purpúrea a rara vez amarilla o color crema, glabra (Mesoamérica) o ligeramente glandulosa, el tubo alargado, delgado; anteras pajizas hasta color violeta, largamente caudadas, los filamentos libres, generalmente papilosos; polen esferoidal; estilo en general con un anillo diminuto (anillo de papilas colectoras) sobre el tronco justo por debajo de la bifurcación, las ramas cortas, adpresas la mayor parte de su longitud, el ápice libre frecuentemente obtuso, escasamente patentes. Cipselas basifijas, lisas, no acostilladas, glabras, apicalmente truncadas, la pared del ovario con cristales de oxalato de calcio frecuentemente grandes y alargados; vilano comúnmente de numerosas cerdas plumosas, 3-5-seriadas, subiguales, alargadas, pajizas a parduscas, o algunas veces con escuámulas setiformes, basalmente connatas y generalmente deciduas en un anillo, algunas veces persistentes, las cerdas externas algunas veces escasamente más cortas y basalmente más anchas que las internas. *x* = 17. Aprox. 250-300 spp. Casi cosmopolita con la mayoría de las especies de Eurasia templada, c. 75 spp. en Norteamérica, aprox. 35 spp. en América tropical, frecuentemente numerosas especies agresivamente arvenses.

Cirsium se caracteriza por el vilano de cerdas plumosas, la característica tradicionalmente usada para separarlo (tal vez de modo artificial) del género similar *Carduus*, el cual tiene un vilano escábrido a ancistroso. Los nombres comunes para este género son "cardo" y "cardo santo" (español) y "thistle" (inglés). Petrak (1910, 1911) revisó las especies centroamericanas del género y Petrak (1917) dio un tratamiento detallado de *Cirsium horridulum*. Una revisión muy útil de Cardueae y *Cirsium* fue dada por Scott (1990).

El tejido endotelial y los tipos de cristales en la pared del ovario son aquellos reportados por Dormer (1961, 1962). Ownbey et al. (1975 [1976]) publicaron el número cromosómico usado aquí, prestando especial atención a la aneuploidía encontrada en el grupo de especies mesoamericanas. Gerald Ownbey fue reconocido como una autoridad en *Cirsium*, y la circunscripción de las especies aquí tratadas se apoya básicamente en sus anotaciones de herbario.

El reporte de Fernández Casas et al. (1993: 126) de *Carduus nutans* cultivada en Chiapas es posiblemente en referencia a una especie de *Cirsium*, y McVaugh (2000) cita como *Cirsium* Sessé y Mociño el material de México que fue originalmente determinado como *Carduus nutans*. *Cirsium cernuum* Lag. ha sido en ocasiones erróneamente asignado a una especie de Mesoamérica, pero ha probado ser un nombre anterior para el taxón mexicano previamente llamado *C. nivale* (Kunth) Sch. Bip.

Los colores de los filarios y de la corola dados en la clave y el tratamiento de las especies básicamente se refieren a las porciones distales, debido a que las porciones proximales son frecuentemente color pálido. Solo por conveniencia, la pubescencia que se da del tallo básicamente se refiere a aquella de las porciones distales, p. ej., aquella porción típicamente encontrada en la mayoría de los ejemplares de herbario, y las porciones proximales más viejas de los tallos son frecuentemente glabrescentes, por tanto no se mencionan.

Cirsium conspicuum (G. Don) Sch. Bip. y *C. anartiolepis* Petr., se esperan en la flora de la región mesoamericana. Se discuten bajo *C. subcoriaceum*, especie en donde más o menos corresponderían en la clave.

Bibliografía: Blake, S.F. *Brittonia* 2: 329-361 (1937). Dormer, K.J. *Ann. Bot. (Oxford)* n.s. 25: 241-254 (1961); *New Phytol.* 61: 150-153 (1962). McVaugh, R. *Bot. Results Sessé & Mociño* 7: 1-626 (2000). Ownbey, G.B. et al. *Brittonia* 27: 297-304 (1975 [1976]). Petrak, F. *Beih. Bot. Centralbl., Abt. 2* 27(2): 207-255 (1910); *Bot. Tidsskr.* 31: 57-72 (1911); *Beih. Bot. Centralbl., Abt. 2* 35(2): 223-567 (1917). Scott, R.W. *J. Arnold Arbor.* 71: 391-451 (1990).

1. Tallos alados con los márgenes de la hoja decurrentes al menos hasta 1/2 del tallo.

2. Superficie adaxial de las hojas aguijonoso. **8. C. vulgare**
2. Superficie adaxial de las hojas nunca aguijonoso.
  3. Involucros densamente araneoso-lanados proximalmente; filarios externos rígido-espinosos, las espinas 5-15 mm. **5. C. radians** p. p.
  3. Involucros glabros o laxamente araneoso-pubescentes; filarios externos moderadamente espinosos, las espinas 2-8 mm.
    4. Superficies de las hojas más o menos discoloras, los lobos angosta a anchamente triangulares, las espinas típicamente menos del 1/4 de la longitud de los lobos; filarios no pardo-negruzcos cuando secos; corolas 24-33 mm, no púrpura oscuro cuando secas, los lobos erectos o escasamente patentes. **3. C. mexicanum**
    4. Superficies de las hojas más o menos concoloras, los lobos triangular-lanceolados a lanceolados, las espinas generalmente c. 1/2 de la longitud de los lobos; filarios algunas veces pardo-negruzcos cuando secos; corolas generalmente 17-22 mm, generalmente púrpura oscuro cuando secas, los lobos flexuosos a enrollado-recurvados. **4. C. nigriceps** p. p.
1. Tallos no alados.
  5. Involucros estrechamente abrazados por pocas a muchas hojas bracteadas, erectas, pectinado-espinosas formando involucros falsos o secundarios.
    6. Plantas caulescentes 0.5-2 m; varios filarios externos pectinado-espinosos, los filarios finamente escabriúsculos; clinantos con setas generalmente 4-9 mm; corolas generalmente 30-45 mm; vilano de cerdas notablemente más cortas que la corola, pajizo. **2. C. horridulum**
    6. Plantas subacaulescentes o casi subacaulescentes; filarios externos generalmente no pectinado-espinosos, los filarios internos generalmente glabros; clinantos con setas 1-2 mm; corolas 22-29 mm; vilano de cerdas casi tan largas como la corola, pardo oscuro. **6. C. skutchii**
  5. Involucros no estrechamente abrazados por involucros foliosos falsos o secundarios.
    7. Corola con los lobos mucho más largos que la corta garganta, los filamentos de las anteras visibles, exertos de la garganta de la corola.
      8. Filarios externos adpresos y erectos, los márgenes enteros o rara vez pectinado-espinulosos; corolas 24-28 mm. **1. C. consociatum**
      8. Filarios externos comúnmente reflexos, los márgenes pectinado-espinosos; corolas 30-60 mm. **7. C. subcoriaceum**
    7. Corola con lobos y garganta subiguales, los filamentos de la antera incluidos dentro de la garganta de la corola.
      9. Superficies de las hojas más o menos concoloras; involucros glabros o laxamente araneoso-pubescentes; filarios algunas veces pardo-negruzcos cuando secos, los filarios externos moderadamente espinosos, las espinas 2-8 mm. **4. C. nigriceps** p. p.
      9. Superficies de las hojas discoloras; involucros densamente araneoso-lanados proximalmente; filarios no pardo-negruzcos cuando secos, los filarios externos rígidamente espinosos, las espinas 5-15 mm. **5. C. radians** p. p.

1. Cirsium consociatum S.F. Blake, *Brittonia* 2: 355 (1937). Holotipo: Guatemala, *Skutch 1211* (GH!). Ilustr.: no se encontró.

Hierbas perennes, (0.1-)0.2-0.6(-1.5) m; tallos poco ramificados distalmente, no alados, araneoso-pubescentes. Hojas 10-50 × 4-10 cm, profundamente pinnatífidas hasta cerca de la vena media, lanceoladas a oblanceoladas en contorno, espinosas, generalmente caulinares en la antesis, las superficies discoloras, la superficie adaxial delgadamente araneoso-pubescente a glabrescente, la superficie abaxial gris-tomentosa, los márgenes no decurrentes al tallo, 4-15-lobadas, los lobos generalmente 1-5 × 0.5-1.5 cm, anchamente triangulares o algunos proximales reducidos a espinas, estas 2-3-furcadas, los lobos y lóbulos espinosos, los lobos y senos por lo demás inermes, las espinas 5-10 mm, generalmente 1/4-1/3 de la longitud del lobo, el raquis 0.5-1 cm de diámetro, el ápice muy largamente atenuado; sésiles o con las bases peciolares aladas. Capitulescencias corimbosas abiertas, con pocas cabezuelas, las cabezuelas subsésiles a cortamente pedunculadas, subnutantes; pedúnculos 0-2 cm, araneoso-tomentosos. Cabezuelas 3.5-4.5 cm; involucro 3.5-4.5 × 4-8 cm, campanulado a subhemisférico, no estrechamente abrazado por un involucro folioso falso o secundario, araneoso-pubescente; filarios 15-45 × 1-3 mm, linear-lanceolados, 5-seriados o 6-seriados, adpresos y erectos, rectos, rígidos, color marrón a purpúreo, araneoso-pubescentes, los márgenes enteros o rara vez pectinado-espinulosos; series externas de filarios gradual y moderadamente espinosos, las espinas 2-4 mm, amarillo-pajizo; filarios de las series internas largamente atenuados, no espinosos; clinanto con setas de 4 mm. Flores del disco: corola 24-28 mm, blanquecina hasta color lavanda, el tubo 10-12 mm, los lobos mucho más largos que la corta garganta, la garganta c. 3 mm, los lobos 11-13 mm, ascendente-erectos; anteras 6.5-7 mm, los filamentos visibles, exertos de la garganta de la corola, papilosos, el apéndice 1-1.5 mm, el ápice acuminado; estilo con ramas c. 2.5 mm por arriba del anillo. Cipselas c. 5 mm, pardas; vilano de cerdas c. 25 mm, pajizas. Floración sep. *Pastizales en páramos.* G (*Skutch 1211,* GH). 3300-3700 m. (Endémica.)

Cirsium consociatum es similar a *C. radians.* Solo se conoce *C. consociatum* del material tipo, sin embargo parece que Nash (1976f) vio material adicional.

2. Cirsium horridulum Michx., *Fl. Bor. Am.* 2: 90 (1803). Holotipo: Estados Unidos, *Michaux s.n.* (P). Ilustr.: Stones, *Fl. Louisiana* 25 (1991). N.v.: Cardo, omil-o, oomil, C; cardo, omil-o, oomil, QR; cardo santo, G.

Carduus pinetorum Small, *C. smallii* (Britton) H.E. Ahles, *C. spinosissimus* Walter non *Cirsium spinosissimum* (L.) Scop., *C. vittatus* Small, *Cirsium chrismarii* (Klatt) Petr., *C. horridulum* Michx. subsp. *chrismarii* (Klatt) Petr., *C. horridulum* forma *elliottii* (Torr. et A. Gray) Fernald, *C. horridulum* var. *elliottii* Torrey et A. Gray, *C. horridulum* var. *megacanthum* (Nutt.) D.J. Keil, *C. horridulum* var. *vittatum* (Small) R.W. Long, *C. megacanthum* Nutt., *C. pinetorum* (Small) Small non Greenm., *C. smallii* Britton, *C. vittatum* (Small) Small, *Cnicus chrismarii* Klatt, *C. horridulus* (Michx.) Pursh.

Hierbas bianuales, 0.2-1.5(-2) m, caulescentes, algunas veces formando una roseta basal gigante de hasta 1.2 m de diámetro; tallos 1-10 cm de diámetro, robustos, generalmente con un tronco solitario por debajo de la capitulescencia, no alados, algunas veces distalmente purpúreos, araneoso-tomentosos a glabrescentes. Hojas basales (arrosetadas) y caulinares, las hojas proximales generalmente presentes en la antesis aunque típicamente no representadas en los ejemplares de herbario, las hojas basales y distales algunas veces notoriamente dimorfas en tamaño con hojas arrosetadas algunas veces gigantes, completamente sésiles o las hojas proximales con pecíolos alados hasta la base; láminas generalmente 7-60 × 1.5-15 cm, no lobadas o espinoso-dentadas a más comúnmente pinnatífidas (hojas distales frecuentemente pinnatífidas a profundamente pinnatífidas), angostamente lanceoladas u oblanceoladas a oblongo-elípticas en contorno, la vena media ancha y color pálido, las superficies en general verdes y concoloras o los márgenes frecuentemente purpúreos, la superficie adaxial glabra a algunas veces esparcidamente velloso, la superficie abaxial glabra a algunas veces araneoso-tomentosa, los márgenes comúnmente con 6-15 pares de lobos espinosos poco espaciados o muy espaciados, los lobos generalmente 1-3.5 cm, deltados a angostamente lanceolados, las espinas desiguales en tamaño, 2-40 mm, los lobos individuales frecuentemente con 1-3 espinas mucho mayores que el resto, el raquis generalmente 0.5-2 cm de diámetro, el ápice agudo a atenuado. Capitulescencia monocéfala a compacto-corimbosa, con 1-5(-15) cabezuelas generalmente en los c. 20 cm distales del tallo, las ramas laterales más cortas que el eje central, rara vez con ramificaciones ligeramente abiertas varias veces capituladas, en general cortamente pedunculadas con el pedúnculo de las cabezuelas laterales generalmente mucho más corto que la cabezuela; pedúnculos (0-)1-6 cm, en general araneoso-tomentosos. Cabezuelas 3-6 cm; involucro (2.5-)3-5.5 × (2-)3-8 cm, cilíndrico rápidamente tornándose campanulado, estrechamente abrazado por pocas a numerosas hojas bracteadas 1-3-seriadas, pectinado-espinosas,

adpreso-lanceoladas que forman un involucro falso o secundario escasamente más corto a más largo que el involucro verdadero; filarios 5-9-seriados, adpresos, frecuentemente purpúreo-marginados, rara vez laxamente araneoso-pubescentes, finamente escabriúsculos; filarios externos 10-15 × 2-3 mm, deltoides a lanceolados, los márgenes distalmente pectinado-espinosos, el ápice atenuado terminando en una espina rígida; filarios graduando hasta filarios internos (25-)30-55 × c. 2 mm, linear-lanceolados, los márgenes enteros, el ápice largamente atenuado, levemente espinuloso; clinanto con setas generalmente 4-9 mm, las setas casi tan largas hasta más largas que las cipselas. Flores del disco: corola generalmente 30-45 mm, color lavanda a crema, rara vez amarilla o rojiza, el tubo 19-29 mm, muy delgado, la garganta 6-8 mm, los lobos 5-8 mm, ascendentes o escasamente flexuosos; anteras 5-7 mm, la cola c. 1.5 mm, el apéndice apical c. 1 mm, largamente apiculado; estilo exerto hasta c. 5 mm del cilindro de la antera, las ramas de hasta c. 4 mm, libres los 0.5-1 mm apicales. Cipselas 4-5(-6) mm, pardo claro; vilano de cerdas 25-38 mm, notablemente más cortas que la corola, pajizas. Floración ene., mar., may., jul., oct.-nov. 2n = 32, 33, 34, 35. *Áreas alteradas, orillas de caminos, pantanos, áreas inundadas, pastizales, matorrales, bosques de* Pinus-Quercus. Ch (*Ownbey y Muggli 3990,* NY); Y (García López y Koch, 1995: 28); C (*Chan 1981,* NO); QR (Villaseñor Ríos, 1989: 40); B (Balick et al., 2000: 149); G (*von Türckheim II 2148,* GH); H (Nelson, 2008: 157). 0-2400 m. (E. y SE. Estados Unidos, México, Mesoamérica, Bahamas.)

Petrak (1911) fue uno de los primeros, sino el primero, en identificar al menos cierto material tropical mexicano como *Cirsium horridulum* (como *C. horridulum* subsp. *chrismarii*) anteriormente considerado endémico de Estados Unidos, pero Ownbey et al. (1975 [1976]) usaron los nombres *C. horridulum* y *C. vittatum* para el material de México. En efecto como se circunscribe en este trabajo, *C. horridulum* es variable en la cantidad de indumento sobre hojas y filarios, en número de lobos de la hoja y el color de la corola, características ocasionalmente usadas para reconocer las infraespecies dentro de *C. horridulum.* Sin embargo, no se han visto morfologías taxonómicamente significativas o correlaciones geográficas y por eso no se reconocen taxones infraespecíficos.

Solo se observó una variación menor en la longitud de las setas receptaculares entre las poblaciones de *C. horridulum* y la longitud de las setas ha probado ser taxonómicamente útil en la separación de *C. horridulum* de *C. skutchii.* Las corolas amarillas ocasionalmente encontradas en *C. horridulum* son raras dentro de *Cirsium. Cirsium horridulum* también se diagnostica por el hábito caulescente, las cabezuelas falsas o secundariamente involucradas y los filarios escabriúsculos.

3. Cirsium mexicanum DC., *Prodr.* 6: 636 (1837 [1838]). Holotipo: México, frontera Tamaulipas-Veracruz, *Berlandier 184* (G). Ilustr.: Nash, *Fieldiana, Bot.* 24(12): 590, t. 135 (1976). N.v.: Ch'ishwash, Ch; cardo santo, omil, Y; cardo santo, omil, oomil, C; cardo, cardo santo, omil, oomil, QR; alcachofa de monte, cardo santo, cardo santo macho, suctzún, G; cardo, cardo santo, carlo santo, punzaquedito, H; alcachofa de monte, cardo-santo, ES; cardo, CR.

Carduus mexicanus (DC.) Greene, *Cirsium costaricense* (Pol.) Petr., *C. mexicanum* DC. var. *bracteatum* Petr., *Cnicus costaricensis* Pol., *C. mexicanus* (DC.) Hemsl.

Hierbas frecuentemente perennes, (0.3-)0.7-3 m; tallos distalmente ramificados, alados al menos desde los márgenes decurrentes de las hojas mediales del tallo, ligeramente araneoso-pubescentes, alas corta o largamente angostadas de hasta c. 4(-6) cm, comúnmente espinosos. Hojas (2.5-)4-40(-45) × 2-16(-24) cm, generalmente caulinares en la antesis, runcinado-pinnatífidas a elípticas en contorno, generalmente partidas 1/2-2/3 de la distancia a la vena media, rara vez no lobadas, las superficies más o menos discoloras, la superficie adaxial ligeramente araneosa a glabrescente, nunca aguijonosa, la superficie abaxial laxamente adpreso araneoso-tomentosa, blanco-grisácea, al menos las hojas mediales del tallo con los márgenes decurrentes formando alas sobre el tallo, los márgenes generalmente con 2-6 pares de lobos, los lobos generalmente 1-3(-7) × 0.5-2(-4) cm, angosta a anchamente triangulares, irregularmente espinosos, las espinas 1-10 mm y típicamente mucho menos de 1/4 de la longitud de los lobos; hojas proximales comúnmente decurrentes sobre el tallo, pecioladas o peciolariformes, el pecíolo hasta c. 5 cm; hojas caulinares distales sésiles, frecuentemente solo inconspicuamente decurrentes, las aurículas basales marcada y densamente espinosas, las espinas de hasta c. 15 mm. Capitulescencia abierta a compactamente corimbosa, con 3-6(-11) cabezuelas, cortamente pedunculada, remotamente foliosa; pedúnculos (0.1-)1-2 cm, araneoso-tomentosos. Cabezuelas 2.8-3.8 cm; involucro 2.5-3(-3.5) × 2-4 cm, cilíndrico, rápidamente tornándose campanulado, no estrechamente abrazado por el involucro folioso falso o secundario, glabro o laxamente araneoso-pubescente; filarios 8-30(-35) × 1-3 mm, lanceolados a linear-lanceolados, 8-10-seriados, no pardo-negruzcos cuando secos, los márgenes enteros, glabros o los externos laxamente araneoso-pubescentes; filarios externos 1-3-nervios, parduscos, el ápice moderadamente espinoso, la espina 2-8 mm, escasamente patente; filarios internos 3-5-nervios, pajizos con el ápice pardusco o purpúreo, el ápice largamente atenuado, no espinoso, ascendente-flexuoso. Flores del disco: corola 24-33 mm, rosada hasta color lavanda o algunas veces blanquecina, no de color púrpura oscuro cuando seca, el tubo 15-20 mm, la garganta 5-7 mm, los lobos 4-6 mm, erectos o escasamente patentes; anteras 4.5-5.5 mm, el apéndice 1-1.5 mm, el ápice agudo; estilo escasamente exerto, las ramas 2-3 mm, libres c. 0.3 mm apicales, escasamente reflexas. Cipselas 3-5 mm, pardas, brillantes; vilano de cerdas 23-30 mm, pajizas. Floración durante todo el año. 2n = 22. *Áreas alteradas, terrenos baldíos, potreros, pastizales, caminos, orillas de caminos, bordes de bosques, vegetación secundaria, selvas bajas perennifolias, laderas de volcanes.* T (García López y Koch, 1995: 32); Ch (*Pruski et al. 4193*, MO); Y (*Gaumer et al. 23590*, MO); C (*Lundell 1202*, NY); QR (*Davidse et al. 20078*, MO); B (*Gentle 1062*, NY); G (*Greenman y Greenman 5856*, MO); H (*Molina R. y Molina 24467*, MO); ES (*Calderón 775*, NY); N (*Molina R. 20578*, NY); CR (*Lent 2404*, NY); P (*Hammel 3029*, MO). 10-2300 m. (México, Mesoamérica, Cuba, La Española, Puerto Rico.)

4. Cirsium nigriceps Standl. et Steyerm., *Publ. Field Mus. Nat. Hist., Bot. Ser.* 23: 258 (1947). Holotipo: Guatemala, *Steyermark 50157* (F!). Ilustr.: no se encontró.

Hierbas perennes, 1-2 m; tallos varias veces ramificados distalmente, alados o comúnmente no alados, araneoso-pubescentes. Hojas 10-25 × 3.5-6 cm, profundamente pinnatífidas hasta cerca de la vena media, de contorno lanceolado, muy espinosas, generalmente caulinares en la antesis, las nervaduras frecuentemente visibles, las superficies más o menos concoloras, la superficie adaxial vellosa a glabrescente, nunca aguijonosa, la superficie abaxial con la vena media frecuentemente araneoso-tomentosa o esparcidamente araneoso-tomentosa, por lo demás glabra o algunas veces esparcidamente araneoso-tomentosa, los márgenes generalmente no decurrentes al tallo, generalmente 6-15-lobadas, los lobos generalmente 1.5-3 × 0.2-1 cm, triangular-lanceolados a lanceolados, irregularmente espinosos, cada lobo por lo general firmemente 2-5-espinoso desde las marcadas nervaduras secundarias, los lobos y senos también espinuloso-serrulados, las espinas generalmente 7-11 mm, rígidas, pajizas, generalmente c. 1/2 de la longitud del lobo, las espínulas generalmente 1-3 mm, el raquis generalmente 0.5-0.8 cm de diámetro, el ápice largamente atenuado; sésiles. Capitulescencia de varias ramas foliosas, el ápice de la rama compactamente corimboso y generalmente con 3-7 cabezuelas, las cabezuelas subsésiles a cortamente pedunculadas; pedúnculos 0.5-1.5 cm, araneoso-tomentosos. Cabezuelas generalmente 2-3 cm; involucro generalmente 1.7-2.5 × 1.5-2 cm, campanulado, no estrechamente abrazado por un involucro folioso falso o secundario, pero las hojas caulinares distales patentes algunas veces adpresas y falsamente cubriendo al involucro, glabro o laxamente araneoso-pubescente; filarios generalmente 10-25 × 1-2 mm,

linear-lanceolados, 5-7-seriados, adpresos y erectos, los márgenes enteros; filarios externos algunas veces laxamente araneoso-pubescentes, la zona media generalmente pardo-negruzca cuando seca, el ápice gradual y moderadamente espinoso, la espina 2-4 mm, pajiza; filarios internos glabros, la zona media y el ápice generalmente secando pardo-negruzco, el ápice atenuado, no espinoso. Flores del disco: corola generalmente 17-22 mm, blanquecina a purpúrea, generalmente púrpura oscuro cuando seca, el tubo 9-12 mm, las costillas basales frecuentemente prominentes, los lobos y la garganta subiguales, la garganta c. 5 mm, los lobos 3-5 mm, flexuosos a enrollado-recurvados; anteras 6-7 mm, pajizas, los filamentos incluidos por dentro de la garganta corolina, el apéndice c. 1 mm, el ápice agudo; ramas del estilo libres los 0.2-1 mm apicales. Cipselas 3-3.7 mm, pardas; vilano de cerdas c. 15 mm, sórdidas, el ápice algunas veces ligeramente engrosado. Floración may.-ago. 2n = 36. *Bosques montanos, laderas, pastizales alpinos.* Ch (*Matuda 4599*, MO); G (*Steyermark 50157*, F). 3000-3700 m. (Endémica.)

Cirsium nigriceps fue descrita como no alada, pero en algunos ejemplares se pueden observar tallos alados. Por las hojas concoloras y la garganta de la corola y lobos desiguales, *C. nigriceps* es similar a *C. jorullense* (Kunth) Spreng., especie que se encuentra más al norte y no es esperada en Mesoamérica.

5. Cirsium radians Benth., *Pl. Hartw.* 77 (1841). Holotipo: Guatemala, *Hartweg 538* (foto MO! ex K). Ilustr.: no se encontró.

Cirsium guatemalense S.F. Blake, *Cnicus radians* (Benth.) Hemsl.

Hierbas bianuales o perennes, 0.5-2 m; tallos poco ramificados distalmente, no alados o rara vez alados, laxamente araneoso-pubescentes. Hojas 7-33 × 2.5-13 cm, profundamente pinnatífidas hasta cerca de la vena media o las hojas proximales pinnatilobadas, lanceoladas u oblongas hasta las hojas proximales, algunas veces de contorno elíptico, sésiles, generalmente marcadamente espinosas, generalmente caulinares en la antesis, las superficies discoloras, la superficie adaxial laxamente araneoso-pubescente a glabrescente, nunca aguijonosa, la superficie abaxial generalmente blanco-grisácea y araneoso-tomentosa, algunas veces laxamente araneoso-tomentosa con las nervaduras subglabras, los márgenes generalmente no decurrentes sobre el tallo, rara vez decurrentes 0.5-3 cm, 4-12-lobados, los lobos generalmente 1-3(-5) × 0.2-1.5(-2.5) cm, triangular-lanceolados a linear-lanceolados, las espinas subiguales, algunas veces marcadamente desiguales, cada lobo generalmente con 1-2(-4) espinas robustas hasta rara vez moderadamente espinoso, los lobos y senos por lo demás poco espinulosos a lisos, las espinas generalmente 5-25 mm, generalmente rígidas, pajizas, generalmente 1/2-2/3 de la longitud del lobo, hasta rara vez moderadamente espinosos con espinas menos de 1/2 de la longitud del lobo, las espínulas generalmente 1.5-4 mm, el raquis generalmente 0.2-0.6(-3.5) cm de diámetro, el ápice largamente atenuado. Capitulescencia abiertamente corimbiforme o rara vez monocéfala, generalmente con pocas cabezuelas, las cabezuelas subsésiles a pedunculadas; pedúnculos 0.5-4(-10) cm, en general laxamente araneoso-pubescentes. Cabezuelas generalmente 2.5-4 cm; involucro generalmente 2-3 × 3-5 cm, campanulado a angostamente campanulado, no estrechamente abrazado por el involucro folioso falso o secundario, densamente araneoso-lanado proximalmente; filarios generalmente 12-30 × 1-2 mm, linear-lanceolados, 6-seriado o 7-seriado, adpresos y erectos o algunas veces las series externas patentes pero luego rectas y no reflexas (aunque frecuentemente adpresas como también recurvadas), rígido-subcoriáceos, no pardo-negruzcos cuando secos, 1-nervios, densamente araneoso-lanados y parduscos proximalmente, los márgenes generalmente enteros o un filario externo o rara vez dos pectinado-espinuloso(s); filarios de las pocas series externas atenuados y gradualmente rígido-espinosos, el ápice glabro, las espinas 5-15 mm, pajizas; filarios internos moderadamente espinosos a espinulosos, rara vez flexuosos y no espinosos. Flores del disco: corola 19-28 mm, rosada hasta color lavanda, no púrpura oscuro cuando seca, el tubo 10-14 mm, los lobos y la garganta subiguales, la garganta 4-6 mm, los lobos 5-8 mm, ascendentes a erectos; anteras c. 7 mm, pajizas, los filamentos incluidos dentro de la garganta de la corola, el apéndice c. 1 mm, el ápice agudo; ramas del estilo libres c. 0.2 mm apicales. Cipselas de hasta c. 4.5 mm, pardas, con un borde anular conspicuo de c. 0.4 mm, pajizo; vilano de cerdas c. 20 mm, sórdidas, alcanzando la parte proximal de los lobos de la corola, el ápice algunas veces engrosado. Floración jun.-ene. $2n = 34$. *Pastizales, laderas, bosques abiertos de Pinus-Quercus, orillas de caminos, laderas de volcanes.* Ch (*Breedlove 29407*, MO); G (*Ownbey y Muggli 3980*, NY); H (Nelson, 2008: 157-158). 2400-3500 m. (Endémica.)

Cirsium guatemalense es tratado aquí como un sinónimo de *C. radians*, de acuerdo a Nash (1976f) y a las anotaciones de G. Ownbey en ejemplares de herbario. Sin embargo, Blake (1937) describió *C. guatemalense* con tallos alados (y con la corola de garganta y lobos subiguales). El reporte de Nelson (2008) de esta especie en Honduras no ha sido verificado y posiblemente está basado en una identificación errónea.

6. Cirsium skutchii S.F. Blake, *Brittonia* 2: 357 (1937). Holotipo: Guatemala, *Skutch 1264* (GH!). Ilustr.: no se encontró.

Hierbas perennes, 0.06-0.18 m, poligamodioicas, subacaulescentes, los rizomas cortos, 1-3 cm de diámetro; tallos no alados, el tallo central 2-14 cm, erecto, muy folioso, algunas veces los tallos laterales procumbentes menos foliosos también presentes. Hojas 15-30, 5-20(-35) × 2-6 cm, generalmente basales y arrosetadas, el pecíolo alado, las rosetas densamente foliosas, los tallos con algunas hojas más pequeñas, pinnatífidas hasta cerca de la vena media, angostamente oblanceoladas en contorno, las superficies concoloras o rara vez discoloras, la superficie adaxial glabra, la superficie abaxial rara vez araneoso-tomentosa entre las espinas hasta más comúnmente glabrescente, los lobos generalmente 8-13 por lado, generalmente 1-3 × 0.4-0.8 cm (incluyendo la espina terminal), lanceolados a triangular-lanceolados, los pocos lobos proximales frecuentemente reducidos a espinas, todos los lobos con un ápice largamente espinoso y también basal-lateralmente en general marcadamente poco espinosos, la espina terminal 7-14 mm, generalmente c. 1/2 de la longitud de los lobos enteros (casi tan larga como la parte foliosa de los lobos), pajiza, los lobos distanciados 1-2 cm sobre el raquis, casi subiguales a los senos hasta los lobos c. 2 veces más amplios que los senos, el raquis generalmente (0.3-)0.5-1 cm de diámetro, la base peciolar de hasta 7 cm. Capitulescencia subsésil a cortamente pedunculada, con 1-5(-9) cabezuelas, las cabezuelas solitarias en las puntas del rizoma o en las ramas cortas; pedúnculos generalmente 0-4 cm, bracteado-foliosos. Cabezuelas 3-4.5 cm, generalmente bisexuales o algunas aparentemente solo pistiladas; involucro 2.5-3.5 × 2-4 cm, campanulado, estrechamente abrazado por pocas hojas erectas, bracteadas, pectinado-espinosas, formando un involucro falso o secundario casi tan largo como el involucro; filarios 15-35 × 1.5-4 mm, triangular-lanceolados a lanceolados, 5-7-seriados, completamente adpresos, pardo-verdosos la mayoría de su longitud, generalmente glabros, los márgenes enteros o pocos filarios externos rara vez indistintamente pectinados, el ápice espinoso, la espina 3-5 mm, pajiza, los filarios internos generalmente glabros, los márgenes algunas veces ciliolados distalmente, el ápice espinoso hasta apenas espinuloso; clinanto densa y cortamente setoso, las setas 1-2 mm, las setas mucho más cortas que las cipselas. Flores del disco: corola 22-29 mm, color lavanda a blanquecina, el tubo 15-20 mm, la garganta c. 4 mm, los lobos 3-5 mm, erectos a flexuosos; anteras 4.5-5.5 mm, filamentos (2-)3-4 mm, glabros, las colas c. 0.5 mm, casi tan largas como el apéndice del cuello c. 1 mm, el ápice acuminado; ramas del estilo c. 0.5 mm, lanceoladas. Cipselas 3.8-5 mm, subcomprimidas, pardas, brillantes; vilano de cerdas 22-28 mm, casi tan largas como la corola, pardo oscuro. Floración mar., jul.-sep. $2n = 34$. *Pastizales alpinos, bosques abiertos de* Juniperus. G (*Ownbey y Muggli 3962*, NY). 3200-3700 m. (Endémica.)

Cirsium skutchii parece ser endémica de la Sierra de los Cuchumatanes. Blake (1937) describió la especie como dioica y el holotipo como pistilado. Aunque parece que el holotipo se trata simplemente de una planta en fruto y la mayoría de ejemplares tienen cabezuelas bisexuales, parece que a diferencia de Blake se debe caracterizar provisionalmente la especie como poligamodioica, una condición sexual conocida, por ejemplo, en la especie de zonas templadas, *C. arvense* (L.) Scop.

7. Cirsium subcoriaceum (Less.) Sch. Bip. in Seem., *Bot. Voy. Herald* 312 (1856). *Carduus subcoriaceus* Less., *Linnaea* 5: 130 (1830). Holotipo: México, Veracruz, *Schiede y Deppe 265* (foto MO! ex HAL). Ilustr.: Alfaro V., *Pl. Comunes P.N. Chirripó, Costa Rica* ed. 2, 138 (2003). N.v.: Aman, cardo santo, espina, sa qi paxl, tun k'is, G; cardo, San Carlos, H; cardo, cardosanto, ES; cardo, cardón, tobus, tubú, CR.

Cirsium heterolepis Benth., *C. maximum* Benth., *C. pinnatisectum* (Klatt) Petr., *C. platycephalum* Benth., *Cnicus heterolepis* (Benth.) A. Gray, *C. pinnatisectus* Klatt, *C. subcoriaceus* (Less.) Hemsl.

Hierbas frecuentemente perennes, (0.5-)1-3(-4) m; tallos pocas a varias veces ramificados distalmente, no alados, laxamente araneoso-tomentosos. Hojas 10-60(-80) × 2-35(-45) cm (hojas bracteadas de los pedúnculos frecuentemente muy reducidas), profundamente pinnatífidas c. 4/5 de la distancia a la vena media o las hojas distales apenas pinnatilobadas, anchamente lanceoladas a oblongas en contorno, generalmente caulinares en la antesis, las superficies discoloras, la superficie adaxial laxamente araneoso-tomentosa tornándose glabrescente, la superficie abaxial araneoso-tomentosa, blanco-grisácea, la base de las hojas proximales algunas veces gradualmente atenuada, no decurrente sobre el tallo, los márgenes generalmente con 4-9 pares de lobos, los lobos generalmente 1.5-15 × 0.5-4 cm, triangulares a lanceolados u oblongos, espinoso-dentados a rara vez tornándose secundariamente lobados, las espinas de los lobos individuales subiguales, las espinas 4-12(-20) mm, generalmente mucho más pequeñas que los lobos, el raquis generalmente 0.8-3.5 cm de diámetro, el ápice acuminado; hojas proximales angostamente alado-pecioladas, la vena media frecuentemente ancha y color pálido; hojas distales sésiles. Capitulescencia monocéfala o abiertamente corimbosa sobre el 1/3 distal del tallo principal, con 1-7(-13) cabezuelas, corta a largamente pedunculada, remotamente bracteado-foliosa; pedúnculos 1-5(-20) cm, generalmente no más largos que la cabezuela, generalmente erectos o rara vez las cabezuelas escasamente nutantes, laxamente araneoso-tomentosos. Cabezuelas 3.5-6(-10) cm; involucro 3-5.5(-8) × (3-)4.5-7(-10) cm, globoso-ovoide, no estrechamente abrazado por el involucro folioso falso o secundario; filarios generalmente 100-200, generalmente 2-4(-5) mm de diámetro, 10-15-seriados, la vena media no prominente; filarios externos 15-25 mm, triangular-lanceolados a lanceolados, verdes al menos en la mitad distal, en general densamente araneoso-tomentosos proximalmente, los márgenes pectinado-espinosos, los ápices rígidamente espinosos, al madurar varias series externas marcadamente reflexas o dobladas hacia afuera en el punto medio; filarios rápidamente graduando hasta los filarios más internos de 35-60(-80) mm, lanceolados a linear-lanceolados, erectos, totalmente pajizos o c. 1/2 distal anaranjada o rojiza, nunca finamente escabriúsculos hasta rara vez escasamente papiloso-escabriúsculos distalmente, generalmente glabrescentes, los márgenes enteros o subenteros, el ápice atenuado, algunas veces flexuoso o sublacerado-serrulado; clinanto con setas de 4-8 mm. Flores del disco: corola 30-60 mm, color violeta o color crema a rojo-anaranjada o algunas veces amarilla, el tubo 15-28 mm, el limbo profundamente 5-lobado hasta cerca de la base, los lobos mucho más largos que la garganta, la garganta 1-2 mm, los lobos 14-30 mm, lineares, erectos o escasamente patentes; anteras c. 13 mm, los filamentos obviamente papilosos, claramente visibles, exertos de la garganta de la corola, el apéndice c. 3 mm, el ápice obtuso; ramas del estilo 1.5-3 mm, libres c. 0.3(-0.8) mm apicales. Cipselas 4.5-6.5(-8) mm, pardo oscuro, brillantes; vilano de cerdas 20-40 mm, pajizo a sórdido. Floración todo el año. 2*n* = 34, 36. *Áreas arvenses alteradas y orillas de caminos, potreros, pastizales, vegetación secundaria, bosques de neblina, bosques montanos, bosques de* Pinus-Quercus, *matorrales, subpáramos, laderas de volcanes.* Ch (*Matuda 2847*, NY); QR (*Cabrera y Cabrera 3520*, MO); G (*Pruski y Ortiz 4289*, MO); H (*Clewell 3807*, NY); ES (*Villacorta y Reyna de Aguilar 722*, MO); N (*Araquistain y Sandino 1403*, MO); CR (*Pruski et al. 3848*, MO); P (*Allen 1588*, MO). (10-)900-3500 m. (México, Mesoamérica.)

Este tratamiento es de acuerdo a García López y Koch (1995) en reconocer *Cirsium subcoriaceum* por los lobos de la corola muy largos y los filarios externos reflexos pectinado-espinosos. En estos caracteres *C. subcoriaceum* es similar a *C. conspicuum* (y el posible sinónimo *C. anartiolepis*), pero *C. conspicuum* parece diferenciarse por las cabezuelas más angostas con filarios externos más finamente pectinados y sin tomento araneoso, por los filarios internos más consistentemente rojizos y por la corola con garganta y tubos subiguales. Tanto *C. conspicuum* como *C. anartiolepis* deberían encontrarse en Mesoamérica. La página de Internet de TEX cita *Soule y Prather s.n.* (3102 de acuerdo a Tom Wendt, com. pers., abr. 2011) de Chiapas como *C. anartiolepis*, pero no se ha visto este ejemplar y no se ha verificado la identificación.

La única colección conocida de Quintana Roo se encuentra muy por afuera de la distribución altitudinal normal de esta especie.

Por los filarios externos pectinado-espinosos reflexos *C. subcoriaceum* es similar a *C. conspicuum* y a *C. anartiolepis*, especies que se deben esperar en el área de Mesoamérica. Tanto *C. conspicuum* como *C. anartiolepis*, sin embargo, se diferencian de *C. subcoriaceum* por las cabezuelas más estrechas, los filarios externos más finamente pectinados, los filarios internos largos, erectos y completamente rojizos y la garganta y el tubo de las corolas subiguales. *Cirsium ehrenbergii* Sch. Bip. es otra especie con cabezuelas grandes a veces con filarios externos basales, pero nunca en todo el ápice. *Cirsium ehrenbergii* probablemente no es de esperarse en Mesoamérica.

Tal vez no sea coincidencia que *C. subcoriaceum* y *C. horridulum*, las dos especies de Mesoamérica con los filarios externos más obviamente pectinado-espinosos, son las dos especies con las cabezuelas más grandes. *Cirsium horridulum* se caracteriza por el involucro estrechamente abrazado por un involucro falso o secundario de hojas bracteadas pectinado-espinosas y los filarios erectos finamente escabriúsculos, mientras que *C. subcoriaceum* difiere por las hojas menos espinosas, por el involucro secundario ausente y por las pocas series de filarios externos, estos generalmente marcadamente reflexos.

8. Cirsium vulgare (Savi) Ten., *Fl. Napol.* 5: 209 (1835-1836). *Carduus vulgaris* Savi, *Fl. Pis.* 2: 241 (1798). Tipo: Italia, *Anon. s.n.* (PI? o FI?). Ilustr.: Cronquist, *Intermount. Fl.* 5: 415 (1994).

Ascalea lanceolata (L.) Hill, *Carduus lanceolatus* L., *Cirsium lanceolatum* (L.) Scop. non Hill, *Cnicus lanceolatus* (L.) Willd., *Eriolepis lanceolata* (L.) Cass.

Hierbas bianuales, 0.5-1.5(-2) m, axonomorfas; tallos distalmente ramificados, alados, ligeramente araneoso-pubescentes, las alas distales del tallo frecuentemente tan largas como los entrenudos, espinosos, el lado que es continuación de la superficie adaxial de la hoja aguijonosa. Hojas 5-30(-40) × 1.5-11 cm, runcinado-pinnatífidas hasta 2-pinnatífidas cerca de la vena media, oblanceoladas a obovadas en contorno, generalmente caulinares en la antesis, escasamente discoloras o concoloras, la superficie adaxial rígido-aguijonosa, la superficie abaxial laxamente araneoso-tomentosa a glabrescente, blanco-grisácea o verde, los márgenes formando alas decurrentes sobre el tallo, los lobos 0.5-5 × 0.4-1 cm, generalmente lanceolados, cada uno secundaria y marcadamente 2-lobado o 3-lobado, gradualmente terminando en espinas hasta c. 4 mm, los márgenes por lo demás enteros a leve y cortamente espinosos con espínulas menos de 1 mm, el raquis generalmente 0.5-0.8 cm de diámetro, el ápice largamente atenuado o rara vez agudo; hojas proximales alado-peciolariformes, los márgenes

con hasta c. 6 pares de lobos cercanamente espaciados, las hojas distales sésiles, la aurícula basal c. 3-lobada, los márgenes 2-4-lobados. Capitulescencia corimbosa, con pocas a muchas cabezuelas, subsésil a cortamente pedunculada; pedúnculos (0-)1-2(-6) cm, araneoso-tomentosos. Cabezuelas 3.5-4.5 cm; involucro 3-4 × 2-4 cm, hemisférico a campanulado, no estrechamente abrazado por el involucro folioso falso o secundario; filarios 5-40 × 1-1.8 mm, linear-lanceolados, algunas veces lineares en las series internas, marcadamente imbricados, 7-12-seriados, adpresos con el ápice patente a reflexo, verdes con puntas pajizas, 1-acostillados, laxamente araneoso-pubescentes, los márgenes enteros, el ápice con una espina terminal, la espina 2 mm. Flores del disco: corola 26-35 mm, color lavanda, el tubo 17-21 mm, la garganta 4-6 mm, los lobos 5-8 mm, flexuosos a patentes; anteras c. 5 mm, el apéndice 1-1.5 mm, el ápice agudo; ramas del estilo libres c. 0.5 mm apicales. Cipselas 3-5 mm, pardas; vilano de cerdas 20-30 mm. Floración ago. 2*n* = 68. *Selvas abiertas, laderas de volcanes.* G (Holm et al., 1997: 207). 2000-3200 m. (Nativa de Europa; naturalizada en Canadá, Estados Unidos, México, Mesoamérica, Ecuador, Perú, Bolivia, Brasil, Paraguay, Uruguay, Chile, Argentina; introducida en Asia, África, Australia, Nueva Zelanda, Islas del Pacífico.)

45. Cynara L.
Arcyna Wiklund

Por J.F. Pruski.

Hierbas anuales o perennes, espinosas; tallos erectos, simples o ramificados; follaje frecuentemente araneoso-tomentoso. Hojas basales (arrosetadas) y caulinares, alternas; láminas 1-2(3)-pinnatilobadas, sin espinas a marcadamente espinosas, las superficies generalmente pubescentes, algunas veces glandulosas; hojas proximales pecioladas y las distales sésiles. Capitulescencia monocéfala o corimbiforme abierta. Cabezuelas hasta 15 cm de diámetro, grandes, discoides; involucro hemisférico u ovoide; filarios numerosos, imbricados, marcadamente graduados, 5-8-seriados o con más series, gruesamente coriáceos, verdes, los márgenes enteros; clinanto cóncavo a convexo, carnoso, densa y largamente cerdoso, las cerdas aplanadas, las areolas aplanadas en la inserción de la cipsela. Flores muchas a numerosas, bisexuales; corola tubular-infundibuliforme alargada, blanca a púrpura, el tubo filiforme, el limbo abruptamente angosto-ampliado, los lobos linear-lanceolados; anteras con filamentos libres, finamente papilosos distalmente, por lo demás glabros, las tecas rígidas, endotelio polarizado, la cola fimbriada, el apéndice apical oblongo; ramas del estilo conniventes hasta cerca del ápice. Cipselas basifijas, angostamente obovoides, algunas veces subcomprimidas, c. 4-anguladas, glabras, el ápice truncado; vilano de numerosas cerdas, 3-7-seriadas), connatas basalmente y deciduas en un anillo (Mesoamérica), generalmente plumosas. *x* = 17. Aprox. 8-11 spp. Región mediterránea y oeste de Asia, 1 sp. subcosmopolita.

Bibliografía: Wiklund, A.M. *J. Linn. Soc., Bot.* 109: 75-123 (1992).

1. Cynara cardunculus L., *Sp. Pl.* 827 (1753). Lectotipo (designado por Wiklund, 1992): Tabernaemontanus, *New Vollk. Kräuterb.* 1075 abajo izquierda (1664), como *Scolymus aculeata*. Ilustr.: García López y Koch, *Fl. Bajío* 32: 47 (1995). N.v.: Alcachofa, artichoke, cardoon, G; alcachofa, P.

Cynara cardunculus L. var. *scolymus* (L.) Fiori, *C. scolymus* L.

Hierbas anuales o bianuales, 0.5-1.6(-2.4) m, axonomorfas; tallos robustos, estriados, glabrescentes a densamente araneosos, algunas veces alados por las bases decurrentes de las hojas distales. Hojas 20-80 × 10-30 cm, más o menos elíptico-lanceoladas a oblongas en contorno, las superficies glandulosas, la superficie adaxial verde, glabra o laxamente araneosa, la superficie abaxial blanco a grisáceo-tomentosa, los márgenes con c. 5 segmentos primarios bien espaciados en cada lado, los segmentos primarios generalmente 2-13 × 0.5-3.5 cm, enteros a dentados, los dientes inermes o espinosos, las espinas 5-30 mm, frecuentemente agregadas basalmente. Capitulescencia con 1-4 cabezuelas. Cabezuelas 3-7(-12) × 3-9(-12) cm, globosas; involucro ovoide; filarios 60-100, glabros, los ápices lateralmente patentes en la antesis; filarios externos 10-20 × c. 5 mm, triangulares, el ápice acuminado; filarios de las series medias en general fuertemente espinosos, las espinas generalmente hasta 5 mm; filarios graduando hasta los filarios internos 30-60 × 10-20 mm, el ápice generalmente agudo a obtuso, aristado o mucronado. Flores del disco 80-200; corola 35-62 mm, blanca a más comúnmente purpúrea, el tubo 25-44 mm, los lobos más largos que la garganta; estilo exerto hasta c. 13 mm del cilindro de la antera. Cipselas 4-8 mm; vilano de c. 50(-100) cerdas, 20-40 mm, series externas de bases anchas. Floración may.-dic. 2*n* = 34. *Comúnmente cultivada (en Guatemala, fide Morton, 1981) y disponible "en todos los mercados de hierbas".* G (Morton, 1981: 923); P (Iván Valdespino, com. pers., III-2011). 1500-2200 m. (Nativa de la región mediterránea; cultivada y ocasionalmente escapando en Estados Unidos, México, Mesoamérica, Colombia, Venezuela, Ecuador, Perú, Brasil, Paraguay, Uruguay, Chile, Argentina, Antillas Mayores, Europa, Asia, África, Australia, Nueva Zelanda.)

Cynara cardunculus es generalmente cultivada por los clinantos comestibles de las cabezuelas en botón (alcachofa) o algunas veces por los raquis de la hoja comestibles (cardón); tradicionalmente ha sido llamada *C. scolymus*. Sin embargo, Wiklund (1992) redujo *C. scolymus* bajo la sinonimia de *C. cardunculus*, anotando que las diferencias morfológicas se debían básicamente a selección humana. Sin embargo, Wiklund (1992) reconoció infraespecies; aquí se reconoce la especie en sentido amplio sin infraespecies. La especie tal vez no crece entre Guatemala y Panamá, y Barry Hammel (com. pers., mar. 2011) dice no haberla visto a la venta en mercados de Costa Rica.

46. Silybum Vaill., nom. cons.

Mariana Hill

Por J.F. Pruski.

Hierbas anuales o bianuales, espinosas, axonomorfas; tallos erectos, generalmente simples, no alados; follaje glabro a pubescente. Hojas basales (arrosetadas) y caulinares, alternas; láminas espinosas a 1-pinnatilobadas, las hojas sésiles o las hojas basales pecioladas, las superficies no glandulosas, glabras o glabrescentes, las nervaduras blancas, por lo demás verdes a variegadas. Capitulescencia monocéfala. Cabezuelas grandes, discoides; involucro globoso u ovoide; filarios numerosos, imbricados, marcadamente graduados, 4-6-seriados, rígidos, los filarios externos y de las series medias con márgenes dentado-espinosos, el ápice abrupta y largamente espinoso, los filarios internos enteros y apenas angostados distalmente, no espinosos; clinanto aplanado, densamente setuloso, las areolas aplanadas en la inserción de la cipsela. Flores 25-100, bisexuales; corola alargada, tubular-infundibuliforme, purpúrea, el tubo filiforme, el limbo abrupta y angostamente ampliado,

los lobos linear-lanceolados; antera con filamentos connatos formando un tubo corto, glabros o papilosos, las colas cortamente caudadas, escasamente exertas fuera del tubo de filamentos, la antera con apéndices oblongos; ramas del estilo conniventes hasta cerca del ápice escasamente engrosado. Cipselas basifijas, ovoides, subcomprimidas, glabras, la pared del ovario con cristales de oxalato de calcio conspicuamente alargados; vilano de cerdas pluriseriadas, pajizas a pardo pálido, escábridas, barbeladas basalmente y deciduas como un anillo, series externas de bases anchas. *x* = 17. 2-3 spp. Región mediterránea y oeste de Asia, 1 sp. subcosmopolita.

Bibliografía: Jeffrey, C. *Kew Bull.* 22: 107-140 (1968). Márquez Alonso, C. et al. *Pl. Med. Méx.* 2: 9-178 (1999).

1. Silybum marianum (L.) Gaertn., *Fruct. Sem. Pl.* 2: 378 (1791). *Carduus marianus* L., *Sp. Pl.* 823 (1753). Lectotipo (designado por Jeffrey, 1968): Europa, *Herb. Clifford 393, Carduus 9* (foto MO! ex BM). Ilustr.: Cabrera, *Fl. Prov. Jujuy* 10: 557, t. 238 (1978). N.v.: Cardo mariano, Ch.

Mariana mariana (L.) Hill.

Hierbas 0.8-1.5(-2.5) m; tallos glabros o escasamente araneoso-pubescentes, fistulosos. Hojas (5)8-50 × (3-)6-20 cm, lanceoladas a ovadas, las superficies concoloras, la base de al menos las hojas distales (como se encuentran representadas en los ejemplares de herbario) amplexicaule y auriculada, las espinas 2-13 mm, pardo-amarillentas a amarillentas; márgenes de las hojas mediales del tallo con 3-5 lobos cercanamente espaciados, toscamente triangular-pluriespinosos generalmente incisos menos de 1/2 de la distancia a la vena media; hojas rápidamente graduando a las hojas distales conspicuamente más grandes que las hojas, con márgenes espinosos no lobados. Capitulescencia con pocas cabezuelas por planta; pedúnculos generalmente 10-20 cm, no bracteados o algunas veces poco bracteados con las brácteas básicamente siendo agrupaciones de 5-10 espinas sin mucha de la "lámina" en sí. Cabezuelas (3-)4-6 × 3-5 cm; filarios 30-50 × 8-12 mm, ovado-lanceolados, verdes, glabros, los filarios externos y los de las series medias abruptamente doblados y dirigidos hacia afuera c. 1/2 del filario, el ápice punzante 20-30 mm, los filarios internos erectos. Flores del disco: corola 30-35 mm, mucho más larga que las cerdas del vilano, el tubo 18-25 mm, la garganta 2-3 mm, mucho más corta que los lobos; filamentos de la antera en un tubo de c. 2 mm. Cipselas 6-8 mm, pardas con borde anular pajizo; vilano de cerdas 15-20 mm. 2*n* = 34. *Cultivada como medicinal, fácilmente naturalizada en áreas alteradas.* Ch (Márquez Alonso et al., 1999: 31). 700-2500 m. (Nativa de la región mediterránea; cultivada y naturalizada en Canadá, Estados Unidos, México, Mesoamérica, Colombia, Venezuela, Ecuador, Perú, Brasil, Uruguay, Chile, Argentina, Europa, Asia, África, Australia, Nueva Zelanda.)

Esta especie es similar, en cuanto a la forma general de los involucros, a *Carthamus lanatus*, la cual además de las diferencias genéricas, difiere por los filarios y las hojas distales del tallo subiguales, por las cabezuelas subsésiles más pequeñas y por las corolas amarillas.

VII. Tribus CICHORIEAE Lam. et. DC.

Lactuceae Cass.

Descripción de la tribus y clave genérica por J.F. Pruski.

Hierbas anuales a perennes, o rara vez arbustos a árboles, la raíz frecuentemente axonomorfa; tallos rara vez alados; follaje con látex lechoso. Hojas alternas, basales y/o caulinares, simples a pinnatilobadas o pinnatífidas, típicamente cartáceas, pinnatinervias o rara vez para-

lelinervias (*Tragopogon*). Capitulescencia terminal o rara vez lateral, monocéfala a paniculada, generalmente abierta, muy rara vez sésil en roseta. Cabezuelas homógamas y liguladas, generalmente sin calículo; filarios imbricados (subimbricados), graduados a algunas veces subiguales, en (1-)3-5 o más series, al menos los internos adpresos, generalmente más o menos cartáceos con los márgenes y/o el ápice escariosohialinos, con frecuencia basalmente endurecidos en el fruto, típicamente persistentes y reflexos luego de la fructificación; clinanto aplanado a convexo, típicamente sin páleas. Flores liguladas, bisexuales; corola frecuentemente abriéndose y cerrándose durante el día (más notablemente que en numerosas otras Asteraceae), generalmente amarilla, el tubo o la unión del tubo-garganta frecuentemente pubescente con tricomas rígidos o crespos, el limbo más o menos oblongo, el ápice truncado, 5-dentado; anteras 5, muy exertas, más claras o concoloras con las corolas, rara vez parduscas o negruzcas, la base caudada (calcariforme, fértil), las anteras con tejido endotecial con engrosamientos mayormente transicionales (véase Dormer, 1962), apicalmente con un apéndice generalmente ovado a deltado; polen principalmente equinolofado; estilo exapendiculado, el tronco papiloso distalmente, las ramas típicamente delgadas y alargadas, la superficie estigmática continua desde la base hasta cerca del ápice, el ápice redondeado a agudo. Cipselas isomorfas dentro de la cabezuela, rara vez las cipselas externas más cortas o diferentes en forma o características de la superficie, rara vez aladas, generalmente parduscas, típicamente glabras o esparcidamente pubescentes, el carpóforo liso-anular o rara vez ligeramente exanular debido a las costillas decurrentes del cuerpo de la cipsela; vilano generalmente de numerosas cerdas capilares alargadas, rara vez de cerdas capilares de base ancha, escamas, escuámulas o aristas, las cerdas escábridas o algunas veces plumosas, en 1-pocas series, subiguales o rara vez unas pocas cerdas externas algunas veces más cortas y más lisas, típicamente persistentes. $x = 3, 4, 5, 6, 7, 8, 9$ (pleisiomórficamente $x = 9$). Aprox. 90 gen. y 1700(-3900) spp. Todos los continentes excepto Antártica, principalmente en la zona nortemplada.

Aunque Cichorieae es la tribu que se identifica más fácilmente en Asteraceae, no hay consenso sobre el número de subtribus o su delimitación. Stebbins (1953) señaló que los esquemas subtribales tradicionales generalmente estuvieron basados en características del vilano y del clinanto (como aparece en la clave subtribal de Lack, 2007), pero enfatizó el valor taxonómico de la forma de la rama del estilo. El nombre Lactuceae se ha usado con frecuencia para la tribu (p. ej., Bremer, 1994; Calderón de Rzedowski, 1997; D'Arcy y Tomb, 1975 [1976]; Vuilleumier, 1973), pero p. ej., Bentham y Hooker (1873), Standley (1938), Stebbins (1953) y Nash (1976h) usaron correctamente el nombre tribal Cichorieae. Lack (2007) ubicó los géneros de Mesoamérica en ocho subtribus diferentes, discusión que no se incluirá en esta flora. El número variable de especies reconocidas dentro de Cichorieae (1700-3900) se debe a que básicamente no existe ningún consenso sobre cómo tratar las c. 2200 microespecies apomícticas descritas en *Hieracium* y *Taraxacum* (nom. cons.). En general, las microespecies no son reconocidas por taxónomos del continente americano, en parte presumiblemente porque la mayoría de las especies americanas se reproducen sexualmente (Vuillcumier, 1973).

Las cipselas de *Launaea* y *Pinaropappus* se han descrito diversamente como rostradas o sin rostro, pero aquí las especies mesoamericanas se describen como "atenuado-subrostradas", y de hecho no son ni abruptamente rostradas como en la especie mesoamericana de *Lactuca*, ni largamente rostradas como en *Taraxacum*. Asimismo, *Youngia* difiere típicamente de *Crepis* por las cipselas comprimidas (vs. subteretes), pero la única especie mesoamericana de *Youngia* tiene lo que se llaman cipselas "subcomprimidas" que no son tan fuertemente comprimidas como las de otros géneros (p.ej., *Lactuca*) de la tribu.

La *Guatimalensis Prima Flora* de Fernández Casas et al. (1993) sirve como fuente de referencias para *Cichorium endivia* y *Sonchus arvensis* en lo que corresponde a la moderna Guatemala (véase McVaugh 1977 acerca de las atribuciones de las localidades). Sin embargo, se presume errónea la mención de Fernández Casas et al. (1993) de tres especies no tropicales de *Scorzonera* L. en Guatemala. De estos

nombres el ejemplar del Herbario de *Sessé y Mociño 2766* (MA) determinado originalmente como *Scorzonera picroides* L. es una especie de *Pinaropappus*, pero McVaugh (2000) dijo que el uso de *S. angustifolia* L. y *S. graminifolia* L. por Sessé y Mociño (al menos como fueron tratados en sus floras mexicanas) no fue rastreado. Dado que especies de *Scorzonera* suelen tener relativamente pocas cabezuelas grandes y un vilano de cerdas plumosas, y teniendo en cuenta la distribución de taxones similares conocidos en Mesoamérica, junto con el uso de los epítetos "*angustifolia*" y "*graminifolia*", parece posible que *S. angustifolia* y *S. graminifolia* sensu Fernández Casas et al. (1993) fueron en referencia a material nativo del continente americano de *Hypochaeris* y/o *Tragopogon*, o si cultivado tal vez entonces la especie de hojas angostas *Scorzonera hispanica* L. Por ejemplo, el reporte de Polakowski (1877) de *S. hispanica* con flores amarillas y ampliamente cultivada en Costa Rica es probablemente correcto ya que esta especie fue cultivada en América en los 1800s, pero no se espera que esta especie se vuelva naturalizada. El nombre ilegítimo costarricense *Crepis heterophylla* Klatt (1895) [no el asiático de Klatt (1894)] fue tratado como desconocido por Standley (1938) y del mismo modo no se incluye en este tratado. *Helminthotheca echioides* (L.) Holub y *Lapsana communis* L. son hierbas de tallos frondosos, nativas de Europa, ocasionalmente malezas en América tropical y deberían encontrarse en regiones montañosas de Mesoamérica.

Helminthotheca echioides se caracteriza por los tricomas uncinados apicalmente 2-4-furcados, las cabezuelas bracteado-espinescentes con flores amarillas y las cipselas fusiformes rostradas coronadas por las cerdas plumosas del vilano. *Lapsana communis* se caracteriza por las cabezuelas pequeñas (5-10 mm) de flores amarillas con c. 8 filarios subiguales y las cipselas elipsoidales acostilladas y sin vilano. Además, *Leontodon* L. y *Lygodesmia* D. Don deberían encontrarse en Mesoamérica. Este tratamiento tribal se basa en varias floras de Asteraceae (p. ej., Cronquist, 1980; D'Arcy y Tomb, 1975 [1976]; McVaugh, 1984; Nash, 1976h; Standley, 1938; Villaseñor Ríos, 1989), pero también se usaron importantes referencias específicas a Cichorieae como p. ej., Calderón de Rzedowski (1997), Lack (2007) y Vuilleumier (1973).

Bibliografía: Alavi, S.A. *Fl. Libya* 107: 1-455 (1983). Barkley, T.M. et al. *Fl. N. Amer.* 19: 3-579 (2006); 20: 3-666 (2006); 21: 3-616 (2006c). Bentham, G. y Hooker, J.D. *Gen. Pl.* 2: 163-533 (1873). Breedlove, D.E. *Listados Florist. México* 4: i-v, 1-246 (1986). Bremer, K. *Asteraceae Cladist. Classific.* 1-752 (1994). Calderón de Rzedowski, G. *Fl. Bajío* 54: 1-55 (1997). Correll, D.S. y Johnston, M.C. *Man. Vasc. Pl. Texas* 1-1881 (1970). Cronquist, A.J. *Vasc. Fl. S.E. U.S.* 1: i-xv, 1-261 (1980). D'Arcy, W.G. y Tomb, A.S. *Ann. Missouri Bot. Gard.* 62: 1292-1306 (1975 [1976]). Dormer, K.J. *New Phytol.* 61: 150-153 (1962). Fernández Casas, J. et al. *Fontqueria* 37: 1-140 (1993). Hemsley, W.B. *Biol. Cent.-Amer., Bot.* 2: 69-263 (1881). Jarvis, C.E. *Order Out of Chaos* 1-1016 (2007). Lack, H.W. *Fam. Gen. Vasc. Pl.* 8: 180-199 (2007 [2006]). McVaugh, R. *Contr. Univ. Michigan Herb.* 9: 359-484 (1972); 11: 97-195 (1977); *Fl. Novo-Galiciana* 12: 1-1157 (1984); *Bot. Results Sessé & Mociño* 7: 1-626 (2000). Molina R., A. *Ceiba* 19: 1-118 (1975). Nash, D.L. *Fieldiana, Bot.* 24(12): 440-454, 598-603 (1976). Polakowski, H. *Linnaea* 41: 545-598 (1877). Standley, P.C. *Fieldiana, Bot.* 18: 1137-1571 (1938). Stebbins G.L. *Madroño* 12: 65-81 (1953). Tutin, T.G. et al. *Fl. Eur.* 4: i-xxix, 1-505 (1976). Villaseñor Ríos, J.L. *Techn. Rep. Rancho Santa Ana Bot. Gard.* 4: i-iii, 1-122 (1989).Vuilleumier, B.S. *J. Arnold Arbor.* 54: 42-93 (1973).

1. Vilano típicamente de escuámulas mucho más cortas que las cipselas; corolas generalmente azules o color violeta. **47. Cichorium**
1. Vilano de cerdas alargadas; corolas (al menos adaxialmente) amarillas o azuladas a rojizas (incluyendo los tonos intermedios de rosado, lavanda, color violeta, color púrpura, etc.).
  2. Cerdas del vilano en su mayoría plumosas; al menos las cipselas internas largamente rostradas (cipselas externas sin rostro en *H. glabra*).

3. Corolas amarillas; clinanto paleáceo; filarios graduados, 3-4-seriados; hierbas escapíferas; hojas con láminas oblanceoladas, pinnatinervias; cipselas externas largamente rostradas o sin rostro.   **50. Hypochaeris**

3. Corolas color violeta a púrpura; clinanto sin páleas; filarios subiguales, 1(2)-seriados; hierbas con tallo folioso; hojas graminiformes, paralelinervias; cipselas largamente rostradas.   **56. Tragopogon**

2. Cerdas del vilano escábridas; cipselas rostradas hasta sin rostro.

4. Corolas generalmente color rosado, lavanda, azulado o rosado-color púrpura.

5. Clinantos sin pálea; cipselas obviamente comprimidas, abruptamente rostradas; vilano de cerdas blancas o pajizas; corolas subiguales; hierbas con tallos foliosos.   **51. Lactuca (1. *L. graminifolia*)**

5. Clinantos paleáceos; cipselas subteretes, subrostradas; vilano de cerdas pard_uscas; corola de las flores internas mucho más corta que aquella de las flores externas; hierbas subescapíferas.   **53. Pinaropappus**

4. Corolas generalmente amarillas.

6. Cipselas abruptamente rostradas o largamente rostradas.

7. Hierbas con tallo folioso; capitulescencias paniculadas; cabezuelas sin calículo; filarios graduados; corolas subiguales; cipselas abruptamente rostradas, más o menos lisas.   **51. Lactuca (2. *L. sativa*)**

7. Hierbas escapíferas; capitulescencias monocéfalas; cabezuelas caliculadas; brácteas caliculares reflexas (Mesoamérica); filarios subiguales; corolas generalmente desiguales; cipselas largamente rostradas, rugosas o espinuloso-muricadas distalmente.   **55. Taraxacum**

6. Cipselas sin rostro o subrostradas.

8. Cipselas comprimidas.   **54. Sonchus**

8. Cipselas subteretes o subcomprimidas.

9. Cabezuelas sin calículo; filarios graduados.

10. Hojas enteras a dentadas; follaje diversamente pubescente, rara vez glabro; hierbas perennes con raíces gruesas o fibrosas desde rizomas o cáudices.   **49. Hieracium**

10. Hojas típicamente runcinado-pinnatilobadas; follaje típicamente glabro; hierbas anuales o bianuales, generalmente con raíz axonomorfa.   **52. Launaea**

9. Cabezuelas caliculadas; filarios subiguales.

11. Involucros 3-6 mm de diámetro; filarios 8-16, 5-8 mm, negro-estipitado-glandulosos; corolas 8-12 mm; anteras amarillas; cipselas subteretes, las costillas desigualmente engrosadas.   **48. Crepis**

11. Involucros 1.5-3 mm de diámetro; filarios 6-8, 4-6 mm, glabros; corolas 4.5-7 mm; anteras verde-negras; cipselas subcomprimidas, las costillas ligera y desigualmente engrosadas.   **57. Youngia**

47. Cichorium L.

Acanthophyton Less., *Cichorium* L. sect. *Acanthophyton* (Less.) DC.
Por J.F. Pruski.

Hierbas anuales a perennes, erectas, la raíz axonomorfa; tallos generalmente 1(-2) por cáudice, foliosos, generalmente ramificados, las hojas distales generalmente bracteadas. Hojas basales y caulinares, simples a pinnatífidas (2-pinnatífidas), las hojas basales generalmente alado-pecioladas, las distales bracteadas; sésiles, generalmente amplexicaules. Capitulescencia alargada, bastante exerta de las hojas subyacentes, espiciforme, frecuentemente compuesta de un eje interrumpido por robustas ramas laterales alargadas o pedúnculos con 1 cabezuela divergentes a c. 45°; pedúnculos dimorfos, la mayoría 0-2 mm, algunos alargados hasta más de 20 cm. Cabezuelas: involucro cilíndrico o subcampanulado; filarios (10)13, ligeramente graduados, 2-seriados, rígido-cartáceos; filarios externos 5, elíptico-lanceolados a obovados, verdes con la base cartilaginosa, pardo-amarillentos al

secarse, la mitad distal frecuentemente reflexa; filarios internos (5)8, lanceolados, adpresos con el ápice frecuentemente patente, verdes o los márgenes algunas veces angostamente escariosos; clinanto aplanado, sin páleas (Mesoamérica). Flores liguladas (5-)8-24, todas con corolas subiguales y exertas; corola azul o color violeta, frecuentemente azulada en las fotografías (Mesoamérica), rara vez blanca o rosada, el limbo exerto lateralmente o ascendente en c. 45°; ramas del estilo alargadas (Mesoamérica). Cipselas isomorfas, cilíndricas u obovoides, sin rostro, subteretes, 3-5-angulado-estriadas, las superficies lisas y glabras, el ápice truncado; vilano típicamente de escuámulas mucho más cortas que las cipselas, las escuámulas variadamente eroso-blanquecinas, rara vez 1-pocas con la punta aristada y la 1/2 o más largas que las cipselas. x = 9. 6 spp. Eurasia y norte de África, 2 spp. ampliamente cultivadas, 1 ampliamente naturalizada y arvense.

Si bien la mayoría de las floras dicen que *Cichorium endivia* es diferente de *C. intybus* por las flores interiores con escuámulas aristadas, como las escuámulas se alargan tardíamente, por si solas no se pueden usar para distinguir las especies. Asimismo, el color de la flor no es totalmente confiable para distinguir las especies, en parte porque el color no siempre es real en las fotografías. La especie mesoamericana de *Cichorium* es más a menudo cultivada para ensaladas y recogida antes de la floración; las flores vistosas de color violeta o azul son a menudo simplemente una cualidad extra (ñapa). D'Arcy y Tomb (1975 [1976]) dijeron que *C. endivia* y *C. intybus* eran "de vez en cuando probablemente cultivadas" en las regiones altas de Panamá. Naturalmente, para Linneo *C. endivia* se aplicaba a la endivia (=chicoria) y siguiendo la tradición, Kiers (2000) aplica el nombre común de chicoria a *C. intybus*. Usos "invertidos" de los nombres científicos y comunes incluyen la endivia belga, siendo un cultivar de *C. intybus* (véase Vuilleumier, 1973), mientras que por el contrario Vuilleumier (1973) señaló que, en Francia, las formas de hojas rizadas de endivia son conocidas como *chicorée*.

Bibliografía: Cullen, J. et al. *Eur. Gard. Fl.* 6: 508-666 (2000). Davis, P.H. *Fl. Turkey E. Aegean Isl.* 5: 1-890 (1975). Kiers, A.M. *Gorteria Suppl.* 5: 1-78 (2000). Rechinger, K.H. et al. *Fl. Iranica* 122: 1-352 (1977). Standley, P.C. y Calderón, S. *Lista. Pl. Salvador*, ed. 2 1-450 (1941).

1. Brácteas de la capitulescencia ovadas, el margen crespo a serrulado; filarios externos más de 3/4 de la longitud de los filarios internos; pedúnculos laterales 3-6 mm de diámetro en el ápice; escuámulas en fruto del vilano de las flores internas algunas veces 1-2 mm y con la punta aristada; anuales o bianuales; hojas similares en forma.   **1. C. endivia**

1. Brácteas de la capitulescencia lanceoladas, el margen entero; filarios externos casi la 1/2 de la longitud de los filarios internos; pedúnculos laterales 2-3 mm de diámetro en el ápice; escuámulas del vilano generalmente menos de 1 mm, rara vez con la punta aristada; perennes; hojas dimorfas.   **2. C. intybus**

1. Cichorium endivia L., *Sp. Pl.* 813 (1753). Lectotipo (designado por Davis, 1975): Europa, *Herb. Linn. 962.3* (microficha MO! ex LINN). Ilustr.: Reichenbach, *Icon. Fl. Germ. Helv.* 19: t. 1358, izq. (1860 [1858]). N.v.: Escarola, G; escarola, ES.

Cichorium crispum Mill., *C. endivia* L. var. *crispum* (Mill.) Lam., *C. endivia* var. *latifolium* Lam., *C. endivia* var. *sativa* DC., *C. intybus* L. var. *endivia* (L.) C.B. Clarke.

Hierbas anuales o bianuales, 1-1.5 m; tallos algunas veces claviformes distalmente. Hojas (basales y caulinares) de forma similar, ya sea runcinado-pinnatífidas (runcinado 2-pinnatífidas) u obovadas y no lobadas, las superficies glabras; hojas basales generalmente 25-40 × 10-18 cm, graduando en tamaño hacia la mitad del tallo. Capitulescencia con cabezuelas solitarias o 4-6 cabezuelas en agregados axilares sésiles, los agregados abrazados por una bráctea ovada de margen ondulado a serrulado; pedúnculos laterales 4-20 cm, 3-6 mm de diámetro en el ápice. Cabezuelas: filarios externos 7-10(-15) × 2-5(-10) mm, más de 3/4 de la longitud de los filarios internos; filarios internos 8-12 × 1-3 mm. Flores liguladas 15-20; corola generalmente color violeta (pero color violeta-azulada en las fotografías), el tubo 2-3 mm, el limbo 10-19 × 2-4.5 mm. Cipselas 2-2.8 mm; vilano de escuámulas 0.4-0.9 mm, las escuámulas en fruto de las flores internas algunas veces 1-2 mm y con punta aristada. 2*n* = 18. *Cultivada*. G (Fernández Casas et al., 1993: 126); ES (Standley y Calderón, 1941: 277). Elevación desconocida, presumiblemente en zonas montañosas. (Nativa de Eurasia; introducida en Canadá, Estados Unidos, México, Mesoamérica, Brasil, Chile, Argentina, N. África, Australia, Islas del Pacífico.) Esta especie se espera encontrar en Costa Rica y Panamá. Es muy similar a *Cichorium intybus*.

Aunque *Cichorium endivia* es cosechada antes de la floración, se espera encontrar en Mesoamérica escapada de jardines. Se presume que la cita de Nash (1976h) del nombre común "escarola" para *C. intybus*, es en referencia al material que se identificaría como *C. endivia*. Los cultivares populares incluyen la escarola (con las hojas obovadas no lobadas, como sinónimo de *C. endivia* var. *latifolium*) y la endivia con las hojas rizadas runcinado-pinnadas (como sinónimo de *C. endivia* var. *crispum*).

Se sigue el concepto de Kiers (2000) y se reconoce *C. endivia* sin infrataxones. *Cichorium endivia* subsp. *divaricatum* (Schousb.) P.D. Sell, reconocida por Cullen et al. (2000), resulta ser un sinónimo de *C. pumilum* Jacq. del Viejo Mundo.

Aunque Jarvis (2007) da el lectotipo de *C. endivia* como designado en 1983 en la serie de la *Flora of Libya*, Davis (1975) indica una tipificación anterior.

2. Cichorium intybus L., *Sp. Pl.* 813 (1753). Lectotipo (designado por Lack, 1977): Europa, *Herb. Linn. 962.1* (foto MO! ex LINN). Ilustr.: Cabrera, *Fl. Prov. Jujuy* 10: 317, t. 132 (1978). N.v.: Achicoria, chicoria, lechuga silvestre, Y; achicoria común, chicoria, radicchio, G; achicoria, H; achicoria, radicchio, ES.

Cichorium byzantinum Clementi, *C. cicorea* Dumort., *C. glabratum* C. Presl, *C. glaucum* Hoffmanns. et Link, *C. intybus* L. var. *eglandulosum* Freyn et Sint., *C. intybus* subsp. *glabratum* (C. Presl) Wagenitz et Bedarff, *C. intybus* var. *glabratum* (C. Presl) Gren. et Godr., *C. perenne* Stokes, *C. rigidum* Salisb., *C. sylvestre* Garsault.

Hierbas perennes, 0.3-0.8(-1.2) m, el cáudice y la raíz axonomorfa muy robustos; tallos algunas veces 1-pocas veces ramificados proximalmente, glabrescentes a hirsutos, los tricomas frecuentemente con la base ancha. Hojas dimorfas, las superficies generalmente glabras, algunas veces las nervaduras o los márgenes híspidos; hojas basales y caulinares proximales (6-)10-25(-30) × 1.5-4(-7) cm, típicamente runcinado-pinnatífidas, de contorno espatulado u oblanceolado, la base alargado-peciolariforme por 4-6 cm y atenuada, los lóbulos 3-6-yugados, el ápice de los lóbulos frecuentemente rostrado, los lóbulos proximales bien espaciados, los lóbulos de la mitad de la hoja casi tan anchos como el seno, el lóbulo terminal generalmente el más largo; hojas de la mitad del tallo y caulinares distales pocas, generalmente 3-10 cm, lanceoladas u oblongas, remotas, la base sésil y subamplexicaule, los márgenes enteros o remotamente denticulados. Capitulescencia en los 3/4 distales de la planta, solitaria o 2-4(-8) cabezuelas en agregados axilares sésiles, los agregados subyacentes a una bráctea lanceolada de margen entero; pedúnculos laterales 3-6(-13) cm, 2-3 mm de diámetro en el ápice, con 1 cabezuela. Cabezuelas 2.5-3.5 cm de diámetro (cuando las cabezuelas están abiertas y se miden al través de ápice a ápice de la corola), generalmente más anchas que altas; involucro 8-12(-16) × 3.5-5 mm; filarios glabros a esparcidamente hirsutos con tricomas estipitado-glandulares o no glandulares de c. 1(-2) mm; filarios externos 4-6(-8) × 2-4 mm, c. 1/2 de la longitud de los filarios internos; filarios internos 8-12(-15) × 2-3(-4) mm. Flores liguladas 14-24; corola generalmente azul, el tubo 1.5-3 mm, el limbo

11.5-19 × 3-5 mm, la superficie abaxial frecuentemente papilosa distalmente; tecas c. 3.5 mm; ramas del estilo 1.5-2 mm. Cipselas 2-2.5(-3) mm; vilano de escuámulas 0.2-0.4 mm, aquellas de las flores internas frecuentemente más largas que las de las flores externas, generalmente menos de 1 mm, rara vez con la punta aristada. 2*n* = 18. *Áreas alteradas, jardines*. G (Nash, 1976h: 441); H (Molina R., 1975: 112); ES (Standley y Calderón, 1941: 277). Elevación desconocida, probablemente en zonas montañosas. (Nativa de Eurasia y N. África; introducida en Canadá, Estados Unidos, México, Mesoamérica, Venezuela, Bolivia, Brasil, Chile, Argentina, Australia, Nueva Zelanda, Islas del Pacífico.)

Cichorium intybus se espera encontrar en Panamá. Esta especie se cultiva ocasionalmente (como ornamental, como ensalada de temporada fría o como aditivo para el café) y algunas veces escapa. Nash (1976h) mencionó que las flores son "algunas veces vendidas en los mercados guatemaltecos, especialmente en aquellos de Quetzaltenango". Nash (1976h) citó el nombre común de "escarola" para *C. intybus*, un nombre común que parece aplicarse correctamente solo al material que se identificaría como *C. endivia*. Cullen et al. (2000) listaron "*Cichorium intybus* subsp. *sativum* (Bisch.) Janch." como la "chicoria" cultivada, pero este nombre no se ha podido rastrear de ninguna forma.

48. Crepis L., nom. et typ. cons.

Barkhausia Moench, *Hieraciodes* Kuntze, *Limonoseris* Peterm.
Por J.F. Pruski.

Hierbas anuales, bianuales o perennes, con raíz axonomorfa o rara vez rizomatosa, arrosetadas, caulescentes, o rara vez subarbustos con cáudices leñosos; follaje glabro o más comúnmente pubescente con tricomas estipitado-glandulosos y no glandulosos; tallos erectos a decumbentes, 1-varios, la ramificación simple a muy ramificada. Hojas basales y/o caulinares, simples a pinnatífidas; pecíolo (cuando presente) generalmente alado; hojas basales típicamente espatuladas a oblanceoladas o lanceoladas, frecuentemente liradas o runcinadas; hojas caulinares en general presentes. Capitulescencia comúnmente corimbosa o paniculada. Cabezuelas caliculadas (Mesoamérica) o sin calículo; involucro cilíndrico a campanulado o algunas veces hemisférico, algunas veces tornándose turbinado en fruto; filarios subiguales, lanceolados; clinanto sin páleas. Flores liguladas con corolas ligeramente desiguales a obviamente desiguales; corola amarilla (Mesoamérica) o anaranjada a rara vez blanca o rojiza, el tubo generalmente más corto que el limbo; anteras amarillas (Mesoamérica); ramas del estilo alargadas. Cipselas isomorfas (Mesoamérica) u ocasionalmente dimorfas, fusiformes a oblongoides, sin rostro (Mesoamérica) o rara vez las cipselas internas rostradas, subteretes (Mesoamérica), negras a blancas, 4-35-acostilladas, las costillas (subigualmente engrosadas) se extienden en el carpóforo ligeramente exanular (Mesoamérica); vilano de numerosas cerdas capilares, blancas a pajizas, alargadamente escábridas. *x* = 3, 4, 5, 6, 7, 8. Aprox. 200 spp. Principalmente en las zonas templadas de Europa y Asia, algunas además naturalizadas o nativas en Norteamérica, África, Australia; varias especies son malezas casi cosmopolitas.

El género fue revisado por Babcock (1947), quien listó la sinonimia genérica completa. En este tratamiento solo se mencionan sinónimos genéricos comunes u homotípicos. La revisión de Babcock (1947) se destaca por ser una de las primeras en utilizar caracteres citogenéticos. Las especies del Viejo Mundo en su mayoría son diploides, mientras que muchas de las malezas son poliploides. Las descripciones del género publicadas varían en cuanto a si las cabezuelas son caliculadas o sin calículo y los filarios uniseriados o en 2-pocas series. Estas distinciones en *Crepis* (así como en *Taraxacum*) son algo arbitrarias, y las especies mesoamericanas se describen como teniendo cabezuelas caliculadas con filarios uniseriados porque las bractéolas más externas son eximbricadas y mucho más pequeñas y más delgadas que los filarios subiguales subimbricados (verdaderos), aunque no muy diferentes en textura o en pubescencia.

Babcock (1947) con duda reasignó los ejemplares de México y Bolivia de *C. heterophylla* a *Hieracium*, pero no mencionó la especie heterotípica *C. heterophylla* nombrada por Klatt (1895) del material costarricense (*Pittier 6994*, elevaciones medias). Standley (1938) no pudo asignar el material de Costa Rica de *C. heterophylla* con certeza, ni tampoco se lo puedo hacer aquí, pero el nombre es un homónimo ilegítimo posterior y no puede utilizarse.

Bibliografía: Babcock, E.B. *Univ. Calif. Publ. Bot.* 22: 199-1030 (1947). Klatt, F.W. *Compos. Nov. Costaric.* 1-8 (1895). Rzedowski, J. y Calderón de Rzedowski, G. *Acta Bot. Mex.* 73: 69-73 (2005).

1. Crepis capillaris (L.) Wallr., *Linnaea* 14: 657 (1840). *Lapsana capillaris* L., *Sp. Pl.* 812 (1753). Tipo: "Helvetiae, Italiae agris". Ilustr.: Rzedowski y Calderón de Rzedowski, *Acta Bot. Mex.* 73: 71, t. 1 (2005).

Crepis cooperi A. Gray, *C. diffusa* DC., *C. parviflora* Moench, *C. virens* L., *Malacothrix crepoides* A. Gray.

Hierbas anuales o bianuales, monocárpicas, 20-60(-90) cm; tallos (1-)varios, esparcidamente foliosos, generalmente erectos, simples o frecuentemente 1-poco ramificados, híspidos basalmente graduando rápidamente a hírtulos distalmente, rara vez glabrescentes. Hojas con la vena media frecuentemente 3-estriada hasta más o menos la mitad de la lámina, las superficies glabras o más comúnmente la vena media conspicuamente híspida, algunas veces heterótricas además con tricomas crespo-adpresos lateralmente; hojas basales y proximales del tallo pocas a varias, típicamente pecioladas; láminas 5-15(-20) × 1-3(-4.5) cm, espatuladas a oblanceoladas o algunas veces lanceoladas, runcinadas o liradas, la base largamente atenuada, los márgenes pinnado-lobados a agudamente dentados, los lóbulos pocos, desiguales, dirigidos hacia abajo, triangulares, el ápice de la hoja y de los lóbulos agudo o algunas veces obtuso, frecuentemente mucronato, las hojas proximales abruptamente reducidas hasta las hojas distales en el tallo; hojas distales pocas, 2-4 × 0.1-0.4 cm, bracteadas, hastado 3-fidas o subenteras, sésiles, auriculadas y amplexicaules. Capitulescencia típicamente aplanada o ligeramente redondeada, corimbosa, con 10-15(-30) cabezuelas; pedúnculos 1-4.5 cm, esparcidamente estipitado-glandulosos. Cabezuelas caliculadas; involucro 3-6 mm de diámetro, cilíndrico a turbinado; filarios 8-16, 5-8 mm, negro-estipitado-glandulosos y típicamente heterótricos además con tricomas crespo-adpresos, los ápices agudos; bractéolas caliculares 8, 2-4 mm y c. 1/3 de la longitud del involucro, lineares, esparcidamente negro-estipitado glandulosas. Flores liguladas 20-60, las corolas obviamente desiguales; corola 8-12 mm, el tubo 2-3 mm, el limbo 6-9 mm (algunas veces rojizo abaxialmente); anteras c. 3 mm; ramas del estilo 1-2 mm. Cipselas 1.5-2.5 mm, más o menos anchamente fusiformes, típicamente pardusco claro, 10-acostilladas, las costillas principalmente lisas (algunas veces escabriúsculas distalmente); vilano de cerdas 3-4 mm, blancas, solo ligeramente exertas del involucro o no exertas, algunas veces caducas. Floración feb., abr., jun., sep. 2*n* = 6. *Pastizales, orillas de caminos, cráteres volcánicos.* CR (*Pruski et al. 3843*, MO). 2300-3400 m. (Nativa de Europa; naturalizada en Canadá, Estados Unidos, México [Veracruz], Mesoamérica, Ecuador, Brasil, Chile, Argentina, Australia, Nueva Zelanda, Islas del Pacífico.)

No se ha designado un lectotipo (Jarvis, 2007) y Babcock (1947: 771) dice que no existe material en el herbario LINN. Aunque es una maleza de origen europeo ampliamente distribuida y fue citada para Costa Rica por Standley (1938), *Crepis capillaris* se ha registrado recientemente de México (Rzedowski y Calderón de Rzedowski, 2005). *Crepis capillaris* (fide Babcock, 1947) es una de las tres especies de *Crepis* con 2*n* = 6. La especie similar, *C. tectorum* L., además naturalizada en el continente americano, difiere por tener los filarios ventralmente estrigulosos, un clinanto setoso y cipselas pardo oscuro, y se espera encontrar en Mesoamérica.

49. Hieracium L.
Chlorocrepis Griseb., *Pilosella* Hill, *Stenotheca* Monnier
Por J.H. Beaman† y J.F. Pruski.

Hierbas perennes con raíz gruesa o fibrosa desde rizomas o cáudices; tallo con la pelosidad frecuentemente más larga que el diámetro del tallo; follaje diversamente hirsuto, setoso, piloso, lanoso, velloso, estipitado-glanduloso, y/o flocoso (diminutamente tomentoso) con tricomas estrellados, rara vez glabro. Hojas basales y/o caulinares, sésiles o pecioladas, en general cartáceas a algunas veces subcoriáceas, los márgenes enteros a dentados, rara vez (nunca en Mesoamérica) pinnatilobadas a pinnatífidas. Capitulescencias cimosas a paniculadas, de pocas a numerosos cabezuelas, en ocasiones monocéfalas. Cabezuelas sin calículo; involucro angostamente campanulado a hemisférico, rara vez turbinado; filarios linear-lanceolados, imbricados, graduados, 2-varias series, atenuados, herbáceos, algunas veces inconspicuos, todos reflexos luego de la fructificación; clinanto sin páleas, aplanado a ligeramente cóncavo o convexo. Flores pocas a numerosas, las corolas más o menos desiguales; corola en general amarilla o rara vez blanca (anaranjada o rosada en algunas spp. fuera de Mesoamérica); apéndices de la antera en general agudos a triangulares, rara vez redondeados; ramas del estilo 1-1.9 mm, relativamente cortas. Cipselas subteretes, cilíndricas, sin rostro, frecuentemente pardo rojizo oscuro, en general 10-acostilladas, angostas basalmente, rara vez angostas distalmente; vilano de numerosas cerdas escábridas, capilares, alargadas, blancas a blanco sucio, persistentes. Aprox. 200 (más de 1000) spp.; aprox. 110 spp. en el continente americano, aprox. 72 spp. nativas de América tropical.

El número de especies aceptadas en el género varía de unas 100 (el número inferior dado por Lack, 2007) a más de 1000 como lo consideran algunos autores del Viejo Mundo (p. ej., Üksip, 2002). Zahn (1921-1923) monografió *Hieracium* y reconoció 756 especies, pero con *H. pilosella* L. conteniendo 624 subespecies. Tutin et al. (1976) reconocieron 260 grupos de especies en Europa. Juxip (2002) infló el número de especies, en gran parte por elevar la mayoría de las subespecies de Zahn al rango de especie, aceptando un total de 785 especies en la antigua Unión Soviética.

Los tallos y pedúnculos de las especies mesoamericanas de *Hieracium* son típicamente heterótricos, frecuentemente con una capa flocosa enmarañada de tricomas cortos crespos, por encima de la cual pueden existir glándulas estipitadas cortas de varias células y/o un indumento largamente piloso, pero los rasgos del indumento pueden variar enormemente. Las cabezuelas no tienen calículo, pero Barkley et al. (2006a) denominaron brácteas caliculares a los filarios exteriores.

Este tratamiento es adoptado de Beaman (1990), en el que se reconocieron 18 especies para México y Centroamérica; cinco de los 11 taxones mesoamericanos reconocidos fueron descritos después de la monografía de Zahn. El número de especies (19) reconocidas en México y Centroamérica por Robinson y Greenman (1905c [1904]) es más o menos congruente con el número de Beaman (1990). Nash (1976h) reconoció 10 especies en Guatemala, y de las especies reconocidas en Centroamérica por Beaman (1990) solo *H. sphagnicola* no se encuentra en Guatemala. El informe de Hemsley (1881: 260) de la presencia en Costa Rica de la especie sudamericana *H. lagopus* D. Don presumiblemente se basó en material de *H. abscissum* o de *H. irasuense*.

Bibliografía: Beaman, J.H. *Syst. Bot. Monogr.* 29: 1-77 (1990). Üksip, A.J. *Fl. U.S.S.R.* 30: i-xxxiv, 1-706 (2002). Robinson, B.L. y Greenman, J.M. *Proc. Amer. Acad. Arts* 40: 14-24 (1905 [1904]). Zahn, K.H. *Pflanzenr.* IV. 280 (Heft 75): 1-284 (1921); (Heft 76): 285-576 (1921); (Heft 77): 577-864 (1921); (Heft 79): 865-1146 (1922); (Heft 82): 1147-1705 (1923).

1. Limbo de la corola al menos con dientes laterales en general 1.5-4 mm.
  2. Corolas blancas; capitulescencia monocéfala o con yemas laterales mayormente abortadas; Guatemala. **2. H. clivorum**

2. Corolas amarillas; capitulescencia con 3-6 cabezuelas; Costa Rica y Panamá. **11. H. sphagnicola**
1. Limbo de la corola con dientes 0.3-1 mm.
3. Filarios en general densa y largamente pilosos (esparcida a densa y largamente pilosos en *H. mexicanum*); cabezuelas en general relativamente grandes (en general relativamente pequeñas en *H. mexicanum*), los involucros en general más de 15 mm de diámetro (10-12[-15] mm de diámetro en *H. mexicanum*); capitulescencia con 1-10 cabezuelas.
4. Hojas basales anchamente oblanceoladas, oblongas u obovadas, cartáceas, densa y largamente pilosas. **7. H. mexicanum** p. p.
4. Hojas basales lineares a angostamente lanceoladas u oblanceoladas, gruesamente cartáceas, esparcidamente vellosas, esparcidamente y largamente pilosas a esparcidamente flocosas, diminutamente estipitado-glandulosas a glabrescentes.
5. Hojas más anchas en la 1/2 distal bien por debajo del ápice, conspicuamente dentadas pero con frecuencia remotamente dentadas, el ápice agudo o acuminado. **5. H. guatemalense**
5. Hojas más anchas justo debajo del ápice, subenteras o inconspicuamente dentadas, el ápice agudo u obtuso. **10. H. skutchii**
3. Filarios larga y esparcida a moderadamente pilosos, cortamente pilosos, esparcidamente flocosos basalmente, estipitado-glandulosos o glabrescentes (rara vez densamente hirsutos en *H. fendleri* subsp. *ostreophyllum*); cabezuelas en general relativamente pequeñas (tamaño medio en *H schultzii*), los involucros en general menos de 14 mm de diámetro (12-17 mm de diámetro en *H. schultzii*); capitulescencia frecuentemente de numerosas cabezuelas.
6. Hojas basales o casi todas basales, las hojas caulinares cuando están presentes por lo general abruptamente reducidas distalmente.
7. Hojas más anchas en general oblanceoladas, las láminas más de 4 veces más largas que anchas, en general verdosas o blanquecinas abaxialmente. **6. H. irasuense** p. p.
7. Hojas más anchas en general obovadas, ovadas, espatuladas, las láminas menos de 4 veces más largas que anchas, frecuentemente rojizas a purpúreas abaxialmente.
8. Ápice de la mayoría de hojas redondeado; capitulescencias estrictas. **3a. H. fendleri** subsp. **ostreophyllum**
8. Ápice de la mayoría de hojas agudo; capitulescencias flexuosas. **7. H. mexicanum** p. p.
6. Hojas caulinares o basales y caulinares, las hojas caulinares gradualmente reducidas distalmente.
9. Base del tallo y envés de las hojas densamente lanosos. **8. H. pringlei**
9. Base del tallo y hojas basales esparcida a densa y largamente pilosas, el tallo algunas veces además flocoso basalmente.
10. Cipselas conspicuamente atenuadas distalmente. **4. H. gronovii**
10. Cipselas no atenuadas distalmente (rara vez ligeramente atenuadas en el 1/3 distal en *H. irasuense*).
11. Tallos densa y largamente pilosos y esparcida a conspicua y densamente flocosos en la base (rara vez no flocosos basalmente). **6. H. irasuense** p. p.
11. Tallos esparcida a densa y largamente pilosos en la base (nunca flocosos o rara vez ligeramente flocosos basalmente).
12. Cabezuelas relativamente pequeñas; involucro 6-9 × 8-11 mm, angostamente campanulado; filarios no largamente pilosos; ramas de la capitulescencia relativamente flexuosas. **1. H. abscissum**
12. Cabezuelas de tamaño mediano; involucro 10-12 × 12-17 mm, campanulado; filarios con frecuencia largamente pilosos especialmente en el ápice; ramas de la capitulescencia en general más bien erectas. **9. H. schultzii**

1. Hieracium abscissum Less., *Linnaea* 5: 132 (1830). Lectotipo (designado por Beaman, 1990): México, Veracruz, *Schiede y Deppe 284* (G!). Ilustr.: Nash, *Fieldiana, Bot.* 24(12): 598, t. 143 (1976). N.v.: Najtil akan, Ch.

Hieracium abscissum Less. forma *hypoglossum* Zahn, *H. abscissum* subsp. *morelosanum* S.F. Blake, *H. anthurum* Fr., *H. comatum* Fr., *H. comatum* var. *felipense* Zahn, *H. comatum* var. *irregularis* Fr., *H. hirsutum* Sessé et Moc. non Bernh. ex Froel., *H. intybiforme* Arv.-Touv., *H. orizabaeum* Arv.-Touv., *H. rusbyi* Greene, *H. strigosum* D. Don, *H. thyrsoideum* Fr., *H. thyrsoideum* var. *plebejum* Fr., *H. thyrsoideum* var. *spectabile* Fr., *Pilosella abscissa* (Less.) F.W. Schultz et Sch. Bip., *P. strigosa* (D. Don) F.W. Schultz et Sch. Bip.

Hierbas con pocos tallos simples, 25-90 cm; cáudice corto o alargado, en general engrosado con numerosas raíces fibrosas; tallos en general marcadamente estriados, esparcida a densa y largamente pilosos (nunca o rara vez ligeramente flocosos) basalmente, frecuentemente tornándose glabrescentes hacia la mitad del tallo, en general esparcida a densamente flocosos y esparcida a moderadamente estipitado-glandulosos distalmente, algunas veces también estipitado-glandulosos proximalmente. Hojas basales y caulinares; hojas basales en general pocas, 4-23 × 0.8-3 cm, oblanceoladas, reduciéndose a una base peciolar alada, los márgenes inconspicuamente dentados, el ápice agudo o redondeado, las superficies moderada y largamente pilosas; hojas caulinares pocas a numerosas, 3-15 × 0.7-2 cm, gradualmente reducidas hacia la porción distal, en general tornándose similares a brácteas y lineares en la 1/2 del tallo, la base atenuada en un pecíolo alado o las distales algunas veces con la base amplexicaule, el ápice agudo o redondeado, las superficies esparcida a moderada y largamente pilosas y frecuentemente también con tricomas glandulares cortos. Capitulescencia en general angostamente cilíndrico-tirsoide, de numerosas cabezuelas; pedúnculos 0.2-2.2 cm, sórdido-flocosos y/o estipitado-glandulosos. Cabezuelas relativamente pequeñas; involucro 6-9 × 8-11 mm, angostamente campanulado; filarios 14-18, verdoso oscuro basalmente, tornándose más pálidos apical y marginalmente, en general esparcidamente sórdido-flocosos cerca de la base y esparcida a densamente estipitado-glandulosos, tornándose menos densamente estipitado-glandulosos distalmente, no largamente pilosos. Flores liguladas 20-24 o más; corola con el tubo c. 4 mm, el limbo c. 5 × 1-1.5 mm, ligeramente dentado, los dientes c. 0.3 mm. Cipselas 2.2-3 mm, no atenuadas distalmente, atenuadas basalmente; vilano de cerdas 4-5 mm, pajizas o menos frecuente blancas. Floración durante todo el año. 2n = 18. *Bosques de* Quercus, *bosques de* Pinus, *bosques de* Pinus-Quercus, *áreas alteradas, áreas rocosas, rara vez en pantanos.* Ch (*Breedlove 26845*, MO); G (*King y Renner 7143*, MO); H (*Williams y Molina R. 14687*, F); N (*Rueda et al. 12923*, MO); CR (*Standley 42872*, MO); P (*Davidson 871*, MO). 900-3400 m. (Estados Unidos [Arizona, New Mexico], México [Veracruz], Mesoamérica.)

Los especímenes de *Hieracium abscissum* de Honduras y hacia el sur suelen tener una capitulescencia más abierta con las cabezuelas más grandes en comparación con las poblaciones de México y Guatemala. Además, estas poblaciones del sur a veces muestran una cantidad muy pequeña de pubescencia flocosa abaxialmente en las hojas proximales y en las porciones proximales del tallo y como tal se parecen a *H. irasuense*.

2. Hieracium clivorum Standl. et Steyerm., *Publ. Field Mus. Nat. Hist., Bot. Ser.* 23: 259 (1947). Holotipo: Guatemala, *Steyermark 50065* (F!). Ilustr.: no se encontró.

Hierbas escapíferas con rizomas cortos, gruesos, horizontales; escapo 15-30 cm, esparcida y largamente piloso proximalmente, tornándose glabrescente cerca del 1/2 y progresivamente más densamente flocoso distalmente hacia la cabezuela, 1-3-bracteado; brácteas del escapo menos de 8 mm, filiformes a lineares. Hojas básicamente basales, varias a numerosas, 3.5-6.5 × 0.8-1 cm, oblanceoladas, gruesamente cartáceas a subcoriáceas, la base reduciéndose a una base peciolar corta o algunas veces alargada, los márgenes en general con 3 o 4 pares de dientes, el ápice anchamente agudo o algunas veces muy cortamente acuminado, la superficie adaxial verde oscuro y glabra, la superfice abaxial verde pálido, con algunos tricomas largos esparcidos a lo largo de la vena media y el margen. Capitulescencia monocéfala o algunas veces con yemas laterales abortivas. Cabezuelas relativamente pequeñas; escapo moderadamente flocoso y esparcidamente estipitado-glanduloso mayormente cerca del involucro; involucro c. 10 × 10-15 mm, campanulado; filarios 14-18, atenuados, negro-verdosos, densamente blanquecino-subadpreso-estipitado-glandulosos. Flores liguladas con corola 8-10 mm, el limbo al menos con dientes laterales en general 2-3 mm, la superficie abaxial pubescente proximalmente. Cipselas maduras no vistas; vilano de cerdas c. 5 mm, ligeramente pardo-rojizas. Floración ago. *Barrancos*. G (*Steyermark 50065*, F). c. 2400 m. (Endémica.)

Hieracium clivorum es similar a *H. skutchii*, pero difiere por las hojas más anchas, los filarios densamente estipitado-glandulosos (vs. densa y largamente pilosos con tricomas no glandulares) y las corolas blancas (vs. amarillas).

3. Hieracium fendleri Sch. Bip., *Bonplandia* 9: 173 (1861). Holotipo: Estados Unidos, *Fendler s.n.* (GH!). Ilustr.: Cronquist, *Intermount. Fl.* 5: 461 (1994).

Chlorocrepis fendleri (Sch. Bip.) W.A. Weber, *Crepis ambigua* A. Gray non Balb., *Heteropleura fendleri* (Sch. Bip.) Rydb.

3a. Hieracium fendleri Sch. Bip. subsp. **ostreophyllum** (Standl. et Steyerm.) Beaman, *Phytologia* 32: 45 (1975). *Hieracium ostreophyllum* Standl. et Steyerm., *Publ. Field Mus. Nat. Hist., Bot. Ser.* 23: 104 (1944). Holotipo: Guatemala, *Steyermark 36690* (F!). Ilustr.: no se encontró.

Hieracium fendleri Sch. Bip. var. *ostreophyllum* (Standl. et Steyerm.) B.L. Turner.

Hierbas con 1-pocos tallos escapiformes, 15-75 cm, en ocasiones se reproducen desde brotes estoloníferos; cáudice corto, grueso, con numerosas raíces más o menos grueso-fibrosas, el extremo frecuentemente fasciculado con tricomas largos de color ámbar; tallos moderada y largamente pilosos proximalmente, tornándose más esparcidamente pilosos distalmente, los tricomas 3-8 mm. Hojas generalmente basales, las hojas caulinares cuando están presentes son abrupta y marcadamente reducidas en tamaño; hojas basales 2-6, 3-10 × 1.5-4.5 cm, espatuladas, las láminas menos de 4 veces tan largas como anchas, la base cortamente peciolada a subsésil, los márgenes en general inconspicuamente dentados, rara vez lacerado-runcinados a lo largo de la mitad proximal, el ápice redondeado o rara vez anchamente agudo, la superfice adaxial verde, la superficie abaxial en general rojiza a purpúrea, moderadamente o en ocasiones esparcida y largamente pilosas en las superficies con tricomas 3-5.5 mm; hojas caulinares 0(1-3), menos de 4 cm, linear-lanceoladas o rara vez linear-oblanceoladas. Capitulescencia más bien erecta y paniculada, en general más de 10 cabezuelas, erectas; ramas y pedúnculos moderada y largamente pilosos con tricomas no glandulares y también estipitado-glandulosos, en ocasiones también esparcida a moderada y densamente flocosos. Cabezuelas relativamente pequeñas; involucro 9-13.5 × 8-11 mm, angostamente campanulado; filarios 15-24, negruzcos a lo largo de la vena media, más claros hacia el margen, moderadamente pilosos con tricomas largamente estipitado-glandulares, las series externas cortamente triangulares, las series internas más o menos abruptamente más largas, angostamente lanceoladas. Flores liguladas 15-30 o más; corola glabra a esparcidamente pilosa, el tubo 5-8 mm, el limbo 5-6.5 × 1.5-1.7 mm, los dientes c. 0.5 mm. Cipselas 3-4 mm, atenuadas basalmente, truncadas o ligeramente atenuadas en el 1/4 distal; vilano de cerdas 5.5-9 mm, blanquecinas a pardo-rojizas. Floración ago., dic.-feb. *Pastizales, bosques de* Pinus*, bosques de* Pinus-Quercus. Ch (*Breedlove 27067*, MO); G (*Standley 62633*, F). 1000-2700 m. (México [Durango, Jalisco], Mesoamérica.)

El ejemplar *Breedlove 27067* fue determinado por Beaman (1990) como *Hieracium gronovii*. *Hieracium fendleri* subsp. *fendleri* del norte-centro de los Estados Unidos y México difiere de la subespecie de Mesoamérica por la pubescencia del involucro que es de tricomas no glandulares (vs. estipitado-glandulares) y por las cipselas 4-6.5 (vs. 3-4) mm. Por las hojas a menudo bastante pubescentes con ápices generalmente redondeados, *H. fendleri* es similar a *H. pringlei*, pero difiere por los tallos moderada y largamente pilosos (vs. lanosos) proximalmente, las hojas siempre basales (vs. basales y caulinares) y generalmente rojizo o color púrpura abaxialmente (vs. verdoso u ocasionalmente grisáceo).

La subespecie típica, *Hieracium fendleri* subsp. *fendleri*, que difiere de la subespecie mesoamericana por los filarios sin glándulas y las cipselas más grandes, se encuentra desde el sur de Estados Unidos hasta México. Barkley et al. (2006a) describieron a la especie con corolas amarillo pálido a ocre y las cipselas como siempre atenuadas distalmente.

4. Hieracium gronovii L., *Sp. Pl.* 802 (1753). Tipo cons.: Estados Unidos, *Clayton 447* (foto MO! ex BM). Ilustr.: Britton y Brown, *Ill. Fl. N. U.S.* ed. 2, 3: 331 (1913b). N.v.: Yerba de culebra, G.

Hieracium hondurense S.F. Blake, *H. minarum* Standl. et Steyerm., *H. panamense* S.F. Blake.

Hierbas de vida corta, con 1 a pocos tallos, 35-80 cm; cáudice corto con numerosas raíces fibrosas; tallos densa y largamente pilosos basalmente, tornándose esparcidamente pilosos a glabrescentes distalmente, también flocosos apicalmente. Hojas caulinares o basales y caulinares; hojas basales pocas o algunas veces efímeras, 3-10(-15) × 1-2.3(-4.3) cm, oblanceoladas a oblongas, la base cortamente peciolada, los márgenes inconspicuamente dentados, el ápice obtuso o redondeado, las superficies verdosas, moderada y largamente pilosas; hojas caulinares 3-9, 5-8 × 1-2.5 cm, oblanceoladas, gradualmente reducidas distalmente, en general en la 1/2 proximal del tallo, la base atenuada, a veces ligeramente amplexicaule, los márgenes subenteros, el ápice obtuso o agudo, las superficies esparcida a moderada y largamente pilosas. Capitulescencia en panícula corimbosa abierta a cilíndrica, 10-50 cabezuelas, el eje principal alargado, las cabezuelas solitarias o agrupadas en las ramas laterales; ramas y pedúnculos moderada a densamente estipitado-glandulosos y esparcida a moderadamente adpreso-flocosos. Cabezuelas relativamente pequeñas; involucro c. 10 × 9 mm, angostamente campanulado; filarios 12-16, frecuentemente rojo-pardos proximalmente y amarillo-verdes distalmente, el ápice algunas veces rojo-pardo, esparcidamente flocosos basalmente, esparcida a densamente glandulosos, glabrescentes a glabros apicalmente. Flores liguladas 12-20 o más; corola en general glabra, el tubo 3.5-4 mm, el limbo c. 4.5 × 1-1.4 mm, los dientes c. 0.3 mm. Cipselas 3.2-3.5 mm o más, conspicuamente atenuadas distalmente, ligeramente expandidas en el ápice; vilano de cerdas c. 6 mm, pardo-rojizas. Floración durante todo el año, excepto feb. 2*n* = 18. *Bosques de* Pinus. Ch (*Breedlove 48170*, CAS); B (*Lundell 6660*, MICH); G (*Steyermark 29722*, F); H (*Davidse et al. 35435*, MO); N (*Standley 10098*, F); P (*Busch 1*, US). 500-2000 m. (Canadá, E. Estados Unidos, México [Nuevo León, Oaxaca], Mesoamérica, La Española.)

La cita en D'Arcy y Tomb (1975 [1976]) y Beaman (1990) de *Herb. Linn. 954.16* como el tipo de *Hieracium gronovii* fue revertida debido a que el ejemplar es de *H. venosum* L.

5. Hieracium guatemalense Standl. et Steyerm., *Publ. Field Mus. Nat. Hist., Bot. Ser.* 23: 101 (1944). Holotipo: Guatemala, *Steyermark 34860* (F!). Ilustr.: no se encontró.

Hieracium culmenicola Standl. et Steyerm.

Hierbas, típicamente desde una base densamente cespitosa, 18-45 cm; tallos simples o poco ramificados distalmente, densamente pilosos (a lanosos) proximalmente, los tricomas parduscos, tornándose flocosos medial y distalmente, algunas veces largamente pilosos cerca de la capitulescencia. Hojas basales y caulinares; hojas basales 5-10 × 0.5-0.8 cm, linear-lanceoladas a linear-oblanceoladas, más anchas en la mitad distal bien por debajo del ápice, gruesamente cartáceas, los márgenes conspicuamente pero con frecuencia remotamente dentados, el ápice agudo o acuminado, superficie adaxial verde, glabrescente, superfice abaxial verde más claro, esparcidamente flocosa, diminutamente estipitado-glandulosa, de apariencia glabra excepto cerca de la base lanosa; hojas caulinares 0-4, similares a las hojas basales. Capitulescencia monocéfala o laxamente corimbosa, 1-4 cabezuelas; pedúnculos densa y largamente pilosos, algunas veces también estipitado-glandulosos con tricomas 3-4 mm, pajizos. Cabezuelas relativamente grandes; involucro 9-12 × 15-20 mm, anchamente campanulado; filarios 20-28, c. 3-seriados, densa y largamente pilosos, los tricomas con la base negruzca y blanquecinos distalmente, dando una apariencia negruzca a los filarios. Flores liguladas con corola amarilla, pilosa, el tubo c. 5 mm, piloso, el limbo 8-9 × c. 2.7 mm, los dientes c. 1 mm. Cipselas 2-3 mm (inmaduras); vilano de cerdas c. 5 mm, pardo-rojizas. Floración ene. *Barrancos en volcanes, pastizales, bosques de neblina.* G (*Steyermark 34815*, F). (2000-)3000-3900 m. (Endémica.)

6. Hieracium irasuense Benth. in Oerst., *Vidensk. Meddel. Dansk Naturhist. Foren. Kjøbenhavn* 1852: 113 (1853). Holotipo: Costa Rica, *Oersted 26* (K!). Ilustr.: Alfaro V., *Pl. Comunes P.N. Chirripó, Costa Rica* ed. 2, 88 (2003). N.v.: Yerba de culebra, G; macho, papelillo, CR.

Hieracium hypocomum Zahn, *H. jalapense* Standl. et Steyerm., *H. maxonii* S.F. Blake, *H. selerianum* Zahn, *H. tacanense* Standl. et Steyerm.

Hierbas de vida corta, con 1-varios tallos, 25-80 cm; cáudice corto con numerosas raíces fibrosas, la corona fasciculada, pilosa; tallos algunas veces subescapíferos, densa y largamente pilosos y esparcida a muy densamente flocosos proximalmente (rara vez no flocosos, como en el tipo de *H. maxonii*), tornándose en general flocosos distalmente y largamente estipitado-glandulosos, los tricomas glandulares con la base negra y el ápice amarillento. Hojas mayormente basales o basales y proximal-caulinares, similares, las hojas más anchas en general oblanceoladas, las láminas más de 4 veces más largas que anchas, en general verdosas o blanquecinas abaxialmente; hojas basales 3-18 × 1-2 cm, oblanceoladas, la base en general cortamente peciolada, los márgenes conspicuamente dentados, los dientes separados entre sí c. 1 cm, el ápice en general agudo, las superficies densa y largamente pilosas, inconspicuamente flocosas abaxialmente; hojas caulinares 1-6, 6-15(-30) × 0.5-2.7 cm, lanceoladas u oblanceoladas, en general presentes solo en el 1/3 proximal del tallo, gradualmente reducidas, la base en general sésil, el ápice en general agudo, las superficies moderada y largamente pilosas, también en general esparcidamente flocosas. Capitulescencia en general abiertamente corimbosa y en general aplanada, con pocas cabezuelas; ramas y pedúnculos densamente grisáceos, parduscos, o pajizo-flocosos (y densamente estipitado-glandulosos con glándulas de base negra y amarillentas apicalmente). Cabezuelas relativamente pequeñas; involucro 8-10 × 9-12 mm, campanulado; filarios 15-18, negruzcos a lo largo del centro y verde-amarillentos en los márgenes, densamente estipitado-glandulosos con glándulas de base negra y amarillentas apicalmente, también esparcidamente flocosos, rara vez largamente pilosos. Flores liguladas con corola glabra a esparcidamente pilosa, el tubo 3-5 mm, el limbo 4-6 × 1.3-1.5 mm, los dientes 0.3-0.5 mm. Cipselas 2.8-3.5 mm, a veces ligeramente atenuadas en el 1/3 distal; vilano de cerdas 5-6 mm, pardo-rojizas. Floración durante todo el año, excepto abr. 2n = 18. *Bosques de coníferas, pastizales húmedos, bosques de* Quercus*, bosques de* Pinus-Quercus*, orillas de caminos, áreas alpinas rocosas, laderas de volcanes.* Ch (*Matuda 806*, MO); G (*Steyermark 32767*, F); H (*Standley 11950*, F); ES (*Davidse y Pohl 2055*, MO); CR (*Pruski et al. 3841*, MO); P (*Woodson et al. 1045*, MO). 1500-4000 m. (Endémica.)

7. Hieracium mexicanum Less., *Linnaea* 5: 133 (1830). Holotipo: México, Puebla o Veracruz, *Schiede y Deppe 285* (HAL!). Ilustr.: Beaman, *Syst. Bot. Monogr.* 29: 55, t. 20 (1990).

Hieracium comaticeps S.F. Blake, *H. mexicanum* Less. forma *glabrescens* Zahn, *H. mexicanum* subsp. *niveopappum* (Fr.) Zahn, *H. mexi-*

canum subsp. *praemorsiforme* (Sch. Bip.) Zahn, *H. niveopappum* Fr., *H. praemorsiforme* Sch. Bip., *Pilosella mexicana* (Less.) F.W. Schultz et Sch. Bip., *P. niveopappa* (Fr.) F.W. Schultz et Sch. Bip., *P. praemorsiformis* (Sch. Bip.) F.W. Schultz et Sch. Bip.

Hierbas de vida corta, en general con tallos simples (varios), 10-40 cm; cáudice corto, grueso, en general descendente; tallos moderada y largamente pilosos y esparcida a moderadamente flocosos proximalmente, tornándose más densamente flocosos distalmente y en particular en la capitulescencia, frecuentemente también tornándose esparcida a moderada y largamente setosos distalmente, también en ocasiones estipitado-glandulosos. Hojas mayormente basales; hojas basales 3-10 × 1.5-3 cm, las láminas menos de 4 veces más largas que anchas, en general ovadas u obovadas, en ocasiones anchamente lanceoladas u oblanceoladas, cartáceas, la base cortamente peciolada, los márgenes inconspicuamente dentados, el ápice agudo o rara vez obtuso-redondeado, la superfice adaxial verde, moderada y largamente pilosa a glabrescente, la superficie abaxial verde claro o rojiza, moderada a densa y largamente pilosa, también muy inconspicua o esparcidamente flocosa; hojas caulinares 0(1-3), restringidas al 1/3 proximal del tallo, lineares a angostamente lanceoladas u oblanceoladas, atenuadas a cortamente pecioladas en la base, el ápice agudo, las superficies largamente pilosas, abaxialmente además esparcida a moderadamente flocosas. Capitulescencia aglomerado-tirsoide o paniculada, 3-10 cabezuelas, péndulas, flexuosas; pedúnculos 0.5-2 cm, flocosos y esparcida a moderada y largamente pilosos con tricomas de base negra, algunas veces también esparcida a moderada y cortamente estipitado-glandulosos. Cabezuelas en general relativamente pequeñas; involucro 8-10 × 10-12(-15) mm, campanulado; filarios 18-24, verdosos, más oscuros cerca del centro y hacia la base, esparcida a densa y largamente pilosos, esparcida a moderadamente estipitado-glandulosos, y flocosos en especial basalmente, las series internas gradualmente más largas. Flores liguladas con corola amarilla, glabra a esparcidamente pilosa, el tubo 3-3.5 mm, el limbo 3.5-4 × 1.2-1.5 mm, los dientes c. 0.3 mm. Cipselas 1.8-2.5 mm, atenuadas en la base; vilano de cerdas 5-6 mm, blancas a ligeramente pardo-rojizas. Floración ago. 2n = 18. *Pastizales alpinos.* c. 4100 m. G (*Beaman 3160*, MSC). (México [Puebla o Veracruz], Mesoamérica.)

Robinson y Greenman (1905c [1904]) provisionalmente colocaron *Hieracium lagopus* (publ. mayo de 1830) en sinonimia con *H. mexicanum* (publ. abril de 1830), mientras que aquí se sigue a Zahn (1921-1923) y Beaman (1990), quienes consideraron *H. lagopus* como una especie sudamericana distinta.

8. Hieracium pringlei A. Gray, *Proc. Amer. Acad. Arts* 19: 69 (1884 [1883]). Lectotipo: (designado por Beaman, 1990): Estados Unidos, *Pringle 314* (GH!). Ilustr.: Beaman, *Syst. Bot. Monogr.* 29: 60, t. 23 (1990).

Hieracium jaliscense B.L. Rob. et Greenm., *H. jaliscense* var. *eriobium* Zahn, *H. jaliscense* var. *ghiesbreghtii* B.L. Rob. et Greenm., *H. jaliscense* subvar. *guadalajarense* Zahn, *H. jaliscense* var. *guatemalense* Sleumer, *H. stuposum* Fr. non Rchb., *H. stuppatum* Zahn, *Pilosella stuposa* F.W. Schultz et Sch. Bip.

Hierbas de vida corta, en general el tallo simple, 20-60 cm; cáudice corto o de hasta 2 cm con numerosas raíces fibrosas; tallos densamente lanosos basalmente, tornándose glabrescentes a esparcidamente flocosos o largamente pilosos apicalmente. Hojas basales y/o caulinares; hojas basales pocas a varias, (4-)8-10(-25) × 2-4 cm, anchamente obovadas a angostamente lanceoladas, frecuentemente ausentes durante la floración, la base en general cortamente peciolada, en ocasiones los pecíolos de hasta 6 cm, los márgenes subenteros o a veces dentados, el ápice en general redondeado pero a veces agudo o acuminado, la superficie adaxial verdosa, lanosa, la superfice abaxial verdosa o en ocasiones grisácea, en general densamente lanosa; hojas caulinares 1-5, 2-12 × 0.7-3 cm, lanceoladas u oblanceoladas, tornándose lineares distalmente, la base atenuada a sésil, el ápice obtuso o agudo, las proximales esparcida a densamente lanosas o vellosas en ambas superficies, las distales con frecuencia esparcidamente vellosas a glabrescentes. Capitulescencia corimbosa, 4-12(-20) cabezuelas; ramas y pedúnculos moderada a densamente estipitado-glandulosos con tricomas negros o amarillentos, además en general esparcidamente flocosos a flocosos. Cabezuelas relativamente pequeñas; involucro 7-9 × 8-10 mm, angostamente campanulado; filarios c. 18-24, negro-verdosos basalmente y a lo largo del medio, verdoso claro cerca de los márgenes, algunas veces con la punta purpúrea, largamente estipitado-glandulosos basalmente o con menos frecuencia en todas partes, la base además ligeramente flocosa. Flores liguladas 12-15 o más; corola amarilla, pilosa, el tubo 3-3.5 mm, el limbo 3-4 × c. 1 mm, los dientes c. 0.3 mm. Cipselas 2-3.4 mm; vilano de cerdas 5 mm, blancas. Floración ago., dic.-ene. $2n$ = 18. *Bosques de* Quercus, *bosques de* Pinus, *bosques de* Pinus-Quercus. Ch (*Ghiesbreght 573*, GH); G (*Standley 82355*, F). 1500-2800 m. (Estados Unidos [Arizona, New Mexico], México, Mesoamérica.)

Nash (1976h) usó el nombre *Hieracium stuposum* para este taxón, pero ese nombre fue considerado por Beaman (1990) un homónimo ilegítimo posterior de *H. stupposum* Rchb.

9. Hieracium schultzii Fr., *Uppsala Univ. Arsskr.* 1862: 150 (1862). Holotipo: México, Distrito Federal, *Schaffner 66* (foto MSC! ex P). Ilustr.: Beaman, *Syst. Bot. Monogr.* 29: 65, t. 25 (1990).

Hieracium bulbisetum Arv.-Touv., *H. friesii* Sch. Bip. non Hartm., *H. jaliscopolum* S.F. Blake, *H. liebmannii* Zahn, *H. melanochryseum* S.F. Blake, *H. nicolasii* S.F. Blake, *H. oaxacanum* B.L. Rob. et Greenm., *H. rusbyi* Greene var. *wrightii* A. Gray, *H. wrightii* (A. Gray) B.L. Rob. et Greenm., *H. wrightii* var. *palmeri* Zahn, *Pilosella friesii* F.W. Schultz et Sch. Bip.

Hierbas con tallo simple o rara vez varios tallos, 10-70 cm; cáudice en general corto, grueso; tallos moderada a densa y largamente pilosos (nunca flocosos) basalmente, algunas veces además glanduloso-estipitados proximalmente, en general el indumento piloso se extiende proximalmente a la capitulescencia, la porción distal de tallo esparcida más que densamente flocosa, además con glándulas corta a largamente estipitadas esparcidas a densas con las bases negruzcas y los ápices amarillentos. Hojas basales y/o caulinares similares; hojas basales (0)1-varias, 3-10 × 1-3 cm, oblanceoladas a lanceoladas u oblongas, la base atenuada a peciolar, los márgenes subenteros a conspicuamente dentados, el ápice en general agudo o acuminado, en ocasiones redondeado, las superficies verdosas, esparcida a moderada y largamente pilosas; hojas caulinares pocas a numerosas, 2-15(-17) × 0.5-3.5 cm, gradualmente reducidas distalmente, tornándose más angostas distalmente, en general adpresas al tallo, las proximales gradualmente atenuadas basalmente, las distales sésiles y amplexicaules, el ápice agudo a acuminado, rara vez ligeramente redondeado, las superficies ligeramente ásperas, moderada a más bien densa y largamente pilosas. Capitulescencia cimosa, 3-numerosas cabezuelas, las ramas en general erectas o las cabezuelas en ocasiones péndulas; pedúnculos 0.5-4 cm, moderada a densamente estipitado-glandulosos, además esparcida a densamente flocosos. Cabezuelas de tamaño mediano; involucro 10-12 × 12-17 mm, campanulado; filarios moderada a densamente estipitado-glandulosos y moderadamente sórdido-flocosos especialmente en la base, además con frecuencia largamente pilosos especialmente en el ápice, la base y la vena media verde-negruzcas, tornándose más claras apical y marginalmente; filarios externos c. 8; filarios internos 20-30, conspicuamente más o menos el doble de la longitud de los externos. Flores liguladas 25-40 o más; corola amarilla, glabra a esparcidamente pilosa, el tubo 3.5-4.5 mm, el limbo 3-4(-4.8) × c. 1 mm, los dientes 0.3-0.5 mm. Cipselas 2-4.3 mm, no atenuadas distalmente, atenuadas en la base; vilano de cerdas 4-6 mm, en general pardo-rojizas, rara vez blancas. Floración abr.-ago. *Bosques de* Pinus, *pastizales*. G (*Steyermark 48123*, F). 1800-3200 m. (Estados Unidos [Texas], México [Distrito Federal], Mesoamérica.)

Zahn (1921-1923) ubicó a *Hieracium schultzii* en sinonimia con *H. abscissum*, pero Nash (1976h) y Beaman (1990) la trataron separadamente.

10. Hieracium skutchii S.F. Blake, *Brittonia* 2: 360 (1937). Holotipo: Guatemala, *Skutch 1258* (GH!). Ilustr.: no se encontró.

Hierbas escapíferas, el tallo 10-35 cm; rizomas largos, delgados, produciendo fascículos de hojas basales; tallos simples o poco ramificados, glabrescentes o esparcidamente vellosos proximalmente, gradualmente tornándose sórdido-flocosos distalmente y moderadamente setosos. Hojas basales y algunas veces caulinares, gruesamente cartáceas; hojas basales 3-8(-9) × 0.5-1.4 cm, angostamente oblanceoladas, más anchas justo por debajo del ápice, la base atenuada a cortamente peciolada, los márgenes subenteros o inconspicuamente dentados, el ápice agudo u obtuso, la superficie adaxial verde oscuro, esparcidamente vellosa, la superficie abaxial verde claro, glabrescente a esparcida y largamente pilosa cerca de los márgenes o algunas veces sobre la superficie; hojas caulinares muy reducidas, las proximales lineares, las distales linear-aciculares, esparcidamente glabrescentes a pilosas. Capitulescencia monocéfala o laxamente corimbosa, 1-5 cabezuelas; pedúnculos 10-15 cm. Cabezuelas relativamente grandes; involucro 12-16 × 15-22 mm, anchamente campanulado a hemisférico; filarios 30-50, verde-negros a lo largo del centro, más claros cerca de los márgenes, densa y largamente pilosos con tricomas de base negra, más claros distalmente, las series internas gradualmente más largas. Flores liguladas con corola amarilla, densa y largamente pilosa, el tubo 5-6 mm, el limbo 5-11 × 2-2.7 mm, los dientes 0.8-1 mm. Cipselas 2.2-3 mm, basalmente atenuadas; vilano de cerdas 4-5 mm, ligeramente pardo-rojizas. Floración feb.-mar., jul.-sep. *Laderas con caliza y quebradas, bosques de coníferas*. G (*Véliz et al. 2M.7923*, MO). (2400-) 3000-3700 m. (Endémica.)

11. Hieracium sphagnicola S.F. Blake, *J. Wash. Acad. Sci.* 17: 62 (1927). Holotipo: Costa Rica, *Standley 42139* (US!). Ilustr.: no se encontró.

Hieracium standleyi S.F. Blake.

Hierbas con varios tallos, 18-60 cm; rizomas delgados subterráneos con numerosas raíces delgadas fibrosas; tallos moderada y largamente pilosos proximalmente, glabrescentes a esparcidamente pilosos en la 1/2 proximal, tornándose progresivamente más sórdido-flocosos y estipitado-glandulosos distalmente, la porción distal con brácteas angostamente aciculares. Hojas basales o basales y proximal-caulinares, similares; hojas basales 3-12(-27) × 1.5-3 cm, angosta a ligera y anchamente oblanceoladas, delgadamente cartáceas, la base atenuada, reducida hacia un pecíolo de 3(-4) cm, los márgenes inconspicuamente dentados, el ápice redondeado (obtuso), las superficies esparcida a moderada y largamente pilosas, rara vez glabrescentes; hojas caulinares cuando presentes similares a las hojas basales pero progresivamente reducidas y angostas distalmente. Capitulescencia abiertamente corimbosa, con 3-6 cabezuelas; pedúnculos 1.5-8 cm, moderadamente sórdido-flocosos, algunas veces también esparcida y largamente pilosos, tornándose densamente flocosos y moderada a densamente estipitado-glandulosos cerca de las cabezuelas. Cabezuelas relativamente pequeñas; involucro 8-11 × c. 12 mm, campanulado; filarios principales 10-20, verde-grisáceos a moderadamente estipitado-glandulosos y largamente pilosos proximalmente, tornándose esparcidamente estipitado-glandulosos distalmente, las series internas gradualmente más largas, glabrescentes. Flores liguladas c. 23; corola amarilla, moderadamente pilosa, el tubo 3.5-6 mm, el limbo 9-10 × c. 2.5 mm, irregular y profundamente dentado, al menos con dientes laterales 1.5-4 mm, en general 1 o ambos dientes laterales mucho más largos que los 3 centrales. Cipselas c. 3 mm, casi cilíndricas, ligeramente atenuadas cerca del ápice y abruptamente atenuadas en la base; vilano de cerdas 4-5 mm, pardo-rojizas. Floración jul.-dic. *Páramos, ciénagas con* Sphagnum. CR (*Chacón 527*, MO); P (*Antonio 1564*, MO). 1200-3300 m. (Endémica.)

50. Hypochaeris L.

Achyrophorus Adans.

Por J.F. Pruski.

Hierbas anuales o más comúnmente perennes, con raíz axonomorfa, arrosetadas y escapíferas (Mesoamérica) o rara vez el tallo folioso; tallos o escapos 1-15, erectos, simples a ramificados; follaje con tricomas de ápice entero, no bifurcados. Hojas simples a pinnatisectas, en Mesoamérica angostamente alado-peciolariformes; láminas oblanceoladas (Mesoamérica), pinnatinervias, la base con frecuencia ligeramente dilatada, las superficies glabras a hirsutas. Capitulescencia frecuentemente escapífera, monocéfala a corimbosa o paniculada; pedúnculos con pocas bractéolas diminutas (Mesoamérica). Cabezuelas: involucro cilíndrico a hemisférico, agrandándose en fruto; filarios graduados, 3-4-seriados, los márgenes escariosos a anchamente escariosos; clinanto paleáceo; páleas en la antesis casi tan largas como las flores, el ápice flageliforme (Mesoamérica), caducifolias. Flores liguladas 20-100 o más, subiguales o desiguales, muy exertas a solo ligeramente exertas, el ovario algunas veces con el rostro alargándose mientras está unido a la corola; corola (al menos adaxialmente) amarilla (Mesoamérica) a anaranjada o rara vez blanca, los tricomas de la unión tubo-garganta algunas veces más largos que el diámetro del tubo (Mesoamérica), el limbo algunas veces pálido abaxialmente; ramas del estilo relativamente cortas. Cipselas isomorfas o rara vez dimorfas, comúnmente fusiformes (las cipselas externas algunas veces elipsoidales o angostamente obcónicas) en general largamente rostradas (las cipselas externas algunas veces sin rostro), subteretes, 10-15-acostilladas (Mesoamérica), las costillas típicamente espinuloso-muricadas, por lo demás glabras, el rostro filiforme, pardo-amarillento; vilano de 20-60 o más cerdas capilares alargadas, pajizas, la mayoría subiguales y plumosas (algunas veces 2-seriadas con algunas cerdas externas más cortas y escábridas), muy exertas en fruto desde el involucro, las pínnulas laterales de las cerdas plumosas con una sola célula. $x = 4, 5, 6(7)$. Aprox. 60 spp. Nativo de América, Asia, norte de África y sur de Europa; aprox. 50 spp. en Sudamérica templada, 4 de estas en Norteamérica incluyendo 2 en Mesoamérica.

Hypochaeris es similar a *Tragopogon* entre los taxones mesoamericanos por las cipselas en general largamente rostradas y las cerdas del vilano típicamente plumosas, pero difiere claramente por las hojas graminiformes, las brácteas subiguales y los clinantos sin páleas. *Leontodon hirtus* L. y *L. saxatilis* Lam. [syn. *L. taraxacoides* (Vill.) Mérat 1831 non Hoppe et Hornsch. 1821] se encuentran en América tropical y son similares a *Hypochaeris* en su forma general, los filarios desigualmente graduados y los clinantos con páleas. *Leontodon* se distingue por los tricomas bifurcados en el ápice, y aunque el género aún no se ha encontrado en Mesoamérica, es de esperarse en la región. Solo se indica la sinonimia homotípica para las dos especies básicamente arrosetadas de *Hypochaeris* y no se conocen nombres basados en el material mesoamericano.

Las dos especies con tallos foliosos de fuera de Mesoamérica que Cronquist (1980) listó para el sureste de Estados Unidos [p. ej., *H. chillensis* (Kunth) Britton y *H. microcephala* (Sch. Bip.) Cabrera var. *albiflora* (Kuntze) Cabrera] tienen un vilano uniseriado con todas las cerdas plumosas y se deberían encontrar en Mesoamérica. El nombre genérico frecuentemente se escribe con la variante ortográfica incorrecta "Hypochoeris" (p. ej., Cronquist, 1980; D'Arcy y Tomb, 1975; Nash, 1976h; Vuilleumier, 1973).

Bibliografía: Hind, D.J.N. et al. *Fl. Mascareignes* 109: 1-261 (1993).

1. Cipselas dimorfas, las externas sin rostro, truncadas apicalmente, las internas largamente rostradas; hojas generalmente glabras; corolas en la antesis por lo general ligeramente exertas del involucro; corolas de las flores externas 5-8 mm, el limbo y el tubo más o menos subiguales. **1. H. glabra**

1. Cipselas más o menos isomorfas, largamente rostradas; hojas en general totalmente hirsutas; corolas en la antesis al menos las de las flores exter-nas bien exertas del involucro; corolas de las flores externas 15-20 mm, el limbo de casi el doble de la longitud del tubo. **2. H. radicata**

1. Hypochaeris glabra L., *Sp. Pl.* 811 (1753). Lectotipo (designado por Alavi, 1983): Europa, *Herb. Linn. 959.4* (microficha MO! ex LINN). Ilustr.: Nash, *Fieldiana, Bot.* 24(12): 599, t. 144 (1976).

Hypochaeris radicata L. subsp. *glabra* (L.) Mateo et Figuerola.

Hierbas anuales o perennes, 15-55 cm, las hojas arrosetadas o rara vez 1-varias caulinares a arrosetadas hasta rara vez en la 1/2 del tallo secundariamente (teratológicamente); escapos 1-varios por roseta, simples o poco ramificados distalmente. Hojas 1.5-12 × 0.5-2.5 cm, las superficies generalmente glabras, algunas veces híspido-hirsutas en las nervaduras o híspido-ciliadas en los márgenes, la base atenuada, los márgenes gruesamente dentados a lirado-pinnatilobados, el ápice de los lóbulos frecuentemente rostrado, el ápice agudo a obtuso. Capitulescencia corimbosa, pocas cabezuelas. Cabezuelas 8-20 mm; involucro en la antesis 7-9 × 3.5-6 mm expandiéndose en fruto a 11-15(-17) × 12-20 mm, angostamente turbinado inmediatamente antes de la antesis, angosta a anchamente cilíndrico en la antesis, campanulado en el fruto; filarios 18-20, 3.5-15 × 1.2-3 mm, triangulares a lanceolados, frecuentemente rojizos apicalmente, glabros o los externos puberulentos distalmente, la impresión transversal del ápice de las cipselas externas sin rostro frecuentemente se manifiesta (en material seco) en los filarios; páleas 8-15 mm. Flores liguladas 20-40, las flores internas y externas más o menos subiguales en la antesis; corola (de las flores internas y externas) 5-8 mm, en la antesis en general ligeramente exerta del involucro, el limbo de hasta c. 5 mm, el limbo y el tubo más o menos subiguales. Cipselas dimorfas; cipselas externas 3-4(-5) mm, obcónicas, sin rostro, truncadas apicalmente, rápidamente graduando a cipselas internas; cipselas internas 5.5-8.5(-10) mm, fusiformes, largamente rostradas, el cuerpo 2.5-3.5 mm, el rostro 3-5 mm; vilano de 30-40 cerdas o más, la mayoría 7-13 mm. Floración feb.-dic. $2n = 8, 10$ (más de 12). *Campos, bosques abiertos, orillas de caminos, laderas volcánicas.* G (*Pruski y Ortiz 4260*, MO); CR (*Pruski et al. 3828*, MO). 1800-3100 m. (Nativa de Europa y Asia; naturalizada en Canadá, Estados Unidos, México, Mesoamérica, Ecuador, Brasil, Paraguay, Uruguay, Chile, Argentina, Jamaica, Australia, Islas del Pacífico.)

Hypochaeris glabra (el tipo del género) se distingue de *H. radicata* por las hojas generalmente glabras y las cipselas externas sin rostro. *Hypochaeris glabra* parece tener una floración corta y es común verla en varios estados de fructificación. Al parecer se conoce de Costa Rica de una sola colección.

2. Hypochaeris radicata L., *Sp. Pl.* 811 (1753). Lectotipo (designado por Scott, 1993a): Europa, *Herb. Linn. 959.5* (foto MO! ex LINN). Ilustr.: D'Arcy y Tomb, *Ann. Missouri Bot. Gard.* 62: 1298, t. 108 (1975 [1976]). N.v.: Margarita amarilla, CR; hierba de halcón, P.

Hierbas perennes, las hojas arrosetadas o rara vez 1-2 caulinares, el cáudice (12-)25-60 cm, grueso; escapos 1-8(-15) por roseta, 2-4-ramificados distalmente. Hojas 4-22(-25) × 0.5-3.5 cm, las superficies generalmente hirsutas o las hojas caulinares (cuando presentes) esparcidamente hirsutas, los tricomas c. 1 mm, la base atenuada a subpeciolar, los márgenes crenados a más comúnmente lirado-pinnatilobados, el ápice de los lóbulos frecuentemente obtuso a redondeado, los senos principalmente redondeados, el ápice agudo a obtuso. Capitulescencia corimbosa, con 2-9 cabezuelas. Cabezuelas 18-25(-30) mm; involucro (7-)10-15(-18) × (3.5-)10-15 mm, anchamente cilíndrico a globoso inmediatamente antes de la antesis, en Mesoamérica anchamente cilíndrico a más comúnmente campanulado (o frecuentemente cilíndrico en el material de fuera de Mesoamérica) en la antesis, campanulado en el fruto; filarios 20-28, 3-15(-18) × 1.5-2.5 mm, triangulares a lanceolados, glabros o varios de los externos con la vena media bulboso-híspida o serrada; páleas 12-18 mm. Flores liguladas 50-70 o más; corola amarilla, la corola de las flores externas 15-20 mm (corola de las flores internas más corta), muy exerta, el tubo 5-6 mm, los tricomas en la unión tubo-limbo hasta 1 mm o más largos, algunas veces más largos que el ancho del tubo, el limbo 10-14 × 2.5-4 mm, casi el doble de la longitud del tubo (a veces verde-pardo abaxialmente). Cipselas (6-)9-16 mm, más o menos isomorfas, fusiformes, largamente rostradas, el cuerpo 3-6 mm, el rostro (3-)6-10 mm; vilano de 30-40 cerdas o más, la mayoría 8-12 mm (en la antesis solo casi tan largas como el tubo corolino) y plumosas, pero técnicamente 2-seriadas con las cerdas externas más cortas y escábridas. Floración ene.-nov. 2*n* = 8. *Campos abiertos, pastizales, páramos, bosques de* Pinus-Quercus*, orillas de caminos, riberas, laderas volcánicas.* G (Nash, 1976h: 449); CR (*Pruski et al. 3855*, MO); P (*Blanco y Blanco 92*, MO). 1100-3500 m. (Nativa de Europa; naturalizada en Canadá, Estados Unidos, Mesoamérica, Colombia, Venezuela, Ecuador, Bolivia, Brasil, Paraguay, Uruguay, Chile, Argentina, Jamaica, Asia, Australia, Nueva Zelanda, Islas del Pacífico.)

Las flores de *Hypochaeris radicata* parecen ser de larga duración y la especie no se ve con frecuencia con frutos maduros. En Mesoamérica *H. radicata* tiene las cabezuelas en general más grandes que las del material estadounidense y solo es común en las elevaciones altas en Costa Rica. En Panamá, *H. radicata* se conoce de la única colección citada por D'Arcy y Tomb (1975 [1976]).

51. Lactuca L.

Faberiopsis C. Shih et Y.L. Chen, *Lactucella* Nazarova, *Lagedium* Soják, *Mulgedium* Cass., *Mycelis* Cass., *Scariola* F.W. Schmidt
Por J.F. Pruski.

Hierbas anuales o más comúnmente perennes con raíz axonomorfa y tallo folioso; tallos generalmente simples y erectos, generalmente estrictos proximalmente y ramificados distalmente solo en la capitulescencia, algunas veces fistulosos. Hojas basales y/o caulinares, simples a runcinado-pinnatisectas, sésiles o pecioladas; láminas enteras a dentadas, rara vez espinuloso-marginadas, las hojas caulinares frecuentemente auriculado-amplexicaules. Capitulescencia corimboso-paniculada (Mesoamérica), frecuentemente piramidal, las cabezuelas típicamente numerosas, generalmente ramificadas en ángulos de 45-90°; pedúnculos bracteolados (Mesoamérica); bractéolas con frecuencia laxamente graduando hacia filarios externos. Cabezuelas sin calículo (Mesoamérica); involucro cilíndrico o algunas veces subcampanulado; filarios 5-13 o más, graduados, 3-5-seriados, triangulares a lanceolados, los márgenes algunas veces angostamente escariosos, las series internas generalmente subiguales; clinanto sin páleas. Flores liguladas 6-50 o más, las corolas subiguales, moderadamente exertas; corola amarilla a azulada o rosado-color púrpura (rara vez blanca); ramas del estilo cortas, mucho más cortas que las anteras. Cipselas de contorno oblongo a fusiforme, abruptamente rostradas con el rostro bien diferenciado del cuerpo (Mesoamérica), rara vez gradualmente rostradas, obviamente comprimidas o algunas veces subcomprimidas, el cuerpo pardo-amarillento a pardo-rojizo o negruzco, las caras 1-9-acostillado-estriadas, las costillas y caras más o menos lisas (Mesoamérica), generalmente glabras o rara vez setulosas distalmente, el rostro frecuentemente pardo-amarillento, frecuentemente discoloro con el cuerpo, las costillas disminuyen por encima del carpóforo, el carpóforo liso-anular; vilano de 40-120 o más cerdas capilares subiguales, alargadas, escábridas, blancas o pajizas, algunas veces varias cerdas externas mucho más cortas que las cerdas internas, algunas veces caducas. *x* = 9[6, 8]. 90-100 spp. Zonas templadas de ambos hemisferios.

Barkley et al. (2006a) trataron *Lactuca* y *Mulgedium* separadamente, pero aquí se sigue a Lack (2007), quien trató *Mulgedium* como sinónimo de *Lactuca*. Dos especies de México que deben encontrarse en la península de Yucatán y Chiapas son *L. serriola* L., una maleza casi cosmopolita tolerante a la sequía y *L. ludoviciana* (Nutt.) Riddell. Además, *L. floridana* (L.) Gaertn. (syn. *L. villosa* Jacq.) una especie

endémica de Jamaica se podría encontrar en la costa Caribe de Mesoamérica.

Bibliografía: Balick, M.J. et al. *Mem. New York Bot. Gard.* 85: i-ix, 1-246 (2000). Cowan, C.P. *Listados Floríst. México* 1: 1-123 (1983).

1. Cipselas obviamente comprimidas, gruesamente marginadas, los cuerpos negruzcos, las caras 1-3-estriadas, los márgenes mucho más prominentes que las estrías; corolas generalmente azuladas o rosado-color púrpura; filarios generalmente reflexos luego de la fructificación; nativa.
1. L. graminifolia
1. Cipselas subcomprimidas y delgadamente marginadas, sin alas, los cuerpos pajizos, las caras 5-9-estriadas, los márgenes no más prominentes que las estrías; corolas amarillas; filarios generalmente erectos luego de la fructificación; cultivada.
2. L. sativa

1. Lactuca graminifolia Michx., *Fl. Bor.-Amer.* 2: 85 (1803). Tipo: Estados Unidos, *Michaux s.n.* (P). Ilustr.: Nash, *Fieldiana, Bot.* 24(12): 600, t. 145 (1976).

Lactuca elongata Muhl. ex Willd. var. *graminifolia* Chapm., *L. graminifolia* Michx. var. *mexicana* McVaugh.

Hierbas bianuales a perennes, glabras o subglabras, el tallo folioso en 1/3-1/2 proximal, 0.6-1(-1.3) m. Hojas basales y proximal-caulinares, uniformemente reducidas en tamaño distalmente, simples a pocas veces pinnatífidas, aquellas sésiles o pinnatífidas con frecuencia largamente alado-peciolariformes; lámina (5-)10-25(-33) cm, la lámina o el raquis 0.3-1.5(-4) cm de ancho, linear-lanceolada a linear-oblanceolada, la base angostamente cuneada a largamente atenuada algunas veces las hojas caulinares simples auriculadas (aurículas de hasta c. 0.5 cm), los márgenes no espinulosos, enteros o con pocos lobos, los lobos 2-4-yugados, 2-4 × 0.5-1 cm, remotos, angostamente lanceolados a rara vez triangulares, el lóbulo terminal 5-12 cm, linear-lanceolado, los lóbulos o el ápice de la lámina obtusos o agudos, glabros o abaxialmente (especialmente la vena media) esparcidamente híspidos con tricomas de 2-3 mm. Capitulescencia en el 1/3 distal de tallo, corimboso-paniculada, generalmente redondeado-piramidal con ramas laterales generalmente ascendentes en c. 45° y más cortas que el eje principal, rara vez casi aplanadas en la punta; pedúnculos 1-5 cm, bracteolados. Cabezuelas 9-13 mm en la antesis, 14-17 mm en fruto; involucro 4-8 mm de diámetro, cilíndrico a subcampanulado; filarios 12-15 × 1.5-2 mm, algunas veces con la punta purpúrea, generalmente reflexos luego de la fructificación. Flores liguladas 15-24; corola c. 8 mm, generalmente azulada o rosado-color púrpura (incolora a pajiza), el limbo c. 5 mm; ramas del estilo c. 0.3 mm. Cipselas de contorno elíptico, obviamente comprimidas, subaladas, gruesamente marginadas, el cuerpo 4-6 × 1.5-2.3 mm, negruzco, cada cara 1-3-estriada, los márgenes mucho más prominentes que las estrías, el rostro 1.5-3(-4) mm, 1/3-1/2 más largo que el cuerpo, cortamente filiforme; vilano de cerdas 7-9 mm. Floración durante todo el año. 2*n* = 34. *Bosques secos, bosques de* Pinus*, bosques de* Pinus-Quercus*, orillas de caminos, matorrales.* Ch (*Breedlove 15041*, MICH); G (*King y Renner 7118*, MO). 1000-2500 m. (Estados Unidos, México, Mesoamérica, La Española.)

McVaugh (1972a) asignó las plantas mexicanas con flores color rosa-púrpura, frutos aplanados y abruptamente rostrados a *Lactuca graminifolia*, dentro de la cual propuso dos nuevas variedades, entre ellas *L. graminifolia* var. *arizonica* McVaugh, que se asemeja a *L. ludoviciana*. Calderón de Rzedowski (1997) reconoció *L. graminifolia* sin variedades, mencionando que la variación "transgrede los límites de estas variedades". De hecho, la diferencia entre las formas de la hoja basal y caulinar citada por McVaugh (1972a) para distinguir las variedades parece no ser más variable que la diferencia de forma de la hoja en otras especies estadounidenses, cada una de las cuales es reconocida (p. ej., Barkley et al., 2006a) sin infrataxones. Además, algunas plantas de la Florida tienen el indumento híspido en la vena media abaxialmente, lo que invalida las variedades de McVaugh. Por lo tanto, se sigue a Calderón de Rzedowski (1997) y se trata *L. gramini-folia* var. *mexicana* en sinonimia con *L. graminifolia*, reconocida aquí sin infrataxones.

McVaugh (1972a) comentó sobre las dificultades de separar *L. graminifolia* de *L. hirsuta* Muhl. ex Nutt. y *L. ludoviciana*. Del mismo modo Correll y Johnston (1970) mencionaron que *L. canadensis* L. es similar a *L. graminifolia*, pero tanto *L. canadensis* con las flores generalmente amarillas, así como *L. floridana* con flores azuladas gradual y cortamente rostradas, difieren en las cabezuelas más pequeñas en la antesis con un involucro corto (10-12 mm). *Lactuca hirsuta* es similar a *L. graminifolia*, pero difiere en que normalmente tiene más pubescencia, los tallos frondosos y las flores amarillas. *Lactuca hirsuta* no se encuentra en México, ni tiene prioridad nomenclatural sobre *L. graminifolia*.

Lactuca ludoviciana y *L. brachyrrhyncha* Greenm. son las únicas especies mexicanas con frutos aplanados y abruptamente rostrados que se asemejan a *L. graminifolia*. Cronquist (1980) dijo que *L. ludovici-ana* es similar a *L. graminifolia* por su "tendencia en la disposición basal de las hojas", pero difiere de *L. graminifolia* por las hojas generalmente espinuloso-marginadas y las cabezuelas con 20-56 flores. *Lactuca brachyrrhyncha* difiere significativamente de *L. graminifolia* por el rostro abruptamente corto (c. 1 mm) y aunque solo se la conoce de un isotipo en MO, parece mejor en la actualidad mantener a *L. brachyrrhyncha* como distinta.

2. Lactuca sativa L., *Sp. Pl.* 795 (1753). Lectotipo (designado por Alavi, 1983): Europa, *Herb. Linn. 950.2* (foto MO! ex LINN) Ilustr.: Biên, *Fl. Vietnam* 7: 644, t. 363 (2007). N.v.: Lechuga; lettuce, B.

Hierbas anuales o algunas veces bianuales, 0.3-1 m; follaje más o menos glabro. Hojas basales y caulinares, uniformemente disminuyendo de tamaño hasta cerca de la mitad del tallo, abruptamente bracteadas distalmente, sésiles, la lámina verde o rara vez rojiza, ovadas u orbiculares, enteras o runcinado-pinnatífidas, los márgenes enteros o denticulados; roseta basal típicamente densamente foliosa, columnar a globosa; hojas basales y proximales del tallo 5-35 cm, los márgenes enteros o algunas veces crespo-marginados; hojas bracteadas 0.5-1.5 cm, cordiformes, la base auriculada. Capitulescencia corimboso-paniculada, cilíndrica a redondeada, frecuentemente con ramas laterales ascendentes a c. 45° o más, casi tan larga como el eje principal; pedúnculos cortos, algo ocultos por las bractéolas; bractéolas 1-varias, de hasta 3 mm o más largas, la base cordiforme-auriculada, algunas veces papiloso-glandulosas. Cabezuelas 9-14 mm; involucro 3-4 mm de diámetro, cilíndrico; filarios 7-10 mm, generalmente erectos luego de la fructificación, algunas veces papiloso-glandulosos. Flores liguladas 7-20(-30); corola amarilla, el limbo algunas veces con rayas color violeta abaxialmente. Cipselas de contorno fusiforme u oblongo, subcomprimidas, delgadamente marginadas, el cuerpo 3-4.5 × 1-1.4 mm, ligeramente hinchado, generalmente pajizo, cada cara 5-9-estriada, los márgenes no más prominentes que las estrías, el rostro 3-6 mm, más o menos tan largo como el cuerpo, filiforme; vilano de cerdas 3.5-4 mm. Floración dic.-feb., ago.-sep. $2n = 18, 36$. *Cultivada, áreas alteradas.* T (Cowan, 1983: 26); Ch (Breedlove, 1986: 50); Y (*Ucan y Flores 3528*, MO); B (Balick et al., 2000: 154); G (Nash, 1976h: 450); H (Molina R., 1975: 115); ES (Standley y Calderón, 1941: 282); N (*Grijalva 3542*, MO); CR (Standley, 1938: 1488); P (*Mori y Bolten 7250*, MO). 100-2000 m. (Nativa de Asia; cultivada en Canadá, Estados Unidos, México, Mesoamérica, Colombia, Venezuela, Ecuador, Perú, Bolivia, Brasil, Paraguay, Chile, Argentina, Jamaica, La Española, Puerto Rico, Europa, África, Australia, Nueva Zelanda, Islas del Pacífico.)

Lactuca sativa solo se conoce cultivada y se presume que se derivó de especies asiáticas de Oriente Medio cercanas a *L. serriola* (Vuilleumier, 1973). Aunque la especie se cultiva ampliamente en Mesoamérica, no existen sinónimos basados en material mesoamericano y por tanto no se presenta sinonimia.

52. Launaea Cass.

Ammoseris Endl., *Brachyramphus* DC., *Heterachaena* Fresen., *Hexinia* H.L. Yang, *Lagoseriopsis* Kirp., *Lomatolepis* Cass., *Microrhynchus* Less., *Paramicrorhynchus* Kirp., *Rhabdotheca* Cass., *Trachodes* D. Don, *Zollikoferia* DC. non Nees.

Por J.F. Pruski.

Hierbas anuales a perennes hasta subarbustos de base leñosa o arbustos espinosos, generalmente la raíz axonomorfa; tallos generalmente erectos, solitarios o pocos desde la base, ramificados distalmente; follaje típicamente glabro (Mesoamérica). Hojas arrosetadas o las proximales caulinares, simples a pinnatífidas, sésiles o pecioladas; láminas generalmente oblanceoladas, cartáceas a rígidamente cartáceas o subcarnosas, los márgenes dentados o espinulosos a lobados, rara vez subenteros. Capitulescencia espigada a tirsoide-paniculada; pedúnculos rara vez glandulosos. Cabezuelas sin calículo; involucro cilíndrico a menos frecuentemente subcampanulado en la antesis; filarios 18-25, marcadamente graduados, 3-5-seriados, los márgenes escariosos; series internas de filarios generalmente 5 o 8, subiguales; clinanto sin pálea. Flores liguladas 7-40(-100 o más), las corolas subiguales (Mesoamérica); corola amarilla (Mesoamérica) a algunas veces color violeta, el limbo ligeramente más corto a generalmente más largo que el tubo; anteras 2-4 mm; ramas del estilo amarillas, las papilas colectoras concoloras o negruzcas. Cipselas más o menos isomorfas, cilíndricas o cortamente fusiformes, brevemente atenuado-subrostradas (Mesoamérica), pero variando desde cortamente rostradas a sin rostro, subteretes, 4-5-acostilladas, frecuentemente estriadas entre las costillas, comúnmente ruguloso-muricadas al través, glabras o las externas algunas veces papilosas, el carpóforo exanular, irregularmente acostillado, las costillas prominentes; vilano de 60-100 o más cerdas escábridas, capilares, subiguales, blanquecinas, alargadas, algunas veces unas pocas cerdas externas menores y toscas, algunas veces caducas. $x = 9$ (6, 7, 8). 54 spp. Principalmente nativo de Asia o norte de África, 1 sp. Pantropical y arvense.

Kilian (1997) revisó *Launaea* y reconoció 54 especies. Las características genéricas más importantes destacadas por Kilian (1997) para distinguir vegetativamente *Launaea* del género similar *Lactuca* son: las cipselas subcomprimidas a subteretes (vs. obviamente comprimidas) y los carpopodios débilmente exanulares e irregularmente acostillados (vs. suavemente anulares). Entre las especies de Mesoamérica destacan las cipselas ruguloso-muricadas de *Launaea* (vs. las cipselas con costillas y caras más o menos lisas en *Lactuca*). La "heterocarpia" dentro de las cabezuelas individuales mencionadas por Kilian (1997) es menor en comparación con la de otros géneros de Asteraceae (p. ej., cipselas 4-acostilladas vs. 5-acostilladas y el ápice de las cipselas atenuándose en forma ligeramente diferente) y se describen las cipselas de *Launaea* como más o menos isomorfas.

Trachodes se excluye de la sinonimia de *Sonchus* y en lugar se refiere a la sinonimia de *Launaea*. McVaugh (2000) observó que el pliego de herbario de Sessé y Moçiño no. 2768 (MA como Field NEG #42572, microficha BT-13 248.C6) de México está etiquetado como "*Sonchus paniculatus*" Sessé y Moc. ex D. Don. Aquí se interpreta Sessé y Moçiño "2768" como un isotipo de *T. paniculatus*. La descripción de Don (1830) de *T. paniculatus* con cabezuelas cilíndricas de 20-24-flores, filarios graduados (como "imbricatum"), filarios externos ovado-obtusos con margen escarioso y cipselas subfusiformes, transversalmente rugosas y apicalmente atenuadas coincide con Sessé y Moçiño "2768" de *L. intybacea*, nombre bajo el que *T. paniculatus* es colocado en sinonimia. El pliego de herbario Sessé y Moçiño Nº 2767 (MA como Field NEG #42571, microficha BT-13-248.C5) también se identifica aquí como *L. intybacea* pero es de Cuba y no es así material tipo de *T. paniculatus*.

Bibliografía: Bentham, G. *Vidensk. Meddel. Dansk Naturhist. Foren. Kjøbenhavn* 1852: 65-121 (1853). Don, D. *Trans. Linn. Soc. London* 16: 169-303 (1833 [1830]). Kilian, N. *Englera* 17: 1-478 (1997). Millspaugh, C.F. y Chase, M.A. *Publ. Field Columb. Mus., Bot. Ser.* 3: 85-151 (1904).

1. Launaea intybacea (Jacq.) Beauverd, *Bull. Soc. Bot. Genève* sér. 2, 2: 114 (1910). *Lactuca intybacea* Jacq., *Icon. Pl. Rar.* 1: t. 162 (1784). Lectotipo (designado por Kilian, 1997): cultivado en Europa, *Jacquin s.n.* (LE). Ilustr.: Funk y Pruski, *Mem. New York Bot. Gard.* 78: 104, t. 38E-H (1996).
Ammoseris surinamensis (Miq.) D. Dietr., *Brachyramphus caribaeus* DC., *B. goraeensis* (Lam.) DC., *B. intybaceus* (Jacq.) DC., *Lactuca arabica* Jaub. et Spach, *L. goraeensis* (Lam.) Sch. Bip., *L. heyneana* DC., *L. petitiana* A. Rich., *L. pinnatifida* (Lour.) Merr., *L. remotiflora* DC., *L. runcinata* DC., *L. schimperi* Jaub. et Spach, *Launaea goraeensis* (Lam.) O. Hoffm., *L. kuriensis* Vierh., *L. remotiflora* (DC.) Amin ex Rech. f., *Microrhynchus surinamensis* Miq., *Phaenixopus intybaceus* (Jacq.) Less., *Prenanthes sonchifolia* Willd., *Scorzonera pinnatifida* Lour., *Sonchus goraeensis* Lam., *Trachodes paniculatus* D. Don.
Hierbas anuales o bianuales, 0.3-1(-1.5) m; tallos foliosos en el 1/3 proximal, glabros o muy rara vez estipitado-glandulosos. Hojas (5-)10-20(-28) × 1.5-6(-11) cm, típicamente runcinado-pinnatilobadas, arrosetadas o caulinares, cartáceas, los lobos marginales hasta c. 3(-4) cm, ligeros a marcados, triangulares, con márgenes irregularmente espinulosos y serrulados, el ápice de los lobos agudo a acuminado, el ápice de la lámina obtuso a redondeado, las superficies glabras; hojas basales y proximal-caulinares oblanceoladas a ovadas, la base largamente atenuada, alado-peciolariforme; hojas caulinares distales (cuando presentes) sésiles, subauriculadas. Capitulescencia típicamente paniculado-racemosa, afila, pocas a varias veces ramificada, rara vez algo compacta y corimbosa, las ramas hasta 30 cm o más largas, ascendentes, frecuentemente casi tan largas como el eje central, las cabezuelas pocas, generalmente remotas, laterales; pedúnculos 2-5 mm; bractéolas pocas a varias, 1-2 mm, triangular-ovadas, moderadamente imbricadas distalmente. Cabezuelas 12-15 mm; involucro 10-12 × 2.5-4(-5) mm, angostamente urceolado en la yema tornándose angostamente cilíndrico en la antesis; filarios 2-12 × 1-2 mm, glabros o casi glabros, los filarios externos triangular-ovados, con márgenes escariosos tan anchos como la porción central verde, rápidamente graduando a los internos, los filarios internos 8, 2-3 veces más largos que los externos, linear-lanceolados. Flores liguladas 12-24(-35); corola 11-13 mm, cortamente exerta del involucro, amarillo pálida, el tubo 6-8 mm, el limbo c. 5 mm. Cipselas 3-5 (incluyendo el ápice angosto) × 0.6-0.7 mm, cilíndrico-subfusiformes, verde grisáceas, glabras, angostamente sulcadas, el ápice angosto 0.5-1 mm, la base solo ligeramente atenuada; vilano de cerdas 6-9 mm, las externas algunas veces con la base ligeramente ancha. Floración nov.-dic., mar., jun.-ago. *2n* = 18. *Áreas alteradas, pastizales, bosques abiertos caducifolios, orillas de caminos, arroyos arenosos, vegetación costera.* Ch (*Breedlove 30369*, MO); Y (*Gaumer 877*, MO); C (*Martínez S. 29410*, MEXU); QR (*Cabrera y Cabrera 15418*, MO); B (*Lundell 4822*, NY); G (*Steyermark 31532*, GH); N (Bentham, 1853: 113, como *Brachyramphus intybaceus*); CR (Hemsley, 1881: 262, como *Lactuca intybacea*). 0-600(-1300) m. (Nativa de Asia y África; naturalizada en Estados Unidos, México, Mesoamérica, Colombia, Venezuela, Surinam, Perú, Cuba, Jamaica, La Española, Puerto Rico, Islas Vírgenes, Antillas Menores, Trinidad y Tobago.)
El nombre *Lactuca intybacea* se atribuye generalmente al *Icones* 1(4), ya que los fascículos 1-4 de Jacquin estuvieron disponibles antes del 19 de agosto de 1784 y la publicación efectiva se asume fue mucho antes de esa fecha. Por tanto los *Icones* tienen prioridad sobre el mismo nombre (rápidamente repetido) atribuido a Jacquin por Linneo en *Syst. Veg. ed. 14*, 713, mayo-junio de 1784.
Launaea intybacea fue tratada tanto por Nash (1976h) así como por Villaseñor Ríos (1989) como *Lactuca*, y las flores de color amarillo pálido fueron descritas en esos documentos como "blancas". Sin embargo, Millspaugh y Chase (1904), con anterioridad, correctamente anotaron el color de las flores como amarillo. D'Arcy y Tomb (1975 [1976]) indicaron que *L. intybacea* "es de esperarse" en Panamá. La sinonimia completa, incluyendo los nombres no utilizados para el material estadounidense, fue dada por Kilian (1997).

53. Pinaropappus Less.

Por J.F. Pruski.

Hierbas perennes escapíferas o subsescapíferas (Mesoamérica), frecuentemente arrosetadas, rara vez subarbustos bajos, cespitosos, leñosos, la raíz axonomorfa, frecuentemente patente-rizomatosa desde una raíz axonomorfa leñosa, glabras; tallos 1-varios, erectos, simples o algunas veces ramificados, algunas veces esparcidamente foliosos, angulosos distalmente. Hojas basales y caulinares, simples o pocas pinnatífidas, sésiles o angostamente peciolariformes, las hojas caulinares (cuando presentes) angostas, enteras o casi enteras, algunas veces bracteadas; láminas cartáceas a algunas veces subcoriáceas o subcarnosas, las nervaduras indistintas. Capitulescencia monocéfala y en general largamente pedunculada, rara vez corimbosa; pedúnculos algunas veces bracteados. Cabezuelas sin calículo; involucro 3-20 mm de diámetro, turbinado a campanulado; filarios 18-40, al menos las series externas bien graduadas, 3-5-seriados, ovados a lanceolados, cartáceos, verdes proximalmente, los márgenes angostamente escariosos, distalmente generalmente escariosos, purpúreos, el ápice obtuso a acuminado; clinanto paleáceo; páleas caducifolias. Flores liguladas (10-)20-60, las corolas desiguales, aquellas de las flores externas moderadamente exertas, las flores internas con la corola mucho más corta que la de las flores externas; corola (al menos el limbo) generalmente rosada a lavanda (rara vez blanca en poblaciones fuera de Mesoamérica); ramas del estilo alargadas. Cipselas desarrollándose tardíamente, subteretes, cilíndricas a fusiformes, gradualmente atenuado-subrostradas, c. 5-acostilladas y 5-10-estriadas (cada costilla con un par lateral de estrías), glabras o setulosas, el carpóforo subanular a exanular irregularmente acostillado, las costillas más o menos prominentes; vilano de 15-60 cerdas capilares, escábridas, alargadas, subiguales o desiguales, varias de las externas más cortas, parduscas. *x* = 8, 9. 6-10 spp. Sureste de Estados Unidos, México, Mesoamérica.
Shinners (1951) reconoció cinco especies de *Pinaropappus* y describió una nueva variedad de la especie más común, *P. roseus*. Además declaró que la nueva variedad (*P. roseus* var. *foliosus* Shinners) era "el único nombre nuevo que se necesitó en la revisión del pequeño género *Pinaropappus*", una revisión que nunca fue publicada. McVaugh (1972a) proporcionó una sinopsis de *Pinaropappus* y reconoció seis especies. En los últimos años Billie Turner ha descrito cuatro especies adicionales, de las cuales se ha visto escaso material.
Aunque las especies *P. roseus* y *P. spathulatus*, similares y variables, se tratan a continuación por separado, es probable que una sola especie (p. ej., *P. spathulatus*, si de hecho fuera distinta de *P. roseus*.) se encuentre en Mesoamérica. Las descripciones de las cipselas varían desde aquella de Correll y Johnston (1970), quienes dijeron que "un verdadero rostro no está presente" a la de Bremer (1994), que dijo que el ápice de las cipselas es "atenuado en un rostro". El ápice de las cipselas en *Pinaropappus* nunca es abruptamente rostrado, y aquí se describe el ápice como gradualmente cónico-subrostrado, básicamente como lo hizo McVaugh (1984).
Bibliografía: Donnell Smith, J. *Enum. Pl. Guatem.* 4: 1-189 (1895). Matuda, E. *Amer. Midl. Naturalist* 44: 513-616 (1950). Shinners, L.H. *Field & Lab.* 19: 48 (1951).

1. Márgenes, al menos de las hojas basales, remotamente runcinado-pinnatilobados; cabezuelas 15-25 mm; involucros 10-20 mm; filarios externos espatulados a ovados; páleas lanceoladas.   **1. P. roseus**

1. Márgenes de las hojas enteros o remotamente dentados distalmente; cabezuelas (9-)13-18 mm; involucros 8-12(-14) mm; filarios externos lanceolados a elípticos; páleas linear-lanceoladas.   **2. P. spathulatus**

1. Pinaropappus roseus (Less.) Less., *Syn. Gen. Compos.* 143 (1832). *Achyrophorus roseus* Less., *Linnaea* 5: 133 (1830). Holotipo: México, Veracruz, *Schiede y Deppe 286* (imagen en Internet! ex HAL). Ilustr.: Calderón de Rzedowski, *Fl. Bajío* 54: 36 (1997).

Pinaropappus scapiger Walp.?

Hierbas perennes, (10-)20-30(-65) cm; tallos pocos a numerosos desde cáudices, erectos, ligeramente ramificados por debajo de la mitad del tallo, 3-5-angulosos. Hojas típicamente basales y proximales caulinares, o en antesis 6-10 hojas caulinares alcanzando los 3/4 distales del tallo, simples distalmente pero al menos las hojas basales en general remotamente algo runcinado-pinnatilobadas; láminas 4-12 × (0.2-)0.5-3 cm, de contorno angostamente oblanceolado, las medias y distal-caulinares frecuentemente reducidas a lineares o a brácteas diminutas. Capitulescencia de pocas a numerosas cabezuelas, los escapos poco ramificados, las brácteas 0.5-2.5 cm, graduando a 1-pocas bractéolas 2-5 mm; pedúnculos 10-20(-40) cm, delgados. Cabezuelas 15-25 mm; involucro 10-20 × 12-20 mm, campanulado; filarios 30-40, 2-20 × 1.5-3 mm, los ápices pardo oscuro, obtusos a agudos; filarios externos espatulados a ovados; páleas 12-20 × 1-1.5 mm, lanceoladas. Flores liguladas (20-)45-60; corola (12-)15-22 mm, rosado pálido; anteras 4-6 mm. Cipselas 5-8 mm; vilano de cerdas 7-11 mm. $2n = 18$. *Hábitat desconocido*. Ch (Matuda, 1950: 597; Shinners, 1951: 48). Elevación desconocida. (Estados Unidos [Louisiana a Arizona], México [Veracruz], Mesoamérica?)

Pinaropappus roseus es una especie muy similar a *P. spathulatus*. *Pinaropappus roseus* se trata provisionalmente en Mesoamérica en base a los reportes de Shinners (1951), quien no citó un ejemplar de herbario, y de Matuda (1950) quien registró un ejemplar, *Matuda 4624*, para Chiapas. Aunque no se ha visto el ejemplar *Matuda 4624*, se ha examinado *Matuda 5809* de Chiapas que originalmente fue determinado y distribuido como *P. roseus*. Sin embargo, *Matuda 5809* (MO) es en realidad *P. spathulatus*. Del mismo modo, el ejemplar de herbario *Sessé y Mociño 2766* (microficha BT-13 255.A6! ex MA) de México, originalmente determinado como *Scorzonera picroides* es realmente *P. roseus*, planteando así la posibilidad de que la cita de Fernández Casas et al. (1993) de *S. picroides* en Guatemala, quizás se trate de *P. spathulatus*. Debido a que Hemsley (1881) y McVaugh (1972a) citan *P. roseus* con una distribución de Oaxaca y hacia el norte hasta Texas y, debido a que se ha cambiado de determinación *Matuda 5809*, se piensa que el registro de *P. roseus* de Chiapas de Matuda (1950) sobre *Matuda 4624* (no visto) y Shinners (1951) podría ser un error. El informe de Donnell Smith (1895) de *P. roseus* en Guatemala es erróneo y se basa sobre el material que se determinó como *P. spathulatus*.

Pinaropappus roseus difiere de *P. spathulatus* básicamente por las hojas basales frecuentemente pinnatilobadas, por las cabezuelas más grandes, por los filarios externos proporcionalmente más cortos, espatuliformes a ovados y los ápices de los filarios con zonas más oscuras proporcionalmente más cortas. Varias variedades se han reconocido para esta especie, pero debido a que no se ha visto *Matuda 4624* citado por Matuda (1950), se trata a *P. roseus* sin infrataxones y sin hacer un juicio sobre el posible estado taxonómico de las variedades.

2. Pinaropappus spathulatus Brandegee, *Zoë* 5: 241 (1906). Isotipo: México, Veracruz, *Purpus 1165* (MO!). Ilustr.: Nash, *Fieldiana, Bot.* 24(12): 601, t. 146 (1976). N.v.: Ch'a k'olom, ch'aal wamal, tan loj wamal, tan wamal, Ch; Margarita de monte, G.

Pinaropappus caespitosus Brandegee, *P. spathulatus* Brandegee var. *chiapensis* McVaugh.

Hierbas subescapíferas a partir de rizomas alargados, divaricado-ramificados; tallos pocos a numerosos, (5-)20-30 cm, simples a pocas veces ramificados, foliosos basalmente o proximalmente, rara vez con pocas hojas en la 1/2 del tallo, distalmente con pocas brácteas, subhexagonales. Hojas 5-20 o más por fascículo, patentes, simples, las caulinares (cuando presentes) remotas; láminas 2-14 × 0.1-0.6(-1.5) cm, lineares a linear-oblanceoladas o en las hojas basales angostamente obromboidales o espatuladas, cartáceas, la base largamente atenuada, algunas veces peciolariforme, los márgenes enteros o remotamente algo dentados distalmente, las denticiones (cuando presentes) 1-2 por margen, 1-2 mm. Capitulescencia de pocos a numerosos escapos monocéfalos y simples a tricéfalos y 1-2-ramificados (en c. 1/2 del tallo), los escapos desnudos a bracteados y bracteolados, las brácteas 1-3 cm, lineares a subuladas, las ramas subyacentes graduando progresiva o abruptamente a 1-pocas bractéolas 2-10 mm; pedúnculos 12-30 cm, delgados. Cabezuelas (9-)13-18 mm; involucro 8-12(-14) × 6-10 mm, campanulado; filarios 3-12(-14) × (1-)1.5-2.5(-3) mm, 4-seriados o 5-seriados, el ápice con frecuencia diminutamente ciliolado; filarios externos lanceolados a elípticos, el área escariosa pardo-color púrpura en un arco c.1.5 mm, el ápice obtuso; las 2 series más o menos internas lanceoladas a linear-lanceoladas, subiguales, la zona escariosa distal 3-4 mm, pardo-color púrpura, c. 1/4 de la longitud de los filarios, el ápice angostamente agudo a filiforme; páleas 10-14 × 0.5-1.1 mm, linear-lanceoladas, el ápice purpúreo. Flores liguladas 34-60, 3-seriadas o 4-seriadas o con más series, las corolas desiguales, lavanda (azulado pálido) a rosado (tubo algunas veces amarillento), aquellas de las flores externas exertas 3-6 mm del involucro en c. 45°; corola de las flores externas 10-12(-15) mm, el tubo 3-4.5 mm; anteras c. 4 mm, amarillentas; estilo pálido, las ramas hasta c. 2.5 mm. Cipselas 4-7.5 mm, el ápice delgado, más corto que el cuerpo, el cuerpo delgado; vilano de cerdas 4.5-7 mm, ligeramente más largas que las cipselas. Floración ene.-nov. $2n = 18$. *Bosques de Juniperus, pastizales, bosques de* Pinus-Quercus, *quebradas rocosas*. Ch (*King 2804*, NY); G (*Pruski y Ortiz 4263*, MO). 1000-3700 m. (México [Puebla, Veracruz], Mesoamérica.)

Shinners (1951) consideró a *Pinaropappus caespitosus* y *P. spathulatus* como coespecíficas, especies que se encuentran en Puebla y de Veracruz hasta Guatemala. Las pocas poblaciones de *P. spathulatus* conocidas de cerca del Pico de Orizaba (incluyendo los tipos de *P. caespitosus* y *P. spathulatus*) normalmente consisten de individuos pequeños, pero por funcionalidades críticas coinciden con *P. spathulatus*, como fue circunscrito por Shinners (1951). Las diferencias del ancho de los filarios (filarios medios 1-1.5 mm en las poblaciones de Puebla y Veracruz vs. 1.5-2.5 mm en las poblaciones de Chiapas y Guatemala) usadas por McVaugh (1972a) como diferencias varietales no fueron tomadas en cuenta como importantes por Nash (1976h), quien ubicó a *P. spathulatus* var. *chiapensis* en sinonimia de *P. spathulatus*. La variación de color de la corola (presumiblemente debido a las pequeñas diferencias en alelos) de las especies (p. ej., color rosa a lavanda o azul pálido) se puede encontrar dentro de una población individual (p. ej., *Pruski y Ortiz 4263*).

54. Sonchus L.

Actites Lander, *Atalanthus* D. Don, *Babcockia* Boulos, *Embergeria* Boulos, *Kirkianella* Allan, *Lactucosonchus* (Sch. Bip.) Svent., *Sonchus* L. subg. *Lactucosonchus* Sch. Bip., *Sventenia* Font Quer, *Taeckholmia* Boulos.

Por J.F. Pruski.

Hierbas anuales o perennes con raíz axonomorfa, a rara vez árboles pequeños cauliarrosetados, frecuentemente peloso-glandulosos; tallos erectos, poco ramificados, frecuentemente estipitado-glandulosos, fistulosos. Hojas simples a pinnatífidas, la base alado-peciolariforme o las hojas del tallo sésiles, las hojas caulinares o algunas veces todas basales, cartáceas (Mesoamérica), la base envainadora o amplexicaule, frecuentemente auriculada, algunas veces espinulosas a espinosas, la lámina espinoso-dentada a profundamente inciso-pinnatífida, los dientes con callos en la punta, los márgenes con frecuencia ligeramente revolutos, las superficies sin glándulas (Mesoamérica), las hojas proximales y las de la 1/2 del tallo en general pinnatífidas, las hojas distales del tallo principalmente simples, ovado-lanceoladas. Capitulescencia corimbosa a paniculada, ocasionalmente monocéfala; pedúnculos glabros a pilosos. Cabezuelas: involucro umbonado en la yema y engrosado alrededor del disco receptacular, urceolado en la antesis, campanulado en el fruto; filarios moderadamente graduados con c. 2 series internas subiguales (en Mesoamérica), triangulares a lanceoladas, verdes o los márgenes angostamente escariosos; clinanto sin páleas, aplanado a cóncavo, algunas veces fistuloso. Flores liguladas con las corolas desiguales; corola amarilla (al menos adaxialmente) o algunas veces teñida de purpúreo abaxialmente, ligeramente exerta a muy exerta, en general esparcidamente pubescente abaxialmente, el tubo tan largo o ligeramente más largo que el limbo; ramas del estilo moderadamente cortas. Cipselas ovadas a oblongas, sin rostro, comprimidas, pajizas o parduscas, las caras 3-8-acostilladas, lisas o ruguloso-muricadas al través, glabras, la base y el ápice ligeramente angostos pero nunca atenuados, el carpóforo anular o subanular, las costillas típicamente terminando inmediatamente por debajo del carpóforo; vilano de numerosas cerdas escábridas, capilares, alargadas, persistentes, blancas, angostas toda la longitud pero algunas cerdas ligeramente dilatadas en la base, generalmente casi tan largas como los ápices de los filarios. $x = (5)$ 7, 8, 9. 40-80 spp. Nativa de Eurasia, África tropical y algunas islas del Atlántico; varias spp. introducidas en América, 2 spp. de Mesoamérica son también malezas pantropicales.

Boulos (1960, 1972) ubicó la especie mesoamericana en *Sonchus* subg. *Sonchus*. Este subgénero contiene varias especies cosmopolitas (vs. endémicas de África), que él diagnosticó en parte por el hábito herbáceo (vs. leñoso). *Sonchus* subg. *Sonchus* fue revisado por Boulos (1973), donde se encuentra la sinonimia completa. Sin embargo, cada una de las especies mesoamericanas de *S.* subg. *Sonchus* fueron tratadas por Boulos (1960, 1972) como pertenecientes a diferentes secciones. Los sinónimos heterotípicos indicados a continuación son los conocidos según el material americano. Boulos (1972), siguiendo la sugerencia de Bentham y Hooker (1873), citó *Trachodes* en sinonimia de *Sonchus*, pero en Mesoamérica *Trachodes* se considera sinónimo de *Launaea*, por compartir las cabezuelas cilíndricas de pocas flores y cipselas angostas en el ápice.

Bibliografía: Boulos, L. *Bot. Not.* 113: 400-420 (1960); 114: 57-64 (1961); 125: 287-319 (1972); 126: 155-196 (1973). Holm, L.G. et al. *World Weeds* 1-1129 (1997). Jarvis, C.E. y Turland, N.J. *Taxon* 47: 347-370 (1998). Pérez J., L.A. et al. *Biodiver. Tabasco* 110 (2005).

1. Cipselas con las caras 3(-5)-acostilladas, por lo demás lisas, las costillas bien espaciadas; vilano de cerdas más o menos caducas; márgenes foliares espinosos a aculeados, las espinas o aguijones generalmente 1-3(-7) mm.
                 2. S. asper
1. Cipselas con las caras más o menos (4)5-acostilladas al madurar, rugulosas transversalmente en o entre las costillas al madurar, las costillas cercanamente espaciadas; vilano de cerdas más o menos persistentes; márgenes foliares generalmente espinulosos, las espinas 1-2(-3) mm.
 2. Hierbas perennes posiblemente adventicias; tallos angostamente fistulosos; corolas 18-26 mm, las flores externas generalmente con corola más o menos bien exerta.   **1. S. arvensis**
 2. Hierbas anuales o bianuales, comunes, naturalizadas; tallos anchamente fistulosos; corolas 9-14 mm, ligeramente exertas. **3. S. oleraceus**

1. Sonchus arvensis L., *Sp. Pl.* 793 (1753). Lectotipo (designado por Boulos, 1961): Europa, *Herb. Linn.* 949.5 (microficha MO! ex LINN). Ilustr.: Holm et al., *World Weeds* 788, t. 89-2 (1997).

Hieracium arvense (L.) Scop.

Hierbas perennes posiblemente adventicias, 0.3-1(-1.5) m, generalmente rizomatosas; tallos erectos, simples proximalmente, glabros

cerca de la capitulescencia, angostamente fistulosos. Hojas principalmente basales y proximal-caulinares, 6-35 × 1.5-15 cm, más pequeñas y remotas distalmente, las hojas pinnatífidas hasta el centro o pinnatilobadas o enteras, de contorno lanceolado a oblongo, los lobos 2-5-yugados, lanceoladas a triangulares, los lobos típicamente más angostos que los senos, los márgenes de los lobos generalmente espinulosos, los dientes 1-2 mm, el lóbulo terminal generalmente el más grande, los ápices de los lóbulos y de la lámina agudos a obtusos, las superficies glabras. Capitulescencia dispuesta muy por arriba de las hojas caulinares más grandes, corimboso-paniculada, algo aplanada, con ramas laterales frecuentemente más largas que el eje central; pedúnculos 1.5-7 cm, algunas veces estipitado-glandulosos u otras veces sésil-glandulosos. Cabezuelas 15-30 × 30-50 mm (cuando las cabezuelas están abiertas e incluyen las corolas totalmente extendidas); involucro 10-15 o más × 8-10 mm, con forma de tambor a campanulado; filarios 38-50, 6-15 × 1.5-2 mm, c. 3-seriados; filarios externos esparcida o densamente vellosos a tomentulosos basalmente; la serie medial y los filarios internos glabros a rara vez estipitado-glandulosos. Flores liguladas 150-235; corola 18-26 mm, la corola de las flores externas generalmente muy exerta, amarilla, el tubo y el limbo más o menos subiguales o el tubo más largo, el limbo 9-12 × c. 2 mm. Cipselas 2.5-4 × 1-1.5 mm, de contorno angostamente oblongo, moderadamente comprimido, las caras (4)5-acostilladas o con más costillas, transversalmente ruguloso-muricadas al madurar en o entre las costillas, las costillas más o menos de igual grosor, cercanamente espaciadas; vilano de cerdas 8-15 mm, más o menos persistentes. $2n = (18?)$ 36, 54. *Hábitat desconocido, presumiblemente cultivada como maleza de jardín.* G (Fernández Casas et al., 1993: 125; Holm et al., 1997: 787). Elevación desconocida, presumiblemente altas elevaciones. (Nativa de Europa; naturalizada en Canadá, Estados Unidos, Mesoamérica?, Chile, Argentina, Asia, África, Australia, Nueva Zelanda, Islas del Pacífico).

Solo se conoce la presencia de *Sonchus arvensis* en Mesoamérica por informes de la literatura de Fernández Casas et al. (1993) y Holm et al. (1997), ambos posteriores a Nash (1976h), quien no la trató para Guatemala. Si esta especie sorprendente fuese de presencia ocasional en Mesoamérica, presumiblemente ya se habría recolectado dentro de los dos siglos desde que Mociño (véase Fernández Casas et al., 1993) visitó Centroamérica, por lo que *S. arvensis* parece ser a lo sumo una rara especie adventicia en Mesoamérica.

Sonchus arvensis tiende a ser más frecuente en las zonas templadas de Norteamérica (vs. costas del Golfo) y por eso presumiblemente se encontraría en las zonas montañosas del área de Flora, aunque no fue registrada por Fernández Casas et al. (1993) como montañosa. Algunas variedades se han reconocido (p. ej., por Boulos 1972, 1973), pero no se han visto ejemplares de herbario de Mesoamérica y aquí se trata en sentido amplio, sin hacer un juicio sobre el posible estado taxonómico de las variedades, o de su presencia (una sola vez?) en Mesoamérica.

2. Sonchus asper (L.) Hill, *Herb. Brit.* 1: 47 (1769). *Sonchus oleraceus* L. var. *asper* L., *Sp. Pl.* 794 (1753). Lectotipo (designado por Boulos en Jarvis y Turland, 1998): Herb. Burser VI: 14 (microficha MO! ex UPS). Ilustr.: Pruski, *Fl. Venez. Guayana* 3: 359, t. 304 (1997). N.v.: Chikaryo ka', kulishpimil, Ch; Cerraja, P.

Sonchus carolinianus Walter.

Hierbas anuales, comunes, naturalizadas, 0.1-1(-2) m; tallos erectos, simples a poco ramificados, algunas veces angulosos proximalmente, anchamente fistulosos, glauco-glabros a algunas veces estipitado-glandulosos distalmente; glándulas estipitadas de los tallos y filarios 0.6-1.2 mm. Hojas 4-25(-30) × 1.5-8 cm, principalmente caulinares durante la floración, las hojas distales frecuentemente no lobadas, la mayoría de las hojas ligera a profundamente pinnatilobadas, de contorno obovado o espatulado, la base auriculada, las aurículas redondeadas, no dilatadas o algunas veces ligeramente dilatadas, las aurículas y los márgenes espinosos a aculeados, las espinas o aguijones generalmente

1-3(-7) mm, los lobos 2-5 por lado, típicamente triangulares a linear-lanceolados, el ápice de los lobos espinoso o con un aguijón rígido, los lobos típicamente más amplios o más angostos que los senos, el lobo terminal indistinto a ligeramente pronunciado, generalmente no mucho más grande que los lobos laterales, frecuentemente lanceolado, el ápice angostamente acuminado a largamente atenuado y espinoso o con un aguijón rígido, las superficies glabras o subglabras o cuando jóvenes rara vez araneoso-flocosas. Capitulescencia corimbosa o subumbeliforme; pedúnculos 0.5-5 cm, glabros, o en la yema con frecuencia laxamente blanco-tomentosos. Cabezuelas generalmente 10-16(-20) mm; involucro 10-14 × (6-)10-20 mm; filarios 35-45, 2-14 × 0.8-2 mm, 3-seriados o 4-seriados, glabros a rara vez rígidamente estipitado-glandulosos. Flores liguladas generalmente 100 o más; corola 10-13 mm, ligeramente exerta, el tubo generalmente más largo que el limbo, el limbo 4-5 × c. 1 mm, generalmente amarillo (o en las series externas algunas veces color violeta-blanquecino abaxialmente); anteras amarillas con el ápice negro. Cipselas 2-3 × 1-1.3 mm, de contorno elíptico u obovado, marcadamente comprimidas, las caras 3(-5)-acostilladas, por lo demás lisas, las costillas igualmente delgadas, bien espaciadas, los márgenes laterales delgadamente alados, los márgenes algunas veces hispídulos; vilano de cerdas 6-9 mm, más o menos caducas. Floración jul.-oct., dic.-feb., abr. 2n =18. *Áreas alteradas, campos abiertos, orillas de caminos, áreas húmedas.* Ch (*Santíz R. 580*, MO); N (*Moreno 2020*, MO); CR (*Haber y Zuchowski 10208,* MO); P (*D'Arcy y D'Arcy 6527*, MO). 100-2400 m. (Nativa de Eurasia templada, pero en la actualidad una maleza casi cosmopolita; naturalizada en Canadá, Estados Unidos, México, Mesoamérica, Colombia, Venezuela, Guyana, Ecuador, Perú, Bolivia, Brasil, Paraguay, Uruguay, Chile, Argentina, Jamaica, La Española, Puerto Rico, Antillas Menores, África, Australia, Nueva Zelanda, Islas del Pacífico.)

La lectotipificación propuesta por Boulos (1973) se basó en material que no era original (*Herb. Linn. 949.8*) y fue reemplazada por la selección de Boulos en Jarvis y Turland (1998). Aunque *Sonchus asper* es en general una especie de zonas más templada, *S. oleraceus* en cambio se encuentra en las zonas más templadas de Mesoamérica.

3. Sonchus oleraceus L., *Sp. Pl.* 794 (1753). Lectotipo (designado por Boulos, 1973): Europa, *Herb. Linn. 949.6* (foto MO! ex LINN). Ilustr.: Funk y Pruski, *Mem. New York Bot. Gard.* 78: 116, t. 46 (1996). N.v.: Achicoria, chicoria, lechuga silvestre, Y; nabuk' ak', C; lechuga, lechuguilla, susacque, G; cerraja, colmillo de león, hierba del sapo, lechuga montés, lechuguilla, soncho, H; lechuguilla, serraja, serrajilla, CR; cerraja, P.

Sonchus gracilis Phil., *S. rivularis* Phil.

Hierbas anuales o bianuales, comunes, naturalizadas, 0.2-1(-1.3) m; tallos erectos, simples a poco ramificados, estriados en las plantas altas, angulosos proximalmente, anchamente fistulosos, glauco-glabros a distalmente estipitado-glandulosos; glándulas estipitadas del follaje generalmente 1-2 mm. Hojas 4-25 × 1.3-8 cm, principalmente caulinares durante la floración, las hojas distales frecuentemente no lobadas, la mayoría de las hojas runcinadas a lirado-pinnatífido-pinnatisectas, de contorno obovado a oblanceolado, la base auriculada, las aurículas redondeadas a sagitadas, ligeramente dilatadas a algunas veces muy dilatadas, las aurículas y los márgenes generalmente espinulosos, las espinas hasta c. 1(-3) mm, los lobos (cuando presentes) 1-4 por lado, generalmente 1-5 cm, generalmente lanceolados a ovados, frecuentemente más anchos que los senos, el lóbulo terminal generalmente conspicuo y mucho más grande que los lobos laterales, típicamente anchamente triangular, la base de los lobos truncada a hastada, el ápice generalmente agudo a redondeado, las superficies glabras o glaucas. Capitulescencia corimbosa o subumbeliforme; pedúnculos 1-6 cm, glabros o rígidamente estipitado-glandulosos a blanco-tomentosos apicalmente. Cabezuelas generalmente 12-17 mm; involucro 8-13 × 7-20 mm; filarios 25-35, 3-13 × 0.5-2.5 mm, c. 4-seriados, algunas veces blanco-tomentosos basalmente, todos los filarios por lo demás glabros

a con frecuencia rígidamente estipitado-glandulosos. Flores liguladas generalmente 80 o más; corola 9-14 mm, ligeramente exerta, amarilla, el tubo y el limbo más o menos subiguales, el limbo c. 6(-7) × c. 1.5 mm. Cipselas 2.5-3.5 × 0.8-1 mm, de contorno angostamente oblongo, moderadamente comprimidas, los márgenes laterales engrosados pero no alados, las caras con más de 5 costillas al madurar, transversalmente ruguloso-muricadas al madurar en o entre las costillas, las costillas de diferente grosor, cercanamente espaciadas, ocasionalmente los surcos mejor definidos que las costillas, los márgenes y las costillas típicamente hispídulos; vilano de cerdas 5-8 mm, más o menos persistentes. Floración durante todo el año. 2n = 32. *Áreas cultivadas, campos abiertos, laderas rocosas, orillas de caminos, páramos, matorrales, laderas volcánicas, áreas húmedas.* T (Pérez J. et al., 2005: 85); Ch (*Pruski et al. 4247*, MO); Y (*Gaumer 310*, F); C (*Álvarez 268*, MO); QR (*Sousa y Cabrera 11190*, MO); B (*Dwyer 10475*, MO); G (*Pruski y Ortiz 4270*, MO); H (*Nichols 2047*, MO); ES (*Villacorta y Lara 2534*, MO); N (*Moreno 2993*, MO); CR (*Pruski et al. 3849*, MO); P (*Averett et al. 1063*, MO). 0-3400 m. (Nativa de Eurasia, pero en la actualidad una maleza cosmopolita; naturalizada en Canadá, Estados Unidos, México, Mesoamérica, Colombia, Venezuela, Ecuador, Perú, Bolivia, Brasil, Paraguay, Uruguay, Chile, Argentina, Cuba, Jamaica, La Española, Puerto Rico, Islas Vírgenes, Antillas Menores, Trinidad y Tobago, África, Australia, Nueva Zelanda, Islas del Pacífico.)

Aunque Calderón de Rzedowski (1997) no cita *Sonchus oleraceus* de Tabasco, el informe de Pérez J. et al. (2005) parece razonable porque *S. oleraceus* es sin duda la especie más común de Mesoamérica. Las plantas de elevaciones altas en laderas volcánicas tienden a ser más ramificadas y más frecuentemente estipitado-glandulosas que las plantas de altitudes más bajas. Las costillas supernumerarias de las cipselas suelen tener desarrollo tardío y a menudo al madurar no manifiestan plenamente la superficie del ovario ruguloso-muricada. Esta maleza cosmopolita es en ocasiones identificada erróneamente como *Erechtites hieraciifolius* (Senecioneae).

55. Taraxacum F.H. Wigg., nom. cons.

Taraxacum sect. *Mexicana* A.J. Richards

Por J.F. Pruski.

Hierbas perennes pequeñas, arrosetadas, escapíferas, con raíz axonomorfa, sexuales o apomícticas. Hojas basales, varias a numerosas, simples a pinnatífidas, generalmente runcinadas o lirado-pinnatífidas, sésiles o pecioladas; láminas oblanceoladas a obovadas, cartáceas, la base cuneada a atenuada, los márgenes dentados o lobados a rara vez enteros, el ápice acuminado a redondeado, las superficies glabras o pubescentes. Capitulescencia monocéfala; escapos 1-numerosos por planta, simples, fistulosos, generalmente sin brácteas, glabros a distalmente pubescentes. Cabezuelas básicamente caliculadas, los filarios y las bractéolas caliculares típicamente dimorfos; involucro cilíndrico a campanulado; filarios estrictamente subiguales, 1(2)-seriados, erectos, la base connata, verdes con los márgenes al menos de las series internas escariosos; bráacteas caliculares o bractéolas 5-30, generalmente 2-seriadas o 3-seriadas, adpresas en la yema a patentes (Mesoamérica) o reflexas en la antesis; clinanto sin páleas. Flores liguladas 15-150, las corolas generalmente desiguales con las series externas de limbos más largos; corola amarilla (Mesoamérica) a purpúrea; ramas del estilo alargadas (Mesoamérica). Cipselas fusiformes, largamente rostradas, subteretes, el cuerpo angostamente obovoide, 4-anguloso o 5-anguloso, 4-12-acostillado, pajizo a rojizo, rugoso o espinuloso-muricado distalmente, generalmente setuloso; vilano de 50 o más cerdas capilares escábridas, alargadas, blancas a pajizas. x = 8. 60(-2000) spp. Principalmente nativo del Viejo Mundo, pero con numerosas especies cosmopolitas; c. 25 especies en el continente americano.

Taraxacum officinale es sin duda, la especie más común de *Taraxacum* en América tropical, aunque se ha visto material con frutos rojos (presumiblemente atribuible en gran medida a la especie norteamericana *T. erythrospermum* Andrz.) de las Antillas. Los filarios de *Taraxacum* son a veces descritos como en 2 series desiguales (p. ej., Vuilleumier, 1973), pero aquí se describen las cabezuelas como básicamente caliculadas porque en la antesis las brácteas caliculares frecuentemente se extienden y son más o menos eximbricadas, mientras que los filarios en sí, son adpresos y subiguales.

Aunque Richards (1985) dijo que debemos "considerar como apropiado" que *Leontodon taraxacum* sea tipificado por un espécimen de Laponia colectado por Linnaeus (i.e., *Herb. Linn. 280*, LAPP), tal selección potencial es meramente mecánica y entra en conflicto con el protólogo. Kirschner y Štěpánek (2011) designaron una colección europea como lectotipo, aunque cabe señalar que *Clayton 694* (BM) tal vez hubiera sido más apropiado. El material de Clayton es referible al taxón más conocido como *T. officinale* y representa este taxón como circunscrito aquí y básicamente en todas las otras floras norteamericanos. En consecuencia, *T.* sect. *Mexicana* cae en sinonimia de *T.* sect. *Taraxacum*.

Bibliografía: Fernald, M.L. *Rhodora* 35: 364-386 (1933). Richards, A.J. *Watsonia* 9 (suppl.): i-ii, 1-141 (1972); *Rhodora* 78: 682-706 (1976); *Taxon* 34: 633-644 (1985).

1. Taraxacum officinale F.H. Wigg., *Prim. Fl. Holsat.* 56 (1780). Lectotipo (designado por Kirschner y Štěpánek, 2011): *Burser, Hortus siccus* vi.37, ejemplar abajo izquierda (UPS). Ilustr.: Calderón de Rzedowski, *Fl. Bajío* 54: 51 (1997). N.v.: Botón de oro, diente de león, lechuguilla, G; amargón, diente de león, valeriana, H; amargón, arnica, diente de león, CR; diente de león, P.

Leontodon taraxacum L., *Taraxacum mexicanum* DC., *T. taraxacum* (L.) H. Karst., *T. tenejapense* A.J. Richards, *T. vulgare* Schrank.

Hierbas 3-25(-35) cm. Hojas 5-20 o más, 5-25 × 1.5-4 cm, runcinado-pinnatífidas, el pecíolo angostamente alado distalmente; láminas de contorno oblanceolado a obovado, la base típicamente atenuada en el pecíolo, los lobos triangulares, generalmente 2-6 por lado, al menos los distales subopuestos, gradualmente reducidos proximalmente, el lobo terminal ovado o hastado, frecuentemente el más largo, los márgenes y senos algunas veces dentado, el ápice agudo u obtuso, las superficies glabras a esparcidamente vellosas, los tricomas crespos o subadpresos. Capitulescencia con cabezuelas erectas; escapos 1-6(-16), erectos o ascendentes, generalmente más largos que las hojas pero en plantas de elevaciones altas algunas veces los escapos son tan largos como las hojas, glabros hasta la parte proximal o la parte distal algunas veces esparcidamente velloso. Cabezuelas 1.5-3 cm; involucro 0.8-1.7(-2.5) cm de diámetro, campanulado, filarios y calículo sin cornículos; filarios propiamente dichos 13-20(-25), 10-17 × 1.5-3.5 mm, más o menos lanceolados, principalmente verdes a ferrugíneos apicalmente, los márgenes escariosos, glabros, el ápice agudo a obtuso; brácteas caliculares 12-20(-30), 5-10 × (1-)1.5-2.5(-3) mm, graduadas, ovadas a lanceoladas o algunas veces deltoides, frecuentemente c. 1/2 o más de la longitud de los filarios, delgadas, delgadamente escariosas o algunas veces blanquecinas marginalmente, glabras o los márgenes subpapilosos, típicamente recurvadas a reflexas, el ápice agudo. Flores c. 100 o más; corola 10-20 × 1-1.5 mm, el tubo más corto que el limbo, el limbo de las flores externas patente, ligeramente exerto, con frecuencia longitudinalmente pardo-rayado abaxialmente; anteras y estilos concoloros con la superficie adaxial del limbo de la corola; ramas del estilo c. 1.5 mm. Cipselas 7-14 mm, pardo-amarillentas o el rostro pajizo, el cuerpo 2.5-3.5 mm, el rostelo 0.5-0.8 mm, el rostro filiforme, subigual con el cuerpo en la antesis, 2-3 veces más largo que el cuerpo en el fruto; vilano de cerdas 4-6(-8) mm, manteniéndose dentro del involucro en la antesis, pero el rostro alargándose en el fruto por tanto exerto del vilano. Floración durante todo el año, con más frecuencia may.-ene. $2n = 24$ (32, 40, 44, 48). *Pastizales alpinos, áreas alteradas, bosques de* Pinus-Quercus*, bosques de* Quercus*, áreas urbanas, laderas volcánicas.* Ch (*Matuda 4544*, NY); G (*Contreras 5244*, MO); H (*Caballero 121*, MO); ES (*Renderos et al. MR-00330*, MO); CR (*Taylor y Taylor 4434*, NY); P (*D'Arcy y D'Arcy 6459*, MO). (900-)1400-3500 m. (Nativa de Europa, pero en la actualidad casi cosmopolita; naturalizada en Canadá, Estados Unidos, México, Mesoamérica, Colombia, Venezuela, Ecuador, Perú, Bolivia, Brasil, Paraguay, Uruguay, Chile, Argentina, Cuba, Jamaica, La Española, Puerto Rico, Asia, África, Australia, Nueva Zelanda, Islas del Pacífico.)

El tratamiento de *Taraxacum* en Tutin et al. (1976) mencionó 100 o más especies segregadas en el "grupo de *T. officinale*" de *T.* sect. *Taraxacum*. Sin embargo, en este tratamiento se sigue a Standley (1938), Nash (1976h) y Calderón de Rzedowski (1997) definiendo a *T. officinale* como una especie variable polimórfica y maleza ampliamente distribuida, en la que las poblaciones neotropicales tienden a tener filarios en menor número y más anchos y brácteas caliculares, aunque estas diferencias sean insignificantes. *Taraxacum officinale* como se ha definido aquí abarca la mayoría de la variación encontrada en el "grupo de *T. officinale*" en Tutin et al. (1976) y la mayoría de supuesta variación diagnóstica (p. ej., la de la forma y longitud del rostelo, la forma, textura y curvatura de la bráctea calicular) en *T.* sect. *Mexicana* en el Neotrópico citado en Richards (1976).

El estudio en toda Mesoamérica e incluso entre los duplicados de una misma colección (p. ej., *Taylor y Taylor 4434*) muestra que la dentición del lobo de la hoja, la longitud del escapo, la longitud de la bráctea calicular, la longitud del rostelo y la longitud del cuerpo de la cipsela varían constantemente y no pueden ser utilizadas para distinguir las especies. Las ligeras diferencias observadas en el material estadounidense de *T. officinale* son taxonómicamente insignificantes y no son comparables en magnitud a la variación vista en la mayoría de Asteraceae pantropicales. Los sinónimos más claros, sin embargo, no se listan en sinonimia formal. *Taraxacum officinale* se ha recolectado principalmente en las zonas montañosas en América tropical, pero a elevaciones tan bajas como los 900 metros en Honduras (los 200 metros de *Molina R. 10117* citada por Richards (1976), es un error tipográfico de 2000), pero hasta la fecha parece que no se ha recolectado en las Antillas Menores, Islas Vírgenes o en las Guayanas.

Fernald (1933) ubicó *T. officinale* como sinónimo del nombre anterior *T. palustre* (Lyons) Symons. Sin embargo, Richards (1972) y Tutin et al. (1976) trataron las dos especies como taxonómicamente distintas, cada una perteneciendo a diferente sección de *Taraxacum*. Durante muchos años la autoría genérica y específica de *T. officinale* fue citada a menudo como "Weber ex Wiggins" o como "Weber", pero la carátula del artículo que contiene el protólogo da crédito solo a Wiggers.

56. Tragopogon L.

Por J.F. Pruski.

Hierbas bianuales a perennes, con raíz axonomorfa, el tallo folioso; tallos 1(-pocos). Hojas basales y caulinares, adpresas a ascendentes, simples, sésiles; láminas graminiformes, cartáceas, paralelinervias, la base dilatada y amplexicaule, los márgenes enteros. Capitulescencia monocéfala; los pedúnculos alargados, robustos. Cabezuelas sin calículo; involucro cilíndrico a campanulado; filarios (5-)8-13, verdes, subiguales, 1(2)-seriados; clinanto sin páleas. Flores liguladas 30-200, las corolas desiguales, más cortas que los filarios; corola color violeta a púrpura (Mesoamérica) o más frecuentemente amarilla. Cipselas subteretes, fusiformes, largamente rostradas (Mesoamérica) o las cipselas externas algunas veces cortamente rostradas, el cuerpo 5-10-acostillado, las costillas frecuentemente muricadas, el rostro casi tan largo o más largo que el cuerpo y casi tan largo como el vilano; vilano de 12-20 cerdas capilares, alargadas, principalmente plumosas (las externas algunas veces escábridas). $x = 6$. 100-150 spp. Principalmente nativo de las zonas templadas del Viejo Mundo, pero aprox. 5 spp. en el continente americano, 2 poliploides se han formado en América; Europa, Asia, África; introducido en Australia, Islas del Pacífico.

La especie mesoamericana coincide con el protólogo por tener ocho filarios más largos que las flores. Las dos otras especies más frecuentes en América, *Tragopogon dubius* Scop. y *T. pratensis* L., difieren de *T. porrifolius* por las corolas amarillas. Dos especies del género similar *Lygodesmia* (caracterizado por las cerdas escábridas del vilano y las cabezuelas con pocas flores) se encuentran en México y deberían encontrarse en Mesoamérica.

El uso de Fernández Casas et al. (1993) de *Scorzonera graminifolia* es posiblemente en referencia al material de la especie mesoamericana con hojas graminiformes de *Tragopogon*, en cuyo caso representaría la única referencia que se conoce del género en Guatemala.

Bibliografía: Díaz de la Guardia, C. y Blanca, G. *Taxon* 41: 548-551 (1992).

1. Tragopogon porrifolius L., *Sp. Pl.* 789 (1753). Lectotipo (designado por Díaz de la Guardia y Blanca, 1992): Herb. Burser XV(2): 69, centro (microficha MO! ex UPS). Ilustr.: Cabrera, *Fl. Prov. Jujuy* 10: 687, t. 291 (1978).

Hierbas bianuales subglabras, 0.4-1 m; tallos erectos, simples o poco ramificados desde la base, sin ramificar distalmente, los entrenudos proximales mucho más cortos que las hojas, graduando a entrenudos más distales casi tan largos como las hojas. Hojas 6-28 × 0.5-1.5 cm, linear-lanceoladas, la vena media no obviamente más gruesa que las nervaduras secundarias, el ápice acuminado, recto o no recurvado, las superficies glabras. Capitulescencia de 1-pocas cabezuelas por planta; pedúnculos 10-25 cm, gradualmente dilatados y fistulosos distalmente. Cabezuelas 3.5-6 cm; involucro generalmente 1.5-3 cm de diámetro (patente a 12 cm de diámetro en fruto), angostamente obcónico en la yema, campanulado en la antesis, los 3/4 distales abruptamente patentes (geniculados hacia afuera) y ampliamente separados la mayor parte de su longitud en la antesis; corola de las flores externas exerta sobrepasando al disco receptacular, pero no más larga que los filarios; filarios 8(-13), 3-4 cm en la antesis, 5-9 mm de ancho en la base, rápidamente angostados hasta c. 1 mm apicalmente, típicamente continúan alargándose en fruto, lanceolados, aplanados o algunas veces con el centro en ángulo longitudinal, el ápice acuminado a atenuado, glabro o algunas veces ligeramente araneoso. Flores liguladas 50-100 o más, las flores externas más cortas que los filarios pero con la corola mucho más larga que la de las flores internas; corola color violeta a púrpura, la corola de las flores externas 20-27 mm, las tecas de la antera típicamente concoloras con las corolas, los filamentos pálidos; ramas del estilo o al menos el polen pegado a estas amarillo. Cipselas generalmente 25-40 mm, el cuerpo generalmente 10-16 mm, el rostro filiforme, generalmente casi el doble de largo que el cuerpo, ampliado y araneoso distalmente cerca del vilano; vilano de cerdas 20-25 mm, pajizas, las pínnulas laterales frecuentemente 2 mm o más largas. Floración may. 2*n* = 12. *Laderas secas alteradas.* Ch (Breedlove, 1986: 56); G (Fernández Casas et al., 1993: 125, como *Scorzonera graminifolia*). c. 2700 m. (Nativa de Europa; cultivada o naturalizada en Canadá, Estados Unidos, México, Mesoamérica, Uruguay, Chile, Argentina, Asia, Australia, Nueva Zelanda, Islas del Pacífico.)

Aunque esta especie bien conocida y ampliamente distribuida apareció en la literatura un siglo antes de que se publicara en *Species Plantarum* de Linneo (Linneo citó referencias de Burser, Bauhin, Morison y Daléchamps), parece ser muy poco frecuente en Mesoamérica. *Tragopogon porrifolius* se espera solo en áreas montañosas de Mesoamérica.

57. Youngia Cass.
Pseudoyoungia D. Maity et Maiti.

Por J.F. Pruski.

Hierbas anuales a perennes, con raíz axonomorfa, generalmente más de 1 m, frecuentemente arrosetadas; tallos erectos o rara vez fasciculados, generalmente con ramificación alterna distalmente, glabros a pubescentes. Hojas simples a más comúnmente lobadas, pecioladas; láminas generalmente liradas, cartáceas, la base frecuentemente subabrazadora, los márgenes enteros a denticulados. Capitulescencia corimbosa a racemosa o paniculada, 4-150 cabezuelas; pedúnculos delgados, generalmente sin brácteas. Cabezuelas generalmente pequeñas, caliculadas (Mesoamérica) o sin calículo, los filarios y las bractéolas caliculares marcadamente dimorfos; involucro urceolado o cilíndrico a campanulado; filarios generalmente 8, subiguales, 1-2(-4)-seriados, los márgenes generalmente escariosos, los filarios algunas veces con apéndices; bractéolas caliculares 3-5, deltadas a ovadas; clinanto sin páleas. Flores liguladas 5-30, todas las flores en Mesoamérica con corolas subiguales y exertas; corola generalmente amarilla (o algunas veces abaxialmente purpúrea); anteras verde-negras (Mesoamérica); ramas del estilo cortas (Mesoamérica). Cipselas subcomprimidas (Mesoamérica) o comprimidas, de contorno más o menos fusiforme, típicamente sin rostro (Mesoamérica), escasa y desigualmente 10-15-acostilladas, las costillas apenas desigualmente engrosadas, las costillas laterales o aquellas en los ángulos ligeramente más gruesas que las otras costillas, las costillas generalmente setulosas (Mesoamérica); vilano persistente o caduco, de 30-60 cerdas capilares, escábridas, generalmente blancas, alargadas, las bases generalmente libres. *x* = 5, 6, 8. Aprox. 30 spp. Nativo de Asia; 1 o 2 spp. introducidas en América, Europa, África, Australia, Nueva Zelanda, Islas del Pacífico.

Youngia fue tratada como sinónimo de *Crepis* por Bentham y Hooker (1873). Aunque se describe en el protólogo como estrechamente relacionada a *Mycelis*, *Youngia* fue reconstituida básicamente de *Crepis* por Babcock y Stebbins (1937). *Youngia* difiere de *Mycelis* por las cipselas generalmente erostradas y de *Crepis* por las cipselas subcomprimidas con las costillas ligera y desigualmente engrosadas.

Bibliografía: Babcock, E.B. y Stebbins, G.L. *Publ. Carnegie Inst. Wash.* 484: i-ii, 1-106 (1937). Grierson, A.J.C. *Rev. Handb. Fl. Ceylon* 1: 111-278 (1980). Urbatsch, L.E. et al. *Castanea* 78: 330-337 (2013).

1. Youngia japonica (L.) DC., *Prodr.* 7: 194 (1838). *Prenanthes japonica* L., *Mant. Pl.* 1: 107 (1767). Lectotipo (designado por Grierson, 1980): Japón, *Kleynhoff Herb. Linn. 952.6* (microficha MO! ex LINN). Ilustr.: D'Arcy y Tomb, *Ann. Missouri Bot. Gard.* 62: 1305, t. 110 (1975 [1976]). N.v.: Estrellita, H.

Chondrilla japonica (L.) Lam., *Crepis formosana* Hayata, *C. japonica* (L.) Benth., *Youngia formosana* (Hayata) H. Hara, *Y. japonica* (L.) DC. subsp. *formosana* (Hayata) Kitam., *Y. japonica* var. *formosana* (Hayata) H.L. Li, *Y. lyrata* Cass.

Hierbas anuales o bianuales, (8-)20-50 cm; tallos delgados, 1-6 desde la base, cada uno poco ramificado distalmente, glabros, fistulosos. Hojas 4-15 basales, ocasionalmente 1-2 hojas caulinares más o menos similares a las basales, el pecíolo 0.5-5(-7) cm, generalmente no alado; láminas (2-)4-20 × (1-)1.5-5 cm, simples y los márgenes apenas ondulados a runcinados o más comúnmente lirado-pinnatífidas, de contorno oblanceolado a espatulado u ovado, las nervaduras secundarias moderadamente conspicuas, los lobos laterales generalmente 3-7 por lado y frecuentemente subopuestos, gradualmente reducidos proximalmente, el lobo terminal el más grande, los márgenes de los lobos subenteros a ondulados o algunas veces algo denticulados, los ápices redondeados a agudos, las superficies glabras a puberulentas, los tricomas frecuentemente crespos. Capitulescencia generalmente paniculada, el eje principal ramificado en la 1/2 o parte distal del tallo, las ramas pocas, la proximal 3-20 cm, la distal más ramificada generalmente menos de 1 cm, las ramas glabras a puberulentas; pedúnculos 2-10(-15) mm, glabros. Cabezuelas 4.5-6.5 mm, caliculadas; involucro 1.5-3 mm de diámetro, urceolado en la yema, cilíndrico en la antesis, campanulado en el fruto; filarios propiamente dichos 6-8, 4-6 × 1-1.3 mm, lanceolados, verdes a purpúreos apicalmente, glabros, los márgenes blanco-membranáceos, el ápice agudo a obtuso; bractéolas caliculares 4-5, c. 0.5 mm, anchamente ovadas a deltoides, glabras,

91

el ápice agudo. Flores (10-)17-25; corola 4.5-7 mm, amarilla a amarillo pálido, el limbo exerto en c. 45°; anteras negras; estilo amarillo, el ápice del tronco exerto. Cipselas 1.5-2.5 mm, de contorno elíptico-fusiforme, sin rostro, abruptamente angostadas apicalmente; vilano de cerdas 30 o más, 2.5-3.5 mm, casi tan largas como el involucro. Floración durante todo el año. $2n = 16$. *Cafetales, campos abiertos, áreas alteradas, maleza de jardín, orillas de caminos, áreas urbanas.* G (*Pruski et al. 4476*, MO); H (*Clewell 3837*, MO); ES (*Berendsohn 236*, MO); N (*Coronado et al. 790*, MO); CR (*Jiménez et al. 1371*, MO); P (*Galdames et al. 2990*, MO). 75-2200(-3000) m. (Nativa de Asia; naturalizada en el SE. de Estados Unidos, México, Mesoamérica, Colombia, Venezuela, Guyana, Brasil, Paraguay, Cuba, Jamaica, La Española,

Puerto Rico, Islas Vírgenes, Antillas Menores, Trinidad y Tobago, África, Australia, Nueva Zelanda, Islas del Pacífico.)

Esta especie delicada, pero a la vez una maleza, se está extendiendo activamente en América tropical; a pesar de que se conoce en Costa Rica o Guatemala, no fue listada respectivamente por Standley (1938) o Nash (1976h). La sinonimia heterotípica completa se encuentra en Babcock y Stebbins (1937) como *Youngia japonica* subsp. *genuina* (Hochr.) Babc. et Stebbins. La especie se reconoce en Mesoamérica sin infrataxones, y *Y. japonica* subsp. *elstonii* (Hochr.) Babc. et Stebbins, tratada en sinonimia por Barkley et al. (2006a), fue reconocida por Urbatsch et al. (2013) en el rango de especie como *Y. thunbergiana* DC., que es desconocida en Mesoamérica.

VIII. Tribus **COREOPSIDEAE** Lindl.

Bidentideae Godr., *Bidentidinae* Griseb., *Coreopsidaceae* Link, *Coreopsidinae* Dumort., *Coreopsidodinae* C. Jeffrey
Descripción de la tribu y clave genérica por J.F. Pruski.

Hierbas anuales o perennes hasta arbustos o rara vez bejucos o árboles, cuando bejucos rara vez trepando por medio de pecíolos enrollados, las raíces típicamente no tuberosas; tallos rara vez deflexos en los nudos distales; follaje sin cavidades secretoras o látex, glabro a peloso con tricomas 1-seriados; corolas con antocloros (un grupo de flavona). Hojas típicamente caulinares o en ocasiones basales, con frecuencia opuestas y pinnatífidas, algunas veces alternas y/o no lobadas. Capitulescencia terminal, monocéfala a laxamente cimosa o corimbosa, a veces congesta. Cabezuelas radiadas o algunas veces discoides; involucro generalmente doble con una conspicua serie externa de filarios diferenciada de la serie interna, translúcido-cartácea, en textura y color; filarios generalmente (1)2(6)-seriados y dimorfos, las series individuales de filarios generalmente 5, 8, 13, etc., rara vez los filarios pluriseriados y graduados, generalmente libres hasta cerca de la base o rara vez connatos por c. 1/2 de su longitud; filarios externos típicamente herbáceos y verdes, en Mesoamérica similares el uno con el otro; filarios internos por lo general delgadamente cartáceos con los márgenes escariosos, típica y marcadamente pardusco-anaranjado-estriados; clinanto generalmente aplanado a convexo(-cónico), típicamente paleáceo (en Mesoamérica); páleas aplanadas y no conduplicadas, típicamente deciduas. Flores radiadas (cuando presentes) 1-seriadas, estériles o algunas veces pistiladas; corola diversamente coloreada, el limbo típicamente con 2 nervaduras del cáliz más gruesas, la superficie adaxial papilosa, el ápice típicamente 3-lobado; ovario estéril o algunas veces fértil y formando frutos. Flores del disco bisexuales o algunas veces funcionalmente estaminadas; corola brevemente 4(5)-lobada, generalmente amarillenta, glabra a pelosa pero la pelosidad rara vez restringida a un anillo en la base de la garganta, los lobos con frecuencia setulosos; anteras no caudadas, negras o pardas, rara vez amarillentas, los filamentos típicamente glabros, el patrón endotecial polarizado (radial solo en *Dahlia*), las células endoteciales cuadrangulares y oblongas, los apéndices deltado-ovados, frecuentemente con un conducto resinoso proximal central coloreado, generalmente no glandulosos (Mesoamérica) o rara vez glandulosos; ovario generalmente fértil y formando frutos, el estilo apendiculado, obviamente ramificado o rara vez básicamente no dividido o ligeramente bífido solo muy en el ápice, las ramas algo aplanadas, con las superficies estigmáticas típicamente en 2 bandas, el apéndice rostrado, finamente papiloso. Cipselas generalmente isomorfas (rara vez dimorfas o heteromorfas), las cipselas radiadas típicamente obcomprimidas y triquetras, las cipselas del disco con frecuencia obcomprimidas, las radiadas y/o del disco algunas veces aladas, todas las radiadas y las del disco algunas veces columnares, negras a pardas, generalmente

carbonizadas, o rara vez el pericarpo ornamentado con secreciones oscuras no identificadas (en Mesoamérica en *Electranthera mutica*), las superficies lisas o rara vez estriadas, el ápice truncado a largamente atenuado y rostrado, el carpóforo con frecuencia inconspicuo y anular; vilano típicamente de 1-8(-15) aristas lisas o retrorsamente (-antrorsamente) ancistrosas, con frecuencia desiguales, rara vez ausentes, rara vez de 3-6 escuámulas. 24-30 gen., aprox. 550 spp. Continente americano; 8(-11) gen., aprox. 42 spp. en Mesoamérica.

Coreopsideae fue en gran parte ubicada en Heliantheae (como subtribus Coreopsidinae; p. ej., Bentham y Hooker, 1873: 197; Sherff y Alexander, 1955; Stuessy, 1977; Robinson, 1981; Karis y Ryding, 1994b), pero fue tratada a nivel tribal por Turner y Powell (1977), Ryding y Bremer (1992), Panero (2007b [2006]), y Turner (2010). El presente tratamiento se basa en los famosos trabajos de Nash (1976d), Sherff (1932, 1936, 1937a, 1937b), Sherff y Alexander (1955) y Turner (2010). Aunque, por mucho tiempo se ha sabido que de la manera como están tradicionalmente circunscritos *Bidens* y *Coreopsis*, no son monofiléticos (p. ej., Mesfin Tadesse et al., 1995a, 1995b; Kimball y Crawford, 2004; Mesfin Tadesse y Crawford, 2014 [2013]; Pruski et al., 2015), los nombres que se necesitan para géneros mesoamericanos que tienen que ser segregados no han sido publicados hasta ahora, y el presente tratamiento por el momento sigue básicamente la circunscripción genérica de Sherff y Alexander (1955), Nash (1976d), Karis y Ryding (1994b), Panero (2007b [2006]), y Turner (2010).

Bidens, *Cosmos* y *Coreopsis* forman el núcleo de Coreopsidinae, y entre los géneros mesoamericanos Panero (2007b [2006]) solamente ubicó *Chrysanthellum* en la subtribu Chrysanthellinae Ryding et K. Bremer. Sin embargo, la figura 5 en Mesfin Tadesse y Crawford (2014) [2013] indica que *Heterosperma* podría ser tratado dentro de un concepto expandido de Chrysanthellinae. Panero (2007b [2006]) ubicó *Dahlia*, *Goldmanella* e *Hidalgoa* en la subtribu Coreopsidinae, pero parece ser más bien un grupo divergente temprano en la tribu Coreopsideae (Mesfin Tadesse y Crawford, 2014 [2013]) y aquí se han removido de Coreopsidinae. Por otro lado, *Goldmanella* ha sido previamente considerada como anómala tanto en Coreopsidinae como en Coreopsideae (Robinson, 1981; Ryding y Bremer, 1992).

Bibliografía: Bentham, G. y Hooker, J.D. *Gen. Pl.* 2: 163-533 (1873). Karis, P.O. y Ryding, O. *Asteraceae Cladist. Classific.* 559-624 (1994). Kimball, R.T. y Crawford, D.J. *Molec. Phylogen. Evol.* 33: 127-139 (2004). Mesfin Tadesse et al. *Brittonia* 47: 61-91 (1995). Nash, D.L. *Fieldiana, Bot.* 24(12): 181-361, 503-570 (1976). Panero, J.L. *Fam. Gen. Vasc. Pl.* 8: 406-417 (2007 [2006]). Robinson, H. *Smithsonian Contr. Bot.* 51: 1-102 (1981). Ryding, O. y Bremer, K.

Syst. Bot. 17: 649-659 (1992). Sherff, E.E. *Publ. Field Mus. Nat. Hist., Bot. Ser.* 8: 399-447 (1932); 11: 279-475 (1936); 16: 1-709 (1937). Sherff, E.E. y Alexander, E.J. *N. Amer. Fl.* ser. 2, 2: 1-149 (1955). Stuessy, T.F. *Biol. Chem. Compositae* 2: 621-671 (1977). Turner, B.L. *Phytologia Mem.* 15: 1-3, 56-81, 105-129 (2010). Turner, B.L. y Powell, A.M. *Biol. Chem. Compositae* 2: 699-737 (1977).

1. Filarios todos escariosos, c. 4-seriados, obviamente graduados, no dimorfos y más o menos similares el uno con el otro en forma y textura; tallos rara vez deflexos en los nudos distales.   **64. Goldmanella**
1. Filarios generalmente 2-seriados y dimorfos, los filarios externos típicamente herbáceos y verdes, los filarios internos por lo general delgadamente cartáceos con los márgenes escariosos.
  2. Hierbas pequeñas con tallos postrados, hasta 30 cm; hojas alternas o agregadas en una roseta basal.   **59. Chrysanthellum**
  2. Hierbas generalmente erectas hasta arbustos más altos de 30 cm; hojas generalmente opuestas en toda la longitud.
    3. Hierbas trepadoras perennes a bejucos trepando por medio de pecíolos enrollados; flores del disco funcionalmente estaminadas, el estilo básicamente no dividido o ligeramente bífido solo muy en el ápice; vilano ausente.   **66. Hidalgoa**
    3. Hierbas anuales o perennes hasta arbustos o bejucos, cuando trepadoras no trepando por medio de pecíolos enrollados; flores del disco bisexuales, los estilos obviamente ramificados; vilano presente o ausente.
      4. Cipselas marcadamente heteromorfas en forma; flores radiadas pistiladas; cipselas radiadas de contorno anchamente ovado.   **65. Heterosperma**
      4. Cipselas generalmente monomorfas o gradualmente monomorfas, cuando moderadamente heteromorfas las flores radiadas estériles y sin formar cipselas.
        5. Flores del disco con los filamentos piloso-hirsutos.   **61. Cosmos**
        5. Flores del disco con los filamentos glabros.
          6. Cabezuelas grandes, 40-150 mm de diám. (rayos extendidos); vilano generalmente ausente.   **62. Dahlia**
          6. Cabezuelas pequeñas a medianas; vilano generalmente de 2-4 aristas.
            7. Cipselas generalmente lineares pero algunas veces cuneadas u obespatuladas, sin alas, las caras acostilladas o sulcadas; vilano con aristas generalmente retrorsamente uncinadas, rara vez lisas o antrorsamente uncinadas.   **58. Bidens**
            7. Cipselas oblongas a orbiculares, típica y anchamente aladas, las caras lisas; vilano con aristas lisas o antrorsamente uncinadas.
              8. Flores del radio estériles; cipselas carbonizadas.   **60. Coreopsis**
              8. Flores del radio pistiladas; cipselas no carbonizadas.   **63. Electranthera**

58. Bidens L.

Adenolepis Less., *Bidens* L. sect. *Campylotheca* (Cass.) Nutt., *Campylotheca* Cass., *Delucia* DC., *Diodonta* Nutt., *Forbicina* Ség., *Kerneria* Moench, *Megalodonta* Greene.

Por J.F. Pruski.

Hierbas anuales o perennes, rara vez arbustos o bejucos escandentes, muy rara vez hierbas enanas hasta 6 cm, terrestres o rara vez acuáticas, con frecuencia con tallo simple proximalmente y ramificado solo distalmente, cuando trepadoras no trepando por medio de pecíolos enrollados, las raíces no tuberosas; tallos generalmente foliosos, erectos o rara vez decumbentes o escandentes, subteretes o angulosos a hexagonales o tetragonales, estriados o multisulcados, generalmente glabros o subglabros a algunas veces pilosos, la médula sólida, las raíces no tuberosas. Hojas opuestas a algunas veces alternas distalmente o rara vez verticiladas, generalmente pecioladas o rara vez sésiles, la segmentación y pelosidad de la lámina con frecuencia muy variable dentro de cada especie; láminas no divididas o más generalmente 3-7-partidas a

diversamente 1-3-pinnatilobadas o 1-3-pinnatisectas, con frecuencia de contorno triangular u ovado o, las láminas no divididas, lanceoladas a ovadas, generalmente cartáceas, pinnatinervias, las superficies glabras o puberulentas a densamente pilosas o rara vez tomentosas, en general no glandulosas; segmentos de la hoja con frecuencia ovados o lanceolados, peciolulados o rara vez sésiles, los márgenes enteros a generalmente serrados y ciliados, con frecuencia profundamente lobados aun otra vez; pecíolo con frecuencia angostamente alado, la base algunas veces angostamente connata a través del nudo. Capitulescencia terminal sobre el eje principal o sobre las ramas o las ramitas de los nudos distales, las cabezuelas solitarias hasta abiertamente cimosas o corimboso-paniculadas; pedúnculo largo. Cabezuelas pequeñas a medianas, a menudo más de 30-50 mm a través de los rayos extendidos, generalmente radiadas, algunas veces discoides, con 5-150 flores; involucro generalmente campanulado o hemisférico a algunas veces cilíndrico, doble, p. ej., de 2 series diferentes (en tamaño, forma, y/o textura) de filarios; filarios libres o algunas veces connatos muy en la base, subiguales dentro de una misma serie, rara vez marcadamente imbricados, los márgenes enteros, persistentes y reflexos en los frutos viejos; filarios de las series externas generalmente 3, 5, 8, o 13 etc., diminutos a foliosos, en general menores que a subiguales con los de las series internas, algunas veces obgraduados, lineares a espatulados o rara vez ovados, herbáceos, verdes, con 1 a pocos nervios, algunas veces indistintamente así, adpresos hasta por lo general finalmente patentes o reflexos, glabros a pelosos; filarios de las series internas más anchos que los filarios externos, adpresos, membranáceos, generalmente amarillentos y parduso-pluriestriados, las superficies generalmente glabras, los márgenes generalmente hialinos; clinanto aplanado a convexo, paleáceo; páleas parecidas pero más angostas que los filarios internos, con frecuencia linear-lanceoladas, subaplanadas, generalmente pajizas o con estrías amarillentas y hasta oscuras, típicamente deciduas dejando expuesto el clinanto de color pálido que después del fruto con frecuencia tiene forma cupuliforme. Flores radiadas (0-)5-13, estériles o rara vez estilíferas, 1-seriadas, con frecuencia marcadamente exertas del involucro; corola generalmente amarillenta, algunas veces blanca (y así las nervaduras principales algunas veces rosadas abaxialmente) o rara vez purpúrea o rosácea, rara vez con una mácula discolora en la base del limbo, con frecuencia más pálida abaxialmente al prensarse, glabra, el limbo generalmente ancho, con frecuencia bien exerto del involucro, el ápice redondeado a subtruncado, generalmente 3-denticulado. Flores del disco 5-60(-150), en general bisexuales; corola en general infundibuliforme, típicamente actinomorfa, generalmente amarilla o amarillo-anaranjado al menos distalmente, las nervaduras algunas veces rojizas, glabra o puberulenta, el tubo típicamente mucho más corto que la garganta, brevemente (4-)5-lobado, los lobos deltados a algunas veces triangular-lanceolados; anteras generalmente pardas a negras en ocasiones amarillas, con el apéndice apical ovado-lanceolado, basal y cortamente sagitado, los filamentos glabros; estilo con las ramas aplanadas, apendiculadas, distalmente largamente papilosas, los apéndices deltados o lanceolados a subulados, líneas estigmáticas pareadas o con la superficie estigmática entera proximalmente. Cipselas generalmente lineares pero algunas veces cuneadas u obespatuladas, gradualmente isomorfas en forma y tamaño con las cipselas del centro, las cuales son las más largas y menos obcomprimidas, algunas veces las pocas externas obviamente dimorfas en tamaño, forma, y/o indumento, cuadrangulares o algunas veces subteretes a escasamente obcomprimidas, muy rara vez obvia y anchamente obcomprimidas con la cara externa convexa, sin alas o rara vez con el margen suberoso, típicamente sin rostro o rara vez con rostro aplanado, generalmente negruzcas a verdoso-pardas, carbonizadas a papiloso-carbonizadas, rara vez no carbonizadas, erectas y rectas o las externas algunas veces subfalcadamente curvadas hacia arriba, muy rara vez completamente recurvadas o casi enrolladas, diversamente anguladas o acostilladas pero frecuentemente con 3-4 caras y 2-surcadas longitudinalmente, cuando las caras de las cipselas obcomprimidas algunas veces pluriestriadas, las superficies no glandulosas, glabras o antrorsamente pelosas, el indumento generalmente similar y esparcido, o las cipselas externas moderada a densamente hirsútulas con las cipselas internas obviamente menos pelosas; el ápice con frecuencia gradualmente angostado en 1/3 distal del fruto, algunas veces escasamente dilatado apicalmente o hasta obviamente truncado, rara vez obviamente rostrado; vilano de (0-)2-4(-7) aristas, las aristas mucho más cortas que las cipselas y en general no llegando a la base de los lobos de la corola, rara vez más largas que la corola, retrorsamente uncinadas, rara vez lisas o antrorsamente uncinadas, erectas o marcadamente patentes, robustas, persistentes. $x = 13$. Cosmopolita, aprox. 150-240 spp., mayormente en las regiones más cálidas del Nuevo Mundo.

Las especies de *Bidens* son a menudo comunes y arvenses. Los individuos pueden variar en tener hojas no divididas hasta pinnatífidas y desde glabras a tomentosas, y por eso estos caracteres no pueden ser siempre usados para distinguir las especies. A pesar de que pocas especies pueden tener cabezuelas ya sea discoides o radiadas, las características de la cabezuela y del color de la corola radiada parecen ser taxonómicamente confiables. En los mejores especímenes en los herbarios tropicales no es siempre claro, cuales plantas son anuales y cuales son perennes. Así por ejemplo, aunque *B. bicolor* resulta anual en la clave y *B. aurea* resulta perenne, algunas veces características importantes no usadas en las claves, tales como el tamaño de las cabezuelas, el color de los filarios al secar, etc., ayudan en la identificación de los especímenes.

El presente tratamiento básicamente sigue aquel de Sherff (1937a, 1937b) y Sherff y Alexander (1955), pero por otro lado tal vez sigue más notablemente los de Ballard (1986), Funk y Pruski (1996), y Pruski (1997a) en reconocer *B. alba* como distinta de *B. pilosa*. Roseman (1990) y Melchert (2010a) proporcionaron tratamientos detallados incluyendo el reconocimiento de varios segregados, por lo que esta se trata aquí como la especie ampliamente circunscrita, *B. reptans*. Se sabe bien que *Bidens* no es monofilético (p. ej., Mesfin Tadesse et al., 1995a), y el género mesoamericano *Delucia* y otros posibles segregados podrían merecer reconocimiento genérico.

Bibliografía: Ballard, R. *Amer. J. Bot.* 73: 1452-1465 (1986). Ferrer-Gallego, P.P., *Phytotaxa* 282: 71-76 (2016). Funk, V.A. y Pruski, J.F. *Mem. New York Bot. Gard.* 78: 85-122 (1996). Melchert, T.E. *Phytologia Mem.* 15: 3-56 (2010). Mesfin Tadesse et al. *Brittonia* 47: 61-91 (1995a). Pruski, J.F. *Fl. Venez. Guayana* 3: 177-393 (1997). Roseman, R.R. *Phytologia* 69: 177-188 (1990).

1. Cipselas con el rostro obviamente aplanado tangencialmente, las aristas del vilano ancistrosas.
 2. Corolas del radio purpúreas a rosáceas.   **17. B. rostrata**
 2. Corolas de radio amarillas.
  3. Márgenes de las cipselas suberosos; filarios internos lanceolados.   **5. B. blakei**
  3. Márgenes de las cipselas no suberosos; filarios internos lanceolado-ovados.   **12. B. oerstediana**
1. Cipselas sin rosotro o cuando rostradas el rostro subterete o cuadrangular, las aristas del vilano lisas o retrorsamente ancistrosas.
 4. Hierbas enanas.   **11. B. nana**
 4. Hierbas a arbustos o bejucos pero no plantas enanas.
  5. Hojas sésiles, no partidas; hierbas subacuáticas.   **10. B. laevis**
  5. Hojas pecioladas o la lámina filiforme uniformemente angostada en toda su longitud, no partidas hasta pinnatisectas; terrestres.
   6. Cipselas con indumento dimorfo con las cipselas externas moderada a densamente hirsútulas; al menos algunas cipselas subfalcadamente curvadas hacia arriba; vilano generalmente de 4 aristas.
    7. Vilano con todas las aristas similarmente erectas.   **8. B. cynapiifolia**
    7. Vilano con 1 de las aristas erecta, las otras aristas reflexas hacia afuera casi en un mismo plano.   **16. B. riparia**
   6. Cipselas más o menos similares en indumento o similarmente glabras, todas generalmente más o menos recto-erectas, algunas veces

curvadas en *B. chiapensis* pero entonces 2(-4)-aristadas; vilano generalmente de 2 o 3 aristas.
 8. Hierbas anuales.
  9. Cipselas moderadamente dimorfas en color, tamaño, y forma, con las cipselas externas rojizas angostamente cuneadas, cortas y con frecuencia ocultadas por los filarios.   **4. B. bigelovii**
  9. Cipselas isomorfas o rara vez ligeramente dimorfas, graduadas, todas generalmente alargadas, lineares, y negras.
   10. Cabezuelas radiadas.
    11. Corolas radiadas típicamente blancas.   **1. B. alba**
    11. Corolas radiadas en 2 tonos, amarillas con mácula rojo oscuro cerca de la base del limbo.   **3. B. bicolor**
   10. Cabezuelas discoides a inconspicuamente radiadas.
    12. Flores del disco (20-)35-75.   **14. B. pilosa**
    12. Flores del disco generalmente 6-12.   **19. B. tenera**
 8. Hierbas perennes a arbustos o bejucos.
  13. Arbustos trepadores o bejucos.
   14. Cabezuelas radiadas, moderadamente grandes, 4-6 cm de diám. (rayos extendidos); flores radiadas generalmente 8, el limbo de la corola 18-25(-30) mm.   **9. B. holwayi**
   14. Cabezuelas radiadas o algunas veces discoides, generalmente pequeñas, cuando radiadas 1.5-3(-5) cm de diám. (rayos extendidos); flores radiadas (0-)3-7(-8), el limbo de la corola 7-25 mm.   **15. B. reptans**
  13. Hierbas perennes a subarbustos.
   15. Flores radiadas estilíferas; cipselas nunca carbonizadas; filarios externos subfoliáceos.   **13. B. ostruthioides**
   15. Rayos no estilíferos o cabezuelas discoides; cipselas carbonizadas; hojas cartáceas; filarios externos no foliares.
    16. Filarios externos típicamente mucho más largos que los internos; cabezuelas radiadas o discoides.   **6. B. chiapensis**
    16. Filarios externos más cortos a subiguales a los filarios internos; cabezuelas radiadas.
     17. Corolas radiadas blancas.
      18. Cabezuelas 5-12 mm, 3-4.5 cm de diám. (rayos extendidos).   **7. B. chrysanthemifolia**
      18. Cabezuelas 4-5 mm, 1-1.5 cm de diám. (rayos extendidos).   **18. B. steyermarkii**
     17. Corolas radiadas generalmente amarillas.
      19. Filarios externos con rayas oscuras; hierbas generalmente en hábitats húmedos.   **2. B. aurea**
      19. Filarios externos sin rayas oscuras; hierbas generalmente solo en hábitats escasamente húmedos o en tierras altas.   **20. B. triplinervia**

1. Bidens alba (L.) DC., *Prodr.* 5: 605 (1836). *Coreopsis alba* L., *Sp. Pl.* 908 (1753). Lectotipo (designado por Ferrer-Gallego, 2016): Hermann, *Parad. Bat.* 124, t. 30 (1698). Ilustr.: Plukenet, *Phytographia* t. 160, f. 3 (1692). N.v.: Acahual, k'an mul, kanmul, matsab ch'ik bu'ul, mulito, té de milpa, Y; mozote, G; mozote, H.

Acocotli quauhuahuacensis F. Hern. ex Altam. et Ramírez, *Bidens abortiva* Schumach. et Thonn., *B. alba* (L.) DC. var. *radiata* (Sch. Bip.) R.E. Ballard ex Melchert, *B. bonplandii* Sch. Bip., *B. brachycarpa* DC., *B. caucalidea* DC., *B. daucifolia* DC., *B. deamii* Sherff, *B. decumbens* Greenm.?, *B. exaristata* DC., *B. inermis* S. Watson, *B. leucanthema* (L.) Willd., *B. leucanthema* var. *humilis* Walp., *B. odorata* Cav. var. *chilpancingensis* R.E. Ballard, *B. odorata* var. *oaxacensis* R.E. Ballard, *B. odorata* var. *rosea* (Sch. Bip.) Melchert, *B. oxyodonta* DC., *B. pilosa* L. var. *albus* (L.) O.E. Schulz, *B. pilosa* var. *brachycarpa* (DC.) O.E. Schulz, *B. pilosa* forma *decumbens* (Greenm.) Sherff?, *B. pilosa* var. *humilis* (Walp.) Reiche , *B. pilosa* var. *leucanthema* (L.) Harv. et Sond., *B. pilosa* forma *radiata* Sch. Bip., *B. pilosa* subvar. *radiata* (Sch. Bip.) Pit., *B. pilosa* var. *radiata* (Sch. Bip.) J.A. Schmidt, *B. ramosissima* Sherff, *B. rosea* Sch. Bip., *Coreopsis ferulifolia* Jacq. var. *odoratissima* Sherff, *C. leucanthema* L., *C. odoratis-*

sima Cav. ex Pers., *Cosmos pilosus* Kunth, *C. tenellus* Kunth, *Kerneria leucanthema* (L.) Cass., *K. pilosa* (L.) Lowe var. *radiata* (Sch. Bip.) Lowe.

Hierbas anuales típicamente difusas 0.5-1.5 m; tallos decumbentes a erectos, moderadamente ramificados, tetragonales, glabros a esparcidamente vellosos, especialmente vellosos en los nudos. Hojas (3-)6-17 × (5-)6-13 cm, 3-5-pinnatifolioladas o rara vez simples, pecioladas; láminas (cuando la hoja es simple) o segmentos 3-6 × 1-3.7 cm, lanceolados o elíptico-ovados a oblongos, la base atenuada a cordata o truncada, el ápice agudo a acuminado, los márgenes serrados, las superficies glabras a esparcidamente pilosas, cartáceas a rara vez coriáceas; pecíolo de hasta 3 cm. Capitulescencia abiertamente cimosa, con 6-18 cabezuelas; pedúnculos 1-7 mm, glabros a esparcidamente vellosos. Cabezuelas radiadas, (1.6-)2.2-4.6 cm de diám. (rayos extendidos), en fruto tornándose a hemisféricas hasta casi redondeadas; involucro campanulado, en general sin ensancharse mayormente en fruto; filarios externos 7-13(6-16), 2-4(1.5-5) × 0.4-1.3 mm, generalmente espatulados a linear-lanceolados, patentes a reflexos, proximalmente esparcida a moderadamente híspidos, los márgenes algunas veces ciliados; filarios internos (6-)8-10, (2-)3-7 mm, ovados; clinanto cupuliforme después de la antesis. Flores radiadas 5-8, conspicuas, estériles; limbo de la corola 5-16(4-18) × 3-9(-12) mm, elíptico-ovado a casi orbicular, típicamente completamente blanco, algunas veces blanco-amarillento o algunas veces hasta matizado con rosado con pero nunca de 2 tonos, 6-10-estriado, las estrías algunas veces purpúreas, el ápice con frecuencia subtruncado. Flores del disco 20-65; corola 3-5(-6) mm, amarilla. Cipselas 4-10(-14) mm, fusiformes, obcomprimido-cuadrangulares, alargadas, lineares, y negras, todas más o menos con indumento similar o, todas generalmente más o menos recto-erectas, cada una de las 3 o 4 caras 2-sulcadas, glabras a distalmente tuberculado-estrigosas; vilano de 2(0-3) aristas, 1-2(-3) mm, retrorsamente ancistrosas. Floración durante todo el año. 2n = 48. *Dunas costeras, campos cultivados, áreas alteradas, zanjas, campos, jardines, laderas montañosas, áreas abiertas, bordes de ríos, orillas de caminos, matorrales, laderas de volcanes, áreas húmedas.* T (*Pruski et al. 4234*, MO); Ch (*Pruski et al. 4226*, MO); Y (*Gaumer 632*, MO); C (*Martínez S. et al. 29549*, MO); QR (*King y Garvey 11609*, MO); B (*Whitefoord 9028*, MO); G (*Pruski y MacVean 4496*, MO); H (*Yuncker 4751*, MO); ES (*Croat 42177*, MO); CR (*Pruski et al. 3824*, MO); P (*Churchill y Churchill 6144*, MO). 0-700(-3500) m. (S. Estados Unidos, México, Mesoamérica, Colombia, Venezuela, Guyana, Guayana Francesa, Ecuador, Perú, Bolivia, Brasil, Paraguay, Chile, Argentina, Cuba, Jamaica, La Española, Puerto Rico, Islas Vírgenes, Antillas Menores, Trinidad y Tobago, Asia, África, Islas del Pacífico.)

Bidens alba, con flores radiadas blancas, es segregada una vez más de *B. pilosa*, a pesar de que no hay seguridad de si las plantas con flores blancas de Louisiana (Estados Unidos) son conespecíficas con aquellas del sur de Sudamérica e Islas del Pacífico. Sin embargo, son tratadas aquí, tal vez en forma simplista, como conespecíficas. Sherff (1937b) reconoció esta especie a nivel de infraespecie dentro de *B. pilosa*, mayormente como *B. pilosa* var. *radiata* y tal vez *B. pilosa* var. *bimucronata* forma *odorata* (Cav.) Sherff es la misma. Ballard (1986), Melchert (1976, 2010a), Funk y Pruski (1996), y Pruski (1997a) por otro lado reconocieron *B. alba* como distinta de *B. pilosa*. Strother (1999) y Strother y Weedon (en Barkley et al., 2006c) reconocieron solo *B. pilosa*, y trataron *B. alba* y *B. odorata* en la sinonimia de *B. pilosa*. En 2014 en Tocache, Perú, además del carácter de la corola radiada blanca, fue imposible para el autor separar *B. alba* de *B. pilosa*. La mayoría del material llamado *B. odorata* por Ballard (1986) y Melchert (1976, 2010a) parece ser una forma de elevaciones altas con hojas 2-pinnadas y filarios externos linear-lanceolados y aquí no es formalmente tratada en sinonimia, mientras que la típica *B. alba* como se prevé aquí es básicamente de elevaciones bajas, donde ésta a menudo tiene hojas tripartitas y filarios externos espatulados. No hay seguridad acerca de la identidad de las plantas de elevaciones altas a menudo llamadas

B. odorata, y por esta razón se las mantiene laxamente aquí básicamente por conveniencia.

Del mismo modo, las plantas en la península de Yucatán son de vez en cuando identificadas como *B. alba* var. *alba* o *B. pilosa* forma *decumbens*, pero estas provisionalmente se refieren aquí a *B. alba*, básicamente como una cuestión de conveniencia. *Bidens decumbens* es una planta de hojas carnosas que se conoce solo de la costa de Veracruz, podría ser reconocida como especie, pero no se reconoce aquí como sinónimo de *B. alba* var. *alba*, pero aparece aquí solo como un posible sinónimo de *B. alba* s. lat.

2. Bidens aurea (Aiton) Sherff, *Bot. Gaz.* 59: 313 (1915). *Coreopsis aurea* Aiton, *Hort. Kew.* 3: 252 (1789). Tipo: cultivado en Kew, a partir de semilla norteamericana (imagen en Internet ex BM!). Ilustr.: Sherff, *Publ. Field Mus. Nat. Hist., Bot. Ser.* 16: t. LXXX (1937). N.v.: K'anal nich, keren tusus, kulantu wamal, tusus wamal, Ch.

Bidens arguta Kunth, *B. arguta* var. *luxurians* (Willd.) DC., *B. aurea* (Aiton) Sherff var. *wrightii* (A. Gray) Sherff, *B. decolorata* Kunth, *B. ferulifolia* (Jacq.) DC., *B. heterophylla* Ortega, *B. heterophylla* var. *wrightii* A. Gray, *B. longifolia* DC., *B. luxurians* Willd., *B. tetragona* (Cerv.) DC., *B. warszewicziana* Regel, *B. warszewicziana* var. *pinnata* Regel?, *Coreopsis lucida* Cav., *C. tetragona* Cerv., *C. trichosperma* Michx. var. *aurea* (Aiton) Nutt., *Diodonta aurea* (Aiton) Nutt.

Hierbas perennes generalmente en hábitats húmedos, (0.2-)0.5-1(-1.5) m; tallos surgiendo individualmente a lo largo de la longitud de los rizomas alargados, típicamente rígido-erectos, ramificados distalmente, anguloso-sulcados, verdes a purpúreos, glabros o inconspicuamente puberulentos. Hojas 3-12 × 1-4 cm, extremadamente heterófilas pero en Mesoamérica típicamente 2-pinnatisectas con segmentos angostamente lineares o algunas veces simples, de contorno deltado o cuando simples, entonces lanceoladas, cartáceas, glabras o puberulentas, la base truncada a más generalmente cuneada, pecioladas; segmentos primarios 3-5, 3-12 × 0.3-2.5 cm, linear-lanceolados a lanceolados; cuando 2-pinnatisectos los últimos segmentos 0.5-3 × 0.1-0.2 cm, los márgenes lineares enteros o serrados; pecíolo 2-4 cm. Capitulescencia abiertamente cimosa, cada rama con 2-5 cabezuelas, las plantas algunas veces pluricéfalas; pedúnculos generalmente 4-16 cm. Cabezuelas radiadas, 2.5-4 cm de diám. (rayos extendidos); involucro 4-6 × 5-10 mm, campanulado a hemisférico; filarios casi subiguales; filarios externos 5-13, 3-6 × 0.5-1 mm, lineares, con frecuencia reflexos, 1-3 nervaduras más oscuras frecuentemente visibles, la base generalmente piloso-velloso, algunas veces glabros en el medio, los márgenes algunas veces ciliados, el ápice en ocasiones hirsútulo; filarios internos 8-11, 4-5(-6) × (1.2-)2-2.5 mm, lanceolado-ovados, oscuros en la zona medial alargado-triangular, la zona medial con frecuencia pilosa, los márgenes hialino-amarillo, hasta c. 0.4 mm de diámetro, el ápice largamente acuminado, algunas veces coronado por un fascículo de papilas; páleas con frecuencia al secarse con una zona medial alargada negruzca. Flores radiadas 5-6(-8), estériles, no estilíferas; corola generalmente amarilla o al secarse blanco-amarillenta, rara vez blanca, el limbo 15-25 × 8-15 mm, oblongo a obovado, 12-21-nervio, el ápice 3-denticulado. Flores del disco 15-60; corola 3.8-5.5 mm, amarillenta. Cipselas 4-6(-7.5) mm, ligeramente dimorfas, pardo oscuro a negruzcas, carbonizadas, todas por lo general más o menos recto-erectas, las caras 2-sulcadas, todas más o menos similarmente glabras o esparcidamente estrigulosas, algunas veces tuberculadas, no ciliadas, el ápice truncado; cipselas externas angostamente cuneadas, obcomprimidas; cipselas internas lineares, desigualmente cuadrangulares; vilano con (1)2(-4) aristas, 1.5-3 mm, erectas a patentes, retrorsamente uncinadas. Floración may., jul., sep.-ene. 2n = 24, 46. *Campos cultivados, bosques montanos, bosques de Pinus-Quercus, zanjas al borde de caminos, laderas empinadas, lados de arroyos y otros hábitats húmedos.* Ch (*Cruden 1548*, MO); G (*Molina R. y Molina 26583*, MO). 1300-3000 m. (SO. Estados Unidos, México, Mesoamérica.)

Bidens aurea generalmente se diagnostica por los filarios externos con rayas oscuras y los filarios internos centralmente oscurecidos. Con frecuencia es erróneamente determinada como *B. schaffneri* (A. Gray) Sherff, una especie extra-mesoamericana que difiere por las cipselas no aristadas. *Bidens aurea, B. bicolor* y *B. bigelovii* son muy similares por las cipselas ligeramente dimorfas.

3. Bidens bicolor Greenm., *Proc. Amer. Acad. Arts* 39: 114 (1904 [1903]). Lectotipo (designado por Sherff, 1937): México, Oaxaca, *Conzatti y González 1008* (foto MO! ex GH). Ilustr.: Sherff, *Publ. Field Mus. Nat. Hist., Bot. Ser.* 16: t. CXXXIII (1937).

Hierbas anuales 0.2-1.2(-2) m; tallos erectos a ascendentes, algunas veces laxamente patentes, teretes, algunas veces rojizos, glabros o esparcidamente hirsutos. Hojas 6-20, típicamente 3(-5)-partidas con segmentos ovados a ovado-lanceolados o rara vez 2-pinnatífidos, cartáceas, las superficies por lo general esparcida a densamente puberulentas, rara vez glabras, pecioladas; segmentos primarios (1-)2-6.5(-7.5) × 1-3.5 cm, lanceolados a ovados, la base truncada a cuneada, los márgenes gruesamente serrados; pecíolo 3.5-6.5 cm. Capitulescencia abiertamente cimosa; pedúnculos 3-8(-18) cm. Cabezuelas radiadas, (3.5-)4-6 cm de diám. (rayos extendidos); involucro campanulado a hemisférico; filarios subiguales u obgraduados; filarios externos (5-)8, (4-)5-10 × 0.5-1.5(-2) mm, lineares a angostamente oblongos, erectos a reflexos, herbáceos, 1-3 nervaduras más oscuras frecuentemente visibles, la base generalmente piloso-vellosa, típica y completamente glabros distalmente; filarios internos generalmente 8, 4-8 mm, lanceolados, la zona medial alargado-triangular al secarse negruzca, puberulentos a pelosos; páleas al secarse negruzcas distalmente. Flores radiadas 5-6, estériles; corola de 2 tonos, amarillo con mácula rojo oscuro cerca de la base del limbo, el limbo 15-30 × c. 18 mm, obovado, 12-17-nervio. Flores del disco 30-50; corola 3.5-6 mm, amarillenta. Cipselas ligeramente dimorfas, todas más o menos con indumento similar, todas generalmente más o menos recto-erectas; cipselas externas 3-5 mm, oblongas, pálidas a rojizas, algunas veces sin vilano; cipselas internas 5-12 mm, lineares, cuadrangulares, negras, setulosas distalmente; vilano con (0-)2(3) aristas, 1.5-3 mm, retrorsamente uncinadas. Floración oct.-ene.(-jun.). 2*n* = 24. *Maizales, pastizales, mesetas, bosques montanos, laderas abiertas, bosques de* Pinus-Quercus, *orillas de caminos, laderas rocosas, lados de arroyos.* Ch (*Breedlove 41369*, MO); G (*Pruski et al. 4554*, MO). (300-)1700-3200 m. (México, Mesoamérica.)

4. Bidens bigelovii A. Gray, *Rep. U.S. Mex. Bound.* 2: 91 (1859). Sintipo: Estados Unidos, *Bigelow 582* (NY!). Ilustr.: Sherff, *Publ. Field Mus. Nat. Hist., Bot. Ser.* 16: t. XCVIj-q (1937), como *B. duranginensis.*

Bidens amphicarpa Sherff, *B. anthriscoides* DC. var. *angustiloba* DC., *B. bigelovii* A. Gray var. *angustiloba* (DC.) Ballard ex Melchert, *B. bigelovii* var. *pueblensis* Sherff, *B. duranginensis* Sherff?, *B. oligocarpa* Sherff.

Hierbas anuales 0.2-1 m; tallos erectos, cuadrangulares, esparcidamente pilosos. Hojas 2-13 cm, generalmente 3-5-partidas pero variando desde 1-3-pinnatífidas, pecioladas; segmentos lanceolados a lanceolado-ovados, las superficies glabras a esparcidamente pilosas, los márgenes uniforme y gruesamente serrado-dentados; pecíolo 0.5-2.5 cm. Capitulescencia abiertamente cimosa, con 5-13 cabezuelas; pedúnculos 2-10 cm. Cabezuelas radiadas o discoides, muy rara vez bilabiadas; involucro en la antesis menos de 5 mm de diámetro; filarios externos 5-11, 2-4.5 × 0.3-0.8 mm, lanceolados a angostamente espatulados, la base con frecuencia pardo-amarillenta y endurecida, híspido-pilosa, los márgenes con frecuencia ciliados; filarios internos 7-9, 2.5-5 × 1-1.7 mm, lanceolados, glabros a piloso-hirsutos en la zona medial, los márgenes hialinos, pero algunas veces los márgenes anchamente hialinos por lo general marchitando pronto. Flores radiadas 0-5, estériles o algunas veces pistiladas, algunas veces con estaminodios; corola 1.5-4 mm, 5+0 o algunas veces bilabiada, blanca o amarillo pálido,

algunas veces rojo-maculada en la base. Flores del disco 12-20(-30); corola 1.5-3 mm, amarilla. Cipselas moderadamente dimorfas en color, tamaño, y forma, algunas veces ligeramente así, las cipselas externas se diferencian por lo general en forma moderada de las internas, pero con frecuencia son más cortas y están ocultas por los filarios externos, por esta razón con frecuencia son pasadas por alto, todas más o menos con indumento similar, todas generalmente más o menos recto-erectas; cipselas externas 1-4, 5-7 mm, angostamente cuneadas o claviformes, obcomprimidas, rojizo-pardas, truncadas, papiloso-hispídulas y muy escabrosas, sin aristas o 2-aristadas; cipselas internas 8-13 mm, linear-fusiformes, cuadrangulares, negras, glabras proximalmente, erecto-híspidas distalmente, 2-3-aristadas, gradualmente angostadas distalmente pero negras hasta cerca del ápice y así no técnica ni claramente rostradas; vilano con (0)2-3 aristas, todas en cada fruto similarmente erectas o patentes, las radiadas (cuando fértiles) 0.3-1.5 mm, las del disco 1.5-3 mm, retrorsamente ancistrosas. Floración ago.-feb. 2*n* = 24, 48. *Áreas alteradas, laderas, orillas de caminos.* Ch (Melchert, 2010a: 22); Y (Carnevali et al., 2010: 89); G (*Donnell Smith 2350*, US); P (*Ebinger 697*, MO). (0?-)1500-1600 m. (Estados Unidos, México, Mesoamérica.)

Los frutos externos de *Bidens bigelovii* a menudo pasan por alto y el material de este taxón es a menudo tomado por *B. pilosa*, especie pantropical, que Strother (1999) consideraba sinónimo de esta. Plantas con rayos blancos de *B. bigelovii* se parece a *B. alba*, pero también difieren por tener menos filarios externos y corolas del disco mucho más cortas.

A pesar de que Melchert (2010a) listó *B. duranginensis* en sinonimia, no se pudo encontrar frutos exteriores más cortos y rojizos en el isotipo en MO y este nombre es listado aquí como un sinónimo cuestionable. Plantas discoides de *B. bigelovii* también se asemejan a *B. tenera*, usualmente 3-aristada, la cual es erróneamente tomada por *B. pilosa*. La gran variación de caracteres exhibida en *B. bigelovii* en tener cabezuelas ya sea radiadas o discoides (o raramente hasta bilabiadas), flores radiadas ya sea no estilíferas o estilíferas y estériles o aparentemente parcialmente fértiles, y corolas radiadas ya sea amarillas o blancas, hasta algunas veces basalmente maculadas, no es en ningún caso taxonómicamente favorable.

No se pudo verificar el reporte de esta variedad normalmente de elevaciones medias en elevaciones bajas en Yucatán, por tanto el reporte de Carnevali et al. (2010) es posiblemente erróneo. Melchert (1976, 2010a) reconoció *B. bigelovii* var. *angustiloba*, con forma de la hoja menos disecada la cual no se trata aquí como distinta. El material citado de Panamá fue anotado (como var. *angustiloba*) por el reconocido especialista, Robert Ballard (en ejemplar de herbario).

5. Bidens blakei (Sherff) Melchert, *Phytologia* 32: 292 (1975). *Cosmos blakei* Sherff, *Bot. Gaz.* 82: 334 (1926). Holotipo: Guatemala, *Bernoulli y Cario 1476*, (foto MO! ex K). Ilustr.: Sherff, *Bot. Gaz.* 82: t. XXII (1926), como *C. blakei.*

Bidens alata Melchert, *Cosmos steyermarkii* Sherff.

Hierbas anuales delgadas 0.3-0.5 m, poco ramificadas en la capitulescencia en la mitad distal de la planta; tallos erectos, simples proximalmente, subteretes o inconspicuamente tetragonales, glabros a esparcidamente hirsútulos. Hojas 3-5 × c. 3 cm, 2-pinnatisectas o las pocas apicales simples y filiformes, cartáceas, pecioladas; láminas (cuando la hoja simple) o segmentos 0.5-2.5 × c. 0.1 cm, de contorno ovado, las superficies glabras a diminutamente hispídulas; segmentos 3-7, filiformes, el segmento apical con frecuencia el más largo, los segmentos laterales en 1 o 2 pares, ampliamente patentes, los márgenes enteros; pecíolo 0.5-1.5 cm. Capitulescencia abiertamente cimosa, con 2-7 cabezuelas; pedúnculos 7-18 cm, glabros o finamente tomentulosos. Cabezuelas radiadas, c. 9 mm en la antesis; involucro campanulado; filarios marcadamente 2-seriados; filarios externos 7-8, 3.5-6 mm, c. 1/2-2/3 de la longitud de los internos, oblongos o angostamente espatulados pero nunca anchamente espatulados, ampliamente espaciados, 1-nervios, la vena media ancha y oscura, los márgenes ciliolados, el ápice redondeado; filarios internos 4-10 × 1.8-2.4 mm, lanceolados, los márgenes c. 0.3 mm de diámetro, hialino-amarillos. Flores radiadas 5-12, estériles; limbo de la corola 10-15 × 3-4 mm, oblongo, amarillo-dorado, c. 11-estriado. Flores del disco 14-20; corola 4.5-5 mm, angostamente infundibuliforme, el tubo más corto que la garganta, amarilla, los lobos 0.8-1.3 mm, triangulares a lanceolados. Cipselas 14-26 × 2.6-3.4 mm, mucho más largas que las páleas, obespatuladas en contorno, marcadamente obcomprimidas, obviamente rostradas, el cuerpo negro, las superficies glabras o la cara abaxial de las cipselas más externas con la zona medial pelosa, los márgenes hasta c. 0.4 mm, suberosos, pajizo-parduscos, continuos o algunas veces interrumpidos basalmente, escabroso-híspidulos en toda su longitud, los tricomas 0.1-0.2 mm, el rostro alargado, aplanado, pardo-amarillento, no suberoso-marginado; vilano con 2 aristas, 1.5-2.7 mm, antrorsamente ancistrosas. Floración nov.-ene. *Laderas rocosas secas.* G (*Steyermark 31341*, F). 1200-1500 m. (Endémica.)

Las dos colecciones de *Bidens blakei* conocidas tienen cipselas con los márgenes suberosos, pero por lo demás son morfológicamente muy cercanas a *B. oerstediana* de Nicaragua. Aunque Melchert (1976) las trató como distintas, aquí se considera a *Cosmos steyermarkii* y su sinónimo homotípico *B. alata* bajo el nombre anterior *B. blakei*, debido a que es posible que colecciones futuras de Guatemala llenen los vacíos en tamaño y diferencias de pelosidad encontrados en los tipos respectivos.

6. Bidens chiapensis Brandegee, *Univ. Calif. Publ. Bot.* 6: 76 (1914). Isotipo: México, Chiapas, *Purpus 6945* (MO!). Ilustr.: Sherff, *Publ. Field Mus. Nat. Hist., Bot. Ser.* 16: t. CXXXa-i (1937).

Bidens arbuscula Ant. Molina, *B. chiapensis* Brandegee var. *feddemana* (Sherff) Melchert, *B. demissa* Sherff, *B. feddemana* Sherff, *B. mcvaughii* Sherff.

Subarbustos trepadores hasta 1.5 m; tallos subteretes, glabros. Hojas tripartitas, pecioladas; segmentos 2-9 × 1.2-3.5 cm, lanceolados a ovados o rómbicos, cartáceos, las superficies subglabras a pelosas, los márgenes puntiagudo-serrados, con frecuencia ciliolados, el ápice acuminado a atenuado; pecíolo 1-3 cm. Capitulescencia terminal, con 1-3 cabezuelas; pedúnculos 4-15(-20) cm. Cabezuelas radiadas o discoides, 2-3 cm de diám. (rayos extendidos); involucro turbinado a campanulado o hemisférico; filarios obgraduados; filarios externos 8-16, (6-)9-15 × 0.8-2 mm, típicamente mucho más largos que los filarios internos, pero algunas veces subiguales a los internos, lineares, ascendentes a patentes o reflexos, herbáceos pero no foliares, generalmente glabros pero con frecuencia ciliados; filarios internos c. 13, 6-11 mm, lanceolados, amarillentos con estrías rojizas. Flores radiadas 0 u 8(-13), estériles, no estilíferas; corola amarillo pálido decolorando a blanco-amarillento, el limbo 8-15 × c. 5 mm, lanceolado-ovado, 7-nervio. Flores del disco 30-50; corola 7-9 mm, amarilla, los lobos c. 1 mm. Cipselas 8-13 mm, lineares, tetragonales, carbonizadas, todas más o menos con indumento similar o similarmente glabras a subglabras, más o menos recto-erectas o algunas veces curvadas apicalmente, cada una de las 3 o 4 caras 2-sulcadas, negras o algunas veces más pálidas distalmente, todas glabras o todas hírtulas, el ápice gradualmente angostado; vilano con 2(-4) aristas, 3-5(-6) mm, erectas, retrorsamente ancistrosas. Floración (jun.-)sep.-ene. 2n = 24. *Bosques deciduos, borde de bosques, bosques montanos, bosques de* Quercus, *bosques de* Pinus-Quercus, *barrancos, borde de caminos, bosques secundarios, pastizales pantanosos, matorrales, laderas de volcanes.* Ch (*Ghiesbreght 551*, MO); G (*Steyermark 50947*, F); H (*Molina R. y Williams 20277*, F); N (*Stevens y Coronado 30240*, MO). 800-3400 m. (México, Mesoamérica.)

Los tipos de *Bidens arbuscula* y *B. demissa* tienen cabezuelas discoides, pero la fase más común de la especie tiene cabezuelas radiadas. Parece, sin embargo, que las plantas radiadas tienen frutos glabros mientras que las plantas discoides tienen frutos pelosos, una distinción que si se sigue presentando consistentemente sugiere que *B. demissa* (con *B. arbuscula* como sinónimo) podría ser restaurada.

7. Bidens chrysanthemifolia (Kunth) Sherff, *Bot. Gaz.* 61: 501 (1916). *Cosmos chrysanthemifolius* Kunth in Humb., Bonpl. et Kunth, *Nov. Gen. Sp.* folio ed. 4: 188 (1820 [1818]). Tipo: México, estado desconocido, *Humboldt y Bonpland s.n.* (imagen en Internet ex P-Bonpl.!). Ilustr.: Sherff, *Publ. Field Mus. Nat. Hist., Bot. Ser.* 16: t. LXXXV (1937).

Bidens chrysanthemifolia (Kunth) Sherff var. *parvulifolia* (Sherff) Sherff, *B. kunthii* Sch. Bip., *B. parvulifolia* Sherff.

Hierbas perennes hasta 1 m; tallos procumbentes a ligeramente ascendentes, enraizando en los nudos proximales. Hojas 3-9 × 1.5-4 cm, ovadas a lanceoladas, simples o 3-partitas, pecioladas; láminas algunas veces casi secundariamente lobadas, cartáceas, la base decurrente, las superficies glabras a puberulentas o pilósulosas, los márgenes marcada y profundamente crenado-serrados, el ápice agudo. Capitulescencia terminal, cabezuelas 1(3) en los extremos de las ramas foliosas; pedúnculos 5-23 cm. Cabezuelas radiadas, 5-12, 3-4.5 cm de diám. (rayos extendidos); involucro campanulado; filarios externos 8-12, 4-6 × c. 1(-2) mm, más cortos hasta subiguales a los filarios internos, lineares a angostamente espatulados, no foliares, las nervaduras algunas veces oscuras, los márgenes ciliados; filarios internos lanceolados, los márgenes piloso-vellosos a algunas veces glabros, el ápice obtuso. Flores radiadas 5-8, estériles, no estilíferas; corola blanca, el limbo 10-20 × 5-10 mm, el ápice con frecuencia truncado. Flores del disco c. 25; corola 4-6(-7) mm, amarilla. Cipselas 2.5-7 mm, escasamente dimorfas, carbonizadas, todas generalmente más o menos recto-erectas, todas generalmente glabras; vilano con aristas (0-)2(3), 1-2.5 mm, retrorsamente ancistrosas. Floración generalmente jul.-feb. 2n = 24. *Pastizales, bosques montanos, bosques de* Pinus-Quercus, *orillas de caminos, áreas rocosas.* Ch (Melchert, 2010a: 25); G (*Pruski y Ortiz 4290*, MO); ES (Melchert, 1976: 202); N (*Atwood y Neill AN280*, MO). (900-)2000-3500 m. (México, Mesoamérica.)

Bidens chrysanthemifolia no se diferencia en ningún sentido de la especie regional y endémica *B. steyermarkii*. Strother (1999) ubicó a *B. chrysanthemifolia* en la sinonimia de *B. triplinervia*, con flores radiadas amarillas, la cual se asemeja bastante en los filarios internos pelosos. Material de Costa Rica algunas veces determinado como *B. chrysanthemifolia* parece mejor ser referido a *B. triplinervia*. Algunas plantas guatemaltecas de rayos blancos morfológicamente se aproximan a la especie heterocárpica *B. bigelovii*, pero ya que no son ni consistentemente ni obviamente heterocárpicas se refieren con algo de titubeo más bien a *B. chrysanthemifolia*.

8. Bidens cynapiifolia Kunth in Humb., Bonpl. et Kunth, *Nov. Gen. Sp.* folio ed. 4: 185 (1820 [1818]). Holotipo: Cuba, *Humboldt y Bonpland s.n.* (P-Bonpl.). Ilustr.: Pruski, *Mem. New York Bot. Gard.* 76(2): 100, t. 35 (2002). N.v.: Chacxul, k'an aak', matsa ch'ich bu'ul, Y.

Bidens bipinnata L. var. *cynapiifolia* (Kunth) M. Gómez.

Hierbas anuales delgadas 0.3-1.5(-3) m, erectas; tallo generalmente uno solo, hexagonal, esparcida a moderadamente ramificado, glabro a puberulento, velloso en los nudos. Hojas 4-15 × 2.5-6 cm, de contorno deltado-ovado a elíptico, generalmente 2-pinnatífidas y profunda e irregularmente serradas o lobadas, algunas veces tornándose a alternas distalmente, cartáceas, pecioladas; lobos 1-4(-6) × 0.3-1(-2.5) cm, ovados, moderadamente anchos, los pocos lobos primarios patentes, las superficies no glandulosas, la superficie abaxial pilosa sobre las nervaduras, la base acuminada a cuneada, los márgenes con frecuencia ciliados, el ápice acuminado a agudo, raquis hasta 2.5(-5) cm, con frecuencia alado hacia el lobo o folíolo terminal; pecíolo 1.5-3.5(-6) cm, esparcidamente puberulento a subglabro, con frecuencia alado hasta cerca de la base. Capitulescencia terminal, abiertamente cimosa, con pocas a varias cabezuelas; pedúnculos (3-)8-15 cm. Cabezuelas inconspicuamente radiadas, 4-6 mm, hemisféricas a casi globosas en fruto; involucro 5-8 mm de diámetro, campanulado, tornándose a anchamente expandido en fruto, la base setosa; filarios c. 20, 2-seriados, los filarios de las 2 series diferentes, casi subiguales o escasamente obgraduados, patentes en fruto; filarios externos 8-12, 3.6-6 mm, linear-lanceolados, la base con frecuencia pilosa, los márgenes no ciliados; filarios internos 8-9, 4-5.4 mm, lanceolados a ovados. Flores radiadas 3-5(-7), estériles; corola no muy exerta del involucro, amarillo pálido, el ápice del limbo entero o emarginado. Flores del disco generalmente 20-30; corola 2.3-3 mm, amarillo pálido a amarillento-anaranjado. Cipselas dimorfas, tetragonales, no obviamente comprimidas, muy poco atenuadas distalmente y no obviamente rostradas, pardusco-negro, no tuberculadas, al menos las cipselas internas con las caras 2-sulcadas, al menos algunas cipselas subfalcadamente curvadas hacia arriba; cipselas externas 2-4, 5-9 mm, anchamente lineares, subfalcadamente curvadas, moderadamente hirsútulas, con frecuencia tempranamente caedizas; cipselas internas 11-15(-17) mm, c. 3 veces tan largas como el involucro, linear-alargadas, subfalcadamente curvadas o las más internas rectas, glabras; vilano con (3)4(-6) aristas, (1.5-)2-3.5 mm, todas similarmente erectas, retrorsamente ancistrosas. Floración oct.-mar. 2n = 48. *Áreas alteradas, orillas de caminos, sabanas, áreas húmedas.* Y (*Gaumer 940*, NY); C (Carnevali et al., 2010: 89); N (*Atwood 4336*, MO); CR (*Ramírez 100*, MO); P (*Tyson y Blum 2610*, MO). 0-100 m. (México, Mesoamérica, Colombia, Venezuela, Guayanas, Ecuador, Perú, Bolivia, Brasil, Paraguay, Cuba, Jamaica, La Española, Puerto Rico, Islas Vírgenes, Antillas Menores, Trinidad y Tobago, Asia, Islas del Pacífico.)

Sherff (1937b) y D'Arcy (1975e [1976]) trataron *Bidens cynapiifolia* como una variedad de la similar *B. bipinnata* L., especie templada que difiere por los tallos cuadrangulares y las cipselas isomorfas.

9. Bidens holwayi Sherff et S.F. Blake, *Bot. Gaz.* 64: 39 (1917). Holotipo: Guatemala, *Holway 816* (imagen en Internet ex GH!). Ilustr.: Sherff, *Publ. Field Mus. Nat. Hist., Bot. Ser.* 16: t. LIII (1937).

Arbustos trepadores o bejucos escandentes hasta 5 m en bosques altos; tallos angulosos distalmente. Hojas 8-15(-18) cm, pinnatilobadas con 3-5 segmentos o rara vez simples, el segmento terminal el más largo, pecioladas; segmentos 4-12 × 2.5-4 cm, lanceolados a ovados, cartáceos, las superficies glabras a abaxialmente piloso-híspidas especialmente a lo largo de las nervaduras, la base cuneada a redondeada, los márgenes puntiagudo-serrados, los dientes con frecuencia 1-2 mm, el ápice atenuado. Capitulescencia corimbosa, exerta de las hojas subyacentes; pedúnculos 1-5 cm. Cabezuelas radiadas, moderadamente grandes y llamativas, 10-15 mm, 4-6 cm de diám. (rayos extendidos), hasta 22 cm en fruto; involucro 12-16 mm en la antesis, cilíndrico a anchamente campanulado; filarios externos 5-11, 6-9(-14) × 1.8-2.5 mm, linear-lanceolados a oblanceolados o espatulados, con 3-5-estrias oscuras, generalmente ciliolados, glabros a pelosos o rara vez hasta canescentes, generalmente al menos con los márgenes ciliados; filarios internos 5-8, 7-8 mm, lanceolado-ovados, glabros a esparcidamente pelosos o rara vez hasta canescentes, los márgenes ciliolados, el ápice atenuado. Flores radiadas generalmente 8, estériles; limbo de la corola 18-25(-30) × 5-9 mm, amarillo a amarillo pálido, 7-9-nervio. Flores del disco 40-60; corola 5.5-6.5 mm, amarillo pálido, los lobos c. 1 mm. Cipselas 12-15(-18) mm, lineares, obcomprimidas, todas más o menos con indumento similar, todas generalmente más o menos recto-erectas, obvia y densamente tuberculado-ciliadas, tricomas con frecuencia c. 0.5 mm; vilano con 2(-4) aristas, 4-8 mm, retrorsamente ancistrosas. Floración nov.-ene. 2n = 96. *Bordes de bosques, bosques montanos, barrancos de arroyos, matorrales, laderas de volcanes.* Ch (*Breedlove 29435*, MO); G (*Williams 23105*, NY). 1500-3500 m. (Endémica.)

No hay seguridad de la identidad de *Bidens holwayi* var. *colombiana* Sherff, y no se la reconoce ni trata en la sinonimia de *B. holwayi*, la cual a su vez se reconoce aquí sin infrataxones como lo hicieron Nash (1976d) y Strother (1999).

10. Bidens laevis (L.) Britton, Sterns et Poggenb., *Prelim. Cat.* 29 (1888). *Helianthus laevis* L., *Sp. Pl.* 906 (1753). Lectotipo (designado

por Sherff, 1937a): Estados Unidos, *Clayton 195* (BM). Ilustr.: Sherff, *Publ. Field Mus. Nat. Hist., Bot. Ser.* 16: t. LXXIII (1937).

Bidens chrysanthemoides Michx., *B. elegans* Greene, *B. expansa* Greene, *B. formosa* Greene, *B. helianthoides* Kunth, *B. lugens* Greene, *B. parryi* Greene, *B. persicifolia* Greene, *B. quadriaristata* DC., *B. speciosa* Parish, *Coreopsis perfoliata* Walter, *C. radiata* Mill., *Heliopsis laevis* (L.) Pers., *Kerneria helianthoides* (Kunth) Cass.

Hierbas perennes subacuáticas 0.2-0.8(-1.2) m, algunas veces enraizando en los nudos proximales; tallos erectos o ascendentes, con frecuencia muy ramificados, subteretes, con frecuencia purpúreos, glabros o los nudos pelosos. Hojas (3-)5-20 × (0.5-)0.7-3.5 cm, elíptico-lanceoladas, simples y no partidas, sésiles, cartáceas a algunas veces subcarnosas, indistintamente trinervias pero básicamente de apariencia pinnatinervia, las superficies glabras, la base angostamente cuneada, los márgenes por lo general gruesamente serrados, el ápice acuminado. Capitulescencia abiertamente cimosa, generalmente c. 3 cabezuelas o a veces una sola, erecta en la antesis pero algunas veces nutante en fruto; pedúnculos 2.5-7 cm. Cabezuelas radiadas, 12-20 mm, bastante grandes, 4-7 cm de diám. (rayos extendidos); involucro c. 15 × 20 mm, hemisférico; filarios externos 5-7, 10-12 × 2-5 mm, generalmente oblanceolados, foliáceos, generalmente patentes a reflexos, completamente glabros o la base algunas veces híspida, el ápice redondeado, con frecuencia anaranjado; filarios internos 8-11, 6.5-10 × 5-7 mm, ovados u obovados, oscuramente pluriestriados, los márgenes amarillo-hialinos hasta c. 1 mm de diámetro; el ápice de las páleas con frecuencia anaranjado. Flores radiadas 7-8, estériles; limbo de la corola 15-30 × 10-15 mm, oblongo, amarillo, 10-nervio, el ápice 2-denticulado o 3-denticulado. Flores del disco 60-100; corola 4-6 mm, campanulada, amarilla, el tubo tan largo hasta más largo que el limbo, los lobos 0.5-1 mm. Cipselas 6-9 mm, angostamente cuneadas, graduadamente monomorfas, obviamente obcomprimidas, sin alas, los márgenes y con frecuencia la costilla media bien desarrollada de cada una de las dos caras retrorsamente escábrido-ciliados, las caras algunas veces igualmente pluriestriadas, las superficies algunas veces tuberculadas, los márgenes anchamente pajizos, el ápice ancho y más o menos aplanado; vilano con 2 o 3(4) aristas, 3-5 mm, rígidamente erectas, con base ancha, retrorsamente ancistrosas. Floración nov.-ene. *Pastizales, pantanos, orillas de lagos, borde de arroyos, potreros húmedos.* Ch (*Breedlove 37144*, CAS). c. 2200 m. (Estados Unidos, México, Mesoamérica, Ecuador, Perú, Brasil, Paraguay, Chile, Argentina, Islas del Pacífico.)

11. Bidens nana M.O. Dillon, *Phytologia* 54: 225 (1983). Holotipo: Guatemala, *Smith 490* (F!). Ilustr.: Dillon, *Phytologia* 54: 227, t. 1 (1983).

Hierbas anuales enanas, 3-6 cm, poco ramificadas desde cerca de la base; tallos filiformes, erectos a postrados, glabros a pilósulosos. Hojas 0.5-1.2 × 0.5-1 cm, de contorno ovado, pinnatífidas a 2-pinnatífidas, cartáceas; lobos 3-5(-9), 0.1-0.4 cm, angostamente oblanceolados a espatulados, glabros, los márgenes enteros; lobos laterales dirigidos hacia adelante o patentes, los lobos laterales y terminales algunas veces secundariamente lobados; últimos lóbulos 0.05-0.1 cm de diámetro, generalmente desde el punto medio del lobo primario. Capitulescencia con las ramitas abiertamente cimosas o con una sola cabezuela, generalmente no muy exerta de las hojas, algunas veces las cabezuelas sésiles y cercanamente abrazadas por las brácteas herbáceas trilobadas tan largas hasta más largas que el involucro, las plantas paucicéfalas; pedúnculos 0-0.7 cm, glabros. Cabezuelas discoides, 4-7 mm; involucro 3-5 × c. 2 mm, angostamente campanulado; filarios 2-seriados, subiguales; filarios externos 2-4, 2.5-5 × c. 0.5 mm, muy angostamente espatulados, delgadamente herbáceos, con frecuencia ciliolados; filarios internos 4 o 5, 3-5 × c. 1 mm, ovados. Flores radiadas ausentes. Flores del disco 3-9; corola 1.7-2.4 mm, infundibuliforme-campanulada, 4(5)-lobada, amarilla, diminutamente esparcido-glandulosa. Cipselas 2.5-4.5 mm, gruesamente lineares, subcuadrangulares, monomorfas, sin rostro y solo escasamente angostadas distalmente, setulosas distalmente, el ápice ancho; vilano generalmente con 2 aristas, 0.5-1 mm, retrorsamente ancistrosas. Floración oct.-nov. *Pastizales rocosos, laderas de volcanes.* G (*Smith 846*, F). 3100-3600 m. (Endémica.)

Se espera encontrar en Chiapas.

12. Bidens oerstediana (Benth.) Sherff, *Bot. Gaz.* 80: 385 (1925). *Coreopsis oerstediana* Benth., *Vidensk. Meddel. Dansk Naturhist. Foren. Kjøbenhavn* 1852: 93 (1853). Holotipo: Nicaragua, *Oersted 181* (K). Ilustr.: Sherff, *Publ. Field Mus. Nat. Hist., Bot. Ser.* 16: t. LX (1937).

Hierbas anuales de apariencia difusa, 0.2-2 m; tallos erectos a patentes, muy ramificados, con frecuencia rojizos, glabros. Hojas 3-12 cm, de contorno deltado a ovado, profundamente 1-pinnatífidas o 2-pinnatífidas, con frecuencia flácidas, cartáceas, pecioladas; segmentos laterales en 2 o 3 pares, lineares a rómbicos, ampliamente espaciados, patentes, cada uno con frecuencia partido una vez más en segmentos de 1-2 × c. 0.05 cm de diámetro, con frecuencia los segmentos lineares o más anchos y marcada e irregularmente lobados o profundamente poco dentados, las superficies subglabras; pecíolo 0.5-4 cm. Capitulescencia abiertamente cimosa, plantas pluricéfalas; pedúnculos hasta 12(-15) cm. Cabezuelas radiadas, 7-10 mm en la antesis, hemisféricas a casi globosas en fruto; involucro campanulado; filarios 2-seriados, las dos series diferentes; filarios externos 8(-11), 4-6 × 1.3-3.2 mm, oblongos a anchamente espatulados, herbáceos, erectos a recurvados, la vena media oscura, los márgenes con frecuencia ciliados, el ápice obtuso a redondeado; filarios internos 5-8 mm, lanceolado-ovados. Flores radiadas 8(-10), estériles; limbo de la corola c. 20 × 5-6 mm, amarillo, el ápice obtuso. Flores del disco 25-40; corola 6-7 mm, angostamente infundibuliforme, amarilla, los lobos 0.8-1.3 mm, los márgenes papilosos. Cipselas c. 25 mm, obespatuladas en contorno, marcadamente obcomprimidas, el cuerpo café a negro, gradualmente angostado distalmente hasta un rostro aplanado pardo-amarillento-café de c. 5 mm, los márgenes no suberosos, apenas delgados pajizo-marginados a rara vez algunas veces tuberculados con unos pocos tubérculos casi coalescentes en un margen semi-suberoso, las superficies con frecuencia escabroso-hispídulas con tricomas adpresos de 0.1-0.2 mm, los márgenes del cuerpo y rostro escabriúsculo-hirsútulos con tricomas robustos antrorsos generalmente 0.2-0.3 mm; vilano con 2 aristas, 2-2.7 mm, erectas, antrorsamente ancistrosas. Floración (may.-)oct.-dic. *Planicies secas, vertientes del Pacífico, playas, pinares, sabanas rocosas, laderas rocosas, suelos volcánicos.* N (*Neill 2900*, MO); CR (*Grayum et al. 12212*, MO). 0-500 m. (Endémica.)

Se espera encontrar en El Salvador.

13. Bidens ostruthioides (DC.) Sch. Bip., *Bot. Voy. Herald* 308 (1856). *Delucia ostruthioides* DC., *Prodr.* 5: 633 (1836). Isolectotipo (designado por Sherff, 1937b): México, Edo. México, *Berlandier 920* (MO!). Ilustr.: McVaugh, *Fl. Novo-Galiciana* 12: 138, t. 20 (1984).

Bidens costaricensis Benth., *B. guatemalensis* Klatt, *B. ostruthioides* (DC.) Sch. Bip. var. *costaricensis* (Benth.) Sherff, *B. ostruthioides* var. *matritensis* Sherff.

Hierbas perennes o subarbustos; tallos varios desde un cáudice leñoso, generalmente desparramados hasta 1(-2) m, algunas veces ascendentes, subteretes, estriados, glabros o esparcidamente pelosos. Hojas 3-9 cm, de contorno triangular o, 3-5-partitas a 2-pinnatilobadas; segmentos primarios 1-5 × 1-4 cm, rómbico-ovados, rígido-cartáceos o subcoriáceos, las superficies completamente glabras o las nervaduras principales puberulentas en la superficie adaxial, la base acuminada a cuneada, los márgenes profunda e irregularmente poco dentado-serrados o lobados, los dientes o los lobos dirigidos hacia adelante, algunas veces ciliolados, el ápice agudo, mucronato; pecíolo c. 4 cm, por lo general angostamente alado hasta la base y formando una estría nodal, con frecuencia esparcido-piloso. Capitulescencia terminal, generalmente

una sola cabezuela; pedúnculos 5-20 cm, algunas veces 1-bracteados o 2-bracteados. Cabezuelas radiadas, 4-6 cm de diám. (rayos extendidos); involucro angostamente campanulado, algunas veces obgraduado; filarios 2-seriados, los filamentos de las 2 series diferentes, por lo general completamente glabros; filarios externos 5(-7), 5-17 × 2-10 mm, lanceolados a ovados (similares a una especie de *Coreopsis* ancha y subfoliácea), herbáceos y obviamente contrastando en textura y color con los filarios internos, las bases escasamente no contiguas a claramente sobrelapadas, 3-5-nervios, el ápice agudo; filarios internos 5-8, 7-10 × 2.5-4.5 mm, ovados, anaranjado-amarillo, no secando negros. Flores radiadas 5(-8), estilíferas; corola muy exerta del involucro, amarilla, el limbo 14-25 mm, anchamente obovado, el ápice 3-denticulado; estilo 4-5 mm, muy exerto, ovario fértil. Flores del disco 20-40; corola 5-6 mm, amarillo pálido a amarillento-anaranjado. Cipselas 4-12 mm, oblongas a anchamente lineares, obcomprimidas o las internas angostamente obcomprimidas a subcuadrangulares, rojizo-pardo y nunca carbonizadas, todas más o menos similares en indumento, todas generalmente más o menos recto-erectas, cada una de las 2 o 3 caras (3-)8-estriadas, todas similarmente glabras, el ápice más o menos aplanado y no en todas atenuado o rostrado; vilano con 2 o 3 aristas, 3.5-5 mm, erectas, retrorsamente ancistrosas. Floración durante todo el año. $2n = (24?)$, 46. *Bosques alterados, pastizales, bosques montanos, páramos, bosques de* Pinus-Quercus, *barrancos, laderas rocosas, subpáramos, matorrales húmedos.* Ch (*Ghiesbreght 555*, MO); G (*Pruski y Ortiz 4274*, MO); ES (Berendsohn y Araniva de González, 1989: 290-2); CR (*Pruski et al. 3952*, MO); P (*White 48*, MO). 1100-3600 m. (México, Mesoamérica.)

Bidens ostruthioides, el tipo de *Delucia*, con filarios externos foliáceos, las flores radiadas pistiladas fértiles, el posible número cromosómico básico de $x = 23$, es anómalo dentro de *Bidens*, sugiriendo que en cierto momento el sinónimo *Delucia* podría ser restaurado de la sinonimia. Aunque el único ejemplar de Panamá (*White 48*) no está en muy buena condición, su identificación se confirma aquí, pero todos los otros ejemplares de Panamá determinados como *B. ostruthioides* por D'Arcy (ejemplares de MO) probaron ser en cambio *B. triplinervia*.

14. Bidens pilosa L., *Sp. Pl.* 832 (1753). Lectotipo (designado por D'Arcy, 1975e [1976]): América, *Herb. Linn.* 975.8 (microficha MO! ex LINN). Ilustr.: Dodson y Gentry, *Selbyana* 4: 287, t. 133A (1978). N.v.: Mozote, G; ceitilla, crespillo, mozote, mozote de milpa, periquillo, seitilla, H; mozote, mozotillo, ES; moriseco, mozote, mozotillo, CR.

Bidens alausensis Kunth, *B. chilensis* DC., *B. hirsuta* Nutt., *B. hispida* Kunth, *B. leucanthema* (L.) Willd. forma *discoidea* Sch. Bip., *B. leucanthema* var. *pilosa* (L.) Griseb., *B. montaubani* Phil., *B. odorata* Cav., *B. pilosa* L. var. *alausensis* (Kunth) Sherff, *B. pilosa* forma *discoidea* Sch. Bip., *B. pilosa* var. *discoidea* (Sch. Bip.) J.A. Schmidt, *B. pilosa* forma *indivisa* Sherff, *B. pilosa* var. *minor* (Blume) Sherff, *B. pilosa* var. *subbiternata* Kuntze, *B. reflexa* Link, *B. scandicina* Kunth, *B. sundaica* Blume var. *minor* Blume, *Kerneria pilosa* (L.) Lowe, *K. pilosa* var. *discoidea* (Sch. Bip.) Lowe, *K. tetragona* Moench.

Hierbas anuales ramificadas 0.3-1(1.8) m; tallos erectos, cuadrangulares, glabros a esparcidamente pilosos. Hojas 3-15 × 1.5-10 cm, generalmente 3-foliadas pero algunas veces ternadamente partidas variando desde simples a 1-pinnaticompuestas, pecioladas; láminas 2.5-10 × 1-8 cm, ovadas; folíolos 1-6 cm, lanceolados a ovados, las superficies esparcidamente pilosas, no glandulosas, los márgenes gruesamente serrados, el ápice acuminado a angostamente agudo; raquis (cuando hoja partida) c. 1(-2) cm, con frecuencia alado hacia el folíolo terminal; pecíolo 0.5-2(-3) cm, con frecuencia esparcidamente piloso. Capitulescencia terminal, cimosa, con pocas a numerosas cabezuelas; pedúnculos 2-7 cm, generalmente pilosos. Cabezuelas discoides o rara vez inconspicuamente radiadas o disciformes, con (20-)35-75 flores; involucro 4-15 mm de diámetro, hemisférico, por lo general basalmente piloso en la unión con el pedúnculo; filarios subiguales, glabros a puberulentos; filarios externos 7-10, (3-)4-6(-8) mm, generalmente oblanceolados, herbáceos o solo apicalmente herbáceos, glabros o más generalmente ciliados; filarios internos 5-6 mm, lanceolados, glabros o rara vez puberulentos, escariosos, estriados, los márgenes por lo general anchamente hialinos; clinanto aplanado a algunas veces marcadamente convexo o cupuliforme cuando pasa el fruto; páleas linear-lanceoladas. Flores radiadas ausentes a pocas, algunas veces pistiladas; corola 2-3 mm, diminuta, amarillo pálido, al secarse blanco-amarillenta, el limbo apicalmente emarginado. Flores del disco 35-75; corola (2-)3-4 mm, amarilla, con nervios marcadamente pardusco-rojo, los lobos c. 0.5 mm, en general papilosos. Cipselas 8-16(-20) mm, menos de 2 veces la longitud del involucro, lineares, monomorfas, obcomprimido-cuadrangulares, todas más o menos con indumento similar, todas generalmente más o menos recto-erectas, pardo oscuro a negro, cada una de 3 o 4 caras 2-sulcadas, glabras proximalmente, tuberculado-estrigosas distalmente; vilano con (2)3-(5) aristas, 2-3(-4) mm, retrorsamente uncinadas. Floración durante todo el año. 2n = 72. *Claros, campos cultivados, áreas alteradas, zanjas, bordes de bosques, jardines, bosques montanos, laderas, áreas abiertas, orillas de caminos, matorrales, suelos arvenses, áreas húmedas.* T (Villaseñor Ríos, 1989: 33); Ch (*Croat 40366*, MO); B (*Gentle 8863*, MO); G (*Deam 241*, MO); H (*Molina R. 33957*, MO); ES (*Calderón 863*, MO); N (*Baker 2204*, MO); CR (*Pruski y Sancho 3801*, MO); P (*Greenman y Greenman 5257*, MO). 0-2500 m. (México, Mesoamérica, Colombia, Venezuela, Guayanas, Ecuador, Perú, Bolivia, Brasil, Paraguay, Uruguay, Chile, Argentina, Cuba, Jamaica, La Española, Puerto Rico, Islas Vírgenes, Antillas Menores, Trinidad y Tobago, Asia, África, Australia, Islas del Pacífico.)

Bidens pilosa es una maleza anual pantropical extremadamente variable, con tallos cuadrados y comúnmente solo con cabezuelas discoides; rara vez se encuentra inconspicuamente radiada. Más arriba solo se ha presentado una sinonimia parcial. La mayoría de la literatura para *B. pilosa* se refiere principalmente a 2 o más especies, y las distribuciones en ellas deben ser tomadas con mucho cuidado. Sherff (1937b) trató *B. pilosa* como conteniendo seis variedades, pero para plantas inconspicuamente radiadas algunas veces parece conveniente usar solo un infrataxón no típico, llamado *B. pilosa* var. *minor*. *Bidens alba* fue tratada en la sinonimia por Sherff (1937b), pero fue reconocida como distinta por Melchert (1976, 2010a). Plantas de Campeche, Quintana Roo, Yucatán llamadas *B. pilosa* por Carnevali et al., 2010 se refieren todas a *B. alba*.

15. Bidens reptans (L.) G. Don in Sweet, *Hort. Brit.* ed. 3, 360 (1839). *Coreopsis reptans* L., *Syst. Nat., ed. 10* 2: 1228 (1759). Lectotipo (designado por Moore, 1936): Jamaica, *Browne Herb. Linn. 1026.13* (microficha MO! ex LINN). Ilustr.: D'Arcy, *Ann. Missouri Bot. Gard.* 62: 1180, t. 79 (1975 [1976]). N.v.: Corrimiento, corrimiento aak', cruznan aak', ya'ax k'an aak', Y; te ahorco, teorco, H; canutillo, flor de colmena, ES; barbasco, mozote, mozotillo, CR.

Bidens antiguensis J.M. Coult., *B. antiguensis* var. *procumbens* (Donn. Sm.) Roseman, *B. antiguensis* var. *salvadorensis* Roseman, *B. boquetiensis* Roseman, *B. brittonii* Sherff, *B. coreopsidis* DC., *B. coreopsidis* var. *procumbens* Donn. Sm., *B. izabalensis* Roseman, *B. mexicana* Sherff?, *B. reptans* (L.) G. Don var. *bipartita* O.E. Schulz, *B. reptans* var. *coreopsidis* (DC.) Sherff, *B. reptans* var. *dissecta* O.E. Schulz, *B. reptans* var. *tomentosa* O.E. Schulz, *B. reptans* var. *urbanii* (Greenm.) O.E. Schulz, *B. rubifolia* Kunth var. *coreopsidis* (DC.) Baker, *B. squarrosa* Kunth, *B. squarrosa* var. *atrostriata* Roseman, *B. squarrosa* var. *hondurensis* Roseman, *B. squarrosa* var. *indivisa* (B.L. Rob.) Roseman, *B. squarrosa* var. *speciosa* Roseman, *B. squarrosa* var. *tereticaulis* (DC.) Roseman, *B. tereticaulis* DC., *B. tereticaulis* var. *antiguensis* (J.M. Coult.) O.E. Schulz, *B. tereticaulis* var. *indivisa* B.L. Rob., *B. tereticaulis* var. *sordida* Greenm., *B. urbanii* Greenm., *Coreopsis chrysantha* Spreng., *C. scandens* Sessé et Moc., *C. trifoliata* Bertol., *C. variifolia* Salisb.

Hierbas trepadoras perennes a arbustos lianoides, 2-8 m; tallos esparcida a moderadamente ramificados, lateralmente patentes a ascendentes, subteretes, pluriestriados, subglabros o los nuevos crecimientos distales piloso-pelosos, los nudos algunas veces prominentes con la base de las hojas agrandada, la médula sólida o fistulosa. Hojas 4-15 × 3.5-15 cm, de contorno típicamente triangular, 3-foliadas, pero algunas veces ya sea simples o rara vez 5-7-partidas y la forma en general variando de lanceoladas a ovadas, el segmento terminal con frecuencia el más largo, los segmentos laterales en general ampliamente patentes, pecioladas; segmentos generalmente 3-10 × 2-4(-5.5) cm, lanceolados a ovados, cartáceos, pinnatinervios, las superficies glabras a densa y cortamente pilosas en toda la superficie, cuando pelosas la superficie abaxial más densamente pilosa, la base obtusa a redondeada, los márgenes serrados, el ápice acuminado a atenuado; pecíolo 1-4(-5.5) cm, glabro a puberulento. Capitulescencia corimbosa a paniculada, generalmente pluricéfala, dispuesta por encima de las hojas subyacentes; pedúnculos 1-5(-11) cm, glabros a pelosos. Cabezuelas radiadas o algunas veces discoides, 7-13 mm en la antesis, generalmente pequeñas, cuando radiadas 1.5-3(-5) cm de diám. (rayos extendidos), c. 22 cm en fruto; involucro generalmente 8-10 mm de diámetro, campanulado; filarios 2-seriados, desiguales; filarios externos 4-8, 1-6 × 0.5-1 mm, lineares a linear-espatulados, escasamente patentes a reflexos, 3-estriados, generalmente ciliolados, glabros a tomentulosos; filarios internos 8-10, 5.5-10 × c. 1.5 mm, lanceolados, el ápice contraído, puberulento. Flores radiadas (0-)3-7(-8), estériles; limbo de la corola 7-25 mm, oblongo, amarillo, 7-12-nervio, el ápice 3-denticulado. Flores del disco 15-30; corola 4-9 mm, cilíndrico-infundibuliforme, amarilla. Cipselas 6-12 mm, fusiformes, obcomprimidas, todas más o menos con indumento similar, todas generalmente más o menos recto-erectas, los márgenes tuberculados y largamente ciliados, los cilios en grupos de 2-5 por tubérculo; vilano con 2 aristas, 3-3.5 mm, erectas pronto patentes, algunas veces casi horizontalmente patentes, lisas a retrorsamente uncinadas. Floración durante todo el año. 2n = 24, 48, 72. *Áreas alteradas, bordes de bosques, arbustales, laderas, barrancos de arroyos, matorrales, orillas de caminos.* T (*Croat 47880*, MO); Ch (*Pruski et al. 4230*, MO); Y (*Gaumer 23510*, MO); C (*Lundell 1365*, MO); QR (*Hernández et al. 300*, MO); B (*Balick et al. 3159*, NY); G (*Pruski y MacVean 4487*, MO); H (*Williams y Molina R. 11530*, MO); ES (*Sidwell et al. 802*, MO); N (*Baker 2214*, MO); CR (*Wussow y Pruski 119*, LSU); P (*Maurice 862*, MO). 0-2600 m. (México, Mesoamérica, Colombia, Venezuela, Ecuador, Perú, Bolivia, Brasil, Paraguay, Argentina, Cuba, Jamaica, La Española, Puerto Rico, Islas Vírgenes, Antillas Menores, Trinidad y Tobago.)

Bidens reptans está circunscrito en sentido amplio y la especie es inusualmente variable en tener cabezuelas ya sea radiadas o discoides, los filarios externos glabros a densamente pilosos, ocurre desde cerca del nivel del mar hasta 2600 metros, y contiene poblaciones diploides a (auto?) hexaploides. Adicionalmente, como Sherff (1937a) anotó bajo *B. squarrosa*, plantas de esta especie de hábito lianoide exhiben diferentes hojas en el sol y la sombra dentro de la misma planta variando desde simples a 5-partidas (las formas de *B. mexicana* y *B. urbanii*) y glabras a densamente pilosas. Como tal, está entre las especies más variables de *Bidens*, e incluye en sinonimia muchas de las especies neotropicales de *Bidens* que se comportan como lianas; con cabezuelas similares más grandes *B. holwayi* es provisionalmente tratada como distinta. Tratada aquí dentro de *B. reptans*, sin embargo, está *B. boquetiensis*, en la cual el tamaño de la cabezuela casi se aproxima al de *B. holwayi* y también se asemeja al de la especie sudamericana *B. rubifolia* Kunth. Puede ser que tanto *B. boquetiensis* como *B. holwayi* podrían ultimamente caer en la sinonimia de *B. rubifolia*.

Alternativamente, puntos de vista más detallados y restringidos de las especies con los nombres aquí tratados en la sinonimia son ilustrados por Roseman (1990), quien propusó dos nuevas especies mesoamericanas, y reconoció *B. antiguensis* con tres variedades y *B. squarrosa* con seis variedades, y por Melchert (2010a).

16. Bidens riparia Kunth in Humb., Bonpl. et Kunth, *Nov. Gen. Sp.* folio ed. 4: 185 (1820 [1818]). Holotipo: Colombia, *Humboldt y Bonpland s.n.* (microficha MO! ex P-Bonpl.). Ilustr.: Sherff, *Publ. Field Mus. Nat. Hist., Bot. Ser.* 16: t. CXIVi-p (1937). N.v.: Ch'ik bu'ul, matsab ch'ik bu'ul, C; asaitilla, saitilla, ES.

Bidens refracta Brandegee, *B. riparia* Kunth var. *refracta* (Brandegee) O.E. Schulz.

Hierbas anuales 0.5-1.5 m; tallos erectos, cuadrangulares, estriados, esparcidamente pelosos. Hojas 2-12(-16) × c. 9 cm, de contorno triangular, generalmente tripartitas a algunas veces 2-pinnatífidas, delgadamente cartáceas, los lobos 2-8(-12) cm, lanceolado-ovados a ovados o rómbicos, el segmento terminal el más largo, la superficie adaxial subglabra a esparcidamente escabriúscula, la superficie abaxial con frecuencia esparcidamente pilósulosa especialmente sobre las nervaduras, la base cuneada a redondeada, los márgenes uniformemente puntiagudo-serrados, el ápice acuminado; pecíolo 1-4 cm. Capitulescencia abiertamente cimosa, con pocas cabezuelas; pedúnculos 4-10 cm. Cabezuelas inconspicuamente radiadas, 6-7 mm en la antesis, rápidamente madurando a fruto o al menos típicamente colectadas solo en fruto; involucro 5-7 mm de diámetro, turbinado a campanulado, los filarios obgraduados, algunas veces marcadamente obgraduados; filarios externos 7-13, 5-10(-20) × c. 0.8 mm, linear-lanceolados, erectos o en fruto ampliamente reflexos, la base con frecuencia pilosa o setosa, los márgenes no generalmente ciliados; filarios internos 8-12, 4-6 × c. 1 mm, oblongo-lanceolados. Flores radiadas (0?-)5, estériles; corola no muy exerta del involucro, amarillo pálido (al secarse blanco-amarillento), el limbo 4-6.5 × 1-2.5 mm, con estrías oscuras, el ápice agudo a obtuso, ligeramente denticulado. Flores del disco 12-25; corola 2.8-4 mm, amarilla. Cipselas dimorfas, tetragonales, no obviamente comprimidas, gradual y largamente atenuadas distalmente pero no obviamente rostradas, las caras 2-sulcadas, verdoso-pardo o las externas más oscuras, al menos algunas cipselas subfalcadamente curvadas hacia arriba; cipselas externas 6-9, 7-11 mm, generalmente casi 3/4 de la longitud de las cipselas internas, anchamente lineares, el ápice algunas veces dirigido hacia afuera, densamente hirsútulas; cipselas internas 12-20 mm, linear-subfusiformes, rectas o escasamente curvadas hacia afuera, glabras o setulosas distalmente; vilano con 4(5) aristas, 2-4.5 mm, una erecta, las otras reflexas casi en el mismo plano, retrorsamente ancistrosas. Floración durante todo el año. 2n = 24. *Áreas alteradas, barrancos, laderas rocosas, orillas de caminos, playas, laderas arbustivas, matorrales.* Ch (*Matuda 18695*, MO); Y (*Ucan 4261*, MO); C (*Lundell 899*, MO); QR (CICY sitio de Internet cita *Vargas 180*, CICY); G (*Molina R. y Molina 25137*, MO); H (*Nelson et al. 6045*, MO); ES (*Villacorta 2231*, MO); N (*Nichols 1267*, NY); CR (*Janzen 10606*, MO); P (*Blum y Tyson 1963*, MO). 0-900 m. (México, Mesoamérica, Colombia, Venezuela, Guyana, Ecuador, Perú, Brasil.)

17. Bidens rostrata Melchert, *Phytologia* 32: 291 (1975). Isotipo: México, Jalisco, *Palmer 559* (MO!). Ilustr.: McVaugh, *Fl. Novo-Galiciana* 12: 144, t. 21 (1984).

Cosmos exiguus A. Gray non *Bidens exigua* Sherff.

Hierbas anuales delgadas con un solo tallo, 0.2-0.6 m, poco ramificadas en la capitulescencia en el tercio distal de la planta; tallo erecto, cuadrangular, glabro. Hojas 1.5-6(-9.5) × 0.1-0.3 cm, filiformes, simples, marcadamente ascendentes, cartáceas, las superficies glabras o la superficie abaxial setulosa, los márgenes enteros, algunas veces revolutos. Capitulescencia abiertamente cimosa, con 2-4 cabezuelas; pedúnculos 5-10 cm, glabros. Cabezuelas radiadas; involucro 5-6 × 2-3 mm, cilíndrico a turbinado; filarios marcadamente 2-seriados, todos verdosos con estrías parduscas a verdoso-negras; filarios externos 2, 1-2.5 mm, subulados a angostamente triangulares; filarios internos 5, 4-6 mm, oblongos a oblanceolados, el ápice redondeado, algunas veces rosado. Flores radiadas (2-)5, inconspicuas, ligeramente exertas, estériles; tubo de la corola 1.5-2.5 mm, relativamente alargado, el limbo 2.3-4 × 1.5-2.3 mm, obovado a cuneado, purpúreo a rosáceo, 5-nervio,

los dientes c. 0.5 mm. Flores del disco 13-15; corola 3.3-4.5 mm, blanco-amarillenta con nervaduras oscuras, con frecuencia con una mácula rosácea apical sobre cada lobo. Cipselas 15-19 mm, angostamente espatuladas, subfusiformes, más largas que las páleas, moderadamente obcomprimidas, sin alas, gradualmente atenuado-rostradas, el cuerpo poco estriado y negro, escabroso-híspidulas sobre el rostro y al menos distalmente sobre el cuerpo, los márgenes no suberosos, los márgenes distales del cuerpo y los márgenes del rostro escabriúsculo-híspidulos pero no obviamente más pelosos que las superficies distales del cuerpo y el rostro, rostro alargado, aplanado, no estriado y texturalmente diferenciado del cuerpo, pardo-amarillento; vilano con 2 aristas, 1.5-4 mm, antrorsamente uncinadas. Floración oct.-nov. 2n = 24. *Pastizales, bosques de* Pinus-Quercus*, laderas rocosas.* Ch (*Breedlove y Strother 46528*, MO); G (Nash, 1976d: 210). 900-1200 m. (México, Mesoamérica.)

18. Bidens steyermarkii Sherff, *Amer. J. Bot.* 31: 278 (1944). Holotipo: Guatemala, *Steyermark 50998* (F!). Ilustr.: no se encontró.

Hierbas perennes c. 35 cm; tallos varios desde la base, delgados, generalmente desparramados a procumbentes, subcuadrangulares, diminutamente sulcados, glabros o puberulentos. Hojas 3-5.5 cm, de contorno triangular-ovado, 1-pinnatífidas o 2-pinnatífidas, pecioladas; láminas delgadamente cartáceas, el segmento terminal linear-oblongo, los segmentos laterales 1-2 pares, algunas veces secundariamente lobados, las superficies esparcidamente híspidulas, el ápice atenuado, puntiagudo-apiculado. Capitulescencia terminal, generalmente una sola cabezuela; pedúnculo 5-10 cm, esparcidamente híspido distalmente. Cabezuelas radiadas, 4-5 mm, 1-1.5 cm de diám. (rayos extendidos); involucro campanulado; filarios blanquecino-híspidulos; filarios externos 10-12, 4-4.5 mm, subiguales a los filarios internos, lineares, no foliares, el ápice endurecido-apiculado; filarios internos 5-8, hasta c. 4 mm, lanceolados. Flores radiadas c. 5, estériles, no estilíferas; corola blanca, el limbo c. 13 × 8 mm, oblongo u obovado, el ápice 2-denticulado o 3-denticulado. Flores del disco c. 30; corola c. 3 mm, amarillenta. Cipselas 3-4.5 mm, linear-claviformes, carbonizadas, ligeramente 4-lados, rojizo oscuro, todas generalmente más o menos recto-erectas, todas más o menos similarmente glabras o muy esparcidamente setulosas; vilano ausente. Floración ago. *Laderas rocosas.* G (*Steyermark 50998*, US). c. 1900 m. (Endémica.)

Bidens steyermarkii no es de ninguna manera muy diferente de *B. chrysanthemifolia*, la cual en turno fue tratada en la sinonimia de *B. triplinervia* por Strother (1999).

19. Bidens tenera O.E. Schulz, *Bot. Jahrb. Syst.* 50(Suppl.): 186 (1914). Isolectotipo (designado por Sherff, 1937b): Costa Rica, *Pittier 4528* (US!). Ilustr.: Sherff, *Publ. Field Mus. Nat. Hist., Bot. Ser.* 16: t. CIIIi-o (1937).

Bidens ekmanii O.E. Schulz ex Urb. var. *paucidentata* O.E. Schulz ex Urb.?, *B. tenera* O.E. Schulz var. *paucidentata* (O.E. Schulz ex Urb.) Sherff?, *B. tenera* var. *tetracera* Sherff?.

Hierbas anuales delgadas 0.2-0.5 m, erectas; tallo uno solo desde la base, cuadrangular, algunas veces poco ramificado pero entonces solo en la capitulescencia, glabro o subglabro. Hojas 3-12 × 2-6 cm, de contorno ovado cuando simples o deltado cuando partidas, no lobadas a 2-pinnatífidas, delgadamente cartáceas, pecioladas; láminas con las superficies subglabras o esparcidamente setosas, la base (cuando la hoja no dividida) redondeada, los márgenes puntiagudo-serrados, ciliados, el ápice agudo a acuminado, cuando 3-5-partida los segmentos laterales 1-2.5 × 1-1.5 cm, ovados, sésiles, el segmento terminal con frecuencia tan largo como la lámina no dividida; pecíolo 1.5-3.5(-6) cm. Capitulescencia terminal, abiertamente cimosa y de pocas cabezuelas o una sola cabezuela; pedúnculos 6-10 cm, generalmente dispuestos por encima de las hojas. Cabezuelas discoides, 3.5-6 mm, inconspicuas en la antesis, aparentemente tornándose de flor a fruto rápidamente o al menos típicamente colectadas en fruto, con los frutos muy exertos del involucro; involucro 3-6 mm de diámetro; filarios externos c. 4, 3-4 mm, lineares a linear-espatulados, basalmente setosos, el ápice obtuso pero mucronulado; filarios internos pocos, 5-6 mm. Flores radiadas ausentes. Flores del disco generalmente 6-12; corola c. 2.5 mm, amarilla. Cipselas 12-18 mm, 2-3 veces tan largas como el involucro, linear-alargadas, escasamente obcomprimidas o subcuadrangulares, todas generalmente más o menos recto-erectas, monomorfas, multiacostillado-sulcadas, negras, todas similarmente glabras en indumento; vilano con 3(4) aristas, 2-3 mm, ascendentes a erectas. Floración nov. *Claros en bosques, áreas rocosas.* CR (*Grayum et al. 9165*, MO). 0-700 m. (Mesoamérica, Colombia, Venezuela, Guayana Francesa, Bolivia, Brasil, Argentina, Cuba.)

20. Bidens triplinervia Kunth in Humb., Bonpl. et Kunth, *Nov. Gen. Sp.* folio ed. 4: 182 (1820 [1818]). Holotipo: México, Distrito Federal, *Humboldt y Bonpland s.n.* (microficha MO! ex P-Bonpl.). Ilustr.: Sherff, *Publ. Field Mus. Nat. Hist., Bot. Ser.* 16: t. CXXVI (1937).

Bidens affinis Klotzsch et Otto, *B. artemisiifolia* Poepp., *B. attenuata* Sherff, *B. canescens* Bertol., *B. consolidifolia* Turcz., *B. crithmifolia* Kunth, *B. delphinifolia* Kunth, *B. geraniifolia* Brandegee?, *B. glaberrima* DC., *B. grandiflora* DC. var. *breviloba* Kuntze, *B. grandiflora* var. *humilis* (Kunth) Kuntze, *B. hirtella* Kunth, *B. humilis* Kunth, *B. humilis* var. *macrantha* Wedd., *B. humilis* var. *tenuifolia* Sch. Bip. ex Griseb., *B. mollis* Poepp., *B. pedunculata* Phil., *B. procumbens* Kunth, *B. serrata* Pav. ex DC., *B. triplinervia* Kunth var. *boyacana* Sherff, *B. triplinervia* var. *eurymera* Sherff, *B. triplinervia* var. *macrantha* (Wedd.) Sherff, *B. triplinervia* var. *mollis* (Poepp.) Sherff, *B. triplinervia* var. *nematoidea* Sherff, *B. triplinervia* forma *octoradiata* Sherff.

Hierbas perennes 0.3-0.7(-1) m, hierbas solo en hábitats escasamente húmedos o en tierras altas; tallos varios desde un cáudice central, ascendentes a decumbentes, poco a muy ramificados, algunas veces enraizando en los nudos proximales, subteretes a ligeramente angulosos, glabros a pilosos en líneas o canescentes. Hojas 1-6 cm, de contorno ovado a triangular, muy variables en forma, 2-pinnatífidas o 3-pinnatífidas, rara vez simples o rara vez tripartitas, pecioladas; láminas cartáceas, los últimos segmentos linear-lanceolados a ovados, las superficies subglabras a densamente canescentes o blanco-pilosas, el ápice agudo a obtuso, mucronato; pecíolo por lo general angostamente alado hasta la base y formando una estría nodal, con frecuencia esparcido-piloso. Capitulescencia terminal, generalmente una sola cabezuela en los extremos de las ramas foliosas; pedúnculos 4-15 cm, delgados. Cabezuelas radiadas, c. 5 mm, 3-5 cm de diám. (rayos extendidos); involucro anchamente campanulado a hemisférico; filarios externos 8-13, 3-7 mm, más cortos que hasta subiguales a los filarios internos, lineares a angostamente espatulados, adpresos a reflexos, herbáceos pero no foliares y solo moderadamente contrastando en textura y color con los filarios internos, glabros o algunas veces piloso-vellosos, los márgenes ciliados, el ápice obtuso; filarios internos 8-12, 5.5-8 × 1.5-2 mm, lanceolados, glabros a más generalmente piloso-vellosos, el ápice obtuso o redondeado, puberulento. Flores radiadas 5-6(-10), estériles, no estilíferas; corola amarilla, el limbo 15-25(-35) × 8-15 mm, generalmente ovado, muy exerto del involucro, 15-17-nervio, el ápice diminutamente 2-denticulado o 3-denticulado. Flores del disco 30-55; corola 4-5.5 mm, amarillo a amarillento-anaranjado, los lobos c. 0.7 mm, los márgenes papilosos. Cipselas escasamente dimorfas, carbonizadas, todas generalmente más o menos recto-erectas, todas más o menos similarmente glabras a esparcidamente setulosas; cipselas externas 3-5 mm, claviforme-oblongas, obcomprimidas, rojizo-pardo; cipselas internas 6-11 mm, lineares, subcuadrangulares, negras, cada una de las 3 o 4 caras 2-sulcadas; vilano con (0)2 o 3(4) aristas, 1-3 mm, erectas, retrorso-ancistrosas. Floración jun.-mar. $2n = 24, 48, 72$. *Pastizales, bosques montanos, páramos, bosques de Pinus-Quercus, áreas rocosas, subpáramos, cráteres, laderas de volcanes.* Ch (*Ghies-*

breght 533, MO); G (*Velásquez s.n.*, microficha MO ex BOLO); H (*House 1204*, MO); ES (Berendsohn y Araniva de González, 1989: 290-2); CR (*Pruski et al. 3911*, MO); P (*Davidse y D'Arcy 10250*, MO). 1600-3600 m. (México, Mesoamérica, Colombia, Venezuela, Ecuador, Perú, Bolivia, Chile, Argentina.)

Melchert (2010a) ubicó a *Bidens geraniifolia* en la sinonimia de *B. triplinervia*, sin embargo, Strother (1999) sugirió que *B. geraniifolia*, solo una vez colectada, podría ser más bien el sinónimo de *B. chiapensis*. Aunque *B. geraniifolia* se conoce solo de material incompleto que parece tener filarios externos alargados y filarios internos glabros como en *B. chiapensis*, por sus hojas 2-pinnatífidas esta cercanamente se asemeja a *B. triplinervia* donde ha sido listada como un sinónimo provisional. Adicionalmente, Strother (1999) ubicó *B. chrysanthemifolia* en la sinonimia de *B. triplinervia* con corola radiada amarilla, la cual cercanamente se asemeja en los filarios internos pelosos. Si *B. chrysanthemifolia* fuese incluida en la sinonimia de *B. triplinervia*, ampliamente distribuida y bien conocida, debería anotarse que *B. steyermarkii* podría en turno también sumarse a esta.

59. Chrysanthellum Rich.
Adenospermum Hook. et Arn.
Por J.F. Pruski.

Hierbas anuales pequeñas o perennes de vida corta, rara vez con cáudice leñoso, glabras o casi glabras, con corolas tempranamente deciduas, y con frecuencia colectadas solamente en fruto; tallos subteretes, estriados, postrados pero nunca enraizando en los nudos o erectos. Hojas alternas o agregadas en una roseta basal por medio del acortamiento de los entrenudos proximales, simples a 2-pinnatisectas o 3-pinnatisectas, las nervaduras verde oscuro con las aréolas verde-amarillo al secarse. Capitulescencia monocéfala y largamente pedunculada a laxamente corimbosa y con pocas cabezuelas desde las ramas laterales en los nudos distales; pedúnculo delgado, descubierto o poco bracteolado. Cabezuelas inconspicuamente radiadas, con numerosas flores; involucro algunas veces angostamente caliculado, ni las corolas radiadas ni las del disco generalmente muy exertas; filarios amarillentos con varias nervaduras rojizas, imbricados, subiguales, 1-seriados o 2(3)-seriados, los márgenes escariosos, cuando en flores radiadas 3-seriados con los filarios más internos angostados y semejando páleas; clinanto aplanado, paleáceo; páleas angostas, casi tan largas o más cortas que el involucro, aplanadas, amarillentas o parduscas, los márgenes delgadamente escariosos. Flores radiadas pistiladas, 1-3-seriadas; tubo de la corola típicamente muy corto, el limbo generalmente amarillo, con 2-9-nervios oscuros, el ápice 2-dentado o rara vez profundamente bífido; estilo muy exerto. Flores del disco bisexuales (o rara vez algunas funcionalmente estaminadas); corola 4-lobada o 5-lobada, algunas veces las flores internas el doble del tamaño de las otras, generalmente amarillas, el tubo más corto que la garganta, los lobos algunas veces 3-nervios; anteras parduscas, pequeñas, generalmente incluidas, basalmente obtusas, el apéndice agudo, los filamentos glabros, el cuello alargado; estilo típicamente obviamente ramificado, las ramas linear-lanceoladas, las superficies estigmáticas proximales, lisas, el apéndice apical estéril, penicilado a claviforme, largamente papiloso, más largo que las superficies estigmáticas, en flores funcionalmente estaminadas las ramas típicamente tornándose muy exertas, sin las superficies estigmáticas proximales, y papilosas a lo largo de toda su longitud, ovarios de algunas flores funcionalmente estaminadas algunas veces escasamente aplanados, linear-estipitados, el ápice obtuso a truncado, escasamente más largo que los filarios. Cipselas no exertas del involucro, algunas veces dimorfas, con frecuencia de cuadrangulares, externamente cilíndrico-claviformes o algunas veces circinadas, internamente algunas veces aplanadas; carpóforo pequeño, no esculpido; vilano ausente o en cipselas del disco algunas veces un anillo diminutamente bicorniculado. $x = 8$. 11 spp. Neotropical, 1 sp. en los paleotrópicos.

Chrysanthellum tiene fotosíntesis C-4 y está asociada con la anatomía de Kranz. El sistema fotosintético C-4 presente en *Chrysanthellum,* así como también en los distantemente relacionados *Flaveria* y *Pectis,* sugiere que en cada grupo el sistema se ha derivado independientemente como lo ha sido muchas veces en las Angiospermas (E. Kellogg, com. pers.).

Chrysanthellum pilzii Strother se encuentra en dunas costeras arenosas a lo largo de las costas central y oriental de Oaxaca, y debería encontrarse en el suroeste de Chiapas. Esta es una planta largamente pedunculada con hojas pinnatisectas y es similar a *C. perennans,* pero difiere en los lobos de las hojas 3-7 (no 1-3) mm de ancho. Turner (1988e) preparó una sinopsis. Las bractéolas aquí llamadas calículos están laxamente organizadas, se encuentran distalmente sobre el pedúnculo, y así no parecen estar en las series externas de filarios como en los géneros relacionados *Bidens, Cosmos* y *Coreopsis.*

Bibliografía: Clewell, A.F. *Ceiba* 19: 119-244 (1975). Nash, D.L. *Fieldiana, Bot.* 24(12): 181-361, 503-570 (1976). Turner, B.L. *Phytologia* 64: 410-444 (1988).

1. Plantas subescapíferas; limbo de las corolas radiadas 6-9-nervio; cipselas radiadas circinadas. **4. C. perennans**
1. Plantas con tallos foliosos; limbo de las corolas radiadas 2-nervio o 3(-5)-nervio; cipselas radiadas cilíndrico-claviformes.
　2. Flores del disco funcionalmente estaminadas; ovario estéril, algunas veces alargado y exerto del involucro; corola radiada 5-8 mm; hojas simples; cipselas monomorfas, cilíndrico-claviformes; 15-200 m de elevación. **3. C. integrifolium**
　2. Flores del disco bisexuales, formando fruto no exerto del involucro; corola radiada 1.1-4(-5) mm; hojas simples a pinnatisectas; al menos algunas flores del disco; cipselas dimorfas, al menos algunas aplanadas; 500-1200(-1400) m de elevación.
　　3. Hojas simples a 1-pinnatífidas, los segmentos c. 3 mm de diámetro; capitulescencia monocéfala; filarios 4-5 mm; cabezuelas 4-5 mm; corola radiada 2-4(-5) mm. **1. C. americanum**
　　3. Hojas 2(3)-pinnatisectas, los lobos c. 2 mm de diámetro; capitulescencia laxamente corimbosa; filarios 2.5-3.5 mm; cabezuelas c. 3.5 mm; corola radiada 1.1(-2) mm. **2a. C. indicum** subsp. **mexicanum**

1. Chrysanthellum americanum (L.) Vatke, *Abh. Naturwiss. Vereins Bremen* 9: 122 (1887 [1885]). *Anthemis americana* L., *Sp. Pl.* 895 (1753). Lectotipo (designado por D'Arcy, 1975e [1976]): Jamaica, *Sloane Herb. Clifford 414, Buphthalmum 5* (foto MO! ex BM). Ilustr.: Nash, *Fieldiana, Bot.* 24(12): 513, t. 58 (1976).
Bidens apiifolia L., *Chrysanthellina swartzii* Cass., *Chrysanthellum procumbens* Rich., *Collaea procumbens* Spreng., *Verbesina mutica* L.

Hierbas glabras decumbentes a ascendentes; tallos 8-20 cm, con pocas a varias ramificaciones. Hojas 2-6 × 0.4-2 cm, cuando simples oblanceoladas o de contorno elíptico-ovado cuando son pinnatífidas, generalmente caulinares, simples proximalmente a 1-pinnatífidas, la base peciolariforme, los márgenes serrados a ligeramente pinnatilobados, los lobos c. 12 × 4 mm, el ápice agudo a obtuso. Capitulescencia monocéfala o rara vez laxamente corimbosa, con 3-5 cabezuelas; pedúnculos 3-7 cm, muy escasamente fistulosos muy en el ápice. Cabezuelas 4-5 mm; involucro 6-9 mm de diámetro, hemisférico, típicamente bracteolado, las bractéolas 3-6, 1-2 mm, linear-lanceoladas; filarios 10-12, 4-5 × 1.5-2.5(-3) mm, elíptico-ovados; páleas 3-4 mm, lineares. Flores radiadas 13-34; corola 2-4(-5) mm, amarilla a blanca, el limbo 0.5-1.2 mm de diámetro, linear-oblanceolado, 2(-5)-nervio. Flores del disco 20-30, al menos algunas bisexuales y formando fruto; corola 1.5-2.7 mm, infundibuliforme, (4)5-lobada, amarilla a blanca, el tubo 0.3-0.6 mm, los lobos 0.3-0.4 mm, deltados. Cipselas dimorfas; cipselas radiadas 2-3(-4) mm, cilíndrico-claviformes, pálidas, con pocas a varias costillas, las costillas algunas veces suberosas; cipselas del disco 2-3(-3.5) × c. 1 mm, obcomprimidas, de contorno oblongo, pálidas a negras, los márgenes engrosados, ciliados. *Áreas alteradas, campos, laderas, bosques de* Pinus-Quercus. Ch (*Breedlove 20071*, MO); G (Nash, 1976d: 225); H (Clewell, 1975: 165); ES (*Rohweder 3481*, MO); CR (Turner, 1988e: 428). 500-1200(-1400) m. (Mesoamérica, Cuba, Jamaica, La Española.)

Se ha visto material mesoamericano de esta especie solo de Chiapas y El Salvador. No es totalmente claro si las citas sin ejemplares de Nash (1976d) y Turner (1988e) para Guatemala y Honduras, y para Honduras por Clewell (1975) están basadas en literatura, en ejemplares de esta especie (s. str.), o en material alguna vez referido a *Chrysanthellum americanum* var. *integrifolium* [ahora tratada como *C. integrifolium*]. Reportes ocasionales de esta especie en Sudamérica y el Viejo Mundo están basados en material ahora referido a *C. indicum.*

2. Chrysanthellum indicum DC., *Prodr.* 5: 631 (1836). Holotipo: India, *Wallich 3291/401* (G). Ilustr.: Hajra et al. (eds.), *Fl. India* 12: 380, t. 102 (1995), como *C. americanum.*
Adenospermum tuberculatum Hook. et Arn., *Chrysanthellum argentinum* Ariza et Cerana, *C. tuberculatum* (Hook. et Arn.) Cabrera, *C. weberbaueri* I.C. Chung, *Plagiocheilus erectus* Rusby.

Turner (1988e) reconoció 3 subspecies y 4 variedades de *C. indicum.* Se reconocen aquí solo subspecies, incluyendo la siguiente en Mesoamérica, y por supuesto estas 3 subspecies son alopátricas. El tipo fue citado como 3231 en el protólogo.

2a. Chrysanthellum indicum DC. subsp. **mexicanum** (Greenm.) B.L. Turner, *Phytologia* 51: 291 (1982). *Chrysanthellum mexicanum* Greenm., *Proc. Amer. Acad. Arts* 39: 114 (1904 [1903]). Lectotipo (designado por Sherff y Alexander, 1955): México, Jalisco, *Pringle 3259* (GH). Ilustr.: no se encontró.
Chrysanthellum indicum DC. var. *mexicanum* (Greenm.) B.L. Turner, *Coreopsis diffusa* M.E. Jones.

Hierbas anuales decumbentes a erectas, 5-30 cm, glabras o casi glabras; tallos simples a más frecuentemente variadamente ramificados proximalmente. Hojas 1-5(-9) cm, de contorno obovado, 2(3)-pinnatisectas, todas caulinares o algunas veces agregadas basalmente, largamente pecioladas con el pecíolo de las hojas proximales con frecuencia 1/2 o más de la longitud de la hoja, los segmentos 1-5 × 1-2 mm, lineares a oblongos, el ápice generalmente agudo. Capitulescencia laxamente corimbosa, con (1-)3-5 cabezuelas, en los nudos distales con las ramas laterales frecuentemente sobrepasando el eje principal; pedúnculos 1-2.5(-4) mm. Cabezuelas 2.5-3.5 mm; involucro 3-4 mm de ancho llegando hasta 4-7 mm de ancho cuando lateralmente patente en fruto, campanulado, típicamente abrazado por 1 o 2(3) bractéolas lineares; filarios 8-13, 2.5-3.5 × 1-2 mm, elíptico-ovados a obovados; páleas 2-2.5 mm, filiformes a lineares. Flores radiadas 8-13; corola 1.1(-2) mm, amarilla o amarillo dorado, al secarse blanca, el limbo 0.3-0.5 mm de diámetro, linear-oblanceolado, 2-nervio. Flores del disco 10-25, todas generalmente bisexuales y formando frutos; corola c. 1 mm, amarilla, 4-lobada o 5-lobada, los lobos c. 0.2 mm, triangulares. Cipselas dimorfas; cipselas radiadas 2.3-3.5 mm, pardo pálido, cilíndrico-claviformes, ligeramente acostilladas, glabras; cipselas del disco 2.3-3 × c. 1 mm, obcomprimidas, de contorno oblongo, pardo oscuro con márgenes angostos pardo-amarillento, ciliadas, ligeramente estriadas. $2n = 16$. *Bosques deciduos, áreas alteradas, bosques de* Pinus-Quercus, *áreas húmedas.* Ch (*Purpus 9116*, MO); G (Nash, 1976d: 225); N (*Moreno 21991*, MO). 900-1100 m. (C. y S. de México, Mesoamérica.)

Nash (1976d) citó la especie como ocurriendo a 2000 metros de altura, pero el material mesoamericano que se ha visto no llega a más de 1100 metros.

3. Chrysanthellum integrifolium Steetz in Seem., *Bot. Voy. Herald* 160 (1854). Holotipo: Panamá, *Steetz 601* (imagen en Internet! ex BM). Ilustr.: D'Arcy, *Ann. Missouri Bot. Gard.* 62: 1185, t. 80 (1975 [1976]), como *C. americanum* var. *integrifolium.*

Chrysanthellum americanum (L.) Vatke var. *integrifolium* (Steetz) Alexander.

Hierbas anuales algunas veces suculentas, glabras o subglabras, 5-30 cm, en principio arrosetadas; tallos inicialmente erectos y pronto postrados, simples a poco ramificados. Hojas 1.5-7(-11) × 0.5-1.5(-2.5) cm, oblanceoladas a cuneado-espatuladas, basales y más típicamente por lo general caulinares, simples o muy rara vez con pocos dientes proximales similares a lobos de c. 5 mm de profundidad, la base largamente atenuada peciolariforme, los márgenes distales serrados, el ápice obtuso a redondeado. Capitulescencia monocéfala al final de cada rama; pedúnculo 5-15 cm, en ocasiones 1-bracteolado o 2-bracteolado, algunas veces esparcidamente puberulento apicalmente donde es ampliado y fistuloso. Cabezuelas 5-8 mm; involucro (5-)8-12 mm de diámetro, campanulado, típicamente bracteolado, bractéolas 3-6, (1-)2-3.5 × c. 0.8 mm de diámetro, triangulares a linear-lanceoladas; filarios c. 13, 5-6 × 1.5-3 mm, elíptico-ovados; páleas c. 3.5 mm, lineares. Flores radiadas 21-24(-55), 2-seriadas o 3-seriadas; corola 5-8 mm, amarilla, el tubo c. 1 mm, el limbo 1-1.5 mm de diámetro, linear-oblanceolado, 2-nervio o 3-nervio. Flores del disco 25-35, funcionalmente estaminadas; corola 3.5-4 mm, infundibuliforme a angostamente campanulada, (4)5-lobada, amarilla, el tubo c. 1 mm, los lobos c. 0.4 mm, deltados; estilo largamente bífido, las ramas peniciladas a claviformes, sin superficie estigmática, el ovario estéril, algunas veces linear-estipitado, algunas veces exerto del involucro. Cipselas 3-4 mm, cilíndrico-claviformes, anchamente 8-10-acostilladas, pardo oscuro. *Áreas alteradas, laderas en matorrales, campos, sabanas, áreas húmedas.* Ch (*Clarke 470*, MO); H (*Davidse y Pilz 31658*, MO); ES (Turner, 1988); N (*Moreno 9849*, MO); CR (*Heithaus 276*, MO); P (*Nee 6811*, MO). 15-200 m. (S. México, Mesoamérica.)

Los ovarios, cuando linear-estipitados, son similares en apariencia a las páleas lineares pero son menos aplanados, sin los márgenes escariosos y obtusos a truncados apicalmente.

4. Chrysanthellum perennans B.L. Turner, *Phytologia* 51: 293 (1982). Holotipo: México, Oaxaca, *King 463* (LL). Ilustr.: Turner, *Phytologia* 64: 438, t. 8 (1988).

Hierbas anuales glabras, erectas, subescapíferas o perennes de vida corta con 1-4 rosetas por corona radical, cada una produciendo una sola cabezuela sobre un pedúnculo alargado. Hojas 2-7 × 1.5-3 cm, pinnatisectas con 3-5(-7) lobos, largamente pecioladas, basales o congestas proximalmente, los lobos 3-20 × 1-3 mm, linear-lanceolados, el distal progresivamente reducido, el ápice agudo. Capitulescencia escapífera, monocéfala, 1-4 por planta; pedúnculo 7-15(-20) cm. Cabezuelas c. 6 mm; involucro 6-9 mm de diámetro, turbinado, las bractéolas 3-5, 1-1.5 mm, ciliadas, el ápice acuminado; filarios 8-10, 3.5-5.5 × 2-3 mm, elíptico-lanceolados; páleas c. 2.5 mm, lineares. Flores radiadas c. 13; corola 6-8 mm, amarillo dorado, el limbo c. 2 mm de diámetro, angostamente oblanceolado, 6-9-nervio, profundamente bífido. Flores del disco 20-30, funcionalmente estaminadas; corola 2.8-3 mm, infundibuliforme, amarillo dorado, 5-lobada, el tubo c. 0.8 mm, los lobos c. 0.5 mm, deltados. Cipselas 2-4 mm, circinadas, cara abaxial equinada. *Orillas arenosas de caminos.* 100-900 m. (México [Oaxaca].)

Esta especie se conoce solo de unas pocas colecciones y aún no ha sido colectada, pero es esperada en Chiapas. Esta puede razonablemente esperarse en Mesoamérica, debido a que la localidad tipo en Oaxaca es por dentro de 50 km de la frontera con Chiapas, donde se encuentran hábitats similares.

60. Coreopsis L.

Por J.F. Pruski.

Hierbas anuales o perennes de talla moderada a algunas veces arbustos o rara vez árboles pequeños; tallos generalmente erectos, glabros o diversamente pelosos, foliosos o algunas veces las hojas basales, la

médula sólida, las raíces no tuberosas. Hojas simples a pinnatífidas, opuestas o rara vez alternas, pecioladas o sésiles; láminas con las superficies no glandulosas, glabras o diversamente pelosas. Capitulescencia de una sola cabezuela o laxamente corimbosa a paniculada; pedúnculos 0.5-15 cm. Cabezuelas radiadas, pequeñas a medianas, rara vez más de 50(-80) mm a través de los rayos extendidos; involucro cilíndrico a hemisférico; filarios generalmente 2-seriados y dimorfos, muy brevemente connatos muy en la base; filarios externos generalmente 5-8(-13), generalmente más cortos a mucho más cortos que los filarios internos, típicamente herbáceos y verdes, con frecuencia ligeramente 2-seriados, generalmente glabros completamente o rara vez los márgenes ciliados o muy en la base pelosos, conspicuos, patentes a reflexos; filarios internos lineares a oblongos u ovados, generalmente mayores que los filarios externos, cartáceo-membranáceos con los márgenes escariosos, pardos a amarillentos o rojizos, estriados; clinanto aplanado a convexo, paleáceo; páleas lineares o subuladas hasta algunas veces ovadas, aplanadas o escasamente cóncavas, membranáceas, típicamente glabras, deciduas, rara vez caedizas con y adnatas a los filarios internos, el ápice acuminado a obtuso. Flores radiadas 8(5-13, o más en cultivares dobles), generalmente estériles o estilíferas y estériles, rara vez fértiles, típicamente 1-seriadas (cultivares con frecuencia 2-seriadas); corola generalmente amarilla o amarillo-anaranjado, algunas veces con una mácula roja medial o proximal, el limbo oblongo a obovado-cuneado, exerto, adaxialmente papiloso, el ápice entero o 3-dentado o 4-dentado. Flores del disco 8-50, bisexuales, las externas o en ocasiones todas modificadas y de apariencia similar a las del radio en plantas cultivadas; corola angostamente infundibuliforme o algunas veces campanulada, brevemente 4-lobada o 5-lobada, amarilla o los lobos rara vez pardos o purpúreos, el tubo subigual o más corto que la garganta, la garganta angostamente infundibuliforme, conductos de resina uno solo o pareados, los lobos triangulares; antera con las tecas y el apéndice generalmente negruzcos o generalmente pálidos en la sección típica, el apéndice no glanduloso, la base redondeada a cortamente sagitada, los filamentos glabros; estilo obviamente ramificado, la base no nodular, las ramas lineares a oblongas, con frecuencia dilatadas, algunas veces apendiculadas, algunas veces con el extremo caudado, rara vez casi truncado, largamente papiloso. Cipselas oblongas a ovadas u orbiculares, básicamente monomorfas, marcadamente obcomprimidas, típica y anchamente aladas, sin rostro, el cuerpo negro, liso o débilmente estriado y no papiloso-carbonizado, las caras glabras a vellosas, alas membranáceas a suberosas, enteras a incisas, algunas veces cilioladas, aplanadas a incurvadas; vilano con (0-)2 aristas, cerdas o escuámulas, robustas, lisas o antrorsamente uncinadas, nunca retrorsamente uncinadas. n = generalmente 12, 13, 14. Aprox. 100 spp. Generalmente en el continente americano.

Este tratamiento se basa en su mayoría en los trabajos de Sherff (1936) y Sherff y Alexander (1955). *Coreopsis pinnatisecta* S.F. Blake se encuentra en Oaxaca y debería encontrarse en los alrededores de Chiapas.

Similarmente, *Coreopsis petrophila* A. Gray et S. Watson, *C. petrophiloides* B.L. Rob. et Greenm. y *C. rhyacophila* Greenm. podrían encontrarse en Chiapas ya que se encuentran al oeste de Oaxaca. No se pudo verificar el reporte de *Coreopsis pubescens* Elliott (N.v.: hoja de poeta) por Standley y Calderón (1941: 371) en El Salvador. *Coreopsis pubescens* es una hierba perenne con hojas típicamente simples, el ápice de las páleas caudado-atenuado, las flores radiadas estériles con el limbo de las corolas completamente amarillo, las flores del disco con apéndices atenuado-cuspidados en las ramas del estilo, las anteras pálidas y cipselas ampliamente aladas; es muy similar a *C. lanceolata* (ambas especies pertenecen a la sect. *Coreopsis*, con *C. lanceolata* siendo el tipo del género), de la cual esta difiere por los tallos distalmente foliosos casi en toda su longitud. Puede ser posible que plantas llamadas *C. lanceolata* por Standley (1938) y *C. pubescens* por Standley y Calderón (1941) se refieran a un único taxón o tal vez que *C. pubescens* ha sido menos cultivada en jardines mesoamericanos. *Co-*

reopsis tinctoria pertenece a la sect. *Calliopsis* (Rchb.) Nutt. (Sherff y Alexander, 1955), la cual está todavía retenida en el grupo de rayos estériles de *Coreopsis* s. str. Más recientemente, Mesfin Tadesse y Crawford (2014 [2013]) y Pruski et al. (2015) excluyeron de *Coreopsis* a miembros de la sección *Electra* (incluyendo *C. mutica*) y la sect. *Leptosyne* (DC.) O. Hoffm., los cuales tienen rayos fértiles. Claves seccionales en *Coreopsis* fueron dadas por Mesfin Tadesse et al. (1995b) y Mesfin Tadesse y Crawford (2014 [2013]). La citotaxonomía de la sección *Electra* y especialmente de *C. mutica* fue estudiada por Crawford (1970, 1982). Especie similar a *C. rhyacophila* por las raras páleas largamente pilosas que parecen genéricamente distintas de *Coreopsis*, y debe esperarse en Chiapas and Guatemala. Es muy posbile que tal especie se haya originalmente identificado erróneamente como *Bidens, Coreopsis* o *Cosmos*.

Bibliografía: Crawford, D.J. *Brittonia* 22: 93-111 (1970); 34: 384-387 (1982). Mesfin Tadesse et al. *Compositae Newslett.* 27: 11-30 (1995); *Nordic J. Bot.* 32: 80-91 (2014 [2013]). Pruski, J.F. et al. *Phytoneuron* 2015-68: 1-17 (2015). Reveal, J.L. en Jarvis, C.E. et al. *Regnum Veg.* 127: 1-100 (1993). Standley, P.C. *Publ. Field Mus. Nat. Hist., Bot. Ser.* 18: 1137-1571 (1938). Standley, P.C. y Calderón, S. *Lista Pl. Salvador* ed. 2, 274-290, 370-371 (1941).

1. Hierbas perennes; hojas típicamente no partidas; limbo de las corolas radiadas completamente amarillo; corolas del disco 5-lobadas; antera con tecas y apéndices pálidos; ramas del estilo con apéndices atenuado-cuspidados; cipselas anchamente alado-membranáceas, el vilano con 1 o 2 escuámulas. **1. C. lanceolata**
1. Hierbas anuales; hojas 1-pinnatisectas o 2-pinnatisectas; limbo de las corolas radiadas de dos colores, amarillo distalmente con una mácula grande rojizo-pardo proximalmente; corolas del disco 4-lobadas; antera con tecas y apéndices negros; ramas del estilo con ápices convexos o casi truncados, los apéndices no obvios; cipselas sin alas o angostamente aladas; vilano típicamente ausente. **2. C. tinctoria**

1. Coreopsis lanceolata L., *Sp. Pl.* 908 (1753). Lectotipo: (designado por Reveal en Jarvis et al., 1993): United States, *Herb. Clifford 420, Coreopsis no. 1* (imagen en Internet! ex BM). Ilustr.: Britton y Brown, *Ill. Fl. N. U.S.* ed. 2, 3: 490 (1913). N.v.: Chispa, margarita amarilla, CR.

Hierbas perennes, 0.1-0.5 m; tallos varios-numerosos desde un cáudice corto, no estoloníferos, subhexagonal-acostillados, glabros a largamente vellosos especialmente proximalmente, las hojas basales y proximal-caulinares remotas distalmente, erectas a patentes. Hojas 3-14 × 0.5-1.9 cm, espatuladas o lanceoladas, típicamente no partidas o rara vez con 1 o 2 lobos laterales, largamente pecioladas o las distales subsésiles; pecíolo (0.1-)1-5 cm. Capitulescencia con 1-pocas cabezuelas; pedúnculos 8-30 cm, generalmente tan largos o más largos que la parte foliosa de la planta, sin brácteas. Cabezuelas moderadamente grandes; involucro hemisférico; filarios externos generalmente 5-10 × 3-4 mm, triangulares, verdes pero no todos marcadamente estriados, glabros, contiguos en la base, los márgenes angostamente escariosos, con frecuencia fimbriados distalmente, patentes lateralmente; filarios internos 8-12 mm, más anchos que los externos, ovados, amarillo-verde, pluriestriados, glabros, adpresos proximalmente y lateralmente patentes en el extremo distal generalmente debajo de las flores radiadas asociadas; páleas no muy similares a los filarios internos, caudado-atenuadas en el ápice. Flores radiadas estériles; limbo de la corola 15-30 mm, obovado-cuneado, completamente amarillo, el ápice irregularmente (3)4(5)-dentado, los lobos centrales dispuestos por encima del grupo de lobos laterales inferiores. Flores del disco: corola 5-7 mm, 5-lobada, la garganta con conductos de resina pareados; antera con las tecas y el apéndice pálidos; ramas del estilo con apéndice atenuado-cuspidado. Cipselas 2.5-4 mm, ovadas a orbiculares, incurvadas, el cuerpo negro, alas anchas, casi 1/2 del ancho del cuerpo, delgadas, pajizas, enteras; vilano con 1 o 2 escuámulas, 0.3-0.8 mm. $2n = 26$.

Cultivada y algunas veces escapando. ES (Standley y Calderón, 1941: 370); CR (Standley, 1938: 1447). 1000-1500 m. (Nativa de Canadá, Estados Unidos; ampliamente cultivada en el resto del mundo y algunas veces escapando.)

Se espera encontrar *Coreopsis lanceolata* en Guatemala.

2. Coreopsis tinctoria Nutt., *J. Acad. Nat. Sci. Philadelphia* 2: 114 (1821). Holotipo: Estados Unidos, *Nuttall s.n.* (imagen en Internet ex PH!). Ilustr.: Cronquist, *Intermount. Fl.* 5: 45 (1994).

Calliopsis tinctoria (Nutt.) DC., *Diplosastera tinctoria* (Nutt.) Tausch.

Hierbas anuales, con raíces axonomorfas, 0.3-0.9 m; tallo uno solo pero ramificado distalmente, acostillado, esparcido folioso en toda su longitud; follaje glabro. Hojas generalmente 4-10 cm, 1-pinatisectas o 2-pinnatisectas, los últimos segmentos 5-10, 0.1-0.3(-0.5) cm de diámetro, lineares. Capitulescencia abierta, corimboso-paniculada, con varias cabezuelas; pedúnculos generalmente 2-5 cm. Cabezuelas de tamaño mediano, 5-10 mm de diámetro a través del disco; filarios externos 1.5-2.5 mm, deltados, 3-5-estriados, subimbricados en la base, pálido-verdosos, los márgenes anchamente escariosos, glabros, laxamente ascendentes; filarios internos 4-9 mm, lanceolado-ovados, amarillentos o con frecuencia matizados de rojizo, pluriestriados, glabros, adpresos; páleas no muy similares a los filarios internos, gradualmente atenuadas distalmente. Flores radiadas estériles; limbo de la corola 11-17 mm, obovado-cuneado, bicoloreado, amarillo distalmente con una mácula pardo-rojiza grande proximalmente, irregularmente 3(4)-dentado en el ápice. Flores del disco: corola 2.5-3 mm, 4-lobada, la garganta con un solo conducto resinoso o al menos los conductos resinosos no obviamente pareados, el limbo con frecuencia matizado de rojizo distalmente; antera con las tecas y el apéndice negros; las ramas del estilo convexas o casi truncadas en el ápice, sin apéndices obvios, largamente papilosas en semicírculo por encima de las líneas estigmáticas. Cipselas 1.5-3 mm, oblongas, sin alas o angostamente aladas, el vilano típicamente ausente, algunas veces diminutamente coroniformes o escuamulosas. $2n = 26$. *Cultivada y algunas veces escapando*. ES (Standley y Calderón, 1941: 371); CR (Standley, 1938: 1447). 1000-2000 m. (Nativa de Canadá, Estados Unidos; ampliamente cultivada en todo el mundo y algunas veces escapando.)

Se espera encontrar *Coreopsis tinctoria* en Guatemala.

61. **Cosmos** Cav.
Por J.F. Pruski.

Hierbas anuales o perennes hasta algunas veces subarbustos, las raíces algunas veces tuberosas; tallos erectos o ascendentes, ramificados en toda su longitud o un tallo simple y poco ramificado distalmente solo cerca de la capitulescencia, estriados, algunas veces al prensar angulosos, subglabros a algunas veces pilosos o algunas veces híspidos, la médula sólida. Hojas mayormente caulinares, opuestas, generalmente 1-3-pinnatífidas a algunas veces simples, a menudo angostamente alado-subpeciolares hasta la base, cartáceas o subcoriáceas, las nervaduras generalmente pinnadas, cuando lobadas los lobos opuestos o subopuestos, las superficies generalmente glabras, algunas veces puberulentas o escabriúsculas a piloso-híspidas, los márgenes generalmente enteros. Capitulescencia terminal, de pocas cabezuelas largamente pedunculadas hasta algunas veces abiertamente corimboso-paniculada. Cabezuelas radiadas (rara vez discoides), globosas en yema y abrazadas por la serie externa de filarios patentes, en la antesis con frecuencia pateliformes con los limbos de las corolas radiadas frecuentemente patentes lateralmente (con frecuencia cóncavos y volteados hacia arriba), las corolas del disco frecuentemente exertas como un cilindro o cupuliformes sostenidas muy por encima de las corolas radiadas patentes; filarios externos por lo general lateralmente patentes, el involucro interno turbinado a crateriforme; filarios generalmente 2-seriados y dimorfos, los filarios de las 2 series con frecuencia desiguales, generalmente glabros, persistentes; filarios de series externas 5-8, con frecuencia herbáceos y verdes; filarios de series internas más anchos que los filarios externos, cartáceo-membranáceos, con frecuencia amarillentos, estriados, las estrías algunas veces amarillentas o rojizas, los márgenes generalmente escariosos; clinanto aplanado, paleáceo; páleas lineares y planas hasta linear-lanceoladas y ligeramente cóncavas proximalmente, por lo general gradualmente transicionales desde los filarios internos, deciduas, estriadas a algunas veces muy obviamente estriadas, el ápice obviamente largamente caudado. Flores radiadas generalmente (0-)5-8(-16 en plantas cultivadas), estériles; corola amarillenta, anaranjada, rosácea, o purpúrea a algunas veces blanca, el limbo oblongo a cuneado, generalmente muy exerto, las nervaduras accesorias generalmente 10, el ápice con frecuencia truncado y entero a fuertemente lobado. Flores del disco 10-80, bisexuales; corola tubular-infundibuliforme, brevemente (4)5-lobada, típicamente amarilla o anaranjada al menos distalmente, la unión del tubo-garganta o los lobos algunas veces setulosa, el tubo más corto que la garganta, los lobos deltados o triangulares, papilosos por dentro; antera con tecas generalmente negruzcas, el apéndice anchamente ovado, los filamentos piloso-hirsutos; estilo obviamente ramificado, apendiculado, las ramas ligeramente aplanadas, el ápice deltado-aristado con el apéndice obvio, patente-papiloso, la superficie estigmática por lo general obviamente con 2 bandas. Cipselas monomorfas, fusiformes, no aplanadas, típicamente sin alas, erectas o con frecuencia curvadas hacia afuera cuando maduras, largamente atenuadas distalmente, con frecuencia obviamente rostradas con rostro subterete, el cuerpo cuadrangular en sección transversal (cipselas periféricas algunas veces indistintamente obcomprimidas), glabras en toda la superficie o generalmente solo los ángulos del cuerpo pelosos, las caras longitudinalmente sulcadas, carpóforo anular; vilano con (0-)1-5(-8) aristas, mucho más corto que las cipselas, las aristas retrorsamente uncinadas, erectas a reflexas, generalmente persistentes. $x = 12, 17$. 25-36 spp. Generalmente México hasta Sudamérica andina; ampliamente introducido en América templada y el Viejo Mundo, algunas veces persistiendo.

Dos especies anuales nativas en México (*Cosmos bipinnatus* y *C. sulphureus*) son comúnmente cultivadas, y en su mayoría adventicias en Estados Unidos, Mesoamérica, Sudamérica, las Antillas y el Viejo Mundo (Melchert, 2010b; Sherff, 1932, Sherff y Alexander, 1955). Los ejemplares con rayos anaranjados de *C. sulphureus* a menudo son erróneamente identificados como *C. caudatus*, similar en las hojas pero con flores rosadas. *Cosmos caudatus* es la especie más común en Mesoamérica, presente en todas las 12 divisiones políticas, y aunque es ocasionalmente cultivada parece ser nativa de América tropical (Melchert, 1990, 2010b; Sherff, 1932, Sherff y Alexander, 1955). Los nombres comunes presentados más adelante son mayormente de la literatura, y al menos algunos dados para *C. caudatus* (cambray en El Salvador y flor de muerto en Costa Rica) y *C. sulphureus* (flor de muerto en El Salvador y cambray en Costa Rica) parece que son erróneos.

Bibliografía: Melchert, T.E. *Phytologia* 69: 200-215 (1990); *Phytologia Mem.* 15: 82-105 (2010). Sherff, E.E. *Publ. Field Mus. Nat. Hist., Bot. Ser.* 8: 401-447 (1932). Sherff, E.E. y Alexander, E.J. *N. Amer. Fl.* ser. 2, 2: 130-146 (1955).

1. Hojas profundamente pinnatisectas, los lobos lineares o filiformes y del mismo ancho.
  2. Hierbas anuales con un solo tallo ramificado solo distalmente cerca de la capitulescencia; flores radiadas en general 8; filarios casi subiguales a muy obgraduados, las series externas casi tan largas como las series internas hasta mucho más largas que estas; páleas obvia y largamente caudadas apicalmente; cipselas rostradas. **1. C. bipinnatus**
  2. Hierbas perennes con varios tallos hasta subarbustos; flores radiadas 5(6); filarios desiguales, graduados, las series externas 1/2-2/3 de la longitud de las series internas; páleas gradualmente angostadas apicalmente;

cipselas gradualmente angostadas distalmente pero no obviamente rostradas. **3. C. crithmifolius**
1. Hojas no lobadas o 3-5-pinnatilobadas a más generalmente pinnatífidas, los últimos lobos linear-lanceolados a oblongos u oblongo-lanceolados, más anchas cerca de la mitad o al menos obviamente angostadas apicalmente y no uniformes en ancho.
  3. Hierbas perennes subescapíferas a proximalmente con un tallo folioso; hojas no lobadas o 3-5-pinnatilobadas; filarios con nervios oscuros conspicuos, algunas de las nervaduras interrumpidas; cipselas gradualmente angostadas distalmente pero no obviamente rostradas. **4. C. diversifolius**
  3. Hierbas anuales con un solo tallo; hojas pinnatífidas; filarios nunca con nervios oscuros conspicuos, las nervaduras nunca interrumpidas; cipselas obviamente rostradas.
    4. Corolas radiadas rosadas a casi blancas, el limbo por lo general solo moderadamente exerto del involucro; filarios típicamente casi subiguales; filarios externos generalmente 3-nervios, los márgenes con frecuencia escabroso-ciliados. **2. C. caudatus**
    4. Corolas radiadas anaranjadas a amarillo-anaranjadas o rara vez amarillas, el limbo muy exerto del involucro; filarios generalmente desiguales en la antesis; filarios externos 3-5-nervios, completamente glabros o los márgenes algunas veces escabroso-ciliados. **5. C. sulphureus**

1. Cosmos bipinnatus Cav., *Icon.* 1: 10 (1791). Tipo: cultivado en Madrid, de México, *Anon. s.n.* (MA). Ilustr.: Rzedowski y Calderón de Rzedowski, *Fl. Bajío* 157: 156 (2008). N.v.: Girasol morado, mirasol, Ch.

Bidens formosa Sch. Bip., *B. lindleyi* Sch. Bip., *Coreopsis formosa* Bonato, *Cosmos bipinnatus* Cav. var. *exaristatus* DC., *C. tenuifolius* (Lindl. ex DC.) Lindl., *Galatella hauptii* (Ledeb.) Lindl. ex DC. var. *tenuifolia* (Lindl. ex DC.) Avé-Lall. *G. tenuifolia* Lindl. ex DC., *Georgia bipinnata* (Cav.) Spreng.

Hierbas anuales de tallo simple, 0.5-2 m, la raíz axonomorfa, poco ramificadas distalmente; tallos subteretes, glabros a hírtulos. Hojas 3-11 cm, profundamente 2(3)-pinnatisectas, los últimos lobos generalmente 0.5-3 × 0.05-0.2 cm, de ancho uniforme, lineares o filiformes, generalmente las superficies glabras y los márgenes escabriúsculos, el ápice endurecido. Capitulescencia paucicéfala, difusa; pedúnculos 10-20(-30) cm. Cabezuelas 8-15 mm, 5-7(-8) cm de diám. (rayos extendidos) en la antesis, frutos maduros no obviamente exertos, generalmente muy vistosas; involucro interno 7-12 mm, campanulado; filarios generalmente casi subiguales a muy obgraduados, con los nervios no conspicuamente oscuros, los filarios de las series externas casi tan largos hasta mucho más largos que los de las series internas; filarios externos 8-11, 6-14(-17) × 1-3 mm, generalmente ovados a piriformes, algunas veces lanceolados, las bases casi contiguas, moderadamente 5-7-nervios, las nervaduras continuas, los márgenes con frecuencia ciliolados, el ápice por lo general frecuentemente caudado a subulado; filarios internos c. 8, 8-13 × 3-5 mm, ovados, el ápice obtuso a redondeado; páleas largamente caudadas apicalmente. Flores radiadas en general 8; corola rosada o purpúrea a casi blanca, el limbo 15-30(-45) × 8-20(-30) mm, obovado, muy exerto del involucro, algunas veces escasamente sobrelapado hasta anchamente sobrelapado proximalmente, el ápice redondeado a subtruncado, ondulado-lobado. Flores del disco 30-60; corola 5-7 mm, el tubo c. 1 mm, los lobos c. 1.5 mm. Cipselas (incluyendo el rostro) 5-18 mm, cipselas externas las más cortas, cipselas internas obviamente rostradas, glabras a pardo-amarillento-tuberculadas o el rostro hispídulo; vilano con 0-3 aristas, 1-1.5(-3) mm, ascendentes a erectas. Floración ago.-dic. $2n = 24$. *Cultivada en jardines pero con frecuencia escapando, sitios alterados, matorrales xerófilos, bosques de* Quercus, *orillas de caminos.* Ch (*Ventura y López 4221*, MO); G (*Palacios s.n.*, MO); H (Nelson, 2008: 160); ES (Standley y Calderón, 1941: 278); CR (Strother, 1999: 41). 1500-2300 m. (México, Mesoamérica; generalmente cultivada y escapando en S. Estados Unidos, Colombia, Venezuela, Guyana, Perú, Bolivia, Brasil, Argentina, Antillas Mayores, Antillas Menores, Asia, África, Australia, Islas del Pacífico.) *Cosmos bipinnatus* es probablemente nativa de México, y cultivada y/o adventicia en el resto del mundo.

2. Cosmos caudatus Kunth in Humb., Bonpl. et Kunth, *Nov. Gen. Sp.* folio ed. 4: 188 (1820 [1818]). Holotipo: Cuba, *Humboldt y Bonpland s.n.* (imagen en Internet! ex P-Bonpl.). Ilustr.: Pruski, *Mem. New York Bot. Gard.* 76(2): 103, t. 37 (2002). N.v.: Chactsul, chacxul, estrella del mar, Y; Chak tsul, estrella del mar, QR; wild cosmos, B; cambray, cambray rojo, H; cambray, cambray rojo, mozote-doradilla, ES; flor de muerto, CR.

Bidens artemisiifolia Kunze var. *caudata* (Kunth) Kuntze, *B. artemisiifolia* var. *rubra* Kuntze, *B. berteriana* Spreng., *B. caudata* (Kunth) Sch. Bip., *Cosmos pacificus* Melchert var. *chiapensis* Melchert.

Hierbas anuales de tallo simple, hasta 1.5(-3) m, la raíz axonomorfa, ramificadas solo en 1/2 distal en la capitulescencia; tallos subteretes, esparcidamente piloso-hirsutos a glabros. Hojas 8-27 × 2.5-12 cm, de contorno anchamente triangular a ovado, (1)2-pinnatífidas o 3-pinnatífidas, los segmentos primarios 7-11, al menos los mayores en general nuevamente lobados, los últimos lobos generalmente 1.5-4 × 0.3-0.8 cm, oblongo-lanceolados, más amplios cerca del 1/2 o al menos obviamente angostados apicalmente y no uniformes en anchura, las nervaduras reticuladas, las superficies glabras o algunas veces puberulentas sobre las nervaduras, rara vez suavemente velutinas entre las nervaduras, los márgenes generalmente escabriúsculos, el ápice angostamente agudo a atenuado. Capitulescencia c. 50 × 50 cm, difusa, cada última ramita con 1-pocas cabezuelas; pedúnculos generalmente 7-15(-20) cm. Cabezuelas generalmente 8-12 mm, 2.5-3 cm de diám. (rayos extendidos) en la antesis, solo moderadamente vistosas, hasta 35 mm en fruto maduro, rápidamente pasando a fruto o al menos con más frecuencia colectada en fruto muy exerto; involucro interno 7-11 mm, campanulado; filarios típicamente casi subiguales, nunca con nervios oscuros conspicuos, las nervaduras nunca interrumpidas; filarios externos c. 8, 6-11(-20) × 1-2 mm, lineares-lanceolados a lanceolados u oblanceolados, generalmente 3-nervios, las nervaduras laterales tenues, la base no notablemente más ancha que la mitad, no contiguos basalmente, los márgenes con frecuencia escabroso-ciliados pero las superficies por lo demás glabras, el ápice acuminado a atenuado; filarios internos c. 8, 8-11 × 2-3 mm, oblongos, con frecuencia rosáceos, el ápice agudo a obtuso, algunas veces escasamente dilatado y fimbriado. Flores radiadas c. 8; corola rosada (luego algunas veces más pálida proximalmente) hasta casi blanca, el limbo 10-15(-18) × 3-4 mm, oblongo a obovado, generalmente solo moderadamente exerto del involucro, generalmente sobrelapado solo proximalmente, generalmente 3-lobado apicalmente, los lobos algunas veces hasta c. 2 mm. Flores del disco generalmente 12-30; corola 5.5-7.5 mm, el tubo c. 1.5 mm, los lobos 1-1.8 mm. Cipselas (incluyendo el rostro) 15-30(-35) mm, curvadas, obviamente rostradas, rostro casi tan largo como el cuerpo, hispídulas distalmente; vilano con (0)2-3(-5) aristas, muy exertas del involucro cuando maduras, las dos aristas más largas 2-4.5 mm, por lo general ampliamente divergentes a reflexas, una tercera arista reducida hasta c. 0.5 mm con frecuencia presente. Floración durante todo el año. 2*n* = (24? o) 48. *Claros, áreas cultivadas, áreas alteradas, pastizales, potreros, orillas de caminos, bosques semideciduos, matorrales.* T (*Cowan 3174*, MO); Ch (*Breedlove 20185*, NY); Y (*Gaumer 2505*, F); C (*Ramírez 58*, MO); QR (*Gaumer 2075*, US); B (*Arvigo et al. 139*, NY); G (*Heyde y Lux 3793*, NY); H (*Molina R. y Molina 31842*, MO); ES (*Calderón 1242*, US); N (*Kral 69285*, MO); CR (*Skutch 2409*, MO); P (*Fendler 173*, MO). 0-1500 m. (S. Estados Unidos, México, Mesoamérica, Colombia, Venezuela, Guayanas, Ecuador, Perú, Bolivia, Brasil, Cuba, Jamaica, La Española, Puerto Rico, Islas Vírgenes, Antillas Menores, Trinidad y Tobago; en ocasiones cultivada y adventicia en Asia e Islas del Pacífico.)

Cosmos caudatus es básicamente una especie tetraploide. Aunque Melchert (1990, 2010b) registró *C. pacificus* var. *chiapensis* como siendo diploide, aquí es tratada en sinonimia de la por lo demás tetraploide *C. caudatus* como en Strother (1999). *Cosmos caudatus* var. *exaristatus* Sherff prueba ser consistentemente diploide, sin embargo, es aquí tratada como *C. pacificus* Melchert como en Melchert (1990, 2010b). El nombre común dado en Carnevali et al. (2010) es presumiblemente en referencia a otro taxón.

3. Cosmos crithmifolius Kunth in Humb., Bonpl. et Kunth, *Nov. Gen. Sp.* folio ed. 4: 190 (1820 [1818]). Holotipo: México, Michoacán, *Humboldt y Bonpland s.n.* (imagen en Internet ex P-Bonpl.!). Ilustr.: D'Arcy, *Ann. Missouri Bot. Gard.* 62: 1189, t. 81 (1975 [1976]). N.v.: Cosmin, culantrillo de monte, flor de cinco estrellas, H.

Bidens sartorii Sch. Bip., *B. valladolidensis* Sch. Bip.

Hierbas perennes subglabras, con muchos tallos o subarbustos hasta 1 m, el cáudice leñoso; tallos algunas veces 4-6-angulados, algunas veces esparcida y diminutamente escabriúsculos. Hojas 5-15 cm, profundamente pinnatisectas con 3-7 lobos o la mayoría de las hojas distales no lobadas, subcoriáceas, los lobos 3-10 × 0.1-0.3(-0.5) cm, lineares o filiformes, uniformes en ancho, en un ángulo de c. 45° con la vena media prominente, uniforme y ampliamente espaciados a lo largo de la vena media, el tallo formado de 3-nervaduras cercanas y la porción proximal de la vena media cercanamente marginados por un par de nervaduras delgadas, pero los lobos 1-nervios con nervaduras secundarias indistintas, glabras en toda la superficie o los márgenes y vena media algunas veces diminutamente escabriúsculos, el ápice extremadamente afilado. Capitulescencia con 1-7 cabezuelas; pedúnculos 4-13(-20) cm, no escapiformes. Cabezuelas 10-18 mm, 3-5 cm de diám. (rayos extendidos) y moderadamente vistosas en la antesis; involucro interno 7-12(-14) mm, turbinado a angostamente campanulado; filarios desiguales, graduados con los de las series externas 1/2-2/3 de la longitud de los de las series internas, con nervios escasamente pardos, las nervaduras continuas y nunca obviamente interrumpidas, completamente glabros o los de las series internas con el ápice puberulento; filarios externos 7-8(-12), 3-6(-9) mm, lanceolados, 3-5-nervios, el ápice acuminado, endurecido; filarios internos 5-8, 7-12(-14) × 2-4 mm, anchamente oblongos, el ápice agudo a obtuso; páleas con ápice gradualmente angostado. Flores radiadas 5(6); corola rosada hasta de color púrpura, el limbo 15-30 × 15-18 mm, anchamente cuneado-obovado, generalmente no sobrelapado, conspicuamente sulcado o nervado, las nervaduras setulosas abaxialmente, el ápice fuertemente 3-denticulado. Flores del disco 15-30; corola 7.5-10 mm, el tubo 2-2.5 mm, los lobos 1-1.8 mm, largamente papilosos por dentro. Cipselas 9-17 mm, muy gradualmente angostadas distalmente pero no obviamente rostradas, diminutamente hispídulas; vilano con 3-5(6) aristas, 2-5.5 mm, muy desiguales. Floración generalmente (may.-)jul.-dic. *Bosques abiertos, campos abiertos, matorral xerófilo, laderas montanas, pinares, bosques de* Pinus-Quercus. Ch (*Purpus 9093*, MO); G (*Steyermark 32741*, F); H (*Williams y Molina R. 10111*, MO); N (*Kral 69455*, MO); P (*D'Arcy y D'Arcy 6461*, MO). (600-)900-2200(-2800) m. (México, Mesoamérica.)

4. Cosmos diversifolius Otto ex Knowles et Westc., *Fl. Cab.* 2: 3 (1838). Lectotipo (designado por Sherff, 1932): Knowles y Westcott, *Fl. Cab.* 2: t. 47 (1838). Ilustr.: Knowles y Westcott, *Fl. Cab.* 2: t. 47 (1838).

Bidens diversifolia (Otto ex Knowles et Westc.) Sch. Bip., *B. reptans* (Benth.) Sch. Bip., *Cosmos reptans* Benth.

Hierbas perennes subescapíferas hasta con tallos foliosos proximalmente, 0.3-0.8 m; tallos 1-6 desde la base, subteretes, glabros a laxamente pilosos, las raíces fasciculadas y tuberosas. Hojas 4-15 cm, no lobadas a 3-5-pinnatilobadas, con frecuencia polimorfas dentro de la misma planta, algunas hojas algunas veces también 2-pinnatilobadas sobre la misma planta, cartáceas, cuando simples generalmente c. 5 ×

3.5 cm y espatuladas, cuando lobadas los lobos primarios 1-7 × 0.5-5 cm, más amplios cerca de la mitad o al menos obviamente angostados apicalmente y no uniformes en anchura, ovados a espatulados o algunas veces angostamente oblanceolados y los lobos laterales en un ángulo de c. 90° con la vena media, el lobo terminal con frecuencia el más largo, las nervaduras pinnadas con retículo terciario ligeramente conspicuo, glabros o subglabros, los márgenes generalmente enteros a gruesamente poco dentados, algunas veces ciliolados, el ápice agudo a algunas veces obtuso. Capitulescencia monocéfala (hasta 2 cabezuelas), largamente pedunculada; pedúnculos 15-30 cm, escapiformes. Cabezuelas 10-16 mm, 4-7 cm de diám. (rayos extendidos) y típicamente muy vistosas en la antesis; involucro interno 7-12 mm, angostamente campanulado; filarios casi subiguales, con nervios conspicuamente oscuros, algunas de las nervaduras obviamente interrumpidas, glabros; filarios externos 8, (5)7-11 × 2.5-4 mm, anchamente lanceolados, subherbáceos y amarillo pálido a verde entre las estrías, 6-10-nervios; filarios internos 5-8, 8-12 × 3-6 mm. Flores radiadas 8(-10); corola color púrpura oscuro a algunas veces rosada, el limbo 16-30 × (8-)10-16 mm, oblongo, generalmente sobrelapado, básicamente glabro abaxialmente, el ápice entero o inconspicuamente denticulado. Flores del disco 30-50; corola 5-7 mm, amarilla o rara vez rojiza, el tubo más o menos casi de la misma longitud que los lobos, los lobos 1-1.5 mm, diminutamente papilosos por dentro. Cipselas 9-18 mm, solo escasa y gradualmente angostadas en 1/3 pero no obviamente rostradas, glabras o algunas veces tuberculado-híspidulas; vilano con 2 o 3(-5) aristas, 1-2(-3) mm. Floración jul.-oct. $2n$ = 24, 48. *Pastizales alpinos, laderas de montañas, pinares, bosques de* Pinus-Quercus. Ch (*Webster 17989*, MO); G (*Proctor 25353*, MO). 500-3400 m. (México, Mesoamérica.)

Aunque en ocasiones se reconocen infraespecies dentro de esta, *Cosmos diversifolius* es aquí circunscrita ampliamente sin reconocer las infraespecies ni tratarlas formalmente dentro de la sinonimia. Reportes ocasionales de esta especie en Sudamérica están todos basados en la inclusión de esta en la sinonimia de *C. peucedanifolius* Wedd., la cual es similarmente subescapífera y con filarios de nervios oscuros, pero aquí es reconocida como una especie endémica de Sudamérica.

El material de Chiapas con flores rojo-purpúreas que Villaseñor Ríos (2016) listó como *C. scabiosoides* Kunth aquí se lo identificaría como *C. diversifolius*.

5. Cosmos sulphureus Cav., *Icon.* 1: 56 (1791). Tipo: cultivado en Madrid, de México, *Anon. s.n.* (MA). Ilustr.: Rzedowski y Calderón de Rzedowski, *Fl. Bajío* 157: 173 (2008). N.v.: Botón de oro, flor de muerto, ES; cambray, CR, cambray, clavel de muerto, H.

Bidens artemisiifolia Kuntze non Poepp., *B. artemisiifolia* var. *sulphurea* (Cav.) Kuntze, *B. sulphurea* (Cav.) Sch. Bip., *Coreopsis artemisiifolia* Jacq., *Cosmos aurantiacus* Klatt, *C. gracilis* Sherff, *C. sulphureus* Cav. var. *exaristatus* Sherff, *C. sulphureus* var. *hirsuticaulis* Sherff.

Hierbas anuales de tallo simple, 0.3-1.5(-2) m, la raíz axonomorfa, ramificadas solo en 1/2 distal en la capitulescencia; tallos subteretes pero algunas veces al prensar subtetragonales, estriados, glabros a esparcidamente piloso-hirsutos. Hojas 3-15(-20) cm, de contorno deltado a triangular-ovado, (1)2-pinnatífidas o 3-pinnatífidas, segmentos primarios 7-11, al menos los mayores generalmente lobados otra vez, los últimos lobos generalmente 1-4 × 0.2-0.5(-0.7) cm, linear-lanceolados a oblongos, más amplios cerca de la 1/2 o al menos obviamente angostados apicalmente y no uniformes en anchura, las nervaduras reticuladas, la superficie glabra o esparcidamente pelosa a lo largo de las nervaduras, los márgenes inconspicuamente espinuloso-ciliados, el ápice apiculado. Capitulescencia en 1/2 distal de la planta, difusa, cada una de las últimas ramitas con 1-pocas cabezuelas; pedúnculos generalmente 8-20 cm. Cabezuelas generalmente 12-20 mm, 3-6.5 cm de diám. (rayos extendidos) en la antesis, muy vistosas; involucro interno 8-13 × 6-10 mm, campanulado; filarios generalmente desiguales en la antesis; con los filarios de las series externas generalmente c.

1/2-3/4 de la longitud de los filarios internos, algunas veces los de las series externas mucho más largos que los de las series internas, nunca con nervios conspicuamente oscuros, las nervaduras nunca interrumpidas; filarios externos c. 8, 4.5-9(-15) × 1-2.2 mm, subulados a linear-lanceolados a triangular-lanceolados, algunas veces con base notablemente ancha, algunas veces (especialmente antes de la antesis) casi contiguos basalmente, 3-5-nervios, completamente glabros o los márgenes algunas veces escabroso-ciliados, el ápice atenuado; filarios internos c. 8, 8-13 × 1.8-3 mm, oblongos, con frecuencia rosáceos, el ápice agudo a obtuso, algunas veces escasamente dilatados y fimbriados. Flores radiadas en general 8; corola anaranjada a amarillo-anaranjada o rara vez amarilla, el tubo c. 1 mm, el limbo 17-29 × 8-17 mm, anchamente obovado, muy exerto del involucro, generalmente sobrelapado, los ápices anchamente redondeados o truncados, 1-5-denticulados. Flores del disco 20-40; corola 6-9 mm, el tubo 1.5-2 mm, los lobos 1.5-2 mm; las ramas del estilo 1.1-2.3 mm. Cipselas (incluyendo el rostro) 12-29 mm, curvadas, obviamente rostradas, rostro casi tan largo como el cuerpo, hispídulas distalmente; vilano con (0)2(-3) aristas, generalmente 2.5-5.5 mm, generalmente patentes a reflexas, algunas veces deciduas. $2n$ = 24. *Áreas cultivadas, áreas alteradas, laderas de montañas, bosques abiertos, potreros, bosques de* Pinus, *orillas de caminos, borde de arroyos*. Ch (*Purpus 6793*, F); Y (Carnevali et al., 2010: 91); C (Martínez Salas et al., 2001: 24); QR (Arellano et al., 2003: 126-127); G (*Boeke 138*, MO); H (*Molina R. 2638*, MO); ES (*Calderón 93*, NY); N (*Rueda et al. 17455*, MO); CR (*Pruski y Sancho 3814*, MO); P (*Hammel 4383*, MO). 1100-2100 m. (México, Mesoamérica; cultivada y algunas veces adventicia en Estados Unidos, Colombia, Venezuela, Guyana, Ecuador, Perú, Bolivia, Brasil, Paraguay, Argentina, Cuba, Jamaica, La Española, Puerto Rico, Islas Vírgenes, Antillas Menores, Asia, África, Australia, Islas del Pacífico.)

Cosmos sulphureus es ampliamente cultivada por sus cabezuelas atractivas de flores radiadas con limbos de la corola largos y anaranjados. No se ha visto material de la Península de Yucatán, pero es probable que sea cultivada o introducida.

Algunos ejemplares de plantas de Mesoamérica fueron anotados por T. Melchert como *Cosmos calvus* (Sch. Bip. ex Miq.) Sherff, sin rostro y con los rayos amarillos, especie centrada en Asia, pero aquí se interpretaron tales plantas como diferentes variante de un solo gen de *C. sulphureus*, especie rostrada con flores moderadamente pálidas, presente en suelos inmaduros o ácidos o tal vez como híbridos con la especie extra-mesoamericana *C. pacificus*. Plantas similares de Panamá han sido descritas como *C. gracilis*, pero estas plantas son obviamente largamente rostradas, con filarios muy desiguales y han sido tratadas aquí en la sinonimia de *C. sulphureus*.

62. Dahlia Cav.
Georgina Willd.

Por J.F. Pruski.

Hierbas perennes a arbustos lianoides, rara vez hemiepifíticas, las raíces tuberosas, cuando lianoides no trepadoras por medio de pecíolos retorcidos; tallos erectos o ascendentes, generalmente sin ramificar excepto en la capitulescencia, las especies mesoamericanas generalmente con entrenudos fistulosos o cuando leñosos diversamente fistulosos. Hojas caulinares, opuestas o algunas veces ternadamente verticiladas a distalmente alternas, simples o 1-3-pinnatífidas, generalmente pecioladas, cuando pinnatífidas los folíolos opuestos (Mesoamérica) o alternos sobre el raquis, los folíolos lineares u ovados. Capitulescencia abiertamente cimosa y paucicéfala o de una sola cabezuela; pedúnculos alargados, con frecuencia c. 10 cm. Cabezuelas radiadas, grandes; involucro turbinado o campanulado a hemisférico; filarios 2-seriados y dimorfos; filarios externos 5(4-8), menores que los internos, erectos o patentes a reflexos, herbáceos y con frecuencia subcarnosos; filarios internos 8(7-9), ovados, cartáceo-membranáceos con los márgenes escariosos, diversamente coloreados, estriados, acrescentes; clinanto aplanado, paleáceo; páleas escariosas, similares a los filarios internos. Flores radiadas c. 8, algunas veces el doble en plantas cultivadas, estériles o algunas veces pistiladas; corola generalmente grande y vistosa, el limbo generalmente ancho y muy exerto, multinervio, el ápice agudo, algunas veces denticulado. Flores del disco (0-)20-150, bisexuales; corola tubular-infundibuliforme, brevemente 5-lobada, amarilla a rojiza o purpúrea, el tubo más corto que la garganta, con frecuencia esparcidamente setoso cerca de la unión; anteras con el filamento glabro; estilo obviamente ramificado, apendiculado, el ápice del apéndice deltado a subulado, largamente papiloso. Cipselas linear-oblongas a rara vez anchamente espatuladas, monomorfas, obcomprimidas, sin rostro pero algunas veces constrictas justo debajo del anillo, grises o pardoamarillento a negras, con frecuencia estriadas o inconspicuamente sulcadas, algunas veces puberulentas o en las extra mesoamericanas diminutamente tuberculadas; vilano generalmente ausente (o con 2 aristas de 0.1-1 mm y mucho más cortas que las cipselas, rara vez de 2-5 aristas filamentosas, generalmente persistentes). $x = 16, 17, 18$. 18-34 especies mayormente de México y Centroamérica, pero 3 especies se han introducido a Sudamérica.

Dahlia es un género relativamente pequeño, pero está entre los más conocidos y ampliamente cultivados de Asteraceae. La dalia de jardín es una hierba perenne con cabezuelas grandes muy vistosas casi esféricas. La mayoría de flores son generalmente manipuladas con hibridación y las corolas radiadas pueden ser básicamente de cualquier color menos azules. Las populares dalia globosas tienen limbos radiados casi orbiculares a menudo sin flores del disco, mientras que la mayoría de las dalias de jardín tienen flores radiadas multiseriadas con limbos alargados, y al menos algunas flores del disco. Pocas dalias nativas diploides, p. ej., *D. coccinea, D. imperialis, D. merckii* Lehm. y *D. sorensenii* H.V. Hansen et Hjert., han sido usadas como los padres en los miles de cultivares de *D. pinnata*, un híbrido de jardín que es desconocido en estado silvestre (Sutton, 2001; Hansen y Hjerting, 1996). Además *D. pinnata, D. coccinea* y *D. imperialis* son a menudo cultivadas en jardines tropicales.

Bibliografía: Hansen, H.V. *Nordic J. Bot.* 24: 549-553 (2006). Hansen, H.V. y Hjerting, J.P. *Nordic J. Bot.* 16: 445-455 (1996). Sorensen, P.D. *Rhodora* 71: 309-365, 367-416 (1969). Sutton, J. *Plantfinder's Guide Daisies* 1-192 (2001).

1. Hierbas de jardín estrictamente cultivadas; flores radiadas típicamente 16-100, multiseriadas. **4. D. pinnata**
1. Hierbas nativas, arbustos, o bejucos; flores radiadas 5-8, 1-seriadas.
  2. Corolas radiadas anaranjadas a rojas o algunas veces amarillas. **2. D. coccinea**
  2. Corolas radiadas blancas, rosadas, lavanda, o purpúreas.
    3. Hojas todas simples, las superficies glabras; pedúnculos 5-9 cm. **5. D. purpusii**
    3. Hojas en la mitad del tallo típicamente 1-3-pinnatífidas, aquellas distales algunas veces simples, las superficies algunas veces pelosas; pedúnculos (2-)6-20 cm.
      4. Hierbas perennes no lianoides o subarbustos, hasta 1.5(-3) m; filarios externos con ambas superficies generalmente glabras. **1. D. australis**
      4. Hierbas perennes lianoides o arbustos, 2-9 m; filarios externos generalmente adaxialmente pelosos. **3. D. imperialis**

1. Dahlia australis (Sherff) P.D. Sørensen, *Rhodora* 71: 565 (1969). *Dahlia scapigera* var. *australis* Sherff, *Amer. J. Bot.* 34: 143 (1947). Holotipo: México, Oaxaca, *Conzatti y González 543* (foto MO! ex GH). Ilustr.: Sørensen, *Rhodora* 71: 385, f. 8 (1969), como *D. australis* var. *chiapensis*.

Dahlia australis (Sherff) P.D. Sørensen var. *chiapensis* P.D. Sørensen, *D. australis* var. *liebmannii* (Sherff) P.D. Sørensen, *D. australis* var. *serratior* (Sherff) P.D. Sørensen, *D. scapigera* (A. Dietr.) Knowles et Westc. forma *australis* Sherff, *D. scapigera* var. *liebmannii* Sherff,

D. scapigera forma *purpurea* Sherff, *D. scapigera* forma *serratior* Sherff.

Hierbas perennes nativas, no lianescentes, 0.5-1.2 m; tallos glabros a pelosos, generalmente fistulosos. Hojas en el 1/2 del tallo 3-21 cm, 1-pinnatífidas o 2-pinnatífidas, pecioladas; pínnulas primarias 3-5(-7), 2-5(-9) cm, lanceoladas a ovadas o rómbico-ovadas, las superficies glabras a pelosas a lo largo de las nervaduras, la base atenuada a cuneada, los márgenes serrados, el ápice agudo a acuminado; pecíolo 1-9 cm. Capitulescencia con 1-3 cabezuelas; pedúnculos 8-15(-20) cm. Cabezuelas vistosas; involucro turbinado a anchamente campanulado; filarios externos 5 o 6, 7-15 × 1.5-6 mm, oblanceolados a espatulados, reflexos en la antesis, ambas superficies generalmente glabras; filarios internos 8, 10-18 × 3-9 mm. Flores radiadas 5(6), 1-seriadas; corola 15-35 mm, de color púrpura o algunas veces rosada. Flores del disco 40-70; corola 6-9 mm, amarilla hasta de color púrpura. Cipselas 7-11.5 mm, negras o al menos oscuras; vilano ausente. Floración jul.-nov. $2n = 32, 64$. *Bosques montanos, bosques* Pinus-Quercus*, laderas rocosas empinadas*. Ch (*Ghiesbreght 558*, MO); G (*Skutch 1180*, GH). 1400-3000 m. (México, Mesoamérica.)

2. Dahlia coccinea Cav., *Icon.* 3: 33 (1794 [1795-1796]). Tipo: cultivado en Madrid, de México, *Anon. s.n.* (MA). Ilustr.: Nash, *Fieldiana, Bot.* 24(12): 518, t. 63 (1976). N.v.: Chunay de zopa, chunis-boch, comida de cache, dalia, dalia de monte, G; dalia, ES.

Dahlia coccinea Cav. var. *gentryi* (Sherff) Sherff, *D. coccinea* var. *palmeri* Sherff, *D. coccinea* var. *steyermarkii* Sherff, *D. gentryi* Sherff, *D. pinnata* Cav. var. *coccinea* (Cav.) Voss, *D. popenovii* Saff., *Georgina coccinea* (Cav.) Willd.

Hierbas perennes nativas no lianescentes, 0.4-1.5(-3) m; tallos glabros a algunas veces moderadamente pelosos especialmente en los nudos, generalmente fistulosos. Hojas en la mitad del tallo 12-35 cm, 1-3-pinnatífidas o rara vez simples, opuestas o algunas veces verticiladas, pecioladas; pínnulas primarias 3-7(-11), 3-8(-12) cm, lanceoladas a ovadas, las superficies glabras a escabriúsculas, la base cuneada a truncada, los márgenes fina a gruesamente serrados, el ápice agudo o acuminado; pecíolo 1-6(-8) cm. Capitulescencia con 1-3 cabezuelas; pedúnculos (2-)8-17(-25) cm. Cabezuelas muy vistosas; filarios externos 5(-8), 6-15 × 3-7 mm, angostamente espatulados a obovados, patentes a reflexos, ambas superficies generalmente glabras; filarios internos 8, 11-19 × 3-8 mm. Flores radiadas c. 8, 1-seriadas; corola (16-)25-40 mm, anaranjada a roja o algunas veces amarilla. Flores del disco 70-150; corola 8-10.5 mm, amarilla a rojo escarlata. Cipselas 8-13, grises a negras; vilano básicamente ausente. Floración (mar.-) jun.-nov. $2n = 32, 64$. *Laderas en matorrales, bosques montanos, bosques* Pinus-Quercus*, orillas de caminos, laderas rocosas empinadas, vegetación secundaria*. Ch (*Martínez S. 1460*, MO); B (Strother, 1999: 43); G (*Steyermark 50341*, F); H (Nelson, 2008: 161); ES (*Sandoval y Chinchilla 583*, MO). 900-3400 m. (México, Mesoamérica; algunas veces cultivada y adventicia en Perú y Bolivia.)

3. Dahlia imperialis Roezl ex Ortgies, *Gartenflora* 12: 243 (1863). Tipo: cultivado en Berlín, de México, *Anon. s.n.* (B). Ilustr.: D'Arcy, *Ann. Missouri Bot. Gard.* 62: 1193, t. 82 (1975 [1976]). N.v.: C'olox, cana de agua, catarina, dalia, dalia de palo, flor de la concebida, runai, Santa Catarina, tree-Dahlia, tunay, tzoloj, G; cagarina, catalina, catarina, dalia imperial, Santa Catarina, teresita, H; catalina, catarina, dalia, CR.

Dahlia dumicola Klatt, *D. lehmannii* Hieron., *D. lehmannii* var. *leucantha* Sherff, *D. maximiliana* hort., *D. maxonii* Saff.

Hierbas perennes nativas lianoides o arbustos, 2-6(-9) m; tallos generalmente fistulosos. Hojas en la mitad del tallo 35-90 cm, 2-pinnatífidas o 3-pinnatífidas, rara vez simples, opuestas o algunas veces alternas distalmente, pecioladas; pínnulas primarias 9-15, (3-)5-13 × (1-)3.5-6 cm, elíptico-lanceoladas a ovadas, las superficies subglabras a algunas veces heterótricas y luego ligeramente pilosas sobre las nervaduras mayores, la base aguda a redondeada o algunas veces hastada, los márgenes serrados y ciliados, el ápice acuminado o rara vez agudo, sésiles o con peciólulos menos de 5 mm; pecíolo 12-25 cm. Capitulescencia con las ramas de (3-)5-9 cabezuelas pero las plantas con frecuencia con 50 cabezuelas; pedúnculos (2-)6-10(-15) cm, algunas veces nutantes. Cabezuelas 2-3 cm, 90-150 mm de diám. (rayos extendidos), muy vistosas; filarios externos 5(-8), 6-16 × 3-9 mm, oblanceolados a espatulados u obovados, reflexos, la superficie adaxial estrigosa; filarios internos 7-8, 15-26 × 7-13 mm; páleas c. 20 mm. Flores radiadas c. 8, 1-seriadas; corola 35-65 × 15-30 mm, rosada hasta color púrpura o blanca, el limbo elíptico a ovado, el ápice agudo a obtuso. Flores del disco 130; corola 9-11 mm, amarilla; estilo con ramas y apéndices amarillos. Cipselas 13-17 mm, grises a negras; vilano básicamente ausente. Floración durante todo el año. 2n = 32. *Bosques de coníferas, áreas alteradas, pastizales, como ornamental, bosques de* Pinus-Quercus, *laderas rocosas empinadas, matorrales.* Ch (*Matuda 4826,* MO); G (*Pruski y MacVean 4490,* MO); H (*Molina R. y Molina 30586,* MO); ES (*Berendsohn 368,* MO); N (*Stevens y Montiel 27114,* MO); CR (*Smith A-620,* F); P (*Tyson 6352,* MO). 800-3200 m. (México, Mesoamérica, Colombia; cultivada y en algún momento escapada en Estados Unidos, Venezuela, Perú, Bolivia, Brasil, Argentina, Antillas Mayores, Antillas Menores, Asia, Islas del Pacífico.)

Dahlia excelsa Benth. fue registrada en Guatemala por Sherff (1951) y en Chiapas y Guatemala por Turner (2010), pero fue excluida de Mesoamérica por Sørensen (1969a) y Nash (1976d). Turner (2010) redujo *D. imperialis* a la sinonimia de *D. excelsa,* pero Sørensen (1969a) trató las dos separadamente, y Hansen (2006) las trató como provisionalmente distintas. Si probaran ser coespecíficas, tal vez se podría proponer la conservación nomenclatural de *D. imperialis,* especie muy bien conocida y frecuentemente cultivada, sobre el nombre anterior *D. excelsa.*

4. Dahlia pinnata Cav., *Icon.* 1: 57 (1791). Lectotipo (designado por Sørensen, 1969): Cav., *Icon.* 1: t. 80 (1791). Ilustr.: Cavanilles, *Icon.* 1: t. 80 (1791). N.v.: Margarita, B; dalia, H; dalia, N.

Coreopsis georgina Cass., *Dahlia pinnata* Cav. var. *variabilis* (Willd.) Voss, *D. purpurea* (Willd.) Poir., *D. rosea* Cav., *D. sambucifolia* Salisb., *D. superflua* (DC.) W.T. Aiton, *D. variabilis* (Willd.) Desf., *Georgina purpurea* Willd., *G. rosea* (Cav.) Willd., *G. superflua* DC., *G. variabilis* Willd.

Hierbas perennes híbridas estrictamente cultivadas en jardines, 1-2 m. Hojas en la mitad del tallo 13-25 cm, generalmente 2-pinnatífidas hasta aquellas distales algunas veces simples, pecioladas; pínnulas primarias 3-5, 5-12 × 2-7 cm, elíptico-lanceoladas a ovadas, las superficies glabras a pelosas, la base aguda a truncada, los márgenes serrados o dentados. Capitulescencia con 1-3 cabezuelas; pedúnculos 8-15 cm. Cabezuelas muy vistosas, casi esféricas; filarios externos 5, 12-18 mm, linear-lanceolados a espatulados u obovados, patentes a reflexos, las superficies glabras; filarios internos 8, 17-22 mm, lanceolados a ovados. Flores radiadas típicamente 16-100 y multiseriadas (rara vez 8 y 1-seriadas); corola 35-65 × 15-30 mm, blanca o rosada hasta de color púrpura o roja (rara vez amarilla y nunca azul), el limbo casi orbicular a alargado, generalmente exerto y el ápice generalmente agudo. Flores del disco (0-)20-150; corola 10-12 mm, amarilla a purpúrea. Cipselas 11-13 mm; vilano ausente. Floración durante todo el año. 2n = 64. *Cultivada, tal vez algunas veces persistiendo o escapando y apareciendo como naturalizada.* Ch (*Breedlove 25992,* CAS); Y (Standley, 1930: 442, como *Dahlia variabilis*); B (Balick et al., 2000: 150); G (*Véliz MV98.6857,* MO); H (*Lara 73,* MO); N (*Vega y Quezada 198,* MO); P (*D'Arcy 10062,* MO). 50-2200 m. (Estrictamente cultivada, tal vez algunas veces persistiendo o escapando; Estados Unidos, México, Mesoamérica, Sudamérica, Cuba, La Española, Puerto Rico, Islas Vírgenes, Antillas Menores, Europa, Asia, África, Australia, Islas del Pacífico.)

Hansen y Hjerting (1996) interpretaron a *Dahlia pinnata* como una especie híbrida estrictamente cultivada en jardines y desconocida en estado silvestre. El nombre *D. pinnata* es, sin embargo, aplicado a

un amplio grupo de alopoliploides posiblemente siempre teniendo al menos *D. coccinea* o *D. imperialis* como uno de los padres. Plantas mexicanas nativas que Sørensen (1969a) llamó *D. pinnata,* han sido descritas como *D. sorensenii* (Hansen y Hjerting, 1996). Plantas de Costa Rica que Standley (1938: 1449) llamó *D. rosea* y de El Salvador que Standley y Calderón (1941: 278) llamaron *D. variabilis* son todas consideradas aquí como *D. imperialis.* No se tiene certeza acerca de las plantas de Yucatán.

5. Dahlia purpusii Brandegee, *Univ. Calif. Publ. Bot.* 6: 76 (1914). Isotipo: México, Chiapas, *Purpus 6680* (MO!). Ilustr.: no se encontró.

Hierbas perennes nativas no lianoides, menos de 1 m; tallos glabros, fistulosos. Hojas 8-13 × 3-7 cm, ovadas a oblongas, simples, sésiles, las superficies glabras, la base obtusa, los márgenes serrados, el ápice agudo. Capitulescencia con 1(-3) cabezuelas; pedúnculos 5-9 cm. Cabezuelas: involucro hemisférico; filarios externos 5, 8-12 × 3-4.5 mm, lanceolados a angostamente espatulados u obovados, reflexos, ambas superficies generalmente glabras; filarios internos c. 8, 14-16 × 5-8 mm. Flores radiadas c. 8, 1-seriadas; corola 30-40 mm, probablemente purpúrea. Flores del disco c. 70; corola c. 10 mm, probablemente amarilla. Cipselas inmaduras, glabras. Floración sep. *Bosques montanos.* Ch (*Purpus 6680,* NY). 1500-2000 m. (Endémica.)

Se espera encontrar *Dahlia purpusii* en Guatemala.

63. Electranthera Mesfin, D.J. Crawford et Pruski
Electra DC. non Panz.

Por J.F. Pruski.

Arbustos a subarbustos, los tallos foliosos, las hojas más o menos igualmente distribuidas a lo largo de las ramas; follaje no glanduloso. Hojas opuestas a todo lo largo, no divididas o tripartitas, sésiles a pecioladas; láminas o los segmentos de la lámina lanceolados a ovados, cartáceos o subcoriáceos o algo carnosos, pinnatinervios, las superficies no glandulosas, generalmente glabros o ligeramente pubescentes y rara vez hirsutos o vellosos, los márgenes serrados o dentados a rara vez enteros. Capitulescencia terminal, abierta, de varias ramas cada una corimbiforme-paniculada o con una cabezuela termina solitaria, con frecuencia moderadamente exerta de las hojas subyacentes en pedúnculos alargados. Cabezuelas radiadas, moderadamente vistosas; involucro doble; filarios en 2 series, dimorfos, iguales a algunas veces casi subiguales, más o menos aplanados, libres hasta la base; filarios externos 4-6, oblanceolados o espatulados a obovados, herbáceos, verdes, patentes; filarios internos c. 8, generalmente más largos que los externos, más o menos ovado-oblongos, delgadamente cartáceos con los márgenes escariosos, pluriestriados, amarillentos con estrías más oscuras; clinanto aplanado, paleáceo; páleas aplanadas, con pocos estrías, los ductos de resina en pares, deciduos. Flores radiadas 5-8(-11), pistiladas; corola completamente amarilla, sin manchas oscuras proximalmente en el limbo, el tubo corto, papiloso a piloso, el limbo oblongo a elíptico, nunca obovado-cuneado, 7-15-nervio, los ductos de resina solitarios a lo largo de los nervios, la superficie adaxial papilosa, el ápice igualmente (nunca obviamente irregularmente) 2-3(-5)-dentado; estilo muy exerto. Flores del disco bisexuales, pero las más internas algunas veces no producen semilla; corola infundibuliforme-campanulada, amarilla, (4-)5-lobada, el tubo generalmente más corto que la garganta o a veces tan largo como esta, papiloso a piloso, la base no ensanchada, sin un anillo engrosado, la garganta con ductos de resina solitarios a lo largo de las venas, los lobos mucho más cortos que la garganta, marcadamente papilosos por dentro; tecas de las anteras pardo oscuro a negras, los filamentos glabros, el patrón endotecial polarizado, el collar más largo que las aurículas basales, el apéndice apical mayormente amarillo-pardo pero algunas veces con el canal de resina más oscuro en el centro; ramas del estilo aplanadas, con apéndice, las superficies estigmáticas (moderadamente) en 2 bandas, el apéndice cortamente cuspi-

110

dado-subulado o caudado; nectario tubular o angostamente cilíndrico. Cipselas marcadamente obcomprimidas, aplanadas o ligeramente incurvadas, sin rostro, gradualmente monomorfas o ligeramente heteromorfas con las cipselas del radio y las cipselas exteriores del disco de contorno anchamente elíptico a anchamente ovado a obovado, graduando a cipselas del disco sucesivamente más largas y más angostas, estas lanceoladas o linear-fusiformes y algunas veces sin producir semilla, todas las cipselas angostamente marginadas o delgada y angostamente aladas, completamente glabras, las caras pardas o gris-negras en la madurez, nítidas, con pocas a varias costillas pero de otro forma lisas, nunca tuberculadas, la superficie del pericarpo con patrón Tipo A con las células individuales con secreciones oscuras en las paredes radiales y tangenciales, pero sin marcas de fitomelanina, la base anchamente redondeada con un carpopodio inconspicuo, el carpopodio nunca gruesamente globoso-calloso (por tanto no se asemeja a semillas gruesas), los márgenes enteros, pajizos o pardos, el ápice emarginado; todas las cipselas sin vilano o algunas internas muy infrecuentemente con un par de aristas pequeñas (o a veces de tamaño medio), delgadas, lisas. $x = 14$. 3 spp. México, Mesoamérica.

Electranthera es atípico en Coreopsideae por los frutos no carbonizados, y el género es básicamente un segregado arbustivo con rayos pistilados de *Coreopsis*, herbáceo y con rayos estériles (Mesfin Tadesse y Crawford, 2014 [2013]; Pruski et al., 2015).

Bibliografía: Mesfin Tadesse y Crawford, D.J. *Nordic J. Bot.* 32: 80-91 (2014 [2013]). Pruski, J.F. et al. *Phytoneuron* 2015-68: 1–17 (2015).

1. Electranthera mutica (DC.) Mesfin, D.J. Crawford et Pruski, *Phytoneuron* 2015-68: 7 (2015). *Coreopsis mutica* DC., *Prodr.* 5: 571 (1836). Holotipo: México, Hidalgo o Puebla, *Keerl s.n.* (foto MO! ex BR-MART). Ilustr.: no se encontró.

Coreopsis mexicana (DC.) Hemsl., *Electra mexicana* DC., *E. mutica* (DC.) Mesfin et D.J. Crawford.

Diez variedades. (México, Mesoamérica.)

1a. Electranthera mutica (DC.) Mesfin, D.J. Crawford et Pruski var. **microcephala** (D.J. Crawford) Mesfin, D.J. Crawford et Pruski, *Phytoneuron* 2015-68: 12 (2015). *Coreopsis mutica* DC. var. *microcephala* D.J. Crawford, *Brittonia* 22: 109 (1970). Holotipo: México, Chiapas, *Melchert et al. 6453* (IA). Ilustr.: Nash, *Fieldiana, Bot.* 24(12): 515, t. 60 (1976). N.v.: Piojo, tatascamite de altura, ES.

Electra mutica (DC.) Mesfin et D.J. Crawford var. *microcephala* (D.J. Crawford) Mesfin et D.J. Crawford.

Arbustos, 1-4 m; tallos subteretes, glabros a densamente pilosos o vellosos. Hojas simples, pecioladas o las distales subsésiles; láminas 4-12(-16) × 1-6 cm, ovadas a lanceoladas, no lobadas, rígidamente cartáceas, generalmente con casi 10 nervaduras secundarias cercanas y uniformemente espaciadas en un ángulo de c. 45° con la vena media prominente, la superficie adaxial glabra o casi glabra, la superficie abaxial glabra a vellosa, la base cuneada a atenuada con la acuminación basal corta, los márgenes serrados, el ápice agudo a atenuado; pecíolo 1-3 cm, angostamente marginado distalmente. Capitulescencia generalmente con 6-30 cabezuelas, corimboso-paniculada o algunas veces cimosa, bracteada internamente, las brácteas 0.4-1.5 cm; pedúnculos 1-5 cm. Cabezuelas 6-12 mm, 20-25 mm a través de los rayos extendidos, moderadamente vistosas; involucro campanulado; filarios casi subiguales, con las series externas más angostas que las internas, glabros o pelosos muy en la base; filarios externos (3-)5, 5-12 × 1-1.5 mm, oblanceolados a oblongos o espatulados, generalmente 3-nervios, no contiguos en la base, el ápice con frecuencia mucronulato; filarios internos 5-8, 8-12 mm, elípticos u oblongos a ovados, pajizos o verde pálido a purpúreos; páleas más o menos similares a los filarios internos, el ápice obtuso. Flores radiadas 5, pistiladas; tubo de la corola algunas veces papiloso, el limbo 11-20 × 5-7 mm, anchamente oblongo, amarillo. Flores del disco 10-20; corola 5-6 mm, el tubo algunas veces papiloso, la garganta con un solo conducto resinoso o al menos los conduc-

tos resinosos no obviamente pareados; antera con tecas negras, el apéndice pardo-amarillento; estilo con las ramas caudado-apendiculadas. Cipselas 5-8 × 2-43 mm, orbiculares graduando a las internas de contorno oblongo, negras con alas pardusco pálido, glabras, alas menos de la 1/2 del ancho del cuerpo, el ápice con frecuencia emarginado; vilano con 0-2 aristas, cuando presentes solo sobre las flores internas. Floración generalmente sep.-ene. $2n = 56$. *Bosques montanos, bosques de Pinus-Quercus, barrancos al borde de caminos, borde de arroyos, matorrales, laderas arboladas.* Ch (*Cronquist 9675*, MO); G (*von Türckheim II 2043*, MO); H (*Molina R. y Molina 24564*, MO); ES (*Sidwell et al. 852*, MO). 800-2400 m. (México, Mesoamérica.)

64. Goldmanella Greenm.

Caleopsis Fedde, *Goldmania* Greenm. non Rose ex Micheli
Por J.F. Pruski.

Hierbas perennes bajas, produciendo estolones largos; tallos glabros proximalmente y crespo-pilosos distalmente, algunas veces deflexos en los nudos distales, enraizando en los nudos proximales. Hojas generalmente caulinares, alternas, no divididas, sésiles o cortamente pecioladas; láminas elípticas u ovadas a obovadas o rómbico-ovadas, cartáceas, arqueadamente 3-6-pinnatinervias desde 1/4 proximal de la lámina, las nervaduras secundarias pocas distalmente, también marcadamente arqueadas y casi tan marcadamente como las proximales 3-6 secundarias, las superficies glabras o esparcidamente estrigosas, no glandulosas, la base asimétrica. Capitulescencia abierta cimoso-umbelada; pedúnculos alargados, delgados a filiformes. Cabezuelas radiadas; involucro turbinado o campanulado; filarios todos escariosos, amarillentos, pardo-rojizos, pauciestriados, c. 4-seriados, obviamente graduados, no dimorfos y más o menos similares el uno con el otro en forma y textura, algunas veces decurrentes al pedúnculo; clinanto cónico, paleáceo; páleas delgadas, membranáceas. Flores radiadas 1-seriadas, pistiladas; corola blanco-amarillento a amarillo pálido, el limbo moderadamente exerto pero las cabezuelas pequeñas así los rayos nunca son demasiado conspicuos, 5-7-nervio. Flores del disco bisexuales; corola infundibuliforme, brevemente 5-lobada, amarilla, el tubo más corto que la garganta, los lobos cortamente triangulares; anteras con los filamentos glabros, el apéndice apical deltado, sin canal resinífero central; estilo obviamente ramificado, las ramas apendiculadas con el ápice agudo, no largamente papiloso. Cipselas ligeramente dimorfas, las radiadas engrosado-obcomprimidas, las del disco oblongo-obcónicas y subteretes en sección transversal; vilano cartilaginoso-coroniforme o con 2-4 aristas robustas bajas, gruesas, los márgenes lisos y corniculadas. 1 sp. Mesoamérica.

Robinson (1981) describió *Goldmanella* como "rigurosamente anómala en la tribu", pero su posición en Coreopsideae ha sido confirmada por Panero (2007b [2006]).

1. Goldmanella sarmentosa (Greenm.) Greenm., *Bot. Gaz.* 45: 198 (1908). *Goldmania sarmentosa* Greenm., *Publ. Field Columb. Mus., Bot. Ser.* 2: 271 (1907). Sintipo: México, Campeche, *Goldman 448* (US!). Ilustr.: Nash, *Fieldiana, Bot.* 24(12): 525, t. 70 (1976).

Caleopsis sarmentosa (Greenm.) Fedde.

Hierbas perennes, 0.1-0.5 m; tallos teretes. Hojas 3-10 × 1.5-7 cm, la base oblicua, un lado obtuso a redondeado, el otro lado cuneado, los márgenes serrulados, el ápice agudo. Capitulescencia con 5-10 cabezuelas; pedúnculos 1-6(-8) cm, subestrigulosos, algunas veces densamente así o en líneas. Cabezuelas: involucro 6-8 mm; filarios 15-22, adpresos, glabros; pocos filarios externos 1-2 mm, anchamente lanceolados a ovados, el ápice agudo, uniformemente graduando hasta los internos; filarios internos 5-7 mm, localizados más altos sobre el clinanto que los filarios externos, así no tan largos como la máxima longitud del involucro, oblongos, subescarioso-marginados, el ápice obtuso a redondeado; páleas dorado-amarillo con la vena delgada media parda, el ápice obtuso a redondeado. Flores radiadas 5-8; limbo de la corola 5-6 × 3-4 mm, obovado, el ápice anchamente redondeado, 2-dentado o 3-dentado, rara vez profundamente 3-lobado. Flores del disco 15-25; corola 3-3.5 mm. Cipselas 2-3 mm, pardo-rojizas, glabras; vilano con 0-4 aristas, hasta 1 mm. Floración dic.-abr. *Lugares abiertos, suelos arenosos, áreas secundarias, lugares pantanosos.* T (*Matuda 3279*, MO); Ch (*Vázquez y Avendaño 1490*, MO); Y (Sherff y Alexander, 1955: 149); C (*Lundell 1329*, MO); QR (*Davidse et al. 20215*, MO); B (*Schipp 867*, NY); G (*Lundell 1580*, MO); H (Turner, 2010: 124). 0-300(-800) m. (Endémica.)

65. Heterosperma Cav.

Por J.F. Pruski.

Hierbas anuales con raíces axonomorfas, generalmente menos de 1 m; tallos ramificados, erectos a procumbentes, glabros a esparcidamente pelosos. Hojas opuestas, simples a 1-pinnatisectas o 2-pinnatisectas con los lobos lineares a filiformes. Capitulescencia terminal o axilar, plantas pluricéfalas, abiertamente cimosas o laxamente corimbosas pero una sola cabezuela individual; pedúnculos delgados. Cabezuelas inconspicuamente radiadas; involucro 4-8 mm, angostamente campanulado; filarios 2-seriados y dimorfos; filarios externos menores que los internos, linear-lanceolados, erectos, herbáceos, con frecuencia ciliolados; filarios internos cartáceo-membranáceos, con flores radiadas subyacentes, amarillentos con varias nervaduras rojizas, pluriestriados, estrías rojizo-pardas; clinanto aplanado, paleáceo; páleas casi aplanadas. Flores radiadas 1-8, pistiladas, 1-seriadas; corola amarilla (o anaranjada), 2-dentada o 3-dentada. Flores del disco pocas a varias, bisexuales; corola tubular-infundibuliforme, 5-lobada, amarilla o anaranjada, el tubo más corto que la garganta, los lobos deltados; anteras con el filamento glabro; estilo obviamente ramificado, cortamente apendiculado, el apéndice apical generalmente triangular, papiloso. Cipselas marcadamente heteromorfas en forma, obcomprimidas; cipselas radiadas de contorno anchamente ovado, aplanadas o cóncavas, sin rostro y emarginadas a anchamente redondeadas apicalmente, grueso-marginadas, glabras, vilano generalmente ausente o algunas veces de 2 aristas; cipselas del disco oblongas, cortamente rostradas, vilano de 2(-4) aristas. x = 25. 8-10 spp. América tropical.

1. Heterosperma pinnatum Cav., *Icon.* 3: 34 (1794 [1795-1796]). Holotipo: cultivado en Madrid, de México, *Anon. s.n.* (MA). Ilustr.: Nash, *Fieldiana, Bot.* 24(12): 527, t. 72 (1976). N.v.: Anisillo, jarilla, Ch; doradilla, H.

Hierbas anuales 0.1-0.5(-0.9) m; tallos estriados, con frecuencia difusos y muy ramificados, ligeramente hispídulos a glabros. Hojas 2-4(-6) cm, 1-pinnatisectas o 2-pinnatisectas en 3-7 lobos, pecioladas: lobos generalmente 0.5-2 × 0.1-0.2 cm, lineares, 1-nervios, las superficies glabras; pecíolo hasta 1.5 cm, con frecuencia ciliado. Capitulescencia: pedúnculo 1-4(-7) cm, con frecuencia más largo que las hojas, esparcidamente piloso. Cabezuelas con 6-23 flores; involucro c. 6 mm; filarios obgraduados o subiguales; filarios externos 2-5, 4-6(-7) × c. 1 mm, verdes, cilios c. 0.5 mm; filarios internos 4-5, c. 2 mm de diámetro, ovados, glabros. Flores radiadas 1-4; limbo de la corola 1-2 mm, ovado, amarillo pálido, algunas veces con dientes profundos cortados. Flores del disco 5-12; corola c. 2.5 mm, amarilla. Cipselas negras o pardo oscuro con los márgenes pajizos, los márgenes y el rostro de la cipsela del disco tuberculado-setosos; cipselas radiadas 3-4.5 × 2-3 mm, por lo general marcadamente cóncavas; vilano ausente; cipselas del disco 5-10 mm, rostro 1-2 mm, vilano de 2 aristas, 2-3 mm. Floración (abr.-)sep.-dic. 2n = 50. *Pastizales, potreros, bosques de* Pinus-Quercus*, orillas de caminos, borde de arroyos, matorrales, laderas de volcanes.* Ch (*Breedlove 41253*, MO); G (*Pruski y MacVean 4497*, MO); H (*Molina R. et al. 34202*, MO); N (*Stevens y Grijalva

15603, MO). 900-3600 m. (S. Estados Unidos, México, Mesoamérica, Venezuela, Bolivia.)

66. Hidalgoa La Llave

Por J.F. Pruski.

Hierbas perennes, lianoides a bejucos, 1-3 m, trepadoras por medio de pecíolos retorcidos; tallos al menos distalmente herbáceos; follaje glabro o casi glabro. Hojas caulinares, opuestas, 3-foliadas o algunas veces pedatas a rara vez 2-pinnatífidas, pecioladas; pecíolo alargado y retorcido cerca de la base, con frecuencia funcionando como un zarcillo o ausente; pínnulas 3(-5), los márgenes serrados. Capitulescencia difusa, plantas paucicéfalas; pedúnculos generalmente alargados y uno solo, terminal o axilar. Cabezuelas radiadas, grandes y vistosas; involucro generalmente 7-17 mm, campanulado; filarios 2(-4)-seriados y dimorfos; filarios externos 3-5, linear-lanceolados a rara vez ovados, menores que los internos, grueso-herbáceos, 1-seriados, patentes a más generalmente obviamente reflexos; filarios internos 1(2)-seriados, cartáceo-membranáceos, erectos; clinanto aplanado, paleáceo; páleas grandes, casi aplanadas. Flores radiadas generalmente 5-8(-12), 1-seriadas, pistiladas; corola anaranjada o rojo escarlata (pero al secarse color lavanda) a algunas veces amarillo brillante, grande y vistosa, el limbo generalmente muy exerto, el ápice agudo a anchamente redondeado, entero a 2-denticulado o 3-denticulado. Flores del disco 25-55, funcionalmente estaminadas; corola tubular-infundibuliforme, brevemente 5-lobada, amarilla a anaranjada, el tubo más corto que la garganta, los lobos con frecuencia 3-nervios; anteras con el filamento glabro; ovario estéril, el estilo muy exerto, básicamente no dividido o ligeramente bífido solo muy en el ápice, largamente papiloso. Cipselas alargadas, obcomprimidas, sin rostro, negras a verde oscuro, glabras, el ápice bicorniculado desde los márgenes, no desde el anillo; vilano ausente. x = 15, 16. Aprox. 3 spp., América tropical.

Sherff y Alexander (1955) reconocieron cuatro especies de *Hidalgoa*, y una quinta, *H. breedlovei*, fue añadida por Sherff (1966). Turner (2010) reconoció cuatro especies en *Hidalgoa* (incluyendo *H. breedlovei*, también reconocida por Nash, 1976d) con tres de estas en Chiapas, mientras que Strother (1999) reconoció formalmente una sola especie en Chiapas. Sherff (en Sherff y Alexander, 1955; Sherff, 1966) produjo una clave para las especies, y Turner (2010) produjo una clave para las 4 especies mexicanas reconocidas por él.

Bibliografía: Sherff, E.E. *Sida* 2: 261-263 (1966).

1. Hojas 2-pinnatífidas.   **3. H. wercklei**
1. Hojas ternadas.
  2. Corola radiada con limbos anaranjados o rojo escarlata pero al secarse lavanda; pínnulas con nervaduras secundarias escasamente elevadas abaxialmente, visibles.   **1. H. ternata**
  2. Corola radiada con limbos amarillo-anaranjados pero al secarse amarillo brillante; pínnulas con nervaduras secundarias inmersas e indistintas.   **2. H. uspanapa**

1. Hidalgoa ternata La Llave, *Nov. Veg. Descr.* 1: 15 (1824). Sintipo: México, Veracruz, *La Llave s.n.* (MA). Ilustr.: Nash, *Fieldiana, Bot.* 24(12): 528, t. 73 (1976).

Hidalgoa breedlovei Sherff, *H. lessingii* DC., *H. pentamera* Sherff, *H. steyermarkii* Sherff, *Melampodium hidalgoa* DC., *M. ternatum* (La Llave) DC. ex Stuessy.

Bejucos delgados, 1-10 m; tallos con frecuencia muy ramificados, subglabros a puberulentos o hirsutos especialmente en los nudos, fistulosos. Hojas con pínnulas 3-foliadas, 2-9 × 2-6 cm, ovadas o algunas veces triangulares a elípticas, las laterales asimétricas, las nervaduras secundarias escasamente elevadas abaxialmente, visibles, las superficies esparcidamente pilosulosas, la base obtusa o redondeada a algunas veces cuneada, el ápice agudo o cortamente acuminado; pecíolo 3-9 cm, los peciólulos 0.2-0.9 cm. Capitulescencia en las colecciones de herbario generalmente de 1 o 2 cabezuelas axilares; pedúnculos 10-20 cm, glabros a muy esparcidamente híspidos. Cabezuelas 10-12 mm, vistosas: filarios 9-14, 2-seriados, glabros o casi glabros; filarios externos 4-8, generalmente 8-15 × 1.5-2 mm, linear-lanceolados a ovados, obviamente reflexos; filarios internos 5-6, 6-10 × 2-3 mm, oblongos, erectos. Flores radiadas 5-6(-10); limbo de la corola 20-30 × 7-10 mm, anaranjado o rojo escarlata pero al secarse lavanda; antera con apéndice esparcidamente glanduloso, el ápice subtruncado; estilo con ramas de 2-3 mm. Flores del disco 30-40; corola 8-9 mm, amarilla, los lobos c. 1.5 mm, marcadamente papilosos por dentro. Cipselas 7-11 × c. 4 mm, glabras a esparcidamente pelosas. Floración nov.-mar. $2n = 32$, 34. *Bosques montanos, matorrales.* T (*Cowan 2029*, MO); Ch (*Breedlove 20216*, MO); G (*Croat 41179*, MO); CR (*Burger et al. 10785*, MO); P (*Antonio 2029*, MO). 200-1900 m. (México, Mesoamérica, Colombia, Ecuador, Perú.)

2. Hidalgoa uspanapa B.L. Turner, *Phytologia* 65: 379 (1988). Holotipo: México, Veracruz, *Wendt et al. 2568* (TEX). Ilustr.: Turner, *Phytologia Mem.* 15: 213, f. 39 (2010).

Bejucos. Hojas 3-foliadas, 6-10 × 6-9 cm; pínnulas 4.5-6.5 × 2-3 cm, ovadas, las terminales pecioluladas, las superficies glabras pero finamente pustulado-punteadas, los márgenes irregularmente serrulados. Capitulescencia con cabezuela solitaria axilar; pedúnculo 10-20 cm. Cabezuelas 5-8 cm de ancho (rayos extendidos); filarios 18-20, 13-25 × 1-4 mm, lanceolados, vena media obvia, glabros, c. 4-seriados con 4 o 5 filarios en cada serie alternando, los de la serie externa patentes y no obviamente reflexos, los de la serie interna erectos; páleas

más cortas que las flores del disco. Flores radiadas 6-8; limbo de la corola 23-40 × 8-10 mm, amarillo-anaranjado pero al secarse amarillo brillante; antera con apéndice densamente glanduloso. Flores del disco 40-60; corola 14-15 mm, amarilla, los lobos 2-3 mm. Cipselas (inmaduras) c. 3 mm. Floración nov. *Crestas con caliza, bosques montanos.* Ch (*Breedlove y Dressler 29706*, CAS). c. 900 m. (México [Veracruz], Mesoamérica.)

3. Hidalgoa wercklei Hook. f., *Bot. Mag.* 125: t. 7684 (1899). Holotipo: cultivado en Kew, de semillas colectadas en Costa Rica, *Wercklé s.n.* (foto MO! ex K). Ilustr.: Hooker, *Bot. Mag.* 125: t. 7684 (1899).

Bejucos herbáceos; tallos glabros. Hojas 2-3 × 0.5-0.7 cm, de contorno ovado, 2-pinnatífidas, los segmentos primarios 0.5-0.6 × 0.1-0.2 cm, elíptico-ovados, los últimos segmentos c. 1 cm, triangulares a oblongos, la superficie con nervaduras generalmente hírtulas, por lo demás glabra, los lobos marginales poco crenados, dientes y lobos mucronulatos, el lobo terminal con ápice acuminado, los lobos laterales con ápice agudo a obtuso; pecíolos 2-6 cm, filiformes, los peciólulos 0-0.3 cm. Capitulescencia con 1 o 2 cabezuelas axilares; pedúnculos 1-2 cm, glabros. Cabezuelas 11-20 mm, 1-2 cm de diám. (rayos extendidos): filarios 2-seriados, glabros o casi glabros; filarios externos 5(-8), 5-6 × 1-2 mm, lanceolados, obviamente reflexos; filarios internos 7-9 × 2-3 mm, oblongos, erectos. Flores radiadas 6-10; limbo de la corola 5-10 × c. 0.9 mm, anaranjado, más profundamente anaranjado adaxialmente; estilo con ramas 4-5 mm. Flores del disco 20; corola c. 10 mm, amarilla, los lobos 2-2.5 mm. Cipselas c. 25 × 12 mm, glabras, el ápice bicorniculado. Floración jul., oct. *Bosques montanos, potreros, matorrales.* CR (*Webster et al. 12206*, MO). 1200-1900 m. (Mesoamérica, Colombia.)

IX. Tribus **EUPATORIEAE** Cass.
Descripción de la tribus y clave genérica por H. Robinson.

Generalmente hierbas perennes o arbustos pequeños, muy rara vez plantas diminutas, algunas veces bejucos o árboles, rara vez anuales, rara vez epifíticas; tallos foliosos en la antesis, muy rara vez afilos en la antesis. Hojas opuestas, algunas veces alternas, rara vez arrosetadas, generalmente pecioladas; láminas generalmente lineares a ovadas o deltoides, generalmente cartáceas o membranáceas, pinnatinervias a palmatinervias, frecuentemente glandulosas, rara vez pelúcido-punteadas, enteras a bipinnadamente disecadas. Capitulescencia simple a paniculada, algunas veces escapífera, en panículas cimosas a corimbosas o piramidales. Cabezuelas discoides, discretas; filarios típicamente 6 o más, desiguales a algunas veces subiguales, generalmente graduados siendo los externos conspicuamente más cortos, en pocas a numerosas series, típicamente espiralados, rara vez fusionados en la base, típicamente patentes con la edad y con al menos algunos filarios internos o externos persistentes sobre el clinanto rara vez herbáceo después de la fructificación; clinanto foveolado, sin páleas o rara vez paleáceo, glabro o con tricomas. Flores 1-300 o más, típicamente 6 o más, bisexuales; corola rojiza o blanquecina, nunca amarilla, todas radialmente simétricas y discoides, típicamente ampliándose gradualmente desde la base hasta el ápice, rara vez con una boca constricta escasamente más ancha que las ramas del estilo, la corola de las flores marginales rara vez zigomorfa, los lobos generalmente 5, rara vez 4, generalmente cortos, la superficie interna lisa o papilosa, rara vez con tricomas; anteras con la base de las tecas ni espolonada ni caudada, extendiéndose solo escasamente debajo del punto de unión, las tecas pálidas, las células mayormente con engrosamientos radiales apicales, el apéndice api-

cal de la antera generalmente distinto, algunas veces reducido o rara vez ausente, rara vez truncado, generalmente casi tan largo como ancho o hasta más largo que ancho; nectario rodeando la base del estilo; estilo obviamente largamente apendiculado, la base generalmente delgada o glabra, algunas veces con tricomas o nudos inflados, el estilo distalmente algunas veces con glándulas, las ramas subteretes en la porción fértil proximal, la superficie estigmática en un par de líneas separadas proximalmente, el apéndice estéril 1-3 veces más largo que las porciones estigmáticas proximales. Cipselas 2-10-acostilladas, generalmente prismáticas, rara vez comprimidas u obcomprimidas, las paredes con fitomelanina, sin rafidios; extremo distal generalmente con un callo apical, rara vez fusionado directamente con la corola; vilano generalmente presente y generalmente de numerosas (10 o más) cerdas capilares típicamente libres basalmente (cuando deciduas lo hacen individualmente), rara vez parcialmente fusionadas en la base y caedizas en grupos o como una unidad, rara vez plumosas, algunas veces con pocas cerdas o escamas, algunas veces ausentes, rara vez de apéndices claviformes glandulosos; polen generalmente espinuloso. Aprox. 185 gen. y 2200 spp., América tropical, con algunos elementos asiáticos y pantropicales. 48 gen. y 333 spp. en Mesoamérica.

La tribu Eupatorieae incluye casi el 8% de las especies de Asteraceae y ha sido reconocida consistentemente como fue circunscrita básicamente desde 1819 cuando fue descrita por primera vez por Cassini. Aunque Bentham y Hooker (1873) redujeron varios géneros descritos a mediados de los 1800s a la sinonimia, la publicación más reciente en los 1900s de una serie de trabajos de B.L. Robinson (1914a, 1914b [1913],

1919 [1918], 1920, 1926, 1930), y especialmente por R.M. King y H. Robinson, restableció varios géneros y puso más orden a la clasificación de Bentham. La posición de docenas de géneros segregados de *Eupatorium* s. l. por King y Robinson fue resumida en la monografía de 1987 y los géneros fueron ubicados diversamente por ellos dentro de las 18 subtribus. King y Robinson (1987) publicaron una lista mundial de las especies aceptadas de los entonces 180 géneros reconocidos, así también como discusiones de microcaracteres usados por ellos en su sistema. King y Robinson (1987) proporcionaron claves para géneros y subtribus, así como varias claves genéricas regionales. El sistema de King y Robinson ha sido aceptado en floras y revisión de familias por King y Robinson (1975 [1976]), Bremer et al. (1994), Pruski (1997a), Hind y Robinson (2007 [2006]) y Robinson (2008). Hind y Robinson (2007 [2006]) reconocieron 17 subtribus de Eupatorieae.

Eupatorieae pertenece al clado Heliantheae sensu Panero (2007b [2006]), y aparece como hermana de Perityleae. La mayoría de Eupatorieae son nativas del continente americano, pero algunas se encuentran en otros lugares. Eupatorieae se puede reconocer por las hojas generalmente opuestas, los estilos con 2 bandas bastante exertas, las cabezuelas discoides y típicamente sin páleas con las corolas no amarillas y la formación de fitomelanina en las paredes de la cipsela. Entre las Eupatorieae mejor conocidas se incluyen *Stevia rebaudiana* (Bertoni) Bertoni, un edulcorante y ornamentales en *Ageratum* y *Liatris* Gaertn. ex Schreb. Se ha documentado el contenido de alcaloides tóxicos en algunas especies.

Cuando se indica la pelosidad de los filarios y las corolas se refiere a "por fuera" (la superficie abaxial) de esas estructuras, excepto cuando se indique de otra forma. Los tricomas son no glandulares y 1-seriados, excepto donde explícitamente se indique que son glandulares. El indumento glanduloso se refiere a glándulas sésiles o punteadas, excepto donde explícitamente se indique como estipitado-glanduloso.

Bibliografía: Barrie, F.R. et al. *Taxon* 41: 508-512 (1992). Bentham, G. y Hooker, J.D. *Gen. Pl.* 2: 163-533 (1873). Berendsohn, W.G. y Araniva de González, A.E. *Cuscatlania* 1: 290-1-290-13 (1989). Bremer, K. et al. *Asteraceae Cladist. Classific.* 625-680 (1994). Cassini, H. *J. Phys. Chim. Hist. Nat. Arts* 88: 150-163, 189-204 (1819). Dillon, M.O. et al. *Monogr. Syst. Bot. Missouri Bot. Gard.* 85: 271-393 (2001). Hind, D.J.N. y Robinson, H. *Fam. Gen. Vasc. Pl.* 8: 510-574 (2007 [2006]). Jarvis, C.E. et al. *Regnum Veg.* 127: 1-100 (1993). King, R.M. y Robinson, H. *Phytologia* 29: 1-20 (1974); *Ann. Missouri Bot. Gard.* 62: 888-1004 (1975 [1976]); *Monogr. Syst. Bot. Missouri Bot. Gard.* 22: 1-581 (1987). King, R.M. et al. *Ann. Missouri Bot. Gard.* 63: 862-888 (1976 [1977]). Panero, J.L. *Fam. Gen. Vasc. Pl.* 8: 391-395 (2007 [2006]). Pruski, J.F. *Fl. Venez. Guayana* 3: 177-393 (1997); Pruski, J.F. y Clase G., T. *Phytoneuron* 2012-32: 1-15 (2012). Robinson, B.L. *Proc. Amer. Acad. Arts* 49: 429-437, 438-491 (1914 [1913]); 54: 264-330, 331-367 (1919 [1918]); 55: 42-88 (1920 [1919]); *Contr. Gray Herb.* 61: 30-80 (1920c); *Contr. U.S. Natl. Herb.* 23: 1432-1469 (1926); *Contr. Gray Herb.* 90: 90-160 (1930). Robinson, H. *Fl. Ecuador* 83: 1-347 (2008); Robinson, H. y Pruski, J.F. *PhytoKeys* 20: 1-7 (2013). Turner, B.L. *Phytologia* 63: 428-430 (1987); *Pl. Syst. Evol.* 190: 113-127 (1994); *Phytologia Mem.* 11: i-iv, 1-272 (1997). Williams, L.O. *Fieldiana, Bot.* 24(12): 32-128, 466-482 (1976).

1. Cabezuelas con 3-5 flores; filarios 3-5.
  2. Vilano ausente; anteras con apéndice vestigial o ausente, los filamentos cortamente papilosos; cipselas con paredes esparcidamente punteadas internamente.   **107. Piqueria**
  2. Vilano presente; anteras con apéndice conspicuo, tan largo como ancho o más largo que ancho, los filamentos sin papilas; cipselas con paredes densamente punteadas internamente.
    3. Plantas generalmente escandentes; cabezuelas con 4 flores, los filarios principales 4; corolas glabras por dentro, los lobos generalmente lisos.   **100. Mikania**

    3. Hierbas erectas o arbustos; cabezuelas con 5 flores; filarios 5, subiguales; corolas con tricomas por dentro, los lobos papilosos por dentro.   **112. Stevia**
1. Cabezuelas frecuentemente con 6 o más flores; filarios 6 o más.
  4. Vilano ausente o coroniforme, de escamas, escuámulas, de apéndices claviformes, o de 5(-7) o menos aristas o cerdas.
    5. Vilano de apéndices claviformes glandulosos.
      6. Anteras con apéndice conspicuamente más corto que ancho; vilano de 3-6 apéndices claviformes glandulosos teretes, el ápice obpiriforme y las superficies externas víscido-glandulosas con densos agregados alargados.   **68. Adenostemma**
      6. Anteras con apéndice tan largo como ancho o más largo que ancho; vilano de 5 apéndices claviformes delgados, estos esféricamente glandulosos en discretos agregados apicales.   **110. Sciadocephala**
    5. Vilano coroniforme, de escamas, escuámulas, aristas o cerdas, o ausente, no de apéndices claviformes glandulosos.
      7. Cipselas lateralmente aplanadas (comprimidas), con 2 costillas o 2 pares de 2 costillas.   **97. Macvaughiella**
      7. Cipselas prismáticas a cilíndricas o fusiformes, o rara vez escasamente curvadas, generalmente con 5 costillas.
        8. Clinantos paleáceos.
          9. Anteras con apéndice muy corto, más ancho que largo.   **102. Nesomia**
          9. Anteras con apéndice oblongo u ovado, más largo que ancho.
            10. Clinantos aplanados o escasamente convexos; lámina de las hojas con glándulas corta y largamente estipitadas, nunca con glándulas grandes hundidas.   **75. Blakeanthus**
            10. Clinantos cónicos o columnares; lámina de las hojas con puntuaciones glandulares, sin glándulas largamente estipitadas.
              11. Cabezuelas no tornándose alargadas; clinantos cónicos; estilo con apéndices prominentes erectos o escasamente patentes, con la base no agrandada.   **70. Ageratum** p. p.
              11. Cabezuelas tornándose alargadas; clinantos columnares; estilo con apéndices divergiendo ampliamente, con la base generalmente agrandada.   **95. Isocarpha**
        8. Clinantos sin páleas.
          12. Plantas diminutas; corolas 4-lobadas.   **94. Iltisia**
          12. Plantas generalmente más de 10 cm; corolas 5-lobadas.
            13. Flores marginales con corolas zigomorfas y seudoradiadas.   **99. Microspermum**
            13. Todas las flores con corolas radialmente simétricas.
              14. Anteras con apéndice típicamente más corto que ancho.
                15. Filarios herbáceos, no articulados en la base; clinantos con las superficies no esclerificadas entre las cicatrices.   **90. Gymnocoronis**
                15. Filarios cartáceos, articulados en la base; clinantos con las superficies completamente esclerificadas.   **96. Koanophyllon** p. p.
              14. Anteras con apéndice tan largo como ancho o más largo que ancho.
                16. Clinantos cónicos.   **70. Ageratum** p. p.
                16. Clinantos aplanados o escasamente convexos.
                  17. Vilano ausente; hojas con láminas escasamente suculentas; plantas frecuentemente epífitas en manglares; filarios con el ápice anchamente redondeado; carpóforo indistinto.   **113. Tuberostylis**
                  17. Vilano de cerdas o escamas; hojas con láminas cartáceas; plantas no epifíticas en manglares; filarios con el ápice agudo a espinoso; carpóforo conspicuo.
                    18. Cabezuelas solitarias sobre pedúnculos largos, los pedúnculos surgiendo de agregados de hojas seudoverticiladas; filarios 50-100; flores (100-)150-175(-250); ramas del estilo lisas a escasamente mamilosas.   **93. Hofmeisteria**
                    18. Cabezuelas en capitulescencias difusas alternadamente ramificadas; filarios 10-30(-60); flores 10-75(-150); ramas del estilo papilosas.

19. Vilano de cerdas; corola con tubo corto y en general marcadamente acostillado; carpóforo con un conspicuo borde distal proyectado. **87. Fleischmannia** p. p.

19. Vilano una corona fimbriada o de 5 escuámulas persistentes cortamente laciniadas; corola con tubo largo y delgado, no acostillado; carpóforo sin un conspicuo borde distal. **103. Oxylobus**

4. Vilano de la mayoría de cipselas o de todas con (5-)10 o más cerdas capilares, algunas veces plumoso o fácilmente deciduo.

20. Clinantos paleáceos.

21. Filarios permaneciendo adpresos hasta caer, no patentes al secarse o con la edad, todos finalmente deciduos, dejando los clinantos al descubierto. **79. Chromolaena** p. p.

21. Filarios patentes con la edad, al menos algunos de los proximales persistentes sobre clinantos viejos.

22. Cabezuelas sin subfilarios multiseriados; tallos fistulosos; anteras con apéndice casi 1/2 de largo que de ancho; cabezuelas del centro de las capitulescencias no madurando conspicuamente antes que las otras. **85. Eupatoriastrum**

22. Cabezuelas con numerosos subfilarios multiseriados; tallos no fistulosos; anteras con apéndice escasamente más largo que ancho; cabezuelas del centro de las capitulescencias conspicuamente madurando antes que las otras. **98. Matudina**

20. Clinantos sin páleas o esencialmente sin páleas.

23. Tallos afilos en la antesis. **104. Pachythamnus**

23. Tallos foliosos en la antesis.

24. Vilano de cerdas plumosas, parcialmente fusionadas en las bases y frecuentemente deciduas en grupos. **78. Carminatia**

24. Vilano de cerdas no plumosas, libres basalmente.

25. Apéndice de las anteras c generalmente truncado, algunas veces retuso apicalmente, c. 1/2 de largo que de ancho o más corto; estilo con ápice más bien abrupta o conspicuamente ensanchado, algunas veces angostamente linear.

26. Vilano de cerdas fácilmente deciduas; clinantos hemisféricos, densamente hirsutos; hojas generalmente alternas. **84. Decachaeta**

26. Vilano de cerdas persistentes; clinantos aplanados o escasamente convexos, glabros; hojas generalmente opuestas.

27. Bejucos; estilo con la base con un nudo agrandado, hirsuta; ramas del estilo con ápices fusiformes. **89. Gongrostylus**

27. Hierbas o arbustos; estilo con la base sin nudo, glabra; ramas del estilo con ápices aplanados.

28. Cerdas del vilano con las bases discontinuas; tecas de la antera frecuentemente rojizas, visibles a través de las corolas pálidas; corola con las nervaduras terminando en los senos, no extendiéndose hasta los lobos, los lobos sin glándulas; filarios frecuentemente blancos. **88. Fleischmanniopsis**

28. Cerdas del vilano con las bases adyacentes; tecas de la antera no rojizas; corola con las nervaduras extendiéndose hasta los lobos, los lobos con numerosas glándulas sobre la superficie externa; filarios no blanquecinos.

29. Filarios 18-23, pajizos, deciduos, los internos lineares; lámina de las hojas no glandulosas. **83. Critoniadelphus**

29. Filarios 7-16, no pajizos, algunas veces deciduos, los internos no lineares; lamina de las hojas con puntuaciones glandulares abaxialmente. **96. Koanophyllon** p. p.

25. Apéndice de las anteras rara vez truncado, generalmente casi tan largo como ancho o más largo que ancho; ramas del estilo lineares a filiformes o claviformes.

30. Lámina de las hojas pelúcido-punteada, no glandulosa; filarios generalmente pajizos, los internos fácilmente deciduos. **82. Critonia**

30. Lámina de las hojas no pelúcido-punteada, frecuentemente glandulosa; filarios frecuentemente no pajizos, los internos frecuentemente persistentes.

31. Corolas constrictas cerca de la boca, más angostas que la base, escasamente más anchas que las ramas engrosadas del estilo.

32. Base de los pecíolos ni ensanchada ni amplexicaule; base del estilo con nudos agrandados pelosos; cipselas 10-acostilladas; vilano de cerdas lisas en las superficies externas. **76. Brickellia**

32. Base de los pecíolos frecuentemente ensanchada y amplexicaule; base del estilo no agrandada, glabra; cipselas 5-acostilladas; vilano de cerdas no lisas sobre las superficies externas. **109. Pseudokyrsteniopsis**

31. Corolas no más constrictas cerca de la boca que de la base, no más angostas que las ramas del estilo las cuales son generalmente aplanadas o lineares.

33. Filarios no obviamente graduados, generalmente subiguales, los externos un poco más cortos.

34. Clinantos generalmente cónicos o redondeados, algunas veces marcadamente redondeados.

35. Clinantos cónicos, más largos que anchos, fistulosos; corolas campanuladas, el limbo obviamente ampliado. **114. Zyzyura**

35. Clinantos cónicos más anchos que largos, no fistulosos; corolas angostamente infundibuliformes, el limbo solo escasamente más ancho que el tubo.

36. Cabezuelas 12-18 mm; cipselas con costados y costillas discoloros, los costados negros, las costillas prominentes y pálidas; estilo con la base generalmente pelosa. **77. Campuloclinium**

36. Cabezuelas 3.5-5.5 mm; cipselas negras, los costados y las costillas concoloros, las costillas delgadas; estilo con la base glabra. **81. Conoclinium**

34. Clinantos aplanados o escasamente convexos.

37. Carpopodios con un conspicuo borde distal proyectado, las paredes de las células bastante engrosadas; vilano de cerdas persistentes hasta algunas veces escasamente frágiles; estilo con la base sin nudos agrandados. **87. Fleischmannia** p. p.

37. Carpopodios vestigiales, ausentes, sin un borde distal proyectado, las paredes de las células delgadas; vilano de cerdas frecuentemente frágiles y deciduas; estilo con la base generalmente con nudos agrandados.

38. Hojas 3-foliadas; estilo con la base escasamente agrandada. **111. Standleyanthus**

38. Hojas no disecadas; estilo con la base generalmente con nudos agrandados.

39. Carpóforo diferenciado; lobos de la corola con la superficie interna papilosa. **69. Ageratina**

39. Carpóforo vestigial o ausente; lobos de la corola con la superficie interna con células cortas mamilosas hasta casi lisas. **106. Piptothrix**

33. Filarios graduados, los externos conspicuamente más cortos.

40. Filarios permaneciendo adpresos hasta caer, no patentes con la edad, todos finalmente deciduos, dejando los clinantos al descubierto. **79. Chromolaena** p. p.

40. Filarios patentes con la edad, al menos algunos de los proximales persistentes sobre clinantos viejos.

41. Plantas epifíticas o creciendo en humus profundo; hojas más bien carnosas o coriáceas; limbo de la corola generalmente con células subcuadrangulares grandes de paredes no sinuosas debajo de los lobos; hojas opuestas o ternadas. **101. Neomirandea**

41. Plantas no epifíticas; hojas generalmente cartáceas o membranáceas; limbo de la corola sin células subcuadrangulares debajo de los lobos; hojas opuestas.

42. Cabezuelas con 4-15 flores.
  43. Hojas disecadas en segmentos filiformes; cipselas con carpopodio obsoleto o ausente. **86. Eupatorium**
  43. Hojas con lámina ancha; carpopodio conspicuamente agrandado.
    44. Filarios en 5 series de 3; carpopodio asimétrico. **80. Condylidium**
    44. Filarios en general conspicuamente dispuestos en espiral; carpopodio esencialmente simétrico.
      45. Estilos con base densamente puberulenta; célula apical de las cerdas del vilano obtusa. **72. Austroeupatorium**
      45. Estilos con base glabra; célula apical de las cerdas del vilano rostrada.
        46. Numerosas cabezuelas sésiles en fascículos de 2 o 3; cabezuelas cilíndricas, con filarios pajizos a parduscos; corolas tubulares a angostamente infundibuliformes. **67. Adenocritonia**
        46. Todas las cabezuelas pedunculadas; cabezuelas campanuladas, con filarios no pajizos; corolas angostamente infundibuliformes. **74. Bartlettina** p. p.
42. Cabezuelas con c. 17 o más flores.
  47. Vilano de cerdas discontinuas o escasamente adyacentes basalmente, fácilmente deciduas en las bases frágiles, el ápice conspicuamente ensanchado. **105. Peteravenia**
  47. Vilano de cerdas adyacentes, persistentes, el ápice rara vez ensanchado.
    48. Cipselas 5-7 mm, densa y diminutamente pulverulento-glandulosas. **71. Amolinia**
    48. Cipselas generalmente 1.5-4 mm, no densa y diminutamente pulverulento-glandulosas, con sétulas y puntuaciones glandulares, o glabras.
      49. Carpopodios procurrentes hasta las costillas de la cipsela, sin un borde distal proyectado, las células de la pared delgadas; clinantos frecuentemente hirsutos.
        50. Clinantos escasamente convexos, con el centro parenquimatoso y las superficies esclerificadas; ramas del estilo angostamente lineares o escasamente más ampliadas distalmente; todos los filarios generalmente persistentes. **74. Bartlettina** p. p.
        50. Clinantos hemisféricos, compuestos de células altamente esclerificadas, la parte central quebradiza; ramas del estilo filiformes; filarios internos fácilmente deciduos. **91. Hebeclinium**
      49. Carpopodios no procurrentes sobre las costillas de la cipsela, con un conspicuo borde distal proyectado, las células de la pared gruesas; clinantos con las superficies glabras o diminutamente puberulentas.
        51. Ambas superficies de los lobos de la corola prorulosas con papilas formadas por la proyección de las terminaciones distales de las células alargadas; nervaduras de la corola engrosadas en la 1/2 proximal; estilo sin base agrandada. **87. Fleischmannia** p. p.
        51. Ambas superficies de los lobos de la corola lisas; nervaduras de la corola no engrosadas; estilo con la base agrandada.
          52. Filarios externos anchos y 6-10-acostillados; carpopodios casi dos veces más largos que anchos, sin una hilera basal de células conspicuamente más grandes. **92. Heterocondylus**
          52. Filarios externos solo 2-acostillados o 4-acostillados; carpopodios más cortos que anchos, con una hilera basal de células conspicuamente más grandes.
            53. Clinantos con las superficies glabras; ramas del estilo con tricomas papiliformes largos; garganta

de la corola con los filamentos insertos a un solo nivel. **73. Ayapana**
            53. Clinantos con las superficies generalmente puberulentas con tricomas finos; ramas del estilo mamilosas; garganta de la corola delgada con los filamentos insertos escalonadamente. **108. Polyanthina**

67. Adenocritonia R.M. King et H. Rob.

Por H. Robinson.

Arbustos pequeños y erectos, moderadamente ramificados; tallos glabros a diminutamente puberulentos, la médula sólida. Hojas opuestas, distintamente pecioladas; láminas conspicuamente ovadas, trinervias por encima de la base, ambas superficies punteado-glandulosas, los tricomas no glandulares espaciados a densos sobre las nervaduras, sin compartimentos internos de resina excepto sobre las nervaduras. Capitulescencia anchamente corimbosa con ramas corimbosas hírtulas; cabezuelas cortamente pedunculadas o numerosas sésiles en fascículos de 2 o 3. Cabezuelas discoides, con 4 o 5 flores cilíndricas; filarios 15-35, marcadamente subimbricados, dispuestos en espiral, desiguales, graduados, pajizos a parduscos, glabros hasta en parte puberulentos, generalmente glandulosos, los externos persistentes y algunas veces en numerosas series cortas, los internos deciduos; clinanto escasamente convexo, sin páleas, la superficie esclerificada y glabra; corola tubular a angostamente infundibuliforme, blanca a rosada, el limbo tubular, sin células subcuadrangulares por debajo de los lobos, con glándulas sobre los lobos, por lo demás glabro, los lobos ovado-triangulares, lisos con células oblongas sobre ambas superficies; anteras con el collar con numerosas células subcuadrangulares proximalmente, con engrosamientos débilmente reticulados sobre las paredes o sin ellos, el apéndice 1/2 de largo que de ancho hasta más largo que ancho, no truncado; estilo con la base sin nudo, glabra, las ramas filiformes a escasamente espatuladas en el ápice, casi lisas. Cipselas prismáticas, 5-acostilladas, las costillas pálidas, cortamente setulosas o esparcida a densamente diminuto-glandulosas, el carpóforo conspicuamente agrandado, esencialmente simétrico, un cilindro corto de pequeñas células subcuadrangulares con paredes engrosadas; vilano de 30-35 cerdas escabrosas, persistentes, no notablemente ensanchadas en el ápice, la célula apical rostrada. 3 spp. sur de México, Mesoamérica, Jamaica.

Turner (1997b [1998]) transfirió *Adenocritonia heathiae* a *Kyrsteniopsis* R.M. King et H. Rob. y trató *Adenocritonia* como un género estrictamente de las Antillas.

Bibliografía: King, R.M. y Robinson, H. *Monogr. Syst. Bot. Missouri Bot. Gard.* 22: 302-304 (1987). Robinson, H. *Phytologia* 71: 176-180 (1991). Turner, B.L. *Phytologia* 82: 385-387 (1997 [1998]).

1. Hojas con ápice angostamente acuminado, los márgenes crenulado-serrulados; cabezuelas c. 6 mm, con c. 4 flores; cipselas c. 2 mm, con sétulas conspicuas sobre las costillas y la cara distal, sin glándulas. **1. A. heathiae**
1. Hojas con ápice agudo a cortamente acuminado, los márgenes cercana y gruesamente serrados; cabezuelas c. 9 mm, con c. 5 flores; cipselas c. 3.5 mm, con pocas sétulas o sin ellas, con numerosas glándulas diminutas. **2. A. steyermarkii**

1. Adenocritonia heathiae (B.L. Turner) H. Rob., *Phytologia* 71: 178 (1991). *Eupatorium heathiae* B.L. Turner, *Phytologia* 69: 122 (1990). Holotipo: México, Chiapas, *Heath y Long 1128* (TEX). Ilustr.: no se encontró.

Kyrsteniopsis heathiae (B.L. Turner) B.L. Turner.

Arbustos, hasta 2 m; tallos glabros y suberosos con la edad, hírtulos distalmente. Hojas pecioladas; láminas 7-13 × 3-6 cm, ovadas, ligeramente trinervias desde c. 5 mm por encima de la base, las superficies generalmente glabras, punteado-glandulosas, densamente puberulentas sobre la vena media adaxialmente, abaxialmente más obviamente punteado-glandulosas y con pocos tricomas sobre las nervaduras principales, la base obtusa, los márgenes crenulado-serrulados, el ápice angostamente acuminado; pecíolo 1.5-3 cm. Capitulescencia 5-6 × 9-10 cm; pedúnculos 0-2 mm. Cabezuelas c. 6 mm; filarios c. 15, 1-5 × 0.6-1 mm, generalmente oblongos a lineares, c. 4-seriados, el ápice redondeado. Flores c. 4; corola c. 4 mm, el tubo constricto por encima del nectario, los lobos c. 0.3 mm, con pocas glándulas; apéndice de la antera tan largo como ancho. Cipselas c. 2 mm, con conspicuas sétulas cortas sobre las costillas y los costados distalmente, no glandulosas; vilano de cerdas c. 3.5 mm. *Selvas medianas perennifolias, bosques estacionales, áreas alteradas, bosques de neblina.* Ch (*Heath y Long 1128*, TEX). 1200-2500 m. (Endémica.)

2. Adenocritonia steyermarkii H. Rob., *Phytologia* 71: 178 (1991). Holotipo: Guatemala, *Steyermark 36183* (F!). Ilustr.: no se encontró.

Arbustos, hasta 2.5 m; tallos con pubescencia evanescente. Hojas pecioladas; láminas 7-15 × 3.5-10 cm, ovadas, subpinnadas cerca de la base con un par de nervaduras ligeramente trinervias cerca del 1/4 basal, ambas superficies con pocos tricomas, esparcidamente punteado-glandulosas, adaxialmente densamente puberulentas sobre la vena media, la base obtusa a cortamente aguda, los márgenes cercana y gruesamente serrados, el ápice agudo a cortamente acuminado; pecíolo 2-5 cm. Capitulescencia 12-16 × 9-12 cm; pedúnculos 0-5 mm. Cabezuelas c. 9 mm; filarios 16-18, 1.5-5 × 1-1.5 mm, 3-seriados o 4-seriados, cortamente oblongos a oblongo-lineares, el ápice redondeado. Flores 5; corola 6-6.5 mm, el tubo escasamente angostado por encima del nectario, los lobos glandulosos; apéndice de la antera más largo que ancho. Cipselas c. 3.5 mm, con numerosas glándulas diminutas, con pocas sétulas sobre las costillas o sin ellas; vilano de cerdas generalmente 3.5-4.5 mm. *Bosques mixtos, selvas bajas perennifolias, quebradas arenosas.* G (*Standley 83777*, F). 2400-3000 m. (Endémica.)

68. Adenostemma J.R. Forst. et G. Forst.

Lavenia Sw.

Por H. Robinson.

Hierbas perennes de vida corta, reptantes o erectas a partir de bases procumbentes. Hojas opuestas, pecioladas; láminas ovadas a triangulares, trinervias o las nervaduras secundarias marcadamente ascendentes. Capitulescencia terminal, laxamente cimosa. Cabezuelas discoides, con 10-60 flores campanuladas; involucro con 10-30 filarios eximbricados, herbáceo y continuo con el pedúnculo, no articulado en la base; clinanto convexo, la superficie no esclerificada entre las cicatrices, glabro; después de la antesis la corola es frecuentemente mantenida en grupo por medio de tricomas largos sobre los lobos, los lobos 5, no papilosos; anteras con el collar generalmente agrandado proximalmente, con pocas a numerosas células cuadrangulares, las paredes ornamentadas, el apéndice conspicuamente más corto que ancho, truncado; estilo con la base no agrandada, glabra, el estilo con tricomas en el eje o sin estos, el apéndice carnoso. Cipselas escasamente curvadas, ligeramente 3-5-anguladas, sin costillas conspicuas; vilano de 3-6 apéndices claviformes, teretes, glandulosos, el ápice del apéndice y las superficies externas víscido-glandulosos en densos agregados alargados. 25 spp., 12 spp. en América Tropical; África, sur de Asia, Islas del Pacífico.

1. Hoja con márgenes marcadamente serrados.
2. Vilano de 3 apéndices claviformes; nervadura trinervia desde cerca de la base, divergiendo de los márgenes basales de la lámina de las hojas; eje del estilo glabro; capitulescencias opuestamente ramificadas en la base.
   1. A. flintii
2. Vilano de 5 apéndices claviformes; nervaduras secundarias basales casi paralelas a los márgenes basales de la lámina de las hojas; eje del estilo

hírtulo; capitulescencias alternada y completamente ramificadas.
   3. A. hirtiflorum
1. Hojas con márgenes obtusamente crenado-serrados o rara vez subenteros.
   3. Limbo de la corola breve y anchamente campanulado, densamente hirsuto; ramas del estilo lineares; capitulescencias con ramas generalmente opuestas proximalmente.
      2. A. fosbergii
   3. Limbo de la corola cilíndrico, casi glabro proximalmente; ramas del estilo conspicua y anchamente claviformes distalmente; capitulescencias alternadamente ramificadas en su totalidad.
      4. A. platyphyllum

1. Adenostemma flintii R.M. King et H. Rob., *Phytologia* 54: 29 (1983). Holotipo: Nicaragua, *Flint 6* (US!). Ilustr.: no se encontró.

Hierbas erectas, hasta 0.5 m; tallos y hojas glabros o subglabros. Hojas pecioladas; láminas 4-5 × 3.5-4.5 cm, anchamente ovadas, trinervias desde cerca de la base, divergiendo desde los márgenes basales de la hoja, la base subtruncada, los márgenes cercana y marcadamente multi-serrados, el ápice cortamente agudo; pecíolo 2-3 cm, indistintamente alado distalmente. Capitulescencia opuestamente ramificada en los nudos proximales, las últimas ramas diminutamente puberulentas; pedúnculo hasta 3.5 mm. Cabezuelas c. 5 × 6 mm; filarios c. 23. Flores c. 25; corola c. 2 mm, blanca, anchamente infundibuliforme, el limbo c. 1 mm, densamente pilósulo; estilo con el eje glabro, las ramas lineares. Cipselas c. 2.5 mm; vilano de 3 apéndices claviformes c. 0.8 mm, víscidos. *Hábitat desconocido.* N (*Flint 6*, US). Elevación desconocida. (Endémica.)

Adenostemma flintii fue tratada por Dillon et al. (2001) como un sinónimo de *A. lavenia* (L.) Kuntze, la cual también tiene el limbo de la corola densamente pilósulo y el eje del estilo glabro. Sin embargo, *A. flintii* tiene los tallos glabros o subglabros, mientras que *A. lavenia* difiere por los tallos estipitado-glandulosos a glabrescentes y fue tratada como endémica de Sri Lanka por King y Robinson (1987).

2. Adenostemma fosbergii R.M. King et H. Rob., *Phytologia* 29: 6 (1974). Holotipo: Colombia, *Fosberg 19918* (US!). Ilustr.: no se encontró.

Hierbas erectas, hasta 1 m; tallos y hojas diminutamente puberulentos generalmente cerca de los nudos y sobre las nervaduras. Hojas pecioladas; láminas hasta 13 × 10 cm, anchamente ovadas, no angulosas, trinervias por encima de la base, la base redondeada y abruptamente acuminada, los márgenes ligera y obtusamente crenado-serrados a subenteros, el ápice cortamente agudo; pecíolo 1-7 cm, angostamente alado distalmente. Capitulescencia con las ramas generalmente opuestas proximalmente, las últimas ramas diminutamente puberulentas; pedúnculo c. 2.5 mm. Cabezuelas c. 3.5 × 4-4.5 mm; filarios 15-20. Flores 15-20; corola 1.3-1.5 mm, blanca, el limbo c. 0.5 mm, muy breve y anchamente campanulado, densamente hirsuto; estilo con eje hírtulo, las ramas lineares. Cipselas c. 2 mm; vilano de 3 apéndices claviformes víscidos c. 0.5 mm. *Selvas medianas perennifolias.* P (*Hamilton et al. 941*, US). 1000-2200 m. (Mesoamérica, Colombia, Ecuador, Perú.)

3. Adenostemma hirtiflorum Benth., *Pl. Hartw.* 75 (1841). Holotipo: Guatemala, *Hartweg 531* (K). Ilustr.: Williams, *Fieldiana, Bot.* 24(12): 466, t. 12 (1976).

Hierbas ascendentes, hasta 0.5 m; tallos diminutamente puberulentos, las hojas generalmente glabras. Hojas pecioladas; láminas 6-9 × 4-5 cm, ovadas, las nervaduras secundarias basales casi paralelas a los márgenes basales de la hoja, la base aguda a cortamente acuminada, los márgenes marcadamente serrados, con dientes más fuertes en la parte más ancha de la lámina, el ápice agudo a escasamente acuminado; pecíolo 1-3 cm. Capitulescencia alternada y totalmente ramificada, las últimas ramas densamente blanquecino-puberulentas; pedúnculo c. 5 mm. Cabezuelas 6-7 × 4-5 mm; filarios c. 10. Flores c. 12; corola c. 3 mm, blanca, el limbo c. 2 mm, más bien cilíndrico, glabro proximalmente, densamente hírtulo distalmente; estilo con eje hírtulo, las ramas lineares a escasamente claviformes. Cipselas c. 2.5 mm; vilano de 5 apéndices claviformes vísidos, c. 1.2 mm. *Selvas altas perennifolias, selvas medianas perennifolias, claros de bosques.* G (*Skutch 1449*, US). 1200-1500 m. (Endémica.)

4. Adenostemma platyphyllum Cass. in Cuvier, *Dict. Sci. Nat.* ed. 2, 25: 363 (1822). Holotipo: Perú, *Jussieu s.n.* (P?). Ilustr.: no se encontró.

Hierbas erectas, hasta 1 m; tallos y nervaduras de las hojas diminutamente puberulentos. Hojas pecioladas; láminas 7-18 × 4-13 cm, anchamente ovadas, no angulosas, conspicuamente trinervias por encima de la base, la base redondeada y abruptamente acuminada, los márgenes obtusamente crenado-serrados, el ápice en general agudo, en el extremo distal generalmente angostamente obtuso; pecíolo 2-8 cm, tornándose alado distalmente. Capitulescencia alternadamente ramificada en su totalidad, las últimas ramas diminutamente puberulentas, frecuentemente con diminutas glándulas estipitadas; pedúnculo c. 5 mm. Cabezuelas c. 6 × 4-5 mm; filarios 18-30. Flores 15-40; corola c. 2 mm, blanca con la garganta matizada de rojizo, el limbo c. 1.5 mm, más bien cilíndrico, casi glabro proximalmente, con pocos tricomas largos distalmente; estilo con el eje hírtulo, las ramas conspicua y anchamente claviformes. Cipselas c. 3 mm; vilano de 3 apéndices claviformes vísidos, c. 0.8 mm. *Bordes de arroyos, selvas altas perennifolias.* H (Nelson, *2008: 146*); CR (*Wilbur 20579*, DUKE); P (*Duke y Bristan s.n.*, MO). 0-700(-1100) m. (Mesoamérica, Colombia, Venezuela, Ecuador, Perú, Bolivia, Argentina.)

El tipo posiblemente se encuentre en el herbario de Jussieu No. 9118 como *Lavenia spathulata* Juss., nom. inéd.

69. Ageratina Spach
Batschia Moench non J.F. Gmel., *Kyrstenia* Neck. ex Greene, *Mallinoa* J.M. Coult.
Por H. Robinson.

Hierbas escasa a densamente ramificadas o arbustos. Hojas opuestas, no disecadas, corta a largamente pecioladas, rara vez sésiles; láminas deltoides o cordiformes a angostamente lanceoladas, pinnatinervias hasta más típicamente (en Mesoamérica) marcadamente trinervias con algunas nervaduras en el 1/3 basal ascendentes divergiendo de la vena media en un ángulo de menos de 45°, concoloras o rara vez discoloras, dentadas o lobadas a enteras, generalmente serradas. Capitulescencia terminal, rara vez subterminal, laxa a densamente cimosa en panículas corimbosas o tirsoides, rara vez escapíferas, típicamente con ramas foliosas ascendentes, las ramas rara vez patentes desde el eje principal en un ángulo de c. 90°. Cabezuelas discoides, con 5-60(-125) flores, campanuladas; involucro de hasta 30 filarios eximbricados a ligeramente subimbricados, patentes con la edad; clinanto escasamente convexo, sin páleas, la superficie esclerificada, sin tricomas conspicuos; corola blanca hasta muy rara vez rosada, el tubo ancho a angosto, la garganta típicamente más larga que los lobos, los lobos 5, la superficie interna de los lobos densamente papilosa cerca del ápice, muy rara vez con numerosos tricomas por dentro en la base de los lobos, la superficie externa lisa; anteras con el collar cilíndrico, generalmente alargados con numerosas células cuadrangulares proximalmente, las paredes no ornamentadas o escasamente así, el apéndice oblongo-ovado tan largo como ancho, no truncado; estilo con la base generalmente con un nudo agrandado, glabra, las ramas con apéndices lineares, densamente papilosos. Cipselas prismáticas a fusiformes, generalmente 5-anguladas, setulosas, rara vez glabras, mucha rara vez glandulosas, el carpóforo diferenciado, sin un borde distal proyectado, las paredes de las células del carpóforo delgadas; vilano de 5-40 cerdas escábridas delgadas, frecuentemente agrandadas distalmente, frecuente y fácilmente deciduas, algunas veces persistentes y patentes con la edad, generalmente con una serie externa de escuámulas cortas. Aprox. 250 spp. general-

mente del oeste de Norte y Sudamérica, con dos especies ampliamente adventicias en el Paleotrópico.

Turner (1997a) y Dillon et al. (2001) trataron *Pachythamnus* como un sinónimo de *Ageratina*, pero aquí *Pachythamnus* es tratado como distinto. El registro de Breedlove (1986) de *A. oaxacana* (Klatt) R.M. King et H. Rob. en Chiapas está basado en una identificación errónea.

Bibliografía: King, R.M. y Robinson, H. *Phytologia* 19: 208-229 (1970); 24: 79-104 (1972); 38: 323-355 (1978).

1. Lobos de la corola tan largos como la garganta; vilano de cerdas más bien persistentes, patentes con la edad; superficiede las hojas membranácea, más pálida abaxial que adaxialmente. **5. A. anisochroma**
1. Lobos de la corola más cortos que la garganta; vilano de cerdas erectas o deciduas con la edad; superficie de las hojas no más pálida abaxial que adaxialmente.
  2. Lámina de las hojas con todas las nervaduras marcadamente ascendentes divergiendo desde la vena media en un ángulo de más de 45°, esencialmente pinnatinervias, generalmente más anchas cerca del 1/2.
    3. Lámina de las hojas algunas veces con puntuaciones glandulares dispersas o numerosas.
      4. Filarios densamente estipitado-glandulosos; cipselas con numerosas puntuaciones glandulares pequeñas; láminas de las hojas con base aguda, sin aurículas basales. **12. A. caeciliae**
      4. Filarios sin glándulas estipitadas; cipselas no glandulosas, solo con sétulas; lámina de las hojas generalmente con lóbulos y márgenes marcadamente recurvados en las bases. **31. A. ligustrina**
    3. Hojas sin puntuaciones glandulares.
      5. Hojas sésiles o subsésiles; tallos glabros; cabezuelas con 6-10 flores. **18. A. contigua**
      5. Hojas pecioladas; tallos puberulentos; cabezuelas con 20-30 flores.
        6. Cabezuelas con 20-22 flores. **51. A. subglabra**
        6. Cabezuelas con 28-30 flores. **54. A. tonduzii**
  2. Lámina de las hojas con algunas nervaduras en el 1/3 basal ascendentes, divergentes desde la vena media en un ángulo de menos de 45°, frecuente y marcadamente trinervias, conspicuamente más anchas debajo de la mitad.
    7. Pedúnculos y frecuentemente también los filarios con numerosas glándulas estipitadas conspicuas.
      8. Cipselas glabras o glandulosas.
        9. Cipselas glabras; hojas trinervias desde muy cerca de la base de la lámina; cabezuelas 4-5 mm; corolas con tubo abruptamente angostado. **1. A. adenophora**
        9. Cipselas glandulosas; hojas generalmente trinervias por encima de la base de la lámina; cabezuelas 7-12 mm; corolas con tubo inconspicuamente delimitado distalmente.
          10. Capitulescencias corimbosas; pecíolos 0.1-0.3 cm; lámina de las hojas elíptico-ovada, la parte más ancha cerca del 1/3 basal. **22. A. glauca**
          10. Capitulescencias tirsoides con ramas densamente corimbosas a piramidales; pecíolos generalmente 0.5-2 cm; lámina de las hojas triangular-ovada, la parte más ancha cerca del 1/5-1/4 basal. **40. A. pringlei**
      8. Cipselas setulosas o escábridas, no glandulosas.
        11. Hojas en una roseta basal. **10. A. bellidifolia**
        11. Hojas caulinares.
          12. Hojas con el pecíolo y superficie adaxial de la lámina densamente estipitado-glandulosos. **57. A. zunilana**
          12. Hojas sin glándulas estipitadas.
            13. Pecíolos generalmente menos de 1 cm; lámina de las hojas menos de 5 cm, trinervia desde la base; entrenudos generalmente 0.5-1 cm.
              14. Hojas subsésiles, los pecíolos generalmente 0.1-0.2 cm. **17. A. chiriquensis**
              14. Hojas con pecíolos generalmente 0.7-1.3 cm. **30. A. kupperi**

13. Pecíolos 1-7 cm; hojas trinervias por encima de la base de la lámina; entrenudos generalmente más de 1 cm.

15. Hojas y tallos densamente velutinos a hirsutos o sublanados. **56. A. vernalis**

15. Hojas y tallos glabros a diminutamente puberulentos.

16. Corolas con lobos glabros, sin tubo marcadamente delimitado. **28. A. intibucensis**

16. Corolas con fascículo apical de tricomas sobre los lobos, con tubo delgado marcadamente delimitado. **29. A. ixiocladon**

7. Pedúnculos y filarios esencialmente sin glándulas estipitadas, algunas veces con puntuaciones glandulares sésiles o casi sésiles.

17. Arbustos trepadores con las ramas de la capitulescencia patentes en un ángulo de c. 90º; cabezuelas con 7-10 flores.

18. Hojas pelúcido-punteadas. **42. A. resinifera**

18. Hojas no pelúcido-punteadas.

19. Hojas subenteras a escasamente 6-12-serruladas; nervaduras secundarias divergentes desde los márgenes basales de la hoja; nérvulos no prominentes; cipselas híspidas distalmente. **36. A. ovilla**

19. Hojas serradas; nervaduras secundarias paralelas a los márgenes basales de la hoja; ambas superficies foliares con nérvulos ligeramente prominentes; cipselas glabras o mínimamente escábridas distalmente. **43. A. reticulifera**

17. Hierbas erectas, arbustos o árboles con las ramas de la capitulescencia ascendentes; cabezuelas con 12 o más flores.

20. Cipselas glabras o glandulosas, esencialmente sin sétulas, sin tricomas escábridos.

21. Cipselas glandulosas; ramitas, hojas jóvenes y axilas de las nervaduras secundarias más grandes con tomento araneoso adpreso abaxialmente. **32. A. mairetiana**

21. Cipselas glabras o subglabras, sin glándulas.

22. Láminas de las hojas elípticas con la base y el ápice largamente acuminados; nervaduras secundarias en 3-4 pares marcadamente ascendentes; cabezuelas c. 6 mm, con c. 13 filarios. **11. A. burgeri**

22. Láminas de las hojas ovadas con la base cortamente obtusa a largamente aguda y el ápice cortamente agudo a breve y angostamente acuminado; nervaduras trinervias desde 1.5 mm por encima de la base; cabezuelas c. 4 mm, con c. 20 filarios. **33. A. malacolepis**

20. Cipselas conspicuamente setulosas o escábridas sobre las costillas o la cara distalmente.

23. Corolas con puntuaciones glandulares y con pocos tricomas no glandulares o sin ellos sobre la superficie externa de los lobos; ambas superficies de las hojas algunas veces con conspicuas puntuaciones glandulares.

24. Lámina de las hojas sin puntuaciones glandulares abaxialmente; tallo, haz y superficie abaxial de las hojas glabros a subglabros o con pelosidad adpresa dispersa.

25. Lámina de las hojas 1.5-3.5 × 1-2 cm, abaxialmente sin retículo de nérvulos cercanamente espaciados; capitulescencias pequeñas con 10-20 cabezuelas; cabezuelas c. 6 mm, con 12-16 filarios. **46. A. saxorum**

25. Lámina de las hojas 5-10.5 × 3-8 cm, abaxialmente con retículo de nérvulos cercanamente espaciados; capitulescencias grandes con 50 o más cabezuelas; cabezuelas 8-10 mm, con 18-25 filarios.

26. Nérvulos de las hojas formando un retículo ligeramente prominente sobre ambas superficies; hojas con márgenes serrulados; cabezuelas con c. 17 flores. **45. A. salvadorensis**

26. Nérvulos de las hojas con retículo no prominente; hojas con márgenes serrados; cabezuelas con 30-50 flores. **50. A. subcoriacea**

24. Hojas con numerosas puntuaciones glandulares abaxialmente; tallo, ambas superficies de las hojas con pelosidad conspicua y generalmente erecta.

27. Hojas con la base profundamente cordata, trinervias desde la base de la lámina. **38. A. petiolaris**

27. Hojas con base obtusa a escasamente cordata, trinervias por encima de la base de la lámina.

28. Hojas con ápice agudo a cortamente acuminado; tallos densamente pilosos o hirsutos a tomentosos o sublanados con tricomas frecuentemente rojizos. **52. A. subinclusa**

28. Hojas con ápice redondeado a cortamente obtuso; tallos densamente grisáceo-pelosos o amarillento-pelosos. **53. A. tomentella**

23. Corolas generalmente con numerosos tricomas largos sobre la superficie externa de los lobos; ambas superficies de la hoja solo con inconspicuas puntuaciones glandulares o no glandulosos.

29. Cabezuelas generalmente con 20-24 filarios de 1-2 mm de ancho, con 50-125 flores; plantas herbáceas, generalmente 0.3-0.8 m, frecuentemente con hojas proximales agrandadas y capitulescencia escapífera o subescapífera.

30. Tallos conspicuamente rojizos; cabezuelas 6-9 mm; márgenes de las hojas con 4-12 dientes obtusos o toscos (crenados o serrados); cipselas 2.2-2.7 mm; filarios puberulentos; pedúnculos densamente puberulentos a pilósulos. **41. A. prunellifolia**

30. Tallos parduscos a lo mucho matizados de rojizo; cabezuelas 4-6 mm; márgenes de las hojas con 10-20 dientes crenados u obtusamente serrados; cipselas c. 1.5 mm; filarios generalmente glabros; pedúnculos glabros a esparcidamente puberulentos.

31. Capitulescencias moderadamente laxas con numerosas cabezuelas sobre pedúnculos cortos; hojas basalmente cordatas a redondeadas; hojas con láminas reducidas extendiéndose muy arriba del tallo hasta la capitulescencia. **4. A. anchistea**

31. Capitulescencias laxamente ramificadas con pocas cabezuelas por rama; pedúnculos hasta 75 mm; hojas con láminas basalmente truncadas a cortamente agudas o acuminadas; hojas limitadas al 1/4 proximal de la planta. **35. A. muelleri**

29. Cabezuelas generalmente con 10-18 filarios de 0.3-1 mm de diámetro, generalmente con menos de 45 flores; plantas hierbas o subarbustos a arbustos sin hojas proximales conspicuamente agrandadas; capitulescencias sobre tallos foliosos.

32. Corolas con numerosos tricomas por dentro en las bases de los lobos. **49. A. subcordata**

32. Corolas con pocos tricomas por dentro en las bases de los lobos o sin ellos.

33. Filarios con pequeñas glándulas sésiles, algunas veces víscidos, sin tricomas no glandulares excepto en los márgenes. **29. A. ixiocladon**

33. Filarios sin glándulas, con pocos a numerosos tricomas no glandulares.

34. Cipselas con solo asperezas o espículas cortas que son 1-3 veces más largas que anchas, no más largas que el espacio entre ellas; plantas restringidas a Costa Rica y Panamá.

35. Lámina de las hojas con base aguda a escasamente acuminada, las nervaduras secundarias pronunciadas localizadas muy por encima de las bases, cerca del 1/3 basal de la lámina.

36. Tallos puberulentos; hojas con lámina diminutamente puberulenta, no pelúcido-punteada. **3. A. allenii**

36. Tallos hirsutos; hojas con lámina con nervaduras pilosas, pelúcido-punteadas. **9. A. barbensis**

35. Lámina de las hojas con base redondeada o escasamente acuminada a escasamente obtusa o subcordata, las nervaduras secundarias pronunciadas surgiendo desde o por dentro de los 5 mm basales de la lámina.

37. Hojas con láminas con la parte más ancha cerca del 1/4 basal, el ápice atenuado a angostamente acuminado; cabezuelas 4-5 mm. **20. A. croatii**

37. Hojas con láminas con la parte más ancha cerca del 1/3 basal, el ápice cortamente agudo a cortamente acuminado; cabezuelas c. 6 mm.

38. Tallos y hojas antrorso-puberulentos o adpreso-puberulentos a pilósulos; garganta de las corolas c. 1.5 mm, más larga que ancha; hojas con márgenes gruesamente crenado-serrados. **25. A. herrerae**

38. Tallos y hojas hírtulas con tricomas erectos; garganta de las corolas c. 1 mm, casi tan ancha como larga; hojas con 15-20 dientes obtusos reducidos en los márgenes. **48. A. standleyi**

34. Cipselas con sétulas largas sobre las costillas o los costados distalmente (sétulas varias veces más largas que anchas, conspicuamente más largas que la distancia entre ellas); especies en cualquier parte de Mesoamérica.

39. Filarios con ápice desde generalmente obtuso a cortamente agudo, frecuentemente anchamente escarioso y eroso.

40. Hojas subsésiles. **16. A. chazaroana**

40. Hojas conspicuamente pecioladas.

41. Tallos tomentulosos a densamente hirsútulos con tricomas erectos.

42. Láminas de las hojas con la base redondeada a escasamente cordata, cartáceas. **39a. A. pichinchensis** var. **bustamenta**

42. Láminas de las hojas con la base generalmente aguda a cortamente obtusa con acumen corto, membranáceas. **55. A. valerioi**

41. Tallos puberulentos con cortos tricomas curvados o adpresos.

43. Tallos con superficies rojizas o matizadas de rojizo.

44. Hojas con 10-20 dientes en los márgenes, puntiagudos, generalmente toscos, simple o doblemente serrados, la lámina generalmente 4-9 cm. **37. A. pazcuarensis**

44. Hojas serradas con 5-10 dientes obtusos en los márgenes, la lámina generalmente 2-5 cm. **47. A. schaffneri**

43. Tallos parduscos, no rojizos.

45. Láminas de las hojas oblongo-ovadas a casi elípticas, los márgenes basales subparalelos a las nervaduras basales secundarias; cabezuelas c. 4 mm. **27. A. huehueteca**

45. Láminas de las hojas ovadas a anchamente ovadas, los márgenes basales marcadamente divergentes de las nervaduras secundarias trinervias; cabezuelas 5-7 mm.

46. Láminas de las hojas trinervias desde la base misma, la parte más ancha de la lámina en el 1/5-1/4 basal; cipselas con sétulas sobre las costillas y entre estas. **6. A. atrocordata**

46. Láminas de las hojas trinervias desde 1-7 mm por encima de la base, la parte más ancha de la lámina en el 1/4-1/3 basal; cipselas con sétulas generalmente sobre las costillas, dispersas o densas.

47. Tallos sin máculas lineares negras; láminas de las hojas con base obtusamente redondeada a cortamente aguda; cipselas con sétulas uniformemente espaciadas sobre las costillas; márgenes foliares con 10-20 dientes anchos. **2. A. alexanderi**

47. Tallos generalmente con conspicuas máculas lineares negras; láminas de las hojas con base frecuentemente subtruncada a cordata; cipselas con sétulas densamente pectinadas sobre las costillas; hojas en su mayoría con 20-30 dientes puntiagudos, cercanos entre sí. **44. A. rivalis**

39. Filarios con ápice angostamente agudo a atenuado.

48. Cipselas con sétulas en general o totalmente restringidas a las costillas, algunas veces densas.

49. Hojas con nervaduras secundarias trinervias patentes de los márgenes basales, en un ángulo de c. 20° desde la vena media; tallos gruesamente curvado-pilósulos. **15. A. cartagoensis**

49. Hojas con nervaduras secundarias trinervias casi paralelas a los márgenes basales, en un ángulo de 25-35° desde la vena media; tallos con tricomas patentes.

50. Tallos y hojas con tricomas sórdidos o blanquecinos, no rojizos; entrenudos generalmente 6-9 cm; lobos de la corola con todos los tricomas de punta delgada. **7. A. austin-smithii**

50. Tallos y hojas con tricomas rojizos; entrenudos 1-3 cm; lobos de la corola con tricomas dimorfos, algunos tricomas terminando en una serie de cortas células anchas. **21. A. diversipila**

48. Cipselas con sétulas más bien uniformemente distribuidas sobre las costillas y los costados distalmente.

51. Tallos densamente hírtulos o hirsútulos con tricomas erectos.

52. Láminas de las hojas 8-10 cm, trinervias desde 7-15 mm por encima de la base, los márgenes serrados con c. 22 dientes obtusos; tallos con tricomas rojizos. **8. A. badia**

52. Láminas de las hojas 4-5 cm, trinervias desde 2-3 mm por encima de la base, los márgenes con dientes puntiagudos cortos; tallos con tricomas pálidos. **26. A. hirtella**

51. Tallos puberulentos con tricomas curvados o adpresos.

53. Láminas de las hojas anchamente ovadas a más bien romboides, más de 3/4 tan anchas como largas; nervaduras secundarias trinervias divergiendo desde la vena media en un ángulo de 30-35°; cabezuelas 4-5 mm.

54. Tubo de la corola 1-1.5 mm, casi tan largo como el limbo; nervadura trinervia escasamente por encima de la base de las hojas, las nervaduras intramarginales en la acuminación basal. **24. A. helenae**

54. Tubo de la corola 1.5-2 mm, conspicuamente más largo que el limbo; nervadura trinervia en la base de las láminas, las nervaduras marginales en la acuminación basal. **34. A. molinae**

53. Láminas de las hojas 1/2-3/4 tan anchas como largas; nervaduras secundarias trinervias divergiendo desde la vena media en un ángulo de 15-25°; cabezuelas 5-9 mm.

55. Pecíolos generalmente 3-7 cm; hojas conspicuamente corta a largamente acuminadas en la base; pedúnculos 2-5 mm. **14. A. carmonis**

55. Pecíolos 1-3 cm; hojas agudas a subtruncadas en la base; pedúnculos 3-12 mm.

56. Láminas de las hojas con base subaguda a cortamente aguda, la parte más ancha en los 1/3-2/5 basales; filarios con tricomas sórdidos o pálidos, o casi glabros. **13. A. capillipes**

56. Láminas de las hojas con base subtruncada a obtusa, la parte más ancha cerca del 1/4 basal; filarios con tricomas rojizos a purpúreos.

57. Cabezuelas c. 6 mm; hoja de márgenes serrados con 5-10 dientes simples a doblemente serrados, algunas veces toscos; tallos delgados, generalmente c. 2 mm de diámetro. **19. A. costaricensis**

57. Cabezuelas 8-9 mm; hoja de márgenes serrados con 10-20 dientes cortos; tallos generalmente 3-4 mm de diámetro. **23. A. guatemalensis**

1. Ageratina adenophora (Spreng.) R.M. King et H. Rob., *Phytologia* 19: 211 (1970). *Eupatorium adenophorum* Spreng., *Syst. Veg.* 3: 420 (1826). Holotipo: México, Edo. México, *Humboldt y Bonpland* *s.n.* (P-Bonpl.). Ilustr.: Peng et al., *Fl. Taiwan* ed. 2, 4: 819, t. 378 (1998).

Eupatorium glandulosum Kunth non Michx.

Subarbustos erectos, hasta 1.5 m; tallos parduscos a rojizo oscuro; tallos y pecíolos densa y cortamente estipitado-glandulosos. Hojas pecioladas; láminas mayormente 4-8 × 2-5 cm, ovadas a subromboidales, la parte más ancha entre el 1/3 y el 1/4 basal, cartáceas, ambas superficies esparcidamente puberulentas, sin puntuaciones glandulares, trinervias desde la base misma, las nervaduras secundarias divergiendo desde la vena media en un ángulo de 25-35°, la base obtusa a cortamente aguda con una acuminación leve, los márgenes por encima de la parte más ancha con c. 8 dientes muy reducidos a marcadamente proyectados, el ápice marcadamente agudo a escasamente acuminado; pecíolo 1.5-3.5 cm. Capitulescencia terminal sobre tallos foliosos, densa y anchamente corimbosa; ramitas y pedúnculos densamente estipitado-glandulosos. Cabezuelas 4-5 mm; filarios 18-20, 3.5-4.5 × 0.8-1 mm, oblongo-lanceolados, el ápice corta a largamente agudo, densamente estipitado-glandulosos. Flores 50-60; tubo de la corola c. 1.8 mm, abruptamente angostado, la garganta c. 1.3 mm, los lobos c. 0.5 mm, glabros. Cipselas 1.5-1.8 mm, ligeramente angostadas distalmente, glabras; vilano de cerdas 3-3.5 mm, frágiles. $2n = 51$. *Esperada en áreas arvenses.* 1400-2000 m. C. México; adventicia en Estados Unidos [California], Sudamérica, Antillas, Europa, Asia, Australia, Islas del Pacífico.)

Ageratina adenophora es una especie arvense nativa de México amplia y generalmente introducida, pero aparentemente aún no se conoce de Mesoamérica. Los registros anteriores para Mesoamérica se basaron en material erróneamente determinado. Aún se espera encontrar esta especie en Mesoamérica.

2. Ageratina alexanderi R.M. King et H. Rob., *Phytologia* 69: 62 (1990). Holotipo: Costa Rica, *Skutch 4196* (US!). Ilustr.: no se encontró.

Subarbustos, hasta 2 m; tallos parduscos sin máculas lineares negras; y pecíolos densamente puberulentos con tricomas curvados cortos color rojizo. Hojas pecioladas; láminas mayormente 6-10 × 3-6 cm, ovadas, la parte más ancha cerca del 1/3 basal, cartáceas, trinervias desde 2-7 mm por encima de la base, las nervaduras patentes desde la vena media en un ángulo de 25-30°, marcadamente divergentes de los márgenes basales de la hoja, ambas superficies no glandulosas, la superficie adaxial esparcidamente adpreso-puberulenta, la superficie abaxial con tricomas más densos sobre las nervaduras abaxialmente, la base obtusamente redondeada a cortamente aguda, escasamente acuminada, los márgenes serrados con 10-20 dientes anchos, el ápice cortamente acuminado; pecíolo 2-4 cm. Capitulescencia sobre tallos foliosos, con brácteas foliares pequeñas en las ramitas ascendentes proximales alternas, anchamente corimbosa; ramitas o pedúnculos densamente puberulentos, sin glándulas estipitadas. Cabezuelas 5-6 mm; filarios 15-17, 4-5 × 0.8-1 mm, puberulentos, sin glándulas estipitadas o sésiles, el ápice ligeramente escarioso, no acostillado, erosa y cortamente agudo. Flores c. 25; tubo de la corola c. 1.8 mm, la garganta c. 1.5 mm, los lobos c. 0.4 mm, pilósulos con numerosos tricomas largos, la base de los lobos sin tricomas evidentes por dentro. Cipselas c. 2 mm, fusiformes, uniforme y largamente setulosas generalmente sobre las costillas, frecuentemente dispersas o ausentes sobre los costados distalmente; vilano de cerdas c. 3 mm. *Laderas abiertas, arroyos.* CR (*Skutch 4196*, MO). c. 1500 m. (Endémica.)

3. Ageratina allenii (Standl.) R.M. King et H. Rob., *Phytologia* 24: 80 (1972). *Eupatorium allenii* Standl., *Publ. Field Mus. Nat. Hist., Bot. Ser.* 18: 1457 (1938). Holotipo: Costa Rica, *Allen 597* (F). Ilustr.: no se encontró.

Ageratina whitei R.M. King et H. Rob.

Hierbas erectas, hasta 1.5 m; tallos parduscos, puberulentos. Hojas pecioladas; láminas mayormente 4-5 × 1.5-2.5 cm, ovadas, la parte más ancha cerca del 1/3 basal, subcoriáceas, las nervaduras secunda-

rias moderadamente ascendentes, con 2 o más pares congestos en el 1/3 basal, de estos el par más ascendente patente desde la vena media en un ángulo de c. 25°, las nervaduras secundarias más fuertes localizadas muy por encima casi el 1/3 basal de la lámina, ambas superficies esparcida y diminutamente puberulentas, las nervaduras densamente adpreso-puberulentas, no glandulosas, no pelúcido-punteadas, la base aguda a escasamente acuminada, los márgenes con 12-20 dientes, el ápice atenuado a agudo o acuminado; pecíolo 0.5-1 cm. Capitulescencia sobre tallos foliosos, ancha y densamente corimbosa, las ramas ascendentes; pedúnculos adpreso-puberulentos, sin glándulas estipitadas. Cabezuelas c. 5 mm; filarios 13-15, hasta 4 × 0.5-0.7 mm, angostamente lanceolados, sin glándulas estipitadas o sésiles, el ápice cortamente agudo a agudo, generalmente herbáceos, esparcidamente adpreso-puberulentos. Flores 25-29; tubo de la corola muy angosto, 1-1.5 mm, la garganta c. 1.5 mm, los lobos 0.6-0.7 mm, pilósulos con numerosos tricomas largos, la base de los lobos sin tricomas evidentes por dentro. Cipselas 1-1.5 mm, fusiformes, escábridas con pequeñas espículas sobre las costillas, las espículas menos de 3 veces más largas que anchas, no más largas que el espacio entre ellas; vilano de cerdas 3-3.5 mm, frágiles. *Cumbres de montañas.* CR (*Allen 597*, F); P (*White y White 118*, US). 2500-2600 m. (Endémica.)

4. Ageratina anchistea (Grashoff et Beaman) R.M. King et H. Rob., *Phytologia* 24: 80 (1972). *Eupatorium anchisteum* Grashoff et Beaman, *Rhodora* 71: 567 (1969). Holotipo: Honduras, *Standley 27471* (US!). Ilustr.: no se encontró.

Hierbas perennes 0.4-0.6 m; tallos pardusco pálido, puberulento-grisáceos a esparcidamente pilosos. Hojas pecioladas; láminas mayormente hasta c. 2 × 2 cm, anchamente ovadas, la parte más ancha cerca del 1/3 basal, las hojas basales más grandes hasta 5 cm, las hojas distales reducidas extendiéndose hasta la capitulescencia, trinervias desde la base, las nervaduras secundarias patentes desde la vena media en un ángulo de c. 30°, la superficie adaxial pilósula, la superficie abaxial con tricomas generalmente sobre las nervaduras, no glandulosas, la base redondeada a subcordata, los márgenes crenados, con 10-20 dientes, el ápice cortamente acuminado; pecíolo 0.5-3 cm. Capitulescencia una panícula subescapífera, moderadamente laxa, con numerosas cabezuelas sobre pedúnculos cortos sobre un tallo con hojas reducidas, con ramas corimbosas; pedúnculos esparcidamente puberulentos, sin glándulas estipitadas. Cabezuelas c. 5 mm; filarios 20-22, 3.5-4 × 1-1.2 mm, oblongos, generalmente glabros, sin glándulas estipitadas, el ápice membranáceo, obtuso. Flores c. 50; tubo de la corola muy angosto, c. 1 mm, la garganta c. 1 mm, los lobos c. 0.5 mm, pilósulos con numerosos tricomas largos. Cipselas c. 1.5 mm, fusiformes, con sétulas generalmente sobre las costillas; vilano de cerdas c. 3 mm, frágiles. *Bosques rocosos de Pinus, bosques mixtos.* G (*Molina R. y Molina 25013*, F); H (*Standley 29294*, F); N (Dillon et al., 2001: 286). 500-2000 m. (Endémica.)

5. Ageratina anisochroma (Klatt) R.M. King et H. Rob., *Phytologia* 19: 218 (1970). *Eupatorium anisochromum* Klatt, *Bull. Soc. Roy. Bot. Belgique* 31(1): 186 (1892 [1893]). Lectotipo (designado por King y Robinson, 1975 [1976]): Costa Rica, *Pittier 1940* (GH!). Ilustr.: King y Robinson, *Ann. Missouri Bot. Gard.* 62: 896, t. 12 (1975 [1976]).

Eupatorium adspersum Klatt, *E. durandii* Klatt, *E. polanthum* Klatt.

Subarbustos o arbustos, hasta 2 m, poco ramificados, hasta con numerosas ramificaciones; tallos amarillentos con pequeñas máculas rojas o pardusco-rojizo oscuro, esparcida a densamente hírtulos. Hojas pecioladas; láminas mayormente 7-11 × 2-4 cm, ovadas a angostamente lanceoladas, en algunas formas generalmente c. 2 cm, la parte más ancha entre el 1/3-1/2 basal, subcoriáceas, las nervaduras secundarias marcadamente ascendentes desde la vena media en un ángulo de c. 30°, el par más fuerte trinervio cerca del 1/3 basal, la superficie adaxial verde oscuro, glabra, la superficie abaxial pálido-glandulosa o no glandulosa, lisas, generalmente con esparcidas puntuaciones glandulares, la base angostamente aguda, los márgenes cercana a remotamente serrulados con 10-15 dientes obtusos cortos, el ápice breve a angostamente agudo o escasamente acuminado; pecíolo 0.1-0.5 cm. Capitulescencia sobre tallos foliosos, ancha y densamente corimbosa, las ramitas densamente puberulentas. Cabezuelas 4-5 mm; filarios c. 10, 2.5-3 × c. 1 mm, anchamente oblongos a ovados, puberulentos con pequeñas puntuaciones glandulares, el ápice obtuso a cortamente agudos. Flores c. 17; corola blanca o color lavanda, el tubo delgado, c. 1 mm, con glándulas y frecuentemente con tricomas patentes cortos 2-seriados, la garganta c. 0.7 mm, anchamente hipocraterimorfa, los lobos c. 0.7 mm, 1.5 veces más largos que anchos, escasamente glandulosos, por lo demás sin tricomas. Cipselas c. 1 mm, anchamente prismáticas, con espículas cortas sobre las costillas; vilano de cerdas c. 2.2 mm, más bien persistentes, patentes con la edad. $2n = 34$. *Sitios húmedos, selvas altas perennifolias, bosques de neblina, páramos, laderas boscosas, orillas de caminos, acantilados sombreados, áreas rocosas, vegetación secundaria.* N (King y Robinson, 1987: 434); CR (*Pruski et al. 3837,* MO); P (*Tyson y Lofton 5996,* US). 500-3600 m. (Endémica.)

6. Ageratina atrocordata (B.L. Rob.) R.M. King et H. Rob., *Phytologia* 19: 212 (1970). *Eupatorium atrocordatum* B.L. Rob., *Contr. Gray Herb.* 104: 12 (1934). Holotipo: México, Chiapas, *Purpus 6796* (UC). Ilustr.: no se encontró.

Ageratina fosbergii R.M. King et H. Rob.

Hierbas sufruticosas, c. 1 m; tallos esparcidamente pardusco-puberulentos, pálidos a oscuros con cortos tricomas curvados. Hojas pecioladas; láminas mayormente 4-5 × 2-3.5 cm, ovadas, la parte más ancha entre el 1/4-1/5 basal, trinervias desde la base misma, las nervaduras patentes desde la vena media en un ángulo de 40-45°, marcadamente divergentes de los márgenes basales de la hoja, ambas superficies no glandulosas, puberulentas sobre las nervaduras, por lo demás glabras, la base ligeramente cordata, abrupta y cortamente aguda en la mitad, los márgenes ligeramente crenados a serrulados desde cerca de la parte más ancha, el ápice angostamente acuminado; pecíolo 1-2 cm. Capitulescencia sobre tallos foliosos, ancha y densamente corimbosa, las ramas ascendentes; pedúnculos puberulentos, sin glándulas estipitadas. Cabezuelas 6-7 mm; filarios 15-18, 3-3.5 × 0.8-1 mm, angostamente oblongos, sin glándulas estipitadas o sésiles, el ápice membranáceo, cortamente agudo, diminutamente adpreso-puberulentos. Flores c. 23; tubo de la corola muy angosto, 1-1.5 mm, la garganta c. 1 mm, los lobos 0.5-0.7 mm, pilósulos con numerosos tricomas largos, la base de los lobos sin tricomas evidentes por dentro. Cipselas 1.5-2 mm, fusiformes, largamente setulosas sobre las costillas y entre ellas; vilano de cerdas c. 3 mm, frágiles. *Barrancos de tierra abiertos, bosques alterados sobre laderas empinadas.* Ch (*Croat 47259,* US); G (*Fosberg 27263,* US). 1400-1700 m. (Endémica.)

Turner (1997a: 20) trató *Ageratina peracuminata* R.M. King et H. Rob. de Oaxaca en la sinonimia de *A. atrocordata,* mientras que en el mismo texto (Turner, 1997a: 40) *A. peracuminata* es reconocida como un taxón distinto.

7. Ageratina austin-smithii R.M. King et H. Rob., *Phytologia* 28: 494 (1974). Holotipo: Costa Rica, *Smith P2242* (US!). Ilustr.: no se encontró.

Hierbas erectas toscas hasta 2 m, sin hojas basales evidentes; tallos parduscos, densamente pilósulos con tricomas blanquecinos o sórdidos, los entrenudos generalmente 6-9 cm. Hojas pecioladas; láminas mayormente 9-15 × 4-8 cm, ovado-elípticas, la parte más ancha cerca del 1/3 basal, cartáceas, ligeramente trinervias desde 10-40 mm por encima de la base, las nervaduras patentes desde la vena media en un ángulo de c. 25°, casi paralelas a los márgenes basales de la hoja, ambas superficies esparcidamente pilósulas con tricomas blanquecinos o sórdidos, más densamente sobre las nervaduras, no glandulosas, la

base aguda, los márgenes crenado-serrados con 15-20 dientes por encima de la parte más ancha, el ápice cortamente acuminado; pecíolo 1-2 cm. Capitulescencia sobre tallos foliosos, con pequeñas brácteas foliares alternas, ramas ascendentes, ancha y densamente corimbosas; pedúnculos hírtulos, sin glándulas estipitadas. Cabezuelas c. 6 mm; filarios c. 15, c. 5 × 0.5-0.7 mm, densamente puberulentos, sin glándulas estipitadas o sésiles, el ápice angostamente agudo, escasamente membranáceos. Flores c. 23; tubo de la corola 1.5-2 mm, la garganta c. 1.5 mm, los lobos 0.7-0.9 mm, pilósulos con numerosos tricomas largos, todos los tricomas con punta delgada. Cipselas 1.5-2 mm, fusiformes, largamente setulosas sobre las costillas; vilano de cerdas c. 3.5 mm, frágiles. *Zonas subtropicales.* CR (*Smith P2242,* US). c. 2400 m. (Endémica.)

8. Ageratina badia (Klatt) R.M. King et H. Rob., *Phytologia* 19: 212 (1970). *Eupatorium badium* Klatt, *Bull. Soc. Roy. Bot. Belgique* 31(1): 186 (1892 [1893]). Holotipo: Costa Rica, *Pittier 3407* (GH!). Ilustr.: no se encontró.

Eupatorium chlorophyllum Klatt.

Hierbas erectas perennes, hasta 0.8 m; tallos parduscos, densamente rojizo-hírtulos con tricomas erectos. Hojas pecioladas; láminas mayormente 8-10 × 4-5 cm, ovadas, la parte más ancha cerca de los 2/5 basales, cartáceas, trinervias desde 7-15 mm por encima de la base, las nervaduras patentes desde la vena media en un ángulo de 20-25°, ligera pero conspicuamente divergentes de los márgenes basales de la hoja, ambas superficies moderadamente pilosas, hírtulas sobre las nervaduras, no glandulosas, la base obtusa a escasamente acuminada, los márgenes serrados con c. 22 dientes obtusos cortos, el ápice cortamente acuminado; pecíolo c. 2 cm. Capitulescencia sobre tallos foliosos, densa y anchamente corimbosa; pedúnculos densamente hírtulos, sin glándulas estipitadas. Cabezuelas 6-7 mm; filarios 13-15, c. 6 × 0.8 mm, densamente puberulentos, sin glándulas estipitadas o sésiles, el ápice angostamente agudo a acuminado. Flores 20-25; tubo de la corola c. 1.5 mm, la garganta c. 1.5 mm, los lobos c. 0.7 mm, pilósulos con numerosos tricomas largos, la base de los lobos sin tricomas evidentes por dentro. Cipselas c. 2 mm, fusiformes, más bien uniforme y densa y largamente setulosas sobre las costillas y superficies distales; vilano de cerdas c. 3.5 mm, frágiles. *Bosques de neblina, senderos, sotobosques.* CR (*Pittier 3429,* BR). 1100-2900 m. (Endémica.)

9. Ageratina barbensis R.M. King et H. Rob., *Phytologia* 24: 83 (1972). Holotipo: Costa Rica, *King 6409* (US!). Ilustr.: no se encontró.

Hierbas erectas perennes, hasta 1 m; tallos parduscos, hirsutos. Hojas pecioladas; láminas mayormente 7-13 × 2.5-7 cm, ovadas a ovado-elípticas, la parte más ancha cerca del 1/3 basal, cartáceas, las nervaduras secundarias ascendentes congestionadas cerca del 1/3 basal, paralelas a los márgenes basales de la hoja, las nervaduras secundarias más fuertes localizadas muy por encima de la base cerca del 1/3 basal, ambas superficies no glandulosas, la superficie adaxial poligonalmente partida por nérvulos esculpidos, generalmente pilosa sobre las nervaduras, la superficie abaxial pilosa, sobre las nervaduras pelúcido-punteada, la base cortamente aguda, los márgenes crenado-serrados debajo de la parte más ancha con 20-27 dientes cortos, el ápice cortamente agudo a cortamente acuminado; pecíolo 1.5-3 cm. Capitulescencia sobre tallos foliosos, ancha y densamente corimbosa, las ramas ascendentes; pedúnculos densamente pilósulos o hírtulos, sin glándulas estipitadas. Cabezuelas c. 6 mm; filarios c. 15, 5-5.5 × 0.7-0.9 mm, puberulentos, sin glándulas estipitadas o sésiles, el ápice angostamente agudo, subescarioso. Flores c. 20; corola pilósula con numerosos tricomas largos generalmente sobre los lobos, el tubo c. 1.5 mm, la garganta c. 1.8 mm, los lobos c. 0.7 mm, la base de los lobos sin tricomas evidentes por dentro. Cipselas c. 2 mm, fusiformes, esparcidamente espiculíferas sobre las costillas, las espículas menos de 3 veces más largas que anchas, no más largas que el espacio entre ellas; vilano de cerdas c. 4 mm, frágiles. $2n = 34$. *Por arriba de la línea de bosques.* CR (*Utley y Utley 4576,* US). 2500-2800 m. (Endémica.)

10. Ageratina bellidifolia (Benth.) R.M. King et H. Rob., *Phytologia* 19: 212 (1970). *Eupatorium bellidifolium* Benth., *Pl. Hartw.* 43 (1840). Holotipo: México, Hidalgo, *Hartweg 330* (K). Ilustr.: no se encontró.

Kyrstenia bellidifolia (Benth.) Greene.

Hierbas perennes, erectas, escapíferas; tallos parduscos, esparcidamente pilosos y pilósulos. Hojas en una roseta basal; láminas 1-6 × 0.8-4 cm, anchamente ovadas a anchamente elípticas, la parte más ancha cerca de los 2/5 o 1/5 basales, cartáceas, 3 o 5 nervaduras secundarias desde 0.5-1 mm por encima de la base, las nervaduras principales patentes desde la vena media en un ángulo de 30-40º, la superficie adaxial uniformemente pilósula o canescente-pilosa, la superficie abaxial pilosa sobre las nervaduras, glandulosas, la base redondeada con una acuminación pequeña a grande, los márgenes con c. 8-10 dientes crenados reducidos o rara vez serrados, el ápice obtuso a redondeado; pecíolo 1-3 cm. Capitulescencia laxa y alternadamente tirsoide, solo con pequeñas brácteas sobre los entrenudos largos, el escapo y las ramas esparcida a densamente estipitado-glandulosos. Cabezuelas 7-9 mm, anchamente campanuladas; filarios 20-22, 5.5-7 × 0.8-1 mm, el ápice delgadamente escarioso, cortamente agudo. Flores 40-100; tubo de la corola 1.5-2 mm, la garganta c. 1.5 mm, los lobos 1-1.2 mm, pilósulos. Cipselas 1.5-2 mm, fusiformes, con sétulas esparcidas, no concentradas sobre las costillas, no glandulosas; vilano de cerdas c. 3 mm, frágiles, algunas veces rojizas. $2n = 136, 138$. *Bosques de* Pinus, *bosques* Pinus-Quercus, *márgenes rocosos abiertos.* Ch (*Breedlove 31548*, CAS); G (*Williams et al. 23215*, US); H (*House 1202*, MO). 2000-2800 m. (O. México, Mesoamérica.)

11. Ageratina burgeri R.M. King et H. Rob., *Phytologia* 24: 85 (1972). Holotipo: Costa Rica, *Molina R. et al. 17782* (F!). Ilustr.: no se encontró.

Eupatorium burgeri (R.M. King et H. Rob.) L.O. Williams.

Subarbustos, hasta 0.5 m; tallos parduscos, puberulentos a glabrescentes. Hojas pecioladas; láminas mayormente 10-15 × 3-5 cm, elípticas, la parte más ancha cerca del 1/2, cartáceas, las nervaduras secundarias en 3-4 pares marcadamente ascendentes desde la vena media en un ángulo de c. 15º, el par más fuerte escasamente conspicuo, ambas superficies diminutamente adpreso-puberulentos sobre las nervaduras, por lo demás glabros, conspicuamente más pálidas abaxialmente, no glandulosas, la base y el ápice largamente acuminados, los márgenes serrados desde el 1/3 proximal con 10-20 dientes marcadamente antrorsos; pecíolo 1-1.5 cm. Capitulescencia sobre tallos foliosos, densa y anchamente corimbosa, las ramas ascendentes; pedúnculos diminutamente adpreso-puberulentos, sin glándulas estipitadas. Cabezuelas c. 6 mm; filarios c. 13, generalmente c. 4 × 0.6-0.8 mm, angostamente lanceolados, sin glándulas estipitadas, angosta a cortamente agudos, el ápice generalmente escarioso, glabros. Flores c. 23; tubo de la corola c. 2 mm, la garganta 1.5-1.8 mm, los lobos c. 0.7 mm, pilósulos. Cipselas 1.5-1.8 mm, fusiformes, glabras o subglabras, sin glándulas; vilano de cerdas c. 3.5 mm, frágiles. *Bosques de neblina.* CR (*Molina R. et al. 17782*, MO). c. 2300 m. (Endémica.)

12. Ageratina caeciliae (B.L. Rob.) R.M. King et H. Rob., *Phytologia* 19: 220 (1970). *Eupatorium caeciliae* B.L. Rob., *Contr. Gray Herb.* 90: 23 (1930). Holotipo: Guatemala, *Seler y Seler 2361* (GH!). Ilustr.: no se encontró.

Eupatorium vetularum Standl. et Steyerm.

Arbustos, 2-5 m; tallos parduscos, puberulentos a hirsútulos; porciones distales del tallo, pecíolos, la superficie adaxial de la hoja, las ramas de la capitulescencia y los filarios con dispersas a densas glándulas estipitadas. Hojas pecioladas; láminas mayormente 5-10 × 2-4 cm, elípticas, la parte más ancha cerca del 1/2, cartáceas, la nervadura pinnada, con 4 pares de nervaduras secundarias patentes desde la vena media en un ángulo de 65-75º y arqueadas apicalmente, ambas superficies con numerosas puntuaciones glandulares, a veces escasamente

más pálidas abaxialmente, la base breve a largamente aguda, sin aurículas basales, los márgenes con 10-20 dientes serrados diminutos, el ápice cortamente agudo; pecíolo 0.5-1 cm. Capitulescencia sobre tallos foliosos, ancha y densamente corimbosa. Cabezuelas 10-11 mm; filarios c. 12, generalmente 4-7 × 0.8-1.2 mm, moderadamente desiguales, angostamente lanceolados, el ápice cortamente agudo, densamente estipitado-glandulosos. Flores 6-9; tubo de la corola 1-1.5 mm, indistintamente delimitado, la garganta 4-5 mm, los lobos c. 1 mm, con espaciadas puntuaciones glandulares diminutas y tricomas no glandulares. Cipselas 3.5-4.5 mm, prismáticas, con numerosos tricomas diminutos sobre las costillas y los costados distalmente, con numerosas puntuaciones glandulares pequeñas; vilano de cerdas generalmente 5-6 mm, moderadamente persistente. *Bosques de neblina, por arriba de la línea de bosques.* G (*Molina R. 15932*, US); H (*Mejía 5*, TEFH). 2500-3600 m. (Endémica.)

Turner (1997a) trató ambas, *Ageratina caeciliae* y *Eupatorium vetularum* como sinónimos de *A. ligustrina*.

13. Ageratina capillipes R.M. King et H. Rob., *Phytologia* 69: 62 (1990). Holotipo: Guatemala, *Molina R. et al. 16080* (US!). Ilustr.: no se encontró.

Hierbas erectas débiles, hasta 1 m; tallos parduscos, subglabros a esparcidamente adpreso-puberulentos. Hojas pecioladas; láminas mayormente 4-7 × 2-3.5 cm, oblongo-elípticas a ovadas, la parte más ancha entre los 1/3-2/5 basales, delgadamente herbáceas, trinervias desde 2-5 mm por encima de la base, las nervaduras secundarias de la trinervación patentes desde la vena media en un ángulo de 15-20º, moderadamente divergiendo de los márgenes basales de la hoja, ambas superficies esparcidamente puberulentas, un poco más densamente sobre las nervaduras, no glandulosas, la base subaguda a cortamente aguda, los márgenes 10-15 simple a doble crenado-serrados, los dientes cortos, el ápice moderadamente agudo; pecíolo 1-2 cm. Capitulescencia sobre tallos foliosos; ramitas 5-9 mm, diminutamente subadpreso-puberulentas; pedúnculos 3-7 mm, sin glándulas estipitadas. Cabezuelas c. 7 mm; filarios c. 10-14, 4-5 × 0.4-0.6 mm, puberulentos con tricomas pálidos o sórdidos o casi glabros, sin glándulas estipitadas o sésiles, el ápice angostamente agudo, subescariosos. Flores 12-22; tubo de la corola c. 1.5 mm, la garganta c. 2 mm, los lobos c. 1 mm, pilósulos con numerosos tricomas largos, la base de los lobos sin tricomas evidentes por dentro. Cipselas 2-2.2 mm, fusiformes, más bien uniforme y densa y largamente setulosas sobre las costillas y superficies distales; vilano de cerdas c. 3 mm, frágiles. *Bosques de neblina sobre laderas empinadas, laderas de corrientes, bosques primarios.* Ch (*Croat 47287*, MO); G (*Steyermark 36000*, F). 2200-2700 m. (Endémica.)

14. Ageratina carmonis (Standl. et Steyerm.) R.M. King et H. Rob., *Phytologia* 49: 3 (1981). *Eupatorium carmonis* Standl. et Steyerm., *Publ. Field Mus. Nat. Hist., Bot. Ser.* 22: 303 (1940). Holotipo: Guatemala, *Standley 83743* (F). Ilustr.: no se encontró.

Hierbas erectas toscas, hasta 1.2 m; tallos pardusco pálido, puberulentos con tricomas curvados. Hojas pecioladas; láminas mayormente 8-12 × 4-8 cm, ovadas, la parte más ancha desde el 1/3 basal hasta justo debajo del 1/2, trinervias desde generalmente 1-2 cm por encima de la base, las nervaduras secundarias de la trinervación patentes desde la vena media en un ángulo de c. 20º, la superficie adaxial esparcida y cortamente pilosa, subglabra y puberulena sobre las nervaduras, no glandulosa, la base conspicua, angosta y cortamente acuminada a largamente acuminada, los márgenes crenado-serrados debajo de la parte más ancha con 15-30 dientes, el ápice muy breve y anchamente acuminado; pecíolo 3-7 cm. Capitulescencia sobre tallos foliosos, ancha y densamente corimbosa; ramitas y pedúnculos densamente puberulentos, sin glándulas estipitadas; pedúnculos 2-5 mm. Cabezuelas 5-6 mm; filarios c. 15, 4-5 × 0.8-1 mm, angostamente lanceolados, sin glándulas estipitadas o sésiles, el ápice angostamente agudo, escarioso, puberulentos. Flores 23-25; tubo de la corola c. 1.5 mm, la garganta 1.2-1.5 mm, los lobos c. 0.5 mm, pilósulas con numerosos tricomas largos, la base de los lobos sin tricomas evidentes por dentro. Cipselas c. 1.5 mm, fusiformes, más bien uniforme y largamente setulosas sobre las costillas y superficies distales; vilano de cerdas c. 3 mm, frágiles. *Bosques de neblina, áreas alteradas rocosas y empinadas.* G (*Standley 63743*, F); H (*Clewell 3358*, EAP). 1600-2200 m. (México [Oaxaca], Mesoamérica.)

15. Ageratina cartagoensis R.M. King et H. Rob., *Phytologia* 24: 85 (1972). Holotipo: Costa Rica, *Williams et al. 28191* (US!). Ilustr.: no se encontró.

Hierbas erectas, toscas, hasta 1 m; tallos parduscos, gruesa y densamente curvado-pilósulos. Hojas pecioladas; láminas mayormente 4-14 × 2.5-9 cm, ovadas, la parte más ancha cerca de los 2/5 basales, cartáceas, trinervias desde 5-10 mm por encima de la base, las nervaduras secundarias de la trinervación patentes desde la vena media en un ángulo de c. 20°, ambas superficies esparcidamente pilósulas, puberulentas a hírtulas sobre las nervaduras, no glandulosas, la base escasa hasta conspicuamente acuminada, los márgenes crenado-serrados con 15-20 dientes toscos, el ápice ancha y cortamente acuminado; pecíolo 2-4 cm. Capitulescencia sobre tallos foliosos, densa y anchamente corimbosa; ramitas ascendentes, densamente puberulentas a hírtulas. Cabezuelas c. 6 mm; filarios 16-18, c. 6 × 0.8 mm, puberulentos, sin glándulas estipitadas o sésiles, el ápice angostamente agudo, más bien herbáceos. Flores 29-45; tubo de la corola 1.5-1.7 mm, la garganta 1.2-1.5 mm, los lobos 0.4-0.7 mm, pilósulos con numerosos tricomas largos, la base de los lobos sin tricomas evidentes por dentro. Cipselas 1.5-2 mm, fusiformes, densa y largamente setulosas sobre las costillas, dispersas distalmente sobre algunos lados; vilano de cerdas 3-3.5 mm, frágiles. *Bosques, orillas de caminos.* CR (*Grayum y Affolter 8165*, MO). 2500-2900 m. (Endémica.)

Ageratina cartagoensis fue tratada por Dillon et al. (2001) como un sinónimo de *A. pichinchensis*.

16. Ageratina chazaroana B.L. Turner, *Phytologia* 67: 115 (1989). Holotipo: México, Veracruz, *Chazaro y Chazaro 3993-a* (TEX). Ilustr.: no se encontró.

Hierbas erectas, perennes, 0.3-0.6 m, con pocas ramas; tallos rojizo oscuro, pilosos a esparcidamente hirsutos. Hojas opuestas, sésiles o subsésiles; láminas 2-5 × 1.5-4 cm, anchamente ovadas, la parte más ancha cerca del 1/3 basal, cartáceas, 3-5 nervaduras desde la base, ambas superficies no glandulosas, la superficie adaxial esparcidamente pilosa, la superficie abaxial generalmente pilosa a lo largo de las nervaduras, la base redondeada, los márgenes con 5-8 dientes grandes, más bien irregulares, el ápice agudo a cortamente acuminado; pecíolo 0-0.2 cm. Capitulescencia con agregados corimbosos de 10-20 cabezuelas, las ramas ascendentes; pedúnculos puberulentos a pilosos, sin glándulas estipitadas. Cabezuelas c. 5 mm; filarios c. 14, 4-5 × c. 0.8 mm, angostamente oblongos, sin glándulas estipitadas o sésiles, el ápice obtuso, ciliado, por lo demás glabros. Flores 15-25; tubo de la corola c. 1 mm, el limbo c. 2 mm, ampliado, los lobos pilósulos con tricomas largos, la base de los lobos sin tricomas evidentes por dentro. Cipselas c. 1.5 mm, fusiformes, esparcida y largamente setulosas a lo largo de las costillas; vilano de c. 20 cerdas, c. 3 mm, en una sola serie, frágiles. *Laderas arboladas.* Ch (*Breedlove 12603*, US). c. 2300 m. (México [Veracruz], Mesoamérica.)

17. Ageratina chiriquensis (B.L. Rob.) R.M. King et H. Rob., *Phytologia* 19: 213 (1970). *Eupatorium chiriquense* B.L. Rob., *Proc. Amer. Acad. Arts* 54: 238 (1919 [1918]). Holotipo: Panamá, *Maxon 5360* (US!). Ilustr.: no se encontró.

Arbustos pequeños, hasta 0.5 m, con numerosas ramas; tallos pardusco oscuro puberulentos, los entrenudos generalmente c. 0.5-1 cm. Hojas sin glándulas estipitadas, subsésiles; láminas 1-3 × 0.5-1 cm, angostamente ovadas, la parte más ancha cerca del 1/3 basal, cartáceas,

trinervias desde la base, las nervaduras patentes desde la vena media en un ángulo de c. 30°, la superficie adaxial glabra, la superficie abaxial escasamente más pálida, esparcidamente puberulento sobre las nervaduras, la base redondeada, los márgenes serrados con 5-8 dientes obtuso bajos, el ápice agudo, subsésiles; pecíolo 0.1-0.2 cm. Capitulescencia sobre tallos foliosos, ancha y densamente corimbosa; ramitas y pedúnculos densamente estipitado-glandulosos. Cabezuelas 5-7 mm; filarios c. 16, generalmente 3.5-5.5 × 0.6-0.8 mm, angostamente oblongos, el ápice obtuso a marcadamente agudo, con esparcidas glándulas estipitadas, con pocos tricomas no glandulares o sin ellos. Flores c. 26; corola blanca a rosado pálida, el tubo 1.5-2 mm, la garganta c. 1.5 mm, los lobos 0.5-0.7 mm, con numerosos tricomas. Cipselas 1.7-2 mm, fusiformes, esparcida a densa y cortamente setulosas generalmente sobre las costillas, no glandulosas; vilano de cerdas generalmente 3.5-4 mm, frágiles. *Vegetación de páramo, laderas superiores de montañas y cimas.* P (*Tyson y Loftin 6157*, US). 2500-3600 m. (Endémica.)

18. Ageratina contigua R.M. King et H. Rob., *Phytologia* 58: 258 (1985). Holotipo: Costa Rica, *Davidse et al. 25504* (MO!). Ilustr.: no se encontró.

Arbustos, hasta 1.2 m, laxamente ramificados; tallos parduscos, glabros. Hojas sésiles a subsésiles; láminas 3-10 × 0.5-6 cm, angostamente oblongo-lanceoladas, la parte más ancha cerca o escasamente por encima del 1/2, cartáceas, las nervaduras secundarias proximales patentes desde la vena media en un ángulo de más de 45°, pinnadas y cercanas, el par más fuerte cerca de los 2/5 basales, los pares distales ascendentes y más remotos, ambas superficies glabras o esparcidamente adpreso-pilósulas sobre las nervaduras abaxialmente, no glandulosas, la base redondeada a aguda, subamplexicaule, los márgenes con 15-20 dientes obtusos bajos, el ápice angostamente agudo, sésiles a subsésiles; pecíolo 0-0.3 cm. Capitulescencia sobre tallos foliosos, anchamente corimbosa, moderadamente laxa a más bien densa; ramitas delgadas, puberulentas. Cabezuelas c. 8 mm; filarios c. 12, generalmente 4-5 × 0.7-0.8 mm, angostamente agudos, glabros por encima de la base. Flores 6-10; tubo de la corola c. 2 mm, la garganta c. 2.5 mm, los lobos c. 0.9 mm, esparcidamente puberulentos. Cipselas 1.5-1.8 mm, ligeramente fusiformes, cortamente setulosas sobre las costillas y distalmente; vilano de cerdas 4-4.5 mm, frágiles. *Bosques de Quercus con Chusquea, áreas quemadas.* CR (*Almeda et al. 6735*, US). 2200-2800 m. (Endémica.)

19. Ageratina costaricensis R.M. King et H. Rob., *Phytologia* 24: 87 (1972). Holotipo: Costa Rica, *Davidse 697* (US!). Ilustr.: no se encontró.

Subarbustos, hasta 0.75 m; tallos delgados, generalmente c. 2 mm de diámetro, pardusco-rojizo oscuro, densamente rojizo-puberulentos con tricomas curvados. Hojas pecioladas; láminas mayormente 2.5-4 × 1.5-3 cm, triangular-ovadas, la parte más ancha entre el 1/4-1/3 basal, cartáceas, trinervias desde 1-3 mm por encima de la base, las nervaduras secundarias de la trinervación patentes desde la vena media en un ángulo de 20-25°, escasamente curvando en la base, la superficie adaxial esparcidamente pilósula, la superficie abaxial puberulenta en su mayoría hasta completamente sobre las nervaduras, glandulosas, la base obtusa a subtruncada, los márgenes serrados desde justo debajo de la parte más ancha con 5-10 dientes simples a doblemente serrados algunas veces toscos, frecuentemente puntiagudos, el ápice marcadamente agudo a escasamente acuminado; pecíolo 1-1.5 cm. Capitulescencia sobre tallos foliosos, anchamente corimbosa en 1-3 estratos, moderadamente laxa; ramitas 3-12 mm, densa y cortamente puberulentas; pedúnculos 3-12 mm, sin glándulas estipitadas. Cabezuelas c. 6 mm; filarios c. 16, 4.5-5 × 0.6-0.9 mm, angostamente lanceolados, sin glándulas estipitadas o sésiles, el ápice angosto, membranáceos, la superficie puberulenta frecuentemente con tricomas rojizos. Flores c. 20; tubo de la corola c. 1.5 mm, la garganta 1.3-1.5 mm, los lobos c. 0.5 mm, pilósulas con numerosos tricomas largos, la base de los lobos sin tricomas evidentes por dentro. Cipselas c. 1.5 mm, fusiformes, con sétulas largas tan densas sobre los costados como en las costillas; vilano de cerdas 3-3.5 mm, frágiles. 2*n* = 140-200. *Matorrales, selvas medianas perennifolias.* CR (*Standley 35300*, US). 2000-2800 m. (Endémica.)

Aunque D'Arcy (1987) listó este nombre en el Checklist de Panamá, esta especie se conoce solo de Costa Rica.

20. Ageratina croatii R.M. King et H. Rob., *Phytologia* 29: 347 (1975). Holotipo: Panamá, *Croat 26432* (US!). Ilustr.: no se encontró.

Ageratina almedae R.M. King et H. Rob.

Hierbas perennes toscas, hasta 1.5 m; tallos pardusco pálido, pilósulos a hirsutos. Hojas pecioladas; láminas mayormente 6-10 × 1.5-4 cm, ovadas, la parte más ancha cerca del 1/4 basal, delgadamente cartáceas, trinervias por dentro de 5 mm desde la base, las nervaduras patentes desde la vena media en un ángulo de c. 20°, ambas superficies no glandulosas, la superficie adaxial esparcidamente pilósula, la superficie abaxial puberulenta mayormente sobre las nervaduras, la base redondeada a escasamente acuminada, los márgenes cercanamente serrados, el ápice atenuado a angostamente acuminado; pecíolo 2-4 cm. Capitulescencia sobre tallos foliosos, ancha y densamente corimbosa, las ramas ascendentes; ramitas y pedúnculos densamente puberulentos a hírtulos, sin glándulas estipitadas. Cabezuelas 4-5 mm; filarios 13-16, 3.5-4 × 0.4-0.7 mm, sobrelapados, angostamente lanceolados, esparcida a densamente puberulentos, sin glándulas estipitadas o sésiles, el ápice agudo, no atenuado, membranáceos. Flores 10-25; tubo de la corola 1-1.5 mm, muy angosto, la garganta c. 1 mm, los lobos c. 0.4 mm, pilósulos con numerosos tricomas largos, la base de los lobos sin tricomas evidentes por dentro. Cipselas 1.3-1.7 mm, fusiformes, espiculíferas sobre las costillas, las espículas menos de 3 veces más largas que anchas, no más largas que el espacio entre ellas; vilano de cerdas 2.5-2.8 mm, frágiles. *Laderas.* CR (*King 6777*, US); P (*Croat 26432*, MO). 1600-2000 m. (Endémica.)

21. Ageratina diversipila R.M. King et H. Rob., *Phytologia* 24: 89 (1972). Holotipo: Costa Rica, *Skutch 3045* (US!). Ilustr.: no se encontró.

Arbustos, hasta 2 m; tallos parduscos, densamente hirsutos, los tricomas rojizos, patentes, los entrenudos 1-3 cm. Hojas pecioladas; láminas mayormente 5-7 × 2.5-3.5 cm, ovadas, la parte más ancha entre los 1/3-2/5 basales, cartáceas, trinervias desde c. 10 mm por encima la base, la trinervación más leve c. 5 mm por encima de la base, ambos pares de nervaduras secundarias patentes desde la vena media en un ángulo de 30-35°, casi paralelas a los márgenes basales de la hoja, ambas superficies no glandulosas, con tricomas rojizos, la superficie adaxial pilósula, la superficie abaxial erecto-puberulenta, un poco más densamente sobre las nervaduras, la base cortamente aguda, los márgenes debajo de la parte más ancha con c. 15 dientes crenados bajos, muy remotos proximalmente, el ápice cortamente acuminado; pecíolo 1-1.5 cm. Capitulescencia sobre tallos foliosos, densa y angostamente corimbosa, las ramas ascendentes; ramitas y pedúnculos densamente hírtulos, sin glándulas estipitadas. Cabezuelas 6-7 mm; filarios c. 13, 4.5-5 × 0.5-0.7 mm, angostamente lanceolados, sin glándulas estipitadas o sésiles, el ápice angostamente agudo a atenuado, puberulentos, marcadamente puberulentos abaxialmente. Flores c. 20; tubo de la corola c. 1.5 mm, la garganta c. 1.8 mm, los lobos c. 0.8 mm, pilósulos, los tricomas dimorfos, con numerosos tricomas largos típicamente con punta delgada, con pocos y distintivos tricomas terminando en una serie de células cortas y anchas en el ápice, la base de los lobos sin tricomas evidentes por dentro. Cipselas c. 2.2-2.5 mm, fusiformes, densa y largamente setulosas sobre las costillas; vilano de cerdas c. 4 mm, frágiles. *Claros en bosques.* CR (*Skutch 3045*, MO). c. 1900 m. (Endémica.)

22. Ageratina glauca (Sch. Bip. ex Klatt) R.M. King et H. Rob., *Phytologia* 19: 221 (1970). *Eupatorium glaucum* Sch. Bip. ex Klatt,

Leopoldina 20: 89 (1884). Isotipo: México, Oaxaca, *Liebmann 79* (W). Ilustr.: no se encontró.

Arbustos erectos, hasta 1 m; tallos pardo oscuro, tallos jóvenes, pecíolos, pedúnculos e involucro densamente estipitado-glandulosos, los entrenudos generalmente 1-2 cm. Hojas pecioladas; láminas mayormente 0.8-1.8 × 0.5-1.1 cm, elíptico-ovadas, la parte más ancha cerca del 1/3 basal, rígidamente cartáceas, ligeramente trinervias desde 1-2 mm por encima de la base, las nervaduras patentes desde la vena media en un ángulo de 40-45°, las nervaduras escasa y ligeramente prominentes abaxialmente, ambas superficies punteado-glandulosas, generalmente con pocos tricomas sobre las nervaduras, la superficie abaxial más pálida, la base redondeada a obtusa, los márgenes con pocos dientes serrados obtusos, el ápice obtuso; pecíolo 0.1-0.3 cm. Capitulescencia sobre tallos foliosos, más bien densamente corimbosa; pedúnculos generalmente 0.2-1 cm. Cabezuelas 9-11 mm; filarios c. 15, 4-6 × 1-1.3 mm, angostamente oblongos, frecuentemente rojizos, con glándulas estipitadas, cortamente agudos. Flores 10-12; corola frecuentemente rosada, el tubo 1.5-2 mm, indistintamente delimitado distalmente, la garganta 3-3.5 mm, los lobos c. 1 mm, subglabros. Cipselas 3-3.5 mm, prismáticas, punteado-glandulosas, sin sétulas; vilano de cerdas 5-6 mm, más bien frágiles. *Selvas medianas perennifolias, bosques de neblina, laderas de grava con* Pinus, *selvas bajas perennifolias.* G (*Steyermark 48470*, F). 2700-3300 m. (México [Oaxaca, Veracruz], Mesoamérica.)

23. Ageratina guatemalensis R.M. King et H. Rob., *Phytologia* 69: 65 (1990). Holotipo: Guatemala, *Standley 67608* (US!). Ilustr.: no se encontró.

Subarbustos erectos, hasta 1.5 m; tallos generalmente 3-4 mm de diámetro, castaño oscuro-pardo, esparcidamente adpreso-puberulentos, glabrescentes. Hojas pecioladas; láminas 3-7 × 1.5-3.5 cm, ovadas, la parte más ancha cerca del 1/4 basal, cartáceas, trinervias desde la acuminación basal corta, las nervaduras secundarias de la trinervación patentes desde la vena media en un ángulo de c. 25°, la superficie adaxial uniformemente pilosa entre las nervaduras, densamente puberulenta sobre las nervaduras, la superficie abaxial escasamente más pálida, pilosa solo sobre las nervaduras, no glandulosas, la base redondeada a subtruncada, los márgenes serrados con 10-15 dientes bajos, el ápice agudo a fuerte y cortamente acuminado; pecíolo 1-3 cm. Capitulescencia sobre tallos foliosos, con densas ramas corimbosas; pedúnculos 3-9 mm, densamente puberulentos, sin glándulas estipitadas. Cabezuelas 8-9 mm; filarios c. 13, c. 7 × 0.8-1 mm, angostamente lanceolados, generalmente purpúreos, sin glándulas estipitadas o sésiles, el ápice angostamente agudo, densamente puberulentos con tricomas rojizos. Flores c. 17; tubo de la corola c. 2 mm, la garganta c. 2.5 mm, los lobos c. 0.8 mm, rojizo-puberulentos con numerosos tricomas largos, la base de los lobos sin tricomas evidentes por dentro. Cipselas c. 2.2 mm, fusiformes, más bien uniformes y marcada y largamente setulosas sobre las costillas y las superficies; vilano de cerdas 4.5-5 mm, frágiles. *Bosques, laderas.* G (*Standley 67644*, US). 2400-3800 m. (Endémica.)

Turner (1997a) trató este nombre como un sinónimo de *Ageratina pazcuarensis*.

24. Ageratina helenae R.M. King et H. Rob., *Phytologia* 24: 90 (1972). Holotipo: Guatemala, *Williams et al. 23101* (US!). Ilustr.: no se encontró.

Ageratina reserva B.L. Turner.

Hierbas débiles perennes, 0.5-2 m; tallos parduscos, cortamente puberulentos con tricomas curvados. Hojas con un pecíolo delgado generalmente 2-5 cm; láminas mayormente 2-4 × 1.5-3.5 cm, anchamente ovadas a más bien romboides, la parte más ancha cerca del 1/3 basal, membranáceas, trinervias desde muy escasamente por encima de la base, las nervaduras secundarias de la trinervación divergiendo desde la vena media en un ángulo de 30-35°, intramarginales en la acuminación basal, ambas superficies esparcidamente puberulentas, hírtulas sobre las nervaduras, no glandulosas, la base obtusa a subtruncada, los márgenes crenado-serrados con 5-10 dientes laxos, el ápice cortamente acuminado. Capitulescencia sobre tallos foliosos, paniculada con densas ramas corimbosas; ramitas delgadas, 2-6 mm, puberulentas; pedúnculos sin glándulas estipitadas. Cabezuelas c. 5 mm; filarios c. 13, c. 3.5 × 0.3-0.5 mm, angostamente lanceolados, escasamente sobrelapados, esparcidamente adpreso-puberulentos, sin glándulas estipitadas o sésiles, atenuados. Flores 15-23; tubo de la corola muy angosto, 1-1.5 mm, casi tan largo como el limbo, la garganta c. 1 mm, los lobos c. 0.3 mm, pilósulos con numerosos tricomas largos, la base de los lobos por dentro sin tricomas evidentes. Cipselas c. 2 mm, fusiformes, las sétulas largas dispersas pero más bien uniformemente distribuidas sobre las costillas y entre estas; vilano de cerdas c. 3 mm, frágiles. *Bosques de neblina, barrancos en bosques mixtos.* Ch (*Matuda 758*, US); G (*Williams et al. 26883*, US); ES (*Davidse et al. 37293*, MO). 1400-2600 m. (Endémica.)

Williams (1976a) trató *Ageratina helenae* como un sinónimo de *Eupatorium capillipes* (ahora *Fleischmannia capillipes*), una planta herbácea diferente con filarios marcadamente desiguales.

25. Ageratina herrerae R.M. King et H. Rob., *Phytologia* 69: 67 (1990). Holotipo: Panamá, *Davidse et al. 25178* (US!). Ilustr.: no se encontró.

Subarbustos, hasta 1 m; tallos pardusco pálido, densa y antrorsamente puberulentos a pilósulos. Hojas pecioladas; láminas 6-10 × 3.5-10 cm, ovadas, la parte más ancha cerca del 1/3 basal, cartáceas, trinervias desde 2-5 mm por encima de la base, las nervaduras patentes desde la vena media en un ángulo de c. 35º, ambas superficies moderada y antrorsamente puberulentas entre las nervaduras, más densamente puberulentas sobre las nervaduras, no glandulosas, la base escasamente obtusa a subtruncada o anchamente cordata, los márgenes gruesamente y a veces doblemente 10-20 crenado-serrados, el ápice breve y anchamente acuminado; pecíolo 3-8 cm. Capitulescencia sobre tallos foliosos, densa y anchamente corimbosa, las ramas ascendentes; ramitas y pedúnculos densamente puberulentos a hírtulos, sin glándulas estipitadas. Cabezuelas c. 6 mm; filarios c. 15, c. 5 × 0.8-1 mm, puberulentos a pilósulos, sin glándulas estipitadas o sésiles, el ápice angostamente agudo a atenuado, herbáceos. Flores c. 25; tubo de la corola c. 1.5 mm, la garganta c. 1.5 mm, más larga que ancha, los lobos c. 0.4 mm, pilósulos con numerosos tricomas largos, la base de los lobos sin tricomas evidentes por dentro. Cipselas 1.8-2 mm, ligeramente constrictas distalmente, esparcidamente escábridas con diminutas sétulas distalmente, las espículas menos de 3 veces más largas que anchas, no más largas que el espacio entre ellas; vilano de cerdas 3-4 mm, frágiles. *Selvas bajas perennifolias, bosques de neblina, encañonadas, estrechos.* P (*Hamilton y Stockwell 3373*, US). 2500-2800 m. (Endémica.)

Turner (1997a) trató esta especie como un sinónimo de *Ageratina conspicua* R.M. King et H. Rob., pero *A. conspicua* es aquí excluida de Mesoamérica. Véase discusión bajo *A. rivalis*.

26. Ageratina hirtella R.M. King et H. Rob., *Phytologia* 69: 69 (1990). Holotipo: Costa Rica, *King 6755* (US!). Ilustr.: no se encontró.

Hierbas erectas, hasta 0.75 m; tallos pardo pálido, densamente hirsútulos con tricomas erectos pálidos. Hojas pecioladas; láminas mayormente 4-5 × 2.5-3.5 cm, ovadas, la parte más ancha cerca del 1/3 basal, cartáceas, marcadamente ascendente-trinervias desde 2-3 mm por encima de la base, las nervaduras patentes desde la vena media en un ángulo de c. 20º, ambas superficies moderadamente puberulentas, la superficie abaxial densamente puberulenta sobre las nervaduras, no glandulosas, la base anchamente redondeada, los márgenes por encima del 1/3 basal, con 15-20 dientes serrados puntiagudos cortos uniformemente espaciados, el ápice fuerte, conspicua y cortamente acuminado; pecíolo 1-2 cm. Capitulescencia sobre tallos foliosos, laxamente tirsoide con densas ramas corimbosas; ramitas y pedúnculos densamente

pilósulos, sin glándulas estipitadas. Cabezuelas 5-6 mm; filarios c. 16-18, c. 5 × 0.8-1 mm, densamente puberulentos, sin glándulas estipitadas o sésiles, el ápice agudo a angostamente agudo, subherbáceos. Flores 29-40; tubo de la corola c. 1.5 mm, la garganta c. 1.5 mm, los lobos 0.5-0.7 mm, pilósulos con numerosos tricomas largos, la base de los lobos sin tricomas evidentes por dentro. Cipselas c. 2 mm, fusiformes, más bien uniforme y largamente setulosas sobre las costillas y los costados distalmente; vilano de cerdas 2.5-3.5 mm, frágiles. *Bosques mixtos.* CR (*Davidse et al. 25629*, US). 1700-2500 m. (Endémica.)

27. Ageratina huehueteca (Standl. et Steyerm.) R.M. King et H. Rob., *Phytologia* 69: 61 (1990). *Eupatorium huehuetecum* Standl. et Steyerm., *Publ. Field Mus. Nat. Hist., Bot. Ser.* 22: 304 (1940). Holotipo: Guatemala, *Standley 65798* (F). Ilustr.: no se encontró.

Hierbas erectas, hasta c. 1 m; tallos pardusco pálido, esparcidamente ascendentes, pilósulas con corto tricomas curvados. Hojas pecioladas; láminas mayormente 3-6 × 1.5-2 cm, oblongo-ovadas a casi elípticas, la parte más ancha cerca de los 2/5 basales, cartáceas, trinervias desde c. 0.5 cm por encima de la base, las nervaduras secundarias más fuertes ascendentes en un ángulo de c. 15º, generalmente subparalelas a los márgenes basales de la hoja, ambas superficies esparcidamente puberulentas sobre y entre las nervaduras, no glandulosas, la base cortamente aguda, los márgenes con c. 10 dientes serrados incurvados, el ápice cortamente agudo a escasamente acuminado; pecíolo 1.5-2 cm. Capitulescencia sobre tallos foliosos, ancha y densamente corimbosa, las ramas ascendentes; ramitas y pedúnculos puberulentos, sin glándulas estipitadas. Cabezuelas c. 4 mm; filarios c. 14, c. 3.5 × c. 0.5 mm, angostamente oblongos, diminutamente adpreso-puberulentos, sin glándulas estipitadas o sésiles, cortamente agudos. Flores 25-30; tubo de la corola 1-1.5 mm, muy angosto, la garganta c. 1 mm, los lobos c. 0.4 mm, pilósulos con numerosos tricomas largos, la base de los lobos por dentro sin tricomas evidentes. Cipselas c. 1.5 mm, fusiformes, largamente setulosas sobre las costillas; vilano de cerdas c. 2.5 mm, frágiles. *Matorrales, selvas medianas perennifolias.* G (*King 7304*, US). 1800-2000 m. (Endémica.)

28. Ageratina intibucensis R.M. King et H. Rob., *Phytologia* 38: 337 (1978). Holotipo: Honduras, *Molina R. y Molina 25542* (US!). Ilustr.: no se encontró.

Arbustos 1-2 m; tallos parduscos, glabros, los entrenudos generalmente más de 1 cm. Hojas sin glándulas estipitadas, el pecíolo 2.5-5 cm; láminas 5-10 × 2-6 cm, ovadas, la parte más ancha entre los 1/3-2/5 basales, cartáceas, trinervias desde c. 10-20 mm por encima de la base, las nervaduras patentes desde la vena media en un ángulo de c. 45º o menos, la superficie adaxial esparcidamente pilósula a subglabra, la superficie abaxial escasamente más pálida con retículo de nérvulos oscuros, con pocos tricomas delgados generalmente sobre las nervaduras, la base anchamente aguda, los márgenes con 15-20 dientes, el ápice angosta y cortamente acuminado. Capitulescencia sobre tallos foliosos; anchamente tirsoide con densas ramas corimbosas; ramitas pilósulas y densamente estipitado-glandulosas. Cabezuelas 9-10 mm; filarios 20-22, 5-8 × 0.6-0.9 mm, linear-lanceolados, pilósulas y estipitado-glandulosos, el ápice angostamente agudo. Flores c. 45; corola blanca a rosada, el tubo c. 2.5 mm, indistintamente delimitado distalmente, la garganta c. 3 mm, los lobos c. 1 mm, glabros. Cipselas c. 3.5 mm, la base alargada, escábridas sobre las costillas y cortamente setulosas distalmente, no glandulosas; vilano de cerdas c. 4.5 mm, moderadamente frágiles, la serie externa 0.1-0.25 mm. *Bosques de neblina.* H (*Standley 25310*, GH); ES (*Wilbur et al. 16376*, DUKE). 1500-1900 m. (Endémica.)

29. Ageratina ixiocladon (Benth.) R.M. King et H. Rob., *Phytologia* 19: 223 (1970). *Eupatorium ixiocladon* Benth., *Vidensk. Meddel. Dansk Naturhist. Foren. Kjøbenhavn* 1852: 77 (1853). Sintipo: Costa Rica, *Oersted 63 /9597* (C). Ilustr.: no se encontró.

Subarbustos o arbustos, hasta 3.6 m, esparcida a densamente ramificados; tallos pardo pálido a pardo medio, generalmente puberulentos, algunas veces glandulosos, los entrenudos generalmente más de 1 cm. Hojas sin glándulas estipitadas, pecioladas; láminas 5-12 × 2-6 cm, ovadas, la parte más ancha entre el 1/4-1/3 basal, cartáceas, trinervias desde 1-18 mm por encima de la base, las nervaduras patentes desde la vena media en un ángulo de 35-45°, ambas superficies diminutamente puberulentas sobre las nervaduras, la superficie abaxial escasamente más pálida con diminuto retículo de nérvulos oscuros, con puntuaciones glandulares inconspicuas esparcidas u ocasionalmente glándulas estipitadas, la base redondeada a cortamente aguda, los márgenes serrulados a crenulados con 10-15 dientes, el ápice escasa a delgadamente acuminado; pecíolo 1-4 cm. Capitulescencia sobre tallos foliosos, ancha y densamente corimbosa, las ramas ascendentes, las ramitas y pedúnculos diminutamente puberulentos, sin glándulas estipitadas. Cabezuelas 4-6 mm; filarios c. 16, 3.5-5.5 × 0.4-0.8 mm, lineares a linear-lanceolados, generalmente sin glándulas estipitadas, el ápice angostamente agudo, con puntuaciones glandulares pequeñas sésiles, esparcidas e indistintas, rara vez con pocas glándulas estipitadas, con pocos tricomas no glandulares o sin ellos excepto en los márgenes. Flores 19-30; corola blanca a rosada, el tubo 1-1.5 mm, la garganta 1-1.2 mm, los lobos 0.3-0.4 mm, con pocos tricomas evidentes sobre la superficie interna o sin ellos, pilósulas con numerosos tricomas largos. Cipselas c. 2 mm, fusiformes, las sétulas o espículas generalmente sobre las costillas, no glandulosas; vilano de cerdas generalmente 3.5-4 mm, frágiles. 2*n* = 34. *Selvas medianas perennifolias, matorrales, bosques secos alterados, bordes arbustivos.* CR (*Pittier 14077*, US); P (*Stein et al. 1294*, MO). 2000-3400 m. (Endémica.)

30. Ageratina kupperi (Suess.) R.M. King et H. Rob., *Phytologia* 19: 223 (1970). *Eupatorium kupperi* Suess., *Bot. Jahrb. Syst.* 72: 288 (1942). Sintipo: Costa Rica, *Kupper 1149* (M). Ilustr.: no se encontró.

Arbustos 1-2 m; tallos pardos a rojizo oscuro, los entrenudos generalmente 0.5-1 cm. Hojas sin glándulas estipitadas, pecioladas; láminas 1.8-5 × 0.6-2 cm, angostamente ovadas, la parte más ancha entre el 1/4-1/3 basal, subcoriáceas, trinervias desde la base, las nervaduras patentes desde la vena media en un ángulo de c. 20°, la superficie adaxial glabra, adpreso-puberulenta sobre las nervaduras principales, la superficie abaxial puberulenta sobre las nervaduras y nérvulos, con pocas puntuaciones glandulares inconspicuas, la base redondeada a cortamente aguda, los márgenes serrados con 10-12 dientes frecuentemente puntiagudos, el ápice marcadamente agudo; pecíolo 0.7-1.3 cm. Capitulescencia sobre tallos foliosos, ancha y densamente corimbosa; ramitas densamente estipitado-glandulosas. Cabezuelas 6-8 mm; filarios 13-15, generalmente 4.5-5.5 × 0.6-0.9 mm, angostamente lanceolados, el ápice cortamente agudo a cortamente acuminado, glabros o con pocas glándulas estipitadas y pocos tricomas no glandulares o sin ellos. Flores 21-23; tubo de la corola 1.5-1.8 mm, la garganta 1.8-2.2 mm, los lobos 0.8-1 mm, esparcidamente puberulentos. Cipselas 2-3 mm, ligeramente fusiformes, cortamente setulosas sobre las costillas y los costados distalmente, no glandulosas; vilano de cerdas 4-5 mm, más bien frágiles. *Páramos bajos, bosques de neblina.* CR (*Pruski et al. 3889*, MO); P (*Davidse et al. 25311*, US). 3000-3500 m. (Endémica.)

31. Ageratina ligustrina (DC.) R.M. King et H. Rob., *Phytologia* 19: 223 (1970). *Eupatorium ligustrinum* DC., *Prodr.* 5: 181 (1936). Holotipo: México, Tamaulipas, *Berlandier 2143* (G-DC). Ilustr.: no se encontró. N.v.: Ch'a te', k'anal ton ch'a te', muk'tik ch'a te', sakil ch'ajtez, sakil payte, Ch; bac-ché, bacché, baq ce', barretillo, chicajol, q'eqci káy, G; amargoso, escoba amarga, flor de Pascua, hoja lisa, mafitero, pascua, H.

Ageratina plethadenia (Standl. et Steyerm.) R.M. King et H. Rob., *Eupatorium erythropappum* B.L. Rob., *E. myriadenium* S. Schauer, *E. plethadenium* Standl. et Steyerm., *E. semialatum* Benth., *E. weinmannianum* Regel et Körn.

Arbustos o árboles, 1-8 m; tallos parduscos, densamente puberulentos a hirsútulos. Hojas pecioladas; láminas mayormente 5.5-13.5 × 1.5-6 cm, elípticas, la parte más ancha en el 1/2 o escasamente debajo del 1/2, subcoriáceas, la nervadura pinnada, c. 4-6 nervaduras secundarias a cada lado de la vena media, patentes desde la vena media en un ángulo de 45-50°, ambas superficies densamente punteado-glandulosas, rara vez esparcidamente, sin tricomas o diminutamente puberulentas, la superficie abaxial escasamente más pálida, la base acuminada, generalmente con 1 par o 2 pares de lóbulos reducidos pero frecuentemente conspicuos y los márgenes marcadamente recurvados, los márgenes subenteros o serrados con 4-8 dientes remotos, el ápice obtuso a cortamente agudo; pecíolo 0.5-1 cm. Capitulescencia sobre tallos foliosos, ancha y densamente corimbosa; ramitas puberulentas a hírtulas frecuentemente con tricomas crespos o estipitado-glandulares, con numerosas glándulas sésiles. Cabezuelas 7-8 mm; filarios 8-10, generalmente 2.5-4 × 0.6-0.8 mm, escasamente desiguales, puberulentos y con numerosas glándulas sésiles, sin glándulas estipitadas, el ápice obtuso, los márgenes escasamente escariosos. Flores generalmente 6-12; tubo de la corola 1-1.5 mm, moderadamente conspicuo distalmente, la garganta 2.5-3.5 mm, los lobos 0.8-1.2 mm, con glándulas sésiles y generalmente tricomas diminutos. Cipselas 2.5-3.5 mm, prismáticas, cortamente setulosas sobre las costillas y los costados distalmente, no glandulosas; vilano de cerdas generalmente 3.5-5 mm, moderadamente persistentes, algunas veces rojizas. 2*n* = 34, c. 50, 55. *Bosques de neblina, bosques alterados, bosques caducifolios, bosques de* Pinus. Ch (*Miranda 9243*, US); G (*Williams et al. 40052*, US); H (*Williams y Williams 18695*, US); ES (*Davidse et al. 37204*, MO); N (*Coronado et al. 6221*, MO); CR (*Standley 43017*, US). 1200-3700 m. (C. México, Mesoamérica.)

Williams (1976a) reconoció *Eupatorium semialatum* (con *E. plethadenium* en sinonimia) y excluyó *A. ligustrina* (como *Eupatorium*) de Guatemala.

32. Ageratina mairetiana (DC.) R.M. King et H. Rob., *Phytologia* 19: 224 (1970). *Eupatorium mairetianum* DC., *Prodr.* 5: 167 (1836). Holotipo: México, estado desconocido, *Mairet s.n.* (G-DC). Ilustr.: no se encontró. N.v.: Pom ch'a te', Ch.

Ageratina rafaelensis (J.M. Coult.) R.M. King et H. Rob., *Eupatorium mairetianum* DC. var. *adenopodum* B.L. Rob.?, *E. rafaelense* J.M. Coult.

Arbustos o árboles 4-12 m; tallos moderadamente parduscos o grisáceos, las ramitas y hojas jóvenes con tomento adpreso-araneoso, evanescente, disperso. Hojas pecioladas; láminas (4-) 8-15 × (1.5-) 3-8 cm, más bien triangular-ovadas, la parte más ancha cerca del 1/5-1/4 basal, cartáceas, trinervias desde 2-10 mm por encima de la base, las nervaduras patentes desde la vena media en un ángulo de 40-50°, escasamente arqueadas cerca de la base, ambas superficies glabras a esparcida y diminutamente puberulentas, la superficie abaxial más pálida con diminuto retículo de nérvulos oscuros, con diminutas puntuaciones glandulares, densamente araneoso-tomentoso y persistente en las axilas de la nervadura secundaria principal, la base obtusa a subtruncada, los márgenes generalmente serrados con 15-20 dientes cercanos, el ápice breve y angostamente agudo o acuminado; pecíolo (0.5-)1-2 cm. Capitulescencia sobre tallos foliosos, tirsoide con densas ramas corimbosas a piramidales ascendentes; pedúnculos sin glándulas estipitadas. Cabezuelas 10-15 mm; filarios 16-20, generalmente 5-8 × 1-1.5 mm, parcialmente rojizos, sin glándulas estipitadas, esparcida a densamente punteado-glandulosos y generalmente con delgado tomento araneoso, el ápice angostamente agudo. Flores generalmente 15-30; tubo de la corola 2.5-3 mm, ligeramente delimitado distalmente, la garganta c. 3 mm, los lobos c. 1 mm, glabros a cortamente pilósulos. Cipselas 5-6.5 mm, largamente prismáticas, glandulosas, con pocas sétulas o sin estas; vilano de cerdas 7-8.5 mm, moderadamente deciduas, la serie externa corta generalmente 0.5-1.5 mm. 2*n* = 34. *Selvas bajas perennifolias, bosques de* Pinus, *a lo largo de riachuelos.* Ch (*Purpus 10629*, US); G (*Williams et al. 41504*, F); ES

(Williams, 1976a: 78, como *Eupatorium mairetianum*). 800-3500 m. (C. México, Mesoamérica.)

33. Ageratina malacolepis (B.L. Rob.) R.M. King et H. Rob., *Phytologia* 19: 215 (1970). *Eupatorium malacolepis* B.L. Rob., *Proc. Amer. Acad. Arts* 44: 618 (1909). Holotipo: México, Durango, *Palmer 90* (GH!). Ilustr.: no se encontró.

Ageratina xanthochlora (B.L. Rob.) R.M. King et H. Rob., *Eupatorium xanthochlorum* B.L. Rob.

Subarbustos, hasta 1.2 m; tallos pardusco pálido a oscuro, algunas veces matizados de rojizo, esparcidamente puberulentos. Hojas pecioladas; láminas 5-9 × 2-6 cm, ovadas, la parte más ancha en el 1/4-1/3 basal, generalmente cartáceas, trinervias desde 1-5 mm por encima de la base, las nervaduras patentes desde la vena media en un ángulo de c. 20°, ambas superficies puberulentas sobre y entre las nervaduras, la superficie abaxial más densamente puberulenta sobre las nervaduras, no glandulosas, la base cortamente obtusa a cortamente acuminada, los márgenes serrados generalmente con 6-12 dientes pequeños a grandes por encima de la parte más ancha, el ápice cortamente agudo a breve y angostamente acuminado; pecíolo 1-3 cm. Capitulescencia sobre tallos foliosos, densa y anchamente corimbosa, las ramas ascendentes; ramitas y pedúnculos moderada a densamente puberulentos, sin glándulas estipitadas. Cabezuelas c. 4 mm; filarios c. 20, 2.5-3 × 0.7-1 mm, angostamente oblongos, sin glándulas estipitadas, el ápice delgado, obtuso a cortamente agudo o eroso, densamente puberulento. Flores c. 40; tubo de la corola c. 1 mm, la garganta c. 1 mm, los lobos c. 0.5 mm, esparcida y diminutamente pilósulos. Cipselas c. 1 mm, escasamente constrictas distalmente, glabras; vilano de cerdas 2-2.3 mm, frágiles. *Arroyos, bosques de* Quercus*, bosques caducifolios.* Ch (*Breedlove 34326*, US). 800-1000 m. (O. México, Mesoamérica.)

34. Ageratina molinae R.M. King et H. Rob., *Phytologia* 24: 93 (1972). Holotipo: Honduras, *Williams y Molina R. 13767* (US!). Ilustr.: no se encontró.

Hierbas débiles, erectas a decumbentes, c. 1 m; tallos generalmente pardo-amarillentos, puberulentos con tricomas curvados. Hojas pecioladas; láminas mayormente 2-4.5 × 1.5-3.5 cm, anchamente ovadas a ligeramente romboides, la parte más ancha entre los 1/3-2/5 basales, trinervias desde la base, las nervaduras marginales en la acuminación basal, las nervaduras secundarias en la base de la trinervación patentes desde la vena media en un ángulo de 30-35°, la superficie adaxial esparcidamente pilosa, la superficie abaxial glabra con nervaduras puberulentas, no glandulosas, la base obtusa a cortamente acuminada, los márgenes crenado-serrados con 5-10 dientes fuertes, el ápice cortamente acuminado; pecíolo delgado 1.5-4 cm. Capitulescencia sobre tallos foliosos, densa y anchamente corimbosa; ramitas y pedúnculos puberulentos, sin glándulas estipitadas. Cabezuelas 4-5 mm; filarios c. 13, 3.5-4 × 0.3-0.6 mm, angostamente lanceolados, sin glándulas estipitadas a sésiles, atenuados, escasamente sobrelapados, esparcidamente adpreso-puberulentos. Flores 19-28; corola muy angosta, el tubo 1.5-2 mm, conspicuamente más largo que el limbo, el limbo c. 1 mm, los lobos c. 0.2 mm, pilósulos con numerosos tricomas largos, la base de los lobos por dentro sin tricomas evidentes. Cipselas c. 1.5 mm, fusiformes, más bien uniforme y largamente setulosas sobre las costillas y superficies distales; vilano de cerdas c. 2.5 mm, frágiles. *Selvas bajas perennifolias, bosques secos, bosques de* Quercus*, claros, matorrales.* G (*Kellerman 7436*, US); H (*Evans 1446*, MO); ES (*Molina R. et al. 16880*, US); CR (*Skutch 4193*, US); P (*Allen 1543*, US). 1300-3200 m. (Endémica.)

Williams (1976) trató este nombre como un sinónimo de la herbácea *Eupatorium capillipes* (ahora *Fleischmannia capillipes*), una planta diferente con filarios marcadamente desiguales.

35. Ageratina muelleri (Sch. Bip. ex Klatt) R.M. King et H. Rob., *Phytologia* 19: 215 (1970). *Eupatorium muelleri* Sch. Bip. ex Klatt,

Leopoldina 20: 90 (1884). Lectotipo (designado por Grashoff y Beaman, 1969): México, Oaxaca, *Liebmann 67* (C). Ilustr.: Coulter, *Bot. Gaz.* 20: t. 5 (1895). N.v.: Escobita blanca, G.

Mallinoa corymbosa J.M. Coult.

Hierbas erectas perennes, 0.3-0.6 m; tallos parduscos matizados de rojizo, más bien densamente pilosos y pilósulos. Hojas limitadas al 1/4 proximal de la planta, subarrosetadas; láminas 2.5-8 × 1-6 cm, oblongo-ovadas a anchamente elípticas, la parte más ancha entre los 2/5-1/2 basales, cartáceas, subtrinervias desde 5-10 mm por encima de la base, las nervaduras patentes desde la vena media en un ángulo de 30-40°, ambas superficies no glandulosas, la superficie adaxial gruesa y uniformemente pilosa, la superficie abaxial más pálida, pilosa solo sobre las nervaduras, la base truncada a cortamente aguda o cuneada a truncada, los márgenes generalmente crenados con 15-20 dientes bajos, el ápice obtuso a escasamente agudo; pecíolo 1-4 cm. Capitulescencia escapífera a subescapífera, con solo hojas reducidas o brácteas sésiles, abierta y laxamente ramificada, con pocas cabezuelas por rama, las ramitas ascendentes, glabras; pedúnculos hasta 75 mm, glabros. Cabezuelas 4-6 × 6-9 mm; filarios 20-24, 5-6 × 1-2 mm, oblongo-elípticos, glabros, el ápice redondeado y angostamente escarioso. Flores 85-125; tubo de la corola 1.5-2 mm, la garganta 1.5-2 mm, los lobos c. 0.5 mm, cortamente pilósulos con numerosos tricomas largos; Cipselas c. 1.5 mm, fusiformes, setulosas sobre las costillas y superficies distales; vilano de cerdas c. 3.5 mm, frágiles. *2n = 68. Bosques mixtos, laderas rocosas empinadas con* Quercus*, bosques de* Pinus*, praderas.* Ch (*Breedlove 13811*, US); G (*Williams et al. 22552*, F); H (*Standley 56032*, US). 1300-2500 m. (C. México, Mesoamérica.)

36. Ageratina ovilla (Standl. et Steyerm.) R.M. King et H. Rob., *Phytologia* 19: 224 (1970). *Eupatorium ovillum* Standl. et Steyerm., *Publ. Field Mus. Nat. Hist., Bot. Ser.* 22: 305 (1940). Holotipo: Guatemala, *Standley 65862* (F). Ilustr.: no se encontró.

Arbustos trepadores, hasta 1.3-2 m; tallos parduscos, densamente hirsutos. Hojas pecioladas; láminas mayormente 2.5-5 × 1.5-3 cm, ovadas a triangular-ovadas, la parte más ancha en el 1/4-1/3 basal, cartáceas, trinervias desde 1-3 mm por encima de la base, el par de nervaduras secundarias proximales patente desde la vena media en un ángulo de 30-35°, divergentes de los márgenes basales de la hoja, los nérvulos no prominentes, la superficie adaxial esparcida y uniformemente pilósula, la superficie abaxial escasamente más pálida, densamente punteado-glandulosa, pilosa o pilósula sobre las nervaduras, la base cortamente obtusa a subtruncada, los márgenes subenteros a escasamente 6-12-serrulados, el ápice cortamente agudo a escasamente acuminado; pecíolo 0.5-1.5 cm. Capitulescencia sobre tallos foliosos, alargadamente piramidal, con ramas densamente corimbosas patentes desde el eje principal en un ángulo de c. 90°; ramitas densamente puberulentas a pilósulas; pedúnculos sin glándulas estipitadas. Cabezuelas 9-10 mm; filarios 12-15, 4.5-8 × 0.8-1.2 mm, sin glándulas estipitadas, con diminutas puntuaciones glandulares inconspicuas y tricomas pequeños espaciados, el ápice corta a largamente agudo. Flores 8-10; tubo de la corola c. 1.5 mm, con indistinto límite distal, la garganta 2-2.5 mm, los lobos 1-1.2 mm, glabros. Cipselas 2.5-2.7 mm, prismáticas, glabras proximalmente, híspidas distalmente; vilano de cerdas 4-5 mm, moderadamente persistentes. *Bosques de neblina con* Pinus*, selvas bajas perennifolias.* Ch (*Breedlove y Smith 31728*, US); G (*Skutch 334*, US). 2200-3400 m. (México [Oaxaca], Mesoamérica.)

37. Ageratina pazcuarensis (Kunth) R.M. King et H. Rob., *Phytologia* 19: 215 (1970). *Eupatorium pazcuarense* Kunth in Humb., Bonpl. et Kunth, *Nov. Gen. Sp.* folio ed. 4: 96 (1820 [1818]). Holotipo: México, Michoacán, *Humboldt y Bonpland s.n.* (P-Bonpl.). Ilustr.: Sánchez Sánchez, *Fl. Valle México* ed. 4, t. 325D (1978), como *E. pazcuarense*.

Ageratina grandidentata (DC.) R.M. King et H. Rob., *Eupatorium grandidentatum* DC., *Kyrstenia grandidentata* (DC.) Greene, *K. pazcuarensis* (Kunth) Greene.

Arbustos a subarbustos, hasta 1 m; tallos rojizos o matizados de rojizo, densamente rojizo-puberulentos a pilósulos, los tricomas subadpresos. Hojas pecioladas; láminas 4-9 × 2-6.5 cm, ovadas, la parte más ancha cerca del 1/3 basal, generalmente cartáceas, trinervias desde 1-5 mm por encima de la base, las nervaduras patentes desde la vena media en un ángulo de c. 30°, tornándose c. 20° distalmente, ambas superficies no glandulosas, la superficie adaxial uniformemente pilosa, la superficie abaxial más pálida, pilósula generalmente sobre las nervaduras, las nervaduras frecuentemente blanquecinas, la base redondeada a cortamente obtusa, los márgenes gruesa y marcadamente 10-20 serrados o doblemente serrados, el ápice agudo a cortamente acuminado; pecíolo 1-4 cm. Capitulescencia sobre tallos foliosos, ancha y densamente corimbosa, las ramas ascendentes; ramitas y pedúnculos densamente puberulentos o pilósulos, sin glándulas estipitadas. Cabezuelas 5-8 mm; filarios c. 15, generalmente 5-6 × 0.6-0.9 mm, angostamente lanceolados, sin glándulas estipitadas o sésiles, el ápice débil a escarioso, brevemente agudo, esparcidamente puberulento. Flores 25-35; tubo de la corola 1-1.5 mm, la garganta c. 1.5 mm, los lobos c. 0.6 mm, pilósulos con numerosos tricomas largos, la base de los lobos sin tricomas evidentes por dentro. Cipselas 2-2.2 mm, fusiformes, largamente setulosas sobre las costillas y superficies distales; vilano de cerdas generalmente 3-3.5 mm, frágiles. $2n$ = c. 51. *Selvas bajas perennifolias, bosques con* Baccharis *y* Quercus, *bosques de* Pinus, *planicies.* Ch (Breedlove, 1986: 41); G (*Skutch 767*, US); H (Nelson, 2008: 169, como *Eupatorium pazcuarense*). 1400-3600 m. (O. México, Mesoamérica.)

38. Ageratina petiolaris (Moc. ex DC.) R.M. King et H. Rob., *Phytologia* 19: 225 (1970). *Eupatorium petiolare* Moc. ex DC., *Prodr.* 5: 166 (1836). Lectotipo (designado por McVaugh, 1984): México, estado desconocido, *Alamán s.n.* (G-DC). Ilustr.: Sánchez Sánchez, *Fl. Valle México* ed. 4, t. 325E (1978), como *E. petiolare*.

Arbustos 0.7-1.5 m; tallos parduscos, canescentes con densos tricomas cortos crespos o rígidamente puberulentos con la base erecta de los tricomas persistente. Hojas pecioladas; láminas mayormente 2.5-13 × 2-9 cm, anchamente ovadas, la parte más ancha cerca del 1/4 basal, cartáceas, trinervias desde la base, las nervaduras patentes desde la vena media en un ángulo de c. 45°, las hojas más grandes frecuentemente ausentes en la antesis, ambas superficies con numerosos tricomas blanquecinos cortos y generalmente erectos, más densamente sobre las nervaduras abaxialmente, con numerosas puntuaciones glandulares pequeñas, sésiles y frecuentemente oscuras, la base conspicua y profundamente cordada, los márgenes crenados con 15-30 dientes cortos, el ápice obtuso a cortamente agudo; pecíolo 1-4.5 cm. Capitulescencia sobre tallos foliosos, anchamente redondeado-corimbosa, las ramas ascendentes, curvadas; ramitas y pedúnculos densamente puberulentos y con glándulas sésiles o subsésiles, sin glándulas estipitadas. Cabezuelas 8-10 mm; filarios c. 20, 3-5 × c. 0.7 mm, sin glándulas estipitadas, el ápice angostamente agudo, blanco-puberulentos y con tricomas glandulares granulosos. Flores 40-50; tubo de la corola 1.5-2 mm, no delimitado distalmente, la garganta 2-2.5 mm, los lobos c. 1 mm, sin tricomas y generalmente punteado-glandulosos. Cipselas 2-8 mm, largamente prismáticas, con sétulas cortas o largas generalmente sobre las costillas; vilano de cerdas 3.5-4 mm, moderadamente frágiles. $2n$ = 34. *Bosques abiertos de* Pinus-Quercus, *matorrales, laderas sobre caliza con vegetación de* Quercus, *ladera rocosa con* Quercus *y cactáceas.* Ch (*Breedlove 9208*, CAS). 1900-2400 m. (O. México, Mesoamérica.)

39. Ageratina pichinchensis (Kunth) R.M. King et H. Rob., *Phytologia* 19: 215 (1970). *Eupatorium pichinchense* Kunth in Humb., Bonpl. et Kunth, *Nov. Gen. Sp.* folio ed. 4: 95 (1820 [1818]). Holotipo: Ecuador, *Humboldt y Bonpland s.n.* (P-Bonpl.).

39a. Ageratina pichinchensis (Kunth) R.M. King et H. Rob. var. **bustamenta** (DC.) R.M. King et H. Rob., *Phytologia* 69: 61 (1990). *Eupatorium bustamentum* DC., *Prodr.* 5: 168 (1836). Holotipo:

México, estado desconocido, *Mairet s.n.* (G-DC). Ilustr.: no se encontró. N.v.: Sabal wamal, sakil ton ch'aj, yax wamal, G; chirivito, palo de flor blanca, H.

Ageratina aschenborniana (S. Schauer) R.M. King et H. Rob., *A. bustamenta* (DC.) R.M. King et H. Rob., *A. vulcanica* (Benth.) R.M. King et H. Rob., *Eupatorium aschenbornianum* S. Schauer, *E. donnell-smithii* J.M. Coult., *E. vulcanicum* Benth., *Kyrstenia donnell-smithii* (J.M. Coult.) Greene.

Arbustos o subarbustos, hasta 1.5 m; tallos frecuentemente pardusco pálido, con tricomas rojizos abaxialmente, gruesamente tomentulosos a densamente hirsútulos, los tricomas patentes, rara vez solo puberulentos (en la parte norte de su distribución). Hojas pecioladas; láminas mayormente 3-8 × 2-6 cm, ovadas, la parte más ancha cerca del 1/3 basal, cartáceas, trinervias desde la base o sobre 5 mm desde la base, las nervaduras patentes desde la vena media en un ángulo de 25-35°, ambas superficies no glandulosas, la superficie adaxial puberulenta a pilósula, más densamente sobre las nervaduras, la superficie abaxial densamente puberulenta a hírtula, densamente hirsútula o subtomentosa sobre las nervaduras, la base truncada a redondeada o escasamente cordada, los márgenes debajo de la curva generalmente con 15-25 dientes serrados o crenulado-serrulados cortos, el ápice obtuso a escasamente agudo, algunas veces escasamente acuminado; pecíolo 1-2.5 cm. Capitulescencia sobre tallos foliosos, ancha y densamente corimbosa en 1-3 niveles, las ramas ascendentes; ramitas y pedúnculos densamente hírtulos a tomentulosos, sin glándulas estipitadas. Cabezuelas 5-6 mm; filarios 13-18, 3-4.5 × 0.7-1 mm, oblongo-lanceolados, sin glándulas estipitadas o sésiles, el ápice tornándose escarioso, ligera y cortamente agudo, frecuentemente eroso, puberulentos a marcadamente pilósulos. Flores 25-55; corola con tubo 1-2 mm, la garganta c. 1 mm, los lobos 0.3-0.4 mm, pilósulos con numerosos tricomas largos, la base de los lobos sin tricomas evidentes por dentro. Cipselas 1.5-1.8 mm, fusiformes, densa y largamente setulosas sobre las costillas y frecuentemente sobre los costados distalmente; vilano de cerdas generalmente 3-3.5 mm, frágiles. $2n$ = 34, c. 60-68, c. 168. *Laderas rocosas empinadas, bosques de* Pinus-Quercus, *bosques de neblina, bosques alterados, pastizales, laderas secas, bordes de bosques.* Ch (*Breedlove 9267*, US); G (*Skutch 262*, US); H (*Morton 6944*, US); ES (*Standley 20636*, US); N (*Stevens et al. 17059*, US); CR (*Skutch 4190*, US); P (*Tyson 1024*, US). 600-3000 m. (C. México, Mesoamérica.)

La variedad típica, *Ageratina pichinchensis* var. *pichinchensis* está restringida al norte de Sudamérica. Dillon et al. (2001) ubicaron *A. cartagoensis, A. ciliata* (Less.) R.M. King et H. Rob. y *A. pichinchensis* var. *bustamenta* en la sinonimia de *A. pichinchensis*, la cual es reconocida aquí sin infraespecies.

40. Ageratina pringlei (B.L. Rob. et Greenm.) R.M. King et H. Rob., *Phytologia* 19: 225 (1970). *Eupatorium pringlei* B.L. Rob. et Greenm., *Amer. J. Sci. Arts* ser. 3, 50: 152 (1895). Holotipo: México, Oaxaca, *Pringle 6118* (GH!). Ilustr.: no se encontró. N.v.: Pom ch'a te', Ch.

Arbustos 1.3-3 m; tallos parduscos, con pecíolo, ramitas de la capitulescencia; pedúnculos y filarios densamente estipitado-glandulosos. Hojas pecioladas; láminas mayormente 3-5 × 1.5-3.5 cm, triangular-ovadas, la parte más ancha cerca del 1/5-1/4 basal, cartáceas, trinervias desde 2-7 mm por encima de la base, las nervaduras patentes desde la vena media en un ángulo de 40-50°, sin tomento persistente en las axilas de la nervadura, la superficie adaxial esparcida y uniformemente estipitado-glandulosa, la superficie abaxial más pálida con glándulas estipitadas generalmente sobre las nervaduras principales, con diminuto retículo de nérvulos oscuros, la base anchamente obtusa a subtruncada, los márgenes serrados con 12-15 dientes pequeños, el ápice cortamente agudo a breve y escasamente acuminado; pecíolo 0.5-2 cm. Capitulescencia sobre tallos foliosos, tirsoide con densas ramas corimbosas a piramidales. Cabezuelas 10-12 mm; filarios 16-18, generalmente 5-6 × 0.8-1 mm, estipitado-glandulosos, parcialmente rojizos, el ápice agudo.

Flores 20-25; tubo de la corola 2.5-3 mm, indistintamente delimitado distalmente, la garganta 2.5-3 mm, los lobos c. 1 mm, glabros o con pocas y diminutas puntuaciones glandulares o tricomas. Cipselas 4-4.5 mm, largamente prismáticas, punteado-glandulosas, sin sétulas; vilano de cerdas generalmente 5.5-7 mm, la serie externa escasamente hasta 0.5 mm, moderadamente decidua. *Bosques de* Pinus-Quercus. Ch (*Croat 46442*, MO); G (*Skutch 168*, US); H (*House 1194*, TEFH). 1400-3000 m. (México [Oaxaca], Mesoamérica.)

41. Ageratina prunellifolia (Kunth) R.M. King et H. Rob., *Phytologia* 19: 215 (1970). *Eupatorium prunellifolium* Kunth in Humb., Bonpl. et Kunth, *Nov. Gen. Sp.* folio ed. 4: 96 (1820 [1818]). Holotipo: México, Michoacán, *Humboldt y Bonpland s.n.* (P-Bonpl.). Ilustr.: Williams, *Fieldiana, Bot.* 24(12): 475, t. 20 (1976), como *E. nubivagum*. N.v.: Heliotropo de monte, G.

Ageratina abronia (Klatt) R.M. King et H. Rob., *A. oreithales* (Greenm.) B.L. Turner, *Eupatorium abronium* Klatt, *E. nubivagum* L.O. Williams, *E. oreithales* Greenm., *E. salinum* Standl. et Steyerm., *Kyrstenia oreithales* (Greenm.) Greene.

Hierbas erectas generalmente 0.5-0.7 m; tallos rojizos a purpúreos, densamente puberulentos a pilósulos. Hojas más grandes agregadas cerca de la base, las más pequeñas y más esparcidas agregadas distalmente; láminas 2-9 × 1-5(-6) cm, ovadas a elípticas o escasamente obovadas, la parte más ancha entre el 1/3-1/2 basal o un poco más distal, cartáceas, ligeramente carnosas abaxialmente, 3-7-nervias desde 1-5 mm por encima de la base, las nervaduras más fuertes patentes desde la vena media en un ángulo de 20-25°, ambas superficies no glandulosas, la superficie adaxial uniformemente pilosa o pilósula, la superficie abaxial más pálida, esparcidamente pilosa, algunas veces más densamente sobre las nervaduras, la base generalmente obtusa, algunas veces aguda a acuminada en las hojas proximales, los márgenes obtusa a gruesamente crenados o serrados con 4-12 dientes, el ápice cortamente agudo, el extremo del ápice generalmente obtuso; pecíolo de las hojas proximales hasta 3 cm; pecíolo de las hojas distales generalmente 0.3-1 cm. Capitulescencia generalmente escapífera o subescapífera sobre entrenudos distales alargados, cada una de las ramas con pequeños agregados de cabezuelas densamente cimosas o corimbosas, las ramas ascendentes; ramitas y pedúnculos densamente puberulentos o pilósulas, sin glándulas estipitadas. Cabezuelas 6-9 mm; filarios 18-22, 5-8 × 1-2 mm, oblongo-elípticos, frecuentemente en parte purpúreos, sin glándulas estipitadas, el ápice cortamente agudo a angostamente apiculado, esparcida a densamente puberulentos o pilósulos (algunas plantas mexicanas con glándulas estipitadas). Flores 40-80; tubo de la corola 1.8-2 mm, la garganta 1.5-2 mm, los lobos c. 0.8 mm, pilósulos con numerosos tricomas largos. Cipselas 2.2-2.7 mm, fusiformes, esparcida a moderadamente setulosas sobre las costillas y los costados distalmente; vilano de cerdas 3-4 mm, frágiles. 2n = 100-104. *Laderas, bosques de* Pinus, *bosques de* Pinus-Quercus, *pastizales abiertos, selvas bajas perennifolias, vegetación secundaria, matorrales en suelos sobre caliza.* G (*Molina R. 21238*, F). 2500-3900 m. (O. México, Mesoamérica.)

42. Ageratina resinifera H. Rob., *Proc. Biol. Soc. Wash.* 114: 526 (2001). Holotipo: México, Chiapas, *Breedlove 42812* (DS!). Ilustr.: no se encontró.

Arbustos trepadores hasta 0.6 m; tallos pardusco pálido, esparcidamente puberulentos. Hojas pecioladas; láminas mayormente 3.5-6 × 1.8-3.5 cm, ovadas, subcoriáceas, trinervias desde 2-4 mm por encima de la base, las nervaduras patentes desde la vena media en un ángulo de menos de 25-30°, ambas superficies glabras, la superficie abaxial más pálida, con puntuaciones pelúcidas abultadas, la base redondeada a obtusa, los márgenes subenteros a subserrulados, el ápice escasa y cortamente acuminado; pecíolo 0.5-1.2 cm. Capitulescencia sobre tallos foliosos, redondeado-corimbosa, con ramas en un ángulo de c. 45°;

pedúnculos 6-10 mm, sin glándulas estipitadas. Cabezuelas 7-8 mm; filarios 13-15, generalmente 1.3-3 × 0.9-1.3 mm, sin glándulas estipitadas, diminutamente puberulentos, el ápice cortamente agudo a redondeado, rojizos. Flores 7-9; corola blanca o algunas veces rosada, glabra, el tubo 1 mm, la garganta c. 2.5 mm, con conductos resinosos amarillos a lo largo de las nervaduras, los lobos c. 0.7 mm, con ápice rosado. Cipselas c. 2.5 mm, setulosas sobre las costillas y superficies distales; vilano de cerdas c. 4 mm, sin serie externa, las cerdas moderadamente deciduas. *Bosques de neblina.* Ch (*Breedlove 42812*, DS). c. 2600 m. (Endémica.)

43. Ageratina reticulifera (Standl. et L.O. Williams) R.M. King et H. Rob., *Phytologia* 19: 226 (1970). *Eupatorium reticuliferum* Standl. et L.O. Williams, *Ceiba* 1: 254 (1951). Holotipo: Costa Rica, *Williams 16103* (US!). Ilustr.: no se encontró.

Arbustos trepadores, 3-4 m; tallos parduscos, densa y gruesamente cortamente hírtulos. Hojas pecioladas; láminas mayormente 4-7.5 × 2.5-4 cm, ovadas, la parte más ancha cerca del 1/3 basal, cartáceas, trinervias desde c. 10 mm por encima de la base, las nervaduras patentes desde la vena media en un ángulo de 30-35°, ambas superficies con un retículo de nérvulos ligeramente prominentes y punteado-glandulosos, la superficie adaxial casi glabra, la superficie abaxial más pálida con nervaduras y nérvulos más grandes pilósulos, la base obtusa, los márgenes gruesamente c. 10-serrados, el ápice angosta y cortamente acuminado; pecíolo 1-1.5 cm. Capitulescencia sobre tallos foliosos, alargado-piramidal, con ramas densamente corimbosas patentes en un ángulo de c. 90°; pedúnculos sin glándulas estipitadas. Cabezuelas 7-8 mm; filarios c. 10, generalmente 4.5-7 × 0.8-1 mm en el ápice, sin glándulas estipitadas, puberulentos y esparcida a densamente punteado-glandulosos, el ápice redondeado a obtuso. Flores c. 10; tubo de la corola 1.5-2.5 mm, indistintamente delimitado distalmente, la garganta 1.5-2 mm, los lobos c. 1 mm, con pocas puntuaciones glandulares pequeñas, por lo demás glabros. Cipselas c. 2.5 mm, prismáticas, glabras excepto por pocas sétulas distalmente; vilano de cerdas c. 4.5 mm, moderadamente persistentes. *Bosques de neblina.* CR (*Jiménez 281*, CR). (1800-)2500-3500 m. (Endémica.)

44. Ageratina rivalis (Greenm.) R.M. King et H. Rob., *Phytologia* 19: 216 (1970). *Eupatorium rivale* Greenm., *Zoë* 5: 186 (1904). Sintipo: México, Edo. México, *Purpus 213* (GH!). Ilustr.: no se encontró. N.v.: Putzil momol, Ch.

Ageratina skutchii (B.L. Rob.) R.M. King et H. Rob., *Eupatorium skutchii* B.L. Rob.

Arbustos 1-3 m; tallos parduscos, esparcida a densamente puberulentos con cortos tricomas curvados, generalmente con máculas conspicuas, lineares, numerosas, esparcidas, negras. Hojas pecioladas; láminas 4-13 × 2-11 cm, anchamente ovadas, la parte más ancha cerca del 1/3 basal, cartáceas, trinervias desde 1-5 mm por encima de la base, las nervaduras patentes desde la vena media en un ángulo de 30-45°, marcadamente divergentes de los márgenes basales de la hoja, ambas superficies no glandulosas, la superficie adaxial uniformemente puberulenta, la superficie abaxial escasamente puberulenta entre las nervaduras, densamente puberulenta sobre las nervaduras, la base anchamente redondeada a subtruncada o cordata, los márgenes generalmente con 20-30 dientes puntiagudos cercanos, el ápice agudo a cortamente acuminado; pecíolo 2-6 cm. Capitulescencia sobre tallos foliosos, densa y anchamente corimbosa en 1-3 niveles, las ramas ascendentes; ramitas y pedúnculos densamente puberulentos, sin glándulas estipitadas. Cabezuelas c. 7 mm; filarios c. 13, c. 5 × 0.6-1 mm, angostamente lanceolados, sin glándulas estipitadas o sésiles, el ápice corta a marcadamente agudo, puberulentos. Flores 20-40; tubo de la corola c. 2 mm, la garganta 1.7-2 mm, los lobos c. 0.3-0.5 mm, densamente pilósulos con numerosos tricomas largos, la base de los lobos sin tricomas evidentes por dentro. Cipselas c. 2.2 mm, angostamente fusiformes, densa y largamente erectas pectinado-setulosas sobre las costillas, las superficies glabras; vilano de cerdas c. 4 mm, frágiles. *Bosques de neblina, bosques de* Pinus-Quercus, *bosques mesófilos, campos abiertos.* Ch (*Ton 719,* US); G (*Skutch 333,* US); H (*Nelson et al. 4030,* US). 1300-3200 m. (C. México, Mesoamérica.)

Turner (1997a) trató a *Ageratina rivalis* y *Eupatorium skutchii* como sinónimos de *A. conspicua* "(Kunth et Bouché) R.M. King et H. Rob." (como una combinación), pero *A. conspicua* R.M. King et H. Rob. se trata aquí como nom. nov. para *E. conspicuum* Kunth et Bouché (non Mart. ex Colla) siendo esa una especie diferente de la que se trata aquí. El registro de Breedlove (1986) de *A. conspicua* en Chiapas basada en *Breedlove 9800* presumiblemente se refiere a material tratado aquí como *A. rivalis.*

45. Ageratina salvadorensis R.M. King et H. Rob., *Phytologia* 38: 337 (1978). Holotipo: El Salvador, *Allen y Armour 7284* (US!). Ilustr.: no se encontró.

Arbustos c. 2 m; tallos parduscos, glabros a diminutamente adpreso-puberulentos, conspicuamente lenticelados. Hojas pecioladas; láminas 5-6.5 × c. 3 cm, ovadas, la parte más ancha cerca del 1/3 basal, las hojas distales subcoriáceas, trinervias desde 3-7 mm por encima de la base, las nervaduras patentes desde la vena media en un ángulo de 30-40°, ambas superficies con diminuto retículo levemente prominente y cercanamente espaciado, la superficie adaxial glabra o subglabra, la superficie abaxial más pálida y diminutamente adpreso-puberulenta, no glandulosas, la base redondeada a cortamente obtusa, los márgenes 12-15-serrulados a subenteros, el ápice breve y angostamente acuminado; pecíolo 1-2 cm. Capitulescencia sobre tallos foliosos, grande con c. 50 cabezuelas, anchamente tirsoide con densas ramas corimbosas ascendentes; ramitas y pedúnculos densamente puberulentos, sin glándulas estipitadas. Cabezuelas 8-9 mm; filarios 18-20, c. 5 × 1-1.3 mm, generalmente oblongos, sin glándulas estipitadas, el ápice redondeado a obtuso, fina y esparcidamente pilósulo. Flores c. 17; tubo de la corola c. 2 mm, la garganta c. 2.5 mm, los lobos c. 0.8 mm, con pocos tricomas, también glandulosos. Cipselas c. 2.5 mm, angostamente prismáticas, generalmente glabras, con pocas sétulas cortas apicalmente sobre las costillas; vilano de cerdas c. 4 mm, moderadamente persistentes. *Selvas bajas perennifolias, en cimas.* ES (*Allen y Armour 7284,* US). c. 2500 m. (Endémica.)

46. Ageratina saxorum (Standl. et Steyerm.) R.M. King et H. Rob., *Phytologia* 71: 171 (1991). *Eupatorium saxorum* Standl. et Steyerm., *Publ. Field Mus. Nat. Hist., Bot. Ser.* 23: 189 (1944). Holotipo: Guatemala, *Steyermark 36075* (F). Ilustr.: no se encontró.
Ageratina thomasii R.M. King et H. Rob., *Fleischmannia saxorum* (Standl. et Steyerm.). R.M. King et H. Rob.

Arbustos erectos pequeños, hasta 0.5 m; tallos principales pardusco pálido, subcarnosos, glabros, con entrenudos cortos; ramas esparcidamente adpreso-puberulentas, generalmente con entrenudos alargados. Hojas pecioladas; láminas 1.5-3.5 × 1-2 cm, ovadas, la parte más ancha cerca del 1/3 basal, trinervias desde 1-6 mm por encima de la base, las nervaduras patentes desde la vena media en un ángulo de c. 30°, cartáceas, ambas superficies subglabras, con esparcidos tricomas adpresos diminutos sobre las nervaduras principales y los márgenes, no glandulosas, los nérvulos sin formar un retículo cercanamente espaciado, la base obtusa, los márgenes con 3-7 dientes obtusos, el ápice cortamente agudo; pecíolo 0.3-0.8 cm. Capitulescencia sobre ramas alargadas frecuentemente con hojas reducidas, corimbosa, pequeña con 10-20 cabezuelas, las ramas ascendentes; ramitas y pedúnculos puberulentos, sin glándulas estipitadas. Cabezuelas c. 6 mm; filarios 12-16, c. 3.5 × 0.8 mm, oblongo-elípticos, sin glándulas estipitadas, el ápice agudo, esencialmente glabros. Flores 20-23; tubo de la corola c. 1.5 mm, la garganta c. 1.5 mm, anchamente campanulada, los lobos c. 0.8 × 0.4-0.5 mm, sin tricomas. Cipselas c. 1.5 mm, angostamente prismáticas, la

base angosta, cortamente setulosas sobre las costillas y los costados distalmente; vilano de cerdas 2-3 mm, moderadamente deciduas. *Laderas rocosas secas y sombreadas.* Ch (*Croat 47279,* US); G (*Standley 81808,* F). 1600-4000 m. (Endémica.)

47. Ageratina schaffneri (Sch. Bip. ex B.L. Rob.) R.M. King et H. Rob., *Phytologia* 19: 217 (1970). *Eupatorium schaffneri* Sch. Bip. ex B.L. Rob., *Proc. Amer. Acad. Arts* 27: 171 (1892). Holotipo: México, Distrito Federal?, *Schaffner 28* (GH!). Ilustr.: no se encontró.

Hierbas erectas, hasta 0.8 m; tallos rojizos, puberulentos con cortos tricomas curvados. Hojas pecioladas; láminas mayormente 2-5 × 1.5-3.5 cm, ovadas, la parte más ancha cerca del 1/3 basal, cartáceas, trinervias desde la base, las nervaduras patentes desde la vena media en un ángulo de 30-35°, ambas superficies no glandulosas, la superficie adaxial uniformemente pilósula, la superficie abaxial pilósula generalmente sobre las nervaduras, la base redondeada, los márgenes serrados con 5-10 dientes obtusos reducidos a conspicuos, el ápice cortamente agudo; pecíolo 0.2-1 cm. Capitulescencia de numerosas ramas ascendentes con numerosos entrenudos alargados, terminando en numerosos agregados corimbosos densos; ramitas y pedúnculos densamente puberulentos a pilósulos, sin glándulas estipitadas. Cabezuelas c. 6 mm; filarios c. 13, 3.5-4 × 0.8-1 mm, angostamente oblongos, adpreso-puberulentos, sin glándulas estipitadas o sésiles, el ápice cortamente obtuso. Flores 16-40; tubo de la corola 1.2-1.5 mm, la garganta c. 1.3 mm, los lobos c. 0.5 mm, pilósulos con numerosos tricomas largos, la base de los lobos sin tricomas evidentes por dentro. Cipselas c. 1.8 mm, fusiformes, largamente setulosas sobre las costillas y los costados; vilano de cerdas c. 3 mm, frágiles. *Bosques de* Pinus, *lomas descubiertas, laderas.* CR (*Pittier 14081,* US). 2300-3700 m. (O. y C. México, Mesoamérica.)

Turner (1997a) redujo este nombre a la sinonimia de *Ageratina oligocephala* (DC.) R.M. King et H. Rob.

48. Ageratina standleyi R.M. King et H. Rob., *Phytologia* 24: 95 (1972). Holotipo: Costa Rica, *Standley 38395* (US!). Ilustr.: no se encontró.

Subarbustos, hasta 1.2 m; tallos pardos, densamente hírtulos con tricomas erectos. Hojas pecioladas; láminas mayormente 5-9 × 3.5-6 cm, anchamente ovadas, la parte más ancha cerca del 1/3 basal, cartáceas, trinervias desde 2-10 mm por encima de la base, las nervaduras patentes desde la vena media en un ángulo de c. 30°, ambas superficies hírtulas con tricomas erectos, más densos sobre las nervaduras especialmente abaxialmente, no glandulosas, la base cortamente obtusa a subtruncada, los márgenes desde justo debajo de la parte más ancha diminutamente serrulados o crenulados con 15-20 dientes; pecíolo 1.5-2.5 cm. Capitulescencia sobre tallos foliosos, densa y anchamente corimbosa, las ramas ascendentes; ramitas y pedúnculos densamente hírtulos o hispídulos, sin glándulas estipitadas. Cabezuelas c. 6 mm; filarios c. 14, 4.5-5 × 0.6-0.8 mm, angostamente lanceolados, sin glándulas estipitadas o sésiles, el ápice angostamente agudo a atenuado, densamente puberulentos a hírtulos. Flores 21-23; tubo de la corola 1-1.2 mm, la garganta c. 1 mm, anchamente campanulada, casi tan ancha como larga, los lobos c. 0.7 mm, pilósulos con numerosos tricomas largos, la base de los lobos sin tricomas evidentes por dentro. Cipselas c. 2 mm, fusiformes, moderadamente angostadas distalmente, con numerosas espículas sobre las costillas, las espículas menos de 3 veces más largas que anchas, no más largas que el espacio entre ellas; vilano de cerdas c. 2.5 mm, frágiles. *Bosques de neblina, selvas medianas perennifolias.* CR (*Standley 38395,* US). 1500-1900 m. (Endémica.)

49. Ageratina subcordata (Benth.) R.M. King et H. Rob., *Phytologia* 19: 217 (1970). *Eupatorium subcordatum* Benth., *Vidensk. Meddel. Dansk Naturhist. Foren. Kjøbenhavn* 1852: 77 (1853). Holotipo: Costa Rica, *Oersted 9663* (C). Ilustr.: no se encontró.

Arbustos 1-1.5 m; tallos pardos a pardo oscuro, diminutamente adpreso-puberulentos, glabrescentes. Hojas pecioladas; láminas mayormente 3-8 × 1.5-6 cm, ovadas, la parte más ancha entre el 1/4-1/3 basal, cartáceas, los nérvulos formando un diminuto retículo oscuro abaxialmente, trinervias desde 1-10 mm por encima de la base, las nervaduras patentes desde la vena media en un ángulo de 30-35° en la base, la superficie adaxial uniformemente puberulenta, densamente puberulenta sobre las nervaduras, la superficie abaxial más pálida, puberulenta solo sobre las nervaduras, con inconspicuas puntuaciones glandulares inmersas, la base anchamente redondeada a escasamente cordata, los márgenes serrados, generalmente 10-15 simple o doblemente crenado-dentados, los dientes algunas veces toscos, el ápice agudo a cortamente acuminado; pecíolo 1-4 cm. Capitulescencia sobre tallos foliosos, ancha más bien que densamente corimbosa, las ramas ascendentes, las ramitas y pedúnculos densa y finamente puberulentos; pedúnculos sin glándulas estipitadas. Cabezuelas generalmente 6-8 mm; filarios 15-17, c. 5 × 0.7-1 mm, angostamente lanceolados, sin glándulas estipitadas, puberulentos y frecuentemente con diminutas puntuaciones glandulares sésiles, el ápice breve a angostamente agudo, escasamente membranáceos. Flores 24-35; tubo de la corola 1-2 mm, la garganta 2-3 mm, los lobos 0.4-0.7 mm, pilósulos con numerosos tricomas largos por fuera y por dentro en la base. Cipselas 2-2.5 mm, ligeramente fusiformes, densamente erecto-setulosas o espiculíferas sobre las costillas, generalmente glabras entre las costillas; vilano de cerdas 4-5 mm, frágiles. $2n = 34$. *Bosques de neblina, selvas bajas perennifolias de neblina, páramos abiertos sobre laderas y crestas expuestas.* CR (*Wilbur y Teeri 13735*, US). 2000-3300 m. (Endémica.)

50. Ageratina subcoriacea R.M. King et H. Rob., *Phytologia* 69: 73 (1990). Holotipo: México, Chiapas, *Breedlove 9741* (DS!). Ilustr.: no se encontró.

Arbustos erectos, hasta 3 m; tallos pardusco pálido, subcarnosos, esparcida y diminutamente adpreso-pilosos. Hojas pecioladas; láminas mayormente 5.5-10.5 × 3-8 cm, anchamente ovadas, la parte más ancha cerca del 1/3 basal, subcoriáceas, trinervias desde 5-10 mm por encima de la base, las nervaduras patentes desde la vena media en un ángulo de 30-40°, la superficie adaxial esparcida y diminutamente adpreso-puberulenta, la superficie abaxial marcadamente adpreso-pilosa en las axilas de las nervaduras, no glandulosa, con retículo de nérvulos oscuros no cercanamente espaciado, la base anchamente obtusa a subtruncada, los márgenes gruesamente serrados a doblemente serrados, el ápice cortamente acuminado; pecíolo 2-6 cm. Capitulescencia sobre tallos foliosos, grande con c. 50 cabezuelas, densa y anchamente corimbosa, las ramas ascendentes; ramitas y pedúnculos puberulentos, sin glándulas estipitadas. Cabezuelas c. 9-10 mm; filarios 20-25, 8-9 × c. 0.5 mm, oblongo-lanceolados, sin glándulas estipitadas, el ápice largamente atenuado, puberulentos. Flores 30-50; tubo de la corola 2-2.5 mm, la garganta c. 2.2 mm, los lobos c. 0.8 × 0.4 mm, sin tricomas. Cipselas c. 3.5 mm, largamente prismáticas con la base angosta, cortamente setulosas sobre las costillas y los costados distalmente, no glandulosas; vilano de cerdas, c. 4.5 mm, moderadamente deciduas. *Laderas con bosques mixtos.* Ch (*Breedlove 9741*, DS). c. 1600 m. (Endémica.)

Turner (1997a) trató *Ageratina subcoriacea* como un sinónimo de *A. vernalis*.

51. Ageratina subglabra R.M. King et H. Rob., *Phytologia* 24: 97 (1972). Holotipo: Costa Rica, *Standley 42888* (US!). Ilustr.: no se encontró.

Arbustos, hasta 1.2 m; tallos pardo pálido a pardo medio, algunas veces matizados de rojizo, densamente antrorso-puberulentos. Hojas pecioladas; láminas 8-15 × 3-5 cm, elípticas, la parte más ancha cerca del 1/2, cartáceas, las nervaduras secundarias cerca de la base patentes desde la vena media hacia los márgenes en un ángulo de c. 70°, esencialmente pinnadas, con una congestión de nervaduras divergiendo cerca de los 2/5 proximales de la lámina, ambas superficies lisas,

diminutamente adpreso-puberulentas, algo más densamente adpreso-puberulentas sobre las nervaduras o no adpreso-puberulentas, no glandulosas, frecuentemente pelúcido-punteadas, la base acuminada a atenuada, los márgenes con 15-20 dientes serrados obtusos generalmente reducidos, el ápice breve a delgadamente acuminado; pecíolo 1-3 cm. Capitulescencia sobre tallos foliosos, densa y anchamente corimbosa; ramitas subadpreso-puberulentas. Cabezuelas c. 6 mm; filarios c. 15, 3.5-4 × 0.6-0.8 mm, angostamente lanceolados, el ápice cortamente agudo, escariosos a subherbáceos, algunas veces rojizos, adpreso-puberulentos. Flores 20-22; tubo de la corola 1-1.5 mm, la garganta 1.3-1.8 mm, los lobos c. 0.5 mm, pilósulos con tricomas multiseptados. Cipselas c. 2 mm, subfusiformes, densa y cortamente setuloso-patentes sobre las costillas; vilano de cerdas 3-3.5 mm, frágiles. *Bosques de Quercus, selvas medianas perennifolias, matorrales húmedos, bosques riparios sombreados.* CR (*Standley 42233*, US). 1500-2400 m. (Endémica.)

52. Ageratina subinclusa (Klatt) R.M. King et H. Rob., *Phytologia* 38: 339 (1978). *Eupatorium subinclusum* Klatt, *Leopoldina* 20: 75 (1884). Isotipo: México, Veracruz, *Liebmann 91* (GH!). Ilustr.: Williams, *Fieldiana, Bot.* 36: 93, t. 2 (1975), como *E. monticola.*

Ageratina subpenninervia (Sch. Bip. ex Klatt) R.M. King et H. Rob., *Eupatorium melanolepis* Sch. Bip. ex Klatt, *E. monticola* L.O. Williams, *E. subpenninervium* Sch. Bip. ex Klatt.

Arbustos 0.5-3 m; tallos parduscos, densamente pilosos o hirsutos a tomentosos o sublanados a tomentosos con tricomas frecuentemente rojizos. Hojas pecioladas; láminas mayormente 4-12 × 2.5-7 cm, ovadas, la parte más ancha cerca del 1/3 basal, cartáceas, trinervias a subtrinervias desde 5-10 mm por encima de la base, las nervaduras patentes desde la vena media en un ángulo de 40-45°, ambas superficies con numerosas puntuaciones glandulares diminutas, la superficie adaxial uniformemente pilosa, la superficie abaxial escasamente más pálida o rojiza, con diminuto retículo de nérvulos oscuros, pelosidad generalmente sobre las nervaduras, la base obtusa o truncada a escasamente cordata, los márgenes crenado-serrados generalmente con 12-20 dientes, el ápice cortamente agudo a escasa y cortamente acuminado; pecíolo 1-3 cm. Capitulescencia sobre tallos foliosos, ancha y densamente corimbosa, las ramas ascendentes; ramitas y pedúnculos densamente pilósulos, sin glándulas estipitadas. Cabezuelas 8-10 mm; filarios c. 15, generalmente 3-5 × 0.5-0.8 mm, ligeramente desiguales, parcialmente rojizos, sin glándulas estipitadas, el ápice agudo, esparcidamente pilósulos y diminutamente punteado-glandulosos. Flores 15-25; corola blanca a rosada, el tubo 1.5-2 mm, pobremente delimitado distalmente, la garganta 3-3.5 mm, los lobos 0.5-1 mm, glabros o con pocas puntuaciones glandulares diminutas. Cipselas 2.5-3 mm, prismáticas, con numerosas sétulas cortas sobre las costillas y algunas de los costados distalmente; vilano de cerdas generalmente 4-5 mm, moderadamente deciduas. *Áreas boscosas con* Pinus-Quercus-Cupressus, *laderas, barrancos.* Ch (*Breedlove 14078*, US); G (*Williams et al. 41471*, US). 2200-3700 m. (C. México, Mesoamérica.)

Turner (1997a) trató *Ageratina subinclusa* y la mayoría de los sinónimos aquí listados como sinónimos de *A. vernalis.*

53. Ageratina tomentella (Schrad.) R.M. King et H. Rob., *Phytologia* 19: 227 (1970). *Eupatorium tomentellum* Schrad., *Index Sem. (Gottingen)* 1833: 3 (1833). Holotipo: cultivado a partir de semillas mexicanas, *Anon. s.n.* (GOET?). Ilustr.: no se encontró.

Arbustos 1-2 m; tallos pardusco pálido, densamente grisáceos o peloso-amarillentos. Hojas pecioladas; láminas mayormente 2-6 × 2-5 cm, anchamente oblongo-ovadas, la parte más ancha entre el 1/5-1/4 basal, subcoriáceas, trinervias desde la base hasta los 5 mm por encima de la base, las nervaduras patentes desde la vena media en un ángulo de c. 45°, ambas superficies con numerosas puntuaciones glandulares, la superficie adaxial uniformemente puberulenta, la superficie abaxial más pálida y densamente puberulenta a pilósula y levemente amarillenta, pelosidad ocultando el diminuto retículo de nérvulos oscuro, la base truncada a escasamente cordata, los márgenes enteros o con c. 10 crenulaciones, el ápice redondeado a cortamente obtuso; pecíolo 1-3 cm. Capitulescencia sobre tallos foliosos, las ramas ascendentes; ramitas y pedúnculos con delgado tomento araneoso y puntuaciones glandulares, sin glándulas estipitadas. Cabezuelas c. 7 mm; filarios 14-18, generalmente 3-4 × 0.6-1 mm, anchamente oblongos, sin glándulas estipitadas, el ápice cortamente agudo, delgadamente araneoso-tomentoso y punteado-glanduloso. Flores 12-25; corola blanca a rosada, el tubo c. 1.5 mm, pobremente delimitado distalmente, la garganta 2-3.5 mm, los lobos 0.8-1 mm, glabros o diminutamente punteado-glandulosos. Cipselas generalmente 2.2-2.5 mm, prismáticas, con numerosas sétulas cortas sobre las costillas y los costados distalmente; vilano de cerdas generalmente 3.5-4 mm, moderadamente frágiles. *Selvas perennifolias, laderas secas, bosques* de Pinus-Quercus. Ch (*Breedlove y Almeda 47603*, US); G (*Williams et al. 22505*, US). 900-2500 m. (C. México, Mesoamérica.)

Turner (1997a) trató *Ageratina hebes* (B.L. Rob.) R.M. King et H. Rob. y *A. loeseneri* (B.L. Rob.) R.M. King et H. Rob. como sinónimos, pero estas son aquí reconocidas como taxones distintos.

54. Ageratina tonduzii (Klatt) R.M. King et H. Rob., *Phytologia* 19: 217 (1970). *Eupatorium tonduzii* Klatt, *Compos. Nov. Costaric.* 4 (1895). Holotipo: Costa Rica, *Tonduz 7799* (GH!). Ilustr.: no se encontró.

Arbustos, hasta 1 m; tallos parduscos, puberulentos, glabrescentes. Hojas pecioladas; láminas 10-13 × 2.5-3 cm, elípticas a lanceoladas, la parte más ancha entre el 1/3-1/2 basal, cartáceas, las nervaduras semipelúcidas, c. 7 pares de nervaduras secundarias arqueado-patentes en la base desde la vena media en un ángulo de c. 50°, esencialmente pinnadas, el par más ascendente cerca de los 2/5 proximales de la lámina, ambas superficies esparcidamente adpreso-puberulentas, no glandulosas, la base aguda, los márgenes con c. 20 dientes serrados simples a dobles, el ápice angostamente agudo a escasamente acuminado; pecíolo c. 1 cm. Capitulescencia terminal sobre tallos foliosos, anchamente corimbosa, laxamente ramificada, distalmente densa; ramitas esparcidamente adpreso-puberulentas. Cabezuelas 4-5 mm; filarios 15-18, c. 5 × 0.5-0.8 mm, angostamente lanceolados, el ápice angostamente agudo a cortamente atenuado, los márgenes ligeramente membranáceos, esparcidamente adpreso-puberulentos o subglabros. Flores 28-30; tubo de la corola 1-1.5 mm, la garganta c. 1.5 mm, los lobos c. 0.5 mm, pilósulos. Cipselas c. 1.8 mm, fusiformes, brevemente esparcido-espiculíferas sobre las costillas, algunas sétulas más largas cerca de la base y del ápice; vilano de cerdas c. 3.5 mm, frágiles. *Matorrales, selvas altas perennifolias.* CR (*Tonduz 7799*, GH). c. 1900 m. (Endémica.)

55. Ageratina valerioi R.M. King et H. Rob., *Phytologia* 69: 76 (1990). Holotipo: Costa Rica, *Standley y Valerio 49493* (US!). Ilustr.: no se encontró.

Hierbas erectas, hasta 0.8 m; tallos pardo pálido a pardo medio, hirsutos, los tricomas patentes. Hojas pecioladas; láminas mayormente 6-10 × 3-6 cm, ovadas, la parte más ancha cerca del 1/3 basal, trinervias desde 2-5 mm por encima de la base, ascendentes en un ángulo de 2-25°, membranáceas, ambas superficies diminutamente puberulentas, más densamente así sobre las nervaduras, no glandulosas, la base generalmente obtusa a brevemente aguda con acuminación corta, los márgenes desde la parte más ancha con 10-20 dientes crenados, cortos, el ápice breve y anchamente acuminado; pecíolo 1.5-3.5 cm. Capitulescencia sobre tallos foliosos, densamente redondeada, piramidal, las ramas ascendentes; ramitas y pedúnculos densamente puberulentos a hispídulos, sin glándulas estipitadas. Cabezuelas c. 5 mm; involucro con filarios c. 13, 3.5-4 × 0.6-0.8 mm, acostillados hasta 7/8, puberulentos, sin glándulas estipitadas o sésiles, el ápice obtusamente eroso, delgadamente escariosos. Flores 25-30; tubo de la corola c. 1.5 mm, la garganta c. 1.5 mm, los lobos c. 0.7 mm, pilósulos con numerosos tricomas largos, la base de los lobos sin tricomas evidentes por dentro.

Cipselas c. 1.5 mm, fusiformes, densa y largamente setulosas sobre las costillas y a veces sobre los costados distalmente; vilano de cerdas c. 3 mm, frágiles. *Matorrales, selvas medianas perennifolias.* G (*Standley 84307*, F); ES (*Monro et al. 2192*, MO); CR (*Standley y Valerio 49493*, US). 1200-2800 m. (Endémica.)

56. Ageratina vernalis (Vatke et Kurtz) R.M. King et H. Rob., *Phytologia* 19: 227 (1970). *Eupatorium vernale* Vatke et Kurtz, *Index Sem. (Berlin)* App. 2 (1871). Tipo: cultivado en Berlín, de México, *Anon. s.n.* (no se encontró). Ilustr.: Bailey, *Stand. Cycl. Hort.* 2: 1165, t. 1434b (1914).

Ageratina chiapensis (B.L. Rob.) R.M. King et H. Rob., *Eupatorium chiapense* B.L. Rob.

Arbustos, hasta 3 m; tallos parduscos, algunas veces matizados de rojizo, densamente pardo-rojizo frecuentemente retrorso-hirsutos a sublanados, los entrenudos generalmente más de 1 cm. Hojas sin glándulas estipitadas, pecioladas; láminas mayormente generalmente 6-13 × 3-10 cm, ovadas, la parte más ancha cerca del 1/3 basal, cartáceas a subcoriáceas, trinervias o subtrinervias desde 10-20 mm por encima de la base, las nervaduras patentes desde la vena media en un ángulo de 35-45°, la superficie adaxial uniforme y densamente pilósula, la superficie abaxial más pálida, densamente velutina, muy densamente sobre las nervaduras principales, con diminutas puntuaciones glandulares sésiles, frecuentemente inconspicuas, los nérvulos formando diminuto retículo oscuro, la base anchamente redondeada a escasamente cordata, los márgenes serrados con generalmente 15-25 dientes pequeños o toscos, el ápice agudo a escasamente acuminado; pecíolo 2-5 cm, hirsuto. Capitulescencia sobre tallos foliosos, ancha más que densamente corimbosa o piramidal; ramitas con densos tricomas estipitado-glandulosos, entremezclados con tricomas no glandulares esparcidos a densos. Cabezuelas 8-10 mm; filarios c. 16, 6-7 × 0.7-1.1 mm, angostamente lanceolados, frecuentemente purpúreos, 2-acostillados, el ápice angostamente agudo a atenuado. Flores 25-45; tubo de la corola 1.5-2 mm, escasamente delimitado distalmente, la garganta 2.7-3 mm, los lobos c. 0.7 mm, esparcida y cortamente pilósulos. Cipselas 3-4 mm, angostamente prismáticas, con base angostamente alargada, setulosas en las costillas y los costados distalmente, no glandulosas; vilano de cerdas 4.5-6 mm, ligeramente frágiles, la serie externa conspicua hasta 1 mm. *Bosques de neblina, laderas empinadas arboladas y rocosas, bosques alterados, bosques mesófilos.* Ch (*Ton 795*, US); G (*Skutch 293*, US). 1100-3300 m. (O. México, Mesoamérica.)

Turner (1997a) reconoció *Ageratina chiapensis* y *A. vernalis* como especies conspicuas. Williams (1976a), bajo el nombre de *Eupatorium chiapense*, dio el límite de elevación superior de esta especie como "3700 m", lo cual no puede verificar.

57. Ageratina zunilana (Standl. et Steyerm.) R.M. King et H. Rob., *Phytologia* 19: 218 (1970). *Eupatorium zunilanum* Standl. et Steyerm., *Publ. Field Mus. Nat. Hist., Bot. Ser.* 23: 191 (1944). Holotipo: Guatemala, *Steyermark 34744* (F). Ilustr.: Robinson, *Phytologia* 69: 72, t. 6 (1990), como *A. motozintlensis.*

Ageratina motozintlensis R.M. King et H. Rob.

Subarbustos, hasta 0.9 m; tallos verdosos, al secarse pardo amarillentos, porciones distales de tallos y pecíolos con densas glándulas alargadas, estipitado-patentes. Hojas pecioladas; láminas 2-7.5 × 1.5-6 cm, anchamente ovadas a ovado-deltoides, la parte más ancha entre el 1/4-1/3 basal, cartáceas, trinervias desde o cerca de la base, las nervaduras patentes desde la vena media en un ángulo de 40-50°, la superficie abaxial entre y sobre las nervaduras con numerosas glándulas estipitadas, sin puntuaciones glandulares sésiles, la base subtruncada a subcordata, los márgenes serrados o crenados con 10-12 dientes obtusos, el ápice agudo a escasamente acuminado; pecíolo 1-6.5 cm, delgado. Capitulescencia terminal sobre tallos foliosos, anchamente corimbosa, las ramas laxamente cimosas, las ramitas generalmente 7-13 mm, densamente estipitado-glandulosas. Cabezuelas 8-12 mm; filarios 16-

20, anchamente 5-8 × c. 0.9-1.1 mm, lineares, algunas veces purpúreos, el ápice angostamente agudo y escarioso, densamente estipitado-glandulosos. Flores 30-35; tubo de la corola 1.5-2.5 mm, la garganta 2-3 mm, los lobos 1-1.2 mm, esparcidamente pilósulos con 0-3 tricomas. Cipselas 2.2-2.5 mm, fusiforme-oblongas, las sétulas densas sobre las costillas, casi ausentes entre estas, no glandulosas; vilano de cerdas 4-5.5 mm, frágiles. *Laderas de barranco en bosques de* Abies. Ch (*Breedlove y Bartholomew 55832*, US); G (*Steyermark 34744*, GH). 2500-3800 m. (Endémica.)

Ageratina zunilana es similar a *A. adenophora* pero difiere por tallos y pecíolos con glándulas alargado-estipitadas (vs. cortamente estipitadas) y por las cipselas setulosas (vs. glabras).

70. Ageratum L.

Ageratum L. sect. *Caelestina* (Cass.) A. Gray ex B.L. Rob., *A.* subg. *Caelestina* (Cass.) Baker, *Caelestina* Cass., *Carelia* Fabr., *Isocarpha* Less. non R. Br.

Por H. Robinson.

Hierbas o subarbustos perennes a anuales. Hojas opuestas o algunas veces alternas, corta a largamente pecioladas; láminas elípticas o lanceoladas a deltoides u ovadas, generalmente trinervias desde cerca de la base, las hojas con puntuaciones glandulares, sin glándulas largamente estipitadas, enteras a dentadas. Capitulescencia terminal, cimosa a subcimosa, algunas veces subumbelada, rara vez congesta en sinflorescencias poco densas. Cabezuelas discoides, con 20-125 flores, campanuladas, no tornándose alargadas; involucro de 30-40 filarios eximbricados, patentes con la edad; clinanto cónico, sin páleas o paleáceo, la superficie esclerificada, glabra; páleas (cuando presentes) casi tan largas como las flores; corola infundibuliforme o con tubo conspicuo, generalmente azul o color lavanda, los lobos 5, papilosos sobre la superficie interna, parcialmente papilosos y algunas veces hispídulos sobre la superficie externa; anteras con el collar cilíndrico, las células con paredes densamente ornamentadas transversalmente, el apéndice oblongo-ovado, tan largo como ancho; estilo con la base sin nudo agrandado, glabra, las ramas lineares, densa y cortamente papilosas y con pigmento azulado, los apéndices del estilo erectos o escasamente patentes. Cipselas prismáticas, 4-acostilladas o 5-acostilladas, glabras o las costillas cortamente setulosas, el carpóforo generalmente grande y asimétrico, las células con paredes delgadas; vilano coroniforme generalmente de 5 o menos escamas o aristas, persistentes, o ausentes. Aprox. 40 spp. México, Mesoamérica, Sudamérica; 2 spp. adventicias pantropicalmente, 1 sp. cultivada como ornamental.

Los registros de Breedlove (1986) y Turner (1997a) de *Ageratum paleaceum* (Gay ex DC.) Hemsl. en Chiapas presumiblemente se basan en material al cual se puede referir ya sea como *A. elassocarpum* o *A. rugosum*.

Bibliografía: Johnson, M.F. *Ann. Missouri Bot. Gard.* 58: 6-88 (1971). King, R.M. y Robinson, H. *Phytologia* 24: 112-117 (1972); *Ann. Missouri Bot. Gard.* 62: 901-909 (1975 [1976]; *Phytologia* 69: 93-104 (1990).

l. Clinantos con páleas rígidas en todas las cabezuelas.
  2. Hojas angostamente ovadas a lanceoladas, la base abruptamente angostada en pecíolos conspicuos, trinervias con la nervadura patente.
      5. A. elassocarpum
  2. Hojas angostamente elípticas a lineares, la base de las láminas gradualmente angostada hacia un pecíolo indistinto, nervadura trinervia en parte longitudinal.
    3. Entrenudos proximales y base de las hojas marcadamente hirsutos con tricomas toscos de células grandes.
      4. A. echioides
    3. Entrenudos y bases de las hojas pilósulas a esparcidamente puberulentos con tricomas delgados, o subglabros.
      20. A. platylepis
l. Clinantos sin páleas o paleáceos por dentro solo en las flores más exteriores.

4. Capitulescencias con 1 densa sinflorescencia terminal y 1 o 2 axilares sobre las ramas.
      23. A. salvanaturae
4. Capitulescencias no agregadas en pocas densas sinflorescencias de cabezuelas.
  5. Corola con tubo corto, c. 0.4 mm; capitulescencias difusas, esparcidamente ramificadas.
    6. Vilano frecuentemente presente; tallos hirsutos con tricomas toscos de células largas; ramas de la capitulescencia pocas, laxamente ascendentes, con bractéolas lineares.
      7. Involucros 2.5-3 mm; hojas estrictamente cartáceas; vilano cuando presente generalmente de 5 escamas subuladas.   **7. A. gaumeri**
      7. Involucros 3-4 mm; hojas cartáceas a escasamente carnosas; vilano cuando presente de 5 escamas cortas.   **13. A. maritimum**
    6. Vilano ausente; tallos esparcida y diminutamente puberulentos con tricomas finos; ramas de la capitulescencia divergiendo rígidamente, con bractéolas cortamente ovadas a subuladas.
      8. Tallos parduscos; hojas con lámina generalmente 4-9 cm, trinervias desde c. 5 mm por encima de la base.   **12. A. lundellii**
      8. Tallos rojizos; hojas con lámina 1.5-2.5 cm, trinervias desde la base.
        16. A. munaense
  5. Corola con tubo 0.8 mm; capitulescencias con algunos grupos congestos de cabezuelas.
    9. Tallos proximalmente densa y largamente pilosos o hirsutos con tricomas toscos mezclados con pubescencia esparcida a densa de tricomas más pequeños; filarios glabros o pilosos, nunca glandulosos, hispídulos, o tomentosos.
      10. Vilano ausente o cortamente coroniforme; cipselas con superficies sin sétulas, glabras o escasamente escábridas.
        11. Filarios esparcidamente pilosos o pilósulos, los márgenes escariosos, algunas veces erosos; tubo de la corola pulverulento con numerosas glándulas cortamente estipitadas diminutas.
          14. A. microcarpum
        11. Filarios glabros, los márgenes herbáceos, enteros; tubo de la corola con pocas glándulas diminutas o sin estas.   **17. A. oerstedii**
      10. Vilano de 5 escamas separadas generalmente largamente subuladas; cipselas con costillas setulosas.
        12. Corolas c. 1.7 mm; ramas del estilo frecuentemente blanquecinas, filiformes con papilas obtusas formando 1/4 del ancho.
          3. A. conyzoides
        12. Corolas 2.3-3 mm; ramas del estilo pigmentadas color lavanda, escasamente más anchas distalmente, con diminutas papilas rostradas formando menos de 1/4 del ancho.   **10. A. houstonianum**
    9. Tallos variadamente pubescentes con tricomas toscos y con tricomas de tamaño más uniforme; filarios algunas veces glandulosos, hispídulos, o tomentosos.
      13. Plantas marítimas o de elevaciones inferiores a 30 m; sin puntuaciones glandulares; involucros no abruptamente redondeados proximalmente; filarios generalmente lanceolados, agudos con ápices rígidos; vilano cuando presente de 5 escamas separadas largamente subuladas aristadas.
        14. Ambas superficies de las hojas y los pedúnculos esparcidamente pilosas, las láminas anchamente elípticas.   **6. A. ellipticum**
        14. Ambas superficies de las hojas y los pedúnculos subglabras, algunas veces las nervaduras esparcidamente puberulentas con pocos tricomas o glabras, las láminas angostamente elípticas o lineares a ovadas.
          15. Hojas ovadas a rómbico-ovadas, delgadamente carnosas, frecuentemente con las nervaduras esparcidamente puberulentas; cipselas glabras o setulosas igualmente en las formas comosas.
            11. A. littorale
          15. Hojas angostamente elípticas a lineares, gruesamente carnosas sobre las nervaduras; involucro atenuado o escasamente redondeado en las bases; cipselas marcadamente setulosas. **18. A. peckii**
      13. Plantas no marítimas generalmente de elevaciones por encima 30 m; puntuaciones glandulares presentes al menos abaxialmente en la

lámina de la hoja; involucros típicamente marcada y abruptamente redondeados proximalmente; filarios frecuentemente lineares, oblongos o anchamente lanceolados con ápices cortos o curvados; vilano formado de un borde denticulado continuo o una corona.

16. Hojas lanceoladas, más de 3 veces más largas que anchas, la trinervación tornándose longitudinal; superficie abaxial de las hojas con glándulas en general profundamente hundidas en alvéolos.
1. A. chiriquense

16. Hojas ovadas a oblongo-ovadas, algunas veces ovado-lanceoladas, menos de tres veces más largas que anchas, la trinervación no tornándose longitudinal distalmente; superficie abaxial de las hojas con puntuaciones glandulares emergentes o escasamente hundidas.

17. Filarios no glandulosos, glabros o pilósulos o escasamente puberulentos; ambas superficies de la hoja esparcidamente pilosas a pilósulas, nunca densamente velutinas o tomentosas; raíces fibrosas o adventicias sobre bases procumbentes o estoloníferas; Nicaragua, Costa Rica o Panamá.

18. Filarios lineares, 0.7-0.9 mm de diámetro, con numerosos tricomas; pecíolos hasta 4 cm; cipselas con vilano frecuentemente de una arista o cerda.
19. A. petiolatum

18. Filarios anchamente lanceolados, 0.8-1.2 mm de diámetro, con pelosidad en los márgenes distales o a lo largo del centro; pecíolos 0.2-1 cm; vilano nunca de aristas o cerdas.
21. A. riparium

17. Filarios frecuentemente glandulosos; ambas superficies de la hoja algunas veces densamente tomentulosas; superficie abaxial tomentosa; raíces frecuentemente desde tubérculas hasta axonomorfas; El Salvador, Honduras, Guatemala o México.

19. Superficie abaxial con tricomas más densos sobre las nervaduras, las aréolas visibles.

20. Ramificación de la capitulescencia, cuando ramificada, alterna o desigual a rara vez opuesta en la base, las ramas laterales, cuando presentes, generalmente más largas que las rama centrales; pecíolos 0.3-0.5 cm.
8. A. guatemalense

20. Ramificación de la capitulescencia generalmente opuesta e igual proximalmente; pecíolos hasta 3 cm.

21. Hojas abaxialmente hispídulas generalmente con tricomas erectos; ramas laterales basales de las capitulescencias tan largas como el eje central.
22. A. rugosum

21. Hojas mayormente fina y esparcidamente erecto-puberulentas o adpreso-puberulentas abaxialmente; ramas laterales basales de las capitulescencias más cortas que el eje central.

22. Tallos y nervaduras foliares con tricomas adpresos abaxialmente.
9. A. hondurense

22. Entrenudos proximales y nervaduras foliares con tricomas erectos abaxialmente.
15. A. molinae

19. Superficie abaxial blanquecino-tomentosa a grisáceo-tomentulosa, las aréolas generalmente inconspicuas.

23. Hojas con pecíolos 0.8-2 cm; filarios generalmente c. 5 mm, breve y rígidamente agudos; plantas con raíces axonomorfas.
25. A. tehuacanum

23. Hojas con pecíolos 0.2-0.6(-1.5) cm; filarios generalmente hasta c. 4 mm, con ápices delgados y generalmente curvados; base de la planta, cuando es conocida (1 de 3 spp.) con tubérculos.

24. Hojas no glandulosas adaxialmente, trinervias 3-8 mm por encima de la base, con nervaduras secundarias proximales más débiles cercanas a las bases.
2. A. chortianum

24. Hojas esparcida a densamente glandulosas adaxialmente, trinervias 0-3 mm por encima de la base de la lámina, sin nervaduras secundarias más débiles cercanas a las bases.

25. Hojas finamente puberulentas adaxialmente con tricomas reclinados a subglabras; tallos puberulentos con tricomas ascendentes.
24. A. standleyi

25. Hojas densamente hispídulas adaxialmente, generalmente con tricomas erectos; tallos grisáceos con tricomas patentes.
26. A. tomentosum

1. Ageratum chiriquense (B.L. Rob.) R.M. King et H. Rob., *Phytologia* 24: 113 (1972). *Alomia chiriquensis* B.L. Rob., *Contr. Gray Herb.* 61: 4 (1920). Holotipo: Panamá, *Pittier 5389* (US!). Ilustr.: no se encontró.

Hierbas perennes erectas o subarbustos, hasta 0.6 m, la base no vista; tallos pardos a rojizos, inconspicuamente puberulentos con tricomas de tamaño uniforme, no hirsutos con tricomas más grandes entremezclados, glabrescentes. Hojas pecioladas; láminas hasta 9 × 1.7 cm, angostamente elípticas o lanceoladas, longitudinalmente trinervias desde cerca de la base, la superficie adaxial abollada brillante, pilósula con tricomas esparcidos, la superficie abaxial pálida, carnosa con puntuaciones glandulares profundamente hundidas, pilósula sobre las nervaduras, la base cuneada, los márgenes remotamente serrados a subenteros, el ápice angostamente agudo a escasamente acuminado, las hojas distales remotas y reducidas; pecíolo c. 0.5 cm. Capitulescencia subescapífera, terminando en agregados corimbosos más bien congestos. Cabezuelas c. 6 mm, con 50-100 flores; involucro marcada y abruptamente redondeado proximalmente; filarios 20-25, generalmente 4-5 × 0.5-0.8 mm, lineares, sin márgenes obviamente escariosos, el ápice delgado y curvado, hírtulos y glandulosos; clinanto sin páleas. Corolas 3-3.5 mm, punteado-glanduloss, el tubo c. 1.2 mm. Cipselas 1.2-1.5 mm, glabras; vilano ausente o un borde escasamente lobado. *Bosques alterados, barrancos.* P (*Antonio 2584*, MO). 800-3400 m. (Endémica.)

2. Ageratum chortianum Standl. et Steyerm., *Publ. Field Mus. Nat. Hist., Bot. Ser.* 23: 98 (1944). Holotipo: Guatemala, *Steyermark 31269* (F). Ilustr.: no se encontró.

Subarbustos erectos, 1-1.5 m, moderadamente ramificados; base no conocida; tallos pardo oscuro, densamente grisáceo-puberulentos con tricomas diminutos de tamaño uniforme, no hirsutos con tricomas más grandes toscos entremezclados. Hojas pecioladas; láminas mayormente 3-5 × 1.3-2 cm, oblongo-ovadas, menos de tres veces más largas que anchas, trinervias desde 3-8 mm por encima la base, no tornándose longitudinales distalmente, con nervaduras secundarias más débiles cercanas a la base, la superficie adaxial oscura, hispídula, no glandulosa, la superficie abaxial uniformemente grisáceo a blanquecino-tomentosa, glandular-punteada, las aréolas inconspicuas, la base obtusa a redondeada, los márgenes escasamente crenulados, el ápice cortamente agudo, las hojas distales moderadamente reducidas, no remotas; pecíolo 0.2-0.5 cm. Capitulescencias con ramas proximales opuestas, las ramas densamente congestas distalmente, corimbosas. Cabezuelas 5-6 mm, con c. 50 flores; involucro angosta a anchamente redondeado proximalmente; filarios c. 20, 3-4 × 0.5-0.8 mm, lineares, densamente hispídulos, con pocas puntuaciones glandulares cerca de la base, el ápice delgado, curvado, sin márgenes escariosos obvios; clinanto sin páleas. Corolas c. 2 mm, el tubo 0.8-1 mm, con esparcidas puntuaciones glandulares y algunos tricomas. Cipselas c. 1.7 mm, glabras; vilano un borde dentado bajo hasta 0.2 mm. *Bosques medianos perennifolios.* G (*Pruski et al. 4541*, MO); H (*Molina R. 22445*, US). 1200-1500 m. (Endémica.)

3. Ageratum conyzoides L., *Sp. Pl.* 839 (1753). Lectotipo (designado por Reveal en Jarvis et al., 1993): Hermann, *Parad. Bat.* t. 161 (1698). Ilustr.: Pruski, *Mem. New York Bot. Gard.* 76(2): 99, t. 34 (2002). N.v.: Flor noble, mejoran chaparro, mejorana, G; cola de alacrán, flor azul, garrapata, hierba de pollo, mejorana, mozotillo, verbena, H.

Ageratum ciliare L., *Carelia conyzoides* (L.) Kuntze, *Eupatorium conyzoides* (L.) E.H.L. Krause non Mill.

Hierbas anuales o perennes de vida corta o subarbustos, erectos o patentes, hasta 1.5 m, moderadamente ramificados; raíces fibrosas y adventicias; tallos verdes o amarillentos hasta en parte rojizos, densamente hirsutos con tricomas toscos de células grandes entremezclados con pubescencia de tricomas más pequeños espaciados a densos. Hojas pecioladas; láminas mayormente 3-6(-10) × 3-4(-7) cm, ovadas a anchamente ovadas, marcadamente trinervias desde la base, la superficie adaxial verde opaco, esparcida y largamente pilosa, la superficie abaxial escasamente más pálida, punteado-glandulosa, esparcidamente pilosa sobre las nervaduras, la base redondeada a obtusa, los márgenes generalmente crenados a crenado-serrados, el ápice cortamente agudo a obtuso, las hojas distales moderadamente reducidas, no remotas; pecíolo 1-2.5 cm. Capitulescencias cimosas a subcimosas o compactadamente corimbosas, con algunos agregados de cabezuelas congestas, generalmente con ramas alternas. Cabezuelas 4-4.5 mm, marcadamente redondeadas proximalmente, con c. 50 flores; filarios 25-30, generalmente 3-4 × hasta 1 mm, oblongo-lanceolados, angostamente biacostillados con márgenes anchamente escariosos que frecuentemente terminan antes del ápice, el ápice marcadamente subaristado, piloso con poco tricomas largos, no glandulosos; clinanto sin páleas. Corolas c. 1.7 mm, con pocos tricomas distalmente; tubo 0.8-1 mm, esparcido a densamente diminuto-pulverulento o con glándulas cortamente estipitadas; lobos c. 0.2 mm; ramas del estilo filiformes, más bien cortas, frecuentemente blanquecinas, papilas obtusas formando 1/4 del ancho. Cipselas c. 1.2 mm, cortamente setulosas sobre las costillas; vilano generalmente de 5 escamas separadas, largamente subuladas, grandes, generalmente hasta 2 mm con aristas apicales delgadas. $2n = 40$. *Matorrales, orillas de caminos, vegetación secundaria, orillas de lagos, maleza.* CR (*Gómez et al. 22012*, US); P (*Tyson 6285*, US). 10-1400 m. (México, Mesoamérica; pantropicalmente adventicia y en jardines en zonas templadas.)

Un lectotipo anterior escogido por Grierson (1980) ha probado ser *Eclipta prostrata* (Barrie et al., 1992). Este lectotipo anterior fue una decisión mal informada hecha para conformar el formato, y se la considera totalmente arbitraria.

Los registros de *Ageratum conyzoides* de Turner (1997a) y Pérez J. et al. (2005) de Tabasco, de Breedlove (1986) y Turner (1997a) de Chiapas, de Turner (1997a) de Yucatán, de Sousa Sánchez y Cabrera Cano (1983) de Quintana Roo, de Balick et al. (2000) de Belice, de Williams (1976a) de Guatemala, de Standley y Calderón (1941) y Clewell (1975) de Honduras, de Berendsohn y Araniva de González (1989) de El Salvador y de Dillon et al. (2001) de Nicaragua se basan en ejemplares con estilos bastante exertos, color lavanda, material que es aquí referido como *A. houstonianum*. Adicionalmente, todos los nombres registrados que se aplican a *A. conyzoides* en las referencias anteriores son aplicados a *A. houstonianum*. De modo que, aunque Turner (1997a) trató *A. pinetorum* como un sinónimo de *A. conyzoides*, aquí se lo refiere a la sinonimia de *A. houstonianum*.

Los nombres comunes en Williams (1976a) para material de Guatemala y en Standley y Calderón (1941) para material de El Salvador podrían no corresponder a esta especie.

4. Ageratum echioides (Less.) Hemsl., *Biol. Cent.-Amer., Bot.* 2: 81 (1881). *Isocarpha echioides* Less., *Linnaea* 5: 141 (1830). Holotipo: México, Veracruz, *Schiede y Deppe 304* (B, destruido). Ilustr.: no se encontró.

Ageratum isocarphoides (DC.) Hemsl., *A. isocarphoides* (DC.) L.O. Williams, *Alomia echioides* (Less.) B.L. Rob., *A. isocarphoides* (DC.) B.L. Rob., *Caelestina isocarphoides* DC., *Carelia echioides* (Less.) Kuntze, *C. isocarphoides* (DC.) Kuntze.

Hierbas perennes, erectas desde bases decumbentes, generalmente 0.3-0.7 m, sin ramificar por encima de la base; raíces fibrosas y adventicias; tallos tornándose rojizos, marcadamente hirsutos con tricomas toscos de células grandes y puberulentos con tricomas pequeños. Hojas pecioladas; láminas mayormente 4-11 × 0.5-2.5 cm, angostamente elípticas a lineares, trinervias desde 2-15 mm por encima la base, generalmente longitudinales, la superficie adaxial verde opaco, pilosa, la superficie abaxial escasamente más pálida, densamente pilosa, con numerosas puntuaciones glandulares rojizas, la base gradualmente angostada hasta un pecíolo indistinto, cuneada, los márgenes enteros a

gruesamente serrado-dentados, el ápice angostamente agudo, las hojas distales reducidas y remotas; pecíolo c. 0.5 cm. Capitulescencia escapífera, con 1 o pocos agregados corimbosos densos, con ramas largas proximales opuestas o subopuestas o sin ellas. Cabezuelas 5-7 mm, abruptamente redondeadas proximalmente, con 35-55 flores; filarios c. 20, 4-5 × 0.8-1.2 mm, oblongo-lanceolados, puberulentos con pocas glándulas o sin estas, los márgenes angostos, escariosos, el ápice rígida y cortamente agudo; clinanto en su totalidad rígidamente paleáceo. Corolas c. 2.5 mm, con pocos tricomas cortos sobre el tubo y los lobos, el tubo c. 1 mm. Cipselas 1.5-1.7 mm, glabras; vilano ausente. $2n = 40$. *Laderas arboladas empinadas, claros, bosques de* Pinus-Quercus, *campos húmedos soleados.* T (Cowan, 1983: 24); Ch (*Breedlove 12057*, US); G (*Nelson 3581*, US). (900-)1100-2200 m. (C. México, Mesoamérica.)

Williams (1976a) reconoció el nombre *Ageratum isocarphoides*, el cual es aquí reducido a la sinonimia.

5. Ageratum elassocarpum S.F. Blake, *Contr. U.S. Natl. Herb.* 22: 588 (1924). Holotipo: México, Chiapas, *Purpus 6628* (US!). Ilustr.: no se encontró.

Ageratum albidum (DC.) Hemsl. var. *nelsonii* B.L. Rob., *A. nelsonii* (B.L. Rob.) M.F. Johnson.

Hierbas perennes, hasta 1 m, escasa a moderadamente ramificadas, las bases no vistas; tallos tornándose parduscos a rojizos, densamente blanquecino-hirsútulos. Hojas pecioladas; láminas mayormente 5-12 × 1.5-3 cm, angostamente ovadas a lanceoladas, la trinervación patente desde 5-10 mm por encima de la base, con nervaduras secundarias más débiles cercanas a la base, la superficie adaxial verde opaco, densamente hispídula o puberulenta, la superficie abaxial escasamente más pálida, densamente hispídula generalmente sobre las nervaduras, rara vez esparcidamente adpreso-puberulenta o blanco-tomentosa, densamente punteado-glandulosa, la base abruptamente angostada hasta un pecíolo conspicuo, obtusa a cortamente aguda o rara vez constricta a lo largo de la parte decurrente, los márgenes crenados a crenado-serrados, el ápice cortamente agudo a acuminado, las hojas distales moderadamente reducidas, remotas; pecíolo 1-2.5 cm. Capitulescencias con ramas proximales largas, ascendentes, generalmente alternas, ligeramente cimosas o sin ellas, o con densos agregados corimbosos. Cabezuelas generalmente c. 5 mm, abruptamente redondeadas proximalmente, con (31-)50 flores; filarios c. 20, c. 4 × 0.7-0.9 mm, angostamente oblongos a lineares, hispídulos, con pocas glándulas o sin estas, los márgenes no obviamente escariosos, el ápice pálido, el ápice rígidamente agudo; clinantos completamente paleáceos; páleas rígidas, el ápice más angosto que el ápice de los filarios. Corolas 2-2.5 mm, con pocos tricomas distalmente o sin estos; tubo 0.8-1 mm, con esparcidas glándulas estipitadas diminutas o tricomas no glandulares. Cipselas c. 1.8 mm, glabras, las costillas algunas veces pálidas; vilano ausente o coroniforme hasta 0.3 mm. $2n = $ c. 20. *Laderas, matorrales, sabanas, áreas abiertas de pastoreo, en sombra parcial (umbrófilo).* Ch (*Cronquist 9680*, US); G (*Williams et al. 41257*, F). 500-1500 m. (C. México, Mesoamérica.)

Turner (1997a) trató esta especie como un sinónimo de *Ageratum microcephalum* Hemsl., la cual el circunscribió como tanto con formas comosas como no comosas.

6. Ageratum ellipticum B.L. Rob., *Contr. Gray Herb.* 90: 5 (1930). Holotipo: Belice, *Lundell 512* (GH!). Ilustr.: no se encontró.

Hierbas perennes de vida corta, hasta 0.5-0.8 m, escasamente ramificadas, sin puntuaciones glandulares, las bases no vistas; tallos verdosos, esparcidamente pilósulos y pilosos cerca de los nudos con tricomas de tamaño uniforme, no hirsutos con tricomas más grandes entremezclados. Hojas pecioladas; láminas 2.5-4.5 × 0.7-1.7 cm, anchamente elípticas, trinervias desde o cerca de la base, ambas superficies casi concoloras, esparcidamente pilosas sobre las nervaduras, no glandulosas, la base aguda, los márgenes subenteros a serrulados, el ápice cortamente agudo, las hojas más bien remotas, tornándose reducidas y escasamente más remotas distalmente; pecíolo 0.5-1 cm. Capitulescencia sobre ramas alargadas, ligeramente corimbosa a cimosa, con más bien densos agregados distales de pocas cabezuelas; pedúnculos esparcidamente pilosos. Cabezuelas c. 5 mm; involucro anchamente infundibuliforme proximalmente, no abruptamente redondeado proximalmente, con c. 25 flores; filarios c. 15, 3-3.5 × 0.5-0.7 mm, angostamente lanceolados, glabros, los márgenes moderada y anchamente escariosos, el ápice erecto, angostamente agudo en el ápice; clinanto sin páleas. Corolas c. 2 mm, glabras; tubo c. 0.8 mm. Cipselas 1.2-1.5 mm, con numerosas sétulas largas; vilano de 5 escamas separadas, largamente subuladas, aristadas, c. 1.8 mm. *Cerca de costas, sabanas*. B (*Karling 31*, US). Menos de 50 m. (Endémica.)

Williams (1976a) registró *Ageratum ellipticum* como nueva para Guatemala, pero el ejemplar citado por él (*Molina R. 15591*) es aquí provisionalmente identificado como *A. molinae*.

7. Ageratum gaumeri B.L. Rob., *Proc. Amer. Acad. Arts* 47: 191 (1911). Holotipo: México, Yucatán, *Gaumer 395* (GH!). Ilustr.: no se encontró. N.v.: Flor de San Juan, mota, mota morada, sereno, taulum, tsitsilche, zacmizib.

Ageratum gaumeri B.L. Rob. forma *fallax* B.L. Rob.

Hierbas anuales o perennes de vida corta 0.2-0.5 m, erectas o con bases procumbentes, moderadamente ramificadas; raíces fibrosas y adventicias; tallos verdosos o amarillentos, hirsutos con tricomas toscos de células grandes y puberulentos con tricomas pequeños esparcidos a densos. Hojas pecioladas; láminas mayormente 2-7 × 1-5 cm, ovadas, estrictamente cartáceas, trinervias desde los 2 mm basales de la lámina, la superficie adaxial verde opaco, esparcidamente pilosa, la superficie abaxial escasamente más pálida, esparcidamente pilosa sobre las nervaduras, no glandulosa, la base obtusa a subtruncada, los márgenes crenados, el ápice cortamente agudo, las hojas distales escasamente reducidas; pecíolo 1-4 cm. Capitulescencia difusa, cimosa, las ramas subescapíferas, pocas, laxamente ascendentes, las cabezuelas pocas, sobre pedúnculos ascendentes, generalmente 10-60 mm, bracteoladas, bractéolas pocas, hasta 2 mm, lineares. Cabezuelas 4-5 mm, anchamente redondeadas proximalmente, con c. 50 flores; filarios c. 20, 2.5-3 × c. 0.8 mm, oblongo-ovados a oblongo-lanceolados, esparcidamente pilósulos a glabros, los márgenes más bien anchos, escariosos, el ápice rígidamente agudo, erecto; clinanto sin páleas. Corolas c. 1.8 mm, diminutamente puberulentas sobre los lobos; tubo c. 0.4 mm. Cipselas 1.2-1.5 mm, setosas sobre las costillas; vilano ausente o 0.5-1.5 mm y de 5 escamas subuladas, escariosas, separadas. *Claros*. Y (*Steere 1009*, US); C (Martínez Salas et al., 2001: 23); QR (*Steere 2643*, GH); G (Williams, 1976a: 38); H (Molina R., 1975: 111). Menos de 100 m. (Endémica.)

Los ejemplares del área de distribución citados en Martínez Salas et al. (2001), Williams (1976a), y Molina R. (1975) no fueron verificados.

8. Ageratum guatemalense M.F. Johnson, *Ann. Missouri Bot. Gard.* 58: 64 (1971). Holotipo: Guatemala, *Ownbey y Muggli 3972* (MIN). Ilustr.: Johnson, *Ann. Missouri Bot. Gard.* 58: 65, t. 12 (1971).

Hierbas perennes erectas hasta 0.5-0.8 m, escasamente ramificadas proximalmente; raíces fibrosas desde pequeños tubérculos basales; tallos rojizo oscuro, generalmente patente-pilósulos y diminutamente puberulentos con tricomas de tamaño uniforme, no hirsutos con tricomas toscos más grandes entremezclados. Hojas pecioladas; láminas 2.5-6 × 1.2-2.2 cm, ovadas, menos de tres veces más largas que anchas, generalmente trinervias desde 2-5 mm por encima de la base, no tornándose longitudinales distalmente, la superficie adaxial verde opaco, generalmente rugulosa, densamente hispídula, rara vez glandulosa, la superficie abaxial escasamente más pálida, densamente pilósula sobre las nervaduras, con numerosas puntuaciones glandulares, las aréolas visibles, la base obtusa a cortamente aguda, los márgenes crenulados a crenado-serrados, el ápice cortamente agudo, las hojas distales ligera-

mente reducidas y más remotas; pecíolo 0.3-0.5 cm. Capitulescencias subescapíferas, con agregados densamente cimosos a corimbosos, con algunos agregados congestos de cabezuelas, con ramas proximales más largas alternas o desiguales a rara vez opuestas o sin ellas, las ramas laterales, cuando presentes, generalmente más largas que la rama central. Cabezuelas 4-5 mm, con 70-120 flores; involucro marcada y abruptamente redondeado proximalmente; filarios 25-35, c. 5 × 0.5-0.7 mm, lineares, pilósulos a hispídulos, con algunas puntuaciones glandulares, con márgenes escariosos angostos, el ápice delgado y curvado; clinanto sin páleas o con pocas páleas filiformes por dentro solo en las flores más exteriores. Corolas 2.5-3 mm, con esparcidas puntuaciones glandulares, los tricomas pequeños generalmente cerca de la base; tubo 0.8-1 mm. Cipselas c. 1.7 mm, glabras; vilano una corona denticulada hasta 0.3 mm. $2n = 20$. *Laderas abiertas, pastizales secos, barrancos*. Ch (*Ownbey y Muggli 3985*, US); G (*King 3389*, US). 1500-2300 m. (Endémica.)

Williams (1976a) ubicó *Ageratum guatemalense* en la sinonimia de *A. corymbosum* Zuccagni. El material de Chiapas difiere en las glándulas conspicuas sobre la superficie adaxial de la hoja y los lobos de la corola densamente pilósulos.

9. Ageratum hondurense R.M. King et H. Rob., *Phytologia* 69: 93 (1990). Holotipo: Honduras, *Molina R. 18466* (US!). Ilustr.: no se encontró.

Subarbustos erectos 0.5-1 m, con numerosas ramas, las bases no vistas; tallos verdosos a rojizos, esparcida a densamente puberulentos con tricomas adpresos de tamaño uniforme, no hirsutos con tricomas toscos más grandes entremezclados. Hojas pecioladas; láminas mayormente 3-6 × 1.8-3.5 cm, ovadas, menos de 3 veces más largas que anchas, trinervias desde c. 5 mm por encima de la base, no tornándose longitudinales distalmente, la superficie adaxial verde opaco, cortamente pilósula, las glándulas esparcidas o ausentes, la superficie abaxial escasamente más pálida, densamente punteado-glandulosa, finamente y esparcidamente adpreso-puberulenta con diminutos tricomas adpresos más densos sobre las nervaduras, las aréolas visibles, la base obtusa a subtruncada, los márgenes crenulados, el ápice cortamente agudo, las hojas distales escasamente reducidas y escasamente más remotas; pecíolo 0.4-2 cm. Capitulescencia con más bien congestos agregados corimbosos, los proximales opuestos, generalmente las ramas iguales en tamaño y siempre conspicuamente más cortas que la rama terminal. Cabezuelas 5-6 mm, con c. 50 flores; involucro marcada y abruptamente redondeada proximalmente; filarios c. 25, c. 4 × 0.5-0.7 mm, lineares, ligeramente puberulentos, esparcidamente punteado-glandulosos, sin márgenes escarioso obvios, el ápice de los filarios internos delgado y curvado; clinanto sin páleas. Corolas c. 2.5 mm, con pequeños tricomas y puntuaciones glandulares generalmente esparcidas sobre el tubo; tubo c. 1 mm. Cipselas c. 1.8 mm, glabras; vilano una corona denticulada hasta 0.2 mm. *Bosques abiertos de* Pinus, *matorrales, orillas de caminos*. H (*Molina R. y Molina 24582*, US). 1100-1500 m. (Endémica.)

10. Ageratum houstonianum Mill., *Gard. Dict.* ed. 8 *Ageratum* no. 2 (1768). Holotipo: México, Veracruz, *Houstoun s.n.* (BM). Ilustr.: King y Robinson, *Ann. Missouri Bot. Gard.* 62: 905, t. 13 (1975 [1976]). N.v.: Oxyoket jomol, sakilnich yaal wamal, yashal nich-wamal, Ch; docaj, flor noble, lokab, mejorana, mejorana chaparro, G; garrapata, girasol de monte, hierba de perro, mejorana, siksa saika, H; hierba de chucho, hierba de perro, mejorana, sunsumpate, ES.

Ageratum conyzoides L. var. *mexicanum* (Sims) DC., *A. mexicanum* Sims, *A. pinetorum* (L.O. Williams) R.M. King et H. Rob., *Alomia pinetorum* L.O. Williams, *Carelia houstoniana* (Mill.) Kuntze.

Hierbas anuales o perennes de vida corta, erectas o patentes, hasta 0.9 m, escasa a moderadamente ramificadas; raíces fibrosas y adventicias; tallos verdes o amarillentos hasta en parte rojizos, densamente hirsutos con tricomas toscos grandes mezclados con pubescencia de tricomas pequeños esparcidos a densos. Hojas pecioladas; láminas mayormente 3-6(-10) × 3-4(-7) cm, ovadas a triangular-ovadas, marcadamente trinervias desde la base, la superficie adaxial verde opaco, esparcida y largamente pilosa, la superficie abaxial escasamente más pálida, generalmente punteado-glandulosa, esparcidamente pilosa sobre las nervaduras, la base subcordata o truncada a obtusa, los márgenes crenados a crenado-serrados, el ápice cortamente agudo a obtuso, las hojas distales moderadamente reducidas, no remotas; pecíolo 1-4 cm. Capitulescencias cimosas a subcimosas o compactamente corimbosas, con algunos agregados congestos de cabezuelas, generalmente con ramas alternas. Cabezuelas 4.5-6.5 mm, marcadamente redondeadas proximalmente, con 50-75 flores; filarios 20-30, generalmente 3.5-5 × hasta 1 mm, oblongo-lanceolados, angostamente biacostillados con anchos márgenes escariosos algunas veces terminando debajo del ápice, el ápice marcadamente subaristado, piloso con pocos tricomas largos, no glandulosos; clinanto sin páleas. Corolas 2.3-3 mm, con pocos tricomas distalmente, color lavanda o algunas veces blancas; tubo 1-1.5 mm, esparcida a densamente diminuto-pulverulento o cortamente estipitado-glanduloso; ramas del estilo largas, color lavanda, escasamente más anchas distalmente, con diminutas papilas rostradas formando menos del 1/4 del ancho. Cipselas c. 1.2 mm, esparcidamente setulosas sobre las costillas; vilano generalmente de 5 escamas separadas largamente subuladas, grandes, hasta 2-2.5 mm, generalmente lanceoladas con arista apical. $2n = 20$. *Laderas densamente arboladas, bosques secos, matorrales, orillas de caminos, barrancos, a lo largo de los rieles del tren, ampliamente cultivada y adventicia.* T (*Juzepczuk 1923*, US); Ch (*Ton 1867*, US); QR (Sousa Sánchez y Cabrera Cano, 1983: 77); B (*Bartlett 12098*, US); G (*King 3311*, US); H (*Standley 55005*, US); ES (*Standley 21793*, US); N (*Baker 2021*, US); CR (*Grayum y de Nevers 4639*, MO); P (*Lazor et al. 2432*, MO). 5-1800 m. (México, Mesoamérica, Sudamérica, Antillas, ampliamente cultivada pantropicalmente y en jardines en zonas templadas, adventicia.)

Las formas cultivadas de *Ageratum houstonianum* algunas veces no son comosas. *Alomia pinetorum* está tipificada por ejemplares no comosos, y está aquí tratada en sinonimia, referida por Turner (1997a) como sinónimo de *A. conyzoides*.

11. Ageratum littorale A. Gray, *Notes Compositae* 78 (1880). Lectotipo (designado por Johnson, 1971): Estados Unidos, *Bennett s.n.* (GH!). Ilustr.: no se encontró. N.v.: Tup-tan-xix, B.

Ageratum intermedium Hemsl., *A. littorale* A. Gray var. *hondurense* B.L. Rob., *A. littorale* forma *setigerum* B.L. Rob., *A. maritimum* Kunth var. *intermedium* (Hemsl.) B.L. Rob., *Carelia littorale* (A. Gray) Kuntze.

Hierbas perennes de vida corta generalmente, 0.4-0.5 m, sin puntuaciones glandulares, la base erecta o decumbente, frecuentemente con numerosas ramas cortas proximalmente; raíces fibrosas y adventicias; tallos verdosos a amarillentos, glabros a muy esparcidamente pilósulos con tricomas de tamaño uniforme, no hirsutos con tricomas toscos más grandes entremezclados. Hojas pecioladas; láminas mayormente 2-5 × 1.2-3 cm, ovadas a rómbico-ovadas, delgadamente carnosas, trinervias desde la base, ambas superficies concoloras, subglabras, las nervaduras delgadas, esparcidamente puberulentas, la base cortamente aguda, los márgenes abruptamente crenado-serrados por encima de la parte más ancha, el ápice cortamente agudo, las hojas distales moderadamente reducidas y más remotas; pecíolo 1-4 cm. Capitulescencia subescapífera, con ramas alternas, con agregados de pocas cabezuelas ligeramente cimosos, con algunos agregados de cabezuelas congestos, algunas veces con ramas proximales largas; pedúnculos glabros a subglabros. Cabezuelas 4-5 mm, escasamente redondeadas proximalmente, con 50-75 flores; involucro no abruptamente redondeado proximalmente; filarios 18-22, c. 3 × 0.7 mm, lanceolados, glabros a esparcidamente puberulentos, los márgenes angostamente escariosos, el ápice rígidamente agudo, erecto; clinantos sin páleas. Corolas c. 2 mm, con pocos tricomas proximalmente y tricomas diminutos sobre

los lobos; tubo c. 0.8 mm. Cipselas c. 1.5 mm, glabras o setulosas; vilano ausente o de 5 escamas aristadas separadas, 0.8-1.3 mm, subuladas. *Playas, bajo cocoteros, sobre arena coralífera, cayos arenosos.* Y (*Rzedowski 26371*, US); QR (*Gaumer 93*, K); B (*Stoddart 130*, US); H (*Molina R. 20693*, US). Menos de 50 m. (Estados Unidos [Florida], Mesoamérica, Cuba, Isla Gran Caimán.)

Este nombre fue tratado como un sinónimo de *Ageratum maritimum* por Turner (1997a).

12. Ageratum lundellii R.M. King et H. Rob., *Wrightia* 6: 23 (1978). Holotipo: Guatemala, *Lundell 15647* (US!). Ilustr.: no se encontró.

Hierbas anuales o perennes de vida corta, hasta 0.5 m, moderadamente ramificadas; base erecta con raíces fibrosas; tallos parduscos, esparcida y diminutamente puberulentos con tricomas finos. Hojas pecioladas; láminas mayormente 4-9 × 1.5-5 cm, ovadas, membranáceas, trinervias c. 5 mm por encima de la base, la superficie adaxial verde opaco, esparcidamente pilosa, la superficie abaxial más pálida, esparcidamente pilosa sobre las nervaduras, la base obtusa a escasamente acuminada, los márgenes crenado-serrados a serrados, el ápice agudo, las hojas distales ligeramente reducidas; pecíolo 3-17 cm. Capitulescencia difusa, laxa, con ramas divergiendo rígidamente; pedúnculos generalmente 8-12 mm, bracteolados, bractéolas c. 1 mm, cortamente ovadas a lanceoladas. Cabezuelas c. 4 mm, abruptamente redondeadas proximalmente, con c. 70 flores; filarios c. 20, 2.5-3 × c. 0.7 mm, anchamente oblongo-ovados, glabros, los márgenes anchamente escariosos, el ápice marcadamente agudo, erecto; clinanto sin páleas. Corolas 1.5-1.7 mm; tubo c. 0.4 mm, puberulento proximalmente. Cipselas c. 1 mm, con sétulas rudimentarias sobre las costillas; vilano ausente. *En tintal.* QR (Sousa Sánchez y Cabrera Cano, 1983: 77); G (*Contreras 471*, US). Menos de 100 m. (Endémica.)

13. Ageratum maritimum Kunth in Humb., Bonpl. et Kunth, *Nov. Gen. Sp.* folio ed. 4: 117 (1820 [1818]). Holotipo: Cuba, *Humboldt y Bonpland 1273* (P-Bonpl.). Ilustr.: no se encontró.

Caelestina maritima (Kunth) Torr. et A. Gray, *Carelia maritima* (Kunth) Kuntze.

Hierbas anuales o perennes de vida corta, erectas o con bases decumbentes, 0.25-0.4 m, esparcida a densamente ramificadas; raíces fibrosas y adventicias; tallos verdosos a pardo-amarillentos, hirsutos con tricomas toscos de células grandes y puberulentos con tricomas pequeños esparcidos a densos. Hojas pecioladas; láminas mayormente 1.5-2.5 × 1-2 cm, ovadas, cartáceas a escasamente carnosas, trinervias desde 1 mm basal, ambas superficies verde opaco, esparcidamente pilosas, no glandulosas, la base obtusa a subtruncada, los márgenes crenados, el ápice cortamente agudo, las hojas distales moderadamente reducidas; pecíolo 1-1.5 cm. Capitulescencia difusa, con pocas ramas cimosas ascendentes laxas, las cabezuelas escasamente agregadas; pedúnculos generalmente 5-20 mm, bracteolados, las bractéolas numerosas, c. 2 mm, lineares. Cabezuelas 5-6 mm, anchamente redondeadas proximalmente, con 40-50 flores; filarios 3-4 × c. 0.8 mm, oblongo-ovados a oblongo-lanceolados, glabros, los márgenes más bien anchos, escariosos, el ápice rígidamente agudo, erectos en el ápice; clinanto sin páleas. Corolas 1.8-2 mm, con tricomas esparcidos proximalmente y tricomas diminutos sobre los lobos, el tubo c. 0.4 mm. Cipselas c. 1.5 mm, subglabras; vilano cuando presente, de 5 escamas cortas de apariencia coroniforme, denticuladas, firmes. *Arenas costeras, planicies con caliza.* QR (Sousa Sánchez y Cabrera Cano, 1983: 77). Menos de 100 m. (Mesoamérica, O. Cuba, República Dominicana.)

No ha sido posible verificar el registro de Sousa Sánchez y Cabrera Cano (1983) de *Ageratum maritimum* en Quintana Roo. Otras citas previas, incluyendo la de Johnson (1971), se basaron en un concepto más amplio incluyendo *A. intermedium* la cual ha probado ser *A. littorale*. El nombre común de "Ageratum maritimum var. intermedium" dado en Standley (1930: 438) no se puede aplicar con certeza ni a *A. littorale* ni a *A. maritimum*.

14. Ageratum microcarpum (Benth.) Hemsl., *Biol. Cent.-Amer., Bot.* 2: 82 (1881). *Caelestina microcarpa* Benth., *Vidensk. Meddel. Dansk Naturhist. Foren. Kjøbenhavn* 1852: 72 (1853). Sintipo: Costa Rica, *Oersted s.n.* (C). Ilustr.: Hemsley, *Biol. Cent.-Amer., Bot.* 2: t. 43 (1881). N.v.: Santa Lucia, CR.

Alomia microcarpa (Benth.) B.L. Rob., *A. microcarpa* forma *torresii* Standl.?

Hierbas anuales o perennes de vida corta, erectas, hasta 1.2 m, esparcida a densamente ramificadas; raíces fibrosas y adventicias; tallos amarillentos hasta en parte rojizos, densamente hirsutos con tricomas toscos entremezclados con pubescencia de tricomas más pequeños esparcidos a densos. Hojas pecioladas; láminas mayormente 3-5(-7) × menos de 4.5 cm, ovadas, marcadamente trinervias desde la base, la superficie adaxial verde opaco, pilosa y frecuentemente esparcido-puberulenta, la superficie abaxial escasamente más pálida, punteado-glandulosa y con numerosos tricomas delgados, la base generalmente truncada a subcordata, los márgenes cercanamente crenado-serrados, el ápice cortamente agudo a escasamente acuminado, las hojas distales moderadamente reducidas, no remotas; pecíolo 1-3.5 cm. Capitulescencia corimbosa a cimosa con ramas corimbosas, con algunos agregados de cabezuelas congestos, generalmente con ramas alternas. Cabezuelas 4-5 mm, marcadamente redondeadas proximalmente, con 60-75 flores; filarios c. 25, c. 4 × hasta 1 mm, oblongo-lanceolados, generalmente pilosos o pilósulos con pocos tricomas largos, no glandulosos, angostamente biacostillados con los márgenes anchamente escariosos frecuentemente terminando debajo del ápice, el ápice marcadamente subaristado; clinanto sin páleas. Corolas c. 2.3 mm, con tricomas cortos distalmente, el tubo c. 1 mm, pulverulento con numerosas glándulas diminutas, cortamente estipitadas; ramas del estilo largas, pigmentadas color lavanda. Cipselas c. 1.2 mm, esparcidamente escábridas a esencialmente glabras; vilano ausente. *Bosques de neblina, bosques de Pinus, terrenos inundados, potreros, laderas abiertas, orillas de caminos.* H (*Pfeifer 1428*, US); N (*Miller y Griscom 39*, US); CR (*Tonduz 8479*, US); P (*Hamilton y Stockwell 3546*, US). 900-2200(-2600) m. (Mesoamérica, Venezuela.)

Ageratum microcarpum fue excluida de *Ageratum* por Johnson (1971) y tratada por él como *Alomia microcarpa*. Turner (1997a) y Dillon et al. (2001) ubicaron a *Ageratum microcarpum* en la sinonimia de *A. conyzoides*.

15. Ageratum molinae R.M. King et H. Rob., *Phytologia* 69: 95 (1990). Holotipo: Honduras, *Molina R. 14412* (US!). Ilustr.: no se encontró.

Hierbas perennes, hasta 0.5 m, erectas o decumbentes desde rizomas cortos, ligeramente ramificadas proximalmente, los entrenudos proximales con tricomas erectos; tallos parduscos, híspidos con tricomas erectos de tamaño uniforme, no hirsutos, con tricomas toscos más grandes entremezclados. Hojas pecioladas; láminas 2.5-3.5 × 1-1.5 cm, oblongo-ovadas, menos de 3 veces más largas que anchas, trinervias desde c. 2 mm por encima de la base, no tornándose longitudinales distalmente, la superficie adaxial escasamente rugulosa y brillante, pilósula con tricomas persistentes en las bases, las células grandes, hasta 0.1 mm, la superficie abaxial escasamente más pálida con aréolas membranáceas punteado-glandulosas, híspidula sobre las nervaduras con tricomas erectos, las aréolas visibles, la base cortamente aguda, los márgenes crenulados, el ápice cortamente agudo, las hojas distales escasamente reducidas y más remotas; pecíolo 0.2-0.4 cm. Capitulescencia más bien densamente congesta, corimbosa, con ramas proximales opuestas, generalmente del mismo tamaño y conspicuamente más cortas que el eje central. Cabezuelas 4-5 mm, con 25-30 flores; involucro marcada y abruptamente redondeado proximalmente; filarios c. 22, 2.5-3 × c. 0.5 mm, lineares, cortamente pilósulos, con algunas puntuaciones glandulares, los márgenes escariosos muy delgados, el ápice angostamente agudo, ligeramente curvado; clinanto sin páleas. Corolas c. 2 mm, punteado-glandulosas generalmente sobre los tubos, sin

tricomas, el tubo c. 1 mm. Cipselas c. 1.5 mm, glabras; vilano de hasta 0.3 mm, coroniforme. *Bosques abiertos.* G (*Molina R. 15591*, F); H (*Molina R. 14412*, US). c. 1500 m. (Endémica.)

16. Ageratum munaense R.M. King et H. Rob., *Phytologia* 69: 97 (1990). Holotipo: México, Yucatán, *Lundell y Lundell 8172* (US!). Ilustr.: no se encontró.

Hierbas perennes de vida corta, erectas desde bases decumbentes, 0.3-0.4 m, moderadamente ramificadas en la base y por encima de esta; raíces fibrosas o adventicias; tallos rojizos, esparcida y diminutamente puberulentos con tricomas finos. Hojas pecioladas; láminas 1.5-2.5 × 0.5-1 cm, ovadas, escasamente carnosas, trinervias desde la base, ambas superficies subglabras con tricomas diminutos sobre las nervaduras, la superficie abaxial más pálida, diminutamente punteado-glandulosa, la base obtusa, los márgenes crenulados, el ápice agudo, las hojas distales moderadamente reducidas y escasamente más remotas; pecíolo 0.3-0.5 cm. Capitulescencia difusa, laxa, con ramas rígidamente divergentes; pedúnculos generalmente 5-20 mm, bracteolados, las bractéolas c. 1 mm, cortamente ovadas a lanceoladas. Cabezuelas 4 mm, abruptamente redondeadas proximalmente, con c. 25 flores; filarios c. 18, 2.7-3 × c. 0.8 mm, oblongo-ovados, glabros, los márgenes anchos, escariosos, el ápice rígidamente agudo, erecto; clinanto sin páleas. Corolas c. 1.8 mm, con pequeños tricomas sobre la base y los lobos; tubo c. 0.4 mm. Cipselas c. 1.5 mm, glabras o subglabras; vilano ausente. *Orillas de caminos.* Y (*Lundell y Lundell 8172*, US). Menos de 100 m. (Endémica.)

17. Ageratum oerstedii B.L. Rob., *Proc. Amer. Acad. Arts* 49: 472 (1914 [1913]). Holotipo: Costa Rica, *Oersted 251* (K). Ilustr.: no se encontró.

Ageratum latifolium (Benth.) Hemsl. non Cav., *A. oliveri* R.M. King et H. Rob., *Caelestina latifolia* Benth., *Carelia latifolia* (Benth.) Kuntze.

Hierbas anuales o perennes de vida corta, erectas hasta 1 m, con pocas ramas; raíces fibrosas y adventicias; tallos pardos a rojizos, proximalmente densa y largamente pilosos con tricomas más grandes toscos entremezclados con pubescencia diminuta de tricomas más pequeños pocos a numerosos, distalmente algunas veces apenas esparcida y largamente pilosos. Hojas pecioladas; láminas mayormente 5-9 (-12) × 4-7 cm, ovadas, marcadamente trinervias desde justo por encima de la base, la superficie adaxial lisa, esparcidamente pilosa, la superficie abaxial pálida, esparcidamente punteado-glandulosa, esparcidamente pilosa sobre las nervaduras, la base redondeada a escasamente cordata, los márgenes crenados a crenado-serrados, el ápice cortamente acuminado, las hojas distales reducidas; pecíolo 0.5-4 cm. Capitulescencia laxamente cimosa, con ramas proximales opuestas, más bien densamente cimosas con agregados terminales. Cabezuelas 5-6 mm, abruptamente redondeadas proximalmente, con 60-75 flores; filarios 20-25, generalmente c. 4 × 0.8-1 mm, los principales oblongo-lanceolados a anchamente lanceolados, glabros, los márgenes enteros, el ápice obtuso a cortamente agudo; clinanto sin páleas. Corolas 2.3-2.7 mm, con pocas glándulas; tubo c. 1 mm, con pocas glándulas diminutas o sin estas. Cipselas c. 1.5 mm, glabras; vilano ausente o cortamente coroniforme, hasta 0.3 mm, la corona lobada, serrulada. *Barrancos, bosques de neblina, vegetación secundaria.* CR (*Haber 952*, MO); P (*Wilbur 15556*, US). 600-1300 m. (Endémica.)

King y Robinson (1975 [1976]) usaron el nombre *Ageratum oliveri* para el material panameño de este taxón.

18. Ageratum peckii B.L. Rob., *Proc. Amer. Acad. Arts* 47: 191 (1912 [1911]). Holotipo: Belice, *Peck 80* (GH!). Ilustr.: no se encontró.
Ageratum radicans B.L. Rob.

Hierbas perennes de vida corta con bases erectas o procumbentes, 0.2-0.7 m, moderadamente ramificadas, sin puntuaciones glandulares; raíces fibrosas y adventicias; tallos verdosos a rojizos, glabros o escasamente puberulentos con tricomas de tamaño uniforme, no hirsutos con tricomas más grandes toscos entremezclados. Hojas pecioladas; láminas mayormente 3-7 × 0.3-1.3 cm, angostamente elípticas a lineares, gruesamente carnosas sobre las nervaduras, trinervias desde 2-4 mm por encima de la base, las nervaduras longitudinales, ambas superficies glabras o subglabras, la superficie abaxial moderadamente más pálida, la base angostamente cuneada, los márgenes remotamente serrados a subenteros, el ápice angostamente agudo, las hojas distales reducidas y más remotas; pecíolo 0.4-1 cm, indistintamente delimitado distalmente, pilósulo. Capitulescencia escapífera o subescapífera, cimosa, con cabezuelas en pequeños agregados más bien densos, con o sin largas ramas proximales opuestas o alternas; pedúnculos glabros a subglabros. Cabezuelas 4-5 mm, con c. 30 flores; involucro atenuado proximalmente o escasamente redondeado en la base; filarios 17-20, 3-4 × 0.5-0.7 mm, lanceolados, glabros o subglabros, los márgenes angostamente escariosos, el ápice rígidamente agudo, erecto; clinantos sin páleas. Corolas c. 2 mm, diminutamente puberulentas sobre los lobos, el tubo c. 0.8 mm. Cipselas 1.5 mm, marcadamente setulosas sobre las costillas; vilano de 5 escamas, de hasta 1.8 mm, subuladas largas, separadas, aristadas. *Bosques de* Pinus, *sabanas, afloramientos de granito, vegetación secundaria.* B (*Dwyer 14698*, MO); G (*Contreras 9687*, US). Hasta 100 m. (Endémica.)

Williams (1976) reconoció el nombre *Ageratum radicans*, el cual es reducido aquí a la sinonimia.

19. Ageratum petiolatum (Hook. et Arn.) Hemsl., *Biol. Centr.-Amer., Bot.* 2: 83 (1881). *Caelestina petiolata* Hook. et Arn., *Bot. Beechey Voy.* 433 (1841). Holotipo: Nicaragua, *Sinclair s.n.* (K). Ilustr.: no se encontró.

Ageratum reedii R.M. King et H. Rob., *A. scabriusculum* (Benth.) Hemsl., *Caelestina scabriuscula* Benth., *Carelia petiolata* (Hook. et Arn.) Kuntze, *C. scabriuscula* (Benth.) Kuntze.

Hierbas perennes, hasta 0.75-1 m, moderadamente ramificadas, las bases de apariencia procumbente o estolonífera con raíces adventicias, algunas veces de apariencia axonomorfa; tallos parduscos, esparcidamente puberulentos con tricomas de tamaño uniforme, no hirsutos con tricomas toscos más grandes entremezclados. Hojas pecioladas; láminas mayormente 3-7 × 2-5 cm, ovadas, menos de 3 veces más largas que anchas, trinervias desde los 0-2(-4) mm basales, no tornándose longitudinales distalmente, la superficie adaxial verde opaco, esparcidamente pilosa a pilósula, la superficie abaxial más pálida, con puntuaciones glandulares escasamente inmersas, pilósula sobre las nervaduras, membranáceas, la base obtusa, los márgenes crenados o serrados, el ápice cortamente agudo a escasamente acuminado, las hojas distales muy reducidas y remotas; pecíolo 1-4 cm. Capitulescencia escapífera, cimosa con agregados distales más bien congestos, con ramas proximales largas opuestas o sin ellas. Cabezuelas 5-7 mm, con 100-125 flores; involucro marcada y anchamente redondeado proximalmente; filarios 25-35, 4-5 × 0.7-0.9 mm, lineares, no glandulosos, pilósulos, los márgenes angostamente escariosos, el ápice delgado, erecto o curvado; clinanto sin páleas. Corolas 2.3-3 mm; tubo c. 1 mm, con pocos tricomas. Cipselas 1.5-2 mm, glabras; vilano una corona denticulada de hasta 0.3 mm, frecuentemente con una cerda larga de hasta 2.5 mm. *Bordes de bosques, bosques alterados, selvas bajas perennifolias, flujos de lava.* N (*Maxon et al. 7661*, US); CR (*Croat 46808*, MO). 0-1700 m. (Endémica.)

20. Ageratum platylepis (B.L. Rob.) R.M. King et H. Rob., *Phytologia* 24: 115 (1972). *Alomia platylepis* B.L. Rob., *Proc. Amer. Acad. Arts* 49: 448 (1914 [1913]). Holotipo: Guatemala, *Nelson 3528* (GH!). Ilustr.: no se encontró.

Ageratum benjamin-lincolnii R.M. King et H. Rob., *Alomia guatemalensis* B.L. Rob.

Hierbas perennes de vida corta hasta 0.5 m, con bases erectas o decumbentes; raíces fibrosas y adventicias; tallos rojizos, esparcida-

mente puberulentos con tricomas delgados; entrenudos pilósulos a esparcidamente puberulentos con los tricomas delgados o subglabros. Hojas pecioladas; láminas mayormente 4-10 × 0.5-2.5 cm, lanceoladas a lineares, trinervias desde c. 5 mm por encima de la base, tornándose longitudinales, la superficie adaxial moderadamente brillante, esparcidamente pilósula con tricomas delgados, la superficie abaxial más pálida, densamente punteado-glandulosa, subglabra a pilósula sobre las nervaduras con tricomas delgados, la base gradualmente angostada hasta un pecíolo indistinto, angostamente cuneada, los márgenes serrulados, el ápice angostamente agudo, las hojas distales reducidas y más remotas; pecíolo 0.5-1 cm. Capitulescencia subescapífera a escapífera, con densos agregados corimbosos distales, con ramas proximales largas opuestas o sin ellas. Cabezuelas 5-7 mm, anchamente redondeadas proximalmente, con c. 50 flores; filarios c. 20, 4-5 × 0.8-1.2 mm, angostamente lanceolados, esparcidamente pilósulos, los márgenes angostamente escariosos, el ápice rígidamente agudo, erecto a escasamente reflexo; clinanto completamente paleáceo; páleas rígidas, angostas, el ápice blanquecino obvio antes de la antesis. Corolas c. 2.5 mm, con tricomas diminutos sobre los lobos; tubo 0.8-1 mm, esparcida a densamente diminuto-estipitado-glanduloso. Cipselas c. 1.5 mm, glabras; vilano ausente o una corona denticulada de hasta 0.3 mm. *Pastizales.* Ch (*Breedlove 10533*, US); G (*Heyde y Lux 6153*, US). 600-1200 m. (Endémica.)

Las colecciones de Guatemala no presentan vilano; la colección de Chiapas tiene un vilano coroniforme. La elevación del tipo, *Nelson 3528*, fue dada como "3000-1000 feet", pero se cree que esta especie no se encuentra a elevaciones por debajo de los 2000 pies (= 610 metros).

21. Ageratum riparium B.L. Rob., *Proc. Amer. Acad. Arts* 49: 473 (1914 [1913]). Holotipo: Costa Rica, *Pittier 4914* (GH!). Ilustr.: no se encontró.

Ageratum panamense B.L. Rob., *A. rivale* B.L. Rob. non Sessé et Moc.

Hierbas perennes de vida corta, 0.5-0.8 m, la base generalmente tornándose procumbente; raíces fibrosas, generalmente adventicias; tallos parduscos a rojizos, esparcida a densamente puberulentos o hírtulos con tricomas de tamaño uniforme, no hirsutos con tricomas toscos entremezclados. Hojas pecioladas; láminas 2-7 × 1-3 cm, ovadas a ovado-lanceoladas, menos de tres veces más largas que anchas, trinervias desde 1-2 mm por encima de la base, no tornándose longitudinales distalmente, la superficie adaxial verde, ligeramente brillante, esparcidamente pilosa, la superficie abaxial pálida a rojiza, con puntuaciones glandulares escasamente inmersas, esparcidamente pilosa generalmente sobre las nervaduras, membranáceas, la base redondeada a cortamente aguda, los márgenes serrulados a crenado-serrados, el ápice agudo, las hojas distales moderada a marcadamente reducidas y remotas; pecíolo 0.2-1 cm. Capitulescencia escapífera, distalmente con agregados más bien congestos, corimbosa o ligeramente cimosa. Cabezuelas 5-7 mm, con 50-100 flores; involucro marcada y abruptamente redondeado proximalmente; filarios 20-30, 4-6 × 0.8-1.2 mm, anchamente lanceolados, no glandulosos, glabros o con pelosidad en los márgenes distales o a lo largo del centro, los márgenes no obviamente escariosos, el ápice agudo, erecto a escasamente reflejo; clinanto sin paleas. Corolas 2.5-3.5 mm, el tubo c. 1 mm, glabro o subglabro. Cipselas 1.5-2.5 mm, glabras; vilano una corona denticulada de hasta 0.5 mm, nunca con cerdas. $2n = 20$. *Pastizales, selvas altas perennifolias, orillas de caminos.* CR (*Pittier 4914*, GH); P (*Davidson 590*, US). 500-1500 m. (Endémica.)

King y Robinson (1975 [1976]) usaron el nombre *Ageratum panamense* (homotípica con *A. rivale*) para el material panameño de este taxón.

22. Ageratum rugosum J.M. Coult., *Bot. Gaz.* 20: 42 (1895). Holotipo: Guatemala, *Heyde y Lux 4243* (US!). Ilustr.: Williams, *Fieldiana,*

Bot. 24(12): 468, t. 14 (1976). N.v.: Ch'a te' wamal, yax tzotz-wamal, Ch; mejorana, monillos, mota, polinegra, G.

Ageratum corymbosum Zuccagni forma *elachycarpum* (B.L. Rob.) M.F. Johnson, *A. elachycarpum* B.L. Rob., *A. robinsonianum* L.O. Williams, *Alomia robinsoniana* L.O. Williams, *A. wendlandii* B.L. Rob.

Hierbas perennes o subarbustos generalmente 1-2 m, las bases de apariencia erecta y axonomorfa, con algunas raíces adventicias; tallos generalmente parduscos hasta en parte rojizos, densamente blanquecino-hirsútulos con tricomas de tamaño uniforme, no hirsutos con tricomas toscos más grandes entremezclados. Hojas pecioladas; láminas mayormente 4-12 × 2-6 cm, ovadas, menos de tres veces más largas que anchas, trinervias generalmente desde los 2-4 mm basales, no tornándose longitudinales distalmente, la superficie adaxial densamente erecto-puberulenta, la superficie abaxial pálida, densamente blanquecino-pilósula generalmente con tricomas erectos, los tricomas más densos sobre las nervaduras, densamente punteado-glandulosa, las aréolas visibles, la base redondeada a subtruncada, los márgenes crenulados a crenado-serrados, el ápice cortamente agudo, las hojas distales gradualmente reducidas y moderadamente más remotas; pecíolo 0.5-3 cm. Capitulescencia con agregados corimbosos congestos, generalmente con ramas proximales opuestas, generalmente del mismo tamaño, tan largas como el eje central. Cabezuelas 5-6 mm, con 50-75 flores; involucro marcada y abruptamente redondeado proximalmente; filarios 20-25, 3.5-4.5 × 0.5-0.7 mm, lineares, densamente pilósulos a híspidulos, generalmente con pocas puntuaciones glandulares en la base, sin márgenes escariosos obvios, el ápice delgado y curvado; clinanto sin páleas. Corolas c. 2.5 mm, con esparcidas puntuaciones glandulares y pocos tricomas, el tubo 0.8-1 mm, los lobos generalmente sin pelosidad obvia. Cipselas c. 1.5 mm, glabras; vilano generalmente una corona denticulada de hasta 0.3 mm. $2n = 40$. *Bosques mixtos, barrancos, bosques de* Pinus*, laderas, orillas de caminos, vegetación secundaria.* Ch (*Matuda 2493*, US); B (*Bartlett 11396*, US); G (*Skutch 713*, US); H (*Standley 27458*, US); ES (*Rodríguez et al. DR-00713*, MO); N (*Stevens 4020*, US). 200-3500 m. (C. México, Mesoamérica.)

Williams (1976a) registró tanto *Ageratum corymbosum* como *A. rugosum* en Guatemala. Turner (1997a: 53) y Dillon et al. (2001: 288) redujeron *A. rugosum* a la sinonimia de *A. corymbosum*, pero los dos son distintos y el verdadero *A. corymbosum* no se encuentra en Mesoamérica. Los nombres comunes para *A. corymbosum* en Nelson (2008) podrían referirse a *A. rugosum*.

23. Ageratum salvanaturae Smalla et N. Kilian, *Willdenowia* 31: 137 (2001). Holotipo: El Salvador, *Smalla 159* (LAGU). Ilustr.: Kilian y Smalla, *Willdenowia* 31: 138, t. 1 (2001). N.v.: Repollo, ES.

Hierbas anuales, hasta 50(-100) cm, escasamente ramificadas, con raíces fibrosas o adventicias en los nudos basales; tallos verdes o amarillentos, erectos o algunas veces decumbentes, esparcidamente pilosos a glabros. Hojas pecioladas; láminas mayormente 3-8 × 2-5 cm, ovadas a anchamente ovadas, trinervias desde escasamente por encima de la acuminación basal, membranáceas, ambas superficies sin puntuaciones glandulares, la superficie adaxial lisa, esparcidamente pilosa, la superficie abaxial verde más pálida, con pocos tricomas generalmente sobre las nervaduras, la base angostamente y algunas veces asimétricamente acuminada, los márgenes serrados a crenulado-serrados, el ápice brevemente acuminado; pecíolo 0.5-7 cm, muy angostamente alado. Capitulescencias con un pedúnculo terminal, largo, pilósulo, hasta 10 cm, con una densa sinflorescencia globular de numerosas cabezuelas sésiles, las ramas y axilas distales cada una con 1 o 2 densas sinflorescencias más pequeñas sobre pedúnculos cortos; sinflorescencia 10-15(-20) mm de diámetro. Cabezuelas con 20-30 flores; involucro c. 6 × 2.5-3.5 mm, cilíndrico; filarios subiguales, 2-seriados, herbáceos, 2-4-acostillados y 3-nervios, no glandulosos, parcialmente ciliados, los márgenes anchos, membranáceos, agudos a acuminados, los filarios externos c. 1 mm de diámetro, linear-lanceolados, los filarios internos hasta 2 mm de diámetro, anchamente lanceolados; clinanto altamente

cónico, sin páleas. Corolas 3.5-4.5 mm, color lavanda-purpúreo distalmente, glabras o con pocos tricomas; tubo c. 1.5 mm. Cipselas c. 1.3 mm, glabras; vilano ausente. *Lugares abiertos en bosques primarios y secundarios.* ES (*Smalla 113*, LAGU). 500-1000 m. (Endémica.)

24. Ageratum standleyi B.L. Rob., *J. Arnold Arbor.* 11: 44 (1930). Holotipo: Honduras, *Standley 56234* (F). Ilustr.: no se encontró. N.v.: Flor de octubre, H.

Subarbustos perennes erectos, hasta 0.5-0.9 m, en agregados en la base, moderadamente ramificados por encima de la base; raíces fibrosas desde pequeños tubérculos basales; tallos pardos a rojizos, densamente puberulentos con tricomas ascendentes de tamaño uniforme, no hirsutos con tricomas toscos de células grandes. Hojas pecioladas; láminas mayormente 2-4 × 1-2.5 cm, ovadas a oblongo-ovadas, menos de 3 veces más largas que anchas, trinervias en la base o a los 2 mm basales, no tornándose longitudinales distalmente, sin nervaduras secundarias más débiles cercanas a la base, la superficie adaxial verde brillante, densamente punteado-glandulosa, finamente puberulenta con tricomas reclinados a subglabra, la superficie abaxial con tomento densamente blanquecino ocultando las aréolas, punteado-glandulosa, la base obtusa a aguda, los márgenes crenulados, rara vez serrulados, el ápice cortamente agudo a agudo, las hojas distales generalmente reducidas y remotas; pecíolo 0.2-0.4 cm. Capitulescencia con agregados corimbosos congestos, generalmente con ramas basales opuestas tan largas como la rama central. Cabezuelas c. 5 mm, con 70-90 flores; involucro marcada y abruptamente redondeado proximalmente; filarios c. 25, 4-4.5 × c. 0.5 mm, lineares, puberulentos, densamente punteado-glandulosos cerca de las bases y el ápice, sin márgenes escariosos obvios, el ápice delgado y generalmente curvado; clinanto sin páleas. Corolas c. 2.5 mm, densamente punteado-glandulosas, con pocos tricomas pequeños, el tubo 0.8-1 mm. Cipselas 1.5-2 mm, glabras; vilano una corona denticulada de hasta 0.3 mm. *Bosques de* Pinus*, claros de bosque.* H (*Molina R. 13163*, US). c. 800 m. (Endémica.)

25. Ageratum tehuacanum R.M. King et H. Rob., *Phytologia* 69: 99 (1990). Holotipo: México, Puebla, *Davidse y Davidse 9308* (US!). Ilustr.: no se encontró.

Hierbas perennes, erectas, generalmente 0.4-0.5 m, moderadamente ramificadas; base con raíz axonomorfa; tallos pardos a rojizos, densamente blanco-puberulentos a pilósulos con tricomas de tamaño uniforme, no hirsutos con tricomas toscos más grandes entremezclados. Hojas pecioladas; láminas mayormente 2.5-5 × 1.5-3.5 cm, ovadas, menos de 3 veces más largas que anchas, trinervias desde los 1-2 mm basales, no tornándose longitudinales distalmente, la superficie adaxial verde con la superficie generalmente visible a través de la densa pubescencia, la superficie abaxial densamente blanco-tomentosa ocultando las aréolas, punteado-glandular cuando se remueven los tricomas, la base obtusa, los márgenes crenados, el ápice cortamente agudo; pecíolo 0.8-2 cm. Capitulescencia escapífera, generalmente sin ramas alargadas proximales subopuestas o alternas, terminando en agregados corimbosos más bien congestos de pocas cabezuelas. Cabezuelas 6-7 mm, con c. 50 flores; involucro marcada y abruptamente redondeado proximalmente; filarios c. 25, generalmente c. 5 × 0.7-1 mm, angostamente oblongo-lanceolados, densamente blanquecino-pilósulos, los márgenes angostamente escariosos, el ápice breve y rígidamente agudo; clinantos parcial a completamente sin páleas, algunas veces paleáceos solo dentro de las flores más exteriores. Corolas 3-3.5 mm, esparcida a densamente punteado-glandulosas, los lobos esparcida a densamente setulosos, el tubo c. 1 mm. Cipselas 2-2.5 mm, glabras; vilano una corona denticulada de hasta 0.4 mm. $2n = 20$. *Colinas con caliza, pastizales secos, suelos arenosos.* 1600-2400 m. (México.)

No se han visto ejemplares de Mesoamérica, pero material citado de Chiapas bajo el nombre *Ageratum tomentosum* forma *bracteatum* M.F. Johnson podría corresponder a esta especie. Se espera encontrar en Chiapas.

26. Ageratum tomentosum (Benth.) Hemsl., *Biol. Cent.-Amer.,
Bot.* 2: 84 (1881). *Caelestina tomentosa* Benth., *Vidensk. Meddel.
Dansk Naturhist. Foren. Kjøbenhavn* 1852: 71 (1853). Holotipo: Costa
Rica, *Oersted 163* (K). Ilustr.: no se encontró.

Carelia tomentosa (Benth.) Kuntze.

Subarbustos erectos generalmente 0.6-2 m, la base no vista; tallos
pardo-rojizos, densamente grisáceo-híspídulos con tricomas patentes
de tamaño uniforme, no hirsutos con tricomas toscos de células grandes.
Hojas pecioladas; láminas mayormente 2-6 × 1.5-3 cm, ovadas, menos
de tres veces más largas que anchas, trinervias desde 2-3 mm por encima de la base, no tornándose longitudinales distalmente, sin nervaduras secundarias más débiles cercanas a la base, la superficie adaxial
densamente híirtula generalmente con tricomas erectos y esparcidamente
glandulosos, la superficie abaxial densamente blanquecino-tomentulosa
sobre las nervaduras, la superficie verde pálido con puntuaciones glandulares más visibles entre las nervaduras, la base redondeada, los márgenes serrulados a crenulado-serrados, el ápice breve y marcadamente
agudo, las hojas moderadamente reducidas basalmente; pecíolo 0.2-0.6
(-1.5) cm. Capitulescencia corimbosa, generalmente con ramas basales
largas ascendentes, opuestas, los últimos agregados más bien congestos, las bractéolas lineares. Cabezuelas 4-5 mm, con 50-75 flores; involucro redondeado proximalmente; filarios c. 22-25, 3-4 × c. 0.5 mm,
lineares, híspídulos y esparcidamente glandulosos, marcadamente biacostillados con márgenes escariosos angostos, el ápice delgado, curvado; clinanto sin páleas. Corolas c. 2 mm, punteado-glandulosas y
con pocos tricomas, el tubo c. 1 mm. Cipselas c. 2 mm, glabras; vilano
una corona muy corta. *Vegetación secundaria, bosques de* Pinus, *laderas.* Ch (*Dressler 1633*, US); G (*Goll 114*, US); CR (*Oersted 163*, K).
900-1200 m. (Endémica.)

71. Amolinia R.M. King et H. Rob.
Por H. Robinson.

Arbustos erectos o árboles pequeños. Hojas opuestas, largamente pecioladas; láminas ovadas, trinervias desde cerca de la base, la base obtusa
o redondeada, los márgenes casi enteros. Capitulescencia terminal,
corimboso-paniculada. Cabezuelas discoides, con 20-25 flores, angostamente campanuladas; involucro de c. 15 filarios graduados en 2 a 3
series ligeramente subimbricadas, persistentes, patentes con la edad;
clinanto escasamente convexo, sin páleas, la superficie esclerificada,
con tricomas o glabro; corola angostamente infundibuliforme, blanca
hasta color lavanda, el limbo sin células subcuadrangulares debajo de
los lobos, los lobos 5, cortamente triangulares, lisos sobre ambas superficies; anteras con el collar alargado, con numerosas células cuadrangulares proximalmente, las paredes de las células no ornamentadas,
el apéndice oblongo, escasamente más largo que ancho, no truncado; estilo con la base sin nudo, glabra, las ramas con apéndices lineares,
mamilosas. Cipselas alargadas, prismáticas, 5-acostilladas, con la base
angosta, densa y diminutamente pulverulento-glandulosas, la superficie diminutamente glandulosa y esparcidamente setulosa, el carpóforo
corto, conspicuo; vilano de c. 30 cerdas delgadas persistentes, basalmente adyacentes, no ensanchadas apicalmente. 1 sp. Género endémico.
Bibliografía: King, R.M. y Robinson, H. *Phytologia* 24: 265-266
(1972).

1. Amolinia heydeana (B.L. Rob.) R.M. King et H. Rob., *Phytolo-
gia* 24: 266 (1972). *Eupatorium heydeanum* B.L. Rob., *Proc. Amer.
Acad. Arts* 35: 335 (1900). Holotipo: Guatemala, *Heyde y Lux 3427*
(GH!). Ilustr.: no se encontró.

Arbustos o árboles 5-10 m, laxamente ramificados; tallos densamente pardo-tomentulosos. Hojas pecioladas; láminas mayormente 9-16
× 4-9 cm, el ápice cortamente acuminado, la superficie adaxial diminu-

tamente puberulenta, la superficie abaxial densamente híirtula sobre las
nervaduras; pecíolo 3-6 cm. Capitulescencia con pedúnculos generalmente 5-10 mm. Cabezuelas c. 10 mm, los filarios 3-6 × 0.7-0.9 mm,
pilósulas, el ápice cortamente agudo. Corolas c. 5 mm, con solo pocas
glándulas diminutas sobre los lobos. Cipselas 5-7 mm, la base atenuada, más de 1 mm; vilano de cerdas generalmente c. 5 mm. *Laderas,
encañonados, bosques de neblina.* Ch (*Breedlove y Smith 31931*, UC);
G (*Williams et al. 26893*, US); ES (Berendsohn y Araniva de González,
1989: 290-1). 2000-2400 m. (Endémica.)

Turner (1997a: 122) reportó esta especie a elevaciones tan bajas
como 1300 m, pero fue imposible confirmar este registro.

72. Austroeupatorium R.M. King et H. Rob.
Por H. Robinson.

Hierbas perennes erectas o subarbustos. Hojas opuestas, cortamente
pecioladas; láminas ovadas a angostamente oblongas, anchas, generalmente trinervias, generalmente crenuladas a serruladas. Capitulescencia terminal, una panícula corimbosa aplanada. Cabezuelas discoides,
con 9-23 flores, campanuladas; filarios 12-18, subimbricados, dispuestos en espiral, desiguales, graduados, 2-seriados a 3-seriados, patentes
al madurar; clinanto aplanado o escasamente convexo, sin páleas, la
superficie esclerificada, glabro; corola angostamente infundibuliforme,
generalmente blanca, glandulosa, el tubo más bien angosto, el limbo
sin células subcuadrangulares por debajo de los lobos, los lobos 5,
lisos sobre ambas superficies; anteras con el collar angosto, con células
cuadrangulares proximalmente, las paredes de las células con engrosamientos anulares, el apéndice más largo que ancho, no truncado; estilo
con la base no agrandada, densamente puberulenta, hirsuta, las ramas
con apéndices lineares, densa y cortamente papilosas. Cipselas prismáticas con 5 costillas, generalmente con glándulas, sin sétulas, el carpóforo
conspicuo agrandado, esencialmente simétrico, con las células
de paredes delgadas agrandadas; vilano de 30-40 cerdas escabrosas
persistentes, las células apicales obtusas, frecuentemente agrandadas.
Aprox. 13 spp. Este de Sudamérica, con 1 especie en Mesoamérica;
adventicio en el sur de Asia, Indonesia, las Filipinas.
Bibliografía: King, R.M. y Robinson, H. *Monogr. Syst. Bot. Missouri Bot. Gard.* 22: 67-69 (1987).

1. Austroeupatorium inulifolium (Kunth) R.M. King et H. Rob.,
Phytologia 19: 434 (1970). *Eupatorium inulifolium* Kunth in Humb.,
Bonpl. et Kunth, *Nov. Gen. Sp.* folio ed. 4: 85 (1820 [1818]). Holotipo:
Colombia, *Humboldt y Bonpland s.n.* (P-Bonpl.). Ilustr.: Pruski, *Fl.
Venez. Guayana* 3: 208, t. 165 (1997).

Hierbas a subarbustos, hasta 3 m, con pocas ramas; tallos parduscos, densamente puberulentos a tomentulosos. Hojas pecioladas; láminas hasta 15 × 6 cm, angostamente ovadas a lanceoladas, marcadamente
trinervias desde cerca de la base, la superficie adaxial escasamente
rugosa, puberulenta, la superficie abaxial densamente puberulenta a
tomentulosa con numerosas puntuaciones glandulares, la base redondeada a abruptamente cuneada, los márgenes escasamente serrulados a
crenado-serrados, el ápice angostamente acuminado; pecíolo hasta 1.5
cm. Capitulescencia densamente corimbosa; pedúnculos hasta 3 mm,
tomentulosos. Cabezuelas 6-7 mm; filarios 1.5-6 mm, suborbiculares
a anchamente oblongos, el ápice cortamente agudo a redondeado, la
punta escariosa. Flores 8-15; corola 4-4.5 mm. Cipselas 1.8-2 mm,
glabras o con pocas glándulas, el carpóforo corto y ancho; vilano de
cerdas 3.5-4 mm, la célula apical obtusa, no ensanchada. *Orillas de
caminos, laderas.* P (*Croat 12021*, MO). 300-2700 m. (Mesoamérica,
Colombia, Venezuela, Guayanas, Ecuador, Perú, Bolivia, Brasil, Paraguay, Uruguay, Argentina, Trinidad; adventicia en Sumatra, Filipinas,
Sri Lanka.)

73. Ayapana Spach

Por H. Robinson.

Hierbas perennes erectas, la ramificación vegetativa basal o ausente. Hojas mayormente opuestas, sésiles o aladas hasta la base; láminas angostamente ovadas a elípticas, pinnatinervias a trinervias, los márgenes enteros a serrulados. Capitulescencia con ramas corimbosas o subcimosas laxas a densas; cabezuelas generalmente pedunculadas. Cabezuelas discoides, con (5-)20-40 flores, campanuladas; involucro con 15-35 filarios, 2-acostillados o 5-acostillados, los filarios externos solo 2-acostillados o 4-acostillados, graduados, subimbricados, persistentes, patentes con la edad; clinanto escasamente convexo, sin páleas, la superficie esclerificada, glabro; corola angostamente infundibuliforme a casi tubular, rara vez con el tubo angosto y la garganta campanulada, blanca a rojiza, las nervaduras no engrosadas, el limbo sin células subcuadrangulares por debajo de los lobos, la garganta con inserciones de los filamentos en un nivel uniforme, los lobos triangulares a oblongos, lisos sobre ambas superficies; anteras con el collar cilíndrico, las paredes de las células densamente ornamentadas al través, el apéndice oblongo-ovado, más largo que ancho, no truncado; estilo con la base agrandada, glabra, las ramas con apéndices lineares, con largas papilas filiformes. Cipselas prismáticas, 5-acostilladas, esparcida a densamente setulosas, sin densas glándulas diminutas pulverulentas, el carpóforo oblongo, más corto que ancho, con un conspicuo borde distal proyectado, no procurrente sobre las costillas, con una hilera basal de células conspicuamente más grandes, las paredes de las células engrosadas; vilano de 20-40 cerdas delgadas persistentes, el ápice angosto con la célula apical rostrada. Aprox. 14 spp. Andes de Sudamérica, Guayana Francesa y Brasil, algunas especies en Mesoamérica.

Bibliografía: King, R.M. y Robinson, H. *Ann. Missouri Bot. Gard.* 62: 912-916 (1975 [1976]); *Phytologia* 34: 57-66 (1976).

1. Hojas alternas, lineares a linear-oblanceoladas; corolas con tubo angosto y garganta campanulada.   **3. A. herrerae**
1. Hojas opuestas, elípticas a oblongas, obovadas o lanceoladas; corolas angostamente infundibuliformes.
  2. Hojas con el ápice angostamente acuminado; corolas blanquecinas a verdosas, con lobos cortamente anchos.   **2. A. elata**
  2. Hojas con el ápice cortamente agudo a redondeado; corolas rojizas a purpúreas, los lobos conspicuamente más largos que anchos.
    3. Hojas con bases pecioliformes angostas; cabezuelas con 30-40 flores.
                                                    1. A. amygdalina
    3. Hojas sésiles o muy cortamente pecioladas; cabezuelas con 21-25 flores.   **4. A. stenolepis**

1. Ayapana amygdalina (Lam.) R.M. King et H. Rob., *Phytologia* 20: 211 (1970). *Eupatorium amygdalinum* Lam., *Encycl.* 2: 408 (1786 [1788]). Holotipo: Perú, *Jussieu s.n.* (P-JU). Ilustr.: Pruski, *Fl. Venez. Guayana* 3: 210, t. 166 (1997).

Eupatorium barclayanum Benth.

Hierbas o subarbustos, generalmente 1.5-2 m; tallos, hojas e involucros glabrescentes o puberulentos a hirsutos o estipitado-glandulosos. Hojas opuestas, escasa a conspicuamente imbricadas, generalmente con la base angostamente pecioliforme; láminas 5-10(-16) × 2-3(-5.5) cm, oblongas a obovadas, pinnatinervias, ambas superficies punteado-glandulosas, la base cuneada a escasamente auriculada, los márgenes enteros a crenado-serrados, el ápice redondeado a cortamente agudo. Capitulescencia tirsoide con ramas cimosas; pedúnculos 1-20 mm. Cabezuelas 7-10 mm; filarios 30-40, 1-9 mm, 4-seriados o 5-seriados, angostamente oblongos a lineares, generalmente rojizos, el ápice cortamente agudo o apiculado hasta largamente atenuado. Flores 30-40; corola 6-8 mm, rojiza, glabrescente proximalmente, los lobos 0.5-1 mm, conspicuamente más largos que anchos, glandulosos, algunas veces con algunos tricomas. Cipselas 1.5-2.3 mm, con numerosas sétulas generalmente sobre las costillas; vilano de c. 35 cerdas, 3.5-4.5

mm. *Sabanas abiertas, laderas.* G (*Kellerman 7605*, US); H (*Standley 56049*, US); N (*Bunting y Licht 423*,US); CR (*Skutch 2460*, US); P (*Standley 26343*, US). 5-1400 m. (Mesoamérica, Colombia, Venezuela, Guayanas, Ecuador, Perú, Bolivia, Brasil, Paraguay, Trinidad.) Especie esperada en El Salvador.

2. Ayapana elata (Steetz) R.M. King et H. Rob., *Phytologia* 27: 235 (1973). *Eupatorium elatum* Steetz in Seem., *Bot. Voy. Herald* 148 (1854). Holotipo: Panamá, *Seemann 448* (BM). Ilustr.: no se encontró.

Eupatorium sprucei B.L. Rob.

Hierbas hasta 3 m; tallos diminutamente puberulentos. Hojas hasta 25 × 7 cm, opuestas, laxamente imbricadas, angostamente elípticas a lanceoladas, pinnatinervias, la superficie abaxial punteado-glandulosa y puberulenta con tricomas cortos, auriculadas en la base, los márgenes enteros a serrulados o submedialmente crenado-serrados, el ápice angostamente acuminado; la parte pecioliforme angostamente alada tornándose más ancha e indistinta distalmente. Capitulescencia tirsoide con ramas laxamente cimosas; pedúnculos generalmente 3-7 mm. Cabezuelas c. 5 mm; filarios c. 25, 1-4.5 mm, c. 3-seriados, ovados a oblongos, los márgenes anchamente escariosos, el ápice redondeado a cortamente agudo. Flores 20-25; corola c. 3 mm, blanca a verdosa, los lobos c. 0.2 × 0.2 mm, cortos, anchos, glandulosos. Cipselas c. 1.5 mm con numerosas sétulas generalmente sobre las costillas; vilano de c. 35 cerdas, 2.5-3 mm. *Matorrales, selvas altas perennifolias, vegetación secundaria.* CR (*Skutch 4019*, US); P (*Fendler 157*, US). 80-1100 m. (Mesoamérica, Colombia, Ecuador, Perú.)

3. Ayapana herrerae R.M. King et H. Rob., *Phytologia* 76: 16 (1994). Holotipo: Panamá, *Herrera et al. 1148* (US!). Ilustr.: no se encontró.

Hierbas, erectas desde una base rizomatosa enmarañada, generalmente 0.3-0.4 m; tallos esparcidamente pilosos a subhirsutos. Hojas alternas; láminas 3-6 × 2-6 mm, lineares a linear-oblanceoladas, las nervaduras secundarias débiles desde cerca de la base, sublongitudinales, la superficie abaxial con numerosas puntuaciones glandulares, la base angostamente cuneada, los márgenes remotamente serrulados, el ápice agudo. Capitulescencia laxamente cimosa; pedúnculos densamente hírtulos con glándulas estipitadas. Cabezuelas 5-6 × 4-5 mm; filarios c. 20, 1.5-3 × 0.6-0.9 mm, c. 3-seriados, oblongo-elípticos, verdosos, el ápice con pocos dientes laciniados. Flores c. 20; corola c. 3 mm, blanca o rojiza, glabra, el tubo c. 1.5 mm, angosto, la garganta c. 0.8 mm, campanulada, los lobos c. 0.8 mm, oblongos. Cipselas 1.8-2 mm, con numerosas sétulas generalmente sobre las costillas; vilano de c. 20 cerdas, c. 2.5 mm. *Rupícola.* P (*Herrera et al. 1148*, MO). 200-400 m. (Endémica.)

4. Ayapana stenolepis (Steetz) R.M. King et H. Rob., *Phytologia* 32: 284 (1975). *Eupatorium stenolepis* Steetz in Seem., *Bot. Voy. Herald* 148 (1854). Holotipo: Panamá, *Seemann 1135* (BM). Ilustr.: no se encontró.

Hierbas o subarbustos, hasta 1 m; tallos densamente hírtulos con tricomas con una glándula diminuta en la punta. Hojas 4-12 × 0.7-2 cm, opuestas, generalmente agregadas e imbricadas, sésiles o muy cortamente pecioladas, oblongo-elípticas a oblanceoladas, pinnatinervias, ambas superficies inconspicuamente punteado-glandulosas y densamente hírtulas con tricomas terminando en una glándula diminuta en la punta, la base angostamente cuneada y más bien peciolariforme, los márgenes enteros o subenteros, el ápice obtuso con un mucrón; pecíolo escasamente demarcado, 3-5 mm. Capitulescencia tirsoide con ramas densamente cimosas; pedúnculos 1-8 mm. Cabezuelas 7-8 mm; filarios c. 25, 2-6 mm, 2-seriados o 3-seriados, lineares, hírtulos con numerosos tricomas no glandulares, los márgenes escasamente escariosos hasta no escariosos, el ápice atenuado. Flores 21-25; corola c. 5 mm, rojiza hasta color lavanda, los lobos 0.5-0.7 mm, conspicuamente más largos que anchos, esparcidamente glandulosos. Cipselas 1.2-1.5 mm, con numerosas sétulas generalmente sobre las costillas; vilano de c. 25 cerdas, 3.5-4 mm. *Selvas perennifolias.* P (*Stern et al. 1781*, US). 100-700 m. (Mesoamérica, Bolivia.)

74. **Bartlettina** R.M. King et H. Rob.

Neobartlettia R.M. King et H. Rob. non Schltr.

Por H. Robinson.

Subarbustos o árboles pequeños, esparcida a moderadamente ramificados; follaje diminutamente puberulento a tomentoso o algunas veces glabro. Hojas opuestas, largamente pecioladas; láminas ovadas o deltoides a lanceoladas, anchas, trinervias desde la base o estrictamente pinnatinervias a generalmente desigualmente pinnatinervias, o ligeramente trinervias con las nervaduras más fuertes surgiendo conspicuamente por encima de la base, las nervaduras secundarias basales frecuentemente congestas, los márgenes serrados a remotamente denticulados, generalmente con pelosidad más densa sobre las nervaduras. Capitulescencia terminal, las ramas con agregados grandes de más de 25 cabezuelas congestas, todas las cabezuelas cortamente pedunculadas. Cabezuelas discoides, con (5-)20-150 flores, anchamente campanuladas; involucro de 15-50 filarios ligera o marcadamente subimbricados, dispuestos en espiral, graduados, no pajizos, 3-4-seriados o algunas veces 4-seriados o 5-seriados, todos los filarios generalmente persistentes, los más internos algunas veces deciduos; clinanto escasamente convexo, sin páleas, con centro parenquimatoso y la superficie esclerificada frecuentemente pubérula a hirsuta; corola angostamente infundibuliforme, blanca, azul, rosada o rojiza a generalmente color lavanda, el limbo sin células subcuadrangulares por debajo de los lobos, los lobos 5, tan anchos como largos, lisos sobre ambas superficies, densamente puberulentos o glandulosos; anteras con el collar alargado, proximalmente con numerosas células cuadrangulares a cortamente rectangulares, las paredes sin engrosamientos fuertes, el apéndice oblongo a oblongo-ovado, casi tan largo como ancho o más largo, no truncado; estilo con la base sin nudo, glabra, las ramas angostamente lineares a escasamente más anchas distalmente, casi lisas a cortamente papilosas. Cipselas 1.5-4 mm, prismáticas, 5-acostilladas, glabras a esparcidamente setulosas, en ocasiones glandulosas, sin densas glándulas pulverulentas diminutas, el carpóforo escasa a conspicuamente agrandado, simétrico, sin un borde distal proyectado, generalmente con células más pequeñas cerca de la base, las células alargadas más grandes distalmente y procurrentes sobre las bases agrandadas de las costillas, con células de paredes delgadas; vilano de 30-40 cerdas delgadas persistentes, escábridas, basalmente adyacentes, rara vez ensanchadas distalmente, la célula apical rostrada. Aprox. 35 spp. México, Mesoamérica, norte de los Andes, 1 sp. cultivada como ornamental.

Bibliografía: King, R.M. y Robinson, H. *Monogr. Syst. Bot. Missouri Bot. Gard.* 22: 403-408 (1987); King, R.M. et al. *Ann. Missouri Bot. Gard.* 76: 1004-1011 (1989). Molina R., A. *Ceiba* 19: 1-118 (1975). Robinson, B.L. *Contr. Gray Herb.* 61: 3-30 (1920). Weberling, F.H.E. y Lagos, J.A. *Beitr. Biol. Pflanzen* 35: 177-201 (1960).

1. Filarios generalmente 1.5-3 mm de ancho, con ápices anchamente redondeados, 4-6-seriados.
   2. Láminas de las hojas pinnatinervias, con base aguda; corolas color lavanda.   **2. B. chiriquensis**
   2. Láminas de las hojas marcadamente trinervias desde la base; corolas blancas.
      3. Nudos del tallo sin disco foliar unido con las bases de los pecíolos; cabezuelas con 60-75 flores; hojas con lámina algunas veces angulada en la parte más ancha; cipselas glabras.   **14. B. platyphylla**
      3. Nudos del tallo con disco foliar en las bases de los pecíolos; cabezuelas con 19-25 flores; hojas generalmente con ángulos marcados o puntas en la parte más ancha; cipselas glandulosas.
         4. Hojas con pecíolos no alados excepto en el disco basal, las láminas generalmente con ángulo marcadamente agudo a acuminado en la parte más ancha.   **4. B. hastifera**
         4. Hojas con pecíolos completamente alados, las láminas con ángulo marcadamente agudo a acuminado en la parte más ancha o sin este.   **19. B. williamsii**
1. Filarios generalmente 0.8-1.3 mm de ancho, con ápices angostamente redondeados a agudos, ligeramente 3-4-seriados.
   5. Láminas de las hojas angostamente elípticas, con nervadura estrictamente pinnada, las nervaduras secundarias uniformemente espaciadas; tallos y hojas glabros.
      6. Hoja con márgenes serrulados a serrados con dientes cortos cercanos entre sí; clinantos glabros; cabezuelas con c. 10 flores.   **13. B. pinabetensis**
      6. Hoja con márgenes remotamente serrados con dientes mucronados proyectados; clinantos hirsutos; cabezuelas con 30-40 flores.   **18. B. tuerckheimii**
   5. Láminas de las hojas ancha a angostamente ovadas u obovadas a subromboides o triangular-ovadas, con nervadura desigualmente pinnada a marcadamente trinervia, las nervaduras secundarias basales frecuentemente congestas; tallos y hojas diminutamente puberulentos a tomentosos.
      7. Cipselas diminutamente glandulosas; hoja con ambas superficies no glandulosas; lobos de la corola glabros.
         8. Láminas de las hojas irregularmente pinnatinervias; filarios densamente adpreso-pilósulos; Guatemala.   **8. B. montigena**
         8. Láminas de las hojas con un par de nervaduras secundarias marcadamente ascendentes desde casi el 1/4 basal de la lámina; filarios externos tomentulosos, los filarios internos diminutamente puberulentos; Costa Rica.   **16. B. silvicola**
      7. Cipselas glabras o con pocas sétulas, no glandulosas; hoja abaxialmente diminutamente punteado-glandulosa; lobos de la corola pilósulos a esparcidamente puberulentos.
         9. Láminas de las hojas más anchas cerca del 1/2, sin ángulo fuerte en los márgenes laterales, la nervadura desigualmente pinnada o subpinnada.
            10. Filarios internos angostos con ápices redondeados a obtusos; apéndices de las anteras casi tan largos como anchos.   **12. B. pansamalensis**
            10. Filarios internos lanceolados con ápices agudos; apéndices de las anteras más largos que anchos.
               11. Capitulescencia piramidalmente paniculada; cabezuelas con 25-35 flores; tallos anchamente fistulosos.   **6. B. luxii**
               11. Capitulescencia corimbosa, anchamente redondeada; cabezuelas con 40-75 flores; tallos con médula generalmente sólida.   **17. B. sordida** p. p.
         9. Láminas de las hojas más anchas cerca o debajo del 1/3 basal, algunas veces con ángulo marcado en los márgenes, la nervadura marcadamente trinervia.
            12. Capitulescencia anchamente corimbosa, sin hojas o brácteas grandes debajo de las ramas más proximales; cabezuelas con 40-75 flores.   **17. B. sordida** p. p.
            12. Capitulescencia frecuentemente piramidal, con hojas o brácteas foliosas casi siempre sobre 2-4 pares de ramas proximales; cabezuelas con 5-35 flores.
               13. Clinantos con espinas o crestas pequeñas a grandes; cabezuelas con 5-12 flores.   **11. B. ornata**
               13. Clinantos sin espinas o crestas; cabezuelas con 14-35 flores.
                  14. Láminas de las hojas triangular-ovadas, con ángulos puntiagudo-acuminados en los márgenes laterales.   **10. B. oresbioides**
                  14. Láminas de las hojas anchamente ovadas, sin ángulos abruptamente puntiagudos en los márgenes laterales.
                     15. Anteras con apéndices conspicuamente más largos que anchos; especies de Costa Rica y Panamá.

16. Vilano de cerdas atenuadas apicalmente, casi lisas y menos densamente escabrosas apicalmente que proximalmente; corolas pilósulas sobre los lobos y parte distal de la garganta; tallos fistulosos. **7. B. maxonii**

16. Vilano de cerdas no atenuadas apicalmente, más densamente escabrosas apicalmente que proximalmente; corolas pilósulas solo sobre los lobos; tallo con médula sólida. **15. B. prionophylla**

15. Anteras con apéndices tan anchos como largos; especies de México, Guatemala y El Salvador.

17. Láminas de las hojas c. 2 veces más largas que anchas o más largas. **5. B. hylobia**

17. Láminas de las hojas c. 1.5 veces más largas que anchas o más cortas.

18. Láminas de las hojas más anchas cerca del 1/4 basal, con la base obtusa a subtruncada; ramas de la capitulescencia ascendentes, patentes en un ángulo solo de c. 35°. **1. B. breedlovei**

18. Láminas de las hojas más anchas cerca del 1/3 basal, con la base redondeada a cortamente aguda; ramas de la capitulescencia patentes en un ángulo de c. 45°.

19. Hoja con márgenes gruesamente crenado-serrados. **3. B. guatemalensis**

19. Hoja con márgenes cercana y marcadamente mucronado-serrados. **9. B. oresbia**

1. Bartlettina breedlovei R.M. King et H. Rob., *Phytologia* 28: 286 (1974). Holotipo: México, Chiapas, *Breedlove 9075* (US!). Ilustr.: no se encontró.

Eupatorium tenejapanum B.L. Turner.

Arbustos, hasta 3.5 m; tallos rojizo-hírtulos, angostamente fistulosos. Hojas pecioladas; láminas mayormente 5-9 × 3.5-7.5 cm, anchamente ovadas, más anchas cerca del 1/3 basal, subpinnatinervias con nervaduras basales congestas o ligeramente trinervias o con las nervaduras secundarias fuertes desde 5-10 mm por encima de la base, la superficie adaxial verde oscuro, esparcidamente pilósula, la superficie abaxial diminutamente punteado-glandulosa, densamente pilósula sobre las nervaduras, la base subtruncada, los márgenes diminutamente mucronato-serrulados, sin ángulos abruptamente agudos, el ápice cortamente agudo; pecíolo hasta 4 cm, delgado. Capitulescencia piramidalmente paniculada con ramas ascendentes, divergiendo desde el tallo en un ángulo de c. 35° o menos, con hojas o brácteas foliosas en los 3-4 pares de ramas proximales. Cabezuelas 7-8 mm; filarios c. 20, 5-6 × 0.8-1 mm, débilmente 3-4-seriados, angostamente lanceolados a lineares, agudos, el ápice de los filarios internos cortamente agudo, escarioso; clinanto glabro, sin espinas o crestas. Flores 25-35; corola rojiza, 3.5-4.5 mm, los lobos tan anchos como largos, pilósulos hasta esparcidamente puberulentos; anteras con apéndices tan anchos como largos. Cipselas c. 2 mm, glabras; vilano de cerdas 4-5 mm, el ápice moderadamente atenuado. 2*n* = 16. *Bosques de neblina.* Ch (*Breedlove 31188*, US). 2500-3000 m. (Endémica.)

Esta especie fue reconocida como *Eupatorium tenejapanum* por Turner (1997a) y como un sinónimo de *E. luxii* por Williams (1976a). Turner (1997a) dio la elevación a la que se encuentra esta especie como 1300-3000 m, pero no se ha podido confirmar elevaciones por debajo de 2500 m.

2. Bartlettina chiriquensis R.M. King et H. Rob., *Phytologia* 38: 109 (1977). Holotipo: Panamá, *Cochrane et al. 6288* (WIS!). Ilustr.: no se encontró.

Subarbustos con numerosas ramas hasta 1(-3) m; tallos diminutamente puberulentos. Hojas pecioladas; láminas 4-7.5 × 1.2-1.7 cm, lanceoladas, pinnatinervias, con pocas nervaduras secundarias, estas marcadamente ascendentes, ambas superficies esparcida y diminuta-

mente puberulentas, la base angostamente aguda, los márgenes más bien remotamente mucronato-denticulados a marcadamente serrados, el ápice angostamente acuminado; pecíolo 1-2 cm. Capitulescencia difusa a laxamente corimbosa, 1-15 cabezuelas en cada grupo; pedúnculos 7-20 mm. Cabezuelas c. 8 mm; filarios c. 40, 1.5-6 × 1-1.8 mm, 3-seriados o 4-seriados, oblongos a anchamente oblongos, el ápice angostamente redondeado a obtuso; clinanto esparcidamente hirsuto. Flores 20-25; corola c. 4.5 mm, color lavanda pálido, los lobos más anchos que largos, esparcidamente hirsutos; anteras con apéndices más largos que anchos. Cipselas c. 2.3 mm, glabras; vilano de cerdas 4.5-5 mm, el ápice conspicuamente ensanchado y más densamente escábrido. *Selvas medianas perennifolias.* P (*Hammel et al. 6544*, MO). 1700-2100 m. (Endémica.)

3. Bartlettina guatemalensis R.M. King et H. Rob., *Phytologia* 28: 287 (1974). Holotipo: Guatemala, *Skutch 1700* (US!). Ilustr.: no se encontró.

Arbustos, hasta 3.5 m; tallos diminutamente puberulentos, la médula sólida. Hojas pecioladas; láminas hasta 12 × 8 cm, ovado-rómbicas, la parte más ancha cerca del 1/3 basal, trinervias conspicuamente por encima de la base, la superficie adaxial esparcidamente puberulenta, la superficie abaxial diminutamente punteado-glandulosa, la base subaguda, los márgenes gruesamente crenado-serrados, sin ángulos abruptamente puntiagudos, el ápice cortamente agudo; pecíolo hasta 7 cm. Capitulescencia anchamente piramidal-paniculada con ramas corimbosas, las ramas de la capitulescencia patentes desde el eje principal en un ángulo de c. 45°, con hojas o brácteas foliosas en los 2 pares de ramas proximales. Cabezuelas 7-8 mm; filarios c. 18, 2-5 mm, débilmente 3-4-seriados, oblongo-lanceolados a angostamente oblongos, el ápice obtuso a cortamente agudo; clinanto glabro, sin espinas o crestas. Flores c. 20; corola c. 4 mm, color lavanda, los lobos tan anchos como largos, esparcidamente puberulentos; anteras con apéndices tan amplios como largos. Cipselas 1.8-2 mm, glabras; vilano de cerdas 3-3.5 mm, el ápice escasamente atenuado. 2*n* = 16. *Bosques de neblina, laderas.* Ch (*Breedlove 7800*, CAS); G (*Breedlove 8718*, F). 2600-3200 m. (Endémica.)

Una variante de *Bartlettina guatemalensis* con dientes menos redondeados se encuentra en el área de la Sierra de las Minas en Guatemala, Baja Verapaz, *Sharp 45240* (F); El Progreso, *Steyermark 43679* (F). Williams (1976a) trató esta especie como un sinónimo de *Eupatorium luxii* y Turner (1997a) de *E. oresbium*.

4. Bartlettina hastifera (Standl. et Steyerm.) R.M. King et H. Rob., *Phytologia* 22: 160 (1971). *Eupatorium hastiferum* Standl. et Steyerm., *Publ. Field Mus. Nat. Hist., Bot. Ser.* 22: 303 (1940). Holotipo: Guatemala, *Standley 71125* (F). Ilustr.: no se encontró.

Neobartlettia hastifera (Standl. et Steyerm.) R.M. King et H. Rob.

Subarbustos, hasta 5 m, moderadamente ramificados; tallos hexagonales, glabros, la médula sólida. Hojas pecioladas; láminas mayormente 9-15 × 6.5-14 cm, deltado-ovadas, la parte más ancha cerca del 1/5 basal, marcadamente trinervias desde la base, la superficie adaxial diminutamente puberulenta, la superficie abaxial punteado-glandulosa, la base anchamente redondeada, los márgenes con ángulos fuertes y marcados hasta acuminados en la parte más ancha, el ápice angostamente acuminado; pecíolo 2-4 cm, no alado, surgiendo desde un disco foliar alrededor del nudo. Capitulescencia corimboso-paniculada, con hojas o brácteas foliosas en 2 o más pares de ramas. Cabezuelas c. 9 mm; filarios c. 25, 1-6 × 1.5-2 mm, 5-seriados, el ápice anchamente redondeado; clinanto glabro. Flores c. 20; corola c. 6 mm, blanca, los lobos tan largos como anchos, glandulosos; anteras con apéndices tan anchos como largos. Cipselas 1.8-2 mm; vilano de cerdas c. 5 mm, el ápice moderadamente atenuado. *Selvas medianas perennifolias.* G (*King 7361*, US); H (Nelson, 2008: 167, como *Eupatorium hastiferum*). 1500-1700 m. (Endémica.)

5. Bartlettina hylobia (B.L. Rob.) R.M. King et H. Rob., *Phytologia* 22: 161 (1971). *Eupatorium hylobium* B.L. Rob., *Proc. Boston Soc. Nat. Hist.* 31: 249 (1904). Holotipo: México, Chiapas, *Seler y Seler 2170* (GH!). Ilustr.: no se encontró.
Neobartlettia hylobia (B.L. Rob.) R.M. King et H. Rob.

Arbustos débiles hasta 2 m, las ramas delgadas, flexuosas; tallos jóvenes densamente puberulentos, la médula sólida. Hojas pecioladas; láminas mayormente 5-9 × 1.5-3 cm, ovadas, más de 2/3 hasta casi el doble de largo que de ancho, sin ángulo en los márgenes laterales, la parte más ancha cerca del 1/3 basal, trinervias desde 7-10 mm por encima de la base, las nervaduras paralelas a los márgenes basales de la hoja, ambas superficies diminuta y esparcidamente puberulentas a subglabras, la superficie abaxial diminutamente punteado-glandulosa, la base subaguda a cortamente aguda, los márgenes mucronado-serrados con numerosos dientes, el ápice agudo a escasamente acuminado; pecíolo 1-3 cm, delgado. Capitulescencia piramidal-paniculada, tan larga como ancha o más larga, las ramas patentes desde el eje principal en un ángulo de 70-85°, con hojas o brácteas foliosas en 1-2 pares de ramas proximales. Cabezuelas c. 7 mm; filarios 15-20, 2-5 × 0.7-1 mm, angostamente oblongos, el ápice de los internos más bien escarioso, angostamente redondeado; clinanto glabro. Flores 14-20; corola 4.5-5 mm, color púrpura hasta color lavanda, los lobos tan anchos como largos, esparcidamente puberulentos; anteras con apéndices tan anchos como largos. Cipselas c. 2 mm, glabras; vilano de cerdas c. 4 mm, el ápice escasamente atenuado. *Selvas medianas perennifolias, barrancas bastante arboladas.* Ch (*Laughlin 537*, US). 1300-1500 m. (Endémica.)

Turner (1997a) trató a *Bartlettina hylobia* como un sinónimo de *Eupatorium oresbium*.

6. Bartlettina luxii (B.L. Rob.) R.M. King et H. Rob., *Phytologia* 22: 161 (1971). *Eupatorium luxii* B.L. Rob., *Proc. Amer. Acad. Arts* 36: 480 (1901). Holotipo: Guatemala, *Heyde y Lux 3387* (GH!). Ilustr.: no se encontró. N.v.: Ec-cul, monte negro, flor celeste, G.
Neobartlettia luxii (B.L. Rob.) R.M. King et H. Rob.

Arbustos moderadamente ramificados o árboles pequeños, hasta 7 m; tallos hírtulos con tricomas erectos rojizos, anchamente fistulosos. Hojas pecioladas; láminas 7-17 × 3.5-8 cm, ovadas, más de 2/3 hasta casi el doble de largas que de anchas, sin ángulos en los márgenes, la parte más ancha por encima del 1/3 basal de la lámina, la nervadura subpinnada con pocas nervaduras secundarias ascendentes más congestas cerca de la base, la superficie adaxial esparcidamente pilósula, la superficie abaxial diminutamente punteado-glandulosa, la base anchamente aguda, los márgenes más bien uniformemente serrados debajo de la parte más ancha, el ápice angostamente acuminado; pecíolo 2-4 cm. Capitulescencia paniculado-piramidal, con brácteas foliosas en 3-4 pares de ramas proximales. Cabezuelas c. 9 mm; filarios c. 30, 2-6 × c. 1 mm, débilmente 3-4-seriados, ovados a lanceolados, rojizo en partes expuestas, el ápice agudo; clinanto hírtulo. Flores 25-35; corola c. 6 mm, color lavanda, los lobos tan anchos como largos, esparcidamente puberulentos; anteras con apéndices más largos que anchos. Cipselas c. 2 mm, glabras; vilano de cerdas 5.5-6 mm, el ápice moderadamente atenuado. *Arroyos en bosques de neblina.* G (*Skutch 289*, US); H (Molina R., 1975: 114, como *Eupatorium luxii*). 1500-2700 m. (Endémica.)

Williams (1976a) dio la distribución de *Bartlettina luxii* desde el sur de México hasta El Salvador, y también ubicó en sinonimia varias especies (*B. breedlovei, B. guatemalensis, B. oresbioides* y *B. pansamalensis*) que aquí se reconocen. Así, la aplicación de los nombres comunes usados por Williams (1976a) está en duda. El registro de la especie en Honduras por Molina R. (1975) no fue verificado y podría referirse a plantas que aquí se identificarían como *B. pansamalensis*. Turner (1997a) excluyó esta especie de la flora de México.

7. Bartlettina maxonii (B.L. Rob.) R.M. King et H. Rob., *Phytologia* 22: 161 (1971). *Eupatorium maxonii* B.L. Rob., *Proc. Amer. Acad.* *Arts* 54: 251 (1918). Holotipo: Panamá, *Maxon 4942* (US!). Ilustr.: no se encontró.
Neobartlettia maxonii (B.L. Rob.) R.M. King et H. Rob.

Subarbustos ramificados libre y divaricadamente, 3-4 m; tallos diminutamente puberulentos, en parte fistulosos. Hojas pecioladas; láminas 8-14 × 7-11 cm, anchamente ovadas, la parte más ancha cerca del 1/3 basal de la lámina, trinervias desde c. 10 mm por encima de la base, la superficie adaxial esparcidamente puberulenta, la superficie abaxial diminutamente punteado-glandulosa, la base anchamente obtusa a subtruncada, los márgenes densamente serrados, sin ángulos abruptamente puntiagudos, el ápice cortamente agudo; pecíolo hasta 8 cm, delgado. Capitulescencia ligeramente paniculado-piramidal, con brácteas foliosas solo en el par basal de ramas. Cabezuelas c. 9 mm; filarios c. 23, 3-7 × 0.8-1 mm, débilmente 3-4-seriados, angostamente oblongos a lineares, el ápice de los filarios internos escarioso, angostamente redondeado a obtuso; clinanto glabro, sin espinas o crestas. Flores 20-25; corola 5-6 mm, color lavanda, la garganta distalmente y los lobos esparcidamente puberulentos, los lobos más anchos que largos; anteras con apéndices casi dos veces más largos que anchos. Cipselas c. 1.5 mm, glabras; vilano de cerdas c. 5 mm, el ápice atenuado y casi liso, apicalmente mucho menos escábrido que proximalmente. *Selvas altas perennifolias.* P (*Maxon 4942*, US). 1000-1300 m. (Endémica.)

8. Bartlettina montigena (Standl. et Steyerm.) R.M. King et H. Rob., *Phytologia* 38: 111 (1977). *Eupatorium montigenum* Standl. et Steyerm., *Publ. Field Mus. Nat. Hist., Bot. Ser.* 23: 258 (1947). Holotipo: Guatemala, *Steyermark 43532* (F). Ilustr.: no se encontró.

Arbustos o árboles pequeños 3-6 m; tallos densamente velloso-pilosos, la médula sólida. Hojas pecioladas; láminas 11-17 × 5-8 cm, oblongo-elípticas a elíptico-ovadas, la parte más ancha cerca del 1/3 basal, irregularmente pinnatinervias, ambas superficies no glandulosas, la superficie adaxial puberulenta, la superficie abaxial velloso-pilósula o subtomentosa, la base obtusa, los márgenes escasamente serrado-dentados especialmente hacia el ápice o casi enteros, el ápice agudo o cortamente acuminado; pecíolo 1.5-3.5 cm, delgado. Capitulescencia paniculado-corimbiforme, redondeada. Cabezuelas 7-8 mm; filarios 15-20, 3-6 × c. 1 mm, débilmente 3-4-seriados, ovados a oblongos, el ápice angostamente redondeado u obtuso a subagudo, densamente adpreso-pilósulo; clinanto glabro. Flores c. 10; corola c. 4 mm, blanca, los lobos glabros; anteras con apéndices más largos que anchos. Cipselas (inmaduras) c.1 mm, diminutamente glandulosas; vilano de cerdas (submaduras) c. 2.5 mm, el ápice no angostado. *Selvas altas perennifolias, laderas.* G (*Steyermark 32836*, F). 2000-3000 m. (Endémica.)

Bartlettina montigena se conoce solo del material tipo y el paratipo, la cual tiene cabezuelas ligeramente inmaduras. La etiqueta del holotipo da la elevación como "2400-3333 m" pero la elevación del protólogo de "2400-3000 m" parece ser la correcta.

9. Bartlettina oresbia (B.L. Rob.) R.M. King et H. Rob., *Phytologia* 22: 161 (1971). *Eupatorium oresbium* B.L. Rob., *Proc. Amer. Acad. Arts* 35: 337 (1900). Holotipo: México, Morelos, *Pringle 8030* (GH!). Ilustr.: no se encontró.
Neobartlettia oresbia (B.L. Rob.) R.M. King et H. Rob.

Arbustos moderadamente ramificados, 1.5-3 m; tallos con tricomas parduscos generalmente adpresos, con frecuencia anchamente fistulosos. Hojas pecioladas; láminas mayormente 8-14 × 6-11 cm, anchamente ovadas a subromboidales, la parte más ancha cerca del 1/3 basal, ligera a conspicuamente trinervias desde 5-15 mm por encima de la base, ambas superficies diminuta y esparcidamente puberulentas a subglabras, la superficie abaxial diminutamente punteado-glandulosa, la base obtusa a subaguda, los márgenes cercana y marcadamente mucronado-serrados, generalmente con un diente grande o ángulo pequeño en la parte más ancha, sin ángulos abruptamente agudos, el ápice marcadamente agudo a angostamente acuminado; pecíolo 3-9 cm, delgado. Capitulescencia paniculado-piramidal, las ramas patentes desde un eje principal en un ángulo de c. 45°, las hojas o brácteas foliosas en 2-3 pares de ramas proximales. Cabezuelas c. 7 mm; filarios 20-24, 3-6 × 0.5-1 mm, débilmente 3-4-seriados, angostamente oblongos, el ápice más bien escarioso, angostamente redondeado; clinanto glabro, sin espinas o crestas. Flores 20-30; corola 4.5-5 mm, generalmente color lavanda, los lobos tan anchos como largos, esparcidamente puberulentos; anteras con apéndices tan anchos como largos. Cipselas c. 2 mm, glabras; vilano de cerdas 4-4.5 mm, el ápice moderadamente atenuado. *Barrancos, bosques de* Pinus-Quercus. H (Molina R., 1975: 114, como *Eupatorium oresbium*); ES (*Molina R. y Montalvo 21633*, US). 1800-1900 m. (C. y SO. México, Mesoamérica.)

Turner (1997a) incluyó *Bartlettina guatemalensis*, *B. hylobia* y *B. oresbioides* bajo la sinonimia de *B. oresbia*, y dio la distribución como México, Guatemala, y El Salvador.

10. Bartlettina oresbioides (B.L. Rob.) R.M. King et H. Rob., *Phytologia* 22: 161 (1971). *Eupatorium oresbioides* B.L. Rob., *Proc. Amer. Acad. Arts* 44: 618 (1909). Holotipo: México, Oaxaca, *Conzatti 1738* (US!). Ilustr.: no se encontró.

Neobartlettia oresbioides (B.L. Rob.) R.M. King et H. Rob.

Arbustos moderadamente ramificados, de hasta 2 m; tallos rojizo-hírtulos a tomentulosos, la médula sólida. Hojas pecioladas; láminas mayormente 6-10 × 6-10 cm, triangular-ovadas, la parte más ancha cerca del 1/3 basal de la lámina, ampliamente trinervias desde c. 5 mm por encima de la base, la superficie adaxial subglabra, la superficie abaxial oscura y diminutamente punteado-glandulosa, la base anchamente redondeada a subtruncada, los márgenes con dientes mucronados agregados, con ángulos marcadamente acuminados en la parte más ancha, algunas veces con un segundo diente marginal, el ápice angostamente acuminado; pecíolo 2-7 cm, delgado. Capitulescencia paniculado-piramidal con ramas ampliamente patentes, con hojas o brácteas foliosas en 2 pares de ramas proximales. Cabezuelas c. 7 mm; filarios 16-18, 3-6 × c. 0.8 mm, débilmente 3-4-seriados, lanceolados a lineares, el ápice de la mayoría de los filarios más bien escarioso, angostamente redondeado a obtuso; clinanto glabro, sin espinas o crestas. Flores 15-20; corola c. 4.5 mm, color lavanda, los lobos tan anchos como largos, puberulentos; anteras con apéndices casi tan anchos como largos a escasamente más largos que anchos. Cipselas 1.5-1.8 mm, glabras; vilano de cerdas c. 4 mm, el ápice moderadamente atenuado. *Bosques de neblina, bosques mesófilos*. Ch (*Breedlove 33552*, US). 1800-2300 m. (México [Oaxaca], Mesoamérica.)

Williams (1976a) trató a *Bartlettina oresbioides* como un sinónimo de *Eupatorium luxii* y Turner (1997a) como de *E. oresbium*. El registro de Molina R. (1975) de esta especie en Honduras presumiblemente se basó en una identificación errónea.

11. Bartlettina ornata R.M. King et H. Rob., *Phytologia* 71: 172 (1991). Holotipo: Guatemala, *Skutch 304* (US!). Ilustr.: no se encontró.

Eupatorium ornatum (R.M. King et H. Rob.) B.L. Turner, *E. prionophyllum* B.L. Rob. var. *asymmetrum* B.L. Rob.?

Arbustos moderadamente ramificados, hasta 3 m; tallos pardusco-puberulentos con tricomas frecuentemente evanescentes, fistulosos o sólidos. Hojas pecioladas; láminas mayormente 5-16 × 4-16 cm, anchamente ovadas a subromboidales, la parte más ancha cerca del 1/3 basal, trinervias desde 5-20 mm por encima de la base, ambas superficies diminuta y esparcidamente puberulentas a subglabras, la superficie abaxial diminutamente punteado-glandulosa, la base obtusa, los márgenes laterales marcadamente serrados, algunas veces con un ángulo acuminado puntiagudo en la parte más ancha, el ápice breve a angostamente acuminado; pecíolo 1.5-6 cm, delgado. Capitulescencia paniculado-piramidal, las hojas o brácteas foliosas en 2 o 3 pares de ramas proximales. Cabezuelas c. 7 mm; filarios 16-18, 4-5 × c. 1 mm, débilmente 3-4-seriados, angostamente oblongos, los ápices más lar-

gos escariosos, angostamente redondeados; clinanto con espinas cortas a largas. Flores 5-12; corola 4-4.5 mm, generalmente color lavanda, los lobos tan anchos como largos, esparcidamente puberulentos; anteras con apéndices casi tan anchos como largos. Cipselas c. 2 mm, glabras; vilano de cerdas 3-4 mm, algunas con el ápice moderadamente atenuado. *Bosques de neblina, bordes de bosques, barrancos arbolados*. Ch (*Croat 47339*, US); G (*Donnell Smith 2326*, US). 1000-2700 m. (Endémica.)

Según la descripción y fotografía, *Eupatorium prionophyllum* var. *asymmetrum* es igual a *Bartlettina ornata*. La cuenta floral (12-18) dada por Robinson (1920b) es ligeramente excesiva.

12. Bartlettina pansamalensis (B.L. Rob.) R.M. King et H. Rob., *Phytologia* 22: 161 (1971). *Eupatorium pansamalense* B.L. Rob., *Proc. Amer. Acad. Arts* 36: 482 (1901). Holotipo: Guatemala, *von Türckheim 1342* (GH!). Ilustr.: no se encontró.

Bartlettina ruae (Standl.) R.M. King et H. Rob., *Eupatorium ruae* Standl., *Neobartlettia pansamalensis* (B.L. Rob.) R.M. King et H. Rob., *N. ruae* (Standl.) R.M. King et H. Rob.

Arbustos moderadamente ramificados o árboles pequeños 2-5 m; tallos puberulentos, la médula generalmente sólida. Hojas pecioladas; láminas mayormente 6-15 × 2.5-8 cm, ovadas a elíptico-ovadas, más de 2/3 hasta casi 2 veces más largas que anchas, generalmente la parte más ancha por encima del 1/3 basal, desigualmente pinnatinervias, las nervaduras secundarias ascendentes más agregadas cerca de la base, la superficie adaxial esparcida y diminutamente puberulenta, subglabra, la superficie abaxial diminutamente punteado-glandulosa, la base obtusa a cortamente acuminada, los márgenes densamente serrulados a doblemente serrados, sin ángulos, el ápice angostamente acuminado; pecíolo 1.5-4 cm. Capitulescencia corimbosa paniculada, anchamente redondeada, más ancha que alta, con brácteas foliosas solo 1 o 2 pares de ramas proximales. Cabezuelas 6-7 mm; filarios 30-40, 2-6 × c. 0.8 mm, débilmente 3-4-seriados, angostamente oblongos o lanceolados a lineares, más largos que el ápice más bien escarioso, el ápice de los internos angostamente redondeado a obtuso; clinanto glabro. Flores 20-45; corola 4-4.5 mm, color lavanda, los lobos tan anchos como largos, esparcidamente puberulentos; anteras con apéndices casi tan anchos como largos. Cipselas 1.5-1.7 mm, glabras; vilano de cerdas c. 4 mm, el ápice escasamente atenuado. $2n = 16$. *Bosques de neblina, laderas arboladas, vegetación secundaria*. Ch (*Breedlove 9552*, US); G (*Standley 6821*, US); H (*Molina R. 7695*, US); ES (*Tucker 1102*, US). 1200-2700 m. (Endémica.)

Williams (1976a) trató a *Bartlettina pansamalensis* como un sinónimo de *Eupatorium luxii*, mientras que Turner (1997a) la reconoció como *E. pansamalense*.

13. Bartlettina pinabetensis (B.L. Rob.) R.M. King et H. Rob., *Phytologia* 22: 161 (1971). *Eupatorium pinabetense* B.L. Rob., *Proc. Amer. Acad. Arts* 36: 482 (1901). Holotipo: México, Chiapas, *Nelson 3785* (GH!). Ilustr.: no se encontró. N.v.: Tunehuac, G; guácara, H.

Arbustos moderadamente ramificados o árboles pequeños 2-5 m; tallos esencialmente glabros, la médula sólida. Hojas pecioladas; láminas mayormente 7-17 × 2-5 cm, angostamente elípticas, la parte más ancha cerca del 1/2, estrictamente pinnatinervias con las nervaduras secundarias arqueadas uniformemente espaciadas, ambas superficies incluyendo las nervaduras esencialmente glabras, la base angostamente aguda, los márgenes cercana a remotamente serrados o serrulados con dientes cortos, el ápice angostamente agudo a escasamente acuminado; pecíolo 1-2.5 cm. Capitulescencia corimboso-paniculada, anchamente redondeada, sin brácteas foliosas por encima del par de ramas más basal. Cabezuelas 5-6 mm; filarios c. 20, 1.5-6 × 0.8-1.2 mm, débilmente 3-4-seriados, oblongos u ovados hasta lineares, el ápice de los filarios más largos más bien escarioso, angostamente redondeado; clinanto glabro. Flores c. 10; corola 3-4 mm, rosada o azul a blanca, los lobos tan anchos como largos, glabros; anteras con apéndices casi tan anchos como largos. Cipselas c. 1.5 mm, glabras; vilano de cerdas 3-4 mm, el ápice menos escabroso-atenuado. $2n = 16$. *Bosques de neblina, crestas empinadas altamente arboladas.* Ch (*Breedlove 15396*, US); G (*Standley 67880*, F); ES (*House 117*, MO). 2000-2700 m. (Endémica.)

14. Bartlettina platyphylla (B.L. Rob.) R.M. King et H. Rob., *Phytologia* 22: 161 (1971). *Eupatorium platyphyllum* B.L. Rob., *Proc. Amer. Acad. Arts* 35: 339 (1900). Sintipo: México, Chiapas, *Nelson 3765* (GH!). Ilustr.: King y Robinson, *Ann. Missouri Bot. Gard.* 62: 919, t. 16 (1975 [1976]).

Neobartlettia platyphylla (B.L. Rob.) R.M. King et H. Rob.

Arbustos moderadamente ramificados o árboles pequeños, hasta 5 m; tallos hírtulos en las partes más jóvenes, la médula sólida. Hojas pecioladas; láminas hasta 15 × 12 cm, anchamente ovadas, la parte más ancha cerca del 1/3 basal, marcadamente trinervias desde o cerca de la base, ambas superficies glabrescentes, la superficie abaxial esparcidamente punteado-glandulosa, la base anchamente redondeada a subtruncada, los márgenes anchamente redondeados o algunas veces angulados en la parte más ancha, serrados a ligera y doblemente serrados, el ápice angosta y cortamente acuminado; pecíolo hasta 9 cm, delgado, sin disco foliar en las bases. Capitulescencia paniculado-piramidal con densas ramas corimbosas, con hojas o brácteas foliosas en 3 o 4 pares de ramas proximales. Cabezuelas 15-20 mm; filarios c. 40-50, 3-12 × 1.5-3 mm, 4-6-seriados, anchamente ovados a oblongos, con ápice reflexo anchamente redondeado, algunas veces eroso; clinanto glabro. Flores 60-75; corola 6-8 mm, blanca, los lobos casi tan anchos como largos, sin tricomas; anteras con apéndices casi tan anchos como largos. Cipselas 2-2.2 mm, glabras o diminutamente glandulosas; vilano de cerdas c. 6 mm, el ápice atenuado casi liso. *Selvas medianas perennifolias, selvas altas perennifolias, laderas, barrancos.* Ch (*Nelson 3765*, US); G (*von Türckheim 8415*, US); CR (*Standley 34651*, US); P (*Maxon 5051*, US). 500-2000 m. (México [Puebla, Veracruz], Mesoamérica.)

Weberling y Lagos (1960) registraron *Bartlettina platyphylla* para El Salvador pero no se ha podido verificar este registro.

15. Bartlettina prionophylla (B.L. Rob.) R.M. King et H. Rob., *Phytologia* 22: 161 (1971). *Eupatorium prionophyllum* B.L. Rob., *Proc. Amer. Acad. Arts* 36: 484 (1901). Holotipo: Costa Rica, *Pittier 1705* (GH!). Ilustr.: no se encontró.

Neobartlettia prionophylla (B.L. Rob.) R.M. King et H. Rob.

Arbustos laxamente ramificados o árboles pequeños 2-3 m; tallos diminutamente puberulentos, la médula sólida. Hojas pecioladas; láminas 6-11 × 3.5-6 cm, ovadas a angostamente ovadas, la parte más ancha cerca del 1/3 basal, trinervias con 1-2 pares de nervaduras secundarias ascendentes en el 1/4 proximal, la superficie adaxial esparcida y diminutamente puberulenta, la superficie abaxial diminutamente punteado-glandulosa, la base obtusa a aguda, los márgenes marcada y algunas veces erosamente serrados, sin ángulos abruptamente puntiagudos, el ápice breve o angostamente acuminado; pecíolo hasta 5 cm, delgado. Capitulescencia paniculado-piramidal, generalmente sin hojas o brácteas foliosas por encima del par de ramas proximales. Cabezuelas c. 8 mm; filarios 20-30, 2-5 × c. 1 mm, ovados a oblongos, el ápice obtuso o cortamente agudo; clinanto glabro, sin espinas o crestas. Flores 22-32; corola 4-5 mm, color lavanda, el tubo y la garganta glabros, los lobos tan anchos como largos, pilósulos; anteras con apéndices conspicuamente más largos que anchos. Cipselas 1.5-2 mm, glabras; vilano de cerdas c. 4 mm, el ápice no atenuado, más densamente escabrosas en el ápice que proximalmente. *Selvas medianas perennifolias, bosques mixtos de* Quercus, *claros, vegetación secundaria.* CR (*Pittier 1900*, US); P (*Croat 13724*, MO). 1200-2600(-3000) m. (Endémica.)

16. Bartlettina silvicola (B.L. Rob.) R.M. King et H. Rob., *Phytologia* 38: 111 (1977). *Eupatorium silvicola* B.L. Rob., *Proc. Boston*

Soc. Nat. Hist. 31: 254 (1904). Sintipo: Costa Rica, *Tonduz 11694* (GH!). Ilustr.: no se encontró.

Arbustos moderadamente ramificados 2-3 m; tallos densamente sórdido-tomentosos, la médula sólida. Hojas pecioladas; láminas 7-15 × 4-10 cm, anchamente oblongo-ovadas, la parte más ancha cerca del 1/3 basal, subtrinervias con nervaduras escasamente más ascendentes cerca del 1/3 o 1/5 proximal, la superficie adaxial puberulenta a pilósula, la superficie abaxial pilosa a subtomentosa, no glandulosas, la base obtusa, los márgenes escasamente crenado-serrulados, frecuentemente más serrados hacia el ápice, el ápice escasa y cortamente acuminado; pecíolo 3-7 cm, delgado. Capitulescencia paniculado-piramidal, con hojas o brácteas foliosas en 2-3 pares de ramas proximales. Cabezuelas c. 8 mm; filarios 15-18, 2-7 × 0.8-1 mm, débilmente 3-4-seriados, angostamente ovados a lineares, el ápice obtuso a subagudo, los filarios más externos subtomentosos, los otros filarios diminutamente puberulentos; clinanto glabro. Flores 7-10; corola c. 5 mm, los lobos tan anchos como largos, glabros o rara vez con tricomas diminutos; anteras con apéndices más largos que anchos. Cipselas c. 4 mm, diminutamente glandulosas; vilano de cerdas c. 5 mm, el ápice no angostado. *Selvas medianas perennifolias.* CR (*Tonduz 11694*, US). 1800-2700 m. (Endémica.)

17. Bartlettina sordida (Less.) R.M. King et H. Rob., *Phytologia* 22: 161 (1971). *Eupatorium sordidum* Less., *Linnaea* 6: 403 (1831). Holotipo: México, Veracruz, *Schiede 1242* (B, destruido). Ilustr.: Hooker, *Bot. Mag.* t. 4574 (1851), como *Hebeclinium ianthinum*.

Conoclinium ianthinum Morren, *Eupatorium ianthinum* (Morren) Hemsl., *E. thespesiifolium* DC., *Hebeclinium atrorubens* Lem., *H. ianthinum* (Morren) Hook., *Neobartlettia sordida* (Less.) R.M. King et H. Rob.

Arbustos moderadamente ramificados o árboles pequeños, 1.5-4 m; tallos rojizo-tomentosos a grisáceo-tomentosos, la médula generalmente sólida. Hojas pecioladas; láminas mayormente 7-18 × 4-15 cm, angostamente oblongas a anchamente ovadas, la parte más ancha cerca del 1/3 basal y del 1/2, subpinnatinervias a ligeramente trinervias desde muy por encima de la base, las nervaduras secundarias algunas veces numerosas y congestas en el 1/4 basal, ambas superficies pilosas a pilósulas, la superficie abaxial diminutamente punteado-glandulosa, la base obtusa a subtruncada, los márgenes cercanamente serrulados a serrados, el ápice cortamente agudo a cortamente acuminado; pecíolo 2-6 cm. Capitulescencia corimbosa, anchamente redondeada, sin hojas o brácteas foliosas por encima del par de ramas proximales. Cabezuelas 8-10 mm; filarios 30-40, 3-6 × 0.8-1 mm, débilmente 3-4-seriados, lanceolados a linear-lanceolados, el ápice angostamente agudo a cortamente agudo y escarioso, densamente puberulentos; clinanto diminutamente hírtulo, algunas veces casi glabro. Flores 40-75; corola 5-5.5 mm, color lavanda, los lobos tan anchos como largos, esparcidamente puberulentos, glandulosos; anteras con apéndices más largos que anchos. Cipselas c. 1.5 mm, glabras o con pocas sétulas distalmente; vilano de cerdas 4.5-5 mm, escasa a conspicuamente atenuadas, el ápice menos escasa a conspicuamente escabroso que proximalmente. $2n = 16$. *Selvas altas perennifolias, bosques secundarios deciduos, laderas empinadas, bosques de* Pinus-Quercus. Ch (*Breedlove 9408*, US); G (*Lundell y Contreras 20931*, US). 300-2500 m. (C. México, Mesoamérica; cultivada pantropicalmente.)

Turner (1997a) sinonimizó *Bartlettina brevipetiolata* (Klatt) R.M. King et H. Rob., *B. matudae* R.M. King et H. Rob. y *Eupatorium miradorense* Hieron. bajo *E. sordidum*, mientras que King y Robinson (1987) reconocieron *B. brevipetiolata* y *B. matudae* como separadas de *B. sordida*.

18. Bartlettina tuerckheimii (Klatt) R.M. King et H. Rob., *Phytologia* 22: 162 (1971). *Eupatorium tuerckheimii* Klatt, *Leopoldina* 20: 95 (1884). Holotipo: Guatemala, *von Türckheim 77* (W). Ilustr.: King y Robinson, *Monogr. Syst. Bot. Missouri Bot. Gard.* 22: 404, t. 162

(1987). N.v.: Tuil jabnal, tzajal turisno te', Ch; sotacaballo, vara de San José, venadillo, H.

Neobartlettia tuerckheimii (Klatt) R.M. King et H. Rob.

Arbustos moderadamente ramificados o árboles pequeños 1.5-5 m; tallos esencialmente glabros, generalmente anchamente fistulosos. Hojas pecioladas; láminas 7-17 × 1.5-6 cm, angostamente elípticas a lanceoladas, la parte más ancha cerca de los 2/5 basales o del 1/2, estrictamente pinnatinervias con las nervaduras secundarias arqueadas uniformemente espaciadas, ambas superficies incluyendo las nervaduras esencialmente glabras, la base aguda, los márgenes remotamente serrados con dientes mucronados proyectados, el ápice angostamente acuminado, algunas veces caudado; pecíolo 1-3 cm. Capitulescencia corimbosa, anchamente redondeada, generalmente sin hojas o brácteas foliosas por encima de las ramas proximales. Cabezuelas 6-7 mm; filarios 30-40, 3-6 × 0.8-1 mm, lanceolados a lineares, el ápice agudo a obtuso, el ápice de los filarios internos más bien escarioso; clinanto hirsuto. Flores 30-40; corola 3.5-4 mm, color lavanda, puberulenta sobre la parte distal de la garganta y los lobos, los lobos más anchos que largos; anteras con apéndices tan anchos como largos. Cipselas c. 1.5 mm, glabras; vilano de cerdas c. 4 mm, el ápice escasa a levemente atenuado. $2n = 16$. *Bosques de neblina, barrancos arbolados.* Ch (*Breedlove y Raven 8242*, US); G (*Steyermark 43075*, F); H (*Morton 7262*, US). 1300-2600 m. (Endémica.)

Turner (1997a) dio el límite de elevación superior para este taxón como 3000 m, el cual no se pudo confirmar.

19. Bartlettina williamsii R.M. King et H. Rob., *Phytologia* 38: 106 (1977). Holotipo: Honduras, *Morton 7164* (US!). Ilustr.: no se encontró. N.v.: Tatascán, H.

Subarbustos escasamente ramificados o árboles pequeños, hasta 2 m; tallos hexagonales, glabros, la médula sólida. Hojas pecioladas; láminas 9-16 × 8-15 cm, deltado-ovadas, la parte más ancha cerca del 1/3 proximal, marcadamente trinervias desde la base, la superficie adaxial escasamente diminuto-puberulenta, la superficie abaxial diminutamente punteado-glandulosa, la base anchamente redondeada a subtruncada, los márgenes con un ángulo puntiagudo corto en la parte más ancha o sin este, serrados, el ápice cortamente agudo a cortamente acuminado; pecíolo 5-10 cm, conspicuamente alado totalmente, surgiendo desde el disco foliar alrededor del nudo. Capitulescencia una panícula piramidal alargada, con ramas corimbosas densas, con hojas o brácteas foliosas en numerosos pares de ramas. Cabezuelas c. 12 mm; filarios c. 25, 1.5-7 × 1.5-3 mm, c. 5-seriados, orbiculares a anchamente oblongos, los márgenes anchamente escariosos, el ápice anchamente redondeado; clinanto glabro. Flores 19-25; corola c. 7 mm, blanca, los lobos casi tan anchos como largos, glabros; anteras con apéndices casi tan anchos como largos. Cipselas c. 2 mm, diminutamente glandulosas; vilano de cerdas 5-6 mm, el ápice atenuado. *Bosques de neblina.* H (*Lagos-Witte et al. 146*, US). 1600-2000 m. (Endémica.)

75. **Blakeanthus** R.M. King et H. Rob.
Por H. Robinson.

Arbustos moderada a densamente ramificados. Hojas opuestas, con pecíolo angosto distintivo; láminas ovadas a escasamente cordatas, trinervias desde cerca de la base, ambas superficies con tricomas erectos no glandulares, generalmente tanto con glándulas estipitadas corta y largamente pediculadas y con puntuaciones glandulares, nunca con glándulas grandes hundidas, los márgenes crenulado-serrados. Capitulescencia terminal sobre ramas foliosas, con ramas proximales opuestas o sin estas, las últimas ramas formando densos glomérulos de numerosas cabezuelas delgadas. Cabezuelas discoides, con 14-27 flores, cilíndricas; involucro de c. 20 filarios eximbricados, delgados, rígidamente herbáceos, patentes con la edad; clinanto aplanado o escasamente

convexo, esclerificado, ligeramente paleáceo; corola angostamente infundibuliforme con el tubo anchamente cilíndrico, generalmente blanco, los lobos 5, triangulares, escasamente más largos que anchos, la superficie interna lisa con células oblongas, glandulosa y mínimamente papilosa; anteras con el collar cilíndrico con células subcuadrangulares proximalmente, las paredes no ornamentadas o ligera y transversalmente con anillos distalmente, el apéndice oblongo más largo que ancho; estilo con la base sin nudo, glabra, las ramas lineares, subpapilosas. Cipselas prismáticas, 5-acostilladas, generalmente glabras, glandulosas en el ápice, el carpóforo simétrico, subcilíndrico, c. 8 filas de pequeñas células redondeadas a subcuadrangulares con paredes delgadas; vilano ausente o muy rara vez de 1 o 2 cerdas. 1 sp. Endémico.

Turner (1997a) siguió a Williams (1976a) al tratar *Blakeanthus* como un sinónimo de *Ageratum*. La única especie está restringida a Mesoamérica.

Bibliografía: Blake, S.F. *Proc. Biol. Soc. Wash.* 60: 41-44 (1947). King, R.M. y Robinson, H. *Phytologia* 24: 118-119 (1972).

1. Blakeanthus cordatus (S.F. Blake) R.M. King et H. Rob., *Phytologia* 24: 119 (1972). *Alomia cordata* S.F. Blake, *Proc. Biol. Soc. Wash.* 60: 41 (1947). Holotipo: Guatemala, *Steyermark 42712* (F). Ilustr.: Williams, *Fieldiana, Bot.* 24(12): 467, t. 13 (1976), como *Ageratum cordatum*.

Ageratum cordatum (S.F. Blake) L.O. Williams.

Arbustos 1-2 m, densamente pardusco-hírtulos. Hojas pecioladas; láminas mayormente 4-9 × 2.5-7.5 cm, ovadas a escasamente cordatas, trinervias desde o cerca de la base, ambas superficies hírtulas y glandulosas con glándulas sésiles y estipitadas, la superficie abaxial con pelosidad más densa, los márgenes crenulados a ligeramente serrados, el ápice cortamente agudo a escasa y cortamente acuminado; pecíolo 0.7-3.5 cm. Capitulescencia corimbosa; glomérulos de cabezuelas. Cabezuelas c. 6 mm; filarios c. 20, generalmente 4.5-5 × 0.8-1 mm, hírtulos con tricomas blancos, el ápice agudo, ligera a marcadamente reflexos; páleas lineares, c. 5 mm. Flores 14-27; corola 3-3.5 mm, blanca o ligeramente purpúrea en botón. Cipselas c. 1.8 mm, generalmente glabras con glándulas en el ápice. *Selvas altas perennifolias, barrancos, matorrales rocosos.* G (*Steyermark 42712*, F); H (*Standley 27597*, US); ES (Berendsohn y Araniva de González, 1989: 290-2). 600-1600 m. (Endémica.)

Blakeanthus cordatus fue reconocida por Williams (1976a) como *Ageratum cordatum*. No se ha podido confirmar el registro de Berendsohn y Araniva de González (1989) de esta especie en El Salvador.

76. **Brickellia** Elliott, nom. cons.
Bulbostylis DC. non Kunth, *Clavigera* DC., *Coleosanthus* Cass., *Ismaria* Raf., *Kuhnia* L., *Rosalesia* La Llave
Por H. Robinson.

Hierbas erectas anuales o perennes, subarbustos, o arbustos, sin ramificar o ramificados; tallos glabros o pelosos. Hojas opuestas o alternas, sésiles o pecioladas; láminas lineares, lanceoladas, ovadas, deltoides, o lobadas, la nervadura generalmente trinervia, la superficie abaxial punteado-glandular, la base aguda a cordata. Capitulescencia generalmente una panícula tirsoide, algunas veces corimbosa o cimosa, las cabezuelas rara vez solitarias. Cabezuelas discoides, sésiles a largamente pedunculadas, campanuladas, con 4-100 flores; involucro con 14-45 filarios, subimbricados, persistentes, patentes con la edad, los filarios externos rara vez herbáceos, progresivamente más cortos y menos de la mitad del largo de los filarios internos; clinanto aplanado, sin páleas, con la superficie esclerificada; corola generalmente tubular con la garganta distalmente constricta cerca de la boca, más angosta que la base, escasamente más ancha que las ramas engrosadas del estilo, generalmente blanquecina a amarillenta, algunas veces purpúrea, sin tricomas, en ocasiones sésilmente glandulosa, los lobos ovado-oblongos,

1-2 veces más largos que anchos, lisos con células oblongas sobre ambas superficies; anteras con el collar con células subcuadrangulares proximalmente, con engrosamientos transversales ornamentando las paredes, el apéndice escasamente más largo que ancho, no truncado; estilo con la base con un nudo peloso agrandado, cubierto con tricomas contortos, las ramas largamente claviformes, engrosadas, generalmente amarillentas. Cipselas prismáticas, 10-acostilladas, setulosas, el carpóforo con un reducido borde distal, frecuentemente asimétrico, con pequeñas células subcuadrangulares a cortamente oblongas con paredes engrosadas; vilano de 10-80 cerdas generalmente persistentes, lisas y aplanadas por fuera, escabrosas o plumosas en los márgenes, no ensanchadas en el ápice. 98 sp. en Estados Unidos, México y Mesoamérica, y 1 sp. neotropical.

No se pudo verificar la presencia de *Brickellia cavanillesii* (Cass.) A. Gray en Chiapas, listada por Turner (1997a).

Bibliografía: Pruski, J.F. et al. *Phytoneuron* 2016-84: 1–11 (2016). Robinson, B.L. *Mem. Gray Herb.* 1: 3-151 (1917).

1. Hojas lineares a angostamente oblongas, alternas; vilano de cerdas sórdidas blancas a parduscas.   **6. B. scoparia**
1. Hojas oblongas a ovadas, opuestas; vilano de cerdas blancas.
  2. Hierbas anuales; tallos glabros; láminas de las hojas con ápice abrupta y cortamente acuminado; cabezuelas 6-7 mm; filarios biacostillados; ramas del estilo filiformes, apicalmente atenuadas.   **2. B. diffusa**
  2. Subarbustos o arbustos; tallos diversamente pelosos, algunas veces glabrescentes; láminas de las hojas con el ápice obtuso o cortamente agudo; cabezuelas c. 10 mm; filarios externos 6-8-acostillados; ramas del estilo claviformes.
    3. Láminas de las hojas oblongas; pecíolos 0.1-0.5 cm.   **4. B. kellermanii**
    3. Láminas de las hojas ovadas; pecíolos 0.2-8 cm.
      4. Filarios externos la 1/2 o más del largo de los filarios internos, herbáceos o algunas veces herbáceos.   **3. B. glandulosa**
      4. Filarios externos progresivamente más cortos, menos de la 1/2 del largo de los internos, no herbáceos.
        5. Pedúnculos puberulentos a densamente pilosos, algunas veces con glándulas estipitadas delgadas entre tricomas más largos; filarios internos hasta 13 mm, blanquecinos apicalmente; pecíolos generalmente 1-8 cm.   **1. B. argyrolepis**
        5. Pedúnculos densamente robusto-estipitado-glandulosos; filarios internos hasta 10 mm, no blanquecinos apicalmente; pecíolos 0.2-1 cm.   **5. B. paniculata**

1. Brickellia argyrolepis B.L. Rob., *Mem. Gray Herb.* 1: 90 (1917). Sintipo: Costa Rica, *Tonduz 1980* (GH!). Ilustr.: Robinson, *Mem. Gray Herb.* 1: t. 69 (1917). N.v.: K'anal akan te', sak nich wamal, sakil nich te', Y.

Brickellia adenocarpa B.L. Rob., *B. adenocarpa* var. *glandulipes* B.L. Rob., *B. guatemalensis* B.L. Rob., *Coleosanthus adenocarpus* (B.L. Rob.) Arthur, *C. adenocarpus* [sin rango] *glandulipes* (B.L. Rob.) S.F. Blake.

Arbustos 2-3 m; tallos puberulentos, glabrescentes. Hojas pecioladas; hojas primarias 5-15 × 5-10 cm, las hojas de las ramas algunas veces solo c. 2 × 1 cm; láminas ovadas, trinervias desde la base, frecuentemente en ángulo agudo, la superficie adaxial densamente pilosa, la superficie abaxial subtomentosa con tricomas pálidos y punteado-glandulosos, la base escasamente cordata a subtruncada, los márgenes cercanamente crenado-serrulados, el ápice cortamente agudo; pecíolo de las hojas primarias generalmente 1-8 cm, delgado. Capitulescencia tirsoide-paniculada con agregados laxamente corimbiformes de cabezuelas sobre ramas foliosas; pedúnculos puberulentos a densamente pilosos, algunas veces con glándulas estipitadas delgadas entre tricomas más largos. Cabezuelas 14-16 mm; filarios c. 35, más de 4 × 2 mm, cortamente ovados a angostamente lanceolados, cartáceos, puberulentos o con glándulas pequeñas, el ápice agudo, los filarios externos más

anchos 6-8 acostillados, los filarios externos progresivamente más cortos y menos de la 1/2 del largo de los internos, los filarios internos hasta 13 mm, el ápice blanquecino. Flores c. 25; corola c. 8 mm, blanco-color crema. Cipselas 4.5-5.5 mm, densamente setulosas, las sétulas patentes, también glandulosas, sésiles; vilano de cerdas c. 8 mm, blancas. $2n = 9$. *Selvas medianas perennifolias, bosques de* Pinus-Quercus, *orillas de caminos, matorrales secos, sitios umbrófilos.* Ch (*Ton 634*, US); G (*Croat y Hannon 64753*, MO); H (*Molina R. 11337*, US); ES (Berendsohn y Araniva de González, 1989: 290-2); N (Dillon et al., 2001: 299); CR (*King 6431*, US); P (*Wilbur 24325*, US). 1100-3400 m. (México [Oaxaca], Mesoamérica.)

Williams (1976a) trató *Brickellia adenocarpa*, *B. argyrolepis*, y *B. guatemalensis* como sinónimos de *B. paniculata*. Turner (1997a) ubicó a *B. adenocarpa* en la sinonimia de *B. orizabaensis* Klatt. Turner (1997a) ubicó a *Brickellia adenocarpa* var. *glandulipes* (syn.: *Coleosanthus adenocarpus* [sin rango] *glandulipes*), tipificada por material de Guatemala, en la sinonimia de *B. orizabaensis* y Williams (1976a) bajo *B. paniculata*.

2. Brickellia diffusa (Vahl) A. Gray, *Smithsonian Contr. Knowl.* 3(5): 86 (1852). *Eupatorium diffusum* Vahl, *Symb. Bot.* 3: 94 (1794). Tipo: America meridionali, *Anon. s.n.* (C?). Ilustr.: Pruski, *Fl. Venez. Guayana* 3: 221, t. 175 (1997). N.v.: Culantrillo, Ch; arito, botoncillo, sabanera, sierra picuda, visquita, G; pico de alacrán, pie de paloma, plumón, ES.

Bulbostylis diffusa (Vahl) DC., *Chondrilla rhombifolia* (Humb. ex Willd.) Poir., *Coleosanthus diffusus* (Vahl) Kuntze, *Eupatorium trichosanthum* A. Rich., *Prenanthes rhombifolia* Humb. ex Willd.

Hierbas anuales escasamente ramificadas hasta 2 m; tallos amarillentos a escasamente rojizos, glabros. Hojas pecioladas; láminas 3-10 × 2.5-11 cm, anchamente ovadas, trinervias desde la base aguda, la superficie adaxial esparcidamente pilosa, la superficie abaxial con numerosas puntuaciones glandulares oblongas o reniformes, la base aguda, lateralmente tornándose anchamente redondeada o subtruncada, los márgenes cercanamente serrado-dentados, el ápice abrupta y cortamente acuminado; pecíolo hasta 6 cm, delgado. Capitulescencia una laxa panícula alargada profusamente ramificada con ramas paniculadas; pedúnculos glabros. Cabezuelas 6-7 mm, delgadas; filarios c. 20, 1.5-6 × c. 1 mm, lanceolados a linear-lanceolados, cartáceos, biacostillados, glabros. Flores 8-14; corola 4-5 mm, blanquecina; ramas del estilo filiformes, apicalmente atenuadas. Cipselas 1.5-2 mm, densamente setulosas, las sétulas adpresas; vilano de cerdas 4-4.5 mm, blancas. $2n = 9$. *En matorrales, en claros, orillas de caminos, campos viejos.* T (*Cowan 4701*, MO); Ch (*Pruski et al. 4196*, MO); Y (*Gaumer 24181*, US); G (*Heyde y Lux 4198*, US); H (*Molina R. 674*, US); ES (*Calderón 219*, US); N (*Baker 2167*, US); CR (*Skutch 3988*, US); P (*Williams 710*, NY). 5-1800 m. (México, Mesoamérica, Colombia, Venezuela, Ecuador, Perú, Bolivia, Brasil, Paraguay, Argentina, Cuba, La Española, Trinidad.)

La cita del tipo de "South America, Forsskål" por King y Robinson (1975) es un error debido a que Forsskål nunca colectó en el continente americano.

3. Brickellia glandulosa (La Llave) McVaugh, *Contr. Univ. Michigan Herb.* 9: 380 (1972). *Rosalesia glandulosa* La Llave in La Llave y Lex., *Nov. Veg. Descr.* 1: 9 (1824). Holotipo: México, Veracruz, *La Llave s.n.* (G). Ilustr.: Robinson, *Mem. Gray Herb.* 1: t. 74 (1917), como *B. pacayensis*.

Brickellia pacayensis J.M. Coult., *Coleosanthus glandulosus* (La Llave) Kuntze, *C. pacayensis* (J.M. Coult.) J.M. Coult., *Ismaria glandulosa* (La Llave) Raf.

Subarbustos o arbustos 1-3 m; tallos hirsútulos, con entrenudos frecuentemente cortos, c. 2 cm, especialmente en la capitulescencia. Hojas: primarias 4-10 × 2.5-6 cm, numerosas hojas secundarias c. 2 ×

1 cm, la lámina ovada, trinervias desde la base, ambas superficies densamente pilósulas, la superficie abaxial más densamente punteado-glandulosa, la base anchamente redondeada a subtruncada, los márgenes crenulado-serrulados, el ápice cortamente agudo; pecíolo primario 1-2 cm. Capitulescencia tirsoide con numerosos ramas opuestas primarias y secundarias; pedúnculos densamente estipitado-glandulosos. Cabezuelas 12-14 mm; filarios 18-20, 5-7 × 1.5-2.5 mm, los externos herbáceos o a veces herbáceos, la 1/2 o más del largo de los internos, 6-8-acostillados, los internos 5-12 × 0.8-1.5 mm, cartáceos, generalmente 4-acostillados, las superficies con numerosas glándulas estipitadas. Flores 22-25; corola 5.5-7 mm, blanco cremosa. Cipselas 2.5-3.5 mm, densamente setulosas, las sétulas ascendentes; vilano de cerdas c. 6 mm, más bien fácilmente deciduas, blancas. 2*n* = 9. *Selvas medianas perennifolias, rocas en acantilados, laderas arboladas.* Ch (*Ton 2194*, US); G (*King 7385*, US); H (*Standley 56501*, US); ES (*Velasco 8900*, US); N (*Baker 2163*, US). 600-1800 m. (SO. México, Mesoamérica.)

4. Brickellia kellermanii Greenm., *Publ. Field Columb. Mus., Bot. Ser.* 2: 265 (1907). Holotipo: Guatemala, *Kellerman 6127* (F). Ilustr.: Robinson, *Mem. Gray Herb.* 1: t. 32 (1917).

Brickellia kellermanii Greenm. forma *podocephala* B.L. Rob.

Arbustos delgados 1-1.5 m; tallos densamente puberulentos a hírtulos. Hojas pecioladas, 3.5-5 × 1-2.5 cm, las hojas secundarias generalmente 0.8-2 × 0.3-0.7 cm, oblongas, las láminas primariamente trinervias desde cerca de la base, ambas superficies pilósulas y punteado-glandulosas, la base y el ápice obtusos o cortamente agudos, los márgenes serrulados; pecíolo 0.1-0.5 cm. Capitulescencia tirsoide-paniculada con ramas espigadas o racemosas; pedúnculos cortos a alargados, puberulentos a hírtulos. Cabezuelas 12-14 mm; filarios c. 30, 2-12 × 1.5-1.8 mm, cartáceos, frecuentemente rojizos, el ápice cuspidado, los filarios externos y más anchos 6-8 acostillados, pilósulos y punteado-glandulosos generalmente en la superficie distal medial. Flores c. 12; corola c. 5.5 mm. Cipselas c. 3 mm, densamente setosas, las sétulas erecto-patentes; vilano de cerdas generalmente c. 6 mm, blancas. *Bosques rocosos de* Pinus, *sabanas con* Pinus, *matorrales densos.* Ch (Breedlove, 1986: 43); B (*Rose-Innes 168*, US); G (*Kellerman 6127*, F); H (*Swallen 10913*, US); ES (Pruski et al., 2016: 9); N (Dillon et al., 2001: 300, como *Brickellia oliganthes*); CR (Pruski et al., 2016: 9). 300-2000 m. (Endémica.)

El registro de Breedlove (1986) de *Brickellia kellermanii* en Chiapas está basado en cuatro colecciones de Breedlove (*7629, 23427, 33415* y *33503*) que no se han estudiado. Turner (1997a) y Dillon et al. (2001) trataron esta especie como un sinónimo de *B. oliganthes*.

5. Brickellia paniculata (Mill.) B.L. Rob., *Proc. Amer. Acad. Arts* 42: 48 (1907 [1906]). *Eupatorium paniculatum* Mill., *Gard. Dict.* ed. 8 *Eupatorium* no. 15 (1768). Holotipo: México, Veracruz, *Houstoun s.n.* (BM). Ilustr.: Williams, *Fieldiana, Bot.* 24(12): 469, t. 14a (1976). N.v.: Amargoso, amor de barre horno, chirivisca, oregano de monte, H.

Brickellia hartwegii A. Gray, *Coleosanthus paniculatus* (Mill.) Standl., *C. rigidus* Kuntze, *Eupatorium rigidum* Benth. non Sw.

Arbustos 1-2 m; tallos densamente puberulentos a densamente estipitado-glandulosos. Hojas pecioladas; láminas primarias 3-6 × 2.5-5 cm, ovadas, trinervias desde la base, ambas superficies punteado-glandulosas pero más densamente abaxialmente, la superficie adaxial densamente pilósula, la superficie abaxial densamente pilósula a tomentosa, la base subtruncada a escasamente cordata, los márgenes crenulados a dentados, el ápice cortamente agudo; pecíolo 0.2-1 cm. Capitulescencia tirsoide-paniculada con numerosas ramas racemosas opuestas; pedúnculos densamente robusto-estipitado-glandulosos. Cabezuelas 10-13 mm; filarios 18-20, 2-10 × 1-1.5 mm, cartáceos, en parte estipitado-glandulosos, los filarios externos y más anchos 6-8 acostillados, los internos no blanquecinos apicalmente. Flores c. 18; corola c. 7 mm. Cipselas 2.7-3 mm, densamente setulosas, setas

ascendentes; vilano de cerdas c. 6 mm, blancas. 2*n* = 9. *Bosques secos de* Quercus, *bosques de* Pinus, *bosques mixtos, potreros, orillas de camino.* Ch (*Goldman 754*, US); G (*Kellerman 4750*, US); H (*Burch 6151*, US); ES (*Standley 20384*, US); N (*Molina R. 20618*, US). 50-2700 m. (SO. México, Mesoamérica.)

La cita dada por Williams (1976a) y Dillon et al. (2001) de *Brickellia paniculata* en Costa Rica se trata posiblemente de identificaciones erróneas de material referido a *B. argyrolepis*. Williams (1976) trató *B. adenocarpa*, *B. argyrolepis*, *B. guatemalensis* y *B. adenocarpa* var. *glandulipes* como sinónimos de *B. paniculata*. Dillon et al. (2001) trataron *B. hebecarpa* (DC.) A. Gray como un sinónimo de *B. paniculata*.

6. Brickellia scoparia (DC.) A. Gray, *Smithsonian Contr. Knowl.* 3(5): 84 (1852). *Clavigera scoparia* DC., *Prodr.* 5: 128 (1836). Lectotipo (designado por McVaugh, 1984): México, Guanajuato, *Méndez s.n.* (G-DC). Ilustr.: Robinson, *Mem. Gray Herb.* 1: t. 14 (1917). N.v.: Bakuch wamal, Ch.

Clavigera scabra Benth., *Coleosanthus scoparius* (DC.) Kuntze.

Subarbustos virguliformes generalmente 1-1.5 m; tallos densa y cortamente hispídulos. Hojas subsésiles; láminas 1-6 × 0.2-0.6 cm, alternas, lineares a angostamente oblongas, pinnatinervias o ligeramente trinervias con nervaduras submarginales cortas desde cerca de la base, ambas superficies esparcidamente puberulentas y punteado-glandulosas, la base y el ápice cortamente agudos, los márgenes enteros; pecíolo menos de 0.2 cm. Capitulescencia una panícula tirsoide alargada con numerosas ramas ascendentes alternas, las cabezuelas corimbosas a racemosas sobre las ramas; pedúnculos densamente puberulentos. Cabezuelas 10-12 mm; filarios c. 24, generalmente 1.5-9 × 1-1.3 mm, cartáceos, generalmente 4-acostillados, glabros o el ápice algunas veces glanduloso, los márgenes hialinos, el ápice apiculado, los filarios externos no herbáceos, progresivamente más cortos y menos de la 1/2 del largo de los internos. Flores 9 o 10; corola c. 7 mm, blanquecina, los lobos glandulosos; ramas del estilo lineares. Cipselas c. 3.5 mm, esparcidamente setulosas; vilano de cerdas c. 7 mm, blanco sórdido a parduscas. 2*n* = 9. *Bosques semihúmedos, bosques de* Quercus, *flujos de lava, calizas húmedas.* Ch (*Laughlin 2979*, US); G (*Seler 3023*, US). 800-3000 m. (O. México, Mesoamérica.)

77. Campuloclinium DC.

Eupatorium L. sect. *Campuloclinium* (DC.) Benth. ex Baker
Por H. Robinson.

Hierbas toscas erectas o subarbustos, frecuentemente desde bases tuberosas; tallos generalmente hirsutos. Hojas opuestas o alternas, sésiles o con pecíolo angostamente alado; láminas ovadas a angostamente oblongas o angostamente elípticas, ambas superficies punteado-glandulosas. Capitulescencia cimosa a corimbosa, las cabezuelas pocas a numerosas. Cabezuelas medianas a grandes, discoides, con 30-120 flores; filarios 15-30, eximbricados o ligeramente subimbricados, 2-3-seriados, no obviamente graduados, generalmente subiguales, los filarios externos ligeramente más cortos, frecuentemente anchos, persistentes; clinanto cónico o marcadamente redondeado, más ancho que alto, sin páleas, ligeramente esclerificado con pequeñas prominencias en los haces vasculares de la cipsela, sin estrías, no fistuloso; corola angostamente infundibuliforme, rosada a color púrpura, el limbo solo escasamente más ancho que el tubo, los lobos 5, anchamente triangulares, generalmente con células redondeadas mamilosas o papilosas por dentro, escasa a marcadamente papilosos; anteras con el collar con células subcuadrangulares proximalmente, con densos engrosamientos transversales, oblicuos o verticales sobre las paredes, el apéndice oblongo-ovado, hasta 1.5 veces tan ancho como largo, no truncado; estilo con la base sin nudo conspicuo, generalmente pelosa, las ramas anchamente lineares, aplanadas, mamilosas o papilosas. Cipselas 4-7 mm, prismáticas, los costados y las costillas discoloros, los costados negros, las costillas 5, prominentes, pálidas, marcadamente setulosas, la base estipitada, el carpóforo agrandado, un anillo cortamente cilíndrico, las células grandes y cortas, 6-8-seriado, las paredes escasamente engrosadas; vilano de 25-40 cerdas escabrosas, persistentes, no ensanchadas apicalmente. 14 spp. Brasil y 1 sp. al norte hasta México, escapando en Sudáfrica.

Bibliografía: Cowan, C.P. *Listados Florist. México* 1: 1-123 (1983). King, R.M. y Robinson, H. *Monogr. Syst. Bot. Missouri Bot. Gard.* 22: 126-128 (1987).

1. Campuloclinium macrocephalum (Less.) DC., *Prodr.* 5: 137 (1836). *Eupatorium macrocephalum* Less., *Linnaea* 5: 136 (1830). Holotipo: México, Veracruz, *Schiede y Deppe 292* (foto US! ex B). Ilustr.: Cabrera, *Fl. Il. Entre Ríos* 6: 177, t. 86 (1974). N.v.: San Martín, H.

Eupatorium albertinae Ant. Molina.

Hierbas toscas 0.5-1 m, generalmente sin ramificar por encima de la base; tallos rígidamente hirsutos. Hojas opuestas a frecuentemente alternas distalmente; láminas 3-9 × 1-4 cm, decreciendo distalmente, angostamente ovadas a angostamente elípticas, ligeramente trinervias, las nervaduras secundarias pocas, marcadamente ascendentes, ambas superficies gruesamente pilosas sobre las nervaduras y los márgenes, la base aguda, tornándose angostamente acuminada, los márgenes serrados, el ápice obtuso; pecíolo 0.5-2 cm, alado distalmente. Capitulescencia subescapífera, ligeramente cimosa, las cabezuelas pocas a varias, grandes. Cabezuelas 12-18 × 12-18 mm; filarios c. 20, 8-14 × 3-6 mm, anchamente elípticos, generalmente purpúreos, densamente hirsútulos. Flores generalmente 90-120; corola c. 5 mm, color púrpura. Cipselas 5-6 mm; vilano de cerdas 4.5-5.5 mm, sórdidas. *Pastizales abiertos, potreros viejos.* T (Cowan, 1983: 25, como *Eupatorium macrocephalum*); Ch (*Matuda 3816*, US); G (*Aguilar H. 113*, MO); H (*Davidse y Pohl 2427*, MO); CR (*López 77*, MO). 80-1300 m. (C. México, Mesoamérica, Colombia, Bolivia, Brasil, Paraguay, Uruguay, Argentina; escapando a Sudáfrica.)

Pérez J. et al. (2005: 84) erróneamente citaron *Matuda 3268* (ahora determinada como *Hebeclinium macrophyllum*) documentando este taxón en Tabasco. Williams (1976) no registró *Campuloclinium macrocephalum* en Guatemala. En el protólogo original el ejemplar fue citado como *Schiede y Deppe 192*.

78. Carminatia Moc. ex DC.

Por H. Robinson.

Hierbas erectas anuales, con pocas ramas desde la base o sin estas, cortamente axonomorfas o cortamente procumbentes; tallos con pelosidad frecuentemente en líneas. Hojas opuestas, con pecíolos delgados; láminas anchas, trinervias desde o cerca de la base, no glandulosas. Capitulescencia de aspecto espigado, las cabezuelas solitarias o agregadas en los nudos, generalmente sésiles o sobre cortos pedúnculos laterales. Cabezuelas discoides, con 10-11 flores; filarios c. 20, subimbricados, desiguales, c. 3-seriados, persistentes, patentes con la edad, lanceolados, con márgenes hialinos; clinanto aplanado, sin páleas, con la superficie esclerificada, glabra; corola blanca, tubular a angostamente infundibuliforme, las nervaduras bastante engrosadas hacia la base, los lobos 5, triangulares a oblongo-ovados, lisos con células oblongas sobre ambas superficies; anteras con el collar con células subcuadrangulares proximalmente, con débiles engrosamientos anulares sobre las paredes, el apéndice escasamente más largo que ancho; estilo con la base no agrandada, glabra, las ramas angostamente lineares a escasamente claviformes, escasamente mamilosas. Cipselas prismáticas, 5-acostilladas, con diminutas espículas, el carpóforo anuliforme, con una serie de células agrandadas delgadas, de paredes engrosadas; vilano de 9-13 cerdas plumosas, parcialmente fusionadas en la base, frecuentemente

deciduas en grupos, las cerdas aplanadas y plumosas con células marginales flexuosas largas. 3 spp. Estados Unidos (Arizona), México, Mesoamérica.

Bibliografía: Pruski, J.F. y Clase G., T. *Phytoneuron* 2012-32: 1-15 (2012). Rzedowski, J. y Calderón de Rzedowski, G. *Anales Esc. Nac. Ci. Biol.* 31: 9-11 (1987). Turner, B.L. *Pl. Syst. Evol.* 160: 169-179 (1988).

1. Corolas angostamente infundibuliformes, ensanchadas por encima de la constricción basal, 0.7-1 mm de diámetro distalmente (cuando secas); cabezuelas 16-18 mm; cipselas 5.5-7 mm, atenuadas en el 1/3 distal.
1. C. recondita
1. Corolas tubulares, no ensanchadas por encima de la constricción basal, menos de 0.5 mm de diámetro distalmente; cabezuelas 12-15 mm; cipselas 4-5.3 mm, no atenuadas en el 1/3 distal.
2. C. tenuiflora

1. Carminatia recondita McVaugh, *Contr. Univ. Michigan Herb.* 9: 384 (1972). Holotipo: México, Nayarit, *McVaugh y Koelz 804* (MICH). Ilustr.: McVaugh, *Fl. Novo-Galiciana* 12: 205, t. 29e-g (1984).

Brickellia recondita (McVaugh) D.J. Keil et Pinkava.

Hierbas 0.5-1.2 m; tallos laxamente pilosos. Hojas pecioladas; láminas 2-9 × 2-11 cm, anchamente ovadas, trinervias desde la base de la acuminación basal, ambas superficies esparcidamente pilosas, la base subtruncada con una corta acuminación central, cada uno de los márgenes crenados o serrulados con 8-20 dientes, el ápice cortamente acuminado; pecíolo 1-4 cm. Capitulescencia una espiga compuesta, los tallos proximales no en floración 10-30 cm, desde 0.5 hasta 1.5 veces tan largos como la espiga, la espiga marcadamente unilateral. Cabezuelas 16-18 mm, patentes o péndulas en la antesis; involucro 14-16.5 mm; filarios 2-15 × 1-1.5 mm. Flores 10 u 11, corola angostamente infundibuliforme, ensanchada por encima de la constricción basal, 7.5-9 × 0.7-1 mm distalmente cuando secas; apéndice de las anteras 1.1-1.4 mm. Cipselas 5.5-7 mm, atenuadas y setulosas en el 1/3 distal; vilano de cerdas 6-7 mm. $2n = 10$. *Barrancos arbolados, laderas rocosas o arboladas, bordes de ríos, bosques de* Pinus *o* Quercus *en la vertiente del Pacífico.* Ch (*Cronquist 9667*, NY); G (*Heyde y Lux 4205*, US); H (Pruski y Clase, 2012: 13); ES (*Calderón 1296*, US). 400-1800 m. (México [Colima, Edo. México, Guerrero, Jalisco, Michoacán, Morelos, Nayarit, Oaxaca, San Luis Potosí, Sinaloa, Veracruz], Mesoamérica.)

2. Carminatia tenuiflora DC., *Prodr.* 7: 267 (1838). Holotipo: México, Guanajuato, *Méndez s.n.* (G-DC). Ilustr.: Williams, *Fieldiana, Bot.* 24(12): 470, t. 15 (1976).

Brickellia tenuiflora (DC.) D.J. Keil et Pinkava.

Hierbas 0.5-1.4 m; tallos laxamente pilosos. Hojas pecioladas; láminas 1.5-6(-9) × 1.2-7(-11) cm, anchamente ovadas, trinervias desde la base, la acuminación basal subtruncada a obtusa, ambas superficies esparcidamente pilosas, cada uno de los márgenes crenados o serrados con 10-20 dientes, el ápice cortamente agudo a breve y obtusamente acuminado; pecíolo 1-4 cm. Capitulescencia una espiga compuesta, los tallos proximales no en floración 5-15 cm, frecuentemente hasta el 1/3 del largo de la espiga, espiga rara vez unilateral. Cabezuelas 12-15 mm, frecuentemente ascendentes en la antesis temprana; filarios 2-13.5 mm, los internos 11-33.5 × 1-1.5 mm. Flores c. 11; corola menos de 0.5 mm de diámetro distalmente, tubular, no ensanchada por encima de la constricción basal; apéndice de las anteras 0.7-0.8 mm. Cipselas 4-5.3 mm, no atenuadas en el 1/3 distal, glabras distalmente; vilano de cerdas 6-7 mm. $2n = 10$. *Matorrales, selvas altas perennifolias, encañonados.* G (*Standley 81239*, F). 1500-2400 m. (Estados Unidos [S. Arizona], laderas del Pacífico en México, disyunta hasta Mesoamérica.)

Se presume que el registro de Standley y Calderón (1925) y de Williams (1976a) de *Carminatia tenuiflora* en El Salvador se basa en identificaciones erróneas de *C. recondita*.

79. Chromolaena DC.

Eupatorium L. sect. *Cylindrocephalum* DC., *Osmia* Sch. Bip.
Por H. Robinson.

Hierbas perennes erectas a más bien escandentes, arbustos o árboles pequeños, esparcida a densamente ramificados, algunas veces desde bases tuberosas; tallos generalmente pelosos. Hojas opuestas, sésiles o pecioladas; láminas ovadas o triangulares a elípticas o lineares, trinervias desde o cerca de la base hasta rara vez pinnadas con las nervaduras secundarias todas ascendentes desde marcadamente por encima de la base de la lámina o uninervias. Capitulescencia generalmente tirsoide o candelabriforme, raramente con cabezuelas solitarias sobre pedúnculos largos. Cabezuelas cilíndricas o campanuladas, discoides, con 6-75 flores; involucro típicamente más de dos veces más largo que ancho; filarios 18-65, imbricados, desiguales, graduados, 4-6-seriados, permaneciendo adpresos hasta caer, no patentes al secarse o envejecer, todos finalmente deciduos, dejando clinantos desnudos, los externos caen primero; clinanto aplanado a escasamente convexo, generalmente sin páleas o rara vez paleáceo; corola más bien cilíndrica a angostamente infundibuliforme, típicamente incluida en el involucro, blanca, azul, color lavanda o color púrpura, los lobos 5, triangular, 1-2 veces más largos que anchos, papilosos o algunas veces lisos por dentro, generalmente con una caperuza distal de células esclerificadas por fuera; anteras con el collar frecuentemente ensanchado proximalmente, con numerosas células subcuadrangulares que llevan engrosamientos transversales, oblicuos o verticales sobre las paredes, el apéndice más largo que ancho, no truncado; estilo con la base no agrandada, glabra, las ramas con apéndices lineares, escasamente mamilosas a densa y largamente papilosas. Cipselas prismáticas, 3-5-acostilladas, setulosas, algunas veces glandulosas, el carpóforo cortamente cilíndrico o angostado proximalmente, las células pequeñas, generalmente subcuadrangulares o más anchas, capa externa de células de pared gruesa en 7-10 hileras, las células más grandes esclerificadas por dentro; vilano de c. 40 cerdas escábridas persistentes, el ápice agudo, escasamente ensanchado o no ensanchado. Aprox. 165 spp. Sureste de los Estados Unidos, México, Mesoamérica, las Antillas, Brasil.

Bibliografía: King, R.M. y Robinson, H. *Monogr. Syst. Bot. Missouri Bot. Gard.* 22: 383-388 (1987).

1. Láminas de las hojas pinnatinervias, con nervaduras secundarias todas ascendentes conspicuamente por encima de las bases.
  2. Clinantos paleáceos; ápice de los filarios escasamente cuculado; hojas subsésiles; pecíolos 0.1-0.3(-0.8) cm, basalmente subamplexicaules.
9. C. opadoclinia
  2. Clinantos de cabezuelas sin páleas; ápice de los filarios aplanado; hojas con pecíolos 0.3-2 cm, agudas a angostamente redondeadas basalmente.
    3. Nervaduras secundarias generalmente 4-6 pares, más bien uniformemente espaciados; pecíolos 0.3-1 cm.   **3. C. glaberrima**
    3. Nervaduras secundarias generalmente 3 pares, no uniformemente espaciados; pecíolos 0.5-2 cm.   **10. C. quercetorum**
1. Láminas de las hojas trinervias desde o cerca de la base.
  4. Involucros menos de dos veces más largos que anchos; corolas exertas más allá de los involucros por 1/2 o más de su longitud; lobos de la corola sin caperuza grande esclerificada, lisos sobre la superficie interna.
    5. Hojas trinervias desde la base de las láminas, ambas superficies con nérvulos no ligeramente prominentes, la superficie abaxial densamente punteado-glandulosa.   **2. C. collina**
    5. Hojas trinervias desde 3-7 mm por encima de la base de las láminas, ambas superficies con nérvulos ligeramente prominentes, la superficie abaxial esparcidamente punteado-glandulosa.   **4. C. hypodictya**
  4. Involucros más de dos veces más largos que anchos; corolas generalmente incluidas en el involucro; lobos de la corola generalmente con una conspicua caperuza esclerificada distalmente (ausente solo en *C. ivifolia*), papilosos sobre las superficies internas.

  6. Plantas con tallos y pedúnculos glabros o esencialmente glabros.
6. C. laevigata
  6. Plantas con al menos los pedúnculos diminutamente puberulentos a pilosos.
    7. Filarios internos con ápices diferenciados, más bien expandidos y frecuentemente color lavanda; láminas de las hojas lanceoladas a angostamente elípticas.   **5. C. ivifolia**
    7. Filarios internos con ápices no diferenciados; láminas de las hojas generalmente ovadas a deltoides hasta rómbico-ovadas.
      8. Filarios con ápice angostamente agudo.   **1. C. breedlovei**
      8. Filarios con ápice redondeado u obtuso.
        9. Ramas de la capitulescencia generalmente ascendentes en un ángulo de 45-55°, las ramitas generalmente con solo 2 o 3 cabezuelas; costados y costillas de las cipselas diminutamente setulosos.
7. C. lundellii
        9. Ramas de la capitulescencia generalmente patentes en un ángulo de 70-90°, con agregados de numerosas cabezuelas; cipselas con sétulas solo sobre las costillas.   **8. C. odorata**

1. Chromolaena breedlovei R.M. King et H. Rob., *Phytologia* 47: 233 (1980). Holotipo: México, Chiapas, *Breedlove 7936* (NY!). Ilustr.: no se encontró.

Eupatorium breedlovei (R.M. King et H. Rob.) B.L. Turner.

Arbustos trepadores moderadamente ramificados, hasta 2 m; tallos diminutamente puberulentos. Hojas pecioladas; láminas 2-8 × 1-3 cm, ovadas, trinervias desde o cerca de la base, la superficie adaxial esparcidamente pilosa, la superficie abaxial densamente rojizo-punteado-glandulosa, la base aguda a truncada, los márgenes con c. 5 dientes reducidos o toscos, el ápice angostamente agudo; pecíolo 0.5-1 cm. Capitulescencia candelabriforme, las ramas patentes en un ángulo de 50-90°; pedúnculos hírtulos a pilósulos. Cabezuelas 12-16 mm; filarios c. 27, 3-14 mm, angostamente agudos, los filarios internos con ápice no diferenciado; clinanto sin páleas. Flores 19-25; corola 6-7 mm, color lavanda, los lobos con una caperuza distal esclerificada, papilosos por dentro. Cipselas 6.5-7.2 mm, 5-anguladas, las costillas amarillas cuando maduras, setulosas; vilano de cerdas 5.5-6.5 mm, escasamente ensanchadas distalmente. *Selvas altas perennifolias, bosques caducifolios, laderas rocosas.* Ch (*Davidse et al. 30140*, MO). 400-1700 m. (México [Oaxaca], Mesoamérica.)

2. Chromolaena collina (DC.) R.M. King et H. Rob., *Phytologia* 20: 208 (1970). *Eupatorium collinum* DC., *Prodr.* 5: 164 (1836). Sintipo: México, Veracruz, *Berlandier 2162* (G-DC). Ilustr.: Williams, *Fieldiana, Bot.* 24(12): 471, t. 16 (1976). N.v.: Bak pom te', Ch; barriquete, G; amargoso, candelilla, crucito, flor de San Antonio, mafitero, majitero, manta lisa, tatascán colorado, vara de candela, vara negra, H; vara de cama, ES.

Eupatorium neaeanum DC., *Kyrstenia collina* (DC.) Greene.

Arbustos moderadamente ramificados y árboles pequeños, 1-6 m; tallos densamente grisáceo-puberulentos, glabrescentes. Hojas pecioladas; láminas 4-12 × 2-7 cm, triangular-ovadas, trinervias desde la base, frecuentemente bordeando la acuminación basal, ambas superficies con nérvulos no ligeramente prominentes, la superficie adaxial diminutamente puberulenta, la superficie abaxial marcadamente puberulenta a pilósula, densamente amarillento-punteado-glandulosa, la base anchamente obtusa a truncada, los márgenes serrulados a subenteros, el ápice angosta y cortamente acuminado; pecíolo 1-3 cm. Capitulescencia anchamente corimbosa; pedúnculos puberulentos a pilósulos. Cabezuelas 6-9 mm; involucro menos de dos veces más largo que ancho; filarios c. 20, 2-6 mm, oblongos, verdosos con algunos matices color violeta, el ápice generalmente obtuso, densamente puberulentos; clinanto sin páleas. Flores 24-46; corola 4-4.5 mm, blanquecina, exerta más allá del involucro por 1/2 o más de su longitud, los lobos sin caperuza por fuera, lisos por dentro. Cipselas c. 4 mm, 5-anguladas, las costillas concoloras, setulosas sobre las costillas y la base angosta; vilano de cerdas c. 4 mm, escasamente ensanchadas distalmente o no ensanchadas. *Laderas, laderas con gramíneas y* Quercus, *bosques de* Pinus-Quercus, *bosques de neblina, bordes secos.* Ch (*Ton 1459*, US); G (*Skutch 1991*, US); H (*Standley 55874*, US); ES (Berendsohn y Araniva de González, 1989: 290-3); N (*Molina R. y Williams 20161*, US); CR (*Wilbur y Stone 9718*, US); P (*D'Arcy y Sytsma 14289*, MO). 50-2100 m. (México, Mesoamérica.)

La cita de McVaugh (1984) de *Eupatorium collinum* var. *mendezii* (DC.) McVaugh de Chiapas se refiere a material de *Chromolaena collina*.

3. Chromolaena glaberrima (DC.) R.M. King et H. Rob., *Phytologia* 20: 208 (1970). *Eupatorium glaberrimum* DC., *Prodr.* 5: 144 (1836). Holotipo: México, Guerrero, *Haenke s.n.* (G-DC). Ilustr.: no se encontró. N.v.: Venadillo, G; flor Pascua, lengua de vaca, lengua de venado, venadillo, H; carga-pino, cola de caballo, toronjito, ES.

Chromolaena oerstediana (Benth.) R.M. King et H. Rob., *Eupatorium glaberrimum* DC. var. *michelianum* (B.L. Rob.) B.L. Rob., *E. michelianum* B.L. Rob., *E. oerstedianum* Benth., *E. vernonioides* J.M. Coult., *Osmia glaberrima* (DC.) Sch. Bip.

Plantas moderadamente ramificadas, 1-3 m; tallos puberulentos a hírtulos, glabrescentes. Hojas pecioladas; láminas mayormente 8-19 × 1.5-5 cm, oblongo-lanceoladas, pinnatinervias, las nervaduras secundarias 4-6 pares, más bien uniformemente espaciadas, ambas superficies con diminuto retículo, la superficie adaxial subglabra, la superficie abaxial subglabra a puberulenta, diminutamente punteado-glandulosa, la base aguda a angostamente redondeada, los márgenes cercanamente serrulados, el ápice angostamente agudo a acuminado; pecíolo 0.3-1 cm. Capitulescencia ancha y densamente corimbosa; pedúnculos pilósulos. Cabezuelas 8-10 mm; filarios c. 50, 3-8 mm, oblongos a lineares, parduscos algunas veces matizados color violeta, el ápice redondeado a obtuso, aplanado, generalmente glabros; clinanto sin páleas. Flores c. 40; corola c. 4.5 mm, blanquecina, los lobos sin caperuza, lisos por dentro. Cipselas c. 2.8 mm, 5-anguladas, esparcidamente espiculíferas, las costillas frecuentemente blanquecinas; vilano de cerdas 4-4.5 mm, escasamente ensanchadas distalmente o no ensanchadas. *2n* = 10. *Bosques secundarios, laderas arboladas, laderas rocosas, áreas abiertas, llanos.* Ch (*Croat y Hannon 65015*, MO); B (*Bartlett 11607*, US); G (*Pruski et al. 4544*, US); H (*Molina R. 18446*, US); N (Dillon et al., 2001: 323, como *Eupatorium glaberrimum*). 55-1600 m. (C. México, Mesoamérica.)

Williams (1976a) trató *Chromolaena opadoclinia* como un sinónimo de *C. glaberrima*.

4. Chromolaena hypodictya (B.L. Rob.) R.M. King et H. Rob., *Phytologia* 49: 4 (1981). *Eupatorium hypodictyon* B.L. Rob., *Proc. Boston Soc. Nat. Hist.* 31: 250 (1904). Holotipo: Guatemala, *Nelson 3517* (GH!). Ilustr.: no se encontró.

Arbustos moderadamente ramificados, c. 3 m; tallos glabros. Hojas pecioladas; láminas 5-9 × 4-6 cm, anchamente ovadas, trinervias desde 3-7 mm por encima de la base, ambas superficies con retículo de nérvulos ligeramente prominentes y cercanos, la superficie adaxial ligeramente pilósula, la superficie abaxial más densamente pilósula, esparcidamente punteado-glandulosa, la base redondeada a subtruncada, los márgenes inconspicuamente crenado-serrados a subenteros, el ápice agudo o acuminado; pecíolo 1-2 cm. Capitulescencia ancha y densamente corimbosa; pedúnculos esparcidamente tomentosos. Cabezuelas c. 10 mm; involucro menos de dos veces tan alto como ancho; filarios c. 20, 3-7 mm, oblongos, el ápice obtuso, sórdido-puberulentos; clinanto sin páleas. Flores c. 25; corola c. 5 mm, blanquecina, exerta más allá del involucro más de 1/2 de su longitud, los lobos sin caperuza, lisos por dentro. Cipselas c. 3 mm, 5-anguladas, glabras; vilano de cerdas c. 5 mm, escasamente ensanchadas en el ápice. G (*Nelson 3595*, GH). 900-1200 m. (Endémica.)

Williams (1976a) reportó la planta a elevaciones de 2100 m, lo cual podría representar solo un error tipográfico de 1200.

5. Chromolaena ivifolia (L.) R.M. King et H. Rob., *Phytologia* 20: 202 (1970). *Eupatorium ivifolium* L., *Syst. Nat., ed. 10* 2: 1205 (1759). Lectotipo (designado por King y Robinson, 1975 [1976]): Jamaica, *Browne Herb. Linn. 978.28* (LINN). Ilustr.: Cabrera, *Fl. Il. Entre Ríos* 6: 184, t. 91 (1974).

Osmia ivifolia (L.) Sch. Bip.

Hierbas perennes, leve a moderadamente ramificadas, c. 1 m; tallos esparcidamente hirsutos. Hojas pecioladas; láminas mayormente 3-6 × 0.6-2 cm, lanceoladas a lineares, trinervias desde cerca de la base, la superficie adaxial escabriúscula, la superficie abaxial densamente amarillento-glandulosa a pardusco-glandulosa, la base angostamente aguda, los márgenes remotamente serrulados a subenteros, el ápice angostamente agudo a acuminado; pecíolo 0.1-0.5 cm. Capitulescencia multigraduada, corimbosa, candelabriforme, las ramas generalmente ascendentes en un ángulo de 30-45°; pedúnculos puberulentos. Cabezuelas c. 8 mm; filarios c. 30, 1-5 mm, oblongos, el ápice redondeado a subtruncado, el ápice de los filarios externos verdoso-herbáceo, escasamente recurvado, puberulento y glanduloso, el ápice de los filarios internos glabro, escarioso, altamente diferenciado, más bien expandido, frecuentemente color lavanda; clinanto sin páleas. Flores c. 25; corola c. 4 mm, generalmente color lavanda, los lobos sin ápice distal obvio esclerificado, papilosos por dentro. Cipselas 2-2.8 mm, 5-anguladas, cortamente setulosas generalmente sobre costillas pálidas; vilano de cerdas c. 4 mm, no ensanchadas distalmente. *2n* = 100. *Potreros viejos, pastizales, orillas de caminos.* Ch (*Nelson 3260*, US); G (*Heyde y Lux 6156*, US); H (*Standley 18956*, US); CR (*Espinoza 574*, MO); P (*Pittier 2903*, US). 60-1400 m. (S.E. Estados Unidos, México, Mesoamérica, Colombia, Venezuela, Guyana, Ecuador, Perú, Bolivia, Brasil, Paraguay, Uruguay, Argentina, Antillas.)

6. Chromolaena laevigata (Lam.) R.M. King et H. Rob., *Phytologia* 20: 202 (1970). *Eupatorium laevigatum* Lam., *Encycl.* 2: 408 (1786 [1788]). Holotipo: América Tropical, *Jussieu s.n.* (P-JU). Ilustr.: Pruski, *Fl. Venez. Guayana* 3: 250, t. 209 (1997). N.v.: Carga-pino, G; azota-caballo, azotacaballo, azota de caballo, cargapino, corozonillo, sotacaballo, zuncelillo, H.

Eupatorium psiadiifolium DC., *Osmia laevigata* (Lam.) Sch. Bip.

Hierbas perennes, moderadamente ramificadas o arbustos, hasta 2 m; tallos esencialmente glabros. Hojas pecioladas; láminas 4-10 × 1.5-4 cm, elípticas, trinervias desde la base, ambas superficies glabras, con nervaduras ligeramente prominentes, la superficie abaxial con puntuaciones glandulares víscidas, la base aguda a escasamente acuminada, los márgenes serrados, el ápice agudo a cortamente acuminado; pecíolo 0.3-0.8 cm. Capitulescencia ancha y más bien densamente corimbosa; pedúnculos glabros. Cabezuelas c. 10 mm; filarios 25-30, 1-8 mm, oblongos a angostamente oblongos, glabros, el ápice redondeado; clinanto sin páleas. Flores 15-20; corola c. 5 mm, color lavanda pálido, los lobos con una diminuta caperuza distal esclerificada, papilosos por dentro. Cipselas c. 3.5 mm, 5-anguladas, las costillas pálidas, escabriúsculas; vilano de cerdas c. 5 mm, escasamente ensanchadas distalmente. *2n* = 20. *Bosques de* Pinus, *laderas, a lo largo de arroyos, vegetación secundaria, selvas altas perennifolias, orillas de caminos, terrenos baldíos.* Ch (*Breedlove y Almeda 57195*, US); C (Martínez Salas et al., 2001: 24); G (*Kellerman 7334*, US); ES (*Calderón 2452*, US); N (Dillon et al., 2001: 325, como *Eupatorium laevigatum*); CR (*Skutch 2176*, US); P (*Pittier 5300*, US). 10-1600 m. (C. México, Mesoamérica, Colombia, Venezuela, Ecuador, Perú, Bolivia, Brasil, Paraguay, Argentina, Trinidad.)

7. Chromolaena lundellii R.M. King et H. Rob., *Wrightia* 6: 24 (1978). Holotipo: Guatemala, *Contreras 7278* (US!). Ilustr.: no se encontró.

Arbustos perennes, moderadamente ramificados, hasta 0.7 m; tallos diminutamente puberulentos. Hojas pecioladas; láminas 2-4.5 × 0.9-2.3 cm, ovadas a angostamente ovadas, trinervias desde muy cerca de la base, ambas superficies esparcidamente puberulentas, la superficie abaxial frecuentemente sin puntuaciones glandulares conspicuas, la base subaguda a cortamente aguda con acuminación corta, los márgenes crenados con pocos dientes, el ápice subagudo a angostamente redondeado; pecíolo 0.3-1 cm. Capitulescencia más bien difusa, con ramas ascendentes generalmente en un ángulo de 45-55°, solo con 2 o 3 cabezuelas en el ápice de las ramitas; pedúnculos diminutamente puberulentos. Cabezuelas 9-10 mm; filarios c. 25, 1-5 mm, oblongos a angostamente oblongos, el ápice redondeado, glabros, el ápice de los filarios internos no diferenciado; clinanto sin páleas. Flores 25-30; corola 3.5-4.5 mm, azulada, con caperuza distal esclerificada, papilosa por dentro. Cipselas c. 3.5 mm, 5-anguladas, diminutamente setulosas sobre los costados y las costillas; vilano de cerdas c. 3.5 mm, escasa pero conspicuamente ensanchadas en el ápice. *Cerca de lagunas, hábitats salobres, bosques.* Y (*Lundell y Lundell 7977*, US); C (*Martínez Salas et al., 2001: 24*); B (*Davidse y Brant 32679*, MO); G (*Contreras 7278*, US). 1-200 m. (Endémica.)

El espécimen de Davidse y Brant de Belice tiene el hábito de *Chromolaena lundellii*, pero las puntuaciones glandulares sobre las hojas como en *C. odorata*. Las cabezuelas son muy inmaduras para mostrar la pelosidad de la cipsela.

8. Chromolaena odorata (L.) R.M. King et H. Rob., *Phytologia* 20: 204 (1970). *Eupatorium odoratum* L., *Syst. Nat.*, ed. *10* 2: 1205 (1759). Lectotipo (designado por King y Robinson, 1975 [1976]): Jamaica, Plukenet, *Phytographia* 177, t. 3 (1692). Ilustr.: Pruski, *Mem. New York Bot. Gard.* 76(2): 102, t. 36 (2002). N.v.: Tocabal, tocaban, xtokabal, Y; yaxhatz, B; canutillo, crucetilla, cruz de campo, cruz-quen, curarina, curarina de monte, suplicio, G; candelilla, crucito, mejorana, rey del todo, tres putas, vara negra, H; alfombrilla de altura, bejuco lila, chimuyo, curarina, fregona, lila, ES; crucita olorosa, garrapata, N.

Eupatorium conyzoides Mill., *E. conyzoides* var. *floribunda* (Kunth) Hieron., *E. divergens* Less., *E. floribundum* Kunth, *E. graciliflorum* DC., *E. incisum* Rich., *E. klattii* Millsp., *Osmia floribunda* (Kunth) Sch. Bip., *O. odorata* (L.) Sch. Bip.

Hierbas perennes, moderadamente ramificadas a arbustos reclinados, hasta 3 m; tallos glabros a hirsutos. Hojas pecioladas; láminas 3-9 × 1-5 cm, deltoide a rómbico-ovadas, generalmente trinervias desde o cerca de la base, la superficie adaxial pilósula a subglabra, la superficie abaxial esparcida a densamente puberulenta, densamente rojizo-punteado-glandulosa, la base aguda a subtruncada, los márgenes enteros a serrados, el ápice agudo a angostamente acuminado; pecíolo 0.5-2 cm. Capitulescencia corimbosa-candelabriforme multigraduada, las ramas generalmente patentes en un ángulo de 70-90°, con agregados de numerosas cabezuelas; pedúnculos puberulentos. Cabezuelas 8-14 mm; filarios c. 15, 2-10 mm, oblongos a lineares, verde-amarillentos a parduscos, el ápice obtuso a redondeado, generalmente glabros o subglabros, los filarios basales más herbáceo-puberulentos y glandulosos, pequeños, hasta algunas veces más bien grandes, el ápice de los filarios internos no diferenciado; clinanto sin páleas. Flores 15-25; corola c. 6 mm, blanca, color lavanda, rosada, o azul claro, los lobos con conspicua caperuza distal esclerificada, papilosos por dentro. Cipselas 4-5 mm, 5-anguladas, densa y cortamente setulosas solo sobre las costillas pálidas; vilano de cerdas c. 5 mm, escasamente ensanchadas distalmente. *2n* = 29, 30, c. 40, 58, c. 64, c. 80. *Pastizales, vegetación secundaria, playas, sabanas, arroyos, a lo largo de carreteras.* T (*Barlow 4/1C*, US); Ch (*Breedlove 9430*, US); Y (*Gaumer 914*, US); C (*Martínez Salas et al., 2001: 24*); QR (*Sousa Sánchez y Cabrera Cano, 1983: 79*, como *Eupatorium odoratum*); B (*Record s.n.*, US); G (*Tejada 24*, US); H (*Pittier 1835*, US); ES (*Standley 20667*, US); N (*Baker 2415*, US); CR (*Skutch 2310*, US); P (*Maxon 4731*, US). 0-1600 m. (S.E. Estados Unidos, México, Mesoamérica, Colombia, Venezuela, Guayanas, Ecuador, Perú, Bolivia, Brasil, Paraguay, Argentina, Cuba, Jamaica, La Española, Puerto Rico, Islas Vírgenes, Antillas Menores; ampliamente introducida en África y Asia paleotropical.)

9. Chromolaena opadoclinia (S.F. Blake) R.M. King et H. Rob., *Phytologia* 20: 208 (1970). *Eupatoriastrum opadoclinium* S.F. Blake, *J. Wash. Acad. Sci.* 28: 479 (1938). Holotipo: México, Chiapas, *Matuda 702* (US!). Ilustr.: no se encontró. N.v.: Chikin chij, xchikin chij, xchikin vakax, Ch.

Eupatorium opadoclinium (S.F. Blake) McVaugh.

Arbustos moderadamente ramificados, 1-2 m; tallos densamente hirsutos con las bases de los tricomas persistentes. Hojas subsésiles; láminas 9-17 × 2-4.5 cm, oblongo-lanceoladas, pinnatinervias, las nervaduras secundarias c. 4 pares, ambas superficies con diminuto retículo ligeramente prominente, la superficie adaxial subglabra, la superficie abaxial finamente hirsútula especialmente sobre las nervaduras, diminutamente punteado-glandulosa, la base escasamente cordata, subamplexicaule, los márgenes escasa a conspicua y cercanamente serrulados, el ápice angostamente agudo; pecíolo 0.1-0.3(-0.8) cm. Capitulescencia ancha y densamente corimbosa; pedúnculos hirsútulos. Cabezuelas c. 12 mm; filarios c. 45, 3-9 mm, oblongos a lineares, pajizos, generalmente glabros, el ápice redondeado a obtuso, escasamente cuculado; clinanto paleáceo. Flores c. 45; corola c. 5.5 mm, blanquecina, los lobos sin caperuza, lisos por dentro. Cipselas 3-4.3 mm, 5-anguladas, esparcidamente espiculíferas, las costillas algunas veces blanquecinas; vilano de cerdas c. 5 mm, escasamente ensanchadas distalmente o no ensanchadas. *2n* = 10. *Bosques de Pinus, riscos de areniscas con Quercus, bosques de Pinus-Quercus, vegetación arvense a lo largo de carreteras.* Ch (*Croat 46513*, MO). 800-2000 m. (Endémica.)

Williams (1976a) trató esta especie como un sinónimo dentro de su concepto de *Eupatorium glaberrimum*.

10. Chromolaena quercetorum (L.O. Williams) R.M. King et H. Rob., *Phytologia* 37: 457 (1977). *Eupatorium quercetorum* L.O. Williams, *Fieldiana, Bot.* 36: 101 (1975). Holotipo: México, Chiapas, *Breedlove 14046* (F). Ilustr.: no se encontró.

Arbustos moderadamente ramificados, 1-3 m; tallos esparcidamente hirsutos, glabrescentes. Hojas pecioladas; láminas 8-14 × 1.5-4 cm, elípticas, pinnatinervias, las nervaduras secundarias c. 3 pares, desigualmente espaciadas, ambas superficies con diminuto retículo ligeramente prominente, la superficie adaxial glabra, la superficie abaxial esparcidamente pilósula, con inconspicuas y diminutas puntuaciones glandulares, la base aguda, los márgenes cercanamente serrulados, el ápice angostamente agudo a acuminado; pecíolo 0.5-2 cm. Capitulescencia ancha y densamente corimbosa; pedúnculos pilósulos. Cabezuelas 9-10 mm; filarios c. 35, 2-7 mm, oblongos a lineares, parduscos, el ápice redondeado a obtuso, aplanado, puberulentos a glabros; clinanto sin páleas. Flores 15-20; corola 4-5 mm, blanquecina, los lobos sin caperuza, lisos por dentro. Cipselas 2.5-2.8 mm, 5-anguladas, glabras, las costillas frecuentemente blanquecinas; vilano de cerdas c. 4 mm, escasamente ensanchadas distalmente o no ensanchadas. *Laderas, selvas altas perennifolias, selvas estacionales, laderas rocosas con Quercus, vegetación secundaria.* Ch (*Croat 47518*, MO); G (*Williams et al. 41242*, F); H (Molina R., 1975: 114, como *Eupatorium quercetorum*). 100-1500 m. (Endémica.)

No se pudo verificar los registros de *Chromolaena quercetorum* en Honduras de Molina R. (1975) y en Veracruz de Turner (1997a).

80. Condylidium R.M. King et H. Rob.

Por H. Robinson.

Hierbas o subarbustos perennes con raíces fibrosas; tallos puberulentos. Hojas opuestas; láminas ovadas a lanceoladas, anchas, trinervias desde o cerca de la base, ambas superficies punteado-glandulosas; pecíolo conspicuo, angostamente alado distalmente. Capitulescencia alargada tirsoide-paniculada, las ramas con ramificación cimosa laxamente divaricada; pedúnculos generalmente cortos. Cabezuelas angostamente campanuladas, discoides, con 5 o 6 flores; filarios 15, en 5 series de 3, desiguales, graduados, persistentes, patentes con la edad; clinanto aplanado, sin páleas, con la superficie esclerificada; corola blanca, el tubo corto, constricto, el limbo abruptamente campanulado, sin células subcuadrangulares por debajo de los lobos, los lobos triangulares, tan anchos como largos, lisos con células oblongas sobre ambas superficies; anteras con el collar con células subcuadrangulares proximalmente, con engrosamientos anulares débiles sobre las paredes, el apéndice escasamente más largo que ancho, no truncado; estilo con la base agrandada, densa y cortamente hirsuta, las ramas lineares, densa y largamente papilosas. Cipselas prismáticas, 5-acostilladas, cortamente setulosas, el carpóforo conspicuamente agrandado, asimétrico, contorto con una traza sigmoide, las células cuadrangulares a oblongas con paredes más bien gruesas; vilano de 30-40 cerdas escabrosas persistentes, el ápice angostado. 2 spp., Mesoamérica hasta los Andes hasta Bolivia, Antillas Mayores.

Bibliografía: King, R.M. y Robinson, H. *Monogr. Syst. Bot. Missouri Bot. Gard.* 22: 126-128 (1987).

1. Condylidium iresinoides (Kunth) R.M. King et H. Rob., *Phytologia* 24: 381 (1972). *Eupatorium iresinoides* Kunth in Humb., Bonpl. et Kunth, *Nov. Gen. Sp.* folio ed. 4: 83 (1820 [1818]). Holotipo: Colombia, *Humboldt y Bonpland s.n.* (P-Bonpl.). Ilustr.: Pruski, *Fl. Venez. Guayana* 3: 253, t. 211 (1997). N.v.: Crucita amarilla, crucita plateada, hoja blanca, N.

Eupatorium glumaceum DC., *E. macrum* Standl. et Steyerm., *E. wageneri* Hieron.

Hierbas perennes erectas, escasamente ramificadas, o subarbustos, hasta 2 m; tallos hírtulos. Hojas pecioladas; láminas 5-11 × 2-5 cm, la superficie adaxial esparcidamente puberulenta, la superficie abaxial densamente puberulenta a tomentulosa, las glándulas amarillentas, la base redondeada a aguda, generalmente más bien decurrente sobre la parte distal del pecíolo, los márgenes subenteros a serrado-dentados, el ápice cortamente acuminado; pecíolo 1-2.5 cm. Capitulescencia con 3-5 pares de ramas secundarias opuestas, las ramas laterales y la mitad de las seudodicotomías frecuentemente divergiendo en un ángulo de c. 45°; pedúnculos puberulentos a hírtulos. Cabezuelas 4-5 mm; filarios 0.5-3.5 mm, suborbiculares a angostamente lanceolados, los márgenes escariosos. Flores 5 o 6; corola 2.5-3.5 mm, el tubo 1-1.5 mm, los lobos glandulosos y generalmente con pocos tricomas submarginales cortos. Cipselas 1.2-2 mm, con sétulas cortas esparcidas sobre los costados y las costillas; vilano de cerdas 2.5-3.5 mm. 2*n* = 10. *Laderas rocosas, matorrales, vegetación secundaria, pastizales, playas, orillas de caminos.* B (Balick et al., 2000: 149); G (*Contreras 3768*, US); H (*Croat y Hannon 64489*, MO); N (*Stevens 4062*, US); P (*King 5263*, US). 0-1200 m. (Mesoamérica, Colombia, Venezuela, Guyana, Ecuador, Perú, Bolivia, Cuba, Antillas Menores, Trinidad.)

81. Conoclinium DC.

Por J.F. Pruski y H. Robinson.

Hierbas rizomatosas perennes, decumbentes a erectas; tallos simples o poco ramificados. Hojas opuestas, pecioladas; láminas ovadas a deltoide-ovadas, trinervias o tripartidas desde cerca de la base, ambas superficies glandulosas, los márgenes crenados a 2-pinnatífidos. Capitulescencia laxamente cimosa, las cabezuelas cortamente pedunculadas. Cabezuelas con 50-70 flores, discoides; involucro hemisférico; filarios c. 25, lanceolados, eximbricados, no obviamente graduados, generalmente subiguales, 2-seriados o 3-seriados, con los filarios externos un poco más cortos; clinanto cónico, más ancho que alto, sin páleas, no fistuloso; corola infundibuliforme, blanca o azul, glandulosa, el limbo solo escasamente más ancho que el tubo, los lobos 5, triangulares, papilosos distalmente, con cortas células abultadas adaxialmente, mamilosos a cortamente papilosos; anteras con el collar cilíndrico, las células densamente transversal-anulares, el apéndice tan ancho como largo, no

truncado; estilo con la base no agrandada, glabra, las ramas lineares a filiformes, el apéndice muy escasamente ensanchado distalmente, densamente papiloso. Cipselas prismáticas, negras, los costados y costillas concoloros, las costillas 5, delgadas, glabras o glandulosas, rara vez setulosas distalmente, el carpóforo básicamente ausente, las células subcuadrangulares 8-10-seriadas; vilano de c. 30 cerdas escábridas. 3-4 spp. Canadá, Estados Unidos, México, Mesoamérica.

1. Conoclinium betonicifolium (Mill.) R.M. King et H. Rob., *Phytologia* 19: 300 (1970). *Eupatorium betonicifolium* Mill., *Gard. Dict.* ed. 8 *Eupatorium* no. 9 (1768). Tipo: México, Veracruz, *Houstoun s.n.* (BM). Ilustr.: no se encontró.

Conoclinium betonicum DC., *C. betonicum* var. *integrifolium* A. Gray, *C. integrifolium* (A. Gray) Small, *Eupatorium hartwegii* Benth.

Hierbas hasta 1 m; tallos pelosos, los entrenudos distales más largos que las hojas asociadas. Hojas: láminas 2.5-6 × 0.8-3.5 cm, generalmente deltado-ovadas a angostamente deltado-ovadas, la base generalmente truncada a cordata, los márgenes crenados, el ápice obtuso a redondeado; pecíolo 0.5-2.5 cm. Capitulescencia en agregados terminales ligeramente congestos desnudos; pedúnculos 1-10 mm. Cabezuelas 3.5-5.5 mm; filarios 3.5-4.5 mm, pelosos; clinanto c. 0.5 mm; corola c. 3 mm, azul. Cipselas 1.4-1.8 mm; vilano de cerdas c. 3 mm. Floración may., oct. *Dunas costeras, suelos arenosos.* T (*Moreno et al. BD-1097*, MO); Y (Turner, 1997a: 89); C (Turner, 1997a: 89). 0-5 m. (México, Mesoamérica.)

La presencia de *Conoclinium betonicifolium* en Campeche, Quintana Roo, Yucatán y Guatemala citada por Turner (1997a: 89) no pudo ser verificada, y es muy poco probable que la especie se encuentre en Quintana Roo y Guatemala. Turner (1997a: 240) localizó *C. betonicifolium* desde Tabasco hasta el norte de México, pero bajo el nombre de *Eupatorium betonicifolium* (Turner, 1997a: 242) y así mismo en Campeche y Yucatán. Esta especie es aquí excluida de la vertiente oriental de la Península de Yucatán en Quintana Roo y Guatemala, y además la especie no fue claramente ubicada en ninguna de estas dos localidades por Turner (1999a).

82. Critonia P. Browne

Dalea P. Browne non L., *Wikstroemia* Spreng.

Por H. Robinson.

Hierbas o subarbustos toscos hasta árboles pequeños o bejucos leñosos, moderadamente ramificados; tallos teretes o angulados, glabros a densamente lanosos. Hojas opuestas, distintamente pecioladas; láminas conspicua y angostamente elípticas o lanceoladas hasta anchamente ovadas, pinnatinervias o trinervias, las aréolas pelúcido-punteadas, sin puntuaciones glandulares. Capitulescencia generalmente tirsoide-paniculada generalmente con numerosas cabezuelas agregadas. Cabezuelas cilíndricas o fusiformes, discoides, con 4-20(-25) flores; filarios c. (15-)20-25(-50), marcadamente subimbricados, desiguales, graduados, generalmente pajizos, los externos persistentes, los internos fácilmente deciduos; clinanto aplanado a escasamente convexo, sin páleas, con la superficie esclerificada, generalmente glabra; corola tubular a angostamente infundibuliforme, blanca o rara vez rosácea, sin tricomas, algunas veces con pocas glándulas o sétulas sobre los lobos o los lobos rara vez densamente puberulentos, los lobos oblongos a angosta y largamente triangulares, lisos con células oblongas sobre ambas superficies; anteras con el collar con numerosas células subcuadrangulares proximalmente, con pocos engrosamientos ornamentando las paredes o sin estos, el apéndice escasa a conspicuamente más largo que ancho, no truncado; estilo con la base sin nudo, glabra, las ramas filiformes a marcadamente ensanchadas o claviformes, casi lisas, rara vez marcadamente mamilosas. Cipselas prismáticas, 5-7-acostilladas, glabras a setulosas, el carpóforo un anillo o cilindro corto de pequeñas células subcuadrangulares con paredes engrosadas; vilano de 25-35 cerdas escabrosas persistentes, generalmente escasa a conspicuamente ensanchadas en el ápice. 40 spp., oeste y sur de México, Mesoamérica al norte de Suramérica, con 2-3 spp. al sur hasta Argentina, las Antillas.

El registro (como *Eupatorium*) de Whittemore (1987) y Turner (1997a) de *Critonia aromatisans* (DC.) R.M. King et H. Rob. en Yucatán está basado en el material tipo de *E. hemipteropodum*, aquí tratado en la sinonimia de *C. morifolia*. Williams (1976a) trató *Critonia hospitalis* (B.L. Rob.) R.M. King et H. Rob. como un sinónimo de *E. nubigenum*, pero aquí las colecciones de *C. hospitalis* s. l. de Guatemala se han vuelto a identificar como *C. breedlovei* o *c. tuxtlae*.

Bibliografía: King, R.M. y Robinson, H. *Monogr. Syst. Bot. Missouri Bot. Gard.* 22: 295-298 (1987). Whittemore, A.T. *Syst. Chem.* Eupatorium *sect.* Dalea. Unpublished Ph.D. thesis, Univ. Texas, Austin, 1-199 (1987).

1. Tallos densamente lanosos; cabezuelas 5-8 mm de diámetro, con 20-25 flores. **8. C. lanicaulis**
1. Tallos tomentulosos, o floculoso-pelosos a esparcidamente pilosos o glabros; cabezuelas 2-4 mm de diámetro, con 5-12 flores.
   2. Bejucos leñosos delgados; láminas de las hojas ovadas a anchamente elípticas u ovado-lanceoladas.
      3. Cabezuelas con 8-10 flores; aréolas de la hoja con puntuaciones pelúcidas inconspicuas o generalmente inconspicuas.
         4. Tallos angostamente fistulosos; ramas de la capitulescencia subglabras; involucros más de 2/3 del largo de las cabezuelas. **2. C. billbergiana**
         4. Tallos con médula sólida; ramas de la capitulescencia puberulentas o pilósulas; involucros ligeramente más de 1/2 del largo de las cabezuelas. **16. C. wilburii**
      3. Cabezuelas con 5 o 6 flores; aréolas de la hoja pelúcido-punteadas.
         5. Capitulescencias corimbosas, todas las cabezuelas pedunculadas; tallos más pequeños con médula sólida; tallos blanquecinos. **4. C. campechensis**
         5. Capitulescencias con las ramas con numerosas sésiles a subsésiles cabezuelas en fascículos; todos los tallos generalmente angostamente fistulosos; tallos pardo claro.
            6. Láminas de las hojas con ápice apiculado y cortamente agudo a obtuso; cipselas distalmente con sétulas antrorsas largas esparcidas; debajo de 1500 m. **1. C. bartlettii**
            6. Láminas de las hojas con ápice angosta y cortamente acuminado; cipselas distalmente con numerosas sétulas patentes cortas; por encima de 1000 m. **9. C. laurifolia**
   2. Hierbas toscas erectas o reclinadas, arbustos, o pequeños árboles.
      7. Tallos verdosos a amarillentos o pardo-amarillentos, generalmente fistulosos, frecuente y marcadamente tetragonales o hexagonales (excepto *C. morifolia*).
         8. Cabezuelas con 5 o 6 flores; vilano de cerdas no ensanchadas en el ápice; tallos y hojas glabros. **13. C. sexangularis**
         8. Cabezuelas con 8-12 flores; vilano de cerdas escasamente pero conspicuamente ensanchadas en el ápice; tallos y hojas glabros o más generalmente puberulentos o con alguna pelosidad floculosa o araneosa.
            9. Pecíolos generalmente no alados; tallos teretes a escasamente hexagonales, sin puntuaciones lineares, con pelosidad floculosa evanescente. **10. C. morifolia**
            9. Pecíolos anchamente alados hasta la base; tallos marcada a escasamente tetragonales, moteados con numerosas puntuaciones lineares oscuras, glabros a esparcidamente araneoso-pelosos. **12. C. quadrangularis**
      7. Tallos frecuentemente parduscos, rara vez tornándose blanquecinos o pálidos, la médula sólida, generalmente teretes o subhexagonales.
         10. Tallos densamente hírtulos a tomentulosos; cabezuelas c. 5 mm; lobos de la corola densamente puberulentos. **14. C. siltepecana**
         10. Tallos esparcidamente pilosos o hirsútulos a glabros; cabezuelas 6-15 mm; lobos de la corola glabros a esparcidamente setosos o esparcidamente glandulosos.

11. Láminas de las hojas con 1-4 nervaduras secundarias fuertes ascendentes en un ángulo de menos de 45°, las aréolas generalmente con puntuaciones pelúcido-redondeadas; cabezuelas subsésiles a cortamente pedunculadas.
   12. Láminas de las hojas trinervias desde la base, las nervaduras secundarias llegando hasta el 1/4 distal de la lámina, las axilas glabras; panícula anchamente laxo-corimbosa. **17. C. yashanalensis**
   12. Láminas de las hojas pinnatinervias o trinervias con nervaduras secundarias ascendentes desde muy por encima de las bases, con penachos de tomento en las axilas; panícula densamente piramidal o cilíndrica.
      13. Hojas elípticas a angostamente ovadas sin márgenes angulosos; capitulescencias una ancha panícula piramidal; cabezuelas 6-7 mm; cipselas cortamente setulosas sobre los costados, las costillas pálidas, glabras; vilano de c. 25 cerdas. **6. C. hebebotrya**
      13. Hojas con ángulo cerca del 1/3 proximal de los márgenes; capitulescencia una pequeña panícula tirsoide cilíndrica; cabezuelas 13-15 mm; cipselas densa y largamente setulosas sobre los costados y las costillas; vilano de c. 50 cerdas. **7. C. iltisii**
11. Láminas de las hojas regularmente pinnatinervias con 5-9 nervaduras secundarias patentes desde la vena media en un ángulo de más de 45°; aréolas con conspicuas líneas y puntuaciones pelúcidas; cabezuelas siempre sésiles en fascículos.
   14. Cabezuelas con c. 10 flores; vilano de 30-36 cerdas, c. 6 mm. **11. C. nicaraguensis**
   14. Cabezuelas con 5 flores; vilano de 25-30 cerdas, 3-4 mm.
      15. Ramas de la capitulescencia densamente patente-puberulentas o cortamente pilosas; ramas del estilo solo escasamente ensanchadas distalmente. **5. C. daleoides**
      15. Ramas de la capitulescencia subglabras o delgadamente adpreso-puberulentas; ramas del estilo conspicuamente engrosadas distalmente.
         16. Tallos hexagonales; hojas con ápice angostamente acuminado; corolas infundibuliformes, con lobos cortos c. 0.5 × 0.5 mm; cipselas escábridas generalmente sobre las costillas; vilano de cerdas angostadas antes del ápice ensanchado. **3. C. breedlovei**
         16. Tallos teretes a subhexagonales; hojas con ápice escasa y cortamente acuminado; corolas cortamente tubulares, los lobos escasamente más de 1.5 veces más largos que anchos; cipselas largamente setulosas sobre los costados y las costillas; vilano de cerdas anchas desde la base. **15. C. tuxtlae**

1. Critonia bartlettii (B.L. Rob.) R.M. King et H. Rob., *Phytologia* 22: 48 (1971). *Eupatorium bartlettii* B.L. Rob., *Contr. Gray Herb.* 100: 11 (1932). Holotipo: Belice, *Bartlett 13068* (MICH). Ilustr.: no se encontró.

Eupatorium tunii L.O. Williams.

Bejucos leñosos delgados, escasamente ramificados, flexuosos; tallos teretes, pardo pálido a claro, glabros, angostamente fistulosos. Hojas pecioladas; láminas mayormente 5-11 × 1.5-6.5 cm, anchamente elípticas, trinervias desde 2-10 mm por encima de la base, el par de nervaduras secundarias basales frecuentemente paralelo a los márgenes basales de la hoja, extendiéndose hasta pasar la mitad de la lámina, ambas superficies glabras, diminutamente pelúcido-punteadas, la base redondeada a obtusa, los márgenes remotamente serrulados, subenteros, el ápice redondeado con un pequeño apículo hasta cortamente acuminado; pecíolo 0.5-1.7 cm. Capitulescencia angostamente tirsoide-paniculada, los entrenudos proximales alargados, las ramas cortas, glabras, con cabezuelas sésiles o subsésiles en densos agregados fasciculados grandes. Cabezuelas c. 10 × 2.5-3 mm; filarios c. 20, 1-7 mm, anchamente ovados a lanceolados, glabros a escasamente puberulentos, ápices angostamente redondeados a cortamente agudos. Flores 5; corola c. 6.5 mm, glabra, los lobos c. 1 mm, angostamente oblongos; ramas del estilo escasamente ensanchadas distalmente. Cipselas c. 3.5 mm, distalmente con sétulas antrorsas largas esparcidas, proximalmente glabras, las costillas angostas, pálidas, la base escasamente angostada; vilano de 35-45 cerdas, 6-7 mm, escasamente ensanchadas en el ápice. *Remanentes, bosques secundarios, claros.* Ch (*Davidse et al. 20462*, US); B (*Lundell 6481*, US); G (*Ortiz 1306*, F); H (*Croat y Hannon 64392*, MO). 500-1700 m. (México [Veracruz], Mesoamérica.)

Whittemore (1987) y Turner (1997a) trataron *Critonia bartlettii* y *Eupatorium tunii* como sinónimos de *C. billbergiana*. El material que Turner (1997a) citó de Veracruz bajo el concepto combinado de *C. billbergiana* es probablemente esta especie.

2. Critonia billbergiana (Beurl.) R.M. King et H. Rob., *Phytologia* 22: 48 (1971). *Eupatorium billbergianum* Beurl., *Kongl. Vetensk. Acad. Handl.* 40: 134 (1854 [1856]). Holotipo: Panamá, *Billberg 300* (S). Ilustr.: King y Robinson, *Ann. Missouri Bot. Gard.* 62: 932, t. 20 (1975 [1976]).

Critonia eggersii (Hieron.) R.M. King et H. Rob., *C. magistri* (L.O. Williams) R.M. King et H. Rob., *Eupatorium eggersii* Hieron., *E. magistri* L.O. Williams.

Bejucos leñosos delgados escasamente ramificados, flexuosos, frecuentemente desparramados; tallos teretes, pálidos, glabros, angostamente fistulosos. Hojas pecioladas; láminas mayormente 5-11 × 2.5-5 cm, ovadas, trinervias, el par de nervaduras secundarias basales paralelo a los márgenes basales de la hoja, ambas superficies generalmente glabras, la superficie abaxial algunas veces esparcidamente pilosa sobre las nervaduras, con puntuaciones pelúcidas generalmente inconspicuas, la base redondeada a obtusa, los márgenes remotamente serrulados a subenteros, el ápice escasa y cortamente acuminado; pecíolo hasta 2 cm. Capitulescencia una panícula alargado-piramidal con entrenudos primarios largos, las ramas subglabras, con fascículos de cabezuelas sésiles frecuentemente en grupos de 3. Cabezuelas 9-11 × 2-3 mm; involucro más de 2/3 del largo de las cabezuelas; filarios 20-25, 1-6 mm, ovados a oblongo-lanceolados, glabros, el ápice angostamente redondeado, en los más internos agudo. Flores 8-10; corola 5-7 mm, tubular o angostamente infundibuliforme, glabra, los lobos 0.8-1 × 0.4-0.5 mm, angostamente triangulares; ramas del estilo escasamente ensanchadas distalmente. Cipselas 3-4 mm, glabras o ligeramente setulosas distalmente, la base escasamente angostada; vilano de 35-45 cerdas, 5-7 mm, escasa pero conspicuamente agrandadas en el ápice. *Bosques alterados, laderas forestadas, matorrales, claros, bordes de bosques.* B (*Lundell 6254*, US); G (*von Türckheim 8240*, US); H (*Nelson y Andino 14874*, TEFH); N (Dillon et al., 2001: 322, como *Eupatorium billbergianum*); P (*D'Arcy 9372*, MO). 15-700 m. (Mesoamérica, Ecuador.)

Turner (1997a) trató *Critonia bartlettii*, *C. laurifolia* y *Eupatorium tunii* como sinónimos de *C. billbergiana*. El reporte de King y Robinson (1987) de *C. billbergiana* en Costa Rica se basa en *Skutch 3155* que ahora se ha identificado como *C. laurifolia*. No se pudo verificar el registro de Turner (1997a) de *C. billbergiana* en Chiapas y Costa Rica. El registro de Turner de *C. billbergiana* en Veracruz está basado, al menos en parte, en *Williams 8431* (F), un paratipo de *E. tunii*.

3. Critonia breedlovei R.M. King et H. Rob., *Phytologia* 58: 260 (1985). Holotipo: México, Chiapas, *Nelson 3753* (US!). Ilustr.: no se encontró.

Arbustos laxamente ramificados o árboles pequeños, hasta 5 m; tallos hexagonales, pardo oscuro, glabros, la médula sólida. Hojas pecioladas; láminas 13-19 × 4.5-5.2 cm, ovado-lanceoladas, regularmente pinnatinervias con c. 9 nervaduras secundarias a cada lado, patentes desde la vena media en un ángulo de más de 45°, ambas superficies glabras, las aréolas con líneas conspicuas y puntuaciones pelúcidas, la base aguda, los márgenes serrulados, el ápice angosto, escasamente acuminado; pecíolo 1.3-1.5 cm. Capitulescencia piramidal-paniculada, las ramas esparcidamente adpreso-puberulentas, las cabezuelas sésiles en fascículos. Cabezuelas c. 8 × 2-3 mm; filarios c. 18, 1.5-4.5 mm, anchamente ovados a oblongos, glabros, los ápices cortamente obtusos a redondeados. Flores c. 5; corola c. 4 mm, angostamente infundibuli-

forme, glabra o la garganta esparcidamente glandulosa, los lobos 0.45-0.5 × 0.45-0.5 mm; ramas del estilo marcadamente ensanchadas distalmente. Cipselas c. 3.25 mm, 5-acostilladas, escasa a conspicuamente escabriúsculas distal y proximalmente, los costados glabros, la base corta o larga y delgada; vilano de c. 30 cerdas, 3.3-4 mm, ensanchadas distalmente. *Laderas, bosques mixtos, selvas medianas perennifolias.* Ch (*Matuda 2822*, US); G (*Steyermark 43222*, F); H (*Nelson y Vargas 2438*, TEFH). 1500-2800 m. (Endémica.)

Whittemore (1987) y Turner (1997a) trataron a *Critonia breedlovei* como un sinónimo de *C. hospitalis*.

4. Critonia campechensis (B.L. Rob.) R.M. King et H. Rob., *Phytologia* 22: 48 (1971). *Eupatorium campechense* B.L. Rob., *Proc. Amer. Acad. Arts* 43: 30 (1908 [1907]). Holotipo: México, Campeche, *Goldman 504* (US!). Ilustr.: no se encontró. N.v.: Cross wiss, B.

Bejucos leñosos, delgados, escasamente ramificados; tallos teretes a subhexagonales, blanquecinos, las partes más jóvenes puberulentas, las partes más viejas glabras, los tallos más pequeños con médula sólida, los tallos más grandes angostamente fistulosos. Hojas pecioladas; láminas 6-11 × 2.3-4.5 cm, ovadas, trinervias desde 3-5 mm por encima de la base, las nervaduras secundarias basales extendiéndose hasta pasar la mitad de la lámina, ambas superficies glabras, las aréolas en general diminutamente pelúcido-punteadas, algunas puntuaciones más largas a lo largo de los nérvulos, la base redondeada a obtusa, los márgenes subenteros a remotamente subserrulados, el ápice angostamente agudo; pecíolo 0.5-1.5 cm. Capitulescencia anchamente corimbosa, las ramas finamente puberulentas, todas las cabezuelas pedunculadas; pedúnculos 2-6 mm, delgados. Cabezuelas c. 10 × 2-3 mm; filarios c. 25, 1-7 mm, ovados a lineares, glabros, el ápice redondeado. Flores c. 5; corola c. 6 mm, angostamente infundibuliforme, glabra, los lobos c. 1 mm, angostamente triangulares; ramas del estilo ensanchadas distalmente. Cipselas c. 3.5 mm, cortamente setulosas distalmente, las sétulas patentes, la base angosta; vilano de 35-45 cerdas, c. 6 mm, escasamente ensanchadas en el ápice. *Bosques semihúmedos, matorrales, vegetación secundaria.* C (*Lundell 963*, US); QR (Sousa Sánchez y Cabrera Cano, 1983: 78, como *Eupatorium campechense*); B (*Lundell 82*, US); G (*Contreras 1621*, US). 0-500 m. (Endémica.)

5. Critonia daleoides DC., *Prodr.* 5: 141 (1836). Holotipo: México, Tamaulipas, *Berlandier 87* (G-DC). Ilustr.: no se encontró. N.v.: Copalillo, G; tapahorno, tatascán, H; oracón, ES.

Eupatorium daleoides (DC.) Hemsl.

Arbustos poco a bastante ramificados o árboles pequeños, hasta 8(-20) m; tallos teretes a subhexagonales, pardo oscuro, algunas veces tornándose pálidos, glabros a esparcidamente pilosos, la médula sólida. Hojas pecioladas; láminas 8-23 × 1.8-5 cm, angostamente elípticas, regularmente pinnatinervias con 5-7 nervaduras secundarias a cada lado, patentes desde la vena media en un ángulo de más de 45°, ambas superficies glabras, la superficie abaxial con pocos tricomas sobre las nervaduras, las aréolas con conspicuas líneas y puntuaciones pelúcidas, la base angostamente aguda, los márgenes cercanamente serrados, el ápice angostamente agudo a escasamente acuminado; pecíolo 0.5-1.5 cm. Capitulescencia piramidal-paniculada, las ramas densamente puberulentas, patentes, las cabezuelas sésiles en fascículos. Cabezuelas 6-7 × 2-3 mm; filarios c. 20, 1-5 mm, ovados a oblongo-elípticos, glabros, el ápice redondeado. Flores c. 5; corola 4-4.5 mm, angostamente infundibuliforme, glabra o los lobos esparcidamente setulosos, el tubo ancho, los lobos 0.5-0.7 mm, 1/2 de ancho que de largo; ramas del estilo solo escasamente ensanchadas distalmente. Cipselas c. 2.5 mm, densamente setulosas generalmente sobre los costados y la base, las costillas anchas, pálidas, la base angosta; vilano de 25-30 cerdas, 3-4 mm, escasa pero conspicuamente ensanchadas en el ápice. $2n = 10$. *Selvas altas perennifolias, quebradas, a lo largo de arroyos, vegetación secundaria, bosques abiertos de* Pinus, *bosques de* Pinus-Quercus, *laderas secas.* T (*Rovirosa 99*, US); Ch (*Pruski et al. 4240*, MO); Y

(*Duno de Stefano et al. 1911B*, MO); C (*Lundell 1290*, US); QR (Sousa Sánchez y Cabrera Cano, 1983: 79, como *Eupatorium daleoides*); B (*Liesner y Dwyer 1578*, MO); G (*Kellerman 5093*, US); H (*Croat y Hannon 63902*, MO); ES (*Standley 22612*, US); N (*Stevens y Montiel 21467*, US); CR (*Standley 41883*, US); P (*McDaniel 8247*, US). 200-3200 m. (NE. México, Mesoamérica.)

6. Critonia hebebotrya DC., *Prodr.* 5: 141 (1836). Isotipo: México, Guerrero, *Haenke s.n.* (G-DC). Ilustr.: no se encontró. N.v.: Tameagua, tameague, tameaque, ES.

Eupatorium hebebotryum (DC.) Hemsl., *E. pinetorum* L.O. Williams et Ant. Molina, *E. tepicanum* (Hook. et Arn.) Hemsl., *Hebeclinium tepicanum* Hook. et Arn.

Arbustos o árboles moderadamente ramificados, hasta 10 m; tallos teretes a subhexagonales, pardo claro, frecuentemente tornándose blanquecinos, hirsútulos, tornándose glabros, la médula sólida. Hojas pecioladas; láminas mayormente 8-17 × 2.5-9 cm, elípticas, sin márgenes angulosos, pinnatinervias con c. 4 pares de nervaduras secundarias fuertes desde muy por encima de la base, ascendentes en un ángulo de menos de 45°, los dos pares basales subparalelos a los márgenes basales de la hoja, ambas superficies subglabras, la superficie abaxial con penachos de tomento en las axilas de las nervaduras más grandes, las puntuaciones pelúcidas generalmente redondeadas y de talla diversa, la base obtusa a cortamente aguda, los márgenes cercanamente serrulados, el ápice angostamente agudo a escasamente acuminado; pecíolo 1.2-3.5 cm. Capitulescencia una densa panícula piramidal, ancha, las ramas ampliamente patentes, tomentulosas, con numerosas cabezuelas subsésiles a cortamente pedunculadas en agregados densos. Cabezuelas c. 8 × 2-3 mm; filarios c. 16, 1-4 mm, ovados a oblongos, glabros, el ápice redondeado. Flores c. 5; corola c. 3.5 mm, tubular, glabra, los lobos c. 0.5 × 0.5 mm; ramas del estilo distalmente claviformes. Cipselas c. 2.5 mm, los costados con numerosas sétulas patentes cortas, las costillas anchas, pálidas, glabras, la base angosta; vilano de c. 25 cerdas, 3.5-4 mm, escasa pero conspicuamente ensanchadas en el ápice. *Laderas rocosas, bosques mixtos, selvas medianas perennifolias.* Ch (*Breedlove y Smith 21744*, US); G (*Heyde y Lux 4249*, US); H (*Williams et al. 26318*, F); ES (*Calderón 1991*, US); N (Dillon et al., 2001: 324, como *Eupatorium hebebotryum*). 500-1600 m. (O. México, Mesoamérica.)

7. Critonia iltisii R.M. King et H. Rob., *Phytologia* 39: 137 (1978). Holotipo: Guatemala, *Iltis G-72* (US!). Ilustr.: no se encontró.

Eupatorium iltisii (R.M. King et H. Rob.) Whittem. ex B.L. Turner, *Kyrsteniopsis iltisii* (R.M. King et H. Rob.) B.L. Turner.

Arbustos poco ramificados, hasta 3 m; tallos teretes, pardo oscuro, glabros, la médula sólida. Hojas pecioladas; láminas 12-18 × 3-8 cm, lanceoladas, los márgenes cortamente angulados cerca del 1/3 basal, trinervias cerca del 1/4 o 1/3 proximal, 1-4 nervaduras secundarias fuertes desde muy por encima de la base, ascendentes en un ángulo de menos de 45°, la superficie adaxial muy esparcidamente pilósula, la superficie abaxial diminutamente puberulenta y con pequeños penachos de tomento en las axilas de las nervaduras secundarias más grandes, las aréolas con conspicuas puntuaciones pelúcidas pequeñas y generalmente redondeadas, la base angostamente atenuada hacia un pecíolo, los márgenes serrados por encima del ángulo, el ápice angosta y cortamente acuminado; pecíolo 1.5-3 cm en la parte no alada. Capitulescencia una pequeña panícula laxamente cilíndrica con cabezuelas cortamente pedunculadas, en las axilas de hojas más largas que la capitulescencia, las ramas subglabras. Cabezuelas 13-15 × 3-4 mm; filarios c. 30, 1-10 mm, ovados a oblongo-lanceolados, el ápice angostamente redondeado. Flores c. 6; corola c. 7 mm, tubular, generalmente glabra, los lobos c. 0.8 × 0.4 mm, oblongos, esparcidamente glandulosos y esparcidamente setulosos; ramas del estilo escasamente claviformes distalmente. Cipselas 5-5.5 mm, densa y largamente setulosas sobre los costados y las costillas, la base angosta; vilano de c. 50 cer-

das, generalmente 7.5-8 mm, escasamente ensanchadas en el ápice. *Bosques secos, barrancos.* Ch (*Laughlin 2994*, CAS); G (*Iltis G-72*, US). 600-1300 m. (Endémica.)

Turner (1997a) dio el límite de elevación superior de esta especie como 1500 m, el cual no se pudo verificar.

8. Critonia lanicaulis (B.L. Rob.) R.M. King et H. Rob., *Phytologia* 22: 49 (1971). *Eupatorium lanicaule* B.L. Rob., *Proc. Amer. Acad. Arts* 35: 336 (1900). Lectotipo (designado por Williams, 1976): Guatemala, *Watson 74a* (GH!). Ilustr.: Williams, *Fieldiana, Bot.* 24(12): 472, t. 17 (1976).

Bartlettina lanicaulis (B.L. Rob.) B.L. Turner, *Critonia belizeana* B.L. Turner.

Arbustos moderadamente ramificados, 1-3 m; tallos teretes, pardo pálido, densamente lanosos, la médula sólida. Hojas pecioladas; láminas 10-23 × 2-8 cm, ovado-lanceoladas a angostamente elípticas, pinnatinervias con 5-6 nervaduras secundarias por cada lado, ambas superficies generalmente glabras, pilosas sobre las nervaduras más grandes, las aréolas conspicuamente pelúcido-punteadas, la base angostamente obtusa a aguda, los márgenes gruesamente serrados, el ápice angosta y cortamente acuminado; pecíolo 0.5-1 cm. Capitulescencia cilíndrica con 1-4 pares de ramas laterales patentes, las ramas vellosas, terminando en pequeñas cimas densas de pocas cabezuelas grandes sésiles o pedunculadas; pedúnculos hasta 15 mm. Cabezuelas 13-15 × 6-8 mm; filarios 45-50, 2-12 × 1-3 mm, anchamente ovados a lineares, generalmente glabros, el ápice anchamente redondeado a obtuso. Flores 20-25; corola c. 6 mm, angostamente infundibuliforme, glabra, los lobos c. 0.5 × 0.4 mm, triangulares; ramas del estilo escasamente ensanchadas distalmente. Cipselas c. 4.5 mm, los costados cortamente setulosos distalmente, la base angosta; vilano de c. 40 cerdas, c. 6.5 mm, escasamente ensanchadas distalmente. *Selvas altas perennifolias, selvas medianas perennifolias, laderas con caliza, bosques caducifolios.* T (*Croat y Hannon 65363*, MO); Ch (*Breedlove 49225*, US); B (*Proctor 35818*, US); G (*Johnson 1256*, US). 60-900 m. (Endémica.)

Aunque Turner (1997a) dio 1200 m como el límite de elevación superior de *Critonia lanicaulis*, no se ha podido verificar que se encuentre a elevaciones mayores de los 900 m.

9. Critonia laurifolia (B.L. Rob.) R.M. King et H. Rob., *Phytologia* 22: 49 (1971). *Eupatorium laurifolium* B.L. Rob., *Proc. Boston Soc. Nat. Hist.* 31: 251 (1904). Holotipo: Costa Rica, *Pittier 16065* (GH!). Ilustr.: no se encontró.

Bejucos leñosos delgados, escasamente ramificados, flexuosos; tallos teretes, pardo claro, glabros, angostamente fistulosos. Hojas pecioladas; láminas 6-12 × 2.5-6 cm, ovadas a ovado-lanceoladas, trinervias desde 3-10 mm por encima de la base, las nervaduras secundarias extendiéndose hasta por encima de la mitad de la lámina, subparalelas o ligeramente divergiendo de los márgenes basales de la hoja, ambas superficies glabras, diminutamente pelúcido-punteadas, puntuaciones algunas veces inconspicuas, la base redondeada a obtusa, los márgenes serrulados, el ápice angosta y cortamente acuminado; pecíolo 1-2.5 cm. Capitulescencia una panícula piramidal alargada, los entrenudos primarios largos, las ramas puberulentas, con agregados densos de cabezuelas subsésiles en fascículos de 4-20. Cabezuelas 10-13 × 3-4 mm; filarios c. 20, 1-6 mm, ovados a oblongo-lanceolados, glabros, el ápice obtuso a cortamente agudo. Flores 5 o 6; corola c. 6 mm, angostamente infundibuliforme, glabra, los lobos c. 1 mm, angostamente triangulares; ramas del estilo escasamente ensanchadas distalmente. Cipselas c. 4 mm, distalmente con numerosas sétulas patentes cortas sobre las costillas, glabras proximalmente, la base angostada; vilano de 40-45 cerdas, 6-7 mm, escasa pero conspicuamente ensanchadas en el ápice. *Vegetación secundaria.* CR (*Skutch 3155*, US); P (*Stevens 18420*, MO). 1100-2000 m. (Mesoamérica, Ecuador.)

Whittemore (1987) y Turner (1997a) trataron *Critonia laurifolia* como un sinónimo de *C. billbergiana*.

10. Critonia morifolia (Mill.) R.M. King et H. Rob., *Phytologia* 22: 49 (1971). *Eupatorium morifolium* Mill., *Gard. Dict.* ed. 8 *Eupatorium* no. 10 (1768). Holotipo: México, Veracruz, *Houstoun s.n.* (BM). Ilustr.: Berendsohn et al., *Englera* 29: 267, t. 18 (2009). N.v.: Green stick, B; chople, palo de agua, Santa María, vara de agua, vara de bajareque, G; carrizo de río, cerbatana, palo hueco, vara blanca, H; carrizo, chimaliote, suelda con suelda, taco, vara hueca, vara negra, ES; nobar, P.

Critonia hemipteropoda (B.L. Rob.) R.M. King et H. Rob., *Eupatorium critonioides* Steetz, *E. hemipteropodum* B.L. Rob., *E. populifolium* Kunth.

Arbustos trepadores erectos o árboles pequeños, hasta 6 m, esparcida a densamente ramificados; tallos teretes a escasamente hexagonales, verdoso pálido a pardo-amarillentos, sin manchas lineares, con pelosidad flocosa evanescente, tornándose glabros, anchamente fistulosos. Hojas pecioladas; láminas mayormente 10-25 × 6-15 cm, ovadas a anchamente ovadas, subpinnatinervias con 2 o más pares de nervaduras secundarias en el 1/6 proximal de la lámina, el segundo par generalmente escasa a marcadamente más ascendente que el par basal, ambas superficies glabras a escasamente puberulentas o floculosas, las aréolas con conspicuas puntuaciones pelúcidas pequeñas, la base aguda a truncada, algunas veces decurrente sobre el pecíolo, los márgenes generalmente cercanamente serrados a crenulados, el ápice escasa a marcadamente cortamente acuminado; pecíolo hasta 8 cm, no completamente alado. Capitulescencia piramidal-paniculada o más alargada, las ramas puberulentas a floculosas, las cabezuelas sésiles o subsésiles en fascículos. Cabezuelas 8-10 × 2-3 mm; filarios 25-30, 1-6 mm, ovados a angostamente oblongos, glabros a finamente puberulentos, el ápice redondeado. Flores 8-12; corola 4-5 mm, tubular, glabra, los lobos c. 0.5 mm, angostamente oblongos; ramas del estilo no ensanchadas distalmente. Cipselas 2-3 mm, casi glabras a esparcidamente puberulentas, las costillas angostas, la base escasa a marcadamente angostada; vilano de 35-45 cerdas, generalmente 4.5-5.5 mm, escasa pero conspicuamente ensanchadas en el ápice. 2n = 10. *Barrancos, selvas altas perennifolias, matorrales, vegetación secundaria.* T (Villaseñor Ríos, 1989: 59); Ch (*Seler y Seler 5458*, US); Y (*Gaumer 552*, GH); QR (Sousa Sánchez y Cabrera Cano, 1983: 76, como *Eupatorium morifolium*); B (*Gentle 1593*, US); G (*King y Renner 7083*, US); H (*Blake 7395*, US); ES (*Allen y Armour 7251*, US); N (*Wright s.n.*, US); CR (*Tonduz 12181*, US); P (*Seemann 1137*, BM). 10-1700 m. (NE. México, Mesoamérica, Colombia, Venezuela, Ecuador, Perú, Bolivia, Brasil, Paraguay, Argentina.)

Whittemore (1987) y Turner (1997a) trataron a *Eupatorium hemipteropodum* como un sinónimo de *E. aromatisans* DC., una especie excluida de Mesoamérica.

11. Critonia nicaraguensis (B.L. Rob.) R.M. King et H. Rob., *Phytologia* 22: 50 (1971). *Eupatorium nicaraguense* B.L. Rob., *Contr. Gray Herb.* 61: 29 (1920). Holotipo: Nicaragua, *Tate 158 (444)* (K). Ilustr.: no se encontró.

Arbustos laxamente ramificados o árboles pequeños, hasta 3 m; tallos teretes, parduscos, glabros, la médula sólida. Hojas pecioladas; láminas 8-12 × 3-5.2 cm, ovado-lanceoladas a oblongo-ovadas, regularmente pinnatinervias con 6-9 nervaduras secundarias a cada lado, patentes desde la vena media en un ángulo de más de 45°, ambas superficies glabras, las aréolas con líneas conspicuas y puntuaciones pelúcidas, la base obtusa a cortamente aguda, los márgenes ligeramente crenado-serrulados, el ápice angosta y cortamente acuminado; pecíolo 1-2 cm. Capitulescencia una panícula piramidal ancha, las ramas adpreso-puberulentas, con numerosos fascículos de 3-5 cabezuelas sésiles. Cabezuelas 9-10 × c. 2 mm; filarios c. 20, 1-6 mm, anchamente ovados a oblongo-elípticos, glabros, el ápice angostamente redondeado. Flores c. 10; corola 4-5.5 mm, tubular, la garganta esparcidamente setulosa, los lobos 0.8-1 mm, angostamente oblongos, glabros; ramas del estilo ensanchadas distalmente. Cipselas 3-3.5 mm, las costillas

angostas, distalmente con numerosas sétulas cortas generalmente sobre las costillas, la base angosta, glabra; vilano de c. 30-36 cerdas, c. 6 mm, ensanchadas en el ápice. *Áreas alteradas, márgenes de bosques.* H (Nelson, 2008: 168, como *Eupatorium nicaraguense*); N (*Tate 157*, K). 100-600(-2000?) m. (Endémica.)

El reporte de King y Robinson (1987) de *Critonia nicaraguensis* en Belice y Guatemala se basa en identificaciones erróneas.

12. Critonia quadrangularis (DC.) R.M. King et H. Rob., *Phytologia* 22: 50 (1971). *Eupatorium quadrangulare* DC., *Prodr.* 5: 150 (1836). Lectotipo (designado por McVaugh, 1984): México, Veracruz, *Berlandier 2151* (G-DC). Ilustr.: no se encontró. N.v.: Chimaliote, chimaliote hueco, monte cuadrangulares, taco, H; chimaliote hueco, tallo hueco, vara blanca, vara hueca, ES.

Critonia thyrsoidea (Moc. ex DC.) R.M. King et H. Rob., *Eupatorium megaphyllum* M.E. Jones non Baker, *E. thyrsoideum* Moc. ex DC.

Hierbas toscas, erectas, sin ramificar a escasamente ramificadas, gigantes, arbustos toscos, o árboles pequeños, hasta 4 m; tallos marcada a escasamente tetragonales, verde-amarillento pálido, maculados con numerosas marcas lineares oscuras, glabros a esparcidamente araneoso-pelosos, anchamente fistulosos. Hojas pecioladas; láminas 10-25 × 3.5-16 cm, ovadas, generalmente subtrinervias con nervaduras secundarias marcadamente ascendentes por encima de la base, extendiéndose hasta sobrepasar el 1/2 de la lámina, ambas superficies floculosas o araneosas a subglabras, las aréolas con numerosas puntuaciones pelúcidas pequeñas, la base subtruncada a cortamente aguda, continua con el ala peciolar, los márgenes cercanamente serrados a serrulados, el ápice agudo a escasa y cortamente acuminado; pecíolo 2-6 cm, anchamente alado hasta la base, las alas angostamente fusionadas a través del nudo. Capitulescencia cilíndrica alargada con 4-6 pares de ramas patentes, las ramas subglabras a tomentulosas, con densos agregados corimbosos de numerosas cabezuelas. Cabezuelas 8-10 × 2.5-3.5 mm; filarios c. 20, 1.5-7 mm, ovados a angostamente oblongos, glabros, el ápice redondeado. Flores 9-11; corola 4.5-5 mm, tubular, glabra, los lobos c. 0.5 × 0.4 mm; ramas del estilo escasamente ensanchadas distalmente o no ensanchadas. Cipselas 2.5-3 mm, con numerosas sétulas diminutas sobre los costados, las costillas angostas; vilano de c. 40 cerdas, 4.5-5 mm, escasa pero conspicuamente ensanchadas en el ápice. 2n = 10. *Selvas altas perennifolias, bosques de galería, bosques mixtos, bosques caducifolios, llanos, barrancos, orillas de caminos.* Ch (*Matuda 781*, US); G (*Kellerman 5319*, US); H (*Croat y Hannon 64149*, MO); ES (*Velasco 9010*, US); N (*Garnier 179*, US). 50-1300 m. (O. México, Mesoamérica.)

13. Critonia sexangularis (Klatt) R.M. King et H. Rob., *Phytologia* 22: 50 (1971). *Piptocarpha sexangularis* Klatt, *Compos. Nov. Costaric.* 1 (1895). Holotipo: Costa Rica, *Tonduz 7760* (W). Ilustr.: no se encontró. N.v.: Copalillo, lengua de vaca, H.

Eupatorium sexangulare (Klatt) B.L. Rob., *E. sotorum* C. Nelson.

Arbustos débiles moderadamente ramificados o árboles débiles, 2-5 m; tallos hexagonales, verdosos a amarillentos, glabros, la médula sólida o anchamente fistulosa. Hojas pecioladas; láminas 8-27 × 3.5-11 cm, elípticas a elíptico-ovadas, pinnatinervias a subpinnatinervias generalmente con c. 4 nervaduras secundarias marcadamente ascendentes a cada lado, subparalelas a los márgenes basales de la hoja, el segundo par de nervaduras secundarias generalmente más fuertes y las del tercer par remotas, rara vez con algunas nervaduras secundarias patentes más pequeñas cerca de la base, ambas superficies glabras, las aréolas generalmente con numerosas puntuaciones pelúcidas pequeñas, la base redondeada a cortamente aguda, los márgenes subenteros a remotamente serrados, el ápice angostamente agudo a cortamente acuminado; pecíolo 1.5-6 cm, algunas veces angostamente alado hasta la base. Capitulescencia anchamente corimbosa a subpiramidal con ramas corimbosas, las ramas glabras, con agregados densos de numerosas cabezuelas sésiles. Cabezuelas 11-13 × c. 3 mm; filarios c. 20,

1-10 mm, ovados a lineares, glabros, el ápice angostamente redondeado. Flores 5 o 6; corola c. 6 mm, tubular, glabra, los lobos c. 0.5 mm, oblongo-ovados; ramas del estilo escasamente ensanchadas distalmente. Cipselas c. 4 mm, las costillas angostas, los costados con numerosas sétulas pequeñas, la base angosta, largamente atenuada; vilano de 35-45 cerdas, c. 6 mm, no ensanchadas en el ápice. $2n = 10$. *Bosques mixtos a lo largo de ríos, selvas medianas perennifolias, bosques de neblina, bosques sobre laderas empinadas, orillas de caminos.* T (Villaseñor Ríos, 1989: 59); Ch (*Breedlove 34390*, CAS); B (Balick et al., 2000: 150); G (*Croat y Hannon 63763*, US); H (*Molina R. 24386*, US); N (*Williams et al. 27771*, US); CR (*Carvajal 65*, CR). 300-2300(-2500) m. (México, Mesoamérica.)

14. Critonia siltepecana (B.L. Turner) R.M. King et H. Rob., *Phytologia* 71: 177 (1991). *Eupatorium siltepecanum* B.L. Turner, *Phytologia* 69: 123 (1990). Holotipo: México, Chiapas, *Matuda 5156* (LL). Ilustr.: no se encontró.

Arbustos 1-3 m; tallos teretes, pardos, densamente hírtulos a tomentulosos, la médula sólida. Hojas pecioladas; láminas 9-18 × 5-8 cm, anchamente ovado-elípticas, ascendentemente pinnatinervias con c. 4 nervaduras más congestas proximalmente, divergiendo en un ángulo de c. 45°, casi paralelas a los márgenes basales de la hoja, la superficie adaxial glabra, la superficie abaxial esparcida y diminutamente pilósula, hírtula sobre las nervaduras, las aréolas con puntuaciones pelúcidas redondas a ovales, la base cortamente aguda, los márgenes serrados, el ápice abrupta y cortamente acuminado; pecíolo 1.5-5 cm. Capitulescencia tirsoide-paniculada, con ramas ampliamente patentes con cabezuelas en glomérulos subsésiles; pedúnculos 0-1 mm. Cabezuelas c. 5 × 2-3 mm; filarios c. 20, 1.5-4 × 0.7-1 mm, el ápice de los filarios externos agudo, esparcidamente puberulentos, los filarios internos glabros, apicalmente redondeados; clinanto con pocos tricomas. Flores c. 10; corola c. 3 mm, infundibuliforme desde la base delgada, rosácea, los lobos 0.3-0.4 × 0.3-0.4 mm, densamente puberulentos; ramas del estilo filiformes, escasamente ensanchadas distalmente o no ensanchadas, marcadamente mamilosas. Cipselas c. 1.5 mm, las costillas esparcidamente largamente setulosas, las bases escasamente angostadas; vilano de c. 50 cerdas, 3-4 mm, no ensanchadas en el ápice. *Bosques maduros.* Ch (*Matuda 5156*, LL). c. 1600 m. (Endémica.)

15. Critonia tuxtlae R.M. King et H. Rob., *Phytologia* 58: 262 (1985). Holotipo: México, Chiapas, *Cronquist y Sousa 10499* (US!). Ilustr.: no se encontró.

Arbustos laxamente ramificados o árboles pequeños 3-5 m; tallos teretes a subhexagonales, pardo claros, glabros, la médula sólida. Hojas pecioladas; láminas 8-12 × 3-4.5 cm, elípticas a elíptico-lanceoladas, regularmente pinnatinervias con 6-7 nervaduras secundarias a cada lado, patentes desde la vena media en un ángulo de más de 45°, ambas superficies glabras, las aréolas con conspicuas líneas y puntuaciones pelúcidas, la base y el ápice escasa y cortamente acuminados, los márgenes ondulado-mucronatos a serrulados; pecíolo 0.8-1.4 cm. Capitulescencia piramidal-paniculada, las ramas glabras, las cabezuelas sésiles en fascículos. Cabezuelas c. 7 × 2-3 mm; filarios 15-19, 1-5 mm, anchamente ovados a oblongos, glabros, el ápice obtuso a redondeado. Flores c. 5; corola c. 3.5 mm, cortamente tubular, glabra, los lobos c. 0.8 × 0.5 mm, escasamente más de 1.5 veces más largos que anchos; ramas del estilo escasamente ensanchadas distalmente. Cipselas c. 3 mm, largamente setulosas sobre los costados y las costillas, las sétulas generalmente sobre los costados, las sétulas multicelulares en cada hilera de células, las costillas amarillas, la base angosta; vilano de 25-30 cerdas, generalmente 3 mm, anchas desde la base, escasamente más anchas en el ápice o no más anchas. $2n = 10$. *Bosques de neblina, bosques caducifolios, bosques subcaducifolios.* Ch (*Breedlove 58451*, US); G (*Williams et al. 27195*, US). 800-2700 m. (Endémica.)

Whittemore (1987) y Turner (1997a) trataron a *Critonia tuxtlae* como un sinónimo de *C. hospitalis*.

16. Critonia wilburii R.M. King et H. Rob., *Phytologia*, 69: 87 (1990). Holotipo: Panamá, *Wilbur et al. 15546* (US!). Ilustr.: no se encontró.

Bejucos leñosos levemente ramificados, flexuosos; tallos teretes, esparcidamente puberulentos a glabros, la médula sólida. Hojas pecioladas; láminas 5-7 × 1.8-3.5 cm, ovadas, subtrinervias, las nervaduras secundarias basales paralelas a los márgenes basales de la hoja, extendiéndose hasta pasar la 1/2 de la lámina, ambas superficies esparcidamente puberulentas a subglabras, con puntuaciones pelúcidas inconspicuas, la base obtusa, los márgenes serrulados, el ápice cortamente acuminado; pecíolo 1-2 cm. Capitulescencia una panícula piramidal alargada con entrenudos primarios largos, las ramas puberulentas o pilósulas, con fascículos de 2 o 3 cabezuelas sésiles o subsésiles. Cabezuelas 9-10 × c. 3 mm; involucro escasamente más de 1/2 del largo de las cabezuelas; filarios c. 30, 1-5 mm, anchamente ovados a oblongos, glabros, el ápice redondeado a obtuso. Flores 8-10; corola c. 6.5 mm, angostamente infundibuliforme, glabra, los lobos c. 1 mm, angostamente triangulares; ramas del estilo escasamente ensanchadas distalmente. Cipselas c. 3.5 mm, glabras o escasa y cortamente setulosas distalmente, la base escasamente angostada; vilano de 35-45 cerdas, c. 7 mm, la base aplanada, escasamente pero conspicuamente ensanchadas distalmente. *Laderas, vegetación secundaria.* P (*Churchill et al. 4007*, MO). 200-800 m. (Endémica.)

17. Critonia yashanalensis (Whittem.) R.M. King et H. Rob., *Phytologia* 69: 89 (1990). *Eupatorium yashanalense* Whittem., *Sida* 13: 77 (1988). Holotipo: México, Chiapas, *Breedlove 49640* (CAS). Ilustr.: no se encontró.

Arbustos débiles semitrepadores, escasamente ramificados, hasta 5 m; tallos teretes a subhexagonales, pardo oscuro, glabros, la médula sólida. Hojas pecioladas; láminas 10-16 × 3-7.5 cm, ovadas a oblongo-ovadas, membranáceas, trinervias desde la base con un par de nervaduras secundarias marcadamente ascendentes en un ángulo de menos de 45° y alcanzando el 1/4 distal de la lámina, ambas superficies glabras, la superficie abaxial esparcidamente puberulenta sobre las nervaduras, sin penachos de tomento en las axilas, las aréolas con puntuaciones pelúcidas conspicuas, pequeñas, generalmente redondeadas, la base redondeada a cortamente obtusa, los márgenes marcadamente serrados distalmente, el ápice abrupta y angostamente acuminado; pecíolo 0.8-1 cm. Capitulescencia una panícula laxo-corimbosa, anchamente piramidal, las ramas glabras, las últimas ramas delgadas, con una sola cabezuela cortamente pedunculada o 2 o 3 cabezuelas subsésiles. Cabezuelas c. 9 × 2-3 mm; filarios c. 22, 1-6 mm, anchamente ovados a oblongos, glabros, el ápice angostamente redondeado. Flores c. 5; corola 4.5-5 mm, angostamente infundibuliforme, glabra, los lobos c. 0.5 × 0.5 mm, anchamente triangulares; ramas del estilo no ensanchadas distalmente. Cipselas 3-3.3 mm, las costillas angostas, finamente setulosas distalmente, los costados y las partes proximales de las costillas glabros, la base gradualmente angostada; vilano de 30-35 cerdas, c. 5 mm, ensanchadas en el ápice. *Selvas altas perennifolias, laderas.* Ch (*Miranda 9180*, US). 1800-2000 m. (Endémica.)

Breedlove (1986) citó el tipo (*Breedlove 49640*) como *Critonia conzattii* (Greenm.) R.M. King et H. Rob., un nombre que Villaseñor (2016) de nuevo lo aplica erróneamente para Chiapas.

83. Critoniadelphus R.M. King et H. Rob.
Por H. Robinson.

Arbustos moderadamente ramificados o árboles pequeños; tallos teretes o subhexagonales, glabros a diminutamente puberulentos, la médula sólida. Hojas opuestas, distintamente pecioladas; láminas conspicuamente elípticas a ovado-lanceoladas o lanceoladas, pinnatinervias, ambas superficies no glandulosas, totalmente glabras, las aréolas con inconspicuas puntuaciones pelúcidas diminutas internamente translúcidas alrededor de los nérvulos. Capitulescencia una panícula piramidal a anchamente ovoide, con cabezuelas densamente agregadas sobre pedúnculos cortos o en grupos sésiles de 5-8. Cabezuelas cilíndricas o fusiformes, discoides, con 3-8 flores; filarios 18-23, marcadamente subimbricados, desiguales, graduados, pajizos, no blancos, los externos persistentes, los internos deciduos, lineares, glabros; clinanto aplanado a escasamente convexo, sin páleas, con la superficie esclerificada; corola tubular a angostamente infundibuliforme, blanca, las nervaduras extendiéndose hasta los lobos, glabras debajo de los lobos, los lobos equilateralmente triangulares, con numerosas glándulas agregadas sobre la superficie externa, lisos con células oblongas sobre ambas superficies; anteras con el collar con células generalmente subcuadrangulares proximalmente, oblongas distalmente, con pocos engrosamientos ornamentando las paredes o sin estos, las tecas no rojizas, el apéndice escasamente más corto que ancho, el ápice truncado-redondeado; estilo con la base sin nudo, glabra, las ramas conspicuamente ensanchadas distalmente, aplanadas, casi lisas. Cipselas prismáticas, 5-acostilladas, esparcidamente setulosas y glandulosas, el carpóforo un corto cilindro de células subcuadrangulares pequeñas con paredes engrosadas; vilano de 30-35 cerdas escabrosas persistentes, adyacentes en la base, no ensanchadas en el ápice. 2 spp. Endémico.

Villaseñor (2016) lista cada especie como de México fuera de Mesoamérica (Guerrero y/o Oaxaca), pero *Critoniadelphus* sigue siendo tratado aquí como un endémico de Mesoamérica.

Bibliografía: King, R.M. y Robinson, H. *Monogr. Syst. Bot. Missouri Bot. Gard.* 22: 298-300 (1987). Molina R., A. *Ceiba* 25: 127-133 (1984).

1. Láminas de las hojas con los márgenes enteros a remotamente subserrulados; tallos teretes, diminutamente puberulentos. **1. C. microdon**
1. Láminas de las hojas con los márgenes cercanamente serrulados; tallos subhexagonales, glabros. **2. C. nubigenus**

1. Critoniadelphus microdon (B.L. Rob.) R.M. King et H. Rob., *Phytologia* 22: 53 (1971). *Eupatorium microdon* B.L. Rob., *Proc. Amer. Acad. Arts* 54: 252 (1919 [1918]). Holotipo: Guatemala, *von Türckheim II 2261* (GH!). Ilustr.: no se encontró.

Critonia microdon (B.L. Rob.) B.L. Turner, *Eupatorium lucentifolium* L.O. Williams.

Arbustos o árboles pequeños 3-10 m; tallos teretes, pardos, diminutamente puberulentos. Hojas pecioladas; láminas 7-13 × 2.5-5 cm, elípticas a elíptico-oblongas, pinnatinervias con 5-7 nervaduras secundarias a cada lado, la base obtusa a cortamente aguda, los márgenes enteros a remotamente serrulados, el ápice cortamente acuminado; pecíolo 1-1.3 cm. Capitulescencia una panícula anchamente ovoide, las ramas diminutamente puberulentas. Cabezuelas 6-7 mm; filarios c. 18, 1-6 mm, ovados a angostamente oblongos o lineares, el ápice redondeado. Flores 3-5; corola c. 4 mm, tubular, los lobos c. 0.2-0.3 mm. Cipselas c. 1.8 mm, esparcidamente escábridas o cortamente setulosas distalmente sobre las costillas pálidas los costados distalmente; vilano de c. 35 cerdas, generalmente 2-3 mm, largamente atenuadas en el ápice. *Bosques altos, laderas forestadas, selvas medianas perennifolias.* Ch (*Breedlove 9765*, CAS); G (*von Türckheim II 2261*, US). 1300-1600 m. (México [Oaxaca?], Mesoamérica.)

2. Critoniadelphus nubigenus (Benth.) R.M. King et H. Rob., *Phytologia* 22: 53 (1971). *Eupatorium nubigenum* Benth., *Pl. Hartw.* 85 (1841). Holotipo: Guatemala, *Hartweg 587* (K-Benth.). Ilustr.: no se encontró. N.v.: Varilla blanca, G; vara blanca, H.

Arbustos o árboles pequeños 3-8 m; tallos subhexagonales, pardorojizos a pardo oscuro, glabros. Hojas pecioladas; láminas mayormente 9-17 × 2.5-6.5 cm, ovado-lanceoladas a lanceoladas, regularmente pinnatinervias con 6-12 nervaduras secundarias a cada lado, las nervaduras progresivamente acercándose la una a la otra al acercarse a la

base, la base redondeada a obtusa con acuminación leve, los márgenes cercanamente serrulados, el ápice angosta y cortamente acuminado; pecíolo 1-3 cm. Capitulescencia anchamente piramidal-paniculada, las ramas glabras, con cabezuelas sésiles en agregados de 5-8. Cabezuelas 7-9 mm; filarios c. 23, 1.5-7 mm, suborbiculares a oblongos o lineares, el ápice redondeado. Flores 5-8; corola 5-5.5 mm, angostamente infundibuliforme, frecuentemente rojiza distalmente, los lobos 0.2-0.3 mm. Cipselas c. 2.5 mm, diminutamente glandulosas distalmente sobre las costillas y en las crestas sobre los costados, con pocas sétulas diminutas; vilano de c. 50 cerdas, 4-5.5 mm, largamente atenuadas en el ápice. *Bosques de neblina, laderas empinadas.* Ch (*Ton 669*, US); G (*Nelson 3710*, US); H (Molina R., 1984: 133); ES (*Tucker 1072*, US). 1300-3000 m. (Endémica.)

84. Decachaeta DC.

Por H. Robinson.

Subarbustos o arbustos erectos a arqueados, esparcida a moderadamente ramificados, la mayoría de las especies con numerosas glándulas sobre tallos, hojas y capitulescencias; tallos fistulosos o sólidos. Hojas alternas, algunas veces opuestas; láminas elípticas, ovadas, o suborbiculares, algunas veces sublobadas, generalmente trinervias, rara vez ascendentemente pinnatinervias; pecíolo conspicuo y frecuentemente largo, algunas veces alado. Capitulescencia una panícula tirsoide, generalmente foliosa. Cabezuelas sobre pedúnculos cortos, con involucros campanulados, discoides, con 4-35 flores; filarios c. 10-32, subimbricados, marcadamente desiguales, graduados, 3-4-seriados, generalmente persistentes, algunos de los más internos deciduos; clinanto hemisférico, sin páleas o rara vez paleáceo, con la superficie esclerificada, densamente hirsuta; corola angostamente infundibuliforme, blanca, color violeta o azulada, glabra o esparcida a densamente glandulosa distalmente, los lobos triangulares, tan anchos como largos o más anchos, lisos con células oblongas sobre ambas superficies; anteras con el collar con células subcuadrangulares proximalmente, sin engrosamientos ornamentando las paredes, el apéndice truncado, mucho más corto que ancho, los márgenes marcadamente reflexos; estilo con la base sin nudo, glabra, los apéndices angostamente lineares o ensanchados distalmente, mamilosos. Cipselas prismáticas, 4-acostilladas o 5-acostilladas, con numerosas sétulas, el carpóforo cortamente cilíndrico o cuneiforme, no procurrente sobre las costillas, las células subcuadrangulares con paredes escasamente engrosadas; vilano de 10-40 cerdas escábridas delgadas más bien fácilmente deciduas, ensanchadas o no ensanchadas en el ápice. 7 spp. México y Mesoamérica.

Sundberg et al. (1986) trataron *Erythradenia* (B.L. Rob.) R.M. King et H. Rob. como un sinónimo de *Decachaeta*, pero King y Robinson (1987) excluyeron *Erythradenia*.

Bibliografía: King, R.M. y Robinson, H. *Brittonia* 21: 275-284 (1969); *Monogr. Syst. Bot. Missouri Bot. Gard.* 22: 406-408 (1987). Sundberg, S.D. et al. *Amer. J. Bot.* 73: 33-38 (1986).

1. Hojas opuestas, los márgenes generalmente cercanamente serrados, rara vez con un diente mayor en la parte más ancha; pedúnculos generalmente 3-13 mm. **3. D. perornata**
1. Hojas alternas, los márgenes marcadamente angulados a sublobados; pedúnculos menos de 5 mm.
  2. Tallos obviamente desviados en los nudos, más bien en zigzag; pecíolos no alados; láminas de las hojas abruptamente obtusa a anchamente redondeadas en la base; cabezuelas con c. 25 flores. **4. D. thieleana**
  2. Tallos no obviamente desviados en los nudos; láminas de las hojas decurrentes hasta las alas peciolares; cabezuelas con 8-16 flores.
    3. Pecíolos alados hasta la base; tallos frecuentemente con médula sólida, la superficie abaxial de la hoja con diminuto retículo de nérvulos ligeramente prominentes; filarios obtusos apicalmente; corolas blan-

162

quecinas, gradual y más densamente rojizo-glandulosas o amarillento-glandulosas distalmente; vilano de cerdas escasa a conspicuamente ensanchadas apicalmente. **1. D. incompta**

3. Pecíolos angostamente alados distalmente; tallos fistulosos; superficie abaxial de la hoja con nérvulos no ligeramente prominentes; filarios angostamente agudos apicalmente; corolas rojizo-color violeta distalmente, inconspicuamente punteado-glandulosas; vilano de cerdas largamente atenuadas apicalmente. **2. D. ovandensis**

1. Decachaeta incompta (DC.) R.M. King et H. Rob., *Brittonia* 21: 280 (1969). *Eupatorium incomptum* DC., *Prodr.* 5: 173 (1836). Holotipo: México, estado desconocido, *Haenke s.n.* (G-DC). Ilustr.: no se encontró. N.v.: Palpala, G.

Subarbustos erectos, hasta 3 m; glándulas sobre hojas, involucro, corolas y estilos rojizos o amarillentos; tallos rectos, no obviamente desviados en los nudos, pardo claros, delgadamente tomentosos, la médula frecuentemente sólida. Hojas alternas, rara vez subopuestas; láminas 6-20 × 4-15 cm, ovadas, subtrinervias desde cerca de la base, la superficie adaxial puberulenta, la superficie abaxial subtomentulosa y densamente punteado-glandulosa, con diminuto retículo de nérvulos ligeramente prominentes cercanos, la base aguda a subtruncada, decurrente hasta las alas peciolares, los márgenes cercanamente crenulados a serrulados, marcadamente 1-3-angulados o sublobados, el ápice cortamente agudo a escasamente acuminado; pecíolo 1-5 cm, alado hasta la base, el ala ancha distalmente. Capitulescencia angosta, algunas veces con largas ramas ascendentes desde cerca de la base, las ramas tomentulosas, con densos agregados piramidales o corimbosos de cabezuelas cortamente pedunculadas; pedúnculos menos de 5 mm. Cabezuelas 5-6 mm; filarios c. 12, angostamente oblongos, puberulentos y densamente glandulosos, el ápice obtuso. Flores 8-16; corola 2.5-3 mm, blanca, gradualmente más densamente rojizo- o amarillento-glandulosa distalmente, los lobos 0.2-0.3 × 0.4-0.5 mm. Cipselas c. 2 mm, las costillas cortamente setulosas; vilano de 20-27 cerdas, c. 3 mm, escasa a conspicuamente ensanchadas apicalmente. 2*n* = 16. *Bosques abiertos de* Pinus-Quercus, *laderas occidentales abiertas con* Acacia *y* Opuntia. Ch (*Ton 1513*, CAS); G (*Nelson 3527*, US). 900-2000 m. (México, Mesoamérica.)

2. Decachaeta ovandensis (Grashoff et Beaman) R.M. King et H. Rob., *Brittonia* 21: 397 (1969 [1970]). *Eupatorium ovandense* Grashoff et Beaman, *Rhodora* 71: 577 (1969). Holotipo: México, Chiapas, *Matuda 3922* (US!). Ilustr.: no se encontró.

Subarbustos 1-2 m, pálidamente punteado-glandulosos; tallos rectos, no obviamente desviados en los nudos, pardo-amarillentos, puberulentos, fistulosos. Hojas alternas; láminas 6-17 × 5-11 cm, ovadas, subtrinervias desde 10-30 mm por encima de la base, los nérvulos no ligeramente prominentes abaxialmente, ambas superficies esparcidamente puberulentas, pálidamente punteado-glandulosas, la base anchamente redondeada y decurrente hasta las alas peciolares, los márgenes cercanamente serrulados, con 1 o 2 ángulos prominentes grandes o dientes, el ápice cortamente agudo; pecíolo 2.5-7 cm, angostamente alado distalmente. Capitulescencia corta con algunas ramas más largas proximalmente, las ramas tomentulosas, con agregados corimbosos de cabezuelas cortamente pedunculadas; pedúnculos menos de 5 mm. Cabezuelas c. 7 mm; filarios c. 15, lanceolados a lineares, esparcida y diminutamente puberulentos y punteado-glandulosos, el ápice angostamente agudo. Flores c. 15; corola 3-3.5 mm, rojizo-color violeta distalmente, inconspicuamente punteado-glandulosa, los lobos c. 0.4 × 0.4 mm. Cipselas 2-3 mm, las costillas setulosas; vilano de c. 20 cerdas, largamente atenuadas apicalmente. *Laderas arboladas.* Ch (*Matuda 16258*, US). c. 1000 m. (Endémica.)

3. Decachaeta perornata (Klatt) R.M. King et H. Rob., *Phytologia* 21: 301 (1971). *Eupatorium perornatum* Klatt, *Leopoldina* 20: 90

(1884). Isotipo: México, Veracruz, *Liebmann 92* (W). Ilustr.: no se encontró.

Arbustos trepadores o arqueados 1-2 m, amarillento-punteado-glandulosos; tallos rectos, pardo claros, puberulentos, fistulosos. Hojas opuestas; láminas 6-20 × 3-11 cm, ovadas, trinervias desde 5-10 mm por encima de la base, ambas superficies subglabras, con pocos tricomas diminutos sobre las nervaduras, la superficie abaxial inconspicuamente punteado-glandulosa, la base anchamente redondeada, los márgenes cercanamente serrulados, rara vez con un diente mayor en la parte más ancha, el ápice angosta y cortamente acuminado; pecíolo 1-3 cm, angosto y no alado. Capitulescencia de cortas ramas patentes en las axilas de numerosos pares de hojas, las ramas densamente puberulentas, con numerosas cabezuelas delgadamente pedunculadas en agregados piramidales a corimbosos; pedúnculos generalmente 3-13 mm. Cabezuelas 6-8 mm; filarios 25-32, lanceolados a angostamente oblongos o lineares, puberulentos y esparcidamente glandulosos. Flores 25-35; corola c. 4.5 mm, blanquecina o algunas veces color lavanda, con pocas glándulas o sin estas, los lobos c. 0.5 × 0.5 mm. Cipselas c. 1.8 mm, con algunas sétulas pequeñas distalmente, glabras proximalmente; vilano de c. 40 cerdas, c. 4 mm, no ensanchadas en el ápice. *Laderas empinadas, selvas medianas perennifolias, cañones profundos, bosques de neblina, selvas subperennifolias.* Ch (*Breedlove 42550*, US). 700-2200 m. (E. México, Mesoamérica.)

4. Decachaeta thieleana (Klatt) R.M. King et H. Rob., *Brittonia* 21: 281 (1969). *Eupatorium thieleanum* Klatt, *Bull. Soc. Roy. Bot. Belgique* 31(1): 191 (1892 [1893]). Lectotipo (designado por King y Robinson, 1969): Costa Rica, *Pittier 1603* (GH!). Ilustr.: King y Robinson, *Ann. Missouri Bot. Gard.* 62: 936, t. 21 (1975 [1976]).
Eupatorium myrianthum Klatt, *E. myriocephalum* Klatt.

Subarbustos o arbustos, hasta 4 m, amarillento-punteado-glandulares; tallos obviamente desviados en los nudos, más bien en zigzag, pardos, cortamente hírtulos, fistulosos. Hojas alternas; láminas 7-17 × 6-15 cm, anchamente ovadas, las hojas proximales hasta 25 × 24 cm, ligeramente trinervias desde 5-20 mm por encima de la base, ambas superficies esparcidamente puberulentas, la superficie abaxial punteado-glandulosa, la base anchamente redondeada a abruptamente obtusa, los márgenes serrulados con un ángulo o dientes prominentes a cada lado, el ápice agudo a cortamente acuminado; pecíolo 3-7 cm, no alado. Capitulescencia densamente piramidal; pedúnculos menos de 5 mm. Cabezuelas 5-6 mm; filarios c. 15, oblongo-lanceolados, esparcidamente punteado-glandulosos, el ápice generalmente obtuso. Flores c. 25; corola c. 3.5 mm, blanca a rara vez color lavanda, glandulosa distalmente, los lobos c. 0.4 × 0.4 mm. Cipselas c. 1.8 mm, cortamente setulosas distalmente; vilano de 25-30 cerdas, c. 3 mm, no ensanchadas en el ápice. *Bosques de neblina, claros, vegetación secundaria, áreas sombreadas* (umbrófilo). H (Nelson, 2008: 170); CR (*Skutch 2566*, US); P (*Maxon 4994*, US). 200-3200 m. (Endémica.)

85. Eupatoriastrum Greenm.

Por H. Robinson.

Hierbas perennes erectas o arqueadas o subarbustos, moderadamente ramificados distalmente; raíces fibrosas o formando una corona; tallos teretes, glabros a puberulentos, fistulosos. Hojas opuestas; láminas deltoides o anchamente ovadas a suborbiculares, las hojas proximales algunas veces profundamente lobadas, trinervias o palmatinervias desde o cerca de la base, ambas superficies con nervaduras ligeramente prominentes, punteado-glandulosas abaxialmente, la base anchamente redondeada a cordata, los márgenes serrado-dentados hasta un pecíolo serrulado delgado, abruptamente demarcado distalmente. Capitulescencia una panícula piramidal terminal sobre las ramas, laxa, alargada, con entrenudos primarios alargados, las cabezuelas centrales sin madurar conspicuamente antes que las otras; pedúnculos generalmente más bien largos. Cabezuelas anchamente campanuladas, discoides, con 75-300 flores; subfilarios multiseriados ausentes, los filarios 35-70, ligera a moderadamente subimbricados en series desiguales a subiguales, ovados a lineares, patentes con la edad, todos o al menos algunos de los filarios proximales persistentes durante el envejecimiento del clinanto; clinanto marcadamente convexo, paleáceo, con la superficie completamente esclerificada; páleas filiformes, el ápice escasa a conspicuamente ensanchado; corola angostamente infundibuliforme, rosada, color púrpura, roja, o blanquecina, los lobos anchamente triangulares, tan anchos como largos, lisos con células cortamente oblongas sobre ambas superficies, agregado-glandulosos; anteras con el collar con numerosas células subcuadrangulares proximalmente, las paredes ligeramente engrosadas al través, el apéndice casi 1/2 de largo como de ancho; estilo con la base sin nudo, glabra, las ramas filiformes a escasamente ensanchadas distalmente, mamilosas. Cipselas prismáticas, 5-acostilladas, con numerosas sétulas sobre los costados, el carpóforo brevemente cuneiforme, con un conspicuo borde distal, las células pequeñas, subcuadrangulares, las paredes delgadas a escasamente engrosadas; vilano de 13-35 cerdas escábridas, persistentes a más bien deciduas, escasamente ensanchadas en el ápice o no ensanchadas. 4 spp. México, Mesoamérica.

Turner (1997a) trató *Matudina* como un sinónimo de *Eupatoriastrum*, el cual reconoció con cinco especies.

Bibliografía: King, R.M. y Robinson, H. *Monogr. Syst. Bot. Missouri Bot. Gard.* 22: 319-321 (1987).

1. Tallos e involucros esencialmente glabros, las hojas glabras o esparcidamente puberulentas sobre las nervaduras; capitulescencias con ramas delgadas, glabras, ascendentes; filarios c. 1 mm de diámetro, angostamente oblongos a lineares; láminas de las hojas generalmente 4-5-anguladas en cada uno de los márgenes, no lobadas; corolas color lavanda.
　　　　　　　　　　　　　　　　　　　　　1. E. angulifolium
1. Tallos, hojas e involucros con pocos a numerosos tricomas; capitulescencias con ramas más bien escuarroso-patente-pilosas a densamente pilósulas; filarios 1.5-2.5 mm de diámetro, ovados a lanceolados; láminas de las hojas rara vez escasamente anguladas o no anguladas, las hojas más grandes frecuentemente con 2-4 lobos anchos; corolas blancas.
　　　　　　　　　　　　　　　　　　　　　　　2. E. nelsonii

1. Eupatoriastrum angulifolium (B.L. Rob.) R.M. King et H. Rob., *Phytologia* 21: 306 (1971). *Eupatorium angulifolium* B.L. Rob., *Contr. Gray Herb.* 65: 46 (1922). Holotipo: Guatemala, *Salvin y Godman 265* (K). Ilustr.: no se encontró. N.v.: Flor de algodón, madre contrahierba, G.

Hierbas perennes toscas o subarbustos arqueados hasta 1 m; tallos glabros. Hojas pecioladas; láminas 10-22 × 9-22 cm, anchamente ovadas a suborbiculares, no lobadas, con 3 pares de nervaduras secundarias congestas en el 1/4 proximal, el tercer par ascendente-trinervio desde 10-20 mm por encima de la base en un ángulo de c. 45°, alcanzando el 1/3 distal de la lámina, ambas superficies glabras o esparcidamente puberulentas sobre las nervaduras, la base anchamente cordata, cada uno de los márgenes cercanamente serrado-dentado y con 4-5 ángulos más grandes leves o fuertes, el ápice obtuso con acumen muy corto; pecíolo 5-9 cm. Capitulescencia con ramas delgadas ascendentes, glabras; pedúnculos 7-30 mm, delgados, glabros. Cabezuelas 7-10 × 7-10 mm; filarios c. 50-70, 2-5 × c. 1 mm, angostamente oblongos a lineares, glabros; páleas c. 5 mm. Flores 75-100; corola c. 5 mm, color lavanda, los lobos c. 0.3 × 0.4 mm, glandulosos. Cipselas 2-2.5 mm, las costillas setulosas; vilano de c. 20 cerdas, 4-4.5 mm, discontinuas basalmente, deciduas. *Selvas altas perennifolias, a lo largo de arroyos.* Ch (*Breedlove 47660*, US); G (*Salvin y Goodman 265*, K); H (Nelson, 2008: 165); N (Dillon et al., 2001: 318). 400-1400 m. (Endémica.)

Turner (1994b, 1997a) registró esta especie a 1500 m de elevación.

2. Eupatoriastrum nelsonii Greenm., *Proc. Amer. Acad. Arts* 39: 93 (1904 [1903]). Lectotipo (designado por Turner, 1994b): México, Oaxaca, *Nelson 2827* (GH!). Ilustr.: Turner, *Phytologia Mem.* 11: 97, t. 10 (1997a).

Eupatoriastrum nelsonii Greenm. var. *cardiophyllum* B.L. Rob. et Greenm., *Eupatorium ultraisthmium* McVaugh.

Hierbas perennes toscas, arqueadas o subarbustos, hasta 2 m; tallos esparcida a densamente pilosos. Hojas pecioladas; láminas mayormente 8-22 × 5-19 cm, anchamente ovadas, 2-3 pares de nervaduras secundarias desde la base o desde 1 cm basal de la lámina, el par más fuerte ascendente-trinervio en un ángulo de 30-40°, alcanzando 1/5 distal de la lámina o terminando en los lobos, ambas superficies esparcidamente pilosas, la base anchamente redondeada a ligeramente cordata, los márgenes serrulados a gruesamente serrado-dentados, rara vez escasamente angulados o no angulados, las hojas más grandes frecuentemente incisas y anchamente 2-4-lobadas, el ápice breve y angostamente acuminado; pecíolo 1-6 cm. Capitulescencia con ramas más bien escuarroso-patente-pilosas a densamente pilósulas; pedúnculos 5-30 mm, más bien robustos. Cabezuelas 10-12 × c. 20 mm; filarios 35-50, 3-7 × 1.5-2.5 mm, ovados a lanceolados, puberulentos; páleas 6-8 mm. Flores 150-300; corola 5-6 mm, blanca, los lobos c. 0.3 × 0.4 mm, con algunas glándulas y tricomas cortos. Cipselas 1.5-2 mm, setulosas generalmente sobre las costillas; vilano de 18-22 cerdas, 5-6 mm, moderadamente frágiles. *Cafetales, selvas altas perennifolias, a lo largo de arroyos, laderas.* Ch (*Purpus 7198*, US); G (*Aguilar 577*, F); ES (*Padilla 216*, US); CR (*Calloway 313*, US). 200-700 m. (México, Mesoamérica.)

86. Eupatorium L.

Por H. Robinson.

Hierbas erectas anuales o perennes, poco a muy ramificadas; tallos glabros a pelosos, fistulosos o sólidos. Hojas opuestas o alternas a subverticiladas, las hojas distales subopuestas o alternas, sésiles o pecioladas; láminas lineares a ovadas, deltoides, trilobadas, o disecadas, ambas superficies generalmente punteado-glandulosas. Capitulescencia una panícula corimbosa o piramidal, con cabezuelas cortamente pedunculadas. Cabezuelas campanuladas, discoides, con 3-23 flores; filarios 10-22, ligera a marcadamente subimbricados, graduados, herbáceos a subpajizos, generalmente persistentes, los filarios internos en algunas especies ligeramente deciduos; clinanto aplanado a escasamente convexo, sin páleas, con la superficie esclerificada, glabra; corola angostamente infundibuliforme o con tubo constricto y limbo campanulado, blanca a color púrpura o color lavanda, las glándulas frecuentemente concentradas sobre la base del limbo y sobre los lobos, rara vez con pocos tricomas, el limbo sin células subcuadrangulares debajo de los lobos, los lobos triangulares a oblongo-ovados, escasamente más largos que anchos, lisos con células oblongas sobre ambas superficies; anteras con el collar con células subcuadrangulares proximalmente, las células con engrosamientos ornamentando las paredes o sin estos, el apéndice c. 1.5 veces más largo que ancho, no truncado; estilo con la base algunas veces agrandada, puberulenta, rara vez glabra, las ramas filiformes a escasamente ensanchadas distalmente, papilosas con células patentes. Cipselas prismáticas, 5-acostilladas, esparcida a densamente glandulosas, algunas veces esparcidamente setulosas, el carpóforo obsoleto o ausente, las células esclerificadas cuando presentes subcuadrangulares a anchamente oblongas, las paredes delgadas, firmes; vilano de 25-40 cerdas escabrosas persistentes, con la célula apical redondeada u obtusa. Aprox. 45 spp. Este de los Estados Unidos, Cuba, adventicio en Mesoamérica, las Antillas, Europa, Asia.

Williams (1976a), Turner (1997a) y Dillon et al. (2001) circunscribieron *Eupatorium* más ampliamente así tratando como sinónimos numerosos géneros aquí reconocidos. La siguiente única especie de *Eupatorium* s. str. es adventicia en Mesoamérica.

Bibliografía: Kawahara, T. et al. *Pl. Spec. Biol.* 4: 37-46 (1989). Sullivan, V.I. *Canad. J. Bot.* 53: 582-589 (1975); 54: 2907-2917 (1976).

1. Eupatorium capillifolium (Lam.) Small ex Porter et Britton, *Mem. Torrey Bot. Club* 5: 311 (1894). *Artemisia capillifolia* Lam., *Encycl.* 1: 267 (1783). Holotipo: Dillenius, *Hort. Eltham.* 37, t. 33 (1732). Ilustr.: Gleason, *Ill. Fl. N. U.S.* ed. 3, 3: 487 (1952).

Eupatorium foeniculoides Walter.

Hierbas delgadas anuales erectas hasta 3 m, generalmente con numerosas ramas ascendentes cortas; tallos densamente puberulentos, la médula sólida. Hojas mayormente alternas, generalmente 1-pinnatidisecadas a 2-pinnatidisecadas formando segmentos filiformes, 1-3 cm, generalmente glabras pero con diminutas puntuaciones glandulares esparcidas. Capitulescencia una panícula tirsoide, alta, densa, con ramas espiciformes ascendentes, las cabezuelas generalmente sésiles, dirigidas hacia arriba, hacia afuera y hacia abajo. Cabezuelas 2-4 mm; filarios 12-15, 1-3 mm, oblongos a lanceolados, esencialmente glabros, el ápice apiculado. Flores generalmente 5; corola 2-2.5 mm, blanquecina, el tubo angosto, los lobos c. 0.2×0.2 mm, ligeramente punteado-glandulosos; estilo con la base con tricomas o sin estos. Cipselas c. 1.5 mm, glabras o ligeramente punteado-glandulosas; vilano de 25-30 cerdas, 2-2.5 mm, no agrandadas en el ápice, con la célula apical obtusa. $2n = 10$. *Playas, matorrales, pantanos, lugares abiertos.* G (Williams, 1976a: 61); H (Molina R., 1975: 114); N (Dillon et al., 2001: 322); CR (*Poveda et al. s.n.*, US). 0-50 m. (Nativa de E. Estados Unidos, Bahamas, Cuba; adventicia en Mesoamérica, Venezuela.)

87. Fleischmannia Sch. Bip.

Por H. Robinson y J.F. Pruski.

Hierbas erectas a decumbentes o postradas, anuales o perennes, o subarbustos; tallos teretes, la médula generalmente sólida. Hojas opuestas o rara vez alternas, frecuentemente con pecíolo delgado, rara vez subsésiles; láminas elípticas a rómbicas o anchamente cordato-ovadas, los márgenes enteros a dentado o muy rara vez bipinnados y las hojas compuestamente ternadas, disecadas en lobos lineares, con puntuaciones glandulares abaxialmente o sin estas, pinnatinervias a trinervias. Capitulescencia difusa, alternadamente ramificada, con ramas laxamente cimosas a densamente corimbosas; pedúnculos corta a moderadamente largos. Cabezuelas campanuladas, discoides, con (10-)20-55(-150) flores; filarios 20-60, subimbricados y graduados, rara vez eximbricados y casi subiguales, persistentes, patentes con la edad, los filarios externos típicamente varios y regularmente insertados hasta rara vez pocos y dispuestos irregularmente; clinanto aplanado a escasamente convexo, sin páleas, la superficie esclerificada, glabra; corola generalmente azulada, color lavanda o blanquecina, el tubo angosto, corto, marcadamente acostillado, el limbo angostamente campanulado, el limbo sin células subcuadrangulares debajo de los lobos, las nervaduras engrosadas en la mitad proximal, el tubo obviamente engrosado sobre las nervaduras, la parte proximal de la garganta también engrosada sobre las nervaduras, los lobos anchamente triangulares, tan anchos como largos, moderadamente patentes, ambas superficies de los lobos prorulosas con papilas formadas por las puntas distantes proyectadas de células alargadas, esparcida a densamente glandulosas o setulosas; anteras con el collar delgado, las células generalmente oblongas, los límites de las células ocultados por densos engrosamientos anulares transversales en las paredes, el apéndice casi tan largo como ancho, no truncado; estilo con la base sin nudo agrandado, glabra, las ramas lineares a angostamente claviformes, densamente papilosas. Cipselas prismáticas, 5-acostilladas, generalmente escábridas o setulosas, rara vez glandulosas, sin glándulas diminuta y densamente pulverulentas, el carpóforo cuneiforme con un conspicuo borde distal proyectado, no procurrente sobre las costillas, el carpóforo con células subcuadrangulares, las paredes marcadamente engrosadas; vilano, típi-

camente de 5-40 cerdas escábridas, delgadas, ampliamente espaciadas a adyacentes, persistentes a algunas veces frágiles, no ensanchadas en el ápice, rara vez el vilano ausente en algunas cipselas externas. Aprox. 80 spp. Sur de los Estados Unidos, México, Mesoamérica, Andes de Sudamérica hasta Argentina.

En el mapa de Turner (1997a: 243) *Fleischmannia gonzalezii* (B.L. Rob.) R.M. King et H. Rob. aparece en Oaxaca y Chiapas, pero los ejemplares de Chiapas podrían más bien ser de *F. matudae, F. pratensis* o *F. pycnocephala*.

Bibliografía: King, R.M. y Robinson, H. *Ann. Missouri Bot. Gard.* 62: 937-948 (1975 [1976]); *Monogr. Syst. Bot. Missouri Bot. Gard.* 22: 284-289 (1987). Pruski, J.F. *Phytoneuron* 2014-65: 1-7 (2014). Robinson, H. y Pruski, J.F. *PhytoKeys* 20: 1-7 (2013).

1. Lámina de las hojas 1-3-pinnatífidas.
  2. Hierbas 0.2-0.3 m; lobos de la lámina de la hoja dirigidos hacia adelante, los lóbulos laterales más distales subterminales y mayormente subiguales al lóbulo terminal; ramas del estilo anchas. **7. F. carletonii**
  2. Hierbas c. 1 m; lobos de la lámina de la hoja patentes lateralmente, los lóbulos cerca de la mitad de los lobos, el lóbulo terminal comúnmente más largo que los lóbulos laterales; ramas del estilo lineares. **23. F. pinnatifida**
1. Lámina de las hojas entera a dentada, no disecada en lobos.
  3. Todos o casi todos los filarios atenuados en puntas angostamente agudas a acuminadas, herbáceas o papiráceas, frecuentemente de apariencia más bien eximbricada; cabezuelas con 20-150 flores; vilano de 5-22 cerdas discontinuas.
    4. Hojas alternas; vilano de 5 cerdas ampliamente separadas; cabezuelas con 75-150 flores. **3. F. arguta**
    4. Láminas de las hojas opuestas; vilano de (8-)10-25 cerdas; cabezuelas con 20-60 flores.
      5. Ramas de las capitulescencias con numerosas glándulas estipitadas, diminutas, patentes, con tricomas antrorsos no glandulosos o sin estos.
        6. Cabezuelas 3-4 mm, con 35-40 flores; vilano de 10-12 cerdas. **15. F. hammelii**
        6. Cabezuelas 5-7 mm, con 40-60 flores; vilano de (8-)15-22 cerdas.
          7. Hojas ovado-lanceoladas a lanceoladas; filarios 35-40 en c. 3 series ligeramente subimbricadas. **17. F. imitans**
          7. Hojas deltoides; filarios c. 60, marcadamente subimbricados, graduados, c. 4-seriados. **26. F. profusa**
      5. Ramas de las capitulescencias sin diminutas glándulas estipitadas patentes, frecuentemente con tricomas antrorsos no glandulosos.
        8. Cabezuelas con 35-50 flores; vilano de 10-12 cerdas discontinuas. **6. F. capillipes**
        8. Cabezuelas con 20-25 flores; vilano de c. 25 cerdas escasamente adyacentes.
          9. Láminas de las hojas romboide-ovadas con la base obtusa a subtruncada. **31. F. sinclairii**
          9. Láminas de las hojas angostamente elípticas con la base angostamente cuneada.
            10. Cabezuelas 3-4 mm; láminas de las hojas con nervaduras secundarias ligeramente desarrolladas. **20. F. misera**
            10. Cabezuelas c. 5 mm; láminas de las hojas trinervias con nervaduras bien desarrolladas sublongitudinales llegando por encima de la mitad de la hoja. **30. F. sideritidis**
  3. Filarios internos obtusos a cortamente agudos o apiculados, frecuentemente con puntas marcadamente escariosas, el involucro de apariencia conspicuamente subimbricada; cabezuelas con 9-35 flores; vilano de 15-30 cerdas discontinuas a adyacentes.
    11. Cipselas totalmente negras al madurar, las costillas no persistentemente amarillas.
      12. Láminas de las hojas con 2-4 pares de nervaduras secundarias bien desarrolladas, pinnadamente dispuestas en el 1/4 proximal.
        13. Cabezuelas c. 5 mm; márgenes foliares 2-crenados a 3-crenados. **1. F. allenii**

13. Cabezuelas c. 3 mm; márgenes foliares generalmente con dientes simples y puntiagudos. **16. F. hymenophylla**
12. Láminas de las hojas con las nervaduras secundarias trinervias y/o palmadamente dispuestas, frecuentemente en la base o muy cerca de esta.
14. Pedúnculos 5-12 mm, con numerosas glándulas escamiformes sésiles; filarios obtusos a anchamente redondeados; ramas del estilo ensanchadas distalmente. **35. F. viscidipes**
14. Pedúnculos generalmente 1-5 mm, sin glándulas escamiformes sésiles; filarios obtusos a agudos; ramas del estilo delgadas.
15. Superficie abaxial foliar con puntuaciones glandulares conspicuas.
16. Ápice de las hojas obtuso a redondeado; nervaduras subpalmadas, las nervaduras secundarias decurrentes sobre los pecíolos; flores 40-50 por cabezuela. **10. F. coibensis**
16. Ápice de las hojas agudo a acuminado; nervaduras estrictamente trinervias desde la base de las hojas o cerca de esta; flores generalmente 20-25 por cabezuela.
17. Pubescencia rojiza sobre tallos, las nervaduras de las hojas, ramas de las capitulescencias y filarios; capitulescencias más bien laxas. **13. F. gentryi**
17. Tricomas pálidos sobre tallos, hojas y capitulescencias; capitulescencias densas. **25. F. pratensis**
15. Superficie abaxial foliar inconspicuamente punteado-glandulosa o no punteado-glandulosa.
18. Base de las láminas de las hojas aguda.
19. Láminas de las hojas angostamente lanceoladas, el ápice angostamente agudo a acuminado; cipselas distalmente con sétulas cortas. **4. F. blakei**
19. Láminas de las hojas elípticas a ovado-elípticas, el ápice cortamente agudo; cipselas casi o totalmente glabras. **11. F. crocodilia**
18. Base de las láminas de las hojas subtruncada a subcordata.
20. Superficie abaxial esencialmente glabra. **9. F. ciliolifera**
20. Superficie abaxial con tricomas especialmente sobre las nervaduras.
21. Hierbas arbustivas erectas con hojas densamente pelosas; costillas de las cipselas con numerosas sétulas. **34. F. tysonii**
21. Hierbas subescandentes con hojas esparcidamente pelosas; costillas de las cipselas esparcidamente escábridas a glabras. **8. F. chiriquensis**
11. Cipselas negras en los costados, las costillas persistentemente amarillas al madurar.
22. Base de las hojas cordata con el seno angosto o triangular.
23. Láminas de las hojas 1.5-2 veces más largas que anchas, frecuentemente asimétricas o trinervias por encima de la base. **24. F. plectranthifolia**
23. Láminas de las hojas casi tan anchas como largas, la base simétrica, trinervia. **32. F. splendens**
22. Base de las hojas sin un seno angosto o triangular.
24. Láminas de las hojas con numerosas puntuaciones glandulares o glándulas estipitadas abaxialmente.
25. Anuales; vilano de cerdas ensanchadas y las bases esencialmente adyacentes; capitulescencias con ramas laterales sobrepasando a la cabezuela terminal; tallos más grandes fistulosos. **19. F. microstemon**
25. Perennes; vilano de cerdas generalmente delgadas y las bases notablemente discontinuas; capitulescencias con ramas laterales no sobrepasando la cabezuela terminal o escasamente sobrepasándola; tallos no fistulosos
26. Tallos, pecíolos, ramas de capitulescencias y filarios externos con numerosas glándulas cortamente estipitadas.
27. láminas de las hojas hasta c. 4 cm; capitulescencias laxas con ramas escuarroso-patentes. **14. F. guatemalensis**
27. láminas de las hojas más de 4 cm; capitulescencias con ramas ascendentes con densos agregados de cabezuelas corimbosas. **28. F. pycnocephaloides** p. p.

26. Plantas con glándulas generalmente restringidas a las hojas.
28. Plantas frecuentemente trepadoras; entrenudos de las capitulescencias no notablemente más largos que los de los tallos vegetativos; pecíolos 1-5 cm; láminas de las hojas con tricomas generalmente restringidos a las nervaduras abaxialmente. **12. F. deborabellae**
28. Plantas erectas con entrenudos vegetativos cortos y entrenudos largos en las capitulescencias; pecíolos 0.3-0.8 cm; hojas densamente hírtulas a velutinas en y entre las nervaduras abaxialmente. **22. F. nix**
24. Láminas de las hojas sin numerosas puntuaciones glandulares ni glándulas estipitadas conspicuas.
29. Cabezuelas con 10-12 flores; hojas membranáceas, angostamente ovadas a lanceoladas, el ápice angostamente acuminado; ambas superficies subglabras. **18. F. matudae**
29. Cabezuelas con 18-30 flores; hojas lanceoladas u ovadas a oblongas o deltoides; hojas con ambas superficies frecuentemente pelosas.
30. Capitulescencias con densos agregados de cabezuelas corimbosas; pedúnculos 1-5 mm, generalmente menos de 3 mm; cipselas con sétulas generalmente sobre las costillas.
31. Filarios externos inferiores insertos laxamente, intergraduando con las bractéolas pedunculares. **5. F. bohlmanniana**
31. Filarios externos inferiores insertados cercanamente, abruptamente diferenciados de las bractéolas pedunculares.
32. Láminas de las hojas oblongo-ovadas, angostamente redondeadas en el ápice; nervaduras glabras o subglabras abaxialmente con solo diminutos tricomas adpresos. **33. F. suderifica**
32. Láminas de las hojas ovadas a ovado-deltoides, agudas o acuminadas en ápice; nervaduras conspicuamente puberulentas a tomentulosas abaxialmente.
33. Tallos completamente puberulentos; todos los filarios glabros a esparcidamente pubérulos; ramas del estilo lineares o escasamente ensanchadas distalmente. **27. F. pycnocephala**
33. Tallos frecuentemente glabrescentes en los entrenudos; filarios externos densamente puberulentos a hírtulos; ramas del estilo conspicuamente ensanchadas distalmente. **28. F. pycnocephaloides** p. p.
30. Capitulescencias laxas, las ramas con grupos de cabezuelas laxamente corimbosas a subcimosas; pedúnculos 3-25 mm, generalmente más de 5 mm; cipselas con sétulas sobre los costados distalmente y las costillas.
34. Pedúnculos glabros a subglabros. **21. F. multinervis**
34. Pedúnculos diminutamente puberulentos a pilósulos.
35. Hierbas decumbentes flexuosas; hojas distales muy reducidas; láminas de las hojas con tricomas generalmente restringidos a las nervaduras abaxialmente. **2. F. anisopoda**
35. Hierbas erectas; hojas gradualmente reducidas en las capitulescencias; superficie abaxial de las láminas de las hojas con numerosos tricomas sobre o entre las nervaduras.
36. Tallos densamente hirsutos; vilano de cerdas con las bases conspicuamente discontinuas. **29. F. seleriana**
36. Tallos puberulentos; vilano de cerdas con las bases esencialmente adyacentes. **36. F. yucatanensis**

1. Fleischmannia allenii R.M. King et H. Rob., *Phytologia* 28: 73 (1974). Holotipo: Panamá, *Allen 1347* (MO!). Ilustr.: no se encontró.

Hierbas perennes erectas, 0.7-1.5 m; tallos densamente rojizo-puberulentos. Hojas opuestas; láminas 8-15 × 4-9 cm,, anchamente elípticas, pinnatinervias o subpinnatinervias, con 4 o 5 nervaduras secundarias ascendentes, subparalelas a convergentes con los márgenes basales de la hoja, las nervaduras secundarias basales conspicuamente por encima de la base, las nervaduras puberulentas, la superficie adaxial esparcidamente puberulenta, la superficie abaxial punteado-glandulosa, la base aguda a angostamente acuminada, los márgenes conspicuamente 2-crenados a 3-crenados, el ápice agudo a escasamente acuminado;

pecíolo hasta 5 cm. Capitulescencia anchamente corimbosa con densas ramas corimbosas; pedúnculos 2-4 mm, densamente puberulentos. Cabezuelas c. 5 mm; filarios 28-30, 1.3-3.5 × 0.6-0.8 mm, marcadamente subimbricados, graduados, oblongos a ovado-oblongos, los márgenes escariosos, el ápice obtuso a cortamente agudo, las superficies puberulentas, los filarios externos varios, densamente insertados en la base. Flores 20-25; corola 2.8-3 mm, color lavanda, con numerosos tricomas marcadamente rostrados distalmente y sobre los lobos, los lobos c. 0.3 mm; ramas del estilo escasamente engrosadas. Cipselas c. 1 mm, glabras a esparcidamente setulosas distalmente, negras con las costillas negras; vilano de c. 30 cerdas, c. 2.5 mm, adyacentes en la base. *Laderas boscosas*. P (*Croat 13516*, US). 1200-2400 m. (Endémica.)

Las colecciones de Costa Rica que se han identificado como *Fleischmannia allenii* prueban más bien ser sea *F. gentryi* o *F. hymenophylla*. Sin embargo, *F. allenii* debe esperarse en el sur las montañas de Talamanca en Costa Rica.

2. Fleischmannia anisopoda (B.L. Rob.) R.M. King et H. Rob., *Phytologia* 19: 202 (1970). *Eupatorium anisopodum* B.L. Rob., *Proc. Amer. Acad. Arts* 36: 477 (1901). Holotipo: Guatemala, *von Türckheim 1177* (GH!). Ilustr.: no se encontró.

Hierbas decumbentes flexuosas, perennes, 0.4-0.5 m; tallos puberulentos generalmente cerca de los nudos. Hojas opuestas; láminas 1.2-2.5 × 0.9-1.8 cm, ovadas, las hojas distales marcadamente reducidas, más pequeñas y más remotas, marcadamente trinervias desde la base, ambas superficies no glandulosas, la superficie adaxial esparcidamente pilósula, la superficie abaxial puberulenta sobre las nervaduras, la base obtusa a subtruncada, los márgenes crenado-serrulados por encima de la parte más ancha, y el ápice cortamente agudo; pecíolo 0.3-0.6 cm. Capitulescencia esparcida, laxa, las ramas generalmente alternas, con grupos de cabezuelas laxamente corimbosas a cimosas; pedúnculos generalmente 5-25 mm, puberulentos a pilósulos. Cabezuelas 5-5.5 mm; filarios c. 25, 1.7-3.5 × 0.7-0.9 mm, subimbricados, graduados, ovados a oblongos, el ápice breve a marcadamente agudo, la superficie escasamente puberulenta. Flores 25-30; corola 2.2-2.7 mm, blanquecina, glabra, los lobos c. 0.7 mm; ramas del estilo escasamente ensanchadas. Cipselas c. 1.5 mm, los costados negros, las costillas persistentemente pálidas, las costillas y los costados distal y brevemente erecto-setulosos; vilano de c. 30 cerdas, 2-25 mm, no alcanzando las bases de los lobos de la corola, conspicuamente discontinuas en la base. *Hábitat desconocido*. G (*von Türckheim 1177*, GH). c. 1600 m. (Endémica.)

Williams (1976a) trató a *Fleischmannia anisopoda* como un sinónimo de *Eupatorium pycnocephalum*.

3. Fleischmannia arguta (Kunth) B.L. Rob., *Proc. Amer. Acad. Arts* 42: 35 (1907 [1906]). *Eupatorium argutum* Kunth in Humb., Bonpl. et Kunth, *Nov. Gen. Sp.* folio ed. 4: 94 (1820 [1818]). Holotipo: México, Distrito Federal, *Humboldt y Bonpland s.n.* (P-Bonpl.). Ilustr.: King y Robinson, *Monogr. Syst. Bot. Missouri Bot. Gard.* 22: 286, t. 111 (1987).

Eupatorium quinquesetum Benth., *Fleischmannia rhodostyla* Sch. Bip.

Hierbas perennes erectas 0.25-0.45 m; tallos flexuosos, parduscos a rojizos; tallos, hojas y pedúnculos densamente hispídulos con glándulas cortamente estipitadas. Hojas generalmente alternas; láminas 1-4.5 × 0.2-1.3 cm, elíptico-lanceoladas a oblanceoladas, ascendentemente trinervias desde la base, la base y el ápice agudos, los márgenes escasamente serrulados distalmente o remota y agudamente serrados; pecíolo 0.2-1.2 cm. Capitulescencia laxa con pocas cabezuelas terminales en ramas alternas; pedúnculos 15-40 mm. Cabezuelas 5-7 mm; filarios 30-40, 3-6 × c. 0.7 mm, de apariencia eximbricados, a más bien densamente insertados en la base, lanceolados, el ápice atenuado, la superficie puberulenta o con glándulas estipitadas. Flores 75-150; corola 3-3.5 mm, color lavanda, puberulenta distalmente, los lobos c. 0.3 mm;

ramas del estilo lineares. Cipselas c. 1.3 mm, diminutamente setulosas sobre las costillas, las costillas persistentemente amarillas; vilano de 5 cerdas ampliamente espaciadas, 2.8-3.3 mm. *Laderas húmedas, bosques de* Quercus, *riberas rocosas, selvas altas perennifolias, barrancos*. H (*Standley 15804*, US); N (*Molina R. 20593*, US). 50-2000 m. (SO. y C. México, Mesoamérica.)

Esperada en El Salvador.

4. Fleischmannia blakei (B.L. Rob.) R.M. King et H. Rob., *Phytologia* 19: 202 (1970). *Eupatorium blakei* B.L. Rob., *Contr. Gray Herb.* 61: 5 (1920). Holotipo: Honduras, *Blake 7347* (US!). Ilustr.: no se encontró.

Hierbas anuales o perennes de vida corta, 0.35-0.8 m; tallos verdosos a parduscos, puberulentos. Hojas opuestas; láminas 4-8 × 1-2 cm, angostamente lanceoladas, ascendente y marcadamente trinervias sublongitudinales desde la base, ambas superficies esparcidamente puberulentas, la superficie abaxial inconspicuamente punteado-glandulosa, la base y el ápice angostamente agudos, los márgenes serrulados a serrados por encima de la parte más ancha; pecíolo 0.5-2 cm. Capitulescencia laxamente tirsoide, las ramas con cabezuelas en pequeños agregados corimbosos densos; pedúnculos 2-5 mm, puberulentos. Cabezuelas 4-5 mm; filarios c. 23, 1.2-3.5 × c. 0.7 mm, subimbricados, graduados, ovados a oblongos, los márgenes anchamente escariosos, la superficie generalmente glabra, más bien densamente insertados en la base, los filarios internos apicalmente obtusos a redondeados. Flores c. 20; corola 2.2-3 mm, azulada, glabra, los lobos c. 0.3 mm; ramas del estilo lineares. Cipselas c. 1.8 mm, cortamente setulosas distalmente y generalmente sobre las costillas, las costillas tan oscuras como los costados; vilano de c. 25 cerdas, 2.1-2.5 mm, adyacentes en la base. *Bordes de ríos*. Ch (*Breedlove 35361*, CAS); B (*Bartlett 11463*, US); H (*Blake 7347*, US). 100-300 m. (Endémica.)

El límite superior de elevación de 1000 m dado por Williams (1976a) no fue verificado durante este estudio.

5. Fleischmannia bohlmanniana R.M. King et H. Rob., *Phytologia* 38: 418 (1978). Holotipo: Guatemala, *King 7190* (US!). Ilustr.: no se encontró.

Eupatorium bohlmannianum (R.M. King et H. Rob.) C. Nelson.

Hierbas perennes erectas, 1-2 m; tallos verde-amarillentos a pardos, diminutamente puberulentos, glabrescentes. Hojas opuestas; láminas 2-5.5 × 1.5-3.7 cm, ovadas, marcadamente trinervias desde la base, frecuentemente con una acuminación pequeña, no evidentemente punteado-glandulosas ni estipitado-glandulosas, la superficie adaxial esparcida y cortamente pilosa, la superficie abaxial puberulenta generalmente sobre las nervaduras, la base cortamente aguda a subtruncada, los márgenes serrados a crenado-serrados, el ápice escasa y cortamente acuminado; pecíolo 0.5-3 cm. Capitulescencia laxamente alargado-tirsoide, las ramas ascendentes, terminando en pequeños agregados de cabezuelas corimbosas, densas; pedúnculos 1-2 mm, densamente puberulentos. Cabezuelas 4-5 mm; filarios, c. 30, 1.5-3.5 × c. 0.8 mm, subimbricados, graduados, ovados a angostamente oblongos, los márgenes ampliamente escariosos, mucronatos, la superficie subglabra o puberulenta en el centro, los filarios externos varios, laxamente insertados en la base, intergraduando con las bractéolas pedunculares, los filarios internos apicalmente obtusos. Flores 22-25; corola 2.5-2.8 mm, color lavanda, los lobos c. 0.4 mm, con pocas glándulas; ramas del estilo angostamente lineares. Cipselas 1-1.5 mm, con sétulas cortas generalmente sobre las costillas, los costados ennegrecidos, las costillas persistentemente amarillentas; vilano de 20-25 cerdas, 2-2.3 mm, marcadamente discontinuas en la base, algunas cipselas externas a veces glabras. $2n = 20$. *Orillas de caminos*. G (*Heyde y Lux 4219*, US); H (Nelson, 2008: 171). 800-2300 m. (Endémica.)

6. Fleischmannia capillipes (Benth.) R.M. King et H. Rob., *Phytologia* 28: 74 (1974). *Eupatorium capillipes* Benth., *Vidensk. Meddel.*

167

Dansk Naturhist. Foren. Kjøbenhavn 1852: 79 (1853). Sintipo: Nicaragua, *Oersted 58* (C). Ilustr.: no se encontró. N.v.: Crucito, H.

Eupatorium jejunum Standl. et Steyerm., *Fleischmannia jejuna* (Standl. et Steyerm.) R.M. King et H. Rob.

Hierbas anuales o perennes de vida corta, 0.07-0.4 m; tallos verdosos, algunas veces fistulosos; tallos, pecíolos, nervadura de las hojas, pedúnculos y filarios diminutamente puberulentos. Hojas opuestas; láminas 1.4-4.5 × 1.2-3 cm, ovadas a anchamente ovadas, membranáceas, la trinervación marginal patente en la acuminación basal, ambas superficies glabras entre las nervaduras, no glandulosas, la base obtusa a subtruncada, los márgenes cercanamente crenado-serrados por encima de la parte más ancha, el ápice cortamente acuminado; pecíolo 0.5-3 cm, delgado. Capitulescencia difusa, las ramas subcimosas, no estipitado-glandulosas; pedúnculos generalmente 5-15 mm, delgados. Cabezuelas c. 3 mm; filarios c. 20, 2-3 × c. 0.5 mm, de apariencia eximbricados, algunos laxamente insertados en la base, lanceolados, apicalmente atenuados. Flores 40-50; corola 2.3-3 mm, blanca a escasamente color lavanda, los lobos c. 0.4 mm, diminutamente puberulentos; ramas del estilo lineares. Cipselas 1-1.5 mm, cortamente setulosas distalmente sobre las costillas, las costillas persistentemente amarillas; vilano de c. 10 cerdas, 2-2.7 mm, discontinuas en la base. $2n =$ c. 20. *Selvas altas perennifolias, laderas, suelos rocosos, arroyos, lugares sombreados.* Ch (*Breedlove y Raven 13713*, US); G (*Standley 77714*, GH); H (Nelson, 2008: 171); ES (*Tucker 439*, US); N (*Oersted 9569*, US); CR (*Liesner 4411*, MO); P (*Knapp et al. 3318*, MO). 5-1200 m. (SO. México, Mesoamérica.)

King y Robinson (1975 [1976]) no trataron *Fleischmannia capillipes* para Panamá. Williams (1976a) reconoció *Eupatorium jejunum* como distinta y ubicó a *Ageratina helenae* y *A. molinae* bajo la sinonimia de *F. capillipes*. La cita de Williams (1976a) de este taxón en Honduras es un error y está basado en el tipo de *A. molinae* de Honduras. No se ha podido confirmar el límite superior de elevación de "2850 m" de *F. capillipes* dado por Williams (1976a).

7. Fleischmannia carletonii (B.L. Rob.) R.M. King et H. Rob., *Phytologia* 19: 203 (1970). *Eupatorium carletonii* B.L. Rob., *Contr. Gray Herb.* 73: 7 (1924). Holotipo: Honduras, *Carleton 466* (GH!). Ilustr.: no se encontró.

Hierbas erectas perennes, 0.2-0.3 m; tallos rojizos, subglabros. Hojas opuestas; láminas 1-4.5 × 1-4.5 cm, bipinnatinervias, las hojas compuesto-ternado-disecadas en lobos y lóbulos lineares, segmentos c. 1 mm de diámetro, ambas superficies subglabras, esparcida a densa y diminutamente punteado-glandulosas; pecíolo 0.5-1.5 cm, muy angostamente alado. Capitulescencia laxamente cimosa; pedúnculos 3-10 mm, esparcidamente puberulentos. Cabezuelas c. 3 mm; filarios c. 18, 1.5-3 × 0.2-0.4 mm, de apariencia eximbricados, linear-lanceolados, angostamente agudos a cortamente atenuados apicalmente, la superficie subglabra. Flores c. 20; corola 2.2-2.5 mm, color lavanda, los lobos c. 0.3 mm, diminutamente puberulentos; ramas del estilo anchas. Cipselas 1.2-1.5 mm, con diminutas espículas esparcidas generalmente sobre las costillas, las costillas persistentemente amarillas; vilano de c. 20 cerdas, 1.5-2 mm, casi adyacentes en la base. *Acantilados, laderas, bordes de riachuelos.* G (Williams, 1976a: 62, como *Eupatorium carletonii*); H (*Yuncker et al. 8729*, US). 80-1500 m. (Endémica.)

8. Fleischmannia chiriquensis R.M. King et H. Rob., *Phytologia* 28: 74 (1974). Holotipo: Panamá, *Gentry 5928* (MO!). Ilustr.: no se encontró.

Hierbas flexuosas perennes o bejucos hasta 3 m; tallos ligeramente pilosos a subglabrescentes. Hojas opuestas; láminas hasta 6 × 5 cm, ovadas, trinervias desde la base, ambas superficies no glandulosas, esparcidamente pilosas, la base ancha y escasamente cordata a truncada, los márgenes cercanamente crenado-serrados por encima de la parte

más ancha, el ápice abrupta y cortamente acuminado; pecíolo hasta 2.5 cm. Capitulescencia anchamente corimbosa con ramas corimbosas compactas; pedúnculo 2-4 mm, densamente pubérulo. Cabezuelas c. 5 mm; filarios c. 20, subimbricados, graduados, ovados a oblongos, 1.5-4.5 × c. 1 mm, los filarios externos cortamente agudos, la superficie externa pilosa a esparcidamente puberulenta, los filarios internos con el ápice más escarioso, redondeado y apiculado. Flores 20-25; corolas 3.0-3.5 mm, color lavanda, los lobos c. 0.4 mm, con pocos tricomas cortos; ramas del estilo escasamente ensanchadas distalmente. Cipselas c. 2.2 mm, los costados y las costillas negros al madurar, esparcidamente escábridas o cortamente setulosas sobre las costillas; vilano de 27-30 cerdas, c. 3 mm, adyacentes en la base. *Laderas, selvas altas perennifolias, orillas de caminos.* P (*Hamilton y Stockwell 3376*, MO). 1900-2600 m. (Endémica.)

9. Fleischmannia ciliolifera R.M. King et H. Rob., *Phytologia* 28: 75 (1974). Holotipo: Honduras, *Allen et al. 6134* (GH!). Ilustr.: no se encontró.

Hierbas erectas perennes frecuentemente sin ramificar hasta 1 m; tallos parduscos, esparcida y diminutamente puberulentos, rara vez densamente pilósulos distalmente. Hojas opuestas; láminas 2.5-6 × 1.3-3 cm, ovadas, marcadamente trinervias ascendentes desde la base, la nervadura abaxialmente solo con diminutos tricomas adpresos, ambas superficies frecuentemente glabras o subglabras, no glandulosas, la base anchamente redondeada, los márgenes crenado-serrados con pocos a numerosos dientes superficiales a conspicuos por encima de la parte más ancha, el ápice angostamente agudo a escasamente acuminado; pecíolo 0.5-3.5 cm. Capitulescencia tirsoide, esparcida a densamente ascendente-ramificada, con densos agregados corimbosos de cabezuelas; pedúnculos 1-3 mm, puberulentos, sin glándulas escuamiformes sésiles. Cabezuelas 5-6 mm; filarios 20-25, 1-4 × 0.7-0.9 mm, subimbricados, graduados, los márgenes anchamente escariosos, el ápice obtuso o apiculado a redondeado, la superficie glabra a subglabra, los filarios externos varios, densamente insertados en la base. Flores 20-25; corola 3.5-4 mm, color lavanda, glabra, los lobos c. 0.5 mm; ramas del estilo delgadas. Cipselas 1.5-1.8 mm, negras, diminutamente setulosas sobre algunas costillas y costados distalmente, las costillas tan oscuras como los costados; vilano de c. 30 cerdas, 2.5-3 mm, escasamente adyacentes en la base. *Crestas, laderas rocosas, bosques de* Pinus, *selvas altas perennifolias.* G (*Steyermark 42778*, F); H (*Barkley y Hernández 40084*, EAP). 1100-2400 m. (Endémica.)

10. Fleischmannia coibensis S. Díaz in Castroviejo, *Fl. Fauna Parq. Nac. Coiba (Panamá)* 278 (1997). Holotipo: Panamá, *Castroviejo y Velayos 13415 SC* (PMA). Ilustr.: Velayos Rodríguez et al., *Fl. Fauna Parq. Nac. Coiba (Panamá)* 280, t. 1 (1997).

Hierbas postradas o decumbentes hasta 0.4 m; tallos escasamente angulados, pardos, diminutamente puberulentos. Hojas opuestas; láminas hasta c. 4 × 3.8 cm, anchamente ovadas, papiráceas, la trinervación ascendente desde la base, la superficie adaxial puberulenta, la superficie abaxial puberulenta solo sobre las nervaduras más grandes, por lo demás glabra, esparcida y diminutamente punteado-glandulosa entre las nervaduras, la base obtusa a truncada o subcordata, los márgenes escasamente crenulados, el ápice obtuso; pecíolo 1-3.4 cm, delgado. Capitulescencia tirsoide, las ramas erecto-patentes, con agregados corimbosos de pocas cabezuelas; pedúnculos 2-6 mm, puberulentos. Cabezuelas c. 5 mm; filarios c. 16, casi eximbricados, los márgenes angostamente escariosos, el ápice obtuso a cortamente agudo, subtomentosos distalmente, los filarios externos pocos, 1.1-1.5 × 0.3-0.8 mm, apretadamente adpresos, angostamente ovados. Flores 40-50; corola c. 1.8-(-2.4) mm, color lavanda pálido, generalmente glabra, los lobos c. 0.4 × 0.5 mm, con pocos tricomas diminutos y puntuaciones glandulares; ramas del estilo angostamente lineares. Cipselas c. 1 mm, las costillas escábridas, las costillas tan oscuras como los costados;

vilano de 15-20 cerdas frecuentemente cortas, las cerdas 0.8-2 mm, escasamente ensanchadas pero parcialmente discontinuas en la base. *Taludes, playas, grietas de roca volcánica.* P (*Galdames et al. 2842*, US). 0-200 m. (Endémica.)

11. Fleischmannia crocodilia (Standl. et Steyerm.) R.M. King et H. Rob., *Phytologia* 19: 203 (1970). *Eupatorium crocodilium* Standl. et Steyerm., *Publ. Field Mus. Nat. Hist., Bot. Ser.* 23: 182 (1944). Holotipo: Guatemala, *Steyermark 51498* (F). Ilustr.: no se encontró.

Hierbas perennes erectas 0.35-0.5 m; tallos rojizos, esparcidamente adpreso-puberulentos. Hojas opuestas; láminas 2.5-3.5 × 1-1.5 cm, elípticas a ovado-elípticas, la nervadura marcadamente trinervia ascendente desde la base, las superficies y las nervaduras glabras a subglabras, evidentemente no glandulosas, las nervaduras abaxialmente solo con diminutos tricomas adpresos o glabras, la base cortamente aguda, los márgenes ligeramente crenado-serrados desde el ápice hasta el 1/3 proximal, el ápice angostamente redondeado; pecíolo 0.5-1 cm. Capitulescencia de uno o pocos agregados corimbosos densos y pequeños de cabezuelas sobre largos tallos subescapíferos o ramas; pedúnculos 1-3 mm, puberulentos, sin glándulas escuamiformes sésiles. Cabezuelas c. 5 mm; filarios c. 25, 1.5-4 × c. 0.8 mm, conspicuamente subimbricados, graduados, angostamente oblongos, el ápice obtuso, la superficie glabra. Flores c. 15; corola 2.5-3 mm, color lavanda distalmente, los lobos c. 0.3 mm, glabros; ramas del estilo delgadas. Cipselas 1.2-1.5 mm, glabras, las costillas y los costados negros al madurar; vilano de 26-30 cerdas, 2-2.3 mm, escasamente ensanchadas y adyacentes en la base. *Lugares pantanosos.* Ch (*Nelson 2978*, US); G (*Steyermark 51498*, US). 300-1000 m. (Endémica.)

12. Fleischmannia deborabellae R.M. King et H. Rob., *Phytologia* 38: 417 (1978). Holotipo: cultivado en Washington, D.C., de Guatemala, *King 7346A* (US!). Ilustr.: no se encontró.

Hierbas erectas o frecuentemente trepadoras perennes 0.4-1 m, con glándulas punteadas y glándulas estipitadas generalmente restringidas a las hojas; tallos parduscos a rojizos, densa y diminutamente pilósulos, no fistulosos. Hojas opuestas; láminas 3-8 × 1.5-5 cm, opuestas, ovadas a subdeltoides, la trinervación fuerte desde la pequeña acuminación basal, la superficie adaxial diminuta y densamente puberulenta, con puntuaciones glandulares esparcidas, algunas veces velutina, la superficie abaxial con tricomas generalmente restringidos a las nervaduras, conspicuamente punteado-glandulosa, rara vez estipitado-glandulosa, la base obtusa a subtruncada, los márgenes crenados a crenado-serrados desde cerca de la parte más ancha hasta el ápice, el ápice cortamente agudo a escasamente acuminado; pecíolo 1-5 cm. Capitulescencia laxamente tirsoide, con ramas patentes terminando en numerosos agregados corimbosos más bien densos de pocas a numerosas cabezuelas, ramas laterales sobrepasando las cabezuelas terminales, los entrenudos de la capitulescencia no notablemente más largos que aquellos de los tallos vegetativos; pedúnculos 2-6 mm, densamente puberulentos. Cabezuelas 4-5 mm; filarios 25-30, 1-4 × 0.8-1 mm, subimbricados, graduados, ovados a oblongos, los márgenes ampliamente escariosos, el ápice de los filarios internos redondeado, la superficie puberulenta, los filarios externos varios, más bien densamente insertados en la base. Flores 17-22; corola 2-2.3 mm, color lavanda pálido, los lobos c. 0.3 mm, con solo pocas glándulas; ramas del estilo ensanchadas distalmente. Cipselas 1.3-1.6 mm, densamente setulosas distalmente y sobre las costillas, los costados ennegreciendo, las costillas persistentemente amarillentas; vilano de c. 22 cerdas generalmente delgadas, 1.8-2 mm, conspicuamente discontinuas en la base. $2n = 20$. *Bosques mixtos, selvas altas perennifolias, bosques de* Pinus-Quercus*, vegetación secundaria.* Ch (*Juzepczuk 1572*, US); G (*Skutch 242*, US); H (*Rodríguez 2755*, F). 1200-2700 m. (Endémica.)

Turner (1997a) trató esta especie como un sinónimo de *Eupatorium selerianum*.

13. Fleischmannia gentryi R.M. King et H. Rob., *Phytologia* 31: 305 (1975). Holotipo: Costa Rica, *Burger y Gentry 8637* (US!). Ilustr.: no se encontró.

Hierbas decumbentes perennes, hasta 0.3 m; tallos rojizos, densa y cortamente puberulentos. Hojas opuestas; láminas 2.5-6.5 × 1.5-3.5 cm, ovadas, las nervaduras fuertes conspicuamente trinervias desde 2-5 mm por encima de la base, divergiendo distalmente de los márgenes basales, la superficie adaxial finamente puberulenta, la superficie abaxial puberulenta con diminutos tricomas rojos sobre las nervaduras y los nérvulos, densamente punteado-glandulosa, la base redondeada, los márgenes crenado-serrados desde cerca de la parte más ancha, el ápice agudo; pecíolo 1-3 cm. Capitulescencia de pequeñas panículas corimbosas terminales; pedúnculos generalmente 5-9 mm, puberulentos. Cabezuelas c. 5 mm; filarios c. 20, 1.5-4 × 0.5-0.7 mm, ligeramente subimbricados, graduados, lanceolados a lineares, los márgenes angostamente escariosos, la superficie diminutamente puberulenta, el ápice agudo a cortamente apiculado, los filarios externos varios, densamente insertados en la base. Flores c. 20; corola c. 2.8 mm, color lavanda, puberulenta distalmente, más densamente sobre los lobos, los lobos c. 0.3 mm; ramas del estilo angostamente lineares. Cipselas 1.5-1.8 mm, esparcidamente escábridas sobre las costillas, las costillas tan oscuras como los costados; vilano de c. 30 cerdas, 2.3-2.5 mm, adyacentes en la base. *Selvas medianas perennifolias, bosques de neblina, bordes de arroyos.* CR (*Burger y Gentry 8637*, US); P (*D'Arcy et al. 13244*, MO). 1600-2100 m. (Endémica.)

14. Fleischmannia guatemalensis R.M. King et H. Rob., *Phytologia* 31: 306 (1975). Holotipo: Guatemala, *Williams et al. 41131* (US!). Ilustr.: no se encontró.

Eupatorium enigmaticum B.L. Turner.

Hierbas erectas a desparramadas, perennes, hasta 1 m; tallos, pecíolos, las ramas de la capitulescencia y filarios externos densamente hírtulos con cortos tricomas estipitado-glandulosos (diminutamente víscido-punteados); tallos en parte rojizos, no fistulosos. Hojas opuestas; láminas 1.5-4 × 1-2.5 cm, triangular-ovadas, la parte más ancha cerca del 1/5 proximal, marcadamente trinervias desde la pequeña acuminación basal, ambas superficies obvia y densamente estipitado-glandulosas, la base truncada a subcordata con un seno ancho y poco profundo, los márgenes cercanamente crenado-serrados por encima de la parte más ancha, el ápice cortamente agudo; pecíolo 0.6-2.5 cm. Capitulescencia una panícula piramidal alargada, laxa, con ramas laterales escuarroso-patentes escasamente sobrepasando las cabezuelas terminales o sin sobrepasarlas, terminando en agregados corimbosos de cabezuelas; pedúnculos 2-8 mm. Cabezuelas c. 5 mm; filarios c. 18, 1.5-4 × 0.6-0.8 mm, subimbricados, graduados, ovados a angostamente oblongos, los márgenes angostamente escariosos, el ápice agudo. Flores c. 25; corola c. 2.5 mm, color lavanda, los lobos c. 0.3 mm, cortamente estipitado-glandulosos; ramas del estilo angostamente lineares. Cipselas c. 1.5 mm, con numerosas sétulas pequeñas sobre los costados, los costados ennegreciendo, las costillas persistentemente amarillentas; vilano de c. 20 cerdas, c. 2.3 mm, delgadas, conspicuamente discontinuas en la base. *Claros, bosques mixtos de montaña.* Ch (Turner, 1997a: 120, como *Eupatorium enigmaticum*); G (*Williams et al. 41131*, US). 900-1000 m. (Endémica.)

15. Fleischmannia hammelii H. Rob., *Proc. Biol. Soc. Wash.* 114: 530 (2001). Holotipo: Panamá, *Hammel 6263* (US!). Ilustr.: no se encontró.

Hierbas de vida corta con tallos agregados hasta 0.4 m, las ramas pocas, delgadas, generalmente cortas y ascendentes; tallos parduscos, densamente cortamente hírtulos. Hojas opuestas; láminas 1-2 × 0.3-0.5 cm, opuestas, angostamente elípticas, membranáceas, trinervias desde la base, la superficie adaxial verde, pilósula, la superficie abaxial más pálida, densamente pilósula a hírtula sobre las nervaduras más grandes, punteado-glandulosa, la base cuneada, los márgenes distales obtusamente 2-4-serrulados, el ápice obtusamente agudo; pecíolo 0.2-0.3 cm. Capitulescencia difusa, las ramas opuestas proximalmente, alternas distalmente, ascendentes, con brácteas foliares más pequeñas distalmente, las ramas y pedúnculos densamente diminuto-estipitado-glandulosos; pedúnculos 5-12 mm, delgados. Cabezuelas c. 3.5 × 3.5 mm; filarios c. 23, 1.5-3 × 0.3-0.4 mm, ligeramente subimbricados, c. 3-seriados, lanceolados o aquellos internos oblongos, el ápice angostamente acuminado, la superficie generalmente glabra o los filarios externos diminutamente pilósulos. Flores 35-40; corola c. 2 mm, color lavanda, el tubo c. 0.3 mm, la garganta c. 1.4 mm, algunas veces con resina coloreada en los conductos, los lobos c. 0.3 mm, con pocos tricomas diminutos cortos; estilos angostamente lineares. Cipselas c. 1.5 mm, las costillas persistentemente pálidas, los costados y las costillas esparcida y cortamente setulosos; vilano de 10-12 cerdas delgadas, c. 1.8 mm, discontinuas. *Lechos rocosos de ríos.* P (*Hammel 6263*, MO). 0-400 m. (Endémica.)

16. Fleischmannia hymenophylla (Klatt) R.M. King et H. Rob., *Phytologia* 19: 203 (1970). *Eupatorium hymenophyllum* Klatt, *Bull. Soc. Roy. Bot. Belgique* 31(1): 190 (1892 [1893]). Holotipo: Costa Rica, *Pittier 3709* (BR). Ilustr.: no se encontró.

Eupatorium valerianum Standl., *Fleischmannia valeriana* (Standl.) R.M. King et H. Rob.

Hierbas erectas perennes, esparcidamente ramificadas, hasta 2 m; tallos verdosos a rojizos, rojizo-puberulentos. Hojas opuestas; láminas 4-9 × 2-4 cm, opuestas, ovadas, la nervadura secundaria escasa, desde 5-15 mm por encima de la base, subparalela a los márgenes basales de la hoja, la superficie adaxial esparcidamente puberulenta, la superficie abaxial puberulenta sobre las nervaduras y punteado-glandulosa, la base redondeada a obtusa, los márgenes cercana y gruesamente crenado-serrados a serrados debajo de la parte más ancha, generalmente con dientes puntiagudos simples, el ápice angostamente agudo a escasamente acuminado; pecíolo hasta 2.8 cm. Capitulescencia anchamente tirsoide, con ramas erectas patentes con pequeños agregados corimbosos de cabezuelas; pedúnculos 1-6 mm, densamente puberulentos. Cabezuelas c. 3 mm; filarios 20-25, 1-3 mm, subimbricados, graduados, ovados a angostamente oblongos, los márgenes angostamente escariosos, el ápice agudo a redondeado con apículo pequeño, la superficie diminutamente puberulenta, los filarios externos varios. Flores 20-25; corola c. 2 mm, color lavanda, con numerosos tricomas cortos distalmente, los lobos c. 0.2 mm; ramas del estilo angostamente lineares. Cipselas 1-1.3 mm, con numerosas sétulas distalmente, las costillas tan oscuras como los costados; vilano de c. 30 cerdas, c. 1.8 mm, adyacentes en la base. 2*n* = 8. *Selvas altas perennifolias, claros, matorrales húmedos.* CR (*Brenes s.n.*, F); P (*Allen 1206*, US). 400-2000 m. (Endémica.)

17. Fleischmannia imitans (B.L. Rob.) R.M. King et H. Rob., *Phytologia* 19: 203 (1970). *Eupatorium imitans* B.L. Rob., *Contr. Gray Herb.* 68: 20 (1923). Holotipo: Guatemala, *Heyde y Lux 4194* (GH!). Ilustr.: Clewell, *Ceiba* 19: 136, t. 20 (1975), como *E. imitans*. N.v.: Llovizna, G.

Eupatorium rivulorum B.L. Rob., *Fleischmannia rivulorum* (B.L. Rob.) R.M. King et H. Rob.

Hierbas perennes, 0.3-1 m, generalmente sin ramificar; tallos parduscos; tallos, la mayoría de las hojas y pedúnculos densamente híspidulos con diminutas glándulas estipitadas pulverulentas y pocos a numerosos tricomas no glandulares, rara vez solo con pubescencia adpresa esparcida. Hojas opuestas; láminas 1-6.5 × 0.5-2.5 cm, ovado-lanceoladas a lanceoladas, la parte más ancha cerca del 1/3 proximal, trinervias ascendentes desde la base, ambas superficies no glandulosas, la base y el ápice agudos, los márgenes serrados desde el ápice hasta la parte más ancha; pecíolo 0.5-2.5 cm. Capitulescencia difusa con ramas subcimosas con pocas cabezuelas; pedúnculos generalmente 5-15 mm.

Cabezuelas 5-6 mm; filarios generalmente 2-5 × 0.5-0.8 mm, de apariencia eximbricados o ligeramente subimbricados, lanceolados, el ápice atenuado, la superficie puberulenta o hispídula, frecuentemente con glándulas estipitadas pulverulentas. Flores 40-55; corola 2.8-3.3 mm, color lavanda, esparcida a densamente setulosa distalmente, los lobos 0.3-0.4 mm; ramas del estilo angostamente lineares. Cipselas 1.2-1.5 mm, cortamente setulosas sobre las costillas y los costados distalmente, las costillas generalmente tan oscuras como los costados; vilano de (8-)15-22 cerdas, 2.5-3 mm, escasamente ensanchadas pero generalmente discontinuas en la base. 2*n* = 58. *Sobre rocas en riachuelos, a lo largo de arroyos, bosques de* Pinus, *sobre caliza en bosques de* Pinus-Quercus, *riberas sombreadas (umbrófilo).* Ch (*Purpus 34*, US); G (*Rojas 306*, US); H (*Molina R. 24125*, US); ES (*Tucker 582*, US); N (Dillon et al., 2001: 325, como *Eupatorium imitans*). 100-2000 m. (México [Oaxaca], Mesoamérica.)

Williams (1976a) citó *Fleischmannia imitans* para Costa Rica pero no fue posible verificar su distribución.

18. Fleischmannia matudae R.M. King et H. Rob., *Phytologia* 28: 78 (1974). Holotipo: México, Chiapas, *Matuda 2019* (US!). Ilustr.: no se encontró.

Eupatorium matudae (R.M. King et H. Rob.) B.L. Turner.

Hierbas erectas a subescandentes perennes 1-2 m; tallos parduscos, subglabros, con pocos tricomas diminutos cerca de los nudos. Hojas opuestas; láminas 4-8 × 1.8-3.7 cm, angostamente ovadas a lanceoladas, membranáceas, marcadamente trinervias desde o cerca de la base, ambas superficies subglabras, con pocos tricomas sobre las nervaduras o sin ellos, sin glándulas punteadas ni glándulas estipitadas, la base obtusa, los márgenes serrados por encima de la parte más ancha, el ápice angostamente acuminado; pecíolo 1-4 cm. Capitulescencia laxamente piramidal-tirsoide, con ramas erecto-patentes con más bien densos agregados corimbosos de cabezuelas; pedúnculos 2-3 mm, subglabros. Cabezuelas c. 4 mm; filarios c. 15, 0.8-3 × c. 0.7 mm, subimbricados, graduados, los márgenes escariosos, el ápice agudo a redondeado, la superficie glabra. Flores 10-12; corola c. 2 mm, glabra, los lobos c. 0.3 mm; ramas del estilo ensanchadas distalmente. Cipselas 1.3-1.5 mm, con numerosas sétulas cortas sobre los costados y las costillas, los costados ennegreciendo, las costillas persistentemente amarillentas; vilano de c. 20 cerdas, c. 2 mm, conspicuamente discontinuas en la base. *Hábitat desconocido.* Ch (*Matuda 2019*, MO). 200-500 m. (Endémica.)

19. Fleischmannia microstemon (Cass.) R.M. King et H. Rob., *Phytologia* 19: 204 (1970). *Eupatorium microstemon* Cass. in F. Cuvier, *Dict. Sci. Nat.* ed. 2, 25: 432 (1822). Tipo: cultivado en París, origen desconocido (P?). Ilustr.: Pruski, *Fl. Venez. Guayana* 3: 277, t. 232 (1997). N.v.: Eupatorio chiquito, N; cucursapi, P.

Ageratina bimatra (Standl. et L.O. Williams) R.M. King et H. Rob., *Eupatorium bimatrum* Standl. et L.O. Williams, *E. guadalupense* Spreng., *E. paniculatum* Schrad., *Kyrstenia guadalupensis* (Spreng.) Greene.

Hierbas erectas anuales, hasta 1 m; tallos verde-amarillentos a pardos, glabrescentes, los tallos más grandes fistulosos. Hojas mayormente opuestas alternas distalmente; láminas 1.5-3.7 × 1-3 cm, generalmente anchamente rómbico-ovadas, membranáceas, marcadamente trinervias desde la acuminación basal, la superficie adaxial esparcidamente pilósula, la superficie abaxial obviamente punteado-glandulosa, las nervaduras puberulentas, la base cortamente aguda a obtusa, los márgenes crenados por encima de la parte más ancha, el ápice cortamente agudo; pecíolo 0.5-2.5 cm. Capitulescencia una panícula laxa con ramas laxamente cimosas, las ramas laterales sobrepasando las cabezuelas terminales; pedúnculos 2-7 mm, puberulentos o diminutamente estipitado-glandulosos. Cabezuelas c. 4 mm; filarios 15-22, 1-4 mm, subimbricados, graduados, ovados a oblongos, los internos apicalmente redondeados a apiculados y escariosos, setosos a lo largo de la línea media. Flores 20-35; corola c. 2 mm, color lavanda o blanca, los lobos c. 0.3 mm, la superficie sin tricomas; ramas del estilo anchamente lineares. Cipselas c. 1.2 mm, generalmente escábridas distalmente y sobre las costillas, los costados ennegreciendo, las costillas persistentemente amarillentas; vilano de 25-30 cerdas, 1.8-2 mm, ensanchadas y generalmente adyacentes en la base, algunas cipselas externas algunas veces glabras. 2*n* = 8. *Bosques secos, pastizales, maizales, orillas de caminos.* G (Williams, 1976: 79, como *Eupatorium microstemon*); H (*Standley 13132*, F); ES (Berendsohn y Araniva de González, 1989: 290-6); N (Dillon et al., 2001: 326, como *E. microstemon*); CR (*Skutch 4078*, US); P (*Standley 31443*, US). 0-1100 m. (México, Mesoamérica, Colombia, Venezuela, Ecuador, Perú, Bolivia, Brasil, Jamaica, La Española, Puerto Rico, Antillas Menores; adventicia en África.)

Sousa Sánchez y Cabrera Cano (1983) citaron esta especie como posiblemente presente en Quintana Roo. Williams (1976a) citó esta especie distribuida hasta "2800 m" de elevación, pero cuestionó su propia identificación de este taxón. Turner (1997a) citó esta especie para Yucatán, pero este registro se refiere presumiblemente a material aquí referido a *Fleischmannia yucatanensis*. El nombre común usado en Yucatán como fue dado en Williams (1976a) no se refiere a esta especie.

20. Fleischmannia misera (B.L. Rob.) R.M. King et H. Rob., *Phytologia* 19: 204 (1970). *Eupatorium miserum* B.L. Rob., *Proc. Amer. Acad. Arts* 54: 253 (1919 [1918]). Holotipo: Colombia, *Schott 2* (F). Ilustr.: no se encontró.

Hierbas erectas perennes de vida corta, hasta 0.4 m, generalmente sin ramificar desde tallos estoloníferos; tallos verde-amarillentos, densamente diminuto-puberulentos. Hojas opuestas; láminas mayormente 2.5-4.5 × 0.7-1 cm, angostamente lanceoladas, la parte más ancha cerca del 1/3 basal, marcadamente trinervias desde la base, la superficie adaxial esparcidamente pilósula y puberulenta, la superficie abaxial esparcidamente puberulenta y punteado-glandulosa, la base aguda, los márgenes serrulados por encima de la parte más ancha, el ápice angostamente agudo; pecíolo hasta 1.5 cm. Capitulescencia difusa, una panícula laxa con cabezuelas sobre ramas alternas laxamente cimosas; pedúnculos (3-)5-13 mm, diminutamente puberulentos. Cabezuelas 3-4 mm; filarios c. 25, 1.5-3.5 × c. 0.7 mm, subimbricados, graduados, angostamente ovados a lanceolados, los márgenes angostamente escariosos, el ápice angostamente agudo a largamente atenuado, la superficie diminutamente puberulenta a subglabra. Flores c. 25; corola c. 2 mm, color lavanda a blanca, con tricomas cortos sobre los lobos; ramas del estilo angostamente lineares. Cipselas c. 1.2 mm, negras, escábridas con sétulas cortas generalmente sobre las costillas, las costillas tan oscuras como los costados; vilano de c. 25 cerdas, c. 2 mm, escasamente adyacentes. *Márgenes, desembocaduras de ríos.* P (*Kirkbride y Bristan 1463*, MO). 0-100 m. (Mesoamérica, NO. Colombia.)

21. Fleischmannia multinervis (Benth.) R.M. King et H. Rob., *Phytologia* 19: 204 (1970). *Eupatorium multinerve* Benth., *Pl. Hartw.* 76 (1841). Holotipo: Guatemala, *Hartweg 533* (K). Ilustr.: no se encontró. N.v.: Flor de dolores, G.

Hierbas erectas perennes de vida corta hasta 1 m; tallos verdosos a rojizos, glabros a esparcidamente pilósulas. Hojas opuestas; láminas mayormente 3-6 × 1.8-4 cm, triangular-ovadas, reducidas en tamaño en la capitulescencia, más bien membranáceas a subherbáceas, marcadamente trinervias desde la base, ambas superficies esparcidamente pilosas a pilósulas, más densamente sobre las nervaduras, no glandulosos, la base subtruncada a cortamente obtusa, los márgenes cercanamente crenulados a crenado-serrados distalmente desde cerca de la parte más ancha, el ápice leve y algunas veces marcadamente agudo; pecíolo 0.5-2.5 cm. Capitulescencia laxa, piramidalmente tirsoide, con ramas laxamente cimosas, ampliamente patentes a escuarrosas con grupos de cabezuelas laxamente corimbosas a cimosas; pedúnculos 3-12 mm, glabros a subglabros. Cabezuelas 4-5 mm; filarios 20-25, 1.5-4 × c. 0.8 mm, subimbricados, ovados a oblongos, los márgenes ancha-

mente escariosos, apicalmente agudos a redondeados, la superficie generalmente glabra. Flores 20-25; corola c. 2 mm, generalmente blanca, sin tricomas, los lobos c. 0.4 mm; ramas del estilo anchamente lineares. Cipselas 1-1.3 mm, con numerosas sétulas sobre los costados y las costillas, los costados ennegreciendo, las costillas persistentemente amarillas; vilano de 20-25 cerdas, 1.5-1.8 mm, conspicuamente discontinuas en la base, algunas cipselas periféricas algunas veces glabras. *Bosques de neblina, bosques* Pinus-Quercus, *laderas rocosas.* G (*King 7285*, MO); H (Molina R., 1975: 114, como *Eupatorium multiplinerve* Benth. ex Ant. Molina); ES (*Molina R. y Montalvo 21896*, US). 400-2800 m. (Endémica.)

22. Fleischmannia nix R.M. King et H. Rob., *Phytologia* 28: 79 (1974). Holotipo: Honduras, *Williams y Molina R. 19020* (US!). Ilustr.: no se encontró.

Hierbas erectas perennes de vida corta, hasta 1 m, las glándulas punteadas y glándulas estipitadas generalmente restringidas a las hojas; tallos verdosos a rojizos, hírtulos a hirsútulos, no fistulosos, los entrenudos vegetativos cortos. Hojas opuestas; láminas 1.8-3.2 × 1-2 cm, reducidas en la capitulescencia, triangular-ovadas, marcadamente trinervias desde la base, ambas superficies densamente hirsútulas a velutinas sobre y entre las nervaduras, la superficie abaxial obviamente punteado-glandulosa o estipitado-glandulosa, la base subtruncada a anchamente obtusa, los márgenes cercanamente crenulados a serrulados por encima de la parte más ancha, el ápice leve a marcadamente agudo; pecíolo 0.3-0.8 cm. Capitulescencia laxamente piramidaltirsoide, los entrenudos largos, con remotas ramas ampliamente patentes con agregados de pocas cabezuelas más bien densas, las ramas laterales escasamente sobrepasando las cabezuelas terminales o sin sobrepasarlas; pedúnculos 1-4 mm, densamente puberulentos a hírtulos. Cabezuelas c. 4 mm; filarios 18-20, 1-3 × c. 0.7 mm, subimbricados, graduados, ovados a oblongos, los márgenes anchamente escariosos, el ápice agudo o aristado a redondeado o apiculado, la superficie esparcida a densamente pilósula. Flores 20-25; corola c. 2.3 mm, generalmente blanca, glabra, los lobos c. 0.4 mm; ramas del estilo ensanchadas distalmente. Cipselas 1.3-1.5 mm, con numerosas sétulas distalmente y sobre las costillas, los costados ennegreciendo, las costillas persistentemente amarillas; vilano de 20-25 cerdas delgadas, 1.8-2 mm, conspicuamente discontinuas en la base. *Bosques de Pinus, sabanas de Pinus, bosques de Pinus-Quercus con gramíneas.* Ch (*Kim 10040*, US); H (*Standley 55892*, US); P (*D'Arcy y Sytsma 14542*, MO). 500-1500 m. (Endémica.)

23. Fleischmannia pinnatifida Pruski, *Phytoneuron* 2014-65: 1 (2014). Holotipo: Nicaragua, *Stevens y Montiel 33819* (MO!). Ilustr.: Pruski, *Phytoneuron* 2014-65: 5, t. 4 (2014).

Hierbas perennes débiles, c. 1 m; tallos esparcida y finamente puberulentos distalmente, a veces también esparcidamente sésil-glandulosos en las capitulescencias, las ramitas terminales filiformes. Hojas opuestas; láminas hasta 4 × 2.3 cm, 1-2-pinnatífidas, los segmentos 1-7 cm diámetro, patentes lateralmente, los lóbulos laterales casi a la mitad de los lobos, el lóbulo terminal comúnmente mucho más largo que los laterales, las superficies sésil-glandulosas y también finamente adpreso-puberulentas; pecíolo 0.3-1.8 cm, básicamente no alado. Capitulescencias difusamente cimosas a abierta y anchamente corimbiformes; pedúnculos filiformes, (3-)6-30 mm, esparcidamente puberulentos. Cabezuelas 3.5-4.5 mm; filarios 1.6-4 × 0.3-0.5 mm, débilmente subimbricados, lanceolados o angostamente piriformes, las superficies subglabras a puberulentas, a veces glandulosas, los ápices acuminados a atenuados. Flores 18-23; corola 2-2.7 mm, lavanda-azul pálido, los lobos 0.3-0.4 mm, setulosos y esparcidamente glandulosos, las ramas del estilo lineares. Cipselas 1.4-1.9 mm, setulosas en la mayoría de costillas, las costillas pajizas; vilano de c. 22 cerdas, 1.5-2 mm, continuas basalmente. *Bosques húmedos a lo largo de riachuelos rocosos.* N (*Stevens y Montiel 34836*, MO). 500-600 m. (Endémica.)

24. Fleischmannia plectranthifolia (Benth.) R.M. King et H. Rob., *Phytologia* 19: 205 (1970). *Eupatorium plectranthifolium* Benth., *Vidensk. Meddel. Dansk Naturhist. Foren. Kjøbenhavn* 1852: 76 (1853). Holotipo: Costa Rica, *Oersted 44* (C). Ilustr.: no se encontró.

Hierbas erectas perennes 0.5-3 m; tallos verdosos, puberulentos. Hojas opuestas; láminas mayormente 6-15 × 4-10 cm, ovadas, membranáceas, las nervaduras fuertes generalmente trinervias o plurinervias encima de la base, las nervaduras de la trinervación divergiendo distalmente de los márgenes basales de la hoja, divergiendo desde la vena media en un ángulo de c. 30º, ambas superficies no glandulosas, la superficie adaxial esparcidamente pilósula, la superficie abaxial pilósula generalmente sobre las nervaduras, la base cordata con un seno triangular angosto, frecuentemente asimétrico, los márgenes crenados o crenado-serrados con numerosos dientes cercanos desde cerca de la base, el ápice escasa y cortamente acuminado; pecíolo 2-8 cm. Capitulescencia ancha y más bien densamente corimbosa; pedúnculos 2-5 mm, puberulentos. Cabezuelas 5-6 mm; filarios 22-30, 1.5-5 × 0.7-1 mm, subimbricados, graduados, ovados a oblongo-lanceolados, los márgenes angostamente escariosos, el ápice cortamente agudo con un mucrón oscuro, la superficie puberulenta a casi glabra. Flores c. 20; corola c. 3 mm, color lavanda, los lobos c. 0.3 mm, puberulentos distalmente; ramas del estilo lineares. Cipselas 1-1.3 mm, glabras, las costillas persistentemente amarillas; vilano de c. 30 cerdas, c. 2.7 mm, adyacentes en la base. 2*n* = 20. *Bosques mixtos de* Quercus, *a lo largo de ríos, matorrales húmedos.* CR (*King 6410*, US). 1000-2600 m. (Endémica.)

25. Fleischmannia pratensis (Klatt) R.M. King et H. Rob., *Phytologia* 19: 205 (1970). *Eupatorium pratense* Klatt, *Bull. Soc. Roy. Bot. Belgique* 31(1): 193 (1892 [1893]). Lectotipo (designado por King y Robinson, 1975 [1976]): Costa Rica, *Pittier 4756* (US!). Ilustr.: no se encontró. N.v.: Verbena, H; Santa Lucía, CR.

Eupatorium pacacanum Klatt, *E. roseum* Klatt non Gardner, *E. schiedeanum* Schrad. var. *capitatum* Steetz, *E. schiedeanum* var. *tomentosum* Steetz, *Fleischmannia croatii* R.M. King et H. Rob., *F. panamensis* R.M. King et H. Rob.

Hierbas erectas a reclinadas perennes o subarbustos, hasta 3 m; tallos verdosos a rojizos, densamente puberulentos a hirsútulos. Hojas mayormente opuestas; láminas mayormente 4-7 × 2-4 cm, opuestas, rómbicas a angosta o anchamente ovadas, marcadamente trinervias desde la base, las nervaduras conspicuamente puberulentas a tomentulosas, la superficie adaxial gruesa a finamente pilósula, la superficie abaxial esparcida a densamente pilósula, frecuentemente punteado-glandulosa, la base obtusa a truncada o subcordata con senos anchos poco profundos, los márgenes cercanamente crenado-serrados por encima de la parte más ancha, el ápice cortamente agudo a cortamente acuminado; pecíolo 0.7-3 cm. Capitulescencia anchamente corimbosa con densas ramas corimbosas ascendentes; pedúnculos 1-4 mm, puberulentos a tomentulosos, sin glándulas escuamiformes sésiles. Cabezuelas 4-6 mm; filarios 20-25, 1.5-5 × 0.8-1 mm, subimbricados, graduados, ovados a oblongos, los márgenes anchamente escariosos, el ápice de los filarios externos agudo, aquellos internos apicalmente redondeados, la superficie esparcidamente puberulenta. Flores 9-25; corola 2.5-3.3 mm, color lavanda a blanca, los lobos cortamente setulosos; ramas del estilo delgadas. Cipselas 1-1.6 mm, negras, escábridas o cortamente setulosas generalmente o exclusivamente sobre las costillas, las costillas tan oscuras como los costados; vilano de 25-30 cerdas, 2.2-3 mm, escasamente ensanchadas y adyacentes en la base. 2*n* = 40. *Bosques de* Pinus, *selvas altas perennifolias, selvas medianas perennifolias, cafetales, matorrales húmedos, vegetación secundaria.* Ch (*Hoover 124*, MO); B (*Wiley 15*, US); G (*Blake 7724*, US); H (*Molina R. 23410*, US); ES (*Standley 19309*, US); N (*Stevens y Robleto 22820*, US); CR (*Cooper 5835*, US); P (*Allen 1555*, US). 0-3000 m. (C. México, Mesoamérica, Colombia, Venezuela, Ecuador, Perú, Bolivia.)

King y Robinson (1975 [1976]) reconocieron a *Fleischmannia croatii*, *F. panamensis*, y *F. pratensis* como especies separadas, pero aquí solo *F. pratensis* se considera como distinta. Williams (1976a), Turner (1997a), y Dillon et al. (2001) trataron *F. pratensis* como un sinónimo de *Eupatorium pycnocephalum*. No se ha visto material de Tabasco, Campeche ni Quintana Roo que fue registrado como *F. pycnocephala* (p. ej., Cowan, 1983, Martínez Salas et al., 2001, Sousa Sánchez y Cabrera Cano, 1983, y Turner, 1997a) y que posiblemente es *F. pratensis*.

26. Fleischmannia profusa H. Rob., *PhytoKeys* 7: 38 (2011). Holotipo: El Salvador, *Molina R. et al. 16685* (US!). Ilustr.: no se encontró.

Hierbas ramificadas perennes, hasta 0.5 m; tallos diminutamente estipitado-glandulosos, glabrescentes proximalmente, los entrenudos generalmente 1.5-2 cm. Hojas opuestas, axilar-fasciculadas; láminas mayormente 2-3.2 × 1.4-2.3 cm, deltoides, trinervias desde la base, ambas superficies esparcida a densamente estipitado-glandulosas, la superficie adaxial también esparcidamente pilósula, la base anchamente subtruncada, los márgenes 5-8-crenados en la 1/2 distal, el ápice cortamente agudo; pecíolo 3-6 mm. Capitulescencia terminal, de 1-5 cabezuelas, abrazadas por bractéolas 3-7 mm, angostas, esparcidas; pedúnculos 0.6-1 mm, diminutamente estipitado-glandulosos. Cabezuelas 6-7 mm; filarios c. 60, 1.5-4 × 0.4-0.8 mm, lanceolados, escasamente escariosos, verdes, marcadamente subimbricados, graduados, c. 4-seriados, el ápice angostamente agudo a escasamente acuminado, densa y diminutamente estipitado-glandulosos. Flores c. 60; corola c. 3 mm, color púrpura, los lobos c. 0.4 mm, esparcidamente setulosos o glabros; ramas del estilo no ensanchadas distalmente. Cipselas c. 1.5 mm, negras con costillas negras al madurar, las costillas escábridas; vilano de c. 20 cerdas, 2.5-3.8 mm, notoriamente discontinuas en la base. *Laderas rocosas, vegetación litoral.* ES (*Molina R. et al. 16685*, US). c. 30 m. (Endémica.)

27. Fleischmannia pycnocephala (Less.) R.M. King et H. Rob., *Phytologia* 19: 205 (1970). *Eupatorium pycnocephalum* Less., *Linnaea* 6: 404 (1831). Holotipo: México, Veracruz, *Schiede 1244* (HAL). Ilustr.: Sánchez Sánchez, *Fl. Valle México* ed. 4, t. 326B (1978). N.v.: Bretillo, flor de octubre, inmortal, llovizna, mejorana, mejorana morada, té, G; té, tupalca, H; mejorana, ES.

Eupatorium schiedeanum Schrad.

Hierbas erectas perennes, 1-2 m; tallos amarillentos a parduscos, puberulentos a hirsutos. Hojas opuestas; láminas mayormente 2.5-7 × 1.3-4 cm, ovadas, marcadamente trinervias desde la base, generalmente desde una acuminación leve, ambas superficies no glandulosas, la superficie adaxial esparcidamente pilósula, la superficie abaxial pilósula generalmente sobre las nervaduras, la base obtusa a ligeramente subcordata, los márgenes cercanamente crenados o serrados por encima de la parte más ancha, el ápice angostamente agudo a escasamente acuminado; pecíolo 0.7-3 cm. Capitulescencia laxamente tirsoide con ramas ascendentes de densos agregados corimbosos de cabezuelas; pedúnculos 1-4 mm, pilósulas a hispídulos, algunas veces con glándulas estipitadas. Cabezuelas 5-6 mm; filarios c. 25, 1-5 × 0.6-1.3 mm, subimbricados, ovados a oblongos, los márgenes anchamente escariosos, la mayoría de los ápices redondeada, la superficie glabra a esparcidamente puberulenta, los filarios externos varios, cercanamente insertados en la base, abruptamente diferenciados de bractéolas pedunculares. Flores 20-25; corola 2-3 mm, color lavanda o blanco, los lobos c. 0.3 mm, la superficie sin tricomas; ramas del estilo lineares o escasamente ensanchadas distalmente. Cipselas 1.5-2 mm, con sétulas diminutas generalmente sobre las costillas, los costados ennegreciendo, las costillas persistentemente amarillas; vilano de 25-30 cerdas, 2-3 mm, marcadamente discontinuas en la base, algunas veces algunas cipselas periféricas sin sétulas ni vilano. 2*n* = 40, 60, c. 80. *Bosques de* Quercus *y* Pinus, *bosques de neblina, laderas con matorrales, claros,*

172

llanos. T (Villaseñor Ríos, 1989: 59); Ch (*Purpus 7184*, US); G (*Heyde y Lux 4229*, US); H (*Croat y Hannon 63775*, MO); ES (*Molina R. y Montalvo 21499*, US). 800-2600 m. (C. México, Mesoamérica.)

No ha sido posible verificar la identidad de los ejemplares en los cuales se basa el registro de esta especie en Campeche (Turner, 1997a), Quintana Roo (Turner, 1997a), Belice (Balick et al., 2000), Nicaragua (Dillon et al., 2001) ni Costa Rica. La identidad de estos es dudosa y fácilmente podrían representar material que aquí se refiere a *Fleischmannia pratensis*. La cita de Williams (1976a) de este taxón en Belice y Panamá posiblemente se refiere a material que aquí se determinaría como *F. pratensis*, como también registros de Sudamérica. Williams (1976a) trató *F. anisopoda* y Turner (1997a) trató *F. pratensis* como sinónimos de *F. pycnocephala*. Turner (1997a) describió las hojas de *F. pycnocephala* como "casi siempre de algún modo punteado-glandulosas", esto presumiblemente en referencia a material que aquí se determinaría como *F. pratensis*.

28. Fleischmannia pycnocephaloides (B.L. Rob.) R.M. King et H. Rob., *Phytologia* 19: 205 (1970). *Eupatorium pycnocephaloides* B.L. Rob., *Proc. Amer. Acad. Arts* 51: 534 (1916). Holotipo: Guatemala, *Holway 144* (GH!). Ilustr.: no se encontró. N.v.: Jolomacach, shup, G.

Eupatorium pycnocephaloides B.L. Rob. var. *glandulipes* B.L. Rob., *E. rojasianum* Standl. et Steyerm.

Hierbas erectas perennes, 1-2 m; tallos; pecíolos, lámina de las hojas, ramas de la capitulescencia, y filarios cortamente estipitado-glandulosos; tallos verdosos a rojizos, finamente puberulentos a esparcidamente pilosos, frecuentemente tornándose glabros en los entrenudos, no fistulosos. Hojas opuestas; láminas mayormente (2.5-)4-10 × 1.5-7 cm, ovadas a ovado-deltoides, la superficie adaxial pilósula, la superficie abaxial más densamente pilósula, hirsútula sobre las nervaduras, con pocas puntuaciones glandulares o sin ellas, la base anchamente redondeada a ligeramente subcordata, los márgenes crenados a serrados por encima de la parte más ancha, marcadamente trinervias desde la base, algunas veces marginal en la acuminación basal, el ápice angostamente agudo a escasamente acuminado; pecíolo 0.5-4 cm. Capitulescencia laxamente corimbosa a piramidal, con ramas de más bien densos agregados corimbosos de cabezuelas, las ramas laterales patentes, escasamente sobrepasando las cabezuelas terminales o sin sobrepasarlas; pedúnculos 1-5 mm, hírtulos. Cabezuelas 5-7 mm; filarios c. 25, 1.5-7 × c. 1 mm, subimbricados, graduados, ovados o lanceolados a angostamente oblongos, los márgenes anchamente escariosos, el ápice obtuso a acuminado, la superficie densamente puberulenta a hírtula al menos sobre los filarios externos, los filarios externos abruptamente diferenciados de las bractéolas pedunculares. Flores c. 20; corola 3.5-4.3 mm, color lavanda, esencialmente glabra, los lobos c. 0.3 mm; ramas del estilo conspicuamente ensanchadas distalmente. Cipselas 1.5-2 mm, con pocas sétulas diminutas distalmente, los costados ennegreciendo, las costillas persistentemente amarillas; vilano de cerdas delgadas, 3.3-3.8 mm, discontinuas en la base. $2n = 60$, c. 100. *Bosques de neblina, bosques de* Pinus-Quercus, *bosques de* Cupressus. Ch (*Croat y Hannon 64851*, MO); G (*Williams et al. 25623*, F); H (*Williams 17461*, F); ES (*Tucker 611*, US); N (*Araquistain y Sandino 1376*, US). 1000-3300 m. (Endémica.)

29. Fleischmannia seleriana (B.L. Rob.) R.M. King et H. Rob., *Phytologia* 19: 206 (1970). *Eupatorium selerianum* B.L. Rob., *Proc. Amer. Acad. Arts* 35: 340 (1900). Holotipo: México, Chiapas, *Seler y Seler 1939* (GH!). Ilustr.: no se encontró.

Eupatorium antiquorum Standl. et Steyerm., *Fleischmannia antiquorum* (Standl. et Steyerm.) R.M. King et H. Rob.

Hierbas erectas perennes, 1-1.3 m; tallos verdosos hasta matizados de rojizo, densamente hirsutos. Hojas opuestas; láminas mayormente 3.5-7 × 2.5-4.5 cm, gradualmente reducidas en la capitulescencia, tri-

angular-ovadas, marcadamente trinervias desde la base con nervaduras marginales en la acuminación basal, ambas superficies hirsútulas, sin glándulas punteadas ni glándulas estipitadas, la superficie abaxial con numerosos tricomas sobre y entre las nervaduras, la base truncada a ligeramente subcordata, los márgenes cercanamente crenados debajo de la parte más ancha, el ápice angostamente acuminado; pecíolo 1.5-3 cm, hirsútulo. Capitulescencia laxa, cortamente tirsoide con ramas patentes con grupos de cabezuelas laxamente corimbosas a subcimosas; pedúnculos 4-10 mm, pilósulos. Cabezuelas c. 5 mm; filarios c. 20, 1.5-4 × hasta 1 mm, subimbricados, generalmente oblongos, los márgenes anchamente escariosos, la superficie glabra, los filarios internos apicalmente obtusos. Flores 20-25; corola 2.2-2.8 mm, blanca, glabra, los lobos c. 0.4 mm; ramas del estilo lineares. Cipselas 1.3-1.5 mm, con numerosas sétulas diminutas sobre costados y costillas, los costados ennegreciendo, las costillas generalmente amarillas al madurar; vilano de c. 25 cerdas, 2-2.5 mm, frágiles, marcadamente discontinuas en la base. *Encañonadas, bosques de* Cupressus. Ch (*Pruski et al. 4198*, MO); G (*Standley 60304*, US); H (Nelson, 2008: 171, como *Eupatorium antiquorum*). 1300-1800 m. (E. México, Mesoamérica.)

Turner (1997a) ubicó tanto *Fleischmannia deborabellae* como *F. yucatanensis* en la sinonimia de *F. seleriana*. Williams (1976a) reconoció *Eupatorium antiquorum*.

30. Fleischmannia sideritidis (Benth.) R.M. King et H. Rob., *Phytologia* 19: 206 (1970). *Eupatorium sideritidis* Benth., *Vidensk. Meddel. Dansk Naturhist. Foren. Kjøbenhavn* 1852: 77 (1853). Holotipo: Costa Rica, *Oersted 867/ 9656* (C). Ilustr.: no se encontró.

Hierbas erectas a decumbentes perennes, hasta 0.6 m, rara vez ramificadas por encima de la base; tallos verdoso-pardos a rojizos, diminutamente puberulentos. Hojas opuestas; láminas 2.5-7.5 × 0.5-1 cm, opuestas, angostamente elípticas, la parte más ancha cerca del 1/2, marcadamente trinervias sublongitudinalmente desde cerca de la base, extendiéndose hasta más allá de la mitad de la lámina, la superficie adaxial esparcidamente puberulenta, la superficie abaxial conspicuamente punteado-glandulosa, diminutamente puberulenta sobre las nervaduras, la base y el ápice angostamente agudos, los márgenes serrados con 3-6 dientes remotos en la 1/2 distal; pecíolo indistinto, 0.2-1 cm. Capitulescencia difusa, una panícula corimbosa a subcimosa, laxa, las cabezuelas sobre ramas ascendentes laxamente cimosas; pedúnculos (2-)5-15 mm, diminutamente puberulentos. Cabezuelas c. 5 mm; filarios c. 20, 1-4 × c. 0.6 mm, subimbricados, graduados, ovados a oblongos, los márgenes angostamente escariosos, los filarios internos apicalmente agudos a largamente acuminados, la superficie glabra a finamente puberulenta. Flores 20-25; corola c. 2.3 mm, color lavanda, los lobos c. 0.3 mm, cortamente setulosos; ramas del estilo anchamente lineares. Cipselas c. 1.2 mm, con numerosas sétulas pequeñas, los costados negros, las costillas persistentemente amarillas; vilano de c. 25 cerdas, c. 2 mm, adyacentes en la base. *Selvas bajas perennifolias, riberas rocosas.* H (Clewell, 1975: 192); CR (*Liesner 14296*, MO); P (*Croat y Folsom 34086*, US). 0-1500 m. (Mesoamérica, Colombia, Ecuador.)

Pérez J. et al. (2005) registraron esta especie en Tabasco y Turner (1997a) la registró en Chiapas y Tabasco, pero fue imposible verificar estos registros.

31. Fleischmannia sinclairii (Benth.) R.M. King et H. Rob., *Phytologia* 19: 206 (1970). *Eupatorium sinclairii* Benth., *Vidensk. Meddel. Dansk Naturhist. Foren. Kjøbenhavn* 1852: 79 (1853). Lectotipo (designado por King y Robinson, 1975 [1976]): Costa Rica, *Oersted 8657* (C). Ilustr.: no se encontró. N.v.: Alfombrilla de huacal, anisillo, hierba del tamagas, ES.

Hierbas erectas anuales, hasta 1 m; tallos verde-amarillentos a pardos, diminutamente puberulentos, algunas veces angostamente fistulosos. Hojas opuestas; láminas mayormente 1.7-5 × 1.2-3 cm, anchamente ovadas a rómbicas, marcadamente trinervias desde la base, papiráceas, la superficie adaxial esparcidamente pilósula, la superficie abaxial esparcidamente puberulenta y punteado-glandulosa, la base obtusa a ligeramente subtruncada, los márgenes cercanamente crenulados por encima de la parte más ancha, el ápice anchamente agudo a escasamente acuminado; pecíolo 0.5-2 cm. Capitulescencia una panícula difusa, con ramas laxamente cimosas; pedúnculos 3-13 mm, diminutamente puberulentos. Cabezuelas 3-4 mm; filarios c. 25, 1.5-3.5 × c. 0.7 mm, subimbricados, graduados, angostamente ovados a lanceolados, los márgenes angostamente escariosos, el ápice angostamente agudo a atenuado, la superficie diminutamente puberulenta a subglabra. Flores c. 25; corola c. 2.3 mm, color lavanda a blanca, los lobos c. 0.3 mm, cortamente setulosos; ramas del estilo angostamente lineares. Cipselas c. 1.2 mm, negras, cortamente setulosas generalmente sobre las costillas, las costillas tan oscuras como los costados; vilano de c. 25 cerdas, c. 2 mm, solo escasamente ensanchadas y adyacentes en la base. $2n = 20$. *Pastizales, laderas, matorrales, selvas bajas perennifolias, sabanas, claros, orillas de caminos*. Ch (*Croat y Hannon 63335*, MO); G (*King 7172*, US); H (Molina R., 1975: 111, como *Eupatorium sinclairii*); ES (*Tucker 970*, US); N (Dillon et al., 2001: 329, como *E. sinclairii*); CR (*Liesner 14259*, US); P (*Pittier 2147*, US). 0-1800 m. (S. México, Mesoamérica.)

32. Fleischmannia splendens R.M. King et H. Rob., *Phytologia* 24: 281 (1972). Holotipo: Guatemala, *Warszewicz 164* (P!). Ilustr.: no se encontró.

Hierbas débiles perennes, 0.5-1 m; tallos verdosos a amarillentos, laxamente hirsutos. Hojas opuestas; láminas 3-5 × 3-4 cm, opuestas, anchamente ovadas, membranáceas, las nervaduras más fuertes conspicuamente trinervias desde el ápice del seno basal angosto, las nervaduras de la trinervación divergiendo distalmente de los márgenes basales de la hoja, ambas superficies no glandulosas, la superficie adaxial esparcidamente pilosa, la superficie abaxial pilosa a subtomentulosa con largos tricomas pálidos sobre las nervaduras, la base simétricamente cordata con un seno angosto, los márgenes cercanamente crenados o crenado-serrados desde cerca de la base, el ápice cortamente acuminado; pecíolo 1.5-4.5 cm. Capitulescencia terminal, pequeña, densamente corimbosa; pedúnculos 1-3 mm, densamente pilósulos. Cabezuelas c. 5 mm; filarios c. 25, 1.5-2.5 × c. 0.8 mm, subimbricados, graduados, ovados a oblongo-lanceolados, los márgenes escasamente escariosos, el ápice cortamente agudo con un pequeño mucrón oscuro, la superficie glabra. Flores c. 22; corola c. 3.5 mm, blanca, los lobos c. 0.3 mm, puberulentos; ramas del estilo angostamente lineares. Cipselas c. 1.2 mm, glabras, las costillas persistentemente amarillentas; vilano de c. 30 cerdas, c. 2.8 mm, adyacentes en la base. *Hábitat desconocido*. G (*Warszewicz 164*, US); CR (*Warszewicz s.n.*, P). 1-150 m. (Endémica.)

33. Fleischmannia suderifica R.M. King et H. Rob., *Phytologia* 71: 181 (1991). Holotipo: Guatemala, *Blake 7576* (US!). Ilustr.: no se encontró.

Hierbas perennes, c. 0.4 m; tallos pardusco pálido, cortamente puberulentos. Hojas opuestas; láminas mayormente 2.3-3.3 × 0.6-1.4 cm, oblongo-ovadas, marcadamente trinervias desde la base, ambas superficies sin glándulas estipitadas, la superficie adaxial diminutamente puberulenta, la superficie abaxial glabra o subglabra, inconspicuamente punteado-glandulosa o no punteado-glandulosa, la nervadura solo con diminutos tricomas adpresos, la base cortamente aguda, los márgenes con pocos dientes crenulados por encima de la parte más ancha, el ápice angostamente redondeado; pecíolo 0.3-0.6 cm. Capitulescencia pequeña, aplanada distalmente, con densos agregados corimbosos de cabezuelas; pedúnculos 1-4 mm, puberulentos. Cabezuelas 4-5 mm; filarios c. 22, 1-3.5 × 0.5-0.7 mm, subimbricados, angostamente oblongos, los márgenes angostamente escariosos, el ápice obtuso, la su-

perficie con pocos tricomas diminutos, los filarios externos abruptamente diferenciados de las bractéolas pedunculares. Flores c. 30; corola c. 2 mm, color lavanda, los lobos c. 0.3 mm, cortamente puberulentos; ramas del estilo angostamente lineares. Cipselas c. 1.3 mm, con pocos tricomas distalmente sobre costillas, los costados ennegreciendo, las costillas persistentemente amarillentas; vilano de c. 22 cerdas, c. 2 mm, adyacentes en la base. *Vegetación secundaria*. G (*Blake 7576*, US). 50-1000 m. (Endémica.)

34. Fleischmannia tysonii R.M. King et H. Rob., *Phytologia* 28: 82 (1974). Holotipo: Panamá, *Tyson y Loftin 6116* (US!). Ilustr.: no se encontró.

Subarbustos erectos perennes, hasta 2 m; tallos verdosos a pardos, densamente hirsútulo-puberulentos con tricomas parduscos o rojizos. Hojas opuestas; láminas 4-9 × 2-7 cm, ovadas, las nervaduras más fuertes obviamente trinervias conspicuamente hasta 4 mm por encima de la base, divergiendo distalmente de los márgenes basales de la hoja, ambas superficies no glandulosas, la superficie adaxial densamente puberulenta a subvelutina, la superficie abaxial densamente pilósula, subtomentulosa con largos tricomas pálidos sobre las nervaduras, la base anchamente redondeada a cordata con un seno agudo poco profundo, los márgenes cercanamente crenados o doblemente crenados debajo de la parte más ancha, el ápice agudo; pecíolo 1.5-2.5 cm. Capitulescencia terminal, pequeña, más bien densamente corimbosa; pedúnculos 2-4 mm, densamente pilósulos. Cabezuelas 5-6 mm; filarios c. 25, 1.5-5 × c. 1 mm, subimbricados, graduados, ovados a oblongos, los márgenes anchamente escariosos, el ápice generalmente redondeado, la superficie esparcidamente puberulenta. Flores 20-25; corola c. 3.3 mm, color lavanda, los lobos c. 0.3 mm, con pocos tricomas diminutos; ramas del estilo angostamente lineares. Cipselas 1.3-1.7 mm, típicamente escabriúsculas con sétulas pequeñas sobre las costillas y el ápice, ennegrecidas, sin costillas persistentemente amarillas; vilano de 22-25 cerdas, c. 2.3 mm, escasa a conspicuamente discontinuas en la base, algunas cipselas periféricas glabras. *Matorrales, vegetación secundaria*. CR (*Grayum y Affolter 8153*, US); P (*Tyson y Loftin 6117*, MO). 2000-3000 m. (Endémica.)

35. Fleischmannia viscidipes (B.L. Rob.) R.M. King et H. Rob., *Phytologia* 19: 206 (1970). *Eupatorium viscidipes* B.L. Rob., *Proc. Amer. Acad. Arts* 36: 484 (1901). Holotipo: Guatemala, *Heyde y Lux 3397* (GH!). Ilustr.: no se encontró.

Hierbas perennes c. 1 m; tallos parduscos, esparcidamente adpreso-puberulentos. Hojas opuestas; láminas mayormente 1.5-5 × 0.8-3.5 cm, ovadas a triangular-ovadas, subcarnosas, marcadamente trinervias desde la base, ambas superficies densamente punteado-glandulosas, la superficie adaxial densamente puberulenta, la superficie abaxial más pálida y casi glabra, la base ligeramente subtruncada, los márgenes cercanamente serrulados en 3/4 mediales, el ápice angostamente acuminado; pecíolo 0.2-0.7 cm. Capitulescencia laxa con las ramitas divergiendo; pedúnculos 5-12 mm, con numerosas glándulas escuamiformes sésiles, tornándose víscidos, diminutamente bracteolados. Cabezuelas 5-6 mm; filarios c. 27-30, 1-5 × c. 1 mm, subimbricados, graduados, ovados a oblongos, los márgenes anchamente escariosos, el ápice angostamente obtuso a anchamente redondeado, la superficie punteado-glandulosa, los filarios externos adpresos y formando la base infundibuliforme. Flores c. 20; corola 2.8-3 mm, color lavanda, glabra, los lobos c. 0.6 mm; ramas del estilo ensanchadas distalmente. Cipselas c. 1.5 mm, negras, los costados y las costillas diminutamente setulosos, las costillas tan oscuras como los costados; vilano de c. 30 cerdas, c. 2.5 mm, escasamente ensanchadas y adyacentes en la base, algunas cipselas externas glabras y sin vilano. $2n = 20$. *Orillas de caminos*. G (*King 7282*, US). 1200-2600(-2900?) m. (Endémica.)

No ha sido posible verificar el límite de elevación superior de 2900 m como lo lista Williams (1976a).

36. Fleischmannia yucatanensis R.M. King et H. Rob., *Phytologia* 71: 182 (1991). Holotipo: México, Yucatán, *Gaumer 23501* (US!). Ilustr.: no se encontró.

Hierbas erectas perennes, hasta 0.8 m; tallos amarillentos, diminutamente puberulentos. Hojas opuestas; láminas mayormente 1.8-2.5 × 0.8-1.4 cm, ovadas, gradualmente reducidas en la capitulescencia, marcadamente trinervias desde la base, ambas superficies sin glándulas estipitadas, la superficie adaxial más bien uniformemente fino-puberulenta, la superficie abaxial con numerosos tricomas sobre y entre las nervaduras, inconspicuamente punteado-glandulosa o no punteada, la base cortamente obtusa, los márgenes crenulados en 3/4 mediales, el ápice agudo; pecíolo 0.5-0.7 cm. Capitulescencia laxa, tirsoide con ramas ampliamente patentes con grupos subcimosos de cabezuelas; pedúnculos 3-7 mm, diminutamente puberulentos. Cabezuelas 4-5 mm; filarios 1.5-4.5 × c. 0.8 mm, los márgenes anchamente escariosos, la superficie subglabra, los filarios internos obtusos. Flores c. 18; corola c. 2.5 mm, blanca, glabra, los lobos c. 0.3 mm; ramas del estilo ensanchadas distalmente. Cipselas c. 1.8 mm, los costados ennegreciendo, las costillas persistentemente pálidas, las costillas y los costados con sétulas distalmente; vilano de c. 30 cerdas, c. 2.5 mm, adyacentes en la base. *Hábitat desconocido.* (*Gaumer et al. 23501*, MO). c. 100 m. (Endémica.)

Turner (1997a) ubicó esta especie en la sinonimia de *Eupatorium selerianum*.

88. Fleischmanniopsis R.M. King et H. Rob.
Por H. Robinson.

Arbustos a hierbas erectas perennes; tallos teretes a subhexagonales, glabros o puberulentos solo en los nudos, la médula sólida. Hojas opuestas; láminas ovado-lanceoladas, trinervias o subpinnatinervias, no glandulosas, serradas; pecíolo conspicuo, delgado. Capitulescencia una panícula más bien difusa ovoide a piramidal con ramas corimbosas densas; pedúnculos cortos. Cabezuelas cortamente cilíndricas, discoides, con 5-9 flores; filarios 15-20, subimbricados en series graduadas marcadamente desiguales, frecuentemente blancos, algunas veces parduscos al madurar, persistentes, glabros; clinanto aplanado o escasamente convexo, sin páleas, con la superficie esclerificada, glabro; corola angostamente infundibuliforme sin fuerte demarcación en la base del limbo, blanca, las nervaduras de las corolas terminando en los senos, no extendiéndose hasta los lobos, casi glabra, rara vez con pocos tricomas por dentro, los lobos triangulares, casi tan largos como anchos, sin glándulas, lisos con células oblongas sobre ambas superficies; anteras con el collar delgado, con células subcuadrangulares proximalmente, las células generalmente con engrosamientos anulares conspicuos en las paredes, las tecas frecuentemente rojizas, visibles a través de la corola pálida, el apéndice 1/2 de largo como de ancho, algunas veces retuso apicalmente; estilo con la base sin nudo, glabra, el apéndice constricto y cortamente papiloso proximalmente, el ápice conspicuamente ensanchado, aplanado, mamiloso. Cipselas prismáticas, 5-acostilladas, las costillas con pocas setas o numerosas sétulas, el carpóforo cuneiforme con un conspicuo borde distal, las células subcuadrangulares con paredes gruesas; vilano de 30-40 cerdas escábridas, persistentes, generalmente discontinuas en la base, no ensanchadas en el ápice o con el ápice contorto, atenuado, erecto o retrorsamente ancistroso. 5 spp. Centro de México, norte de Mesoamérica.

Una especie adicional descrita de México, *Fleischmanniopsis paneroi* B.L. Turner, de la forma como está descrita no corresponde a *Fleischmanniopsis*.

Bibliografía: King, R.M. y Robinson, H. *Phytologia* 36: 193-200 (1977). Pruski, J.F. *Phytoneuron* 2014-65: 1-7 (2014).

1. Capitulescencias anchamente piramidales o piramidalmente paniculadas; láminas de las hojas trinervias desde muy por encima de la base o subpin-

natinervias, las nervaduras secundarias paralelas a los márgenes basales de la hoja.

  2. Filarios blanquecinos; láminas de las hojas cartáceas, verdes al secarse, la acuminación apical 1/4 de la longitud de la lámina; vilano de cerdas c. 2 mm; garganta de la corola con pocos tricomas por dentro cerca de las bases de los filamentos.   **2. F. langmaniae**

  2. Filarios amarillo pálido a pardo pálido; láminas de las hojas membranáceas, oscuras al secarse, la acuminación apical menos de 1/5 de la longitud de la lámina; vilano de cerdas c. 3 mm; corolas glabras por dentro.   **5. F. nubigenoides**

1. Capitulescencias alargadas, una panícula ovoide; láminas de las hojas trinervias desde o cerca de la base, las nervaduras secundarias divergentes de los márgenes basales de la hoja.

  3. Cabezuelas c. 7 mm; filarios verdosos al madurar; láminas de las hojas con base redondeada, trinervias desde la base, el ápice abruptamente acuminado.   **4. F. mendax**

  3. Cabezuelas 4-6 mm; filarios blancos al madurar; láminas de las hojas con base aguda, trinervias desde cerca de la base, el ápice angosta y gradualmente acuminado.

    4. Cabezuelas c. 4 mm; ápice de las cerdas del vilano contorto e irregularmente ancistrorso; cipselas completamente escabrosas; hojas primarias generalmente ausentes en la antesis.   **1. F. anomalochaeta**

    4. Cabezuelas generalmente 5-6 mm; ápice de las cerdas del vilano recto y antrorsamente escábrido; cipselas generalmente glabras proximalmente; hojas primarias persistentes en la antesis.   **3. F. leucocephala**

1. Fleischmanniopsis anomalochaeta R.M. King et H. Rob., *Phytologia* 36: 195 (1977). Holotipo: Guatemala, *King 7179* (US!). Ilustr.: no se encontró.

Arbustos con numerosas ramas laterales, 1-1.5 m; tallos pardo-amarillentos. Hojas primarias caducas antes de la antesis; láminas de las hojas primarias 10-11 × c. 4 cm, láminas de las hojas de las ramas generalmente 2-5 × c. 1 cm; láminas ovadas a anchamente lanceoladas, trinervias desde cerca de la base, las nervaduras secundarias divergentes de los márgenes basales de la hoja, ambas superficies esparcidamente puberulentas, la base cortamente aguda, los márgenes marcadamente 5-13-serrados, el ápice angosta y gradualmente acuminado; pecíolo 0.5-2.5 cm. Capitulescencia tirsoide-paniculada, alargada, cilíndrica; ramas esparcida a densamente puberulentas, con cabezuelas cortamente pedunculadas en densos agregados corimbosos. Cabezuelas c. 4 mm; filarios c. 15, 1-3 mm, ovados a oblongos, blancos, el ápice diminutamente apiculado a obtuso o redondeado. Flores 7-9; corola 2-2.2 mm, blanca, los lobos c. 0.3 × 0.25 mm. Cipselas 1.1-1.5 mm, esparcida y cortamente setulosas en su totalidad; vilano de 18-20 cerdas, 2-2.5 mm, discontinuas en la base, el ápice atenuado, contorto, irregularmente ancistroso, las cerdas patentes o retrorsas. *Bosques secos, matorrales secos.* G (*Donnell Smith 2843*, US); ES (*Standley 20160*, US). 600-1300 m. (Endémica.)

2. Fleischmanniopsis langmaniae R.M. King et H. Rob., *Phytologia* 36: 196 (1977). Holotipo: México, Chiapas, *Langman 3914* (US!). Ilustr.: no se encontró.

Arbustos laxamente ramificados, hasta 1 m; tallos pardos. Hojas primarias presentes en la antesis, láminas generalmente 4.5-10 × 1.5-3.5 cm, ovadas, cartáceas, verdes al secarse, trinervias desde muy por encima de la base, las nervaduras secundarias paralelas a los márgenes basales de la hoja, ambas superficies esparcidamente puberulentas, la base aguda, los márgenes marcadamente 5-9-serrados, la acuminación apical 1/4 de la longitud de la lámina; pecíolo 0.5-1.5 cm. Capitulescencia ancha y piramidalmente paniculada; ramas esparcida a densamente puberulentas, con numerosas cabezuelas cortamente pedunculadas en agregados densamente subcorimbiformes. Cabezuelas c. 5 mm; filarios c. 18, 0.7-3.7 mm, orbiculares a oblongos, blanquecinos, el ápice redondeado. Flores 7-9; corola 2.5 mm, blanca con las nervaduras purpúreas, la garganta con pocos tricomas por dentro cerca de la base de los filamentos, los lobos c. 0.35 × 0.3 mm, algunas veces con 1-2 tricomas diminutos. Cipselas 1.5-1.7 mm, glabras o con pocas sétulas distalmente; vilano de 25-35 cerdas, c. 2 mm, adyacentes en la base, del mismo ancho, escabrosas desde la base hasta el ápice. *Barrancos secos.* Ch (*Langman 3914*, US). 500-1000 m. (Endémica.)

Turner (1997a) trató a *Fleischmanniopsis langmaniae* como un sinónimo de *Eupatorium leucocephalum.*

3. Fleischmanniopsis leucocephala (Benth.) R.M. King et H. Rob., *Phytologia* 21: 403 (1971). *Eupatorium leucocephalum* Benth., *Pl. Hartw.* 86 (1841). Holotipo: Guatemala, *Hartweg 588* (K). Ilustr.: Clewell, *Ceiba* 19: 136, t. 23 (1975), como *E. leucocephalum.* N.v.: Cencerex q'en, chilca, chilco, dolores, flor de dolores, flor de sacremento, noche buena, G; coyontura, flor de plata, hierba de plata, ES.

Eupatorium leucocephalum Benth. var. *anodontum* B.L. Rob., *Fleishchmanniopsis leucocephala* (Benth.) R.M. King et H. Rob. var. *anodonta* (B.L. Rob.) R.M. King et H. Rob.

Arbustos laxamente ramificados 1-3 m; tallos pardo-amarillentos. Hojas primarias presentes en la antesis; láminas mayormente 7-14 × 2-6 cm, ovadas a anchamente lanceoladas, trinervias desde cerca de la base, las nervaduras secundarias divergentes de los márgenes basales de la hoja, ambas superficies esparcidamente pilosas, la base cortamente aguda, los márgenes marcadamente 7-12-serrados, el ápice angosta y gradualmente acuminado; pecíolo 1-3 cm. Capitulescencia tirsoide-paniculada, alargada, cilíndrica; ramas densamente puberulentas a pilósulas, con cabezuelas cortamente pedunculadas en densos agregados corimbosos. Cabezuelas 5-6 mm; filarios c. 15, 1-3 mm, ovados a oblongos, blancos, el ápice diminutamente apiculado a obtuso o redondeado. Flores 6-9; corola c. 2.5 mm, blanca, los lobos c. 0.3 × 0.3 mm. Cipselas c. 1.5 mm, las costillas pálidas, esparcida y diminutamente setulosas sobre las costillas, rara vez así sobre los costados distalmente, de apariencia subglabras; vilano de c. 30 cerdas 2-2.5 mm, delgadas, discontinuas en la base, esparcida y antrorsamente escabriúsculas hasta el ápice. $2n = 10$. *Selvas altas perennifolias, bosques mixtos, riberas, lugares húmedos y sombreados en zonas secas.* Ch (*Matuda 2944*, US); G (*Kellerman 6113*, US); H (*Molina R. 11851*, US); ES (*Standley 21519*, US); N (Pruski, 2014-65: 4). 400-2300 m. (C. México, Mesoamérica.)

Williams (1976a) trató a *Fleischmanniopsis mendax* como un sinónimo de *E. leucocephalum.*

4. Fleischmanniopsis mendax (Standl. et Steyerm.) R.M. King et H. Rob., *Phytologia* 21: 403 (1971). *Eupatorium mendax* Standl. et Steyerm., *Publ. Field Mus. Nat. Hist., Bot. Ser.* 23: 185 (1944). Holotipo: Guatemala, *Steyermark 36341* (F). Ilustr.: no se encontró.

Hierbas subescandentes perennes o subarbustos, c. 1 m, las ramas delgadas; tallos verdosos. Hojas primarias presentes en la antesis; láminas 5-7 × 2-4 cm, ovadas a elíptico-ovadas, trinervias desde la base, las nervaduras secundarias divergiendo de los márgenes basales de la hoja, la superficie adaxial glabra, la superficie abaxial con pocos tricomas sobre las nervaduras, la base redondeada, los márgenes remotamente serrado-dentados, el ápice abrupta y angostamente acuminado; pecíolo 1.5-2.5 cm. Capitulescencia tirsoide-paniculada, alargada, cilíndrica; ramas densamente amarillento-tomentulosas, con cabezuelas en densos agregados corimbosos; pedúnculos c. 5 mm. Cabezuelas c. 7 mm; filarios c. 17, 2-6 mm, ovados a oblongos, verdosos al madurar, el ápice obtuso o redondeado. Flores c. 5; corola c. 4 mm, blanca, los lobos c. 0.35 × 0.35 mm. Cipselas c. 2 mm, glabras; vilano de c. 40 cerdas delgadas, c. 3.5 mm, adyacentes en la base, esparcida y antrorsamente escabriúsculas hasta el ápice. *Bosques mesófilos de montaña, barrancos.* G (*Steyermark 36341*, F). 2500-3000 m. (México [Oaxaca], Mesoamérica.)

Williams (1976a) trató a *Fleischmanniopsis mendax* como un sinónimo de *Eupatorium leucocephalum.*

5. Fleischmanniopsis nubigenoides (B.L. Rob.) R.M. King et H Rob., *Phytologia* 21: 404 (1971). *Eupatorium nubigenoides* B.L. Rob., *Proc. Amer. Acad. Arts* 42: 42 (1907 [1906]). Holotipo: Guatemala, *von Türckheim 928* (GH!). Ilustr.: no se encontró.

Subarbustos moderadamente ramificados, 1-1.5 m; tallos pardos. Hojas primarias presentes en la antesis; láminas mayormente 7-12 × 1.5-3.5 cm, ovadas a elíptico-ovadas, membranáceas, oscuras al secarse, subpinnatinervias con nervaduras secundarias más fuertes desde 10-20 mm por encima de la base, las nervaduras secundarias paralelas a los márgenes basales de la hoja, ambas superficies glabras, la base aguda, los márgenes 5-9-serrados con dientes acuminados, la acuminación apical menos de 1/5 de la longitud de la lámina; pecíolo 1.5-6.5 cm. Capitulescencia piramidalmente paniculada; ramas densamente puberulentas, con numerosas cabezuelas cortamente pedunculadas en agregados densamente subcorimbiformes. Cabezuelas c. 5 mm; filarios c. 20, 0.7-4 mm, orbiculares a oblongos, amarillo pálido a pardo pálido, el ápice redondeado. Flores 7-9; corola c. 3.5 mm, blanca, glabra por dentro, los lobos c. 0.35 × 0.3 mm. Cipselas c. 1.5 mm, glabras; vilano de 35-40 cerdas, c. 3 mm, adyacentes en la base, del mismo ancho y escabroso desde la base hasta el ápice. *Selvas altas perennifolias.* G (*Lundell y Contreras 20970*, US). 500-1100 m. (Endémica.)

89. Gongrostylus R.M. King et H. Rob.
Por H. Robinson.

Bejucos delgados más bien leñosos, escasamente ramificados; tallos teretes. Hojas opuestas; láminas ovadas, trinervias desde cerca de la base, los márgenes serrados; pecíolo distinto, corto. Capitulescencia generalmente de agregados axilares de cabezuelas corimbosas; pedúnculos delgados. Cabezuelas discoides con c. 20 flores; involucro campanulado; filarios c. 25, subimbricados, graduados, 3-4-seriados, ovado-lanceolados a lineares, persistentes, patentes con la edad; clinanto escasamente convexo, sin páleas, la superficie esclerificada, glabra; corola muy angostamente infundibuliforme, blanca, glabra proximalmente, los lobos triangulares, lisos sobre ambas superficies, las glándulas sobre la superficie externa; anteras con el collar cilíndrico con células cortamente oblongas a alargadas, las células con engrosamientos anulares transversales en las paredes, el apéndice corto, truncado, 1/2 de largo que de ancho; estilo con la base con un nudo agrandado, densamente hirsuta, el apéndice fusiforme y escasamente mamiloso proximalmente, el ápice bastante ensanchado y engrosado, liso. Cipselas prismáticas, 5-acostilladas, glabras, el carpóforo oblongo, con un conspicuo borde distal, la hilera de células basales agrandada, las paredes de las células engrosadas; vilano de 30-35 cerdas delgadas, persistentes, la célula apical rostrada. 1 spp. Mesoamérica, noroeste de Sudamérica.

Bibliografía: King, R.M. y Robinson, H. *Ann. Missouri Bot. Gard.* 62: 948-949 (1975 [1976]).

1. Gongrostylus costaricensis (Kuntze) R.M. King et H. Rob., *Phytologia* 24: 388 (1972). *Eupatorium costaricense* Kuntze, *Revis. Gen. Pl.* 1: 337 (1891). Isotipo: Costa Rica, *Kuntze s.n.* (K). Ilustr.: King y Robinson, *Ann. Missouri Bot. Gard.* 62: 950, t. 23 (1975 [1976]).

Epífitas escandentes delgadas, con pocas ramas; tallos esparcida a gruesamente hirsutos. Hojas pecioladas; láminas 5-9.5 × 2-4 cm, ovadas, ambas superficies esparcida y cortamente hirsutas, la base redondeada con acuminación reducida, los márgenes con pocos dientes puntiagudos, el ápice corta a más bien largamente acuminado; pecíolo 0.3-0.8 cm. Capitulescencias laxamente corimbosas; pedúnculos 5-20 mm, puberulentos. Cabezuelas 8-10 mm; filarios 2.5-10 mm, marcadamente agudos, glabros a escasamente puberulentos. Corolas 6-6.5 mm, los lobos pequeños, escasamente más largos que anchos; porción agrandada del ápice del estilo c. 0.8 × 0.3 mm. Cipselas c. 2 mm; vilano de cerdas 4-6 mm. *Laderas, selvas altas perennifolias.* CR (*Herrera 1705*, US); P (*Mori et al. 6681*, US). 100-1000 m. (Mesoamérica, Colombia, Ecuador.)

90. Gymnocoronis DC.

Por H. Robinson.

Hierbas anuales o perennes de vida corta, erectas, sin ramificar por encima de la base; tallos angulados, fistulosos. Hojas opuestas, sésiles o pecioladas; láminas lanceoladas hasta ovadas o deltoides, trinervias hasta ascendentemente subpinnatinervias. Capitulescencia marcadamente cimosa, las cabezuelas pedunculadas. Cabezuelas discoides con 40-200 flores; involucro campanulado; filarios herbáceos, no articulados en la base, iguales a subiguales, c. 2-seriados; clinanto convexo, sin páleas, la superficie no esclerificada entre las cicatrices, glabro; corola con la base agrandada cubriendo el ápice de la cipsela, blanca, la garganta cilíndrica, los lobos 5, triangulares, más cortos que anchos o algunas veces más largos que anchos, no papilosos; anteras con el collar escasamente agrandado, las células subcuadrangulares, con engrosamientos transversales sobre las paredes, el apéndice conspicuamente más corto que ancho; estilo con la base no agrandada, glabra, el estilo con el eje sin tricomas, el apéndice con forma de remo, ancho, la superficie mamilosa. Cipselas escasamente curvadas pero nunca comprimidas, 5-acostilladas, las costillas algunas veces con engrosamientos suberosos, glandulosas entre costillas, el carpóforo cortamente cilíndrico, las células cuadrangulares, con paredes delgadas; vilano ausente. 5 spp. Sur de México y Guatemala, este de Perú hasta Argentina.

King y Robinson (1987) citaron *Gymnocoronis latifolia* Hook et Arn. de Guatemala, y Cowan (1983) citó *G. nutans* (Greenm.) R.M. King et H. Rob. de Tabasco. Breedlove (1986) citó tanto *G. latifolia* como *G. nutans* de Chiapas. Villaseñor Ríos (1989) ubicó *G. matudae* en sinonimia de *G. latifolia*, la cual él citó de Campeche y Tabasco. Turner (1997a) ubicó a *G. matudae*, *G. nutans* y *G. sessilis* en la sinonimia de *G. latifolia*, la única especie que el reconoció en México (costa de Nayarit y costa de Veracruz y hacia el sur).

1. Corolas densamente glandulosas; capitulescencias sin ramas proximales opuestas, con ramificación solo alterna; hojas con algunas nervaduras secundarias cerca del 1/3 basal de la lámina. **1. G. matudae**
1. Corolas glabras o subglabras distalmente; capitulescencias generalmente con algunas ramas opuestas en la base; hojas con numerosas nervaduras secundarias ascendentes desde 1/4-1/5 basal de la lámina. **2. G. sessilis**

1. Gymnocoronis matudae R.M. King et H. Rob., *Phytologia* 29: 10 (1974). Holotipo: México, Campeche, *Matuda 3844* (US!). Ilustr.: no se encontró.

Hierbas hasta 0.5 m; tallos y hojas glabros. Hojas angostadas a una base cortamente peciolariforme; láminas hasta c. 13 × 4 cm, elíptico-lanceoladas a oblongo-lanceoladas, algunas nervaduras secundarias presentes cerca del 1/3 basal de la lámina, remotamente subpinnatinervias, tornándose marcadamente ascendentes, la base tornándose abruptamente angosta en la base peciolariforme, los márgenes crenado-serrados, el ápice angostamente agudo. Capitulescencia sin ramas proximales opuestas, solo con ramificación alterna; pedúnculos 7-13 mm, subglabros. Cabezuelas 4-6 mm; filarios c. 20, 3.5-4.5 mm, oblongos, esparcidamente glandulosos. Flores c. 50; corola c. 3.2 mm, densamente glandulosa. Cipselas c. 3 mm, las costillas sin engrosamientos suberosos, los costados densamente glandulosos. *Hábitat desconocido, presumiblemente en selvas altas perennifolias.* C (*Matuda 3844*, US). c. 3 m. (Endémica.)

2. Gymnocoronis sessilis S.F. Blake, *Proc. Biol. Soc. Wash.* 36: 179 (1923). Holotipo: México, Tabasco, *Rovirosa 456* (US!). Ilustr.: no se encontró.

Hierbas hasta 0.5 m; tallos y hojas glabros. Hojas angostadas a una base sésil o cortamente pecioliforme; láminas 7-12 × 1.5-5 cm, angostamente ovadas a ovado-elípticas, las nervaduras secundarias numerosas, congestas, subpinnatinervias cerca de la base, marcadamente ascendentes a trinervias desde el 1/5-1/2 basal de la lámina, la base cortamente aguda a acuminada, los márgenes cercana y marcadamente serrulados, el ápice angostamente agudo. Capitulescencia generalmente con algunas ramas opuestas en la base; pedúnculos 10-15 mm, glabros. Cabezuelas 7-8 mm; filarios 20-25, c. 3 × 0.7-1 mm, oblongos. Flores 40-50; corola c. 3 mm, glabra o subglabra distalmente. Cipselas 2.5-3.5 mm, las costillas sin engrosamientos suberosos, los costados densamente glandulosos. *Lagunas, lagos, acuáticas.* T (*Rovirosa 456*, US); Ch (*Matuda 2686*, US); G (*Contreras 7552*, US). 0-10 m. (México [Jalisco, Veracruz], Mesoamérica.)

91. Hebeclinium DC.

Por H. Robinson.

Hierbas erectas grandes o subarbustos, con ramificación moderada; tallos teretes a escasamente angulados, no fistulosos. Hojas opuestas, largamente pecioladas; láminas anchamente ovadas a deltoides o lanceoladas, trinervias desde cerca de la base o ascendentemente pinnatinervias, la superficie abaxial algunas veces con puntuaciones glandulares, la base aguda a cordata. Capitulescencia una cima laxa a piramidalmente paniculada, con ramas ampliamente patentes; pedúnculos cortos. Cabezuelas discoides con 20-80 flores; involucro campanulado; filarios 25-40, subimbricados, desiguales, graduados, los filarios internos fácilmente deciduos; clinanto hemisférico, compuesto de células altamente esclerificadas, parte central fácil quebradiza, sin páleas, completamente esclerificada, glabro a densamente hirsuto. Corolas angostamente infundibuliformes a tubulares, blancas o rosadas, el limbo sin células subcuadrangulares debajo de los lobos, la superficie interna de la garganta algunas veces con tricomas, los lobos 5, lisos sobre ambas superficies, generalmente con tricomas o glándulas; anteras con el collar delgado, con numerosas células subcuadrangulares proximalmente, las paredes más bien delgadas sin engrosamientos conspicuos, el apéndice grande, más largo que ancho, no truncado; estilo con la base sin nudo, glabra, las ramas angostamente filiformes, teretes, mamilosas. Cipselas 1.5-3 mm, prismáticas, escasamente curvadas, 5-acostilladas, algunas veces setulosas, sin densas glándulas pulverulentas diminutas, el carpóforo no marcadamente demarcado, sin borde distal proyectado, procurrente sobre las costillas de la cipsela, las células con paredes delgadas; vilano de 30-40 cerdas escábridas delgadas y persistentes, adyacentes en la base, algunas veces ensanchadas distalmente, célula apical aguda. 20 spp., la mayoría en el norte de los Andes y 1 sp. completamente neotropical.

Bibliografía: King, R.M. y Robinson, H. *Ann. Missouri Bot. Gard.* 62: 949-954 (1975 [1976]).

1. Láminas de las hojas marcadamente trinervias desde la base, la base cordata a truncada; cabezuelas con 50-80 flores; filarios internos angostamente agudos. **4. H. macrophyllum**
1. Láminas de las hojas con nervadura pinnada ascendente o subpinnatinervias en el 1/3 basal, la base redondeada a anchamente obtusa; cabezuelas con 20-40 flores; filarios con ápice obtuso a redondeado.
   2. Tallos esparcida a densamente puberulentos; pecíolos 0.4-1.5 cm.
      3. Tallos densamente puberulentos; láminas de las hojas ovadas, el ápice cortamente agudo, los márgenes cercanamente serrulados; ápice de las cerdas del vilano conspicuamente ensanchado; cipselas esparcidamente glandulosas distalmente. **2. H. hygrohylaeum**

3. Tallos esparcidamente puberulentos; láminas de las hojas oblongo-ovadas, el ápice angostamente acuminado, los márgenes remotamente serrados o serrulados; ápice de las cerdas del vilano escasamente ensanchado o no ensanchado; cipselas esparcida y finamente setulosas distalmente. **3. H. knappiae**
2. Tallos jóvenes lanosos; pecíolos 1-5 cm.
  4. Cabezuelas con c. 40 flores; filarios casi glabros; clinantos hispídulos a subglabros; hoja con márgenes de dientes simples, la superficie adaxial generalmente glabra; lobos de la corola angostamente oblongo-ovados. **1. H. costaricense**
  4. Cabezuelas con 20-25 flores; filarios densamente pilósulos; clinantos pilosos; hoja con márgenes doblemente serrados o crenados, la superficie adaxial pilosa o con la base de los tricomas persistente; lobos de la corola anchamente triangulares. **5. H. reedii**

1. Hebeclinium costaricense R.M. King et H. Rob., *Phytologia* 23: 407 (1972). Holotipo: Costa Rica, *Molina R. et al. 17545* (F!). Ilustr.: no se encontró.

Subarbustos 1-2.5 m; tallos jóvenes lanosos. Hojas pecioladas; láminas mayormente 9-16 × 6-9 cm, ovadas, cartáceas, la nervadura pinnada ascendente en el 1/3 basal de la lámina, con 4 o 5 pares de nervaduras secundarias, la superficie adaxial generalmente glabra, la superficie abaxial lanosa sobre las nervaduras más grandes, finamente puberulenta sobre o cerca de los nérvulos, las puntuaciones glandulares inconspicuas o ausentes, la base anchamente obtusa, los márgenes con dientes simples, el ápice cortamente agudo a cortamente acuminado; pecíolo 2-5 cm. Capitulescencia una cima laxamente patente; pedúnculos 1-20 mm, densamente puberulentos. Cabezuelas c. 6 mm; filarios c. 40, angostamente oblongos, el ápice obtuso, casi glabros; clinanto hispídulo a subglabro. Flores c. 40; corola c. 3.4 mm, angostamente infundibuliforme, blanca, sin tricomas por dentro, los lobos angostamente oblongo-ovados, c. 3.5 × 2.5 mm, densamente puberulentos. Cipselas c. 1.5 mm, esparcidamente punteado-glandulosas distalmente; vilano de cerdas c. 2.5 mm, conspicuamente ensanchadas en el ápice. *Bosques de neblina, selvas altas perennifolias, quebradas.* CR (*Liesner et al. 15411*, MO); P (*Croat 22831*, US). 600-1600 m. (Endémica.)

2. Hebeclinium hygrohylaeum (B.L. Rob.) R.M. King et H. Rob., *Phytologia* 21: 299 (1971). *Eupatorium hygrohylaeum* B.L. Rob., *Contr. Gray Herb.* 77: 19 (1926). Holotipo: Costa Rica, *Standley y Valerio 51933* (US!). Ilustr.: no se encontró.

Subarbustos erectos, hasta 1 m; tallos densamente puberulentos. Hojas pecioladas; láminas mayormente 5-7 × 3-5 cm, ovadas, la nervadura subpinnatinervia ascendente en el 1/3 basal de la lámina, con 3-4 pares de nervaduras secundarias congestas en el 1/3 basal, la superficie adaxial subglabra, la superficie abaxial diminutamente puberulenta especialmente sobre las nervaduras, con pequeñas puntuaciones glandulares, la base redondeada, los márgenes cercanamente serrulados, el ápice cortamente agudo; pecíolo 1-1.4 cm. Capitulescencia una cima anchamente patente; pedúnculos generalmente 5-10 mm, diminutamente puberulentos. Cabezuelas 6-7 mm; filarios c. 40, angostamente oblongos, el ápice obtuso, diminutamente puberulento; clinanto diminutamente hispídulo a subglabro. Flores c. 40; corola 3-3.3 mm, cortamente infundibuliforme, blanca, sin tricomas por dentro, los lobos ancha y ligeramente triangulares, densamente puberulentos. Cipselas c. 1.8 mm, esparcidamente punteado-glandulosas distalmente; vilano de cerdas c. 2.8 mm, conspicuamente ensanchadas en el ápice. *Selvas altas perennifolias.* CR (*Standley y Valerio 51933*, US). 200-1500 m. (Endémica.)

3. Hebeclinium knappiae R.M. King et H. Rob., *Phytologia* 54: 41 (1983). Holotipo: Panamá, *Knapp y Mallet 3090* (US!). Ilustr.: no se encontró.

Subarbustos moderadamente ramificados, c. 1 m; tallos delgados, esparcidamente puberulentos. Hojas pecioladas; láminas 7-13 × 3-4

cm, oblongo-ovadas, membranáceas, la nervadura pinnada ascendente en el 1/3 basal de la lámina, con 3 o 4 pares de nervaduras secundarias bien separadas, ambas superficies subglabras, las nervaduras esparcidamente puberulentas, la base redondeada, los márgenes remotamente serrados o serrulados, el ápice angostamente acuminado; pecíolo 0.4-0.7 cm. Capitulescencia laxamente piramidal con ramas corimbosas; pedúnculos 1-5 mm, esparcidamente puberulentos; clinanto esparcidamente piloso. Cabezuelas 5-6 mm; filarios c. 30, angostamente oblongos a lanceolados, el ápice obtuso, esparcida y diminutamente puberulentos. Flores c. 34; corola c. 3 mm, angostamente infundibuliforme, blanca, sin tricomas por dentro, los lobos c. 0.3 × 0.3 mm, triangulares, densamente puberulentos. Cipselas c. 1.7 mm, esparcida y finamente setulosas distalmente; vilano de cerdas c. 3 mm, escasamente ensanchadas en el ápice o no ensanchadas. *Selvas altas perennifolias.* P (*D'Arcy y Sytsma 14599*, MO). 200-500 m. (Endémica.)

4. Hebeclinium macrophyllum (L.) DC., *Prodr.* 5: 136 (1836). *Eupatorium macrophyllum* L., *Sp. Pl., ed.* 2 1175 (1763). Lectotipo (designado por King y Robinson, 1975 [1976]): Plum. en Burman, *Pl. Amer.*, 121, t. 129 (1757). Ilustr.: Pruski, *Mem. New York Bot. Gard.* 76(2): 109, t. 40 (2002). N.v.: Arepaxiu, G; chilca, matapulgas, H.

Coleosanthus tiliifolius Cass.

Hierbas erectas y subarbustos, hasta 2.5 m; tallos densamente tomentulosos. Hojas pecioladas; láminas hasta 15 × 20 cm, anchamente ovadas, delgadamente cartáceas, marcadamente trinervias desde la base, la superficie adaxial esparcidamente puberulenta a subglabra, la superficie abaxial densamente tomentulosa, con numerosas puntuaciones glandulares pequeñas, la base cordata a truncada, los márgenes crenulado-dentados, el ápice cortamente acuminado; pecíolo hasta 10 cm. Capitulescencia anchamente y más bien densamente corimbosa; pedúnculos hasta 10 mm, densamente puberulentos. Cabezuelas c. 4.5 mm; filarios c. 40, verdes, ovados a oblongo-lanceolados, densamente puberulentos, los filarios internos angostamente agudos; clinanto densamente hirsuto. Flores 50-80; corola c. 3.5 mm, angostamente tubular, blanca o rosada, sin tricomas por dentro, los lobos c. 0.2 × 0.1 mm, densamente puberulentos. Cipselas c. 1.5 mm, con algunas glándulas distalmente; vilano de cerdas c. 3.7-4 mm, escasamente ensanchadas en el ápice o no ensanchadas. 2*n* = 20. *Claros, potreros, a lo largo de arroyos, selvas altas perennifolias, matorrales húmedos, plantaciones.* T (*Matuda 3268*, US); Ch (*Breedlove 10380*, US); Y (*Lundell 1483*, US); C (Martínez Salas et al., 2001: 24); B (*Karling 33a*, US); G (*Bartlett 12378*, US); H (*Standley 55533*, US); N (*Nelson 5338*, US); CR (*Skutch 4923*, US); P (*Williams 717*, US). 0-1500 m. (C. México, Mesoamérica, Colombia, Venezuela, Ecuador, Perú, Bolivia, Brasil, Paraguay, Uruguay, Argentina, Cuba, La Española, Antillas Menores.)

5. Hebeclinium reedii R.M. King et H. Rob., *Phytologia* 23: 406 (1972). Holotipo: Panamá, *Bristan 464* (US!). Ilustr.: no se encontró.

Subarbustos erectos 1-2 m; tallos jóvenes densamente lanosos. Hojas pecioladas; láminas hasta 12 × 8 cm, anchamente ovadas, cartáceas, la nervadura pinnada ascendente en el 1/3 basal de la lámina, con c. 4 pares de nervaduras secundarias ascendentes en un ángulo de c. 45º, la superficie adaxial pilosa o áspera con la base de los tricomas persistente, la superficie abaxial densamente pilósula a lanosa sobre las nervaduras y nérvulos, la base anchamente obtusa, los márgenes doblemente serrados, el ápice conspicua y cortamente acuminado; pecíolo 3-5 cm. Capitulescencia una cima laxa con ramas ampliamente patentes, las cabezuelas generalmente en agregados de 3; pedúnculos 1-20 mm, densamente pilósulos. Cabezuelas c. 6 mm; filarios c. 40, angostamente oblongos, el ápice obtuso a redondeado, densamente puberulento; clinanto piloso. Flores 20-25; corola c. 3 mm, cortamente infundibuliforme, blanca, sin tricomas por dentro, los lobos c. 0.4 × 0.4 mm, triangulares, densamente pilósulos. Cipselas c. 2 mm, glabras; vilano de cerdas c. 2.5 mm, conspicuamente ensanchadas en el ápice. *Selvas.* P (*McPherson 7023*, US). 500-1100 m. (Endémica.)

92. Heterocondylus R.M. King et H. Rob.
Por H. Robinson.

Hierbas erectas o trepadoras, subarbustos o arbustos, escasamente ramificados; tallo con médula sólida. Hojas opuestas o alternas, cortamente pecioladas, ovadas a angostamente oblongas, enteras a serradas. Capitulescencia poco ramificada a muy ramificada, piramidalmente paniculada a cimosa. Cabezuelas discoides, con 20-80 flores; involucro campanulado; filarios 15-30, imbricados a subimbricados, marcadamente desiguales hasta algunas veces subiguales, típicamente graduados, 3-5-seriados, generalmente persistentes, patentes cuando maduros, los filarios externos anchos, 6-10-acostillados; clinanto convexo, sin páleas, la superficie esclerificada, glabra; corola angostamente infundibuliforme, la nervadura no engrosada, el limbo sin células subcuadrangulares debajo de los lobos, los lobos 5, triangulares, lisos sobre ambas superficies con células oblongas; anteras con el collar anchamente cilíndrico con células cortas proximalmente, con engrosamientos anulares sobre las paredes, el apéndice más largo que ancho, no truncado; estilo con la base conspicuamente agrandada, glabra o hirsuta, las ramas con apéndice anchamente linear, lisas a cortamente papilosas. Cipselas largamente atenuadas proximalmente, 5-acostilladas, cortamente setulosas o glandulosas, sin densas glándulas pulverulentas diminutas, el carpóforo cuneiforme, con un conspicuo borde distal proyectado, casi dos veces más largo que ancho, escasamente asimétrico, no procurrente sobre las costillas, las células uniformemente subcuadrangulares con paredes engrosadas, sin hilera basal de células conspicuamente más grandes; vilano de 20-30 cerdas escábridas, más bien persistentes, adyacentes en la base, no ensanchadas distalmente con la célula apical aguda. 12 spp. Principalmente sur de Brasil, 1 sp. ampliamente neotropical.

Bibliografía: King, R.M. y Robinson, H. *Monogr. Syst. Bot. Missouri Bot. Gard.* 22: 203-204 (1987).

1. Heterocondylus vitalbae (DC.) R.M. King et H. Rob., *Phytologia* 24: 391 (1972). *Eupatorium vitalbae* DC., *Prodr.* 5: 163 (1836). Holotipo: Brasil, *Lund 586* (G-DC). Ilustr.: King y Robinson, *Ann. Missouri Bot. Gard.* 62: 956, t. 25 (1975). N.v.: Crucito, guaco, H.

Bulbostylis ramosissima Gardner, *Campuloclinium surinamense* Miq., *Eupatorium ecuadorae* Klatt.

Hierbas parcialmente escandente-leñosas o arbustos, hasta 6 m, las ramas pocas; tallos esparcidamente puberulentos, no glandulosos. Hojas opuestas; láminas hasta 12 × 7 cm, elíptico-ovadas a ovado-lanceoladas, subcoriáceas, trinervias desde la base, ambas superficies glabrescentes, escasamente puberulentas sobre las nervaduras, la base redondeada a obtusa, los márgenes serrados, el ápice marcadamente agudo a escasamente acuminado; pecíolo hasta 1.5 cm. Capitulescencia una panícula piramidal laxa; pedúnculos generalmente 10-20 mm, densamente puberulentos. Cabezuelas c. 12 mm; filarios c. 20, subiguales, los filarios externos 5-8 mm, ovados a oblongos, puberulentos, el ápice agudo, los filarios internos hasta 10 mm, algunas veces rosados, generalmente lanceolados, generalmente glabros, el ápice angostamente agudo. Flores 60-65; corola c. 8 mm, blanca a rosada o color púrpura, los lobos c. 0.5 × 0.4 mm, glabros; estilo con la base glabra. Cipselas c. 3.5 mm, fusiformes, las costillas cortamente setulosas; vilano de cerdas c. 7 mm, escasamente ensanchadas en el ápice. 2*n* = c. 40. *Bosques alterados, bosques secundarios.* H (*Williams y Molina R. 12149*, F); N (*Atwood y Seymour 4080*, US); CR (*Wilbur 38810*, US); P (*van der Werff y Hardeveld 6941*, US). 0-2100 m. (Mesoamérica, Colombia, Surinam, Ecuador, Perú, Bolivia, Brasil, Paraguay.)

93. Hofmeisteria Walp.
Helogyne Benth. non Nutt.
Por H. Robinson.

Hierbas perennes o subarbustos leñosos, moderada a densamente ramificados, glabros o con glándulas estipitadas pequeñas; tallos con médula sólida. Hojas alternas, generalmente congestas y de apariencia verticilada en los nudos florales, largamente pecioladas, la lámina o segmentos anchamente ovados a filiformes, cartáceos, generalmente trinervios, los márgenes enteros a lobados o muy disecados en segmentos cuneados o filiformes. Capitulescencia monocéfala, las cabezuelas solitarias sobre pedúnculos largos y erectos sin bractéolas; pedúnculos surgiendo desde agregados de hojas seudoverticiladas. Cabezuelas discoides, con (100-)150-175(-250) flores; involucro campanulado; filarios 50-100, subimbricados, marcadamente desiguales, graduados, 4-6-seriados, persistentes, patentes con la edad, el ápice agudo a espinoso; clinanto escasamente convexo, sin páleas, la superficie esclerificada, glabra; corola muy angostamente infundibuliforme, casi tubular, blanca, rosada, o color lavanda, glabra por fuera y por dentro, los lobos 5, triangulares a oblongos, lisos sobre ambas superficies con células oblongas; anteras con el collar angostamente cilíndrico, las células oblongas con débiles engrosamientos ornamentando las paredes, el apéndice generalmente oblongo-ovado; estilo con la base no agrandada, glabra, el apéndice escasamente ensanchado y aplanado distalmente, liso o escasamente mamiloso. Cipselas prismáticas, 5-acostilladas, las costillas setulosas, el carpóforo conspicuo, simétrico, brevemente cuneiforme, con 7 u 8 hileras de células subcuadrangulares cortas; vilano de (3-)5-7(-15) cerdas escábridas atenuadas, con 6-10 escuámulas intermedias en especies con menos cerdas. 8 spp. México, Mesoamérica.

Bibliografía: King, R.M. *Rhodora* 69: 352-371 (1967). King, R.M. y Robinson, H. *Phytologia* 12: 465-476 (1966).

1. Hofmeisteria urenifolia (Hook. et Arn.) Walp., *Repert. Bot. Syst.* 6: 106 (1846-1847 [1846]). *Phania urenifolia* Hook. et Arn., *Bot. Beechey Voy.* 297 (1838). Holotipo: México, Nayarit, *Beechey s.n.* (K). Ilustr.: no se encontró.

Fleischmannia langlassei B.L. Rob., *F. urenifolia* (Hook. et Arn.) Benth. et Hook. f. ex Hemsl.

Hierbas perennes 25-30 cm, poco ramificadas; tallos glabros. Hojas con láminas trífidas o con 3-7 segmentos, generalmente 2.5-4.5 × 1.5-4.5 cm, ovados a oblongos o trífidos, los márgenes serrados a crenado-serrados. Capitulescencias numerosas, erectas; pedúnculos hasta 50 mm, densa y diminutamente estipitado-glandulosos. Cabezuelas 9-10 × 8-11 mm; filarios c. 50. Flores 150-175; corola 4.5-5 mm, blanca o rosada; anteras con apéndice más largo que ancho, obtuso. Cipselas 1-1.2 mm; vilano de 5-7 cerdas, 4-4.5 mm, pardo-rojizas, escabrosas, con una corona de escuámulas laciniado-marginadas cortas. *Selvas altas perennifolias, barrancos rocosos, áreas pantanosas, márgenes de arroyos en bosques de* Quercus *y* Pinus. Ch (*Purpus 218*, US). 300-2300 m. (O. México, Mesoamérica.)

Turner (1997a) dio la elevación como 600-1200 m.

94. Iltisia S.F. Blake
Por H. Robinson.

Hierbas diminutas decumbentes, perennes, anuales o de vida corta, escasamente ramificadas proximalmente o no ramificadas, enraizando en los nudos proximales; tallos pilósulos. Hojas opuestas, agregadas sobre las partes procumbentes, más remotas sobre las partes erectas, cortamente pecioladas; láminas orbiculares a anchamente ovadas, trinervias desde la base, ambas superficies punteado-glandulosas, la base obtusa a subtruncada, los márgenes crenado-serrados con 1-3 dientes obtusos toscos, el ápice obtuso a redondeado. Capitulescencia cimosa con ramas ascendentes, con 2-7 cabezuelas pedunculadas. Cabezuelas con 25-30 flores, discoides; involucro campanulado; filarios eximbricados, subiguales, 2-seriados, persistentes; clinanto escasamente convexo, sin páleas, la superficie esclerificada, glabra; corola 4-lobada, blanca o en parte color púrpura, el tubo angosto, el limbo anchamente campanulado, las flores periféricas generalmente asimétricas con 2 lobos externos agrandados o las flores con los 4 lobos iguales, densamente papilosos por dentro, escasamente mamilosos cerca del ápice; anteras con el collar cilíndrico, las células cortas con densos engrosamientos anulares transversales sobre las paredes, el apéndice corto, casi dos veces más largo que ancho; estilo con la base no agrandada, glabra, las ramas cortas, con apéndices lanceolados, densa y cortamente papilosas, el ápice agudo. Cipselas prismáticas, 4-acostilladas, glabras o subglabras, el carpóforo con un conspicuo borde simétrico, las células oblongas en 1 serie con paredes engrosadas; vilano ausente. 2 spp. Endémico.

Turner (1987b) trató ambas de nuestras especies como *Microspermum repens*.

Bibliografía: King, R.M. y Robinson, H. *Phytologia* 56: 249-251 (1984).

1. Corolas de las flores periféricas generalmente asimétricas con 2 lobos externos agrandados, todos los lobos más largos que anchos; filarios uniformemente verdosos, el ápice cortamente agudo.　　**1. I. echandiensis**
1. Corolas de todas las flores simétricas con 4 lobos iguales, los lobos tan anchos como largos; filarios con la base pálida y el ápice color púrpura, el ápice obtuso.　　**2. I. repens**

1. Iltisia echandiensis R.M. King et H. Rob., *Phytologia* 56: 249 (1984). Holotipo: límite Costa Rica-Panamá, *Davidse et al. 23854* (US!). Ilustr.: no se encontró.

Hierbas con ramas erectas, hasta 16 cm; tallos esparcidamente pilósulos. Hojas: pecíolo 1-2 mm; láminas 6-7 × 5-6 mm, subcarnosas. Capitulescencia con 2-6 ramas ascendentes generalmente alternas; pedúnculos 3-13 mm, densamente sórdido-puberulentos. Cabezuelas c. 4 × 5 mm, con c. 30 flores; filarios 8-12, c. 3 × 1.3-1.5 mm, elípticos, herbáceos, más bien uniformemente verdosos, el ápice cortamente agudo. Corolas de las flores periféricas generalmente asimétricas con 2 lobos externos agrandados hasta 2 × 1 mm, los lobos internos más pequeños 0.6-0.8 × 0.5-0.6 mm, algunas veces todas las corolas simétricas con 4 lobos iguales, todos los lobos de todas las flores siempre más largos que anchos y todos cortamente agudos. Cipselas c. 1.5 mm, las costillas con pocas sétulas diminutas distalmente. *Páramos*. CR (*Davidse y Herrera 29305*, US); P (*Davidse et al. 23854*, MO). 2900-3500 m. (Endémica.)

2. Iltisia repens S.F. Blake, *J. Wash. Acad. Sci.* 47: 409 (1957 [1958]). Holotipo: Costa Rica, *Holm y Iltis 594* (MO!). Ilustr.: Blake, *J. Wash. Acad. Sci.* 47: 408, t. 1K-P (1957 [1958]).

Microspermum repens (S.F. Blake) L.O. Williams.

Hierbas con ramas erectas 5-9 cm; tallos esparcida a densamente pilósulos. Hojas: pecíolo c. 1 mm; láminas 3-6 × 3-6 mm, carnosas. Capitulescencia con 3-7 ramas ascendentes frecuentemente opuestas; pedúnculos 2-12 mm, densamente blanco-puberulentos. Cabezuelas c. 3 × 4-5 mm, con c. 25 flores; filarios 8-10, 2.7-3 × 1-1.2 mm, elípticos, subcarnosos, con la base pálida y el ápice color púrpura, el ápice obtuso. Corolas de todas las flores simétricas con 4 lobos iguales, los lobos c. 0.4 × 0.4 mm, triangulares, tan anchos como largos, el ápice obtuso a subagudo. Cipselas c. 1.3 mm, glabras. *Páramos*. CR (*Weston 5820*, US). 3000-3500 m. (Endémica.)

95. Isocarpha R. Br.

Por H. Robinson.

Hierbas erectas anuales o perennes, ramificadas generalmente desde la base; tallos teretes a escasamente hexagonales, la médula sólida.

Hojas opuestas o alternas, sésiles o con la base angostamente alado-pecioliforme; láminas angosta a anchamente elípticas, escasa a marcadamente trinervias, las hojas con puntuaciones glandulares, sin glándulas largamente estipitadas, los márgenes enteros a serrulados. Capitulescencia una laxa panícula alargada, algunas veces foliosa, las ramas con una sola cabezuela o en pequeños agregados. Cabezuelas discoides, con 60-200 flores, tornándose alargadas; involucro oblongo a elíptico; filarios c. 10-15, eximbricados, subiguales, persistentes, algunas veces todos los filarios fértiles (*Isocarpha oppositifolia*) y cada uno subyacente a una flor individual; clinanto alargado-columnar, la superficie esclerificada, densamente paleácea; páleas bracteoladas; corola angostamente infundibuliforme con tubo corto conspicuo, blanca a rosada, las glándulas generalmente sobre el tubo y los lobos, los lobos 5, triangulares, generalmente lisos sobre ambas superficies; anteras con el collar cilíndrico, las células cortamente oblongas con engrosamientos anulares conspicuos, el apéndice escasamente más largo que ancho; estilo con la base generalmente agrandada, glabra o papilosa, el apéndice más bien corto, divergiendo ampliamente, algunas veces crespo, densa y largamente papiloso. Cipselas prismáticas, 5-acostilladas, glabras o los costados setulosos, el carpóforo corto, cuneiformes, con pequeñas células en 8-18 filas, la hilera basal no agrandada, las paredes moderadamente engrosadas; vilano ausente. 5 spp. Estados Unidos (Texas) hasta México, Mesoamérica, Ecuador, N. Perú, E. Brasil, Antillas.

Bibliografía: Keil, D.J. y Stuessy, T.F. *Syst. Bot.* 6: 258-287 (1981).

1. Hojas angostamente pecioliformes, la base auriculada; cipselas setulosas.　　**1. I. atriplicifolia**
1. Hojas con base aguda o acuminada, sin aurículas basales; cipselas glabras.　　**2. I. oppositifolia**

1. Isocarpha atriplicifolia (L.) R. Br. ex DC., *Prodr.* 5: 106 (1836). *Bidens atriplicifolia* L., *Cent. Pl. II* 30 (1756). Lectotipo (designado por Keil y Stuessy, 1981): Middle America, *Miller Herb. Linn. 974.4* (LINN). Ilustr.: no se encontró. N.v.: Duerme boca, duerme lengua, ES.

Calydermos atriplicifolius (L.) Spreng., *Isocarpha alternifolia* Cass., *I. atriplicifolia* (L.) R. Br. ex DC. subsp. *billbergiana* (Less.) Borhidi, *I. billbergiana* Less., *Spilanthes atriplicifolius* (L.) L.

Hierbas erectas o decumbentes, anuales o perennes de vida corta, 0.1-1.2 m; raíces fibrosas; tallos puberulentos o pilósulos. Hojas opuestas proximalmente, angostamente aladas y pecioliformes cerca de la base 0.5-5 cm; láminas 1.5-6 × 0.7-2.5 cm, generalmente anchamente elípticas o rómbicas, trinervias desde cerca de la base, ambas superficies puberulentas a pilósulas, la superficie abaxial punteado-glandulosa, la base y el ápice agudos a cortamente acuminados, los márgenes cercanamente serrulados a dentados. Capitulescencia más bien difusa, ramificaciones generalmente alternas, con las brácteas decrecientes; pedúnculos 4-15 mm, densamente pilósulos. Cabezuelas 5-8 mm, ovoides, redondeadas proximalmente, rostradas distalmente; filarios estériles 2-7 proximales, los filarios fértiles y las páleas 2-3.5 × 0.5-1 mm, oblongos a ovados, verdosos a amarillentos, el ápice obtuso a acuminado, puberulentos o pilósulos a subglabros, punteado-glandulosos, las páleas internas pajizas a hialinas proximalmente. Flores 125-175; corola 1.4-2.5 mm, blanca, los lobos 0.2-0.7 × 0.2-0.7 mm, triangulares; estilo con la base algunas veces papilosa. Cipselas 0.9-1.5 mm, setulosas, la base abruptamente angostada, subestipitada, el carpóforo grande, dispuesto en un ángulo. $2n = 20$. *Bordes de pantanos, selvas altas perennifolias, zanjas, bosques xerófitos*. Ch (*Matuda 2705*, MICH); G (*King 7376*, US); H (Molina R., 1975: 115); ES (Berendsohn y Araniva de González, 1989: 290-7); N (*Wright s.n.*, US); CR (*Pittier s.n.*, US). 0-1100 m. (S. México, Mesoamérica, Colombia, Venezuela, NE. Brasil, Cuba, La Española.)

Keil y Stuessy (1981) reconocieron tres variedades de esta especie, pero aquí se trata la especie en sentido amplio.

2. Isocarpha oppositifolia (L.) Cass. in F. Cuvier, *Dict. Sci. Nat.* ed. 2, 24: 19 (1822). *Santolina oppositifolia* L., *Syst. Nat., ed. 10* 1207 (1759). Lectotipo (designado por King y Robinson, 1975 [1976]): Jamaica, *Browne Herb. Linn. 984.2* (LINN). Ilustr.: King y Robinson, *Ann. Missouri Bot. Gard.* 62: 959, t. 26 (1975 [1976]).

Calea oppositifolia (L.) L.

Hierbas erectas a decumbentes, anuales o perennes de vida corta o subarbustos 0.3-1.5 m; raíces fibrosas; tallos glabros a densamente hírtulos. Hojas opuestas proximalmente o en densos fascículos axilares, sésiles o indistintamente pecioladas, las bases pecioliformes 1-10 mm; láminas 1-15 × 0.2-4 cm, angostamente elípticas a lanceoladas u ovadas, trinervias por encima de la base, ambas superficies glabras a densamente puberulentas, la superficie abaxial punteado-glandulosa, la base aguda o acuminada, sin aurículas basales, los márgenes enteros a remotamente crenulados o denticulados, el ápice agudo u obtuso. Capitulescencia laxa, alargada, ramificaciones generalmente opuestas, las ramas con una sola cabezuela o densos agregados de 2-7 cabezuelas; pedúnculos hírtulos. Cabezuelas 5-19 mm, ovoides a cilíndricas con la base cónica y el ápice redondeado; filarios y páleas 3.5-5 × 0.7-1.2 mm, todos fértiles, oblongos, con 2 costillas fusionadas en un mucrón excurrente rígido, verde o pajizo, los márgenes delgados, glabros a densamente pilósulos y punteado-glandulosos. Flores 60-200; corola 2-3 mm, blanca, los lobos 0.3-0.5 × 0.3-0.4 mm, triangulares; estilo con la base glabra. Cipselas 1.2-2.2 mm, glabras, gradualmente angostadas proximalmente, el carpóforo sésil, escasamente oblicuo. $2n = 20$. *Bosques secos, barrancos, vegetación xerófita, sabanas, matorrales.* Ch (*Laughlin 2817*, US); Y (*Steere 1121*, US); C (Martínez Salas et al., 2001: 24); G (*Kellerman 5316*, US); H (*Molina R. 3889*, US); ES (*Barclay 2662*, BM); N (*Molina R. 27233*, F); CR (*Williams et al. 26383*, F); P (*Pittier 4830*, US). 3-1300 m. (Estados Unidos [Texas], E. México, Mesoamérica, Colombia, Venezuela, Cuba, Jamaica, La Española, Antillas Menores, Trinidad y Tobago.)

96. **Koanophyllon** Arruda

Por H. Robinson.

Arbustos o árboles pequeños, rara vez bejucos, moderada a densamente ramificados. Hojas generalmente simples, rara vez 3-folioladas, generalmente opuestas, distintamente pecioladas; láminas conspicua y anchamente lanceoladas a elípticas, pinnatinervias o trinervias, la superficie abaxial generalmente con puntuaciones glandulares, la base aguda a cordata, los márgenes enteros a serrados, rara vez lobados. Capitulescencia piramidal a corimbosa; pedúnculos generalmente cortos. Cabezuelas campanuladas, discoides, con 5-20 flores; filarios 7-16, eximbricados a marcadamente subimbricados, generalmente patentes al madurar, cartáceos, ni blancos ni pajizos, articulados en la base, los filarios internos no lineares, algunas veces deciduos; clinanto escasamente convexo, sin páleas, la superficie esclerificada, glabra; corola infundibuliforme con tubo anchamente cilíndrico, generalmente blanquecina a amarillo-verdosa, rara vez color violeta, las nervaduras extendiéndose hasta los lobos, los lobos 5, anchamente triangulares, lisos sobre ambas superficies con células oblongas, con numerosas glándulas agregadas sobre la superficie externa; anteras con el collar cilíndrico con numerosas células subcuadrangulares proximalmente, con engrosamientos ligeramente ornamentando las paredes o sin estos, las tecas pálidas, no rojizas, el apéndice típicamente más corto que ancho, frecuentemente 1/2 de largo que de ancho, algunas veces más largo que ancho, el ápice generalmente truncado, algunas veces longitudinalmente sulcado; estilo con la base no agrandada, glabra, el ápice de la rama con apéndice aplanado, generalmente conspicuamente ensanchado, liso. Cipselas prismáticas, 5-acostilladas, generalmente setulosas sobre las costillas y la cara adaxial, glandulosas o no glandulosas, el carpóforo conspicuo, brevemente cuneiforme o cilíndrico, con un reducido borde distal, las pequeñas células subcuadrangulares

con paredes escasamente engrosadas; vilano de 30-35 cerdas frecuentemente robustas y persistentes, escábridas, adyacentes en la base, rara vez cortas o ausentes. 114 spp. Sur y suroeste de Estados Unidos hasta Argentina.

Ayers et al. (1989) redujeron *Neohintonia* R.M. King et H. Rob. a la sinonimia de *Koanophyllon* pero es aquí excluido de la sinonimia. El registro de Nelson (2008) de *K. celtidifolium* (Lam.) R.M. King et H. Rob. en Honduras podría ser una identificación errónea.

Bibliografía: Ayers, T.J. et al. Sida 13: 335-344 (1989). King, R.M. y Robinson, H. *Monogr. Syst. Bot. Missouri Bot. Gard.* 22: 314-318 (1987).

1. Hojas 3-folioladas trinervias.
  2. Anteras con apéndice oblongo-ovado, tan largo como ancho; capitulescencias anchamente corimbosas. **15. K. villosum**
  2. Anteras con apéndice corto, 1/2 de largo que de ancho; capitulescencias piramidales a anchamente tirsoides con ramas corimbosas a racemiformes o espiciforme-cilíndricas a glomerulosas.
    3. Trinervación desde 3-10 mm por encima de la base de la lámina; base de las hojas redondeada a aguda.
      4. Láminas de las hojas angostamente ovadas a elípticas, el ápice escasa a angostamente acuminado, la trinervación alcanzando 2/3 de la longitud de la lámina, subparalela a los márgenes; tallos blanquecinos o grisáceos. **1. K. albicaule**
      4. Láminas de las hojas anchamente ovadas, con ápice cortamente agudo, la trinervación no paralela a los márgenes; tallos generalmente pardos. **4. K. hondurense**
    3. Trinervación en la base de las láminas; base de las hojas simple, generalmente truncada a cordata.
      5. Ramas de las capitulescencias corimbosas, sin cabezuelas agregadas; corolas c. 3.5 mm; vilano de cerdas 3-4 mm. **2. K. coulteri**
      5. Ramas de las capitulescencias racemiformes o espiciforme-cilíndricas o glomerulosas; corolas 2-2.5 mm; vilano de cerdas c. 3 mm, algunas veces ausente.
        6. Hojas predominantemente 3-folioladas; filarios obtusos o truncados. **14. K. tripartitum**
        6. Hojas simples; filarios generalmente agudos.
          7. Vilano de cerdas capilares 2-2.8 mm; capitulescencias frecuentemente más bien laxas; pedúnculos frecuentemente más de 5 mm. **11. K. solidaginoides**
          7. Vilano de cerdas muy cortas o ausente; capitulescencias densamente glomerulosas.
            8. Vilano de numerosas cerdas muy cortas; cabezuelas con c. 12 flores. **10. K. ravenii**
            8. Vilano ausente; cabezuelas con c. 7 flores. **13. K. standleyi**
1. Hojas simples, pinnatinervias.
  9. Superficie abaxial de las láminas de las hojas diminutamente blanquecino-tomentulosa, ambas superficies con c. 15 o más puntuaciones glandulares por 2mm; hojas con ápice angostamente agudo a escasamente acuminado; 3-4 nudos proximales de las capitulescencias con brácteas foliares grandes. **12. K. sorensenii**
  9. Superficies de las hojas generalmente glabras o casi glabras, la superficie adaxial frecuentemente no glandulosa; hojas con ápice conspicua y corta a angostamente acuminado; generalmente solo 1 o 2 nudos proximales de las capitulescencias con brácteas foliares grandes.
    10. Tallos y pecíolos hírtulos, hirsutos o pilósulos a sublanados con tricomas largos o patentes.
      11. Nervaduras secundarias basales débiles, casi submarginales a los márgenes basales de la lámina; acuminación apical generalmente menos de 1 cm. **8. K. panamense**
      11. Par de nervaduras secundarias basales moderadamente convergentes con los márgenes basales de la lámina; acuminación apical generalmente más de 1 cm.
        12. Hoja con márgenes subenteros, con indistintos dientes serrados diminutos; ambas superficies con numerosos tricomas erectos; tallos

sublanados con tricomas curvados o comprimidos.
        6. K. hypomalacum

12. Hoja con márgenes obtusa a marcadamente serrados; ambas superficies con tricomas erectos solo sobre o cerca de las nervaduras; tallos pilósulos con tricomas patentes.   **7. K. jinotegense**

10. Tallos y pecíolos puberulentos con corto o diminutos tricomas adpresos.

13. Hojas abaxialmente con 25-50 puntuaciones glandulares por mm².

14. Cabezuelas 4-5 mm, con 10-11 flores; filarios obtusos; vilano de cerdas 2-2.5 mm, del mismo ancho en toda su longitud; capitulescencias densamente piramidales u ovoides.   **5. K. hylonomum**

14. Cabezuelas 5-6 mm, con 12-23 flores; filarios agudos; vilano de cerdas c. 3 mm, el ápice estrecho; capitulescencias piramidal con ramas patentes.   **16. K. wetmorei**

13. Hojas abaxialmente con 5-20 puntuaciones glandulares por mm².

15. Involucros c. 3/4 o más del largo de las cabezuelas; algunos o todos los filarios ovados a oblongo-lanceolados con ápice agudo; vilano de cerdas hasta c. 3 mm, delgadas distalmente con el ápice de las cerdas más largas escasamente ensanchado.   **3. K. galeottii**

15. Involucros 1/2-2/3 del largo de las cabezuelas; filarios oblongos con ápice anchamente redondeado; vilano de cerdas c. 2.5-2.8 mm, del mismo ancho en toda su longitud desde la base.   **9. K. pittieri**

1. Koanophyllon albicaule (Sch. Bip. ex Klatt) R.M. King et H. Rob., *Phytologia* 22: 149 (1971). *Eupatorium albicaule* Sch. Bip. ex Klatt, *Leopoldina* 20: 89 (1884). Holotipo: México, Veracruz, *Liebmann 88* (C). Ilustr.: Millspaugh, *Publ. Field Columb. Mus., Bot. Ser.* 3: 93 (1904). N.v.: Soscha, xicin, xoltexnuc, zactocaban, Y; hokin-zacun, C; old women's walking stick, water wood, B; ixhotz, G; pecho de paloma, putinín, putunín, tiñe-cordel, H.

Eupatorium drepanophyllum Klatt, *E. leucoderme* B.L. Rob., *E. ymalense* B.L. Rob.

Arbustos o bejucos, 1-3 m; tallos teretes, blanquecinos o grisáceos, con pubescencia evanescente y fina. Hojas pecioladas; láminas mayormente 4-12 × 2-5 cm, angostamente ovadas a elípticas, cartáceas, trinervias desde 5-10 mm por encima de la base, las nervaduras laterales alcanzando 2/3 de la longitud de la lámina, subparalelas a los márgenes de la hoja, ambas superficies con 5-10 puntuaciones glandulares por mm², la superficie abaxial más pálida, la base redondeada a aguda, los márgenes obtusamente serrados, el ápice escasa a angostamente acuminado; pecíolo 0.5-1.5 cm. Capitulescencia piramidal o anchamente tirsoide con ramas densamente corimbosas, brácteas foliares grandes en los 2-4 nudos proximales. Cabezuelas c. 7 mm; filarios c. 15, 3-4 × c. 0.8 mm, angostamente oblongos, obtusos. Flores c. 15; corola c. 4 mm, blanca; anteras con apéndice corto, 1/2 de largo que de ancho. Cipselas c. 2 mm, con numerosas sétulas pequeñas sobre los costados distalmente; vilano de cerdas c. 3.5 mm, del mismo ancho en toda su longitud. $2n = 20$. *Orillas de caminos, campos, vegetación secundaria, matorrales, áreas con caliza.* T (Cowan, 1983: 25, como *Eupatorium albicaule*); Ch (*King 3037*, US); Y (*Gaumer 23893*, US); C (Martínez Salas et al., 2001: 24); QR (*Gaumer 122*, B); B (*Gentry 7622*, US); G (*Lundell 4016*, US); H (*Johansen 47*, US); N (*Garnier 1013*, US); CR (*Liesner y Lockwood 2413*, US). 0-800 m. (C. y SO. México, Mesoamérica.)

2. Koanophyllon coulteri (B.L. Rob.) R.M. King et H. Rob., *Phytologia* 22: 149 (1971). *Eupatorium coulteri* B.L. Rob., *Proc. Amer. Acad. Arts* 36: 477 (1901). Holotipo: Guatemala, *von Türckheim 52* (GH!). Ilustr.: no se encontró. N.v.: Sanjoncillo, G.

Eupatorium ageratifolium DC. var. *purpureum* J.M. Coult., *E. mimicum* Standl. et Steyerm., *Koanophyllon mimicum* (Standl. et Steyerm.) R.M. King et H. Rob.

Arbustos trepadores, 1-2 m; tallos teretes, tallos y pecíolos densamente curvado-puberulentos a hírtulos. Hojas pecioladas; láminas mayormente 3-8 × 1.5-4 cm, triangular-ovadas, cartáceas, trinervias desde

o cerca de la base, las nervaduras laterales divergentes, alcanzando 1/2 a 2/3 de la longitud de la lámina, la superficie adaxial subglabra a esparcidamente pilosa excepto sobre las nervaduras más grandes, la superficie abaxial con 20-50 puntuaciones glandulares por mm², puberulenta sobre las nervaduras, la base obtusa a truncada, algunas veces medianamente acuminada, los márgenes serrulados a dentados, el ápice agudo a cortamente acuminado; pecíolo 0.5-1.2 cm. Capitulescencia angostamente piramidal con brácteas foliares grandes en los 2-5 nudos proximales; ramas patentes, corimbosas a piramidales. Cabezuelas 7-8 mm; involucro 2/3 de la longitud de las cabezuelas; filarios c. 16, 2-5 × 0.5-0.8 mm, angostamente oblongos a linear-lanceolados, los filarios internos generalmente obtusos a cortamente agudos, frecuentemente dentados o erosos distalmente. Flores 10-12; corola 3-4 mm, blanca o verdosa; anteras con apéndice corto, la 1/2 de largo que de ancho. Cipselas 2-2.5 mm, con numerosas sétulas patente cortas sobre costillas y costados; vilano de cerdas 3-4 mm, delgadas, escasamente más anchas en algunos ápices. *Bosques abiertos, orillas de caminos, laderas arboladas, matorrales húmedos.* Ch (*Breedlove 58500*, US); G (*von Türckheim II 1664*, US); H (Molina R., 1975: 114, como *Eupatorium coulteri*); ES (*Molina R. y Montalvo 21665*, F). 400-2900 m. (Endémica.)

3. Koanophyllon galeottii (B.L. Rob.) R.M. King et H. Rob., *Wrightia* 6: 25 (1978). *Eupatorium galeottii* B.L. Rob., *Contr. Gray Herb.* 68: 17 (1923). Holotipo: México, Veracruz, *Galeotti 2337* (K). Ilustr.: no se encontró. N.v.: Cacho de venado, H.

Arbustos o árboles pequeños, 2-8 m; tallos teretes, tallos y pecíolos puberulentos con cortos tricomas adpresos. Hojas pecioladas; láminas mayormente 10-20 × 3-7 cm, elípticas, cartáceas, pinnatinervias con 5-7 nervaduras a cada lado, los pares basales moderada a marcadamente convergentes con los márgenes, ambas superficies glabras o subglabras sobre y entre las nervaduras, la superficie adaxial no glandulosa, la superficie abaxial con 5-20 puntuaciones glandulares por mm², la base aguda, los márgenes remotamente serrulados a serrados, el ápice breve a angostamente acuminado; pecíolo 0.7-3 cm. Capitulescencia piramidal con ramas piramidales patentes, rara vez con brácteas foliares grandes por encima del nudo basal. Cabezuelas c. 6 mm; involucro c. 3/4 o más de la longitud de las cabezuelas; filarios c. 20, 1-4 × 1-1.2 mm, ovados a lanceolados con ápice agudo. Flores c. 20; corola hasta c. 3 mm, blanca o verdosa; anteras con apéndice corto. Cipselas 2-2.5 mm, distalmente con numerosas sétulas patentes cortas; vilano de cerdas c. 3 mm, delgadas, las cerdas más largas escasamente ensanchadas en el ápice. *Ramonales en ruinas, botanales, corozales, acahuales, selvas altas perennifolias.* T (*Croat y Hannon 65366*, US); Ch (*Lundell 17873*, US); B (*Schipp 3*, US); G (*Contreras 1921*, US); H (*Molina R. 6181*, F); N (*Stevens 10813*, US). 50-900 m. (C. México, Mesoamérica.)

Turner (1997a) ubicó a *Koanophyllon galeottii* en la sinonimia de *K. pittieri*.

4. Koanophyllon hondurense (B.L. Rob.) R.M. King et H. Rob., *Phytologia* 22: 150 (1971). *Eupatorium hondurense* B.L. Rob., *J. Arnold Arbor.* 11: 44 (1930). Isotipo: Honduras, *Standley 56357* (GH!). Ilustr.: no se encontró. N.v.: Tatascán, H.

Arbustos débiles, 1-3 m; tallos teretes, generalmente pardos, tallos y pecíolos densa y cortamente hírtulos. Hojas pecioladas; láminas mayormente 3-9 × 1.5-5 cm, anchamente ovadas, cartáceas, trinervias desde 3-10 mm por encima de la base, las nervaduras laterales alcanzando 2/3 o menos de la longitud de la lámina, la trinervación no paralela a los márgenes, ambas superficies con 10-25 puntuaciones glandulares por mm², la superficie adaxial glabra, la superficie abaxial puberulenta sobre las nervaduras, la base obtusa a redondeada, los márgenes serrulados a serrados, el ápice cortamente agudo; pecíolo 0.5-1 cm. Capitulescencia angostamente piramidal, con brácteas foliares grandes en 1-3 nudos proximales; ramas moderada a ampliamente patentes, densamente ramificadas en el ápice. Cabezuelas c. 6 mm; filarios 12-14, generalmente 3-4.5 × 0.8-1 mm, angostamente ovados a lanceolados, el ápice agudo a apiculado. Flores 10-12; corola c. 3.5 mm, verdosa a rojiza, con numerosas glándulas; anteras con apéndice corto, 1/2 de largo que de ancho. Cipselas c. 2.5 mm, los costados cortamente setulosos; vilano de cerdas c. 3 mm, atenuadas en el ápice. *Laderas arboladas, bosques de* Pinus*, bosques mixtos de* Pinus-Quercus. H (*Standley 14839*, US); N (Dillon et al., 2001: 325, como *Eupatorium hondurense*). 600-1400 m. (Endémica.)

5. Koanophyllon hylonomum (B.L. Rob.) R.M. King et H. Rob., *Phytologia* 22: 150 (1971). *Eupatorium hylonomum* B.L. Rob., *Proc. Boston Soc. Nat. Hist.* 31: 250 (1904). Holotipo: Costa Rica, *Tonduz 12882* (GH). Ilustr.: no se encontró.

Arbustos 1-6 m; tallos teretes, tallos y pecíolos puberulentos con cortos tricomas adpresos. Hojas pecioladas; láminas 8-17 × 2-7 cm, angosta a anchamente elípticas, cartáceas, pinnatinervias con 5-6 nervaduras secundarias a cada lado, las nervaduras laterales basales moderada a marcadamente convergentes con los márgenes, ambas superficies generalmente glabras con nervaduras puberulentas, la superficie adaxial no glandulosa, la superficie abaxial con 25-50 puntuaciones glandulares por mm^2, la base aguda, los márgenes remotamente serrulados a serrados, el ápice breve a marcadamente acuminado; pecíolo 1-2.5 cm. Capitulescencia anchamente piramidal u ovoide con ramas piramidales profusamente ramificadas con brácteas foliares solo en 1 o 2 nudos proximales. Cabezuelas 4-5 mm; involucro cerca de la 1/2 de la longitud de las cabezuelas; filarios c. 16, 1-2 × 0.8-1 mm, anchamente ovados a oblongos, obtusos. Flores 10 o 11; corola c. 2.5 mm, blanca a verde claro; anteras con apéndice corto. Cipselas 1.7-2 mm, puberulentas con sétulas diminutas sobre los costados; vilano de cerdas 2-2.5 mm, del mismo ancho en toda su longitud. $2n =$ c. 20. *Bosques de neblina, bordes de bosques, matorrales húmedos.* H (Nelson, 2008: 167); CR (*Hammel 11194*, US); P (*McPherson 10562*, MO). 100-1600 m. (Endémica.)

La cita de *Koanophyllon hylonomum* de Molina R. (1975) en Honduras está basada en material erróneamente identificado.

6. Koanophyllon hypomalacum (B.L. Rob. ex Donn. Sm.) R.M. King et H. Rob., *Phytologia* 22: 150 (1971). *Eupatorium hypomalacum* B.L. Rob. ex Donn. Sm., *Bot. Gaz.* 35: 4 (1903). Holotipo: Guatemala, *Heyde y Lux 6157* (US!). Ilustr.: no se encontró.

Arbustos 2-3 m; tallos subhexagonales, blanquecinos, tallos y pecíolos densamente pilosos a sublanados con tricomas largos o patentes. Hojas pecioladas; láminas mayormente 7-18 × 1.8-4.5 cm, angostamente elíptico-lanceoladas, cartáceas, pinnatinervias con 6-7 nervaduras a cada lado, el par de nervaduras secundarias basales moderadamente convergente con los márgenes basales de la hoja, ambas superficies blanquecino-puberulentas sobre toda la superficie incluyendo las nervaduras, con numerosos tricomas erectos, la superficie adaxial con pocas (10-20 por mm^2) puntuaciones glandulares, la superficie abaxial con 40-50 puntuaciones glandulares por mm^2, la base angostamente aguda, los márgenes enteros o subenteros con dientes serrados diminutos e inconspicuos, el ápice angostamente acuminado, la acuminación apical generalmente más de 1 cm; pecíolo 0.7-1.5 cm. Capitulescencia anchamente piramidal con ramas densamente ramificadas, con brácteas foliares grandes en 1 o 2 nudos más basales. Cabezuelas 5-5.5 mm; involucro casi tan largo como las cabezuelas; filarios c. 15, generalmente 2.5-5 mm, lanceolados a oblongo-lanceolados, marcadamente agudos. Flores 12-15; corola 2.7-3 mm, blanquecina o verdosa; anteras con apéndice corto. Cipselas 2.5-3 mm, distalmente pilósulas con sétulas pequeñas; vilano de cerdas c. 2.5 mm, del mismo ancho en toda su longitud. *Hábitat desconocido.* G (*Heyde y Lux 6157*, US). c. 1100 m. (Endémica.)

7. Koanophyllon jinotegense R.M. King et H. Rob., *Phytologia* 71: 176 (1991). Holotipo: Nicaragua, *Stevens 22543* (US!). Ilustr.: no se encontró.

Arbustos débiles hasta árboles 3-8 m; tallos teretes, tallos y pecíolos densamente pilósulos a hírtulos con tricomas patentes. Hojas pecioladas; láminas mayormente 10-17 × 2.5-4.5 cm, elípticas, cartáceas, pinnatinervias con 4 o 5 nervaduras a cada lado, el par de nervaduras secundarias basales moderadamente convergente con los márgenes basales de la hoja, ambas superficies generalmente glabras, la superficie adaxial no glandulosa, finamente puberulenta con tricomas erectos solo sobre o cerca de las nervaduras, la superficie abaxial algunas veces más puberulenta cerca de las nervaduras, con 10-12 puntuaciones glandulares por mm^2, la base cortamente acuminada, los márgenes obtusa a marcadamente serrados, el ápice acuminado, la acuminación apical generalmente más de 1 cm; pecíolo 0.5-2.5 cm, hírtulo. Capitulescencia anchamente piramidal, densamente ramificada, con ramas piramidales patentes, con brácteas foliares solo en 1 o 2 nudos proximales. Cabezuelas 5-6 mm; involucro 2/3-3/4 de la longitud de las cabezuelas, los filarios c. 12, generalmente 2-4.5 × 0.8-1.2 mm, ovados a oblongo-lanceolados, cortamente agudos. Flores 15-16; corola 2.5-3 mm, blanca; anteras con apéndice corto. Cipselas c. 2 mm, finamente setulosas sobre los costados distalmente; vilano de cerdas 2.5-3 mm, del mismo ancho en toda su longitud. *Bosques de neblina, selvas medianas perennifolias, claros.* N (*Williams y Molina R. 42694*, F). 1200-1500 m. (Endémica.)

8. Koanophyllon panamense R.M. King et H. Rob., *Phytologia* 28: 67 (1974). Holotipo: Panamá, *Allen 1997* (US!). Ilustr.: no se encontró. *Koanophyllon dukei* R.M. King et H. Rob.

Arbustos o árboles pequeños, 1.5-6 m; tallos teretes, tallos y pecíolos densamente pilósulos a sublanados, con tricomas patentes. Hojas pecioladas; láminas mayormente 12-22 × 5-9 cm, ancha a angostamente elípticas, cartáceas, pinnatinervias con 4-6 nervaduras a cada lado, las nervaduras secundarias más basales débiles y casi submarginales cerca de la base de la lámina, la superficie adaxial glabra, no glandulosa, abaxialmente puberulenta a pilósula sobre las nervaduras o algunas veces sobre el resto de la superficie, con 5-20 puntuaciones glandulares por mm^2, la base angostamente aguda, los márgenes serrados a serrulados, el ápice con acuminación corta generalmente menos de 1 cm; pecíolo 1-3 cm, frecuentemente robusto. Capitulescencia anchamente piramidal, frecuentemente más ancha que larga, con ramas piramidales patentes, densamente ramificadas, con brácteas foliares solo en 1 o 2 nudos proximales. Cabezuelas 5-6 mm; involucro 2/3 de la longitud de las cabezuelas; filarios c. 20, 2-4 × 0.8-1.1 mm, ovados a oblongo-lanceolados, cortamente agudos. Flores 8-30; corola c. 3 mm, blanca; anteras con apéndice corto. Cipselas 2-3 mm, con numerosas sétulas generalmente sobre las costillas; vilano de cerdas 2.5-2.8 mm, del mismo ancho en toda su longitud. *Selvas altas perennifolias, bosques de neblina, vegetación secundaria.* P (*Hammel 4029*, US). 200-2700 m. (Endémica.)

9. Koanophyllon pittieri (Klatt) R.M. King et H. Rob., *Phytologia* 22: 150 (1971). *Eupatorium pittieri* Klatt, *Bull. Soc. Roy. Bot. Belgique* 31(1): 192 (1892 [1893]). Holotipo: Costa Rica, *Pittier 1698* (BR). Ilustr.: no se encontró. N.v.: Palo negro, soyoco, G.

Arbustos subescandentes hasta árboles pequeños, 1.5-7 m; tallos teretes, tallos y pecíolos puberulentos con diminutos tricomas adpresos. Hojas pecioladas; láminas mayormente 9-27 × 3-10 cm, elípticas a anchamente elípticas, cartáceas, pinnatinervias con 4-6 nervaduras a cada lado, las nervaduras laterales basales débiles, cercana y ligeramente convergentes con los márgenes, ambas superficies glabras, la superficie adaxial no glandulosa, la superficie abaxial con 5-20 puntuaciones glandulares por mm^2, la base angostamente aguda, los márgenes remotamente serrulados a serrados, el ápice breve a angostamente acuminado; pecíolo 0.6-2.5 cm. Capitulescencia anchamente piramidal con ramas piramidales ampliamente patentes y densamente ramificadas, las brácteas foliares solo en 1 o 2 nudos proximales. Cabezuelas 5-6 mm; involucro 1/2-2/3 de la longitud de las cabezuelas; filarios c. 17, generalmente 1.5-3.5 × 1-1.8 mm, oblongos, con ápice anchamente redondeado. Flores 12-20; corola 2.5-2.8 mm, blanca a verdosa; anteras con apéndice corto. Cipselas c. 2.2 mm, con sétulas generalmente sobre las costillas, algunas veces sobre los costados distalmente; vilano de cerdas 2.5-2.8 mm, del mismo ancho en toda su longitud. $2n$ = c. 60. *Selvas altas perennifolias, a lo largo de arroyos, selvas medianas perennifolias, vegetación secundaria.* CR (*Standley y Valerio 46120*, US); P (*McDaniel 5066*, MO). (0-)200-2400 m. (Endémica.)

Las citas de esta especie en México, Belice, Guatemala, Honduras, El Salvador y Nicaragua están basadas en material erróneamente determinado, frecuentemente de *Koanophyllon galeottii*, y los nombres comunes usados por Nelson (2008) no pueden ser aplicados.

10. Koanophyllon ravenii R.M. King et H. Rob., *Phytologia* 22: 150 (1971). Holotipo: México, Chiapas, *Breedlove y Raven 13472* (MICH!). Ilustr.: no se encontró.
Eupatorium ravenii (R.M. King y H. Rob.) B.L. Turner.

Arbustos arqueados, 1.4-2 m; tallos teretes, con densa pubescencia corta, curvada y frecuentemente rojiza. Hojas pecioladas; láminas mayormente 3.5-6.5 × 2-4 cm, triangular-ovadas, cartáceas, trinervias desde la base, las nervaduras laterales llegando hasta el 1/2 de la longitud de la lámina, la superficie adaxial esparcidamente puberulenta, abaxialmente densamente puberulentas sobre las nervaduras, ambas superficies con 25-50 puntuaciones glandulares por mm², la base subcordata a truncada, los márgenes crenado-serrados a dentados, el ápice angostamente acuminado; pecíolo 0.5-1.5 cm. Capitulescencia piramidal con ramas patentes; cabezuelas en aglomerados y agregados cilíndricos. Cabezuelas c. 6 mm; involucro c. 2/3 del alto de las cabezuelas; filarios 15-17, generalmente 1.5-3.5 × c. 0.7 mm, marcadamente agudos. Flores c. 12; corola c. 2 mm, blanca, densamente glandulosa; anteras con apéndice corto, 1/2 de largo que de ancho. Cipselas 1.7-2.2 mm, puberulentas con sétulas pequeñas; vilano de numerosas cerdas 0.2-0.3 mm, muy cortas, densamente escábridas. $2n$ = c. 20. *Hábitat no conocido.* Ch (*Miranda 6688*, US). 800-1000 m. (Endémica.)

11. Koanophyllon solidaginoides (Kunth) R.M. King et H. Rob., *Phytologia* 22: 151 (1971). *Eupatorium solidaginoides* Kunth in Humb., Bonpl. et Kunth, *Nov. Gen. Sp.* folio ed. 4: 99 (1820 [1818]). Holotipo: Ecuador, *Humboldt y Bonpland s.n.* (P-Bonpl.). Ilustr.: King y Robinson, *Ann. Missouri Bot. Gard.* 62: 964, t. 27 (1975 [1976]). N.v.: Saqi lokab q'eqi lokab, sasajan, G.
Eupatorium decussatum Klatt, *E. filicaule* Sch. Bip. ex A. Gray, *E. scoparioides* L.O. Williams, *Ophryosporus solidaginoides* (Kunth) Hieron.

Arbustos erectos, arqueados o subescandentes o subarbustos 1-2 m; tallos y pecíolos con densa pubescencia corta y curvada. Hojas pecioladas; láminas 3-12 × 2-6 cm, deltoides a triangular-ovadas, cartáceas a más bien membranáceas, trinervias desde la base, la superficie adaxial esparcidamente pilosa o pilósula, abaxialmente puberulentas a subtomentulosas sobre las nervaduras, ambas superficies con 25-50 puntuaciones glandulares por mm², más obvias abaxialmente, la base truncada a subcordata, los márgenes crenado-serrados, frecuentemente con ángulos en la parte más ancha, el ápice angostamente acuminado; pecíolo 1-3.5 cm, delgado. Capitulescencia anchamente piramidal, las ramas racemiformes o espiciforme-cilíndricas, patentes, con agregados cilíndricos de cabezuelas densos a más bien laxos; pedúnculos frecuentemente más de 5 mm. Cabezuelas 4-6 mm; involucro c. 2/3 de la altura de las cabezuelas; filarios c. 15, 1.5-3 × 0.8-1 mm, ovados a oblongo-lanceolados, el ápice redondeado a apiculado o cortamente agudo. Flores 8-15; corola 2-2.5 mm, blanca, leve a densamente esparcido-glandulosa; anteras con apéndice corto, 1/2 de largo que de ancho.

Cipselas 2-2.5 mm, pilósulas con numerosas sétulas sobre las costillas y las superficies, rara vez sin sétulas sobre las superficies; vilano de cerdas 2-2.8 mm, escasamente ensanchadas en el ápice o no ensanchadas. *Selvas medianas perennifolias, bosques de* Pinus, *bosques caducifolios, vegetación secundaria, matorrales húmedos.* T (Villaseñor Ríos, 1989: 59); Ch (*Breedlove y Almeda 47607*, US); B (*Liesner y Dwyer 1629*, US); G (*Lundell 15361*, US); H (*Edwards P-739*, US); ES (Berendsohn et Araniva de González, 1989: 290-7); N (*Stevens y Grijalva 16441*, US); CR (*Skutch 2425*, US); P (*Pittier 5294*, US). 5-1600 m. (C. México, Mesoamérica, Colombia, Venezuela, Ecuador, Perú, Brasil, Galápagos.)

12. Koanophyllon sorensenii R.M. King et H. Rob., *Phytologia* 23: 395 (1972). Holotipo: Belice, *Sørensen 7129* (US!). Ilustr.: no se encontró.
Eupatorium sorensenii (R.M. King et H. Rob.) L.O. Williams.

Arbustos bajos, 0.5 m; tallos teretes, tallos y pecíolos densamente pardusco-hírtulos. Hojas pecioladas; láminas 6-10.5 × 1.8-3.5 cm, ovado-elípticas, cartáceas, pinnatinervias con 7 u 8 nervaduras escasamente arqueadas a cada lado, las nervaduras laterales basales moderadamente convergentes con los márgenes, la superficie adaxial blanquecino-pilósula, la superficie abaxial densamente blanquecino-puberulenta, la superficie adaxial con c. 15 puntuaciones glandulares por mm², la superficie abaxial con 25-50 puntuaciones glandulares por mm², la base cortamente aguda, los márgenes remotamente subserrulados, el ápice angostamente agudo a escasamente acuminado; pecíolo c. 1 cm. Capitulescencia angostamente piramidal, 3-4 nudos proximales con brácteas foliares grandes, las ramas piramidales erectas y patentes con las últimas ramificaciones bien densamente corimbosas. Cabezuelas c. 8 mm; involucro 2/3 del alto de las cabezuelas; filarios c. 15, 1.5-4.5 × 1-1.3 mm, anchamente oblongo-lanceolados a ovados, el ápice breve y marcadamente agudo. Flores c. 10; corola c. 3 mm, blanco-verdosa, con glándulas esparcidas; anteras con apéndice corto. Cipselas c. 3 mm, esparcidamente puberulentas con sétulas finas, distalmente con esparcidas puntuaciones glandulares pequeñas; vilano de cerdas c. 3 mm, delgadas en el ápice. *Bosques de* Pinus, *matorrales con Melastomataceae y* Quercus. B (*Sørensen 7129*, MO). 500-1000 m. (Endémica.)

13. Koanophyllon standleyi (B.L. Rob.) R.M. King et H. Rob., *Phytologia* 22: 151 (1971). *Piqueria standleyi* B.L. Rob., *Contr. Gray Herb.* 104: 4 (1934). Holotipo: El Salvador, *Standley 20076* (US!). Ilustr.: Williams, *Fieldiana, Bot.* 24(12): 476, t. 21 (1976), como *Eupatorium sodalis*.
Eupatorium sodalis L.O. Williams.

Arbustos débiles a arqueados 1-2 m; tallos teretes, tallos y pecíolos antrorsamente puberulentos. Hojas pecioladas; láminas mayormente 4-12 × 2.5-8 cm, deltoides a triangular-ovadas, cartáceas, trinervias desde la acuminación pequeña en la base, la superficie adaxial esparcidamente pilósula, abaxialmente puberulentas generalmente sobre las nervaduras, inconspicuamente punteado-glandulosas adaxialmente, con 40-50 puntuaciones glandulares por mm², la base truncada a subcordata, los márgenes subserrulados a dentados, algunas veces con ángulos en la parte más ancha, el ápice angostamente acuminado; pecíolo 1-3.5 cm. Capitulescencia angostamente piramidal con ramas cortas y patentes; ramas espiciforme-cilíndricas con cabezuelas en series de glomérulos densos. Cabezuelas c. 4 mm; involucro 2/3 de la longitud de las cabezuelas; filarios 10-12, 1.5-3 × 0.6-0.8 mm, oblongo-lanceolados, marcadamente agudos. Flores c. 7; corola c. 2 mm, blanca, con glándulas esparcidas; anteras con apéndice corto, la 1/2 de largo que de ancho. Cipselas 1.5-1.8 mm, puberulentas con sétulas sobre las costillas y superficies distales; vilano ausente. $2n$ = 20. *Laderas rocosas, matorrales húmedos, orillas de caminos, a lo largo de arroyos.* G (*King 7173*, US); H (Molina R., 1975: 116, como *Piqueria standleyi*); ES (*Standley 21798*, US). 200-1100 m. (Endémica.)

184

14. Koanophyllon tripartitum B.L. Turner, *Phytologia* 63: 413 (1987). Holotipo: México, Chiapas, *Breedlove y Almeda 57695* (TEX). Ilustr.: Turner, *Phytologia* 63: 414, t. 1 (1987).

Arbustos arqueados hasta 1.5 m; tallos teretes, densamente purpúreo-puberulentos. Hojas predominantemente 3-folioladas, pecioladas; láminas mayormente 5-9 × 3-7 cm, algunas veces simples y deltoides, la lámina o los folíolos ovados, trinervios, la superficie abaxial densamente punteado-glandulosa, la base más bien truncada, los márgenes irregularmente dentados, el ápice agudo; pecíolo 1-1.5 cm o peciólulos 0-8 mm. Capitulescencia piramidal a anchamente tirsoide con ramas cilíndricas espiciformes, con agregados globosos de cabezuelas, terminal o axilarmente interrumpidos; pedúnculos 2-5 mm. Cabezuelas c. 4 mm; involucro c. 3/4 de la longitud de las cabezuelas; filarios c. 10, 2.5-3.5 mm, 2-seriados o 3-seriados, oblongos, el ápice truncado-lacerado u obtuso-lacerado. Flores c. 10; corola c. 2 mm, blanca; anteras con apéndice corto, 1/2 de largo que de ancho. Cipselas 2.5-3 mm, setulosas; vilano de 30-40 cerdas, 2-3 mm. *Selvas medianas perennifolias*. Ch (*Breedlove 53093*, TEX). 800-1500 m. (Endémica.)

15. Koanophyllon villosum (Sw.) R.M. King et H. Rob., *Phytologia* 32: 265 (1975). *Eupatorium villosum* Sw., *Prodr.* 111 (1788). Holotipo: Jamaica, *Swartz s.n.* (S). Ilustr.: King y Robinson, *Monogr. Syst. Bot. Missouri Bot. Gard.* 22: 315, t. 122 (1987).

Arbustos 0.5-2 m; tallos teretes, tallos y pecíolos densamente hírtulos. Hojas pecioladas; láminas mayormente 3-7 × 1.5-4 cm, ovadas a oblongo-ovadas, cartáceas, trinervias desde o cerca de la base, la superficie adaxial esparcidamente pilósula a densamente puberulenta y esparcidamente punteado-glandulosa, la superficie abaxial densamente blanquecino-puberulenta con c. 50 puntuaciones glandulares por mm², la base abrupta y anchamente redondeada, los márgenes subserrulados a enteros, el ápice cortamente agudo a obtuso; pecíolo 0.5-1 cm. Capitulescencia anchamente corimbosa, con ramas densas. Cabezuelas 4-4.5 mm; involucro c. 2/3 de la longitud de las cabezuelas; filarios c. 10, 1.5-3 × 0.7-0.8 mm, oblongo-elípticos, el ápice obtuso. Flores 8-10; corola c. 2.5 mm, blanca; anteras con apéndice oblongo-ovado, tan largo como ancho. Cipselas c. 1.5 mm, densamente glandulosas o setulosas; vilano de cerdas c. 2 mm, delgadas por encima de la base. 2*n* = 20. *Sabanas, bosques de* Pinus*, orillas de caminos, bordes de bosques*. H (*Nelson 43*, US). 0-14 m. (Estados Unidos [S. Florida], Mesoamérica, Cuba, Jamaica, Puerto Rico.)

Los ejemplares de la Isla del Cisne (Swan Island, la única localidad mesoamericana) representan una variante con las hojas más densamente puberulentas adaxialmente y con cipselas glandulosas más bien que setulosas. Ramírez (1911), como *Eupatorium villosum*, dio el nombre común nicaragüense como "Garrapat" pero no es seguro a qué especies de qué localidad se podría aplicar.

16. Koanophyllon wetmorei (B.L. Rob.) R.M. King et H. Rob., *Phytologia* 28: 67 (1974). *Eupatorium hypomalacum* B.L. Rob. ex Donn. Sm. var. *wetmorei* B.L. Rob., *Contr. Gray Herb.* 104: 17 (1934). Lectotipo (designado por King y Robinson, 1975 [1976]): Panamá, *Wetmore y Abbe 77* (GH!). Ilustr.: no se encontró.

Arbustos o árboles pequeños, 2-3 m; tallos teretes, tallos y pecíolos puberulentos con tricomas cortos adpresos. Hojas pecioladas; láminas mayormente 11-20 × 3.5-6.5 cm, angostamente elípticas, cartáceas, pinnatinervias con 5-7 nervaduras a cada lado, las nervaduras laterales basales moderadamente convergentes con los márgenes, ambas superficies glabras a subglabras con nervaduras esparcidamente puberulentas, la superficie adaxial no glandulosa, la superficie abaxial con 35-50 puntuaciones glandulares por mm², la base angostamente aguda, los márgenes serrulados a subenteros, el ápice angostamente acuminado, la acuminación generalmente 1-3 cm; pecíolo 1-3.5 cm. Capitulescencia anchamente piramidal con ramas angostamente piramidales ampliamente patentes, con brácteas foliares solo en 1 o 2 nudos proximales; últimas ramas más bien densamente corimbosas. Cabezuelas 5-6 mm;

involucro c. 2/3 de la longitud de las cabezuelas; filarios c. 20, 1.5-3.5 × 1-1.3 mm, ovados a oblongos, marcadamente agudos. Flores 12-23; corola 3-3.5 mm, blanca; antera con apéndice corto. Cipselas c. 2.5 mm, pilósulas con sétulas finas sobre las costillas y los costados distalmente; vilano de cerdas c. 3 mm, delgadas en el ápice. *Selvas altas perennifolias*. CR (*Skutch 2415*, US); P (*Allen 1321*, US). 100-1400 m. (Endémica.)

97. Macvaughiella R.M. King et H. Rob.

Schaetzellia Sch. Bip. non Klotzsch

Por H. Robinson.

Hierbas erectas perennes o arbustos pequeños, escasamente ramificados; tallos teretes, densamente hírtulos. Hojas opuestas, corta a largamente pecioladas; láminas rómbicas a anchamente ovadas, trinervias, ambas superficies punteado-glandulosas, la base aguda a cordata, los márgenes escasamente crenulados a crenados o dentados, el ápice agudo a acuminado. Capitulescencia anchamente corimbosa; pedúnculos cortos. Cabezuelas angostamente campanuladas, discoides, con 12-25 flores; filarios c. 10, eximbricados, persistentes; clinanto convexo, sin páleas, la superficie esclerificada, glabra; corola con el tubo angosto y limbo infundibuliforme o angostamente campanulado, con numerosas glándulas, los lobos oblongo-ovados, densamente papilosos por dentro, casi lisos por fuera; anteras con el collar alargado, las células mayormente alargadas, ligeramente anulares sobre las paredes, el apéndice ovado, casi tan largo como ancho; estilo con la base no agrandada, glabra, el apéndice filiforme, densamente papiloso. Cipselas lateralmente aplanadas (comprimidas), con 2 costillas o 2 pares de 2 costillas, setulosas, el carpóforo escasamente asimétrico, con un reducido borde distal de pequeñas células cuadrangulares con paredes delgadas firmes; vilano de (1-)2(-4) cerdas capilares escábridas. 4 spp. Sur de México, Mesoamérica.

Bibliografía: King, R.M. y Robinson, H. *Rhodora* 72: 101-103 (1970).

1. Plantas 0.3-0.6 m; tallos delgados y flexuosos, generalmente menos de 2 mm de grueso, tornándose pardo-rojizos, esparcidamente híspidos con tricomas cortos erectos y esparcidos; láminas de las hojas generalmente 0.7-2 cm de ancho. **2. M. mexicana**
1. Plantas 0.5-2 m; tallos rígidos, generalmente c. 2 mm de grueso o más gruesos, tornándose pardo oscuro, densamente puberulentos o tornándose tomentulosos distalmente; láminas de las hojas generalmente más de 2 cm de ancho.
2. Láminas de las hojas 5-9.5 cm, con ápice conspicuamente acuminado; ramas de la capitulescencia y tallos distales tomentulosos con tricomas crespos; cabezuelas con 20-25 flores. **1. M. chiapensis**
2. Láminas de las hojas 2-5 cm, con ápice agudo o escasamente acuminado; ramas de la capitulescencia y tallos distales densamente puberulentos con tricomas curvados o escasamente curvados; cabezuelas con c. 14 flores. **3. M. standleyi**

1. Macvaughiella chiapensis R.M. King et H. Rob., *Syst. Bot.* 16: 640 (1991). Holotipo: México, Chiapas, *Cronquist y Sousa 10459* (US!). Ilustr.: King y Robinson, *Monogr. Syst. Bot. Missouri Bot. Gard.* 22: 183, t. 63 (1987), como *M. mexicana*.

Plantas 0.5-2 m; tallos rígidos, generalmente c. 2 mm de grueso o más gruesos, tornándose pardo oscuro, puberulentos con más bien densos tricomas cortos y curvados, tornándose tomentulosos distalmente. Hojas pecioladas; láminas mayormente 5-9.5 × 3-6 cm, ovadas a rómbico-ovadas, trinervias desde 0.2-2 mm por encima de la base, frecuentemente con nervaduras laterales más pequeñas por debajo de la trinervación, ambas superficies más bien densamente puberulentas, la superficie abaxial algunas veces tomentulosa sobre las nervaduras, la base obtusa, tornándose cortamente acuminada en el pecíolo, los márgenes crenados, el ápice generalmente con acuminación conspicua 1-2.5 cm; pecíolo 1.5-5 cm. Capitulescencia un grupo ancho y denso o moderadamente denso de agregados de cabezuelas; ramas tomentulosas con tricomas crespos blancos. Cabezuelas c. 6 mm; filarios 4-5 × 1-1.2 mm, el ápice agudo. Flores 20-25; corola 3-3.5 mm, blanca. Cipselas c. 1.8 mm, esparcida y cortamente setulosas; vilano de 2 cerdas, 2-2.5 mm. 2*n* = c. 26. *Bosques deciduos, acantilados, rocas graníticas, laderas secas, vegetación secundaria.* Ch (*Breedlove 42873*, US); ES (*Molina R. 21449*, F). 30-1000 m. (Endémica.)

Turner (1997a) trató *Macvaughiella oaxacensis* R.M. King et H. Rob. en la sinonimia de *M. chiapensis*, y registrada en Oaxaca, una sinonimia y distribución no aceptadas aquí.

2. Macvaughiella mexicana (Sch. Bip.) R.M. King et H. Rob., *Sida* 3: 282 (1968). *Schaetzellia mexicana* Sch. Bip., *Flora* 33: 419 (1850). Isotipo: México, Veracruz, *Linden 1186* (P). Ilustr.: no se encontró.

Plantas 0.3-0.6 m; tallos delgados y flexuosos, generalmente menos de 2 mm de diámetro, tornándose pardo-rojizos, esparcidamente híspidos con tricomas erectos, cortos y esparcidos. Hojas pecioladas; láminas mayormente 2-4 × 0.7-2 cm, romboides, trinervias desde 1-5 mm por encima de la base, ambas superficies finamente puberulentas, la base cortamente aguda, los márgenes distales serrulados a dentados, el ápice agudo a cortamente acuminado; pecíolo c. 1 cm, delgado. Capitulescencia de 1 a numerosos agregados de cabezuelas pequeñas y compactas; ramas esparcidamente puberulentas o híspidas. Cabezuelas 5.5-6 mm; filarios 4-5 × 0.6-0.8 mm, oblongos a lineares, el ápice cortamente agudo y frecuentemente rojizo. Flores 12-14; corola 2.5-3 mm, blanca. Cipselas 1.8-2 mm, distalmente con sétulas cortas esparcidas; vilano de 2 cerdas, 2-3 mm. *Laderas rocosas, bosques de* Pinus, *márgenes de ríos, selvas altas perennifolias, bosques de* Pinus-Quercus. H (*Standley 15246*, US). 600-1500 m. (México [Veracruz], Mesoamérica.)

3. Macvaughiella standleyi (Steyerm.) R.M. King et H. Rob., *Sida* 3: 282 (1968). *Schaetzellia standleyi* Steyerm., *Publ. Field Mus. Nat. Hist., Bot. Ser.* 23: 107 (1944). Holotipo: Guatemala, *Steyermark 32041* (F). Ilustr.: no se encontró.
Macvaughiella mexicana (Sch. Bip.) R.M. King et H. Rob. var. *standleyi* (Steyerm.) R.M. King et H. Rob.

Plantas 0.5-1 m; tallos principales rígidos, c. 2 mm de diámetro, parduscos, muy densa y cortamente puberulentos, tricomas curvados. Hojas pecioladas; láminas mayormente 2-5 × (1.5-)2-3.5 cm, deltoides a rómbicas, trinervias desde 1-2 mm por encima de la base, ambas superficies esparcida a densamente puberulentas, la base truncada a subaguda, los márgenes distales crenado-serrados a dentados, el ápice agudo o escasamente acuminado; pecíolo 1-2 cm. Capitulescencia un grupo ancho de agregados de cabezuelas densos; ramas densamente puberulentas con tricomas escasamente curvados. Cabezuelas 5-6 mm; filarios 3.5-4 × 0.8-1 mm, oblongos, el ápice cortamente agudo a apiculado. Flores c. 14; corola 2.8-3 mm, blanca. Cipselas 1.5-1.8 mm, esparcida y cortamente setulosas; vilano de 2 cerdas, c. 2.8 mm. *Matorrales, bosques de* Pinus. G (*Molina R. y Molina 25298*, US); H (*Molina R. 25946*, US); ES (*Calderón 1936*, US). 500-1400 m. (Endémica.)

El material citado por Breedlove (1986) como *Macvaughiella standleyi* es ahora referido como *M. chiapensis*.

98. Matudina R.M. King et H. Rob.
Por H. Robinson.

Subarbustos toscos desparramados a erectos, escasamente ramificados; raíces agregadas, carnosas; tallos teretes, fistulosos, tallos y capitulescencia con una cubierta densa de glándulas estipitadas diminutas. Hojas opuestas, largamente pecioladas; láminas anchamente ovadas a suborbiculares, aceriformes con la base cordata, cartáceas, palmatinervias desde la base, la superficie abaxial punteado-glandulosa, los márgenes denticulados con ángulos anchos. Capitulescencia subcimosa, el centro de la cabezuela madurando conspicuamente antes que el resto; pedúnculos moderadamente largos. Cabezuelas anchamente campanuladas, discoides, con c. 200 flores, con numerosos subfilarios multiseriados; subfilarios y filarios 75-125, linear-lanceolados, 5-seriados o 6-seriados, persistentes con la edad, subfilarios externos con el ápice reflexo; clinanto anchamente convexo, paleáceo, la superficie esclerificada; páleas angostamente lineares, glabras; corola angostamente infundibuliforme, casi cilíndrica, los lobos pequeños triangulares, lisos sobre ambas superficies con células oblongas; anteras con el collar delgado, las células subcuadrangulares proximalmente, las paredes no ornamentadas, el apéndice oblongo, escasamente más largo que ancho; estilo con la base no agrandada, glabra, el apéndice angostamente linear, submamiloso. Cipselas delgadas, 5-acostilladas, cortamente setulosas, el carpóforo brevemente cuneiforme con un borde distal prominente, las células subcuadrangulares, las paredes moderadamente engrosadas; vilano de 15-22 cerdas delgadas, ligeramente deciduas, ensanchadas y más densamente escábridas en el ápice. 1 sp. Mesoamérica (Chiapas). Género endémico.

Turner (1994b, 1997a) trató *Matudina* como un sinónimo de *Eupatoriastrum*.

Bibliografía: King, R.M. y Robinson, H. *Monogr. Syst. Bot. Missouri Bot. Gard.* 22: 412-414 (1987).

1. Matudina corvi (McVaugh) R.M. King et H. Rob., *Phytologia* 26: 171 (1973). *Eupatorium corvi* McVaugh, *Contr. Univ. Michigan Herb.* 9: 389 (1972). Holotipo: México, Chiapas, *Laughlin 284* (MICH). Ilustr.: Turner, *Phytologia Mem.* 11: 96, t. 9 (1997).
Eupatoriastrum corvi (McVaugh) B.L. Turner.

Subarbustos 0.7-2 m; tallos pardusco pálido. Hojas pecioladas; láminas mayormente 10-35 × 10-35 cm, ambas superficies pilósulas con tricomas pequeños, generalmente sobre las nervaduras abaxialmente, la base anchamente cordata con seno angosto, los márgenes con numerosos dientes pequeños y lobados con 4-7 ángulos anchamente obtusos a cortamente agudos a cada lado, la punta misma del ápice escasamente más larga; pecíolo 2-8 cm. Capitulescencia con pedúnculos generalmente 1-4 cm. Cabezuelas c. 15 ×15 mm; subfilarios y filarios 9-11 × 1-2 mm, el ápice delgado; páleas 11-12 × 0.1-0.2 mm. Flores c. 200; corola c. 7 mm, blanca. Cipselas 3-3.5 mm, las sétulas generalmente sobre las costillas; vilano de cerdas c. 6 mm. 2*n* = 32. *Selvas altas perennifolias, encañonados, acantilados, laderas rocosas.* Ch (*Ton 3252*, US). 400-1200 m. (Endémica.)

99. Microspermum Lag.
Por J.F. Pruski y H. Robinson.

Hierbas pequeñas erectas o decumbentes anuales o perennes; tallos simples o poco-ramificados, foliosos proximalmente. Hojas opuestas o alternas distalmente, pecioladas; láminas mayormente lanceoladas a ovadas, 3-5-nervias desde la base, ambas superficies glandulosas, los márgenes enteros a disecados, el ápice obtuso a redondeado. Capitulescencia monocéfala hasta abiertamente corimbosa o paniculada, con 1-15 cabezuelas. Cabezuelas con 8-85 flores, discoides (seudoradiadas); involucro turbinado a subhemisférico; filarios 6-18, eximbricados, subiguales, 1-2-seriados, glandulosos, persistentes; clinanto sin páleas; corola 5(6)-lobada, generalmente blanca o las flores internas amarillo pálido, heteromorfas, el tubo corto, el limbo campanulado, los lobos algunas veces glandulosos, las flores marginales con la corola zigomorfa y seudoradiada con los 3 lobos externos expandidos, exertos del involucro, densamente papilosos por dentro, los 2 lobos internos pequeños e incluidos, las flores centrales actinomorfas con los lobos triangulares; anteras con el collar cilíndrico, las células transversalmente anulares, el apéndice tan ancho como largo, trilobado a crenulado; estilo con la base no agrandada, glabra, las ramas cortas, los apéndices subulados. Cipselas prismáticas, 4-8-acostilladas, frecuentemente setulosas y glandulosas, el carpóforo subsimétrico, las células subcuadrangulares 8-10-seriadas; vilano de (0-)1-4 cerdas frecuentemente casi tan largas como las corolas de las flores centrales, algunas veces coroniforme. $x = 12$. 8 spp. México, Mesoamérica.

Microspermum ha sido tradicionalmente tratado como un miembro de Helenieae (Blake, 1957 [1958]; Rzedowski, 1970). Williams (1961) y Turner (1987b) trataron *Iltisia* como un sinónimo de *Microspermum*, pero *Iltisia* difiere por las corolas 4-lobadas y cipselas siempre sin vilano, y Rzedowski (1970) y King y Robinson (1987) lo trataron como género distinto.

Bibliografía: Blake, S.F. *J. Wash. Acad. Sci.* 47: 407-410 (1957 [1958]). Rzedowski, J. *Bol. Soc. Bot. México* 31: 49-107 (1970). Williams, L.O. *Fieldiana, Bot.* 29: 345-372 (1961).

1. Microspermum debile Benth., *Pl. Hartw.* 64 (1840). Holotipo: México, Oaxaca, *Hartweg 474* (K!). Ilustr.: Rzedowski, *Bol. Soc. Bot. México* 31: 76, f. 7 (1970), como *M. debile* var. *debile*.

Hierbas rizomatosas perennes, hasta 50 cm; tallos densamente piloso-hirsutos con tricomas hasta c. 1.2 mm, algunas veces estipitado-glandulosos en especial distalmente. Hojas: láminas mayormente 1-2.5(-3.5) × 0.5-2(-2.5) cm, lanceoladas a suborbiculares, la base cuneada a truncada, los márgenes crenados a serrados; pecíolo 0.2-1.2 cm. Capitulescencia de 1-3 cabezuelas; pedúnculos 2-10(-15) cm. Cabezuelas 5-10 mm, con 25-85 flores; involucro campanulado a subhemisférico; filarios 9-18, (3.5-)4-5(-7) × 1-2 mm, lanceolados a oblanceolados, delgadamente herbáceos. Flores marginales con la corola generalmente 6-12 mm, los lobos generalmente 3-7 × 1-1.5 mm, lanceolados, algunas veces rosados abaxialmente, el lobo central típicamente el más largo; flores centrales con la corola 2-3 mm, amarilla o frecuentemente madurando blanca. Cipselas 1.3-2 mm, cuando maduras 2-3.5 veces tan largas como anchas, 4-6(7)-acostilladas, glabras a generalmente setosas y glandulosas; vilano reducido, la arista generalmente ausente, cuando presente diminutamente coroniforme. Floración jun.-dic. $2n = 24$. *Bosques de* Pinus-Quercus. Ch (*Breedlove 46256*, NY). 2700-3000 m. (México, Mesoamérica.)

100. Mikania Willd., nom. cons.
Corynanthelium Kunze, *Kanimia* Gardner, *Willoughbya* Neck.
ex Kuntze

Por H. Robinson.

Generalmente bejucos escandentes o arbustos reclinados débiles, algunas veces hierbas erectas perennes o arbustos, las ramas pocas a numerosas; tallos teretes a hexagonales, rara vez evidentemente alados sobre los ángulos. Hojas opuestas, largamente pecioladas; láminas rara vez alternas o en verticilos de 3 o 4, sésiles a larga y angostamente lineares hasta anchamente ovadas o deltoides, algunas veces disecadas, la nervadura trinervia a pinnada, la superficie abaxial con glándulas sésiles o sin estas. Capitulescencia paniculada con ramas subcimosas o glomeruladas, difusa, tirsoide, racemosa, espigada (porciones racemosas o espigadas con c. 10 cabezuelas), corimbosa. Cabezuelas angostamente campanuladas, discoides, con 4 flores, con una sola bráctea pequeña a grande subinvolucral o muy por debajo del involucro; filarios principales 4, eximbricados, persistentes; clinanto aplanado, sin páleas, la superficie esclerificada, glabra. Flores generalmente perfectas, rara vez funcionalmente unisexuales y plantas dioicas en algunas especies antillanas; corola infundibuliforme o con tubo angosto y limbo infundibuliforme a anchamente campanulado, glabros por dentro, los lobos 5, cortamente triangulares a angostamente oblongos, generalmente lisos, la superficie interna lisa a escasamente papilosa, las células oblongas a laxamente subcuadrangulares; anteras emergentes al madurar, con el collar ancho, con numerosas células subcuadrangulares sin

engrosamientos ornamentando las paredes, los filamentos sin papilas, el apéndice conspicuo, ovado a oblongo, 1-2 veces más largo que ancho; estilo con la base frecuentemente robusta, sin nudo, lisa o papilosa, el apéndice angostamente linear, el ápice no agrandado, densa y cortamente papiloso a hirsútulo. Cipselas prismáticas, 5-10-acostilladas, las paredes densamente punteadas internamente, el carpóforo cortamente cilíndrico sin borde distal, las células subcuadrangulares con paredes moderadamente engrosadas; vilano presente, de numerosas cerdas capilares persistentes, ligeramente ensanchadas distalmente. Aprox. 415 spp. Pantropical.

Pruski (1997a) citó *Mikania lindleyana* DC. en Panamá, pero ese reporte no ha sido verificado. La especie debe esperarse en Mesoamérica y se caracteriza por los filarios externos grandes. En forma similar, *M. microptera* DC., se debe esperar en Panamá.

Bibliografía: Aristeguieta, L. *Fl. Venezuela* 201-241 (1964). Holmes, W. *Sida Bot. Misc.* 5: 1-45 (1990); *Pl. Syst. Evol.* 175: 87-92 (1991). Holmes, W.C. y McDaniel, S. *Fieldiana, Bot.* n.s. 9: 1-56 (1982). King, R.M. y Robinson, H. *Ann. Missouri Bot. Gard.* 62: 965-981 (1975 [1976]); *Monogr. Syst. Bot. Missouri Bot. Gard.* 22: 418-426 (1987). Robinson, B.L. *Proc. Boston Soc. Nat. Hist.* 31: 254-257 (1904); *Contr. Gray Herb.* 64: 21-116 (1922). Robinson, B.L. y Greenman, J.M. *Proc. Amer. Acad. Arts* 32: 10-13 (1897 [1896]). Robinson, H. y Holmes, W.C. *Fl. Ecuador* 83: 206-294 (2008).

1. Capitulescencias con largas ramas racemosas o espigadas, generalmente sin porciones ramificadas racemosas o espigadas con c. 10 cabezuelas.
  2. Hojas angosta a anchamente deltoides, las bases truncadas o anchamente redondeadas a cordatas; nudos con fimbrias transversales de lóbulos pequeños sobre los lados.
    3. Láminas de las hojas triangular-ovadas a angostamente deltoides con los márgenes generalmente redondeados en la parte más ancha; filarios 5-6 mm, 3/4 o más del largo de las cabezuelas maduras.
        4. M. bogotensis
    3. Láminas de las hojas deltoides con ángulos en la parte más ancha; filarios 3-3.5 mm, 2/3 o menos del largo de las cabezuelas maduras.
        25. M. riparia
  2. Láminas de las hojas ovadas a oblongo-ovadas u oblongo-elípticas, generalmente con base redondeada o algunas veces escasamente acuminada, obtusa, o escasamente cordata; nudos sin fimbrias sobre los lados.
    4. Tallos con alas angostas conspicuas sobre los ángulos. **23. M. pterocaula**
    4. Tallos sin alas evidentes a lo largo de los ángulos.
      5. Láminas de las hojas conspicuamente puberulentas y marcadamente glandulosas abaxialmente; cabezuelas 7-9 mm; tallos nunca fistulosos.
        22. M. psilostachya
      5. Láminas de las hojas completamente glabras o cortamente puberulentas abaxialmente, inconspicuamente glandulosas abaxialmente o no glandulosas; cabezuelas 4-6 mm; tallos frecuentemente fistulosos.
        6. Cabezuelas pedunculadas. **14. M. houstoniana**
        6. Cabezuelas sésiles. **17. M. leiostachya**
1. Capitulescencias con ramas tirsoides, corimbosas o glomeruladas.
  7. Tallos y hojas densamente vellosos o seríceos; tallos nunca fistulosos.
    8. Láminas de las hojas ovadas a ovado-lanceoladas, sin grandes dientes angulares en los márgenes, con los dos pares de nervaduras secundarias más basales cerca pero conspicuamente por encima de la base de las láminas; lobos de la corola tan largos como la garganta de la corola o más largos. **3. M. banisteriae**
    8. Láminas de las hojas ovadas a anchamente ovadas, frecuentemente con grandes dientes angulares en los márgenes en la parte más ancha de las láminas; nervaduras secundarias más basales formando trinervación esencialmente en la base de las láminas; lobos de la corola tan largos como la garganta de la corola o más cortos. **24. M. pyramidata**
  7. Tallos y hojas generalmente hírtulos o puberulentos, gruesamente pilosos o densamente pilósulos a glabros; tallos más grandes algunas veces fistulosos.
    9. Cabezuelas generalmente sésiles o uniformemente subsésiles.

10. Ramas de la capitulescencia anchamente corimbosas a subcimosas; estilo con apéndices densamente hirsútulos con papilas largas, la base del estilo papilosa.

11. Hojas delgadamente papiráceas, la base de las láminas cortamente aguda a conspicuamente acuminada, los nérvulos reticulados no prominentes abaxialmente. **11. M. guaco**

11. Hojas subcoriáceas, la base de las láminas cortamente obtusa a anchamente redondeada, sin acuminación larga conspicua, los nérvulos reticulados ligeramente prominentes abaxialmente.
19. M. parviflora

10. Capitulescencias tirsoides, algunas veces con densos glomérulos de cabezuelas; estilo con apéndice cortamente papiloso, base del estilo glabra.

12. Cabezuelas generalmente 10 o más en agregados aglomerados; corolas delgadas proximalmente pero el tubo indistintamente delimitado distalmente.

13. Filarios con ápice anchamente truncado, los márgenes anchamente escariosos, 1/2-2/3 de ancho como de largo; cipselas glabras.
9. M. globosa

13. Filarios con ápice redondeado, los márgenes no anchamente escariosos, 1/2 o menos de ancho como de largo; cipselas frecuentemente con tricomas patentes o retrorsos cerca del ápice.
28. M. tonduzii

12. Cabezuelas generalmente en pares o en agregados de 3-5; corola con el limbo abruptamente ampliado o con delimitación marcada en la unión del tubo y el limbo.

14. Láminas de las hojas elípticas a oblongo-lanceoladas, las nervaduras terciarias cercana y regularmente transversales; cabezuelas c. 5 mm. **27. M. sylvatica**

14. Láminas de las hojas ovadas a anchamente ovadas, las nervaduras terciarias sin un patrón transversal regular; cabezuelas 7-9 mm.

15. Tallos no fistulosos; superficie adaxial de las hojas gruesamente pilosa; filarios con la base escasamente engrosada; lobos de la corola con un fleco de papilas piliformes en los márgenes.
16. M. iltisii

15. Tallos frecuentemente fistulosos; superficie adaxial de las hojas glabra o esparcidamente puberulenta; filarios con la base conspicuamente engrosada; lobos de la corola con un fleco de papilas en los márgenes.

16. Hojas con ápice cortamente agudo a escasamente acuminado, puberulentas a glabras; aréolas de las hojas con nervaduras de terminaciones ramificadas no prominentes incluidas.
13. M. hookeriana

16. Hojas con ápice caudado-acuminado, glabras; aréolas de las hojas con nervaduras de terminaciones ramificadas prominentes incluidas. **21. M. pittieri**

9. Cabezuelas individuales generalmente con pedúnculos cortos o largos.

17. Láminas de las hojas con base aguda a angostamente redondeada, con 1 o 2 pares de nervaduras secundarias por encima de la base, subparalelas a los márgenes basales de la hoja.

18. Capitulescencias cortas y anchas, tan anchas como largas; láminas de las hojas obovadas con ápice cortamente obtuso, la superficie abaxial con glándulas escasamente hundidas; lobos de la corola angostamente oblongos, más largos que la garganta. **29. M. tysonii**

18. Capitulescencias conspicuamente más largas que anchas; láminas de las hojas ovadas a elípticas con ápice subagudo a acuminado, la superficie abaxial con glándulas emergentes; lobos de la corola triangulares a triangular-ovados, más cortos que la garganta.

19. Hojas con ápice angostamente acuminado; pedúnculos generalmente 1-3 mm; brácteas involucrales y las cipselas con pelosidad generalmente en el ápice, glabras o subglabras proximalmente.
2. M. aschersonii

19. Hojas con ápice subagudo a cortamente acuminado; pedúnculos generalmente 3-5 mm; filarios y cipselas puberulentos a completamente pelosos y glandulosos. **32. M. wedelii**

17. Láminas de las hojas con base cordata a subtruncada o anchamente redondeada, trinervias desde o cerca de la base, los pares de nervaduras secundarias divergiendo de los márgenes.

20. Capitulescencias piramidalmente tirsoides, con ramas tirsoides patentes, con entrenudos generalmente rectos de longitud progresivamente más corta.

21. Láminas de las hojas ovadas a anchamente ovadas, la base anchamente redondeada, la superficie abaxial sórdido-tomentosa, las glándulas generalmente ocultas por el tomento; corolas con el limbo hipocraterimorfo. **12. M. holwayana**

21. Láminas de las hojas triangular-ovadas, los márgenes laterales marcadamente angulados o agudamente rostrados en la parte más ancha, ambas superficies obviamente glandulosas, la superficie abaxial sin tomento; corola con el limbo campanulado.
31. M. vitifolia

20. Capitulescencias indefinidamente alargadas, las ramas corimbosas, generalmente con entrenudos frecuentemente flexuosos.

22. Lobos de la corola casi tan anchos como largos, triangulares, conspicuamente más cortos que la garganta.

23. Hojas, filarios y corola con prominentes glándulas rojizas; corola con el limbo angostamente campanulado, más largo que el tubo basal; estilo con la base densamente papilosa.
1. M. amblyolepis

23. Hojas, brácteas involucrales y corola con glándulas pálidas; corola con el limbo anchamente campanulado, no más largo que el tubo basal; estilo con la base glabra. **18. M. micrantha**

22. Lobos de la corola oblongos a lineares, al menos tan largos como la garganta o la garganta algunas veces ausente.

24. Lobos de la corola lineares, surgiendo directamente de los tubos, la garganta ausente.

25. Tallos, las hojas y filarios puberulentos o densamente hírtulos, la superficie abaxial de la hoja con glándulas conspicuas.
8. M. cristata

25. Tallos, las hojas y filarios generalmente glabros, la superficie abaxial de la hoja sin glándulas evidentes.

26. Nudos de los tallos sin crestas o solo con cresta transversal parcial de diminutos lóbulos sobre los lados; hojas con ápice angostamente acuminado. **5. M. castroi**

26. Nudos de los tallos con una cresta transversal dentada sobre los lados; hojas con ápice agudo o escasamente acuminado.
15. M. huitzensis

24. Lobos de la corola angostamente oblongos a oblongo-ovados, no separados hasta la base de los limbos, la garganta corta presente.

27. Nudos de los tallos con lobos estipuliformes grandes sobre los lados. **26. M. stipulifera**

27. Nudos de los tallos sin lobos estipuliformes grandes sobre los lados, algunas veces con una cresta angostamente denticulada.

28. Láminas de las hojas menos de 1.5 veces más largas que anchas, el ápice obtuso o agudo a escasamente acuminado, los márgenes generalmente subenteros, ondulados, gruesa y obtusamente dentados, algunas veces mucronato-denticulados.

29. Tallos y hojas generalmente glabros, las hojas subcoriáceas; vilano de cerdas no ensanchadas en el ápice; pecíolos 1-2.5 cm. **6. M. concinna**

29. Tallos y hojas esparcida a densamente puberulentos, las hojas herbáceas; vilano de cerdas gradual pero conspicuamente ensanchadas en el ápice; pecíolos 2-5.5 cm. **7. M. cordifolia**

28. Láminas de las hojas más que 1.5 veces más largas que anchas, el ápice angostamente acuminado, los márgenes algunas veces remotamente denticulados.

30. Tallos y láminas de las hojas muy esparcidamente puberulentos. **10. M. gonzalezii**

30. Tallos y superficie abaxial de las hojas hirsutos o pilosos.

31. Cabezuelas c. 12 mm; filarios c. 2.5 mm de diámetro, el par externo puberulento a hírtulo; vilano de cerdas conspicua-

mente ensanchadas y densamente ásperas en el ápice; corola con el limbo angostamente campanulado. **20. M. petrina**

31. Cabezuelas c. 9 mm; filarios c. 1.5 mm de diámetro, glabros; vilano de cerdas escasamente ensanchadas o ásperas en el ápice; corola con el limbo tornándose abruptamente hipocraterimorfo. **30. M. verapazensis**

1. Mikania amblyolepis B.L. Rob., *Contr. Gray Herb.* 61: 11 (1920). Sintipo: Colombia, *Pennell 4002* (GH). Ilustr.: Holmes, *Sida Bot. Misc.* 5: 7, t. 1 (1990).

Mikania panamensis B.L. Rob.

Bejucos delgados escasamente ramificados, con glándulas rojizas numerosas y prominentes sobre hojas y filarios; tallos generalmente teretes, escasamente puberulentos, generalmente fistulosos. Hojas pecioladas; láminas hasta 6 × 4.5 cm, anchamente ovadas, la trinervación basal fuerte, los pares de nervaduras secundarias divergiendo de los márgenes, ambas superficies glabras excepto por las glándulas rojizas, la base cordata, los márgenes con pocos a numerosos dientes obtusos, el ápice obtusamente agudo a angostamente acuminado; pecíolo 1-3.5 cm. Capitulescencia indefinidamente alargada, los entrenudos flexuosos, con ramas corimbosas; cabezuelas frecuentemente en agregados de 3; pedúnculos hasta 2 mm. Cabezuelas 4.5-5 mm; brácteas subinvolucrales c. 2 mm, angostamente elípticas a lanceoladas; filarios c. 4 × 1 mm, oblongos, el ápice redondeado. Corola 2-2.5 mm, blanca, con glándulas rojizas prominentes, el tubo 0.5-0.8 mm, el limbo angostamente campanulado, más largo que el tubo, los lobos triangulares, casi tan anchos como largos, conspicuamente más cortos que la garganta; estilo con la base densamente papilosa, los apéndices cortamente papilosos. Cipselas c. 1.5 mm, con glándulas amarillentas esparcidas; vilano de cerdas c. 2.5 mm, las cerdas escasamente ensanchadas o ásperas distalmente. *Campos arvenses, bosques de galería, bosques secundarios, pantanos, laderas.* Ch (*Matuda 2704*, US); G (Turner, 1997a: 158); P (*Standley 30879*, US). 0-300 m. (Mesoamérica, Colombia.)

2. Mikania aschersonii Hieron., *Bot. Jahrb. Syst.* 28: 577 (1901). Isotipo: Colombia, *Lehmann 5979* (F). Ilustr.: Holmes y McDaniel, *Fieldiana, Bot.* n.s. 9: 10, t. 1 (1982).

Mikania eupatorioides S.F. Blake.

Bejucos delgados escasamente ramificados, con glándulas pálidas esparcidas sobre las hojas y los filarios; tallos generalmente teretes, puberulentos con tricomas cortos más bien patentes, en general angostamente fistulosos. Hojas pecioladas; láminas mayormente 6-12 × 2-4 cm, angostamente ovadas, trinervias 7-15 mm por encima de la base, el par de nervaduras ascendentes subparalelo a los márgenes basales, la trinervación llegando hasta el 1/5 distal de la lámina, ambas superficies esparcidamente puberulentas, la superficie abaxial con glándulas emergentes, la base redondeado-obtusa a aguda, los márgenes enteros a remotamente subserrulados, el ápice angostamente acuminado; pecíolo 0.5-2 cm. Capitulescencia tirsoide, angostamente piramidal, más larga que ancha, con entrenudos rectos de longitud decreciente, las ramas generalmente patentes en un ángulo de c. 90°, terminando en agregados corimbosos más bien densos, las cabezuelas individuales pedunculadas, las cabezuelas generalmente sobre pedúnculos cortos generalmente 1-3 mm. Cabezuelas 7-8 mm; bráctea subinvolucral c. 1.5 mm, angostamente elíptica, el ápice obtuso; filarios c. 5 × 1 mm, angostamente oblongos, con pocas glándulas y tricomas diminutos generalmente en el ápice, subglabros proximalmente. Corola 4-4.5 mm, blanca, el tubo c. 0.8 mm, la garganta angostamente infundibuliforme, los lobos triangulares, casi tan anchos como largos, más cortos que la garganta, con pocas glándulas; estilo con la base glabra, los apéndices cortamente papilosos. Cipselas 2.5-3 mm, con pocas glándulas y tricomas delgados en el ápice, subglabras proximalmente; vilano de cerdas c. 4 mm, escasamente ensanchadas distalmente. $2n = 34, 36, 40$. *Bordes de bosques, bosques de neblina, a lo largo de arroyos.* CR (*Skutch*

3017, US). 300-2000 m. (Mesoamérica, Colombia, Ecuador, Perú, Bolivia, Brasil.)

3. Mikania banisteriae DC., *Prodr.* 5: 193 (1836). Holotipo: Brasil, *Poeppig 135* (G-DC). Ilustr.: Pruski, *Fl. Venez. Guayana* 3: 321, t. 260 (1997).

Mikania antioquiensis Hieron., *M. ruiziana* Poepp., *M. skutchii* S.F. Blake, *Willoughbya banisteriae* (DC.) Kuntze, *W. ruiziana* (Poepp.) Kuntze.

Bejucos moderadamente toscos con pocas ramas, con tallos y hojas densamente vellosos o seríceos con tricomas amarillentos; tallos teretes, nunca fistulosos. Hojas pecioladas; láminas mayormente 6-18 × 2.5-10 cm, anchamente ovadas a ovado-lanceoladas, el fuerte par de nervaduras secundarias ascendentes cerca pero por encima de la base, la trinervación cerca del 1/4 basal, ambas superficies densamente vellosas y no glandulosas, la base redondeada a ligeramente cordata, los márgenes enteros a remotamente denticulados, sin dientes angulares grandes en los márgenes, el ápice agudo hasta angosta y cortamente acuminado; pecíolo hasta 2 cm. Capitulescencia tirsoide, anchamente ovoide a piramidal con entrenudos más bien rectos de longitud decreciente, las ramas en un ángulo de 45-90°, tirsoide con agregados corimbiformes terminales de cabezuelas pequeñas; pedúnculos 1-4 mm, densamente hírtulos. Cabezuelas 7-9 mm; bráctea subinvolucral 2.5-4 mm, ovada a obovada; filarios 3-5 × c. 1 mm, anchamente oblongos, el ápice redondeado, con pocos tricomas pequeños o sin estos; corola 4.5-5 mm, blanquecina o rosada, el tubo c. 2 mm, el limbo abrupta y anchamente campanulado, los lobos 1-1.5 mm, tan largos como la garganta o más largos, triangulares, con pocos tricomas subapicales; estilo con la base glabra, el estilo con apéndices cortamente papilosos. Cipselas 3-4 mm, con pocas sétulas a lo largo de las costillas; vilano de cerdas 3-4 mm, blanquecinas, escasamente ensanchadas en el ápice. *Selvas altas perennifolias, bosques secos de* Quercus, *crestas arboladas, bosques de neblina, vegetación secundaria.* G (*von Türckheim 1106*, US); H (*Evans 1367*, US); CR (*King et al. 10014*, MO); P (*Croat 13095*, MO). (300-)700-2200 m. (Mesoamérica, Colombia, Venezuela, Guayanas, Ecuador, Perú, Bolivia, Brasil.)

El material de Chiapas citado por Breedlove (1986) como *Mikania banisteriae* es referido aquí a *M. pyramidata*.

4. Mikania bogotensis Benth., *Pl. Hartw.* 201 (1845). Holotipo: Colombia, *Hartweg 1109* (K). Ilustr.: Robinson y Holmes, *Fl. Ecuador* 83: 219, t. 29 (2008).

Willoughbya bogotensis (Benth.) Kuntze.

Bejucos delgados escasamente ramificados, con numerosas glándulas amarillentas sobre las hojas e involucros; tallos parduscos, generalmente teretes, diminuta y esparcidamente puberulentos, generalmente fistulosos, los nudos con flecos transversales de lóbulos pequeños sobre los lados. Hojas pecioladas; láminas mayormente 6-9 × 2.5-7 cm, triangular-ovadas a angostamente deltoides, los márgenes generalmente redondeados en la parte más ancha, trinervias desde la base, algunas veces en la acuminación basal, llegando hasta el 1/2 de la lámina, ambas superficies diminutamente puberulentas a subglabras, la base truncada o anchamente redondeada, los márgenes enteros a diminutamente denticulados, el ápice angostamente acuminado; pecíolo 2-4 cm. Capitulescencia piramidal, los entrenudos rectos, las ramas divergiendo en un ángulo de 70-90°, las ramas generalmente sin ramificar y alargadas, las partes espigadas con numerosas cabezuelas sésiles. Cabezuelas 7-8 mm; bráctea subinvolucral c. 2 mm, angostamente subulada; filarios 5-6 × c. 1.2 mm, oblongos, 3/4 o más del largo de las cabezuelas maduras, el ápice redondeado. Corola c. 5 mm, verdosa o blanca, el tubo c. 3 mm, el limbo abruptamente hipocraterimorfo, la garganta c. 0.7 mm, los lobos c. 1.3 mm, oblongo-ovados, papilosos por dentro; estilo con la base glabra, el estilo con apéndices de papilas cortas. Cipselas c. 3 mm, las costillas pálidas al madurar, con diminutos tricomas distalmente; vilano de cerdas c. 4 mm, escasamente ensanchadas distalmente. *Laderas, bosques de neblina.* CR (Standley, 1938: 1495). 2100-3000 m. (Mesoamérica, Colombia, Venezuela, Ecuador, Perú.)

No se ha estudiado *Pittier 12030* citado por Standley (1938).

5. Mikania castroi R.M. King et H. Rob., *Phytologia* 71: 184 (1991). Holotipo: Costa Rica, *Grayum et al. 4540* (US!). Ilustr.: no se encontró.

Bejucos moderadamente toscos, escasamente ramificados, con tallos y hojas glabros; tallos subteretes, fistulosos, los nudos con una sola cresta parcial transversal de lóbulos diminutos sobre los lados o sin ella. Hojas pecioladas; láminas 4.5-15 × 1.5-9 cm, ovadas, más de 1.5 veces más largas que anchas, trinervias desde o cerca de la base, llegando hasta el 1/4 distal de la lámina, los pares de nervaduras secundarias divergiendo de los márgenes, ambas superficies no glandulosas, la base anchamente redondeada, los márgenes enteros a remotamente denticulados, el ápice angostamente acuminado; pecíolo 2-7 cm. Capitulescencia indefinidamente alargada, los entrenudos frecuentemente flexuosos, las ramas corimbosas, las cabezuelas individuales pedunculadas; pedúnculos 2-7 mm. Cabezuelas 8-9 mm; bráctea subinvolucral 3-5 mm, elíptica; filarios 6-7 × 1-1.5 mm, oblongos, el ápice cortamente agudo, glabros o esparcida y diminutamente puberulentos. Corola 4.5-5 mm, blanquecina, el tubo 2.5-3 mm, la garganta ausente, los lobos c. 2 mm, lineares, surgiendo directamente del tubo, densamente papilosos por dentro cerca de la base; estilo con la base glabra, los apéndices cortamente papilosos. Cipselas c. 3.5 mm, glabras; vilano de cerdas 4.5-5 mm, escasamente ensanchadas apicalmente o no ensanchadas. *Bosques secundarios, matorrales húmedos, bosques mixtos de* Quercus, *a lo largo de ríos.* CR (*Standley y Valerio 50093*, US). 1500-2600 m. (Endémica.)

6. Mikania concinna Standl. et Steyerm., *Publ. Field Mus. Nat. Hist., Bot. Ser.* 23: 260 (1947). Holotipo: Guatemala, *Steyermark 43292* (F). Ilustr.: no se encontró.

Bejucos moderadamente toscos, escasamente ramificados, sin glándulas evidentes; tallos hexagonales, rojizos, generalmente glabros, angostamente fistulosos, los nudos con frecuencia diminutamente fimbriados sobre los lados, sin lobos estipuliformes grandes sobre los lados. Hojas pecioladas; láminas mayormente 3.5-6 × 2.5-4.5 cm, menos de 1.5 veces más largas que anchas, anchamente ovadas, subcoriáceas, marcadamente trinervias desde la base, los pares de nervaduras secundarias divergiendo de los márgenes, llegando hasta el 1/3 distal de la lámina, ambas superficies generalmente glabras, la superficie adaxial verde brillante, la superficie abaxial más pálida, la base cordata, los márgenes remotamente denticulados, el ápice escasa y cortamente acuminado; pecíolo 1-2.5 cm. Capitulescencia indefinidamente alargada, los entrenudos más bien flexuosos, las ramas corimbosas, con cabezuelas en agregados terminales de 3-4; pedúnculos 0-3 mm. Cabezuelas c. 12 mm; bráctea subinvolucral 5-6 mm, elíptica; filarios c. 8 × 2 mm, oblongos, el ápice obtuso; corola c. 5 mm, blanca, el tubo c. 3 mm, el limbo hipocraterimorfo, la garganta c. 0.5 mm, los lobos c. 1.5 mm, angostamente oblongos, no separados hasta la base del limbo, más largos que la garganta; estilo con la base glabra, los apéndices cortamente papilosos. Cipselas c. 4.5 mm, las costillas angostas pálidas; vilano de cerdas c. 6.5 mm, sórdidas, no ensanchadas en el ápice. *Laderas.* G (*Steyermark 43292*, F). c. 3000 m. (Endémica.)

7. Mikania cordifolia (L. f.) Willd., *Sp. Pl.* 3: 1746 (1803). *Cacalia cordifolia* L. f., *Suppl. Pl.* 351 (1781 [1782]). Holotipo: Colombia, *Mutis Herb. Linn. 976.5* (LINN). Ilustr.: Pruski, *Fl. Venez. Guayana* 3: 323, t. 265 (1997). N.v.: Tutúhura, tutúhura pauni, H; condurango, guaco, N.

Mikania convolvulacea DC., *M. fendleri* Klatt, *M. gonoclada* DC., *M. suaveolens* Kunth, *Willoughbya cordifoli*a (L. f.) Kuntze.

Bejucos moderadamente toscos, escasamente ramificados, con numerosas glándulas amarillentas a rojizas; tallos escasa a conspicuamente hexagonales, verde-amarillentos a parduscos, glabrescentes o esparcida a densamente puberulentos, rara vez fistulosos, los nudos rara vez fimbriados sobre los lados, sin lobos estipuliformes grandes sobre los lados. Hojas pecioladas; láminas 5-15 × 3-12 cm, anchamente ovadas a triangular-ovadas, menos de 1.5 veces más largas que anchas, marcadamente herbáceas, trinervias desde la base, los pares de nervaduras secundarias divergiendo de los márgenes, ambas superficies esparcida a densamente puberulentas, la base cordata a profundamente cordata, los márgenes subenteros a gruesa y obtusamente dentados, algunas veces angulados en la parte más ancha, el ápice agudo a cortamente acuminado; pecíolo 2-5.5 cm. Capitulescencia indefinidamente alargada, los entrenudos más bien flexuosos, las ramas corimbosas con cabezuelas frecuentemente en agregados terminales de 3; pedúnculos hasta 3 mm. Cabezuelas 8-9 mm; bráctea subinvolucral 3-4.5 mm, anchamente elíptica a obovada; filarios 6-7 × c. 1 mm, oblongo-lanceolados, el ápice corta a largamente agudo, el par externo conspicuamente puberulento; corola c. 4 mm, blanca, el tubo 1.5-2 mm, el limbo angostamente campanulado, no separados hasta la base del limbo, la garganta corta presente, los lobos c. 1.5 mm, más largos que la garganta, angostamente oblongos, con glándulas esparcidas, con pocas a numerosas papilas basales por dentro; estilo con la base glabra, el estilo con apéndices cortamente papilosos. Cipselas 3-3.5 mm, las costillas angostas pálidas, las superficies esparcidamente puberulentas; vilano de cerdas 4.5-5 mm, escabriúsculas, gradual pero conspicuamente ensanchadas en el ápice. $2n = 38$. *Vegetación secundaria, pinares, selvas altas perennifolias, matorrales costeros, laderas, barrancos.* T (Holmes, 1990: 11); Ch (*Ton 3556*, US); Y (Holmes, 1990: 11); C (*Lundell 1002*, US); QR (Holmes, 1990: 11); B (Balick et al., 2000: 151); G (*King 7254*, US); H (*Standley 56392*, US); ES (*Standley 22168*, US); N (Dillon et al., 2001: 344); CR (*Donnell Smith 4855*, US); P (*Fendler 151*, US). 0-2700 m. (SE. Estados Unidos, México, Mesoamérica, Colombia hasta Argentina, Antillas.)

8. Mikania cristata B.L. Rob., *Proc. Amer. Acad. Arts* 47: 195 (1911). Holotipo: Costa Rica, *Tonduz 12583* (US!). Ilustr.: no se encontró.

Bejucos moderadamente toscos, escasamente ramificados, con numerosas glándulas amarillentas sobre tallos, hojas, y filarios; tallos teretes, densamente hírtulos o puberulentos, rara vez fistulosos, los nudos con disco fimbriado conspicuo sobre los lados. Hojas pecioladas; láminas 5-14 × 3-9.5 cm, anchamente ovadas, generalmente trinervias desde o cerca de la base, llegando hasta el 1/5 distal de la lámina, los pares de nervaduras secundarias divergiendo de los márgenes, la superficie adaxial densamente pilosa, la superficie abaxial densamente pilósula y glandulosa, la base cordata a anchamente redondeada, los márgenes serrulados a dentados, el ápice agudo a cortamente acuminado; pecíolo 1.5-5 cm. Capitulescencia moderada pero indefinidamente alargada, los entrenudos ligeramente flexuosos, las ramas corimbosas, las cabezuelas frecuentemente en agregados de 3, las cabezuelas individuales pedunculadas; pedúnculos 0-4 mm. Cabezuelas 7-9 mm; bráctea subinvolucral c. 3 mm de diámetro, anchamente elíptica; filarios 5-7 × 1.3-1.5 mm, angostamente elíptico-oblongos, el ápice cortamente agudo, puberulentos o hírtulos. Corola c. 6 mm, blanco-verdosa, el tubo 3-3.5 mm, la garganta ausente, los lobos 2-2.5 mm, lineares, surgiendo directamente del tubo, con numerosas glándulas distalmente, densamente papilosos por dentro cerca de la base; estilo con la base glabra, los apéndices cortamente papilosos. Cipselas 3.5-4 mm, las costillas pálidas al madurar, esparcidamente puberulentas sobre los lados; vilano de cerdas 5-6 mm, casi lisas, escasamente ensanchadas distalmente o no ensanchadas. *Bosques de neblina, bordes de bosques, selvas medianas perennifolias.* N (Dillon et al., 2001: 344); CR (*King 5379*, US); P (*Croat 26000*, MO). 600-3000 m. (Endémica.)

El registro de Breedlove (1986) de esta especie en Chiapas está basado en una identificación errónea.

9. Mikania globosa (J.M. Coult.) Donn. Sm., *Enum. Pl. Guatem.* 4: 77 (1895). *Willoughbya globosa* J.M. Coult., *Bot. Gaz.* 20: 46 (1895). Holotipo: Guatemala, *Heyde y Lux 3430* (US!). Ilustr.: Holmes, *Sida Bot. Misc.* 5: 13, t. 4 (1990).

Bejucos moderadamente toscos, escasamente ramificados, sin glándulas evidentes sobre los tallos, las hojas o involucros; tallos hexagonales, pardo-rojizos, glabros, angostamente fistulosos. Hojas pecioladas; láminas 6-11 × 3-8.5 cm, ovadas, 5-nervias con 2 pares de nervaduras secundarias desde cerca de la base, las nervaduras secundarias llegando hasta el 1/4 distal, las nervaduras terciarias más bien regularmente transversales, ambas superficies glabras o subglabras, la base anchamente redondeada, los márgenes remotamente subserrulados, el ápice breve a angostamente acuminado; pecíolo 2-4 cm. Capitulescencia tirsoide, alargado-piramidal, los entrenudos rectos y progresivamente más cortos en longitud, las ramas generalmente patentes en un ángulo de c. 90°, tirsoides con pequeños aglomerados subglobosos terminales de agregados con 10 o más cabezuelas sésiles, no exclusivamente en grupos de 3 o 5. Cabezuelas c. 7 mm; brácteas subinvolucrales inconspicuas, diminutamente subuladas; filarios c. 3 × 2.5 mm, oblongos, 1/2-2/3 tan anchos como largos, los márgenes anchamente escariosos, el ápice anchamente truncado, diminutamente puberulentos distalmente. Corolas c. 4.5 mm, angostamente infundibuliformes, blanquecinas, delgadas debajo pero el tubo indistintamente delimitado distalmente, los lobos c. 0.5 mm, cortamente triangulares, glandulosos; estilo con la base glabra, los apéndices cortamente papilosos, las papilas no piliformes. Cipselas c. 2 mm, glabras; vilano de cerdas 3-4 mm, blanquecinas, escasamente ensanchadas distalmente o no ensanchadas. *Bosques de neblina.* Ch (*Matuda 4149*, US); G (*Heyde y Lux 3430*, US); H (*Morton 7271a*, US); ES (King y Robinson, 1987: 424). 1300-2000 m. (Endémica.)

10. Mikania gonzalezii B.L. Rob. et Greenm., *Proc. Boston Soc. Nat. Hist.* 29: 107 (1901 [1899]). Lectotipo (designado por Holmes, 1990): México, Veracruz, *Conzatti y González 637* p. p. (GH). Ilustr.: Holmes, *Sida Bot. Misc.* 5: 15, t. 5 (1990).

Bejucos moderadamente toscos, escasamente ramificados con pocas glándulas sobre tallos, hojas, o filarios o sin estas; tallos teretes a escasamente hexagonales, verdoso pálido, muy esparcidamente adpreso-puberulentos, fistulosos a no fistulosos, sin lobos estipuliformes grandes sobre los lados. Hojas pecioladas; láminas 5-11 × 2-5 cm, ovadas, más de 1.5 veces más largas que anchas, trinervias desde cerca de la base, los pares de nervaduras secundarias divergiendo de los márgenes, llegando hasta el 1/3 distal de la lámina, ambas superficies muy esparcidamente adpreso-puberulentas, la base anchamente redondeada, los márgenes remotamente denticulados a subenteros, el ápice angostamente acuminado; pecíolo 2-6 cm. Capitulescencia indefinidamente alargada, los entrenudos frecuentemente flexuosos, las ramas laxamente corimbosas; pedúnculos 3-7 mm. Cabezuelas 9-10 mm; bráctea subinvolucral c. 5 mm, angostamente elíptica; filarios 7-8 × c. 1.8 mm, angostamente oblongos, el ápice cortamente agudo, subglabros. Corolas 4-4.5 mm, blanquecinas a rosadas, el tubo c. 2.2 mm, la garganta c. 0.8 mm, los lobos c. 1.5 mm, más largos que la garganta, oblongo-ovados, no separados hasta la base del limbo, las nervaduras conspicuamente divergentes de los márgenes; estilo con la base glabra, los apéndices densa y cortamente papilosos. Cipselas c. 4 mm, las sétulas delgadas esparcidas; vilano de cerdas 4.5-5.5 mm, ensanchadas distalmente. *Bosques de neblina, bordes de bosques, pantanos.* Ch (*Breedlove 15426*, MICH); N (Dillon et al., 2001: 344); CR (*Smith P2167*, US); P (*Croat 13579*, MO). 1-1900 m. (E. México, Mesoamérica, Colombia.)

La cita de Cowan (1983) de esta especie en Tabasco parece ser un error debido a que esta no fue citada de ese estado ni por Holmes (1990) ni por Turner (1997a).

11. Mikania guaco Bonpl., *Pl. Aequinoct.* 2: 84 (1809 [1811]). Holotipo: Colombia, *Humboldt y Bonpland s.n.* (P). Ilustr.: Pruski, *Fl. Venez. Guayana* 3: 324, t. 269 (1997). N.v.: Guaco, B; guaco, guaco licor, pate, wiramani pauni, H; guaco, N; guaco, CR.

Mikania amara (Vahl) Willd. var. *guaco* (Bonpl.) Baker, *M. olivacea* Klatt, *M. zonensis* R.M. King et H. Rob. (excluyendo hojas montadas sobre el mismo pliego), *Willoughbya guaco* (Bonpl.) Kuntze, *W. parviflora* (Aubl.) Kuntze var. *guaco* (Bonpl.) Kuntze.

Bejucos moderadamente toscos, escasamente ramificados, con glándulas amarillentas; tallos teretes, generalmente parduscos, glabros, generalmente fistulosos. Hojas pecioladas; láminas mayormente 8-25 × 4-15 cm, anchamente ovadas, delgadamente papiráceas, las nervaduras generalmente pinnado-ascendentes, los nérvulos reticulados no ligeramente prominentes abaxialmente, la superficie adaxial esparcidamente puberulenta y diminutamente espiculífera, la superficie abaxial densa y cortamente puberulenta y con numerosas glándulas, la base cortamente aguda a conspicuamente acuminada, los márgenes enteros, el ápice ancha a angostamente cortamente acuminado; pecíolo hasta 4.5 cm. Capitulescencia corimbosa con ramas más bien densamente corimbosas, las cabezuelas en agregados de 3, sésiles o uniformemente subsésiles. Cabezuelas 8-10 mm; brácteas subinvolucrales hasta 2 mm, linear-lanceoladas; filarios 5-6 × c. 1 mm, oblongos, el ápice redondeado, el par externo puberulento. Corolas c. 6 mm, blanquecinas, el tubo 2.5-3 mm, el limbo angostamente infundibuliforme, los lobos cortamente triangulares, con tricomas esparcidos; estilo con la base esparcidamente papilosa, los apéndices densamente hirsútulos con papilas largas. Cipselas c. 4 mm, gruesamente corticadas sobre la superficie, los costados esparcidamente puberulentos; vilano de cerdas c. 6 mm, más o menos sórdidas o ferrugíneas, escasamente ensanchadas en el ápice o no ensanchadas. *Selvas altas perennifolias, borde de bosques, vegetación secundaria, matorrales sombreados, borde de arroyos.* Ch (Turner, 1997a: 159); B (*Schipp S-739*, US); G (Williams, 1976a: 109); H (*Standley 54769*, US); N (*Stevens 12002*, US); CR (*Skutch 2363*, US); P (*Fendler 153*, US). 0-1500 m. (México, Mesoamérica, Colombia, Bolivia, Brasil, Paraguay.)

12. Mikania holwayana B.L. Rob., *Contr. Gray Herb.* 64: 11 (1922). Sintipo: Ecuador, *Holway y Holway s.n.* (GH). Ilustr.: no se encontró.

Mikania standleyi B.L. Rob.

Bejucos moderadamente toscos, escasamente ramificados, sin glándulas obvias; tallos ligeramente hexagonales, parduscos, puberulentos, generalmente fistulosos. Hojas pecioladas; láminas 6-13 × 4-8 cm, ovadas a anchamente ovadas, marcadamente trinervias desde la base, los pares de nervaduras secundarias divergiendo de los márgenes, llegando hasta el 1/4 distal de la lámina, la superficie adaxial diminutamente pilósula, la superficie abaxial sórdido-tomentosa, las glándulas generalmente ocultas por el tomento, la base anchamente redondeada, los márgenes subserrulados a diminutamente denticulados, el ápice angostamente acuminado; pecíolo 2-6 cm. Capitulescencia piramidalmente tirsoide, con entrenudos más bien rectos y progresivamente más cortos en longitud, las ramas patentes en un ángulo de c. 90°, en agregados corimbosos terminales de cabezuelas laxas; pedúnculos generalmente 2-4 mm. Cabezuelas 9-10 mm; brácteas subinvolucrales c. 3 mm, lineares; filarios c. 6 × 1.5 mm, elíptico-oblongos, el ápice redondeado, esparcida y diminutamente puberulentos. Corolas c. 4.5 mm, blanquecinas, el tubo c. 3 mm, el limbo abruptamente hipocrateri-morfo, la garganta c. 0.5 mm, los lobos c. 1 mm, oblongo-ovados, las nervaduras conspicuamente divergentes de los márgenes; estilo con la base glabra, los apéndices cortamente papilosos. Cipselas c. 4 mm; vilano de cerdas c. 5.5 mm, blanquecinas, escasamente ensanchadas distalmente. *Selvas altas perennifolias, bordes de bosques, matorrales densos.* CR (*Wilbur 24983*, US). 900-1600 m. (Mesoamérica, Colombia, Ecuador.)

13. Mikania hookeriana DC., *Prodr.* 5: 195 (1836). Isotipo: Guyana, *Anon. s.n.* (G-DC). Ilustr.: Pruski, *Fl. Venez. Guayana* 3: 325, t. 272 (1997).

Mikania badieri DC., *M. gracilis* Sch. Bip. ex Miq., *M. hookeriana* DC. var. *badieri* (DC.) B.L. Rob., *M. hookeriana* var. *platyphylla* (DC.) B.L. Rob., *M. imrayana* Griseb., *M. platyphylla* DC., *M. vitrea* B.L. Rob., *Willoughbya badieri* (DC.) Kuntze, *W. gracilis* (Sch. Bip. ex Miq.) Kuntze, *W. imrayana* (Griseb.) Kuntze, *W. platyphylla* (DC.) Kuntze.

Bejucos moderadamente toscos, escasamente ramificados, con glándulas oscuras no evidentes; tallos teretes, pardusco pálido a oscuro, escasamente puberulentos a esparcidamente hirsutos, generalmente fistulosos. Hojas pecioladas; láminas 7-15 × 5-10 cm, ovadas a anchamente ovadas, rara vez con ángulos reducidos, 2 pares de nervaduras secundarias grandes desde el 1/4 basal de la lámina, el par distal formando trinervación que llega hasta el 1/5 distal, las nervaduras terciarias sin un patrón transversal regular, las aréolas con terminaciones de nervaduras incluidas no prominentes, la superficie adaxial esparcidamente puberulenta a glabra, la superficie abaxial pardusco-puberulenta e inconspicuamente glandulosa, la base anchamente redondeada, los márgenes enteros, el ápice cortamente agudo a escasamente acuminado; pecíolo 1-5 cm. Capitulescencia piramidalmente tirsoide, con entrenudos más bien rectos decreciendo en longitud, las ramas patentes en un ángulo de c. 90°, tirsoides, las cabezuelas sésiles en pares o grupos de 3 o 5. Cabezuelas 8-9 mm; brácteas subinvolucrales 1.5-2 mm, pequeñas, oblongas; filarios c. 4 × 1 mm, oblongos, la base conspicuamente engrosada, el ápice redondeado, ligeramente puberulentos y glandulosos. Corolas 4.5-5.5 mm, blanquecinas, el tubo 1-1.5 mm, marcadamente delimitado distalmente, el limbo angostamente campanulado, los lobos c. 1 mm, cortos, oblongo-ovados, con pocas glándulas y tricomas cortos cerca del ápice, con un fleco de papilas en los márgenes; estilo con la base glabra, los apéndices cortamente papilosos. Cipselas c. 3.5 mm, los costados con pocos tricomas cortos y glándulas; vilano de cerdas 5-6 mm, blanquecinas, escasamente ensanchadas en el ápice o no ensanchadas. *Bosques de neblina, selvas altas perennifolias, selvas medianas perennifolias, borde de bosques, en dosel.* Ch (*Matuda 2898*, US); G (Holmes, 1990: 19); N (Dillon et al., 2001: 345); CR (*Hammel 9710*, MO); P (*Croat 12055*, MO). 10-1700 m. (México, Mesoamérica, Guyana, Bolivia, Brasil, Antillas Menores.)

14. Mikania houstoniana (L.) B.L. Rob., *Proc. Amer. Acad. Arts* 42: 47 (1907 [1906]). *Eupatorium houstonianum* L., *Sp. Pl.* 836 (1753). Lectotipo (designado por King y Robinson, 1975 [1976]): México, Veracruz, *Houstoun s.n.* (BM-CLIFF). Ilustr.: Holmes, *Sida Bot. Misc.* 5: 20, t. 8 (1990).

Eupatorium fruticosum Mill., *E. houstonis* L., *Mikania guatemalensis* Standl. et Steyerm., *M. houstoniana* (L.) B.L. Rob. var. *guatemalensis* (Standl. et Steyerm.) L.O. Williams.

Bejucos moderadamente toscos, escasamente ramificados, con glándulas no evidentes; tallos teretes a subhexagonales, amarillentos a pardos, glabros a esparcidamente hírtulos, fistulosos, los nudos no fimbriados sobre los lados. Hojas pecioladas; láminas mayormente 7-13 × 6-10 cm, ovadas, con 2 pares de nervaduras secundarias patentes desde el 1/10 basal de la lámina, el par distal llegando hasta el 1/4 distal de la lámina, ambas superficies glabras, la superficie abaxial inconspicuamente glandulosa, la base anchamente redondeada o escasamente acuminada, los márgenes enteros, el ápice con acuminación corta o largamente angostada; pecíolo 1-4 cm, angosto en la base. Capitulescencia piramidal con entrenudos más bien rectos y progresivamente más cortos en longitud, con numerosas ramas racemiformes largas con una porción ramificada con 10 o más cabezuelas pedunculadas o sin esta; pedúnculos 1-3 mm. Cabezuelas 4-6 mm; brácteas subinvolucrales 1.5-2 mm, en la base del pedúnculo, ovado-lanceoladas; filarios 3-4.5 × c. 0.8 mm, oblongos, el ápice redondeado, el par externo diminutamente puberulento. Corolas 2.5-3 mm, blanquecinas, el tubo c. 1.5 mm,

abruptamente delimitado distalmente, el limbo angostamente campanulado, los lobos solo tan largos como anchos, con pocas glándulas; estilo con la base glabra, los apéndices cortamente papilosos. Cipselas c. 2 mm, glabras o con pocas glándulas diminutas; vilano de cerdas c. 3 mm, blanquecinas a sórdidas, escasamente ensanchadas apicalmente. *Bosques de neblina, matorrales húmedos.* T (Holmes, 1990: 21); Ch (*Lundell 17829*, US); B (*Gentle 1786*, US); G (*Lundell 16839*, US); H (*Thieme 5299*, US); N (Dillon et al., 2001: 345); CR (*Tonduz 9316*, US); P (*Dunlap 168*, US). 10-2000(-2500) m. (México, Mesoamérica, Colombia, Venezuela, Ecuador, Perú, Bolivia.)

15. Mikania huitzensis Standl. et Steyerm., *Publ. Field Mus. Nat. Hist., Bot. Ser.* 23: 260 (1947). Holotipo: Guatemala, *Steyermark 48662* (F). Ilustr.: no se encontró.

Bejucos moderadamente toscos, escasamente ramificados, sin glándulas evidentes sobre los tallos, hojas, los filarios y corolas; tallos subhexagonales, pardo pálido, glabros, algunas veces fistulosos, los nudos con una cresta transversal dentada sobre los lados. Hojas pecioladas; láminas 3-9 × 2-7 cm, ovadas a anchamente ovadas, 3-5-nervias desde la base de la lámina, las nervaduras secundarias largas llegando hasta el 1/5 distal de la lámina, los pares de nervaduras secundarias divergiendo de los márgenes, ambas superficies glabras, no glandulosas, la base anchamente redondeada a cordata, los márgenes remotamente denticulados, el ápice agudo a escasamente acuminado; pecíolo 1.5-6.5 cm. Capitulescencia indefinidamente alargada, los entrenudos más bien flexuosos, las ramas corimbosas, las cabezuelas en agregados más bien densos de 3-7, las cabezuelas individuales pedunculadas; pedúnculos 1-3 mm. Cabezuelas 9-11 mm; brácteas subinvolucrales 7-10 mm, obovadas, desde la base angosta; filarios 7-8 × 1.5-1.8 mm, elíptico-oblongos, el ápice agudo a apiculado, glabro. Corolas 6-7 mm, blanquecinas, el tubo c. 3 mm, la garganta ausente, los lobos 3-4 mm, oblongos a lineares, surgiendo directamente del tubo, cortamente papilosos en la base por dentro; estilo con la base glabra, los apéndices cortamente papilosos. Cipselas 3.2-4 mm, esparcidamente setulosas; vilano de cerdas c. 6 mm, sórdidas, escasamente ensanchadas en el ápice o no ensanchadas. *Laderas.* Ch (*Matuda 2986*, US); G (*Steyermark 48662*, F). 1500-2800 m. (Endémica.)

16. Mikania iltisii R.M. King et H. Rob., *Phytologia* 29: 124 (1974). Holotipo: Costa Rica, *Standley 42814* (US!). Ilustr.: no se encontró.

Mikania standleyi R.M. King et H. Rob. non B.L. Rob.

Bejucos moderadamente toscos, escasamente ramificados, sin glándulas obvias sobre las hojas o los filarios; tallos teretes, parduscos, densamente escábridos o hírtulos, no fistulosos. Hojas pecioladas; láminas 7.5-7.5 × 2-5 cm, ovadas, con 2 pares de nervaduras secundarias surgiendo en el 1/5 basal y paralelas a los márgenes basales, las nervaduras terciarias sin un patrón transversal regular, la superficie adaxial gruesamente pilosa, la superficie abaxial hírtula sobre las nervaduras más grandes, la base obtusa a anchamente redondeada, los márgenes enteros a remotamente denticulados, cortamente agudos distalmente, el ápice angostamente redondeado; pecíolo 1-1.5 cm. Capitulescencia tirsoide, anchamente piramidal con entrenudos rectos, decreciendo en longitud, las ramas patentes en un ángulo de c. 90°, tirsoides, las cabezuelas generalmente sésiles en agregados de 3. Cabezuelas c. 9 mm; brácteas subinvolucrales c. 2.5 mm, oblongas; filarios c. 5 × 1-1.5 mm, angostamente oblongos, la base escasamente engrosada, el ápice angostamente redondeado, esparcidamente puberulentos. Corolas 4-4.5 mm, blanquecinas, el tubo c. 1.5 mm, marcadamente delimitado distalmente, el limbo angostamente campanulado a cilíndrico, los lobos c. 0.5 mm, sin un fleco de papilas piliformes, con diminutos tricomas y pocas glándulas; estilo con la base glabra, los apéndices cortamente papilosos, las papilas no piliformes. Cipselas 4-4.5 mm, con pocas glándulas y sétulas cortas; vilano de cerdas c. 5 mm, sórdidas, escasa pero conspicuamente ensanchadas apicalmente.

Páramos, bosques de Quercus, *bosques de neblina con bambú, selvas medianas perennifolias, selvas bajas perennifolias.* CR (*Davidse y Herrera 29242*, MO); P (*Croat 66451*, MO). 1900-3100 m. (Endémica.)

17. Mikania leiostachya Benth., *Pl. Hartw.* 201 (1845). Holotipo: Colombia, *Hartweg 1110* (K). Ilustr.: Holmes, *Sida Bot. Misc.* 5: 23, t. 10 (1990).

Willoughbya leiostachya (Benth.) Kuntze.

Bejucos moderadamente toscos, escasamente ramificados, sin glándulas evidentes; tallos teretes, amarillentos a parduscos, glabrescentes a puberulentos, frecuentemente fistulosos, los nudos no fimbriados sobre los lados. Hojas opuestas o rara vez verticiladas; láminas 8-18 × 3.5-11 cm, generalmente ovadas a oblongo-elípticas, con 2 o 3 pares de nervaduras secundarias más grandes surgiendo en el 1/5 basal de la lámina y generalmente subparalelas a los márgenes basales, el par distal de nervaduras secundarias llegando hasta el 1/5 distal de la lámina, las nervaduras terciarias más bien cercana y regularmente transversales, las superficies sin glándulas evidentes, la superficie adaxial glabra, la superficie abaxial cortamente puberulenta, la base redondeada a escasamente cordata, los márgenes enteros y escasamente recurvados, el ápice abrupta y brevemente caudado-acuminado; pecíolo 1-3 cm, no ensanchado en la base. Capitulescencia anchamente piramidal con entrenudos más bien rectos y progresivamente más cortos en longitud, con numerosas ramas espigadas largas, porciones terminales sin ramificar con 10 o más cabezuelas, las cabezuelas sésiles. Cabezuelas 5-6 mm; brácteas subinvolucrales c. 1.5 mm, ovadas; filarios 3-3.5 × c. 0.8 mm, oblongos, el ápice redondeado, el par externo diminutamente puberulento. Corolas 2.5-3.5 mm, blanquecinas, el tubo 1-1.5 mm, abruptamente delimitado distalmente, el limbo angostamente campanulado, los lobos cortos 1-2 veces más largos que anchos, con pocas glándulas; estilo con la base glabra, los apéndices cortamente papilosos. Cipselas 1.5-2 mm, glabras o con pocas glándulas diminutas; vilano de cerdas 3-3.5 mm, blanquecinas a sórdidas, escasa a conspicuamente ensanchadas apicalmente. *Selvas altas perennifolias, potreros, matorrales húmedos.* Ch (Holmes, 1990: 24); B (*Gentle 8532*, US); G (*Contreras 7355*, US); H (*Carleton 403*, US); N (*Shank y Molina R. 4775*, US); CR (*Davidse et al. 28283*, US); P (*Foster 2176*, US). 0-1100(-2400) m. (S. México, Mesoamérica, Colombia, Venezuela, Ecuador, Perú, Bolivia.)

Plantas con hojas verticiladas de Costa Rica han sido colectadas en botón y se refieren a esta especie provisionalmente. Solo parece remota la única posibilidad de que la especie con hojas verticiladas centrada en la Amazonia, *Mikania simpsonii* W.C. Holmes et McDaniel, esté presente en Costa Rica.

18. Mikania micrantha Kunth in Humb., Bonpl. et Kunth, *Nov. Gen. Sp.* folio ed. 4: 105 (1820 [1818]). Holotipo: Venezuela, *Humboldt y Bonpland s.n.* (P-Bonpl.). Ilustr.: Holmes y McDaniel, *Fieldiana, Bot.* n.s. 9: 37, t. 6 (1982). N.v.: Bejuco llovizna, ñame de ratón, G; crespillo, patastillo, kúnsisil, H; condurango de San Jorge, N.

Eupatorium orinocense (Kunth) M. Gómez, *Mikania orinocensis* Kunth, *Willoughbya micrantha* (Kunth) Rusby, *W. scandens* (L.) Kuntze var. *orinocensis* (Kunth) Kuntze.

Bejucos delgados, escasamente ramificados, con glándulas amarillentas sobre hojas y filarios; tallos teretes a escasamente 4-angulados, amarillentos a pardos, glabrescentes a esparcidamente puberulentos, generalmente fistulosos. Hojas pecioladas; láminas 3-13 × 2-10 cm, anchamente ovadas, marcadamente trinervias desde la base, los pares de nervaduras secundarias divergiendo de los márgenes, ambas superficies glabrescentes, la superficie abaxial con glándulas pálidas, la base cordata a profundamente cordata, los márgenes subenteros a gruesamente dentado, el ápice angosta y cortamente acuminado; pecíolo 1-6 cm. Capitulescencia indefinidamente alargada, los entrenudos más bien flexuosos, con ramas corimbosas; cabezuelas frecuentemente en agregados de 3; pedúnculos hasta 2 mm. Cabezuelas 4-5 mm; brác-

teas subinvolucrales c. 2 mm, angostamente elípticas a angostamente ovadas; filarios c. 3.5 × 1 mm, oblongos, el ápice cortamente acuminado, glabros a cortamente puberulentos, con puntuaciones glandulares pálidas. Corolas 2.5-3 mm, blanquecinas, con pocas glándulas pálidas, el tubo 1-1.3 mm, abruptamente delimitado distalmente, el limbo anchamente campanulado, no más largo que el tubo basal, por dentro con filas de papilas parcial a completamente desarrolladas, los lobos triangulares, casi tan anchos como largos, conspicuamente más cortos que la garganta; estilo con la base glabra, los apéndices cortamente papilosos. Cipselas 1.5-2 mm, con glándulas pálidas esparcidas; vilano de cerdas c. 2.5 mm, blanquecinas, escasamente ensanchadas en el ápice. $2n = 38$. *Bosques mixtos, bosques secos, matorrales húmedos, laderas, vegetación secundaria, riachuelos, playas de lagos.* T (Holmes, 1990: 26); Ch (*Lundell 17806*, US); Y (*Gaumer 443*, US); C (Holmes, 1990: 25); B (*Bartlett 11420*, US); G (*Heyde y Lux 3434*, US); H (*Croat y Hannon 64093*, MO); ES (*Calderón 1915*, US); N (*Molina R. 22895*, US); CR (*Tonduz 12895*, US); P (*Pittier 2457*, US). 0-1600 m. (México, Mesoamérica, Colombia, Venezuela, Guayanas, Ecuador, Perú, Bolivia, Brasil, Paraguay, Argentina, Antillas; ampliamente introducida en Asia, Australia, Islas del Pacífico.)

El material mesoamericano está en algunas ocasiones erróneamente identificado como *Mikania congesta* DC., aparentemente desconocida en Mesoamérica.

19. Mikania parviflora (Aubl.) H. Karst., *Deut. Fl.* 1061 (1880-1883 [1883]). *Eupatorium parviflorum* Aubl., *Hist. Pl. Guiane* 2: 797 (1775). Holotipo: Guayana Francesa, *Aublet s.n.* (P). Ilustr.: Pruski, *Fl. Venez. Guayana* 3: 322, t. 263 (1997).

Eupatorium amarum Vahl, *E. vincifolium* Lam., *Mikania amara* Willd., *Willoughbya parviflora* (Aubl.) Kuntze.

Bejucos moderadamente toscos, escasamente ramificados, sin glándulas obvias sobre las hojas o los filarios; tallos teretes, parduscos, densamente pilósulos, solo los tallos más grandes fistulosos. Hojas pecioladas; láminas mayormente 6-15 × 3-8.5 cm, oblongo-ovadas, subcoriáceas, subpinnatinervias con 2 nervaduras secundarias arqueadas desde el 1/5 basal, subparalelas a los márgenes basales, los nérvulos formando un retículo ligeramente prominente abaxialmente, ambas superficies esparcidamente puberulentas a pilósulas, la superficie abaxial con numerosos tricomas pequeños y glándulas, la base cortamente obtusa a anchamente redondeada, sin acuminación larga conspicua, los márgenes enteros, el ápice cortamente agudo a escasa y cortamente acuminado; pecíolo 0.5-1.5 cm. Capitulescencia difusamente alargada a lo largo de un tallo folioso, con ramas corimbosas a subcimosas patentes en un ángulo de c. 90°, con cabezuelas sésiles en agregados regulares de 3 o 5. Cabezuelas c. 10 mm; bráctea subinvolucral 3-4 × hasta 3 mm, anchamente obovada; filarios 7-8 × 1-1.5 mm, angostamente oblongos, el ápice redondeado. Corolas 4-4.5 mm, blanquecinas, el tubo c. 1.5 mm, el limbo abrupta y angostamente campanulado, los lobos c. 0.5 mm, cortos; estilo con la base papilosa, los apéndices densamente hirsútulos con papilas largas. Cipselas c. 4 mm, las superficies tornándose escasamente corticadas; vilano de cerdas c. 5 mm, sórdido-blanquecinas, escábridas, escasamente ensanchadas en el ápice o no ensanchadas. *Selvas altas perennifolias, quebradas.* P (*Croat 27163*, MO). 0-400 m. (Mesoamérica, Colombia, Venezuela, Guayanas, Ecuador, Perú, Bolivia, Brasil.)

20. Mikania petrina Standl. et Steyerm., *Publ. Field Mus. Nat. Hist., Bot. Ser.* 23: 261 (1947). Holotipo: Guatemala, *Steyermark 47257* (F). Ilustr.: no se encontró.

Bejucos moderadamente delgados, escasamente ramificados; tallos hexagonales, parduscos, hirsutos, frecuentemente fistulosos, los nudos con una cresta denticulada angosta sobre los lados, sin lobos estipuliformes grandes sobre los lados. Hojas pecioladas; láminas 4-6.5 × 2-3.5 cm, más de 1.5 veces más largas que anchas, ovadas, trinervias desde o cerca de la base, los pares de nervaduras secundarias divergiendo de los márgenes, llegando hasta el 1/3 distal de la lámina, la superficie adaxial cortamente pilosa, la superficie abaxial hirsuta, la base anchamente redondeada a subcordata, los márgenes serrados, el ápice marcadamente agudo a angosta y cortamente acuminado; pecíolo 1.8-3 cm. Capitulescencia indefinidamente alargada, los entrenudos más bien flexuosos, con ramas corimbosas patentes, las cabezuelas generalmente en densos agregados de 3-5; pedúnculos hasta 6 mm, hírtulos. Cabezuelas c. 12 mm; brácteas subinvolucrales 6-7 mm, elípticas; filarios c. 7 × 2.5 mm, oblongos, el ápice cortamente agudo a apiculado, el par externo puberulento a hírtulo. Corolas c. 5 mm, el tubo c. 2.5 mm, marcadamente delimitado distalmente, el limbo angostamente campanulado, la garganta c. 0.5 mm, corta, los lobos c. 2 mm, más largos que la garganta, angostamente oblongos, no separados hasta la base del limbo; estilo con la base glabra, los apéndices cortamente papilosos. Cipselas 4.5-5 mm, glabras; vilano de cerdas c. 7 mm, sórdidas, escábridas, escasamente ensanchadas en el ápice o no ensanchadas. *Bosques de neblina.* G (*Steyermark 47257*, F). 1800-3200 m. (Endémica.)

21. Mikania pittieri B.L. Rob., *Proc. Boston Soc. Nat. Hist.* 31: 255 (1904). Holotipo: Costa Rica, *Pittier 10540* (GH). Ilustr.: no se encontró.

Mikania hylibates B.L. Rob., *M. nubigena* B.L. Rob.

Bejucos moderadamente toscos, escasamente ramificados sin glándulas evidentes; tallos teretes, verdosos a parduscos, glabros, frecuentemente fistulosos. Hojas pecioladas; láminas 5-10 × 2-4.5 cm, ovadas, 2 pares de nervaduras secundarias marcadamente ascendentes surgiendo en el 1/5 basal, las aréolas con prominentes terminaciones de las ramificaciones de las nervaduras incluidas, las nervaduras terciarias sin un patrón transversal regular, ambas superficies glabras, la base redondeada, los márgenes enteros a subenteros, el ápice caudado-acuminado; pecíolo 1-2 cm. Capitulescencia tirsoide, angostamente piramidal con entrenudos más bien rectos decreciendo en longitud, las ramas tirsoides, puberulentas, con cabezuelas sésiles o uniformemente subsésiles en grupos de 3 o 5. Cabezuelas 7-8 mm; brácteas subinvolucrales 1.5-2 mm, ovado-lanceoladas; filarios c. 5 × 1 mm, angostamente oblongos, la base conspicuamente engrosada, el ápice redondeado, glabros por encima de la base. Corolas c. 3 mm, blanquecinas, el tubo 1.2-1.5 mm, marcadamente delimitado distalmente, el limbo angostamente campanulado, los lobos cortos casi tan largos como anchos, con fleco de papilas en los márgenes; estilo con la base glabra, los apéndices cortamente papilosos, las papilas no piliformes. Cipselas c. 4 mm, glabras o diminutamente glandulosas; vilano de cerdas 5-6 mm, blanquecinas, conspicuamente ensanchadas en el ápice. *Selvas altas perennifolias, bosques secundarios, potreros.* H (*Nelson et al. 8009*, EAP); CR (*McDowell 208*, US); P (*Davidson 167*, MO). 100-2200 m. (Endémica.)

22. Mikania psilostachya DC., *Prodr.* 5: 190 (1836). Holotipo: Perú, *Poeppig 2344* (G-DC). Ilustr.: Pruski, *Fl. Venez. Guayana* 3: 324, t. 268 (1997).

Mikania psilostachya DC. var. *racemulosa* (Benth.) Baker, *M. psilostachya* var. *scabra* (DC.) Baker, *M. racemulosa* Benth., *M. scabra* DC., *Willoughbya scabra* (DC.) Kuntze.

Bejucos moderadamente toscos, escasamente ramificados, con prominentes glándulas amarillentas sobre las hojas y los involucros; tallos teretes a subcuadrangulares, parduscos a escasamente rojizos, densa y cortamente puberulentos, hírtulos o hirsutos, nunca fistulosos, los nudos no fimbriados sobre los lados. Hojas pecioladas; láminas mayormente 7-15 × 4-8 cm, ovadas a oblongo-elípticas, 2 o 3 pares nervaduras secundarias marcadamente ascendentes surgiendo en la 1/2 basal, el retículo de nérvulos prominente, la superficie adaxial escábrida, la superficie abaxial conspicua y cortamente puberulenta y marcadamente glandulosa, la base angostamente redondeada a obtusa, los

márgenes remotamente subserrulados, el ápice marcadamente agudo a escasamente acuminado; pecíolo c. 1 cm. Capitulescencia anchamente piramidal, los entrenudos progresivamente más cortos en longitud, las ramas alargadas, patentes en un ángulo de 80-90°, generalmente sin ramificar, espigadas a racemiformes con numerosas cabezuelas; pedúnculos 1-6 mm. Cabezuelas 7-9 mm; brácteas subinvolucrales 1.5-2 mm, en la base del pedúnculo, linear-lanceoladas; filarios c. 5 × c. 1 mm, oblongo-lanceolados, el ápice cortamente agudo, parduscopuberulentos. Corolas 4-5 mm, blanquecinas, el tubo 1-1.5 mm, el limbo angostamente campanulado a cilíndrico, hendido 1/5-1/3 de su longitud formando lobos cortos o largamente triangulares, con pocos a numerosos glándulas y tricomas; estilo con la base glabra, los apéndices cortamente papilosos. Cipselas 2.5-3 mm, con numerosas glándulas y sétulas esparcidas; vilano de cerdas 5-7 mm, blanquecinas, escasamente ensanchadas hacia el ápice. *Bosques secundarios, sabanas, matorrales, pantanos.* P (*Croat 11952*, MO). 0-1400 m. (Mesoamérica, Colombia, Venezuela, Guayanas, Ecuador, Perú, Bolivia, Brasil.)

23. Mikania pterocaula Sch. Bip. ex Klatt, *Leopoldina* 20: 91 (1884). Holotipo: México, Veracruz, *Liebmann 101* (C). Ilustr.: Holmes, *Sida Bot. Misc.* 5: 30, t. 14 (1990).

Bejucos robustos, herbáceos; tallos estriados, 6-angulados (también registrada como 4-angulados), glabros, fistulosos, los ángulos angostamente alados, las alas angostas conspicuas sobre los ángulos, subglabros, las alas hasta 2 mm de diámetro, frecuentemente fistulosas, los nudos sin fimbrias, los entrenudos hasta 15 cm de largo. Hojas pecioladas; láminas 6-11 × 3.5-8.5 cm, ovadas, 2 pares de nervaduras secundarias grandes y patentes en el 1/10 basal, el par distal llegando hasta el 1/4 distal de la lámina, ambas superficies glabras, la superficie abaxial glandulosa, la base anchamente redondeada con acuminación pequeña, los márgenes remota y diminutamente denticulados, el ápice cortamente acuminado; pecíolo 2-6 cm, seudoestipulado basalmente. Capitulescencia anchamente piramidal con entrenudos más bien rectos, progresivamente más cortos en longitud, con numerosas ramas espigadas terminales alargadas con 10 o más cabezuelas, las cabezuelas sésiles o subsésiles. Cabezuelas 6-7 mm; brácteas subinvolucrales c. 2.5 mm, oblongo-elípticas; filarios c. 4 × 0.8 mm, angostamente oblongos, el ápice obtuso, subglabros. Corolas c. 4 mm, blanquecinas, el tubo c. 1.5 mm, ligeramente delimitado distalmente, el limbo angostamente campanulado o infundibuliforme, los lobos c. 1 mm, cortos; estilo con la base glabra, los apéndices cortamente papilosos. Cipselas 1.5-2 mm, glabras o con pocos tricomas en el ápice; vilano de cerdas c. 3.5 mm, sórdidas, no ensanchadas apicalmente. *Bosques mixtos, matorrales.* Ch (Holmes, 1990: 30); G (*von Türckheim II 1734*, US); H (*Nelson y Andino 15289*, TEFH). 900-2500 m. (México [Oaxaca, Veracruz], Mesoamérica.)

24. Mikania pyramidata Donn. Sm., *Bot. Gaz.* 13: 188 (1888). Holotipo: Guatemala, *von Türckheim 1106* (US!). Ilustr.: Holmes, *Sida Bot. Misc.* 5: 32, t. 15. 1990. N.v.: Guaco, H.

Mikania eriophora Sch. Bip. ex B.L. Rob. et Greenm., *M. eriophora* var. *chiapensis* B.L. Rob.

Bejucos toscos con pocas ramas, con tallos y hojas densamente vellosos con tricomas amarillentos; tallos teretes, nunca fistulosos. Hojas pecioladas; láminas mayormente 6-19 × 3-15 cm, triangular-ovadas a anchamente ovadas, marcadamente trinervias generalmente desde o cerca de la base, ambas superficies densamente vellosas, no glandulosas, la base cordata a anchamente redondeada, los márgenes subenteros a denticulados o dentado, frecuentemente con dientes angulares grandes en los márgenes en la parte más ancha de la lámina, el ápice angosta y cortamente acuminado; pecíolo 1.5-11 cm. Capitulescencia tirsoide, anchamente oval a piramidal con entrenudos más bien rectos decreciendo en longitud, las ramas en un ángulo de 45-90°, finalmente con agregados de cabezuelas corimbosas pequeñas; pedúnculos 1-6 mm, densamente hírtulos. Cabezuelas 8-10 mm; brácteas subinvolucrales c. 3 mm, elípticas a oblongas; filarios c. 4 × 1 mm, oblongos, el ápice redondeado, con pocos tricomas pequeños o sin ellos. Corolas c. 4.5 mm, blanquecinas, el tubo c. 2 mm, el limbo anchamente campanulado, los lobos 1-1.2 mm, tan largos o ligeramente más cortos que la garganta, triangulares, con pocos tricomas cortos subapicales; estilo con la base glabra, los apéndices cortamente papilosos. Cipselas 3-3.5 mm; vilano de cerdas c. 4 mm, blanquecinas, escasamente ensanchadas hacia el ápice. *Selvas medianas perennifolias, bosques de neblina, bosques alterados.* Ch (*Ton 592*, US); G (*von Türckheim II 1666*, US); H (*Morton 7483*, US); ES (*Molina R. et al. 16758*, US). 1200-2400 m. (C. México, Mesoamérica.)

25. Mikania riparia Greenm. in B.L. Rob., *Proc. Boston Soc. Nat. Hist.* 31: 255 (1904). Holotipo: Costa Rica, *Tonduz 13163* (GH). Ilustr.: no se encontró.

Bejucos delgados, escasamente ramificados con numerosas glándulas amarillentas sobre las hojas y los involucros; tallos teretes, pardorojizos, diminuta y esparcidamente puberulentos, generalmente fistulosos, los nudos con fimbrias transversales de lóbulos pequeños sobre los lados. Hojas pecioladas; láminas mayormente 5-11 × 4-7 cm, generalmente deltoides, anguladas en la parte más ancha, marcadamente trinervias desde la base y llegando hasta el 1/4 distal, la superficie adaxial diminutamente puberulenta, la superficie abaxial con numerosas glándulas, la base escasa a marcadamente cordata, los márgenes remotamente denticulados a ondulado-dentados, el ápice angostamente acuminado; pecíolo 3-8 cm. Capitulescencia piramidal con entrenudos rectos, las ramas divergiendo en un ángulo de 70-90º, las ramas generalmente sin ramificar y alargadas, espigadas con numerosas cabezuelas sésiles. Cabezuelas 6-8 mm; brácteas subinvolucrales c. 1 mm, pequeñas, subuladas; filarios 3-3.5 × 0.8-1 mm, 2/3 o menos del largo de las cabezuelas maduras, oblongos, el ápice redondeado u obtuso. Corolas c. 4 mm, blanquecinas, esparcidamente glandulosas, el tubo c. 2.5 mm, el limbo abruptamente hipocraterimorfo, la garganta c. 0.5 mm, los lobos c. 1 mm, oblongo-ovados, papilosos por dentro; estilo con la base glabra, los apéndices cortamente papilosos. Cipselas 2-2.5 mm, las costillas pálidas al madurar, frecuentemente con tricomas diminutos distalmente; vilano de cerdas 3-4 mm, sórdidas, escasamente ensanchadas apicalmente. *Selvas altas perennifolias, vegetación secundaria, matorrales húmedos.* CR (*Skutch 2512*, US). 400-1800 m. (Endémica.)

26. Mikania stipulifera L.O. Williams, *Fieldiana, Bot.* 36: 109 (1975). Holotipo: Honduras, *Glassman 1684* (F). Ilustr.: no se encontró.

Bejucos moderadamente delgados, escasamente ramificados, con glándulas oscuras; tallos teretes a subhexagonales, parduscos, glabros a esparcidamente puberulentos, angostamente fistulosos, los nudos con lobos grandes algunas veces dentado-estipuliformes sobre los lados. Hojas pecioladas; láminas mayormente 4-10 × 2-7 cm, ovadas, trinervias desde la base, los pares de nervaduras secundarias divergiendo de los márgenes y llegando hasta el 1/3 distal, la superficie adaxial pilosa, la superficie abaxial con tricomas generalmente sobre las nervaduras y con glándulas inconspicuas, la base escasamente cordata a anchamente redondeada, los márgenes remotamente denticulados a dentados, el ápice angosta y cortamente acuminado; pecíolo 1.5-4.5 cm. Capitulescencia indefinidamente alargada, los entrenudos flexuosos, tallos y ramas anchamente corimbosos, las cabezuelas agregadas en numerosos grupos de 3; pedúnculos hasta 4 mm. Cabezuelas 9-13 mm; brácteas subinvolucrales 3-7 mm, anchamente lineares; filarios 7-9 × 2-2.3 mm, elíptico-oblongos, el ápice cortamente agudo, las brácteas externas puberulentas al menos cerca del ápice. Corolas 4-8 mm, el tubo 2.5-4 mm, ligera a marcadamente delimitado distalmente, el limbo ancha a angostamente campanulado, la garganta 0.5-1.5 mm, los lobos 1-2.5 mm, breve a angostamente oblongos, no separados hasta la base del limbo, más largos que la garganta, las nervaduras conspicuamente

divergentes de los márgenes, con tricomas diminutos cerca del ápice; estilo con la base glabra, los apéndices cortamente papilosos. Cipselas 3.5-4 mm, con pocas sétulas delgadas sobre los lados; vilano de cerdas 5-9 mm, sórdidas, escasa pero conspicuamente ensanchadas en el ápice. *Bosques de neblina.* H (*Williams 17475*, US); ES (*Tucker 1059*, US). 1800-2400 m. (Endémica.)

El ejemplar de El Salvador difiere del tipo por las corolas mucho más largas con garganta y lobos más largos y más angostos.

27. Mikania sylvatica Klatt, *Bot. Jahrb. Syst.* 8: 37 (1886). Holotipo: Colombia, *Lehmann 2301* (W). Ilustr.: no se encontró.

Mikania miconioides B.L. Rob.

Bejucos delgados a moderadamente toscos, escasamente ramificados, con glándulas pequeñas algunas veces inconspicuas sobre las hojas y los filarios; tallos teretes a subhexagonales, amarillentos a pardos, puberulentos a hirsutos, frecuentemente fistulosos. Hojas pecioladas; láminas mayormente 8-19 × 2.5-8 cm, elípticas a oblongo-lanceoladas, con 2 pares de nervaduras secundarias subparalelas arqueadas y marcadamente ascendentes, el par proximal cerca de la base, el par distal desde el 1/5-1/2 basal, llegando hasta la base de la acuminación en el ápice de la lámina, las nervaduras terciarias más bien cercana y regularmente transversales, ambas superficies frecuentemente subglabras con numerosas glándulas, algunas veces adaxialmente esparcidamente vellosas y abaxialmente densamente hirsútulas o vellosas sobre las nervaduras, la base redondeada a cortamente aguda, los márgenes enteros a remotamente serrulados, el ápice breve y frecuentemente caudado-acuminado; pecíolo 1-3 cm. Capitulescencia tirsoide, alargado-piramidal con entrenudos rectos decreciendo en longitud, las ramas ancha y piramidalmente tirsoides, con cabezuelas sésiles en pares opuestos y grupos terminales de 3. Cabezuelas c. 5 mm; brácteas subinvolucrales c. 0.5 mm, diminutas; filarios 3-3.5 × c. 1 mm, oblongos, la base engrosada, el ápice anchamente redondeado, puberulentos. Corolas 3-3.5 mm, blanquecinas, el tubo 1-1.3 mm, marcadamente adpreso-puberulento, el limbo abrupta y angostamente campanulado o cilíndrico, hendido 1/4-2/5 formando lobos angostamente oblongo-triangulares, los lobos dos veces más largos que anchos, con tricomas pequeños, los márgenes fimbriados con papilas; estilo con la base glabra, los apéndices cortamente papilosos. Cipselas 1.5-2 mm, con grupos de sétulas en el ápice y en la base; vilano de cerdas 3-4 mm, blanco sórdido, conspicuamente ensanchadas y aplanadas apicalmente. *Selvas medianas perennifolias, bosques de neblina, a lo largo de arroyos, matorrales.* CR (*King 5382*, US); P (*Allen 4926*, MO). 1000-2700 m. (Mesoamérica, Colombia, Venezuela, Ecuador, Perú.)

28. Mikania tonduzii B.L. Rob., *Proc. Boston Soc. Nat. Hist.* 31: 256 (1904). Holotipo: Costa Rica, *Tonduz 13274* (GH). Ilustr.: Holmes, *Sida Bot. Misc.* 5: 38, t. 19 (1990). N.v.: Margarita, H.

Bejucos moderadamente toscos, escasamente ramificados, con glándulas diminutas sobre las hojas y los involucros; tallos teretes a subhexagonales, parduscos, diminutamente puberulentos, generalmente fistulosos. Hojas pecioladas; láminas mayormente 8-15 × 4-8 cm, anchamente ovadas, con 2 o 3 pares de grandes nervaduras secundarias arqueadas hacia afuera y hacia arriba en el 1/5 basal, el par distal llegando hasta el 1/10 distal de la lámina, las nervaduras terciarias más bien regularmente transversales, ambas superficies escasamente puberulentas a glabras con glándulas pequeñas, la base anchamente redondeada, los márgenes enteros, el ápice abrupta y angostamente acuminado, algunas veces apiculado; pecíolo 2-6 cm. Capitulescencia piramidalmente tirsoide con ramas tirsoides, con glomérulos densos de c. 10 cabezuelas sésiles o uniformemente subsésiles sobre ramas secundarias y terciarias, no exclusivamente en grupos de 3 o 5. Cabezuelas 7-8 mm; brácteas subinvolucrales 0.3-0.8 mm, diminutas, linearlanceoladas; filarios 2-2.5 × c. 0.8 mm, cortamente oblongos, 1/2 o menos de ancho que de largo, la base fusionada y engrosada, los márgenes no anchamente escariosos, el ápice redondeado, blanquecino-puberulentos. Corolas c. 4.5 mm, blanquecinas, angostamente infundibuliformes, delgadas debajo pero el tubo indistintamente delimitado distalmente, los lobos cortos, 1.5 veces tan largos como anchos; estilo con la base glabra, los apéndices cortamente papilosos, papilas no piliformes. Cipselas c. 2 mm, frecuentemente con tricomas patentes o retrorsos cerca del ápice; vilano de cerdas c. 4 mm, blanquecinas, escasa a conspicuamente ensanchadas apicalmente. *Selvas altas perennifolias, bordes de bosques, bosques de* Pinus-Quercus. Ch (Holmes, 1990: 37); B (*Gentle 8667*, US); G (*Jones y Facey 3374*, US); H (*Williams 18118*, US); N (Dillon et al., 2001: 346); CR (*Skutch 4007*, US); P (*Croat 7972*, MO). 0-2000 m. (C. México, Mesoamérica.)

Holmes (1990) refirió a *Mikania tonduzii* las plantas que Williams (1975a) y Clewell (1975) llamaron *M. aromatica* Oerst.

29. Mikania tysonii R.M. King et H. Rob., *Phytologia* 28: 275 (1974). Holotipo: Panamá, *Tyson et al. 4429* (US!). Ilustr.: no se encontró.

Bejucos delgados, escasamente a muy ramificados o subarbustos con glándulas grandes rojizo-pardas sobre hojas y filarios; tallos teretes a subhexagonales, pardos, glabros, algunas veces angostamente fistulosos. Hojas pecioladas; láminas mayormente 2-5 × 1.5-3 cm, obovadas, con 2 pares de nervaduras secundarias ascendentes surgiendo en el 1/4 basal, subparalelas a los márgenes basales de la hoja, llegando hasta el 1/6 distal de la lámina, subcarnosas, ambas superficies glabras, con glándulas escasamente hundidas, la base cortamente aguda, los márgenes enteros, el ápice cortamente obtuso; pecíolo 0.5-0.8 cm. Capitulescencia anchamente tirsoide, corta y ancha, tan ancha como larga, los entrenudos cortos, decreciendo en longitud, las ramas corimbosas, las cabezuelas individuales pedunculadas; pedúnculos 1-4 mm. Cabezuelas c. 6 mm; brácteas subinvolucrales c. 1.5 mm, angostamente elípticas; filarios c. 3.5 × 1 mm, oblongos, el ápice redondeado, esparcidamente puberulentos. Corolas 4-5 mm, blanquecinas, con glándulas sobre el tubo y el ápice de los lobos, el tubo c. 1 mm, los lobos c. 1.2 mm, más largos que la garganta, angostamente oblongos; estilo con la base glabra, los apéndices cortamente papilosos. Cipselas c. 2 mm, con glándulas esparcidas; vilano de cerdas c. 4 mm, blanquecinas, conspicuamente ensanchadas hacia el ápice. *Laderas.* P (*McPherson 7130*, MO). 700-1000 m. (Endémica.)

30. Mikania verapazensis R.M. King et H. Rob., *Phytologia* 71: 185 (1991). Holotipo: Guatemala, *Standley 71313* (F!). Ilustr.: no se encontró.

Bejucos moderadamente toscos, escasamente ramificados, con pocas glándulas sobre los tallos, las hojas o filarios, o sin ellas; tallos subteretes, verdoso pálido, pilosos, parcialmente fistulosos, sin grandes lobos estipuliformes sobre los lados. Hojas pecioladas; láminas 6-9 × 3-6 cm, ovadas, más de 1.5 veces más largas que anchas, generalmente trinervias desde 1-2 mm por encima de la base, los pares de nervaduras secundarias divergiendo de los márgenes, llegando hasta el 1/5 distal de la lámina, la superficie abaxial esparcidamente pilosa, la base anchamente redondeada, los márgenes remotamente mucronado-denticulados, el ápice angostamente acuminado; pecíolo 1-2 cm. Capitulescencia indefinidamente alargada, los entrenudos frecuentemente flexuosos, las ramas laxamente corimbosas; pedúnculos 2-4 mm. Cabezuelas c. 9 mm; brácteas subinvolucrales 3-5 mm, elípticas; filarios c. 7 × 1.5 mm, angostamente oblongos, el ápice agudo, glabros. Corolas blanquecinas?, el tubo c. 3.5 mm, el limbo tornándose abruptamente hipocrateriforme, la garganta c. 0.5 mm, los lobos c. 1.5 mm, más largos que la garganta, oblongo-ovados, las nervaduras conspicuamente divergentes de los márgenes, no separadas hasta la base del limbo; estilo con la base glabra, los apéndices densa y cortamente papilosos. Cipselas c. 3.5 mm, densamente espinoso-papilosas sobre las costillas, esparcidamente puberulentas entre ellas; vilano de cerdas c. 5 mm, escasamente

ensanchadas o escariosas en el ápice. *Selvas altas perennifolias.* G (*Standley 71313*, F). 1500-1700 m. (Endémica.)

31. Mikania vitifolia DC., *Prodr.* 5: 202 (1836). Holotipo: Brasil, *Gaudichaud 426* (P). Ilustr.: Williams, *Fieldiana, Bot.* 24(12): 479, t. 24 (1976).

Mikania punctata Klatt non Gardner, *Willoughbya vitifolia* (DC.) Kuntze.

Bejucos moderadamente toscos, escasamente ramificados, con glándulas pequeñas amarillentas; tallos teretes, generalmente pardos, marcadamente estriados, puberulentos a hirsutos, frecuentemente fistulosos. Hojas pecioladas; láminas mayormente 5-19 × 5-19 cm, anchamente triangular-ovadas, los márgenes laterales marcadamente angulados o agudamente rostrados en la parte más ancha, trinervias desde o cerca de la base, frecuentemente desde la acuminación basal, los pares de nervaduras secundarias divergiendo de los márgenes, llegando hasta el 1/5 distal de la lámina, ambas superficies obviamente glandulosas, la superficie adaxial pilosa, la superficie abaxial puberulenta a esparcidamente hirsútula, densamente puberulenta a hirsuta en las nervaduras más grandes, sin tomento, la base subtruncada a profundamente cordata, los márgenes subenteros a diminutamente denticulados, el ápice angostamente acuminado; pecíolo 2-11 cm. Capitulescencia piramidalmente tirsoide, con entrenudos más bien rectos progresivamente más cortos en longitud, las ramas tirsoides y patentes con agregados subcorimbiformes terminales; pedúnculos 1-3 mm. Cabezuelas 7-9 mm; brácteas subinvolucrales 1.5-2.5 mm, lineares; filarios c. 5 × 1 mm, angostamente oblongos, el ápice redondeado, esparcidamente puberulentos. Corolas c. 4.8-4.9 mm, blanquecinas, el tubo c. 2.5 mm, el limbo abrupta y anchamente campanulado, la garganta y los lobos c. 1.2 mm, las glándulas agregadas en el ápice; estilo con la base glabra, los apéndices cortamente papilosos. Cipselas 3-3.5 mm, esparcidamente glandulosas; vilano de cerdas c. 5 mm, blanquecinas, escasamente ensanchadas hacia el ápice o no ensanchadas. *Bosques de* Pinus, *vegetación secundaria, matorrales húmedos, selvas altas perennifolias.* Ch (*Nelson 3805*, US); B (*Gentle 1839*, US); G (*Lundell 15748*, US); H (*Wilson 107*, US); N (*Stevens 12869*, MO); CR (*King 6430*, US); P (*Peterson y Annable 7209*, US). 0-1800 m. (México, Mesoamérica, Colombia, Venezuela, Guayanas, Ecuador, Perú, Bolivia, Brasil, Paraguay, Argentina).

32. Mikania wedelii W.C. Holmes et McDaniel, *Phytologia* 33: 1 (1976). Holotipo: Panamá, *von Wedel 2041* (MO). Ilustr.: no se encontró.

Bejucos delgados, escasamente ramificados, con glándulas rojizas sobre los tallos, las hojas y filarios; tallos teretes, parduscos, glabros, frecuentemente fistulosos. Hojas pecioladas; láminas mayormente 4-8 × 1.5-3.2 cm, elípticas, con 2 pares de nervaduras secundarias ascendentes surgiendo en el 1/5 basal, subparalelas a los márgenes basales de la hoja, llegando hasta el 1/7 distal de la lámina, ambas superficies glabras con esparcidas glándulas emergentes, la base cortamente aguda, los márgenes enteros, el ápice cortamente agudo a cortamente acuminado; pecíolo 1-2.5 cm. Capitulescencia tirsoide, más larga que ancha, piramidal, con entrenudos generalmente rectos decreciendo en longitud, las ramas laxamente tirsoides, las cabezuelas individuales pedunculadas; pedúnculos generalmente 3-5 mm. Cabezuelas c. 5 mm; brácteas subinvolucrales c. 2.5 mm, 0.5-2 mm debajo del involucro, lineares; filarios c. 3 × 0.8 mm, oblongos, el ápice redondeado, completamente puberulentos y glandulosos. Corolas c. 4.5 mm, blanquecinas, con glándulas esparcidas generalmente sobre el tubo y los lobos, el tubo c. 1.5 mm, los lobos c. 1 mm, triangular-ovados, más cortos que la garganta; estilo con la base glabra, los apéndices cortamente papilosos. Cipselas 2-3 mm, completamente pelosas y glandulosas; vilano de cerdas c. 5 mm, blanquecinas, conspicuamente ensanchadas hacia el ápice. *Manglares, selvas altas perennifolias, remanentes de bosques.* P (*Peterson y Annable 6749*, US). 0-900 m. (Endémica.)

101. **Neomirandea** R.M. King et H. Rob.

Por H. Robinson.

Arbustos o árboles pequeños esparcida a densamente ramificados o epifíticos; tallos y hojas generalmente ligeramente carnosos. Hojas opuestas o muy rara vez ternadas, corta a largamente pecioladas; láminas angostamente elípticas hasta orbiculares, más bien carnosas o coriáceas, la nervadura trinervia a pinnada, ambas superficies glandulosas o no glandulosas, la base aguda a cordata. Capitulescencia anchamente corimboso-paniculada. Cabezuelas angostamente campanuladas, discoides, con 1-28 flores; filarios 9-28, subimbricados, ligera a conspicuamente graduados, los externos persistentes, los internos algunas veces deciduos; clinanto aplanado, sin páleas, la superficie esclerificada, glabra o pilosa; corola infundibuliforme con tubo generalmente indistinto y angosto, con tricomas por dentro o sin ellos, los lobos 5, cortamente triangulares a angostamente-oblongos, las superficies lisas, las células generalmente grandes, oblongas a laxamente subcuadrangulares, con paredes no sinuosas; anteras con el collar con numerosas células subcuadrangulares, sin engrosamientos ornamentando las paredes, el apéndice ovado a oblongo, 1-2 veces más largo que ancho, no truncado; estilo con la base glabra, con o sin nudo prominente, las ramas con apéndices lineares, lisos, escasamente ensanchados distalmente. Cipselas prismáticas, 5-acostilladas, rara vez estipitadas, el carpóforo corto con células subcuadrangulares de pared más bien delgada; vilano de 30-57 cerdas escábridas, algunas veces ensanchadas distalmente. Aprox. 28 spp. México (Jalisco) a Ecuador.

Bibliografía: King, R.M. y Robinson, H. *Phytologia* 19: 305-310 (1970); *Ann. Missouri Bot. Gard.* 62: 981-991 (1975 [1976]). Rodríguez González, A. *Lankesteriana* 5: 201-210 (2005).

1. Hojas con márgenes lobados a escasamente a gruesa y marcadamente serrados o cercanamente denticulados, las láminas anchamente ovadas a oblongo-ovadas hasta deltoides o suborbiculares o aceriformes, generalmente más de 8 cm de ancho; plantas generalmente terrestres en humus profundo.
2. Láminas de las hojas anchamente ovadas a oblongo-ovadas, los márgenes gruesamente serrados a dentados o denticulados, pinnatinervias.
3. Filarios hasta 10 × 2.5 mm; hoja con márgenes doblemente dentados.   **14. N. guevarae**
3. Filarios 2-6 × 1-1.5 mm; hoja con márgenes uniforme y escasamente a gruesamente serrados o denticulados.
4. Filarios externos ovados a suborbiculares; cabezuelas con 14-21 flores; tubo de la corola tan largo como el limbo o más largo que el limbo.   **15. N. homogama**
4. Filarios externos oblongos a elípticos; cabezuelas con 5-12 flores; tubo de la corola generalmente más corto que el limbo.   **21. N. standleyi**
2. Láminas de las hojas anchamente ovadas o deltoides o suborbiculares, los márgenes con lobos grandes, palmatinervias o trinervias.
5. Clinantos y la superficie interna de las corolas glabros; pecíolos con lobos estipuliformes en la base, generalmente con dientes cerca de las láminas.   **6. N. burgeri**
5. Clinantos y la superficie interna de las corolas pilósulos; pecíolos sin lobos estipuliformes en la base, sin dientes cerca de las láminas.
6. Plantas grisáceo-pelosas a lo largo de los nérvulos abaxialmente formando un conspicuo patrón reticulado; tallos y pecíolos puberulentos; superficie adaxial de la hoja diminutamente tuberculada.   **2. N. angularis**
6. Plantas amarillento-pelosas, la pubescencia más bien uniformemente distribuida sobre y entre nervaduras abaxialmente; tallos y pecíolos hirsutos o tomentosos; superficie adaxial de la hoja densamente pilosa o pilósula.   **12. N. folsomiana**
1. Hojas con márgenes enteros a remotamente y obtusamente serrulados o dentados, láminas ovadas u obovadas a elípticas, generalmente menos de

8 cm de ancho; plantas epifíticas con raíces algunas veces llegando hasta el suelo, rara vez arbustos terrestres.
7. Filarios externos orbiculares, 2-3 mm de ancho, los filarios internos marcadamente estriados.
8. Cabezuelas con c. 12 flores; lobos de la corola no glandulosos; pecíolos generalmente 2-3.5 cm.   **4. N. arthrodes**
8. Cabezuelas con 20-25 flores; lobos de la corola glandulosos; pecíolos generalmente 0.5-1 cm.   **7. N. carnosa**
7. Filarios externos ovados a oblongos, generalmente 1-1.5 mm de ancho, los filarios internos lisos o escasamente estriados.
9. Corolas hirsútulas por dentro; estilo con la base con nudo agrandado; pecíolos 1-6 cm.
10. Cabezuelas con 18-28 flores.   **3. N. araliifolia**
10. Cabezuelas con 1-6 flores.
11. Lobos de la corola angostamente oblongos, casi tres veces más largos que anchos, más largos que la garganta; filarios internos con los márgenes laciniados apicalmente; cabezuelas con 1-6 flores, frecuentemente menos de 5.   **5. N. biflora**
11. Lobos de la corola triangulares, menos de 2 veces más largos que anchos, más cortos que la garganta; filarios internos con los márgenes casi enteros apicalmente; cabezuelas con 5-6 flores.   **20. N. psoralea**
9. Corolas glabras por dentro; estilo con la base delgada, no agrandada; pecíolos 0.1-1.5(-9.5) cm.
12. Hojas regularmente verticiladas, 3 o 4 en cada nudo.
13. Capitulescencias péndulas; pecíolos 4-9.5 cm; cabezuelas con 11-16 flores.   **18. N. pendulissima**
13. Capitulescencias no péndulas; pecíolos 0.4-0.9 cm; cabezuelas con 5 o 6 flores.
14. Hojas 1.5-4.5 cm; cabezuelas 6-7 mm; pedúnculos 3-10 mm.   **9. N. costaricensis**
14. Hojas 4-10 cm; cabezuelas c. 8 mm; pedúnculos frecuentemente 10-15 mm.   **23. N. ternata**
12. Hojas opuestas, dos en cada nudo, rara vez ternadas.
15. Cabezuelas anchas, con c. 22 flores; filarios 18-20; ápices de las cerdas del vilano ensanchados por alas diminutamente serruladas.   **19. N. pithecobia**
15. Cabezuelas angostamente campanuladas, con 5-10 flores; filarios 15 o menos; ápices de las cerdas del vilano casi lisos.
16. Cabezuelas con 5 o 6 flores.
17. Láminas de las hojas pilosas al menos sobre la vena media cerca de la base, con tricomas toscos sobre pecíolos y tallos.   **10. N. croatii**
17. Láminas de las hojas glabras pero densamente glandulosas; pecíolos y tallos glabros o pubérulos.   **17. N. parasitica**
16. Cabezuelas con 7-10 flores.
18. Hojas subsésiles; pecíolos 0.1-0.5 cm.
19. Pedúnculos generalmente 8-30 mm, en agregados subumbelados; cipselas conspicuamente estipitadas.   **22. N. tenuipes**
19. Pedúnculos 1.5-6 mm, en capitulescencias densamente ramificadas; cipselas sésiles, no estipitadas.
20. Láminas de las hojas con los márgenes enteros, la superficie abaxial glabra; pecíolos bastante engrosados.   **1. N. allenii**
20. Láminas de las hojas con los márgenes remotamente serrulados, la superficie abaxial esparcidamente puberulenta; pecíolos angostos.   **13. N. gracilis**
18. Hojas conspicuamente pecioladas; pecíolos 0.5-1.2 cm.
21. Láminas de las hojas ovadas, subcarnosas, al secarse cartáceas, los nérvulos ligeramente prominentes; cipselas con numerosas sétulas cortas sobre las costillas y los costados distalmente.   **16. N. ovandensis**
21. Láminas de las hojas elípticas a obovadas, carnosas a coriáceas, sin nérvulos ligeramente prominentes; cipselas con pocas sétulas o sin ellas.

22. Hojas con ápice redondeado a cortamente obtuso; corolas angostamente tubulares, los lobos c. 1.5 veces más largos como anchos.　　**8. N. chiriquensis**

22. Hojas con ápice agudo a acuminado; corolas infundibuliformes, los lobos casi tan largos como anchos.　　**11. N. eximia**

1. Neomirandea allenii R.M. King et H. Rob., *Rhodora* 74: 273 (1972). Holotipo: Panamá, *Allen 3643* (NY!). Ilustr.: no se encontró.

Arbustos epifíticos, hasta 1.5 m; tallos diminutamente puberulentos. Hojas subsésiles; láminas mayormente 5-9 × 3-6 cm, anchamente elípticas a obovadas, carnosas, las nervaduras secundarias pinnadas, prominentes, ambas superficies glabras, punteado-glandulosas, la base obtusa a redondeada, los márgenes enteros, rara vez subserrulados, el ápice cortamente agudo a angostamente redondeado, subsésiles; pecíolo 0.3-0.5 cm, engrosado. Capitulescencia hasta 10 × 10 cm, anchamente corimbosa, densamente ramificada; pedúnculos c. 5 mm. Cabezuelas 8-9 mm, angostamente campanuladas; filarios c. 12, generalmente 2-3 × c. 0.5 mm, 2-seriados o 3-seriados, persistentes; clinanto glabro. Flores c. 10; corola c. 5 mm, rosada o color púrpura, glabra por dentro, los lobos c. 0.7 × 0.7 mm, triangulares, con numerosas glándulas; estilo con la base delgada, no agrandada. Cipselas 2.5-3 mm, con pocas glándulas largamente pediculadas y tricomas 1-seriados; vilano de cerdas c. 5 mm, las más largas con ápice obtuso agrandado, casi lisas. $2n = 34-40$. *Selvas altas perennifolias, bosques de neblina*. CR (*Herrera 3285*, US); P (*Allen 3643*, MO). 300-1400 m. (Mesoamérica, N. Colombia.)

2. Neomirandea angularis (B.L. Rob.) R.M. King et H. Rob., *Phytologia* 19: 307 (1970). *Eupatorium angulare* B.L. Rob., *Contr. Gray Herb.* 96: 19 (1931). Holotipo: Costa Rica, *Tonduz 12505* (GH!). Ilustr.: no se encontró. N.v.: Tora bueca, CR.

Eupatorium fistulosum B.L. Rob. non Barratt.

Hierbas toscas terrestres a árboles pequeños, 2-4 m, la base erecta con raíces fúlcreas; tallos grisáceo-puberulentos. Hojas pecioladas; láminas 10-27 × 10-27 cm, anchamente ovadas a suborbiculares, cartáceas, la nervadura 5-9-palmada desde la base, con poco o no agrandamiento en la unión de las nervaduras, la superficie adaxial esparcida y diminutamente pilósula y diminutamente tuberculada, la superficie abaxial punteado-glandulosa y grisáceo-pilosa sobre las nervaduras y nérvulos, tricomas formando un patrón reticulado conspicuo, la base truncada a ligeramente cordata, los márgenes marcadamente serrados, con 10-15 lobos dentados grandes incluyendo el lobo apical; pecíolo 5-20 cm, sin lobos estipuliformes en la base, sin dientes cerca de la lámina, puberulento. Capitulescencia hasta 25 × 30 cm, anchamente corimbosa; pedúnculos 3-8 mm. Cabezuelas c. 9 mm; filarios c. 12, 2.5-6 × hasta 1.5 mm, c. 3-seriados, los internos deciduos; clinanto pilósulo. Flores 8-10; corola c. 5 mm, color lavanda, pilósula por dentro, los lobos c. 1 mm, cortamente triangulares, punteado-glandulosos; estilo con la base agrandada. Cipselas c. 3 mm, glabras; vilano de cerdas c. 4.5 mm, escasamente ensanchadas en el ápice o no ensanchadas. $2n = c. 50$. *Selvas altas perennifolias, bosques de neblina, arroyos, vegetación secundaria, bosques de* Quercus. CR (*Wilbur y Stone 10489*, US). 400-3000 m. (Endémica.)

3. Neomirandea araliifolia (Less.) R.M. King et H. Rob., *Phytologia* 19: 307 (1970). *Eupatorium araliifolium* Less., *Linnaea* 6: 403 (1831). Holotipo: México, Veracruz, *Schiede y Deppe 1242 bis* (B, destruido). Ilustr.: King y Robinson, *Ann. Missouri Bot. Gard.* 62: 985, t. 29 (1975). N.v.: Matapalo, G; matapalo, H.

Eupatorium altiscandens McVaugh, *E. heterolepis* B.L. Rob., *E. omphaliifolium* Kunth et Bouché.

Arbustos epifíticos, hasta 4 m; raíces estranguladoras; tallos glabros. Hojas pecioladas; láminas mayormente 10-23 × 3.5-9 cm, elípticas a elíptico-ovadas, carnosas, pinnatinervias, ambas superficies gla-

bras, no glandulosas, la base obtusa a cortamente aguda, los márgenes enteros, el ápice marcadamente agudo; pecíolo hasta 6 cm. Capitulescencia hasta 12 × 12 cm, anchamente corimbosa; pedúnculos c. 5 mm. Cabezuelas c. 10 mm; filarios c. 25-28, 3-seriados o 4-seriados, los externos generalmente 2-4 × 1-1.5 mm, ovados a oblongos, los internos hasta 7 × 1.2 mm, deciduos, lisos o escasamente estriados, frecuentemente laciniados apicalmente; clinanto puberulento. Flores 18-28; corola c. 5 mm, blanca, hirsútula por dentro, los lobos c. 1 mm, cortamente triangulares, no glandulosos; estilo con la base agrandada. Cipselas c. 3 mm, densa y diminutamente puberulentas; vilano de cerdas 5-5.5 mm, escasamente ensanchadas apicalmente. *Selvas altas perennifolias, bosques alterados, selvas medianas perennifolias.* T (Villaseñor, 1989: 57); Ch (*Breedlove 24059*, US); B (*Gentle 5234*, US); G (*Skutch 2122*, US); H (*Standley 56785*, US); ES (*Rodríguez et al. 4028*, MO); N (*Molina R. 20405*, US); CR (*Standley y Valerio 46370*, US); P (*Allen 1361*, US). 20-2800 m. (México [Jalisco, Veracruz], Mesoamérica.)

4. Neomirandea arthrodes (B.L. Rob.) R.M. King et H. Rob., *Phytologia* 19: 308 (1970). *Eupatorium arthrodes* B.L. Rob., *Contr. Gray Herb.* 68: 8 (1923). Sintipo: Costa Rica, *Tonduz 12430* (US!). Ilustr.: no se encontró.

Arbustos epifíticos hasta 3 m; raíces algunas veces llegando hasta el suelo; tallos glabros. Hojas pecioladas; láminas mayormente 6-12 × 3-5 cm, anchamente elípticas, carnosas, pinnatinervias, ambas superficies glabras, no glandulosas, la base cortamente aguda, los márgenes escasa a conspicuamente serrulados, el ápice cortamente acuminado; pecíolo 2-3.5 cm. Capitulescencia hasta 10 × 25 cm, anchamente corimbosa; pedúnculos c. 5 mm. Cabezuelas c. 10 mm; filarios c. 20, 1-7 × 2-3 mm, 4-seriados, ápices anchamente redondeados, los externos orbiculares, los internos marcadamente estriados; clinanto diminuta y esparcidamente puberulento. Flores c. 12; corola c. 6 mm, color lavanda, glabra por dentro, los lobos c. 0.5 mm, cortamente triangulares, no glandulosos; estilo con la base delgada, no agrandada. Cipselas c. 2.8 mm, diminutamente escábridas sobre la base y las costillas; vilano de cerdas c. 5 mm, escasamente ensanchadas apicalmente. $2n = 34$. *Bosques de neblina, selvas medianas perennifolias, matorrales riparios.* CR (*Grayum y Sleeper 3828*, US); P (*Sytsma y Andersson 4687*, US). 400-2000 m. (Endémica.)

5. Neomirandea biflora R.M. King et H. Rob., *Phytologia* 29: 351 (1975 [1974]). Holotipo: Costa Rica, *King 6762* (US!). Ilustr.: no se encontró.

Eupatorium oreophilum L.O. Williams, *Neomirandea pseudopsoralea* R.M. King et H. Rob., *N. turrialbae* R.M. King et H. Rob.

Arbustos o bejucos epifíticos, 1-15 m, con raíces frecuentemente llegando hasta el suelo; tallos esparcidamente puberulentos a glabros. Hojas pecioladas; láminas 5-14 × 2-6 cm, elípticas a ovadas, generalmente carnosas, pinnatinervias, ambas superficies glabras, no glandulosas, la base obtusa a cortamente aguda, los márgenes enteros, el ápice escasamente acuminado; pecíolo 1-2 cm. Capitulescencia hasta 30 × 30 cm, anchamente piramidal a redondeada, las cabezuelas sésiles o subsésiles en agregados de 2-3; pedúnculos 0-1 mm. Cabezuelas 10-12 mm; filarios c. 20, 1-5 × 1-1.3 mm, c. 4-seriados o 5-seriados, los externos ovados a oblongos, los internos generalmente deciduos, lisos o escasamente estriados, laciniados apicalmente; clinanto con pocos tricomas diminutos. Flores 1-6, frecuentemente menos de 5; corola c. 5.5 mm, color lavanda pálido, hirsútula por dentro, los lobos c. 2.5 × 0.8 mm, casi 3 veces más largos que anchos, más largos que la garganta, angostamente oblongos, glabros; estilo con la base agrandada. Cipselas c. 3.5 mm, escasa y remotamente escábridas sobre las costillas; vilano de cerdas c. 6 mm, escasamente ensanchadas en el ápice. $2n = c. 50$. *Bosques de neblina, subpáramos.* CR (*King 6835*, US); P (*Croat y Porter 16056*, MO). 1100-3200 m. (Endémica.)

6. Neomirandea burgeri R.M. King et H. Rob., *Phytologia* 24: 282 (1972). Holotipo: Costa Rica, *King 6413* (US!). Ilustr.: no se encontró.

Neomirandea grosvenorii R.M. King et H. Rob., *N. panamensis* R.M. King et H. Rob.

Hierbas toscas erectas a árboles pequeños, hasta 13 m, terrestres en humus profundo, con rizomas reptantes o raíces fúlcreas; tallos subglabros a densamente granuloso-puberulentos. Hojas pecioladas; láminas hasta 25 × 25-29 cm, orbiculares a anchamente deltoides o aceriformes, cartáceas, 5-7-palmatinervias, con o sin nudo agrandado en la unión de las nervaduras, ambas superficies con pequeñas puntuaciones glandulares, la superficie adaxial esparcidamente puberulenta, la superficie abaxial puberulenta a tomentosa sobre las nervaduras y los nérvulos, la base ligeramente cordata, los márgenes muy irregulares con 7-10 lobos grandes agudos a angostamente acuminados, gruesamente serrados y denticulados, el ápice acuminado; pecíolo 10-30 cm, con lobos estipuliformes en la base, generalmente con un ala marcadamente dentada cerca de la lámina. Capitulescencia 15-30 × 22-38 cm, anchamente corimbosa; pedúnculos 1-4 mm. Cabezuelas 7-10 mm; filarios c. 15, 1.5-7 × 1-1.5 mm, 4-seriados o 5-seriados, papiráceos, los más internos ligeramente deciduos; clinanto glabro. Flores 5 o 6; corola 4.5-7 mm, blanca hasta color lavanda pálido, glabra por dentro, los lobos 1.2-1.5 × 0.4-0.5 mm, oblongos, con pocas puntuaciones glandulares y tricomas cortos distalmente; estilo con la base agrandada. Cipselas 2.5-4 mm, glabras a esparcidamente setulosas o glandulosas distalmente; vilano de cerdas 4-5 mm, no ensanchadas en el ápice. *2n* = c. 40. *Selvas medianas perennifolias, selvas bajas perennifolias, quebradas, laderas arboladas.* CR (*King 6823*, US); P (*Allen 4954*, MO). 2100-2800 m. (Endémica.)

7. Neomirandea carnosa (Kuntze) R.M. King et H. Rob., *Phytologia* 19: 308 (1970). *Eupatorium carnosum* Kuntze, *Revis. Gen. Pl.* 1: 337 (1891). Holotipo: Costa Rica, *Kuntze s.n.* (NY!). Ilustr.: no se encontró.

Arbustos o bejucos epifíticos, hasta 1 m; raíces algunas veces llegando hasta el suelo; tallos glabros. Hojas pecioladas; láminas mayormente 7-11 × 2.5-4 cm, angostamente ovadas a elípticas, ligeramente carnosas, pinnatinervias, ambas superficies glabras, diminutamente punteado-glandulosas, la base obtusa a cortamente aguda, los márgenes remotamente subserrulados, el ápice cortamente acuminado; pecíolo 0.5-1 cm. Capitulescencia hasta 5 × 8 cm, anchamente corimbosa; pedúnculos 2-22 mm. Cabezuelas 9-11 mm; filarios 20-25, 2-8 × 2-3 mm, c. 5-seriados, los ápices anchamente redondeados, los externos orbiculares, los internos marcadamente estriados, ligeramente deciduos; clinanto glabro. Flores 20-25; corola c. 6 mm, color lavanda, glabra por dentro, los lobos c. 0.5 mm, cortamente triangulares, glandulosos; estilo con la base delgada, no agrandada. Cipselas c. 2.8 mm, glabras con la base escabriúscula; vilano de cerdas c. 6 mm, escasamente ensanchadas en el ápice. *Paredones.* CR (*Lobo 435*, US); P (Rodríguez González, 2005: 205). 700-1700 m. (Endémica.)

8. Neomirandea chiriquensis R.M. King et H. Rob., *Phytologia* 27: 245 (1973). Holotipo: Panamá, *Stern et al. 1086* (MO!). Ilustr.: no se encontró.

Arbustos epifíticos hasta 1.5 m; tallos glabros. Hojas distintamente pecioladas; láminas 6-11 × 2.5-6.5 cm, anchamente elípticas a obovadas, carnosas a coriáceas, la nervadura pinnati-ascendente, sin nérvulos ligeramente prominentes, ambas superficies glabras, esparcidamente glandulosas, la base obtusa a cortamente aguda, los márgenes enteros, el ápice redondeado a cortamente obtuso; pecíolo 0.5-1 cm. Capitulescencia hasta 10 × 10 cm, anchamente corimbosa; pedúnculos 5-10 mm. Cabezuelas c. 7 mm, angostamente campanuladas; filarios c. 15, 1.5-5 × 0.7-1 mm, c. 3-seriados, persistentes; clinanto glabro o diminutamente espiculífero. Flores 8-10; corola c. 4 mm, angosta-

mente tubular, blanca, tornándose rojo-color violeta, glabra por dentro, los lobos c. 0.8 mm, 1.5 veces más largos como anchos, glabros; estilo con la base delgada, no agrandada. Cipselas c. 2.5 mm, generalmente glabras, con pocas espículas distalmente; vilano de cerdas generalmente c. 3.5 mm, ligeramente ensanchadas en el ápice, casi lisas. *Selvas medianas perennifolias.* P (*Schmalzel y Todzia 2023*, MO). 1400-2500 m. (Endémica.)

9. Neomirandea costaricensis R.M. King et H. Rob., *Phytologia* 19: 308 (1970). Holotipo: Costa Rica, *King 5389* (US!). Ilustr.: no se encontró.

Arbustos epifíticos o terrestres 0.5-0.7 m; tallos glabros. Hojas ternadas; láminas 1.5-4.5 × 0.7-1.7 cm, elípticas a obovadas, carnosas, la nervadura inconspicua, pinnati-ascendente, ambas superficies glabras con pequeñas puntuaciones glandulares, la base aguda, los márgenes enteros o distalmente subserrulados, el ápice obtuso a cortamente agudo; pecíolo 0.4-0.5 cm. Capitulescencia hasta 9 × 14 cm, anchamente corimbosa, no péndula; pedúnculos 3-10 mm. Cabezuelas 6-7 mm, angostamente campanuladas; filarios c. 9, 2-3.5 × 1-1.2 mm, 2-seriados o 3-seriados, persistentes; clinanto glabro. Flores 5 o 6; corola 5-5.5 mm, color lavanda, glabra por dentro, los lobos c. 0.7 mm, cortamente triangulares, glandulosos; estilo con la base delgada, no agrandada. Cipselas c. 3 mm, glabras; vilano de cerdas c. 5 mm, escasamente ensanchadas en el ápice, casi lisas. *2n* = 34. *Áreas de sombra parcial (umbrófilo), áreas abiertas.* N (Rodríguez González, 2005: 205); CR (*King 6791*, US). 1500-2900 m. (Endémica.)

10. Neomirandea croatii R.M. King et H. Rob., *Phytologia* 29: 352 (1975 [1974]). Holotipo: Panamá, *Croat 26452* (US!). Ilustr.: no se encontró.

Arbustos epifíticos hasta 1 m; tallos densamente hirsutos con tricomas toscos, la base persistente. Hojas pecioladas; láminas mayormente 5.5-9.5 × 3-6.5 cm, anchamente elípticas a obovadas, escasamente carnosas a coriáceas, las nervaduras secundarias pinnadas, conspicuas, la superficie adaxial esparcidamente hispídula, la superficie abaxial pilosa al menos sobre la vena media cerca de la base, la base obtusa, los márgenes enteros, el ápice escasa y cortamente acuminado; pecíolo 0.5-1 cm, tricomas toscos. Capitulescencia hasta 12 × 15 cm, anchamente corimbosa; pedúnculos 2-9 mm. Cabezuelas c. 9 mm, angostamente campanuladas; filarios 8-9, 3-6 × 0.8-1 mm, c. 3-seriados, persistentes; clinanto diminutamente puberulento. Flores c. 5; corola 5-6 mm, color lavanda, glabra por dentro, los lobos c. 0.8 × 0.8 mm, esparcidamente punteado-glandulosos y diminutamente puberulentos; estilo con la base delgada, no agrandada. Cipselas 2.5-3 mm, generalmente glabras, cortamente setulosas cerca de la base y del ápice; vilano de cerdas 5-6 mm, el ápice de las cerdas escasamente ensanchado, casi liso. *Bosques de neblina, selvas bajas perennifolias.* CR (*Croat 36108*, MO); P (*Sytsma et al. 4870*, US). 900-2100 m. (Endémica.)

11. Neomirandea eximia (B.L. Rob.) R.M. King et H. Rob., *Phytologia* 19: 309 (1970). *Eupatorium eximium* B.L. Rob., *Contr. Gray Herb.* 73: 11 (1924). Holotipo: Costa Rica, *Maxon y Harvey 7941* (GH). Ilustr.: no se encontró.

Arbustos epifíticos pequeños, 1-2 m; tallos glabros. Hojas distintamente pecioladas; láminas mayormente 3.5-8 × 1.5-3 cm, elípticas, carnosas, la nervadura pinnati-ascendente, sin nérvulos ligeramente prominentes, ambas superficies glabras, no glandulosas, la base aguda, los márgenes enteros a remotamente subserrulados, el ápice cortamente acuminado; pecíolo 0.7-1.2 cm. Capitulescencia hasta 11 × 20 cm, anchamente corimbosa; pedúnculos 9-14 mm. Cabezuelas c. 10 mm, angostamente campanuladas; filarios c. 15, 1.5-5 × c. 1 mm, c. 3-seriados, persistentes; clinanto glabro. Flores 7-10; corola 4-5 mm, infundibuliforme, color púrpura, glabra por dentro, los lobos c. 0.6 mm, casi tan largos como anchos, glabros o con pocos tricomas diminutos; estilo con la base delgada, no agrandada. Cipselas 2.5-3 mm, glabras o con pocas sétulas; vilano de cerdas 4-5 mm, escasamente ensanchadas en el ápice, casi lisas. $2n = 34$. *Bosques de neblina, bosques de* Quercus, *laderas, vegetación arbustiva.* CR (*Davidse et al. 28854*, US); P (*Churchill y Churchill 6052*, US). 900-3100 m. (Endémica.)

12. Neomirandea folsomiana M.O. Dillon et D'Arcy, *Ann. Missouri Bot. Gard.* 65: 766 (1978 [1979]). Holotipo: Panamá, *D'Arcy 11330* (MO). Ilustr.: Dillon y D'Arcy, *Ann. Missouri Bot. Gard.* 65: 768, t. 1 (1978 [1979]).

Hierbas erectas terrestres a árboles pequeños, la base erecta con raíces fúlcreas; tallos y pecíolos densa y gruesamente amarillentohirsutos o tomentosos. Hojas pecioladas; láminas mayormente 15-23 × 13-24 cm, en general anchamente ovadas a deltoides, cartáceas, la nervadura 3-5-palmada desde cerca de la base, sin nudo agrandado en la unión de las nervaduras, la superficie adaxial densamente amarillentopilosa o pilósula, más densamente abaxialmente, los tricomas más bien uniformemente distribuidos sobre y entre las nervaduras, la base subtruncada a ligeramente cordata, los márgenes con 5-9 lobos acuminados grandes incluyendo el ápice y densa y cercanamente serrados; pecíolo 6-16 cm, sin lobos estipuliformes en la base, sin dientes cerca de la lámina. Capitulescencia hasta 17 × 30 cm, anchamente corimbosa; pedúnculos 1-5 mm. Cabezuelas 6-8 mm; filarios c. 20, 3-6 × 1.5-2 mm, c. 4-seriados, los internos deciduos, el ápice obtuso; clinanto pilósulo. Flores 10-13; corola c. 6 mm, color púrpura, pilósula por dentro, los lobos c. 0.8 × 0.5 mm, con tricomas y glándulas; estilo con la base agrandada. Cipselas c. 3 mm, glabras; vilano de cerdas c. 5 mm, escasamente ensanchadas en el ápice o no ensanchadas. *Laderas arboladas, bosques de neblina, campos cultivados.* P (*Mori y Dressler 7828*, US). 700-2100 m. (Endémica.)

13. Neomirandea gracilis R.M. King et H. Rob., *Phytologia* 29: 353 (1975 [1974]). Holotipo: Panamá, *Croat 27701* (US!). Ilustr.: no se encontró.

Arbustos epifíticos, hasta 1 m; tallos puberulentos, tornándose glabros proximalmente. Hojas subsésiles; láminas mayormente 4-8 × 1.5-3 cm, oblongo-elípticas, cartáceas, las nervaduras secundarias pinnadas e inconspicuas, ambas superficies punteado-glandulosas, esparcidamente puberulentas, la base y el ápice obtusos a cortamente agudos, los márgenes remotamente serrulados; pecíolo 0.1-0.2 cm, angosto. Capitulescencia c. 3.5 × 4.5 cm, una panícula corimbosa pequeña, densamente ramificada; pedúnculos 1.5-6 mm. Cabezuelas c. 6 mm, angostamente campanuladas; filarios c. 12, 1.5-2.5 × c. 0.4 mm, c. 2-seriados, persistentes, angostamente oblongos; clinanto glabro. Flores 8 o 9; corola c. 4 mm, color lavanda, glabra por dentro, los lobos c. 0.45 × 0.45 mm, triangulares, las glándulas numerosas; estilo con la base delgada, no agrandada. Cipselas c. 1.7 mm, puberulentas y glandulosas; vilano de cerdas c. 4 mm, escasamente ensanchadas en el ápice, lisas. *Bosques húmedos.* P (*Croat 27701*, US). 400-600 m. (Endémica.)

14. Neomirandea guevarae R.M. King et H. Rob., *Phytologia* 24: 283 (1972). Holotipo: Costa Rica, *King 6420* (US!). Ilustr.: no se encontró.

Hierbas erectas o subarbustos, hasta 4 m, terrestres en humus profundo, las bases con raíces fúlcreas; tallos glabros. Hojas pecioladas; láminas mayormente 10-18 × 6-12 cm, anchamente ovadas a oblongo-ovadas, cartáceas, pinnatinervias, ambas superficies generalmente glabras, algunas veces abaxialmente con tricomas toscos entre las nervaduras más grandes, la base cortamente obtusa a ligeramente cordata, los márgenes doblemente dentados con numerosos dientes grandes y pequeños, el ápice angosta y cortamente acuminado; pecíolo 6-10 cm, sin lobos o dientes. Capitulescencia hasta 23 × 35 cm, anchamente corimbosa; pedúnculos 3-9 mm, subglabros con líneas puberulentas. Cabezuelas c. 10 mm; filarios, c. 15, 2.5-10 × 2-2.5 mm, 3-seriados o

4-seriados, los internos deciduos, el ápice anchamente redondeado; clinanto glabro. Flores 6-10; corola 10-12 mm, color lavanda, con tricomas por dentro, los lobos c. 1 × 0.75 mm, triangulares, con pocas glándulas; estilo con la base agrandada. Cipselas c. 4 mm, glabras o diminutamente setulosas distalmente; vilano de cerdas 5-6 mm, escasamente ensanchadas en el ápice o no ensanchadas. $2n = $ c. 50. *Selvas medianas perennifolias, selvas altas perennifolias, laderas.* CR (*Burger y Gentry 8513*, US). 900-2100 m. (Endémica.)

15. Neomirandea homogama (Hieron.) H. Rob. et Brettell, *Phytologia* 28: 62 (1974). *Liabum homogamum* Hieron., *Bot. Jahrb. Syst.* 28: 626 (1901). Isotipo: Colombia, *Lehmann 5972* (US!). Ilustr.: no se encontró.

Eupatorium hitchcockii B.L. Rob.

Hierbas toscas, subarbustos o bejucos desparramados, hasta 5 m, terrestres en humus profundo o algunas veces epifíticas, la base con raíces fúlcreas; tallos subglabros. Hojas pecioladas; láminas mayormente 10-30 × 5-24 cm, anchamente ovadas a oblongo-ovadas, cartáceas a escasamente carnosas, pinnatinervias, ambas superficies glabras, no glandulosas, la base obtusa a subcordata, los márgenes uniformemente serrados a denticulados, el ápice marcadamente agudo a escasa y cortamente acuminado; pecíolo 4-14 cm, sin lobos o dientes. Capitulescencia hasta 20 × 20 cm, anchamente corimbosa; pedúnculos 3-12 mm. Cabezuelas 9-11 mm; filarios 20-25, 2-6 × 1-1.5 mm, 3-seriados o 4-seriados, los externos ovados a suborbiculares, los internos deciduos, cortamente agudos a angostamente redondeados; clinanto puberulento. Flores 14-21; corola 5-7 mm, color lavanda a púrpura, con tricomas por dentro, el tubo tan largo como el limbo o más largo, los lobos 0.8-0.9 × 0.6 mm, triangulares, con pocas glándulas y tricomas cortos; estilo con la base agrandada. Cipselas 3-4 mm, glabras; vilano de cerdas generalmente 5-7 mm, escasamente ensanchadas en el ápice o no ensanchadas. *Bosques de neblina, matorrales.* P (*McPherson 10691*, US). 500-1300 m. (Mesoamérica, Colombia, Ecuador.)

16. Neomirandea ovandensis R.M. King et H. Rob., *Phytologia* 19: 309 (1970). Holotipo: México, Chiapas, *Matuda 3917* (US!). Ilustr.: no se encontró.

Eupatorium molinae L.O. Williams.

Arbustos epifíticos pequeños, c. 1 m; tallos glabros a esparcidamente puberulentos. Hojas 10- pecioladas; láminas 12 × 3.5-5 cm, conspicuamente ovadas, las nervaduras secundarias pinnado-ascendentes, con un retículo de nérvulos ligeramente prominente, subcarnosas, cartáceas al secarse, ambas superficies glabras, la base obtusa a redondeada, los márgenes enteros a remotamente subserrulados, el ápice angostamente agudo; pecíolo 0.5-1.2 cm. Capitulescencia 5-8 × 8-13 cm, anchamente corimbosa; pedúnculos 3-8 mm. Cabezuelas c. 11 mm, angostamente campanuladas; filarios c. 9, 2.5-5 × 0.8-1 mm, c. 3-seriados, angostamente lanceolados, persistentes. Flores 9 o 10; corola 10-12 mm, color lavanda, glabra por dentro, los lobos c. 1 × 0.8 mm, triangulares, con pocas glándulas diminutas y tricomas; estilo con la base delgada, no agrandada. Cipselas c. 4 mm, con numerosas sétulas cortas sobre las costillas y los costados distalmente; vilano de cerdas 5-5.5 mm, no ensanchadas en el ápice, casi lisas. *Bosques mixtos.* Ch (*Breedlove 41626*, CAS); G (Williams, 1976: 86). 2000-2500 m. (Endémica.)

Williams (1976a) y Turner (1997a) trataron este taxón como *Eupatorium molinae*. Williams (1976) registró este taxón de Guatemala basado en *Williams et al. 26863* (F), pero me ha sido imposible verificar este registro.

17. Neomirandea parasitica (Klatt) R.M. King et H. Rob., *Phytologia* 19: 309 (1970). *Eupatorium parasiticum* Klatt, *Ann. K.K. Naturhist. Hofmus.* 9: 357 (1894). Holotipo: Costa Rica, *Endrès 147* (W). Ilustr.: no se encontró.

Eupatorium orogenes L.O. Williams.

Arbustos epifíticos, hasta 1 m; tallos esparcidamente puberulentos y punteado-glandulosos. Hojas pecioladas; láminas mayormente 4.5-11 × 1.5-4.5 cm, elípticas, carnosas, las nervaduras secundarias pinnadas, escasa y ligeramente prominentes, ambas superficies glabras, densamente glandulosas, la base cortamente aguda, los márgenes subenteros a remotamente subserrulados, el ápice cortamente agudo con acuminación corta reducida; pecíolo 0.2-1 cm, glabro o escasamente puberulento. Capitulescencia 5-10 × 6-16 cm, anchamente corimbosa; pedúnculo 2-7 mm. Cabezuelas 6-8 mm, angostamente campanuladas; filarios c. 10, 1.5-3 × 0.5-0.7 mm, c. 3-seriados, persistentes; clinanto glabro. Flores 5 o 6; corola c. 4 mm, color púrpura, glabra por dentro, los lobos c. 0.5 × 0.5 mm, triangulares, con numerosas glándulas; estilo con la base delgada. Cipselas c. 3 mm, diminutamente setulosas distalmente y cerca de la base; vilano de cerdas 4-4.5 mm, escasamente ensanchadas en el ápice, casi lisas. $2n$ = c. 34. *Selvas medianas perennifolias, selvas altas perennifolias, bosques de neblina, bordes de bosques.* CR (*Standley y Valerio 49988*, US); P (*Croat 59947*, US). 500-2300 m. (Endémica.)

La cita de esta especie en Honduras (Nelson, 2008: 169, como *Eupatorium parasiticum*) y en Nicaragua (Dillon et al., 2001: 327, como *E. parasiticum*) no fue verificada.

18. Neomirandea pendulissima Al. Rodr., *Lankesteriana* 5: 207 (2005). Isotipo: Costa Rica, *Angulo et al. 26* (US!). Ilustr.: Rodríguez González, *Lankesteriana* 5: t. 1 (2005).

Arbustos epifíticos, hasta c. 1 m; tallos teretes, estriados, glabros, la médula con series de celdas lenticulares. Hojas verticiladas, 3 o 4 en cada nudo, pecioladas; láminas 12-21 × 4-9 cm, elípticas a ovado-elípticas, pinnatinervias, con 8-12 pares de nervaduras secundarias evidentes, ambas superficies glabrescentes a esparcidamente puberulentas, no glandulosas, la base obtusa a cuneada, los márgenes enteros a subcrenulados o dentados, el ápice agudo a acuminado; pecíolo 4-9.5 cm. Capitulescencia c. 8 × 10-20 cm, una panícula tirsoide péndula, densamente ramificada; pedúnculos 1-5 mm. Cabezuelas c. 8 × 5 mm, angostamente campanuladas; filarios c. 30, 1.25-6 × 0.5-1 mm, 3-seriados o 4-seriados, oblongos a oblongo-lanceolados, angostamente obtusos, puberulentos cerca de los márgenes, los filarios más internos ligeramente deciduos; clinanto cortamente puberulento. Flores 11-16; corola 6.5-7.5 mm, color lavanda, glabra por dentro, los lobos 0.35-0.5 mm, cortamente triangulares, glabros, no glandulosos; estilo con la base agrandada. Cipselas 2-2.5 mm, con pequeñas sétulas generalmente sobre las costillas; vilano de cerdas 5.5.-6.5 mm, no ensanchadas apicalmente. *Bosques lluviosos.* CR (*Morales 10206*, MO). c. 1000 m. (Endémica.)

19. Neomirandea pithecobia (B.L. Rob.) R.M. King et H. Rob., *Phytologia* 19: 309 (1970). *Eupatorium pithecobium* B.L. Rob., *Contr. Gray Herb.* 77: 28 (1926). Holotipo: Costa Rica, *Standley 42181* (GH!). Ilustr.: no se encontró.

Arbustos epifíticos, hasta 1.3 m; tallos esparcidamente puberulentos. Hojas pecioladas; láminas 5-12 × 2-5 cm, elípticas a ovado-elípticas, subcarnosas, cartáceas al secarse, las nervaduras secundarias pinnado-ascendentes, escasa y ligeramente prominentes o no prominentes, ambas superficies con numerosas puntuaciones glandulares, la superficie adaxial esparcidamente puberulenta, la superficie abaxial puberulenta sobre la vena media, la base y el ápice agudos a cortamente acuminados, los márgenes remotamente serrulados; pecíolo 1-1.5 cm. Capitulescencia hasta 8 × 9 cm, ancha y abiertamente corimbosa; pedúnculos 10-25 mm. Cabezuelas 9-11 mm, anchas; filarios c. 18-20, 2-5 × 1-1.3 mm, c. 4-seriados, persistentes; clinanto glabro. Flores c. 22; corola c. 5.5 mm, color lavanda, glabra por dentro, los lobos c. 0.6 × c. 0.6 mm, triangulares, más cortos que la garganta, con glándulas pequeñas; estilo con la base delgada. Cipselas c. 3.5 mm, densamente escabriúsculas; vilano de cerdas c. 5 mm, el ápice ensanchado por alas diminutamente serruladas. *Selvas altas perennifolias.* CR (*Standley 42727*, US). 2100-2400 m. (Endémica.)

20. Neomirandea psoralea (B.L. Rob.) R.M. King et H. Rob., *Phytologia* 19: 308 (1970). *Eupatorium psoraleum* B.L. Rob., *Proc. Boston Soc. Nat. Hist.* 31: 253 (1904). Holotipo: Costa Rica, *Tonduz 12589* (CR). Ilustr.: no se encontró.

Arbustos epifíticos, c. 1 m; tallos glabros. Hojas pecioladas; láminas 4-11 × 1.5-3.5 cm, elípticas a ovado-elípticas, carnosas, las nervaduras secundarias pinnado-ascendentes e inconspicuas, ambas superficies glabras, no glandulosas, la base y el ápice agudos a escasa y cortamente acuminados, los márgenes enteros; pecíolo 1-2.5 cm. Capitulescencia 8-12 × 10-20 cm, anchamente piramidal; pedúnculos 2-5 mm. Cabezuelas 7-8 mm; filarios 18-20, 1-5 × 1-1.5 mm, c. 4-seriados o 5-seriados, los externos ovados a oblongos, los internos deciduos, lisos o escasamente estriados en el ápice redondeado, casi entero; clinanto con pocos tricomas diminutos. Flores 5 o 6; corola c. 5 mm, color lavanda, hirsútula por dentro, los lobos c. 1 × c. 0.5 mm, triangulares a oblongo-triangulares, menos de 2 veces más largos que anchos, más cortos que la garganta, glabros; estilo con la base agrandada. Cipselas 2-2.5 mm, escasamente escábridas sobre las costillas; vilano de cerdas c. 5 mm, escasamente ensanchadas apicalmente. $2n$ = c. 34. *Bosques de neblina, potreros.* CR (*Stevens 14134*, US). 1100-3000 m. (Endémica.)

21. Neomirandea standleyi (B.L. Rob.) R.M. King et H. Rob., *Phytologia* 19: 308 (1970). *Eupatorium standleyi* B.L. Rob., *Contr. Gray Herb.* 77: 40 (1926). Holotipo: Costa Rica, *Standley 39288* (US!). Ilustr.: no se encontró.

Eupatorium brenesii Standl.

Hierbas toscas, bejucos o arbustos, hasta 3 m, terrestres en humus profundo, algunas veces epifíticas; tallos esencialmente glabros. Hojas pecioladas; láminas mayormente 10-17 × 7-15 cm, anchamente ovadas a oblongo-ovadas, cartáceas a escasamente carnosas, pinnatinervias, las nervaduras secundarias basales más cercanas y más patentes, ambas superficies glabras o esparcida y diminutamente puberulentas abaxialmente, no glandulosas, la base cortamente aguda a subtruncada, los márgenes leve a gruesamente serrados, el ápice marcadamente agudo a cortamente acuminado; pecíolo 2.5-7 cm. Capitulescencia hasta 40 × 30 cm, una panícula laxa algunas veces alargada con ramas corimbosas; pedúnculos generalmente 2-5 mm. Cabezuelas c. 7 mm; filarios 18-20, 2-5 × 1-1.3 mm, c. 3-seriados, los externos oblongos a elípticos, los internos ligeramente deciduos; clinanto con pocos tricomas diminutos. Flores 5-12; corola 4.5-5 mm, color lavanda, con tricomas por dentro, el tubo generalmente más corto que el limbo, los lobos 0.7-0.8 × c. 0.7 mm, triangulares, con pocos tricomas cortos y puntuaciones glandulares; estilo con la base agrandada. Cipselas c. 2 mm, diminutamente setulosas hasta en parte glabras; vilano de cerdas 4-5 mm, escasamente ensanchadas en el ápice o no ensanchadas. $2n$ = c. 50. *Laderas, selvas altas perennifolias, quebradas.* N (Dillon et al., 2001: 327, como *Eupatorium standleyi*); CR (*Burger 4132*, US); P (*Sytsma et al. 4906*, US). 500-2300 m. (Endémica.)

No se pudo verificar la presencia en Honduras (Nelson, 2008: 170, como *Eupatorium standleyi*).

22. Neomirandea tenuipes R.M. King et H. Rob., *Phytologia* 58: 264 (1985). Holotipo: Panamá, *Folsom et al. 4768* (US!). Ilustr.: no se encontró.

Arbustos epifíticos, c. 0.5 m; tallos verrugosos, con pubescencia evanescente y fina. Hojas subsésiles; láminas mayormente 1.7-2.8 × 0.4-0.8 cm, angostamente elípticas, cartáceas, las nervaduras secundarias 2 o 3 a cada lado, débiles, marcadamente pinnado-ascendentes, ambas superficies glabras, densamente punteado-glandulosas, la base angostamente aguda, los márgenes remotamente 2-4-serrulados distalmente, el ápice cortamente agudo; pecíolo 0.1-0.3 cm. Capitulescencia hasta 3 × 5 cm, un agregado subumbelado con numerosos pedúnculos sin ramificar o una vez ramificados desde la base; pedúnculos generalmente 8-20 mm. Cabezuelas c. 8 mm, angostamente campanuladas;

filarios externos 8-10, 2-4 × 1-1.5 mm, erecto-patentes, oblongos a ovados, el ápice redondeado; filarios internos persistentes 9-10, 6-7 × 0.7-0.8 mm, lineares; clinanto glabro. Flores 9 o 10; corola 3.5-4 mm, purpúrea, blanquecina en plantas de sombra, glabra por dentro, los lobos 0.5-0.6 × 0.5-0.6 mm, ovados, punteado-glandulosos distalmente; estilo con la base delgada, no agrandada. Cipselas c. 2 mm, conspicuamente estipitadas, subglabras, con pocas espículas diminutas distalmente; vilano de cerdas 3-3.5 mm, escasa pero conspicuamente ensanchadas en el ápice, casi lisas. *Bosques de neblina, crestas, vegetación secundaria.* P (*Croat 66861*, US). 1000-1700 m. (Endémica.)

23. Neomirandea ternata R.M. King et H. Rob., *Phytologia* 58: 265 (1985). Holotipo: Panamá, *Churchill et al. 4734* (US!). Ilustr.: no se encontró.

Arbustos epifíticos o terrestres, hasta 1 m; tallos con pubescencia evanescente. Hojas ternadas; láminas mayormente 4-10 × 1.5-4.5 cm, ternadas, obovadas, ligeramente carnosas, subcoriáceas al secarse, las nervaduras secundarias pinnadas, escasa y ligeramente prominentes, ambas superficies glabras, densamente glandulosas, la base aguda, los márgenes remotamente subserrulados distalmente, el ápice cortamente agudo a escasa y cortamente acuminado; pecíolo 0.7-0.9 cm. Capitulescencia hasta 25 × 25 cm, no péndula, anchamente corimbosa; pedúnculos frecuentemente 10-15 mm. Cabezuelas c. 8 mm, angostamente campanuladas; filarios 9-10, 2.5-4.5 × c. 1 mm, c. 3-seriados, persistentes; clinanto glabro. Flores c. 5; corola c. 5.3 mm, color lavanda, glabra por dentro, los lobos c. 0.6 mm, triangulares, con tricomas cortos y pocas glándulas; estilo con la base delgada. Cipselas 3-3.3 mm, con tricomas conspicuos cerca de la base y del ápice; vilano de cerdas c. 5 mm, escasamente ensanchadas en el ápice o no ensanchadas, casi lisas. *Selvas altas perennifolias.* P (*Churchill et al. 4734*, US). c. 1100 m. (Endémica.)

102. Nesomia B.L. Turner

Por H. Robinson.

Hierbas erectas perennes, escasamente ramificadas; tallos teretes, con tricomas pequeños, fistulosos. Hojas opuestas, angostamente pecioladas; láminas grandes, ovadas, serradas, esparcidamente pilosas, sin puntuaciones glandulares, marcadamente 3-5-nervias desde la base. Capitulescencia terminal, densamente corimbosa, con ramificaciones alternas. Cabezuelas anchamente campanuladas, discoides, con 12-14 flores; filarios 6-8, eximbricados, c. 2-seriados, más bien persistentes; clinanto cónico a columnar, paleáceo, la superficie esclerificada, sin tricomas; corola con tubo angosto y limbo abrupta y ampliamente campanulado, los lobos anchamente triangulares, ligeramente prorulosos por dentro y en los márgenes, casi lisos; anteras con el collar más largo que la base del filamento, con engrosamientos anulares débiles sobre las paredes de la célula, el apéndice muy corto, más ancho que largo; estilo con la base sin nudo, glabra, las ramas lineares, ligeramente papilosas, con pequeñas vesículas internas en el ápice. Cipselas fusiformes, 5-acostilladas, glabras, las paredes con numerosas puntuaciones internas, el carpóforo corto, anuliforme, las células subcuadrangulares en 1 o 2 filas, con paredes gruesas, no porosas; callo corto, con forma de barril, con células apicales verticales angostas, el vilano ausente. 1 sp. Endémico.

Bibliografía: Turner, B.L. *Phytologia* 71: 208-211 (1991).

1. Nesomia chiapensis B.L. Turner, *Phytologia* 71: 208 (1991). Holotipo: México, Chiapas, *Hernández-Xolocotzi y Sharp X-366* (NY!). Ilustr.: Turner, *Phytologia Mem.* 11: 162, t. 15 (1997a).

Hierbas perennes de vida corta, hasta 1.5 m; tallos puberulentos a glabrescentes. Hojas pecioladas; láminas 4-7 × 3-5 cm, ovadas a anchamente ovadas, membranáceas, la superficie adaxial esparcidamente

pilosa, la superficie abaxial esparcidamente pilosa generalmente sobre las nervaduras, la base obtusa desde una acuminación corta, los márgenes gruesamente serrados, el ápice breve y angostamente acuminado; pecíolo 3-5 cm. Capitulescencia hasta 7 cm de diámetro; pedúnculos generalmente 1-3 mm, puberulentos. Cabezuelas c. 5 mm; filarios 7-9, 2.5-3.5 mm, c. 2-seriados, oblanceolados, c. 2-acostillados, los márgenes ciliados con tricomas obtusos, agudos, glabros; clinanto 1.5-2 × c. 0.75 mm, páleas lanceolado-bracteadas generalmente 1.7-2 mm. Flores 12-14; corola c. 2 mm, color púrpura claro, el tubo c. 0.75 mm, con pequeños tricomas obtusos no glandulares en la base y con pequeños tricomas glandulares sobre la base, la garganta c. 0.75 mm, los lobos 0.5-0.6 mm, iguales a escasamente desiguales, glabros; tecas de la antera c. 0.6 mm. Cipselas c. 1.5 mm, glabras; vilano ausente. *Selvas altas perennifolias, áreas sombreadas, laderas.* Ch (*Hernández-Xolocotzi y Sharp X-366*, NY). c. 1300 m. (Endémica.)

103. Oxylobus (DC.) Moc. ex A. Gray
Phania DC. sect. *Oxylobus* DC.

Por H. Robinson.

Hierbas decumbentes perennes o arbustos bajos algunas veces enmarañados, moderada a densamente ramificados; tallos, hojas e involucros brevemente estipitado-glandulosos. Hojas opuestas, sésiles o cortamente pecioladas; láminas pequeñas, ovadas u oblongas a lanceoladas, la nervadura ligeramente trinervia por encima de la base, ambas superficies sin puntuaciones glandulares. Capitulescencia difusa ramificada alternadamente, laxa a densamente corimbosa a subcimosa. Cabezuelas discoides, con 20-75 flores, angostamente campanuladas; filarios 10-15, eximbricados, 2-seriados o 3-seriados, persistentes; clinanto escasamente convexo, sin páleas, la superficie esclerificada, glabra; corola con el tubo angosto, el limbo abruptamente campanulado, los lobos 5, largamente triangulares, papilosos por dentro, lisos por fuera; anteras con el collar con numerosas células subcuadrangulares proximalmente, sin engrosamientos ornamentando las paredes, el apéndice ovado, más largo que ancho; estilo con la base agrandada, glabra, las ramas lineares, densamente papilosas. Cipselas fusiformes, 5-acostilladas, cortamente setulosas, el carpóforo frecuentemente estipitado, sin un conspicuo borde distal, las células subcuadrangulares en numerosas filas con paredes delgadas ornamentadas; vilano una corona fimbriada o de 5 escuámulas cortamente laciniadas persistentes. 6 spp. Centro de México, Mesoamérica, Colombia, Venezuela.

Bibliografía: King, R.M. y Robinson, H. *Phytologia* 27: 385-386 (1974). Turner, B.L. *Phytologia* 65: 375-378 (1988). Turner, B.L. y Kerr, K.M. *Pl. Syst. Evol.* 151: 73-87 (1985).

1. Capitulescencias sobre tallos escapíferos erectos desde bases reptantes o subarrosetadas; tallos erectos con pocas hojas, los entrenudos generalmente 5-14 cm. **1. O. adscendens**
1. Capitulescencias sobre tallos erectos ramificados sin bases reptantes o subarrosetadas; tallos densamente foliosos, los entrenudos frecuentemente menos de 3 cm.
  2. Tallos vegetativos con tricomas no glandulares; filarios 3-4 mm; ambas superficies de la hoja generalmente sin tricomas glandulares, frecuentemente glabras. **4. O. oaxacanus**
  2. Tallos con tricomas glandulares; filarios 4.5-8 mm; ambas superficies de la hoja con tricomas glandulares esparcidos a densos.
    3. Involucros generalmente c. 4 mm de diámetro; cabezuelas generalmente con 20-40 flores; láminas de las hojas generalmente 1-3 × 0.5-1.2 cm, los márgenes y las superficies subglabros o esparcida a densamente estipitado-glandulosos. **2. O. arbutifolius**
    3. Involucros generalmente c. 5 mm de diámetro; cabezuelas generalmente con 50-75 flores; láminas de las hojas 1.5-4 × 0.8-2.5 cm, los márgenes y las superficies densamente estipitado-glandulosos. **3. O. glandulifer**

1. Oxylobus adscendens (Sch. Bip. ex Hemsl.) B.L. Rob. et Greenm., *Proc. Amer. Acad. Arts* 41: 272 (1905). *Ageratum adscendens* Sch. Bip. ex Hemsl., *Biol. Cent.-Amer., Bot.* 2: 80 (1881). Lectotipo (designado por Turner y Kerr, 1985): México, Puebla, *Liebmann 214* (K). Ilustr.: Turner y Kerr, *Pl. Syst. Evol.* 151: 85, t. 7 (1985). N.v.: Bretonica, G.

Carelia adscendens (Sch. Bip. ex Hemsl.) Kuntze.

Hierbas 0.2-0.5 m, con glándulas estipitadas delgadas sobre los tallos, las hojas e involucro; tallos foliosos en la base, generalmente reptantes o subarrosetados, escasamente ramificados; tallos escapíferos erectos, con pocas hojas, los entrenudos generalmente 5-14 cm. Hojas pecioladas; láminas 2-4 × 1-1.5 cm, ovadas a obovadas, las superficies con glándulas estipitadas delgadas o sin ellas, la base angostamente aguda a acuminada, los márgenes crenulados distalmente, el ápice redondeado a cortamente obtuso; pecíolo 1-12 mm. Capitulescencia sobre tallos escapíferos erectos desde bases reptantes o subarrosetadas con uno a pocos agregados corimbosos densos de cabezuelas; pedúnculos generalmente 1-5 mm. Cabezuelas 7-9 mm; involucro 4-6 mm de diámetro; filarios 10-15, 5-6 × 1-1.3 mm, angostamente oblongos. Flores 30-35; corola c. 4.5 mm, blanca, los lobos c. 1 mm. Cipselas 2.5-3 mm; vilano de 5 escamas, 0.5-1.2 mm. 2n = 32. *Selvas altas perennifolias, pastizales, matorrales, potreros.* G (*Beaman 3085*, US). 3000-4200 m. (C. México, Mesoamérica.)

2. Oxylobus arbutifolius (Kunth) A. Gray, *Proc. Amer. Acad. Arts* 15: 26 (1879). *Ageratum arbutifolium* Kunth, *Nov. Gen. Sp.* folio ed. 4: 117 (1820 [1818]). Holotipo: México, Veracruz, *Humboldt y Bonpland s.n.* (P-Bonpl.). Ilustr.: Turner y Kerr, *Pl. Syst. Evol.* 151: 78, t. 1 (1985).

Carelia arbutifolia (Kunth) Kuntze, *Phania arbutifolia* (Kunth) DC., *P. trinervia* DC., *Stevia arbutifolia* (Kunth) Willd. ex Less.

Arbustos 0.2-1 m; tallos, involucro y la mayor parte de las hojas cortamente erecto-estipitado-glandulosos; tallos erectos, ramificados, densamente foliosos, los entrenudos generalmente 0.5-2 cm. Hojas pecioladas; láminas generalmente 1-3 × 0.5-1.2 cm, ovadas a elípticas u obovadas, los márgenes y ambas superficies subglabros o esparcida a densamente estipitado-glandulosos, la base obtusa a cortamente aguda, los márgenes subenteros a crenulados, el ápice angostamente redondeado a obtuso; pecíolo 1-2 mm. Capitulescencia sobre tallos ramificados erectos sin bases reptantes o subarrosetadas, con pocos a numerosos agregados corimbosos de cabezuelas, los pequeños más bien densos; pedúnculos generalmente 3-25 mm. Cabezuelas 6-7 mm; involucro generalmente c. 4 mm de diámetro; filarios 12-15, 4.5-5 × 1-1.5 mm, angostamente oblongos a obovados. Flores generalmente 20-40; corola 4-4.5 mm, blanca a rosado pálido, los lobos 1-1.5 mm. Cipselas c. 3 mm; vilano de 5 escamas, 0.2-0.5 mm. 2n = 32. *Afloramientos rocosos, pastizales alpinos con* Pinus. Veracruz (*Pruski y Ortiz 4164*, MO). 3000-4200 m. (C. México.)

Esta especie ha sido adicionada a la Flora Mesoamericana por varios botánicos (véase Turner y Kerr, 1985) basados en *Beaman 3042* y *Steyermark 50161* de Huehuetenango, Guatemala. Los ejemplares tienen la forma involucral, número de flores, y la forma de la glándula delgada estipitada grande de *Oxylobus glandulifer* y son asignadas a esta última especie en este tratamiento. La verdadera *O. arbutifolius* podría no encontrase en Mesoamérica.

3. Oxylobus glandulifer (Sch. Bip. ex Hemsl.) A. Gray, *Proc. Amer. Acad. Arts* 15: 26 (1880 [1879]). *Ageratum glandulifer* Sch. Bip. ex Hemsl., *Biol. Cent.-Amer., Bot.* 2: 82 (1881). Isolectotipo (designado por Robinson, 1914b): México, Oaxaca, *Liebmann 238* (K). Ilustr.: Turner y Kerr, *Pl. Syst. Evol.* 151: 82, t. 5 (1985).

Ageratum sordidum S.F. Blake.

Arbustos 0.2-1 m; tallos, hojas e involucros delgadamente erecto o flexuoso-estipitado-glandulosos; tallos erectos, ramificados, densa-

mente foliosos, los entrenudos generalmente 0.5-3 cm. Hojas pecioladas; láminas 1.5-4 × 0.8-2.5 cm, ovadas a elípticas o lanceoladas, los márgenes y las superficies densamente estipitado-glandulosos, la base redondeada a cortamente aguda, los márgenes crenulados a crenados, el ápice obtuso; pecíolo 0.4-1.4 mm. Capitulescencia sobre tallos erectos ramificados sin bases reptantes o subarrosetadas, con uno a numerosos agregados de cabezuelas más bien densamente corimbosas, pequeñas; pedúnculos generalmente 5-30 mm. Cabezuelas 6-9 mm; involucro 5-6 mm de diámetro; filarios 16-20, 5-8 × 1.5-2.5 mm, oblongos. Flores generalmente 50-75; corola 3.5-4 mm, blanca o purpúrea, los lobos c. 1.5 mm. Cipselas 3-3.5 mm; vilano de c. 5 escamas, 0.5-0.7 mm. 2n = 32. *Pastizales, crestas de caliza con* Juniperus, *bosques de* Pinus. Ch (*Matuda 2320*, US); G (*Williams 14279*, F). 2700-4200 m. (México [Oaxaca], Mesoamérica, Colombia, Venezuela.)

4. Oxylobus oaxacanus S.F. Blake, *Proc. Biol. Soc. Wash.* 55: 113 (1942). Holotipo: México, Oaxaca, *Camp 2634* (NY!). Ilustr.: Turner y Kerr, *Pl. Syst. Evol.* 151: 80, t. 3 (1985).

Arbustos 0.2-1 m, diminutamente estipitado-glandulosos en la capitulescencia o cerca de esta; tallos erectos, ramificados, densamente foliosos, los entrenudos generalmente 0.5-1.5 cm, densamente puberulentos en líneas longitudinales por encima de las axilas de las hojas, los tallos vegetativos con tricomas no glandulares. Hojas pecioladas; láminas 1.5-2.5 × 0.4-0.9 cm, ovadas a elípticas, ambas superficies generalmente sin tricomas glandulares, generalmente glabras o subglabras, la base cuneada, los márgenes crenulados distalmente, el ápice redondeado; pecíolo 0.1-1 mm. Capitulescencia sobre tallos ramificados erectos sin bases reptantes o subarrosetadas, con uno a numerosos agregados de cabezuelas más bien densamente corimbosas, pequeñas; pedúnculos generalmente 2-12 mm. Cabezuelas c. 5 mm; involucro c. 2.5 mm de diámetro; filarios 6-8, 3-4 × 1-1.3 mm, elípticos a angostamente elípticos, con tricomas diminuto-glandulosos esparcidos o sin estos. Flores generalmente 8-15; corola c. 3 mm, blanca, los lobos c. 1 mm. Cipselas 1.7-2 mm; vilano una corona fimbriada, 0.1-0.2 mm. 2n = 32. *Bosques de neblina, bosques de* Pinus-Quercus. Ch (*Breedlove 9587*, US). 2300-3000 m. (México [Oaxaca], Mesoamérica.)

104. Pachythamnus (R.M. King et H. Rob.) R.M. King et H. Rob.

Ageratina Spach subg. *Pachythamnus* R.M. King et H. Rob.
Por H. Robinson.

Arbustos erectos o árboles pequeños con pocas ramas generalmente debajo de las capitulescencias viejas; tallos engrosados, afilos en la antesis, con médula grande, ligeramente compartimentada. Hojas opuestas, caedizas en la antesis, angosta y largamente pecioladas; láminas anchamente ovadas a deltoides, subtrinervias por encima de la base, ambas superficies sin puntuaciones glandulares. Capitulescencia terminal, más bien densamente corimbosa. Cabezuelas angostamente campanuladas, discoides, con c. 15 flores; filarios ligeramente subimbricados a 2-seriados o 3-seriados, persistentes; clinanto escasamente convexo, sin páleas, la superficie esclerificada, con tricomas diminutos esparcidos; corola infundibuliforme con base cilíndrica, glabra por dentro, los lobos 5, angostamente triangulares, densamente papilosos por dentro, lisos proximalmente y ásperos distalmente; anteras con el collar con numerosas células subcuadrangulares proximalmente, con pocos engrosamientos ornamentando las paredes o sin estos, el apéndice ovado, escasamente más largo que ancho; estilo con la base no agrandada, glabra, los apéndices lineares, densamente papilosos. Cipselas prismáticas, 5-acostilladas, el carpóforo corto, sin un borde distal, con c. 5 hileras de células subcuadrangulares, con engrosamientos ornamentando las paredes delgadas; vilano de c. 25 cerdas escábridas más bien decidvas, no ensanchadas distalmente. 1 sp. Suroeste de México, Mesoamérica.

Bibliografía: King, R.M. y Robinson, H. *Monogr. Syst. Bot. Missouri Bot. Gard.* 22: 444-446 (1987).

1. Pachythamnus crassirameus (B.L. Rob.) R.M. King et H. Rob., *Phytologia* 23: 154 (1972). *Eupatorium crassirameum* B.L. Rob., *Proc. Amer. Acad. Arts* 35: 332 (1900). Sintipo: México, Morelos, *Pringle 8271* (GH). Ilustr.: King y Robinson, *Monogr. Syst. Bot. Missouri Bot. Gard.* 22: 443, t. 173 (1987).

Ageratina crassiramea (B.L. Rob.) R.M. King et H. Rob.

Arbustos xéricos, escasamente ramificados, 2-5 m; tallos, hojas, pedúnculos e involucro glabros. Hojas pecioladas; láminas 7-17 × 7-15 cm, la base anchamente redondeada a obtusa con acuminación central, los márgenes algunas veces marcadamente angulados en la parte más ancha, remotamente denticulados o dentados; pecíolo 2-4 cm. Capitulescencia 5-10 × 5-14 cm. Cabezuelas c. 7 mm; filarios c. 15, generalmente 2-3 × c. 1 mm, oblongos a angostamente oblongos, generalmente biacostillados, el ápice obtuso. Flores c. 15; corola c. 4.5 mm, blanca hasta color lavanda, los lobos c. 0.7 × 0.5 mm. Cipselas 2-2.5 mm, las costillas pálidas, las sétulas generalmente sobre las costillas; vilano de cerdas 3-4 mm. *Laderas secas, flujos de lava, sobre caliza.* Ch (*Breedlove 9573*, US); G (*Kellerman 1905*, US); H (*Liesner 26712*, MO); ES (*Allen 6861*, US); N (*Williams y Williams 24623*, US). 100-1400 m. (México, Mesoamérica.)

Turner (1997a) trató *Pachythamnus* como un sinónimo de *Ageratina* y usó el nombre *A. crassiramea* para este taxón.

105. Peteravenia R.M. King et H. Rob.
Por H. Robinson.

Hierbas toscas, erectas o subarbustos, moderadamente ramificados; tallos híspidos a lanosos con tricomas glandulares o no glandulosos, la médula sólida. Hojas opuestas, largamente pecioladas; láminas elípticas a deltoides o suborbiculares, trinervias a pinnatinervias, la superficie abaxial con diminutas glándulas frecuentemente estipitadas o sin ellas, la base aguda a cordata. Capitulescencia redondeada a piramidal, algunas veces laxamente ramificada; pedúnculos esparcida a densamente estipitado-glandulosos. Cabezuelas discoides, con 18-75 flores; involucro campanulado; filarios c. 25, subimbricados, marcadamente desiguales, graduados, c. 5-seriados, persistentes, frecuentemente blanco brillante o rojizos, generalmente con 4-6 estrías oscuras; clinanto anchamente convexo, sin páleas, glabro, la superficie esclerificada; corola angostamente infundibuliforme, glabra por dentro, el limbo sin células subcuadrangulares debajo de los lobos, los lobos 5, triangulares, tan largos como anchos o más largos, ambas superficies lisas; anteras con el collar con numerosas células subcuadrangulares proximalmente, con engrosamientos ornamentando las paredes, el apéndice oblongo-ovado, más largo que ancho, no truncado; estilo con la base no agrandada, glabra, las ramas lineares, escasamente ensanchadas cerca del ápice o no ensanchadas, generalmente mamilosas. Cipselas prismáticas, 5-acostilladas, algunas veces estipitadas proximalmente, el carpóforo marcadamente delimitado distalmente, corto, con 3-7 hileras de células de pared delgada; vilano de c. 30 cerdas escabrosas, fácilmente deciduas, las bases frágiles, delgadas, discontinuas o escasamente adyacentes basalmente, conspicuamente ensanchadas en el ápice. 5 spp. México a Costa Rica.

Bibliografía: King, R.M. y Robinson, H. *Monogr. Syst. Bot., Missouri Bot. Gard.* 22: 339-341 (1987).

1. Láminas de las hojas ovado-oblongas a elípticas, pinnatinervias, la base cortamente aguda a redondeada; cabezuelas 15-18 × 15-18 mm, con 60-75 flores; cipselas glabras. **1. P. cyrilli-nelsonii**
1. Láminas de las hojas ovadas a suborbiculares con la base generalmente cordata, trinervias desde la base; cabezuelas 8-10 × 8-10 mm, con 18-50 flores; cipselas setulosas.

2. Tallos y pecíolos con numerosos tricomas largos no glandulosos mezclados con glándulas estipitadas; pecíolos de hojas vegetativas distales 0.5 cm o menos largos; mayoría de los filarios con ápices esparcida a densa y diminutamente estipitado-glandulosos; cabezuelas con 40-50 flores. **2. P. grisea**
2. Tallos y pecíolos solo con tricomas cortos o glándulas estipitadas; pecíolos de las hojas vegetativas distales c. 1 cm; filarios internos glabros, solo los filarios más externos glandulosos; cabezuelas con 18-42 flores.
3. Cabezuelas con 18-25 flores; filarios frecuentemente color violeta, el ápice de los filarios internos obtuso a cortamente agudo; láminas de las hojas ovadas. **3. P. phoenicolepis**
3. Cabezuelas con 35-42 flores; filarios blanquecinos a rosado pálido, el ápice de los filarios internos redondeado a subtruncado; láminas de las hojas ovadas a anchamente ovadas o suborbiculares. **4. P. schultzii**

1. Peteravenia cyrilli-nelsonii (Ant. Molina) R.M. King et H. Rob., *Phytologia* 44: 86 (1979). *Eupatorium cyrilli-nelsonii* Ant. Molina, *Ceiba* 22: 39 (1978). Holotipo: Honduras, *Nelson 3912* (EAP). Ilustr.: no se encontró. N.v.: Pelito de San Antonio, H.

Plantas c. 2 m; tallos y pecíolos densamente blanquecino-lanosos. Hojas pecioladas; láminas 12-24 × 5.5-10.5 cm, ovado-oblongas a elípticas, pinnatinervias, ambas superficies largamente pilosas, la superficie abaxial densamente patente-pilosa sobre la vena media, la base cortamente aguda a redondeada, los márgenes serrulados a serrados, el ápice cortamente acuminado; pecíolo 2-5 cm. Capitulescencia con pedúnculos 1.5-3 cm, hirsutos con tricomas blancos, con glándulas estipitadas delgadas más pequeñas. Cabezuelas 15-18 × 15-18 mm; filarios 50-60, 2-13 × 1.5-2.5 mm, verdosos a parduscos, el ápice obtuso a cortamente agudo, diminutamente puberulentos. Flores 60-75; corola c. 7 mm, los lobos c. 0.5 × 0.5 mm. Cipselas c. 6 mm, la base estipitada, glabra; vilano de cerdas c. 7 mm. *Selvas medianas perennifolias.* H (*Nelson 3912*, US). 500-600 m. (Endémica.)

2. Peteravenia grisea (J.M. Coult.) R.M. King et H. Rob., *Phytologia* 21: 395 (1971). *Eupatorium griseum* J.M. Coult., *Bot. Gaz.* 20: 43 (1895). Holotipo: Guatemala, *Heyde y Lux 4250* (US!). Ilustr.: no se encontró. N.v.: Papelillo, H.

Plantas 0.5-1.5 m; tallos y pecíolos con numerosos tricomas largos no glandulares entremezclados con glándulas estipitadas. Hojas pecioladas; láminas 4-10 × 3-9 cm, anchamente ovadas, trinervias desde la base, ambas superficies con numerosas glándulas estipitadas, la superficie abaxial con tricomas no glandulares sobre las nervaduras, la base marcadamente cordata, los márgenes cercanamente serrulados a dentados, el ápice cortamente acuminado; pecíolo hasta 4.5 cm, en las hojas vegetativas distales 0.5 cm largo o más corto. Capitulescencia con pedúnculos generalmente 1-2.5 cm, densamente estipitado-glandulosos. Cabezuelas c. 10 × 8-10 mm; filarios 40-50, 1.5-9 × 1-2 mm, verdosos a purpúreos, el ápice obtuso a cortamente agudo, la mayoría con el ápice esparcida a densa y diminutamente estipitado-glanduloso. Flores 40-50; corola 5.5-6 mm, los lobos 0.3-0.5 × 0.2-0.3 mm. Cipselas c. 2.8 mm, la base no estipitada, generalmente setulosas sobre las costillas; vilano de cerdas c. 5 mm. *Bosques de* Pinus*, bosques mixtos.* G (*Pittier 1809*, US); H (*Williams y Molina R. 11506*, F); N (*Miller y Griscom 98*, US). 700-1900 m. (Endémica.)

Esperada en El Salvador.

3. Peteravenia phoenicolepis (B.L. Rob.) R.M. King et H. Rob., *Phytologia* 21: 395 (1971). *Eupatorium phoenicolepis* B.L. Rob., *Proc. Amer. Acad. Arts* 35: 338 (1900). Sintipo: México, Chiapas, *Nelson 3475* (GH!). Ilustr.: no se encontró.

Eupatorium phoenicolepis B.L. Rob. var. *guatemalensis* B.L. Rob.

Plantas 1.5-4 m; tallos y pecíolos densamente hírtulos solo con tricomas glandulares y no glandulares cortos. Hojas pecioladas; láminas 6-9 × 3.5-7 cm, ovadas, trinervias desde la base, la superficie adaxial diminutamente puberulenta y glandulosa, la superficie abaxial punteado-glandulosa e hírtula sobre las nervaduras, la base redondeada a ligeramente cordata, los márgenes serrulados a serrados, el ápice angostamente agudo a escasamente acuminado; pecíolo 1-6 cm, en las hojas vegetativas distales c. 1 cm de largo. Capitulescencia con pedúnculo 0.5-1.5 cm, densa y cortamente estipitado-glanduloso, con pocos tricomas no glandulares. Cabezuelas c. 10 × 8-10 mm; filarios 20-30, 1.5-7 × 1-1.5 mm, frecuentemente color violeta, los internos con ápice obtuso a cortamente agudo, glabros, solo los filarios más externos glandulosos. Flores 18-25; corola c. 4.5 mm, los lobos c. 0.6 × 0.3 mm. Cipselas c. 2.8 mm, la base no estipitada, diminutamente setulosas sobre las costillas y generalmente sobre los costados; vilano de cerdas c. 4.5 mm. $2n = 20$. *Bosques de* Pinus, *bosques de* Quercus y Pinus, *sobre caliza.* Ch (*Breedlove 14024*, US); G (*Skutch 1925*, US); H (*Molina R. 23391*, US); ES (*Standley 21550*, US); N (*Stevens y Montiel 35952*, MO). 1000-2500 m. (Endémica.)

4. Peteravenia schultzii (Schnittsp.) R.M. King et H. Rob., *Phytologia* 21: 395 (1971). *Eupatorium schultzii* Schnittsp., *Z. Gartenbau-Vereins Darmstadt* 6: 6 (1857). Sintipo: México, Veracruz, *Sartorius s.n.* (B, destruido). Ilustr.: no se encontró. N.v.: Chichinguaste, H.

Eupatorium schultzii Schnittsp. forma *erythranthodium* B.L. Rob., *E. schultzii* forma *ophryolepis* B.L. Rob., *E. schultzii* forma *velutipes* B.L. Rob.

Plantas 0.5-4 m; tallos, pecíolos, hojas y pedúnculos densamente puberulentos o hispídulos solo con tricomas no glandulares o estipitado-glandulares cortos. Hojas pecioladas; láminas mayormente 6-20 × 6-20 cm, ovadas a anchamente ovadas o suborbiculares, trinervias desde la base, la base anchamente redondeada a cordata, los márgenes cercanamente serrulados a dentados, el ápice cortamente acuminado; pecíolo 2-13 cm, en las hojas vegetativas distales c. 1 cm de largo. Capitulescencia con pedúnculos 2-12 mm. Cabezuelas c. 10 × 8-10 mm; filarios 30-40, 1-7 × 1-1.5 mm, blanquecinos a rosado pálido, los internos con ápice redondeado a subtruncado, frecuentemente erosos, glabros, solo los filarios más externos glandulosos. Flores 35-42; corola c. 4 mm, los lobos c. 0.3 × 0.2-0.3 mm. Cipselas c. 2.8 mm, la base cortamente estipitada, diminutamente setulosas sobre las costillas y generalmente sobre los costados; vilano de cerdas 3.5-4 mm. $2n = 20$. *Bosques de* Pinus-Quercus, *vegetación secundaria, bosques caducifolios, selvas medianas perennifolias, selvas altas perennifolias estacionales, bosques de neblina, matorrales, cafetales.* Ch (*Pruski et al. 4222*, MO); G (*Donnell Smith 2373*, US); H (*Molina R. 11332*, US); ES (*Molina R. y Montalvo 21606*, US); N (*Molina R. 20575*, US); CR (*Hammel y Morales 20606*, MO). 16-2000 m. (C. México, Mesoamérica.)

106. Piptothrix A. Gray

Por H. Robinson.

Hierbas perennes o arbustos débiles, moderadamente ramificados; tallos teretes, glabros a tomentulosos, angostamente fistulosos. Hojas opuestas, no disecadas, subsésiles a cortamente pecioladas; láminas ovadas, trinervias desde o cerca de la base, con retículo de nérvulos ligeramente prominentes, con puntuaciones glandulares o sin ellas. Capitulescencia tirsoide-paniculada, las ramas más bien densas y corimbosas. Cabezuelas discoides; involucro angostamente campanulado; filarios eximbricados, subiguales, persistentes; clinanto escasamente convexo, sin páleas, la superficie esclerificada, glabra, algunas veces espinosa. Flores 7-18; corola blanca, el tubo angosto, el limbo infundibuliforme a angostamente campanulado, glabro, los lobos 5, angostamente triangulares, lisos, la superficie interna de los lobos de la corola con cortas células mamilosas a casi lisa; anteras con el collar con numerosas células subcuadrangulares proximalmente, con pocos engrosamientos ornamentando las paredes o sin estos, el apéndice más largo

que ancho; estilo con la base con nudo agrandado, glabra, las ramas lineares, densamente papilosas. Cipselas prismáticas, 5-acostilladas, setulosas, el carpóforo vestigial o ausente; vilano ligeramente corto, de 15-25 cerdas escábridas extremadamente frágiles y deciduas, escasamente ensanchadas distalmente. 5 spp. Oeste y sur de México, Mesoamérica.

Bibliografía: King, R.M. y Robinson, H. *Monogr. Syst. Bot., Missouri Bot. Gard.* 22: 438-440 (1987).

1. Piptothrix areolaris (DC.) R.M. King et H. Rob., *Phytologia* 19: 426 (1970). *Eupatorium areolare* DC., *Prodr.* 5: 169 (1836). Holotipo: México, Morelos, *Berlandier 989* (G-DC). Ilustr.: no se encontró. N.v.: Flor de San Diego, G.

Ageratina areolaris (DC.) Gage ex B.L. Turner, *A. cupressorum* (Standl. et Steyerm.) R.M. King et H. Rob., *Eupatorium brevisetum* DC., *E. cupressorum* Standl. et Steyerm., *E. tubiflorum* Benth.

Plantas 1-4 m; tallos puberulentos a tomentulosos. Hojas pecioladas; láminas mayormente 6-14 × 2.5-6.5 cm, trinervias desde la base, la superficie adaxial esparcidamente pilósula, la superficie abaxial puberulenta a tomentulosa y punteado-glandulosa, la base redondeada a subcordata, los márgenes serrulados a serrados, el ápice angostamente acuminado; pecíolo 1-1.5 cm. Capitulescencia una panícula tirsoide alargada con ramas corimbosas en las axilas de las hojas distales, terminalmente piramidal en el ápice; pedúnculos 2-7 mm. Cabezuelas 6-8 mm; filarios 11-15, generalmente 5-7 × 0.5-0.7 mm, el ápice agudo, puberulentos y punteado-glandulosos; clinanto espinuloso. Flores 12-18; corola 5-5.5 mm, los lobos c. 0.7 mm. Cipselas 1.5-2 mm; vilano de cerdas 1.5-3.5 mm. *Laderas con gramíneas, bosques de* Quercus, *barrancos, bosques de* Pinus, *bosques de neblina.* Ch (*Ton 1512*, US); G (*Skutch 716*, US). 800-2700 m. (O. México, Mesoamérica.)

Esperada en El Salvador.

107. Piqueria Cav.

Por H. Robinson.

Hierbas erectas anuales a perennes o subarbustos, esparcidamente ramificados; tallos algunas veces con líneas de pelosidad decurrentes, angostamente fistulosos. Hojas mayormente opuestas, cortamente pecioladas a sésiles; láminas ovadas a lanceoladas, trinervias desde la base, los márgenes serrulados a serrados. Capitulescencia laxamente tirsoide-paniculada, las ramas subcimosas; pedúnculos cortos a moderadamente largos. Cabezuelas discoides con 3-5 flores; involucro angostamente campanulado; filarios 3-5, en el mismo número que las flores, eximbricados, iguales, persistentes; clinanto aplanado, sin páleas, la superficie esclerificada, glabra; corola blanca a escasamente color lavanda, el tubo angosto, densamente peloso, el limbo cortamente campanulado, la garganta casi lisa o papilosa por dentro, los lobos 5, angostamente triangulares, densamente papilosos por dentro, escasamente papilosos en los márgenes y el ápice; anteras con filamentos con papilas pequeñas a grandes, el collar ancho con células subcuadrangulares proximalmente, las paredes con fuertes engrosamientos anulares, el apéndice vestigial o ausente; estilo con la base no agrandada, glabra, las ramas escasa a marcadamente ensanchadas en el ápice, el ápice densamente papiloso proximalmente. Cipselas prismáticas, 5-acostilladas, glabras, las paredes esparcidamente punteadas internamente, el carpóforo simétrico o generalmente asimétrico, las células pequeñas, subcuadrangulares, con paredes delgadas u ornamentadas; vilano ausente. 7 spp. México, Mesoamérica, Antillas.

Bibliografía: Robinson, B.L. *Proc. Amer. Acad. Arts* 42: 4-16 (1907 [1906]). King, R.M. *Sida* 3: 107-109 (1967).

1. Piqueria trinervia Cav., *Icon.* 3: 19 (1794 [1795]). Holotipo: México, estado desconocido, *Gómez Ortega s.n.* (MA). Ilustr.: King y Robinson, *Ann. Missouri Bot. Gard.* 62: 993, t. 30 (1975 [1976]). N.v.:

Ajan pimil, ch'oliw wamal, sak nich vomol, tzajal akan wamal, Ch; sauquillo, G.

Mikania anomala M.E. Jones, *Piqueria ovata* G. Don, *P. trinervia* Cav. var. *luxurians* Kuntze.

Hierbas erectas perennes de vida corta, hasta 1.5 m; tallos glabros excepto por angostas bandas puberulentas por encima de las axilas de las hojas. Hojas pecioladas; láminas mayormente 1.8-8 × 0.7-3.5 cm, ovadas a anchamente lanceoladas, trinervias desde la base, ambas superficies glabras a esparcidamente puberulentas generalmente sobre las nervaduras, la base redondeada, los márgenes gruesamente serrados, el ápice agudo a escasamente acuminado; pecíolo 2-10 mm. Capitulescencia una panícula tirsoide foliosa, laxa, con ramas más bien densamente cimosas o subcimosas; pedúnculos 1-4 mm. Cabezuelas 3.5-4 mm; filarios 3-4, 2.5-3 × 1-1.5 mm, anchamente oblongo-elípticos, el ápice truncado a emarginado con mucrón conspicuo, los márgenes escariosos, glabros. Flores 3 o 4; corola c. 2 mm, los lobos c. 1 × 0.6 mm, con pocas glándulas, la superficie interna del limbo y las bases de los filamentos cortamente papilosas. Cipselas c. 2 mm, glabras, el carpóforo asimétrico con canales sigmoides. $2n = 22$. *Bosques de* Quercus, *vegetación secundaria, bosques de neblina, matorrales.* Ch (*Laughlin 708*, US); G (*King 7305*, US); CR (*Almeda y Flowers 2388*, US); P (*Davidson 1016*, US). 60-3200 m. (C. México, Mesoamérica, La Española.)

El espécimen de Chiapas, *Laughlin 708*, citado por Breedlove (1986) y distribuido como *Piqueria pilosa* Kunth, no tiene los tricomas más largos y frecuentemente glandulosos sobre la mayoría de la superficie del tallo como ocurre en esta última especie.

108. Polyanthina R.M. King et H. Rob.
Por H. Robinson.

Hierbas erectas perennes, escasamente ramificadas; tallos con tricomas glandulares y no glandulosos, la médula sólida. Hojas opuestas, el pecíolo alado; láminas ovadas a lanceoladas, los márgenes serrados, la superficie abaxial con glándulas sésiles o estipitadas, pinnatinervias. Capitulescencia una laxa panícula tirsoide o piramidal con ramas cimosas. Cabezuelas anchamente campanuladas, discoides, con 200-300 flores; filarios 40-50, subimbricados, marcadamente graduados, c. 3-seriados, persistentes, patentes con la edad, breve a angostamente agudos, conspicuamente estriados, los filarios externos solo 2-acostillados o 4-acostillados; clinanto escasamente convexo, sin páleas, la superficie esclerificada, diminutamente puberulenta con tricomas finos. Corolas angostamente tubulares, blancas, glabras sobre ambas superficies, las nervaduras no engrosadas, el limbo sin células subcuadrangulares debajo de los lobos, la garganta delgada con inserciones escalonadas de los filamentos de la antera, los lobos triangulares, escasamente más largos que anchos, lisos sobre ambas superficies; filamentos insertados en niveles escalonados por dentro de la corola; anteras con el collar delgado, con engrosamientos transversales sobre las paredes de la célula, el apéndice escasamente más largo que ancho, no truncado; estilo con la base agrandada, glabra, las ramas filiformes, no largamente atenuadas, mamilosas. Cipselas prismáticas, 5-acostilladas, generalmente glabras, con pocas sétulas cerca del extremo, sin densas glándulas diminutas pulverulentas, el carpóforo oblongo, más corto que ancho, con un conspicuo borde distal proyectado, no procurrente sobre las costillas, con una hilera basal de células agrandadas, las células con paredes engrosadas; vilano de c. 25 cerdas escábridas persistentes, con células apicales rostradas no ensanchadas. 1 sp. Mesoamérica a Bolivia.

Bibliografía: King, R.M. y Robinson, H. *Monogr. Syst. Bot., Missouri Bot. Gard.* 22: 199-201 (1987).

1. Polyanthina nemorosa (Klatt) R.M. King et H. Rob., *Phytologia* 20: 213 (1970). *Eupatorium nemorosum* Klatt, *Bot. Jahrb. Syst.* 8:

35 (1886). Isotipo: Colombia, *Lehmann 3777* (W). Ilustr.: King y Robinson, *Monogr. Syst. Bot. Missouri Bot. Gard.* 22: 200, t. 71 (1987).

Hierbas perennes, 1-2.5 m; tallos verdosos o parduscos, algunas veces matizados de rojizo, tallos, hojas, ramas de la capitulescencia y filarios externos pilósulos a densamente hírtulos o brevemente estipitado-glandulosos. Hojas pecioladas; láminas mayormente 5-22 × 2.5-12 cm, ovadas a lanceoladas, la base aguda a truncada, los márgenes cercanamente serrulados a dentados, el ápice angostamente agudo a acuminado; pecíolo 1.5-8 cm, alado, frecuentemente con aurículas basales. Capitulescencia 12-40 × 8-24 cm; pedúnculos 3-15 mm. Cabezuelas 8-10 × 8-10 mm; filarios 40-50, 3-7 × 1-1.5 mm, angostamente oblongos a lanceolados. Flores 200-300; corola 4.5-5 mm, los lobos c. 0.2 mm. Cipselas 1.6-2 mm; vilano de cerdas 4.5-5 mm. $2n = 20$-24. *Bosques de neblina, vegetación secundaria, selvas medianas perennifolias.* CR (*Lellinger y White 1353*, US); P (*Croat 67757*, MO). 600-2000 m. (Mesoamérica, Colombia, Venezuela, Ecuador, Perú, Bolivia.)

109. Pseudokyrsteniopsis R.M. King et H. Rob.
Por H. Robinson.

Subarbustos o arbustos erectos o arqueados, moderadamente ramificados; tallos teretes, hirsutos y diminutamente estipitado-glandulosos, la médula sólida. Hojas opuestas; láminas deltoides a hastadas, trinervias desde la base, ambas superficies con diminutas glándulas generalmente estipitadas; pecíolo delgado, la base frecuentemente ensanchada y amplexicaule y rodeando al nudo. Capitulescencia una panícula piramidal laxa con ramas densamente corimbosas, ampliamente patentes, los pedúnculos cortos. Cabezuelas campanuladas, discoides, con 13-18 flores; filarios c. 20, verdosos hasta matizados de rojizo, subimbricados, persistentes, lanceolados, estriados; clinanto aplanado, sin páleas, la superficie esclerificada, glabra; corola tubular, constricta cerca de la boca, más angosta que la base, escasamente más ancha que las ramas engrosadas del estilo, blanca, generalmente glabra, hasta con pocas glándulas diminutas sobre los lobos, los lobos pequeños, las células oblongas, lisos sobre ambas superficies; anteras con el collar con pocas células subcuadrangulares proximalmente, las paredes con engrosamientos anulares débiles, el apéndice más largo que ancho, no truncado; estilo con la base no agrandada, glabra, las ramas angostamente claviformes, escasamente mamilosas. Cipselas prismáticas, 5-acostilladas, con numerosas sétulas, la base angosta, el carpóforo corto, las células subcuadrangulares con paredes engrosadas; vilano de c. 30 cerdas escábridas subpersistentes, no lisas sobre la superficie externa, escasamente ensanchadas en el ápice o no ensanchadas, escasamente adyacentes en la base o discontinuas. $n = 10$. 1 sp. Mesoamérica.

Bibliografía: King, R.M. y Robinson, H. *Phytologia* 27: 241-244 (1973); *Monogr. Syst. Bot., Missouri Bot. Gard.* 22: 245-247 (1987).

1. Pseudokyrsteniopsis perpetiolata R.M. King et H. Rob., *Phytologia* 27: 241 (1973). Holotipo: Guatemala, *Williams et al. 22457* (US!). Ilustr.: King y Robinson, *Monogr. Syst. Bot., Missouri Bot. Gard.* 22: 246, t. 93 (1987).

Eupatorium perpetiolatum (R.M. King et H. Rob.) L.O. Williams, *Kyrsteniopsis chiapasana* B.L. Turner, *K. perpetiolata* (R.M. King et H. Rob.) B.L. Turner.

Subarbustos o arbustos, hasta 2 m; tallos verdosos o amarillentos. Hojas pecioladas; láminas mayormente 2-6 × 1-5 cm, anchamente deltoides, la trinervación marginal en la acuminación basal, ambas superficies con glándulas esparcidas a densas, las nervaduras hírtulas, la base anchamente obtusa a hastada, los márgenes denticulados, el ápice cortamente agudo; pecíolo 1-3 cm. Capitulescencia hasta 50 × 35 cm, con ramas patentes en un ángulo de 80-90°; pedúnculos 1-5 mm. Cabezuelas 7-9 mm; filarios c. 20, 3-9 × 1-1.5 mm, los filarios externos hirsutos, los filarios internos glabros. Flores 13-18; corola 3.5-4 mm, los lobos c. 0.3 × 0.25 mm. Cipselas c. 2.5 mm; base algunas veces atenuada; vilano de cerdas 3.5-4 mm. 2*n* = 20. *Selvas altas perenni-folias.* Ch (*Breedlove 56869*, US); G (*King 7319*, US). 500-1400 m. (Endémica.)

110. Sciadocephala Mattf.
Por H. Robinson.

Hierbas perennes más bien suculentas con las bases decumbentes o erectas; tallos teretes, puberulentos, fistulosos. Hojas opuestas, distinta-mente pecioladas; láminas anchamente ovadas a escasamente obovadas, la nervadura trinervia a pinnada, los márgenes enteros a serrados. Ca-pitulescencia sin ramificar o cimosa con ramificaciones laxas alternas. Cabezuelas pedunculadas, discoides, con 9-15 flores; filarios 6-14, herbáceos, no articulados o fusionados en la base, eximbricados, subi-guales, persistentes, reflexos con la edad; clinanto escasamente con-vexo, tornándose más convexo con la edad, sin páleas, no esclerificado entre las cicatrices, glabro; corola angostamente infundibuliforme a tubular, blanca o verdosa, puberulenta, los lobos 5, cortos, triangulares, las superficies lisas, las células oblongas; anteras con el collar robusto, no ensanchado o escasamente ensanchado proximalmente, las paredes de las células con prominentes engrosamientos transversales, el apén-dice tan largo como ancho o más largo, truncado; estilo con la base no agrandada, glabra, las ramas largas y delgadas, escasamente mamilo-sas. Cipselas angostamente prismáticas, casi teretes, el carpóforo solo escasamente asimétrico, no agrandado o marcadamente demarcado, con células subcuadrangulares de paredes delgadas; vilano de 5 apén-dices claviformes delgados, estos esféricamente glandulosos en discre-tos agregados apicales. 5 spp. Mesoamérica a Guyana, Ecuador.

Bibliografía: King, R.M. y Robinson, H. *Monogr. Syst. Bot., Mis-souri Bot. Gard.* 22: 60-62 (1987).

1. Sciadocephala dressleri R.M. King et H. Rob., *Phytologia* 29: 343 (1975 [1974]). Holotipo: Panamá, *Dressler 4671* (MO!). Ilustr.: King y Robinson, *Ann. Missouri Bot. Gard.* 62: 996, t. 31 (1975 [1976]).

Hierbas perennes, hasta 0.5 m, con las bases decumbentes, las ramas pocas o ninguna; tallos rojizo-puberulentos. Hojas pecioladas; láminas mayormente 8-12 × 3.5-8 cm, elípticas a escasamente obovadas, la parte más ancha en el 1/2 basal o por encima de este, trinervias desde 5-8 mm por encima de la base, ambas superficies generalmente gla-bras, la base obtusa a cortamente aguda, los márgenes remotamente subserrulados, el ápice obtuso a angostamente redondeado; pecíolo 0.7-2.5 cm. Capitulescencia laxamente cimosa; ramas hírtulas con cortos tricomas rojizos con punta obtusa; pedúnculos 10-30 mm. Cabezuelas 8-10 mm; filarios 7-8, generalmente 2.5-3.5 × 0.7-1 mm, angostamente oblongos, las superficies y los márgenes densa y gruesamente puberu-lentos. Flores c. 9; corola 5-5.5 mm, verde pálido, los lobos c. 0.7 × 0.5 mm. Cipselas hasta 6 mm, esparcida y diminutamente puberulentas; vilano con ganchos generalmente c. 2 mm. *Selvas altas perennifolias.* P (*de Nevers et al. 3744*, MO). c. 300 m. (Mesoamérica, N. Ecuador.)

Esperada en Costa Rica.

111. Standleyanthus R.M. King et H. Rob.
Por H. Robinson.

Arbustos grandes flácidos, con pocas ramas, glabros a diminutamente puberulentos; tallos más bien carnosos, teretes, fistulosos. Hojas opuestas, 3-folioladas; láminas divididas en 3 folíolos peciolulados; folíolos oblongo-ovados, el ápice angostamente agudo a acuminado, no glandulosos, pinnatinervios; pecíolo largo. Capitulescencia ancha y piramidalmente paniculada, con ramas opuestas densamente corimbo-sas; pedúnculos delgados, cortos a moderadamente largos. Cabezuelas angostamente campanuladas, discoides, con c. 12 flores; filarios exim-bricados, subiguales, persistentes, escasamente biacostillados; clinanto escasamente convexo, sin páleas, la superficie esclerificada, glabra; corola angostamente infundibuliforme graduando hasta cilíndrica en la base, glabra en ambas superficies, los lobos triangulares, escasamente más largos que anchos, densamente mamilosos por dentro, lisos por fuera excepto en los márgenes y el ápice; anteras con el collar cilín-drico, con numerosas células subcuadrangulares proximalmente, sin engrosamientos ornamentando las paredes, el apéndice más largo que ancho, no truncado; estilo con la base escasamente agrandada, glabra, las ramas con apéndices angostamente lineares, escasamente mami-losos. Cipselas prismáticas, con 5 costillas prominentes, concoloras, setulosas, agrandadas en la base, el carpóforo indistinto, con 1 o 2 filas de células subcuadrangulares, las células de las paredes del carpóforo delgadas; vilano de c. 20 cerdas escábridas generalmente persistentes, no ensanchadas en el ápice. 1 sp. Mesoamérica.

Bibliografía: King, R.M. y Robinson, H. *Monogr. Syst. Bot. Mis-souri Bot. Gard.* 22: 446-448 (1987).

1. Standleyanthus triptychus (B.L. Rob.) R.M. King et H. Rob., *Phytologia* 22: 42 (1971). *Eupatorium triptychum* B.L. Rob., *Contr. Gray Herb.* 77: 43 (1926). Holotipo: Costa Rica, *Standley 33458* (US!). Ilustr.: King y Robinson, *Monogr. Syst. Bot. Missouri Bot. Gard.* 22: 447, t. 175 (1987).

Arbustos escasamente ramificados, 1-2 m; tallos glabros, los entre-nudos hasta 13 cm. Hojas pecioladas; lámina de los folíolos 5-11 × 1.5-4 cm, oblongo-ovada, con 5-7 nervaduras secundarias a cada lado, ambas superficies esparcida y diminutamente puberulentas, la base obtusa a cortamente aguda, los márgenes serrulados, el ápice angosta-mente agudo a acuminado; peciólulos 0.7-1.5 cm; pecíolo 4-8 cm. Capitulescencia c. 15 × 18 cm; pedúnculos 30-110 mm, esparcida-mente puberulentos. Cabezuelas c. 10 mm; filarios c. 12, generalmente 3-4.5 × 0.8-1 mm, angostamente oblongos, el ápice redondeado a ob-tuso. Flores c. 12; corola 5-5.5 mm, los lobos c. 0.7 × 0.6 mm. Cipselas c. 2.5 mm, el cuerpo negro, las costillas amarillas; vilano de cerdas 4.5-5 mm. *Selvas altas perennifolias.* CR (*Standley 33458*, US). c. 1400 m. (Endémica.)

Standleyanthus triptychus se conoce de una sola colección, y la es-pecie podría estar ahora extinta.

112. Stevia Cav.
Carelia Juss. ex Cav. non Fabr.
Por H. Robinson.

Hierbas generalmente erectas, anuales o perennes, o arbustos, escasa a densamente ramificados; tallos generalmente erectos, teretes a hexago-nales o angostamente alados, la médula sólida. Hojas opuestas o alter-nas, rara vez verticiladas, sésiles a distintamente pecioladas, típicamente caulinares o algunas veces agregadas en la base; láminas lineares a orbiculares, ambas superficies puberulentas, punteado-glandulosas o estipitado-glandulosas, los márgenes enteros a serrados o dentados, rara vez profundamente lobados; pecíolo parcial a completamente alado. Capitulescencia difusa con pedúnculos largos o con densos agregados corimbosos de cabezuelas. Cabezuelas discoides, con 5 flores, angos-tamente campanuladas o cilíndricas; involucro de 5 filarios eximbrica-dos, subiguales, lineares a elípticos, persistentes pero desprendiéndose fácilmente del clinanto; clinanto aplanado, la superficie esclerificada, sin páleas, glabra; corola actinomorfa o rara vez zigomorfa, angostamente infundibuliforme con lobos patentes, con tricomas por dentro, los lobos generalmente iguales, desiguales en un grupo de especies, más cortos que la garganta y el tubo, triangulares u oblongo-ovados, densa-mente papilosos por dentro, lisos; anteras con el collar cilíndrico con células subcuadrangulares a cortamente oblongas proximalmente, con engrosamientos anulares sobre las paredes, los filamentos sin papilas, el apéndice conspicuo, tan largo como ancho, generalmente obovado, crenulado distalmente; estilo con la base frecuente y escasamente agrandada, glabra o algunas veces papilosa, las ramas del estilo filiformes, densa y largamente papilosas. Cipselas angostas con lados generalmente rectos, 5-acostilladas, los costados cóncavos, las paredes densamente punteadas internamente, esparcida a densamente glandulosas o setulosas, el carpóforo corto y escasamente asimétrico, con un borde distal escasamente proyectándose, las células pequeñas con paredes ligera a marcadamente engrosadas; vilano presente, con al menos una corona de escamas libres o unidas sobre la mayoría de las cipselas, frecuentemente con 1-30 aristas cerdiformes, 1 o 2 cipselas de cada cabezuela frecuentemente con vilano más reducido. 243 spp. Suroeste de los Estados Unidos hasta Argentina, Antillas.

El registro de Breedlove (1986) de *Stevia tomentosa* Kunth fue basado en una identificación errónea de *Matuda 1908* (MEXU), anteriormente determinada por Grashoff (1972: 432) como *S. tephrophylla*. Similarmente, dos de los tres ejemplares registrados por Breedlove (1986) como *S. monardifolia* Kunth fueron determinados por Grashoff como *S. caracasana*, así se excluye *S. monardifolia* de Chiapas. Turner (1997a) no la atribuyó a Chiapas ni a *S. tomentosa* ni a *S. monardifolia*.

Bibliografía: Robinson, B.L. *Contr. Gray Herb.* 90: 58-79 (1930). Grashoff, J.L., *Syst. Stud. N. Centr. Amer. Sp.* Stevia. Unpublished Ph.D. thesis, Univ. Texas, Austin, 1-624 (1972); *Fieldiana, Bot.* 24(12): 115-128, 482 (1976).

l. Hojas de los tallos principales alternas, frecuentemente agregadas, con láminas lineares, de base angosta; generalmente con vástagos axilares reducidos o agregados de hojas.
  2. Capitulescencias densamente corimbosas con cabezuelas subsésiles; pedúnculos y filarios sin glándulas estipitadas; corolas actinomorfas, generalmente blancas; una cipsela generalmente sin aristas.
               16. S. serrata
  2. Capitulescencias laxas con pedúnculos frecuentemente 1/2 del largo del involucro o más largos; pedúnculos y filarios estipitado-glandulosos; corolas zigomorfas, generalmente purpúreas; cipselas todas con 3-6 aristas.
               21. S. viscida
1. Hojas de los tallos principales opuestas, con láminas generalmente ovadas a lanceoladas o oblanceoladas, las hojas rara vez lineares con las bases connatas; generalmente sin agregados de hojas prominentemente axilares.
  3. Capitulescencias laxas con pedúnculos generalmente tan largos o más largos que los filarios; corolas zigomorfas.
    4. Plantas con hojas largamente pecioliformes agregadas en las bases, con hojas solo remotamente bracteoladas distalmente; corola blanquecina.
               1. S. alatipes
    4. Plantas con hojas cortamente pecioladas o sésiles dispersas a lo largo de los tallos; tubo y garganta de la corola frecuentemente rosados o color púrpura.
      5. Hojas con glándulas estipitadas, no vellosas o tomentosas abaxialmente; mayoría de las cipselas con 1-5 aristas.   **6. S. elatior**
      5. Hojas sin glándulas estipitadas, vellosas o tomentosas abaxialmente; cipselas generalmente sin aristas.   **9. S. lehmannii**
  3. Capitulescencias con cabezuelas en agregados compactos, con pedúnculos generalmente mucho más cortos que los filarios; corolas generalmente actinomorfas.
    6. Filarios con glándulas estipitadas.
      7. Capitulescencias alargadas en forma general, con ramas alargadas patentes regularmente en un ángulo de c. 45° o más, frecuentemente con numerosas brácteas elípticas sésiles; vilano frecuentemente aristado.   **2. S. caracasana**
      7. Capitulescencias más bien compactas, con ramas cortas generalmente patentes en un ángulo de c. 45° o menos, sin brácteas elípticas; vilano no aristado.   **7. S. incognita**
    6. Filarios solo con glándulas sésiles o tricomas no glandulares.
      8. Hojas en una roseta basal o generalmente restringidas al 1/3 proximal de la planta.

        9. Hojas densamente pilosas generalmente sobre las nervaduras abaxialmente, verdes o con tintes rojizos, serradas, los ápices obtusamente rostrados.   **5. S. deltoidea**
        9. Hojas esparcidamente pilósulas, rojizas abaxialmente, crenadas a enteras, los ápices redondeados.   **15. S. seemannii**
      8. Hojas más bien uniformemente distribuidas a lo largo de los tallos, algunas veces persistiendo solo distalmente.
        10. Arbustos; hojas pinnatinervias o con pocas nervaduras ascendentes formando una trinervación débil.
          11. Cabezuelas hasta 6.5 mm; hojas angostamente ovadas o elípticas a oblanceoladas o espatuladas, blanquecinas o grisáceas abaxialmente con tomento denso.   **19. S. tephrophylla**
          11. Cabezuelas más de 8 mm; hojas generalmente ovado-lanceoladas a lanceoladas, verdes, no totalmente ocultas por la pelosidad blanca o grisácea abaxialmente.
            12. Lobos de la corola glabros.
              13. Hojas araneoso-tomentosas abaxialmente sobre las nervaduras y en las axilas de la nervadura, no glutinosas; cipselas con aristas cortas.   **3. S. chiapensis**
              13. Hojas glabras, glutinosas; cipselas sin aristas.   **10. S. lucida**
            12. Lobos de la corola puberulentos con tricomas toscos.
              14. Vilano generalmente una corona incompleta de escamas laciniadas separadas, 0.5-1.5 mm; costados de las cipselas glabros a esparcidamente setulosos distalmente.   **11. S. microchaeta**
              14. Vilano una corona completa de escamas basalmente unidas, enteras a diminutamente dentadas o fimbriadas; costados de las cipselas siempre setulosos.
                15. Nervadura conspicuamente pinnada, las nervaduras basales distantes entre sí, convergentes con los márgenes basales de la hoja; tallos con hojas persistiendo solo cerca de los ápices, las hojas primarias tempranamente deciduas.
                    13. S. polycephala
                15. Nervadura ligeramente pinnada a subtrinervia, las nervaduras basales frecuentemente cercanas entre si y más fuertes, subparalelas a los márgenes basales; tallos foliosos, con hojas primarias más bien persistentes.   **18. S. subpubescens**
        10. Hierbas; hojas trinervias.
          16. Corolas rosado pálido a purpúreo.
            17. Plantas diminutas, decumbentes, 2-5 cm; cabezuelas c. 12 mm; cipselas isomorfas, con 5 aristas.   **22. S. westonii**
            17. Plantas erectas, 0.7-1 m; cabezuelas 6-10 mm; cipselas heteromorfas, con 0-3 aristas, algunas o todas las cipselas sin aristas.
              18. Hojas glabras a puberulentas abaxialmente, generalmente ovadas o elípticas; cipselas todas sin aristas.   **8. S. jorullensis**
              18. Hojas densamente tomentosas o subtomentosas abaxialmente, ovadas a ovado-lanceoladas; algunas cipselas 1-3-aristadas.   **17. S. suaveolens**
          16. Corolas blancas o rara vez escasamente rosadas.
           19. Hojas sésiles y frecuentemente connatas en las bases, oblongas o lineares.   **4. S. connata**
           19. Hojas pecioladas, ovadas u oblongo-elípticas.
              20. Hojas con denso tomento blanco abaxialmente; cipselas ligeramente obcomprimidas.   **14. S. pratheri**
              20. Hojas pardusco-subtomentosas a solo puberulentas sobre las nervaduras abaxialmente; cipselas no obcomprimidas.
                21. Hojas solo puberulentas sobre las nervaduras abaxialmente; filarios cortamente agudos, anchamente escariosos en el ápice; generalmente algunas cipselas con 1 o 2 aristas.   **12. S. ovata**
                21. Hojas puberulentas a subtomentosas abaxialmente; filarios angostamente agudos a escasamente acuminados, escasamente escariosos en el ápice; cipselas sin aristas.   **20. S. triflora**

1. Stevia alatipes B.L. Rob., *Proc. Amer. Acad. Arts* 43: 28 (1908 [1907]). Holotipo: México, Michoacán, *Pringle 10124* (GH!). Ilustr.: no se encontró.

Stevia liebmannii Sch. Bip. ex Klatt var. *chiapensis* B.L. Rob.

Hierbas perennes, 0.3-0.6 m; tallos esparcida a densamente pilosos. Hojas opuestas, generalmente en roseta subbasal o agregadas, solo las hojas remotas bracteoladas distalmente; hojas proximales con las bases angostadas largamente pecioliformes 1-3 cm, aladas distalmente; láminas 3-10 × 1.5-7 cm,, oblanceoladas a orbiculares, la superficie adaxial cortamente pilosa, la superficie abaxial más pálida y punteado-glandulosa, pilosa al menos a lo largo de las nervaduras, ligera a marcadamente trinervias por encima de la base, la base corta a largamente aguda o acuminada, los márgenes crenados a crenado-dentados, el ápice obtuso a redondeado. Capitulescencia difusa o laxa, con las ramas más grandes generalmente opuestas; pedúnculos generalmente 5-20 mm. Cabezuelas 8-11 mm; filarios 4.5-7 × 0.7-1 mm, pilósulos o estipitado-glandulosos, el ápice acuminado. Corolas 5-7 mm, zigomorfas, con lobos escasamente desiguales, blanquecinos, la garganta punteado-glandulosa, los lobos 1.5-2.5 mm, puberulentos y punteado-glandulosos. Cipselas c. 3 mm, setulosas; 4 o las 5 cipselas de cada cabezuela con 1-7 aristas. *Bosques de* Pinus-Quercus, *bosques de* Pinus. Ch (*Purpus 9100*, GH). 1000-2200 m. (S. México, Mesoamérica.)

2. Stevia caracasana DC., *Prodr.* 5: 119 (1836). Holotipo: Venezuela, *Vargas 108* (G-DC). Ilustr.: no se encontró. N.v.: Vara morada, verbena, H.

Stevia elliptica Hook. et Arn., *S. elongata* Kunth var. *caracasana* (DC.) B.L. Rob., *S. hirtiflora* Sch. Bip.

Hierbas perennes, 0.45-1.50 m; tallos densamente puberulentos. Hojas opuestas, ligeramente decreciendo distalmente; láminas 3-10 × 2-5 cm, ovadas, trinervias cerca de la base, ambas superficies punteado-glandulosas, la superficie adaxial glabra a esparcidamente pilósula, la superficie abaxial esparcidamente puberulenta a pilosa a lo largo de las nervaduras, glabra a subglabra entre las nervaduras, la base obtusa a aguda, los márgenes serrulados a serrados, el ápice obtuso a cortamente agudo; pecíolo 0.5-1 cm, alado distalmente. Capitulescencia con cabezuelas en agregados compactos, una laxa panícula alargada, con ramas alargadas patentes en un ángulo de c. 45°, frecuentemente con numerosas brácteas elípticas sésiles; pedúnculos 0-3 mm. Cabezuelas 7-10 mm; filarios c. 6 × 1.2 mm, punteado-glandulosos y esparcida a densamente estipitado-glandulosos, el ápice marcadamente agudo. Corolas 5-6 mm, rosadas, el limbo distalmente puberulento, los lobos c. 1 mm. Cipselas 3.5-4 mm, setulosas; vilano 0.1-0.3 mm, una corona corta, serrada, de escamas unidas, 4 cipselas por cabezuela frecuentemente con 3 aristas. $2n = 66$. *Bosques, pastizales, laderas rocosas secas, matorrales, sobre caliza.* Ch (*Collins y Doyle 125*, US); G (*Croat y Hannon 63594*, MO); H (*Croat y Hannon 63817*, MO); ES (*Standley 18688*, US); CR (Grashoff, 1972: 249); P (*Pittier 5073*, US). 300-1600 m. (C. México, Mesoamérica, Colombia, Venezuela, Ecuador.)

3. Stevia chiapensis Grashoff, *Brittonia* 26: 348 (1974). Holotipo: México, Chiapas, *Matuda 855* (US!). Ilustr.: Grashoff, *Brittonia* 26: 349, t. 1 (1974).

Arbustos 1-2 m; tallos glabros. Hojas opuestas, uniformemente distribuidas a lo largo de los tallos; láminas 5-10 × 2-5 cm, lanceoladas a ovado-lanceoladas, la nervadura de pocos nervios pinnado-ascendentes a escasamente trinervias, ambas superficies punteado-glandulosas, la superficie adaxial glabra con pubescencia inconspicua sobre las nervaduras, la superficie abaxial araneoso-tomentosa en las axilas de las nervaduras basales, la base aguda a acuminada, los márgenes crenados a crenado-dentados, el ápice agudo a escasamente acuminado; pecíolo 2-4.5 cm, alado distalmente. Capitulescencia con cabezuelas en agregados compactos, más bien densamente corimbosos; pedúnculos 1-2 mm. Cabezuelas c. 8 mm; filarios c. 5 × 0.6-0.8 mm, glabros, el ápice largamente acuminado. Corolas c. 4 mm, blancas, glabras, los lobos c. 0.8 mm. Cipselas c. 4 mm, setulosas; vilano de varias escamas (c. 0.3 mm) y alternando con 1-3 aristas cortas (0.8-1.2 mm). *Selvas medianas perennifolias.* Ch (*Matuda 16268*, US). 1700-1900 m. (Endémica.)

4. Stevia connata Lag., *Gen. Sp. Pl.* 27 (1816). Holotipo: Desconocido (MA?). Ilustr.: no se encontró.

Stevia viminea Schrad. ex DC.

Hierbas perennes, 0.5-1 m; tallos glabros a esparcidamente puberulentos. Hojas opuestas a subopuestas, anchamente insertas, algunas veces connatas, uniformemente distribuidas a lo largo de los tallos; láminas 4.5-11 × 0.35-1.5 cm, oblongas a lineares, rara vez angostamente lanceoladas, frecuentemente conduplicadas, longitudinalmente trinervias desde la base, ambas superficies glabras, la superficie abaxial punteado-glandulosa, los márgenes ligeramente crenado-serrados, el ápice angostamente agudo; pecíolo ausente. Capitulescencia corimbosa, compacta; pedúnculos 1-4 mm. Cabezuelas 8-10 mm; filarios 4.5-6 × 0.8-1 mm, glabros a diminutamente puberulentos y algunas veces punteado-glandulosos, el ápice agudo. Corolas 4-5.5 mm, blancas, glandulosas, los lobos 1.3-1.7 mm. Cipselas 2.5-3.7 mm, setulosas; 4 cipselas por cabezuela con vilano de 3 aristas 4-5 mm, solo 1 cipsela con escamas 0.3-0.7 mm. $2n = 44$. *Laderas rocosas, bosques de* Quercus *y* Pinus, *vegetación secundaria.* Ch (*Purpus 9123*, US); G (*Steyermark 29656*, US); H (*Molina R. 1160*, F); N (*Garnier 2036* p. p., GH). 600-2500 m. (C. México, Mesoamérica.)

Esperada en El Salvador.

5. Stevia deltoidea Greene, *Pittonia* 3: 31 (1896). Holotipo: México, Oaxaca, *Pringle 4976* (GH!). Ilustr.: no se encontró.

Stevia chortiana Standl. et Steyerm., *S. hirsuta* DC. non Hook. et Arn., *S. hirsuta* var. *chortiana* (Standl. et Steyerm.) Grashoff.

Hierbas perennes, 0.5-1 m; tallos pilosos proximalmente, tornándose puberulentos distalmente. Hojas opuestas, generalmente en el 1/3 proximal de la planta; láminas 2.5-4.5 × 1.5-4 cm, ovadas, trinervias desde cerca de la base, la superficie adaxial esparcidamente pilosa, la superficie abaxial más pálida y densamente pilosa generalmente sobre las nervaduras, al menos abaxialmente punteado-glandulosas, algunas veces con tintes rojizos, la base y el ápice obtusos, los márgenes serrados; pecíolo 1-2.5 cm, con alas ensanchadas distalmente. Capitulescencia con cabezuelas en densos agregados corimbosos, terminales y sobre largas ramas laterales ascendentes; pedúnculos 0-2 mm. Cabezuelas 7-9 mm; filarios 4-5 × 0.8-1 mm, puberulentos, el ápice obtuso, frecuentemente subserrados cerca del ápice. Corolas 4-5 mm, color púrpura o rosadas, puberulentas y punteado-glandulosas, los lobos 1-1.2 mm. Cipselas 3-3.3 mm, setulosas; 4 cipselas por cabezuela con 3 aristas 4-5 mm, 1 cipsela solo con escamas unidas 0.5 mm. $2n = 44$. *Bosques de* Pinus, *bosques de* Pinus-Quercus, *barrancos, matorrales, selvas altas perennifolias.* G (*Steyermark 30866*, F); H (*Standley 14158*, US). 1500-2600 m. (O. México, Mesoamérica.)

Turner (1997a) trató a *Stevia deltoidea* como un sinónimo de *S. hirsuta*, un homónimo ilegítimo posterior.

6. Stevia elatior Kunth in Humb., Bonpl. et Kunth, *Nov. Gen. Sp.* folio ed. 4: 113 (1820 [1818]). Holotipo: Colombia, *Humboldt y Bonpland 1772* p. p. (P-Bonpl.). Ilustr.: Sánchez Sánchez, *Fl. Valle México* ed. 4, t. 322B (1978). N.v.: Ch'aal wamal, tzotz akan, Ch; mejorana, mejorana de conejo, H.

Stevia bicrenata Klatt, *S. dissoluta* Schltdl., *S. elatior* Kunth var. *dissoluta* (Schltdl.) B.L. Rob., *S. elatior* var. *podophylla* B.L. Rob., *S. elongata* Kunth, *S. podocephala* DC., *S. trichopoda* Harv. et A. Gray.

Hierbas perennes, 0.7-1.5 m; tallos pilosos y estipitado-glandulosos. Hojas opuestas, mayormente sésiles o subsésiles sobre la base, hasta 0-3 cm, distalmente aladas solo en las hojas proximales; láminas 2-6 × 1.5-4 cm, ovadas, rara vez elípticas, trinervias desde cerca de la base, ambas superficies con glándulas estipitadas y punteadas, la base obtusa a subcordata, los márgenes crenados, el ápice redondeado a agudo. Capitulescencia laxamente paniculada; pedúnculos hasta 22 mm. Cabezuelas 10-12 mm; filarios 5-6 × c. 1 mm, con glándulas estipitadas, el ápice agudo a acuminado. Corolas 5.5-7 mm, zigomorfas con lobos escasamente desiguales, purpúreas con lobos blanco a rosado pálido, puberulentas y con glándulas sésiles, los lobos 1.5-2.5 mm. Cipselas 4-4.5 mm, más bien densamente setulosas; 4 cipselas por cabezuela con 1-5 aristas c. 5 mm, 1 cipsela sin arista, con escamas 0.3-0.6 mm, unidas o separadas. $2n = 66, 68$, c. 92. *Selvas medianas perennifolias, bosques de* Pinus, *selvas altas perennifolias, bordes de bosques mixtos.* Ch (*Matuda 4747*, MEXU); G (*King y Renner 7050*, US); H (*Padilla 154*, MO); N (*Stevens 10325*, US); CR (*Lellinger y White 1658*, US); P (*Standley 26612*, US). 900-2700 m. (E. y C. México, Mesoamérica, Colombia, Venezuela, Ecuador.)

Turner (1997a) describió cada cabezuela como con una cipsela aristada o sin ella. King y Robinson (1987) ubicaron a *Ageratum viscosum* Sessé et Moc. non Ortega, como sinónimo de *S. elatior* y de *S. pilosa* Lag.

7. Stevia incognita Grashoff, *Brittonia* 26: 357 (1974). Holotipo: México, Chiapas, *Ton 1347* (MICH). Ilustr.: Grashoff, *Brittonia* 26: 358, t. 6 (1974).

Hierbas perennes, 0.5-1.5 m; tallos puberulentos, algunas veces estipitado-glandulosos distalmente. Hojas opuestas; láminas 3-5 × 1.7-3 cm, ovadas, ambas superficies punteado-glandulosas, la superficie adaxial esparcidamente pilósula, la superficie abaxial más pálida y puberulenta a pilósula generalmente sobre las nervaduras, la base obtusa a aguda, rara vez truncada, los márgenes serrados a dentados, el ápice agudo; pecíolo 0.5-3 cm, alado distalmente. Capitulescencia con cabezuelas en densos agregados corimbosos, terminal o sobre largas ramas laterales ascendentes, sin numerosas brácteas elípticas; pedúnculos 0-2 mm. Cabezuelas 9-12 mm; filarios 6.5-8.5 × 1-1.5 mm, estipitado-glandulosos, el ápice agudo. Corolas 5-6.5 mm, rosadas a color púrpura con lobos más pálidos, los lobos 1.5-2 mm, esparcidamente puberulentos a hírtulos. Cipselas 3.5-4.5 mm, setulosas; vilano c. 0.5 mm, sin aristas, con escamas separadas o unidas. *Selvas altas perennifolias, bosques de* Pinus, *bordes rocosos, áreas con caliza, matorrales húmedos, barrancos.* Ch (*Ton 1703*, NY); G (*Standley 59996*, US); H (Molina R., 1975: 117). 1600-3400 m. (E. México, Mesoamérica, Colombia, Venezuela.)

8. Stevia jorullensis Kunth in Humb., Bonpl. et Kunth, *Nov. Gen. Sp.* folio ed. 4: 112 (1820 [1818]). Holotipo: México, Michoacán, *Humboldt y Bonpland s.n.* (P-Bonpl.). Ilustr.: Schlechtendal, *Hort. Hal.* 2: t. 8 (1841), como *S. glandulifera*.

Stevia clinopodia DC., *S. coronifera* DC., *S. glandulifera* Schltdl., *S. origanifolia* Walp.

Hierbas erectas perennes, 0.3-1 m; tallos puberulentos a pilósulos. Hojas opuestas, uniformemente distribuidas a lo largo de los tallos; láminas 1.5-5 × 1-3 cm, angosta a anchamente ovadas, trinervias desde cerca de la base, ambas superficies punteado-glandulosas, la superficie adaxial glabra a puberulenta, la superficie abaxial más pálida y glabra o pilósula sobre las nervaduras, la base obtusa a aguda, los márgenes serrados o dentados, el ápice agudo; pecíolo 0-1.5 cm, alado distalmente. Capitulescencia con cabezuelas en agregados corimbosos compactos, terminal y solitaria o sobre largas ramas ascendentes; pedúnculos 0-3 mm. Cabezuelas 6-11 mm; filarios 5-8 × c. 1 mm, puberulentos, el ápice agudo a acuminado. Corolas 3-5 mm, rosadas a color púrpura, esparcidamente puberulentas y punteado-glandulosas, los lobos c. 1 mm. Cipselas 3-4 mm, setulosas distalmente; vilano 0.4-0.8 mm, sin aristas, con escamas unidas o separadas. $2n = 68$. *Bosques de* Pinus-Quercus, *cañones rocosos, pastizales.* Ch (*Breedlove y Raven 13732*, US); G (*Molina R. 21434*, US); H (Nelson, 2008: 197). 1000-3200 m. (S. México, Mesoamérica.)

9. Stevia lehmannii Hieron., *Bot. Jahrb. Syst.* 28: 562 (1901). Isotipo: Colombia, *Lehmann 5199* (K). Ilustr.: no se encontró.

Hierbas perennes, 0.5-0.8 m; tallos puberulentos a pilosos y con glándulas estipitadas. Hojas opuestas; láminas 1.5-5 × 1-3 cm, ovadas a ovado-lanceoladas o elípticas, trinervias desde cerca de la base, ambas superficies con puntuaciones glandulares conspicuas, la superficie adaxial esparcida a moderadamente pilosa, la superficie abaxial subtomentosa a tomentosa, la base cortamente aguda a truncada o subcordata, los márgenes crenados, el ápice redondeado a obtuso; pecíolo 0.6-2.5 cm, angosta a ampliamente alado distalmente. Capitulescencia difusa, laxamente paniculada; pedúnculos hasta 30 mm. Cabezuelas 6-9 mm; filarios 4.5-6 × c. 0.8 mm, con glándulas estipitadas, el ápice obtuso a agudo. Corolas 3.5-4 mm, zigomorfas, con lobos escasamente desiguales, rosadas o verdosas con lobos blanquecinos, puberulentas, los lobos 0.8-1.3 mm. Cipselas 2.5-3 mm, con numerosas sétulas adpresas cortas; vilano 0.2-0.7 mm, de escamas unidas raramente con 1 corta proyección aristada o con 1 sola arista. *Bosques de* Pinus-Quercus. G (*Steyermark 29714*, F); H (*Standley 15539*, F). 1000-1500 m. (C. México, Mesoamérica, Colombia, Venezuela.)

10. Stevia lucida Lag., *Gen. Sp. Pl.* 28 (1816). Holotipo: México, Hidalgo, *Née s.n.* (MA). Ilustr.: King y Robinson, *Ann. Missouri Bot. Gard.* 62: 999, t. 32 (1975 [1976]).

Stevia fastigiata Kunth, *S. glutinosa* Kunth, *S. glutinosa* var. *oaxacana* DC., *S. lucida* Lag. var. *oaxacana* (DC.) Grashoff.

Arbustos 1-2 m; tallos, hojas, ramas de la capitulescencia y filarios vernicosos; tallos glabros. Hojas opuestas, uniformemente distribuidas a lo largo de los tallos; láminas 4-12 × 1.2-4 cm, oblongo-ovadas a lanceoladas, más carnosas abaxialmente, pinnatinervias, ambas superficies glutinosas, densamente punteado-glandulosas, glabras, la base cortamente aguda a rara vez subtruncada, los márgenes regularmente serrados o crenados hasta remotamente dentados, el ápice breve a angostamente agudo; pecíolo 1-2 cm, no alado. Capitulescencia compacta, de agregados de cabezuelas densamente corimbosos; pedúnculos 0-2 mm. Cabezuelas generalmente 9-11 mm; filarios 5-6 × 0.7-1.5 mm, punteado-glandulosos, el ápice generalmente agudo. Corolas 5-6 mm, rosadas con lobos más pálidos, glabras, los lobos 1-1.2 mm. Cipselas 3.5-5.5 mm, con numerosas sétulas cortas, rara vez con algunas puntuaciones glandulares; vilano hasta 0.2 mm, con escamas unidas o separadas, sin aristas. $2n = 24$. *Bosques de* Pinus-Quercus, *matorrales, flujos de lava, vegetación secundaria.* Ch (*Laughlin 414*, US); G (*Molina R. y Molina 25035*, F); CR (*Pittier 14073*, US); P (*Wilbur et al. 10978*, US). 1000-3500 m. (O. México, Mesoamérica, Colombia, Venezuela.)

11. Stevia microchaeta Sch. Bip., *Linnaea* 25: 291 (1852 [1853]). Holotipo: México, Oaxaca, *Franco 274* (P). Ilustr.: no se encontró.

Stevia vulcanicola Standl. et Steyerm.

Arbustos 1-4 m; tallos glabros a puberulentos. Hojas opuestas, uniformemente distribuidas a lo largo de los tallos; láminas 10-20 × 3.5-9 cm, ovado-lanceoladas a lanceoladas, generalmente la nervadura ampliamente patente y cercanamente pinnada, ambas superficies punteado-glandulosas, la superficie adaxial glabra con nervaduras puberulentas, la superficie abaxial subglabra con diminutos tricomas finos generalmente cerca de las nervaduras, la base cortamente aguda a acuminada, los márgenes crenados a dentados, el ápice escasa y cortamente acuminado; pecíolo 3-6(-9) cm, angostamente alado distalmente. Capitulescencia con cabezuelas en agregados corimbosos compactos, 8-45 cm de diámetro; pedúnculos 0-3 mm, araneoso-pilósulos. Cabezuelas c. 12 mm; filarios 7-8 × 0.7-1 mm, glabros y punteado-glandulosos, el ápice agudo a acuminado. Corolas 4.5-5 mm, color lavanda, el tubo y la garganta glandulosos, los lobos c. 1 mm, puberulentos. Cipselas c. 6.2 mm, glabras o con pocas sétulas distalmente; vilano hasta 1.5 mm, de 1-3 escamas irregularmente espaciadas y separadas, incisas a laciniadas. $2n = 24$. *Bosques de* Pinus-Quercus, *bordes de camino, bosques secos de* Pinus-Quercus, *laderas.* Ch (*Matuda 2848*, US); G (*Steyermark 34757*, F). 2300-3300 m. (E. México, Mesoamérica.)

12. Stevia ovata Willd., *Enum. Pl.* 2: 855 (1809). Holotipo: cultivado en Madrid?, de México, *Lagasca s.n.* (B-W). Ilustr.: Reichenbach,

Iconogr. Bot. Exot. 2: t. 184 (1827-1830 [1829]). N.v.: Bak te' wamal, ch'aal te' wamal, ik'al ok vomol, sak nich ch'aal wamal, xulel wamal, Ch; flor de octubre, oberan, H; flor de octubre, ES.

Stevia ehrenbergiana Schltdl., *S. fascicularis* Less., *S. jorullensis* Kunth var. *ehrenbergiana* (Schltdl.) Sch. Bip, *S. nervosa* DC., *S. ovata* Willd. var. *reglensis* (Benth.) Grashoff, *S. paniculata* Lag., *S. reglensis* Benth., *S. rhombifolia* Kunth, *S. rhombifolia* var. *uniaristata* (DC.) Sch. Bip., *S. ternifolia* Kunth, *S. uniaristata* DC.

Hierbas perennes, 1-2 m; tallos densamente puberulentos. Hojas opuestas o rara vez verticiladas, uniformemente distribuidas a lo largo de los tallos; láminas 3-9 × 1.5-5 cm, ovadas a romboides o elípticas, generalmente trinervias desde cerca de la base, ambas superficies punteado-glandulosas, la superficie adaxial subglabra con nervaduras puberulentas, la superficie abaxial glabra a escasamente pilósula con nervaduras puberulentas, la base obtusa a aguda, los márgenes subenteros o crenados a dentados o serrados, el ápice breve a marcadamente agudo; pecíolo 0.2-2.2 cm, alado distalmente. Capitulescencia con cabezuelas en agregados corimbosos compactos, terminal o sobre largas ramas laterales ascendentes; pedúnculos 0-2 mm, puberulentos a subtomentulosos. Cabezuelas 6-8 mm; filarios 4-6 × 0.7-1 mm, puberulento-punteado-glandulosos, el ápice cortamente agudo y con frecuencia anchamente escarioso. Corolas 4.5-5.5 mm, blancas o rara vez escasamente rosadas, punteado-glandulosas y con pocos tricomas sobre el tubo o la garganta, los lobos 0.7-1.2 mm, puberulentos. Cipselas 3-4 mm, con cortas sétulas esparcidas; vilano de escamas separadas o unidas (0.3-1 mm), sin aristas o generalmente 1-4 cipselas por cabezuela con 1 o 2 aristas (c. 4 mm). $2n = 64$-68, 72, c. 120. *Bosques de neblina, selvas altas perennifolias, bosques de* Pinus-Quercus, *vegetación secundaria.* Ch (*Ton 1626*, US); G (*Pruski y MacVean 4495*, MO); H (*Portillo 29*, US); ES (*Renson 16*, US); N (*Garnier 2036* p. p., F); CR (*Brenes s.n.*, NY); P (*Terry 1275*, US). (500-)900-2800 m. (SO. Estados Unidos, México, Mesoamérica, Colombia, Venezuela, Ecuador.)

Esta hierba típicamente con corola blanca es una de las especies más comunes y variables de *Stevia* en Mesoamérica, y las formas sin aristas, menos comunes en la parte norte de Mesoamérica, se vuelven más frecuentes y se confunden con *S. triflora* desde Nicaragua hacia el sur hasta Panamá.

13. Stevia polycephala Bertol., *Novi Comment. Acad. Sci. Inst. Bononiensis* 4: 432 (1840). Holotipo: Guatemala, *Velásquez s.n.* (BOLO). Ilustr.: Grashoff, *Fieldiana, Bot.* 24(12): 482, t. 27 (1976).

Stevia arachnoidea B.L. Rob.

Arbustos 1-2 m; tallos puberulentos a pilosos. Hojas opuestas, uniformemente distribuidas a lo largo de los tallos, las hojas primarias tempranamente deciduas; láminas mayormente 7-18 × 1.7-5.3 cm, ovado-lanceoladas a lanceoladas, pinnatinervias con numerosas nervaduras patentes, con los pares basales no cercanos, convergentes con los márgenes basales, punteado-glandulosas, al menos adaxialmente brillante, la superficie adaxial subglabra a puberulenta, la superficie abaxial subglabra a laxamente tomentosa, con tomento araneoso a lo largo de las nervaduras, la base aguda, los márgenes enteros a serrados, el ápice acuminado; pecíolo 0.5-3 cm. Capitulescencia compacta con densos agregados corimbosos de cabezuelas, terminal; pedúnculos 0-3 mm, puberulentos. Cabezuelas c. 12 mm; filarios c. 6.5 × 0.9 mm, el ápice obtuso a agudo, araneoso-puberulentos y con numerosas puntuaciones glandulares. Corolas c. 6 mm, blancas o rosadas, el tubo sésil-glanduloso, frecuentemente puberulento, la garganta generalmente glabra, los lobos c. 1 mm, puberulentos. Cipselas c. 5.5 mm, con sétulas diminutas esparcidas, algunas veces vernicosas; vilano de escamas cortas unidas, no laciniadas (c. 0.2 mm), ocasionalmente las escamas separadas (hasta 1 mm). $2n = 24$. *Selvas medianas perennifolias, bosques de neblina, laderas con* Pinus-Quercus, *vegetación secundaria.* Ch (*Laughlin 1796*, US); G (*Pruski y Ortiz 4267A*, MO); H (Nelson, 2008: 197). 1700-3600 m. (México [Guerrero, Oaxaca], Mesoamérica.)

14. Stevia pratheri B.L. Turner, *Phytologia* 72: 128 (1992). Holotipo: México, Chiapas, *Prather 1144* (TEX). Ilustr.: no se encontró.

Hierbas perennes, 30-40 cm; tallos blanco-tomentosos. Hojas opuestas, uniformemente distribuidas a lo largo de los tallos; láminas 2.5-3.5 × 0.6-1.2 cm, ovadas, trinervias desde cerca de la base, ambas superficies bicoloras, la superficie adaxial esparcidamente tomentosa, la superficie abaxial con denso tomento afelpado blanco, los márgenes crenulado-dentados; pecíolo 0.8-1.2 cm. Capitulescencia terminal, compacta, un agregado corimboso obpiramidal, las ramas c. 20 cm, más bien glabras, con 3 o 4 pares de hojas reducidas; pedúnculos 1-3 mm, tomentosos. Cabezuelas generalmente 7-9 mm; filarios 5-7 mm, linear-lanceolados, tomentulosos, el ápice agudo. Corolas c. 5 mm, blancas, esparcidamente puberulentas y punteado-glandulosas, los lobos c. 0.8 mm. Cipselas más bien obcomprimidas, esparcidamente setulosas; vilano una corona fimbriada, 1 cipsela con un par de cerdas débiles 1-2 mm. *Bordes rocosos de riachuelos.* Ch (*Prather 1144*, TEX). 1100-1200 m. (Endémica.)

15. Stevia seemannii Sch. Bip. in Seem., *Bot. Voy. Herald* 298 (1856). Holotipo: México, estado desconocido, *Seemann 2041* (P). Ilustr.: no se encontró.

Hierbas perennes, hasta 0.5 m; tallos tomentosos basalmente, esparcidamente pilósulos y ultimadamente densamente puberulentos distalmente en la capitulescencia. Hojas opuestas, mayormente basales; láminas 1.5-4.5 × 1.2-3.5 cm, ovadas u orbiculares a más bien espatuladas, las hojas distales más pequeñas, elípticas a oblanceoladas, trinervias desde cerca de la base, ambas superficies esparcidamente pilósulas y punteado-glandulosas, la superficie abaxial generalmente rojiza, la base acuminada a subtruncada, los márgenes subenteros a crenados, el ápice redondeado a obtuso; pecíolo 1.5-4.5 cm, angostamente alado distalmente. Capitulescencia subescapífera, con densos agregados subcimosos a corimbosos de cabezuelas; pedúnculos 0-4 mm. Cabezuelas 10-11 mm; filarios 7-7.3 × c. 1.3 mm, puberulentos, el ápice acuminado. Corolas 6-6.5 mm, color púrpura, los lobos c. 1.3 mm, puberulentos. Cipselas c. 4 mm, cortamente setulosas; todas las cipselas con 3-5 aristas (c. 7 mm) y 3 escamas (0.8-1 mm). *Bosques de* Pinus, *barrancos, bosques de* Quercus, *laderas rocosas.* G (*Molina R. y Molina 25010*, US). 1900-2500 m. (México, Mesoamérica.)

La localidad tipo es cerca de la frontera entre Durango, Nayarit y Sinaloa (Turner, 1997a). La especie parece no haber sido colectada, sin embargo, cerca de la localidad tipo. Turner (1997a) trató *Stevia seemannii* var. *selerorum* B.L. Rob. como un sinónimo de *S. liebmannii* Sch. Bip. ex Klatt.

16. Stevia serrata Cav., *Icon.* 4: 33 (1797). Holotipo: México, cultivada en Madrid, *Anon. s.n.* (MA). Ilustr.: Cavanilles, *Icon.* 4: t. 355 (1797). N.v.: Contraraña, oreja de coyote, verbena, H.

Ageratum punctatum Ortega, *Stevia ivifolia* Willd., *S. pubescens* Kunth non Lag., *S. punctata* (Ortega) Pers., *S. serrata* Cav. var. *ivifolia* (Willd.) B.L. Rob., *S. virgata* Kunth.

Hierbas erectas perennes, hasta 0.6-1 m; tallos puberulentos a densamente pilosos. Hojas alternas, esparcidas o frecuentemente agregadas, con agregados axilares de hojas pequeñas; láminas mayormente 2.5-6.5 × 0.2-1.5 cm, linear-espatuladas a oblanceoladas, rara vez lanceoladas o elípticas, algunas veces conduplicadas, las nervaduras secundarias débiles, sublongitudinalmente ascendentes, subtrinervias, ambas superficies punteado-glandulosas, la superficie adaxial glabra a puberulenta, la superficie abaxial subglabra a pilósula, la base angosta y largamente atenuada, los márgenes subenteros y generalmente serrados hacia el ápice, el ápice redondeado a agudo. Capitulescencia densamente corimbosa; pedúnculos 0-2 mm, sésil-glandulosos, pelosos. Cabezuelas 5-9 mm; filarios 3.5-6 × 0.7-1 mm, puberulentos y con numerosas puntuaciones glandulares, el ápice obtuso a cortamente acuminado. Corolas 3-5 mm, generalmente blancas, frecuentemente punteado-glandulosas, los lobos 1-1.5 mm, puberulentos.

Cipselas 2.2-4.2 mm, con numerosas sétulas diminutas; 4 (rara vez 5 o 0) cipselas por cabezuela generalmente con 3-5 aristas, las aristas 3-5 mm, generalmente 1 cipsela solo con escamas separadas o unidas (0.3-0.7 mm). 2*n* = 22, 33, 34, 33-44, 42-48, c. 54. *Bosques de* Pinus, *afloramientos rocosos con* Quercus-Acacia, *laderas con gramíneas.* Ch (Breedlove, 1986: 56); G (*Breedlove 11451*, US); H (*Paz 22*, US). 900-2800 m. (SO. Estados Unidos [Arizona, New Mexico, Texas], México, Mesoamérica, Colombia, Venezuela, Ecuador.)

Esperada en El Salvador.

17. Stevia suaveolens Lag., *Gen. Sp. Pl.* 27 (1816). Holotipo: México, Guanajuato, *Née s.n.* (MA). Ilustr.: Reichenbach, *Iconogr. Bot. Exot.* 2: t. 183 (1827-1830 [1829]).

Stevia nepetifolia Kunth.

Hierbas erectas perennes, 0.5-1 m; tallos puberulentos a subtomentosos. Hojas opuestas, uniformemente distribuidas a lo largo de los tallos; láminas 2.5-6 × 1.3-3.5 cm, ovadas a ovado-lanceoladas, trinervias desde cerca de la base, ambas superficies punteado-glandulosas, la superficie adaxial adpreso-puberulenta, la superficie abaxial grisácea a verdosa o pardusca tomentosa o subtomentosa, la base obtusa a aguda, los márgenes serrados a rara vez crenados, el ápice generalmente agudo; pecíolo 0.5-2 cm, alado distalmente. Capitulescencia compacta, con densos agregados corimbosos de cabezuelas, terminal y sobre ramas laterales ascendentes; pedúnculos 0-2 mm. Cabezuelas 8-9 mm; filarios 4.5-7.5 × 1-1.5 mm, subtomentosos y punteado-glandulosos, el ápice redondeado a obtuso. Corolas 4-5 mm, rosado pálido, puberulentas, típicamente también sésil-glandulosas, los lobos 1-1.5 mm. Cipselas 3-4 mm, diminutamente setulosas generalmente sobre las costillas; cipselas 4 por cabezuela, c. 4.5 mm, 1-3-aristadas, 1 cipsela solo con escamas separadas o unidas (0.3-0.7 mm). 2*n* = 68, 70. *Bosques nublados, bosques de* Pinus, *bosques de* Pinus-Quercus. Ch (*Ton 1523*, US); G (*Molina R. 21251*, F); CR (Grashoff, 1972: 283); P (*Scherzer s.n.*, P). 1800-3300 m. (O. México, Mesoamérica, Colombia, Ecuador.)

18. Stevia subpubescens Lag., *Gen. Sp. Pl.* 28 (1816). Holotipo: Desconocido (MA?). Ilustr.: no se encontró.

Arbustos 1-2 m; tallos diminuta y densamente puberulentos. Hojas opuestas, uniformemente distribuidas a lo largo de los tallos, las hojas primarias más bien persistentes; láminas 3.5-11 × 1.5-4 cm, ovado-lanceoladas a lanceoladas, la nervadura ligeramente pinnada a subtrinervia con las nervaduras basales frecuentemente más fuertes y cercanas entre ellas, subparalelas a los márgenes basales de la hoja, ambas superficies punteado-glandulosas, la superficie adaxial esparcida a densa y diminutamente puberulenta, la superficie abaxial más pálida y puberulenta frecuentemente tomentosa sobre las nervaduras, la base aguda, generalmente atenuada, los márgenes enteros a crenados, el ápice obtuso a agudo; pecíolo 0.5-2 cm. Capitulescencia con cabezuelas en agregados corimbosos compactos; pedúnculos 0-2 mm, tomentosos. Cabezuelas c. 9 mm; filarios c. 6 × 0.8 mm, esparcidamente puberulentos a pilosos y frecuentemente punteado-glandulosos, el ápice agudo. Corolas c. 4.5 mm, blancas a rosado pálido, la garganta y el tubo esparcidamente puberulentos y sésil-glandulosos (en Mesoamérica), los lobos 0.5-0.8 mm, puberulentos (en Mesoamérica). Cipselas 4-4.5 mm, con diminutas sétulas distalmente; vilano c. 0.3 mm, una corona de escamas subfimbriadas, unidas. 2*n* = 24. *Bosques de neblina, bosques de* Pinus-Quercus, *lugares rocosos, cultivos.* Ch (*Breedlove 7995*, US). 2000-3200 m. (C. México, Mesoamérica.)

Turner (1997a reconoció tres variedades, la típica en Mesoamérica y otras dos *Stevia subpubescens* var. *opaca* (Sch. Bip.) B.L. Rob. (con corolas completamente glabras) y *S. subpubescens* var. *intermedia* Grashoff, aquí excluida.

19. Stevia tephrophylla S.F. Blake, *Contr. U.S. Natl. Herb.* 22: 590 (1924). Holotipo: México, Chiapas, *Goldman 1047* (US!). Ilustr.: no se encontró. N.v.: Cadejo, H.

Stevia williamsii Standl.

Arbustos 0.3-0.6 m; tallos densamente pálido-tomentosos, tornándose descubiertos y sin corteza proximalmente. Hojas opuestas, uniformemente distribuidas a lo largo de los tallos o tornándose más remotas distalmente; láminas 2-5 × 0.5-2 cm, elípticas a oblanceoladas o espatuladas, blanquecinas o grisáceas o subpinnatinervias a ligeramente trinervias desde cerca de la base, la superficie adaxial con tomento reducido o evanescente, también sésil-glanduloso, la superficie abaxial con denso tomento pálido persistente, la base aguda, los márgenes subenteros a crenados, el ápice redondeado; pecíolo 0.2-1 cm, alado y uniéndose con la lámina distalmente. Capitulescencia ligeramente subescapífera, con cabezuelas en más bien densos agregados corimbosos pequeños, 2-5 cm de diámetro; pedúnculos 0-2 mm. Cabezuelas 6-6.5 mm; filarios 4-5 × 0.7-0.8 mm, pálido-tomentosos y punteado-glandulosos, el ápice agudo. Corolas 3-4 mm, blancas, completamente glandulosas, esparcidamente puberulentas distalmente, los lobos c. 0.8 mm. Cipselas 1.7-2 mm, con diminutas sétulas distalmente sobre las costillas; vilano de una corona de escamas unidas (c. 0.3 mm), algunas veces 1 o más cipselas por cabezuela con 1-3 aristas (c. 3.5 mm). 2*n* = 24. *Laderas rocosas, bosques de* Pinus. Ch (*Breedlove y Raven 13643*, US); G (Turner, 1997a: 195); H (*Williams y Molina R. 13591*, US). 800-1600 m. (México [Oaxaca], Mesoamérica.)

No se pudieron verificar los registros de Guatemala (Grashoff, 1976) ni de Guatemala y Oaxaca (Turner, 1997a). Esperada en El Salvador.

20. Stevia triflora DC., *Prodr.* 5: 115 (1836). Holotipo: México, Oaxaca, *Karwinsky s.n.* (M). Ilustr.: no se encontró. N.v.: Hinojo de San Antonio, H.

Hierbas perennes, 0.5-1 m; tallos densamente puberulentos. Hojas opuestas, uniformemente distribuidas a lo largo de los tallos; láminas 4-8 × 2-5 cm, ovadas a angostamente ovadas, trinervias desde cerca de la base, ambas superficies punteado-glandulosas, la superficie adaxial puberulenta, la superficie abaxial puberulenta a subtomentosa sobre y entre las nervaduras, la base aguda y acuminada, los márgenes escasa a cercanamente serrulados o serrados, el ápice agudo; pecíolo 0.5 cm. Capitulescencia con cabezuelas en agregados corimbosos compactos, terminal y sobre ramas laterales ascendentes; pedúnculos 0-2 mm. Cabezuelas 6-7 mm; filarios 4.5-5.5 × c. 0.7 mm, puberulentos y punteado-glandulosos, el ápice angostamente agudo a acuminado, escasamente escariosos. Corolas c. 4.5 mm, blancas, frecuentemente punteado-glandulosas, los lobos c. 1.2 mm, esparcidamente puberulentos. Cipselas 2.5-3 mm, con diminutas sétulas esparcidas; vilano c. 0.3 mm, una corona fimbrilada a subentera de escamas unidas, sin aristas. 2*n* = 68-72. *Matorrales, bosques mixtos, bosques de* Quercus. Ch (*Ton 1524*, US); G (*Heyde y Lux 6175*, US); H (*Díaz 223*, US); ES (*Padilla 313*, US); N (*Molina R. 23087*, MO); CR (*Pruski et al. 3951*, US); P (*Pittier 5297*, US). 400-3200 m. (C. México, Mesoamérica, Colombia, Venezuela, Ecuador.)

21. Stevia viscida Kunth in Humb., Bonpl. et Kunth, *Nov. Gen. Sp.* folio ed. 4: 110 (1820 [1818]). Holotipo: México, Michoacán, *Humboldt y Bonpland 4355* (P-Bonpl.). Ilustr.: Kunth, *Nov. Gen. Sp.* folio ed. 4: t. 351 (1820 [1818]).

Ageratum purpureum Sessé & Moc. non Vitman, *Stevia amabilis* Lemmon ex A. Gray, *S. laxiflora* DC., *S. leuconeura* DC., *S. lozanoi* B.L. Rob., *S. purpurea* Lag. non Pers.

Hierbas perennes, hasta c. 1 m; tallos puberulentos a pilosos, también esparcida a densa y cortamente estipitado-glandulosos. Hojas alternas y frecuentemente agregadas, generalmente con agregados axilares de hojas pequeñas o con las ramitas cortas; láminas 2-8 × 0.3-1 cm, lineares a oblanceoladas, ligera y sublongitudinalmente trinervias desde cerca de la base, ambas superficies esparcidamente pilósulas y punteado-glandulosas, la superficie abaxial algunas veces con glándulas estipitadas cortas, la base atenuada, los márgenes enteros a crenulados hasta serrulados, el ápice generalmente redondeado a obtuso. Capitulescencia una panícula grande, laxa y más bien difuso-redondeada a anchamente cilíndrica, frecuentemente hasta 30 × 20 cm, las ramas laxamente corimbosas; pedúnculos 2-10 mm, frecuentemente 1/2 de la longitud del involucro o más largos, estipitado-glandulosos. Cabezuelas 12-15 mm; filarios 7-10 × 1-1.2 mm, puberulentos y con numerosas glándulas sésiles y cortamente estipitadas, el ápice agudo a acuminado. Corolas 6-9 mm, zigomorfas, con lobos escasamente desiguales, 1-2.5 mm, color púrpura, rara vez blancos, hírtulos, esparcidamente sésil-glandulosos. Cipselas c. 5 mm, con numerosas sétulas diminutas; vilano de todas las cipselas con 3-6 aristas (7-9 mm) alternando con escamas separadas (0.2-0.5 mm). 2n = 22. *Lugares abiertos, bosques de* Pinus-Quercus, *pastizales, afloramientos rocosos con* Quercus-Acacia. G (*Steyermark 52044*, F). 1100-2600 m. (SO. Estados Unidos [Arizona, Texas], México, Mesoamérica.)

Stevia viscida se conoce de Mesoamérica solo de un ejemplar citado por Grashoff (1972).

22. Stevia westonii R.M. King et H. Rob., *Phytologia* 35: 229 (1977). Holotipo: Costa Rica, *Weston 10077* (US!). Ilustr.: no se encontró.

Hierbas pequeñas decumbentes, perennes, 2-5 cm; tallos blanco-puberulentos. Hojas opuestas, uniformemente distribuidas a lo largo de los tallos; láminas 0.6-1.2 × 0.15-0.3 cm, o angostamente elípticas a oblongas, ligeramente trinervio-ascendentes desde cerca de la base, la superficie adaxial puberulenta sobre las nervaduras, la superficie abaxial esparcidamente pilósula sobre las nervaduras y punteado-glandulosa, la base aguda, los márgenes enteros a subenteros, el ápice angostamente redondeado. Capitulescencia con pequeñas cabezuelas en agregados corimbosos terminales pequeños y compactos; pedúnculos 0-1 mm. Cabezuelas c. 12 mm; filarios c. 7 × 1.5 mm, blanco-pilosos, también diminutamente punteado-glandulosos, el ápice agudo. Corolas c. 8 mm, rojo-color púrpura con lobos pálidos, la garganta esparcidamente sésil-glandulosa, los lobos c. 2 mm, blanca-puberulentos, también punteado-glandulosos. Cipselas c. 4 mm, glabras o con sétulas diminutas distalmente; todas las cipselas con 5 aristas (c. 7 mm) y alternando con escamas (c. 0.15 mm). *Acantilados.* CR (*Weston 10077*, US). 3300-3400 m. (Endémica.)

113. Tuberostylis Steetz

Por H. Robinson.

Arbustos pequeños reptantes a escandentes o epifíticos en manglares, moderadamente ramificados, frecuentemente enraizando en los nudos; tallos teretes, angostamente fistulosos. Hojas opuestas, conspicuamente pecioladas; láminas ligeramente suculentas, obovadas a elípticas, trinervias desde cerca de la base, la base aguda a acuminada, los márgenes enteros a crenulados. Capitulescencia terminal sobre ramas laterales o sésil en los nudos, corimbosa o en agregados de cabezuelas subglobosas. Cabezuelas angostamente campanuladas a cilíndricas, discoides, con 10-20 flores; filarios 25-35, subimbricados, desiguales, 4-seriados o 5-seriados, estriados, el ápice anchamente redondeado; filarios externos persistentes, los internos deciduos; clinanto aplanado, sin páleas, la superficie esclerificada, glabros; corola angostamente tubular con la base más ancha, los lobos 5, lisos con células oblongas sobre ambas superficies; anteras con el collar generalmente con células cortamente oblongas, las paredes con engrosamientos anulares débiles, los apéndices tan largos como anchos; estilo con la base no agrandada, glabra, el apéndice linear, escasamente mamiloso. Cipselas prismáticas a cilíndricas, 5-nervias o 5-acostilladas, cuando maduras con una cubierta gruesa de células hialinas, glabras, el carpóforo corto, indistinto; vilano ausente. 2 spp. Costa del Pacífico desde Mesoamérica hasta Ecuador.

Bibliografía: King, R.M. y Robinson, H. *Monogr. Syst. Bot., Missouri Bot. Gard.* 22: 376-378 (1987).

1. Tuberostylis rhizophorae Steetz in Seem., *Bot. Voy. Herald* 142 (1854). Holotipo: Panamá, *Seemann 2201* (BM). Ilustr.: Steetz, *Bot. Voy. Herald*, t. 29 (1854).

Arbustos pequeños reptantes, muy ramificados, frecuentemente epifíticos, hasta 0.5 m; tallos pardo oscuro. Hojas pecioladas; láminas mayormente 1.2-2.5 × 0.7-1.8 cm, obovadas a romboides, la base aguda a acuminada, los márgenes remotamente crenulados, el ápice redondeado a cortamente obtuso; pecíolo 1-2.5 cm, ensanchado distalmente. Capitulescencia terminal sobre las ramas laterales, escasamente tirsoide. Cabezuelas 8-9 × c. 3 mm, campanuladas, sésiles en agregados de 2-4; filarios 25-30, 1-7 × 1-1.5 mm, marcadamente subimbricados, cortamente orbiculares a oblongos, el ápice redondeado. Flores 10-12; corola c. 3.5 mm, blanca, los lobos c. 0.3 × 0.3 mm, triangulares. Cipselas c. 3 mm. *Manglares.* P (*Duke 10556*, MO). 0-5 m. (Mesoamérica, O. Colombia, NO. Ecuador.)

114. Zyzyura H. Rob. et Pruski

Por H. Robinson.

Hierbas decumbentes perennes, con ramas floríferas erectas; tallos teretes, foliosos, postrados con entrenudos cortos, angostamente fistulosos. Hojas opuestas; láminas de contorno deltoide, 5-7-lobadas con senos 1/3-1/2 de la distancia a la vena media, con nervaduras triplinervias, la superficie adaxial esparcidamente pilosa, la superficie abaxial más pálida y glabra con puntuaciones glandulares agregadas, los márgenes basales truncados a subtruncados; pecíolo corto, delgado. Capitulescencia terminal sobre ramas ascendentes laxamente cimosas, con entrenudos basales alargados, proximalmente sin ramificar, laxamente ramificada distalmente, con pocas bractéolas diminutas; pedúnculos 0.5-1.8 cm. Cabezuelas anchamente campanuladas, discoides; filarios (12-)16(-18), eximbricados, no obviamente graduados, generalmente en c. 2 series subiguales, con los filarios externos un poco más cortos; clinanto cónico, más alto que ancho, fistuloso, sin páleas, con la superficie esclerificada, glabra; corola anchamente campanulada, blanca, el tubo basal delgado, cercanamente encerrando al estilo, las nervaduras engrosadas en la base, el limbo obviamente ampliado, los lobos anchamente triangulares, tan anchos como largos, moderadamente patentes, prorulosos al proyectar el extremo distal de células anchas sobre ambas superficies; anteras con el collar delgado, las células oblongas, no totalmente ocultas por los densos engrosamientos anulares transversales sobre las paredes, el apéndice escasamente más ancho que largo, no truncado; estilo con la base sin nudo agrandado, glabra, las ramas lineares, la porción distal escasamente claviforme, densamente papilosa. Cipselas ligeramente fusiformes, 3-5-acostilladas, con pocas asperezas escábridas sobre las costillas, sin glándulas; el carpóforo agrandado con un conspicuo borde distal proyectado, las células angostamente oblongas con paredes periclinales engrosadas; vilano de c. 10 cerdas persistentes, escabriúsculas discontinuas, escasamente ensanchadas en la base, las puntas angostadas a delgadas. 1 sp. Endémico de Mesoamérica.

1. Zyzyura mayana (Pruski) H. Rob. et Pruski, *PhytoKeys* 20: 6 (2013). *Fleischmannia mayana* Pruski, *Phytoneuron* 2012-32: 6 (2012). Holotipo: Belice, *Brewer y Pau 3349* (MO!). Ilustr.: Pruski y Clase, *Phytoneuron* 2012-32: 8, t. 5 (2012).

Hierbas procumbentes perennes, hasta 30 cm; tallos subglabros. Hojas opuestas; láminas 4-7 × 5-9 mm, pedatas, de contorno deltado, 3-7-lobadas casi 1/3-1/2 de la distancia a la vena media, la superficie adaxial esparcidamente hirsuto-pilosa, la superficie abaxial glandulosa; pecíolo 0.3-0.7 cm. Capitulescencia de 3-10 cabezuelas; pedúnculos 7-20(-35) mm, esparcidamente hirsútulo-pilósulos. Cabezuelas 5-6 mm; filarios 12-18, generalmente 2-3 × 1.5-2 mm, el ápice obtuso a redondeado. Flores 20-23; corola 2.2-2.3 mm, campanulada, blanca, los lobos 0.4-0.5 mm, glabros o esparcidamente glandulosos; ramas del estilo escasa y cortamente claviformes. Cipselas 1.2-1.3 mm, los costados y las costillas concoloros, negros al madurar, glabras o algunas veces esparcidamente glandulosas; vilano de cerdas 1.4-1.7 mm. *Laderas rocosas*. B (*Brewer y Pau 3349*, MO). 1000-1100 m (Endémica.) Conocida solo de Belice de Victoria Peak del área de Cockscomb en las montañas mayas.

Especie poco conocida de Eupatorieae Ignotae: *Eupatorium guatemalense* Regel, *Index Sem. (Zurich)* 1850: 4 (1850). Tipo: Guatemala, *Anon. s.n.* (no visto).

X. Tribus **GNAPHALIEAE** Cass. ex Lecoq et Juill.
Gnaphaliinae Dumort.
Descripción de la tribus y clave genérica por J.F. Pruski.

Hierbas anuales a arbustos, generalmente no estoloníferos, rara vez dioicos; tallos alados o no alados. Hojas basales y/o caulinares, simples, alternas (Mesoamérica) o rara vez opuestas; láminas generalmente cartáceas, los márgenes generalmente enteros, las superficies a veces sésil-glandulosas o estipitado-glandulosas, al menos la superficie abaxial típicamente araneoso-flocosa a tomentosa. Capitulescencia típicamente terminal, generalmente cimosa o corimbosa a tirsoide-paniculada, a veces glomerulada, a veces espiciforme, rara vez monocéfala. Cabezuelas generalmente pequeñas y disciformes (rara vez seudoradiadas), rara vez discoides; involucro sin calículo; filarios varios a numerosos (pocos o vestigiales en subtribus Filaginae Benth. et Hook. f. donde las brácteas típicamente abrazan los glomérulos de cabezuelas no involucradas o con involucro pequeño), generalmente imbricados y graduados, en (1-)3-10 o más series, libres, generalmente persistentes, la base (estereoma) frecuentemente cartilaginosa, generalmente no dividida (no fenestrada) o a veces partida con áreas translúcidas más delgadas distales entremezcladas (fenestradas), la lámina distal más delgada y en general obviamente escariosa o delgadamente papirácea, frecuentemente pardusca y transparente, o a veces la lámina especialmente de los filarios internos blanca o amarillenta a purpúrea y ligeramente opaca; clinanto generalmente aplanado a convexo (rara vez cóncavo, rara vez cónico), sin páleas (Mesoamérica) o en *Cassinia* R. Br. y Filaginae al menos en parte paleáceo. Flores marginales ausentes o 1-pluriseriadas, pistiladas, generalmente más numerosas que las flores del disco; corola generalmente filiforme (rara vez seudoradiada), el ápice 2-5-fido. Flores del disco generalmente pocas a varias, bisexuales o a veces funcionalmente estaminadas; corola frecuentemente tubular (tubular-infundibuliforme), brevemente (3-)5-lobada, los lobos generalmente deltados; anteras caudadas, el tejido endotecial polarizado (Mesoamérica), rara vez radial, el apéndice apical generalmente ovado a elíptico-ovado, generalmente aplanado; estilo bífido o rara vez entero, sin apéndices, las ramas truncas hasta a veces cónicas, la superficie estigmática con 2 bandas, apicalmente papilosa, rara vez también abaxialmente papilosa, las papilas obtusas. Cipselas generalmente pequeñas, generalmente elipsoidales u ovoides a obovoides, (2-)5-nervias, típicamente sin rostro, no obviamente ruguloso-tuberculadas abaxialmente, glabras o las superficies con tricomas o papilas oblongas o globulares, los tricomas y las papilas a veces mixógenos, el carpóforo generalmente delgado y anular; vilano frecuentemente frágil (ausente en Filaginae fuera de Mesoamérica), generalmente de cerdas escabriúsculas a ancistrosas (ancistroso-plumosas, infrecuentemente subclaviformes con células terminales cortas de ápices redondeados), a veces de cerdas y escamas, o rara vez solo de escamas. Aprox. 190 gen. y 1250 spp., cosmopolita pero generalmente en el hemisferio sur en el Viejo Mundo.

Gnaphalieae ha sido tradicionalmente (p. ej., Bentham y Hooker, 1873) incluida dentro de la tribu Inuleae debido a las anteras caudadas y las cabezuelas en su mayoría disciformes. Durante el siglo XX se realizaron importantes estudios del grupo como Inuleae subtribus Gnaphaliinae que incluyen los de Cabrera (1961), Dillon y Sagástegui

Alva (1991b), Drury (1970) y Hilliard y Burtt (1981). El estudio reciente más significativo a nivel genérico es el de Anderberg (1991b), quien restableció Gnaphalieae a nivel tribal. Los límites genéricos y las características destacadas en este tratamiento son a menudo adaptados de estas importantes obras antes mencionadas. Gnaphalieae subtribus Filaginae, caracterizada por las cipselas sin vilano, el involucro en parte paleáceo y los glomérulos bracteados de las cabezuelas escasamente involucradas, generalmente ha sido reconocida como un grupo de gnaphalioide distintas, pero de lo contrario la circunscripción subtribal es aun inestable.

Bibliografía: Anderberg, A.A. *Opera Bot.* 104: 1-195 (1991). Barkley, T.M. et al. *Fl. N. Amer.* 19: 3-579 (2006); 20: 3-666 (2006); 21: 3-616 (2006). Cabrera, A.L. *Bol. Soc. Argent. Bot.* 9: 359-386 (1961). Dillon, M.O. y Sagástegui Alva, A. *Fieldiana, Bot.* n.s. 26: i-iv, 1-70 (1991a); *Arnaldoa* 1(2): 5-91 (1991);. Drury, D.G. *New Zealand J. Bot.* 8: 222-248 (1970). Grierson, A.J.C. *Notes Roy. Bot. Gard. Edinburgh* 31: 135-138 (1971). Hilliard, O.M. y Burtt, B.L. *Bot. J. Linn. Soc.* 82: 181-232 (1981). Humbert, H. *Fl. Madagasc.* 189: 339-622 (1962). Klatt, F.W. *Linnaea* 42: 111-144 (1878). Kubitzki, K. *Fam. Gen. Vasc. Pl.* 8: 1-635 (2007 [2006]). McVaugh, R. *Fl. Novo-Galiciana* 12: 1-1157 (1984). Pruski, J.F. *Fl. Venez. Guayana* 3: 177-393 (1997); *Phytoneuron* 2012-1: 1-5 (2012).

1. Cabezuelas hasta 20(-30) mm; involucros 20-50 mm de diámetro; flores marginales en menor número que las flores del disco.   **120. Xerochrysum**
1. Cabezuelas generalmente menos de 10 mm; involucros menos de 9 mm de diámetro; flores marginales generalmente más numerosas que las flores del disco.
  2. Flores del disco funcionalmente estaminadas; filarios internos generalmente patentes o reflexos.   **116. Chionolaena**
  2. Flores del disco bisexuales; filarios adpresos.
    3. Cerdas del vilano connatas basalmente y deciduas como un anillo.   **117. Gamochaeta**
    3. Cerdas del vilano en general individualmente deciduas.
      4. Cabezuelas con 4-8 flores.   **115. Achyrocline**
      4. Cabezuelas con más de 25 flores.
        5. Estereoma basal del filario generalmente entero; corola color púrpura al menos distalmente; cipselas puberulentas con tricomas oblongos.   **118. Gnaphalium**
        5. Estereoma del filario generalmente dividido; corolas generalmente blanco-amarillenta o amarilla; cipselas en su mayoría glabras a veces puberulentas con tricomas globulares   **119. Pseudognaphalium**

115. **Achyrocline** (Less.) DC.
Gnaphalium L. subg. *Achyrocline* Less.
Por J.F. Pruski.

Hierbas perennes a subarbustos; tallos generalmente erectos, frecuentemente poco ramificados, rara vez alados por las hojas decurrentes;

follaje frecuentemente lanoso-tomentoso o rara vez glabrescente, los tricomas típicamente alargado-filiformes distalmente con las bases más anchas. Hojas sésiles o pecioladas; láminas lineares a ovadas, cartáceas a firmemente cartáceas, las nervaduras inconspicuas o 3-nervias, las superficies no glandulosas o sésil-glandulosas (en Mesoamérica la superficie abaxial glandulosa), la superficie adaxial frecuentemente araneosa, a veces falsamente heterótrico debido a diferencias grandes en el diámetro de la base y el ápice de los tricomas flageliformes, la superficie abaxial frecuentemente lanoso-tomentosa, los márgenes enteros a crenulados. Capitulescencia de numerosas cabezuelas, corimboso-paniculadas con las últimas cabezuelas frecuentemente glomeruladas. Cabezuelas disciformes, con pocas flores, en Mesoamérica con 4-8 flores, pequeñas, generalmente menos de 10 mm; involucro generalmente menos de 5 mm de diámetro, cilíndrico hasta a veces comprimido; filarios graduados o rara vez subiguales, 3-4-seriados, adpresos, lanceolados a oblanceolados, o los externos a veces ovados, dorados a blancos, glabros o araneosos proximalmente, a veces también sésil-glandulosos proximalmente (en los estereomas), los estereomas partidos, a veces verdosos, los márgenes típicamente hialinos. Flores marginales 3-6(-11); corola filiforme, generalmente amarilla, con frecuencia diminutamente 3-fida apicalmente. Flores del disco 1-3, bisexuales (Mesoamérica) o rara vez funcionalmente estaminadas; corola generalmente tubular, escasamente ensanchada en la base, muy angostamente ampliada distalmente, 5-lobada, amarillenta, los lobos diminutamente papiloso-glandulosos; estilo con la base ensanchada, las ramas lineares, truncadas en el ápice, las superficies estigmáticas con 2 bandas. Cipselas más o menos obovoides, a veces subcomprimidas, glabras o a veces de apariencia papilosa en una magnificación alta debido a la naturaleza imbricada de las células; vilano de numerosas cerdas capilares, las cerdas isomorfas, libres, escabrosas a ancistrosas, blancas, deciduas individualmente, las células terminales obtusas. $x = 14$. Aprox. 32 spp.; México, Mesoamérica, Sudamérica; c. 30 en América tropical.

Achyrocline es similar a *Gnaphalium*, pero se puede diferenciar por las cabezuelas comprimidas o cilíndricas (vs. normalmente campanuladas) con 1-3 flores del disco (vs. más de 5). Los taxones africanos con un clinanto a veces irregularmente escamoso, tratados en Pruski (1997a) como *Achyrocline*, en la actualidad se refieren principalmente a *Helichrysum* Mill. como lo hace Beentje (2002). Aunque la mayoría de características vegetativas y florales y mediciones de las dos especies mesoamericanas se superponen, parecen diferenciarse por la forma de la hoja. No se ha visto ejemplares de *A. ventosa* Klatt, una especie mexicana, que podría ser un nombre anterior de *A. deflexa*.

Los caracteres de la forma de base de la corola (ensanchada o no ensanchada) y la base de los filarios, glandulosa o no glandulosa, usados por Nesom (1990b) para diagnosticar las especies no concuerdan, en parte, con la circunscripción del género de Badillo y González Sánchez (1999). Estos varían dentro de cabezuelas individuales, con la posición de las cabezuelas dentro de los glomérulos y también con la edad de las flores, y no parecen ser muy útiles en delinear las especies. Los dos isotipos de *A. deflexa* que se han estudiados tienen las hojas glandulosas, pero Nesom (1990a) caracterizó a esta especie por tener hojas no glandulosas, y de hecho, individuos ocasionales a veces parecen no glandulosas.

Bibliografía: Badillo, V.M. y González Sánchez, M. *Ernstia* 9: 187-229 (1999). Beentje, H.J. *Fl. Trop. E. Afr.* Compositae 2: 315-546 (2002). Nesom, G.L. *Phytologia* 68: 181-185 (1990a); 68: 363-365 (1990).

1. Hojas espatuladas o las distales lanceoladas, la base frecuentemente peciolariforme y abrupta y angostamente atenuada, la superficie abaxial y las glándulas típicamente inconspicuas, frecuentemente lanoso-tomentosas. **1. A. deflexa**
1. Hojas lanceoladas, la base siempre gradualmente atenuada sobre el tallo, la superficie abaxial y las glándulas a veces escasamente visibles, grisáceo-lanosas. **2. A. vargasiana**

1. Achyrocline deflexa B.L. Rob. et Greenm., *Amer. J. Sci. Arts* ser. 3, 50: 153 (1895). Isotipo: México, Oaxaca, *Pringle 6054* (NY!). Ilustr.: Nash, *Fieldiana, Bot.* 24(12): 496, t. 41 (1976). N.v.: Santo Domingo, tela de araña, H.

Achyrocline yunckeri S.F. Blake.

Hierbas erectas, 0.5-1.2 m, a veces con base leñosa; tallos simples o ramificados, completamente foliosos, densamente blanco-lanoso-tomentosos, la superficie oculta, las hojas generalmente más largas que los entrenudos. Hojas 3-9(-13.5) × (0.6-)1-2(-3) cm, espatuladas o las distales lanceoladas, 3-nervias desde por encima de la base, las superficies moderada a obviamente discoloras, la superficie adaxial verde pálido, la superficie escasamente visible, laxamente araneosa con tricomas flageliformes, la superficie abaxial frecuentemente blanco-pardo-amarillenta, las glándulas típicamente inconspicuas, rara vez ausentes, frecuentemente lanoso-tomentosas, la base frecuentemente peciolariforme y abrupta y angostamente atenuada, los márgenes ocasional y ligeramente revolutos, el ápice angostamente agudo a acuminado; base peciolariforme generalmente 0.5-1.2 cm en las hojas de la mitad del tallo. Capitulescencia hasta 15 cm de diámetro, más o menos redondeada en el extremo, axilar desde ramas bracteadas 3-10 cm en los pocos nudos distales, densa o abierta, los glomérulos con varias cabezuelas, el pedículo del glomérulo hasta 1 cm; pedúnculos 0(-5) mm. Cabezuelas 4-4.5 mm; involucro c. 1.3 mm de diámetro, la base inmersa en el tomento del tallo; filarios 8-11, (2-)2.5-3.8 mm, conduplicados, la base pardo-pajiza graduando distalmente a blanca o a amarillo pálida, típica y proximalmente con diminutas glándulas frágiles, también blanco-araneosos, por lo demás subglabros, el indumento araneoso con tricomas poco septados, el ápice agudo a obtuso. Flores marginales 3 o 4; corola 3-3.3 mm. Flores del disco 1(-3); corola c. 3.3 mm, ensanchada basalmente, los lobos 0.1-0.2 mm, diminutamente glandulosos; estilo con la base engrosada. Cipselas c. 0.5 mm; vilano de cerdas c. 3.2 mm. Floración ene.-jul. *Áreas rocosas, áreas alteradas, bosques de* Pinus-Quercus, *bosques de neblina.* Ch (*Croat y Hannon 65217*, MO); G (*Steyermark 43028*, NY); H (*Yuncker 5872*, US); N (*Williams et al. 27955*, NY). 1000-3000 m. (S. México [Oaxaca], Mesoamérica.)

Nesom (1990a) señaló que las hojas eran no glandulosas, los tricomas de las hojas "filiformes hasta la base", los filarios maduros y las corolas no glandulosas, mientras que aquí se ve que tanto el tipo como el material no típico tienen hojas glandulosas (rara vez aparentemente no glandulosas), los tricomas de las hojas con la base ligeramente amplia, los filarios diminutamente glandulosos proximalmente con glándulas frágiles y los lóbulos de la corola glandulosos. En estos aspectos, *Achyrocline deflexa* no siempre se diferencia de *A. vargasiana*.

2. Achyrocline vargasiana DC., *Prodr.* 6: 220 (1837 [1838]). Holotipo: Venezuela, *Vargas s.n.* (G-DC). Ilustr.: Pruski, *Fl. Venez. Guayana* 3: 201, t. 159 (1997). N.v.: Sakil jomol, Ch.

Achyrocline satureioides (Lam.) DC. var. *vargasiana* (DC.) Baker, *A. turneri* G.L. Nesom, *Gnaphalium satureioides* Lam. var. *vargasianum* (DC.) Kuntze.

Hierbas erectas, 0.4-1.2 m; tallos poco ramificados, foliosos en toda su longitud, blanco-lanosos o araneosos, la superficie ligeramente visible, las hojas del eje principal generalmente más largas que los entrenudos, las hojas distales frecuentemente más cortas que los entrenudos. Hojas 4-11 × 0.6-1.7 cm, lanceoladas, 3-nervias por encima de la base, las superficies escasa a moderadamente discoloras, la superficie adaxial verde pálido, visible a través del indumento, laxamente araneosa, los tricomas flageliformes, típicamente también esparcidamente glandulosa, la superficie abaxial grisáceo-lanosa, glandulosa, las glándulas a veces escasamente visibles, la base siempre gradualmente atenuada sobre el tallo, los márgenes frecuentemente revolutos, el ápice acuminado, sésiles. Capitulescencia c. 7 cm de diámetro, las ramas frecuentemente con c. 5 glomérulos cercanamente espaciados en los 2 cm terminales, cada glomérulo con c. 20 cabezuelas; pedúnculos esencialmente ausentes. Cabezuelas c. 5 mm; involucro c. 1.5 mm de diámetro, sostenido por encima del tomento del tallo; filarios amarillo pálido con la base escasamente oscura, proximalmente glandulosos, las glándulas frágiles, por lo demás subglabros o a veces la base muy esparcidamente araneosa. Flores marginales 3-5; corola 2.5-3 mm. Flores del disco (1)2 o 3; corola 3-3.6 mm, escasamente ensanchada basalmente, los lobos 0.2-0.3 mm, esparcida y diminutamente glandulosos; antera con el cuello alargado, casi tan largo como las colas; estilo con la base escasamente engrosada. Cipselas c. 0.5-0.6 mm; vilano de cerdas c. 3.5 mm. Floración feb.-ago, dic. *Bosques mixtos caducifolios, bosques de* Pinus-Quercus. Ch (*Pérez 164*, HEM); G (*Contreras 11271*, MO); H (*Croat y Hannon 64237*, MO); N (*Moreno 7073*, MO). 1000-2400 m. (Mesoamérica, Colombia, Venezuela, Guyana, Bolivia, Brasil, Paraguay, Uruguay, Argentina.)

Achyrocline vargasiana y *A. satureioides* (Lam.) DC., una especie de hojas angostas, son similares, pero fueron tratadas por Pruski (1997a) y Badillo y González Sánchez (1999) como especies distintas. Pruski (1997a) y Badillo y González Sánchez (1999) las consideraron como endémicas de Sudamérica, pero *A. vargasiana* en la actualidad se extiende a Mesoamérica. Es interesante observar que la especie está aparentemente ausente desde el istmo geológicamente reciente de Costa Rica y Panamá. Nesom (1990b) señaló que esta especie es a menudo erróneamente identificada como *Gnaphalium attenuatum*.

116. Chionolaena DC.

Gnaphaliothamnus Kirp.?, *Leucopholis* Gardner, *Parachionolaena* M.O. Dillon et Sagást., *Pseudoligandra* M.O. Dillon et Sagást.
Por S.E. Freire y J.F. Pruski.

Arbustos o subarbustos bajos; tallos erectos o ascendentes, dicotómicamente ramificados, densamente lanosos y foliosos cuando jóvenes, glabros y áfilos con cicatrices foliares marcadas en la parte inferior en la madurez. Hojas sésiles, erectas en la parte superior y comúnmente reflexas en el resto (muy raramente adpresas) de la planta, rígidamente cartáceas, los márgenes revolutos, el ápice agudo y mucronado, con tricomas glandulares y no glandulares, la superficie adaxial glabra o tomentosa, la superficie abaxial densamente blanco-lanosa. Capitulescencia monocéfala o comúnmente corimbiforme (Mesoamérica) o umbeliforme (a veces sostenida hasta la madurez por un largo pedúnculo laxamente folioso); cabezuelas cortamente pedunculadas o sésiles. Cabezuelas discoides o disciformes (Mesoamérica), pequeñas, generalmente menos de 10 mm; involucro menos de 8 mm de diámetro, cilíndrico o campanulado; filarios escariosos, glabros, el estereoma entero, la lámina opaca color blanco, los filarios externos ovados o linear-ovados y pelosos en el dorso, los internos lineares o linear-obovados, comúnmente patentes o reflexos. Flores 5-100; corola color blanco-crema, frecuentemente rojiza en el ápice, las flores marginales pistiladas, cuando existen, en número menor, en igual número o más numerosas que las flores del disco. Flores marginales de corola filiforme, brevemente bidentada y con tricomas glandulares en el ápice. Flores del disco funcionalmente estaminadas (a veces funcionalmente pistiladas, neutras o bisexuales); corola tubular, apenas dilatada en la parte superior, 5-lobada, los lobos papilosos y con tricomas glandulares; anteras sagitadas en la base, con apéndice conectival ovado; estilo cortamente bífido o a veces no dividido, las ramas truncadas o agudas en el ápice, dorsalmente pelosas, con tricomas colectores obtusos hasta más allá del punto de bifurcación, el ovario comprimido con embrión no desarrollado. Cipselas glabras o pubescentes, con tricomas cortos y obtusos o con tricomas largos y agudos en el ápice; vilano formado por cerdas ancistrosas, unidas en un anillo basal, apenas connatas, o bien libres y ciliadas o enteras en la base, dimórfico (flores marginales con células terminales apenas ensanchadas y flores del disco con las células terminales del vilano claviformes) o subdimórfico (flores marginales con

células terminales apenas ensanchadas y flores del disco con las células terminales del vilano agudas o subclaviformes). $x = 14$. Aprox. 20 spp. Regiones montañosas del centro de México, Mesoamérica, norte de Colombia, sur de Venezuela y sureste del Brasil.

Freire (1993) revisó las especies de *Chionolaena* y en esa oportunidad aceptó a *Gnaphaliothamnus* como el género más afín. Así, el género monotípico *Gnaphaliothamnus* fue reconocido por tener las cerdas del vilano libres, ciliadas en la base y con células apicales lineares (vs. cerdas del vilano unidas en un anillo basal y con células apicales claviformes). Igual criterio fue seguido por Anderberg (1991b) en su tratamiento de la tribu Gnaphalieae. Más recientemente, Nesom (2001) consideró a *Gnaphaliothamnus* como un sinónimo de *Chionolaena*. Al volver a examinar las cerdas del vilano (Freire, en prep.) en las especies de *Chionolaena* y *Gnaphaliothamnus*, se ha revelado la presencia de estados intermedios entre las formas más extremas de vilano, lo cual dificulta, en este momento, el reconocimiento de *Gnaphaliothamnus* en un género diferente. *Gnaphaliothamnus* se mostró distinto de *Chionolaena* en el estudio de ADN de Dillon y Luebert (2015), pero no se citaron ejemplares, por tanto se continua refiriendo provisionalmente *Gnaphaliothamnus* a la sinonimia de *Chionolaena*. *Chionolaena aecidiocephala* (Grierson) Anderb. et S.E. Freire y *C. eleagnoides* Klatt se encuentran en el centro de Oaxaca y se podrían encontrar en Mesoamérica.

Bibliografía: Anderberg, A.A. y Freire, S.E. *Notes Roy. Bot. Gard. Edinburgh* 46: 37-41 (1989). Dillon, M.O. y Luebert, F. *J. Bot. Res. Inst. Texas* 9: 63-73 (2015). Freire, S.E. *Ann. Missouri Bot. Gard.* 80: 397-438 (1993). Nesom, G.L. *Phytologia* 68: 366-381 (1990e); 69: 1-3 (1990); 76: 185-191 (1994); *Sida* 19: 849-852 (2001). Pruski, J.F. *Phytoneuron* 2012-1: 1-5 (2012).

1. Tallos y hojas mayormente amontonados proximalmente y los tallos escasamente foliosos distalmente. **5. C.** sp. A
1. Tallos moderada a densamente foliosos en la mitad distal o a todo lo largo.
  2. Lámina de los filarios internos sin lámina blanca prominente, blanca solo en el ápice. **1. C. cryptocephala**
  2. Lámina de los filarios internos con lámina blanca prominente.
    3. Hojas 4-12(-18) × 1.5-2.5 (-3.5) mm, estipitado-glandulosas debajo del tomento en la superficie adaxial. **2. C. lavandulifolia**
    3. Hojas 10-50(-95) × 1-1.5(-3) mm, estrechamente lineares, sin glándulas estipitadas adaxialmente.
      4. Filarios externos agudos u obtusos en el ápice; hojas 20-50(-95) mm, discoloras, glabrescentes en la superficie adaxial. **3. C. salicifolia**
      4. Filarios externos acuminados en el ápice; hojas 10-20(-30) mm, subdiscoloras, tomentosas en la superficie adaxial. **4. C. sartorii**

1. Chionolaena cryptocephala (G.L. Nesom) G.L. Nesom, *Sida* 19: 850 (2001). *Gnaphaliothamnus cryptocephalus* G.L. Nesom, *Phytologia* 68: 375 (1990). Holotipo: México, Chiapas, *Breedlove 24347* (TEX). Ilustr.: no se encontró.

Subarbustos enanos, c. 30 cm; tallos moderadamente foliosos solo en la porción muy distal, sin hojas proximalmente. Hojas 8-13 × 1.5-2 mm, linear-elípticas o linear-oblongas, sin glándulas estipitadas adaxialmente, la superficie adaxial tomentosa, los márgenes revolutos. Cabezuelas subsésiles. Involucro 4-4.5 mm, campanulado; filarios c. 17, los filarios externos ovados, agudo-acuminados en el ápice, los internos linear-elípticos, sin lámina blanca, con lámina solo blanca en el ápice. Flores marginales 18-20; corola c. 3 mm. Flores del disco 4-5; corola c. 2.5 mm; ramas del estilo truncadas. Cipselas oblongas, subglabras; vilano de cerdas subdimórficas, con células apicales agudas (apenas más ensanchadas en las flores del disco), las cerdas ligeramente connatas en la base, separándose fácilmente, ciliadas en la base. Floración mar. *Pastizales con* Pinus. Ch (*Breedlove 24347*, TEX). c. 3800 m. (Endémica.)

Solo se conoce el ejemplar tipo de *Chionolaena cryptocephala*. Parece afín a *C. lavandulifolia*.

2. Chionolaena lavandulifolia (Kunth) Benth. et Hook. f. ex B.D. Jacks., *Index Kew.* 1: 516 (1893). *Helichrysum lavandulifolium* Kunth in Humb., Bonpl. et Kunth, *Nov. Gen. Sp.* folio ed. 4: 68 (1820 [1818]). Holotipo: México, Veracruz, *Humboldt y Bonpland s.n.* (P-Bonpl.). Ilustr.: Freire, *Ann. Missouri Bot. Gard.* 80: 426, t. 15 (1993).

Chionolaena costaricensis (G.L. Nesom) G.L. Nesom, *C. lavandulaceum* Benth. et Hook. f. ex Hemsl., *C. macdonaldii* (G.L. Nesom) G.L. Nesom, *Gnaphaliothamnus costaricensis* G.L. Nesom, *G. macdonaldii* G.L. Nesom, *Gnaphalium lavandulaceum* DC., *G. lavandulifolium* (Kunth) S.F. Blake non Willd.

Subarbustos cespitosos a enanos, 10-35 cm; tallos densa pero igualmente foliosos en la 1/2 distal, frecuentemente sin hojas proximalmente. Hojas 4-12(-18) × 1.5-2.5 (-3.5) mm, linear-elípticas, estipitado-glandulosas debajo del tomento en la superficie adaxial, la superficie adaxial tomentosa, los márgenes revolutos. Cabezuelas subsésiles. Involucro 5-9 mm, campanulado; filarios 24-44, los filarios externos ovados, obtusos en el ápice, los internos linear-elípticos, con prominente lámina blanca. Flores marginales 5-24; corola 3-4.5 mm. Flores del disco 3-18; corola 3-5 mm; ramas del estilo truncadas a obtusas. Cipselas oblongas, glabras o subglabras; vilano de cerdas subdimórficas o dimórficas, con células apicales agudas o subredondeadas hasta claviformes (apenas o conspicuamente más ensanchadas en las flores del disco), las cerdas ligeramente connatas en la base, separándose en grupos o completamente libres, subenteras o ciliadas en la base. Floración ene.-abr., jul.-sep. *Bosques de* Pinus, *lugares rocosos y arenosos, áreas abiertas, páramos con* Chusquea. G (*Isbele y Hüber 1575*, US); CR (*Davidse 25035*, US); P (*Knapp y Monro 10045*, MO). 3100-3800 m. (México [Veracruz], Mesoamérica.)

Chionolaena lavandulifolia presenta una gran variabilidad en lo que respecta al número de flores por capítulo, al número de brácteas involucrales y a la pubescencia de las cipselas. Esto ha dado lugar a que se describan otras dos especies, *C. costaricensis* y *C. macdonaldii*. Nesom (1990e) diferencia *C. costaricensis* de *C. lavandulifolia* por tener la primera de ellas, 5-10 flores pistiladas (vs. 21-24), 24-28 brácteas (vs. 34-56) y las cipselas glabras (vs. subglabras). Sin embargo, se ha podido observar ejemplares de *C. lavandulifolia* con cipselas glabras con un mayor número de flores pistiladas (17-24) y de brácteas (44). Mientras que para la segunda especie, *C. macdonaldii* (de la cual solo se conoce hasta el momento el ejemplar tipo) Nesom (1990e) indica para los caracteres antes mencionados, valores intermedios entre *C. costaricensis* y *C. lavandulifolia*. Sobre la base del material examinado y los tipos estudiados, no se ha hallado caracteres que permitan diferenciar con claridad estas especies, por lo que se considera que solo existe una especie de este grupo, que debe llamarse *C. lavandulifolia*.

3. Chionolaena salicifolia (Bertol.) G.L. Nesom, *Sida* 19: 850 (2001). *Helichrysum salicifolium* Bertol., *Novi Comment. Acad. Sci. Inst. Bononiensis* 4: 433 (1840). Holotipo: Guatemala, *Velásquez s.n.* (foto MO! ex BOLO). Ilustr.: Freire, *Ann. Missouri Bot. Gard.* 80: 434, t. 20 (1993), como *C. seemannii*.

Chionolaena corymbosa Hemsl., *C. seemannii* (Sch. Bip.) S.E. Freire, *Gnaphaliothamnus salicifolius* (Bertol.) G.L. Nesom, *Gnaphalium rhodanthum* Sch. Bip., *G. salicifolium* (Bertol.) Sch. Bip., *G. seemannii* Sch. Bip.

Arbustos, 10-100 cm; tallos moderada a densamente foliosos en la mitad distal o a todo lo largo. Hojas 20-50(-95) × 1-1.2(-3) mm, estrechamente lineares, discoloras, sin glándulas estipitadas adaxialmente, la superficie adaxial glabrescente y verde oscuro, los márgenes revolutos. Cabezuelas subsésiles a cortamente pedunculadas. Involucro 4.5-5 mm, campanulado; filarios c. 32, los filarios externos ovados, agudos u obtusos en el ápice, los internos lineares, con prominente lámina blanca. Flores marginales 20-24; corola c. 2.5 mm. Flores del disco 4-5; corola c. 3 mm; ramas del estilo truncadas. Cipselas oblongas, cortamente pilosas; vilano de cerdas subdimórficas, libres y ciliadas en la base, las células apicales agudas (apenas más ensanchadas en las flores del

disco). Floración nov.-may. *Bosques, sobre suelos rocosos y arenosos.* Ch (*Linden 437*, K); G (*Pruski y Ortiz 4259*, MO); H (*House 1127*, MO). (1600-)2200-3500(-4200) m. (México [Oaxaca], Mesoamérica.)

4. Chionolaena sartorii Klatt, *Leopoldina* 23: 89 (1887). Isotipo: México, Oaxaca, *Liebmann 308* (GH!). Ilustr.: Freire, *Ann. Missouri Bot. Gard.* 80: 433, t. 19 (1993).

Gnaphaliothamnus sartorii (Klatt) G.L. Nesom, *Gnaphalium sartorii* (Klatt) F.J. Espinosa.

Arbustos cespitosos a enanos, 8-30 cm; tallos moderada a densamente foliosos en la mitad distal o a todo lo largo. Hojas 10-20(-30) × 1-1.5 mm, estrechamente lineares, subdiscoloras, sin glándulas estipitadas adaxialmente, la superficie adaxial tomentosa, los márgenes levemente revolutos. Cabezuelas cortamente pedunculadas. Involucro 4-6 mm, campanulado; filarios 17-25, los filarios externos ovados, acuminados y color castaño en el ápice, los internos linear-elípticos, los más internos con prominente lámina blanca en el ápice (1-1.5 mm). Flores marginales 14-28; corola c. 4 mm. Flores del disco 4-9; corola c. 4 mm; ramas del estilo truncadas. Cipselas oblongas, cortamente pilosas; vilano de cerdas subdimórficas, libres, ciliadas en la base, las células apicales agudas (apenas más ensanchadas en las flores del disco). Floración mar. *Pastizales y laderas escarpadas con* Pinus, Juniperus *y* Buddleja. Ch (*Breedlove 24301*, MO). 3000-3600 m. (S. México [Oaxaca], Mesoamérica.)

5. Chionolaena sp. A. Ilustr.: Pruski, *Phytoneuron* 2012-1: 4, t. 2 (2012a), como *C. stolonata*.

Hierbas estoloníferas perennes de hojas pequeñas, 10-30 cm; tallos no alados con hojas mayormente amontonadas proximalmente y los tallos esparcidamente foliosos distalmente. Hojas 1-4.2 × 0.2-0.4 cm, oblanceoladas a espatuladas, sésiles, las superficies algo bicoloras, la superficie adaxial verde o gris-verde, débilmente araneosa-lanosa, sin glándulas estipitadas, la superficie abaxial grisácea araneosa-lanosa. Capitulescencias angostamente corimbiforme-paniculadas con un solo glomérulo terminal, el glomérulo 1-2 cm de diámetro, redondeado, con 7-11(-20) cabezuelas. Cabezuelas 5-7 mm, con 50-90 flores; involucro con la base embebida en tomento; filarios 5-7 mm, 4-6-seriados, glabros o los estereomas a veces laxamente araneoso-pubescentes, los estereomas no divididos, las series medias y las series internas con ápice obtuso; filarios externos pardo-verdosos, los internos c. 3 series con prominente lámina blanca y obviamente opacos hasta cerca de la base, el ápice obtuso; receptáculo 1-1.5 mm de diámetro. Flores marginales 20-32; corola 2.5-3 mm. Cipselas 0.8-1 mm, oblongo-setulosas con tricomas dobles alargados; cerdas del vilano c. 20, hasta 3.2 mm. Floración ene., mar., ago. *Prados alpinos, brotes de caliza.* G (*Steyermark 50275*, NY). 3100-4000 m (Endémica.)

Dillon y Luebert (2015) describieron *Gnaphaliothamnus nesomii* M.O. Dillon et Luebert basado en *Molina et al. 16441* (F), y un duplicado (NY) que fue mal identificado y mal aplicado por Pruski (2012a) como *Chionolaena stolonata*.

Debido a que los límites genéricos entre *Chionolaena* y *Gnaphaliothamnus*, este último provisionalmente en sinonimia, aún son inestables y la carencia de ejemplares citados en el estudio de ADN de Dillon y Luebert (2015), y debido a que no hay un nombre disponible en *Chionolaena* para *G. nesomii*, al momento se trata a esta especie como *C.* sp. A.

117. Gamochaeta Wedd.

Gnaphalium L. sect. *Gamochaeta* (Wedd.) Benth. et Hook. f.,
G. subg. *Gamochaeta* (Wedd.) Gren.

Por J.F. Pruski.

Hierbas anuales a perennes, con raíz axonomorfa o fibrosa; tallos frecuentemente simples y erectos, a veces muy ramificados desde la base

y decumbente-erectos, rara vez muy reducidos o las plantas arrosetadas; follaje en general laxamente lanoso a vaginano-seríceo (llamado
"muy afelpado" en Nesom, 2004a; p. ej., con tricomas adpresos y fusionados con apariencia de una vaina, no individualmente distintos);
tricomas generalmente filiformes, rara vez flageliformes con células
basales vidriosas expandidas. Hojas todas caulinares o a veces también
con las hojas basales persistentes en rosetas en la floración; láminas
frecuentemente oblanceoladas o espatuladas, generalmente cartáceas,
las nervaduras secundarias pinnadas, arqueadas u ocultadas por el tomento, las superficies concoloras o bicoloras, no glandulosas, la superficie adaxial en general glabra a laxamente lanosa, la superficie abaxial
laxamente lanosa o tomentosa a vaginano-serícea, los márgenes enteros o crenulados, sésiles o a veces largamente atenuadas en una base
peciolariforme. Capitulescencia terminal, generalmente espigada a
corimboso-paniculada, generalmente con las cabezuelas aglomeradas
(Mesoamérica), rara vez individualmente pedunculadas, cuando son
espigadas son densas y sin interrupción foliosas, o interrumpidas por
los entrenudos alargados. Cabezuelas disciformes, pequeñas, generalmente menos de 7 mm; involucro generalmente menos de 4 mm de
diámetro, cilíndrico a campanulado; filarios 3-5-seriados, adpresos,
triangulares a lanceolados, papiráceo-escariosos, generalmente glabros,
a veces de apariencia flocosa y embebidos en el tomento del tallo, el
estereoma no dividido, la lámina generalmente parda a pajiza o a veces
rosada o purpúrea, translúcida, los márgenes generalmente hialinos;
clinanto cóncavo luego de la fructificación. Flores con corola generalmente amarillenta o a veces el ápice color púrpura. Flores marginales
generalmente numerosas y pluriseriadas, pistiladas; corola filiforme.
Flores del disco 1-6, bisexuales; corola tubular, 5-lobada; estilos brevemente bífidos, las ramas lineares, el ápice truncado, con 2 bandas en
las superficies estigmáticas. Cipselas oblongas o elipsoidales, con tricomas globulares sésiles (mixógenos); vilano de 15-25 cerdas capilares en una sola serie, las cerdas isomorfas, subiguales, casi tan largas
como la corola, ancistrosas a escabriúsculas, connatas basalmente y
deciduas como un anillo, las células apicales agudas, no claviformes.
Aprox. 50 spp. Nativo del continente americano, pero varias especies
cosmopolitas. Aprox. 24 spp. en América tropical.

Gamochaeta ha sido tratado tradicionalmente como una sección
de *Gnaphalium* (p. ej., Hilliard y Burtt, 1981; Drury, 1971), pero en la
actualidad se sigue el restablecimiento del género que hizo Cabrera
(1961) (p. ej., Anderberg, 1991b; Freire y Iharlegui, 1997; Pruski,
1997a). Las especies de *Gamochaeta* difieren de las de *Gnaphalium*
principalmente por tener un vilano caedizo como un anillo.

La identificación de las especies de malezas de *Gamochaeta* suele
ser difícil. En varias claves para la identificación de especie, el primer
par (p. ej., Drury, 1971) resalta la duración de la planta y características
de la roseta basal, características difíciles de discernir en los especímenes incompletos. La forma del ápice de los filarios exteriores y/o
interiores es con frecuencia útil taxonómicamente, y las cifras com-
parativas de los filarios de varias especies comunes fueron proporcio-
nadas por Drury (1971) y Nesom (2004a). Por ejemplo, aunque las
brácteas exteriores de algunas especies pueden estar opacadas por el
tomento y en el material en botón los filarios de las series del medio
pueden ocultar los filarios interiores tardíamente alargados, los filarios
obtusos de *G. coarctata* son útiles para diferenciarla de *G. americana*
y *G. simplicicaulis*.

Los informes de la distribución *G. purpurea* con frecuencia se
basan en ejemplares de *G. americana* y *G. pensylvanica*, los cuales a
veces se han sinonimizado con *G. purpurea*, pero que carecen de los
tricomas flageliformes de base ancha en la superficie abaxial que caracteriza a *G. purpurea*. El uso de *G. purpurea* en América tropical
puede no ser compatible con el uso en los Estados Unidos.

Bibliografía: Cronquist, A.J. *Vasc. Fl. S.E. United States* 1: i-xv,
1-261 (1980). Drury, D.G. *New Zealand J. Bot.* 9: 157-185 (1971).
Freire, S.E. y Iharlegui, L. *Bol. Soc. Argent. Bot.* 33: 23-35 (1997).
Godfrey, R.K. *Quart. J. Florida Acad. Sci.* 21: 177-184 (1958). Moore,
S.L.M. *Fl. Jamaica* 7: 150-289 (1936). Nesom, G. L. *Phytologia* 68:
186-198 (1990); *Sida* 21: 717-741 (2004); 21: 1175-1185 (2004).
Nesom, G.L. y Pruski, J.F. *Taxon* 54: 1103-1104 (2005). Pruski, J.F. y
Nesom, G.L. *Sida* 21: 711-715 (2004).

1. Hojas concoloras a ligeramente bicoloras.
  2. Plantas subacaulescentes o a veces cespitosas, 2-10 cm.   **7. G. standleyi**
  2. Plantas caulescentes o subescapíferas, 5-50 cm.
    3. Hojas caulinares gradual pero marcadamente decrescentes; hojas dis-
    tales oblanceolado-espatuladas.   **3. G. pensylvanica**
    3. Hojas caulinares subiguales, ligeramente decrescentes; hojas distales
    oblanceoladas.   **6. G. stagnalis**
1. Hojas generalmente moderada a obviamente bicoloras.
  4. Tricomas de la superficie adaxial flageliformes con células basales vidriosas.   **4. G. purpurea**
  4. Tricomas de la superficie adaxial (cuando peloso) filiformes, los tricomas sin células basales vidriosas.
    5. Tallos densamente vaginano-seríceos; rosetas basales conspicuas y
    presentes en la antesis; hojas frecuentemente espatuladas, las superfi-
    cies obviamente bicoloras, la superficie adaxial verde brillante, los
    márgenes frecuentemente ondulados o crenulados; filarios internos
    obtusos a redondeados.   **2. G. coarctata**
    5. Tallos laxamente lanosos a densamente vaginano-seríceos; hojas basa-
    les generalmente marchitas en la antesis; hojas linear-oblanceoladas
    a obovado-oblanceoladas, la superficie adaxial verde opaco, los már-
    genes rara vez ondulados o crenulados; filarios internos generalmente
    acuminados a anchamente agudos.
      6. Tallos laxamente lanosos, la superficie abaxial foliar lanoso-tomentoso
      a vaginano-seríceo; base de las hojas en el 1/2 del tallo con frecuencia
      conspicuamente subabrazadora; capitulescencia no interrumpida
      hasta a veces proximalmente interrumpida; filarios frecuentemente con
      lámina pardusca, los filarios externos con el ápice agudo a obtuso.
      1. G. americana
      6. Tallos y superficie abaxial de las hojas densamente vaginano-seríceos;
      base de las hojas en el 1/2 del tallo no abrazadora; capitulescencia
      totalmente interrumpida; filarios con lámina no apicalmente pardusca,
      los filarios externos con el ápice largamente acuminado.
      5. G. simplicicaulis

1. Gamochaeta americana (Mill.) Wedd., *Chlor. Andina* 1: 151
(1855 [1856]). *Gnaphalium americanum* Mill., *Gard. Dict.* ed. 8,
Gnaphalium no. 17 (1768). Lectotipo (designado por Moore, 1936):
Jamaica, *Houstoun s.n.* (foto NY! ex BM). Ilustr.: Nash, *Fieldiana,
Bot.* 24(12): 499, t. 44 (1976), como *G. americanum.* N.v.: Tan wamal,
Ch; chuchulkén, sacamal, G; hierba de seda, H.

Gamochaeta americana (Mill.) Wedd. var. *alpina* Wedd., *G. americana* subvar. *interrupta* Wedd., *G. americana* var. *vulgaris* Wedd., *G.
guatemalensis* (Gand.) Cabrera, *G. irazuensis* G.L. Nesom, *Gnaphalium consanguineum* Gaudich., *G. guatemalense* Gand., *G. purpureum*
L. var. *americanum* (Mill.) Klatt, *G. purpureum* var. *macrophyllum*
Greenm.

Hierbas anuales a perennes de vida corta, 8-45(-65) cm, con tallo
caulescente-folioso, hojas basales y caulinares, las hojas basales generalmente marchitas en la antesis; tallos 1(-3) desde la base, erectos
a ascendentes, a veces decumbente-ascendentes o flexuosos, generalmente sin ramificar, laxamente lanosos; entrenudos caulinares basales y
proximales relativamente aglomerados, generalmente más cortos que las
hojas. Hojas 1.5-12 × 0.3-1.6 cm, en general gradual y moderadamente
decrescentes distalmente, oblanceoladas a obovado-oblanceoladas,
rara vez lanceoladas a linear-oblanceoladas, las nervaduras de segundo
y frecuentemente de tercer orden visibles en la superficie adaxial, las
superficies en general moderadamente bicoloras (rara vez indistintamente bicoloras en formas de hojas pequeñas en páramo), la superficie
adaxial verde opaco (rara vez gris-verde), glabra a persistentemente
pilósula, los tricomas filiformes sin células basales vidriosas, la super-

ficie abaxial lanoso-tomentosa a vaginano-serícea, la base de las hojas de la mitad del tallo con frecuencia conspicuamente subabrazadora, los márgenes rara vez ondulados o crenulados, el ápice generalmente obtuso, apiculado. Capitulescencia una espiga densa no interrumpida de 1-6 cm o a veces proximalmente interrumpida y de 10-30 cm, rara vez corimboso-paniculada; pedúnculos en general ausentes, rara vez hasta 8 mm. Cabezuelas (3.5-)4-4.5 mm; involucro 2-2.5 mm de diámetro, cilíndrico-campanulado, no embebido en el tomento del tallo; filarios 4-seriados o 5-seriados, nítidos, glabros, la lámina pardusca o a veces pajiza; los filarios externos 1-1.5 × c. 1 mm, elíptico-ovados, el ápice agudo a obtuso, graduando a las series más internas; filarios internos (3.5-)4-4.5 × c. 1 mm, lanceolados u oblanceolados, el estereoma frecuentemente verdoso y 2/3 la longitud de los filarios, la unión de la lámina-estereoma ocasionalmente purpúrea, el ápice en general anchamente agudo (rara vez obtuso a redondeado); clinanto c. 1.5 mm de diámetro. Corolas 2-3 mm, totalmente amarillentas. Flores marginales numerosas en varias a numerosas series. Flores del disco 3-6. Cipselas 0.5-0.8 mm, oblongas, pardo-amarillentas, con tricomas globosos; vilano de cerdas c. 2.5-3 mm, blancas. Floración durante todo el año. 2*n* = 28. *Áreas secundarias, maizales, bosques de* Quercus, *bosques de* Pinus, *bosques de neblina, bancos de arena, laderas de volcanes, márgenes de ríos.* Ch (*Breedlove 25893*, NY); G (*Pruski y Ortiz 4255*, MO); H (*Molina R. 12802*, NY); ES (*Standley 22792*, MO); N (*Moreno y López 7118*, MO); CR (*Pruski et al. 3878*, MO); P (*Hammel et al. 6650*, MO). 400-3800 m. (México, Mesoamérica, Colombia, Venezuela, Ecuador, Galápagos, Perú, Bolivia, Brasil, Paraguay, Uruguay, Chile, Argentina, Cuba, Jamaica, La Española, Puerto Rico; introducida en Nueva Zelanda.)

Gamochaeta americana es la especie más común de *Gamochaeta* en Mesoamérica y considerablemente variable como lo señaló Nesom (2004a). Por ejemplo se producen varias variantes notables marcadamente localizadas: en piedra caliza y laderas volcánicas pueden tener capitulescencias paniculadas con pedúnculos hasta 8 mm; en zonas alpinas de Guatemala, Costa Rica y Panamá pueden ser perennes muy ramificadas con hojas indistintamente bicoloras, lanceoladas, de 2 cm; y en el Cerro Punta en Panamá pueden tener hojas estrictamente oblanceoladas (c. 8 × 0.5 cm). La forma alpina fue descrita como *G. irazuensis*, pero la variación casi continua entre esta y las formas de elevaciones bajas condujo a Nesom (2004a) a reducirla a la sinonimia. *Gamochaeta americana* fue registrada en Estados Unidos (p. ej., Cabrera, 1961; Nesom, 1990b; Freire y Iharlegui, 1997), pero fue excluida de ese país por Nesom (2004a) luego de identificar el material procedente de Estados Unidos como *G. coarctata*.

2. Gamochaeta coarctata (Willd.) Kerguélen, *Lejeunia* 120: 104 (1987). *Gnaphalium coarctatum* Willd., *Sp. Pl.* 3: 1888 (1803). Holotipo: Uruguay, *Commerson s.n.* (microficha MO! ex P-LAM). Ilustr.: Cabrera, *Fl. Prov. Jujuy*, 10: 316, t. 127f-h (1978), como *Gamochaeta spicata*.

Gamochaeta spicata Cabrera, *Gnaphalium purpureum* L. var. *spicatum* Klatt, *G. spicatum* Lam. non Mill., *G. spicatum* var. *interruptum* DC.

Hierbas anuales a bianuales, 20-50 cm, con tallo caulescentefolioso, hojas basales y caulinares, la roseta basal conspicua y presente en la antesis, las hojas de la roseta mucho más grandes que las remotas hojas caulinares; tallos 1-pocos desde la base, ascendentes o decumbente-ascendentes, simples, densamente vaginano-seríceos; entrenudos caulinares basales y proximales relativamente aglomerados, los entrenudos generalmente más cortos que las hojas. Hojas 2-7(-11) × 0.6-2 cm, las hojas de la mitad del tallo y las distales generalmente pocas y remotas y gradualmente decrescentes distalmente, espatuladas a oblanceolado-obovadas, las hojas basales patentes y las hojas del tallo ascendentes, ligeramente subcarnosas o las distales cartáceas, las nervaduras de segundo orden visibles en la superficie adaxial, las superficies obviamente bicoloras, la superficie adaxial verde brillante, glabra a araneoso-flocosa

con tricomas filiformes sin células basales vidriosas, la superficie abaxial gris pálido vaginano-serícea a rara vez laxamente lanoso-tomentosa, la base gradual y uniformemente atenuada, la base en las hojas de la mitad del tallo frecuentemente subabrazadora o cortamente decurrente, los márgenes frecuentemente ondulados o crenulados, a veces purpúreos al secarse, el ápice obtuso a redondeado, apiculado. Capitulescencia 3-20 cm, inicialmente no interrumpida y densamente subcilíndrico-espigada, con la edad a veces foliosa proximalmente e interrumpida proximalmente por los entrenudos alargados. Cabezuelas 2.9-4.1 mm; involucro 1.8-2.7 mm de diámetro, cilíndrico-campanulado, no embebido en el tomento del tallo; filarios 3-seriados o 4-seriados, verde-pajizos proximalmente graduando a pardusco-rosados o a veces parduscos distalmente, glabros; filarios externos 1-1.5 × c. 1 mm, elíptico-ovados, el ápice en general agudo a obtuso, graduando a las series más internas; filarios internos 2.9-4.1 × c. 1 mm, lanceolados, el ápice obtuso a redondeado; clinanto c. 1.5 mm de diámetro. Corolas 1.5-2 mm, en general amarillentas, a veces purpúreas apicalmente. Flores marginales numerosas en varias a numerosas series. Flores del disco 2-4. Cipselas c. 0.5 mm, oblongas, pardo claras, con tricomas globulares; vilano de cerdas 1.5-2 mm, blancas. Floración nov.-mar. 2*n* = 28, 40. *Laderas, pastizales, orillas de caminos.* Ch (*Ghiesbreght 543*, MO); G (*King 3134*, MO); ES (*Tucker 993*, NY); CR (*Dodge y Thomas 4934*, MO); P (*D'Arcy et al. 12814*, MO). 600-2300 m. (Estados Unidos, México, Mesoamérica, Colombia, Ecuador, Perú, Bolivia, Brasil, Paraguay, Uruguay, Chile, Argentina, Jamaica, Puerto Rico; introducida en Europa, Asia, África, Australia, Nueva Zelanda.)

Godfrey (1958) y Cabrera (1961) reconocieron a *Gamochaeta coarctata* como distinta, pero Nesom (1990b) la puso en la sinonimia de *G. americana*. Sin embargo, recientemente *G. coarctata* ha sido nuevamente tratada como una especie distinta (p. ej., Freire y Iharlegui, 1997; Pruski y Nesom, 2004). El material mesoamericano de *G. coarctata* está mejor identificado por los tallos estrechamente vaginano-seríceos y las rosetas basales persistentes, porque algunos de los caracteres, como las hojas a veces pubescentes en la superficie adaxial y los capítulos c. 4.1 mm se acercan a aquellos expresados en *G. americana*. Bentham (1853: 105) citó a *Gnaphalium spicatum* como presente en "Chinotega" (presumiblemente Chinandega, Nicaragua). Sin embargo, es probable que el informe se base en una identificación errónea de *Gamochaeta americana*, especie más generalizada, y un nombre que no fue utilizado por Bentham (1853). La lectotipificación de *Gnaphalium spicatum* por Drury (1971) fue refutada por Pruski y Nesom (2004), quienes listaron el lectotipo rechazado como un "posible isotipo".

3. Gamochaeta pensylvanica (Willd.) Cabrera, *Bol. Soc. Argent. Bot.* 9: 375 (1961). *Gnaphalium pensylvanicum* Willd., *Enum. Pl.* 2: 867 (1809). Holotipo: Argentina, *Commerson s.n.* (foto MO! ex P-LAM). Ilustr.: Drury, *New Zealand J. Bot.* 9: 167, t. 4 (1971), como *G. pensylvanicum*.

Gnaphalium chinense Gand., *G. peregrinum* Fernald, *G. purpureum* L. var. *spathulatum* Baker, *G. spathulatum* Lam. non Burm. f.

Hierbas anuales, 20-50 cm, con tallo caulescente-folioso, las hojas generalmente caulinares, las hojas basales pocas o marchitas en la antesis; tallos erectos a decumbente-ascendentes, 1(-pocos) desde la base, rara vez ramificados distalmente excepto a veces en la capitulescencia, laxamente velloso-lanosos, los entrenudos generalmente más cortos que las hojas. Hojas 1.5-8 × 0.5-1.8 cm, las hojas proximales grandes, las hojas caulinares gradual pero marcadamente decrescentes distalmente, hojas basales y proximales del tallo espatuladas, las hojas caulinares distales oblanceolado-espatuladas, patentes, el par proximal de nervaduras secundarias marcadamente arqueado y casi paralelo a los márgenes de la lámina, las nervaduras secundarias distales 2-3 por lado, patentes en c. 45 grados, las superficies más o menos verde-grises, concoloras a ligeramente bicoloras, en general laxamente velloso-lanosas, la base con frecuencia gradual y largamente atenuada y peciolariforme, a veces angostamente subabrazadora, los márgenes aplanados a sinuosos, el ápice obtuso a redondeado, apiculado. Capitulescencia foliosa, continua o generalmente interrumpida, una espiga subcilíndrica de 2-15 cm, los glomérulos proximales axilares y generalmente sésiles, rara vez pedicelados en las ramitas axilares. Cabezuelas 3-4 mm; involucro 1.7-2.6 mm de diámetro, cilíndrico-campanulado, laxamente inmerso en el tomento del tallo; filarios c. 3-seriados, generalmente pajizos a parduscos, esparcidamente araneosos proximalmente pero por lo demás glabros o casi glabros; filarios externos c. 1.5 × 0.5(-1) mm, triangulares, frecuentemente verdosos proximalmente, graduando a los más internos; filarios internos 2.5-3.5 × c. 0.8 mm, lanceolados, en general apicalmente obtusos; clinanto 1.4-1.9 mm de diámetro. Corolas 2-2.5 mm, en general amarillentas con puntas purpúreas. Flores marginales numerosas en varias a numerosas series. Flores del disco 3 o 4. Cipselas 0.4-0.5 mm, oblongas, pardo-amarillentas, con tricomas globulares; vilano de cerdas c. 2 mm, blancas. Floración sep.-may. 2*n* = 28. *Áreas cultivadas, orillas de caminos, a lo largo de ríos, bosques de* Quercus, *áreas urbanas.* G (*Pruski y Ortiz 4299*, MO); H (*Standley 54010*, F); ES (*Villacorta 523*, MO); N (Nesom, 1990b: 194); CR (*Pruski y Sancho 3799*, MO); P (*Hammel et al. 6750*, MO). 800-2500 m. (Estados Unidos, México, Mesoamérica, Ecuador, Perú, Bolivia, Brasil, Paraguay, Uruguay, Chile, Argentina, Cuba, Jamaica; introducida en Europa, Asia, África, Australia, Nueva Zelanda, Hawái.)

4. Gamochaeta purpurea (L.) Cabrera, *Bol. Soc. Argent. Bot.* 9: 377 (1961). *Gnaphalium purpureum* L., *Sp. Pl.* 854 (1753). Tipo cons.: Estados Unidos, *Clayton 385* (imagen en Internet ex BM-CLAYTON!). Ilustr.: Drury, *New Zealand J. Bot.* 9: 177, t. 7 (1971), como *G. purpureum.*

Gamochaeta rosacea (I.M. Johnst.) Anderb., *Gnaphalium rosaceum* I.M. Johnst.

Hierbas anuales o bianuales, 10-30(-50) cm, con tallo caulescente-folioso, hojas generalmente caulinares, en la antesis las hojas basales generalmente pocas o marchitas; tallos 1(-6) desde la base, en general rígidamente erectos y rara vez flexuosos, a veces decumbente-ascendentes, simples debajo la capitulescencia, laxamente lanosos; entrenudos caulinares basales y proximales relativamente aglomerados, los entrenudos distales frecuentemente más largos que las hojas. Hojas 0.8-4.5(-6) × 0.3-0.8(-1.4) cm, solo escasamente decrescentes distalmente, las hojas de la mitad del tallo y distales generalmente 5-15, oblanceoladas a espatuladas, patentes o ascendentes, las superficies en general moderadamente bicoloras (en ocasiones ligeramente bicoloras), la superficie adaxial verde a gris-verde, araneoso-lanosa, los tricomas flageliformes con células basales vidriosas, la superficie abaxial lanoso-tomentosa, la base en las hojas de la mitad del tallo no subabrazadora, los márgenes rara vez ondulados, el ápice generalmente obtuso, apiculado. Capitulescencia una espiga densa terminal no interrumpida y 1-2 cm (o un solo glomérulo esférico en plantas reducidas), a veces 5-10(-20) cm y proximalmente interrumpida y corimboso-paniculada, en formas inusuales robustas el material fuera de Mesoamérica con glomérulos proximales bracteados puede estar en ramitas 1-2 cm. Cabezuelas 3.5-4.5 mm; involucro 2-3 mm de diámetro, cilíndrico-campanulado, la base obviamente embebida en el tomento del tallo; filarios 3-5-seriados, con estereoma frecuentemente araneoso, la lámina generalmente rosada; filarios externos con el ápice acuminado, graduando a las series internas; filarios internos 3.5-4.5 mm, lanceolados, el ápice agudo a acuminado; clinanto c. 1.5 mm de diámetro. Corolas 2.5-3 mm, el ápice generalmente purpúreo. Flores marginales numerosas en varias a numerosas series. Flores del disco 3 o 4. Cipselas 0.6-0.7 mm, oblongas, pardo-amarillentas, con tricomas globulares; vilano de cerdas c. 3 mm, blancas. Floración nov.-mar., may. 2*n* = 28. *Áreas cultivadas, bosques de* Quercus, *bosques de* Pinus, *en rocas.* Ch (Breedlove, 1986: 49, como *Gnaphalium purpureum*); G (*Standley 77188*, F); H (*Perdomo 313*, MO); ES (Standley y Calderón, 1941: 281, como *G. purpureum*); N (Barkley et al., 2006a: 433); CR (*Haber y Bello 3510*, MO). 1000-2500 m. (Canadá, Estados Unidos, México,

Mesoamérica, Colombia, Venezuela, Ecuador, Perú, Bolivia, Brasil, Paraguay, Uruguay; introducida a Asia, África?, Nueva Zelanda, Hawái.)

En varias floras (p. ej., Cronquist, 1980) *Gamochaeta purpurea* incluye a *G. pensylvanica* y *G. coarctata* en la sinonimia. En promedio, las plantas y cabezuelas en los ejemplares mesoamericanos tienden a ser más cortas que en los ejemplares de los Estados Unidos. De esta forma, *G. purpurea* en Mesoamérica se aproxima en forma general a *G. stagnalis*, pero *G. purpurea* puede diagnosticarse por los filarios frecuentemente acuminados y la superficie adaxial con tricomas flageliformes vidriosos en la base.

5. Gamochaeta simplicicaulis (Willd. ex Spreng.) Cabrera, *Bol. Soc. Argent. Bot.* 9: 379 (1961). *Gnaphalium simplicicaule* Willd. ex Spreng., *Syst. Veg.* 3: 481 (1826). Holotipo: Venezuela, *Humboldt y Bonpland s.n.* (foto MO! ex B-W). Ilustr.: Pruski, *Fl. Venez. Guayana* 3: 278, t. 233 (1997).

Gnaphalium purpureum L. var. *simplicicaule* (Willd. ex Spreng.) Klatt.

Hierbas anuales a perennes de vida corta, 40-80 cm, con tallo caulescente-folioso, hojas generalmente caulinares, hojas basales generalmente marchitas pero persistentes en la antesis; tallos típicamente 1(-3) desde la base, simples, rara vez poco ramificados en el 1/2 del tallo, erectos, densamente vaginano-seríceos, los entrenudos caulinares basales y proximales generalmente conspicuos y moderadamente espaciados aunque generalmente mucho más cortos que las hojas, grupos axilares de hojas pequeñas a veces presentes. Hojas 2.5-6(-8) × 0.3-1(-1.8) cm, gradualmente decrescentes, angostamente oblanceoladas, gradual y distalmente linear-oblanceoladas, en general cartáceas, las superficies en general moderadamente bicoloras (rara vez indistintamente bicoloras), la superficie adaxial verde opaco, glabra a rara vez laxamente lanosa con tricomas filiformes sin células basales vidriosas, la superficie abaxial densamente vaginano-serícea, la base gradual y uniformemente atenuada, la base en las hojas de la mitad del tallo no subabrazadora, los márgenes rara vez ondulados, el ápice agudo a obtuso, apiculado, sésiles. Capitulescencia 5-20 cm, una espiga foliosa, completamente interrumpida, subcilíndrica en c. 1/3 distal del tallo, los glomérulos axilares, sésiles o rara vez en ramitas de 5-10 cabezuelas, frecuentemente abrazada por hojas reducidas patentes linear-oblanceoladas. Cabezuelas 3.2-4 mm; involucro 1-2 mm de diámetro, cilíndrico-campanulado, no embebido en el tomento del tallo; filarios 4-seriados o 5-seriados, glabros, pajizos, a veces proximalmente verdosos, no apicalmente parduscos; filarios externos c. 2 mm, elíptico-lanceolados, el ápice largamente acuminado, graduando a las series más internas; filarios internos 3.2-4 × c. 1 mm, lanceolados, apicalmente acuminados; clinanto c. 1.2 mm de diámetro. Corolas 2.5-3 mm, en general totalmente amarillentas. Flores marginales numerosas en varias a numerosas series. Flores del disco 2-4. Cipselas 0.5-0.6 mm, oblongas, pardo-amarillentas, con tricomas globulares; vilano de cerdas c. 3 mm, blancas. Floración mar., jun. *Orillas de caminos, áreas alteradas, cerca de agua.* P (*Croat y Zhu 76509*, MO). 1100-1200 m. (SE. Estados Unidos, Mesoamérica, Colombia, Venezuela, Guyana, Bolivia, Brasil, Paraguay, Uruguay, Chile, Argentina; introducida en Australia, Nueva Zelanda, Java.)

6. Gamochaeta stagnalis (I.M. Johnst.) Anderb., *Opera Bot.* 104: 157 (1991). *Gnaphalium stagnale* I.M. Johnst., *Contr. Gray Herb.* 68: 100 (1923). Holotipo: México, San Luis Potosí, *Schaffner 225* (imagen en Internet ex GH!). Ilustr.: no se encontró.

Hierbas anuales, 7-25(-35) cm, con tallo caulescente-folioso, hojas generalmente caulinares, en la antesis las hojas basales en rosetas no bien definidas pero a veces algunas hojas basales marchitas presentes; tallos erectos a decumbente-ascendentes, simples o más generalmente poco ramificados desde la base con la edad y frecuentemente entonces de nuevo en la capitulescencia, laxamente araneoso-vellosos, los entrenudos generalmente más cortos que las hojas proximalmente hasta más largos que las hojas distalmente. Hojas caulinares 1-3 × 0.2-0.7 cm, subiguales y ligeramente decrescentes apicalmente, oblanceoladas a oblongo-oblanceoladas, las hojas distales del tallo oblanceoladas, las superficies concoloras o a veces ligeramente concoloras, la superficie adaxial laxamente velloso-lanosa a rara vez glabrescente, los tricomas escasamente ensanchados basalmente pero no obviamente flageliformes, la superficie abaxial laxamente velloso-lanosa, la base en general uniforme y gradualmente atenuada, a veces subabrazadora, los márgenes a veces ondulados, el ápice agudo a redondeado. Capitulescencia 1-3 cm, generalmente espigada, generalmente interrumpido-cilíndrica o a veces no interrumpido-globosa, lateral o terminal, muy rara vez de pocas cabezuelas y corimboso-paniculado abierta con cabezuelas individualmente pedunculadas, los nudos proximales con glomérulos axilares sésiles o pediculados, las ramitas frecuentemente 5-10 cm, las espigas y los glomérulos abrazados por una sola hoja patente a ascendente, oblanceolada, similar en tamaño y forma a las hojas de la mitad del tallo. Cabezuelas 2.9-3.7 mm; involucro 1.5-2 mm de diámetro, cilíndrico, la base laxamente inmersa en el tomento del tallo; filarios 3-4(5)-seriados, glabros; filarios externos triangulares, con frecuencia generalmente ocultados por el tomento del tallo, el ápice agudo; filarios internos lanceolados, la base de la lámina cerca del estereoma frecuentemente purpúrea, el ápice generalmente obtuso; clinanto c. 1 mm de diámetro. Corolas 1.7-2 mm, en general amarillentas con el ápice violeta. Flores del disco (2)3(4). Cipselas 0.3-0.5 mm, con tricomas globulares; vilano de cerdas 2-2.5 mm, blancas. Floración nov., ene.-mar., may. *Orillas de caminos, laderas de grava, bancos de arena.* G (*Standley 67322*, F). 1000-2500 m. (SO. Estados Unidos, México, Mesoamérica.)

Los ejemplares de Mesoamérica fueron tratados por Nash (1976c) dentro de su concepto de *Gamochaeta pensylvanica*. Espinosa García (2001) trató *G. stagnalis* como un sinónimo de la especie sudamericana *G. falcata* (Lam.) Cabrera, pero *G. stagnalis* fue restablecida de la sinonimia por Nesom (2004c). Entre las especies mexicanas de hojas generalmente concoloras, *G. stagnalis* es similar a *G. sphacelata* (Kunth) Cabrera por el tamaño reducido de la planta y los capítulos pero difiere de esta última por la capitulescencia de glomérulos pluribracteados.

7. Gamochaeta standleyi (Steyerm.) G.L. Nesom, *Phytologia* 68: 199 (1990). *Gnaphalium standleyi* Steyerm., *Publ. Field Mus. Nat. Hist., Bot. Ser.* 23: 99 (1944). Holotipo: Guatemala, *Standley 81097* (F!). Ilustr.: no se encontró.

Hierbas anuales?, 2-10 cm, subacaulescentes o a veces cespitosas, subarrosetadas, hojas generalmente basales y proximal-caulinares, patentes, las hojas caulinares pocas, ascendentes, casi tan largas hasta más cortas que los nudos. Hojas 0.6-1.5 × 0.2-0.7 cm, ligeramente decrescentes apicalmente, oblanceoladas a oblongas, las superficies gris-concoloras, tomentosas, la base anchamente cuneada, el ápice obtuso, apiculado, sésiles. Capitulescencia terminal, densamente espigado-glomerada. Cabezuelas 3-4 mm; involucro 2-2.4 mm de diámetro, cilíndrico-campanulado, la base en parte embebida en el tomento del tallo, los filarios graduados, c. 4-seriados, la base de la lámina cerca del estereoma frecuentemente purpúrea, con frecuencia distalmente pardusca, los ápices más o menos agudos; filarios externos ovados; filarios internos oblanceolados a linear-lanceolados. Corolas 2-2.5 mm. Flores marginales numerosas en varias series. Flores del disco c. 3. Cipselas c. 0.8 mm, oblongo-elípticas, pardo oscuro, globular-híspidulas; vilano de cerdas 2-2.5 mm. Floración ago.-feb. *Selvas altas perennifolias, pastizales alpinos, bosques de* Juniperus *y* Pinus, *laderas de volcanes.* G (*Steyermark 50221*, F). 3500-4300 m. (México?, Mesoamérica.)

Gamochaeta standleyi podría ser una forma raquítica de elevaciones altas de *G. americana*, y las diferencias entre *Steyermark 50319* (F) identificado aquí como *G. standleyi* y *Steyermark 50270* (F) identificado como *G. americana* de hecho son sutiles. La elevación más baja de 2700 m y el nombre común "sacahuax" dados para esta especie

por Nash (1976c) son de ejemplares erróneamente identificados. No se ha confirmado el informe de Espinosa García (2001) de *G. standleyi* en México ni tampoco se ha verificado que se encuentre en Costa Rica.

118. Gnaphalium L., nom. cons.
Dasyanthus Bubani, *Filaginella* Opiz
Por J.F. Pruski.

Hierbas anuales a perennes; tallos generalmente lanosos o tomentosos. Hojas simples, alternas, frecuentemente sésiles, la mayoría caulinares, ligeramente angostas, cartáceas, las nervaduras secundarias generalmente inconspicuas, las superficies lanosas, tomentosas, o araneoso-pelosas, típicamente no estipitado-glandulosas, a veces glabrescentes en la superficie adaxial y por esta razón bicoloras, la base frecuentemente dilatada. Capitulescencia de cabezuelas solitarias o relativamente pocas, subsésiles, subaglomeradas o (Mesoamérica) densamente espigadas o racemiforme espigadas. Cabezuelas disciformes, pequeñas, generalmente menos de 10 mm; involucro generalmente campanulado, con frecuencia parcialmente embebido en el tomento del tallo; filarios escasamente graduados, en Mesoamérica los externos frecuentemente c. 1/2 de la longitud de los internos, generalmente 3-5-seriados, adpresos, completamente glabros, rara vez araneosos, las series externas frecuentemente triangulares y las series más internas típicamente angostas, el estereoma generalmente verdoso distalmente con base cartilaginosa, no dividido (no fenestrado, uniformemente engrosado), la lámina generalmente parda a blanco-amarillenta, los márgenes y el ápice generalmente papiráceo-escariosos, subtransparentes o menos generalmente opacos, el ápice obtuso a agudo, rara vez redondeado; clinanto generalmente aplanado, rara vez cóncavo. Flores heterógamas; corola actinomorfa, color púrpura al menos distalmente. Flores marginales generalmente más numerosas que las flores del disco; corola filiforme pero obviamente gibosa por encima de la base constricta. Flores del disco generalmente 4-7, bisexuales; corola tubular, (3-)5-lobada, los lobos erectos, a veces puberulentos; estilos bífidos, las ramas lineares, apicalmente con glándulas colectoras obtusas, el ápice truncado, las líneas estigmáticas separadas. Cipselas obovoides o elipsoidales, parduscas, en Mesoamérica por lo general con pocas nervaduras finas y puberulentas con tricomas no mixógenos, oblongos; vilano de varias a numerosas cerdas capilares, las cerdas isomorfas, libres, subiguales, blanco-grisáceas, escabriúsculas, estas generalmente deciduas individualmente, frecuentemente con cilios patentes basalmente. $x = 7, 8, 9, 10, 14, 17, 21, 26, 28, 29$. Aprox. 38-80 spp. Cosmopolita, con centros de diversidad en México, Sudamérica y África.

Gnaphalium es circunscrito en este trabajo más o menos como lo hizo Kubitzki (2007 [2006]) excluyendo *Pseudognaphalium*. *Gnaphalium* y *Pseudognaphalium* generalmente tienen el vilano de cerdas individualmente deciduas, carácter que los distingue de *Gamochaeta*, y por el estereoma no dividido *Gnaphalium* de *Pseudognaphalium*. El nombre *Pseudognaphalium* es aquí adoptado para la mayoría de las especies mesoamericanas de *Gnaphalium* (p. ej., sensu Nesom [1990f] y Dillon y Sagástegui Alva [1991b]); *G. polycaulon* parece pertenecer al grupo típico de *Gnaphalium*. Se sigue a Pruski (2012a), quien excluyó a todos los antiguos *Gnaphalium*s del género en Mesoamérica excepto *G. polycaulon*.

Bibliografía: Nesom, G.L. *Phytologia* 68: 413-417 (1990).

1. Gnaphalium polycaulon Pers., *Syn. Pl.* 2: 421 (1807). Holotipo: India, *Roxburgh s.n.* (microficha MO! ex B-W). Ilustr.: Humbert, *Fl. Madagasc.* 189: 383, t. 72, f. 15-20 (1962), como *G. indicum*.
Gnaphalium multicaule Willd. non Lam., *G. niliacum* Spreng., *G. strictum* Roxb.? non Lam.

Hierbas anuales, 0.1-0.3(-0.4) m, de raíces fibrosas delicadas; tallos erectos o decumbentes, simples o basalmente-ramificados, no alados, laxamente araneoso-tomentosos, los entrenudos generalmente más cortos que las hojas. Hojas 1-5.5 × 0.2-1.3 cm, oblanceoladas o espatuladas, las nervaduras pinnadas tenues generalmente ocultadas por el tomento, las superficies concoloras, sin glándulas, la superficie adaxial verde-grisáceo, araneoso-tomentosa, con tricomas de bases anchas, la superficie abaxial densamente araneoso-tomentosa, la base atenuada, no dilatada, los márgenes a veces ondulados, el ápice redondeado a obtuso, mucronado. Capitulescencia foliosa y densamente espigada o racemiforme, simple o con pocas ramas laterales, la espiga terminal hasta 2.5(-4) cm largo, el eje central a veces visible a través del tomento laxo. Cabezuelas 2-3 mm, con 150 flores o más; involucro campanulado a ovoide, frecuentemente embebido en el tomento del tallo; filarios 2-2.7 mm, subiguales o escasamente graduados, 2-seriados o 3-seriados, lanceolados a oblanceolados, el estereoma básicamente no dividido (a veces tiene apariencia de muy ligeramente partido), frecuentemente araneoso-peloso, la lámina pardo-amarillenta a parda, el ápice translúcido, las series medias e internas con ápices obtusos; clinanto 0.7-1.2 mm de diámetro, cóncavo. Corolas 1.1-1.5 mm, a veces papilosas. Flores marginales 150 o más. Flores del disco 4-6. Cipselas c. 0.4 mm, pelosas con tricomas anchamente oblongos; vilano de cerdas generalmente 1-1.5 mm, moderadamente persistentes pero finalmente decíduas individualmente. Floración ene.-may., sep. 2*n* = 14, 16. *Áreas alteradas húmedas.* H (Nelson, 2008: 174); N (*Moreno 25338*, MO); CR (Pruski, 1997: 282). 0-900 m. (México, Mesoamérica, Venezuela, Guyana, Bolivia, Brasil, Paraguay, Argentina, Cuba, La Española, Puerto Rico, Asia, África, Australia.)

Las especies de *Gamochaeta* son con frecuencia erróneamente identificadas como esta especie pantropical, la cual difiere de *Gamochaeta* por el vilano con cerdas basalmente libres y los tallos laxamente araneoso-tomentosos con tricomas no adpresos (vs. seríceos con tricomas generalmente adpresos ocasionalmente fusionados). El nombre *Gnaphalium indicum* L. fue usado frecuentemente para esta entidad (p. ej., Humbert, 1962 y McVaugh, 1984), pero Grierson (1971) combinó y aplicó el nombre *Helichrysum indicum* (L.) Grierson a un taxón diferente endémico del Viejo Mundo. *Gnaphalium indicum*, el cual tiene prioridad, fue incorrectamente listado como un sinónimo de *G. polycaulon* por CONABIO (2009), como lo fue *G. gracillimum* Perr. ex DC., un nombre que no existe nomenclaturalmente.

119. Pseudognaphalium Kirp.

Laphangium (Hilliard et B.L. Burtt) Tzvelev?, *Pseudognaphalium* subg. *Laphangium* Hilliard et B.L. Burtt

Por J.F. Pruski.

Hierbas anuales a perennes; tallos generalmente no alados o cuando alados generalmente con hojas cortamente decurrentes por menos de un entrenudo, generalmente lanosos o tomentosos. Hojas simples, alternas, frecuentemente sésiles, todas caulinares o a veces también algunas basales, ligeramente angostas, cartáceas, las nervaduras secundarias generalmente inconspicuas, las superficies generalmente lanosas, tomentosas, o araneoso-pelosas, ocasionalmente estipitado-glandulosas, a veces glabrescentes en la superficie adaxial y por esta razón bicoloras, la base frecuentemente dilatada. Capitulescencia con numerosas cabezuelas, generalmente cimoso-corimbosa o tirsoide-paniculada, las últimas cabezuelas (Mesoamérica) a veces subsésiles y subaglomeradas. Cabezuelas disciformes, pequeñas, generalmente menos de 10 mm; involucro generalmente campanulado, con frecuencia parcialmente embebido en el tomento del tallo; filarios escasamente graduados, en Mesoamérica los externos frecuentemente c. 1/2 de la longitud de los internos, generalmente 2-7-seriados, adpresos, completamente glabros, rara vez araneosos, las series externas frecuentemente triangulares y las series más internas típicamente angostas, el estereoma generalmente verdoso distalmente con base cartilaginosa, partido (fenestrado,

irregularmente engrosado), la lámina generalmente parda a blanco-amarillenta, rara vez blanca, los márgenes y el ápice generalmente papiráceo-escariosos, subtransparentes o menos generalmente opacos, el ápice obtuso a agudo, rara vez redondeado; clinanto generalmente aplanado, rara vez cóncavo. Flores heterógamas; corola actinomorfa, blanco-amarillenta o amarilla (con la punta roja solo en *Pseudognaphalium luteoalbum*). Flores marginales generalmente más numerosas que las flores del disco; corola filiforme pero obviamente gibosa por encima de la base constricta. Flores del disco generalmente 5-20(-40), bisexuales; corola tubular, (3-)5-lobada, los lobos erectos, a veces puberulentos; estilos bífidos, las ramas lineares, apicalmente con glándulas colectoras obtusas, el ápice truncado, las líneas estigmáticas separadas. Cipselas obovoides o elipsoidales, parduscas, en Mesoamérica por lo general con pocas nervaduras finas y en su mayoría glabras con células epidérmicas lisas, a veces la superficie obviamente rugulosa transversalmente debido a las paredes de las células epidérmicas imbricadas en sus polos, las superficies a veces puberulentas con tricomas globulares (p. ej., *P. luteoalbum*); vilano de varias a numerosas cerdas capilares, las cerdas isomorfas, libres (o muy rara vez connatas en la base), subiguales, blanco-grisáceas, escabriúsculas, estas generalmente decíduas individualmente, frecuentemente con cilios patentes basalmente. *x* = 7, 8, 9, 10, 14, 20. 90-100 spp. Cosmopolita, con centros de diversidad en México, Sudamérica y África.

Pseudognaphalium es circunscrito en este trabajo más o menos como lo hicieron Anderberg (1991b) y Kubitzki (2007 [2006]), Pruski (2012a) y Dillon y Luebert (2015). *Laphangium* es provisionalmente tratado en sinonimia, aunque por las cipselas con tricomas globulares puede probar ser distinto. Klatt (1878) proporcionó una primera sinopsis útil del grupo para el continente americano y Espinosa García (2001) trató las especies del centro de México.

Pseudognaphalium subsericeum se reconoce aquí como en Anderberg (1991b), aunque su ubicación en *Pseudognaphalium* está en duda. Las afinidades genéricas de *P. paramorum* y *P. stolonatum* no están resueltas pero provisionalmente aceptadas como fueron tratadas por Dillon y Luebert (2015), es decir con material de Costa Rica referido a cada una sin dudas.

Básicamente se ha usado los taxones de Nash (1976c) y D'Arcy (1975c [1976]), con las especies más comunes tipificadas por ejemplares mexicanos, siendo la excepción más notable el uso del nombre *Gnaphalium elegans* (tipificado por material sudamericano) para las colecciones de hoja ancha de D'Arcy (1975c [1976]) llamado *G. domingense* Lam. Aunque Nesom (2004b) asignó el material de Chiapas a *G. canescens* DC., aquí provisionalmente se excluye *G. canescens* de Mesoamérica y el material mesoamericano se asigna generalmente a *G. roseum*.

Bibliografía: Cronquist, A.J. *Intermount. Fl.* 5: 1-496 (1994). Dillon M.O. y Luebert, F. *J. Bot. Res. Inst. Texas* 9: 72 (2015). Espinosa García, F.J. *Fl. Fanerógam. Valle México* ed. 2, 840-856 (2001). Nesom, G.L. *Phytologia* 68: 413-417 (1990); *Sida* 21: 781-789 (2004). Pruski, J.F. *Phytoneuron* 2012-1: 1-5 (2012).

1. Todos los filarios completamente parduscos.
                              9a. P. liebmannii var. **liebmannii**
1. Filarios al menos en parte blancos a pajizos o amarillos a rojizos.
  2. Hojas obviamente estipitado-glandulosas en la superficie adaxial.
    3. Filarios con la lámina rojiza.   **12. P. rhodarum**
    3. Filarios con la lámina blanca o pajiza a amarilla.
      4. Cipselas con la superficie obviamente rugulosa transversalmente.
                            18. P. viscosum
      4. Cipselas con la superficie de las células epidérmicas más o menos lisa y no obviamente rugosa transversalmente.
        5. Filarios con la lámina blanco brillante, los ápices básicamente opacos, los filarios de las series medias e internas con ápices generalmente obtusos a redondeados.   **5. P. chartaceum**

5. Filarios con la lámina blanca a pajiza o pardo-amarillenta, los ápices subopacos a subtranslúcidos, los filarios de series medias e internas con ápices agudos a obtusos.
6. Filarios completamente pardo-amarillentos. **9b. P. liebmannii** var. **monticola**
6. Filarios con la lámina blanca a pajiza.
7. Al menos las hojas de la mitad del tallo obviamente corta y largamente decurrentes. **4. P. brachypterum**
7. Hojas generalmente no obviamente decurrentes.
8. Hojas con las superficies obviamente bicoloras; los filarios de las series medias e internas con ápices obtusos a redondeados; flores del disco (5-)10-18. **6. P. elegans**
8. Hojas con las superficies verde-concoloras; los filarios de las series medias e internas con ápices agudos; flores del disco 2-9. **11. P. oxyphyllum**
2. Hojas sin glándulas.
9. Hierbas subescapíferas, la roseta basal persistente. **19. P. aff. paramorum**
9. Plantas no subescapíferas, la roseta basal típicamente no persistente en la floración.
10. Tallos alados, las alas más largas que los entrenudos. **1. P. alatocaule**
10. Tallos no alados o a veces cortamente decurrente-alados, las alas más cortas que los entrenudos.
11. Al menos los filarios internos con la lámina blanca y opaca a subopaca.
12. Todos los filarios blanco brillante y marcadamente opacos; flores marginales menos numerosas que las flores del disco. **8. P. leucostegium**
12. Filarios internos (solo) con lámina blanca y subopaca; flores marginales tan numerosas o generalmente más numerosas que las flores del disco.
13. Hojas 1-4.2 cm, oblanceoladas a espatuladas, las superficies ligeramente bicoloras, la superficie adaxial verde o verde-grisáceo, ligeramente araneoso-lanosa; capitulescencias con un glomérulo terminal de 1-2 cm de diámetro, 7-11(-20) cabezuelas; cabezuelas 5-7 mm; flores del disco generalmente 11-25. **15. P. stolonatum**
13. Hojas 2.5-10 cm, angostamente linear-lanceoladas, las superficies obviamente bicoloras, la superficie adaxial verde, glabrescente a ligeramente araneoso-lanosa; capitulescencias con glomérulos terminales de 3-4 cm de diámetro, c. 30 cabezuelas; cabezuelas 4-5 mm; flores del disco c. 8. **17. P. subsericeum**
11. Al menos los filarios internos con lámina blanca o amarillenta a rara vez rojiza, subopaca a translúcida.
14. Cipselas con tricomas globulares. **10. P. luteoalbum**
14. Cipselas glabras.
15. Hojas 0.6-1.5 cm; filarios con la lámina blanca a amarillenta. **3. P. brachyphyllum**
15. Hojas generalmente más de 1 cm; filarios con la lámina blanco-amarillenta o pajiza a rosada.
16. Hojas con base uniformemente angostada, típicamente ni dilatada ni subabrazadora, cuando dilatada o subabrazadora las superficies generalmente discoloras.
17. Hojas linear-lanceoladas a angostamente elíptico-lanceoladas, obviamente bicoloras, los márgenes a veces ondulados. **2. P. attenuatum**
17. Hojas lineares, las superficies escasamente bicoloras o ligeramente concoloras, los márgenes revolutos. **7. P. greenmanii**
16. Hojas con la base generalmente dilatada o subabrazadora.
18. Hojas linear-oblanceoladas a espatuladas, marcadamente ascendentes, las superficies concoloras; filarios con ápices generalmente translúcidos, los ápices de las series medias e internas obviamente obtusos a redondeados; cabezuelas con c. 150 flores. **16. P. stramineum**
18. Hojas linear-lanceoladas a obovadas, al menos las hojas proximales del tallo patentes, las superficies concoloras o bicolo-

ras; los filarios con ápices subtranslúcidos a subopacos, los ápices de las series medias e internas agudos a obtusos; cabezuelas con menos de 80(-110) flores.
19. Hojas generalmente bicoloras, las bases obviamente dilatadas y amplexicaules, los filarios de las series medias e internas con ápices generalmente agudos. **14. P. semiamplexicaule**
19. Hojas generalmente concoloras o a veces ligeramente bicoloras, las bases escasamente dilatadas y subabrazadoras, los filarios de las series medias e internas con ápices generalmente obtusos.
20. Hojas lanceoladas a oblanceoladas u obovadas, las cabezuelas generalmente con más de 53 flores; involucros campanulados; México a Nicaragua. **13. P. roseum**
20. Hojas anchamente lineares; cabezuelas con 34-41 flores; involucros angostamente campanulados; Costa Rica. **20. P. sp. A**

1. Pseudognaphalium alatocaule (D.L. Nash) Anderb., *Opera Bot.* 104: 146 (1991). *Gnaphalium alatocaule* D.L. Nash, *Fieldiana, Bot.* 36: 73 (1974). Holotipo: Guatemala, *Heyde y Lux 4217* (F!). Ilustr.: no se encontró.

Hierbas delgadas, c. 0.5 m, no subescapíferas, la roseta basal no persistente en la floración; tallos con ramificación desconocida, moderada a densamente foliosos, alados, la superficie adpreso-araneosa, sin glándulas, los entrenudos mucho más cortos que las hojas, las alas c. 1 mm de diámetro, más largas que el entrenudo y a veces continuando por 2 entrenudos, verdes, glabrescentes. Hojas 2-8 × 0.2-0.4 cm, linear-lanceoladas, 1-nervias, superficies obviamente bicoloras, la superficie adaxial verde, glabrescente o delgadamente tomentosa, sin glándulas, la superficie abaxial laxamente araneoso-tomentosa, la base no obviamente dilatada, casi tan ancha como el tallo, largamente decurrente, los márgenes frecuentemente revolutos, el ápice agudo, sésiles. Capitulescencia 4-8 cm de diámetro, corimboso-paniculada, redondeada hasta cilíndrica en el extremo, las ramas laterales más cortas que el eje central de la floración, los últimos glomérulos 1-1.5 cm de diámetro. Cabezuelas 4-5 mm, con 50-60 flores; filarios 1.5-5 mm, 4-seriados o 5-seriados, glabros o el estereoma de series internas ligeramente papiloso, el estereoma partido, la lámina argénteo-pajizo pálida, el ápice subtranslúcido, los ápices de las series medias e internas agudos a obtusos, no anchamente redondeados; clinanto después de la fructificación c. 1.5 mm de diámetro. Corolas 2.5-3 mm. Flores del disco 7-10. Cipselas 0.5-0.7 mm, glabras; vilano de cerdas hasta c. 3 mm, deciduas temprana e individualmente. Floración ene. *Hábitat desconocido.* G (*Heyde y Lux 4217*, MO). 1200-1500 m. (Endémica.)

Pseudognaphalium alatocaule solo se conoce de la colección tipo, y es similar a *P. bourgovii* (A. Gray) Anderb. del centro de México. Debido a las hojas linear-lanceoladas sin glándulas, obviamente bicoloras, se asemeja, dentro de los taxones mesoamericanos, a *P. attenuatum*, pero se puede separar claramente por los tallos alados. Por las hojas decurrentes, obviamente bicoloras, es similar a *P. viscosum*, pero difiere por las hojas no glandulosas, la capitulescencia a veces cilíndrica, menos cabezuelas y las cipselas glabras con la epidermis lisa. La especie similar sudamericana, *P. cheiranthifolium* (Lam.) Hilliard et B.L. Burtt tiene las hojas angostas y el tallo alado. Aunque *P. alatocaule* no ha sido aparentemente recolectada por más de un siglo, no parece ser una planta aberrante o teratológica, sino más bien una especie endémica de distribución muy limitada.

2. Pseudognaphalium attenuatum (DC.) Anderb., *Opera Bot.* 104: 147 (1991). *Gnaphalium attenuatum* DC., *Prodr.* 6: 228 (1837 [1838]). Holotipo: México, Tamaulipas, *Berlandier 70* (foto MO! ex G-DC). Ilustr.: no se encontró. N.v.: Jom tzotzil, Ch; sanalatodo, sanalotodo, yucul Q'en, G; encensio, gordolobo, incensio, incienso, sanalotodo, H; hierba-tan, papelillo, vivavira, ES; ajenjillo, cimarrón, CR.

Gnaphalium roseum Kunth var. *angustifolium* Benth.?, *G. roseum* var. *hololeucum* Benth.?, *G. roseum* var. *sordescens* Benth., *G. roseum* var. *stramineum* Kuntze?.

Hierbas anuales o bianuales, 0.5-1(-2) m, no subescapíferas, la roseta basal no persistente en la floración; tallos rígidamente erectos, frecuentemente poco ramificados desde la base, moderadamente foliosos, típicamente no alados, flocoso-tomentosos, sin glándulas, los entrenudos c. 1/4-3/4 de la longitud de la hoja. Hojas (3-)6-10(-12) × 0.3-0.8(-1.5) cm, linear-lanceoladas a angostamente elíptico-lanceoladas, 1-nervias o rara vez tenuemente 3-nervias, las superficies obviamente bicoloras, sin glándulas (a veces falsamente glandulosas debido a los tricomas flageliformes sobre la superficie adaxial), la superficie adaxial verde (rara vez verde-grisáceo), glabrescente a ligeramente araneoso-lanosa con tricomas filiformes o flageliformes de base ancha, 2-4 bases de tricomas por mm linear, sin glándulas, falsamente heterótrico debido a los tricomas flageliformes, la superficie abaxial laxamente araneoso-tomentosa, la base uniformemente angostada, al menos las hojas del tallo principal con la base típicamente no dilatada ni subabrazadora, escasamente más angosta que el diámetro del tallo, no decurrente sobre los tallos, los márgenes a veces ondulados, el ápice atenuado, sésiles. Capitulescencia abiertamente corimboso-paniculada, las ramas laterales generalmente 5-15 cm, generalmente 2 veces más largas que la hoja bracteada caulinar subyacente, los últimos glomérulos con 3-10 cabezuelas. Cabezuelas 3.5-5 mm, con 30-50 flores; involucro angostamente campanulado; filarios 2.5-5 mm, 3-6-seriados, el estereoma partido, la lámina amarillenta hasta pardo-amarillenta a pajiza, el ápice subtranslúcido o subopaco, las series medias e internas con ápices agudos a anchamente agudos; clinanto 0.8-1.5(-2) mm de diámetro. Corolas 2.5-3 mm. Flores marginales generalmente c. 25. Flores del disco generalmente 2-7. Cipselas 0.4-0.6 mm, glabras; vilano de cerdas hasta c. 3 mm, prontamente decidas individualmente. Floración durante todo el año. $2n = 28$. *Selvas altas perennifolias, selvas bajas caducifolias, áreas alteradas, márgenes de bosques, bosques de* Quercus, *pastizales, laderas abiertas, bosques de* Pinus, *orillas de caminos, áreas rocosas, laderas de volcanes.* T (*Villaseñor Ríos, 1989: 62*); Ch (*Pruski et al. 4182*, MO); QR (*Villaseñor Ríos, 1989: 62*); B (*Gentle 7891*, NY); G (*Contreras 9549*, MO); H (*Croat y Hannon 64449*, MO); ES (*Carlson 195*, MO); N (*Neill 3113*, MO); CR (*Oersted 10576*, F); P (*D'Arcy y Hammel 12384*, MO). 10-2200(-2800) m. (México [Tamaulipas], Mesoamérica.)

Pseudognaphalium attenuatum es la especie más común de *Pseudognaphalium* en Mesoamérica. No se reconocen variedades y se reconoce a *P. attenuatum* var. *sylvicola* (McVaugh) Hinojosa et Villaseñor de fuera de Mesoamérica, un taxón con filarios rosados, como una especie diferente mayormente similar a *P. purpurascens* (DC.) Anderb. Se piensa que la mayoría de los ejemplares referidos por Nash (1976c) como la variedad *sylvicola* es mejor referirlo a *P. greenmanii* en sentido amplio.

CONABIO (2009) lista *Gnaphalium linearifolium* (pero no el nombre homotípico *P. greenmanii*) en la sinonimia de *P. attenuatum*, pero aquí se reconoce *P. greenmanii* como una especie distinta, así como lo hicieron Nash (1976c) y McVaugh (1984). McVaugh (1984) describió las cipselas glabras como papilosas. *Pseudognaphalium attenuatum*, cuando en botón, donde el número de flores no pueden ser contado fácilmente, es muy similar a *Achyrocline vargasiana*, una especie parcialmente simpátrica. De las variedades de Bentham aquí referidas con duda, *G. roseum* var. *hololeucum* es especialmente problemática y tal vez es conespecífica *P.* sp. *A*.

3. Pseudognaphalium brachyphyllum (Greenm.) Anderb., *Opera Bot.* 104: 147 (1991). *Gnaphalium brachyphyllum* Greenm., *Publ. Field Columb. Mus., Bot. Ser.* 2: 267 (1907). Holotipo: Guatemala, *Kellerman 5301* (F!). Ilustr.: Nash, *Fieldiana, Bot.* 24(12): 500, t. 45 (1976), como *G. brachyphyllum*.

Hierbas perennes a subarbustos, 0.1-0.35 m, no subescapíferas, la roseta basal no persistente en la floración; tallos erectos o péndulos, con frecuencia densamente ramificados en toda la longitud, moderada a densamente foliosos, no alados, densamente lanoso-tomentosos, sin glándulas, los entrenudos generalmente mucho más cortos que las hojas. Hojas 0.6-1.5 × 0.2-0.5 cm, linear-oblongas a oblongas o muy rara vez elíptico-obovadas, sésiles, patentes; nervadura generalmente inconspicua, las superficies generalmente concoloras (rara vez bicoloras), verde-grisáceas (rara vez la superficie adaxial verde), densamente lanoso-tomentosas, sin glándulas, la base no obviamente dilatada, subabrazadora, casi tan amplia como el tallo, los márgenes escasamente revolutos, escasamente ondulados, el ápice agudo a obtuso, a veces apiculado. Capitulescencia 1-4 cm de diámetro, angostamente corimbosa, las ramas laterales pocas, los últimos glomérulos generalmente hasta c. 1 cm de diámetro, generalmente con 7-13 cabezuelas. Cabezuelas 3.1-4 mm, con 33-37 flores; involucro angostamente campanulado; filarios 2.8-4 mm, 2-4-seriados, el estereoma ligeramente partido, la lámina blanca a amarillenta, el ápice subtranslúcido a subopaco, las series medias e internas con ápices agudos a obtusos; clinanto c. 1 mm de diámetro. Corolas 2.2-2.5 mm. Flores marginales c. 27. Flores del disco 6-10. Cipselas 0.6-0.8 mm, glabras; vilano de cerdas hasta 2.5 mm, prontamente decidas individualmente. Floración oct.-mar. *Pastizales alpinos, acantilados, bosques de* Pinus, *bosques de* Pinus-Quercus, *orillas de caminos, afloramientos rocosos, riberas, laderas de volcanes.* G (*Standley 61665*, MO). 2000-3800 m. (Endémica.)

Aunque Breedlove (1986: 49) cita dos ejemplares de *Pseudognaphalium brachyphyllum* para Chiapas, ninguno corresponde a esa especie, que por ahora queda como endémica de Guatemala.

4. Pseudognaphalium brachypterum (DC.) Anderb., *Opera Bot.* 104: 147 (1991). *Gnaphalium brachypterum* DC., *Prodr.* 6: 226 (1837 [1838]). Holotipo: México, Tamaulipas, *Berlandier 2189* (microficha MO! ex G-DC). Ilustr.: no se encontró. N.v.: K'anal chlob, sakil suy te', tzotz chi'ub, Ch.

Hierbas robustas perennes, 0.3-1.5(-2) m; tallos erectos a ascendentes, a veces poco ramificados, escasamente engrosados, moderada a densamente foliosos, al menos en el medio corta y largamente decurrente-alados con alas más cortas a casi tan largas como los entrenudos, laxamente flocoso-tomentosos, estipitado-glandulosos, los entrenudos en general mucho más cortos que las hojas. Hojas 3-8(-12) × 0.5-1.5(-3) cm, lanceoladas u oblanceoladas a oblongas, típicamente patentes, algunas nervaduras secundarias marcadamente ascendentes a veces visibles, las superficies obviamente bicoloras, la superficie adaxial verde, obviamente estipitado-glandulosa, a veces también esparcida y laxamente araneoso-pelosa frecuentemente con tricomas flageliformes, la superficie abaxial laxamente grisáceo-flocoso-tomentosa, a veces apenas esparcidamente araneoso-flocosa, la base ancha, tan ancha hasta más ancha que las hojas, subabrazadora a las hojas distales amplexicaules, al menos las hojas de la mitad del tallo obviamente y más o menos en forma simétrica corta a largamente decurrentes, los márgenes frecuentemente ondulados o crenulados, el ápice agudo a acuminado, sésiles. Capitulescencia corimboso-paniculada, anchamente redondeada, las ramas laterales hasta c. 30 cm, foliosas, los últimos glomérulos hasta 7 cm de diámetro, 20-40 cabezuelas o más. Cabezuelas 5-7 mm, con c. 55 flores; involucro anchamente campanulado a subhemisférico; filarios 3-7 mm, 4-6-seriados, lámina generalmente pajiza, el ápice subopaco a subtranslúcido, las series medias e internas con ápices agudos hasta a veces obtusos; clinanto hasta c. 2 mm de diámetro. Corolas 3-3.5 mm. Flores marginales 50 o más. Flores del disco 5-15. Cipselas 0.6-0.8 mm, glabras, la superficie con células epidérmicas más o menos lisas y no obviamente rugulosa transversalmente; vilano de cerdas 3-3.8 mm, decidas individualmente. Floración may.-feb. *Áreas alteradas, afloramientos de caliza, laderas abiertas, pastizales, bosques de* Pinus-Quercus, *orillas de caminos, áreas rocosas, bordes de quebradas.* Ch (*Pruski et al. 4224A*, MO); G (*King y Renner 7104*, MO); H (*Molina R. 22580*, NY); ES (*Carballo et al. 150*, MO); N (*Moreno 3347*, MO). 800-3400 m. (México, Mesoamérica.)

En este tratamiento se ha dividido el concepto de *Gnaphalium brachypterum* usado por Nash (1976c) en Mesoamérica, y se usa aquí el nombre *Pseudognaphalium elegans* para los ejemplares sin tallos alados y el nombre *P.* sp. *A* para los ejemplares con tallos alados. Ambos taxones anteriormente mencionados son alopátricos con *P. brachypterum* y difieren morfológicamente de esta especie del norte de México que tiene hojas lanceoladas y cortamente decurrentes. La cita de Nash (1976c) de *G. brachypterum* en Costa Rica y Panamá es en referencia a material tratado en este trabajo como *P. elegans*. La mayoría del material restante que Nash llamó *P. brachypterum*, tiene tallos alados y se trata en este trabajo como *P.* sp. *A.* Como resultado, *P.* sp. *A* es muy similar tanto a *P. oxyphyllum* var. *nataliae* (F.J. Espinosa) Hinojosa y Villaseñor, como a la foto del tipo de *P. brachypterum*.

Pseudognaphalium sp. *A* difiere de *P. oxyphyllum* var. *nataliae* por las hojas frecuentemente oblanceoladas a oblongas, típicamente con los márgenes ondulados y las nervaduras secundarias arqueadas visibles. Además, las alas de los tallos en *P. oxyphyllum* var. *nataliae* son generalmente más largas que los entrenudos, mientras que aquellas en *P.* sp. *A* son más cortas que los entrenudos. Se piensa que *P. oxyphyllum* var. *nataliae* (del centro de México) necesita reconocerse a nivel de especie. Aunque no se ha examinado el material de MEXU, se piensa que los ejemplares determinados como *P. bourgovii* por Espinosa García (2001) podrían corresponder a *P.* sp. *A.*

5. Pseudognaphalium chartaceum (Greenm.) Anderb., *Opera Bot.* 104: 147 (1991). *Gnaphalium chartaceum* Greenm., *Proc. Amer. Acad. Arts* 39: 95 (1904 [1903]). Lectotipo (designado aquí): México, Jalisco, *Pringle 1827* (imagen en Internet ex GH!). Ilustr.: no se encontró. N.v.: Samalotodo, G.

Hierbas anuales o perennes de vida corta, 1-1.5(-2) m; tallos erectos o ascendentes, moderadamente foliosos, básicamente no alados, laxamente flocoso-araneosos, típica y dispersamente estipitado-glandulosos, los entrenudos mucho más cortos que las hojas. Hojas 2-10 × (0.2-)0.5-2 cm, lanceoladas u oblanceoladas, las superficies escasamente bicoloras, la superficie adaxial verde a verde-grisáceo, obvia y cortamente estipitado-glandulosa y frecuentemente también laxamente flocoso-araneosa, la superficie abaxial verde-grisáceo, laxamente flocoso-araneosa, a veces también cortamente estipitado-glandulosa, la base dilatada y subabrazadora a amplexicaule, los márgenes a veces muy cortamente decurrentes pero por lo demás no alados, desigualmente revolutos, sésiles. Capitulescencia 5-30 cm de diámetro, abiertamente corimboso-paniculada, anchamente redondeada, las ramas laterales generalmente 3-8, 7-30 cm, las ramas más largas frecuentemente foliosas. Cabezuelas 4.5-6 mm, con c. 50 flores; filarios 3-6 mm, 4-6-seriados, oblongos, la lámina blanco brillante, el ápice básicamente opaco, las series medias e internas con ápices generalmente obtusos a redondeados, a veces apiculados; clinanto después de la fructificación 1.5-3 mm de diámetro. Corolas 3-4 mm. Flores marginales hasta c. 25. Flores del disco 12-25. Cipselas 0.6-0.7 mm, glabras, la superficie con células epidérmicas más o menos lisas y no obviamente rugulosas transversalmente; vilano de cerdas 3-3.5 mm, deciduas individualmente. Floración dic.-abr. $2n = 28$. *Laderas de matorrales, riberas secas, barrancos, bosques mixtos, bosques de* Quercus, *laderas de volcanes.* Ch (*Escobar y Cruz 1*, MO); G (*Standley 61173*, NY). 1400-2100 m. (México [Jalisco], Mesoamérica.)

En este tratamiento se usa el nombre *Pseudognaphalium chartaceum* para el material de hojas ligeramente anchas con filarios blanco opaco, ligeramente obtusos, el cual Nash (1976c) llamó *Gnaphalium leucocephalum* A. Gray. El material de El Salvador distribuido como *P. leucocephalum* (A. Gray) Anderb. probó ser en su mayoría *P. attenuatum*.

6. Pseudognaphalium elegans (Kunth) Kartesz, *Syn. N. Amer. Fl.* (vers. 1.0) no. 28 (1999). *Gnaphalium elegans* Kunth in Humb., Bonpl. et Kunth, *Nov. Gen. Sp.* folio ed. 4: 63 (1820 [1818]). Holotipo: Ecuador, *Humboldt y Bonpland 3001* (foto MO! ex P-Bonpl.). Ilustr.: Pruski, *Fl. Venez. Guayana* 3: 282, t. 236 (1997), como *G. elegans.* N.v.: Tan wamal, Ch; gordolobo, CR.

Gnaphalium poeppigianum DC.

Hierbas robustas perennes ligeramente víscidas, 0.5-1.5(-2) m; tallos erectos a ascendentes, a veces poco ramificados desde la base, cada uno simple debajo de la capitulescencia, grueso, moderadamente folioso, no alado, flocoso-tomentoso, sin glándulas, los entrenudos en general más cortos que las hojas. Hojas (2-)3-7(-10) × (0.5-)1-3 cm, lanceoladas a elípticas, sésiles, típicamente patentes, pocas nervaduras secundarias a veces visibles, las superficies obviamente bicoloras, la superficie adaxial verde, obviamente estipitado-glandulosa, también laxamente araneoso-pelosa frecuentemente con tricomas flageliformes, la superficie abaxial grisáceo-tomentosa, la base ancha, subabrazadora, no decurrente, más ancha que el tallo, los márgenes frecuentemente ondulados o crenulados, el ápice agudo a angostamente agudo. Capitulescencia anchamente redondeado-corimboso-paniculada, las ramas laterales generalmente 2-7, hasta 15 cm, los últimos glomérulos 2-4 cm de diámetro, 10-20 cabezuelas. Cabezuelas 5-7 mm, generalmente con 60-100 flores; involucro anchamente campanulado a subhemisférico; filarios 3.5-7 mm, 4-6-seriados, la lámina blanca a pajiza (rara vez rosada en yema), el ápice generalmente subopaco, las series medias e internas con ápices obtusos o anchamente agudos; clinanto 2-3 mm de diámetro. Corolas 2.5-3.5 mm. Flores marginales 80 o más. Flores del disco (5-)10-18. Cipselas 0.6-0.9 mm, glabras, la superficie con células epidérmicas más o menos lisas y no obviamente rugulosa transversalmente; vilano de cerdas 3-4 mm, deciduas individualmente. Floración todo el año. $2n = 28$. *Áreas alteradas, bosques de* Quercus, *bosques abiertos, pastizales, bosques de* Pinus-Quercus, *orillas de caminos, vegetación secundaria, laderas de volcanes.* Ch (*Breedlove 28720*, MO); G (*Pruski y Ortiz 4277*, MO); H (*Molina R. 11466*, NY); N (*Moreno 527*, MO); CR (*Hammel et al. 18046*, MO); P (*Allen 1374*, NY). 800-3400 m. (México, Mesoamérica, Colombia, Venezuela, Ecuador, Perú.)

De acuerdo a la circunscripción de Dillon y Sagástegui Alva (1991a) y Pruski (1997a), la mayoría del material mesoamericano llamado *Gnaphalium brachypterum* DC. (p. ej., Nash, 1976c; Breedlove, 1986) es tratado en este trabajo como *Pseudognaphalium elegans*. El material panameño de *P. elegans* fue llamado *G. domingense* por D'Arcy (1975c [1976]) y Correa et al. (2004), pero esa especie parece ser endémica de las Antillas. Las glándulas del ápice de los tricomas con frecuencia se destruyen cuando los especímenes son prensados en etanol.

7. Pseudognaphalium greenmanii (S.F. Blake) Anderb., *Opera Bot.* 104: 147 (1991). *Gnaphalium greenmanii* S.F. Blake, *J. Wash. Acad. Sci.* 21: 329 (1931). Isolectotipo (designado por McVaugh, 1984): México, Jalisco, *Pringle 2342* (MO!). Ilustr.: no se encontró.

Gnaphalium linearifolium Greenm. non (Wedd.) Franch.

Hierbas anuales o bianuales, 0.2-0.5(-1) m, no subescapíferas, la roseta basal no persistente durante la floración; tallos erectos, a veces poco ramificados desde la base, moderadamente foliosos, no alados, flocoso-tomentosos con la superficie verde del tallo frecuentemente visible a través del indumento, sin glándulas, los entrenudos 1/3-2/3 de la longitud de la hoja. Hojas 4-9 × 0.1-0.3 cm, lineares, 1-3-nervias, la vena media a veces impresa, las superficies escasamente bicoloras o ligeramente concoloras, sin glándulas, la superficie adaxial generalmente verde-grisáceo, generalmente araneosa, la superficie abaxial flocoso-tomentosa, la base uniformemente angostada, típicamente no dilatada hasta rara vez muy escasamente dilatada, típicamente no amplexicaule hasta rara vez muy escasamente subabrazadora, más angosta que el tallo hasta casi tan ancha como este, los márgenes revolutos, el ápice atenuado, sésiles. Capitulescencia angosta a abiertamente corimboso-paniculada, las ramas laterales pocas, los últimos glomérulos generalmente 1-1.5 cm de diámetro. Cabezuelas 4-5 mm, con c. 30 flores; involucro angostamente campanulado; filarios 2-5 mm, 3-5-seriados, el estereoma ligeramente partido, la lámina blanco-amarillenta a pajiza, rara vez rosada, el ápice subtranslúcido, las series medias e internas con ápices agudos, el clinanto 1-1.5 mm de diámetro. Corolas 2.7-3.3 mm. Flores marginales c. 20 o más. Flores del disco 5-10. Cipselas 0.6-0.7 mm (rara vez vistas cuando maduras), glabras; vilano de cerdas hasta c. 3 mm, prontamente decidas individualmente o rara vez pocas cerdas laxamente adheridas por setas basales entrelazadas. Floración oct.-ene. *Bosques de* Pinus, *bosques de* Pinus-Quercus, *orillas de caminos.* Ch (*Breedlove y Strother 46169*, MO); G (*Contreras 11043*, MO); H (*Holst 1582*, MO). 1100-2400 m. (México [Jalisco], Mesoamérica.)

El tipo de *Pseudognaphalium greenmanii* tiene las hojas que no son ni dilatadas ni amplexicaules y uniformemente angostadas hasta la base, pero parte del material mesoamericano tiene hojas lineares de bases muy escasamente dilatadas o muy escasamente subabrazadoras. Es así como, parte del material mesoamericano de *P. greenmanii* parece ser el mismo material de hojas jóvenes angostas referido en otras partes como *P. semiamplexicaule*, y su separación es tal vez algo arbitraria. Se cree que la mayoría del material referido por Nash (1976c) como *Gnaphalium attenuatum* var. *sylvicola* McVaugh debería ser tratado como *P. greenmanii* en sentido amplio.

8. Pseudognaphalium leucostegium Pruski, *Phytoneuron* 2012-1: 1 (2012). Holotipo: Guatemala, *Williams et al. 22433* (NY!). Ilustr.: Pruski, *Phytoneuron* 2012-1: 2, t. 1 (2012).

Hierbas perennes, c. 0.3 m, no subescapíferas, la roseta basal no persistente durante la floración; tallos erectos o ascendentes, varias veces ramificados distalmente, moderada a densamente foliosos, no alados, levemente seríceo-tomentosos, sin glándulas, los entrenudos mucho más cortos que las hojas. Hojas 1-3 × 0.1-0.2 cm, lineares, las más distales marcadamente ascendentes, la vena media impresa en la superficie adaxial, las superficies escasamente bicoloras, la superficie adaxial verde hasta gris-verde, sin glándulas, araneoso-lanosa, la superficie abaxial grisácea, levemente seríceo-tomentosa, la base muy escasamente dilatada y subabrazadora, muy cortamente decurrente por 1-3 mm sobre el tallo, los márgenes revolutos, el ápice cortamente apiculado. Capitulescencia de c. 9 ramas cada una terminada en un glomérulo angostamente corimboso-paniculado, las ramas 10-20 cm, foliosas, los glomérulos 1-1.7 cm de diámetro, sostenidos escasamente por encima de las hojas del tallo las cuales son uniformemente decrecientes, anchamente redondeados, cada uno con 5-13 cabezuelas. Cabezuelas (inmaduras) 4-5 mm, con 41-48 flores; involucro hemisférico o anchamente campanulado; filarios 4-6-seriados con los filarios externos c. 1/2 de la longitud de los internos, adpresos, glabros, el estereoma c. 1/2 de la longitud de la lámina, verdoso, la lámina blanco brillante y marcadamente opaca, los filarios externos 1.8-2.5 × 1.5-2.2 mm, anchamente triangular-ovados, el ápice anchamente obtuso, uniformemente graduando hasta las series medias y series internas; filarios de las series medias e internas 4-5 mm, oblanceolados a oblongos, el ápice anchamente obtuso a redondeado; clinanto c. 1 mm de diámetro. Corolas (inmaduras) 2.5-3 mm. Flores marginales 18-23, menos numerosas que las flores del disco. Flores del disco 23-25, bisexuales; lobos corolinos esparcidamente papilosos; estilos inmaduros ramificados por dentro del cilindro de la antera, las ramas truncadas, papilosas solo apicalmente. Cipselas (inmaduras) y ovarios c. 0.5 mm, glabros; vilano de cerdas c. 3 mm, individualmente decidas, uniformemente engrosadas en toda la longitud, nunca claviformes, las células distales a veces con filas de cristales internos espiraladas o en forma de cruz, las células terminales obtusas. Floración dic. *Bosques mixtos en barrancos.* G (*Williams et al. 22433*, NY). c. 1800 m. (Endémica.)

Pseudognaphalium leucostegium (llamada *Gnaphalium leucocephalum* por Nash, 1976c) es anómala en *Pseudognaphalium* por tener flores pistiladas en menor número que bisexuales en el disco. Dentro de las especies mesoamericanas de *Pseudognaphalium*, esta es la única especie sin glándulas con filarios blanco brillante y opacos. *Pseudognaphalium leucostegium* está claramente relacionada con *P. leucocephalum*, conocida del norte de México y el suroeste de los Estados Unidos, por las hojas angostas y los filarios blanco opaco con ápices obtusos a redondeados. *Pseudognaphalium leucostegium* claramente difiere de *P. leucocephalum* por el indumento sin glándulas y la proporción en el disco entre las flores pistiladas y las bisexuales, donde las flores pistiladas marginales son menos numerosas que las flores bisexuales (Pruski, 2012a). *Pseudognaphalium leucostegium* es también similar por los filarios blanco opaco a *P. chartaceum*, la cual difiere por las hojas glandulosas más anchas, subabrazadoras a amplexicaules. Ocasionalmente, sin embargo, *P. chartaceum* tiene en el disco tantas flores bisexuales como marginales pistiladas, así acercándose al estado de proporción sexual encontrado en *P. leucostegium*.

En la característica de proporción sexual, *P. leucostegium* se asemeja a *Helichrysum* en su definición tradicional, pero Hilliard y Burtt (1981) mostraron que aunque útil, la característica de la proporción sexual por sí sola no debe ser usada para distinguir *Helichrysum* de *Pseudognaphalium* y sus aliados. *Pseudognaphalium leucostegium* se asemeja superficialmente a *Anaphalis margaritacea* (L.) Benth. et Hook. f. por los filarios blanco opaco, característica que uno podría esperar encontrar plantada en las mismas ruinas en las que se conoce *P. leucostegium*, pero *Anaphalis* DC. difiere por las cipselas pelosas y se conoce como cultivado en Mesoamérica.

9. Pseudognaphalium liebmannii (Sch. Bip. ex Klatt) Anderb., *Opera Bot.* 104: 147 (1991). *Gnaphalium liebmannii* Sch. Bip. ex Klatt, *Leopoldina* 23: 89 (1887). Holotipo: México, Veracruz, *Liebmann 310* (microficha MO! ex C). Ilustr.: no se encontró.
Gnaphalium vulcanicum I.M. Johnst.

Hierbas perennes, anuales a bianuales o de vida corta, 0.2-1(-1.4) m, a veces con roseta basal; tallos erectos a ascendentes, simples o poco ramificados, moderadamente foliosos, no alados o a veces brevemente decurrente-alados por menos de un entrenudo, aparentemente sin glándulas hasta obvia y cortamente estipitado-glandulosos, también laxa a densamente flocoso-araneosos, los entrenudos más cortos que las hojas. Hojas 2-6(-8) × 0.4-0.8(-1.3) cm, lanceoladas a oblanceoladas, frecuentemente adpresas o marcadamente ascendentes, con una sola nervadura, las superficies gris-concoloras o bicoloras, aparentemente sin glándulas a obvia y cortamente estipitado-glandulosas en la superficie adaxial, la superficie adaxial también a veces laxamente flocoso-araneosa, la superficie abaxial laxamente flocoso-araneosa a moderadamente araneoso-tomentosa (rara vez las hojas marchitas de años previos aún presentes sobre el tallo subglabrescentes, verdes en ambas superficies; las hojas basales jóvenes del segundo año densamente lanoso-tomentosas sobre ambas superficies), la base dilatada, subabrazadora o amplexicaule, casi tan ancha como el tallo, a veces brevemente decurrente sobre un lado, los márgenes a veces revolutos, el ápice agudo a atenuado, sésiles. Capitulescencia 3-7 cm de diámetro, típica y densamente corimboso-paniculada, las ramas laterales 1-4(-10), 1-7 cm, afilas o a veces foliosas en las formas arbustivas a elevaciones bajas, los últimos glomérulos 2-3 cm de diámetro. Cabezuelas 5-8 mm, con 50-80(-150) flores o más; filarios 4-8 mm, 4-seriados o 5-seriados, pardo-amarillentos o completamente parduscos, el estereoma partido, el ápice subtranslúcido, los ápices de las series medias e internas agudos; clinanto 1-2.5 mm de diámetro. Corolas 2.5-3.7 mm. Flores del disco generalmente 10-25. Cipselas 0.6-0.8 mm, glabras, la superficie con células epidérmicas más o menos lisas y no obviamente rugulosa transversalmente, rara vez indistintamente rugulosa transversalmente; vilano de cerdas 3-3.5 mm, prontamente decidas individualmente. *Pastizales alpinos, bosques de* Pinus, *bosques de* Pinus-Quercus, *áreas rocosas, laderas de volcanes, pendientes con gramíneas, campos abiertos, matorrales.* Ch, G. 1600-4400 m. (México, Mesoamérica.)

El protólogo de *Gnaphalium liebmannii* describe las hojas "utrinque viridibus", lo cual concuerda con las poblaciones topotipo colectadas a 3925 m sobre el Pico Orizaba (*Pruski 4162*, MO) donde las plantas con hojas marchitas de años previos presentes sobre el tallo son subglabrescentes y verdes sobre ambas superficies. Se piensa que el material de Costa Rica identificado por Paul Standley (en herbario) como *G. roseum* fue llamado *G. liebmannii* por Nash (1976c), Espinosa García (2001) y Luteyn (1999), pero la mayoría de las colecciones de Costa Rica que se han visto y que habían sido identificadas como *G. liebmannii* por Dorothy Nash (en herbario) se han vuelto a identificar como *Pseudognaphalium rhodarum* o como *P.* sp. *A. Pseudognaphalium liebmannii* es de esta manera provisionalmente excluido de Costa Rica.

9a. Pseudognaphalium liebmannii (Sch. Bip. ex Klatt) Anderb. var. **liebmannii**. Ilustr.: no se encontró.

Hojas oblanceoladas, las superficies gris-concoloras, aparentemente sin glándulas (rara vez las hojas de años anteriores aún presentes sobre el tallo son subglabrescentes), el ápice agudo. Cabezuelas generalmente con 100 flores o más; filarios completamente parduscos. Floración nov.-feb. *Pastizales alpinos, bosques de* Pinus, *áreas rocosas, laderas de volcanes.* G (*Véliz et al. 10544*, MO). 3500-4200 m. (México, Mesoamérica.)

9b. Pseudognaphalium liebmannii (Sch. Bip. ex Klatt) Anderb var. **monticola** (McVaugh) Hinojosa et Villaseñor, *Bot. Sci.* 92: 490 (2014). *Gnaphalium vulcanicum* I.M. Johnst. var. *monticola* McVaugh, *Contr. Univ. Michigan Herb.* 9: 466 (1972). Holotipo: México, Jalisco, *McVaugh 23126* (imagen en Internet ex MICH!). Ilustr.: no se encontró.
Gnaphalium liebmannii Sch. Bip. ex Klatt var. *monticola* (McVaugh) D.L. Nash.

Hojas lanceoladas, las superficies generalmente bicoloras, la superficie adaxial obviamente estipitado-glandulosa, la superficie abaxial rara vez subglabrescente, el ápice atenuado. Cabezuelas generalmente con 50-80 flores; filarios completamente pardo-amarillentos. Floración nov.-abr. *Pendientes con gramíneas, campos abiertos, bosques de* Pinus-Quercus, *bosques de* Pinus, *áreas rocosas, matorrales.* Ch (*Seler y Seler 1928*, MO); G (*Pruski y Ortiz 4276*, MO). 1600-4200 m. (México [Jalisco], Mesoamérica.)

Es posible que *Pseudognaphalium liebmannii* var. *monticola* merezca reconocimiento a nivel de especie, en cuyo caso esta podría ser vista como intermedia entre *P. liebmannii* y *P. oxyphyllum*, teniendo las cabezuelas grandes y los filarios más oscuros típicos de *P. liebmannii*, y la forma de la hoja y el indumento glanduloso y denso de *P. oxyphyllum*. En efecto el protólogo de *G. vulcanicum* var. *monticola* alude al aspecto similar de *P. oxyphyllum*, la cual supuestamente difiere por las flores del disco menos numerosas.

10. Pseudognaphalium luteoalbum (L.) Hilliard et B.L. Burtt, *Bot. J. Linn. Soc.* 82: 206 (1981). *Gnaphalium luteoalbum* L., *Sp. Pl.* 851 (1753). Lectotipo (designado por Hilliard y Burtt, 1981): Europa, *Herb. van Royen 900.286-294* (microficha MO! ex L). Ilustr.: Scott, *Fl. Mascareignes* 109: 75, t. 25 (1993).
Laphangium luteoalbum (L.) Tzvelev.

Hierbas anuales, 0.15-0.5 m, no subescapíferas, la roseta basal no persistente durante la floración; tallos erectos a patentes, frecuentemente pocas a varias veces ramificados desde la base, cada uno simple debajo de la capitulescencia, moderadamente foliosos hasta a veces también densa y basalmente foliosos, no alados, flocoso-tomentosos, sin glándulas, los entrenudos en general más cortos que las hojas. Hojas 1-4(-7) × 0.2-0.7(-1.3) cm, linear-oblanceoladas a angostamente espatuladas, marcadamente ascendentes a lo largo de toda la longitud o aquellas proximales a veces patentes, las superficies concoloras, sin glándulas, laxamente grisáceo-tomentosas, la base subabrazadora, ge-

neralmente decurrente 1-2 mm y por mucho menos de un entrenudo, generalmente casi tan ancha como el tallo, los márgenes aplanados a revolutos, a veces ondulados, el ápice generalmente obtuso, sésiles. Capitulescencia angostamente corimboso-paniculada, las ramas laterales pocas, generalmente 1-5 cm, los últimos glomérulos 1-2 cm de diámetro. Cabezuelas 3.1-4 mm, con c. 110 flores o más; involucro anchamente campanulado a subhemisférico; filarios 3-4 mm, 3-seriados o 4-seriados, el estereoma partido, la lámina amarillenta a pardo-amarillenta a pajiza, el ápice translúcido, los ápices de las series medias e internas obviamente obtusos a redondeados; clinanto 1-1.5 mm de diámetro. Corolas 1.4-2 mm, con la punta rojiza. Flores marginales c. 105. Flores del disco 4-10. Cipselas 0.5-0.6 mm, con tricomas globulares; vilano de cerdas hasta c. 2 mm, prontamente deciduas con varias setas basales entrelazadas frecuentemente adheridas laxamente. Floración feb. $2n = 14, 28$. *Bosques de* Pinus. Ch (*Pruski et al. 4208*, MO). 2200-2300 m. (Estados Unidos, México, Mesoamérica, Bolivia, Brasil, Chile, Argentina, Jamaica, Antillas Menores, Europa, Asia, África, Australia, Nueva Zelanda, Islas del Pacífico.)

Pseudognaphalium luteoalbum es muy similar a *P. stramineum*, pero además de que se diferencia por las cipselas con tricomas globulares, esta especie difiere por las corolas con punta roja y las cabezuelas más pequeñas.

Hilliard y Burtt (1981) trataron a esta especie en un subgénero no típico de *Pseudognaphalium*, el cual basado en la morfología de la superficie de la cipsela ha sido subsecuentemente reconocido como *Laphangium*, un género en el cual las especies mesoamericanas posiblemente se ubiquen mejor.

11. Pseudognaphalium oxyphyllum (DC.) Kirp., *Trudy Bot. Inst. Akad. Nauk S.S.S.R., Ser. 1, Fl. Sist. Vyssh. Rast.* 9: 33 (1950). *Gnaphalium oxyphyllum* DC., *Prodr.* 6: 225 (1837 [1838]). Holotipo: México, Guanajuato, *Méndez s.n.* (microficha MO! ex G-DC). Ilustr.: Anderberg, *Opera Bot.* 104: 142, t. 63B (1991). N.v.: Tzotz chi'ub, Ch.

Hierbas perennes víscidas, 0.3-1(-2) m; tallos erectos a ascendentes, pocas a varias veces ramificados distalmente, moderada a esparcidamente foliosos, no alados o brevemente decurrente-alados por menos de un entrenudo, obvia y brevemente estipitado-glandulosos y laxamente flocoso-araneosos, los entrenudos generalmente c. 1/2 de la longitud de las hojas. Hojas generalmente 2-6(-8) × 0.4-1.5 cm, sagitado-lanceoladas a oblanceoladas, las nervaduras secundarias a veces visibles, las superficies generalmente verde-concoloras, generalmente visibles a través del indumento, obvia y brevemente estipitado-glandulosas y por lo demás subglabrescentes a laxamente flocoso-araneosas, la base dilatada, obviamente subabrazadora o amplexicaule, generalmente mucho más ancha que el tallo, no obviamente decurrente aunque a veces brevemente decurrente, los márgenes frecuentemente ondulados, el ápice acuminado a atenuado, sésiles. Capitulescencia hasta c. 25 cm de diámetro, anchamente corimboso-paniculada, las ramas laterales generalmente 3-8, 5-30 cm, foliosas, los últimos glomérulos 1-3 cm de diámetro. Cabezuelas 3.5-4.5(-5) mm, generalmente con 30-60 flores; filarios 2.8-4.5(-5) mm, 4-seriados o 5-seriados, el estereoma partido, la lámina blanca a pajiza, el ápice subtranslúcido, las series medias e internas con ápices agudos; clinanto 1-1.4 mm de diámetro. Corolas 2.2-3.2 mm. Flores del disco 2-9. Cipselas 0.6-0.8 mm, glabras, la superficie con células epidérmicas más o menos lisas y no obviamente rugulosa transversalmente; vilano de cerdas 2.5-3 mm, prontamente deciduas individualmente. Floración jul.-oct. *Bosques de* Pinus-Quercus, *bosques de* Pinus. Ch (*Breedlove y Strother 46249*, MO); G (Espinosa García, 2001: 851). 2700-3300 m. (México [Guanajuato], Mesoamérica.)

Pseudognaphalium oxyphyllum se reconoce en este trabajo sin infraespecies; *Gnaphalium oxyphyllum* var. *nataliae* F.J. Espinosa la cual es largamente alada se trata aquí a nivel de especie. De forma similar, McVaugh (1984) reconoció *G. oxyphyllum* var. *semilanatum* DC. como *G. semilanatum* (DC.) McVaugh. Los ejemplares mesoamericanos de

P. oxyphyllum tienden a tener los filarios más largos que aquellos de más al norte, así asemejándose a *P. liebmannii* var. *monticola*. El ejemplar *Matuda 2950* citado por Breedlove (1986) como el único de *G. oxyphyllum* en Chiapas, se ha vuelto a identificar como *P. roseum*.

12. Pseudognaphalium rhodarum (S.F. Blake) Anderb., *Opera Bot.* 104: 148 (1991). *Gnaphalium rhodarum* S.F. Blake, *J. Wash. Acad. Sci.* 17: 61 (1927). Holotipo: Costa Rica, *Standley y Valerio 43623* (US!). Ilustr.: no se encontró.

Hierbas anuales a bianuales ligeramente víscidas, 0.2-0.6 m; tallos erectos, pocos desde la base, moderada a densamente foliosos, no alados o a veces brevemente alado-decurrentes, estipitado-glandulosos (tricomas 0.2-0.4 mm) y también esparcida (proximalmente) a densamente (distalmente) flocoso-tomentosos, los entrenudos mucho más cortos que las hojas, las alas (cuando presentes) más cortas que un entrenudo; follaje frecuentemente aromático. Hojas 2-5 × 0.3-0.8 cm, linear-lanceoladas a lanceoladas, las superficies por lo general obviamente bicoloras, la superficie adaxial verde (o en grupos de hojas basales, cuando presentes, a veces lanoso y verde-gris), obvia, densa y cortamente estipitado-glandulosa, también a veces laxamente flocoso-araneosa, la superficie abaxial grisáceo-tomentosa, la base gradualmente dilatada y subabrazada, casi tan ancha como el tallo, a veces cortamente decurrente, los márgenes escasamente revolutos en especial proximalmente, el ápice agudo, sésiles. Capitulescencia hasta c. 9 cm de diámetro, densamente corimboso-paniculada o a veces más laxamente corimboso-paniculada y así tornándose ligeramente aplanada distalmente, con 1-4 ramas laterales, las ramitas distales frecuentemente adpreso-bracteadas, los últimos glomérulos 1.5-2.5 cm de diámetro, algunas cabezuelas abrazadas por una bráctea casi tan larga como el involucro. Cabezuelas 4-5 mm, con 40-50 flores; base del involucro embebida en el tomento; filarios 3-5 mm, anchamente ovados a oblongos, 3-5-seriados, glabros o araneosos en la zona medial, el estereoma partido, el estereoma de los filarios internos a veces verde hasta la base, la lámina rojiza y a veces desigualmente rojiza por el engrosamiento y oscurecimiento de las paredes de las células polares, nunca blanco brillante, el ápice subtranslúcido, las series medias e internas con ápices obtusos a redondeados; clinanto 1-1.5 mm de diámetro. Corolas 2.5-2.8 mm. Flores del disco c. 9. Cipselas 0.6-0.7 mm, la superficie diminutamente rugulosa transversalmente (escasamente visible en 40×); vilano de cerdas hasta c. 3 mm, decidua individualmente. Floración jul.-ene. *Bosques montanos alterados, páramo, áreas rocosas*. CR (*Pruski et al. 3905*, MO). 3000-3500 m. (Endémica.)

El reporte de Luteyn (1999) de *Gnaphalium rhodarum* en Panamá está basado en material erróneamente determinado.

13. Pseudognaphalium roseum (Kunth) Anderb., *Opera Bot.* 104: 148 (1991). *Gnaphalium roseum* Kunth in Humb., Bonpl. et Kunth, *Nov. Gen. Sp.* folio ed. 4: 63 (1820 [1818]). Holotipo: México, Guanajuato, *Humboldt y Bonpland s.n.* (foto MO! ex P-Bonpl.). Ilustr.: García Regalado, *Asteraceae: Las Compuestas de Aguascalientes* 267 (2004), como *G. roseum*. N.v.: Gordo lobo, sak nich vomol, xela momol, Ch; sanalotodo, H.

Hierbas perennes, 0.4-1(-2) m, no subescapíferas, la roseta basal no persistente durante la floración; tallos erectos a patentes, simples o pocos a varios desde la base, moderadamente foliosos, no alados, lanoso-tomentosos, sin glándulas, los entrenudos más cortos que las hojas a casi tan largos como estas. Hojas 1-7(-12) × (0.3-)0.5-1.5(-2) cm, lanceoladas a oblanceoladas u obovadas, generalmente patentes, las superficies generalmente concoloras o a veces ligeramente bicoloras, aparentemente sin glándulas (a veces con tricomas flageliformes de base ancha o glándulas estipitadas esparcidas ocultas debajo del indumento), la superficie adaxial generalmente grisáceo-lanoso-tomentosa, el indumento a veces caedizo, la superficie abaxial generalmente blanco-lanoso-tomentosa, la base uniformemente atenuada a escasamente dilatada, subabrazadora o amplexicaule, generalmente no decurrente, casi tan ancha o más ancha que el tallo, los márgenes con frecuencia escasamente ondulados, el ápice agudo a acuminado, sésiles. Capitulescencia angostamente corimboso-paniculada, las ramas laterales pocas, generalmente 5-10 cm, los glomérulos 1-2 cm de diámetro, generalmente 7-13 cabezuelas. Cabezuelas 4-5.5 mm, generalmente con 53-80(-110) flores; filarios 2.4-5.5 mm, 4-6-seriados, generalmente blancos a pajizos, a veces rosados, el estereoma partido, la lámina generalmente subopaca, sin quilla, las series medias e internas con ápices agudos u obtusos o anchamente obtusos; clinanto 1.5-2 mm de diámetro. Corolas 2.5-3.1 mm. Flores marginales generalmente 45-68(-98). Flores del disco (3-)6-12. Cipselas 0.6-0.8 mm, glabras; vilano de cerdas 2.8-3 mm, prontamente deciduas individualmente. Floración durante todo el año. *Laderas de matorrales, áreas alteradas, afloramientos de caliza, bosques de* Quercus*, bosques de* Pinus-Quercus*, páramos, orillas de caminos, áreas rocosas, laderas empinadas, laderas de volcanes*. Ch (*Pruski et al. 4224*, MO); B (*Spellman 1441*, MO); G (*Contreras 11025*, MO); H (*Stuessy y Gardner 4423*, MO); N (*Williams et al. 27927*, NY). 400-2100 m. (SO. Estados Unidos, México [Guanajuato], Mesoamérica.)

Pseudognaphalium roseum es circunscrito en este trabajo en sentido amplio y sin infrataxones. *Pseudognaphalium roseum* es excluido de Costa Rica y Panamá, y el material de hojas angostas sin glándulas con filarios internos agudos que D'Arcy (1975c [1976]) llamó *Gnaphalium roseum* ha sido en su mayoría vuelto a identificar como *P. semiamplexicaule*. Gran parte de los ejemplares de Costa Rica llamados *P. roseum* tienen las hojas glandulosas, y han sido vueltos a identificar como *P. rhodarum*.

14. Pseudognaphalium semiamplexicaule (DC.) Anderb., *Opera Bot.* 104: 148 (1991). *Gnaphalium semiamplexicaule* DC., *Prodr.* 6: 228 (1837 [1838]). Holotipo: México, Tamaulipas, *Berlandier 2188* (microficha MO! ex G-DC). Ilustr.: D'Arcy, *Ann. Missouri Bot. Gard.* 62: 1042, t. 41 (1975 [1976]), como *G. roseum*. N.v.: Sakil womol, Ch.

Hierbas perennes, 0.3-1.5 m, no subescapíferas, la roseta basal no persistente durante la floración; tallos erectos o ascendentes, generalmente ramificados cerca de la capitulescencia, moderadamente foliosos, no alados o brevemente decurrente-alados por mucho menos de un entrenudo, las alas generalmente ausentes en los especímenes de herbario, lanoso-tomentosos, sin glándulas, los entrenudos en general mucho más cortos que las hojas. Hojas 2-9(-12) × 0.3-1.5 cm, angostamente lanceoladas a lanceoladas, patentes, la vena media a veces impresa sobre la superficie adaxial, las superficies bicoloras, sin glándulas, la superficie adaxial generalmente verde o a veces gris-verde, laxamente araneoso-lanosa hasta a veces glabrescente, la superficie abaxial generalmente grisáceo-lanoso-tomentosa, la base típicamente abrupta u obviamente dilatada, en las hojas distales típicamente más obviamente dilatada, subabrazadora a amplexicaule, no decurrente o brevemente decurrente, casi tan amplia a mucho más amplia que el tallo, los márgenes ondulados o a veces lisos, el ápice generalmente agudo a atenuado, sésiles. Capitulescencia difusamente corimboso-paniculada, las ramas laterales pocas a varias, generalmente 3-15 cm, los glomérulos generalmente 1-2.5 cm de diámetro, las cabezuelas 13 o más. Cabezuelas 3.7-5.5 mm, generalmente con 25-60 flores; involucro angostamente campanulado; filarios 3.5-5.5 mm, 4-6-seriados, generalmente blancos a pajizos, rara vez rosados, el estereoma partido, el ápice subtranslúcido, los filarios externos anchamente triangulares, los ápices de las series medias e internas generalmente agudos; clinanto después de la fructificación 1-1.5 mm de diámetro. Corolas 2.5-3.2 mm. Flores marginales 23-51. Flores del disco 2-11. Cipselas 0.6-0.8 mm, glabras; vilano de cerdas hasta c. 3 mm, prontamente deciduas. Floración durante todo el año. *Áreas alteradas, campos, pastizales, bosques de* Quercus*, campos abiertos, bosques de* Pinus-Quercus*, páramos, orillas de caminos, áreas rocosas, vegetación secundaria, laderas arbustivas, matorrales, laderas de volcanes*. Ch (*Ton 2226*, NY); B (Nash, 1976c: 175); G (*Pruski y Ortiz 4292*, MO);

H (*Borjas 189*, MO); ES (*Carballo 458*, MO); N (*Soza y Grijalva 315*, MO); CR (*Rodríguez et al. 9290*, MO); P (*Hammel et al., 6649*, MO). 500-3600 m. (México [Tamaulipas], Mesoamérica.)

Pseudognaphalium semiamplexicaule es interpretado en sentido amplio, más o menos en el mismo sentido de Nash (1976c), y caracterizado por tener las hojas bicoloras, sin glándulas, subabrazadoras. Es así como, gran parte de los ejemplares de Costa Rica y la mayoría de Panamá previamente determinados como *G. attenuatum* y *G. roseum* son provisionalmente tratados aquí como *Pseudognaphalium semiamplexicaule*. Los ejemplares de *P. semiamplexicaule* de elevaciones altas especialmente de Costa Rica y Panamá, tienen las hojas mucho más angostas que las colecciones mexicanas. Aunque los ejemplares que D'Arcy (1975c [1976]) llamó *G. roseum* son aquí tratados como *P. semiamplexicaule*, algunos de los ejemplares panameños tienen filarios rosados y son similares a *P. rhodarum* de hojas glandulosas.

Los ejemplares mesoamericanos tienen las hojas sin glándulas y no concuerdan con la descripción en Espinosa García (2001), en la que el numeral 31B de la clave caracteriza a *G. semiamplexicaule* como teniendo hojas glandulosas. Espinosa García (2001) sugirió que *G. oxyphyllum* var. *semilanatum* es un sinónimo de *G. semiamplexicaule* (=*Pseudognaphalium semiamplexicaule* interpretada aquí como con hojas sin glándulas), pero *G. oxyphyllum* var. *semilanatum* parece diferenciarse por las hojas estipitado-glandulosas. Sin embargo, debido a que no se ha visto el material tipo de *G. semiamplexicaule* la circunscripción aquí usada es por necesidad provisional.

Pseudognaphalium semiamplexicaule es muy similar a *G. oaxacanum* Greenm., la cual parece diferir solo por las cabezuelas con 16-22 flores. *Gnaphalium imbaburense* Hieron., basado en ejemplares de Ecuador y que solo se conocen por una fotografía del holotipo, también parece muy similar a los ejemplares mesoamericanos de *P. semiamplexicaule*.

15. Pseudognaphalium stolonatum (S.F. Blake) M.O. Dillon, *J. Bot. Res. Inst. Texas* 9: 69 (2015). *Gnaphalium stolonatum* S.F. Blake, *Brittonia* 2: 341 (1937). Holotipo: Guatemala, *Skutch 1098* (foto MO! ex GH). Ilustr.: Dillon y Luebert, *J. Bot. Res. Inst. Texas* 9: 70, t. 4 (2015).

Chionolaena stolonata (S.F. Blake) Pruski.

Hierbas estoloníferas perennes de hojas pequeñas, 0.1-0.3 m, no subescapíferas, la roseta basal no persistente durante la floración; tallos erectos a ascendentes, frecuentemente poco ramificados desde una base leñosa, 1-pocos estolones foliosos 4-6.5 cm a veces presentes, las ramas rectas simples debajo de la capitulescencia, rara vez una roseta basal densamente foliosa también presente, pero a veces esta marchita en las plantas viejas, los tallos rectos, esparcida a moderadamente foliosos (hojas moderadamente ascendentes), no alados, araneoso-lanosos, sin glándulas, la superficie frecuentemente purpúrea y a veces visible a través del indumento, los entrenudos casi tan largos como las hojas. Hojas 1-4.2 × 0.2-0.3 cm, lineares a oblanceoladas a espatuladas, las superficies ligeramente bicoloras, sin glándulas, la superficie adaxial verde o gris-verde, ligeramente araneoso-lanosa, la superficie abaxial grisáceo-araneoso-lanosa, la base no dilatada, a veces subabrazadora, generalmente casi tan ancha como el tallo, los márgenes no obviamente decurrentes sobre los tallos, angostamente revolutos, el ápice obtuso, apiculado, sésiles. Capitulescencia un glomérulo terminal solitario, el glomérulo 1-2 cm de diámetro, redondeado, 5-15 cabezuelas. Cabezuelas 5-7 mm, con c. 96 flores; base del involucro embebida en el tomento; filarios 5-7 mm, 4-6-seriados, glabros, las series medias e internas con ápices obtusos; filarios externos pardo-verdosos, casi 3 de las series internas con la lámina blanca y subopaca, el ápice agudo a obtuso; clinanto 1-1.5 mm de diámetro. Corolas c. 2.4 mm, purpúreas distalmente. Flores marginales c. 85, casi tan numerosas hasta mucho más numerosas que las flores del disco. Flores del disco generalmente c. 11. Cipselas 0.8-1 mm; vilano de cerdas c. 20 o más, hasta c. 3.2 mm, algunas veces connatas en la base y deciduas como un anillo. Floración

ene., mar., ago. *Pastizales alpinos, afloramientos de caliza.* Ch (*Breedlove 29375*, NY); G (*Steyermark 50275*, NY); CR (*Pruski et al. 3939*, MO). 3100-4000 m. (Endémica.)

Dillon y Luebert (2015) describieron *Gnaphaliothamnus nesomii* sobre *Molina et al. 16441*, que fue citado e identificado erróneamente por Pruski (2012a) como *Chionolaena stolonata*. *Steyermark 50275* fue citado por Dillon y Luebert (2015) como *Pseudognaphalium stolonatum*, pero cae dentro de la interpretación amplia de *C. stolonata* sensu Pruski (2012a). Debido a que se necesita más tiempo para discernir, al momento estos nombres y pliegos de herbario se tratan provisionalmente como *C. stolonata* sensu Pruski (2012a).

16. Pseudognaphalium stramineum (Kunth) Anderb., *Opera Bot.* 104: 148 (1991). *Gnaphalium stramineum* Kunth in Humb., Bonpl. et Kunth, *Nov. Gen. Sp.* folio ed. 4: 66 (1820 [1818]). Holotipo: México, Hidalgo, *Humboldt y Bonpland 4108* (foto MO! ex P-Bonpl.). Ilustr.: Cronquist, *Intermount. Fl.* 5: 365 (1994), como *G. stramineum*, arriba izquierda.

Gnaphalium chilense Spreng., *G. sprengelii* Hook. et Arn.

Hierbas anuales o bianuales, 0.2-0.8 m, no subescapíferas, la roseta basal no persistente durante la floración; tallos erectos a patentes, a veces poco ramificados desde la base, cada uno simple debajo de la capitulescencia, moderadamente foliosos, no alados, flocoso-tomentosos, sin glándulas, los entrenudos más cortos a casi tan largos como las hojas. Hojas 1-6(-9.5) × 0.2-0.6(-1) cm, linear-oblanceoladas a angostamente espatuladas, generalmente ascendentes, las superficies concoloras, sin glándulas, laxamente grisáceo-tomentosas, la base subabrazadora, generalmente no decurrente o decurrente 1-2 mm y por mucho menos de un entrenudo, generalmente casi tan ancha como el tallo, los márgenes revolutos proximalmente, el ápice agudo a frecuentemente obtuso, sésiles. Capitulescencia angostamente corimboso-paniculada, las ramas laterales pocas, generalmente 1-4 cm, los últimos glomérulos 1-3 cm de diámetro. Cabezuelas 4.1-6 mm, con c. 150 flores; involucro anchamente campanulado a subhemisférico; filarios 3.8-6 mm, 4-seriados o 5-seriados, el estereoma partido, la lámina amarillenta hasta pardo-amarillenta a pajiza, el ápice generalmente translúcido, las series medias e internas obviamente con ápices obtusos a redondeados; clinanto 1.5-2 mm de diámetro. Corolas 1.6-2.5 mm. Flores marginales c. 140. Flores del disco generalmente 8-16 o más. Cipselas 0.5-0.7 mm, glabras; vilano de cerdas 2-2.5 mm, prontamente deciduas con varias frecuentemente laxamente adheridas por setas basales entrelazadas, rara vez deciduas debido a que están ligeramente adheridas en un anillo basal. Floración durante todo el año. $2n = 28$. *Áreas alteradas, bosques de* Pinus*, bosques de* Pinus-Quercus. G (Nash, 1976c: 177); H (Nelson, 2008: 175). 1800-2400 m. (Canadá, Estados Unidos, México [Hidalgo], Mesoamérica, Chile.)

Si bien Hooker y Arnott (1841 [1833]: 150) y Cronquist (1994) señalaron que la colección tipo de Chamisso del sinónimo *Gnaphalium chilense* fue colectada en California, más bien que en Sudamérica, Barkley et al. (2006a) presumen que esta especie es nativa de Chile. No se conoce de la presencia de la planta en Uruguay y por tanto no parece posible que *G. chilense*, tipificada de material de California, sea un sinónimo de *G. montevidense* Spreng.

17. Pseudognaphalium subsericeum (S.F. Blake) Anderb., *Opera Bot.* 104: 148 (1991). *Gnaphalium subsericeum* S.F. Blake, *J. Wash. Acad. Sci.* 17: 61 (1927). Holotipo: Costa Rica, *Standley 32941* (foto MO! ex US). Ilustr.: no se encontró.

Hierbas perennes, 0.1-0.5 m, no subescapíferas, la roseta basal no persistente durante la floración; tallos erectos, simples o rara vez poco ramificados desde la base, moderadamente foliosos, no alados, seríceo-tomentosos, sin glándulas, los entrenudos generalmente más cortos que las hojas. Hojas 2.5-10 × 0.3-0.7 cm, generalmente uniformes en tamaño, abruptamente más pequeñas solo distalmente, angostamente linear-lanceoladas, sésiles, con una sola nervadura, las superficies obviamente bicoloras, sin glándulas, la superficie adaxial verde, glabrescente a ligeramente araneoso-lanosa, la superficie abaxial levemente seríceo-tomentosa, la vena media linear evidente en la superficie abaxial, la base no dilatada, no abrazadora, generalmente casi tan ancha como el tallo, los márgenes no decurrentes sobre el tallo, angostamente revolutos, el ápice atenuado. Capitulescencia angostamente corimboso-paniculada con un glomérulo terminal solitario, rara vez con 1 o 2 ramas laterales, el glomérulo 3-4 cm de diámetro, redondeado, c. 30 cabezuelas o más, no sostenidas muy por encima de las hojas subyacentes. Cabezuelas 4-5 mm, con 80-90 flores; involucro campanulado, no embebido en tomento; filarios 3-4.5 mm, 4-seriados o 5-seriados, parduscos proximalmente, pocas de las series internas con c. 1.5 mm distal de la lámina blanca y subopaca, las series medias e internas generalmente con ápices obtusos; clinanto 1-1.5 mm de diámetro. Corolas 2.3-2.7 mm. Flores marginales 30-70, tan pocas como las del disco a más comúnmente mucho más numerosas que las del disco. Flores del disco c. 8, con frecuencia funcionalmente estaminadas. Cipselas 0.6-0.8 mm, contraídas en ambos extremos, oblongo-setosas, los tricomas dobles irregularmente septados; vilano de cerdas c. 18, hasta c. 3 mm. Floración feb.-abr., jun., sep. *Pastizales, bosques de* Quercus, *afloramientos rocosos, riachuelos rocosos, laderas de volcanes.* CR (*Jiménez 1824*, MO); P (*Klitgaard et al. 809*, MO). 1600-3200 m. (Mesoamérica, Colombia.)

El registro de Luteyn (1999) de *Gnaphalium subsericeum* en Perú está basado en material erróneamente identificado con el estereoma no del todo obviamente dividido.

18. Pseudognaphalium viscosum (Kunth) Anderb., *Opera Bot.* 104: 148 (1991). *Gnaphalium viscosum* Kunth in Humb., Bonpl. et Kunth, *Nov. Gen. Sp.* folio ed. 4: 64 (1820 [1818]). Holotipo: México, Distrito Federal, *Humboldt y Bonpland 4153* (microficha MO! ex P-Bonpl.). Ilustr.: McVaugh, *Fl. Novo-Galiciana* 12: 465, t. 72i (1984), como *G. viscosum*. N.v.: Kaxlan chiub, tan chi'ub, Ch; flor de la seda, sac-moquan, sanalotodo, sanatodo, G.

Gnaphalium crenatum Greenm., *G. gracile* Kunth, *G. hirtum* Kunth, *G. leptophyllum* DC., *G. tenue* Kunth.

Hierbas víscidas anuales a bianuales, 0.3-1 m; tallos erectos a ascendentes, pocos desde la base, simples hasta la capitulescencia, densamente foliosos (menos densamente foliosos a elevaciones altas), a veces solo moderadamente foliosos, no alados o a veces con hojas alado-decurrentes por menos de la longitud de un entrenudo, obvia y cortamente estipitado-glandulosos y también esparcida a densamente flocoso-araneosos, los entrenudos 0.1-0.5(-2) cm, mucho más cortos que las hojas generalmente agregadas, las alas (cuando presentes) 3-10 mm, verdes. Hojas (2-)4-10 × 0.2-1 cm, linear-lanceoladas a lanceoladas, con una sola nervadura, las superficies obviamente bicoloras, la superficie adaxial verde, densa y cortamente estipitado-glandulosa con tricomas c. 0.2 mm (tricomas glandulosos del material de elevaciones bajas a veces alargados sin obvio extremo glandular), también a veces laxamente flocoso-araneosa especialmente en la vena media, la superficie abaxial blanco-lanoso-tomentosa, la base gradualmente dilatada y subabrazadora, casi tan ancha como el tallo, en general cortamente decurrente, los márgenes a veces crenulados, revolutos especialmente proximalmente, el ápice acuminado, sésiles. Capitulescencia hasta c. 10 cm de diámetro, densamente corimboso-paniculada, con 2-4 ramas laterales, las ramas distales frecuentemente adpreso-bracteadas, algunas cabezuelas abrazadas por una bráctea casi tan larga como el involucro. Cabezuelas 4-5 mm, con (100-)200 flores; involucro anchamente campanulado a subhemisférico; filarios 2-5 mm, 4-6-seriados, el estereoma partido, la lámina amarillenta o argéntea, nunca blanco brillante, el ápice subtranslúcido, las series medias e internas con ápices agudos u obtusos; clinanto 2-4 mm de diámetro, frecuentemente oscuro y contrastando con los filarios internos patentes a reflexos los cuales tienen la superficie adaxial más pálida. Corolas 2.5-3.5 mm. Flores del disco (5-)15-20 o más. Cipselas 0.5-0.7 mm, la superficie obviamente rugu-

losa transversalmente; vilano de cerdas hasta c. 3 mm, prontamente decíduas individualmente. Floración durante todo el año. $2n = 28$. *Laderas, pastizales, bosques de* Pinus, *bosques de* Pinus-Quercus, *orillas de caminos, áreas rocosas.* Ch (*Soule y Brunner 2310*, MO); G (*King y Renner 7025*, MO); H (*Martínez 121*, MO). 800-2800 m. (Estados Unidos [Texas], México [Distrito Federal], Mesoamérica, La Española.)

La sinonimia es adoptada de McVaugh (1984) y Nash (1976c), pero de los cuatro nombres de Kunth solo los protólogos de *Gnaphalium viscosum* y *G. hirtum* describen ya sea los tallos o las hojas como "viscosos", p. ej., estipitado-glandulosos. *Gnaphalium gracile, G. leptophyllum* y *G. tenue* fueron cada uno descritos como teniendo follaje diversamente piloso-lanoso, y no como obviamente glanduloso. Sin embargo, la foto del holotipo de *G. leptophyllum* muestra clinantos muy anchos después de la fructificación, típico de *G. viscosum* (que es estipitado-glanduloso) por lo que parece que al menos el protólogo de *G. leptophyllum* no hace mención a todas las características diagnósticas usadas.

Nash (1976c) citó *G. viscosum* de Honduras, pero todos los ejemplares estudiados de Honduras tienen cipselas inmaduras, no transversalmente rugulosas, y sería mejor llamarla provisionalmente como *Pseudognaphalium brachypterum*.

19. Pseudognaphalium aff. **paramorum** (S.F. Blake) M.O. Dillon, *J. Bot. Res. Inst. Texas* 9: 72 (2015). *Gnaphalium paramorum* S.F. Blake, *J. Wash. Acad. Sci.* 21: 328 (1931). Holotipo: Venezuela, *Jahn 883* (US!). Ilustr.: Dillon y Luebert, *J. Bot. Res. Inst. Texas* 9: 71, t. 5 (2015).

Gamochaeta paramorum (S.F. Blake) Anderb., *Lucilia paramora* (S.F. Blake) V.M. Badillo.

Hierbas, 5-25 cm, subarrosetadas, subescapíferas, hojas en la antesis generalmente en una roseta basal, las hojas de la roseta típicamente densas y persistentes, los escapos esparcida (1-6 por escapo) y remotamente bracteado-foliosos; escapos 1-3 desde la base, ascendentes a erectos, simples, laxamente tomentosos, los entrenudos distales generalmente más largos que las hojas bracteadas del escapo. Hojas 0.6-1.8 × 0.2-0.6 cm, notoria y abruptamente decrescentes distalmente con las hojas bracteadas del escapo, las hojas basales elíptico-obovadas a espatuladas, las superficies gris-concoloras, la superficie adaxial laxamente tomentosa, la superficie abaxial densamente tomentosa, la base cuneada a anchamente cuneada, el ápice redondeado, mucronato, sésiles. Capitulescencia 1-3 cm de diámetro, terminal, compacta a abiertamente corimbosa, globosa a aplanada en el ápice, el eje central 5-25 cm, bien exerto de las hojas basales. Cabezuelas c. 3 mm; involucro 2-3 mm de diámetro, campanulado, la base ligeramente inmersa en el tomento del tallo o las cabezuelas más viejas sostenidas por encima del tomento; filarios graduados, c. 4-seriados, parduscos apicalmente; filarios externos ovados, el ápice generalmente obtuso; filarios internos oblanceolados a lineares, el ápice obtuso a agudo. Corolas 2.2-3.3 mm, amarillo-pardusca. Flores marginales 15-20. Flores del disco 2-5. Cipselas c. 0.8 mm, oblongo-elípticas, pardo oscuro, papilosas; vilano de cerdas 3-3.5 mm. *Pastizales alpinos.* CR (*Pruski et al. 3903*, MO). 2900-3400 m. (Mesoamérica, Venezuela.)

El material se ha referido a esta especie con duda tanto de la identidad de la especie como de la disposición genérica del material mesoamericano.

20. Pseudognaphalium sp. **A**. Ilustr.: no se encontró.

Hierbas perennes, 0.3-0.8 m, no subescapíferas, la roseta basal no persistente durante la floración; tallos rígidamente erectos, simples a poco ramificados proximalmente, moderada a densamente foliosos, típica y brevemente decurrente-alados por menos de un entrenudo, lanoso-tomentosos, sin glándulas, los entrenudos generalmente mucho más cortos que las hojas. Hojas 2-8 × 0.2-0.4 cm, anchamente lineares y en general uniformemente amplias en toda su longitud (a veces las hojas inmaduras linear-lanceoladas siendo más anchas en la base), aquellas proximales patentes, aquellas distales marcadamente ascendentes, las nervaduras inconspicuas, las superficies generalmente concoloras (rara vez ligeramente bicoloras en las hojas proximales), la superficie adaxial gris (rara vez verdoso en las hojas proximales), típicamente lanosa (rara vez tornándose glabrescente), la superficie abaxial lanoso-tomentosa, la base escasamente dilatada, subabrazadora, brevemente decurrente sobre el tallo, generalmente casi tan amplia como el tallo, los márgenes escasamente revolutos, de apariencia escasamente ondulada por el indumento subadpreso-ondulado, el ápice atenuado, sésiles. Capitulescencia angostamente corimboso-paniculada, las ramas laterales pocas, generalmente 1-4 cm, los últimos glomérulos 1-2.5 cm de diámetro, las cabezuelas. 17. Cabezuelas 4.5-6 mm, con 34-41 flores; involucro angostamente campanulado; filarios 3.5-6 mm, 3-5-seriados, el estereoma partido, la lámina amarillenta a rosada, el ápice subtranslúcido, los filarios externos anchamente triangulares, los de las series medias obtusos, los de las series internas agudos, apiculados o mucronulados; clinanto c. 1 mm de diámetro. Corolas 2.5-3 mm. Flores marginales 30-35. Flores del disco 4-6. Cipselas c. 0.5 mm, glabras; vilano de cerdas hasta c. 3 mm, prontamente deciduas. Floración sep.-ene. *Páramos, laderas de volcanes*. CR (*Pruski et al. 3852*, MO). 3100-3400 m. (Mesoamérica, Colombia?)

El material de esta especie es imperfecto, pero parece corresponder a *Gnaphalium roseum* var. *hololeucum* así como también a material del norte de Sudamérica.

120. Xerochrysum Tzvelev

Bracteantha Anderb. et Haegi

Por J.F. Pruski.

Hierbas perennes; tallos generalmente simples, no alados, pelosos, foliosos, sin roseta basal en la antesis. Hojas simples, alternas, subsésiles o angostadas en una base alargada peciolariforme; láminas angostas, cartáceas, las superficies pelosas. Capitulescencia monocéfala o abierto-corimbosa y con 2 o 3 cabezuelas. Cabezuelas disciformes, grandes, con numerosas flores; involucro hemisférico; filarios graduados, 3-8-seriados, generalmente amarillos a parduscos o purpúreos, a veces blancos o rojizos, patentes o reflexos luego de la fructificación, el estereoma no dividido (no fenestrado). Flores marginales en menos número que las flores del disco; corola amarilla. Flores del disco c.

200, bisexuales; corola amarilla; antera con colas setosas, el apéndice cóncavo; estilo con ramas agudas, abaxialmente papilosas. Cipselas cuadrangulares, pardas a negras, lisas, glabras; vilano de 25-35 cerdas, las cerdas isomorfas, pajizas, ancistrosas, en general individualmente deciduas. $x = 12, 13, 14, 15$. Aprox. 6 spp. Nativo de Australia, pero la especie de Mesoamérica cultivada en todo el mundo y rara vez escapa.

1. Xerochrysum bracteatum (Vent.) Tzvelev, *Novosti Sist. Vyssh. Rast.* 27: 151 (1990). *Xeranthemum bracteatum* Vent., *Jard. Malmaison* t. 2 (1803). Tipo: no conocido. Ilustr.: Ventenat, *Jard. Malmaison* t. 2 (1803). N.v.: Inmortal, G; inmortal, siempreviva, H; inmortal, ES; inmortal, oropel, straw-flower, CR; inmortal, P.

Bracteantha bracteata (Vent.) Anderb. et Haegi, *Helichrysum bracteatum* (Vent.) Haw.

Hierbas, 0.2-1 m, con raíz axonomorfa; tallos erectos, generalmente simples hasta rara vez 1-ramificados o 2-ramificados, estriados, generalmente araneoso-pelosos y estipitado-glandulosos. Hojas 2-13 × 1-1.5(-2.5) cm, oblanceoladas o espatuladas, a veces elípticas o lanceoladas, las superficies generalmente concoloras, generalmente araneoso-pelosas y estipitado-glandulosas, la base cuneada a atenuada en una base alargada y peciolariforme, los márgenes enteros y ondulados. Cabezuelas 20(-30) mm; involucro 20-50 mm de diámetro; filarios generalmente 5-20(-28) × 5-10 mm, oblongos, amarillos (Mesoamérica) o a veces rojizos, opacos, glabros, el ápice obtuso; clinanto 15-25 mm de diámetro. Flores marginales pocas. Flores del disco generalmente 25-50; corola generalmente 7-10 mm; anteras 3 mm. Cipselas 2-3 mm; vilano de cerdas generalmente 7-10 mm, casi tan largas como las corolas. Floración ene.-ago. $2n = 24, 26, 28, 30$. *Cultivada*. Ch (*Breedlove 26147*, MO); G (*Standley 86562*, MO); H (*Molina R. y Molina 34937*, MO); ES (Standley y Calderón, 1941: 282, como *Helichrysum bracteatum*); CR (Standley, 1938: 1482, como *H. bracteatum*); P (*D'Arcy y D'Arcy 6285*, MO). 1500-2300 m. (Nativa de Australia; ampliamente cultivada en Canadá, Estados Unidos, México, Mesoamérica, Colombia, Venezuela, Ecuador, Perú, Bolivia, Brasil, Paraguay, Uruguay, Chile, Argentina, Cuba, Jamaica, La Española, Puerto Rico, Islas Vírgenes, Europa, Asia, África, Nueva Zelanda, Islas del Pacífico.)

Esta especie, generalmente conocida en horticultura como *Helichrysum bracteatum*, es ampliamente cultivada por las cabezuelas grandes vistosas.

XI. Tribus HELENIEAE Lindl.

Gaillardiinae Less., *Heleniaceae* Raf., *Heleniinae* Dumort., *Marshalliinae* H. Rob., *Tetraneuridinae* Rydb.

Descripción de la tribu y clave genérica por J.F. Pruski.

Hierbas anuales o perennes hasta rara vez arbustos, rara vez acaules; follaje sin cavidades secretorias o látex. Hojas alternas o rara vez opuestas, no lobadas a pinnatífidas, sésiles a pecioladas. Capitulescencia terminal, generalmente monocéfala a paucicéfala y abiertamente cimosa o corimbosa, rara vez paniculada. Cabezuelas radiadas a rara vez discoides; involucro cilíndrico a hemisférico; filarios subiguales a algunas veces graduados, en (1)2 a varias series, frecuentemente herbáceos, no secos y más bien completamente escariosos; clinanto aplanado a cónico o globoso, típicamente sin páleas o a veces los discos externos en parte paleáceos, rara vez (*Marshallia* Schreb.) completamente paleáceos. Flores radiadas (cuando presentes) 1-seriadas, pistiladas o estériles; corola típicamente decidua, el limbo con las nervaduras igualmente delgadas, generalmente uniformemente angostada proximalmente en un tubo, el ápice frecuentemente 3-lobado. Flores del disco bisexuales o rara vez funcionalmente estaminadas; corola por lo general breve-

mente 5-lobada, algunas veces pelosa o glandulosa, la garganta sin fibras embebidas en las nervaduras, sin resina coloreada, conductos no evidentes, los lobos erectos o al menos erectos en las especies mesoamericanas, ligeramente papilosos por dentro; anteras no caudadas, los filamentos glabros, las tecas por lo general pálidas, el patrón del endotecio generalmente polarizado, el apéndice apical lanceolado a ovado, carinado, no glanduloso o rara vez (*Balduina* Nutt.) glanduloso; estilo generalmente sin apéndice, con el ápice truncado-papiloso, en ocasiones (p. ej., *Gaillardia*) con el apéndice vascularizado, las ramas con las superficies estigmáticas en 2 bandas. Cipselas isomorfas, generalmente prismáticas, no carbonizadas, paredes (o cubierta de la semilla) con rafidios, el ápice truncado; vilano típicamente de varias escamas membranáceo-escariosas, obtusas rematando en una arista, rara vez de múltiples cerdas. 13 gen., aprox. 120 spp. Continente americano, generalmente suroeste de los Estados Unidos y norte de México.

Cassini (1819a, 1819b) reconoció Heliantheae Cass. en sentido amplio, pero posteriormente (Cassini, 1829b) enumeró en más detalle 5 subtribus dentro de esta: Héléniées (incluyendo *Helenium* y *Bahia*, entre otros géneros), Coreopsidées, prototipos, Rudbeckiées, y Milliériées. Cassini (1829b) circunscribió Heleniinae con vilano escamuloso membranáceo, mientras que Bentham y Hooker (1873) reconocieron Helenieae a nivel tribal conteniendo básicamente todos los heliantoides sin páleas. El esquema tribal de Bentham y Hooker (1873) reconociendo 13 tribus de Asteraceae fue muy aplicado durante un siglo, pero Cronquist (1955) y Robinson (1981) reconocieron Helenieae en el sentido de Bentham y Hooker (1873) como siendo monofilético, y redujeron Helenieae a la sinonimia de Heliantheae. La mayoría de Heliantheae subtribus Gaillardiinae de Robinson (1981) (la cual está incluida y tiene prioridad en la serie subtribal sobre Heleniinae) cae por dentro del presente concepto de Helenieae como es usado hoy día. Karis y Ryding (1994a) reconocieron Helenieae en la serie tribal, pero incluyendo las subtribus Flaveriinae Less., Pectidinae Less., y Peritylinae dentro de Helenieae.

La reciente tendencia a apoyar el reconocimiento de Helenieae, aunque ahora más estrictamente definida, fue iniciada por Jansen y Kim (1996) quienes mostraron que Eupatorieae está anidada dentro de Heliantheae s. l., y Baldwin et al. (2002) demostraron que Helenieae s. str. es basal entre Heliantheae s. l. Una clasificación monofilética con el reconocimiento continuo de Eupatorieae básicamente obliga al reconocimiento de la tempranamente derivada Heliantheae s. l., llevando no solo al reconocimiento de los una vez sinónimos Helenieae, Coreopsideae Lindl., Madieae, Millerieae, Neurolaeneae y Tageteae, pero también una descripción por Baldwin (en Baldwin et al., 2002) de las nuevas tribus Bahieae, Chaenactideae y Perityleae. La circunscripción de Helenieae incluyendo solo 13 géneros que se sigue aquí es la de Baldwin et al. (2002) y Panero (2007b [2006]), quienes excluyeron Flaveriinae y Pectidinae de la tribu Tageteae. Turner (2013b) siguió esta nueva circunscripción de Helenieae.

Floras más recientes, sin embargo, pragmáticamente reconocen Helenieae ampliamente como lo hicieron Bentham y Hooker (1873) (p. ej., Villarreal-Quintanilla et al., 2008, quienes incluyeron *Achyropappus*, *Bahia*, *Espejoa*, *Flaveria*, *Florestina*, *Loxothysanus*, y *Schkuhria* en Helenieae) o como Heliantheae subtribe Gaillardiinae (p. ej., Williams, 1976b; Strother, 1999; Barkley et al., 2006a, 2006b, 2006c). Aquí, se adoptada una Helenieae estrictamente circunscrita en el sentido de Baldwin et al. (2002) y Panero (2007b [2006]).

Bibliografía: Baldwin, B.G. et al. *Syst. Bot.* 27: 161-198 (2002). Barkley, T.M. et al. *Fl. N. Amer.* 19: 3- 579; 20: 3-666; 21: 3-616 (2006). Bentham, G. y Hooker, J.D. *Gen. Pl.* 2: 163-533 (1873). Bierner, M.W. *Sida* 16: 1-8 (1994). Cassini, H. *J. Phys. Chim. Hist. Nat. Arts* 88: 150-163 (1819); 88: 189-204 (1819b); *Ann. Sci. Nat. (Paris)* 17: 387-423 (1829b). Cronquist, A. *Amer. Midl. Naturalist* 53: 478-511 (1955). Jansen, R.K. y Kim, K.-J. *Proc. Int. Compositae Conf.* 1: 317-339 (1996). Karis, P.O. y Ryding, O. *Asteraceae. Cladist. Classific.* 521-558 (1994). Panero, J.L. *Fam. Gen. Vasc. Pl.* 8: 400-405 (2007 [2006]). Robinson, H. *Smithsonian Contr. Bot.* 51: 1-102 (1981). Strother, J.L. *Fl. Chiapas* 5: 1-232 (1999). Turner, B.L. *Phytologia Mem.* 16: 1-100 (2013). Villarreal-Quintanilla, J.A. et al. *Fl. Veracruz* 143: 1-67 (2008).

1. Corola del disco con los lobos linear-lanceolados y largamente atenuados; estilo de las flores del disco apendiculado, el apéndice filiforme; clinanto con enaciones setiformes tan largas como las cipselas del disco; flores radiadas estériles. **121. Gaillardia**
1. Corola del disco con los lobos más o menos deltados; estilo de las flores del disco sin apéndice, el ápice truncado u obtuso; clinanto sin enaciones setiformes tan largas como las cipselas del disco; flores radiadas pistiladas.
 2. Tallos alados; cipselas obviamente acostilladas. **122. Helenium**
 2. Tallos sin alas; cipselas de ninguna manera obviamente acostilladas. **123. Hymenoxys**

121. Gaillardia Foug.

Agassizia A. Gray et Engelm., *Calonnea* Buc'hoz, *Cercostylos* Less., *Guentheria* Spreng., *Virgilia* L'Hér.

Por J.F. Pruski.

Hierbas anuales o perennes a subarbustos, generalmente menos de 1 m; tallos típicamente con hojas caulinares y algunas veces también basales o las plantas rara vez escapíferas, generalmente erectas, ramificadas desde la base o en toda su longitud, sin alas. Hojas simples a pinnatífidas, alternas, típicamente pecioladas o con menos frecuencia las distales sésiles; láminas generalmente elípticas pero variando desde lineares a ovadas, las superficies glandulosas (excepto en *Gaillardia suavis* (A. Gray et Engelm.) Britton et Rusby), por lo demás generalmente escabriúsculas a vellosas, rara vez glabras, los márgenes enteros a dentados o pinnatilobadas. Capitulescencia monocéfala a laxamentecimosa, de 1-varias cabezuelas, típica y largamente pedunculada. Cabezuelas radiadas con el limbo de la corola bastante exerto o rara vez las discoides con las flores externas radiando y similares a las radiadas; involucro hemisférico a anchamente campanulado; filarios 14-30(-40), oblongos a lanceolados, subiguales o algunas veces desiguales, 2-seriados o 3-seriados, imbricados, herbáceos en su totalidad a frecuentemente endurecidos proximalmente, patentes a reflexos en la antesis y en fruto, persistentes, glandulosos y pelosos, los ápices frecuentemente atenuados o subulados; clinanto convexo a hemisférico, sin páleas, desnudo o a veces (Mesoamérica) con enaciones setiformes tan largas o más largas que las cipselas del disco. Flores radiadas estériles o rara vez pistiladas; corola con limbo frecuentemente bicoloreado, típica y anchamente cuneado con el ápice profundamente 3-lobado. Flores del disco 20-100, bisexuales; corola frecuentemente amarilla o anaranjada con los lobos rojos o purpúreos, el tubo corto, garganta abruptamente ampliada y ancha en la base y luego erecta y no ampliándose, los lobos 5, en Mesoamérica linear-lanceolados y largamente atenuados, pero más generalmente anchamente deltados u ovados, frecuentemente setosos, el ápice agudo a obtuso; anteras amarillas o purpúreas, el apéndice lanceolado a ovado; estilo apendiculado, el apéndice apical estéril, filiforme, vascularizado, típicamente purpúreo y largamente papiloso. Cipselas isomorfas o rara vez heteromorfas, obpiramidales u obcónicas a claviformes, más o menos 4-anguladas, esparcida a densamente pelosas en su totalidad o al menos proximalmente; vilano de 5-10 escamas medialmente engrosadas, los márgenes basales escariosos, el ápice atenuado a aristado, rara vez no así, típicamente 1-seriado y persistente. $x = 17(-18)$. 18-21 spp. La mayoría de las especies en Canadá, Estados Unidos y el norte de México, 2 spp. en el sur de Sudamérica; una sola especie se encuentra en Mesoamérica como escapada de cultivo.

Biddulph (1944) reconoció 18 especies, mientras que Turner y Watson (2007) actualizaron la monografía de Biddulph y reconocieron 21 especies.

Bibliografía: Biddulph, S.F. *Res. Stud. Washington State Univ.* 12: 195-256 (1944). Turner, B.L. y Watson, T.J. *Phytologia Mem.* 13: 1-112 (2007).

1. Gaillardia pulchella Foug., *Hist. Acad. Roy. Sci. Mém. Math. Phys. (Paris, 4)* 1786: 5 (1788). Lectotipo (designado por Turner y Watson, 2007): cultivado en París de material de Louisiana (microficha MO! ex P-JU). Ilustr.: Stones, *Fl. Louisiana* 29 (1991). N.v.: Gallarda, gallardía, gallardina, G; gallardía, pompón, H; cambray, ES; jalacate, jalacate extranjero, N.

Calonnea pulcherrima Buc'hoz, *Gaillardia bicolor* Lam., *G. bicolor* var. *drummondii* Hook., *G. bicolor* [sin rango] *integrifolia* Hook., *G. drummondii* (Hook.) DC., *G. lobata* Buckley, *G. neomexicana* A. Nelson, *G. picta* D. Don, *G. picta* var. *tricolor* Planch., *G. pulchella* Foug. var. *albiflora* Cockrell, *G. pulchella* var. *australis* B.L. Turner et M. Whalen, *G. pulchella* var. *drummondii* (Hook.) B.L. Turner, *G. pulchella* var. *picta* (D. Don) A. Gray, *G. scabrosa* Buckley, *G. villosa* Rydb., *Virgilia helioides* L'Hér.

Hierbas anuales con raíz axonomorfa o algunas veces persistiendo como subarbustos, 0.25-0.5(-0.7) m; tallos pálidos, patentes a erectos, con pocas a numerosas ramificaciones, sin alas, subteretes, acostillados o algunas veces apenas estriados; follaje generalmente áspero al tacto. Hojas sésiles o las proximales pecioladas, láminas 1.5-7(-12) × 0.4-1.2(-3.5) cm, típicamente oblongas o espatuladas, algunas veces linear-lanceoladas, cartáceas o algunas veces en plantas costeras gruesamente cartáceas, la nervadura terciaria inconspicua, las superficies glandulosas, por lo demás puberulentas a híspido-pilosas, las bases típicamente ligeramente amplexicaules al tallo o las hojas proximales algunas veces atenuadas a largamente atenuadas y pareciendo un pecíolo alado, los márgenes frecuentemente enteros, algunas veces dentados o 2-4-pinnatilobados, el ápice agudo a obtuso; pecíolo 0-3 cm. Capitulescencia de 1 a más generalmente (cuando plantas ramificadas) varias cabezuelas largamente pedunculadas; pedúnculos 4-13(-20) cm, híspidulos a subestrigulosos. Cabezuelas 6-12 mm, radiadas o rara vez discoides; involucro 15-20 mm de diámetro, hemisférico; filarios 18-28, 6-14 mm, lanceolados a linear-lanceolados, reflexos en la antesis, pajizo-endurecidos basalmente y por lo demás generalmente herbáceos, glandulosos y pelosos distalmente, los márgenes generalmente ciliados, tricomas frecuentemente tan largos como el diámetro de los filarios, el ápice agudo a atenuado o hasta subulado; clinanto con enaciones setiformes 3-5, 1.5-3 mm, lanceoladas, casi tan largo como las cipselas del disco, rígido. Flores radiadas (0)7-17, estériles; corola con tubo 2-3 mm, el limbo 12-20(-30) mm, generalmente bicoloreado, típicamente rojizo a purpúreo proximalmente y amarillo a anaranjado distalmente, generalmente 7-nervio, abaxialmente glanduloso y setuloso, los lobos 2-10 mm, 3-nervios. Flores del disco 40-90; corola 5-7 mm, anchamente cilíndrica a campanulada, típicamente purpúrea con los lobos amarillentos, el tubo 0.5-1 mm, los lobos 1-2.5 mm, deltados a ovados, purpúreo, largamente setoso, el ápice largamente atenuado; el apéndice de la antera aplanado; ramas del estilo c. 3 mm, reflexas. Cipselas 2-2.5 mm, anchamente obcónicas, la base y los ángulos densamente seríceos; vilano generalmente de 5-8 escamas de base ancha, casi tan largo como las corolas del disco y patente en fruto impartiendo una tonalidad pajiza a la cabezuela fructífera, escamas elíptico-lanceoladas a lanceoladas, 4-7 mm, rígidas, la base c. 1 mm de diámetro, ovada, vena media excurrente apicalmente como gradualmente atenuada a abruptamente aristada, la arista frecuentemente 1.5-2 veces tan larga como el ancho de la base. 2*n* = 34. *Escapada de cultivo en maizales y pastizales, playas.* Ch (*Breedlove 16098*, CAS); G (*Salquero 323*, USCG); H (*Molina R. 25792*, MO); ES (Standley y Calderón, 1941: 281); N (Williams, 1976b: 370). 0-1800 m. (Estados Unidos, México, Mesoamérica; cultivada en Brasil, Asia, Australia, Islas del Pacífico.)

Gaillardia pulchella también se cultiva en Honduras, El Salvador y Nicaragua, pero no se puede confirmar si ha escapado allí. Se espera encontrar en playas en Yucatán. Esta especie, la cual es frecuentemente usada en jardines subtropicales y templados de ambos hemisferios, se puede reconocer por el hábito generalmente anual, las corolas del disco purpúreas con los lobos acuminados a atenuados y por las setas receptaculares generalmente más largas que las cipselas. Las formas típicamente cultivadas (Williams, 1976b) tienen hojas ligeramente carnosas, similares a las plantas de litoral costero reconocidas por Turner y Watson (2007) como *G. pulchella* var. *picta*.

122. Helenium L.

Actinea Juss., *Actinella* Pers., *Amblyolepis* DC., *Brassavola* Adans., *Cephalophora* Cav., *Graemia* Hook., *Hecubaea* DC., *Heleniastrum* Fabr., *Helenium* L. subg. *Tetrodus* Cass., *Leptophora* Raf., *Leptopoda* Nutt., *Mesodetra* Raf., *Tetrodus* (Cass.) Less.
Por J.F. Pruski.

Hierbas anuales a perennes, caulescentes o rara vez subescapíferas, hasta 1.5 m; tallos típicamente simples proximalmente a algunas veces poco ramificados distalmente, erectos, herbáceamente alados por los márgenes decurrentes de la base de la hoja (Mesoamérica) o sin alas, glabros a pelosos; follaje frecuentemente con tricomas punteado-glandulosos y tricomas multicelulares no glandulosos. Hojas simples a algunas veces pinnatilobadas a pinnatífidas, alternas o las proximales rara vez opuestas, sésiles o a veces pecioladas, los márgenes basales típicamente decurrentes sobre el tallo como alas; láminas lineares a elíptico-ovadas o espatuladas, cartáceas, la nervadura pinnada, las superficies glandulosas, por lo demás glabras a pelosas, los márgenes frecuentemente enteros. Capitulescencia monocéfala a abiertamente cimosa con pocas a numerosas cabezuelas. Cabezuelas frecuentemente tornándose globosas especialmente después de la antesis por el clinanto inflado y desplazando las numerosas flores y sus corolas casi persistentemente rígidas, angostas y cortamente lobadas, radiadas o rara vez discoides; involucro obcónico a hemisférico o globoso; filarios ligeramente imbricados a casi eximbricados, subiguales o a veces desiguales, 1-seriados o 2-seriados, libres o algunas veces connatos proximalmente, frecuentemente reflexos en la antesis y en el fruto, herbáceos, persistentes, glandulosos, por lo demás glabros a pelosos; clinanto convexo a hemisférico a globoso, sin páleas, sin enaciones setiformes tan largas como las cipselas del disco, glabro o rara vez setuloso. Flores radiadas (cuando presentes) 7-34, pistiladas o a veces estériles, patentes pero con frecuencia pronto extremadamente reflexas por el agrandamiento del clinanto; corola amarilla o completamente anaranjada a algunas veces con rayas color púrpura o ligeramente rojiza proximalmente, el limbo frecuentemente cuneado, bien exerto del involucro, abaxialmente glanduloso y puberulento. Flores del disco numerosas, bisexuales; corola 4-lobada o 5-lobada, amarilla o algunas veces los lobos purpúreos, el tubo más corto que la garganta, los lobos más o menos deltados, frecuentemente setosos; anteras pálidas, la base redondeada o cortamente sagitada, el apéndice ovado a deltado con los márgenes típicamente revolutos; estilo sin apéndice, las ramas con el ápice truncado, papiloso. Cipselas generalmente obpiramidales, 4-anguladas o 5-anguladas y obviamente 8-10-acostilladas, típicamente pardas, no carbonizadas, truncadas en el ápice, glabras a pelosas, algunas veces glandulosas; vilano de (0-)pocas escuámulas mucho más cortas que las corolas y cipselas del disco, los ápices obtusos a aristados. *x* = 13 o 17. Aprox. 32 spp. Canadá, Estados Unidos, Centroamérica, Sudamérica, Cuba, con la mayoría de las especies en el sur de los Estados Unidos y el norte de México.

El nombre común para *Helenium* es "sneezeweed", refiriéndose a su uso para producir estornudos para librar el cuerpo de espíritus malvados. *Helenium integrifolium* fue reconocida por Williams (1976b), pero esta especie fue transferida a *Hymenoxys* por Bierner (1994).

Bibliografía: Bierner, M.W. *Brittonia* 24: 331-355 (1972).

1. Hierbas subescapíferas perennes con raíces fibrosas gruesas; pedúnculos robustos, obviamente ampliados debajo del involucro; cabezuelas hemisféricas; involucros 13-23 mm de diámetro; filarios lanceolados a elíptico-lanceolados, connatos proximalmente; cipselas típicamente glabras, no glandulosas.   **3. H. scorzonerifolium**
1. Hierbas caulescentes anuales o bianuales con raíces axonomorfas; pedúnculos más o menos filiformes, escasamente ampliados debajo del involucro; cabezuelas ovoides a globosas; involucros 6-14 mm de diámetro; filarios linear-lanceolados, libres hasta la base; cipselas setosas, algunas veces glandulosas.
  2. Vilano con escuámulas 0.3-0.8(-1.2) mm, el ápice agudo a apiculado, eroso o con una arista terminal; tallo con alas 0.5-1(-1.5) mm de diámetro.   **1. H. mexicanum**
  2. Vilano con escuámulas 0.1-0.3 mm, el ápice anchamente obtuso a redondeado, sin la arista terminal; tallo con alas 1-2 mm de diámetro.   **2. H. quadridentatum**

1. Helenium mexicanum Kunth in Humb., Bonpl. et Kunth, *Nov. Gen. Sp.* folio ed. 4: 235 (1820 [1818]). Holotipo: cultivado en México de material mexicano (microficha MO! ex P-Bonpl.). Ilustr.: McVaugh, *Fl. Novo-Galiciana* 12: 491, t. 78 (1984). N.v.: Piretro, G; florecilla, padilla, H.

Heleniastrum mexicanum (Kunth) Kuntze, *H. varium* (Schrad.) Kuntze, *Helenium centrale* Rydb., *H. varium* Schrad. ex Less.

Hierbas caulescentes, anuales o algunas veces tal vez bianuales, con raíz axonomorfa, 0.3-0.9(-1.5) m, las hojas basales al inicio formando una roseta pero generalmente marchitando en la antesis; follaje glanduloso, por lo demás esparcidamente puberulento a algunas veces glabrescente; tallos poco ramificados desde cerca de la base o simples proximalmente y ramificados distalmente, angostamente alados, subteretes, estriados, las alas 0.5-1(-1.5) mm de diámetro. Hojas más o menos ascendentes, alternas; láminas 3-12(-15) × 0.5-1.5 cm, linearlanceoladas o las proximales angostamente oblanceoladas, la nervadura secundaria inconspicua, las superficies glandulosas, por lo demás puberulentas a esparcidamente puberulentas, la base escasamente angostada o las proximales con la base atenuada, los márgenes enteros o las hojas proximales con los márgenes en ocasiones ligeramente serrulados, el ápice agudo a acuminado o a veces las hojas proximales con el ápice obtuso. Capitulescencia generalmente de 4-7 cabezuelas sobre las ramas distales simples o furcadas; pedúnculos 3-8(-10) cm, más o menos filiformes, escasamente ampliados debajo del involucro, estriados, pelosos. Cabezuelas (0.5-)0.8-1.5 cm, ovoides a globosas, radiadas; involucro 6-14 mm de diámetro, hemisférico; filarios c. 20, 4-7 × c. 0.5 mm, linear-lanceolados, libres hasta la base, subiguales, 1-seriados, pelosos, el ápice acuminado a angostamente agudo; clinanto 3-9 mm, ovoide. Flores radiadas 11-17, pistiladas; corola amarilla a amarilloanaranjado, el limbo 7-12(-17) × (2-)4-9 mm, anchamente cuneado, el ápice profundamente 3-lobado, abaxialmente glanduloso y puberulento, los lobos 1-3 mm. Flores del disco hasta c. 200; corola 1.5-2.5 mm, campanulada, 4-lobada o 5-lobada, amarilla proximalmente, rojizo-pardo distalmente, el tubo c. 0.3 mm, muy corto, los lobos c. 0.3 mm, glandulosos; ramas del estilo c. 0.5 mm. Cipselas 1.2-1.5 mm, c. 10-acostilladas, setosas, glandulosas, los ángulos algunas veces largamente setosos con setas casi tan largas como las escuámulas del vilano; vilano con 5-8 escuámulas, 0.3-0.8(-1.2) mm, deltado-lanceoladas, típicamente más largas que el tubo de la corola, el ápice agudo a apiculado, eroso o con arista terminal. Floración feb., may.-nov. 2*n* = 26. *Pantanos, acequias, bancos de ríos, bosques abiertos, laderas de montaña, selvas altas perennifolias, pastizales.* Ch (*Breedlove 25287*, MO); G (*Heyde y Lux 3403*, NY); H (*Nelson et al. 3713*, MO); ES (Williams, 1976b: 372); CR (*Oersted 10548*, MO). 900-2200 m. (México, Mesoamérica.)

Se ha visto tanto flores 4-meras como 5-meras frecuentemente juntas en la misma cabezuela.

2. Helenium quadridentatum Labill., *Actes Soc. Hist. Nat. Paris* 1: 22 (1792). Holotipo: cultivado en Europa de material de Louisiana (foto MO! ex FI-W). Ilustr.: Villarreal-Quintanilla et al., *Fl. Veracruz* 143: 35, t. 7 (2008). N.v.: Sneezeweed, B.

Heleniastrum quadridentatum (Labill.) Kuntze, *Helenium alatum* (Jacq.) C.C. Gmel., *H. discovatum* Raf., *H. linearifolium* Moench, *H. quadripartitum* Link?, *Mesodetra alata* (Jacq.) Raf., *Rudbeckia alata* Jacq., *Tetrodus quadridentatus* (Labill.) Cass. ex Less.

Hierbas caulescentes anuales o bianuales, con raíces axonomorfas, 0.3-0.8(-1) m, las hojas basales presentes o marchitas en la antesis, por esto no muy frecuentemente colectadas; follaje glanduloso, por lo demás glabro o casi glabro; tallos generalmente simples proximalmente y ramificados distalmente, alados, subteretes, estriados, las alas 1-2 mm de diámetro. Hojas ligeramente patentes, alternas, no lobadas o las basales y proximales pinnadamente 2-6-lobadas, sésiles; láminas 2-9(-13) × 0.5-1.5(-3) cm, oblanceoladas a angostamente elípticas, la nervadura no prominente, las superficies glandulosas, por lo demás glabras a esparcidamente puberulentas, la base escasamente angostada, los márgenes o los lobos enteros, el ápice agudo a obtuso. Capitules-

cencia generalmente de 5-15 cabezuelas sobre las ramas distales simples o bifurcadas; pedúnculos 3-8 cm, más o menos filiformes, escasamente ampliados por debajo del involucro, estriados, puberulentos a pelosos. Cabezuelas 7-12 mm, ovoides a globosas, radiadas; involucro 6-11 mm de diámetro, hemisférico; filarios 8-15, 4.5-7 × c. 0.5 mm, linear-lanceolados, libres hasta la base, subiguales, 1-seriados, puberulentos, el ápice angostamente agudo; clinanto 5-8 mm, ovoide. Flores radiadas 10-15, pistiladas; corola amarilla, el limbo 7-10(-12) × 4-8.5 mm, angosta a anchamente cuneado, el ápice anchamente 3-lobado, abaxialmente glanduloso y puberulento, los lobos 1-2.5 mm. Flores del disco hasta c. 200; corola 1.3-2 mm, cilíndrica, 4-lobada, amarilla completamente o algunas veces solo proximalmente amarilla y rojizopardo distalmente, el tubo muy corto de c. 0.2 mm, el limbo glanduloso, los lobos 0.2-0.3 mm; ramas del estilo c. 0.5 mm. Cipselas 0.7-1.1 mm, c. 10-acostilladas, setosas, escasamente glandulosas; vilano generalmente de 6 escuámulas más o menos ovadas, 0.1-0.3 mm y típicamente solo casi tan largas como el tubo de la corola, los márgenes enteros, el ápice anchamente obtuso a redondeado, sin la arista terminal. Floración ene.-jun. 2*n* = 26. *Áreas húmedas, a lo largo de arroyos.* Y (*Valdez 49*, MO); B (*Gentle 1468*, MO). 0-100 m. (costa del Golfo en Estados Unidos, México, Mesoamérica, Cuba.)

3. Helenium scorzonerifolium (DC.) A. Gray, *Proc. Amer. Acad. Arts* 7: 359 (1868). *Hecubaea scorzonerifolia* DC., *Prodr.* 5: 665 (1836). Holotipo: México, estado desconocido, *Alaman s.n.* (microficha MO! ex G-DC). Ilustr.: Delessert, *Icon. Sel. Pl.* 4: t. 43 (1839 [1840]). N.v.: Ch'a nichim, Ch.

Hecubaea aptera S.F. Blake, *Helenium apterum* (S.F. Blake) Bierner, *H. scorzonerifolium* (DC.) A. Gray var. *ghiesbreghtii* A. Gray.

Hierbas subescapíferas perennes, 0.25-0.6(-0.8) m desde un cáudice con raíces gruesamente fibrosas, las hojas de la roseta basal típicamente presentes en la antesis; tallos típicamente simples hasta a veces 2-ramificados cerca de la mitad del tallo, alados proximalmente entre los nudos, subteretes, estriados, glabros a esparcidamente puberulentos proximalmente. Hojas más o menos ascendentes, alternas, sésiles pero algunas veces de apariencia subpeciolada; láminas (3-)10-25 × (0.3-)0.9-2.2(-4) cm, angostamente oblanceoladas o las distales lanceoladas a angostamente lanceoladas, la nervadura secundaria dirigida apicalmente, las superficies glandulosas, por lo demás glabras o las hojas distales algunas veces también esparcidamente puberulentas, la base largamente atenuada, los márgenes enteros o en hojas distales algunas veces poco serrulados, el ápice agudo a obtuso o en hojas distales agudo a acuminado. Capitulescencia monocéfala, cabezuelas 1(-3) por planta; pedúnculos (7-)12-40 cm, robustos, obviamente ampliados debajo del involucro, 0(-2)-bracteados, estriados, típicamente distalmente sórdido-vellosos con las células transversales de las paredes del tricoma negruzcas a rara vez pardusco-puberulentas. Cabezuelas 10-15 mm, radiadas, hemisféricas; involucro 13-23 mm de diámetro, más o menos hemisférico; filarios 14-25, frecuentemente desiguales y 2-seriados, connatos proximalmente sobre un pedúnculo ampliado en el ápice, negruzco-vellosos en especial apicalmente, también algunas veces esparcidamente glandulosos, el ápice agudo o rara vez obtuso; los de las series externas 8-11 × 2-3 mm, lanceolados; frecuentemente con una serie interna de brácteas hasta c. 4 × 1 mm, elíptico-lanceoladas; clinanto ligeramente convexo. Flores radiadas 14-25, pistiladas; corola amarilla hasta a veces amarillo-anaranjado, el limbo 15-20 × 6-10 mm, anchamente cuneado, abaxialmente glanduloso y puberulento, el ápice profundamente 3-lobado a 4-lobado, los lobos 2-7 mm. Flores del disco 200-300; corola 3-4 mm, angostamente campanulada, 5-lobada, amarilla, algunas veces con nervios supernumerarios débiles, el tubo c. 0.5 mm, los lobos c. 0.5-0.8 mm, setosos, también esparcidamente glandulosos; ramas del estilo c. 1 mm. Cipselas 2-2.5 mm, acostilladas o anguladas, no glandulosas, típicamente glabras a algunas veces esparcidamente setulosas; vilano ausente o a veces de pocas escuámulas de c. 0.4 mm. Floración jun.-ago. 2*n* = 34. *Arroyos, cerca* *de lagos, laderas, pastizales húmedos, bosques abiertos de* Pinus-Quercus. Ch (*Ghiesbreght 527*, NY). 1800-2600 m. (O. y S. México, Mesoamérica.)

Bierner (1972) caracterizó a *Helenium apterum* con flores radiadas estériles, pero en el holotipo parecen estar inmaduras y tal vez fueron erróneamente interpretadas por Bierner. *Helenium apterum* fue referido a la sinonimia de *H. scorzonerifolium* por Strother (1999). Esta especie parece ocurrir en Mesoamérica solo cerca de San Cristóbal de Las Casas.

123. Hymenoxys Cass.

Cephalophora Cav. subg. *Hymenoxys* (Cass.) Less., *Dugaldia* Cass.,
Macdougalia A. Heller, *Phileozera* Buckley, *Picradenia* Hook.,
Plummera A. Gray, *Rydbergia* Greene

Por J.F. Pruski.

Hierbas anuales a perennes o algunas veces subarbustos bajos hasta 1.5 m; tallos erectos a ascendentes, sin ramificar a muy ramificados, foliosos o algunas veces arrosetados, completamente verdes a purpúreos proximalmente o a veces completamente purpúreos, sin alas, glabros a densamente pelosos, pero generalmente no blanco-flocosos; follaje frecuentemente con ambos tricomas glandulosos punteados y tricomas no glandulosos pálidos y alargados. Hojas alternas, simples a profundamente 1-pinnatífidas o 2-pinnatífidas, sésiles o subpecioladas, las hojas proximales típicamente amplexicaules basalmente; láminas generalmente lineares o lanceoladas hasta rara vez ovadas o espatuladas, la nervadura típicamente pinnada, no decurrente sobre el tallo, glandulosas abaxialmente, las superficies por lo demás glabras a densamente pelosas. Capitulescencia monocéfala a abiertamente cimosa o corimbosa con pocas a varias cabezuelas; pedúnculos típicamente robustos. Cabezuelas radiadas o algunas veces (en Sudamérica) discoides; involucro subcilíndrico a globoso; filarios desiguales o subiguales, imbricados, en pocas series, erectos a escasamente patentes en la antesis, nunca reflexos en fruto, persistentes o algunas veces los internos deciduos, más o menos herbáceos o algunas veces con los márgenes escariosos, típicamente glanduloso-foveolados; filarios externos connatos proximalmente (fuera de Mesoamérica) o a veces libres, rara vez connatos hasta cerca de la región media; clinanto generalmente convexo a subcónico o a veces aplanado, sin páleas, glabro, sin enaciones setiformes tan largas como las cipselas del disco, algunas veces esparcidamente setuloso o foveolado. Flores radiadas generalmente (0-)8-13(-40), pistiladas; corola amarilla a anaranjada, el limbo oblongo, muy exerto del involucro o rara vez solo casi tan largo como los filarios, el ápice 3-5-lobado. Flores del disco bisexuales o rara vez funcionalmente estaminadas, generalmente 25-150(-400); corola amarilla o algunas veces pardusca proximalmente, 5-lobada, cilíndrica a angostamente campanulada, el tubo más corto que la garganta, los lobos más o menos deltados, frecuentemente setulosos; anteras pajizas, la base redondeada, el apéndice ovado; estilo sin apéndice, el ápice de la rama truncado o rara vez apenas obtuso, papiloso. Cipselas obcónicas o obpiramidales, indistintamente 4-anguladas, no del todo obviamente acostilladas, glabras a setosas, paredes no carbonizadas; vilano generalmente de 2-11(-15) escamas aristadas persistentes, frecuentemente hasta casi tan largas como el cuerpo de la cipsela, rara vez ausentes. *x* = 15. 25 spp. La mayoría de las especies en el oeste de los Estados Unidos hasta el centro de México, 1 sp. en Mesoamérica, 4 spp. en el sur de Sudamérica.

Dugaldia, revisada por Bierner (1974), fue localizada en la sinonimia de *Hymenoxys* por Bierner (1994). *Helenium integrifolium* fue reconocida por Williams (1976b), pero fue transferida a *Hymenoxys* por Bierner (1994). *Hymenoxys integrifolia* claramente difiere de *Helenium* por sus tallos no alados y escamas alargadas del vilano casi tan largas como las cipselas. *Hymenoxys chrysanthemoides* (Kunth) DC. es común en el sur de México y se debería encontrar en Mesoamérica.

Bibliografía: Bierner, M.W. *Brittonia* 26: 385-392 (1974).

1. Hymenoxys integrifolia (Kunth) Bierner, *Sida* 16: 5 (1994). *Actinea integrifolia* Kunth, *Nov. Gen. Sp.* folio ed. 4: 233 (1820 [1818]). Holotipo: México, Hidalgo, *Humboldt y Bonpland s.n.* (microficha MO! ex P-Bonpl.). Ilustr.: Williams, *Fieldiana, Bot.* 24(12): 576, t. 121 (1976), como *Helenium integrifolia*. N.v.: Machul, mirasol, quiaquén, veneno, G.

Cephalophora integrifolia (Kunth) Steud., *Dugaldia integrifolia* (Kunth) Cass., *Heleniastrum integrifolium* (Kunth) Kuntze, *Helenium integrifolium* (Kunth) Benth. et Hook. f. ex Hemsl., *H. lanatum* (Benth.) A. Gray, *Oxylepis lanata* Benth.

Hierbas perennes caulescentes, robustas, 0.2-0.7(-1) m, los tricomas pálidos, con un órgano subterráneo grueso; tallos simples a algunas veces ligeramente ramificados distalmente en la capitulescencia, erectos, subteretes, estriados, lanosos a algunas veces glabrescentes proximalmente. Hojas simples, no lobadas, basales y caulinares, más o menos ascendentes, sésiles; láminas cercanamente 5-9-paralelinervias desde la base amplexicaule, ligeramente dilatada donde las nervaduras son más visibles, las superficies glandulosas, los márgenes enteros; hojas del tallo basales y proximales 15-20(-30) × 1-3(-4) cm, espatuladas a oblanceoladas, gruesamente cartáceas o con una zona medial basal pálida y carnosa de c. 5 mm de diámetro, glabras a esparcida y largamente pilosas, largamente atenuadas o algunas veces solo escasamente angostadas en la base, los márgenes enteros, el ápice obtuso a agudo, las hojas del tallo basales y proximales abruptamente en transición hasta hojas distales en la capitulescencia; hojas distales del tallo y brácteas pedunculares 3-5 × 0.3-1.3 cm, lanceoladas, cartáceas, glabras a esparcida y largamente pilosas, basalmente atenuado-decurrentes, los márgenes enteros o rara vez profundamente 3-dentados, el ápice agudo a acuminado. Capitulescencia corimbosa, de 3-7(-13) cabezuelas, con el ápice muy aplanado con las ramas laterales casi tan largas como el eje central, muchas veces monocéfala y una por planta; pedúnculos 3-16(-25) cm, muy robustos, frecuentemente hasta 5 mm de diámetro, generalmente 1-4-folioso-bracteados, velloso-lanosos en especial distalmente. Cabezuelas radiadas, tornándose hemisféricas con las del disco cupuliformes, 1.3-2 cm; involucro 20-30(-40) mm de diámetro, hemisférico a anchamente campanulado; filarios 25-35, 9-15 × c. 2 mm, lanceolados, subiguales o los internos escasamente más cortos, 3(4)-seriados, basalmente libres, 1-3-nervios, lanoso-vellosos a esparcidamente lanoso-vellosos, también glanduloso-foveolados, el ápice acuminado; clinanto frecuentemente 10-20 mm de diámetro, ligeramente convexo. Flores radiadas 25-40(-60); corola amarilla a amarillo-anaranjado, el limbo 15-35 × 4-8 mm, abaxialmente glanduloso y algunas veces esparcidamente setuloso, el ápice por lo general profundamente 3-lobado o 4-lobado, los lobos 2-6(-10) mm. Flores del disco generalmente 200-350, bisexuales; corola 4.5-6 mm, amarilla, algunas veces esparcidamente glandulosa, el tubo 0.5-1 mm, garganta mucho más larga que el tubo, los lobos 0.5-1 mm. Cipselas 3-4 mm, setosas a densamente setoso-híspidulas; vilano con 5-7 escamas, 2.6-4.5 mm, casi 2/3 de la longitud de las corolas del disco, lanceoladas, el ápice atenuado. Floración abr.-nov. 2*n* = 30. *Pastizales abiertos de* Pinus-Juniper, *pastizales alpinos húmedos*. G (*Hartweg 593*, NY). 2800-3800 m. (México, Mesoamérica.)

XII. Tribus **HELIANTHEAE** Cass.

Eclipteae K. Koch, *Parthineae* Lindl., *Rudbeckieae* Cass., *Xanthieae* Rchb.

Descripción de la tribus y claves por J.F. Pruski.

Hierbas anuales o perennes hasta arbustos, algunas veces trepadoras o árboles, rara vez acaules, muy rara vez dioicos o casi siempre monoicos; follaje sin cavidades secretoras o látex. Hojas opuestas o casi tan frecuentemente alternas, pecioladas o algunas veces sésiles; láminas no lobadas a lobadas pero rara vez pinnatífidas, generalmente ovadas y 3-nervias, típicamente cartáceas a rígidamente cartáceas, los márgenes enteros a serrados con dientes con puntas callosas, la superficie adaxial frecuentemente escabrosa con tricomas frecuentemente con base tuberculada, la superficie abaxial glabra a diversamente pelosa, algunas veces glandulosa, Capitulescencia generalmente terminal o algunas veces axilar, monocéfala a corimbosa o paniculada, abierta a congesta, pedunculada o rara vez sésil. Cabezuelas radiadas o discoides a rara vez disciformes; involucro cilíndrico a hemisférico, cuando de apariencia doble las series internas difiriendo en tamaño, forma y/o textura; filarios generalmente imbricados, graduados, en 2-6 series, libres, frecuentemente herbáceos y no todos amarillo-escariosos, frecuentemente persistentes; clinanto aplanado a cónico, típicamente paleáceo o rara vez sin páleas; páleas generalmente lanceoladas a ovadas, generalmente conduplicadas, las bases típicamente no decurrentes en el clinanto, típicamente no acrescentes a rara vez obviamente acrescentes luego de la antesis (solo en las subtribus Montanoinae y Rojasianthinae). Flores radiadas 0-21(-50), en 1(-3)-series, estériles o pistiladas; corola típicamente decidua o muy rara vez marcescente (en Mesoamérica solo en Zinniinae), generalmente amarilla o anaranjada pero algunas veces blanca, rojiza o purpúrea, el tubo presente o rara vez ausente y el limbo surgiendo directamente desde la cara abaxial del ovario, la nervadura del cáliz frecuentemente más gruesa que la nervadura del limbo, el ápice generalmente (2-)3-lobado. Flores del disco bisexuales o algunas veces funcionalmente estaminadas; corola en general brevemente 5-lobada, infundibuliforme o campanulada, la garganta algunas veces basalmente engrosada y la corola entonces ligeramente urceolada, con fibras asociadas a la nervadura o sin estas, los conductos de resina frecuentemente con resina incolora o amarilla, uno solo o un par a lo largo de la nervadura de la garganta; anteras con los filamentos glabros o rara vez largamente papilosos distalmente (en Mesoamérica solo en Rojasianthinae), libres o muy rara vez connatos, las tecas frecuentemente negras pero algunas veces amarillas, pardas o rojizas, connatas o rara vez libres (p. ej., *Ambrosia* y *Xanthium*), el patrón del endotecio típicamente polarizado, la base obtusa a redondeada, no caudadas aunque algunas veces brevemente sagitadas a rara vez largamente sagitadas, el apéndice apical generalmente ovado y cóncavo, sin ductos de resina, glanduloso o glabro, rara vez setuloso; polen esferoidal, tricolporado, equinado, caveado, con foramen interno en el tecto y la columela; estilo sin apéndice o con apéndice, el tronco típicamente con 2 fibras vasculares, el tronco glabro, las ramas ligeramente aplanadas, recurvadas o entero en las flores funcionalmente estaminadas, con una solo superficie estigmática continua sobre la mayoría de la superficie abaxial de la rama del estilo o las superficies estigmáticas en 2 bandas paralelas a las zonas adaxiales desde la base hasta cerca del ápice, el ápice redondeado a atenuado, la superficie adaxial distal de la rama y el ápice frecuentemente papilosos. Cipselas frecuentemente biconvexas y ligeramente comprimidas a algunas veces cuadrangulares, nunca obcomprimidas, las cipselas radiadas frecuentemente triquetras, generalmente hasta con 5 costillas, rara vez con 8-10 costillas, generalmente libres de los filarios y la pálea, pero algunas veces fusionadas a los filarios en un conceptáculo (p. ej., *Xanthium*) o dentro de las páleas formando una estructura periginiforme (p. ej., *Aldama* y *Sclerocarpus*), aladas o no aladas, carbonizadas con depósitos de fitomelanina, sin cristales de rafidios, el exocarpo típicamente seco o muy rara vez carnoso (p. ej., *Clibadium eggersii* y *Tilesia*), liso o algunas veces tuberculado, algunas veces con estrías longitudinales interrumpiendo la capa de fitomelanina, el carpóforo frecuentemente no bien desarrollado, rara vez asociado con eleosomas (p. ej., *Oyedaea* y *Wedelia*); vilano ausente o más típicamente presente y dispuesto bilateralmente, rara vez radialmente dispuesto, coroniforme o frecuentemente de pocas aristas, cerdas o escuámulas pequeñas persistentes, rara vez caduco (p. ej., *Melanthera*, *Perymenium* y *Rojasianthe*). Aprox. 113 gen., 1500 spp., generalmente en el continente americano. 56 gen., 192 spp. en Mesoamérica, incluyendo *Tehuana calzadae* que es esperada en Mesoamérica.

Uno de los estudios (Panero, 2007a, 2007b [2006]) más "significativos" de subtribus de Heliantheae desde Bentham y Hooker (1873) fue el de Robinson (1981), que se basa en parte en su detallado estudio de microcaracterísticas de las flores y reconoció 35 subtribus y realineó muchos géneros de forma novedosa. El estudio fino de Karis y Ryding (1994a, 1994b) siguió rápidamente en los talones de Robinson. La revelación posterior, sin embargo, que Eupatorieae está cladísticamente anidado dentro de Heliantheae sensu Robinson junto con el deseo de mantener el uso de Eupatorieae tradicionalmente circunscrito (en sí contiene el 1% de las angiospermas), sin embargo, condujo a un concepto más exclusivo de Heliantheae. Obras importantes que definieron la circunscripción de Heliantheae, por ejemplo, incluyen las de Baldwin et al. (2002), quienes reconocieron a Bahieae y Chaenactideae, sin páleas, como tempranamente divergentes entre 6 tribus básicamente nuevamente reconocidas por ellos y Panero (2007a, 2007b [2006]) que, por ejemplo, reconoció varios cambios importantes entre esos el restablecimiento de Millerieae y Neurolaeneae.

La circunscripción de Heliantheae adoptada aquí es básicamente la de Panero (2007a, 2007b [2006]), que como circunscrita por él incluye c. 100 géneros y casi 1500 spp., más o menos el 0.5% de las angiospermas. Diez de las 14 subtribus reconocidas por Panero (2007a, 2007b [2006]) se encuentran en Mesoamérica. Como ahora circunscrita miembros de Heliantheae s. str. por la mayor parte tienen, en varias combinaciones, hojas ovadas, escabrosas, 3-nervias, filarios herbáceos, clinantos paleáceos, corolas amarillas, ramas del estilo papilosas y páleas conduplicadas alrededor de cipselas biconvexas con vilano débil.

Las circunscripciones subtribales de Heliantheae son bien definidas y ampliamente aceptadas: por lo tanto en este tratamiento los géneros de Heliantheae s. str. están agrupados en y se identifican en la clave en subtribus, con las subtribus (y géneros que las componen) arregladas luego en orden alfabético. El uso de este esquema subtribal es esencial para que la jerarquía entera de información subtribal no se pierda, sino también porque las tres de las diez subtribus, Ecliptinae (50 gen., aprox. 410 spp.), Helianthinae (aprox. 21 gen. y 350 spp.) y Verbesininae (4 gen. y 215-315 spp.), son tan diversas como muchas familias de tamaño moderado tratadas en otros volúmenes en *Flora Mesoamericana*. Esto en contraste con el tratamiento de la tribus Eupatorieae igualmente diversa, pero cuyas circunscripciones subtribales aún están en flujo y en consecuencia los 48 géneros mesoamericanos de Eupatorieae están en orden estrictamente alfabético.

Bibliografía: Baldwin, B.G. et al. *Syst. Bot.* 27: 161-198 (2002). Bentham, G. y Hooker, J.D. *Gen. Pl.* 2: 163-533 (1873). Karis, P.O. y Ryding, O. *Asteraceae Cladist. Classific.* 521-558 (1994); 559-624 (1994). Panero, J.L. *Fam. Gen. Vasc. Pl.* 8: 440-477 (2007 [2006]). Robinson, H.. *Smithsonian Contr. Bot.* 51: 1-102 (1981).

Clave para las subtribus de Heliantheae en Mesoamérica

1. Páleas obviamente acrescentes con la edad.

2. Filamentos glabros, no densa y largamente papilosos distalmente; vilano ausente. **XII. F. Montanoinae**
2. Filamentos densa y largamente papilosos distalmente, vilano de c. 10 aristas cortas, caducas. **XII. G. Rojasianthinae**
1. Páleas no acrescentes con la edad
   3. Corolas radiadas marcescentes, el tubo ausente. **XII. J. Zinniinae**
   3. Corolas radiadas deciduas, el tubo presente.
      4. Flores pistiladas (cuando plantas monoicas o cuando las flores del disco son funcionalmente estaminadas) o las ramas del estilo de la flor del disco con las superficies estigmáticas en 2 bandas.
         5. Plantas monoicas, o cuando dioicas las cipselas radiadas formando un complejo de dispersión con las flores del disco y páleas adyacentes. **XII. A. Ambrosiinae**
         5. Plantas dioicas, las cipselas sin formar un complejo de dispersión con las flores del disco y páleas adyacentes.
            6. Garganta de las corolas del disco generalmente con fibras asociadas con la nervadura y entonces frecuentemente con los estilos con apéndices cortos; cuando las corolas del disco carecen de fibras asociadas a la nervadura entonces el estilo con apéndice y las cipselas generalmente sin escuámulas intermedias. **XII. B. Ecliptinae**
            6. Tubo de las corolas del disco sin fibras a estas asociadas con la nervadura, sin apéndice, las cipselas con vilano marginal o sobre los ángulos, sin escuámulas intermedias. **XII. I. Verbesininae**
      4. Ramas del estilo de la flor del disco con las superficies estigmáticas continuas.
         7. Garganta de la corola del disco con prominentes fibras asociadas a la nervadura. **XII. D. Engelmanniinae**
         7. Garganta de la corola del disco sin prominentes fibras asociadas a la nervadura.
            8. Clinantos cónicos; base de las páleas decurrente sobre el clinanto; flores radiadas (cuando presentes) pistiladas. **XII. H. Spilanthinae**
            8. Clinantos aplanados a convexos o algunas veces bajos y cónicos; base de las páleas no decurrente sobre el clinanto; flores radiadas (cuando presentes) estériles.
               9. Márgenes de las cipselas largamente ciliado-seríceos con tricomas hasta 2 mm; estilos sin apéndices. **XII. C. Enceliinae**
               9. Cipselas glabras a pelosas con tricomas menos de 1 mm, los márgenes nunca obvia y largamente ciliado-seríceos; estilos sin apéndices o con apéndices. **XII. E. Helianthinae**

XII. A. Heliantheae subtribus Ambrosiinae Less.

Ambrosiaceae Bercht. et J. Presl, *Ambrosieae* Cass., *Ambrosioideae* Raf., *Iveae* Rydb.

Por J.F. Pruski.

Hierbas anuales o perennes a arbustos o rara vez árboles, monoicos o rara vez dioicos, frecuentemente con raíces axonomorfas. Hojas caulinares o rara vez exclusivamente en rosetas, alternas u opuestas, 1-3-pinnatífidas o no lobadas, cartáceas, sésiles a pecioladas; láminas cartáceas, 3-nervias a palmatinervias o pinnatinervias, las superficies generalmente pelosas o estipitado-glandulosas, frecuentemente punteado-glandulosas, los márgenes distales enteros a serrados. Capitulescencia terminal o rara vez axilar, espigada o aglomerada a paniculada, con múltiples cabezuelas. Cabezuelas unisexuales o heterógamas, frecuentemente discoides (y luego unisexuales con unas pocas cabezuelas pistiladas dispuestas debajo de las cabezuelas estaminadas en la misma planta) o algunas veces radiadas; involucro generalmente campanulado a hemisférico pero variando desde cilíndrico a crateriforme; filarios libres o connatos, en fruto algunas veces endurecidos y espinosos, graduados o subiguales, 1-3-seriados, los externos frecuentemente herbáceos, los internos cartáceos a escariosos; clinanto generalmente aplanado a convexo, generalmente paleáceo al menos en las cabezuelas estaminadas, páleas generalmente filiformes a espatuladas. Flores pistiladas 1 a pocas, 1-seriadas; corola ausente, tubular o radiada con

el limbo inconspicuo, blanca a amarillenta, decidua, el tubo ausente o cilíndrico, el limbo ausente o 2-lobado; ramas del estilo con las superficies estigmáticas en 2 bandas. Flores del disco funcionalmente estaminadas; corola cilíndrica a campanulada, (4)5-lobada, generalmente blanca o blanco-amarillenta, generalmente glandulosa, algunas veces pelosa, la garganta con un solo conducto resinoso incoloro a lo largo de cada nervio, sin fibras embebidas en los nervios, los lobos deltados, frecuentemente glandulosos; tecas generalmente libres o rara vez connatas (sinantéreas), pálidas, las células endoteciales generalmente más anchas que largas, el patrón de engrosamiento de la pared generalmente radial, los filamentos libres o connatos, el apéndice apical no glanduloso; ovario estéril, las ramas del estilo no divididas. Cipselas carbonizadas pero no microestriadas, algunas veces con 1-5 nervios estriados, las cipselas de 1(2) cabezuelas pistiladas en antesis frecuentemente envueltas dentro de un conceptáculo, las cipselas de las cabezuelas heterógamas prismáticas a generalmente obcomprimidas y formando un complejo con las flores del disco y las páleas adyacentes; vilano básicamente ausente o cuando presente no prominente, coroniforme, escuamuloso, o poco aristado. 8 gen., aprox. 70 spp. Nativos del continente americano, algunas veces arvenses en el Viejo Mundo.

Ambrosieae fue una de las tribus originalmente nombradas de Asteraceae y desde entonces ha sido generalmente reconocida como Ambrosiinae. El género mejor conocido y el tipo de la subtribus, *Ambrosia*, es polinizado por el viento y es el agente causal de la fiebre del heno. La típica Ambrosiinae difiere de la mayoría de las compuestas por tener capitulescencias con cabezuelas distales nutantes funcionalmente estaminadas, las anteras con tecas libres y las cabezuelas proximales pistiladas. *Iva* L., s. l., caracterizado por cabezuelas disciformes bisexuales debería encontrarse en Tabasco y en la Península de Yucatán. Las especies que con mayor probabilidad podrían encontrarse en Mesoamérica son *I. asperifolia* Less., *I. cheiranthifolia* Kunth, *I. frutescens* L., y *I. xanthiifolia* Nutt.

1. Cabezuelas bisexuales, radiadas, las flores con corolas; tecas connatas; cipselas formando un complejo de dispersión con estructuras accesorias de las flores del disco y las páleas adyacentes. **125. Parthenium**
1. Cabezuelas unisexuales, discoides o las flores sin corolas; tecas libres; fruto un conceptáculo grande y espinoso.
   2. Capitulescencia terminal; cabezuelas estaminadas con filarios completamente connatos; conceptáculos fructíferos pequeños, 2.5-4 mm; clinantos aplanados o convexos. **124. Ambrosia**
   2. Capitulescencia axilar-fasciculada; cabezuelas estaminadas con filarios libres; conceptáculos fructíferos muy grandes, 15-25(-35) mm; clinantos cónicos. **126. Xanthium**

124. Ambrosia L.

Acanthambrosia Rydb., *Franseria* Cav., *Gaertneria* Medik., *Hemiambrosia* Delpino, *Hemixanthium* Delpino, *Hymenoclea* Torr. et A. Gray, *Xanthidium* Delpino non Ehrenb. ex Ralfs.

Por J.F. Pruski.

Hierbas anuales a arbustos, monoicos, glanduloso-aromáticos, generalmente con tricomas más o menos rígidos; tallos postrados a erectos, inermes. Hojas simples o más comúnmente pinnatilobadas o palmatilobadas o disecadas, algunas veces pinnatisectas con segmentos filiformes o algunas veces simples, opuestas proximalmente tornando a alternas distalmente, sésiles o pecioladas; láminas generalmente cartáceas, glandulosas y pelosas. Capitulescencia virguliforme, terminal, polinizada por viento, con varias a numerosas cabezuelas, las últimas ramas espigadas o racemosas; cabezuelas sésiles a subsésiles o las cabezuelas estaminadas cortamente pedunculadas, las cabezuelas estaminadas sin brácteas, distales sobre el eje, típicamente nutantes en el ápice de pedúnculos estrictos; cabezuelas pistiladas proximales sobre el eje, axilares. Cabezuelas unisexuales, discoides o sin corolas, involucro verde; flores 1-65; clinanto aplanado o convexo. Cabezuelas estaminadas numerosas; involucro cupuliforme, 5-12-lobado o no lobado; filarios subiguales, básicamente connatos completamente; clinantos aplanados, paleáceos, las páleas filiformes; flores pocas a numerosas, discoides; corola campanulada, (4)5-lobada, blanco-amarillento a amarilla; tecas libres, pajizas, la base redondeada o cortamente sagitada; ovario estéril, el vilano ausente, el estilo no dividido. Cabezuelas pistiladas pocas; filarios connatos proximalmente, formando un conceptáculo similar a una nuez, el ápice de los filarios transformado en pocas espinas o tubérculos; clinanto sin páleas; flores 1(2-7), la corola ausente y representada solamente por el pistilo; estilo exerto a través del rostro del involucro, las ramas lineares. Fruto un conceptáculo; conceptáculo pequeño, 2.5-4 mm (en Mesoamérica), piriforme u obovoide, pálido, con pocas espinas, formado por las cipselas sin vilano incluidas y la bráctea involucral apretadamente desarrollada, el conceptáculo completo deciduo como una unidad; cipselas propiamente dichas 1 o más por conceptáculo. $x = 18$. Aprox. 30-43 spp. cercanamente relacionadas; generalmente de Norteamérica, pero varias especies nativas de América tropical y Sudamérica subtropical; algunas veces arvense en las partes más cálidas del Viejo Mundo.

Ambrosia es reconocido en la subtribus Ambrosiinae, en Mesoamérica representada por *Ambrosia*, *Parthenium*, y *Xanthium*, caracterizados por las superficies estigmáticas en 2 bandas y flores del disco (cabezuelas ya sea unisexuales o funcionalmente estaminadas) funcionalmente estaminadas y sobre clinantos paleáceos. Aunque Payne (1964) proporcionó una visión general de *Ambrosia*, no proporcionó la clave ni trató todas las especies en Mesoamérica. Robinson (1981) y Karis y Ryding (1994b) reconocieron *Hymenoclea* como distinto, pero Strother y Baldwin (2002) lo redujeron a la sinonimia de *Ambrosia*.

Ambrosia se asemeja y es a menudo erróneamente identificada como *Artemisia* debido a la polinización por viento, las hojas disecadas y las ramas terminales de la capitulescencia virguliformes, pero difiere (además de las características técnicas de la tribus) por tener cabezuelas bisexuales con los filarios libres.

Bibliografía: Amo Rodríguez, S. del y Gómez Pompa, A. *Syst. Bot.* 1: 363-372 (1976 [1977]). Karis, P.O. y Ryding, O. *Asteraceae Cladist. Classific.* 559-624 (1994). Payne, W.W. *J. Arnold Arbor.* 45: 401-430 (1964). Robinson, H. *Smithsonian Contr. Bot.* 51: 1-102 (1981). Strother, J.L. y Baldwin, B.G. *Madroño* 49: 143-144 (2002).

1. Hierbas erectas, no marítimas; hojas generalmente alternas, las proximales 2-pinnatífidas graduando a pinnatífidas distalmente, las láminas 4-14 cm. **1. A. cumanensis**
1. Hierbas postradas o decumbentes, marítimas, o subarbustos; hojas generalmente opuestas, las proximales 3-pinnatífidas graduando a 2-pinnatífidas distalmente, las láminas 2-5(-7) cm, **2. A. hispida**

1. Ambrosia cumanensis Kunth in Humb., Bonpl. et Kunth, *Nov. Gen. Sp.* folio ed. 4: 216 (1820 [1818]). Holotipo: Venezuela, *Humboldt y Bonpland 86* (microficha MO! ex P). Ilustr.: Pruski, *Fl. Venez. Guayana* 3: 207, t. 164 (1997), como *A. peruviana*. N.v.: Ichil ok wamal, sakil wamal, tan wamal, tan yax wamal, tzobtomba, Ch; altamisia, cakiax, tus pim, G; altamís, altamisa, artemisa, H; altamisa, ES; altamis, altamisa, altamiz, N.

Ambrosia artemisiifolia L. var. *trinitensis* Griseb., *A. orobanchifera* Meyen, *A. paniculata* Michx. var. *cumanensis* (Kunth) O.E. Schulz, *A. paniculata* var. *peruviana* (Willd.) O.E. Schulz, *A. peruviana* Willd. non All., *A. psilostachya* DC.?

Hierbas erectas perennes de vida corta, comunes, no marítimas; tallos 0.4-1.5 m, la base algunas veces tornándose leñosa, lateralmente poco ramificados desde el eje principal, laxamente estrigoso-pilosos. Hojas mayormente alternas; láminas 4-14 × 2-15 cm, las hojas proximales 2-pinnatífidas graduando hasta pinnatífidas distalmente, de contorno deltado a ovado, el raquis frecuentemente ancho, la superficie adaxial verde, brevemente estrigosa, la superficie abaxial gris-verde,

estrigosa y también pilosa cerca de los nervios, los lobos marginales regularmente espaciados, ligeramente crenado-serrados, el ápice agudo a subulado; pecíolo 1-4(-6) cm. Capitulescencia de racimos frecuentemente abiertos de 5-20(-28) cm, bracteada proximalmente, ebracteada distalmente; cabezuelas estaminadas 10-100, pedúnculos 1-2 mm, dirigidos lateralmente a lo largo del eje de la capitulescencia; cabezuelas pistiladas generalmente 1-5 por fascículo con 2-5 fascículos por eje, sésiles, las brácteas más largas que las cabezuelas. Cabezuelas estaminadas 1.5-2.5 × 2-3 mm; involucro 2-3.5 mm de diámetro, piloso, más o menos levemente 5-7(-9)-crenado-lobado; páleas c. 1 mm, filiformes, ocultas entre las flores; flores 12-35; corola 1.5-2 mm, pardusco-verdoso, los lobos 0.3-0.4 × c. 0.5 mm; anteras c. 1 mm, pajizas, el apéndice apical hasta c. 0.5 mm, mucronado a filiforme. Cabezuelas pistiladas hasta c. 3 mm antes de la fructificación; conceptáculo involucral c. 3 × 3 mm, el rostro apical c. 1 mm; filarios 1-3, fusionados al ovario; flores 1; corola ausente; ramas del estilo c. 2 mm. Conceptáculo fructífero 2.5-4 mm, piriforme, algunas veces esparcidamente glanduloso, longitudinal y transversalmente acostillado; espinas 4-8, 0.5-1.5 mm, generalmente terminales en una sola serie, de base ancha, inclinadas, dirigidas apicalmente. Floración (mar.-)may.-nov.(-ene.). $2n =36$. *Laderas abiertas secas, áreas alteradas, orillas de lagos, pastizales, bancos de ríos, orillas de caminos, bosques secundarios, algunas veces cultivada.* T (*Cabrera y Cabrera 14995*, MO); Ch (*Ghiesbreght 612*, MO); C (Villaseñor Ríos, 1989: 27); QR (Sousa Sánchez y Cabrera Cano, 1983: 77); B (*Walker 1128*, MO); G (*von Türckheim II 1280*, MO); H (*Molina R. y Molina 25772*, MO); ES (*Berendsohn y Berendsohn WB 0177*, MO); N (*Smith 135*, MO); CR (*Hammel 21994*, MO); P (*Bartlett y Lasser 16392*, MO). 5-2200 m. (Canadá?, Estados Unidos?, México, Mesoamérica, Colombia, Venezuela, Ecuador, Perú, Bolivia, Brasil, Chile, Argentina, Cuba, Jamaica, La Española, Puerto Rico, Islas Vírgenes, Antillas Menores, Trinidad y Tobago.)

Amo Rodríguez y Gómez Pompa (1976 [1977]) trataron *Ambrosia psilostachya* como coespecífica con *A. cumanensis* (p. ej., en Mesoamérica *A. peruviana*) y supuestamente no tomaron la forma de la hoja y las diferencias en la longitud del pecíolo como diagnósticas. Sin embargo, Rzedowski y Calderón de Rzedowski (2008) y Cronquist (1980), reconocieron *A. psilostachya* como distinta, pero si fuera sinónimo de *A. peruviana*, el área de distribución de *A. peruviana* (la cual tiene prioridad nomenclatural) se extendería hasta los Estados Unidos y Canadá. El material tropical tiende a tener tricomas más largos sobre los involucros estaminados, pero este carácter es frecuentemente variable. Payne (1964) usó anteriormente el nombre *A. cumanensis* para esta especie.

Pruski (1997a) anotó que la hierba perenne *A. microcephala* DC. es muy similar a esta especie mesoamericana, pero *A. microcephala* es marítima y tiene hojas levemente lobadas. La localidad tipo de *A. microcephala*, como Guayana Francesa, parece ser antillana, y *A. cumanensis* sigue siendo desconocida en las Guayanas. *Ambrosia artemisiifolia* L. (syn. *A. elatior* L.) es muy similar a *A. cumanensis* (y *A. psilostachya* si distinta de *A. cumanensis*) y básicamente se diferencia por el hábito anual, las hojas siempre pecioladas, los involucros estaminados más o menos no lobados y las espinas del conceptáculo marcadamente dirigidas apicalmente.

2. Ambrosia hispida Pursh, *Fl. Amer. Sept.* 2: 743 (1814 [1813]). Holotipo: Bahamas (como South Carolina), *Catesby s.n.* (OXF-Herb. Sherard-2088). Ilustr.: Correll y Correll, *Fl. Bahama Archip.* 1449, t. 631 (1982). N.v.: Altamiza de mar, malvarosa de la playa, margarita de mar, Y.

Ambrosia crithmifolia DC.

Hierbas perennes postradas o decumbentes, o subarbustos, marítimas; tallos 0.1-0.5(-1) m, patentes desde la base dura, con ramas erectas de 5-15 cm, pilosas a hirsútulas. Hojas mayormente opuestas, cortamente pecioladas; láminas 2-5(-7) × 1-3 cm, las hojas proximales 3-pinnatífidas graduando a 2-pinnatífidas distalmente, finamente partidas hasta cerca del raquis, de contorno ovado a triangular, las superficies grisáceas, pilosas a más generalmente hirsútulas o estrigulosas, los últimos márgenes enteros o dentados, el ápice del lobo agudo a obtuso; pecíolo 0.5-2.5 cm. Capitulescencia frecuentemente racimos densos de 3-10 cm, bracteados proximalmente; cabezuelas estaminadas numerosas, pedúnculos 1-2 mm, dirigidos lateralmente, aquellas proximales frecuentemente con bractéola basal tan larga como el pedúnculo; cabezuelas pistiladas 3-5(-10) por fascículo, sésiles, las brácteas más largas que las cabezuelas. Cabezuelas estaminadas 2-3 × 3-4 mm; involucro 2-3 mm de diámetro, estriguloso, los lobos 0.5-1 mm; flores 6-15(-20); corola 2.1-3.5 mm, de color crema, densamente glandulosa. Cabezuelas pistiladas 3-5 × 2-3 mm; involucro 3-4 mm en fruto, rostro apical c. 0.5 mm; flores 1; corola ausente; las ramas del estilo hasta 3.5 mm. Conceptáculo fructífero 2.5-4 mm, piriforme, estriguloso, espinas 0-5, 0.1-0.5 mm, terminales en una sola serie, de base ancha, estrictas, dirigidas apicalmente. Floración abr.-dic. $2n = 36, 104$. *Playas, dunas costeras.* Y (*Gaumer 680*, F); C (*Chan y Burgos 676*, MO); QR (*Cabrera y Cabrera 11472*, MO); B (*Fosberg y Sachet 53840*, MO); H (*Hernández y Hernández 186*, MO). 0-10 m. (Estados Unidos [Florida], Mesoamérica, Bahamas, Cuba, Jamaica, La Española, Puerto Rico, Islas Vírgenes, Antillas Menores.)

Gray (1884a [1883]) anotó que la localidad tipo era presumiblemente las Bahamas, y Cronquist (1980) excluyó *Ambrosia hispida* de South Carolina. Nash (1976d) incluyó *A. hispida* en la Flora of Guatemala, pero en Mesoamérica esta especie parece ocurrir solo en áreas vecinas. En Honduras, *A. hispida* parece conocerse solo de las Islas de la Bahía. Los reportes de Nash (1976d) de *A. hispida* en Sudamérica y Panamá parecen ser erróneos.

125. Parthenium L.

Argyrochaeta Cav., *Bolophyta* Nutt., *Echetrosis* Phil., *Hysterophorus* Adans., *Partheniastrum* Fabr., *Villanova* Ortega non Lag.

Por J.F. Pruski.

Hierbas anuales o perennes, o arbustos, monoicos; tallos erectos, generalmente muy ramificados, subteretes, pelosos. Hojas generalmente todas caulinares en la antesis, simples a pinnatífidas, alternas, sésiles o pecioladas; láminas lineares a obovadas, las superficies generalmente glandulosas y pelosas. Capitulescencia terminal, generalmente corimbosa a paniculada, de numerosas cabezuelas; pedúnculos generalmente cortos. Cabezuelas bisexuales, cortamente radiadas (Mesoamérica) o rara vez disciformes, hemisféricas a globosas; filarios libres, subimbricados a imbricados, subiguales o desiguales, 2(-4)-seriados, finamente 3-5-estriados, generalmente escarioso-endurecidos o los filarios externos con los ápices subherbáceos; filarios externos persistentes; filarios internos inmediatamente subyacentes a las flores radiadas, frecuentemente deciduos con la flor radiada asociada; clinanto convexo, paleáceo, las páleas elípticas a oblongas, las externas marcadamente conduplicadas, las internas papilosas distalmente o fimbriadas. Flores radiadas 5(-8), pistiladas, cada flor radiada típicamente adnata en la base a 2 flores del disco opuestas y a las páleas asociadas; corola blanco-amarillento, más o menos persistente, el tubo corto, glanduloso, el limbo típicamente presente, oblongo a orbicular, inconspicuo, 2-lobado o 3-lobado, algunas veces glanduloso y papiloso; ramas del estilo sin apéndices. Flores del disco 12-50, funcionalmente estaminadas, las flores internas y las páleas internas sostenidas juntas distalmente por tricomas entretejidos y frecuentemente cayendo juntas como una unidad; corola infundibuliforme, 4-lobada o 5-lobada, blanco-amarillento, glandulosa y setulosa, los lobos cortamente triangulares; antera con tecas connatas, blancas o amarillas, las bases redondeadas, el apéndice ovado; estilo no dividido, el ovario estéril, linear. Cipselas obcomprimidas, cuneadas a piriformes, más o menos negras, la cara abaxial convexa, lisa, la cara adaxial 1-acostillada, formando un complejo de dispersión con estructuras accesorias de las flores del disco y las páleas adyacentes por la unión a 2 flores del disco adyacentes por tejido marginal y caedizas con ellas y sus páleas; vilano ausente o el vilano 2-aristado o 3-aristado hasta 2-escuamoso o 3-escuamoso. $x = 12, 17, 18$. Aprox. 16 spp. Nativo de Estados Unidos y México, 1 sp. Maleza pantropical.

A inicios y mitad del siglo XX, *Parthenium argentatum* A. Gray (n.v.: guayule), una fuente de goma natural, fue cultivada en el suroeste de Estados Unidos. La especie herbácea mexicana *P. bipinnatifidum* (Ortega) Rollins se encuentra hacia el sur hasta Oaxaca y se debería encontrar en el oeste de Chiapas. Se ha registrado que forma híbridos con *P. hysterophorus*.

Bibliografía: Rodríguez, E. et al. *Compositae Newslett.* 4: 4-10 (1977). Rollins, R.C. *Contr. Gray Herb.* 172: 3-72 (1950).

1. Hierbas anuales; hojas generalmente pinnatífidas o 2-pinnatífidas graduando hasta las hojas distales simples; filarios subiguales.
     2. P. hysterophorus
1. Arbustos a árboles pequeños; hojas simples a rara vez lirado-lobadas; filarios desiguales.
 2. Filarios graduados a indistintamente graduados, c. 3-seriados; láminas de las hojas con base generalmente obtusa a truncada, rara vez cordata, con frecuencia abruptamente atenuada sobre el pecíolo, las superficies generalmente discoloras, la superficie abaxial generalmente cinéreotomentosa.
     1. P. fruticosum
 2. Filarios graduados, 3-seriados o 4-seriados; láminas de las hojas con base generalmente cuneada, típica y gradualmente decurrente sobre el pecíolo formando un ala, las superficies generalmente concoloras, la superficie abaxial hirsútulo-hírtula vellosa.
     3. P. schottii

1. Parthenium fruticosum Less., *Linnaea* 5: 152 (1830). Isotipo: México, Veracruz, *Schiede y Deppe 334* (foto MO! ex HAL). Ilustr.: Rollins, *Contr. Gray Herb.* 172: 12, t. 6 (1950).

Parthenium fruticosum Less. var. *trilobatum* Rollins, *P. parviceps* S.F. Blake.

Arbustos hasta árboles pequeños, infrecuentes, (0.5-)2-4 m; tallos estriados, araneoso-tomentosos e hirsútulo-hírtulos; follaje con indumento araneoso-tomentoso de tricomas 1-2.5 mm, indumento hirsútulohírtulo de tricomas c. 0.3 mm. Hojas simples a rara vez lirado-lobadas, pecioladas; láminas 4-15 × (1.5-)3-10 cm, ovadas a triangular-ovadas, generalmente con 4-6 pares de nervios secundarios por lado, las superficies generalmente discoloras (con menos frecuencia concoloras), la superficie adaxial esparcidamente araneoso-tomentosa e hirsútulohírtula, el indumento hirsútulo-hírtulo con tricomas de célula basal (no subsidiaria) agrandada, la superficie abaxial generalmente cinéreotomentosa (con menos frecuencia vellosa), también generalmente glandulosa, la base generalmente obtusa a truncada, rara vez cordata, con frecuencia abruptamente atenuada sobre el pecíolo, los márgenes generalmente crenulado-serrados irregularmente a levemente liradolobados, el ápice agudo; pecíolo 1-3 cm, algunas veces irregularmente alado. Capitulescencia corimboso-paniculada, con cabezuelas ligeramente congestas, sostenida por encima de las hojas del tallo; pedúnculos 1-3(-4) mm. Cabezuelas 2.5-3.5 mm; involucro 2.5-4.5 mm de ancho, hemisférico; filarios imbricados, desiguales, graduados a indistintamente graduados, c. 3-seriados; filarios externos c. 5, 1-2 mm, casi 1/2 de la longitud de los filarios internos, ovadas a suborbiculares, hírtulos, el ápice obtuso; filarios internos c. 5, 3-4 mm, orbiculares, distalmente hírtulos, el ápice anchamente redondeado; páleas 2.5-3 mm. Flores radiadas con el tubo de la corola c. 0.4 mm, el limbo c. 1 mm, suborbicular, el ápice emarginado. Flores del disco 20-40; corola c. 2.5 mm, los lobos c. 0.4 mm. Cipselas radiadas 1.5-2 × 1-1.5 mm, papilosas; vilano generalmente ausente (rara vez vilano de 1-3 aristas rígidas hasta c. 1 mm y más largas que el tubo de la corola radiada). Floración ago.-oct. $2n = 36$. *Selvas bajas caducifolias.* Ch (*Breedlove 37479*, MO). 700-1000 m. (E. y S. México, Mesoamérica.)

La especie arbustiva *Parthenium fruticosum* y sus parientes cercanos se separan básicamente solo por características del indumento de la hoja. *Parthenium fruticosum* se parece mayormente a la especie extra mesoamericana *P. tomentosum* DC., la cual no tiene agrandada la célula basal de los tricomas sobre la superficie adaxial de la hoja, y a *P. schottii*, la cual difiere por los filarios 4-seriados, las hojas generalmente concoloras con las bases cuneadas, y especialmente en su geografía. En Chiapas, *P. fruticosum* parece que solo se encuentra entre Tuxtla Gutiérrez y la frontera Oaxaca-Veracruz.

2. Parthenium hysterophorus L., *Sp. Pl.* 988 (1753). Lectotipo (designado por Stuessy, 1975c [1976]): Jamaica, *Herb. Linn. 1115.1* (microficha MO! ex LINN). Ilustr.: Funk y Pruski, *Mem. New York Bot. Gard.* 78: 108, t. 41 (1996). N.v.: Altamisa, artaniza, artemisa, hauay, Y; artemisia, coriente, siiu, silantro, B; hauay, tacana, G; ajenjo, baby, encaje, escoba amarga, escobilla, H; manzanilla montera, N.

Echetrosis pentasperma Phil., *Parthenium lobatum* Buckley, *P. pinnatifidum* Stokes.

Hierbas anuales comunes, arvenses, (0.2-)0.4-1(-1.5) m; tallos acostillados, hirsútulo-estrigulosos; follaje con tricomas en general c. 0.4 mm. Hojas 3-10(-25) × (0.4-)2-7(-12) cm, generalmente pinnatífidas a 2-pinnatífidas graduando hasta las hojas distales simples, las hojas basales rara vez permaneciendo tan laxas como la roseta en la antesis, las hojas proximales y distales generalmente heteromorfas; láminas de contorno generalmente deltado a ovado graduando hasta las distales lanceoladas, el raquis 0.1-0.4(-0.8) cm de diámetro, los lobos primarios 2-6 pares, 0.3-3(-9) × 0.1-0.8 cm, linear-lanceolados a lanceolados, las superficies estrigulosas a hírtulas; pecíolo angostamente alado o las distales mayormente sésiles. Capitulescencia paniculada y redondeada, abierta, sostenida muy por encima de las hojas del tallo principal; pedúnculos 3-12(-15) mm. Cabezuelas 2-3 mm; involucro 3-4(-5) mm de ancho, crateriforme; filarios subimbricados, subiguales, 2-seriados; los 5 filarios externos 1.5-2.5(-3.5) mm, elíptico-ovados, distalmente hírtulos y glandulosos, el ápice agudo; los c. 5 filarios internos 2-3(-3.5) mm, ovados a orbiculares, frecuentemente hialino-marginados, el ápice redondeado; páleas 1-2.5 mm, el ápice agudo a truncado. Flores radiadas con el tubo de la corola c. 0.2 mm, el limbo 0.5-1 × c. 1 mm, orbicular, el ápice truncado o emarginado; las ramas del estilo c. 0.5 mm, lisas, el ápice obtuso. Flores del disco 15-50; corola 1.2-2 mm, los lobos c. 0.3 mm. Cipselas radiadas 1.5-3 × 1.5-2 mm, papilosas distalmente; vilano de 2 escuámulas, hasta c. 0.7 × 0.6 mm, deltadas a ovadas, erectas, lateral-tangenciales, semejando lobos laterales del limbo de la corola, algunas veces papiloso proximalmente. Floración todo el año. $2n = 34, 36$. *Áreas cultivadas, áreas alteradas, laderas abiertas secas, campos, orillas de caminos, bosques de* Pinus-Quercus*, potreros, vegetación secundaria, selvas bajas caducifolias.* T (*Pruski et al. 4235*, MO); Ch (*Pruski et al. 4228*, MO); Y (*Gaumer 558*, F); C (*Martínez S. et al. 28652*, MO); QR (*King y Garvey 10657*, MO); B (*Lundell 4756*, NY); G (*Pruski et al. 4522*, MO); H (*Molina R. et al. 32136*, MO); N (*Rueda et al. 16472*, MO); CR (*Hammel et al. 20528*, MO); P (*Burch et al. 1305*, MO). 0-1500 m. (Estados Unidos, México, Mesoamérica, Colombia, Venezuela, Guayanas, Ecuador, Perú, Bolivia, Brasil, Paraguay, Uruguay, Chile, Argentina, Cuba, Jamaica, La Española, Puerto Rico, Islas Vírgenes, Antillas Menores, Trinidad y Tobago, Asia, África, Australia, Islas del Pacífico.)

Parthenium hysterophorus es mayormente circuncaribeña, y una maleza común en el norte de Mesoamérica. Aparentemente no se encuentra en El Salvador, no fue incluida para Nicaragua en el tratamiento de Dillon et al. (2001), y está representada por pocas colecciones mesoamericanas al sur de la frontera Honduras-Nicaragua. Se asemeja mucho a *P. bipinnatifidum*, la cual difiere por sus hojas proximales y distales todas pinnatífidas, y con algunos tricomas mucho más largos sobre los tallos que sobre las hojas. Rodríguez et al. (1977) anotaron la concentración de alérgenos (sesquiterpeno-lactona partenina) en los tricomas de la hoja de *P. hysterophorus*, como es lo típico de Ambrosiinae.

3. Parthenium schottii Greenm., *Publ. Field Columb. Mus., Bot. Ser.* 3: 109 (1904). Isotipo: México, Yucatán, *Gaumer 1166* (MO!). Ilustr.: Millspaugh y Chase, *Publ. Field Columb. Mus., Bot. Ser.* 3: t. página frente a 110 (1904). N.v.: Chalcha, Santa María, Y.

Arbustos a árboles pequeños, abundantes, 1.5-6 m; tallos esparcidamente araneoso-tomentosos e hirsútulo-hírtulos; follaje con indumento araneoso-tomentoso e hirsútulo-hírtulo . Hojas simples a rara vez lirado-lobadas, pecioladas; láminas 5-12 × 2-7 cm, ovadas a triangular-ovadas, las superficies generalmente concoloras, la superficie abaxial hirsútulo-hírtula a vellosa, también generalmente glandulosa, la base generalmente cuneada (con menos frecuencia obtusa a truncada), típica y gradualmente decurrente sobre el pecíolo; pecíolo 1-3 cm, alado. Capitulescencia corimboso-paniculada, con cabezuelas ligeramente congestas, sostenida por encima de las hojas del tallo; pedúnculos 1.5-6 mm. Cabezuelas 3-4 mm; involucro 3-4 mm de ancho, hemisférico; filarios imbricados, desiguales, graduados, 3-seriados o 4-seriados; filarios externos 1-1.5 mm; filarios internos 2.5-3.5 mm. Flores radiadas, el limbo c. 1 mm. Flores del disco 25-35; corola c. 2.5 mm. Cipselas radiadas 2-3 × 1-1.3 mm, papilosas; vilano generalmente de 2 o 3 aristas suaves hasta 0.4 mm, más cortas que el tubo de la corola radiada (rara vez el vilano ausente). Floración jun.-ene., abr. $2n = 36$. *Orillas de caminos, selvas bajas caducifolias, matorrales.* Y (*Bradburn y Darwin 1293*, MO). 0-22(-200) m. (Endémica.)

Strother (1999) sugirió que esta especie podría llegar a ser sinónimo de *Parthenium fruticosum*.

126. **Xanthium** L.
Acanthoxanthium (DC.) Fourr., *Xanthium* L. sect. *Acanthoxanthium* DC.

Por J.F. Pruski.

Hierbas monoicas anuales, toscas, con raíz axonomorfa; tallos frecuentemente con espinas tripartidas y/o deflexos en los nudos. Hojas simples a profundamente lobadas, alternas o algunas veces opuestas proximalmente, pecioladas; láminas cartáceas, glandulosas y generalmente pelosas. Capitulescencia axilar-fasciculada; cabezuelas estaminadas distales, cabezuelas pistiladas proximales. Cabezuelas unisexuales, discoides o sin corolas; clinanto cónico. Cabezuelas estaminadas 1-pocas; involucro subgloboso; filarios 5-8, libres, similares a las páleas e intercaladas con estas; páleas lineares a oblanceoladas, glandulosas; flores 15-75; corola infundibuliforme o campanulada, blanco-amarillento, setosa y glandulosa; anteras con los filamentos connatos, tecas libres, negras, el apéndice cortamente ovado; ovario estéril, el vilano ausente, el estilo no dividido o bífido. Cabezuelas pistiladas 1-5 por fascículo o eje; filarios 2-seriados; serie externa de pocos filarios, libres; serie interna de filarios connatos en un conceptáculo endurecido completamente encerrando las cipselas, el conceptáculo verde, con 20-50 espinas laterales generalmente uncinadas y apicalmente (1)2-corniculadas, el córniculo prominente o inconspicuo, espinas y córniculo c. 1/2 de la longitud del diámetro del conceptáculo; flores 2, la corola ausente; estilo bífido, exerto de la apertura apical sobre el interior de cada córniculo del conceptáculo, las ramas papilosas. Fruto un conceptáculo espinoso muy grande, 15-25(-35) × 10-15(-25) mm (en especies mesoamericanas); cipselas propiamente dichas 2 por conceptáculo, elípticas, negruzcas, sin vilano. $x = 18$. 3 spp., 2 en América tropical, 1 al sur de Sudamérica.

Aunque Millspaugh y Sherff (1922) reconocieron 20 especies, la mayoría de los autores reconocen solo las especies sudamericanas *Xanthium ambrosioides* Hook. et Arn., *X. spinosum* L., y *X. strumarium*. *Xanthium spinosum* (syn. *X. catharticum* Kunth) es ocasional en México y Sudamérica, y podría encontrarse en Mesoamérica. Millspaugh y Sherff (1922) distinguieron especies generalmente basados en la forma, la longitud y caracteres de pelosidad y espinas de los conceptáculos.

Bibliografía: Dittrich, M.et al. *Fl. Iranica* 164: 1-125, t. 1-83 (1989). Millspaugh, C.F. y Sherff, E.E. *N. Amer. Fl.* 33: 37-44 (1922).

1. Xanthium strumarium L., *Sp. Pl.* 987 (1753). Lectotipo (designado por Rechinger, 1989): América, *Herb. Linn. 1113.1* (foto MO! ex LINN). Ilustr.: McVaugh, *Fl. Novo-Galiciana* 12: 1094, t. 178 (1984). N.v.: Guizano de caballo, Y.

Xanthium cavanillesii Schouw, *X. echinatum* Murray var. *cavanillesii* (Schouw) O. Bolòs et Vigo, *X. strumarium* L. subsp. *cavanillesii* (Schouw) D. Löve et Dans., *X. strumarium* var. *cavanillesii* (Schouw) D. Löve et Dans.

Hierbas 0.2-1.5(-2) m; tallos erectos simples o poco ramificados, inermes, escabriúsculos. Hojas simples o leve y palmadamente 3-5-lobadas, largamente pecioladas; láminas 4-15 × 4-20 cm, triangular-ovadas a suborbiculares, 3-nervias desde la base, las superficies glandulosas y escabrosas, los tricomas anchamente cónicos, la base truncada a cordata, los márgenes crenados o serrados a lobados, el ápice agudo u obtuso; pecíolo 4-12 cm. Capitulescencia con ramas 10-15 cm, desde los nudos distales, las cabezuelas fasciculadas. Cabezuelas estaminadas c. 7 × 7 mm, sésiles; filarios 2.5-3 × c. 0.5 cm, con frecuencia lateralmente patentes en la antesis; flores 30-60; corola 1.5-3 mm, los lobos c. 0.4 mm. Cabezuelas pistiladas hasta c. 4 mm de largo en la antesis. Conceptáculo fructífero 15-25(-35) × 10-15(-25) mm, las espinas generalmente 3-5 mm, pocas y remotas a numerosas, el ápice uncinado c. 0.2 mm, la superficie del conceptáculo y las espinas diversa y cortamente puberulentas a largamente híspidas y glandulosas; cipselas 8-11 mm. $2n = 36$. *Áreas alteradas, laderas secas, pastizales.* Ch (*Breedlove 20020*, MO); Y (*Gaumer 1145*, F). 0-900 m. (Canadá, Estados Unidos, México, Mesoamérica, Colombia, Venezuela, Perú, Bolivia, Brasil, Paraguay, Uruguay, Chile, Argentina, Cuba, Jamaica, La Española, Puerto Rico, Antillas Menores, Europa, Asia, África, Australia, Islas del Pacífico.)

Solo se listan aquí en la sinonimia pocos de los nombres más generalmente usados históricamente.

XII. B. **Heliantheae** subtribus **Ecliptinae** Less.
Por J.F. Pruski.

Hierbas anuales a árboles, las hojas caulinares; plantas frecuentemente adaptadas al fuego y xilopodiales, pero rara vez así en Mesoamérica; follaje frecuentemente heterótrico y plantas muy rara vez completamente glabras. Hojas simples, opuestas hasta algunas veces alternas distalmente, sésiles o pecioladas; láminas variadas, en general no lobadas, delgadamente cartáceas a rígidamente subcoriáceas, en general 3-nervias, indumento especialmente en la superficie adaxial con base tuberculada (con células subsidiarias obviamente bulbosas), sésiles a pecioladas. Capitulescencia típicamente terminal o rara vez axilar, monocéfala a paniculada, las cabezuelas típicamente pedunculadas aunque algunas veces en glomérulos simples o compuestos. Cabezuelas radiadas, rara vez discoides o disciformes; involucro en general campanulado a hemisférico, rara vez cilíndrico; filarios en general imbricados, graduados a obgraduados, en general 2-4-seriados, al menos los externos por lo general verdes y rígidamente herbáceos o hasta foliáceos, la base de los filarios externos frecuentemente pálida y endurecida, los filarios internos con frecuencia también verdes y rígidamente herbáceos distalmente pero rara vez del mismo ancho y delgadamente membranáceos y de ese modo reminiscentes de los miembros de Anthemideae; clinanto en general aplanado a convexo, paleáceo. Flores radiadas 1(-3)-seriadas, pistiladas o algunas veces estériles; corola en su mayoría frecuentemente amarillo-dorada, el limbo típica y obviamente exerto del involucro pero en ocasiones pequeño e inconspicuo, adaxialmente papiloso, frecuentemente con los 2 nervios de soporte más prominentes que las demás. Flores del disco típicamente bisexuales o rara vez funcionalmente estaminadas; corola en general infundibuli-

forme, en su mayoría frecuentemente amarillo-dorada, por lo general brevemente (4)5-lobada, en general no glandulosa, característicamente con fibras embebidas en los nervios los cuales son todos muy prominentes en las corolas secas, típicamente sin resina coloreada en los conductos, los lobos en general papilosos por dentro, la superficie abaxial en general escabrosa como lo es en ocasiones en el tubo o la garganta; anteras en general negras, las tecas muy rara vez libres después de la antesis, los apéndices de las anteras típicamente pajizos pero en ocasiones negros al madurar aunque si son negros lo son más comúnmente antes de la antesis y luego pasan a ser pajizos después de la antesis; ramas del estilo con superficies estigmáticas en 2 bandas, frecuentemente cortamente apendiculadas, en taxones funcionalmente estaminados las ramas del estilo fusionadas. Cipselas secas o rara vez abayadas, carbonizadas con depósitos de fitomelanina que se manifiestan cuando el fruto está cercano a madurar, característicamente negras pero algunas veces pardas o hasta pálidas, algunas veces las radiadas o las del disco aladas sobre los ángulos, pero una o ambas algunas veces completamente no aladas, las superficies algunas veces marcadamente tuberculadas, en ocasiones la capa suberosa tuberculada completamente cubriendo la superficie carbonizada interna de la cipsela, los tubérculos algunas veces negros pero frecuentemente pardo-amarillentos, el ápice del fruto rostrado, o redondeado a truncado y sin rostro, cuando rostrado el rostro en general recto y céntrico, el rostro rara vez geniculado y extremadamente excéntrico, las cipselas radiadas típicamente triquetras y luego obcomprimidas y las cipselas del disco comprimido-biconvexas o cuadrangulares con estas condiciones solo escasamente dimorfas, en ocasiones, sin embargo, se encuentra un obvio dimorfismo extremo entre las cipselas radiadas y las del disco dentro de un mismo taxón (p. ej., *Synedrella*), las cipselas del disco frecuentemente cuadrangulares en corte trasversal y no obviamente comprimidas; vilano típicamente con 2 aristas robustas persistentes o las aristas en los ángulos, sin escuámulas intermedias formando una corona, o algunas veces únicamente una corona fimbriada diminuta, algunas veces completamente sin vilano. Mayormente en América tropical.

Ecliptinae se interpreta aquí más o menos como fue circunscrita por Rindos (1980), Robinson (1981), Strother (1991, 1999), Pruski (1996b) y Panero (2007a, 2007b [2006]), y sus miembros frecuentemente se reconocen prontamente por las corolas del disco con fibras embebidas. Bremer (1994) reconoció la mayoría de los taxones de Ecliptinae dentro de un concepto muy ampliamente definido de Verbesininae pero trató *Eclipta* como incierta.

La mayoría de la actividad taxonómica en Ecliptinae a nivel genérico ha incluido taxones que en un momento u otro habían sido ubicados en *Wedelia* o *Zexmenia*. Por ejemplo, Becker (1979) restableció *Lasianthaea* de la sinonimia de *Zexmenia*. La mayoría de los taxones en el linaje de *Zexmenia* (de acuerdo con Jones, 1906 [1905]) fueron realineados por Rindos (1980), aunque aún se mantienen formalmente en *Zexmenia*. La subsecuente adopción formal de las especies de los grupos de Rindos que se encuentran en Mesoamérica, como géneros segregados, ha sido en general defendida por Strother (como se resume en Strother, 1991, 1999) y es ampliamente aceptada. Conversamente, la reducción de *Aspilia* Thouars a *Wedelia* y el total de especies de *Aspilia* transferidas por Turner (1992) a *Wedelia* no es ampliamente seguida; por el contrario la tendencia parcial del concepto más limitado de *Wedelia* de Strother (1991) y Pruski (1996b), quienes segregaron *Sphagneticola* de *Wedelia* por ejemplo, ha sido adoptada. En este tratamiento no se acepta la suposición de Turner (1992) de que la condición estéril-radiada vs. pistilado-radiada tiene poco mérito a nivel genérico, y por ejemplo, presumiblemente no es coincidencia que las especies e infraespecies ocasionalmente discoides de Ecliptinoide (p. ej., las de *Elaphandra*, *Melanthera*, *Otopappus*, y *Tilesia*) sean tratadas en géneros que son por lo demás, estéril-radiados. Strother (1991) y Pruski (1996b), respectivamente, removieron los géneros satélites estéril-radiados *Elaphandra* y *Tuberculocarpus* Pruski del núcleo de *Aspilia*. En los paleotrópicos, Wild (1965) y Orchard (2013b) variadamente modificaron la circunscripción de *Melanthera*, pero solo parte de sus trabajos se siguen aquí. Por último, debe anotarse que Strother (1991) refinó los límites entre *Wedelia* y *Zexmenia*, por ejemplo transfiriendo varias especies de *Zexmenia* a *Wedelia*.

Aunque la subtribus es moderadamente bien definida, la identificación de algunos taxones en la clave genérica y la colocación de algunas especies arbustivas dentro de géneros no es siempre sin dificultades. Por ejemplo, aunque tratadas tradicionalmente como obviamente rostradas y obviamente aladas, las dos especies mesoamericanas de *Oyedaea* a menudo no lo son, y quizás es mejor el término subrostrado volviéndose alado sólo ocasionalmente en plena madurez. Debido a esto, la clave genérica se construyó de manera que a veces calzan en la clave más bien por las cipselas con eliosomas. *Zyzyxia lundellii*, de otra forma con hojas pinnatinervias, descrita originalmente como una *Oyedaea*, en caracteres esenciales básicamente coincide con *O. verbesinoides*, el tipo del género, que igualmente se lo encuentra típicamente sin frutos alados. *Zyzyxia* es así devuelto a *Oyedaea*. Una segunda especie pinnatinervia también de la península de Yucatán, que también no calza bien en la clave, es la especie de frutos débilmente alados *Lundellianthus steyermarkii*, del mismo modo descrita originalmente en *Oyedaea*. *Lundellianthus steyermarkii* se retiene en *Lundellianthus*, sin embargo, sobre la base de las páleas connatas en la base, pero sigue siendo difícil que ubicarla en la clave. Cabe mencionar que Turner (1988) trató tanto a *Z. lundellii* y a *L. steyermarkii* dentro de *Lasianthaea*.

La cita de Hemsley (1886-1888 [1887]:112) de la especie sudamericana *Blainvillea dichotoma* (Murray) Cass. ex Hemsl. colectada por Gaumer en Cozumel (México, Quintana Roo) no fue verificada y es probablemente errónea. Esta cita es más probable basada en la colección mal identificada de *Baltimora recta*, por lo tanto *Blainvillea* Cass. no es formalmente tratada aquí.

Bibliografía: Becker, K.M. *Mem. New York Bot. Gard.* 31(2): 1-64 (1979). Blake, S.F. *J. Bot.* 53: 13-14 (1915b); *Contr. U.S. Natl. Herb.* 20: 411-422 (1921). Bremer, K. *Asteraceae Cladist. Classific.* 1-752 (1994). Hemsley, W.B. *Biol. Cent.-Amer., Bot.* 4: 111-114 (1886-1888 [1887]). Howard, R.A. *Fl. Lesser Antilles* 6: 509-620 (1989). Jones, W.W. *Proc. Amer. Acad. Arts* 41: 143-167 (1906 [1905]). Nash, D.L. *Fieldiana, Bot.* 24(12): 181-361, 503-570 (1976). Orchard, A.E. *Nuytsia* 23: 337-466 (2013). Panero, J.L. *Fam. Gen. Vasc. Pl.* 8: 440-477 (2007 [2006]). Pruski, J.F. *Novon* 6: 404-418 (1996); *Fl. Venez. Guayana* 3: 177-393 (1997); *Revista Acad. Colomb. Ci. Exact.* 25: 315-319 (2001). Rindos, D.J. *Gen. Delimitation Verbesinoid Heliantheae* Zexmenia. Unpublished M.S. thesis, Cornell Univ., New York, 1-122 (1980). Robinson, H. *Smithsonian Contr. Bot.* 51: 1-102 (1981); *Phytologia* 72: 144-151 (1992). Strother, J.L. *Syst. Bot.* 14: 544-548 (1989); *Syst. Bot. Monogr.* 33: 1-111 (1991); *Fl. Chiapas* 5: 1-232 (1999). Turner, B.L. *Phytologia* 65: 359-370 (1988); 72: 389-395 (1992). Villaseñor Ríos, J.L. *Techn. Rep. Rancho Santa Ana Bot. Gard.* 4: 1-122 (1989). Wild, H. *Kirkia* 5: 1-17 (1965).

1. Vilano con 2-35 aristas frágiles o caducas.
  2. Cabezuelas discoides; corolas blancas.   **138. Melanthera**
  2. Cabezuelas radiadas; corolas amarillo-doradas.   **142. Perymenium**
1. Vilano ausente, coroniforme o de aristas robustas persistentes.
  3. Flores del disco funcionalmente estaminadas.
    4. Involucros aplanado-comprimidos, samaroides.   **130. Delilia**
    4. Involucros más o menos teretes, no aplanado-comprimidos ni samaroides.
      5. Cabezuelas disciformes.
        6. Flores pistiladas marginales 3-40.   **129. Clibadium**
        6. Flores pistiladas marginales 1.   **145. Riencourtia**
      5. Cabezuelas radiadas.
        7. Hierbas anuales; láminas de las hojas con envés finamente glanduloso; cipselas radiadas triqueras, cuando maduras el ápice con 3 cuernos cortos protuberantes.   **127. Baltimora**
        7. Arbustos a árboles pequeños; láminas de las hojas no glandulosas; cipselas radiadas escasamente biconvexas, el ápice a menudo con

continuaciones de las alas aplanadas proyectadas por encima del anillo.   **144. Rensonia**
3. Flores del disco bisexuales.
  8. Cipselas rostradas o subrostradas, cuando subrostradas frecuentemente con eliosomas.
    9. Base de las cipselas con obvios carpóforos pateniformes grandes y 1 o 2 eleosomas.
      10. Flores radiadas estériles; corolas amarillas.   **141. Oyedaea**
      10. Flores radiadas fértiles o cuando estériles entonces las corolas rojizas a purpúreas.   **151. Wedelia**
    9. Base de las cipselas en general sin eleosomas, el carpóforo en general pequeño e inconspicuo.
      11. Cipselas con rostro recurvado-geniculado y marcadamente excéntrico.   **143. Plagiolophus**
      11. Cipselas con rostro recto y céntrico.
        12. Hierbas procumbentes a procumbente-ascendentes, enraizando en los nudos proximales, alargándose simpódicamente; cipselas al madurar con superficie tuberculada.   **146. Sphagneticola**
        12. Plantas escandentes a erectas y no enraizando en los nudos; cipselas con superficie lisa o tuberculada.
          13. Herbáceas anuales o perennes de vida corta; cipselas con superficie tuberculada; cabezuelas discoides.   **133. Eleutheranthera**
          13. Hierbas perennes de vida larga a arbustos; cipselas con superficie lisa, cabezuelas radiadas.
            14. Flores radiadas estériles; cipselas biconvexas, no aladas.   **132. Elaphandra**
            14. Flores radiadas pistiladas; cipselas comprimidas, aladas.   **152. Zexmenia**
  8. Cipselas sin rostro, sin eliosomas.
    15. Cipselas no aladas, aunque algunas veces pajizas delgadamente marginadas.
      16. Flores radiadas estériles; cipselas abayadas.   **148. Tilesia**
      16. Flores radiadas pistiladas; cipselas secas.
        17. Corolas radiadas filiformes, blancas; páleas filiformes; cipselas tuberculadas.   **131. Eclipta**
        17. Corolas radiadas oblongas a obovadas, amarillas; cipselas por lo general básicamente lisas.
          18. Hierbas perennes de vida corta; corolas del disco 4-lobadas; páleas lanceoladas.   **128. Calyptocarpus**
          18. Hierbas perennes de vida larga a arbustos o árboles; corolas del disco en general 5-lobadas.
            19. Cipselas del disco comprimidas y biconvexas, el cuerpo típicamente aplanado; aristas del vilano confluentes con los márgenes de las cipselas.   **136. Lasianthaea**
            19. Cipselas del disco cuadrangulares; aristas del vilano (cuando presentes) no continuas con los márgenes de las cipselas.
              20. Láminas de las hojas pinnatinervias; clinanto hemisférico a cortamente cónico; corolas del disco 4(5)-lobadas.   **134. Iogeton**
              20. Láminas de las hojas 3-nervias; clinanto aplanado a ligeramente convexo; corolas del disco 5-lobadas.   **150. Wamalchitamia**
    15. Cipselas aladas (en *Lundellianthus* a veces las del radio son aladas), rara vez apenas delgadamente marginadas.
      21. Hierbas anuales o perennes de vida corta; corolas del disco 4(5)-lobadas; cipselas radiadas y del disco obvia y marcadamente dimorfas.   **147. Synedrella**
      21. Hierbas perennes de vida larga a subarbustos, arbustos, árboles, o bejucos; corolas del disco 5-lobadas; cipselas radiadas y del disco no obvia ni marcadamente dimorfas.
        22. Cabezuelas discoides o si radiadas entonces las flores radiadas estériles.   **140. Otopappus**
        22. Cabezuelas radiadas, las flores radiadas típicamente pistiladas o si estériles entonces las páleas connatas basalmente.
          23. Filarios muy marcadamente obgraduados; filarios externos muy grandes y foliosos, lateralmente patentes.   **135. Jefea**

23. Filarios graduados a obgraduados pero nunca muy marcadamente obgraduados; filarios externos nunca muy grandes y foliáceos, adpresos a patentes pero nunca lateralmente patentes.

24. Páleas fusionadas en la base; hojas con nervadura pinnada o difusamente 3-nervia con los nervios secundarios mayores no llegando hasta el ápice de la lámina. **137. Lundellianthus**

24. Páleas libres en la base; láminas de las hojas con nervadura convergente-plinervia con los nervios secundarios mayores continuando hasta el ápice de la lámina y convergiendo cerca de este.

25. Cipselas del disco ligeramente comprimidas y robusto-biconvexas, el cuerpo más de 1/2 de grueso que de ancho.
   139. Oblivia

25. Cipselas del disco marcadamente comprimido-aplanadas, el cuerpo menos de 1/2 de grueso que de ancho. **149. Tuxtla**

127. Baltimora L., nom. et typ. cons.

Chrysogonum L. sect. *Baltimora* (L.) Baill., *Fougeria* Moench, *Fougerouxia* Cass., *Niebuhria* Scop., *Scolospermum* Less., *Timanthea* Salisb.

Por J.F. Pruski.

Hierbas anuales; tallos muy ramificados, erectos, estrigulosos a híspidos, cuadrangulares a subteretes. Hojas opuestas, largamente pecioladas; láminas ovadas, cartáceas, 3-nervias desde cerca de la base, ambas superficies pelosas, la superficie abaxial también finamente glandulosa, la base truncada a cortamente atenuada, los márgenes serrados a crenados, algunas veces serrulados, el ápice agudo a acuminado. Capitulescencia terminal y axilar desde los nudos distales, en general abierta y difusamente ramificada; pedúnculos delgados. Cabezuelas pequeñas, radiadas, con 4-24 flores; involucro cilíndrico a hemisférico, más o menos terete, no aplanado-comprimido ni samaroide; filarios pocos, elípticos, imbricados, en general subiguales o graduados, 2-seriados o 3-seriados, con varias estrías, los filarios externos herbáceos con ápice híspido-estrigoso, los filarios internos escariosos; clinanto convexo, paleáceo; páleas lineares a lanceoladas, conduplicadas, frecuentemente ciliadas en el ápice. Flores radiadas 2-8, pistiladas; corolas amarillas, ligeramente estrigosas sobre la nervadura abaxialmente, el limbo brevemente exerto del involucro, emarginado; ramas del estilo lineares, con líneas estigmáticas en pares. Flores del disco funcionalmente estaminadas; corolas infundibuliformes a anchamente infundibuliformes, 5-lobadas, amarillas, glabras excepto por el tubo corto triangular, los lobos pelosos; anteras negras, escasamente exertas, la base fértil, cortamente sagitada, el apéndice apical anchamente ovado-navicular; ovario estéril; estilo entero, el ovario angostamente cilíndrico, no aladas; vilano coroniforme, la corona híspidula. Cipselas radiadas triquetras, en ocasiones escasamente aladas, anchamente obpiramidales, truncadas o redondeadas en el ápice puberulento inconspicuamente rostrado, en el fruto temprano el ápice a veces cilíndrico-coroniforme, cuando maduro el ápice con 3 cornículos cortos sobresalientes, las caras lisas o rara vez tuberculadas, frecuentemente puberulentas; vilano reducido a una corona de escamas diminutas o algunas veces de aristas muy cortas. *x* = 15. 2 spp. México, Mesoamérica, Sudamérica, Cuba, La Española; introducido en Java e India.

Bibliografía: Orchard, A.E. *Blumea* 58: 49-52 (2013). Stuessy, T.F. *Fieldiana, Bot.* 36: 31-50 (1973).

1. Baltimora recta L., *Mant. Pl.* 2: 288 (1771). Tipo cons.: México, Veracruz, *Houstoun s.n.* (imagen en Internet! ex BM-576304). Ilustr.: Stuessy, *Fieldiana, Bot.* 36: 36, t. 1 (1973). N.v.: Ta'jonal, taj, tzalaccat, x-fanam, xk'aanam, zalackat, Y; mirasol, G; flor amarilla, ES; maraquita, P.

Baltimora alata Meerb., *B. alba* Pers., *B. recta* L. var. *scolospermum* Hassl., *B. scolospermum* Steetz, *B. scolospermum* var. *panamen-*

sis Steetz, *B. trinervata* Moench, *Fougeria tetragona* Moench, *Fougerouxia alba* (Pers.) DC., *F. recta* (L.) DC., *Scolospermum baltimoroides* Less., *S. fougerouxiae* DC., *Sphagneticola annua* Orchard, *Timanthea tristis* Salisb., *Wedelia populifolia* Hook. et Arn.

Hierbas, 0.2-1.5(-3) m, la raíz axonomorfa; tallos erectos, algunas veces trepadores, moderada a densamente ramificados, algunas veces altos y débiles con entrenudos mucho más largos que las hojas, cuadrangulares a anchamente acostillados y sulcados distalmente especialmente cuando secos tornando algunas veces a subteretes proximalmente, estrigoso-híspidos a subglabros proximalmente, algunas veces maculados o los ángulos purpúreos. Hojas: láminas (2-)3-12(-15) × (1-)2-9(-12) cm, elíptico-ovadas a anchamente ovadas, 3-nervias desde justo por encima de la base, heterótricas con tricomas simples, erectos, multicelulares, de una gran variedad de longitudes, la superficie adaxial escábrida, hispídula, la superficie abaxial híspida a hispídula, también glandulosa, la base anchamente obtusa a cordata, con frecuencia cortamente atenuada, los márgenes crenados a levemente serrados, el ápice acuminado a atenuado; pecíolo 0.8-5(-9) cm, típicamente híspido a estrigoso-híspido. Capitulescencia corimbosa a rara vez monocéfala, algunas veces muy ramificada así que algunos materiales de herbario consisten solamente de la capitulescencia ramificada sin hojas maduras, las ramas típicamente 4-8 cm, típicamente ascendentes, pocas cabezuelas, subestrigosas, típicamente con una sola bractéola, la bractéola 3-5 mm, elíptico-lanceolada; pedúnculos (0.2-)0.6-2.8(-7.5) cm, delgados, típicamente estrigosos. Cabezuelas 4.5-8 mm, con 18-33 flores; involucro 3-5(-6) mm de diámetro, en general campanulado; filarios 5-7, 3-6 × 1.7-2.8 mm, elíptico-ovados, 2(3)-seriados, estrigosos, en ocasiones escasamente glandulosos, con 5-9 nervios; clinanto en general con las páleas externas persistentes; páleas 3.5-5 mm, linear-lanceoladas, en ocasiones escasamente glandulosas, el ápice largamente ciliado, aparentemente redondeado a atenuado pero la forma en general ocultada por los cilios. Flores radiadas 3-8; corola 4.8-8.9 mm, el tubo 1-1.4 mm, el limbo (3.8-)5-7.5 × 1.2-3.2 mm, oblongo, abaxialmente glanduloso, hírtulo sobre los 2 nervios mayores, c. 10-nervio, el ápice emarginado o algunas veces cortamente bidentado; estilo con las ramas 1.4-2 mm. Flores del disco 15-25; corola 2.7-3 mm, el tubo 0.5-0.7 mm, la garganta en general casi 2 veces la longitud del tubo, los lobos 0.3-0.4 mm, erectos, apicalmente hirsútulos; anteras cortamente exertas, c. 1.5 mm, el apéndice apical anchamente ovado, apicalmente redondeado a truncado; estilo sin ramificar, escasamente claviforme, exerto 1.5-2 mm del cilindro de la antera, el eje hispídulo, el ovario 2-2.5 mm, linear-estipitiforme. Cipselas 2.4-3.2 × 1.6-1.9 mm, de contorno obovado, en ocasiones brevemente aladas, estrigulosas o solo estrigulosas apicalmente. Floración ago.-mar. 2*n* = 30. *Orillas de caminos, matorrales, bordes de arroyos, selvas altas perennifolias, selvas caducifolias, corozales, claros, bosques de galería, lechos fangosos, sabanas, selvas medianas perennifolias, bordes de lagos, pastizales, potreros, laderas, vegetación secundaria.* T (*Cowan y Magaña 2834*, MO); Ch (*Breedlove 19846*, MO); Y (*Gaumer 1177*, MO); C (*Chan 1710*, MEXU); QR (*Lundell y Lundell 7747*, MICH); B (*Gentle 8146*, MO); G (*Heyde y Lux 6165*, MO); H (*Williams y Molina R. 10630*, MO); ES (*Calderón 778*, MO); N (*Sinclair s.n.*, K); CR (*Alverson y Prinzie 2612*, MO); P (*Seemann s.n.*, BM). 0-1000(-1500) m. (México [Veracruz], Mesoamérica, Venezuela; introducida en Java e India).

Baltimora recta es muy arvense y algunas veces se encuentra cubriendo densamente varias hectáreas. Es muy similar a *B. geminata* (Brandegee) Stuessy, especie menos común, pero más ampliamente distribuida, la cual difiere por las anteras más cortas con apéndices rostrados y por las páleas ligeramente ciliadas con los ápices consistentemente rostrados. Stuessy (1973) excluyó *B. alata* de *Baltimora* en su revisión, debido a los tallos alados. Sin embargo, el examen de la ilustración en el protólogo muestra que los tallos no son alados pero más bien sulcado-cuadrangulares, las flores del disco están incorrectamente dibujadas con estilos bífidos, y la especie es un sinónimo de *B. recta*. Stuessy (1973) anotó la "considerable variabilidad" en la morfología de las cipselas maduras de *B. recta*, y las cipselas inmaduras en *Alverson y Prinzie 2612* presentan otro extremo en la corona cilíndrica del vilano. Frutos inmaduros similares se ven en las figuras 1g y 1k de Orchard (2013a) y se encuentran en el holotipo de la especie indonesia *Sphagneticola annua*, aquí tratada en sinonimia. La cita de Hemsley (1886-1888 [1887]: 112) de la especie sudamericana *Blainvillea dichotoma* (Murray) Cass. ex Hemsl. colectada por Gaumer en Cozumel (México, Quintana Roo) no fue verificada y se presume errónea. Es muy probable que la cita de Hemsley se base en una identificación errónea de *B. recta*.

128. Calyptocarpus Less.

Por J.F. Pruski.

Hierbas perennes, los tricomas patentes o adpresos; tallos en general decumbentes, frecuentemente enraizando en los nudos proximales, dicotómicamente a opuestamente muy ramificados en toda su longitud, delgados, las costillas intrapeciolares frecuentemente presentes. Hojas opuestas, pecioladas; láminas delgadamente cartáceas, triplinervias desde por encima de la base, las superficies más o menos estrigosas, los tricomas adpresos, con base tuberculada, no glandulosas, en general con acuminación basal escasamente decurrente sobre el pecíolo, los márgenes dentados; pecíolo por lo general angostamente alado desde la acuminación basal, estrigoso y frecuentemente también piloso. Capitulescencia con pocas cabezuelas, las cabezuelas terminales o axilares, solitarias o algunas veces ternadas, sésiles a pedunculadas, nunca varias agregadas en las axilas; pedúnculos sin bractéolas. Cabezuelas pequeñas cortamente radiadas; filarios (3)4 o 5, subiguales o los internos escasamente más cortos, 2-seriados, anchamente sobrepuestos, la nervadura inconspicua, pelosos, los filarios externos verdes y delgadamente herbáceos, los filarios internos más cortos y más angostos, delgadamente herbáceos en toda su longitud o solo apicalmente así; clinanto bajo-convexo, paleáceo en toda su longitud; páleas persistentes, lanceoladas, aplanadas a escasamente cóncavas, no carinadas, escariosas, el ápice agudo, glabro. Flores radiadas 3-11, pistiladas, 1-seriadas o 2-seriadas, solo cada una de las externas subyacente a un filario ancho; corola amarillo pálido, el limbo corto, ascendente a escasamente patente, débilmente 5-7-nervio, 2-dentado o 3-dentado, abaxialmente no glanduloso, frecuentemente setuloso. Flores del disco 3-20, bisexuales; corola angostamente infundibuliforme, 4-lobada, amarillo pálido a amarilla, el tubo uniformemente delgado en toda su longitud, más corto que la garganta, el tubo y la garganta glabros, con fibras embebidas en haces vasculares, la nervadura divaricada muy por debajo del seno, los lobos deltados, la nervadura intramarginale, la superficie interna papilosa; anteras negras, la base cortamente subauriculada, el apéndice lanceolado-ovado, en general no glanduloso; ramas del estilo con apéndice apical estéril angostamente acuminado a atenuado, papiloso, el nectario tubular, profundamente lobado. Cipselas más o menos isomorfas, secas, comprimidas (las radiadas rara vez triquetras, laceradomarginadas, o angostamente subaladas distalmente), 2(3)-aristadas, de contorno cuneado u obovado, sin rostro, no aladas, la base angostada hasta un carpóforo simétrico pequeño, el cuerpo negruzco y las caras lisas o rara vez con una cubierta suberosa pardo-amarillenta o finamente tuberculadas, en general estriadas cuando inmaduras, frecuentemente setulosas en especial distalmente; vilano persistente, con 2(3) aristas espiniformes alargadas y robustas desde los ángulos, algunas veces con tricomas muy cortos intermedios o escuámulas presentes. *x* = 12. 2 spp., sur de los Estados Unidos, México, Mesoamérica, Brasil?, las Antillas; introducido y arvense en Asia, Australia, Islas del Pacífico.

Calyptocarpus se acepta en este tratamiento con cipselas isomorfas y sin rostro, y permanece ditípico como fue tratado por McVaugh y Smith (1967). *Calyptocarpus* está, sin embargo, cercanamente relacionado a *Blainvillea* (descrito en 1823, e incluyendo el sinónimo *Ga-*

lophthalmum Nees et Mart. descrito en 1824), género descrito anteriormente (isomorfo y rostrado) y al género descrito aún más anteriormente *Synedrella* (descrito en 1791) dimorfo y sin rostro. Estos tres géneros pantropicales son similares por los filarios frecuentemente subiguales, el vilano con aristas robustas, las flores radiadas con el limbo de las corolas corto, y 4-numerosas flores del disco. Varias especies americanas han sido incluidas diversamente en 2 de estos 3 géneros, indicativo de la total similitud de los géneros y las especies que los componen.

Por ejemplo, la especie sudamericana *Blainvillea brasiliensis* (Nees et Mart.) S.F. Blake [syn.: *Calyptocarpus biaristatus* (DC.) H. Rob.] fue transferida a *Calyptocarpus* por Turner (1988a). *Calyptocarpus*, sin embargo, nunca ha sido reducido a la sinonimia de *Blainvillea*. *Blainvillea brasiliensis* difiere de *Calyptocarpus* por el hábito erecto y el clinanto incompletamente paleado.

Por otro lado, *Calyptocarpus* fue reducido por Gray (1882, 1884a [1883]) a la sinonimia de *Synedrella*, el cual similarmente tiene nectarios lobados y flores radiadas obcomprimidos 1-seriados o 2-seriados. *Synedrella* difiere de *Calyptocarpus*, sin embargo, por las cipselas no tuberculadas, claramente dimorfas, siendo algunas obviamente aladas, y por los discos obcomprimidos. Small (1903) restableció *Calyptocarpus* de *Synedrella* mencionando las cipselas radiadas típicamente no aladas. Subsecuentemente Sherff y Alexander (1955) y McVaugh y Smith, 1967) reconocieron *Calyptocarpus*.

Blainvillea, hasta donde se sabe, nunca ha sido reducido a la sinonimia de *Synedrella*. La característica de cipselas rostradas vs. sin rostro usada como diagnosis genérica es tal vez incorrecta, y este autor admite haber descrito las cipselas de *Calyptocarpus* como "rara vez casi subrostradas". Similarmente, los extremos de presencia o ausencia de rostros en las cipselas han sido usados como diagnosis genérica en el grupo del género *Zexmenia*, donde vagamente se describieron algunas cipselas como "subrostradas". También contribuyendo a la desorganización genérica está el hecho de que numerosos especialistas basan sus conceptos genéricos en material que no es tipo y está diversa y erróneamente determinado. Por ejemplo, en MO, la mayoría de los ejemplares del Viejo Mundo de *Blainvillea* pasaron a ser *Acmella*. Aunque es posible que el en futuro sea *Calyptocarpus* como *Blainvillea* se reduzcan a la sinonimia de *Synedrella*, en este tratamiento se reconoce sin embargo, *Calyptocarpus* como distinto.

A nivel de especies dentro de *Calyptocarpus*, Sherff y Alexander (1955) trataron *C. wendlandii* como un sinónimo de *C. vialis*, mientras que McVaugh y Smith (1967) reconocieron tanto *C. vialis* como *C. wendlandii*. Por las cipselas aristadas, *Calyptocarpus* es similar a *Sanvitalia*, el cual tiene las corolas radiadas sin tubos y pertenece a la subtribus Zinniinae.

Bibliografía: Gray, A. *Proc. Amer. Acad. Arts* 17: 163-230 (1882). Lessing, C.F. *Linnaea* 9: 263-273 (1835 [1834]); 9: 589-591 (1835). McVaugh, R. y Smith, N.J. *Brittonia* 19: 268-272 (1967). Torres, A.M. *Brittonia* 16: 417-433 (1964). Turner, B.L. *Phytologia* 64: 214 (1988).

1. Aristas más largas del vilano ascendente-divergentes al madurar, 1-2.3 mm, setulosas en toda su longitud, mucho más cortas que las cipselas; pedúnculos estrigosos(-pilosos), los tricomas adpresos(-patentes); filarios 5-7(-8) mm; cipselas 3-4.5 mm. **1. C. vialis**
1. Aristas más largas del vilano horizontalmente patentes o reflexas al madurar, (2-)3-5 mm, setulosas solo en la base, en general hasta 1/2 de la longitud de las cipselas; pedúnculos vellosos, los tricomas ascendentes a patentes; filarios 7-12.5 mm; cipselas (4.5-)5-7 mm. **2. C. wendlandii**

1. Calyptocarpus vialis Less., *Syn. Gen. Compos.* 221 (1832). Isotipo: México, Veracruz, *Schiede y Deppe 221* (MO!). Ilustr.: Candolle, *Icon. Sel. Pl.* 4: t. 38 (1839 [1840]), como *Oligogyne tampicana*. N.v.: Hierba del caballo, Y.

Blainvillea tampicana (DC.) Hemsl., *Calyptocarpus tampicanus* (DC.) Small, *Oligogyne tampicana* DC., *Synedrella vialis* (Less.) A. Gray, *Zexmenia hispidula* Buckley.

Hierbas perennes de vida corta con raíces axonomorfas a fibrosas; tallos varios, 0.2-0.6 m, pero ascendentes hasta solo 3-15 cm; entrenudos en general 1-3 veces la longitud de las hojas; follaje estrigoso, los tricomas adpresos. Hojas: láminas (1-)1.5-3(-4.5) × (0.5-)1-2.5(-3.5) cm, ovadas a triangular-ovadas, la base aguda a truncada frecuentemente con acuminación basal, los márgenes crenados, el ápice agudo; pecíolo 0.3-1(-1.5) cm. Capitulescencia con pedúnculo 0-3(-5) cm. Cabezuelas con 6-14(-20) flores; involucro 5-7(-8) × 3-4(-4.5) mm, turbinado; filarios 5-7(-8) × 2-4(-5) mm, oblongos a obovados, el ápice agudo o acuminado, estrigosos a densamente estrigosos, el par de filarios externos en ocasiones hirsutos; páleas 3.5-4.8 × 0.6-0.9 mm, lineares. Flores radiadas 3-7(-11); corola con tubo c. 2 mm, el limbo 2-3(-4) × 0.7-1 mm, oblongo-espatulado. Flores del disco 3-7(-9); corola 2.5-3(-3.5) mm. Cipselas 3-4.5 × 1.2-1.8 mm; vilano con 2(3) aristas, las aristas más largas de 1-2.3 mm, ascendente-divergentes al madurar, mucho más cortas que las cipselas, las aristas setulosas en toda su longitud, con 1-3 aristas o tricomas intermedios hasta 0.3 mm. Floración durante todo el año. 2n = 24. *Campos abiertos, áreas alteradas, acequias.* T (Rzedowski y Calderón de Rzedowski, 2008: 123); Y (*Steere 1676*, F); B (Dwyer y Spellman, 1981: 179). 0-1500 m. (S. Estados Unidos, México, Mesoamérica, Brasil?, Cuba, República Dominicana, Bahamas; introducida en Asia, Australia, Islas del Pacífico.)

En el protólogo de *Calyptocarpus vialis* está citada "Linnaea VII. ined.". Ni la especie ni el tratamiento de Lessing se encuentra en ese volumen, pero en la enumeración de las colecciones de Asteraceae de Schiede, Lessing (1835a [1834]) citó *Schiede y Deppe 221*, el presumible tipo, como la única colección citada de *C. vialis* en Linnaea vol. 9. *Calyptocarpus blepharolepis* fue citada por Strother (2006) como un sinónimo de *C. vialis*. Sin embargo, la localidad del protólogo de *C. blepharolepis* es un error, y éste es simpátrico con *Sanvitalia ocymoides* y es un sinónimo de *S. ocymoides* (Cronquist, 1980; Torres, 1964). El nombre *C. blepharolepis* es así excluido aquí de la sinonimia.

No se ha confirmado el reporte, sin ejemplar, dado por Dwyer y Spellman (1981; repetido por Balick et al., 2000) de *C. vialis* en Belice. McVaugh y Smith (1967) excluyeron *C. wendlandii* de la sinonimia de *C. vialis*, y los reportes anteriores de *C. vialis* en Mesoamérica de Standley (1938), Sherff y Alexander (1955), etc. son con más frecuencia que no en referencia a material referido aquí como *C. wendlandii*. Los nombres comunes usados y los reportes de Standley y Calderón (1925, 1941) y Berendsohn y Araniva de González (1989) de *C. vialis* en El Salvador se basaron en material erróneamente identificado y referido aquí como *C. wendlandii*.

El reporte de *Calyptocarpus* en Venezuela de Hokche et al. (2008) está basado en una identificación errónea, ya que el género no fue citado para Venezuela por Badillo (1994, 1997a, 1997b). No se pudo verificar el reporte de Peng et al. (1998) de *C. vialis* en Brasil, aunque parece posible que la especie haya sido colectada ahí como un desecho.

2. Calyptocarpus wendlandii Sch. Bip., *Bot. Zeitung (Berlin)* 24: 165 (1866). Lectotipo (designado por Blake, 1930): Costa Rica, *Wendland 1078* (foto US! ex P). Ilustr.: Nash, *Fieldiana, Bot.* 24(12): 512, t. 57 (1976). N.v.: Cachillo, cachito bravo, sitit q'en, G; cachito, cuernecillo, mozote, H; cabezona, cachito, cuernecillo, hierba abrojo, hierba cachito, mozote, zaitilla, ES; cabeza de vaca, chiquisá, espinillo, CR.

Hierbas perennes desde un cáudice leñoso; tallos hasta c. 35 cm, hirsutos a pilosos o vellosos, los tricomas patentes o ascendentes; entrenudos proximales más largos que las hojas; entrenudos distales algunas veces mucho más cortos. Hojas: láminas 2.5-5(-6.5) × 1.3-3.5 cm, ovadas o rómbico-ovadas, la base largamente acuminada a obtusa, los márgenes crenado-serrados; pecíolo 1-2(-2.5) cm. Capitulescencia con pedúnculo 0-4 cm, velloso, los tricomas ascendentes a patentes. Cabezuelas con 9-20(-29) flores; involucro 7-12.5 × 3-6(-7.5) mm, campanulado a turbinado; filarios 7-12.5 × 2-4 mm, elíptico-ovados, el ápice agudo o acuminado, densamente estrigosos; páleas 6-8 mm, lineares a linear-lanceoladas. Flores radiadas 3-5(-9); corola con tubo

1.5-2 mm, el limbo 3-6 × 2-2.5 mm, obovado. Flores del disco 6-15(-20); corola 4-5 mm, el tubo hasta c. 1.5 mm; anteras c. 1.8 mm; ramas del estilo c. 1.3 mm, el nectario c. 0.9 mm, c. 4-lobado hasta el punto medio. Cipselas (4.5-)5-7 × 1.5-2 mm; vilano con 2(3) aristas de (2-)3-5 mm, en general hasta c. 1/2 de la longitud de las cipselas, horizontalmente patentes o reflexas al madurar, la base de la arista hasta c. 0.5 mm de diámetro, setulosas, los 3/4 distales glabros. 2n = 72. *Cafetales, áreas cultivadas, matorrales, campos, pastizales, áreas húmedas, pantanos, orillas de caminos, bordes de riachuelos, cráteres de volcanes.* Ch (*Pruski et al. 4225*, MO); G (*Pruski y Vega 4480*, MO); H (*Molina R. y Molina 25846*, MO); ES (*Standley 23422*, NY); N (*Seymour 966*, MO); CR (*Worthen s.n.*, MO); P (Dillon et al., 2001: 302). 100-1600(-2000) m. (México, Mesoamérica.)

Aunque Standley (1938) y Sherff y Alexander (1955) trataron *Calyptocarpus* como monotípico, McVaugh y Smith (1967) reconocieron una segunda especie, *C. wendlandii*, la cual ellos restablecieron de la sinonimia de *C. vialis*. Los nombres comunes, por ejemplo, usados por Standley (1938) para *C. vialis*, la cual no se encuentra en Costa Rica, se aplican entonces aquí a *C. wendlandii*. El ejemplar de Costa Rica de *C. wendlandii* fue citado por Torres (1964) como el único ejemplar de *Sanvitalia* en Costa Rica, un género aquí excluido de Costa Rica. La ocurrencia de *C. wendlandii* en Panamá, como fue sugerido por el reporte sin ejemplar de Dillon et al. (2001; reporte repetido por Correa et al., 2004) no fue confirmada en este tratamiento, aunque esta especie es muy posible se encuentre en Panamá.

129. Clibadium F. Allam. ex L.

Baillieria Aubl., *Orsinia* Bertol. ex DC., *Oswalda* Cass., *Trichapium* Gilli, *Trixis* Sw. non P. Browne

Por J.E. Arriagada y J.F. Pruski.

Hierbas arbustivas a árboles pequeños; tallos glabrescentes a diversamente pelosos, ramificaciones opuestas. Hojas opuestas, pecioladas o rara vez sésiles; láminas cartáceas a algunas veces subcoriáceas, en general triplinervias desde muy por encima de la base hasta algunas veces 3-palmatinervias desde la base, ambas superficies no glandulosas, la superficie adaxial con frecuencia escabrosa o estrigosa hasta algunas veces piloso-hirsuta, la superficie abaxial glabrescente a tomentosa, los márgenes serrulados a serrados; pecíolo muy rara vez alado. Capitulescencias abiertas, en general tirsoide-paniculadas, el eje principal tricotómicamente ramificado, dicotómicamente ramificado distalmente, las últimas ramas rara vez con cabezuelas subglomeradas. Cabezuelas disciformes; involucro turbinado a subgloboso, más o menos terete, no aplanado-comprimido ni samaroide; filarios pocos, imbricados, subiguales o ligeramente graduados, en general 2-seriados, verdosos o algunas veces de color crema, frecuentemente negros al secarse, estriados, glabrescentes o pelosos, endurecidos, los más internos subyacentes pero no encerrando las flores marginales; clinanto pequeño, sin páleas o algunas veces con páleas escariosas inconspicuas subyacentes a las flores del disco, rara vez (en Mesoamérica) con páleas pistiladas subyacentes a las series internas (cuando multiseriadas) de las flores pistiladas. Flores marginales 3-40, pistiladas, 1-seriadas (algunas veces aparentemente 2-seriadas en frutos maduros) a algunas veces en varias series, en general menos que las flores del disco; corola pequeña, solo escasamente exerta, infundibuliforme, en general blanca, en ocasiones escasamente pelosa, el ápice denticulado, el limbo ausente; estilo sin apéndice. Flores del disco 2-10, funcionalmente estaminadas; corola pequeña, infundibuliforme a campanulada, (4)5-lobada, escasa a marcadamente exerta en la antesis, en general blanca, los lobos brevemente triangulares, pelosos a densamente pelosos; anteras (4)5, las tecas típicamente negras, escasamente exertas, cortamente sagitadas basalmente, el apéndice negro; ovario estéril, el estilo entero. Cipselas radiadas abrazadas por el filario pero no envueltas por este, en general al secar negras, secas o rara vez (en Mesoamérica) carnosas, obovoides a piriformes, escasamente obcomprimidas, en general vellosas en el ápice o glabras, indumento típicamente más denso sobre la superficie adaxial (ventral), el carpóforo pardo-amarillento, pequeño y ancho, algunas veces subestipitado; vilano ausente. $x = 16$. 30 spp. América tropical.

Arriagada (2003) publicó una revisión conteniendo 29 especies, la cual modifica el tratamiento de Schulz (1912). El número de especies reconocidas fue elevado a 30 por Pruski (2005), quien describió *Clibadium arriagadae* Pruski de Ecuador. Cada una de las 3 especies más ampliamente distribuidas en el género (*C. eggersii, C. surinamense* y *C. sylvestre*) se encuentran en Mesoamérica. Ocho especies en el género (total modificado de Acevedo-Rodríguez, 1990), incluyendo especies en Mesoamérica, se usan como veneno para peces.

Las brácteas externas de todas las flores, algunas de las cuales subyacentes a flores pistiladas, se denominan aquí filarios, pero Schultz (1912) y Arriagada (2003) llamaron páleas a los filarios más internos. Páleas son definidas como brácteas receptaculares por dentro de las flores más externas y subyacentes a las flores del disco (así concordando con el típico uso del término) y algunas veces (en cabezuelas con flores pistiladas multiseriadas) subyacentes a las series internas de las flores pistiladas. Este segundo tipo de páleas (p. ej., las subyacentes a las series internas de las flores pistiladas en cabezuelas con flores pistiladas multiseriadas) se denominan aquí "páleas pistiladas" con el fin de distinguirlas de las páleas típicas. Estas páleas pistiladas son endurecidas y se asemejan mucho en textura e indumento más a los filarios que a las páleas. Aunque la única especie de Mesoamérica en la cual se usa el término "páleas pistiladas" es *C. eggersii*, se debe anotar que la terminología corregida de filario y pálea aquí difiere de aquella en Arriagada (2003) y Schultz (1912), donde los filarios fueron definidos en un sentido más restringido como las brácteas estériles externas de todas las flores pistiladas, no solo de las inmediatamente subyacentes. Esta terminología como fue corregida aquí corresponde con el uso en todas partes en este tratamiento y en todo el resto de Asteraceae, aunque se debe recordar que la mayoría de las descripciones anteriores de las especies de *Clibadium* son erróneas.

Una importante característica usada en la taxonomía de *Clibadium* es si los taxones tienen o no tienen el follaje con tricomas adpresos o patentes. Aunque esta característica varía ocasionalmente, debe notarse en taxones con tricomas patentes que los tricomas son alargados, mientras que en taxones con tricomas adpresos los tricomas son típicamente cortos.

Bibliografía: Acevedo-Rodríguez, P. *Advances Econ. Bot.* 8: 1-23 (1990). Arriagada, J.E. *Brittonia* 55: 245-301 (2003). Linares, J.L. *Ceiba* 44: 105-268 (2003 [2005]). Pruski, J.F. *Sida* 21: 2023-2037 (2005). Schulz, O.E. *Bot. Jahrb. Syst.* 46: 613-628 (1912). Stuessy, T.F. *Ann. Missouri Bot. Gard.* 62: 1057-1091 (1975 [1976]).

1. Flores marginales 5-7-seriadas, más numerosas que las flores estaminadas del disco; clinantos obvia y completamente paleáceos; cipselas ligeramente carnosas al madurar (subg. *Paleata*). **4. C. eggersii**
1. Flores marginales 1-seriadas, frecuentemente más pocas que las flores del disco; clinantos sin páleas o algunas veces inconspicuamente paleáceos; cipselas secas (subg. *Clibadium*).
  2. Las últimas ramas de la capitulescencia con cabezuelas subsésiles y subglomeradas.
    3. Hojas subsésiles o cortamente pecioladas, el pecíolo alado hasta la base o casi hasta la base. **8. C. sessile**
    3. Hojas pecioladas, el pecíolo no alado o rara vez alado distalmente.
      4. Follaje con indumento adpreso; capitulescencias típicamente aplanadas apicalmente, las ramas laterales típicamente dirigidas hacia afuera en ángulo casi recto con el eje principal, las últimas ramas con agregados de (2)3-6 cabezuelas. **2. C. anceps**
      4. Follaje con tricomas alargados, ascendentes a patentes; capitulescencias típicamente redondeadas apicalmente, las ramas laterales típica-

mente ascendentes en un ángulo de casi 45° con el eje principal, las últimas ramas con agregados de 10-20 cabezuelas. **5. C. glomeratum**
  2. Las últimas ramas de la capitulescencia con cabezuelas moderadamente espaciadas a bien espaciadas.
    5. Hojas (12)25-40(-50) × 10-30(-40) cm; pecíolo alado o no alado; capitulescencias típicamente con más de 200 cabezuelas. **6. C. grandifolium**
    5. Hojas menos de 22(-28.5) × 15(-18) cm; pecíolo no alado; capitulescencias con menos de 200 cabezuelas.
      6. Pedúnculos, tallos y superficies de la hoja típicamente estrigosos.
        7. Cipselas moderadamente papiloso-glandulosas y en ocasiones también vellosas. **1. C. acuminatum**
        7. Cipselas vellosas, algunas veces también esparcidamente papiloso-glandulosas cuando inmaduras. **10. C. sylvestre**
      6. Pedúnculos densamente piloso-tomentosos con tricomas patentes, tallos hirsútulos o densamente piloso-tomentosos hasta algunas veces estrigosos proximalmente, las superficies de la hoja hirsútulas, estrigosas, escabrosas, o cortamente pilosas.
        8. Superficies de las hojas típicamente estrigosas; cipselas subglabras o algunas veces esparcidamente vellosas o papiloso-glandulosas en el ápice. **7. C. leiocarpum**
        8. Superficies de las hojas hirsútulas, escabrosas, o cortamente pilosas; cipselas vellosas.
          9. Láminas de las hojas con base típicamente cuneada o algunas veces obtusa y luego abruptamente contraída y acuminada a atenuada; flores del disco típicamente 4-11. **3. C. arboreum**
          9. Láminas de las hojas con base típicamente obtusa o algunas veces atenuada a escasamente decurrente sobre el pecíolo; flores del disco típicamente 10-14. **9. C. surinamense**

1. Clibadium acuminatum Benth., *Bot. Voy. Sulphur* 114 (1844 [1845]). Lectotipo (designado por Arriagada, 2003): Costa Rica, *Barclay 2179* (BM). Ilustr.: Aristeguieta, *Fl. Venezuela* 10: 394, t. 62 (1964), como *C. pediculatum*.
Clibadium parviceps S.F. Blake, *C. pediculatum* Aristeg., *C. sneidernii* Cuatrec.

Arbustos de hasta 3-5 m; tallos con ramas delgadas y estriadas, estrigosas a densamente estrigosas. Hojas pecioladas; láminas 6-20 × 2.5-10 cm, ovadas a ovado-lanceoladas, delgadamente cartáceas, triplinervias desde muy por encima de la base, 1 o 2 pares proximales de nervios secundarios marcadamente arqueados hacia el ápice, las superficies estrigosas, la base obtusa a frecuentemente acuminada, los márgenes serrulados o crenado-serrados, los dientes en general mucronados, el ápice acuminado; pecíolo 1.5-5(-6) cm, no alado, delgado, estrigoso. Capitulescencia hasta con 200 cabezuelas, las últimas ramas con cabezuelas sésiles o cortamente pedunculadas, moderadamente espaciadas a bien espaciadas; pedúnculos típicamente estrigosos. Cabezuelas 4-6 mm, subglobosas; involucro 3-4 mm de diámetro, hemisférico; filarios 3-4 × 2-2.5(-3.5) mm, suborbicular-orbiculares, verdosos, (5-)7-nervios, estrigosos, cortamente ciliados distalmente, el ápice agudo; clinanto sin páleas o rara vez inconspicuamente paleáceo. Flores marginales 4-6(-8), 1-seriadas; corola 2.5-3 mm, 3-dentada, blanca, glabra o esparcidamente pelosa en el ápice, los dientes c. 0.4 mm, irregularmente deltoides; estilo c. 1.5 mm, las ramas c. 1 mm. Flores del disco (4)5-10; corola 3-4 mm, infundibuliforme, 5-lobada, blanca, los lobos deltados, c. 0.5 mm, esparcidamente pilosos en el ápice; anteras c. 1 mm; ovario c. 1.5 mm, esparcidamente piloso en el ápice. Cipselas c. 2 mm, obovoides, rara vez cortamente rostradas, moderadamente papiloso-glandulosas y también en ocasiones (en Mesoamérica) distalmente vellosas. *Márgenes de bosques secundarios.* CR (*Rojas 3637*, MO). 200-300 m. (Mesoamérica, Colombia, Venezuela.)

Ejemplares de la Isla del Coco son moderadamente papiloso-glandulosos y rara vez vellosos, mientras que los ejemplares continentales (como en la ilustración citada arriba) de esta especie son vellosos y esparcidamente papiloso-glandulosos, y finalmente podría probar ser mejor referido a *Clibadium sylvestre*.

2. Clibadium anceps Greenm., *Proc. Amer. Acad. Arts* 39: 97 (1904 [1903]). Isolectotipo (designado por Arriagada, 2003): Costa Rica, *Tonduz 12537* (US!). Ilustr.: no se encontró.

Clibadium pilonicum Stuessy.

Arbustos arqueados o escandentes hasta bejucos, 3-6 m; tallos en posición horizontal y enraizando en los nudos, glabrescentes proximalmente a estrigosos distalmente; follaje con indumento adpreso. Hojas pecioladas; láminas 7-15 × 3-9(-11.5) cm, ovadas a angostamente ovadas, típicamente triplinervias desde por encima de la base o algunas veces (en Panamá el material frecuentemente llamado *C. pilonicum*) 3-palmatinervias desde la base, este par de nervios secundarios marcadamente arqueados continuando hasta bien pasada la mitad de la hoja y frecuentemente casi hasta el ápice, las superficies glabrescentes a estrigosas, la base cuneada, algunas veces escasamente atenuada sobre el pecíolo, los márgenes serrulados a remotamente denticulados, el ápice acuminado; pecíolo 1-3(-4.5) cm, no alado, estrigoso. Capitulescencia típicamente aplanada en el ápice, 50-120 cabezuelas, las cabezuelas sésiles, las ramas laterales típicamente dirigidas hacia afuera en ángulos casi rectos desde el eje principal, las ramas estrigosas a densamente estrigosas, los tricomas adpresos, las últimas ramas con agregados subaglomerados de (2)3-6 cabezuelas subsésiles, agregadas subglomeradas hasta c. 6 × 10 mm en el fruto, frecuentemente más anchos que altos, subesféricos, moderadamente densos. Cabezuelas 3-5 mm; involucro 3-4 mm de diámetro, anchamente turbinado; filarios 3-4 × 2.5-3 mm, ovados, 2-seriados, 7-12-nervios, estrigosos, ciliados distalmente, el ápice agudo; clinanto sin páleas, rara vez largamente setoso. Flores marginales 3-5, 1-seriadas; corola 2-2.5 mm, 4-dentada, blanca, los dientes c. 0.4 mm, deltados, los márgenes cortamente ciliados; estilo c. 3 mm, las ramas c. 1.5 mm. Flores del disco 4-10; corola 2.6-3 mm, 5-lobada, los lobos c. 0.4 mm, deltados; anteras c. 2 mm; ovario c. 2 mm, velloso distalmente, estilo c. 3 mm. Cipselas c. 2 mm, glabras. 2*n* = 32. *Márgenes de bosques, áreas alteradas, bosques secundarios, orillas de caminos.* CR (*Arriagada 408*, OS); P (*Dwyer y Correa 8844*, MO). 50-2700 m. (Endémica.)

En el campo *Clibadium anceps* tiene filarios carnosos al madurar con jugo verdoso. Las poblaciones panameñas descritas por Stuessy (1975b [1976]) como *C. pilonicum* tienen hojas 3-palmatinervias desde la base, pero aquí se sigue a Arriagada (2003), quien trató estas como sinónimo de *C. anceps*, el tipo de las cuales tiene hojas pinnadamente triplinervias desde por encima de la base.

3. Clibadium arboreum Donn. Sm., *Bot. Gaz.* 14: 26 (1889). Holotipo: Guatemala, *von Türckheim 929* (US!). Ilustr.: Nash, *Fieldiana, Bot.* 24(12): 514, t. 59 (1976). N.v.: Corona, pico siro, B.

Clibadium donnell-smithii J.M. Coult., *C. oligandrum* S.F. Blake, *C. pueblanum* S.F. Blake.

Arbustos o árboles pequeños, 1.5-6(-8) m; tallos muy ramificados, las ramas densamente pilosas, los tricomas patentes. Hojas pecioladas; láminas 9-19 × 6-14(-18) cm, ovadas a anchamente ovadas, triplinervias desde por encima de la base, la superficie adaxial escabrosa, la superficie abaxial densa y cortamente pilosa, la base típicamente cuneada o algunas veces obtusa y luego abruptamente contraída y acuminada a atenuada, los márgenes serrulados a algunas veces serrados, el ápice acuminado a largamente acuminado; pecíolo 2-4.5 cm, no alado, piloso. Capitulescencia con pocas ramas, hasta con 100 cabezuelas, estas subsésiles o cortamente pedunculadas, las ramas densamente pilosas, las últimas ramas con cabezuelas moderadamente espaciadas a bien espaciadas. Cabezuelas 4.5-5.2 mm, subglobosas; involucro c. 3.5 mm de diámetro, hemisférico; filarios 3.3-5 × 4-5 mm, anchamente obovados, marcadamente 3-7-estriados, estrigosos, ciliados o esparcidamente ciliados distalmente, el ápice agudo a obtuso; clinanto sin páleas. Flores marginales 3-6, 1-seriadas; corola c. 2.5 mm, 4-dentada, blanca, los dientes c. 0.2 mm, el ápice esparcidamente peloso; estilo c. 2 mm, las ramas c. 1.5 mm, el ápice recurvado. Flores del disco típicamente 4-11; corola 2.5-3.7 mm, infundibuliforme, 5-lobada, blanca, el tubo c. 0.8 mm, los lobos c. 1 mm, deltados, el ápice setoso a densamente setoso; ovario c. 1.5 mm, hirsuto distalmente [estilo?]. Cipselas c. 2 × 1.5 mm, obovoides, negruzcas, vellosas en el ápice. 2*n* = 32. *Bosques densos húmedos, selvas subperennifolias, los bordes de arroyos, bosques secundarios húmedos, orillas de caminos.* T (*Cowan 2427*, MO); Ch (*Breedlove 26504*, MO); B (*McDaniel 14482*, MO); G (*Skutch 927*, F); H (*Harmon y Dwyer 4031*, MO); ES (Linares, 2003 [2005]: 121); N (*Atwood A151*, OS). 0-2600 m. (México, Mesoamérica.)

Clibadium arboreum es la especie del género distribuida más hacia el norte. Strother (1999) trató esta especie como un sinónimo de *C. surinamense*, especie muy cercanamente relacionada, pero parece apropiado reconocer cada especie por separado hasta que estas se puedan estudiar adecuadamente en el campo. El reporte de Linares (2003 [2005]) de esta especie en El Salvador no fue verificado.

4. Clibadium eggersii Hieron., *Bot. Jahrb. Syst.* 28: 598 (1901). Lectotipo (designado por Arriagada, 2003): Ecuador, *Eggers 15309* (K!). Ilustr.: Arriagada, *Brittonia* 55: 256, t. 1 (2003).

Clibadium chocoense Cuatrec., *C. pittieri* Greenm., *C. pittieri* forma *phrixium* Greenm., *C. polygynum* S.F. Blake, *C. propinquum* S.F. Blake, *C. terebinthinaceum* (Sw.) DC. var. *pittieri* (Greenm.) O.E. Schulz, *Wulffia sodiroi* Hieron.

Hierbas arbustivas a arbustos, 1-4 m; tallos subteretes, hirsutos o algunas veces (en Mesoamérica) estrigosos. Hojas pecioladas; láminas 4-16.5 × 2-11 cm, elípticas a ovadas, triplinervias desde muy por encima de la base, las superficies estrigosas en especial adaxialmente o hirsutas, la base cuneada o abruptamente atenuada a redondeada, algunas veces escasamente decurrente sobre el pecíolo, los márgenes serrulados a serrados, el ápice agudo a acuminado; pecíolo 1-5(-8) cm, no alado. Capitulescencia con 3-11(-25) cabezuelas, las últimas ramas con cabezuelas moderadamente espaciadas a bien espaciadas; pedúnculos 3-12 mm, hirsutos o algunas veces (en Mesoamérica) estrigosos. Cabezuelas 4-5 mm, hasta c. 7 mm en el fruto, las flores pistiladas marginales más numerosas que las flores estaminadas discoides; involucro 4-4.5 mm de diámetro, hasta 8 mm de diámetro en el fruto, hemisférico; filarios c. 4 × 1.5 mm, elíptico-ovados, por lo general cercanamente subyacentes a cada flor pistilada externa, subiguales, rígidos, estrigosos, el ápice agudo; clinanto completa y obviamente paleáceo; páleas pistiladas endurecidas, semejantes a los filarios y graduando desde estos, subyacentes a las flores pistiladas internas, moderadamente 5-estriadas; páleas centrales subyacentes a las flores del disco c. 3 mm, linear-lanceoladas, escariosas, ligeramente conduplicadas, hirsutas apicalmente. Flores marginales 28-40, 5-7-seriadas; corola 1.2-1.5 mm, cortamente 4-dentada, blanca, apicalmente hirsútula; ramas del estilo c. 0.5 mm. Flores del disco 4-10; corola 1.7-2.2 mm, anchamente infundibuliforme, 4-lobada o 5-lobada, color crema, el tubo c. 0.3 mm, la garganta muy ampliada, los lobos 0.4-0.5 mm, pilósulos; anteras c. 1.5 mm; ovario linear, 1.4-1.8 mm, largamente pilósulo, el estilo entero. Cipselas 2-2.5 × 1.6-2 mm, oblongo-piriformes, ligeramente carnosas al madurar, vellosas en el ápice aplanado a redondeado. 2*n* = 32. *Vegetación secundaria, orillas de caminos, laderas de arroyos, pantanos.* B (*Gentle 8251*, MO); G (*von Türckheim 4148*, F); H (*Williams y Molina R. 14621*, GH); N (*Seemann 88*, BM); CR (*Pittier 11290*, GH); P (*Busey 825*, MO). 0-1100(-1200) m. (Mesoamérica, Colombia, Ecuador, Perú.)

Clibadium eggersii se distingue por las flores pistiladas en varias series, las cuales en el fruto pasan a ser carnosas al madurar, con la cabezuela tomando un inusual aspecto semejante a un agregado de frutos de *Rubus* L. *Wulffia sodiroi* es el binomio más antiguo para esta especie, pero está bloqueado por *C. sodiroi* Hieron. Los individuos de

C. eggersii que tienen tallos con tricomas patentes son más comunes en Mesoamérica, mientras que en Sudamérica las plantas en general tienen tallos con indumento estrigoso. Aunque en *C. eggersii* la característica del tallo con indumento estrigoso vs. patente varía geográficamente, el tipo de indumento en hojas o tallos en el resto de sitios donde se encuentra el género es consistente y diagnóstico (por ejemplo) en *C. arriagadae, C. pentaneuron* S.F. Blake, y *C. sylvestre* (Pruski, 2005). Nash (1976d) citó esta especie (como *C. pittieri*) en las Antillas, pero se piensa que este reporte es un error.

5. Clibadium glomeratum Greenm., *Proc. Amer. Acad. Arts* 39: 98 (1904 [1903]). Lectotipo (designado por Arriagada, 2003): Costa Rica, *Tonduz 7330/11508* (GH!). Ilustr.: no se encontró.

Arbustos, 1.5-4 m; tallos típica y densamente pilosos a tomentosos; follaje con tricomas alargados, ascendentes a patentes. Hojas pecioladas; láminas 10-20(-29) × 5-15 cm, anchamente ovadas o rara vez angostamente lanceolado-ovadas, triplinervias desde muy por encima de la base, el par más proximal de nervios secundarios grandes típicamente divergiendo desde la vena media muy por encima de la base y continuando solo hasta c. 1/2 de la hoja, la superficie adaxial pilósula a pilosa, la superficie abaxial pilosa a densamente pilosa, más densamente así sobre la nervadura, la base obtusa a cordata, los márgenes irregularmente crenado-serrulados o serrulado-dentados hasta en ocasiones irregulares y profundamente así, el ápice agudo; pecíolo 5-8 cm, no alado, piloso. Capitulescencia típicamente redondeada en el ápice, las ramas laterales típicamente ascendentes en un ángulo de casi 45° con el eje principal, las últimas ramas con densos agregados subaglomerados de 10-20 cabezuelas subsésiles, las ramas en general híspido-pilosas a tomentosas, agregados subaglomerados esféricos, densos, hasta 8(-10) mm y anchos en el fruto. Cabezuelas 3-4 mm; involucro 2-3 mm de diámetro; filarios c. 3 × 2-2.5 mm, ovados a orbiculares, 2-seriados, 7-12-nervios, ciliados distalmente; clinanto sin páleas. Flores marginales c. 5, 1-seriadas; corola c. 1.4 mm, 4-dentada, el tubo c. 0.6 mm, los dientes deltados, esparcidamente pelosa en el ápice; estilo c. 1 mm, las ramas c. 0.5 mm. Flores del disco c. 5; corola 2.2-3 mm, campanulada, 5-lobada, el tubo c. 0.6 mm, los lobos deltados, c. 0.5 mm; anteras c. 1.1 mm; ovario velloso distalmente, el estilo c. 1 mm, entero. Cipselas c. 2 mm, vellosas distalmente. $2n = 32$. *Bosques secundarios, orillas de caminos.* CR (*Arriagada 152*, OS); P (*Hartman 3963*, OS). 0-1600 m. (Endémica.)

Clibadium glomeratum se caracteriza por el follaje piloso, pero en ocasiones se pueden encontrar plantas escabrosas con hojas angostamente lanceolado-ovadas (vs. anchamente ovadas). Aunque el protólogo citó *Tonduz 11508*, el lectotipo tiene ambos números *7330* y *11508* sobre la etiqueta. No es claro cuál de estos números es el número de la colección y cual es un número de herbario y/o número de especie.

6. Clibadium grandifolium S.F. Blake, *Contr. U.S. Natl. Herb.* 22: 599 (1924). Holotipo: Costa Rica, *Donnell Smith 6614* (US!). Ilustr.: Dodson y Gentry, *Selbyana* 4: 287, t. 133B (1978). N.v.: Oa-grá, P.

Clibadium grande S.F. Blake, *C. pacificum* Cuatrec., *C. terebinthinaceum* (Sw.) DC. subsp. *colombiense* Cuatrec.

Arbustos a árboles pequeños de madera blanda, 2-7 m; tallos estriados, estrigosos; follaje con tricomas adpresos o patentes. Hojas pecioladas; láminas (12-)25-40(-50) × 10-30(-40) cm, anchamente ovadas, delgadamente cartáceas, plinervias desde muy por encima de la base con pocos pares de nervios secundarios proximales casi igualmente prominentes, la superficie adaxial glabrescente a estrigosa, la superficie abaxial estrigosa, la base cordata u obtusa a algunas veces cuneada y luego típica y brevemente atenuada, en ocasiones decurrente sobre el pecíolo, los márgenes serrados hasta en ocasiones irregular y profundamente serrados, el ápice agudo a redondeado o algunas veces acuminado; pecíolo 4-19 cm, frecuentemente ancho, no alado o la 1/2 distal en ocasiones alada desde la lámina decurrente, glabrescente a estrigoso. Capitulescencia típicamente con más de 200(-800) cabezuelas corta-

mente pedunculadas, las últimas ramas con cabezuelas moderadamente espaciadas a bien espaciadas; pedúnculos c. 0.5 mm, estrigosos o hirsútulos. Cabezuelas (3-)4-6.5 mm, anchamente campanuladas a subglobosas; involucro 3-5 mm de diámetro, cupuliforme; filarios 3-5 × 3-4 mm, ovados a suborbicular-ovados, verde claro, marcadamente 4-5(-7)-nervios, glabrescentes a estrigulosos distalmente, los márgenes ciliados distalmente; clinanto sin páleas o rara vez inconspicuamente paleáceo. Flores marginales (3-)6-8(-12), 1-seriadas; corola 2-3 mm, 2-dentada o 3-dentada, blanca, los dientes deltados de hasta c. 0.3 mm, esparcidamente pelosa en el ápice; estilo c. 2.5 mm, las ramas c. 1.2 mm. Flores del disco (4-)8-12(-14); corola 30-4 mm, 5-lobada, blanca, los lobos c. 0.5 mm, esparcidamente pelosos en el ápice; anteras c. 2 mm; ovario c. 1.5 mm, velloso en el ápice, el estilo c. 3 mm. Cipselas c. 2.5 mm, vellosas distalmente. *Bosques tropicales húmedos, vegetación secundaria, bosques alterados, bancos de arroyos, orillas de caminos.* N (*Stevens 4816*, MO); CR (*Pittier 11280*, US); P (*Allen 3621*, MO). 0-1700 m. (Mesoamérica, Colombia, Ecuador.)

Plantas juveniles de *Clibadium grandifolium* con hojas menores son superficialmente similares a las de *C. sylvestre*, pero *C. sylvestre* se distingue por los filarios estrigosos. El protólogo de *C. pacificum* reporta hasta 20 flores estaminadas por cabezuela, pero no se pudo confirmar esta cantidad.

7. Clibadium leiocarpum Steetz in Seem., *Bot. Voy. Herald* 152 (1854). Tipo: Panamá, *Seemann 1591* (K!). Ilustr.: Gargiullo et al., *Field Guide Pl. Costa Rica* 286 (2008).

Clibadium leiocarpum Steetz var. *strigosum* S.F. Blake, *C. schulzii* S.F. Blake.

Arbustos o algunas veces arbolitos, 2-5 m; tallos por lo general densamente ramificados, estriado-angulados, densamente piloso-tomentosos a frecuentemente estrigosos proximalmente o rara vez estrigosos en toda su longitud. Hojas pecioladas; láminas 5-20 × 2-10 cm, lanceoladas a ovadas, cartáceas a rara vez gruesamente cartáceas, triplinervias desde muy por encima de la base, ambas superficies típicamente estrigosas hasta la superficie abaxial algunas veces serícea o muy rara vez piloso-tomentosa o esparcidamente estrigosa, la base aguda a atenuada, los márgenes serrados, el ápice acuminado; pecíolo (1-)2-6 cm, no alado, densamente estrigoso a piloso-tomentoso. Capitulescencia frecuentemente más o menos aplanada en el ápice, hasta con 100 cabezuelas, las últimas ramas con cabezuelas moderadamente espaciadas a bien espaciadas; pedúnculos 0.5-1 mm, típica y densamente piloso-tomentosos con tricomas patentes o rara vez estrigosos. Cabezuelas 3.5-4.5 mm; involucro 3-3.5 mm de diámetro, turbinado a subgloboso; filarios 3.5-4.5 × 3-4 mm, suborbiculares a anchamente ovados, 7-9-nervios, típicamente glabros proximalmente y estrigosos distalmente, rara vez completamente estrigosos, los márgenes distalmente ciliados a esparcidamente ciliados, el ápice agudo; clinanto sin páleas o rara vez inconspicuamente paleáceo. Flores marginales (5-)7-9, 1-seriadas; corola 1.5-2.2 mm, blanca, glabra, 3-dentada, los dientes c. 0.4 mm; estilo c. 2 mm, las ramas 0.5-0.8 mm. Flores del disco 10-15; corola 2.5-3 mm, 5-lobada, blanca, los lobos c. 0.5 mm, el ápice estriguloso; anteras c. 1.5 mm; ovario c. 2 × 1 mm, glabro, los estilos enteros. Cipselas 1.5-1.7 mm, con frecuencia cortamente rostradas, subglabras o algunas veces esparcidamente vellosas con c. 5 tricomas o esparcida a moderadamente papiloso-glandulosas en el ápice. $2n = 32$. *Bosques secundarios, orillas de caminos, márgenes de bosques, bosques de neblina, selvas bajas perennifolias, laderas alteradas, matorrales, pastizales.* N (*Araquistáin y Moreno 655*, MO); CR (*Pruski et al. 3822*, MO); P (*Woodson et al. 908*, MO). (30-)1000-2800 m. (Endémica.)

Clibadium leiocarpum es muy similar a *C. sylvestre*, pero difiere de esta por los tricomas típicamente más largos en los tallos y las hojas, los pedúnculos típicamente con tricomas patentes, los filarios típicamente glabrescentes proximalmente y estrigosos distalmente, y las cipselas frecuentemente subglabras. Tal vez la característica más útil en la identificación de *C. leiocarpum* es el contraste en indumento (y a su vez color) entre los pedúnculos típica y densamente piloso-tomentosos y los filarios típicamente glabros proximalmente, aunque se debe anotar que en ocasiones se pueden encontrar plantas individuales con una rama estrigosa y una rama con indumento patente. Strother (1999) trató *C. leiocarpum* como un sinónimo de *C. surinamense*. *Clibadium leiocarpum*, sin embargo, claramente difiere de *C. surinamense* por los tricomas adpresos sobre la superficie abaxial de las hojas (vs. patentes). El reporte por Nash (1976d) de *C. leiocarpum* en Chiapas está basado en una identificación errónea.

Poblaciones de *C. leiocarpum* en la vecindad de San José, Costa Rica son en ocasiones morfológicamente variables, y una de tales poblaciones ha sido segregada como *C. leiocarpum* var. *strigosum*, la cual se aproxima a la morfología de *C. sylvestre*. Características atípicas extremas en variación ocasionalmente encontradas a través del área de distribución de las especies incluyen plantas con hojas más gruesas, más marcadamente plinervias, o esparcidamente estrigosas, tallos estrigosos, pedúnculos estrigosos, los filarios completamente estrigosos, o cipselas moderadamente papiloso-glandulosas en el ápice. Sin embargo, ninguno de estos extremos han sido observados todos en un solo individuo y tal variación no se correlaciona bien con geografía. Por esta razón, parece mejor circunscribir ampliamente *C. leiocarpum* como lo hizo Arriagada (2003), pero se debe tener en cuenta que varias características morfológicas usadas aquí para caracterizar este taxón son en ocasiones plásticas.

8. Clibadium sessile S.F. Blake, *Ann. Missouri Bot. Gard.* 28: 475 (1941). Holotipo: Panamá, *Woodson y Schery 658* (US!). Ilustr.: no se encontró.

Clibadium subauriculatum Stuessy.

Arbustos, 1-4 m; tallos glabros a estrigosos. Hojas subsésiles a cortamente pecioladas; láminas (6-)8-20 × 5-8 cm, angostamente ovadas, más amplias cerca del 1/2, triplinervias desde muy por encima de la base, la superficie adaxial glabra, la superficie abaxial estrigosa, la base cuneada, los márgenes serrados, el ápice acuminado; pecíolo 0.5-2 cm, típicamente alado hasta la base o casi hasta la base, subauriculado en la base. Capitulescencia con 70-100 cabezuelas, las últimas ramas con agregados subglomerados de 3-7 cabezuelas subsésiles. Cabezuelas 3.5-4.5 mm; involucro 3-4 mm de diámetro, cupuliforme; filarios 3-4 × 2.5-3 mm, oblanceolados u obovados a ovados, 7-12-nervios, glabros a estrigosos, los márgenes distalmente ciliados, el ápice obtuso; clinanto sin páleas. Flores marginales c. 5, 1-seriadas; corola c. 2 mm, 2-dentada, blanca, los dientes irregularmente c. 0.3 mm, deltados, brevemente ciliados; ramas del estilo c. 1 mm. Flores del disco 6-8; corola c. 3 mm, 5-lobada, blanca, los lobos c. 0.5 mm, deltados, setosos; anteras c. 1.6 mm; ovario piloso hacia el ápice, estilo c. 3 mm. Cipselas c. 2 mm, glabras. *Selvas medianas perennifolias.* P (*D'Arcy 10911*, MO). 1400-1900 m. (Endémica.)

La colección tipo de *Clibadium sessile* es también la única colección paratipo de *C. subauriculatum*.

9. Clibadium surinamense L., *Mant. Pl.* 294 (1771). Neotipo (designado por Hind en Jarvis et al., 1993): Surinam, *Hostmann 647* (K!). Ilustr.: Stuessy, *Ann. Missouri Bot. Gard.* 62: 1076, t. 49 (1975 [1976]). N.v.: Risku pata, H; mastranzo de monte, zalagueña, P.

Baillieria aspera Aubl., *Clibadium asperum* (Aubl.) DC., *C. caracasanum* DC., *C. lanceolatum* Rusby, *C. lehmannianum* O.E. Schulz, *C. surinamense* L. var. *asperum* (Aubl.) Baker, *C. surinamense* var. *macrophyllum* Steyerm., *C. trinitatis* DC., *C. villosum* Benth., *Oswalda baillierioides* Cass., *Trixis aspera* (Aubl.) Sw.

Subarbustos a arbustos, 0.3-4(-5) m; tallos hispídulos a escabrosos, rara vez vellosos. Hojas pecioladas; láminas 5-17(-21) × 2-8(-12) cm, lanceoladas a anchamente ovadas o anchamente obovadas, rígidamente cartáceas, triplinervias desde muy por encima de la base, la superficie adaxial ligera a moderadamente hispídula, verde oscuro, la superficie abaxial marcadamente hispídula, gris-verde pálido, la base

típicamente obtusa o algunas veces atenuada a escasamente decurrente sobre el pecíolo, los márgenes serrados a crenado-serrulados, el ápice agudo a acuminado; pecíolo (1.5-)2-5 cm, no alado, hirsuto. Capitulescencia con 10-180 cabezuelas, las cabezuelas cortamente pedunculadas, las últimas ramas con cabezuelas moderadamente a bien espaciadas. Cabezuelas 4-5 mm, obovoides; involucro 3-4 mm de diámetro, amarillento; filarios c. 4 × 3-5 mm, ovados a anchamente ovados, rígidos, c. 5-nervios, estrigosos, los márgenes distalmente ciliados, el ápice agudo; clinanto sin páleas o algunas veces inconspicuamente paleáceo. Flores marginales 3-5, 1-seriadas; corola c. 2 mm, 3-dentada, los dientes c. 0.4 mm, irregularmente deltoides, setulosos en el ápice; estilo c. 3 mm, las ramas c. 1.5 mm. Flores del disco típicamente 10-14; corola c. 3 mm, campanulada, (4)5-lobada, los lobos irregularmente deltoides, c. 0.5 mm, esparcidamente setulosos en el ápice; anteras 1.6-1.8 mm; estilo 3.5-4 mm, las ramas c. 2.5 mm, el ovario c. 2 mm, el ápice velloso. Cipselas 2.5-3 mm, la 1/2 distal vellosa, también frecuentemente papiloso-glandulosas. $2n = 32$. *Selvas altas perennifolias, bosques nublados, bordes de bosques, áreas alteradas, vegetación ribereña, orillas de caminos, pastizales.* H (*Nelson y Romero 4653*, MO); N (*Jansen y Harriman 547*, OS); CR (*Skutch 3937*, MO); P (*Woodson et al. 1408*, MO). 0-1500(-2000) m. (Mesoamérica, Colombia, Venezuela, Guayanas, Ecuador, Perú, Bolivia, Brasil, Jamaica, La Española, Antillas Menores, Trinidad; introducida en Indonesia y Mauricio.)

Clibadium surinamense y *C. arboreum*, cuyas distribuciones se sobreponen, están cercanamente relacionadas y difieren en general en la forma de la hoja y número de flores del disco por cabezuela. Arriagada (2003) citó *C. surinamense* en Guatemala basado en *Croat 41776* (MO). Este ejemplar, sin embargo, tiene cabezuelas del disco típicamente con 9 flores y aquí se ha vuelto a identificar como *C. arboreum*. *Clibadium surinamense* es así excluida de la flora de Guatemala. Similarmente, Pérez J. et al. (2005: 84) citaron *Cowan 2427* como el único ejemplar de *C. surinamense* en Tabasco, pero esta colección se ha vuelto a identificar como *C. arboreum*, y así *C. surinamense* es excluida de Tabasco.

El carácter del número de lobos de la corola de las flores del disco (4-lobada en *C. surinamense* y 5-lobada en *C. arboreum*) usado por Arriagada (2003) prueba ser poco confiable, pero estas dos especies que parecen ser distintas se mantienen provisionalmente así en este tratamiento, aunque fueron tratadas como un solo taxón por Strother (1999). Los ejemplares de Tabasco y Chiapas referidos como *C. surinamense* en general se han tratado aquí como *C. arboreum*, una especie cercanamente relacionada. *Clibadium surinamense*, la especie más común del género, difiere de *C. sylvestre*, casi igualmente abundante, por los tallos y las superficies de la hoja típicamente hispídulos (vs. estrigosos).

10. Clibadium sylvestre (Aubl.) Baill., *Hist. Pl.* 8: 307 (1886 [1882]). *Baillieria sylvestris* Aubl., *Hist. Pl. Guiane* 2: 807 (1775). Holotipo: Guayana Francesa, *Aublet s.n.* (foto US! ex BM). Ilustr.: no se encontró. N.v.: Barbasco, barosco, catalina, kwinkwimae, ninun sapu, P.

Baillieria barbasco Kunth, *Clibadium appressipilum* S.F. Blake, *C. badieri* (DC.) Griseb., *C. barbasco* (Kunth) DC., *C. caudatum* S.F. Blake, *C. havanense* DC., *C. latifolium* Rusby, *C. strigillosum* S.F. Blake, *C. terebinthinaceum* (Sw.) DC. var. *badieri* DC., *C. vargasii* DC., *Trixis aspera* (Aubl.) Sw. var. *sylvestris* (Aubl.) Pers.

Arbustos a arbustos trepadores, 1-3(-6) m; tallos subteretes o algunas veces hexagonales, estrigosos o muy rara vez patentes. Hojas pecioladas; láminas 5-15(-28) × 1.5-10 cm, elípticas a ovadas, triplinervias desde muy por encima de la base, la superficie adaxial escasamente escabrosa, la superficie abaxial estrigosa o muy rara vez patente, la base decurrente sobre el pecíolo, luego abruptamente atenuada, los márgenes irregulares y remotamente serrados, el ápice en general angostamente acuminado o agudo; pecíolo 1-5(-7) cm, no alado, estrigoso. Capitulescencia con 25-100 cabezuelas, las bractéolas hasta c. 2 mm, lanceoladas, estrigosas, las últimas ramas con cabezuelas moderadamente espaciadas a bien espaciadas; pedúnculos 1-3(-6) mm, estrigosos con tricomas adpresos. Cabezuelas 4-5 mm; involucro c. 3 × 2.5-5 mm, hemisférico; filarios c. 8, 2-seriados o 3-seriados, estriados, pero al secarse negros y ocultando las estrías, remotamente estrigosos; filarios externos 2-3 × 1.5-2 mm, deltoide-ovados, casi tan anchos como el involucro, el ápice agudo; filarios internos 3-3.5 × 2-3 mm, anchamente ovados, el ápice obtuso, en el fruto algunas veces más anchos que largos; clinanto sin páleas o rara vez inconspicuamente paleáceo. Flores marginales 4-6(-9), 1-seriadas; corola 1.5-2.1 mm, brevemente 3-dentada o 4-dentada, blanca, los dientes c. 0.4 mm, apicalmente hirsútulos; ramas del estilo c. 0.5 mm. Flores del disco 7-14; corola 2.5-3.3 mm, angostamente campanulada, 5-lobada, el tubo 0.4-0.5 mm, angosto, la garganta abruptamente ampliada, setosa distalmente, los lobos 0.5-0.7 mm, triangulares, densamente setosos; anteras c. 1.3 mm; ovario 1.2-1.7 mm, linear, apicalmente setoso, el estilo entero. Cipselas c. 2 mm, obcomprimido-piriformes, secas, con frecuencia cortamente rostradas, vellosas al madurar, cuando inmaduras algunas veces también esparcidamente papiloso-glandulosas en el ápice, el carpóforo frecuentemente grande. *Bosques secundarios, bosques estacionales inundables, orillas de ríos, quebradas arenosas, matorrales.* CR (*Grayum y Sleeper 5890*, MO); P (*Williams 698*, NY). 0-1100(-1800) m. (Mesoamérica, Colombia, Venezuela, Guayanas, Ecuador, Perú, Bolivia, Brasil, Cuba, Antillas Menores, Trinidad.)

Clibadium sylvestre es una de las especies más ampliamente distribuidas en el género; ha sido muy colectada en Panamá y también en Costa Rica. Esta especie es frecuentemente cultivada y es en general usada como veneno para peces. Arriagada (2003) registra la corola del disco como 4-mera, mientras que para este tratamiento se encontró que era típicamente 5-mera.

La morfología de *C. sylvestre* a través de toda su área es muy consistente, y por las hojas estrigosas, es similar a *C. acuminatum* y *C. leiocarpum*. *Clibadium acuminatum*, estrechamente circunscrita, básicamente difiere por las cipselas moderadamente papiloso-glandulosas que solo en ocasiones son vellosas, mientras que *C. leiocarpum*, ampliamente circunscrita, difiere por los pedúnculos típicamente con indumento patente.

Investigadores anteriores (p. ej., Schulz, 1912; Stuessy, 1975b [1976]) notaron la frecuente aplicación errónea de los nombres *C. asperum* y *C. sylvestre*. Arriagada (2003) notó que los nombres escritos en los ejemplares tipos de *Baillieria aspera* y *B. sylvestris* en BM habían sido transpuestos. Así entonces, el pliego etiquetado como *B. aspera* es el tipo de *B. sylvestris*, y viceversa. Schulz (1912) trató *C. sylvestre* como un sinónimo de *C. surinamense*, ampliamente definida, pero *C. sylvestre* claramente difiere por las hojas con tricomas adpresos. Stuessy (1975b [1976]) reconoció las dos especies como distintas, pero usó el nombre *C. asperum* para los ejemplares que en este tratamiento se refieren a *C. sylvestre*. Recientemente, Pruski (1997a) y Arriagada (2003) reconocieron *C. sylvestre* y *C. surinamense* como distintas, y trataron *C. asperum* como sinónimo de *C. surinamense*.

130. Delilia Spreng.

Desmocephalum Hook. f., *Elvira* Cass., *Meratia* Cass., *Microcoecia* Hook. f.

Por J.F. Pruski.

Hierbas anuales con raíces fibrosas; tallos erectos o postrados. Hojas opuestas, pecioladas a subsésiles; láminas lanceoladas a ovadas, delgadamente cartáceas, pinnadamente 3-nervias desde por encima de la base, las superficies no glandulosas, los márgenes subenteros a serrados. Capitulescencia terminal o axilar, cercana al nudo debido al par de hojas opuestas subyacentes, con pocas a numerosas cabezuelas, en fascículos subumbelados; pedúnculos delgados, sin bractéolas, más cortos que las hojas subyacentes. Cabezuelas inconspicuamente radiadas, con pocas flores, las flores radiadas dispuestas asimétricamente, las corolas ligeramente emergentes de los filarios en la antesis; involucro aplanado-comprimido, samaroide; filarios en general 3, más o menos ovados, herbáceo-membranáceos, verdosos, los filarios externos en general 2, el filario interno 1, menor, sostenido por dentro de los 2 externos; clinanto diminuto, sin páleas. Flores radiadas 1(-3), pistiladas; corola blanquecina a amarilla, inconspicua, el tubo glabro, el limbo angosto. Flores del disco 1(-4), funcionalmente estaminadas; corola infundibuliforme, (4)5-lobada, blanquecina a amarilla, glabra o los lobos esparcidamente pelosos, los tubos delgados, casi tan largos o escasamente más cortos que la garganta; anteras negras, basal y cortamente sagitadas, el apéndice navicular, no glanduloso; estilo no ramificado, hírtulo-papiloso, el ovario estéril, alargado, linear. Cipselas (radiadas) completamente envueltas dentro de los 2 filarios herbáceos externos aplanados y samaroides, aplanado-triqueras, 3-acostilladas, de contorno obovado, glabras o diminutamente puberulentas distalmente; vilano ausente. $x = 12$. Aprox. 2 spp., 1. sp. ampliamente distribuida, otra endémica de las islas Galápagos.

El nombre *Elvira* (1824) fue usado por la mayor parte del siglo XIX porque se había creído incorrectamente que *Delilia* fue originalmente publicado en Spreng., *Syst. Veg.* en 1826, pero fue publicado en 1823.

Bibliografía: Delprete, P.G. *Pl. Syst. Evol.* 194: 111-122 (1995).

1. Delilia biflora (L.) Kuntze, *Revis. Gen. Pl.* 1: 333 (1891). *Milleria biflora* L., *Sp. Pl.* 919 (1753). Lectotipo (designado por Stearn, 1957): L., *Hort. Cliff.* 425, t. 25 (1737 [1738]). Ilustr.: Cabrera, *Fl. Prov. Jujuy* 10: 317, t. 132 (1978). N.v.: Bolon eek' xiw, bulum eek' xiw, eek' xiw, soi kay, top'lan sel, top'lan sil, toplanxiw, Y; bolon eek' xiw, bulum eek' xiw, eek' xiw, top'lan sil, toplanxiw, C; bolon eek' xiw, bulum eek' xiw, eek' xiw, top'lan sil, QR; lentejilla, G; lenteja, tostoncillo, H; lentejuela, ES.

Delilia berteroi Spreng., *Elvira biflora* (L.) DC., *E. martynii* Cass., *Meratia sprengelii* Cass.

Hierbas, 0.2-1 m; tallos erectos, moderadamente ramificados, subteretes, estrigosos o algunas veces hirsutos, la médula sólida. Hojas: láminas 2-6(-10) × 0.8-3(-4.5) cm, lanceoladas a angostamente ovadas, las superficies estrigulosas, la base cuneada a obtusa, algunas veces escasamente largamente atenuada, los márgenes serrulados a serrados, el ápice agudo a acuminado; pecíolo 4-11 mm, estrigoso-hirsuto. Capitulescencia de fascículos globosos, c. 20 cabezuelas; pedúnculos 2-5 mm, estrigosos. Cabezuelas 4-5 mm, con 2(-6) flores, las flores en la antesis escasamente más largas que los filarios del medio y casi tan largas como los filarios externos; involucro de 3 filarios, el interno progresivamente menor que el externo; filarios palmado-reticulado-nervados, estrigosos hasta los internos apenas escasamente estrigosos abaxialmente, filario externo 4-5 × 3-4.5 mm, cordiforme-orbicular con un seno angosto en la base cordada, los márgenes enteros o algunas veces crenulados; filario del medio 3-3.5 × 1.5-3 mm, ovado u obovado, adpreso al externo, basalmente cuneado, el filario más interno menor y sostenido por dentro de los 2 externos. Flores radiadas 1; corola 1.4-1.8 mm, glabra, el tubo 1-1.3 mm, el limbo 0.4-0.5 × c. 0.3 mm, ovado, c. 4-nervio; ramas del estilo 0.7-1.3 mm, largamente exertas. Flores del disco 1(-4); corola 1.5-2.5 mm, el tubo 0.6-1.1 mm, los lobos 0.1-0.3 mm; ovario 1-1.5 mm, estipitiforme. Cipselas 2.1-2.5 × c. 0.9 mm, aplanadas, aladas, glabras o algunas veces puberulentas cuando jóvenes. Floración durante todo el año. $2n = 24$. *Áreas alteradas, riscos, selvas altas perennifolias, selvas caducifolias, áreas cultivadas, laderas de arroyos con gramíneas, áreas de pastoreo, bosques de* Quercus, *quebradas, ramonales, orillas de caminos, laderas, vegetación secundaria.* T (*Menéndez et al. 423*, MO); Ch (*Pruski et al. 4231*, MO); Y (*Gaumer 367*, MO); C (*Houstoun s.n.*, LINN); QR (*Téllez et al. 3671*, MO); B (*Schipp 643*, MO); G (*Heyde y Lux 6297*, MO); H (*Molina R. y Molina 25840*, MO); ES (*Standley 22711*, MO); N (*Baker 138*, MO); CR (*Pruski y Sancho 3816*, MO); P (*Greenman y Greenman 5249*, MO). 0-1400(-2100). (México, Mesoamérica, Colombia, Venezuela, Guyana, Ecuador, Perú, Bolivia, Brasil, Argentina, Cuba; África.)

131. Eclipta L., nom. et typ. cons.

Abasoloa La Llave, *Clipteria* Raf., *Ecliptica* Rumph. ex Kuntze, *Eupatoriophalacron* Mill., *Micrelium* Forssk., *Paleista* Raf., *Polygyne* Phil.

Por J.F. Pruski.

Hierbas anuales o perennes de vida corta, con corolas prontamente deciduas y frecuentemente colectadas únicamente en el fruto; tallos erectos a postrados y enraizando en los nudos, ligeramente a muy ramificados, subteretes, estrigosos, la médula angostamente fistulosa o sólida. Hojas opuestas, sésiles o cortamente pecioladas; láminas elípticas a lanceoladas, cartáceas, triplinervias desde cerca de la base o subpinnadas, ambas superficies estrigosas, no glandulosas, los márgenes subenteros a serrulados. Capitulescencia monocéfala a corimbosa, las cabezuelas 1-3(-5) por nudo, axilar desde la mayoría de los nudos distales; pedúnculos delgados, en general más cortos que las hojas. Cabezuelas pequeñas, inconspicuamente radiadas, con numerosas flores; involucro hemisférico, de 8-11 filarios foliáceos luego patentes para exponer el clinanto; filarios imbricados, subiguales o los externos más largos, escasamente 2-seriados o 3-seriados, anchos, más o menos herbáceos, estrigosos; clinanto aplanado o escasamente convexo, paleáceo; páleas filiformes. Flores radiadas 8-50, pistiladas, 1-3-seriadas; corola filiforme, prontamente caduca, blanca (Mesoamérica) o amarillenta, el tubo glabro o ligeramente puberulento, el limbo lanceolado, glabro. Flores del disco 8-40, bisexuales; corola 4(5)-lobada, prontamente caduca, amarilla o blanco-verdosa, el tubo corto, glabro, el limbo angostamente campanulado, glabro o escasamente puberulento cerca del ápice de los lobos; anteras 4(5), en general negras, incluidas, basal y cortamente sagitadas; ramas del estilo cortas, en ocasiones exertas, líneas estigmáticas con una superficie estigmática más o menos continua, no en 2 bandas conspicuas, el ápice papiloso. Cipselas obcónicas, 4-anguladas o las cipselas radiadas triquetras, en ocasiones con las cipselas del disco ligeramente aplanadas, secas, madurando prontamente, caducas prontamente del clinanto, tuberculadas, sin rostro, no aladas pero algunas veces delgadamente marginadas, el ápice truncado; vilano ausente o de pocos dientes cortos. $x = 9, 10, 11, 12$. 2 spp., nativo del continente americano, 1 sp. subcosmopolita, más común en climas cálidos; ambas especies en América tropical, 1 especie restringida a la parte sur de Sudamérica.

Eclipta está entre las Asteraceae que maduran más rápidamente, tanto con la corola prontamente caduca y los frutos madurando rápidamente. Características diagnósticas de *Eclipta* son las páleas filiformes y las flores del disco 4-meras. La sinonimia de las especies mesoamericanas, a nivel de especie, fue discutida por Koyama y Boufford (1981), y es la seguida por Pruski (2010).

Bibliografía: Koyama, H. y Boufford, D.E. *Taxon* 30: 504-505 (1981). Pruski, J.F. *Monogr. Syst. Bot. Missouri Bot. Gard.* 114: 339-420 (2010).

1. Eclipta prostrata (L.) L., *Mant. Pl.* 286 (1771). *Verbesina prostrata* L., *Sp. Pl.* 902 (1753). Lectotipo (designado por Wijnands, 1983): Pluk., *Phytographia* t. 118, f. 5 (1691). Ilustr.: Pruski, *Mem. New York Bot. Gard.* 76(2): 105, t. 38 (2002). N.v.: Cabeza de pollo, H; botoncillo, ES.

Abasoloa taboada La Llave, *Amellus carolinianus* Walter, *Artemisia viridis* Blanco, *Bellis ramosa* Jacq., *Ceratocephalus wedelioides* (Hook. et Arn.) Kuntze, *Clipteria dichotoma* Raf., *Cotula alba* (L.) L., *C. prostrata* (L.) L., *Eclipta adpressa* Moench, *E. alba* (L.) Hassk., *E. alba* forma *erecta* (L.) Hassk., *E. alba* var. *erecta* (L.) Miq., *E. alba* forma *longifolia* (Schrad.) Hassk., *E. alba* forma *prostrata* (L.) Hassk., *E. alba* var. *prostrata* (L.) Hassl., *E. alba* var. *prostrata* (L.) Miq., *E.*

alba forma *zippeliana* (Blume) Hassk., *E. alba* var. *zippeliana* (Blume) Miq., *E. angustifolia* C. Presl, *E. brachypoda* Michx., *E. dichotoma* Raf., *E. dubia* Raf., *E. erecta* L., *E. erecta* var. *brachypoda* Torr. et A. Gray, *E. erecta* var. *diffusa* DC., *E. flexuosa* Raf., *E. hirsuta* Bartl., *E. humilis* Kunth, *E. linearis* Otto ex Sweet, *E. longifolia* Raf., *E. longifolia* Schrad.?, *E. marginata* Boiss., *E. nutans* Raf., *E. nutans* var. *diffusa* Raf., *E. nutans* var. *pauciflora* Raf., *E. parviflora* Wall. ex DC., *E. patula* Schrad.?, *E. philippinensis* Gand., *E. procumbens* Michx., *E. procumbens* var. *patula* (Schrad.) DC.?, *E. pumila* Raf., *E. punctata* L., *E. pusilla* (Poir.) DC., *E. simplex* Raf., *E. strumosa* Salisb., *E. sulcata* Raf., *E. thermalis* Bunge, *E. tinctoria* Raf., *E. zippeliana* Blume, *Ecliptica alba* (L.) Kuntze, *E. alba* var. *parviflora* (Wall. ex DC.) Kuntze, *E. alba* var. *prostrata* (L.) Kuntze, *E. alba* var. *zippeliana* (Blume) Kuntze, *Eleutheranthera prostrata* (L.) Sch. Bip., *Eupatoriophalacron album* (L.) Hitchc., *Galinsoga oblongifolia* (Hook.) DC., *Grangea lanceolata* Poir., *Micrelium tolak* Forssk., *Paleista brachypoda* (Michx.) Raf., *P. procumbens* Raf., *Polygyne inconspicua* Phil., *Sabazia humilis* (Kunth) Cass., *Spilanthes wedelioides* Hook. et Arn., *Verbesina alba* L., *V. conyzoides* Trew, *V. debilis* Spreng.?, *V. pusilla* Poir., *Wedelia psammophila* Poepp., *Wiborgia oblongifolia* Hook.

Anuales arvenses o hierbas perennes de vida corta, hasta 1 m; tallo en general solitario, verdoso a rojizo-pardo, algunas veces suculento, frecuentemente postrado proximalmente y ascendente distalmente. Hojas subsésiles a pecioladas; láminas 1-12(-13.5) × 0.3-3.3 cm, elípticas a lanceoladas, triplinervias desde cerca de la base con el par de nervios secundarios basales más prominentes que el resto hasta subpinnatinervias con la mayoría de la nervadura secundaria igualmente prominente, la base angostamente cuneada a atenuada y algunas veces escasamente decurrente sobre el pecíolo, los márgenes serrados a crenados, el ápice agudo a acuminado; pecíolo (0-)2-5(-10) mm, en general ampliado proximalmente. Capitulescencia terminal, con 1-pocas cabezuelas solitarias; pedúnculo 1-5(-6) cm, delgado, estrigoso, en general más corto que las hojas. Cabezuelas 3-5 mm, con 35-80 flores; involucro 3-6 mm de diámetro; filarios 2.5-7 × c. 2 mm, elípticos a lanceolados, en general 2-seriados, escasamente imbricados, estrigosos, el ápice agudo a caudado; páleas 2-2.5 mm, erectas o escasamente flexuosas, glabras a más frecuentemente estrigosas apicalmente. Flores radiadas 20-40; corola 1.2-2.5 mm, blanca, el tubo 0.2-0.5 mm, glabro o esparcidamente puberulento, el limbo 1-2 × c. 0.1 mm, filiforme, brevemente exerto del involucro, glabro, apicalmente emarginado o entero. Flores del disco 15-40; corola 1-2 mm, el tubo 0.2-0.3 mm, blanco-verdoso, glabro, el limbo glabro o escasamente puberulento cerca del ápice de los lobos, los lobos 4, 0.2-0.4 mm; antera cilíndrica 4-locular. Cipselas 2-2.5 mm, esencialmente glabras con pocos tricomas no glandulosos cortos en el ápice, las cipselas del disco no comprimidas; vilano con c. 2 aristas diminutas, en general ausente al madurar. $2n = 18, 22, 24$. *Playas, áreas cultivadas, áreas alteradas, campos, pastizales, orillas de caminos, sabanas, vegetación secundaria, bordes de riachuelos, áreas húmedas.* T (*Menéndez et al. 242*, MO); Ch (*Breedlove y Thorne 21346*, CAS); Y (*Gaumer 1162*, MO); C (*Martínez S. et al. 30450*, MO); QR (*Gaumer 1340*, F); B (*Schipp 179*, MO); G (*Pruski et al. 4515*, MO); H (*Molina R. et al. 32158*, MO); ES (*Reyna de Aguilar 1466*, MO); N (*Moreno 15391*, MO); CR (*Pruski y Sancho 3811*, MO); P (*Fendler 169*, GH). 0-1700 m. (Canadá, Estados Unidos, México, Mesoamérica, Colombia, Venezuela, Guyanas, Ecuador, Perú, Bolivia, Brasil, Paraguay, Uruguay, Chile, Argentina, Cuba, Jamaica, La Española, Puerto Rico, Islas Vírgenes, Antillas Menores, Trinidad y Tobago; Europa, Asia, África, Australia, Islas del Pacífico.)

En el pasado esta especie ha sido frecuentemente tratada bajo el nombre de *Eclipta alba*. Como se puede deducir de la larga lista de sinónimos, esta especie es común y casi cosmopolita. *Eclipta prostrata* var. *undulata* frecuentemente tratada aquí dentro de la sinonimia, por los tallos cuadrangulares híspidos, prueba ser un sinónimo de *Eleutheranthera ruderalis* var. *ruderalis*, de distribución pantropical.

132. Elaphandra Strother
Por J.F. Pruski.

Hierbas escandentes a erectas hasta arbustos perennes de vida larga, sin enraizar en los nudos; tallos subteretes a subhexagonales o estriados; follaje algunas veces heterótrico con tricomas moniliformes reducidos (descritos en el protólogo como tricomas diminutos, crespos, glandulosos) y más largos que los tricomas rígidos, nunca punteado-glanduloso ni obviamente estipitado-glanduloso. Hojas opuestas, pecioladas; láminas lanceoladas a ovadas, cartáceas a rígidamente cartáceas, 3(-5)-nervias desde cerca de la base, el más largo de los nervios secundarios llegando hasta más allá del 1/3 distal de la lámina, las superficies pelosas, no punteado-glandulosas, algunas veces con puntos negros en la superficie abaxial, la base redondeada a atenuada, los márgenes subenteros a serrulados, el ápice agudo a acuminado; pecíolo no alado. Capitulescencia terminal, monocéfala hasta abiertamente cimosa, 1-5 cabezuelas; pedúnculos ascendentes, sin brácteas. Cabezuelas radiadas (Mesoamérica) o rara vez discoides; involucro hemisférico a campanulado, en general globoso-ovoide en yema; filarios 10-18, dimorfos, obgraduados a graduados, c. 3-seriados; filarios externos 3-5, ovados a lanceolados, en general herbáceos, frecuentemente pelosos en ambas superficies; filarios internos oblongos a obovados, cartáceos o escariosos proximalmente, delgadamente membranosos distalmente, frecuentemente glabros, algunas veces con puntos negros o líneas negras, el ápice con frecuencia anchamente redondeado y sobrelapado en yema, marcadamente contrastando con las páleas; clinanto aplanado a convexo, paleáceo; páleas más cortas que las flores del disco, lanceoladas a oblanceoladas u oblongas, conduplicadas, naviculares, estriadas, persistentes, en general pajizas, la quilla o el ápice con frecuencia finamente hispídulos o pilósulos. Flores radiadas (0-)5-11, estériles, 1(2)-seriadas; corola amarillo-dorada, el tubo corto, glabro o ligeramente hispídulo distalmente, el limbo ovado a oblongo, la superficie abaxial no glandulosa, glabra o algunas veces setulosa, el ápice en general bífido; estilo ausente. Flores del disco 17-60, bisexuales; corola infundibuliforme, 5-lobada, amarilla o algunas veces negruzca, el tubo más corto que el limbo, el tubo y la garganta típicamente glabros, los lobos 5, triangulares, glabros a papilosos o escabriúsculos; antera con tecas negras, el apéndice deltado-ovado, negro o rara vez pajizo por dentro o distalmente, en general no glanduloso; ramas del estilo con ápice algunas veces atenuado, densamente papiloso. Cipselas de contorno obovado-piroide, comprimidas, biconvexas, no aladas, ennegrecidas pero no sobre las estrías pálidas, la superficie lisa o rara vez latente-tuberculada, uniformemente pelosa, el ápice por lo general cortamente rostrado, el rostro recto y céntrico, el carpóforo anular, pequeño e inconspicuo, sin eleosomas; vilano ausente o fimbriado-coroniforme, rara vez con 2-4 aristas cortas. x = c. 14. 14 spp. Mesoamérica, Sudamérica, Trinidad y Tobago.

Elaphandra fue propuesto como monotípico por Strother (1991) y por tanto tal vez congénere de *Aspilia quinquenervis* S.F. Blake, a partir de ahí fue prontamente expandido por Robinson (1992, 1994) y Pruski (1996b, 2001) para incluir la mayoría de las Aspilias arbustivas norteandinas, y es circunscrito aquí como en Pruski (2002) y Robinson et al. (2006a, 2006b).

Bibliografía: Pruski, J.F. *Mem. New York Bot. Gard.* 76(2): 104-106 (2002). Robinson, H. *Phytologia* 76: 24-26 (1994). Robinson, H. et al. *Fl. Ecuador* 77(1): 1-230; 77(2): 1-233 (2006).

1. Elaphandra bicornis Strother, *Syst. Bot. Monogr.* 33: 18 (1991). Isotipo: Panamá, *Hartman 4784* (MO!). Ilustr.: Strother, *Syst. Bot. Monogr.* 33: 19, t. 7 (1991).

Hierbas trepadoras o volubles perennes o arbustos, 1.5-5 m; tallos subteretes, hírtulos a pilósulos o algunas veces largamente pilosos, los tricomas más largos arqueados a patentes, también frecuentemente heterótricos con tricomas moniliformes, algunas veces con indumento estriguloso. Hojas: láminas 6-20 × 1.2-7.5 cm, lanceoladas a oblongo-ovadas, en general (3-)5-plinervias con 2 pares de nervios secundarios prominentes arqueadas hasta más allá del 1/2 hacia el ápice, la superficie adaxial escabriúscula o escabrosa, también en general heterótrica con tricomas moniliformes, la superficie abaxial pilosuloso-hirtulosa a piloso-hirsuta, los tricomas patente-antrorsos, la base cuneada a obtusa o redondeada, los márgenes serrulados, el ápice acuminado a atenuado; pecíolo 0.5-2 cm. Capitulescencia monocéfala a abiertamente cimosa, las ramitas en general 1-3(-5) cabezuelas, no dispuesta muy por encima de las hojas subyacentes; pedúnculo 3-12 cm, densamente hírtulo. Cabezuelas 9-14 mm; involucro 6-10 × 10-14 mm, campanulado; filarios escasamente graduados; filarios externos 7-10 × 5-6 mm, lanceolados a ovados, estriguloso-escabrosos, el ápice obtuso a agudo; filarios internos 8-11 × 5-7 mm, obovados, diminutamente escabriúsculos distalmente hasta los más internos mayormente glabros, el ápice obtuso a anchamente redondeado; páleas 4-7 mm, oblanceoladas a obovadas, ligeramente 3-lobadas, pajizas o purpúreas distalmente. Flores radiadas 8-11; corola con tubo 0.8-1.2 mm, el limbo 10-15 × c. 4 mm. Flores del disco 25-60; corola 4-5.5 mm, amarilla, el tubo 1-1.5 mm, los lobos 1-1.2 mm, escabriúsculos; ramas del estilo atenuadas. Cipselas 3-6 mm, gradualmente constrictas distalmente hasta un rostro corto, esparcidamente estrigulosas; vilano bajo-coroniforme, la corona fimbriada y con 2 aristas-escuámulas laterales ciliadas de 0.1-0.5 mm. Floración jun.-jul., dic. *Áreas alteradas, los bordes de bosques, laderas de arroyos.* P (*Folsom et al. 6306*, MO). 1200-1400 m. (Endémica.)

133. Eleutheranthera Poit.
Fingalia Schrank, *Gymnolomia* Kunth, *Kegelia* Sch. Bip., *Wedelia* Jacq. sect. *Aglossa* DC.
Por J.F. Pruski.

Herbáceas anuales o perennes de vida corta; tallos erectos (Mesoamérica) o postrados, ligera a moderadamente ramificados, subteretes a cuadrangulares, estriados, pelosos, la médula sólida. Hojas opuestas, pecioladas; láminas cartáceas, 3-nervias desde cerca de la base, las superficies piloso-estrigosas a ligeramente piloso-estrigosas, la superficie abaxial glandulosa, algunas veces inconspicuamente glandulosa, los márgenes serrulados o subenteros, pecioladas. Capitulescencia terminal o axilar, típicamente con pocas cabezuelas, corimboso-agregada desde los nudos más distales, pedunculada. Cabezuelas discoides (Mesoamérica), en general con menos de 10 flores (Mesoamérica) o algunas veces las radiadas hasta con c. 35 flores; involucro campanulado; filarios ligera o laxamente imbricados, dimorfos, 2-seriados o 3-seriados, subiguales o los filarios de las series externas más largos, los filarios de las series externas ligeramente foliáceos, delgadamente cartáceos, pelosos, frecuentemente patentes al madurar, los internos ligeramente paleáceos o algunas veces foliáceos; clinanto diminuto, paleáceo; páleas persistentes, pilosas en el ápice, cicatrices receptaculares de las cipselas con frecuencia anchamente ovadas. Flores radiadas 0-(4-10), estériles; tubo corto, el limbo oblongo, ligeramente dentado-amarillo; ovario estéril. Flores del disco 2-25, bisexuales; corola infundibuliforme(-angostamente campanulada), 5-lobada, amarillo pálido, el tubo glabro, los lobos deltoides, frecuentemente glandulosos, en general híspidos por dentro a lo largo de los márgenes; anteras incluidas, negras, en general casi completamente libres hasta la base o libres en el ápice después de la antesis, el apéndice navicular, ancho, glanduloso, algunas veces pardo-amarillento en el centro; ramas del estilo linear-lanceoladas, abaxialmente pilosas, menos densamente pilosas apicalmente, atenuadas en el ápice, con líneas estigmáticas marginales en pares. Cipselas obovoides, tuberculadas al madurar, rostradas, el rostro recto y céntrico, puberulentas en el ápice, por lo demás glabras, el carpóforo pequeño e inconspicuo, la base sin eleosomas; vilano ausente o algunas veces como un anillo ciliado sobre la cima del cuello corto de la cipsela. *x* = 10, 16. Aprox. 2 spp. La variedad típica de una de las especies es una maleza pantropical, la otra variedad es endémica de Sudamérica.

Eleutheranthera está nombrada por la característica peculiar de las anteras después de la antesis con frecuencia longitudinalmente curvando hacia adentro, tanto así que las tecas se separan casi hasta la base. El género es tradicionalmente (p. ej., Baker, 1884; Nash, 1976d) tomado como teniendo una sola especie con cabezuela discoide, pero Robinson (1992) y Pruski (2001) incluyeron en *Eleutheranthera* taxones con cabezuelas radiadas.

Bibliografía: Baker, J.G. *Fl. Bras.* 6(3): 135-412 (1884). Greuter, W.R. *Taxon* 56: 607-608 (2007).

1. Eleutheranthera ruderalis (Sw.) Sch. Bip., *Bot. Zeitung (Berlin)* 24: 165 (1866). *Melampodium ruderale* Sw., *Fl. Ind. Occid.* 3: 1372 (1806), nom. cons. Tipo: Jamaica, *Swartz s.n.* (imagen en Internet! ex S).
Eclipta prostrata (L.) L. var. *undulata* (Willd.) DC., *E. undulata* Willd., *Eleutheranthera ovata* Poit., *Fingalia hexagona* Schrank, *Kegelia ruderalis* (Sw.) Sch. Bip., *Ogiera leiocarpa* Cass., *O. ruderalis* (Sw.) Griseb., *O. triplinervis* Cass., *O. triplinervis* var. *leiocarpa* (Cass.) DC., *O. triplinervis* var. *portoriccensis* DC., *Spilanthes muticus* Sessé et Moc., *Wedelia discoidea* Less.

1a. Eleutheranthera ruderalis (Sw.) Sch. Bip. var. **ruderalis**. Ilustr.: Pruski, *Fl. Venez. Guayana* 3: 269, t. 225 (1997).

Herbáceas anuales a perennes de vida corta, 0.1-0.8 m; tallos erectos, ramificados desde la mayoría de los nudos, subteretes a hexagonales, estriados, subestrigosos a pilosos. Hojas: láminas 2.7-8.4 × 0.9-4.2 cm, elípticas a ovadas, la base anchamente obtusa a decurrente, los márgenes ligeramente serrulados, el ápice agudo; pecíolo (0.3-)0.7-1.8 cm. Capitulescencia de 2-5 agregados corimbiformes de cabezuelas más cortos que las hojas asociadas o algunas veces las cabezuelas solitarias; pedúnculos en general 5-12 mm, pilosos. Cabezuelas 5-8 mm, discoides; involucro c. 3 mm, campanulado; filarios c. 10, ligeramente imbricados, 2-seriados o 3-seriados, subiguales o los filarios de las series externas en general más largos; filarios de las 1 o 2 series externas 5-8 × 2.3-3.8 mm, elípticos a piriformes, foliáceos, delgadamente cartáceos, largamente híspidos, glandulosos, con las puntas reflexas o en el fruto totalmente reflexos; filarios de las series internas 3-4 mm, lanceolados, escariosos o apicalmente verdosos, menores que los de las 2 series externas de filarios foliáceos, más o menos semejantes a las páleas; páleas hasta c. 5 mm, lanceoladas, conduplicadas, escasamente más largas que las cipselas, apicalmente atenuadas a apiculadas, pilosas apicalmente, algunas veces glabrescentes. Flores del disco 3-10, la corola prontamente decidua y el fruto formándose rápidamente; corola 1.8-2.8 mm, amarillo pálido, el tubo 0.4-0.6 mm, la garganta escasamente más ancha, 1.2-1.8 mm, los lobos 0.2-0.4 mm, deltoides, glandulosos, híspidos por dentro y marginalmente; anteras 0.7-0.9 mm, muy ligeramente exertas apicalmente, negras, los apéndices más anchos que altos, con frecuencia ligeramente glandulosos; estilo ligeramente exerto, las ramas c. 0.5 mm, erectas o casi erectas, linear-lanceoladas. Cipselas 3-3.5 × c. 1.5 mm, obovoides, negras, frecuentemente anguladas. Floración en general abr.-sep. 2*n* = 20, 32. *Orillas de caminos, áreas alteradas, afloramientos de piedra caliza, bordes de lagos, campos, arroyos, playas, pastizales.* B (*Gentle 6560*, MO); G (*Molina R. y Molina 25394*, MO); H (*Kamb 2112*, MO); N (*Robleto 1183*, MO); CR (*Rodríguez y Estrada 6*, MO); P (*Pittier 6752*, NY). 0-500(-800) m. (SE. Estados Unidos [rara vez maleza], Mesoamérica, Colombia, Venezuela, Guayanas, Ecuador, Perú, Bolivia, Brasil, Argentina, Cuba, Jamaica, La Española, Puerto Rico, Islas Vírgenes, Antillas Menores, Trinidad y Tobago; Asia, África, Australia, Islas del Pacífico.)

Baker (1884) listó *Gymnopsis microcephala* Gardner y *Verbesina foliacea* Spreng., ambas con cabezuelas radiadas, como sinónimos de *Eleutheranthera ruderalis*. Sin embargo, estas son presumiblemente sinónimos de *E. ruderalis* var. *radiata* Pruski, la cual se pensaba era endémica de Venezuela, pero sabiendo, por virtud de la sinonimia anterior, esta probablemente también se encuentre en Brasil y las Antillas Menores. Greuter (2007) correctamente anotó que *E. ovata* data de 4 años antes que el nombre mesoamericano y propuso conservar *Melampodium ruderale* sobre *E. ovata*.

134. Iogeton Strother

Por J.F. Pruski.

Hierbas perennes ascendentes a erectas de vida larga o subarbustos, enraizando en los nudos proximales; tallos subteretes a subhexagonales o estriados, distalmente pelosos, los tricomas antrorsos a subadpresos. Hojas opuestas, cortamente pecioladas; láminas lanceoladas u oblanceoladas, pinnatinervias, las superficies esparcidamente pelosas, no glandulosas. Capitulescencia terminal, monocéfala hasta abiertamente cimosa, 1-3 cabezuelas, solo escasamente exerta de las hojas subyacentes; pedúnculos delgados, ascendentes, sin brácteas. Cabezuelas cortamente radiadas; involucro angostamente obcónico; filarios 7-12, 2-seriados o 3-seriados, subiguales, ascendentes a adpresos, pelosos; filarios externos triangulares a linear-lanceolados, herbáceos con la base cartilaginosa, no foliáceos; filarios internos linear-lanceolados a lanceolados, graduando en tamaño, forma y textura hasta las páleas; clinanto hemisférico a cortamente cónico, paleáceo; páleas lanceoladas, ligeramente conduplicadas proximalmente, ligeramente carinadas, pajizas, distalmente aplanadas. Flores radiadas pistiladas; corola amarillo pálido, el tubo hispídulo, el limbo elíptico-ovado, abaxialmente glabro, el ápice 2-dentado o 3-dentado; estilo muy exerto, en general al menos 1/2 de la longitud del limbo de la corola. Flores del disco bisexuales; corola tubular-infundibuliforme, brevemente 4(5)-lobada, amarillo pálido, el tubo no dilatado basalmente, casi tan largo como la garganta, proximalmente hispídulo, la garganta con fibras embebidas en los haces vasculares, los lobos triangular-lanceolados, adaxialmente papilosos; antera con tecas pardas, el apéndice deltoide, pajizo; ramas del estilo delgadas, ascendentes y no recurvadas, el ápice hispídulo, atenuado. Cipselas pardas, secas, triquetras (radiadas) a cuadrangulares (del disco), sin rostro, el ápice truncado, no aladas pero los márgenes setulosos, el carpóforo inconspicuo, sin eliosomas; vilano con 2-4 aristas desiguales a subiguales, escabriúsculas, delgadas, surgiendo de las proyecciones apicales, no continuas con los márgenes de la cipsela, más largas que el fruto, las escuámulas intermedias 0-3, diminutas, indistintas. 1 sp., género endémico.

Iogeton es aceptado como un segregado de *Lasianthaea* (el cual a su vez puede ser visto básicamente como un segregado de *Zexmenia*), del cual difiere por las hojas pinnatinervias y las flores del disco 4-meras (Strother, 1991).

1. Iogeton nowickeanus (D'Arcy) Strother, *Syst. Bot. Monogr.* 33: 21 (1991). *Lasianthaea nowickeana* D'Arcy, *Phytologia* 30: 6 (1975). Holotipo: Panamá, *Duke et al. 3632* (MO!). Ilustr.: D'Arcy, *Ann. Missouri Bot. Gard.* 62: 1114, t. 63 (1975d [1976]), como *L. nowickeana*.

Hierbas perennes o subarbustos de tallo delgado, 0.1-0.3 m; tallos 3-20 desde cáudices ligeramente leñosos, hirsútulos tornando a glabrescentes proximalmente; entrenudos distales mucho más cortos que las hojas. Hojas: láminas 2-5 × 0.3-0.8 cm, los nervios secundarios en general 4-7 por lado, delgados, en un ángulo de c. 45° con la vena media, paralelos a los márgenes y formando un retículo enlazado, un solo nervio terciario llegando hasta el seno por encima de cada diente, las superficies esparcidamente estrigosas, la base largamente acuminada hasta el pecíolo, los márgenes ligeramente serrulados, los dientes 4-7 por lado, hasta c. 0.5 mm, el ápice angostamente agudo; pecíolo 0.1-0.5 cm. Capitulescencia: pedúnculos 3-5 cm, hirsutos a densamente hirsutos inmediatamente debajo de la cabezuela, los tricomas patentes a subadpresos. Cabezuelas 8-10 mm; involucro 5-7 × 4-6 mm; filarios 5-7.4 × 1.2-1.8 mm, el ápice agudo o acuminado, los filarios externos estrigulosos, los filarios internos esparcidamente estrigulosos; páleas 6-8 mm, linear-lanceoladas, los márgenes subenteros, con frecuencia finamente cilioladas o finamente hírtulas, el ápice subulado. Flores radiadas 8-13; corola con tubo 2.5-4 mm, delgado, el limbo 3-5 × 1.5-2 mm, c. 6-nervio. Flores del disco 25-40; corola 5-7 mm, el tubo muy delgado, los lobos c. 0.5 mm; anteras 1.5-2 mm, el apéndice 0.1-0.2 mm; ramas del estilo c. 1.5 mm. Cipselas (inmaduras) 2-2.5 mm, esparcidamente setulosas especialmente sobre los márgenes; vilano con aristas de 3.2-6.5 mm, más largas que las cipselas. Floración nov.-dic. *Rocas, laderas de arroyos.* P (*D'Arcy 9523*, MO). 0-300 m. (Endémica.)

135. Jefea Strother

Por J.F. Pruski.

Subarbustos erectos o ascendentes, ramificados a través de toda su longitud; tallos subteretes a subhexagonales o estriados. Hojas opuestas o algunas veces las distales alternas; láminas deltadas a orbiculares hasta a veces lanceoladas, en general 3-nervias desde la base o casi desde la base, ambas superficies pelosas, la superficie abaxial glandulosa, la base cuneada a truncada o cordata, los márgenes enteros o serrados, el ápice agudo a obtuso; pecíolo algunas veces alado. Capitulescencia terminal, abiertamente cimosa, una sola cabezuela al final de cada una de varias ramitas cercanamente espaciadas, en general muy exertas de las hojas subyacentes; pedúnculos alargados, frecuentemente 2-bracteados o 3-bracteados. Cabezuelas radiadas; involucro campanulado a hemisférico; filarios 22-38, muy marcadamente obgraduados (Mesoamérica) a casi subiguales, 3-seriados o 4-seriados, dimorfos; filarios externos 2-6, muy grandes y foliáceos, lateralmente patentes; filarios de las series internas 2 o 3, lanceolados o deltados a pandurados, adpresos, los filarios de las series medias frecuentemente herbáceos con la base endurecida, los filarios de las series más internas frecuentemente cartáceos a escariosos; clinanto convexo a cónico, paleáceo; páleas linear-lanceoladas, conduplicadas, persistentes, pajizas, carinadas, diminutamente hispídulas, el ápice rígidamente atenuado. Flores radiadas 5-20, pistiladas; corola amarillo-dorada, el tubo cilíndrico, oblongo a elíptico, el ápice 2-dentado o 3-dentado. Flores del disco 30-60(-100), bisexuales; corola infundibuliforme, 5-lobada, amarilla, el tubo más corto hasta tan largo como la garganta, la base ligeramente dilatada, la garganta sin fibras embebidas en los haces vasculares, los lobos deltados, los márgenes papilosos; antera con tecas en general negras, el apéndice deltado a triangular-lanceolado, pajizo; ramas del estilo hispídulas, atenuadas y cortamente apendiculadas. Cipselas triquetras (radiadas) a marcadamente comprimidas (del disco) pero las radiadas y del disco no obvia ni marcadamente dimorfas, de contorno oblanceolado a cuneado, pardas a negras, las caras en general tuberculadas, gradualmente largamente atenuadas en la base, frecuentemente aladas (Mesoamérica) o típicamente aladas, las alas continuas o interrumpidas, frecuentemente tornando a suberosas, el carpóforo pequeño, sin eleosomas, sin rostro, el ápice truncado; vilano con 2 o 3 aristas escabriúsculas desiguales surgiendo del ápice de las cipselas hacia dentro de las proyecciones apicales, y 2-8 escuámulas intermedias más cortas, erosas o laceradas, las aristas y escuámulas persistentes (Mesoamérica) a frágiles, las aristas aparentemente continuas con los márgenes de las cipselas pero las escuámulas aparentemente dispuestas cerca del anillo. *x* = 10?, 11?, 14. Aprox. 5 spp., suroeste de los Estados Unidos, México, Mesoamérica.

Rindos (1980) juntó las 5 especies como el "complejo *Zexmenia brevifolia*", y Strother (1991) indicó que el género parecía ser similar a *Verbesina*, diferenciándose principalmente por las cipselas con escuámulas cortas entre las 2 aristas más largas del vilano. Strother (1991) cuestionó la exactitud de los números cromosómicos inferiores.

1. Jefea phyllocephala (Hemsl.) Strother, *Syst. Bot. Monogr.* 33: 29 (1991). *Wedelia phyllocephala* Hemsl., *Biol. Cent.-Amer., Bot.* 2: 170 (1881). Holotipo: Guatemala, *Bernoulli 1077* (foto MO! ex K). Ilustr.: Nash, *Fieldiana, Bot.* 24(12): 114, t. 569 (1976). N.v.: Mirasol, G.

Zexmenia phyllocephala (Hemsl.) Standl. et Steyerm., *Z. phyllostegia* Klatt, *Z. subsericea* S.F. Blake.

Arbustos, 0.4-1.5 m, con frecuencia densamente ramificados o con tallos frágiles; tallos blanco-hírtulos a pilosos, también finamente glandulosos; follaje con tricomas de 0.4-1 mm. Hojas: láminas en general 3-7 × 0.6-1.8 cm, lanceoladas, 3-nervias, la nervadura extendiéndose hasta pasar la 1/2 de la lámina, impresa en la superficie adaxial, las superficies ligeramente discoloras, con frecuencia indistintamente glandulosas debajo del indumento, la superficie adaxial piloso-hirsuta, la superficie abaxial pilosa o estrigulosa a subserícea o canescente, la base angostamente cuneada y decurrente sobre el pecíolo, los márgenes subenteros a denticulados, en general revolutos, el ápice agudo; pecíolo 0.2-1.2 cm, frecuentemente alado hasta cerca de la base. Capitulescencia: pedúnculos 2-15(20) cm, pilosos. Cabezuelas 10-12 mm, las del disco 12-20 mm de diámetro; involucro 8-12 × 6-10 mm, hemisférico; filarios extremadamente obgraduados, extremadamente dimorfos; 2-6 filarios externos foliáceos, lateralmente patentes y tan largos o más largos que las hojas más distales del tallo, forma, textura e indumento como en las hojas del tallo; filarios internos 8-10 × 3-6 mm, frecuentemente estrigulosos a pilosos distalmente, el ápice obtuso a redondeado; páleas 8-10 mm. Flores radiadas 12-20; corola con tubo 2.5-3.2 mm, setoso distalmente, el limbo 8-12 × 4-5 mm, oblongo, c. 11-nervio, abaxialmente glanduloso y setuloso. Flores del disco 50-100; corola 5-6.5 mm, el tubo muy delgado, los lobos 0.8-1.2 mm, esparcidamente glandulosos, la nervadura intramarginal; anteras c. 2 mm, el apéndice 0.3-0.4 mm. Cipselas 3-4 mm, las caras hispídulas distalmente, las alas continuas, suberosas, cilioladas; vilano con aristas 1.5-4 mm, las escuámulas 0.5-1 mm. Floración jun.-dic. 2*n*? = 20, 22. *Bosques alterados, bosques de* Pinus-Quercus, *orillas de caminos, laderas rocosas, suelos con serpentina, laderas, matorrales.* G (*King y Renner 7091*, MO). 1100-2800 m. (Endémica.)

136. Lasianthaea DC.

Telesia Raf.

Por J.F. Pruski.

Hierbas perennes de vida larga con raíces tuberosas a árboles; tallos erectos, en general áspero-pubescentes, ramificaciones opuestas, las costillas intrapeciolares frecuentemente presentes, las ramas laterales típicamente no sobrepasando el eje principal. Hojas opuestas, pecioladas o sésiles; láminas cartáceas a rígidamente cartáceas, subpinnatinervias a 3-nervias, al menos el par de nervios secundarios proximales más grandes arqueado hacia el ápice, ambas superficies lisas a rugulosas, pelosas con tricomas cónicos y algunas veces moniliformes, no glandulosas, los tricomas cónicos de la superficie adaxial con células subsidiarias prominentes. Capitulescencia monocéfala a umbeliforme-corimbiforme, los nudos más distales frecuentemente fasciculados; pedúnculos sin brácteas. Cabezuelas radiadas, con numerosas flores; filarios imbricados, graduados a obgraduados, los filarios de las series externas y series medias en general herbáceos o papiráceos distalmente con la base escariosa o verdes y foliáceos, graduando en textura hasta los filarios internos completamente escariosos, en el fruto los filarios de las series externas y medias moderadamente endurecidos basalmente; clinanto aplanado a bajo-convexo, paleáceo; páleas lanceoladas, conduplicadas, algunas veces subcarinadas, pajizas, angostadas apicalmente, rara vez más largas que los filarios más largos. Flores radiadas 5-21(-30), fértiles; corola amarilla a algunas veces roja, el tubo corto, el limbo corto a muy exerto, elíptico a oblongo, c. 10-nervio (con más nervios en Mesoamérica), los 2 nervios de soporte mucho más gruesos que los medios y laterales, el ápice obtuso, 2-denticulado o 3-denticulado, no glanduloso pero frecuentemente setuloso abaxialmente. Flores del disco 8-60(-200), bisexuales; corola angostamente infundibuliforme a angostamente campanulada, 5-lobada, amarilla a algunas veces roja, concolora con rayas, no glandulosa, glabra o los lobos pelosos, la garganta con prominentes haces fibrosos, los lobos con márgenes papilosos por dentro; anteras más o menos ocupando c. 1/2 de la longitud de la garganta, negruzcas a parduscas, redondeadas en la base, el apéndice pajizo, lanceolado; ramas del estilo brevemente exertas, recurvadas, delgadas, el ápice con apéndice papiloso estéril. Cipselas dimorfas, negras con al menos un borde pajizo, de contorno cuneado u oblongo, sin rostro al menos en el fruto, no aladas, aunque algunas veces delgadamente marginadas, las caras básicamente lisas aunque con 1 a pocas estrías, frecuentemente glabras, apicalmente truncadas, gradualmente angostadas basalmente, sin eleosomas, el carpóforo pequeño, inconspicuo; cipselas radiadas triquetras, obcomprimidas, con 3(4) aristas, los bordes pajizos, delgadamente marginados, los márgenes distales algunas veces subalados y continuos con las aristas, la arista adaxial generalmente la más larga, la superficie abaxial rara vez con una estría central apicalmente produciendo una arista alargada; cipselas del disco comprimidas y biconvexas, el cuerpo típicamente aplanado (algunas veces subcuadrangular distalmente), con 2(3) aristas, los márgenes asimétricos, el margen abaxial negro, el margen adaxial delgadamente pajizo, algunas veces angostamente subalado y continuo con la arista adaxial; vilano con 2 o 3 aristas desiguales o subiguales, escabriúsculas a escabrosas, persistentes, en general surgiendo del ápice en ángulos, y en general con un fleco angosto de tricomas intermedios o en ocasiones escuámulas frecuentemente continuas con la base decurrente de la arista o rara vez desde dentro del seudorostro, la base de la arista algunas veces en forma de "V" en corte transversal, las aristas del disco frecuentemente aplanadas distalmente perpendiculares al plano de las cipselas. x = 8?, 10, 11, 12. Aprox. 15 spp., suroeste de los Estados Unidos, México, Mesoamérica, Venezuela.

Al monografiar *Zexmenia*, Jones (1906 [1905]) lo circunscribió conteniendo taxones con cipselas diversamente rostradas o sin rostro, y aladas o no aladas. *Lasianthaea* fue restablecido de la sinonimia de *Zexmenia* y monografiado por Becker (1979), quien lo circunscribió con especies solo con cipselas sin rostro y/o discos fructíferos más o menos aplanados con un borde delgadamente marginado. Turner (1988c) expandió *Lasianthaea* para incluir especies adicionales sin rostro, incluyendo el tipo de *Lundellianthus*, pero algunas de las especies adicionadas por Turner (1988c) tienen las cipselas del disco claramente aladas y subcuadrangulares. Strother (1989b), sin embargo, trató las especies aladas y subcuadrangulares de Turner (1988c) como *Lundellianthus*. *Oyedaea lundellii*, tratada por Turner (1988c) como una *Lasianthaea*, es aceptada como *Oyedaea*, el cual junto con *Wedelia* y *Zexmenia* tienen frutos rostrados o subrostrados, así diferenciándose tanto de *Lasianthaea* como de *Lundellianthus*.

Los límites de *Lasianthaea* se acercan, en Mesoamérica, a los del segregado *Lundellianthus* por los caracteres de fructificación de *Lasianthaea ceanothifolia*, la cual tiene cipselas radiadas subaladas y frutos del disco ligeramente subcuadrangulares distalmente. Aunque tanto *Lundellianthus* como *Lasianthaea* típica y generalmente tienen la garganta de la corola del disco con prominentes haces fibrosos, este carácter se encuentra esporádicamente en varios géneros relacionados y no puede ser usado taxonómicamente para apoyar ni la separación ni la unión de *Lasianthaea* y *Lundellianthus*.

Strother (1989b) excluyó *Lundellianthus* de *Lasianthaea* por las páleas marcadamente adnatas al clinanto y las cipselas del disco no asimétricamente marginadas. *Lasianthaea* es provisionalmente aceptada aquí como excluyendo *Lundellianthus*. La identificación de *Perla 7* (TEHF) como la especie mexicana endémica *Lasianthaea crocea* (A. Gray) K.M. Becker se asume que es una identificación errónea del material que aquí se hubiese identificado como *Lundellianthus salvinii*. Los ejemplares mesoamericanos identificados como *Lasianthaea*

fruticosa var. *fasciculata* (DC.) K.M. Becker son en su mayoría erróneos y corresponden a *L. ceanothifolia* y *L. fruticosa* var. *fruticosa*. *Lasianthaea* se conoce solo de la colección tipo en Sudamérica, pero esa colección parece ser nativa. La corola del disco "campanulada" descrita por Becker (1979) es angostamente infundibuliforme.

Bibliografía: Pruski, J.F. *Phytoneuron* 2015-31: 1-15 (2015). Turner, B.L. *Phytologia* 69: 368-372 (1990).

1. Involucro angostamente campanulado, los filarios claramente graduados; filarios externos hasta 1/3 de la longitud de los filarios más largos; corola radiada con limbo hasta 7 mm. **1a. L. ceanothifolia** var. **ceanothifolia**
1. Involucro campanulado a hemisférico, los filarios en general subiguales u obgraduados; filarios externos más de la 1/2 de la longitud de los filarios más largos; corola radiada con limbo más de 8.5 mm.
2a. L. fruticosa var. **fruticosa**

1. Lasianthaea ceanothifolia (Willd.) K.M. Becker, *Mem. New York Bot. Gard.* 31(2): 38 (1979). *Verbesina ceanothifolia* Willd., *Sp. Pl.* 3: 2225 (1803). Holotipo: México, Guerrero, *Humboldt y Bonpland s.n.* (foto MO! ex B-W-16390). Ilustr.: Candolle, *Icon. Sel. Pl.* 4: t. 36 (1839 [1840]), como *Lipochaeta umbellata*.
Calea verbenifolia DC., *Zexmenia ceanothifolia* (Willd.) Sch. Bip., *Z. gracilis* W.W. Jones, *Z. gradata* S.F. Blake, *Z. microcephala* Hemsl., *Z. rotundata* S.F. Blake, *Z. verbenifolia* (DC.) S.F. Blake.

Becker reconoció 4 variedades, de las cuales solo la típica se encuentra en Mesoamérica. Los sinónimos anteriores excluyen combinaciones varietales, son sinónimos de la especie, pero no de la variedad típica.

1a. Lasianthaea ceanothifolia (Willd.) K.M. Becker var. **ceanothifolia**.
Lipochaeta umbellata DC., *L. umbellata* var. *conferta* DC., *Zexmenia ceanothifolia* (Willd.) K.M. Becker var. *conferta* (DC.) A. Gray ex W.W. Jones.

Generalmente arbustos o subarbustos, 0.5-3(-6) m; tallos muy ramificados, patentes, subhexagonales a subteretes, estriados, estrigulosos a hirsutos, los tricomas en general antrorsos o patentes, las costillas intrapeciolares angostas, los entrenudos en general casi tan largos como las hojas, los entrenudos inmediatamente subyacentes a la capitulescencia fasciculada; follaje con tricomas hasta c. 0.5 mm. Hojas: láminas (2-)4-13(-15) × (1-)1.5-5 cm, lanceolado-ovadas a ovadas, cartáceas o algunas veces rígidamente cartáceas, algunas veces rugulosas, subtriplinervias desde muy por encima de la base, la nervadura proximal no mucho más gruesa que la nervadura distal, los nervios secundarios arqueados hacia el ápice, la superficie adaxial escabrosa a hirsuta, la superficie abaxial hirsútula a pilosa, los tricomas patentes a antrorsos, la base cuneada a redondeada o algunas veces cordata, los márgenes serrados, el ápice agudo a acuminado; pecíolo 0.3-1 cm, aplanado, frecuentemente híspido. Capitulescencia con ramas umbeliforme-corimbiformes, en general c. 13 cabezuelas, no muy exerta de las hojas subyacentes; pedúnculos (1-)1.5-2.5(-3.5) cm, ligeramente delgados, estriados, estrigulosos o hirsutos, los tricomas antrorsos o adpresos, el ápice algunas veces ampliado y gradualmente en transición hasta el involucro. Cabezuelas 7-10 mm; involucro 2-9 mm de diámetro, angostamente campanulado, las corolas típicamente exertas; filarios claramente graduados, los filarios externos hasta 1/3 de la longitud de los filarios más largos, 3-5-seriados, adpresos, débilmente nervados, al menos apicalmente estrigulosos, los externos escariosos con el ápice herbáceo angostado graduando a filarios internos completamente escariosos; filarios externos 2-3 × 1.5-2.5 mm, ovados a rómbicos, el ápice obtuso; filarios de las penúltimas series 6-7.5 × 3-4 mm, ovados u obovados, el ápice obtuso a redondeado, rápidamente graduando hasta los de las series internas; filarios internos 5-7 × 1-3 mm, en general más cortos que los de las penúltimas series, lanceolados a elíptico-lanceolados; páleas 5.5-7.5 mm, mucho más cortas que las aristas.

Flores radiadas 8-13; corola amarilla, el tubo 1.5-2 mm, el limbo 4.5-7 × 1.5-3.2 mm, cortamente exerto, oblongo, 9-12-nervio, el ápice 3-denticulado, los 2 nervios de soporte setulosos abaxialmente. Flores del disco 10-35; corola 5-6.7 mm, angostamente infundibuliforme, amarilla, el tubo 2.2-3 mm, los lobos c. 0.6 mm, triangulares, esparcidamente setulosos o glabros, la superficie interna cortamente papilosa; anteras 3-3.5 mm; ramas del estilo 1.5-2 mm. Cipselas con los ápices del vilano finalmente bastante exertos del involucro en el fruto, la base de la arista en forma de "V" en corte transversal; cipselas radiadas 2.7-4 × 1-1.3 mm, los bordes angostamente marginados y subalados distalmente hasta c. 0.2 mm de diámetro, las aristas desiguales, la base hasta c. 0.5 mm de diámetro, la arista adaxial la más larga, 1.5-3.5 mm, las 2 aristas abaxiales 0.5-2 mm, el fleco (rara vez hasta c. 0.3 mm) presente entre las 2 aristas abaxiales, básicamente ausente abaxialmente; cipselas del disco 3-4(-5) × 1-1.2 mm, cuneadas, las aristas subiguales, (2-)3.5- 5.5 mm, conspicuamente aplanadas distalmente, pasando a alargadas después de la antesis, finalmente exertas de la pálea por c. 1/2 de su longitud. $2n = 20, 24$. *Áreas alteradas abiertas y secas.* Ch (*Matuda 1559*, MO). c. 1900 m. (C. y S. México, Mesoamérica.)

Solo se ha visto de Mesoamérica el ejemplar arriba citado. *Breedlove y Strother 46520*, uno de los 3 ejemplares de Chiapas referidos a *Lasianthaea ceanothifolia* por Strother (1999), es aquí determinado como *L. fruticosa*. Material similar del noroeste costero de Guatemala es referido también a *L. fruticosa*. *Lasianthaea ceanothifolia* es notable por las cipselas radiadas subaladas y los márgenes continuos con las aristas, así semejándose a las cipselas radiadas de *Lundellianthus*.

2. Lasianthaea fruticosa (L.) K.M. Becker, *Phytologia* 31: 297 (1975). *Bidens fruticosa* L., *Sp. Pl.* 833 (1753). Lectotipo (designado por D'Arcy, 1975b [1976]): *Herb. Clifford 399, Bidens 3* (foto MO! ex BM-CLIFF).

Lipochaeta fasciculata DC., *Zexmenia aggregata* S.F. Blake, *Z. fasciculata* (DC.) Sch. Bip., *Z. fruticosa* Rose, *Z. michoacana* S.F. Blake.

Becker reconoció 6 variedades, de las cuales solo la típica se encuentra en Mesoamérica. El material antillano alguna vez llamado *L. fruticosa* fue vuelto a identificar por Pruski (2015) como *Narvalina domingensis* (Cass.) Less.

2a. Lasianthaea fruticosa (L.) K.M. Becker var. **fruticosa**. Ilustr.: Nash, *Fieldiana, Bot.* 24(12): 533, t. 78 (1976). N.v.: Pomtez, Ch; arnica che, k'an-xikin, sactah, sak-k'an-xikin, x-chc-toka'ban, Y; zactah, C; ish-tá, margarita, shti-pú, zta'ach, B; cambrillo, faciscó, flor amarilla, palo de escoba, saján, sos negro, tasiscobo colorado, taxiscon, taxixte, tisate, vara colorada, G; botoncillo, tatascamite, tatascamite rojo, tepemisque, ES; asan tanni, girasol, jalacatillo, monte blanco, tatascán, tizate, vara blanca, H; tatascama, tatascame, tatascán, N.

Bidens frutescens Mill., *Lasianthaea fruticosa* (L.) K.M. Becker var. *villosa* (Pol.) B.L. Turner, *Lipochaeta monocephala* DC., *Narvalina fruticosa* (L.) Urb., *Verbesina fruticosa* (L.) L., *Zexmenia costaricensis* Benth., *Z. costaricensis* var. *villosa* (Pol.) S.F. Blake, *Z. elegans* Sch. Bip. ex W.W. Jones, *Z. elegans* var. *kellermanii* Greenm., *Z. frutescens* (Mill.) S.F. Blake, *Z. frutescens* var. *villosa* (Pol.) S.F. Blake, *Z. macropoda* S.F. Blake, *Z. monocephala* (DC.) Heynh., *Z. purpusii* Brandegee, *Z. villosa* Pol.

Arbustos o árboles pequeños (0.3-)1-10 m; tallos erectos o algunas veces desparramados, subterete-estriados, subglabros o estrigulosos a densamente vellosos, los tricomas adpresos a patentes, las costillas intrapeciolares presentes y prominentes despúes de la caída de la hoja, los entrenudos en general casi de la misma longitud hasta 1/2 de la longitud de las hojas; entrenudos inmediatamente subyacentes a la capitulescencia fasciculada frecuentemente colapsando cuando secos; follaje subglabro o con tricomas adpresos a patentes de 0.1-1.2 mm. Hojas: láminas (3-)6-15(-19) × (1.5-)2-7(-10) cm, lanceoladas a ovadas, cartáceas a rígidamente cartáceas, subtriplinervias desde muy por en-cima de la base, la nervadura proximal no mucho más gruesa que la nervadura distal, ambas superficies lisas o algunas veces rugulosas con nervadura claramente reticulada, la superficie adaxial subglabra a escabrosa o hírtula, la superficie abaxial esparcidamente estrigulosa a pilosa, los tricomas adpresos a patentes, la base cuneada a obtusa o rara vez redondeada, frecuentemente con acuminación basal decurrente sobre el pecíolo, los márgenes serrados a serrulados, el ápice agudo a atenuado; pecíolo (0.2-)0.7-2.5(-4.5) cm, algunas veces ciliado. Capitulescencia con ramas umbeliforme-corimbiformes, (3-)7-13 cabezuelas, no muy exerta de las hojas subyacentes; pedúnculos (0.5-)1.5-7 cm, ligeramente delgados a robustos, estrigulosos o seríceos a vellosos, el ápice algunas veces subclaviforme y gradualmente en transición hasta el involucro. Cabezuelas 10-14 mm; involucro en la antesis 7-12 × 4-9 mm, campanulado a hemisférico, en general pajizo proximalmente (pero frecuentemente verde en yema) y verde distalmente; filarios 8-14(-19), en general subiguales u obgraduados, algunas veces escasamente graduados con los filarios externos de hasta la 1/2 de la longitud de los filarios más largos, 3(4)-seriados, adpresos o el ápice de los filarios externos rara vez patente, lisos, en general verdes distalmente y pajizos proximalmente, los márgenes algunas veces largamente ciliados con tricomas frecuentemente más largos que los sobre la superficie; filarios más externos 2-4, 5-13 × 2-6 mm, escasamente más cortos hasta más frecuentemente tan largos o más largos que los filarios de las series medias, triangular-lanceolados a más frecuentemente oblongos u obovados, rara vez oblanceolados, con frecuencia escasamente ampliados distalmente, verdes y papiráceos en la 1/2 distal, en general reticulado-nervados apicalmente, el ápice anchamente obtuso a agudo o algunas veces acuminado, frecuentemente tornando a membranáceos distalmente y marchitos en el fruto, la superficie subglabra a estrigulosa o hirsuta; filarios de las series medias 3-5 mm de diámetro, en general ovados a obovados, por lo general conspicuamente c. 10-nervios, el ápice en general obtuso a redondeado, típicamente verdes y papiráceos distalmente, prontamente graduando a las series internas; filarios más internos en general mucho más cortos que los filarios de las series medias, 5-9 × 1-2.5(-4) mm, lanceolados, escariosos; páleas 6-8(-9) mm, en la antesis llegando hasta cerca del ápice de las aristas, pero en el fruto mucho más cortas que las aristas alargadas del vilano, costa algunas veces ciliolada. Flores radiadas 8-13(-21); corola amarilla, el tubo 1.5-2.5 mm, el limbo 8.5-14 × 3.5-4.5 mm, exerto, oblongo, 12-15(-20)-nervio, el ápice 2-denticulado, setuloso a esparcidamente setuloso abaxialmente. Flores del disco 35-72; corola 5.7-7.8 mm, angostamente infundibuliforme, amarilla o amarillo-dorada o frecuentemente apenas amarilla distalmente y pálida proximalmente, el tubo 1.5-2 mm, los lobos 0.6-0.8 mm, lanceolados, setulosos a algunas veces subglabros, la superficie interna largamente papilosa; anteras 2.7-3.5 mm; estilo con tronco cilíndrico en toda su longitud, la base inmersa 1 mm en el nectario cilíndrico, las ramas hasta c. 2.5 mm, el apéndice papiloso. Cipselas con ápice algunas veces constricto debajo del vilano, algunas veces casi subrostradas en la antesis pero sin rostro en el fruto; cipselas radiadas 3-4.2(-4.8) × 1.2-1.5 mm, 3(4)-aristadas, los bordes delgadamente marginados, las aristas desiguales, la arista adaxial más larga, 2.4-3 mm, las 2 aristas abaxiales 0.5-1.5(-2) mm, cara abaxial rara vez con el centro de estriación apicalmente produciendo una arista alargada; cipselas del disco 3.5-5 × 1.1-1.3 mm, cuneadas, glabras o rara vez esparcidamente setulosas, las aristas (1-)2.5-4(-5) mm, en general más o menos subiguales pero con la arista abaxial escasamente más larga, en el fruto ambas aristas mucho más largas que las páleas subyacentes, moderadamente aplanadas distalmente. $2n = 22$. *Vegetación secundaria, cafetales, campos abiertos, claros, bosques de neblina, áreas alteradas, bosques de* Quercus, *bosques de* Pinus, *orillas de caminos, matorrales, selvas bajas caducifolias, laderas, bordes de riachuelos.* T (*Zamudio y Magaña 134*, MO); Ch (*Pruski et al. 4187*, MO); Y (*Gaumer et al. 23499*, NY); C (*Martínez S. et al. 28231*, MO); QR (*King y Garvey*

11604, MO); B (*Schipp 857*, NY); G (*Pruski y MacVean 4489*, MO); H (*Pruski et al. 4537*, MO); ES (*Standley 20681*, NY); N (*Molina R. 23026*, MO); CR (*Oersted 99*, K); P (*Woodson et al. 1748*, MO). 0-1700 (-2200) m. (S. México [Oaxaca, Veracruz], Mesoamérica, Venezuela.)

Esta es una de las especies de compuestas mesoamericanas más común (así mismo el número de nombres comunes) y ampliamente distribuida y se encuentra en todas las 12 unidades políticas. *Lasianthaea fruticosa* se puede identificar en general por el involucro típicamente con pocos filarios, adpresos, anchos, subiguales, glabros o estrigulosos, verdes y papiráceos distalmente y por las cipselas del disco asimétricamente marginadas pero con las aristas del vilano subiguales. Esta especie varía vegetativamente en toda el área de distribución generalmente en indumento y forma del filario, características al parecer básicamente correlacionadas con elevación y latitud. Poblaciones en elevaciones bajas típicamente tienen filarios anchos y redondeados, aunque el tipo del sinónimo *Zexmenia elegans* var. *kellermanii* tiene filarios externos lanceolados y es de baja elevación. Como fue anotado por Becker (1979), poblaciones de elevaciones más altas (c. 1000 m; véase mapa en Turner, 1990c) frecuentemente tienen filarios externos más angostos con los ápices agudos y pueden tener follaje velloso, siendo así superficialmente similares a otros taxones del grupo de *Zexmenia*. Turner (1990c) siguiendo a Blake (1915b) trató las plantas de elevaciones más altas y largamente pubescentes como *L. fruticosa* var. *villosa*, pero las diferencias en pelosidad son tal vez clinales y no tan interesantes como son los caracteres que separan las variedades reconocidas por Becker (1979). Es así como *L. fruticosa* var. *villosa* no se reconoce aquí.

Para este tratamiento se ha visto ejemplares de la variedad típica siempre con c. 8 flores radiadas por cabezuela, aunque Becker (1979) registró cabezuelas hasta con 5 flores radiadas. Se han visto ejemplares hasta con 21 flores radiadas solo por encima de los 1000 metros de elevación en Honduras y Nicaragua. En elevaciones bajas los limbos de las corolas radiadas son en general c. 12-nervios, pero este carácter parece ser clinal y en elevaciones altas los limbos de las corolas radiadas frecuentemente llegan a tener 15-20 nervios. Así pues, parece que la variación en número de flores radiadas y la nervación del limbo de las corolas radiadas, al menos en lo que se refiere al síndrome de polinización, es insignificante.

Zexmenia macropoda y *Z. elegans* var. *kellermanii* representan la forma ocasional, encontrada en varias elevaciones, con 2-4 filarios externos triangular-lanceolados. El tipo del sinónimo *Z. macropoda* fue descrito por Blake (1924b) como teniendo hojas glandulosas en la superficie abaxial, un carácter que él al parecer interpretó erróneamente. La nervadura en las hojas de *L. fruticosa* es algunas veces resinosa y las bases cónicas de los tricomas pueden reflejar la luz irregularmente, así algunas veces dando la falsa apariencia de ser glandulosas. Adicionalmente, algunas veces las células medias de tricomas moniliformes son expandidas, pero las hojas de las especies y el género no son glandulosas. La localidad tipo de "Carthagena" dada en el protólogo de *Bidens fruticosa* fue corregida a "Cartago" por Blake (1915b).

137. **Lundellianthus** H. Rob.

Por J.F. Pruski.

Hierbas perennes de vida larga hasta arbustos; tallos hexagonales distalmente, tornando a subteretes proximalmente, pelosos; follaje verdoso, rara vez con tonalidades rojizas en los ejemplares secos, los tricomas patentes a adpresos, las costillas intrapeciolares típicamente presentes. Hojas opuestas, pecioladas, en general no connato-perfoliadas; láminas rígidamente cartáceas o subcoriáceas, pinnatinervias o difusamente 3-nervias desde muy por encima de la base, la nervadura secundaria mayor sin llegar hasta el ápice de la lámina, ambas superficies pelosas, no glandulosas, las células subsidiarias de los tricomas prominentes en la superficie adaxial; pecíolo en general no alado. Capitulescencia corimbosa o rara vez monocéfala, 1-9 cabezuelas, típicamente no muy exerta de las hojas subyacentes; pedúnculos 1-2 mm de diámetro o rara vez dilatados distalmente hasta c. 4 mm de diámetro, básicamente teretes en toda su longitud. Cabezuelas radiadas, con numerosas flores; involucro campanulado a hemisférico, rara vez cilíndrico; filarios dimorfos, imbricados, subdecusados hasta insertos espiraladamente, 2-seriados o 3-seriados, en general obgraduados con los filarios externos los más largos pero no muy marcadamente obgraduados, algunas veces graduados o subiguales; filarios externos ascendentes a patentes o reflexos, herbáceos o al menos herbáceos distalmente pero nunca muy grandes y foliáceos ni lateralmente patentes, la base típicamente tornando a endurecida; filarios internos adpresos, escariosos; clinanto aplanado o bajo-convexo, paleáceo; páleas pajizas, conduplicadas, típica y notablemente más largas que los filarios internos y exertas del involucro en el fruto, frecuentemente trífidas con un apículo corto a largo, fusionadas en la base y marcadamente adnatas al clinanto. Flores radiadas 8-16, generalmente fértiles y estilíferas, rara vez estériles y sin estilos; corola amarilla hasta rara vez color crema o amarillo-anaranjada, el tubo corto, el limbo en general muy exerto, con (2)7-12(-20) nervios abaxialmente puberulentos, los 2 nervios de soporte mucho más gruesos que los medios y laterales, obtuso, el ápice 2-denticulado o 3-denticulado, el ápice rara vez bilobado, los lobos no glandulosos abaxialmente; estilo muy exerto, frecuentemente más de 2 veces la longitud del tubo. Flores del disco bisexuales; corola angostamente campanulada o infundibuliforme, 5-lobada, amarilla hasta rara vez de color crema o amarillo-anaranjada, no glandulosa, típicamente con prominentes haces fibrosos o rara vez sin estos, el tubo cilíndrico, no dilatado basalmente, los lobos setulosos por fuera, los márgenes papilosos por dentro; anteras más o menos ocupando c. 1/2 de la longitud de la garganta, negruzcas o rara vez pajizas, la base sagitada, el apéndice apical negruzco a pajizo, sagitado-ovado, las células endoteciales en general con 1 o 2 engrosamientos polares; estilo con tronco cilíndrico en toda su longitud, la base inmersa c. 1 mm en el nectario cilíndrico, las ramas brevemente exertas, lateralmente patentes o algunas veces más erectas y recurvadas, delgadas, el ápice con apéndice estéril papiloso. Cipselas radiadas y del disco ligeramente dimorfas pero no obvia ni marcadamente dimorfas, sin rostro pero frecuentemente las cipselas del disco inconspicuamente constrictas apicalmente debajo del vilano, aladas (al menos las radiadas), 0-3-aristadas, el cuerpo pardonegro hasta algunas veces cubierto con una capa externa pajizosuberosa, las caras con 1-pocas costillas, gradualmente acuminadas a atenuadas hasta angostamente rostradas en la base hasta un carpóforo diminuto, los eleosomas ausentes, las alas delgadas, pajizas a parduscas, en general connatas y extendiéndose distalmente hasta las aristas; cipselas radiadas triquetras, obcomprimidas, de contorno en general anchamente obovado, asimétricamente aladas, 2-aristadas o 3-aristadas, las alas 2(3), laterales, el ángulo adaxial ya sea con un ala no desarrollada o poco desarrollada, el ápice adaxial frecuentemente sin escuámulas intermedias; cipselas del disco ya sea comprimido-subcuadrangulares (de contorno obdeltado y en general angostamente aladas) o cuadrangulares (aparentando comprimidas cuando inmaduras; de contorno oblanceolado, y no aladas), los márgenes simétricos, 0-2 aristados y en general con escuámulas intermedias; vilano surgiendo submarginalmente y desde cerca de los ángulos en el ápice del fruto, en general representado por (0-)2 o 3 aristas alargadas persistentes y pocas escuámulas intermedias, las aristas pajizas, subiguales a desiguales, cuando desiguales con las adaxiales más largas sobre el disco, robustas, en general erectas, la base de la arista en forma de "V" en corte transversal, escabriúsculas, con frecuencia escasamente exertas del involucro. $x = 16$. 8 spp. México, Mesoamérica.

Turner (1988c) redujo *Lundellianthus* a la sinonimia de *Lasianthaea*, y trató el tipo de *Lundellianthus* como un sinónimo de *Lasianthaea* (*Zexmenia*) *guatemalensis*. Strother (1989b) conservó *Lundellianthus* como un segregado de *Zexmenia*, del cual este difiere por las cipselas no rostradas (vs. rostradas) y las páleas marcadamente adnatas al clinanto. Los frutos del disco de *Lundellianthus* tienen los márgenes simétricos (los de *Lasianthaea* son 1-marginados), pero los frutos radiados de los dos géneros son moderadamente similares.

El carácter de las cipselas del disco de *Lundellianthus* con frecuencia inconspicuamente constrictas apicalmente (y así "casi subrostradas"), es un carácter muy técnico, y las diferencias entre cipselas casi subrostradas (en *Lundellianthus*), subrostradas (en *Oyedaea*) y rostradas (en *Zexmenia*) es muy difícil de discernir con certeza, especialmente en material incompleto.

Más de la mitad de las especies de *Lundellianthus* tiene flores amarillas con el limbo de las corolas radiadas 7-12-nervio, pero las dos especies (*L. belizeanus* y *L. steyermarkii*) que se encuentran sobre piedra caliza en la Península de Yucatán tienen el limbo de las corolas radiadas de color crema o amarillo pálido, 2-nervio, brevemente exerto, y en *L. harrimanii* es 15-20-nervio y algunas veces el limbo de las corolas radiadas amarillo-anaranjado. Tres especies mesoamericanas (*L. belizeanus*, *L. breedlovei*, y *L. guatemalensis*) tienen las cipselas del disco cuadrangulares y no aladas. Las corolas de *Lundellianthus*, cuando rehidratadas, se agrandan un 50% más de lo que lo hacen la mayoría de las Asteraceae, así pues se debe tomar esto en cuenta sobre las medidas dadas aquí.

Cuatro de las 7 especies mesoamericanas se conocen solo del tipo y algunas veces de otra colección. Las 2 especies más comunes, *L. guatemalensis* y *L. salvinii*, son con frecuencia erróneamente identificadas ya sea como *Lasianthaea* o como *Zexmenia*.

Bibliografía: Robinson, H. *Wrightia* 6: 40-42 (1978).

1. Hojas connato-perfoliadas; pecíolo alado.   **3. L. guatemalensis**
1. Hojas no connato-perfoliadas; pecíolo no alado.
  2. Láminas de las hojas pinnatinervias; filarios escasamente graduados o subiguales, los filarios externos escasamente más cortos o subiguales a los internos; corolas de color crema o amarillo pálido; flores radiadas estériles, sin estilos; corolas del disco sin prominentes haces fibrosos.   **7. L. steyermarkii**
  2. Láminas de las hojas 3-nervias o sub 3-nervias; filarios obgraduados, los filarios externos más largos que los internos; corolas amarillas o amarillo pálido; flores radiadas fértiles, estilíferas; corolas del disco en general con prominentes haces fibrosos.
    3. Láminas de las hojas angostamente lanceoladas; flores radiadas 3-6; involucro cilíndrico; corolas algunas veces de color crema.   **1. L. belizeanus**
    3. Láminas de las hojas lanceoladas a ovadas; flores radiadas 8-16; involucro campanulado a hemisférico; corolas amarillas o amarillo-anaranjadas.
      4. Follaje con reflejos rojizos en ejemplares secos; páleas 6-8 mm, cortamente apiculadas; limbo de las corolas radiadas 8-11 mm, profundamente 2-lobado; cipselas 3-4 mm, las cipselas del disco cuadrangulares, no aladas.   **2. L. breedlovei**
      4. Follaje verdoso; páleas (7-)7.5-11 mm, por lo general largamente apiculadas; limbo de la corola radiada 11.5-18 mm, en general 2-denticulado o 3-denticulado; cipselas 3-5.5 mm, las cipselas del disco comprimido-subcuadrangulares, aladas.
        5. Pedúnculos gradualmente dilatados en el centímetro distal; tallos y pedúnculos en general densamente hirsutos a híspidos, los tricomas patentes; tricomas más largos del tallo en general c. 1/2 del diámetro del tallo; aristas de las cipselas del disco en general subiguales.   **6. L. salvinii**
        5. Pedúnculos teretes en toda su longitud o algunas veces los haces vasculares de los subfilarios tornando a abruptamente prominentes apicalmente; tallos y pedúnculos estrigulosos a hirsútulos, los tricomas adpresos o patentes; tricomas más largos del tallo mucho más cortos que 1/2 del diámetro del tallo; aristas de las cipselas del disco por lo general marcadamente desiguales.

    6. Tallos con tricomas adpresos o patentes; limbo de las corolas radiadas 13-20-nervio, amarillo o algunas veces amarillo-anaranjado.   **4. L. harrimanii**
    6. Tallos con tricomas adpresos; limbo de las corolas radiadas 7-12-nervio, amarillo.   **5. L. kingii**

1. Lundellianthus belizeanus (B.L. Turner) Strother, *Syst. Bot.* 14: 547 (1989). *Lasianthaea belizeana* B.L. Turner, *Phytologia* 65: 363 (1988). Isotipo: Belice, *Liesner y Dwyer 1475* (MO!). Ilustr.: no se encontró.

Arbustos de tallo débil, c. 3 m; tallos estrigosos; entrenudos del tallo principal casi tan largos como las hojas, las ramas axilares con capitulescencia de entrenudos cortos. Hojas: láminas 6-12(-14) × (1-)1.5-3 cm, angostamente lanceoladas, 3-nervias desde por encima de la base, ambas superficies estrigulosas, la base angostamente cuneada a atenuada, los márgenes subenteros a denticulados, el ápice atenuado; pecíolo 0.7-1.8 cm. Capitulescencia abierta, corimbosa, las ramas laterales no sobrepasando el eje central, las ramas con 3-9 cabezuelas; pedúnculos 3-12(-25) mm, delgados, estrigosos. Cabezuelas 10-12 mm; involucro 3-5 mm de diámetro, cilíndrico; filarios obgraduados, los filarios de las series externas más largos que los de las series internas, filarios progresivamente menores, 2-seriados o 3-seriados; filarios externos 3-5, 10-11.5 × c. 2 mm, lanceolados a oblanceolados, ascendentes, herbáceos distalmente, acuminados, densamente estrigulosos; filarios internos 6-8.5 × 1-2 mm, elíptico-ovados, el ápice agudo a obtuso; páleas c. 6 mm, linear-lanceoladas, el ápice agudo. Flores radiadas 3-5; corola amarillo pálido, el tubo 2-2.5 mm, el limbo 3-6 × 2-3 mm, elíptico-ovado, solo los 2 nervios de soporte visibles, setuloso abaxialmente. Flores del disco 6-14; corola 5-6 mm, infundibuliforme, amarilla, el tubo c. 2.2 mm, los lobos c. 0.7 mm; anteras c. 2.7 mm, el apéndice negro; ramas del estilo c. 1.5 mm. Cipselas 4-5 mm, las superficies setulosas apicalmente; cipselas radiadas anchamente 2-aladas (el ala interna no desarrollada), 2-3 mm de ancho, 2-aristadas, las alas 0.5-0.7 mm de diámetro, las aristas 2-3 mm, las escuámulas 0.8-1.5 mm; cipselas del disco cuadrangulares, no aladas, desigualmente 2-aristadas a 3-aristadas, las aristas 1-2.5 mm, las escuámulas 0.2-0.5 mm. *Afloramientos de piedra caliza*. B (*Liesner y Dwyer 1475*, MO). c. 100 m. (Endémica.)

2. Lundellianthus breedlovei (B.L. Turner) Strother, *Syst. Bot.* 14: 547 (1989). *Lasianthaea breedlovei* B.L. Turner, *Phytologia* 65: 364 (1988). Isotipo: México, Chiapas, *Breedlove 27848* (MO!). Ilustr.: Turner, *Phytologia* 65: 370, t. 2 (1988).

Subarbustos a arbustos de hasta 2 m; tallos estrigulosos, los tricomas 0.2-0.4 mm; entrenudos 1-6 cm, en general casi tan largos como las hojas, las ramas axilares de diferentes longitudes; follaje con reflejos rojizos en ejemplares secos. Hojas: láminas 3-7(-13) × 1-3.5(-5) cm, lanceoladas a elíptico-lanceoladas, subtrinervias desde muy por encima de la base, la superficie adaxial hirsuta, la superficie abaxial estrigulosa, la base cuneada, los márgenes remotamente serrulados, el ápice agudo a acuminado; pecíolo 0.3-1 cm. Capitulescencia abierta, corimbosa, las ramas laterales no sobrepasando el eje central, las ramas con 1-3(-5) cabezuelas; pedúnculos 5-30(-45) mm, delgados, hirsútulos a subestrigosos. Cabezuelas 9-12 mm; involucro 8-9 mm de diámetro, campanulado; filarios obgraduados, los filarios externos mucho más largos que los internos, 3-seriados; filarios externos 5-8, 9-13 × 3.5-4 mm, elíptico-ovados, ascendentes o escasamente patentes, esparcidamente estrigosos, el ápice obtuso; filarios internos progresivamente decreciendo hasta 4-7 mm, ovados, el ápice obtuso a redondeado; páleas 6-8 mm, cortamente apiculadas, el apículo c. 1 mm. Flores radiadas 8(-13); corola amarilla, el tubo 2.5-3 mm, el limbo 8-11 × 3-4 mm, elíptico-ovado, débilmente 7-9-nervio, esparcidamente setuloso abaxialmente, el ápice profundamente bilobado, los lobos hasta 1 mm. Flores del disco 30-45; corola 5-6-6.5 mm, infundibuliforme, amarilla, el tubo 1.5-2.5 mm, los lobos 0.6-0.9 mm; anteras c. 2.7 mm, el apéndice negro; ramas del estilo 1.5-2 mm, el apéndice apical alargándose tardíamente. Cipse-

las 3-4 mm, las aristas algunas veces ensanchadas en la base y connatas con las escuámulas, las cipselas radiadas algunas veces madurando con una capa suberosa externa, lateralmente 2-aladas (el ángulo interno no alado), las alas hasta c. 0.5 mm de diámetro, 2-aristadas o 3-aristadas, las aristas 1.5-2 mm, subiguales, las escuámulas pocas a ausentes, 0.5-1 mm; cipselas del disco cuadrangulares, no aladas, desigualmente 2-aristadas, las aristas 1-2.6 mm, las escuámulas pocas, c. 1 mm. $2n = 32$. *Claros, bosques de* Quercus-Liquidambar, *bosques de* Pinus-Quercus. Ch (*Breedlove 27848*, MO). 800-1500 m. (Endémica.)
Esta especie también se espera encontrar en Guatemala.

3. Lundellianthus guatemalensis (Donn. Sm.) Strother, *Syst. Bot.* 14: 544 (1989). *Zexmenia guatemalensis* Donn. Sm., *Bot. Gaz.* 13: 188 (1888). Isotipo: Guatemala, *von Türckheim 853* (NY!). Ilustr.: Robinson, *Wrightia* 6: t. 81 (1978f), como *L. petenensis*. N.v.: K'amalnich wamal, Ch.
Lasianthaea guatemalensis (Donn. Sm.) B.L. Turner, *Lundellianthus petenensis* H. Rob.
Subarbustos subvirguliformes poco ramificados, 0.7-1.5(-2) m; tallos estrigulosos con tricomas adpresos de c. 0.4 mm hasta pilosos con tricomas patentes de c. 2.5 mm, los 2 tipos de indumento algunas veces en el mismo individuo con los tricomas patentes típicamente más distales sobre la planta; entrenudos vegetativos distales del tallo principal de hasta 15 cm, frecuentemente c. 1.5 veces la longitud de la hoja, las ramas axilares con los entrenudos de la capitulescencia congestos. Hojas angostamente connato-perfoliadas, con una cúpula nodal hasta c. 2 mm; láminas 3-12(-18) × 1-5(-6) cm, lanceoladas a ovadas, 3-nervias desde por encima de la acuminación basal, la superficie adaxial híspida a hirsuta, la superficie abaxial hirsuta a pilosa, la base cuneada a redondeada, los márgenes serrados a serrulados, el ápice agudo a atenuado; pecíolo 0.2-3.5 cm, alado, las alas lisas o algunas veces marcadamente crespas. Capitulescencia abierta, con 1-pocas cabezuelas, las ramas laterales frecuentemente sobrepasando la cabezuela central; pedúnculos 1-6 cm, delgados, densamente piloso-subestrigosos. Cabezuelas 10-12 mm; involucro 7-12 mm de diámetro, campanulado a hemisférico; filarios obgraduados, los filarios externos más largos que los internos; filarios externos (4)5-8, 9-14 × 2.5-5(-6) mm, oblongos a pandurados, ascendentes o escasamente patentes, herbáceos, redondeados a acuminados, pilósulos; filarios internos 8-13, 6-7 × 2-2.5 mm, oblongos a ovados, el ápice agudo a obtuso; páleas 6.5-8 mm, exertas del involucro, el apículo cuando conspicuo 0.5-1.5 mm. Flores radiadas 8; corola amarilla, el tubo 2-3 mm, el limbo (8-)10-13(-16) × 4.5-6 mm, elíptico-oblongo(-ovado), c. 12-nervio, los 2 nervios de soporte setulosos abaxialmente. Flores del disco 25-50; corola 6-7.6 mm, amarilla, el tubo 2.5-3 mm, los lobos c. 0.8 mm; anteras 3-3.5 mm, el apéndice c. 0.5 mm, negruzco destiñendo a casi pajizo; ramas del estilo 1.5-2 mm, el apéndice estéril c. 0.4 mm, penicelado. Cipselas 2.7-4 mm, negras o algunas veces pajizas a veces pajizas y aparentemente cubiertas por el tejido del ala; cipselas radiadas 2-aladas o 3-aladas (el ala interna algunas veces no desarrollada), hasta c. 3 mm de diámetro, lisas, 2-aristadas o 3-aristadas, las alas hasta c. 0.7 mm de diámetro, las aristas 1-2 mm, desiguales, las escuámulas externas ausentes, el lado interno del ápice con escuámulas coroniformes intermedias de 0.8-1.2 mm; cipselas del disco cuadrangulares, no aladas, tornando a ruguloso-tuberculadas, sin aristas o el borde adaxial 1(2)-aristado, la arista (2-)3.5-4.5 mm (cipselas aristadas y sin aristas frecuentemente en la misma cabezuela), las escuámulas c. 0.2 mm. *Áreas alteradas, márgenes de ríos, bosques de* Pinus-Quercus, *orillas de caminos, sabanas, matorrales, laderas.* Ch (*Pruski et al. 4244*, MO); QR (Villaseñor Ríos, 1989: 113, como *Zexmenia guatemalensis*); B (*Davidse y Brant 32435*, MO); G (*Contreras 8218*, MO); ES (Standley y Calderón, 1941: 290, como *Z. guatemalensis*). 80-1600 m. (Endémica.)
Algunas colecciones de elevaciones bajas en Yucatán tienen el limbo de las corolas radiadas más corto y filarios externos más cortos y más anchos que los del material típico. Los reportes de Quintana Roo y El Salvador no han sido verificados. En las laderas y alrededor de Ocosingo (Chiapas), *Lundellianthus guatemalensis* y *Zexmenia serrata* con frecuencia crecen entremezcladas.

4. Lundellianthus harrimanii Strother, *Syst. Bot.* 14: 545 (1989). Isotipo: Nicaragua, *Stevens 15581* (MO!). Ilustr.: no se encontró.
Arbustos débiles o trepadores, 1-4 m; tallos estrigulosos con tricomas adpresos hasta hirsútulos con tricomas patentes, los tricomas más largos 0.3-0.4(-0.5) mm, mucho más cortos que 1/2 del diámetro del tallo; entrenudos 2.5-10 cm, en general 1/2-3/4 de la longitud de las hojas. Hojas: láminas 6-10 × 2.5-6.5 cm, elíptico-ovadas a ovadas, 3-nervias desde muy por encima de la base, los nervios abaxialmente algunas veces con tricomas más largos que las aréolas, ambas superficies subestrigulosas a hirsútulas, la base cuneada a obtusa, rara vez anchamente obtusa, luego típicamente angostada abruptamente hasta una acuminación basal, los márgenes serrulados a finamente serrados, el ápice agudo a acuminado; pecíolo (0.3-)0.5-1.5 cm. Capitulescencia con ramas de (1-)3-50 cabezuelas; pedúnculos 1-6(-9) cm, básicamente teretes en toda su longitud, estrigulosos a hirsútulos, los tricomas adpresos o patentes. Cabezuelas 12-16 mm; involucro 13-17 mm, anchamente campanulado a hemisférico; filarios obgraduados, los filarios externos cerca del doble o más de la longitud de los internos, 3-seriados, tornando a marcadamente endurecidos proximalmente; filarios externos c. 5, 12-16 × 4-6.5(-8.5) mm, lanceolados a ovados o pandurados, ascendentes, ambas superficies estrigulosas a hírtulas, los tricomas con células subsidiarias prominentes, los márgenes con tricomas subiguales a los sobre la superficie, el ápice agudo a obtuso; filarios internos 4.5-6 mm, progresivamente menores, ovados, el ápice anchamente obtuso a redondeado; páleas 7.5-10 mm, típicamente largamente apiculadas, el apículo 2-4 mm. Flores radiadas (8-)13; corola amarilla o algunas veces amarillo-anaranjada, el tubo 2-3 mm, el limbo 14-18 × 4-5 mm, oblongo, 13-20-nervio), los nervios cercanamente espaciados, abaxialmente setulosos, las sétulas distribuidas sobre toda la superficie distal y no restringidas a la nervadura. Flores del disco 40-80; corola 7-8 mm, angostamente infundibuliforme, amarilla o algunas veces amarillo-anaranjada, los haces fibrosos especialmente prominentes, el tubo 1.8-2.5 mm, los lobos 0.7-0.9 mm, marcadamente papilosos por dentro distal y marginalmente; anteras c. 3.5 mm, el apéndice pajizo; ramas del estilo 2-2.5 mm. Cipselas anchamente 2-aristadas o 3-aristadas, (3.5-)4-5 × 1.8-3 mm de ancho en el ápice, angostamente aladas, algunas veces madurando con una capa externa pajiza perforada y suberosa, las alas 0.3-0.5 mm de diámetro; cipselas radiadas 3-aristadas, las aristas 2.5-4 mm, subiguales; cipselas del disco comprimido-subcuadrangulares, las caras frecuentemente setuloso-papilosas, 2-aristadas, las aristas por lo general marcadamente desiguales, la arista abaxial 2-2.5 mm, la arista adaxial 3.5-4 mm, las escuámulas 0.4-1 mm. *Bosques mixtos de* Quercus. N (*Rueda 12167*, MO). 800-1600 m. (Endémica.)
Lundellianthus harrimanii es una endémica regional conocida solo desde 12 km de Estelí en el noroeste de Nicaragua y en la vecindad de Tegucigalpa, Honduras. Ésta presumiblemente se encuentra también en localidades geográficamente intermedias. *Lundellianthus harrimanii* es muy similar y aparentemente intergrada con *L. kingii*, siendo las diferencias entre las dos (*L. harrimanii* tiene en general entrenudos más largos, los filarios externos más largos, y en general páleas más cortas) anotadas por Strother (1989b). El limbo de las corolas radiadas con múltiples nervios usado aquí como útil para distinguir *L. harrimanii* es frecuentemente poco importante en numerosas Asteraceae radiadas, y dentro de *L. harrimanii* esta característica es tal vez vista mejor como clinal (el material hondureño es 13-15-nervio, mientras que el material de nicaragüense es 15-20-nervio). Una colección de *Lasianthaea fruticosa* de Estelí, Nicaragua (*Laguna 249A*, MO) similarmente tiene la corola radiada con más nervadura de lo usual, creando duda sobre el valor del carácter de la nervadura del limbo de la corola, al menos en algunas localidades. Las medidas de la hoja, el pecíolo y la

corola del disco dadas por Strother (1989b) como distinguiendo *Lundellianthus harrimanii* y *L. kingii* fallan en separarlas. Así *L. harrimanii* es apenas provisionalmente reconocida.

El color de la corola en *L. harrimanii* es descrita como "amarilla" sobre la etiqueta de 8 de las 12 colecciones que mencionan el color, mientras que en 2 colecciones es descrita como "anaranjada", una como "amarillo-naranja", y una dice "radiadas amarillas, del disco anaranjadas". Las corolas radiadas no son del mismo tono anaranjado, por ejemplo, el visto en las corolas radiadas ya sea de *Comaclinium* o *Pseudogynoxys*, contrariamente concuerda con lo que aquí se describe como "amarillo-anaranjado" y en otras partes (p. ej., para *Wamalchitamia aurantiaca*) como "amarillo-anaranjado" o "amarillo-dorado".

5. Lundellianthus kingii (H. Rob.) Strother, *Syst. Bot.* 14: 545 (1989). *Zexmenia kingii* H. Rob., *Phytologia* 41: 34 (1978). Isotipo: Guatemala, *King y Renner 7093* (MO!). Ilustr.: Robinson, *Phytologia* 41: 37, 38 (1978).

Lasianthaea kingii (H. Rob.) B.L. Turner.

Arbustos de hasta 4 m; tallos estrigulosos, con tricomas adpresos c. 0.3 mm, mucho más cortos que la 1/2 del diámetro del tallo; entrenudos 1-5.5 cm, en general c. 1/2 de la longitud de las hojas, las ramas axilares en ángulo de 45-90°, sin sobrepasar el tallo principal. Hojas: láminas 4-8 × 2-4.5 cm, elíptico-ovadas a ovadas, 3-nervias desde muy por encima de la base, la superficie adaxial hispídula, los tricomas subadpresos, la superficie abaxial estriguloso-hispídula, los tricomas adpresos o algunos patentes, la base obtusa frecuentemente angostada hasta una acuminación basal, los márgenes serrulados, el ápice acuminado; pecíolo 1-2 cm. Capitulescencia abierta, corimbosa, las ramas laterales no sobrepasando el eje central, las ramas de 1-5 cabezuelas; pedúnculos 15-25 mm, básicamente teretes en toda su longitud, estrigulosos a densamente estrigulosos, algunas veces haces vasculares de los subfilarios tornándose abruptamente prominentes apicalmente, los tricomas adpresos. Cabezuelas 11-13 mm; involucro 10-15 mm de diámetro, campanulado, tornándose marcadamente endurecido; filarios obgraduados, los filarios externos mucho más largos que los internos, 3-seriados; filarios externos 5-8, 7-12 × 3-4.5 mm, elíptico-ovados, ascendentes a patentes en el fruto, estrigulosos, el ápice obtuso; filarios internos 4-5 mm, ovados, el ápice obtuso a redondeado; páleas c. 10 mm, trífidas, largamente apiculadas, el apículo 2.5-3.5 mm. Flores radiadas 13-16; corola amarilla, el tubo 2-2.5 mm, el limbo 11.5-15 × 3-4 mm, elíptico-ovado, 7-12-nervio, esparcidamente setuloso abaxialmente. Flores del disco 30-45; corola 6.5-8 mm, infundibuliforme, amarilla, el tubo 2-2.5 mm, los lobos c. 0.7 mm; anteras 2.5-2.8 mm, el apéndice pajizo; ramas del estilo 1-1.5 mm. Cipselas 4-5.5 × 3-4 mm en el ápice, aladas, algunas veces madurando con una capa externa suberosa, las alas 0.5-1 mm de diámetro, las aristas 2.5-4 mm; cipselas radiadas 3-aristadas, las aristas subiguales; cipselas del disco comprimido-subcuadrangulares, anchamente 2-aristadas, las aristas por lo general marcadamente desiguales, patentes al madurar, las escuámulas c. 0.5 mm. *Orillas de caminos, matorrales.* G (*Stuessy y Gardner 4371*, MO). 1000-1500 m. (Endémica.)

Lundellianthus kingii es similar a *L. salvinii*, especie simpátrica, pero se diferencia por el indumento del tallo (tricomas adpresos vs. patentes), el cual en el resto del género (p. ej., *L. guatemalensis* y *L. harrimanii*) varía dentro de cada especie individual. Las medidas de la hoja, el pecíolo y la corola del disco dadas por Strother (1991) para diferenciar a *L. kingii* de *L. harrimanii* no son precisas, y las 2 colecciones conocidas de *L. kingii* difieren de *L. harrimanii*, especie descrita posteriormente, básicamente solo por los limbos de las corolas radiadas con 7-12 (vs. 15-20) nervios. No se ha visto ni *L. harrimanii* ni *L. kingii* en el campo, de manera que *L. harrimanii* es provisionalmente tratada aquí como distinta.

6. Lundellianthus salvinii (Hemsl.) Strother, *Syst. Bot.* 14: 545 (1989). *Zexmenia salvinii* Hemsl., *Biol. Cent.-Amer., Bot.* 2: 173 (1881). Holotipo: Guatemala, *Salvin s.n.* (foto MO! ex K). Ilustr.: no se encontró.

Lasianthaea salvinii (Hemsl.) B.L. Turner.

Hierbas perennes a arbustos débiles, 1-4 m; tallos por lo general densamente hirsutos a híspidos, los tricomas patentes o algunas veces retrorsos, los tricomas más largos 0.7-1 mm, en general c. 1/2 del diámetro del tallo; entrenudos del tallo principal en general 1/2-3/4 de la longitud de la hoja. Hojas: láminas 4-15(-20) × 2-8(-10) cm, lanceoladas a elíptico-ovadas, 3-nervias desde muy por encima de la base, la superficie adaxial hirsuta a hirsútula, la superficie abaxial hirsútula a pilosa, la base cuneada a anchamente obtusa, algunas veces con acuminación basal, los márgenes serrados, el ápice agudo a acuminado; pecíolo 0.5-2(-3) cm. Capitulescencia corimbosa, en general hasta c. 5 cm de ancho, con 1-5 cabezuelas; pedúnculos 0.5-3.5(-8) cm, robustos, gradualmente dilatados hasta c. 4 mm de diámetro en el centímetro distal, por lo general densamente hirsutos a híspidos, los tricomas patentes o algunas veces retrorsos. Cabezuelas 11-15 mm; involucro 8-15 mm de diámetro, campanulado a hemisférico; filarios obgraduados, los filarios externos más largos a mucho más largos que los internos; filarios externos 5-8, 12-20 × (3-)5-8 mm, oblongos a pandurados, escasamente patentes o reflexos distalmente, herbáceos, algunas veces con 5-7 nervios prominentes, el ápice anchamente agudo a obtuso, blanco-hirsútulo-estrigosos; filarios internos 8-13, 5-9.5 × hasta c. 4 mm, oblongos a ovados, el ápice agudo hasta con más frecuencia obtuso; páleas (7-)9-11 mm, exertas del involucro, frecuentemente color púrpura en el ápice, largamente apiculadas, el apículo 2-4 mm. Flores radiadas 8-13; corola amarilla, el tubo 2.5-3 mm, el limbo 12-15 × 4-6 mm, oblongo, c. 12-nervio, los 2 nervios de soporte esparcidamente setulosos abaxialmente. Flores del disco 30-60; corola 8-10 mm, amarilla, el tubo 2.5-3 mm, los lobos c. 1 mm; anteras 3-3.5 mm, el apéndice negruzco destiñendo a casi pajizo, sagitado-cordiforme, la base más ancha que la teca; ramas del estilo c. 2.5 mm. Cipselas 3-5.5 × 1.5-2.5 mm, angostamente aladas, pardusco-pajizas, aparentemente cubiertas por el tejido del ala aunque negruzcas por debajo, finamente estriadas, algunas veces rugulosas, las alas 0.1-0.2 mm de ancho; cipselas radiadas 3-aristadas, las aristas 1.5-3.5 mm, erectas o en ocasiones patentes, lanceoladas, todas las caras intermedias con escuámulas ovadas a deltadas de 0.5-1 mm; cipselas del disco comprimido-subcuadrangulares, (1)2-aladas, 2-aristadas o muy rara vez 1-aristadas, las aristas 1-4 mm, en general subiguales, las escuámulas 0.5-1 mm. $2n = 32$. *Áreas alteradas, bordes y claros en bosques premontanos húmedos, laderas graminosas, bosques mixtos, bosques de* Pinus-Quercus, *orillas de caminos, laderas empinadas, matorrales.* Ch (*Panero 2530*, NY); G (*Pruski et al. 4551*, MO); H (*Molina R. y Molina 24484*, MO). 1000-2600 m. (Endémica.)

Los reportes de esta especie de Williams (1976b) y Villaseñor Ríos (1989) de Belice están basados en identificaciones erróneas.

7. Lundellianthus steyermarkii (S.F. Blake) Strother, *Syst. Bot.* 14: 546 (1989). *Oyedaea steyermarkii* S.F. Blake, *Proc. Biol. Soc. Wash.* 60: 42 (1947). Holotipo: Guatemala, *Steyermark 45686* (F!). Ilustr.: no se encontró.

Lasianthaea steyermarkii (S.F. Blake) B.L. Turner.

Arbustos, c. 3 m; tallos estrigulosos a densamente estrigulosos, los tricomas 0.2-0.3 mm; entrenudos del tallo principal en general c. 3/4 de la longitud de la hoja. Hojas: láminas (6-)9-12.5 × (2.5-)3-4.7 cm, elíptico-obovadas a ovadas, pinnatinervias con 4-7 nervios secundarios de igual tamaño a cada lado y arqueados en un ángulo c. 55°, la superficie adaxial estrigulosa, el complejo de la célula subsidiaria muy prominente, los tricomas 0.2-0.3 mm, la vena media densamente estrigulosa, la superficie abaxial estrigulosa a subestrigulosa, la base cuneada, los márgenes crenado-serrulados, el ápice agudo a acuminado; pecíolo 0.3-1 cm. Capitulescencia corimbosa, en general hasta c. 3 cm de ancho, con 3-6 cabezuelas; pedúnculos delgados, 3-18 mm, densamente blanco-estrigulosos. Cabezuelas 10-12 mm; involucro 8-11 mm de diámetro, campanulado a hemisférico en el fruto; filarios escasamente graduados o subiguales, los filarios externos escasamente más cortos o subiguales a los internos, 3-seriados; filarios externos c. 5, c. 6 × 2 mm, lanceolado-ovados, subherbáceos, agudos, estrigulosos, los filarios internos 6-6.5 × 2.5-3 mm, oblongos a oblongo-ovados, cartáceos, el ápice obtuso a redondeado; páleas 8-10 mm, exertas del involucro, el apículo 1-2 mm. Flores radiadas c. 8, estériles, sin estilos; corola de color crema o amarillo pálido, el tubo 1-1.5 mm, el limbo 5-6 × c. 2.5 mm, ovado, solo los 2 nervios de soporte visibles, setuloso abaxialmente; ovario 2.5-3 × c. 1.5 mm, agrandándose pero sin semilla, tornándose obcomprimido y triquetro, glabro, 3-aristado, las aristas 2.5-3.5 mm, con base amplia, la arista central basalmente contigua con las 2 laterales sobre la superficie interna del ovario, la superficie externa del ovario sin aristas laterales contiguas y sin escuámulas intermedias. Flores del disco 35-40; corola c. 7.5 mm, de color crema o amarillo pálido, sin haces fibrosos prominentes, el tubo c. 2.2 mm, los lobos c. 0.8 mm; anteras 2.5-3 mm; ramas del estilo 2-2.5 mm, el apéndice estéril c. 0.5 mm, negro. Cipselas finamente estriadas; cipselas del disco 3-4.3 × c. 1.2 mm, comprimido-subcuadrangulares, los ángulos delgadamente marginados pero no alados, desigualmente 2-aristadas, esparcidamente estrigulosas, la arista abaxial menor 1.5-2.5 mm, la arista adaxial más larga 3.3-3.8 mm, la corona 0.5-1 mm. *Áreas abiertas, crestas con caliza, laderas rocosas.* G (*Contreras 6635*, US). 200-500 m. (Endémica.)

Esta es la única especie de *Lundellianthus* conocida por tener flores radiadas sin estilos. Nash (1976d) incorrectamente dio el límite de elevación superior como 700 m.

138. Melanthera Rohr
Echinocephalum Gardner
Por J.F. Pruski y J.C. Parks†.

Hierbas perennes toscas o subarbustos en general a partir de un órgano subterráneo ligeramente leñoso; tallos en general erectos o ascendentes, algunas veces débiles y reclinados sobre otras plantas, cuadrangulares y sulcados, pelosos o glabrescentes, nudos en general con una costilla interpeciolar. Hojas típicamente opuestas, pecioladas o algunas veces subsésiles; láminas triangular-ovadas o 3-lobadas a linear-lanceoladas, cartáceas a rígidamente cartáceas, en general 3-nervias desde cerca de la base o algunas veces pinnado-nervadas, las superficies no glandulosas, la superficie adaxial en general escabrosa, los tricomas frecuentemente con base bulbosa, la superficie abaxial en general híspido-hirsuta, algunas veces glabrescente, la base atenuada a hastada, los márgenes en general doble e irregularmente dentados o serrados, en ocasiones subenteros a serrulados, el ápice agudo(-obtuso) a atenuado. Capitulescencia en su mayoría terminal, abiertamente cimosa y paucicéfala o en ocasiones monocéfala; pedúnculos alargados, delgados, sin brácteas. Cabezuelas discoides (Mesoamérica) o radiadas, con numerosas flores, en Mesoamérica globosas hasta cupuliformes en la antesis con las flores periféricas lateralmente patentes; involucro hemisférico a crateriforme; filarios en general 8-16, imbricados, subiguales o graduados, 2-seriados o 3-seriados, persistentes, en general elíptico-ovados a lanceolados, por lo general distalmente endurecido-rígidos, subherbáceos con la base pálida, frecuentemente con estrías verdes pero la nervadura en general inconspicua, típicamente subadpreso-pelosos; clinanto aplanado a convexo hasta algunas veces bajo-cónico después de la fructificación, paleáceo; páleas oblanceoladas, conduplicadas, rígidamente endurecidas, marcadamente pluriacostilladas, carinadas, el ápice mucronado o aristado, punzante. Flores radiadas 0-(8-15), estériles; corola amarilla, el limbo exerto. Flores del disco 20-100, bisexuales, mucho más largas que los filarios; corola angostamente infundibuliforme, 5-lobada, blanca o rara vez amarilla, los lobos deltados a largamente triangulares, en general puberulentos; anteras negras, los apéndices ovados, pajizos; estilo angostamente apendiculado, las

ramas alargadas, el ápice acuminado a triangular, papiloso, el nectario bajo-anular. Cipselas robustas, obpiramidal-cuadrangulares a escasamente comprimidas, no aladas, secas y nunca abayadas, el exocarpo liso o rara vez tuberculado, nunca marcadamente suberoso, las caras frecuentemente glabras, el ápice truncado, sin rostro, el carpóforo elíptico-anular; vilano con 2-12 aristas cortamente ancistrosas, subiguales a desiguales, frágiles o caducas, casi tan largas como las cipselas, las aristas 1-seriadas o en más series, surgiendo hacia adentro desde el anillo y no marginalmente en el ápice del fruto. $x = 15$. Aprox. 4-13 spp., sureste de los Estados Unidos, México, Mesoamérica, Sudamérica, Antillas, África.

Melanthera incluye 3 especies americanas tradicionalmente con cabezuelas discoides globosas, con corolas blancas muy exertas, pero fue expandido por Cabrera (1974) y Pruski (1997a) para incluir el género monotípico sudamericano *Echinocephalum*, el cual está caracterizado por las flores radiadas estériles, no pistiladas y corolas amarillas. La misma variación (p. ej., especies con flores del disco blancas y especies radiadas estériles con flores amarillas reconocidas dentro de un solo género) en caracteres de la flor se reconoce también dentro de *Otopappus*.

Wild (1965) incluyó en *Melanthera* 14 especies africanas con flores radiadas, nueve de las cuales tienen flores radiadas estériles y son aceptadas provisionalmente en *Melanthera*. Orchard (2013b) trató el resto de las especies africanas de *Melanthera* (de acuerdo a Wild, 1965) con flores radiadas pistiladas como *Lipotriche* R. Br. Wild (1965) y Wagner y Robinson (2001 [2002]) las trataron como *Wollastonia* DC. ex Decne. [incluyendo la especie común *W. biflora* (L.) DC.] en la sinonimia de *Melanthera*. Sin embargo, el género paleotropical *Wollastonia* en sentido estricto, con flores radiadas fértiles, nectarios grandes, estilos básicamente sin apéndices y cipselas suberosas frecuentemente sin vilano (o con 1 o 2 aristas y recurvadas hacia adentro), es excluido de la sinonimia de *Melanthera* siguiendo a Fosberg y Sachet (1980) y Orchard (2013b). Como tal, *Melanthera* s. str. no se conoce de la región del Pacífico. El tratamiento más completo es el de Wagner y Robinson (2001 [2002]) quienes reconocieron 35 especies de *Melanthera*, pero no se sigue su circunscripción.

Parks (1973) consideró como distintas a *M. aspera*, con páleas cortamente aristadas, y *M. nivea*, ampliamente distribuida y con páleas largamente aristadas, pero para el resto de autores (p. ej., Cronquist, 1980; Pruski, 1997a) *M. aspera* es un sinónimo de *M. nivea*. Aunque *M. nivea* es circunscrita aquí en sentido extremadamente amplio, *M. angustifolia* es por otro lado circunscrita estrictamente incluyendo solo plantas con hojas angostas y con páleas cortamente aristadas, y es posiblemente sinónimo de *M. nivea* (Strother, 1999).

Bibliografía: Cabrera, A.L. *Fl. Il. Entre Ríos* 6: 106-538 (1974). Cronquist, A. *Vasc. Fl. S.E. U.S.* 1: 1-261 (1980). Fosberg, F.R. y Sachet, M.-H. *Smithsonian Contr. Bot.* 45: 1-40 (1980). Parks, J.C. *Rhodora* 75: 169-210 (1973). Wagner, W.L. y Robinson, H. *Brittonia* 53: 539-561 (2001 [2002]).

1. Láminas de las hojas lineares a angostamente oblanceoladas, en general (4-)6-14 veces tan largas como anchas; capitulescencias en general de cabezuelas solitarias largamente pedunculadas; páleas por lo general cortamente aristadas, el mucrón apical c. 0.5(-1) mm, recto a escasamente recurvado. **1. M. angustifolia**

1. Láminas de las hojas anchamente ovadas a triangular-ovadas, con frecuencia conspicuamente hastado-lobadas, menos de 4 veces tan largas como anchas o más de 2 cm de diámetro o ambos; capitulescencias abiertamente cimosas con 3(-5) cabezuelas cortas a moderadamente largas; páleas corta a largamente aristadas, las aristas 0.5-1.5 mm, frecuentemente recurvadas. **2. M. nivea**

1. Melanthera angustifolia A. Rich. in Sagra, *Hist. Fís. Cuba, Bot.* 11: 54 (1850). Lectotipo (designado por Parks, 1973): Cuba, *Sagra s.n.* (imagen en Internet! ex P). Ilustr.: Parks, *Rhodora* 75: 197, t. 6 (1973).

Melanthera amellus (L.) D'Arcy var. *subhastata* (O.E. Schulz) D'Arcy, *M. angustifolia* A. Rich. var. *subhastata* O.E. Schulz, *M. aspera* (Jacq.) Steud. ex Small var. *subhastata* (O.E. Schulz) D'Arcy, *M. lanceolata* Benth., *M. linearis* S.F. Blake, *M. microphylla* Steetz, *M. purpurascens* S.F. Blake.

Hierbas perennes delgadas o subarbustos, 0.25-1 m; tallos varios, esparcidamente ramificados, ascendentes o rara vez procumbentes, en general con tintes rojizos, estrigulosos a subglabros. Hojas subsésiles a cortamente pecioladas; láminas 2.7-9 × 0.3-1.5 cm, en general (4-)6-14 veces tan largas como anchas, lineares a angostamente oblanceoladas, rara vez angosto ovado-elípticas o basalmente subhastadas, 1-3-nervias, las superficies esparcidamente estrigulosas, la base cuneada a atenuada, rara vez inconspicuamente hastada cerca de la base, los márgenes irregularmente serrulados, el ápice agudo(-obtuso); pecíolo 0-0.5(-1.3) cm. Capitulescencia en general de cabezuelas solitarias largamente pedunculadas en los extremos de las ramas; pedúnculos (3.5-)8-20 cm, sulcados, esparcidamente estrigulosos a casi glabrescentes. Cabezuelas discoides; involucro 6-12 mm de diámetro; filarios 3-5 × 2-3 mm, ovados, por lo general escasamente graduados con 1-3 filarios más externos casi 2/3 de la longitud de los otros filarios; páleas 3.5-5 × c. 1 mm, por lo general cortamente aristadas, el mucrón apical c. 0.5(-1) mm, recto a escasamente recurvado. Flores del disco 30-80; corola 4-5.5 mm, blanca. Cipselas 2.2-2.5 × c. 1.5 mm; vilano con 2-4 aristas de 1-2 mm. Floración jun.-nov.(feb.). 2*n* = 30. *Encinales, áreas pantanosas, bosques de* Pinus, *sabanas, áreas secundarias.* T (*Matuda 3502*, NY); Ch (*Breedlove y Strother 45988*, MO); Y (*Chan 7065*, MO); C (*Chan 6128*, MO); QR (*Téllez y Cabrera 2739*, MO); G (*Aguilar 112*, MO); H (Strother, 1999: 73); N (*Kral 69292*, MO); CR (Nash, 1976d: 263); P (*Seemann 254*, BM). 0-700(-1700) m. (SE. Estados Unidos, Mesoamérica, Cuba, La Española, Islas Vírgenes, Bahamas.)

D'Arcy (1975d [1976]) reconoció este taxón como *Melanthera aspera* var. *subhastata*, y aunque Strother (1999) reconoció *M. angustifolia*, anotó también que podía ser conspecífica con *M. nivea*. Por supuesto, D'Arcy (1975d [1976]) mencionó que las hojas angostas de las plantas podían representar simplemente "una respuesta edáfica de las poblaciones… a hábitats sin drenaje".

2. Melanthera nivea (L.) Small, *Fl. S.E. U.S.* 1251 (1903). *Bidens nivea* L., *Sp. Pl.* 833 (1753). Lectotipo (designado por Parks, 1973): Dill., *Hort. Eltham.* 55, t. 47, f. 55 (1732). Ilustr.: Pruski, *Fl. Venez. Guayana* 3: 311, t. 259 (1997). N.v.: Dzahunxiu, toklanxi'ix, top'lan xiix, top'lanxiw, topan xix, toplanxix, xoon-dhon-bo zo', Y; spanish needle, B; boton blanco, G; boton blanco, burning bush, chichinguaste, flor de la vida, guácara, hierba del caballo, iskanari saika, maleza de cerdo, tamosa, H; botón blanco, botoncillo, botoncillo blanco, botoncillo de costa, orozuz, ES; totalquelite, N; paira, CR.

Amellus asper (Jacq.) Kuntze, *A. asper* var. *canescens* Kuntze, *A. asper* var. *glabriusculus* Kuntze, *A. niveus* (L.) Kuntze, *Athanasia hastata* Walter, *Calea aspera* Jacq., *Echinocephalum discoideum* Baker, *Elephantopus cuneifolius* E. Fourn., *Melanthera aspera* (Jacq.) Steud. ex Small, *M. aspera* var. *glabriuscula* (Kuntze) J.C. Parks, *M. brevifolia* O.E. Schulz, *M. canescens* (Kuntze) O.E. Schulz, *M. carpenteri* Small, *M. confusa* Britton, *M. corymbosa* Spreng.?, *M. crenata* O.E. Schulz, *M. deltoidea* Michx., *M. hastata* Michx., *M. hastata* subsp. *cubensis* (O.E. Schulz) Borhidi, *M. hastata* var. *cubensis* O.E. Schulz, *M. hastata* var. *scaberrima* Benth., *M. hastifolia* S.F. Blake, *M. ligulata* Small?, *M. linnaei* Kunth, *M. lobata* Small, *M. longipes* Rusby, *M. molliuscula* O.E. Schulz, *M. oxycarpha* S.F. Blake, *M. oxylepis* DC., *M. panduriformis* Cass., *M. parviceps* S.F. Blake, *M. trilobata* Cass., *M. urticifolia* Cass., *Spilanthes litoralis* Sessé et Moc.

Hierbas perennes o subarbustos, 0.5-2(-3) m; tallos ascendentes a erectos o en ocasiones subescandentes y reclinados sobre otras plantas, en general muy ramificados, algunas veces manchados, escabroso-híspidos. Hojas largamente pecioladas, algunas veces alternas distal-

mente; láminas (3-)5-15(-20) × (1-)3-9(-15) cm, menos de 4 veces tan largas como anchas, o más de 2 cm de diámetro, o ambas, anchamente ovadas a triangular-ovadas o hasta panduradas, con frecuencia conspicuamente hastado-lobadas, 3-nervias, las superficies híspidas a piloso-hirsutas con tricomas alargados y también más o menos escabroso-híspídulas con tricomas mucho menores, la base anchamente cuneada a truncada o algunas veces hastada con los lobos lateralmente divergentes, los márgenes doble e irregularmente dentados a serrados o muy rara vez lacerados, el ápice agudo o acuminado; pecíolo 1-5 cm. Capitulescencia abiertamente cimosa con 3(-5) cabezuelas cortas a moderadamente largas; pedúnculos en general 3-10(-14) cm, estrigosos. Cabezuelas 10-15 × 8-20 mm, plantas sobre caliza algunas veces con cabezuelas apenas 1/2 del tamaño, discoides; involucro 8-20 mm de diámetro; filarios 2-6(-13) × 1-3 mm, anchamente ovados a lanceolados(-linear-lanceolados), adpresos pero con frecuencia laxamente imbricados, por lo general ligeramente graduados, estrigulosos; clinanto 3-4 mm de diámetro, convexo; páleas (4-)5-7 mm, algunas veces setulosas distalmente o marginalmente, corta a largamente aristadas, la arista 0.5-1.5(-2) mm, frecuentemente recurvada. Flores del disco 30-100; corola 5-7(-8.5) mm, blanca, los lobos con ápice agudo; anteras 1.5-2 mm; ramas del estilo 1.2-2.5 mm, acuminadas. Cipselas 2-3 × 1.5-2.3 mm, el ápice truncado hírtulo; vilano con 2-8 aristas de 0.7-2.8 mm. Floración durante todo el año. 2*n* = 30. *Vegetación secundaria, bosques de* Pinus-Quercus, *bosques riparios, borde de carreteras, lugares rocosos, sabanas, matorrales.* T (*Pruski et al. 4236*, MO); Ch (*Pruski y Ortiz 4177*, MO); Y (*Gaumer et al. 23537*, F); C (*Lundell 922*, MO); QR (*Téllez y Cabrera 2661*, MO); B (*Bartlett 11882*, US); G (*Pruski y MacVean 4499*, MO); H (*Barclay 2721*, BM); ES (*Calderón 173*, MO); N (*Baker 2239*, MO); CR (*Pruski 418*, LSU); P (*Kuntze 1834*, NY). 0-1900. (S. Estados Unidos, México, Mesoamérica, Colombia, Venezuela, Guyana, Guayana Francesa, Ecuador, Perú, Brasil.)

Melanthera nivea, diagnosticada por sus cabezuelas discoides globosas con flores blancas, es una de las Asteraceae más comunes en Mesoamérica y el Caribe y se encuentra en cada una de las 12 unidades políticas en Mesoamérica. Es desconocida la disposición de numerosos nombres antillanos en ocasiones tratados en la sinonimia de *M. nivea*. Estos podrían ser posiblemente sinónimos de la especie similar *M. angustifolia*.

139. Oblivia Strother

Por J.F. Pruski.

Arbustos de tallos débiles; tallos en general escandentes o ascendentes, subteretes, finamente estriados, pelosos. Hojas opuestas o rara vez subopuestas, pecioladas; láminas típicamente lanceoladas, glandulosas o no glandulosas, cartáceas, la nervadura convergente-plinervia desde por encima de la base con los nervios secundarios mayores continuando hasta el ápice de la lámina y convergiendo cerca de este, pelosas, los márgenes enteros a serrulados. Capitulescencia terminal o axilar desde los nudos distales, corimbosa, con pocas a varias cabezuelas; pedúnculos cortos o algunas veces alargados. Cabezuelas con (13-)25-57 flores, cortamente radiadas; involucro campanulado; filarios 3-5-seriados, imbricados, desiguales, graduados y nunca marcadamente obgraduados, endurecidos; filarios externos nunca muy grandes ni foliáceos ni lateralmente patentes; clinanto convexo, paleáceo; páleas endurecidas, semejando los filarios internos, libres en la base. Flores radiadas pistiladas, 1-seriadas; corola amarillenta, el tubo presente o ausente, el limbo oblanceolado a oblongo, corto, apicalmente peloso; nectario grande o diminuto; estilo muy exerto, casi tan largo como el limbo. Flores del disco bisexuales; corola infundibuliforme, amarillenta, 5-lobada, apicalmente pelosa; anteras basalmente redondeado-sagitadas, las tecas negras, los conectivos pajizos, el apéndice apical ovado-deltado, pajizo;

ramas del estilo apicalmente agudas. Cipselas angostamente obcónicas, angostamente aladas, las cipselas radiadas triqueras, las del disco ligeramente comprimidas y robusto-biconvexas, el cuerpo de las cipselas del disco más de 1/2 de grueso que de ancho, pero las cipselas radiadas y las del disco no obvia ni marcadamente dimorfas, el cuerpo negro, sin rostro, el ápice truncado, sin las protuberancias apicales, las alas gruesas, cartilaginosas, pajizas, adnatas al vilano, la base de la cipsela largamente atenuada, el carpóforo indistinto; vilano con 2 (del disco) o 3 (radiadas) aristas (rara vez con 1 o 2 aristas adicionales mucho más cortas) y una corona pequeña entre las aristas entera a lacerada, las aristas dispuestas lateralmente sobre el ápice truncado de las cipselas, pajizas, robustas, subiguales, ligeramente divergentes, abaxialmente escabriúsculas, la base de la arista gradualmente ancha en forma de "V" en corte transversal. $x = 16$. Aprox. 3 spp., Mesoamérica, Sudamérica.

Las cipselas largamente obcónicas y gruesamente aladas, con alas distalmente adnatas a las 2 aristas subiguales del vilano, parecen ser las características morfológicas que distinguen al género *Oblivia*, segregado provisionalmente reconocido, aunque estas son las características que lo hacen aparentemente congénere con *Tuxtla*, simultáneamente validado. *Otopappus* y *Zexmenia*, cada uno con cabezuelas radiadas con flores radiadas pistiladas y frutos alados, son los parientes más cercanos de *Oblivia*, pero en el protólogo de *Oblivia*, Strother (1989a) incorrectamente anotó que *Wedelia* y *Zexmenia* eran congéneres. Más adelante, Strother (1999) reconoció *Otopappus*, *Wedelia* y *Zexmenia*, dentro de uno de los cuales (o dentro de *Tuxtla*) *Oblivia* podría finalmente mostrar ser parte cladísticamente. El género *Salmea* DC. tiene hojas no glandulosas, cabezuelas discoides, y cipsela no alada frecuentemente con cerdas reducidas (pero subteretes vs. basalmente en forma de "V" y aristadas) entre las 2 aristas, pero por lo demás es muy similar a este grupo de géneros.

Bibliografía: Anderson, L.C. et al. *Syst. Bot.* 4: 44-56 (1979). Strother, J.L. *Syst. Bot.* 14: 541-543 (1989).

1. Oblivia mikanioides (Britton) Strother, *Syst. Bot.* 14: 541 (1989). *Salmea mikanioides* Britton, *Bull. Torrey Bot. Club* 19: 150 (1892). Holotipo: Bolivia, *Rusby 1739* (NY!). Ilustr.: Anderson et al., *Syst. Bot.* 4: 46, t. 1 (1979), como *Otopappus australis*.

Otopappus australis S.F. Blake, *O. ferrugineus* V.M. Badillo, *Zexmenia columbiana* S.F. Blake, *Z. mikanioides* (Britton) S.F. Blake, *Z. mikanioides* var. *australis* (S.F. Blake) R.L. Hartm. et Stuessy.

Arbustos trepadores; tallos 2-6(15-?25) m, estrigulosos a esparcidamente estrigulosos. Hojas: láminas 4.5-17 × 1-4.2 cm, lanceoladas a algunas veces elípticas, 3(-5)-nervias desde muy por encima de la base, el par(es) de nervios laterales principales llegando casi hasta el ápice de la lámina, la superficie adaxial estrigulosa, la superficie abaxial estrigulosa o algunas veces estriguloso-hirsúta, típicamente glandulosa, la base obtusa a cuneada, algunas veces cortamente atenuada sobre el pecíolo, los márgenes enteros a esparcidamente serrulados, el ápice acuminado a atenuado; pecíolo 3-12 mm, alado distalmente. Capitulescencia hasta 7 cm, con 3-20 cabezuelas, no dispuesta muy por encima de las hojas distales, pedúnculos 2-10 mm, subestrigosos, 1(2)-bracteolados; bractéolas c. 2 mm, deltado-lanceoladas. Cabezuelas (6-)7-9 mm, con (13-)25-47-flores; involucro 3-4(-5) mm; filarios 3-seriados o 4-seriados, el ápice obtuso a redondeado, algunas veces agudo; filarios externos pocos, c. 2 mm, lanceolados u obespatulados, herbáceos distalmente, puberulentos, también algunas veces esparcidamente glandulosos, el ápice en general reflexo, graduando hasta los filarios de las series internas; filarios internos 3-4(-5) mm, elípticos, glabrescentes a puberulentos, los márgenes algunas veces ciliolados; páleas 6-8 mm, linear-lanceoladas, típicamente mucho más largas que los filarios más internos, glabras o las externas algunas veces puberulentas, pajizas, los márgenes ciliolados, graduando desde los externos aplanados a los internos conduplicados, carinados, ligeramente trífidos.

Flores radiadas (2-)5-12; corola con limbo 3-4 × 0.6-0.9 mm, inserto directamente sobre el ovario, 3-5-nervio, algunas veces abaxialmente glanduloso, el ápice 2-dentado, brevemente exerto del involucro; nectario cilíndrico, c. 0.5 mm, diferenciado en textura de la corola. Flores del disco (11-)20-35; corola 3.5-4.5 mm, el tubo 0.5-0.7 mm, glabro, la garganta gradualmente ampliada, los lobos c. 0.5 mm, deltados, erectos a inflexos, cortamente setosos y algunas veces también glandulosos; anteras 2-2.5 mm, parcial a mayormente exertas de la corola, el apéndice apical hasta c. 0.5 mm, glanduloso; ramas del estilo c. 1.5 mm, los tricomas barredores diminutos. Cipselas 3-6 mm, las caras glabras, en ocasiones con 1 o 2 líneas algunas veces cortas, las líneas algunas veces elevadas, hasta c. 2 mm, las alas c. 0.2 mm de diámetro; vilano con aristas de 2-4 mm, lanceoladas, corona lacerada intermedia de c. 0.4 mm. $2n = 32$. *Orillas de caminos*. P (*Anderson 3886*, FSU). 300-400 m. (Mesoamérica, Colombia, Venezuela, Ecuador, Perú, Bolivia.)

Anderson et al. (1979) produjeron un tratamiento completo de esta especie (como *Zexmenia*) y reconocieron *Z. mikanioides* var. *australis*. Sin embargo, yo no veo ninguna variación significativa y por esto no reconozco infrataxones. La etiqueta de una colección de Perú (*Rojas et al. 125*, MO) describió la planta como "árbol, 25 m". Esta caracterización es tomada aquí como incorrecta, y es más probable que esta colección es simplemente un bejuco en un árbol alto, si en efecto la etiqueta corresponde a esta colección.

140. Otopappus Benth.

Notoptera Urb., *Zexmenia* La Llave sect. *Otopappus* (Benth.) O. Hoffm.

Por J.F. Pruski.

Arbustos a bejucos leñosos; tallos algunas veces con costilla nodal. Hojas opuestas o rara vez subopuestas, cortamente pecioladas; láminas angostamente lanceoladas a ovadas, cartáceas, la nervadura triplinervia a pinnada, diversamente pelosas, glandulosas o no glandulosas, algunas veces basalmente oblicuas, los márgenes en general serrulados a serrados o enteros. Capitulescencia terminal o axilar desde los nudos distales, monocéfala a corimbosa o paniculada, con ramas opuestas al eje principal, las cabezuelas solitarias a numerosas; los pedúnculos típicamente cortos, algunas veces alargados. Cabezuelas radiadas o discoides; involucro mucho más corto hasta uniformemente graduando en tamaño hasta las páleas más externas; filarios 2-7-seriados, imbricados, desiguales, graduados, adpresos o algunas veces los filarios de las series externas reflexos, los filarios de las series externas herbáceos, los filarios de las series internas pajizos algunas veces con el ápice herbáceo, apicalmente agudos a redondeados; clinanto paleáceo; páleas conduplicadas, endurecidas, en general más cortas que las flores asociadas, erectas o apicalmente recurvadas hacia adentro o hacia afuera, frecuentemente carinadas. Flores radiadas (cuando presentes) pistiladas o rara vez estériles, 1-seriadas; corola amarillenta, el limbo ancho, exerto del involucro, rara vez (*Otopappus mexicanus* (Rzed.) H. Rob.) angosto e inconspicuo. Flores del disco bisexuales; corola tubular-infundibuliforme a campanulada, 5-lobada, blanca a amarilla; anteras basalmente redondeado-sagitadas, las tecas negras, los conectivos típicamente pajizos, el apéndice apical ovado-deltado, pajizo o rara vez pardo; ramas del estilo recurvadas. Cipselas triqueras (radiadas) o comprimidas (del disco), 1(2)-aladas, 1-aristadas o 2-aristadas, coroniformes o no coroniformes, las alas pajizas, gruesas, cartilaginosas, graduando hasta las aristas del vilano y así extendiéndose por encima del cuerpo de la cipsela, el margen adaxial típica y anchamente alado, el margen abaxial no alado o algunas veces angostamente alado, el cuerpo negro, frecuentemente peloso apicalmente, rara vez glanduloso, liso a algunas veces con rayas longitudinales blancas, la base largamente atenuada, el carpóforo indistinto, sin rostro pero con frecuencia escasamente constricto, el ápice típicamente sin las protuberancias apicales; vilano con 1 o 2 aristas, las escuámulas intermedias entre las aristas algunas veces presentes, las escuámulas libres o algunas veces fusionadas en una corona, la arista adaxial típicamente fusionada al ala, la arista adaxial típicamente mucho más larga que la dorsal. $x = 16$. Aprox. 15 spp., América tropical.

Blake (1915d, 1921f), Blake et al. (1926), y Nash (1976d) definieron *Notoptera* como teniendo cipselas no coroniformes y escuámulas intermedias ausentes entre las aristas del vilano, mientras que *Otopappus* tiene ya sea cipselas coroniformes o escuámulas intermedias ausentes entre las aristas del vilano. Hartman y Stuessy (1983) en su monografía de *Otopappus* tomaron la característica del vilano como variable y así artificial, y redujeron *Notoptera* a la sinonimia. Las especies discoides con flores blancas recuerdan las de *Melanthera*.

Bibliografía: Arellano Rodríguez, J.A. et al. *Etnofl. Yucatanense* 20: 1-815 (2003). Blake, S.F. *J. Bot.* 53: 225-235 (1915d); *Proc. Biol. Soc. Wash.* 34: 43-46 (1921). Blake, S.F. et al. *Contr. U.S. Natl. Herb.* 23: 1401-1641 (1926). Hartman, R.L. y Stuessy, T.F. *Syst. Bot.* 8: 185-210 (1983). Stafleu, F.A. y Cowan, R.S. *Regnum Veg.* 98: 1-991 (1979).

1. Láminas de las hojas no glandulosas; cabezuelas radiadas; corolas amarillas; filarios más externos patentes o reflexos (al menos apicalmente); clinanto convexo (Sect. *Otopappus*).
  2. Láminas de las hojas hispídulas en la superficie adaxial, los tricomas patentes; involucros 7-9 × 10-16 mm; flores radiadas (13)17-28.
      4. O. scaber
  2. Láminas de las hojas estrigulosas en la superficie adaxial, los tricomas adpresos; involucros 3.5-5(-6) × 5-10 mm; flores radiadas 8-13(-16).
      6. O. verbesinoides
1. Láminas de las hojas glandulosas en la superficie abaxial; cabezuelas discoides; corolas blancas; todos los filarios adpresos; clinanto cortamente cónico (excepto convexo en *O. syncephalus*) (Sect. *Loxosiphon*).
  3. Filarios internos graduando hasta las páleas más externas; todas las corolas recurvadas al madurar (Ser. *Loxosiphon*).
    4. Capitulescencias típicamente más cortas que las hojas subyacentes; pedúnculos, cuando presentes 1-4.5(-10) mm.   **1. O. brevipes**
    4. Capitulescencias típicamente más largas que las hojas subyacentes; pedúnculos 5-20(-23) mm.   **2. O. curviflorus**
  3. Filarios típicamente conspicuos y menos de la 1/2 de la longitud de las páleas; corolas erectas al madurar o rara vez hasta escasamente inclinadas (Ser. *Hirsutus*).
    5. Cabezuelas 6-10 mm; involucros 3-4 mm; corolas del disco 3.1-3.7 mm; vilano sin escuámulas.   **3. O. guatemalensis**
    5. Cabezuelas 5-6.5 mm; involucros 2-2.5 mm; corolas del disco 2.2-2.5 mm; vilano con escuámulas connatas en una corona de c. 0.8 mm.
      5. O. syncephalus

1. Otopappus brevipes B.L. Rob., *Proc. Amer. Acad. Arts* 44: 621 (1909). Isotipo: México, Chiapas, *Ghiesbreght 541* (MO!). Ilustr.: Nash, *Fieldiana, Bot.* 24(12): 541, t. 86 (1976), como *O. glabratus*. N.v.: Tatascán blanco, H; bejuco de maliote, bejuco de tatascamite, botoncito de altura, ES.

Notoptera brevipes (B.L. Rob.) S.F. Blake, *Otopappus brevipes* B.L. Rob. var. *glabratus* (J.M. Coult.) B.L. Rob., *O. curviflorus* (R. Br.) Hemsl. var. *glabratus* J.M. Coult., *O. glabratus* (J.M. Coult.) S.F. Blake, *Salmea curviflora* R. Br. var. *glabrata* (J.M. Coult.) Greenm.

Arbustos o bejucos leñosos hasta 10 m; tallos delgados, arqueados, pelosos a vellosos. Hojas: láminas (3-)4.5-13(-16) × (1-)1.8-4(-5.5) cm, lanceoladas a lanceolado-ovadas, sub 3-palmatinervias desde muy por encima de la base, la superficie adaxial pelosa, la superficie abaxial escasamente estrigulosa a vellosa, glandulosa, la base cuneada y algunas veces escasamente decurrente sobre el pecíolo hasta algunas veces obtusa o rara vez redondeada, los márgenes serrulados o algunas veces subenteros, el ápice agudo a largamente acuminado; pecíolo (0.4-)1.1-1.8(-2.5) cm. Capitulescencia espiciforme-racemosa a algunas veces capitado-paniculada, con 5-13 cabezuelas, más corta que las

hojas subyacentes, las ramas irregularmente anguladas a ligeramente aplanadas; pedúnculos cuando presentes 1-4.5(-10) mm, vellosos a casi glabros, abrazados en general por una bractéola o por una hoja joven; bractéola elíptico-ovada, 1.5-3 mm. Cabezuelas 6-8(-10) mm, discoides, con 30-50(-70) flores; involucro 3.5-5(-5.5) × 3.5-7(-9) mm, angosta a anchamente campanulado; filarios 20-30, 3-seriados o 4-seriados, adpresos, los filarios de las series externas 1.2-1.5 × 0.8-1 mm, elíptico-ovados, glabros a puberulentos, graduando hasta los de las series medias e internas; filarios de las series medias e internas 3-5.5 × 1-1.5 mm, lanceolado-ovados, glabros a escasamente puberulentos, algunas veces fimbriado-ciliados; filarios más internos más o menos uniformemente graduando hasta las páleas más externas; clinanto c. 2 mm de ancho, cortamente cónico; páleas 4-5 mm, algunas veces carinadas, algunas veces reflexas, apicalmente agudas a acuminadas, típicamente más cortas que las flores asociadas. Flores del disco 30-50(-70); corola 3-4.4 mm, tubular-campanulada, blanca, glabra, abruptamente reflexa medialmente al madurar, las exteriores exertas del involucro, o esparcidamente glandulosas, la garganta escasamente más corta que el tubo, abruptamente ampliada, los lobos 0.5-0.9 mm; apéndice apical de la antera pardo-amarillento o pardo, algunas veces glanduloso; ramas del estilo c. 0.7 mm. Cipselas con cuerpo 1.8-2.5 × 0.9-1.2 mm, elíptico-ovado, glabro a apicalmente puberulento, liso o con nervadura indistinta, el margen adaxial distalmente alado, el ala graduando hasta la arista del vilano; vilano con 2 aristas, la arista dorsal angosta de 0.5-1 mm, la arista adaxial 1-2.5 mm, ancha y aplanada hacia afuera hasta el ala de 0.5-0.8 mm de diámetro, el ala escasamente decurrente sobre el cuerpo de la cipsela, las escuámulas intermedias entre las aristas algunas veces presentes. *Selvas altas perennifolias, selvas medianas perennifolias, bosques de* Pinus-Quercus, *laderas secas, pastizales, vegetación secundaria, selvas bajas caducifolias, laderas, bordes de arroyos, matorrales.* Ch (*Matuda 1907*, MO); G (*Heyde y Lux 4235*, MO); H (*Molina R. 2669*, MO); ES (*Standley 19742*, MO); N (*Williams et al. 27849*, NY). (100-)600-1600(-2100) m. (Endémica.)

Como fue circunscrita por Hartman y Stuessy (1983), *Otopappus brevipes* incluye *O. glabratus*, pero estos dos nombres fueron tratados por Blake (1915c) en géneros separados debido a la presencia o ausencia de escuámulas del vilano. Es cierto que el tamaño de las cabezuelas de *O. brevipes* varía grandemente, y en los ejemplares de herbario el color de las flores y cabezuelas varía desde pardo-amarillento a casi negro. Sin embargo, las cabezuelas discoides cortamente pedunculadas con corolas reflexas al madurar y filarios escariosos graduados diagnostican la especie. La mayoría del material de El Salvador tiene hojas angostamente lanceoladas y muy ligeramente pelosas.

2. Otopappus curviflorus (R. Br.) Hemsl., *Biol. Cent.-Amer., Bot.* 2: 191 (1881). *Salmea curviflora* R. Br., *Trans. Linn. Soc. London* 12: 112 (1817 [1818]). Holotipo: cultivado de semilla mexicana (imagen en Internet! ex BM). Ilustr.: Nash, *Fieldiana, Bot.* 24(12): 539, t. 84 (1976), como *Notoptera scabridula*. N.v.: Sojbac-che, C; tatascamite blanco, H.

Notoptera curviflora (R. Br.) S.F. Blake, *N. scabridula* S.F. Blake.

Arbustos o bejucos leñosos, hasta 8 m; tallos delgados, arqueados, puberulentos a densamente vellosos. Hojas: láminas 5-12(-18) × (0.8-)2-5(-6) cm, lanceoladas a ovadas, la nervadura más o menos pinnada con 1 o 2 pares de nervios desde muy por encima de la base, arqueados hacia el ápice, la superficie adaxial pelosa, la superficie abaxial estrigulosa a densamente vellosa, glandulosa, la base obtusa a redondeada, rara vez subcordata o cuneada (solo en la capitulescencia), los márgenes serrulados a serrados o algunas veces subenteros, el ápice agudo a acuminado o rara vez atenuado; pecíolo 0.5-1.9 cm. Capitulescencia abierta, corimbiforme-racemiforme-paniculada, con 3-19 cabezuelas, típicamente más largas que las hojas subyacentes, las ramas estriadas, vellosas; pedúnculos 5-20(-23) mm, típicamente vellosos, 1(-3)-bracteolados; bractéolas elíptico-ovadas, 2-3 mm. Cabezuelas 5-8 mm, discoides, con (30-)38-68 flores; involucro 3-5 × 5-7(-8) mm, turbinado-campanulado; filarios 16-24, 3-seriados o 4-seriados, adpresos, los filarios de las series externas 1-1.5 × c. 1 mm, elíptico-ovados, glabros a escasamente puberulentos, graduando hasta los de las series medias e internas; filarios de las series medias e internas 2.5-5 × 1-1.6 mm, lanceolado-ovados, glabros a escasamente puberulentos, algunas veces fimbriado-ciliados; filarios más internos más o menos uniformemente graduando hasta las páleas más externas; clinanto 1.5-2 mm de ancho, cortamente cónico; páleas 3-4.3 mm, erectas o las externas reflexas, apicalmente agudas a acuminadas, algunas veces puberulentas, más cortas que las flores asociadas. Flores del disco (30-)38-68; corola 3-3.8 mm, tubular-infundibuliforme, abruptamente reflexa medialmente al madurar, las externas exertas del involucro, blanca, glabra o dispersamente glandulosa, la garganta ampliada, los lobos 0.6-0.8 mm; apéndice apical de la antera pardo-amarillento, algunas veces glanduloso; ramas del estilo c. 1 mm. Cipselas con cuerpo 2-2.7 mm, elíptico-ovado, glabro a apicalmente puberulento, liso a con nervadura indistinta, el margen adaxial distalmente alado, el ala graduando hasta la arista del vilano; vilano con 1 o 2 aristas, la arista dorsal (0)1, 0.5-0.9 mm, angosta o algunas veces diminutamente alada, la arista adaxial 2-2.5 mm, ancha y aplanada hacia afuera hasta el ala de 0.7-1.1 mm de diámetro, el ala escasamente decurrente sobre el cuerpo de la cipsela, las escuámulas intermedias típicamente ausentes. *Bosques alterados, bordes de bosques, bosques de galería, bosques lluviosos montanos inferiores, bosques de* Quercus, *bosques de* Pinus, *orillas de caminos, vegetación secundaria, selva perennifolia alta, selva baja, matorrales, bosques tropicales lluviosos, áreas húmedas.* T (*Matuda 3032*, F); Ch (*Breedlove y Almeda 57935*, MO); Y (Villaseñor Ríos, 1989: 79); C (*Goldman 481*, F); QR (*Cabrera y Torres 995*, MEXU); B (*Liesner y Dwyer 1550*, MO); G (*Standley 23740*, NY); H (*Edwards P-732*, MO); ES (*Mangandi ISF00483*, MO); N (*Pipoly 4600*, MO); CR (*Molina R. et al. 18251*, MO). 20-1000 m. (México [Oaxaca, Veracruz], Mesoamérica.)

Como lo anotó Strother (1999), *Otopappus curviflorus* es muy similar a *O. brevipes*, y tal vez finalmente pueda incluirse en la sinonimia. Sin embargo, parece mejor seguir a Hartman y Stuessy (1983) en reconocer las dos especies como distintas, y *O. curviflorus* puede en general reconocerse por las capitulescencias más abiertas y las cabezuelas largamente pedunculadas. Adicionalmente, las hojas de *O. curviflorus* no son claramente plinervias y pueden ser rara vez subcordatas, así distinguiéndose aún más de *O. brevipes*. *Otopappus brevipes* y *O. curviflorus* son las únicas especies en Mesoamérica localizadas por Hartman y Stuessy (1983) en *Otopappus* sect. *Loxosiphon* (S.F. Blake) R.L. Hartm. et Stuessy.

3. Otopappus guatemalensis (Urb.) R.L. Hartm. et Stuessy, *Syst. Bot.* 8: 206 (1983). *Notoptera guatemalensis* Urb., *Symb. Antill.* 2: 465 (1901). Holotipo: "Guatemala", *Friedrichsthal s.n.* (foto MO! ex B, destruido). Ilustr.: Millspaugh y Chase, *Publ. Field Columb. Mus., Bot. Ser.* 3: 124, t. s.n. (1904). N.v.: Incienso aak', incienso ak, pukin aak', pukin ak, saj taj, sak taj, Y.

Notoptera gaumeri (Greenm.) Greenm., *N. leptocephala* S.F. Blake, *Salmea gaumeri* Greenm.

Arbustos o bejucos leñosos, hasta 4 m; tallos delgados, escandentes o arqueados, hispídulos o vellosos a densamente vellosos. Hojas: láminas 3-10(-14.5) × 1.5-5.5 cm, lanceoladas a elíptico-ovadas, pinnatinervias, sin el par de nervios secundarios proximales arqueados hacia el ápice, la superficie adaxial hispídula, la superficie abaxial vellosa a tomentosa, glandulosa, la base obtusa a subcordata, los márgenes subenteros a escasamente serrulados, algunas veces escasamente revolutos, el ápice agudo a obtuso, algunas veces redondeado; pecíolo 0.4-1.3(-1.8) cm, hispídulo o velloso. Capitulescencia 6-9 cm, terminal y axilar, corimbiforme-paniculada, de numerosas cabezuelas en varios grupos corimbosos paniculadamente dispuestos de 5-9 cabezuelas cada uno, las ramas primarias y secundarias de la capitulescencia progresivamente reducidas en longitud, las ramas de segundo orden típi-

camente abrazadas por una bractéola lanceolada e hispídula de 3-8 mm; pedúnculos (0-)1-6 mm, frecuentemente abrazados por una bractéola lanceolada e hispídula de c. 2 mm. Cabezuelas 6-10 mm, discoides, con 12-20(-26) flores; involucro 3-4 × 3-3.5(-6) mm, angostamente campanulado; filarios c. 3-seriados, adpresos, conspicuos y menos de 1/2 de la longitud de las páleas, los filarios de las series externas 1-1.3 × 0.4-0.8 mm, elíptico-lanceolados, hispídulos, escasamente glandulosos, graduando hasta los filarios internos; filarios internos 2.5-3(-3.5) × 1-1.3 mm, elíptico-ovados, hispídulos a escasamente hispídulos proximalmente, algunas veces glandulosos; filarios más internos conspicuamente menores que las páleas más externas; clinanto c. 1 mm de ancho, cortamente cónico; páleas 4.1-5.7 mm, erectas, glabras o casi glabras, finamente estriadas, típicamente no carinadas, los márgenes distales escasamente fimbriado-ciliolados, apicalmente agudas. Flores del disco 12-20; corola 3.1-3.7 mm, infundibuliforme-campanulada, erecta, blanca, la garganta y los lobos con frecuencia escasamente setosos o glandulosos, la garganta angostamente campanulada, los lobos 0.9-1 mm; apéndice apical de la antera pardo-amarillento, algunas veces glanduloso; ramas del estilo c. 1 mm. Cipselas con cuerpo 3.2-4.2 mm, de contorno oblongo, aplanadas, escasamente puberulentas distalmente, no glandulosas, lisas a con nervios indistintos, con 1 ala adaxial, el ala graduando hasta la arista del vilano; vilano con 2 aristas, las escuámulas intermedias ausentes, la arista dorsal 0.7-1.7 mm, algunas veces angostamente alada, la arista adaxial alargada, 1.4-2.8 mm, ancha y aplanada hacia afuera hasta el ala, el ala de 0.4-0.8 mm de diámetro, decurrente sobre el cuerpo de la cipsela. *Acahuales, selvas caducifolias, selvas altas perennifolias, tintales, zapotales, vegetación secundaria.* Y (*Gaumer et al. 23473*, MO); C (*Lundell 1007*, MO); QR (*Cabrera y Cabrera 7791*, MO); B (*Gentle 1823*, MO); G (*Contreras 5431*, MO). 10-200 m. (Endémica.)

Blake (1915c) reconoció tanto *Notoptera guatemalensis* como *N. gaumeri*, pero anotó que estas podrían ser sinónimos, como subsecuentemente fueron tratadas por Nash (1976d) y Hartman y Stuessy (1983). Posteriormente, Blake (1921f) describió *N. leptocephala*, la cual el caracterizó como teniendo cabezuelas subcilíndricas, pero Nash (1976d) y Hartman y Stuessy (1983) ubicaron *N. gaumeri* en la sinonimia de *O. guatemalensis* y consideraron *O. syncephalus* como un congénere cercano. Blake (1921f) describió las corolas como "curvadas o reflexas", pero en este tratamiento se han encontrado como típicamente erectas y rara vez escasamente recurvadas, pero nunca recurvadas hasta la extensión encontrada en *O. brevipes* y *O. curviflorus*. Varias etiquetas de colecciones llaman la atención a flores fragantes, pero no es aparente que esta especie sea más fragante que las otras.

Si bien históricamente cuando el tipo fue colectado "Capitanía General de Guatemala" incluía los países actuales de Guatemala, El Salvador, Honduras, Nicaragua, y Costa Rica, no se sabe que Friedrichsthal haya colectado en la Península Yucatán ni dentro de los límites de la moderna Guatemala. Nash (1976d) sugirió que el tipo era de Costa Rica. La morfología del tipo (forma de la hoja, daño por insectos, los filarios de longitud muy diferente al de las páleas, etc.) concuerda con la circunscripción de Hartman y Stuessy (1983) de este taxón, así el nombre no parece estar aplicado erróneamente. Asumiendo que Friedrichsthal colectó el tipo como está etiquetado, es entonces probable que sea Friedrichsthal quien colectó en la Península de Yucatán o que la localidad del tipo es en el suroeste de Guatemala (tal vez Nicaragua), pero este taxón no ha sido recolectado o por lo demás documentado de allí.

4. Otopappus scaber S.F. Blake, *Contr. U.S. Natl. Herb.* 22: 636 (1924). Holotipo: México, Campeche, *Goldman 482* (US!). Ilustr.: Hartman y Stuessy, *Syst. Bot.* 8: 187, t. 8 (solo una cipsela) (1983). N.v.: Bejuco raspador, rasca paubero, rasca sombrero, rosa sombrero, Y.

Arbustos o bejucos leñosos hasta 15 m; tallos típicamente desparramados o semitrepadores, estrigulosos a estrigosos. Hojas: láminas (3-)5.5-12(-15) × (1-)2-6(-8) cm, lanceoladas a elíptico-ovadas, más o menos pinnatinervias a sub 3-palmamatinervias desde por encima de la base, los nervios secundarios mayores 2-4 por margen típicamente arqueados hacia el ápice, los nervios secundarios menores numerosos, cercanamente espaciados, no prominentes, ramificados desde la vena media en ángulos casi rectos, la superficie adaxial hispídula o algunas veces escasamente hispídula, los tricomas patentes, muy rara vez subestrigulosa con tricomas casi adpresos, frecuentemente lustrosa, la superficie abaxial hispídula a algunas veces estrigulosa, no glandulosa, la base cuneada a obtusa o rara vez redondeada, los márgenes serrulados a algunas veces crenulados o serrados, el ápice agudo a acuminado o algunas veces atenuado; pecíolo (0.3-)0.5-0.8(-1) cm, estriguloso. Capitulescencia terminal o también axilar, en general abiertamente corimbosa o monocéfala, en general 1-3(-5) cabezuelas, típicamente más corta que las hojas subyacentes; pedúnculos (2-)5-35(-40) mm, estrigulosos, sin bractéolas. Cabezuelas radiadas, 10-15 mm, con (62-)67-118 flores; involucro (excluyendo los filarios externos foliáceos) 7-9 × 10-16 mm, hemisférico; filarios 30-40, dimorfos, 4-seriados o 5-seriados; filarios externos 5-10, 5-10(-15) × 1-3(-5) mm, herbáceos y patentes o reflexos, espatulados, típicamente hispídulos, apicalmente obtusos; filarios de las series medias e internas 4.5-7 × 1.5-2 mm, elíptico-ovados a lanceolados, no patentes, típicamente escarioso-endurecidos con un engrosamiento herbáceo central, densamente estriguloso-hispídulos o algunas veces escasamente estriguloso-hispídulos, los márgenes frecuentemente fimbriados o ciliolados; filarios más internos más o menos uniformemente graduando en tamaño hasta las páleas más externas; clinanto 2.5-5 mm de diámetro, convexo; páleas 8.5-11 mm, recurvadas hacia adentro apicalmente, luego completamente erectas, puberulentas, escasamente engrosadas centralmente, notablemente carinadas, los márgenes frecuentemente hialinos, apicalmente acuminados. Flores radiadas (13-)17-28; corola 8-13.2 mm, amarilla, el tubo 1.5-2.2 mm, el limbo 6.5-11 × 2-4 mm, c. 9-nervio, el ápice brevemente lobado; estilo muy largamente exerto. Flores del disco 50-90; corola 5-6 mm, angostamente infundibuliforme, erecta, amarilla, glabra o esparcidamente glandulosa, los lobos 0.5-0.9 mm, en general setosos; antera en general exerta, el apéndice apical pardo-amarillento; estilo c. 2.1 mm. Cipselas con cuerpo de contorno oblanceolado, 3.3-4.7 mm, glabro o casi glabro, algunas veces con líneas blancas, algunas veces escasamente constricto apicalmente, las cipselas del disco en general más largas que las radiadas, las cipselas radiadas angostamente 3-aladas, las cipselas del disco angostamente aladas adaxialmente, las alas graduando hasta la arista del vilano; vilano con 1 arista y coroniforme, la arista alargada sobre el lado adaxial, 2-3 mm, ancha y aplanada hacia afuera hasta el ala, el ala hasta 1.2 mm de diámetro, decurrente sobre el cuerpo de la cipsela, la corona cartilaginosa de 0.5-1.5 mm. *Acaguales, selvas altas perennifolias, bosques de galería, selvas medianas perennifolias, selvas caducifolias, matorrales, zapotales.* Ch (*Cronquist y Becker 11222*, NY); C (*Lundell 856*, MO); QR (Villaseñor Ríos, 1989: 80); B (*Liesner y Dwyer 1629A*, MO); G (*Contreras 5608*, MO). 100-1100 m. (Endémica.)

5. Otopappus syncephalus Donn. Sm., *Bot. Gaz.* 40: 6 (1905). Holotipo: Guatemala, *von Türckheim 8694* (US!). Ilustr.: Hartman y Stuessy, *Syst. Bot.* 8: 187, t. 15 (solo una cipsela) (1983).

Arbustos o bejucos leñosos, longitud desconocida; tallos puberulentos a hispídulos. Hojas: láminas 6.3-16.5 × 3-5.9 cm, lanceoladas a elíptico-lanceoladas, pinnatinervias, sin el par de nervios secundarios basales arqueados hacia el ápice, la superficie adaxial hispídulo-estrigulosa, los tricomas escasamente adpresos, la superficie adaxial hispídula, los tricomas patentes, glandulosos, la base obtusa a redondeado-truncada, los márgenes subenteros a escasamente serrulados, el ápice agudo a acuminado; pecíolo 1-2 cm, escasamente estriguloso. Capitulescencia 5-8 cm, terminal y axilar, glomerulado-paniculada, de numerosas cabezuelas en glomérulos, los glomérulos 3-7, subesféricos, dispuestos paniculadamente, un solo glomérulo terminando el eje principal, los glomérulos inferiores en 1-3 pares ramificados decusada-

mente a lo largo del eje principal, los glomérulos individuales con 3-7 cabezuelas, pediculados, el pedículo hasta c. 1 cm, abrazado por una bractéola 2-3 mm, lanceolada e hispídula; pedúnculos 0-2 mm. Cabezuelas 5-6.5 mm, discoides con 13-15(-20) flores; involucro 2-2.5 × 2.5-3 mm, turbinado-campanulado; filarios 3-seriados o 4-seriados, típicamente conspicuos y menos de 1/2 de la longitud de las páleas; filarios externos 1-1.2 × 0.5-0.8 mm, lanceolado-ovados, hispídulos, glandulosos, graduando hasta las series internas, los filarios internos 2.2-3 × 0.9-1.2 mm, elíptico-ovados, hispídulos y glandulosos a escasamente así proximalmente; clinanto c. 1 mm de ancho, convexo; páleas 2.5-3.3 mm, algunas veces carinadas, escasamente hispídulas y glandulosas apicalmente y a lo largo de la quilla, los márgenes distales fimbriado-ciliolados, apicalmente agudas. Flores del disco 13-15(-20); corola 2.2-2.5 mm, campanulada, erecta, blanca, la garganta y los lobos glandulosos y algunas veces también escasamente setosos, la garganta campanulada, los lobos 0.5-0.7 mm; apéndice apical de la antera pardo-amarillento, algunas veces glanduloso; ramas del estilo c. 1 mm. Cipselas 2.2-3.1 mm, el cuerpo de contorno oblongo, aplanado a escasamente cuadrangular, el lado distal-dorsal puberulento, algunas veces glanduloso, liso a con nervadura indistinta, con 1 o 2 alas, el ala adaxial mucho más prominente, las alas graduando hasta las aristas del vilano; vilano con 1 o 2 aristas y coroniforme, la arista dorsal, cuando presente de 0.3-1 mm, algunas veces angostamente alada, la arista adaxial alargada de 1-1.5 mm, ancha y aplanada hacia afuera hasta el ala, el ala 0.5-0.8 mm de diámetro, decurrente sobre el cuerpo de la cipsela, las escuámulas connatas en una corona lacerada y cartilaginosa de 0.5-1 mm. *Hábitat desconocido.* G (*Lundell y Contreras 20792*, MO). 300-400 m. (Endémica.)

Otopappus syncephalus es aparentemente rara, siendo conocida de solo dos colecciones, el tipo y una colección de cerca de La Cumbre, Petén. Nash (1976d) dio el número de flores como 15-20 por cabezuela, Hartman y Stuessy (1983) como 25-35, mientras que no se ha encontrado un número inferior de flores por cabezuela.

6. Otopappus verbesinoides Benth., *Hooker's Icon. Pl.* 12: 47 (1876 [1873]). Lectotipo (designado por Hartman y Stuessy, 1983): Nicaragua, *Tate 145* (imagen en Internet! ex K). Ilustr.: Bentham, *Hooker's Icon. Pl.* 12: 47, t. 1153 (1876).

Otopappus asperulus S.F. Blake, *O. trinervis* S.F. Blake.

Arbustos o bejucos leñosos hasta 12(-32) m; tallos trepadores altos, subglabros a estrigulosos hasta hispídulos. Hojas: láminas (2.5-)4-14.5 × 1.5-4.3(-5.5) cm, lanceoladas a algunas veces lanceolado-ovadas, subpalmadamente 3-nervias desde muy por encima de la base, otras nervios secundarios prominentes cercanamente espaciados, ramificadas desde la vena media en ángulos casi rectos, la superficie adaxial estrigulosa, los tricomas adpresos, frecuentemente lustrosa, la superficie abaxial estrigulosa o algunas veces hirsútula, no glandulosa, algunas veces heterótricao con tricomas moniliformes pequeños, los tricomas mayores de ambas superficies en general dirigidos hacia afuera en dirección a los márgenes, la base cuneada a redondeada, algunas veces escasamente decurrente, los márgenes serrulados a rara vez serrados, el ápice agudo a acuminado o algunas veces atenuado; pecíolo 0.3-0.9(-1.2) cm, estriguloso. Capitulescencia terminal y axilar, corimbosa, en general 3-5 cabezuelas, típicamente más corta que las hojas subyacentes; pedúnculos 5-25 mm, vellosos o estrigulosos, típicamente sin bractéolas. Cabezuelas radiadas 7-10 mm, con 43-83(-86) flores; involucro (excluyendo los filarios externos foliáceos) 3.5-5(-6) × 5-10 mm de diámetro, campanulado; filarios 25-35, dimorfos, c. 4-seriados o 5-seriados; filarios externos c. 10, 2-10(-18) × 1-2(-4) mm, oblanceolados a espatulados, herbáceos y patentes o reflexos, estrigulosos, apicalmente obtusos; filarios de las series medias e internas no patentes; filarios de las series medias 2-4 × 1.5-1.8 mm, elíptico-ovados, escarioso-endurecidos con el ápice estrigoso, herbáceos, los márgenes frecuentemente fimbriados, graduando hasta los de las series internas; filarios de las series internas lanceolados, hasta c. 5.5 × 1 mm, glabros o casi glabros, más o menos uniformemente graduando en tamaño hasta las páleas más externas; clinanto c. 4 mm de ancho, convexo; páleas 5-7 mm, erectas, con frecuencia escasamente puberulentas, apicalmente agudas, las externas algunas veces reflexas, las internas algunas veces recurvadas hacia adentro. Flores radiadas 8-13(-16); corola 5-12 mm, amarilla, el tubo 1-2 mm, el limbo 4-10 × c. 2 mm, oblongo, 7-9-nervio, el ápice brevemente lobado; estilo muy largamente exerto. Flores del disco 35-70; corola 4.5-5.5 mm, infundibuliforme, erecta, el tubo 1.2-1.5 mm, amarillo, glabro o esparcidamente glanduloso, los lobos 0.5-0.7 mm, algunas veces setosos; antera en general exerta, el apéndice apical pardo-amarillento; ramas del estilo c. 1.5 mm. Cipselas con cuerpo 3-4 mm, de contorno oblanceolado, las cipselas del disco más largas que las de las radiadas, glabras, algunas veces con líneas longitudinales blancas conspicuas, las cipselas radiadas angostamente 3-aladas, las del disco angostamente aladas adaxialmente, el ala graduando hasta la arista adaxial del vilano; vilano con 1 arista y coroniforme, la arista alargada de 2-3 mm, ancha y aplanada hacia afuera hasta un ala, el ala c. 0.8 mm de diámetro, escasamente decurrente sobre el cuerpo de la cipsela, la corona cartilaginosa de 0.7-1.4 mm. $2n = 32$. *Bosques de neblina, bordes de bosques, bosques de galería, bosques montanos húmedos, orillas de caminos, matorrales.* Ch (*Purpus 6678*, MO); B (*Whitefoord 10014*, MO); G (*Heyde y Lux 6174*, MO); H (*Blake 7400*, US); ES (*Standley 20096*, NY); N (*Molina R. 22921*, MO); CR (*Tonduz 12739*, MO). 40-2000 m. (México [Oaxaca, Veracruz], Mesoamérica.)

Blake (1915), Hartman y Stuessy (1983), y Strother (1999) cada uno dieron 1873 como la fecha de publicación de *Hooker's Icon. Pl.* vol. 12 (el cual contiene el nombre *Otopappus verbesinoides*), pero yo uso la fecha 1876 como aparece en el TL-2 (Stafleu y Cowan, 1979). Esta especie es similar a *O. scaber*, pero *O. scaber* en general difiere por sus cabezuelas mayores y hojas con varias nervios secundarios arqueados hacia el ápice.

141. Oyedaea DC.
Zyzyxia Strother

Por J.F. Pruski.

Subarbustos a árboles; tallos subteretes o algunas veces angulados o subhexagonales distalmente, pelosos. Hojas opuestas, típicamente pecioladas; láminas rígidamente cartáceas o subcoriáceas, pinnatinervias o 3-nervias desde muy por encima de la base, las superficies pelosas, no glandulosas. Capitulescencia corimbosa a tirsoide-paniculada, con 1 a numerosas cabezuelas; pedúnculos robustos, frecuentemente cortos. Cabezuelas radiadas, en general globosas; involucro campanulado a hemisférico; filarios imbricados, ligeramente graduados y desiguales o subiguales a obgraduados con los filarios externos más largos, 2-5-seriados, al menos los filarios externos rígidos tornando a marcadamente endurecidos, agudos a acuminados, algunas veces redondeados, en general herbáceos distalmente o membranáceos apicalmente o los filarios externos foliáceos; clinanto escasamente convexo, paleáceo; páleas conduplicadas, algunas veces carinadas, pajizas o la vena media color dorado, firmes, típicamente puberulentas, el ápice acuminado y frecuentemente ciliado. Flores radiadas estériles, en general estilos ausentes; corola amarilla (Mesoamérica) o rara vez blanca, el tubo corto, el limbo muy exerto, 7-10-nervio, los 2 nervios de soporte mucho más gruesos que los medios y laterales, los nérvulos menores bifurcándose (por encima de la base del limbo) y/o anastomosándose también típicamente presentes entre los nervadios medios y laterales, abaxialmente puberulento, el ovario triquetro, por lo general brevemente 3-aristado, frecuentemente también escuamuloso. Flores del disco bisexuales, numerosas; corola angostamente infundibuliforme, 5-lobada, amarilla (Mesoamérica) o rara vez blanca, la garganta en general sin haces fibrosos muy prominentes, los lobos papilosos por dentro, en general ligeramente puberulentos sobre la superficie externa; anteras más o menos ocupando c. 1/2 de la longitud de la garganta, negras o los conectivos de color crema, rara vez totalmente color crema, las bases sagitadas, el cuello escasamente engrosado, casi tan largo como los lobos basales, el apéndice apical negro o pajizo, sagitado-ovado o algunas veces apenas lanceolado, en general discontinuo de las tecas, glanduloso o no glanduloso; ramas del estilo delgadas, brevemente exertas y ligeramente recurvadas, abaxialmente papilosas, el ápice con el apéndice estéril lanceolado-papiloso. Cipselas biconvexas, comprimidas, oblongas o obovoides, negras, aladas o algunas veces solo muy tardíamente aladas, las alas y el subrostro pardos a pajizos, el ápice sin las protuberancias apicales, apicalmente constricto hasta un rostro corto, recto y céntrico, radialmente 2-alado cuando extremadamente maduras, los márgenes ciliados pero las alas rígidas y sin cilios, en general tardíamente adnatos apicalmente a las aristas del vilano, el cuerpo robusto, peloso, las caras redondeadas, la base de las cipselas con obvios carpóforos pateniformes grandes y 1 o 2 eleosomas (cuerpos oleíferos); vilano con 2 aristas ligeramente robustas, persistentes, escabriúsculas, subiguales a desiguales, la arista adaxial más larga, con frecuencia escasamente exertas del involucro, en general con varias escuámulas dirigidas hacia adentro o intermedias surgiendo desde el subrostro. $x = 14$. Aprox. 18 spp. Mesoamérica y Sudamérica.

Oyedaea como tradicionalmente definido (p. ej., Blake, 1921c) está cercanamente relacionado a *Zexmenia*, pero difiere por las flores radiadas estériles y las cipselas apenas subrostradas. También, las especies de *Oyedaea* tienen los limbos de la corola con una peculiar bifurcación y las vénulas menores anastomosadas y pueden tener tricomas abaxiales moniliforme-subglandulosos o cortamente estipitado-glandulosos, características no observadas en *Zexmenia*.

Blake (1921c) revisó *Oyedaea* e incluyó dentro de este género elementos de Mesoamérica, andinos, de Guayana y del planalto brasilero. Las especies del planalto fueron más tarde transferidas por Robinson (1984) a *Dimerostemma* Cass. *Dimerostemma* ha sido subsecuentemente aceptada (p. ej., Bremer, 1994), y parece diferir de *Oyedaea* por los apéndices de la antera pajizos (vs. negros), las ramas del estilo abaxialmente glandulosas (vs. no glandulosas), las cipselas no rostradas (vs. subrostradas) con aristas muy robustas (vs. moderadamente robustas) surgiendo directamente del cuerpo de la cipsela y de las alas (vs. del subrostro corto). Tanto Turner (1988) como Strother (1989b, 1991) transfirieron *O. lundellii* y *O. steyermarkii* (de la Península de Yucatán) de *Oyedaea*, pero en este tratamiento se excluye *O. steyermarkii*. *Zyzyxia* un género monotípico, tipificado por *O. lundellii* y segregado por Strother (1991), parece no diferir en características significativas a nivel genérico, y es aquí tratado provisionalmente en sinonimia de *Oyedaea*, en el cual su tipo fue originalmente descrito.

En las estribaciones de los Andes de Perú y Bolivia, varias especies parecen ligeramente diferenciadas, y las características en general confiables usadas por Blake en distinguir la hoja (grado de trinervación de la hoja y cantidad de pelosidad en la superficie abaxial de la hoja) frecuentemente parecen ser muy variables.

Bibliografía: Martínez Salas, E.M. et al. *Bol. Soc. Bot. México* 54: 99-177 (1994). Robinson, H. *Proc. Biol. Soc. Wash.* 97: 616-626 (1984).

1. Tallos densamente escabrosos y escabriúsculos; láminas de las hojas pinnatinervias; ápice de los filarios internos redondeado o algunas veces agudo; limbo de las corolas radiadas abaxialmente con los nervios de soporte finamente setulosos proximalmente, el limbo por lo demás glabro o casi glabro.   **1. O. lundellii**
1. Tallos velloso-estrigulosos; láminas de las hojas 3-nervias; ápice de los filarios internos angostamente agudo; limbo de las corolas radiadas cortamente estipitado-glanduloso y setoso abaxialmente.   **2. O. verbesinoides**

1. Oyedaea lundellii H. Rob., *Wrightia* 6: 45 (1979). Isotipo: Guatemala, *Lundell y Contreras 20642* (F!). Ilustr.: Strother, *Syst. Bot. Monogr.* 33: 94, t. 25 (1991), como *Zyzyxia lundellii*.

Lasianthaea lundellii (H. Rob.) B.L. Turner, *Zyzyxia lundellii* (H. Rob.) Strother.

Arbustos a árboles pequeños, 1-3 m; tallos subhexagonales distalmente, prontamente tornando a subteretes, densamente escabrosos y escabriúsculos, los tricomas antrorsos de 0.1-0.3(-0.5) mm, las bases endurecidas y oscurecidas de hasta c. 0.2 mm de diámetro, las costillas intrapeciolares presentes; entrenudos distales cercanamente espaciados, 1/4-3/4 de la longitud de la hoja; entrenudos proximales casi tan largos como las hojas o algunas veces más largos; follaje frecuentemente heterótrico, los tricomas más largos largamente cónicos, de tamaño variado, sinuosos, los tricomas moniliformes diminutos o moniliforme-subglandulosos también frecuentemente presentes. Hojas: láminas (3-)4-10(-14) × (1.5-)2-3.5(-4.5) cm, elípticas, subcoriáceas, pinnatinervias, los nervios secundarios 4 o 5 por lado y de igual tamaño, arqueados en un ángulo c. 50°, la superficie adaxial escabriúscula, los tricomas arqueados con las bases elevadas, las células subsidiarias muy prominentes, la superficie abaxial heterótrica, escabriúscula, también con tricomas moniliformes en general asociados con la nervadura, la base cuneada a obtusa, los márgenes subenteros a remotamente serrulados, el ápice agudo a obtuso; pecíolo 0.5-1.1(-2) cm. Capitulescencia hasta c. 10 cm de ancho, corimbosa, con 3-8 cabezuelas, escasamente redondeada en el ápice, no muy exerta de las hojas subyacentes; pedúnculos 0.5-2(-3.5) cm, rígidos, densamente escabrosos y con tricomas moniliformes diminutos. Cabezuelas 10-13 mm; involucro 12-15 mm de diámetro, anchamente campanulado a hemisférico, los filarios 15-20, escasamente graduados, 3-seriados o 4-seriados; filarios externos 2-4, 5-8 × 3-4 mm, elíptico-ovados, herbáceos, patentes, escabriúsculos, los próximos c. 5 filarios ascendentes a recurvados, oblongo-pandurados a obovados, 10-15 × 4-5.5 mm, la base estramíneo-endurecida, el ápice herbáceo, agudo a obtuso, los 2/3 distales escabriúsculos, paulatinamente graduando hasta los filarios internos; filarios internos obovados, 10-15 × 4-6 mm, los 2/3 proximales cartáceos, el 1/3 distal delgado y membranáceo, los márgenes ciliados, el ápice redondeado o algunas veces agudo, glabro; páleas 7-8.5 mm, linear-lanceoladas, proximalmente subcarinadas, distalmente subdilatadas y aplanadas, el ápice obtuso, casi tan largas como el involucro a escasamente exertas, las páleas externas ligeramente connatas basalmente. Flores radiadas 10-16; corola amarilla, el tubo 1.7-2 mm, el limbo (10-)16-18 × 4-6 mm, ovado, 15-20-nervio, nérvulos entre el medio y los laterales bifurcándose y anastomosados, los nervios de soporte finamente setulosos proximalmente, por lo demás glabros o casi glabros; ovario pajizo, 2.5-3 mm, los márgenes setulosos, las aristas 1.5-2.5 mm, las escuámulas hasta c. 1 mm. Flores del disco (35-)52-59; corola 5.7-6.2 mm, amarilla, los haces fibrosos presentes pero no muy prominentes, el tubo 2-2.5 mm, cilíndrico, no dilatado basalmente, los lobos 0.7-0.9 mm, esparcidamente diminuto-setulosos, los márgenes papilosos por dentro; anteras 2.8-3.2 mm, el apéndice pajizo, sagitado-ovado, c. 0.5 mm; ramas del estilo c. 1.5 mm. Cipselas 3.5-4.5 × 1.1-1.4 mm, subcuadrangulares, de contorno cuneado-oblongo, setosas distalmente, los bordes pajizos, setosos, delgadamente marginadas pero las alas no vistas en el material disponible, posiblemente nunca se forman, el margen adaxial algunas veces más prominente, subigualmente 2-aristadas o la arista adaxial escasamente más larga, las aristas 2.5-3.3 mm, las escuámulas 0.3-1 mm. Floración mar., jun. *Áreas de matorral, bosques abiertos de* Pinus. B (*Brewer 1538*, MO); G (*Ortíz 1638*, F). 300-900 m. (Endémica.)

El reporte por Martínez Salas et al., 1994, de las especies en la región Lacandona de Chiapas está basado en una identificación errónea. No se acepta la transferencia por Turner (1988c) de esta especie subrostrada a *Lasianthaea*, un género sin rostro.

2. Oyedaea verbesinoides DC., *Prodr.* 5: 577 (1836). Holotipo: Venezuela, *Vargas s.n.* (microficha MO! ex G-DC). Ilustr.: Candolle, *Icon. Sel. Pl.* 4: t. 34 (1839 [1840]). N.v.: Pererina, P.

Oyedaea acuminata (Benth.) Benth. et Hook. f. ex Hemsl., *O. macrophylla* (Benth.) Benth. et Hook. f. ex Hemsl., *O. verbesinoides* DC. var. *glabrior* Steyerm., *Viguiera acuminata* Benth., *V. drymonia* Klatt, *V. macrophylla* Benth.

Subarbustos a árboles 1-8(-13) m; tallos estriados, heterótricos, velloso-estrigulosos, con tricomas largamente cónicos, de tamaño variado, también tricomas moniliforme-subglandulosos sinuosos y diminutos presentes por debajo de indumento más largo, las costillas intrapeciolares presentes; entrenudos en general c. 1/2 de la longitud de las hojas. Hojas: láminas 4-17(-23) × 2-8(-10) cm, lanceoladas a ovado-lanceoladas, en general más anchas en el 1/3 proximal, 3-nervias en la acuminación basal desde 1-2.5 cm por encima de la base, el par de nervios secundarios continuando hasta la 1/2 de la lámina, la superficie adaxial estrigoso-hirsuta, los tricomas con células subsidiarias algunas veces prominentes, la superficie abaxial piloso-tomentosa, la base obtusa luego abruptamente acuminada, los márgenes serrados a serrulados, el ápice largamente acuminado; pecíolo 0.5-1.5(-2.5) cm. Capitulescencia en general c. 15 cm de ancho, corimbosa, con varias a numerosas cabezuelas, ligeramente aplanada en el ápice con las ramas laterales casi sobrepasando el eje central, no muy exerta de las hojas subyacentes; pedúnculos 0.5-3 cm. Cabezuelas 11-17 mm; involucro 12-17 mm de diámetro, campanulado; filarios 7-13 mm, lanceolados a pandurados, 3-seriados o 4-seriados, escasamente graduados a obgraduados, angostamente agudos, en general reflexos distalmente, estrigosos; páleas 7-12 mm, la vena media algunas veces oscura, el ápice agudo. Flores radiadas 8-14, en ocasiones estilíferas; corola amarilla, el tubo 1-2 mm, el limbo 15-25 × c. 5 mm, oblongo, en general 12-nervio o con más nervios, el ápice 2-denticulado o 3-denticulado, cortamente estipitado-glanduloso y setoso abaxialmente; ovario 3-4 mm, pajizo, los bordes setosos. Flores del disco c. 30; corola 6-9 mm, amarilla, el tubo c. 2 mm, los lobos deltados a cortamente triangulares, c. 1 mm, setulosos; anteras 2-3 mm; ramas del estilo 1-1.5 mm. Cipselas 3.5-6 mm, el cuerpo estrigoso-setoso, las alas en general presentes pero desarrollándose lentamente, pajizas a algunas veces escasamente maculadas, hasta c. 0.6 mm de diámetro, algunas veces ciliadas distalmente, los eleosomas hasta c. 0.6 mm, subrostro anular c. 0.2 mm de alto; vilano con aristas 2.5-5.5 mm, típicamente desiguales, las aristas adaxiales en general más gruesas, las escuámulas 0.4-0.9(-2) mm, algunas veces basalmente connatas y no muy diferenciadas del subrostro. *Orillas de caminos, cafetales, matorrales, laderas secas, flujos de lava, bordes de arroyos, áreas alteradas, bosques abiertos.* CR (*Wussow y Pruski 126*, LSU); P (*Allen 2866*, MO). 400-2300 m. (Mesoamérica, Colombia, Venezuela.)

Oyedaea verbesinoides es una de las Heliantheae leñosas más común al sur de Mesoamérica. Esta compuesta leñosa es notable por tener las células subsidiarias del tricoma frecuentemente engrosadas, las hojas con nervadura marcadamente reticulada con aréolas muy pequeñas (c. 0.3 mm de diámetro) frecuentemente blancas, y las cabezuelas fructíferas marcadamente endurecidas. Las plantas de hojas pequeñas provenientes de hábitats más secos con corolas radiadas más cortas tienden a tener follaje densamente peloso, pero estas características críticas varían dentro de las poblaciones típicas. *Oyedaea verbesinoides* es reconocida aquí sin infrataxones; *O. verbesinoides* var. *hypomalaca* Steyerm. del noreste de Venezuela, caracterizada por las hojas subsésiles casi pinnadas y reconocida en la clave por Pruski (1996b), es tal vez distinta a nivel de especie.

142. Perymenium Schrad.

Por J.F. Pruski.

Hierbas perennes o arbustos a bejucos trepadores leñosos o árboles; tallos no alados, algunas veces con costillas nodales, frecuentemente sulcado-acostillados y subhexagonales; follaje no estipitado-glanduloso

(Mesoamérica) a rara vez estipitado-glanduloso. Hojas opuestas, sub-sésiles o comúnmente pecioladas; hojas generalmente lanceoladas a ovadas, en general 3-5-nervias desde cerca o por encima de la base, rara vez pinnadamente nervadas, ambas superficies frecuentemente estrigulosas, la superficie abaxial algunas veces glandulosa. Capitulescencia terminal, abiertamente cimosa a corimbiforme-paniculada; pedúnculos algunas veces bracteolados. Cabezuelas radiadas; involucro cilíndrico a hemisférico; filarios en general moderadamente graduados o subiguales, imbricados, 2-4-seriados, frecuentemente estrigulosos, rara vez glandulosos; filarios externos en general rígidos, en general subherbáceo-verdes distalmente, la base frecuentemente pálida; filarios internos en general subherbáceo-verdes distalmente y así más o menos gradualmente transicionales en forma y textura hasta las páleas, en ocasiones los filarios internos con el ápice membranáceo patente y redondeado, y los filarios internos de este modo contrastando con las páleas; clinanto aplanado o convexo, paleáceo; páleas conduplicadas, carinadas distalmente. Flores radiadas pistiladas; corola amarilla o amarillo-dorada, el limbo oblongo a obovado, en general 9-13-nervio, no glanduloso abaxialmente o muy rara vez glanduloso, en general setuloso al menos sobre los dos nervios de soporte. Flores del disco bisexuales; corola infundibuliforme a rara vez angostamente campanulada, amarilla o amarillo-dorada, el tubo relativamente corto, el limbo no glanduloso o muy rara vez glanduloso, los lobos frecuentemente setulosos; anteras negras; ramas del estilo cortamente apendiculadas. Cipselas dimorfas, negras, no glandulosas, anchamente redondeadas distalmente y cortamente rostradas pero frecuente e indistintamente rostradas, las radiadas triquetras, las del disco biconvexas o comprimido-tetragonales, algunas veces los ángulos adaxial y abaxial del disco y todos los ángulos de las radiadas aladas y luego con las alas frecuentemente prolongadas distalmente en apéndices con aspecto de vilano, sin eleosomas, el carpóforo no prominente; vilano con (10-)15-35 aristas desde un anillo localizado en los márgenes de las cipselas, las aristas desiguales, frágiles o caducas, las aristas abaxiales y adaxiales en general las más largas y robustas. $x = 15$. Aprox. 40-50 spp. América tropical.

Perymenium fue revisado por Robinson y Greenman (1899a) y más recientemente por Fay (1978). El género sudamericano *Steiractinia* S.F. Blake es similar por el vilano multiaristado caduco, pero difiere por los rayos estériles (Pruski, 2016b).

Bibliografía: Fay, J.J. *Allertonia* 1: 235-296 (1978). Pruski, J.F. *Phytoneuron* 2016-83: 1-21 (2016). Robinson, B.L. y Greenman, J.M. *Proc. Amer. Acad. Arts* 34: 507-534 (1899).

1. Cipselas frecuentemente aladas hasta la base o casi hasta la base, las alas típicamente prolongadas distalmente hasta apéndices con aspecto de vilano; lámina de las hojas con la superficie abaxial típicamente glandulosa.
2. Involucros 3.5-5 × 3-5 mm.
3. Hierbas perennes o arbustos desparramados de madera blanda; hojas más anchas cerca de la base, la superficie adaxial subestrigulosa a hispídula, la superficie abaxial hirsuto-pilosa, los tricomas antrorsos a patentes; filarios con frecuencia moderadamente glandulosos, los ápices anchamente obtusos a redondeados. **5. P. gymnolomoides**
3. Arbustos erectos o árboles pequeños; hojas más anchas cerca de la mitad, ambas superficies estrigulosas, los tricomas adpresos; filarios no glandulosos o esparcidamente glandulosos, los ápices en general agudos a obtusos. **9. P. nicaraguense**
2. Involucros 4.5-13 × 5-10 mm.
4. Láminas de las hojas pinnatinervias más anchas cerca de la mitad de la lámina; filarios externos consistentemente piriformes; filarios internos lanceolados, apicalmente acuminados a atenuados. **6. P. hondurense**
4. Láminas de las hojas trinervias más anchas cerca del 1/3 proximal de la lámina; filarios externos ovados a lanceolado-ovados; filarios internos oblongos, apicalmente obtusos.

5. Filarios internos típicamente adpresos, típicamente transicionales hasta páleas, los ápices agudos a obtusos; involucros 4.5-6 × 5-6.5 mm. **4a. P. grande var. grande**
5. Filarios internos patentes distalmente, contrastando con las páleas, los ápices en general redondeados; involucros 7-13.5 × 6-10 mm. **4b. P. grande var. nelsonii**
1. Cipselas no aladas, algunas veces los márgenes aguzados, las protuberancias apicales de la cipsela redondeadas y típicamente sin prolongarse en apéndices con aspecto de vilano, muy rara vez las cipselas radiadas con setas marginales cortas coalescentes en una estructura robusta; lámina de las hojas con la superficie abaxial no glandulosa o glandulosa.
6. Filarios internos con el ápice membranáceo, anchamente obtuso a redondeado, ciliado, ya sea mucho más anchos que las páleas o contrastando en textura con ellas.
7. Láminas de las hojas con superficies discoloras, la superficie abaxial densamente blanco-estrigulosa o araneoso-blanco-tomentulosa; flores del disco 40-60. **8. P. klattianum**
7. Láminas de las hojas con superficies concoloras, la superficie abaxial esparcidamente estrigulosa; flores del disco 9-25.
8. Capitulescencias corimbosas o corimbiforme-paniculadas, numerosas cabezuelas; cabezuelas pequeñas; involucros 4.5-5.5 mm, turbinados o angostamente campanulados; flores del disco 9-13(-19); páleas 4.2-4.5 mm. **3. P. gracile**
8. Capitulescencias abiertamente cimosas, 3-15 cabezuelas; cabezuelas de tamaño mediano; involucros 6.5-8.5 mm, campanulados; flores del disco c. 25; páleas 7-7.5 mm. **7. P. jalapanum**
6. Filarios internos transicionales a páleas, rígidamente herbáceos en el ápice, el ápice en general agudo a obtuso, no ciliado.
9. Flores radiadas 4-5, la corola con limbo de 3-4 mm; flores del disco 6-8. **10. P. pinetorum**
9. Flores radiadas 6-12, la corola con limbo de 4-13 mm; flores del disco 15-50.
10. Láminas de las hojas ovadas u elíptico-ovadas, la nervadura frecuentemente más o menos inmersa abaxialmente, las superficies no glandulosas; corolas no glandulosas. **1. P. chloroleucum**
10. Láminas de las hojas lanceoladas a lanceolado-ovadas, la nervadura frecuentemente prominente abaxialmente, la superficie abaxial en general glandulosa, las corolas algunas veces glandulosas. **2. P. ghiesbreghtii**

1. Perymenium chloroleucum S.F. Blake, *Brittonia* 2: 349 (1937). Holotipo: Guatemala, *Skutch 1966* (imagen en Internet! ex A). Ilustr.: no se encontró.

Arbustos de hasta 1.5 m; tallos estrigulosos. Hojas: láminas 1.5-4 × 0.5-2.7 cm, ovadas o elíptico-ovadas, 3-nervias, la nervadura frecuentemente más o menos inmersa abaxialmente, las superficies estrigulosas o subadpreso-hispídulas, no glandulosas, la base cuneada a redondeada o truncada, los márgenes serrulados a crenado-serrados, el ápice agudo; pecíolo 0.2-1.1 cm. Capitulescencia ligeramente abiertamente cimosa y dispuesta ligeramente por encima de las hojas, las ramitas 3-5 cabezuelas; pedúnculos en general 10-25(-40) mm, moderada a densamente estrigulosos. Cabezuelas: involucro 4.5-6.5 × 3.5-5.5 mm, campanulado a angostamente campanulado; filarios c. 3-seriados, adpresos, el ápice agudo a algunas veces anchamente obtuso, graduados con la mayoría de los filarios externos casi 1/2 de la longitud de los filarios internos; filarios externos triangular-ovados, moderada a densamente grisáceo-estrigulosos; filarios internos oblongos, escasa a moderadamente estrigulosos, transicionales a páleas, el ápice agudo a obtuso; páleas 3.8-5.5 mm. Flores radiadas 7-10; corola con limbo 4.5-8.5 mm, no glanduloso. Flores del disco 15-32; corola 3.1-3.7 mm, no glandulosa, los lobos 0.4-0.7 mm. Cipselas 2.5-3 mm, no aladas, las proyecciones apicales redondeadas y sin prolongarse hasta apéndices con aspecto de vilano, esparcidamente estriguloso-setulosas; vilano con 15-20 aristas de 0.8-2 mm. Floración jun.-dic. $2n = 30$.

Áreas alteradas, bosques mixtos, bosques abiertos, orillas de caminos. Ch (*Breedlove y Strother 46529*, MO); G (*Steyermark 52012*, NY). 1100-2500 m. (México [Oaxaca], Mesoamérica.)

Perymenium chloroleucum tiene 7-10 (vs. 4 o 5) flores radiadas con los limbos de la corola más largos y más flores por cabezuela, pero es por lo demás muy similar a *P. pinetorum*, especie igualmente poco común.

2. Perymenium ghiesbreghtii B.L. Rob. et Greenm., *Proc. Amer. Acad. Arts* 34: 525 (1899). Sintipo: México, Chiapas, *Ghiesbreght 576* (imagen en Internet! ex GH). Ilustr.: no se encontró.

Perymenium chalarolepis B.L. Rob. et Greenm., *P. inamoenum* Standl. et Steyerm., *P. leptopodum* S.F. Blake, *P. purpusii* Brandegee.

Hierbas perennes o arbustos, 1-3 m; tallos estrigulosos o estrigosos a híspidos. Hojas: láminas 2.5-11.5 × 1-3(-5.5) cm, lanceoladas a lanceolado-ovadas, ensanchadas en el 1/3 proximal, cartáceas, 3-nervias desde muy por encima de la base, algunas veces de apariencia arqueado-pinnada, la nervadura frecuentemente prominente en la superficie abaxial, la superficie adaxial subglabra a esparcidamente estrigulosa o hispídula, la superficie abaxial en general glandulosa y moderadamente estrigulosa a hispídula o rara vez híspido-pilosa, la base en general cuneada a redondeada o truncada, en general con acuminación basal corta, los márgenes serrulados a serrados, el ápice en general acuminado a atenuado; pecíolo 0.5-2.2 cm. Capitulescencia por lo general abiertamente corimbiforme-paniculada o algunas veces con pocas cabezuelas y abiertamente cimosa, dispuesta muy por encima de las hojas, en general desde varias ramitas distales marcadamente ascendentes pero rectas, cada una 3-13 cabezuelas; pedúnculos en general 5-50 mm, moderada a densamente estrigulosos o hispídulos. Cabezuelas de talla pequeña a mediana; involucro 3-5 × 4.5-8 mm, campanulado; filarios 3-seriados, graduados con los pocos filarios externos c. 1/2 de la longitud de los filarios internos, en general adpresos pero el ápice frecuentemente patente o recurvado, la superficie no glandulosa, estrigulosos hasta los filarios internos progresivamente menos estrigulosos; filarios externos ovados u orbiculares, el ápice frecuentemente acuminado o atenuado, pero algunas veces agudo a anchamente obtuso; filarios internos lanceolados a ovados, el ápice verde algunas veces más delgado pero sin embargo ligeramente subherbáceo y así con los filarios internos más o menos transicionales a páleas, el ápice atenuado a obtuso o algunas veces anchamente obtuso; páleas 3.8-7.5 mm. Flores radiadas 6-9(-12); corola con tubo relativamente corto, el limbo 3.5-8 mm, rara vez glanduloso abaxialmente. Flores del disco 13-36(-49); corola 3-5.3 mm, rara vez glandulosa, los lobos 0.4-0.9 mm. Cipselas 1.8-3 mm, no aladas, estriguloso-hispídulas distalmente, las protuberancias apicales redondeadas y sin prolongarse en apéndices de aspecto de vilano; vilano con (10-)15-25 aristas, las aristas 1-2.5 mm. Floración durante todo el año. $2n = 30$. *Áreas alteradas, bosques montanos, bosques de* Pinus, *orillas de caminos, laderas arbustivas.* Ch (*Purpus 6639*, MO); QR (Turner, 2014: 18); G (*Pruski y Ortiz 4294*, MO). (700-)1100-3000 m. (Endémica.)

El reporte de Fay (1978) de este taxón ocurriendo a 3800 metros de elevación se basa presumiblemente en información errónea de la etiqueta de *Molina R. 15901*. Los ejemplares de Belice citados por Nash (1976d) y Balick et al. (2000) como *Perymenium ghiesbreghtii* y los ejemplares de Quintana Roo citados por Sousa Sánchez y Cabrera Cano (1983) se han vuelto a identificar aquí como *P. gymnolomoides*. Los ejemplares de Honduras tradicionalmente identificados como *P. purpusii* y también aquel citado como *P. ghiesbreghtii* por Nelson (2008) se han vuelto a identificar aquí como *P. nicaraguense*.

Perymenium inamoenum, ubicada por Fay (1978) en la sinonimia de *P. ghiesbreghtii*, tiene el indumento de la hoja híspido-piloso, no parece transicional a *P. ghiesbreghtii*, y podría merecer restablecimiento.

3. Perymenium gracile Hemsl., *Biol. Cent.-Amer., Bot.* 2: 181 (1881). Isotipo: México, Veracruz, *Bourgeau 3206* (US!). Ilustr.: no se encontró.

Perymenium microcephalum Sch. Bip. ex Klatt.

Hierbas perennes o arbustos de madera blanda, 1-2 m; tallos estrigulosos. Hojas: láminas 3-8 × 1.5-3.5 cm, lanceolado-ovadas a ovadas, cartáceas, 3-nervias desde cerca de la base, las superficies concoloras, esparcidamente estrigulosas, la superficie abaxial glandulosa, la base redondeada, los márgenes serrulados, el ápice agudo a atenuado; pecíolo 0.8-1.7 cm. Capitulescencia corimbosa o corimbiforme-paniculada, con numerosas cabezuelas, no dispuesta muy por encima de las hojas, desde varias ramitas distales, cada una 13-40 cabezuelas; pedúnculos en general 4-17 mm. Cabezuelas pequeñas; involucro 4.5-5.5 × 2.7-3.8 mm, turbinado o angostamente campanulado; filarios 3-seriados, marcadamente graduados con los pocos filarios más externos en general mucho menos de 1/2 de la longitud de los filarios internos, la superficie no glandulosa, estrigulosos hasta los filarios internos progresivamente menos estrigulosos, los márgenes ciliados; filarios externos ovados(-orbiculares), adpresos, el ápice agudo(-obtuso); filarios internos oblongos, patentes distalmente, el ápice anchamente obtuso a redondeado, membranáceos, contrastando con las páleas; páleas 4.2-4.5 mm, el ápice agudo, algunas veces inflexo. Flores radiadas 5(-8); corola con limbo 6-9 mm, c. 7-nervio. Flores del disco 9-13(-19); corola 3.8-5 mm, los lobos 0.5-0.6 mm. Cipselas 2-2.5 mm, no aladas pero algunas veces con los márgenes aguzados distalmente con cada margen terminando en un apéndice, las superficies glabras proximalmente hasta las porciones distales estrigulosas; vilano con 15-20 aristas en general de 1-2 mm. Floración jun.-oct. *Vertiente del Pacífico, bosques de* Pinus, *bosques de* Pinus-Quercus. Ch (*Heath y Long 1113*, CAS); G (*Skutch 1470*, GH). 1000-1300 m. (México [Veracruz], Mesoamérica.)

Perymenium gracile es muy similar en indumento y filarios redondeados a *P. gymnolomoides*, especie moderadamente común de bajas elevaciones, la cual difiere por la característica técnica de cipselas aladas (vs. no aladas a algunas veces afilado-marginadas distalmente). También, *P. gracile* es rara en Mesoamérica, de donde solo se la conoce de 2 colecciones de la vertiente del Pacífico.

4. Perymenium grande Hemsl., *Biol. Cent.-Amer., Bot.* 2: 181 (1881). Isotipo: Guatemala, *von Türckheim 336* (MO!). Ilustr.: Nash, *Fieldiana, Bot.* 24(12): 543, t. 88 (1976). N.v.: Oa'ax, G; jalacatillo, palo de cón de monte, tatascán, H; tatascame, ES.

Arbustos o árboles 2-5(-20) m; tallos con las ramas ascendentes, rectas, hispídulas o estrigulosas. Hojas: láminas 7-17(-26) × 3.5-9 cm, ovadas, más anchas en el 1/3 proximal, cartáceas, 3-nervias desde muy por encima de la base, la superficie adaxial escabrosa o estrigulosa, la superficie abaxial en general glandulosa, subestrigulosa o hispídula a híspido-pilosa o tomentulosa, al menos algunos tricomas no adpresos, la base cuneada a subcordata, los márgenes serrados, el ápice agudo a acuminado; pecíolo 1-3(-7) cm. Capitulescencia por lo general anchamente corimboso-paniculada, en general 20-100 cabezuelas; pedúnculos en general 10-50 mm, hirsutos. Cabezuelas: involucro 4.5-13 × 5-10 mm, campanulado a hemisférico; filarios c. 3-seriados, graduados con los pocos filarios externos c. 1/2 de la longitud de los internos, todos los filarios de las dos series internas más o menos subiguales, adpresos a patentes, en general ciliados; filarios externos ovados a lanceolado-ovados, estrigulosos, el ápice agudo; filarios internos oblongos, progresivamente menos pelosos, contrastando con las páleas o transicionales a las páleas, el ápice obtuso; páleas 5-8.8 mm, el ápice agudo a redondeado. Flores radiadas 5-8(-12); corola con limbo 8-17 mm, algunas veces glanduloso abaxialmente. Flores del disco 24-65; corola 4-8.5 mm, los lobos 0.6-1 mm. Cipselas 2.5-4.5 mm excluyendo las alas, delgadamente aladas hasta cerca de la base, las alas típicamente prolongadas distalmente en un apéndice con aspecto de vilano; vilano con c. 15 aristas 1-4 mm. 2 variedades. *Áreas alteradas, bosques montanos, bosques de* Pinus-Quercus, *orillas de caminos, laderas, matorrales, vegetación secundaria.* Ch, G-CR. 200-3000 m. (S. México [Oaxaca], Mesoamérica.)

4a. Perymenium grande Hemsl. var. **grande.**

Perymenium grande Hemsl. var. *strigillosum* B.L. Rob. et Greenm., *P. strigillosum* (B.L. Rob. et Greenm.) Greenm., *P. tuerckheimii* Klatt.

Hojas: láminas con la superficie abaxial híspídula a híspido-pilosa, la base cuneada a casi truncada. Cabezuelas de talla mediana; involucro 4.5-6 × 5-6.5 mm; filarios internos típicamente adpresos, típicamente transicionales a páleas, el ápice agudo a obtuso; páleas 5-6 mm. Flores del disco c. 25. Floración en general (jul.-)sep.-ene. *Áreas alteradas, bosques montanos, bosques de* Pinus-Quercus, *orillas de caminos, laderas arboladas.* Ch (*Breedlove 42484*, CAS); G (*Pruski et al. 4550*, MO); H (*Molina R. 22619*, NY); ES (*Padilla 226*, MO). 900-3000 m. (Endémica.)

4b. Perymenium grande Hemsl. var. **nelsonii** (B.L. Rob. et Greenm.) J.J. Fay, *Phytologia* 31: 16 (1975). *Perymenium nelsonii* B.L. Rob. et Greenm., *Proc. Amer. Acad. Arts* 34: 529 (1899). Isolectotipo (designado por Fay, 1975): México, Chiapas, *Nelson 3465* (US!). Ilustr.: no se encontró. N.v.: Tatascán, H; tatascamite, ES.

Perymenium latisquamum S.F. Blake.

Hojas: láminas con la superficie abaxial densamente estrigulosa a casi tomentosa, la base anchamente cuneada a subcordata. Cabezuelas relativamente grandes; involucro 7-13 × 6-10 mm; filarios internos patentes distalmente, contrastando con las páleas, los ápices por lo general anchamente redondeados, membranáceos, ciliados; páleas 6.5-8.8 mm. Flores del disco 25-65. Floración en general may.-feb. $2n = 80$, c. 172. *Bosques secos, bosques montanos, bosques de* Pinus-Quercus, *orillas de caminos, vegetación secundaria, matorrales espinosos.* Ch (*Seler y Seler 2970*, NY); G (*Harmon y Dwyer 3508*, MO); H (*Molina R. 2674*, MO); ES (*Sandoval y Rivera 1473*, MO); N (*Molina R. 22844*, NY); CR (*Heithaus 404*, MO). 200-2500 m. (S. México [Oaxaca], Mesoamérica.)

Perymenium grande var. *nelsonii* probablemente merezca reconocimiento a especie.

5. Perymenium gymnolomoides (Less.) DC., *Prodr.* 5: 609 (1836). *Lipotriche gymnolomoides* Less., *Linnaea* 6: 408 (1831). Lectotipo (designado aquí): México, Veracruz, *Schiede y Deppe 1256* (imagen en Internet! ex HAL-98089). Ilustr.: no se encontró.

Perymenium goldmanii Greenm., *P. peckii* B.L. Rob.

Hierbas perennes o arbustos desparramados de madera blanda 1-2 m; tallos estrigulosos, curvando hacia arriba distalmente. Hojas: láminas 2-5 × 1-2 cm, lanceoladas a lanceolado-ovadas, ensanchadas cerca de la base, rígidamente cartáceas, triplinervias desde cerca de la base, la superficie adaxial subestrigulosa a híspídula, la superficie abaxial glandulosa e hirsuto-pilosa, los tricomas antrorsos a patentes, la base en general obtusa a redondeada, los márgenes subenteros a serrulados, el ápice agudo a atenuado; pecíolo 0.3-1 cm. Capitulescencia corimbosa o corimbiforme-paniculada, no dispuesta muy por encima de las hojas, desde varias ramitas distales, cada una con 7-13 cabezuelas; pedúnculos en general 5-10(-16) mm. Cabezuelas: involucro 3.5-4 × 3-4.5 mm, en general campanulado; filarios c. 3-seriados, adpresos a escasamente patentes, graduados con la mayoría de los filarios externos c. 1/2 de la longitud de los filarios internos, al menos algunos moderadamente glandulosos, el ápice anchamente obtuso a redondeado; filarios externos orbiculares a ovados, estrigulosos a pilósulos(-pilosos), conspicuamente ciliados; filarios internos oblongo-ovados, progresivamente menos pelosos, en general mucho más anchos que las páleas; páleas 3.5-5 mm, algunas veces glandulosas. Flores radiadas 5-7; corola con limbo 3.5-5 mm. Flores del disco 20-28; corola 2.7-4 mm, los lobos 0.4-0.7 mm. Cipselas 1.7-2.5 mm excluyendo las alas, aladas hasta cerca de la base, las alas desarrollándose tempranamente, algunas veces suberoso-engrosadas, prolongadas distalmente en un apéndice con aspecto de vilano; vilano con 15-20 aristas de 0.5-2 mm. Floración dic.-mar. $2n = 28$-30. *Bordes de bosques, crestas con* Pinus, *sabanas de* Pinus, *vegetación secundaria, selvas altas perennifolias, selvas media-*

nas perennifolias. T (*Ventura 20915*, MO); Ch (*Martínez S. 10333*, MO); C (*Goldman 487*, US); QR (*Cabrera y Cabrera 16045*, MO); B (*Arvigo et al. 370*, NY); G (*Aguilar 344*, NY). 5-500 m. (México, Mesoamérica.)

Los ejemplares de Chiapas están en botón y se refieren solo provisionalmente a esta especie. Esta especie se distribuye especialmente en las zonas del Golfo de México y vertiente del Caribe.

6. Perymenium hondurense Pruski, *Phytoneuron* 2016-83: 3 (2016). Holotipo: Honduras, *Chorley 293* (MO!). Ilustr.: Pruski, *Phytoneuron* 2016-83: 2, t. 1, 3, t. 2, 4, t. 3, 5, t. 4 (2016).

Arbustos o árboles 2.5-8 m; tallos subhexagonales, hispídulos o subestrigosos; follaje nunca estipitado-glanduloso. Hojas pecioladas; láminas 7-14 × 1.5-5 cm, angostamente elípticas, más anchas en la mitad de la lámina, rígidamente cartáceas, la nervadura más o menos igualmente espaciada y regularmente pinnada, nunca claramente trinervia desde arriba de la base, la nervadura secundaria con 9-13 nervios por lado, igualmente espaciados e igualmente engrosados, a veces un par de media hoja ligeramente dirigido más hacia adelante y dando una leve condición trinervia, las superficies más o menos concoloras, la superficie adaxial escabrosa-hírtula, la superficie abaxial glandulosa, también hirsuto-pilosa a densamente así con tricomas ancistrosos, la base cuneada a obtusa, los márgenes fina e igualmente serrulado-denticulados con alrededor de 30-40 dientes por lado, el ápice acuminado a atenuado; pecíolo 1-2 cm, hispídulo a subestrigoso. Capitulescencia terminal, 6-22 cm de diámetro, algo abiertamente corimbiforme a corimbiforme-paniculada, con (7-)17-50 cabezuelas; pedúnculos mayormente 10-40 mm, sin bractéolas. Cabezuelas: involucro 5-7 × 4-7 mm, campanulado; filarios c. 3-seriados, casi subiguales con los filarios externos generalmente más o menos más de 1/3 de la longitud de los internos; filarios externos piriformes, moderada a densamente estrigulosos o estrigosos, el ápice agudo a obtuso; filarios internos lanceolados, progresivamente menos pubescentes, más o menos transicionales en forma y textura hacia las páleas, el ápice acuminado a atenuado; clinanto convexo, paleáceo; páleas 5-6 mm, la vena media hispídula. Flores radiadas 8; corola con limbo 10-14 × 3-6 mm, diminutamente glanduloso y setuloso abaxialmente. Flores del disco 30-40; corola 4.8-5.5 mm, los lobos 0.6-1 mm, hírtulos; anteras 2-2.5 mm, negras, el apéndice c. 0.3 mm, lanceolado, pajizo; ramas del estilo c. 1.2 mm, patentes, cortamente apendiculadas. Cipselas 3-4 mm (excluyendo las alas), angostamente redondeadas distalmente y cortamente rostradas, esparcidamente estriguloso-setulosas distalmente, los márgenes mayormente delgadamente alados hasta cerca de la base, las alas 0.2-0.5 mm de diámetro; cipselas del radio con los márgenes laterales alados, los márgenes adaxiales típicamente apenas estriguloso-setulosos; cipselas del disco con las alas más angostas que las del radio; vilano de 10-15 aristas, 0.6-3.2 mm. Floración jul.-nov. *Bosques húmedos premontanos, bosques secundarios, bosques nublados.* H (*House 1040*, MO). 2000-2500 m. (Endémica.)

7. Perymenium jalapanum Standl. et Steyerm., *Publ. Field Mus. Nat. Hist., Bot. Ser.* 23: 144 (1944). Isotipo: Guatemala, *Steyermark 32685* (USCG!). Ilustr.: no se encontró.

Arbustos de hasta 2 m; tallos estrigulosos. Hojas: láminas 4-11.5 × 1.2-3.4 cm, lanceoladas, cartáceas, 3-nervias desde menos de 1 cm por encima de la base, las superficies concoloras, esparcidamente estrigulosas, la base obtusa a redondeada, los márgenes serrulados a dentados, el ápice agudo a atenuado; pecíolo 0.6-1.5 cm. Capitulescencia abiertamente cimosa, 3-15 cabezuelas dispuestas por encima de las hojas sobre pedúnculos relativamente alargados; pedúnculos en general 10-40 mm, estrigulosos. Cabezuelas de talla mediana; involucro 6.5-8.5 × 5-6 mm, campanulado; filarios c. 3-seriados, la superficie glabra o subglabra, los márgenes ciliados, graduados con la mayoría de los pocos filarios externos casi 1/2 o menos de la longitud de los filarios internos, los filarios internos en 2 series subiguales, los filarios externos ovados, el ápice anchamente agudo a obtuso, los filarios internos oblongos, progresivamente menos pelosos, patentes distalmente, el ápice anchamente obtuso a redondeado, membranáceo, ciliado, contrastando con las páleas; páleas 7-7.5 mm, el ápice agudo, frecuentemente inflexo. Flores radiadas c. 8; corola con limbo c. 7.5 mm. Flores del disco c. 25; corola 5-6.5 mm, los lobos c. 1 mm. Cipselas 3-3.5 mm, no aladas, estrigulosas especialmente en la parte distal, las protuberancias apicales redondeadas y sin prolongarse en un apéndice con aspecto de vilano; vilano con c. 15 aristas en general de 1-2 mm. Floración dic.-may. *Bosques montanos, pastizales.* G (*Williams 14236*, F). 2000-2300 m. (Endémica.)

8. Perymenium klattianum J.J. Fay, *Allertonia* 1: 260 (1978). Isotipo: México, Veracruz, *Purpus 1163* (MO!). Ilustr.: no se encontró.

Arbustos hasta 2 m; tallos estrigulosos. Hojas: láminas 3-8 × 0.8-2.5 cm, lanceoladas a ovadas, en general ensanchadas cerca del 1/3 proximal de la lámina, cartáceas, 3-nervias desde cerca de la base, las superficies discoloras, la superficie adaxial estrigulosa, la superficie abaxial densamente blanco-estrigulosa o araneoso-blanco-tomentulosa, típicamente glandulosa pero las glándulas ocultadas por el tomento, la base angostamente cuneada a truncada, los márgenes subenteros a serrulados, el ápice agudo a acuminado; pecíolo 0.3-0.8 cm. Capitulescencia ligera y abiertamente cimosa, las ramitas con 3-5 cabezuelas, las ramitas terminales foliosas, pero algunas veces con ramitas subterminales no foliosas de hasta 5 cm; pedúnculos 5-20 mm, moderada a densamente estrigulosos. Cabezuelas: involucro 5-8.5 × 6-8 mm, anchamente campanulado; filarios c. 3-seriados, en general ciliados, graduados con la mayoría de los filarios externos c. 1/2 de la longitud de los filarios internos; filarios externos ovados, estrigulosos, el ápice anchamente agudo a redondeado; filarios internos oblongos, progresivamente menos pelosos, patentes distalmente, el ápice redondeado, membranáceo, ciliado, contrastando con las páleas; páleas 4-5 mm, el ápice agudo. Flores radiadas 9-12; corola con limbo 5-8 mm. Flores del disco 40-60; corola 3.8-4.7 mm, los lobos 0.5-0.7 mm. Cipselas 2-2.5 mm, no aladas, estrigulosas, las protuberancias apicales redondeadas y sin prolongarse en apéndices con aspecto de vilano; vilano con c. 15 aristas, en general de 1-2.5 mm. Floración diciembre. *Áreas rocosas abiertas.* Ch (*Matuda 783*, US). 1200-1500 m. (México [Veracruz], Mesoamérica.)

9. Perymenium nicaraguense S.F. Blake, *Contr. U.S. Natl. Herb.* 22: 624 (1924). Holotipo: Nicaragua, *Miller y Griscom 44* (US!). Ilustr.: no se encontró. N.v.: Malacatillo, pericón, H.

Arbustos erectos o árboles pequeños hasta 0.5-3(-5) m; tallos estrigulosos. Hojas: láminas 2-7(-10) × 1-4(-5) cm, lanceoladas a ovadas, ensanchadas cerca del 1/2, rígidamente cartáceas a subcoriáceas, 3-nervias desde por encima de la base, las superficies estrigulosas, los tricomas adpresos, la base cuneada a truncada, los márgenes serrulados, el ápice agudo u obtuso; pecíolo 0.5-1.5(-2) cm. Capitulescencia corimbosa, no dispuesta muy por encima de las hojas, 5-20 cabezuelas; pedúnculos en general 4-10 mm. Cabezuelas: involucro 3.5-4.5 × 3-5 mm, turbinado a campanulado; filarios 3-seriados o 4-seriados, adpresos, graduados con la mayoría de los filarios externos c. 1/2 de la longitud de los filarios internos, no glandulosos o esparcidamente glandulosos, los ápices en general agudos a obtusos; filarios externos ovados, estrigulosos; filarios internos oblongos, progresivamente menos pelosos, transicionales a páleas; páleas 4.5-6(-7) mm, el ápice agudo. Flores radiadas 7-9; corola con limbo 3.5-7 mm. Flores del disco 10-30; corola en general 4-5 mm, los lobos 0.5-0.8 mm. Cipselas 2-2.8 mm excluyendo las alas, angostamente aladas hasta cerca de la base o las cipselas del disco solo adaxialmente aladas, las alas desarrollándose tardíamente, algunas veces lacerado-marginadas, prolongadas distalmente en apéndices con aspecto de vilano; vilano con c. 15 aristas de 0.5-2 mm. Floración en general jul.-ene. $2n = 30-34$. *Bosques de* Pinus, *bosques de* Pinus-Quercus. G (*Pruski et al. 4539*, MO); H (*Pruski et*

al. 4535, MO); ES (*Monterrosa 1304*, MO); N (*Williams et al. 27906*, NY). 400-2200 m. (Endémica.)

10. Perymenium pinetorum Brandegee, *Univ. Calif. Publ. Bot.* 10: 420 (1924). Isotipo: México, Chiapas, *Purpus 9072* (MO!). Ilustr.: no se encontró.

Arbustos c. 1 m; tallos esparcidamente estrigulosos. Hojas: láminas 2-4.3 × 1-2.3 cm, elíptico-ovadas a algunas veces ovadas, 3-nervias desde c. 0.4 cm por encima de la base, las superficies esparcidamente estrigulosas, no glandulosas, la base cuneada a obtusa, los márgenes subenteros a ligeramente serrulados, el ápice agudo a acuminado; pecíolo 0.3-0.7 cm. Capitulescencia compacta cimoso-corimbiforme, más o menos dispuesta por dentro de las hojas subyacentes, las ramitas con 3-9 cabezuelas, las ramitas laterales en general más cortas que el eje central; pedúnculos 3-7 mm, moderadamente estrigulosos. Cabezuelas: involucro 3-4(-5) × 2.5-3(-4) mm, campanulado; filarios c. 3-seriados, adpresos a algunas veces escasamente recurvados, el ápice en general agudo(-acuminado), en general graduados con los pocos filarios externos c. 1/2 de la longitud hasta menos de la 1/2 de la longitud de los filarios internos; filarios externos ovados, estrigulosos; filarios internos oblongos, progresivamente menos estrigulosos, transicionales a páleas, el ápice agudo a obtuso; páleas 4-4.5(-5) mm. Flores radiadas 4-5; corola con limbo 3-4(-5.5) mm. Flores del disco 6-8; corola 3.5-4 mm, los lobos 0.6-0.7 mm. Cipselas 1.8-2 mm, no aladas, las protuberancias apicales redondeadas, sin prolongarse en un apéndice con aspecto de vilano, solo en ocasiones las cipselas radiadas con setas marginales cortas coalescentes en estructuras robustas, las caras estriguloso-setulosas distalmente; vilano con c. 15 aristas de 0.5-1.5(-2) mm, muy frágiles. Floración jun.-sep. *Bosques de* Pinus-Quercus, *bosques rocosos de* Pinus. Ch (*Purpus 10245*, US). 700-1000 m. (México [Oaxaca], Mesoamérica.)

En Mesoamérica, *Perymenium pinetorum* se conoce solo de cerca de la frontera Chiapas-Oaxaca.

143. Plagiolophus Greenm.

Por J.F. Pruski.

Hierbas anuales; tallos subteretes a subhexagonales, pelosos. Hojas opuestas; cortamente pecioladas; láminas lanceolado-ovadas a ovadas, cartáceas, 3-nervias desde la base, los nervios secundarios más largos llegando hasta c. 1/3 distal de la lámina, las superficies pelosas, los tricomas con base solo escasamente bulbosa, la superficie abaxial también punteado-glandulosa. Capitulescencia terminal, abiertamente cimosa, con 1-5 cabezuelas; pedúnculos alargados, delgados, ascendentes, sin brácteas. Cabezuelas discoides; involucro hemisférico; filarios por lo general obvia y marcadamente dimorfos, obgraduados, 2-seriados o 3-seriados; filarios externos (3-)5, herbáceos, lateralmente patentes, pelosos; filarios internos erectos, cartáceos con puntas herbáceas, pelosos distalmente; clinanto hemisférico a cortamente cónico, paleáceo; páleas conduplicadas, naviculares, persistentes, en general pajizas. Flores del disco 25-40, bisexuales; corola infundibuliforme, 5-lobada, blanca o amarilla, el tubo más corto que el limbo, la garganta sin obvias fibras embebidas en los haces vasculares, el tubo y la garganta típicamente glabros, los lobos triangulares, glandulosos, adaxialmente papilosos, la nervadura intramarginal; antera con tecas negras, el apéndice deltado-ovado, pajizo, esparcidamente glanduloso; ramas del estilo con ápice acuminado. Cipselas heteromorfas, rostradas, el rostro marcadamente acéntrico y surgiendo muy cerca al margen adaxial, recurvado-geniculadas en el plano radial, el carpóforo pequeño e inconspicuo, escasamente asimétrico, sin eleosomas; cipselas externas biconvexas y marcadamente tuberculadas, oblongas, no aladas o algunas veces angostamente 1-aladas, negras, el ápice casi truncado, setulosas; cipselas internas marcadamente comprimidas y aladas, obovadas a cuneadas, el cuerpo liso o casi liso, negro, esparcidamente setoso, las alas pajizas, la adaxial frecuentemente más grande y extendiéndose mucho más allá del cuerpo de la cipsela; vilano con 2 aristas desiguales y 1-pocas escuámulas laciniadas intermedias. Aprox. 1 sp. Género endémico.

Robinson (1981) y Panero (2007b [2006]) ubicaron *Plagiolophus* en Ecliptinae, pero los frutos y corolas del disco sin las fibras embebidas de *Plagiolophus* se acercan a caracteres de la subtribu Verbesininae, donde el género más bien podría pertenecer.

Bibliografía: Standley, P.C. *Publ. Field Mus. Nat. Hist., Bot. Ser.* 3: 157-492 (1930).

1. Plagiolophus millspaughii Greenm., *Publ. Field Columb. Mus., Bot. Ser.* 3: 126 (1904). Isotipo: México, Yucatán, *Gaumer 1055* (MO!). Ilustr.: Millspaugh y Chase, *Publ. Field Columb. Mus., Bot. Ser.* 3: 126, solo cipselas (1904). N.v.: Mejen, sa-hun, sac tohozo, sahum, sajum, sak tah, sak tojoso, virginia k'aax, x-mehen, Y.

Hierbas difusamente ramificadas, 0.4-1 m; tallos piloso-hirsutos. Hojas: láminas 1-3.5 × 0.5-1.7 cm, las superficies moderadamente antrorso-piloso-hirsutas hasta la superficie abaxial subcanescente, la base cuneada a obtusa, luego cortamente decurrente en una acuminación basal, los márgenes subenteros a serrulado-crenulados, el ápice agudo a acuminado; pecíolo 0.3-0.7 mm. Capitulescencia laxamente patente hasta c. 15 cm de diámetro; pedúnculos 4-10 cm, hirsutos. Cabezuelas 6-8 mm; involucro 5-7 × 5-8 mm; filarios externos 6-11 × 1-2 mm, oblanceolados u oblongos, subadpreso-hirsutos; filarios internos 3-4 × 1-2 mm, lanceolado-ovados a ovados, antrorso-hirsutos distalmente; páleas 3.6-4.4 mm, lanceoladas, cilioladas o antrorso-hirsutas distalmente a lo largo de la quilla, el ápice agudo a acuminado. Flores del disco escasamente exertas del involucro; corola 2.8-3.2 mm, los lobos c. 0.4 mm. Cipselas 2-2.5 mm, el rostro 0.2-0.3 mm, las alas mayores en los frutos centrales, el ala mayor hasta c. 0.7 mm de diámetro, delgadamente cartilaginosas, frecuentemente cilioladas; vilano con aristas de hasta 2 mm. Floración dic.-abr. *Maizales, áreas alteradas, selvas caducifolias.* Y (*Gaumer 1055*, NY); C (*Taylor y Taylor 12671*, MO). 0-50 m. (Endémica.)

144. Rensonia S.F. Blake

Por J.F. Pruski.

Arbustos a árboles pequeños; tallos foliosos, con ramificaciones opuestas. Hojas opuestas, delgadamente pecioladas; láminas cartáceas, pinnadamente 3-nervias desde muy por encima de la base, pelosas, no glandulosas, los márgenes serrados. Capitulescencia terminal y axilar en los nudos distales, abiertamente corimbosa a corimbiforme-paniculada, con varias a numerosas cabezuelas. Cabezuelas pequeñas, radiadas, pedunculadas; involucro turbinado-campanulado, más o menos terete, no aplanado-comprimido ni samaroide; pedúnculos descubiertos o con pocas bractéolas, típicamente abrazados por una bractéola; filarios subiguales, c. 2-seriados, rígidamente cartáceos, endurecidos basalmente, herbáceos apicalmente; clinanto pequeño, aplanado a subconvexo, sólido, paleáceo; páleas conduplicadas. Flores radiadas pistiladas; corola con limbo amarillo, ligeramente exerto del involucro; estilo con eje apicalmente exerto de la garganta de la corola, las ramas sin obvias papilas barredoras. Flores del disco funcionalmente estaminadas, sin formar frutos, la garganta en parte exerta del involucro; corola infundibuliforme, 5-lobada, amarillenta, la nervadura engrosada, el tubo angosto, la garganta abruptamente ampliada, los lobos erectos, apicalmente hírtulos; antera con las tecas negras, las bases cortamente sagitadas, el apéndice apical navicular, ovado, pajizo, conectivo pajizo; ramas del estilo ligeramente ramificadas, las ramas adpresas o casi adpresas, externamente hirsútulas; ovario angostamente cilíndrico, no aladas; vilano coroniforme, la corona hispídula. Cipselas radiadas obovadas, obcomprimidas, escasamente biconvexas, el ápice frecuentemente con continuaciones delgadas desde las alas aplanadas proyec-

tándose por encima del anillo, la cara adaxial frecuentemente con una costilla central, 2-aladas, las alas delgadas, delgadamente 7-10-estriadas distalmente, ampliamente oblongas, enteras o ligeramente laceradas distalmente; vilano ausente. $x = 17$. Aprox. 1 sp. México, Mesoamérica.

Rensonia se parece a *Baltimora* en el aspecto general y por las flores del disco funcionalmente estaminadas, pero difiere más notablemente por las hojas no glandulosas y cipselas radiadas anchamente 2-aladas.

1. Rensonia salvadorica S.F. Blake, *J. Wash. Acad. Sci.* 13: 145 (1923). Holotipo: El Salvador, *Standley 19783* (US!). Ilustr.: Nash, *Fieldiana, Bot.* 24(12): 547, t. 92 (1976). N.v.: Bara blanca, botoncillo, canilla, tatascamile, tatascamillo, vara ceniza, vara de cama, vara de zope, varta blanca, ES; raspapiedra, CR.

Arbustos a árboles pequeños, 1-5 m; tallos erectos a escandentes, moderadamente ramificados a muy ramificados, angulados o anchamente estriados distalmente hasta subteretes proximalmente, densamente estrigulosos, rara vez también hirsutos. Hojas: láminas (2.5-)5.5-17(-26) × (1.5-)2-9.5 cm, elípticas a ovadas, la nervadura con 2 o 3 pares de nervios secundarios mayores opuestos a subopuestos y marcadamente dirigidos hacia el ápice, los nervios secundarios menores en ángulos casi rectos a la vena media, la superficie adaxial escábrido, hispídula, las células subsidiarias de los tricomas agrandadas y elevadas de la superficie, la superficie abaxial estrigulosa o rara vez hirsuta, híspida a hispídula sobre la nervadura, la base cuneada y típicamente cortamente atenuada, el ápice acuminado, algunas veces falcado; pecíolo (0.5-)1.5-4(-8.5) cm, estriguloso a densamente estriguloso. Capitulescencia con ramas principales típicamente 8-12 cm, opuestas o las más distales en ocasiones subopuestas, densamente estrigulosas, típicamente con 5-20 cabezuelas, las bractéolas 3-5 mm, linear-lanceoladas; pedúnculos (2-)4-17(-20) mm, delgados, densamente estrigulosos. Cabezuelas 5-11 mm, con 22-32 flores; involucro 2.8-4.5 mm de diámetro, campanulado a turbinado; filarios c. 8, 5-7 × 1.4-2.5 mm, oblanceolados, estrigulosos, delgadamente c. 5-nervios, la nervadura concolora a escasamente discolora con los filarios; páleas 5-5.3 mm, linear-lanceoladas, persistentes, apicalmente atenuadas, angostamiento empezando casi en el ápice de las cipselas. Flores radiadas 8, el tubo 1-1.5 mm, glabro, el limbo 3-4 × 1.5-2.4 mm, oblongo a obovado, abaxialmente hírtulo sobre los dos nervios mayores, c. 10-nervio, el ápice 2-dentado o algunas veces 3-dentado, los dientes 0.3-0.8 mm, los nervios mayores terminando en dientes; ramas del estilo 1.4-2 mm. Flores del disco 14-24; corola 4.1-5.1 mm, el tubo 1-1.3 mm, los lobos 0.7-1.1 mm, erectos, apicalmente hirsútulos; ramas del estilo c. 0.4 mm; ovario 2.5-3.7 mm. Cipselas (incluyendo las alas) 5.1-6 mm, el cuerpo 3.4-4 × 1.2-1.3 mm, negro, estriguloso o solo estriguloso apicalmente, las alas hasta 1.6 mm más largas que el cuerpo de la cipsela, extendiéndose hasta c. 1 mm más allá del cuerpo de la cipsela, dirigidas hacia el ápice, pajizas. Floración durante todo el año. $2n = 34$. *Laderas, selvas caducifolias, barrancos, selvas altas perennifolias, márgenes de bosques.* Ch (*Matuda 750*, MO); G (Nash, 1976d: 293-294); ES (*López ISF00457*, MO); CR (*Poveda y Castro 3952*, MO). 400-2000 m. (México [Oaxaca, Veracruz], Mesoamérica.)

El único espécimen que se ha visto con indumento estriguloso e hirsuto en el tallo es distinto del único espécimen estudiado sin indumento estriguloso abaxialmente en la hoja. El paratipo (*Standley 20090*, US) fue erróneamente citado por Strother (1999) como el tipo.

145. Riencourtia Cass.

Por J.F. Pruski.

Hierbas o subarbustos anuales o perennes; tallos subteretes, híspidos o estrigosos, remotamente foliosos con entrenudos en general mucho más largos que las hojas. Hojas opuestas, sésiles o brevemente pecioladas; láminas lineares a oblongas u ovadas, cartáceas a subcoriáceas,

1-nervias o 3-5-nervias desde cerca de la base, ambas superficies no glandulosas, pelosas, la base atenuada a redondeada, los márgenes enteros a serrados, algunas veces revolutos, el ápice acuminado a obtuso. Capitulescencia terminal, abierta, poco ramificada, las ramas principales de la capitulescencia hasta 15(-20) cm, terminando en densos agregados esféricos conglomerados cada uno a su vez en general con cabezuelas agregadas y dispuestas en espiral en fascículos internos algunas veces alargados sobre un clinanto secundario delgado, los glomérulos en general abrazados por brácteas rígidas un poco más largas y varias bractéolas, cada uno con 3-12 cabezuelas sésiles, los clinantos primarios en común aplanados y los clinantos secundarios delgados en general hirsutos. Cabezuelas disciformes, con 5-9 flores, típicamente no todas las corolas exertas simultáneamente; involucro angostamente campanulado, con frecuencia irregularmente comprimido debido al contacto con otras cabezuelas en el glomérulo pero básicamente más o menos terete, no aplanado-comprimido ni samaroide; filarios en general 4(-6), oblongos u obovados, casi subiguales con los dos internos escasamente menores, ligeramente imbricados, 2-seriados, los filarios externos rígidos y aplanados, los dos internos ligeramente doblados, estrigosos en especial distalmente, el ápice agudo a obtuso, algunas veces conspicuamente calloso-mucronado; clinanto verdadero pequeño, aplanado, sin páleas. Flor marginal 1, pistilada; corola tubular, 3-5-lobada, blanca o blanco-amarillenta, desigualmente o subigualmente los lobos frecuentemente hirsuto-pilosos. Flores del disco 4-8, funcionalmente estaminadas, típicamente llegando a la antesis asincrónicamente; corola infundibuliforme, 5-lobada, blanca o blanco-amarillenta, los lobos triangulares, frecuentemente hirsuto-pilosos; anteras en general incluidas, negras; estilo entero, el ovario linear, aplanado, estéril. Cipselas ovoides u obovoides, robustas, sin rostro, no aladas, glabras o pilosas en el ápice; vilano ausente. $x = 16$. Aprox. 5 o 6 spp., Mesoamérica, Sudamérica tropical.

D'Arcy (1975a [1976]) no trató *Riencourtia* para Panamá pero fue documentado por Pruski (1998), quien citó *Dwyer 6925* (MO) como *R. latifolia*.

Bibliografía: Pruski, J.F. *Brittonia* 50: 473-482 (1998).

1. Riencourtia latifolia Gardner, *London J. Bot.* 7: 286 (1848). Isotipo: Brasil, *Gardner 3280* (NY!). Ilustr.: Pruski, *Fl. Venez. Guayana* 3: 357, t. 301 (1997).

Riencourtia ovata S.F. Blake, *R. pittieri* S.F. Blake.

Hierbas perennes o subarbustos, 0.5-1.5 m; tallos erectos, poco ramificados, delgados, híspidos con tricomas ampliamente dispersos a algunas veces estrigulosos con tricomas cercanamente adpresos. Hojas cortamente pecioladas; láminas 2-11 × 0.5-3 cm, lanceoladas o elíptico-ovadas a rara vez ovadas, cartáceas, 3-5-plinervias desde muy cerca de la base, la superficie abaxial ligeramente prominente reticulada, las superficies híspido-pilosas e híspídulas con tricomas patentes, la base obtusa a anchamente redondeada o rara vez subcordata, los márgenes serrulados, el ápice obtuso; pecíolo 0.2-0.8 cm, híspido-estrigoso. Rama de la capitulescencia sosteniendo glomérulos de 4-15 cm, híspida o estrigulosa, los glomérulos 7-13 mm de diámetro, con 8-12 cabezuelas, las brácteas en general 3-5 mm. Cabezuelas 4-5 × 2-4 mm, obovoides, con 8 o 9 flores; filarios anchamente obovados, subiguales, el ápice anchamente redondeado, inconspicuamente calloso en el ápice. Flores marginales: la corola 2.8-3 mm, desigualmente 3-5-lobada; estilo tan largo como la corola, las ramas recurvadas. Flores del disco 7-8; corola 1.6-3 mm, el tubo muy corto, los nervios de la garganta algunas veces negruzcos, los dientes hasta 0.5-1 mm, los tricomas frecuentemente casi tan largos como los dientes; anteras c. 1/2 de la longitud de la corola; ovario estéril hasta 4 mm, largamente persistente. Cipselas 1.5-3.2 mm, obovoides, esparcidamente pilosas en el ápice. *Sabanas*. P (*Dwyer 6925*, MO). 0-100 m. (Mesoamérica, Colombia, Venezuela, Guayanas, Brasil.)

El carácter de tallos con tricomas patentes vs. tricomas adpresos es típicamente usado como un marcador de especies en Ecliptinae, pero parece variar dentro de una misma planta en esta especie. Así, *Riencourtia ovata* y *R. pittieri*, con tricomas adpresos, fueron tratadas por Pruski (1997a) en la sinonimia *R. latifolia*, típicamente con tricomas patentes.

146. Sphagneticola O. Hoffm.

Complaya Strother, *Thelechitonia* Cuatrec., *Wedelia* Jacq. sect. *Stemmodon* Griseb.

Por J.F. Pruski.

Hierbas perennes; tallos ascendentes distalmente, en general enraizando en los nudos proximales, alargándose simpódicamente, frecuentemente suculentos, estrigosos o hirsutos a glabrescentes. Hojas opuestas, sésiles y escasamente connatas a brevemente pecioladas; láminas de contorno lanceolado u oblanceolado a rómbico, 3-subpalmatinervias desde por encima de la base, enteras, dentadas, o trilobadas. Capitulescencia terminal (de apariencia axilar cuando la cabezuela está desplazada lateralmente), monocéfala con pocas cabezuelas desde los nudos más distales; pedúnculos alargados, no foliosos, puberulentos a estrigosos. Cabezuelas radiadas, con numerosas flores; involucro campanulado a subhemisférico, ligeramente 2(3)-seriado; filarios foliáceos o los internos apicalmente foliáceos, laxamente imbricados, agudos a obtusos; clinanto convexo o algunas veces cónico, paleáceo, las páleas conduplicadas, erosas, acuminadas; pedúnculos casi el doble de la longitud de las hojas. Flores radiadas pistiladas; corola amarilla o anaranjada, el tubo corto, el limbo vistoso, c. 10-nervio, abaxialmente glanduloso; ramas del estilo lisas, no papilosas. Flores del disco numerosas, bisexuales; corola infundibuliforme, amarilla o anaranjada; anteras cortamente sagitadas basalmente, las tecas negras, el apéndice apical ovado, negruzco o en ocasiones pardo-amarillento cerca del conectivo, glanduloso; estilos ligeramente exertos, las ramas casi erectas o escasamente reflexas, con líneas estigmáticas en pares, marcadamente papilosas, atenuadas. Cipselas piriformes tornando a biconvexas hasta subcuadrangulares o triquetras, cortamente rostradas en la flor tornando a inconspicuamente rostradas y coroniformes en el fruto, el cuerpo negro pero algunas veces cubierto con tejido suberoso más pálido, la superficie tuberculada al madurar, los tubérculos pardo-amarillentos, el rostro recto y céntrico, los márgenes casi no alados, suberosos al madurar, el ápice en general ligeramente glanduloso, la base con un carpóforo pequeño e inconspicuo, sin eleosomas; sin vilano o las fimbrias del vilano ocultas por un cuello coroniforme a engrosado, suberoso, y continuo con el cuerpo de la cipsela. $x = 15$. Aprox. 4(5) spp., 3 spp. se encuentran en América tropical; 1 sp. nativa [*Sphagneticola calendulacea* (L.) Pruski] de los paleotrópicos; *S. trilobata* se encuentra en los subtrópicos de ambos hemisferios y también en los paleotrópicos.

Sphagneticola es un género segregado de *Wedelia*; se diferencia por ser una hierba estolonífera enraizando en los nudos, con los tallos alargándose simpódicamente de ese modo lateralmente desplazando las cabezuelas terminales, por los limbos radiados abaxialmente glandulosos, por la antera con apéndices ovados negros, y por las cipselas tuberculadas sin carpóforos bien desarrollados y sin eleosomas o aristas del vilano (Strother, 1991; Pruski, 1996b). Strother (1991) usó el nombre *Complaya* para el grupo, pero Pruski adoptó *Sphagneticola*, un nombre más anterior.

1. Sphagneticola trilobata (L.) Pruski, *Mem. New York Bot. Gard.* 78: 114 (1996). *Silphium trilobatum* L., *Syst. Nat., ed. 10* 2: 1233 (1759). Lectotipo (designado por Howard, 1989): Plum., *Pl. Amer.* t. 107, f. 2 (1757). Ilustr.: Pruski y Sancho, *Fl. Pl. Neotrop.* 35, t. 18 (2004). N.v.: Siemprevive, T; k'utumbuy, kan kun, kan kun bop, taj, Y; u najil tikin xiw, C; pasmo, B; margarita, G; me caso no me caso, N; wild marigold, CR; clavellín de playa, flor de coco, P.

Acmella brasiliensis Spreng., *A. spilanthoides* Cass., *Buphthalmum repens* Lam., *B. strigosum* Spreng., *Complaya trilobata* (L.) Strother,

Seruneum trilobatum (L.) Kuntze, *Sphagneticola ulei* O. Hoffm., *Stemmodontia carnosa* (Rich.) O.F. Cook et G.N. Collins, *S. trilobata* (L.) Small, *Thelechitonia trilobata* (L.) H. Rob. et Cuatrec., *Verbesina carnosa* (Rich.) M. Gómez, *V. carnosa* var. *triloba* (Rich.) M. Gómez, *V. tridentata* Spreng., *Wedelia brasiliensis* (Spreng.) S.F. Blake, *W. carnosa* Rich., *W. carnosa* [sin rango] *aspera* Rich., *W. carnosa* [sin rango] *glabella* Rich., *W. carnosa* [sin rango] *triloba* Rich., *W. crenata* Rich., *W. paludicola* Poepp., *W. paludosa* DC., *W. trilobata* (L.) Hitchc., *W. trilobata* var. *hirtella* O.E. Schulz, *W. trilobata* var. *pilosissima* S.F. Blake.

Hierbas procumbentes a procumbente-ascendentes, enraizando en los nudos proximales; tallos subteretes, hasta 2 m, a veces trepadores hasta más de 1 m. Hojas sésiles y escasamente connatas a más común cortamente pecioladas; láminas (2-)3-10.5 × (0.6-)2.5-8 cm, oblanceoladas a rómbicas, rara vez lanceoladas, típicamente 3-lobadas, cartáceas a subsuculentas, las superficies estrigosas al menos sobre los nervios, la superficie abaxial glandulosa, la base gradual o abruptamente atenuada, algunas veces subconnata, los márgenes subenteros o dentados, cada margen típicamente con un prominente lobo medio, el ápice agudo a acuminado; pecíolo 0-0.5 cm. Cabezuelas solitarias; involucro 10-14 × 10-14 mm, campanulado; filarios 12-15, 10-14 × 2.5-4.5 mm, subiguales, oblanceolados a oblongos, verdes, estrigosos, ligeramente glandulosos o los internos apenas puberulentos; páleas oblanceoladas; pedúnculos 3.5-14 cm. Flores radiadas 4-14; corola amarilla, con frecuencia mucho más amarillo profundo proximalmente, el tubo 1-2 mm, el limbo hasta 15 mm, el ápice 3-lobado; estilos bastante exertos, las ramas 1.5-2 mm. Flores del disco: la corola 4.5-5.5 mm, 5-lobada, amarilla, los lobos 0.6-0.8 mm, marcadamente pubescente-papilosos adaxialmente o marginalmente, en ocasiones glandulosos sobre la superficie abaxial; anteras 2-2.3 mm, en parte exertas; ramas del estilo 1-1.5 mm. Cipselas c. 3 mm, el cuello hasta c. 1.1 mm, en general glandulosas, especialmente prominentes cuando jóvenes, algunas veces apicalmente estrigosas; vilano con fimbrias en ocasiones de hasta 1.3 mm. Floración durante todo el año. $2n = 50, 54, 56, 60$. *Bosques mesófilos, selvas caducifolias, cocotales, áreas alteradas, campos, quebradas, bancos de ríos, bordes de lagos, pantanos, sabanas de Pinus, vegetación secundaria, rocas marítimas.* T (*Rovirosa 255*, NY); Ch (*Breedlove y Strother 46888*, MO); Y (Villaseñor Ríos, 1989: 112, como *Wedelia trilobata*); C (*Matuda 3910*, MO); QR (*Davidse et al. 20216*, MO); B (*Kay 78*, MO); G (*Steyermark 51555*, MO); H (*Nelson y Hernández 940*, MO); N (*Friedrichsthal 461*, NY); CR (*Pruski y Sancho 3808*, MO); P (*Fendler 168*, MO). 0-500(-1500) m. (S. Estados Unidos, México, Mesoamérica, Colombia, Venezuela, Guayanas, Ecuador, Perú, Bolivia, Brasil, Paraguay, Uruguay, Cuba, Jamaica, La Española, Puerto Rico, Islas Vírgenes, Antillas Menores, Trinidad y Tobago; Asia, África, Australia, Islas del Pacífico).

Sphagneticola trilobata está ampliamente cultivada en las regiones tropicales y templadas de cada hemisferio. La especie no es nativa de Chile, Argentina ni de Europa, y no se sabe si es cultivada en ninguna de estas tres regiones. La especie no fue documentada por Standley y Calderón (1941) para El Salvador, pero sin embargo se presume que es nativa allí. Esta especie se espera encontrar en El Salvador.

147. Synedrella Gaertn.
Ucacou Adans.

Por J.F. Pruski.

Hierbas perennes, anuales o de vida corta, con raíces fibrosas; tallos subteretes, glabrescentes proximalmente, estrigosos a pelosos distalmente; bases de los tricomas del follaje con células subsidiarias prominentes. Hojas opuestas; láminas elípticas a ovadas, pinnadamente 3-nervias desde cerca de la base, ambas superficies estrigosas, no glandulosas. Capitulescencia axilar, en general de 1-varios cabezuelas

sésiles o casi sésiles, las cabezuelas rara vez largamente pedunculadas. Cabezuelas radiadas, con 9-17(-18) flores; filarios imbricados, subiguales, elíptico-lanceolados, los 2 o 3 externos foliáceos, los filarios internos escariosos, pajizos, estriados; clinanto convexo, paleáceo. Flores radiadas pistiladas; corola con limbo brevemente exerto. Flores del disco bisexuales; corola angostamente infundibuliforme, brevemente 4(5)-lobada; anteras 4(5), negras; ramas del estilo con líneas estigmáticas en pares. Cipselas sin rostro, las cipselas radiadas y las del disco obvia y marcadamente dimorfas; cipselas radiadas grandes, oblongo-ovadas, aplanadas, aladas, las alas profundamente cortadas e incrementando en tamaño por encima donde estas gradúan en las 2 aristas robustas del vilano, estas en general mucho más cortas que el cuerpo de la cipsela; cipselas del disco pequeñas, obcónicas, no aladas, las caras algunas veces muricadas, firmemente 2(-4)-aristadas, las aristas casi tan largas como la cipsela. $x = 17, 18, 19, 20$. Aprox. 1 sp., género de América tropical, pero ampliamente distribuido en todos los trópicos (Pruski, 1997a; Turner, 1994a).

Calyptocarpus tiene las aristas del vilano del disco robustas muy similares, y las flores del disco son 4 a numerosas, pero difiere por las cipselas tuberculadas isomorfas y los discos comprimidos. En el sur de Mesoamérica *Calyptocarpus* tiene las aristas apicalmente glabras, mientras que *Synedrella* tiene las aristas completamente setulosas. Identificaciones genéricas erróneas son frecuentes, y nombres usados en varios estudios (cromosomas, etc.) no se han confirmado.

Bibliografía: Gopinathan, K. y Varatharajan, R. *Phytomorphology* 32: 265-269 (1982 [1983]). Turner, B.L. *Phytologia* 76: 39-51 (1994).

1. Synedrella nodiflora (L.) Gaertn., *Fruct. Sem. Pl.* 2: 456 (1791). *Verbesina nodiflora* L., *Cent. Pl. I* 28 (1755). Lectotipo (designado por Howard, 1989): Jamaica, *Browne Herb. Linn. 1021.7* (microficha MO! ex LINN). Ilustr.: Nash, *Fieldiana, Bot.* 24(12): 559, t. 104 (1976). N.v.: Cachito, cuernecillo, H; amarillo de bajillo, cachito, ES.

Blainvillea gayana Cass., *Ucacou nodiflorum* (L.) Hitchc., *Wedelia gossweileri* S. Moore?.

Hierbas de hasta 1(-1.5) m; tallos ligeramente ramificados, erectos o procumbentes. Hojas pecioladas; láminas (1.5-)3-12 × (0.5-)1.5-7 cm, cartáceas, la superficie adaxial ligeramente estrigosa, la superficie abaxial estrigosa, la base abruptamente contraída y cortamente decurrente, los márgenes subenteros a ligeramente serrados, el ápice subacuminado a obtuso; pecíolo inconspicuo o hasta 3 cm, en general alado, estrigoso. Capitulescencias con pedúnculos 0(-4) cm, estrigosos a pelosos. Cabezuelas 7-9 mm; involucro cilíndrico; filarios c. 9; filarios externos hasta c. 9 × 2.5 mm, estrigosos; filarios internos 5-6.5 × 0.7-1.8 mm, glabros; clinanto diminuto, las paleas c. 6 × 1 mm, angostamente elípticas, conduplicadas. Flores radiadas 3-6(7); corola 3-4 mm, amarilla, glabra, el limbo algunas veces levemente emarginado. Flores del disco 6-11; corola hasta 3.5 mm, amarilla, los lobos c. 0.3 mm, puberulentos; ápice de la antera escasamente exerto; ramas del estilo hasta c. 1 mm. Cipselas radiadas 3-5 mm, las aristas y dientes marginales de las alas c. 1 mm; cipselas del disco c. 3 mm, las aristas hasta c. 3 mm, patentes a casi desplazadas lateralmente, en general exertas del involucro. $2n = 34, 36, 38, 40, 68$. *Vegetación secundaria, orillas de lagos, crestas secas, cocotales, quebradas, áreas pantanosas, selvas caducifolias, selvas subperennifolias altas.* T (*Cowan 1758*, TEX); Ch (*Pruski y Ortiz 4176*, MO); Y (*Gaumer 359*, MO); C (*Martínez S. et al. 30127*, MO); QR (*Cabrera y Cabrera 10506*, MO); B (*Arvigo et al. 321*, MO); G (*Contreras 258*, MO); H (*Molina R. 27979*, MO); ES (*Sandoval y Chinchilla 702*, MO); N (*Baker 2129*, MO); CR (*Pruski y Sancho 3809*, MO); P (*Peterson y Annable 6624*, US). 0-1300 m. (SE. Estados Unidos, México, Mesoamérica, Colombia, Venezuela, Guayanas, Ecuador, Perú, Bolivia, Brasil, Paraguay, Cuba, Jamaica, La Española, Puerto Rico, Islas Vírgenes, Antillas Menores, Trinidad y Tobago; Asia, África, Islas del Pacífico.)

148. Tilesia G. Mey.

Chatiakella Cass., *Chilodia* R. Br., *Chylodia* Rich. ex Cass., *Wulffia*
Neck., *Wulffia* Neck. ex Cass.

Por J.F. Pruski.

Hierbas escandentes, arbustos, o algunas veces arbustos a bejucos trepadores; tallos moderadamente ramificados, angulados a subteretes, estriados, puberulentos, la médula sólida. Hojas opuestas, pecioladas; láminas lanceoladas a ovadas, ambas superficies no glandulosas, 3-5-palmatinervias. Capitulescencia terminal o axilar desde los nudos distales, en grupos corimbosos o subumbelados de 3(-7) cabezuelas; pedúnculos típicamente robustos, pelosos. Cabezuelas radiadas o algunas veces discoides, con 40-105 flores; involucro anchamente campanulado a hemisférico; filarios c. 20, imbricados, 2-seriados o 3-seriados, subiguales o casi subiguales hasta algunas veces con los filarios externos mucho más largos que los internos, los filarios externos con ápice herbáceo o algunas veces foliáceo, los filarios internos escariosos, marcadamente estriados, similares a las páleas; clinanto paleáceo, las páleas obovadas, firmemente acuminadas a apiculadas, rígidas, conduplicadas, ligeramente carinadas, marcadamente estriadas, glabras o finamente estrigulosas apicalmente, sobresaliendo en el fruto. Flores radiadas (0-)8-15, 1-seriadas, estériles; corola amarilla o amarillo-anaranjada, el tubo glabro, el limbo exerto del involucro, abaxialmente puberulento. Flores del disco 40-90, bisexuales; corola infundibuliforme, 5-lobada, amarilla o amarillo-anaranjada, los lobos largamente triangulares, apicalmente puberulentos; anteras incluidas, las tecas negras o algunas veces pardas, el conectivo de color crema, los apéndices deltoides, de color crema, glandulosos o no glandulosos, basal y cortamente sagitados; ramas del estilo tornando a reflexas, el ápice acuminado, largamente papiloso. Cipselas sin rostro, no aladas, negras, glabras o apicalmente setulosas, robustas y abayadas (la superficie carnosa) al madurar; vilano ausente. *x* = 16. Aprox. 3 spp. América tropical, 1 sp. en Mesoamérica.

Las otras dos especies de *Tilesia* se caracterizan por grandes cabezuelas en pedúnculos de 5-15 cm o más grandes y filarios externos alargados o corolas radiadas de color rojizo-anaranjado. *Tilesia* se asemeja a *Melanthera* por los tallos acostillado-sulcados y a veces manchados y páleas marcadamente multiacostilladas con el ápice punzante; de hecho en la Amazonía sudoccidental y el pantanal *T. baccata* y *M. latifolia* (Gardner) Cabrera se confunden. Por estas mismas características *T. baccata* en Venezuela y Colombia es una reminiscencia tanto de *Wedelia ambigens* S.F. Blake como de *W. penninervia* S.F. Blake, que se diferencian por el carácter técnico, posiblemente válido, de flores radiadas pistiladas.

Bibliografía: D'Arcy, W.G. *Ann. Missouri Bot. Gard.* 62: 835-1321 (1975 [1976]).

1. Tilesia baccata (L.) Pruski, *Novon* 6: 414 (1996). *Coreopsis baccata* L., *Pl. Surin.* 14 (1775). Lectotipo (designado por D'Arcy, 1975a [1976]): Surinam, *Herb. Linn. 1026.7* (microficha MO! ex LINN).

Aspilia bolivarana V.M. Badillo, *Chatiakella platyglossa* Cass., *C. stenoglossa* Cass., *Chylodia sarmentosa* (Rich.) Rich. ex Cass., *Euxenia radiata* Nees et Mart., *Gymnolomia cruciata* Klatt, *G. maculata* Ker Gawl., *Gymnopsis euxenioides* DC., *Helianthus membranifolius* Poir., *H. sarmentosus* Rich., *Meyera capitata* (G. Mey.) Spreng., *Pascalia baccata* (L.) Spreng., *Tilesia capitata* G. Mey., *Verbesina oppositiflora* Poir., *Wulffia baccata* (L.) Kuntze, *W. baccata* var. *oblongifolia* (DC.) O.E. Schulz, *W. baccata* var. *vincentina* O.E. Schulz, *W. blanchetii* DC.?, *W. capitata* (G. Mey.) Sch. Bip., *W. elongata* Miq., *W. havanensis* DC., *W. longifolia* Gardner, *W. maculata* (Ker Gawl.) DC., *W. oblongifolia* DC., *W. platyglossa* (Cass.) DC., *W. quitensis* Turcz., *W. salzmannii* DC., *W. stenoglossa* (Cass.) DC., *W. suffruticosa* Gardner.

1a. Tilesia baccata (L.) Pruski var. **baccata**. Ilustr.: Pruski, *Mem. New York Bot. Gard.* 76(2): 115, t. 43 (2002).

Hierbas o arbustos a bejucos, 1-3(-6) m; tallos hexagonales hasta subteretes, algunas veces con máculas color púrpura, estrigulosos. Hojas: láminas (5-)10-16 × (3-)4-8(-9) cm, elípticas a ovadas, cartáceas a rígidamente cartáceas, palmatinervias 3-5-nervias desde cerca de la base, la superficie adaxial estrigosa, la superficie abaxial estrigosa o híspidula, la base cuneada, redondeada, o rara vez tornándose decurrente, los márgenes serrados o crenados a subenteros, el ápice agudo o acuminado; pecíolo 0.4-2(-3.2) cm, estrigoso. Capitulescencia con pedúnculos 1-4(-7) cm, moderadamente robustos, angulados, estrigulosos a híspidulos. Cabezuelas radiadas, con 48-105 flores; involucro 1-1.5 cm de diámetro, anchamente campanulado; filarios 2.5-6 × 1.5-2 mm, lanceolados a elípticos, estrigulosos, endureciendo al pasar la floración; clinanto c. 1.5 mm de diámetro; páleas 4-6 mm, c. 20-estriadas, endureciendo al pasar la floración, algunas veces anaranjadas. Flores radiadas 8-15; corola amarilla, el tubo 0.8-1 mm, el limbo oblongo, 10-17 × c. 4 mm, entero o emarginado, abaxialmente hírtulo. Flores del disco 40-90; corola 5-6(-7) mm, amarilla a amarillo-anaranjada, el tubo c. 1 mm, la garganta 3-3.5(-4.5) mm, glabra a algunas veces distalmente hírtula, los lobos 1-1.5 mm, hírtulos, los márgenes típicamente papilosos por dentro; ramas del estilo ligeramente exertas, c. 1 mm. Cipselas del disco (3-)4-5 × 2-2.5 mm, abayadas, oblongas o piriformes, redondeadas (no anguladas) apicalmente. 2*n* = 32. *Orillas de ríos, áreas pantanosas, matorrales, áreas alteradas.* CR (*Rodríguez et al. 14406*, CR); P (*Mori y Kallunki 2517*, MO). 0-900(-1600) m. (Mesoamérica, Colombia, Venezuela, Guayanas, Ecuador, Perú, Bolivia, Brasil, Paraguay, Argentina, Cuba, La Española, Antillas Menores, Trinidad y Tobago.)

Tilesia baccata tiene 2 variedades, una con cabezuelas radiadas y otra con cabezuelas discoides. En Panamá, solo se conoce de individuos con cabezuelas radiadas, que D'Arcy (1975a [1976]) trató a nivel de especie pero en este tratamiento se reconocen como *T. baccata* var. *baccata*. No se ha estudiado el tipo de *Wulffia blanchetii*, solo una reproducción en microficha (IDC microficha 800. 942.II.5!). Consecuentemente, *W. blanchetii* está aquí listada solo como un probable sinónimo.

Pruski (1996b) reconoció la segunda (discoide) variedad, *T. baccata* var. *discoidea* (S.F. Blake) Pruski, endémica de Sudamérica y centrada en Perú. *Wulffia scandens* DC. parece ser discoide, así se sigue a Pruski (1996b) en tomar *W. scandens* como un sinónimo de *T. baccata* var. *discoidea*.

149. Tuxtla Villaseñor et Strother

Por J.F. Pruski.

Bejucos leñosos; follaje con pequeños tricomas cónicos de diferente talla, los mayores 0.2-0.4 mm, los menores del mismo tipo aparentemente mezclados con pocos tricomas moniliformes. Hojas opuestas, pecioladas; láminas elíptico-lanceoladas a ovadas, cartáceas a rígidamente cartáceas, convergente-plinervias con los nervios secundarios mayores continuando hasta el ápice de la lámina y convergiendo cerca de este, blanco-estrigulosas a algunas veces subglabras, no glandulosas, los márgenes subenteros a serrulados. Capitulescencia terminal o axilar desde los nudos distales, corimbiforme-paniculada, con las ramas opuestas desde el eje principal. Cabezuelas cortamente radiadas; involucro cilíndrico-campanulado o en forma de tambor; filarios imbricados, desiguales, graduados y nunca marcadamente obgraduados, adpresos, herbáceos, el ápice erecto; filarios externos nunca muy grandes y foliáceos ni lateralmente patentes; clinanto paleáceo; páleas conduplicadas, subendurecidas, libres en la base. Flores radiadas pistiladas; corola color crema a amarillo pálido, ligeramente exerta del involucro. Flores del disco bisexuales; corola amarilla, tubular-infundibuliforme, actinomorfa hasta rara vez con todos los lobos dirigidos hacia afuera y la corola imitando a flores radiadas, marcadamente 5-nervia, 5-lobada; anteras basalmente redondeado-sagitadas, las tecas negras, el apéndice apical deltado-ovado, pajizo; ramas del estilo ascendente-patentes, las superficies estigmáticas llegando hasta el ápice. Cipselas obovoides, tardíamente aladas, cipselas radiadas y del disco no obvia ni marcadamente dimorfas, las cipselas radiadas apenas triquetras, las cipselas del disco apenas marcadamente comprimido-aplanadas y el cuerpo del disco menos de 1/2 de grueso como de ancho, el cuerpo negro distalmente y pajizo proximalmente, sin rostro, el ápice truncado, sin protuberancias apicales, las alas pajizas y hasta c. 1 mm de diámetro, algunas veces adnatas a la base de la arista del vilano, la base de la cipsela largamente atenuada, el carpóforo indistinto; vilano con 2 o 3(4) aristas dispuestas lateralmente sobre el ápice truncado de las cipselas, pajizas, robustas, subiguales, ligeramente divergentes, abaxialmente escabriúsculas, la base de la arista gradualmente amplia en forma de "V" en corte transversal, algunas veces con pocas escuámulas diminutas entre las aristas de hasta c. 0.1 mm. $x = 17$. 1 sp. Sureste de México, Mesoamérica.

Bibliografía: Villaseñor Ríos, J.L. y Strother, J.L. *Syst. Bot.* 14: 529-540 (1989).

1. Tuxtla pittieri (Greenm.) Villaseñor et Strother, *Syst. Bot.* 14: 537 (1989). *Zexmenia pittieri* Greenm., *Proc. Amer. Acad. Arts* 41: 156 (1906 [1905]). Holotipo: Costa Rica, *Tonduz (Pittier) 9565* (GH!). Ilustr.: Villaseñor Ríos y Strother, *Syst. Bot.* 14: 538, t. 2 (1989).

Bejucos leñosos, hasta 20 m, la corteza acanalada en la mitad del tallo, más lisa en la base, la base hasta c. 20 cm de diámetro; tallos ascendentes, cuando jóvenes con máculas color púrpura, subhexagonales, sulcado-estriados, estrigulosos a glabrescentes, fistulosos, los nudos escasamente estriados. Hojas: láminas (6-)8-13(-15) × 4.5-7(-8) cm, 3-5-plinervias desde cerca o por encima de la base, finamente reticuladas con nervios menores en ángulos rectos la una con la otra y hasta plinervias, la superficie adaxial estrigulosa a subglabra, la superficie abaxial estrigulosa, la base obtusa a redondeada, algunas veces prensando oblicua debido al pliegue irregular de la unión entre el pecíolo acanalado y la lámina, el ápice acuminado a algunas veces obtuso; pecíolo (0.6-)0.8-2(-3) cm, delgado y profundamente acanalado. Capitulescencia hasta c. 10 × 10 cm, abierta, hasta c. 30 cabezuelas, redondeada, dispuesta escasamente por encima de las hojas subyacentes, las ramas proximales pocas, no sobrepasando el eje central, cada una corimbosa hasta con c. 6 cabezuelas; pedúnculos (3-)7-14(-20) mm, estrigulosos, algunas veces 1-bracteolados. Cabezuelas 6-8 mm, con 28-53 flores; involucro 4-5 × 4-6(-7.5) mm; filarios 18-22, 3-seriados, estrigulosos, agudos a acuminados, los filarios de las series externas 1.5-2 mm, lanceolados, los de las 2 series internas 3-5 × 1-1.4 mm, subiguales, lanceolado-ovados, más cortos que las páleas; clinanto 2-3 mm de ancho, aplanado a convexo; páleas 4.5-6.5 mm, lanceoladas a corimbosas, subcarinadas, apicalmente acuminadas, vena media setulosa distalmente. Flores radiadas 8-13; corola 3-4.5(-5) mm, corta, inconspicua, el tubo 1-1.5 mm, el limbo 2-3(-3.5) mm, lanceolado-involuto, ascendente, débilmente c. 5-nervio, el ápice 2-dentado o 3-dentado, esparcidamente setuloso abaxialmente. Flores del disco 20-40; corola 4-4.7 mm, la garganta escasamente ampliada, los lobos deltados, 0.5-0.7 mm, setulosos; ramas del estilo 1-1.5 mm. Cipselas 2.5-4.5 mm, glabras o casi glabras; vilano con aristas de 2-3.5 mm, las escuámulas intermedias típicamente ausentes. $2n = 34$. *Bosques.* CR (*Tonduz [Pittier] 9565*, US). c. 200 m. (SE. México, Mesoamérica.)

La serie de colección 9500 de Pittier data de 1921 en Venezuela, mientras que la serie 9500 de Tonduz data de 1895. *Pittier 9565*, el holotipo en GH (un esbozo y fragmento proveniente de un herbario no designado), concuerda con *Tonduz 9565* (US), el cual es un isotipo con el colector y número de colección correctos. La localidad tipo de "Tsâki" fue renombrada Soki y es del Caribe en la frontera con Panamá. Esta especie se conoce solo del tipo de Costa Rica y de muy pocas colecciones de la Estación de Biología Los Tuxtlas y alrededores al sur de Veracruz, México.

150. Wamalchitamia Strother

Por J.F. Pruski.

Subarbustos a árboles 0.4-6 m; tallos en general estrigulosos pero algunas veces también hirsuto-pilosos o estipitado-glandulosos, los tallos jóvenes ligeramente hexagonales. Hojas opuestas, pecioladas o algunas veces subsésiles; láminas generalmente lanceoladas a ovadas, 3-nervias desde por encima de la base, las superficies pelosas, los tricomas adpresos a patentes, la superficie adaxial con tricomas de base tuberculada, la superficie abaxial algunas veces punteado-glandulosa. Capitulescencia monocéfala hasta en general las ramas floríferas abiertamente cimosas y con pocas cabezuelas; pedúnculos sin brácteas. Cabezuelas radiadas; involucro en general campanulado con la base truncada; filarios dimorfos, casi subiguales a marcadamente graduados, pauciseriados, los filarios externos en general herbáceos con la base endurecida, los filarios internos en general cartáceos; clinanto aplanado a ligeramente convexo; páleas lanceoladas, angostamente naviculares, con frecuencia ligera e indistintamente (viéndose abaxialmente) carinado-nervadas, trífidas, persistentes. Flores radiadas 5-21, pistiladas; corola amarilla a amarillo-anaranjada, el tubo 2-3 mm, el limbo oblongo a elíptico-ovado, en general c. 15-nervio, el ápice 2-dentado o 3-dentado. Flores del disco 20-60 (Mesoamérica); corola amarilla a amarillo-anaranjada, en general glabra, el tubo más corto que el limbo infundibuliforme, los lobos triangulares a deltados, los márgenes finamente papilosos; antera con tecas en general negras, los apéndices angostamente lanceolados, pajizos, algunas veces glandulosos; ramas del estilo con ápice acuminado. Cipselas secas triquetras (las radiadas, carinadas sobre la cara adaxial) o en general cuadrangulares o robustamente biconvexas (las del disco), no aladas, el ápice truncado, sin rostro, el carpóforo pequeño, los eleosomas ausentes; vilano en general dimorfo, en general con 1-5 aristas desiguales y con 0-6 escuámulas intermedias cortas, todas insertadas directamente en el ápice del cuerpo de la cipsela y no continuas con los márgenes de las cipselas. $n = $ c. 12, 18. 4-7 spp. México y Mesoamérica.

Bibliografía: Turner, B.L. *Lundellia* 16: 1-7 (2013).

1. Pedúnculos y filarios externos moderada a densamente estipitado-glandulosos; hojas subsésiles. **4. W. williamsii**
1. Pedúnculos y filarios estipitado-glandulosos o rara vez esparcidamente estipitado-glandulosos; hojas pecioladas hasta las distales subsésiles.
  2. Láminas de las hojas con tricomas adpresos; capitulescencia monocéfala. **1. W. appressipila**
  2. Láminas de las hojas con tricomas patentes; capitulescencia monocéfala hasta abiertamente cimosa.
    3. Filarios casi subiguales a obgraduados, los filarios externos en general de 8-12 mm. **2. W. aurantiaca**
    3. Filarios obviamente obgraduados, los filarios externos en general de 9-18 mm. **3. W. dionysi**

1. Wamalchitamia appressipila (S.F. Blake) Strother, *Syst. Bot. Monogr.* 33: 34 (1991). *Zexmenia appressipila* S.F. Blake, *J. Wash. Acad. Sci.* 33: 269 (1943). Holotipo: México, Chiapas, *Matuda 3954* (US!). Ilustr.: no se encontró.

Arbustos de hasta 5 m; tallos estrigulosos; entrenudos distales más cortos que las hojas; follaje con tricomas adpresos, en general 0.1-0.5 mm. Hojas pecioladas; láminas 6-15(-18) × 2-4(-5) cm, lanceoladas a falcadas, las más jóvenes algunas veces ovadas, la trinervadura lateral llegando hasta cerca del ápice, ambas superficies estrigulosas, la superficie abaxial también punteado-glandulosa, la base cuneada a redondeada, con frecuencia cortamente decurrente y formando una acuminación pequeña, los márgenes serrulados, el ápice atenuado; pecíolo 0.4-0.7 cm. Capitulescencia monocéfala, no dispuesta muy por encima de las hojas subyacentes, cabezuelas en general erectas en yema; pedúnculo 3-4.5 cm, estriguloso, no estipitado-glanduloso. Cabezuelas 12-15 mm; involucro 11-13 × 10-13 mm, angostamente campanulado; filarios escasamente obgraduados, c. 3-seriados; filarios externos 11-13 × 2.5-4 mm, elíptico-lanceolados, patentes distalmente, herbáceos distalmente y endurecidos basalmente, estrigulosos, el ápice agudo; filarios internos casi 2/3 de la longitud de los filarios externos, en general ovados, erectos, en general cartáceos, algunas veces estrigulosos distalmente, el ápice obtuso; páleas 10-12 mm, algunas veces matizadas de pardo, hispídulas distalmente, el ápice acuminado a subulado. Flores radiadas 9-13; corola 21-30 mm, amarilla a amarillo-anaranjada, los 2 nervios del cáliz esparcidamente setulosos abaxialmente. Flores del disco 30-50; corola 6.5-8 mm, amarilla a amarillo-anaranjada, los lobos 1-1.2 mm. Cipselas 4-5.5 mm, 3-anguladas o 4-anguladas, oscuras, estrigulosas; vilano con 1-3 aristas de 2-5 mm, con 2-6 escamas intermedias de 0.5-1 mm. Floración nov. *Pinares.* Ch (*Matuda 3954*, MO). 1700-2000 m. (Endémica.)

El holotipo depositado originalmente en NA ha sido transferido a US. El aspecto de la planta es muy similar a aquel de *Otopappus*.

2. Wamalchitamia aurantiaca (Klatt) Strother, *Syst. Bot. Monogr.* 33: 32 (1991). *Zexmenia aurantiaca* Klatt, *Bull. Soc. Roy. Bot. Belgique* 35(1): 296 (1896). Isotipo: Costa Rica, *Tonduz 7071/9836* (MO!). Ilustr.: Strother, *Syst. Bot. Monogr.* 33: 6, t. 1b (1991). N.v.: Ceitia, girosol, tatascancito, H.

Zexmenia cholutecana Ant. Molina, *Z. melastomacea* S.F. Blake, *Z. perymenioides* S.F. Blake, *Z. valerioi* Standl. et Steyerm.

Subarbustos o arbustos hasta algunas veces árboles, 0.4-4(-6) m; tallo algunas veces trepador distalmente, estriguloso o algunas veces los nudos también hirsuto-pilosos. Hojas pecioladas o las hojas más distales algunas veces subsésiles; láminas 4-12(-15) × 1.4-5.5(-7) cm, en general ovadas o lanceoladas, la superficie adaxial en general hispido-hirsuta, la superficie abaxial en general hirsuto-pilosa especialmente sobre la nervadura, los tricomas patentes, rara vez estrigulosa, la base cuneada a redondeada, con frecuencia cortamente decurrente y formando una acuminación pequeña, los márgenes serrulados o serrados, el ápice atenuado; pecíolo 0.3-2(-3.5) cm. Capitulescencia monocéfala a abiertamente cimosa, 1-5 cabezuelas, las cabezuelas en general erectas en yema; pedúnculos 2-12(-16) cm, moderada a densamente estrigulosos a estrigosos o algunas veces hirsuto-pilosos, no estipitado-glandulosos. Cabezuelas en general 10-14 mm; involucro 8-12 mm, angostamente campanulado; filarios 1-3.3 mm de diámetro, casi subiguales a obgraduados, 3-seriados o 4-seriados; filarios externos en general 8-12 mm, elíptico-lanceolados o algunas veces pandurados, patentes distalmente, herbáceos con la base endurecida, en general estrigulosos o estrigosos, los márgenes firmemente ciliados, el ápice agudo a obtuso; filarios internos en general ovados, erectos, en general cartáceos con solo la vena media o el ápice herbáceos, subglabros o la vena media estrigulosa distalmente, el ápice agudo; páleas (7-)9-12 mm, frecuentemente trífidas con 2 dientes laterales subterminales pequeños, algunas veces matizadas de pardo, hispídulas distalmente o solo así sobre la vena media, el ápice acuminado. Flores radiadas 8-14; corola amarilla a amarillo-anaranjada, el limbo (8-)10-16 mm, glabro hasta los 2 nervios del cáliz, setuloso abaxialmente. Flores del disco 25-50; corola 7-9 mm, amarilla a anaranjada, los lobos 1-1.5 mm. Cipselas 3-5.5 mm, 3-anguladas o 4(5)-anguladas, oscuras con tubérculos más pálidos, tuberculado-estriguloso-hispídulas; vilano con 1-4 aristas de 2-6.5 mm, con 0-4(-8) escamas intermedias de 0.5-1.5 mm. Floración oct.-ene.(-mar.). *Áreas alteradas, bosques abiertos, bosques de* Pinus*, barrancos, orillas de caminos.* Ch (*Breedlove y Strother 46755*, MO); G (Nash, 1976d: 351, como *Wedelia fertilis*); H (*Yuncker et al. 6099*, US); N (*Molina R. 23016*, MO); CR (*Wussow y Pruski 147*, LSU). (200?-)800-1600 m. (Endémica.)

Turner (2013a) reconoció como distintas a *Wamalchitamia aurantiaca* y *W. strigosa* (DC.) Strother (*Wedelia fertilis* McVaugh), tratando *Wamalchitamia aurantiaca* como endémica de Mesoamérica distribuida desde Costa Rica al noreste hasta Honduras, y *W. strigosa* como endémica de México restringida a Oaxaca (la localidad tipo) y Chiapas. Nash (1976a) usó el nombre *Wedelia fertilis*, por lo que al parecer Strother (1991), a quien se sigue aquí, reconoció todo el material mesoamericano de este grupo de especies como *Wamalchitamia aurantiaca* debido a que el holotipo de *W. strigosa* (*Andrieux 313*, G-DC, como IDC microficha 800 609.I.8 y Macbride neg. 33751) está en mal estado y no es obviamente conespecífico con los ejemplares mesoamericanos. El material de Yucatán, Quintana Roo y Belice (como citado por Villaseñor Ríos, 1989) posiblemente se ubique en la circunscripción amplia de *Wedelia acapulcensis*. Villaseñor Ríos (2016) no citó ningún material de la Península de Yucatán como *Wamalchitamia aurantiaca*. Si bien Villaseñor Ríos (2016) citó *W. aurantiaca* como encontrada en Oaxaca, al parecer esto se refiere más bien al tipo de la excluida *W. strigosa*.

3. Wamalchitamia dionysi Strother, *Syst. Bot. Monogr.* 33: 35 (1991). Isotipo: México, Chiapas, *Breedlove y Strother 46961* (MO!). Ilustr.: Strother, *Syst. Bot. Monogr.* 33: 6, t. 1c (1991).

Arbustos, 1-2 m; tallos estrigulosos y frecuentemente también hirsuto-pilosos. Hojas pecioladas; láminas 5-15 × 2-7 cm, lanceoladas a ovado-elípticas, la superficie adaxial escabrosa, la superficie abaxial piloso-hirsuta, los tricomas patentes, también punteado-glandulosa, la base cuneada a redondeada, los márgenes serrulados, el ápice atenuado; pecíolo 0.6-1.6 cm. Capitulescencia monocéfala a abiertamente cimosa, 1-3 cabezuelas, no dispuesta muy por encima de las hojas subyacentes, las cabezuelas en general erectas en yema; pedúnculos 0.5-9 cm, no estipitado-glandulosos. Cabezuelas 11-18 mm; involucro 9-18 × 10-15 mm, campanulado; filarios obviamente obgraduados, c. 3-seriados; filarios externos 9-18 × 3-7 mm, ampliamente lanceolados a oblanceolados, erectos, herbáceos distalmente y endurecidos basalmente, en general estrigulosos; filarios internos mucho más cortos y más anchos, erectos, en general cartáceos; páleas 8-13 mm, el lobo central hispídulo, subuladas a espatuladas. Flores radiadas 8-15; corola 12-20 mm, amarilla a amarillo-anaranjada. Flores del disco 25-60; corola 7.5-10 mm, amarilla a amarillo-anaranjada, los lobos 1-1.2 mm. Cipselas 4-6 mm, 3-anguladas o 4-anguladas, oscuras, esparcidamente estrigulosas; vilano con 1-3 aristas de 3-7 mm, con (0-)2-6 escamas intermedias de 0.5-1.5 mm. Floración sep.-dic. $2n$ = 178-192, 204-216. *Bosques de* Pinus-Quercus*, vegetación secundaria, bordes de arroyos, matorrales, bosques tropicales deciduos.* Ch (*Breedlove y Strother 46424*, MO). 800-1600 m. (Endémica.)

4. Wamalchitamia williamsii (Standl. et Steyerm.) Strother, *Syst. Bot. Monogr.* 33: 37 (1991). *Zexmenia williamsii* Standl. et Steyerm., *Ceiba* 1: 169 (1950). Holotipo: Honduras, *Williams y Molina R. 11973* (US! ex EAP). Ilustr.: Strother, *Syst. Bot. Monogr.* 33: 6, t. 1a (1991).

Arbustos, 1-4 m; tallos heterótricos, estipitado-glandulosos y también hirsutos con tricomas no glandulosos; ramitas floríferas distales con entrenudos frecuentemente más largos que las hojas; follaje característicamente estipitado-glanduloso (células terminales frágiles y algunas veces quebradizas) pero en general con al menos algunos tricomas alargados no glandulosos. Hojas subsésiles; láminas 5-14(-16) × 1.7-5.5(-6.5) cm, lanceoladas a ovadas, la superficie adaxial híspido-hirsuta, típicamente estipitado-glandulosa e hírtula, la superficie abaxial hirsuta o hispídula a pilosa (tricomas 0.5-1.5 mm), también estipitado-glandulosa, la base (obtusa-)redondeada a subcordata, los márgenes serrulados, el ápice abruptamente acuminado a atenuado; pecíolo 0.1-0.2 cm. Capitulescencia monocéfala hasta abiertamente cimosa, 1-4 cabezuelas, las cabezuelas algunas veces péndulas en yema; pedúnculos 1-4(-8) cm, heterótricos, moderada a densamente estipitado-glandulosos y también hirsutos con tricomas no glandulosos. Cabezuelas en general 8-12 mm; involucro 5-15 × 5-8(-10) mm, angostamente campanulado; filarios obviamente obgraduados a casi subiguales, c. 3-seriados; filarios externos 4-6, 5-15 mm, en general 2-3 mm de diámetro en la base pero solo 1-1.5 mm de diámetro distalmente, linearlanceolados o piriformes, ascendentes, herbáceos, estipitado-glandulosos y también hirsutos con tricomas no glandulosos, el ápice largamente atenuado; filarios de series internas en general 5-6.5 × 1.5-2.5 mm, lanceolados a ovados o piriformes, erectos, en general cartáceos, frecuentemente purpúreos distalmente, la zona media hirsútula distalmente, cortamente estipitado-glandulosos graduando a los más internos no glandulosos, el ápice en general agudo; páleas 7-9.5 mm, algunas veces matizadas de pardo, hispídulas distalmente o solo hispídulas sobre la vena media, el ápice acuminado. Flores radiadas 7 u 8; corola amarilla, el limbo 9-15 mm, los 2 nervios del cáliz setosos abaxialmente. Flores del disco 20-40; corola 5.5-7.5 mm, amarilla, los lobos 0.8-1.2 mm. Cipselas 3-4 mm, 3-anguladas o 4-anguladas, oscuras, subglabras; vilano con 1-3 aristas de 1-4 mm, con 0-2(-4) escamas intermedias de 0.3-1 mm. Floración (ago.-)oct.-feb.(-apr.). *Bosques de* Quercus, *bosques de* Pinus, *bosques de* Pinus-Quercus, *áreas rocosas, matorrales.* H (*Williams y Molina R. 23252*, MO). 600-1500 m. (Endémica.)

Strother (1991) refirió algunas plantas no estipitado-glandulosas a *Wamalchitamia williamsii*, pero tales plantas concuerdan con el tipo de *Zexmenia melastomacea*, tratada como un sinónimo de *W. aurantiaca*, especie ampliamente definida, a donde tales plantas son referidas aquí.

151. Wedelia Jacq., nom. cons.

Lipochaeta DC. sect. *Catomenia* Torr. et A. Gray, *Menotriche* Steetz?, *Niebuhria* Neck. ex Britten?, *Seruneum* Rumph. ex Kuntze, *Stemmodontia* Cass., *Trichostemma* Cass., *Trichostephium* Cass. Por J.F. Pruski.

Hierbas perennes áspero-pubescentes hasta arbustos; tallos ramificados, erectos, algunas veces laxos, rara vez postrados y enraizando en unos pocos nudos proximales. Hojas opuestas, algunas veces alternas cerca de la capitulescencia, pecioladas o en ocasiones sésiles; láminas mayormente lanceoladas a ovadas, cartáceas o rígidamente cartáceas, 3-nervias desde o por encima de la base, ambas superficies en general rígido-pubescentes, rara vez la superficie abaxial punteado-glandulosa, la base cuneada a redondeada(-cordada), los márgenes enteros a serrados, el ápice atenuado a obtuso. Capitulescencia monocéfala o abiertamente cimosa, con 1-varias cabezuelas; pedúnculos no foliosos, pelosos. Cabezuelas radiadas (Mesoamérica) o rara vez discoides, con 12-168 flores; involucro campanulado a hemisférico, algunas veces turbinado; filarios varios, imbricados, 2-4-seriados, graduados o subiguales, los filarios externos frecuentemente foliáceos y más largos que los internos, o apenas herbáceos en el ápice, pelosos, los filarios internos cartáceos a escariosos, al menos en la base, frecuentemente ciliados o pelosos en el ápice; clinanto convexo, paleáceo, las páleas conduplicadas, en Mesoamérica puberulentas y atenuadas en el ápice. Flores radiadas (0-)4-18, típicamente pistiladas y fértiles (rara vez estériles o ausentes); corola en general amarillo-dorada, el limbo 2-lobado o 3-lobado, en ocasiones profundamente así, puberulento o glabro. Flores del disco 8-150, bisexuales; corola 5-lobada, en general amarilla, los lobos deltados a lanceolados, puberulentos adaxialmente y también en general así abaxialmente, el tubo glabro o con nervadura puberulenta; antera con tecas en general negruzcas, los apéndices en general pardo-amarillentos, deltados a lanceolados; ramas del estilo en general papilosas, con líneas estigmáticas en pares. Cipselas aplanadas a subcuadrangulares, aladas o no aladas, rostradas, el rostro recto y céntrico, las superficies lisas o muy rara vez tuberculadas, frecuentemente pelosas, no glandulosas, la base de la cipsela con obvio carpóforo pateniforme grande y 1-2 eleosomas (cuerpos oleíferos) en la base y así dispersados por hormigas; vilano una corona fimbriada desde el

rostro, en general sin aristas, pero algunas veces con 1-3 aristas erectas, persistentes y firmemente unidas. $n = 11, 12, 13$. 50-110 spp. Continente americano, África.

Como se define tradicionalmente, *Wedelia* contiene especies con flores radiadas pistiladas y cipselas rostradas con eleosomas, mientras que taxones similares estéril-radiados han sido reconocidos como *Aspilia*. Sin embargo, las especies de *Aspilia* nunca tienen fruto alado y en su mayoría parecen genéricamente distintas. Por otro lado, algunas Wedelias no son aladas, y es ahora claro que en ocasiones algunas especies de *Wedelia* (p. ej., *W. tambilloana* B.L. Turner) son estéril-radiadas. *Aspilia purpurea* de Mesoamérica es aquí provisionalmente aceptada en *Wedelia* como lo hicieron Turner (1992) y Strother (1999). Sin embargo, la reducción de *Aspilia* a *Wedelia* y la transferencia global del grupo completo de las especies de *Aspilia* a *Wedelia* por Turner (1992) no se acepta. Más bien, *Wedelia* se trata de acuerdo a Pruski (1997a), quien reconoció *Aspilia* como un género cercanamente relacionado, pero distinto de *Wedelia*.

1. Flores radiadas sin pistilos, estériles; limbo de las corolas radiadas en general rojizo o purpúreo; cipselas no aladas. **6. W. purpurea**
1. Flores radiadas pistiladas, fértiles; limbo de las corolas radiadas amarillo-dorado o blanco al menos adaxialmente; cipselas aladas o no aladas.
  2. Tallos principales con hojas de apariencia fasciculada y densamente foliosos con nudos muy cercanamente espaciados proximalmente. **5. W. ligulifolia**
  2. Tallos principales moderadamente foliosos pero las hojas no de apariencia fasciculada y sin nudos muy cercanamente espaciados proximalmente.
    3. Hierbas anuales; limbo de las corolas radiadas amarillo-anaranjado o blanco-amarillento. **4. W. iners**
    3. Hierbas perennes a arbustos; limbo de las corolas radiadas en general amarillo-dorado.
      4. Tallos frecuentemente enraizando en los nudos proximales. **3. W. filipes**
      4. Tallos no enraizando en los nudos proximales.
        5. Envés foliar en general con tricomas uncinados; limbo de las corolas radiadas no profundamente 2-lobado en el ápice; cipselas en general aplanado-biconvexas en corte transversal, con frecuencia anchamente aladas. **1. W. acapulcensis**
        5. Envés foliar sin tricomas uncinados; limbo de las corolas radiadas con frecuencia profundamente 2-lobado en el ápice; cipselas aplanado-cuadrangulares o irregularmente biconvexas en corte transversal, no aladas hasta angostamente aladas. **2. W. calycina**

1. Wedelia acapulcensis Kunth in Humb., Bonpl. et Kunth, *Nov. Gen. Sp.* folio ed. 4: 168 (1820 [1818]). Holotipo: México, Guerrero, *Humboldt y Bonpland s.n.* (foto MO! ex P-Bonpl.). Ilustr.: Nash, *Fieldiana, Bot.* 24(12): 567, t. 112 (1976). N.v.: Chinchiguaste, tatascamite, G; conchalagua, H.

Seruneum acapulcensis (Kunth) Kuntze, *Wedelia acapulcensis* Kunth var. *cintalapana* Strother, *W. acapulcensis* var. *parviceps* (S.F. Blake) Strother, *W. acapulcensis* var. *ramosissima* (Greenm.) Strother, *W. acapulcensis* var. *tehuantepecana* (B.L. Turner) Strother, *W. adhaerens* S.F. Blake, *W. hispida* Kunth var. *ramosissima* (Greenm.) K.M. Becker, *W. parviceps* S.F. Blake, *W. pinetorum* (Standl. et Steyerm.) K.M. Becker, *W. tehuantepecana* B.L. Turner, *Zexmenia epapposa* M.E. Jones, *Z. hispida* (Kunth) A. Gray [sin rango] *ramosissima* Greenm., *Z. hispida* var. *ramosissima* (Greenm.) Greenm., *Z. longipes* Benth., *Z. pinetorum* Standl. et Steyerm.

Hierbas perennes a arbustos, 0.2-2(-3) m; tallos erectos a algunas veces trepadores, no enraizando en los nudos proximales, tallos principales moderadamente foliosos pero las hojas sin apariencia fasciculada y sin nudos muy cercanamente espaciados proximalmente, pilosohirsutos a esparcidamente piloso-hirsutos, en general también finamente hírtulos por debajo, al menos algunos tricomas frecuentemente con ápice uncinado. Hojas: láminas 3-8(-15) × (0.5-)1.5-8 cm, en general lanceoladas a ovadas o redondeado-deltadas, algunas veces lanceo-elípticas, o casi linear-lanceoladas o hasta truladas, cartáceas a rígidamente cartáceas, la nervadura 3-nervia, la superficie adaxial escábrido-hirsuta, la superficie abaxial escabrosa o estrigoso-híspida a hirsuto-pilosa, en ocasiones también esparcidamente pelosa con tricomas moniliformes o con glándulas estipitadas, en general con tricomas alargados rectos y con tricomas uncinados más finos, la base cuneada o algunas veces redondeada a truncada, los márgenes serrados o algunas veces subenteros, el ápice agudo a acuminado; pecíolo 0.2-1.5(-2) cm, en general alado desde la lámina decurrente. Capitulescencia monocéfala a abiertamente cimosa, 1-5 cabezuelas, dispuesta escasamente por encima de las hojas subyacentes; pedúnculos 1-6(-15) cm, delgados, piloso-hirsutos a esparcidamente así, cortamente estipitado-glandulosos. Cabezuelas: involucro 4-14 mm, obcónico a anchamente campanulado; filarios c. 3-seriados, graduados a subiguales u obgraduados; filarios externos verdes excepto en la base; páleas (4.5-)6-9 mm, algunas veces purpúreas. Flores radiadas (5-)8-15, pistiladas; corola amarillo-dorada, el tubo 1.5-3.3 mm, glabro, el limbo 3-15 mm, ovado a oval u orbicular, no profundamente bilobado en el ápice. Flores del disco (8-)20-80; corola en general 4-7 mm, los lobos 0.4-1.2 mm. Cipselas 3-6 mm, en general aplanado-biconvexas en corte transversal, de contorno oblongo a cuneado, típica y anchamente aladas hasta las del disco frecuentemente casi no aladas, glabras hasta antrorsamente híspidas, gris a negras, frecuentemente manchadas, el rostro 0.1-1.3 mm; vilano una corona irregularmente segmentada de 0.1-1 mm, más 0-3 cerdas o aristas de hasta 5 mm. Floración durante todo el año. $2n = 22, 26, 46, 52$. *Laderas con matorral, áreas alteradas, laderas secas, bordes de bosques, laderas rocosas abiertas, bosques de Pinus-Quercus, sabanas de Pinus, orillas de caminos, sabanas, matorral-bosque, crecimientos secundarios, los bordes de arroyos, matorrales, bosques espinosos.* T (*Magaña y Zamudio 135*, MO); Ch (*Matuda 3757*, MO); Y (*Gaumer 826*, MO); C (*Lundell 865*, MO); QR (*Cowan 3029*, NY); B (*Proctor 35716*, MO); G (*Pruski et al. 4526*, MO); H (*Standley 27460*, MO); ES (*Calderón 1254*, MO); N (*Molina R. 22859*, NY); CR (*Wussow y Pruski 132*, LSU); P (*Stern et al. 1185*, MO). 0-2100 m. (México, Mesoamérica, Colombia.)

Strother (1991) reconoció varias variedades en Mesoamérica, pero aquí la especie es provisionalmente interpretada en sentido amplio. *Wedelia acapulcensis* var. *acapulcensis* según Strother (1991) tiene las cipselas del disco aladas, mientras que *W. acapulcensis* var. *parviceps* tiene cipselas del disco biconvexas no aladas y es tal vez mejor restablecerla como *W. parviceps*. Tal vez similarmente otros taxones podrían ser seleccionados también de dentro de la sinonimia de *W. acapulcensis*. La identidad de algunos nombres tratados por Strother (1991) no es clara para mí, y varias de estos no son incluidos aquí en la sinonimia. La aplicación de nombres comunes en numerosas floras está basada en identificaciones erróneas y estos no pueden ser aplicados con certeza a la especie presente. Los nombres *W. fructicosa* Jacq. y *W. frutescens* Jacq. han sido mal aplicados al material mesoamericano de *W. acapulcensis*.

2. Wedelia calycina Rich. in Pers., *Syn. Pl.* 2: 490 (1807). Tipo: Guadalupe, *Richard s.n.* (P!). Ilustr.: Pruski, *Fl. Venez. Guayana* 3: 391, t. 334 (1997).

Anomostephium buphthalmoides DC., *Buphthalmum asperrimum* Spreng., *Seruneum affine* (DC.) Kuntze, *S. ambiguum* (DC.) Kuntze, *S. buphthalmoides* (DC.) Kuntze, *S. crucianum* (Rich.) Kuntze, *S. frutescens* (Jacq.) Kuntze var. *calycinum* (Rich.) Kuntze, *S. latifolium* (DC.) Kuntze, *S. scaberrimum* (Benth.) Kuntze, *Stemmodontia affinis* (DC.) O.F. Cook et G.N. Collins, *S. asperrima* (Spreng.) C. Mohr, *S. buphthalmoides* (DC.) O.F. Cook et G.N. Collins, *S. calycina* (Rich.) O.E. Schulz ex Small, *S. caracasana* (DC.) J.R. Johnst., *Wedelia affinis* DC., *W. ambigua* DC., *W. buphthalmoides* (DC.) Griseb., *W. buphthalmoides* var. *antiguensis* Nichols ex Griseb., *W. buphthalmoides* var. *dominicensis* Griseb., *W. calycina* Rich. var. *asperrima* (Spreng.)

Domin, *W. calycina* var. *dominicensis* (Griseb.) Domin, *W. calycina* var. *involucrata* (O.E. Schulz) Domin, *W. calycina* var. *parviflora* (Rich.) Alain, *W. caracasana* DC., *W. caribaea* Spreng., *W. cruciana* Rich., *W. heterophylla* Rusby, *W. inconstans* D'Arcy, *W. jacquinii* Rich. forma *andersonii* O.E. Schulz, *W. jacquinii* var. *andersonii* (O.E. Schulz) Stehlé, *W. jacquinii* forma *angustifolia* O.E. Schulz, *W. jacquinii* var. *angustifolia* (O.E. Schulz) Stehlé, *W. jacquinii* subsp. *calycina* (Rich.) Stehlé, *W. jacquinii* var. *calycina* (Rich.) O.E. Schulz, *W. jacquinii* subsp. *caracasana* (DC.) Stehlé, *W. jacquinii* var. *caracasana* (DC.) O.E. Schulz, *W. jacquinii* subsp. *cruciana* (Rich.) Stehlé, *W. jacquinii* var. *cruciana* (Rich.) O.E. Schulz, *W. jacquinii* subsp. *involucrata* (O.E. Schulz) Stehlé, *W. jacquinii* var. *involucrata* O.E. Schulz, *W. jacquinii* var. *magdalenae* Stehlé, *W. jacquinii* var. *mariae-galantae* Stehlé, *W. jacquinii* subsp. *parviflora* (Rich.) Stehlé, *W. jacquinii* var. *parviflora* (Rich.) O.E. Schulz, *W. jacquinii* forma *truncata* O.E. Schulz, *W. jacquinii* var. *truncata* (O.E. Schulz) Stehlé, *W. latifolia* DC., *W. parviflora* Rich., *W. scaberrima* Benth., *W. sieberi* Griseb., *W. zuliana* S. Jiménez, *Zexmenia caracasana* (DC.) Benth. et Hook. f. ex B.D. Jacks.

Hierbas perennes a arbustos, 0.5-1.5(-3) m; tallos erectos, no enraizando en los nudos proximales, muy ramificados, ramificaciones opuestas con las ramas laterales típicamente sobrepasando el eje principal, subteretes, piloso-hirsutas a esparcidamente así, finamente subestipitado-glandulosas, los tallos principales moderadamente foliosos pero las hojas sin apariencia fasciculada y sin nudos muy cercanamente espaciados. Hojas pecioladas; láminas (1-)2-13(-16) × (0.6-)1-5(-7.5) cm, elíptico-lanceoladas a elíptico-ovadas(-ovadas), cartáceas, 3-nervias desde cerca de la base, la superficie adaxial escábrido-hirsuta, la superficie abaxial hirsuto-pilosa, sin tricomas uncinados, la nervadura típicamente más pelosa que la superficie, en ocasiones también esparcidamente pelosa con tricomas moniliformes o glándulas estipitadas, la base obtusa a cortamente atenuada hasta el pecíolo, los márgenes subenteros, crenulados, o serrados, el ápice agudo a acuminado; pecíolo 0.2-1.5(-2) cm, en general alado desde la lámina decurrente. Capitulescencia monocéfala a abiertamente cimosa, 1-3 cabezuelas, dispuesta escasamente por encima de las hojas subyacentes; pedúnculos 1.5-4.5(-9) cm, delgados, piloso-hirsutos a esparcidamente piloso-hirsutos, algunas veces también diminutamente papiloso-glandulosos. Cabezuelas 8-13(-18) mm, radiadas, con 25-40(-55) flores; involucro 10-20 mm de diámetro, campanulado hasta algunas veces casi hemisférico; filarios 2-seriados, subiguales a obgraduados, imbricados; 4-8 filarios de las series externas 6-13(-18) × (2.5-)3.5-5 mm, elíptico-ovados, completamente o en parte herbáceos, ligeramente c. 5-nervios, híspidos a pilósulos, el ápice agudo, frecuentemente reflexo, texturalmente conspicuos y más largos que los de las series internas; filarios de las series internas 4.5-5.8 mm, lanceolados a oblanceolados, puberulentos, escariosos, obtusos a agudos apicalmente; páleas 5.5-7 mm, lanceoladas, agudas a acuminadas apicalmente, vena media algunas veces verdosa y puberulenta. Flores radiadas 10-15, pistiladas; corola 7.5-13(-20) mm, amarillo-dorada, el tubo 1.5-3 mm, glabro, el limbo 6-11(-17) × 3-4.5 mm, oblongo, c. 10-nervio, 2-lobado a profundamente 2-lobado, rara vez 3-lobado, no glanduloso abaxialmente, los 2 nervios mayores hispídulos abaxialmente o solo proximalmente hispídulos, los lobos apicales típicamente 1-2.5(-3) mm; estilo bastante exerto. Flores del disco 15-25(-40); corola 5.2-7(-8) mm, el tubo 1.5-2(-2.2) mm, la garganta abruptamente ampliada, 2.5-4(-4.5) mm, los lobos triangulares, 0.7-1(-1.3) mm, puberulentos, los márgenes internos densamente papilosos; ramas del estilo ligeramente exertas, 1-2 mm, largamente papilosas, los ápices angostados. Cipselas 4-6 mm, de contorno oblongo a cuneado, aplanado-cuadrangulares o irregularmente biconvexas en corte transversal, pardas a negras, no aladas hasta angostamente aladas, puberulentas a glabras, el rostro hasta c. 1 mm, las radiadas ligeramente triqueras, con frecuencia brevemente 2-aladas, las del disco escasamente comprimidas, los eleosomas pardo-amarillentos; vilano una corona irregularmente segmentada de c. 0.5 mm, 1 o 2 aristas cortas rara vez presentes. Floración durante todo el año. $2n = 48$. *Áreas alteradas, bordes de bosques, orillas de caminos, sabanas, crecimientos secundarios.* P (*Pittier 3451*, MO). 0-1300 m. (Mesoamérica, N. Sudamérica, Antillas.)

Los reportes de *Wedelia calycina* en Honduras de Nelson (2008) y en Estados Unidos de Small (1933) son erróneos.

3. Wedelia filipes Hemsl., *Biol. Cent.-Amer., Bot.* 2: 170 (1881). Holotipo: Guatemala, *Salvin s.n.* (foto MO! ex K). Ilustr.: no se encontró.

Hierbas perennes decumbentes a desparramadas hasta subarbustos, 0.3-1.3 m; tallos poco ramificados, frecuentemente enraizando en los nudos proximales, los tallos principales moderadamente foliosos pero sin las hojas de apariencia fasciculada y sin nudos muy cercanamente espaciados proximalmente, subteretes a ligeramente angulados, piloso-hirsutos; entrenudos en general casi tan largos como la 1/2 del largo de las hojas; follaje heterótrico, largamente piloso-hirsuto con tricomas no uncinados patentes de 1-1.5 mm y finamente hírtulo frecuentemente con diminutos tricomas moniliformes. Hojas pecioladas; láminas 3-10(-12) × 1-6(-8) cm, rómbicas a ovadas o algunas veces lanceoladas, cartáceas, triplinervias desde por encima de la base, las superficies heterótricas, largamente piloso-hirsutas y finamente hírtulas, la base cuneada a anchamente obtusa, frecuentemente formando una acuminación y cortamente decurrente sobre el pecíolo, los márgenes irregularmente serrados, las hojas mayores algunas veces levemente lobadas o hastadas, el ápice acuminado; pecíolo 0.4-4 cm, algunas veces brevemente alado distalmente. Capitulescencia con 1-3 cabezuelas; pedúnculos 1-10 cm, largamente piloso-hirsutos a densamente así inmediatamente debajo de la cabezuela. Cabezuelas 7-11 mm; involucro 5-10 × 7-10 mm, hemisférico; filarios 8-12, subiguales a obgraduados, 2-seriados o 3-seriados; filarios externos 7-10 × (1.5-)2-3.5 mm, lanceolados a ovados, herbáceos con la base pajiza y endurecida, ascendentes, abaxialmente piloso-hirsutos y finamente hírtulos, la superficie adaxial piloso-hirsuta distalmente, el ápice agudo a obtuso; filarios internos 5-8 × 3-4 mm, ovados, cartáceo-escariosos, adpresos, hírtulos distalmente, el ápice obtuso a redondeado; páleas 5-7 mm, estramíneo-escariosas, ligeramente carinadas distalmente, el ápice en general dilatado y obtuso a redondeado. Flores radiadas 8-12, pistiladas; corola amarillo-dorada, el tubo 1.5-2 mm, el limbo 6-10 × 3-6 mm, obovado, c. 13-nervio o con más nervios, hírtulo abaxialmente, el ápice obtuso a redondeado, crenulado. Flores del disco 60-80; corola 3.5-5 mm, amarillo-dorada, infundibuliforme, el tubo 1.5-2 mm, casi tan largo como la garganta, los lobos c. 0.5 mm, triangulares, marginalmente papilosos; anteras c. 1.5 mm; estilo apendiculado. Cipselas 2.5-4 × 1-2.3 mm, de contorno angostamente oblongo a cuneado, túrgidas, pardo pálido con la epidermis ligeramente suberosa, algunas veces manchada, el rostro c. 0.2 mm, de base amplia y no bien definido, los escutelos del carpóforo y eleosomas 0.2-0.3 mm; cipselas de las radiadas triquetras, indistinta y angostamente grueso-aladas, en general glabras a subglabras, las alas truncadas apicalmente y no extendiéndose distalmente como las aurículas; cipselas del disco subcuadrangulares a biconvexas, delgadamente setulosas, no aladas o angostamente aladas con alas cuando manifiestas en general vistas solo como aurículas apicales inferiores al rostro; vilano una diminuta corona fimbriada de 0.1-0.2 mm, discos algunas veces también con una sola cerda delgada de c. 0.5 mm. Floración abr.-nov. $2n = 22$. *Áreas alteradas, orillas de arroyos, matorrales, áreas húmedas.* G (*von Türckheim II 1258*, MO); CR (*Pruski et al. 3823*, MO); P (*D'Arcy y D'Arcy 6338*, MO). 900-2200 m. (Endémica.)

Esperada en El Salvador.

4. Wedelia iners (S.F. Blake) Strother, *Syst. Bot. Monogr.* 33: 72 (1991). *Zexmenia iners* S.F. Blake, *J. Wash. Acad. Sci.* 13: 145 (1923). Holotipo: El Salvador, *Standley 23498* (US!). Ilustr.: D'Arcy, *Ann. Missouri Bot. Gard.* 62: 1166, t. 76 (1975 [1976]), como *W. keatingii*. N.v.: Chinchiguaste, H.

Wedelia keatingii D'Arcy.

Hierbas anuales 0.1-0.6(-1) m; tallos decumbentes a erectos, no enraizando en los nudos proximales, tallos principales moderadamente foliosos pero sin hojas de apariencia fasciculada y sin nudos muy cercanamente espaciados proximalmente, acostillado-sulcados, algunas veces manchados, híspidos y escabriúsculo-hírtulos; follaje heterótrico, por lo general esparcidamente híspido con tricomas erectos hasta 1 mm y moderadamente escabriúsculo-hírtulo con tricomas uncinados 0.1-0.3 mm. Hojas pecioladas; láminas 2-8(-13) × 1-5(-7) cm, lanceoladas a deltado-ovadas, delgadamente cartáceas, triplinervias desde muy por encima de la base, las superficies heterótricas, híspidas y escabriúsculo-hírtulas, la base cuneada, los márgenes crenulado-serrulados, el ápice agudo a acuminado; pecíolo 0.4-3(-5) cm. Capitulescencia 1-3(-5) cabezuelas; pedúnculos 0.4-3(-6) cm, piloso-hirsutos. Cabezuelas 6-10 mm; involucro 6-9 × 3-10 mm, cilíndrico-campanulado(-campanulado); filarios 7-13, obgraduados(-subiguales), 2-seriados; filarios externos 6-9 × 1.5-2.5(-5) mm, lanceolados a oblongos(-ovados), herbáceos con la base pajiza endurecida, ascendentes, en general híspidos y moderadamente escabriúsculo-hírtulos abaxialmente, la superficie adaxial híspida distalmente, el ápice agudo(-obtuso); filarios internos 5-6 × 2-3(-5) mm, lanceolados a oblanceolados(-ovados), cartáceo-escariosos, adpresos, en general subglabros; páleas 5-7 mm, linear-lanceoladas, estramíneo-escariosas, algunas veces purpúreas distalmente, frecuentemente con la vena media color púrpura-blanquecina, distalmente por lo general finamente hírtulas, el ápice frecuentemente redondeado. Flores radiadas 3-5, pistiladas; corola amarillo-anaranjada o blanco-amarillenta, el tubo 1.5-2 mm, unión del tubo-limbo piloso adaxialmente, el limbo 3-4.5 × 2.5-4 mm, suborbicular, 5-7(-13)-nervio, los 2 nervios de soporte hirsútulos abaxialmente, el ápice 2-lobado o 3-lobado. Flores del disco 5-13(-20); corola 3.5-4.2 mm, amarillo pálido a amarillo-dorada, infundibuliforme, el tubo y la garganta subiguales, los lobos 0.6-0.8 mm, triangulares, setosos; anteras c. 1.5 mm; estilo apendiculado, las ramas hasta c. 1 mm, aplanadas, apiculadas. Cipselas 3-5 × 1.5-4 mm, de contorno ovado-obovadas, 2(3)-aladas, el cuerpo negruzco con alas pajizas a bronce, algunas veces una o ambas manchadas, el rostro 0.3-0.8 mm, las alas hasta c. 1 mm de diámetro lateralmente, también prolongadas como aurículas apicales casi tan largas como el rostro, las alas de las del disco en general menos desarrolladas que las de las radiadas y algunas veces manifestadas solo como aurículas apicales, el cuerpo de las radiadas en general subglabro, el cuerpo de las del disco por lo general moderadamente pilósulo-seríceo, los tricomas antrorsos, el carpóforo de 1 o 2 escutelos ovados de c. 0.5 mm, los eleosomas c. 0.5 mm de diámetro; vilano una corona fimbriado-lacerada de 0.3-0.6 mm, algunas veces también con 0-2(3) aristas laterales de 0.4-1.5 mm surgiendo desde el rostro. Floración durante todo el año. $2n = 22$. *Áreas alteradas, campos, orillas arenosas de arroyos, áreas sombreadas, matorrales.* Ch (*Breedlove y Strother 46142*, MO); G (*Molina R. 25376*, US); H (*Harriman 14596*, MO); ES (*Standley 19414*, NY); N (*Stevens y Montiel 28018*, MO); CR (*Pruski y Sancho 3806*, MO); P (*Allen 4212*, MO). 20-1400 m. (Mesoamérica, Colombia.)

5. Wedelia ligulifolia (Standl. et L.O. Williams) Strother, *Syst. Bot. Monogr.* 33: 69 (1991). *Zexmenia ligulifolia* Standl. et L.O. Williams, *Ceiba* 1: 96 (1950). Holotipo: Honduras, *Standley 24718* (F!). Ilustr.: no se encontró.

Hierbas perennes a subarbustos, 0.3-0.5 m; tallos varios desde la base, erectos a patentes, no enraizando en los nudos proximales, muy ramificados, subteretes, frecuentemente rojizos, esparcidamente hirsutos a hírtulos, los tallos principales con hojas de apariencia fasciculada y densamente foliosos, con nudos muy cercanamente espaciados proximalmente, las ramas menores con hojas remotas y mucho más cortas que los entrenudos. Hojas sésiles; láminas 1.5-6 × 0.3-1 cm, linear-lanceoladas, rígido-cartáceas, básicamente pinnatinervias, las superficies en general heterótricas, en general subestrigoso-híspidas con tricomas erectos hasta 1 mm y escabriúsculo-hírtulas con diminutos tricomas uncinados, la superficie adaxial subestrigoso-híspida, la superficie abaxial escabriúsculo-hírtula a casi completamente subestrigoso-híspida en general sobre la nervadura, la base cuneada a redondeada, los márgenes subenteros o inconspicuamente serrulados, revolutos, el ápice agudo. Capitulescencia abierta y dispuesta muy por encima de las hojas del tallo, con numerosas ramas desnudas 10-15 cm y cada una en general de 3-7 cabezuelas; pedúnculos 2-7 cm, estrigulosos. Cabezuelas 5-7 mm; involucro 4.5-5.5 × 3-5 mm, campanulado; filarios 8-13, 4.5-5.5 × 1-1.5 mm, subiguales, 2-seriados; filarios externos lanceolado-ovados, herbáceos con la base pajiza y endurecida, algunas veces purpúreos, 5-nervios, ascendentes, subestrigosos; filarios internos ovados, cartáceo-escariosos, adpresos, en general subglabros; páleas 4-5.8 mm, lanceoladas, pajizas a purpúreas distalmente, por lo general finamente hírtulas distalmente, el ápice agudo. Flores radiadas (4)5, pistiladas, fértiles; corola amarillo-dorada, esparcidamente setulosa, el tubo 1.4-2 mm, el limbo 2.5-4 × 1.5-3 mm, ovado a suborbicular, la nervación ligera, el ápice 3-lobado. Flores del disco 8-20; corola 3-4 mm, amarilla con la nervadura frecuentemente purpúrea, infundibuliforme, el tubo hasta c. 1 mm, más corto que la garganta, los lobos 0.5-0.6 mm, triangulares, diminutamente setulosos; ramas del estilo papilosas. Cipselas 2.5-3.5 × 1-2.5 mm, rostradas, el cuerpo negro, las alas pardas, frecuentemente manchadas, el rostro 0.4-0.7 mm; cipselas radiadas de contorno obovado o cuneado, 2-aladas o 3-aladas, glabras, las alas hasta c. 0.8 mm de diámetro, marcadamente prolongadas como aurículas apicales frecuentemente más largas que el rostro; cipselas del disco biconvexas, básicamente no aladas con las alas manifiestas solo como aurículas apicales, el cuerpo moderadamente pilósulo-seríceo, los tricomas antrorsos, el carpóforo de 1-2 escutelos ovados de 0.2-0.4 mm, los eleosomas no prominentes; vilano una corona fimbriado-lacerada de 0.2-0.7 mm, frecuentemente también con 0-2 aristas laterales delgadas de 1-2 mm. Floración ago.-nov.(-may.). *Pinares, bosques de* Pinus-Quercus, *áreas rocosas.* G (*Pruski et al. 4542*, MO); H (*Harriman 14596*, MO). 900-1600 m. (Endémica.)

6. Wedelia purpurea (Greenm.) B.L. Turner, *Phytologia* 65: 354 (1988). *Aspilia purpurea* Greenm., *Proc. Amer. Acad. Arts* 40: 39 (1905 [1904]). Isolectotipo (designado por Strother, 1999): México, Chiapas, *Nelson 2924* (US!). Ilustr.: Strother, *Syst. Bot. Monogr.* 33: 10, t. 4a (1991).

Aspilia scabrida Brandegee.

Hierbas perennes o subarbustos, 0.2-0.4 m; tallos 1-pocos desde un xilopodio, erectos, no enraizando en los nudos proximales, los tallos principales moderadamente foliosos pero sin hojas de apariencia fasciculada y sin nudos muy cercanamente espaciados proximalmente, hirsútulo-estrigulosos, los tricomas en general adpresos; entrenudos algunas veces más largos que las hojas. Hojas subsésiles; láminas 2-5.5 × (0.5-)1-2.5 cm, oblongas a oblanceoladas, cartáceas a rígido-cartáceas, las superficies escabrosas, la base angostamente cuneada, indistintamente trinervia desde muy por arriba de las base, los márgenes ligeramente serrados, el ápice agudo a obtuso. Capitulescencia de una sola cabezuela terminal en ramas y ramitas largamente pedunculadas; pedúnculos 5-12 cm, hirsútulo-estrigulosos. Cabezuelas 9-12 mm; involucro 8-11× 6-9 mm, campanulado; filarios 12-15, 4-5 mm de diámetro, subiguales, ovados, 2-seriados o 3-seriados, estrigulosos, el ápice anchamente agudo a obtuso, los filarios externos herbáceos con la base pajiza y endurecida graduando hasta los filarios internos solo distalmente herbáceos, algunas veces purpúreo-matizados; páleas 5.5-7.5 mm, linear-lanceoladas, algunas veces purpúreas distalmente, el ápice por lo general finamente hírtulo. Flores radiadas 3-7, estériles, sin pistilos; corola rojiza a purpúrea, el tubo 3-4 mm, el limbo 10-15 × 2-3 mm, oblongo, c. 15-nervio, los 2 nervios de soporte moderadamente delgados, esparcidamente papilosos abaxialmente. Flores del disco 20-35; corola 5.8-6.8 mm, rojiza a purpúrea, tubular-infundibuliforme, el tubo 1.5-2, los lobos 0.9-1.3 mm, los márgenes papilosos, las células

apicales del lobo bulbosas; estilo apendiculado, las ramas 1.5-2 mm, atenuadas. Cipselas 3-4 × 2-2.5 mm, obovoide-biconvexas, robustas, parduscas, manchadas, no aladas, moderadamente pilósulo-seríceas en toda la superficie, los tricomas 0.3-0.4 mm, en general adpresos, el rostro 0.1-0.3 mm, el carpóforo de 1 o 2 escutelos oblongas de 0.5-1 mm, los eleosomas hasta 1 mm de diámetro; vilano una corona fimbriado-lacerada de 0.2-0.5 mm, algunas veces también con 1(2) aristas adaxiales de 0.5-1 mm, persistentes. Floración jun.-nov. 2*n* = c. 24-28. *Bosques de* Pinus-Quercus, *laderas rocosas.* Ch (*Purpus 9107*, MO). 700-1000 m. (S. México, Mesoamérica.)

152. Zexmenia La Llave

Por J.F. Pruski.

Hierbas perennes erectas, toscas, de vida larga a arbustos; tallos semitrepadores, pelosos a glabrescentes proximalmente, las ramificaciones opuestas, las costillas intrapeciolares presentes; entrenudos en general casi tan largos como las hojas. Hojas opuestas, pecioladas; láminas cartáceas a rígidamente cartáceas, arqueadamente pinnato-subtrinervias, cada lado de la vena media con 2-5 nervios secundarios muy por encima de la base, arqueadas, más o menos igualmente prominentes (o las más proximales escasamente más prominentes), ambas superficies pelosas, no glandulosas, la superficie adaxial con tricomas marcadamente antrorsos, las células subsidiarias prominentes. Capitulescencia abiertamente corimbosa, con 1-varias cabezuelas, típicamente no muy exerta de las hojas subyacentes, más o menos plana a ligeramente redondeada en el ápice, terminal, las ramas laterales más o menos igualmente largas y con entrenudos distales congestos, solo el par más distal de estas ramas casi sobrepasando la cabezuela central; pedúnculos delgados, sin brácteas. Cabezuelas radiadas, con numerosas flores; filarios imbricados, desiguales o subiguales, graduados a obgraduados, 2-4-seriados, los filarios de las series externas marcadamente endurecidos basalmente, herbáceos distalmente, frecuentemente más largos que los de las series internas, los filarios internos escariosos al menos en la base; clinanto bajo-convexo, paleáceo; páleas pajizas, conduplicadas, frecuentemente exertas del involucro en el fruto, mucho más largas que los filarios más internos, algunas veces carinadas, el ápice acuminado a obtuso. Flores radiadas en general 8-13, pistiladas; corola amarilla, el tubo corto, el limbo corta a largamente exerto, c. 10-nervio, los 2 nervios de soporte mucho más gruesos que los medios y laterales, el ápice obtuso y 2-denticulado o 3-denticulado, esparcidamente setuloso y no glanduloso abaxialmente; estilo muy exerto. Flores del disco bisexuales; corola angostamente campanulada a infundibuliforme, 5-lobada, amarilla, no glandulosa, el tubo corto, c. 1/2 de la longitud de la garganta, la garganta en general con haces fibrosos prominentes asociados con cada uno de los 5 nervios principales, los lobos setulosos abaxialmente, los márgenes papilosos por dentro; anteras más o menos ocupando c. 1/2 de la longitud de la garganta, negruzcas a parduscas, el apéndice pajizo, deltado; ramas del estilo brevemente exertas, lateralmente patentes, delgadas, el ápice con un apéndice estéril angostado y papiloso. Cipselas dimorfas, comprimidas, aladas, rostradas o subrostradas, de contorno oblongo a obovado, el cuerpo negro, robustas, las caras redondeado-convexas, lisas, setosas distalmente, apicalmente constrictas en 2 a 3 rostros o subrostros corniculados, rostros rectos y céntricos, gradualmente acuminados a atenuados basalmente, 1 o 2 eleosomas rara vez presentes, los eleosomas (cuando presentes) pequeños e inconspicuos, el carpóforo pequeño e inconspicuo, las alas y el rostro pajizos al madurar, las alas subiguales, delgadas a suberosas, pelosas; vilano con 2 o 3 aristas escabriúsculas subiguales y persistentes que surgen del rostro, en general casi tan largas como la cipsela, y con 4-10 escuámulas intermedias cortas algunas veces connatas en una corona, las aristas isomorfas, teretes o la base muy escasamente aplanada tangencialmente, las cipselas radiadas triqueteras, escasamente obcomprimidas, lateralmente 2-aladas (borde abaxial no desarrollando un ala),

3-aristadas, las cipselas del disco comprimidas, radialmente 2-aladas, 2-aristadas. 2 spp. México, Mesoamérica.

Zexmenia es uno de los varios géneros similares caracterizados en parte por las hojas opuestas, las cabezuelas radiadas con flores amarillas, los filarios externos herbáceos o mayormente herbáceos, las flores del disco cortamente lobadas con anteras negras, y cipselas aplanadas 2-aristadas o 3-aristadas. Géneros relacionados se diagnostican básicamente por combinaciones variables de caracteres del fruto, concretamente la presencia o ausencia de rostro, las alas radiales o laterales, los eleosomas, los carpóforos agrandados, y en la fortaleza de las aristas en forma de "V". El rostro o subrostro en *Zexmenia*, aquí usado como un carácter siempre presente en *Zexmenia*, es tal vez mejor observado en frutos de edad media.

Jones (1906 [1905]) revisó *Zexmenia* y reconoció 42 especies, 2 secciones, e incluyó taxones con cipselas rostradas y sin rostro. Blake (1915b, 1917c) aceptó *Bidens fruticosa* (ahora reconocida como *Lasianthaea fruticosa*) como una especie de *Zexmenia*, y así creyó, como lo hizo Jones (1906 [1905]), que el carácter de las cipselas con o sin a rostro no era significativo a nivel de género. *Lasianthaea*, monografiado por Becker (1979), está cercanamente relacionado con *Zexmenia*, pero difiere por carecer de obvios alas en las cipselas.

Blake (1930) fue el primero en circunscribir correctamente y remediar la identidad de la especie tipo, *Z. serrata*, la cual tiene frutos rostrados o subrostrados y la cual por los anteriores 50 años fue incorrectamente identificada como *Z. scandens* de la atípica sección no rostrada. En su mayoría, *Zexmenia* incluye más de 100 especies, pero la mayoría de estas tienen cipselas sin rostro o no aladas y han sido excluidas.

Los límites genéricos y relaciones de *Zexmenia* fueron estudiados en detalle por Rindos (1980), quien reconoció siete linajes dentro del género, y numerosos de estos linajes fueron subsecuentemente reconocidos como genéricamente distintos (p. ej., *Jefea*, *Lundellianthus*, *Wamalchitamia*) por Strother (1989b, 1991). Turner (1988c) también anotó que como tradicionalmente previsto *Zexmenia* estaba "mal definido", considerando el reconocimiento de *Lundellianthus*, pero finalmente escogió reducir *Lundellianthus* a la sinonimia de *Lasianthaea*. Por supuesto, especies tanto de *Lundellianthus* como *Lasianthaea* son sin rostro y típicamente tienen la garganta de las corolas del disco en general con haces fibrosos prominentes. De acuerdo a la clave de Panero (2007a [2006]), *Zexmenia* es distinto de *Lasianthaea* en tener la garganta de las corolas del disco sin haces fibrosos prominentes, pero en su descripción genérica de *Zexmenia* Panero dice que es "con o sin" haces fibrosos. En este tratamiento se ha encontrado que los haces fibrosos están típicamente presentes en las corolas del disco de *Zexmenia*, así como también en *Lasianthaea*. Strother (1991) retuvo solo dos especies en *Zexmenia*. Aunque los límites genéricos del grupo de *Zexmenia* puedan tal vez cambiar otra vez y las diferencias entre las cipselas sin rostro de *Zexmenia* y las cipselas rostradas de *Wedelia* están ligadas por las cipselas del disco apicalmente constrictas de *Lundellianthus* y las cipselas subrostradas de *Oyedaea*, no se está de acuerdo con la taxonomía genérica empleada en los tratamientos de Strother (1989b, 1991, 1999).

Bibliografía: Blake, S.F. *Contr. Gray Herb.* 52: 1-8, 8-16, 16-59, 59-106 (1917); *Contr. U.S. Natl. Herb.* 26: 227-263 (1930).

1. Filarios externos gradualmente angostados, más cortos a escasamente más largos que los de las series internas; filarios internos 3-5 mm de ancho, el ápice obtuso o redondeado hasta algunas veces agudo; cipsela con aristas rectas, las alas tornándose gruesas y suberosas, ciliadas, los tricomas marginales 0.1-0.4 mm. **1. Z. serrata**
1. Filarios externos abruptamente angostados, en general mucho más largos que (aunque algunas veces tardíamente así) los de las series internas; filarios internos 2-3 mm de ancho, agudos a obtusos; cipsela con aristas algunas veces reflexas a recurvadas, las alas delgadas y cartáceas, largamente ciliadas, los tricomas marginales 0.3-0.8 mm. **2. Z. virgulta**

1. Zexmenia serrata La Llave, *Nov. Veg. Descr.* 1: 13 (1824). Tipo: México, Veracruz, *Herb. La Llave* (G-DEL). Ilustr.: no se encontró.

Lipochaeta serrata (La Llave) DC., *Verbesina sylvicola* Brandegee, *Zexmenia dulcis* J.M. Coult., *Z. scandens* Hemsl., *Z. trachylepis* Hemsl.

Hierbas toscas frecuentemente escandentes a erectas hasta arbustos, 1-5(-6) m; tallos hexagonales, tomentulosos a piloso-tomentosos, los tricomas patentes. Hojas: láminas (3-)6-15 × (1.5-)2-6.5(-8) cm, lanceoladas a ovadas, la superficie adaxial escabrosa a hispídula, la superficie abaxial hirsútula a piloso-hirsuta, los tricomas patentes a algunas veces antrorsos, la base anchamente cuneada a redondeada, los márgenes serrados a serrulados, el ápice agudo a acuminado; pecíolo 0.6-2.5 cm. Capitulescencia con ramas con 3-7(-9) cabezuelas; pedúnculos 1-3(-4) cm, densamente hirsútulos. Cabezuelas 9-11 mm; involucro 6-11 mm de diámetro, campanulado a con forma de tambor; filarios graduados a escasamente obgraduados, 3-seriados o 4-seriados; filarios de las series externas (2.5-)4-8 × 1.5-4 mm, más cortos a escasamente más largos que los de las series internas, lanceolados a deltado-ovados, gradualmente angostados distalmente, el ápice agudo a obtuso, ciliado y estriguloso-hirsútulo, escasamente patentes o reflexos; filarios de las series internas 5-6(-7) × 3-5 mm, deltado-ovados a anchamente ovados, ciliados, el ápice obtuso o redondeado a algunas veces agudo; páleas 6.5-8 mm, con frecuencia subapicalmente carinadas, el ápice oscurecido, densamente setuloso, agudo o con más frecuencia notablemente obtuso, con frecuencia escasamente dilatadas. Flores radiadas 8-13; corola con tubo 1.3-2 mm, el limbo 7-11 × 2-4(-5) mm, elíptico-oblongo, muy exerto. Flores del disco 25-70; corola 7-7.5 mm, infundibuliforme, el tubo 1.5-2.5 mm, los lobos lanceolados, c. 1 mm, setulosos; ramas del estilo c. 1.5 mm. Cipselas 4-6.5 × 1.5-3.5 mm, setosas distalmente, el rostro c. 0.5 mm, las alas 0.5-1 mm de diámetro, al madurar casi tan anchas como el cuerpo de la cipsela, tornándose gruesas, suberosas, ciliadas, los tricomas marginales 0.1-0.4 mm; aristas 2-5 mm, rectas, las escuámulas intermedias 0.3-1 mm. *Vertiente del pacífico, vegetación secundaria, márgenes de lagos, orillas de acahuales, bancos de ríos, laderas rocosas, laderas, matorrales.* T (*Johnson 24*, NY); Ch (*Pruski et al. 4220*, MO); B (*Gentle 1494*, NY); G (*Contreras 743*, MO); H (*Wilson 578*, MO). 0-1500(-2000) m. (S. México [Oaxaca, Veracruz], Mesoamérica.)

Hemsley (1881) indicó la distribución del tipo de *Zexmenia trachylepis* como "Yucatán y Tabasco", pero la especie es desconocida en Edo. Yucatán, y el tipo fue con seguridad colectado en Edo. Tabasco, como lo indicó Blake et al. (1926). La sinonimia anterior sigue la de Blake (1930) y Strother (1991, 1999). El reporte por Nash (1976d) de *Z. scandens* en Costa Rica está basado, al menos en parte, en una identificación errónea de Becker (en un pliego) de *Brenes 5347* (NY!) como *Z. serrata*, una colección aquí identificada como *Z. virgulta*. Otros ejemplares de Costa Rica identificados por Becker como *Z. serrata*, probaron pertenecer a otros géneros, por ejemplo, *Lasianthaea*, tradicionalmente reconocido. La descripción de Jones (1906 [1905]) de la hoja con ambas superficies "estrellado-pubescente" es un error.

2. Zexmenia virgulta Klatt, *Bull. Soc. Roy. Bot. Belgique* 31(1): 203 (1892 [1893]). Lectotipo (designado por Strother, 1991): Costa Rica, *Pittier 7027* (foto MO! ex GH). Ilustr.: D'Arcy, *Ann. Missouri Bot. Gard.* 62: 1773, t. 78 (1975 [1976]).

Zexmenia chiapensis Brandegee, *Z. leucactis* S.F. Blake.

Hierbas muy ramificadas a arbustos semitrepadores 1-5 m; tallos en general subteretes o subhexagonales, estrigoso-tomentulosos y los tricomas en general adpresos (la mayoría de las poblaciones al sureste) a piloso-tomentosos y los tricomas en general patentes (poblaciones al noroeste). Hojas: láminas (4-)8-15(-18) × (1.5-)2-6(-7) cm, lanceoladas a elíptico-lanceoladas, la superficie adaxial escabrosa a hispídula, la superficie abaxial hirsútula a piloso-hirsuta, los tricomas patentes o con más frecuencia antrorsos, la base anchamente cuneada a obtusa, los márgenes serrados a serrulados, el ápice acuminado a atenuado; pecíolo 0.6-2(-3) cm. Capitulescencia con ramas con 3-5 cabezuelas;

pedúnculos 1-5 cm, hirsútulos a densamente hirsútulos. Cabezuelas 8-10 mm; involucro 9-12 mm de diámetro, hemisférico; filarios desiguales, en general obgraduados con los filarios de las series externas en general mucho más largos los de las series internas, si bien algunas veces tardíamente así, 3-seriados o 4-seriados; filarios de las series externas 5-8, (4-)7-10 × 1-2(-3) mm, piriforme-lanceolados, patentes a reflexos, la base ancha, los 2/3-3/4 distales abruptamente angostados, el ápice agudo, ciliado y estriguloso-hirsútulo; filarios de las series internas 5-6 × 2-3 mm, deltado-ovados a oblongos, ciliados, el ápice anchamente agudo a obtuso o redondeado; páleas 5-7 mm, frecuentemente subapicalmente carinadas, densamente setulosas, agudas a obtusas. Flores radiadas (8-)13; corola con tubo 1-2.2 mm, el limbo 3-8 × 2-3 mm, elíptico-oblongo, cortamente exerto (típico del material del sureste) o muy exerto (típico del material del noroeste), c. 10-nervio a débilmente así. Flores del disco 40-100; corola 5.5-7 mm, anchamente infundibuliforme a campanulada, el tubo 1.5-2.3 mm, los lobos lanceolados, 0.6-1 mm, setulosos hasta el ápice con frecuencia largamente setoso; ramas del estilo 1-1.5 mm. Cipselas 3-4 × 1.5-2.2 mm, esparcidamente setosas distalmente, el rostro c. 0.4 mm, las alas 0.2-0.7 mm de diámetro, delgadas y cartáceas, largamente ciliadas, los tricomas marginales de 0.3-0.8 mm; aristas algunas veces reflexas a recurvadas, 3-4.3(-5) mm, las escuámulas intermedias 0.5-1 mm. *Bosques alterados, bordes de bosques, laderas de ríos, orillas de caminos, vegetación secundaria, matorrales.* Ch (*Purpus 7192*, MO); G (*Standley 62169*, NY); CR (*Skutch 4617*, MO); P (*Busey 659*, MO). 30-1700(-3200) m. (México, Mesoamérica.)

La especie parece ser mucho más común en Costa Rica que en el noroeste de Mesoamérica. Las poblaciones más al noroeste, tratadas por Blake et al. (1926) como *Zexmenia leucactis* con *Z. chiapensis* como un sinónimo, típicamente tienen tallos con tricomas patentes, las corolas del disco más angostas, y limbos de la corola radiada largos, así semejándose a *Z. serrata*, pero son geográficamente distintas de esta, siendo conocidas allí predominantemente de la vertiente del Pacífico. No se ha visto el material tipo de *Z. leucactis*, pero es ubicado en sinonimia (aunque solo provisionalmente) siguiendo a Strother (1991, 1999). *Williams 28548* (NY), colectado a 1500 m es el ejemplar de más alta elevación visto, y tiene cabezuelas mucho menores que en la mayoría de los otros ejemplares. No se ha visto *Atwood 1250* de Nicaragua y así entonces la identificación de *Z. virgulta* no se puede verificar, ni siquiera hasta género. Se menciona aquí específicamente debido a la dispersión de rumores de bases de datos no verificados.

Zexmenia virgulta es superficialmente similar a *Otopappus verbesinoides* (cada una tiene cabezuelas radiadas, los filarios en general obgraduados, los filarios externos patentes a reflexos, y cipselas aladas), pero *Otopappus* difiere por las flores radiadas estériles, cipselas sin rostro con alas desiguales, y por las aristas heteromorfas del vilano.

XII. C. **Heliantheae** subtribus **Enceliinae** Panero
Por J.F. Pruski.

Hierbas anuales o perennes hasta arbustos o rara vez árboles. Hojas alternas o rara vez opuestas; láminas generalmente lineares a ovadas, algunas veces disecadas, generalmente 3-nervias. Capitulescencia terminal, monocéfala a corimbosa o paniculada. Cabezuelas radiadas o discoides; involucro turbinado a hemisférico; filarios típicamente subiguales, 2-5-seriados, en general herbáceos a rara vez cartáceos; clinanto paleáceo, aplanado a convexo; páleas deciduas después de la antesis. Flores radiadas estériles, rara vez estilíferas; tubo de la corola frecuentemente setuloso, el limbo rara vez setuloso. Flores del disco bisexuales; corola típicamente 5-lobada, la nervadura de la garganta generalmente sin fibras embebidas, los lobos algunas veces glandulosos o setosos; anteras no caudadas, las tecas amarillas a negras, los apéndices algunas veces glandulosos, el patrón endotecial polarizado; tronco del estilo con 2 bandas vasculares, las ramas con la superficie

estigmática a más o menos continua, el ápice sin apéndice. Cipselas típicamente comprimidas, las caras con frecuencia densamente seríceas, algunas veces aladas, pardas a negras, carbonizadas; vilano generalmente bilateral y 2-aristado, con escuámulas entremezcladas (Mesoamérica) o sin estas, las aristas delgadas; vilano ausente. $x = 15, 17, 18$. 5 gen. y aprox. 62 spp. América templada y tropical.

Strother (1999) ubicó a *Flourensia* en la subtribus Ecliptinae. Robinson (1981) trató a *Encelia* Adans. (el tipo de la subtribus Enceliinae) y *Flourensia* dentro de la subtribus Ecliptinae y Karis y Ryding (1994b) dentro de la subtribus Verbesininae. Blake (1921b) y Dillon (1984) revisaron *Flourensia* y discutieron por separado la similitud de este género con *Encelia*. Aquí, se sigue a Panero (2007b [2006]), y se trata a *Flourensia* dentro de la subtribus Enceliinae.

Bibliografía: Blake, S.F. *Contr. U.S. Natl. Herb.* 20: 393-409 (1921). Dillon, M.O. *Fieldiana, Bot.* n.s. 16: 1-66 (1984). Karis, P.O. y Ryding, O. *Asteraceae Cladist. Classific.* 559-624 (1994). Panero, J.L. *Fam. Gen. Vasc. Pl.* 8: 440-477 (2007 [2006]). Robinson, H. *Smithsonian Contr. Bot.* 51: 1-102 (1981). Strother, J.L. *Fl. Chiapas* 5: 1-232 (1999).

153. **Flourensia** DC.
Por J.F. Pruski.

Subarbustos glutinosos, arbustos o árboles. Hojas alternas, pecioladas a subsésiles; láminas pinnatinervias, las superficies generalmente resinosas o glutinosas. Capitulescencia monocéfala o corimbosa. Cabezuelas radiadas o discoides; involucro campanulado a hemisférico; filarios 12-40, subiguales a marcadamente graduados, frecuentemente engrosados, las páleas naviculares, típicamente glutinosas, el ápice obtuso a agudo. Flores radiadas (0-)5-21; corola amarilla a amarillo dorado, el tubo muy delgado, algunas veces setuloso, el limbo angostamente elíptico a oblongo. Flores del disco 12-100; corola amarilla, generalmente glabra, el tubo mucho más corto que el limbo infundibuliforme, los lobos triangulares; tecas amarillas a negras, los apéndices algunas veces glandulosos; ramas del estilo con ápice agudo. Cipselas biconvexas, moderadamente comprimidas, de contorno oblongo, negras, los márgenes generalmente ciliados o seríceos, las caras subglabras a densamente seríceas; vilano de (0-)2(-4) aristas persistentes a caducas, la base de la arista algunas veces laciniada. $x = 18$. Aprox. 33 spp. Suroeste de Estados Unidos, México, Mesoamérica, Perú, Bolivia, Chile, Argentina.

Flourensia difiere de la mayoría de los géneros de Enceliinae por la nervadura pinnada, y *F. collodes* difiere de la mayoría de las especies de *Flourensia* por los filarios ligeramente graduados.

1. Flourensia collodes (Greenm.) S.F. Blake, *Proc. Amer. Acad. Arts.* 49: 373 (1914 [1913]). *Encelia collodes* Greenm., *Proc. Amer. Acad. Arts* 39: 110 (1904 [1903]). Isolectotipo (designado por Dillon, 1984): México, Chiapas, *Nelson 3071* (US!). Ilustr.: Dillon, *Fieldiana, Bot.* n.s. 16: 23, t. 11 (1984).

Arbustos de hasta 4 m; tallos grisáceos a pardos, pilosos a glabrescentes, nunca largamente seríceos. Hojas: láminas mayormente 5-16 × 1.5-7 cm, lanceolado-ovadas, subcoriáceas, con 6-9 nervios secundarios principales por lado, la superficie adaxial glabra, la superficie abaxial estrigulosa o pilósula sobre la nervadura, la base oblicuo-obtusa, los márgenes enteros, el ápice agudo a atenuado; pecíolo 0.5-2 cm. Capitulescencia abiertamente cimosa, con 2-7 cabezuelas, dispuesta ligeramente por encima de las hojas distales; pedúnculos 2-8 cm, folioso-bracteados. Cabezuelas 15-20 mm; involucro 18-22 mm de diámetro, anchamente hemisférico; filarios ligeramente graduados, subcarnoso-herbáceos o algunas veces la base cartilaginosa, frecuentemente vernicosos pero aplanados a lo largo de los delgados márgenes escariosos; filarios externos 3-5.5 mm, lanceolados, con frecuencia anchamente acostillados y naviculares, los márgenes ciliolados, las superficies glabras, el ápice agudo; filarios internos 7-10 × 1.5-2 mm, angostamente oblanceolados, aplanados, el ápice obtuso; clinanto generalmente 5-7 mm de diámetro, convexo; páleas 12-15 mm, más largas que las cipselas, oblanceoladas, rígidas, pluriestriadas, frecuentemente carinadas, cilioladas, el ápice obtuso-redondeado, subcuculado. Flores radiadas 12-16; corola amarilla, el tubo 5-6 mm, glabro, el limbo 15-22 × 5-8 mm, muy exerto, angostamente elíptico. Flores del disco (30-)70-100; corola c. 6 mm, los lobos 0.6-1 mm; las anteras hasta c. 3 mm, pardas pero frecuentemente los conectivos y los apéndices pajizos; las ramas del estilo c. 2.5 mm. Cipselas 8-10 mm, las caras glabras o esparcidamente hirsuto-pilosas, los márgenes largamente ciliado-seríceos con tricomas hasta 2 mm; vilano con 2 aristas, 4.5-7 mm, más corto que las cipselas, con escuámulas laciniadas intermedias de 1-3 mm. Floración ago.-dic. *Laderas rocosas, bosques deciduos.* Ch (*Breedlove 20388*, MO). 400-900 m. (S. México, Mesoamérica.)

El ejemplar del sintipo fue citado como *307* en el protólogo.

XII. D. Heliantheae subtribus Engelmanniinae Stuessy
Por J.F. Pruski.

Hierbas anuales o perennes, rara vez arbustos; tallos foliosos o las hojas rara vez arrosetadas. Hojas alternas u opuestas; láminas ovadas u oblongas a truladas, algunas veces perfoliadas, enteras a pinnatífidas. Capitulescencia terminal, monocéfala a corimbosa o paniculada. Cabezuelas radiadas o discoides; involucro generalmente hemisférico o algunas veces campanulado; filarios típicamente subiguales, 2-4-seriados, generalmente herbáceos en toda la longitud o la base endurecida; clinanto paleáceo, aplanado a convexo. Flores del radio pistiladas, 1(2)-seriadas. Flores del disco bisexuales o funcionalmente estaminadas; corola 5-lobada, glabra o pelosa, la nervadura de la garganta con fibras embebidas; anteras no caudadas o rara vez largamente sagitadas, las tecas negras o rara vez rojizas, los apéndices algunas veces glandulosos, el patrón endotecial polarizado; tronco del estilo con 2 bandas vasculares, las ramas con la superficie estigmática de 2 bandas o algunas veces continua, las ramas algunas veces fusionadas cuando las flores son funcionalmente estaminadas. Cipselas de las flores del radio triquetras u obcomprimidas, cuando las flores del disco son fértiles las cipselas son comprimidas, las caras con frecuencia densamente seríceas, algunas veces aladas, pardas a negras, carbonizadas; vilano generalmente bilateral y 2-aristado, con escuámulas entremezcladas o sin estas, el vilano algunas veces ausente. *x* = 13, 14, 15, 16, 18, 19. 8 gen. y aprox. 63 spp. Canadá a Mesoamérica, rara vez en el Caribe y norte de Suda-mérica.

Robinson (1981) trató Engelmanniinae en la sinonimia de la subtribus Ecliptinae pero Karis y Ryding (1994b) la reconocieron como distinta con 6 géneros, pero trataron *Borrichia* dentro de la subtribus Verbesininae. Panero (2007b [2006]) reconoció a Engelmanniinae como distinta y excluyó *Dugesia* A. Gray y expandió la subtribus a 8 géneros, incluyendo *Borrichia* y 2 géneros adicionales con las flores del disco bisexuales, concepto que se sigue aquí. *Borrichia* es ligeramente atípica por las ramas del estilo con superficie estigmática continua.

Bibliografía: Karis, P.O. y Ryding, O. *Asteraceae Cladist. Classific.* 559-624 (1994). Panero, J.L. *Fam. Gen. Vasc. Pl.* 8: 440-477 (2007 [2006]). Robinson, H. *Smithsonian Contr. Bot.* 51: 1-102 (1981).

154. Borrichia Adans.
Diomedea Cass.

Por J.F. Pruski.

Hierbas resinosas, perennes, con raíces fibrosas hasta arbustos, plantas frecuentemente clonales y en colonias de numerosos individuos; tallos erectos o rara vez decumbentes, cabezuelas dicotómicamente ramificadas proximales a terminales y sobrepasando el eje central, distalmente foliosos con las hojas de los tallos principales frecuentemente mucho mayores que las hojas de las ramas, los entrenudos frecuentemente más cortos que las hojas. Hojas opuestas, sésiles o subsésiles con la base peciolariforme; láminas oblanceoladas a ovadas, no lobadas, frecuentemente carnosas o subcoriáceas, solo con la vena media visible o con varios nervios secundarios casi paralelas divergiendo desde la vena media apicalmente, las superficies glabras a vellosas o seríceas, generalmente concoloras, la base cuneada a atenuada, los márgenes enteros o dentados, el ápice frecuentemente cuspidado. Capitulescencia monocéfala de hasta pocas cabezuelas corimbosas; pedúnculos robustos, sin bractéolas. Cabezuelas radiadas, con numerosas flores; involucro hemisférico a globoso; filarios 10-35, imbricados, desiguales a subiguales, 2-4-seriados, verdes a grises, el ápice espinoso a redondeado; clinanto convexo, paleáceo; páleas laxamente conduplicadas, rígidamente cartáceas a endurecidas, el ápice espinoso a redondeado. Flores del radio pistiladas, (7-)12-30; corola amarilla, algunas veces persistente sobre las cipselas, el tubo c. 1/2 de la longitud del limbo, el limbo brevemente exerto, generalmente glanduloso abaxialmente, el ápice emarginado o levemente 3-dentado. Flores del disco bisexuales, numerosas; corola angostamente infundibuliforme, brevemente 5-lobada, amarilla, la garganta marcadamente acostillada con fibras embebidas en la nervadura; anteras negras, cortamente sagitadas en la base, el apéndice apical triangular, el apéndice y algunas veces el conectivo glandulosos; ramas del estilo con la superficie estigmática papilosa continua, atenuadas. Cipselas escasamente obcomprimidas y trígonas (flores del radio) a prismáticas (flores del disco), negras a grises, el carpóforo algunas veces escasamente asimétrico; vilano coroniforme. *x* = 14. 2 spp. y 1 híbrido; Estados Unidos, México, Mesoamérica, las Antillas.

Semple (1978 [1979]) reconoció provisionalmente 3 especies, incluyendo *Borrichia peruviana* (Lam.) DC., conocida solo del tipo, una colección estéril de Dombey en G-DEL y P-LAM. La colección de Dombey muestra una planta con hojas discoloras que parece ser *B. arborescens*, pero Semple (1978 [1979]) sugiere que esta planta podría ser de las Antillas y representar un híbrido entre *B. arborescens* y *B. frutescens*. Se está de acuerdo con Semple (1978 [1979]) en que esta colección de Dombey es muy posiblemente de las Antillas, pero debido a que él reconoció *B. peruviana* aquí no se le ubica en sinonimia. Sin embargo, se reconoce *B. peruviana* y *Borrichia* con solo 2 especies.

En la Península de Yucatán cada especie es por lo general erróneamente identificada, produciendo de esta manera un listado poco confiable, excepto cuando se citan los ejemplares examinados. Nash (1976d) citó *B. arborescens* de Belice de donde se ha visto ejemplares, pero ninguna de las especies reconocidas se ha documentado de Guatemala.

Bibliografía: Howard, R.A. *Fl. Lesser Antilles* 6: 509-620 (1989). Reveal, J.L. en Jarvis, C.E. y Turland, N.J. *Taxon* 47: 355 (1998). Semple, J.C. *Ann. Missouri Bot. Gard.* 65: 681-693 (1978 [1979]). Villaseñor Ríos, J.L. *Techn. Rep. Rancho Santa Ana Bot. Gard.* 4: 1-122 (1989).

1. Filarios externos generalmente glabros o glabrescentes; filarios internos y páleas obtusos o redondeados a rara vez agudos; filarios cartáceos en fruto; hojas con las superficies frecuentemente glabras o glabrescentes.
1. B. arborescens
1. Filarios externos por lo general finamente grisáceo-seríceos; filarios internos y páleas espinulosos a espinosos apicalmente; filarios endurecidos en fruto; hojas con las superficies rara vez glabrescentes. **2. B. frutescens**

1. Borrichia arborescens (L.) DC., *Prodr.* 5: 489 (1836). *Buphthalmum arborescens* L., *Syst. Nat., ed. 10* 2: 1227 (1759). Lectotipo (designado por Howard, 1989): *Buphthalmum fruticosum foliis fasciculatis*, Plum., *Pl. Amer.* 96, t. 106, f. 2 (1757). Ilustr.: Nash, *Fieldiana, Bot.* 24(12): 510, t. 55 (1976). N.v.: Margarita de mar (fide Villaseñor Ríos, 1989), Y; verdolaga del mar, QR; fisherman's tobacco, sea ox-eye daisy, B.

Borrichia × *cubana* Britton et S.F. Blake, *B. glabrata* Small, *Diomedea glabrata* Kunth, *D. indentata* Cass.

Hierbas a arbustos compactos muy ramificados, hasta 1(-1.5) m; tallos varios, gruesos con las cicatrices de las hojas prominentes, decumbentes a más generalmente ascendentes a erectos, glabros o finamente gris-seríceos a blanco-seríceos. Hojas: láminas 2-6(-14) × 0.5-2 cm, típicamente oblanceoladas o espatuladas, finamente seríceas hasta frecuentemente una o ambas superficies glabras o glabrescentes, algunas veces discoloras, la base cuneada a angostamente cuneada, algunas veces subamplexicaule, los márgenes generalmente enteros, el ápice agudo a obtuso. Capitulescencia con 1-3(-6) cabezuelas; pedúnculos (1-)2-5 cm. Cabezuelas 10-15(-18) mm; involucro (8-)10-14(-17) mm de diámetro, hemisférico; filarios 10-16, subiguales o rara vez desiguales u obgraduados, 2-seriados o 3-seriados, adpresos, cartáceos en fruto, finamente seríceos a más generalmente glabros o glabrescentes; filarios de la serie externa elíptico-ovados, el ápice agudo a obtuso; filarios de la serie interna oblanceolados, los márgenes algunas veces ciliolados, el ápice obtuso o redondeado a rara vez agudo; páleas generalmente más cortas que la flor asociada, el ápice obtuso a rara vez agudo. Flores del radio (7-)12-20; tubo de la corola c. 3 mm, el limbo 5-8(-9) × 1.5-4 mm, oblongo a obovado. Flores del disco 20-50; corola 5-6 mm, los lobos 1-1.5 mm. Cipselas 3-4 mm. 2*n* = 28. Floración durante todo el año. *Orillas rocosas de mar, áreas pantanosas, márgenes de lagunas, matorrales abiertos, dunas costeras.* QR (*Cowan y Cabrera 5063*, MO); B (*Balick et al. 1950*, NY); H (*Nelson 9142*, MO). 0-10 m. (Estados Unidos [S. Florida], México [Veracruz], Mesoamérica, Cuba, Jamaica, La Española, Puerto Rico, Antillas Menores, Islas Caimán, Bahamas, Bermuda.)

Semple (1978 [1979]) y Howard (1989) listaron *Borrichia argentea* (Kunth) DC. como un sinónimo de *B. arborescens*, y ciertamente el uso de Kunth y de Candolle se identifica con ese de *B. arborescens* tal como lo hace Semple. Sin embargo, *B. argentea* es un sinónimo homotípico de *Buphthalmum peruvianum* Lam., y así la aplicación del nombre *Borrichia argentea* es similarmente incierto. Millspaugh y Chase (1904) y Semple (1978 [1979]) citaron material de Quintana Roo, pero no de otras localidades mexicanas en la Península de Yucatán. Las citas de esta especie en Tabasco de Cowan (1983) y Pérez J. et al. (2005) están probablemente basadas en ejemplares mal identificados y una colección (*Cowan 3198*) de los dos ejemplares citados se ha vuelto a identificar aquí como *B. frutescens*. La cita de Nash (1976d) de *B. arborescens* en "Yucatán" es presumiblemente en referencia a material de *B. frutescens*.

2. Borrichia frutescens (L.) DC., *Prodr.* 5: 489 (1836). *Buphthalmum frutescens* L., *Sp. Pl.* 903 (1753). Lectotipo (designado por Reveal en Jarvis y Turland, 1998): Estados Unidos, *Clayton 242* (foto MO! ex BM-CLIFF). Ilustr.: Semple, *Ann. Missouri Bot. Gard.* 65: 686, t. 2 (1978 [1979]). N.v.: Ganloo xuw, tzooh (Villaseñor Ríos, 1989), Y; verdolaga del mar, QR; sea ox-eye daisy, B.

Borrichia frutescens (L.) DC. var. *angustifolia* DC., *Diomedea bidentata* Cass.

Arbustos poco ramificados, hasta 1.5(-2) m; tallos generalmente erectos, algunas veces decumbentes o arqueados, finamente gris-seríceos a blanco-seríceos. Hojas: láminas 4-8(-11) × 1-3 cm, oblanceoladas u obovadas a rara vez elípticas, típicamente vellosas a finamente seríceas, rara vez glabrescentes, la base atenuada, los márgenes 1-dentado o 2(-5)-dentado a subenteros, los dientes generalmente c. 0.5 mm, algunas veces espinosos, el ápice agudo a obtuso. Capitulescencia con 1-5 cabezuelas; pedúnculos (1)2-6 cm. Cabezuelas 8-12 mm; involucro 10-20 mm de diámetro, hemisférico a globoso; filarios 20-35, desiguales o rara vez los externos el doble de la longitud de los internos, 3-seriado o 4-seriado, piriformes, adpresos o patentes hasta los exteriores reflexos en fruto, endurecidos en fruto, el ápice espinoso a espinuloso, las espinas o espínulas 1-2 mm, amarillento-pardo en toda su longitud o al menos apicalmente así; filarios de las series externas 2-4 mm, generalmente finamente grisáceo-seríceos; filarios de las series internas 3-6 mm, frecuentemente glabrescentes; páleas rígidas, típicamente más largas que la flor asociada, el ápice espinuloso a espinoso. Flores del radio 15-30; limbo de la corola 6-8 × 1.5-4 mm, oblongo a obovado. Flores del disco 20-75; corola 5-6.5 mm, los lobos 1.7-2.5 mm. Cipselas 3-4 mm. Floración feb.-sep. 2*n* = 28, rara vez 42. *Pantanos, pastizales, lodazales planos, bosques de manglares, dunas costeras.* T (*Cowan 3198*, MO); Y (*Gaumer 1161*, MO); C (*Chan y Burgos 677*, MO); QR (*Gaumer 2209*, F). 0-40 m. (Costa del Golfo y costa Atlántica de Estados Unidos, Mesoamérica, Bahamas, Bermuda; introducida en las Antillas.)

La sola localidad conocida en Quintana Roo es en el Lago Chichankanab, en el centro de la Península cerca de la frontera sur con el estado de Yucatán. No se ha visto material de Bermuda, pero esta, la más templada de las dos especies, fue citada por Semple (1978 [1979]) como presente allí.

XII. E. Heliantheae subtribus **Helianthinae** Dumort.
Por J.F. Pruski

Hierbas anuales o perennes hasta arbustos o rara vez árboles; tallos generalmente foliosos. Hojas alternas u opuestas; láminas generalmente 3-nervias y no disecadas, las superficies frecuentemente escabrosas. Capitulescencia generalmente terminal, generalmente monocéfala a abiertamente cimosa o corimbosa, típicamente de cabezuelas plurifloras, libres, rara vez una sinflorescencia de cabezuelas unifloras agregadas. Cabezuelas plurifloras, o muy rara vez unifloras, radiadas o discoides; involucro cilíndrico a hemisférico; filarios típicamente libres y no connatos en un tubo involucral, muy rara vez connatos en un tubo involucral, subiguales a graduados, generalmente 2-7-seriados, en general herbáceos al menos apicalmente; clinanto paleáceo o rara vez sin páleas; páleas por lo general marcadamente conduplicadas, rara vez completamente encerrando las cipselas (o en la antesis el disco ovario) y al madurar deciduas con las cipselas como una estructura periginiforme. Flores radiadas estériles, 1-seriadas; limbo de la corola adaxialmente papiloso. Flores del disco 1-numerosas, típicamente bisexuales o muy rara vez las internas aparentemente funcionalmente estaminadas; corola típicamente 5-lobada, la nervadura de la garganta sin fibras embebidas, los conductos resinosos generalmente solitarios (algunas veces en pares) a lo largo de la nervadura, la base de la garganta frecuentemente redondeada o abultada; anteras no caudadas, los filamentos glabros o rara vez largamente pilosos, las tecas típicamente negras, el patrón endotecial polarizado; tronco del estilo con conductos de resina típicamente presentes solo hacia afuera de la nervadura, la resina generalmente amarillenta, con una superficie estigmática más o menos continua, nunca obviamente de 2 bandas, el ápice algunas veces largamente apendiculado. Cipselas típicamente libres de las páleas y típicamente sin formar una estructura periginiforme, típicamente (excepto algunas veces en *Lagascea*) al menos ligeramente comprimidas, pardas a negras, carbonizadas, cortamente estriadas a estriadas, los carpóforos frecuentemente de 2 lobos cortos opuestos, nunca con una estructura patentiforme esclerificada, típicamente sin eleosomas; vilano generalmente bilateral y 2-aristado, con escuámulas entremezcladas o sin estas, algunas veces no comoso. Generalmente *x* = 17, algunas veces menor. Aprox. 21 gen. y 350 spp., América tropical.

La circunscripción de la subtribus Helianthinae es la de Robinson (1981) y Panero (2007b [2006]). La circunscripción de los géneros componentes básicamente sigue Robinson (1981), Strother (1999), Rzedowski y Calderón de Rzedowski (2008), y Rzedowski et al. (2011), donde *Viguiera* está definida con c. 100 especies o más. Recientemente, sin embargo, Schilling y Panero (2011) propusieron reconocer *Viguiera* como monotípico, y expandieron *Aldama* para incluir la mayor parte de *Viguiera* sensu Blake (1918).

Bibliografía: Blake, S.F. *Contr. Gray Herb.* 54: 1-205 (1918). Panero, J.L. *Syst. Bot. Monogr.* 36: 1-195 (1992); *Fam. Gen. Vasc. Pl.,* 8: 440-477 (2007 [2006]). Pruski, J.F. *Castanea* 63: 74-75 (1998b); *Monogr. Syst. Bot. Missouri Bot. Gard.* 114: 339-420 (2010). Robinson, H. *Smithsonian Contr. Bot.* 51: 1-102 (1981). Robinson, B.L. y Greenman, J.M. *Proc. Boston Soc. Nat. Hist.* 29: 87-104 (1901 [1899]). Rzedowski, J. y Calderón de Rzedowski, G. *Fl. Bajío* 157: 1-344 (2008). Rzedowski, J. et al. *Fl. Bajío* 172: 1-409 (2011). Schilling, E.E. y Panero, J.L. *Bot. J. Linn. Soc.* 140: 65-76 (2002); 167: 311-331 (2011). Spooner, D.M. *Syst. Bot. Monogr.* 30: 1-90 (1990). Strother, J.L. *Fl. Chiapas* 5: 1-232 (1999).

1. Hierbas subescapíferas perennes.   **159. Iostephane**
1. Hierbas generalmente erectas hasta arbustos, algunas veces árboles, los tallos generalmente foliosos.
   2. Capitulescencias una sinflorescencia de cabezuelas unifloras agregadas; filarios connatos lateralmente por la mayoría de su longitud en un tubo involucral.   **160. Lagascea**
   2. Capitulescencias de cabezuelas plurifloras, libres; filarios libres y no connatos en un tubo involucral.
     3. Capitulescencias de cabezuelas subglomeradas agregadas; cabezuelas discoides, con 3-5 flores; corolas del disco blanco-verdoso.   **156. Garcilassa**
     3. Capitulescencias generalmente monocéfalas a abiertamente cimosas o corimbosas, cuando algo aglomeradas entonces las cabezuelas plurifloras; cabezuelas en su mayoría radiadas o infrecuentemente discoides pero entonces las corolas del disco plurifloras, generalmente amarillas.
       4. Páleas encerrando las cipselas y al madurar deciduas con las cipselas como una estructura periginiforme.
         5. Láminas de las hojas glandulosas abaxialmente; filarios laxamente imbricados; tubo de las corolas radiadas moderadamente corto, los limbos típicamente oblongos; corola del disco angostamente infundibuliforme, apéndices de la antera ovados; ramas del estilo moderadamente aplanadas; páleas marginales maduras cartáceas.   **155. Aldama**
         5. Láminas de las hojas no glandulosas abaxialmente; filarios básicamente eximbricados; tubo de las corolas radiadas alargado, los limbos elíptico-ovados a orbiculares; corola del disco tubular-infundibuliforme, los apéndices de la antera lanceolados; ramas del estilo subteretes a levemente aplanadas; paleas marginales maduras engrosadas y esclerificadas.   **161. Sclerocarpus**
       4. Páleas conduplicadas pero no completamente encerrando las cipselas, las páleas no deciduas con las cipselas como una estructura periginiforme.
         6. Pedúnculos típicamente dilatados y fistulosos distalmente.   **163. Tithonia**
         6. Pedúnculos no fistulosos y dilatados distalmente.
           7. Ramas del estilo largamente apendiculadas; páleas trífidas; vilano caduco.   **157. Helianthus**
           7. Ramas del estilo sin apéndices o cortamente apendiculadas; páleas no trífidas o algunas veces inconspicuamente trífidas.
             8. Cipselas típica y marcadamente comprimidas y no hinchado-biconvexas o algunas veces ligeramente lateralmente engrosadas y ligeramente hinchado-biconvexas; escuámulas intermedias del vilano generalmente ausentes; ovarios radiados (2.3-)3.5-8.2(-10.2) mm.   **162. Simsia**
             8. Cipselas comprimido-biconvexas a subcuadrangulares, ligeramente hinchadas; escuámulas intermedias del vilano frecuentemente presentes; ovarios radiados menos de 4 mm.
               9. Láminas de las hojas linear-lanceoladas a ovadas o rómbico-ovadas, cartáceas, 1-nervias; cipselas no comosas; $x = 8$.   **158. Heliomeris**
               9. Láminas de las hojas generalmente triplinervias o 3-nervias desde cerca de la base; vilano generalmente 2-aristado (o 2-escamoso) con escuámulas intermedias; $x = 17$.   **164. Viguiera**

155. Aldama La Llave

Por J.F. Pruski.

Hierbas delgadas anuales; tallos por lo general rígidamente erectos, dicótomo-ramificados o rara vez opuesto-ramificados casi hasta el ápice, subteretes, estriados, estrigosos a pilosos o hirsutos, algunas veces tornando a glabrescentes; entrenudos del 1/2 del tallo típicamente más largos que las hojas. Hojas opuestas proximalmente hasta alternas distalmente, pecioladas; láminas generalmente lanceoladas, 3-nervias desde la base, las superficies pelosas, algunos tricomas de la superficie adaxial con célula subsidiaria moderadamente engrosada, la superficie abaxial también finamente punteado-glandulosa, la base (Mesoamérica) escasamente decurrente sobre el pecíolo, los márgenes subenteros a calloso-denticulados o serrulados. Capitulescencia terminal, solitaria o con 2-varias cabezuelas, abiertas, generalmente desde poco nudos distales, abiertas; pedúnculos generalmente alargados. Cabezuelas radiadas o algunas veces discoides pero luego plurifloras; involucro campanulado a hemisférico; filarios 10-15, subiguales o a veces algunos filarios externos más cortos, los filarios externos mucho más angostos que los filarios internos, laxamente imbricados, 2-seriados o 3-seriados, adpresos, más o menos aplanados, subherbáceos al menos apicalmente, al menos los filarios internos generalmente 5-9-estriados; clinanto convexo a hemisférico o en fruto bajo-cónico, paleáceo; páleas (Mesoamérica) laxa pero completamente encerrando las cipselas (o en la antesis el disco, ovario y partes proximales de la corola del disco), y al madurar deciduas con las cipselas como una estructura periginiforme, las páleas marginales maduras cartáceas. Flores radiadas muy rara vez con el estilo sin ramificar; corola amarilla, el tubo moderadamente corto, dilatado, el limbo típicamente oblongo a rara vez ovado, abaxialmente en general glanduloso y frecuentemente setuloso-papiloso; ovario linear-cilíndrico. Flores del disco bisexuales; corola angostamente infundibuliforme, 5-lobada, generalmente amarilla en toda su longitud, el tubo moderadamente ancho, mucho más corto que el limbo abruptamente pero muy angostamente ampliado, 5-10-nervia, los conductos resinosos parduscos, el lobo (Mesoamérica) deltado o triangular-lanceolado, con la nervadura intramarginal, papiloso por dentro; anteras negras, los filamentos glabros, la base de la teca cortamente sagitada, el apéndice ovado-lanceolado; estilo con nudo basal (Mesoamérica), las ramas moderadamente aplanadas, con 2 bandas, el ápice largamente atenuado. Cipselas comprimido-obovoides, negras, glabras, no comosas o el vilano bajo-coroniforme, laxa pero completamente envolviendo la pálea y deciduo junto con esta como una estructura periginiforme, la estructura periginiforme papiráceo-endurecida, estriada, ruguloso-tuberculada entre las estrías o las externas corrugadas abaxialmente, glabras, los márgenes sobrelapados sobre la cara adaxial, el ápice rostrado-cuculado, desviando hacia adentro la corola del disco tardíamente decidua. $x = 17$. 118 spp. Suroeste de los Estados Unidos, México, Mesoamérica, Sudamérica.

Feddema (1971) restableció *Aldama* de la sinonimia de *Sclerocarpus*. En este tratamiento *Aldama* es estrechamente circunscrito, más o menos como lo hicieron Feddema (1971), Robinson (1981), Strother (1999), Panero (2007b [2006]), y Rzedowski y Calderón de Rzedowski (2008). Puede notarse, sin embargo, que Schilling y Panero (2011) expandieron *Aldama* a 118 especies al incluir la mayor parte de las especies de *Viguiera* sensu Blake (1918), además del tipo. Si finalmente la filogenia molecular de Schilling y Panero (2011) se mantiene, como se piensa lo será, es mejor conservar *Viguiera* con un nuevo tipo para mantener el uso más o menos como en Blake (1918), en cuyo caso las especies mesoamericanas de *Aldama* cambiarían de nombres.

Las poblaciones sudamericanas de *A. dentata*, a diferencia de las colecciones de México y Mesoamérica, tienen los limbos de las corolas radiadas glandulosos, pero no setuloso-papilosos abaxialmente, menos flores del disco, los periginios internos más cortamente rostrados, y tienden a tener periginios sin rostro marginalmente en múltiples series de menor tamaño los cuales no son tan marcadamente aplanados radialmente.

Bibliografía: Feddema, C. *Phytologia* 21: 308-314 (1971).

1. Cabezuelas radiadas; pedúnculos delgadamente cilíndricos en toda su longitud; filarios obtusos a redondeados, frecuentemente mucho más cortos que las flores del disco, los conductos resinosos de los filarios internos purpúreos a negruzcos; garganta de la corola del disco de apariencia 10-nervia; anteras negras. **1. A. dentata**
1. Cabezuelas discoides; pedúnculos angostamente fistulosos; filarios agudos, subiguales a las flores del disco, los conductos resinosos de los filarios internos anaranjado-pardos; garganta de la corola del disco 5-nervia; anteras amarillas. **2. A. mesoamericana**

1. Aldama dentata La Llave, *Nov. Veg. Descr.* 1: 14 (1824). Tipo: México, Veracruz, *La Llave s.n.* (G?, MA?). Ilustr.: Nash, *Fieldiana, Bot.* 24(12): 504, t. 49 (1976). N.v.: Flor amarilla, H.

Gymnolomia acuminata S.F. Blake, *Gymnopsis dentata* (La Llave) DC., *G. schiedeana* DC., *Sclerocarpus coffeicola* Klatt?, *S. dentatus* (La Llave) Benth. et Hook. f. ex Hemsl., *S. elongatus* (Greenm.) Greenm. et C.H. Thomps., *S. kerberi* E. Fourn., *S. schiedeanus* (DC.) Benth. et Hook. f. ex Hemsl., *S. schiedeanus* var. *elongatus* Greenm.

Hierbas, 0.3-1.5(-2.5) m, con raíces axonomorfas; tallos dicotómicamente ramificados, generalmente estrigosos con tricomas adpresos, algunas veces hirsutas con tricomas patentes. Hojas (2-)3-12 × 0.5-4 cm, linear-lanceoladas a ovado-lanceoladas o las hojas proximales algunas veces ovadas, 3-nervias desde la acuminación basal, las superficies subestrigoso-hirsutas, los tricomas generalmente menos de 1.2 mm o los de la nervadura algunas veces más largos, generalmente antrorsos, la base cuneada u obtusa a rara vez casi truncada, los márgenes subenteros a denticulados o algunas veces serrulados, el ápice agudo a largamente acuminado; pecíolo 0.2-1.5 cm, piloso. Capitulescencia con varias cabezuelas; pedúnculos 4-10.5(-12) cm, delgadamente cilíndricos en toda su longitud, sin brácteas, algunas veces densamente blanco-estrigosos o densamente blanco-hirsutos, indistintamente heterótricos con indumento granuloso bajo. Cabezuelas 5-10(-12) mm, radiadas; involucro 4.5-7.5(-9) × 5-9(-11) mm, mucho más corto hasta casi tan largo como las flores del disco, campanulado; filarios 3-7.5(-9) × 1-4(-5) mm, moderadamente graduados, los filarios externos generalmente subiguales a casi 1/2 de la longitud de los internos, lanceolados a obovados, hirsuto-estrigosos en toda su longitud o los filarios internos esparcidamente así, los filarios internos también frecuentemente escabroso-estrigulosos, las bases pajizo-cartáceas, los márgenes hirsuto-ciliados; filarios externos agudos a rara vez obtusos; filarios internos generalmente obtusos a algunas veces redondeados, estriados con los conductos resinosos purpúreos a negruzcos; páleas 3.5-8 mm, de contorno oblongo-obovado hasta las internas tubulares, algunas veces las externas obcomprimidas, las internas típicamente las más largas. Flores radiadas 5-9(-11), tubo de la corola 1.3-1.5 mm, el limbo (4-)6-15 × 2.5-5 mm, 9-11-nervias. Flores del disco (8-)20-50 o más numerosas; corola 3.5-5.5 mm, hírtula a esparcidamente hírtula, el tubo 1-1.4 mm, dilatado, la garganta de apariencia 10-nervia pero frecuentemente con conductos resinosos pareados cercanamente bordeando cada una de los 5 nervios principales, la nervadura intermedia algunas veces tenue, generalmente de un solo conducto o rara vez los conductos pareados, los lobos 0.7-1.1 mm, triangular-lanceolados, algunas veces ligeramente rojizos; anteras 2.3-2.5 mm, amarillas, el apéndice c. 0.7 mm, ovado, no glanduloso o algunas veces glanduloso; estilo con nudo c. 0.1-0.2 mm, anchamente cónico a bulboso, las ramas 1.2-1.3 mm, acuminadas. Cipselas 2-4 × 1.1-1.3 mm, de contorno oblongo a angostamente obovado, comprimidas, el carpóforo marcadamente asimétrico, curvando hacia adentro; vilano generalmente coroniforme, bajo, la corona 0.1-0.2 mm; estructura periginiforme 4-8 mm, de contorno ovado, las externas obcomprimidas y ligeramente aladas lateralmente, parduscas, el cuerpo 3-5 × 2-2.8 mm, el rostro 1-3.5 mm. Floración

jun.-mar. $2n = 34$. *Claros, áreas alteradas, laderas en selvas altas perennifolias, bosques abiertos de* Pinus-Quercus, *orillas de caminos, tierra caliente.* T (*Pruski et al. 4233*, MO); Ch (*Pruski et al. 4227*, MO); Y (Hemsley, 1881: 164, como *Sclerocarpus dentatus*); C (*Martínez S. et al. 31377*, MO); QR (*Cabrera y Cortés 231*, MO); B (*Peck 26*, GH); G (*Heyde y Lux 3419*, US); H (*Molina R. y Molina 30890*, MO). 25-2000 m. (México, Mesoamérica, Venezuela.)

2. Aldama mesoamericana N.A. Harriman, *Syst. Bot.* 14: 580 (1989). Holotipo: Nicaragua, *Stevens 15555* (MO!). Ilustr.: Harriman, *Syst. Bot.* 14: 581, t. 1 (1989).

Hierbas de hasta 1.2 m; tallos dicotómicamente ramificados u opuesto-ramificados, delgadamente pilosos a glabrescentes. Hojas (2-)3-8 × 0.8-2.3 cm, lanceoladas, 3-nervias desde c. 0.5 cm por encima de la base, las superficies pilosas, la superficie adaxial con tricomas generalmente 1-2 mm, los c. 0.2 mm basales firmemente 2-locular o 3-locular, las células terminales largas y filiformes, la superficie adaxial con tricomas generalmente menos de 1 mm, la base cuneada, los márgenes calloso-denticulados, el ápice acuminado a atenuado; pecíolo 0.2-1 cm, piloso. Capitulescencia con (1-)2-5 cabezuelas; pedúnculos 1-5 cm, frecuentemente con hojas bracteiformes laxamente subyacentes a la cabezuela, acostillados, angostamente fistulosos en 0.5-1 cm distal, heterótricos, esparcidamente pilosos y moderadamente hírtulos. Cabezuelas 10-15 mm, discoides, plurifloras; involucro 8-10 × 7-12 mm, casi tan largo como las flores del disco, hemisférico; filarios 6-10 × 1.2-5 mm, moderadamente graduados con los externos casi 1/2 de la longitud de los internos, anchamente biacostillados basalmente, las costillas pajizas, el ápice agudo a subobtuso; filarios externos linear-lanceolados, 1-3-estriados, las estrías alternando con las costillas, los márgenes largamente ciliados; filarios internos rómbico-obovados, estriados con conductos resinosos pardo-anaranjados, distalmente ciliados; páleas 5 mm o más, anchamente giboso-ovadas. Flores radiadas ausentes. Flores del disco 15-30(-50); corola 4.3-5 mm, diminutamente hírtula especialmente sobre la garganta inferior, el tubo 1-1.3 mm, bastante dilatado con un borde basal robusto de c. 0.8 mm, la garganta 5-nervia, los conductos resinosos anchos y solo sobre la nervadura, los lobos 0.5-0.6 mm, deltados; anteras c. 2 mm, amarillas, el apéndice c. 0.6 mm, ovado, no glanduloso; estilo con nudo c. 0.2 mm, bulboso, las ramas c. 1.3 mm, agudas. Cipselas 4-5 × 1.8-2 mm, de contorno obovado, comprimidas, el carpóforo marcadamente asimétrico, curvando hacia adentro; vilano generalmente bajo-coroniforme, la corona c. 0.1 mm; estructura periginiforme 6-9.5 mm, de contorno obovado, ligeramente comprimida, c. 3 angulado-acostillada (1 abaxial, 2 adaxiales), tornando a purpúreo oscuro pero frecuentemente con rostro pajizo o los márgenes pajizos, el cuerpo 4-6 × 2.5-3.5 mm, el rostro 1.5-3.5 mm. Floración nov. *Orillas de caminos.* N (*Moreno 4523*, MO). 300-1100 m. (Endémica.)

156. Garcilassa Poepp.

Por J.F. Pruski.

Hierbas anuales; tallos erectos, ramificados, estrigosos a densamente estrigosos. Hojas simples, opuestas a generalmente alternas distalmente, pecioladas; láminas anchas, cartáceas, 3-nervias desde cerca de la base, las superficies no glandulosas, pelosas, los márgenes serrados; pecíolo frecuentemente alargado. Capitulescencia corimbosa, de cabezuelas subglomeradas agregadas, no muy exertas por encima de las hojas subyacentes. Cabezuelas discoides, con 3-5 flores; involucro ligeramente imbricado, cilíndrico; filarios desiguales a subiguales, rígidamente erectos, estrigulosos; clinanto pequeño, paleáceo; páleas más largas que los filarios, estrigulosas, endurecidas, conduplicadas, envolviendo flores. Flores radiadas ausentes. Flores del disco 3-5, bisexuales; corola campanulada, 5-lobada, blanco-verdosa, en su totalidad densamente cortamente puberulenta, la garganta con nervadura accesoria o conductos resinosos, los tricomas patentes; anteras negras, los filamentos glabros, las tecas basalmente sagitadas, el apéndice escasamente esculpido; estilo con la base escasamente engrosada, las ramas con una sola superficie estigmática, con un corto apéndice apical. Cipselas comprimido-ovoides, estrigulosas; vilano coroniforme, de pocas escamas laceradas. 1 sp. Mesoamérica, Colombia, Ecuador, Perú, Bolivia.

En el estudio molecular de Schilling y Panero (2002), *Garcilassa* e *Hymenostephium* fueron tratados como sinónimos. *Garcilassa*, el cual tiene prioridad nomenclatural sobre *Hymenostephium*, es tratado aquí como monotípico y circunscrito tradicionalmente como lo hicieron Robinson (1981) y Pruski (2010). *Hymenostephium* es tratado aquí como un sinónimo de *Viguiera*, como en D'Arcy (1975d [1976]) y Strother (1999).

1. Garcilassa rivularis Poepp., *Nov. Gen. Sp. Pl.* 3: 45 (1843). Holotipo: Perú, *Poeppig 1459* (W). Ilustr.: Nash, *Fieldiana, Bot.* 24(12): 524, t. 69 (1976). N.v.: Isinni saika, H.

Hymenostephium rivularis (Poepp.) E.E. Schill. et Panero.

Hierbas delgadas anuales algunas veces de apariencia subarbustiva, 0.6-1.5 (4) m; tallos pocas a varias veces ramificados, subteretes, estriados, la ramificación típicamente opuesta proximalmente, tornando a alterna distalmente, las ramas marcadamente ascendentes; entrenudos distales típicamente más largos que las hojas asociadas. Hojas: láminas (2.5-)4-10(-15) × (0.7-)1.1-4.5(-7.8) cm, elíptico-lanceoladas a ovadas, la superficie adaxial estrigulosa, la superficie abaxial estrigosa, la base agudo-cuneada a obtusa, en ocasiones asimétrica, el ápice angostado a atenuado, los dientes marginales algunas veces irregularmente espaciados; pecíolo (0.5-)1-3(6) cm. Capitulescencias varias por planta, 1-2 cm de diámetro, con 4-12 cabezuelas; pedúnculos 1-6 mm, estrigoso-hirsútulos. Cabezuelas 4.5-6 mm; involucro 1.5-2 mm de diámetro, patente con la edad; filarios 3-5, 2.5-3 × hasta c. 1 mm, subiguales, ligeramente 2-seriados, lanceolados a piriformes, estrigulosos, el ápice angostamente agudo a acuminado, los márgenes enteros a lacerados; páleas 3.7-4.6 × 2-3 mm, ovadas a piriformes, estrigulosas, finamente estriadas. Flores del disco: corola 1.8-2 mm, gruesa y rígida, el tubo c. 0.5-0.6 mm, la garganta c. 0.6 mm, los lobos 0.7-0.8 mm, algunas veces con una nervadura central, frecuentemente menos pelosos que el tubo y la garganta; estilo con las ramas enrolladas de c. 0.3 mm, el apéndice inflado o indistinto cuando seco. Cipselas 2.5-3 mm; vilano una corona 0.1-0.2 mm. *Playas de ríos, bosques de galería, selvas altas perennifolias, bosques tropicales de tierras bajas, áreas de crecimiento secundario, acantilados de piedra caliza, remanentes de bosque quemado, áreas cultivadas, potreros, bosques alterados.* G (*Standley 70609*, F); H (*Nelson y Cruz 9353*, MO); N (*Moreno 829*, MO); CR (*Kuntze 2060*, NY); P (*Killip 12163*, NY). 40-1100 m. (Mesoamérica, Colombia, Ecuador, Perú, Bolivia.)

Ambos ejemplares de Belice citados en Balick et al. (2000) como *Garcilassa rivularis* son determinados aquí como *Eleutheranthera ruderalis* var. *ruderalis*; *G. rivularis* es así excluida de la flora de Belice.

157. Helianthus L.

Por J.F. Pruski.

Hierbas anuales o perennes; tallos ramificados generalmente en la mitad del tallo o por encima; follaje generalmente peloso. Hojas opuestas o alternas, caulinares o en algunas especies basales, simples, sésiles o pecioladas; láminas lineares a deltadas o suborbiculares, típicamente cartáceas, triplinervias. Capitulescencia terminal y algunas veces axilar, generalmente corimbosa pero variando desde monocéfala a paniculada; pedúnculos no fistulosos y no dilatados distalmente. Cabezuelas de tamaño mediano a grande, radiadas (Mesoamérica) o rara vez discoides pero luego plurifloras; involucro frecuentemente hemisférico; filarios imbricados, subiguales o desiguales, 2-4(5)-seriados,

generalmente endurecidos basalmente con los ápices herbáceos, generalmente pelosos, frecuentemente glandulosos; clinanto aplanado a convexo (cortamente cónico en *Helianthus porteri* (A. Gray) Pruski), paleáceo; páleas conduplicadas, generalmente trífidas distalmente, el ápice algunas veces rojizo o purpúreo, persistentes. Flores radiadas algunas veces estilíferas; corola amarilla o amarillo-dorada (rara vez rojiza), el limbo 3-denticulado, en yema frecuentemente curvado sobre el disco; ovario típicamente 3-aristado. Flores del disco (15-)30-150, bisexuales; corola infundibuliforme-campanulada, 5-lobada, completamente amarilla o algunas veces rojiza o purpúrea distalmente, el tubo más corto que la garganta, los lobos triangulares; anteras con tecas cortamente sagitadas basalmente, el apéndice deltado-ovado, los filamentos glabros; ramas del estilo con las superficies estigmáticas confluentes, el ápice largamente apendiculado. Cipselas obviamente comprimidas, de contorno obovado, frecuentemente glabras; vilano caduco, (algunas veces anchamente) 2-aristado (ausente en *H. porteri*), algunas veces también con escuámulas intermedias. x = 17. Aprox. 51 spp., nativas de Norteamérica, 1 sp. en Mesoamérica. *Helianthus tuberosus* L. se encuentra con frecuencia cultivada.

Heiser et al. (1969) reconocieron 50 especies de *Helianthus* para Norteamérica. *Viguiera porteri* (A. Gray) S.F. Blake fue reconocida por Cronquist (1980), pero debido a las ramas del estilo largamente apendiculadas, Pruski (1998b) la trató como *H. porteri*, así elevando a 51 el número de especies de *Helianthus* reconocidas. *Helianthus* es similar a *Pappobolus* S.F. Blake, un sinónimo anterior sudamericano, el cual Panero (1992) diferenció por las tecas de la antera algunas veces amarillas, las ramas del estilo sin apéndices y las páleas del clinanto siempre enteras distalmente.

Bibliografía: Heiser, C.B. et al. *Mem. Torrey Bot. Club* 22(3): 1-218 (1969). Watson, E.E. *Pap. Michigan Acad. Sci.* 9: 305-475 (1929).

1. Helianthus annuus L., *Sp. Pl.* 904 (1753). Lectotipo (designado por Watson, 1929): *Herb. Linn. 1024.1* (foto MO! ex LINN). Ilustr.: Heiser et al., *Mem. Torrey Bot. Club* 22(3): 64, t. 7 (1969). N.v.: Girasol, Y; girasol, C; girasol, sunflower, B; girasol, G; girasol, mirasol, H; girasol, mirasol, ES; girasol, CR.

Helianthus lindheimerianus Scheele.

Hierbas anuales con raíces axonomorfas, 1-3(-4) m; tallos solitarios, erectos, típicamente simples a poco ramificados distalmente, híspidos, los tricomas hasta 3 mm. Hojas caulinares, alternas, largamente pecioladas; láminas 10-35 × 5-30 cm, lanceoladas-ovadas a ovadas, las mayores algunas veces inclinadas, glandulosas, la superficie adaxial escabrosa, la superficie abaxial híspida, los tricomas generalmente menos de 0.5 mm, cónicos, algunas veces los tricomas sobre la superficie adaxial 1-2 mm, la base cordata hasta cuneada en las hojas distales, los márgenes serrados, el ápice agudo a acuminado; pecíolo 2-20 cm, frecuentemente casi tan largo como la lámina, la base 5-15 mm o más de ancho, dilatada. Capitulescencia monocéfala con hasta 9 cabezuelas y abiertamente corimbosa; pedúnculo 2-20 cm, frecuentemente péndulo durante la fructificación en plantas cultivadas. Cabezuelas subglobosas a crateriformes, las cabezuelas del disco (2-)3-15(-30) cm de diámetro; filarios 10-20(-70) × 4-15(-30) mm, lanceolados a ovados, subiguales, los márgenes largamente ciliados, el ápice abruptamente atenuado a caudado, frecuentemente reflexo, generalmente hirsutos a híspidos (rara vez glabros), frecuentemente glandulosos, la superficie interna papiloso-puberulenta, los filarios internos frecuentemente pluriacostillados y endurecidos basalmente; páleas 9-12(-16) mm, con frecuencia rígidamente endurecidas, trífidas, puberulentas distalmente. Flores radiadas 17-34; tubo de la corola 2-3.5 mm, el limbo 20-50(-75) × 5-15(-23) mm, elíptico-oblanceolado, con 9-20 nervios o más, los dientes 0.2-1 mm, setoso abaxialmente. Flores del disco muchas a numerosas; corola 5-9 mm, setosa proximalmente, el tubo c. 1 mm, la garganta con base abultada, los lobos 1-2 mm, frecuentemente pardusco-rojos; anteras 4-5 mm, exertas en la antesis; ramas del estilo hasta c. 3 mm, recurvadas, distalmente papilosas. Cipselas 4-15 × 2.5-13 mm, completamente negras a maculadas o pajizo-estriadas, anchamente estriadas, frecuentemente setulosas; vilano con aristas 2-3.5 mm, las escuámulas 0-4, 0.5-1 mm. *Cultivada y algunas veces ruderal. 2n* = 34. Y (Villaseñor Ríos, 1989: 65); C (Villaseñor Ríos, 1989: 65); B (*Dwyer 15000*, MO); G (*Gil s.n.*, USCG); H (Clewell, 1975: 198); ES (Standley et Calderón, 1941: 281); CR (*Grayum y Grayum 10021*, CR). 0-1500 m. (Canadá, Estados Unidos, México; cultivada y algunas veces adventicia en Mesoamérica, Colombia, Venezuela, Guyana, Surinam, Ecuador, Perú, Bolivia, Brasil, Argentina, Antillas, Europa, Asia, África, Australia, Nueva Zelanda, Islas del Pacífico.)

Helianthus annuus es nativa de Norteamérica, pero es ampliamente adventicia en el resto del mundo. La naturaleza adventicia de *H. annuus* es acentuada debido al uso frecuente de las semillas en la alimentación de pájaros. El protólogo lineano conteniendo en su distribución nativa Perú es un error. *Helianthus annuus* es ampliamente usada como ornamental y cultivada por el aceite de girasol extraído de las semillas. Plantas ornamentales frecuentemente tienen un solo tallo, cabezuelas extremadamente grandes, anchamente aplanadas y cipselas grandes. En cultivo, son especialmente obvios los conocidos efectos fototrópicos (flores siguiendo la dirección del sol) y alopátricos de la especie. La sinonimia completa se encuentra en Heiser et al. (1969).

158. Heliomeris Nutt.

Viguiera Kunth sect. *Heliomeris* (Nutt.) S.F. Blake
Por J.F. Pruski.

Hierbas anuales o perennes o subarbustos; tallos erectos, con ramificación alterna. Hojas simples, opuestas o (en especial distalmente) alternas; sésiles o subsésiles; láminas linear-lanceoladas a ovadas o rómbico-ovadas, cartáceas, 1-nervias (Mesoamérica) a triplinervias, las superficies pelosas, glandulosas, los márgenes enteros o subenteros, frecuentemente revolutos. Capitulescencia monocéfala a abiertamente corimbosa o paniculada, cabezuelas pedunculadas; pedúnculos frecuentemente bracteados, no fistulosos y dilatados distalmente, la médula sólida. Cabezuelas radiadas; involucro hemisférico; filarios 12-19, imbricados, subiguales a ligeramente graduados, c. 2-seriados, persistentes, linear-lanceolados o lanceolados, herbáceos, poco-estriados, la base no endurecida; clinanto convexo a cortamente cónico, paleáceo; páleas conduplicadas, carinadas, no trífidas. Flores radiadas 8-16; corola amarilla, el limbo oblongo a ovado; ovario menos de 4 mm. Flores del disco generalmente 50-150, bisexuales; corola abruptamente angosto-campanulada, 5-lobada, amarilla, el tubo corto, cilíndrico, los lobos triangulares; antera con tecas negruzcas, basalmente sagitadas, el apéndice deltado-ovado, los filamentos glabros; el ápice de la rama del estilo básicamente sin apéndice, agudo, papiloso. Cipselas obovoides, comprimido-biconvexas a subcuadrangulares, ligeramente hinchadas, generalmente negras, glabras; vilano ausente. *x* = 8. Aprox. 5 o 6 spp., suroeste de los Estados Unidos, México, Mesoamérica.

Yates y Heiser (1979) revisaron *Heliomeris* y reconocieron 5 especies. Robinson y Greenman (1901a [1899]: 87-104) trataron este género en la sinonimia de *Gymnolomia* y Blake (1918) lo trató en la sinonimia de *Viguiera. Gymnolomia* pasó a ser un sinónimo de *Eleutheranthera* y *Viguiera* difiere por las cipselas típicamente comosas y filarios por lo general desigualmente graduados y basalmente endurecido-acostillados. Además, Yates y Heiser (1979) mencionan que las bases del limbo en las corolas radiadas de *H. multiflora* Nutt. tornan a rojo brillante (como lo hacen algunos taxones como patrones de guía para el polinizador aparentes cuando vistas en luz UV) cuando son expuestas a un desecante altamente básico como KOH (hidróxido de potasio), mientras que las de *Viguiera* retienen por completo la coloración amarilla.

Bibliografía: Yates, W.F. y Heiser, C.B. *Proc. Indiana Acad. Sci.* 88: 364-372 (1979).

1. Heliomeris longifolia (B.L. Rob. et Greenm.) Cockerell, *Torreya* 18: 183 (1918). *Gymnolomia longifolia* B.L. Rob. et Greenm., *Proc. Boston Soc. Nat. Hist.* 29: 92 (1901 [1899]). Isolectotipo (designado por Blake, 1918): Estados Unidos, *Wright 328* (foto MO! ex NY). Ilustr.: Rzedowski y Calderón de Rzedowski, *Fl. Bajío* 157: 275 (2008).

Viguiera longifolia (B.L. Rob. et Greenm.) S.F. Blake.

Hierbas anuales o rara vez perennes de vida corta, 0.3-1(-1.5) m, con raíces axonomorfas; tallos estrigosos o subestrigosos. Hojas subsésiles; láminas 2-11(-15) × 0.4-1 cm, linear-lanceoladas, esencialmente 1-nervias, las superficies estrigosas a estrigulosas, la superficie adaxial con tricomas de células subsidiarias escasamente agrandadas. Capitulescencia con 6-25 cabezuelas, las ramas alternas; pedúnculos 1.5-8(-12) cm. Cabezuelas 5-7 mm; involucro 6-9(-13) mm de diámetro; filarios 4-5.5(-7) × 1-1.3 mm, 2-seriados, 3-estriados, estrigulosos, el ápice acuminado; clinanto hasta 3 mm; páleas 4-4.5 mm, oblongas, pajizas con la vena media pardo-dorada distalmente, esparcidamente vellosas, el ápice agudo a cuspidado. Flores radiadas 12-15; corola con limbo 10-17 × 2-3 mm, 7-10-nervio, abaxialmente disperso-glanduloso. Flores del disco 50-100; corola 2.5-3 mm, puberulenta proximalmente, los lobos c. 0.6 mm, patentes; anteras c. 1.5 mm. Cipselas 1.4-2 mm, el carpóforo pequeño y asimétrico. Floración jun., ago., sep. *2n* = 16. *Pastizales, bosques de* Pinus-Quercus. Ch (*Breedlove 39900*, MO). 2100-2500 m. (SO. Estados Unidos, México, Mesoamérica.)

Heliomeris longifolia es muy similar a *H. annua* (M.E. Jones) Cockerell, la cual difiere básicamente por las hojas y cabezuelas menores, y también a la especie perenne *H. multiflora*. Por las hojas lanceoladas alternas y glandulosas en la superficie abaxial y por las cipselas glabras sin vilano, *H. longifolia* es superficialmente similar a *Tithonia hondurensis*, la cual difiere por los filarios claramente graduados y frecuentemente con los ápices anchos y el limbo de las corolas radiadas c. 15-nervio y no glanduloso abaxialmente, tanto como por la característica del pedúnculo fistuloso.

159. Iostephane Benth.

Pionocarpus S.F. Blake
Por J.F. Pruski.

Hierbas subescapíferas perennes desde un órgano subterráneo grueso; tallos erectos. Hojas alternas, todas arrosetadas o algunas veces el escapo bracteado, generalmente alado-pecioladas; láminas angostamente lanceoladas a ovadas o espatuladas, no lobadas a pinnatilobadas, cartáceas a subcoriáceas, pinnatinervias, las superficies pelosas a subglabras, la base cuneada a subcordata, el ápice acuminado a obtuso. Capitulescencia monocéfala a abiertamente cimosa, con 2-5(-12 cabezuelas; pedúnculos frecuentemente engrosados y fistulosos distalmente. Cabezuelas radiadas; involucro turbinado a hemisférico; filarios 12-26, subiguales, 2-seriados o 3-seriados, linear-lanceolados a ovado-lanceolados, herbáceos, la base fuertemente acostillada pero no endurecida, la superficie estrigoso-pilosa, el ápice acuminado a agudo; clinanto convexo, paleáceo. Flores radiadas 5-21, algunas veces estilíferas, 1-seriadas; corola blanca, amarilla, anaranjada, a color púrpura, el tubo robusto. Flores del disco 15-100, bisexuales; corola cilíndrico-campanulada o angostamente campanulada, 5-lobada, amarilla o los lobos algunas veces purpúreos, el tubo corto, glabro, el limbo setuloso a setoso; antera con tecas diminutamente sagitadas, negruzcas, los filamentos glabros; estilo con ápice largamente papiloso. Cipselas oblongas a obovoides, subcuadrangulares y escasamente comprimidas, negruzcas, glabras o estrigosas, truncadas apicalmente; vilano ausente o con 1 o 2 escamas frágiles además de 0-4 escuámulas laceradas. *x* = 17. Aprox. 4 spp. México, Mesoamérica.

Bibliografía: Strother, J.L. *Madroño* 30: 34-48 (1983).

1. Iostephane trilobata Hemsl., *Biol. Cent.-Amer., Bot.* 2: 169 (1881). Holotipo: México, Chiapas, *Ghiesbreght 101* (foto MO! ex K). Ilustr.: Nash, *Fieldiana, Bot.* 24(12): 530, t. 75 (1976).

Echinacea chrysantha Sch. Bip.*, Gymnolomia scaposa* Brandegee, *Rudbeckia chrysantha* Klatt.

Hierbas, generalmente 0.3-0.5 m. Hojas basales generalmente 5-10; láminas 3-14 × 2-6 cm, generalmente panduradas, escabrosas a estrigoso-pilosas, los márgenes de los lobos serrulados a serrados, el lobo terminal ovado; pecíolo 3-17 cm; hojas caulinares bracteadas. Capitulescencia con (1)2-5 cabezuelas, las ramas alternas; pedúnculos 3-16(-30) cm, estrigoso-pilosos. Cabezuelas c. 10 mm; involucro hemisférico a anchamente campanulado; filarios 6-10 × 1-2 mm, linear-lanceolados a lanceolados, verdes o especialmente los internos con los márgenes pajizos, el ápice acuminado; páleas 6-10 mm, verde-estriadas, en especial distalmente sobre la vena media, el ápice atenuado. Flores radiadas (5)6-10; corola amarilla a anaranjada, el tubo setoso, limbo 9-15 × 2-5 mm, oblongo a anchamente obovado, muy exerto del involucro, 7-9-nervio, abaxialmente setuloso. Flores del disco 15-40; corola 4.2-6 mm, amarilla, el tubo c. 1 mm, mucho más corto que la garganta, los lobos menos de 1 mm, triangulares; antera con conectivos y apéndices color pajizo. Cipselas 3-4.8 mm, glabras; vilano ausente. Floración jul.-nov. 2*n* = 34, 68. *Claros en bosques de neblina, bosques de* Pinus-Quercus. Ch (*Ghiesbreght 561*, MO). 1400-2600 m. (México, Mesoamérica.)

160. Lagascea Cav., nom. et orth. cons.

Calhounia A. Nelson, *Nocca* Cav.

Por J.F. Pruski.

Hierbas anuales o arbustos; tallos ascendentes, ramificados, subteretes, estriados, glabros a pilosos, frecuentemente estipitado-glandulosos. Hojas simples, opuestas, pecioladas a sésiles; láminas generalmente lanceoladas a oblanceoladas u ovadas, cartáceas a subcoriáceas, 3-nervias desde la base o desde por encima de la base, las superficies no punteado-glandulosas, subglabras a tomentosas o seríceas, la base obtusa a casi auriculada, los márgenes típicamente serrados, el ápice agudo a acuminado. Capitulescencia sincéfala, una sinflorescencia pediculada, globosa o campanulada, generalmente abrazada por c. 5 brácteas foliosas, con 8-55 cabezuelas secundariamente agregadas. Cabezuelas típicamente sésiles, con 1(2-8) flores, discoides; involucro cilíndrico; filarios en general pocos, 1-seriados, lateralmente connatos la mayoría de su longitud en un tubo involucral con el ápice de los lobos libre, rodeando y lateralmente encerrando la(s) cipsela(s), subglabros a densamente pilosos, cada uno estriado con 1-3 nervios resinosos, algunas veces también estipitado-glandulosos; clinanto sin páleas, convexo. Flores radiadas 0. Flores del disco bisexuales; corola infundibuliforme, 5-lobada, frecuentemente amarilla, la garganta y los lobos en general pelosos; anteras amarillas a negras, las tecas basalmente cortamente sagitadas, los filamentos glabros; tronco del estilo con conductos resinosos también presentes dentro de la nervadura, las ramas de resina exertas, típicamente hírtulas, patentes a recurvadas. Cipselas obcónicas a obovoides, algunas veces comprimidas, con frecuencia basalmente atenuadas, el carpóforo (Mesoamérica) pequeño y casi inconspicuo; vilano coroniforme o de aristas ancistrosas desiguales. *x* = 17. 8 spp.; es un género principalmente mexicano distribuido desde el sur de Estados Unidos hasta Nicaragua; 1 sp. se encuentra en las Antillas, Sudamérica, y ha sido introducida en los paleotrópicos.

Bibliografía: Stuessy, T.F. *Fieldiana, Bot.* 38: 75-133 (1978).

1. Arbustos; hojas típicamente sésiles y subauriculadas; brácteas foliosas subyacentes a la sinflorescencia 20-30 mm; corolas 10.5-17 mm; cipselas c. 5-7 mm. **1. L. helianthifolia**

1. Hierbas anuales; hojas delgadamente pecioladas; brácteas foliosas subyacentes a la sinflorescencia 5-16 mm, corolas 4-6.3 mm; cipselas 3-3.2 mm. **2. L. mollis**

1. Lagascea helianthifolia Kunth in Humb., Bonpl. et Kunth, *Nov. Gen. Sp.* folio ed. 4: 19 (1820 [1818]). Holotipo: México, Guerrero, *Humboldt y Bonpland s.n.* (P-Bonpl.). Ilustr. Nash, *Fieldiana, Bot.* 24(12): 532, t. 77 (1976). N.v.: Soj wamal, Ch; camelia, cardol blanco, G; lengua de vaca, H.

Calhounia helianthifolia (Kunth) A. Nelson, *C. suaveolens* (Kunth) A. Nelson, *C. tomentosa* (B.L. Rob. et Greenm.) A. Nelson, *Lagascea helianthifolia* Kunth var. *adenocaulis* B.L. Rob., *L. helianthifolia* var. *levior* (B.L. Rob.) B.L. Rob.?, *L. helianthifolia* var. *suaveolens* (Kunth) B.L. Rob., *L. latifolia* (Cerv.) DC., *L. pteropoda* (S.F. Blake) Standl., *L. suaveolens* Kunth, *L. tomentosa* B.L. Rob. et Greenm., *Nocca helianthifolia* (Kunth) Cass., *N. helianthifolia* var. *levior* B.L. Rob.?, *N. helianthifolia* var. *suaveolens* (Kunth) B.L. Rob., *N. latifolia* Cerv., *N. pteropoda* S.F. Blake, *N. suaveolens* (Kunth) Cass., *N. tomentosa* (B.L. Rob. et Greenm.) B.L. Rob.

Arbustos de hasta 3 m; tallos erectos, frecuentemente ramificados desde la base, simples o poco-ramificados distalmente, ramificaciones de la capitulescencia opuestas o rara vez alternas; entrenudos subdistales típicamente mucho más cortos que las hojas, pilosos o hirsutos a densamente así, también frecuentemente corto estipitado-glandulosos. Hojas típicamente sésiles, rara vez pecioladas; láminas 4-26.5(-33) × 2-9(-12.5) cm, típicamente elíptico-panduradas a ovado-panduradas, subcoriáceas, pinnatinervias, tornándose 3-nervias desde muy por encima de la base cerca al punto donde la hoja se amplía, la superficie adaxial típicamente escábrida, hirsútula o rara vez glabrescente, la superficie abaxial típicamente pilosa a rara vez hirsútula a subglabra, la base auriculada o rara vez cuneada, los márgenes serrulados a serrados, el ápice agudo a acuminado. Sinflorescencia 2-3 × 1-2.5(-4) cm, típicamente terminal y ocurriendo solitaria o en tríos y corimbosa, cada una con 19-32 cabezuelas, campanulada, cada una laxamente abrazada por las brácteas foliosas; brácteas 4-7, 2-3 × 0.6-1 cm, elíptico-lanceoladas o elíptico-oblanceoladas, algunas veces patentes hacia afuera, generalmente plinervias, las superficies seríceovellosas, algunas veces cortamente estipitado-glandulosas; ramas subyacentes a la sinflorescencia 0.2-1.5 cm, pilosas, con frecuencia cortamente estipitado-glandulosas. Cabezuelas 10.5-23 mm incluyendo el estilo el cual al madurar está exerto 6-8 mm más allá de la corola, con 1 flor; involucro 5-9 mm, tubular, connato pero distalmente 4-6-lobado, verdoso, largamente piloso a largamente velloso, también elíptico-glanduloso, las superficies ligeramente cubiertas por el indumento, los lobos generalmente 2-3.6 mm, desiguales, lanceolados. Flores del disco: corola muy exerta del involucro 10.5-20 mm, típicamente con solo tubo sostenido por dentro del involucro, color crema o blanco-verdoso, tornándose rojizo distalmente, setoso al menos distalmente, el tubo 3-5 mm, el limbo ampliado, la garganta 6-7 mm, los lobos 1.5-3 mm; anteras 4-6 mm, pardo oscuro a rojizas; estilo frecuentemente exerto 6-8 mm más allá de la corola, las ramas 5-6 mm, hispídulas, erectas o ascendentes hasta apicalmente enrolladas. Cipselas (4-)5-7(-8) mm, elipsoidales a obovoides, escasamente comprimidas, negras, pilosas al menos distalmente, tardíamente caedizas del involucro; vilano con corona c. 0.4 mm, erosa. 2*n* = 34. *Orillas de caminos, pastizales, bosques de* Pinus-Quercus, *campos, bosques húmedos, matorrales bajos, bosques secos.* Ch (*Matuda 1961*, MO); G (von *Türckheim II 2049*, MO); H (*Williams y Molina R. 14804*, MO); ES (*Standley 19116*, MO); N (*Moreno 13996*, F). 200-1600 m. (México, Mesoamérica.)

Lagascea helianthifolia es una especie morfológicamente variable y fue tratada por Stuessy (1978) con 2 variedades, siendo las plantas de Mesoamérica referidas por él como *L. helianthifolia* var. *helianthifolia*. La segunda variedad *L. helianthifolia* var. *levior* aparentemente difiere por las hojas algunas veces pecioladas y basalmente cuneadas a redondeadas y por varias sinflorescencias típicamente agregadas distalmente, pero estas tendencias parecen ser muy variables para reconocimiento varietal en la mayoría de los géneros, y este taxón es aquí tratado como un posible sinónimo. *Lagascea helianthifolia* var. *levior* fue tratada por Stuessy (1978) como endémica del norte y oeste de México (Chihuahua, Colima, Durango, Jalisco, Nayarit, Sinaloa, Sonora.)

2. Lagascea mollis Cav., *Anales Ci. Nat.* 6: 332 (1803). Lectotipo (designado por Stuessy, 1978): cultivado en Madrid a partir de semillas de Cuba originalmente colectadas por Espinosa y Peralta (foto MO! ex MA-475875). Ilustr.: Cavanilles, *Anales Ci. Nat.* 6: t. 44 (1803).

Lagascea campestris Gardner, *L. kunthiana* Gardner, *L. parvifolia* Klatt, *Nocca mollis* (Cav.) Jacq.

Hierbas frecuentemente anuales, hasta 1(-1.5) m; tallos moderadamente ramificados distalmente; entrenudos frecuentemente mucho más largos que las hojas, ramificaciones opuestas a generalmente alternas distalmente, hírtulas a glabrescentes proximalmente. Hojas: láminas (1.3-)2-7.2 × (0.5-)1-4.5 cm, lanceoladas a ovadas, cartáceas, 3-nervias desde cerca la base, las superficies estrigosas a seríceas, ligeramente grisáceas, la base cuneada a obtusa, los márgenes subenteros a serrados, el ápice agudo a acuminado; pecíolo (0.5-)1-2.7 cm, delgado. Sinflorescencia en general c. 1.5 × 1.5 cm, con 8-25 cabezuelas, campanulada a hemisférica; brácteas foliosas 5-16 × (1-)3-7 mm, lanceoladas a ovadas, generalmente 3-nervias, las superficies estrigosas a seríceas, los tricomas frecuentemente estipitado-glandulosos pero la glándula fácilmente quebradiza; ramas subyacentes a la sinflorescencia 1-7(-14) cm, hirsútulas a densamente estipitado-glandulosas pero las glándulas fácilmente quebradizas. Cabezuelas hasta c. 8.5 mm, con 1 flor; involucro 4-6 mm, tubular, 4-6-lobado, piloso excepto sobre la superficie interna del tubo, el tubo amarillento, los lobos 1.3-2 mm, linear-lanceolados, verdosos. Flores del disco: la corola 4-6.3 mm, tempranamente decidua, muy exerta del involucro, blanca a color violeta, el tubo 1-1.9 mm, el limbo ampliado, la garganta 2-2.3 mm, los lobos 1-2.1 mm, setosos; anteras negras; estilo con ramas c. 1 mm, patentes a marcadamente enrolladas, las ramas con frecuencia aparentemente connatas por la mayoría de su longitud. Cipselas 3-3.2 mm, obovoides, escasamente comprimidas, glabras o apicalmente vellosas; vilano con corona c. 0.3 mm, erosa. 2*n* = 34. *Selvas bajas caducifolias, selvas medianas, bosques secos, bosques húmedos, a lo largo de arroyos, bosques costeros, laderas de pastoreo, bosques de galería, planicies aluviales, matorrales, sabanas inundadas, tierras abandonadas.* T (*Cowan 2470*, TEX); Ch (*Breedlove 47147*, CAS); Y (*Gaumer 518*, MO); C (*Lundell 1105*, US); B (*Lundell 4924*, MO); G (*Standley 74643*, F); H (*Ordoñez 17*, MO); N (*Molina R. 23181*, MO); CR (*Weston et al. 2860*, MO). 0-1400 m. (Estados Unidos [Florida], México, Mesoamérica, Colombia, Venezuela, Ecuador, Perú, Bolivia, Brasil, Paraguay, Argentina, Cuba, Jamaica, La Española, Puerto Rico, Islas Vírgenes, Antillas Menores, Trinidad y Tobago, Asia, África, Islas del Pacífico.)

161. Sclerocarpus Jacq.

Por J.F. Pruski.

Hierbas generalmente anuales (excepto 1 sp.), rara vez hierbas perennes a rara vez subarbustos; tallos erectos a rara vez decumbentes, ramificaciones opuestas proximalmente a dicotómicamente ramificados distalmente, subteretes, estrigosos o hirsutos a vellosos, glabrescentes proximalmente. Hojas opuestas proximalmente a alternas distalmente, generalmente pecioladas (excepto 1 sp.) o las distales algunas veces subsésiles; láminas lanceoladas a ovadas, 3-nervias desde cerca de la base, las superficies no glandulosas, escabroso-estrigosas a algu-

nas veces glabras, cualquiera de las superficies con algunos tricomas de células subsidiarias moderadamente engrosadas, la base generalmente cuneada a redondeada y escasamente decurrente sobre el pecíolo, los márgenes irregular y gruesamente dentados o algunas veces casi subenteros, el ápice generalmente agudo. Capitulescencia terminal, solitaria hasta con numerosas cabezuelas, abierta y corimboso-paniculada foliosa de cabezuelas solitarias; pedúnculos generalmente alargados. Cabezuelas radiadas; involucro 12-20 mm de diámetro, campanulado a hemisférico, los filarios 3-9(-16), 1-seriados o 2-seriados, básicamente eximbricados, ascendentes tornando a reflexos con la edad, más o menos aplanados, subherbáceos, verdes, persistentes; filarios externos cada uno subyacente a una flor radiada; clinanto convexo a bajocónico, paleáceo; páleas de base bulbosa, los márgenes sobrelapados adaxialmente, generalmente glabras, tornando a endurecidas, algunas veces rostradas, las páleas marginales maduras engrosadas y esclerificadas, las páleas internas más largas que las externas, finalmente apretadas y completamente encerrando las cipselas (o en la antesis el disco del ovario y partes proximales de la corola del disco) y al madurar deciduas con las cipselas como una estructura periginiforme. Flores radiadas 5-8; corola amarilla a amarillo-anaranjada, en general tempranamente caduca, el tubo alargado, algunas veces tan largo como los filarios, el limbo elíptico-ovado a orbicular, con frecuencia relativamente grueso y rígido (especialmente cuando seco), generalmente 9-11-nervio, típicamente estriguloso abaxialmente, la superficie adaxial alargado-papilosa; ovario linear-cilíndrico. Flores del disco (3-)10-50, bisexuales o algunas veces las más internas notablemente menores y de apariencia funcionalmente estaminada; corola tubular-infundibuliforme, (4)5-lobada, amarilla (rara vez purpúrea en 1/2 distal) o los lobos algunas veces purpúreo-pelosos, hírtula, el tubo delgado, inconspicuo desde el limbo, el limbo muy gradual y escasamente ampliado, 5-nervio, los conductos resinosos parduscos, los lobos lanceolados, la nervadura casi marginal, largamente papilosas por dentro; anteras mucho más cortas que el limbo, típicamente incluidas (algunas veces escasamente exertas en *Sclerocarpus papposus* (Greenm.) Feddema), amarillas a algunas veces negras, los filamentos glabros, la base de las tecas cortamente sagitada, el apéndice lanceolado; estilo con base escasamente dilatada, las ramas delgadas, subteretes a escasamente aplanadas, ligeramente con dos bandas o casi continuas, el ápice atenuado. Cipselas obovoides, ligeramente comprimidas, carbonizadas, negras, cortamente estriadas, glabras; vilano ausente o lacerado-coroniforme, apretada y completamente envuelto por dentro de la pálea y cayendo juntos como una estructura periginiforme (más adelante periginio), el periginio gruesamente endurecido, verde a purpúreo, estriado, por lo demás liso a tuberculado, glabro a peloso, típicamente los márgenes sobrelapados sobre la cara adaxial, el ápice algunas veces rostrado. x = 11, 12. Aprox. 8 spp. Suroeste de los Estados Unidos, México, Mesoamérica, norte de Sudamérica, Antillas, Asia, África.

La taxonomía y circunscripción de esta especie sigue la de Feddema (1966, 1972). Aunque la variación vista dentro de *S. uniserialis* es usada como la base para el reconocimiento de infraespecies (Feddema, 1966, 1972), la variación parece paralela a aquella vista en *Aldama dentata* y entre *S. africanus* Jacq. y *S. phyllocephalus*. Debe anotarse, sin embargo, que *A. dentata* es tratada sin infraespecies, mientras que *S. africanus* y *S. phyllocephalus* son reconocidas como especies cercanamente relacionadas.

Bibliografía: Blake, S.F. *Contr. U.S. Natl. Herb.* 24: 1-32 (1922); 22: 587-661 (1924); 26: 227-263 (1930). Britton, N.L. *Brooklyn Bot. Gard. Mem.* 1: 19-118 (1918). Britton, N.L. y Wilson, P. *Bot. Porto Rico* 6: 159-316 (1925). Feddema, C. *Syst. Stud. Gen.* Sclerocarpus *Gen. Aldama (Compositae).* Unpublished Ph.D. thesis, Univ. Michigan, 1-159 (1966); *Phytologia* 23: 201-209 (1972). Villaseñor Ríos, J.L. *Techn. Rep. Rancho Santa Ana Bot. Gard.* 4: 1-122 (1989). Villaseñor Ríos, J.L. e Hinojosa Espinosa, O. *Revista Mex. Biodivers.* 82: 51-61 (2011).

1. Filarios ovados a obovados o suborbiculares, anchamente obtusos a cordatos en la base, la base sésil a subsésil; periginios de las 1-3 hileras marginales sin rostro; corola del disco con lobos negro-pelosos en la mitad del lobo. **1. S. divaricatus**
1. Filarios linear-lanceolados a oblanceolados o espatulados, la base angosto-peciolar; periginios rostrados; corola del disco con lobos amarillo-pelosos o rojizo-pardo-pelosos.
2. Cabezuelas folioso-bracteadas, las brácteas y filarios algunas veces 10 o más numerosos, al menos algunos filarios o las brácteas más largos que los periginios marginales; periginios marginales con el cuerpo estriado a tuberculado. **2. S. phyllocephalus**
2. Cabezuelas no folioso-bracteadas; filarios 5-8, generalmente más cortos que los periginios marginales; periginios marginales con el cuerpo generalmente estriado, no obviamente tuberculado. **3a. S. uniserialis var. frutescens**

1. Sclerocarpus divaricatus (Benth.) Benth. et Hook. f. ex Hemsl., *Biol. Cent.-Amer., Bot.* 2: 164 (1881). *Gymnopsis divaricata* Benth., *Bot. Voy. Sulphur* 116 (1844 [1845]). Lectotipo (designado por McVaugh, 1984): Honduras, *Sinclair s.n.* (foto MO! ex K). Ilustr.: Nash, *Fieldiana, Bot.* 24(12): 554, t. 99 (1976). N.v.: Alacate, H; calacate, flor amarilla, ES.

Sclerocarpus orcuttii Greenm., *S. triunfonis* M.E. Jones.

Hierbas anuales con raíces axonomorfas, 0.3-0.8(-1.5) m; tallos híspido-pilosos a blanco-estrigosos. Hojas (1-)2-8(-11) × (0.6-)1-4.5(-7) cm, ovadas a trulado-ovadas, las superficies híspido-estrigosas, los tricomas generalmente 0.5-1 mm, la base cuneada, los márgenes toscamente serrados, el ápice agudo a acuminado; pecíolo 0.5-3 cm, híspido-estrigoso. Capitulescencia con 10-15 cabezuelas; pedúnculos (1-)3-10(-13) cm. Cabezuelas 8-18 mm, no folioso-bracteadas; involucro 7-18 mm de diámetro, generalmente más largo que el periginio; filarios 5(-7), 6-11(-13) × 3-7(-8) mm, ovados a obovados o suborbiculares, subiguales, verdes, generalmente estrigosos, anchamente obtusos a cordatos en la base, la base sésil a subsésil; páleas 3-8 mm, estrigoso-hispídulas, las páleas externas sin rostro, las páleas internas algunas veces brevemente prolongadas apicalmente hasta una lámina abaxial. Flores radiadas 5(-7); tubo de la corola 4-8 mm, frecuentemente casi tan largo como los filarios y visible a medida que los filarios se separan, el limbo 8-16 × 6-15 mm, anchamente ovado a suborbicular. Flores del disco 10-32; corola generalmente 8-17 mm, los lobos 2-3 mm, negro-pelosos en la mitad del lobo, algunas veces notablemente más pelosos que la garganta. Cipselas 3-4 mm, vilano ausente; periginios 3-5 mm, verde tornando a negros al madurar, frecuentemente tuberculados abaxialmente, híspidos, los periginios de 1-3 hileras marginales sin rostro, el ápice de los periginios internos frecuentemente con una lámina atenuada 1-3 mm sobre el lado abaxial. Floración may.-feb. 2*n* = 22. *Claros de bosques, áreas cultivadas, áreas alteradas, laderas secas, campos, flujos de lava, bosques de Quercus, matorrales, aguijón-matorral, orillas de caminos, áreas rocosas, bosques secundarios, laderas de arroyos, borde de pantano, cenizas volcánicas.* T (*Cowan 3164*, MO); Ch (*Soule y Brunner 2387A*, MO); Y (*Gaumer 771*, NY); C (*Cabrera y Cabrera 15900*, MO); QR (*Gaumer 1753*, MO); G (*King y Renner 7015*, MO); H (*West 3547*, MO); ES (*Carlson 5*, F); N (*Baker 2207*, US); CR (*Burger y Burger 7839*, MO); P (*Tyson et al. 3006*, MO). 0-1100 m. (México, Mesoamérica, Colombia, Venezuela.)

2. Sclerocarpus phyllocephalus S.F. Blake, *Contr. U.S. Natl. Herb.* 24: 27 (1922). Holotipo: Guatemala, *Blake 7648* (foto MO! ex US). Ilustr.: Feddema, *Syst. Stud. Gen.* Sclerocarpus *Gen. Aldama (Compositae)* 100, t. 14 (1966). N.v.: Calacate, colacate, jalacate, jolacate, mirasol, rompehuevos, H; flor amarilla, ES.

Hierbas anuales 0.2-1 m; tallos híspido-pilosos a blanco-estrigosos. Hojas 2-10 × 1-4.5 cm, lanceoladas a trulado-ovadas, las superficies híspido-pilosas o la superficie abaxial subestrigosa, la base atenuada a

cuneada, los márgenes subenteros a remotamente serrados, el ápice agudo a acuminado; pecíolo 0.3-2 cm, híspido-piloso. Capitulescencia con ramas de 1 o 2 cabezuelas; pedúnculos 1-12 cm. Cabezuelas 6-15 mm, folioso-bracteadas, las brácteas y los filarios algunas veces 10 o más numerosos, al menos algunas de las brácteas o algunos de los filarios más largos que los periginios marginales; involucro abrazado por 1-3 brácteas foliosas de 1-5 cm; filarios 6-8, 5-15 × 1-3 mm, subigual a desiguales, espatulados, piloso-hirsutos, la base angosto-peciolar, patentes en fruto con periginios típicamente completamente visibles; páleas 6-11 mm, rostradas, el rostro frecuentemente curvado hacia adentro. Flores radiadas 3-7; tubo de la corola 2-3 mm, el limbo 4-7 × 3-6 mm, suborbicular; ovario esparcidamente peloso. Flores del disco 7-20; corola 5-8.5 mm, los lobos 1.2-2 mm, amarillo-pelosos. Cipselas 3-4.6 mm, vilano ausente; periginios rostrados, los periginios marginales 6-8 mm, con el cuerpo obovoide, la parte más ancha cerca 2/3 distales, estriados a tuberculados, pilosos y hírtulos, el rostro 3-6 mm, 1/2 de la longitud hasta casi tan largo como el cuerpo, el rostro por lo general escasamente dirigido hacia adentro, los periginios internos hasta 11 mm. Floración may.-feb. *Áreas alteradas, laderas secas, campos, matorrales, aguijón-matorral, orillas de caminos, áreas rocosas.* Ch (*Breedlove 42362*, MO); G (*Croat 41895*, MO); H (*Standley 18999*, NY); ES (*Rosales 1527*, MO); N (*Neill 2149*, MO). 0-1200(-1500) m. (Endémica.)

Blake (1922a) describió *Sclerocarpus phyllocephalus* sin compararla con la especie africana similar *S. africanus*, la cual 4 años antes fue registrada en el continente americano por Britton (1918). Britton y Wilson (1925) incluyeron *S. africanus* en el número de especies de las Islas Vírgenes. Casi simultáneamente, *S. columbianus* Rusby y S.F. Blake fue descrita en Blake (1924b), y diferenciándola de *S. phyllocephalus* por las corolas del disco más cortas con dientes más cortos. *Sclerocarpus columbianus* fue reducida por Blake (1930) a la sinonimia de *S. baranquillae* (Spreng.) S.F. Blake, quien dijo que aunque *S. baranquillae* y *S. africanus* podrían finalmente probar ser sinónimos, las cipselas del material colombiano parecen ser de 4-5.5 mm y las páleas 5-7 mm, mientras que en por lo demás similar *S. africanus* estas son 6.5-7 mm y 9-10 mm, respectivamente. Subsecuentemente, Feddema (1966) circunscribió la especie folioso-bracteada *S. africanus* como teniendo cipselas 4-8 mm, reduciendo *S. baranquillae* a la sinonimia, y en el continente americano registrando *S. africanus* de Colombia, Venezuela y las Islas Vírgenes.

En este tratamiento se reconoce provisionalmente *S. phyllocephalus* como distinta, basada en colecciones antillanas y sudamericanas. Las colecciones folioso-bracteadas de Estados Unidos parecen ser distintas y fueron referidas a *S. uniserialis* var. *uniserialis* (Feddema, 1966, 1972), la cual difiere por la corola del disco 7-13 mm. Estudios futuros podrían demostrar que las plantas de América tropical son conespecíficas y sin embargo distintas de *S. africanus*, el nombre *S. baranquillae* tiene prioridad y tendría que ser restablecido incluyendo *S. phyllocephalus* en la sinonimia. En este escenario, *S. africanus* sería excluida de la flora del continente americano. Por otro lado, las plantas africanas y americanas son tan similares que no hay seguridad en mantenerlas como distintas, pero se lo ha hecho según Feddema (1966).

3. Sclerocarpus uniserialis (Hook.) Benth. et Hook. f. ex Hemsl., *Biol. Cent.-Amer., Bot.* 2: 164 (1881). *Gymnopsis uniserialis* Hook., *Icon. Pl.* 2: t. 145 (1837). Isotipo: Estados Unidos, *Drummond III 135* (NY!). Ilustr.: Feddema, *Syst. Stud. Gen.* Sclerocarpus, *Gen. Aldama (Compositae)* 107, t. 15 (1966).

Aldama uniserialis (Hook.) A. Gray, *Sclerocarpus major* Small.

Sclerocarpus uniserialis consiste de 4 variedades. (Estados Unidos [Texas], México, Mesoamérica.)

3a. Sclerocarpus uniserialis (Hook.) Benth. et Hook. f. ex Hemsl. var. **frutescens** (Brandegee) Feddema, *Phytologia* 23: 206 (1972).

Sclerocarpus frutescens Brandegee, *Univ. Calif. Publ. Bot.* 4: 281 (1912). Isotipo: México, San Luis Potosí, *Purpus 5157* (MO!). Ilustr.: Rzedowski et al., *Fl. Bajío* 172: 164 (2011). N.v.: Sahum, Y.

Hierbas (0.3-)0.5-1(-1.5) m, algunas veces persistiendo con la base muy engrosada; tallos estrigoso-hirsutos. Hojas 1.5-6(-8) × 0.4-2.5(-4) cm, lanceoladas hasta en ocasiones truladas u ovadas, la superficie adaxial esparcidamente estrigosa, la superficie abaxial más densamente estrigosa, la base angosto-peciolar, los márgenes subenteros hasta un poco tosco-serrulados, el ápice agudo a acuminado; pecíolo 0.3-1.2(-1.5) cm. Capitulescencia con 1-varias cabezuelas; pedúnculos 2.5-7.5(-9) cm. Cabezuelas 9-15 mm, no folioso-bracteadas; involucro frecuentemente muy corto; filarios 5-8, (3-)4-7 × 0.5-1.3 mm, generalmente más cortos que los periginios marginales, linear-lanceolados a oblanceolados, estrigosos, la base angostamente peciolar, reflexos después de la antesis; clinanto 2-5 mm, cónico; páleas 5-9 mm, verdosas a rara vez purpúreas en yema, rostradas. Flores radiadas 5-7(-9); tubo de la corola 2.5-4.5 mm, el limbo 6-20 × 4-12 mm, obovado a suborbicular. Flores del disco (5-)12-30; corola 6-9 mm, los lobos 2-3.5 mm, lanceolados, amarillo-pelosos o rojizo-pardo-pelosos. Cipselas 3-4.5(-6) mm; vilano c. 1.1 mm, generalmente bajo-coroniforme; periginios 5-9 mm, obovoides, rostrados, periginios marginales con el cuerpo generalmente estriado, no obviamente tuberculado, al menos el rostro moderadamente estriguloso, el rostro (especialmente de los periginios internos) casi tan largo como el cuerpo, erecto. Floración jul.-oct. 2*n* = 24. *Áreas alteradas, bosques de* Quercus*, orillas de caminos, laderas arbustivas de selvas medianas subperennifolias.* Ch (*Stuessy y Gardner 4296*, MO); Y (Feddema, 1972: 207); C (*Martínez S. et al. 28197*, MO); QR (*Spellman et al. 264*, MO); B (Nash, 1976d: 308); G (*Steyermark 51425*, US). 100-1400 m. (Estados Unidos, México, Mesoamérica.)

El protólogo de *Gymnopsis uniserialis* indica Texas II (n. 135, bis) *Drummond* así como lo hace el holotipo en K.

Feddema (1966, 1972), Nash (1976d), Villaseñor Ríos (1989) y Rzedowski et al. (2011) usaron el nombre *Sclerocarpus uniserialis* var. *frutescens* para las colecciones mesoamericanas, mientras que Strother (1999) y Villaseñor Ríos e Hinojosa Espinosa (2011) reconocieron *S. uniserialis* sin infrataxones.

162. Simsia Pers.

Armania Bertero ex DC., *Barrattia* A. Gray et Engelm., *Encelia* Adans. sect. *Simsia* (Pers.) A. Gray

Por D.M. Spooner y J.F. Pruski.

Hierbas erectas o ascendentes, con raíces axonomorfas, anuales o arbustivas perennes, o arbustos, generalmente erectos o ascendentes, rara vez decumbentes y enraizando en los nudos; tallos glabros a ásperamente pelosos, glandulosos o no glandulosos; follaje frecuentemente heterótrico tanto con tricomas alargados no glandulosos así como brevemente estipitado-glandulosos (rara vez subsésiles). Hojas simples y no lobadas a profundamente 3-5-lobadas, rara vez pinnatífidas, típicamente opuestas tornándose alternas distalmente, todas las hojas pecioladas o las distales sésiles, rara vez perfoliadas frecuentemente con discos nodales; láminas cordiformes a lineares, generalmente cartáceas, 3-nervias desde la base, las superficies glabras hasta escabrosas a seríceas, glandulosas a no glandulosas, la superficie abaxial diversamente pelosa pero rara vez serícea, los márgenes crenulados a gruesamente dentados o rara vez enteros. Capitulescencia típicamente abierta y con pocas cabezuelas, monocéfala a corimbosa o paniculada, algunas veces divaricadamente ramificada; pedúnculos en general cortamente estipitado-glandulosos, frecuentemente escabrosos a estrigosos o híspidos, no fistulosos y no dilatados distalmente, la médula sólida. Cabezuelas radiadas o rara vez discoides (*Simsia eurylepis*) pero luego plurifloras; involucro campanulado a urceolado; filarios desiguales o subiguales, 2-4-seriados, adpresos a reflexos, ovados a lineares, esca-

brosos hasta híspidos a seríceos, glandulosos o no glandulosos, los márgenes ciliados, el ápice agudo a acuminado a caudado; clinanto bajo-convexo, paleáceo; páleas rígidas, conduplicadas, porciones distales frecuentemente carinadas, frecuentemente manchadas, glabras o la vena media y los márgenes pelosos, el ápice típicamente agudo a acuminado y no 3-fido. Flores radiadas (0-)5-45; limbo amarillo limón claro a amarillo-anaranjado, algunas veces rosado a color púrpura, rara vez blanco (*S. sanguinea*), cortamente estipitado-glanduloso abaxialmente; ovarios (2.3-)3.5-8.2(-10.2) mm, lineares, trígonos, con o sin las aristas. Flores del disco 12-172, bisexuales; corola amarillo-anaranjada o blanca pero frecuentemente tornando a color púrpura apicalmente, 5-lobada, cilíndrica con la base constricta, el tubo corto, cortamente estipitado-glanduloso, los lobos triangulares, escasa a densamente pelosos, algunas veces con células esclerificadas, algunas veces glandulosas, la superficie interna papilosa; antera con tecas amarillas a negras, algunas veces oscurecidas solo apicalmente, los apéndices típicamente pajizos, los filamentos glabros; ramas del estilo papilosas, no apendiculadas o cortamente apendiculadas. Cipselas de contorno obovado a elíptico con protuberancias apicales, típica y marcadamente comprimidas y no hinchado-biconvexas (algunas veces ligera y lateralmente engrosadas y ligeramente hinchado-biconvexas en *S. ghiesbreghtii* y *S. ovata*), pardo claro a negras o manchadas, glabras o hirsutas; vilano persistentemente 2-aristado (aristas algunas veces ligeramente frágiles), las aristas con frecuencia basalmente ampliadas, las escuámulas intermedias generalmente ausentes, rara vez con 4-12 escuámulas intermedias más cortas, o el vilano ausente. *x* = 17. Aprox. 22 especies, suroeste de Estados Unidos hasta el norte de Argentina.

Simsia fue restablecida de la sinonimia de *Encelia* Adans. por Blake (1914 [1913]), quien reconoció 22 especies y anotó el carácter de la cipsela marcadamente comprimida. Robinson y Brettell (1972) reconocieron 35 especies en *Simsia*, 24 de estas en México y Centroamérica, pero Spooner (1990) reconoció solo 18 especies. Debe anotarse que en varias especies de *Simsia* se sabe que la pelosidad de la cipsela varía, existen tanto cipselas pelosas como glabras. Se presume que esta variación puede existir en cada especie, así que la pelosidad de las cipselas es generalmente excluida de las descripciones a continuación. Un cambio comparativamente menor según Spooner (1990) y seguido aquí, es el reconocimiento de *Viguiera ovata* (y dos especies extra-mesoamericanas), especie con fruto ligeramente hinchado-biconvexo, cerca o dentro de *V.* ser. *Grammatoglossae* S.F. Blake como *Simsia*, como ha sido sugerido por Spooner (1990), Panero y Schilling (1992), Strother (1999) y Schilling y Panero (2010).

Bibliografía: Blake, S.F. *Proc. Amer. Acad. Arts* 49: 346-396 (1914 [1913]). Garilleti, R. *Fontqueria* 38: 1-248 (1993). Panero, J.L. y Schilling, E.E. *Novon* 2: 385-388 (1992). Robinson, H. y Brettell, R.D. *Phytologia* 24: 361-377 (1972). Schilling, E.E. y Panero, J.L. *Brittonia* 62: 309-320 (2010).

1. Limbo de las corolas radiadas rosado claro a color púrpura intenso, rara vez amarillo limón claro o blanco; apéndices de la antera casi negros completamente o pajizos y negros sobre los márgenes; pecíolos generalmente alados; nudos sin discos. **11. S. sanguinea**
1. Limbo de las corolas radiadas amarillo limón claro a amarillo-anaranjado; apéndices de la antera completamente pajizos; pecíolos alados o no alados; nudos con o sin discos.
   2. Superficie abaxial de la lámina de la hoja serícea. **6. S. ghiesbreghtii**
   2. Superficie abaxial de la lámina de la hoja variadamente pelosa pero no serícea.
      3. Filarios subiguales en longitud, las series externas generalmente 3/4 o más de la longitud de los internos.
         4. Hojas generalmente no glandulosas; anteras con tecas generalmente amarillas proximalmente, generalmente color púrpura (frecuentemente color bronce al secarse) distalmente. **1. S. amplexicaulis**
         4. Hojas densamente glandulosas; anteras con tecas amarillas o rara vez negruzcas distalmente, nunca color púrpura distalmente.

294

5. Involucros urceolados.   **3. S. chaseae** p. p.
5. Involucros campanulados a ovoide-campanulados.
  6. Hoja con ambas superficies pilosas a subseríceas, con indumento glanduloso-puberulento entremezclado; cipselas 3.1-5.1 mm; Panamá.   **5c. S. foetida** var. **panamensis**
  6. Hoja con ambas superficies setosas a híspidas, con indumento glanduloso-puberulento entremezclado; cipselas 3.5-6.6 mm; México a Costa Rica.
    7. Limbo de las corolas radiadas amarillo limón; cabezuelas 20-30 mm de ancho (incluyendo las corolas radiadas), los filarios 13-26; flores del disco 20-76.   **5a. S. foetida** var. **foetida**
    7. Limbo de las corolas radiadas amarillo-anaranjado, algunas veces amarillo limón; cabezuelas 25-45 mm de ancho (incluyendo las corolas radiadas), los filarios 21-66; flores del disco 66-172.   **5b. S. foetida** var. **grandiflora**
3. Filarios desiguales en longitud, generalmente las series del medio y externas progresivamente más cortas, los pocos filarios externos generalmente 2/3 o menos de la longitud de los internos.
  8. Cabezuelas discoides.   **4. S. eurylepis**
  8. Cabezuelas radiadas.
    9. Tecas de la antera amarillas, generalmente color púrpura o bronce distalmente; nudos algunas veces largamente pilosos; filarios generalmente color púrpura.   **8. S. lagascaeformis**
    9. Tecas de la antera amarillas a pardas a negras completamente (rara vez amarillas proximalmente y negruzcas distalmente en *S. chaseae*); nudos glabros a escabrosos o puberulentos o pelosos pero no largamente pilosos; filarios color púrpura a verde, amarillos, pardos, o verde-negro.
      10. Disco nodal ausente.
        11. Hojas glanduloso-puberulentas; tecas de la antera generalmente amarillas completamente; cipselas setulosas, algunas veces comosas.   **3. S. chaseae** p. p.
        11. Hojas no glandulosas; tecas de la antera negras; cipselas glabras, no comosas.   **10. S. ovata**
      10. Disco nodal generalmente presente (ausente en *S. santarosensis*, las hojas algunas veces perfoliadas en *S. ghiesbreghtii*).
        12. Disco nodal ausente; hojas no lobadas, subsésiles o con pecíolos hasta 1 cm, láminas subcoriáceas.   **12. S. santarosensis**
        12. Disco nodal presente en la mayoría de los nudos o las hojas perfoliadas; hojas lobadas o no lobadas, los pecíolos 0.5-14 cm, las láminas subcoriáceas a cartáceas.
          13. Hojas subcoriáceas y gruesas, no lobadas.   **14. S. villasenorii**
          13. Hojas cartáceas, lobadas a no lobadas.
            14. Hojas generalmente perfoliadas cuando opuestas, pecíolos alados o solo en parte alados hasta la base.   **2a. S. annectens** var. **grayi**
            14. Hojas generalmente no perfoliadas, con pecíolos en general no alados, excepto muy en la base donde están atadas al disco nodal.
              15. Filarios generalmente color púrpura o algunas veces verdes; limbo de las corolas radiadas de 5-7 mm; antera con tecas amarillas.   **7. S. holwayi**
              15. Filarios amarillo-verdes a pardos o verdes hasta verde-negros; limbo de las corolas radiadas 8-19.5 mm; antera con tecas amarillas a negras.
                16. Capitulescencias abiertas, corimbosas, los pedúnculos hasta 6 cm; cipselas 4.2-6.1 × 2.5-3.5 mm.   **9. S. molinae**
                16. Capitulescencias corimboso-glomeruladas, los pedúnculos 0-2 cm; cipselas 3.2-4.2 × 1.8-2.5 mm.   **13. S. steyermarkii**

1. Simsia amplexicaulis (Cav.) Pers., *Syn. Pl.* 2: 478 (1807). *Coreopsis amplexicaulis* Cav., *Descr. Pl.* 226 (1802 [1801]). Posible tipo (Garilleti, 1993: 220): cultivado en Madrid, de México, *Anon. s.n.* (MA-475579). Ilustr.: Nash, *Fieldiana, Bot.* 24(12): 557, t. 102 (1976). N.v.: Cardillo.

Encelia amplexicaulis (Cav.) Hemsl., *E. cordata* (Kunth) Hemsl., *E. heterophylla* (Kunth) Hemsl., *Helianthus amplexicaulis* DC., *H. sericeus* Sessé et Moc., *Simsia amplexicaulis* (Cav.) Pers. var. *decipiens* (S.F. Blake) S.F. Blake, *S. amplexicaulis* var. *genuina* S.F. Blake, *S. auriculata* DC., *S. foetida* (Cav.) S.F. Blake var. *decipiens* S.F. Blake, *S. heterophylla* (Kunth) DC., *S. kunthiana* Cass., *Ximenesia cordata* Kunth, *X. heterophylla* Kunth.

Anuales de raíces axonomorfas, 0.1-3 m; tallos algunas veces basalmente decumbentes y enraizando en los nudos, escabrosos a híspidos o hirsutos, también cortamente estipitado-glandulosos. Hojas angosta a profundamente 3-lobadas o no lobadas, pecioladas, no perfoliadas, sin disco nodal; láminas 2-18 × 1-14 cm, ovadas a deltadas, cartáceas, las superficies escabrosas y estrigosas, algunas veces hirsutas, generalmente no glandulosas, la base cordata a cuneada, los márgenes serrulados a dentados, el ápice agudo a acuminado; pecíolo 1-11 cm, frecuentemente alado en toda su longitud y auriculado hasta no alado. Capitulescencia corimbosa a paniculada, laxamente ramificada; pedúnculos 1-12 cm, cortamente estipitado-glandulosos, escabrosos e hirsutos. Cabezuelas 12-14 mm, radiadas; involucro 10-12 × 7-13 mm, ovoide-campanulado; filarios 15-22, generalmente casi subiguales, verde oscuro a negros, rara vez color púrpura, los filarios externos en general escasamente más cortos que los internos, 2-seriados o 3-seriados, moderada a bastante reflexos, escabrosos e hirsutos, algunas veces cortamente estipitado-glandulosos, agudos a rara vez caudados apicalmente; filarios externos 5-14 × 1-2.5 mm, lanceolados, filarios internos 6.1-14 × 1.3-2.2 mm, lanceolados a lineares; páleas 6.7-10.2 mm, pajizas, generalmente moteadas con negro, en especial distalmente, rara vez color púrpura. Flores radiadas 8-14; tubo de la corola 0.7-1.7 mm, el limbo 8-16 × 3-7.5 mm, amarilla-anaranjada. Flores del disco 23-55; corola 5.2-7 mm, el tubo 0.8-1.3 mm, los lobos 0.8-1.3 mm; antera con tecas amarillas proximalmente, generalmente color púrpura (frecuentemente color bronce al secarse) distalmente, el apéndice pajizo. Cipselas 3.5-5.5 × 1.8-3 mm, generalmente 2-aristadas; aristas 2.2-3.8 mm, rara vez ausentes. 2*n* = 34. *Claros en bosques de* Quercus-Pinus, *orillas de caminos, acequias, campos cultivados, selvas altas perennifolias, pastizales.* Ch (*Stuessy y Gardner 4304*, MO); G (*Spooner y Dorado 2751*, OS); H (*Sauer 1582*, WIS). 1300-3000 m. (México, Mesoamérica.)

Esta especie se distingue por el hábito anual, los nudos sin discos, las hojas no glandulosas o casi no glandulosas, los filarios subiguales y la antera con tecas amarillas proximalmente y generalmente color púrpura distalmente. Algunas veces se confunde con *Simsia foetida*, pero *S. amplexicaulis* no tiene glándulas o tiene pocas glándulas y carece de olor fuerte.

2. Simsia annectens S.F. Blake, *Contr. Gray Herb.* 52: 43 (1917). Lectotipo (designado por Spooner, 1990): México, Edo. México, *Seler y Seler 4472* (GH!).
Simsia annectens se reconoce con 2 variedades. La variedad típica se diferencia por los filarios subiguales.

2a. Simsia annectens S.F. Blake var. **grayi** (Sch. Bip. ex S.F. Blake) D.M. Spooner, *Syst. Bot. Monogr.* 30: 39 (1990). *Simsia grayi* Sch. Bip. ex S.F. Blake, *J. Wash. Acad. Sci.* 18: 26 (1928). Holotipo: México, Oaxaca, *Liebmann 561* (P!). Ilustr.: No se encontró.

Subarbustos a arbustos, 1.5-3 m; tallos generalmente híspidos, algunas veces apenas hirsutos o pelosos, algunas veces glandulosos, nudos no largamente pilosos. Hojas no lobadas a profundamente 3-5-lobadas, pecioladas, generalmente perfoliadas con la base de hojas opuestas fusionadas para formar un disco nodal de 0-5.5 × 0-5.5 cm; láminas 3-25 × 2-30 cm, ovadas a deltadas, cartáceas, las superficies generalmente escabrosas e hirsutas, en especial adaxialmente, algunas veces glanduloso-puberulentas, en especial abaxialmente, la base cordata a cuneada, los márgenes crenados a dentados, el ápice agudo o acuminado; pecíolo 1-14 cm, frecuentemente alado en toda su longitud o algunos pecíolos alados solo en parte hasta la base, las alas hasta 1.5 cm de diámetro. Capitulescencia corimbosa, de cabezuelas apretadamente agregadas o más laxas; pedúnculos 0.5-7 cm, algunas veces de ramificación ampliamente divaricada, generalmente hirsutos, algunas veces entremezclados glanduloso-puberulentos y pelosos. Cabezuelas 11-18 mm, radiadas; involucro 9-12 × 6-15 mm, campanulado; filarios 14-29, desiguales, 2-seriados o 3-seriados, verdes a amarillo-verdes, verde-negro, o rara vez matizados de color púrpura, adpresos a solo escasamente reflexos muy en el ápice, cortamente puberulentos a escabrosos, algunas veces glandulosos, agudos a acuminados apicalmente; filarios externos 3.7-6 × 1.6-2.8 mm, ovados a lanceolado-ovados; filarios internos 7.5-9.1 × 1.5-2.4 mm, lanceolados a lineares y linear-obovados; páleas 7.2-10 mm, pajizas, algunas veces subglabras. Flores radiadas 8-14; tubo de la corola 0.8-2.2 mm, el limbo 6.5-14 × 2-7 mm, amarillo limón claro. Flores del disco 21-67; corola 5.5-7.1 mm, el tubo 0.7-2.1 mm, los lobos 0.6-1.2 mm; antera con tecas amarillas a negras completamente, el apéndice pajizo. Cipselas 3.5-7 × 1.7-3.6 mm; aristas ausentes o 1.9-3.6 mm. $2n = 34$. *Bosques abiertos de Pinus-Quercus, frecuentemente en suelo volcánico poco profundo y piedra caliza.* Ch (*Breedlove y Strother 47040*, CAS). 800-1000 m. (México [Guerrero, Oaxaca], Mesoamérica.)

Simsia annectens en general se reconoce fácilmente por las hojas distintivamente perfoliadas o los pecíolos conspicuamente alados. La variedad típica de *S. annectens* se encuentra solo en México, y difiere de la variedad mesoamericana por los filarios densamente setosos, subiguales y frecuentemente bastante reflexos.

3. Simsia chaseae (Millsp.) S.F. Blake, *Proc. Amer. Acad. Arts* 49: 385 (1914 [1913]). *Encelia chaseae* Millsp., *Publ. Field Columb. Mus., Bot. Ser.* 3: 125 (1904). Lectotipo (designado por Blake, 1914 [1913]): México, Yucatán, *Schott 911* (F!). Ilustr.: Millspaugh y Chase, *Publ. Field Columb. Mus., Bot. Ser.* 3: lámina s.n. opuesta a 125 (1904).

Anuales de raíces axonomorfas hasta algunas veces subarbustos, 0.3-3 m; tallos glandulosos e híspidos, nudos no largamente pilosos. Hojas no lobadas a 3-lobadas 1/2 de la distancia a la vena media, pecioladas, no perfoliadas, sin disco nodal; láminas 3-18 × 2-15 cm, ancha a angostamente ovadas a deltadas cartáceas, las superficies glanduloso-puberulentas, algunas veces con indumento escabroso delgadamente esparcido o hirsutas, la base cordata a cuneada, los márgenes crenados a dentados, el ápice agudo a acuminado; pecíolo 1-7 cm, no alado. Capitulescencia corimbosa, laxamente ramificada; pedúnculos 1-6.5 cm, glanduloso-puberulentos e hirsutos. Cabezuelas 12-16 mm, radiadas; involucro 11-15 × 7-12 mm, urceolado; filarios 16-32, desiguales a casi subiguales, 3-seriados, verdes a amarillos o pardos, glanduloso-puberulentos e híspidos, el ápice adpreso a escasamente reflexo, agudo a acuminado; filarios externos 5-9.5 × 1.1-2 mm, ovados a lanceolado-ovados; filarios internos 7.8-10.2 × 1.2-2.2 mm, lanceolados; páleas 7.5-9.3 mm, pajizas, algunas veces moteadas verdoso-negras apicalmente. Flores radiadas 6-13; tubo de la corola 1-1.6 mm, el limbo 4.2-9 × 1.5-3.2 mm, amarillo limón claro. Flores del disco 21-67; corola 5.3-6.3 mm, el tubo 0.8-1.6 mm, los lobos 0.4-0.8 mm; antera con tecas en general completamente amarillas o rara vez negruzcas distalmente, el apéndice pajizo. Cipselas 4.2-6.1 × 2.5-3.8 mm, setulosas; sin vilano o comosas con las aristas 1.8-3.2 mm. $2n = 34$. *Orillas de caminos, bordes de campos de cultivo, áreas alteradas.* Y (*Gaumer 910*, MO); C (*Spooner 2802*, OS); QR (*Spooner 2811*, OS). 0-400 m. (México [Veracruz], Mesoamérica.)

4. Simsia eurylepis S.F. Blake, *Proc. Amer. Acad. Arts* 49: 382 (1914 [1913]). Holotipo: México, San Luis Potosí, *Seler y Seler 684* (GH!). Ilustr.: No se encontró.

Simsia submollicoma S.F. Blake.

Anuales con raíces axonomorfas, 0.5-3 m; tallos glabros a esparcidamente pilosos; follaje no glanduloso hasta pecíolos esparcidamente glanduloso-puberulentos, entremezclados con tricomas no glandulosos cortos y largos. Hojas no lobadas a profundamente 3-lobadas, pecioladas, frecuentemente con disco nodal hasta 3.2 cm, 3-15 × 2-13 cm, ancha a angostamente ovadas, cartáceas, las superficies puberulentas, algunas veces entremezcladas con indumento híspido o más largo que el indumento peloso, la base cordata a cuneada, los márgenes dentados a crenados, el ápice agudo a acuminado; pecíolo 1-8 cm, no alado o rara vez angostamente alado, frecuentemente largamente piloso basalmente. Capitulescencia corimbosa a paniculada, apretada a laxamente ramificada; cabezuelas subsésiles o pedunculadas; pedúnculos hasta 10 cm, esparcida a moderadamente pilosos y puberulentos. Cabezuelas 13-16 mm, discoides; involucro 10-13 × 6-12 mm, urceolado; filarios 19-32, desiguales, 3-seriados, color púrpura y verdes, adpresos, moderada a densamente seríceos a pilosos; filarios externos 3.7-6.5 × 1.6-2.5 mm, ovados; filarios internos 8.7-10.7 × 1.5-2.6 mm, ovados a lanceolados; páleas 7.4-9.8 mm, color pajizo a color púrpura. Flores radiadas 0. Flores del disco 19-41; corola 6.3-8.5 mm, amarillo-anaranjada, el tubo 1.5-2.5 mm, los lobos 1.5-1.8 mm; antera con tecas amarillas, el apéndice pajizo. Cipselas 4.2-5.8 × 2.2-3.6 mm; aristas ausentes o 0.3-5 mm. $2n = 34$. *Orillas de caminos y campos viejos.* C (*Spooner 2799*, OS). 0-100 m. (Golfo costero de México, Mesoamérica.)

5. Simsia foetida (Cav.) S.F. Blake, *Proc. Amer. Acad. Arts* 49: 385 (1914 [1913]). *Coreopsis foetida* Cav., *Icon.* 1: 55 (1791). Holotipo: cultivado en Madrid, de México, *Anon. s.n.* (imagen en Internet! ex MA-475581).

Encelia foetida (Cav.) Hemsl., *Simsia ficifolia* Pers., *Ximenesia foetida* (Cav.) Spreng.

Anuales con raíces axonomorfas, 0.5-4 m, en ocasiones persistiendo y leñosas en la base; tallos setosos o pilosos, algunas veces híspidos, generalmente también densamente glandulosos. Hojas no lobadas a angostamente a más rara vez profundamente 3-lobadas, pecioladas, no perfoliadas, rara vez con disco nodal; láminas 3-18 × 2-16 cm, ovadas a deltadas, cartáceas, las superficies hirsutas a seríceas, glanduloso-puberulento-estipitadas o subsésiles entremezcladas, la base cordata a cuneada, los márgenes crenado-dentados, el ápice agudo a acuminado; pecíolo 1-10.5 cm, no alado o alado, algunas veces auriculado-amplexicaule. Capitulescencia laxamente corimbosa, con pocas cabezuelas o muy rara vez de cabezuelas solitarias; pedúnculos 1-14 cm, densamente glanduloso-puberulentos e hirsutos. Cabezuelas 10-20 mm, radiadas; involucro 8-17 × 8-22 mm, campanulado a ovoide-campanulado; filarios 11-66, subiguales, 2-4-seriados, amarillo-verdes a verde claros, reflexos en toda su longitud hasta adpresos proximalmente y reflexos solo muy en el ápice, lineares a linear-ovados, hirsutos o velutinos y densamente glanduloso-puberulentos, los márgenes generalmente sinuados, el ápice caudado a rara vez agudo, con una sola constricción sinuada cerca del ápice; filarios externos 6-20 × 1.2-3.5 mm; filarios internos 7.1-20 × 0.5-3.2 mm; páleas 6.5-14 mm, pajizas. Flores radiadas 7-45; tubo de la corola 1.1-2.1 mm, el limbo 3.8-12 × 1.5-7 mm, amarillo limón claro a amarillo-anaranjado. Flores del disco 20-172; corola 5.2-8.7 mm, el tubo 0.6-2.5 mm, los lobos 0.5-1.5 mm; antera con tecas amarillas o rara vez negras, el apéndice pajizo. Cipselas 3.1-7.5 × 1.7-4.1 mm; aristas 1.7-7.4 mm, las escuámulas rara vez presentes. $2n = 34$. Ch, G-P. 0-100(2200) m. (México, Mesoamérica, disyunta en Venezuela, Bolivia, y Jamaica.)

Simsia foetida se distingue fácilmente por el indumento densamente glanduloso y los filarios subiguales, típicamente con puntas caudadas y una constricción sinuada cerca del ápice. *Simsia foetida* es bastante variable e interpretada con 5 variedades. Tres variedades se encuentran en Mesoamérica y 2 fuera (var. *jamaicensis* (S.F. Blake) D.M. Spooner en Jamaica y var. *megacephala* (Sch. Bip. ex S.F. Blake) D.M. Spooner en Oaxaca).

Simsia foetida es similar a *S. chaseae*, especie densamente glandulosa, pero difiere en el involucro campanulado a ovoide (vs. urceolado en *S. chaseae*). *Simsia foetida* algunas veces se confunde con *S. amplexicaulis*, pero las hojas bastante glandulosas, con olor fuerte de *S. foetida* la separan fácilmente de *S. amplexicaulis*. Adicionalmente, *S. foetida* tiene la antera con tecas amarillas, mientras en *S. amplexicaulis* son amarillas proximalmente y tienen una banda color púrpura (color bronce al secarse) distalmente.

5a. Simsia foetida (Cav.) S.F. Blake var. **foetida**. Ilustr.: Calderón de Rzedowski, G. y Rzedowski, J., *Fl. Bajío, Fasc. Compl.* 20: 149 (2004), como *S. foetida*.

Encelia adenophora Greenm., *Simsia adenophora* (Greenm.) S.F. Blake, *S. guatemalensis* H. Rob. et Brettell.

Hojas con ambas superficies setosas o algunas veces híspidas, también densamente estipitado-glandulosas. Cabezuelas 11-16 × 20-30 mm (incluyendo las corolas radiadas); involucro 8-17 × 8-13 mm; filarios 13-26, 2-seriados o 3-seriados, hirsutos y glanduloso-puberulentos. Flores radiadas 7-14; corola con limbo 5.5-11 mm, amarillo limón claro. Flores del disco 20-76; corola 5.2-8.2 mm, los lobos con nervadura intramarginal. Cipselas 3.5-6.6 × 1.8-4 mm; aristas 1.7-5.6 mm. 2*n* = 34. *Campos abiertos, matorrales arvenses, bordes de arroyos, orillas de caminos.* Ch (*Spooner 2787*, OS); G (*Pruski et al. 4527*, MO); ES (*Molina R. y Montalvo 21576*, NY). 300-1700(-2200) m. (México, Mesoamérica.)

5b. Simsia foetida (Cav.) S.F. Blake var. **grandiflora** (Benth.) D.M. Spooner, *Syst. Bot. Monogr.* 30: 70 (1990). *Simsia grandiflora* Benth., *Vidensk. Meddel. Dansk Naturhist. Foren. Kjøbenhavn* 1852: 92 (1853). Lectotipo (designado por Spooner, 1990): Nicaragua, *Oersted 100* (K!). Ilustr.: No se encontró. N.v.: Chinchiguaste; H; mirasol, ES; sirvulaca, P.

Encelia grandiflora (Benth.) Hemsl., *E. polycephala* (Benth.) Hemsl., *Simsia polycephala* Benth.

Hojas algunas veces auriculado-amplexicaules, las superficies setosas a híspidas, también moderada a densamente subsésil-glandulosas. Cabezuelas 13-19 × 25-45 mm (incluyendo corolas radiadas); involucro 9-13 × 10-22 mm; filarios 21-66, 3-seriados o 4-seriados, hirsutos y glanduloso-puberulentos. Flores radiadas 11-45; corola con limbo 7.6-12 mm, generalmente amarillo-anaranjado, algunas veces amarillo limón (C. y E. Guatemala). Flores del disco 66-172; corola 6.1-7.4 mm. Cipselas 4-6.2 × 2.5-3.4 mm; aristas 2.7-6 mm. 2*n* = 34. *Matorrales arvenses secos, laderas de arroyos, claros en remanentes de bosques de Pinus, campos, orillas de caminos.* G (*Spooner y Dorado 2740*, OS); H (*Molina R. y Molina 24566*, MO); ES (*Williams y Molina R. 15188*, F); N (*Baker 2419*, MO); CR (*Janzen 10652*, MO). 0-1700 m. (Endémica.)

5c. Simsia foetida (Cav.) S.F. Blake var. **panamensis** (H. Rob. et Brettell) D.M. Spooner, *Syst. Bot. Monogr.* 30: 72 (1990). *Simsia panamensis* H. Rob. et Brettell, *Phytologia* 24: 372 (1972). Holotipo: Panamá, *Standley 25386* (US!). Ilustr.: D'Arcy, *Ann. Missouri Bot. Gard.* 62: 1137, t. 71 (1975 [1976]), como *S. panamensis*.

Hojas con las superficies pilosas a subseríceas, también glandulosas. Cabezuelas 12-16 × 25-35 mm (incluyendo las corolas radiadas); involucro 9-13 × 9-18 mm; filarios 30-44, 3-seriados, pilosos y glanduloso-puberulentos. Flores radiadas 12-25; corola con limbo 5.1-11 mm, predominantemente amarillo-anaranjado, pero variando a amarillo limón claro. Flores del disco 40-151; corola 5.2-6.9 mm. Cipselas 3.1-5.1 × 1.7-2.5 mm; aristas 2.2-5 mm. 2*n* = 34. *Orillas de caminos, playas, sabanas, campos viejos.* P (*Spooner 2904*, OS). 0-800 m. (Mesoamérica, disyunta en Venezuela, Bolivia.)

6. Simsia ghiesbreghtii (A. Gray) S.F. Blake, *Proc. Amer. Acad. Arts* 49: 392 (1914 [1913]). *Encelia ghiesbreghtii* A. Gray, *Proc. Amer. Acad. Arts* 8: 658 (1873). Holotipo: México, Chiapas, *Ghiesbreght 568* (GH!). Ilustr.: No se encontró.

Encelia sericea Hemsl., *Simsia sericea* (Hemsl.) S.F. Blake, *Verbesina argentea* Bertol. non Gaudich.

Subarbustos a arbustos, 1-2 m; tallos puberulentos a pilosos, nudos no largamente pilosos. Hojas no lobadas, pecioladas, típicamente perfoliadas o con disco nodal conspicuo, los discos nodales 0-1.5 × 0-1.5 cm, generalmente unidos a la base de los pecíolos; láminas 4-15 × 1.5-8 cm, ovadas a deltadas, cartáceas, las superficies no glandulosas, puberulentas o híspidas a pelosas en la superficie adaxial, seríceas en la superficie abaxial, la base cordata a cuneada, los márgenes subenteros a crenados a dentados, el ápice agudo a acuminado; pecíolo 1-3 cm, en general no alado, excepto muy en la base donde está unido al disco nodal. Capitulescencia corimbosa, laxamente ramificada; pedúnculos 1-6 cm, puberulentos, algunas veces entremezcladas cortamente pelosas y glandulosas. Cabezuelas 10-15 mm, radiadas; involucro 8-13 × 7-11 mm, campanulado; filarios 15-20, desiguales o rara vez subiguales, 2-seriados o 3-seriados, verde oscuro a verde-negro, generalmente adpresos excepto escasamente reflexos apicalmente o rara vez bastante reflexos, puberulentos a pilosos, rara vez glandulosos; filarios externos 3.6-7.7 × 1-2 mm, lanceolado-ovados; filarios internos 6.7-12 × 1.5-2.5 mm, lanceolados; páleas 5.5-8.8 mm, color pajizo proximalmente, verde-negro apicalmente, algunas veces glandulosas apicalmente, y el ápice algunas veces aristado. Flores radiadas 7-11; tubo de la corola 1-1.7 mm, el limbo 8-15 × 3-6.6 mm, amarillo-anaranjado claro. Flores del disco 31-50; corola 4.9-6.7 mm, el tubo 0.7-1.6 mm, los lobos 0.7-1.4 mm; antera con tecas negras completamente, el apéndice pajizo. Cipselas 2.6-3.5 × 1.2-1.9 mm, algunas veces tornando ligeramente engrosadas lateralmente y ligeramente hinchado-biconvexas; aristas ausentes o 1-2.7 mm, las escuámulas (0-)4-12, 0.4-0.7 mm. 2*n* = 34. *Claros dentro de bosques, laderas de montaña empinadas en selvas altas perennifolias, bordes secos de caminos en matorrales.* Ch (*Breedlove 9507*, MICH); G (*Spooner y Linder 2753*, OS). 1600-2500 m. (Endémica.)

Simsia ghiesbreghtii se distingue fácilmente por las hojas seríceas abaxialmente y las cipselas relativamente pequeñas (2.6-3.5 mm), las cuales son las más pequeñas en el género.

7. Simsia holwayi S.F. Blake, *Contr. Gray Herb.* 52: 46 (1917). Holotipo: Guatemala, *Holway 854* (GH!). Ilustr.: No se encontró.

Subarbustos a arbustos 0.5-4 m; tallos hirsutos y pelosos, también glandulosos, nudos no largamente pilosos. Hojas no lobadas a 3-lobadas 1/2 de la distancia a la vena media, pecioladas, no perfoliadas, con disco nodal 0-1 cm de alto y de ancho; láminas 3-8 × 2-6 cm, ovadas a deltadas, cartáceas, las superficies glandulosas, cortamente híspidas y pilosas adaxialmente, más largamente pilosas abaxialmente, la base cordata a cuneada, los márgenes crenados a dentados, el ápice agudo o acuminado; pecíolo 1-4 cm, no alado. Capitulescencia corimbosa, laxamente ramificada; cabezuelas subsésiles o pedunculadas; pedúnculos hasta 8 cm, glanduloso-puberulentos y cortamente hirsutos. Cabezuelas 10-13 mm, radiadas; involucro 9-11 × 6-7 mm, campanulado a ovoide; filarios 18-27, desiguales, 3-seriados, generalmente color púrpura o algunas veces verde, adpresos, puberulentos, algunas veces glandulosos y pelosos, agudos a acuminados apicalmente; filarios externos 3-4.5 × 1.5-2.2 mm, ovados; filarios internos 7.2-9.5 × 1.2-1.8 mm, lanceolados a lineares; páleas 8-9.2 mm, color pajizo proximalmente, color púrpura o verde-negro apicalmente. Flores radiadas 8-9; tubo de la corola 0.8-1 mm, el limbo 5-7 × 2.5-2.9 mm, amarilla-anaranjado claro. Flores del disco 20-31; corola 5.7-6.7 mm, el tubo 0.9-1.2 mm, los lobos 0.7-1.1 mm; antera con tecas completamente amarillas, el apéndice pajizo. Cipselas 4.7-5.6 × 2.3-3 mm; aristas 3.6-4.2 mm. 2*n* = 34. *Selvas caducifolias.* G (*Spooner y Dorado 2746*, NY). 600-900 m. (Endémica.)

8. Simsia lagascaeformis DC., *Prodr.* 5: 577 (1836). Holotipo: México, estado desconocido, *Mairet s.n.* (microficha MO! ex G-DC).

Ilustr.: Blake, *Proc. Amer. Acad. Arts* 49: t. 1D, f. 2 (1914 [1913]), como *S. exaristata*. Ilustr.: No se encontró.

Encelia lagascaeformis (DC.) A. Gray ex Hemsl., *E. pilosa* Greenm., *E. purpurea* Rose, *Simsia exaristata* A. Gray, *S. exaristata* var. *epapposa* S.F. Blake, *S. exaristata* var. *perplexa* S.F. Blake.

Anuales con raíces axonomorfas hasta en ocasiones subarbustos 0.2-4 m; tallos algunas veces decumbentes en la base y enraizando en los nudos, glandulosos, también algunas veces pilosos o estrigosos, nudos algunas veces largamente pilosos. Hojas generalmente no lobadas, rara vez angosta a profundamente 3-lobadas, pecioladas, típicamente sin disco nodal; láminas 2-21 × 1-16 cm, ovadas a deltadas, cartáceas, indumento variable, las superficies frecuentemente escabrosas y delgadamente hirsutas, o algunas veces puberulentas a pilosas, generalmente no glandulosas, la base cordata a cuneada, los márgenes crenados a dentados, el ápice agudo o acuminado; pecíolo 1-7 cm, no alado o muy rara vez ampliado basalmente. Capitulescencia corimbosa, apretada a laxamente ramificada; pedúnculos 0.5-10 cm, glanduloso-puberulentos e hirsutos, algunas veces no glandulosos. Cabezuelas 10-14 mm, radiadas; involucro 8-12 × 5-10 mm, campanulado; filarios 13-19, desiguales, 2-seriados o 3-seriados, generalmente color púrpura, variando desde verde claro a amarillo con los márgenes color púrpura o totalmente color púrpura, adpresos o escasamente reflexos apicalmente, generalmente glanduloso-puberulentos y pilosos, algunas veces no glandulosos, agudos a acuminados apicalmente; filarios externos 2.2-6.7 × 1.5-2.5 mm, ovados a lanceolado-ovados; filarios internos 4.6-9.5 × 1.5-2.7 mm, lanceolados; páleas 5.5-9.4 mm, color pajizo y color púrpura apicalmente o color púrpura completamente, el ápice frecuentemente casi truncado con un mucrón. Flores radiadas 5-10; tubo de la corola 1-1.7 mm, el limbo 5.1-12 × 2.3-5.3 mm, amarillo-anaranjado. Flores del disco 13-27; corola 5.8-6.7 mm, el tubo 0.8-1.2 mm, los lobos 0.8-1.2 mm; antera con tecas amarillas proximalmente, generalmente color púrpura (frecuentemente color bronce al secarse) distalmente, el apéndice pajizo. Cipselas 4.2-6 × 2-3.5 mm; aristas 2.5-4.6 mm o rara vez ausentes. 2*n* = 34. *Desiertos, bosques deciduos, orillas de caminos, campos abiertos, campos cultivados.* G (*Standley 58037*, F). 1400-2200 m. (SO. Estados Unidos, México, Mesoamérica.)

Simsia lagascaeformis es ampliamente distribuida y generalmente fácil de distinguir por el hábito típicamente anual, los pecíolos no alados y con frecuencia largamente pilosos en la base, los filarios desiguales, el limbo de las corolas radiadas anaranjado, y la antera con tecas amarillas proximalmente y con una banda color púrpura (frecuentemente color bronce al secarse) distalmente. Es similar a *S. eurylepis*, la cual tiene cabezuelas discoides y carece de banda color púrpura en la antera, y por los filarios purpúreos es similar a *S. holwayi*, la cual es perenne sin discos nodales.

9. Simsia molinae H. Rob. et Brettell, *Phytologia* 24: 375 (1972). Holotipo: Nicaragua, *Molina 23122* (US!). Ilustr.: No se encontró.

Subarbustos a arbustos 1-3.5 m; tallos puberulentos a ligeramente híspidos, nudos no largamente pilosos. Hojas no lobadas a profundamente 3-lobadas, pecioladas, no perfoliadas, con disco nodal 0-2 × 0-2 cm; láminas 3.5-11 × 2.5-14 cm, ovadas a deltadas, cartáceas, las superficies glanduloso-puberulentas a cortamente pilosas, algunas veces con tricomas híspidos entremezclados, la base cordata a cuneada, los márgenes crenado-dentados, el ápice agudo a acuminado; pecíolo 1-4 cm, no alado. Capitulescencia abierta, corimbosa, laxamente ramificada, las cabezuelas subsésiles o pedunculadas; pedúnculos hasta 6 cm, glanduloso-puberulentos con tricomas cortamente pilosos entremezclados. Cabezuelas 13-17 mm, radiadas; involucro 10-13 × 8-15 mm, campanulado; filarios 18-37, desiguales, 3-seriados, amarillo-verde a pardo, adpresos excepto escasamente reflexos apicalmente, glanduloso-puberulentos y cortamente pelosos, agudos a acuminados apicalmente; filarios externos 3-8.3 × 1-2.9 mm, ovados a ovado-lanceolados; fila-

rios internos 9.5-14 × 1-1.9 mm, lanceolados; páleas 8-11.1 mm, pajizas a algunas veces moteadas de color púrpura o verde-negro en el ápice. Flores radiadas 8-24; tubo de la corola 1-2 mm, el limbo 10-19.5 × 3-6.5 mm, amarillo-anaranjado claro. Flores del disco 29-85; corola 6-8 mm, el tubo 1-1.8 mm, los lobos 1-1.5 mm; antera con tecas amarillas a negras completamente, el apéndice pajizo. Cipselas 4.2-6.1 × 2.5-3.5 mm; aristas 3.5-5.5 mm. 2*n* = 34. *Matorrales, selvas altas perennifolias, orillas de caminos, quebradas.* H (*Molina R. 1413*, MO); N (*Spooner y Dorado 2714*, MO); CR (*Spooner 2901*, OS). 0-1000 m. (Endémica.)

Simsia molinae es superficialmente muy similar a *S. lagascaeformis*, pero esta última especie es anual y los discos nodales están ausentes.

10. Simsia ovata (A. Gray) E.E. Schill. et Panero, *Brittonia* 62: 317 (2010). *Gymnolomia ovata* A. Gray, *Proc. Amer. Acad. Arts* 19: 4 (1884 [1883]). Holotipo: México, Chiapas, *Ghiesbreght 554* (foto MO! ex GH). Ilustr.: No se encontró.

Gymnolomia liebmannii Klatt, *Viguiera ovata* (A. Gray) S.F. Blake.

Hierbas perennes, 0.3-0.8 m, desde un órgano subterráneo delgado; tallos frecuentemente virguliformes, simples a poco-ramificados, hirsutos, no glandulosos, nudos no largamente pilosos; follaje con tricomas 0.1-1 mm, con algunos tricomas más largos. Hojas simples, mayormente opuestas o rara vez unas pocas distales alternas, cortamente pecioladas, sin disco nodal; láminas 2.5-5 × 1.5-4 cm, deltado-ovadas, 3-nervias desde c. 2 mm por encima de la base, las superficies concoloras o discoloras, no glandulosas, la superficie adaxial híspido-escabrosa, las células subsidiarias del tricoma agrandadas, la superficie abaxial piloso-híspida a densamente piloso-híspida, la base redondeada a truncada, los márgenes crenado-serrados, el ápice agudo a obtuso; pecíolo c. 0.3 cm, no alado. Capitulescencia c. 3 cm de diámetro, con 3-8 cabezuelas, las ramas alternas; pedúnculos 1-10 cm. Cabezuelas 9-11 mm, de tamaño mediano, radiadas; involucro 5-8 × 10-15 mm, campanulado-urceoladas; filarios (3-)5-8 × 1-1.3 mm, los filarios internos llegando hasta el punto medio del limbo de la corola radiada, desiguales o escasamente desiguales con series externas de algunos filarios casi 1/2 -2/3 de la longitud de los filarios internos, 2-seriados o 3-seriados, 2-acostillados proximalmente, piloso-híspidos, el ápice c. 0.3 mm de diámetro, atenuado; páleas 6-7 mm, marcadamente conduplicadas, pajizas, la vena media más oscura, el ápice punzante. Flores radiadas 8-14; tubo de la corola c. 0.9 mm, el limbo 5-8 × 2-4 mm, elíptico, amarillo pálido, con 5 nervios oscuros; ovarios 3.5-4 mm. Flores del disco 25-50; corola 4-5 mm, puberulenta proximalmente, el tubo c. 0.5 mm, la garganta alargada, puberulenta basalmente, los lobos c. 0.9 mm, puberulentos; anteras c. 2.5 mm, las tecas negras; estilo con ramas c. 1.5 mm, el apéndice c. 0.3 mm, abruptamente angostado. Cipselas c. 3 × 1.5 mm, algunas veces tornando a ligeramente engrosadas lateralmente y ligeramente hinchado-biconvexas, cortamente estriadas, glabras, el carpóforo angosto y asimétrico, la base no bordeada por un disco cupuliforme; vilano ausente. Floración sep.-nov. 2*n* = 34. *Laderas arboladas, bosques de* Pinus-Quercus. Ch (*Breedlove 40979*, MO). 1500-2500 m. (México [Oaxaca], Mesoamérica.)

Aunque Blake (1918) y Strother (1999) trataron a *Simsia ovata* como *Viguiera ovata*, Spooner (1990), Panero y Schilling (1992), Strother (1999) y Schilling y Panero (2010) mencionaron que esta especie parecía ser una *Simsia*.

11. Simsia sanguinea A. Gray, *Smithsonian Contr. Knowl.* 3(5): 107 (1852). Lectotipo (designado por Blake, 1914 [1913]): México, probablemente Chiapas, *Ghiesbreght 305* (GH!). Ilustr.: No se encontró. N.v.: Tzajal soj, Ch; cambray de lo alto, falsa salviona, malva morada, ES.

Aspilia grosseserrata M.E. Jones, *Cosmos hintonii* Sherff, *Encelia sanguinea* (A. Gray) Hemsl., *E. sanguinea* var. *palmeri* A. Gray, *Heli-*

anthus hastatus Sessé et Moc., *Simsia sanguinea* A. Gray subsp. *albida* S.F. Blake, *S. sanguinea* var. *palmeri* (A. Gray) S.F. Blake, *S. triloba* S.F. Blake.

Hierbas perennes a subarbustos, 0.3-1.5 m; tallos erectos o rara vez decumbentes, típicamente híspidos y cortamente estipitado-glandulosos. Hojas extremadamente variables, no lobadas a más comúnmente angosta a profundamente 3-lobadas desde la base o 1/3 proximal de la lámina o rara vez profundamente 2-pinnatífidas, sin discos nodales; láminas 1.5-16 × 0.5-18 cm, ovadas a linear-ovadas a lineares, cartáceas, las superficies por lo general toscamente escabrosas, indumento blanquecino-híspido tosco entremezclado especialmente sobre la nervadura, glandulosas o no glandulosas, la base cuneada, los márgenes subenteros a más generalmente dentados, el ápice agudo a largamente acuminado; pecíolo 0-6 cm, generalmente alado, alas hasta 3 cm de diámetro, algunas veces auriculadas. Capitulescencia corimbosa, laxamente ramificada, frecuentemente formando la 1/2 distal de la planta; pedúnculos (1-)3-12 cm, puberulentos a más generalmente hirsutos y glandulosos. Cabezuelas 9-16 mm, radiadas; involucro 8-14 × 6-10 mm, campanulado; filarios 15-25, desiguales a casi subiguales, 2-seriados o 3-seriados, generalmente verdes a verdoso-negro, rara vez matizados de color púrpura, adpresos a reflexos, estrigosos e hirsutos, algunas veces también cortamente estipitado-glandulosos, agudos a largamente acuminados apicalmente; filarios externos 3.8-11 × 1-2.2 mm, lanceolado-ovados; filarios internos 6.2-13 × 1.2-2.5 mm, lanceolados a lineares; páleas 6.6-10.5 mm, pajizas. Flores radiadas 6-15; tubo de la corola 1.2-2.3 mm, el limbo 7.3-13.5 × 3.7-5.5 mm, rosado claro a color púrpura intenso, rara vez amarillo limón claro o blanco. Flores del disco 17-44; corola 5.5-7.5 mm, blanca (amarillo-limón cuando las estrías son amarillo limón), turnando a color púrpura con la edad, el tubo 0.7-1.6 mm, los lobos 0.7-1.5 mm; antera con tecas generalmente amarillas, el apéndice casi negro completamente o pajizo y negro a lo largo de los márgenes. Cipselas 3.2-6.5 × 1.9-3.7 mm; aristas ausentes o 2.3-4.3 mm, las escuámulas rara vez presentes. $2n = 34$. *Pastizales abiertos, suelos rocosos poco profundos, áreas rocosas, acantilados, orillas de caminos, bosques abiertos tropicales deciduos, bosques de* Quercus-Pinus. Ch (*Cronquist y Sousa 10461*, NY); G (*Spooner 2767*, OS); ES (*Calderón 998*, US). 400-2500 m. (México [Jalisco a C. Veracruz y Oaxaca], Mesoamérica.)

Simsia sanguinea exhibe el más amplio rango de diversidad morfológica de todas las especies en el género, pero es por lo general prontamente distinguible por el limbo de las corolas radiadas color rosado a color púrpura y en general pelosidad escabrosa y tosca.

12. Simsia santarosensis D.M. Spooner, *Syst. Bot. Monogr.* 30: 29 (1990). Holotipo: Costa Rica, *Spooner 2900* (OS!). Ilustr.: Spooner, *Syst. Bot. Monogr.* 30: 30, t. 13 (1990).

Subarbustos, 0.3-1.5 m; tallos ligeramente estrigosos y canescentes, luego glabrescentes, nudos no largamente pilosos. Hojas no lobadas, subsésiles a pecioladas, sin discos nodales; láminas 1-5 × 1-2 cm, ovadas, subcoriáceas, las superficies escabrosas, la superficie adaxial con tricomas por lo general con células subsidiarias grandes, generalmente no glandulosa, la base cuneada, los márgenes subentero-crenados, el ápice agudo a acuminado; pecíolo 0-1 cm, no alado. Capitulescencia corimbosa, laxamente ramificada; pedúnculos 1-14 cm, puberulentos, algunas veces escabrosos y glandulosos. Cabezuelas 13-15 mm, radiadas; involucro 11-13 × 5-10 mm, campanulado; filarios 19-29, desiguales, 3-seriados, verdes a verde-negro, tornando a pardo, adpresos o escasamente reflexos apicalmente, canescentes, algunas veces escabrosos, agudos a acuminados apicalmente; filarios externos 3-6 × 1.5-2.5 mm, ovados a lanceolado-ovados; filarios internos 8.5-11.5 × 1.4-2.5 mm, lanceolados, lineares, u oblanceolados; páleas 9-10.8 mm, pajizas. Flores radiadas 8-13; tubo de la corola 1-1.4 mm, el limbo 10.5-11.5 × 3.2-3.8 mm, amarillo-anaranjado claro. Flores del disco 17-25; corola 6-6.6 mm, el tubo 0.7-1 mm, los lobos 0.9-1.3

mm; antera con tecas amarillas a negras completamente, el apéndice pajizo. Cipselas 4.2-6.7 × 2-2.7 mm; aristas 3.8-4.6 mm. $2n = 34$. *Suelos arenosos volcánicos.* CR (*Liesner et al. 2661*, MO). 0-500 m. (Endémica.)

Simsia santarosensis se asemeja a *S. villasenorii* por las hojas no lobadas, pero claramente difiere por la ausencia de discos nodales y el limbo de las corolas radiadas amarillo-anaranjado claro (vs. amarillo claro).

13. Simsia steyermarkii H. Rob. et Brettell, *Phytologia* 24: 375 (1972). Holotipo: Guatemala, *Steyermark 42931* (US!). Ilustr.: No se encontró.

Subarbustos a arbustos 1-4 m; tallos puberulentos y levemente escabrosos, nudos no largamente pilosos. Hojas no lobadas, pecioladas, no perfoliadas, con disco nodal 0-2 × 0-2 cm, 3-15 × 2-9 cm, ovadas a deltadas, cartáceas, las superficies cortamente híspidas y puberulentas, algunas veces glandulosas en la superficie adaxial, glanduloso-puberulentas en la superficie abaxial, la base cordata a cuneada, los márgenes subenteros a crenados, el ápice agudo a acuminado; pecíolo 1-7 cm, no alado. Capitulescencia corimboso-glomerulada; cabezuelas generalmente subsésiles en agregados congestos de hasta 5 cabezuelas, rara vez cortamente pedunculadas; pedúnculos 0-2 cm, glanduloso-puberulentos y híspidos. Cabezuelas 11-13 mm, radiadas; involucro 10-12 × 6-11 mm, campanulado; filarios 18-21, desiguales, 3-seriados, verde a verde-negro a negro, adpresos excepto escasamente reflexos apicalmente, escabrosos, algunas veces puberulentos y glandulosos, agudos a acuminados apicalmente; filarios externos 2-5.9 × 0.7-2 mm, ovados a lanceolado-ovados; filarios internos 7.5-9.7 × 1.3-1.7 mm, lanceolados; páleas 7.8-9.5 mm, color pajizo o algunas veces moteadas de verde-negro apicalmente. Flores radiadas 8; tubo de la corola 1.2-1.6 mm, el limbo 8-10 × 3.5-4.5 mm, amarillo limón claro. Flores del disco 15-34; corola 5.8-7.2 mm, el tubo 0.8-1 mm, los lobos 0.7-1.2 mm; antera con tecas amarillas a negras completamente, el apéndice pajizo. Cipselas 3.2-4.2 × 1.8-2.5 mm; aristas ausentes o 1.9-2.7 mm. $2n = 34$. *Bosques de* Pinus o Pinus-Quercus. G (*Spooner y Dorado 2748*, OS). 1300-1500 m. (Endémica.)

Esta especie se distingue fácilmente por las capitulescencias agregadas y cipselas relativamente pequeñas (3.2-4.2 cm).

14. Simsia villasenorii D.M. Spooner, *Syst. Bot. Monogr.* 30: 41 (1990). Holotipo: México, Chiapas, *Breedlove y Thorne 20576* (DS!). Ilustr.: Spooner, *Syst. Bot. Monogr.* 30: 43, t. 16 (1990).

Subarbustos a arbustos, 0.5-2 m; tallos puberulentos y escabrosos, nudos no largamente pilosos. Hojas no lobadas, pecioladas, con disco nodal 0-2 × 0-2 cm; láminas 3-10 × 2-7 cm, ovadas a deltadas, subcoriáceas y gruesas, las superficies puberulentas y escabrosas, algunas veces glandulosas, la base cordata a cuneada, los márgenes crenado-dentados, el ápice agudo; pecíolo 0.5-6 cm. Capitulescencia corimbosa, apretada a más laxamente ramificada; cabezuelas subsésiles o pedunculadas; pedúnculos hasta 7 cm, glanduloso-puberulentos y escabrosos. Cabezuelas 15-18 mm, radiadas; involucro 14-15 × 8-11 mm, campanulado; filarios 19-28, desiguales, 3-seriados, verde a color púrpura o pardo, adpresos, escabrosos, algunas veces glandulosos, agudos a aristados apicalmente; filarios externos 3.2-5.5 × 1.2-2.3 mm, ovados; filarios internos 10-13 × 1.5-2.1 mm, linear-lanceolados, lineares a linear-obovados; páleas 10-13.4 mm, color pajizo proximalmente, color púrpura apicalmente. Flores radiadas 11-16; tubo de la corola 1.7-3.5 mm, el limbo 7.4-14 × 2.5-4.5 mm, amarillo limón claro. Flores del disco 21-39; corola 6.5-6.7 mm, el tubo 0.7-1.1 mm, los lobos 1.1-1.3 mm; antera con tecas amarillas a negras completamente, el apéndice pajizo. Cipselas 5.5-7.3 × 2.5-3.5 mm; aristas 4.5-6.5 mm, las escuámulas ausentes o 0.5-1 mm. $2n = 34$. *Áreas abiertas, selvas caducifolias, bosques de* Quercus-Pinus. Ch (*Breedlove 52914*, CAS). 800-1000 m. (México [Oaxaca], Mesoamérica.)

163. Tithonia Desf. ex Juss.

Mirasolia (Sch. Bip.) Benth. et Hook. f., *Tithonia* Desf. ex Juss. sect.
Mirasolia (Sch. Bip.) La Duke, *T.* subg. *Mirasolia* Sch. Bip.,
Urbanisol Kuntze

Por J.F. Pruski.

Hierbas toscas anuales o perennes, arbustos, o árboles; tallos erectos, ramificados, foliosos, subteretes, estriados, glabros a pelosos. Hojas simples a profundamente 3(5)-palmatilobadas, alternas (en casi todos los ejemplares de herbario) o algunas veces opuestas proximalmente, pecioladas o subsésiles; láminas deltadas o pentagonales hasta rara vez lanceoladas o lineares, cartáceas, 3(5)-subpalmatinervias desde por encima de la base, las superficies pelosas o algunas veces subglabras, también finamente glandulosas o rara vez no glandulosas en la superficie abaxial, la base cordata a atenuada, frecuentemente decurrente sobre el pecíolo, algunas veces auriculada, los márgenes distales serrados o crenados a algunas veces subenteros, el ápice agudo a acuminado; pecíolo frecuentemente alado. Capitulescencia terminal, monocéfala a abierta con pocas cabezuelas y laxamente cimosa; pedúnculos alargados, robustos, desnudos, típicamente dilatados y fistulosos distalmente. Cabezuelas típicamente grandes y llamativas, radiadas, con muchas a numerosas flores; involucro campanulado a hemisférico; filarios 12-28 o más numerosos, imbricados, graduados o subiguales, 2-5-seriados, linear-lanceolados a anchamente obovados, persistentes en fruto, rígidamente cartáceos o las bases algunas veces endurecidas, el ápice acuminado a redondeado; clinanto hemisférico o convexo, paleáceo; páleas persistentes, rígidas, conduplicadas, estriadas, generalmente de color pajizo o al menos basalmente así, algunas veces dentadas, agudas o acuminadas a aristadas. Flores radiadas 8-30, el limbo de las corolas frecuentemente sobrelapado; corola amarilla o anaranjada, 15-nervia o más, típicamente obtusa y 3-denticulada o 3-dentada apicalmente, típicamente setulosa y glandulosa abaxialmente. Flores del disco numerosas, bisexuales; corola 5-lobada, tubular-infundibuliforme, amarilla, escasamente exerta del involucro, flores externas algunas veces anchamente tubulares y solo 2/3 de la longitud de las internas, el tubo mucho más corto que la garganta, la garganta típicamente dilatada basalmente y setosa, los lobos deltados; antera con tecas negras, basalmente obtusas, los conectivos y apéndices pajizos, los apéndices ovados a algunas veces lanceolados; estilo con las ramas abaxialmente papilosas, las superficies estigmáticas continuas, el ápice penicilado a atenuado. Cipselas de contorno oblongo, comprimidas, frecuentemente 3-anguladas a 4-anguladas, negras o pardas, los eleosomas generalmente ausentes (o poco desarrollados en *Tithonia hondurensis* y *T. longiradiata*); vilano presente o ausente, cuando presente bajo y coroniforme, con (0)1 o 2 aristas algunas veces frágiles. *x* = 17. 11 spp. Nativo de Norteamérica, pero 3 especies cultivadas e introducidas en los paleotrópicos o subtrópicos.

Por más de cien años la especie común *T. rotundifolia* fue conocida como *T. tagetiflora*, pero Blake (1921d) en su monografía de *Tithonia* corrigió el nombre a *T. rotundifolia*. Blake (1921d) también reconoció *T. pittieri* y *T. scaberrima*, mientras que él (Blake, 1926a) más tarde remplazó *T. scaberrima* con *T. longiradiata*, un nombre anterior. La subsecuente monografía de La Duke (1982) ubicó a *T. pittieri* como sinónimo de *T. longiradiata* y reconoció a *T. hondurensis* como especie segregada; dicho material había sido en general determinado usando el nombre *T. pittieri*.

Tithonia hondurensis es endémica de Mesoamérica, mientras que *T. tubiformis* es mucho más común en México fuera del área mesoamericana. Las 3 otras especies están más o menos igualmente distribuidas en México y en Mesoamérica. Históricamente, 3 especies han sido ampliamente cultivadas, pero formas de flores anaranjadas de la especie anual *T. rotundifolia* están ahora prevaleciendo para uso hortícola, especialmente fuera de Mesoamérica.

Entre las cuatro especies de *Tithonia* más comunes de Mesoamérica, parece que hay dos grupos de especies basados en formas de hojas: las especies de hojas anchas y las especies de hojas angostas. Las dos especies de hojas anchas (*T. diversifolia* y *T. rotundifolia*), sin embargo, salen en distintas partes en la clave 1 (filarios graduados vs. subiguales), y asimismo las dos especies de hojas más estrechas (*T. longiradiata* y *T. tubiformis*) también salen en distintas partes en esta misma clave. Además entre las dos especies de hojas más anchas más frecuentemente cultivadas, *T. diversifolia* se puede caracterizar más por los filarios generalmente glabros o subglabros de hasta 10 mm de diámetro con ápices redondeados a agudos, mientras que *T. rotundifolia* tiene filarios cortamente canescentes a pilósulosos de hasta 7.5 mm de diámetro con ápices a menudo reflexos que son agudos a acuminados.

Bibliografía: Blake, S.F. *Contr. Gray Herb.* 52: 16-59 (1917); *Contr. U.S. Natl. Herb.* 20: 423-436 (1921); *Bull. Torrey Bot. Club* 53: 215-218 (1926). La Duke, J.C. *Rhodora* 84: 453-522 (1982).

1. Filarios subiguales u obgraduados, apicalmente agudos o acuminados; vilano de las flores del disco un anillo de escuámulas y 0-2 aristas.
  2. Láminas de las hojas algunas veces 3-lobadas; filarios con tricomas generalmente 0.2-1 mm, subadpresos o enmarañados, rara vez glandulosos; páleas por lo general escasamente más cortas que la flor asociada, abruptamente acuminadas.   **4. T. rotundifolia**
  2. Láminas de las hojas simples y nunca 3-lobadas; filarios con tricomas alargados y patentes, 1-3 mm, también típicamente glandulosos; páleas generalmente más largas que la flor asociada, gradual y largamente aristadas.   **5. T. tubiformis**
1. Filarios conspicuamente graduados, algunas veces apicalmente redondeados; flores del disco comosas o el vilano ausente.
  3. Filarios glabros o rara vez esparcidamente adpreso-hispídulos; algunas o todas las flores del disco comosas; cipselas setulosas, sin eleosoma.   **1. T. diversifolia**
  3. Filarios, al menos los externos, vellosos, pilosos, o hirsuto-pilosos; todas las flores del disco sin vilano; cipselas glabras, con eleosoma.
    4. Hojas lineares a angostamente lanceoladas, 0.4-1.5(-2.8) cm de ancho, los márgenes revolutos; flores del disco 60-80.   **2. T. hondurensis**
    4. Hojas lanceoladas a ovadas, (1.8-)2.6-13.5 cm de ancho, los márgenes no revolutos; flores del disco c. 100.   **3. T. longiradiata**

1. Tithonia diversifolia (Hemsl.) A. Gray, *Proc. Amer. Acad. Arts* 19: 5 (1884 [1883]). *Mirasolia diversifolia* Hemsl., *Biol. Cent.-Amer., Bot.* 2: 168 (1881). Lectotipo (designado por La Duke, 1982): México, Veracruz, *Bourgeau 2319* (foto MO! ex K). Ilustr.: Hemsley, *Biol. Cent.-Amer., Bot.* 2: t. 47 (1881). N.v.: Ik'al k'ayil, k'ayil, Ch; chaczuum, Y; campana, C; k'onon, mirasol, q'il, quil, quil amargo, saján, saján grande, sun, G; chilicacate, mirasol, H; guasmara, jalacate, mirasol, ES; mirasol, CR.

Helianthus quinquelobus Sessé et Moc., *Tithonia diversifolia* (Hemsl.) A. Gray subsp. *glabriuscula* S.F. Blake, *Urbanisol tagetiflora* (Desf.) Kuntze var. *diversifolius* (Hemsl.) Kuntze, *U. tagetiflora* var. *flavus* Kuntze.

Hierbas perennes o (de acuerdo a algunos etiquetas de herbario) arbustos 1-4(-5) m; tallos puberulentos o rara vez vellosos a glabrescentes con la edad. Hojas simples o palmadamente 3-lobadas o 5-lobadas, alternas, pecioladas; láminas 7-20(-32) × 7-12(-22) cm, deltadas a pentagonales, las más distales típicamente elípticas a lanceoladas y no lobadas, la superficie adaxial puberulenta a glabra, la superficie abaxial glabra a vellosa, también glandulosa, la base atenuada a cuneada, decurrente sobre el pecíolo, los márgenes serrados o crenados, el ápice acuminado; pecíolo 2-6 cm. Capitulescencia monocéfala a rara vez con pocas cabezuelas y corimbosa; pedúnculos 7-24 cm, pilosos o distalmente vellosos. Cabezuelas hasta 2 cm; involucro 2-3.5 cm de diámetro; filarios conspicuamente graduados, 3-seriados o 4-seriados, oblongos a ovados, redondeados a agudos, glabros o rara vez esparcidamente adpreso-hispídulos, escariosos o los externos herbáceos en el ápice, los externos 6-10 × (3-)4-7 mm, graduando hasta los internos 10-20 × 3-10 mm; páleas 9-12 mm, mucronatas a aristadas, glabrescentes o en la vena media hispídulas distalmente. Flores radiadas 7-14; corola amarilla, el tubo 2-2.5 mm, el limbo 40-69 × 9-16 mm, oblongo a oblanceolado, 20-30-nervio o más. Flores del disco 80 o más numerosas; corola 6.5-9.5 mm, amarilla, 10-20-nervia, setulosa, el tubo c. 1 mm, la garganta 4.5-7 mm, los lobos 1-1.5 mm, la nervadura del lobo intramarginal. Cipselas 4-6 mm, setulosas, sin eleosoma; vilano del disco (todos o algunos) de 2 aristas subiguales de 3-4 mm y un anillo de escuámulas. 2*n* = 34. *Laderas en matorral, cafetales, flujos de lava, áreas alteradas, bosques de* Quercus, *bosques de* Pinus-Quercus, *orillas de caminos, vegetación secundaria, matorrales.* T (*Magaña et al. 1186*, MO); Ch (*Cronquist 9674*, NY); Y (*Gaumer 944*, MO); C (*Ramírez 25*, MO); QR (*Cabrera et al. 9819*, MO); B (*Balick et al. 2307*, NY); G (*Pruski y MacVean 4507*, MO); H (*Williams y Molina R. 10801*, MO); ES (*Sandoval 1489*, MO); N (*Stevens y Grijalva 16164*, MO); CR (*King 6793*, MO); P (*D'Arcy 9614*, MO). 10-2100(-2300) m. (S. México, Mesoamérica; cultivada y algunas veces establecida en Estados Unidos, Colombia, Venezuela, Guayana Francesa, Ecuador, Brasil, Cuba, Jamaica, La Española, Puerto Rico, Islas Vírgenes, Antillas Menores, Trinidad y Tobago, Europa, Asia, África, Australia, Islas del Pacífico.)

Tithonia diversifolia ha sido frecuentemente cultivada por las grandes flores vistosas. Material arvense de Campeche originalmente atribuido a *T. diversifolia* se ha vuelto a identificar aquí como *T. rotundifolia* (diferenciada por los filarios subiguales, pelosos, de ápice delgado y corolas anaranjadas). Es así como parece ser que esta especie se conoce solo en Campeche y Quintana Roo de material cultivado, aunque la especie se ha establecido en partes de Asia tropical.

2. Tithonia hondurensis La Duke, *Rhodora* 84: 139 (1982). Isotipo: Honduras, *Funk y Landon 2938* (NY!). Ilustr.: La Duke, *Rhodora* 84: 515, t. 55-58 (1982).

Infrecuentes arbustos de hasta 0.5-4 m; tallos híspidos a glabrescentes. Hojas simples, alternas, subsésiles con base peciolariforme hasta 4 mm; láminas 4-12(-23) × 0.4-1.5(-2.8) cm, lineares o angostamente lanceoladas, débilmente 3-nervias, la superficie adaxial escabrosa a hirsuta, los tricomas con células subsidiarias agrandadas, la superficie abaxial pilosa, también glandulosa, la base atenuada, los márgenes subenteros a serrados o crenados, ligeramente revolutos, el ápice acuminado. Capitulescencia monocéfala; pedúnculos 4-11(-25) cm, híspidos. Cabezuelas 0.8-1.4 cm; involucro (1)1.3-2 cm de diámetro; filarios conspicuamente graduados, 4-seriados, lineares a espatulados, el ápice redondeado u obtuso, algunas veces glanduloso, los externos 4.5-8 × 2-4 mm, generalmente herbáceos, hirsuto-pilosos, graduando hasta los internos 7-11 × 2-4 mm, generalmente escariosos; páleas 6-9 mm, diminutamente puberulentas apicalmente. Flores radiadas 13-15; corola amarilla, el tubo 1-1.5 mm, el limbo 15-40 × 6-10 mm, angostamente lanceolado, c. 15-nervio. Flores del disco 60-80; corola 5-7 mm, amarilla, 5-nervia, setulosa, el tubo 0.5-1 mm, la garganta 3.5-5 mm, los lobos c. 1 mm. Cipselas c. 3.5 mm, glabras, con eleosoma poco desarrollado; vilano ausente. *Base de acantilados arenosos, bosques de* Pinus, *laderas rocosas, bancos de arroyos.* B (*Spellman 1412*, MO); H (*Molina R. 23298*, MO); N (*Stevens y Montiel 35471*, MO). 500-1300 m. (Endémica.)

Tithonia hondurensis es superficialmente similar a *Heliomeris longifolia* por las hojas alternas lanceoladas y abaxialmente glandulosas, y por las cipselas glabras sin vilano, pero esta última difiere por los filarios apicalmente acuminados, subiguales a ligeramente graduados y el limbo de las corolas radiadas 7-10-nervio y glanduloso abaxialmente.

3. Tithonia longiradiata (Bertol.) S.F. Blake, *Bull. Torrey Bot. Club* 53: 217 (1926). *Helianthus longiradiatus* Bertol., *Novi Comment. Acad. Sci. Inst. Bononiensis* 4: 436 (1840). Isoneotipo (designado por La Duke, 1982): Guatemala, *Webster et al. 12844* (MO!). Ilustr.: Nash, *Fieldiana, Bot.* 24(12): 560, t. 105 (1976). N.v.: Muk'ta sun, sun, Ch; flora amarillo, mirasol, sun, yumo, G; mirasol, pulagaste, ES.

Gymnolomia decurrens Klatt, *G. pittieri* Greenm., *G. platylepis* A. Gray, *G. scaberrima* (Benth.) Greenm., *Mirasolia scaberrima* (Benth.) Benth. et Hook. f. ex Hemsl., *Tithonia pittieri* (Greenm.) S.F. Blake, *T. scaberrima* Benth.

Arbustos o rara vez arbolitos hasta 3(-4) m; tallos largamente pilosos a esparcidamente pilosos. Hojas simples, alternas a opuestas proximalmente, subsésiles o cortamente pecioladas con base peciolariforme de hasta 10 mm; láminas 6-21(-30) × (1.8-)2.6-13.5 cm, lanceoladas a ovadas, 3-nervias desde muy por encima de la base, la superficie adaxial escabrosa o pilosa, los tricomas con células subsidiarias agrandadas, en ocasiones glandulosa, la superficie abaxial densamente pilosa, también glandulosa, la base generalmente abruptamente contraída y atenuado-decurrente hasta algunas veces redondeada, los márgenes subenteros a serrados o crenados, no revolutos, el ápice acuminado. Capitulescencia monocéfala hasta con pocas cabezuelas corimbosas; pedúnculos 2.5-11 cm, pilosos o distalmente vellosos. Cabezuelas hasta 1.8 cm; involucro 1.5-2.5(-3.5) cm de diámetro; filarios conspicuamente graduados, 4-seriados, anchamente espatulados, los externos 8.5-11 × 3-6.5 mm, generalmente herbáceos, el ápice acuminado a agudo, vellosos a pilosos, graduando hasta los internos 11-19 × 2.5-6 mm, generalmente escariosos, generalmente obtusos o redondeados o anchamente agudos; páleas 8-10 mm, glabrescentes a hispídulas distalmente. Flores radiadas 13-30; corola amarilla, el tubo 1.5-2 mm, el limbo 25-40 × 4.5-8 mm, oblongo a oblanceolado, c. 15-nervio. Flores del disco c. 100; corola 4.5-6 mm, amarilla, setulosa en especial proximalmente, el tubo c. 1 mm, la garganta 2.5-4 mm, los lobos c. 1 mm. Cipselas 3-4.5 mm, glabras, con eleosoma poco desarrollado; vilano ausente. 2*n* = 34. *Bosques abiertos, bordes de bosque, flujos de lava, orillas de caminos, bosques de* Pinus-Quercus, *áreas rocosas, sabanas, crecimiento secundario, matorrales, laderas volcánicas.* Ch (*Pruski et al. 4215*, MO); G (*von Türckheim II 2053*, NY); H (*Williams y Molina R. 11987*, MO); ES (*Tucker 730*, NY); N (*Oersted 141*, K); CR (*Pittier 3735*, GH); P (*D'Arcy 9916*, MO). (200-)700-3500 m. (C. y S. México, Mesoamérica.)

4. Tithonia rotundifolia (Mill.) S.F. Blake, *Contr. Gray Herb.* 52: 41 (1917). *Tagetes rotundifolia* Mill., *Gard. Dict.* ed. 8 *Tagetes* no. 4 (1768). Lectotipo (designado por Blake, 1917f): México, Veracruz, *Houstoun s.n.* (foto MO! ex BM). Ilustr.: Desfontaines, *Ann. Mus. Natl. Hist. Nat.* 1: t. 4 (1802), como *Tithonia tagetiflora.* N.v.: Arnica, tzum, zuum, Y; chilicacate, H; acate, acaute, chilicacate, flor amarilla, varga amarga, ES.

Helianthus speciosus Hook., *Leighia speciosa* (Hook.) DC., *Tithonia aristata* Oerst., *T. heterophylla* Griseb., *T. macrophylla* S. Watson, *T. speciosa* (Hook.) Hook. ex Griseb., *T. speciosa* (Hook.) Klatt, *T. tagetiflora* Lam., *T. uniflora* J.F. Gmel., *T. vilmoriniana* Pamp., *Urbanisol aristatus* (Oerst.) Kuntze, *U. heterophyllus* (Griseb.) Kuntze, *U. tagetiflora* (Desf.) Kuntze, *U. tagetiflora* var. *normalis* Kuntze, *U. tagetiflora* var. *speciosus* Kuntze.

Hierbas anuales, 1-4 m; follaje con tricomas generalmente 0.2-1 mm; tallos puberulentos. Hojas simples o algunas veces las proximales palmadamente 3-lobadas o 5-lobadas, alternas, pecioladas; láminas 6-30(-38) × 7-15(-30) cm, cordiformes o deltadas a pentagonales, las superficies híspido-pilosas, la superficie abaxial también glandulosa, la base cordata o redondeada luego atenuada y decurrente sobre el pecíolo, los márgenes serrados o crenados, el ápice acuminado; pecíolo 3-10(-14) cm, alado al menos distalmente. Capitulescencia monocéfala hasta rara vez corimbosa con 2(3) cabezuelas; pedúnculos 10-25 cm, vellosos a algunas veces glabrescentes. Cabezuelas 1.2-2 cm; involucro 1.5-2.5(-3)cm de diámetro; filarios 13-28 × 4-7.5 mm, elíptico-lanceolados a algunas veces lanceolados, subiguales u obgraduados, 2-4-seriados, herbáceos con la base escariosa, cortamente canescentes a pilósulos, rara vez glandulosos, los tricomas generalmente 0.2-1 mm, subadpresos o enmarañados, la superficie interna también algunas veces setulosa distalmente, el ápice agudo a acuminado, frecuentemente reflexo; páleas 11-15 mm, por lo general escasamente más cortas que la flor asociada, abruptamente acuminadas, glabras o finamente vellosas distalmente. Flores radiadas 8-13; corola anaranjada hasta rara vez amarilla dorada secando anaranjada, la superficie interna del limbo con frecuencia notablemente más oscura que la superficie externa, el tubo 1.5-2.5 mm, el limbo 20-30 × 6-17 mm, lanceolado-ovado a oblongo, c. 20-nervio. Flores del disco 60-90; corola 7.5-9 mm, amarilla, tubular, 5-10-(15)-nervia, el tubo 1-1.5 mm, densamente setuloso algunas veces en líneas, la garganta 4.5-6.5 mm, los lobos c. 1 mm, setulosos. Cipselas 5-7 mm, adpreso-setulosas, sin eleosoma; vilano del disco con 2 aristas fácilmente caducas de 4-6 mm y un anillo de escuámulas. 2*n* = 34. *Áreas alteradas, bordes de lagunas, campos viejos, selvas altas perennifolias tropicales, bosques abiertos deciduos tropicales, orillas de caminos, vegetación secundaria.* Ch (*Breedlove 28040*, MO); Y (*Gaumer et al. 23524*, MO); C (*Cabrera y Cabrera 15261*, MO); QR (Sousa Sánchez y Cabrera Cano, 1983); B (*Bartlett 12029*, US); G (*Pruski et al. 4528*, MO); H (*Molina R. y Molina 34313*, MO); ES (*Calderón 135*, MO); N (*Greenman y Greenman 5619*, MO); CR (*Wussow y Pruski 148*, NY); P (*Duchassaing s.n.*, GOET-6136). 0-1100(-1500) m. (C. y S. México, Mesoamérica; también cultivada y tal vez algunas veces escapando en Estados Unidos, Colombia, Venezuela, Perú, Bolivia, Brasil, Argentina, Cuba, Jamaica, La Española, Puerto Rico, Antillas Menores, Europa, Asia, África, Islas del Pacífico.)

Tithonia rotundifolia fue reintroducida como cultivo a mediados de los 1900, y hoy día es la especie de *Tithonia* más ampliamente cultivada. *Tithonia rotundifolia* podría convertirse en adventicia, ocasionando numerosos reportes de esta especie fuera de su área nativa de México y Mesoamérica.

5. Tithonia tubiformis (Jacq.) Cass., *Dict. Sci. Nat.* ed. 2, 35: 278 (1825). *Helianthus tubiformis* Jacq., *Pl. Hort. Schoenbr.* 3: 65 (1798). Lectotipo (designado por La Duke, 1982): Jacq., *Pl. Hort. Schoenbr.* 3: t. 375 (1798). Ilustr.: Lindley, *Edwards's Bot. Reg.* 18: t. 1519 (1832), como *H. tubiformis.* N.v.: Flor amarilla, flor de sol, mirasol, mirasol cimarrón, sum, G; flor amarilla, mirasol, ES.

Helianthus tubiformis Ortega, *Tithonia helianthoides* Bernh., *T. tubiformis* (Jacq.) Cass. var. *bourgaeana* Pamp., *Urbanisol tubiformis* (Jacq.) Kuntze.

Hierbas arvenses anuales, 1-2(-3) m; follaje frecuentemente con tricomas alargados, patentes, generalmente 1-3 mm; tallos velloso-pilósulos. Hojas simples y nunca 3-lobadas, alternas, pecioladas; láminas 5-12(-20) × 4-9(-15) cm, deltadas a rómbicas, la superficie adaxial estrigoso-hirsuta, la superficie abaxial hirsuta a vellosa, también glandulosa, la base cuneada a atenuada, los márgenes subenteros a serrados o crenados, el ápice acuminado, pecioladas, pecíolo 2-6 cm. Capitulescencia monocéfala; pedúnculos (5-)10-20 cm, velloso-pilósulos a densamente velloso-pilosos. Cabezuelas 1.2-2 cm; involucro 1-2.5 cm de diámetro; filarios 15-25 × (1.5-)3-7 mm, subiguales, 2(3)-seriados, linear-lanceolados a elíptico-lanceolados o angostamente oblanceolados, herbáceos o los internos con base escariosa, velloso-pilósulos a densamente velloso-pilosos, los tricomas generalmente 1-3 mm, alargados y patentes, también típicamente glandulosos, el ápice agudo; páleas 10-18 mm, generalmente más largas que la flor asociada, y frecuentemente proyectadas más allá de las cabezuelas en fructificación, gradual y largamente aristadas, glabras o setulosas distalmente, la superficie interna también algunas veces setosa distalmente. Flores radiadas 11-18; corola amarilla-dorada, el tubo 1.5-3 mm, el limbo 15-30(-40) × 5-15 mm, lanceolado-ovado a oblongo, c. 15-nervio. Flores del disco 60-120; corola 6-7.5 mm, amarilla a amarilla-anaranjada, tubular, 5-nervia, el tubo c. 1 mm, densamente setuloso a glabro, la garganta 4-5.5 mm, los lobos c. 1 mm, setulosos. Cipselas 4-6 mm, adpreso-setulosas, sin eleosoma; vilano del disco con un anillo de escuámulas y 0-2 aristas fácilmente caducas, 1-2(-3.5) mm. 2*n* = 34. *Laderas en matorrales, áreas alteradas, crestas con caliza, pastizales, quebradas, orillas de ríos, orillas de caminos, vegetación secundaria,*

áreas pantanosas. Ch (*Reyes-García et al. 4499*, MO); B (Balick et al., 2000); G (*Standley 61365*, MO); H (*Williams y Molina R. 10985*, MO); ES (*Rosales JMR00878*, MO). (100-)200-1800(-2500) m. (C. y S. México a Mesoamérica; en ocasiones cultivada y adventicia en Bolivia, Argentina, La Española, Bahamas; anteriormente cultivada en Europa.)

Aunque algunas plantas de *Tithonia tubiformis* de Chiapas tienen filarios angostos y limbo de las corolas radiadas moderadamente glanduloso abaxialmente (como lo señaló Strother, 1999), estas sin embargo concuerdan con la especie en carácteres esenciales como hojas glandulosas no lobadas y filarios subiguales con tricomas patentes. *Tithonia tubiformis* fue ampliamente cultivada, pero hoy en día ya no lo es; sin embargo, ha resistido la falta de cultivo y se ha convertido en adventicia en áreas esparcidas. Cowan (1983) registró *T. tubiformis* para Tabasco (basado en *Cowan 1965*), una disyunción grande cuyo reporte está basado en una identificación errónea. Pérez J. et al. (2005) perpetuaron el reporte de Cowan, aunque Strother (1999) había previa y claramente excluido *T. tubiformis* de Tabasco. La Duke (1982) localizó esta especie en Belice, Costa Rica y Nicaragua, pero ni él ni Blake (1921d) citaron colecciones de estas áreas. No se vio material de Belice, Costa Rica o Nicaragua en este estudio, y es así como *T. tubiformis* es excluido de las respectivas floras.

164. Viguiera Kunth
Hymenostephium Benth.?

Por J.F. Pruski.

Hierbas o arbustos; tallos erectos o ascendentes, sin ramificar o ramificados, subteretes, estriados, generalmente pelosos. Hojas simples o rara vez pinnatilobadas, opuestas o alternas, sésiles o más generalmente pecioladas; láminas linear-filiformes a ovadas o rómbico-ovadas, cartáceas o rara vez subcoriáceas, generalmente triplinervias o 3-nervias desde cerca de la base, las superficies frecuentemente glandulosas, los márgenes enteros o serrados; pecíolo rara vez alado en toda su longitud. Capitulescencia por lo general abiertamente corimbosa o algunas veces monocéfala, las cabezuelas pedunculadas; pedúnculos no fistulosos y dilatados distalmente, médula sólida, las hojas más distales algunas veces bracteadas. Cabezuelas radiadas o muy rara vez discoides pero luego plurifloras; disco por lo general ligeramente convexo; involucro hemisférico o campanulado, rara vez subcilíndrico; filarios desiguales o rara vez subiguales, 2-7-seriados, imbricados o laxamente imbricados, persistentes, linear-lanceolados a elíptico-ovados, generalmente endurecidos basalmente con ápices herbáceos, estriados o acostillados; generalmente pelosos, el ápice angostado (Mesoamérica) a anchamente redondeado; clinanto aplanado a convexo, paleáceo; páleas similares a los filarios y ligeramente transicionales entre ellos, conduplicadas, algunas veces subcarinadas, frecuentemente pluriestriadas, rígidamente escariosas o el ápice algunas veces subherbáceo, persistentes, algunas veces inconspicuamente trífidas. Flores radiadas (0-)5-32, rara vez estilíferas; corola amarilla o amarillo-dorada, rara vez blanca, el tubo peloso, el limbo generalmente 2-denticulado o 3-denticulado, generalmente estricto en yema, abaxialmente peloso, no glanduloso o rara vez glanduloso; ovario menos de 4 mm, c. 2-4 veces tan largo como ancho pero no linear. Flores del disco bisexuales; corola generalmente infundibuliforme hasta algunas veces angostamente campanulada, rara vez tubular, 5-lobada, amarilla, el tubo más corto que la garganta, los lobos generalmente triangulares, el tubo y los lobos típicamente pelosos; anteras basalmente sagitadas, las tecas negras, el apéndice deltado-ovado, algunas veces glanduloso, los filamentos glabros o rara vez pelosos; el ápice de las ramas del estilo agudo a obtuso (nunca largamente atenuado), sin apéndice o cortamente apendiculado, papiloso. Cipselas comprimido-biconvexas a subcuadrangulares, ligeramente hinchadas, el ápice truncado o redondeado, generalmente negras, frecuentemente estrigulosas o estrigosas hasta rara vez glabras; vilano por lo general persistentemente 2-aristado (o 2-escuamoso) con

2-4(-6) escuámulas intermedias, algunas veces caducas o el vilano ausente. *x* = 17. Aprox. 100-150 spp., género americano, generalmente en América tropical.

Viguiera, monografiado por Blake (1918), se reconoce en este tratamiento en sentido amplio así como lo han hecho otros estudios florísticos (p.ej., D'Arcy, 1975a [1976]; Nash, 1976d; Strother, 1999; Rzedowski et al., 2011), y como en el trabajo sistemático de Robinson (1981) y Panero (2007b [2006]). Sin embargo, Panero (1992) anotó que *Viguiera* como es tradicionalmente definida, es parafilético. A pesar de todo, Pruski (1998b) caracterizó las ramas del estilo de *Viguiera* como agudas a obtusas (nunca largamente atenuadas) con apéndices pequeños o sin estos, y así *Hymenostephium* es tratado aquí como un sinónimo de *Viguiera*, como en Strother (1999). *Garcilassa* es tratado como monotípico y circunscrito tradicionalmente como en Robinson (1981) y Pruski (2010).

Debe anotarse, sin embargo, que en estudios moleculares (Schilling y Panero, 2002) se trataron *Garcilassa* e *Hymenostephium* como congéneres y que Schilling y Panero (2011) transfirieron la mayoría de las especies de *Viguiera* (excepto el tipo) a un concepto ampliado de *Aldama*. Si la filogenia molecular de Schilling y Panero (2011) se conserva, como se piense lo será, con el fin de minimizar la potencial disrupción del nombre y mantener su uso en lo posible cercano al de Blake (1918), sería conveniente conservar *Viguiera* con un nuevo tipo de entre los nombres genéricos segregados con más especies. Aquí, se tolera la no monofilia de *Viguiera* con el fin de alcanzar alguna continuidad nomenclatural. Si *Viguiera* es finalmente conservado con un nuevo tipo, se debe anotar, sin embargo, que *V. dentata* de Mesoamérica necesitaría cambiar de nombre. También debe anotarse que de entre las especies mesoamericanas de *Viguiera*, Schilling y Panero (2011) ubicaron diversamente algunas especies en *Dendroviguiera* E.E. Schill. et Panero, *Hymenostephium* o *Sidneya* E.E. Schill. et Panero. Un cambio comparativamente menor seguido aquí es el la separación de *V. ovata* con frutos aplanados de *V.* ser. *Grammatoglossae* como *Simsia*, como fue sugerido por Spooner (1990), Strother (1999) y Schilling y Panero (2010).

Bibliografía: D'Arcy, W.G. *Ann. Missouri Bot. Gard.* 62: 835-1321 (1975 [1976]). Magenta, M.A.G. et al. *Phytotaxa* 58: 56-58 (2012). Panero, J.L. y Schilling, E.E. *Syst. Bot.* 13: 371-406 (1988). Robinson, H. et al. *Fl. Ecuador* 77(1): 1-230; 77(2): 1-233 (2006). Weberling, F.H.E. y Lagos, J.A. *Beitr. Biol. Pflanzen* 35: 177-201 (1960).

1. Hojas generalmente pinnatífidas.   **7. V. stenoloba**
1. Hojas simples.
  2. Hojas opuestas o generalmente opuestas; cipselas 2-aristadas (o 2-escuamosas) o sin aristas.
    3. Arbustos a árboles, 4-10(-15) m; cabezuelas 15-25 mm, muy grandes; hojas glandulosas, alado-pecioladas, el pecíolo alado hasta la base; cipselas 2-escamosas y escamulosas, las escamas aplanadas, con los márgenes lisos.   **6. V. puruana**
    3. Hierbas anuales o perennes hasta arbustos débiles, 0.2-4 m; cabezuelas 6-11 mm, de tamaño mediano; hojas no glandulosas; hojas subsésiles o con pecíolo no alado; cipselas sin vilano, escamulosas, o 2-aristadas y escamulosas.
      4. Hierbas perennes hasta arbustos débiles, 1-4(-15?) m; hojas largamente pecioladas, los márgenes serrados o dentados; limbo de las corolas radiadas de 5-12(-14) mm; cipselas por lo general completamente sin vilano o algunas veces solo escamulosas.   **1. V. cordata**
      4. Hierbas anuales, 0.2-0.8 m; hojas subsésiles, los márgenes denticulados; limbo de las corolas radiadas de hasta 5 mm; cipselas con vilano 2-aristado y escamuloso.   **10. V. tenuis**
  2. Hojas alternas o generalmente alternas, algunas veces opuestas proximalmente; cipselas 2-aristadas (o 2-escuamosas).
    5. Hojas glandulosas abaxialmente.
      6. Capitulescencias monocéfalas, terminales sobre ramas simples marcadamente ascendentes desde los pocos nudos distales; cipselas es-

parcidamente subestrigulosas, las bases no marginadas por un disco cupuliforme simétrico; involucro 20-28 mm de diámetro; filarios 11-12 mm; páleas c. 12 mm; Guatemala.   **4. V. mima**
      6. Capitulescencias corimbosas; cipsela estrigoso-pilosa, las bases marginadas por un disco cupuliforme simétrico; involucro 5-12 mm de diámetro; filarios 4-10 mm; páleas 4.5-6.8 mm; Costa Rica, Panamá.
        7. Flores radiadas c. 5, las corolas amarillas, el limbo de c. 6 mm, ovado, c. 5-nervio; flores del disco con las anteras incluidas; filarios 4-5.5 mm.   **8. V. strigosa**
        7. Flores radiadas 5-8, corolas blanco-amarillentas, el limbo de (6-)8-14 mm, elíptico-ovado, (8-)11-13-nervio; flores del disco con las anteras completamente exertas; filarios 6-10 mm.   **9. V. sylvatica**
    5. Hojas no glandulosas.
      8. Filamentos largamente pilosos en 1/2 distal; hierbas perennes o arbustos, 1-2(-3) m; hojas con la superficie adaxial escabrosa a hirsuto-subestrigosa, los tricomas subiguales, la superficie abaxial algunas veces piloso-canescente; cabezuelas 7-12 mm; involucros 6-13 mm de diámetro; flores radiadas 8-14, limbo de la corola de ? 6.5 mm; flores del disco 50-100.   **2. V. dentata**
      8. Filamentos glabros; hojas con la superficie adaxial escabriúscula y estrigosa, los tricomas desiguales, la superficie abaxial estrigosa; cabezuelas 7-8 mm; involucros 5-8 mm de diámetro; flores radiadas 0-5, limbo de la corola de 2-3 mm; flores del disco hasta 21.
        9. Cabezuelas radiadas; flores radiadas c. 5.   **3. V. gracillima**
        9. Cabezuelas pauciradiadas o discoides; flores radiadas 0-1.
                    5. V. molinae

1. Viguiera cordata (Hook. et Arn.) D'Arcy, *Phytologia* 30: 6 (1975). *Wedelia cordata* Hook. et Arn., *Bot. Beechey Voy.* 435 (1840). Holotipo: Nicaragua, *Sinclair s.n.* (foto MO! ex K). Ilustr.: McVaugh, *Fl. Novo-Galiciana* 12: 1047, t. 1729 (1984). N.v.: K'anal nich, Ch; saján, saján del río, singking, G; guácara, H.

Aspilia costaricensis (Benth.) Klatt, *Gymnolomia costaricensis* (Benth.) B.L. Rob. et Greenm., *G. ehrenbergiana* Klatt, *G. guatemalensis* (B.L. Rob. et Greenm.) Greenm., *G. microcephala* Less., *G. microcephala* var. *abbreviata* (B.L. Rob. et Greenm.) B.L. Rob. et Greenm., *G. microcephala* var. *brachypoda* (B.L. Rob. et Greenm.) B.L. Rob. et Greenm., *G. microcephala* var. *guatemalensis* (B.L. Rob. et Greenm.) B.L. Rob. et Greenm., *G. patens* A. Gray, *G. patens* var. *abbreviata* B.L. Rob. et Greenm., *G. patens* var. *brachypoda* B.L. Rob. et Greenm., *G. patens* var. *guatemalensis* B.L. Rob. et Greenm., *G. subflexuosa* (Hook. et Arn.) Benth. et Hook. f. ex Hemsl., *Gymnopsis costaricensis* Benth., *G. vulcanica* Steetz, *Hymenostephium cordatum* (Hook. et Arn.) S.F. Blake, *H. guatemalense* (B.L. Rob. et Greenm.) S.F. Blake, *H. mexicanum* Benth., *H. microcephalum* (Less.) S.F. Blake, *H. pilosulum* S.F. Blake, *Montanoa thomasii* Klatt, *Wedelia subflexuosa* Hook. et Arn.

Hierbas comunes perennes hasta arbustos débiles, 1-4 m (rara vez bejucos hasta 15? m); tallos erectos o subescandentes a rara vez rastreros, ramificación opuesta completamente o frecuentemente con ramificación alterna distalmente, generalmente estrigulosos a estrigosos; entrenudos algunas veces mucho más largos que las hojas. Hojas simples, generalmente opuestas, largamente pecioladas; láminas (2-)5-13(-16) × (1-)2-7(-12) cm, ovadas a anchamente ovadas, 3-nervias desde por encima de la base, las superficies concoloras, no glandulosas, la superficie adaxial escábrida y frecuentemente estrigosa, los tricomas de varias tallas y frecuentemente marcadamente desiguales, las células subsidiarias escasamente agrandadas, la superficie abaxial estrigosa o menos frecuentemente pilosa o rara vez tomentosa, la base cordata a redondeada o rara vez cuneada, los márgenes serrados o dentados, el ápice agudo a acuminado; pecíolo 0.5-2.7(-5) cm, no alado. Capitulescencia con pocas a numerosas cabezuelas, abiertas, cada rama con 3-7 cabezuelas, opuestas a las alternas distales, patente en un ángulo de más de 45° hasta ascendente; pedúnculos 1-4 cm, típicamente densamente blanco-estrigulosos. Cabezuelas 6-9 mm, de talla mediana, radiadas; involucro (2-)4-7 mm de diámetro, campanulado, más corto que las flores del disco; filarios (8-)12-18, (2-)3-7 × 1-1.3(-2) mm, subiguales o escasamente graduados con los filarios externos c. 2/3 de la longitud de los internos, 2(3)-seriados, lanceolados o rara vez los externos ovados, 3(-5)-estriados, los márgenes y la nervadura subherbáceos a rara vez c. 1/3 distal subherbáceos, estrigosos, adpresos o algunas veces el ápice reflexo, el ápice largamente atenuado; páleas 3-4.5(-6) mm, generalmente más largas que los filarios internos, conduplicadas, pluriestriadas, subglabras a estrigulosas, el ápice abruptamente agudo a mucronato. Flores radiadas 5-13, 5-9-nervias; corola amarilla o algunas veces amarillo-dorada, el tubo 0.6-1 mm, el limbo 5-12(-14) × (2-)3-4.5(-6) mm, lanceolado a ovado, el ápice diminutamente denticulado a rara vez profundamente 2-lobado con los lobos 1-3 mm; ovario 2-2.5 mm, linear-estipitado, sin vilano. Flores del disco 12-43(-50); corola (3-)3.5-5.5 mm, angostamente infundibuliforme, amarilla a amarillo-dorada, el tubo c. 0.7-0.8 mm, escasamente dilatado, la garganta con frecuencia finamente setulosa proximalmente y a lo largo de la nervadura, los lobos 0.5-0.8 mm, triangulares, estrigosos, frecuentemente (S. Mesoamérica) rojizos internamente; anteras 1.2-2.5 mm, 1/3-2/3 distal exerto, los filamentos glabros, el apéndice deltado-ovado, no glanduloso; estilo con la base bulbosa, las ramas 1-1.3 mm, el apéndice c. 0.3 mm, acuminado. Cipselas 2-2.5 mm, oblongas, glabras o rara vez piloso-estrigosas apicalmente o completamente, el carpóforo asimétrico, la base no marginada por un disco cupuliforme, sin aristas y generalmente escuamosas, generalmente completamente sin vilano o algunas veces solo escuamulosas, las escuámulas (cuando presentes) 0.1-0.5(-1) mm, generalmente lanceoladas. Floración generalmente oct.-abr. 2*n* = 80?, 102. *Selvas medianas perennifolias, cafetales, bosques de Pinus-Quercus, bancos de ríos, orillas de caminos, vegetación secundaria, selvas bajas perennifolias, matorrales, laderas de volcanes.* Ch (*Breedlove 33914*, MO); G (*Pruski y MacVean 4482*, MO); H (*Molina R. et al. 31418*, MO); ES (*Monro et al. 2199*, MO); N (*Seemann s.n.*, K); CR (*Haber y Zuchowski 10334*, MO); P (*Allen 1585*, NY). 10-2500(-3000) m. (México, Mesoamérica, Colombia, Venezuela.)

Debido a las cipselas sin aristas (algunas veces escuamulosas) Robinson y Greenman (1901a [1899]: 87-104) trataron a *Viguiera cordata* como *Gymnolomia* y Blake (1918) y Nash (1976d) como *Hymenostephium*. Sin embargo, la distinción entre la condición sin aristas de *V. cordata* y las Viguieras más típicas 2-aristadas con filamentos glabros (p. ej., *V. sylvatica*, *V. tenuis*), por ejemplo, se reduce por la presencia de cipselas cortamente aristadas en *V. mucronata* S.F. Blake. *Viguiera cordata* además concuerda con *Viguiera* por los filarios basalmente acostillados. Sin embargo, la variación permitida aquí en las características de la cipsela en *V. cordata* (completamente sin vilano a escuamulosa y glabra a generalmente piloso-estrigosa) es notable y tan variable como aquella dentro algunos otros géneros. El protólogo de *G. microcephala* la describe como discoide, pero más bien es radiada, típico del género.

Viguiera cordata es una especie morfológicamente elástica que puede diagnosticarse, a lo largo del área de distribución, por las hojas y la ramificación generalmente opuestas, las hojas largamente pecioladas con base ancha e indumento estrigoso, rara vez con tricomas patentes, los filarios relativamente cortos que son subherbáceos sobre márgenes y nervadura, pero solo en ocasiones apicalmente, el limbo de las corolas radiadas 5-9-nervio, y sin aristas, las cipselas en general completamente sin vilano (algunas veces escuamulosas) que son generalmente glabras, pero las cuales pueden ser piloso-estrigosas apicalmente o en ocasiones completamente. A nivel de especie aquí se trata ampliamente *V. cordata* al incluir en sinonimia *H. guatemalense* e *H. pilosulum* (con hojas pilosas), *Gymnolomia microcephala* (con cabezuelas pequeñas), y plantas de Nicaragua hasta Panamá con cipselas algunas veces piloso-estrigosas (p. ej., *Gymnopsis costaricensis*) o escuamulosas (p. ej., *Gymnolomia subflexuosa*). Las hojas de algunas plantas panameñas son en ocasiones tomentosas, aunque a pesar de este y otros extremos ocasionales se han encontrado entre los ejemplares estudiados una variación continua en *V. cordata* y así no se reconocen segregados ni infraespecies. Debido al alto nivel de ploidia cromosómica registrada para *V. cordata*, sin embargo, es posible que especies incipientes o razas regionales muy marcadas por dentro de la ampliamente definida *V. cordata* puedan estar presentes, estudio que va más allá de la meta de este tratamiento florístico.

La especie común *V. dentata* es similar a la igualmente común *V. cordata*. *Viguiera dentata* tiene hojas generalmente alternas distalmente y puede generalmente ser diagnosticada sin disección por las aristas adaxiales del vilano escasamente más largas que las páleas, mientras que *V. cordata* tiende a tener hojas generalmente opuestas, las cabezuelas menores con filarios apretadamente imbricados, y más largos y más angostos que las corolas del disco. El reporte de Villaseñor Ríos (1989: 110) de *V. cordata* en Belice está basado en identificaciones erróneas.

2. Viguiera dentata (Cav.) Spreng., *Syst. Veg.* 3: 615 (1826). *Helianthus dentatus* Cav., *Icon.* 3: 10 (1794 [1795]). Lectotipo (designado por Magenta et al., 2012): cultivado en Madrid, de México, *Cavanilles s.n.* (microficha MO! ex MA-CAV-475778). Ilustr.: Nash, *Fieldiana, Bot.* 24(12): 566, t. 111 (1976). N.v.: Romerillo de la costa, sak sho xiu, ta, tah, tahche', tahonal, taj, taj che', tajonal, tazonal, toh, Y; tajonal, C; taj, tajonal, QR; mirasol, H.

Encelia montana Brandegee, *Helianthus microclinus* (DC.) M. Gómez, *H. triqueter* Ortega, *Viguiera brevipes* DC., *V. canescens* DC., *V. dentata* (Cav.) Spreng. var. *brevipes* (DC.) S.F. Blake, *V. dentata* var. *canescens* (DC.) S.F. Blake, *V. dentata* var. *helianthoides* (Kunth) S.F. Blake, *V. helianthoides* Kunth, *V. laxa* DC., *V. laxa* var. *brevipes* (DC.) A. Gray, *V. microcline* DC., *V. nelsonii* B.L. Rob. et Greenm., *V. oppositipes* DC., *V. pedunculata* Seaton, *V. sagraeana* DC., *V. triquetra* DC.

Hierbas comunes perennes o arbustos, 1-2(-3) m; tallos varias veces ramificados a muy ramificados, glabros a pilosos o estrigosos, frecuentemente canescentes distalmente. Hojas simples, generalmente alternas o algunas veces opuestas proximalmente, pecioladas; láminas 4-12(-15) × 2-8 cm, lanceoladas a más generalmente ovadas o rómbico-ovadas, 3-nervias, las superficies discoloras o concoloras, no glandulosas, la superficie adaxial escabrosa a hirsuto-subestrigosa, los tricomas subiguales, las células basales y/o subsidiarias agrandadas, la superficie abaxial estrigulosa a densamente piloso-canescente, la base cuneada a decurrente, los márgenes serrados o serrulados a rara vez subenteros, el ápice agudo a acuminado; pecíolo 1-3(-5) cm. Capitulescencia con 3-9(-12) cabezuelas, abierta, las ramas alternas, ascendentes a patentes en un ángulo c. 45°; pedúnculos 2-8(-12) cm, sulcado-acostillados. Cabezuelas 7-12 mm, radiadas, las cabezuelas del disco convexas; involucro 6-13 mm de diámetro, campanulado; filarios 12-20, 6-10(-14) × 1-1.5(-2) mm, laxamente imbricados, subiguales o rara vez escasamente graduados u obgraduados, 2-seriados o 3-seriados, linear-lanceolados a piriformes o espatulados, 2-acostillados o 3-acostillados proximalmente, piloso-estrigosos a canescentes, c. 1/3(-2/3) distal herbáceos, el ápice agudo a acuminado, los filarios externos patentes a reflexos; clinanto convexo madurando a cortamente cónico; páleas 5-7.5 mm, conduplicadas, pilosas completamente o distalmente glabras, el ápice punzante y especialmente aparente en yema cuando las flores del disco son mucho más cortas. Flores radiadas 8-14; corola amarilla, el tubo c. 1 mm, el limbo 6.5-15(-20) × 2-3.5(-8) mm, elíptico-oblongo o rara vez ovado, 8-13-nervio. Flores del disco 50-100; corola 3-4 mm, amarilla, puberulenta proximalmente, pilósula en c. 1/3 proximal y solo 1/2 distal de los lobos, el tubo 0.7-1 mm, los lobos c. 1 mm, típicamente mucho más cortos que la garganta; anteras 1.8-2.1 mm, las tecas negras o pardas, la pared endotecial del lóculo muy gruesa, los engrosamientos nodulares polarizados, el apéndice pardo-amarillento, los filamentos largamente pilosos en 1/2 distal, los tricomas 1-seriados, c. 2-septados; estilo con las ramas 1.3-1.8 mm, el apéndice deltoide, c.

0.3 mm, abruptamente acuminado. Cipselas 2.3-3.6 × 0.9-1.3 mm, oblongas, densamente estrigosas, el carpóforo ancho y asimétrico, la base no marginada por un disco cupuliforme; vilano 2-aristado y escuamuloso, ligeramente frágil en fruto, las aristas 1.7-2.9 mm, llegando hasta la mitad de la garganta de la corola del disco, las adaxiales escasamente más largas, las escuámulas 0.5-0.8 mm, más cortas a casi tan largas como el tubo de la corola del disco. Floración durante todo el año. 2*n* = 34. *Acahuales, áreas alteradas, pastizales, orillas de caminos, vegetación secundaria, selvas bajas, matorrales.* Ch (*Pruski et al. 4179*, MO); Y (*Gaumer 502*, F); C (*Cabrera y Cabrera 2366*, MO); QR (*Téllez y Cabrera 1468*, MO); B (*Lundell 4968*, NY); G (*Williams et al. 41271*, MO); H (*Nelson et al. 7219*, MO). 0-1800 m. (SO. Estados Unidos, México, Mesoamérica, Cuba.)

Blake (1918) reconoció 4 variedades básicamente debido a diferencias en la pelosidad de la hoja, pero al menos en lo que se refiere al material mesoamericano las variedades intergradan y por esto no se las reconoce. Colecciones de muy bajas elevaciones de la Península de Yucatán tienen hojas concoloras grandes menos pelosas y el limbo de las corolas radiadas relativamente ancho, semejándose así al material cubano. La especie común *Viguiera dentata* es similar a la igualmente común pero más sureña *V. cordata*. *Viguiera dentata* puede generalmente ser diagnosticada sin disección por las aristas adaxiales del vilano escasamente exertas de las páleas, mientras que *V. cordata* tiende a tener menor cabezuelas con filarios apretadamente imbricados y más largos y más angostos que las corolas del disco.

3. Viguiera gracillima Brandegee, *Univ. Calif. Publ. Bot.* 6: 74 (1914). Isotipo: México, Oaxaca, *Purpus 6675* (MO!). Ilustr.: No se encontró.

Hymenostephium gracillimum (Brandegee) E.E. Schill. et Panero.

Hierbas anuales, hasta c. 0.5 m; tallos laxamente ramificados, estrigosos completamente; follaje con tricomas 0.2-1.5 mm. Hojas simples, generalmente alternas o algunas veces opuestas proximalmente, pecioladas; láminas 2-4(-12) × 1-1.8(-4) cm, lanceoladas a rómbico-ovadas, indistintamente 3-nervias desde 1-2 mm por encima de la base, las superficies no glandulosas, la superficie adaxial escabriúscula y estrigosa, los tricomas desiguales, generalmente c. 0.2 mm, otros esparcidos hasta 1.5 mm, la superficie abaxial estrigosa, la base cuneada a atenuada, los márgenes subenteros a denticulados, el ápice agudo; pecíolo 0.4-1.4 cm. Capitulescencia abierta, con varias a numerosas cabezuelas, ramificación en su mayoría alterna; pedúnculos 1.5-5(-8) cm, estrigosos, generalmente sin bractéolas. Cabezuelas 7-8 mm, radiadas; involucro 5-8 mm de diámetro, campanulado; filarios 4-5 × 1-1.3 mm, lanceolados, laxamente imbricados, subiguales con los filarios externos casi tan largos como los internos, 2-seriados, estrigosos, los márgenes y nervadura subherbáceos, el ápice atenuado; páleas c. 4 mm, apretadamente conduplicadas, esparcidamente setosas, el ápice apiculado. Flores radiadas c. 5; corola amarillo pálido, el tubo c. 1 mm, algunas veces setuloso, el limbo 2-3 mm, elíptico-ovado, 2-4-nervio; ovario 2-3 mm, linear-estipitado, sin vilano. Flores del disco 12-21; corola 3-4.2 mm, angostamente infundibuliforme, el tubo 0.8-1 mm, 1/3-1/2 de la longitud de la garganta, los lobos 0.3-0.5 mm, deltados, setulosos; anteras incluidas, los filamentos glabros. Cipselas 2-2.2 × c. 0.9-1.1 mm, densamente estrigosas, el carpóforo asimétrico, la base no marginada por un disco cupuliforme; vilano 2-aristado y escuamuloso, las aristas 3-4 mm, casi tan largas como la corola del disco y escasamente exertas de las páleas, las escuámulas c. 1.2 mm. Floración desconocida. *Maizales, orillas de caminos.* G (*Nash, 1976d: 348*). c. 300 m. (México [Oaxaca], Mesoamérica.)

Viguiera gracillima es similar a *V. tenuis*, pero puede ser consistentemente separada por los caracteres vegetativos, mientras las 2 colecciones de *V. molinae* que se conocen difieren de *V. gracillima* básicamente solo por las cabezuelas que son discoides o radiadas con solo una flor radiada. Tal variación capitular existe dentro de *V. tenuis* como fue circunscrita por Blake (1918), y si colecciones adicionales de

V. gracillima muestran también tales variaciones, *V. molinae* podría presumiblemente ser mejor relegada a la sinonimia del nombre anterior *V. gracillima*.

4. Viguiera mima S.F. Blake, *Contr. Gray Herb.* 54: 69 (1918). Holotipo: Guatemala, *Bernoulli y Cario 1520* (foto MO! ex K). Ilustr.: No se encontró.

Hierbas?; tallos estriados, pilosos. Hojas simples, alternas, pecioladas; láminas 4-9.5 × 1.5-3 cm, elíptico-lanceoladas, indistintamente 3-nervias, ambas superficies glandulosas, la superficie adaxial subestrigulosa, la superficie abaxial pilósula, la base cuneada a obtusa, luego escasamente decurrente, los márgenes crenado-serrados, el ápice acuminado; pecíolo 0.6-1.5 cm. Capitulescencia monocéfala, terminal sobre ramas alternas simples y marcadamente ascendentes a partir de los pocos nudos distales; pedúnculos 3-6(-11) cm. Cabezuelas 13-18 mm, radiadas (c. 50 mm de diámetro incluyendo los rayos), hemisféricas; involucro 20-28 mm de diámetro; filarios 10-11 mm, lanceolados u oblongos, subiguales, 2-seriados, 2-acostillados proximalmente, grisáceo-pilósulos, el ápice anchamente agudo a obtuso; páleas c. 12 mm, rígidas, el ápice acuminado. Flores radiadas 10-16; tubo de la corola c. 0.8 mm, el limbo 16-23 × 6-8.5 mm, lanceolado a angostamente elíptico, 11-13-nervio, el ápice obtuso. Flores del disco 50-100; corola c. 6.5 mm, el tubo y la garganta indistintos, puberulentos proximalmente, los lobos 0.8-1 mm, triangulares, puberulentos; anteras con los filamentos glabros. Cipselas c. 4 × 1.8 mm, esparcidamente subestrigulosas, la base no marginada por un disco cupuliforme; vilano 2-aristado y escuamuloso, las aristas c. 3 mm, las escuámulas hasta c. 1 mm. Floración dic. *Hábitat desconocido.* G (*Bernoulli y Carlo 1520*, GOET). 200-300 m (Endémica.)

Como fue anotado por Blake (1918), *Viguiera mima* es vagamente similar a *Simsia foetida* por los filarios subiguales, pero esa difiere por el limbo de las corolas radiadas mucho más corto.

5. Viguiera molinae H. Rob., *Phytologia* 36: 202 (1977). Holotipo: Nicaragua, *Williams y Molina R. 42374* (foto MO! ex US). Ilustr.: Robinson, *Phytologia* 36: 211, t. s.n. (1977).

Hymenostephium molinae (H. Rob.) E.E. Schill. et Panero.

Hierbas anuales, 0.8-2 m; tallos laxamente ramificados, estrigosos. Hojas simples, generalmente alternas o algunas veces opuestas proximalmente, pecioladas; láminas 4-8 × 1-4 cm, lanceoladas a ovadas, 3-nervias, las superficies no glandulosas, la superficie adaxial escabriúscula y estrigosa, los tricomas desiguales, generalmente c. 0.1 mm, otros hasta 1 mm, esparcidos, la superficie abaxial estrigosa, la base cuneada a atenuada, los márgenes denticulados, el ápice acuminado; pecíolo 0.5-1 cm. Capitulescencia abierta, con varias a numerosas cabezuelas, las ramificaciones en su mayoría alternas; pedúnculos 1.5-3 cm, estrigosos. generalmente sin bractéolas. Cabezuelas 7-8 mm, pauciradiadas o discoides; involucro 5-7 mm de diámetro, campanulado; filarios 8-10, 4-5 × 1-1.2 mm, lanceolados, laxamente imbricados, subiguales, 2-seriados, estrigosos, subherbáceos distalmente, el ápice acuminado-atenuado; páleas 5-5.8 mm, apretadamente conduplicadas, esparcidamente setosas, el ápice apiculado. Flores radiadas 0-1; corola amarillo pálido, el tubo c. 1.2 mm, setuloso, el limbo c. 2.5 × 1.8 mm, elíptico-ovado. Flores del disco 14-20; corola 3.2-4.2 mm, tubular, el tubo 0.9-1.2 mm, 1/3-1/2 de la longitud de la garganta, los lobos 0.5-0.6 mm, deltados, setulosos; anteras c. 1.5 mm, los filamentos glabros; ramas del estilo con apéndice apiculado. Cipselas 2.6-3.6 × c. 1 mm, densamente estrigosas, el carpóforo asimétrico, la base no marginada por un disco cupuliforme; vilano 2-aristado y escuamuloso, las aristas 2.5-3.5 mm, escasamente más cortas que el disco de la corola y escasamente exertas de las páleas, las escuámulas 0.7-1.2 mm. Floración nov.-dic. *Bosques a lo largo de ríos.* N (*Seymour 2548*, MO). 200-700 m. (Endémica.)

Viguiera molinae es un estrecho segregado provisionalmente reconocido de *V. gracillima*, la cual difiere básicamente solo por las cabezuelas radiadas con 5 flores radiadas. Estas 2 especies son similares en hábito y hojas con la superficie adaxial escabriúscula y estrigosa con tricomas desiguales. Ambas especies, en turno, son muy similares a *V. tenuis*, una especie conceptualizada por Blake (1918) en tener similarmente una distribución bimodal (parecido al complejo *V. molinae-V. gracillima*) y cabezuelas que son diversamente radiadas a discoides.

6. Viguiera puruana Paray, *Bol. Soc. Bot. México* 22: 4 (1958). Holotipo: México, Michoacán, *Paray 1780* (MEXU). Ilustr.: McVaugh, *Contr. Univ. Michigan Herb.* 9: 455, t. 46 (1972), como *V. blakei*.

Dendroviguiera puruana (Paray) E.E. Schill. et Panero, *Viguiera blakei* McVaugh.

Arbustos a árboles, 4-10(-15) m; tallos estriados, crespo-puberulentos, también tricomas patentes más largos (0.5-0.8 mm) algunas veces presentes. Hojas simples, opuestas, alado-pecioladas; láminas 10-25(-30) × 6-20(-25) cm, ovadas a deltado-ovadas, 3-nervias, la superficie adaxial escabrosa, los tricomas con células subsidiarias prominentes, esparcidamente glandulosas, la superficie abaxial pilósula, moderadamente glandulosa, la base anchamente cuneada a truncada, los márgenes serrados, el ápice agudo a acuminado; pecíolo 2-7 × 1-1.5 cm, alado hasta la base, subamplexicaule, el ala ondulada. Capitulescencia con 5-12 cabezuelas, ramificación opuesta o en los últimos nudos alterna; pedúnculos 2-10(-15) cm, patentes desde el eje principal casi en ángulo recto, los pedúnculos laterales mucho más largos que los del centro. Cabezuelas 15-25 mm, muy grandes, radiadas (8-12 cm de diámetro, incluyendo los rayos), hemisféricas, acrescentes en fruto; involucro 15-25 mm de diámetro; filarios 6-14 × 1.5-3 mm, lanceolados, graduados, 3-5-seriados, endurecidos y c. 4-acostillados proximalmente, gradualmente atenuados, velloso-puberulentos, el ápice subherbáceo, patente a recurvado; páleas 9-14 × c. 2 mm, rígidas, el ápice apiculado, puberulento distalmente. Flores radiadas 13-24; tubo de la corola 2-3 mm, el limbo 25-40 × 6-13 mm, oblanceolado a oblongo, 11-13-nervio, el ápice obtuso; ovario c. 3 mm, triquetro. Flores del disco 100-150; corola 9-13 mm, amarillo-anaranjado, el tubo 2-3 mm, puberulento, la garganta angosta, los lobos 1-1.5 mm, triangular-lanceolados, puberulentos; anteras c. 4 mm, amarillentas, los filamentos glabros; estilo con ramas c. 3 mm, el ápice agudo. Cipselas 4-6 × 2-2.5 mm, comprimidas, setulosas distal y marginalmente, el carpóforo pequeño y asimétrico, la base no marginada por un disco cupuliforme; vilano 2-escamoso y escuamuloso, las escamas 5-8 × 1-1.5 mm, oblongas, frecuentemente casi tan anchas como las cipselas, aplanadas, rígidas, liso-marginadas, las escuámulas 0.1-0.6 mm, frecuentemente diminutas. Floración nov.-dic. $2n = 34$. *Bosques de neblina, selvas caducifolias.* Ch (*Breedlove 42630*, CAS). 1200-2000 m. (Centro Oeste México, Mesoamérica.)

Viguiera puruana es una de las únicas 2 especies alado-pecioladas en *V.* sect. *Maculatae* (S.F. Blake) Panero et E.E. Schill. (Panero y Schilling, 1988) y en Mesoamérica se conoce solo de los bosques cerca de Motozintla, y de ahí disyunta hasta Guerrero y alrededores.

7. Viguiera stenoloba S.F. Blake, *Contr. Gray Herb.* 54: 97 (1918). Sintipo: México, Coahuila, *Gregg 21* (foto MO! ex NY). Ilustr.: Ivey, *Fl. Pl. New México* ed. 4, 170 (derecha) (2003).

Gymnolomia tenuifolia (A. Gray) Benth. et Hook. f. ex Hemsl., *Heliomeris tenuifolia* A. Gray non *Viguiera tenuifolia* Gardner, *Sidneya tenuifolia* (A. Gray) E.E. Schill. et Panero.

Arbustos, 0.6-1 m; tallos muy ramificados, glabros o más generalmente estrigulosos. Hojas generalmente pinnatilobadas o las distales algunas veces subenteras, opuestas tornando a alternas distalmente, con base peciolariforme angosta; láminas 2-6(-10) × 1-3 cm, de contorno ovado o las distales algunas veces lineares, generalmente partidas en 3-5(-7) lobos lineares a linear-lanceolados, la superficie adaxial estrigulosa a esparcidamente estrigulosa, la superficie abaxial canescente-estrigulosa, frecuentemente glandulosa, la vena media algunas veces verde y subglabra en la superficie abaxial, los lobos 1-5 mm de

diámetro y casi tan anchos como el raquis, los márgenes revolutos, el ápice acuminado. Capitulescencia monocéfala o laxamente corimbosa con pocas ramas alternas; pedúnculos 2-10(-15) cm. Cabezuelas 6-10 mm, radiadas, hemisféricas a globosas; involucro 7-15 mm de diámetro; filarios 5-10 mm, lanceolados, graduados o más generalmente obgraduados, 3-seriados, endurecidos y 2-acostillados proximalmente, graduando en 1/3-1/2 distal hasta un ápice subherbáceo abruptamente atenuado, los márgenes y el ápice típicamente estrigulosos; páleas 4-5 mm, el ápice abruptamente acuminado, puberulento distalmente. Flores radiadas 12-18; tubo de la corola 0.7-1 mm, el limbo 7-14 × 2-4 mm, lanceolado a oblanceolado, (7-)9-13-nervio. Flores del disco 100 o más numerosas; corola 3.5-4 mm, papiloso-setulosa, los lobos 0.6-1 mm, triangulares, recurvados; anteras 1.5-2 mm, las tecas negras, los filamentos glabros; ramas del estilo con ápice agudo. Cipselas 2-3 mm, glabras, el carpóforo indistinto, la base no marginada por un disco cupuliforme; vilano ausente. $2n = 34, 68$. *Hábitat desconocido.* ES (Weberling y Lagos, 1960: 201). 400-500 m. (SO. Estados Unidos, NE. México, Mesoamérica.)

La ocurrencia de *Viguiera stenoloba* en El Salvador no ha sido verificada y la especie se registra en Mesoamérica solamente por el ejemplar *González 1678* citado por Weberling y Lagos (1960). Entre las compuestas de El Salvador, *V. stenoloba* es vagamente similar a *Melampodium linearilobum* y *M. sericeum* por las hojas pinnatífidas y las cabezuelas largamente pedunculadas, pero ambas difieren por ser hierbas anuales.

8. Viguiera strigosa Klatt, *Bull. Soc. Roy. Bot. Belgique* 31(1): 204 (1892 [1893]). Holotipo: Costa Rica, *Pittier 1604* (foto MO! ex GH). Ilustr.: No se encontró.

Hymenostephium strigosum (Klatt) E.E. Schill. et Panero.

Hierbas perennes, 1-2 m; tallos varias veces ramificados, esparcidamente pilosos. Hojas simples, generalmente alternas; láminas lanceoladas a rómbico-ovadas, 3.5-10 × 1.5-2.5 cm, las superficies concoloras, la superficie adaxial más o menos esparcidamente híspido-estrigosa, la superficie abaxial diminutamente glandulosa y esparcidamente estrigulosa, la base cuneada; pecíolo 2-3 cm. Capitulescencia corimbosa, cada rama con 1-3 cabezuelas; pedúnculos 1.7-5.7 cm, densamente pilosos, típicamente sin bractéolas. Cabezuelas 7-8 mm; involucro 5-10 mm de diámetro; filarios 4-5.5 × 2-2.5 mm, subiguales, elíptico-ovados a ovado-piriformes, el ápice con frecuencia abruptamente acuminado, finamente estriguloso-puberulento; páleas 4.5-6 mm, esparcidamente glandulosas distalmente, por lo demás subglabras. Flores radiadas c. 5; corola amarilla, el limbo c. 6 mm, ovado, c. 5-nervio, esparcidamente glanduloso abaxialmente. Flores del disco c. 42; corola 3.8-4.5 mm, amarillo-dorado, el tubo c. 0.5 mm, la garganta 5-nervia, los lobos 0.7-1 mm, triangular-lanceolados, la nervadura submarginal; anteras incluidas, el apéndice no glanduloso. Cipselas 2.1-3.2 mm, estrigoso-pilosas, la base marginada por un disco cupuliforme simétrico, el disco cupuliforme 0.2-0.3 mm; vilano 2-escuamoso y escuamuloso, las escamas 1.2-3 mm, desiguales, las escuámulas 0.5-1 mm, casi tan largas como el tubo de la corola del disco. Floración nov.-ene. *Orillas de caminos, laderas rocosas, lados de riachuelos.* CR (*Hammel 19365*, MO). 50-1200 m. (Endémica.)

Viguiera strigosa es muy similar a *V. sylvatica*.

9. Viguiera sylvatica Klatt, *Bull. Soc. Roy. Bot. Belgique* 31(1): 204 (1892 [1893]). Holotipo: Costa Rica, *Pittier 779* (foto MO! ex GH). Ilustr.: No se encontró.

Dendroviguiera sylvatica (Klatt) E.E. Schill. et Panero.

Hierbas comunes perennes hasta arbustos, 1-5 m; tallos varias veces a muy ramificados, estriados, pilosos a estrigosos. Hojas simples, generalmente alternas (algunas veces las más proximales opuestas), pecioladas; láminas 4-14(-21) × 1.5-8(-16.5) cm, ovadas o rara vez lanceoladas, 3-nervias desde por encima de la acuminación basal, las superficies concoloras, la superficie adaxial escabriúscula a hirsútula, tricomas con células subsidiarias típicamente agrandadas, la superficie abaxial diminutamente glandulosa, también pilósula o rara vez hírtula, la base cuneada o rara vez obtusa luego decurrente, los márgenes crenado-serrados, el ápice acuminado; pecíolo 0.5-4 cm. Capitulescencia corimbosa, abierta, terminal sobre varias ramas distales, cada rama con 3-12 cabezuelas, alternas, ascendentes; pedúnculos 1-7 cm, vellosos, esparcidamente glandulosos debajo del tomento, algunas veces abrazados por una sola bractéola linear basal de 5-10 mm. Cabezuelas 8-13 mm, radiadas; involucro 6-12 mm de diámetro, campanulado a hemisférico; filarios 6-10 × 1.6-2.8 mm, imbricados a laxamente imbricados, subiguales o algunas veces obgraduados, 2-seriados, lanceolados a piriformes, 5-7-estriados, el ápice largamente atenuado, subherbáceos, pilósulo-hirsútulos, los filarios especialmente los externos patentes a reflexos apicalmente; páleas 5.1-6.8 mm, apretadamente conduplicadas, pluriestriadas, estrigulosas distalmente, el ápice largamente mucronado. Flores radiadas 5-8; corola blanco-amarillenta, el tubo c. 1 mm, el limbo (6-)8-14 × (3.5-)5-6(-7.5) mm, elíptico-ovado, (8-)11-13-nervio, la nervadura algunas veces divaricada, el ápice diminutamente 2-denticulado o 3-denticulado, en ocasiones glanduloso abaxialmente; ovario 2-4 mm. Flores del disco c. 50; corola 4.7-5.5 mm, angostamente infundibuliforme, amarillo-verde, el tubo 0.8-1 mm, dilatado basalmente, la garganta algunas veces con nervios accesorios o conductos resinosos, los lobos 1-1.4 mm, lanceolados, obviamente más largos que el tubo y c. 1/3 de la longitud de la garganta, la nervadura submarginal a intramarginal, los lobos estrigulosos distalmente; anteras 2.5-3 mm, completamente exertas con la porción distal de los filamentos glabros visible, el apéndice lanceolado, típicamente glanduloso; base bulbosa del estilo con nectario especialmente visible, las ramas c. 1.5 mm, el apéndice c. 0.3 mm, abruptamente acuminado. Cipselas 2.5-3.4 × 1.2-1.4 mm, oblongas, densamente estrigoso-pilosas, el carpóforo ancho y asimétrico, la base marginada por un disco cupuliforme simétrico, el disco cupuliforme c. 0.2 mm; vilano 2-escuamoso y escuamuloso intercalando, las escamas 1.5-2.4 mm, llegando hasta 1/3-1/2 proximales de la garganta de la corola del disco pero generalmente no más largas que las páleas, las abaxiales (externas) con frecuencia escasamente más largas, las escuámulas 0.5-0.7 mm, más cortas hasta casi tan largas como el tubo de la corola del disco. Floración oct.-ene., mar.-abr. *Áreas alteradas, potreros, orillas de caminos, vegetación secundaria.* CR (*Croat 46777*, MO); P (*Allen 1495*, MO). 700-2000 m. (Endémica.)

Blake (1918) llamó la atención al disco cupuliforme en la base de las cipselas de *Viguiera sylvatica*. En el sur de Mesoamérica, *V. sylvatica* es frecuente y erróneamente tomada por *V. cordata*, la cual difiere por las hojas no glandulosas y por las cipselas sin aristas y sin el disco basal cupuliforme. Es muy similar a *V. strigosa*.

10. Viguiera tenuis A. Gray, *Proc. Amer. Acad. Arts* 22: 426 (1887). Isotipo: México, Jalisco, *Palmer 657* (MO!). Ilustr.: Blake, *Contr. Gray Herb.* 54: t. 3, f. 6 (1918).

Hymenostephium tenue (A. Gray) E.E. Schill. et Panero, *Viguiera tenuis* forma *alba* (Rose) S.F. Blake, *V. tenuis* var. *alba* Rose.

Hierbas anuales, 0.2-0.8 m; tallos simples hasta la capitulescencia o difusamente poco-ramificados, híspidos proximalmente a estrigosos distalmente; follaje con tricomas 0.8-1.5 mm. Hojas simples, opuestas a la capitulescencia, subsésiles, remotas; láminas 2-4(-7) × 0.5-1.2(-2.5) cm, lanceoladas a ovadas, indistintamente 3-nervias, las superficies piloso-estrigosas, no glandulosas, los tricomas alargados y subiguales, los tricomas de la superficie adaxial con células subsidiarias agrandadas, la base redondeada a subcordata, los márgenes denticulados, el ápice agudo a acuminado; pecíolo c. 0.2 cm, no alado. Capitulescencia casi 1/3 de la altura de la planta, con pocas cabezuelas abiertas, las ramas alternas, patentes en c. 45°; pedúnculos 6-15 cm, estrigosos, algunas veces con 1 o 2 bractéolas alternas; bractéolas lineares, hasta c. 1 cm. Cabezuelas 6-9 mm, de talla mediana, radiadas hasta rara vez disciformes o discoides; involucro 6-9 mm de diámetro, hemisférico;

filarios 20-30 o más numerosos, 2-8 × 0.3-0.7 mm, lineares (los externos) a linear-lanceolados (los internos), laxamente imbricados, graduados con los externos generalmente casi 1/2 de la longitud de los internos, 3-seriados, estrigosos, 1/3 distal herbáceo, el ápice atenuado; páleas 5.5-7 mm, apretadamente conduplicadas, estrigosas, el ápice apiculado. Flores (marginales) radiadas (0-)5-13; corola generalmente presente, amarillo pálido, el tubo 1-2 mm, algunas veces setuloso, el limbo 2-5 mm, elíptico-ovado, 2-4-nervio, el ápice emarginado; ovario 2-3 mm, linear-estipitado, sin vilano. Flores del disco 20-70; corola (3.5-)4-5 mm, tubular, el tubo c. 0.3-0.5 mm, menos 1/5 de la longitud de la garganta, los lobos 0.4-0.7 mm, deltados, setulosos; anteras con los filamentos glabros, las tecas c. 1.5-2.2 mm, el cuello alargado; estilo con ramas c. 1.5 mm. Cipselas 1.8-2.3 × c. 0.8 mm, densamente estrigosas, el carpóforo ancho y asimétrico, la base no marginada por un disco cupuliforme; vilano 2-aristado y escuamuloso, las aristas 3.7-5.3 mm, casi tan largas como el disco de la corola, escasamente exerto de las páleas, las escuámulas 1-1.5 mm. Floración oct.-dic. 2*n* = 24. *Pastizales, bosques de* Pinus-Quercus, *orillas de caminos*. Ch (*Breedlove y Strother 46544*, MO); CR (*Morales 3148*, MO); P (*Blum y Tyson 1876*, MO). 50-1100 m. (SO. México, Mesoamérica.)

Viguiera tenuis es disyunta entre Chiapas y Costa Rica y Panamá, como fue anotado por Blake (1918). *Viguiera tenuis* está cercanamente relacionada con *V. gracillima*, la cual difiere conspicuamente por las hojas generalmente alternas, cortamente pecioladas, la superficie adaxial con tricomas desiguales, y por las corolas del disco angostamente infundibuliforme con tubos casi 1/3-1/2 de la longitud de las gargantas. *Viguiera tenuis* como circunscrita por Blake (1918) tiene cabezuelas discoides hasta algunas veces inconspicuamente radiadas con flores marginales algunas veces sin corolas, tales flores por consiguiente representadas solo por el gineceo desnudo.

XII. F. Heliantheae subtribus Montanoinae H. Rob.
Por J.F. Pruski.

Arbustos o árboles, algunas veces bejucos. Hojas simples, opuestas, pecioladas; láminas generalmente ovadas, frecuentemente lobadas, cartáceas, 3(-7)-plinervias desde muy por encima de la base. Capitulescencia terminal, generalmente corimbosa a paniculada. Cabezuelas radiado(-discoides); involucro generalmente hemisférico; filarios 1-seriados o 2(3)-seriados, subiguales; clinanto convexo, paleáceo; páleas más largas que las cipselas, conduplicadas, acrescentes con la edad, rara vez escasamente carinadas. Flores radiadas estériles; corola blanca, el tubo cilíndrico, el limbo exerto, deciduo, nérvulos con frecuencia claramente anastomosado-reticulados entre los nervios mayores, papiloso adaxialmente, glanduloso abaxialmente. Flores del disco bisexuales; corola 5-lobada, generalmente blanca a amarilla, glandulosa e hírtulo-setulosa al menos distalmente, la garganta sin fibras embebidas en la nervadura, los lobos papilosos por dentro; anteras no caudadas, los filamentos glabros, no densa y largamente papilosos distalmente, las tecas negras o algunas veces amarillas, el patrón endotecial polarizado, el apéndice ovado, glanduloso; estilo apendiculado, los haces vasculares sin color evidente, las ramas con superficies estigmáticas en 2 bandas, el ápice deltado con el apéndice linear. Cipselas cuadrangular-obpiramidales, pardo-negras hasta pardo-rojizas, carbonizadas, la superficie microestriada pero por lo demás típicamente lisa; vilano ausente. *x* = 19. 1 gen., aprox. 25 spp. Norte en México hasta Perú.

165. Montanoa Cerv.
Eriocarpha Cass., *Eriocoma* Kunth non Nutt.
Por V.F. Funk y J.F. Pruski.

Arbustos o árboles, algunas veces bejucos; follaje con pelosidad generalmente c. 1 mm. Hojas: láminas generalmente muy variables en forma, variando desde ovadas a pentagonales, la superficie adaxial esparcida a densamente pelosa o rara vez glabra, la superficie abaxial glandulosa y glabra o esparcida a densamente pelosa, los márgenes enteros a irregularmente dentados, no lobados hasta (3-)5(-9)-lobados. Capitulescencia monocéfala a con numerosas cabezuelas y corimbosa; cabezuelas erectas o péndulas en fructificación, persistentes sobre el pedúnculo o rara vez deciduas después de la fructificación. Cabezuelas radiadas o muy rara vez discoides; filarios 4-16(-22), 1-seriados o 2(3)-seriados; páleas persistentes o deciduas con la cipsela en fructificación, endurecidas a cartáceas. Flores radiadas 3-15; limbo de la corola obovado a oblanceolado, algunas veces puberulento. Flores del disco (3-)8-160; corola amarilla a gris-verde o negra. Cipselas madurando todas o rara vez solo 1 o 2 por cabezuela, las superficies de las cipselas típicamente lisas, convolutamente amorfas solo en *Montanoa hexagona* y *M. hibiscifolia*, el ápice con un cuello en forma de anillo. *x* = 19. 25 spp. Norte de México a Perú.

Robinson y Greenman (1899a) publicaron un estudio general de *Montanoa* reconociendo 32 especies. Más recientemente, Funk (1982) revisó *Montanoa* y reconoció 25 especies y 5 infraespecies no típicas, para un total de 30 taxones. Robinson y Greenman (1899a) y Funk (1982) reconocieron infragéneros definidos por las características de las páleas, pero Plovanich y Panero (2004) mostraron que estos infragéneros no eran monofiléticos.

El nombre *Montagnaea* DC. es una variante ortográfica de *Montanoa*. En el acuñamiento de este nombre substituto de *Montagnaea* Candolle (1836) señaló "Nomen. emendavi. Montaña (pronunt. Montagna) nec Montano". *Montanoa* es una de nuestras pocas asteráceas regionales conspicuamente blanco-radiadas. En ocasiones se confunde con *Podachaenium eminens* (subtribus Verbesininae), la cual se asemeja mucho por las corolas blanco-radiadas, pero la cual difiere de *Montanoa* por las cipselas comosas típicamente comprimidas.

Bibliografía: Berendsohn, W.G. y Araniva de González, A.E. *Cuscatlania* 1: 290-1-290-13 (1989). Candolle, A.P. de *Prodr.* 5: 4-695 (1836). D'Arcy, W.G. *Ann. Missouri Bot. Gard.* 62: 835-1321 (1975 [1976]). Funk, V.A. *Mem. New York Bot. Gard.* 36: 1-133 (1982). McVaugh, R. *Fl. Novo-Galiciana* 12: 1-1157 (1984). Plovanich, A.E. y Panero, J.L. *Molec. Phylogen. Evol.* 31: 815-821 (2004). Robinson, B.L. y Greenman, J.M. *Proc. Amer. Acad. Arts* 34: 507-534 (1899). Strother, J.L. *Fl. Chiapas* 5: 1-232 (1999). Villaseñor Ríos, J.L. *Techn. Rep. Rancho Santa Ana Bot. Gard.* 4: 1-122 (1989).

1. Páleas en fructificación con el cuerpo y los ápices endurecidos, en la antesis generalmente más largas que las flores del disco; cabezuelas siempre erectas en fructificación.
  2. Cabezuelas 0.3-1.2 cm de diámetro; páleas en fructificación conspicua y largamente seríceas; flores radiadas 3-6; pedúnculos 0.1-0.4 cm.
  10a. M. tomentosa subsp. **xanthiifolia**
  2. Cabezuelas 1-3 cm de diámetro; páleas en fructificación pilosas o glabras, algunas veces glandulosas; flores radiadas 5-15; pedúnculos 1-11 cm.
    3. Capitulescencia monocéfala o con pocas cabezuelas; filarios c. 12, 9-18 mm; páleas en fructificación con el ápice gradual y largamente acuminado.
    2. M. echinacea
    3. Capitulescencia con varias a numerosas cabezuelas; filarios 5-9, 3-8 mm; páleas en fructificación con el ápice abrupta y angosta a largamente atenuado.
      4. Tallos densamente pelosos distalmente; superficie abaxial de las láminas de las hojas densamente glandulosa y grisáceo-pelosa.
      3. M. guatemalensis
      4. Tallos glabros a ligeramente puberulentos distalmente; superficie abaxial de las láminas de las hojas glabra o subglabra.   **9. M. standleyi**
1. Páleas en fructificación con cuerpo cartáceo, y en *M. hibiscifolia* con una sola espina apical endurecida, más cortas que las flores del disco en la antesis; cabezuelas péndulas o al menos algunas veces escasamente péndulas en fructificación.
  5. Hojas aladas hasta las bases y algunas veces perfoliadas.

  6. Capitulescencias de 7-60 cabezuelas; filarios 4-5 mm; corola radiada con limbo de 10-12 mm.   **7. M. pteropoda**
  6. Capitulescencias de 1-5 cabezuelas; filarios 7-12(-20) mm; corola radiada con limbo de 15-30 mm.   **8. M. speciosa**
  5. Hojas nunca aladas hasta las bases ni perfoliadas.
    7. Láminas de las hojas general y profundamente 3-5-lobadas, el pecíolo por lo general marcadamente 2-auriculado distalmente en la inserción de la lámina.   **5. M. hibiscifolia**
    7. Láminas de las hojas no lobadas o levemente 3-5-lobadas, el pecíolo no auriculado distalmente hasta rara vez escasamente 2-auriculado distalmente en la inserción de la lámina.
      8. Páleas en fructificación con los ápices recurvados.
      6a. M. leucantha subsp. **arborescens**
      8. Páleas en fructificación con los ápices erectos.
        9. Hojas 3-nervias desde cerca de la base; arbustos hasta 3 m o bejucos hasta 15 m; flores del disco 85-120, corolas c. 2 mm, el estilo con apéndice completamente amarillo; superficie de la cipsela lisa.
        1. M. atriplicifolia
        9. Hojas 3-nervias desde por encima de la base; árboles hasta 20 m; flores del disco 40-60, corolas 3.5-4.5 mm, el estilo con apéndice amarillo con dos áreas negras; superficie de la cipsela convolutamente amorfa.   **4. M. hexagona**

1. Montanoa atriplicifolia (Pers.) Sch. Bip. in Seem., *Bot. Voy. Herald* 304 (1856). *Verbesina atriplicifolia* Pers., *Syn. Pl.* 2: 472 (1807). Isotipo: cultivado en Europa de material de México, *Anon. s.n.* (imagen en Internet! ex FI). Ilustr.: Millspaugh y Chase, *Publ. Field Columb. Mus., Bot. Ser.* 3: 114 (1904), como *M. schottii*. N.v.: Homahak, sak ta, sak tah, Y; flor de concepción, flor de Pascua, G; altamisa de monte, margarita, H; botoncito de altura, flor de Santa Lucía, palo de marimba, tatascame, tatascamite blanco, ES.

Eriocoma atriplicifolia (Pers.) Kuntze, *Galinsoga discolor* Spreng., *Montanoa dumicola* Klatt, *M. pauciflora* Klatt, *M. schottii* B.L. Rob. et Greenm.

Arbustos hasta 3 m o bejucos hasta 15 m; tallos puberulentos distalmente. Hojas de forma variable, algunas veces con acumen basal o escasamente auriculadas pero nunca aladas hasta la base ni perfoliadas; láminas 4.5-14.5 × 1.5-15 cm, ovadas a pentagonales, no lobadas hasta rara vez profundamente 3-lobadas, 3-nervias desde cerca de la base, la superficie adaxial moderadamente pelosa, la superficie abaxial densamente glandulosa y pelosa con tricomas claros; pecíolo 1.5-11.5 cm, parcialmente alado, no auriculado distalmente hasta rara vez escasamente 2-auriculado distalmente en la inserción de la lámina, densamente glanduloso y peloso. Capitulescencia abierta, las cabezuelas pocas a numerosas, las cabezuelas péndulas en fructificación; pedúnculos 1.5-7.5 cm, densamente glandulosos y pelosos. Cabezuelas 0.6-0.8 cm de diámetro en la antesis, 1.7-2.7 cm de diámetro en fruto; filarios 5-6, 4-5 × 1-1.25 mm, 1-seriados, reflexos; páleas deciduas, c. 2.2 × 2 mm en la antesis, obtruladas, más cortas que las flores del disco, la nervadura reticulada, las páleas en fructificación 10-14 × 3-4 mm, obdeltoides, cartáceas, de color pajizo o púrpura, el seno apical apiculado, el ápice erecto. Flores radiadas 8-15; limbo de la corola 12-24 mm, el ápice agudo hasta 2-emarginado. Flores del disco 85-120; corola c. 2 mm, amarilla; tecas pardas, el apéndice amarillo; estilo amarillo, la rama con apéndice completamente amarillo. Cipselas c. 2.5 × 1.5 mm, la superficie lisa. 2n = 38. *Bosques, cercas, orillas secas de caminos.* T (Strother, 1999: 76); Ch (*Matuda 18603*, MEXU); Y (*Gaumer 2108*, MO); C (*Lundell 1093*, MO); QR (*Rzedowski 36620*, MO); B (*Bartlett 11421*, MO); G (*Funk y Ramos 2638*, MO); H (*Thieme 5324*, MO); ES (*Standley 20018*, NY); N (*Williams y Molina R. 10943*, MO); CR (*Pittier 1454*, US). 10-2000 m. (Endémica.)

El hábito de esta especie es más como bejuco en elevaciones bajas y en medio ambientes más secos. Funk (1982) describió las páleas como endurecidas en la antesis. Robinson y Greenman (1899a) trataron *Montanoa atriplicifolia* como una especie dudosa, pero su tratamiento de las especies 25-27 corresponden a las que están aquí circunscritas. Nash (1976d) llamó esta especie *M. pauciflora*.

2. Montanoa echinacea S.F. Blake, *Brittonia* 2: 345 (1937). Isotipo: Guatemala, *Skutch 1276* (NY!). Ilustr.: Funk, *Mem. New York Bot. Gard*. 36: 63, t. 41 (1982). N.v.: Flor de bolas, G; varavara, H.

Arbustos, 1-4 m; tallos glandulosos y pelosos distalmente. Hojas más o menos de forma uniforme; láminas 7-15 × 3-12 cm, ovadas a cordatas, 3 o 4 nervios secundarios laterales pequeños proximales hasta nervios secundarios más grandes, no lobadas, la superficie adaxial densamente pelosa, la superficie abaxial densamente glandulosa y pelosa; pecíolo c. 1.6 cm, densamente híspido, los tricomas 1-2 mm. Capitulescencia abierta, monocéfala de hasta pocas cabezuelas, las cabezuelas erectas en fructificación; pedúnculos 2-11 cm, híspidos y cortamente estipitado-glandulosos. Cabezuelas c. 2 cm de diámetro en la antesis, c. 3 cm de diámetro en fruto; filarios c. 12, 9-18 × 3-5 mm, 2-seriados, curvados en fruto; páleas persistentes, 6-8 × c. 1.2 mm en la antesis, más largas que las flores del disco, triangulares, las páleas en fructificación 15-22 × 3-4.5 mm, triangulares, erectas o escasamente recurvadas, el cuerpo y el ápice endurecidos, pajizas, la nervadura paralela y prominente, la superficie esparcidamente glandulosa y esparcidamente pelosa, los tricomas 1-2 mm, el ápice gradual y largamente acuminado. Flores radiadas (12-)14(15); limbo de la corola 9-16 × 2-4.5 mm, el ápice agudo a redondeado hasta 2-emarginado. Flores del disco 100-150; corola 7-8 mm, amarilla y gris-negra; tecas negras, el apéndice negro; estilo amarillo, el apéndice negro. Cipselas 4.5-5 × c. 1.5 mm, todas madurando. *Bosques de* Pinus-Quercus, *laderas empinadas, matorrales.* Ch (*Breedlove y Dressler 29677*, MO); G (*Molina R. 21279*, MO); H (Nelson, 2008: 184). 1700-3100 m. (México [Oaxaca?], Mesoamérica.)

Aunque Strother (1999) registra la especie también en Oaxaca, esta distribución no fue verificada.

3. Montanoa guatemalensis B.L. Rob. et Greenm., *Proc. Amer. Acad. Arts* 34: 514 (1899). Isotipo: Guatemala, *Heyde y Lux 4216* (MO!). Ilustr.: Nash, *Fieldiana, Bot*. 24(12): 537, t. 82 (1976). N.v.: Palo santo, sacapoc, G; chachalaco, flor de Santa Lucía, María, palo de varavara, Pascua, tetascame blanco, varavara, H; astago, catarina de tierra fría, tatascamite, tatascamite blanco, ES.

Árboles, 4-15 m; tallos densamente pelosos distalmente. Hojas variables en forma; láminas 5-19 × 3-18 cm, ovadas a pentagonales, no lobadas a 3-lobadas, la superficie adaxial puberulenta a generalmente glabra, la superficie abaxial densamente glandulosa y grisáceo-pelosa; pecíolo 1-14.5 cm. Capitulescencia densa, con varias a numerosas cabezuelas, las cabezuelas erectas en fructificación; pedúnculos 1-2.5 cm, densamente híspidos. Cabezuelas 1-1.5 cm de diámetro en la antesis, c. 2 cm de diámetro en fruto; filarios 5-9, 3-8 × 2-4 mm, algunos típica y notablemente más largos que las flores del disco, algunas veces obgraduados y ligeramente imbricados, 2-seriados; páleas persistentes, 4.5-5.5 × 2-2.5 mm en la antesis, más largas que las flores del disco, ovadas, las páleas 9-11 × 2.5-3 mm en fructificación, ovadas a triangulares, pajizas, el cuerpo y el ápice endurecidos, la nervadura paralela y prominente, no carinadas, la superficie esparcidamente pilosa, moderadamente glandulosas cerca del centro, los tricomas 0.5-1 mm, el ápice abrupta, angosta y largamente atenuado, recurvado. Flores radiadas 6-10; limbo de la corola 20-26 × 6-9 mm, el ápice agudo a 2-emarginado. Flores del disco 70-100; corola 3.5-4.5 mm, amarilla; tecas pardas, el apéndice amarillo; estilo amarillo, el apéndice amarillo. Cipselas 3.5-4 × c. 2 mm, todas madurando, con cuatro bordes redondeados. $2n$ = c. 228. *Bosques montanos, matorrales, áreas rocosas.* G (*Williams y Molina R. 11828*, F); H (*Nelson 1313*, MO); ES (*Sandoval y Chinchilla 199*, MO); N (*Stevens et al. 29363*, MO); CR (*Godfrey 66223*, MO). 1000-2000 m. (Endémica.)

Montanoa guatemalensis está entre los árboles regionales de Asteraceae con los troncos más grandes. *Stevens et al. 29363* dice que tiene un tronco de 40 cm de diámetro. Funk (1982) incorrectamente nombró NY como el holotipo. Nash (1976) trató *M. hexagona* como un sinónimo de *M. guatemalensis*.

4. Montanoa hexagona B.L. Rob. et Greenm., *Proc. Amer. Acad. Arts* 34: 514 (1899). Isotipo: México, Chiapas, *Ghiesbreght 535* (MO!). Ilustr.: Funk, *Mem. New York Bot. Gard*. 36: 105, t. 65 (1982). N.v.: Muk'tikil k'ayil, Ch.

Árboles, hasta 20 m; tallos cuadrangulares, puberulentos distalmente. Hojas variables en forma, nunca aladas hasta la base ni perfoliadas; láminas 6-26 × 4-36 cm, ovado-lanceoladas a pentagonales, no lobadas a levemente 3-5-lobadas, la superficie adaxial glabra a moderadamente pelosa, la superficie abaxial moderada a densamente glandulosa y pelosa; pecíolo 2-17 cm, no auriculado distalmente hasta rara vez escasamente 2-auriculado distalmente en la inserción de la lámina, moderada a densamente glanduloso y peloso. Capitulescencia con pocas a numerosas cabezuelas, las cabezuelas péndulas en fructificación; pedúnculos 1-5 cm, densamente glandulosos y pelosos. Cabezuelas 1.2-1.4 cm de diámetro en la antesis, 2.5-3.5 cm de diámetro en fruto; filarios 5-7, 2.5-4.5 × 1.5-2 mm, c. 1-seriados, tempranamente reflexos en la fructificación; páleas deciduas, las páleas 3-4 × 2-3 mm en la antesis, más cortas que las flores del disco, obtruladas, la nervadura reticulada, las páleas 13-17 × 5-7 mm en fructificación, más o menos obdeltoides, cartáceas, pajizas, el seno apical apiculado, el ápice erecto. Flores radiadas 8-10; limbo de la corola 13-17 mm, el ápice redondeado a 2-emarginado. Flores del disco 40-60; corola 3.5-4.5 mm, verde tornándose amarilla; tecas pardas, el apéndice amarillo; estilo amarillo, el apéndice amarillo con dos áreas negras sobre la superficie abaxial. Cipselas 3-4 × c. 2 mm, la superficie convolutamente amorfa. $2n$ = c. 152. *Bosques de neblina, bosques montanos, cerca de arrecifes, laderas de riachuelos, laderas empinadas.* Ch (*Funk y Landon 2909*, MO); G (*von Türckheim II 1513*, MO). 1300-3000(-3300) m. (Endémica.)

Montanoa hexagona es en ocasiones usada como cerca viva. Nash (1976d) trató *M. hexagona* en la sinonimia de *M. guatemalensis*. Funk (1982) describió los ápices de las páleas en *M. hexagona* como endurecidas en la antesis. Se espera encontrar en El Salvador.

5. Montanoa hibiscifolia Benth., *Vidensk. Meddel. Dansk Naturhist. Foren. Kjøbenhavn* 1852: 89 (1853). Lectotipo (designado por Funk, 1982): Nicaragua, *Oersted 235 [9051]* (K!). Ilustr.: Degener, *Fl. Hawaiiensis* M. hibiscifolia (1934). N.v.: Cajete, cana rancho, quil, toquillo, vara de jaula, xixil, G; rosea de mano de león, Santa Teresa, H; barrecama, chimaliote, flor amarillo, imaliote, mano de león ó imaliote, margarita montes, palo de marimba, tatascame, tatascamite, tatascamite blanco, vara hueca, ES; tora, CR.

Eriocoma hibiscifolia (Benth.) Kuntze, *Montanoa pittieri* B.L. Rob. et Greenm., *M. samalensis* J.M. Coult.

Arbustos, 1-6 m; tallos esencialmente glabros. Hojas más o menos uniformes en forma, nunca aladas hasta la base ni perfoliadas; láminas 7-40 × 2.5-30 cm, ovadas a pentagonales, en general profundamente 3-5-lobadas y por lo general marcadamente 2-auriculadas en la inserción del pecíolo, la superficie adaxial moderadamente pelosa, la superficie abaxial moderada a densamente glandulosa y pelosa, los tricomas blancos dando a la superficie un color verde a grisáceo; pecíolo 1-6.5(-12) cm, esencialmente glabro. Capitulescencia abierta, las cabezuelas péndulas en fructificación; pedúnculos 2-6 cm, densamente glandulosos y pelosos. Cabezuelas c. 1 cm de diámetro en la antesis, 2-2.5 cm de diámetro en fruto; filarios 5-7, 4-5 × 1-2 mm, c. 1-seriados, reflexos tempranamente en el fruto; páleas deciduas, 3-3.5 × c. 2 mm en la antesis, más cortas que las flores del disco, obtruladas, la nervadura reticulada, las páleas 9-15 × 4.5-6 mm en fructificación, más o menos obtruladas, generalmente cartáceas proximalmente, de color pajizo o púrpura, el seno apical apiculado con una espina endurecida, el ápice erecto. Flores radiadas 7 u 8; limbo de la corola 15-17 mm, el ápice agudo. Flores del disco 85-105; corola 2.5-3 mm, amarilla; tecas amarillas a pardas, el apéndice amarillo; estilo amarillo, el apéndice amarillo con dos áreas negras. Cipselas c. 3 × 1.5 mm, con la superficie convolutamente amorfa (Funk, 1982: t. 9), el ápice con estructuras similares a una masa de glándulas. $2n = 38$. *Plantaciones de banano, bosques, laderas, cerca de lagos, bosques de* Pinus-Quercus, *orillas de caminos, laderas de riachuelos, matorrales.* Ch (*Matuda 0723*, MO); G (*Funk y Landon 2921*, OS); H (*Pruski et al. 4538*, MO); ES (*Calderón 1414*, MO); N (*Zelaya y Moore 2148*, MO); CR (*Wussow y Pruski 159*, LSU); P (D'Arcy, 1975: 1120). 200-2500 m. (Mesoamérica; ampliamente cultivada pantropicalmente, naturalizada y arvense en África, Hawái.)

Funk (1982) describió las páleas como endurecidas en la antesis.

6. Montanoa leucantha (Lag.) S.F. Blake, *Contr. U.S. Natl. Herb.* 26: 245 (1930). *Rudbeckia leucantha* Lag., *Gen. Sp. Pl.* 32 (1816). Lectotipo (designado por Funk, 1982): cultivado en Madrid de material de México, 1806, *Sessé s.n.* (imagen en Internet! ex MA). Ilustr.: Funk, *Mem. New York Bot. Gard.* 36: 85, t. 55 (1982).

Eriocoma crenata (Sch. Bip. ex K. Koch) Kuntze, *Montanoa arsenei* S.F. Blake, *M. crenata* Sch. Bip. ex K. Koch, *M. purpurascens* B.L. Rob. et Greenm.

Funk (1982) describió las páleas como endurecidas en la antesis.

6a. Montanoa leucantha (Lag.) S.F. Blake subsp. **arborescens** (DC.) V.A. Funk, *Mem. New York Bot. Gard.* 36: 89 (1982). *Montanoa arborescens* DC., *Prodr.* 5: 565 (1836). Lectotipo (designado por Funk, 1982): México, Morelos, *Berlandier 1006* (microficha MO! ex G-DC). Ilustr.: Funk, *Mem. New York Bot. Gard.* 36: 83, t. 53 (1982). N.v.: Sakil, nich wamal, Ch.

Eriocoma clematidea (Walp.) Kuntze, *E. uncinata* (Sch. Bip. ex K. Koch) Kuntze, *Montanoa clematidea* Walp., *M. leucantha* (Lag.) S.F. Blake var. *arborescens* (DC.) B.L. Turner, *M. patens* A. Gray, *M. uncinata* Sch. Bip. ex K. Koch, *Polymnia nervata* M.E. Jones.

Arbustos 1-7 m; tallos puberulentos a glabros distalmente. Hojas nunca aladas hasta la base ni perfoliadas; láminas 2.5-24 × 2-24 cm, pentagonales, no lobadas o levemente 3-5-lobadas, la superficie adaxial moderadamente pelosa, la superficie abaxial moderada a densamente glandulosa y pelosa; pecíolo 1.5-12 cm, algunas veces parcialmente alado, no auriculado distalmente a rara vez escasamente 2-auriculado distalmente en la inserción de la lámina, puberulento a densamente peloso. Capitulescencia con muchas a numerosas cabezuelas, las cabezuelas péndulas en fructificación; pedúnculos 1-4 cm, algunas veces matizados de color púrpura, moderada a densamente glandulosos y pelosos. Cabezuelas 0.8-1.2 cm de diámetro en la antesis, 1.8-3 cm de diámetro en fruto; filarios 5-7(-9), 4-6 × 1-2 mm, c. 1-seriados, reflexos en la antesis; páleas deciduas, 3.5-4.5 × 2-4 mm en la antesis, obtruladas a pentagonales, más cortas que las flores del disco, la nervadura reticulada, las páleas 8-15 × 4-6 mm en fruto, obtruladas a obovadas o subrómbicas, cartáceas, de color pajizo o púrpura, el seno apical acuminado, recurvado. Flores radiadas generalmente 8; limbo de la corola 13-18 × 5-8 mm, el ápice agudo a 2-emarginado. Flores del disco 30-60; corola 3.5-4.3 mm, amarilla, el tubo glabro, el limbo peloso; tecas amarillas a pardas, el apéndice amarillo; estilo amarillo, el apéndice completamente amarillo. Cipselas 2-3 × 1.2-2 mm. $2n = 38$. *Campos, márgenes de bosques, bosques montanos, orillas de caminos, bancos de ríos, laderas empinadas.* Ch (*Funk y Ramos 2561*, MO); G (*Williams et al. 25317*, US). 1000-2400 m. (México, Mesoamérica.)

7. Montanoa pteropoda S.F. Blake, *Proc. Biol. Soc. Washington* 37: 56 (1924). Holotipo: Guatemala, *Nelson 3616* (US!). Ilustr.: Funk, *Mem. New York Bot. Gard.* 36: 99, t. 62 (1982). N.v.: Chinchin redondo, sacapoc, G.

Arbustos o bejucos, hasta 4 m; tallos moderada a densamente pelosos distalmente. Hojas variables en forma, anchamente aladas hasta la base y frecuentemente perfoliadas; láminas 5-21 × 2-21 cm, ovadas a triangulares, no lobadas a 3-lobadas, la superficie adaxial moderadamente pelosa, la superficie abaxial moderada a densamente pelosa y glandulosa; pecíolo 2-6.5 cm, algunas veces con aurículas basales, densamente peloso. Capitulescencia abierta, de 7-60 cabezuelas, las cabezuelas péndulas en fructificación; pedúnculos 1.5-3 cm, densamente glandulosos y pelosos. Cabezuelas c. 1 cm de diámetro en la antesis, 2-3 cm de diámetro en fruto; filarios 5-6, 4-5 × 1.5-1.75 mm, 1-seriados; páleas deciduas, c. 3 × 2.5 mm en la antesis, más cortas que las flores del disco, pentagonales, la nervadura reticulada, las páleas 8-14 × 4-5 mm en fructificación, obtruladas, cartáceas, de color pajizo o púrpura, el seno apical apiculado con una espina pequeña, el ápice erecto. Flores radiadas 8; limbo de la corola 10-12 × 2.5-3.5 mm, blanco, el ápice agudo. Flores del disco 90-110; corola c. 3 mm, verde a gris-negro; tecas amarillas, el apéndice verde oscuro a gris-negro; estilo amarillo y negro, el apéndice verde oscuro. Cipselas c. 2.5 × 1.5 mm. $2n = 38$. *Bosques montanos, bosques abiertos, bosques* Pinus-Quercus, *matorrales.* Ch (*Funk y Ramos 2569*, US); G (*King 7203*, MO). (1400-)2000-3800 m. (Endémica.)

El reporte por Berendsohn y Araniva de González (1989) de *Montanoa pteropoda* en El Salvador está basado en *Montalvo 6101*, el cual fue determinado por Pruski (ejemplar de herbario) como *M. speciosa.* Funk (1982) describió las páleas como endurecidas en la antesis.

8. Montanoa speciosa DC., *Prodr.* 5: 565 (1836). Isotipo: México, Morelos, *Berlandier 1057* (MO!). Ilustr.: Funk, *Mem. New York Bot. Gard.* 36: 115, t. 71 (1982). N.v.: Teresita, Y; margarita, C; arnica, B; alcanfor, charavasca, dalia, flor de octubre, Santa Catarina, Santa Teresita, siete hermanas, Teresita, H; flor de octubre, siete hermanas, Teresita, ES.

Eriocoma speciosa (DC.) Kuntze.

Arbustos a rara vez árboles pequeños, 1-4(-6) m; tallos subcuadrangulares, en ocasiones con ramificaciones alternas distalmente, pilosos a hirsutos. Hojas abruptamente angosto-aladas hasta la base y típicamente perfoliadas; porción expandida de la lámina de hojas vegetativas 7-17 × 5-20 cm, de contorno pentagonal a ovado, típica y profundamente pinnatilobada con 1-3 lobos triangular-lanceolados por lado, algunas veces no lobadas, la superficie adaxial moderada a densamente piloso-vellosa(-hirsuta), tricomas con células subsidiarias no tuberculadas o rara vez con células subsidiarias muy ligeramente bulbosas, la superficie abaxial densamente vellosa a canescente y glandulosa, algunas veces blanquecina o grisácea por el indumento denso, alado-peciolada hasta la base, anchamente cuneada a truncada, los lobos 1-3 por lado, el par basal de lobos marginales generalmente 5-7 × 2-3 cm, típicamente los más grandes y cortados más de la mitad de la distancia hacia la vena media, triangular-lanceolados, los márgenes de los lobos enteros a rara vez serrulados, los ápices de los lobos laterales y terminales acuminados; pecíolo 2-12 × 0.3-2.5 cm, entero o frecuentemente sinuoso-lobado, auriculado o perfoliado. Capitulescencia laxa y abierta, de 1-5 cabezuelas, típicamente sostenidas escasamente por encima de las hojas subyacentes, las cabezuelas algunas veces escasamente péndulas en fructificación, las ramificaciones opuestas o alternas; pedúnculos 4-10 cm, hirsutos a densamente hirsutos y glandulosos. Cabezuelas 2-4 cm de diámetro, con 70-150 flores; involucro campanulado a hemisférico; filarios 9-16(-22), 7-12(-20) × 2-3 mm, subiguales, lanceolados a elíptico-lanceolados, 2-seriados o 3-seriados, patentes en fruto, densamente pilosos; páleas 2.5-3 × c. 2 mm en la antesis y 11-17 × 5-6 mm en fruto, en la antesis más cortas que las flores del disco, obtruladas, subdecíduas, la nervadura reticulada, en fructificación pajizas, el cuerpo cartáceo, glanduloso y/o puberulento, el ápice subindurado-espinoso, ciliado. Flores radiadas 10-13(-50); corola con tubo c. 1 mm, el limbo 15-30 mm, blanco, abaxialmente glanduloso, el ápice agudo a 2-dentado; en formas cultivadas varias series del disco están modificadas en corolas similares a las radiadas exertas, estas más cortas que las corolas radiadas verdaderas. Flores del disco 60-140;

corola 6.5-7.5 mm o algunas veces alargándose y tornándose similar a la corola de las radiadas en plantas cultivadas, amarilla, completamente setosa, el tubo algunas veces escasamente glanduloso-papiloso, los lobos 1-1.5 mm; anteras hasta 3 mm, las tecas amarillas, el apéndice amarillo, frecuentemente glanduloso; estilo y apéndice amarillo, las ramas c. 1.8 mm. Cipselas 2.5-3.5 mm, glabras o algunas veces esparcidamente setulosas apicalmente. Floración generalmente sep.-ene.(may., jul.). 2*n* = 38. *Cultivada, borde de bosques, bosques mixtos, orillas de caminos, selvas subcaducifolias.* T (Villaseñor Ríos, 1989: 77, como *Montanoa grandiflora* DC.); Ch (*Ton 4540*, MO); Y (Villaseñor Ríos, 1989: 77, como *M. grandiflora*); C (*Ramírez 69*, MO); B (*Balick 2091*, NY); H (*Molina R. et al. 33652*, MO); ES (*Renderos 346*, MO); N (*Rueda 12181*, MO). 100-1300 m. (México, Mesoamérica; ampliamente cultivada en todo el mundo.)

Montanoa speciosa es ampliamente cultivada pero Strother (1999) la trató como naturalizada en Chiapas. Aunque ornamental, esta se ha naturalizado en el resto de Mesoamérica. Las plantas de Honduras y El Salvador tienen típicamente las hojas levemente lobadas. *Montanoa speciosa* se caracteriza por las hojas con haz piloso-velloso, con tricomas de base no marcadamente tuberculada (como ha sido anotado por McVaugh, 1984) y por sus páleas reticulado-nervadas. Material referido a *M. speciosa* ha sido frecuentemente registrado en la literatura (p. ej., Berendsohn y Araniva de González, 1989; Villaseñor Ríos, 1989; Nelson, 2008) como *M. grandiflora*, pero siguiendo Strother (1999) todo el material mesoamericano naturalizado que se ha examinado aquí se refiere a *M. speciosa*. Es cierto que *M. speciosa* es parecida a la similarmente cultivada *M. grandiflora*, la cual difiere por sus hojas esparcidamente hirsutas en la superficie adaxial con tricomas de base tuberculada. La característica de la célula tuberculada subsidiaria del tricoma en la superficie adaxial de la hoja no varía generalmente dentro de un mismo género y podría estar influenciada por la edad. Sin embargo, esta característica es usada y *M. speciosa* y *M. grandiflora* se reconocen aquí como distintas, aunque al final podrían probar ser sinónimos. Estos dos nombres tienen igual prioridad, y si finalmente fueran reducidos a un solo taxón, sería prudente adoptar el nombre *M. speciosa*, el cual al momento es más ampliamente usado, y donde el tamaño de las cabezuelas y el número de flores concuerdan con las formas cultivadas de cabezuelas más grandes. Ambas especies tienen formas cultivadas con flores dobles, y en ocasiones plantas con la superficie adaxial de la hoja densa y largamente pilosa muestran las células subsidiarias de algunos tricomas tuberculadas; tales plantas son referidas a *M. speciosa* sobre la base de su tomento densamente piloso-velloso sobre la superficie adaxial de la hoja.

9. Montanoa standleyi V.A. Funk, *Mem. New York Bot. Gard.* 36: 57 (1982). Isotipo: México, Chiapas, *Matuda 3939* (MO!). Ilustr.: Funk, *Mem. New York Bot. Gard.* 36: 58, t. 38 (1982).

Arbustos, c. 4 m; tallos glabros a ligeramente puberulentos distalmente. Hojas más o menos de forma uniforme; láminas 7-12 × 3.5-10 cm, ovado-lanceoladas a pentagonales, algunas veces levemente 5-lobadas, la superficie adaxial esparcidamente pelosa, la superficie abaxial glabra o subglabra; pecíolo 1.5-7 cm. Capitulescencia con varias a numerosas cabezuelas, las cabezuelas erectas en fructificación; pedúnculos 1-3.5 cm, moderadamente puberulentos. Cabezuelas c. 1 cm de diámetro en la antesis, c. 1.5 cm de diámetro en fruto; filarios c. 5, 5-6 × 1-1.5 mm, 1-seriados; páleas persistentes, 3.5-4 × c. 2 mm en la antesis, más largas que las flores del disco, ovado-triangulares, las páleas c. 8 × 1.5 mm en fruto, triangulares, escasamente carinadas, el cuerpo y el ápice endurecidos, pajizas, la nervadura paralela y prominente, las superficies glabras, el ápice abrupta, angosta y largamente atenuado, recurvado. Flores radiadas 5-10; limbo de la corola 18-22 × 6-8 mm, el ápice agudo. Flores del disco 35-50; corola 5-6 mm, amarilla; tecas amarillas o pardas, el apéndice amarillo; estilo y apéndice amarillos. Cipselas c. 2.2 × 1.2 mm, todas madurando, marcadamente 4-marginadas. *Bosques mixtos de* Pinus-Quercus, *áreas graníticas.*

Ch (*Matuda 2235*, MICH). 2000-3000 m. (México [Oaxaca], Mesoamérica.)

Además de la característica de las páleas, *Montanoa standleyi* difiere de *M. atriplicifolia*, una especie similar, por la superficie abaxial de la hoja glabra o subglabra (vs. densamente glandulosa y pelosa).

10. Montanoa tomentosa Cerv. in La Llave et Lex., *Nov. Veg. Descr.* 2: 11 (1825). Isoneotipo (designado por Funk, 1982): México, Distrito Federal, *Hartman y Funk 4225* (MO!). Ilustr.: Kunth, *Nov. Gen. Sp.* folio ed. 4: t. 396 (1820 [1818]), como *Eriocoma floribunda*.

Eriocoma floribunda Kunth, *E. tomentosa* (Cerv.) Kuntze, *Montanoa floribunda* (Kunth) DC., *M. pilosipalea* S.F. Blake.

La especie contiene cuatro subespecies (Funk, 1982), solo una en Mesoamérica. *Montanoa tomentosa* subsp. *microcephala* (Sch. Bip. ex K. Koch) V.A. Funk de Oaxaca, tiene pecíolo alado hasta la base; podría ser encontrada en Mesoamérica.

10a. Montanoa tomentosa Cerv. subsp. **xanthiifolia** (Sch. Bip. ex K. Koch) V.A. Funk, *Mem. New York Bot. Gard.* 36: 45 (1982). *Montanoa xanthiifolia* Sch. Bip. ex K. Koch, *Wochenschr. Vereines Beförd. Gartenbaues Königl. Preuss. Staaten* 7: 406 (1864). Isotipo: México, Oaxaca, *Liebmann 265* (K!). Ilustr.: Funk, *Mem. New York Bot. Gard.* 36: 43, t. 31E-F (1982). N.v.: Tatascanite blanco, G; camote blanco, capitanejo, catarino de baijo, tatascamite, tatascamite blanco, ES.

Eriocoma xanthiifolia (Sch. Bip. ex K. Koch) Kuntze, *Montanoa myriocephala* B.L. Rob. et Greenm., *M. palmeri* Fernald, *M. rekoi* S.F. Blake, *M. seleriana* B.L. Rob. et Greenm., *M. subglabra* S.F. Blake, *M. tomentosa* Cerv. var. *xanthiifolia* (Sch. Bip. ex K. Koch) B.L. Turner.

Arbustos muy ramificados a árboles pequeños, 1-3 m; tallos moderada a densamente pelosos distalmente. Hojas de forma muy variable; láminas 3-20 × 1.5-15 cm, generalmente tan anchas como largas, frecuentemente deltoides u ovadas, la superficie adaxial moderada a densamente pelosa, la superficie abaxial esparcidamente glandulosa a densamente pelosa, los márgenes no lobados hasta 3-5-lobados, la base algunas veces con un acumen conspicuo; pecíolo 1.5-4 cm, parcialmente alado o no alado, moderada a densamente glanduloso y peloso. Capitulescencia con numerosas cabezuelas, las cabezuelas erectas en fructificación, la cabezuela entera decidua después del fruto; pedúnculos 0.1-0.4 cm, moderada a densamente glandulosos y pelosos. Cabezuelas 0.3-0.8 cm de diámetro en la antesis, 0.5-1.2 cm de diámetro en fruto; filarios 4-6, 2.5-5 × 1-2 mm, 1-seriados; páleas persistentes, las páleas 2-6 × 1-4 mm en la antesis, más o menos pentagonales a triangulares, generalmente más largas que las flores del disco, las páleas 4.5-10 × 1-4 mm en fruto, obtruladas a obtriangulares, pajizas, el cuerpo y el ápice endurecidos, la nervadura inconspicuamente paralela, la superficie moderada a densamente glandulosa y conspicua y moderadamente a densamente largo-serícea, los tricomas 1-2(-4) mm, el ápice atenuado, algunas veces recurvado. Flores radiadas 3-6; limbo de la corola 3-5(-9.5) × (1.2-)2-4(-5) mm, el ápice truncado a redondeado, 1-emarginado o 2-emarginado hasta entero. Flores del disco (3-)9-12(-17); corola 2.5-4.5 mm, amarillo claro a intenso; tecas amarillas a pardas, el apéndice amarillo; estilo y apéndice amarillos. Cipselas 2.5-3.5 × 1-1.5 mm, solo 1(2) madurando por cabezuela. 2*n* = 38. *Bosques espinosos, áreas secas, orillas de caminos, laderas mésicas, laderas rocosas, barrancos de arroyos, matorrales.* Ch (*Seler y Seler 1965*, MO); G (*Pruski et al. 4516*, MO); H (*Edwards 505*, F); ES (*Rosales 1643*, MO); N (*Williams y Molina R. 10963*, MO); CR (*Wussow y Pruski 134*, LSU). 100-1800 m. (México, Mesoamérica.)

XII. G. Heliantheae subtribus Rojasianthinae Panero
Por J.F. Pruski.

Arbustos o árboles. Hojas opuestas; láminas palmatilobadas. Capitulescencia abiertamente cimosa. Cabezuelas radiadas; involucro hemisférico; filarios imbricados, graduados, c. 3-seriados, herbáceos, típicamente persistentes; clinanto convexo, paleáceo; páleas conduplicadas, los márgenes esclerificado-lacerado-pectinados con 5-6 aristas esclerificadas por margen, acrescentes y dobladas alrededor de las cipselas, patentes, la cabezuela espinescente y subhemisférica en fruto. Flores radiadas varias, 1-seriadas, muy exertas, estériles; corola blanca o el limbo matizado de rosado o color púrpura abaxialmente, abaxialmente glanduloso. Flores del disco numerosas, bisexuales; corola profundamente 5-lobada, blanca proximalmente y negra distalmente, la nervadura de la garganta sin fibras embebidas, los lobos glabros; anteras no caudadas, los filamentos densamente setulosos distalmente, las tecas y el apéndice negros; estilo blanco con estigmas negruzcos, la base glabra, las ramas del estilo con las superficies estigmáticas en 2 bandas y no confluentes apicalmente, densa y largamente papilosas, el ápice agudo a acuminado. Cipselas comprimidas, obovoides, purpúreas a pardas, carbonizadas; vilano de c. 10 aristas ancistrosas, cortas, caducas, pajizas. *x* = 19. Endémica.

166. Rojasianthe Standl. et Steyerm.
Por J.F. Pruski.

Tallos simples proximalmente, subteretes. Hojas opuestas, largamente pecioladas; láminas cartáceas, 3-7-palmatilobadas, 3-7- palmatinervias, la superficie abaxial glandulosa, largamente pecioladas. Capitulescencia abiertamente cimosa, generalmente con 3-6 cabezuelas, no dispuestas muy por encima de las hojas. Cabezuelas grandes, vistosas, las radiadas largas, con muchas flores; involucro subhemisférico; filarios imbricados, graduados, c. 3-seriados, herbáceos, típicamente persistentes, los externos pocos y reflexos en la antesis, los 8-10 filarios internos subiguales, anchos; clinanto convexo, paleáceo; páleas conduplicadas, los márgenes esclerificado-lacerado-pectinados con 5-6 aristas esclerificadas por margen, acrescentes y dobladas alrededor de las cipselas, patentes, las cabezuelas espinescentes y subhemisféricas en fruto. Flores radiadas 12-16, 1-seriadas, estériles; la corola blanca o el limbo matizado con rosado o color púrpura abaxialmente, el tubo de la corola mucho más corto que el limbo, el limbo muy exerto, abaxialmente glanduloso; ovario con vilano de varias aristas caducas. Flores del disco 150-200 o más numerosas, bisexuales; corola infundibuliforme, profundamente 5-lobada, bicolor, blanca proximalmente y negra distalmente, el tubo puberulento, más corto que el limbo, la nervadura de la garganta sin fibras embebidas, los lobos glabros; anteras no caudadas, los filamentos densamente setulosos distalmente, las tecas o el apéndice negros; estilo blanco con estigmas negruzcos, la base glabra, las ramas con las superficies estigmáticas en 2 bandas y no confluente apicalmente, densa y largamente papilosos, el ápice agudo a acuminado. Cipselas comprimidas, obovoides, purpúreas a pardas, carbonizadas, frecuentemente sin vilano al madurar; vilano de c. 10 aristas ancistrosas, cortas, caducas, pajizas. *x* = 19. 1 sp. Endémico. (Chiapas y Guatemala).

Robinson (1981) y Strother (1999) ubicaron *Rojasianthe* en Ecliptinae, Bremer (1994) lo trató como Verbesininae, pero aquí se lo trata como el único miembro de Rojasianthinae, como lo hizo Panero (2007b [2006]).

Bibliografía: Karis, P.O. y Ryding, O. *Asteraceae Cladist. Classific.* 559-624 (1994). Panero, J.L. *Fam. Gen. Vasc. Pl.* 8: 440-477 (2007 [2006]). Robinson, H. *Smithsonian Contr. Bot.* 51: 1-102 (1981). Strother, J.L. *Fl. Chiapas* 5: 1-232 (1999).

1. Rojasianthe superba Standl. et Steyerm., *Publ. Field Mus. Nat. Hist., Bot. Ser.* 22: 315 (1940). Holotipo: Guatemala, *Steyermark 35835* (imagen en Internet ex F!). Ilustr.: Nash, *Fieldiana, Bot.* 24(12): 548, t. 93 (1976). N.v.: Espina, lamún, mac, poh, shil, G.

Plantas 2.5-6 m; tallos estriados, densamente hírtulos, generalmente fistulosos. Hojas: láminas 8-22 × 5-22 cm, de contorno ovado o subor-

bicular a anchamente triangular-ovado, marchitándose fácilmente, la superficie adaxial escabriúscula, la superficie abaxial puberulenta y también glandulosa, la base truncada a cordata, frecuentemente auriculada, los lobos marginales 1-5 cm, triangulares, irregularmente crenados a serrados, el ápice agudo a obtuso; pecíolo 2-10 cm. Capitulescencia con pedúnculos 2-7 cm. Cabezuelas 1.3-5 cm, c. 162 flores; involucro 2.5-3.5 cm de diámetro; filarios externos 5-6, 8-11 × 5-8 mm, lanceolado-ovados a ovados, subherbáceos, estriguloso-vellosos, rápidamente graduándose a los filarios internos; filarios internos 10-20 × 10-15 mm, ovados a orbiculares, cartáceos con los márgenes escariosos, finamente estriados, estrigulosos a glabrescentes; páleas 5-10 mm, las espinas 3-5 mm en fruto, rígidas. Flores radiadas con el tubo de la corola 1-2 mm, el limbo 25-40 × c. 10 mm, elíptico, con 9-11 nervios mayores y varios nervios más delgados intermedios, setuloso adaxialmente y glanduloso; ovario estéril, el vilano de aristas 1.5-2 mm, casi tan largas como el tubo de las corolas radiadas. Flores del disco con el tubo de la corola 2.5-3.5 mm, densamente puberulento, la garganta más corta que los lobos, los lobos 2.5-3.5 mm linearlanceolados; ramas del estilo 2-2.5 mm. Cipselas 4-6 mm, estrigulosas, 2-2.5 mm de ancho en el ápice anchamente redondeado, el carpóforo uniformemente atenuado a angostamente anular; vilano de aristas 1-2.5 mm, casi tan largas como el tubo de las corolas del disco. $2n = 38$. *Bosques de neblina, bordes de arroyos, laderas de volcanes.* Ch (*Matuda 2860*, MO); G (*Gereau y Martin 1868*, MO). (1300-)1700-3300(-3900) m. (Endémica.)

El ejemplar *Matuda 2860* (MO) probablemente es el mismo que Strother (1999) citó como *Matuda 2850* (LL). *Rojasianthe superba* se conoce en México solo de los alrededores del Volcán Tacaná.

XII. H. Heliantheae subtribus Spilanthinae Panero
Por J.F. Pruski.

Hierbas decumbentes a erectas, anuales o perennes, rara vez arbustos escandentes; tallos algunas veces enraizando en los nudos. Hojas simples, opuestas; láminas lineares a ovadas o algunas veces reniformes, 3-nervias, las superficies no glandulosas (Mesoamérica). Capitulescencia terminal o axilar, monocéfala o cimosa. Cabezuelas radiadas o discoides; involucro generalmente hemisférico o campanulado; filarios subiguales o rara vez graduados, 1-5-seriados, generalmente herbáceos; clinanto paleáceo, convexo a cónico; páleas con las bases decurrentes sobre el clinanto. Flores radiadas (cuando presentes) pistiladas. Flores del disco bisexuales; corola 4-5-lobada, glabra o pelosa, la nervadura de la garganta sin fibras embebidas; anteras pardas a negras, no caudadas, el patrón endotecial polarizado; tronco del estilo con 2 bandas vasculares, las ramas básicamente continuas con las superficies estigmáticas casi confluentes. Cipselas pardas a negras, carbonizadas, los márgenes ciliados, algunas veces suberoso-alados, las cipselas del radio triqueras u obcomprimidas, las cipselas del disco comprimidas a comprimido-biconvexas o algunas veces cuadrangulares, las caras glabras a pelosas, el carpóforo indistinto; vilano coroniforme o (1)2-aristado o 3-aristado, algunas veces con escuámulas intercaladas. $x = 12, 13, 16, 18$. Aprox. 5 gen. y 58-60 spp. América tropical y subtropical, pocas especies de *Spilanthes* paleotropicales.

Karis y Ryding (1994b) trataron *Acmella*, *Salmea* y *Spilanthes* como Zinniinae por las cabezuelas solitarias y los clinantos frecuentemente cónicos; Robinson (1981) trató estos 3 géneros (junto con *Zinnia*) en la subtribus Ecliptinae aunque las fibras embebidas en las gargantas de la corola de las flores del disco están ausentes. Aquí se sigue a Panero (2007b [2006]), quien reconoció Spilanthinae como distinta tanto de Ecliptinae como de Zinniinae.

Bibliografía: Karis, P.O. y Ryding, O. *Asteraceae Cladist. Classific.* 559-624 (1994). Nash, D.L. *Fieldiana, Bot.* 24(12): 181-361, 503-570 (1976). Panero, J.L. *Fam. Gen. Vasc. Pl.* 8: 440-477 (2007 [2006]). Pruski, J.F. *Fl. Venez. Guayana* 3: 177-393 (1997) Robinson,

H. *Smithsonian Contr. Bot.* 51: 1-102 (1981). Strother, J.L. *Fl. Chiapas* 5: 1-232 (1999).

1. Arbustos erectos o escandentes; cabezuelas discoides; corola generalmente blanco-amarillenta. **168. Salmea**
1. Hierbas anuales o perennes; cabezuelas radiadas o discoides; corola amarilla o algunas veces blanca.
  2. Hojas pecioladas o rara vez subsésiles en *A. lundellii* y *A. poliolepidica*, pero entonces las cabezuelas conspicuamente radiadas. **167. Acmella**
  2. Hojas sésiles o subsésiles; cabezuelas discoides. **169. Spilanthes**

167. Acmella Rich. ex Pers.

Athronia Neck., *Ceratocephalus* Kuntze, *Colobogyne* Gagnep., *Spilanthes* Jacq. sect. *Acmella* (Rich. ex Pers.) DC.

Por J.F. Pruski.

Hierbas anuales o perennes; tallos erectos o decumbentes, frecuentemente enraizando en los nudos, glabros a pilosos. Hojas simples, opuestas, pecioladas; láminas típicamente cartáceas, palmadamente 3-nervias desde cerca de la base o rara vez pinnatinervias, ambas superficies no glandulosas, glabras a esparcidamente pilosas, los márgenes subenteros a serrulados. Capitulescencia terminal o en ocasiones axilar, con 1-pocas cabezuelas; pedúnculos delgados, típicamente largos, ascendentes, con varias costillas o algunas veces notablemente sulcados, glabros a pelosos. Cabezuelas radiadas o discoides, con 25-200 flores; involucro hemisférico; filarios subiguales, u obgraduados, 1-3-seriados, escasamente imbricados, aplanados, ligeramente estriados; filarios externos típicamente herbáceos y más largos que los filarios internos; clinanto largamente cónico, típicamente fistuloso, paleáceo; páleas elíptico-lanceoladas, conduplicadas, deciduas, decurrentes sobre la superficie del clinanto con el clinanto entonces frecuentemente pareciendo tener numerosas estrías longitudinales cortas. Flores radiadas (0-)3-22, pistiladas, 1-seriadas; corola generalmente amarilla o blanca, el tubo frecuentemente piloso, el limbo oblanceolado a obovado, algunas veces inconspicuo. Flores del disco 23-175 o más numerosas, bisexuales; corola infundibuliforme o con el limbo campanulado, generalmente blanco-verdoso o amarillo-anaranjado, glabro, brevemente 4-5-lobado, los lobos deltados, papilosos por dentro; anteras 4-5, las tecas generalmente pardo oscuro, basalmente redondeado-sagitadas. Cipselas con frecuencia escasamente dimorfas, pardo oscuro a negras con los márgenes pajizos, las cipselas marginales triquetras, obcomprimidas, las cipselas internas marcadamente comprimidas o comprimido-biconvexas, los márgenes no alados, generalmente ciliados, generalmente claros, algunas veces suberosos, las caras glabras a esparcidamente pilosas, los tricomas algunas veces surgiendo de tubérculos ligeramente desarrollados, frecuentemente con pequeñas protuberancias apicales, cuando son comosas las protuberancias sostienen las cerdas del vilano; vilano con (0-)2 o 3 cerdas, frágiles y similares a aristas, más cortas que las cipselas y las corolas, los cilios (cuando presentes) y el vilano graduando entre ellos. *x* = 12, 13. 30 spp. Aprox. 26 spp. en América tropical, 5 spp. son malezas pantropicales.

Moore (1907) trató las especies mesoamericanas de *Acmella* como *Spilanthes*, y similarmente lo hicieron D'Arcy (1975d [1976]) y Nash (1976d). Jansen (1985) restableció *Acmella* de la sinonimia de *Spilanthes*, y subsecuentemente Pruski (1997a), Strother (1999) y Robinson et al. (2006a) aceptaron *Acmella* como distinto de *Spilanthes*. Como circunscrito el género por Jansen (1985), algunas especies individuales de *Acmella* son variables en la característica confiable y crítica de la condición de las cabezuelas (teniendo tanto individuos radiados como discoides) y flores del disco 4-meras vs. 5-meras, haciendo difícil la identificación de las especies. Frutos maduros frecuentemente son necesarios para identificaciones certeras, y la identificación de individuos inmaduros es frecuentemente dudosa (p. ej., plantas inmaduras de las especies no suberoso-marginadas *A. brachyglossa* y *A. uliginosa* son

con frecuencia erróneamente determinadas como la especie suberoso-marginada *A. ciliata*). Las cerdas del vilano similares a aristas son frágiles e individuos maduros de especies normalmente comosas son con frecuencia erróneamente identificados como perteneciendo a especies no comosas.

La aplicación de los nombres usados por Nash (1976d), en los que ella dijo no estar segura si estaban "correctamente nombrados", para dos especies mesoamericanas comunes ha cambiado: *S. americana* actualmente llamado *Acmella repens* y *S. ocymifolia* (Lam.) A.H. Moore ahora llamado *A. radicans*. Similarmente, ninguno de los cuatro usos del nombre *Spilanthes* en D'Arcy (1975a [1976]) se mantienen en *Acmella*, estando D'Arcy (1975a [1976]: 1142) consciente de que algunos de los nombres aplicados por él eran cuestionables. El presente tratamiento difiere de Jansen (1985) y de sus anotaciones básicamente por no usar infrataxones y por reemplazar el nombre *A. oppositifolia* usado por Jansen (1985) con *A. repens*.

Jansen aplicó los nombres *S. americana*, *S. oppositifolia* y *A. oppositifolia* a plantas mesoamericanas, pero Pruski (2000) los redujo a la sinonimia de *Heliopsis buphthalmoides* [non *H. oppositifolia* (L.) Druce]. *Acmella oleracea* (L.) R.K. Jansen es ampliamente cultivada y debería encontrarse como escapada en Mesoamérica. En la Amazonía *A. oleracea* es conocida como "jambu" y es ampliamente usado para aliviar los dolores de diente al masticar las cabezuelas y raíces de esta (así como de las especies mesoamericanas *A. brachyglossa*, *A. ciliata*, y *A. repens*).

Bibliografía: Clewell, A.F. *Ceiba* 19: 119-244 (1975). D'Arcy, W.G. *Ann. Missouri Bot. Gard.* 62: 835-1321 (1975 [1976]). Hemsley, W.B. *Biol. Cent.-Amer., Bot.* 2: 69-263 (1881). Jansen, R.K. *Syst. Bot. Monogr.* 8: 1-115 (1985). Martínez Salas, E.S. et al. *Listados Florist. México* 22: 1-55 (2001). Millspaugh, C.F. y Chase, M.A. *Publ. Field Columb. Mus., Bot. Ser.* 3: 85-151 (1904). Moore, A.H. *Proc. Amer. Acad. Arts* 42: 521-569 (1907). Pruski, J.F. *Brittonia* 52: 118-119 (2000). Robinson, H. et al. *Fl. Ecuador* 77(1): 1-230 (2006). Standley, P.C. *Publ. Field Mus. Nat. Hist., Bot. Ser.*, 3: 157-492 (1930). Villaseñor Ríos, J.L. *Techn. Rep. Rancho Santa Ana Bot. Gard.* 4: 1-122 (1989).

1. Cabezuelas discoides o ligera e inconspicuamente radiadas.
  2. Corolas blanco-verdosas hasta color crema; cabezuelas discoides (muy rara vez inconspicuamente radiadas). **8. A. radicans**
  2. Corolas amarillo pálido hasta rara vez amarillas o amarillo-anaranjadas; cabezuelas por lo general inconspicuamente radiadas (rara vez discoides).
    3. Filarios 5-6, 1-seriados; láminas de las hojas lanceoladas a elípticas. **10. A. uliginosa**
    3. Filarios 7-11, 2-seriados; láminas de las hojas anchamente elípticas a ovadas.
      4. Cipselas maduras con el margen no notablemente engrosado ni suberoso; corolas amarillentas o coloreadas color crema; anuales con los tallos generalmente erectos o ascendentes; base de las láminas de las hojas mayormente atenuada a aguda. **1. A. brachyglossa**
      4. Cipselas maduras con el margen (especialmente en aquellas más proximales sobre el clinanto) notablemente engrosado o suberoso; corolas amarillas a amarillo-anaranjado; perennes con los tallos decumbentes a ascendentes, enraizando en los nudos; base de las láminas de las hojas anchamente obtusa a truncada. **2. A. ciliata**
1. Cabezuelas conspicuamente radiadas.
  5. Anuales generalmente erectas; filarios 1-seriados o 2-seriados; cipselas maduras con márgenes algunas veces notablemente engrosados o suberosos. **3. A. filipes**
  5. Perennes erectas a decumbentes o rastreras; filarios 2-seriados o 3-seriados; cipselas maduras con márgenes nunca notablemente engrosados ni suberosos.
    6. Hojas linear-lanceoladas o lanceoladas a oblanceoladas (rara vez elípticas).
      7. Tallos con frecuencia marcadamente rastreros, enraizando en los nudos. **4. A. lundellii**

7. Tallos erectos o decumbentes, no enraizando en los nudos.

        7. A. poliolepidica

6. Hojas típicamente lanceolado-ovadas o elípticas a ovadas o cordiformes.

  8. Hojas basalmente truncadas o cordatas; pecíolo no alado; filarios c. 3-seriados; tallos y hojas pilosos.   **6. A. pilosa**

  8. Hojas basalmente atenuadas a atenuadas; pecíolo alado; filarios 2-seriados; tallos y hojas glabros a estrigosos o pilosos.

    9. Hojas apicalmente acuminadas; cipselas con caras pilosas, los márgenes ciliados, el ápice con protuberancias apicales típicamente sosteniendo las cerdas del vilano.   **5. A. papposa**

    9. Hojas apicalmente agudas a obtusas; cipselas con caras típica y escasamente pilósulas distalmente o algunas veces glabras, los márgenes ciliados o rara vez sin cilios, el ápice frecuentemente truncado, típicamente no comoso.   **9. A. repens**

1. Acmella brachyglossa Cass., *Dict. Sci. Nat.* ed. 2, 50: 258 (1827). Isotipo: Guayana Francesa, *Poiteau s.n.* (imagen en Internet ex G!). Ilustr.: No se encontró.

Ceratocephalus caespitosus (DC.) Kuntze, *Spilanthes arrayana* Gardner, *S. caespitosa* DC., *S. eggersii* Hieron., *S. limonica* A.H. Moore, *S. ocymifolia* (Lam.) A.H. Moore forma *radiifera* A.H. Moore.

Hierbas bajas anuales, hasta c. 60 cm; tallos erectos a ascendentes o en ocasiones decumbentes, algunas veces enraizando en los nudos, glabros a esparcidamente pilosos. Hojas pecioladas; láminas 1.8-4.5(-10) × 0.9-2.5(-6.5) cm, anchamente elípticas a ovadas, glabras a esparcidamente pilosas, la base mayormente atenuada a aguda, los márgenes serrulados, frecuentemente ciliados, el ápice acuminado o agudo; pecíolo 0.4-2.5(-3.7) cm, algunas veces angostamente alado, en general esparcidamente piloso. Capitulescencia con pocas cabezuelas; pedúnculos 4-12 cm, glabros a esparcidamente pilosos. Cabezuelas 6-13 mm, inconspicua o ligera e inconspicuamente radiadas; involucro 6-9 mm de diámetro; filarios 7-11, 3-5 × 1-3 mm, lanceolado-ovados, 2-seriados, subiguales, las series externas de filarios 3-5 × 1-3.2 mm, las series internas generalmente más angostas que las series externas, glabros o esparcidamente puberulentos; clinanto 5-11 mm; páleas 3.2-3.9 mm, el ápice agudo a obtuso. Flores radiadas 5-8, inconspicuas y solo casi tan largas a escasamente menos del doble de la longitud de los filarios, típicamente una parte o la mayoría del limbo exerto de las puntas de los filarios; corola 1.5-3.7 mm, amarillo pálido, el tubo 0.9-1.5 mm, piloso, algunas veces apenas escasamente piloso, el limbo 0.6-2.2 × 0.5-2 mm, oblongo a obovado, típicamente más largo que el tubo, 3-5-nervio, escasamente emarginado apicalmente o 3-dentado. Flores del disco 100-220; corola 1.5-2.1 mm, 4(5)-lobada, amarillo pálido, el tubo 0.4-0.6 mm, los lobos c. 0.3 mm, las anteras c. 0.8 mm. Cipselas 1.8-2.4 mm, las caras algunas veces pilosas distalmente, los márgenes densamente ciliados, no suberosos; vilano de 2 (del disco) o 3 (del radio) cerdas en general subiguales, 0.3-1.1 mm, las del radio con frecuencia apenas escasamente más largas que los cilios marginales. Floración durante todo el año. 2n = 78. *Matorrales, áreas alteradas, bosques montanos, bosques de* Pinus-Quercus, *orillas de caminos.* Ch (*Pruski et al. 4197*, MO); G (*Skutch 2034*, NY); N (*Stevens 19849*, MO); CR (*Skutch 3938*, NY); P (*Fendler 166*, MO). 0-1300 m. (Mesoamérica, Colombia, Venezuela, Surinam, Guayana Francesa, Ecuador, Perú, Bolivia, Brasil, Paraguay, Cuba.)

Acmella brachyglossa como lo define Jansen (1985) es una de las especies más comunes de *Acmella* en América tropical y fue listada en la sinonimia de *Spilanthes ciliata* por Moore (1907), a la cual se asemeja en características críticas excepto por las cipselas con márgenes no suberosos. *Acmella brachyglossa* también se asemeja a *A. uliginosa*, especie bastante común, pero difiere de esta por las hojas más anchas, más filarios, las cipselas mayores, y por las corolas del disco algunas veces 5-lobadas. Jansen (1985) citó el holotipo K ex herb. Gay como depositado en P.

2. Acmella ciliata (Kunth) Cass., *Dict. Sci. Nat.* ed. 2, 24: 331 (1822). *Spilanthes ciliata* Kunth in Humb., Bonpl. et Kunth, *Nov. Gen. Sp.* folio ed. 4: 163 (1820 [1818]). Holotipo: Colombia, *Humboldt y Bonpland s.n.* (microficha MO! ex P-Bonpl.). Ilustr.: No se encontró.

Acmella fimbriata (Kunth) Cass., *Ceratocephalus ciliatus* (Kunth) Kuntze, *C. fimbriatus* (Kunth) Kuntze, *C. poeppigii* (DC.) Kuntze, *Spilanthes fimbriata* Kunth, *S. melampodioides* Gardner, *S. poeppigii* DC., *S. popayanensis* Hieron.

Hierbas perennes, hasta 60 cm; tallos decumbentes a ascendentes, enraizando en los nudos, glabros a escasamente pilosos. Hojas pecioladas; láminas 2.5-9.5 × 1.5-8 cm, ovadas, glabras a escasamente pilosas, la base anchamente obtusa a truncada, los márgenes serrulados a gruesamente serrados, el ápice agudo; pecíolo 0.7-4.5 cm, algunas veces angostamente alado, glabro a escasamente piloso o ciliado. Capitulescencia generalmente con 3 cimas de cabezuelas; pedúnculo 1.5-10 cm, acostillado, escasamente pilósulo. Cabezuelas 6-10.5 mm, inconspicuamente radiadas; involucro 5-8 mm de diámetro; filarios 7-10, 3-5.5 × 1-3 mm, lanceolados a elíptico-ovados, 2-seriados, subiguales, series externas de filarios 4-6.5 × 1-2 mm, en general escasamente pilosos con los márgenes ciliados a glabros, apicalmente agudos a redondeados; clinanto 4-7.5 mm; páleas 3-4.5 mm, 3-estriadas, algunas veces apicalmente papilosas, por lo general apicalmente obtusas a truncadas. Flores radiadas 5-10, inconspicuas y apenas casi tan largas como los filarios, típicamente con el limbo ligeramente exerto de las puntas de los filarios; corola 2.5-4 mm, amarilla a amarillo-anaranjada, el tubo 0.9-1.1 mm, pilósulo, el limbo 1.6-2.9 × 1.1-1.9 mm, 3-6-nervio, el ápice brevemente 3-lobado hasta en ocasiones moderadamente 2-lobado. Flores del disco 90-180; corola 1.5-1.9 mm, amarilla a amarillo-anaranjada, el tubo 0.3-0.5 mm, escasamente ampliado basalmente, los lobos c. 0.3 mm. Cipselas 1.6-2.3 mm, las caras típica y escasamente pilósulas distalmente, los márgenes ciliados, los márgenes de las cipselas maduras (especialmente aquellas más proximales sobre el clinanto) notablemente engrosados o suberosos, el margen suberoso típicamente ocultando las protuberancias apicales; vilano típicamente presente, de 2 cerdas subiguales, 0.2-0.9 mm, las cerdas erectas, más largas y más rígidas que los cilios marginales. Floración generalmente jun.-ago., dic. 2n = 78. *Bordes de arroyos, áreas alteradas, matorrales bajos.* P (*Duke 4901*, MO). 0-500 m. (Mesoamérica, Colombia, Venezuela, Guyana, Ecuador, Perú, Bolivia, Brasil, Argentina, Asia.)

Jansen (1985) dio la longitud de las corolas radiadas como "2.5-6.5 mm" y el limbo como "1.2-4.7 mm". Si bien Jansen (1985) y Pruski (1997a) registraron que el vilano estaba frecuentemente ausente, se encontró que el vilano está típicamente presente, aunque reducido. Aunque Jansen (1985) dio las corolas del disco como siendo 5-lobadas, varios ejemplares suramericanos anotados por él como *Acmella ciliata* tienen corolas del disco 4-lobadas. El material suberoso-marginado de *Spilanthes paniculata* Wall. ex DC. citado por D'Arcy (1975a [1976]) como paleotropical es aquí tratado como *A. ciliata*.

3. Acmella filipes (Greenm.) R.K. Jansen, *Syst. Bot. Monogr.* 8: 58 (1985). *Spilanthes filipes* Greenm., *Proc. Amer. Acad. Arts* 35: 314 (1900). Isotipo: México, Yucatán, *Gaumer 1122* (MO!). Ilustr.: Jansen, *Syst. Bot. Monogr.* 8: 61, t. 21(1985), como *A. filipes* var. *cayensis*.

Acmella filipes (Greenm.) R.K. Jansen var. *cayensis* R.K. Jansen, *A. filipes* var. *parvifolia* (Benth.) R.K. Jansen, *Calea savannarum* Standl. et Steyerm.?, *Ceratocephalus parvifolius* (Benth.) Kuntze, *Spilanthes americana* Hieron. forma *parvifolia* (Benth.) A.H. Moore, *S. pammicrophylla* A.H. Moore, *S. parvifolia* Benth. non *A. parvifolia* Raf.

Hierbas anuales, hasta 45(-90?) cm; tallos generalmente erectos hasta rara vez proximalmente decumbentes y patentes con puntas ascendentes, no enraizando en los nudos, simples a poco ramificados, pilosos a escasamente pilosos. Hojas pecioladas; láminas 0.8-5 × (0.2-)0.8-2.7 cm, generalmente elípticas-ovadas a lanceoladas (rara vez triangular-ovadas), glabras a pilosas, la base típicamente atenuada a rara vez casi truncada, los márgenes sinuados a serrados, el ápice agudo a acuminado; pecíolo 0.2-3.1 cm, angostamente alado, piloso. Capitulescencia típicamente monocéfala o rara vez con 2 cabezuelas; pedúnculo 2.5-13.5 cm, sin bractéolas, glabro a piloso. Cabezuelas 4-12 mm, conspicuamente radiadas; involucro 3-7.5 mm de diámetro; filarios 4-12, 1.7-4 × c. 0.5-2.4 mm, 1-seriados o 2-seriados, subiguales, elípticos, escasamente pilosos; clinanto 2.5-7 mm; páleas 2.5-4 mm, apicalmente agudas a redondeadas. Flores radiadas 3-10, el limbo exerto del involucro; corola 2.5-6 mm, amarilla, el tubo 0.6-1 mm, piloso, el limbo 1.9-5 × 0.8-2.7 mm, típicamente 5-nervio, el ápice brevemente 2-lobado o 3-lobado, rara vez redondeado. Flores del disco 40-170; corola 1.3-1.8 mm, 5-lobada, amarilla, el tubo c. 0.5 mm, los lobos 0.2-0.4 mm. Cipselas 1.1-2 mm, las caras escasamente pilósulas, los márgenes densamente ciliados, los márgenes de las cipselas maduras algunas veces notablemente engrosados o suberosos, algunas veces con protuberancias apicales pequeñas; vilano típicamente presente, de 2 cerdas subiguales de 0.2-1.4 mm, rara vez ausente. Floración durante todo el año. 2n = 24. *Rocas volcánicas, bosques enanos, áreas alteradas, laderas con caliza, planicies abiertas, pastizales, bosques de* Pinus-Quercus, *bordes de ríos, orillas de caminos, suelos arenosos, sabanas, selvas bajas subcaducifolias, selvas altas perennifolias.* Y (*Gaumer 2305*, NY); C (*Martínez S. et al. 28719*, MO); QR (*Chater 32*, MO); B (*Bartlett 11520*, MO); G (*Standley 85789*, F); H (*Williams 16880*, MO); N (*Wright s.n.*, US); CR (*Williams et al. 26655*, NY). 0-1500 m. (Endémica.)

Acmella filipes, especie anual de hojas pequeñas, puede reconocerse por el hábito generalmente erecto con cabezuelas pequeñas sobre pedúnculos delgados. Jansen (1985) reconoció 3 variedades alopátricas dentro de esta especie, pero los caracteres que separan las variedades no son fuertes y parecen ser clinales. Sin embargo, las plantas en Yucatán en realidad tienden a tener un solo tallo hasta la capitulescencia, mientras que las plantas de elevaciones altas tienden a tener tallos ligeramente débiles y ramificación proximal.

4. Acmella lundellii R.K. Jansen, *Syst. Bot. Monogr.* 8: 48 (1985). Isotipo: Belice, *Gentle 986* (MO!). Ilustr.: Jansen, *Syst. Bot. Monogr.* 8: 49, t. 17 (1985).

Hierbas bajas perennes, hasta 30 cm; tallos decumbentes o con frecuencia marcadamente rastreros, enraizando en los nudos, glabros a pilosos. Hojas subsésiles a pecioladas; laminas 1-3 × 0.3-1.5 cm, lanceoladas a oblanceoladas o rara vez elípticas, pinnatinervias pero la nervadura secundaria marcadamente arqueada apicalmente, glabras a esparcidamente pilosas, la base largamente atenuada, los márgenes subenteros, el ápice agudo a redondeado; pecíolos (0-)0.1-0.5 cm, angostamente alados, glabros a escasamente ciliados. Capitulescencia monocéfala o rara vez con 2 cabezuelas; pedúnculo 4-14 cm, glabro a escasamente piloso. Cabezuelas 3.5-6 mm, conspicuamente radiadas; involucro 3-4 mm de diámetro; filarios 8-10, 1.5-2.5 × c. 0.6-1.2 mm, elípticos, subiguales, 2-seriados, glabros o esencialmente glabros; clinanto 2.5-4 mm; páleas 1.9-2.8 mm. Flores radiadas 5-8, el limbo exerto del involucro; corola 3.2-4.6 mm, amarilla, el tubo 0.7-1.1 mm, escasamente piloso, el limbo 2.5-3.5 × 1.2-1.8 mm, 4-6-nervio, el ápice brevemente 2-lobado o 3-lobado. Flores del disco 50-85; corola 1.3-1.8 mm, frecuentemente más corta que las cipselas del disco, 5-lobada, amarilla, el tubo y garganta cilíndricos, no muy diferenciados el uno del otro, los lobos 0.2-0.4 mm. Cipselas 0.8-1.2 mm, las caras escasamente pilósulas, los márgenes densamente ciliados, no engrosados ni suberosos; vilano ausente, pero el anillo típicamente ciliado, los cilios hasta c. 0.5 mm, algunas veces confundidos con las cerdas del vilano. Floración durante todo el año. *Orillas de caminos, sabanas, matorrales secundarios, selvas altas perennifolias.* C (Martínez Salas et al., 2001: 23); B (*Lundell 584*, MO); G (*Contreras 1260*, LL). 0-30 m. (Endémica.)

Las característica de hojas pecioladas en *Acmella* vs. subsésiles en *Spilanthes* no se cumple en esta especie: las hojas de *A. lundellii* y *A. poliolepidica* son algunas veces subsésiles como lo son aquellas en el típico *Spilanthes*.

5. Acmella papposa (Hemsl.) R.K. Jansen, *Syst. Bot. Monogr.* 8: 50 (1985). *Spilanthes papposa* Hemsl., *Biol. Cent.-Amer., Bot.* 2: 193 (1881). Holotipo: Nicaragua, *Tate 186 (462)* (foto MO! ex K). Ilustr.: D'Arcy, *Ann. Missouri Bot. Gard.* 62: 1141, t. 72A-B (1975 [1976]), como *S. oppositifolia*. N.v.: Sajon, G.

Acmella papposa (Hemsl.) R.K. Jansen var. *macrophylla* (Greenm.) R.K. Jansen, *Ceratocephalus papposus* (Hemsl.) Kuntze, *Spilanthes macrophylla* Greenm.

Hierbas robustas perennes, hasta 100 cm; tallos erectos a decumbentes, en ocasiones enraizando en los nudos, glabros a pilosos. Hojas cortamente pecioladas, algunas veces subsésiles; láminas 2-9(-12.5) × 1.2-4.2 cm, lanceolado-ovadas a ovadas, glabras a escasamente pilosas, la base cuneada a obtusa, atenuada hasta el pecíolo, los márgenes crenulados a serrulados, el ápice acuminado a casi atenuado; pecíolos 0.5-2 cm, angostamente alados casi hasta la base, escasamente pilosos o ciliados. Capitulescencia monocéfala a generalmente con 3-5 cimas de cabezuelas; pedúnculo 4-17 cm, acostillado, escasamente piloso. Cabezuelas 6-12.5 mm, conspicuamente radiadas; involucro 5.5-9 mm de diámetro; filarios 9-17, 3.3-6.5 × 1-1.7 mm, lanceolados a elíptico-lanceolados, 2-seriados, subiguales, escasamente pilosos, los márgenes ciliados, apicalmente acuminados a redondeados; clinanto 3.5-9 mm; páleas 3-4 mm, 1-3-nervias, generalmente agudas apicalmente. Flores radiadas 6-12, el limbo muy exerto del involucro; corola 5-11 mm, amarilla a amarilla-anaranjada, el tubo 1-1.5 mm, pilósulo, el limbo 4-9.5 × 2-3 mm, 5-7(-9)-nervio, el ápice brevemente 2-lobado o 3-lobado. Flores del disco 100-200; corola 1.5-2.3 mm, 5-lobada, amarilla a amarilla-anaranjada, el tubo 0.5-0.6 mm, basalmente ampliado, los lobos 0.3-0.5 mm. Cipselas 1.8-2.5 mm, las caras típica y escasamente pilósulas distalmente, los márgenes ciliados, no engrosados ni suberosos, típicamente negras o pajizas, las protuberancias apicales típicamente sosteniendo las cerdas del vilano, las protuberancias carbonizadas y frecuentemente más altas que el anillo pajizo; vilano típicamente presente, de (0-)2 cerdas subiguales de 0.2-1.3 mm, las cerdas frágiles, erectas, típicamente escasamente hasta mucho más largas que los cilios marginales. Floración durante todo el año. 2n = 52. *Bordes de arroyos, áreas alteradas, orillas de caminos, pastizales, márgenes de bosques de* Pinus-Quercus. G (*Standley 69181*, MO); H (*Jansen y Harriman 546*, MO); N (*Molina R. y Williams 31214*, MO); CR (*Pittier 10546*, US); P (*Partch 69-11*, MO). (200-)900-2500 m. (Endémica.)

En Costa Rica y Panamá la especie tiende a estar representada por individuos más erectos no enraizando en los nudos y con entrenudos y pedúnculos más largos. A estas formas de crecimiento Jansen (1985) les dio rango taxonómico de variedad como *Acmella papposa* var. *macrophylla*, pero *A. papposa* es aquí tratada ampliamente sin reconocer variedades. Esta especie es bastante común en Nicaragua, donde algunas colecciones, sin embargo, fueron hechas en elevaciones tan bajas como 200 m. La mayoría de las plantas que D'Arcy (1975a [1976]) llamó *Spilanthes oppositifolia* porque tienen cipselas con protuberancias apicales, prueban ser *A. papposa*.

6. Acmella pilosa R.K. Jansen, *Syst. Bot. Monogr.* 8: 27 (1985). Isotipo: México, Quintana Roo, *Jansen y Harriman 654* (MO!). Ilustr.: Jansen, *Syst. Bot. Monogr.* 8: 28, t. 9 (1985). N.v.: Oro soos amarillo, B.

Hierbas perennes hasta 50 cm; tallos decumbentes, enraizando en los nudos, densamente pilosos a pilosos. Hojas pecioladas; láminas 1.3-6.7 × 0.8-5 cm, anchamente ovadas a cordiformes, cartáceas o muy rara vez subcarnosas, 3-palamtinervias desde la base o rara vez casi así pilosas, la base truncada o cordata, los márgenes crenados a serrados, rara vez profundamente serrados, el ápice agudo a anchamente agudo;

pecíolo 0.5-4 cm, no alado, piloso, frecuentemente rojizo. Capitulescencia monocéfala o rara vez con 3 cimas de cabezuelas; pedúnculo 3-15 (18) cm, sulcado, piloso. Cabezuelas 7-10.5 mm, conspicuamente radiadas; involucro 5.5-8 mm de diámetro; filarios 15-21, 3.5-5.7 × 1-2 mm, lanceolados a elíptico-lanceolados, c. 3-seriados, subiguales, pilosos a pilósulos, los márgenes típicamente ciliados, apicalmente redondeados a acuminados; clinanto 3-6 mm; páleas 2.5-3 (3.6) mm. Flores radiadas 9-21, el limbo exerto del involucro; corola 3.7-6.8 mm, amarilla, el tubo 0.7-1.3 mm, piloso a pilósulo, el limbo 3-5.5 × 1.5-2.3 mm, 5-8-nervio, el ápice brevemente 2-lobado o 3-lobado. Flores del disco c. 150; corola 1.4-2.2 mm, 5-lobada, amarilla, el tubo 0.4-0.6 mm, algunas veces notablemente ampliado basalmente, los lobos 0.2-0.5 mm. Cipselas 0.9-1.5 mm, las caras típica y escasamente pilósulas distalmente, los márgenes ciliados, no engrosados ni suberosos; vilano ausente. Floración durante todo el año. 2*n* = 26. *Bosques húmedos, áreas alteradas, borde de lagos, áreas con caliza, áreas pantanosas, pastizales, tierras, matorrales de* Pinus-Acoelorraphe*, orillas de caminos, sabanas, vegetación secundaria, selvas bajas inundables, selvas bajas subcaducifolias, selvas medianas, selvas medianas subcaducifolias, selvas medianas subperennifolias.* T (Novelo y Ramos, 2005: 139); C (*Jansen y Harriman 653*, MO); QR (*Téllez et al. 3608*, MO); B (*Balick et al. 2127*, MO); G (*Ortíz 400*, MO). 0-600 m. (Endémica.)

Sousa Sánchez y Cabrera Cano (1983) citaron *Téllez et al. 3608* como *Acmella repens* (como *Spilanthes americana*). Algún material de Florida tiene la base de las hojas truncada, parecida a *A. pilosa*, pero se piensa, sin embargo, que es una forma de crecimiento atípica de *A. repens. Acmella pilosa* al momento se considera endémica de Mesoamérica, aunque finalmente pudiera resultar en la sinonimia de *A. repens.*

7. Acmella poliolepidica (A.H. Moore) R.K. Jansen, *Syst. Bot. Monogr.* 8: 25 (1985). *Spilanthes poliolepidica* A.H. Moore, *Proc. Amer. Acad. Arts* 42: 540 (1907). Isotipo: Costa Rica, *Biolley 7420* (US!). Ilustr.: No se encontró.

Hierbas perennes bajas, hasta 60 cm; tallos erectos a decumbentes, nunca enraizando en los nudos, glabros a pilosos o estrigulosos. Hojas subsésiles a pecioladas; láminas 1-5 × 0.2-1.2 cm, linear-lanceoladas a lanceoladas, 3-subpalmatinervias desde por encima de la base, estrigulosas a pilosas, la base largamente atenuada, los márgenes subenteros a denticulados o serrulados, el ápice agudo a acuminado; pecíolo (0-)0.2-0.6 cm, angostamente alado, glabro a ciliado. Capitulescencia monocéfala o en cimas con pocas cabezuelas; pedúnculo 3.5-20 cm, piloso. Cabezuelas 3.5-9.5 mm, conspicuamente radiadas; involucro 4-6 mm de diámetro; filarios 7-9, 2-4 × 0.7-1.5 mm, lanceolados a elíptico-ovados, 2-seriados, subiguales a desiguales, frecuentemente estrigulosos, los márgenes típicamente ciliados, apicalmente redondeados a acuminados; clinanto 1.5-6 mm; páleas 3-3.8 mm, algunas veces puberulentas distalmente. Flores radiadas 5-9, el limbo exerto del involucro; corola 4.5-7.6 mm, amarilla, el tubo 1-1.6 mm, piloso a densamente piloso, el limbo 3.5-6 × 1.2-1.8 mm, 4-6-nervio, el ápice sinuado a cortamente 3-lobado. Flores del disco 50-90; corola 1.7-2.2 mm, 5-lobada, amarilla, el tubo 0.3-0.5 mm, los lobos 0.3-0.4 mm. Cipselas 1.4-1.9 mm, las caras escasamente pilósulas, los márgenes ciliados, no engrosados ni suberosos; vilano típicamente ausente, cuando presente 1-aristado o 2-aristado, las aristas 0.5-1 mm. Floración generalmente nov.-jul. 2*n* = 48. *Bosques húmedos subtropicales, bosques tropicales secos, pinares, sabanas, borde de arroyos.* G (*Steyermark 43162*, F); H (*Jansen y Harriman 536*, MO); CR (*Biolley 7240*, US). 800-1800 m. (Endémica.)

El *nomen* en *Spilanthes* usando el epíteto "merrillii" como lo hizo Clewell (1975) es generalmente en referencia a esta especie.

8. Acmella radicans (Jacq.) R.K. Jansen, *Syst. Bot. Monogr.* 8: 69 (1985). *Spilanthes radicans* Jacq., *Collectanea* 3: 229 (1789 [1791]). Sintipo: Jacq., *Icon. Pl. Rar.* 3: t. 584 (1792). Ilustr.: Nash, *Fieldiana,*

Bot. 24(12): 558, t. 103 (1976), como *S. ocymifolia.* N.v.: Duermelengua, hierba del sapo, quita dolor, G; cura dolor de muelas, duerme lengua, H; duerme boca, hierba de la rabia, hierba del sapo, hierba del sapo de bajillo, ES; alcotán, botoncillo de laguna, N; adormemuela, CR; sirvulaca, P.

Acmella radicans (Jacq.) R.K. Jansen var. *debilis* (Kunth) R.K. Jansen?, *A. tenella* (Kunth) Cass.?, *Ceratocephalus debilis* (Kunth) Kuntze?, *C. exasperatus* (Jacq.) Kuntze, *C. tenellus* (Kunth) Kuntze?, *Sanvitalia longepedunculata* M.E. Jones, *Spilanthes botterii* S. Watson, *S. debilis* Kunth?, *S. exasperata* Jacq., *S. exasperata* var. *cayennensis* DC.?, *S. leucophaea* Sch. Bip. ex Klatt, *S. ocymifolia* (Lam.) A.H. Moore var. *acutiserrata* A.H. Moore, *S. tenella* Kunth?.

Hierbas anuales, hasta 50 cm; tallos erectos a ascendentes, rara vez enraizando en los nudos, glabros a pilosos. Hojas pecioladas; láminas 1-7.5(-9) × 1-4.5(-6.5) cm, ovadas, glabras a pilósulas, la base atenuada, los márgenes serrulados a serrados, el ápice agudo a cortamente acuminado; pecíolo 0.4-3.7 cm, angostamente alado, piloso. Capitulescencia generalmente en cimas de 3 cabezuelas; pedúnculo (0.2-)1.5-6 cm, acostillado, escasamente pilósulo a glabro. Cabezuelas (5-)7-11 mm, discoides (rara vez inconspicuamente radiadas); involucro 4.5-7.5 mm de diámetro; filarios 6-9, (3-)4-6.3 × 1-2(-3) mm, lanceolados a elíptico-lanceolados, subiguales, 1-seriados o 2-seriados, glabros a pilósulos, los márgenes típicamente sin cilios o con pocos cilios apicales, apicalmente obtusos a agudos; clinanto 3.5-7 mm; páleas 3-4.5 mm, el ápice típicamente obtuso a truncado, rara vez acuminado o mucronato. Flores radiadas típicamente ausentes. Flores del disco 60-150; corola 1.4-2 mm, 4-lobada, blanco-verdosa hasta color crema, el tubo 0.4-0.7 mm, los lobos 0.2-0.4 mm. Cipselas 1.9-2.5(-2.7) mm, las caras típica y escasamente pilósulas distalmente, los márgenes ciliados, no suberosos (rara vez suberosos), frecuentemente con protuberancias apicales; vilano típicamente presente, de 2 cerdas subiguales de 0.4-1.6 mm, las cerdas erectas o algunas veces curvadas. Floración generalmente ago.-mar. 2*n* = 78. *Bosques enanos, bosques húmedos, cocotales, áreas alteradas, bosques secos, campos, matorrales, bosques mixtos, matorrales, selvas altas perennifolias, bosques de* Pinus-Quercus*, potreros, orillas de caminos, vegetación secundaria, laderas, borde de arroyos, laderas de volcanes.* Ch (*Jansen y Harriman 502*, MO); G (*Pruski y MacVean 4500*, MO); H (*Pruski et al. 4532*, MO); ES (*Standley 19377*, MO); N (*Atwood 772*, MO); CR (*Cooper 5807*, US); P (*Duke 9509*, MO). 10-2100 m. (México, Mesoamérica, Colombia, Venezuela?, Perú?, Bolivia?, Cuba, La Española?, Antillas Menores?, Asia, África.)

Acmella radicans es una maleza común, y falsamente se asemeja a *Isocarpha*, un género inusual paleáceo de la tribus Eupatorieae. La localidad original de la colección en Venezuela citada por Jacquin es probablemente errónea. D'Arcy (1975a [1976]) usó el nombre *Spilanthes alba* L'Hér. y Nash (1976d) el nombre *S. ocymifolia* para material mesoamericano, ambos sinónimos de la especie endémica sudamericana *A. alba* (L'Hér.) R.K. Jansen. La cita de Hemsley (1881) de una colección de Hartweg de Guatemala como *S. alba* es en referencia a material que se determinaría como *A. radicans. Acmella radicans* var. *debilis* fue tratada por Strother (1999) en sinonimia, pero es aquí tratada como un sinónimo cuestionable.

9. Acmella repens (Walter) Rich. in Pers., *Syn. Pl.* 2: 473 (1807). *Anthemis repens* Walter, *Fl. Carol.* 211 (1788). Isoneotipo (designado por Jansen, 1985): Estados Unidos, *Jansen y Harriman 665* (MO!). Ilustr.: McVaugh, *Flora Novo-Galiciana* 12: 862, t. 149 (1984), como *Spilanthes oppositifolia.* N.v.: Yaxal vomol, Ch.

Acmella nuttaliana Raf., *A. occidentalis* Nutt. non Rich., *A. oppositifolia* (Lam.) R.K. Jansen var. *repens* (Walter) R.K. Jansen, *Anthemis trinervia* Sessé et Moc., *Ceratocephalus repens* (Walter) Kuntze, *Spilanthes americana* Hieron. forma *lanitecta* A.H. Moore, *S. americana* var. *parvula* (B.L. Rob.) A.H. Moore, *S. americana* var. *repens* (Walter) A.H. Moore, *S. beccabunga* DC. var. *parvula* B.L.

Rob., *S. diffusa* Poepp., *S. disciformis* B.L. Rob. var. *phaneractis* Greenm., *S. lateraliflora* Klatt, *S. nuttallii* Torr. et A. Gray, *S. phaneractis* (Greenm.) A.H. Moore, *S. repens* (Walter) Michx.

Hierbas perennes, hasta 60(-100) cm; tallos decumbentes a rastreros, típicamente enraizando en los nudos, escasamente pilosos a glabros. Hojas pecioladas; láminas 1.5-7(-10) × 0.7-3.5 cm, lanceolado-ovadas a ovadas, rara vez lanceoladas, glabras a escasamente pilosas, la base cuneada a obtusa, luego atenuada hasta el pecíolo, los márgenes crenulados a serrulados, el ápice acuminado a casi atenuado; pecíolo 0.4-3.5 cm, angostamente alado casi hasta la base, típica y escasamente piloso o ciliado. Capitulescencia de cimas con 3-5 cabezuelas o monocéfala; pedúnculo 4-25 cm, acostillado, glabro a estriguloso-piloso. Cabezuelas 6-14 mm, conspicuamente radiadas; involucro 3-6 mm de diámetro; filarios 7-16, 2.5-6.5 × 0.8-2(-3) mm, lanceolados a elíptico-lanceolados, 2-seriados, subiguales, glabros a puberulentos, los márgenes en general sin cilios, apicalmente agudos a redondeados, rara vez acuminados; clinanto 3-10 mm; páleas 3-4.2 mm, débilmente 1-3-nervias, apicalmente acuminadas a obtusas. Flores radiadas 8-16, el limbo muy exerto del involucro; corola 4-9 mm, amarilla a amarilla-anaranjada, el tubo 0.8-1.5 mm, pilósulo a piloso, el limbo 3.2-7.5 × 2-2.5 mm, 5(-6)-nervio, el ápice 2-lobado o 3-lobado. Flores del disco 70-200; corola 1.7-2.2 mm, 5-lobada, amarilla a amarillo-anaranjada, el tubo 0.3-0.5 mm, basalmente ampliado, los lobos 0.4-0.5 mm. Cipselas 1.8-2.5 mm, las caras típica y escasamente pilósulas distalmente o algunas veces glabras, los márgenes ciliados o sin cilios, no engrosados ni suberosos o muy rara vez suberosos, negras o levemente pajizas, el ápice frecuentemente truncado con anillo presente; vilano típicamente ausente, cuando presente de 1(2) cerdas desiguales hasta c. 0.5 mm, las cerdas frágiles, erectas, solo escasamente más largas que (cuando presentes) los cilios marginales. Floración durante todo el año. $2n = 26, 52, 78$. *Selvas altas perennifolias, bordes de corrientes, áreas alteradas, orillas de caminos, pastizales.* T (*Jansen y Harriman 664*, MO); Ch (*Pruski et al. 4254*, MO); G (*Pruski y MacVean 4488*, MO); H (*Molina R. y Molina 25458*, MO); ES (*Montalvo 4735*, MO); N (*Moreno 14305*, MO); CR (*Pruski et al. 3819*, MO); P (Strother, 1999: 15). 0-2600(-3000?) m. (Estados Unidos, México, Mesoamérica, Colombia, Venezuela, Ecuador, Perú, Bolivia, Paraguay, Cuba.)

Esta especie ampliamente distribuida es la especie más variable de *Acmella*, y se encuentra tanto en América tropical como templada. La mayoría de las variaciones en la forma de la hoja y longitud del limbo de las corolas radiadas encontrada en el género se expresan en *A. repens*, llevando a la proliferación de identificaciones erróneas. Es posible que los segregados *A. lundellii* y *A. pilosa* sean apenas formas de crecimiento de *A. repens*, y como tal podrían ser finalmente reducidas a la sinonimia. Por ejemplo, colecciones con hojas lanceoladas cercanamente se asemejan a *A. lundellii* de Chiapas, pero a más de 1500 m de elevación, no son raras en Chiapas y colecciones ocasionales de hojas casi cordatas de Chiapas semejantes a *A. pilosa* han sido referidas a *A. repens*. La mayoría del material que D'Arcy (1975a [1976]) refirió a *Spilanthes oppositifolia* tiene cipselas ciliado-marginadas con protuberancias apicales y aquí se ha identificado como *A. papposa*.

Acmella repens tiene una confusa historia nomenclatural y taxonómica con nombres frecuentemente aplicados a ésta probando mayormente ser sinónimos homotípicos entre sí y sinónimos taxonómicos de *Heliopsis buphthalmoides*. La mayor parte del siglo XX *A. repens* fue llamada *S. americana* (p. ej., Moore, 1907; Nash, 1976d), pero este es un sinónimo homotípico superfluo de *Anthemis oppositifolia*, y un sinónimo taxonómico de *H. buphthalmoides*. Más recientemente, D'Arcy (1975a [1976]) llamó a *Acmella repens* como *S. oppositifolia* y Jansen (1985) la llamó *A. oppositifolia*, ambos sinónimos de *H. buphthalmoides* (Pruski, 2000). Los reportes de Sousa Sánchez y Cabrera Cano (1983, como *S. americana*) y Villaseñor Ríos (1989, como *A. oppositifolia*) de *A. repens* en Campeche, Yucatán, y Quintana Roo son presumiblemente en referencia a material del más reciente segregado de *A. pilosa* o hasta en ocasiones plantas con hojas grandes de

A. filipes. Robinson et al. (2006a) incorrectamente describieron *A. repens* como teniendo cabezuelas discoides, pero la ilustración acompañante en Robinson et al. (2006a) correctamente muestra una planta con cabezuelas radiadas.

10. Acmella uliginosa (Sw.) Cass., *Dict. Sci. Nat.* ed. 2, 24: 331 (1822). *Spilanthes uliginosa* Sw., *Prodr.* 110 (1788). Tipo: Jamaica, *Swartz s.n.* (foto MO! ex S). Ilustr.: Pruski, *Mem. New York Bot. Gard.* 76(2): 98, f. 33 (2002).

Ceratocephalus acmella (L.) Kuntze var. *depauperata* Kuntze, *Coreopsis acmella* (L.) K. Krause var. *uliginosa* (Sw.) K. Krause, *Jaegeria uliginosa* (Sw.) Spreng., *Spilanthes acmella* (Rich. ex Pers.) DC. var. *uliginosa* (Sw.) Baker, *S. charitopis* A.H. Moore, *S. iabadicensis* A.H. Moore, *S. lundii* DC., *S. salzmannii* DC., *S. uliginosa* Sw. var. *discoidea* Aristeg.

Hierbas bajas anuales, hasta 75 cm; tallos erectos a ascendentes o en ocasiones decumbentes, rara vez enraizando en los nudos, esparcidamente pilosos a subglabros. Hojas pecioladas; láminas 2-5 × 0.5-2.5 cm, lanceoladas a elípticas, rara vez anchamente elípticas, glabras a esparcidamente pilosas, la base atenuada, los márgenes serrulados, el ápice angostamente agudo a acuminado; pecíolo 0.2-1.5(-3.1) cm, algunas veces angostamente alado, esparcidamente piloso a subglabro. Capitulescencia con varias cabezuelas; pedúnculos 1.5-6.5 cm, esparcidamente pilosos. Cabezuelas 4.5-8 mm, inconspicuamente radiadas o rara vez discoides; involucro 4-6 mm de diámetro; filarios 5-6, 2-3.4 × 1-2 mm, elíptico-ovados, 1-seriados, subigual, escasamente ciliados; clinanto 3-6 mm; páleas 2.5-3 mm. Flores radiadas (0-)4-7, apenas casi tan largas como los filarios, típicamente con limbo ligeramente exerto de las puntas de los filarios; corola 1.1-2.8 mm, amarilla a rara vez amarillo-anaranjada, el tubo 0.5-1 mm, piloso, el limbo 0.6-1.8 × 0.4-1 mm, lanceolado, típica y escasamente más largo que el tubo, 2(3-)-nervio, el ápice entero o muy cortamente lobado. Flores del disco 70-150; corola 1-1.6 mm, frecuentemente más corta que las cipselas del disco, anchamente campanulada, 4(5)-lobada, amarilla a rara vez amarilla-anaranjada, el tubo c. 0.3 mm, los lobos 0.2-0.3 mm; anteras c. 0.5 mm. Cipselas 1.2-1.8 mm, las caras algunas veces escasamente pilósulas distalmente, los márgenes densamente ciliados, no suberosos; vilano de 2 cerdas subiguales, 0.2-0.7 mm, casi tan largos hasta casi 2 veces la longitud de los cilios marginales. Floración feb.-mar. $2n = 52$. *Selvas altas perennifolias en alteradas áreas.* H (*Standley 56001*, F); P (*Cowell 392*, NY). 75-1100 m. (Mesoamérica, Venezuela, Guayanas, Bolivia, Brasil, Jamaica, La Española, Antillas Menores, Trinidad y Tobago, Asia, África, Islas del Pacífico.)

Jansen (1985) incorrectamente listó el holotipo como en BM.

La ocurrencia de *Acmella uliginosa* en el área de Mesoamérica no ha sido verificada y se ha visto una fotografía de *Standley 56001* (F), uno de los dos ejemplares mesoamericanos citados por Jansen (1985). La elevación y geografía de los dos ejemplares citados por Jansen (1985) no son similares: el ejemplar de Honduras de Siguatepeque se encuentra a casi 1080 m de elevación, mientras que el de Panamá es de la Zona del Canal a casi 75 m de elevación. Debe anotarse, sin embargo, que D'Arcy (1975a [1976]) específicamente excluyó *A. uliginosa* de Panamá. Pruski (1997a) cambió la determinación del ejemplar en la Fig. 19 de Jansen (1985) de *A. uliginosa* de Guayana cerca de Mount Roraima a *A. ciliata*.

Hemsley (1881: 194) citó esta especie (como *Spilanthes*) en Veracruz, Nicaragua, Costa Rica y Panamá, pero no se ha podido confirmar estos reportes. Debido a que se la ha vuelto a identificar como *A. brachyglossa*, el único ejemplar citado por Hemsley (*Fendler 166*) y debido a que las Acmellas son con frecuencia erróneamente identificadas, no se deber seguir el reporte de Hemsley hasta confirmarlo. Similarmente, la determinación de *Seler 3976* de Yucatán como *A. uliginosa* (como *S. uliginosa* en Standley, 1930) no se pudo verificar y Millspaugh y Chase (1904) citaron el espécimen de Seler como "depauperado".

168. Salmea DC.

Fornicaria Raf., *Hopkirkia* Spreng., *Salmeopsis* Benth.
Por M.R. Bolick y J.F. Pruski.

Arbustos erectos a escandentes; tallos estriados, glabros a densamente tomentosos, típicamente ramificados en ángulos de c. 45°, las últimas ramas generalmente rectas, la cresta nodal algunas veces presente. Hojas opuestas (rara vez las brácteas foliosas de la capitulescencia alternas), pecioladas o subsésiles; láminas cartáceas o subcoriáceas, típicamente 3-nervias, en Mesoamérica no glandulosas (extremadamente raro una colección glandulosa extra-mesoamericana de un posible híbrido intergenérico), la superficie adaxial glabra, ligeramente lustroso, la superficie abaxial glabra a densamente tomentoso; pecioladas a subsésiles, la base del pecíolo típica y moderadamente con base ancha y casi subamplexicaule. Capitulescencia corimboso-paniculada con ápice redondeado o algunas veces monocéfala y largamente pedunculada, típicamente dispuesta por encima de las hojas subyacentes, con frecuencia ligeramente agregadas en los extremos de las ramas; pedúnculos frecuentemente 1-3-bracteolados. Cabezuelas discoides; involucro hemisférico a angostamente obcónico; filarios 5-36, subiguales a graduados, 2-seriado o 3(4)-seriados, estriados, frecuentemente verdes con el ápice purpúreo, el ápice algunas veces herbáceo, los filarios internos ligeramente semejantes a las páleas externas; clinanto cónico, paleáceo; páleas endurecidas, oblongas, conduplicadas, algunas veces carinadas, persistentes. Flores radiadas ausentes. Flores del disco bisexuales, escasamente más largas que las páleas (Mesoamérica); corola tubular-infundibuliforme, 5-lobada, generalmente blanco-amarillenta, no glandulosa (Mesoamérica) o algunas veces glandulosa, el tubo más corto que la garganta, la nervadura en la garganta ligeramente oscura; anteras pardas a negras (algunas veces amarillas antes de la antesis pero rápidamente oscureciendo), cortamente sagitadas basalmente, el apéndice apical navicular, deltado-ovado, algunas veces glanduloso, el ápice generalmente obtuso o algunas veces agudo; ramas del estilo sin apéndices, el ápice obtuso a agudo, papiloso. Cipselas comprimidas, de contorno oblanceolado, pardas a negras, las caras glabras a pelosas, los márgenes ciliados o rara vez glabros, rara vez suberosos, apicalmente truncadas o algunas veces con diminutas protuberancias apicales sosteniendo las aristas; vilano de 2(3) aristas o cerdas toscas delgadas subiguales, estas típicamente más cortas que la corola, las cerdas escuamiforme algunas veces presentes entre las aristas o cerdas. $x =$ 16, 18. Aprox. 10 spp., México al sur hasta Brasil y Argentina, Antillas.

Blake (1915c, 1915d) reconoció una sola especie de *Salmea* en Mesoamérica, pero describió *S. scandens* var. *pubescens* de México y Guatemala. Nash (1976d) reconoció 4 especies de *Salmea* en Guatemala, pero Bolick (1991) trató 2 de estas (*S. pubescens* y *S. tomentosa*) como sinónimos de *S. scandens*. Bolick (1991) notó mucha variación en la pelosidad del filario y forma del ápice de *S. scandens*, especialmente en formas pelosas centradas en Guatemala representadas por los tipos de *S. scandens* var. *pubescens* y *S. tomentosa*, en los cuales, sin embargo, el ápice de los filarios nunca es truncado típico de la especie estrechamente definida *S. orthocephala*. Strother (1999) anotó que *S. orthocephala* es "quizás conspecífica con" *S. scandens*. Especies de *Salmea* frecuentemente se asemejan a las especies con flores blancas discoides de *Otopappus* (Ecliptinae), cada una de las cuales difiere más obviamente en las hojas glandulosas abaxialmente y las flores del disco bien exertas de las paleas con ápices acuminados a agudos. Colecciones ocasionales de *Salmea* tienen láminas de las hojas que a veces exudan resina, pero la resina entonces no parece provenir de los tricomas glandulares.

Bibliografía: Blake, S.F. *J. Bot.* 53: 193-202, 225-235 (1915). Bolick, M.R. *Syst. Bot.* 16: 462-477 (1991). Moore, S.L.M. *Fl. Jamaica* 7:150-289 (1936).

1. Involucro turbinado a angostamente campanulado; filarios de las series mediales e internas truncado-redondeados, los márgenes y el ápice frecuentemente blanco-puberulento. **1. S. orthocephala**

1. Involucro generalmente campanulado; todos los filarios con los ápices agudos a obtusos, los márgenes y el ápice no blanco-puberulentos o infrecuentemente blanco puberulentos. **2. S. scandens**

1. Salmea orthocephala Standl. et Steyerm., *Publ. Field Mus. Nat. Hist., Bot. Ser.* 23: 145 (1944). Holotipo: Guatemala, *Standley 59321* (foto MO! ex F). Ilustr.: No se encontró.

Arbustos, 1.5-3.5 m; tallos erectos a subescandentes, rara vez trepadores, glabrescentes a pelosos; entrenudos casi tan largos hasta más cortos que las hojas subyacentes. Hojas: láminas 5-12(-13) × 2-6 cm, ovadas a obovadas, 3-nervias, la superficie abaxial hirsuta especialmente sobre la nervadura o rara vez glabra, la base obtusa a redondeada, algunas veces oblicuamente así, frecuentemente decurrente sobre el pecíolo, los márgenes subenteros a serrado-dentados, el ápice acuminado; pecíolo 0.5-0.8 cm. Capitulescencia generalmente con (2) 10-20(-30) cabezuelas, generalmente 2-10 cm de diámetro; pedúnculos hasta 8 mm, típicamente glabros a estriguloso-hirsútulos a rara vez glabros. Cabezuelas 4-8 mm; involucro 3-5.5 × 4-7 mm, turbinado a angostamente campanulado; filarios externo ovados, 1-2.5 mm, glabros a escasamente puberulentos, el ápice agudo a obtuso; filarios de las series mediales e internas 3-5.5 mm, lanceolados, los márgenes y el ápice frecuentemente blanco-puberulentos, el ápice truncado-redondeado, algunas veces obviamente hialino; páleas hirsutas, el ápice obtuso a truncado. Flores del disco 15-25, algunas veces escasamente más largas que las páleas; corola 2-3 mm, en general blanco-amarillenta, o rara vez rosada, los lobos c. 0.6 mm, algunas veces hirsútulos; el apéndice apical de la antera no glanduloso. Cipselas 2-3 × c. 0.8-1 mm, las caras generalmente hirsútulas; vilano 2(-4)-aristado además de numerosas cerdas menores irregulares entre las aristas, las aristas hasta c. 1 mm. Floración oct.-ene. $2n = 32$. *Bosques, laderas arbustivas, matorrales húmedos a secos, bosques abiertos rocosos de* Pinus-Quercus. Ch (*Breedlove y Thorne 20465*, MO); G (*Williams et al. 42165*, MO); H (*Molina R. y Molina 24709*, MO). 300-1100(-1800) m. (Endémica.)

2. Salmea scandens (L.) DC., *Cat. Pl. Horti Monsp.* 141 (1813). *Bidens scandens* L., *Sp. Pl.* 833 (1753). Lectotipo (designado por Moore, 1936): México, Veracruz, *Houstoun Herb. Clifford 399, Bidens 5* (BM). Ilustr.: Cabrera, *Fl. Prov. Jujuy* 10: 396, t. 166 (1978). N.v.: Ch'al wamal, ch'aba ch'a ak', sakil ch'a ak', tankas ak', tzotzil momol, yashal zichil zak, yax ak' wamal, Ch; iclab; B; bajche, caycám, kekchicay, vara de fuego, G; conrado, H, duerme-boca, salta afuera, ES.

Calea amellus (L.) L., *Fornicaria scandens* (L.) Raf., *Hopkirkia eupatoria* (DC.) Spreng., *Melanthera amellus* (L.) D'Arcy, *Salmea eupatoria* DC., *S. eupatoria* var. *intermedia* DC., *S. grandiceps* Cass., *S. oppositiceps* Cass., *S. parviceps* Cass., *S. pubescens* (S.F. Blake) Standl. et Steyerm., *S. salicifolia* Brongn. ex Neum., *S. scandens* (L.) DC. var. *amellus* (L.) Kuntze, *S. scandens* var. *genuina* S.F. Blake, *S. scandens* var. *obtusata* S.F. Blake, *S. scandens* subsp. *paraguariensis* Hassl., *S. scandens* var. *pubescens* S.F. Blake, *S. sessilifolia* Griseb., *S. tomentosa* D.L. Nash, *Salmeopsis claussenii* Benth., *Santolina amellus* L., *Spilanthes nitida* La Llave, *Verbesina scandens* Klatt.

Arbustos de hasta 10 m; tallos erectos a generalmente escandentes, glabrescentes; entrenudos algunas veces más largos que las hojas subyacentes. Hojas: láminas 3.5-11(-15) × 1.3-6(-8) cm, lanceoladas a ovadas, típicamente 3-nervias desde cerca de la base o algunas veces desde por encima de la base (pinnadas en las Antillas, rara vez pinnadas en Mesoamérica) con 1-5 pares de nervios secundarios mayores, la superficie abaxial glabra a escasamente hirsuta o rara vez tomentosa, la base cuneada a truncada, rara vez subcordata, algunas veces decurrente sobre el pecíolo, los márgenes enteros a dentados, el ápice agudo a acuminado; pecíolo (0.1-)0.5-1.5(-3) cm. Capitulescencia generalmente con 5-12(-40) cabezuelas, generalmente 3-17 cm de diámetro, las ramitas ampliamente patentes; pedúnculos 3-22 mm, típicamente glabros a estriguloso-hirsútulos. Cabezuelas 5-7(-10) mm; involucro 3-5 × 5-9 mm, generalmente campanulado; filarios con el ápice agudo a obtuso;

filarios externos 1.5-3 mm, lanceolado-ovados, glabros a escasamente puberulentos; filarios internos 3-5 mm, lanceolados, escasa a densamente puberulentos sobre 1/2 distal, no blanco-puberulentos o infrecuentemente blanco-puberulentos; páleas algunas veces cilioladas, el ápice agudo o rara vez obtuso. Flores del disco 15-35, típicamente tan largas como las páleas; corola 1.5-3 mm, en general blanco-amarillenta, hasta amarillenta, rara vez rosada, los lobos 0.5-0.6 mm, generalmente ampliamente patentes; el apéndice apical de la antera no glanduloso. Cipselas 2-3.5 × c. 0.7 mm, las caras glabras o algunas veces distalmente hirsútulas; vilano 2(3)-aristado además con 0-10 cerdas irregulares menores entre las aristas, las aristas 1-2(-3.5) mm, lisas a ancistrosas. Floración oct.-abr. $2n = 32, 64$. *Bosques y laderas, bosques de Pinus-Quercus, arroyos, selvas altas perennifolias, crecimientos secundarios, laderas de volcanes.* Ch (*Pruski et al. 4252*, MO); Y (Villaseñor Ríos, 1989: 90); B (*Bartlett 12921*, MO); G (*Jansen y Harriman 522*, MO); H (*Bados 103*, MO); ES (*Wilbur et al. 16263*, MO); N (*Seymour 5089*, MO); CR (*Rodríguez 7548*, MO); P (*Croat 34537A*, MO). 0-2400(-3000) m. (México, Mesoamérica, Colombia, Venezuela, Ecuador, Perú, Bolivia, Brasil, Paraguay, Argentina, Cuba, Jamaica, La Española, Puerto Rico, Islas Vírgenes, Antillas Menores.)

Algunas colecciones de tierras bajas, especialmente aquellas de Guatemala y Panamá, tienen filarios internos densamente puberulentos sobre 1/2 distal, mientras que más típicamente estos son glabros a escasamente puberulentos. Las colecciones de Sudamérica tienen gran variación en número de cerdas escuamiformes entre las aristas, las cuales están algunas veces ausentes. La descripción en D'Arcy (1975d [1976]) de las corolas "lobadas c. 1/2 de la distancia hacia abajo" es un error.

169. Spilanthes Jacq.

Por J.F. Pruski.

Hierbas perennes; tallos 1-varios desde la base, postrados a erectos, subteretes, estriados, glabros a pilosos, en general enraizando en los nudos. Hojas opuestas, sésiles o subsésiles; láminas lineares a elípticas, cartáceas, subpalmadamente 3-nervias o 5-nervias desde cerca de la base, no glandulosas, glabras a ligeramente estrigosas o pilosas, la base atenuada, los márgenes enteros a sinuados, el ápice acuminado a redondeado. Capitulescencia terminal o axilar, de 1 a pocas cabezuelas largamente pedunculadas; pedúnculo glabro a puberulento. Cabezuelas discoides, globosas; involucro hemisférico o crateriforme; filarios 8-16, lanceolados a obovados, laxamente imbricados, 2-5-seriados, subiguales o ligeramente graduados, acuminados a redondeados; filarios externos herbáceos; filarios internos herbáceos o cartáceos; clinanto altamente cónico, paleáceo; páleas laxamente envolviendo las cipselas. Flores radiadas ausentes. Flores del disco 45-240, bisexuales; corola tubular-infundibuliforme, 5-lobada, blanca a blanco-purpúrea, frecuentemente glabra, garganta generalmente muy diferenciada del tubo, los lobos triangulares; anteras negras, el apéndice navicular, cortamente sagitadas basalmente; base del estilo bulbosa, las ramas recurvadas. Cipselas elipsoidales a obovoides, marcadamente comprimidas, las caras verdes a negras, glabras a pelosas, al madurar generalmente con un masivo margen pajizo suberosos, el ápice frecuentemente con pequeñas protuberancias apicales sosteniendo las cerdas del vilano; vilano de 1-3 cerdas aristadas, las cerdas desiguales a subiguales, frágiles. $x = 16$. Aprox. 6 spp., pantropical, 4 spp. en América tropical.

Moore (1907) trató *Spilanthes* como incluyendo *Acmella*, y reconoció 39 especies. Jansen (1981) excluyó *Acmella* de la sinonimia de *Spilanthes*, la cual el restringió a 6 especies. Pruski (1997a) siguió Jansen al reconocer solo 6 especies, pero incorrectamente dio la distribución de *Spilanthes* como también sur de los Estados Unidos. Este tratamiento es adoptado de aquel de Pruski (1997a).

Bibliografía: Howard, R.A. *Fl. Lesser Antilles* 6: 509-620 (1989). Jansen, R.K., *Syst. Bot.* 6: 231-257 (1981). Moore, A.H., *Proc. Amer. Acad. Arts* 42: 521-569 (1907).

1. Spilanthes urens Jacq., *Enum. Syst. Pl.* 28 (1760). Lectotipo (designado por Howard, 1989): Jacq., *Select. Stirp. Amer. Hist.* t. 126, f. 1 (1763). Ilustr.: Pruski, *Fl. Venez. Guayana* 3: 362, t. 306 (1997a).

Bidens angustifolia Lam., *Ceratocephalus urens* (Jacq.) Kuntze, *Cotula spilanthes* L., *Spilanthes urens* Jacq. var. *megalophylla* S.F. Blake.

Hasta 60 cm; tallos postrados, poco ramificados, glabros a estrigulosos o pilosos con tricomas menos de 1 mm, las raíces no fasciculadas basalmente pero más bien enraizando en los nudos, el ápice ascendente; entrenudos frecuentemente más largos que las hojas. Hojas subsésiles; láminas 1.5-8(-9.7) × 0.3-2(-5.5) cm, lanceoladas a oblanceoladas, retículo no prominente, las superficies típicamente glabras, rara vez pilosas, la base atenuada y escasamente connata, los márgenes enteros a crenulados, el ápice agudo a redondeado. Capitulescencia típicamente monocéfala; pedúnculos 2.5-20 cm, típicamente mucho menos de la 1/2 de la altura de la planta, marcadamente estriados, glabros a estrigulosos o pilosos. Cabezuelas 7-10.5 mm; involucro 8-12 mm de diámetro; filarios 7-12, típicamente 4-6 mm, típicamente y marcadamente patentes después de la antesis, 2-seriados, subiguales, glabros a pilósulos, apicalmente redondeados hasta los externos algunas veces agudos; páleas c. 4 mm, el ápice redondeado, algunas veces fimbriado. Flores del disco 100-200, típicamente muy exertas del involucro; corola 1.8-2.5 mm, típicamente color crema, el tubo 0.2-0.4 mm, más corto que la garganta, algunas veces basalmente piloso, los lobos 0.4-0.6 mm, reflexos; anteras en parte exertas; ramas del estilo 0.5-0.8 mm, ligeramente exertas. Cipselas 2-3 mm, obovoides, las caras negras, lisas, glabras a pelosas, los márgenes suberosos, pajizos, ciliados; vilano de 2 cerdas subiguales de 1-1.4 mm. *Playas costeras, orillas de caminos.* CR (*Córdoba 452*, MO); P (*Hamilton y Stockwell 3690*, MO). 0-100 m. (México, Mesoamérica, Colombia, Venezuela, Brasil, Cuba, Jamaica, La Española, Antillas Menores.)

Spilanthes urens es similar a *S. nervosa* Chodat, especie ampliamente distribuida y endémica de Sudamérica, la cual difiere por sus tallos erectos pilosos con tricomas de más de 1 mm, raíces fasciculadas, y pedúnculo frecuentemente más de 1/2 de la altura de la planta.

XII. I. Heliantheae subtribus Verbesininae Benth. et Hook. f.

Por J.F. Pruski.

Hierbas anuales a árboles. Hojas caulinares o rara vez en rosetas, opuestas o alternas, sésiles a pecioladas; láminas variadas, no lobadas a pinnatilobadas, típicamente cartáceas, 3-nervias o pinnatinervias. Capitulescencia terminal, monocéfala a paniculada. Cabezuelas radiadas o discoides hasta rara vez disciformes; involucro cilíndrico a hemisférico; filarios graduados a obgraduados, generalmente 1-seriados a con pocas series, los externos algunas veces herbáceos, los internos generalmente cartáceos; clinanto generalmente aplanado a convexo o algunas veces cortamente cónico, paleáceo. Flores radiadas 1(-3)-seriadas, pistiladas o estériles. Flores del disco bisexuales; corola por lo general brevemente (4)5-lobada, sin fibras embebidas en la nervadura; ramas del estilo con las superficies estigmáticas en 2 bandas, nunca largamente apendiculadas. Cipselas típicamente comprimidas, las superficies carbonizadas, aladas o no aladas; vilano de aristas o escuámulas en ángulos. 4 gen., aprox. 215-315 spp. Mayormente América tropical, 4 gen., 41 spp. en Mesoamérica.

Robinson (1981), Strother (1991) y Pruski (1996b) trataron Verbesininae en la sinonimia de Ecliptinae, Bremer (1994) reconoció Verbesininae dentro de lo que él ubicó a la mayor parte de taxones de Ecliptinae, Panero (2007b [2006]) reconoció Verbesininae como distinto de Ecliptinae, y aquí se reconoce Verbesininae según Panero (2007b [2006]).

Bibliografía: Jansen, R. et al. *Syst. Bot.* 7: 476-483 (1982). Robinson, H. *Phytologia* 38: 413-414 (1978).

1. Cipselas aladas. **173. Verbesina**
1. Cipselas no aladas.
  2. Cipselas cuadrangulares; vilano generalmente de solo 4 escamas iguales. **172. Tetrachyron**
  2. Cipselas del disco ligeramente comprimidas; vilano de 2(-4) aristas o escamas desigualmente desarrolladas.
    3. Cabezuelas globosas a anchamente campanuladas; corolas radiadas blancas. **170. Podachaenium**
    3. Cabezuelas turbinadas-angostamente campanuladas; corolas radiadas amarillas. **171. Squamopappus**

170. Podachaenium Benth.

Altamirania Greenm. non *Altamiranoa* Rose, *Aspiliopsis* Greenm.
Por J.F. Pruski.

Arbustos o árboles hasta 8(-10) m; tallos subteretes a subhexagonales, no alados, tomentosos, algunas veces glabros. Hojas opuestas o algunas veces alternas distalmente en la capitulescencia, pecioladas; láminas anchamente pentagonales a elíptico-ovadas o algunas veces elíptico-lanceoladas, cartáceas o subcoriáceo-carnosas, palmatinervias o triplinervias a 3-nervias desde muy por encima de la base, las superficies tomentosas a glabras. Capitulescencia terminal, corimbosa a corimbiforme-paniculada, con 10-60 cabezuelas, la ramificación opuesta hasta la mitad de la capitulescencia luego por lo general distalmente alterna; pedúnculos típicamente mucho más largos que las cabezuelas. Cabezuelas radiadas, heterocromas, después de la antesis anchamente campanuladas a globosas; involucro corto con las flores del disco bien exertos, hemisférico a globoso; filarios 16-25, laxamente imbricados, moderada a ligeramente graduados o subiguales, 3-seriados o 4-seriados, rígidamente cartáceos a herbáceos, patentes hasta reflexos después de la antesis; clinanto convexo a globoso o cónico, paleáceo; páleas más cortas que las flores del disco, oblongas, conduplicadas y escasamente carinadas, por lo general obtusas apicalmente, persistentes. Flores radiadas 8-21, 1-seriadas, pistiladas; corola blanca, el tubo 1-1.5 mm, setuloso, el limbo 8-18 mm, oblongo, frecuentemente glanduloso abaxialmente, el ápice entero a 2-denticulado o 3-denticulado. Flores del disco 100-150, bisexuales; corola ancha a angostamente infundibuliforme, brevemente 5-lobada, blanco-amarillento a amarilla, el tubo más corto que el limbo, setuloso o papiloso-glanduloso, los lobos deltados a ovados, más cortos que la garganta, algunas veces purpúreos distalmente, glandulosos; anteras pajizas a negras, el apéndice glanduloso o no glanduloso; ramas del estilo c. 1 mm, el ápice anchamente agudo a redondeado, diminutamente papiloso. Cipselas negras con los márgenes y la base pálidos, la base angostada y estipitada, glabras o el margen abaxial setuloso, las cipselas radiadas triquetras, las cipselas del disco ligeramente comprimidas y biconvexas; vilano generalmente de 2(-4) escamas fimbriadas hasta erosas con arista distal (en las radiadas 1-3) sobre los ángulos, más cortas que la cipsela, las caras con pocas escuámulas frágiles intermedias más cortas o estas ausentes, infrecuentemente con 2 escamas intermedias alargadas solo ligeramente desiguales (más cortas que) a tan largas como las escamas. $x = 19$. 6 spp. México, Mesoamérica, Colombia.

Si bien *Podachaenium*, *Squamopappus*, *Tetrachyron* y *Verbesina* se ubican en Heliantheae subtribus Verbesininae, la mayoría de las especies de *Podachaenium* (excepto por la especie tradicionalmente reconocida *P. eminens*), *Squamopappus* y *Tetrachyron* han sido históricamente ubicadas en *Calea* (Neurolaeninae). Nash (1976d) reconoció *Podachaenium*, como monotípico, y trató en géneros diferentes *C. skutchii* y *V. standleyi*.

Jansen et al. (1982) expandieron el concepto de *Podachaenium* al reconocer *Aspilia pachyphyllum* Klatt (y en sinonimia *Calea standleyi*) como *P. pachyphyllum* (Klatt) R.K. Jansen, N.A. Harriman et Urbatsch, la cual ellos listaron como presente desde el sur de México hasta Guatemala. Robinson (1978b) trató *C. skutchii* como *P. skutchii*,

pero Jansen et al. (1982) reconocieron esta especie en un nuevo género *Squamopappus*. Aun cuando el género relacionado *Verbesina* tiene especies con corolas radiadas tanto blancas, como amarillas o anaranjadas, el carácter de las corolas radiadas amarillas en *S. skutchii* fue certeramente usado por Jansen et al. (1982) para distinguir parcialmente *Squamopappus* de *Podachaenium*, un género consistentemente con flores del radio blancas. Turner y Panero (1992) reconocieron cuatro especies de *Podachaenium* y proporcionaron una clave de especies. Pruski (2016b) incrementó a 6 el número de especies en *Podachaenium*.

Bibliografía: Pruski, J.F. *Phytoneuron* 2016-83: 1-21(2016). Turner, B.L. y Panero, J.L. *Phytologia* 73: 143-148 (1992). Wussow, J.R. y Urbatsch, L.E. *Brittonia* 30: 477-482 (1978).

1. Láminas de las hojas generalmente (3-)5(-7)-anguladas, 3-palmatinervias desde cerca de la acuminación basal, la superficie abaxial tomentosa, glandulosa; tubos de las corolas del disco glandulosos; cipselas con bases atenuado-estipitadas. **2. P. eminens**
1. Láminas de las hojas no lobadas, 3-nervias desde muy por encima de la base, la superficie abaxial mayormente glabra a subglabra o los nervios algunas veces subestrigosos no glandulosos; tubos de las corolas del disco glabros; cipselas con bases cuneadas.
  2. Capitulescencias corimbiforme-paniculadas; filarios generalmente subiguales a muy ligeramente obgraduados; filarios externos rígido-cartáceos, típicamente glabros. **4. P. standleyi**
  2. Capitulescencias abiertamente cimosas; filarios obgraduados; filarios externos herbáceos, densa y persistentemente hírtulos.
    3. Cabezuelas de hasta 11 mm, el involucro 6-10 mm; flores del radio c. 21; escamas del vilano del disco 2, iguales, 1-4 escuámulas diminutas entre las escamas más largas; Chiapas. **1. P. chiapanum**
    3. Cabezuelas de hasta 15 mm, el involucro 11-15 mm; flores del radio 13-16; escamas del vilano del disco 4, ligeramente desiguales, sin escuámulas diminutas intermedias; El Salvador. **3. P. salvadorense**

1. Podachaenium chiapanum B.L. Turner et Panero, *Phytologia* 73: 144 (1992). Holotipo: México, Chiapas, *Heath y Long 956* (imagen en Internet ex TEX!). Ilustr.: Turner y Panero, *Phytologia* 73: 147, t. 1 (1992).

Arbustos o árboles pequeños 1.7-3 m; tallos densa y persistentemente hirsuto-pilosos distalmente; follaje con tricomas parduscos. Hojas: láminas 6-15(-20) × 2-5(-8) cm, lanceoladas a elíptico-ovadas, no lobadas, secando oscuras (tal vez simplemente debido a haber sido prensadas en alcohol), la nervadura arqueada plinervia desde muy por arriba de la base con 2 pares de nervios secundarios gruesos alcanzando pasado la mitad de la lámina, la nervadura terciaria no bien desarrollada, la superficie adaxial glabra, la superficie abaxial no glandulosa, mayormente glabra pero la nervadura en general persistentemente subestrigosa, la base angostamente cuneada a atenuada, los márgenes serrulados a serrados, el ápice acuminado; pecíolo 1.5-4 cm, no alado. Capitulescencia abiertamente cimosa, con 8-10 cabezuelas; pedúnculo 2-5 cm, densamente hirsuto-piloso. Cabezuelas de hasta 11 mm, hemisféricas luego de la antesis; involucro 6-10 ×10-15 mm, anchamente campanulado o hemisférico; filarios obgraduados, c. 3(-4) seriados, laxamente imbricados, aplanados; filarios externos 6-10 mm, oblongo-lanceolados, herbáceos, densa y persistentemente hírtulos, el ápice obtuso, típicamente patente o reflexo; filarios internos abrazando las flores del radio y generalmente más pequeños y más pálidos que los filarios externos, parecidos a páleas en color y textura; páleas 3.5-4 mm, pálidas con la vena media más oscura y puberulenta. Flores del radio c. 21; limbo de la corola 14-20 × 2-5 mm. Flores del disco c. 120; corola c. 3 mm, amarilla, el tubo c. 0.8 mm, glabro, los lobos a veces esparcidamente setulosos. Cipselas 2-2.5 mm, glabras o esparcidamente setosas distalmente, la base cuneada; escamas del vilano del radio 1-3; escamas del vilano del disco 2, 1-1.5 mm, iguales, 1-4 escuámulas diminutas deciduas entre las escamas más largas. Floración abr.-jun.

Bosques nublados. Ch (*Calzada et al. 8776*, TEX). 2000-2200. (Endémica.)

El material estudiado de Motozontla, Chiapas, distribuido como *Podachaenium chiapanum*, prueba tener los filarios glabros y es mejor referirlo a *P. standleyi.*

2. Podachaenium eminens (Lag.) Sch. Bip., *Flora* 44: 557 (1861). *Ferdinanda eminens* Lag., *Gen. Sp. Pl.* 31 (1816). Tipo: México, estado desconocido, *Sessé y Mociño s.n.* (G? o MA?). Ilustr.: Nash, *Fieldiana, Bot.* 24(12): 545, t. 90 (1976). N.v.: Sacapoc, tatascamite, G; tora, tora blanca, CR.

Podachaenium andinum André, *P. paniculatum* Benth.

Arbustos frecuentemente de madera suave y crecimiento vigoroso o árboles pequeños, hasta 8(-14) m; tallos pluriestriados, densa y suavemente tomentosos; follaje con tricomas pajizos a grisáceos. Hojas: láminas (6-)10-30 × (6-)10-31 cm, generalmente (3-)5(-7)-anguladas o algunas veces ovadas, frecuentemente más anchas que largas, aquellas distales algunas veces elíptico-lanceoladas, cartáceas, 3-palmatinervias desde cerca de la acuminación basal, la nervadura terciaria reticulada pero no prominente, la superficie adaxial hírtulo-pilosa a tomentosa, con frecuencia esparcidamente glandulosa, la superficie abaxial generalmente tomentosa, algunas veces apenas tomentosa, glandulosa debajo del tomento crespo, la base cuneada a truncada y volviéndose atenuada hasta una acuminación basal corta, los márgenes levemente angulado-lobados, subenteros entre los lobos, hojas distales frecuentemente enteras, el ápice obtuso a agudo; pecíolo (3-)4-27 cm, tomentoso, ligeramente alado distalmente por la lámina decurrente de la hoja. Capitulescencia generalmente 10-30 cm de diámetro, anchamente corimbiforme-paniculada, casi plana distalmente, con 30-60(-90) cabezuelas; pedúnculo generalmente 1.5-4.5 cm, tomentoso. Cabezuelas generalmente 5-7 mm, hemisféricas a globosas después de la antesis, las cabezuelas del disco cupuliformes, verdes antes del alargamiento de las flores del disco; involucro 3-4 mm, hemisférico; filarios lanceolados a oblongos, moderada a ligeramente graduados, c. 3-seriados, tomentosos y algunas veces glandulosos, adpresos, el ápice agudo a obtuso; páleas 3-4.5 mm, conduplicadas. Flores radiadas 12-20; limbo de la corola 8-15(-18) × 2-5 mm, frecuentemente reflexo, 7-9-nervio, los 2 nervios de soporte más grandes. Flores del disco 100-200; corola 1.5-2.8 mm, amarilla, el tubo glanduloso; tecas de la antera pajizas a pardas, el apéndice no glanduloso. Cipselas 1.5-2 mm, las caras glabras, el margen abaxial setuloso, la base atenuado-estipitada; vilano de escamas 0.7-1.5 mm, las escamas y las páleas pajizas contrastando con el color más oscuro de las corolas del disco al secarse. Floración (ago.-)dic.-jun. 2n = 38. *Barrancos, bosques nublados, bosques de Pinus-Quercus, orillas de caminos, vegetación secundaria, matorrales.* Ch (*Matuda 2956*, MO); B (*Gentle 2347*, NY); G (*von Türckheim II 2124*, NY); H (*Molina R. 24207*, MO); ES (*Molina R. et al. 16953*, NY); N (*Neill 71*, MO); CR (*Oersted 86*, K). (200-)600-2600 m. (México, Mesoamérica, Colombia; ocasionalmente cultivada en áreas subtropicales.)

3. Podachaenium salvadorense Pruski, *Phytoneuron* 2016-83: 12 (2016). Holotipo: El Salvador, *Villacorta y Puig 2420* (MO!). Ilustr.: Pruski, *Phytoneuron* 2016-83: 11, t. 9C-D, 12, t. 10, 14, t. 12 (2016).

Árboles pequeños, las ramas a veces trepadoras c. 4 m; tallos densa y persistentemente hirsuto-pilosos distalmente; follaje con tricomas parduscos. Hojas: láminas 6-14 × 2-5 cm, elíptico-ovadas, no lobadas, la nervadura arqueada plinervia desde muy por arriba de la base con dos pares de nervios secundarios gruesos llegando hasta pasada la mitad de la lámina, la nervadura terciaria no bien desarrollada, la superficie adaxial glabra, la superficie abaxial no glandulosa, mayormente glabra con las venas más grandes a veces subestrigosas, la base angostamente cuneada, los márgenes serrados, el ápice acuminado; pecíolo 0.5-1.5 cm, no alado. Capitulescencia abiertamente cimosa, con 3-6

cabezuelas; pedúnculo (2-)3-8 cm, densamente pilósulo a densamente velloso-piloso. Cabezuelas de hasta c. 15 mm, hemisféricas después de la antesis; involucro 11-15 × 10-17 mm, anchamente campanulado o hemisférico; filarios obgradados, c. 3(4)-seriados, laxamente imbricados, aplanados; filarios externos 10-15 × 1-2 mm, herbáceos, densa y persistentemente hírtulos, oblongo-lanceolados, el ápice obtuso, típicamente patente o reflexo; filarios internos abrazando las flores del radio, generalmente más pequeños y más pálidos que los externos, similares a páleas en color y textura; clinanto hasta 5 mm, cónico, fistuloso después de la antesis; páleas c. 4 mm, pálidas con la vena media más oscura y finamente glandulosa desde el ápice hasta la base. Flores radiadas 13-16; limbo de la corola 15-20 × 2-4 mm. Flores del disco c. 200; corola c. 3 mm, amarilla, el tubo c. 0.7 mm, glabro, los lobos c. 0.5 mm, a veces esparcidamente setulosos. Cipselas 2-2.5 mm, glabras, la base cuneada; aristas del vilano de radio 3; aristas del vilano del disco (3-)4, ligeramente desiguales, las más largas generalmente c. 1.5 mm, las 2 más cortas intermediaras entre las aristas más largas, generalmente c. 1 mm, sin escuámulas diminutas frágiles intermedias. Floración abr.-ago. *Bosques nublados.* ES (*Martínez 964*, MO). 2200-2400 m. (Endémica.)

4. Podachaenium standleyi (Steyerm.) B.L. Turner et Panero, *Phytologia* 73: 145 (1992). *Calea standleyi* Steyerm., *Publ. Field Mus. Nat. Hist., Bot. Ser.* 22: 299 (1940). Holotipo: Guatemala, *Steyermark 37004* (F!). Ilustr.: no se encontró. N.v.: Altamisa, G.

Verbesina standleyi (Steyerm.) D.L. Nash.

Arbustos o árboles pequeños, 2-5 m; tallos subhexagonales, subglabros a esparcidamente hirsuto-pilosos distalmente, glabrescentes proximalmente; follaje con tricomas mayormente pajizos. Hojas: láminas 7-20 × 3-8 cm, elíptico-oblongas o elíptico-ovadas, no lobadas, cartáceas, 3-nervias desde muy por encima la base con 1 par de nervios secundarios proximales arqueados llegando hasta pasada la mitad de la lámina, la nervadura terciaria obviamente reticulada, la superficie adaxial glabra, la superficie abaxial subglabra o la nervadura algunas veces subestrigosa, no glandulosa, la base angostamente cuneada a atenuada, los márgenes serrulados a serrados, el ápice acuminado; pecíolo 2-7 cm, no alado. Capitulescencia 8-40 cm de diámetro, corimbiforme-paniculada, ancha y casi aplanada distalmente, con 10-30 cabezuelas; pedúnculo 1.5-7 cm, moderada a densamente hirsuto-piloso. Cabezuelas hasta c. 10 mm, hemisféricas después de la antesis; involucro 6-10 × 7-15 mm, anchamente campanulado o hemisférico; filarios generalmente casi subiguales a muy ligeramente obgraduados, c. 3(4)-seriados; filarios externos rígidamente cartáceos, típicamente, aplanados, típicamente glabros o a veces esparcidamente puberulentos, oblongo-lanceolados, el ápice obtuso, algunas veces débilmente patentes; filarios internos similares a páleas, ligeramente naviculares, más pálidos que los externos, ligeramente carinados; páleas 3.5-4 mm, conduplicadas, pálidas con la vena media más oscura y puberulenta o glandulosa. Flores radiadas 8-13; limbo de la corola 10-15 × 2-5 mm, c. 9-nervio, puberulento y glanduloso abaxialmente. Flores del disco c. 100; corola c. 3 mm, amarilla; tecas de la antera negras con conectivo y apéndice pajizos, no glandulosas o casi no glandulosas. Cipselas 2-3 mm, glabras, la base cuneada; vilano de escamas 0.9-1.2 mm. Floración nov.-jun. *Bosques nublados, laderas de volcanes.* Ch (*Breedlove 71497*, MO); G (*Williams et al. 26269*, NY). 2000-2500 m. (Endémica.)

El protólogo de *Podachaenium standleyi* describió los tallos como glabros, pero por el contrario, los tallos del holotipo son escasamente hirsuto-pilosos distalmente. Wussow y Urbatsch (1978) trataron *P. standleyi* en sinonimia de *Verbesina pachyphylla* (Klatt) Wussow et Urbatsch, especie ampliamente definida, pero admitieron que la especie era anómala en *Verbesina*. Jansen et al. (1982) reconocieron estos taxones bajo *Podachaenium*, dentro de *P. pachyphyllum*, una especie ampliamente definida. Turner y Panero (1992) restablecieron *P. standleyi* de la sinonimia al reconocer *P. pachyphyllum* (no se ha visto el tipo) como fuera de Mesoamérica (Oaxaca y al sur de Puebla) y la diferenciaron por las hojas subcoriáceo-carnosas, cortamente pecioladas, sin una nervadura terciaria reticulada pronunciada.

171. Squamopappus R.K. Jansen, N.A. Harriman et Urbatsch

Por J.F. Pruski.

Arbustos o árboles; tallos subteretes a subhexagonales, estriados. Hojas opuestas o algunas veces alternas distalmente en la capitulescencia, pecioladas; láminas lanceoladas a ovadas, cartáceas, 3(-5)-nervias desde muy por encima de la base, las superficies pelosas. Capitulescencia terminal, cercanamente (rara vez abiertamente) corimbiforme-paniculada, convexa a casi plana distalmente, generalmente con 30-60 cabezuelas. Cabezuelas radiadas, homócromas; involucro corto con discos muy exertos, turbinado a angostamente campanulado; filarios 10-15, imbricados, moderadamente graduados, c. 3-seriados, los externos generalmente subherbáceos al menos distalmente, los internos pajizo-amarillos y concoloros con las páleas, todos adpresos después de la antesis; clinanto convexo, paleáceo; páleas más cortas que las flores del disco, conduplicadas, rígidas, pilósulas distalmente en especial a lo largo de la quilla, el ápice obtuso a apiculado. Flores radiadas 1-seriadas, pistiladas; corola amarilla, el tubo algunas veces papiloso-glanduloso, el limbo ovado, brevemente exerto, esparcidamente setuloso y generalmente no glanduloso o algunas veces esparcidamente glanduloso abaxialmente. Flores del disco bisexuales; corola infundibuliforme, brevemente 5-lobada, amarilla, típicamente setulosa y/o papiloso-glandulosa, el tubo más corto que el limbo, los lobos deltados, mucho más cortos que la garganta, las anteras con tecas negras, el apéndice pajizo, no glanduloso; ramas del estilo con ápice agudo. Cipselas pardas, estipitado-atenuadas en la base, hirsuto-pilosas en especial distalmente, las cipselas radiadas triqueteras, las cipselas del disco comprimidas y biconvexas; vilano de 4-10 escamas desiguales aristadas y laceradas, rígidamente persistentes y algunas veces connatas basalmente, más cortas que la cipsela, las escamas de los ángulos generalmente más largas. x = 19. 1 spp. Endémico.

Robinson (1978b) transfirió *Calea skutchii*, una especie de flores amarillentas, de *Calea* (Neurolaeninae) a *Podachaenium* (Verbesininae) afirmando que tal vez solo pudiera ser subgenéricamente distinta de *P. eminens*. Jansen et al. (1982) transfirieron *C. standleyi* a *Podachaenium*, una especie con flores blanca, pero ubicaron a *C. skutchii* en un género nuevo monotípico *Squamopappus*.

1. Squamopappus skutchii (S.F. Blake) R.K. Jansen, N.A. Harriman et Urbatsch, *Syst. Bot.* 7: 481 (1982). *Calea skutchii* S.F. Blake, *J. Wash. Acad. Sci.* 24: 438 (1934). Isotipo: Guatemala, *Skutch 729* (NY!). Ilustr.: Nash, *Fieldiana, Bot.* 24(12): 511, t. 56 (1976), como *C. skutchii*. N.v.: Bilil, G.

Podachaenium skutchii (S.F. Blake) H. Rob.

Arbustos o árboles pequeños, 2-10(-15) m; tallos densamente crespo-pilósulos a tomentosos distalmente; follaje con tricomas sórdidos. Hojas: láminas 6-18 × 2.5-7 cm, la nervadura terciaria ligeramente prominente, la superficie adaxial escabriúscula, la superficie abaxial moderada a densamente pilósula, diminutamente glandulosa (aumento de 30×), la base largamente cuneada y ligeramente decurrente sobre el pecíolo, los márgenes serrulados a rara vez serrados, el ápice acuminado; pecíolo 0.6-3(-4) cm, cortamente alado distalmente desde la lámina decurrente. Capitulescencia 6-28 cm de diámetro, las ramificaciones generalmente opuestas; pedúnculo generalmente 0.4-2 cm, densamente pilósulo a tomentoso. Cabezuelas 7-10.5 mm; involucro 3.5-6 × 4.5-6.5 mm, típica y conspicuamente más corto que las páleas; filarios oblongos a lanceolados, el ápice agudo a obtuso; filarios externos 2-3.5 × c. 1.5(-2) mm, pilósulos o rara vez tomentosos; filarios internos escasamente más largos y subglabros o la zona media hírtula distalmente; páleas 5-7 mm, por lo general más de 1 mm más largas

que el involucro, el ápice algunas veces membranoso-escarioso, inflexo en botón. Flores radiadas 8(-11); limbo de la corola 3.5-5 × 2-3 mm, (5-)7-9-nervio. Flores del disco 25-32; corola 3.5-5 mm, el tubo c. 1 mm, los lobos 0.4-0.5 mm; ramas del estilo 1-1.2 mm. Cipselas 3-4.2 mm (rayos frecuentemente más cortos); vilano de escamas de 0.5-1.5 mm. Floración (sep.-)nov.-mar.(-abr.). 2n = 38. *Bosques de neblina, bosques de* Pinus-Quercus, *laderas de volcanes.* Ch (*Breedlove 42771*, MO); G (*Pruski y Ortiz 4287*, MO). (1300-)2100-3200 m. (Endémica.)

172. Tetrachyron Schltdl.

Calea L. [sin rango] *Tephrocalea* A. Gray, *C.* subg. *Tephrocalea* (A. Gray) B.L. Rob. et Greenm., *C.* sect. *Tetrachyron* (Schltdl.) Benth. et Hook. f., *C.* subg. *Tetrachyron* (Schltdl.) B.L. Rob. et Greenm.

Por J.F. Pruski.

Arbustos; tallos moderadamente ramificados, glabros a tomentosos. Hojas opuestas, pecioladas a subsésiles, algunas veces seudoestipuladas; láminas linear-lanceoladas a ovadas, cartáceas a subcoriáceas, 3-nervias desde cerca de la base a pinnatinervias, las superficies glabras a tomentosas, algunas veces también estipitado-glandulosas, los márgenes enteros a serrados. Capitulescencia terminal, monocéfala o cimosa a corimbiforme-paniculada; pedúnculos 0.3-2 cm. Cabezuelas radiadas, con 30-150 flores, homócromas; involucro 4-14 mm, turbinado a hemisférico; filarios triangulares a elípticos u obovados, imbricados, ligeramente graduados, 2-seriados o 3-seriados, herbáceo-cartáceos, glabros a tomentosos, los márgenes frecuentemente escariosos, el ápice acuminado a obtuso; clinanto convexo a bajo-cónico, paleáceo; páleas 3-6 mm, más cortas que las flores del disco, elípticas a oblongas, conduplicadas, cartáceo-escariosas, generalmente obtusas apicalmente. Flores radiadas 4-25, 1-seriadas, pistiladas; corola amarilla, el tubo c. 1 mm, glabro a esparcidamente setoso, el limbo 2-14 mm, elíptico-oblongo, el ápice 2-denticulado. Flores del disco bisexuales; corola infundibuliforme, brevemente 5-lobada, amarilla, el tubo mucho más corto que el limbo, glabro a esparcidamente setoso, los lobos triangulares, más cortos que la garganta; las anteras amarillas, el apéndice no glanduloso o glanduloso; ramas del estilo 0.5-1 mm, frecuentemente resinoso-glandulosas, el ápice agudo a redondeado. Cipselas obpiramidales, no comprimidas, negruzcas, la base angostada y estipitada, glabras a setosas; vilano de 4 aristas robustas o escamas sobre los ángulos, más cortas que la cipsela, caras con 0-pocas escuámulas más cortas alternando. x = 16. 5-8 spp. México, Mesoamérica.

Bibliografía: Wussow, J.R. y Urbatsch, L.E. *Syst. Bot.* 4: 297-318 (1979 [1980]).

1. Tetrachyron orizabense (Klatt) Wussow et Urbatsch, *Syst. Bot.* 4: 312 (1979 [1980]). *Calea orizabensis* Klatt, *Leopoldina* 23: 145 (1887). Isotipo: México, Veracruz, *Liebmann 390* (US!). Ilustr.: no se encontró. N.v.: Antzil ch'a te', k'anal ch'a te', mut'tik ch'a te', Ch; lluvia de oro, G.

Calea guatemalensis Donn. Sm., *C. rupestris* Brandegee.

Arbustos o árboles pequeños, 1-6 m; tallos subhexagonales, estriados, glabros a esparcidamente hírtulos. Hojas no seudoestipuladas, frecuentemente oscuras al secarse; láminas 6-15 × 1.5-7 cm, elípticas a ovadas, ligeramente grueso-cartáceas, pinnatinervias, la superficie adaxial glabra o subglabra, la superficie abaxial subglabra a piloso-hirsuta especialmente a lo largo de la vena media, la base atenuada, los márgenes generalmente serrulados, el ápice agudo a acuminado; pecíolo 0.5-2.7 cm. Capitulescencia generalmente 5-25 cm de diámetro, corimbiforme-paniculada, convexa, con 10-40 cabezuelas, las bractéolas angostas y sésiles de 5-10 mm y casi 1/2 de la longitud de la ramita subyacente; pedúnculo 1-2 cm, hírtulo a piloso-hirsuto. Cabezuelas generalmente 5-7 mm, con 26-50 flores; involucro 4-5 × 4-5 mm, campanulado; filarios c. (2)3-seriados, los márgenes distales anchamente escariosos, verdes o pajizos, glabros o los márgenes ciliados; filarios externos 2-4 × c. 0.7 mm, angostamente oblongos; filarios internos 4-5 × 1.2-2.5 mm, obovados, el ápice anchamente obtuso a redondeado; páleas 3.5-4.5 mm, glabras o casi glabras. Flores radiadas 6-13; limbo de la corola 4-8 × 2-3 mm, elíptico-obovado, 5-nervio o 6-nervio, los 2 nervios de soporte frecuentemente pronunciados, glabro o subglabro abaxialmente. Flores del disco 20-37; corola 2.5-3.2 mm, los lobos 0.6-0.9 mm. Cipselas 2.5-3 mm, los márgenes ciliolados; vilano de escamas y escuámulas de 0.5-1.7 mm. Floración (ago.) dic.-mar. 2*n* = 32. *Bosques de neblina, bosques de* Pinus-Quercus. Ch (*Breedlove y Smith 31815*, MO); G (*Pruski y Ortiz 4265*, MO). 2000-3500 m. (S. México [Veracruz], Mesoamérica.)

173. Verbesina L.

Achaenipodium Brandegee, *Chaenocephalus* Griseb., *Hamulium* Cass.?, *Platypteris* Kunth, *Tepion* Adans.?, *Verbesina* L. sect. *Hamulium* (Cass.) DC.?, *V.* sect. *Platypteris* (Kunth) DC., *V.* sect. *Ximenesia* (Cav.) A. Gray, *Ximenesia* Cav.

Por J.F. Pruski y J. Olsen.

Hierbas anuales hasta arbustos o árboles; tallos generalmente erectos, simples o ramificados en la mitad distal, algunas veces alados desde los márgenes decurrentes de la hoja, la médula sólida. Hojas simples y no lobadas a pinnatífidas, alternas u opuestas, sésiles o pecioladas; láminas generalmente cartáceas a gruesamente cartáceas, pinnatinervias o algunas veces 3-nervias o palmatinervias, las superficies generalmente verdes y concoloras a escasamente discoloras, rara vez obviamente discoloras con la superficie abaxial densamente blanco-pubescente o densamente gris-pubescente, típicamente no glandulosa, la superficie adaxial frecuentemente escabrosa, la base algunas veces decurrente o amplexicaule, los márgenes dentados o subenteros. Capitulescencia generalmente de numerosas cabezuelas pedunculadas, terminal, generalmente de panículas corimbiformes, pero en ocasiones monocéfala sobre pedúnculos largos. Cabezuelas radiadas o algunas veces discoides hasta rara vez disciformes; involucro (cilíndrico-) turbinado-campanulado a hemisférico, algunas veces con bractéolas subyacentes, algunas veces mucho más corto que las flores del disco; filarios generalmente 9-21, subimbricados o imbricados, subiguales a obviamente graduados, en 1-varias series o algunas veces obgraduados, los internos típicamente más largos, mucho más cortos hasta casi tan largos como las páleas y/o flores del disco; filarios externos algunas veces herbáceos, generalmente no escuarrosos o cuando escuarrosos el apéndice y los filarios más o menos subiguales, el apéndice escuarroso no obviamente varias veces más largo que el cuerpo del filario; filarios internos generalmente cartáceos; clinanto generalmente convexo a cortamente cónico, paleáceo; páleas naviculares o conduplicadas, dobladas alrededor del borde externo de las cipselas del disco lateralmente comprimidas. Flores radiadas generalmente 0-15, pistiladas o algunas veces estériles y no estilíferas, 1(-3)-seriadas, en capitulescencias más compactas (especialmente aquellas dentro de la sect. *Ochractinia* B.L. Rob. et Greenm.), el limbo de las flores radiadas algunas veces siempre dirigido hacia afuera desde el eje central; corola amarilla a blanca, en ocasiones anaranjada, glabra a generalmente pilosa especialmente sobre el tubo, el tubo generalmente más corto que el limbo, el limbo inconspicuo hasta muy obvio, aplanado o muy rara vez cupuliforme, 3-dentado o entero. Flores del disco generalmente 8-150, bisexuales; corola actinomorfa, infundibuliforme, brevemente 5-lobada, amarillo-anaranjada a blanca, el tubo corto, dilatado basalmente, glabra a generalmente papilosa especialmente sobre el tubo, la garganta generalmente mucho más larga que el tubo, los lobos típicamente mucho más cortos que la garganta (rara vez los lobos más largos que la garganta, en Mesoamérica solo en *Verbesina trichantha*), papilosos por dentro; anteras redondeadas en la base, las tecas típicamente negras, los apén-

dices apicales y conectivos frecuentemente de color crema; base del estilo escasamente dilatada e inmersa en el nectario, las ramas frecuentemente con evidentes líneas estigmáticas en pares, el ápice generalmente piloso, agudo a atenuado. Cipselas marcadamente comprimidas radialmente, de contorno oblanceolado a obovado-cuneado, ambos márgenes alados al madurar o algunas veces uno o ambos márgenes no alados, glabras o ascendente-pelosas, algunas veces pardo-amarillento-tuberculadas, el ápice con frecuencia ligeramente cóncavo-emarginado, las alas cartilaginosas y no fusionadas a lo largo de la longitud de las aristas del vilano; vilano generalmente de (0-)2(3) aristas, las aristas deciduas o generalmente persistentes, generalmente escabriúsculas o escábridas, los ápices rectos o muy rara vez uncinados. 200-300 spp. Continente americano, generalmente América tropical, pocas especies templadas o arvenses en el Viejo Mundo.

Verbesina ha sido circunscrito por Robinson y Greenman (1899b), Blake (1925), Blake et al. (1926), Nash (1976d), Turner (1985), Olsen (1985, 1986, 1988), Pruski (1997a), Strother (1999), y Robinson et al. (2006b) y caracterizado por ellos como teniendo cipselas comprimidas aladas, el vilano de 2 aristas rectas subiguales, y las flores radiadas 1-seriadas con los limbos de la corola aplanados. Entre los 10 nombres originales validados por Linnaeus (1753) en *Species Plantarum*, solo *V. virginica* L. concuerda con este concepto genérico y ha sido tratada ambiguamente dentro de *Verbesina*. Los otros nueve nombres originales de Linnaeus han sido en diferentes ocasiones removidos de *Verbesina*.

Linnaeus (1753: 901; 1763: 1270) diferenció *V. alata* L. del resto de Verbesinas. *Verbesina alata* fue removida de *Verbesina* y tratada como el lectotipo de *Tepion* y como el tipo de *Hamulium* (Adanson, 1763; Britton in Wilson, 1917, 1918; Britton y Wilson, 1925, 1926; Cassini, 1821, 1829a; y Schultz, 1861). *Verbesina alata* difiere de *Verbesina* sensu auct. por las flores radiadas 2-seriadas o 3-seriadas con los limbos de la corola cimbiformes, las anteras pálidas y las aristas del vilano marcadamente desiguales, lisas, robustas y uncinadas. Posteriormente Cassini (1829a) propuso a *V. serrata* como el tipo de *Verbesina*.

Por ignorancia acerca de la eliminación de *V. alata* de *Verbesina*, esta fue propuesta subsecuentemente por Hitchcock y Green (1929) como el tipo del género, por Jarvis et al. (1993) como el tipo conservado, y reglamentado por un Código Internacional de Nomenclatura (2015) desinformado, como el tipo del género conservado de *Verbesina*. Sin embargo, parece ser que *V. alata* (y las dos otras especies reconocidas en *V.* sect. *Verbesina* por Olsen, 1986) y *Verbesina* sensu auct. no forman un clado monofilético y no es prudente reconocer *V. alata* (o *V. serrata*) como el tipo del género. Aquí, se aplica el nombre *Verbesina* a las 200-300 especies centradas alrededor de *V. virginica* (al presente localizadas en *V.* sect. *Ochractinia*) y se propondrá formalmente que esta sea adoptada como el verdadero tipo conservado de *Verbesina*. Un tipo conservado de *V. virginica* mantendría actualizado el uso de *Verbesina* y negaría la transferencia potencial de aprox. 200 especies desde *Verbesina* a *Platypteris*, el siguiente nombre disponible.

Los tratamientos más útiles que incluyen taxones mesoamericanos de *Verbesina* incluyen la sinopsis por Robinson y Greenman (1899b), quienes trataron las 109 especies entonces conocidas, Blake et al. (1926) tratando una docena de especies que van desde México hasta Mesoamérica, y las floras por Nash (1976d) y Strother (1999). Revisiones de las secciones conteniendo especies mesoamericanas son la de Blake (1925) quien trató la sect. *Lipactinia* B.L. Rob. et Greenm. (*V. trichantha*), la de Olsen (1985) quien proporcionó una sinopsis de los taxones con flores blancas llamada en ese entonces sect. *Ochractinia* (incluyendo *V. gigantea, V. guatemalensis, V. holwayi, V. hypsela, V. lanata, V. minarum, V. myriocephala, V. pallens, V. petzalensis, V. scabriuscula,* y *V. turbacensis*), la de Turner (1985) quien revisó la sect. *Pseudomontanoa* B.L. Rob. et Greenm. (incluyendo *V. breedlovei, V. cronquistii,* y *V. fastigiata*) de hojas opuestas, y la de Olsen (1988) quien revisó la sect. *Platypteris* (incluyendo *V. fraseri* y *V. ovatifolia*) con tallos cuadrangulares.

Dentro de la gran confusión en la atribución de nombres, el de *V. abscondita* Klatt sobresale una y otra vez refiriéndose a cuatro entidades putativas mesoamericanas, pero es además circunscrita como una quinta entidad aquí excluida de Mesoamérica. Blake et al. (1926) usó el nombre *V. abscondita* para el material de Guatemala de la especie común y subsecuentemente descrita *V. agricolarum*, mientras que Nash (1976d), dentro de las especies con cabezuelas de flores amarillas con 8-14 cabezuelas pequeñas del radio, reconoció tres taxones putativos (incluyendo *V. abscondita*, pero excluyendo *V. agricolarum*) para lo que Strother (1999) básicamente llamó *V. perymenioides*. Un segundo nombre usado, pero ahora excluido, es *V. crocata* (Cav.) Less., el cual en su apogeo fue aplicado a solo dos taxones mesoamericanos. *Verbesina gigantoides* ha sido aplicado diversamente, pero ahora resta en sinonimia de un taxón mesoamericano. Las aplicaciones de los nombres *V. lanata* y *V. oerstediana* son básicamente revertidos, aunque siempre haciendo referencia a material mesoamericano.

Bibliografía: Adanson, M. *Fam. Pl.* 2: (1)-(24), 1-640 (1763). Blake, S.F. *Amer. J. Bot.* 12: 625-640 (1925). Blake, S.F. et al. *Contr. U.S. Natl. Herb.* 23: 1401-1641 (1926). Britton, N.L. *Brooklyn Bot. Gard. Mem.* 1: 19-118 (1918). Britton, N.L. y Wilson, P. *Bot. Porto Rico* 6: 159-316 (1925); 317-521 (1926). Cassini, H. *Dict. Sci. Nat.* ed. 2, 20: 260-261 (1821); 59: 134-147 (1829). Dodson, C.H. y Gentry, A.H. *Selbyana* 4: i-xxx, 1-628 (1978). Hitchcock, A.S. y Green, M.L. *Nom. Prop. Brit. Bot.* 111-199 (1929). Jarvis, C.E. et al. *Regnum Veg.* 127: 1-100 (1993). Kunth, C.S. *Nov. Gen. Sp.* folio ed. 4: 1-305 (1820 [1818]). Linnaeus, C. *Sp. Pl.* 2: 561-1200 (1753); *Sp. Pl., ed. 2* 2: 785-1684 (1763). Nash, D.L. *Fieldiana, Bot.* 24(12): 181-361, 503-570 (1976). Olsen, J. *Pl. Syst. Evol.* 149: 47-63 (1985); *Brittonia* 38: 362-368 (1986); *Sida* 13: 45-56 (1988). Pruski, J.F. *Fl. Venez. Guayana* 3: 177-393 (1997). Quedensley, T.S. y Bragg, T.B. *Lundellia* 10: 49-70 (2007). Robinson, B.L. y Greenman, J.M. *Proc. Amer. Acad. Arts* 34: 534-566 (1899). Robinson, H. et al. *Fl. Ecuador* 77(1): 1-230; 77(2): 1-233 (2006). Schultz, C.H. *Bonplandia* 9: 365 (1861). Strother, J.L. *Fl. Chiapas* 5: 1-232 (1999). Turner, B.L. *Pl. Syst. Evol.* 150: 237-262 (1985). Wilson, P. *Bull. New York Bot. Gard.* 8: 379-410 (1917).

1. Lobos de la corola del disco más largos que la garganta. **37. V. trichantha**
1. Lobos de la corola del disco más cortos que la garganta.
  2. Corolas generalmente blancas o blanco-amarillentas.
    3. Generalmente algunas o todas las hojas del tallo principal sinuadas a pinnado-lobadas hasta en ocasiones sinuado-lobuladas.
      4. Hojas largamente pecioladas, los pecíolos no alados hasta la base; tallos no alados ni las hojas auriculadas; tallos glabros o subglabros por debajo de las capitulescencias; cabezuelas algunas veces con solo una flor radiada. **22. V. myriocephala**
      4. Hojas generalmente con las bases aladas pecioliformes (al menos angostamente así) hasta el tallo o las hojas auriculadas; tallos glabros a tomentosos por debajo de las capitulescencias; cabezuelas con 3 o más flores radiadas.
        5. Tallos por debajo de las capitulescencias puberulentos a tomentosos. **38. V. turbacensis**
        5. Tallos por debajo de las capitulescencias glabros a puberulentos.
          6. Hojas con márgenes decurrentes sobre el tallo como alas; flores radiadas estilíferas pero estériles. **18. V. hypsela**
          6. Hojas típicamente auriculadas pero no (o rara vez) decurrentes sobre el tallo como alas; flores radiadas pistiladas y fértiles.
            7. Flores radiadas 3-5 por cabezuela; elevación 0-1400 m. **13. V. gigantea**
            7. Flores radiadas 7-13 por cabezuela; elevación 1800-3200 m. **15. V. holwayi**
    3. Hojas no lobadas a rara vez lobulado-unduladas.
      8. Tallos alados.
        9. Tallos glabros o subestrigulosos; envés de la hoja subestriguloso sobre nervios y glabro o subglabro en las aréolas. **27. V. pallens**

        9. Tallos híspido-velutinos; envés de la hoja densamente pilósulo. **30. V. petzalensis**
      8. Tallos no alados.
        10. Hojas sésiles, con la base alada pecioliforme hasta el tallo o casi hasta este. **14. V. guatemalensis**
        10. Hojas pecioladas, los pecíolos no alados.
          11. Láminas de las hojas 4.5-11 cm; limbo de las corolas radiadas 1.5-2 mm. **20. V. minarum**
          11. Láminas de las hojas 12-50 cm; limbo de las corolas radiadas 3-10 mm.
            12. Láminas de las hojas con la superficie adaxial lisa; involucros 4.5-7 × 4-6 mm; filarios con ápice obtuso; limbo de las corolas radiadas 6-10 × 2-3 mm, oblongo. **19. V. lanata**
            12. Láminas de las hojas con la superficie adaxial escabrosa a escabriúscula; involucros 2.8-3.5 × 3-3.5 mm; filarios con ápice agudo a acuminado; limbo de las corolas radiadas 3-4.5 × 1-2(-2.5) mm, ovado. **32. V. scabriuscula**
  2. Corolas generalmente amarillas o anaranjadas.
    13. Hojas opuestas.
      14. Tallos no alados.
        15. Hojas con las superficies obviamente discoloras, la superficie abaxial típica, densa y cercanamente canescente-subestrigulosa. **17. V. hypoglauca**
        15. Hojas con las superficies concoloras o casi concoloras, la superficie abaxial no blanco-serícea.
          16. Vilano 2-corniculado, las aristas de 0.3-0.7 mm. **35. V. strotheri**
          16. Vilano de 2 aristas, las aristas de 2 mm.
            17. Cabezuelas con (4-)5-15 flores; involucros cilíndrico-turbinados; filarios marcadamente graduados, el ápice agudo a acuminado; filarios externos escariosos con el ápice delgadamente herbáceo. **25. V. oligantha**
            17. Cabezuelas con 25 flores; involucros campanulados a hemisféricos; filarios ligeramente graduados a obgraduados, el ápice obtuso a redondeado; filarios externos herbáceos en toda su longitud.
              18. Láminas de las hojas denticuladas; pecíolos 0.1-0.4 cm; limbo de las corolas radiadas 12-15(-20) mm. **5. V. calciphila** p. p.
              18. Láminas de las hojas serradas; pecíolos 1-3 cm; limbo de las corolas radiadas 4-6 mm. **33. V. serrata**
      14. Tallos alados.
        19. Cabezuelas discoides; corolas anaranjadas; tallos cuadrangulares.
          20. Filarios obgraduados a subiguales; filarios externos escuarrosos a completamente reflexos, obovados a espatulados, 8-12 × 3-6 mm, típicamente más largos que los internos. **11. V. fraseri**
          20. Filarios desiguales o escasamente desiguales; filarios externos adpresos, triangular-lanceolados 2.5-5 × 1.3-3.5 mm, frecuentemente solo casi 1/2 de la longitud de los internos. **26. V. ovatifolia**
        19. Cabezuelas generalmente radiadas; corolas amarillas; tallos subterete-angulados a angulados.
          21. Hojas no lobadas, los márgenes gruesamente serrados; capitulescencias laxamente corimbosas, con 5-10 cabezuelas; filarios subiguales o escasamente desiguales, las series externas herbáceas. **7. V. cronquistii**
          21. Hojas generalmente 3-9 lobadas, los márgenes de los lobos subenteros a denticulados; capitulescencias corimbiforme-paniculadas, con numerosas cabezuelas; filarios desiguales y graduados, generalmente cartáceos.
            22. Hojas no lobadas a profundamente 3-lobadas, pecioladas; flores radiadas (0-)1-2 por cabezuela. **4. V. breedlovei**
            22. Hojas gruesamente 3-lobadas a 5-9-pinnatilobadas, aladas hasta con bases a modo de pecíolo; flores radiadas 5-13(-21) por cabezuela. **10. V. fastigiata**
    13. Hojas alternas.
      23. Hierbas anuales. **8. V. encelioides**

23. Hierbas perennes a árboles hasta 25 m.
24. Tallos alados al menos distalmente. **23. V. neriifolia**
24. Tallos no alados.
25. Hoja con las superficies generalmente marcada y obviamente discoloras, la superficie abaxial por lo general densamente gris-estrigulosa. **16. V. hypargyrea**
25. Hoja con las superficies concoloras o escasamente (moderadamente) discoloras con la superficie abaxial densamente gris-estrigulosa.
26. Filarios externos largamente escuarrosos a moderada y largamente escuarrosos, el apéndice escuarroso acuminado-agudo (-obtuso) 1.5-4 veces más largo que el cuerpo de los filarios.
27. Cabezuelas 10-12 mm; involucros 10-12 × 15-21 mm; apéndices de los filarios externos 3-4 veces más largos que el cuerpo de los filarios; páleas c. 12 mm; corolas del disco c. 7.5 mm; cipselas 5-7 mm; pecíolos 0.1-2 cm. **9. V. eperetma**
27. Cabezuelas 7–8.5 mm; involucros 4-5.5 × 4–5(-6) mm; apéndices de los filarios externos 1.5-2 veces más largos que el cuerpo de los filarios; páleas 5-6 mm; corolas del disco 4.5-5.5 mm; cipselas 2.7-3.7 mm; pecíolos 0.5-1.5 cm. **21. V. monteverdensis**
26. Filarios externos no escuarrosos o cuando escuarrosos el cuerpo del filario y el apéndice escuarroso más o menos subiguales o el apéndice mucho más corto que el cuerpo, el apéndice ovado a espatulado con el ápice agudo a redondeado.
28. Cabezuelas generalmente con 25-50 flores radiadas.
29. Hojas con base generalmente truncada o subcordata; corolas del disco amarillo-purpúreo. **3. V. baruensis**
29. Hojas con la base cuneada y luego atenuada hasta una acuminación basal; corolas del disco amarillas; páleas pajizas. **34. V. sousae**
28. Cabezuelas con 3-21 flores radiadas.
30. Hojas subsésiles o con la base alargada a modo de pecíolo, aladas hasta los tallos o casi hasta los tallos.
31. Láminas de las hojas glabras en la superficie adaxial; filarios externos oblongos a espatulados, el ápice anchamente obtuso a redondeado; limbo de las corolas radiadas 6-8 mm, oblanceolado. **12. V. fuscasiccans**
31. Láminas de las hojas hirsútulo-escabrosas, hirsútulas, escabriúsculas, o algunas veces glabrescentes en la superficie adaxial; filarios externos lanceolados a rara vez oblongos a espatulados, el ápice agudo a obtuso; limbo de las corolas radiadas 2.5-6 mm, obovado.
32. Limbo de las corolas radiadas 3.5-6 mm; cabezuelas con 26-36 flores; láminas de las hojas hirsútulas a glabrescentes en la superficie adaxial, rara vez escabriúsculas. **24. V. oerstediana** p. p.
32. Limbo de las corolas radiadas 2.5-3.2 mm; cabezuelas con (38-)43-54(-62) flores; láminas de las hojas hirsútulo-escabrosas en la superficie adaxial. **36. V. tapantiana**
30. Hojas pecioladas, pecíolos no alados al menos proximalmente.
33. Flores radiadas estériles, generalmente no estilíferas o rara vez unas pocas flores estilíferas; filarios típicamente endurecidos, parduscos.
34. Flores radiadas 7-12. **2. V. apleura**
34. Flores radiadas 3-6. **31. V. pleistocephala**
33. Flores radiadas pistiladas y fértiles; filarios no pardusco-endurecidos, la base algunas veces endurecido-acostillada.
35. Limbo de las corolas radiadas 12-15(-20) mm. **5. V. calciphila** p. p.
35. Limbo de las corolas radiadas 2-8 mm.
36. Capitulescencias con 5-20 cabezuelas. **28. V. persicifolia**
36. Capitulescencias con (20-)30-200 cabezuelas.
37. Láminas de las hojas generalmente lanceoladas.
38. Láminas de las hojas con la nervadura secundaria verdosa y no prominente en la superficie abaxial; cabezuelas hemisféricas tornándose globosas en fruto; filarios subherbáceos; limbo de las corolas radiadas 5-8 mm. **6. V. chiapensis**
38. Láminas de las hojas con la nervadura secundaria pajiza y ligeramente prominente en la superficie abaxial; cabezuelas turbinado-campanuladas; filarios delgadamente cartáceos o membranáceos; limbo de las corolas radiadas 2-3 mm. **29. V. perymenioides**
37. Láminas de las hojas oblanceoladas u oblongas a anchamente rómbico-ovadas u obovadas.
39. Hojas anchamente rómbico-ovadas a obovadas, la superficie adaxial escabroso-hirsútula; páleas agudas a acuminadas o algunas veces apiculadas o cuspidadas apicalmente. **1. V. agricolarum**
39. Hojas oblanceoladas u oblongas a elípticas o angostamente ovadas, la superficie adaxial hirsútula a glabrescente, rara vez escabriúsculo; páleas agudas apicalmente. **24. V. oerstediana** p. p.

1. Verbesina agricolarum Standl. et Steyerm., *Publ. Field Mus. Nat. Hist.*, Bot. Ser. 22: 319 (1940). Holotipo: Guatemala, *Johnston 1026* (foto MO! ex F). Ilustr.: no se encontró. N.v.: Vara de sum, G; chimaliote amarillo, flor de octubre, varilla negra, H.

Arbustos, 1-3 m; tallos erectos o algunas veces ascendentes, subterete-estriados, no alados, piloso-vellosos. Hojas alternas, no lobadas, pecioladas o subsésiles en la capitulescencia; láminas 4-12.5 × 1.5-8 cm, anchamente rómbico-ovadas a obovadas, cartáceas, pinnatinervias, los nervios secundarios y principales 4-6 por lado, ligeramente prominentes, marcadamente arqueados hacia el ápice, la superficie adaxial escabroso-hirsútula, con tricomas de base ancha, la superficie abaxial piloso-hirsuta especialmente a lo largo de la nervadura hasta esparcidamente así, la base cuneada y abruptamente decurrente sobre el pecíolo, los márgenes subenteros a serrados o crenados, el ápice agudo a obtuso; pecíolo 0.5-2(-2.5) cm, no alado al menos proximalmente, no auriculado. Capitulescencia 7-15 cm de ancho, por lo general ligera y cercanamente corimbiforme-paniculada, a partir de las 2-4 ramitas distales, convexa a más o menos plana distalmente, las ramitas 7-15 cm y cada una con hojas maduras subyacentes, generalmente con (40-)55 cabezuelas, algunas veces abiertamente corimbiforme y paucicéfala sobre ramas alargadas bien espaciadas de 15-40 cm; pedúnculos 4-10 mm, pilosos a vellosos, algunas veces 1(-2)-bracteolados; bractéola 2-2.5 mm, lanceolada a oblanceolada. Cabezuelas 5-7 mm, pequeñas, radiadas; involucro 3-5 × 2.5-4.5 mm, turbinado-campanulado a algunas veces campanulado en fruto; filarios c. 1 mm de diámetro, lanceolados, desiguales, moderadamente graduados, c. 3-seriados, no pajizo-endurecidos; filarios externos 1.5-3 mm, pilosos, 1/3-2/3 proximales verde-cartáceos, el ápice subherbáceo y verde oscuro, patentes pero no conspicuamente escuarrosos en la antesis, algunas veces escuarrosos en fruto o en poblaciones en Nicaragua con el apéndice escuarroso oblongo más corto, algunas veces más o menos subigual al cuerpo, obtuso a redondeado(-agudo), apiculado; filarios internos 3.5-5 mm, ligeramente naviculares, adpresos, cartáceos, pálidos, pilósulos, el ápice más o menos agudo; páleas 4.5-5.5 mm, oblanceoladas, pajizas, pilósulas distalmente, el ápice agudo a acuminado o algunas veces apiculado o cuspidado. Flores radiadas 8-12, pistiladas; corola amarilla, el tubo 1-1.3 mm, esparcidamente piloso, el limbo 2-4.5(-5) × 1.4-2(-2.5) mm, obovado(-oblongo), 5-8-nervio. Flores del disco 15-30(-35), bisexuales; corola 2.8-4 mm, angostamente infundibuliforme, amarilla, el tubo 0.5-0.6 mm, esparcidamente piloso, los lobos 0.5-0.7 mm. Cipselas 1.5-2.5(-3.2) mm, cuneadas, muy tardíamente aladas, glabras a tardíamente papilosas, las alas hasta 0.2(-0.6) mm de diámetro; vilano de 2 aristas, las aristas (0.7-)1-2.5 mm, ligeramente delgadas e indistintas. Floración generalmente jul.-feb.(-may.). *Bosques de neblina, bosques de* Pinus-Quercus, *orillas de caminos, selvas altas perennifolias estacionales, matorrales, laderas de volcanes, laderas arboladas.* Ch (*Breedlove 29108*, MO); G (*Nee et al. 47243*, MO); H (*Rodríguez 80*, MO); N (*Neill 1174*, MO). (50-)400-1900(-2300) m. (S. México, Mesoamérica.)

Existe una tendencia general en el material más sureño a tener capitulescencias abiertas paucicéfalas de cabezuelas campanuladas, los filarios externos escuarrosos y las corolas radiadas con el limbo oblongo, el cual, si no fuera por la base abruptamente decurrente de la hoja, y si estuviera etiquetado como de Costa Rica probablemente caería bajo el concepto de *Verbesina oerstediana*. Blake et al. (1926) usaron el nombre *V. abscondita* para material de Guatemala, pero el material de Guatemala fue más adelante descrito como *V. agricolarum*. *Verbesina abscondita* es aquí considerada como fuera de Mesoamérica y endémica de México.

2. Verbesina apleura S.F. Blake, *Contr. Gray Herb.* 52: 53 (1917). Isotipo: Guatemala, *Holway 739* (US!). Ilustr.: no se encontró. N.v.: Sak'al'te, Ch.

Verbesina apleura S.F. Blake var. *foliolata* Standl. et Steyerm.

Arbustos o árboles 1-6(-12) m; tallos erectos o algunas veces subescandentes, no alados, angulados, parduscos, hirsútulos a pilosos o rara vez densamente pilosos. Hojas alternas, no lobadas, pecioladas; láminas 5-27 × 1.7-11 cm, ovadas o algunas veces lanceoladas a oblongas, rígidamente cartáceas, pinnatinervias, los nervios secundarios y principales generalmente 4-6, las superficies concoloras o casi concoloras, la superficie adaxial generalmente escabriúscula (tricomas de base ancha) a pilosa o algunas veces subglabra, la superficie abaxial subglabra o estrigulosa hasta tomentosa a densa y suavemente pilosa, la base gradualmente cuneada y luego con frecuencia abruptamente angostada hasta una acuminación basal, los márgenes subenteros a serrados, el ápice generalmente acuminado; pecíolo (0.7-)1-6 cm, no alado, no dilatado ni auriculado. Capitulescencia 6-22 cm de ancho, típicamente corimbiforme-paniculada, convexa, generalmente con 20-40 cabezuelas y no dispuesta muy por encima de las hojas, rara vez abierto-cimosa y con pocas cabezuelas; pedúnculos 0.3-2(-5) cm, estrigulosos a tomentosos, frecuentemente 1-bracteolados. Cabezuelas 6.5-11 mm, radiadas; involucro 4-6 × 5-10 mm, turbinado-campanulado a campanulado; filarios 12-15, 2-6 × 1.5-2(-4) mm de diámetro, triangular-lanceolados a oblongos o rara vez los 4-8 externos folioso-espatulados y tan largos o más largos que los internos, adpreso-ascendentes, moderadamente graduados o rara vez subiguales u obgraduados, c. 3-seriados, aplanados o los internos ligeramente carinados, subherbáceos a herbáceos, típicamente endurecidos, parduscos, pilósulo-estrigulosos; filarios externos generalmente oblongos o rara vez obovados y foliosos, el ápice obtuso a redondeado(-agudo); filarios internos tornándose lanceolados, con frecuencia inmediatamente subyacentes a las flores radiadas, el ápice agudo a obtuso, graduando hasta páleas; páleas 5.5-8 mm, esparcidamente pilosas a casi tan sórdido-pilósulas distalmente como los filarios, los tricomas antrorsos, el ápice obtuso a truncado(-agudo), cuspidado. Flores radiadas 7-12, estériles y generalmente no estilíferas o rara vez unas pocas flores estilíferas, patentes lateralmente en c. 3/4 distales de las páleas; corola amarilla, el tubo 1-1.9 mm, piloso, el limbo 4-10 × 2.5-5.5 mm, ovado a oblongo, 5-9-nervio, algunas veces setoso abaxialmente. Flores del disco generalmente 20-30, bisexuales; corola 4-5.5 mm, angostamente infundibuliforme, amarilla (tubo algunas veces verde), el tubo 1-1.5(-2) mm, piloso, los lobos 0.7-1.3 mm, triangular-lanceolados. Cipselas 3.5-6 mm, angostamente cuneadas, anchamente aladas cuando maduras, glabras o 1/2 distal esparcidamente pilosa, el cuerpo 1.2-1.6 mm de diámetro, las alas 0.5-1 mm de diámetro; vilano de 1 o 2 aristas, las aristas de (2-)3-4 mm, algunas veces frágiles. Floración sep.-mar.(- jun.). 2*n* = 34. *Bosques de neblina, bosques de* Pinus-Quercus*, matorrales.*

Ch (*Breedlove y Smith 31849*, MO); G (*Pruski y Ortiz 4293*, MO); H (*Holst 872*, MO). 1600-3100 m. (México [Oaxaca], Mesoamérica.) Esperada en El Salvador.

3. Verbesina baruensis Hammel et D'Arcy, *Ann. Missouri Bot. Gard.* 68: 213 (1981). Holotipo: Panamá, *Hammel et al. 6449* (MO!). Ilustr.: Hammel y D'Arcy, *Ann. Missouri Bot. Gard.* 68: 214, t. 1 (1981).

Árboles, 10-25 m; tallos angulados, no alados, blanco-hirsutos a sórdido-hirsutos. Hojas alternas, no lobadas, largamente pecioladas; láminas 14-36(-60) × 6-22(-30) cm, generalmente ovadas, gruesamente cartáceas, pinnatinervias, con 6-8 nervios secundarios, las superficies escasamente discoloras a frecuentemente casi concoloras, la superficie adaxial escabriúsculo-puberulenta, la superficie abaxial densamente pilósula a tomentosa, la base generalmente truncada o subcordata o algunas veces en las hojas de la capitulescencia cuneada, los márgenes subenteros a serrulados, el ápice agudo a acuminado; pecíolo 4-12 cm, no alado, tomentoso-lanado. Capitulescencia abiertamente cimosa, con 5-15 cabezuelas; pedúnculos 2-10 cm, densamente hirsutos. Cabezuelas muy grandes, 10-15 ×15-20 mm, globosas, con c. 75 flores, radiadas; involucro hasta c. 10 mm, hemisférico; filarios rígidamente subherbáceos, subiguales, c. 2-seriados, patentes, puberulentos; filarios externos 4-5 mm de diámetro, oblongos, verdes, escuarrosos, el cuerpo del filario y el apéndice escuarroso más o menos subiguales, el apéndice oblongo, el ápice obtuso; filarios internos más angostos que los externos, lanceolados, más oscuros y menos pelosos que los externos, el ápice agudo; páleas 10-12 mm, oscurecidas distalmente. Flores radiadas c. 25, pistiladas; corola amarillo brillante, el tubo 2-3 mm, peloso, el limbo 14-17 × 3-4 mm, largamente oblanceolado. Flores del disco 50-70; corola 6-7 mm, amarillo-purpúrea, glabra o el tubo papiloso, el tubo 1.5-1.8 mm, los lobos 1-1.7 mm, lanceolados; anteras 2-3 mm, negras. Cipselas 6-7 mm, caras glabras, una de las alas ciliadas; vilano de 2 aristas (algunas veces ausente en las radiadas), 4.5-5.5 mm, subiguales. Floración nov.-may. *Bosques montanos, Volcán Barú.* P (*Monro y Knapp 5334*, MO). 3000-3100 m. (Endémica.)

4. Verbesina breedlovei B.L. Turner, *Pl. Syst. Evol.* 150: 244 (1985). Isotipo: México, Chiapas, *Breedlove 29000* (MO!). Ilustr.: Turner, *Pl. Syst. Evol.* 150: 243, t. 2 (1985).

Arbustos o árboles pequeños, 3-6 m; tallos angulados, finamente rayados de negro, (generalmente angostamente) alados desde los márgenes decurrentes de la hoja, subglabros a hírtulos distalmente, las alas c. 1 mm de ancho, interrumpidas sobre la mayor parte de la longitud del entrenudo. Hojas simples a profundamente 3-lobadas, opuestas; láminas 15-30 ×10-18 cm, deltadas a ovado-lanceoladas, retículo frecuentemente prominente, las superficies escabroso-hirsútulas, con tricomas de base ancha, la base cuneada a truncada con una acuminación basal decurrente sobre el pecíolo, los márgenes lobados, los lobos 1-6(-10) cm, subenteros a denticulados, los senos redondeados, el ápice agudo; pecíolo (1-)3-10 cm, alado distalmente. Capitulescencia hasta 30 cm de ancho, corimbiforme-paniculada, escasamente redondeada distalmente, con numerosas cabezuelas, relativamente densas; pedúnculos 0.3-1.5(-2) cm, densamente hírtulos. Cabezuelas 9.5-12.5 mm, radiadas o algunas veces discoides; involucro 3-5 mm de ancho, turbinado; filarios 9-12, 2-5 × 1-1.4 mm, lanceolados, desiguales y marcadamente graduados, 2-seriados o 3-seriados, generalmente cartáceos, los externos abruptamente graduando hasta los internos, aplanados o los internos escasamente naviculares, el ápice escasamente herbáceo; páleas 7-9 mm, pluriestriadas. Flores radiadas (0)1 o 2, no estilíferas; corola amarilla, el tubo setuloso, el limbo 7-9.5 × 3-4 mm, 7-9-nervio. Flores del disco 12-15; corola 5-6 mm, amarilla, glabra o casi glabra, los lobos 1.2-1.7 mm, lanceolados; ramas del estilo c. 1.5 mm. Cipselas 6-8 mm, negras, el cuerpo 2.5-3 mm de ancho, las alas c. 1(-1.5) mm de ancho, el cuerpo seríceo a esparcidamente seríceo;

vilano de 2 aristas de 2-4 mm, escábridas. Floración oct. 2*n* = 34. *Selvas altas perennifolias, selvas caducifolias.* Ch (*Cronquist 9678*, NY). 700-1700 m. (S. México [Michoacán], Mesoamérica.)

5. Verbesina calciphila Standl. et Steyerm., *Publ. Field Mus. Nat. Hist., Bot. Ser.* 23: 262 (1947). Holotipo: Guatemala, *Steyermark 50132* (foto MO! ex F). Ilustr.: no se encontró. N.v.: Dalia de monte, G.

Arbustos a árboles pequeños, 2-6 m; tallos no alados, hispídulos. Hojas simples y no lobadas. alternas, cortamente pecioladas; láminas (3-)5-12 × 1-4.5 cm, oblanceoladas a oblongas, cartáceas a subcoriáceas, pinnatinervias, generalmente con 6-9 nervios secundarios delgados, obviamente reticulados, la superficie adaxial escabrosa, con tricomas de base ancha, lisa o rugulosa, la superficie abaxial glabrescente o esparcidamente hispídula hasta rara vez subtomentosa, la base cuneada(-obtusa), los márgenes serrulados(-subenteros), el ápice acuminado a agudo; pecíolo 0.1-0.4 cm, robusto, no alado, ni dilatado ni auriculado. Capitulescencia 12-17 cm de ancho, abiertamente corimbiforme, con 10-20 cabezuelas, convexa; pedúnculos 1-4 cm, delgados a rara vez gruesos, hispídulos. Cabezuelas 8-11 mm, largamente radiadas; involucro 7.5-10 × 8-10 mm, campanulado a hemisférico; filarios 7.5-10 mm, subiguales, c. 3-seriados, no pardusco-endurecidos, hirsútulos; filarios externos 2-4.5 mm de diámetro, oblanceolados a subespatulados, herbáceos, patentes a reflexos, el ápice generalmente obtuso; filarios internos 1-2 mm de diámetro, lanceolados, rígidamente escariosos, al secarse negros en 1/2 distal, el ápice generalmente agudo; páleas 6-8 mm, agudas. Flores radiadas 8-14, pistiladas, el limbo de las flores adyacentes no sobrelapado hasta obviamente sobrelapado proximalmente; corola amarilla, el tubo 1.5-2 mm, piloso, el limbo 12-15(-20) mm, muy exerto del involucro, 7-11-nervio, algunas veces abaxialmente setoso. Flores del disco 40-50; corola amarilla, el tubo c. 1.2 mm, piloso, los lobos c. 1 mm, triangular-lanceolados. Cipselas c. 4 mm, angostamente aladas, glabras a esparcidamente setulosas distalmente, las alas hasta c. 0.3 mm de diámetro; vilano de 2 aristas 3.5-4 mm. Floración nov.-mar. *Bosques montanos, bosques de Quercus-Pinus, laderas arboladas.* G (*Pruski y Ortiz 4267*, MO). (2400-)2900-3400(-3700) m. (Endémica.)

6. Verbesina chiapensis B.L. Rob. et Greenm., *Proc. Amer. Acad. Arts* 34: 554 (1899). Sintipo: México, Chiapas, *Nelson 3364* (US!). Ilustr.: no se encontró. N.v.: Chelek pal wamal, Ch.

Arbustos, 2-4 m; tallos subterete-estriados, no alados, estrigulosos, algunas veces hirsútulos, los entrenudos generalmente mucho más cortos que las hojas. Hojas alternas, no lobadas, pecioladas; láminas 10-30 × 2.7-7 cm, lanceoladas, cartáceas, pinnatinervias, los nervios secundarios principales generalmente 8-12 por lado, ligeramente prominentes, las superficies más o menos concoloras y verdes o la superficie abaxial algunas veces verde más pálido, la superficie adaxial glabra o algunas veces esparcidamente estrigulosa, la superficie abaxial finamente estrigulosa, con tricomas adpresos diminutos, o algunas veces hirsutas, pero nunca densamente gris-estrigulosa o con la superficie ocultada por el indumento, la base angostamente cuneada a atenuada y cortamente decurrente sobre el pecíolo, los márgenes subenteros a inconspicuamente serrulados, el ápice atenuado; pecíolo 1-4 cm, no alado, ni dilatado ni auriculado. Capitulescencia 15-25 cm de ancho, abiertamente corimbosa, convexa a casi aplanada distalmente, con 20-40 cabezuelas, dispuesta muy por encima de las hojas; pedúnculos 1-4 cm, frecuentemente 1-bracteolados, hirsútulos a subestrigosos. Cabezuelas 6-9 mm, radiadas, globosas en fruto; involucro 3.5-4.5 × 5-7 mm, hemisférico a crateriforme; filarios c. 12, oblanceolados a ovados, obgraduados a casi subiguales, 2-seriados o 3-seriados, subherbáceos, frecuentemente escuarrosos o ligeramente foliosos y reflexos, no pardusco-endurecidos, subglabros a esparcidamente puberulentos apicalmente, el ápice obtuso a casi agudo; páleas 3-4.5 mm, oscureciendo en fruto, el ápice endurecido, agudo a apiculado. Flores radiadas 12-15,

pistiladas; corola amarilla, el tubo c. 0.5 mm, el limbo 5-8 mm, angostamente oblongo. Flores del disco c. 50; corola 3.4-4.1 mm, angostamente infundibuliforme, amarilla pero al secarse pardo oscuro, el tubo 0.5-0.7 mm, hirsútulo, la garganta con estrías al secarse, los lobos 0.5-0.6 mm, triangulares, los márgenes internos algunas veces obviamente pelosos; ramas del estilo 1-1.4 mm. Cipselas 1.5-2(-2.5) mm, estrigulosas, el cuerpo negro, 2-aladas o 3-aladas, las alas hasta c. 0.5 mm de diámetro; vilano de 2 o 3 aristas de 1-1.5(-2) mm. Floración ago.-feb. *Claros en selvas altas perennifolias, bosques montanos, vegetación secundaria, matorrales.* Ch (*Pruski et al. 4241*, MO). 200-1700 m. (México [Oaxaca], Mesoamérica.)

Especímenes de Oaxaca citados como *Verbesina chiapensis* probaron ser *V. neriifolia*. En forma similar, el ejemplar (*House 1010*) citado por Nelson (2008: 202) como *V. chiapensis* en Honduras fue erróneamente determinado y probó ser *V. lanata*. Se espera encontrar en Guatemala.

7. Verbesina cronquistii B.L. Turner, *Pl. Syst. Evol.* 150: 250 (1985). Isotipo: México, Chiapas, *Cronquist y Sousa 10479* (NY!). Ilustr.: Turner, *Pl. Syst. Evol.* 150: 250, t. 6 (1985).

Arbustos débiles, 1-2 m; tallos subteretes a ligeramente angulados, hirsutos, (generalmente angostamente) alados desde los márgenes decurrentes de la hoja, las alas 1.5-3 mm de ancho, continuando proximalmente por casi 1/2 del entrenudo. Hojas opuestas, no lobadas, sésiles; láminas 12-17 × 7-9 cm ovadas, ligeramente 3-nervias desde por encima de la acuminación basal, la superficie adaxial escabrosa, con tricomas de base ancha, la superficie abaxial hirsuta, con tricomas sin base ancha, la base cuneada a anchamente obtusa y luego atenuada hasta una acuminación anchamente alada hasta la base, los márgenes gruesamente serrados, el ápice agudo. Capitulescencia 5-10 cm de ancho, laxamente corimbosa, con 5-10 cabezuelas; pedúnculos 1-3 cm, densamente piloso-tomentosos. Cabezuelas 10-15 mm, radiadas; involucro campanulado a hemisférico, 10-12 mm de ancho; filarios c. 21, 8-12 mm, linear-oblanceolados, subiguales o escasamente desiguales, 2-seriados o 3-seriados, aplanados o los internos escasamente naviculares, el ápice agudo, series externas herbáceas, casi tan largas como las series internas, escariosas; páleas 8-11 mm, pluriestriadas. Flores radiadas 4-6, pistiladas; corola amarilla, el tubo setoso, el limbo 8-10 × 2-3 mm. Flores del disco 30-50; corola 6.5-8 mm, amarilla, el tubo setoso, los lobos 1-1.4 mm, triangular-lanceolados; ramas del estilo c. 2 mm. Cipselas 6-8 mm, pardo oscuro, la región media tornándose blanco-suberosa, el cuerpo 2-3 mm de ancho, las alas 1-2 mm de ancho, el cuerpo esparcidamente estriguloso a pilósulo; vilano de 2 aristas de 3-5 mm, escábridas. Floración oct. 2*n* = 34. *Afloramientos calizos.* Ch (*Breedlove y Strother 46985*, MO). 800-1100 m. (Endémica.)

8. Verbesina encelioides (Cav.) Benth. et Hook. f. ex A. Gray, *Bot. California* 1: 350 (1876). *Ximenesia encelioides* Cav., *Icon.* 2: 60, t. 178 (1793 [1793-1794]). Lectotipo (designado por Juan et al., 2015): cultivado en Madrid, de México, *Anon. s.n.* (imagen en Internet ex MA-476508-2). Ilustr.: Rzedowski et al., *Fl. Bajío* 172: 256 (2011).

Hierbas anuales, 0.2-1(-1.3) m, las raíces axonomorfas; tallos erectos, estriados, las estrías más pálidas que las regiones intercostales, no alados, densamente subestrigulosos o sórdido-hirsútulos. Hojas alternas (en la mayoría de los ejemplares de herbario), no lobadas, (alado-) pecioladas; láminas 2.5-14 × 1-5.5(-7) cm, triangular-ovadas a rómbicas, triplinervias desde cerca de la base, la superficie adaxial laxamente estriguloso-pilósula, la superficie abaxial estrigosa a serícea, generalmente de tonalidad argéntea, con tricomas blancos, la base truncada a cuneada y frecuentemente decurrente sobre el pecíolo, los márgenes gruesamente serrados(-subenteros), el ápice agudo a acuminado; pecíolo 1-3(-5) cm, frecuentemente alado o auriculado. Capitulescencia abierta y laxamente cimosa, con 1-4(-8) cabezuelas; pedúnculos 1-15 cm, estrigosos. Cabezuelas 10-15 mm, radiadas, muy grandes, con 60 flores; involucro 10-15(-20) × 12-20 mm, hemisférico; filarios c. (15-)20, 6-15(-20) ×1-2 mm, frecuentemente más largos que las flores del disco, angostamente lanceolados, 1-seriados o 2-seriados, subiguales u obgraduados, ascendentes a laxamente ascendentes en la antesis, el ápice acuminado; filarios externos subherbáceos, estrigoso-seríceos; filarios internos frecuentemente escariosos y glabros; páleas 6-8 mm, frecuentemente pelosas distalmente. Flores radiadas 10-21, pistiladas; corola amarilla, el limbo 10-20 mm, oblanceolado. Flores del disco 50-100; corola 4-5.5 mm, amarillenta, el tubo c. 1.5 mm, piloso, el tubo y garganta densamente hirsútulos, los lobos c. 0.7 mm. Cipselas 4-7 mm, estrigulosas; vilano de (0-)2 aristas, algunas veces ausentes en las flores radiadas, 0.5-2 mm, subiguales. Floración desconocida. 2*n* = 34. *Ruderal.* Y (*Gaumer s.n.*, F). 15-20 m. (Estados Unidos, México, Mesoamérica, Ecuador, Bolivia, Paraguay, Uruguay, Chile, Argentina, Cuba, La Española, Puerto Rico, Antillas Menores; Asia, Australia, Islas del Pacífico.)

Verbesina encelioides tiene una presencia ocasional en Meso-américa y no parece haberse establecido muy bien. *Verbesina scabra* Benth. generalmente se lista en la sinonimia pero su tallo es alado.

9. Verbesina eperetma S.F. Blake, *Proc. Biol. Soc. Washington* 60: 43 (1947). Holotipo: Guatemala, *Steyermark 42933* (foto MO! ex F). Ilustr.: no se encontró.

Hierbas arbustivas de casi 3 m; tallos no alados pero acostillados desde la base de la hoja, glabros, los entrenudos 1-2 cm, mucho más cortos que las hojas. Hojas alternas, no lobadas, subsésiles; láminas (4-)13-16 × (1-)1.5-1.8 cm, linear-lanceoladas, firmemente cartáceas, indistintamente pinnatinervias, la vena media prominente, pajiza, los nervios secundarios muy delgados y no más prominentes que el retí-culo denso de tercer orden ligeramente prominente, las superficies gla-bras o casi glabras, la base angostamente cuneada, los márgenes sub-enteros a remotamente serrulados, revolutos y generalmente ocultando las denticiones, el ápice acuminado y subfalcado; pecíolo 0.1-0.2 cm, robusto, no alado, no dilatado ni auriculado. Capitulescencia hasta c. 17 cm de ancho, abiertamente cimosa a partir de los cuatro nudos distales, más o menos aplanada distalmente con las ramitas laterales sobrepasando el eje central, con c. 13 cabezuelas, cada ramita 4-14 cm, con 1-5 cabezuelas, delgadamente adpreso-pubescentes; pedúnculos (0.3-)1.5-4 cm, estriados, delgadamente adpreso-pubescentes, algunas veces 1-bracteolados; bractéolas hasta 12 mm, linear-lanceoladas. Ca-bezuelas 10-12 mm, posiblemente radiadas; involucro 10-12 × 15-21 mm, anchamente campanulado; filarios desiguales, ligeramente gra-duados, 3-seriados o 4-seriados; filarios externos 8.1-10.8 mm, linear-lanceolados, herbáceos, largamente escuarrosos con el apéndice escua-rroso alargado y angostamente lanceolado y acuminado distalmente, 3 a 4 veces más largo que el cuerpo del filario, el cuerpo 1.1-1.8 mm, el apéndice 7-10 mm; filarios internos 10-12 × 3-4 mm, ovados, adpresos, ligeramente engrosados, firmes, verdes con los márgenes pálidos, gla-bros con los márgenes ciliolados, el ápice agudo a acuminado; páleas c. 12 mm, vena media finamente estipitado-glandular, verdosas distal-mente, el ápice agudo o acuminado. Flores radiadas posiblemente pre-sentes; corola posiblemente amarilla. Flores del disco 40, bisexuales; corola c. 7.5 mm, amarilla, el tubo c. 2 mm, papiloso-glandular, los lobos c. 1.5 mm. Cipselas 5-7 mm, angostamente aladas, finamente hispídulas, el cuerpo c. 2 mm de diámetro, las alas c. 0.3 mm de diá-metro; vilano de cipselas externas (posiblemente radiadas) 1-aristadas, cipselas internas 1-aristadas o 2-aristadas, las aristas 4-5.5 mm, ligera-mente desiguales, frágiles. Fructificación ene. *Orillas de caminos.* G (*Steyermark 42933*, US). 1000-1500 m. (Endémica.)

10. Verbesina fastigiata B.L. Rob. et Greenm., *Proc. Amer. Acad. Arts* 34: 558 (1899). Holotipo: México, Edo. México o Michoacán, *Gregg 575* (imagen en Internet ex GH!). Ilustr.: Cavanilles, *Icon.* 1: t. 100 (1791), como *V. pinnatifida*.

Verbesina ampla M.E. Jones, *V. grandis* M.E. Jones, *V. greenmanii* Urb., *V. pinnatifida* Cav. non Sw., *V. pinnatifida* var. *undulata* DC.

Arbustos o árboles pequeños, 2-7 m; tallos angulados, angosta a anchamente alados desde los márgenes decurrentes de la hoja, subgla-bros a densamente tomentosos, las alas (1-)3-10 mm de ancho, casi tan largas como los entrenudos. Hojas gruesamente 3-lobadas a 5-9-pinnatilobadas, opuestas, aladas hasta la base peciolariforme; láminas (8-)15-32(-45) × (4-)6-22(-30) cm, ovadas a rómbicas, la superficie adaxial escabrosa, con tricomas de base ancha, la superficie abaxial hírtula a hirsuta, con tricomas sin base ancha, la base cuneada a obtusa y luego atenuada hasta una acuminación peciolariforme anchamente alada hasta la base, los márgenes lobados, los lobos hasta c. 5(-7) cm, suben-teros a denticulados, los senos redondeados, el ápice agudo; pecíolo algunas veces auriculado. Capitulescencia corimbiforme-paniculada, aplanada distalmente, con múltiples cabezuelas, ligeramente densa; pedúnculos 0.5-1.2(-3) cm, vellosos. Cabezuelas 6-8 mm, radiadas; involucro 4-6 mm de ancho, turbinado a angostamente campanulado; filarios 15-20, 1.5-4.5 mm, lanceolados, desiguales y graduados, 3-5-seriados, generalmente cartáceos, aplanados o los internos escasamente naviculares, frecuentemente estrigulosos, ciliados; páleas 5-6 mm, li-geramente estriadas. Flores radiadas 5-13(-21), pistiladas; corola ama-rilla, el tubo viloso, el limbo 3-6 × 2-3 mm, ovado a suborbicular, 3(-5)-nervio. Flores del disco 12-30; corola 4-5 mm, amarilla, el tubo viloso, los lobos 0.7-1.1 mm, largamente triangulares, algunas veces esparcidamente estrigulosos; ramas del estilo 1.5-2 mm. Cipselas 4-5 mm, negruzcas tornándose blanco-suberosas, el cuerpo 2-2.5 mm de ancho, las alas 1-2 mm de ancho, el cuerpo glabro; vilano de 2 aristas de 2-4 mm. Floración oct. 2*n* = 34. *Selvas altas perennifolias estacio-nales, bosques de* Pinus-Quercus. T (Cowan, 1983: 27); Ch (*Breedlove y Strother 46789*, TEX). 500-1300 m. (O. y S. México, Mesoamérica.)

Robinson y Greenman (1899b) y Blake et al. (1926) describieron a *Verbesina fastigiata* y la ubicaron en la clave con hojas alternas, pero como lo anotó Turner (1985) la especie es de hojas opuestas y el nom-bre previo fue *V. greenmanii*.

11. Verbesina fraseri Hemsl., *Biol. Cent.-Amer., Bot.* 2: 187 (1881). Lectotipo (designado por Olsen, 1988): Guatemala, *Salvin s.n.* (ima-gen en Internet ex K!). Ilustr.: Hemsley, *Biol. Cent.-Amer., Bot.* 2: t. 48 (1881). N.v.: Arnica, capitaneja, mirasol de bejuco, G; capitaneja, pompón, H; bejuco de esponja, esponja, valeriana, ES.

Hierbas semitrepadoras a arbustos delgados, 1-3 m; tallos cuadran-gulares, alados desde cada margen de la hoja produciendo entrenudos 4-alados, glabros o hispídulos distalmente, las alas c. 3 mm de ancho hasta frecuentemente dilatadas proximalmente, c. 7 mm de ancho cerca del próximo nudo. Hojas opuestas, no lobadas (al menos las distales) a moderadamente 3-5-(7)-lobadas; láminas 4-25 × 3-14 cm, ovadas a deltadas, la superficie adaxial escabrosa, con tricomas de base ancha sobre las aréolas, la superficie abaxial hirsúta, no glandulosa, la base truncada a cordata con una acuminación atenuada en las hojas proxi-males hasta aguda en las hojas distales, los márgenes irregularmente serrulados o serrados, algunas veces lobados, los senos redondeados, los lobos rara vez hasta 5 cm, el ápice acuminado; pecíolo 1-6 cm, alado distalmente. Capitulescencia abierta, monocéfala, hasta con 3(-5) ca-bezuelas y corimbosa; pedúnculos 4-12 cm, hispídulos. Cabezuelas 10-15 × 15-30 mm, discoides, globosas; involucro hemisférico, flores muy exertas; filarios obgraduados a casi subiguales, c. 4-seriados, her-báceos, ambas superficies hirsútulas; filarios externos 8-12 × 3-6 mm, casi 2 veces tan largos como anchos, obovados a espatulados, aplana-dos, escuarrosos a completamente reflexos; filarios internos hasta c. 10 × 2-3 mm, oblanceolados, generalmente adpresos, escasamente na-viculares proximalmente, el ápice generalmente agudo a anchamente obtuso; páleas 7-8.5 mm, hirsútulas, agudas. Flores radiadas ausentes. Flores del disco 150-200; corola 6-8 mm, las series más externas con los limbos dirigidos hacia afuera, anaranjadas, infundibuliformes, esparcidamente setulosas, la nervadura del limbo engrosada, los lobos c. 0.7 mm, largamente triangulares, recurvados; anteras c. 2.5 mm, amarillas, generalmente exertas; ramas del estilo 1-1.5 mm. Cipselas 5.5-6.5 mm, de contorno obovado, el cuerpo glabro, las alas 1.5-2 mm de ancho, adnatas a las aristas hasta c. 1/3 de su longitud; vilano de 2 aristas de 3-4 mm, subiguales. Floración nov.-ene. *Selvas altas perennifolias, cafetales, campos, bosques abiertos, matorrales.* G (*Pruski y MacVean 4501*, MO); H (Clewell, 1975: 235); ES (*Montalvo 6351*, MO). 300-2000 m. (Endémica.)

La cita de Nash (1975) de *Verbesina fraseri* en Costa Rica es en referencia a material que aquí se ha determinado como *V. ovatifolia*.

12. Verbesina fuscasiccans (D'Arcy) D'Arcy, *Phytologia* 56: 500 (1985). *Wedelia fuscasiccans* D'Arcy, *Phytologia* 30: 6 (1975). Holotipo: Panamá, *Croat 27091* (MO!). Ilustr.: no se encontró.

Arbustos delgados o árboles 2-10 m; tallos solitarios o pocos surgiendo desde la base, estriado-subteretes, no alados, ramificados en la capitulescencia, pardo-amarillentos a pajizos, densamente blancoviloso-tomentosos, cicatrices de las hojas 5-8 mm de diámetro, prominentes. Hojas alternas, no lobadas, subsésiles con la base peciolariforme alada hasta el tallo, rara vez estrictamente sésiles; láminas 10-38 × 2.5-12 cm, oblanceoladas u obovadas, cartáceas, pinnatinervias, los nervios secundarios de la porción expandida de la lámina 8-10, al secarse verdoso opaco-pardusco y contrastando en color con los tallos, las superficies casi concoloras, la superficie adaxial glabra o la vena media algunas veces diminutamente estrigulosa, lisa, la superficie abaxial frecuentemente glabra, algunas veces hírtula o diminutamente estrigulosa sobre la nervadura, rara vez esparcidamente estrigulosa en toda la superficie, los tricomas todos adpresos, la base largamente atenuada y decurrente-pecioliforme como alas estrechas (c. 1/4 de la longitud de la hoja) casi hasta el tallo, los márgenes subenteros a denticulados, ligeramente revolutos, el ápice acuminado; pecíolo verdadero (0-)0.2-0.4 cm, extremadamente corto, casi tan ancho como largo, robusto. Capitulescencia de c. 5 ramas distales 5-20 cm, cada rama terminada en un agregado florífero de 8-15 cm de diámetro, folioso-bracteado convexo con 15-25 cabezuelas corimbosas a corimbiforme-paniculadas, las ramitas bracteoladas y progresivamente menos densamente pelosas que el eje principal; bractéolas 5-15 mm, linearoblanceoladas, subestrigulosas; pedúnculos 1-4 cm, blanco-vilosohírtulos. Cabezuelas 8-12 mm, con 42-48 flores, radiadas; involucro 7-8.3 × 9-12 mm, campanulado; filarios 3-seriados o 4-seriados, escasamente graduados o las 2 o 3 series externas frecuentemente foliosas y casi subiguales a los filarios internos, aplanados, rígidos, los márgenes ciliolados; filarios externos 3.5-8 × 1.5-2.8 mm, oblongos a espatulados, frecuentemente constrictos en el medio, subherbáceos, patente-reflexos desde la yema hasta el fruto, típica y cortamente escuarrosos con el cuerpo y el apéndice más o menos subiguales y moderadamente diferenciados, verdes pero frecuentemente oscuros al secarse, esparcidamente hírtulo-subestrigulosos, el apéndice oblongo, el ápice anchamente obtuso a redondeado; filarios internos 6-8.3 × 1-1.5 mm, oblanceolados, adpresos, cartáceos con el ápice subherbáceo, generalmente glabro, el ápice oscuro, agudo a obtuso; páleas 8-9 mm, escariosas con el ápice subherbáceo, estriadas, oscuras distalmente, la vena media ciliada, el ápice agudo a obtuso. Flores radiadas 8-10, pistiladas; corola amarilla, el tubo 1.5-2.5 mm, piloso, el limbo 6-8 × 2.2-2.8 mm, oblanceolado, c. 7-nervio. Flores del disco 34-38; corola 6-7 mm, angostamente infundibuliforme, amarilla, el tubo c. 1.2 mm, dilatado y endurecido en la base, piloso, la garganta escasamente más ancha que el tubo, glabra, los lobos 0.5-0.7 mm, deltados; anteras 2.5-3 mm, las tecas y el apéndice negros; nectario de la base del estilo c. 0.5 mm. Cipselas 3-5(-7) mm, negras, tardíamente aladas, las alas hasta 0.7(-1.2) mm de diámetro; vilano de 2 aristas de 3-4.5 mm, subiguales a escasamente desiguales, la base en forma de "V" en sección transversal. Floración ene., feb., abr., jun.-oct. *Bosques de neblina, laderas abiertas,*

mayormente en el Cerro Jefe. P (*Kirkbride y Crebbs 17*, MO). 600-1000 m. (Endémica.)

Verbesina fuscasiccans es similar a *Lasianthaea* por las cipselas tardíamente aladas y el vilano de aristas con bases en forma de "V" en corte transversal; por los filarios externos espatulados y cortamente escuarrosos se asemeja a *Otopappus verbesinoides*. Sin embargo, tanto *Lasianthaea* como *Otopappus* tienen hojas opuestas y difieren además por las prominentes cubiertas fibrosas de la nervadura de la corola del disco, marcándolos como miembros de la subtribus Ecliptinae.

13. Verbesina gigantea Jacq., *Icon. Pl. Rar.* 1: 17 (1784). Lectotipo (designado por Howard, 1989): Plum., *Pl. Amer.* 41, t. 51 (1755). Ilustr.: Howard, *Fl. Lesser Antilles* 6: 604, t. 277 (1989). N.v.: Chal chaay, chal keej, C; abaco del monte, tabaquillo, H; cerbatana, churro, lengua de buey, P.

Verbesina pinnatifida Sw.

Hierbas erectas robustas hasta arbustos, 2-4 m, sin ramificar por debajo de la capitulescencia; tallos foliosos, subterete-estriados, no alados o rara vez cortamente decurrentes (y entonces con limbos de las corolas radiadas irregularmente incisos) o con alitas cortas cuando maduras, algunas veces rojizos, glabros a puberulentos por debajo de la capitulescencia o muy rara vez hírtulos en los entrenudos foliosos hacia la mitad del tallo. Hojas alternas, profundamente 2-5-pinnatilobadas, la base peciolariforme alada hasta el tallo; láminas 9-40(-51) × 4-20(-25) cm, de contorno elíptico-ovado a obovado, la superficie adaxial escabrosa, las células subsidiarias de los tricomas agrandadas, la superficie abaxial tomentosa a serícea, la base largamente atenuada y pecioliforme (2-10 cm), típicamente dilatada y auriculada, pero no decurrente sobre el tallo en forma de alas, los márgenes profundamente lobados, los senos generalmente redondeados, los lobos generalmente 2.5-11 × 0.6-4 cm, lanceolados o oblanceolados, los márgenes de los lobos subenteros a serrados, el ápice agudo a acuminado o algunas veces obtuso. Capitulescencia 12-40 cm de ancho, corimbiforme-paniculada, convexa a redondeada hasta aplanada distalmente, con numerosas cabezuelas, las ramitas con pocas bractéolas, las bractéolas hasta 6 mm, oblanceoladas, hirsútulas; pedúnculos 0.2-1.2 cm, tomentosos a pilosos. Cabezuelas 5-8 mm, radiadas; involucro 3.5-5 × 3-4 mm, angostamente campanulado; filarios 13-16, 2-5 × 0.4-1.4 mm, linear-lanceolados, desiguales, graduados, c. 3-seriados, los externos con el ápice delgadamente herbáceo, pilósulos a hirsútulos, los internos ciliolados; páleas 4.5-6 mm, hirsútulas distalmente, agudas a acuminadas. Flores radiadas 3-5, pistiladas; corola blanca, el tubo piloso, el limbo 2-3(-4) × 1-1.5 mm, elíptico-ovado, 5-9-nervio, apicalmente 3-denticulado a rara vez irregularmente inciso. Flores del disco 15-22; corola 2-3-3.5 mm, blanca, 1/2 proximal pilosa, los lobos 0.8-1.1 mm, lanceolados; ramas del estilo c. 1 mm. Cipselas 2.5-3 mm, el cuerpo hasta c. 1.2(-1.5) mm de ancho, negro, estrigoso o algunas veces glabrescente, las alas hasta c. 1 mm de ancho, de desarrollo tardío, la base atenuado-estipitada; vilano de 2 aristas de 1.8-2.5 mm. Floración generalmente sep.-feb., may.-jul. 2*n* = 34. *Laderas, cafetales, áreas alteradas, afloramientos de caliza, bosques de* Pinus-Quercus, *orillas de caminos, selvas medianas subperennifolias, quebradas.* Ch (*Martínez S. 10739*, MO); Y (*Darwin y White 2227*, MO); C (*Lundell 999*, MO); QR (*Flores 10373*, MO); B (*Gentle 1074*, NY); G (*Greenman y Greenman 5840*, MO); H (*Saunders 945*, MO); CR (*Heithaus 479*, MO); P (*Burch et al. 1371*, MO). 0-1400 m. (S. México, Mesoamérica, Colombia, Venezuela, Cuba, Jamaica, Antillas Menores.)

Nash (1975) trató *Verbesina myriocephala* en la sinonimia de *V. gigantea*, pero debido a que Olsen (1985) y Strother (1999) reconocieron *V. myriocephala* como distinta, los nombres comunes y rangos de elevación dados en la literatura no siempre pueden ser aplicados con seguridad a ninguna de las dos especies. Los ejemplares del reporte de Dodson y Gentry (1978) de *V. gigantea* en Ecuador son ahora determinados como *V. minuticeps* S.F. Blake.

14. Verbesina guatemalensis B.L. Rob. et Greenm., *Proc. Amer. Acad. Arts* 34: 550 (1899). Isotipo: Guatemala, *Donnell Smith 2860* (US!). Ilustr.: no se encontró. N.v.: Juronero blanco, G; chimaliote blanco, contraraña, cube, tabaquillo, toquillo, vara blanca, vara de San José, H; chimaliote, chimaliote negro, imaliote ramifacado, suquinay, tatascamite blanco, ES.

Verbesina guatemalensis B.L. Rob. et Greenm. var. *glabrata* Standl. et Steyerm., *V. medullosa* B.L. Rob., *V. salvadorensis* S.F. Blake.

Arbustos débiles a árboles pequeños (1.2-)1.5-5 m; tallos subangulados, no alados, estrigulosos a pilósulo-tomentosos con tricomas blanquecinos y generalmente adpresos a ascendentes, rara vez glabrescentes. Hojas alternas, no lobadas, sésiles y con bases peciolariformes aladas hasta el tallo o casi hasta el tallo; láminas 12-25 × 3-5(-5) cm, lanceoladas u oblanceoladas a oblongas(-obovadas), cartáceas, pinnatinervias, ligeramente prominentes abaxialmente, los nervios secundarios generalmente 8-12, la superficie adaxial esparcidamente escabriúscula o pilósula, con tricomas frecuentemente de base ancha, la superficie abaxial subglabra a densamente pilósula, la base abruptamente atenuada y decurrente, aladas hasta el tallo o casi hasta el tallo por casi 1/4 de la longitud de la hoja, típicamente subauriculadas, los márgenes subenteros a undulado-serrulados, el ápice agudo a acuminado(-atenuado). Capitulescencia generalmente 6-22 cm de diámetro, corimbiforme-paniculada, con múltiples cabezuelas, las pocas ramas proximales con hojas maduras subyacentes; pedúnculos (0.1-)0.2-1 cm, estrigulosos a pilósulo-tomentosos, frecuentemente con 1(2) bractéolas angostas algunas veces casi tan largas como el involucro. Cabezuelas generalmente 7-10 mm, con 18-35 flores, cortamente radiadas; involucro 6-8 × 4.5-6(-10) mm, campanulado; filarios c. 3-seriados, moderadamente graduados, naviculares, cartáceo-escariosos, verdes o pajizos pero algunas veces los internos color púrpura distalmente, pilósulos o glabrescentes, marcadamente ciliados, el ápice agudo u obtuso; filarios externos generalmente linear-lanceolados, los internos generalmente oblongos a obovados; páleas c. 7 mm, el ápice agudo, algunas veces inflexo. Flores radiadas 3-5, pistiladas; corola blanca, el limbo 2-4 × c. 2 mm, ovado, 6-9-nervio. Flores del disco 15-30; corola 3-4.5 mm, blanca, la garganta pilósula proximalmente, los lobos c. 0.5 mm. Cipselas 4-5 mm, glabras o algunas veces las caras hispídulas; vilano de 2 aristas de 1.5-2.8 mm, subiguales. Floración jun.-feb. *Lugares secos, borde de caminos, pinares, bosques de* Pinus-Quercus, *laderas rocosas, vegetación secundaria, matorrales.* Ch (*Breedlove 41595*, MO); G (*Deam 6250*, MO); H (*Molina R. y Molina 24575*, MO); ES (*Calderón 1206*, US); N (*Molina R. 23104*, MO); CR (*Rodríguez 2491*, MO); P (*Croat 15133*, MO). 200-1600 m. (Endémica.)

15. Verbesina holwayi B.L. Rob., *Proc. Amer. Acad. Arts* 51: 539 (1916). Holotipo: Guatemala, *Holway 96* (imagen en Internet! ex GH). Ilustr.: no se encontró.

Verbesina holwayi B.L. Rob. var. *megacephala* Olsen.

Hierbas robustas erectas hasta arbustos 1-3 m, sin ramificar por debajo de la capitulescencia; tallos purpúreos, no alados, subglabros por debajo de la capitulescencia. Hojas brevemente 1-3-pinnatilobadas o las distales simples y oblongas, alternas, con la base peciolariforme alada hasta el tallo; láminas 12-32 × (3-)7-13 cm, de contorno ovado a triangular-ovado, la superficie adaxial escabrosa a hirsútula, con tricomas cónicos y células subsidiarias agrandadas, la superficie abaxial tomentosa o pilósula, largamente atenuadas a la base peciolariforme hasta 15 cm, dilatadas y auriculadas basalmente pero no decurrente sobre el tallo como alas, los márgenes generalmente lobados, los senos redondeados, los lobos 3-8 × 1-4 cm, lanceolados a ovados, enteros a denticulados, el ápice obtuso a redondeado o agudo y apiculado en hojas inmaduras. Capitulescencia 10-25 cm de ancho, corimbiforme-paniculada, aplanada distalmente o ligeramente convexa, con numerosas cabezuelas, algunas veces las ramas distales 1-bracteoladas; bractéolas hasta c. 7 mm, linear-oblanceoladas; pedúnculos 0.2-0.8 cm, hirsútulos a subtomentosos. Cabezuelas 6-8 mm, radiadas; involucro

4-6 mm de ancho, turbinado a angostamente campanulado; filarios c. 16, 1.5-4 × 0.6-1.2 mm, desiguales, graduados, c. 3-seriados, hirsútulos; filarios externos linear-lanceolados, mayormente herbáceos distalmente, el ápice agudo; filarios internos oblanceolados, herbáceos distalmente, el ápice acuminado y ciliolado; páleas 5-6 mm, acuminadas a atenuadas, hirsútulas. Flores radiadas 7-13, pistiladas; corola blanca, el tubo piloso, el limbo 2-3 × 1-1.5 mm, elíptico, c. 5-nervio. Flores del disco 12-20; corola c. 3 mm, blanca, el tubo piloso, los lobos c. 0.5 mm, deltoides, reflexos; ramas del estilo c. 0.8 mm. Cipselas 3-4 mm, el cuerpo pardo, estriguloso, las alas angostas a anchas, delgadas, la base atenuado-estipitada; vilano de aristas 1.5-3 mm, escábridas. Floración ago.-nov. *Bosques de* Quercus, *laderas abiertas, matorrales, laderas de volcanes.* G (*Breedlove 11467*, MO). 1800-3200 m. (Endémica.)

Verbesina holwayi fue descrita de material en fruto y Blake (1925) no vio ninguna evidencia de flores radiadas. Todo el material subsecuentemente referido a este taxón, sin embargo, tiene flores radiadas con corolas blancas. *Verbesina holwayi* tiene 7-13 flores radiadas, así en este sentido asemejándose a *V. turbacensis*.

16. Verbesina hypargyrea B.L. Rob. et Greenm., *Proc. Amer. Acad. Arts* 34: 556 (1899). Isotipo: México, Chiapas, *Nelson 3510* (US!). Ilustr.: no se encontró.

Arbustos a árboles, 2-5 m; tallos no alados, foliosos distalmente, estrigulosos. Hojas alternas, no lobadas, subsésiles o cortamente pecioladas; láminas (4-)6-15(-23) × (1-)1.5-3(-6) cm, lanceoladas o angostamente elípticas, algunas veces oblanceoladas, pinnatinervias, los nervios secundarios principales generalmente 12-14, dirigidos hacia adelante y luego algunas veces arqueados apicalmente, las superficies por lo general marcada y obviamente discoloras, la superficie adaxial esparcidamente estrigulosa, la superficie abaxial en general densamente gris-estrigulosa o en ocasiones concolora y apenas moderadamente estrigulosa, con tricomas diminutos, adpresos, la base atenuada y decurrente sobre el pecíolo o sobre una base a modo de pecíolo, los márgenes subenteros a serrados, el ápice agudo a atenuado. Capitulescencia 3-15(-22) cm de ancho, corimbosa, con varias a numerosas cabezuelas, dispuesta escasamente por encima de las hojas subyacentes; pedúnculos 5-25 mm, subestrigulosos. Cabezuelas 6.5-9 mm, globosas, discoides o radiadas; involucro anchamente hemisférico, 3-4 × 9-12 mm; filarios 9-12, subiguales o escasamente desiguales, c. 3-seriados, hasta c. 2 mm de ancho, los de las 1 o 2 series externas ovados a obovados, herbáceos tornándose endurecidos, estrigulosos, redondeados en el ápice, reflexos, los de las series internas elíptico-ovados, agudos en el ápice; páleas 4-5 mm, amarillas en la yema tornando verdoso-pardas en el fruto, apiculadas. Flores radiadas ausentes o 7-10, pistiladas; corola amarilla, el tubo corto, pilósulo, el limbo 4-6.6 × 1-2 mm, oblongo, c. 5-nervio, con 2 nervios de soporte. Flores del disco 40-88; corola amarilla, 3-4 mm, el tubo pilósulo, la garganta con estrías al secarse, los lobos c. 0.5 mm, triangulares, los márgenes internos con frecuencia obvia y densamente pelosos; ramas del estilo c. 1 mm. Cipselas 2-2.5 × 1-1.5 mm, negras, las alas hasta c. 0.2 mm de ancho, estas algunas veces agrandadas apicalmente hasta c. 0.5 mm por encima del anillo y algunas veces persistentes en la base de la corola, esparcidamente estrigulosas distalmente; vilano de 2 aristas de c. 1.5 mm, ligeramente escabriúsculas, adnatas basalmente con las alas. Floración sep.-feb. *Bosques alterados, selvas altas perennifolias, bosques de* Quercus, *bosques de* Pinus-Quercus, *áreas rocosas, vegetación secundaria, laderas.* Ch (*Pruski et al. 4200*, MO); G (*Williams et al. 41348*, MO). (300-)800-1800(-3400) m. (Endémica.)

Verbesina hypargyrea es similar a *V. chiapensis* por los tallos no alados, las hojas simples alternas, y las corolas radiadas amarillas relativamente cortas, y fuera de Mesoamérica es similar a *V. oaxacana* DC. y *V. guerreroana* B.L. Turner. *Verbesina oaxacana* se puede distinguir de *V. hypargyrea* por las hojas serradas más anchas, mientras que *V. guerreroana* difiere de *V. hypargyrea* por la pelosidad de tricomas patentes y los limbos de la corola del disco setulosos.

17. Verbesina hypoglauca Sch. Bip. ex Klatt, *Leopoldina* 23: 144 (1887). Holotipo: México, estado desconocido, *Liebmann 485 (8721)* (microficha MO! ex C). Ilustr.: no se encontró.

Encelia conzattii Greenm.

Arbustos a árboles pequeños 1-4(-6) m; tallos no alados, blanco-tomentosos, frecuentemente foliosos solo apicalmente donde los entrenudos son mucho más cortos que las hojas. Hojas simples, opuestas (rara vez alternas), pecioladas; láminas (2-)4-15 × (0.8-)1.5-3.8 cm, lanceoladas a oblanceoladas, los nervios secundarios 8, las superficies obviamente discoloras, la superficie adaxial verde, subglabra a estrigulosa, la superficie abaxial típicamente densa y cercanamente canescente-subestrigulosa a esparcidamente canescente-subestrigulosa, la base cuneada, los márgenes serrulados, el ápice acuminado; pecíolo 0.1-0.6 cm. Capitulescencia 5-15 cm ancho, corimbosa a corimbiforme-paniculada, más o menos aplanada distalmente, las ramas principales generalmente con 7-13 cabezuelas; pedúnculos 0.7-3(-4) cm, seríceos. Cabezuelas 7-10 mm, radiadas, involucro 6-8(-11) mm de ancho, campanuladas a hemisféricas; filarios 7-12, más o menos subiguales o obgraduados con los externos mucho más largos que los internos, 2-seriados o 3-seriados; filarios externos 4-10(-15) × 1.1-2.4(-3) mm, linear-lanceolados a espatulado-obovados, más o menos aplanados, herbáceos, seríceos a delgadamente seríceos, el ápice agudo a obtuso; filarios internos 3-6 mm, lanceolados, rígidamente cartáceos, escasamente naviculares, oscurecidos distalmente, subglabros; páleas 4-6.6 mm, oblongas, algunas veces negruzcas distalmente, el ápice obtuso. Flores radiadas 7-13, típicamente estériles y sin estilos; corola amarilla, el tubo piloso, el limbo 10-15 × (3-)4-6 mm, oblongo, 7-9-nervio, algunas veces abaxialmente glanduloso, con 3 nervios de soporte centrales mucho más oscuros y algunas veces setulosos abaxialmente; ovario con 2 aristas. Flores del disco 30-40; corola 4-5 mm, amarillo-verdosa o algunas veces los lobos rojizos apicalmente, por lo general completamente setosa, los lobos 0.6-0.9 mm, largamente triangulares recurvados; tecas de la antera frecuentemente separándose; ramas del estilo 1-1.3 mm. Cipselas del disco 3-5 mm, madurando lentamente así las alas rara vez vistas en ejemplares en flor, negruzcas o las caras ligeramente blanco-suberosas, cuneadas, el cuerpo hasta c. 1.3 mm de ancho, algunas veces esparcidamente setuloso, las alas hasta c. 0.3 mm de ancho, ciliadas; vilano de 2 aristas de 2-3.5 mm, subiguales, frágiles y no fusionadas con las alas. Floración ago.-jun. 2*n* = 32, 32+1, 34. *Selvas altas perennifolias, bosques de neblina, bosques mixtos, bosques de* Pinus, *bosques secundarios, laderas, matorrales.* Ch (*Breedlove y Almeda 58189*, MO); G (*Williams et al. 41715*, MO). 1200-3600 m. (S. México, Mesoamérica.)

18. Verbesina hypsela B.L. Rob., *Proc. Boston Soc. Nat. Hist.* 31: 269 (1904). Holotipo: México, Chiapas, *Ghiesbreght 782* (imagen en Internet! ex GH). Ilustr.: no se encontró. N.v.: Capitana, lengua de vaca, vara de carrizo, G; chimaliote, ES.

Hierbas robustas erectas a arbustos hasta 3 m, sin ramificar por debajo de la capitulescencia; tallos alados desde los márgenes decurrentes de la hoja, estriados, purpúreos, generalmente glabros o subglabros por debajo de la capitulescencia, las alas 2-5 mm de ancho. Hojas 3-6-pinnatilobadas, alternas, con base peciolariforme alada hasta el tallo; láminas (10-)17-35 × 8-20 cm, de contorno obovado, la superficie adaxial pilósula a glabrescente, la superficie abaxial densa y finamente piloso-serícea a escabrosa con la edad, largamente atenuadas en la base, los márgenes lobados, decurrentes sobre el tallo como alas, los lobos hasta c. 10 × c. 3 cm, lanceolados u oblanceolados, algunas veces triangulares, enteros a denticulados, el ápice agudo a acuminado. Capitulescencia 15-30 cm ancho, corimbiforme-paniculada, escasamente convexa a aplanada distalmente, con numerosas cabezuelas; pedúnculos 0.3-1.5 cm, hirsútulos. Cabezuelas 6-8(-9) mm, radiadas o rara vez discoides; involucro turbinado a angostamente campanulado, 3-4 mm de ancho; filarios 15-20, desiguales, graduados, 3-seriados o 4-seriados, lanceolados a oblanceolados, 2-5.5 × 0.4-1 mm, los externos herbá-ceos distalmente, esparcidamente setulosos, los internos algunas veces herbáceos distalmente, ciliolados distalmente; páleas 5-6 mm. Flores radiadas estilíferas pero estériles, 3-5; corola blanca, el tubo piloso, el limbo oblanceolado, 2-4(-6) × hasta c. 1 mm, 3-7-nervio. Flores del disco 18-25; corola blanca, 2.5-3.5 mm, setoso-pilosa proximalmente, los lobos triangulares, recurvados, 0.5-1 mm; ramas del estilo c. 1 mm. Cipselas 3.5-5 mm, el cuerpo pardusco, estriguloso, en material bien maduro algunas veces con las células subsidiarias de los tricomas bien agrandadas e impartiendo una apariencia pardo-amarillenta-tuberculada a la superficie, las alas hasta c. 1 mm de ancho, atenuado-estipitadas basalmente; vilano de 2 aristas de 2-2.4 mm. Floración nov.-ene. *Bosques de* Pinus-Quercus, *orillas de riachuelos, matorrales.* Ch (*Breedlove y Thorne 30195*, MO); G (*King 7168*, MO); ES (*Calderón 1311*, MO). (200-)1000-1500(-2800) m. (Endémica.)

19. Verbesina lanata B.L. Rob. et Greenm., *Proc. Amer. Acad. Arts* 34: 558 (1899). Isotipo: Guatemala, *von Türckheim 1344* (MO!). Ilustr.: no se encontró. N.v.: Hoj, taxánx, xou, G.

Arbustos grandes o árboles, (2-)3-13 m; tallos subangulados, no alados, densamente seríceos a tomentosos con tricomas generalmente sórdidos y adpresos. Hojas alternas, no lobadas, grande y largamente pecioladas; láminas 15-30(-50) × 6-15(-25) cm, elípticas a oblongas, delgadamente cartáceas, pinnatinervias, los nervios secundarios generalmente 8-12, la nervadura terciaria finamente reticulada, las superficies por lo general esparcidamente subestrigosas a delgadamente pilósulas (algunas veces glabrescentes), la superficie adaxial lisa, la base cuneada o atenuada y gradualmente angostada y decurrente en la porción distal del pecíolo, no auriculada, los márgenes subenteros a remotamente denticulados, el ápice agudo a acuminado; pecíolo 2-8 cm. Capitulescencia generalmente 14-35 cm de diámetro, corimbiforme-paniculada, con múltiples cabezuelas, las pocas ramas proximales con hojas reducidas subyacentes; pedúnculos generalmente 0.5-3 cm, densamente seríceos a tomentosos. Cabezuelas generalmente 8-12 mm, con 28-35 flores, radiadas; involucro 4.5-7 × 4-6 mm, turbinado-campanulado; filarios hasta c. 1 mm de ancho, los externos triangular-lanceolados hasta los internos lanceolados u oblanceolados, al menos los internos ligeramente naviculares, 3-seriados o 4-seriados, marcadamente graduados, aplanados, subherbáceos, endurecidos, parduscos, sórdido-pilósulos, el ápice obtuso; páleas 5-7.5 mm, naviculares proximalmente, generalmente casi tan sórdido-pilósulas distalmente como los filarios, el ápice obtuso, erecto, aplanado. Flores radiadas 7-10, pistiladas; corola blanca, el tubo 1.7-2.5 mm, el limbo 6-10 × 2-3 mm, oblongo, 5-7-nervio. Flores del disco 20-25; corola 3.5-4.8 mm, blanco-amarillento, el tubo 0.7-1 mm, piloso, los lobos c. 0.6 mm, setulosos. Cipselas 3.5-5 mm, subglabras a esparcidamente adpreso-pilósulas; vilano de 2 aristas de 3-4.3 mm, subiguales (o desiguales en las radiadas). Floración nov.-jun. 2*n* = 34. *Bosques de neblina, bosques de* Pinus-Quercus, *vegetación secundaria.* Ch (*Breedlove y Dressler 29620*, MO); B (*Schipp 479*, NY); G (*von Türckheim II 1512*, MO); H (*MacDougal et al. 3204*, MO). 200-1900 m. (Endémica.)

Verbesina lanata fue originalmente descrita con afinidad a las especies con flores amarillas de *V.* sect. *Saubinetia* (J. Rémy) B.L. Rob. et Greenm., pero Olsen (1985) anotó que debido a las corolas radiadas blancas pertenecía a *V.* sect. *Ochractinia*. Consecuentemente, la mayoría del material con flores amarillas que D'Arcy (1975d [1976]) llamó *V. lanata* es generalmente referido a la especie ampliamente definida *V. oerstediana*. Por otro lado, la cita de individuos con flores blancas llamados *V. oerstediana* en Belice es en referencia a material de *V. lanata*.

20. Verbesina minarum Standl. et Steyerm., *Publ. Field Mus. Nat. Hist., Bot. Ser.* 23: 263 (1947). Holotipo: Guatemala, *Steyermark 42489* (foto MO! ex F). Ilustr.: no se encontró.

Arbustos a árboles pequeños 2.5-4.5 m; tallos no alados, densamente ramificados, foliosos distalmente, densamente estrigulosos a glabrescentes, con entrenudos mucho más cortos que las hojas. Hojas simples y no lobadas, alternas, cortamente pecioladas; láminas 4.5-11 × 1-4 cm, oblanceoladas, subcoriáceas, pinnatinervias, los nervios secundarios generalmente 4-8, la superficie adaxial glabra, la superficie abaxial glabra o diminutamente estrigulosa cuando joven, la base largamente atenuada, los márgenes enteros o poco serrulados, el ápice agudo a obtuso; pecíolo 0.4-1.3 cm, robusto, no alado, no dilatado ni auriculado. Capitulescencia hasta c. 6 cm de ancho, corimbosa, no dispuesta muy por arriba de las hojas subyacentes, aplanada distalmente; pedúnculos hasta c. 12 mm. Cabezuelas 5.5-6.5 mm, cortamente radiadas; involucro 4-4.5 × hasta c. 3 mm, turbinado-campanulado; filarios 2-4.5 × hasta c. 1 mm, oblanceolados, desiguales, graduados, c. 3-seriados, herbáceos distalmente, diminutamente puberulentos, agudos a obtusos; páleas c. 4 mm. Flores radiadas 6-8, pistiladas; corola blanca, el limbo 1.5-2 mm. Flores del disco bisexuales; corola c. 3.5 mm, blanca, el tubo piloso, los lobos más cortos que la garganta. Cipselas (inmaduras) glabras, los márgenes ciliolados; vilano de aristas 1.2-2 mm. *Selvas medianas perennifolias.* Ch (Parker, 2008: 205); G (*Steyermark 43030*, F). 2000-3000 m. (Endémica.)

No se puedo verificar el registro de Chiapas.

21. Verbesina monteverdensis Pruski, *Phytoneuron* 2016-83: 16 (2016). Holotipo: Costa Rica, *Haber 2373* (MO!). Ilustr.: Pruski, *Phytoneuron* 2016-83: 16, t. 12 (2016).

Arbustos a árboles 2-8 m; tallos subangulados proximalmente a estriado-subteretes distalmente, no alados, parduscos, escasa a moderadamente piloso-hirsutos distalmente a glabrescentes, los tricomas erectos, no crispados; follaje mayormente glabro a esparcidamente pubescente, no glanduloso. Hojas alternas, no lobadas, pecioladas; láminas 5-10(-15) × 1.5-3.5 cm, lanceoladas a angostamente elíptico-ovadas, cartáceas, pinnatinervias, los nervios secundarios 4-6 por lado, ligeramente prominentes abaxialmente, las superficies concoloras, la superfice adaxial básicamente glabra, la supercie abaxial glabra o frecuentemente con las nervaduras más grandes subadpreso pilósulo-hirsútulas, la base angostamente cuneada a atenuada, algunas veces ligeramente decurrente en la porción distal del pecíolo, los márgenes enteros a remotamente denticulados, el ápice acuminado a atenuado; pecíolo 0.5-1.5 cm. Capitulescencia terminal, 5-15 cm diám., convexa a casi apalanda por arriba, corimbiforme-paniculada, con múltiples cabezuelas, las ramitas proximales marcadamente ascendentes, piloso-hirsutas, las hojas internas bracteadas generalemnte mucho más pequeñas que las hojas principales del tallo; pedúnculos 0.5-3 cm, moderadamente piloso-hirsutos. Cabezuelas 7-8.5 mm, con 33-50 flores, radiadas; involucro 4-5.5 × 4-5(-6) mm, doble con los filarios externos parecidos a las 0-3 bractéolas distales laxamente insertadas del pedúnculo, campanulado pero los filarios patentes en fruto, 2-3-seriados; filarios obgraduados (rara vez marcadamente subiguales); filarios externos 5-10, herbáceos, moderada y largamente subescuarrosos, con el apéndice subescuarroso elípticp-lanceolado, agudo a angostamente obtus, 1.5-2 veces más largo que la parte proximal del cuerpo de los filarios, con la mitad a 2/3 distales reflexos, (4-)5-6 × 1-1.5 mm, espatulados, con nervios oscuros, glabros a esparcidamente pilósulos, el ápice agudo a angostamente obtuso; filarios internos c. 4 × 1 mm cartáceos; páleas 5-6 mm, el ápice agudo, frecuentemente dirigido hacia afuera. Flores radiadas 8-10, pistiladas; corola amarilla, el tubo 1-1.5 mm, esparcidamente pilósulo, el limbo 5-9 × 2-4 mm, ovado a obovado. Flores del disco 25-40; corola 4.5-5.5 mm, infundibuliforme, amarilla, el tubo 1-1.5 mm, esparcidamente pilósulo, los lobos 0.5-0.7 mm, deltados; anteras c. 1.8 mm, las tecas negras pero los conectivos pálidos. Cipselas 2.7-3.7 mm, las caras débilmente setosas distalmente de otra forma generalmente grablas; aristas del vilano 2, 2.5-3 mm. Floración feb., jul., ago., oct., dic. *Bosques nublados.* CR (*Pounds 299*, MO). 1500-1800 m. (Endémica.)

22. Verbesina myriocephala Sch. Bip. ex Klatt, *Leopoldina* 23: 144 (1887). Isotipo: México, Oaxaca, *Liebmann 271 (8727)* (US!). Ilustr.: Zamora et al., *Árboles Costa Rica* 2: 279 (2000), como *V. gi-*

gantoides. N.v.: Tzajal baksuntez, Ch; mano de lagarto, G; tabaco del monte, tabaquillo, H; chimaliote, chimaliote negro, ES.

Verbesina costaricensis B.L. Rob., *V. gigantoides* B.L. Rob.

Hierbas robustas erectas a arbustos, 1-3 m, sin ramificar por debajo de la capitulescencia; tallos algunas veces varios a partir de un solo rizoma, foliosos, no alados, subterete-estriados, purpúreos, glabros o subglabros por debajo de la capitulescencia. Hojas profundamente 3-8-pinnatilobadas o aquellas en la capitulescencia no lobadas, alternas, largamente pecioladas; láminas 15-40 × 10-25 cm, de contorno obovado, la superficie adaxial pilósula a glabrescente, la superficie abaxial moderada a escasamente tomentosa con tricomas subadpresos, la base cuneada y cortamente decurrente sobre el pecíolo, los márgenes lobados, los senos redondeados y algunas veces anchos, los lobos 2-10(-17) × 2-2.5(-5) cm, lanceolados u oblanceolados a falcados, el ápice acuminado; pecíolo 5-13(-16) cm, no alado hasta la base, no auriculado. Capitulescencia 15-30 cm de ancho, corimbiforme-paniculada, redondeada a aplanada distalmente, con numerosas cabezuelas; pedúnculos 0.1-0.8(-1.5) cm, tomentosos a hirsútulos. Cabezuelas 5-7.5 mm, radiadas a algunas veces muy inconspicuamente radiadas, con 13-26 flores; involucro 3.5-4(-5) × 3-4 mm, turbinado-campanulado; filarios 9-15, 1.5-4(-5) × 0.6-1.5 mm, desiguales, graduados, c. 3-seriados, hírtulos a hirsútulos, el ápice agudo a obtuso; filarios externos linear-lanceolados, aplanados, delgadamente herbáceos apicalmente o en toda la superficie; filarios internos oblanceolados a oblongos, ligeramente naviculares; páleas 4-6 mm, cilioladas, esparcidamente setulosas, acuminadas a atenuadas. Flores radiadas 1-5, estelíferas y fértiles; corola blanca, el tubo piloso, el limbo 2-4(-5) × 1-2 mm, elíptico a oblongo, 5-7-nervio, el ápice 3-denticulado o algunas flores radiadas pareciendo transicionales con las del disco y profundamente 1-3-lobadas. Flores del disco 12-21; corola 2-3.2 mm, blanca, pilosa proximalmente o algunas veces el tubo y la garganta pilosos en toda la superficie, los lobos 0.6-0.8 mm, triangular-lanceolados; ramas del estilo c. 1 mm. Cipselas 2.5-4(-5) mm, el cuerpo 0.8-1.2 mm de ancho, negro, estrigoso, en material bien maduro algunas veces los tricomas con células subsidiarias bastante agrandadas e impartiendo una apariencia pardo-amarillenta-tuberculada a la superficie, las alas hasta 1 mm de ancho, delgadas, la base atenuado-estipitada; vilano de 2 aristas de 1.5-2(-2.5) mm. Floración generalmente sep.-may. *Laderas rocosas, cafetales, afloramientos de caliza, bosques abiertos, bosques de* Pinus-Quercus, *orillas de caminos, borde de riachuelos, matorrales, selvas caducifolias.* T (Pérez J. et al., 2005: 85); Ch (*Nelson 3423*, US); G (*Contreras 9333*, MO); H (*Molina R. 2677*, MO); ES (*Montalvo y Villacorta 6447*, MO); N (*Molina R. 23029*, MO); CR (*Tonduz 7068 [9833]*, MO). 30-1600 m. (S. México, Mesoamérica.)

Nash (1975) relegó *Verbesina myriocephala* a la sinonimia de *V. gigantea*, la cual difiere por las hojas biauriculadas con base pecioliforme, alada hasta los tallos. La cita hecha por Standley (1930) de *V. myriocephala* en Yucatán se basó en material que aquí se referiría a *V. gigantea*. Los nombres comunes panameños atribuidos por Standley (1931) a *V. myriocephala* son en cambio presumiblemente en referencia a *V. gigantea*, como lo evidencia la ausencia de *V. myriocephala* de Panamá y porque Standley en todas partes (p. ej., Standley, 1930) erróneamente ha aplicado el nombre de *V. myriocephala* a plantas de *V. gigantea*.

Por otro lado, los nombres comunes hondureños atribuidos por Standley (1931) a *V. myriocephala*, pueden posiblemente referirse ya sea a *V. myriocephala* o a *V. gigantea*, a pesar del hecho de que Nelson (2008) aplicaba estos solo a *V. gigantea*. Aristeguieta (1964b) registra *V. myriocephala* en Venezuela basado en material erróneamente identificado. El sinónimo *V. costaricensis* fue descrito con cabezuelas discoides, pero el material tipo tiene cabezuelas 1-radiadas.

23. Verbesina neriifolia Hemsl., *Biol. Cent.-Amer., Bot.* 2: 188 (1881). Isotipo: México, Chiapas, *Ghiesbreght 528* (MO!). Ilustr.: no se encontró. N.v.: Sikil wamal, Ch.

Verbesina phyllolepis S.F. Blake.

Arbustos 1-3 m; tallos poca a varias veces ramificados, angostamente alados al menos distalmente (rara vez no alados), con alas 0.5-1(-2) mm de ancho, foliosos distalmente, estrigulosos. Hojas simples y no lobadas, alternas, subsésiles o cortamente pecioladas; láminas 5-15(-25) × 1-2(-3) cm, lanceoladas a angostamente elípticas, los nervios secundarios generalmente 5-7, dirigidos hacia adelante, las superficies discoloras, la superficie adaxial glabra o estrigulosa, la superficie abaxial densamente gris-estrigulosa o en ocasiones estas concoloras y la superficie abaxial apenas moderadamente estrigulosa, con tricomas diminutos, adpresos, la base atenuada y decurrente sobre el pecíolo, o la base a modo de pecíolo, luego auriculado y decurrente sobre el tallo como alas, los márgenes subenteros a serrulado-denticulados, el ápice acuminado. Capitulescencia terminal, corimbosa, con 3-12 cabezuelas, no dispuesta muy por encima de las hojas subyacentes, 3-10 cm de ancho; pedúnculos frecuentemente alados, 5-30 mm, estrigulosos, frecuentemente 1-bracteolados o 2-bracteolados, las alas frecuentemente más anchas que el pedúnculo; bractéolas lanceoladas, hasta 10 mm. Cabezuelas radiadas, 8-15 mm; involucro campanulado a anchamente hemisférico, 6-12 × 7-12 mm; filarios c. 15, 6-12 × 1-2 mm, subiguales o los externos herbáceos más largos, linear-lanceolados a oblanceolados, c. 3-seriados, estrigulosos, patentes a reflexos especialmente en fruto, el ápice generalmente agudo; páleas 5-7 mm, apiculadas. Flores radiadas 15-20, pistiladas; corola amarilla, el tubo corto, pilósulo, el limbo 9-17 × 2.5-4.5 mm, angostamente oblongo, c. 7-nervio. Flores del disco 60-110; corola amarilla, 3.5-4.5 mm, glabra o el tubo esparcidamente pilósulo, los lobos 0.5-0.7 mm, lanceolados, ramas del estilo c. 1.5 mm. Cipselas 2.5-3 × c. 1 mm, no aladas, negras, las caras algunas veces 1-estriadas, esparcidamente estrigulosas distalmente, los márgenes ciliolados, la base de la corola algunas veces persistente; vilano de aristas 1.5-2.3 mm, frágiles, escabriúsculas. Floración oct.-abr., jul.-ago. *Laderas abiertas, claros, bosques de* Pinus, *bosques de* Pinus-Quercus, *bordes de pantanos, laderas arboladas.* Ch (*Matuda 3953*, US). 700-2500 m. (S. México, Mesoamérica.)

Verbesina neriifolia es similar a *V. chiapensis* y *V. hypargyrea* por la forma de la hoja y estructura de la capitulescencia, pero difiere de ambas por los filarios rostrados más largos. Por los tallos alados y las hojas con superficies discoloras, *V. neriifolia* es similar *a V. sericea* Kunth et Bouché de Oaxaca, pero *V. sericea* difiere obviamente por las flores radiadas pocas y más cortas.

24. Verbesina oerstediana Benth., *Vidensk. Meddel. Dansk Naturhist. Foren. Kjøbenhavn* 1852: 96 (1853). Isotipo: Costa Rica, *Oersted 8729* (US!). Ilustr.: D'Arcy, *Ann. Missouri Bot. Gard.* 62: 1154, t. 74 (1975 [1976]). N.v.: Amargo, pasmado, H; torilla, CR.

Verbesina oerstediana Benth. var. *glabrior* S.F. Blake, *V. vicina* S.F. Blake?.

Arbustos a árboles, 2-12 m; tallos subangulados proximalmente a estriado-subteretes distalmente, no alados, parduscos, blancos a sórdido-tomentosos a tomentosos con tricomas crespo-ascendentes o subestrigosos con tricomas sórdidos adpresos. Hojas alternas, no lobadas, típica y obviamente pecioladas o con la base peciolariforme alargada alada hasta el tallo o casi hasta el tallo; láminas 10-30(-35) × 6-12(-14) cm, oblanceoladas u oblongas a elípticas o angostamente ovadas, cartáceas, pinnatinervias, los nervios secundarios 6-7 por lado, ligeramente prominentes abaxialmente, más o menos concoloras entre ellas y con los tallos, las superficies concoloras, la superficie adaxial hirsútula a glabrescente, rara vez escabriúscula, la superficie abaxial pilósula a pilosa o tomentosa a lanosa sobre los nervios mayores, la base cuneada, algunas veces atenuada y decurrente con base peciolariforme alargada alada casi hasta el tallo, no auriculada, los márgenes subenteros o denticulados a serrulados, el ápice acuminado; pecíolo (0-)1.5-3 cm o con la base anchamente alada peciolariforme de casi 1/4 de la longitud de la hoja, aquel de las hojas mayores 1.5-4 cm de diámetro. Capitulescencia hasta 30 cm de diámetro, convexa a casi aplanada distalmente, corimbiforme-paniculada, generalmente con 50-

200 cabezuelas, las ramas y las ramitas robustas, pelosas a tomentosas, sórdido-piloso-vellosas, las hojas internas bracteadas 5-15 cm, espatuladas, la base angostamente alada pecioliforme de casi 1/2 de la longitud de estas hojas bracteadas; pedúnculos 1-1.5 cm, sórdido-piloso-vellosos, algunas veces diminutamente bracteolados inmediatamente por debajo de la cabezuela. Cabezuelas 6-9 mm, con 26-36 flores, radiadas; involucro 4-5 × 3-4 mm, campanulado a casi hemisférico en fruto, los filarios triangular-lanceolados a espatulados, 2-seriados o 3-seriados, moderadamente graduados a obgraduados, no pardusco-endurecidos, subestrigosos a pilósulos, el ápice agudo a obtuso; filarios externos herbáceos, escuarrosos; filarios internos cartáceos; páleas c. 5 mm, el ápice agudo. Flores radiadas 8-11, pistiladas; corola amarilla, el tubo 1-2 mm, piloso, el limbo 3.5-6 × c. 1.5 mm, obovado. Flores del disco 18-25; corola 5-7 mm, infundibuliforme, amarilla, el tubo piloso, los lobos 0.5-0.6 mm, deltados; anteras c. 2 mm, los conectivos frecuentemente pajizos, las tecas negras, el apéndice negruzco. Cipselas 3.5-7 mm, estrigosas distalmente a glabras; vilano de 2 aristas de 2-4 mm. Floración durante todo el año. 2*n* = c. 34. *Selvas altas perennifolias, orillas de caminos, laderas de volcanes.* H (*Yuncker et al. 5907*, US); N (*Molina R. 22893*, MO); CR (*King 6819*, MO); P (*Croat 26997*, MO). (50-)200-2900 m. (Endémica.)

El holotipo de *Verbesina vicina* se estudió hace casi 20 años y en ese entonces no se examinó con mayor detenimiento; solo puede ser listado aquí como un sinónimo cuestionable y parece tener filarios externos más pequeños que la típica *V. oerstediana*, lo cual podría llegar a ser una distinción válida si se separan las especies.

25. Verbesina oligantha B.L. Rob., *Proc. Amer. Acad. Arts* 47: 214 (1912 [1911]). Isotipo: México, Guerrero, *Langlassé 644* (US!). Ilustr.: no se encontró.

Arbustos a árboles 3-8 m; tallos no alados, hírtulos a glabrescentes. Hojas opuestas, simples, pecioladas; láminas (4-)7.5-20 × (1-)3-7 cm, ovadas a rómbico-ovadas, ligeramente 3-nervias desde por encima de la acuminación basal de la hoja, la superficie adaxial escabrosa, con tricomas de base ancha, la superficie abaxial hirsuta a hirsútula, con tricomas de base moderadamente ancha, la base obtusa a acuminada y luego decurrente sobre el pecíolo algunas veces hasta cerca de la base, los márgenes serrulados o algunas veces levemente lobados, el ápice agudo a acuminado; pecíolo 1-3 cm, alado distalmente o algunas veces hasta cerca de la base. Capitulescencia 3-8(-20) cm de ancho, corimbiforme-paniculada, aplanada distalmente, con numerosas cabezuelas, ligeramente densa; pedúnculos 0.4-1.5 cm, hirsútulos. Cabezuelas generalmente 8-12 mm, radiadas o algunas veces discoides, con (4-)5-15 flores; involucro hasta c. 4.5 × 3-4 mm, cilíndrico-turbinado; filarios 8-12, 2-4.5 × 1-1.5 mm, ovados a lanceolados, desiguales, marcadamente graduados, c. 3-seriados, adpresos, al menos los internos ligeramente naviculares, escariosos proximalmente, el ápice delgadamente herbáceo, agudo a acuminado; páleas 6-8(-10) mm, mucho más largas que los filarios, pero similares a ellos en textura. Flores radiadas (0)1-4, generalmente estériles y sin estilos; corola amarilla, el tubo setuloso, algunas veces alargado, el limbo (2-)4-6 × c. 3 mm, ovado, 5-9-nervio; ovario con 2 aristas. Flores del disco 4-11; corola 5-7 mm, amarilla, glabra, los lobos c. 1 mm, lanceolados; ramas del estilo 1.5-2 mm, cipselas del disco 5-7 mm, negras o algunas veces ligeramente blanco-suberosas, el cuerpo 1.5-2 mm de ancho, las alas 1-2 mm de ancho, el cuerpo setuloso; vilano de 2 aristas de 3-5(-6) mm, subiguales. Floración ene. *Selvas caducifolias.* Ch (*Matuda 0798*, MO). 700-1800 m. (S. México, Mesoamérica.)

26. Verbesina ovatifolia A. Gray, *Proc. Amer. Acad. Arts* 19: 15 (1884 [1883]). Holotipo: México: Chiapas, *Ghiesbreght 523* (imagen en Internet! ex GH). Ilustr.: Gargiullo et al., *Field Guide Pl. Costa Rica* 112 (2008).

Verbesina fraseri Hemsl. var. *nelsonii* Donn. Sm., *V. tonduzii* Greenm.

Hierbas perennes a arbolitos delgados, 1-5(-7) m; tallos semitrepadores, cuadrangulares, alados desde el margen de cada hoja y entonces cada entrenudo 4-alado, glabros o hirsútulos, las alas 0.5-2 mm de ancho. Hojas opuestas, simples o algunas veces aquellas proximales moderadamente(-profundamente) 5-7-lobadas, los senos redondeados, los lobos 1-6 cm; láminas 6-12(-17) × 4-8(-15) cm, ovadas a deltadas, la superficie adaxial escabrosa, con tricomas de base ancha, la superficie abaxial escabriúscula, no glandulosa, la base truncada a aguda y luego con una acuminación basal, los márgenes denticulados o irregularmente serrados, algunas veces lobados, el ápice acuminado; pecíolo 0.5-1.5(-4) cm, gradualmente alado hasta cerca de la base. Capitulescencia abierta, corimbosa, con 3-5 cabezuelas; pedúnculos 1-8(-14) cm, hispídulos. Cabezuelas 15-20 × 20-35 mm, discoides, globosas; involucro hemisférico, flores muy exertas; filarios numerosos, desiguales a escasamente desiguales, los filarios externos frecuentemente solo c. 1/2 de la longitud de los internos, graduados, adpresos o los externos algunas veces patentes, al menos los internos escasamente naviculares, herbáceos o los internos solo apicalmente herbáceos, las superficies hirsútulas hasta en los internos glabrescentes basal y lateralmente, 3-4-seriados; filarios externos 2.5-5 × 1.3-3.5 mm, triangular-lanceolados, graduando hasta los internos; filarios internos hasta c. 8 × 1.5 mm, lanceolados, el ápice agudo, graduando hasta las páleas; páleas 6.5-11 mm, acuminadas, hirsútulas. Flores radiadas ausentes. Flores del disco 100-150; corola 6-9 mm, infundibuliforme, anaranjada, las series más externas con limbos dirigidos hacia afuera, la nervadura del limbo engrosada, los lobos c. 0.9 mm, lanceolados, patentes a recurvados, setulosos; anteras 2.5-3 mm, amarillo-anaranjadas, generalmente exertas; ramas del estilo 1.5-2 mm, recurvadas. Cipselas 5.5-8 mm, de contorno obovado, el cuerpo glabro o rara vez esparcidamente setuloso, tornándose pardo-amarillento-tuberculado, las alas 1.5-2.5 mm de ancho, enteras o los márgenes sinuosos, adnatas a las aristas basalmente; vilano de 2 aristas de 1.5-3.7 mm, subiguales. Floración casi todo el año. $2n = 34$. *Cafetales, áreas alteradas, laderas secas, matorrales, bosques abiertos, orillas de caminos, vegetación secundaria, matorrales, claros.* Ch (*Pruski et al. 4199*, MO); G (*Nelson 3551*, US); H (*Standley 18167*, F); N (*Moreno 4483*, MO); CR (*Tonduz 12765*, US). 60-1500 m. (E. y S. México, Mesoamérica.)

Nash (1975) y Nelson (2008) usaron el nombre *Verbesina crocata* para material que aquí se refiere a *V. ovatifolia*, y Strother (1999) trató *V. fraseri* y *V. ovatifolia* como sinónimos de *V. crocata*, pero se sigue a Olsen (1988) al recomendar cada una de las tres como distintas. La cita de Hemsley (1881) de *V. crocata* en Costa Rica es en referencia a material que se ha identificado como *V. ovatifolia*. La especie *V. crocata* de fuera de Mesoamérica se caracteriza por los filarios linear-lanceolados en 4-7 series conspicuamente graduadas, con los filarios externos casi 3 veces más pequeños que los internos.

27. Verbesina pallens Benth., *Vidensk. Meddel. Dansk Naturhist. Foren. Kjøbenhavn* 1852: 97 (1853). Holotipo: Nicaragua, *Oersted 161* (imagen en Internet! ex K). Ilustr.: no se encontró. N.v.: Chimaliote, lengua de vaca, vara blanca, yucar, G; chimaliote, chimaliote blanco, tabaquillo, ES.

Verbesina punctata B.L. Rob. et Greenm.

Hierbas erectas toscas a arbustos delgados, 1-3(-4) m, sin ramificar por debajo de la capitulescencia o algunas veces poco ramificados; tallos anchamente alados distalmente, gruesos, estriados, glabros o substrigulosos, con hojas gradualmente disminuyendo en tamaño o algunas veces densamente foliosos apicalmente, las alas frecuentemente más largas que el entrenudo y frecuentemente tan anchas o más anchas que el tallo, las alas rara vez indistintas. Hojas simples y no lobadas, alternas, con base peciolariforme angosta 3-10 cm, decurrente hasta el tallo luego muy anchamente auriculada y continuando proximalmente como alas; láminas 5-43 × 1-15(-20) cm, angostamente oblanceoladas a obovadas, la superficie adaxial escabrosa a escabriúscula, con tricomas de células subsidiarias lateralmente patentes, la superficie abaxial con la nervadura subestrigulosa, glabra o subglabra en las aréolas, parte proximal atenuada, los márgenes serrulados a serrados, el ápice obtuso a acuminado. Capitulescencia terminal, tirsoide-paniculada, ligeramente redondeada a casi aplanada distalmente, con numerosas cabezuelas, 6-25 cm de ancho, las ramas proximales algunas veces brevemente aladas, las ramas laterales hasta 30 cm, obviamente aladas; pedúnculos 3-14 mm, no alados, hírtulos a substrigulosos, bracteolados; bractéolas 2-4 mm, linear-lanceoladas, algunas veces 1-2 cabezuelas cercanamente subyacentes. Cabezuelas 5.5-7.5 mm, radiadas; involucro 4.2-6 × 3.5-5.5 mm, campanulado; filarios ligeramente desiguales, escasamente graduados, algunas veces obgraduados, 2-seriados o 3-seriados, hírtulo-pilósulos a subglabros; filarios externos 3-4(-6) × hasta c. 0.5 mm, lanceolados, subherbáceos al menos distalmente; filarios internos 4.2-6 × 1-1.5 mm, oblongos, escasamente navicular-carinados, verde pálido, el ápice obtuso a acuminado; páleas 4.5-6.5 mm. Flores radiadas 7-13, pistiladas; corola blanca, el tubo esparcidamente pilósulo, el limbo 3-4.2 × 1.5-2.5 mm, elíptico u oblongo u obovado. Flores del disco 30-68; corola 2.8-4 mm, blanca, finamente setulosa proximalmente, los lobos deltados a triangular-lanceolados, 0.5-1 mm; ramas del estilo 0.8-1 mm, el ápice triangular luego mucronulato. Cipselas 3-4 mm, negras, el cuerpo hasta 1.2 mm de ancho, estriguloso, las alas angostas; vilano de aristas 2-2.5 mm. Floración oct.-mar. *Laderas, afloramientos de caliza, bosques de* Quercus, *bosques de* Pinus-Quercus, *orillas de caminos, matorrales secundarios, selvas medianas subperennifolias.* Ch (*Breedlove 41519*, MO); G (*Pruski et al. 4502*, MO); ES (*Sermeño et al. 7*, MO); N (*Neill 2960*, MO); CR (*Wilbur et al. 15882*, MO). 500-1800(-2000) m. (Endémica.)

Si bien tanto *Verbesina pallens* como *V. punctata* tienen flores blancas, Robinson y Greenman (1899b) las ubicaron en diferentes secciones. Existe una tendencia general con el material noroccidental (tipificado por *V. punctata*) a tener filarios agudos a acuminados y en el material suroriental (la forma típica) a tener filarios obtusos, pero esta variación parece ser clinal, aunque es claro que el material de El Salvador parece ser intermedio. Olsen (1985) trató todos estos como conespecíficos y dentro de *V.* sect. *Ochractinia*, aunque bajo el nombre *V. punctata*. Material de Chiapas es algunas veces determinado como *V. virginica* del sureste de Estados Unidos, la cual difiere por las hojas densamente pelosas abaxialmente y 1-5 cabezuelas radiadas. Material citado por Molina R. (1975) como *V. punctata* no es alado y se ha identificado como *V. guatemalensis*; sin embargo *V. pallens* se debe esperar en Honduras.

28. Verbesina persicifolia DC., *Prodr.* 5: 614 (1836). Holotipo: México, Tamaulipas, *Berlandier 2209* (foto MO! ex G-DC). Ilustr.: no se encontró.

Otopappus olivaceus (Klatt) Klatt, *Silphium arborescens* Mill., *Verbesina arborescens* (Mill.) S.F. Blake non M. Gómez, *V. lindenii* (Sch. Bip.) S.F. Blake, *V. olivacea* Klatt, *Zexmenia lindenii* Sch. Bip.

Arbustos de hasta 4 m; tallos no alados, glabros a puberulentos. Hojas simples y no lobadas, alternas, pecioladas; láminas 5-15(-25) × 1-6.5(-9) cm, lanceoladas a angostamente ovadas, cartáceas, pinnatinervias, generalmente con 5-7 nervios secundarios, reticuladas, las superficies concoloras a algunas veces grisáceas abaxialmente, la superficie adaxial estrigulosa, con tricomas de base ancha, la superficie abaxial glabra o pilósula a tomentosa, la base angostamente cuneada formando una acuminación corta, los márgenes subenteros a serrulados(-serrados), el ápice generalmente acuminado a agudo; pecíolo 0.7-2 cm, no alado, no dilatado ni auriculado. Capitulescencia 7-12(-25) cm de ancho, abiertamente corimbiforme, con 5-20 cabezuelas, convexa; pedúnculos 1-2.5 cm, robustos, bracteolados, finamente hirsútulos a densamente pilosos. Cabezuelas 7.5-11 mm, radiadas; involucro 5-7 × 7-12 mm, campanulado a hemisférico; filarios 3-7 mm, oblongos o los externos algunas veces espatulados, moderadamente graduados a subiguales, c. 3-seriados, la base ligeramente acostillada, endurecida, pero los filarios no pardusco-endurecidos en toda la superficie, ciliolados, distalmente subherbáceos o los internos escariosos, el ápice obtuso o en los internos agudo; páleas 5-8 mm, escariosas a cartáceas y ligeramente endurecidas, pajizas, el ápice obtuso a agudo. Flores radiadas 13-21, pistiladas; corola amarilla, el tubo c. 1.5 mm, piloso, el limbo 4-6 mm, ovado a oblongo. Flores del disco 80-120; corola amarilla, c. 4 mm, el tubo c. 0.7 mm, piloso, los lobos c. 0.7 mm, triangulares; anteras c. 2 mm; ramas del estilo c. 1.5 mm. Cipselas 3-3.5 mm, angostamente aladas, glabras a esparcidamente setulosas distalmente, las alas hasta c. 0.8 mm de diámetro; vilano en las cipselas radiadas con 0-1 aristas, en las cipselas del disco con 1-2 aristas, 1.5-2 mm. Floración jun.-sep. 2*n* = 34. *Bosques de* Pinus-Quercus, *laderas arboladas, selvas altas perennifolias estacionales, selvas caducifolias, bosques espinosos.* T (*Ventura 20638*, MO); Ch (*Breedlove 39933*, MO). 0-900 m. (C. y S. México, Mesoamérica.)

29. Verbesina perymenioides Sch. Bip. ex Klatt, *Leopoldina* 23: 143 (1887). Holotipo: México, Oaxaca, *Liebmann 330* (microficha MO! ex C). Ilustr.: no se encontró. N.v.: Julgunero, malacate, tatascame, G.

Verbesina steyermarkii Standl.

Arbustos o árboles pequeños, 2-4(-6) m; tallos subterete-estriados, no alados, amarillentos a pardo pálido, esparcidamente estrigulosos o seríceos pero pronto glabrescentes. Hojas alternas, no lobadas, cortamente pecioladas; láminas 6-25 × 1-4(-9) cm, lanceoladas(-oblanceoladas o angostamente elípticas), cartáceas, pinnatinervias y prominentes en la superficie abaxial, ambas superficies verdes, la superficie adaxial glabra a algunas veces esparcidamente estrigulosa, la superficie abaxial subglabra a finamente estrigulosa(-densamente piloso-estrigulosa), la base atenuada y decurrente sobre el pecíolo, los márgenes subenteros a crenado-serrulados, el ápice atenuado; pecíolo 0.5-2 cm, no alado, no dilatado ni auriculado. Capitulescencia 6-16 cm de diámetro, cercanamente corimbiforme-paniculada, convexa hasta casi aplanada distalmente, con 30-100 cabezuelas cercanas, dispuesta moderadamente muy por encima de las hojas; pedúnculos 0.1-1.6 cm, densamente hirsútulos. Cabezuelas 6-8 mm, radiadas; involucro 3-4 × 2.5-4 mm, turbinado-campanulado; filarios 7-14, ovados a oblongos, desiguales, c. 3-seriados, delgadamente cartáceos o membranáceos, no pardusco-endurecidos, pajizos a verde pálido, glabros o subglabros, los márgenes ciliolados, el ápice generalmente anchamente obtuso a casi truncado(-agudo); páleas 3-4 mm, naviculares, escariosas, pajizas, la vena media setulosa, agudas(-obtusas). Flores radiadas 8-15, pistiladas; corola amarilla, el tubo c. 1 mm, piloso, el limbo 2-3 mm, ovado. Flores del disco 20-30; corola c. 3 mm, muy angostamente infundibuliforme, amarilla, al secarse pardo oscuro, el tubo c. 0.5 mm, piloso, los lobos c. 0.5 mm, triangular-lanceolados; ramas del estilo c. 1.2 mm. Cipselas 1.5-3 × 0.7-1 mm, glabras, el cuerpo pardo oscuro a negro, angostamente alado, los márgenes o alas ciliolados; vilano de (0-)2 aristas de 1-2 mm. Floración oct.-feb. 2*n* = 34. *Selvas caducifolias, bosques de* Pinus-Quercus, *matorrales.* Ch (*Cronquist 9671*, MO); G (*Steyermark 30698*, F). 600-2100 m. (S. México, Mesoamérica.)

No se pudo verificar el registro de Strother (1999: 139) para Honduras y ese ejemplar ha sido identificado como *Verbesina apleura*.

30. Verbesina petzalensis Standl. et Steyerm., *Publ. Field Mus. Nat. Hist., Bot. Ser.* 23: 147 (1944). Holotipo: Guatemala, *Standley 82921* (F!). Ilustr.: no se encontró.

Arbustos toscos, 2-3.5 m; tallos alados, gruesos y con médula, híspido-velutinos, los tricomas generalmente sórdidos. Hojas simples y no lobadas, alternas, la base pecioliforme hasta c. 7 cm, decurrente como alas sobre el tallo; láminas 16-40(-50) × 4-11(-30) cm, anchamente oblanceoladas a obovadas, la superficie adaxial escabriúscula a densamente escabrosa, la superficie abaxial verde o gris, densamente pilósula con tricomas cortos, algunas veces sórdidos, patentes a subadpresos, la porción proximal cuneada y por tanto largamente decurrente, los márgenes subenteros o denticulados, el ápice agudo a acuminado.

Capitulescencia terminal, tirsoide-paniculada, ligeramente redondeada a más o menos aplanada distalmente, con numerosas cabezuelas, 7-18 cm de ancho; pedúnculos no alados, 5-10 mm, densamente viloso-hispídulos, con frecuencia cortamente bracteolados. Cabezuelas 5.5-6.5 mm, radiadas; involucro 4-4.5 × c. 4 mm, campanulado; filarios 0.9-1.4 mm de diámetro, casi subiguales, c. 2-seriados, pálidos, linear-lanceolados a oblanceolados, pilósulos, el ápice obtuso a ligeramente redondeado, apiculado; páleas c. 4.5 mm. Flores radiadas 8-15, pistiladas; corola blanca, el limbo 3-5(-7) × c. 1.5 mm, elíptico-ovado. Flores del disco 20-35; corola 2.5-3.5 mm, blanco verdoso, pilósula proximalmente, los lobos deltados, c. 0.4 mm; ramas del estilo c. 1 mm. Cipselas negruzcas, 2.5-3 mm, glabras a estrigulosas, diminutamente pardo-amarillento-tuberculadas, las alas relativamente angostas, la base largamente estipitada; vilano de aristas 1.5-2 mm. Floración generalmente dic.-ene. *Bosques mesófilos de montaña, matorrales húmedos, maizales, laderas arboladas, a lo largo de arroyos.* Ch (Strother, 1999: 139); G (*Standley 82921*, F). (300-)600-1800 m. (Endémica.)

Verbesina petzalensis se ha registrado solo del suroeste y noroeste del área Cuchumatanes, y esta especie es similar a la forma de hoja simple de *V. turbacensis*. Olsen (1985) trata *V. petzalensis* como similar a *V. microptera* DC., la cual difiere por las capitulescencias con pocas cabezuelas y filarios desiguales. El número de flores radiadas por cabezuela en *V. petzalensis* es dado como 9 tanto por Olsen (1985) como Strother (1999), mientras que el protólogo da el número de flores radiadas como 8. El reporte de Parker (2008: 206) de *V. petzalensis* en Panamá está basado en una identificación errónea de material aquí referido a *V. oerstediana*.

31. Verbesina pleistocephala (Donn. Sm.) B.L. Rob., *Proc. Amer. Acad. Arts* 43: 41 (1908 [1907]). *Encelia pleistocephala* Donn. Sm., *Bot. Gaz.* 13: 189 (1888). Holotipo: Guatemala, *von Türckheim 1121* (US!). Ilustr.: no se encontró.

Verbesina donnell-smithii J.M. Coult.

Arbustos, 1.5-3(-5) m; tallos subterete-estriados o algunas veces ligeramente angulados, no alados, parduscos o algunas veces purpúreos distalmente, hirsútulos a hirsutos; follaje con tricomas generalmente antrorsos. Hojas alternas, no lobadas, pecioladas; láminas 5-20 × 1.5-7 cm, lanceoladas a angostamente ovadas u oblongas, cartáceas a rígidamente cartáceas, pinnatinervias, porción expandida de la lámina con 5-7 nervios secundarios ligeramente prominentes, retículo de tercer orden inmerso pero visible, las superficies concoloras o casi concoloras, la superficie adaxial escabrosa a escabriúscula, con tricomas de base angosta a obviamente ancha, la superficie abaxial hirsuta a híspida, con los tricomas de los nervios mayores algunas veces prominentes, la base gradualmente cuneada y finalmente angostada hasta una acuminación basal, los márgenes serrulados a serrados, el ápice agudo o acuminado; pecíolo 0.5-2(-3) cm, no alado, no dilatado ni auriculado. Capitulescencia 6-22 cm ancho, corimbiforme-paniculada, convexa, ligera y cercanamente con 20-60 cabezuelas, no dispuesta muy por encima de las hojas maduras, las ramas bracteadas; pedúnculos 0.4-2 cm, hirsútulos a subestrigosos, algunas veces 1-bracteolados o 2-bracteolados; bractéolas con cabezuelas algunas veces cercanamente subyacentes y ligeramente escuarroso-patentes. Cabezuelas 6-10 mm, radiadas; involucro 4-5 × 3.8-5 mm, notablemente más corto que las flores del disco, turbinado a angostamente campanulado; filarios 10-14, 0.9-1.3 mm de diámetro, generalmente ovados u oblongos, moderadamente graduados, 2-seriados o 3-seriados, adpreso-ascendentes, aplanados, subherbáceos, endurecidos, generalmente no obviamente escuarrosos, parduscos, pilósulo-estrigulosos; filarios externos con ápice obtuso a redondeado; filarios internos con ápice agudo a obtuso, graduando (excepto en longitud) hasta las páleas típicamente mucho más largas; páleas 5.5-7 mm, marcadamente conduplicadas, hírtulas a pilósulas, algunas veces negruzcas, el ápice obtuso a acuminado. Flores radiadas 3-6, estériles y no estilíferas, frecuentemente desarrollándose asincrónicamente, lateralmente patentes en casi la mitad de las páleas;

corola amarilla, el tubo 1-1.4 mm, piloso, el limbo 3-5 × 2-2.5 mm, angostamente elíptico u ovado a oblongo, 5-7-nervio. Flores del disco 18-30; corola 3.8-4.5 mm, infundibuliforme, amarilla, el tubo 0.7-1 mm, hirsútulo, la base de la garganta ligeramente engrosada, los lobos 0.6-1 mm, triangular-lanceolados; anteras 1.7-2 mm; ramas del estilo c. 1 mm. Cipselas 3.5-6 mm, anchamente aladas cuando maduras, glabras o subglabras, el cuerpo negro, las alas hasta c. 0.8 mm de diámetro, ciliadas; vilano de 2(?-3) aristas de 2-3(-4) mm, algunas veces frágiles. Floración nov.-feb.(-abr.-may.). 2n = 34. *Bosques montanos, bosques de* Pinus-Quercus, *barrancos rocosos, matorrales*. Ch (*Pruski et al. 4211*, MO); G (*von Türckheim II 1665*, MO). 800-2400 m. (Endémica.)

Esta especie fue descrita en *Encelia* debido a las flores radiadas estériles, pero *Verbesina pleistocephala* tiene prioridad nomenclatural. Es muy similar a *V. lanata* por los filarios obtusos rígidos, con flores blancas, y especialmente a *V. apleura*, con flores amarillas y rayos estériles, la cual difiere generalmente por las cabezuelas subescuarrosas más grandes, con más flores radiadas y algunas veces la pelosidad de la hoja más densa.

32. Verbesina scabriuscula S.F. Blake, *Contr. Gray Herb.* 52: 54 (1917). Isotipo: Guatemala, *Holway 723* (US!). Ilustr.: no se encontró. N.v.: S-suq sa'an, saqi mank, suquinai blanco, suquinay blanco, toquillo, G.

Hierbas toscas a arbustos delgados, 2-5 m; tallos no alados, gruesos, estriados, densamente vellosos a tomentosos, los tricomas sórdidos; follaje con tricomas frecuentemente patente-tortuosos, en ocasiones heterótricos con bajos tricomas farinoso-moniliformes también presentes. Hojas simples y no lobadas, alternas, pecioladas; láminas 12-50 × 4-13 cm, lanceoladas a ovadas, los nervios secundarios c. 10, la superficie adaxial escabrosa a escabriúscula, con tricomas de células subsidiarias agrandadas, la superficie abaxial densamente hispídula a hirsútula, la porción proximal redondeada y por tanto abrupta y cortamente decurrente en parte del pecíolo alado, los márgenes irregularmente undulado-denticulados a gruesamente dentados, el ápice agudo a acuminado; pecíolo 2-10 cm, alado distalmente. Capitulescencia 20-30 cm de ancho, tirsoide-paniculada, redondeada a algunas veces ligeramente aplanada distalmente, con numerosas cabezuelas, las ramitas secundarias y terciarias marcadamente patente-divaricadas; pedúnculos 0.5-1.2 cm, rígidos, viloso-hispídulos. Cabezuelas 4.5-5.5 mm, radiadas; involucro 2.8-3.5 × 3-3.5 mm, campanulado; filarios 2-3.5 × 0.7-1 mm, linear-lanceolados a oblanceolados, escasamente desiguales, escasamente graduados, c. 2-seriados, el ápice agudo a acuminado, mucronulato, pilósulos, los filarios externos subherbáceos, los filarios internos generalmente 1-nervios; páleas 3.2-3.8 mm, setulosas. Flores radiadas 8(-11), pistiladas; corola blanca, el tubo esparcidamente piloso, el limbo 3-4.5 × 1-2(-2.5) mm, ovado, c. 5-nervio. Flores del disco 22-33; corola 2-3 mm, blanco-verdoso, la garganta pilósula, los lobos triangulares, 0.5-0.6 mm; ramas del estilo c. 1 mm. Cipselas negruzcas, 2.5-3 mm, hispídulas, con tricomas de base ancha luego ligeramente pardo-amarillento-tuberculados, las alas 0.3-0.5 mm de ancho; vilano de 2 aristas de 1.5-2 mm, escabriúsculas. Floración nov.-abr. *Laderas, matorrales, cafetales, selvas altas perennifolias, bosques de* Quercus, *orillas de caminos, bosques de* Pinus, *barrancos rocosos*. G (*Pruski y MacVean 4485*, MO); H (Nelson, 2008: 203). 1300-2600 m. (Endémica.)

33. Verbesina serrata Cav., *Icon.* 3: 7 (1794 [1795]). Tipo: cultivado en Madrid, de México, *Anon. s.n.* (MA). Ilustr.: Cavanilles, *Icon.* 3: t. 214 (1794 [1795]).

Verbesina pringlei B.L. Rob., *V. serrata* Cav. var. *pringlei* (B.L. Rob.) B.L. Rob. et Greenm.

Arbustos 1-1.5(-3) m; tallos no alados, piloso-hirsutos. Hojas simples, opuestas, pecioladas; láminas 5-10(-15) × 2-4.5(-6) cm, ovado-

lanceoladas a ovadas, el retículo frecuentemente prominente, las superficies concoloras, la superficie adaxial piloso-hirsuta, con tricomas de base ancha, la superficie abaxial piloso-hirsuta, con tricomas de base angosta, la base cuneada a obtusa o redondeada y entonces con una acuminación decurrente sobre el pecíolo, los márgenes serrados a gruesamente serrados con 10-15 dientes por margen, el ápice agudo a acuminado; pecíolo 1-3 cm. Capitulescencia hasta c. 10 cm ancho, corimbosa a corimbiforme-paniculada, con varias cabezuelas; pedúnculos 0.5-2(-4) cm, piloso-hirsutos. Cabezuelas 10-14 mm, radiadas o algunas veces discoides, con (25-)26-37(-40) flores, involucro 5-10 mm de ancho, campanuladas; filarios 8-10, desiguales a subiguales y casi obgraduados, rara vez patentes, 2-seriados o 3-seriados, herbáceos, al menos los internos ligeramente naviculares, piloso-hirsutos, obtusos; filarios externos 3-5(-6) × 1-2 mm, lanceolados a obovados; páleas 6-7 mm, setulosas, acuminadas. Flores radiadas (0-)1-2(-5), estériles o fértiles y pistiladas; corola amarilla, el tubo piloso, el limbo 4-6 mm, oblongo. Flores del disco 25-35; corola 5.5-7.5 mm, amarilla, el tubo piloso, los lobos 1-1.3 mm, triangular a lanceolados, glabros o esparcidamente setulosos; ramas del estilo 2-2.5 mm. Cipselas 5.5-6.5 mm, el cuerpo 2.2-3 mm de ancho, negruzco, las alas 1-1.5 mm de ancho, esparcidamente piloso; vilano de 2 aristas de 2-3.5 mm, subiguales, escábridas, basalmente adnatas o con las alas rasgándose y con aristas patentes. Floración desconocida. *Hábitat desconocido*. T (Cowan, 1983: 27). Elevación desconocida. (México, Mesoamérica.)

Verbesina serrata es una especie común en México y esperada en Chiapas, pero su presencia en Tabasco no fue verificada. La cita de Breedlove (1986) de *V. serrata* en Chiapas es en referencia a material que aquí se identificó como *V. oligantha*.

34. Verbesina sousae J.J. Fay, *Brittonia* 25: 195 (1973). Holotipo: México, Chiapas, *Cronquist y Sousa 10456* (NY!). Ilustr.: Fay, *Brittonia* 25: 196, t. 3 (1973).

Arbustos o árboles pequeños, hasta 3 m; tallos angulados, no alados, densamente tomentosos; entrenudos distales mucho más cortos que los agregados de hojas. Hojas alternas, no lobadas, pecioladas; láminas 6.5-16(-20) × 2.5-7(-11) cm, lanceolado-ovadas, rígidamente cartáceas, pinnatinervias, con 8-11 nervios secundarios, la nervadura pajiza, la superficie abaxial ligeramente prominente, las superficies casi concoloras pero la superficie abaxial ligeramente verde más pálida, la superficie adaxial escabriúscula, con tricomas algunas veces de base ancha, la superficie abaxial moderada a densamente pilósulo-hirsútula, con tricomas antrorsos, la base cuneada y luego atenuada hasta una acuminación de 1-2 cm y escasamente decurrente sobre el pecíolo distalmente, los márgenes serrulados a serrados, el ápice agudo a acuminado; pecíolo 1-4.5 cm, no alado, finamente tomentoso. Capitulescencia monocéfala hasta abiertamente cimosa, con 1-5 cabezuelas; pedúnculos 1-5 cm, robustos, 1-bracteolados o 2-bracteolados, densamente hírtulos a tomentosos; bractéolas 5-9 mm, oblanceoladas. Cabezuelas muy grandes, 10-13 × 17-23 mm, radiadas, globosas, con 230-350 flores; involucro 5-10 mm, hemisférico a crateriforme; filarios 2-2.5 mm de diámetro, oblongos, escasamente graduados, 3-seriados o 4-seriados, endurecidos; filarios externos 4-6 × 2-2.5 mm, herbáceos, hírtulos especialmente proximalmente, el ápice redondeado; filarios internos 6-10 × 2-2.5 mm, rígidamente cartáceos, esparcidamente puberulentos, el ápice agudo; páleas 5.5-7 × 0.5-0.8 mm, angostamente oblanceoladas, escasamente cimbiformes, angostamente carinadas, pajizas, el ápice anchamente agudo a acuminado. Flores radiadas 30-50, pistiladas; corola amarilla, el tubo 2-3 mm, hirsútulo, el limbo c. 10 × 2.5-3 mm, oblanceolado, esparcidamente setuloso abaxialmente. Flores del disco 200-300; corola 5-6 mm, cilíndrica, amarilla, el tubo 1-1.5 mm, densamente hirsútulo, no obviamente ampliado, los lobos 0.6-0.7 mm, triangulares; ramas del estilo 2-2.5 mm, el ápice conspicuamente acuminado. Cipselas 3-4.5 mm, angostamente cuneadas, negro-parduscas, glabras, las cipselas radiadas escasamente trígonas con los 2 márgenes abaxiales angostamente separados, las cipselas del disco comprimidas, abaxialmente no aladas, el margen adaxial muy angostamente alado; vilano de 0 a 1 aristas de 2-3 mm, presentes solo adaxialmente, delgadas hasta la base y nunca anchamente decurrentes sobre el ala. Floración oct. *Selvas caducifolias, laderas arboladas, bosques nublados.* Ch (*Stuessy y Gardner 4292*, MO); 700-1000 m. (Endémica.)

Verbesina sousae se encuentra muy cerca de la frontera con Oaxaca donde se podría esperar. No se pudo verificar el reporte de Quedensley y Bragg (2007: 67) de Guatemala en bosques de neblina a 3000 m.

35. Verbesina strotheri Panero et Villaseñor, *Contr. Univ. Michigan Herb.* 19: 188 (1993). Isotipo: México, Chiapas, *Panero y Salinas 2526* (imagen en Internet ex MICH!). Ilustr.: Panero et al., *Contr. Univ. Michigan Herb.* 19: 190, t. 8 (1993).

Arbustos, 1-3 m; tallos no alados, puberulentos a glabrescentes. Hojas simples, opuestas, pecioladas; láminas (4-)6-13 × (2-)3-10 cm, ovadas a anchamente ovadas, ligeramente 3-nervias desde por encima de la acuminación basal de la hoja, retículo frecuentemente prominente, las superficies concoloras, la superficie adaxial hirsútula, la superficie abaxial hirsuta, la base obtusa a truncada y desde ahí con una acuminación decurrente sobre el pecíolo, los márgenes irregularmente serrados, el ápice agudo a acuminado; pecíolo 1-6 cm. Capitulescencia hasta c. 10 cm de ancho, las ramas monocéfalas a corimbosas y con 3-7 cabezuelas, la cabezuela central algunas veces cercanamente abrazada por el par de hojas más distales; pedúnculos 0.5-5(-8) cm, puberulentos. Cabezuelas 12-20 mm, radiadas; involucro 8-14 mm de ancho, campanulado a hemisférico; filarios 21-27, subiguales a ligeramente graduados, 3-seriados o 4-seriados, aplanados a escasamente incurvados, el ápice redondeado; filarios externos 6-12(-15) × 7-10(-12) mm, anchamente ovados a orbiculares, frecuentemente patentes, herbáceos, pelosos, más cortos hasta casi tan largos como los internos; filarios internos 10-12 × 4-6 mm, elíptico-lanceolados, adpresos, escariosos, glabros; páleas 9-12 mm, cortamente setulosas proximalmente, glabras y algunas veces negruzcas apicalmente. Flores radiadas pistiladas 5-7; corola amarilla clara, el tubo glabro, el limbo 10-15 × 6-7 mm, oblongo, 5-7-nervio, la nervadura esparcidamente setulosa proximalmente en la superficie abaxial. Flores del disco 35-55; corola 7-8.5 mm, amarilla clara, glabra o casi glabra, los lobos c. 1 mm, largamente triangulares; ramas de estilo 1.5-2 mm. Cipselas 5-7(-8) mm, grisáceas, el cuerpo y las alas 2.5-4.5 mm de ancho, glabros, las alas generalmente angostas; vilano 2-corniculado, las aristas 0.3-0.7 mm. Floración nov. 2*n* = 34. *Bosques de* Pinus-Quercus. Ch (*Breedlove 56000*, MO). 2100 m. (Endémica.)

36. Verbesina tapantiana Poveda et Hammel, *Brenesia* 32: 123 (1989 [1990]). Isotipo: Costa Rica, *Hammel et al. 17892* (MO!). Ilustr.: Poveda y Hammel, *Brenesia* 32: 126, t. 1 (1989 [1990]).

Arbustos delgados hasta árboles de madera suave, 5-15 m, foliosos apicalmente; tallos simples o poco ramificados distalmente, subteretes, no alados, parduscos, moderadamente sórdido-tomentosos distalmente, médula gruesa. Hojas alternas, no lobadas, sésiles o con base peciolariforme alada alargada hasta el tallo; láminas del tallo principal hasta por debajo de la capitulescencia 15-70(-122) × 5-25(-57) cm, obovadas a algunas veces espatuladas, cartáceas, pinnatinervias, la porción expandida de la lámina con 9-15 nervios secundarios, al secarse pardusco-verdoso opaco y más o menos concoloras con los tallos, las superficies concoloras, la superficie adaxial hirsútulo-escabrosa, la superficie abaxial pilósula, los tricomas de la hoja crespo-ascendentes, la base largamente atenuada y decurrente sobre la base pecioliforme alada hasta el tallo, subauriculada, la base pecioliforme casi 1/4 de la longitud de la hoja, aquella de las hojas mayores 1.5-4 cm de diámetro, los márgenes subenteros a denticulados, ligeramente revolutos, el ápice acuminado. Capitulescencia 25-35 cm de diámetro, convexa, corimbiforme-

paniculada a partir de varias ramas distales de 15-30 cm, con c. 90 cabezuelas, las ramas y las ramitas moderadamente sórdido-piloso-vellosas, hojas bracteadas internas 5-15 cm, espatuladas, la base pecioliforme angostamente alada casi 1/2 de la longitud de estas hojas bracteadas; pedúnculos 1-3.8 cm, sórdido-piloso-vellosos. Cabezuelas 6-10 mm, radiadas, con (38-)43-54(-62) flores, al secarse parduscas con rayas pajizas visibles sobre las alas de las cipselas y aristas del vilano; involucro 4-5 × 4.5-8 mm, campanulado; filarios 2-seriados o 3-seriados, moderadamente desiguales con los externos un poco más pequeños pero la mayoría de los filarios son más largos y casi subiguales, aplanados o los internos ligeramente naviculares, rígidamente subherbáceos, verde oscuro, sórdido-piloso-vellosos, el ápice anchamente agudo a obtuso; filarios externos 2-2.5 × 0.8-1 mm, lanceolados, escasamente patentes; filarios internos 4-5 × 1-1.3 mm, lanceolados a oblanceolados, adpresos; páleas 4-5 mm, alcanzando hasta solo casi la mitad de las corolas del disco, marcadamente naviculares, escariosas con el ápice subherbáceo, la vena media ciliada, esparcidamente hirsútula distalmente, el ápice agudo. Flores radiadas 8-12, pistiladas; corola amarilla, el tubo 1-1.3 mm, piloso, el limbo 2.5-3.2 × 1.6-2.3 mm, obovado, c. 5-nervio; los estilos más de 1/2 de la longitud del limbo de la corola. Flores del disco (30-)35-42(-50); corola 3.8-5 mm, infundibuliforme, amarilla, el tubo 1-1.2 mm, esparcidamente piloso, la garganta mucho más larga que el tubo o que los lobos, moderadamente más ancha que el tubo, glabra, los lobos 0.5-0.6 mm, deltados; anteras c. 2 mm, conectivos frecuentemente pajizos, tecas negras, el apéndice negruzco. Cipselas 3.2-4 mm, el cuerpo 1.2-1.5 mm de diámetro, las alas hasta c. 0.9 mm de diámetro; vilano de 2 aristas de 2.2-3.3 mm, subiguales o escasamente desiguales. Floración oct.-dic. *Bosques alterados.* CR (*Hammel et al. 17691*, MO). 1200-1800 m. (Endémica.)

Verbesina tapantiana es aceptada como un satélite de *V. oerstediana*, una especie variable de la cual difiere más notablemente por las hojas con base pecioliforme, alada hasta los tallos y por los limbos de las corolas radiadas obovados más cortos.

37. Verbesina trichantha (Kuntze) S.F. Blake, *Amer. J. Bot.* 12: 632 (1925). *Chaenocephalus petrobioides* var. *trichanthus* Kuntze, *Revis. Gen. Pl.* 1: 327 (1891). Holotipo: Costa Rica, *Kuntze s.n.* (NY!). Ilustr.: no se encontró.

Arbustos?; tallos angulados, no alados, sórdido-hirsútulos, los tricomas patentes. Hojas alternas, no lobadas, subsésiles; láminas 5-15 × 1.5-4 cm, elípticas a elíptico-oblongas, delgadamente cartáceas, pinnatinervias, la nervadura finamente reticulada, las superficies glabras a esparcidamente estriguloso-pilósulas, con tricomas de base delgada, la base cuneada, pecioliforme, no auriculada, los márgenes calloso-denticulados, los dientes hasta c. 1 mm, el ápice agudo a acuminado. Capitulescencia cercanamente corimbiforme-paniculada, los últimos agregados floríferos de las ramitas 2.5-10 cm de diámetro, con 5-10 cabezuelas; pedúnculos (0.1-)0.5-1.5 cm, sórdido-hirsútulos. Cabezuelas hasta c. 9 mm en fruto, discoides, con c. 7 flores; involucro 4-5 mm, campanulado; filarios ovados a oblongos, naviculares, subherbáceos, frecuentemente con estrías negras, 1-seriados, graduados, glabros a esparcidamente hirsútulos, el ápice obtuso; páleas c.7 mm, algunas veces hispídulas distalmente, el ápice agudo a obtuso. Flores radiadas ausentes. Flores del disco c. 7; corola c. 5 mm, amarillenta, el tubo c. 1.5 mm, la garganta c. 1.5 mm, el tubo y garganta densamente hispídulos, los lobos c. 2 mm, más largos que la garganta, lanceolados, subglabros. Cipselas c. 5 × 2.3 mm, aplanadas y biconvexas, las caras carbonizadas hasta el ápice y sin una línea de conexión horizontal pajizo claro, entre el vilano y las aristas, longitudinalmente 1-nervias, los márgenes calloso-engrosados pero no anchamente alados, hirsútulas; vilano de 2 aristas 2.5-3.2 mm, subiguales. *Hábitat desconocido.* CR (*Kuntze s.n.*, US). Elevación desconocida. (Endémica.)

Verbesina trichantha solo se conoce de la fragmentada colección tipo. Las corolas del disco densamente hispídulas se parecen ligeramente a aquellas de *Garcilassa rivularis*, las cuales tienen pelosidad en la corola mucho más corta.

38. Verbesina turbacensis Kunth in Humb., Bonpl. et Kunth, *Nov. Gen. Sp.* folio ed. 4: 159 (1820 [1818]). Isotipo: Colombia, *Humboldt y Bonpland s.n.* (foto MO! ex B). Ilustr.: no se encontró. N.v.: Sakil baksuntez, tzelek' pat, Ch; toquillo, G; chimaliote negro, cube, ilamate, lemus, lengua de vaca, mano de león, muñeca, pascua de monte, rosca, tabaquillo, taco, toquillo muñeca, vara blanca, H; camaliote, capitanejo, chimaliote, chimaliote blanco, chimaliote negro, imaliote, ES; tora, CR.

Verbesina exalata Steyerm., *V. microcephala* Benth., *V. nicaraguensis* Benth., *V. sublobata* Benth.

Hierbas robustas erectas a arbustos, 0.5-3(-6) m, sin ramificar por debajo de la capitulescencia; tallos generalmente alados desde la base decurrente pecioliforme o algunas veces no alados, subteretepluriestriados a ligeramente angulados, puberulentos a tomentosos, los tricomas patentes a algunas veces adpresos, las alas 0.2-0.7 mm de ancho. Hojas por lo general 2-4-pinnatilobadas o en ocasiones sinuadolobuladas especialmente aquellas de los nudos distales o rara vez no lobadas, alternas, con base peciolariforme alada hasta el tallo; láminas 12-35 × 6-18 cm o más grandes, de contorno elíptico-lanceolado a obovado, la superficie adaxial escabrosa a hirsútula, con tricomas cónicos de células subsidiarias frecuentemente agrandadas, la superficie abaxial moderada a esparcidamente tomentosa, la base largamente atenuada, pecioliforme y frecuentemente decurrente sobre el tallo como alas especialmente visibles en crecimientos nuevos o en plantas a baja elevación, pero las alas frecuentemente no manifiestas o se desintegran en plantas más leñosas o de altas elevaciones, los márgenes lobados a profundamente lobados, los senos redondeados, los lobos hasta c. 13 × c. 5 cm, lanceolados u oblanceolados, subenteros o denticulados hasta rara vez apenas lobulados, el ápice agudo a obtuso; base pecioliforme alada hasta c. 15 cm. Capitulescencia 15-30 cm de ancho, corimbiformepaniculada, redondeada a aplanada distalmente, con numerosas cabezuelas; pedúnculos 0.2-1.2 cm, hirsútulos, algunas veces 1-bracteolados o 2-bracteolados, bractéolas hasta c. 3 mm, linear-lanceoladas. Cabezuelas 4.3-7 mm, radiadas; involucro 2.7-4 × 2.5-3.8 mm, angostamente campanulado; filarios 13-20, 1-3(-3.5) × 0.4-1.1 mm, por lo general notablemente más cortos que las flores del disco, linear-lanceolados hasta los internos oblongos, desiguales, graduados, c. 3-seriados, al menos los internos ligeramente naviculares, el ápice delgadamente herbáceo, hírtulos a hirsútulos; páleas 3.5-4 mm, apiculadas, hirsútulas. Flores radiadas 7-12, estilíferas y fértiles; corola blanca, el tubo piloso a esparcidamente piloso, el limbo 2-4 × 1-2 mm, elíptico u ovado a obovado, c. 5-nervio. Flores del disco 17-28; corola 2-3 mm, blanca, pilosa proximalmente, los lobos 0.4-1 mm; ramas del estilo c. 1.1 mm. Cipselas 2-2.5 mm, el cuerpo c. 0.8 mm de ancho, negro, estrigoso, con tricomas de base ancha, algunas veces impartiendo una apariencia pardo-amarillento-tuberculada a la superficie, las alas 0.2-0.7 mm de ancho, delgadas, la base atenuado-estipitada; vilano de 2 aristas de 1-1.6 mm, subiguales. Floración durante todo el año pero con un pico desde oct.-feb. $2n = 34$. *Bosques enanos, cafetales, bosques de neblina, áreas alteradas, bosques secos, vegetación secundaria, bosques de* Pinus*, bosques de* Pinus-Quercus*, potreros, áreas rocosas, sabanas, riachuelos, matorrales, laderas de volcanes.* T (*Cowan 1779*, MO); Ch (*Breedlove y Thorne 21020*, MO); B (*Wiley 387*, MO); G (*Pruski y MacVean 4494*, MO); H (*Pruski et al. 4529*, MO); ES (*Linares y Martínez 2165*, MO); N (*Spooner y Dorado 2717*, MO); CR (*Williams y Molina R. 13831*, MO); P (*Busey 626*, MO). 0-2600 m. (S. y E. México, Mesoamérica, Colombia, Venezuela.)

Verbesina turbacensis es probablemente la especie de *Verbesina* más común y ampliamente distribuida en Mesoamérica, y como ha sido circunscrita por Olsen (1985) tiene tallos pelosos ya sea alados o no alados. *Verbesina tomentosa* DC. es excluida de la sinonimia de *V. turbacensis*, aunque citada por Robinson y Greenman (1899b) como un sinónimo dudoso de *V. sublobata*.

Dentro del material de *V. turbacensis* estudiado parece haber una tendencia general hacia tallos alados en crecimientos nuevos, en poblaciones a elevaciones bajas, o en plantas de selvas altas perennifolias. La colección de Veracruz *(Pruski y Ortiz 4140)* consiste de duplicados con tallos ya sea alados distalmente o no alados proximalmente. La colección de Belice arriba citada tiene el fruto muy maduro y no se pudo determinar con certeza.

XII. J. **Heliantheae** subtribus **Zinniinae** Benth. et Hook. f. *Rudbeckiinae* H. Rob.

Por J.F. Pruski.

Hierbas anuales o perennes hasta arbustos. Hojas simples, alternas u opuestas, sésiles o pecioladas; láminas triplinervias o pinnatinervias. Capitulescencia monocéfala a abiertamente corimbosa, terminal o algunas veces alterna, por lo general largamente pedunculada a rara vez sésil. Cabezuelas radiadas o rara vez discoides; involucro turbinado a hemisférico o algunas veces crateriforme; filarios imbricados, subiguales a graduados, 2-5-seriados, rígidamente cartáceos a herbáceos, típicamente persistentes; clinanto convexo a cónico, paleáceo (Mesoamérica) o rara vez sin páleas; páleas generalmente tan largas como las flores del disco o más largas que estas, conduplicadas, generalmente persistentes, el ápice rara vez espinescente. Flores radiadas típicamente 1-seriadas, muy exertas, pistiladas o rara vez estériles, en Mesoamérica sin zona de abscisión en la base de la corola; corola marcescente (Mesoamérica) o rara vez decidua, el tubo ausente y el limbo surgiendo directamente desde la cara abaxial del ovario (en Mesoamérica excepto el tubo presente en 1 sp.) o rara vez el tubo desarrollado. Flores del disco típicamente bisexuales o algunas veces (p. ej., *Zinnia americana*) funcionalmente estaminadas; corola actinomorfa o rara vez irregular, el limbo rara vez escasamente asimétrico (un seno más profundo y los lobos adyacentes más largos que los otros), el tubo y la garganta algunas veces gruesos pero la nervadura de la garganta sin fibras embebidas, los lobos (3-)5; anteras sagitadas, no caudadas, filamentos glabros, las tecas oscuras a negras, el patrón endotecial del lóculo polarizado, el apéndice típicamente ovado, frecuentemente glanduloso; estilo con la base glabra, las ramas con las superficies estigmáticas generalmente continuas, no en 2 bandas, el ápice agudo a acuminado, generalmente con el apéndice apical de pequeñas papilas. Cipselas generalmente comprimidas o los rayos triquetros y obcomprimidos, negros, las paredes carbonizadas, algunas veces estriadas, los márgenes típicamente no alados o algunas veces los bordes alados; vilano ausente o ligeramente comoso, el vilano, cuando presente, representado por una corona baja o 1-4 aristas. $x = 19$.

Robinson (1981) trató Verbesininae y Zinniinae en la sinonimia de Ecliptinae, pero Ecliptinae difiere de ambas por tener fibras embebidas por dentro de la nervadura de la garganta de la corola del disco. Bremer (1994) reconoció Zinniinae incluyendo los géneros de Mesoamérica además de *Podachaenium*, *Spilanthes*, *Squamopappus*. El concepto de Zinniinae usado aquí es el de Panero (2007b [2006]), quien excluyó *Podachaenium* y *Squamopappus* a Verbesininae y ubicó *Spilanthes* en Spilanthinae, la subtribu hermana de Zinniinae.

Ramírez (1911) listó *Rudbeckia mollis* Elliott como cultivada en Nicaragua pero no parece haber escapado de cultivo ni persistir. *Echinacea* y *Rudbeckia* generalmente se ubican dentro de la misma subtribus, y Bremer (1994) las trató como Rudbeckiinae. Recientemente Panero (2007b [2006]) retuvo Rudbeckiinae, pero trató *Echinacea* dentro de la subtribus Zinniinae.

Bibliografía: Karis, P.O. y Ryding, O. *Asteraceae Cladist. Classific.* 559-624 (1994). Panero, J.L. *Fam. Gen. Vasc. Pl.* 8: 440-477 (2007b [2006]). Ramírez Goyena, M. *Fl. Nicarag.* 2: 443-508 (1911). Robinson, H. *Smithsonian Contr. Bot.* 51: 1-102 (1981). Strother, J.L. *Fl. Chiapas* 5: 1-232 (1999).

1. Hojas alternas; flores radiadas estériles. **174. Echinacea**
1. Hojas opuestas; flores radiadas pistiladas.
2. Cipselas radiadas, 3-aristadas. **177. Sanvitalia**
2. Cipselas radiadas, 1-aristadas o sin vilano.
3. Arbustos. **176. Philactis**
3. Hierbas.
4. Hojas glandulosas; filarios desiguales, graduados, finamente estriados; cipselas radiadas obcomprimidas o escasamente triquetras, cipselas del disco comprimidas; vilano ausente o las cipselas del disco algunas veces 1-aristadas. **179. Zinnia**
4. Hojas no glandulosas; filarios generalmente subiguales a obgraduados, frecuentemente 2-acostillados; cipselas subteretes a obcónico-prismáticas; cipselas del disco sin vilano.
5. Páleas casi tan largas como las flores del disco asociadas, el ápice obtuso a agudo; limbo de las corolas radiadas 10-30 × 3-8 mm, lanceolado a oblongo, abaxialmente glabro; cipselas del disco subteretes o ligeramente prismáticas, sin costillas. **175. Heliopsis**
5. Páleas c. 2 mm más largas que las flores del disco asociadas, el ápice subulado; limbo de las corolas radiadas 8-11 × 6-8 mm, obovado a orbicular, estriguloso abaxialmente; cipselas del disco cuadrangulares, 4-acostilladas. **178. Tehuana**

174. Echinacea Moench

Brauneria Neck. ex Porter et Britton, *Helichroa* Raf.
Por J.F. Pruski.

Hierbas perennes, la raíz generalmente axonomorfa; tallos erectos. Hojas basales y caulinares, alternas, al menos las hojas proximales pecioladas; láminas lineares a ovadas, cartáceas, 3-5-plinervias, no glandulosas. Capitulescencia monocéfala; pedúnculos alargados, sin bractéolas. Cabezuelas radiadas; involucro hemisférico o crateriforme; filarios imbricados, desiguales a subiguales, linear-lanceolados a ovados, ligeramente acostillados proximalmente tornándose estriados distalmente; clinanto generalmente cónico, paleáceo; páleas espinescentes, en fruto mucho más largas que las flores del disco asociadas, carinadas, subconduplicadas proximalmente, persistentes, el ápice rígidamente atenuado-subulado. Flores radiadas 8-21, estériles; corola marcescente, el tubo básicamente ausente, el limbo patente o escasamente dirigido hacia abajo (Mesoamérica) a marcadamente inclinado, rosado a color púrpura (Mesoamérica), rara vez blanco o amarillo, setuloso abaxialmente (Mesoamérica) a glabro; ovario estéril. Flores del disco 200-300, bisexuales; corola anchamente tubular, 5-lobada, verdosa proximalmente a rosada o purpúrea distalmente, rara vez amarilla, glabra o la garganta algunas veces esparcidamente setulosa, el tubo más corto que la garganta, la base bulbosa, anteras cortamente sagitadas en la base, generalmente oscuro; estilo escasamente agrandado basalmente, la superficie estigmática de las ramas continua, el ápice largamente papiloso. Cipselas del disco (rayos estériles) obcónico-prismáticas (Mesoamérica) a rara vez subcomprimidas, pardo-amarillentas a pardas, lisas a escasamente pustuladas; vilano gruesamente coroniforme. *x* = 11. 9 spp. Canadá y Estados Unidos; cultivado y algunas veces naturalizado en otras partes del Mundo.

Sharp (1935), McGregor (1968) y Binns et al. (2002) han monografiado *Echinacea*; este tratamiento está básicamente adaptado de Urbatsch et al. (2006), quienes reconocieron 9 especies de *Echinacea*. *Echinacea purpurea* es una planta ornamental ampliamente distribuida y las raíces a veces se usan como té medicinal.

Bibliografía: Binns, S.E. et al. *Taxon* 50: 1199-1200 (2001); *Syst. Bot.* 27: 610-632 (2002). McGregor, R.L. *Univ. Kansas Sci. Bull.* 48: 113-142 (1968). Sharp, W.M. *Ann. Missouri Bot. Gard.* 22: 51-152 (1935). Urbatsch, L.E. et al. *Fl. N. Amer.* 21: 88-92 (2006).

1. Echinacea purpurea (L.) Moench, *Methodus* 591 (1794). *Rudbeckia purpurea* L., *Sp. Pl.* 907 (1753). Tipo cons.: Estados Unidos, *Nuttall s.n.* (foto MO! ex BM). Ilustr.: Stones, *Fl. Louisiana* 27 (1991). N.v.: Echinacea, CR.

Brauneria purpurea (L.) Britton, *Echinacea purpurea* (L.) Moench var. *arkansana* Steyerm., *E. purpurea* forma *liggettii* Steyerm., *E. purpurea* var. *serotina* (Nutt.) L.H. Bailey, *E. serotina* (Nutt.) DC., *Rudbeckia purpurea* L. var. *serotina* Nutt., *R. serotina* (Nutt.) Sweet.

Hierbas, 0.5-1.5 m, con raíces fibrosas; tallos simples a poco ramificados distalmente, hirsutos a rara vez glabros. Hojas largamente pecioladas, las distales cortamente pecioladas; láminas 5-25(-30) × (1-)2-7(-12) cm, 1.5-5 veces tan largas como anchas, lanceoladas a ovadas, las superficies escabrosas a hirsútulas, los tricomas de la superficie adaxial frecuentemente con células subsidiarias prominentes, la base generalmente obtusa o truncada(-cordata), cuneada en las hojas distales, los márgenes serrulados a rara vez subenteros, el ápice típicamente atenuado; pecíolo 1-20(-32) cm, el pecíolo de las hojas basales algunas veces con los 1-2 cm distales angostamente alados por la lámina decurrente. Capitulescencias con pedúnculos 8-25 cm. Cabezuelas 15-35(-45) mm; involucro 11-40 mm de diámetro; filarios 9-17 × (1-)2-4(-8) mm, generalmente c. 4-seriados, glabros a hirsútulos, los márgenes ciliados, generalmente reflexos, el ápice atenuado; clinanto 20-30(-40) mm de diámetro; páleas 10-14 mm, lanceoladas, c. 3-estriadas, rojizo-anaranjadas (algunas veces color púrpura) distalmente, en fruto el angostado ápice 5-6 mm más largo que las flores del disco asociadas. Flores radiadas 13-21; limbo de la corola 35-50(-65) × 6-10(-15) mm, oblanceolado a oblongo, 9-15-nervio, los 2 nervios de soporte prominentes, el ápice agudo a obtuso, entero o 2-dentado; ovario algunas veces setuloso. Flores del disco con la corola 4.5-6 mm, los lobos c. 0.7 mm, erectos; anteras básicamente incluidas en la antesis, el polen fresco amarillo. Cipselas del disco 3.5-5 × 2-3 mm, glabras, anchas apicalmente. Floración abr. 2*n* = 22. *Naturalizada*. CR (*Rodríguez 3340*, INB). 900-1500 m. (Canadá, Estados Unidos; cultivada y persistente en cultivo, algunas veces naturalizada en México, Mesoamérica, Venezuela, Brasil, Chile, Argentina, Europa, Asia, África, Australia, Nueva Zelanda, Islas del Pacífico.)

El material original de *Rudbeckia purpurea* se ajusta al taxón segregado llamado *Echinacea laevigata* (C.L. Boynton et Beadle) S.F. Blake, por lo que la propuesta hecha por Binns et al. (2001) mantiene el uso actual de *E. purpurea*. El tipo conservado propuesto por Binns et al. (2001) de *R. purpurea* es el lectotipo del sinónimo *R. purpurea* var. *serotina*.

175. Heliopsis Pers., nom. et typ. cons.

Acmella Rich. ex Pers. subg. *Helepta* (Raf.) Raf., *Andrieuxia* DC., *Helepta* Raf., *Heliopsis* Pers. subg. *Kallias* Cass., *Kallias* (Cass.) Cass.
Por J.F. Pruski.

Hierbas anuales o perennes o con menos frecuencia subarbustos; tallos erectos o ascendentes a rara vez rastreros, moderadamente ramificados, algunas veces desde la base, subteretes, estriados, glabros a vellosos. Hojas opuestas, subsésiles o pecioladas; láminas filiformes a orbiculares, cartáceas, triplinervias desde o cerca de la base, las superficies glabras a diversamente pelosas, no glandulosas, la base cuneada a casi truncada, los márgenes enteros a gruesamente serrados, el ápice agudo a obtuso. Capitulescencia monocéfala, terminal o axilar; pedúnculos típicamente alargados, sin bractéolas. Cabezuelas radiadas o muy rara vez discoides; involucro turbinado a hemisférico, hasta 3.5 cm de diámetro; filarios imbricados, subiguales u obgraduados, 2-3-seriados, lanceolado-ovados a ovados o espatulados, herbáceos a rígidamente cartáceos, el ápice acuminado a obtuso, glabros a pelosos, las series externas algunas veces herbáceas y más largas que los discos; clinanto convexo a cónico, paleáceo, algunas veces fistuloso; páleas casi tan largas como las flores del disco asociadas, frecuentemente persistentes, conduplicadas, pajizas a rojizas o color púrpura, el ápice obtuso a agudo (acuminado). Flores radiadas (0-)4-20, pistiladas; corola marcescente, sin tubo y con el limbo emergiendo directamente desde el ápice del ovario, el limbo lanceolado a oblongo, amarillo a anaranjado, rara vez color púrpura, abaxialmente glabro a peloso, adaxialmente algunas veces notoriamente papiloso. Flores del disco 30-150, bisexuales; corola angostamente infundibuliforme, 5-lobada, frecuentemente persistente, amarilla a purpúrea, glabra o los lobos pelosos, el tubo más corto que la garganta, el limbo solo escasamente ensanchándose, los lobos erectos o escasamente reflexos, típicamente papilosos por dentro; anteras cortamente sagitadas en la base, las tecas negras, el apéndice apical generalmente negro o algunas veces pajizo, no glanduloso; estilo con la base ensanchada, las ramas estigmáticas con la superficie continua, el ápice angostado, papiloso. Cipselas escasamente heteromorfas, obcónico-prismáticas o subteretes, sin costillas (Mesoamérica); vilano ausente (Mesoamérica) o ligeramente coroniforme o escuamuloso. *x* = 14. Aprox. 13-16 spp. América, 2 spp. endémicas de los Estados Unidos, 9-12 spp. en México (incluyendo 8-11 endémicas), 2 spp. endémicas del norte de Sudamérica.

Bibliografía: Fisher, T.R. *Ohio J. Sci.* 57: 171-191 (1957). Pruski, J.F. *Brittonia* 52: 118-119 (2000).

1. Heliopsis buphthalmoides (Jacq.) Dunal, *Mém. Mus. Hist. Nat.* 5: 57 (1819). *Anthemis buphthalmoides* Jacq., *Pl. Hort. Schoenbr.* 2: 13 (1797). Lectotipo (designado aquí): Jacq., *Pl. Hort. Schoenbr.* t. 151 (1797). Ilustr.: Candolle, *Icon. Sel. Pl.* 4: t. 31 (1839), como *Andrieuxia mexicana.* N.v.: Mabal, G; duermemuele, flor de muela, H.

Acmella buphthalmoides (Jacq.) Rich., *A. mutisii* Cass., *A. occidentalis* Rich., *A. oppositifolia* (Lam.) R.K. Jansen, *Andrieuxia mexicana* DC., *Anthemis americana* L. f. non L., *A. occidentalis* Willd., *A. oppositifolia* Lam., *A. ovatifolia* Ortega, *Ceratocephalus americanus* Kuntze, *Gymnolomia sylvatica* Klatt, *Heliopsis canescens* Kunth, *H. dubia* Dunal, *H. oppositifolia* (Lam.) S. Díaz non (L.) Druce, *H. pulchra* T.R. Fisher, *Spilanthes americana* Hieron., *S. mutisii* Kunth, *S. oppositifolia* (Lam.) D'Arcy, *Stemmodontia elongata* Rusby, *Wedelia annua* Gilli.

Hierbas anuales o perennes, 0.4-8(-1.5) m; tallos erectos o rara vez proximalmente postrados, simples o ramificados distalmente, glabros a puberulentos (vellosos) en líneas; entrenudos típicamente mucho más largos que las hojas. Hojas pecioladas; láminas (2.5-)3.5-8.5(-10) × (1.5-)2.5-5 cm, lanceoladas a deltado-ovadas, ambas superficies estrigulosas, la base cuneada a anchamente redondeada, los márgenes subenteros o serrados hasta en ocasiones profundamente serrados, el ápice agudo a acuminado; pecíolo (1-)1.5-2.5(-3.5) cm. Capitulescencia con pedúnculos (4-)8-15(-26) cm, delgados, glabros o distalmente puberulentos en líneas longitudinales, algunas veces fistulosos distalmente. Cabezuelas 8-18 mm, radiadas; involucro (4-)6-10 × (6-)8-12 mm, campanulado a hemisférico; filarios 14-20, c. 2-seriados, apicalmente obtusos a redondeados; filarios externos (4-)5-6(-9) × 1.5-3(-4.5) mm, oblanceolados a espatulados, herbáceos al menos distalmente, frecuentemente 2-acostillados proximalmente, abaxialmente vellosos a cortamente vellosos, menos vellosos adaxialmente; filarios internos 3-5 mm, lanceolados a elípticos, c. 3-nervios; clinanto 4-8 mm, cónico; páleas 3.5-5(-7) mm, oblanceoladas, persistentes, firmes, escasamente carinadas, pajizas con 1-3 nervios pardos, algunas veces rojizas distalmente. Flores radiadas 9-19; limbo de la corola 10-30 × 3-8 mm, exerto del involucro, ligeramente rígido especialmente cuando seco, amarillo adaxialmente, algunas veces verdoso abaxialmente, c. 10-nervio, abaxialmente glabro, el ápice (2)3-denticulado. Flores del disco (30-)50-150; corola 3.5-4.5 mm, persistente, pardo-amarillenta, glabra, el tubo 0.5-0.8 mm, los lobos 0.5-0.7 mm, frecuentemente reflexos, papilosos por dentro; anteras c. 1.2 mm, básicamente incluidas en antesis; ramas del estilo c. 1 mm, cortamente exertas. Cipselas 2.5-4 × c. 1.5 mm, pardas (del radio) a pardo oscuro a negras (del disco), ruguloso-tuberculadas, glabras o rara vez puberulentas. Floración feb., may.-oct. 2*n* = 28, 56. *Bosques de* Pinus-Quercus*, claros, bosques de neblina, selvas bajas*

perennifolias, selvas altas perennifolias, orillas de caminos, selvas bajas caducifolias. Ch (*King 3049*, US); G (*Proctor 25344*, MO); H (*Molina R. y Molina 14093*, MO); CR (Fisher, 1957: 185); P (*Woodson y Schery 530*, MO). 400-3000 m. (México, Mesoamérica, Colombia, Venezuela, Ecuador, Perú, Bolivia.)

El ejemplar de BM citado por Fisher (1957) como el tipo de *Anthemis buphthalmoides* no es material original.

Pruski (2000) anotó que Strother (1999) llamó incorrectamente *Heliopsis oppositifolia* (Lam.) S. Díaz a esta especie, un homónimo posterior bloqueado por *H. oppositifolia* (L.) Druce. Algunos ejemplares mesoamericanos de hojas y cabezuelas pequeñas de elevaciones altas se pueden referir a *H. buphthalmoides* en cuanto a las características técnicas, pero se parecen ligeramente a *H. parviceps* S.F. Blake, la cual difiere por las cabezuelas con 4-5 flores radiadas, las corolas color púrpura y las páleas con el ápice color púrpura. Algunos ejemplares de la Sierra San Felipe, Oaxaca (p. ej., *Pringle 4835*) tienen las páleas con el ápice acuminado, pero nunca angostado o alargado como se encuentra en *Tehuana.*

176. Philactis Schrad.

Grypocarpha Greenm., *Sanvitaliopsis* Sch. Bip. ex Greenm.
Por J.F. Pruski.

Hierbas a arbustos; tallos erectos o ascendentes, moderada a densamente ramificados, subteretes, estriados. Hojas opuestas, pecioladas; láminas elíptico-lanceoladas a deltadas u ovadas, cartáceas, triplinervias desde la base o casi así hasta 3-pinnatinervias desde muy por encima de la base, las superficies glabras a pelosas, no glandulosas, los márgenes serrulados a serrados; pecíolo de hojas adyacentes típicamente escasamente connato y distalmente envainando el tallo. Capitulescencia monocéfala o generalmente corimbosa, terminal; pedúnculos delgados, sin bractéolas, la médula típicamente sólida. Cabezuelas radiadas; involucro hemisférico; filarios imbricados, subiguales o obgraduados, 2-4-seriados, ligeramente acostillados basalmente, el ápice acuminado a obtuso; filarios externos con punta herbácea, todos por lo demás pajizo-cartáceos; clinanto convexo a cortamente cónico, paleáceo; páleas casi tan largas como la flor del disco asociada o más largas que esta, persistentes, conduplicadas, pajizas, frecuentemente uncinadas, con punta atenuada rígida (Mesoamérica) o apenas aguda. Flores radiadas pistiladas, 11-22; corola marcescente, sin tubo y con el limbo emergiendo directamente desde el ápice del ovario, el limbo oblongo, amarillo a anaranjado o con la edad tornando marrón, ligeramente rígido especialmente cuando seco, típicamente abaxialmente setuloso al menos sobre los nervios de soporte. Flores del disco 60-100, bisexuales; corola anchamente tubular, 5-lobada, persistente, amarilla o amarillo-dorada, algunas veces purpúrea distalmente, glabra, el tubo no muy diferenciado de la garganta, frecuentemente engrosado y endurecido en fruto, los lobos erectos, algunas veces curvados hacia adentro; anteras escasamente exertas en la antesis, la base cortamente sagitada, las tecas negras, el apéndice pajizo, escasamente ornamentadas; estilos dilatados basalmente, las ramas escasamente exertas, recurvadas, la superficie estigmática continua, el ápice papiloso. Cipselas dimorfas, lisas o acostilladas (no tuberculadas), pardo oscuro, glabras a puberulentas, el carpóforo aplanado; cipselas radiadas obcónico-triquetras con ángulos engrosados, el ángulo adaxial con frecuencia escasamente alado, 1-aristado (Mesoamérica) adaxialmente (cara interna), la arista de base ancha, lisa, algunas veces continua con el ala adaxial angosta de la cipsela, escasamente patente; cipselas del disco escasamente comprimidas a obcónico-prismáticas, típicamente subcuadrangulares, los ángulos abaxial y adaxiales en general más prominentes; vilano 0-4-aristado, las arista setulosas. *x* = 14. Aprox. 4 spp. México, Mesoamérica.

Las páleas con ápice atenuado y los apéndices pajizos de las anteras de *Philactis*, sirven para distinguirlo del género similar *Heliopsis.* Strother (1999) reconoció *Philactis* como monoespecífico, reduciendo las dos especies mesoamericanas a la sinonimia de *P. zinnioides* Schrad. Las circunscripciones de las especies básicamente siguen a Blake et al. (1926, como *Grypocarpha*) y Torres (1969 [1970]) al reconocer las dos especies mesoamericanas como distintas de *P. zinnioides*, endémica de Oaxaca, la cual difiere de las especies mesoamericanas por las cipselas del disco 4-aristadas y el follaje con tricomas patentes.

Bibliografía: Blake, S.F. et al. *Contr. U.S. Natl. Herb.* 23: 1401-1641 (1926). Torres, A.M. *Brittonia* 21: 322-331 (1969 [1970]).

1. Nervadura de la superficie abaxial de la hoja hirsútula con tricomas patentes o algunas veces ligeramente estrigulosos; filarios hirsútulos o estrigulosos al menos proximalmente; páleas en la antesis casi tan largas como las flores del disco asociadas. **1. P. liebmannii**
1. Nervadura de la superficie abaxial de la hoja glabra; filarios glabros o los márgenes ciliados; páleas en la antesis 1.5-2 mm más largas que las flores del disco asociadas. **2. P. nelsonii**

1. Philactis liebmannii (Klatt) S.F. Blake, *Contr. U.S. Natl. Herb.* 26: 240 (1930). *Zinnia liebmannii* Klatt, *Leopoldina* 23: 89 (1887). Holotipo: México, Oaxaca?, *Liebmann 552* (microficha MO! ex C). Ilustr.: Torres, *Brittonia* 21: 328, t. 6 (1969 [1970]).
Grypocarpha liebmannii (Klatt) S.F. Blake, *Melanthera fruticosa* Brandegee, *Sanvitaliopsis liebmannii* (Klatt) Sch. Bip. ex Greenm.

Hierbas perennes a arbustos, 0.2-3 m; tallos típicamente esparcidamente estrigulosos. Hojas corta a largamente pecioladas; láminas 2-12 × 1.2-8 cm, elíptico-lanceoladas a elípticas o rara vez ovadas, en general 3-pinnatinervias desde por encima de la base a rara vez triplinervias desde cerca de la base, las superficies estrigulosas o la superficie abaxial algunas veces hirsútula y la nervadura con tricomas patentes o algunas veces apenas estrigulosa, la base casi truncada a cuneada y largamente atenuada, en ocasiones oblicuamente así, los márgenes serrulados a serrados, el ápice agudo a acuminado; pecíolo 0.6-5 cm, escasamente hirsútulo. Capitulescencia de 1-3(-5) cabezuelas, en ocasiones dispuestas por encima de las hojas subyacentes; pedúnculo 0.3-6.5 cm, hirsútulo o estriguloso. Cabezuelas 5-9(-12) mm; involucro 5-11 × 6-9 mm; filarios hirsútulos o estrigulosos al menos proximalmente, algunas veces distalmente glabrescentes; filarios externos 5-11 mm, distalmente hasta c. 1 mm de diámetro, angostamente panduriforme-lanceolados, escasamente herbáceos y reflexos, c. 3-estriados; filarios internos 4.5-5.5 × c. 1.5 mm, deltados, con frecuencia escasamente 1-3-estriados, angostamente agudos a acuminados apicalmente; clinanto c. 1.5 mm, convexo-corto-cónico; páleas c. 5.5 mm, en la antesis casi tan largas como las flores del disco, lanceoladas, algunas veces estrigulosas, el ápice c. 1.5 mm. Flores radiadas 11-16(-20); limbo de la corola 8-14 × c. 3 mm, 8-12-nervio, el ápice subentero a superficialmente emarginado. Flores del disco 25-43; corola 2.7-3.8 mm, los lobos c. 0.4 mm; ramas del estilo c. 1 mm, cortamente exertas. Cipselas radiadas 2-3.3 mm, glabras o el ángulo ventral ciliado, la arista 1-2.5 mm; cipselas del disco hasta c. 2.4 mm, puberulentas, los ángulos ciliados, el vilano con 0-3 aristas, 1-2.5 mm, desiguales. Floración jul.-sep. *Matorral xerófilo, bosque* Pinus-Quercus*, selvas altas perennifolias estacionales, bosques de crecimiento secundario, selva mediana perennifolia, bosques tropicales deciduos.* Ch (*Breedlove 39625*, MO); G (Torres, 1969 [1970]: 328). 500-1700 m. (México [Oaxaca], Mesoamérica.)

Liebmann 552 (C-8914-819) se considera como isotipo pero no fue anotado por Klatt. La localidad tipo de "Rio Taba" no fue localizado en los índices toponímicos, pero Torres (1969 [1970]) tomó este como "Rio Tabáa", un nombre local para el Río Cajones, cerca de Tabáa, Oaxaca. *Melanthera fruticosa* se trata generalmente (Blake et al., 1926; Torres, 1969 [1970]) en la sinonimia de *Philactis liebmannii*, pero el protólogo de Brandegee describió las hojas y los filarios de *M. fruticosa* como "glabris" (como en *P. nelsonii*), así que en este tratamiento está solo provisionalmente referida a la sinonimia.

Esperada en El Salvador.

2. Philactis nelsonii (Greenm.) S.F. Blake, *Contr. U.S. Natl. Herb.* 26: 241 (1930). *Grypocarpha nelsonii* Greenm. in Sarg., *Trees & Shrubs* 1: 145 (1905 [1903]). Isotipo: México, Chiapas, *Nelson 2892* (US!). Ilustr.: Greenman, *Trees & Shrubs* 1: t. 73 (1905 [1903]).
Sanvitaliopsis nelsonii (Greenm.) Greenm.

Arbustos bajos del estrato medio arbóreo, 0.6-1.5 m; tallos glabros. Hojas típica y largamente pecioladas; láminas 4-10 × 1.5-6 cm, elíptico-lanceoladas a deltado-ovadas, en general triplinervias desde cerca de la base, glabras o rara vez estrigulosas en la superficie abaxial cerca de la unión del pecíolo con la vena media, la nervadura glabra en la superficie abaxial, la base cuneada a casi truncada, los márgenes serrados, el ápice agudo a acuminado; pecíolo 1.3-4 cm, escasamente ciliado. Capitulescencia de 1-3 cabezuelas, no dispuesta muy por encima de las hojas subyacentes; pedúnculo 0.7-6 cm, glabro o escasamente puberulento distalmente. Cabezuelas 8-13 mm; involucro 5-9 × 6-10 mm; filarios glabros o los márgenes ciliados; filarios externos 5-9 mm, distalmente hasta 2 mm de diámetro, oblanceolados o panduriformes, 1/2 distal herbácea y reflexa, c. 3-estriados, apicalmente agudos a acuminados; filarios internos 4-5 × 1-1.5 mm, deltados a lanceolados a elípticos, 1-3-estriados, acuminados apicalmente; clinanto c. 3 mm, cortamente cónico; páleas 5-7 mm, en la antesis 1.5-2 mm más largas que las flores del disco asociadas, lanceoladas, escasamente carinadas, el angostado ápice 2-3 mm. Flores radiadas 13-20(-22); limbo de la corola 9-11 × 2.5-4 mm, c. 13-nervio, el ápice superficialmente 2-3-lobado. Flores del disco 50-80; corola 3-3.7 mm, los lobos c. 0.7 mm; ramas del estilo c. 1 mm, cortamente exertas. Cipselas radiadas 3-4 mm, glabras o casi glabras, cada cara con pocos nervios, el ángulo ventral escasamente alado, la arista 2-3 mm, el ala adaxial angosta y continua con la arista; cipselas del disco 2.5-3 mm, puberulentas, el vilano con 2 aristas (abaxial y adaxial), 1.5-2(-3) mm, subiguales, delgadas, 1 o 2 escuámulas intermedias en ocasiones presentes, c. 0.2 mm. Floración jul.-oct. 2*n* = 56. *Laderas rocosas, selvas caducifolias.* Ch (*Cronquist 9670*, MO). 400-1300 m. (México [Oaxaca], Mesoamérica.)

177. Sanvitalia Lam.
Lorentea Ortega

Por J.F. Pruski.

Hierbas anuales con raíces axonomorfas (Mesoamérica) o algunas veces subarbustos perennes de base leñosa; tallos ascendentes a postrados, dicotómica y moderadamente ramificados desde la base o en toda su longitud, subteretes, finamente estriados, pelosos (tricomas moniliformes indistintos también presentes). Hojas opuestas, sésiles o pecioladas; láminas lineares a obovadas, cartáceas, 3-nervias desde la base o casi desde la base, la base escasamente connata al nudo, los márgenes enteros a lobados, las superficies no glandulosas, por lo demás puberulentas a pelosas. Capitulescencia monocéfala, generalmente terminal, las cabezuelas generalmente (Mesoamérica) sésiles o subsésiles, típica e inmediatamente abrazadas por 1-3 pares de hojas. Cabezuelas radiadas; involucro hemisférico a anchamente campanulado; filarios imbricados (Mesoamérica) o rara vez subimbricados, subiguales a escasamente desiguales, 2-4-seriados, cartáceos (Mesoamérica), la nervadura no prominente (Mesoamérica); filarios externos 5-8, algunas veces herbáceos o apicalmente así; filarios internos algunas veces apiculados, generalmente erectos en fruto; clinanto convexo a cortamente cónico, paleáceo; páleas típicamente casi tan largas como o escasamente más largas que las flores del disco asociadas, típicamente oscuro-coloreadas distalmente, el ápice con frecuencia rígidamente atenuado. Flores radiadas 5-20, pistiladas, 1-2-seriadas; corola marcescente, sin un tubo conspicuo y con el limbo emergiendo directamente desde el ápice del ovario, el limbo exerto del involucro casi en ángulo recto, amarillenta a amarillo-anaranjada (rara vez blanca), palideciendo con la edad, el ápice 2-lobado o 3-lobado. Flores del disco (15-)30-60, bisexuales; corola anchamente tubular a cilíndrico-infundibuliforme, 5-lobada, distalmente amarillo-anaranjada o algunas veces apicalmente purpúrea, generalmente glabra, el tubo no bien diferenciado de la garganta, los lobos erectos; anteras básicamente incluidas, basal y cortamente sagitadas, las tecas negras, el apéndice navicular, pardo claro; ramas del estilo escasamente exertas, recurvadas, las superficies estigmáticas continuas, el ápice papiloso. Cipselas heteromorfas, las caras lisas a tuberculadas, frecuentemente pelosas al menos apicalmente con tricomas uncinados; cipselas radiadas obcónico-subtriquetras, 3-aristadas, las aristas de base ancha, rígidas, lisas, las 2 aristas abaxial-laterales patentes a divergentes; cipselas externas del disco subcuadrangulares, las cipselas internas del disco subcuadrangulares o algunas veces comprimidas (de contorno obovado) y aladas, las alas enteras a pectinadas, el vilano de 0-4 aristas o cornículos. $x = 8$. 6 spp., suroeste de los Estados Unidos, México, Mesoamérica; 1 sp. en Argentina y Bolivia.

Torres (1964) revisó *Sanvitalia* y lo ubicó en la subtribus Zinniinae por las corolas esencialmente radiadas sin tubo. Debido a las cipselas aristadas este con frecuencia se confunde con *Calyptocarpus*, el cual difiere por las corolas radiadas con un tubo alargado. *Anaitis* fue listado como un sinónimo de *Sanvitalia* por Bentham y Hooker (1873). Sin embargo, el fototipo de *A. acapulcensis* DC. (como F, neg. #33768) muestra una planta incompleta que se asume no es una *Sanvitalia*. Es así que, *Anaitis* se excluye de la sinonimia de *Sanvitalia*.

Bibliografía: Bentham, G. y Hooker, J.D. *Gen. Pl.* 2: 163-533 (1873). Torres, A.M. *Brittonia* 16: 417-433 (1964).

1. Corolas radiadas más cortas que las aristas del vilano radiado; cipselas del disco nunca obviamente aladas. **1. S. ocymoides**
1. Corolas radiadas al menos tan largas como las aristas del vilano radiado; cipselas internas del disco obviamente aladas. **2. S. procumbens**

1. Sanvitalia ocymoides DC., *Prodr.* 5: 628 (1836). Isotipo: México, Tamaulipas, *Berlandier 2102* (MO!). Ilustr.: Torres, *Brittonia* 16: 426, t. 9 (1964).

Calyptocarpus blepharolepis B.L. Rob., *Sanvitalia tragiifolia* DC.

Hierbas 10-20 cm; tallos muy-ramificados desde la base, decumbentes a erectos, hirsutos o estrigosos. Hojas pecioladas; láminas 1-3(-3.5) × 0.7-1.8(-2.2) cm, ovadas a obovadas, las superficies hirsutas a subestrigosas, la base cuneada, típicamente decurrente sobre el pecíolo, los márgenes enteros, el ápice obtuso; pecíolo 0.4-1 cm. Capitulescencia sésil, las hojas subyacentes algunas veces graduadas hasta filarios externos. Cabezuelas 6-8.5 mm; involucro 5-8 mm de diámetro; filarios 12-20, 3-4-5 mm, anchamente ovados a obovados, subiguales y más o menos similares, los márgenes distales algunas veces herbáceos (rara vez los externos poco herbáceos en el 1/3 distal), hirsuto-estrigosos, frecuentemente ciliados, el ápice típicamente redondeado-apiculado; páleas hasta c. 6.5 mm, en la antesis frecuentemente c. 1 mm más largas que las flores del disco asociadas, color púrpura distalmente. Flores radiadas 8-11, 1-seriadas; limbo de la corola c. 2 × 0.8-1.5 mm, más corto que las aristas radiadas del vilano, casi tan ancho como el ovario y la cipsela, triangular, 2-4-nervio, el ápice 2-denticulado. Flores del disco 10-30, típicamente más cortas que las páleas subyacentes; corola 1.5-2 mm, anchamente tubular, los lobos c. 0.3 mm. Cipselas dimorfas; cipselas radiadas 3.5-4 mm, la superficie no tuberculada, color crema, el vilano con aristas 2-3 mm, divergentes, las 2 aristas abaxial-laterales sobresaliendo cerca del involucro en ángulo recto; cipselas del disco 3-4 mm, isomorfas, todas obcónico-prismáticas y subcuadrangulares, las caras tuberculadas, típicamente color crema o negras, los ángulos algunas veces delgado-marginados y hasta c. 0.2 mm de ancho pero nunca obviamente aladas, básicamente sin vilano, las protuberancias apicales algunas veces corniculadas, el cornículo hasta c. 0.5 mm. Floración jul.-sep. $2n = 16$. *Áreas alteradas, matorrales espinosos*. G (*Véliz MV14251*, MO). 200-300 m. (SO. Estados Unidos, Mesoamérica.)

Sanvitalia ocymoides se espera encontrar en Mesoamérica. Se asemeja a por los filarios imbricados y las corolas radiadas más cortas que las aristas de las cipselas radiadas, pero esa especie difiere por las hojas

lanceoladas y las cipselas internas del disco aladas y comprimidas. Se espera en Chiapas

2. Sanvitalia procumbens Lam., *J. Hist. Nat.* 2: 178 (1792). Holotipo: México, cultivada en París, *Gualteri s.n.* (microficha MO! ex P-LAM). Ilustr.: Cavanilles, *Icon.* 4: t. 351 (1797), como *S. villosa*. N.v.: Haseval, kantumbu, kantunbub, ojo de gallo, sanguinaria, sanguinaria de flores negros, xkantumbub, Y.

Lorentea atropurpurea Ortega, *Sanvitalia acinifolia* DC., *S. procumbens* Lam. var. *oblongifolia* DC., *S. villosa* Cav., *Zexmenia thysanocarpa* Donn. Sm.

Hierbas 5-25 cm; tallos con varias ramificaciones desde la base, decumbentes a postrados, rara vez erectos, patentes, frecuentemente alargándose hasta c. 30 cm, hirsutos. Hojas pecioladas; láminas 0.9-3.5(-6) × 0.4-1.5(-3) cm, elíptico-lanceoladas a ovadas, las superficies escabrosas a estrigosas, las células subsidiarias algunas veces prominentes, la base cuneada a redondeada, luego típicamente angostada abrupta y escasamente decurrente sobre el pecíolo, los márgenes enteros, el ápice agudo, rara vez ya sea acuminado u obtuso; pecíolo 0.4-1(-1.6) cm. Capitulescencia subsésil, las hojas subyacentes algunas veces graduando hasta filarios externos; pedúnculo (0-)5 mm. Cabezuelas 6.5-9 mm; involucro 5-9 mm de diámetro; filarios 12-20, escasamente desiguales y escasamente dimorfos, distalmente vellosos, frecuentemente ciliados; filarios externos 2-5, 3-4 mm, generalmente casi 2/3-3/4 de la longitud de los internos, lanceolados u oblanceolados, 1/3 distal por lo general gradualmente angostado, herbáceo y algunas veces reflexo; filarios internos 4-4.5 mm, anchamente obovados, el ápice redondeado-apiculado; páleas hasta c. 7.5 mm, distalmente color púrpura. Flores radiadas 8-13, 1-seriadas; limbo de la corola 3.5-6(-9) × 2-3.2 mm, al menos tan largo como las aristas del vilano radiado, más ancho que el ovario y la cipsela, deltado-ovado, 5-7-nervio, los 3-4 nervios principales más prominentes, el ápice 2-3-denticulado. Flores del disco 20-60, algunas veces escasamente más cortas que las páleas subyacentes; corola 2.2-3.2 mm, cilíndrico-infundibuliforme, el tubo 0.3-0.6 mm, los lobos 0.5-0.7 mm; ramas del estilo c. 0.5 mm. Cipselas heteromorfas; cipselas radiadas 2.5-3.5 mm, la superficie no tuberculada, color crema, el vilano con aristas 1.5-3 mm; cipselas del disco dimorfas; cipselas externas del disco c. 2 mm, obcónico-prismáticas y subcuadrangulares, las caras tuberculadas, color crema o negro, sin vilano o 1-2-aristado; cipselas internas del disco 3.5-4 mm, de contorno obovado, obviamente comprimidas y aladas, las caras negras, las alas hasta 0.5 o más mm de diámetro, suberosas, color crema, enteras a pectinadas, el ala extendiéndose por encima del cuerpo de la cipsela, sin vilano o 1-2-aristado, las aristas hasta c. 1 mm. Floración jul.-ene., mar. $2n = 16$. *Áreas alteradas, bosques secos, campos, orillas de caminos, laderas rocosas, vegetación secundaria, selvas bajas caducifolias.* Ch (*King 3100*, NY); Y (*Gaumer 964*, MO); C (*Chan 5638*, MO); QR (*Vaughan et al. 265*, MO); G (*Sánchez et al. 1632*, MO). 0-1600 m. (México, Mesoamérica; cultivada y algunas veces adventicia en Estados Unidos, Brasil, Argentina, Asia, Europa.)

Sanvitalia procumbens se usa con frecuencia medicinalmente, como lo evidencian los numerosos nombres comunes. Las plantas con frecuencia se encuentran en poblaciones densas. El único ejemplar de Costa Rica (*Worthen s.n.*, MO) citado por Torres (1964) como *S. procumbens* tiene las cabezuelas pedunculadas, el tubo de la corola radiado y se ha vuelto a identificar aquí como *Calyptocarpus wendlandii*. *Sanvitalia* es así excluida de Costa Rica.

178. Tehuana Panero et Villaseñor

Por J.F. Pruski.

Hierbas anuales; tallos erectos, simples a poco ramificados, subteretes, estriados. Hojas opuestas, pecioladas; láminas anchas, cartáceas, triplinervias, las superficies hirsutas a estrigosas, no glandulosas, los tricomas en la superficie adaxial frecuentemente con prominentes células subsidiarias reflejando luz y falsamente de apariencia glandulosa, pecioladas. Capitulescencia monocéfala a abiertamente corimbosa, terminal; pedúnculos alargados, sin bractéolas. Cabezuelas radiadas; involucro hemisférico a crateriforme; filarios imbricados, subiguales, 2-seriados, herbáceos a rígidamente cartáceos, frecuentemente 2-acostillados; clinanto cónico, paleáceo; páleas c. 2 o más mm más largas que las flores del disco asociadas, subconduplicadas proximalmente, el ápice atenuado-subulado. Flores radiadas pistiladas; corola marcescente, sin un tubo y con el limbo emergiendo directamente desde el ápice del ovario, el limbo ovado a orbicular, amarillo-anaranjado, exerto, estriguloso abaxialmente. Flores del disco c. 120, bisexuales; corola anchamente tubular, algunas veces basalmente gibosa, 5-lobada, verdosa proximalmente tornándose amarilla-anaranjada distalmente, glabra; anteras en parte exertas en la antesis, basal y cortamente sagitadas, las tecas negras, el apéndice apical pajizo, no glanduloso; estilo con la superficie estigmática de las rama continua, el ápice papiloso. Cipselas dimorfas, pardo oscuro, esparcidamente setulosas; cipselas radiadas obcónico-subtriquetras, estriadas, sin vilano hasta adaxialmente 1-corniculadas; cipselas del disco obcónico-prismáticas, 4-acostilladas, sin vilano. $x = 14$. 1 sp. México, Mesoamérica.

Tehuana difiere de los taxones de Mesoamérica por las páleas mucho más largas que las flores del disco y el limbo de las corolas radiadas algunas veces orbicular.

Bibliografía: Panero J.L. y Villaseñor Ríos, J.L. *Syst. Bot.* 21: 553-557 (1996 [1997]). Turner, B.L. *Phytologia* 25: 1-144 (2016).

1. Tehuana calzadae Panero et Villaseñor, *Syst. Bot.* 21: 555 (1996 [1997]). Isotipo: México, Oaxaca, *Panero et al. 5970* (NY!). Ilustr.: Panero y Villaseñor Ríos, *Syst. Bot.* 21: 556, t. 2 (1996 [1997]).

Hierbas 25-80 cm; tallos esparcidamente estrigosos. Hojas: láminas 3.5-8(-10) × 1.5-4(-6) cm, elípticas a ovadas, la base cuneada a algunas veces redondeada, los márgenes subenteros a serrulados, el ápice agudo; pecíolo 0.7-3.2 cm. Capitulescencia con 1(-pocas) cabezuelas; pedúnculos 8-15(-20) cm, delgados, estrigosos. Cabezuelas (12-)15-22 mm; involucro 12-15 mm de diámetro; filarios 9-14, lanceolados a elíptico-ovados; filarios externos 5-6 × 1.5-2 mm, estrigosos, patentes a laxamente adpresos; filarios internos 5.8-6.5 × 1-1.7 mm, estrigosos distalmente, aristados, laxamente adpresos; clinanto 4-12 × 2-3 mm; páleas 7-8 mm, oblanceoladas, pajizas o verde pálido con c. 0.5 mm apicales purpúreos, el ápice 2-3.5 mm, angostado. Flores radiadas 7-9; limbo de la corola 8-11 × 6-8 mm, c. 9-nervio, el ápice obtuso, 2-denticulado. Flores del disco: la corola c. 3 mm, glabra, los lobos c. 0.5 mm, ascendentes; anteras c. 1.3 mm; ramas del estilo c. 0.8 mm. Cipselas radiadas c. 3 × 1 mm, cornículo 0-1 mm; cipselas del disco 2.7-3.4 × 1.1-1.2 mm, las costillas c. 0.2 mm de diámetro, pardo más claro que las caras, las caras diminutamente pustuladas. Floración ago.-sep. $2n = 28$. *Áreas alteradas, bosques abiertos.* Ch (Turner, 2016: 26). 100-200 m. (México [Oaxaca], Mesoamérica).

En este tratamiento solo se reconoce *Tehuana calzadae* de elevaciones bajas a lo largo de la costa Pacífica en Oaxaca, casi 150 km al este de Tonala, Chiapas, donde existen hábitats similares y se podría encontrar la especie. Turner (2016: 26) cita *Tehuana* en Chiapas, pero el mapa (Turner, 2016: 50) muestra como endémico de Oaxaca. Villaseñor Ríos (2016: 103) indicó *Tehuana* como endémico de Oaxaca.

179. Zinnia L., nom. cons.

Anaitis DC., *Crassina* Scepin, *Diplothrix* DC., *Lepia* Hill, *Mendezia* DC., *Tragoceros* Kunth, *Zinnia* L. sect. *Tragoceros* (Kunth) Olorode et A.M. Torres

Por J.F. Pruski.

Hierbas anuales (en Mesoamérica) o perennes hasta arbustos bajos; tallos generalmente erectos, poco a muy ramificados, subteretes a angula-

dos, estriados a inconspicuamente estriados, pelosos, fistulosos o con médula sólida. Hojas opuestas, sésiles o cortamente pecioladas; láminas linear-lanceoladas a elíptico-ovadas, cartáceas, 3-palmatinervias (5-palmatinervias) desde la base, rara vez pinnadas a ligeramente 3-nervias, las superficies glandulosas (Mesoamérica), pelosas, la base angostamente cuneada a cordata, las hojas adyacentes típicamente subconnatas. Capitulescencia monocéfala hasta con pocas cabezuelas, terminal o desde los nudos distales; pedúnculos típicamente alargados, sin bractéolas, algunas veces distalmente fistulosos. Cabezuelas radiadas; involucro turbinado o angostamente campanulado a hemisférico; filarios imbricados, graduados, 3-5-seriados, elíptico-ovados a obovados, delgada a gruesamente cartáceos, finamente estriados, el ápice típicamente redondeado, frecuentemente más oscuro o con diferente textura, los márgenes frecuentemente ciliados; clinanto convexo a cónico, paleáceo; páleas casi tan largas como las flores del disco asociadas, persistentes. Flores radiadas 2-21, pistiladas, típicamente 1-seriadas, algunas veces pluriseriadas en cultivares; corola marcescente, con frecuencia relativamente gruesa y rígida (especialmente cuando seca), el tubo corto (*Zinnia purpusii*) o más típicamente ausente con el limbo emergiendo directamente del ápice del ovario, el limbo blanco o amarillento a púrpura-rojizo, 5-10-nervio, los 2 nervios principales especialmente prominentes, la nerviación en general tornándose muy reticulada, el ápice obtuso o rara vez agudo, típicamente superficial a profundamente 2-3-lobado, los nervios frecuentemente verdosos distalmente sobre la superficie abaxial, abaxialmente glanduloso o subestriguloso o ambos, cortamente papiloso adaxialmente; estilo con el tronco y la superficie abaxial de las ramas rara vez glandulosos. Flores del disco 2-200, bisexuales o algunas veces (sect. *Tragoceros*) funcionalmente estaminadas; corola tubular a angostamente infundibuliforme, 5-lobada, típicamente amarilla tornándose rojizo-púrpura distalmente, el tubo o garganta generalmente dilatados, el tubo mucho más corto que la garganta, el limbo algunas veces escasamente asimétrico (algunas spp. en Mesoamérica con un seno más profundo y lobos adyacentes más largos que el resto), en general setuloso-papiloso por dentro o al menos marginalmente; anteras incluidas o cortamente exertas en la antesis, pálidas o rara vez escasamente oscurecidas, basalmente truncadas a cortamente sagitadas, apéndice apical típicamente presente, plano a ligeramente navicular; ramas del estilo apicalmente atenuadas, cada una con una superficie estigmática continua, el ápice papiloso. Cipselas obcomprimidas a escasamente triquetras (radiadas) o escasa a marcadamente comprimidas (del disco), de contorno orbicular a elíptico-obovado, glabras a pelosas, las caras algunas veces tuberculadas, frecuentemente calloso-marginadas o ciliadas, el ápice truncado o algunas veces bicorniculado; cipselas radiadas sin vilano; cipselas del disco sin vilano o el vilano angostamente 1(2)-aristado o aristado lateralmente o adaxialmente desde los protuberancias apicales de la cipsela. $x = 11, 12$. Aprox. 23 spp., en América tropical, con poblaciones ocasionales en los subtrópicos; 2 spp. naturalizadas pantropicalmente.

Torres (1963a) monografió el género *Zinnia* y reconoció 17 especies. Torres (1963b) monografió el género *Tragoceros* pero subsecuentemente las 5 especies fueron tratadas como *Z.* sect. *Tragoceros* (Olorode y Torres, 1970 [1971]). Entre los géneros mesoamericanos de la subtribus Zinniinae, las especies de *Zinnia* pueden reconocerse por las hojas glandulosas y los filarios marcadamente desiguales, graduados, finamente estriados.

Aunque Jeffrey en Jarvis et al. (1993) quiso tipificar *Zinnia*, el elemento designado como lectotipo (Miller, 1755 [1760]: t. 64) no es un elemento original de *Chrysogonum peruvianum*, el tipo del género (Pruski, 2007). El único elemento original existente de *C. peruvianum* fue determinado por Pruski (2007) como *Sphagneticola trilobata*, y el tipo conservado (P-JU 9416) de *C. peruvianum* mantiene su uso actual.

La única especie de *Z.* sect. *Tragoceros* que se conoce en Mesoamérica es *Z. americana*, pero *Z. flavicoma* (DC.) Olorode et A.M. Torres de Oaxaca se encuentra dentro de 100 km de Chiapas y se debería encontrar en Mesoamérica. No obstante, parece que el material mesoamericano citado como *Tragoceros microglossum* DC. y *T. zinnioides* Kunth por Hemsley (1881) puede tratarse de *Z. americana*. La especie endémica mexicana *Z. angustifolia* Kunth con flores anaranjadas fue citada para Nicaragua por Bentham (1844 [1845], 1853) y Hemsley (1881), pero con seguridad el ejemplar citado tiene una etiqueta errónea y en cambio es de Nayarit. *Zinnia angustifolia* es así excluida de Mesoamérica.

Bibliografía: Barkley, T.M. et al. *Fl. N. Amer.* 19: 3- 579; 20: 3-666; 21: 3-616 (2006). Bentham, G. *Bot. Voy. Sulphur* 20-33 (1844); 109-122 (1844b [1845]); *Vidensk. Meddel. Dansk Naturhist. Foren. Kjøbenhavn* 1852: 65-121 (1853). Hemsley, W.B. *Biol. Cent.-Amer., Bot.* 2: 69-263 (1881). Jarvis, C.E. et al. *Regnum Veg.* 127: 1-100 (1993). Kirkbride, J.H. y Wiersema, J.H. *Taxon* 56: 958-959 (2007). McVaugh, R. *Rhodora* 74: 495-516 (1972); *Fl. Novo-Galiciana* 12: 1-1157 (1984). Olorode, O. y Torres, A.M. *Brittonia* 22: 359-369 (1970 [1971]). Pruski, J.F. *Taxon* 56: 603-605 (2007). Robinson, B.L. y Greenman, J.M. *Proc. Amer. Acad. Arts* 32: 14-20 (1897 [1896]). Standley, P.C. *Publ. Field Mus. Nat. Hist., Bot. Ser.* 3: 437-456 (1930). Staples, G.W. y Herbst, D.R. *Trop. Gard. Fl.* 1-908 (2005). Torres, A.M. *Brittonia* 15: 1-25 (1963a); *Brittonia* 15: 290-302 (1963). Villaseñor Ríos, J.L. *Techn. Rep. Rancho Santa Ana Bot. Gard.* 4: 1-122 (1989).

1. Cabezuelas 5-9 mm; flores radiadas 5-9, el limbo de la corola 2-3.5(-5) mm, brevemente exerto del involucro.
  2. Limbo de las corolas radiadas cortamente lanceolado, abaxialmente no glanduloso; flores del disco funcionalmente estaminadas; cipselas radiadas truncadas apicalmente. **1. Z. americana**
  2. Limbo de las corolas radiadas ovado a orbicular, abaxialmente glanduloso; flores del disco bisexuales; cipselas bicorniculadas apicalmente.
4. Z. purpusii
1. Cabezuelas 10-20 mm; flores radiadas (5-)8-20 o más, el limbo de la corola 8 mm, típicamente bien exerto del involucro.
  3. Cipselas sin vilano; páleas rojizas o purpúreas distalmente, el ápice pectinado-fimbriado. **2. Z. elegans**
  3. Cipselas del disco 1-aristadas; páleas típicamente pajizas en su totalidad, el ápice entero a escasamente eroso. **3. Z. peruviana**

1. Zinnia americana (Mill.) Olorode et A.M. Torres, *Brittonia* 22: 368 (1970 [1971]). *Calendula americana* Mill., *Gard. Dict.* ed. 8 *Calendula* no. 10 (1768). Holotipo: México, Veracruz, *Houstoun s.n.* (foto US! ex BM). Ilustr.: Nash, *Fieldiana, Bot.* 24(12): 561, t. 106 (1976). N.v.: Estrellita.

Melampodium anomalum M.E. Jones, *Tragoceros americanum* (Mill.) S.F. Blake, *T. schiedeanum* Less.

Hierbas hasta 32 cm; tallos erectos, simples a generalmente con varias ramificaciones, con frecuencia basalmente, subteretes, estriados distalmente, subestrigoso-pilosos. Hojas sésiles a muy cortamente pecioladas; láminas (1-)1.5-3(-5) × 0.3-0.8(-1.5) cm, lineares a lanceoladas (las proximales elípticas), pinnadas o ligeramente 3-nervias, la base truncada a subauriculada, los márgenes enteros, el ápice agudo a rara vez obtuso, ambas superficies hirsutas y glandulosas; pecíolo 0-0.1 cm. Capitulescencia básicamente monocéfala, rara vez corimbosa con c. 3 cabezuelas pedunculadas; pedúnculos (0-)0.5-2.5(-5) cm, delgados, estrigosos, sólidos. Cabezuelas 5-7(-8) mm; involucro 2.5-4 mm de diámetro, campanulado; filarios c. 10, c. 3-seriados, ovados a obovados, verdosos a purpúreos distalmente, escasamente c. 5-estriados, redondeados apicalmente, glabros; filarios externos 2-2.5 × 1-1.3 mm; filarios internos 5-7 × 2-2.5 mm; clinanto pequeño, convexo a cortamente cónico; páleas 3-4 mm, lanceoladas, el ápice anchamente agudo a redondeado, más o menos enteras o algunas veces escasamente fimbriadas. Flores radiadas 5-6, 1-seriadas; corola persistente, el tubo ausente, el limbo 2.5-3(-4.5) × c. 1 mm, cortamente lanceolado, brevemente exerto del involucro, rígido, adaxialmente blanco a verdoso-amarillo, abaxialmente no glanduloso, marcadamente 2-nervio mar-

ginalmente, esta nervadura hirsútula, recurvado distalmente, el ápice atenuado y frecuentemente bífido, denticiones apicales hasta c. 0.5 mm, abaxialmente no glanduloso. Flores del disco 5-12(-18), funcionalmente estaminadas; corola 2.4-3 mm, tubular-infundibuliforme, ni el tubo ni la garganta dilatados, el tubo 1-1.3 mm, los lobos c. 0.5 mm, escasamente desiguales, erectos o escasamente recurvados, algunas veces glandulosos, frecuentemente papilosos por dentro; estilo entero a escasamente bífido; ovario c. 0.5 mm, estéril. Cipselas radiadas (ovarios de las flores del disco estériles) 4-5 × c. 1.5 mm, tangencialmente comprimido-triquetras, elípticas a obovoides, el ápice truncado y pasando hasta la corola, la cara abaxial negra o casi negra, tuberculada, los márgenes suberosos, recurvados, la cara adaxial escasamente abultada, con una nervadura media, por lo demás típicamente lisa a distalmente subestrigulosa; vilano ausente. Floración jul.-dic. $2n = 22$. *Planicies abiertas o matorrales y laderas, selvas altas perennifolias estacionales, laderas secas, vegetación xerofítica, orillas de caminos, orillas rocosas de arroyos, potreros de pastoreo.* Ch (*Breedlove y Thorne 20625*, MO); G (*Martínez S. et al. 23721*, MO); H (*Williams 16860*, MO); N (*Molina R. 23170*, MO). 200-1200 m. (México, Mesoamérica.)

El taxón tratado aquí como *Zinnia americana* fue llamado *Tragoceros schiedeanum* por Torres (1963b) y Nash (1976d), pero McVaugh (1972b) discutió la aplicación correcta de estos nombres. El nombre *T. americanum* fue erróneamente aplicado por Torres (1963b) al taxón actualmente conocido como *Z. microglossa* (DC.) McVaugh (McVaugh, 1972b, 1984), el cual aunque muy similar a *Z. americana*, difiere por el limbo entero de las corolas radiadas (no apicalmente bífido) y las cabezuelas estrictamente sésiles. Strother (1999) reconoció *Z. americana* como la única especie de *Tragoceros* en Chiapas, pero aquí se sigue a Olorode y Torres (1970 [1971]) quienes ubicaron *Tragoceros* en *Zinnia*. No se ha tomado una decisión acerca de la identidad de *T. mocinianum* A. Gray, *Z. bicuspis* DC. y *Z. zinnioides* (Kunth) Olorode et A.M. Torres, siendo cada uno de estos nombres provisionalmente excluido aquí de la sinonimia.

2. Zinnia elegans Jacq., *Icon. Pl. Rar.* 3: 15 (1793), nom. cons. Lectotipo (designado por Kirkbride y Wiersema, 2007): *Anon. s.n.* (W-9503). Ilustr.: McVaugh, *Fl. Novo-Galiciana* 12: página de la portada (1984), como *Z. violacea*. N.v.: Viojinia, Virginia, Y; Carolina, C; berjima, B; mulata, G; ambolia, matrimonio, H; cambray, ES; matrimonio, San Rafael, CR; girasol, margarita, peregrino, P.

Crassina elegans (Jacq.) Kuntze, *Zinnia australis* F.M. Bailey, *Z. violacea* Cav.

Hierbas hasta 1(-2) m; tallos erectos, simples o poco ramificados típicamente con 1 o 2 pares de ramas axilares, subteretes, estriados distalmente, graduando desde híspido-pilosos proximalmente a subestrigosos distalmente. Hojas sésiles o esencialmente sésiles; láminas 2.5-10(-15) × 0.5-4(-7) cm, lanceoladas a elíptico-ovadas o cordiformes, 3-5-palmatinervias, la base truncada a cordata, los márgenes enteros, el ápice agudo a acuminado, rara vez obtuso, ambas superficies hirsutulo-estrigulosas y glandulosas. Capitulescencia monocéfala sobre el eje principal o las ramas axilares, las cabezuelas abrazadas por hojas caulinares; pedúnculos 0.5-7 cm, fistulosos distalmente. Cabezuelas (10-)15-20 mm; involucro (7-)10-15 × (7-)10-25 mm, hemisférico; filarios 20-25, ovados a obovados, 3-seriados o 4-seriados, gruesamente cartáceos y pajizos proximalmente, herbáceos a escariosos y verdosos a purpúreos distalmente, redondeados apicalmente, glabros o casi glabros; filarios externos 2.5-5 × 2-4 mm; filarios internos (7-)10-15 × 4.5-6 mm; clinanto convexo a hemisférico bajo; páleas 10-20 mm, lanceoladas o aquellas externas rara vez linear-filiformes, carinadas, pajizas tornándose rojizas o purpúreas distalmente, el ápice obtuso, pectinado-fimbriado. Flores radiadas 8-20 o más (más en cultivares), típicamente 1-seriadas (a pluriseriadas en cultivares); limbo de la corola (10-)15-25(-35) × c. 10 mm, espatulado a obovado, típicamente muy exerto del involucro, rígido, con frecuencia adaxialmente rojizo (blanco a purpúreo en cultivares, rara vez variegado), abaxialmente glanduloso, por lo general abaxialmente subestriguloso al menos sobre la nervadura principal en toda su longitud, el ápice típica y superficialmente 3-lobado, el lobo medio menor que los laterales. Flores del disco (15-)60-150, bisexuales; corola 7-9 mm, tubular o la garganta escasamente dilatada basalmente, el tubo c. 1 mm, los lobos 1-3 mm, frecuente y escasamente desiguales, reflexos o contortos, erectos o escasamente reflexos, típica y densamente setuloso-papilosos por dentro, en ocasiones escasamente setosos adaxialmente; ramas del estilo 1.5-2 mm, cortamente exertas. Cipselas 6-10 mm, no tuberculadas, los márgenes no suberosos, escasa y tangencialmente triqueras y obovoides (radiadas) o comprimidas y oblanceoladas a obovadas (del disco), típicamente lisas adaxialmente, glabras a subestrigulosas; vilano ausente. Floración feb.-dic. $2n = 24$. *Campos cultivados, áreas alteradas, bosques húmedos, bosques secos, borde de bosques, orillas de caminos, pinares, bosques de* Pinus-Quercus, *vegetación ribereña, orillas de caminos, vegetación secundaria.* T (Villaseñor Ríos, 1989: 114, como *Zinnia violacea*); Ch (*Téllez et al. 8000*, MO); Y (Standley, 1930: 456); C (*Ramírez 91*, MO); QR (*Balam 638*, MO); B (*Dwyer et al. 292*, MO); G (*Rojas 274*, MO); H (*Valerio 1105*, MO); ES (*Williams y Herrera 399*, MO); N (*Moreno 11649*, MO); CR (Standley, 1938: 1538); P (*Antonio 4558*, MO). 10-1800 m. (México, Mesoamérica, Colombia, Venezuela, Guyana, Ecuador, Perú, Bolivia, Brasil, Paraguay, Cuba, Jamaica, La Española, Puerto Rico, Islas Vírgenes, Asia, África, Australia, Islas del Pacífico.)

McVaugh (1972b) anotó que el nombre *Zinnia violacea* precedía por dos años a *Z. elegans*. En recientes trabajos botánicos (p. ej., McVaugh, 1984; Strother, 1999; Barkley et al., 2006c) y de jardinería (p. ej., Staples y Herbst, 2005) el nombre más temprano *Z. violacea* fue correcta y ampliamente adoptado. Sin embargo, Torres (1963a) y la mayoría de la literatura antes de 1972 usaron el nombre *Z. elegans*, y así el conservar el nombre *Z. elegans* sobre *Z. violacea* tal vez valga la pena.

3. Zinnia peruviana (L.) L., *Syst. Nat., ed. 10* 2: 1221 (1759). *Chrysogonum peruvianum* L., *Sp. Pl.* 920 (1753). Tipo cons.: Perú, *Jussieu s.n.* (microficha MO! ex P-JU-9416). Ilustr.: McVaugh, *Fl. Novo-Galiciana* 12: 1121, t. 182 (1984). N.v.: Margarita, mulata, mulata silvestre, G; ambolia, ambolia de monte, estrella, margarita, mulata, H.

Crassina leptopoda (DC.) Kuntze, *C. peruviana* (L.) Kuntze, *C. tenuiflora* (Jacq.) Kuntze, *C. verticillata* (Andrews) Kuntze, *Lepia multiflora* (L.) Hill, *L. pauciflora* (L.) Hill, *Zinnia floridana* Raf., *Z. hybrida* Roem. et Usteri, *Z. intermedia* Engelm., *Z. leptopoda* DC., *Z. multiflora* L., *Z. pauciflora* L., *Z. revoluta* Cav., *Z. tenuiflora* Jacq., *Z. verticillata* Andrews.

Hierbas 8-60 (90) cm; tallos erectos, simples o poco ramificados, subteretes, estriados distalmente, estrigosos o glabrescentes proximalmente. Hojas sésiles o esencialmente sésiles; láminas (1.5-) 2.5-6(-9) × (0.5-)1-2.2(-3) cm, lanceoladas a elíptico-ovadas, 3-5(-7)-palmatinervias muy desde la base, ambas superficies hirsútulas y glandulosas, la base redondeada a subamplexicaule, los márgenes enteros, el ápice agudo a acuminado. Capitulescencia monocéfala sobre el eje principal o las ramas axilares; pedúnculos 0.5-7 cm, robustos, el eje central en ocasiones fistuloso distalmente. Cabezuelas 10-18 mm; involucro 10-15 × 7-15 mm, campanulado; filarios 15-30, 3-seriados o 4-seriados, obovados a espatulados, gruesamente cartáceos, finamente estriados, redondeados apicalmente, pajizos proximalmente, algunas veces rojizos o purpúreos distalmente, glabros o casi glabros; filarios externos 3-5 × 2-3 mm; filarios internos 10-15 × 4-6 mm; clinanto convexo a hemisférico bajo; páleas 13-15 mm, lanceoladas, típicamente pajizas completamente, el ápice agudo a redondeado, entero a escasamente eroso. Flores radiadas (5-)8-15, 1-seriadas; limbo de la corola 8-15(-25) × 2-6(-15) mm, típicamente espatulado, típicamente bien exerto del involucro, rígido, con frecuencia adaxialmente rojo (rara vez anaranjado o amarillo), la superficie abaxial glandulosa, hirsútulo solo proximalmente, marginal y cortamente ciliado, el ápice entero o superficialmente 2-lobado. Flores del disco (12-)25-55(-80), bisexuales; corola 5.1-6.7 mm, el tubo o la garganta dilatados basalmente, el tubo 0.5-0.7 mm, los lobos 1-1.5 mm, marcadamente patentes, setuloso-papilosos por dentro y marginalmente; ramas del estilo hasta c. 1 mm, cortamente exertas. Cipselas 7-10 × c. 2.5 mm, elipsoidales, no tuberculadas, los márgenes no suberosos, obcomprimidas (radiadas) o comprimidas (del disco), frecuentemente 1-corniculadas (del disco), típicamente estrigosas (radiadas) o ciliadas (del disco); cipselas del disco angostamente 1-aristadas adaxialmente (cara interna), la arista setulosa. Floración jun.-dic.(ene., mar.). $2n = 24$. *Campos abiertos, áreas alteradas, pastizales, bosques de* Pinus-Quercus, *orillas de caminos, sabanas, matorrales, selvas caducifolias, bosques espinosos.* Ch (*Cronquist 9677*, MO); G (*Heyde y Lux 3808*, NY); H (*Molina R. 2671*, MO); ES (*Galán y Torres 3045*, MO); N (*Oersted 11023*, MO). 600-2200 m. (SO. Estados Unidos, México, Mesoamérica, Colombia, Venezuela, Ecuador, Perú, Bolivia, Paraguay, Argentina, Cuba, Jamaica, La Española, Puerto Rico, Antillas Menores, Trinidad y Tobago, África, Australia, Islas del Pacífico.)

Zinnia peruviana es la especie más común y ampliamente distribuida de las especies de *Zinnia* (Robinson y Greenman, 1897c [1896]; Pruski, 2007) y se encuentra en toda América tropical, pero rara vez es cultivada. Se asemeja y con frecuencia se confunde con *Z. elegans*, una especie cultivada y que se escapa, pero se diferencia claramente por las cipselas del disco 1-aristadas (vs. sin vilano).

4. Zinnia purpusii Brandegee, *Univ. Calif. Publ. Bot.* 10: 420 (1924). Isotipo: México, Chiapas, *Purpus 9108* (MO!). Ilustr.: Torres, *Brittonia* 15: 18, t. 36-38, solo flores (1963).

Hierbas anuales, hasta 30(-41) cm; tallos erectos, poco-ramificados, subteretes, estriado-estrigosos. Hojas sésiles o cortamente pecioladas; láminas (1.5-)2.5-5.5 × (0.1-)0.3-0.6(-0.9) cm, linear-lanceoladas, pinnadas o ligeramente 3-nervias, la base truncada a auriculada, los márgenes enteros, rígidamente ciliados, el ápice acuminado, las superficies hirsutas y glandulosas, la superficie adaxial estrigulosa, esparcidamente glandulosa, la superficie abaxial glandulosa, esparcidamente hirsútula; pecíolo cuando presente 0-0.1 cm, algunas veces alado. Capitulescencia básicamente monocéfala o rara vez corimbosa con c. 3 cabezuelas; pedúnculos 0.5-1.5(-5) cm, delgados. Cabezuelas 6-9 mm; involucro 4-7 × 6-8 mm, hemisférico; filarios c. 15, c. 3-seriados, orbiculares a ovados, escasamente poco estriados pero las estrías básicamente inconspicuas debido al ápice coloreado, redondeados apicalmente, escariosos y purpúreos distalmente, glabros o aquellos externos hirsútulos distalmente; filarios externos 2-2.5 × 2-2.5 mm; filarios internos 4-7 × 2-3.2 mm; clinanto 3-4 mm, cónico; páleas 5-6 mm, lanceoladas, pajizas tornándose purpúreas distalmente, escasamente glandulosas, el ápice agudo a acuminado. Flores radiadas 5-9, 1-seriadas; corola con tubo c. 0.7 mm, dispuesto entre las protuberancias apicales alargadas de la cipsela o connato a estas, el limbo 2-3.5(-5) × 1.2-2.5 mm, ovado a orbicular, típica y brevemente exerto del involucro, más o menos rígido pero no totalmente rígido, adaxialmente blanco a amarillo pálido, abaxialmente glanduloso, los 2 nervios principales situados hacia adentro, la nervadura esparcidamente hirsútula, el ápice entero redondeado. Flores del disco bisexuales, 35-60; corola 2-2.7 mm, tubular-infundibuliforme, glabra o casi glabra, el tubo c. 0.3 mm, garganta ligeramente aplanada lateralmente, algunas veces ligeramente dilatada basalmente, los lobos c. 0.5 mm, erectos, lisos por dentro; ramas del estilo c. 0.5 mm, ligeramente exertas. Cipselas 2.6-4 × c. 2.5 mm, negras, bicorniculadas apicalmente, el cornículo hasta c. 0.5 mm y dirigido hacia adentro, cuerpo obcomprimido-triquetro y obovoide (radiadas) o comprimido y obovado (del disco), los márgenes suberosos pectinado-alados, las caras lisas o tuberculadas; vilano ausente. Floración sep. $2n = 24, 26$. *Selvas altas perennifolias estacionales, bosques de* Pinus-Quercus. Ch (*Breedlove 44354*, MO). 900-1000 m. (México [Colima, Guerrero, Jalisco], Mesoamérica.)

XIII. Tribus **INULEAE** Cass.

Inulaceae Bercht. et J. Presl, *Inulinae* Dumort., *Inuloideae* Lindl., *Plucheeae* Anderb., *Plucheinae* Dumort.
Descripción de la tribus y clave genérica por J.F. Pruski.

Hierbas anuales a árboles; tallos alados o sin alas. Hojas basales (típicamente delicuescentes en la antesis) y/o caulinares, simples u ocasionalmente pinnatífidas, alternas o rara vez subopuestas; láminas cartáceas, pinnatinervias. Capitulescencia terminal o rara vez axilar, en general corimbosa a tirsoide-paniculada, rara vez monocéfala o escapífera. Cabezuelas en general heterógamas y radiadas o disciformes, rara vez homógamas, unisexuales, discoides, en general con muchas flores; involucro sin calículo; filarios desiguales o algunas veces subiguales, 2-6-seriados, libres, cartáceos a algunas veces membranáceos o herbáceos, los márgenes y el ápice algunas veces escariosos; clinanto en general aplanado a convexo, sin páleas (Mesoamérica) o rara vez paleado, en general glabro. Flores radiadas 0 o 1(2)-seriadas, típicamente pistiladas; corola en general amarilla, el limbo frecuentemente linear. Flores marginales (en cabezuelas disciformes) numerosas, 1-10-seriadas, pistiladas; corola frecuentemente filiforme, actinomorfa o casi actinomorfa, en general rosada a purpúrea, glabra o glandulosa, el ápice en general diminutamente 3-denticulado; superficie estigmática de 2 bandas, fértiles desde la base hacia el ápice. Flores del disco 1-numerosas, bisexuales o funcionalmente estaminadas, en general escasamente más largas que las flores externas; corola tubular o infundibuliforme, (4)5-lobada, rosada a purpúrea (Mesoamérica) a amarilla, los lobos en general deltados; anteras caudadas (en general calcariformes con espolones fértiles), el tejido del endotecio radial o a veces polarizado, el ápice del espolón agudo a algunas veces atenuado, el apéndice apical linear a ovado; estilo con el tronco distalmente papiloso (*Epaltes*, *Pluchea*, *Pseudoconyza*, *Tessaria*) pero más típicamente el tronco mayormente glabro totalmente, bífido o no dividido, sin apéndices, las ramas filiformes a lineares con el ápice agudo, la superficie estigmática con 2 bandas, fértiles desde la base hasta el ápice, adaxialmente papilosas, las papilas obtusas, algunas veces decurrentes en la porción distal del tronco. Cipselas cilíndricas, obcónicas o elipsoidales, en general ligeramente rollizas, algunas veces comprimidas o prismáticas, sin rostro, lisas o acostilladas, nunca obviamente ruguloso-tuberculadas abaxialmente, glabras o setulosas, frecuentemente glandulosas, los tricomas nunca mixógenos; carpóforo en general simétrico y pajizo; vilano de 1(2) series de cerdas o escuámulas, los márgenes lisos a ancistrosos o rara vez plumosos, rara vez el vilano ausente (en Mesoamérica solo en *Epaltes*). Aprox. 65 gen. y 700 spp., principalmente tropical y subtropical, en ambos hemisferios, pero algunas veces (p. ej., *Pluchea*) bien representada en áreas templadas.

En el sentido tradicional Inuleae se puede reconocer por las anteras caudadas. La circunscripción tradicional de Inuleae, es decir, la de Bentham y Hooker (1873), fue reestructurada por Anderberg (1991a), quien removió unos 190 géneros y 1200 especies a Gnaphalieae, y Anderberg (1991b), quien removió otros 25 géneros y 200 especies como Plucheeae. Recientemente, Cariaga et al. (2008), reconocieron Inuleae de nuevo conteniendo Plucheeae, pero dividieron Inuleae más aún al separar Feddeeae Pruski, P. Herrera, Anderb. et Franc.-Ort. de Cuba. Según la circunscripción de Cariaga et al. (2008), Inuleae contiene 65 géneros y 700 especies. Las especies mesoamericanas no son radiadas y pertenecen a Inuleae subtribus Plucheinae.

Bibliografía: Anderberg, A.A. *Pl. Syst. Evol.* 176: 145-177 (1991); *Opera Bot.* 104: 1-195 (1991). Cariaga, K.A. et al. *Syst. Bot.* 33: 193-202 (2008).

1. Cipselas sin vilano.   **180. Epaltes**
1. Cipselas con un vilano de cerdas.
  2. Capitulescencia espigada; superficie foliar bicolor; tronco del estilo glabro.   **183. Pterocaulon**

  2. Capitulescencia corimbosa a paniculada; superficie foliar concolora; tronco del estilo distalmente papiloso.
    3. Cabezuelas con 1 flor del disco; márgenes del lobo de la corola del disco obviamente engrosados.   **184. Tessaria**
    3. Cabezuelas con más de 2 flores del disco; márgenes de la corola del disco no engrosados.
      4. Hojas simples, nunca lirado-pinnatífidas; cerdas del vilano escábrido-ancistrosas; flores del disco funcionalmente estaminadas.   **181. Pluchea**
      4. Hojas, al menos las proximales, lirado-pinnatífidas; cerdas del vilano lisas o casi lisas; flores del disco bisexuales.   **182. Pseudoconyza**

180. **Epaltes** Cass.

Centipeda Lour. sect. *Sphaeromorphaea* (DC.) C.B. Clarke, *Epaltes* Cass. sect. *Ethuliopsis* (F. Muell.) F. Muell., *Erigerodes* L. ex Kuntze, *Ethuliopsis* F. Muell., *Gynaphanes* Steetz, *Pachythelia* Steetz, *Poilania* Gagnep., *Sphaeromorphaea* DC.
Por J.F. Pruski.

Hierbas anuales o perennes a subarbustos; tallos larga a diminutamente alados, subteretes, erectos a procumbentes, simples a muy ramificados, las alas continuas, en general más largas que los entrenudos. Hojas simples, alternas o subopuestas, pinnatinervias, las superficies concoloras, glabrescentes a pilosas, los márgenes basalmente decurrentes en el tallo como alas, escasamente amplexicaules, sésiles. Capitulescencia terminal, rara vez axilar, corimbosa o rara vez solitaria, en general de pocas cabezuelas. Cabezuelas bisexuales y disciformes (Mesoamérica), rara vez unisexuales y discoides, en general esféricas; filarios subiguales a graduados; clinanto aplanado antes de la antesis, en fruto tornándose convexo a marcadamente convexo, sin páleas. Flores marginales (0-)numerosas en numerosas series; corola filiforme o tubular, las corolas de las series internas algunas veces cupuliformes, actinomorfas o casi actinomorfas, glabras o glandulosas, el ápice redondeado o diminutamente 2-3-denticulado, algunas veces escasa y asimétricamente denticulado; estilo bífido, glabro o con la base pilosa, las ramas lineares, lisas. Flores del disco varias a numerosas, funcionalmente estaminadas o rara vez bisexuales, escasamente más largas que las flores externas; corola tubular o infundibuliforme, actinomorfa, 4-5-lobada, glabra o glandulosa; anteras en parte calcariformes (con espolones fértiles), la base del espolón atenuada, el tejido endotecial radial, el apéndice ovado, no marcadamente esculpido o diferenciado en textura de las tecas; el cuello del filamento con frecuencia ligeramente mamiloso; nudo basal del estilo glabro o piloso, el tronco distalmente papiloso, no dividido o algunas veces brevemente bífido. Cipselas obcónicas a elipsoidales, acostilladas, glabras, puberulentas o glandulosas; vilano ausente o como un borde anular, rara vez 2-6 escuamoso. $x = 10$. Aprox. 14 spp., 3 spp en América tropical. México, Mesoamérica, Brasil, Cuba, Asia, África, Australia.

Epaltes cunninghamii (Hook.) Benth., una especie australiana, es única en el género (Walsh y Entwisle, 1999) por ser generalmente plantas monoicas con cabezuelas discoides unisexuales y las cipselas frecuentemente comosas.

Bibliografía: Liogier, A.H. *Fl. Cuba* 5: 1-362 (1962 [1963]). Walsh, N.G. y Entwisle, T.J. *Fl. Victoria* 4: 1-1088 (1999).

1. Epaltes mexicana Less., *Linnaea* 5: 147 (1830). Tipo: México, Veracruz, *Schiede y Deppe 322* (foto MO! ex HAL). Ilustr.: Nash, *Fieldiana, Bot.* 24(12): 498, t. 43 (1976). N.v.: Hierba del sapo, T.

Erigerodes mexicanum (Less.) Kuntze, *Pachythelia mexicana* (Less.) Steetz.

Hierbas anuales, hasta 1 m; tallos erectos a ascendentes, simples o ramificados, estriados, pilosos a glabrescentes, largamente alados, las alas varias, hasta c. 2 mm de diámetro. Hojas 3-7(-12.5) × 0.5-2(-4.3) cm, elíptico-lanceoladas a obovadas, las superficies punteado-glandulosas, por lo demás pilosas a glabrescentes, la base atenuado-decurrente, los márgenes serrados a serrulados, el ápice agudo o algunas veces obtuso, rara vez redondeado. Capitulescencia corimbosa, cada rama principal en general con 3-10 cabezuelas, hojas distales del tallo no cercanamente asociadas con la capitulescencia; pedúnculos 1-10(-15) mm, araneosos a estrigulosos. Cabezuelas hemisféricas antes de la antesis, tornándose esféricas en la antesis, el clinanto antes de la antesis c. 2 × 3 mm, aplanado, en fruto 5-6 × 5-6 mm, con los márgenes deflexos; involucro reflexo en fruto, las corolas y los frutos no incluidos; filarios c. 1.5 × 0.6 mm, elíptico-lanceolados, ligeramente 2-3-seriados, araneoso-pelosos; clinanto c. 3 mm de diámetro, glabro o glanduloso, las corolas no incluidas dentro del involucro luego de que el clinanto se vuelve revoluto. Flores marginales numerosas; corola 0.4-0.7 mm, pajiza, glandulosa, al menos la base en general persistente en la cipsela; ramas del estilo ligeramente exertas, escasamente patentes. Flores del disco 25-50, funcionalmente estaminadas; corola 1.5-2 mm, infundibuliforme, glandulosa, purpúrea, el tubo c. 0.5 mm, la garganta 0.6-1 mm, los lobos 0.4-0.6 mm, cortamente lanceolados, subsésiles y persistentes en el clinanto; anteras c. 0.7 mm, escasamente exertas, los cáudices c. 0.2 mm, los filamentos en general más cortos que las anteras; ramas del estilo escasamente exertas, ligeramente bífidas c. 0.05 mm, el ovario estéril, cortamente anular. Cipselas radiadas (del disco estériles) c. 0.7 mm, obcónicas, acostilladas, glandulosas, el cuerpo pardusco con las costillas pajizas; vilano ausente. Floración ene., abr., jul.-ago. $2n = 20$. *Cursos de agua, selvas medias subperennifolias.* T (*Novelo y Ramos 1867*, MO); Ch (*Martínez S. 18409*, MO); C (*Chan 3785*, MO); G (*Lundell 1508*, MO). 0-900 m. (México, Mesoamérica, Cuba?)

Liogier (1962 [1963]) listó *Epaltes brasiliensis* DC. como presente en Cuba. No se ha visto ningún ejemplar cubano, pero es probable que el material cubano corresponda a *E. mexicana*, que tiene prioridad nomenclatura sobre *E. brasiliensis*, si resulta estos dos nombres son sinónimos.

Las cabezuelas en fruto son bicolores invertidos, con las flores exteriores pajizas distalmente (la base persistente de la corola) encima de las cipselas parduscas, mientras que las flores interiores tienen el ovario anular y las corolas proximalmente pajizas y más oscuras distalmente.

181. Pluchea Cass.

Berthelotia DC. non *Bertholletia* Bonpl., *Conyza* Less. subg. *Leptogyne* Elliott, *Eremohylema* A. Nelson, *Eyrea* F. Muell. non Champ. ex Benth., *Gymnostyles* Raf., *Gynema* Raf., *Pluchea* Cass. sect. *Berthelotia* (DC.) A. Gray, *P.* sect. *Eyrea* Benth., *P.* sect. *Stylimnus* (Raf.) DC., *Spiropodium* F. Muell., *Stylimnus* Raf., *Tecmarsis* DC., *Tessaria* Ruiz et Pav. sect. *Phalacrocline* A. Gray. Por J.F. Pruski.

Hierbas anuales o perennes a arbustos o algunas veces árboles, en general aromáticos; tallos erectos, en general no alados o algunas veces largamente alados, glabros o pelosos. Hojas simples, nunca lirado-pinnatífidas, alternas, sésiles o pecioladas; láminas pinnatinervias, las superficies concoloras, ambas superficies en general glandulosas y con tricomas no glandulares, los márgenes basales algunas veces decurrentes como alas sobre los tallos, los márgenes enteros o dentados. Capitulescencia terminal, de numerosas cabezuelas pedunculadas por lo general densamente corimbosas a paniculadas; pedúnculos en general pelosos. Cabezuelas disciformes, con numerosas flores; involucro campanulado a hemisférico; filarios lanceolados a ovados, graduados, 2-5-seriados, frecuentemente reflexos después de la fructificación, en general cartáceos, en general pelosos, en parte frecuentemente rosados; clinanto aplanado, sin páleas. Flores marginales numerosas, en pocas a varias series; corola filiforme-tubular, cortamente lobada, de color crema a generalmente purpúrea, glabra o generalmente los lobos ligeramente glandulosos; estilo bífido, las ramas lineares a filiformes. Flores del disco pocas a varias, funcionalmente estaminadas; corola angostamente infundibuliforme, brevemente 5-lobada, de color crema a generalmente purpúrea, el limbo gradualmente ampliándose, los lobos con frecuencia densamente glandulosos, los márgenes no engrosados; anteras caudadas, de color crema, en general exertas, el cuello del filamento algunas veces ligeramente mamiloso; estilo papiloso en 1/2 distal, no dividido o ligeramente bífido, el ovario estéril. Cipselas de las flores marginales (las del disco estériles) filiforme-cilíndricas, 3-6-acostilladas, glabras, glandulosas, o generalmente pelosas; vilano de numerosas cerdas escábrido-ancistrosas, libres o en parte connatas en la base, casi tan largas como la corola. $x = 10$. Aprox. 46 spp. Regiones cálidas de ambos hemisferios: Estados Unidos, México, Mesoamérica, Sudamérica tropical y templada, Antillas, sureste de Asia, Indo-Malasia, África, Oceanía; c. 14 spp. en América tropical.

Las aplicaciones de algunos nombres de *Pluchea* mesoamericanas más comunes han cambiado mucho en los últimos 50 años, y los recuentos cromosómicos no se pueden usar sin tomar en cuenta el contexto. A partir de Linneo (1753), un complejo de especies americanas con hojas amplexicaules pasó al nombre de *Pluchea bifrons* (L.) DC. El concepto de *P. bifrons* fue alterado notablemente por Godfrey (1952), quien usó el nombre *P. foetida* (L.) DC. para las plantas con flores blancas anteriormente llamadas *P. bifrons*. Godfrey había segregado a las plantas con flores rojas, *P. rosea*, de las plantas que también habían pasado como *P. bifrons*. Nesom segregó *P. yucatanensis*, la única pubescente-glandulosa, de *P. foetida* y de *P. rosea*. Pruski (2005) lectotipificó *P. bifrons* y la excluyó de la flora del Nuevo Mundo, e hizo la combinación *P. baccharis*, tratando a la *P. rosea* de Godfrey en sinonimia.

El nombre *P. odorata* fue primero usado para el taxón arbustivo más común (p. ej., Swartz, 1797; Moore, 1936); en los últimos 50 años es aplicado correctamente a la especie mesoamericana herbácea más común. Por ejemplo, Nash (1976c) siguió el concepto de Godfrey (1952): aplicó erróneamente el nombre *P. odorata* a la especie mesoamericana arbustiva actualmente llamada *P. carolinensis* y usó el ahora sinónimo *P. purpurascens*, para la hierba que ahora pasa bajo *P. odorata*. Por otro lado, la aplicación de estos nombres por D'Arcy (1975c [1976]) es correcta. Gillis (1977) hizo la combinación *P. symphytifolia* para las especies arbustivas mesoamericanas más comunes, mientras que Khan y Jarvis (1989) utilizaron el nombre de la especie mesoamericana arbustiva *P. carolinensis*, y redujeron a la sinonimia el nombre *Neurolaena lobata* (Heliantheae).

Pluchea rosea var. *mexicana* R.K. Godfrey es tratada aquí como *P. mexicana* (R.K. Godfrey) G.L. Nesom y está restringida a San Luis Potosí, México. Los ejemplares de la península de Yucatán, citados por Godfrey (1952) como *P. rosea* var. *mexicana* se tratan como *P. yucatanensis*. El material citado por Villaseñor Ríos (1989) como *P. rosea* var. *mexicana*, que no se ha estudiado, probablemente se refiere a *P. baccharis* o *P. yucatanensis*.

La especie mexicana *P. auriculata* Hemsl. fue excluida de *Pluchea* por Godfrey (1952), pero no fue ni reconocida ni excluida por Nesom (1989b). La especie *P. sagittalis* (Lam.) Cabrera, que es en gran parte sudamericana, pero también recolectada en Estados Unidos (Florida) y en Taiwán, debe encontrarse en Mesoamérica, especialmente en la península de Yucatán.

En Mesoamérica se reconocen tres secciones del género: *P.* sect. *Pluchea*, *P.* sect. *Amplectifolium* G.L. Nesom y *P.* sect. *Pterocaulis* G.L. Nesom. *Pluchea salicifolia* es la única especie de Mesoamérica en *P.* sect. *Pterocaulis*. El resto de las especies mesoamericanas se ubican en *P.* sect. *Pluchea* (*P. carolinensis* y *P. odorata*) o en *P.* sect.

Amplectifolium [*P. baccharis* y *P. yucatanensis*]. Nesom (1989b) reconoció una sección americana adicional, para *P. sericea* (Nutt.) Coville de México y del suroeste de Estados Unidos. Nesom (1989b) señaló que *P. sericea* apenas merece el rango de sección dentro de *Pluchea*, pero el nombre seccional más antiguo disponible (*Tessaria* sect. *Phalacrocline*) no ha sido transferido al rango seccional dentro de *Pluchea*. Como alternativa, Nesom (1989b) señaló que *P. sericea* quizás es merecedora de rango genérico, en cuyo caso señaló que *Eremohylema* es el nombre más antiguo disponible.

Bibliografía: Ariza Espinar, L. *Kurtziana* 12-13: 47-62 (1979). Britten, J. *J. Bot.* 36: 51-55 (1898). Gillis, W.T. *Taxon* 26: 587-591 (1977). Godfrey, R.K. *J. Elisha Mitchell Sci. Soc.* 68: 238-271 (1952). Khan, R. y Jarvis, C.E. *Taxon* 38: 659-662 (1989). King-Jones, S. *Englera* 23: 1-136 (2001). Moore, S. *Fl. Jamaica* 7: 150-289 (1936). Nesom, G.L. *Phytologia* 67: 158-167 (1989). Pruski, J.F. *Sida* 21: 2023-2037 (2005). Robinson, H. y Cuatrecasas, J. *Phytologia* 27: 277-285 (1973). Swartz, O. *Fl. Ind. Occid.* 1: 1-640 (1797).

1. Tallos alados.
  2. Hojas y pedúnculos canescente-tomentosos.
    4a. P. salicifolia var. **canescens**
  2. Hojas y pedúnculos puberulentos. **4b. P. salicifolia** var. **salicifolia**
1. Tallos sin alas.
  3. Hojas sésiles, las bases subamplexicaules.
    4. Follaje pubescente con tricomas tanto glandulares como patentes no glandulares; corolas rojizas. **1. P. baccharis**
    4. Follaje sésil-glanduloso o brevemente estipitado-glanduloso, por lo demás glabro; corolas blancas a rojizas. **5. P. yucatanensis**
  3. Hojas pecioladas, las bases nunca subamplexicaules.
    5. Arbustos; tallos subtomentulosos a algunas veces glabrescentes; láminas de las hojas cartáceas a subcoriáceas, los márgenes enteros o casi enteros. **2. P. carolinensis**
    5. Hierbas; tallos puberulentos a casi glabros; láminas de las hojas cartáceas a delgadamente cartáceas, los márgenes serrados o rara vez subenteros. **3. P. odorata**

1. Pluchea baccharis (Mill.) Pruski, *Sida* 21: 2035 (2005). *Conyza baccharis* Mill., *Gard. Dict.* ed. 8, *Conyza* no. 16 (1768). Lectotipo (designado por Pruski, 2005): México, Campeche, *Anon. s.n.* (foto MO! ex BM). Ilustr.: Godfrey, *J. Elisha Mitchell Sci. Soc.* 68: t. 21, f. 5, 6 (1952), como *P. rosea*.

Baccharis viscosa Walter? non Lam., *Pluchea eggersii* Urb., *P. rosea* R.K. Godfrey.

Hierbas perennes, rara vez tornándose arbustivas, 0.25-0.9 m, las raíces fibrosas desde un rizoma o cáudice corto; tallos uno o más desde un cáudice, simples a poco ramificados distalmente, subteretes, sin alas, en general puberulentos a vellosos y glandulosos distalmente, frecuentemente también adpreso-araneosos, glabros proximalmente; follaje pubescente con tricomas tanto glandulares como patentes no glandulares, frecuentemente también adpreso-araneosos. Hojas 2.5-8 × 0.6-2.5 cm, elíptico-lanceoladas a oblanceoladas u obovadas, cartáceas, ligeramente reticuladas, las superficies glandulosas, ligeramente puberulentas a rara vez esparcidamente vellosas, ocasionalmente glabrescentes, la base cuneada o generalmente truncada a subcordata, subamplexicaule, los márgenes denticulados a serrulados, el ápice obtuso a agudo, sésiles. Capitulescencia terminal, corimbosa, abierta o algunas veces compactamente agregada, corta, ancha, cada agregado con 5-10 cabezuelas, estas frecuentemente con hojas involucrales subyacentes; pedúnculos 1-8 mm, puberulentos a vellosos o araneosos. Cabezuelas 6-9 mm; involucro 4-7 mm de diámetro, campanulado a turbinado; filarios subiguales a ligeramente graduados, 3-4-seriados, rojizos a purpúreos, el ápice acuminado; filarios externos 3-4.5 × c. 1.5 mm, anchamente lanceolados, glandulosos, distalmente araneosos o vellosos; filarios internos 5-6.5 × c. 0.7 mm, lanceolados, glabrescentes a apicalmente araneoso-puberulentos. Flores marginales en pocas series; corola c. 3

mm, rojiza, el ápice bífido o trífido. Flores del disco 15-30; corola 4-4.5 mm, rojiza, los lobos 0.6-1 mm, lanceolados, glandulosos. Cipselas c. 1 mm, cilíndrico-fusiformes, esparcidamente pelosas; vilano c. 5 mm. Floración mar.-jul. 2*n* = 20. *Dunas costeras, sabanas, estuarios, vegetación secundaria.* C (*Anon. s.n.*, BM); Y (Villaseñor Ríos y Villarreal-Quintanilla, 2006: 64, como *Pluchea rosea*); QR (*Chan y Rico-Gray 786*, XAL); B (*Davidse y Brant 32896*, MO); H (*Nelson y Hernández 987*, MO); N (*Atwood 4530*, MO). 0-100 m. (Estados Unidos, México, Mesoamérica, Cuba, Jamaica.)

Los ejemplares mesoamericanos de *Pluchea baccharis* tienen frecuentemente la base de las hojas truncada y el ápice obtuso, mientras que los ejemplares de Estados Unidos tienen comúnmente la base subcordata y el ápice agudo.

Pluchea baccharis está relacionada con *P. foetida*, que debe encontrase en Mesoamérica. *Pluchea foetida* se caracteriza por las hojas más grandes, lanceoladas con la base cuneada a truncada, el involucro nunca (vs. siempre) turbinado, los filarios exteriores obtusos (vs. acuminados), las flores pistiladas en varias series (vs. pocas series) y las corolas blancas (vs. rojizas). *Pluchea mexicana* es muy similar a *P. baccharis* por los filarios heterotricos desiguales, pero parece diferenciarse por ser menos pubescentes.

2. Pluchea carolinensis (Jacq.) G. Don in Sweet, *Hort. Brit.* ed. 3, 350 (1839). *Conyza carolinensis* Jacq., *Icon. Pl. Rar.* 3: t. 585 (1786-1793 [1788]). Lectotipo (designado por Gillis, 1977): Jacq., *Icon. Pl. Rar.,* 3: t. 585 (1786-1793 [1788]). Ilustr.: Nash, *Fieldiana, Bot.* 24(12): 501, t. 46 (1976), como *P. odorata*. N.v.: Alcanfor, bak sitit, chãl-ché, cihuapatli, eihuapatli, kaxnan may te', mil en rama, sitil choj, Y; chal-ch, chal-che, pito sico, Santa María, B; chal che, musik witzir, Santa María, sesč-oh, siguapate, tabaco cimarrón, tabaquillo, vitalino, G; salvia santa, siguapate, siguatepeque, suacuamán, zoapate, H; ciguapate, natuapate, siguapate, suquinay, suquinayo, ES; salvia, Santa María, N; curforal, tabbac cinarron, P.

Conyza cortesii Kunth, *Pluchea cortesii* (Kunth) DC., *P. odorata* (L.) Cass. var. *brevifolia* Kuntze?

Arbustos comunes, 1-4(-5) m, aromáticos, con numerosas ramas laterales; tallos irregularmente angulados, sin alas, subtomentosos a algunas veces glabrescentes. Hojas: pecíolo 0.5-1.5(-2.5) cm, peloso a densamente peloso; láminas 4-15 × 1.5-6 cm, anchamente elípticas a lanceoladas, cartáceas a subcoriáceas, la superficie adaxial puberulenta a casi glabra, la superficie abaxial subtomentosa a puberulenta, ligeramente glandulosa, la base acuminada a aguda, nunca subamplexicaule, los márgenes enteros o casi enteros, el ápice agudo a obtuso. Capitulescencia una panícula corimbosa c. 15× 20 cm, anchamente redondeada, terminal, con numerosas cabezuelas; pedúnculos 4-10 mm. Cabezuelas 6-8 mm; involucro c. 4.5 × 8-10 mm, hemisférico a campanulado; filarios numerosos, 3-4-seriados, pelosos, en ocasiones ligeramente glandulosos, tornándose glabros, especialmente hacia las puntas de los filarios internos; filarios externos 2-2.5 × c. 2 mm, ovados, apicalmente redondeados; filarios internos 3-4.5 × 1-1.5 mm, linear-lanceolados, apicalmente atenuado a acuminados, los más internos tardíamente deciduos, densamente pelosos; clinanto 2-3 mm de diámetro, glabro. Flores marginales: corola 3.5-4 mm, rojizo-purpúrea, el ápice irregularmente trífido. Flores del disco 5-15; corola 4-5 mm, rojiza, ligeramente glandulosa en las puntas, los lobos c. 0.5 mm. Cipselas 0.5-1 mm, filiformes, ligeramente puberulentas, las costillas inconspicuas o 1 o 2 aparentes; vilano c. 4 mm. Floración durante todo el año. 2*n* = 20. *Selvas secundarias, peñascos, tintales, ruinas Mayas, orillas de caminos, manglares, selvas bajas caducifolias, sabanas, bosques de Pinus-Quercus, áreas alteradas, riveras, selvas caducifolias.* T (Villaseñor Ríos y Villarreal-Quintanilla, 2006: 62); Ch (*Pruski y Ortiz 4180*, MO); Y (*Gaumer 399*, NY); C (*Lira et al. 262*, MO); QR (*King y Garvey 10658*, MO); B (*Schipp 762*, NY); G (*Greenman y Greenman 5879*, MO); H (*Williams y Molina R. 13656*, MO); ES (*Villacorta 762*, MO); N (*Seymour 5025*, MO); CR (*Rodríguez 1667*,

MO); P (*Tyson 3467*, MO). 0-2500 m. (Estados Unidos, México, Mesoamérica, Venezuela, Guyana, Surinam, Ecuador, Perú, Brasil, Cuba, Jamaica, La Española, Puerto Rico, Islas Vírgenes, Antillas Menores, Trinidad y Tobago, Asia, Islas del Pacífico.)

El tipo de *Pluchea odorata* var. *brevifolia* de Venezuela es fragmentario, sin embargo, parece pertenecer a la sinonimia en esta especie.

La localidad citada en *Collectanea* (Jacquin, 1788 [1789]) como "Crescit sponte in Carolina", parece ser un error ya que este taxón se conoce de la parte continental de los Estados Unidos solo del sur de Florida. La leyenda de la figura para la lámina fue publicada en *Icon. Pl. Rar.*, vol. 3. El basónimo fue erróneamente citado en Sweet como Vol. 3 lámina 185, *Ophrys crucigera* Jacq. (Orchidaceae).

3. Pluchea odorata (L.) Cass. in F. Cuvier, *Dict. Sci. Nat.* ed. 2, 42: 3 (1826). *Conyza odorata* L., *Syst. Nat., ed. 10* 2: 1213 (1759). Lectotipo (designado por Britten, 1898): Sloane, *Voy. Jamaica* 1: 258, t. 152, f. 1 (1707). Ilustr.: Funk y Pruski, *Mem. New York Bot. Gard.* 78: 112, t. 43 (1996). N.v.: U najil tikin xiw, Y; Santa María cimarrona, G; caal ce, B; coque, P.

Conyza angustifolia Nutt. non Roxb., *C. marilandica* Michx., *C. purpurascens* Sw., *Gymnostyles marilandica* (Michx.) Raf., *Placus odoratus* (L.) M. Gómez, *P. purpurascens* (Sw.) M. Gómez, *P. purpurascens* var. *glabratum* (DC.) M. Gómez, *Pluchea amorifera* V.M. Badillo, *P. camphorata* (L.) DC. var. *angustifolia* Torr. et A. Gray, *P. glabrata* DC., *P. marilandica* (Michx.) Cass., *P. odorata* (L.) Cass. var. *succulenta* (Fernald) Cronquist, *P. petiolata* Cass., *P. purpurascens* (Sw.) DC., *P. purpurascens* var. *glabrata* (DC.) Griseb., *P. purpurascens* forma *obovata* Fernald?, *P. purpurascens* var. *succulenta* Fernald, *P. senegalensis* Klatt.

Hierbas ramificadas, 0.5-1.5 m; tallos sin alas, puberulentos a casi glabros, también sésil-glandulosos, las ramas laterales frecuentemente tan largas como el eje central. Hojas pecioladas a subsésiles; pecíolo 0.3-2.5 cm, peloso a puberulento, algunas veces alado; láminas 3.5-12 × 1-6 cm, lanceoladas a ovadas, cartáceas a delgadamente cartáceas, puberulentas, en general ligeramente glandulosas en ambas superficies, glabras a ligeramente tomentosas adaxialmente, glabras a densamente tomentosas abaxialmente, la base cuneada a obtusa, algunas veces oblicuas, nunca subamplexicaules, los márgenes serrados o rara vez subenteros, el ápice agudo a redondeado. Capitulescencia 3-4 × 2-3 cm, una panícula difusa de varios agrupamientos corimbiformes aplanados, con 10 cabezuelas o más, las ramas laterales floríferas casi tan largas como la terminal; pedúnculos 1-6(-8) mm, pelosos. Cabezuelas 5-7 mm; involucro c. 4× 4-6 mm, campanulado; filarios numerosos, c. 4-seriados, puberulentos, en general purpúreo-rosados apicalmente; filarios externos 1.5-2 × c. 1 mm, largamente triangulares, apicalmente agudos; filarios internos 3.5-4 × 0.5-1 mm, lanceolados, el ápice atenuado; clinanto 1.5-2 mm de diámetro, ligeramente puberulento. Flores marginales: corola 3-3.5 mm, rosada, el ápice bífido o trífido. Flores del disco 5-9(-12); corola 3.5-4 mm, rosada, glabra o muy ligeramente puberulenta en las puntas, los lobos c. 0.5 mm, deltoides. Cipselas c. 1 mm, filiformes, c. 5-acostilladas, las costillas de color crema, ligeramente puberulentas y ligeramente glandulosas; vilano c. 3.5 mm. Floración durante todo el año. 2*n* = 20. *Playas, ciénagas, orilla de canales y lagos, hidrófitas emergentes, vegetación secundaria, manglares.* T (*Cowan 3104*, MO); Ch (*Matuda 16278*, MO); Y (*Gaumer 1002*, NY); C (*Cabrera y Cabrera 13995*, MO); QR (*Davidse et al. 20631*, MO); B (*Schipp 619*, NY); G (*Contreras 7449*, MO); H (*Yuncker et al. 8232*, MO); N (*Davidse y Pohl 2279*, MO); P (*Knapp 1937*, MO). 0-200 m. (Canadá, Estados Unidos, México, Mesoamérica, Colombia, Venezuela, Guyana, Surinam, Cuba, Jamaica, La Española, Puerto Rico, Islas Vírgenes, Antillas Menores, Trinidad y Tobago, África.)

Esta especie herbácea está estrechamente relacionada con *Pluchea camphorata* (L.) DC. de los Estados Unidos, pero se diferencia por los filarios puberulentos (vs. a veces glabrescentes), generalmente con el ápice rosado-púrpura (vs. generalmente de color crema).

Howard (1989) lectotipificó *Conyza purpurascens* sobre la misma ilustración de Sloane (t.152, f.1.) designada por Britten (1898) como lectotipo de *C. odorata*. Aunque King-Jones (2001) citó *C. purpurascens* como nom illeg., este nombre legítimo, simplemente se vuelve nomenclaturalmente incorrecto por estas lectotipificaciones. *Conyza odorata* y *C. purpurascens* no se basan en materiales originales idénticos y por lo tanto no son sinónimos nomenclaturales, a pesar de ser citados como tal por King-Jones (2001).

La distribución reportada para *P. odorata* en el sur de Sudamérica es probablemente por error de otras especies herbáceas. Este nombre, *P. odorata*, fue citado para El Salvador por Berendsohn y Araniva (1989), pero probablemente representa una aplicación incorrecta de este nombre a las plantas de *P. carolinensis*. Sin embargo, *P. odorata* debe encontrarse en El Salvador, así como en Costa Rica. Las plantas referidas como *P. odorata* var. *succulenta* se distribuyen desde la costa del Atlántico medio hacia el norte hasta Canadá y tienen cabezuelas grandes, pero parecen integrarse con otras poblaciones, y *P. odorata* var. *succulenta* no se reconoce aquí. *Pluchea odorata* var. *ferruginea* Rusby de Bolivia, demuestra ser un sinónimo de *P. fastigiata* Griseb. No se ha visto material tipo de *P. purpurascens* forma *obovata*, pero se asume que este nombre pertenece a la sinonimia.

4. Pluchea salicifolia (Mill.) S.F. Blake, *Contr. U.S. Natl. Herb.* 26: 237 (1930). *Conyza salicifolia* Mill., *Gard. Dict.* ed. 8, *Conyza* no. 6 (1768). Tipo: México, Veracruz, *Houstoun s.n.* (foto MO! ex BM). Ilustr.: McVaugh, *Fl. Novo-Galiciana* 12: 750, t. 126 (1984).

Baccharis adnata Humb. et Bonpl. ex Willd., *Conyza adnata* (Humb. et Bonpl. ex Willd.) Kunth, *Pluchea adnata* (Humb. et Bonpl. ex Willd.) C. Mohr, *P. subdecurrens* Cass.

Hierbas perennes a arbustos, 1-2 m; tallos ramificados, erectos a ascendentes, foliosos en 1/2 distal, alados desde los márgenes decurrentes de las hojas, puberulentos o rara vez pilosos, las alas continuas, c. 2 mm de diámetro, puberulentas a pilosas, también frecuentemente sésil-glandulosas o brevemente estipitado-glandulosas, las hojas distales en general más largas que los entrenudos. Hojas sésiles; láminas (2-)4-12 × (0.2-)0.5-2 cm, linear-lanceoladas a lanceoladas, cartáceas, las superficies sésil-glandulosas o brevemente estipitado-glandulosas, puberulentas a rara vez pilosas, la base amplexicaule y los márgenes decurrentes hacia las alas del tallo, los márgenes subenteros a irregularmente serrulado-denticulados, el ápice agudo a acuminado. Capitulescencia terminal, corimbosa, poco ramificada, con muchas cabezuelas, cada agregado con c. 20 cabezuelas o más; pedúnculos 1-9(-22) mm, ebracteolados o algunas veces con 1 o 2 bractéolas, las ramas y los pedúnculos pilosos a densamente pilosos. Cabezuelas 4-6 × 2.5-4 mm; involucro campanulado; filarios graduados, 3-4-seriados, frecuentemente rosados apicalmente, el ápice acuminado a largamente atenuado; filarios externos hasta c. 2 × 0.8 mm, elíptico-lanceolados, glandulosos, frecuentemente también pilosos; filarios internos 4-5.5 × c.1 mm, lanceolados, glabrescentes a apicalmente puberulento-glandulosos; clinanto c. 1.5 mm de diámetro. Flores marginales: corola 3.5-4.5 mm, rosada a rojiza distalmente, el ápice trífido. Flores del disco 7-17; corola 4-5 mm, rojiza, los lobos c.0.7 mm, lanceolados, glandulosos. Cipselas c. 0.8 mm, cilíndrico-fusiformes, esparcidamente pelosas; vilano 3.5-4.5 mm. 2*n* = 20. Ch, G. 300-900(-1400) m. (México, Mesoamérica.)

Un ejemplar de BM fue citado como por McVaugh (*Fl. Novo-Galiciana* 12: 749, 1984) como "el tipo" pero no es claro a cuál de los dos ejemplares de BM se refería.

Pluchea salicifolia se trata únicamente con las dos variedades a continuación, habiendo sido *P. salicifolia* var. *parviflora* (A. Gray) S.F. Blake de Baja California, reconocida por Godfrey (1952) como una especie distinta. Aunque el grado de pubescencia es considerado como un marcador específico en *Pluchea*, es prudente mantener el reconocimiento de las infraespecies como variedades como las trató Godfrey (1952).

La especie sudamericana nativa *P. sagittalis* [syn. *P. suaveolens* (Vell.) Kuntze] que tiene los tallos alados, ha sido introducida en forma similar al sur de los Estados Unidos (reportada por Mohr como *P. adnata*) y se puede esperar en Mesoamérica. *P. sagittalis* se diferencia de *P. salicifolia* por los filarios no glandulosos y 2-3-seriados.

4a. Pluchea salicifolia (Mill.) S.F. Blake var. **canescens** (A. Gray) S.F. Blake, *J. Wash. Acad. Sci.* 21: 328 (1931). *Pluchea subdecurrens* var. *canescens* A. Gray, *Proc. Amer. Acad. Arts* 5: 182 (1862 [1861]). Holotipo: México, Veracruz, *Ervendberg 343* (GH).

Pluchea adnata (Humb. et Bonpl. ex Willd.) C. Mohr [sin rango] *canescens* (A. Gray) S.F. Blake.

Hojas y pedúnculos canescente-tomentosos. Floración ene. *Hábitat desconocido.* Ch (*Ton 5404*, MO). 800 m. (México, Mesoamérica.)

4b. Pluchea salicifolia (Mill.) S.F. Blake var. **salicifolia**.

Hojas y pedúnculos puberulentos. Floración ene., feb. *Orillas de caminos, barrancos secos, arroyos.* Ch (*Croat 47578*, MO); G (*Kellerman 4997*, US). 300-900(-1400) m. (México, Mesoamérica.)

5. Pluchea yucatanensis G.L. Nesom, *Phytologia* 67: 160 (1989). Holotipo: México, Campeche, *Steere 1844* (imagen en Internet ex TEX!). Ilustr.: no se encontró.

Hierbas perennes, 0.2-0.6 m; raíces fibrosas desde un rizoma corto o cáudice; tallos uno o dos desde el cáudice, simples a poco ramificados distalmente, erectos, foliosos en 1/2 distal, subteretes, sin alas; follaje sésil-glanduloso o brevemente estipitado-glanduloso, por lo demás glabro. Hojas sésiles; láminas 2.5-6 × 0.4-2.4 cm, oblanceoladas a obovadas, rígidamente cartáceas a escasamente carnosas, las superficies glandulosas, la base cuneada a subcordata, subamplexicaule, los márgenes denticulados, el ápice obtuso, algunas veces mucronulato. Capitulescencia terminal, corimbosa, poco ramificada hasta algunas veces varias veces ramificada y con muchas cabezuelas, cada agregado con c. 9 cabezuelas, el pedúnculo o la cabezuela frecuentemente abrazados por una hoja bracteiforme; pedúnculos 1.5-7 mm o rara vez la cabezuela central subsésil, las ramas y los pedúnculos escasamente estipitado-glandulosos. Cabezuelas 6-8 mm; involucro 4-5.5 mm de diámetro, turbinado; filarios ligeramente graduados o rara vez subiguales, 3-4-seriados, endurecidos, rosados a rojizos apicalmente, el ápice acuminado a atenuado, distalmente punteado-glandulosos a algunas veces también estipitado-glandulosos; filarios externos 3.5-5 × 1-1.5 mm, elíptico-lanceolados; filarios internos 5-6 × c. 8 mm, lanceolados, glabrescentes a apicalmente puberulentos; clinanto c. 1.5 mm de diámetro. Flores marginales en pocas series; corola 3.5-4.1 mm, blanca a algunas veces rojiza distalmente, el ápice trífido. Flores del disco 15-20; corola 4.5-5 mm, en general rojiza, los lobos 0.6-0.8 mm, lanceolados, glandulosos. Cipselas c. 1 mm, cilíndrico-fusiformes, esparcidamente pelosas; vilano 4.5-5 mm. Floración jun.-ago. *Manglares, áreas arenosas, sabanas, áreas temporalmente húmedas.* C (*Steere 1844*, TEX); QR (Villaseñor Ríos y Villarreal-Quintanilla, 2006: 62); B (*Croat 23817*, MO). 0-20 m. (SE. Estados Unidos, Mesoamérica.)

182. Pseudoconyza Cuatrec.

Por J.F. Pruski.

Hierbas pequeñas fétidas; tallos erectos, sin alas o algunas veces indistintamente alados, las alas discontinuas. Hojas simples, alternas, al menos las proximales lirado-pinnatífidas, las distales algunas veces apenas dentadas, uniformemente arregladas a lo largo del tallo, muy reducidas distalmente en la capitulescencia y pinnatinervias, las superficies concoloras. Capitulescencia terminal, corimbiforme-paniculada, con varias a muchas cabezuelas, bracteada. Cabezuelas disciformes; involucro campanulado; filarios graduados; clinanto convexo. Flores marginales numerosas, en varias series; corola filiforme, actinomorfa, el ápice redondeado o diminutamente c. 3-denticulado; estilo glabro, con ramas filiformes, la superficie estigmática con 2 bandas fértiles hasta el extremo de la rama del estilo. Flores del disco 2-12, bisexuales, escasamente más largas que las flores externas; corola tubular, actinomorfa, brevemente 5-lobada, eglandular, los márgenes de los lobos no engrosados; anteras incluidas, brevemente calcariformes (con espolones fértiles), sagitadas pero con el ápice estéril, el apéndice no muy esculpido ni de textura diferente a las tecas; tronco del estilo distalmente papiloso, las ramas del estilo cortamente lineares, papilosas, las papilas obtusas. Cipselas cilíndricas a elipsoidales, rojizas, el cuerpo no acostillado o a veces escasamente acostillado, algunas veces escasamente comprimido con los márgenes engrosados; vilano de c. 10 cerdas libres, subiguales, blancas, estas lisas o casi lisas, casi tan largas como la corola. 1 sp. Estados Unidos? (Florida?), México, Mesoamérica, Colombia, Venezuela, Ecuador, Perú, Bolivia? (véase Foster, 1958), Cuba, Barbados? (véase Howard, 1989), Bahamas, Asia, África.

La ubicación de la planta llamada anteriormente *Conyza lyrata* (p. ej., Hemsley, 1881) varió gran parte del siglo XX, pasando de *Conyza* (Astereae) a *Pseudoconyza* (como Astereae) a *Blumea* DC. (Inuleae) y por último a *Pseudoconyza* (como Inuleae).

Las afinidades genéricas correctas (como Inuleae subtribus Plucheinae) de esta planta fueron reconocidas inicialmente por Badillo Franceri (1946), y Badillo Franceri (1947a) describió en español (no latín) un género monotípico inválido para este taxon. Cuatrecasas (1961), aparentemente desconociendo el trabajo de Badillo Franceri, describió *Pseudoconyza* (como Astereae), más tarde puesto en sinonimia de *Blumea* por Badillo Franceri (1974). D'Arcy (1975c [1976]), Nesom (1983b), Merxmüller y Roessler (1984) y Dillon y Sagástegui (1991), reconocieron a esta planta como *Blumea* (Inuleae), mientras que Nash (1976c) restableció *Pseudoconyza* de la sinonimia bajo el género del Viejo Mundo *Blumea*. Cuatrecasas (1973) y D'Arcy (1973) señalaron que Cuatrecasas (1961) se equivocó al no ilustrar correctamente los cáudices de las anteras en *Pseudoconyza*. Son estas anteras caudadas, junto con los estilos fuertemente papilosos y sin apéndices que apoyan su colocación tribal.

Mientras que *Pseudoconyza* es vegetativamente similar a algunas especies de *Blumea* (Inuleae s. str.), *Pseudoconyza* se puede reconocer por las flores del disco con el tronco del estilo distalmente papiloso (vs. glabro) y papilas (papilas colectoras) obtusas (vs. agudas) en las ramas del estilo y por las cipselas rojizas (vs. pardas), no acostilladas o ligeramente acostilladas (vs. fuertemente acostilladas).

Bibliografía: Badillo Franceri, V.M. *Bol. Soc. Venez. Ci. Nat.* 10: 255-258 (1946); *Cat. Fl. Venez.* 2: 475-546 (1947); *Revista Fac. Agron. (Maracay)* 7(3): 9-16 (1974). Carr, G.D. et al. *Amer. J. Bot.* 86: 1003-1013 (1999). Cuatrecasas, J. *Ciencia (México)* 21: 21-32 (1961); *Phytologia* 26: 410-412 (1973). Dillon, M.O. y Sagástegui A., A. *Fieldiana, Bot.* n.s. 26: [i]-iv, 1-70 (1991). Klatt, F.W. *Ann. Sci. Nat., Bot.* sér. 5, 18: 361-377 (1873). McVaugh, R. *Rhodora* 74: 495-516 (1972). Merxmüller, H. y Roessler, H. *Mitt. Bot. Staatssamml. München* 20: 1-9 (1984). Nesom, G.L. *Sida* 10: 30-32 (1983).

1. Pseudoconyza viscosa (Mill.) D'Arcy, *Phytologia* 25: 281 (1973). *Conyza viscosa* Mill., *Gard. Dict.* ed. 8, *Conyza* no. 8 (1768). Lectotipo (designado por McVaugh, 1972b): México, Veracruz, *Houstoun s.n.* (foto MO! ex BM). Ilustr.: Nash, *Fieldiana, Bot.* 24(12): 502, t. 47 (1976). N.v.: Hierba del histérico, Y; tabaco cimarrón, tabaquillo, vitalino, G; tabaco del ratón, tabaquillo del ratón, H; tabaquillo, talía, talilla, taliya, ES; lechuguilla, P.

Blumea aurita (L. f.) DC., *B. aurita* var. *aegyptiaca* DC., *B. aurita* var. *berteriana* DC., *B. aurita* var. *foliolosa* (DC.) C.D. Adams, *B. aurita* var. *indica* Steetz, *B. aurita* var. *mossambiquensis* Steetz, *B. bojeri* Baker, *B. glutinosa* DC., *B. guineensis* (Willd.) DC., *B. guineensis* var. *foliolosa* DC. , *B. lyrata* (Kunth) V.M. Badillo, *B. obliqua* (L.) Druce var. *aurita* (L. f.) Naik et Bhog., *B. viscosa* (Mill.) V.M. Badillo, *B. viscosa* var. *lyrata* (Kunth) D'Arcy, *Conyza aurita* L. f., *C. chiapensis* Brandegee, *C. guineensis* Willd., *C. lyrata* Kunth, *C. lyrata* var. *pilosa* Fernald, *C. senegalensis* Willd., *C. villosa* Willd., *Erigeron lyratus* (Kunth) M. Gómez, *E. stipulatus* Thonn., *Eschenbachia lyrata* (Kunth) Britton et Millsp., *Eupatorium lyratum* J.M. Coult., *Laggera aurita* (L. f.) Benth. ex C.B. Clarke, *L. lyrata* (Kunth) Leins, *Pseudoconyza lyrata* (Kunth) Cuatrec., *P. viscosa* (Mill.) D'Arcy var. *lyrata* (Kunth) D'Arcy.

Hierbas anuales o bianuales, hasta 0.8(-1.5) m; tallos erectos a ascendentes, subteretes, estriados, estipitado-glandulosos, en general también pilosos, pegajosos, los tricomas no glandulares mucho más largos que los tricomas glandulares. Hojas sésiles a subsésiles; láminas 1-8(-12) × 0.4-4.5(-6) cm, elípticas a obovadas o espatuladas, dentadas o lirado-pinnatífidas, las superficies estipitado-glandulosas, ligera a densamente pilosas, la base atenuada, los márgenes dentados a irregularmente incisos, el ápice obtuso a redondeado o agudo en las hojas distales más pequeñas, el seudopecíolo con frecuencia ligeramente lirado-lobado especialmente en las hojas proximales, ligeramente subamplexicaule. Capitulescencia con cada rama principal con 7-15 cabezuelas; pedúnculos 0.5-2 cm, estipitado-glandulosos, las bractéolas 5-10 × 2-3 mm, pocas, elíptico-lanceoladas. Cabezuelas 5.5-6.5 mm; involucro 5-6 mm de diámetro; filarios lanceolados, c. 4-seriados, puberulentos; filarios externos 1.5-2.5 × c. 0.5 mm, herbáceos excepto por la base escariosa; filarios internos c. 6 × 0.5-0.8 mm, escariosos con la vena media herbácea, el ápice y los márgenes distales rígidamente ciliados; clinanto 3-4.2 mm de diámetro. Flores marginales: corola 3-4 mm, en general de color crema o levemente violeta distalmente, las ramas del estilo c. 0.8 mm. Flores del disco: corola c. 5 mm, de color crema o distalmente violeta, el tubo c. 2 mm, el limbo c. 3 mm, solo escasamente ensanchado, los lobos c. 0.4 mm, triangulares; anteras c. 2 mm, los cáudices c. 0.2 mm; ramas del estilo c. 0.4 mm. Cipselas c. 0.8 mm, estrigulosas o rara vez glabrescentes; vilano de cerdas c. 4.5 mm. Floración ene.-jun., ago., nov.-dic. *Orillas de caminos, playas, orillas de lagos, manglares, vegetación secundaria, encañonados, selvas altas perennifolias, terrenos baldíos, selvas caducifolias, áreas lodosas.* Ch (*Purpus 8987*, NY); Y (*Gaumer 23249,* MO); C (Villaseñor Ríos, 1989: 90); G (*Heyde y Lux 4237*, NY); H (*Mancías y Hernández 1037*, MO); ES (*Villacorta RV-02334*, MO); N (*Nichols 1387*, MO); CR (*Poveda y Zamora 4055*, MO); P (*Grisebach s.n.,* MO). 0-1900 m. (Estados Unidos?, México, Mesoamérica, Colombia, Venezuela, Ecuador, Perú, Bolivia?, Cuba, Barbados?, Bahamas, Asia, África.)

Un ejemplar de BM fue citado como "el tipo" por McVaugh (1984), pero no es claro a cuál de los dos ejemplares de tal vez diferentes colectas de Houstoun se refirió. McVaugh (1972b) fue el primero en equiparar *Conyza lyrata* y *C. viscosa* (en Astereae), cada una de estas tipificadas por ejemplares antiguos de América. Merxmüller y Roessler (1984) fueron los primeros en sinonimizar *C. aurita* de India bajo *Blumea viscosa* (en Inuleae). Se ha visto solo un ejemplar de la India, pero sin embargo, este material claramente tiene el tronco de los estilos distalmente papiloso y las cipselas rojizas típicas de este taxón. Por otra parte, *Erigeron chinensis* Jacq. figura como un sinónimo del presente taxón en Klatt (1873), pero resulta ser sinónimo de *C. laevigata*. El holotipo de Bojer de *B. glutinosa* es paupérrimo y por lo tanto no permite una identificación exacta, pero posiblemente representa la misma colección de Bojer del sintipo de *B. bojeri*.

El informe de *Pseudoconyza viscosa* en los Estados Unidos (Nesom, 1983b) se basa en una única colección (*Rugel 301*, MO), pero en ocasiones las colecciones de Rugel de Cuba tienen etiquetas equivocadas como de "Florida", como se piensa ocurrió en este caso. Es concebible que *P. viscosa* realmente nunca haya sido recolectada en los Estados Unidos. Asimismo, el informe de este género de Barbados y que no fue confirmado por Howard (1989) y su distribución en Bolivia no ha sido verificada aquí. Esta planta es de vez en cuando identificada erróneamente como *C. laevigata* y es posible que los informes falsos de *P. viscosa* en Barbados y Bolivia, resulten de los perpetuos informes de identificaciones erróneas de *C. laevigata*, una especie frecuente en estas áreas.

183. Pterocaulon Elliott

Chlaenobolus Cass., *Monenteles* Labill., *Pluchea* subg. *Chlaenobolus* Cass.

Por J.F. Pruski.

Hierbas perennes a subarbustos; tallos largamente alados por los márgenes decurrentes de las hojas glabros a generalmente tomentosos. Hojas simples, alternas, sésiles; láminas lineares a obovadas, cartáceas a subcoriáceas, pinnatinervias, las superficies bicolores (Mesoamérica), algunas veces glandulosas, ligeramente araneosas a glabrescentes adaxialmente, frecuentemente blanco-tomentosas abaxialmente, los márgenes en general ligeramente dentados. Capitulescencia terminal, espigada (Mesoamérica) a capitada. Cabezuelas disciformes, sésiles, con numerosas flores; involucro campanulado; filarios linear-lanceolados, subimbricados, graduados, en varias series, rígidamente cartáceos, 1-nervios, frecuentemente tomentosos en la base, marcadamente atenuados; filarios internos frecuentemente decidus; clinanto pequeño, aplanado, hirsuto o glabro. Flores marginales muchas a numerosas, en varias series; corola filiforme, blanca a amarilla, glabra, apicalmente 3-4-denticulada; estilo bífido, las ramas lineares a filiformes, glabras. Flores del disco 1-varias, bisexuales; corola angostamente infundibuliforme, brevemente 5-lobada, frecuentemente papilosa distalmente; estilo ligeramente bífido, las ramas elíptico-ovadas, papilosas distalmente, las papilas no decurrentes en el tronco. Cipselas elipsoidales, fusiformes, o rollizas, pardas, acostilladas, pelosas, el carpóforo casi simétrico, pardo-amarillento; vilano de numerosas cerdas de margen suave, casi tan largas como la corola. $x = 10$. Aprox. 17-18 spp., 2 spp. en Estados Unidos, 10 en América tropical; sureste de Asia, Indo-Malasia, Australia, Nueva Zelanda.

Las especies de Madagascar nombradas como *Pterocaulon* han sido excluidas del género.

Bibliografía: Blake, S.F. *Ann. Missouri Bot. Gard.* 28: 472-476 (1941). Cabrera, A.L. y Ragonese, A.M. *Darwiniana* 21: 185-257 (1978). Pruski, J.F. *Fl. Venez. Guayana* 3: 177-393 (1997). Pruski, J.F. y Nesom, G.L. *Sida* 21: 711-715 (2004).

1. Láminas de las hojas obovadas u oblanceoladas a angostamente elípticas; capitulescencia de espigas en general no interrumpidas.
        1. P. alopecuroides
1. Láminas de las hojas angostamente elípticas a linear-lanceoladas; capitulescencia de espigas en general interrumpidas.   **2. P. virgatum**

1. Pterocaulon alopecuroides (Lam.) DC., *Prodr.* 5: 454 (1836). *Conyza alopecuroides* Lam., *Encycl.* 2: 93 (1786). Sintipo: Brasil, *Commerson s.n.* (microficha ex P-JU-8641!). Ilustr.: Pruski, *Fl. Venez. Guayana* 3: 351, t. 297 (1997).

Baccharis erioptera Benth., *Chlaenobolus alopecuroides* (Lam.) Cass., *Pterocaulon alopecuroides* (Lam.) DC. var. *glabrescens* Chodat, *P. alopecuroides* var. *polystachyum* DC., *P. interruptum* DC., *P. interruptum* var. *monostachyum* DC., *P. interruptum* var. *polystachyum* DC., *P. latifolium* Kuntze, *P. virgatum* (L.) DC. forma *alopecuroides* (Lam.) Arechav., *P. virgatum* var. *alopecuroides* (Lam.) Griseb., *P. virgatum* forma *subcorymbosum* Arechav.

Hierbas xilopódicas, erectas 0.7-1.5 m, simples o poco ramificadas desde la base o en la capitulescencia; tallos 3-5-alados, blanco-tomentosos, las hojas muy reducidas en tamaño distalmente, las alas c. 2 mm de diámetro. Hojas: láminas 2.5-7.5 (11) × 1.2-4 cm, obovadas u oblanceoladas a angostamente elípticas, ligeramente araneosas a casi glabrescentes adaxialmente, blanco-tomentosas abaxialmente, la base atenuada, los márgenes ligeramente dentados, el ápice obtuso a atenuado. Capitulescencia espigada, la espiga hasta 10-(15) cm, las espigas en general no interrumpidas, densas, redondeado-capitadas cuando jóvenes, simples o poco ramificadas. Cabezuelas 9-12 mm; involucro c. 5 × 3-4 mm; filarios numerosos, c. 4-seriados, patentes con la edad, 1-nervios; filarios externos triangular-ovados, tomentosos; filarios internos linear-lanceolados, frecuentemente deciduos, tomentosos proximalmente, glabros apicalmente, atenuados, el ápice frecuentemente curvado. Flores marginales: corola c. 7 mm, de color crema. Flores del disco 1-3; corola 4.5-5 mm, amarillenta, los lobos 1-1.5 mm, en general glandulosos. Cipselas c. 1 mm, pilosas y glandulosas; vilano c. 9 mm, blanco. Floración abr., dic. *Pastizales, laderas.* P (*Nee 11130*, NY). 60-800 m. (Mesoamérica, Colombia, Venezuela, Guyana, Surinam, Ecuador, Perú, Bolivia, Brasil, Paraguay, Uruguay, Argentina, Cuba, Jamaica, La Española, Puerto Rico, Islas Vírgenes, Antillas Menores, Trinidad y Tobago.)

En el protólogo Lamarck cita Brasil y "Martinique" pero no se ha visto ningún material original de Martinica (excepto un ejemplar de Vaillant, que podría ser de Martinica) y que no fue claramente citado por Cabrera y Ragonese (1978). Blake (1941) reportó *Pterocaulon* como nuevo en Mesoamérica y *P. alopecuroides* como nuevo en Panamá, pero D'Arcy (1975c [1976]) utilizó el nombre *P. virgatum* para los ejemplares de Panamá. El material panameño citado por D'Arcy (1975 [1976]) como *P. virgatum* y el material de Venezuela citado por Cabrera y Ragonese (1978) como *P. rugosum* (Vahl) Malme fue determinado y citado por Pruski (1997a) como *P. alopecuroides*. No se ha visto material tipo de *P. alopecuroides* var. *salicifolium* Chodat segregado de *P. interruptum* y por lo tanto es imposible colocar este nombre. Es posible que este nombre sea sinónimo de *P. balansae* Chodat de Sudamérica como lo indicaron indirectamente Cabrera y Ragonese (1978).

2. Pterocaulon virgatum (L.) DC., *Prodr.* 5: 454 (1836). *Gnaphalium virgatum* L., *Syst. Nat., ed. 10* 2: 1211 (1759). Lectotipo (designado por D'Arcy, 1975c [1976]): Jamaica, *Browne Herb. Linn. 993.29* (microficha MO! ex LINN). Ilustr.: Funk y Pruski, *Mem. New York Bot. Gard.* 78: 115, t. 45 (1996).

Chlaenobolus virgata (L.) Cass., *Conyza virgata* (L.) L., *Gnaphalium spicatum* Mill., *Pterocaulon pilcomayense* Malme, *P. pompilianum* Standl. et L.O. Williams, *P. subspicatum* Malme ex Chodat, *P. virgatum* (L.) DC. forma *subvirgatum* (Malme) Arechav.

Hierbas erectas, poco ramificadas 0.5-1(1.5) m; tallos blanco-tomentosos. Hojas: láminas 3-9(-13) × 0.2-1(-2) cm, angostamente elípticas a linear-lanceoladas, ligeramente araneosas a casi glabrescente adaxialmente, blanco-tomentosas abaxialmente, los márgenes subenteros o ligeramente dentados. Capitulescencia espigada, la espiga hasta 30 cm, en general interrumpida con el eje central visible entre los glomérulos, simple o rara vez ramificada, las cabezuelas simples o generalmente en agregados de 3-6. Cabezuelas 6-8(-9) mm; involucro 4.5-7 × 3.5-7 mm; filarios numerosos, 4-5-seriados, patentes con la edad, 1-nervios; filarios externos triangulares, tomentosos; filarios internos linear-lanceolados, frecuentemente deciduos, tomentosos proximalmente, tornándose glabros en el ápice atenuado. Flores marginales 25-50; corola c. 6 mm, de color crema. Flores del disco 2 o 3(-5); corola 4-5 mm, amarillenta. Cipselas 0.5-1.5 mm; vilano 5-6 mm, blanco. Floración oct., ene., feb. $2n = 20$. *Sabanas, colinas, pinares cenagosos.* H (*Williams 16898*, MO). 800-900 m. (Estados Unidos, México, Mesoamérica, Bolivia, Brasil, Paraguay, Uruguay, Argentina, Cuba, Jamaica, La Española, Puerto Rico, Islas Vírgenes.)

Gnaphalium spicatum Mill., no fue citado en Cabrera y Ragonese (1978), pero fue puesto en sinonimia de *P. virgatum* por Pruski y Nesom (2004). Pruski y Nesom (2004) discutieron la tipificación de *G. spicatum* Mill., mostrando que es heterotípica y no un nombre más antiguo para *P. alopecuroides.*

184. Tessaria Ruiz et Pav.

Gynheteria Willd., *Monophalacrus* Cass., *Phalacromesus* Cass., *Tessaria* Ruiz et Pav. subg. *Monophalacrus* Cass., *T.* subg. *Phalacromesus* Cass.

Por J.F. Pruski.

Arbustos o árboles, frecuentemente adventicios desde las raíces; tallos sin alas. Hojas simples, alternas, caulinares; láminas cartáceas a subcoriáceas, pinnatinervias, en general enteras, las superficies concoloras, grisáceas, glandulosas, pecioladas. Capitulescencia principalmente terminal, corimbiforme-paniculada, con varias a numerosas cabezuelas. Cabezuelas disciformes, cortamente pedunculadas; involucro turbinado-campanulado; filarios graduados, escariosos; clinanto cónico o convexo, peloso, alveolado. Flores marginales varias a numerosas, en varias series; corola filiforme, actinomorfa, blanca a purpúrea; 2-3-denticulada, glabra; estilo glabro, las ramas lineares, la superficie estigmática con 2 bandas, fértil hasta el extremo de la rama del estilo. Flores del disco 1-varias, funcionalmente estaminadas, mucho más largas que las flores pistiladas externas; corola infundibuliforme, actinomorfa, blanca a purpúrea, la garganta alargada o reducida a un engrosamiento anular, breve a profundamente 5-lobada, eglandular, los márgenes de los lobos obviamente engrosados, ligeramente puberulentos; anteras calcariformes (con espolones fértiles), sagitadas, el apéndice no muy esculpido ni de textura diferente de las tecas, el cuello del filamento con frecuencia ligeramente mamiloso; estilo sin ramificar, engrosado, papiloso; ovario estéril. Cipselas (de las flores marginales) cilíndricas, glabras; vilano de numerosas cerdas subiguales, blancas, de margen liso, casi tan largas como la corola, connatas en la base y deciduas como una unidad. $x = 10$. 4 spp. Centroamérica y Sudamérica.

Del modo que *Pluchea* fue delimitado por Robinson y Cuatrecasas (1973) y Pruski (1997a) el género contiene todas excepto una de las especies referidas a *Tessaria*, mientras que aquí se sigue a Pruski (2010) y se trata a *Tessaria* con cuatro especies y los conceptos genéricos de Ariza Espinar (1979). *Tessaria* difiere de *Pluchea* por las corolas no glandulosas (vs. comúnmente glandulosas) y a menudo con una (vs. ninguna) flor central masculina con los lobos de la corola gruesamente acuminados (vs. agudos y no engrosados), por las cipselas glabras (vs. generalmente pubescentes), y por las cerdas del vilano basalmente connatas (vs. libres).

Las especies sudamericanas *Tessaria absinthioides* (Hook. et Arn.) DC., *T. ambigua* DC. y *T. dodonaeifolia* (Hook. et Arn.) Cabrera a veces se llaman *Pluchea*, pero tienen la morfología involucral y los lóbulos de la corola típicamente engrosados de *Tessaria*. Sin embargo, las especies de *Tessaria*, con la excepción de *T. integrifolia*, tienen varias flores del disco por capítulo, estas con una típica (no anillo engrosado corto) garganta de la corola, difiriendo así de *T. integrifolia*, el tipo del género. Las extrañas corolas del disco de *T. integrifolia* y las cabezuelas con una sola flor del disco son estados de caracteres altamente derivados, y parece que *T. integrifolia* está anidada dentro de *Tessaria* s. l.

Bibliografía: Ariza Espinar, L. *Kurtziana* 12-13: 47-62 (1979). Robinson, H. y Cuatrecasas, J. *Phytologia* 27: 277-285 (1973).

1. Tessaria integrifolia Ruiz et Pav., *Syst. Veg. Fl. Peruv. Chil.* 213 (1798). Isotipo: Perú, *Ruiz y Pavón 30/26* (F!). Ilustr.: Pruski, *Monogr. Syst. Bot. Missouri Bot. Gard.* 114: 411, t. 91 (2010).

Conyza riparia Kunth, *Gynheteria dentata* (Ruiz et Pav.) Spreng., *G. incana* Spreng., *G. salicifolia* Willd. ex Less., *Tessaria dentata* Ruiz et Pav., *T. legitima* DC., *T. mucronata* DC.

Arbustos a árboles esbeltos hasta 10(-15) m; tallos erectos, ramificados, subteretes, pardo-verdosos, lisos o algunas veces pustulados, ligeramente tomentosos cuando jóvenes, glabrescentes con la edad. Hojas pecioladas, uniformemente arregladas a lo largo de la porción distal del tallo; láminas 5-7 × 1-2.5 cm, progresivamente reducidas distalmente, oblanceoladas, lanceoladas o angostamente elípticas, las superficies canescentes a glabrescentes, con una capa cerácea punteada de tricomas entremezclados, la base angostamente cuneada a atenuada, los márgenes enteros o serrulados, el ápice agudo a obtuso, mucronato; pecíolo 2-8 mm. Capitulescencia 5-15 cm de ancho, las ramas cinéreas, los últimos grupos de cabezuelas más o menos fuertemente agrupados, en general redondeados en el ápice; pedúnculos 0-3 mm, cinéreos. Cabezuelas 4-6 mm (sin la corola exerta de la flor central, pero no sus anteras y estilo); involucro 2.5-3 mm de diámetro; filarios 3-5-seriados, glabros o ligeramente araneoso-tomentosos marginalmente, agudos o acuminados; filarios externos c. 1 mm, triangulares; filarios de las series medias 2.5-3 × c. 1 mm, anchamente lanceolados; filarios externos y de las series medias cartáceos, parduscos; filarios internos 4-4.5 × c. 0.7 mm, el ápice blanquecino, flexuosos o marcadamente reflexos al madurar; clinanto c. 0.5 mm de diámetro. Flores marginales 40-80; corola 3.5-4.5 mm, los dientes c. 0.2 mm;

ramas del estilo c. 1 mm. Flores del disco 1, en general muy exertas del involucro; corola 4-4.8 mm, profundamente 5-lobada, rosada, el tubo c.1 mm, la garganta representada solo por un engrosamiento anular por arriba del tubo, los lobos c. 3-3.8 mm, erectos; anteras c. 3 mm, exertas, los cáudices de las tecas adyacentes connatos; estilo exerto 2-3 mm desde la antera, cilíndrico. Cipselas c. 0.6 mm; vilano 4-4.5 mm. Floración feb.-abr., jun., sep.-dic. $2n = 20$. *Vegetación secundaria, bancos de arena o de grava, pantanos.* CR (*Mora y Rojas 1507*, MO); P (*Allen 5096*, MO). 0-600 m. (Mesoamérica, Colombia, Venezuela, Ecuador, Perú, Bolivia, Brasil, Paraguay, Chile, Argentina.)

El holotipo de *Tessaria integrifolia* no se encuentra en el sistema de microfichas IDC BT-13 tarjeta 262 del herbario de Ruiz y Pavón, donde alfabéticamente se debería esperar una imagen. Cuando se encuentre *T. integrifolia*, podría ser un árbol muy común a lo largo de cursos de agua.

XIV. Tribus **LIABEAE** Rydb.
Descripción de la tribus y clave genérica por H. Robinson.

Hierbas generalmente perennes o arbustos pequeños, a veces escandentes, rara vez anuales, generalmente muy tomentosas al menos en la superficie abaxial y los ápices de los filarios; follaje a veces con látex lechoso. Hojas opuestas o en roseta; láminas filiformes a deltoides, pinnatinervias a palmatinervias. Capitulescencia simple o subcimosa, a veces formando una panícula piramidal o subumbelada, a veces escapífera o subescapífera desde un tallo folioso corto. Cabezuelas radiadas o discoides, discretas; involucro: filarios graduados, con pocas a numerosas series, no obviamente escariosos ni delgadamente papiráceos; clinanto sin páleas o rara vez paleáceo, foveolado, frecuentemente con crestas, espinas o escamas. Flores radiadas generalmente presentes, pistiladas; limbo de la corola generalmente amarillo. Flores del disco regulares, bisexuales; corola generalmente amarilla, rara vez purpúrea, los lobos generalmente lineares, la superficie interna lisa, la superficie externa frecuentemente con glándulas de base ancha y punta pequeña, a veces con crestas o espículas cerca del ápice; anteras caudadas, calcariformes, las tecas pálidas o negras, el apéndice apical conspicuo; nectario extendiéndose por arriba de la base del estilo; base del estilo glabra, la porción distal del tronco y la cara abaxial de las ramas papilosas, superficies estigmáticas continuas. Cipselas (2-)8-10-acostilladas, las paredes con rafidios; vilano con 1-numerosas series, generalmente con 1 serie escamosa externa y 1 serie capilar interna, rara vez aristado o plumoso; polen esférico, tricolporado, regular o irregularmente espinuloso. América tropical.

Bibliografía: Robinson, H. *Fl. Ecuador* 8: 1-62 (1978); *Smithsonian Contr. Bot.* 54: 1-69 (1983). Robinson, H. et al. *Ann. Missouri Bot. Gard.* 72: 469-479 (1985). Robinson, H. y Marticorena, C. *Smithsonian Contr. Bot.* 64: 1-50 (1986). Rydberg, P.A. *N. Amer. Fl.* 34: 289-360 (1927). Standley, P.C. *Field Mus. Nat. Hist., Bot.* 18: 1418-1538 (1938). Turner, B.L. *Phytologia Mem.* 12: 1-144 (2007). Villaseñor Ríos, J.L. *Techn. Rep. Rancho Santa Ana Bot. Gard.* 4: i-iii, 1-122 (1989).

1. Láminas de las hojas pinnatinervias; plantas escandentes con capitulescencias en parte en las axilas de las hojas maduras. **188. Oligactis**
1. Láminas de las hojas 3-nervias o palmatinervias; plantas erectas a subescandentes con capitulescencias solo con hojas reducidas.
  2. Base peciolar sin alas y los nudos sin agrandamientos estipuliformes; hojas a veces ausentes en la antesis; cabezuelas radiadas o discoides; cipselas con rafidios alargados. **189. Sinclairia**

2. Base peciolar generalmente ensanchada con alas o agrandamientos estipuliformes o vainas; hojas presentes en la antesis; cabezuelas radiadas; cipselas con rafidios cuadrados.
  3. Hojas sin dientes o ángulos prominentes; plantas sin látex; capitulescencias subumbeladas; antera con tecas pálidas. **186. Liabum**
  3. Hojas con dientes o ángulos prominentes; plantas generalmente con látex; capitulescencias corimbosas a cimosas; antera con tecas generalmente negras.
    4. Hojas generalmente palmatinervias, el follaje con tricomas rectos rígidos, la superficie abaxial sin tomento; clinantos sin escamas. **185. Erato**
    4. Hojas 3-nervias, sin tricomas rectos rígidos, la superficie abaxial generalmente densamente tomentosa; clinantos con escamas o sin estas. **187. Munnozia**

185. **Erato** DC.
Por H. Robinson.

Hierbas perennes toscas a subarbustos, erectos a subscandentes; follaje con tricomas rígidos con bases bulbosas, sin tomento excepto a veces en el ápice de los filarios; látex presente; tallos escasa a densamente pelosos, los nudos con vainas estipuliformes en pares, abrazadoras, anchas, en general profundamente emarginadas. Hojas simples, opuestas, angostamente pecioladas, presentes en la antesis; láminas anchamente ovadas, cartáceas, 5-9-palmatinervias desde la base, ambas superficies estrigosas, la base atenuada a cordata, los márgenes marcadamente serrados a doblemente dentados, el ápice breve y agudamente acuminado;. Capitulescencia terminal, marcadamente cimosa a densamente corimbosa, solo con hojas reducidas; pedúnculos alargados, pelosos. Cabezuelas radiadas; involucro anchamente campanulado; filarios desiguales, graduados, c. 4-seriados, ovados a angostamente oblongos con el ápice herbáceo obtuso, los márgenes densamente ciliados con tricomas rígidos; clinanto sin escamas, foveolado, con estrías escasamente lobeadas, puberulentas. Flores radiadas numerosas, en numerosas series; corola amarilla, el limbo linear, glabro. Flores del disco numerosas; corola tubular-infundibuliforme, amarilla, el tubo y la porción proximal de la garganta hirsutos, la garganta abruptamente expandida en la base, los lobos marcadamente setosos apicalmente; antera con tecas negras, no caudadas en la base; ramas del estilo cortas.

Cipselas generalmente 4-anguladas, glabras o hispídulas, paredes con rafidios cuadrados; vilano típicamente de numerosas cerdas alargadas, capilares, escábridas, persistentes, rara vez c. 20 escamas cortas prontamente caducas. 5 spp. Mesoamérica, norte de los Andes hasta el norte de Perú.

Bibliografía: Moran, E. y Funk, V.A. *Syst. Bot.* 31: 597-609 (2006).

1. Erato costaricensis E. Moran et V.A. Funk, *Syst. Bot.* 31: 601 (2006). Holotipo: Costa Rica, *Almeda 7001* (US!). Ilustr.: Moran y Funk, *Syst. Bot.* 31: 602, t. 3 (2006).

Hierbas a subarbustos, 0.5-3 m; tallos subteretes, tricomas esparcidos, rígidos; vainas estipuliformes hasta 1.8 cm, escasamente pilosas, connatas proximalmente por 4 mm. Hojas típica y largamente pecioladas; láminas 10.5-22.5 × 4-20 cm, ovadas a anchamente ovadas, ambas superficies estrigosas con tricomas rígidos, la base típicamente truncada, los márgenes generalmente con dientes grandes y remotamente serrados, el ápice cortamente acuminado; pecíolo 2-15 cm, rojizo. Capitulescencia a veces laxa; pedúnculos 1.5-8.2 cm, hirsutos a estrigosos. Cabezuelas 0.8-1.3 × 0.8-1.9 cm; filarios 50-70, 5-seriados o 6-seriados, oblongos a lanceolados, 5-nervios, generalmente sin mechones apicales de tomento araneoso. Flores radiadas 80-113; tubo corolino 4-5.5 × 0.25 mm, esparcidamente puberulento distalmente, el limbo 9-10.5 × 0.3-0.5 mm, el ápice brevemente 3-dentado, dientes hasta 0.3 mm. Flores del disco 11-16; tubo corolino 2.5-3.5 × 0.5 mm, la garganta 4.5-5.5 × c. 2.5 mm, esparcidamente puberulento a hírtulo distalmente, los lobos 2-3 mm. Cipselas c. 1.5 mm, generalmente con 4 caras, glabras; vilano de cerdas c. 30, 4-6.5 mm, blancas a pajizas, persistentes. *Selvas altas perennifolias, vegetación secundaria.* CR (*Standley 51800*, US); P (Correa et al., 2004: 268). 1100-1700 m. (Endémica.)

Esta planta sigue siendo identificada variadamente por los colectores generalmente como *Erato polymnioides* DC. o *E. vulcanica* (Klatt) H. Rob.

186. Liabum Adans.

Allendea La Llave, *Andromachia* Bonpl., *Starkea* Willd.
Por H. Robinson.

Hierbas perennes o subarbustos, erectos a subscandentes, ligera a densamente tomentosos en los tallos, la superficie abaxial y los pedúnculos; látex ausente; tallos laxamente ramificados, subteretes a hexagonales, los nudos a veces seudoestipulados. Hojas simples, opuestas, presentes en la antesis, las bases conectadas por alas que a veces se expanden en el disco nodal; láminas anchamente ovadas a angostamente elípticas, cartáceas, 3-nervias desde cerca de la base, los márgenes sin dientes o ángulos prominentes; pecíolo angosta a anchamente alado. Capitulescencia terminal, cimosa con los nudos proximales umbelados, solo con hojas reducidas; pedúnculos menos de 5 cm. Cabezuelas radiadas; involucro anchamente campanulado; filarios graduados, c. 5-seriados, generalmente lineares a lanceolados, generalmente araneoso-pelosos, el ápice agudo a acuminado; clinanto con espinas cortas o estrías altas. Flores radiadas 40-300, generalmente 2-seriadas; corola amarilla, el limbo linear. Flores del disco: corola angostamente infundibuliforme, amarilla, la garganta con tricomas cortos o glabra, y el ápice del lobo liso a densamente espiculífero; antera con tecas pálidas, fimbriadas en la base, los apéndices oblongo-ovados, lisos; estilo con ramas papilosas. Cipselas 10-acostilladas, setosas con tricomas blancos rectos, muy rara vez glandulares, las paredes con rafidios cuadrados; vilano con las series externas de cerdas cortas, las series internas de numerosos cerdas capilares, persistentes, el ápice escasamente engrosado. Aprox. 37 spp. México, Mesoamérica, Sudamérica hasta Bolivia, Antillas Mayores.

Rydberg (1927) y luego Standley (1938), registraron la especie andina *Liabum igniarium* (Bonpl.) Less. de Costa Rica. Standley citó reportes de Klatt de Térraba y Boruca, pero afirmó que no había visto

ningún ejemplar. No se ha visto ningún ejemplar en este estudio, y esa presencia es altamente improbable.

Bibliografía: Rodríguez, D. *Phytoneuron* 2015-57: 1-3 (2015). Rydberg, P.A. *N. Amer. Fl.* 34: 289-292 (1927).

1. Liabum bourgeaui Hieron., *Verh. Bot. Vereins Prov. Brandenburg* 48: 208 (1907). Sintipo: México, Veracruz, *Bourgeau 2205* (P). Ilustr.: Nash, *Fieldiana, Bot.* 24(12): 460, t. 6 (1976). N.v.: Papelillo, G.

Allendea lanceolata La Llave non *Liabum lanceolatum* (Ruiz et Pav.) Sch. Bip.

Subarbustos, generalmente 1-2 m; tallos simples o poco ramificados, hexagonales, densamente adpreso-blanquecino-tomentosos. Hojas con la base anchamente alada pero sin disco nodal; láminas 8-20 × 4-16 cm, en general anchamente ovadas, las nervaduras laterales salen desde el trinervio basal y llegan casi hasta cerca del ápice, la superficie adaxial glabra y lisa, la superficie abaxial densamente adpreso-tomentoso-blanquecina, la base angostamente acuminada, los márgenes remotamente mucronato-dentados, el ápice cortamente acuminado; pecíolo hasta 5 cm, generalmente alargado, alado, las alas muy angostadas distalmente. Capitulescencia con pedúnculos típicamente menos de 1 cm. Cabezuelas: involucro 8-9 mm; filarios angostamente lanceolados a lineares, puberulentos a escasamente flocosos. Flores radiadas 80-100, c. 3-seriadas; tubo corolino 3-4 mm, escasamente puberulento distalmente, el limbo c. 3 × 0.5 mm. Flores del disco c. 15; tubo corolino c. 3.5 mm, puberulento distalmente, la garganta c. 1.5 mm, los lobos c. 2 mm, el ápice escábrido. Cipselas c. 1 mm; cerdas internas del vilano c. 25, c. 5 mm. *Orillas de caminos, selvas altas perennifolias, barrancos, cascadas, ribera.* Ch (*Matuda 2746*, US); B (Villaseñor Ríos, 1989: 70); G (*von Türckheim II 2123*, US); H (*Molina R. 11672*, US); ES (Rodríguez, 2015: 1);N (*Sandino 567*, F); CR (*Skutch 4730*, US); P (*Allen 1587*, US). 200-2000 m. (C. México, Mesoamérica.)

Liabum bourgeaui está cercanamente emparentada con *L. asclepiadeum* Sch. Bip. del norte de Sudamérica, pero esta se diferencia por tener solo 40-50 flores radiadas en las cabezuelas, las láminas de las hojas en general más angostas y los pecíolos más cortos, y las bases más angostamente aladas sobre los pecíolos. Esta especie se acerca más a su pariente geográfico sudamericano en el Cerro Tacarcuna en la frontera entre Panamá y Colombia (*Gentry y Mori 14098*, MO).

187. Munnozia Ruiz et Pav.

Por H. Robinson.

Hierbas perennes o subarbustos, rara vez anuales, bajas o reptantes a subscandentes; generalmente tomentosos en los tallos, la superficie abaxial y los pedúnculos; látex presente. Hojas simples, opuestas, pecioladas, frecuentemente auriculadas o formando discos nodales, pero no envainadoras, presentes en la antesis; láminas enteras a profundamente pinnatífidas, cartáceas a subcoriáceas, 3-nervias (Mesoamérica) a pinnatinervias, la superficie abaxial en general densamente tomentosa, sin tricomas rectos rígidos, rara vez casi glabra, la base redondeada a hastada, los márgenes marcadamente serrulados a profundamente lobados o pinnatífidos; pecíolo diferenciado, a veces alado o dentado. Capitulescencia terminal, corimbosa a laxamente cimosa, la ramificación en las porciones distales a veces tornándose alterna, solo con hojas reducidas; pedúnculos cortos hasta muy largos. Cabezuelas radiadas; involucro anchamente campanulado; filarios 17-70, subiguales a desiguales, 2-4-seriados, los filarios externos ovados a oblongos, el ápice herbáceo, agudo; clinanto con o sin escamas. Flores radiadas 6-70; corola amarilla, rara vez de color lavanda o blanquecina, el tubo hirsuto distalmente, el limbo linear. Flores del disco 9-85; corola amarilla, rara vez color de lavanda o blanquecina, el tubo densamente peloso distalmente, la garganta más bien abruptamente expandida en la base, densamente pelosa basalmente, los lobos a veces con tricomas robustos apicalmente; antera con tecas generalmente negras, no caudadas en la base, el apéndice conspicuo, liso; nectario corto, el estilo con un nudo basal escasamente agrandado, las ramas generalmente menos de la 1/2 de la longitud de la porción distal hírtula del tronco. Cipselas prismáticas, 6-10-acostilladas, setosas, paredes con rafidios cuadrados; series externas del vilano de cerdas cortas o escamas conspicuas, las series internas con 5-55 cerdas, las cerdas sórdidas o rojizas, alargadas, capilares, escábridas. 41 spp. Mesoamérica (Costa Rica) y Sudamérica andina hasta Bolivia.

1. Pecíolos solo en parte alados; láminas de las hojas 3-nervias desde la base o casi desde la base; capitulescencias generalmente con ramificaciones opuestas; estrías de los filarios llegando casi hasta el ápice; tubo de las corolas del disco distalmente piloso, la garganta 2-3 mm.
   1. M. senecionidis

1. Pecíolos conspicuamente alados; láminas de las hojas 3-nervias desde por arriba de base; capitulescencias generalmente con ramificaciones alternas o subopuestas distalmente; estrías de los filarios terminando antes del 1/3 herbáceo distal; tubo de las corolas del disco densamente puberulento, la garganta c. 1 mm.
   2. M. wilburii

1. Munnozia senecionidis Benth., *Pl. Hartw.* 134 (1844). Holotipo: Ecuador, *Hartweg s.n.* (K). Ilustr.: Robinson, *Fl. Ecuador* 8: 48, t. 6 (1978).

Liabum megacephalum Sch. Bip., *L. sagittatum* Sch. Bip., *Munnozia megacephala* (Sch. Bip.) H. Rob. et Brettell, *M. sagittata* (Sch. Bip.) H. Rob. et Brettell non Wedd.

Hierbas postradas o subscandentes, hasta 7 m; tallos escasa a marcadamente hexagonales. Hojas con las bases ligeramente ensanchadas, rara vez con lobos o alas largamente estipuliformes; láminas mayormente 5-16 × 2-8 cm, triangular-oblongas, marcadamente ascendentes 3-nervias desde la base o casi desde la base, la superficie adaxial glabra o puberulenta, la superficie abaxial blanquecino-tomentosa, la base hastada o truncada con ángulos agudos, los márgenes denticulados, el ápice en general angostamente acuminado; pecíolo 1-6 cm, solo alado una parte de su longitud, sin dientes o lobos evidentes, rara vez los lobos o alas estipuliformes grandes. Capitulescencia terminal, con ramificaciones casi todas opuestas, algunas subopuestas o alternas distalmente; pedúnculos generalmente 3-10 cm. Cabezuelas 10-15 mm; involucro 12-25 mm de diámetro; filarios 30-40, 2-10(-15) mm, subiguales a muy desiguales, 3-seriados o 4-seriados, ovados a oblongos o angostamente lanceolados, 5-7-estriados, las estrías llegando casi hasta el ápice, el ápice obtuso o cortamente acuminado; clinanto con prominentes crestas laciniadas. Flores radiadas 32-42; tubo corolino 3-4 mm, piloso distalmente, el limbo 20-25 × c. 2.5 mm, la parte distal de la superficie adaxial esparcidamente glandulosa, esparcidamente puberulenta. Flores del disco c. 40; tubo corolino 3-7 mm, distalmente piloso, la garganta 2-3 mm, proximalmente pilosa, los lobos 2.5-3 mm, pilosos debajo del ápice. Cipselas 1.3-1.7 mm, densamente setosas excepto en la base, c. 8-acostilladas; vilano de cerdas c. 40, generalmente 6-8 mm, las setas externas pocas, 1-4 mm. *Orillas de caminos, pastizales, márgenes de bosques, vegetación secundaria.* CR (*Davidse et al. 25826*, MO); P (*Almeda 2100*, US). 1000-3200 m. (Mesoamérica, Colombia, Venezuela, Ecuador, Perú, Bolivia.)

2. Munnozia wilburii H. Rob., *Phytologia* 39: 331 (1978). Holotipo: Costa Rica, *Wilbur y Luteyn 18548* (DUKE!). Ilustr.: no se encontró.

Subarbustos hasta 2 m; tallos hexagonales. Hojas con las bases conectadas por un ala a través de los nudos; láminas 9-16(-21) × 5-12(-18) cm, deltoide-oblongas, 3-nervias patentemente por encima de la base, la superficie adaxial hírtula, la superficie abaxial blanquecino-tomentosa, la base hastada, los márgenes dentados y mucronato-denticulados, el ápice cortamente acuminado; pecíolo hasta 8(-15) cm,

conspicuamente alado. Capitulescencia terminal, generalmente con ramificaciones opuestas proximalmente, generalmente con ramificaciones alternas o subopuestas distalmente; pedúnculos 4-10 cm. Cabezuelas c. 10 mm; involucro 10-12 mm de diámetro; filarios 30-35, 4-7 mm, graduados, c. 3-seriados, ovados a anchamente oblongos, 5-10-estriados, las estrías terminando antes del 1/3 herbáceo distal, el ápice obtuso a cortamente agudo, el clinanto con crestas laciniadas. Flores radiadas 40-45; tubo corolino 4-6 mm, densamente puberulento, el limbo 12-17 × c. 2 mm, esparcidamente glanduloso adaxialmente, esparcidamente puberulento. Flores del disco 40-50; tubo corolino 4-5 mm, densamente puberulento, la garganta c. 1 mm, los lobos c. 2 mm, densamente pilosos apicalmente. Cipselas c. 1.3 mm, largamente setosas, c. 10-acostilladas; vilano de cerdas 35-40, generalmente c. 5 mm, las setas externas 0.3-0.5 mm. *Orillas de caminos y bosques riparios.* CR (*Almeda 2378*, US). 1200-1800 m. (Endémica.)

188. Oligactis (Kunth) Cass.

Andromachia Bonpl. sect. *Oligactis* Kunth

Por H. Robinson.

Trepadoras, con tomento en los tallos, la superficie abaxial y los pedúnculos; látex ausente; nudos de los tallos con discos estipuliformes en pares o sin éstos. Hojas simples, opuestas, rara vez perfoliadas; láminas elípticas u ovadas a angostamente lineares, pinnatinervias, la superficie adaxial aplanada o a veces escasamente buliforme, los márgenes nunca con dientes o ángulos grandes; pecíolo con alas o sin éstas. Capitulescencia axilar o terminal, con arreglos de cabezuelas subglomeradas, espiciformes o racemosas; pedúnculos menos de 5 mm. Cabezuelas radiadas; involucro angostamente campanulado; filarios 16-35, desiguales, 4-seriados o 5-seriados, lanceolados a ovados, puberulentos a hirsutos, el ápice angostamente agudo; clinanto con escamas laciniadas o estrías. Flores radiadas 3-6, 1-seriadas; corola amarilla, el limbo corto, elíptico, glabro o casi glabro. Flores del disco 3-9; corola angostamente infundibuliforme, a veces escasamente engrosada en la base de la garganta, amarilla, el ápice de los lobos simple; antera con tecas pálidas, digitadas en la base, los apéndices oblongo-ovados, papilosos; base del estilo con nudo conspicuo, las ramas lineares, más cortas que la parte hírtula del tronco, el nectario corto. Cipselas prismáticas, 5-8(-10)-acostilladas, glandulosas, también con sétulas contortas, los rafidios cuadrados; vilano 2-seriado, la serie externa de cerdas o escuámulas cortas, la serie interna de cerdas capilares alargadas, persistentes, el ápice ancho. 12 spp. Mesoamérica y noroeste de Sudamérica hasta el norte de Perú.

Bibliografía: Gutiérrez, D.G. *J. Bot. Res. Inst. Texas* 2: 1207-1213 (2008).

1. Oligactis sessiliflora (Kunth) H. Rob. et Brettell, *Phytologia* 28: 58 (1974). *Andromachia sessiliflora* Kunth in Humb., Bonpl. et Kunth, *Nov. Gen. Sp.* folio ed. 4: 80 (1820 [1818]). Holotipo: Colombia, *Humboldt y Bonpland s.n.* (P-Bonpl.). Ilustr.: Robinson, *Smithsonian Contr. Bot.* 54: 40, t. 9 (1983), como *O. volubilis*.

Liabum biattenuatum Rusby, *L. valeri* Standl., *Oligactis biattenuata* (Rusby) H. Rob. et Brettell, *O. valeri* (Standl.) H. Rob. et Brettell.

Tallos delgados, subteretes, con tomento adpreso-blanquecino, los entrenudos alargados, los nudos sin discos nodales. Hojas pecioladas; láminas 6-13 × 1-6 cm, elípticas, la superficie adaxial con tomento evanescente o glabra, la superficie abaxial con denso tomento blanquecino o pardusco pálido, la base y el ápice cortamente agudos a escasamente acuminados, los márgenes escasa a conspicuamente mucronato-serrulados distalmente; pecíolo 0.5-1.8 cm, no alado. Capitulescencia generalmente axilar, paniculada con ramas cimosas; pedúnculos 2-10 mm, delgados. Cabezuelas angostamente campanuladas; involucro c. 5 × 3 mm; filarios c. 20, graduados, 3-seriados o 4-seriados, ovados a lanceolados, glabrescentes, el ápice agudo, el ápice de los filarios más internos atenuado; clinanto c. 1.2 mm de diámetro. Flores radiadas 3-6; tubo corolino 2.5-4 mm, escasamente puberulento, el limbo 3-4 mm, angostamente elíptico. Flores del disco 7-9; tubo corolino 2.5-3 mm, glabro, la garganta c. 1 mm, los lobos 2-2.3 mm, diminutamente setulosos solo apicalmente; apéndices de la antera papilosos. Cipselas c. 2 mm, 8-10-acostilladas; vilano de cerdas 35-40, 4.5-5 mm, las escamas externas 1-1.3 mm, angostas. *Orillas de caminos, selvas altas perennifolias, bosques de neblina, vegetación secundaria con* Chusquea. CR (*Standley 42555*, US); P (*Blum y Dwyer 2618*, MO). 1300-3100 m. (Mesoamérica, Colombia, Venezuela.)

El nombre *Oligactis volubilis* (Kunth) Cass. ha sido mal aplicado a las colecciones mesoamericanas.

El protólogo dice erróneamente "Crescit in Regno Peruviano ?", pero la especie no se encuentra en Perú.

189. Sinclairia Hook. et Arn.
Liabellum Rydb., *Megaliabum* Rydb.
Por H. Robinson.

Subarbustos, arbustos, arbolitos, bejucos o hierbas, escasamente ramificados, generalmente con un tubérculo subterráneo, látex presente, tomentosos generalmente en los tallos, la superficie abaxial y los pedúnculos. Hojas opuestas o ternadas, a veces ausentes en la antesis, las bases no aladas (Mesoamérica) o aladas y perfoliadas, sin formar discos nodales; láminas ovadas a suborbiculares o triangulares, 3-nervias desde cerca de la base o arriba de esta, la superficie adaxial glabra en la mayoría de especies, los márgenes remotamente mucronato-denticulados a gruesamente dentado o profundamente lobados; pecíolo conspicuo, angosto, no alado (Mesoamérica) o alado. Capitulescencia terminal o axilar en las hojas reducidas, corimbosa a tirsoide con ramas corimbosas, solo con hojas reducidas. Cabezuelas radiadas o discoides, angosta a anchamente campanuladas, los filarios graduados, 3-5-seriados, el ápice redondeado a angostamente acuminado; clinanto glabro o con espinas o tricomas diminutos. Flores radiadas ausentes o 4-25, 1-seriadas; corola amarilla. Flores del disco 5-30; corola amarilla con una expansión moderada en la base de la garganta; antera con tecas pálidas, diminutamente crenuladas en la base; nectario con dientes o lobos irregulares, la base del estilo generalmente sin nudos, las ramas 10-15 veces más largas que anchas. Cipselas prismáticas, generalmente 5-acostilladas con varias estrías, glabras a densamente setulosas, los rafidios alargados; vilano con cerdas internas persistentes y series externas generalmente de setas cortas escuamiformes. 29 spp. México y Mesoamérica al oeste de Colombia.

Bibliografía: Turner, B.L. *Phytologia* 67: 168-206 (1989).

1. Cabezuelas 15-30 mm; involucros 12-20 mm; filarios densamente blanquecino-tomentosos; cipselas 5-7 mm, densamente seríceo-setulosas.
   2. Cabezuelas radiadas, con 25-30 flores; flores del disco 100-130; filarios 100-130. **1. S. andrieuxii**
   2. Cabezuelas discoides; flores del disco c. 40; filarios c. 40. **9. S. tajumulcensis**
1. Cabezuelas 7-15 mm; involucros 4-11 mm; filarios generalmente puberulentos a glabros; cipselas 1-4 mm, cortamente setulosas a glabras.
   3. Involucros 4-5 mm.
      4. Envés verde, finamente tomentoso sobre las nervaduras; cabezuelas radiadas; pedúnculos 2-10 mm, flexuosos. **6. S. hypochlora**
      4. Envés blanquecino-tomentoso a gris-tomentoso; cabezuelas discoides; pedúnculos 2-4 mm, no flexuosos.
         5. Flores del disco c. 6; corolas con agregados de tricomas glandulares cortos en el ápice de los lobos; vilano de c. 30 cerdas. **2. S. deamii**
         5. Flores del disco 9-12; corolas con pocos tricomas araneosos en el ápice de los lobos; vilano de 40-45 cerdas. **3. S. dimidia**
   3. Involucros 6-11 mm.

6. Capitulescencias tirsoide-paniculadas, más largas que anchas; cabezuelas discoides; filarios con el ápice erecto, no enrollado hacia atrás con la edad.
   7. Filarios sin puberulencia densa, los filarios internos redondeados en el ápice; cabezuelas con 8-15 flores; hojas opuestas o generalmente ternadas, frecuentemente ausentes en la antesis; láminas de las hojas más anchas en el 1/3 basal. **5. S. glabra**
   7. Filarios densamente pardusco-hispídulos o punteado-glandulosos, los filarios internos rostrados en el ápice; cabezuelas con 30-40 flores; hojas estrictamente opuestas, no totalmente ausentes en la antesis, láminas de las hojas más anchas cerca del 1/2. **8. S. sericolepis**
6. Capitulescencias piramidalmente paniculadas, tan largas como anchas; cabezuelas radiadas; filarios con el ápice ligeramente erecto o marcadamente recurvado o rizado con la edad.
   8. Láminas de las hojas persistentemente pilosas en la superficie adaxial, la superficie adaxial con finos tricomas además del tomento entre las nervaduras. **10. S. tonduzii**
   8. Láminas de las hojas esencialmente glabras en la superficie adaxial o a veces ligeramente puberulentas, la superficie adaxial sin tricomas entre las nervaduras.
      9. Láminas de las hojas más anchas en o por debajo del 1/3 basal; tallos débiles y carnosos; ápices de los filarios internos conspicuamente rostrados, ligeramente erectos. **11. S. vagans**
      9. Láminas de las hojas en general conspicuamente más anchas por encima del 1/3 basal, casi elípticas; tallos leñosos; ápices de los filarios internos redondeados, tornándose marcadamente recurvados.
         10. Cipselas glabras o rara vez con sétulas cortas esparcidas distalmente en las costillas principales; tallos glabros o con tricomas araneosos, delgados, blanquecinos, evanescentes, sin tricomas toscos; láminas de las hojas 3-nervias desde la base o desde menos de 1 cm por encima de la base. **4. S. discolor**
         10. Cipselas densamente setulosas en la base; tallos generalmente hirsutos con tricomas toscos esparcidos; láminas de las hojas 3-nervias desde 1-2 cm por encima de la base. **7. S. polyantha**

1. Sinclairia andrieuxii (DC.) H. Rob. et Brettell, *Phytologia* 28: 60 (1974). *Vernonia andrieuxii* DC., *Prodr.* 5: 16 (1836). Holotipo: México, Oaxaca, *Andrieux 269* (G-DC). Ilustr.: no se encontró.

Liabum andrieuxii (DC.) Benth. et Hook. f. ex Hemsl., *Megaliabum andrieuxii* (DC.) Rydb.

Hierbas perennes, 1-2 m; tallos brevemente hirsutos y finamente blanquecino-tomentosos. Hojas opuestas; láminas c. 18 × 20 cm, anchamente deltoides, 3-nervias desde la parte distal del acumen, la superficie adaxial diminutamente puberulenta, blanquecino-tomentosa, la base patente-subtruncada, los márgenes irregularmente dentados, el ápice cortamente acuminado; pecíolo 2-4 cm. Capitulescencia con pocas ramas opuestas; pedúnculos 20-50 mm. Cabezuelas 25-30 × 25-30 mm, radiadas; involucro 15-20 mm; filarios 100-130, 10-20 × 2-3 mm, c. 4-seriados, lineares, densamente blanquecino-tomentosos, el ápice angosto, a veces reflexo o flexuoso. Flores radiadas 25-30, 1-seriadas; corola amarilla o anaranjada, el tubo c. 12 mm, piloso, el limbo c. 15 mm. Flores del disco 100-130; corola amarilla o anaranjada, el tubo 8-10 mm, generalmente glabro, la garganta 4-5 mm, pilosa proximalmente, los lobos c. 4 mm. Cipselas 6-7 mm, con 5 costillas mayores y generalmente 5 costillas más débiles entre éstas, densamente seríceo-setulosas; vilano de c. 70 cerdas, las cerdas generalmente 12-15 mm, sórdidas de hasta color violeta, las series externas de escamas setiformes de c. 2 mm. *Laderas rocosas, selvas caducifolias.* Ch (*Breedlove 13827*, US); G (*Molina R. 21411*, US). 600-1900 m. (México, Mesoamérica.)

2. Sinclairia deamii (B.L. Rob. et Bartlett) Rydb., *N. Amer. Fl.* 34: 299 (1927). *Liabum deamii* B.L. Rob. et Bartlett, *Proc. Amer. Acad. Arts* 43: 60 (1908 [1907]). Holotipo: Guatemala, *Deam 194* (GH). Ilustr.: no se encontró.

Liabum subglandulare S.F. Blake, *Sinclairia subglandularis* (S.F. Blake) Rydb.

Arbustos semitrepadores, 3-10 m, con tallos delgados, más bien leñosos con tomento araneoso evanescente y tricomas toscos esparcidos. Hojas opuestas, frecuentemente ausentes en la antesis; láminas 6-17 × 4.5-15 cm, rómbico-ovadas a subdeltoides, 3-nervias desde o cerca de la base, la superficie adaxial fina a densamente puberulenta, la superficie abaxial blanquecino-tomentosa a grisáceo-tomentosa, más pardusca sobre las nervaduras, la base y el ápice cortamente acuminados, los márgenes aserrados con numerosos dientes mucronulados remotos; pecíolo generalmente 2-4 cm. Capitulescencia terminal, piramidalmente paniculada, a veces más densa y tirsoide; pedúnculos 2-4 mm, no flexuosos, pardusco-puberulentos con algo de tomento blanquecino. Cabezuelas 10-11 mm, discoides; involucro 4-5 × c. 4 mm; filarios 10-12, 2-seriados o 3-seriados, distalmente puberulentos, con tricomas cortos parduscos y tomento corto blanquecino, el ápice redondeado a obtusamente rostrado. Flores del disco c. 6; corola amarilla, generalmente glabra con tricomas esparcidos en la parte distal de la garganta y agregados de tricomas glandulares cortos en el ápice de los lobos, el tubo 2.5-3 mm, la garganta c. 2 mm, los lobos c. 2.5 mm. Cipselas c. 2.5 mm, c. 10-acostilladas, densa y brevemente setulosas; vilano de c. 30 cerdas, 6-7 mm, cerdas de las series externas 1-2 mm. *Laderas arboladas, riberas rocosas, vegetación secundaria.* T (Turner, 2007: 13); Ch (*Laughlin 274*, US); C (*Lundell 1437*, CAS); B (*Bartlett 12910*, US); G (*Contreras 2063*, US); H (*Blake 7386*, US); ES (*Standley 19695*, US). 100-1200 m. (Endémica.)

3. Sinclairia dimidia (S.F. Blake) H. Rob. et Brettell, *Phytologia* 28: 61 (1974). *Liabum dimidium* S.F. Blake, *J. Wash. Acad. Sci.* 22: 385 (1932). Holotipo: Guatemala, *Bartlett 12602* (US!). Ilustr.: no se encontró.

Arbustos trepadores, hasta 7 m; tallos más bien suaves con tomento araneoso evanescente y tricomas toscos esparcidos. Hojas opuestas, a veces ausentes en la antesis; láminas 5-11 × 2.5-8 cm, elíptico-ovadas, 3-nervias desde cerca de la base, la superficie adaxial ligera a densamente puberulenta, la superficie abaxial blanquecino-tomentosa a grisáceo-tomentosa con nervaduras parduscas, la base escasamente acuminada, los márgenes diminutamente aserrados con dientes mucronulados, el ápice escasamente acuminado; pecíolo generalmente 1-2.5 cm. Capitulescencia terminal, laxamente piramidalmente paniculada; pedúnculos 2-4 mm, no flexuosos, con puberulencia pardusca y tomento blanquecino corto. Cabezuelas 10-12 mm, discoides; involucro 4-5 × 4-5 mm; filarios c. 18, 3-seriados o 4-seriados, ovados a oblongos, ligeramente estriados, con tomento araneoso corto evanescente, los filarios internos con el ápice redondeado. Flores del disco 9-12; corola amarilla, puberulenta en la garganta, solo con pocos tricomas araneosos en el ápice del lobo, el tubo c. 2.5 mm, la garganta c. 2 mm, los lobos c. 2 mm. Cipselas c. 1.5 mm, c. 10-acostilladas, densa y brevemente setulosas; vilano de 40-45 cerdas hasta 7 mm, cerdas externas indistintas hasta c. 1 mm. *Selvas bajas perennifolias.* Ch (*Breedlove 34987*, CAS); G (*Ortiz 1083*, US). 300-1200 m. (Endémica.)

Sinclairia dimidia fue tratada por Turner (1989b) como un sinónimo de *S. polyantha*. El registro de Villaseñor Ríos (1989) de *S. dimidia* en Belice es una identificación errónea de ejemplares que aquí se ubican en *S. polyantha*.

4. Sinclairia discolor Hook. et Arn., *Bot. Beechey Voy.* 433 (1841). Holotipo: Nicaragua, *Sinclair s.n.* (K). Ilustr.: Hooker, *Icon. Pl.* 5: t. 451-452 (1842).

Liabum discolor (Hook. et Arn.) Benth. et Hook. f. ex Hemsl.

Arbustos leñosos escandentes o árboles pequeños, 2-5 m; tallos glabros o con tomento araneoso fino, blanquecino, evanescente, sin tricomas toscos. Hojas opuestas, a veces ausentes en la antesis; láminas 8-14 × 4-12 cm, anchamente ovadas a romboides, conspicuamente más anchas encima del 1/3 basal, 3-nervias desde la base o hasta c. 1 cm

por encima de la base, glabras o con tricomas araneosos delgados blanquecinos, evanescentes en la superficie adaxial, con tomento blanco denso, adpreso en la superficie abaxial, la base anchamente cuneada a redondeada y cortamente acuminada, los márgenes diminutamente aserrados con dientes mucronatos frecuentemente inconspicuos, el ápice escasa a marcadamente acuminado; pecíolo generalmente 2-7 cm. Capitulescencia terminal, más bien densa y piramidalmente paniculada, tan larga como ancha; pedúnculos generalmente 5-15 mm, glabros a finamente puberulentos. Cabezuelas 10-15 mm, radiadas; involucro 7-11 × 4-8 mm cuando no recurvado; filarios 16-20, 1-2.5 mm de diámetro, c. 3-seriados, ovados a anchamente lineares, finamente puberulentos especialmente cerca de los márgenes y el ápice, marcadamente recurvados con la edad, los filarios internos anchamente redondeados en el ápice. Flores radiadas c. 6; corola amarilla, el tubo 3-4 mm, glabro, el limbo 9-10 mm. Flores del disco 12-15; corola glabra excepto por el agregado de tricomas araneosos en el ápice de los lobos, amarilla, el tubo 4-5 mm, la garganta c. 2 mm, los lobos 2.5-3 mm. Cipselas 2-2.5 mm, con 5 costillas mayores y c. 15 estrías, glabras o rara vez con sétulas cortas esparcidas en general sobre las costillas mayores distalmente; vilano de 35-45 cerdas, generalmente 6-7 mm, las series externas de escuámulas angostas de c. 1 mm. Ch (*Ton 780*, US); B (*Gentle 6479*, US); G (*von Türckheim II 2116*, US); H (*Williams y Molina R. 13728*, US); ES (*Molina R. et al. 16947*, US); N (*Molina R. 20555*, US); CR (*Standley 33202*, US). 300-2700 m. (Endémica.)

Véase en la discusión de *Sinclairia dimidia* acerca de la diferenciación de *S. polyantha*. La cita de Turner (1989b) y Correa et al. (2004) de *S. discolor* en Panamá es sobre *Dwyer 7052*, aquí referido como *S. polyantha*.

5. Sinclairia glabra (Hemsl.) Rydb., *N. Amer. Fl.* 34: 297 (1927). *Liabum glabrum* Hemsl., *Biol. Cent.-Amer., Bot.* 2: 232 (1881). Holotipo: México, Morelos, *Bourgeau 1401* (K). Ilustr.: no se encontró.

Liabum brachypus (Rydb.) S.F. Blake, *L. sublobatum* B.L. Rob., *Sinclairia brachypus* Rydb., *S. sublobata* (B.L. Rob.) Rydb.

Arbustos o árboles pequeños, 3-6 m; ramas glabrescentes. Hojas opuestas o con más frecuencia ternadas, frecuentemente ausentes en la antesis; láminas c. 15 × 11 cm, ovadas a angostamente ovadas, más anchas debajo del 1/3 basal, la superficie adaxial glabra, la superficie abaxial con tomento o sin este, la base y el ápice acuminados; pecíolo 2-5 cm. Capitulescencia terminal, laxa a densamente tirsoide-paniculada, más larga que ancha; frecuentemente con filarios primarios grandes y foliosos; pedúnculos 1-5 mm, con tomento araneoso blanco, evanescente. Cabezuelas c. 10 mm, discoides; involucro 6-8 × 5-6 mm; filarios c. 20, 3-seriados o 4-seriados, ovados a lineares, sin puberulencia densa, el ápice erecto, no enrollado hacia atrás con la edad, los filarios internos con el ápice redondeado. Flores del disco 8-15; corola amarilla, glabra, a veces con diminutas glándulas pediceladas en el ápice de tienos lobos, el tubo 3-5 mm, la garganta y los lobos cada uno c. 2 mm. Cipselas 1.5-1.8 mm, con 5 costillas mayores y c. 5 estrías menores, glabras proximalmente, con pocas a numerosas sétulas distalmente, rara vez las sétulas se extienden abajo del 1/2; vilano de c. 40 cerdas 5-6 mm, amarillento pálido, las series externas de escamas c. 1 mm. *Selvas altas perennifolias, laderas, orillas de caminos, vegetación secundaria.* Ch (*Matuda 16211*, US); G (*Pittier 1886*, US); H (*Nelson 1376*, MO); ES (*Standley 19530*, US); N (*Williams y Molina R. 20167*, US). 70-2200 m. (SO. México, Mesoamérica.)

Tres especies se diferencian en la mayoría de tratamientos. El nombre *Liabum glabrum* ha sido usado para los ejemplares de Guatemala y México hacia el oeste en Jalisco que tienen poco o ningún tomento blanquecino en la superficie abaxial, *L. sublobatum* aplicado a los ejemplares de Guatemala y áreas adyacentes con denso tomento blanquecino en la superficie abaxial y *L. brachypus* se conocía solo de un ejemplar guatemalteco que se diferenciaba solo por las sétulas más pequeñas en las cipselas. Turner (1989b) reconoció *Sinclairia glabra* y *S. sublobata* como distintas.

6. Sinclairia hypochlora (S.F. Blake) Rydb., *N. Amer. Fl.* 34: 301 (1927). *Liabum hypochlorum* S.F. Blake, *Contr. Gray Herb.* 53: 27 (1918). Holotipo: Guatemala, *Holway 703* (GH). Ilustr.: no se encontró.

Arbustos trepadores sobre otra vegetación, 2-12 m; tallos escasamente carnosos, con tomento diminuto evanescente y escasa pelosidad. Hojas opuestas, escasamente ensanchadas en la base; láminas mayormente 10-14 × 4-7.5 cm, ovadas, escasamente más anchas en la base, 3-nervias desde muy por encima de la base, la superficie abaxial verde con diminutas puntuaciones glandulares, finamente tomentosa en las nervaduras, la base y el ápice brevemente acuminados, los márgenes diminutamente serrulados a subenteros; pecíolo 2-5 cm. Capitulescencia terminal, ancha y piramidalmente paniculada; pedúnculos 2-10 mm, delgados, flexuosos, esparcidamente pardusco-puberulentos. Cabezuelas c. 9 mm, radiadas; involucro c. 4 × 4-5 mm; filarios c. 15-18, 2-seriados o 3-seriados, ovados a angostamente ovados, pardusco-puberulentos, el ápice brevemente agudo. Flores radiadas 5-7; corola amarilla, el tubo c. 3 mm, glabro, el limbo 3-4 mm, lobos apicales hasta 1 mm. Flores del disco 8-10; corola amarilla, glabra excepto por tomento corto en el ápice de los lobos, el tubo c. 4 mm, la garganta c. 2 mm, los lobos c. 2 mm. Cipselas 1-2 mm, con 5 costillas principales, densa y cortamente setulosas; vilano de 30-35 cerdas, c. 6 mm, las setas externas indistintas, c. 0.5 mm. *Enredaderas en troncos muertos, vegetación secundaria, bordes de caminos.* Ch (*Matuda 18461*, US); G (*King 7245*, US). 500-1000 m. (Endémica.)

7. Sinclairia polyantha (Klatt) Rydb., *N. Amer. Fl.* 34: 299 (1927). *Liabum polyanthum* Klatt, *Bull. Soc. Roy. Bot. Belgique* 31(1): 209 (1892 [1893]). Holotipo: Costa Rica, *Pittier 4319* (BR). Ilustr.: no se encontró.

Sinclairia pittieri Rydb.

Bejucos leñosos, 2-8 m; tallos puberulentos y en general esparcida a densamente hirsutos con tricomas toscos esparcidos, frecuentemente también con tricomas araneosos, tornándose glabros. Hojas opuestas, frecuentemente ausentes en la antesis; láminas 8-18 × 5-22 cm, anchamente ovadas a romboides o elípticas, en general conspicuamente más anchas encima del 1/3 basal, 3-nervias desde 1-2 cm por encima de la base, la superficie adaxial glabra o con pelosidad finamente araneosa, la superficie abaxial grisáceo pálido-tomentosa, frecuentemente maculada, más pardusca en las nervaduras, la base redondeada siendo mínimamente acuminada, los márgenes diminutamente mucronato-aserrados, frecuentemente subenteros, el ápice en general cortamente acuminado; pecíolo 1.5-10 cm, escasamente más ancho en la base. Capitulescencia terminal, más bien densa y piramidalmente paniculada, más ancha que larga; pedúnculos 2-8(-13) mm, densamente pardusco-puberulentos o hírtulos, a veces con tomento pálido. Cabezuelas 9-10 mm, radiadas; involucro 7-9 × 6 mm cuando no recurvado; filarios 16-22, 1.5-6(-8) × 1-1.2(-2) mm, c. 3-seriados, ovados a lineares, densamente pálido-puberulentos excepto frecuentemente cerca del 1/2, marcadamente recurvados con la edad, los filarios internos con el ápice angostamente redondeado a brevemente obtuso. Flores radiadas 3-8; corola amarilla, el tubo 2-4 mm, glabro, el limbo 3-6 mm. Flores del disco 7-20; corola amarilla, glabra excepto con tricomas araneosos muy cortos en el ápice de los lobos, el tubo c. 3 mm, la garganta c. 2 mm, los lobos c. 2 mm. Cipselas c. 2.5 mm, frecuentemente con c. 5 ángulos mayores y c. 15 estrías, densa y cortamente setulosas en la base; vilano de 38-42 cerdas, generalmente c. 6 mm, las escuámulas externas setiformes de 0.5-1 mm. *Selvas altas perennifolias, en troncos podridos, matorrales, quebradas.* Ch (Turner, 2007: 28); B (*Gentle 5239*, US); G (*Lundell 15784*, US); H (*Nelson y Clewell 514*, MO); N (*Williams et al. 24796*, F); CR (*Skutch 5325*, US); P (*Hammel 1735*, F). 0-1800 m. (S. México, Mesoamérica, O. Colombia.)

A lo largo de la distribución geográfica, *Sinclairia polyantha* tiende a tener los pedicelos más cortos y los filarios internos más angostos que *S. discolor*. El envés tiene el tomento menos denso que en *S. discolor* y generalmente tiene una coloración menos blanquecina y más sórdida. Los ejemplares de *S. polyantha* del centro de Panamá son inusualmente robustos y más similares a *S. discolor* en los pedúnculos y filarios.

8. Sinclairia sericolepis (Hemsl.) Rydb., *N. Amer. Fl.* 34: 301 (1927). *Liabum sericolepis* Hemsl., *Biol. Cent.-Amer., Bot.* 2: 232 (1881). Holotipo: México, Veracruz, *Bourgeau 2177* (K). Ilustr.: no se encontró.

Arbustos laxos, hasta 2.5 m; tallos esparcidamente adpreso-blanquecino-tomentosos. Hojas estrictamente opuestas, no totalmente ausentes en la antesis; láminas 6.5-12 × 2.5-4 cm, elípticas, más anchas cerca del 1/2, 3-nervias desde cerca de la base, la superficie adaxial glabra, la superficie abaxial adpreso-grisáceo-tomentosa, la base y el ápice brevemente acuminados, los márgenes diminuta y remotamente mucronato-denticulados; pecíolo 1.8-2.7 cm. Capitulescencia tirsoide-paniculada, más larga que ancha; pedúnculos 9-15 mm, ligeramente araneoso-tomentosos. Cabezuelas c. 12 mm, discoides; involucro c. 8 × 8 mm; filarios c. 35, c. 5-seriados, lanceolados, densamente pardusco-hispídulos o punteado-glandulosos, el ápice angostamente agudo, erecto, no enrollado hacia atrás con la edad, los filarios internos con el ápice rostrado. Flores del disco c. 30-40, algunas del borde a veces pistiladas; corola amarilla, glabra, el tubo c. 5 mm, la garganta c. 2 mm, los lobos c. 3.5 mm. Cipselas c. 4 mm, con 5 costillas mayores y 15 costillas menores, brevemente híspido-setulosas apicalmente, glabras proximalmente; vilano c. 50 cerdas generalmente c. 8 mm, pálidas, sórdidas, las series externas setiformes de 0.5-1 mm. *Laderas arboladas.* T (Villaseñor Ríos, 1989: 96); Ch (*Ton 3803*, US). 100-800 m. (S. México, Mesoamérica.)

El ejemplar de Chiapas es uno de los tres vistos de la especie. El tipo de Bourgeau es citado del Valle de Córdoba, Veracruz, y el ejemplar de 1974 (*Vázquez 00437*, BM) del sureste de Veracruz (17°13′N, 94°35′W).

9. Sinclairia tajumulcensis (Standl. et Steyerm.) H. Rob. et Brettell, *Phytologia* 28: 62 (1974). *Liabum tajumulcense* Standl. et Steyerm., *Publ. Field Mus. Nat. Hist., Bot. Ser.* 23: 27 (1943). Holotipo: Guatemala, *Steyermark 36543* (F). Ilustr.: no se encontró.

Arbustos hasta 5 m; tomento grueso, pálido en las ramas, los pedúnculos y el involucro. Hojas desconocidas, las cicatrices opuestas en nudos con callos marginados. Capitulescencia terminal, densamente tirsoide; pedúnculos 5-10 mm. Cabezuelas 15-18 mm, discoides, anchas; involucro 12-14 × 15-18 mm; filarios c. 40, 4-seriados o 5-seriados, lanceolados, densamente blanquecino-tomentosos, angostamente agudos. Flores del disco c. 40; corola amarilla, pilosa por fuera, con una mezcla densa de tricomas y tomento en el ápice de los lobos, el tubo c. 7 mm, la garganta c. 4 mm, los lobos c. 3 mm. Cipselas c. 5 mm, con 5 costillas mayores prominentes, densamente seríceo-setulosas; vilano c. 40 cerdas, las cerdas generalmente c. 12 mm, sórdidas. *Selvas altas perennifolias, bordes de arroyo.* G (*Steyermark 36543*, F). 2300-2500 m. (Endémica.)

El ejemplar tipo fue citado incorrectamente por Nash (1976a) como *Steyermark 36453*.

10. Sinclairia tonduzii (B.L. Rob.) Rydb., *N. Amer. Fl.* 34: 298 (1927). *Liabum tonduzii* B.L. Rob., *Proc. Boston Soc. Nat. Hist.* 31: 270 (1904). Lectotipo (designado por Turner, 1989b): Costa Rica, *Tonduz 9859* (GH). Ilustr.: no se encontró.

Arbustos escandentes, 3-5 m; tallos densa y brevemente hirsutos. Hojas opuestas; láminas 8-15 × 4-10 cm, opuestas, ovadas, 3-nervias desde cerca de la base, densa y persistentemente pilosas en ambas superficies, la superficie adaxial con tricomas finos además de un tomento entre las nervaduras, la superficie abaxial densamente pálido-grisáceo-tomentosa, las nervaduras parduscas, la base anchamente redondeada y mínimamente acuminada, los márgenes diminuta y remotamente mucronato-denticulados, el ápice escasa y cortamente acuminado; pecíolo 2-6 cm, escasamente ensanchado en la base. Capitulescencia terminal, ancha, densa y piramidalmente paniculada, tan larga como ancha; pedúnculos 1-4 mm, densamente pardusco-hírtulos. Cabezuelas 7-8 mm, radiadas; involucro c. 6 × 5 mm; filarios c. 17, c. 3-seriados, ovados a lineares, generalmente glabros, marcadamente recurvados con la edad, los filarios internos obtusamente rostrados. Flores radiadas c. 5; corola amarilla, el tubo 1-2 mm, glabro, el limbo c. 4.5 mm. Flores del disco c. 8; corola amarilla, glabra excepto por los tricomas araneosos cortos en el ápice de los lobos, el tubo c. 3 mm, la garganta c. 1.5 mm, los lobos c. 2 mm. Cipselas c. 2.5 mm, con 5 costillas mayores y 10-15 estrías, densa y brevemente setulosas en la base; vilano c. 38 cerdas capilares, generalmente 5-6 mm, las escuámulas externas generalmente 0.2-0.4 mm, angostas. *Márgenes de ríos, selvas altas perennifolias.* CR (*Standley 42513*, US). 300-1100 m. (Endémica.)

Turner (1989b) trató a *Sinclairia tonduzii* en la sinonimia de *S. polyantha.*

11. Sinclairia vagans (S.F. Blake) H. Rob. et Brettell, *Phytologia* 28: 62 (1974). *Liabum vagans* S.F. Blake, *Brittonia* 2: 354 (1937). Isotipo: Guatemala, *Skutch 1913* (US!). N.v.: Gamusa, G. Ilustr.: no se encontró.

Arbustos débiles, 3-4 m; tallos débiles y más bien carnosos, con puberulencia reducida y tomento araneoso pálido evanescente. Hojas opuestas; láminas 10-15 × 8-13 cm, anchamente suborbicular-ovadas, más anchas en el 1/3 basal o debajo de este, 3-nervias desde la base acuminada o cerca de esta, la superficie adaxial esencialmente glabra, sin tricomas entre las nervaduras, la superficie abaxial densamente blanco-grisáceo-tomentosa, las nervaduras parduscas, la base y el ápice brevemente acuminados, los márgenes cercanamente mucronulato-serrulados; pecíolo generalmente 3-6 cm, más ancho y más carnoso hacia la base. Capitulescencia terminal, ancha y piramidalmente paniculada, tan larga como ancha; pedúnculos 2-8 mm, delgados, flexuosos, pardusco-puberulentos. Cabezuelas c. 10 mm, radiadas; involucro 6-8 × 6-7 mm; filarios c. 20, c. 3-seriados, ovados a angostamente oblongos, pardusco-puberulentos, erectos o ligeramente recurvados, el ápice obtusamente rostrado a cortamente agudo, el ápice de los filarios internos conspicuamente rostrado. Flores radiadas 5-7; corola amarilla, el tubo c. 5 mm, esparcidamente puberulento, el limbo c. 6 mm. Flores del disco 6-8; corola amarilla, glabra por fuera excepto por el tomento en el ápice de los lobos, el tubo c. 5 mm, la garganta c. 2 mm, los lobos c. 2.5 mm. Cipselas c. 2.5 mm, densa y cortamente setulosas casi totalmente; vilano de c. 40 cerdas, c. 7 mm, con las series externas c. 0.5 mm. *Laderas montañosas y barrancos, sobre troncos caídos.* Ch (*Breedlove 41721*, CAS); G (*Williams et al. 25855*, US). 900-2700 m. (Endémica.)

XV. Tribus **MILLERIEAE** Lindl.

Desmanthodiinae H. Rob., *Galinsoginae* Benth. et Hook. f., *Melampodiinae* Less, *Milleriinae* Benth. et Hook. f.
Descripción de la tribus y clave genérica por J.F. Pruski.

Hierbas anuales a árboles; follaje frecuentemente punteado-glanduloso o estipitado-glanduloso, sin cavidades secretoras o látex. Hojas caulinares (Mesoamérica) o a veces en rosetas basales, típicamente opuestas (Mesoamérica) a alternas, sésiles a pecioladas; láminas lineares a ovadas o algunas veces orbiculares, algunas veces lobadas, típicamente cartáceas, 3-nervias o algunas veces pinnatinervias, los márgenes enteros a serrados. Capitulescencias terminales o axilares, monocéfalas a paniculadas, abiertas a congestas. Cabezuelas radiadas o discoides a rara vez disciformes; involucro cilíndrico a hemisférico; filarios graduados a subiguales u obgraduados, 1-5-seriados o en más series, algunas veces marcadamente dimorfos con una serie externa herbácea y una serie interna cartáceo-escariosa pero las series internas no translúcidas, no todos amarillo-escariosos, las series internas frecuentemente fértiles y subyacentes a y cercanamente asociadas con flores radiadas individuales, frecuentemente persistentes, algunas veces diversamente rodeando al ovario en desarrollo, y en fruto formando una estructura periginiforme o fusionados a estos y formando un conceptáculo, los filarios de la estructura periginiforme o conceptáculos entonces deciduos como una unidad con las cipselas; clinanto por lo general convexo a cónico, paleáceo a rara vez sin páleas; páleas aplanadas a naviculares o conduplicadas, en general delgadamente cartáceas a escariosas, a veces trífidas (p. ej., *Alepidocline, Selloa, Unxia*). Flores radiadas típicamente 1(-4)-seriadas, pistiladas; tubo de la corola frecuentemente pubescente con tricomas simples o glándulas sésiles, el limbo algunas veces corto, las nervaduras típica e igualmente delgadas, la superficie adaxial típicamente papilosa con células epidérmicas casi isodiamétricas (las papilas redondeadas comprendiendo la mayoría de la envoltura de la pared de la célula epidérmica), el ápice frecuentemente (2)3-dentado o (2)3-lobado; estilo glabro en la base, las ramas del estilo sin apéndices, con 2 líneas estigmáticas desde la base hasta el ápice. Flores del disco bisexuales y formando frutos o funcionalmente esta-

minadas con el gineceo suprimido no formando frutos; corola brevemente (4)5-lobada, gradual a abruptamente ampliada, con un solo conducto resinoso o un par asociado a cada una de las nervaduras de la garganta, los conductos resinosos incoloros (p. ej., Melampodiinae, Milleriinae) o frecuentemente dorados o parduscos, los conductos rara vez rojizos debido a los poliacetilenos, típicamente pelosa con tricomas simples o glándulas sésiles, los lobos generalmente triangulares, a veces papilosos por dentro; anteras no caudadas, los filamentos glabros a muy rara vez pilosos, las tecas de color crema a negras, típicamente con el patrón del endotecio polarizado, los apéndices lanceolados a ovados, típicamente naviculares, glabros o rara vez sésil-glandulosos; estilo sin apéndices, glabro en la base, el tronco 2-nervio, los conductos resinosos por lo general 2, cada uno dentro de o a lo largo de una nervadura, rara vez con 4 conductos, o un par a lo largo de cada lado de la nervadura, las ramas algo aplanadas, con superficies estigmáticas de 2 bandas desde la base hasta el ápice, rara vez continuas, cuando son funcionalmente estaminadas el estilo no está dividido. Cipselas por lo general obcónicas a obovoides u obpiramidales (3-4-anguladas), nunca obcomprimidas, algunas veces incurvadas, por lo general libres de los filarios y no completamente envueltas por estos o algunas veces apenas connatas basalmente a los filarios o páleas, rara vez los rayos diversamente fusionados con un filario modificado o laxa pero completamente envueltos dentro de un filario modificado formando una estructura periginiforme o conceptáculo, carbonizadas, las paredes con rafidios, por lo general finamente estriadas (las estrías siendo interrupciones de la capa carbonizada, las estrías ausentes en Espeletiinae), la capa carbonizada por lo general aplanada y en el mismo plano de las estrías, el carpóforo frecuentemente ancho o asimétrico pero generalmente no esculpido; vilano no comoso o de escamas o cerdas, las escamas o cerdas rara vez sobre un anillo no evidente, por lo general escabriúsculas a escábridas, rara vez plumosas o largamente ancistrosas; cubierta de la semilla típicamente con paredes laterales sinuosas y varias anulaciones transversales. Aprox. 34 gen. y 400 spp. Cosmopolita o pantropical pero centrada en América tropical.

Millerieae ha sido reconocida dentro de Heliantheae y Robinson (1981) ha ubicado sus miembros variadamente en Melampodiinae, Milleriinae, Desmanthodiinae o Galinsoginae, solo dejando a *Unxia* no alineado con estos grupos. Algunos géneros mesoamericanos tratados por Robinson (1981) y otros en estas antiguas subtribus han sido excluidos a Heliantheae subtribus Ecliptinae (p. ej., *Rensonia* y *Delilia*). Panero (2007b [2006]) ubicó a *Cuchumatanea* en la sinonimia de *Alepidocline*, comentando que a su turno *Alepidocline* podría estar mejor ubicado dentro de *Oteiza*, pero aquí estos tres géneros se reconocen separadamente como lo hacen Nash (1976b) y Robinson (1981). Turner (1980) trató la especie mesoamericana de *Selloa* dentro de *Aphanactis* Wedd., pero aquí *Aphanactis* se trata como endémico de los Andes en concordancia con Robinson (1981). *Selloa* se reconoce aquí según fue circunscrito por Longpre (1970) y Robinson (1981).

Guardiola Cerv. ex Bonpl. se extiende desde Estados Unidos (Arizona) hasta México (Oaxaca) y posiblemente se encuentra en Mesoamérica. Se diferencia por las cabezuelas largamente cilíndricas y los filamentos pilosos. De igual manera, *Axiniphyllum* Benth. se encuentra en México tropical al sur de Oaxaca y se podría encontrar en Mesoamérica. Son hierbas perennes con hojas lobadas frecuentemente connatas, los filarios por lo general dimorfos y las flores del disco bisexuales.

Bibliografía: Longpre, E.K. *Publ. Mus. Michigan State Univ., Biol. Ser.* 4: 287-383 (1970). Panero, J.L. *Fam. Gen. Vasc. Pl.* 8: 477-492 (2007 [2006]). Pruski, J. *Fl. Venez. Guayana* 3: 177-393 (1997). Robinson, H. *Smithsonian Contr. Bot.* 51: 1-102 (1981).

1. Cipselas radiadas cada una dentro de un conceptáculo originado de la fusión de los filarios internos.
  2. Conceptáculos marcadamente uncinado-espinosos; páleas y flores del disco no caducas como una unidad después de la antesis.
    190. Acanthospermum
  2. Conceptáculos no uncinado-espinosos; páleas y flores del disco caducas como una unidad después de la antesis. **199. Melampodium**
1. Cipselas radiadas no dentro de un conceptáculo originado de los filarios fusionados.
  3. Cipselas radiadas envueltas en una estructura periginiforme.
    4. Sufrútices a árboles; capitulescencia con las últimas ramas por lo general de glomérulos congestos bracteados, las cabezuelas disciformes.
      194. Desmanthodium
    4. Hierbas; capitulescencias abiertamente corimbosas o si compactamente corimbosas entonces las plantas acaules; cabezuelas radiadas.
      5. Follaje no estipitado-glanduloso; hojas sésiles o subsésiles; corolas radiadas glabras; flores del disco bisexuales, el tubo de las corolas pilósulo o velloso. **198. Jaegeria**
      5. Follaje estipitado-glanduloso; hojas alado-pecioladas; corolas radiadas glandulosas; flores del disco funcionalmente estaminadas, la corola glandulosa. **200. Milleria**
  3. Cipselas radiadas libres y no envueltas en una estructura periginiforme.
    6. Flores del disco funcionalmente estaminadas, la garganta de las corolas generalmente con un solo conducto resinoso a lo largo de la nervadura; vilano ausente.
      7. Cabezuelas disciformes; filarios más o menos isomorfos.
        197. Ichthyothere
      7. Cabezuelas radiadas; filarios dimorfos.
        8. Limbo de las corolas radiadas obviamente cuneado o flabelado.
          209. Trigonospermum
        8. Limbo de las corolas radiadas ovado u oblongo a elíptico.
          9. Hierbas o algunas veces arbustos, 1-4(-5) m; hojas proximales pinnatilobadas a frecuentemente pentagonales; capitulescencias abiertamente corimbosas; filarios marcadamente dimorfos, las series externas (4)5 o 6, patentes. **207. Smallanthus**

          9. Hierbas 0.1-0.6 m; hojas no lobadas, las láminas linear-lanceoladas a lanceolado-ovadas; capitulescencias de cimas terminales compactas; filarios moderadamente dimorfos, las 2 o 4 series externas adpresas o ascendentes. **210. Unxia**
      6. Flores del disco bisexuales, la garganta de las corolas con 1 o 2 conductos resinosos a lo largo de cada nervadura; vilano ausente o presente.
        10. Vilano de cerdas o escamas plumosas a largamente ancistrosas.
          208. Tridax
        10. Vilano ausente o de cerdas o escamas escábridas o escabriúsculas.
          11. Filarios dimorfos.
            12. Hierbas arbustivas perennes a arbustos; tubo de las corolas del disco casi filiforme. **202. Rumfordia**
            12. Hierbas anuales o perennes de vida corta; tubo de las corolas del disco cilíndrico.
              13. Tallos simples proximalmente y por lo general solo poco ramificados distalmente en la capitulescencia; filarios rojizo-estriados, no glandulosos, los de series externas ovados a obovados, los de series internas solo moderadamente conduplicados y no cercanamente subyacentes a las cipselas y los ovarios radiados asociados. **196. Guizotia**
              13. Tallos frecuentemente muy ramificados; filarios indistintamente verde-estriados, los de series externas espatulados, generalmente estipitado-glandulosos, los de series internas naviculares, cercanamente subyacentes y envolviendo la cara abaxial de las cipselas o de los ovarios radiados asociados. **206. Sigesbeckia**
          11. Filarios más o menos isomorfos.
            14. Cabezuelas radiadas, las cipselas radiadas típicamente deciduas como una unidad formada de un filario y 2 o 3 páleas adpresas basalmente adnatos. **195. Galinsoga**
            14. Cabezuelas discoides o cuando radiadas las cipselas no deciduas como una unidad formada de filarios y páleas basalmente adnatos.
              15. Hierbas anuales diminutas, 1-2 cm; cabezuelas discoides; filarios 2. **193. Cuchumatanea**
              15. Hierbas anuales pequeñas hasta árboles, arbustos o bejucos, hasta 8 m; cabezuelas variadas; filarios generalmente 9-40.
                16. Hierbas perennes toscas a arbustos o bejucos, 0.3-8 m.
                  17. Vilano de cerdas o aristas setosas cortas rápidamente caducas o aristas sobre un anillo reducido. **201. Oteiza**
                  17. Vilano de cerdas o escamas persistentes generalmente alargadas sin anillo reducido.
                    18. Cipselas por lo general ligeramente heteromorfas, las cipselas radiadas cuando presentes generalmente sin vilano, las cipselas del disco generalmente con vilano; troncos del estilo con 2 conductos resinosos. **192. Alloispermum**
                    18. Cipselas isomorfas, tanto las del disco como las radiadas con vilano de cerdas; troncos del estilo con 4 conductos resinosos. **204. Schistocarpha**
                16. Hierbas pequeñas, 0.5-0.8(-0.9) m.
                  19. Hierbas anuales; limbo de las corolas radiadas oblongo a obovado; vilano de 8-10 cerdas rápidamente caducas.
                    191. Alepidocline
                  19. Hierbas perennes; limbo de las corolas radiadas cuneado a cuneado-ovado; vilano ausente o de varias escamas persistentes.
                    20. Tallos moderada a densamente foliosos; páleas lanceoladas a elíptico-lanceoladas. **203. Sabazia**
                    20. Tallos esparcidamente foliosos; páleas lineares. **205. Selloa**

190. **Acanthospermum** Schrank, nom. cons.
Centrospermum Kunth

Por J.F. Pruski.

Hierbas anuales; tallos dicotómica o subdicotómicamente ramificados, postrados a decumbentes o erectos, subteretes, pilosos, algunas veces fistulosos. Hojas simples, opuestas; láminas angostamente elípticas a rómbico-ovadas, cartáceas, generalmente 3-nervias desde cerca de la base o rara vez pinnatinervias, pilosas en la superficie adaxial y la superficie abaxial, la superficie abaxial también glandulosa, la base obtusa a atenuada, los márgenes subenteros a serrados o pinnatífidos, el ápice agudo a redondeado; pecíolo cuando presente (ausente en Mesoamérica) delgado o escasamente alado. Capitulescencias axilares, de pocas cabezuelas sésiles o brevemente pedunculadas. Cabezuelas pequeñas, radiadas, con 8-39 flores; involucro hemisférico a campanulado; filarios 9-14, subiguales, ligeramente imbricados, 2-seriados, los de series externas 4-6, basalmente connatos, oblongos, herbáceos, pelosos, los de series internas 5-8, cada uno formando un conceptáculo alrededor de la cipsela, bastante agrandado y ornamentado en fruto; clinanto pequeño, convexo, paleáceo, las páleas conduplicadas. Flores radiadas 5-9, 1-seriadas; limbo de la corola elíptico a ovado, brevemente exerto del involucro, amarillo pálido, glabro, el ápice emarginado a 2-dentado o 3-dentado; ramas del estilo lineares, con 2 bandas de líneas estigmáticas en pares. Flores del disco 3-30, funcionalmente estaminadas, páleas y flores del disco no caducas como una unidad luego de la antesis; corola 5-lobada, amarilla, brevemente híspido-pilosa o glandulosa, la garganta ancha, con un solo conducto resinoso a lo largo de cada nervadura, los lobos largamente triangulares; anteras negras, cortamente sagitadas, en parte exertas, el apéndice navicular, ovado, algunas veces glanduloso; ovario estéril, sin vilano, el estilo no dividido. Cipselas radiadas irregularmente estriadas, envueltas en un conceptáculo derivado de filarios internos endurecidos y fusionados; conceptáculos 5-9, oblongos a obtriangulares, algunas veces marcadamente comprimidos, acostillados o inconspicuamente acostillados, marcadamente uncinado-espinosos en toda la superficie o solamente en los ángulos, algunas veces marcadamente espinosos en el ápice; vilano ausente. $x = 10, 11$. 5 spp. Nativo de América tropical, pero Pruski (1997b) anotó que tanto *Acanthospermum australe* (Loefl.) Kuntze como *A. hispidum* se han convertido en malezas paleotropicales.

En su revisión de *Acanthospermum*, Blake (1921a) reconoció ocho especies y posteriormente (Blake, 1922c) añadió dos más de las Islas Galápagos, siendo estas tratadas por Cronquist (1970) en el género relacionado *Lecocarpus* Decne. Stuessy (1970b) reconoció *Acanthospermum* con seis especies. Pruski (1997b) conservó *Acanthospermum* sobre *Centrospermum* Kunth, un género anterior y reconoció cinco especies. *Acanthospermum australe* se caracteriza por las cipselas sin espinas apicales conspicuas y en su lugar con todas las espinas subiguales; está centrada en Sudamérica, establecida en el sureste de los Estados Unidos y se espera encontrar en Mesoamérica.

Bibliografía: Blake, S.F. *Contr. U.S. Natl. Herb.* 20: 383-392 (1921a); *J. Wash. Acad. Sci.* 12: 200-205 (1922c). Cronquist, A.J. *Madroño* 20: 255-256 (1970). Nash, D.L. *Fieldiana, Bot.* 24(12): 181-361, 503-570 (1976). Pruski, J.F. *Taxon* 46: 805-806 (1997). Stuessy, T.F. *Rhodora* 72: 106-109 (1970).

1. Hojas 1.5-10(-12.5) cm, obovadas o anchamente elípticas a deltoides, triplinervias desde cerca de la base, la base acuminada a cuneada; capitulescencias sésiles o sobre pedúnculos hasta 1 cm; cuerpo del conceptáculo 4-6 mm, espinas uniformemente distribuidas sobre la superficie.
                             1. A. hispidum

1. Hojas 0.7-4.5 cm, lirado-espatuladas, arqueado-pinnatinervias, la base típica, abrupta y largamente atenuada; capitulescencias sésiles o sobre pedúnculos hasta 3 mm; cuerpo del conceptáculo 2.5-4 mm, las espinas concentradas en los márgenes.
                             2. A. humile

1. Acanthospermum hispidum DC., *Prodr.* 5: 522 (1836). Holotipo: Brasil, *Salzmann s.n.* (microficha MO! ex G-DC). Ilustr.: Funk y Pruski, *Mem. New York Bot. Gard.* 78: 88, t. 29 (1996).

Acanthospermum humile (Sw.) DC. var. *hispidum* (DC.) Kuntze.

Hierbas 15-80 cm; tallos erectos, moderada y subdicotómicamente ramificados, estriados, alargadamente híspido-pilosos. Hojas sésiles, 1.5-10(-12.5) × 0.6-4(-8) cm, obovadas o anchamente elípticas a deltoides, triplinervias desde cerca de la base, la base acuminada a cuneada, los márgenes serrulados a serrados, el ápice agudo a obtuso, la superficie adaxial estrigoso-pilosa, la superficie abaxial híspido-pilosa. Capitulescencias solitarias, sésiles o cortamente pedunculadas en las axilas de las hojas o bifurcaciones de las ramas; pedúnculos cuando presentes hasta 1 cm. Cabezuelas en la antesis 4-5 mm de diámetro, en fruto 13-20 mm de diámetro; filarios externos 5(6), 3.4-6 × 1.3-2.2 mm, ovados a oblongos, pilosos, los ápices agudos; páleas c. 1.5 mm, oblanceoladas, conduplicadas, glandulosas, el ápice algunas veces lacerado. Flores radiadas (5)6-8(9); corola 1.3-1.7 mm, inconspicua, puberulenta, también escasamente glandulosa, el tubo c. 0.3 mm, el limbo 1-1.4 mm, elíptico; ramas del estilo c. 0.4 mm. Flores del disco 5-9; corola 1.7-2.5 mm, campanulada, amarillo pálido, glandulosa, el tubo 0.9-1.7 mm, la garganta c. 0.4 mm, los lobos c. 0.4 mm. Conceptáculos radiados (5)6-8(9), obovoide-comprimidos, el cuerpo 4-6 mm, inconspicuamente acostillado, glanduloso o cortamente estipitado-glanduloso, con numerosas espinas rígidas 1-1.8 mm, esparcidas, uniformemente distribuidas en la superficie, el ápice con 2 espinas apicales conspicuas hasta 3-5 mm. Floración jun.-ene., abr. $2n = 22$.
Campos, orillas de caminos, orillas de ríos, pinares, matorrales, orillas de lagos, áreas alteradas, bosques secos, áreas cultivadas. G (Nash, 1976d: 187); H (*Thieme 5296*, MO); ES (*Renson 183*, NY); N (*Nee 28199*, MO); CR (Nash, 1976d: 187). 10-1400 m. (Estados Unidos, Mesoamérica, Colombia, Venezuela, Guayanas, Perú, Bolivia, Brasil, Paraguay, Argentina, Cuba, La Española, Puerto Rico, Islas Vírgenes, Antillas Menores, Trinidad y Tobago; introducida a Asia, África, Australia, Islas del Pacífico.)

Nash (1976d) citó esta especie como presente en Guatemala y Costa Rica, pero no se ha podido verificar este reporte.

2. Acanthospermum humile (Sw.) DC., *Prodr.* 5: 522 (1836). *Melampodium humile* Sw., *Prodr.* 114 (1788). Holotipo: Jamaica, *Swartz s.n.* (S). Ilustr.: Stuessy, *Ann. Missouri Bot. Gard.* 62: 1064, t. 47 (1975 [1976]).

Centrospermum humile (Sw.) Less.

Hierbas 17-41 cm; tallos erectos o decumbentes, moderada y subdicotómicamente ramificados, estriados, hispídulo-pilosos. Hojas sésiles, 0.7-4.5 × 0.3-2.5 cm, lirado-espatuladas, arqueado-pinnatinervias, la base típica, abrupta y largamente atenuada y ligeramente parecida a un pecíolo alado, los márgenes irregular y ligeramente lobados a crenados, el ápice obtuso a redondeado, rara vez agudo, ambas superficies hispídulo-pilosas. Capitulescencias solitarias, sésiles o subsésiles en las axilas de las hojas o en las bifurcaciones de las ramas; pedúnculos cuando presentes hasta 3 mm. Cabezuelas en la antesis 3-4 mm de diámetro, en fruto 12-15 mm de diámetro; filarios externos 5, 2.5-4 × 1-1.5 mm, oblongos, híspido-pilosos, los ápices agudos; páleas 1-1.5 mm, oblanceoladas, conduplicadas, glandulosas, el ápice algunas veces lacerado. Flores radiadas 5-7; corola 1-1.4 mm, inconspicua, puberulenta, también escasamente glandulosa, el tubo hasta 0.2-0.3 mm, el limbo 0.8-1.1 mm, elíptico, entero a bífido apicalmente, los lobos cuando presentes hasta 0.2 mm; ramas del estilo 0.3-0.4 mm. Flores del disco 3-5; corola 1.1-1.6 mm, campanulada, amarillo pálido, glandulosa, el tubo 0.5-0.8 mm, la garganta 0.3-0.4 mm, los lobos 0.3-0.4 mm. Conceptáculos radiados 5-7, obovoide-comprimidos, el cuerpo 2.5-4 mm, inconspicuamente acostillado, glanduloso o cortamente estipitado-glanduloso, con varias espinas rígidas hasta c. 1 mm, las espinas concentradas en los ángulos y en las caras pocas y más pequeñas, el ápice con 2 espinas apicales conspicuas hasta 2-3.5 mm. Floración ene. *Vegetación de orillas del mar, áreas alteradas.* P (*Fendler 171*, MO). 0-100 m. (SE. Estados Unidos, Mesoamérica, Cuba, Jamaica, La Española, Islas Vírgenes.)

El registro de *Acanthospermum humile* como arvense en otros sitios parece ser por identificaciones erróneas de *A. hispidum*.

191. Alepidocline S.F. Blake

Por J.F. Pruski.

Hierbas anuales pequeñas; tallos erectos a patentes, poco ramificados, subteretes, estriados, pelosos y frecuentemente estipitado-glandulosos, frecuentemente glabrescentes proximalmente, entrenudos generalmente más largos que las hojas. Hojas opuestas, pecioladas; láminas deltado-ovadas a romboidales u ovadas cartáceas, delgadamente 3-nervias desde cerca de la base y llegando hasta por encima del medio de la lámina, las superficies pelosas, no punteado-glandulosas. Capitulescencias terminales, abiertamente cimosas; pedúnculos típicamente mucho más largos que las cabezuelas, pelosos y frecuentemente estipitado-glandulosos. Cabezuelas radiadas; involucro urceolado a hemisférico o anchamente campanulado ; filarios 18-30, más o menos isomorfos, imbricados, graduados, 3-5-seriados, escarioso-cartáceos, estriados, glabros a algunas veces hirsútulos, los márgenes delgados, el ápice algunas veces purpúreo; clinanto convexo a cónico, indistintamente paleáceo; páleas filiformes a elíptico-lanceoladas, frecuentemente pareciendo cerdas del vilano, generalmente caducas. Flores radiadas 8-17, 1-seriadas; corola blanca a purpúrea, el limbo inconspicuo y más corto que el tubo a obviamente y más largo que el tubo, oblongo a obovado, espatulado o triangular-lanceolado, generalmente 3-9-estriado, finamente papiloso adaxialmente, no glanduloso abaxialmente, el ápice 3-lobado; ovario obcomprimido. Flores del disco 10-100, bisexuales; corola infundibuliforme o angostamente campanulada, brevemente 5-lobada, amarilla, no glandulosa, el tubo más largo a mucho más largo que el limbo, peloso, la garganta generalmente con 2 conductos resinosos delgados a lo largo de cada nervadura, los lobos deltados, más cortos que la garganta, con los conductos laterales frecuentemente intramarginales, glabros a puberulentos; anteras con apéndices ovados; ramas del estilo con 2 bandas de líneas estigmáticas en pares, el ápice generalmente agudo, gruesamente papiloso; ovario obcomprimido. Cipselas prismáticas-obovoides, negras, finamente estriadas, glabras, el carpóforo asimétrico, las cipselas radiadas no envueltas en una estructura periginiforme, no dentro de un conceptáculo, no deciduas en una unidad formada de filarios y páleas basalmente adnatos; vilano de 8-10 cerdas desiguales, rápidamente caducas, 1-seriadas, blancas, escábrido-ancistrosas. $x = 8$. Aprox. 5-6 spp. México, Mesoamérica, norte de Sudamérica.

Turner (1976) sinonimizó *Alepidocline* en *Sabazia*, pero luego él mismo restableció *Alepidocline* (Turner, 1990a). Turner (2011) reconoció seis especies en *Alepidocline* con mapas y una clave para las especies.

Bibliografía: Turner, B.L. *Wrightia* 5: 3-6 (1976); *Phytologia* 69: 387-392 (1990); *Phytoneuron* 2011-44: 1-4 (2011).

1. Involucros 5-8 mm de ancho; cabezuelas cortamente radiadas con el limbo de las corolas radiadas 1.5-2 mm. **1. A. annua**
1. Involucros 7-10 mm de ancho; cabezuelas obviamente radiadas con el limbo de las corolas radiadas 7-15 mm. **2. A. breedlovei**

1. Alepidocline annua S.F. Blake, *J. Wash. Acad. Sci.* 24: 441 (1934). Holotipo: Guatemala, *Skutch 722* (US!). Ilustr.: Blake, *J. Wash. Acad. Sci.* 24: 440, t. 2 (1934).

Sabazia annua (S.F. Blake) B.L. Turner, *S. brevilingulata* B.L. Turner.

Hierbas 10-40 cm; tallos erectos a ascendentes, purpúreos, hirsútulos a pilosos, también con algunas glándulas estipitadas más cortas en especial distalmente, glabrescentes proximalmente. Hojas: láminas 1.5-5(-7.5) × 1.2-2(-4.5) cm, deltado-ovadas a rómbicas u ovadas, la superficie adaxial hirsútula a pilosa o subestrigosa, la superficie abaxial pilosa, la base cuneada a redondeada, los márgenes serrulados a serrados, el ápice agudo a acuminado; pecíolo 0.5-3 cm. Capitulescencias difusas, con c. 30 cabezuelas; pedúnculos 1.5-6 cm, pilosos y también cortamente estipitado-glandulosos. Cabezuelas cortamente

radiadas; involucro 5-6.5 × 5-8 mm, anchamente campanulado; filarios 2-6.5 mm, elípticos graduando a oblongos, 4-seriados o 5-seriados, el ápice redondeado graduando a agudo en los filarios internos; páleas filiformes. Flores radiadas 8-13(-17); corola cortamente exerta del involucro, blanca a rosada, el tubo 3-4 mm, delgado, puberulento, el limbo 1.5-2 mm, triangular-lanceolado a oblongo, 5-7-nervio. Flores del disco 10-80; corola 2.5-3.5 mm, los lobos 0.3-0.4 mm. Cipselas 1.5-1.8 mm; vilano de cerdas 1-1.8 mm, más cortas que las corolas del disco. Floración nov.-ene. $2n = 16$. *Maizales, áreas alteradas, claros en selvas medianas perennifolias, orillas de caminos, laderas de volcanes.* Ch (*Breedlove y Smith 22718*, MO); G (*Standley 83516*, MO). 1800-3500 m. (México, Mesoamérica.)

Turner (1990d) sinonimizó la especie venezolana *Galinsoga macrocephala* H. Rob. bajo *Alepidocline annua*, pero luego (Turner, 2011) la reconoció como *A. macrocephala* (H. Rob.) B.L. Turner.

2. Alepidocline breedlovei (B.L. Turner) B.L. Turner, *Phytologia* 69: 389 (1990). *Sabazia breedlovei* B.L. Turner, *Wrightia* 5: 303 (1976). Isotipo: México, Chiapas, *Breedlove y Smith 22632* (MO!). Ilustr.: no se encontró.

Hierbas 20-80 cm; tallos erectos a ascendentes, algunas veces matizados de color violeta, por lo general esparcidamente pilosos tornándose moderadamente pilosos cerca de la capitulescencia, algunas veces estipitado-glandulosos distalmente. Hojas: láminas 2.5-9 × 0.8-6.6 cm, elíptico-lanceoladas a ovadas, las superficies esparcida a moderadamente pilosas, la base cuneada a algunas veces obtusa, los márgenes serrulados a serrados, el ápice acuminado a atenuado; pecíolo 0.4-4 cm. Capitulescencias abiertas, 3-10 cabezuelas; pedúnculos 1-6 cm, densamente pilosos, también algunas veces estipitado-glandulosos. Cabezuelas obviamente radiadas; involucro 5-7 × 7-10 mm, anchamente campanulado a hemisférico; filarios 2-7 mm, lanceolados a ovados, 4-seriados, el ápice redondeado graduando a agudo en los filarios internos; páleas dimorfas, las externas elípticas a lanceoladas graduando a lineares. Flores radiadas 8-13; corola largamente exerta del involucro, blanca, el tubo 3-5 mm, delgado, puberulento, el limbo 7-15 mm, oblongo a espatulado, 7-9-nervio. Flores del disco c.100; corola 3.5-4 mm, los lobos c. 0.5 mm. Cipselas c. 1.5 mm; vilano de cerdas 1-1.5 mm, más cortas que las corolas del disco. Floración oct.-nov. $2n = 16$. *Claros en selvas medianas perennifolias.* Ch (*Breedlove y Strother 46197*, NY). 1900-2100 m. (Endémica.)

Cuatro de los cinco ejemplares que se han visto son del suroeste del Cerro Mozotal (casi 8 km noroeste de Motozintla), y tres de estos tienen los pedúnculos estipitado-glandulosos. El tipo no glanduloso fue colectado casi 4 km al suroeste de Motozintla.

192. Alloispermum Willd.

Allocarpus Kunth, *Calea* L. sect. *Calebrachys* (Cass.) Benth. et Hook. f., *C.* subg. *Calebrachys* Cass., *Calebrachys* Cass., *Calydermos* Lag., *C.* sect. *Calebrachys* (Cass.) DC.

Por J.F. Pruski.

Hierbas perennes toscas a subarbustos hasta 5(-7) m; tallos erectos a escandentes, simples a poco ramificados, subteretes, estriados, los entrenudos frecuentemente alargados. Hojas opuestas, sésiles a pecioladas; láminas cartáceas, 3-5-nervias desde cerca de la base, 3-nervias casi hasta cerca del ápice, las superficies típicamente no punteado-glandulosas, glabras a pelosas. Capitulescencias terminales o axilares, abiertas a compactas, cimosas a corimboso-paniculadas; pedúnculos pelosos a rara vez estipitado glandulosos. Cabezuelas radiadas o rara vez discoides; involucro campanulado a turbinado a hemisférico; filarios generalmente 12-20 (Mesoamérica), más o menos isomorfos, imbricados, marcadamente graduados, 2-4(5)-seriados, escariosos a coriáceos, los márgenes delgados; clinanto convexo a cortamente cónico, paleáceo; páleas generalmente lanceoladas a espatuladas, naviculares, escarioso-pajizas, estriadas, generalmente 3-fidas. Flores radiadas (0-)3-25, 1-seriadas, generalmente sin vilano; corola blanca frecuentemente matizada con color púrpura abaxialmente, el tubo piloso, el limbo generalmente más largo que el tubo, oblongo a obovado, igualmente 3-5-nervio, algunas veces con pocas estrías finas intermedias, adaxialmente finamente papiloso, abaxialmente no glanduloso, el ápice (2)3(4)-lobado. Flores del disco 8-70, bisexuales, generalmente con vilano; corola amarilla, infundibuliforme a angostamente campanulada, brevemente 5-lobada, no glandulosa, el tubo generalmente más corto que el limbo, algunas veces subigual al limbo, dilatado en la base, la garganta generalmente con 2 conductos resinosos a lo largo cada nervadura, los lobos deltados a triangulares, más cortos que la garganta, los conductos laterales frecuentemente intramarginales, rara vez con nervaduras medias, puberulentos; antera con apéndices ovados; estilo con tronco de 2 conductos resinosos, ramas del estilo con 2 bandas de líneas estigmáticas en pares, el ápice generalmente obtuso a redondeado. Cipselas por lo general ligeramente heteromorfas, prismático-obovoides, generalmente negras, finamente estriadas; cipselas radiadas, cuando presentes, libres y no envueltas en una estructura periginiforme, no dentro de un conceptáculo, sin vilano (Mesoamérica) o rara vez con vilano, glabras, no deciduas como una unidad formada de filarios y páleas basalmente adnatos; cipselas del disco con vilano o sin vilano, glabras o pelosas, el carpóforo asimétrico; vilano de (0-)7-20 escamas anchas en la base, generalmente alargadas (rara vez cortas) no dispuestas en un anillo reducido, subiguales, linear-lanceoladas a oblongas a algunas veces espatuladas, 1-seriadas, blancas, erosas. *x* = 8. Aprox. 15 spp. México, Mesoamérica, Sudamérica andina.

Robinson y Greenman (1897d [1896]) y Nash (1976d) trataron a las especies mesoamericanas de *Alloispermum* en *Calea*, pero *Alloispermum* fue restablecido por Robinson (1978a), y revisado por Fernández (1980). Fernández (1980) indicó el número cromosómico básico *x* = 8, siendo las dos especies mesoamericanas tetraploides.

Bibliografía: Fernández, C.F. *Syst. Stud.* Alloispermum. Unpublished M.S. thesis, Louisiana State Univ., 1-232 (1980). Robinson, B.L. y Greenman, J.M. *Proc. Amer. Acad. Arts* 32: 20-30 (1897d [1896]). Robinson, H. *Phytologia* 38: 411-412 (1978a).

1. Hierbas desparramadas a subarbustos con tallos débiles, 1-4(-7) m; tallos poco ramificados; hojas pecioladas; capitulescencias en ejes foliosos y no dispuestas muy por encima de las hojas distales; cabezuelas radiadas; filarios con ápice agudo a algunas veces obtuso; cipselas del disco con vilano, hirsutas; corolas más de la mitad de la longitud de las corolas del disco, el ápice angosto. **1. A. integrifolium**
1. Hierbas erectas, 0.3-1.2 m; tallos simples proximalmente; hojas sésiles o subsésiles; capitulescencias dispuestas muy (15-30 cm) por encima de las hojas distales sobre ejes desnudos; cabezuelas discoides; filarios con ápice generalmente obtuso-redondeado; cipselas del disco con vilano o sin vilano, glabras o algunas veces hirsútulas; vilano de escamas generalmente menos de la mitad de la longitud de las corolas del disco. **2. A. scabrum**

1. Alloispermum integrifolium (DC.) H. Rob., *Phytologia* 38: 411 (1978). *Allocarpus integrifolius* DC., *Prodr.* 5: 676 (1836). Isotipo: México, estado desconocido, *Karwinsky s.n.* (microficha MO! ex G-DC). Ilustr.: Fernández, *Syst. Stud.* Alloispermum 67, t. 20 (1980). N.v.: K'ajk'al chikin buro wamal, k'oxox chij, yaxal vomal, Ch; cola de zorro, sac-kilocuj, subub, G; caicán, Santo Domingo, totoposte, ES.

Calea integrifolia (DC.) Hemsl., *C. integrifolia* var. *dentata* J.M. Coult.

Hierbas desparramadas a subarbustos con tallos débiles, 1-4(-7) m; tallos generalmente poco ramificados, hirsutos o pilosos a glabrescentes. Hojas pecioladas; láminas (2-)5-10(-16) × 1-4.5(-6) cm, lanceoladas a ovadas, la superficie adaxial escabrosa a rara vez glabrescente, rugulosa, la superficie abaxial esparcida a densamente pilosa a glabrescente, la nervadura elevada, la base obtusa a redondeada, los márgenes

subenteros a escasamente serrados, el ápice acuminado a atenuado; pecíolo (0.1-)0.5-1 cm. Capitulescencias sobre ejes foliosos y no dispuestas muy por encima de las hojas distales, ligera y cercanamente corimboso-paniculadas; pedúnculos 1-5(-10) mm, pilosos. Cabezuelas inconspicua o conspicuamente radiadas; involucro (2.5-)3-4.5 × 3-4.5 mm, campanulado; filarios 15-20, 1.5-4.5 mm, generalmente ovados, cartáceos con los márgenes escariosos, 3-7-estriados, glabros a esparcidamente pilósulos distalmente, ciliolados, el ápice agudo a algunas veces obtuso; páleas 3-5 mm, lanceoladas. Flores radiadas (4)5-8(-12); corola incluida a moderadamente exerta del involucro, blanca, el tubo (1-)1.5-2.2 mm, piloso, el limbo (1-)2.5-5 mm, generalmente piloso proximalmente sobre las nervaduras. Flores del disco (10-)12-30; corola (2.5-)3-5 mm, el tubo piloso, el limbo esparcidamente pilósulo, los lobos 0.4-0.8 mm. Cipselas 1-1.5 mm; cipselas radiadas sin vilano, glabras; cipselas del disco con vilano, hirsutas; vilano del disco de c. 20 escamas, 2-3.5 mm, más de la mitad de la longitud de las corolas del disco, linear-lanceoladas, el ápice angosto. Floración generalmente dic.-may. 2*n* = 32. *Matorrales, cafetales, áreas alteradas, selvas medianas perennifolias, bosques de* Pinus-Quercus, *bordes de caminos.* Ch (*Pruski et al. 4210*, MO); G (*Heyde y Lux 4506*, US); H (*Williams y Molina R. 11995*, MO); ES (*Clewell 3677*, LD); N (*Williams et al. 23914*, S). 600-2500(-2700) m. (México, Mesoamérica.)

Las cabezuelas radiadas pequeñas y cortas de los ejemplares mesoamericanos identificados por Fernández (1980) como *Alloispermum colimense* (McVaugh) H. Rob., se refieren provisionalmente en este tratamiento a *A. integrifolium*, como lo hicieron Nash (1976d) y Strother (1999). Sin embargo, mientras que Strother (1999) redujo *A. colimense* a la sinonimia, aquí se mantiene como una especie distinta que no se encuentra en Mesoamérica.

2. Alloispermum scabrum (Lag.) H. Rob., *Phytologia* 38: 412 (1978). *Calydermos scaber* Lag., *Gen. Sp. Pl.* 25 (1816). Tipo: México, estado desconocido, *Sessé y Mociño s.n.* (G? o MA?). Ilustr.: Rzedowski y Calderón de Rzedowski, *Fl. Bajío* 157: 34 (2008). N.v.: K'anal nich, najtil akan, wolk'an nich, Ch; cola de zorro, lengua de gato, G.

Calea peduncularis Kunth, *C. peduncularis* var. *epapposa* Humb., Bonpl. et Kunth ex B.L. Rob. et Greenm., *C. peduncularis* var. *livida* B.L. Rob. et Greenm., *C. peduncularis* var. *longifolia* (Lag.) A. Gray, *C. purpusii* Brandegee, *C. scabra* (Lag.) B.L. Rob., *C. scabra* var. *livida* (B.L. Rob. et Greenm.) B.L. Rob., *C. scabra* var. *longifolia* (Lag.) B.L. Rob., *C. scabra* var. *palustris* McVaugh, *C. scabra* var. *peduncularis* (Kunth) B.L. Rob., *C. thysanolepis* B.L. Rob. et Greenm.?, *Calebrachys peduncularis* (Kunth) Cass. ex Less., *Calydermos longifolius* Lag., *C. peduncularis* (Kunth) DC.

Hierbas 0.3-1.2 m; tallos simples proximalmente, generalmente poco ramificados solo en la capitulescencia, hirsutos o pilosos a glabrescentes. Hojas subsésiles o sésiles; láminas (2-)3.5-10(-15) × 1-3(-5) cm, lanceoladas a ovadas, la superficie adaxial pilosa a subestrigosa a rara vez glabrescente, la superficie abaxial pilosa a rara vez glabrescente, la nervadura no muy elevada, la base obtusa a redondeada, subamplexicaule, los márgenes escasamente serrados, el ápice agudo a largamente atenuado; pecíolo 0-0.3 cm. Capitulescencias dispuestas sobre ejes desnudos muy (15-30 cm) por encima de las hojas distales, cercanamente corimboso-paniculadas distalmente, las pocas últimas cabezuelas subaglomeradas; pedúnculos 0-6(-10) mm, densamente pilosos, rara vez estipitado-glandulosos. Cabezuelas discoides; involucro 4-7 × 3-5 mm, turbinado a campanulado; filarios generalmente 12-16, 2.5-7 mm, oblongos a ovados, cartáceos con los márgenes escariosos angostos, 5-7-estriados, glabros a rara vez puberulentos distalmente, el ápice obtuso-redondeado; páleas 4-5 mm, espatuladas. Flores radiadas ausentes. Flores del disco 8-15(-23); corola 3.5-5 mm, el tubo piloso, el limbo esparcidamente pilósulo, los lobos 0.5-0.9 mm. Cipselas del disco 1.5-2.5 mm, con vilano o sin vilano, glabras o algunas veces hirsútulas; vilano de 7-12 escamas o estas ausentes, 0.5-1.5(-2) mm, generalmente menos de la mitad de la longitud de las corolas del disco, lanceoladas a oblongas, el ápice algunas veces obtuso. Floración may.-nov., feb. *2n* = 32, 34. *Selvas medianas perennifolias, bosques de* Quercus, *bosques de* Pinus, *laderas rocosas*. Ch (*Purpus 9103*, F); G (*Molina R. y Molina 26331*, MO); H (Nelson, 2008: 149). 1100-2500 m. (México, Mesoamérica.)

193. Cuchumatanea Seid. et Beaman

Por J.F. Pruski.

Hierbas anuales, diminutas, subglabras o esparcidamente puberulentas; tallos patentes a ascendentes, el nudo basal no ramificado, generalmente ramificados en los pocos nudos distales. Hojas opuestas, algunas veces anisófilas, subsésiles a cortamente pecioladas; láminas cartáceas, delgadamente 3-nervias desde el tallo. Capitulescencias terminales, monocéfalas, sésiles o subsésiles, cercanamente abrazadas por las hojas del tallo. Cabezuelas discoides; involucro angostamente campanulado; filarios 2, eximbricados, subiguales, ligeramente naviculares pero sin quilla, escarioso-cartáceos con el ápice subherbáceo, frecuentemente purpúreos distalmente; clinanto más o menos cónico, paleáceo; páleas oblongas graduando a linear-lanceoladas, aplanadas a ligeramente naviculares, frecuentemente purpúreas distalmente. Flores radiadas ausentes. Flores del disco 5-10, bisexuales; corola campanulada, brevemente 3-lobada o 4-lobada, completamente amarilla o frecuentemente purpúrea distalmente, no glandulosa, el tubo subigual al limbo, esparcidamente peloso, no obviamente dilatado basalmente, la garganta frecuentemente con 2 conductos resinosos a lo largo de cada nervadura, los lobos glabros, frecuentemente con una sola nervadura lateral; anteras pálidas, los apéndices ovados a suborbicular; ramas del estilo con 2 bandas de líneas estigmáticas en pares, el ápice anchamente agudo. Cipselas obcónicas, negras, finamente estriadas, glabras, el carpóforo escasamente asimétrico; vilano ausente. *x* = 8. 1 sp. Mesoamérica.

Panero (2007b [2006]) trató *Cuchumatanea* en la sinonimia de *Aphanactis*. En este tratamiento se restablece *Cuchumatanea* de la sinonimia de *Aphanactis*, el cual se diferencia por las cabezuelas disciformes o radiadas, las páleas consistentemente lineares y las corolas del disco 5-lobadas.

Bibliografía: Seidenschnur, C.E. y Beaman, J.H. *Rhodora* 68: 139-146 (1966).

1. Cuchumatanea steyermarkii Seid. et Beaman, *Rhodora* 68: 139 (1966). Isotipo: Guatemala, *Beaman 3962* (foto MO! ex TEX). Ilustr.: Nash, *Fieldiana, Bot.* 24(12): 517, t. 62 (1976).

Anuales, 1-2 cm, algunas veces formando montículos; tallos poco ramificados, esparcidamente hírtulos a glabrescentes. Hojas decusadas; láminas 0.3-0.7 × 0.05-0.3 cm, espatuladas, la superficie adaxial glabra, la superficie abaxial glabra a esparcidamente puberulenta, la base angostada y peciolar, el margen entero, el ápice obtuso a redondeado. Cabezuelas 2.1-3 mm; involucro 2-2.9 × 1-1.3 mm; filarios 2.1-2.9 × c. 1 mm, oblongo-obovados, más o menos isomorfos, subglabros, el ápice obtuso; páleas c. 2 mm, finamente laceradas distalmente. Flores del disco con corola 1-1.2 mm, los lobos 0.1-0.2 mm. Cipselas 1-1.2 mm. Floración ago.-oct. *2n* = 16. *Áreas abiertas rocosas, bosques de* Pinus. G (*Smith 831*, F). 3600-3800 m. (Endémica.)

194. Desmanthodium Benth.

Por J.F. Pruski.

Sufrútices a arbustos o árboles (Mesoamérica) o hierbas perennes toscas; tallos erectos o rara vez escandentes, la ramificación opuesta; follaje glabro o peloso. Hojas simples, opuestas, sésiles o pecioladas, a veces perfoliadas; láminas lanceoladas a ovadas, generalmente cartáceas, generalmente triplinervias, las superficies no glandulosas. Capi-

tulescencias corimbosas a paniculadas, las ramas por lo general marcadamente ascendentes, las últimas ramas generalmente congestas, los glomérulos bracteados con cabezuelas sésiles, cada glomérulo frecuentemente de 3 glomérulos menores, cada glomérulo menor frecuentemente con 1-3 cabezuelas; las brácteas elípticas a ovadas, ascendentes a adpresas, o más o menos cartáceas, verdes, con varias estrías. Cabezuelas disciformes, con 3-13 flores; involucro cilíndrico a hemisférico, turbinado o campanulado, frecuentemente comprimido o triquetro en corte transversal; filarios 1-5, más o menos subimbricados, subiguales, poco estriados; clinanto pequeño, sin páleas. Flores marginales 1-3, pistiladas, el ovario y la parte proximal de la corola más o menos laxamente envueltos dentro de un filario asociado; corola filiforme-tubular e inconspicua, generalmente blanca, glabra o rara vez pilosa proximalmente, el ápice denticulado, el limbo ausente; ramas del estilo con las superficies estigmáticas con 2 bandas conspicuamente en pares. Flores del disco 2-10, funcionalmente estaminadas, en la antesis algunas veces con la corola completamente exerta del involucro; corola pequeña, campanulada, 5-lobada, generalmente blanca o azulado pálido, inicialmente decidua, el tubo, la garganta y los lobos más o menos subiguales, el limbo frecuentemente setuloso, la garganta con pares de conductos resinosos a lo largo de cada nervadura; anteras con tecas pálidas, obtusas basalmente, los filamentos glabros, el apéndice pequeño, ovado; estilo no dividido, papiloso distalmente; ovario c. 2 mm (Mesoamérica), estéril, sin vilano, largamente estipitado y finalmente llegando a ser casi tan largo como las flores marginales, frecuentemente tomado por error como la base alargada del tubo de la corola. Cipselas radiadas escasamente triquetras u obcomprimidas, oblongoide-piriformes, negras, finamente estriadas, glabras, completamente envueltas en una estructura periginiforme escarioso-membranosa, la base de la corola frecuentemente persistente; vilano ausente. *x* = 18. 7 spp. México, Mesoamérica, Venezuela.

La sinopsis de *Desmanthodium* de Turner (1996b: 257) reconoció siete especies e incluyó mapas de todas las especies. Las especies están circunscritas básicamente sobre caracteres vegetativos y aquí se ha seguido a Turner (1996b: 257) al considerar a *D. hondurense* en sinonimia.

Bibliografía: Turner, B.L. *Phytologia* 80: 257-272 (1996).

1. Tallos tomentulosos, los tricomas presentes en todas partes, no restringidos a líneas, los tricomas generalmente c. 0.5 mm; láminas de las hojas más anchas en la base o en el tercio proximal, la superficie adaxial estriguloso-pilosulosa, la superficie abaxial estrigoso-pilosa. **3. D. tomentosum**
1. Tallos subglabros a crespo-pelosos, los tricomas en líneas, generalmente c. 0.3 mm; láminas de las hojas generalmente más anchas cerca del medio, la superficie adaxial generalmente glabra, la superficie abaxial glabra a crespo-puberulenta.
  2. Hojas subsésiles a pecioladas, nunca perfoliadas. **1. D. guatemalense**
  2. Hojas, al menos algunas, del tallo principal sésiles y angosta a anchamente perfoliadas. **2. D. perfoliatum**

1. Desmanthodium guatemalense Hemsl., *Biol. Cent.-Amer., Bot.* 2: 142 (1881). Holotipo: Guatemala, *Salvin s.n.* (foto MO! ex K). Ilustr.: Nash, *Fieldiana, Bot.* 24(12): 520, t. 65 (1976). N.v.: Vara blanca, H.

Desmanthodium hondurense Ant. Molina.

Sufrútices hasta arbustos, 1.5-3 m; tallos algunas veces escandentes, algunas veces maculados, subglabros a crespo-pelosos, los tricomas generalmente en líneas, generalmente c. 0.3 mm, la médula algunas veces fistulosa, la estría nodal (algunas veces presente) c. 1 mm de diámetro. Hojas subsésiles a pecioladas, nunca perfoliadas; láminas 6-19 × 1.7-10 cm, elípticas o lanceoladas a ovadas, generalmente más amplias cerca del medio, 3-nervias a 5-plinervias desde 1-2(-4) cm por encima de la base, la superficie adaxial glabra, la superficie abaxial glabra a rara vez crespo-puberulenta, la base obtusa a acuminada, a veces con una acuminación basal conspicua, los márgenes serrados a algunas veces serrulados, algunas veces ciliados basalmente, el ápice agudo a atenuado; pecíolo 0.2-1.5 cm, escasamente dilatado basalmente, ciliado. Capitulescencias anchamente redondeadas distalmente, las ramas 5-15 cm, patentes en ángulos de c. 45° hasta marcadamente ascendentes, puberulentas a piloso-hirsutas en líneas, los últimos glomérulos 10-20 mm de diámetro; bráfteas 5-7 × 3-4 mm, glabras o ciliadas basalmente. Cabezuelas 4.5-6.5 mm; involucro 3-4 mm de ancho, turbinado; filarios 3-5, 4-6 mm, oblanceolados a elípticos, glabros. Flores pistiladas, con corola c. 1 mm; las ramas del estilo c. 1 mm. Flores del disco con corola 3.3-4 mm, glabra. Cipselas c. 2 mm. Floración durante todo el año. *Áreas alteradas, bosques alterados, selvas altas perennifolias, bosques de* Pinus, *bosques de* Pinus-Quercus, *orillas de caminos, laderas, orillas de arroyos, áreas de filtración.* G (*King y Renner 7113*, MO); H (*Williams y Molina R. 18701*, F); ES (*Smeets y Quiñonez 302*, MO). 900-3000(-3600) m. (Endémica.)

2. Desmanthodium perfoliatum Benth., *Icon. Pl.* 12: 15, t. 1116 (1876 [1872]). Holotipo: México, Oaxaca, *Galeotti 2050* (foto MO! ex K). Ilustr.: Hoffmann, *Nat. Pflanzenfam.* 4(5): 213, t. 107E-F (1894 [1890]).

Desmanthodium caudatum S.F. Blake, *Flaveria perfoliata* Sch. Bip. ex Klatt.

Arbustos o árboles, 1-4(-6) m; tallos subglabros a crespo-pelosos, los tricomas generalmente en líneas, generalmente c. 0.3 mm, la médula sólida o fistulosa. Hojas al menos algunas del tallo principal sésiles y angosta a anchamente perfoliadas, las hojas de la capitulescencia generalmente subsésiles; láminas (5-)8-25 × (1-)2-12 cm, lanceoladas a elíptico-lanceoladas, generalmente más anchas cerca del medio, 3-nervias desde muy por encima (hasta 7 cm) de la base, la superficie adaxial glabra, la superficie abaxial crespo-pelosa sobre las nervaduras, por lo demás glabra a rara vez esparcidamente crespo-puberulenta, los márgenes subenteros a serrulados o rara vez serrados, el ápice acuminado a caudado. Capitulescencias convexas, las ramas 10-30 cm, densamente crespo-pelosas en 1 o 2 líneas anchas, los últimos glomérulos 10-15(-25) mm de diámetro; bráfteas 3-7 mm. Cabezuelas 4-6 mm; involucro c. 3 mm de ancho, campanulado; filarios 3-5, 4-5 mm, ovados, glabros o algunas veces esparcidamente pilósulos. Flores pistiladas 1-3, con corola 0.8-1.5 mm, algunas veces pilosa proximalmente. Flores del disco 2-7, con corola 2.5-3.5 mm, glabra a algunas veces distalmente setulosa. Cipselas 2-3 mm. Floración ago.-oct. 2*n* = 36. *Selvas caducifolias, bosques de* Pinus-Quercus, *laderas rocosas.* Ch (*Breedlove 26862*, MO). 800-1700(-2200) m. (México [Guerrero, Oaxaca], Mesoamérica.)

3. Desmanthodium tomentosum Brandegee, *Univ. Calif. Publ. Bot.* 6: 73 (1914). Isotipo: México, Chiapas, *Purpus 6683* (MO!). Ilustr.: Arriagada y Stuessy, *Brittonia* 42: 284, t. 1 (1990), como *D. congestum*.

Desmanthodium congestum Arriagada et Stuessy.

Arbustos, 2-3 m; tallos tomentulosos, los tricomas no restringidos a líneas, generalmente c. 0.5 mm. Hojas pecioladas, nunca perfoliadas; láminas 6-20 × 3-14 cm, ovadas a anchamente triangular-ovadas, más anchas en la base o en el 1/3 proximal, 3-nervias desde 2-3 cm por encima de la base en la acuminación basal, la superficie estriguloso-pilósula, la superficie abaxial estrigoso-pilosa, la base aguda a truncada, y con una acuminación basal conspicua atenuada sobre el pecíolo, los márgenes subenteros a serrados, el ápice acuminado a rara vez caudado; pecíolo 2-6 cm. Capitulescencias redondeadas distalmente, las ramas completamente tomentulosas a tomentosas, el tomento no restringido a líneas, los últimos glomérulos 5-17 mm de diámetro; bráfteas 4-5 × 3-4 mm, la vena media pilósula y los márgenes ciliolados basalmente. Cabezuelas 4-5.5 mm; involucro c. 3 mm de ancho, turbinado; filarios c. 3, 4-5 mm, lanceolados a espatulados, glabros o la vena media pilósula. Flores pistiladas (1)2 o 3, con corola 0.6-1.1 mm; ramas del estilo 0.5-0.7 mm. Flores del disco 2-4, con corola 3-3.5 mm, el limbo esparcidamente piloso. Cipselas 2.5-4 mm. Floración ago.-nov.

Selvas medianas perennifolias, volcanes, bosques de Pinus-Quercus. Ch (*Breedlove 29482*, MO); G (*Dwyer 15316*, MO). 500-2200 m. (Endémica.)

Turner (1996b: 257) citó el ejemplar *Dwyer 15316* (MO) como *Desmanthodium tomentosum*, pero citó el ejemplar *Dwyer 15316* (US) como *D. guatemalense*.

195. **Galinsoga** Ruiz et Pav.

Adventina Raf., *Stemmatella* Wedd. ex Benth. et Hook. f., *Vargasia* DC. non Bertero ex Spreng., *Vasargia* Steud., *Vigolina* Poir., *Wiborgia* Roth non Thunb.

Por J.F. Pruski.

Hierbas anuales; tallos erectos a decumbentes, foliosos o rara vez las hojas basales, generalmente pilosos. Hojas opuestas, sésiles o pecioladas; láminas lanceoladas a ovadas, delgadamente cartáceas, 3(-5)-plinervias desde cerca de la base, las superficies glabras a hirsutas o esparcida a densamente pilosas, no punteado-glandulosas. Capitulescencias generalmente terminales, foliosas, laxamente (congestamente) cimoso-paniculadas. Cabezuelas generalmente 3-8 mm de alto y ancho (excluyendo los rayos), radiadas (rara vez disciformes o discoides); involucro hemisférico a campanulado; filarios generalmente 5-10(-15), elípticos a ovados u oblongos, más o menos isomorfos, generalmente 2-seriados, subimbricados, subiguales a graduados, generalmente cartáceos o con los márgenes hialinos, escariosos, estriados, glabros a pilósulos o estipitado-glandulosos, todos o la mayoría deciduos, los externos pocos y generalmente estériles pero no subyacentes a las flores radiadas, algunas veces escasamente herbáceos, los filarios internos generalmente fértiles por cercanamente abrazar las flores radiadas; clinanto típicamente (Mesoamérica) cónico, paleáceo o rara vez sin páleas; páleas llegando casi hasta la mitad del disco la corola, lanceoladas a obovadas, ligeramente conduplicadas. Flores radiadas (0-)3-5(-15), opuestas a un filario interno; corola blanca a rojiza, el tubo hirsuto o piloso, el limbo (0-)0.5-6(-12) mm, oblongo a cuneado, generalmente c. 7-nervio, las nervaduras igualmente delgadas, las nervaduras mayores ausentes, adaxialmente obvia y marcadamente micropapilosas, el ápice entero a profundamente 3-lobado; estilo cortamente exerto. Flores del disco 5-60(-150), bisexuales; corola 1-3 mm, abrupta y angostamente infundibuliforme-campanulada (rara vez anchamente campanulada), 5-lobada, amarilla a verdosa o purpúrea, el tubo más corto que el limbo, el tubo hirsuto o piloso, la garganta generalmente con 2 conductos resinosos a lo largo de cada nervadura, los lobos deltados a triangulares, los conductos laterales frecuentemente intramarginales, papilosos adaxialmente, setuloso-papilosos abaxialmente; anteras con tecas pálidas; estilo con la base agrandada, las ramas con el ápice penicilado, obtuso-papiloso. Cipselas con vilano o sin vilano, las cipselas radiadas obcomprimidas y de contorno obpiramidal, las cipselas del disco obcónicas a obpiramidales, negras, las caras con c. 10 estrías finas, glabras o patente-setosas o estrigulosas, el carpopodio asimétrico; cipselas radiadas típicamente deciduas como una unidad formada de un filario y 2 o 3 páleas adpresas basalmente adnatos; cipselas radiadas con vilano o a veces sin vilano; cipselas del disco generalmente con vilano, a veces sin vilano pero cuando carece de vilano las cipselas radiadas similarmente sin vilano; vilano de (0-)5-20 escamas persistentes, 1-seriadas o 2-seriadas, escábridas o escabriúsculas. *x* = 8. Aprox. 14 spp. Nativa del continente americano, 2 spp. adventicias en el Viejo Mundo.

Galinsoga está circunscrito en este tratamiento según Blake (1922d), Canne (1977), Robinson (1894), Schulz (1981), St. John y White (1920) y Turner (1966), excepto por la exclusión de *Stenocarpha* S.F. Blake (Blake, 1915a). *Galinsoga* tradicionalmente se diagnostica por las cipselas radiadas que caen como una unidad formada de un filario y 2 o 3 páleas adpresas basalmente adnatos, aunque McVaugh (1972a) notó que en ocasiones *Tridax* presenta esta condición. Los géneros perennes *Alloispermum* y *Sabazia*, cuando comosos, tienen el vilano compuesto de escamas y se mantienen aquí separados de *Galinsoga*, un género por lo demás similar.

La especie diploide *Galinsoga parviflora* se circunscribe de forma estricta y es diagnosticada por las páleas profundamente trífidas, persistentes en conjunto, y las cipselas radiadas y las cipselas del disco con vilano heteromorfo (rayos sin vilano pero discos comosos) como en Canne (1977). Sin embargo, algunos ejemplares con vilano heteromorfo (p. ej., *Canne 28, 29, 36, 37, 40* y *50* de Guatemala; y *Haber 10217* y *Weston 3799* de Costa Rica) tienen páleas deciduas, enteras a apenas moderadamente trífidas y con duda son un tetraploide variable de *G. quadriradiata*, según Canne (1977). Todas las plantas completamente sin vilano (descritas como *Wiborgia urticifolia*) que se han estudiado están identificadas como *G. quadriradiata*. Es posible que la literatura que reporta *G. parviflora* en Mesoamérica pueda referirse más bien a variantes infrecuentes de *G. quadriradiata* que tienen un vilano heteromorfo. Si estas dos especies prueban ser sinónimos, como lo sugirió Strother (1999), el nombre *G. parviflora* tendría prioridad.

Bibliografía: Blake, S.F. *Bull. Misc. Inform. Kew* 1915: 348-349 (1915); *Rhodora* 24: 34-36 (1922). Canne-Hilliker, J.M. *Rhodora* 79: 319-389 (1977). Robinson, B.L. *Proc. Amer. Acad. Arts* 29: 325-327 (1894). Schulz, D.L. *Feddes Repert.* 92: 387-395 (1981). St. John, H. y White, D. *Rhodora* 22: 97-101 (1920). Turner, B.L. *Madroño* 18: 203-206 (1966).

1. Páleas internas por lo general profundamente trífidas y persistentes después de la caída del fruto; cipselas radiadas y del disco con vilano obviamente heteromorfo; filarios externos estériles 2-4; filarios casi siempre glabros, pocos persistentes después de la caída del fruto.
1. G. parviflora
1. Páleas internas subenteras a moderadamente trífidas, generalmente deciduas después de la caída del fruto; cipselas radiadas y del disco típicamente con un vilano más o menos isomorfo o similarmente sin vilano; filarios externos estériles 1 o 2(3); filarios frecuentemente estipitado-glandulosos, generalmente todos deciduos después de la caída del fruto.
2. G. quadriradiata

1. Galinsoga parviflora Cav., *Icon.* 3: 41 (1794 [1795-1796]). Lectotipo (designado por Schulz, 1981): Perú, *Anon. s.n.* (microficha MO! ex MA-CAV p. p.). Ilustr.: Cronquist, *Ill. Fl. N. U.S., ed. 3* 3: 464, abajo derecha (1952).

Adventina parviflora Raf., *Galinsoga parviflora* Cav. var. *semicalva* A. Gray, *G. quinqueradiata* Ruiz et Pav., *G. semicalva* (A. Gray) H. St. John y D. White?, *Sabazia microglossa* DC., *Stemmatella sodiroi* Hieron.?, *Wiborgia parviflora* (Cav.) Kunth.

Hierbas hasta 1 m; tallos esparcidamente pilosos proximalmente, estrigosos o moderadamente piloso-hirsutos distalmente, rara vez también estipitado-glandulosos distalmente. Hojas caulinares: láminas 2-7(-11) × 0.5-4(-7) cm, ovadas o lanceoladas, ambas superficies esparcida a densamente pilosas, la base cuneada a redondeada, los márgenes crenados a subenteros, el ápice acuminado a agudo; pecíolo 1-2(-3) cm. Capitulescencias con pocas cabezuelas; pedúnculos 1-40 mm, generalmente subestrigosos con tricomas adpresos no glandulares, algunas veces también estipitado-glandulosos. Cabezuelas 3.5-7 mm; filarios casi siempre glabros, muy rara vez esparcidamente estipitado-glandulosos, algunos con los márgenes y el ápice moderadamente escariosos, pocos persistentes después de la caída del fruto, los filarios externos estériles 2-4; clinanto paleáceo, no desnudo después de la caída del fruto; páleas 2-3.2 mm, las internas por lo general profundamente trífidas por cerca de la mitad de su longitud con lobos hasta 0.5 mm, persistentes después de la caída del fruto. Flores radiadas 5, limbo de la corola (0-)0.5-1.5(-2) × 0.9-1.5 mm, frecuentemente más corto que el tubo, obovado a orbicular, blanco a rosado, por lo general ligeramente lobado. Flores del disco 8-35(-50); corola 1-1.8 mm, la garganta setulosa. Cipselas 1.2-2.3 mm, las cipselas radiadas y del disco con el

vilano obviamente heteromorfo, setosas o glabras; cipselas radiadas sin vilano o casi sin vilano (rara vez cortamente setosas apicalmente, las setas hasta 0.8 mm, teretes o rara vez ligeramente aplanadas en corte transversal); cipselas del disco con 15-20 escamas pardo-rojizas o blancas, generalmente obtuso-fimbriadas, con punta 1.5-2 mm, las escamas generalmente casi tan largas como las corolas del disco o más largas y casi tan largas como las cipselas del disco. Floración durante todo el año. $2n = 16$ (32). *Áreas cultivadas, áreas alteradas, campos, jardines.* Ch (Rzedowski y Calderón de Rzedowski, 2008: 260); ES (Standley y Calderón, 1941: 281); CR (Standley, 1938: 1477). 500-1500 m. (Canadá, Estados Unidos, México, Mesoamérica, Colombia, Ecuador, Perú, Bolivia, Brasil, Paraguay, Uruguay, Chile, Argentina, Jamaica, La Española, Puerto Rico, Antillas Menores; Europa, Asia, África, Australia, Nueva Zelanda, Islas del Pacífico.)

El lectotipo se encuentra en el lado derecho del ejemplar del herbario MA-CAV que es una muestra mezclada con *Galinsoga quadriradiata*. Tres etiquetas se encuentran en el lado izquierdo del ejemplar, y parece que la etiqueta del centro y tal vez la superior pertenecen al lectotipo. Aunque el protólogo dice que algunos materiales originales se vieron cultivados tanto en París como en Madrid, el lectotipo puede haber sido colectado en Perú.

2. Galinsoga quadriradiata Ruiz et Pav., *Syst. Veg. Fl. Peruv. Chil.* 1: 198 (1798). Lectotipo (designado por Schulz, 1981): Perú, *Ruiz y Pavón s.n.* (microficha MO! ex MA). Ilustr.: Nash, *Fieldiana, Bot.* 24(12): 523, t. 68 (1976), como *G. urticifolia*. N.v.: Hoja nueva, San Nicolás, G; cominillo, cominillo rosado, H.

Adventina ciliata Raf., *Ageratum perplexans* M.F. Johnson, *Baziasa urticifolia* (Kunth) Steud., *Galinsoga aristulata* E.P. Bicknell, *G. bicolorata* H. St. John y D. White, *G. brachystephana* Regel, *G. caracasana* (DC.) Sch. Bip., *G. ciliata* (Raf.) S.F. Blake, *G. eligulata* Cuatrec., *G. hispida* Benth., *G. hispida* (DC.) Hieron. ex Engl. et Urb., *G. humboldtii* Hieron., *G. parviflora* Cav. var. *caracasana* (DC.) A. Gray, *G. parviflora* var. *hispida* DC., *G. parviflora* var. *quadriradiata* (Ruiz et Pav.) Pers., *G. parviflora* var. *quadriradiata* (Ruiz et Pav.) Poir., *G. purpurea* H. St. John y D. White, *G. quadriradiata* Ruiz et Pav. forma *albiflora* Thell., *G. quadriradiata* var. *hispida* (DC.) Thell., *G. quadriradiata* forma *purpurascens* Thell., *G. quadriradiata* forma *vargasiana* Thell., *G. urticifolia* (Kunth) Benth., *Jaegeria urticifolia* (Kunth) Spreng., *Sabazia urticifolia* (Kunth) DC., *S. urticifolia* var. *venezuelensis* Steyerm., *Stemmatella lehmannii* Hieron.?, *S. urticifolia* (Kunth) O. Hoffm. ex Hieron., *S. urticifolia* var. *eglandulosa* Hieron., *Vargasia caracasana* DC., *Vasargia caracasana* (DC.) Steud., *Wiborgia urticifolia* Kunth.

Hierbas, generalmente 0.15-0.6 m; tallos esparcidamente pilosos proximalmente, las partes distales estrigosas, moderada a densamente piloso-hirsutas y generalmente también estipitado-glandulosas. Hojas caulinares: láminas generalmente 2.5-7(-9) × 1-4(-8) cm, ovadas o algunas veces lanceoladas, ambas superficies esparcida a densamente pilosas, la base cuneada a redondeada, los márgenes serrados o algunas veces serrulados, el ápice acuminado a agudo; pecíolo 0.3-3 cm. Capitulescencias con pocas cabezuelas; pedúnculos 2-30(-50) mm, piloso-hirsutos, con tricomas patentes no glandulosos y generalmente también estipitado-glandulosos. Cabezuelas 3-6 mm; filarios glabros o frecuentemente estipitado-glandulosos, los márgenes y el ápice angostamente escariosos, generalmente todos deciduos después de la caída del fruto, los filarios externos estériles 1 o 2(3); clinanto paleáceo o en las plantas sin vilano frecuentemente sin páleas, típicamente desnudo después de la caída del fruto; páleas 2-3 mm, las internas subenteras a moderadamente trífidas, generalmente deciduas después de la caída del fruto. Flores radiadas 4-5; limbo de la corola (0-)1-2.5 ×1-2 mm, generalmente más largo que el tubo, obovado a cuneado, blanco a color púrpura, el ápice moderada a profundamente 3-lobado. Flores del disco (8-)15-60; corola 1.2-2 mm, la garganta glabra a algunas veces setulosa. Cipselas 1.3-2 mm, las cipselas radiadas y del disco típicamente con un vilano más o menos isomorfo (muy rara vez heteromorfo con rayos sin vilano y discos comosos) o similarmente sin vilano, todas setosas o las cipselas radiadas algunas veces glabras; cipselas radiadas sin vilano o generalmente con vilano, al menos adaxialmente con 8-15 escamas fimbriadas frecuentemente aristadas 0.3-1.2 mm; cipselas del disco más generalmente (excepto en elevaciones altas desde Costa Rica a Ecuador) con vilano de (1-5)15-20 escamas generalmente blancas, fimbriadas, frecuentemente con punta 0.2-1.7 mm, las escamas generalmente más cortas que las corolas del disco y las cipselas del disco, o sin vilano. Floración durante todo el año. $2n = 32(48, 64)$. *Claros, áreas cultivadas, áreas alteradas, campos, jardines, laderas de montañas, bosques de* Pinus-Quercus, *orillas de caminos.* Ch (*Nelson 3356*, GH); G (*Pruski y MacVean 4493*, MO); H (*Molina R. 27451*, MO); ES (*Calderón 1277*, MO); N (*Moore 2113*, NY); CR (*Pruski y Sancho 3803*, MO); P (*Allen 1406*, MO). 200-3800 m. (Canadá, Estados Unidos, México, Mesoamérica, Colombia, Venezuela, Perú, Bolivia, Brasil, Argentina, Jamaica, La Española, Puerto Rico, Antillas Menores; Europa, Asia, África, Australia, Islas del Pacífico.)

196. Guizotia Cass., nom. cons. N.v.: Werrinuwa

Ramtilla DC., *Veslingia* Vis. non Heist. ex Fabr.

Por J.F. Pruski.

Hierbas anuales a arbustos, hasta 2 m; tallos simples proximalmente y por lo general solo poco ramificados distalmente en la capitulescencia. Hojas opuestas o las distales alternas, caulinares, sésiles o pecioladas; láminas lanceoladas a rómbicas u oblanceoladas, por lo general cartáceas, pinnatinervias, ambas superficies glabras o pelosas, sésil-glandulosas al menos en la superficie abaxial, los márgenes enteros a serrados. Capitulescencias abiertamente cimosas en las axilas más distales. Cabezuelas radiadas; involucro doble, campanulado a hemisférico; filarios dimorfos, 2-seriados, rojizo-estriados, no glandulosos, persistentes, los filarios de las series externas 5-8, ovados a obovados, subiguales, ascendentes a erectos, herbáceos, los filarios de las series internas 6-18, fértiles por cercanamente abrazar al ovario o cipsela radiada pero solo moderadamente conduplicados y no apretadamente abrazadores, erectos; clinanto hemisférico a cortamente cónico, paleáceo; páleas oblongas a lanceoladas, escariosas a densamente escariosas, más o menos similares en textura a los filarios internos, moderadamente naviculares y en parte conduplicadas, 3-5-nervias, algunas veces glandulosas o puberulentas, las páleas internas frecuentemente carinadas y ciliadas distalmente. Flores radiadas 6-18, 1-seriadas; corola amarilla, el tubo peloso, el limbo más o menos elíptico-obovado, uniformemente estriado, abaxialmente no glanduloso, el ápice redondeado a truncado, 3-dentado. Flores del disco numerosas, bisexuales; corola campanulada, 5-lobada, amarilla, pelosa en especial basalmente con un anillo denso de tricomas fasciculados patentes no glandulosos, el tubo anchamente cilíndrico, mucho más corto que el limbo, la garganta con un solo conducto resinoso a lo largo de cada nervadura; apéndice de la antera algunas veces sésil-glanduloso; ramas del estilo con 2 bandas, papilosas en la base del apéndice cortamente lanceolado. Cipselas 3-anguladas o 4-anguladas, ligeramente comprimidas, negras o pardas, glabras; vilano ausente. $x = 15$. 6 spp. Nativo de África; 1 sp. cultivada por la extracción del aceite de los frutos y algunas veces como ornamental, escapada de cultivo y naturalizada en el continente americano, Europa, Asia, Australia y Nueva Zelanda.

Bibliografía: Baagøe, J. *Bot. Tidsskr.* 69: 1-39 (1974).

1. Guizotia abyssinica (L. f.) Cass., *Dict. Sci. Nat.* ed. 2, 59: 248 (1829). *Polymnia abyssinica* L. f., *Suppl. Pl.* 383 (1781 [1782]). Lectotipo (designado por Baagøe, 1974): cultivado en Uppsala de semillas de Etiopía, *Herb. Linn. 1033.5* (imagen en Internet ex LINN!). Ilustr.: Hoffmann, *Nat. Pflanzenfam.* 4(5): 241, t. 119 (1894 [1891]).

Guizotia oleifera (DC.) DC., *Heliopsis platyglossa* Cass., *Jaegeria abyssinica* (L. f.) Spreng., *Ramtilla oleifera* DC.

Hierbas anuales, hasta 1(-2) m, con raíz axonomorfa; tallos erectos, algunas veces purpúreos, vellosos a glabrescentes, entrenudos casi tan largos como las hojas. Hojas subsésiles; láminas 4-18 × 1-5 cm, lanceoladas u oblanceoladas, la superficie adaxial glabra, la superficie abaxial glandulosa, por lo demás glabra o las nervaduras esparcidamente hirsútulas, la base redondeada a cordata y subamplexicaule a algunas veces abruptamente angostada en una base brevemente alado-peciolar, los márgenes subenteros a serrados, el ápice acuminado. Capitulescencias por lo general con 3-15 cabezuelas, ramificadas, algunas veces alternas; pedúnculo 1-6(-12) cm, velloso. Cabezuelas 9-13 mm; involucro 10-17 mm de ancho; filarios escasamente obgraduados; filarios externos 5, 7-10 × 4-6 mm, c. 9-nervios, erectos; filarios internos 5-7 × 2-3.5 mm, oblongos a obovados, el ápice obtuso; páleas 5-8 mm, pajizas, 5-nervias, las nervaduras parduscas al secarse. Flores radiadas (7)8(-10) o el tubo de la corola 1.2-2.3 mm, el limbo 8-15 × 4-8 mm, c. 9-nervio. Flores del disco, con corola 4-5.5 mm, con un anillo basal de hasta c. 0.5 mm; anteras 2-2.5 mm, pardo pálido, el apéndice 0.2-0.3 mm; ramas del estilo c. 1 mm, el apéndice hasta c. 0.4 mm. Cipselas 3.5-5 mm, las cipselas radiadas triqueteras, las cipselas del disco largamente obpiramidales. Floración dic.-ene. $2n = 30$. *Escapada de cultivo.* CR (*Tonduz s.n.*, MO). 1100-1500 m. (Nativa de África; naturalizada en Estados Unidos, Mesoamérica, Europa, Asia, Australia, Nueva Zelanda.)

197. Ichthyothere Mart.

Latreillea DC.

Por J.F. Pruski.

Hierbas perennes a arbustos frecuentemente a partir de xilopodios; tallos erectos o rara vez trepadores, simples a moderadamente ramificados, glabros a brevemente pilosos. Hojas simples, opuestas, sésiles o pecioladas; láminas cartáceas a subcoriáceas, la superficie adaxial y la superficie abaxial glabras a escabrosas o pelosas, la superficie abaxial también glandulosa, los márgenes enteros a serrados. Capitulescencias en general de cabezuelas subsésiles apretadamente compactadas, pero en ocasiones abiertas y corimbosas. Cabezuelas disciformes; involucro turbinado a hemisférico; filarios pocos, laxamente imbricados, 2-seriados o 3-seriados, más o menos isomorfos o al menos no marcadamente dimorfos, no marcadamente escariosos o los externos con ápices herbáceos, estriados; filarios internos subyacentes y escasamente adheridos a las cipselas radiadas; clinanto convexo a cortamente cónico, paleáceo; páleas espatuladas u obovadas. Flores marginales pistiladas, pocas; corola pequeña, tubular o filiforme, blanca o amarilla, frecuentemente pilosa; ramas del estilo frecuentemente gruesas, con 2 bandas de líneas estigmáticas en pares. Flores del disco funcionalmente estaminadas; corola brevemente 5-lobada, blanca o amarilla, la garganta con un solo conducto resinoso a lo largo de la nervadura; anteras pardusco oscuro a negras, por lo general incluidas, cortamente sagitadas basalmente; estilo típicamente no dividido; ovario estéril, sin vilano. Cipselas radiadas anchamente obovoides, escasamente obcomprimidas, glabras; conceptáculo algunas veces ligeramente abayado; vilano ausente. $x = 16$. Aprox. 20 spp. Mesoamérica a Paraguay.

La mayoría de los miembros de este género principalmente sudamericano son subarbustos xilopódicos, pero la especie mesoamericana (la única de fuera de Sudamérica), que es rara, se sabe que se convierte en un arbusto trepador.

1. Ichthyothere scandens S.F. Blake, *J. Wash. Acad. Sci.* 11: 301 (1921). Isotipo: Colombia, *Pennell 3430* (MO!). Ilustr.: Blake, *J. Wash. Acad. Sci.* 11: 302, t. 1 (1921).

Hierbas a arbustos delgados trepadores, 0.4-3(-5) m; tallos estriados, sórdido-vellosos, los tricomas patentes a adpresos. Hojas pecioladas;

láminas 5-18(-24) × 1.7-10.5(-14) cm, elíptico-lanceoladas a ovadas, 3-5-plinervias desde muy por encima de la base, las nervaduras laterales principales marcadamente arqueadas hasta cerca del ápice, ambas superficies estrigosas a glabrescentes, la base cuneada a decurrente sobre el pecíolo, los márgenes subenteros a serrulados, el ápice falcado-acuminado; pecíolo 0.5-5(-7) cm, alado distalmente. Capitulescencias laxamente corimboso-paniculadas, de pocas a 15 cabezuelas; pedúnculos (0-)1-7(-25) mm, vellosos o estrigulosos, en general 1-bracteolados; bractéola c. 1.5 mm, basal. Cabezuelas 4-5.5 mm; involucro 3-5.5 mm de ancho, campanulado; filarios desiguales; filarios externos típicamente 5, 1-1.5 mm, anchamente lanceolados, vellosos, libres o connatos basalmente, patentes; filarios internos 2(-3), 4-5 mm, ovado-galeados, esparcidamente vellosos a glabrescentes; páleas 2.5-4 mm, redondeadas apicalmente; páleas externas 2, obovadas, aplanadas, parecidas a los filarios internos; páleas internas oblanceoladas, conduplicadas. Flores marginales 2(3); corola 0.8-1.1 mm, tubular, diminutamente 2-4-lobada, de color crema, vellosa por dentro cerca del ápice; estilo c. 2.4 mm; ramas del estilo 0.7-0.9 mm, recurvadas. Flores del disco 8-10; corola 1.8-2.5 mm, infundibuliforme, de color crema, glandulosa, los lobos 0.4-0.5 mm, papilosos por dentro. Cipselas radiadas 4-5.5 × 2.5-3.3 mm, c. 10-estriadas. Floración durante todo el año excepto jul. *Áreas alteradas, bordes de bosques, selvas altas perennifolias, orillas de caminos.* N (*Stevens 4790*, MO); CR (*Skutch 2239*, MO); P (*Hartman 12276*, MO). 200-1700 m. (Mesoamérica, Colombia, Venezuela, Ecuador, Perú.)

198. Jaegeria Kunth

Aganippea DC., *Heliogenes* Benth., *Macella* K. Koch

Por J.F. Pruski.

Hierbas anuales o perennes, rara vez acuáticas; tallos decumbentes o rara vez erectos, subteretes, estriados, glabros a pelosos, algunas veces fistulosos, frecuentemente enraizando en los nudos proximales. Hojas simples, opuestas, sésiles o subsésiles (Mesoamérica) a cortamente pecioladas; láminas linear-lanceoladas a ovadas, cartáceas o suculentas, típicamente 3(-5)-nervias desde cerca de la base, no estipitado-glandulosas, la base algunas veces connata. Capitulescencias terminales o axilares, abiertamente corimbosas a monocéfalas, o si no lo son entonces las plantas acaules y compacto-corimbosas, las cabezuelas pedunculadas o cuando las plantas son acaules entonces cortamente pedunculadas, por lo general laxamente abierto-corimbosas, pedúnculos cortos a largos, típicamente delgados. Cabezuelas radiadas; involucro típicamente campanulado; filarios eximbricados a ligeramente subimbricados, subiguales, 1(2)-seriados, delgadamente herbáceos, cada uno típicamente subyacente a una flor radiada, la porción basal expandida lateralmente en alas membranáceas apretadamente envolviendo a las cipselas y deciduas en conjunto como una estructura periginiforme; clinanto cónico, paleáceo; páleas alcanzando hasta cerca del ápice de las corolas del disco, naviculares, las internas frecuentemente persistentes. Flores radiadas 1-seriadas, fértiles o rara vez estériles, típicamente en igual número que los filarios y opuestas al filario asociado subyacente; corola glabra, algunas veces persistente en las cipselas, el tubo por lo general reducido, el limbo de color crema o amarillento, frecuentemente matizado con color violeta o rosado, con pocas nervaduras, las nervaduras igualmente delgadas; estilo moderadamente exerto y por lo general más de 2 veces la longitud del tubo. Flores del disco bisexuales; corola angostamente campanulada, (4)5-lobada, amarillenta o verdosa, distalmente glabra, el tubo pilósulo o velloso, la garganta por lo general con pares de conductos resinosos delgados a lo largo de cada nervadura, las nervaduras de los lobos frecuentemente intramarginales; anteras de color crema, cortamente sagitadas basalmente, los apéndices ovados; estilo ligeramente exerto, recurvado, las ramas con 2 bandas de líneas estigmáticas en pares, el ápice agudo u obtuso, papilosas abaxialmente. Cipselas obovoides o escasamente comprimidas, negras, finamente estriadas, glabras, sin vilano, el carpóforo pequeño; cipselas radiadas envueltas por un filario y una pálea en una estructura periginiforme. *x* = 9. Aprox. 10 spp. América tropical con 1 sp. extendiéndose hasta México subtropical y *Jaegeria hirta* hasta Sudamérica subtropical.

Jaegeria fue monografiado por Torres (1968), quien diagnosticó el género por las flores radiadas pistiladas, reconociendo ocho especies y anotó su cercana relación con *Sabazia* y *Aphanactis*. Posteriormente, McVaugh (1972a) expandió el género al incluir *J. sterilis* McVaugh caracterizada por las flores radiadas estériles. Turner (1984) expandió a 10 el número de especies.

Bibliografía: Standley, P.C. y Steyermark, J.A. *Publ. Field Mus. Nat. Hist.,* Bot. Ser. 22: 323-396 (1940). Torres, A.M. *Brittonia* 20: 52-73 (1968).

1. Hierbas caulescentes, con el tallo folioso. **1. J. hirta**
1. Hierbas acaulescentes, arrosetadas. **2. J. standleyi**

1. Jaegeria hirta (Lag.) Less., *Syn. Gen. Compos.* 223 (1832). *Acmella hirta* Lag., *Gen. Sp. Pl.* 31 (1816). Neotipo (designado por Torres, 1968): México, Michoacán, *King y Soderstrom 5154* (US!). Ilustr.: Aristeguieta, *Fl. Venezuela* 10: 504, t. 79 (1964). N.v.: Paraje tzajal jo', sak ba te', Ch; mala hierba, G; mielcilla, CR; picao.

Ceratocephalus ecliptoides (Gardner) Kuntze, *C. karvinskianus* (DC.) Kuntze, *C. sessilifolius* (Hemsl.) Kuntze, *C. sessilis* (Poepp.) Kuntze, *Jaegeria bellidioides* Spreng.?, *J. discoidea* Klatt, *J. hirta* (Lag.) Less. var. *glabra* Baker, *J. mnioides* Kunth, *J. parviflora* DC.?, *J. repens* DC.?, *Macella hirta* K. Koch, *Spilanthes ecliptoides* Gardner?, *S. hirta* (Lag.) Steud., *S. karvinskiana* DC., *S. mariannae* DC.?, *S. sessilifolia* Hemsl., *S. sessilis* Poepp.

Hierbas anuales, (1-)5-40(-85) cm, frecuentemente arvenses, caulescentes, notoriamente variables en tamaño y hábito; tallos estrictos o por lo general basalmente decumbentes, muy ramificados a rara vez simples en plantas enanas, foliosos, las ramas por lo general en pares opuestos, hirsutas, rojo-parduscas, los entrenudos típicamente más largos que las hojas. Hojas sésiles o subsésiles; láminas 0.7-4(-9) × 0.3-2(-3) cm, lanceoladas a elíptico-ovadas, cartáceas, 3-nervias desde cerca de la base, ambas superficies largamente hirsutas a largamente pilosas hasta rara vez esparcidamente pilosas, la base anchamente aguda a redondeada, connata, los márgenes enteros a rara vez serrulados, el ápice agudo a obtuso. Capitulescencias laxamente corimbosas, abiertas, con pocas a numerosas cabezuelas; pedúnculos (4-)9-30(-50) mm, subestrigosos. Cabezuelas 3-5 mm, con 45-71 flores; involucro 3.5-5 mm de ancho; filarios 2.2-3.4 mm lanceolados, 1-seriados, hirsutos a pilosos o solo basalmente hirsutos a pilosos, hialinos, el ápice hasta c. 2 mm; páleas 1.5-2 mm, 1-3-nervias. Flores radiadas 5-11; tubo de la corola c. 0.3 mm, el limbo 1.5-2 mm, elíptico-ovado, de color crema a amarillo, 2(-4)-nervio, brevemente bilobado apicalmente. Flores del disco c. 40(-60); corola c. 1.3 mm, los lobos c. 0.2 mm. Cipselas c. 1 mm, las cipselas radiadas ligeramente comprimidas, coronadas por un diminuto anillo blanco. 2*n* = 36. *Páramos, cerca de charcas, riberas, riberas aluviales, bosques de* Pinus, *laderas, selvas altas perennifolias, bosque de neblina, áreas alteradas, orillas de caminos, claros en selvas, pastizales, selvas medianas perennifolias, maizales, afloramientos rocosos.* Ch (*González 73*, MO); G (*Pruski y MacVean 4484*, MO); H (*Portillo 100*, MO); ES (*Standley 22419*, NY); N (*Rueda et al. 16145*, MO); CR (*Pruski et al. 3874*, MO); P (*Allen 1377*, MO). (200-)700-3500 m. (México, Mesoamérica, Colombia, Venezuela, Ecuador, Perú, Bolivia, Brasil, Paraguay, Uruguay, Argentina.)

Torres (1968) anotó el nombre común "picao", pero no indicó el país de origen.

Torres (1968) trató el material de Sudamérica como *Jaegeria hirta*, pero es frecuentemente peciolado, tiene el limbo de las corolas del radio profundamente 2-3-lobado, y parece estar en la periferia de *J. hirta*. Por tanto, los nombres basados en el material sudamericano y listados en la sinomia por Torres (1968), se consideran como sinónimos cuestionables.

2. Jaegeria standleyi (Steyerm.) B.L. Turner, *Bol. Soc. Argent. Bot.* 19: 44 (1980). *Aphanactis standleyi* Steyerm., *Publ. Field Mus. Nat. Hist., Bot. Ser.* 22: 390 (1940). Holotipo: Guatemala, *Standley 58674* (F!). Ilustr.: Standley y Steyermark, *Publ. Field Mus. Nat. Hist., Bot. Ser.* 22: 391, t. 3 (1940).

Hierbas anuales, c. 1 cm, acaulescentes, arrosetadas, las raíces fibrosas, patentes a postradas, las rosetas (o pares de hojas) 2-3.6 cm de diámetro. Hojas sésiles, decusadas, láminas 0.7-1.8 × 0.5-1.3 cm, ovadas a suborbiculares, la superficie adaxial hirsuto-pilosa, la superficie abaxial subglabra a esparcidamente hirsuta, los márgenes enteros, el ápice obtuso a redondeado. Capitulescencias compacto-corimbosas, con 2-7 cabezuelas muy cortamente pedunculadas dispuestas por dentro de las hojas de la planta acaule; pedúnculos 0.5-1.5 mm. Cabezuelas 3.5-4 mm; involucro 2.5-3 mm de ancho; filarios 3-5, 3-4 × 0.8-1.5 mm, lanceolados a lanceolado-ovados, hírtulos, los tricomas más largos que el ancho de los filarios; páleas 1.5-2.5 mm. Flores radiadas 3-5; tubo de la corola 0.3-0.4 mm, el limbo 0.5-1 mm, elíptico-ovado, amarillo pálido, 2-nervio. Flores del disco 6-10; corola 1-1.4 mm, los lobos 0.2-0.3 mm. Cipselas 1-1.4 mm. Floración sep.-dic. *Pastizales alpinos, laderas de volcanes.* Ch (Strother, 1999: 62); G (*Molina R. 21244*, NY). 2500-3600 m. (Endémica.)

Jaegeria standleyi se conoce solo de la Sierra de Cuchumatanes, en las faldas de los volcanes al SO. de Guatemala y el Volcán Tacaná en la frontera entre Guatemala y México.

199. Melampodium L.

Alcina Cav., *Cargilla* Adans., *Dysodium* Rich., *Melampodium* L. [sin rango] *Alcina* (Cav.) Kunth, *M.* sect. *Alcina* (Cav.) DC., *M.* [sin rango] *Dysodium* (Rich.) Kunth, *M.* sect. *Zarabellia* (Cass.) DC., *Zarabellia* Cass.

Por J.F. Pruski.

Hierbas anuales o perennes a subarbustos de tallos suaves; tallos erectos a procumbentes, dicotómicamente ramificados proximalmente y sobrepasando las cabezuelas terminales, en ocasiones tricótomos con las ramas laterales más cortas que el eje principal, subteretes a ligeramente angulados, glabros a pelosos, sólidos o algunas veces fistulosos. Hojas caulinares, simples o rara vez pinnatífidas, opuestas, pecioladas (pecíolo por lo general alado) o sésiles, rara vez perfoliadas; láminas generalmente lineares a ovadas u obovadas, típicamente cartáceas, 3-palmatinervias desde cerca a muy por encima de la base o pinnatinervias, ambas superficies por lo general pelosas, algunas veces estipitado-glandulosas o punteado-glandulosas a solo abaxialmente así, la base atenuada a obtusa, rara vez subauriculada a rara vez cordata o perfoliada, los márgenes enteros a dentados, el ápice acuminado a obtuso. Capitulescencias de cabezuelas solitarias o con pocas cabezuelas corimbosas en las axilas de las hojas distales pero típicamente exertas de las hojas subyacentes, algunas veces reducidas y bracteoladas; pedúnculos alargados o rara vez cortos, glabros a pelosos, algunas veces estipitado-glandulosos. Cabezuelas radiadas; involucro por lo general hemisférico o cupuliforme; filarios marcadamente dimorfos, subiguales, 2-seriados, no articulados basalmente, los de series externas (2 o 3)5, subimbricados o imbricados a rara vez eximbricados, típicamente herbáceos o rara vez con los márgenes escariosos, erectos o ascendentes hasta rara vez patentes en el fruto, libres hasta algunas veces connatos proximalmente, persistentes, la nervadura paralela hasta reticulada, glabros a pelosos o punteado-glandulosos, los de series internas en igual número que las flores radiadas, cada uno subyacente a una flor radiada individual y típicamente envolviendo su ovario completamente, con la maduración de la cipsela incluida formando un periginio; clinanto con frecuencia cortamente cónico, paleáceo; páleas

mayormente lineares a obovadas, conduplicadas, pajizas a amarillas, algunas veces con la vena media oscurecida, rara vez con la punta purpúrea, escariosas, el ápice algunas veces dilatado y eroso. Flores radiadas 2-14; corola unida al lado adaxial del ovario, amarilla o amarillo-dorada a rara vez blanca, algunas veces purpúrea o verdosa abaxialmente, el tubo típicamente muy corto o algunas veces incluido por dentro del ápice del periginio, el limbo largamente exerto del involucro o rara vez incluido, oblanceolado a ovado o rara vez orbicular, las nervaduras por lo general concoloras con el limbo hasta rara vez distalmente verdosas abaxialmente, el ápice brevemente 2-dentado o 3-dentado o algunas veces entero a rara vez profundamente bífido o trífido; ramas del estilo con 2 bandas de líneas estigmáticas en pares, el ápice obtuso. Flores del disco (3-)10-80(-110), funcionalmente estaminadas, las páleas y flores del disco caducas como una unidad luego de la antesis; corola infundibuliforme a campanulada, (3-)5-lobada, amarilla a amarillo-dorada, el tubo c. 0.5(-1) mm, la garganta con un solo conducto resinoso a lo largo de cada nervadura, los lobos deltados, frecuentemente reflexos o escuarrosos; anteras en parte exertas, pardo-amarillentas a pardas; estilo sin ramificar; ovario estéril, diminuto a rara vez linear-estipiforme, sin vilano. Cipselas radiadas obovoides, comprimidas, frecuentemente incurvadas, sin vilano, las áreas carbonizadas convexas con estrías reducidas, cada una envuelta en un conceptáculo derivado de filarios internos modificados y fusionados; conceptáculos de diversas formas, típicamente pardos a negros, no uncinado-espinosos, algunas veces con estrías o tubérculos pardo-amarillentos, escariosos a endurecidos, la superficie lisa a tuberculada o arrugada, típicamente glabra, el ápice más o menos truncado a algunas veces cartilaginoso y cuculado o rara vez corniculado directamente desde el cuerpo del periginio, la caperuza cuando presente algunas veces abaxialmente 1-corniculada o 2(3)-corniculada, el pie del conceptáculo rara vez esclerosado y alargado, frecuentemente situado en medio de la cara ventralmente, con el cuerpo de conceptáculo prolongado ventral-proximalmente. *x* = 9-12. Aprox. 32-36 spp., 12 en Mesoamérica. Suroeste de Estados Unidos, México, Mesoamérica, Sudamérica y las Antillas; introducido en los paleotrópicos.

Melampodium fue revisado por B.L. Robinson (1901) y Stuessy (1972a, 1972b), quienes mencionaron la importancia taxonómica del desarrollo de los filarios que envuelven los ovarios radiados tanto a nivel de género como a nivel de especie. McVaugh anotó que el ápice de los periginios no está siempre cerrado y también que *M. sericeum* posee corolas del disco 4-lobadas. Stuessy reconoció 37 especies, 32 de las cuales se reconocen en este tratamiento y dos se anotan como posibles sinónimos. Dos especies adicionales fueron descritas después de 1972. La especie tetraploide *M. costaricense* fue reconocida por Stuessy (1972b) como distinta de la especie simpátrica *M. divaricatum*, y las dos básicamente se diferencian en su mayoría por las características de las corolas radiadas. Por otro lado, Stuessy (1972b) trató como *M. paniculatum* tanto las poblaciones tetraploides brasileñas como las poblaciones alopátricas diploides de Mesoamérica, aunque las poblaciones de Brasil sean consistentemente diferentes por las cabezuelas más grandes con más flores radiadas. La utilidad del nivel de ploidía que dicta las series taxonómicas al parecer es reducida para estos taxones tratados diversamente.

Todas las especies en Mesoamérica tienen corolas radiadas amarillas y la condición de flores blancas posiblemente es debida a mecanismos de polinización.

Bibliografía: Robinson, B.L. *Proc. Amer. Acad. Arts* 36: 455-466 (1901). Donnell Smith, J. *Bot. Gaz.* 13: 74-77 (1888). Standley, P.C. *Publ. Field Mus. Nat. Hist., Bot. Ser.* 18: 1137-1571 (1938). Stuessy, T.F. *Rhodora* 74: 1-70 (1972a), 161-219 (1972b); *Ann. Missouri Bot. Gard.* 62: 1062-1091 (1975 [1976]). Stuessy, T.F. et al. *Taxon* 60: 436-449 (2011).

1. Filarios externos 2.   **2. M. bibracteatum**
1. Filarios externos 3-5.

2. Pedúnculos cortamente estipitado-glandulosos; filarios externos 3(-5); limbo de las corolas radiadas típicamente moderada a profundamente bífido a trífido, las nervaduras distalmente verdosas abaxialmente; $x = 9$.

3. Limbo de las corolas radiadas menos de 2 mm, frecuentemente más ancho que largo, mantenido por dentro de los involucros.
10. M. paniculatum

3. Limbo de las corolas radiadas más de 2 mm, más largo que ancho, escasa a largamente exerto de los involucros.

4. Hojas, al menos algunas proximales, semiamplexicaules.
5. M. gracile

4. Hojas atenuadas a rara vez obtusas basalmente, no dilatadas cerca del tallo.
8. M. microcephalum

2. Pedúnculos no estipitado-glandulosos; filarios externos 5; ápice del limbo de las corolas radiadas brevemente 2-dentado o 3-dentado a subentero o emarginado, las nervaduras por lo general concoloras con el limbo (algunas veces distalmente verdosas abaxialmente solo en *M. divaricatum* y *M. montanum*); $x = 10, 11, 12$.

5. Hojas glabras a hirsuto-pelosas en la superficie abaxial, simples; ovarios del disco c. 0.4 mm, ovoides, diminutos; conceptáculo del periginio sin ápice cuculado ni corniculado.

6. Hojas, al menos las proximales, perfoliadas, abaxialmente punteado-glandulosas; involucro (12-)18-34 mm de ancho, lateralmente patente en el fruto.
11. M. perfoliatum

6. Hojas no perfoliadas, abaxialmente no glandulosas (rara vez diminutamente glandulosas en *M. montanum*); involucro 5-11 mm de ancho, erecto a ascendente.

7. Hierbas perennes rizomatosas, las raíces fibrosas; tallos decumbentes a ascendentes.
9. M. montanum

7. Hierbas anuales generalmente con raíz axonomorfa; tallos típicamente erectos.

8. Flores radiadas 5-8, el limbo de la corola no exerto del involucro, 5(-7)-nervio, 1-1.6 × 0.5-1.1(-1.6) mm, comúnmente lanceolado con los márgenes incurvados apicalmente; pedúnculos apicalmente glabros a hirsútulos; filarios glabros hasta con los márgenes basalmente pilosos; flores del disco 15-25.
3. M. costaricense

8. Flores radiadas 8-13, el limbo de la corola típica y largamente exerto del involucro, 9-nervio, (1.6-)3.5-7(-8.5) × 1.5-3.5 mm, oblongo a orbicular con los márgenes aplanados (no incurvados); pedúnculos apicalmente y filarios basalmente típicamente tomentulosos cerca de la unión; filarios con los márgenes típicamente rígida y cortamente ciliados; flores del disco 40-70.
4. M. divaricatum

5. Hojas blanco-seríceas o largamente pilosas en la superficie abaxial, simples a pinnatífidas; ovarios del disco 1-2.5 mm, linear-estipiformes; concéptáculo del periginio con el ápice típicamente cuculado o corniculado directamente desde el cuerpo del periginio.

9. Conceptáculo del periginio con ápices corniculados, no cuculados, los corniculos surgiendo directamente del cuerpo del conceptáculo del periginio; hojas largamente pilosas en la superficie abaxial; tubo de las corolas radiadas 0.5-1 mm.
7. M. longipilum

9. Conceptáculo del periginio con ápices cuculados, los corniculos cuando presentes saliendo desde el ápice del conceptáculo del periginio; hojas blanco-seríceas en la superficie abaxial; tubo de las corolas radiadas c. 0.3 mm.

10. Filarios externos con márgenes (de al menos 2 de las 5 cabezuelas) conspicua y anchamente escariosos; hojas (si no son pinnatífidas) o lobos (si son pinnatífidas) 1-3 mm de ancho.
6. M. linearilobum

10. Filarios externos completamente herbáceos; hojas o lobos (si pinnatífidos) 2-30(-40) mm de ancho.

11. Capitulescencias largamente pedunculadas, largamente exertas de las hojas subyacentes, con más de 47 flores; páleas amarillentas; flores radiadas 8-14, el limbo de las corolas 4-6(-7) × 1.5-3 mm; corolas del disco 5-lobadas.
1. M. americanum

11. Capitulescencias pedunculadas, no largamente exertas de las hojas subyacentes, con menos de 20 flores; páleas amarillentas o

algunas veces con la punta color púrpura; flores radiadas 5-7, el limbo de las corolas 0.8-1.2(-2) × 0.6-1.2 mm; corolas del disco 3-lobadas o 4-lobadas.
12. M. sericeum

1. Melampodium americanum L., *Sp. Pl.* 921 (1753). Lectotipo (designado por Stuessy, 1972a): México, Veracruz, *Houstoun Herb. Clifford 425, Melampodium* 1 (imagen en Internet ex BM). Ilustr.: Kunth, *Nov. Gen. Sp.* folio ed. 4: t. 398 (1820 [1818]), como *M. sericeum*.

Melampodium angustifolium DC., *M. diffusum* Cass., *M. heterophyllum* Lag., *M. kunthianum* DC., *M. longipes* (A. Gray) B.L. Rob., *M. nelsonii* Greenm., *M. pilosum* Stuessy, *M. sericeum* Kunth non Lag., *M. sericeum* var. *longipes* A. Gray.

Hierbas hasta subarbustos frecuentemente floreciendo el primer año, 10-60 cm; tallos ascendentes a erectos, simples a varias veces ramificados, subestrigosos a hirsuto-pilosos. Hojas simples o pinnadamente trífidas hasta rara vez pinnatífidas con 2(-4) lobos lineares a lanceolados por margen de hasta 1.5(-2) cm, sésiles; láminas 2-9 × 0.2-1.8 cm cuando simples o hasta 3 cm de ancho cuando pinnatífidas, lanceoladas cuando simples o de contorno ovado a obovado cuando pinnatífidas, la nervadura no prominente, la superficie adaxial estrigoso-pilosa, la superficie abaxial blanco-serícea, también diminutamente punteado-glandulosa, la base atenuada a obtusa, los márgenes (lámina o lobos) enteros, los lobos (cuando las hojas son pinnatífidas) ligeramente dirigidos hacia arriba, el ápice agudo a obtuso. Capitulescencias con 1-3 cabezuelas por rama, largamente pedunculadas, las cabezuelas exertas de las hojas subyacentes; pedúnculos 2.5-7.5 cm, hirsuto-pilosos, no estipitado-glandulosos. Cabezuelas 7-8 mm; involucro 7-10 mm de ancho, hemisférico a cupuliforme; filarios externos 5, 5-7 × 3-4 mm, ovados a obovados o rómbicos, subimbricados a imbricados, ligeramente connatos en la base, la superficie pilosa, también algunas veces diminutamente punteado-glandulosa, el ápice típica y marcadamente acuminado; páleas 4-4.5 mm, oblanceoladas, puberulentas. Flores radiadas 8-14, el limbo de la corola 4-6(-7) × 1.5-3 mm, oblongo-elíptico, amarillo-dorado, c. 10-nervio, abaxialmente piloso, también glanduloso, el ápice brevemente 3-dentado. Flores del disco 40-80(-100); corola 2-2.7 mm, 5-lobada, amarilla, el tubo 0.6-0.7 mm, la garganta 0.8-1 mm, los lobos 0.6-1 mm, papiloso-setosos; ovario c. 1 mm, linear-estipiforme. Conceptáculo del periginio con el cuerpo 2-3 mm, las superficies estriadas a ligeramente tuberculadas, el ápice cuculado, pajizos, concoloros con las estrías del cuerpo, moderadamente lisos, hasta 1.5(3) mm, el ápice del cornículo subentero a rara vez (en Mesoamérica) corniculado. $2n = 20$. *Matorrales espinosos, selvas altas perennifolias, selvas caducifolias, áreas alteradas, bosques de* Pinus-Quercus, *sabanas.* Ch (*Seler y Seler 1954*, MO); G (*King y Renner 7089*, MO). 600-900(-1400) m. (C. y S. México, Mesoamérica; introducida en las Filipinas.)

El periginio de *Melampodium americanum* en México, es típicamente cuculado y el cornículo frecuentemente tiene a su vez un cornículo terminal de hasta 3 mm. Sin embargo, en el material de Mesoamérica el cornículo es rara vez otra vez corniculado. La cita de *M. americanum* en El Salvador (Berendsohn y Araniva de González, 1989) no se pudo verificar y posiblemente se base en una identificación errónea. En este tratamiento se usan sinónimos de *M. americanum* distintos a los de McVaugh (1984), Robinson (1901) y Stuessy (1972a). Por ejemplo, *M. longipes* fue reconocido tanto por Robinson (1901) como Stuessy (1972a). McVaugh (1984) ubicó *M. nayaritense* Stuessy en la sinonimia de *M. americanum*. En este tratamiento se considera a *M. longipes* como sinónimo de *M. americanum* y se reconoce a *M. nayaritense* Stuessy, una especie de Nayarit, como distinta, ya que parece diferenciarse de *M. americanum* por tener menos flores por cabezuela, las páleas ligeramente dilatadas apicalmente, los periginios típicamente corniculados y las corolas del disco 5-lobadas. *Melampodium diffusum* y *M. pilosum* se caracterizan por ser anuales y fueron reconocidas por Stuessy (1972a); aquí se las considera sinónimos de *M. americanum*.

2. Melampodium bibracteatum S. Watson, *Proc. Amer. Acad. Arts* 26: 140 (1891). Holotipo: México, Edo. México, *Pringle 3230* (imagen en Internet ex GH!). Ilustr.: no se encontró.

Hierbas anuales con raíces fibrosas subacuáticas, 5-32 cm; tallos ascendentes a decumbentes, simples a poco ramificados, puberulentos a glabrescentes, con pocas hojas, los entrenudos típicamente mucho más largos que las hojas. Hojas simples, sésiles o subsésiles; láminas 1-4 × 0.4-1.8 cm, oblanceoladas, 3-nervias desde muy por encima de la base, la vena media 1-2 cm de ancho basalmente luego abruptamente angostada distalmente, la superficie adaxial glabra, la superficie abaxial subglabra, la base obtusa a subauriculada, los márgenes subenteros a serrulados, el ápice agudo a obtuso. Capitulescencias de pocas cabezuelas, frecuentemente bracteadas, subsésiles o cortamente pedunculadas, no exertas de los 1-4 nudos distales; pedúnculos 1-6 mm, glabros. Cabezuelas 3-4.5 mm; involucro 3.5-5.5 mm de ancho, hemisférico; filarios externos 2, 3-5 × 2-4 mm, ovados, opuestos, eximbricados, glabros, el ápice agudo; páleas 1.5-2 mm, angostamente oblanceoladas, glabras. Flores radiadas 3(4-6), el limbo de la corola 1-1.2 × 0.4-0.7 mm, elíptico a ovado, amarillo pálido, indistintamente con pocas nervaduras, glabro o ligeramente setuloso abaxialmente, el ápice obtuso, entero o emarginado. Flores del disco 4 o 5; corola 1.5-2 mm, 3-lobada o 4-lobada, amarillo pálido, glabra, el tubo 0.6-1 mm, la garganta 0.5-0.6 mm, los lobos c. 0.4 mm; ovario ovoide, diminuto. Periginios 2.5-3 mm, las superficies lisas a verrugosas, el ápice no cuculado y no corniculado. *Selvas altas perennifolias, bordes de arroyos.* G (*Beaman 3977*, GH). 3400-3500 m. (C. México, Mesoamérica.)

Debido a las cabezuelas con pocas flores y corolas del disco 3-lobadas o 4-lobadas, *Melampodium bibracteatum* está cercanamente relacionada y posiblemente sea un de sinónimo de *M. repens* Sessé et Moc., una especie mexicana, que difiere principalmente por los caracteres vegetativos de hojas obovadas y tallos postrados.

3. Melampodium costaricense Stuessy, *Brittonia* 22: 118 (1970). Holotipo: Costa Rica, *Smith 2922* (F!). Ilustr.: Stuessy, *Brittonia* 22: 119, t. 7 (1970).

Melampodium flaccidum Benth.?

Hierbas anuales en general con raíz axonomorfa, 15-35 cm; tallos erectos hasta rara vez los tallos laterales decumbentes, pocas a varias veces ramificados frecuentemente desde cerca de la base, glabros a con líneas tomentulosas, la mayoría de los entrenudos más largos que las hojas hasta los 2 o 3 nudos distales congestos. Hojas simples, pecioladas, no perfoliadas; láminas (1.5-)2.5-7 × (0.7-)1.5-5.5 cm, ovadas o rómbicas a rara vez lanceoladas, 3-nervias desde cerca de la base, ambas superficies no glandulosas, la superficie adaxial piloso-estrigosa, la superficie abaxial subestrigosa a glabra, la base atenuada a obtusa, no perfoliada, los márgenes serrados a rara vez subenteros u onduladas, el ápice acuminado u obtuso; pecíolo 0.3-3 cm, algunas veces muy angostamente alado, las bases frecuentemente conectadas por un ala que está expandida formando un disco nodal angosto. Capitulescencias de pocas cabezuelas y corimbiformes debido a los nudos distales cercanamente espaciados, subsésiles o cortamente pedunculadas y no dispuestas muy por encima de las hojas subyacentes; pedúnculos 0.5-3(-6) cm, apicalmente glabros a hirsútulos, no estipitado-glandulosos. Cabezuelas 4-5 mm; involucro 5-8 mm de ancho, cupuliforme; filarios externos 5, 3-5 × 2-4 mm, orbiculares, subimbricados a imbricados, connatos basalmente hasta la mitad de su longitud, la superficie no glandulosa, glabra o los márgenes pilosos a esparcidamente pilosos, el ápice anchamente obtuso a redondeado; páleas c. 2 mm, oblongas. Flores radiadas 5-8, el limbo de la corola 1-1.6 × 0.5-1.1(-1.6) mm, orbicular, amarillo pálido a amarillo-dorado, 5(-7)-nervio, glabro, el ápice agudo y emarginado, comúnmente lanceolado con márgenes incurvados. Flores del disco 15-25; corola c. 2.5 mm, amarilla, glabra o los lobos setosos apicalmente por dentro, el tubo c. 1 mm, la garganta c. 1 mm, los lobos c. 0.5 mm; ovario c. 0.4 mm, ovoide, diminuto. Periginios c. 3 mm, más o menos trígonos con pocas costillas extremadamente engrosadas, lon-

gitudinales pero una diagonal por cara, el ápice no cuculado y no corniculado, pardo-amarillentos o con caras negruzcas. $2n = 48$ más o menos 2. *Cafetales, áreas alteradas, campos, pastizales, bancos de ríos, orillas de caminos.* N? (*Oersted 9010*, K); CR (*Skutch 3968*, MO); P (*Woodson y Schery 724*, MO). 0-1800 m. (Mesoamérica, Colombia.)

Se acepta *Melampodium costaricense* como en Stuessy et al. (2011) como un segregado de rayos cortos de *M. divaricatum*, aunque Robinson (1901) usó, en forma posiblemente correcta, el nombre *M. flaccidum* para este taxón. El material tipo de *M. flaccidum* de Oersted de 1851 etiquetado como *78 et 79* (K), *117* (K) y *9010* (C-4 pliegos, US) tal vez representen una sola colección, siendo el único material de Nicaragua que puede tal vez ser identificado como *M. costaricense*, pero es material original de dos nombres distintos, de los cuales el nombre *M. flaccidum* tiene prioridad. *Oersted 9010* es el único paratipo citado de *M. costaricense* de Nicaragua (Stuessy, 1972b), mientras que los dos pliegos de Kew (*Oersted 78 et 79*, K y *Oersted 117*, K) son material tipo del nombre no tipificado *M. flaccidum*. Bentham (1853) dio "*Melampodium flaccidum* Benth. sp. n. *M. tenellum* var. *flaccidum* Benth. Bot. Sulph. p. 115" y describió el material de Nicaragua como "ligulae parvae". Se toma a *M. flaccidum* como heterotípico de *M. tenellum* var. *flaccidum*, tipificado por el material no coespecífico de México, pero Stuessy (1972b) tomó los dos nombres de Bentham como homotípicos y por tanto tipificado por el material mexicano. El tomar los nombres de Bentham como homotípicos llevó a Stuessy a describir *M. costaricense*, un nombre que luego de estudios adicionales de material relevante puede ser reemplazado por *M. flaccidum* más o menos como lo circunscribió Robinson (1901). Sin embargo, el material tipo de *M. flaccidum* de Oersted es imperfecto y solo se ha visto de fotografías sin poder identificarlo con certeza, y por lo tanto el nombre es simplemente referido aquí, cuestionablemente, a *M. costaricense*. De igual manera se cuestiona la presencia de *M. costaricense* en Nicaragua, ya que el tipo de *M. flaccidum* podría no ser sino de rayos cortos debido a su inmadurez. Como consecuencia, el nombre *M. flaccidum* puede caer en sinonimia con la especie más común *M. divaricatum*, conocida en toda Nicaragua. A su turno, *M. costaricense* se debe excluir de Nicaragua, donde no ha sino colectada, o al menos no lo ha sido en los últimos 150 años.

Los ejemplares de Belice anteriormente identificados como *M. costaricense*, incluyendo los paratipos, típicamente se encuentran sobre caliza y en promedio tienen las cabezuelas más anchas con el limbo de la corola de las flores radiadas c. 2 × 15 mm, orbicular, c. 9-nervio. Aunque estos ejemplares tienen el limbo de las corolas radiadas corto, todos los ejemplares de Belice tienen el limbo de las corolas radiadas c. 9-nervio y han sido vueltos a identificar como *M. divaricatum*. *Melampodium costaricense* está por tanto excluido de la flora de Belice. Un solo ejemplar colectado por Oersted en 1800 es el único paratipo de *M. costaricense* de Nicaragua (Stuessy, 1972b, citó la foto en US ex K), pero se ha visto la fotografía (F negativo #22573) de un ejemplar de herbario de Oersted depositado en C que se considera parte del mismo duplicado.

4. Melampodium divaricatum (Rich.) DC., *Prodr.* 5: 520 (1836). *Dysodium divaricatum* Rich. in Pers., *Syn. Pl.* 2: 489 (1807). Lectotipo (designado por Stuessy, 1972b): Colombia, *Richard s.n.* (P). Ilustr.: Nash, *Fieldiana, Bot.* 24(12): 534, t. 79 (1976). N.v.: K'analnich wamal, Ch; dysipela, ki nam, rabbit paw, yierba escaldadura, B; c'an xumac, flor amarilla, G; botón de oro, me-caso-no-me-caso, sisi saika, H; flor amarilla, hierba del chucho, hierba del sapo, ES.

Alcina minor Cass., *A. ovalifolia* Lag., *A. ovatifolia* J. Jacq., *Eleutheranthera divaricata* (Rich.) Millsp., *Melampodium berteroanum* Spreng., *M. copiosum* Klatt, *M. divaricatum* (Rich.) DC. var. *macranthum* Schltdl., *M. ovatifolium* Rchb., *M. paludosum* Kunth, *M. panamense* Klatt, *M. pumilum* Benth., *M. tenellum* Hook. et Arn. var. *flaccidum* Benth., *Wedelia minor* Hornem.

Hierbas generalmente anuales y en general con raíz axonomorfa, (10-)50-100 cm; tallos erectos o rara vez con los tallos laterales decumbentes, dicótomos o rara vez tricótomos, pocas a varias veces ramificados, piloso-hirsutos a glabrescentes, tornándose fistulosos en las plantas grandes, los entrenudos frecuentemente mucho más largos que las hojas. Hojas simples, pecioladas, no perfoliadas; láminas 3-10(-16) × 1.5-5(-10) cm, lanceoladas o por lo general ovadas a rómbicas, 3-nervias desde por encima de la base hasta muy por encima de la base, ambas superficies no glandulosas, hirsutas a hirsútulas o subestrigilosas, la base atenuada a rara vez obtusa o rara vez cordata, no perfoliada, los márgenes subenteros a ondulados o serrados, el ápice acuminado u obtuso; pecíolo 0.2-2(-5) cm, angostamente alado. Capitulescencias monocéfalas de hasta pocas cabezuelas y corimbiformes, largamente pedunculadas; pedúnculos 2-10(-13) cm, hirsútulos o hirsuto-pilosos a tomentulosos distalmente, no estipitado-glandulosos. Cabezuelas 5-10 mm; involucro 6-10 mm de ancho, cupuliforme; filarios externos 5, 3.5-6(-8) × 3-5 mm, ovados a obovados u orbiculares, subimbricados a imbricados, connatos basalmente hasta 1/5 de su longitud, glabros hasta las nervaduras esparcidamente estrigulosas o los márgenes típicamente tomentulosos basalmente cerca del pedúnculo, los márgenes típicamente rígida y cortamente ciliados, el ápice obtuso a redondeado; páleas 2.5-3 mm, obovadas. Flores radiadas 8-13, el limbo de la corola (1.6-)3.5-7(-8.5) × 1.5-3.5 mm, oblongo a rara vez orbicular, amarillo-dorado, c. 9-nervio, glabro o muy rara vez glanduloso, el ápice obtuso, brevemente 3-dentado. Flores del disco 40-70; corola 2-3 mm, amarilla o amarillo-dorado, glabra o algunas veces esparcidamente glandulosa distalmente, el tubo 0.5-1.5 mm, la garganta c. 1 mm, los lobos c. 0.5 mm; ovario c. 0.4 mm, ovoide, diminuto. Periginios 2.5-4 mm, más o menos trígonos con pocas costillas engrosadas, longitudinales pero con una diagonal por cara, pajizas, el ápice no cuculado y no corniculado, muy rara vez con un borde engrosado ventral-tangencial, bicolores, la pared de las caras internas parduscas y algunas veces desintegrándose mostrando las cipselas negras por dentro. 2n = 24. *Cafetales, áreas cultivadas, selvas caducifolias, márgenes de bosques, campos, paredes de grava, bordes de lagos, afloramientos de piedra caliza, bosques de* Pinus-Quercus, *orillas de caminos, vegetación secundaria, selvas bajas subcaducifolias, selvas medianas subcaducifolias, selvas bajas subperennifolias, selvas medianas subperennifolias.* T (*Stuessy 547*, TEX); Ch (*Pruski et al. 4229*, MO); Y (*Gaumer 563*, F); C (*Martínez S. et al. 31634*, MO); QR (*Gaumer 2345*, MO); B (*Arvigo et al. 142*, NY); G (*Lehmann 1434*, US); H (*Nelson y Cruz 9456*, MO); ES (*Harriman 14537*, MO); N (*Moreno 2579*, MO); CR (*Pruski y Sancho 3810*, MO); P (*Woodson et al. 1370*, MO). 0-1800 m. (C. y S. México, Mesoamérica, Colombia; cultivada e introducida en Bolivia?, Brasil, Cuba, La Española, Puerto Rico, Islas Vírgenes, Asia, Islas del Pacífico.)

Melampodium divaricatum es la especie más común del género, siendo la única especie que se encuentra en las 12 unidades políticas de Mesoamérica, frecuentemente en formas arvenses y también frecuentemente cultivada en jardines tropicales y templados. Algunos ejemplares pueden tener las hojas distales parecidas a las de *M. perfoliatum*, pero *M. divaricatum* se puede reconocer por las cabezuelas con filarios subglabros y con 8-13 flores radiadas con el limbo de las corolas c. 9-nervio y típicamente exerto y los periginios marcadamente angulado-acostillados, bicolores, algunas veces con la pared desintegrándose.

Aunque Stuessy (1972b) citó un ejemplar de *M. costaricense* de Belice, todos los ejemplares (aunque el limbo de las corolas radiadas es corto) anteriormente identificados como *M. costaricense* de Belice tienen el limbo de las corolas radiadas c. 9-nervio, y se han vuelto a identificar como *M. divaricatum*. Las colecciones de Belice también corresponden con *M. divaricatum* en cuanto a la pelosidad de los pedúnculos y filarios. Se presume que los ejemplares con rayos cortos de Belice, anteriormente identificados como *M. costaricense*, son simplemente ecotipos extremos de *M. divaricatum* que crecen sobre caliza y están adoptados a hábitats secos.

El tipo de *Dysodium divaricatum* es presuntamente una colección de Bertero (por lo tanto del herbario Richard), colectada en Gaira,

cerca de Santa Marta, Colombia, la localidad citada en el protólogo, pero no se sabe que Richard haya visitado Santa Marta. Es por lo tanto posible que *M. berteroanum* y *D. divaricatum* hayan sido tipificados por elementos de una sola colección de Bertero, pero de distintos ejemplares. Hay que anotar, que los ejemplares de *M. divaricatum* de la costa seca caribeña de Colombia (incluidos los ejemplares de Bertero) tienen en promedio el limbo de las corolas radiadas más corto, por lo tanto se amplía la suposición de que la longitud del limbo de las corolas radiadas puede estar influenciada por el ambiente.

5. Melampodium gracile Less., *Linnaea* 6: 407 (1831). Isotipo: México, Veracruz, *Schiede y Deppe 1254* (MO!). Ilustr.: Millspaugh y Chase, *Publ. Field. Columb. Mus., Bot. Ser.* 3: 108 (1904).

Melampodium gracile Less. var. *oblongifolium* (DC.) A. Gray, *M. microcarpum* S.F. Blake, *M. oblongifolium* DC.

Hierbas anuales con raíz axonomorfa, 15-50 cm; tallos erectos, varias veces ramificados, con frecuencia esparcidamente estipitado-glandulosos, también hirsuto-pilosos, los tricomas no glandulares casi el doble de la longitud de los tricomas glandulares, los entrenudos casi tan largos como las hojas o los entrenudos proximales mucho más largos que las hojas. Hojas simples, típicamente subsésiles y al menos las hojas proximales semiamplexicaules; láminas (2-)3.5-9(-12) × 2-4 cm, hastado-lanceoladas o panduriformes a triangular-ovadas u ovadas, 3-nervias desde muy por encima de la base, las superficies algunas veces estipitado-glandulosas, estrigulosas o esparcidamente hirsutas a subglabras, la base dilatada cerca del tallo, atenuado-acuminada a redondeada o subauriculada, los márgenes no conspicuamente crenulados a profundamente crenados, el ápice agudo a acuminado; pecíolo 0.1-0.3 cm. Capitulescencias corimbosas, con pocas cabezuelas, largamente pedunculadas; pedúnculos 2-9 cm, ligera y cortamente estipitado-glandulosos, también esparcidamente hirsuto-pilosos. Cabezuelas 6-7 mm; involucro 5-10 mm de ancho, cupuliforme; filarios externos 3(-5), (2-)3.5-5 × (0.8-)1.5-3.5 mm, ovados a lanceolados, eximbricados a subimbricados, esparcidamente hirsutos, también cortamente estipitado-glandulosos, el ápice agudo a acuminado; páleas 2-2.5 mm, oblongas a ovadas. Flores radiadas 5-8, el limbo de la corola 2-5 × 3-4 mm, suborbicular, amarillo-dorado, 5-7-nervio, setoso abaxialmente, el ápice moderadamente bífido a trífido hasta rara vez emarginado, la muesca apical 0.5-2 mm; ramas del estilo alargadas, erectas a escasamente patentes, más cortas que el limbo de la corola, alcanzando casi hasta la base de los dientes de la corola. Flores del disco 25-45; corola 2-2.6 mm, amarilla a amarillo-dorado, el tubo 0.9-1.3 mm, la garganta 0.7-0.8 mm, los lobos 0.4-0.5 mm, papiloso-setosos; ovario ovoide, diminuto. Periginios 2.2-2.5 mm, las superficies ligeramente reticulado-verrugosas, el ápice no cuculado y no corniculado. 2n =18. *Borde de arroyos, áreas alteradas, orillas de caminos, áreas rocosas, selvas bajas caducifolias, laderas con* Quercus, *matorrales espinosos, selvas altas perennifolias.* Ch (*Breedlove 26221*, MO); Y (*Gaumer 789*, MO); C (*Arreola 3*, MO); B (*Lundell 6759*, NY); G (*Aguilar 25*, MO). 0-1700(-2000) m. (C. y S. México, Mesoamérica.)

Los registros de Standley (1938) de *Melampodium oblongifolium* (un sinónimo de *M. gracile* como aquí definido) de Costa Rica y de El Salvador (como fue citado por Berendsohn y Araniva de González, 1989) están muy probablemente basados en identificaciones erróneas de *M. paniculatum*, una especie relacionada y ampliamente distribuida.

6. Melampodium linearilobum DC., *Prodr.* 5: 518 (1836). Holotipo: México, estado desconocido, *Alaman s.n.* (microficha MO! ex G-DC). Ilustr.: no se encontró. N.v.: Posita, G; arnica montés, arnica silvestre, ES.

Melampodium canescens Brandegee.

Hierbas anuales, 6-50 cm; tallos erectos, algunas veces decumbentes, poco a muy ramificados, estriguloso-estrigosos. Hojas simples hasta por lo general fina y escasamente pinnatífidas, sésiles; láminas 1.5-4(-5) cm, si son lineares y no pinnatífidas entonces de 1-3 mm de ancho, de contorno linear a obovado, la nervadura no prominente, la superficie adaxial estrigoso-pilosa, la superficie abaxial blanco-serícea, también diminutamente-glandulosa, la base atenuada a obtusa, los márgenes de la lámina o los lobos enteros, el ápice agudo a obtuso, los lobos lineares, 1-3 mm de ancho. Capitulescencias con 1-3 cabezuelas por rama, varias a numerosas cabezuelas cuando la planta es muy ramificada; pedúnculos 3.5-6 cm, estrigoso-pilosos, no estipitado-glandulosos. Cabezuelas 5-7 mm; involucro 6-10 mm de ancho, hemisférico a cupuliforme; filarios externos 5, 3.5-5.5 × 2.5-3 mm, ovados u obovados a oblanceolados, subimbricados a imbricados, ligeramente connatos basalmente, los márgenes y el ápice (de al menos 2 de los 5 filarios por cabezuela) conspicua y anchamente escariosos y amarillos, la superficie herbácea pilosa a estrigosa, algunas veces punteado-glandulosa, los márgenes glabros, el ápice agudo; páleas c. 4 mm, oblanceoladas, por lo general glabras. Flores radiadas (6-)8, el limbo de la corola 2-4 × 2-5 mm, ovado-orbicular a anchamente cuneado, amarillo, c. 10-nervio, típica y abaxialmente glanduloso, también setuloso sobre las nervaduras, el ápice emarginado o brevemente 3-dentado. Flores del disco (10-)45-75; corola 2-2.4 mm, amarilla, el tubo c. 0.6 mm, la garganta c. 0.8 mm, los lobos 0.6-1 mm, papiloso-setosos; ovario c. 2.5 mm, linear-estipiforme. Periginios con el cuerpo 2-3 mm, las superficies estriadas a tuberculadas, las estrías y los tubérculos pajizos, el ápice cuculado, pajizo, concoloro con las estrías del cuerpo, moderadamente liso, c. 2.5 mm, la caperuza subentera hasta en ocasiones 1-corniculada o 2-corniculada, los córnículos cuando presentes enrollados hacia afuera, la porción enrollada c. 0.7 mm de ancho. 2*n* = 20. *Matorrales espinosos, laderas, selvas caducifolias, selvas altas perennifolias, bosques de* Pinus*, márgenes de ríos, áreas alteradas, sabanas.* Ch (*Purpus 9113*, MO); G (*Pruski et al. 4549*, MO); H (*Molina R. y Molina 22740*, MO); ES (*Tucker 455*, MO); N (*Stuessy 619*, MO); CR (*Rowlee y Rowlee 179*, NY). 0-1600 m. (México, Mesoamérica.)

Numerosos ejemplares de herbario de *Melampodium linearilobum* fueron anotados en 1960 como *M. hispidum*.

7. Melampodium longipilum B.L. Rob., *Proc. Amer. Acad. Arts* 27: 173 (1893 [1892]). Holotipo: México, San Luis Potosí, *Pringle 3639* (imagen en Internet ex GH!). Ilustr.: no se encontró.

Melampodium villicaule Greenm.

Hierbas anuales, 7-30 cm; tallos erectos, poco ramificados, largamente pilosos, los entrenudos casi tan largos como las hojas más largas. Hojas simples, subsésiles a pecioladas, las bases algunas veces conectadas por un ala que se extiende en un disco nodal angosto; láminas 1.5-5(-7.5) × 0.5-3.5 cm, elípticas a ovadas, 3-nervias desde muy por encima de la base, ambas superficies largamente pilosas, también diminutamente punteado-glandulosas, la base atenuada a anchamente obtusa o algunas veces subauriculada, los márgenes enteros, el ápice agudo a rara vez obtuso; pecíolo 0.2-1.5 cm, la base ancha, angostamente alado. Capitulescencias monocéfalas hasta algunas veces con pocas cabezuelas y corimbiformes, pedunculadas y dispuestas por encima de las hojas subyacentes; pedúnculos 1-7(-11) cm, largamente pilosos, no estipitado-glandulosos. Cabezuelas 5-7.5 mm; involucro 6.5-9.5 mm de ancho, hemisférico a cupuliforme; filarios externos 5, (2.5-)3.5-5(-6) × 2-3.5 mm, ovados a orbiculares, subimbricados a imbricados, escasamente connatos basalmente, largamente pilosos, también diminutamente punteado-glandulosos, el ápice agudo u obtuso, frecuentemente cuspidado; páleas 2.5-3 mm, oblanceoladas, glabras. Flores radiadas (4-)8, el limbo de la corola 3.5-5.5 × 1.8-4 mm, ovado a oblongo, amarillo-dorado, 6-8-nervio, abaxialmente glanduloso, las 2 nervaduras más gruesas también setosas, el ápice obtuso a truncado, subentero a frecuentemente emarginado. Flores del disco 30-60; corola 1.2-1.6 mm, amarillo o amarillo-verde, diminutamente glandulosa proximalmente, el tubo 0.4-0.6 mm, la garganta 0.5-0.6 mm, los lobos 0.3-0.4 mm, apicalmente papilosos por dentro; ovario c. 2.5 mm, linear-estipiforme. Periginios 2-2.5 mm, la superficie dorsal lisa, las superficies laterales marcadamente tuberculadas y rugulosas, el ápice no cu-

culado pero tardíamente formando córnículos aplanados de base ancha, setoso, cirroso-enrollado surgiendo directamente desde el cuerpo del periginio; base del córnículo c. 1.5 mm de ancho, la porción enrollada del córnículo 2.5-4 mm de ancho, el córnículo adpreso al limbo de las flores radiadas. 2*n* = 20. *Selvas caducifolias, bosques de* Pinus*, áreas rocosas.* Ch (*Reyes-García 1303*, MO); G (*Véliz 14266*, MO). 200-1600 m. (C. y S. México, Mesoamérica.)

El córnículo aplanado de base ancha surgiendo directamente del periginio más bien que desde la capucha y el tubo largo de las corolas radiadas diferencian esta especie.

8. Melampodium microcephalum Less., *Linnaea* 9: 268 (1834). Holotipo: México, Veracruz, *Schiede 217* (imagen en Internet ex HAL!). Ilustr.: Calderón de Rzedowski y Rzedowski, *Fl. Bajío, Fasc. Compl.* 20: 230 (2004).

Melampodium lanceolatum Sessé et Moc.

Hierbas anuales con raíz axonomorfa, 15-60(-80) cm; tallos erectos a decumbentes y enraizando en los nudos, poco ramificados, cortamente estipitado-glandulosos e hirsutos o hirsútulos a rara vez glabrescentes, los tricomas no glandulares cerca del doble de la longitud de los tricomas glandulares, los entrenudos en general más largos que las hojas. Hojas simples, subsésiles o cortamente pecioladas; láminas 2-6(-9) × 1-2.5(-3.5) cm, lanceoladas a rara vez ovadas, 3-nervias desde cerca de la base o en ocasiones pinnatinervias, la superficie adaxial hirsútula o subestrigosa, la superficie abaxial subestrigosa, algunas veces estipitado-glandulosa, la base atenuada a rara vez obtusa, no dilatada cerca del tallo, los márgenes enteros a inconspicuamente crenulado-ondulados, el ápice agudo o acuminado a rara vez obtuso; pecíolo 0.1-0.4 cm. Capitulescencias corimbosas, monocéfalas hasta con pocas cabezuelas, largamente pedunculadas; pedúnculos 1-3(-6) cm, cortamente estipitado-glandulosos e hirsutos. Cabezuelas 3-4 mm; involucro 5-8(-10) mm de ancho, cupuliforme; filarios externos 3(-5), 3-5 × 1.5-3 mm, lanceolados a obovados, eximbricados a subimbricados, la base en ocasiones escasamente connata, hirsutos a esparcidamente hirsutos, también cortamente estipitado-glandulosos, el ápice acuminado o agudo; páleas c. 2 mm, oblongas a ovadas. Flores radiadas 5-8, el limbo de la corola 2.5-4 × 2-3 mm, elíptico, amarillo, 5-nervio o 6-nervio, setosas abaxialmente sobre las nervaduras, el ápice moderadamente bífido a trífido, la muesca apical c. 1.2 mm; ramas del estilo ascendentes a recurvadas, mucho más cortas que el limbo de la corola. Flores del disco 25-45; corola c. 2.1 mm, amarilla a amarillo-dorado, el tubo c. 1 mm, la garganta c. 0.8 mm, los lobos c. 0.3 mm, papiloso-setosos; ovario ovoide, diminuto. Periginios 1.6-2.4 mm, las superficies reticuladas o tuberculadas, el ápice no cuculado y no corniculado. 2*n* = 18. *Selvas altas perennifolias, áreas alteradas, campos, bosques abiertos.* Ch (*Breedlove y Thorne 20795*, MO); G (*King 3425*, NY). 3-1500(-2000) m. (México, Mesoamérica.)

El registro de Clewell (1975) de *Melampodium microcephalum* en Honduras probablemente se basa en identificaciones erróneas de especies similares como *M. gracile* o *M. paniculatum*, las cuales parecen ser mucho más comunes en Mesoamérica. Es posible que el concepto de *M. microcephalum* usado por Clewell (1975), quien también listó *M. oblongifolium* como un sinónimo, se refiera al mismo taxón según el concepto de *M. gracile* (con *M. oblongifolium*) de Standley (1938) para Costa Rica y de Berendsohn y Araniva de González (1989) para El Salvador. Sin embargo, no se ha confirmado esta suposición ya que no se han estudiado los ejemplares respectivos. Sin embargo, cabe anotar, que las identificaciones erróneas de *M. gracile*, *M. microcephalum* y *M. paniculatum*, son comunes, y por lo tanto no he aceptado los registros de países, especialmente aquellos que representan puntos extremos de distribución, basados en la literatura.

9. Melampodium montanum Benth., *Pl. Hartw.* 64 (1840). Holotipo: México, Oaxaca, *Hartweg 475* (foto MO! ex K). Ilustr.: no se encontró. N.v.: K'an nich wamal, k'anal nich, tzajal akan, Ch.

Melampodium liebmannii Sch. Bip. ex Klatt, *M. montanum* Benth. var. *viridulum* Stuessy.

Hierbas perennes rizomatosas con raíz fibrosa, (10-)20-40 cm; tallos decumbentes a ascendentes, poco ramificados frecuentemente desde cerca de la base, piloso-hirsutos o rara vez glabrescentes, los entrenudos frecuentemente más largos a mucho más largos que las hojas. Hojas simples, subsésiles, las bases algunas veces conectadas por un ala expandida en un disco nodal angosto, no perfoliadas; láminas (1-)1.5-4.5 × (0.3-)0.7-2.2 cm, elíptico-lanceoladas a ovadas, 3-nervias desde cerca hasta desde muy por encima de la base, ambas superficies típicamente no glandulosas, hirsuto-subestrigosas hasta en ocasiones glabras especialmente en la superficie abaxial, la base obtusa o anchamente cuneada, los márgenes enteros a subenteros, el ápice anchamente agudo a obtuso; pecíolo 0.1-0.3 cm. Capitulescencias monocéfalas hasta algunas veces con pocas cabezuelas y corimbiformes, pedunculadas y dispuestas por encima de las hojas subyacentes; pedúnculos (1-)3-9.5 cm, piloso-hirsutos, no estipitado-glandulosos. Cabezuelas 4.5-6 mm; involucro 8-11 mm de ancho, hemisférico; filarios externos 5, 4-5.5 × 3-5 mm, ovadas a orbiculares, subimbricados a imbricados, connatos basalmente, glabros a generalmente pilosos basalmente, glabros distalmente, los márgenes angostamente escariosos, los márgenes y el ápice algunas veces purpúreos, el ápice agudo u obtuso; páleas c. 2 mm, oblanceoladas. Flores radiadas (7-)13, el limbo de la corola (4-)6-12 × 1.5-3 mm, elíptico-lanceolado u oblongo, amarillo o con frecuencia verdoso abaxialmente especialmente cuando inmaduro, 5-7-nervio, glabro, el ápice obtuso o truncado a brevemente 2-dentado o 3-dentado o emarginado. Flores del disco 70-110; corola 2.5-2.7 mm, amarilla o amarillo-verde, glabra, el tubo 1.1-1.3 mm, la garganta c. 0.7 mm, los lobos c. 0.7 mm; ovario c. 0.4 mm, ovoide, diminuto. Periginios 1.6-2.1 mm, sublunulariformes, la porción dorsal-distal muy expandida, las superficies lisas o algunas veces estriadas, el ápice no cuculado y no corniculado. $2n = 22$. *Bosques de* Pinus-Quercus*, pastizales, orillas de caminos, laderas rocosas.* Ch (*Ghiesbreght 546*, MO); G (*Skutch 1036*, F). (1600-)2000-3400 m. (México, Mesoamérica.)

Stuessy (1972b) reconoció *Melampodium montanum* var. *viridulum* con flores normalmente amarillas basándose en el limbo abaxialmente verdoso de las corolas radiadas, pero esta característica se encuentra en ocasiones en los ejemplares inmaduros de las flores típicamente amarillas de *M. divaricatum* y en corolas y frutos de numerosas otras Asteraceae por lo que no se considera aquí diagnóstico. La especie hexaploide *M. aureum* Brandegee, de México, es mucho más cercanamente emparentada a *M. montanum*, y se está de acuerdo con Stuessy (1972b) en que al final *M. aureum* podría resultar ser sinónimo y apenas una raza hexaploide de *M. montanum*.

10. Melampodium paniculatum Gardner, *London J. Bot.* 7: 287 (1848). Sintipo: Brasil, *Gardner 3844* (BM). Ilustr.: no se encontró.
Melampodium brachyglossum Donn. Sm.

Hierbas anuales con raíz axonomorfa, 10-100 cm; tallos ascendentes a erectos, varias veces ramificados, estipitado-glandulosos, también esparcidamente hirsuto-pilosos, los tricomas no glandulares casi el doble de la longitud de los tricomas glandulares, los entrenudos típicamente más largos que las hojas. Hojas simples, con frecuencia abruptamente reducidas en tamaño en la capitulescencia, sésiles o las hojas de los tallos cortamente pecioladas; láminas 2-5(-9) × 1-2(-5) cm, ovadas o rómbicas a lanceoladas, 3-nervias desde cerca hasta muy por encima de la base, las superficies algunas veces estipitado-glandulosas, estrigulosas a subglabras, la base atenuada y escasamente dilatada a obtusa, algunas veces subauriculada, los márgenes subenteros a serrados, el ápice acuminado a agudo; pecíolo cuando presente 0.1-1.5 cm, los de las hojas proximales algunas veces alados. Capitulescencias corimbosas a corimboso-paniculadas, con varias cabezuelas, frecuentemente bracteoladas, corta a largamente pedunculadas; pedúnculos l-5 cm, cortamente estipitado-glandulosos, también esparcidamente hirsuto-pilosos. Cabezuelas 2.2-4.5 mm; involucro 3-6.5 mm de ancho,

hemisférico a cupuliforme; filarios externos 3(4), 1.8-4 × 1.5-2.8 mm, lanceolados a ovados, eximbricados a subimbricados, esparcidamente hirsuto-pilosos, también algunas veces cortamente estipitado-glandulosos, el ápice agudo a acuminado; páleas c. 1.3 mm, elíptico-lanceoladas, glabras. Flores radiadas 3-8, el limbo de la corola 1-2 × 1-2 mm, muy anchamente cuneado, amarillo pálido a anaranjado-amarillento, 5-nervio, glabras o setulosas abaxialmente, el ápice obtuso, profundamente bífido a trífido, la muesca apical 0.5-1.5 mm, frecuentemente casi hendida hasta la base del limbo. Flores del disco 8-15(-29); corola 1.6-2 mm, amarillo pálido, el tubo 0.7-0.8 mm, la garganta 0.7-0.8 mm, los lobos 0.2-0.4 mm, papiloso-setosos; ovario ovoide, diminuto. Periginios 2-3 mm, las superficies estriadas y verrugosas, el ápice algunas veces setoso, no cuculado y no corniculado. $2n = 36, 54$. *Matorrales, bosques mesófilos, áreas alteradas, bosques de* Pinus*, bosques de* Quercus*, maizales, orillas de lagos, orillas de ríos, orillas de caminos, pastizales, claros.* Ch (*Pruski et al. 4189*, MO); G (*von Türckheim II 1289*, MO); H (*Croat 42774*, MO); ES (*Rosales 1117*, MO); N (*Kral 69027*, MO); CR (*Solís 62*, MO); P (*White y White 111*, MO). 300-2000 m. (México [Oaxaca], Mesoamérica, Colombia, Venezuela, Brasil.)

Stuessy (1975b) dio el número de flores radiadas por cabezuela de *Melampodium paniculatum* como "3-6". Sin embargo, Baker (1884) dio el número como "5-8" y Donnell Smith (1888), en el protólogo del sinónimo *M. brachyglossum*, dio el número de flores radiadas "6-7". Morfológicamente, los ejemplares mesoamericanos de *M. paniculatum* estudiados se caracterizan por las cabezuelas con 3-5(-7) flores radiadas y hasta 15 flores del disco, mientras que los ejemplares de Brasil se caracterizan por las cabezuelas con 5-8 flores radiadas y hasta 29 flores del disco. Stuessy (1972b) anotó la diferencia citológica entre estas poblaciones, siendo los ejemplares mesoamericanos tetraploides, mientras que los de Brasil hexaploides.

11. Melampodium perfoliatum (Cav.) Kunth in Humb., Bonpl. et Kunth, *Nov. Gen. Sp.* folio ed. 4: 215 (1820 [1818]). *Alcina perfoliata* Cav., *Icon.* 1: 11 (1791). Lectotipo (designado por Stuessy, 1972b): cultivado en Madrid, originario de México, *Anon. s.n.* (MA). Ilustr.: Cavanilles, *Icon.* 1: t. 15 (1791), como *A. perfoliata*.
Polymnia perfoliata (Cav.) Poir., *Wedelia perfoliata* (Cav.) Willd.

Hierbas anuales frecuentemente con raíz axonomorfa, 0.2-1.5(-2) m; tallos erectos, simples o por lo general poco ramificados, diminutamente puberulentos a proximalmente glabrescentes, los entrenudos frecuentemente mucho más largos que las hojas. Hojas simples, sésiles, subamplexicaules, al menos las hojas proximales perfoliadas; láminas 3-15(-20) × 1.5-12(-15) cm, deltadas a rómbico-deltadas, 3-nervias desde muy por encima de la base, las superficies punteado-glandulosas especialmente en la superficie abaxial, por lo demás puberulentas a hirsútulas, la base atenuada y amplexicaule a subamplexicaule, el reborde nodal c. 1.5 cm de ancho, los márgenes subenteros a serrados, el ápice agudo u obtuso. Capitulescencias corimbosas, con pocas cabezuelas, largamente pedunculadas; pedúnculos (1-)2-10 cm, estriados, hirsútulos, no estipitado-glandulosos. Cabezuelas 5-7 mm; involucro (12-)18-34 mm de ancho; filarios externos foliosos 5, (6-)9-17 × 4-11 mm, oblongos a elípticos u ovados, subimbricados, connatos basalmente, punteado-glandulosos en especial marginalmente, también algunas veces subestrigosos, los márgenes frecuentemente rígidos y cortamente ciliados, el ápice obtuso o algunas veces agudo; páleas c. 2.1 mm, oblongas, glabras. Flores radiadas 8-13, el limbo de la corola 2.5-4.5 × 1.6-3 mm, oblongo-elíptico, amarillo-dorado, 5-10-nervio, punteado-glanduloso abaxialmente, ápice obtuso y emarginado. Flores del disco 30-45; corola 2.1-2.7 mm, amarilla, esparcidamente glandulosa distalmente, el tubo 0.9-1.2 mm, la garganta 0.8-1 mm, los lobos 0.4-0.5 mm; ovario c. 0.4 mm, ovoide, diminuto. Periginios 4-7 mm, dirigidos hacia afuera y formando un anillo largamente persistente 8-13-lobado abrazado por los 5 filarios externos foliosos, las superficies lisas a indistintamente poco estriadas, no marcadamente estriadas, el ápice redondeado, brevemente 5-rostrado, no cuculado y no corniculado, completamente pardos; periginopodio esclerosado. $2n = 22, 24$. *Orillas de arroyos, áreas alteradas, orillas de caminos, bosques de* Pinus-Quercus, *selvas altas perennifolias, áreas cultivadas.* Ch (*Ton 4566*, MO); G (*Castillo 1571*, MO); ES (*Renderos et al. MR-00318*, MO); CR (*Stuessy y Gardner 4485*, MO). 500-1900(-2200) m. (México, Mesoamérica; cultivada y algunas veces escapando en Estados Unidos [California], Cuba, Europa.)

Melampodium perfoliatum es una especie arvense común fácil de reconocer por las hojas perfoliadas y los periginios largamente persistentes los cuales están dirigidos directamente hacia afuera y abrazados por los 5 filarios externos foliosos patentes.

12. Melampodium sericeum Lag., *Gen. Sp. Pl.* 32 (1816). Isotipo: cultivado de semillas colectadas en México por Sessé y Mociño (G). Ilustr.: Kunth, *Nov. Gen. Sp.* folio ed. 4: t. 399 (1820 [1818]), como *M. hispidum*. N.v.: Hierba de toro, G; arnica de cabro, ES.

Melampodium hispidum Kunth, *M. sericeum* Lag. var. *exappendiculatum* B.L. Rob.

Hierbas anuales con raíz axonomorfa, 7-40 cm; tallos ascendentes a erectos, simples a varias veces ramificados, hirsuto-pilosos. Hojas simples a algunas veces pinnatífidas con 1-4 lobos por margen, sésiles a peciolariformes; láminas 2-6.5(-8) × 0.2-2(-4) cm, de contorno oblanceolado a elíptico o lanceolado, indistintamente pinnatinervias a 3-nervias desde cerca de la base, la superficie adaxial estrigoso-pilosa, la superficie abaxial blanco-sérícea, también diminutamente-glandulosa, la base atenuada a obtusa, los márgenes de las hojas y los lobos enteros, los lobos c. 2.3 × 0.2-0.9 cm, lanceolados, el ápice agudo a algunas veces obtuso. Capitulescencias con 1-5 cabezuelas por rama, no largamente exertas de las hojas subyacentes; pedúnculos 0.3-2 cm, hirsuto-pilosos, no estipitado-glandulosos. Cabezuelas 4-5 mm; involucro 4-8 mm de ancho, hemisférico a cupuliforme; filarios externos 5, 3-7 × 2-4 mm, ovados a obovados o rómbicos, subimbricados, completamente herbáceos, ligeramente connatos basalmente, pilosos, el ápice agudo; páleas c. 3.5 mm, oblanceoladas, glabras. Flores radiadas 5-7, el limbo de la corola 0.8-1.2(-2) × 0.6-1.2 mm, elíptico, amarillo o algunas veces color púrpura abaxialmente, c. 5-nervio, abaxialmente setuloso, también glanduloso, el ápice emarginado o brevemente 3-dentado. Flores del disco (5-)8-12; corola 1-1.3 mm, 3-lobada o 4-lobada, amarilla, el tubo 0.4-0.5 mm, la garganta 0.4.-0.5 mm, los lobos 0.2-0.3 mm, papiloso-setosos; ovario c. 1.2 mm, linear-estipiforme. Periginios con el cuerpo 2.5-3.3 mm, las superficies estriadas a poco tuberculadas, ápices típicamente cuculados, algunas veces tardíamente, la caperuza pajiza, concolora con las estrías del cuerpo, moderadamente lisa, c. 1 × 1 mm, frecuentemente 1-3-corniculada, los corniculos cuando presentes enrollados hacia fuera en el ápice, c. 1.4 mm. $2n = 60$. *A lo largo de arroyos, áreas alteradas, campos, orillas de caminos, laderas con* Quercus. Ch (*D'Arcy 12107*, MO); G (*King y Renner 7139*, MO); ES (*Calderón 1019*, US). 900-1600(-2000) m. (México, Mesoamérica; algunas veces cultivada en regiones templadas, pero no se sabe que escape.)

No se han estudiado ejemplares de *Melampodium sericeum* de Nicaragua y el registro de Hemsley (1881) de esta especie posiblemente sea de ejemplares de *M. linearilobum*. Los ejemplares con páleas apicalmente color púrpura y el limbo de las corolas radiadas abaxialmente color púrpura se parecen, en términos de la coloración, a la especie poco conocida *M. pringlei* B.L. Rob., que se reconoce provisionalmente como distinta. Por las hojas opuestas, algunas veces pinnatífidas *Tridax coronopifolia* es similar a *M. sericeum*.

200. Milleria L.

Por J.F. Pruski.

Hierbas anuales altas con raíz axonomorfa, el follaje por lo general viscoso, estipitado-glanduloso y algunas veces piloso, rara vez punteado-glanduloso; tallos erectos, ramificados, subteretes, fistulosos, los nudos algunas veces seudoestipulados. Hojas simples, opuestas, pecioladas o rara vez perfoliadas, distribuidas uniformemente a lo largo del tallo, progresivamente reducidas distalmente; láminas elípticas a anchamente ovadas o deltado-cordiformes, cartáceas, 3-5-nervias desde cerca de la base de la lámina, rara vez perfoliadas; pecíolo alado. Capitulescencias terminales y axilares, abiertamente corimbosas, con varias cabezuelas, dicotómicamente ramificadas 2 o 3 veces, la cabezuela central cortamente pedunculada, rápidamente sobrepasada por las ramitas laterales alargadas, las últimas ramitas racemosas frecuentemente con cabezuelas nutantes más o menos subiguales a cortamente pedunculadas; pedúnculos cortos, sin bractéolas. Cabezuelas pequeñas, con pocas flores, cortamente radiadas, las flores radiadas dispuestas asimétricamente; involucro en fruto acrescente; filarios pocos, 2-seriados, los 2 externos cartáceos endureciendo en el fruto y las flores cercanas formando una estructura periginiforme; clinanto aplanado, paleáceo, las páleas y los filarios internos ligeramente diferenciados. Flores radiadas 1(2); corola ligeramente exerta del involucro, glandulosa, el limbo 3-lobado; ramas del estilo con 2 bandas de líneas estigmáticas en pares. Flores del disco pocas, funcionalmente estaminadas; corola 5-lobada, exerta del involucro, glandulosa, la garganta con un solo conducto resinoso a lo largo de cada nervadura, los lobos cortos, erectos; anteras negras o rara vez amarillas, los apéndices algunas veces sésil-glandulosos. Cipselas radiadas obpiriformes, escasamente obcomprimidas, envueltas por el involucro irregularmente engrosado en una estructura periginiforme; vilano ausente. $x = 15$. 1 sp. América tropical.

Milleria es similar a *Trigonospermum* pero difiere por los frutos en estructuras periginiformes. *Milleria* es ampliamente conocido y se tienen ejemplares de W. Houstoun (Veracruz) y R. Miller (Campeche) de principios de los 1700. El segundo nombre (*Milleria biflora*) validado por Lineo en *Species Plantarum* en 1753 fue designado por Cassini (1824) como el tipo de *Elvira* (1824), un sinónimo taxonómico de *Delilia* (1823), mientras que *M. quinqueflora* fue designado por Cassini (1824) como el tipo de *Milleria*.

Bibliografía: Cassini, H. *Dict. Sci. Nat.* ed. 2, 30: 65-69 (1824). Jarvis, C.E. y Turland, N.J. *Taxon* 47: 347-370 (1998). Turner, B.L. y Triplett, K. *Phytologia* 81: 348-360 (1996).

1. Milleria quinqueflora L., *Sp. Pl.* 919 (1753). Lectotipo (designado por Stuessy en Jarvis y Turland, 1998): Martyn, *Hist. Pl. Rar. (Decas Quarta)* t. 41 (1728 [-1737]). Ilustr.: Panero, *Fam. Gen. Vasc. Pl.* 8: 490, t. 101 (2007 [2006]). N.v.: Chinchingua, Ch; xentoloc, xjomotolok, Y; olla vieja, pega chivo, quesillo, saján, G; escobillo negro, mozote, ES; florecilla, CR.

Milleria glandulosa DC., *M. maculata* Mill., *M. perfoliata* B.L. Turner, *M. peruviana* H. Rob., *M. quinqueflora* L. var. *maculata* (Mill.) DC., *M. triflora* Mill.

Hierbas 0.3-1.5(-2.5) m; tallos estriados, frecuentemente pilosos proximalmente, estipitado-glandulosos distalmente, las seudoestípulas c. 1 × 1.5 cm, reflexas, deltoideas. Hojas pecioladas, las distales muy reducidas; láminas 2-14(-20) × 0.6-12(-18) cm, elípticas a anchamente ovadas, la superficie adaxial escabrosa, la superficie abaxial pilósula, ligeramente glanduloso-estipitado, la base redondeada, truncada o subcordata, luego largamente atenuada sobre el pecíolo, los márgenes subenteros a serrado-dentados, el ápice agudo a acuminado, rara vez obtuso; pecíolo 0.4-7(-10) cm. Capitulescencias hasta 25 × 25 cm. Cabezuelas 2-5 × 2-5 mm, ovoides; involucro campanulado; filarios externos ovados, glanduloso-estipitados, los 1 o 2 filarios internos cercanamente subyacentes a las flor(es) radiadas, hialinos; pedúnculos delgados, algunas veces recurvados, 2-6 mm. Flores radiadas con corola amarillo-pálida o blanca, el limbo c. 4 mm, obovado, los lobos c. 1.5 mm, patentes, el tubo c. 1 mm; estilo exerto del tubo, las ramas c. 2 mm, algunas veces alcanzando hasta cerca del ápice del limbo. Flores del disco 3-5(-8); corola infundibuliforme, blanco-verdosa, los lobos c. 0.5 mm; anteras en parte exertas; estilo no dividido, en general incluido, rara vez exerto c. 2 mm de la corola. Cipselas negras, completamente envueltas por los filarios acrescentes formando una estructura nuciforme c. 5 × 3 mm, coriácea, glabra o casi glabra, irregularmente tuberculada, verde-pardusca. 2*n* = 30. *Áreas alteradas, orillas de caminos, matorrales, bosques secundarios, selvas estacionales, selvas altas perennifolias, bosques de* Quercus-Pinus, *bordes de arroyos.* Ch (*Breedlove 28330*, MO); Y (*Gaumer 949*, MO); C (*Houstoun s.n.*, BM); QR (*Darwin 2385*, MO); B (*Gentle 844*, MO); G (*Heyde y Lux 4110*, NY); H (*Standley 27485*, MO); ES (*Calderón 1136*, MO); N (*Kral 69380*, MO); CR (*Tonduz 13801*, NY); P (*Dwyer 2542*, MO). 0-1400 m. (México, Mesoamérica, Colombia, Venezuela, Ecuador, Perú, Bolivia, Cuba, Trinidad.)

Milleria se considera monoespecífico; Turner y Triplett (1996) manifestaron la gran variación de *Milleria* al indicar que *M. maculata*, *M. quinqueflora* y *M. triflora* fueron descritas de plantas cultivadas de una sola fuente de semilla mexicana. Además, Turner y Triplett (1996) redujeron *M. peruviana* a la sinonimia de *M. quinqueflora*. Sin embargo, simultáneamente, *M. perfoliata* fue descrita en Turner y Triplett (1996), subiendo a dos el número de especies reconocidas en *Milleria*. *Milleria perfoliata*, que se conoce solo del holotipo de Jalisco, México, se pensaba que era distinta debido al follaje punteado-glanduloso (vs. estipitado-glanduloso), las hojas perfoliadas (vs. alado-pecioladas), las flores del disco 6-8 (vs. 3-5) con corola amarilla (vs. verde) y por los últimos pedúnculos 10-20 mm (vs. c. 5 mm). He visto ejemplares adicionales de dos individuos (*Villaseñor y Spooner 771*, MO, del Distrito Federal, México y *LeSueur 1021*, MO, de Chihuahua, México) ambos con la superficie abaxial punteado-glandulosa, que por tanto se diferencian de la mayoría de ejemplares identificados como *M. quinque-flora*. Sin embargo, *Villaseñor y Spooner 771* (MO) y *LeSueur 1021* (MO) tienen corolas del disco verdes y anteras negras, y *Villaseñor y Spooner 771* (MO) tiene los últimos pedúnculos de solo c. 5 mm, disminuyendo la supuesta distinción de *M. perfoliata*. Ejemplares mesoamericanos ocasionalmente (p. ej., *Stevens 3426*, MO y *Dwyer 2542*, MO) tienen la superficie abaxial punteado-glandulosa como en *M. perfoliata*, pero estos ejemplares no son perfoliados, y carecen de las corolas del disco y las anteras amarillas descritas en el protólogo de *M. perfoliata*. Excepto que esté totalmente equivocado, la variación notada en los ejemplares citados arriba muestra que *Ayala 345* (el tipo de *M. perfoliata*) también corresponde a la especie variable (Turner y Triplett, 1996) *M. quinqueflora*, con la cual la he sinonimizado.

Stuessy (1975a [1976]) listó *Herb. Linn. 1031.1* como tipo de *M. quinqueflora* pero Turner y Triplett (1996: 350) notaron la adición de LINN fue posterior, y por tanto no es material tipo.

201. Oteiza La Llave

Calea L. sect. *Oteiza* (La Llave) Benth. et Hook. f., *C.* subg. *Oteiza* (La Llave) B.L. Rob. et Greenm.

Por J.F. Pruski.

Hierbas perennes toscas a arbustos o bejucos, 1-8 m; tallos erectos a trepadores, no estipitado-glandulosos. Hojas opuestas, pecioladas a casi subsésiles; láminas lanceoladas a ovadas, cartáceas, delgadamente 3-nervias desde cerca de la base, la trinervación llegando al menos a los 2/3 distales de la lámina, ambas superficies pelosas, no punteado-glandulosas. Capitulescencias terminales, cimosas a corimboso-paniculadas. Cabezuelas radiadas; involucro angostamente campanulado a hemisférico; filarios 9-24, más o menos isomorfos, imbricados, graduados, 3-5-seriados, cartáceos, estriados, glabros con los márgenes ciliados o erosos a delgadamente escariosos; clinanto más o menos cónico, paleáceo; páleas lanceoladas u oblanceoladas, algunas veces subnaviculares pero no carinadas, algunas veces trífidas desde la mitad de la pálea. Flores radiadas 5-8, 1-seriadas; corola blanca o amarillo-verdosa, el limbo más largo que el tubo exerto del involucro, las nervaduras uniformemente delgadas, abaxialmente no glandulosas, el ápice 3-lobado. Flores del disco 20-75, bisexuales; corola infundibuliforme, brevemente

5-lobada, amarilla, no glandulosa, el tubo más corto que el limbo, por lo general peloso, la garganta por lo general con 2 conductos resinosos a lo largo cada nervadura, los lobos triangulares, más cortos que la garganta, los conductos laterales frecuentemente intramarginales, glabros a puberulentos; anteras amarillentas a pardo pálido, los apéndices ovados; estilo con la base escasamente dilatada insertada en el nectario circular, el tronco con 4 conductos resinosos, el ápice de las ramas con 2 bandas de líneas estigmáticas en pares, el ápice agudo a algunas veces obtuso, finamente papiloso. Cipselas obcónicas, algunas veces indistintamente 3-5-acostilladas o anguladas, negras, finamente estriadas, glabras, el carpóforo asimétrico, la porción apical con el vilano de cerdas portado en un anillo reducido, las cipselas radiadas no deciduas como una unidad formada de filarios y páleas basalmente adnatos; vilano de numerosas cerdas o aristas setosas, cortas, las cerdas o aristas desiguales, rápidamente caducas, ancistrosas, 1-seriadas, blancas, por lo general llegando solo hasta la unión del tubo-garganta. *x* = 8?, 17. 4 spp. México, Mesoamérica.

1. Oteiza ruacophila (Donn. Sm.) J.J. Fay, *Phytologia* 31: 16 (1975). *Perymenium ruacophilum* Donn. Sm., *Bot. Gaz.* 55: 437 (1913). Holotipo: Guatemala, *Nelson 3727* (US!). Ilustr.: Nash, *Fieldiana, Bot.* 24(12): 540, t. 85 (1976). N.v.: Flor de Sajoc, G.

Calea insignis S.F. Blake, *Schistocarpha steyermarkiana* H. Rob.

Arbustos trepadores, 2-5 m; tallos esparcidamente pilosos. Hojas pecioladas; láminas (4-)7-13 × (1.5-)3-9 cm, ovadas, la superficie adaxial estriguloso-escábrida, la superficie abaxial subestrigulosa o hirsútulo a subglabra, la base cuneada a casi truncada, con una acuminación corta, los márgenes más o menos serrulados, el ápice acuminado; pecíolo 1-4 cm. Capitulescencias con 10-22 cabezuelas; pedúnculos 4-20 mm, esparcidamente hirsútulos a subglabros. Cabezuelas c. 10 mm; involucro 6.5-8 × 5-8 mm, campanulado; filarios c. 25, 3-8 × 1.5-3 mm, oblongos, distalmente erosos, el ápice obtuso, parduscos; páleas 6-7 mm. Flores radiadas 8; corola largamente exerta, el tubo c. 1.5 mm, el limbo 8-14 × 3-4 mm. Flores del disco 20-30; corola 5-6.5 mm, el tubo hispídulo, los lobos 0.6-0.8 mm, glabros. Cipselas 2-2.7 mm; vilano de 15-20 cerdas de 2-3 mm. Floración ene.-feb. *Selvas medianas perennifolias, laderas de volcanes.* G (*Holway 817*, MO). 2300-3200 m. (México, Mesoamérica.)

202. Rumfordia DC.

Por J.F. Pruski.

Hierbas arbustivas toscas, perennes, hasta arbustos, 3(-6) m; tallos erectos, poco ramificados, subteretes o subhexangulares, estriados, algunas veces fistulosos; follaje algunas veces estipitado-glanduloso. Hojas opuestas, sésiles o pecioladas; láminas por lo general lanceoladas a ovado-deltadas u ovado-rómbicas, cartáceas, pinnatinervias o triplinervias desde muy por encima de la base, ambas superficies no glandulosas o glanduloso-punteadas, glabras a pelosas, algunas veces perfoliadas, los márgenes serrados o dentados. Capitulescencias terminales o algunas veces también en las ramitas axilares desde algunos nudos distales, abiertas y algunas veces foliosas, corimboso-paniculadas, ramificación por lo general opuesta; pedúnculos pelosos. Cabezuelas radiadas; involucro doble, hemisférico; filarios dimorfos, obgraduados, 2-seriados, laxamente imbricados pero eximbricados por dentro de las series individuales; filarios de las series externas por lo general 5, anchamente ovados a elípticos, delgadamente herbáceos, patentes a reflexos; filarios de las series internas 6-20, mucho más cortos que los externos, fértiles por estar inmediatamente subyacentes a las flores radiadas, erectos, escariosos, naviculares y laxamente rodeados pero no fusionados a los ovarios radiados y alcanzando la parte proximal del tubo de la corola, el ápice cuculado; clinanto convexo a hemisférico, paleáceo; páleas por lo general naviculares y conduplicadas alrededor de los ovarios del disco, escariosas, más o menos similares en textura a los filarios internos. Flores radiadas 6-20, 1-seriadas; corola amarilla frecuentemente decolorando a blanca, el tubo angosto, notablemente más largo que el ovario, hirsuto-piloso, por lo general también estipitado-glanduloso, el limbo por lo general oblongo a obovado, uniformemente estriado, abaxialmente no glanduloso, el ápice 2-denticulado o 3-denticulado. Flores del disco 18-100, bisexuales; corola tubular-infundibuliforme o delgado-campanulada, brevemente 5-lobada, amarilla, glabra a generalmente pelosa o glandulosa, el tubo casi filiforme, casi tan largo como el limbo, dilatado proximalmente, el limbo alargado, abrupta pero angostamente ampliado, por lo general menos peloso que el tubo, la garganta con un solo conducto resinoso a lo largo de cada nervadura, los lobos deltados; anteras amarillas a parduscas, los apéndices ovados; ramas del estilo con 2 bandas de líneas estigmáticas en pares hasta cerca del ápice deltado, papiloso. Cipselas oblicuamente obcónicas u obovoides, ligeramente comprimidas, negras, estriadas, glabras; vilano ausente. *x* = 12, 13. Aprox. 8 spp. México, Mesoamérica.

Rumfordia fue revisado por Robinson (1909) y Sanders (1977 [1978]), quienes reconocen seis especies, aunque cuatro especies reconocidas por Robinson (1909) fueron tratadas posteriormente por Sanders (1977 [1978]) en la sinonimia de *R. guatemalensis*. Greenman (1904a [1903]) y Turner (1989a: 491-492) observaron la cercana similitud entre *Rumfordia* y *Smallanthus*, pero anotaron que difieren en la sexualidad de las flores del disco, siendo la base para que Robinson (1981) los ubique en distintas subtribus. *Rumfordia* se puede diferenciar de *Smallanthus* por las flores del disco bisexuales con tubo de la corola delgado, y todas las flores formando fruto.

Bibliografía: Greenman, J.M. *Proc. Amer. Acad. Arts* 39: 69-120 (1904 [1903]). Robinson, B.L. *Proc. Amer. Acad. Arts* 44: 592-596 (1909). Sanders, R.W. *Syst. Bot.* 2: 302-316 (1977 [1978]). Turner, B.L. *Phytologia* 65: 491-492 (1989a).

1. Hojas proximales con láminas generalmente subhastado-rómbicas o al menos profundamente dentadas proximalmente, graduando a las hojas distales de la capitulescencia lanceoladas a ovadas, la superficie abaxial por lo general finamente glandulosa, triplinervias desde muy por encima de la base; filarios externos 8-20(-25) mm. **1. R. guatemalensis**
1. Hojas con láminas lanceoladas a elípticas, no glandulosas, pinnatinervias; filarios externos 3-6 mm. **2. R. penninervis**

1. Rumfordia guatemalensis (J.M. Coult.) S.F. Blake, *J. Wash. Acad. Sci.* 18: 25 (1928). *Tetragonotheca guatemalensis* J.M. Coult., *Bot. Gaz.* 16: 99 (1891). Holotipo: Guatemala, *Smith 1592* (US!). Ilustr.: D'Arcy, *Ann. Missouri Bot. Gard.* 62: 1127, t. 67 (1975 [1976]), como *R. polymnioides*. N.v.: Tzotzotz balam k'ia, Ch; mac, G.

Polymnia standleyi Steyerm., *P. verapazensis* Standl. et Steyerm., *Rumfordia aragonensis* Greenm., *R. attenuata* B.L. Rob., *R. media* S.F. Blake, *R. oreopola* B.L. Rob., *R. polymnioides* Greenm., *R. standleyi* (Steyerm.) Standl. et Steyerm., *R. verapazensis* S.F. Blake.

Hierbas, 1-3(-5) m; tallos puberulentos o vellosos a glabrescentes, a veces también cortamente estipitado-glandulosos. Hojas alado-peciolariformes, a veces perfoliadas; láminas, (5-)10-23(-30) × (1.7-)4-13(-19) cm, las proximales generalmente subhastado-rómbicas o al menos profundamente dentadas proximalmente, graduando a las hojas distales de la capitulescencia lanceoladas a ovadas, triplinervias desde muy por encima de la base cerca de la porción distal de la acuminación basal, las nervaduras patentes formando un ángulo de al menos 45° con la vena media, la superficie adaxial delgadamente vellosa a glabrescente, la superficie abaxial por lo general finamente glandulosa, también subestrigosa o puberulenta a piloso-hirsuta o vellosa, algunas veces también estipitado-glandulosa, la base cuneada a cordata o hastada y entonces abruptamente angostada y largamente decurrente en la base peciolar, los márgenes por lo general uniformemente denticulados con dientes de c. 0.5 mm o algunas veces con 1(2) pares de dientes mayores de 2-5 mm, el ápice agudo a acuminado; base peciolar alada

(1-)3-11(-15) cm, por lo general más corta que la lámina, rara vez auriculada. Capitulescencias con 10-30 cabezuelas, escasamente foliosas con hojas abruptamente menores subyacentes a las ramitas; pedúnculos 1-4.5 cm, muy delgados, esparcida a densamente vellosos, algunas veces heterótricos con tricomas no glandulares y estipitado-glandulares. Cabezuelas por lo general 10-15 mm; involucro 10-15 mm de ancho; filarios externos 8-20(-25) × 3-9(-13) mm, anchamente lanceolados a ovados, 3-5-nervios, esparcidamente vellosos a glabrescentes, frecuentemente también estipitado-glandulosos, la base ancha, el ápice por lo general agudo a acuminado; filarios internos 5-7 mm, piriforme-lanceolados, robustamente estipitado-glandulosos y también con frecuencia esparcidamente pilosos, acuminados. Flores radiadas 8-15; tubo de la corola 2-5 mm, el limbo 8-20 × (1-)3-5 mm, 7-9-nervio. Flores del disco 20-100; corola 5-8 mm, el tubo 2.5-4 mm, típicamente piloso y estipitado-glanduloso, el limbo 2.5-4 mm; anteras 2-3 mm, largamente exertas; ramas del estilo 0.5-1.2 mm. Cipselas 2-2.5 mm. Floración oct.-abr. 2*n* = 24, 26. *Selvas medianas perennifolias, selvas altas perennifolias, bosques de* Pinus-Quercus, *orillas de arroyos, laderas de volcanes.* Ch (*Matuda 710*, US); G (*von Türckheim II 1732*, MO); CR (*Pittier 13246*, US); P (*Allen 1413*, MO). 1000-2500 m. (México, Mesoamérica.)

Robinson (1909) diagnosticó el taxón que ahora se llama *Rumfordia guatemalensis* por tener las hojas del tallo principal subhastado-rómbicas, mientras que Sanders (1977 [1978]) diagnosticó la especie por las hojas con envés glanduloso algunas veces con láminas apenas profundamente dentadas proximalmente.

2. Rumfordia penninervis S.F. Blake, *Brittonia* 2: 343 (1937). Isotipo: Guatemala, *Skutch 1973* (NY!). Ilustr.: Sanders, *Syst. Bot.* 2: 310, t.11 (1977 [1978]). N.v.: Té.

Arbustos, 1-3 m; tallos glabros o las ramitas de la capitulescencia vellosas. Hojas subsésiles o cortamente pecioladas; láminas 7-35 × 2-15 cm, lanceoladas a elípticas, pinnatinervias con c. 6-10 nervaduras secundarias por lado, las nervaduras patentes formando un ángulo de 45-60° con la vena media, los 1 o 2 pares proximales marcadamente desarrollados y arqueados pasando el medio de la lámina, la vena media anchamente engrosada en la base, las superficies no glandulosas, la superficie adaxial glabra, la superficie abaxial glabra o las nervaduras esparcidamente pilósulas, la base más o menos gradualmente atenuada, los márgenes uniforme y finamente serrulados en los 3/4 distales, el ápice acuminado; pecíolos 0-1 cm, angostamente alados hasta la base. Capitulescencias con 20-50 cabezuelas, casi aplanadas distalmente, escasamente foliosas con hojas gradualmente menores subyacentes a las ramitas proximales; pedúnculos 1-3.5 cm, muy delgados, esparcidamente vellosos con tricomas papilosos. Cabezuelas por lo general 5-8 mm; involucro 5-7 mm de ancho; filarios externos 3-6 × 1.5-3.8 mm, obovados, 5-11-nervios, glabros o ciliados distalmente, el ápice obtuso a redondeado; filarios internos 2-4 mm, lanceolados, escariosos pero subendurecidos en fruto, estipitado-glandulosos, atenuados. Flores radiadas 8-10; tubo de la corola 2-3 mm, el limbo 9-13 × 3-5 mm, 5-9-nervio. Flores del disco 35-60; corola 4-4.5 mm, el tubo 1.5-2 mm, esparcidamente piloso y estipitado-glanduloso, el limbo c. 2.5 mm; anteras 1-1.5 mm, escasamente exertas; ramas del estilo hasta 1 mm. Cipselas 1.8-2.4 mm. Floración oct.-ene. *Matorrales, selvas medianas perennifolias, laderas de volcanes, selvas altas perennifolias.* Ch (*Breedlove 42725*, MO); G (*Steyermark 35843*, F). 1800-3300 m. (Endémica.)

203. Sabazia Cass.
Baziasa Steud., *Tricarpha* Longpre

Por J.F. Pruski.

Hierbas perennes pequeñas (Mesoamérica) o rara vez anuales, rara vez subarbustos; tallos erectos a decumbentes, ramificados, moderada a densamente foliosos, glabros a pilosos, rara vez estipitado-glandulosos; follaje sin tricomas glandulares o rara vez con tricomas estipitado-glandulares. Hojas opuestas, sésiles a pecioladas; láminas lanceoladas a ovadas, delgadamente cartáceas, 3-5-plinervias, los márgenes enteros a serrulados. Capitulescencias por lo general terminales, monocéfalas a abiertamente cimosas, frecuentemente largo-pedunculadas. Cabezuelas radiadas; involucro hemisférico a campanulado; filarios por lo general 12-16, anchos, más o menos isomorfos, 2-seriados o 3(4)-seriados, más o menos imbricados, subiguales a escasamente(-moderadamente) graduados con los externos casi la mitad de la longitud de los internos o más largos, cartáceos aunque los filarios externos algunas veces delgadamente herbáceos y purpúreos distalmente, estriados, glabros a moderadamente pelosos, al menos algunos persistentes; clinanto convexo a cónico, paleáceo; páleas lanceoladas a elíptico-lanceoladas, algunas veces trífidas, frecuentemente alcanzando hasta cerca de la mitad de las corolas del disco, por lo general persistentes. Flores radiadas (4)5-17, no en relación 1-1 con los filarios internos ni consistentemente opuestas a estos; corola blanca a rosada abaxialmente o completamente cuando jóvenes, el tubo hirsuto o piloso, el limbo frecuentemente cuneado, moderada a marcadamente exerto del involucro, las nervaduras igualmente delgadas, las nervaduras mayores ausentes, la superficie adaxial escasamente micropapilosa, nunca obvia y marcadamente micropapilosa, la superficie abaxial lisa y nunca obvia y marcadamente papilosa, el ápice ligera a profundamente 3-lobado; estilo cortamente exerto. Flores del disco bisexuales; corola angostamente infundibuliforme, 5-lobada, amarilla, el tubo más corto que el limbo, el tubo hirsuto o piloso, la garganta por lo general con 2 conductos resinosos a lo largo de cada nervadura, los lobos deltados a triangulares, mucho más cortos que la garganta, los conductos laterales frecuentemente intramarginales; antera con tecas pálidas, la base cortamente sagitado-obtusa, más corta que el cuello, los apéndices ovados-navicular, los filamentos marcadamente aplanados; ramas del estilo cortas, aplanadas, recurvadas, el ápice agudo u obtuso. Cipselas con vilano o sin vilano, las cipselas radiadas no deciduas como una unidad formada de filarios y páleas basalmente adnatos, las cipselas del disco obcónicas a obovadas, ligeramente 3-5-anguladas o en las cipselas radiadas escasamente obcomprimidas, negras, finamente estriadas, glabras a setulosas; vilano ausente o cuando presente de varias escamas lanceoladas persistentes. $x = 8$. Aprox. 15 spp. México, Mesoamérica, Colombia.

Bibliografía: Robinson, B.L. y Greenman, J.M. *Proc. Amer. Acad. Arts.* 40: 3-6 (1905 [1904]).

1. Tallos frecuentemente enraizando en los nudos proximales; hojas obviamente pecioladas, láminas con márgenes gruesamente serrados; cipselas del disco por lo general sin vilano. **3. S. sarmentosa**
1. Tallos no obviamente enraizando en los nudos proximales o rara vez de esta forma; hojas subsésiles a cortamente pecioladas, láminas con márgenes enteros a ligeramente serrulados; cipselas del disco por lo general con vilano.
  2. Tallos densamente foliosos; hojas subsésiles; pedúnculos 1-3(-7) cm, sostenidos escasamente por encima de las hojas del tallo. **1. S. densa**
  2. Tallos moderadamente foliosos; hojas cortamente pecioladas; pedúnculos 5-17 cm, sostenidos muy por encima de las hojas del tallo. **2. S. pinetorum**

1. Sabazia densa Longpre, *Publ. Mus. Michigan State Univ., Biol. Ser.* 4: 348 (1970). Holotipo: Costa Rica, *Beaman 5040* (foto MO! ex MSC). Ilustr.: no se encontró.

Hierbas perennes, decumbentes, rizomatosas, 5-16 cm; tallos desde un rizoma delgado, no obviamente enraizando en los nudos proximales o rara vez de esta forma, simples, moderadamente ramificados, densamente foliosos, ligeramente ásperos por las bases persistentes de los pecíolos, esparcida a densamente estrigoso-pilosos. Hojas subsésiles; láminas 0.7-1.5(-3) × 0.2-0.6(-1.4) cm, elípticas a lanceoladas, triplinervias desde la base, las superficies esparcidamente hirsuto-pilosas,

los márgenes enteros a 1-serrulados, el ápice agudo a obtuso; pecíolo 0.1-0.2(-0.4) cm. Capitulescencias monocéfalas; pedúnculos 1-3(-7) cm, sostenidos escasamente por encima de las hojas del tallo, estrigoso-pilosos, rara vez también estipitado-glandulosos. Cabezuelas 5-7 mm; involucro 5-6 × 6-10 mm, hemisférico-campanulado; filarios 3.5-6 mm, los externos elíptico-ovados o todos ovados, escasamente graduados, 2-seriados o 3-seriados, por lo general glabros, el ápice agudo a anchamente obtuso; páleas 2.5-5 × 0.5-1.2 mm, lanceoladas, enteras. Flores radiadas 8(-13); tubo de la corola 1.6-2.3 mm, el limbo 6-10 mm, ovado-cuneado a oblongo, 9-11-nervio, los lobos hasta 2 mm. Flores del disco 40-50; corola 3-3.6 mm, los lobos c. 0.5 mm. Cipselas radiadas 2-2.2 mm, sin vilano a rara vez con vilano, glabras; cipselas del disco 1.8-2 mm, con vilano, rara vez sin vilano, setulosas; vilano de 4-10 escamas lanceoladas, las escamas 2.5-3.5 mm, casi tan largas como las corolas del disco. Floración (jun.)jul.-ene.(abr.). *Páramos, sobre rocas.* CR (*Pruski et al. 3934*, MO). 3000-3600 m. (Endémica.)

2. Sabazia pinetorum S.F. Blake, *Brittonia* 2: 347 (1937). Holotipo: Guatemala, *Skutch 1234* p. p. (foto MO! ex GH). Ilustr.: Nash, *Fieldiana, Bot.* 24(12): 550, t. 95 (1976).

Sabazia pinetorum S.F. Blake var. *dispar* S.F. Blake.

Hierbas perennes, decumbentes a ascendentes, generalmente rizomatosas, 10-55 cm; tallos varios desde un rizoma delgado o en plantas jóvenes con un cáudice básicamente bulboso, no obviamente enraizando en los nudos proximales o rara vez de esta forma, simples a algunas veces poco ramificados, moderadamente foliosos en los 2/3 proximales, pilosos, los tricomas generalmente antrorsos. Hojas cortamente pecioladas; láminas (0.8-)1.2-2(-3) × 0.3-0.7(-1.3) cm, lanceoladas a elíptico-lanceoladas, triplinervias esencialmente desde la base, ambas superficies esparcida a moderadamente hirsuto-pilosas, los márgenes enteros a ligeramente serrulados, el ápice agudo a acuminado; pecíolo 0.15-0.4(-0.6) cm. Capitulescencias monocéfalas; pedúnculos 5-17 cm, sostenidos muy por encima de las hojas del tallo, antrorso-pilosos, rara vez también estipitado-glandulosos. Cabezuelas 5-7 mm; involucro 4-6 × 6-10 mm, hemisférico-campanulado; filarios 3.5-6 mm, ovados, escasamente graduados, 2-seriados o 3-seriados, por lo general glabros, el ápice agudo a obtuso; páleas 2.5-5 × 0.5-1.5 mm, linear-lanceoladas a elíptico-lanceoladas, algunas veces trífidas. Flores radiadas 7-8; tubo de la corola 1.5-2.2 mm, el limbo 5.5-10 mm, ovado-cuneado a oblongo, 9-11-nervio, los dientes apicales por lo general 1-2 mm. Flores del disco 40-60; corola 2.9-3.3 mm, los lobos 0.4-0.6 mm. Cipselas radiadas 1.5-1.8 mm, sin vilano, glabras; cipselas del disco 1.5-1.8 mm, con vilano, rara vez sin vilano, setosas o algunas veces glabras; vilano de (0-)14-20 escamas, las escamas 1.7-2.5 mm. Floración jul.-dic., mar. $2n = 16$. *Pastizales alpinos con Pinus, selvas altas perennifolias.* G (*Pruski y Ortiz 4278*, MO). 3100-3500 m. (Endémica.)

Todos los ejemplares estudiados de *Sabazia pinetorum* (incluyendo el tipo de la variedad *dispar*) tienen las cipselas del disco con vilano, excepto por el ejemplar de la variedad típica, que tiene las cipselas del disco sin vilano. Por las hojas angostas, *S. densa* y *S. pinetorum* son muy similares a la especie mexicana *S. mullerae* S.F. Blake, la cual se diferencia porque las plantas maduras son lisas y tienen los cáudices generalmente bulbosos y no son obviamente rizomatosas.

3. Sabazia sarmentosa Less., *Linnaea* 5: 148 (1830). Tipo: México, Veracruz, *Schiede y Deppe 324* (*296*) (foto MO! ex HAL). Ilustr.: Canne-Hilliker, *Ann. Missouri Bot. Gard.* 62: 1216, t. 88 (1975 [1976]), como *S. sarmentosa* var. *papposa*.

Allocarpus sabazioides Schltdl., *Baziasa sarmentosa* (Less.) Steud., *Calea sabazioides* (Schltdl.) Hemsl., *Sabazia radicans* S.F. Blake, *S. sarmentosa* Less. var. *papposa* (S.F. Blake) Canne, *S. sarmentosa* var. *triangularis* (S.F. Blake) Longpre, *S. triangularis* S.F. Blake, *S. triangularis* var. *papposa* S.F. Blake, *Tridax ehrenbergii* Sch. Bip. ex Klatt.

Hierbas perennes, procumbentes, desparramadas a ascendentes, hasta 60(-90) cm; tallos frecuentemente enraizando en los nudos proxi-

males, estrigoso-pilosos distalmente, las partes proximales glabras a esparcidamente pilosas, los entrenudos por lo general casi tan largos a mucho más largos que las hojas. Hojas obviamente pecioladas; láminas 2-6(-9) × 1.2-3(-4.5) cm, lanceolado-ovadas a ovadas, ambas superficies por lo general esparcidamente estrigoso-pilosas, los tricomas de la superficie adaxial frecuentemente con células subsidiarias de base agrandada, la base cuneada a redondeada, los márgenes gruesamente serrados, el ápice acuminado a agudo; pecíolo 1-3 cm. Capitulescencias de numerosas ramitas monocéfalas simples con aspecto de cimas abiertas, con 1-8 cabezuelas; pedúnculos 3-20.5 cm, estrigoso-pilosos y frecuentemente estipitado-glandulosos. Cabezuelas 5-10 mm; involucro 4-6 × 5-9 mm, hemisférico-campanulado; filarios 10-15, 3-8 mm, lanceolado-ovados a ovados, escasa a moderadamente graduados, 2-seriados o 3-seriados, glabros, el ápice agudo a obtuso; páleas 2.5-5 × c. 1 mm, lanceoladas, frecuentemente trífidas. Flores radiadas 5-8(-11); tubo de la corola 1-2 mm, el limbo 5.5-11 mm, cuneado a oblongo, 9-11-nervio, los lobos 1-2.5 mm. Flores del disco (20-)40-100; corola 2.4-3.1 mm, los lobos 0.4-0.6 mm. Cipselas radiadas 1.5-2 mm, sin vilano, glabras o algunas veces setosas; cipselas del disco 1.5-2.2 mm, generalmente sin vilano, rara vez con vilano, setosas o algunas veces glabras; vilano cuando presente de 12-18 escamas lanceoladas, escamas 1.5-2 mm. Floración durante todo el año. $2n = 48$.
Áreas alteradas, áreas húmedas, bosques montanos, páramos, bosques de Pinus-Quercus, *orillas de caminos, laderas de volcanes.* Ch (*Breedlove y Strother 46225*, NY); G (*Longpre 257*, MO); H (*House 1188*, MO); CR (*Pruski et al. 440*, TEX); P (*Woodson et al. 1055*, MO). 600-3100(-3600) m. (México, Mesoamérica.)

En el área de distribución de *Sabazia sarmentosa* los ejemplares carecen completamente de vilano, así como aparece en la clave. En Chiapas, y en menor grado en el Volcán Chiriquí en Panamá, empiezan a aparecer ejemplares que tienen cipselas del disco (y rara vez también las cipselas radiadas) con vilano. Judith Canne (en un ejemplar de MO) anotó los ejemplares atípicos (p. ej., *Ton 982, Méndez 1263, 1277*) de Chiapas como "tal vez un híbrido" entre *Galinsoga quadriradiata* y *S. sarmentosa*. A pesar de estas anomalías, cabe anotar que *S. sarmentosa* es muy similar a las especies mexicanas *S. humilis*, que se diferencia por ser anual, y *S. liebmannii* Klatt, que se diferencia por la capitulescencia generalmente de cimas abiertas y por lo general no ser monocéfala.

204. Schistocarpha Less.
Neilreichia Fenzl, *Zycona* Kuntze
Por J.F. Pruski.

Hierbas perennes toscas, subarbustos, arbustos hasta 5 m; tallos ascendentes o escandentes, poco ramificados, subteretes, estriados, foliosos, con hojas grandes, los entrenudos frecuentemente alargados; follaje rara vez estipitado-glanduloso. Hojas opuestas o las distales rara vez alternas, subsésiles o generalmente pecioladas; láminas anchas, cartáceas, 3-nervias desde cerca de la base, ambas superficies típicamente no punteado-glandulosas, la superficie adaxial escábrida o algunas veces glabra, la superficie abaxial glabra a velutina o pilósula, la base generalmente con una acuminación decurrente sobre el pecíolo, rara vez amplexicaule, los márgenes serrulados a toscamente serrados; pecíolo típica y ligeramente alado desde la lámina decurrente. Capitulescencias terminales o axilares desde los nudos distales, con numerosas cabezuelas, corimboso-paniculadas (rara vez aplanadas distalmente y corimbosas o abiertamente paniculadas); pedúnculos delgados, típicamente pelosos, algunas veces estipitado-glandulosos. Cabezuelas heterógamas, radiadas (por lo general heterócromas) o indistintamente subradiadas, algunas veces disciformes; involucro cilíndrico-campanulado a hemisférico, rara vez turbinado; filarios por lo general 18-40, más o menos isomorfos, imbricados, graduados, 2-5-seriados, adpresos pero algunas veces patentes luego de la antesis o completamente re-

flexos luego de la fructificación, frecuentemente persistentes, escarioso-cartáceos, por lo general (3-)7-11-estriados, las estrías oscuras al secarse, los márgenes distales frecuentemente ciliados; clinanto convexo a cónico, paleáceo; páleas más cortas que las flores del disco, lanceoladas a elíptico-lanceoladas, ligeramente naviculares, escarioso-pajizas, estriadas, por lo general laceradas o trífidas. Flores radiadas (0-)8-25(-60), 1(-3)-seriadas; corola blanca a amarilla, el tubo casi tan largo como el vilano, el limbo ovado a oblongo, corta a largamente exerto, las nervaduras igualmente delgadas, las nervaduras mayores ausentes, el ápice por lo general 3-denticulado. Flores marginales (cuando en cabezuelas entonces indistintamente subradiadas o disciformes), (5-)40-70, (1)2-4-seriadas, pistiladas; corola tubular-filiforme y típica e indistintamente radiada con un diminuto limbo aplanado. Flores del disco 5-75, menos numerosas que las flores pistiladas, bisexuales; corola infundibuliforme, brevemente 5-lobada, amarillenta, el tubo delgado, en general casi tan largo como el limbo, por lo general peloso, frecuentemente glabro, la garganta por lo general con 2 conductos resinosos a lo largo de cada nervadura, los lobos triangulares, erectos, más cortos que la garganta, los conductos laterales frecuentemente intramarginales, frecuentemente con vena media, por lo general pelosos; anteras de color crema o verdoso tornándose parduscas a negruzcas luego de la antesis, las bases cortamente sagitadas, el apéndice apical esculpido, no glanduloso; estilo con la base dilatada, el tronco con 4 conductos resinosos, las ramas cortas, en parte exertas, el ápice cortamente agudo, papiloso. Cipselas isomorfas, prismático-obovoides a teretes, las porciones apicales tanto de las cipselas radiadas como de las cipselas del disco con un vilano de cerdas aplanadas y no hundidas, las cipselas radiadas o las cipselas marginales (cuando disciformes) no deciduas como una unidad formada de filarios y páleas basalmente adnatos; vilano de 25-35 cerdas capilares alargadas, persistente (pero ligeramente frágiles), subiguales, sin un anillo reducido, blancas, en una sola serie, por lo general llegando hasta la unión de la garganta con los lobos. $x = 8$. Aprox. 12 spp. México, Mesoamérica, Andes de Sudamérica, La Española.

Schistocarpha fue alguna vez tratada en Senecioneae debido a las corolas del disco amarillas con el tubo alargado y el vilano de cerdas capilares; pero ha sido tratada dentro de Heliantheae por Rydberg (1927), Robinson y Brettell (1973a), Panero (2007a [2006]) y Pruski (2012d). El género es básicamente continental, pero se conoce de las Antillas de un solo ejemplar de *S. eupatorioides* (Pruski, 2012d). Los ejemplares de Chiapas llamados *S. bicolor* Less. mencionados en Strother (1999) se refieren aquí a *S. longiligula* o *S. platyphylla*.

Dos grupos de especies en este tratamiento parecen ser clinales, con los extremos respectivos de rayos largos (*S. longiligula* y *S. paniculata*) reconocidos aquí incluyendo la mayoría de los intermedios geográficos y morfológicos, que convenientemente incluyen los tipos de los nombres descritos. En cada grupo de especies, las variantes de rayos cortos (*S. matudae* y *S. croatii*) se reconocen provisionalmente, pero con la sugerencia de que se necesitan estudios de campo para determinar la validez de los caracteres usados taxonómicamente.

Bibliografía: Foster, R.C. *Contr. Gray Herb.* 184: 1-223 (1958). Panero, J.L. *Fam. Gen. Vasc. Pl.* 8: 391-395 (2007 [2006]). Pruski, J.F. *Phytoneuron* 2012-104: 1-6 (2012). Robinson, H. *Smithsonian Contr. Bot.* 42: 1-20 (1979). Robinson, H. y Brettell, R.D. *Phytologia* 25: 439-445 (1973). Turner, B.L. *Phytologia* 59: 269-286 (1986); *Sida* 20: 505-510 (2002).

1. Flores radiadas o flores marginales 2-4-seriadas.
  2. Cabezuelas indistintamente subradiadas a disciformes.
    2. S. eupatorioides
  2. Cabezuelas radiadas.
    3. Tallos esparcidamente pilósulos; limbo de las corolas radiadas 2-3.5 mm. **1. S. croatii**
    3. Tallos por lo general gruesamente pilosos; limbo de las corolas radiadas 4-10 mm. **6. S. paniculata**

1. Flores radiadas o flores pistiladas marginales 1-seriadas.
   4. Garganta de las corolas del disco uniformemente hirsútula, tan densamente hirsútula como los lobos. **3. S. hondurensis**
   4. Garganta de las corolas del disco glabra a rara vez esparcidamente hirsútula distalmente pero nunca tan densa y uniformemente hirsútula como los lobos.
      5. Cabezuelas con 8-11 flores del disco. **8. S. pseudoseleri**
      5. Cabezuelas generalmente con 14-40 flores del disco.
         6. Filarios por lo general agudos a acuminados; involucro algunas veces turbinado; cabezuelas frecuentemente disciformes. **7. S. platyphylla**
         6. Filarios por lo general obtusos a redondeados; involucro típicamente campanulado; cabezuelas siempre radiadas, nunca disciformes.
            7. Limbo de las corolas radiadas generalmente 4-7 mm; filarios glabros o subglabros. **4. S. longiligula**
            7. Limbo de las corolas radiadas 1.5-2 mm; filarios con frecuencia esparcidamente pilosos. **5. S. matudae**

1. Schistocarpha croatii H. Rob., *Phytologia* 29: 339 (1975). Holotipo: Panamá, *Croat 26411* (MO!). Ilustr.: Barkley, *Ann. Missouri Bot. Gard.* 62: 1260, t. 98A-B (1975 [1976]).

Arbustos, 1-2.1 m; tallos esparcidamente pilósulos. Hojas: láminas 6-12 × 2.5-10 cm, ovadas, las superficies esparcidamente pilósulas, la base cuneada, el ápice acuminado; pecíolo 1-9 cm. Capitulescencias una serie de panículas laxas; pedúnculos 5-40(-60) mm, esparcidamente puberulentos. Cabezuelas 7-9 mm, cortamente radiadas; involucro 5-6 × 7-10 mm, más corto que las flores del disco a frecuentemente casi tan largo como estas; filarios 20-30, 2-6 × 1-2.3 mm, oblongos, 3-seriados, esparcidamente pilósulos, el ápice obtuso a redondeado; páleas 4-5 mm. Flores radiadas 40-60, 2-seriadas o 3-seriadas; tubo de la corola 3-5 mm, densamente hispídulo, el limbo por lo general 2-3.5 mm, subigual a mucho más corto que el tubo, escasamente exerto del involucro, 2-5-nervio. Flores del disco 30-40; corola c. 4.5 mm, la garganta glabra o rara vez hirsútula, los lobos c. 0.5 mm, sin conductos resinosos, hispídulos con tricomas robustos 3-5(6)-celulares. Cipselas c. 1.1 mm; vilano de cerdas 3.5-4.5 mm. Floración feb.-may. *Bosques alterados, áreas abiertas, laderas de volcanes.* P (*Croat 34995*, MO). 1800-3200 m. (Endémica.)

2. Schistocarpha eupatorioides (Fenzl) Kuntze, *Revis. Gen. Pl.* 3(3): 170 (1898). *Neilreichia eupatorioides* Fenzl, *Nov. Gen. Sp. Pl.* 6 (1849). Holotipo: Perú, *Poeppig addendis 74* (W). Ilustr.: Aristeguieta, *Fl. Venezuela* 10: 754, t. 132 (1964), como *S. oppositifolia*.

Schistocarpha hoffmannii Kuntze, *S. margaritensis* Cuatrec.?, *S. oppositifolia* (Kuntze) Rydb., *Zycona oppositifolia* Kuntze.

Hierbas perennes a subarbustos, 0.5-3 m; tallos pelosos a rara vez glabrescentes. Hojas: láminas 4-20 × (0.5-)2.5-13(-17) cm, ovadas o las distales lanceoladas, la superficie adaxial estrigulosa a algunas veces glabra, la superficie abaxial pilósula a estrigosa, muy rara vez glabra, la base obtusa a subcordata o truncada, y entonces abruptamente atenuada sobre el pecíolo, la acuminación basal hasta 3 cm, el ápice acuminado a atenuado; pecíolo 0.8-7 cm. Capitulescencias generalmente 2-15 × 2-15 cm, cada ramita con 20-50 cabezuelas con 1-3 agregados, los agregados por lo general moderada y densamente esféricos y cimosos, rara vez (p. ej., en la fase *S. margaritensis*) toda la capitulescencia distalmente aplanada y de aspecto corimboso; pedúnculos 2-10(-30) mm, pelosos a piloso-subestrigosos, en ocasiones también estipitado-glandulosos, frecuentemente 1-bracteolados, la bractéola 2-4 mm, linear-lanceolada, típicamente basal. Cabezuelas 7-10 mm, indistintamente subradiadas a disciformes; involucro 7-8 × 4-7(-10) mm, casi tan largo como las flores del disco; filarios 25-30, 1.5-8 mm, elíptico-lanceolados graduando a lanceolados, 3-seriados o 4-seriados, glabros o algunas veces esparcidamente ciliados distalmente, el ápice por lo general obtuso a redondeado; páleas 5-6 mm, apicalmente laceradas, la parte central a veces largamente atenuada. Flores marginales 30-70, 3-seriadas o 4-seriadas; corola indistintamente subradiada o tubular-filiforme (frecuentemente por dentro de una sola cabezuela); tubo de la corola 4-5 mm, laxamente pilósulo, el limbo 0-1 mm, cuando presente c. 5 veces más corto que el tubo, básicamente incluido por dentro del involucro, algunas veces débilmente 3-nervio. Flores del disco 5-18; corola 4.5-5.5 mm, el tubo 2-3 mm, glabro (frecuentemente en poblaciones mesoamericanas) o laxa y esparcidamente setoso (frecuentemente en poblaciones sudamericanas, la garganta glabra, los lobos c. 0.5 mm, sin conductos resinosos, por lo general setulosos con tricomas delgados 3-5-celulares con células alargadas; ramas del estilo hasta c. 0.5 mm. Cipselas 1-1.5 mm; vilano de cerdas 4-4.5 mm. Floración durante todo el año. $2n = 16$. *Matorrales, áreas alteradas, campos, márgenes de bosques, selvas altas perennifolias, pastizales, bosques de* Pinus, *orillas de caminos, áreas arenosas, vegetación secundaria, selvas altas subperennifolias, selvas bajas caducifolias.* T (*Ventura 20576*, MO); Ch (*Pruski y Ortiz 4218*, MO); C (*Bacab 158*, MO); QR (*Téllez et al. 3439*, MO); B (*Schipp 933*, NY); G (*Molina y Molina 25192*, MO); H (*Yuncker et al. 8539*, MO); N (*Baker 2339*, MO); CR (*Skutch 2739*, MO); P (*Woodson et al. 1822*, NY). 100-1600 m. (México, Mesoamérica, Colombia, Venezuela, Ecuador, Perú, Bolivia, Argentina, La Española.)

3. Schistocarpha hondurensis Standl. et L.O. Williams, *Ceiba* 3: 65 (1952). Isotipo: Honduras, *Williams y Molina R. 13780* (MO!). Ilustr.: no se encontró.

Arbustos, 1.5-3.5 m; tallos hirsutos a vellosos. Hojas: láminas (4-)6-24 × (1.5-)3-17 cm, ovadas a deltado-ovadas, las superficies esparcidamente hirsútulas a esparcidamente pilosas o solo sobre las nervaduras, rara vez vellosas, la base obtusa a subcordata, algunas veces cuneada, contraída y decurrente sobre el pecíolo por casi 1/4 de la longitud pero nunca alada hasta la base, el ápice acuminado a atenuado; pecíolo 1-10 cm. Capitulescencias anchamente corimboso-paniculadas; pedúnculos 2-15 mm, por lo general densamente pilósulos, no glandulosos. Cabezuelas 6.5-8 mm, radiadas; involucro 4-5 mm, ligeramente más corto que las flores del disco; filarios 16-20, 1.5-5 mm, oblongos, 3-seriados, glabros a esparcidamente puberulentos, el ápice redondeado a anchamente agudo; páleas c. 4 mm, por lo general laceradas. Flores radiadas c. 8, 1-seriadas; tubo de la corola 2-4 mm, densamente hispídulo, el limbo 2-5 mm. Flores del disco 20-25; corola 4.5-5 mm, la garganta uniformemente hirsútula, tan densamente hirsútula como los lobos, los lobos c. 0.5 mm, por lo general con conductos resinosos mediales, hispídulos con tricomas robustos 2-celulares. Cipselas 1-1.7 mm; vilano de cerdas c. 4 mm. Floración ene.-jun. *Vegetación secundaria, selvas altas perennifolias, bosques enanos, bosques de* Pinus, *orillas de caminos.* H (*Blackmore y Chorley 3714*, MO); ES (*Villacorta y Hellebuyck 2066*, MO); N (*Rueda et al. 13522*, MO). 600-2200(-2500) m. (Endémica.)

Clewell (1975) refirió los ejemplares de *Schistocarpha hondurensis* a *S. paniculata*. Robinson (1979) reconoció *S. hondurensis*, mientras que Turner (1986) trató *S. hondurensis* en sinonimia de *S. longiligula*. Se espera encontrar en Guatemala.

4. Schistocarpha longiligula Rydb., *N. Amer. Fl.* 34: 305 (1927). Isotipo: Guatemala, *Heyde y Lux 3383* (foto MO! ex US). Ilustr.: no se encontró. N.v.: Muk'ul sak nich wamal, muk'ul yaxal nich wamal, sak nich vomol, zuskuntez, Ch.

Schistocarpha chiapensis H. Rob.?, *S. longiligula* Rydb. var. *seleri* (Rydb.) B.L. Turner, *S. seleri* Rydb.

Hierbas perennes a arbustos o rara vez arbolitos, 1-3(-5) m; tallos hírtulos a densamente pilosos. Hojas: láminas 5-20 × 2-18.5 cm, ovadas a deltado-ovadas, las superficies (esparcidamente) hírtulas a velloso-pilosas, la base cuneada a algunas veces obtusa o rara vez casi truncada, contraída y decurrente sobre el pecíolo por casi 1/4-1/2 de la longitud pero nunca alada hasta la base, el ápice acuminado; pecíolo 1-10 cm. Capitulescencias anchamente corimboso-paniculadas; pedúnculos 4-20 mm, hírtulos a densamente pilosos, no glandulosos. Cabezuelas 6-8 mm, largamente radiadas, nunca disciformes; involucro 4-5 × (3-)6-8 mm, mucho más corto que las flores del disco a algunas veces casi tan largo como estas; filarios 16-25, 1.5-6 × 1-1.5 mm, oblongos, 2-seriados o 3-seriados, glabros o subglabros, el ápice por lo general obtuso a redondeado, en elevaciones altas rara vez el ápice en las series internas agudo; páleas 3-4 mm, por lo general laceradas y sin una porción central alargada y delgada. Flores radiadas 8-15, 1-seriadas; tubo de la corola 2-4 mm, densamente hispídulo, el limbo por lo general 4-7 mm, subigual a generalmente más largo que el tubo, por lo general obviamente exerto del involucro, 5-7-nervio. Flores del disco 25-40; corola 4-5 mm, la garganta glabra o rara vez esparcidamente hirsútula especialmente en las nervaduras distalmente pero nunca tan densa y uniformemente hirsútula como los lobos, los lobos c. 0.5 mm, con conductos resinosos mediales o sin estos, hispídulos con tricomas robustos 1-3-celulares. Cipselas 1.3-1.6 mm; vilano de cerdas 3.5-5 mm. Floración nov.-abr. 2*n* = 16. *Matorrales, márgenes de bosque, bosques mixtos, selvas altas perennifolias, orillas de caminos, vegetación secundaria, cuencas de la vertiente del Golfo. Ch* (*Pruski y Ortiz 4217*, MO); *G* (*von Türckheim II 2131*, MO). 100-1300 m. (Endémica.)

Strother (1999) trató *Schistocarpha longiligula* y sus sinónimos en la sinonimia de *S. bicolor* (la cual se diferencia por los pecíolos frecuentemente alados en la base y las páleas generalmente con la porción central alargada y delgada) y Turner (2002) los trató en la sinonimia de *S. platyphylla* (que se diferencia por las cabezuelas disciformes a cortamente radiadas y los filarios generalmente agudos a acuminados). En este tratamiento se restablece *S. longiligula* y se la circunscribe como lo hizo Turner (1986), quien estableció la prioridad de *S. longiligula* sobre *S. seleri*. En general, las poblaciones de tierras bajas de Chiapas (p. ej., el tipo de *S. seleri*) tienen el involucro corto y los filarios redondeados apicalmente, las poblaciones de la depresión central y de la Sierra Madre que se conocen (p. ej., el tipo de *S. chiapensis*) tienen el involucro largo y los filarios internos agudos apicalmente, pero estos dos extremos están casi unidos por el material típico de Verapaz, que tiene el tamaño del involucro intermedio y los filarios obtusos apicalmente. Los ejemplares de Honduras y Nicaragua que Nash (1976d) llamó *S. seleri* se refieren aquí a *S. hondurensis*, los de Costa Rica a *S. paniculata*. La mayoría de ejemplares por encima de 1300 m de elevación que Nash (1976d) refirió a *S. longiligula* y *S. seleri* tienen los filarios agudos a acuminados y por lo general fueron aquí identificados como *S. platyphylla*.

5. Schistocarpha matudae H. Rob., *Smithsonian Contr. Bot.* 42: 14 (1979). Holotipo: México, Chiapas, *Matuda 709* (foto MO! ex US). Ilustr.: no se encontró.

Arbustos; tallos hirsutos. Hojas: láminas 6-15 × 3-9.5 cm, ovadas, la base obtusa a casi truncada, contraída y cortamente decurrente sobre el 1/4 distal del pecíolo pero nunca alada hasta la base, el ápice agudo; pecíolo 1-5 cm. Capitulescencias corimboso-paniculadas; pedúnculos 2-10 mm, densamente hírtulos, no glandulosos. Cabezuelas 6-7 mm, siempre radiadas, nunca disciformes; involucro 4-5 × 5-8 mm, casi tan largo como las flores del disco; filarios 20-23, 2-5 mm, oblongos a lanceolados, 2-seriados o 3-seriados, con frecuencia esparcidamente pilosos, el ápice por lo general obtuso; páleas 2-2.5 mm, laceradas. Flores radiadas 12-15, 1-seriadas; tubo de la corola 2.5-3 mm, densamente hispídulo, el limbo 1.5-2 mm. Flores del disco 30-40; corola 4-4.5 mm, la garganta subglabra, los lobos c. 0.5 mm, por lo general con conductos resinosos mediales, hispídulos con tricomas robustos 1-3-celulares. Cipselas c. 1.5 mm; vilano de cerdas 3-4 mm. Floración dic. *Selvas de tierras bajas de las vertientes hacia el océano Pacífico. Ch* (*Matuda 709*, MEXU). Elevación desconocida. (Endémica.)

Schistocarpha matudae se conoce solo del tipo de Monte Ovando. Turner (1986) listó otros cuatro ejemplares y dijo que se diferencian ligeramente (formas clinales extremas) de la especie segregada *S. longiligula*.

6. Schistocarpha paniculata Klatt, *Bull. Soc. Roy. Bot. Belgique* 31(1): 210 (1892 [1893]). Lectotipo (designado por Robinson, 1979): Costa Rica, *Pittier 866* (foto MO! ex GH). Ilustr.: no se encontró.
Schistocarpha wilburii H. Rob.

Hierbas robustas a arbustos, 1.5-3 m; tallos por lo general gruesamente pilosos, algunas veces estipitado-glandulosos. Hojas: láminas (4-)6-17 × 3-14 cm, ovadas a subdeltadas, las superficies hírtulas a pilosas, la base obtusa a subcordata, el ápice acuminado; pecíolo 1-8 cm. Capitulescencias anchamente corimboso-paniculadas en una serie de panículas laxas; pedúnculos 5-40 mm, densamente pilosos, esparcidamente puberulentos, algunas veces también estipitado-glandulosos. Cabezuelas 10-13 mm, radiadas; involucro c. 8 × 8-14 mm, casi tan largo como las flores del disco; filarios 35-40, 2.5-8 × 1.5-2.5 mm, lanceolados hasta generalmente oblongos, 4-seriados, glabros a pilosos, el ápice obtuso a agudo pero al menos algunos constrictos y oscurecidos, algunas veces recurvado; páleas 5-6 mm, trífidas. Flores radiadas 20-25, 2-seriadas; tubo de la corola 4-6 mm, hispídulo, el limbo por lo general 4-10 mm, subigual a más largo que el tubo, moderada a largamente exerto del involucro, oblongo, 3(-5)-nervio. Flores del disco 40-100; corola 5-7 mm, los lobos c. 0.5 mm, con conductos resinosos mediales o sin estos, o en las poblaciones del sur algunas veces con conductos resinosos mediales, hispídulos con tricomas robustos 3-6-celulares. Cipselas 1.6-1.9 mm; vilano de cerdas 4-5 mm. Floración ene.-jul., sep., nov. 2*n* = 16. *Bosques de* Quercus, *bosques abiertos, bordes de caminos, bosques secundarios, laderas de volcanes. CR* (*Skutch 3399*, MO). 1500-3300 m. (Endémica.)

La longitud de los rayos y la forma de los filarios del material identificado anteriormente como *Schistocarpha wilburii* casi encaja en *S. croatii*, a pesar de que es provisionalmente mantenida como un segregado de *S. paniculata* con cabezuelas menores y rayos más cortos. Los ejemplares de Honduras (citados por Molina R., 1975) y de Bolivia (citados por Foster, 1958) se refirieron erróneamente a *S. paniculata*.

7. Schistocarpha platyphylla Greenm., *Publ. Field Columb. Mus., Bot. Ser.* 2: 274 (1907). Isotipo: Guatemala, *Kellerman 5295* (foto MO! ex US). Ilustr.: Nash, *Fieldiana, Bot.* 24(12): 553, t. 98 (1976). N.v.: Chichavac, quesillo, saján, G; florecilla, ES.
Schistocarpha kellermanii Rydb.

Hierbas perennes a arbustos, 1-3.5 m; tallos esparcidamente hírtulos o pilosos a glabrescentes. Hojas: láminas 6-25 × 3-22 cm, ovadas a redondeado-ovadas, las superficies velloso-pilosas o solo esparcidamente velloso-pilosas, la base cuneada a subcordata, decurrente sobre el pecíolo pero no anchamente alado en la base, el ápice acuminado; pecíolo 2-11 cm. Capitulescencias anchamente corimboso-paniculadas; pedúnculos 2-17 mm, por lo general esparcidamente hírtulos a delgadamente pilosos, no glandulosos. Cabezuelas 6-8 mm, disciformes a cortamente radiadas (pero parecidas dentro de una planta individual); involucro 5-7 × 4-8 mm, casi tan largo como las flores del disco; filarios 16-20, 2-6 × 1-1.5 mm, anchamente lanceolados, 3-seriados, algunas veces esparcidamente puberulentos o pilósulos distalmente, el ápice por lo general agudo a acuminado; páleas 2.5-3 mm, 3-5-laceradas. Flores radiadas o aquellas marginales 8-10(-13), 1-seriadas; corola tubular-filiforme a obviamente radiada; tubo (2-)2.5-3.5 mm, densamente hispídulo, el limbo por lo general 0-2(-3.5) mm, por lo general indistinto y más corto que el tubo, en ocasiones casi tan largo como el tubo y moderadamente exerto del involucro, algunas veces profundamente 2(3)-lobado. Flores del disco por lo general 14-25; corola 4.5-5.5 mm, la garganta glabra o muy esparcidamente setulosa, pero nunca densa y uniformemente hirsútula, los lobos c. 0.5 mm, subglabros o esparcidamente setulosos con tricomas robustos 2-celulares a 3-celulares. Cipselas 1-1.5 mm; vilano con cerdas de 4-5 mm. Floración dic.-mar. 2*n* = 16. *Bosques húmedos, cafetales, selvas medianas perennifolias, bosques de* Quercus, *bosques de* Pinus-Quercus, *vegetación secundaria, laderas de volcanes. G* (*Pruski y Ortiz 4261*, MO); *ES* (*Rodríguez et al. 739*, MO). (600-)1200-3100(-3400) m. (S. México, Mesoamérica.)

El protólogo describe los filarios como algo obtusos, como aparece en la clave de Nash (1976d). Los ejemplares de Chiapas citados por Nash (1976d), Robinson (1979) y Turner (1986) se refieren en este tratamiento como *Schistocarpha pseudoseleri*.

8. Schistocarpha pseudoseleri H. Rob., *Smithsonian Contr. Bot.* 42: 16 (1979). Holotipo: Guatemala, *Williams et al. 26256* (foto MO! ex US). Ilustr.: no se encontró.

Hierbas a arbustos, 1.5-4 m; tallos esparcidamente pilósulos. Hojas: láminas 6-12 × 3-7 cm, las superficies esparcidamente pilósulas, la base cuneada, contraída y decurrente sobre el pecíolo como alas angostas por casi 3/4 de la longitud, el ápice acuminado; pecíolo 1-3 cm. Capitulescencias angostamente corimboso-paniculadas; pedúnculos 1-9 mm, densamente pilósulos, no glandulosos. Cabezuelas 5.5-6.5 mm, cortamente radiadas o disciformes; involucro 4.5-5 × 3-3.5 mm, ligeramente más corto que las flores del disco; filarios 15-18, 1.5-5 × 1-1.4 mm, ovados, 3-seriados, glabros, el ápice obtuso a agudo; páleas 2-3 mm, mucho más cortas que las flores del disco, irregularmente laceradas y algunas veces con la porción central delgada. Flores radiadas o aquellas marginales 5-9, 1-seriadas; tubo de la corola 1.5-3.5 mm, moderadamente hispídulo, el limbo (0-)2-3.5 mm, cuando presente subigual al tubo y escasamente subigual al involucro, ovado, 2-nervio o 3-nervio. Flores del disco 8-11; corola 4-5 mm, los lobos c. 0.5 mm, típicamente sin conductos resinosos mediales o en yema con conductos indistintos, hispídulos con tricomas robustos 1-2-celulares. Cipselas 1-1.5 mm; vilano con cerdas de 3-4 mm. Floración nov.-feb. *Selvas medianas perennifolias, laderas de volcanes.* Ch (*Breedlove y Smith 31647*, MO); G (*Williams et al. 26256*, NY). 1400-2400 m. (Endémica.)

Schistocarpha pseudoseleri fue tratada dentro de *S. longiligula* por Turner (1986), dentro de *S. bicolor* por Strother (1999), dentro de *S. platyphylla* por Turner (2002), y el tipo de la especie entonces no descrita *S. pseudoseleri* fue tratado como *S. seleri* por Nash (1976d). Solo el tipo de *S. pseudoseleri* es radiado; los otros ejemplares que se conocen son disciformes y fueron distribuidos como *S. platyphylla*. Sin embargo, las plantas disciformes de *S. pseudoseleri* difieren de *S. platyphylla* por las flores pistiladas con el limbo de la corola indistintamente tubular de solo c. 1.5 mm que es menos de la mitad de la longitud del estilo. La especie se encuentra en la Sierra Madre en una banda angosta orientada noroeste-sureste de 70 km de largo, a 35 km a cada lado del Volcán Tacaná, desde cerca de Motozintla hasta San Marcos, Guatemala.

205. Selloa Kunth, nom. cons. non Spreng.

Feaea Spreng.

Por J.F. Pruski.

Hierbas pequeñas, perennes, hasta 50 cm; tallos erectos a decumbentes, simples y subescapíferos a poco ramificados, esparcidamente foliosos o todas las hojas basales, por lo general ligeramente pilosos; follaje con tricomas no glandulares o estipitado-glandulosos. Hojas opuestas, sésiles o subsésiles; láminas lanceoladas a ovadas, delgadamente cartáceas, 3-5-plinervias desde el tallo, ambas superficies glabras a moderadamente hirsuto-pilosas, los márgenes enteros a poco serrulados. Capitulescencias por lo general terminales, monocéfalas a umbelado-subglomeradas, largamente pedunculadas; pedúnculo alargado antes de la antesis. Cabezuelas radiadas; involucro hemisférico a campanulado; filarios por lo general 6-12, anchos, más o menos isomorfos, 2-seriados o 3-seriados, más o menos imbricados, subiguales a escasamente graduados, delgadamente herbáceos, algunas veces purpúreos distalmente o marginalmente, estriados, glabros a moderadamente pelosos, al menos algunos persistentes; clinanto cónico, paleáceo; páleas lineares, más cortas a mucho más cortas que las corolas del disco. Flores radiadas 6-21, no en relación 1-1 ni consistentemente opuestas a un filario

interno; corola blanca a rosada abaxialmente o totalmente cuando joven, el tubo hirsuto o piloso, el limbo cuneado-ovado, muy escasa a largamente exerto del involucro, las nervaduras igualmente delgadas, embebidas, la nervadura de soporte mayor ausente, adaxial y escasamente micropapiloso, nunca obvia y marcadamente micropapiloso, el ápice ligera a profundamente 3-lobado; estilo cortamente exerto. Flores del disco bisexuales; corola infundibuliforme a hipocraterimorfa, 5-lobada, amarilla a verdosa, el tubo ligeramente más corto que el limbo, hirsuto o piloso, la garganta por lo general con 2 conductos resinosos a lo largo de cada nervadura, los lobos deltados a triangulares, los conductos laterales frecuentemente intramarginales; antera con tecas pálidas, más largas que los filamentos o subiguales a estos, la base cortamente sagitado-obtusa, más corta que el cuello, los apéndices ovado-naviculares, los filamentos marcadamente aplanados; estilo con la base muy escasamente dilatada, libre del nectario, las ramas cortas, aplanadas, recurvadas. Cipselas turbinadas a obovoides, negras, finamente estriadas, glabras, sin vilano (Mesoamérica) o con vilano, las cipselas radiadas o las cipselas marginales (cuando disciformes) no deciduas como una unidad formada de filarios y páleas basalmente adnatos; vilano ausente o cuando presente de 5-10 cerdas setiformes caducas. x = 8. 3 spp. México, Mesoamérica.

Selloa es similar al género andino *Aphanactis* por las páleas lineares y cipselas estrictamente sin vilano, pero el segundo se diferencia por los pedúnculos alargándose solo durante y después de la antesis (Robinson, 1997). Longpre (1970) trató las dos especies de Mesoamérica en *Selloa* y reconoció tres especies en su monografía del género. Turner (1980) transfirió estas dos especies a un concepto amplio de *Aphanactis* pero, por la característica del pedúnculo, Robinson (1997) las devolvió a *Selloa*, pero fue excluido nuevamente por Panero (2007b [2006]) quien lo reconoció como monotípico. Sin embargo, *Selloa* se reconoce como fue circunscrito por Longpre (1970).

Bibliografía: Robinson, H. *Brittonia* 49: 71-78 (1997). Turner, B.L. *Bol. Soc. Argent. Bot.* 19: 33-44 (1980).

1. Capitulescencias de 1-3 subglomérulos umbelados largamente pedicelados con 3-5 cabezuelas; limbo de las corolas radiadas 1.5-2 mm, escasamente más corto que el tubo, muy escasamente exerto del involucro. **1. S. breviligulata**
1. Capitulescencias monocéfalas a laxamente cimosas y con 3 cabezuelas; limbo de las corolas radiadas 3-5 mm, obviamente más largo que el tubo, largamente exerto del involucro. **2. S. obtusata**

1. Selloa breviligulata Longpre, *Publ. Mus. Michigan State Univ., Biol. Ser.* 4: 376 (1970). Holotipo: Costa Rica, *Evans y Lellinger 149* (foto MO! ex MSC). Ilustr.: no se encontró.

Aphanactis breviligulata (Longpre) B.L. Turner.

Hierbas estoloníferas decumbentes a ascendentes, 20-40 cm; tallos simples (ramificados solo en la capitulescencia), muy esparcidamente foliosos con solo 3 o 4 pares de hojas en los 3/4 proximales, esparcida a moderadamente pilosos y estipitado-glandulosos; entrenudos mucho más largos que las hojas. Hojas sésiles; láminas 1-4.3 × 0.3-1.2 cm, oblongas u oblanceoladas, 3-5-plinervias, ambas superficies esparcidamente hirsuto-pilosas, los márgenes enteros o 1-serrulados o 2-serrulados, ciliolados, el ápice obtuso a redondeado. Capitulescencias algunas veces ramificadas en el par de hojas más distal, con 1-3 subglomérulos umbelados, largamente pedicelados con 3-5 cabezuelas; pedicelos de los glomérulos 1-10 cm; pedúnculos c. 0.2 cm, seríceo-pilosos. Cabezuelas 5-8 mm; involucro 5-7 × 6-9 mm; filarios 4-7 mm, subiguales a escasamente graduados, con los externos mucho más de la mitad de la longitud de los internos o más largos que estos, lanceolado-ovados a anchamente ovados, 2(3)-seriados, los externos estrigoso-pilosos proximalmente o sobre la vena media, los márgenes rígido-ciliados, los internos glabros, el ápice anchamente agudo a casi redondeado; páleas 1.5-2.5 × 0.1-0.2 mm, casi tan largas como las cipselas maduras. Flores radiadas 6-11; tubo de la corola 1.8-2.2 mm, el limbo 1.5-2 mm, escasamente más corto que el tubo, cuneado-ovado, muy escasamente exerto del involucro, débilmente 2-4-nervio, los dientes apicales 0.2-0.4 mm. Flores del disco 7-24; corola 1.8-2.2 mm, campanulada a hipocraterimorfa, el tubo casi tan largo como el limbo, los lobos c. 0.5 mm, casi tan largos como la garganta; anteras más largas que los filamentos. Cipselas radiadas y del disco 1.6-2 mm, sin vilano, glabras. Floración ago.-sep. *Páramo.* CR (*Pruski et al. 3913*, MO). 3400-3500 m. (Endémica.)

2. Selloa obtusata (S.F. Blake) Longpre, *Publ. Mus. Michigan State Univ., Biol. Ser.* 4: 374 (1970). *Sabazia obtusata* S.F. Blake, *Brittonia* 2: 346 (1937). Isotipo: Guatemala, *Skutch 1265* (US!). Ilustr.: Nash, *Fieldiana, Bot.* 24(12): 555, t. 100 (1976).

Aphanactis obtusata (S.F. Blake) B.L. Turner.

Hierbas estoloníferas ascendentes, 10-23 cm; tallos simples a poco ramificados, esparcidamente foliosos con 3-6 pares de hojas en los 2/3 proximales, esparcida y largamente pilosos y estipitado-glandulosos; entrenudos frecuentemente más largos que las hojas. Hojas sésiles; láminas (0.5-)1-3 × 0.3-1.1 cm, espatuladas u oblanceoladas hasta las más distales algunas veces lanceoladas, 3-plinervias, ambas superficies esparcida a moderadamente estipitado-glandulosas, los márgenes enteros o 1(2)-serrulados distalmente, el ápice obtuso. Capitulescencias monocéfalas a laxamente cimosas y con 3 cabezuelas; pedúnculos 3-10 cm, sostenidos muy por encima de las hojas del tallo, largamente pilosos y estipitado-glandulosos. Cabezuelas 5-10 mm; involucro 4-5.6 × 7-10 mm; filarios 4-5.6 mm, subiguales, ovados, 2(3)-seriados, esparcidamente estipitado-glandulosos, el ápice obtuso; páleas 1.5-3 × c. 0.2 mm. Flores radiadas 11-21; tubo de la corola 1.2-2 mm, el limbo 3-5 mm, obviamente más largo que el tubo, cuneado, largamente exerto del involucro, 5-7-nervio, los dientes apicales 0.2-1.1 mm. Flores del disco 30-35; corola 2-3 mm, campanulada a hipocraterimorfa, el tubo más corto que el limbo, los lobos 0.7-0.8 mm, casi tan largos como la garganta; anteras más largas que los filamentos. Cipselas radiadas y del disco 1.2-2 mm, sin vilano, glabras. Floración ago.-sep. *2n = 16. Pastizales alpinos con* Pinus. G (*Longpre 228*, MO). 3200-3800 m. (Endémica.)

206. Sigesbeckia L.

Por J.F. Pruski.

Hierbas anuales o perennes de vida corta, con tallo folioso, algunas veces las hojas arrosetadas, las raíces fibrosas; tallos por lo general erectos o ascendentes a rara vez rastreros, frecuentemente muy ramificados, subteretes; follaje con frecuencia obviamente estipitado-glanduloso. Hojas opuestas, sésiles a pecioladas; láminas anchas, cartáceas, 3-nervias muy por encima de la base, las superficies pelosas, los márgenes enteros hasta por lo general regularmente serrados; pecíolos cuando presentes por lo general alados. Capitulescencias cimosas hasta por lo general corimboso-paniculadas; pedúnculos típica y densamente estipitado-glandulosos, frecuentemente heterótricos y también con tricomas no glandulares por lo general patentes. Cabezuelas radiadas; involucro campanulado o hemisférico, doble; filarios dimorfos, 2-seriados, indistintamente verde-estriados; la serie externa frecuentemente de 5(8) filarios, por lo general tan largos como la serie interna o frecuentemente más largos, por lo general angosta a anchamente espatulados, lateralmente patentes a reflexos, herbáceos, por lo general moderada a densamente estipitado-glandulosos o rara vez casi no glandulosos; serie interna por lo general de 5-15 filarios, al madurar por lo general solo escasamente más largos que las cipselas, naviculares, eximbricados, cada uno cercanamente subyacente y envolviendo la cara abaxial del ovario o cipsela radiada, adpresos, cartáceos hasta en parte herbáceos, glabros a estipitado-glandulosos, el ápice frecuentemente subcuculado; clinanto convexo a cónico, paleáceo; páleas similares a los filarios internos pero más angostas. Flores radiadas 1-seriadas;

corola por lo general amarilla a algunas veces blanquecina o abaxialmente purpúrea, no glandulosa o muy rara vez sésil-glandulosa, el tubo hispídulo, el limbo por lo general más largo que el tubo, oblongo a cuneado, las nervaduras por lo general iguales en grosor, la superficie abaxial mamilosa o papilosa, el ápice 3-lobado. Flores del disco 3-35, por lo general bisexuales (Mesoamérica), rara vez funcionalmente estaminadas; corola infundibuliforme-campanulada, brevemente (3-)5-lobada, por lo general amarilla, frecuentemente hispídula proximalmente, no glandulosa o muy rara vez sésil-glandulosa, el tubo corta a largamente cilíndrico, el limbo por lo general abruptamente ampliado, la garganta con un solo conducto resinoso a lo largo de cada nervadura; anteras amarillas o verdes, los apéndices ovados; estilo con la base dilatada, las ramas c. 0.5 mm, con 2 bandas de líneas estigmáticas en pares hasta el ápice generalmente agudo, finamente papiloso, las papilas obtusas. Cipselas anchamente obcónicas y atenuadas hasta una base angosta e incurvada, negras, finamente estriadas, glabras, el carpóforo diminuto, el ápice redondeado; vilano ausente. *x* = 10, 12, 15, 16, 30. 9-12 spp. Pantropical.

Los tratamientos de algunas especies americanas de *Sigesbeckia* se encuentran en Humbles (1972b), McVaugh y Anderson (1972) y Schulz (1988). *Sigesbeckia* es similar a *Trigonospermum*, el cual difiere por los filarios externos generalmente adpresos o ascendentes, como en *Zandera*, el cual provisionalmente se retiene en *Trigonospermum*.

Sigesbeckia orientalis L., similar por las anteras verdes a *S. jorullensis*, difiere por las hojas glandulosas con márgenes irregularmente tosco-serrados y se espera encontrar en Mesoamérica.

Bibliografía: Humbles, J.E. *Ci. & Nat.* 13: 2-19 (1972). McVaugh, R. y Anderson, C.E. *Contr. Univ. Michigan Herb.* 9: 485-493 (1972). Schulz, D.L. *Haussknechtia* 4: 25-35 (1988).

1. Hierbas arrosetadas subescapíferas; corolas radiadas conspicuas, solo escasamente más cortas que los filarios externos, el limbo 5-10 mm.
      3. S. nudicaulis
1. Hierbas con tallos foliosos; corolas radiadas moderadamente inconspicuas, por lo general más cortas a mucho más cortas que los filarios externos, el limbo 1.5-3(-3.5) mm.
  2. Envés foliar sésil-glanduloso; filarios externos por lo general solo escasamente más largos que las flores radiadas, espatulados; anteras amarillas.   **1. S. agrestis**
  2. Envés foliar no glanduloso; filarios externos mucho más largos que (o subiguales a) las flores radiadas, angostamente linear-espatulados, por lo general homótricos solo con tricomas estipitado-glandulares; anteras verdes.   **2 S. jorullensis**

1. Sigesbeckia agrestis Poepp., *Nov. Gen. Sp. Pl.* 3: 45 (1845 [1843]). Lectotipo (designado por McVaugh, 1984): Perú, *Poeppig 1772B* (W). Ilustr.: Nash, *Fieldiana, Bot.* 24(12): 556, t. 101 (1976). N.v.: Ton-tzun, G.

Hierbas anuales erectas, 30-80(-150) cm; tallos dicotómicamente ramificados distalmente o algunas veces casi totalmente, foliosos, hirsutos y cortamente estipitado-glandulosos (los tricomas glandulares 0.2-0.3 mm) en especial distalmente. Hojas sésiles o subsésiles; láminas (1.5-)4-12 × (0.6-)1.5-6.5(-8) cm, lanceoladas a ovadas u obovadas, ambas superficies pilosas o vellosas, la superficie abaxial también sésil-glandulosa, la base cuneada a obtusa, subamplexicaule a perfoliada, los márgenes subenteros a serrulados o sinuoso-serrados, el ápice agudo. Capitulescencias foliosas, compuesto-corimboso-paniculadas con las ramas laterales sobrepasando al eje central, con numerosas cabezuelas; pedúnculos 1-2(-5.5) cm, estipitado-glandulosos. Cabezuelas 3-4(-5) mm, cortamente radiadas; involucro del disco 4-5 mm de ancho; filarios externos 5, (2.5-)3-7(-10) × 0.7-1(-2) mm, por lo general solo escasamente más largos que (subiguales a) las flores radiadas, espatulados, patentes a completamente reflexos, heterótricos, los tricomas glandulares c. 0.2 mm, también largamente pilosos con tricomas no glandulares patentes mucho más del doble de largo, el ápice agudo a obtuso; filarios internos 5-13, 2.3-3 × c. 1 mm, elípticos, estipitado-glandulosos, el ápice agudo a obtuso; páleas 2.3-3 mm, obovadas, los márgenes algunas veces distalmente ciliados, por lo demás glabras o algunas veces esparcidamente estipitado-glandulosas apicalmente. Flores radiadas 5-13; corola (subigual) más corta que los filarios externos, amarilla a amarillo-anaranjada, el tubo 0.2-0.7 mm, el limbo 2-3 mm, moderadamente inconspicuo. Flores del disco 8-18(-32); corola 1.5-2 mm, los lobos c. 0.5 mm; anteras amarillas. Cipselas 1.5-2.3 mm. Floración (jun.)ago.-ene. 2n = 30, 32. *Cafetales, bosques de coníferas, campos, bosques de* Quercus*, bancos sombríos, orillas de arroyos.* Ch (*Breedlove y Smith 22644*, MO); G (*von Türckheim II 1291*, NY); H (Nelson, 2008: 194); ES (*Carlson 405*, F); N (*Grijalva y Araquistain 612*, MO); CR (*Smith A619*, MO). 600-2300 m. (México, Mesoamérica, Colombia, Ecuador, Perú, La Española.)

Sigesbeckia agrestis es moderadamente variable en el tamaño de la hoja y las cabezuelas. Sin embargo, el único segregado de esta es la especie mexicana *S. andersoniae* B.L. Turner, especie muy diferente que difiere por tener los filarios externos muy esparcidamente estipitado-glandulosos (y el tubo de las corolas radiadas escasamente más corto), pero que fue incluida por Humbles (1972) y McVaugh y Anderson (1972) en el concepto *S. agrestis* por sus hojas glandulosas y anteras amarillas.

2. Sigesbeckia jorullensis Kunth in Humb., Bonpl. et Kunth, *Nov. Gen. Sp.* folio ed. 4: 223 (1820 [1818]). Holotipo: México, Michoacán, *Humboldt y Bonpland s.n.* (microficha MO! ex P-Bonpl.). Ilustr.: Robinson et al., Fl. Ecuador 77(2): 100, t. 51 (2006). N.v.: Cuanahuatch pega-pega, G; pegajosa, H.

Polymnia odoratissima Sessé et Moc., *Sigesbeckia bogotensis* D.L. Schulz, *S. cordifolia* Kunth, *S. serrata* DC.

Hierbas anuales o perennes de vida corta, erectas, 30-150 cm; tallo 1, algunas veces ramificado desde la base, folioso, los nudos distales frecuentemente con ramas axilares fértiles, con frecuencia esparcidamente piloso-vellosos proximalmente y esparcidamente estipitado-glandulosos distalmente. Hojas alado-pecioladas y algunas veces las hojas obviamente perfoliadas o las distales sésiles; láminas 3-11(-16) × 2-6(-11) cm, por lo general deltadas o truladas a ovadas o las distales lanceoladas, ambas superficies pilosas o vellosas con tricomas simples, frecuentemente también esparcida y cortamente estipitado-glandulosas, la superficie abaxial no glanduloso-punteada, la base frecuentemente truncada o subcordata y por lo general abruptamente atenuada en un pecíolo alado, los márgenes subenteros o serrulados a toscamente serrados, el ápice acuminado o agudo; pecíolo alado (1-)2-8 cm. Capitulescencias foliosas, compuesto-corimbosas con las ramas laterales frecuentemente casi tan largas como el eje central, con varias cabezuelas; pedúnculos 1-3.5(-5) cm, densamente estipitado-glandulosos. Cabezuelas 3-5(-6) mm, cortamente radiadas; involucro del disco 4-7 mm de ancho; filarios externos 5 o 6, 5-18 × 0.5-1 mm, mucho más largos que las flores radiadas, angostamente linear-espatulados, patentes a reflexos, por lo general homótricos solo con tricomas estipitado-glandulares de 0.2-0.6 mm, rara vez también con tricomas glandulares más cortos o basalmente con tricomas no glandulares adpresos, el ápice obtuso; filarios internos por lo general 5-8(-12), 2-3.5 × 1-1.5 mm, elípticos a obovados, estipitado-glandulosos, el ápice acuminado; páleas 2.5-3.5 mm, estipitado-glandulosas distalmente. Flores radiadas 5-8(-12); corola mucho más corta que los filarios externos, amarilla o algunas veces abaxialmente purpúrea o con las nervaduras color púrpura, rara vez sésil-glandulosa, el tubo 0.8-1.5 mm, el limbo 1.5-2.5(-3.5) mm, moderadamente inconspicuo, por lo general 3-7-nervio. Flores del disco 8-20; corola 1.5-2 mm, rara vez sésil-glandulosa, los lobos c. 0.5 mm; anteras verdes. Cipselas 2-3.5 mm. Floración sep.-mar.(-may.). 2n = 30, 32. *Áreas alteradas, bosques nublados, bosques de coníferas, campos, áreas cenagosas, bosques de* Quercus*, vegetación secundaria, laderas de volcanes.* Ch (*Breedlove y Thorne 31059*, MO); G (*Guerrero 122*, MO); CR (*Pruski et al. 3853*, MO); P (*David-*

son 150, US). (1400?-)2100-3800 m. (México, Mesoamérica, Colombia, Venezuela, Ecuador, Perú, Bolivia, Chile, Argentina, La Española.)

McVaugh y Anderson (1972) aceptaron algunas plantas con hojas glandulosas y anteras amarillas dentro del concepto de *Sigesbeckia jorullensis*, pero en Mesoamérica estas variantes son rara vez observadas. Estos intermedios con filarios básicamente homótricos son frecuentes en Michoacán y estados aledaños. Estos intermedios son más cercanos a *S. agrestis* que a *S. jorullensis* por tener típicamente menos filarios y podrían ser híbridos.

3. Sigesbeckia nudicaulis Standl. et Steyerm., *Publ. Field Mus. Nat. Hist., Bot. Ser.* 23: 262 (1947). Holotipo: Guatemala, *Steyermark 50114* (foto MO! ex F). Ilustr.: Humbles, *Ci. & Nat.* 13: 16, t. 6 (1972).

Hierbas perennes subescapíferas, arrosetadas, 15-40 cm; tallo 1, simple proximalmente, 1-3-ramificado en la capitulescencia, la roseta basal por lo general con 6-8 hojas, por lo demás casi afilos y generalmente con 2 pares de brácteas foliosas opuestas en los nudos proximales de la capitulescencia, densa y cortamente estipitado-glandulosos, por lo general también esparcidamente pilosos con tricomas no glandulares más largos. Hojas basales alado-pecioladas; láminas 5-8 × 2-4 cm, ovadas a obovadas, la superficie adaxial densamente vellosa, la superficie abaxial no glandulosa, glabra a subglabra, la base cuneada u obtusa con acuminación abrupta o gradual, los márgenes ondulado-serrulados a subenteros, el ápice obtuso, alado-pecioladas; hojas caulinares como brácteas foliosas 1.5-3 cm, lanceoladas a oblongas, sésiles. Capitulescencias abiertamente cimosas con (1)2-4 cabezuelas; pedúnculos 5-16 cm, cortamente estipitado-glandulosos. Cabezuelas 6-8 mm, radiadas; involucro del disco c. 10 mm de ancho; filarios externos 5-8, 7-12 × 1.5-2 mm, solo apenas más largos que las flores radiadas, oblongos, patentes a reflexos luego de la antesis, el ápice obtuso a redondeado; filarios internos 3-5 mm, obovado-oblongos. Flores radiadas 10-15; corola solo escasamente más corta que los filarios externos, amarilla, el limbo 5-10 mm, conspicuo. Flores del disco varias a numerosas; corola c. 2 mm. Cipselas c. 2 mm. Floración ago. *Áreas alpinas.* G (*Steyermark 50114*, US). 2800-3400 m. (Endémica.)

Sigesbeckia nudicaulis es similar a *S. repens* B.L. Rob. et Greenm. de Oaxaca la cual se diferencia por los tallos foliosos débiles o rastreros y las hojas abaxialmente glandulosas.

207. **Smallanthus** Mack.
Polymniastrum Small non Lam.

Por J.F. Pruski.

Sufrútices toscos o arbustos a árboles, en ocasiones hierbas anuales o perennes, 1-5(-12) m, las raíces fibrosas o algunas veces las raíces oblongoide-tuberosas; tallos generalmente erectos a ascendentes o reclinados, ramificados, subteretes o sulcados a hexagonales, frecuentemente estriados, glabros a densamente pelosos, frecuentemente víscidos o cortamente estipitado-glandulosos, sólidos o cuando herbáceos algunas veces fistulosos; follaje cuando estipitado-glanduloso con tricomas glandulares mucho más cortos que los tricomas no glandulares. Hojas simples, opuestas o las distales algunas veces alternas, pecioladas o sésiles, típicamente subsésiles con la base anchamente alado-peciolariforme, frecuentemente dilatadas basalmente o amplexicaules; láminas por lo general grandes, lanceoladas a anchamente ovadas o deltadas, pentagonales, con frecuencia ligeramente palmatilobadas o rara vez profundamente pinnatilobadas, delgadamente cartáceas, 3(-5)-palmatinervias desde por encima de la base o rara vez pinnatinervias, la superficie adaxial glabra a pilosa, rara vez punteado-glandulosa, la superficie abaxial glabra o pilosa a algunas veces escasamente tomentosa, con frecuencia diminutamente punteado-glandulosa o rara vez en las hojas más distales cortamente estipitado-glandulosa, la base aguda a redondeada o subcordata o angostamente cuneada, y entonces por lo general abrupta y largamente atenuada en la base peciolariforme, los márgenes enteros a dentados o lobados, el ápice agudo a acuminado. Capitulescencias terminales en las ramas foliosas, abiertamente corimbosas, por lo general con pocas a varias cabezuelas y las ramas en floración con pocos pares de hojas; pedúnculos moderadamente delgados, pelosos o rara vez subglabros, algunas veces estipitado-glandulosos. Cabezuelas radiadas, con numerosas flores; involucro por lo general hemisférico; filarios marcadamente dimorfos, desiguales, 2-seriados, no articulados basalmente, las series externas con (4)5 o 6 filarios, más o menos subimbricados, foliosos o al menos herbáceos, patentes, connatos basalmente, grandes, lanceolados a orbiculares, con pocas nervaduras paralelas, glabros a pelosos o cortamente estipitado-glandulosos, las series internas con 8-20 filarios, en igual número que las flores radiadas y subyacentes a cada una de estas, eximbricados, delgadamente herbáceos, lanceolados a espatulados, naviculares, proximalmente más largos que y rodeando a los ovarios (cipselas) de las flores radiadas, y entonces angostados distalmente, el ápice erecto o algunas veces incurvado y subcaliculado, por lo general más cortos que los filarios externos; clinanto ancho, convexo, paleáceo; páleas lanceoladas, ligeramente conduplicadas, amarillentas, escariosas, con varias nervaduras. Flores radiadas 8-20, pistiladas, 1(2)-seriadas; corola típica y largamente exerta, por lo general amarilla, rara vez completamente anaranjada o rojiza distalmente, el tubo corto, especialmente comparado con el fruto maduro, típicamente densa y largamente piloso, el limbo oblongo a elíptico, el ápice brevemente (2)3-dentado, papiloso adaxialmente, frecuentemente punteado-glanduloso abaxialmente; ramas del estilo divaricadas, con 2 bandas de líneas estigmáticas en pares que se unen en el ápice obtuso. Flores del disco 15-100, funcionalmente estaminadas; corola infundibuliforme a generalmente campanulada, 5-lobada, completamente amarilla o rara vez purpúrea distalmente, el tubo no delgado, mucho más corto que la garganta, glabro a setoso, la garganta con un solo conducto resinoso a lo largo de la nervadura, el limbo glabro o escasamente setoso, rara vez esparcidamente punteado-glanduloso, el tubo y la garganta 5(-10)-nervios, los lobos deltados a triangulares, algunas veces densamente setosos; anteras negras, los apéndices ovados a deltados, no glandulosos; estilo aparentemente sin ramificar, sin ramas separadas o recurvadas, papiloso distalmente, muy brevemente a rara vez largamente exerto; ovario estéril c. 0.5 mm, cortamente cilíndrico, sin vilano. Cipselas radiadas grandes, negras o pardo oscuras, obovoides a esféricas, con frecuencia escasamente comprimidas, 30-40-estriadas, las áreas carbonizadas con estrías reducidas convexas, por lo general glabras, sin vilano, cada una ligeramente envuelta en el filario interno subyacente; carpóforo pequeño, no muy desarrollado. $x = 16, 17, 18$. Aprox. 20 spp. 1 sp. en Estados Unidos, las restantes en México, Mesoamérica y Sudamérica; introducido en Bermuda.

Wells (1965) y Nash (1976d) trataron a *Smallanthus* como un sinónimo de *Polymnia* Kalm de Norteamérica, pero fue restablecido por Robinson (1978c). Wells (1965) reconoció 19 especies de *Polymnia* y todas, excepto dos, han sido transferidas a *Smallanthus*. Robinson enfatizó que *Smallanthus* se puede diferenciar de *Polymnia* por las cipselas con varias estrías (vs. lisas), no anguladas (vs. marcadamente 2-anguladas o 3-anguladas), y con frecuencia escasamente comprimidas (vs. obcomprimidas). Además, *Polymnia* tiene las hojas lobadas pinnatinervias y pinnatilobadas y las anteras con apéndices glandulosos, mientras que la mayoría de especies de *Smallanthus* tienen las hojas pentagonales 3-nervias y las anteras con apéndices no glandulosos.

La presencia y abundancia de glándulas estipitadas varían algunas veces con el ambiente haciendo que los caracteres de las glándulas no puedan ser siempre diagnósticos. Por ejemplo, Wells (1965) anotó que la introducción de una sola planta de *S. uvedalia* (L.) Mack. a la isla de Bermuda ha producido poblaciones en diferentes hábitats que actualmente muestran morfologías que se pueden asignar a tres variedades tradicionalmente reconocidas.

Las especies descritas por Robinson (1978c) y Turner (1988d) se tratan aquí como sinónimos de *S. maculatus*. *Smallanthus sonchifolius*, una especie nativa de los Andes, es frecuentemente cultivada tanto en el Viejo Mundo como en América por los tubérculos dulces comestibles que se pueden consumir crudos.

Los nombres reconocidos por Vitali et al. (2015), pero tratados aquí en sinonimia incluyen *S. latisquamus*, *S. lundellii* y *S. obscurus*. Vitali et al. (2015) aplicaron erróneamente *S. uvedalia* (cuyo epíteto es un nombre que no se declina en aposición) al material mesoamericano y aquí se lo ha vuelto a identificar como *S. maculatus*. Vitali et al. (2015) reconocieron 23 especies, pero en el presente tratado se reconocen 20 spp.

Bibliografía: Garilleti, R. *Fontqueria* 38: 1-248 (1993). Robinson, H. *Phytologia* 39: 47-53 (1978). Strother, J.L. *Fl. Chiapas* 5: 1-232 (1999). Turner, B.L. *Phytologia* 64: 405-409 (1988). Villaseñor Ríos, J.L. *Techn. Rep. Rancho Santa Ana Bot. Gard.* 4: 1-122 (1989). Vitali, M.S. et al. *Phytotaxa* 214: 1-84 (2015). Wells, J.R. *Brittonia* 17: 144-159 (1965).

1. Hojas proximales pinnatinervias y pinnatilobadas; corolas radiadas anaranjadas o algunas veces anaranjado-doradas, al secarse magenta a purpúreas; estilo de las flores del disco largamente exerto. **2. S. oaxacanus**
1. Hojas proximales 3-nervias y frecuentemente pentagonales; corolas radiadas amarillas (o muy rara vez púrpura en *S. maculatus*) o en ocasiones rojizas abaxialmente, estilo de las flores del disco muy brevemente exerto.
  2. Hierbas subglabras; hojas simples, pecioladas, la superficie abaxial no glandulosa; filarios externos 4 por cabezuela; limbo de las corolas radiadas 9-15-nervio, no glanduloso abaxialmente. **3. S. quichensis**
  2. Hierbas o arbustos pelosos o glabros; hojas al menos las proximales divididas, la superficie abaxial glandulosa; filarios externos 4(6) por cabezuela; limbo de las corolas radiadas 5-10-nervio, glanduloso abaxialmente.
    3. Raíces tuberosas; filarios internos no obviamente estipitado-glandulosos. **5. S. sonchifolius**
    3. Raíces no obviamente tuberosas; filarios internos frecuentemente estipitado-glandulosos.
      4. Filarios internos frecuentemente heterótricos, frecuentemente estipitado-glandulosos e hirsútulo-subestrigosos, el ápice agudo a algunas veces acuminado, hasta 3.5 mm; páleas hirsútulo-subestrigosas distalmente. **1. S. maculatus**
      4. Filarios internos homótricos (densamente estipitado-glandulosos) o casi homótricos, el ápice abruptamente angostado en un apéndice largamente atenuado 5-10 mm; páleas subglabras. **4. S. riparius**

1. Smallanthus maculatus (Cav.) H. Rob., *Phytologia* 39: 50 (1978). *Polymnia maculata* Cav., *Icon.* 3: 14 (1794 [1795]). Tipo: cultivado en Madrid, de México, *Anon. s.n.* (no encontrado en MA por Garilleti, 1993: 228). Ilustr.: Nash, *Fieldiana, Bot.* 24(12): 546, t. 91 (1976). N.v.: Shti-pú, B; balim k'in, batzil, ik'al k'ail, tz'ibal k'ayil, Ch; ax, chocotorro, mirasol, G; marapasica, H; margarita, mirasol, ES; purca, tora, CR.

Polymnia maculata Cav. var. *adenotricha* S.F. Blake, *P. maculata* var. *glabricaulis* S.F. Blake, *P. maculata* var. *hypomalaca* S.F. Blake, *P. maculata* var. *vulgaris* S.F. Blake, *Smallanthus lundellii* H. Rob., *S. obscurus* B.L. Turner.

Hierbas anuales o perennes, 1-3(-5) m, las raíces no obviamente tuberosas; tallos erectos, sulcado-subhexangulares, glabros a pilosos, también frecuentemente estipitado-glandulosos, frecuentemente color púrpura-maculados, el eje central fistuloso, los entrenudos proximales frecuentemente mucho más largos que las hojas. Hojas variables, sésiles a pecioladas, al menos las hojas proximales dilatadas basalmente y semiamplexicaules o subamplexicaules; láminas (8-)12-30(-45) × 5-25(-40) cm, generalmente de contorno pentagonal o irregularmente angulosas y anchamente ovadas, ligera a rara vez profundamente pinnado-incisas o lobadas, algunas veces las hojas más distales elíptico-ovadas y subenteras, 3-nervias (lisas cuando pinnatilobadas) desde muy por encima de la base con el par de nervaduras más proximal mucho más prominente que las nervaduras distales y rara vez en ángulos rectos con la vena media, la superficie adaxial subglabra a esparcidamente híspídula o escábrida, la superficie abaxial piloso-vellosa hasta algunas veces subcanescente o rara vez subglabra, también punteado-glandulosa o en las hojas más distales cortamente estipitado-glandulosa, la base truncada a obtusa, entonces por lo general gradual (en las hojas distales) o abruptamente (en hojas proximales) contraída y largamente decurrente sobre la base peciolariforme, esta de contorno entero o rara vez irregular y ligeramente lobado, por lo general 2-20 × 1-2(-4) cm, los márgenes con frecuencia gruesamente lobado-dentados, los lobos cuando presentes ligera o rara vez cercanos a la vena media, por lo general triangulares y c. 3 cm, ápice agudo a obtuso, serrados o serrulados entre las denticiones de los lobos, el ápice de la lámina agudo a acuminado. Capitulescencias de 3-9 cabezuelas en agregados abiertos y algunas veces irregulares, dispuestas por encima de las hojas o algunas veces cercanamente abrazadas por brácteas foliosas, las cabezuelas frecuentemente nutantes en fruto; pedúnculos 1.5-8(-10) cm, hirsuto-pilosos o cortamente estipitado-glandulosos, frecuentemente heterótricos, rara vez subglabros. Cabezuelas 10-14 mm; involucro (8-)10-20 mm de ancho (o más ancho cuando los filarios externos están completamente abiertos); filarios externos 5(6), (5-)9-15 × (3-)6-9(-12) mm, ovado-orbiculares a rara vez elíptico-lanceolados, verde oscuros, estipitado-glandulosos o hirsútulo-subestrigosos hasta rara vez subglabros o vellosos sobre ambas superficies, los márgenes típicamente ciliados a rara vez estipitado-glandulosos, el ápice obtuso a rara vez agudo; filarios internos (8-)11-21, 4-5 × c. 2 mm, lanceolados a anchamente lanceolados, verde pálidos, con frecuencia obviamente heterótricos, estipitado-glandulosos e hirsútulo-subestrigosos, el ápice agudo a algunas veces (en elevaciones altas) acuminado hasta 3.5 mm; páleas 4.5-6 × 1-2.5 mm, hirsútulo-subestrigosas distalmente. Flores radiadas (8-)11-21; corola amarilla o muy rara vez purpúrea, el tubo 1.5-3 mm, algunas veces también papiloso, el limbo (7-)10-25 × 3-6(-10) mm, elíptico-oblanceolado, 7-10-nervio, típicamente setoso y punteado-glanduloso abaxialmente. Flores del disco frecuentemente c. 100; corola 5-6.4 mm, infundibuliforme, el tubo 1.3-1.8 mm, el limbo típicamente setoso a algunas veces densamente setoso, la garganta 3.1-3.6 mm, los lobos 0.6-1 mm; estilo muy brevemente exerto (c. 1.5 mm) de las anteras. Cipselas 3.5-5.5 × 3-5 mm. $2n = 32$. *Playas, márgenes de bosques, bosques secos, bosques nublados, áreas cultivadas, selvas medianas perennifolias, bosques de* Quercus-Pinus, *quebradas, orillas de caminos, vegetación secundaria, suelos con caliza, bordes de arroyos.* T (*Cowan 2099*, MEXU); Ch (*Breedlove 29299*, MO); B (*Balick et al. 2216*, NY); G (*Pruski y MacVean 4483*, MO); H (*Nelson et al. 3547*, MO); ES (*Davidse et al. 37402*, MO); N (*Neill 2206*, MO); CR (*Zamora et al. 2139*, MO); P (*Croat 13672*, MO). 0-2100(-3100) m. (México, Mesoamérica.)

El material típico de *Smallanthus maculatus*, especie común y vegetativamente variable, de elevaciones bajas, tiene los pedúnculos hirsuto-pilosos y los filarios ovado-orbiculares, subglabros (pero ciliado-marginados). Esas plantas son la forma dominante en México y Guatemala, y corresponden con el protólogo, pero fueron vueltas a describir por Robinson (1978c) como *S. lundellii,* aquí reducida a la sinonimia.

Una variante que se encuentra con frecuencia en elevaciones altas desde México y más frecuente al sur en Costa Rica y Panamá, tiene los pedúnculos cortamente estipitado-glandulosos y frecuentemente filarios heterótricos angostos. Esta variante fue reconocida por Wells (1965) como *Polymnia maculata* var. *adenotricha,* pero Nash (1976d) reconoció esta variedad con reserva. Aunque la presencia de glándulas estipitadas es con frecuencia usada como un carácter taxonómico en los taxones de elevaciones altas (p. ej., especies de *Oxylobus* y *Ageratina,* de la tribu Eupatorieae), el estudio de individuos de *S. maculatus* de cerca del nivel del mar hasta 2000(-3100) metros muestra que las características del indumento son variaciones clinales.

Algunas poblaciones de *S. maculatus* de elevaciones altas en Chiriquí, Panamá, difieren ligeramente por los pedúnculos vellosos, los filarios externos anchos, no glandulosos y la base de la hoja peciolariforme e irregularmente lobada. Algunos individuos con cabezuelas cortamente radiadas se encuentran ocasionalmente entre 1400 y 2400

metros en Costa Rica y Panamá. Un ecotipo de elevaciones más altas de Chiapas y Guatemala (descrita como *S. obscurus*) tiene la base de la hoja peciolariforme irregularmente lobada como en las plantas de Chiriquí, pero también tiene las hojas proximales profundamente 5-palmatilobadas a 7-pinnatilobadas. Las hojas profundamente lobadas de las plantas de elevaciones altas de Chiapas y Guatemala son siempre 3-nervias, sin embargo, y así se distinguen de *S. oaxacanus.*

Cada uno de estos ecotipos antes mencionados concuerda con esta especie en caracteres esenciales como lo son las hojas lobadas palmatinervias abaxialmente glandulosas y frutos menos de 6 mm. La ocurrencia de tal variación en *S. maculatus* niega la utilidad del uso de los conceptos de variedad de Wells (1965), pero podría representar taxones incipientes ya sea de áreas geográficamente jóvenes o medioambientalmente severas de Mesoamérica.

Turner (1988d) trató a la especie tropical *S. maculatus* como un sinónimo de *S. uvedalia,* una especie muy similar de zonas templadas en Norteamérica, y estudios biosistemáticos podrían probar que es un sinónimo. Sin embargo, en esta flora provisionalmente se reconoce *S. maculatus* y *S. uvedalia* como separadas, como lo hicieron Wells (1965), Nash (1976d), Robinson (1978c) y Strother (1999). Los conceptos usados en este tratamiento son básicamente tradicionales y más o menos intermedios a los de Wells (1965) y Turner (1988d), y más o menos paralelos a los de Robinson (1978c) y Strother (1999). Aquí sigo el concepto de especie de Wells (quien anotó que *S. maculatus* tiene cipselas consistentemente menores que las de *S. uvedalia*), pero no reconozco variedades en *S. maculatus.*

2. Smallanthus oaxacanus (Sch. Bip. ex Klatt) H. Rob., *Phytologia* 39: 51 (1978). *Polymnia oaxacana* Sch. Bip. ex Klatt, *Leopoldina* 23: 89 (1887). Holotipo: México, Oaxaca, *Liebmann 387/8994* (microficha MO! ex C). Ilustr.: Vitali et al., *Phytotaxa* 214: 47, t. 33 (2015). N.v.: Cedrillo, H.

Polymnia nelsonii Greenm.

Hierbas perennes?, 1-3 m; tallos erectos a ascendentes, poco ramificados, subteretes, híspido-pilosos a esparcidamente híspido-pilosos, también moderada a densamente estipitado-glandulosos, frecuentemente color púrpura-estriados, frecuentemente fistulosos, los entrenudos casi tan largos como las hojas más grandes. Hojas sésiles a subsésiles, la base peciolariforme larga, alada, al menos las hojas proximales dilatadas basalmente y subauriculadas o algunas veces perfoliadas; láminas (7-)9-15(-30) × (2.5-)5-15(-20) cm, ligera a por lo general profundamente (hasta cerca de la vena media) pinnatilobadas, de contorno deltado u ovado, las distales algunas veces menos partidas o apenas lanceoladas y subenteras, pinnatinervias con las nervaduras secundarias en ángulos casi rectos con la vena media, la superficie adaxial hirsútula a hirsuta, la superficie abaxial punteado-glandulosa, por lo demás subglabra a hirsuto-pilosa, la base truncada a obtusa, y entonces abruptamente contraída y largamente decurrente sobre la base peciolariforme generalmente 1.5-12 × 0.5-2 cm, ligeramente denticulada, los márgenes de la lámina subenteros a denticulados o rara vez dentados, los lobos cuando presentes lanceolados, 2-6(-13) × 1.5-2.5(-3.5) cm, los márgenes de los lobos rara vez secundariamente lobados, el ápice de los lobos acuminado a obtuso, el ápice de la lámina agudo a acuminado o rara vez obtuso. Capitulescencias de 3-7 cabezuelas, rara vez monocéfalas, dispuestas muy por encima de las hojas; pedúnculos 3-12 cm, hirsuto-pilosos y estipitado-glandulosos, también por lo general finamente vellosos distalmente debajo de otro tipo de indumento. Cabezuelas 8-12 mm; involucro 8-10 mm de ancho; filarios externos 5, 5-11 × 3-6 mm, ovados o elíptico-lanceolados, hirsútulo-subestrigosos, frecuentemente también estipitado-glandulosos, basalmente algunas veces finamente vellosos debajo de otro tipo de indumento, el ápice acuminado a obtuso; filarios internos c. 13, 5-6 × 2-3.7 mm, lanceolados a anchamente lanceolados, típicamente estipitado-glandulosos e hirsutos, el ápice angostamente agudo; páleas 4.5-6 × c. 1.6 mm. Flores radiadas c. 13; corola anaranjada o algunas veces anaranjado-dorada, al secarse color magenta o purpúrea, el tubo 0.5-0.8 mm, el limbo 8-12(-14) × 3-7 mm, elíptico-ovado, 8-10-nervio, frecuentemente bilobado, típica y largamente setoso y punteado-glanduloso abaxialmente. Flores del disco, corola 5-6.5 mm, infundibuliforme, amarillo-dorada, el tubo 0.7-1 mm, algunas veces muy corto, el limbo típicamente setoso a algunas veces densamente setoso, la garganta 3.3-4.3 mm, los lobos 1-1.2 mm; estilo largamente exerto (hasta 2.5 mm) de las anteras. Cipselas c. 3 × 2.7 mm. $2n = 32$, c. 40. *Selvas altas, bosques secos, selvas medianas perennifolias, bosques de* Pinus-Quercus, *orillas de arroyos, pastizales.* Ch (*Nelson 3221a*, US); G (*von Türckheim II 1494*, MO); H (*Yuncker et al. 6000*, MO). 700-1800 m. (O. y S. México, Mesoamérica.)

Smallanthus oaxacanus es atípica por las corolas radiadas anaranjadas o algunas veces anaranjado-doradas y los estilos del disco (anotado por Wells, 1965) largamente exertos que tal vez están relacionados a un síndrome de polinización distinto de otras especies en el género. Vegetativamente está cercanamente relacionada con la especie de flores amarillas *S. putlanus* B.L. Turner, de Oaxaca.

3. Smallanthus quichensis (J.M. Coult.) H. Rob., *Phytologia* 39: 51 (1978). *Polymnia quichensis* J.M. Coult., *Bot. Gaz.* 20: 48 (1895). Holotipo: Guatemala, *Heyde y Lux 3375* (F!). Ilustr.: Vitali et al., *Phytotaxa* 214: 58, t. 43 (2015). N.v.: Arnica, carricillo, G.

Polymnia latisquama S.F. Blake, *Smallanthus latisquamus* (S.F. Blake) H. Rob.

Hierbas perennes, 1-3 m; tallos delgados, erectos o reclinados, teretes, glabros o casi glabros, angostamente fistulosos en la mitad del tallo, los entrenudos casi tan largos como las hojas más cortas. Hojas pecioladas angostamente connatas basalmente; láminas 9-17(-30) × 3-10(-15) cm, lanceoladas a elíptico-ovadas, 3-nervias desde por encima de la base, las superficies no glandulosas, la superficie adaxial glabra a esparcidamente escábrida, la superficie abaxial glabra en las nervaduras o las axilas de las nervaduras esparcidamente vellosas, la base angostamente cuneada o en las proximales anchamente obtusa, los márgenes irregularmente dentados o denticulados a rara vez subenteros, el ápice angostamente agudo a acuminado; pecíolo 0.5-4.5 cm, algunas veces esparcidamente ciliado, cuneadamente alado apicalmente. Capitulescencias monocéfalas o rara vez de 3-5 cabezuelas en agregados regulares y abiertos, dispuestas escasamente por encima de las hojas subyacentes; pedúnculos 2-10 cm, glabros o algunas veces puberulentos apicalmente, no glandulosos. Cabezuelas 10-15 mm; involucro (10-)15-25 mm de ancho; filarios externos 4, decusados, 15-25 × 8-17 mm, suborbiculares a anchamente lanceolados, los márgenes indistintamente ciliolados, las superficies subglabras, el ápice agudo; filarios internos 7-15, 10-13 × 6-9 mm, anchamente ovados, subglabros o algunas veces papilosos, el ápice angostamente agudo; páleas c. 9 × 3 mm, esparcidamente pilósulas distalmente. Flores radiadas 7-15; corolas radiadas amarillas; tubo de la corola c. 1.5 mm, el limbo 15-24 × 6-9 mm, oblanceolado, 9-15-nervio, típicamente esparcido-setoso abaxialmente, no glanduloso. Flores del disco c. 100 a numerosas; corola 6.5-9.5 mm, infundibuliforme, el tubo 1.5-2 mm, el limbo glabro o casi glabro, la garganta 4-5.5 mm, los lobos 1-2 mm; estilo muy brevemente exerto de las anteras. Cipselas 5-7 × 4-6 mm. *Potreros, selvas alteradas, laderas de volcanes, matorrales.* Ch (Vitali et al., 2015: 30, como *Smallanthus latisquamus*); G (*Croat 40990*, MO); CR (*Standley 35340*, US). 2000-2700(-3000) m. (Endémica.)

4. Smallanthus riparius (Kunth) H. Rob., *Phytologia* 39: 51 (1978). *Polymnia riparia* Kunth in Humb., Bonpl. et Kunth, *Nov. Gen. Sp.* folio ed. 4: 222 (1820 [1818]). Holotipo: Colombia, *Humboldt y Bonpland 1640* (microficha MO! ex P-Bonpl.). Ilustr.: Robinson et al., Fl. Ecuador 77(2): 114, t. 53 (2006).

Hierbas perennes ligeramente suculentas o algunas veces arbustos, 2-4 m, las raíces no obviamente tuberosas; tallos erectos, glabros o esparcidamente hirsutos a rara vez densamente pilosos, algunas veces también estipitado-glandulosos, algunas veces fistulosos, los entrenudos distales mucho más cortos que las hojas. Hojas sésiles o con base peciolariforme alada, dilatadas basalmente; láminas 10-30(-50) × 5-30 cm, pentagonales o deltadas a anchamente ovadas o algunas veces las más distales elíptico-lanceoladas y sin base peciolariforme alada, 3-nervias desde muy por encima de la base en la porción expandida (cuando lobada) de la lámina, ambas superficies no glandulosas, la superficie adaxial subglabra a esparcidamente hispídula, la superficie abaxial glabra o pilósula especialmente sobre las nervaduras a rara vez moderadamente pilosa, la base subcordata a obtusa, y entonces por lo general abruptamente contraída y largamente decurrente sobre la base peciolariforme típicamente liso-marginada por lo general 3-12 × 0.7-3.5 cm, los márgenes de la lámina angulosos a denticulados, el ápice de los lobos agudo, el ápice de la lámina angostamente agudo a acuminado. Capitulescencias de 3-15 cabezuelas, dispuestas por encima de las hojas; pedúnculos 1.5-6(-8) cm, esparcidamente hirsuto-pilosos o con menos frecuencia estipitado-glandulosos, cuando heterótricos típicamente con tricomas no glandulares como el indumento prevaleciente, algunas veces (en Sudamérica) moderadamente hirsuto-pilosos. Cabezuelas 7-10 mm; involucro por lo general c. 10 mm de ancho; filarios externos (4)5, 7-12 × 5-10 mm, por lo general anchamente ovados a rara vez elíptico-ovados, las superficies glabras o rara vez diminutamente puberulentas, los márgenes típicamente glabros a algunas veces ciliolados, el ápice obtuso a rara vez agudo; filarios internos 8-14, 8-13 mm, casi tan largos o más largos que los filarios externos, elíptico-lanceolados, densamente estipitado-glandulosos, el ápice abruptamente angostado en un apéndice de 5-10 mm, tardíamente alargándose, largamente atenuados, frecuentemente involutos, el apéndice homótrico o casi homótrico; páleas 4-5 mm, subglabras. Flores radiadas 8-14; corolas radiadas amarillas, el tubo de la corola 1.5-2 mm, el limbo 10-15 × 5-6 mm, anchamente oblongo, 5-7-nervio, típicamente punteado-glanduloso abaxialmente pero las glándulas son destruidas al prensar las plantas con etanol, rara vez (en Sudamérica) también setoso. Flores del disco 30-60; corola 5-6 mm, infundibuliforme, completamente amarilla o (en Mesoamérica) purpúrea distalmente, el tubo 1.5-2 mm, el limbo y especialmente los lobos con frecuencia esparcidamente setosos o glandulosos con tricomas de base ancha, la garganta 3-3.2 mm, los lobos 0.5-0.8 mm; estilo muy brevemente exerto (c. 1.5 mm) de las anteras. Cipselas 3-4 × c. 3 mm. $2n =$ c. 30. *Arbustales húmedos, laderas de volcanes, selvas altas perennifolias.* Ch (*Fryxell y Lott 3363*, MO); G (Nash, 1976: 293); CR (Vitali et al., 2015: 62). 1200-2400 m. (México, Mesoamérica, Colombia, Venezuela, Ecuador, Perú?)

Smallanthus riparius y la especie sudamericana *S. siegesbeckius* (DC.) H. Rob. son las únicas del género con el ápice de los filarios internos largamente atenuado, y por tanto son similares en este aspecto. Wells (1965) notó que hay intermedios entre los ejemplares andinos y, si finalmente resulta que son sinónimos, *S. riparius* tendría prioridad. Wells (1965) consideró los ejemplares bolivianos como intermedios con *S. siegesbeckius*. Sin embargo, todos los ejemplares bolivianos que se han visto tienen el ápice de los filarios internos largamente atenuado y también el limbo de las corolas radiadas corto, los pedúnculos densamente glanduloso-estipitados, los filarios externos ciliados y aquí se refieren a *S. siegesbeckius*. Por tanto se excluye *S. riparius* de la flora de Bolivia, y se anota que en los Andes peruanos parecen prevalecer los intermedios más que en Bolivia. En Mesoamérica, especialmente en las elevaciones altas, algunas plantas de *S. maculatus* tienen el ápice de los filarios internos angostamente atenuado, ligeramente pareciéndose a *S. riparius*, pero se diferencian por ser heterótricos, con los filarios externos ciliados y las hojas glandulosas abaxialmente.

5. Smallanthus sonchifolius (Poepp.) H. Rob., *Phytologia* 39: 51 (1978). *Polymnia sonchifolia* Poepp., *Nov. Gen. Sp. Pl.* 3: 47 (1845 [1843]). Isotipo: Perú, *Poeppig 1653* (NY!). Ilustr.: Poeppig, *Nov. Gen. Sp. Pl.* 3: t. 254 (1845 [1843]). N.v.: Llacon, yacón, CR.

Polymnia edulis Wedd.

Hierbas perennes, 0.5-2(-3) m, las raíces tuberosas, los tubérculos de hasta 15 cm o más grandes; tallos erectos, esparcidamente hirsutos a densamente pilosos, algunas veces estipitado-glandulosos, los entrenudos distales muchos más cortos que las hojas. Hojas con la base peciolariforme alada, algunas veces dilatada o discontinuamente auriculada basalmente; láminas 10-25 × 6-18 cm, deltadas a ampliamente ovadas o algunas veces aquellas de la capitulescencia elípticas, trinervias desde la parte distal de la base angosta peciolar, el par más grande de nervaduras secundarias continuando muy por encima del 1/2 de la lámina y entonces angostando hacia los márgenes de un retículo inconspicuo, la superficie adaxial pilosa a grisáceo-pilosa, la superficie abaxial pilósulo-hírtula y también sésil-glandulosa, la base generalmente truncada a abruptamente contraída en la base, la base peciolariforme generalmente 4-10 × 1-1.5 cm e igualmente alada en toda su longitud, los márgenes angulados a dentados, el ápice agudo. Capitulescencia con 7-20 cabezuelas, dispuesta por encima de las hojas; pedúnculos mayormente 2-5 cm, heterótricos, hirsuto-pilosos y estipitado-glandulosos. Cabezuelas 8-11 mm; involucros generalmente 8-15 cm diám.; filarios externos generalmente 5, 11-18 × 6-10 mm, ovados, las superficies frecuentemente heterótricas, hírtelas a hirsutas y también frecuentemente estipitado-glandulosas, los márgenes típica y rígidamente ciliados, el ápice agudo a acuminado; filarios internos 14-18, 5-7 mm, oblongos, más cortos que los externos, el ápice anchamente agudo, no obviamente estipitado-glandulosos, homótricos, pilosos; páleas 4.5-6 mm, algunas veces ligeramente setosas distalmente. Flores radiadas 14-18, no mucho más largas que los filarios externos; corola amarilla, el tubo piloso-hirsuto, el limbo 4-8 × 3-5.5 mm, oblongo a obovado, 7-9-nervio, generalmente setoso y/o glanduloso abaxialmente. Flores del disco 60-100; corola 5-8 mm, infundibuliforme, amarilla, el tubo 1-1.5 mm, el limbo algunas veces esparcidamente setoso, los lobos 0.5-0.7 mm. Cipselas 2-6 × 1.5-2.5 mm. $2n = 60$. *Ocasionalmente escapada de cultivo.* CR (Vitali et al., 2015: 67). 1100-1300 m. (Mesoamérica, Colombia, Ecuador, Perú, Bolivia; cultivada en Argentina y Asia.)

Smallanthus sonchifolius es cultivada en América tropical y Asia por los tubérculos comestibles. Ocasionalmente escapa de cultivo, aunque tal vez no volviéndose bien establecido fuera de su área de distribución nativa.

208. Tridax L.

Balbisia Willd., *Bartolina* Adans., *Carphostephium* Cass., *Galinsogea* Kunth, *Mandonia* Wedd., *Ptilostephium* Kunth, *Sogalgina* Cass.
Por J.F. Pruski.

Hierbas anuales o perennes, subescapíferas hasta con tallos foliosos a rara vez sufrútices; tallos erectos a procumbentes, en ocasiones enraizando en los nudos, ligera a densamente pelosos. Hojas simples a 3-lobadas o pinnatífidas, opuestas, pecioladas o sésiles; láminas linearlanceoladas a anchamente ovadas, cartáceas a rara vez subcarnosas, las superficies no glandulosas, casi glabras a densamente pilosas, los márgenes enteros a profundamente lobados o gruesamente serrados. Capitulescencias terminales, abiertas, monocéfalas a corimbosas, con 1-varias cabezuelas corta a largamente pedunculadas; pedúnculos por lo general sin brácteas, frecuentemente pilosos o estipitado-glandulosos. Cabezuelas radiadas, discoides, o discoide-seudobilabiadas; involucro hemisférico a cilíndrico-campanulado; filarios imbricados, subiguales a desiguales y graduados, 2-5-seriados, con frecuencia longitudinalmente estriados; filarios externos frecuentemente piloso-hirsutos pero no glandulosos, completamente herbáceos o solo en el ápice, nunca encerrando toda la cabezuela, el ápice y los márgenes algunas veces purpúreos; filarios internos no encerrando las cipselas radiadas, por lo general escariosos, puberulentos a glabros, los márgenes y el ápice frecuentemente purpúreos; clinanto convexo a algunas veces cupuli-

forme, paleáceo; páleas conduplicadas, persistentes, delgadamente escariosas. Flores radiadas cuando presentes pocas; corola con frecuencia ligeramente pilosa, el limbo inconspicuo a conspicuo, blanco, amarillo, rojo o purpúreo, glabro o setuloso abaxialmente, con frecuencia apicalmente 2-4-lobado, algunas veces profundamente lobado. Flores del disco numerosas, bisexuales o algunas veces cuando pistiladas discoide-seudobilabiadas; corola actinomorfa o en ocasiones seudobilabiada y zigomorfa, por lo general infundibuliforme o angostamente campanulada, por lo general amarilla, por lo general brevemente 5-lobada, pelosa a rara vez glabra, la garganta por lo general con 2 conductos delgados, los conductos laterales frecuentemente intramarginales; anteras pardas o negras, las células de las paredes del endotecio por lo general con engrosamientos polares irregulares, la base inconspicua a marcadamente sagitada, el apéndice apical frecuentemente deltoide; estilo con la base engrosada y globular (estilopodio libre) por encima del nectario cilíndrico, el tronco por lo general con 4 conductos resinosos, las ramas con 2 bandas de líneas estigmáticas en pares, por lo general recurvadas, el ápice estéril, largamente atenuado. Cipselas radiadas y del disco más o menos similares pero las cipselas radiadas escasamente obcomprimidas, angostamente obcónicas a turbinadas, por lo general pardo oscuras, más o menos subteretes y acostilladas, finamente estriadas entre las costillas, estrigoso-seríceas o rara vez glabras o casi glabras; vilano por lo general de (0-)12-35 cerdas o escamas plumosas o largamente ancistrosas, pajizas, el vilano del disco casi tan largo como la corola, el vilano de las cipselas radiadas frecuentemente más corto que el vilano del disco y frecuentemente casi tan largo como el tubo de la corola, algunas veces solo cerca de la mitad de la longitud del tubo de la corola. $x = 9$, 10. Aprox. 29 spp. Nativo de América tropical, concentrado en México, 5 spp. andinas, 4 spp. en Mesoamérica y 1 sp. esperada; 1 sp. introducida y arvense en los trópicos y subtrópicos del Viejo Mundo.

El género *Tridax* fue revisado por Robinson y Greenman (1897a [1896]), quienes reconocieron 22 especies, y más recientemente por Powell (1965), quien reconoció 26 especies. El género neotropical *Cymophora* B.L. Rob. está cercanamente relacionado a *Tridax*, pero se diferencia por las corolas del disco siempre blancas. La reducción en Keil et al. (1987) de *Cymophora* a *Tridax* no se sigue en este tratamiento. Las especies de *Tridax* pueden reconocerse de inmediato por el vilano en general plumoso (como lo notó Cassini, 1828). Existe una reducida variación en la longitud de los cilios laterales de las cerdas, como lo evidenció Lineo (1737) describiendo *Tridax* al tener "vilano setáceo" y Cassini (1826, como *Ptilostephium*) como teniendo vilano de "escuámulas … ancistrosas". Los clinantos son convexos a cupuliformes, no "cónicos" como lo dijo Powell (1965). Aunque alguna especie ocasional de *Tridax* puede tener los pedúnculos estipitado-glandulosos, los filarios nunca son estipitado-glandulosos como en Milleriinae (que incluye los géneros mesoamericanos *Milleria*, *Rumfordia*, *Sigesbeckia*, *Smallanthus*, *Trigonospermum* y *Unxia*).

Bibliografía: Cassini, H. *Dict. Sci. Nat.* ed. 2, 44: 60-64 (1826); *Dict. Sci. Nat.* ed. 2, 55: 262-280 (1828). Keil, D.J. et al. *Madroño* 34: 354-358 (1987). Linnaeus, C. *Hort. Cliff.* 1-502 (1737). Powell, A.M. *Brittonia* 17: 47-96 (1965). Pruski, J.F. y Robinson, H. *Compositae Newslett.* 31: 24-26 (1997). Robinson, B.L. y Greenman, J.M. *Proc. Amer. Acad. Arts* 32: 3-10 (1897 [1896]).

1. Pedúnculos glandulosos; filarios marcadamente graduados, 4-6-seriados, los filarios externos varias veces más cortos que los internos; corolas radiadas de color rosado-púrpura, los limbos 11-14(-15) mm; vilano más corto que las cipselas. **4. T. purpurea**
1. Pedúnculos no glandulosos; filarios 2-seriado o 3-seriado, escasamente desiguales a casi subiguales, los externos escasamente más cortos que los internos a casi tan largos como estos; flores radiadas cuando presentes con corolas amarillo pálido o brillante a blancas, los limbos menos de 7 mm; vilano frecuentemente más largo que las cipselas.

2. Hojas 0.2-0.7(-1) cm de ancho, frecuentemente pinnatífidas o 3-loba-
das, las células subsidiarias de los tricomas no prominentes; cabezuelas
discoide-seudobilabiadas. **1. T. coronopifolia**
2. Hojas 0.4-4.5(-10) cm de ancho, simples a rara vez hastadamente
3-lobadas, las células subsidiarias de los tricomas prominentes o ligeramente prominentes; cabezuelas radiadas.
   3. Involucros cilíndrico-campanulados hasta con forma de tambor; filarios externos por lo general tan largos como los internos; limbo de las
   corolas radiadas glabro o algunas veces las 2 nervaduras principales
   setulosas abaxialmente; hierbas anuales erectas a ascendentes.
   2. T. platyphylla
   3. Involucros campanulados; filarios externos casi tan largos como los
   internos o escasamente más cortos; el limbo de las corolas radiadas
   con 2 nervaduras principales setulosas abaxialmente; hierbas perennes
   procumbentes a ascendentes, algunas veces floreciendo el primer año.
      4. Corolas radiadas blancas a amarillo pálido; cipselas con vilano ra-
      diado 2-3.5 mm, casi tan largo como el tubo de las corolas radiadas o
      solo escasamente más corto que este; filarios externos escasamente
      más cortos que los internos. **3. T. procumbens**
      4. Corolas radiadas amarillo brillante; cipselas con vilano radiado 1-2
      mm, cerca de la mitad de la longitud del tubo de las corolas radiadas;
      filarios externos casi tan largos como los internos. **5. T. purpusii**

1. Tridax coronopifolia (Kunth) Hemsl., *Biol. Cent.-Amer., Bot.* 2:
207 (1881). *Ptilostephium coronopifolium* Kunth in Humb., Bonpl. et
Kunth, *Nov. Gen. Sp.* folio ed. 4: 200 (1820 [1818]). Holotipo: México,
Edo. México, *Humboldt y Bonpland s.n.* (P). Ilustr.: Kunth, *Nov. Gen.
Sp.* folio ed. 4: t. 388 (1820 [1818]), como *P. trifidum*.

Carphostephium trifidum (Kunth) Cass., *Ptilostephium trifidum*
Kunth, *Tridax coronopifolia* (Kunth) Hemsl. var. *alboradiata* (A. Gray)
B.L. Rob. et Greenm., *T. lanceolata* Klatt, *T. macropoda* Gand., *T. tri-
fida* (Kunth) A. Gray, *T. trifida* var. *alboradiata* A. Gray.

Hierbas perennes bajas, 10-40 cm, frecuentemente floreciendo el
primer año; tallos simples hasta con poca a varias veces ramificados proximalmente, foliosos solo proximalmente o frecuentemente hasta la mitad del tallo, algunas veces rizomatosos, estriados,
esparcidamente hirsutos, los entrenudos con frecuencia ligeramente
agregados y más cortos que las hojas asociadas. Hojas variables, simples a pinnatífidas o trífidas (palmatífidas), pecioladas, las hojas (incluyendo el pecíolo) 1.5-7 × 0.2-6 cm, simples y lanceoladas u oblanceoladas a lobadas y de contorno ovado u obovado, la lámina cuando
simple o los lobos cuando pinnatífidas 0.2-0.7(-1) cm de ancho, cartáceas, ambas superficies piloso-hirsutas, las células subsidiarias de los
tricomas no prominentes, la base angostamente atenuada a subamplexicaule, los márgenes ligeramente dentados a profundamente lobados,
los lobos (cuando pinnatífidas o trífidas) por lo general 1-5 × 0.2-0.3
cm, lineares a linear-lanceolados, 1-3 por margen siendo los proximales más grandes, el ápice de la lámina y de los lobos acuminado.
Capitulescencias con 1-varias cabezuelas solitarias, largamente pedunculadas; pedúnculos 3-15(-25) cm, esparcidamente hirsutos a algunas
veces apicalmente estrigulosos, no glandulosos. Cabezuelas 6-10 mm,
discoide-seudobilabiadas; involucro 5-8 mm, anchamente campanulado
a hemisférico; filarios 11-15, imbricados, por lo general escasamente
desiguales a subiguales, 2-seriados o 3-seriados, los márgenes escariosos, los filarios externos 4-6.5 × 1.5-2 mm, elíptico-lanceolados, escasamente más cortos que los internos a casi tan largos como estos, purpúreos o solo marginal y apicalmente, el ápice agudo a acuminado,
algunas veces estrigulosos, algunas veces distalmente ciliados, graduando progresivamente a los filarios internos de 5-7 × 2-3.5 mm, oblongos, el ápice obtuso a redondeado; clinanto 3-4 × 3-6 mm; páleas
5-7 mm, oblanceoladas. Flores radiadas ausentes. Flores marginales
c. 8, pistiladas o de apariencia bisexual; corola 4-8 mm, seudobilabiada,
zigomorfa, blanca a amarilla, los tres lobos externos 1-5 mm, algunas
veces setulosos, típicamente muy agrandados y exertos, pareciendo el

limbo de las corolas radiadas profundamente 3-lobado, los dos lobos
internos mucho más cortos; anteras algunas veces pareciendo ser estaminodios. Flores del disco propio 30-60; corola 3.5-5.5 mm, cilíndrico-
infundibuliforme, por lo general amarilla, el tubo 0.5-1 mm, más corto
que la garganta, peloso, la garganta por lo general con pares de conductos resinosos a lo largo de cada nervadura, los lobos 0.5-1.3 mm,
finamente puberulentos; ramas del estilo 1.2-1.5 mm. Cipselas 2-3
mm, estrigoso-seríceas; vilano 1.5-4.5 mm, más corto hasta por lo general más largo que las cipselas, de 16-20 cerdas plumosas o escuámulas linear-lanceoladas, plumoso-ciliadas. Floración may. $2n = 18$,
36, 54. *Acantilados de caliza, selvas altas perennifolias.* Ch (*Breedlove 25260*, DS). c. 900 m. (México, Mesoamérica.)

Tridax coronopifolia se conoce de Mesoamérica de un solo ejemplar de la Depresión Central del oeste de Chiapas, y se puede reconocer por las hojas angostas o los lobos foliares angostos y las corolas de
las flores marginales zigomorfas, pero es variable con flores marginales
sea pistiladas o de apariencia bisexuales, tiene el vilano de longitudes
variables e incluye poblaciones de diferentes niveles de ploidía (diploides, tetraploides y hexaploides) (Powell, 1965). Sin embargo, los
extremos están unidos por intermediarios y parece mejor tratar las
especies en el sentido amplio como lo hicieron Robinson y Greenman
(1897a [1896]) y Powell (1965). Parece que Robinson y Greenman
(1897a [1896]) fueron los primeros en sinonimizar las dos especies,
instalando la prioridad de *Ptilostephium coronopifolium* sobre *P. trifidum*. Tanto Powell (1965) como el *Index Kewensis* (Jackson, 1895)
atribuyeron erróneamente a Hemsley la autoría de la combinación *T.
coronopifolia*. El tipo de esta especie, como es típico de numerosas
especies ilustradas en Kunth (1820a [1818]), no está representado en
las microfichas del herbario de Humboldt y Bonpland de P, pero se
presume que está en París.

Pese al último reconocimiento de los dos nombres de Kunth como
representando una sola especie, el vilano variable de *T. coronopifolia*
influenció a Cassini (1826) para reconocer los dos nombres de Kunth
arriba mencionados en dos géneros. Cassini (1826), al discutir acerca
del vilano de *Tridax* (como *Carphostephium* y *Ptilostephium*), escribió
que "en el orden de las Sinántereas existe un gran número de géneros
fundado únicamente en los caracteres del mechón plumoso". Véase en
Pruski y Robinson (1997) una explicación de la terminología de Cassini. Gray (1880) consideró los dos nombres de Kunth mencionados
arriba como especies distintas. Gray (1880) discutió la variabilidad del
vilano y se refirió a *P. coronopifolium* "del Prodromus de DeCandolle,
no *P. coronopifolium* de Kunth", infiriendo que Kunth o Candolle
habían mal interpretado el vilano de lo que Powell (1965) consideró
una sola especie.

2. Tridax platyphylla B.L. Rob., *Proc. Amer. Acad. Arts* 43: 41
(1908 [1907]). Isotipo: México, Guerrero, *Pringle 10075* (MO!). Ilustr.:
no se encontró.

Tridax scabrida Brandegee.

Hierbas anuales erectas o ascendentes, 30-75 cm; tallos varias veces
ramificados, completamente foliosos, estriado-sulcados, híspido-pilosos, hirsutos a híspidos, los entrenudos casi tan largos como las hojas
asociadas o más cortos que estas. Hojas simples a rara vez hastadamente 3-lobadas, subsésiles o alado-pecioladas; láminas 3-10(-11.5) ×
1.5-4.5(-10) cm, elíptico-ovadas a anchamente ovadas, cartáceas, trinervias desde la acuminación basal, la superficie adaxial escabrosa, los
tricomas antrorsos, la superficie abaxial hirsuta hasta solo sobre las
nervaduras mayores y por lo demás subglabra, las células subsidiarias
de los tricomas prominentes, la base redondeada u obtusa (rara vez
hastada) hasta por lo general acuminada a atenuada por encima de la
acuminación basal, y entonces angostamente decurrente sobre el pecíolo, los márgenes subenteros a irregular y gruesamente serrados, el
ápice agudo o acuminado a rara vez obtuso; pecíolo 0.1-3 cm, hirsuto,
angostamente alado. Capitulescencias corimbosas, moderadamente laxas,

con varias a numerosas cabezuelas; pedúnculos 2-8(-11) cm, esparcidamente híspido-pilosos, no glandulosos. Cabezuelas 9-11(-14) mm, radiadas; involucro 5-9(-14) × 7-11 mm, cilíndrico-campanulado hasta con forma de tambor; filarios 11-13, imbricados, subiguales o casi subiguales con los filarios externos por lo general tan largos como los filarios internos, indistintamente 2-seriados, los filarios externos 3.5-7(-14) × 2-6.5 mm, ovados a obovados, alternando más anchos y más largos, los márgenes algunas veces escarioso-purpúreos, el ápice acuminado a atenuado, toscamente hirsuto-estrigoso, graduando progresivamente a los filarios internos de 3.5-7.5 × 2-3 mm, elíptico-lanceolados a oblongos, el ápice agudo a acuminado, frecuentemente purpúreos especialmente apical y marginalmente, escariosos y completamente glabros o algunas veces el ápice herbáceo e hirsuto-estrigoso; clinanto 1.5-2 × 2.5-4 mm; páleas 5-9.5 mm, ápice acuminado a cuspidado, 1-3-nervias, glabras. Flores radiadas (2-)5-8; corola blanca o amarillo pálido, el tubo 3-4.5 mm, setoso, el limbo 4-7 × 4-7 mm, obovado a cuneado, 10-12-nervio, glabro o algunas veces las 2 nervaduras principales setulosas abaxialmente, el ápice 3-lobado. Flores del disco 20-30; corola 6-8 mm, cilíndrico-infundibuliforme, amarillo pálido, el tubo 1.2-2 mm, setoso, el tubo y la garganta glabros, los lobos 1.2-1.8 mm, papilosos; ramas del estilo c. 2 mm. Cipselas 2-2.7 mm, estrigoso-seríceas; vilano de c. 20 cerdas plumosas; vilano de las cipselas radiadas 1-3 mm, casi tan largo como las cipselas y el tubo de las corolas radiadas mucho más corto; vilano del disco 3-6.8 mm, por lo general mucho más largo que las cipselas. Floración jul.-dic. 2*n* = 18. *Bosques secos, vegetación costera, áreas arenosas, vegetación secundaria, matorrales espinosos, pastizales, orillas de caminos, selvas caducifolias.* Ch (*Purpus 6441*, NY); ES (*Montalvo JF-00123*, MO); N (*Neill 1151*, MO). 0-800 m. (S. México, Mesoamérica.)

Tridax platyphylla se encuentra principalmente en las vertientes hacia el océano Pacífico. Powell (1965) registró la especie como disyunta desde Chiapas a Nicaragua, pero el hecho de que en la actualidad se conocen ejemplares de El Salvador aumenta la posibilidad de que se pueda encontrar en Guatemala. Los tricomas son "tuberculados en la base", p. ej., tienen prominentes células subsidiarias, como lo mencionó Powell (1965), y aunque son pronunciadas no son diagnósticas y se encuentran en varias especies del género.

3. Tridax procumbens L., *Sp. Pl.* 900 (1753). Lectotipo (designado por Powell, 1965): México, Veracruz, *Houstoun Herb. Clifford 418, Tridax 1* (foto MO! ex BM). Ilustr.: Pruski, *Ernstia, ser. 2* 4: 135, t. 1 (1994). N.v.: K'oxox wamal, Ch; hierba de San Juan, San Juan del monte, yerba San Juan del monte, Y; hierba del toro, yerba del toro, G; aceitilla blanca, curagusano, hierba del higado, hierba del toro, H; hierba del toro, ES.

Balbisia canescens Pers., *B. divaricata* Cass., *B. elongata* Willd., *Chrysanthemum procumbens* (L.) Sessé et Moc., *Tridax procumbens* L. var. *canescens* (Pers.) DC., *T. procumbens* var. *ovatifolia* B.L. Rob. et Greenm.

Hierbas perennes comúnmente difusas, (4-)20-60 cm, algunas veces floreciendo el primer año; tallos procumbentes, alargándose horizontalmente hasta 1 m, frágiles a rara vez subsuculentos, frecuentemente enraizando en los nudos, estriados, piloso-hirsutos y también frecuentemente diminuto-puberulentos con tricomas moniliformes ascendentes a adpresos, los entrenudos casi tan largos como las hojas asociadas o más largos que estas; follaje con tricomas frecuentemente 1-2 mm. Hojas simples, pecioladas; láminas (1-)2-6.5 × (0.4-)1-3.5(-5) cm, lanceoladas a ovadas o algunas veces 3-lobadas, cartáceas, 3-nervias desde muy cerca de la base, ambas superficies piloso-hirsutas a rara vez estrigosas, la superficie adaxial algunas veces escabrosa, las células subsidiarias de los tricomas prominentes, la base cuneada a obtusa o rara vez subhastada por encima de la acuminación basal, los márgenes gruesa y escasamente serrados hasta 2-4-incisos (incisiones 0.5-1.5 cm) en especial proximalmente, el ápice agudo o acuminado;

pecíolo (0.2-)0.4-2(-3) cm, la base subamplexicaule. Capitulescencias con 1-pocas(-varias) cabezuelas solitarias terminando en el eje principal y los ápices de las ramas; pedúnculos (5-)10-25 cm, piloso-hirsutos, no glandulosos, algunas veces escasamente fistulosos apicalmente. Cabezuelas (7-)10-13 mm, radiadas; involucro 5-8 × (4-)7-11 mm, campanulado; filarios 12-16, 5-8 × 2-3.5 mm, laxamente imbricados, escasamente desiguales, 2(3)-seriados, angostamente ovados a lanceolados, 3-10-estriados, los filarios externos escasamente más cortos que los internos, el ápice agudo o acuminado, verdes a purpúreos, pilosos, los filarios internos escariosos, el ápice agudo a rara vez obtuso, algunas veces purpúreos distalmente, puberulentos; páleas 6-8 mm, enteras o algunas veces subtrífidas o sublaceradas. Flores radiadas (3-)5(-8); corola 6-8 mm, blanca a amarillo pálido, el tubo 2.5-4 mm, setoso, el limbo 2.5-5 × 2-3.5(-5) mm, obovado o suborbicular a cuneado, c. 10-nervio con las 2 nervaduras principales setulosas abaxialmente, el ápice (2-)3-lobado, algunas veces profundamente lobado. Flores del disco (15-)25-50; corola 5-6.5 mm, infundibuliforme, amarilla a algunas veces con la punta rosado-purpúrea, setosa, el tubo mucho más corto que la garganta, los lobos 0.7-1 mm; ramas del estilo 1-1.5 mm. Cipselas 2-2.5 mm, estrigoso-seríceas; vilano de 18-20 cerdas plumosas desiguales con base ancha alternando entre más largas y más cortas, los cilios laterales 20-30 por cerda, los cilios hasta 1 mm; vilano de las cipselas radiadas 2-3.5 mm, casi tan largo como el tubo de las corolas radiadas o solo escasamente más corto que este; vilano del disco 5-6 mm. Floración durante todo el año. 2*n* = 36. *Playas, cafetales, campos abiertos, áreas alteradas, bancos de grava, orillas de caminos, sabanas, bordes de arroyos.* T (*Pruski et al. 4237*, MO); Ch (*Croat 40705*, MO); Y (*Valdez 89*, NY); C (*Martínez S. et al. 30015*, MO); QR (*Téllez y Cabrera 2784*, MO); B (*Lundell 4826*, NY); G (*Pruski et al. 4511*, MO); H (*Yuncker 4884*, F); ES (*Calderón 428*, MO); N (*Baker 2130*, US); CR (*Pruski y Sancho 3807*, MO); P (*Greenman y Greenman 5008*, MO). 0-1500(-2500) m. (S. Estados Unidos, México, Mesoamérica, Colombia, Venezuela, Guayanas, Ecuador, Perú, Bolivia, Brasil, Argentina, Cuba, Jamaica, La Española, Puerto Rico, Islas Vírgenes, Antillas Menores, Trinidad y Tobago; introducida en Asia, África, Australia, Nueva Zelanda, Islas del Pacífico.)

Tridax procumbens se encuentra en todas las divisiones políticas de Mesoamérica y está ampliamente distribuida en otros sitios, y las partes de la planta han sido diversamente usadas medicinalmente. Es la especie de *Tridax* más común en Mesoamérica.

4. Tridax purpurea S.F. Blake, *Brittonia* 2: 351 (1937). Holotipo: Guatemala, *Skutch 1632* (foto MO! ex GH). Ilustr.: no se encontró.

Hierbas perennes subescapíferas, 30-90 cm, tallos poco ramificados en la base, esparcidamente foliosos hasta la mitad del tallo, desde un xilopodio, por lo general simples o algunas veces ramificados en la capitulescencia, erectos o al extremo de la base escasamente procumbentes, estriados, hirsutos proximalmente, alargado-estipitadoglandulosos distalmente, los entrenudos casi tan largos como las hojas asociadas o más cortos que estas. Hojas simples, sésiles o cortamente pecioladas, el par más distal bracteiforme; láminas 3-6.5 × 0.7-2.3 cm, lanceoladas, cartáceas a rígidamente cartáceas, las nervaduras secundarias no prominentes, ambas superficies hirsutas, las células subsidiarias de los tricomas ligeramente prominentes, la base angostamente cuneada, los márgenes subenteros a serrados con 2-8 pares de dientes, el ápice agudo o acuminado; pecíolo 0.2-1 cm, angostamente alado distalmente, hirsuto. Capitulescencias monocéfalas a abiertamente corimbosas, con 1-3 cabezuelas dispuestas hasta c. 60 cm por encima de las hojas más distales, las cabezuelas laterales cuando presentes formándose tardíamente, largamente pedunculadas, casi sobrepasando la cabezuela del eje central; pedúnculos 1-33 cm, desnudos cuando abiertamente corimbosos o cuando monocéfalos con un par de hojas bracteiformes hasta casi la mitad del pedúnculo, alargado-estipitadoglandulosos en especial distalmente. Cabezuelas c. 15 mm, radiadas;

involucro 9-12 × 8-10 mm, angostamente campanulado; filarios 12-17, imbricados, marcadamente graduados, 4-6-seriados, los filarios externos varias veces más cortos que los internos, los márgenes escariosos, los ápices redondeados, los filarios externos 1.5-3 × (1-)2-3 mm, ovados, verde a purpúreos en el ápice, distalmente ciliolados, graduando progresivamente a los filarios internos de 10-12 × 2-4 mm, elíptico-lanceolados, el ápice purpúreo; páleas 5-6 mm, oblongas. Flores radiadas (2)3; corola rosado-color púrpura, el tubo 5-7 mm, setoso, el limbo 11-14(-15) × 9-10 mm, cuneado, c. 14-nervio, glabro abaxialmente, brevemente 3-lobado, el ápice subtruncado. Flores del disco 16-40; corola 7.5-8.5 mm, infundibuliforme, amarilla, el tubo setoso, más corto que la garganta, los lobos 1-1.5 mm, los márgenes papilosos; ramas del estilo 1.5-1.7 mm. Cipselas 3-3.5 mm, estrigoso-seríceas; vilano 0.8-2 mm, más corto que las cipselas, de 10-14 escuámulas plumoso-ciliadas. Floración nov. *Bosques de* Pinus-Quercus. Ch (*Breedlove 65645*, DS); G (*Skutch 1632*, F). 1500-2200 m. (México [Oaxaca], Mesoamérica.)

Tridax purpurea es aparentemente rara y se conoce de solo un ejemplar de Chiapas de la Sierra Madre Oriental cerca del Volcán Tacaná. La colección tipo de *T. oaxacana* B.L. Turner es la cuarta colección de *T. purpurea* que se conoce; las dos localidades de las colecciones se encuentran en México y Guatemala. Los ejemplares en botón distribuidos como *T. purpurea* no tienen los pedúnculos estipitado-glandulosos y por esto son excluidos.

5. Tridax purpusii Brandegee, *Univ. Calif. Publ. Bot.* 4: 388 (1913). Isotipo: México, Veracruz, *Purpus 6035* (MO!). Ilustr.: Powell, *Brittonia* 17: 79, t. 27 (1965).

Hierbas perennes, 15-40 cm; tallos esparcidamente foliosos, poco ramificados, procumbentes a ascendentes, estriados, hirsutos, los entrenudos casi tan largos como las hojas asociadas más cortas. Hojas simples, subsésiles a cortamente pecioladas, las del par más distal algunas veces angostas y bracteiformes; láminas 2-6.5 × 0.5-2 cm, lanceoladas a ovadas, cartáceas, 3-nervias desde cerca de la base, ambas superficies hirsutas, las células subsidiarias ligeramente prominentes, la base atenuada, los márgenes gruesa a profundamente serrados, el ápice agudo o atenuado; peciolo 0-0.3 cm, hirsuto. Capitulescencias abiertamente corimbosas, con pocas cabezuelas, las cabezuelas largamente pedunculadas; pedúnculos 8-20 cm, piloso-hirsutos, no glandulosos. Cabezuelas 8-11 mm, radiadas; involucro 6-7.5 × 9-13 mm, campanulado; filarios 10-12, imbricados, casi subiguales, 2-seriados o 3-seriados, los filarios externos 3.5-6(-7) × 2-6.5 mm, casi tan largos como los internos, ovados a obovados, alternando entre anchos y largos, el ápice acuminado hasta atenuado, hirsuto-estrigosos, graduando progresivamente hasta los filarios internos de 3-7.5 × 2-3 mm, elíptico-lanceolados a oblongos, 3-5-estriados proximalmente, escariosos y completamente glabros o algunas veces el ápice herbáceo y toscamente hirsuto-estrigoso; clinanto 1.5-2.5 × 4-6 mm; páleas 6-9 mm. Flores radiadas 6-8; corola amarillo brillante, el tubo 4-5 mm, setoso, el limbo 4-7 × 3-7 mm, obovado a cuneado, c. 10-nervio con las 2 nervaduras principales setulosas abaxialmente, el ápice 3-lobado. Flores del disco 20-30; corola 6-9 mm, angostamente infundibuliforme, amarilla, el tubo 1-1.5 mm, setuloso, la garganta larga y delgada, los lobos 1-1.5 mm, patente-reflexos, setulosos; ramas del estilo 1.5-2 mm. Cipselas 2-2.5 mm, estrigoso-seríceas; vilano 4-7.5 mm, más corto que las cipselas, de c. 20 cerdas plumosas; vilano de las cipselas radiadas 1-2 mm, cerca de la mitad de la longitud del tubo de las corolas radiadas y casi tan largo como las cipselas más cortas; vilano del disco 4-7.5 mm, más largo que las cipselas. Floración ago.-mar. 2*n* = 18. *Dunas costeras, orillas de caminos.* Veracruz (*Smith 579*, MO). 0-50 m. (México [Guerrero, Veracruz], esperada en Mesoamérica.)

Tridax purpusii es muy similar a *T. platyphylla*; se diferencian ligeramente por las corolas radiadas amarillo brillante (vs. blanca o amarillo pálido) y las páleas apicalmente acuminadas (vs. anchamente agudas). Más hacia el este *T. purpusii* está documentada por *Smith 579*

(MO), un ejemplar de Coatzacoalcos, Veracruz, solo 40 km al oeste de la frontera con Tabasco. *Tridax purpusii* podría razonablemente encontrarse en las regiones costeras de Tabasco y posiblemente otros estados mexicanos de Mesoamérica. Powell (1965) indicó la floración entre marzo y agosto.

209. **Trigonospermum** Less.
Zandera D.L. Schulz?

Por J.F. Pruski.

Hierbas anuales o perennes de vida corta; tallos erectos, pelosos, por lo general estipitado-glandulosos al menos en la capitulescencia. Hojas opuestas, pecioladas o las distales con peciolo alado hasta la base o algunas veces subsésiles; láminas rómbico-ovadas a elípticas, cartáceas, triplinervias desde por encima de la base cerca de la acuminación basal y continuando hasta cerca del ápice, ambas superficies pelosas, la superficie adaxial con tricomas de células subsidiarias bulbosas, la superficie abaxial además por lo general finamente punteado-glandulosa, la base cuneada a redondeada y entonces abruptamente angostada y decurrente sobre el peciolo, los márgenes denticulados, el ápice agudo o acuminado. Capitulescencias terminales, corimboso-paniculadas, la ramificación opuesta; pedúnculos por lo general estipitado-glandulosos y pelosos, las cabezuelas algunas veces subnutantes en yema. Cabezuelas radiadas, los filarios, las páleas y los ovarios del disco estériles frecuentemente muy acrescentes en fruto; involucro anchamente turbinado a hemisférico; filarios más cortos que las flores del disco, dimorfos, por lo general ligeramente graduados, 2-seriados, laxamente imbricados pero eximbricados por dentro de las series individuales, las series más o menos alternas entre sí, delgadamente herbáceos, verdes; filarios externos 5, lineares a elípticos, por lo general adpresos o ascendentes, muy rara vez reflexos, hispídulos y algunas veces subsésil-glandulosos; filarios internos 3-10, cuneados u obovados a orbiculares, naviculares, fértiles por cercanamente abrazar una flor radiada, cercanamente rodeando la parte abaxial del ovario radiado y típicamente deciduo con éste, erectos, esparcidamente hispídulos; clinanto convexo, paleáceo; páleas dimorfas, escariosas, pajizas o algunas veces verde pálidas, subglabras o las páleas externas anchas distalmente hispídulas en la superficie adaxial, las páleas externas obovadas a orbiculares, reversamente adpresas a las cipselas radiadas pero no deciduas con estas, estriadas, las páleas internas linear-lanceoladas, 1-nervias. Flores radiadas 3-10, 1-seriadas; corola amarillo limón o blanca, el tubo muy corto, algunas veces estipitado-glanduloso, el limbo obviamente cuneado o flabelado, la nervadura uniformemente delgada, abaxialmente setosa, el ápice profundamente 3-lobado; estilos largamente exertos, las ramas casi el doble del largo del tubo de la corola, con 2 bandas de líneas estigmáticas en pares. Flores del disco 8-30(-55), funcionalmente estaminadas, sin vilano; corola infundibuliforme, brevemente 4-lobada o 5-lobada, amarilla o amarillo-anaranjado, el tubo más corto que el limbo, la garganta con un solo conducto resinoso a lo largo de cada nervadura; anteras amarillentas a pardo pálido, los apéndices ovados, el ápice acuminado; estilo no dividido o diminutamente bífido. Cipselas radiadas negras, brillantes, triqueteras (la cara adaxial aplanada), obpiramidales o algunas veces elipsoidales, longitudinalmente estriadas, el ápice truncado o algunas veces redondeado; vilano ausente. *x* = 15. Aprox. 5 spp. México, Mesoamérica.

Trigonospermum fue revisado por McVaugh y Laskowski (1972), quienes reconocieron cuatro especies. Las cipselas de *Trigonospermum* están cercanamente envueltas por un filario interno subyacente adnato y una pálea externa adpresa pero no adnata, pero solo falsamente se parece a la unidad de cipselas radiadas de *Galinsoga*. Las páleas son notorias por las superficies adaxiales hispídulas. Por dentro de las cabezuelas individuales, el número de flores del disco varía enormemente, las corolas del disco son frecuentemente 4-lobadas o 5-lobadas y el tamaño del limbo de las corolas radiadas varía mucho, por tanto estos caracteres no son útiles en la circunscripción de las especies.

Bibliografía: McVaugh, R. y Laskowski, C.W. *Contr. Univ. Michigan Herb.* 9: 495-506 (1972). Sundberg, S.D. y Stuessy, T.F. *Ann. Missouri Bot. Gard.* 77: 418-420 (1990).

1. Páleas externas distalmente hispídulas en la superficie adaxial, el ápice fimbriado-eroso.   **3. T. melampodioides**
1. Páleas externas glabras excepto por el ápice eroso.
  2. Cipselas radiadas obpiramidales, más anchas en el ápice truncado.
                                                         1. T. adenostemmoides
  2. Cipselas radiadas obovoides, más anchas por debajo del ápice obtuso-redondeado.   **2. T. annuum**

1. Trigonospermum adenostemmoides Less., *Syn. Gen. Compos.* 214 (1832). Holotipo: México, Veracruz, *Schiede s.n.* (foto MO! ex HAL). Ilustr.: McVaugh y Laskowski, *Contr. Univ. Michigan Herb.* 9: 503, t. 63, izquierda (1972).

Hierbas, presumiblemente anuales, hasta 0.8 m; tallos simples hasta la capitulescencia. Hojas: láminas 6-12 × 4-8 cm, anchamente ovadas o rómbico-ovadas graduando a las distales elíptico-ovadas, las superficies hirsútulas, no glandulosas o esparcidamente punteado-glandulosas, los márgenes regularmente crenulados o crenados, el ápice agudo; pecíolo 0.5-1.5(2) cm, alado en la mitad distal. Capitulescencias con numerosas cabezuelas, por lo general a partir de 1 o 2 nudos distales; pedúnculos por lo general 5-20 mm, hispídulos y estipitado-glandulosos. Cabezuelas c. 3 mm; involucro 2-3 mm de ancho, campanulado; filarios 6-8, 1-3.5 mm, esparcidamente hispídulos o hirsútulos; filarios internos con el ápice acuminado; páleas externas 1.8-2.5 mm, glabras excepto por el ápice eroso; páleas internas hasta c. 1 mm. Flores radiadas 3; corola c. 2 mm, solo escasamente exerta. Flores del disco c. 10; corola 1.5-2.5 mm. Cipselas radiadas 1.8-2.5 mm, obpiramidales, más anchas en el ápice truncado. Floración sep.-nov. *Selvas caducifolias, laderas de volcanes.* Ch (Strother, 1999: 130). 700-1700 m. (México [Veracruz], Mesoamérica.)

Solo se ha visto la fotografía del holotipo de *Trigonospermum adenostemmoides*, el único taxón citado por Strother de Chiapas. McVaugh y Laskowski (1972) indicaron *T. adenostemmoides* como endémica de la región de Orizaba, y es posible que algunos de los cinco ejemplares (p. ej., *Soulé y Prather 3093* y los tres ejemplares de Breedlove, de cerca de Motozintla y Niquivil a lo largo de la frontera suroeste con Guatemala), citados por Strother (1999) más bien sean *T. annuum*.

2. Trigonospermum annuum McVaugh et Lask., *Contr. Univ. Michigan Herb.* 9: 500 (1972). Isotipo: México, Jalisco, *Pringle 4568* (MO!). Ilustr.: Nash, *Fieldiana, Bot.* 24(12): 564, t. 109 (1976). N.v.: Saján, G.

Trigonospermum stevensii S.D. Sundb. et Stuessy.

Hierbas anuales 0.2-1.4 m; tallos sin ramificar en la mitad proximal. Hojas: láminas 4-14 × 1.5-9 cm, elípticas a ovadas, la superficie adaxial escabroso-hispídula a estrigosa, los tricomas antrorsos a subadpresos, la superficie abaxial punteado-glandulosa, por lo demás subestrigulosa a estrigosa, los tricomas por lo general adpresos, la base cuneada u obtusa, y entonces angostándose hasta la acuminación atenuada, los márgenes finamente serrulados o algunas veces subenteros, el ápice acuminado; pecíolo 0.8-2.5 cm, alado en los 1/2-2/3 distales. Capitulescencias con numerosas cabezuelas, por lo general a partir de los 2-5 nudos distales; pedúnculos por lo general 0.5-2 cm, hirsútulos y estipitado-glandulosos. Cabezuelas 2.5-5(-6) mm; involucro 3-4(-6) mm de ancho, turbinado a hemisférico; filarios (7)8(9), por lo general 2.5-4.5(-5.5) mm, puberulentos y punteado-glandulosos a estipitado-glandulosos; filarios externos (4)5, 0.5-1 mm de ancho, lanceolados; filarios internos 3(4), 3-4 mm de ancho, ovados, el ápice apiculado especialmente en el fruto; páleas externas 2.4-5 mm, glabras excepto

por el ápice eroso; páleas internas 1.3-2.3 mm. Flores radiadas 3 o 4; corola 2.5-3.5(-5) mm, por lo general escasamente exerta, el tubo c. 0.4 mm, el limbo 3-6 mm de ancho, anchamente flabelado y frecuentemente más ancho que largo, débilmente c. 5-nervio, esparcidamente glanduloso abaxialmente, profundamente lobado casi hasta la mitad. Flores del disco (1-)6-25; corola 2-2.4 mm. Cipselas radiadas 3-4 mm, obovoides, más anchas debajo del ápice obtuso-redondeado. Floración oct.-nov. *Áreas cultivadas, laderas secas, campos, matorrales.* G (*Pruski y MacVean 4492*, MO); N (*Stevens y Grijalva 16156*, MO). 800-2100 m. (México, Mesoamérica.)

3. Trigonospermum melampodioides DC., *Prodr.* 5: 509 (1836). Holotipo: México, Oaxaca, *Andrieux 320* (microficha MO! ex G-DC). Ilustr.: McVaugh y Laskowski, *Contr. Univ. Michigan Herb.* 9: 501, t. 62, inferior derecha (1972).

Eriocephalus trinervatus Sessé et Moc., *Trigonospermum floribundum* Greenm., *T. hispidulum* S.F. Blake, *T. tomentosum* B.L. Rob. et Greenm.

Hierbas 0.4-2.5(-4) m; tallos distalmente hírtulos a hirsútulos y estipitado-glandulosos. Hojas: láminas (3.5-)8-18 × (1.5-)5-14 cm, ovadas o rómbico-ovadas graduando a las distales elíptico-ovadas, la superficie adaxial escabroso-hispídula a algunas veces glabrescente, los tricomas por lo general patentes a antrorsos, la superficie abaxial punteado-glandulosa, por lo demás subestrigulosa o vellosa a esparcidamente vellosa o algunas veces glabrescente, los tricomas por lo general adpresos, la base obtusa a truncada, con la acuminación basal ancha, los márgenes finamente serrulados a serrados, algunas veces irregularmente serrados, el ápice agudo a acuminado; pecíolo 0.5-5 cm, alado en la mitad distal. Capitulescencias con numerosas cabezuelas, por lo general a partir de los 1 o 2 nudos distales; pedúnculos por lo general 5-20 mm, hispídulos y estipitado-glandulosos. Cabezuelas 3.5-6 mm; involucro 2.5-5 mm de ancho, campanulado a hemisférico; filarios c. 10, por lo general (1.5-)2.5-3.5(-4) mm; filarios internos hírtulos, el ápice acuminado especialmente en fruto; páleas externas 1.8-3 mm, hispídulas distalmente en la superficie adaxial, el ápice fimbriado-eroso; páleas internas c. 1.5 mm. Flores radiadas 3-5(-8); corola por lo general 5-11 mm, largamente exerta, el tubo c. 0.5 mm, el limbo 5-10.5 mm de ancho, 8-11-nervio, glanduloso abaxialmente, los dientes 2-3.8 mm. Flores del disco (10-)20-40(-55); corola 1.5-3 mm. Cipselas radiadas 2-3 mm, obpiramidales, el ápice truncado a cóncavo. Floración dic.-ene. *Vertiente del Pacífico, selvas medianas perennifolias, bosques* Pinus-Quercus, *laderas de volcanes.* Ch (*Gómez 104*, MO). G (McVaugh y Laskowski, 1972: 505). 1400-2100 m. (México, Mesoamérica.)

Nash (1976d) excluyó *Trigonospermum melampodioides* de Guatemala, pero se sigue a McVaugh y Laskowski (1972), quienes registraron la especie en Guatemala basado en *Standley 59378* (MICH).

210. Unxia L. f.
Greenmania Hieron., *Pronacron* Cass.

Por J.F. Pruski.

Hierbas anuales o subarbustos, hasta 2.5 m; tallos ramificados, patentes, subteretes, pilosos a subglabros, no estipitado-glandulosos, los tricomas frecuentemente tan largos como el diámetro del tallo o más largos que este. Hojas opuestas, sésiles a cortamente pecioladas; láminas linear-lanceoladas a ovadas, no lobadas, cartáceas, 3-5-nervias desde cerca de la base, la superficie adaxial subglabra a pilosa, la superficie abaxial subglabra a densamente pilosa, esparcidamente glandulosa, casi lisa o la superficie abaxial conspicuamente reticulada. Capitulescencias en cimas foliosas, compactas, terminales, con 1-5 cabezuelas subsésiles a cortamente pedunculadas. Cabezuelas radiadas o algunas veces indistintamente radiadas, con 8-30 flores; involucro campanulado a hemisférico; filarios 6-18, moderadamente dimorfos, imbricados, subiguales a ligeramente graduados con los externos típicamente más de la mitad de la longitud de los internos, 2-seriados o 3-seriados, obviamente patentes solo luego de la fructificación, elípticos a obovados, al menos los internos pluriestriados, los de series externas 2 o 4, opuestos u opuesto-decusados, subherbáceos a delgadamente subherbáceos, adpresos o ascendentes, aplanados, pelosos a pilosos; filarios más internos navicular-plegados, escarioso-cartáceos, frecuentemente amarillentos; clinanto convexo a cortamente cónico, paleáceo a frecuente e irregularmente paleáceo con las flores externas del disco, o algunas veces todas las flores del disco con apariencia de no tener páleas; páleas linear-lanceoladas a lanceolado-piriformes o algunas veces rudimentarias y escamulosas, no conduplicadas, escariosas, frágiles, deciduas individualmente o algunas veces persistentes pero marcadamente patentes o reflexas. Flores radiadas 3-7(-9), 1-seriadas; corola unida al centro del ápice del ovario, amarilla, el tubo glanduloso o piloso a rara vez glabro, el tubo y el limbo subiguales o el limbo ligeramente más largo que el tubo, el limbo ovado (Mesoamérica) a oblongo, las nervaduras uniformemente delgadas, abaxialmente glanduloso, el ápice redondeado a ligeramente 3-lobado; ramas del estilo con 2 bandas de líneas estigmáticas en pares. Flores del disco 5-20, funcionalmente estaminadas, sin vilano; corola pequeña, infundibuliforme, 5-lobada, amarilla a amarillo-anaranjada, glandulosa (glándulas prontamente colapsadas en etanol) o algunas veces de apariencia glabra, rara vez pilosa, la garganta por lo general con un solo conducto resinoso a lo largo de las nervaduras, los lobos triangular-lanceolados, más cortos que la garganta, erectos; anteras amarillas a negras; ovario estéril, el estilo no dividido. Cipselas radiadas obovoides, moderadamente comprimidas, negras, estriadas, algunas veces sublenticeladas, glabras, el anillo algunas veces elevado; vilano ausente. $x = 16$. 2 spp. Mesoamérica, norte de Sudamérica.

El género fue reconocido por Stuessy (1969) y Pruski (2002,) con dos especies, y este tratamiento fue adaptado de Pruski (1997a, 2002). No se ha documentado el género en Ecuador (Robinson et al., 2006a, 2006b). *Unxia* es el único género de Millerieae tratado por Robinson (1981) en la subtribu Neurolaeninae.

Bibliografía: Pruski, J.F. *Mem. New York Bot. Gard.* 76(2): 94-116 (2002). Stuessy, T.F. *Brittonia* 21: 314–321 (1969).

1. Unxia camphorata L. f., *Suppl. Pl.* 368 (1781 [1782]). Lectotipo (designado por Stuessy, 1969): Surinam, *Dahlberg Herb. Linn. 1010.1 (105?)* (microficha MO! ex LINN). Ilustr.: Pruski, *Fl. Venez. Guayana* 3: 384, t. 330 (1997).

Greenmania boladorensis Hieron., *G. ulei* Hieron., *Melampodium camphoratum* (L. f.) Baker, *Pronacron ramosissimum* Cass., *Unxia digyna* Steetz, *U. hirsuta* Rich.

Hierbas anuales 0.1-0.6 m; tallos simples desde la base, delgados, marcada y completamente divaricado-ramificados, la ramificación opuesta proximalmente, la ramificación distal de apariencia dicótoma con ramas laterales rápidamente sobrepasando las ramas centrales remanentes de la capitulescencia terminal, parduscos a pardo-rojizos, pauciacostillado-sulcados, largamente blanco-pilosos a algunas veces esparcidamente blanco-pilosos, los entrenudos (0.5-)4-16 cm, en la mitad del tallo por lo general mucho más largos que las hojas decusadas, los 2 o 3 nudos distales algunas veces cercanamente espaciados, los tricomas hasta 3.5 mm. Hojas subsésiles a cortamente pecioladas; láminas 1.5-5(-8) × 0.3-1.7(-2.7) cm, linear-lanceoladas a lanceolado-ovadas, lateralmente patentes, el par de nervaduras laterales arqueado basalmente llegando hasta cerca del ápice, largamente pilosas a esparcidamente pilosas con tricomas c. 1 mm, la superficie adaxial con nervaduras escasamente impresas, la superficie abaxial también esparcidamente punteado-glandulosa, la base redondeada u obtusa a algunas veces cuneada, los márgenes subenteros a serrulados, el ápice agudo a acuminado; pecíolo 0.1-0.5(-0.8) cm. Capitulescencias subsésiles, con 1-3 cabezuelas, cerca de la mitad de la longitud de las hojas subyacentes lateralmente patentes; pedúnculos 1-6(-10) mm, pilosos a densamente pilosos. Cabezuelas 3.5-6 mm, globosas, cortamente radiadas, con 8-15 flores; involucro 3-7 mm de ancho; filarios 6-10; filarios externos 2-6 × 1-2.5 mm, lanceolados a elípticos, a veces escasamente patentes, delgadamente subherbáceos, indistintamente 5-9-estriados, hírtulos a pilosos, ciliados; filarios internos 3.5-5 × 1.5-3 mm, oblongos a obovados, obviamente c. 11-estriados o con más estrías, hirsutos a glabros, el ápice redondeado; clinanto c. 0.6 × 0.6 mm, indistinta e irregularmente paleáceo hasta básicamente sin páleas; páleas de las flores externas del disco pocas, (0.2-)1-2 mm, linear-lanceoladas o algunas veces apenas escamulosas, las flores internas del disco típicamente con apariencia de no tener páleas. Flores radiadas 3-5, brevemente exertas y ascendentes a escasamente patentes; tubo de la corola 0.4-1 mm, por lo general esparcidamente glanduloso, el limbo (1-)1.3-2.2 mm, ovado, 3(-5)-nervio, los lobos cuando presentes menos de 0.1 mm. Flores del disco 5-10; corola 2.2-3.2 mm, glandulosa, rara vez glabra o muy rara vez ligeramente pilosa, el tubo 0.7-1.2 mm, los lobos 0.5-0.9 mm; ovario c. 1 mm. Cipselas radiadas 2-2.8 × c. 2 mm, un anillo gradualmente elevado algunas veces presente, c. 0.2 mm. Floración ago., nov.-ene. $2n = 32$. *Matorrales, laderas rocosas, áreas arenosas, sabanas.* P (*Dodge et al. 16878*, MO). 0-300 m. (Mesoamérica, Colombia, Venezuela, Guayanas, Perú, Bolivia, Brasil.)

XVI. Tribus **MUTISIEAE** Cass.

Adenocauleae Rydb., *Chaetanthereae* D. Don, *Chaetanthereae* Dumort., *Diazeuxideae* D. Don, *Gerbereae* Lindl., *Gerberinae* Benth. et Hook. f., *Leriinae* Less., *Mutisieae* Dumort., *Mutisiinae* Less., *Perdicieae* D. Don
Descripción de la tribus y clave genérica por J.F. Pruski.

Hierbas perennes acaulescentes, arrosetadas (en Mesoamérica), arbustos, bejucos o árboles, generalmente monoicos o rara vez dioicos (*Chaetanthera* Ruiz et Pav.). Hojas alternas o arrosetadas, simples o liradas hasta rara vez pinnatisectas con el ápice en forma de zarcillo, generalmente pinnatinervias o plinervias, las superficies glabras o pelosas, la base algunas veces envainadora, los márgenes generalmente subenteros a ligeramente dentados, nunca espinosos. Capitulescencia monocéfala, corimbosa o tirsoide-paniculada, nunca glomerulada. Cabezuelas generalmente grandes y vistosas, homógamas o heterógamas,

típica y diversamente bilabiadas (p. ej., bilabiada y subactinomofa, bilabiada y tubular-bilabiada, etc.) o radiadas, algunas veces discoides, rara vez disciformes, casmógamas o rara vez cleistógamas (la fase otoñal de *Leibnitzia*); involucro 1-pluriseriado; filarios imbricados; clinanto sin páleas, glabro a fimbriado o piloso. Flores isomorfas o dimorfas a algunas veces trimorfas, generalmente bisexuales o algunas veces unisexuales, rara vez estériles; corola 4-5-lobada, subactinomorfa (discoide), bilabiada, o algunas veces las flores marginales con corolas radiadas o largamente bilabiada en c. 1 serie, el labio interno (cuando presente) entero a bífido; anteras típica y largamente caudadas (con colas estériles), las colas de las tecas adyacentes libres o connatas, lisas o papilosas, el apéndice apical alargado, generalmente robusto, típicamente aplanado y no ornamentado, rara vez basalmente constricto o demarcado de las tecas, los filamentos generalmente glabros, el polen prolato o subprolato, generalmente subpsilado a microequinado; tronco del estilo glabro, las ramas típica y brevemente bilobadas (ovadas) a algunas veces bífidas, generalmente abaxialmente con papilas colectoras poco desarrolladas, las papilas redondeadas apicalmente, la superficie estigmática continua, el ápice generalmente obtuso a redondeado, nunca angostamente agudo ni con un fascículo de papilas colectoras bien desarrollado. Cipselas generalmente cilíndricas, fusiformes u obovoides, rara vez comprimidas, glabras o pelosas, apicalmente truncadas a rostradas, el carpóforo anular, rara vez bulboso, nunca esculpido; vilano generalmente de muchas cerdas alargadas, subiguales, 1-pluriseriadas, escábridas a rara vez ancistrosas, muy rara vez plumosas (*Pachylaena* D. Don et Arn. ex Hook.), generalmente persistentes, rara vez frágiles o caducas, rara vez vilano ausente (p. ej., *Adenocaulon*). 26 gen. y aprox. 260 spp. Centrada en América pero el grupo *Gerbera* especialmente bien desarrollado en África y Asia y casi totalmente ausente de Australia e islas del Pacífico. 6 gen. y 14 spp. en Mesoamérica.

La tribus Mutisieae fue inicialmente circunscrita (aunque con géneros ligeramente diferentes) por Lagasca (1811) y de Candolle (1812) y definida por las cabezuelas con corolas bilabiadas. Lagasca (1811) y de Candolle (1812) utilizaron respectivamente los nombres descriptivos no válidos Chaenanthophorae Lag. y Labiatiflorae DC. Cassini (1819b) validó simultáneamente Mutisieae y Nassauvieae, separando géneros que fueron tratados de forma combinada por Lagasca (1811) y de Candolle (1812). Nassauvieae fue tratada en Mutisieae por Bentham y Hooker (1873), pero Pruski (2004a, 2004b) restableció Nassauvieae. Bentham y Hooker (1873) reconocieron 43 géneros y cinco subtribus de Mutisieae (aunque con el nombre posterior Onoseridinae para Mutisiinae), pero el sistema más utilizado en el siglo XX fue aquel resumido por Cabrera (1977), quien reconoció cuatro subtribus en Mutisieae. Mutisieae, sea que contenga o excluya a Nassauvieae es, como lo indica Don (1830), en gran medida un grupo de Sudamérica. Aunque Mutisieae se define básicamente por tener las corolas bilabiadas (así como las anteras largamente caudadas y los estilos con ramas cortas, frecuentemente ovadas, en la superficie abaxial débilmente papilosas con una superficie estigmática continua), las corolas bilabiadas no se encuentran en todos los géneros (Cabrera, 1977).

Las corolas bilabiadas, cuando solo están presentes, pueden solo estar en las flores marginales de las cabezuelas en algunos géneros, solo en las flores centrales en otros géneros y mezcladas con otros tipos de flores (véase Lagasca, 1811; Candolle, 1812; Cassini, 1819b; Don, 1830; Bentham y Hooker, 1873; Cabrera, 1977). Esta variación se manifiesta en numerosos tipos de cabezuelas que se encuentran en numerosos géneros distintos, incluyendo varios tipos homógamos (p. ej., largamente bilabiada, tubular-bilabiada y a veces discoide), los heterógamos (radiada, largamente bilabiada y tubular-bilabiada, largamente bilabiada y subactinomorfa, radiada y filiforme-subactinomorfa y bilabiada, etc.). Esta variación de la cabezuela conduce a las varias fórmulas florales de la corola bilabiada (4+1, 3+1, 1+4 y la común 3+2) y sirve para ilustrar que la taxonomía tribal no se basa principalmente en diferencias en la corola o la morfología de la cabezuela, sino más bien en las anteras y las características de las ramas del estilo destacadas por Cassini (1819b). De hecho, Pruski (2004a, 2004b) restableció la tribus Nassauvieae de la sinonimia de Mutisieae destacando los caracteres diagnósticos de las esbeltas ramas del estilo de Nassauvieae con mechones papilosos apicalmente y la punta típicamente truncada diferentes de Mutisieae s. str.

El trabajo de Cabrera (1977) resume los sistemas supragenéricos propuestos en el siglo pasado. Debido a que Cabrera fue reconocido por mucho tiempo como especialista mundial, ya que trabajó más de

cinco décadas en revisiones de varios géneros grandes de la tribus (p. ej., *Chaetanthera*, *Gochnatia* Kunth, *Mutisia* L. f., etc.) y dio una visión clara y concisa de los caracteres morfológicos, su sistema de clasificación (Cabrera, 1977) ha sido en gran medida aceptado de facto y se utiliza como marco de referencia (como se hace aquí) para futuras investigaciones, muchas de las cuales al final se ajustan a las agrupaciones o a los rangos de este autor.

El descubrimiento reciente más importante en Asteraceae, por ejemplo, fue el de Jansen y Palmer (1987), quienes describieron la subfamilia Barnadesioideae basada en sus resultados de que la (entonces) subtribus Barnadesiinae carece de una inversión 22k de ADN del cloroplasto, la que se encuentra en todas las otras Asteraceae, por lo tanto es hermana a todo este grupo. Las tres subtribus restantes de la tempranamente divergente Mutisieae (sensu Cabrera, 1977), a su vez, han sido cada una elevadas al nivel tribal, pero solo el restablecimiento que hizo Pruski (2004a, 2004b) de la tribus Nassauvieae implica géneros mesoamericanos y sus disposiciones tribales. De las dos subtribus no mesoamericanas de Mutisieae (sensu Cabrera, 1977), Barnadesiinae se reconoce como Barnadesieae, y Gochnatiinae Benth. et Hook. f. se reconoce como Gochnatieae Rydb. Ninguna especie de *Gochnatia* (Gochnatieae) se conoce de Mesoamérica, pero *G. obtusata* S.F. Blake y *G. smithii* B.L. Rob. et Greenm. se encuentran en Oaxaca y se pueden encontrar en Mesoamérica.

Aunque entre los grupos mesoamericanos *Gerbera* a veces se reconoce a nivel tribal, fue tratado por Cabrera (1977) como Mutisieae. El grupo *Gerbera* se trata aquí en Mutisieae (es decir, básicamente el concepto de Mutisiinae sensu Cabrera, 1977), como lo hicieron Hind (2007) y Katinas et al. (2008), mientras que *Onoseris* y *Lycoseris* se reconocen en la tribus Onoserideae, como en Panero y Freire (2013). Nassauvieae y Mutisieae pertenecen a la subfamilia Mutisioideae, la cual fue formalmente restablecida de la sinonimia de Carduoideae Cass. ex Sweet por Pruski y Sancho (2004). Mutisioideae no fue nombrada en Bremer (1994), aunque está implícita en su cladograma tribal. Ya que filogenéticamente Onoserideae (Mutisioideae) aparece como hermana de Mutisieae y Nassauvieae, se reconoce a nivel tribal, si bien algunos estudios indican que está anidada dentro de Mutisieae. Otras obras importantes que se utilizan aquí como pilares y en los cuales se basa este tratamiento son significativamente las de Hansen (1990, 1991), Bremer (1994), Hind (2007) y Katinas et al. (2008).

La tribus Mutisieae como fue descrita por Bentham y Hooker (1873), incluyó algunos miembros con hojas opuestas y tallos con espinas axilares. Sin embargo, los géneros que poseen esos caracteres han sido excluidos de Mutisieae, y la descripción anterior en consecuencia modificada. Cabrera (1977) reconoció 89 géneros y aproximadamente 950 especies de Mutisieae. Bremer (1994) reconoció Barnadesieae como distinta y reconoció 76 géneros y unas 970 especies como Mutisieae. Hind (2007) reconoció Barnadesieae como distinta y 82 géneros y 950 especies de Mutisieae. Katinas et al. (2008) reconocieron tanto Barnadesieae como Nassauvieae (así como Stifftieae D. Don y el grupo *Dicoma* Cass.) como distintos y reconocieron 43 géneros y 500 especies como Mutisieae. Aquí, se excluye Barnadesieae, Nassauvieae y Onoserideae (así como Gochnatieae, Stifftieae, el grupo *Dicoma* y el grupo *Pertya* Sch. Bip.) de Mutisieae y se reconocen 26 géneros (que incluyen el grupo *Gongylolepis* R.H. Schomb. y el grupo *Hyalis* D. Don ex Hook. et Arn.) y unas 260 especies en Mutisieae, que como definidos tal vez más se aproximan a una monofilia que anteriores sistemas de clasificación.

Bibliografía: Bentham, G. y Hooker, J.D. *Gen. Pl.*: 2: 163-533 (1873). Bremer, K. *Asteraceae Cladist. Classific.* 1-752 (1994). Cabrera, A.L. *Biol. Chem. Compositae* 2: 1039-1066 (1977). Candolle, A.P. de *Ann. Mus. Natl. Hist. Nat.* 19: 59-72 (1812). Cassini, H. *J. Phys. Chim. Hist. Nat. Arts* 88: 189-204 (1819). Don, D. *Trans. Linn. Soc. London* 16: 169-303 (1830). Hansen, H.V. *Nordic J. Bot.* 9: 469-485 (1990); *Opera Bot.* 109: 5-50 (1991). Hind, D.J.N. *Fam. Gen. Vasc. Pl.* 8: 90-123 (2007 [2006]). Jansen, R.K. y Palmer, D.J. *Proc. Natl. Acad.*

Sci. U.S.A. 84: 5818-5822 (1987). Katinas, L. et al. *Bot. Rev. (Lancaster)* 74: 469-716 (2008). Lagasca, M. *Amen. Nat. Españ.* 1: 26-43 (1811). Nesom, G.L. *Phytologia* 78: 153-188 (1995). Pruski, J.F. *Missouri Botanical Garden: Research: Asteraceae (Compositae)* (2004); *Sida* 21: 1225-1227 (2004b). Pruski, J.F. y Sancho, G. *Fl. Pl. Neotrop.* 33-39 (2004). Schultz, C.H. *Bot. Voy. Herald* 297-315 (1856).

1. Hierbas poco ramificadas con capitulescencia corimbosa; cabezuelas 3-5.5 mm; cipselas robustamente estipitado-glandulosas, redondeadas apicalmente, vilano ausente. **211. Adenocaulon**
1. Hierbas escapíferas acaules; cabezuelas c. 10 mm; cipselas glabras a inconspicuas y cortamente glandulosas o papilosas, constrictas apicalmente a rostradas, el vilano de muchas cerdas alargadas.
  2. Escapos sin bractéolas.
    3. Superficies foliares discoloras; corolas generalmente blancas a rosadas; flores marginales radiadas o algunas veces indistintamente bilabiadas, sin estaminodios, las corolas incluidas dentro de los involucros o escasamente más largas que los filarios. **212. Chaptalia** p. p.
    3. Superficies foliares concoloras; corolas generalmente rojas o anaranjadas, algunas veces amarillas o rosadas; flores marginales bilabiadas, con estaminodios, las corolas muy exertas de los involucros. **213. Gerbera**
  2. Escapos bracteolados.
    4. Filarios glabros; cipselas glabras; cabezuelas generalmente isomorfas y casmógamas. **212. Chaptalia (3. *C. runcinata*)**
    4. Filarios araneoso-lanosos a glabrescentes; cipselas densamente papilosas; cabezuelas dimorfas, con fases alternas casmógamas y cleistógamas. **214. Leibnitzia**

211. Adenocaulon Hook.

Por J.F. Pruski.

Hierbas erectas o ascendentes, perennes, arrosetadas, hasta 1 m, los rizomas cortos y robustos, monoicas; tallos simples o poco ramificados en la capitulescencia, sin alas o alados, araneoso-pelosos, generalmente con tricomas estipitado-glandulares en especial distalmente. Hojas alternas, mayormente basales, algunas también caulinares, corta a largamente pecioladas o las hojas distales sésiles; láminas simples a rara vez liradas, las nervaduras pinnadas, 3-nervias desde la base, o 5-plinervias (camptódromas, con un par de nervaduras basales y un par suprabasal bien desarrollado), la superficie adaxial glabra o casi glabra, la superficie abaxial blanco-tomentosa, la base frecuentemente cordata a truncada o hastada, los márgenes enteros a dentados. Capitulescencia terminal, angosta a abiertamente corimbosa, con pocas a varias (a numerosas) cabezuelas; pedúnculos frecuentemente alargados. Cabezuelas disciformes, pequeñas, hemisféricas, con 4-17 flores; involucro 3-8 mm de diámetro, campanulado; filarios pocos, anchos, subiguales, 1(-2)-seriados, herbáceos, algunas veces connatos basalmente, reflexos en fruto; clinanto aplanado o convexo, sin páleas. Flores marginales 1-seriadas, pistiladas, generalmente con estaminodios diminutos; corola muy pequeña, subbilabiada (con el labio interno más angosto que los lobos externos, en Mesoamérica casi subactinomorfa) o bilabiada (3+1), campanulada, caduca o rara vez persistente, el tubo corto y ancho, los lobos recurvados, el labio interno (cuando conspicuo) entero a bífido; ramas del estilo cortamente ovadas, recurvadas, débilmente papilosas abaxialmente, el ápice obtuso a redondeado. Flores del disco funcionalmente estaminadas; corola infundibuliforme o campanulada, profundamente 5-lobada; filamentos glabros, las anteras cortamente caudadas (marcadamente sagitadas) basalmente, las colas escasamente conspicuas, el apéndice apical triangular-ovado o diminuto, incurvado, algo demarcado de las tecas, el ápice anchamente obtuso a agudo o algunas veces apenas mucronulato, el polen subprolato; estilo sin ramificar, el ovario rudimentario, glabro. Cipselas obovoides, frecuentemente comprimidas (Mesoamérica), redondeadas apicalmente, indis-

tintamente estriadas, víscidas y estipitado-glandulosas, el carpóforo anular; vilano ausente. $x = 23$. 5 spp. América y Asia (3 spp. en el norte de Norteamérica, Mesoamérica y Sudamérica surtemplada y 2 spp. en Asia).

El género *Adenocaulon* se reconoce fácilmente por el hábito subarrosetado, las corolas diminutas y las cipselas estipitado-glandulares exertas y sin vilano. Blake (1934) proporcionó una sinopsis de *Adenocaulon*, que fue monografiado por Bittmann (1990a, 1990b), quien reconoció 5 especies. *Adenocaulon* es similar al género monotípico patagónico *Eriachaenium* Sch. Bip., pero se diferencia notablemente por las cipselas estipitado-glandulares (vs. cipselas pilosas). Las cipselas estipitado-glandulares viscosas de *Adenocaulon* están adaptadas para la dispersión por animales (posiblemente aves). *Adenocaulon* fue tratado por Nash (1976c) como miembro de la tribus Inuleae, pero el polen microequinado y la superficie estigmática continua no corresponden en con esa tribu. Recientemente, Hind (2007) consideró que *Adenocaulon* tenía una ubicación problemática dentro de Nassauvieae (en Nassauviinae), pero fue confirmado como Mutisieae por Katinas et al. (2008).

Bibliografía: Bittmann, M., *Candollea* 45: 389-420 (1990); *Candollea* 45: 493-518 (1990). Blake, S.F. *J. Wash. Acad. Sci.* 24: 432-443 (1934).

1. Adenocaulon lyratum S.F. Blake, *J. Wash. Acad. Sci.* 24: 435 (1934). Holotipo: Guatemala, *Skutch 622* (US!). Ilustr.: Bittmann, *Candollea* 45: 411-412, t. 7-8 (1990).

Hierbas 30-75 cm, el rizoma con 1-pocos tallos, las raíces carnosofibrosas; tallos esparcidamente foliosos, subteretes a angulados, angostamente alados proximalmente por la base decurrente de las hojas, finamente araneoso-tomentosos a glabrescentes, sin tricomas estipitado-glandulosos, las alas 1-2 mm de diámetro, araneoso-tomentosas en uno de los lados. Hojas (2-)5-27 × (0.5-)1.7-10 cm, lirado-pinnatífidas (de contorno obovado) o las distales simples y lanceoladas, cartáceas, pinnatinervias, las superficies bicolores, la base atenuada-alado-peciolariforme 3-10 cm, los márgenes generalmente con 2-4 pares de lobos partidos hasta c. 3/4 del raquis, los lobos 0.5-4.5 × 0.7-3.5 cm, deltoides a ovados, enteros a denticulados, el ápice del lobo agudo a redondeado, el lobo terminal el más grande, 2-6 × 2-9 cm, deltado y subcordato, el ápice agudo a obtuso, el raquis 0.5-1 cm; hojas distales 2-5 × 0.5-2 cm, escasamente lirado-pinnatífidas a más generalmente no lobadas y sésiles. Capitulescencia de 4-9 cabezuelas, 1 o 2 ramificada, las ramas sin tricomas estipitado-glandulares, frecuentemente abrazadas por una bractéola de c. 5 mm, esta linear, sésil, la cabezuela terminal con un pedúnculo mucho más largo que aquel de las cabezuelas proximallaterales; pedúnculos 0.5-4 cm, finamente araneoso-tomentosos. Cabezuelas 3-5.5 × 3-5 mm (más cortas en la antesis hasta mucho más largas en fruto); involucro c. 2 mm; filarios 6-8, 1.3-2 × 0.8-1.2 mm, triangular-lanceolados, finamente araneosos, el ápice agudo. Flores marginales 5-8; corola 0.5-0.8 mm, blanca a blanco-amarillenta o algunas veces con la punta de color violeta, 4-lobada, glabra, persistente en fruto, el tubo 0.2-0.4 mm, los lobos 0.3-0.4 mm, las puntas recurvadas algunas veces tocando las glándulas de la porción distal de las cipselas; tronco del estilo 0.5-0.9 mm, las ramas 0.2-0.3 mm, el ápice anchamente obtuso. Flores del disco 5-8; corola 1.9-2.2 mm, blanca a blanco-amarillenta o algunas veces con la punta de color violeta, glabra, el tubo y la garganta 1.1-1.2 mm, poco diferenciados, los lobos 0.8-1 mm; anteras 0.6-1 mm, las colas 0.1-0.2 mm, el apéndice un mucrón diminuto de menos de 0.1 mm; ápice del estilo globular, el ovario c. 1 mm. Cipselas 4-5.5 × 2-3 mm, mucho más largas que aquellas de las flores del disco y muy exertas del involucro, verdosas a parduscas, moderada y robustamente estipitado-glandulosas, menos así proximalmente, los tricomas glandulares 0.2-0.3 mm. Floración sep.-nov. *Bosques de* Pinus-Quercus, *laderas de volcanes, matorrales.* Ch (*Breedlove y Strother 46228*, MO); G (*Standley 61774*, NY). 1900-2700 m. (Endémica.)

Adenocaulon lyratum es la única especie del género con los tallos no glandulosos y las hojas liradas. El ejemplar de Guatemala (*Standley 61774*, NY) fue colectado en el mes de enero, pero no en antesis, más bien en fruto maduro.

212. Chaptalia Vent., nom. cons.

Leria DC. non Adans., *Thyrsanthema* Neck. ex Kuntze
Por J.F. Pruski.

Hierbas perennes, acaulescentes, escapíferas arrosetadas, rara vez cortamente caulescentes, las raíces fibrosas, algunas veces rizomatosas, monoicas. Hojas radicales, alternas, en su mayoría dilatadas en el tallo; láminas simples a lirado-pinnatilobadas, cartáceas, pinnatinervias, discoloras, la superficie adaxial generalmente verde (Mesoamérica), la superficie abaxial generalmente tomentosa. Capitulescencia escapífera; escapos (pedúnculos) monocéfalos, lanuginoso-tomentosos, generalmente no bracteolados. Cabezuelas heterógamas, generalmente isomorfas y casmógamas (rara vez cleistógamas en Sudamérica), generalmente radiadas y filiforme-subactinomorfas y bilabiadas, con muchas flores, frecuentemente nutantes; involucro cilíndrico o turbinado a campanulado o hemisférico; filarios conspicuamente graduados, 3-7-seriados, frecuentemente alargándose en fruto, generalmente linear-lanceolados, escariosos, al menos en parte lanuginoso-tomentosos, algunas veces purpúreos distalmente, totalmente reflexos y dirigidos hacia abajo después de la fructificación (rara vez cuando el fruto está unido); clinanto aplanado a convexo, sin páleas, glabro, en Mesoamérica el clinanto después de la fructificación 2-8 mm de diámetro. Flores trimorfas en Mesoamérica (ocasionalmente solo dimorfas por ausencia de las flores pistiladas submarginales), generalmente numerosas flores pistiladas externas y menos flores bisexuales centrales (o algunas veces funcionalmente estaminadas), la corola blanca a rosada o algunas veces el limbo matizado de purpúreo abaxialmente, esparcidamente papilosa. Flores marginales 1-seriadas o 2(3)-seriadas, pistiladas, típicamente sin estaminodios; corola radiada (3+0, limbo con labio interno obsoleto) o con menos frecuencia indistintamente bilabiada (limbo con un labio bilobado interno reducido), el limbo típicamente no muy exerto del involucro; ramas del estilo más cortas que el limbo a casi tan largas como este, en su mayoría filiformes, lisas. Flores submarginales (intermedias) en (1-)pocas series, pistiladas; corola cortamente filiforme-subactinomorfa (por lo general básicamente no radiada por una reducción extrema del limbo) o algunas veces con un limbo pequeño obviamente más corto que las flores marginales; estilo generalmente más largo que la corola. Flores centrales bisexuales (Mesoamérica) o algunas veces funcionalmente estaminadas; corola por lo general escasamente tubular-bilabiada (3+2), los lobos por lo general escasamente irregulares, erectos o ascendentes); anteras principalmente incluidas, los filamentos glabros, las colas largas, delgadas, lisas, el apéndice apical angostamente ovado; polen prolato; ramas del estilo escasamente exertas, cortamente lineares, papilosas abaxialmente, el ápice obtuso. Cipselas fusiformes, escasamente comprimidas, generalmente rostradas o algunas veces apenas constrictas apicalmente, 4-12-acostilladas, glabras, papilosas (o inconspicua y cortamente glandulosas), inflado-setulosas o cortamente setulosas, el rostro generalmente tan largo hasta más largo que el cuerpo de las cipselas, los tricomas relativamente cortos, el ápice redondeado u obtuso a rara vez acuminado; vilano de numerosas (c. 50) cerdas capilares, escábridas, alargadas, las cerdas en pocas series, pajizas a rosadas, típicamente persistentes, basalmente connatas. $x = 24$. Aprox. 60 spp. América tropical y subtropical.

Los tratamientos regionales de las especies neotropicales de *Chaptalia*, que se reconocen aquí a manera de conveniencia, fueron publicados por Burkart (1944) y Nesom (1995). En América tropical *Chaptalia*, con el hábito escapífero y las hojas radicales, pertenece al grupo

Gerbera, que incluye *Leibnitzia*, *Gerbera* y *Trichocline* Cass. Burkart (1944) observó que las cabezuelas cleistógamas de *Chaptalia* se encuentran esporádicamente en algunas especies sudamericanas. Por lo tanto, la presencia de cabezuelas cleistógamas estacionales en el género similar *Leibnitzia* no diagnostica a *Chaptalia*. *Leibnitzia* se diferencia de *Chaptalia* por las cipselas más densamente pelosas, los tricomas siempre agudos, y la mayoría de especies de *Gerbera* se diferencian de la mayoría de especies de *Leibnitzia* y de *Chaptalia* por las flores marginales generalmente con estaminodios. En Sudamérica *Trichocline* se diferencia de *Chaptalia* por las cabezuelas con corolas bilabiadas amarillas (no obstante generalmente de tamaño dimorfo), las cipselas apicalmente truncadas y sin rostro, y los filamentos de las anteras a veces papilosos. Se debe observar que Burkart (1944) ubicó a *C. oblonga* D. Don, con flores trimorfas, blancas, cortamente caulescentes, en *Trichocline*, pero fue devuelto a *Chaptalia* por Zardini (1975). Así, los límites genéricos dentro del grupo *Gerbera* quizás no son ni estables ni naturales, y *Chaptalia* puede tal vez ser tratado dentro de un concepto ampliado de *Gerbera* (que tiene 2 años de prioridad sobre el género africano *Perdicium* L.), como lo hizo Schultz (1856) y según lo recomendado por Hansen (1990).

Bibliografía: Burkart, A. *Darwiniana* 6: 505-594 (1944). Grisebach, A.H.R. *Fl. Brit. W. I.* 352-385 (1861). Katinas, L. et al. *Bol. Soc. Argent. Bot.* 49: 605-612 (2014). Martínez Salas, E.M. et al. *Listados Florist. México* 22: 1-55 (2001). Millspaugh, C.F. y Chase, A. *Publ. Field Columb. Mus., Bot. Ser.* 3: 85-151 (1904). Nesom, G.L. *Brittonia* 36: 396-401 (1984). Urban, I. *Symb. Antill.* 3: 280-420 (1902-1903). Zardini, E.M. *Darwiniana* 19: 618-733 (1975).

1. Escapos 3-10-bracteolados; filarios principalmente glabros; hojas frecuentemente patentes lateralmente y no ascendentes. **3. C. runcinata**
1. Escapos no bracteados o rara vez 1-2-bracteolados; filarios, al menos algunos, tomentosos, vellosos o lanuginosos; hojas principalmente ascendentes.
   2. Cabezuelas generalmente erectas en botón; láminas de las hojas 0.6-2.2 cm de ancho; involucros 6-10 mm de diámetro, turbinados en la antesis. **1. C. albicans**
   2. Cabezuelas nutantes en botón; láminas de las hojas 0.9-7(-8.5) cm de ancho; involucros 10-15 mm de diámetro, turbinados a campanulados en la antesis.
      3. Hojas subsésiles o con pecíolos alados, las láminas lirado-pinnatilobadas; cipselas maduras 0.8 mm de diámetro o menos, largamente rostradas, el rostro generalmente 2-3 veces más largo que el cuerpo; flores centrales con corolas muy escasamente tubular-bilabiadas, los labios 1-1.5 mm; flores submarginales con estilos más largos que las corolas. **2. C. nutans**
      3. Hojas largamente pecioladas, los pecíolos sin alas en 1/2-3/4 proximal, las láminas generalmente no lobadas o algunas veces subliradas proximalmente; cipselas maduras 0.9-1.3 mm de diámetro, cortamente rostradas, rostro casi tan largo o más corto que el cuerpo; flores centrales con corolas conspicuamente tubular-bilabiadas, los labios 2-3 mm; flores submarginales con estilos y corolas subiguales. **4. C. transiliens**

1. Chaptalia albicans (Sw.) Vent. ex B.D. Jacks., *Index Kew.* 1: 506 (1893). *Tussilago albicans* Sw. Lectotipo (designado por Nesom, 1984): Jamaica, *Browne Herb. Linn. 953.16* (imagen en Internet ex LINN!). Ilustr.: Millspaugh y Chase, *Publ. Field Columb. Mus., Bot. Ser.* 3: 148 (1904). N.v.: Motitas, Y.

Chaptalia crispula Greene, *C. integrifolia* (Cass.) Baker var. *leiocarpa* (DC.) Baker, *C. leiocarpa* (DC.) Urb., *C. nutans* (L.) Pol. var. *leiocarpa* (DC.) Griseb., *Leontodon tomentosum* L. f. non *C. tomentosa* Vent. nec *Tussilago tomentosa* Ehrh., *Leria leiocarpa* DC., *Thyrsanthema tomentosum* (L. f.) Kuntze.

Hierbas 5-35 cm. Hojas mayormente ascendentes, subsésiles y angostadas en una base peciolariforme generalmente 1/4 de la longitud de la hoja; láminas 2-10(-16) × 0.6-2.2 cm, mayormente ascendentes, oblanceoladas a angostamente obovadas, la superficie adaxial glabra o esparcidamente flocoso-tomentosa, la superficie abaxial densamente gris-tomentosa, las nervaduras secundarias indistintas o conspicuas abaxialmente, la base atenuada, los márgenes subenteros o retrorso-denticulados, rara vez sinuados o crespos, el ápice obtuso a redondeado, apiculado. Capitulescencia de 1-3(4) escapos por planta; escapo (pedúnculo) 5-20 cm en la antesis, alargándose hasta 10-35 cm en fruto, no bracteolado, densamente blanco-tomentoso a glabro proximalmente, dilatado apicalmente, las cabezuelas generalmente erectas en botón, flor y fruto. Cabezuelas 10-15 mm en la antesis, alargándose hasta 20-26 mm en fruto, radiado-tubular-bilabiadas; involucro 6-10 mm de diámetro y turbinado en la antesis, 15-25 mm de diámetro y campanulado en fruto; filarios 4-5-seriados, flocoso-tomentosos o (al menos las series internas) distalmente glabrescentes; series externas 2-5 × c. 0.8 mm; series gradualmente graduando a series internas 8-12(-20 en fruto) × 1-1.8 mm. Flores marginales 13-21, 1(2)-seriadas; corola 8.5-11 mm, cortamente radiada, el tubo escasamente más largo que el limbo, el limbo c. 4 × 0.2-0.3 mm, casi tan largo como los filarios a escasamente exerto en la antesis, el ápice algunas veces bífido; estilo escasamente más corto que la corola, las ramas c. 1 mm. Flores submarginales 10-15; corola 2.5-4 mm, filiforme y sin limbo obvio; estilo más largo que la corola. Flores centrales c. 10; corola 6-9 mm, escasamente tubular-bilabiada, los labios 0.5-1 mm; anteras 1.5-2 mm; ramas del estilo c. 0.5 mm. Cipselas 8-11 mm, largamente rostradas, el cuerpo 4-5 mm, pardo, 5-acostillado, glabro o las costillas inconspicua y cortamente glandulosas, las costillas y el rostro pardo-amarillentos, el rostro más largo que el cuerpo del fruto, el carpóforo blanco; vilano 7.5-10.5 mm, generalmente casi tan largo como el ápice del involucro o algunas veces escasamente exerto, pajizo. Floración mar.-nov. 2n = 48. *Vegetación secundaria, bosques de* Pinus, *laderas rocosas, sabanas.* Ch (*Breedlove 51235*, MO); Y (*Tapia et al. 1722*, MO); C (Martínez Salas et al., 2001: 24, como *Chaptalia dentata*); B (*Whitefoord 2152*, MO); G (*Heyde y Lux 3433*, NY); H (*Yuncker et al. 5784*, MO); N (*Henrich y Moreno 155*, MO). 25-1500 m. (SE. Estados Unidos [Florida], México, Mesoamérica, Cuba, Jamaica, La Española, Puerto Rico, Bahamas.)

Grisebach (1861) reconoció *Chaptalia albicans* (en *Leria*) como diferente de *C. dentata* (L.) Cass., esta última diferenciándose por las hojas "regularmente sinuadas". Millspaugh y Chase (1904) reconocieron *C. albicans*, pero Urban (1902-1903), a quien posteriormente siguieron la mayoría de botánicos, trató a *C. albicans* como sinónimo de *C. dentata*. Urban (1902-1903) describió *C. dentata* s. l. como poseyendo cipselas "scabridis v. laevibus". Nesom (1984) restableció *C. albicans* de la sinonimia de *C. dentata* y circunscribió *C. albicans* como poseyendo cipselas inconspicuamente glandulosas. La elevación más alta para la especie registrada por Nash (1976g) resultó por la inclusión del material erróneamente identificado de *Leibnitzia lyrata*.

Burkart (1944) registró *C. albicans* de Guatemala bajo el nombre *C. leiocarpa* y refirió el nombre *C. albicans* a la sinonimia de *C. dentata*. La mayoría de los informes de *C. dentata* (que en el sentido estricto se caracteriza por las cipselas obviamente papilosas) en Mesoamérica (p. ej., Nash, 1976g) se basan en los ejemplares sea de *C. albicans* o de *L. lyrata*. Debido a que ni *C. dentata* ni *L. lyrata* se conocen de la Península de Yucatán, es posible que el reporte de Martínez Salas et al. (2001) de *C. dentata* de Campeche se refiera a ejemplares de *C. albicans*.

El ejemplar *Heyde y Lux 3433* (F), un isotipo de *C. crispula*, es una mezcla de *C. albicans* y *C. nutans*.

2. Chaptalia nutans (L.) Pol., *Linnaea* 41: 582 (1877 [1878]). *Tussilago nutans* L., *Syst. Nat., ed. 10* 2: 1214 (1759). Lectotipo (designado por Simpson, 1975 [1976]): Jamaica, *Browne Herb. Linn. 995.5* (microficha MO! ex LINN). Ilustr.: Pruski, *Fl. Venez. Guayana* 3: 238,

t. 196 (1997). N.v.: Valeriana, G; algaria, amargón, árnica, árnica del país, bastón de San José, chaparro amargo, plumero, plumero de moño, plumilla, plumillo, valeriana, valeriana del país, H; raíz de lombriz, valeriana, valeriana blanca, ES; árnica, kisauri-alnimuk, N; algodón, cáliz verde, CR; tulukua, P.

Chaptalia diversifolia Greene, *C. ebracteata* (Kuntze) K. Schum., *C. erosa* Greene, *C. majuscula* Greene, *C. subcordata* Greene, *Gerbera nutans* (L.) Sch. Bip., *Leria lyrata* Cass., *L. nutans* (L.) DC., *Thyrsanthema ebracteata* Kuntze, *T. nutans* (L.) Kuntze, *Tussilago vaccina* Vell.

Hierbas 10-65(-85) cm. Hojas mayormente ascendentes, subsésiles o con el pecíolo alado; láminas (3-)5-25 × 2.5-7(-8.5) cm, mayormente ascendentes, lirado-pinnatilobadas, de contorno oblanceolado-espatulado, la superficie adaxial glabra o laxamente araneosa, la superficie abaxial laxamente blanco-tomentosa a gris lanuginoso-tomentosa, las nervaduras secundarias conspicuas abaxialmente, los lobos proximales 2-5 por lado, generalmente 1-1.5 × 1.5-2 cm, poco profundos y redondeados, los márgenes denticulados, el lobo terminal c. 1/2 de la longitud de la hoja, la base cuneada a truncada, los márgenes del lobo terminal subenteros a crenados o dentados, el ápice agudo a redondeado; pecíolo generalmente (0-)1-10(-18) cm, angosto proximalmente, la porción distal frecuentemente alada y o graduándose hacia la base lobada. Capitulescencia con 1-3(-6) escapos por planta; escapo (pedúnculo) hasta 65(-85) cm, sin brácteas (rara vez 1-2-bracteolado), lanuginoso-tomentoso a laxamente lanuginoso-tomentoso basalmente, no dilatado apicalmente, la cabezuela nutante en botón y en fruto, algunas veces erecta en flor. Cabezuelas (10-)15-20 mm en la antesis, alargándose hasta 20-32(-40) mm en fruto, radiado-tubular-bilabiadas; involucro 10-15 mm de diámetro, turbinado a campanulado en la antesis, hasta 40 mm de diámetro y anchamente campanulado a hemisférico en fruto; filarios c. 5-seriados, laxamente araneoso-lanuginosos o con una zona media subglabra verdosa proximalmente; series externas 4-6 × c. 1 mm, rara vez con pocas papilas marginales diminutas; series gradualmente graduando a series internas 12-17(-30 en fruto) × 0.8-2 mm. Flores marginales 18-34, 1(2)-seriadas; corola 9-13 mm, radiada, ligeramente más larga que los filarios, el tubo y el limbo subiguales o el tubo más largo que el limbo, el limbo 0.3-0.6 mm de diámetro, aplanado y los márgenes no involutos, el ápice 2-4-dentado, los dientes 0.5-1.5(-3) mm, algunas veces irregulares; estilo más corto que la corola, las ramas 0.8-1.4 mm. Flores submarginales 50-100; corola generalmente 5-7 mm, filiforme y sin limbo obvio; estilo más largo que la corola. Flores centrales: corola 10-12 mm, muy escasamente tubular-bilabiada, los labios 1-1.5 mm; anteras c. 1.5 mm; ramas del estilo c. 0.3 mm. Cipselas maduras 12-18 mm, largamente rostradas, el cuerpo 4-5 × c. 0.8 mm o menos, pardusco, 5(-8)-acostillado, subglabro a esparcida y cortamente papiloso, las costillas y el rostro pardo-amarillentos, el rostro 8-13 mm, generalmente 2-3 veces más largo que el cuerpo, filiforme; vilano 10-12(-15) mm, casi tan largo como el involucro o exerto hasta 10 mm de este, pajizo a rosado. Floración durante todo el año. 2n = 48 (50?). *Cafetales, vegetación secundaria, áreas cultivadas, bosques de* Quercus, *bosques de* Pinus-Quercus, *pastizales, sabanas, laderas rocosas, riberas.* T (*Conrad et al. 2801*, MO); Ch (*Breedlove 39993*, MO); B (*Schipp 1131*, MO); G (*Aguilar 118*, MO); H (*Yuncker et al. 5639*, NY); ES (*Rosales 1267*, MO); N (*Seymour 2780*, MO); CR (*Skutch 2724*, NY); P (*de Nevers et al. 7622*, MO). 0-1500(-2000) m. (México, Mesoamérica, Colombia, Venezuela, Guyana, Surinam, Ecuador, Perú, Bolivia, Brasil, Paraguay, Uruguay, Argentina, Cuba, Jamaica, La Española, Puerto Rico, Islas Vírgenes, Antillas Menores, Trinidad y Tobago.)

Chaptalia nutans es la especie más común y ampliamente distribuida del género. Sin embargo, los registros de Burkart (1944) y Simpson (1975 [1976]) de *C. nutans* en los Estados Unidos fueron, en el sentido estricto, basados en ejemplares que actualmente se refieren mejor a *C. texana* Greene, que fuera anteriormente tratada en sinonimia (p. ej., Simpson, 1975 [1976]) o como variedad (p. ej., Burkart, 1944) de *C. nutans*.

3. Chaptalia runcinata Kunth in Humb., Bonpl. et Kunth, *Nov. Gen. Sp.* folio ed. 4: 5 (1820 [1818]). Holotipo: Colombia, *Humboldt y Bonpland 2031* (foto MO! ex P-Bonpl.). Ilustr.: Burkart, *Darwiniana* 6: 554, t. 11A, C-H (1944).

Gerbera bicolor Sch. Bip., *Loxodon longipes* Cass., *Oxydon bicolor* Less., *Thyrsanthema runcinata* (Kunth) Kuntze.

Hierbas 6-28 cm. Hojas a menudo patentes lateralmente y no ascendentes, subsésiles y angostadas en una base peciolariforme; láminas 5-8 × 0.5-1.5 cm, frecuentemente ascendentes lateralmente o no ascendentes, oblanceoladas a obovadas, la superficie adaxial glabra, la superficie abaxial densamente blanco-tomentosa, las nervaduras indistintas abaxialmente, la base atenuada, los márgenes retrorso-dentados (subruncinados), 4-8 dientes por margen, el ápice agudo a obtuso. Capitulescencia de 1 o 2(3) escapos por planta; escapo (pedúnculo) 6-15 cm en la antesis, alargándose a 8-27 cm en fruto, bracteolado, araneoso-tomentoso a laxamente araneoso-tomentoso basalmente, algunas veces escasamente dilatado apicalmente, la cabezuela generalmente erecta en botón, flor, y fruto, el escapo algunas veces flexuoso; bractéolas 3-10, 3-7 mm, en el 1/4 del escapo, adpresas o ascendentes, lanceoladas, glabras. Cabezuelas 10-15 mm en la antesis, alargándose a 15-20 mm en fruto, radiado-tubular-bilabiadas, casmógamas (Mesoamérica) o rara vez cleistógamas (solo registrado en poblaciones sudamericanas); involucro 5-9 mm de diámetro y turbinado en la antesis, 10-15 mm de diámetro y anchamente turbinado en fruto; filarios c. 4-seriados, en su mayoría glabros; series externas 3-5 × 0.8-1 mm; series gradualmente graduando a series internas 11-14(-18 en fruto) × 0.9-2 mm. Flores marginales 8-15(-20), 1-seriadas; corola 7-8 mm, cortamente radiada (Mesoamérica), rara vez no radiada cuando las cabezuelas son cleistógamas, el tubo 2.5-3.5 mm, el limbo generalmente c. 4.5 × 0.3-0.7 mm de diámetro, casi tan largo como los filarios, el ápice entero o débilmente 3-4-denticulado; estilo más corto que la corola, las ramas 0.8-1 mm. Flores submarginales c. 10; corola c. 2.5 mm, filiforme y sin limbo obvio; estilo mucho más largo que la corola. Flores centrales 5-10; corola 5.5-6 mm, escasamente tubular-bilabiada, los labios c. 1 mm; anteras c. 2 mm; ramas del estilo c. 0.6 mm. Cipselas 6-10 mm, rostradas, el cuerpo rojizo o algunas veces pardo, a veces maculado, 5-acostillado, en su mayoría glabro, papiloso cerca del carpóforo, el rostro más corto a más largo que el cuerpo; vilano 6-9 mm, generalmente tan largo como el involucro o ligeramente más largo que este, pajizo. Floración jul.-ago. *Áreas rocosas, sabanas.* CR (*Grayum 12805*, MO); P (*Stern et al. 1189*, MO). 800-1100 m. (México, Mesoamérica, Colombia, Venezuela, Ecuador, Bolivia, Brasil, Paraguay, Uruguay, Argentina.)

Aunque Burkart (1944) reconoció dos infraespecies, la variedad que no es típica se reconoce aquí como *Chaptalia graminifolia* (Dusén ex Malme) Cabrera. Burkart (1944) anotó que las cabezuelas cleistógamas se encuentran ocasionalmente en las poblaciones sudamericanas de *C. runcinata*. Katinas et al. (2014) trataron *C. runcinata* en la sinonimia de *C. piloselloides* (Vahl) Baker, especie aquí excluida de Mesoamérica y considerada una endémica del sur de Sudamérica.

4. Chaptalia transiliens G.L. Nesom, *Rhodora* 86: 127 (1984). Isotipo: México, Nuevo León, *Nesom 4759* (MO!). Ilustr.: Nesom, *Phytologia* 78: 183, t. 9 (1995).

Hierbas 12-56 cm. Hojas mayormente ascendentes, largamente pecioladas; láminas (2-)4-23 × 0.9-3(-5) cm, mayormente ascendentes, ovado-elípticas a espatuladas, generalmente no lobadas o algunas veces subliradas proximalmente, cartáceas a gruesamente cartáceas, la superficie adaxial glabrescente, la superficie abaxial laxamente gris-tomentosa, las nervaduras secundarias indistintas o conspicuas abaxialmente, la base cuneada a casi truncada, los márgenes denticulados, generalmente no lobados, algunas veces con 1(-3) lobos proximales inconspicuos por lado, el ápice agudo a redondeado; pecíolo 2-10 cm, sin alas en 1/2-3/4 proximales, angostamente alado distalmente, generalmente c. 1/2 de la longitud de la hoja. Capitulescencia con 1 o 2 escapos por planta; escapo (pedúnculo) 12-56 cm, ebracteado, velloso a esparcidamente velloso basalmente, no dilatado apicalmente, la cabezuela nutante en botón, en su mayoría erecta en flor y fruto. Cabezuelas 17-25 mm en la antesis, radiadas (o indistintamente bilabiadas)-tubular-bilabiadas; involucro 10-20 mm de diámetro y campanulado en la antesis, tornándose 15-25 mm de diámetro y hemisférico en fruto; filarios 3-4-seriados, araneoso-vellosos, no alargándose en el fruto; series externas 3-5 × 0.5-1.3 mm, los márgenes frecuentemente con pocas glándulas estipitadas diminutas; series gradualmente graduando a series internas 14-20 × 1-1.8 mm. Flores marginales 11-21(-32), 1-seriadas; corola 11-17 mm, radiada o algunas veces indistintamente bilabiada con los lobos internos 0.5-2 mm, incluidos dentro del involucro o escasamente más largos que los filarios, el tubo escasamente más largo que el limbo, el limbo 0.3-0.7 mm de diámetro, los márgenes algunas veces escasamente involutos, el ápice truncado a diminutamente 2-3-denticulado, los dientes 0.1-0.2 mm; estilo más corto que la corola, las ramas 1-1.7 mm. Flores submarginales casi tan numerosas como las flores marginales; corola generalmente 8-9 mm, el tubo filiforme, el limbo c. 2.5 mm, linear, erecto; estilo y corola subiguales. Flores centrales: corola 9-11 mm, conspicuamente tubular-bilabiada, los labios 2-3 mm, ascendentes; anteras 2-2.5 mm; ramas del estilo c. 0.6 mm. Cipselas maduras 7-11 mm, cortamente rostradas, el cuerpo 4.5-5.5 × 0.9-1.3 mm, pardusco, 5-6-acostillado, papiloso, las costillas y el cuerpo pardo-amarillentos, el rostro 2.5-5.5 mm, casi tan largo que el cuerpo a más corto que este, de base ancha y graduando hacia el cuerpo, las papilas con el ápice rostrado; vilano 9-11 mm, casi tan largo como el involucro a exerto 2 mm de este, pajizo. Floración jul.-nov.(ene., abr.). *Bosques de* Quercus, *bosques de* Pinus-Quercus. Ch (*Matuda 4686*, MO); G (Nesom, 1995: 166). 1600-3200 m. (México, Mesoamérica.)

Los ejemplares mesoamericanos de *Chaptalia transiliens* fueron anteriormente identificados como la especie similar *C. nutans* (p. ej., Nash, 1976g). *Chaptalia transiliens* es también similar a *C. texana* por las láminas de las hojas a veces subliradas y las cipselas papilosas. Sin embargo, *C. transiliens* se diferencia de *C. nutans* y *C. texana* por las flores centrales con corolas claramente tubular-bilabiadas. *Chaptalia transiliens* se parece a *C. hololeuca* Greene, del centro de México, por las flores centrales con corolas claramente tubular-bilabiadas.

213. Gerbera L., nom. cons.

Aphyllocaulon Lag., *Berniera* DC., *Gerbera* L. sect. *Lasiopus* (Cass.) Sch. Bip., *G.* sect. *Piloselloides* Less., *G.* subg. *Piloselloides* (Less.) Less., *Lasiopus* Cass., *Oreoseris* DC., *Piloselloides* (Less.) C. Jeffrey ex Cufod.

Por J.F. Pruski.

Hierbas perennes, acaules, escapíferas, arrosetadas, el órgano subterráneo velloso a lanoso, tornándose leñoso, monoicas. Hojas radicales, alternas, mayormente pecioladas; láminas oblanceoladas o elípticas a ovadas u orbiculares, simples a pinnatilobadas, cartáceas a subcoriáceas, pinnatinervias, la superficie abaxial frecuentemente vellosa o tomentosa. Capitulescencia escapífera, con 1(-pocos) escapos por planta, algunas veces precoz; escapos (pedúnculos) monocéfalos, bracteados o no bracteados, la cabezuela erecta (rara vez nutante), frecuentemente vellosa o tomentosa distalmente. Cabezuelas heterógamas, casmógamas, tubular-bilabiadas (rara vez disciformes), con numerosas flores; involucro turbinado a campanulado o hemisférico; filarios conspicuamente graduados, 2-varias series, generalmente linear-lanceolados, escariosos, al menos los externos velloso-tomentosos, los márgenes glabros; clinanto aplanado, sin páleas, glabro. Flores trimorfas (Mesoamérica) o dimorfas, la corola blanca, amarilla o rojiza, glabra (rara vez papilosa, p. ej., *Gerbera hieracioides* (Kunth) Zardini). Flores marginales 1-seriadas, pistiladas, típicamente con estaminodios (ausente en la sect. *Parva* H.V. Hansen, vestigiales en la sect. *Piloselloides*); corola largamente bilabiada (3+2) o rara vez tubular, el labio externo mucho más largo que los filarios y muy exerto del involucro, el ápice (2)3-denticulado, los lobos internos lineares, frecuentemente enroscados; estilo frecuentemente con forma de "U" distalmente, las ramas muy cortas, elíptico-ovadas, papilosas, el ápice obtuso. Flores submarginales (intermedias) 1-(2)-seriadas (cuando presentes), pistiladas; corola bilabiada (3+2), esbelta, casi tan larga como el estilo o más larga que este, el labio externo no radiando, conspicuo pero más corto que las flores marginales. Flores centrales numerosas, bisexuales; corola tubular-bilabiada (3+2), mucho más corta que la corola de las series marginales; filamentos de las anteras glabros, las colas largas, lisas a ciliadas, el apéndice apical angostamente ovado; ramas del estilo cortamente oblongas, el ápice obtuso, escasamente papiloso abaxialmente. Cipselas elípticas a fusiformes, escasamente comprimidas, parduscas, 4-10-acostilladas, apenas constrictas apicalmente a largamente rostradas, setosas o rara vez subglabras, el rostro (cuando conspicuo) generalmente más corto que el cuerpo, los tricomas angostados apicalmente; vilano de numerosas cerdas capilares, escábridas, alargadas, las cerdas pluriseriadas, blancas a rojizas. $x = 23, 24, 25$. Aprox. 30-35 spp. Andes de Sudamérica, Asia, África.

Gerbera se reconoce en el sentido restringido de Hansen (1985) y es en su mayoría común un género asiático y africano. Por otro lado, Hansen (1990) recomendó reducir todos los géneros del complejo a sinónimos de *Gerbera*. Hansen (1985) reconoció seis secciones y redujo *Piloselloides* a sinónimo. *Gerbera* está estrechamente relacionado con *Chaptalia* y *Leibnitzia*, géneros que se reconocen solo por conveniencia, aunque anteriormente Schultz (1856) redujo *Chaptalia* a sinónimo de *Gerbera* y trató a la especie americana de *Leibnitzia* como una *Gerbera*.

Gerbera difiere de *Chaptalia*, quizás solo artificialmente, por las flores marginales bastante exertas, normalmente con estaminodios y estilos generalmente en forma de U distalmente. Zardini (1974) reportó *Gerbera* en América con la especie sudamericana *G. hieracioides*, la cual tiene los tricomas de las cipselas con puntas agudas y estaminodios en las flores marginales, diferenciándose así de *Trichocline*. Sin embargo, Hansen (1990) quien estudiara numerosos caracteres, consideró a *G. hieracioides* como intermedia entre *Gerbera* s. str. y *Trichocline* s. str. En forma alternativa, *G. hieracioides* puede considerarse como la única especie de *Gerbera* s. str. nativa de América. La especie mexicana *C. hintonii* Bullock fue reconocida por Katinas (2004) como *Gerbera*, pero, ya que *C. hintonii* carece los estaminodios bien desarrollados, aquí se sigue a Nesom (1995) y se la trata en *Chaptalia*.

Las especies de *G.* sect. *Gerbera* se caracterizan por los escapos bracteolados y las flores pistiladas 1-seriadas (Hansen, 1985). *Gerbera jamesonii* fue tratada por Hansen (1985) como un miembro de *G.* sect. *Lasiopus*, que difiere de la sección típica por el escapo ebracteado y las flores pistiladas biseriadas.

Bibliografía: Hansen, H.V. *Opera Bot.* 78: 5-36 (1985). Hind, D.J.N. et al. *Fl. Mascareignes* 109: 1-261 (1993). Katinas, L. *Sida* 21: 935-940 (2004). Zardini, E.M. *Bol. Soc. Argent. Bot.* 16: 103-108 (1974).

1. Gerbera jamesonii Adlam, *Gard. Chron.* ser. 3, 3: 775 (1888). Neotipo (designado por Hind, 1993): Sudáfrica, *Bolus 7611* (foto MO! ex K). Ilustr.: Hind et al., *Fl. Mascareignes* 109: 13, t. 1 (1993). N.v.: Margarita de Transvaal, H.

Hierbas vistosas, 13-35(-50) cm. Hojas pecioladas; láminas 9-35 × 3-14 cm, lirado-pinnatilobadas, de contorno oblongo-espatulado, las superficies concoloras, la superficie adaxial estrigulosa a subglabra, la superficie abaxial delgadamente vellosa a glabra, los lobos laterales generalmente 2-5 por lado, 1-5 × 0.5-3 cm, lanceolados o triangulares a subcuadrangulares, el margen del lobo sinuado a irregularmente dentado con pocos dientes, el lobo terminal triangular, el ápice obtuso a

redondeado; pecíolo generalmente (2-)7-25 cm. Capitulescencia de 1 o más escapos por planta; escapo (pedúnculo) 13-35(-49) cm, sin brácteas, no dilatado apicalmente, las cabezuelas erectas. Cabezuelas 10-20 mm; involucro 20-30 mm de diámetro, hemisférico; filarios 5-15 × 1-2 mm, c. 3-seriados, araneoso-tomentosos o las series internas glabrescentes, el ápice acuminado. Flores trimorfas, la corola generalmente roja o anaranjada, algunas veces amarilla o rosada, más pálida abaxialmente. Flores marginales 30-35, estaminodios presentes; corola 20-40 mm, el tubo 4-9 mm, el labio externo 1-3(-7) mm de diámetro, los lobos internos 2-4 mm; estaminodios lineares, frecuentemente pareciéndose a los lobos internos de la corola; estilo en forma de U distalmente, las ramas 0.2-0.3 mm. Flores submarginales numerosas, 1-2-seriadas; corola generalmente 5-10 mm, el tubo 3-7 mm, el labio externo 2-3 mm, los lobos internos 1-3 mm. Flores centrales: corola 5-10 mm, el tubo 3-7 mm, el labio externo 2-3 mm, recurvado, los lobos internos 1-3 mm; anteras 4-5 mm, exertas; estilo en forma de U distalmente. Cipselas 7-12 mm, fusiformes, cortamente rostradas, setulosas, el rostro 2-6 mm; vilano 6-8 mm, pajizo. Floración abr., ago., dic. $2n = 48, 50$. *Ampliamente cultivada como ornamental, a veces escapada.* G (*Méndez 851*, USCG); H (Nelson, 2008: 174); ES (Berendsohn y Araniva de González, 1989: 290-7); N (*Guzmán y Castro 36*, MO); CR (Standley, 1938: 1478); P (*D'Arcy y D'Arcy 6511*, MO). 100-1500 m. (Nativa de Sudáfrica; ampliamente cultivada en Estados Unidos, México, Mesoamérica, Colombia, Venezuela, Perú, Brasil, Chile, Argentina, Cuba, Jamaica, La Española, Puerto Rico, Antillas Menores, Asia, África, Australia, Nueva Zelanda, Islas del Pacífico.)

Hansen (1985) designó el ejemplar *Adlam s.n.* (SAM) como lectotipo, pero ese ejemplar tiene la etiqueta de "Natal" y está en conflicto con el protólogo, mientras que el neotipo es de Transvaal, la provincia inmediatamente al norte de Natal, y corresponde a la localidad dada en el protólogo.

214. Leibnitzia Cass.
Anandria Less., *Cleistanthium* Kunze

Por J. F. Pruski.

Hierbas perennes, acaules, escapíferas, arrosetadas, las raíces fibrosas, monoicas; plantas dimorfas, una fase vernal (primavera) con las hojas reducidas y cabezuelas casmógamas radiadas y una fase otoñal con las hojas y cabezuelas cleistógamas subradiadas. Hojas radicales, alternas, pecioladas, apareciendo antes de o junto a las primeras cabezuelas; láminas simples a lirado-pinnatilobadas, cartáceas, pinnatinervias. Capitulescencia escapífera, 1-11 por planta; escapos (pedúnculos) monocéfalos, bracteados distalmente, algunas veces dilatados apicalmente, erectos en botón, flor y fruto. Cabezuelas heterógamas, dimorfas, con fases alternas casmógamas (vernales; algunas corolas radiando) y cleistógamas (otoñales; corolas no radiando); involucro cilíndrico a campanulado; filarios conspicuamente graduados, 3-4-seriados, linearlanceolados o lanceolados, el ápice agudo a acuminado, patente o moderadamente reflexo después de la fructificación; clinanto aplanado a convexo, sin páleas, glabro. Flores generalmente dimorfas dentro de las cabezuelas individuales, la corola blanquecina o rosada a purpúrea. Flores marginales 1-seriadas, pistiladas, típicamente sin estaminodios, la corola generalmente rosada a purpúrea; corola en la fase vernal casmógama radiada (3+0, el limbo con el labio interno obsoleto) o rara vez indistintamente bilabiada, el limbo y el tubo subiguales, el labio externo bastante exerto del involucro, el ápice 3-denticulado, los lobos internos pequeños; corola en la fase cleistógama otoñal con el limbo muy reducido. Flores centrales 6-20, bisexuales, la corola generalmente blanquecina; corola en la fase vernal casmógama tubular-bilabiada (3+2); corola en la fase cleistógama otoñal escasamente tubular-bilabiada; colas de la antera lisas, los filamentos glabros, el apéndice apical angostamente ovado; ramas del estilo relativamente cortas, abaxialmente papilosas, el ápice redondeado. Cipselas fusiformes o subfusiformes, rostradas o subrostradas, 5-8-acostilladas, setulosas, los tricomas alargados, puntiagudo-rostrados; vilano de numerosas cerdas (50-80) escábridas capilares, alargadas, pajizas. *x* = 23. Aprox. 6 spp.; 2 spp. en América y 4 spp. en Asia.

Leibnitzia es frecuentemente ubicada en *Chaptalia* dentro de los géneros del grupo *Gerbera* (p. ej., Simpson y Anderson, 1978). Pruski (2004b) siguiendo a Simpson y Anderson (1978) no reconoció *Leibnitzia* en la clave de especies norteamericanas de Mutisioideae. La especie mesoamericana fue validada por Schultz (1856) en *Gerbera*, siendo *Chaptalia* en ese entonces un sinónimo genérico, pero *Leibnitzia* se diferencia (Jeffrey, 1967; Nesom, 1983a; Hansen, 1988) de *Gerbera* y de la mayoría de especies de *Chaptalia* por la combinación de las plantas dimorfas con fases alternas casmógamas (primavera) y cleistógamas (otoño) y los ápices puntiagudos de los tricomas de las cipselas. Jeffrey (1967) fue el primero en observar que *Leibnitzia* s. str., que se consideraba como endémico de Asia, se encuentra en América, pero la primera combinación formal basada en el material americano fue hecha por Nesom (1983a), quien revisó las especies americanas. Las especies asiáticas de *Leibnitzia* fueron revisadas por Hansen (1988).

Bibliografía: Hansen, H.V. *Nordic J. Bot.* 8: 61-76 (1988). Jeffrey, C. *Kew Bull.* 21: 177-223 (1967). Nesom, G.L. *Brittonia* 35: 126-139 (1983). Simpson, B. y Anderson, C. *N. Amer. Fl.* ser. 2, 10: 1-13 (1978).

1. Leibnitzia lyrata (Sch. Bip.) G.L. Nesom, *Phytologia* 78: 169 (1995). *Gerbera lyrata* Sch. Bip. in Seem., *Bot. Voy. Herald* 313 (1856). Holotipo: México, estado desconocido, *Sessé y Mociño s.n.* (OXF). Ilustr.: McVaugh, *Fl. Novo-Galiciana* 12: 216, t. 33 (1984), como *Chaptalia leucocephala*, fase cleistógama.

Chaptalia alsophila Greene, *C. ehrenbergii* (Sch. Bip.) Hemsl., *C. leucocephala* Greene, *C. lyrata* D. Don non (Willd.) Spreng., *C. monticola* Greene, *C. potosina* Greene, *C. seemannii* (Sch. Bip.) Hemsl., *C. sonchifolia* Greene, *Gerbera ehrenbergii* Sch. Bip., *G. seemannii* Sch. Bip., *Leibnitzia seemannii* (Sch. Bip.) G.L. Nesom, *Thyrsanthema ehrenbergii* (Sch. Bip.) Kuntze, *T. lyrata* Kuntze, *T. seemannii* (Sch. Bip.) Kuntze.

Hierbas 5-50(-65) cm. Hojas pecioladas; láminas 2-13 × 0.7-4.5 cm, simples a lirado-pinnatilobadas, de contorno elíptico a oblanceolado u ovado, la superficie adaxial glabra o glabrescente, la superficie abaxial por lo general finamente gris-tomentosa, las nervaduras secundarias ligeramente conspicuas en las láminas más anchas, la base atenuada a obtusa, los márgenes dentados a retrorso-serrados, los lobos generalmente 0-3 pares por lado, poco profundos y redondeados, el ápice agudo a redondeado, apiculado; pecíolo 1-9 cm. Capitulescencia de 1-4 escapos por planta; escapo (pedúnculo) 5-50(-64) cm, algunas veces dilatado apicalmente; bractéolas 3-15, 5-10 mm, adpresas o ascendentes, filiformes a linear-lanceoladas, glabras a laxamente araneosas. Cabezuelas 10-25 mm; involucro (4-)7-15 mm de diámetro, cilíndrico a turbinado; filarios araneoso-lanosos; filarios externos 2.5-5 × 0.4-0.7 mm, linear-lanceolados o lanceolados; filarios rápidamente graduando a filarios internos 7-20 × 1-3 mm, lanceolados. Flores marginales 6-15; corola casmógama 9-13 mm, bilabiada, el tubo y el limbo subiguales, el labio externo algunas veces con márgenes involutos, los lobos internos 0.7-2 mm; corola cleistógama 4-8 mm, filiforme, el labio externo c. 1.5 mm, los lobos internos c. 0.5 mm; ramas del estilo 0.5-0.8 mm. Flores centrales 6-10; corola 5.5-8.5 mm, el labio externo 1-1.8 mm, los lobos internos subiguales pero recurvados; anteras 2-2.5 mm; ramas del estilo c. 0.4 mm. Cipselas 6-10 mm, fusiformes, rostradas, c. 8-nervias, densamente setulosas al madurar, el rostro 1/4-1/2 de la longitud del cuerpo, los tricomas 0.1-0.2(-0.3) mm, el carpóforo c. 0.2 mm, anchamente cilíndrico; vilano 5-12 mm. Floración may., ago. $2n = 46$. *Áreas alteradas, bosques de* Quercus, *bosques de* Pinus, *pajonales*. G (*Smith 602*, MO). 2100-3400 m (SO. Estados Unidos, México, Mesoamérica.)

Aunque Nesom (1995) citó el nombre ilegítimo de Don como basiónimo de *Leibnitzia lyrata*, esta combinación debe ser citada como basada en el nombre del reemplazo de Schultz. La prioridad de los nombres validados simultáneamente, *Gerbera lyrata* sobre *G. seemannii*, parece haber sido establecida en Barkley et al. (2006a). La otra especie americana, *L. occimadrensis* G.L. Nesom, se diferencia de *L. lyrata* por las cerdas del vilano 5-6 mm (fase casmógama y cleistógama) y el rostro más estrecho.

Las plantas de la fase casmógama de *L. lyrata* tienen los pedúnculos más cortos, las cabezuelas más pequeñas y las cerdas del vilano más cortas, mientras que las plantas de la fase cleistógama tienen los pedúnculos más largos, las cabezuelas más grandes y las cerdas del vilano más largas. En Mesoamérica, solo se conoce *L. lyrata* con las cabezuelas casmógamas pequeñas, ejemplares que Nash (1976g) refirió a *Chaptalia dentata*. Los ejemplares de Mesoamérica tienden a tener los involucros más angostos en la fase casmógama que el material más septentrional de la fase casmógama.

XVII. Tribus **NASSAUVIEAE** Cass.

Jungieae D. Don, *Nassauvieae* Dumort., *Nassauviinae* Less., *Polyachyreae* D. Don, *Polyachyrinae* Endl., *Trixideae* D. Don, *Trixideae* Lindl., *Trixidinae* Less.
Descripción de la tribus y clave genérica por J.F. Pruski.

Hierbas anuales a perennes hasta arbustos o algunas veces bejucos. Hojas alternas o arrosetadas, simples a pinnatífidas, algunas veces agregadas sobre braquiblastos, pinnatinervias o algunas veces palmatinervias, glabras o pelosas, los márgenes algunas veces espinosos. Capitulescencia monocéfala, corimbosa, paniculada o aglomerada. Cabezuelas homógamas, bilabiadas o rara vez subdiscoides (p. ej., *Moscharia* Ruiz y Pav.); filarios imbricados o algunas veces subimbricados, 1-6-seriados; clinanto sin páleas o paleáceo, glabro a peloso. Flores bisexuales, típicamente isomorfas o en cabezuelas grandes de flores internas con corolas más pequeñas que las de las flores externas, rara vez tornándose dimorfas con las corolas de las flores internas muchomás pequeñas que las de las flores externas o con cabezuelas internas de glomérulos subdiscoides; corola bilabiada (3+2) o rara vez subactinomorfa o tubular-bilabiada (p. ej., *Lophopappus* Rusby, *Polyachyrus* Lag., *Proustia* Lag.), el labio externo escasamente patente, el ápice típicamente 3-dentado, generalmente el labio interno profundamente bífido; anteras típica y largamente caudadas (con colas estériles), las colas lisas o papilosas, el apéndice apical alargado, generalmente robusto, aplanado y no ornamentado, el polen prolato (p. ej., *Leucheria* Lag. y *Triptilion* Ruiz. et Pav.) o subprolato o esferoidal, generalmente subpsilado a microequinado; estilo con el tronco glabro, las ramas bífidas, delgadas, abaxialmente glabras o rara vez papilosas, la superficie estigmática continua, el ápice típicamente truncado, rara vez redondeado, con un fascículo bien desarrollado de papilas colectoras. Cipselas cilíndricas o fusiformes, rara vez comprimidas, glabras o pelosas, rara vez rostradas, el carpóforo anular; vilano en general de numerosas cerdas (1)2-4-seriadas o con páleas, escábrido a plumoso, rara vez sin vilano (p. ej., *Panphalea* Lag.). 26 gen. y aprox. 319 spp. Endémica del continente americano y concentrada en Sudamérica. 3 gen. y 14 spp. en Mesoamérica.

Nassauvieae (véase discusión bajo Mutisieae) fue descrita por Cassini (1819b) y fue tratada como Mutisieae subtribu Nassauviinae por Bentham y Hooker (1873), Cabrera (1977) y Bremer (1994); sin embargo, fue restablecida de la sinonimia de Mutisieae por Pruski (2004a, 2004b), quien enfatizó que las ramas del estilo la distinguían de Mutisieae s. str.

Hind (2007 [2006]) recientemente trató Nassauvieae como Mutisieae subtribu Nassauviinae, pero Katinas et al. (2008) reconocieron la tribu Nassauvieae. Las Nassauvieae se caracterizan por las cabezuelas típicamente bilabiadas, generalmente con flores isomorfas y por las ramas del estilo delgadas, típicamente truncadas distalmente y fasciculado-papilosas apicalmente.

Bibliografía: Bentham, G. y Hooker, J.D. *Gen. Pl.*: 2: 163-533 (1873). Bremer, K. *Asteraceae Cladist. Classific.* 1-752 (1994). Cabrera, A.L. *Biol. Chem. Compositae* 2: 1039-1066 (1977). Cassini, H. *J. Phys. Chim. Hist. Nat. Arts* 88: 189-204 (1819). Hind, D.J.N. *Fam. Gen. Vasc. Pl.* 8: 90-123 (2007 [2006]). Katinas, L. et al. *Bot. Rev. (Lancaster)* 74: 469-716 (2008). Pruski, J.F. *Missouri Botanical Garden Research: Asteraceae (Compositae)* (2004); *Sida* 21: 1225-1227 (2004). Turner, B.L. *Phytologia Mem.* 14: 1-129 (2009).

1. Cabezuelas con clinantos paleáceos; láminas de las hojas 3-5-palmatinervias desde la base. **216. Jungia**
1. Cabezuelas con clinantos sin páleas; láminas de las hojas pinnatinervias.
    2. Corolas blancas a rosadas o pardas; filarios graduados, 2-6-seriados; cáudices en general tomentosos. **215. Acourtia**
    2. Corolas generalmente amarillas, o cuando blancas entonces los filarios subiguales y 1(2)-seriados; cáudices generalmente no tomentosos. **217. Trixis**

215. Acourtia D. Don

Dumerilia Less. non Lag. ex DC., *Perezia* Lag. sect. *Acourtia* (D. Don) A. Gray

Por J.F. Pruski y L. Cabrera.

Hierbas escapíferas o caulescentes, perennes, algunas veces arbustos lianoides, rizomatosos o muy rara vez tuberosos, los rizomas y el cáudice en general tomentosos; tallos (cuando presentes) erectos, en general ramificados solo distalmente en la capitulescencia, subteretes o estriados distalmente, muy rara vez alados, glabros a tomentosos, ocasionalmente estipitado-glandulares, las hojas arrosetadas o caulinares. Hojas simples a pinnatífidas, alternas o arrosetadas, sésiles o largamente pecioladas; láminas delgadamente cartáceas a más rígidamente cartáceas a subcoriáceas, pinnatinervias, verde y concoloras o la superficie abaxial algunas veces purpúreo, las superficies glabras a tomentosas, la base algunas veces auriculada, los márgenes a veces callosoengrosados; pecíolo cuando presente alado o no alado. Capitulescencia generalmente terminal, corimbosa o tirsoide-paniculada, generalmente con muchas cabezuelas, algunas veces glomeruladas, rara vez monocéfala, cuando escapífera en general con más de un escapo por planta; ramas y pedúnculos en general bracteolados y algunas veces foliosos. Cabezuelas típicamente bilabiadas; involucro cilíndrico a campanulado; filarios imbricados, graduados, 2-6-seriados, algunas veces apicalmente rojizos o purpúreos, generalmente glabros, los márgenes algunas veces ciliados, el ápice atenuado a redondeado, ocasionalmente mucronado; clinanto sin páleas, glabro a puberulento. Flores 4-55; corola bilabiada (rara vez subactinomorfa), blanca a rosada o parda, frecuentemente puberulenta, el labio externo escasamente más largo que el labio interno, los lobos internos reflexos; antera con las colas glabras, generalmente c. 1/2 de la longitud de las tecas, las colas de tecas adyacentes adpresas pero no connatas; ramas del estilo ligeramente alargadas. Cipselas en general cilíndrico-fusiformes, el ápice

angostado pero nunca largamente rostrado, generalmente hispídulo, indumento en general de tricomas pareados y cortamente estipitados o tricomas glandulares subsésiles; vilano de numerosas cerdas subiguales, cerdas (1)2-3-seriadas, escábridas, pajizas a pardas, escasamente más cortas que la corola. $x = 26, 27, 28$. Aprox. 76 spp. Suroeste de Estados Unidos, México (centro de diversidad), Mesoamérica.

Acourtia difiere de *Perezia* Lag., dentro de la cual se ha tratado históricamente en sinonimia, por los tricomas ferrugíneos (vs. glabros o blancos). Gray (1884b [1883]) y Bacigalupi (1931) trataron *P.* sect. *Acourtia*, e incluyeron las especies caulescentes y escapíferas. Reveal y King (1973) restablecieron *Acourtia* de la sinonimia de *Perezia* e incluyeron solo las especies caulescentes, específicamente excluyendo las especies escapíferas centroamericanas. Nash (1976g) reconoció para Guatemala tres especies caulescentes como *Acourtia* (siguiendo a Reveal y King, 1973) y dos especies escapíferas como *Perezia*, pero Turner (1978) subsecuentemente transfirió las especies escapíferas a *Acourtia*. El típico grupo de especies de *Acourtia*, aquellas tratadas por Reveal y King (1973), es caulescente, concentrado en México, y tiene c. 60 spp. (Turner, 2009).

El grupo escapífero de c. 16 especies está concentrado en el sur de México y Mesoamérica y fue revisado por Turner (1978) y Cabrera Rodríguez (1992). La forma de la hoja fue usada por Turner (1978) como un carácter importante en la clave para las especies escapíferas, pero se necesitan estudios de campo para determinar la variación en la forma de la hoja entre individuos y poblaciones de *A. nudicaulis*, y los segregados *A. hondurana* y *A. molinana*.

La colección tipo de *A. molinana*, una especie escapífera, se encuentra a unos pocos kilómetros fuera de Nicaragua, donde la especie es esperada.

Bibliografía: Bacigalupi, R.C.F. *Contr. Gray Herb.* 97: 1-81 (1931). Cabrera Rodríguez, L. *Syst.* Rzedowskiella. Unpublished Ph.D. thesis, Univ. Texas, Austin, 1-230 (1992). Gray, A. *Smithsonian Contr. Knowl.* 3(5): 1-146 (1852); *Proc. Amer. Acad. Arts* 19: 1-96 (1884 [1883]). McVaugh, R. *Bot. Results Sessé & Mociño* 7: 131-192 (2000). Nash, D.L. *Fieldiana, Bot.* 24(12): 429-440, 591-597 (1976). Reveal, J.L. y King, R.M. *Phytologia* 27: 228-232 (1973). Simpson, B. y Anderson, C. *N. Amer. Fl.* ser. 2, 10: 1-13 (1978). Turner, B.L. *Phytologia* 38: 456-468 (1978); 74: 385-413 (1993).

1. Plantas caulescentes; hojas sésiles a cortamente pecioladas; láminas de las hojas con los márgenes no calloso-engrosados; cipselas glandulosas.
    2. Hojas sésiles, la base anchamente auriculado-abrazadora.
        3. Flores (8-)10-13(-18) por cabezuela; involucros campanulados o angostamente campanulados; filarios 4-5-seriados, los internos hasta 2.5 mm de diámetro. **1. A. carpholepis**
        3. Flores 4-7 por cabezuela; involucros cilíndricos a turbinados; filarios 3-4-seriados, los internos 2 mm de diámetro. **4. A. guatemalensis**
    2. Hojas subsésiles a cortamente pecioladas, la base cuneada a cordata, en las hojas distales la base nunca anchamente auriculado-abrazadora.
        4. Hojas enteras a denticulado-serruladas, lanceoladas a elíptico-lanceoladas, el ápice acuminado a agudo; capitulescencias abiertamente corimbiforme-paniculadas, las cabezuelas nunca subaglomeradas; pedúnculos 10-30 mm; flores (10-)14-25 por cabezuela; filarios generalmente glandular-puberulentos e hírtulos, en general agudos a acuminados apicalmente. **2. A. coulteri**
        4. Hojas dentado-serradas, en general oblanceoladas a obovadas, el ápice generalmente obtuso; capitulescencias tirsoide-paniculadas, las últimas cabezuelas subaglomeradas; pedúnculos 0-1 mm; flores 4-6(7) por cabezuela; filarios subglabros, no glandulosos, redondeados a anchamente agudos apicalmente. **8. A. reticulata**
1. Plantas escapíferas; hojas basales pecioladas; láminas de las hojas con los márgenes frecuentemente calloso-engrosados; cipselas no glandulosas.
    5. Pedúnculos estipitado-glandulosos; hojas basales lirado-pinnatífidas; capitulescencias algunas veces foliosas; láminas de las hojas con los márgenes no calloso-engrosados. **3. A. glandulifera**

5. Pedúnculos no glandulosos; hojas basales simples (no lobadas) a pinnatífido-pinnatilobadas; capitulescencias no foliosas; láminas de las hojas con los márgenes generalmente calloso-engrosados.

6. Hojas generalmente runcinado-pinnatífido-pinnatilobadas o lirado-pinnatífido-pinnatilobadas a algunas veces subpanduradas o simples (no lobadas), cuando simples entonces generalmente en rosetas también conteniendo hojas pinnatífido-pinnatilobadas o subpanduradas o con láminas generalmente obviamente atenuadas sobre el pecíolo, la superficie adaxial glabra a algunas veces esparcidamente pilosa con tricomas no flageliformes. **7. A. nudicaulis**

6. Hojas siempre simples, la superficie adaxial glabra o pilosa con tricomas flageliformes.

7. Hojas elíptico-ovadas a ovadas o rara vez elípticas, la superficie adaxial pilosa con tricomas flageliformes, la base redondeada a cuneada o a veces atenuada; flores 10-20 por cabezuela; involucros 8-9.5 mm; corolas 7-8.5 mm. **5. A. hondurana**

7. Hojas orbiculares a anchamente ovado-cordiformes, la superficie adaxial glabra, la base cordata; flores 4-6 por cabezuela; involucros 5-7 mm, corolas 5.5-6.5 mm. **6. A. molinana**

1. Acourtia carpholepis (A. Gray) Reveal et R.M. King, *Phytologia* 27: 229 (1973). *Perezia carpholepis* A. Gray, *Proc. Amer. Acad. Arts* 19: 60 (1884 [1883]). Lectotipo (designado por Turner, 1993b): México, Puebla, *Liebmann 351* p. p. (foto MO! ex GH). Ilustr.: no se encontró.

Hierbas caulescentes, 1-2 m; tallos semitrepadores, puberulentos distalmente, algunas veces deflexos en los nudos. Hojas símplices, sésiles; láminas 3-13 × 1.5-6.5 cm, lanceoladas a elíptico-obovadas, delgadamente cartáceas, la superficie adaxial glabra a puberulenta, la superficie abaxial punteado-glandular y puberulenta, la base anchamente auriculado-abrazadora, los márgenes denticulados a dentados, no calloso-engrosados, el ápice agudo a acuminado. Capitulescencias terminales a axilares, corimbiformes, subglomeradas, cada subglomérulo con 3-8 cabezuelas; pedúnculos 0.5-3 mm. Cabezuelas 11-16 mm; involucro 8-10 mm, campanulado o angostamente campanulado; filarios 4-5-seriados, dorsalmente glabros, ligera a copiosamente seríceo-ciliados en los márgenes, obtusos a redondeados en el ápice, los filarios más externos 1.3-3 × 1-1.2 mm, ovados a lanceolados; filarios internos 8-10 × 1.2-2.5 mm, oblongos a oblanceolados. Flores 10-13(-18); corola 7-10 mm, color lila, glandular-puberulenta, el tubo y la garganta 3.5-5 mm, el labio exterior 3.5-5 mm; tecas y apéndice de las anteras 3-4 mm, las colas 1-1.5 mm; ramas del estilo c. 1 mm. Cipselas 3-5 mm, punteado-glandulosas; vilano de cerdas 8-9 mm, blanquecinas. Floración dic.-ene. $2n = 54$. *Bosques de* Pinus-Quercus. Ch (*Ghiesbreght 525*, MO). c. 2000 m. (México, Mesoamérica.)

El material de Guatemala referido e ilustrado como *Acourtia carpholepis* por Nash (1976g: 591, t. 136) fue descrito por Turner (1993b) como *A. guatemalensis*. De este modo, la figura rotulada como *A. carpholepis* por Nash (1976g) se cita más abajo como representando *A. guatemalensis*, la cual corresponde por las cabezuelas con pocas flores y los filarios 3-4-seriados.

Linden 439 (GH) de Chiapas, un sintipo de *Perezia carpholepis*, fue citado por Gray (1852) como un sintipo de *P. patens* A. Gray, un nombre anterior. *Galeotti 2001* (GH), un sintipo de *P. carpholepis*, fue citado por Gray (1852) como un sintipo *P. patens*, pero excluida de *P. carpholepis* por Bacigalupi (1931), quien la citó como el paratipo de *P. lobulata* Bacig. Tanto *A. patens* (A. Gray) Reveal et R.M. King como *A. lobulata* (Bacig.) Reveal et R.M. King son excluidas de la flora de Mesoamérica.

2. Acourtia coulteri (A. Gray) Reveal et R.M. King, *Phytologia* 27: 229 (1973). *Perezia coulteri* A. Gray, *Proc. Amer. Acad. Arts* 15: 40 (1880). Lectotipo (designado por Gray, 1884b [1883]): México, Hidalgo, *Coulter 234* (foto MO! ex GH). Ilustr.: no se encontró. N.v.: Sak nich ch'all, Ch.

Vernonia zaragozana B.L. Turner.

Hierbas caulescentes, 0.5-1 m; tallos rígidamente erectos, simples a rara vez poco ramificados, foliosos, escasamente hispídulos y generalmente glandulosos al menos distalmente. Hojas simples, subsésiles a cortamente pecioladas; láminas 3-10 × 0.5-2(-2.6) cm, lanceoladas a elíptico-lanceoladas, cartáceas, la superficie adaxial glabra a puberulenta, la superficie abaxial puberulenta, la base angostamente cuneada a obtusa, las hojas distales nunca anchamente auriculado-abrazadoras, los márgenes enteros a denticulado-serrulados, no calloso-engrosados, el ápice acuminado a agudo; pecíolo c. 0.1 cm. Capitulescencia abiertamente corimbiforme-paniculada, piramidal o algunas veces aplanada distalmente, con varias cabezuelas, las cabezuelas nunca subglomeradas, las ramas floríferas exertas de las hojas axilares distales subyacentes; pedúnculos 10-30 mm, pelosos, 1-3-bracteolados; bractéolas 1-1.5 mm, lanceoladas, puberulentas. Cabezuelas 10-14 mm; involucro 6-8 mm, cilíndrico a turbinado; filarios 2-3-seriados, lanceolados, generalmente puberulento-glandulosos e hírtulos, en general agudos a acuminados apicalmente; filarios externos c. 2 × 1 mm; filarios internos 6-8 × c. 1 mm; clinanto escasamente setuloso. Flores (10-)14-25; corola 7-10 mm, blanca a color violeta, el tubo y la garganta 3-5 mm, el labio externo 4-5 mm; tecas y apéndice de las anteras c. 5 mm, las colas c. 2 mm; ramas del estilo c. 1 mm. Cipselas 3-6 mm, glanduloso-pubescentes, frecuentemente también con algunas setas simples; vilano de cerdas 7-9 mm, pajizo. Floración ago. *Bosques abiertos de* Pinus, Quercus *y* Juniperus. Ch (*Santíz 727*, MO); G (*Seler 3069*, GH). 1300-1600 m. (C. México, Mesoamérica.)

Acourtia coulteri fue tratada por Simpson y Anderson (1978) como un sinónimo de *A. wrightii* (A. Gray) Reveal et R.M. King, una especie de más al norte en México y Estados Unidos, la cual difiere de *A. coulteri* por las hojas serradas más anchas y los pedúnculos más cortos. *Acourtia coulteri* es disyunta desde el centro de México hasta Mesoamérica.

3. Acourtia glandulifera (D.L. Nash) B.L. Turner, *Phytologia* 38: 461 (1978). *Perezia glandulifera* D.L. Nash, *Phytologia* 31: 362 (1975). Holotipo: Guatemala, *Williams et al. 41167* (F!). Ilustr.: Nash, *Phytologia* 31: 364, t. 2 (1975).

Hierbas escapíferas, 0.5-1 m. Hojas dimorfas; hojas basales 25-35 × 15-22 cm, lirado-pinnatífidas hasta cerca de la vena media, pecioladas, las láminas de contorno obovado a espatulado, delgadamente cartáceas, 3-7-pinnatilobadas en cada lado, la vena media abaxialmente prominente, la superficie adaxial glabra, la superficie abaxial glabra o la vena media proximalmente serícea, la base decurrente, los márgenes serrulado-denticulados, no calloso-engrosados, los lobos laterales 2-7 × 1-5.5 cm, cupuliformes a ovados, el lobo terminal c. la mitad de la longitud de la hoja entera y mucho más grande que los lobos laterales, ovado a orbicular, el ápice agudo a obtuso, el pecíolo 3-20 cm, alado al menos distalmente, hirsuto a seríceo; hojas de la capitulescencia 2.5-4 × 1.5-2.5 cm, bracteadas, ovadas, simples, sésiles, glabras, la base cordato-auriculada. Capitulescencia abiertamente corimbosa, algunas veces foliosa, varios escapos 50-100 cm, con 30-95 cabezuelas, basalmente vellosas, las ramas estipitado-glandulosas, los tricomas glandulares 0.1-0.2 mm; pedúnculos 5-18(-25) mm, estipitado-glandulosos, 1-3-bracteolados; bractéolas 1-2.5 mm, linear-lanceoladas. Cabezuelas 10-12 mm; involucro 8-10 mm, cilíndrico a turbinado; filarios 3-4-seriados, glandular-puberulentos, apicalmente agudos u obtusos, mucronulados; filarios externos 1-2 × 0.7-1.3 mm, elípticos a ovados; filarios internos 8-10 × 1.1-1.4 mm, oblanceolados; clinanto escasamente setoso. Flores 10-12; corola 7.3-9.3 mm, blanca, tubo y garganta 4.3-5.3 mm, el labio externo 3-4 mm; tecas y apéndice de las anteras c. 2 mm, las colas 1.5-2 mm; ramas del estilo 1.2-1.8 mm, el ápice algunas veces redondeado. Cipselas 4-5.2 mm, cilíndricas, setulosas, no glandulosas; vilano de cerdas 5.3-6.3 mm, 1-seriadas, pajizas a parduscas. Floración dic.-ene. *Cañones y márgenes de ríos.* G (*Pérez 1648*, USCG). 1000-1200 m. (Endémica.)

402

Acourtia glandulifera es la única especie mesoamericana acaule con pedúnculos estipitado-glandulosos.

4. Acourtia guatemalensis B.L. Turner, *Phytologia* 74: 393 (1993). Holotipo: Guatemala, *Williams et al. 75318* (F!). Ilustr.: Nash, *Fieldiana, Bot.* 24(12): 591, t. 136 (1976), como *A. carpholepis*.

Hierbas caulescentes a bejucos, 1-2 m; tallos glabros o ligeramente puberulento-glandulosos. Hojas símplices, sésiles; láminas 4-17 × 2-7 cm, lanceoladas a ovado-elípticas, delgadamente cartáceas, la superficie adaxial puberulenta, la superficie abaxial inconspicuamente glandulosa, la base anchamente auriculado-abrazadora, los márgenes espinuloso-denticulados, no calloso-engrosados, el ápice agudo a acuminado. Capitulescencia terminal, corimbosa, subglomerada, con 5-10 cabezuelas por glomérulo, subsésiles a cortamente pedunculadas; pedúnculos generalmente 1-2 mm, pubescentes. Cabezuelas 13-14 mm; involucro 7-9.5 mm, cilíndrico a turbinado; filarios 3-4-seriados, glabros, cortamente ciliados, los filarios más externos 1.5-2 × 1.2-1.5 mm, ovado-lanceolados a oblongos, acuminados a obtusos, los más internos 7-9.5 × 1.5-2 mm, oblanceolados a obovados, obtusos. Flores 4-7; corola c. 8 mm, lila; tecas y apéndice de las anteras 4-5 mm, las colas c. 2 mm; las ramas del estilo 1-1.5 mm. Cipselas 5-6 mm, glandular-pubescentes, frecuentemente también con unas pocas setas simples; vilano de cerdas 9-10 mm, blanquecinas. Floración nov.-dic. *Bosques de* Quercus, *matorrales.* G (*Steyermark 50593*, F). 1400-2200 m. (Endémica.)

Nash (1976g) trató el material referido aquí como *Acourtia guatemalensis* como *A. carpholepis*, especie muy similar que parece ser endémica de México.

5. Acourtia hondurana B.L. Turner, *Phytologia* 38: 466 (1978). Isotipo: Honduras, *Webster et al. 11982* (MO!). Ilustr.: Turner, *Phytologia* 74: 139, t. 1 (1993), como *A. belizeana*.

Acourtia belizeana B.L. Turner.

Hierbas escapíferas, 0.15-0.35(-0.45) m. Hojas siempre simples (no lobadas), pecioladas; láminas 3-8 × 1.7-4.5 cm, elíptico-ovadas a ovadas o rara vez (en elevaciones bajas) elípticas, rígidamente cartáceas a subcoriáceas, la superficie adaxial pilosa con tricomas flageliformes, tricomas abruptamente angostos con la base c. 3-4 veces más ancha que el ápice, la superficie abaxial escasamente pilosa a subglabra, la base redondeada a cuneada y muy cortamente decurrente o rara vez (en elevaciones bajas) atenuada sobre el pecíolo, los márgenes uniformemente dentado-serrados, calloso-engrosados, el ápice agudo a obtuso; pecíolo 1-5.5 cm, típicamente no alado. Capitulescencia en general angostamente corimbosa, rara vez (en elevaciones bajas) difusa, no foliosa; escapos 1 o 2 por planta, 15-35(-45) cm, 2-10(-20) cabezuelas, sin brácteas o con pocas bractéolas, glabros; pedúnculos generalmente 7-30 mm, glabros o rara vez esparcidamente puberulentos, no glandulosos, diminutamente c. 3-bracteolados; bractéolas 2-3 mm, linear-lanceoladas. Cabezuelas 9.5-12 mm; involucro 8-9.5 mm, cilíndrico-turbinado a campanulado; filarios 3-5-seriados, por lo general apicalmente redondeados, algunas veces puberulentos distalmente; filarios externos 1.5-2.5 × 0.5-1.5 mm, triangular-ovados; filarios internos 8-9.5 × 0.8-1.5 mm, lanceolados o oblanceolados, a veces purpúreos distalmente; clinanto escasamente setoso. Flores 10-20; corola 7-8.5 mm, blanca, tubo y garganta 3.5-4.5 mm, el labio externo 3.5-4 mm; tecas y apéndice de las anteras 2.5-3 mm, las colas c. 1.2 mm; ramas del estilo 1-1.2 mm. Cipselas 3-4 mm, cilíndricas, hirsútulas, no glandulosas; vilano de cerdas 5-6 mm, pajizas a comúnmente parduscas. Floración ene.-abr., jul. *Bosques de* Pinus, *sobre rocas, áreas arenosas, lechos de quebradas.* B (*Davidse y Brant 31904*, TEX); H (*Yuncker et al. 5704*, MO). (100-)800-1400(-2400) m. (Endémica.)

Acourtia hondurana es una especie de hojas enteras y elíptico-ovadas segregada de *A. nudicaulis*, una especie ampliamente distribuida. El material de hojas elípticas referido como *A. belizeana* con vilano de cerdas pajizas, cabezuelas pequeñas y capitulescencia difusa,

es provisionalmente tratado como sinónimo de *A. hondurana*, siguiendo Cabrera Rodríguez (1992).

El reporte de CONABIO (2009) de *A. molinana* (como sinónimo de *A. belizeana*) en México es erróneo y, si está basado en ejemplares más que en registros erróneos de la literatura, posiblemente se refiere a *A. nudicaulis*. La localidad tipo de *A. hondurana* está solo a pocos kilómetros al oeste de la frontera con Nicaragua (Madriz), donde esta especie se espera encontrar.

6. Acourtia molinana B.L. Turner, *Phytologia* 38: 461 (1978). Holotipo: Honduras, *Molina R. 3048* (US!). Ilustr.: no se encontró. N.v.: Contrayerba, H.

Perezia microcephala Ant. Molina non (DC.) A. Gray.

Hierbas escapíferas, 0.2-0.5 m, el follaje glabro o casi glabro. Hojas siempre simples (no lobadas), largamente pecioladas; láminas 4-18 × 4.5-13 cm, orbiculares a anchamente ovado-cordiformes, cartáceas a rígidamente cartáceas, la superficie adaxial glabra, la superficie abaxial glabra o la vena media (y algunas veces partes proximales de las nervaduras más pequeñas) serícea o hirsuta, la base cordata, aurículas generalmente 2-3 cm, los márgenes dentado-serrados o denticulados, algunas veces crenulados, generalmente calloso-engrosados, el ápice obtuso a redondeado; pecíolo 5-14 cm, no alado. Capitulescencia abiertamente corimbosa o corimbiforme-paniculada, no foliosa; escapos 1 o 2 por planta, 20-50 cm, con 10-50 cabezuelas, no bracteados o bracteolados en los nudos; pedúnculos 3-16 mm, glabros, no glandulosos, algunas veces 1-bracteolados; bractéolas 1-2.5 mm, linear-lanceoladas. Cabezuelas 7-9 mm; involucro 5-7 mm, cilíndrico; filarios 3-seriados, glabros o casi glabros, los márgenes ciliolados, apicalmente obtusos a redondeados; filarios externos 1-1.5 × 0.7-1 mm, elípticos a anchamente ovados; filarios internos 5-7 × 0.8-1.2 mm, lanceolados u oblanceolados; clinanto escasamente setoso. Flores 4-6; corola 5.5-6.5 mm, color crema, el tubo y la garganta 3-3.5 mm, el labio externo 2.5-3 mm; tecas y apéndice de las anteras c. 2 mm, las colas c. 1 mm; ramas del estilo c. 0.8 mm. Cipselas 2-4.2 mm, cilíndricas, piloso-hirsutas, no glandulosas; vilano de cerdas 5-6 mm, 1-2-seriadas, pajizas. Floración feb., jun.-ago. *Quebradas rocosas, lechos de quebradas.* H (*Molina R. 30856*, MO). 100-1800 m. (Endémica.)

Acourtia molinana es una especie de hojas enteras segregada de *A. nudicaulis*, una especie ampliamente distribuida. Dos colecciones de *A. molinana* de cerca de las Ruinas de Copán se encuentran a pocos kilómetros de Guatemala, donde esta especie es esperada. *Acourtia molinana* es también esperada en Nicaragua. Por otro lado, el reporte de CONABIO (2009) de *A. molinana* en México, es erróneo. *Acourtia molinana* es simpátrica con *A. nudicaulis*, especie ampliamente distribuida, pero *A. molinana* difiere por las hojas consistentemente cordatas basalmente. Robert King fue el primero en anotar que el nombre dado por Molina es un homónimo ilegítimo posterior, pero el pretendido nom. nov. de King aparentemente nunca fue publicado.

7. Acourtia nudicaulis (A. Gray) B.L. Turner, *Phytologia* 38: 467 (1978). *Perezia nudicaulis* A. Gray, *Smithsonian Contr. Knowl.* 3(5): 127 (1852). Holotipo: Guatemala, *Skinner s.n.* (foto en MO! ex K). Ilustr.: Nash, *Fieldiana, Bot.* 24(12): 596, t. 141 (1976). N.v.: Falsa contrayerba, hierba de arriero, valeriana, G; árnica, valeriana, valeriana de loma, H; cola de alacrán, contrayerba, damiana, ES.

Hierbas escapíferas, 0.15-0.7 m. Hojas muy variables, generalmente runcinado-pinnatífido-pinnatilobadas o lirado-pinnatífido-pinnatilobadas (algunas veces hasta la vena media o casi hasta la vena media), algunas veces subpanduradas o simples (no lobadas), cuando simples entonces generalmente en rosetas también con hojas pinnatífido-pinnatilobadas o subpanduradas o con la lámina por lo general obviamente atenuada hacia el pecíolo; láminas (3.5-)5-40 × (1.5-) 2.5-12 cm, de contorno oblanceolado a elíptico, cuando no lobadas algunas veces ovadas, rígidamente cartáceas a subcoriáceas, la superficie adaxial verde, glabra a algunas veces esparcidamente pilosa con tricomas no flageliformes, los tricomas gradualmente angostados apicalmente con la base c. 2 veces el ancho del ápice, la superficie abaxial verde o algunas veces purpúrea, glabra o la vena media glabra o las porciones proximales pilosas, la base variada, runcinada, lirada, subpandurada o atenuada hacia el pecíolo, el margen a cada lado generalmente 1-4-lobado basalmente, los márgenes dentado-serrados y frecuentemente irregularmente dentado-serrados, generalmente calloso-engrosados, los lobos laterales 0.5-4 × 1-2.5 cm, anchamente cupuliformes a ovados, el lobo terminal (cuando la hoja es pinnatífido-pinnatilobada o subpandurada) generalmente 1/3-1/2 de la longitud de la hoja entera y mucho más grande que los lobos laterales, en general triangular a ovado o cordiforme; pecíolo (0.5-)1-13 cm, algunas veces alado distalmente, velloso a glabrescente. Capitulescencia abiertamente corimbiforme-paniculada, piramidal o algunas veces aplanada distalmente, no foliosa; escapos 1-3 por planta, 15-70 cm, en general más largos que las hojas, con 3-30 cabezuelas, basalmente vellosos, no bracteolados o bracteolados especialmente en los nudos; pedúnculos 5-45(-100) mm, glabros o algunas veces esparcidamente puberulentos, no glandulosos, 1-4-bracteolados; bractéolas 2-3 mm, linear-lanceoladas. Cabezuelas 8-13 mm; involucro 7-9(-10) mm, cilíndrico-turbinado a angostamente campanulado; filarios 3-5-seriados, glabros o casi glabros, los márgenes frecuentemente ciliolados, anchamente obtusos a redondeados apicalmente, algunas veces mucronados; filarios externos 1-2.5 × 0.7-1.5 mm, orbiculares a deltados; filarios internos 7-9(-10) × 1-1.7 mm, lanceolados a oblanceolados; clinanto híspidulo. Flores 10-13; corola 6-9 mm, blanca o blanco-rosada, el tubo y la garganta 3-4.5 mm, el labio externo 3-4.5 mm; tecas y apéndice de las anteras 3-3.5 mm, las colas 1-1.2 mm; ramas del estilo c. 1.2 mm. Cipselas 3.5-5.5 mm, cilíndricas, setulosas, no glandulosas; vilano de cerdas 5-7(-8) mm, en general parduscas. Floración (oct.-)nov.-abr. $2n = 56$. *Bosques, matorrales inclinados, bosques de* Quercus, *bosques de* Pinus, *bosques de* Pinus-Quercus, *sobre rocas, valles de ríos, colinas arenosas, laderas empinadas.* Ch (*Breedlove 33421*, NY); G (*Pruski et al. 4543*, MO); H (*Pittier 1829*, F); ES (*Villacorta y Lara RV-02637*, MO). 600-2500 m. (Endémica.)

Acourtia nudicaulis es la especie acaule más ampliamente distribuida en Mesoamérica. Como lo anotó Bacigalupi (1931), la forma de la hoja en *A. nudicaulis* es bastante variable, frecuentemente aun dentro de la misma planta. La mayoría de las hojas en casi todas las rosetas son pinnatífido-pinnatilobadas o subpanduradas, pero algunas veces son simples, y cuando son simples estas por lo general tienen la base obviamente atenuada hacia el pecíolo. *Acourtia hondurana* es una especie, con hojas consistentemente enteras, segregada de *A. nudicaulis*, una especie ampliamente distribuida; se hacen necesarios estudios de campo en esta especie escapífera debido a que, plantas llamadas *A. hondurana* podrían ser simplemente ecotipos de *A. nudicaulis*, especie más ampliamente distribuida. Las colecciones de Chiapas determinadas por Turner (2009) como *A. scapiformis* (Bacig.) B.L. Turner se han identificado como *A. nudicaulis*.

Turner (1978: 460) incorrectamente listó los fragmentos de K depositados en GH como holotipo, pero el protólogo claramente designa herb. Hook. como el holotipo.

8. Acourtia reticulata (Lag. ex D. Don) Reveal et R.M. King, *Phytologia* 27: 231 (1973). *Proustia reticulata* Lag. ex D. Don, *Trans. Linn. Soc. London* 16: 200 (1830). Holotipo: México, Guerrero?, *Sessé y Mociño s.n.* (G). Ilustr.: White et al., *Torner Coll.* t. 624 (1998). N.v.: Té de monte, G.

Acourtia reticulata (Lag. ex D. Don) Reveal et R.M. King var. *maculata* B.L. Turner, *Perdicium mexicanum* Sessé et Moc. non *Proustia mexicana* Lag. ex D. Don, *Perezia reticulata* (Lag. ex D. Don) A. Gray.

Hierbas caulescentes, 1-2 m; tallos rígidamente erectos, ramificados, foliosos, glabros a distalmente hispídulos, no glandulosos. Hojas simples, subsésiles; láminas 3-12(-15) × 2-5(-7) cm, en general oblanceoladas a obovadas, rígidamente cartáceas, las nervaduras reticuladas,

ambas superficies esparcidamente puberulentas, la superficie abaxial también glandulosa, la base angostamente obtusa a cordata, las hojas distales nunca anchamente auriculado-abrazadoras, los márgenes dentado-serrados, no calloso-engrosados, el ápice generalmente obtuso; pecíolo 0.1-0.3 cm. Capitulescencia tirsoide-paniculada, con numerosas cabezuelas, las últimas cabezuelas subglomeradas, los glomérulos sobre las ramas axilares 1-10 cm, las ramas más cortas hasta escasamente más largas que las hojas subyacentes; pedúnculos 0-1 mm, puberulentos. Cabezuelas 13-16 mm; involucro 7-9 mm, cilíndrico a turbinado; filarios 4-5-seriados, redondeados a anchamente agudos apicalmente, subglabros, no glandulosos; filarios externos 2-3 × c. 1 mm, deltado-ovados; filarios internos 7-9 × c. 1.5 mm, lanceolados a oblanceolados. Flores 4-6(7); corola 8-9 mm, blanca a color violeta, el tubo y la garganta 4-5 mm, el labio externo c. 4 mm; tecas y apéndice de las anteras c. 4 mm, las colas c. 2 mm; ramas del estilo c. 1 mm. Cipselas 4-6 mm, glandular-pubescentes; vilano de cerdas 9-10 mm, algunas veces subclaviformes distalmente, pajizas. Floración oct.-nov. *Matorrales sobre laderas, áreas rocosas, bosques abiertos de* Pinus, Quercus, Juniperus, *márgenes de bosques.* Ch (*Breedlove y Strother 46379*, MO); G (*Castillo s.n.*, MO). 1100-1800 m. (México, Mesoamérica.)

Por los filarios apicalmente redondeados *Acourtia reticulata* es similar a *A. fruticosa* (Lex.) B.L. Turner. *Acourtia reticulata* es también similar a *A. humboldtii* (Less.) B.L. Turner (syn. *A. formosa* D. Don, *Dumerilia alamanii* DC., *Proustia mexicana* y *Trixis latifolia* Hook. et Arn.), pero esta especie más norteña se distingue por los filarios acuminados. No se acepta la selección del lectotipo por Turner (1993b) basado en MA 3082 (visto como microficha) porque este ejemplar no es material original y no fue visto por David Don; por tanto no está disponible como lectotipo. McVaugh (2000: 172) citó el holotipo como en el herbario G.

216. Jungia L. f., nom. et orth. cons.
Dumerilia Lag. ex DC., *Jungia* L. f. sect. *Dumerilia* (Lag. ex DC.) Harling, *Martrasia* Lag., *Rhinactina* Willd., *Tostimontia* S. Díaz, *Trinacte* Gaertn.

Por J.F. Pruski.

Hierbas perennes a arbustos o bejucos, rara vez arrosetado-escapíferos; tallos erectos o trepadores a rastreros, simples a pocas (varias) veces ramificados, no alados, seudoestipulados o no seudoestipulados, frecuentemente ferrugíneos o tomentosos, algunas veces fistulosos; follaje glabro a tomentoso, los tricomas simples, generalmente no glandulares, también algunas veces heterótricos con glándulas estipitadas (especialmente en hábitats secos), los tricomas no glandulares mucho más largos que las glándulas estipitadas cortas. Hojas simples, alternas, mayormente pecioladas o las hojas de la capitulescencia sésiles; láminas ovadas a suborbiculares y 5-11-palmatilobadas (rara vez oblongas con la nervadura pinnada), la base típicamente cordata o en las hojas de la capitulescencia atenuada, la superficie abaxial frecuentemente tomentosa; pecíolo en general alargado, frecuentemente casi tan largo como la lámina. Capitulescencia terminal y axilar, en general corimbiforme-paniculada (frecuentemente subglomerulada) a rara vez corimbiforme abierta. Cabezuelas bilabiadas; involucro típica y notablemente más corto que las flores, cilíndrico a campanulado o hemisférico, frecuentemente con pocas brácteas subinvolucrales subyacentes lanceoladas c. 1/2 de la longitud del involucro, las brácteas pinnatinervias o 1-nervias; filarios generalmente 6-12, más o menos subimbricados, subiguales, 1(2)-seriados, frecuentemente abrazando a una flor solitaria, rígidamente erectos pero persistentes y reflexos en fruto, linear-lanceolados a oblongos, la nervación paralela, frecuentemente conduplicada al menos proximalmente; clinanto aplanado, paleáceo, glabro o cortamente setuloso; páleas similares a los filarios pero más delgadas y glabras o escasamente pelosas, conduplicadas, persistentes, cada una abrazando a una flor interna, los márgenes escariosos. Flores 6-130, isomorfas, 2-varias veces-seriadas; corola bilabiada (3+2), generalmente blanca, algunas veces amarilla o rara vez rosada, el tubo y la garganta generalmente subiguales, en conjunto tan largos a más largos que los labios, la garganta angostamente campanulada, el limbo partido bien arriba del nivel del involucro, el labio externo generalmente patente (labio externo de las flores internas patente o revoluto), 4-nervio, 3(4)-dentado a rara vez subentero, el labio interno revoluto, por lo general profundamente 2-lobado hasta la base (Mesoamérica), cada lobo 2-nervio; anteras generalmente c. 1/2 de la longitud de la corola y en parte exertas de la garganta, las colas lisas, aquellas de tecas adyacentes libres, el apéndice apical alargado, generalmente oblongo; ramas del estilo truncadas, con una corona apical de papilas colectoras. Cipselas cilíndricas a fusiformes, frecuentemente subrostradas o rostradas, generalmente 4-acostilladas o 5-acostilladas, glabras o pelosas con tricomas apareados (lineares a redondeados), el rostro algunas veces también estipitado-glandular; vilano de numerosas cerdas capilares subiguales, plumosas o a veces ancistrosas, cerdas 1-poco-seriadas, algunas veces connatas basalmente, persistentes o algunas veces deciduas como una unidad o en grupos, generalmente pajizas (Mesoamérica), algunas veces grises o rara vez rojizas. $x = 7, 9, 10$. Aprox. 27 spp. México, América tropical al sur hasta Argentina y Uruguay.

Jungia fue revisado por Harling (1995), quien reconoció 26 especies, 24 endémicas de Sudamérica, una endémica de México, y una especie compartida entre ambas regiones y Centroamérica. Harling (1995) ubicó 17 spp. en *J.* sect. *Dumerilia*, la cual se caracteriza por las cipselas rostradas generalmente pelosas; en Mesoamérica el tipo del género es una de las seis especies en la sección propuesta, la cual tiene cipselas glabras sin rostro.

En el protólogo de *Tostimontia*, este fue separado de *Jungia* por las hojas subpeltadas, pero se parece a *Jungia* por el vilano de cerdas ancistroso-plumosas basalmente connatas. *Tostimontia* fue puesta bajo la sinonimia de *Jungia* por Katinas et al. (2008). La especie sudamericana *Jungia axillaris* (Lag. ex DC.) Spreng. fue descrita como *Dumerilia axillaris* Lag. ex DC. citando "Habitat in Peruvia, Chili et Panamaïde", pero esta especie seudoestipulada no se conoce de Mesoamérica y no se anticipa que se encuentre.

Bibliografía: Harling, G. *Acta Regiae Soc. Sci. Litt. Gothob., Bot.* 4: 1-133 (1995).

1. Jungia ferruginea L. f., *Suppl. Pl.* 390 (1781 [1782]). Holotipo: Colombia, *Mutis 70*, Herb. Linn. 1046.1 (imagen en Internet ex LINN!). Ilustr.: Harling, *Acta Regiae Soc. Sci. Litt. Gothob., Bot.* 4: 101, t. 38 (1995).

Jungia bogotensis Hieron., *J. colombiana* Cuatrec., *J. guatemalensis* Standl. et Steyerm., *J. reticulata* Steyerm., *J. trianae* Hieron., *Trinacte ferruginea* (L. f.) Gaertn.

Arbustos trepadores a bejucos, 2-4(-10) m; tallos ascendentes a escandentes o trepadores, algunas veces decumbentes, estriados, nudos no seudoestipulados, los entrenudos frecuentemente alargados, densamente vellosos a ferrugíneo-tomentosos, los tricomas generalmente 0.5-1(-2) mm; follaje no glanduloso. Hojas largamente pecioladas; láminas 4-9(-11) × 5-11(-14) cm, suborbicular-cordatas, levemente 5-7(-9)-palmatilobadas, cartáceas, 3-5-palmatinervias desde la base misma, típicamente con otro par de nervaduras secundarias generalmente más de 1 cm por encima de la base, las superficies escasamente discoloras, la superficie adaxial vellosa, la superficie abaxial vellosa a densamente ferrugíneo-tomentosa, la base cordata, los lobos marginales (en las hojas más grandes) generalmente 2-3 × 1-1.5 cm (el par de lobos basales los más pequeños, el lobo terminal el más grande), anchamente redondeado-triangulares, crenulados, generalmente sin dientes mucronulados, el ápice obtuso a redondeado; pecíolo 2-9 cm, tomentoso, no seudoestipulado. Capitulescencia redondeada o piramidal, ligera y densamente corimbiforme-paniculada, pocos nudos distales con ramas floríferas laterales 2-10 cm, generalmente más largas que la bráctea foliácea subyacente, las cabezuelas frecuentemente subsésiles en subglomérulos de 3-20 (algunas cabezuelas individuales subterminales cortamente pedunculadas), los subglomérulos de cabezuelas secundarias y laxamente agregadas, los agregados individuales 2-8(-12) cm de diámetro; pedúnculos 0-6(-10) mm, tomentosos, algunas veces los pedúnculos y las ramitas distales con 1-pocas bractéolas linear-lanceoladas a angostamente oblanceoladas de 5 mm o menos. Cabezuelas 9-11 mm; involucro 3-5 mm de diámetro, cilíndrico a turbinado, las brácteas subinvolucrales subyacentes 2-6, generalmente 1.5-3.5 × 0.5-1 mm, desiguales, lanceoladas a oblongas; filarios 6-9, generalmente 4-5.5 × 1.3-2.3 mm, subiguales, 1(2)-seriados, generalmente 3-nervios, frecuentemente conduplicados en o cerca de las nervaduras laterales, tomentulosos medialmente con márgenes glabros, el ápice ancho, generalmente obtuso a redondeado, apiculado; clinanto setoso, setas 1-2 mm, entremezcladas con páleas; páleas c. 4 mm, 1-nervias, apicalmente pardo-pubescentes, por lo demás glabras y pajizas. Flores 7-11; corola 5.5-8.5 mm, blanca, el tubo y la garganta 3.5-5 mm, la garganta internamente glabra, el limbo del labio externo 2-3.5 × 0.7-1.2 mm, los lobos internos 1.5-2.5 mm, ambos labios setosos a setulosos distalmente; anteras 3.5-4 mm, las tecas más largas que el apéndice y las colas; ramas del estilo c. 1 mm. Cipselas 2.2-3.5 mm, cilíndricas, truncadas en el ápice, glabras, el carpóforo c. 0.3 mm, bulboso, pajizo; vilano de 50-60 cerdas, 5-6 mm, delgadamente plumosas, los cilios laterales c. 0.5 mm. Floración ene.-jun.(sep.-nov.). *Bosques montanos, bosques de neblina, bosques de* Pinus, *subpáramos.* Ch (*Breedlove 34113*, MO); G (*von Türckheim 8410*, NY); ES (*Martínez 893*, MO); CR (*Pruski et al. 3899*, MO); P (*Davidson 559*, MO). 1400-3100 m. (Mesoamérica, Colombia, Venezuela.)

A elevaciones altas las plantas de *Jungia ferruginea* son frecuentemente rastreras. Los registros de *J. ferruginea* en los Andes al sur de Colombia se basan en identificaciones erróneas. La especie sudamericana *J. paniculata* (DC.) A. Gray es ocasionalmente tratada como sinónimo (esta es en parte la fuente de algunos registros de distribución erróneos), pero *J. paniculata* difiere de la especie mesoamericana por los nudos seudoestipulados.

La especie más similar a *J. ferruginea* es la especie norteandina *J. coarctata* Hieron., la cual es provisionalmente reconocida y básicamente parece diferenciarse por el margen de la hoja con dientes mucronulados y los filarios con ápices frecuentemente agudos. A pesar de que algún material del Cerro Punta, Panamá (p. ej., *D'Arcy 10788*, MO; *D'Arcy et al. 13175*, MO) presenta las características que supuestamente distinguen a *J. coarctata*, tal como fue circunscrita por Harling (1995), este material es sin embargo referenciado aquí como *J. ferruginea* bajo la cual al momento se prefiere no sinonimizar *J. coarctata*.

El material de *J. pringlei* Greenm. de México difiere de la especie de Mesoamérica por las cipselas rostradas y pelosas, el vilano de cerdas ancistrosas y los filarios agudos a atenuados apicalmente.

217. Trixis P. Browne

Bowmania Gardner, *Castra* Vell., *Prionanthes* Schrank, *Tenorea* Colla non Raf.

Por J.F. Pruski.

Hierbas perennes a arbustos, el cáudice generalmente no tomentoso; tallos erectos a escandentes, alados (debido a los márgenes decurrentes en la base de la hoja) o no alados; follaje generalmente peloso, frecuentemente heterótrico, los tricomas generalmente simples (rara vez subestrellado-dendroides), no glandulares y/o estipitado-glandulares, los tricomas no glandulares generalmente mucho más largos que los estipitado-glandulares. Hojas simples, alternas; láminas linear-lanceoladas a ovadas, delgadamente cartáceas a subcoriáceas, pinnatinervias. Capitulescencia terminal, monocéfala o generalmente corimbosa o paniculada. Cabezuelas bilabiadas; involucro típica y notablemente más corto que las flores, frecuentemente cilíndrico (y luego frecuentemente turbinado en fruto) hasta rara vez subhemisférico en la antesis, algunas veces subyacente a pocas brácteas subinvolucrales pinnatinervias; filarios 5-13, imbricados o subimbricados, graduados a subiguales, 1-5-seriados, rígidamente erectos pero reflexos en fruto, generalmente oblongos, la nervadura paralela, frecuentemente conduplicada al menos proximalmente y luego abrazando estrechamente una flor individual, los márgenes finamente ciliolados (Mesoamérica); clinanto aplanado, sin páleas, frecuentemente setoso a densamente setoso. Flores 4-60, isomorfas, 2-pocas series, las series internas por lo general escasamente más pequeñas; corola bilabiada, amarilla hasta a veces blanca o rara vez anaranjada, el tubo y la garganta generalmente subiguales, juntos casi tan largos como el más largo de los labios, garganta angostamente campanulada, la superficie interna de la garganta generalmente subglabra a esparcida y cortamente setulosa, setas generalmente incluidas, el limbo partido bien por encima del nivel del involucro, el labio externo patente a tardía o tempranamente revoluto (limbo de las flores internas generalmente más marcadamente revoluto), 3-dentado o subentero, el labio interno en general profundamente 2-lobado hasta la base, los lobos angostos; anteras generalmente c. 1/2 de la longitud de la corola y en parte exertas de la garganta, las colas lisas o setulosas, el apéndice apical alargado, generalmente oblongo; ramas del estilo truncadas, con una corona de papilas colectoras en el ápice. Cipselas generalmente cilíndricas a subfusiformes, generalmente subrostradas con una constricción distal no acostillada, el anillo apical patente, el cuerpo pardo a negro, frecuentemente 5-acostillado, las costillas pajizas, setulosas y/o estipitado-glandulares; vilano de 60-80 cerdas capilares escábridas subiguales, las cerdas en pocas series, persistentes, frecuentemente pajizas o pardo-amarillentas. *x* = 9. Aprox. 40 spp. Suroeste de Estados Unidos, México hasta el centro de Argentina y centro de Chile. 5 spp. en Mesoamérica.

Las especies mexicanas y centroamericanas de *Trixis* fueron revisadas por Robinson y Greenman (1905b [1904]) y Anderson (1972); Anderson trató 18 especies. Subsecuentemente Turner (2009) reconoció tres especies mexicanas adicionales, incluyendo *T. anomala* endémica de Chiapas. Katinas (1996) reconoció 21 especies en Sudamérica, de las cuales dos también se encuentran en Mesoamérica. Los ejemplares de Chiapas ocasionalmente determinados y distribuidos como *T. silvatica* B.L. Rob. et Greenm. se han identificado como *T. chiapensis*. En la descripción del género se caracterizaron los filarios en *Trixis* como 1-5-seriados (como en Katinas, 1996), pero con el involucro frecuentemente con brácteas subinvolucrales subyacentes conspicuas (las "brácteas accesorias" de Anderson, 1972).

En toda Mesoamérica prácticamente solo se registra *T. inula*, pero *T. divaricata* se conoce de Costa Rica y varias otras especies son endémicas de Chiapas y Guatemala.

Bibliografía: Anderson, C. *Brittonia* 23: 347-353 (1971); *Mem. New York Bot. Gard.* 22(3): 1-68 (1972). Blake, S.F. *Brittonia* 2: 329-361 (1937). Katinas, L. *Darwiniana* 34: 27-108 (1996). Robinson B.L. y Greenman, J.M. *Proc. Amer. Acad. Arts* 40: 6-14 (1905 [1904]).

1. Involucros sin brácteas subinvolucrales conspicuas; filarios desiguales, graduados, 3-5-seriados. **1. T. anomala**
1. Involucros abrazados por brácteas subinvolucrales generalmente diferentes a los filarios en textura y por lo general no gradualmente graduando en tamaño hasta los filarios; filarios subiguales, 1(2)-seriado.
  2. Láminas de las hojas auriculadas; cabezuelas frecuentemente péndulas; corolas blancas; cipselas densamente estipitado-glandulares, básicamente sin tricomas apareados; gargantas largamente setosas internamente, las setas frecuentemente exertas. **3. T. divaricata**
  2. Láminas de las hojas nunca auriculadas; cabezuelas erectas; corolas amarillas; cipselas densamente setulosas con tricomas apareados, generalmente también estipitado-glandulares a esparcidamente estipitado-glandulares; gargantas generalmente subglabras a esparcida y cortamente setulosas internamente, las setas incluidas.

    3. Tallos alados; hojas generalmente sésiles a subsésiles; labio externo de la corola generalmente revoluto; clinanto con tricomas 2-6 mm. **2. T. chiapensis**
    3. Tallos no alados; hojas cortamente pecioladas; labio externo de la corola generalmente patente; clinanto con tricomas 0.5-3.5 mm.
      4. Láminas de las hojas cartáceas, generalmente con 5-10 nervaduras secundarias tenues por cada lado, el retículo terciario conspicuo, la superficie abaxial esparcidamente estrigosa o esparcidamente pilosa a glabrescente; pedúnculos generalmente estrigulosos; brácteas subinvolucrales desiguales; ampliamente distribuida. **4. T. inula**
      4. Láminas de las hojas rígidamente cartáceas, generalmente con 6-8 nervaduras secundarias por cada lado, el retículo terciario escasamente conspicuo, la superficie abaxial vellosa a densamente tomentosa; pedúnculos vellosos a densamente tomentosos; brácteas subinvolucrales subiguales; Chiapas y Guatemala. **5. T. nelsonii**

1. Trixis anomala B.L. Turner, *Phytologia* 68: 435 (1990). Holotipo: México, Chiapas, *Matuda 5184* (foto MO! ex LL). Ilustr.: Turner, *Phytologia* 68: 436, f. 1 (1990).

Arbustos c. 3 m; tallos erectos, no alados, vellosos a densamente vellosos, los tricomas subadpresos a laxamente ascendentes; follaje generalmente heterótrico, el indumento no glandular generalmente más evidente, el indumento estipitado-glandular hasta c. 0.1 mm, disperso. Hojas pecioladas; láminas 7-19 × 2-5 cm, elíptico-lanceoladas, cartáceas, con 7-15 nervaduras secundarias por cada lado, el retículo terciario escasamente conspicuo, la superficie adaxial lisa, esparcidamente estrigoso-pilosa, la superficie abaxial pilosa a vellosa, la vena media 1-1.8 mm de diámetro proximalmente sobre la superficie abaxial, notablemente elevada, la base cuneada, nunca auriculada, los márgenes denticulados a remotamente denticulados, el ápice acuminado; pecíolo 0.2-0.7 cm. Capitulescencia corimbosa, cabezuelas erectas; pedúnculos 1-9 mm, vellosos. Cabezuelas 15-18 mm; involucro 5-8 mm de diámetro, angostamente turbinado, sin brácteas subinvolucrales conspicuas que difieren de los filarios; filarios c. 13, desiguales, graduados, 3-5-seriados; las pocas series de filarios externos 1-6 × 0.5-1.2 mm, lanceolados a elíptico-lanceolados, algunos excurrentes hacia el pedúnculo, gradualmente graduando a filarios internos; series de filarios internos 9-11 × 1-1.8 mm, subiguales pero no claramente en series individuales, escasamente curvados en sección transversal, estrigoso-pilosos, el ápice acuminado; clinanto glabro o con tricomas menos de 0.5 mm, dispersos. Flores 8-12; corola amarilla, el tubo y la garganta 5-7.5 mm, el limbo del labio externo 3-4 × 1.2-1.3 mm, revoluto, los lobos internos enrollados, los labios esparcidamente setulosos apicalmente; caudas de la antera 1.5-2 mm, el apéndice oblongo, casi tan largo como las tecas; ramas del estilo 1.6-1.8 mm. Cipselas 4-6 mm, moderadamente setulosas con glándulas estipitadas, también generalmente con tricomas apareados en especial proximalmente, el subrostro 1/3-1/2 de la longitud de las cipselas; vilano de cerdas 8-10 mm. Floración mar.-abr. *Bosques montanos.* Ch (*Breedlove 24753*, MO); G (*Véliz MV99.6983*, MO). 1600-1800 m. (Endémica.)

Trixis anomala se encuentra muy hacia el oeste en el Cerro Baúl (en la frontera Chiapas-Oaxaca), y por esto se podría esperar que también se encuentre en Oaxaca.

2. Trixis chiapensis C.E. Anderson, *Brittonia* 23: 347 (1971). Holotipo: México, Chiapas, *Anderson y Anderson 5494* (foto MO! ex MICH). Ilustr.: no se encontró.

Arbustos 0.5-3 m; tallos ascendentes o escandentes, muy ramificados, alados, algunas veces sin alas en las capitulescencias o en entrenudos cortos, heterótricos (tricomas glandulares y no glandulares), puberulentos a lanosos, las alas generalmente 1-5 mm de diámetro, los tricomas no glandulares hasta 1 mm; follaje con glándulas estipitadas generalmente 0.1-0.3 mm. Hojas 2.5- sésiles a subsésiles o las hojas de la capitulescencia algunas veces pecioladas; láminas 2.5-15(-21) × 1.5-4.5(-6.5) cm, lanceoladas a elípticas, rígidamente cartáceas, generalmente con 8-12 nervaduras secundarias por cada lado, el retículo terciario indistinto, ambas superficies densamente hirsútulas con glándulas estipitadas, homótricas (solo glándulas estipitadas) o heterótricas (también con tricomas no glandulares), la superficie adaxial lisa, frecuentemente también esparcidamente pilosa, la superficie abaxial frecuentemente pilosa o vellosa, algunas veces tomentosa, la base en general decurrente hacia el tallo a modo de alas, nunca auriculada, los márgenes subenteros a denticulados, el ápice agudo a acuminado, escasamente apiculado; pecíolo (0-)0.3-2.2 cm. Capitulescencia densamente corimbosa, cabezuelas erectas; pedúnculos 3-20(-30) mm, densamente glandulosos, también puberulentos a pilosos o vellosos. Cabezuelas 12-22 mm; involucro 6-8 mm de diámetro; brácteas subinvolucrales subyacentes 4-5, 6-20 × 1.5-9 mm, desiguales, las externas algunas veces las más grandes, linear-lanceoladas a elípticas, c 1/2 de la longitud del involucro hasta conspicuamente más grandes, gruesamente cartáceas, los márgenes revolutos, diferentes a los filarios en textura y no gradualmente graduando en tamaño hacia los filarios; filarios 8-11(-13), 9-16 × 1.1-2.7 mm, subiguales, 1-seriados, densamente glandulosos, generalmente también pilosos, el ápice agudo a acuminado; clinanto con tricomas 2-6 mm. Flores (13-)16-24; corola amarilla, por lo general esparcidamente setulosa o papilosa, el tubo y la garganta 6-9 mm, el limbo del labio externo 3.5-6 × 2-2.5 mm, patente a por lo general tempranamente revoluto, los lobos internos 3-4.5 mm, los labios setosos apicalmente; caudas de la antera 1.5-2 mm; ramas del estilo 1.5-2 mm. Cipselas 5-9.5 mm, densamente setulosas con tricomas apareados, algunas veces también esparcidamente estipitado-glandulares; vilano de cerdas 7-11 mm. Floración oct.-ene., abr. $2n = 54$. *Bosques deciduos, matorrales, bosques de* Quercus, *orillas de camino*s. Ch (*Anderson y Anderson 5486*, NY); G (*Williams et al. 41365*, MO). 600-1600 m. (Endémica.)

Trixis chiapensis es similar a *T. silvatica*, una especie endémica de Oaxaca, con tallos frecuentemente alados, de la cual difiere por las hojas más gruesas, las brácteas subinvolucrales más gruesas y las glándulas estipitadas c. 0.1 mm.

3. Trixis divaricata (Kunth) Spreng., *Syst. Veg.* 3: 501 (1826). *Perdicium divaricatum* Kunth in Humb., Bonpl. et Kunth, *Nov. Gen. Sp.* folio ed. 4: 122 (1820 [1818]). Holotipo: Perú, *Humboldt y Bonpland 3650* (microficha MO! ex P-Bonpl.). Ilustr.: Aristeguieta, *Fl. Venezuela* 10: 848, t. 148 (1964).

Perdicium flexuosum Kunth, *Prionanthes antimenorrhoea* Schrank, *Trixis antimenorrhoea* (Schrank) Mart. ex Kuntze, *T. antimenorrhoea* var. *divaricata* (Kunth) Kuntze, *T. antimenorrhoea* var. *petiolata* Kuntze, *T. auriculata* Hook., *T. diffusa* Rusby, *T. divaricata* (Kunth) Spreng. var. *auriculata* (Hook.) DC., *T. flexuosa* (Kunth) Spreng.

Arbustos 1-3 m; tallos ligeramente ascendentes a escandentes, ramificados en ángulos casi rectos, no alados, esparcidamente pilosos a tomentosos, indistintamente heterótricos, el indumento no glandular el más aparente; follaje cuando glanduloso con glándulas estipitadas generalmente menos de 0.1 mm. Hojas sésiles; láminas 4-11(-18) × 1-3.5(-5) cm, lanceoladas, delgadamente cartáceas, generalmente con 10-12 nervaduras secundarias por cada lado, no prominentes, el retículo terciario escasamente conspicuo, la superficie adaxial lisa, esparcidamente estrigiloso-pilósula, la superficie abaxial esparcidamente pilosa a blanquecino araneoso-tomentosa, la base cuneada y generalmente auriculada, las aurículas redondeadas, los márgenes subenteros a algunas veces diminutamente denticulados, el ápice atenuado; pecíolo ausente. Capitulescencia una panícula corimbiforme abiertamente foliosa, las cabezuelas frecuentemente péndulas; pedúnculos 5-30 mm, pilosos a densamente vellosos. Cabezuelas 10-16 mm; involucro 4-8 mm de diámetro, frecuentemente turbinado en fruto, las brácteas subinvolucrales subyacentes 4-7, 3.5-8 × 1-1.5 mm, desiguales, linear-lanceoladas, generalmente 1/4-2/3 de la longitud del involucro, ligeramente graduando en tamaño y textura hacia los filarios pero sin embargo con la bráctea subinvolucral más grande con la costilla media

verde y conspicuamente más corta que los filarios propios; filarios 8, 8-12 × 1-2 mm, subiguales, 1-seriados, pilosos, el ápice agudo a acuminado o rara vez atenuado; clinanto con tricomas 0.5-0.7 mm. Flores 9-14; corola blanca, el tubo y la garganta 5-7 mm, la garganta largamente setosa internamente, las setas frecuentemente (material mesoamericano y en parte sudamericano) exertas de la garganta, el limbo del labio externo 3.5-5 × 1.5-2 mm, tempranamente revoluto a recurvado, los lobos internos 2-4 mm, los labios generalmente setulosos apicalmente; caudas de la antera 2-3 mm; ramas del estilo 1.5-2 mm. Cipselas 4-7 mm, densamente estipitado-glandulares, básicamente sin tricomas apareados; vilano de cerdas 7-10 mm. Floración ene.-mar. *Laderas de ríos, matorrales.* CR (*Skutch 2491*, MO); P (Anderson, 1972: 13). 600-900 m. (Mesoamérica, Colombia, Venezuela, Ecuador, Perú, Bolivia, Brasil, Paraguay, Uruguay, Argentina, La Española.)

Klatt (1892 [1893]) y Blake (1937) fueron los primeros en reportar *Trixis divaricata* para Centroamérica, y Anderson (1972) la reconoció pero no citó ejemplares. En este tratamiento solo se conoce *T. divaricata* de Costa Rica de tres colecciones que fueron hechas entre 1936 y1966 cerca de San Isidro de El General y no se han visto ejemplares de Panamá. Sin embargo la ilustración del protólogo de *Prionanthes antimenorrhoea* muestra una planta cuyas hojas no son obviamente auriculadas; por tanto, se sigue a Katinas (1996) y se la trata como una excepción de esta especie generalmente folioso-auriculada. Katinas (1996) reconoció dos infraespecies dentro de *T. antimenorrhoea*, pero aquí se reconoce la especie (por tanto como *T. divaricata*) en sentido amplio sin juzgar la posición de *T. discolor* D. Don. La sinonimia dada aquí solo contiene los nombres más comunes, pero una lista completa de los sinónimos de *T. divaricata* es dada por Katinas (1996) bajo *T. antimenorrhoea* subsp. *antimenorrhoea*.

4. Trixis inula Crantz, *Inst. Rei Herb.* 1: 329 (1766). Lectotipo (designado por Anderson, 1971): Jamaica, *Browne Herb. Linn. 1003.3* (imagen en Internet ex LINN!). Ilustr.: Nash, *Fieldiana, Bot.* 24(12): 597, t. 142 (1976). N.v.: Tabi, tabi', tok'abal, tokabal, tokaban, tok'ja'aban, xtok'ja'aban, yaax kaan ak, Y; hierba de Santo Domingo, G; amargo, amargoso, flor de campo, plumillo, Santo Domingo, H; Carmen, chupamiel, San Pedro, Santo Domingo, tulán verde, ES.

Inula trixis L., *Perdicium havanense* Kunth, *P. laevigatum* Bergius, *P. radiale* L., *Solidago fruticosa* Mill., *Tenorea berteroi* Colla, *Trixis adenolepis* S.F. Blake, *T. chiantlensis* S.F. Blake, *T. corymbosa* D. Don, *T. deamii* B.L. Rob., *T. ehrenbergii* Kunze, *T. frutescens* P. Browne ex Spreng., *T. frutescens* var. *angustifolia* DC., *T. frutescens* var. *glabrata* Less., *T. frutescens* var. *latifolia* Less.?, *T. frutescens* var. *obtusifolia* Less., *T. glabra* D. Don, *T. havanensis* (Kunth) Spreng., *T. laevigata* (Bergius) Lag. ex Spreng., *T. radialis* Kuntze.

Arbustos 0.7-4 m, algunas veces virguliformes; tallos ascendentes a escandentes, muy ramificados, no alados, frecuentemente de color pálido, estrigulosos a glabrescentes, rara vez pilosos; follaje glabro o indistintamente heterótrico, el indumento no glandular generalmente el más aparente, las glándulas estipitadas hasta c. 0.1 mm, dispersas. Hojas pecioladas; láminas 2-9(-16) × (0.8-)1.5-3(-6.5) cm, generalmente lanceoladas a elípticas (rara vez obovadas), cartáceas a algunas veces delgadamente cartáceas, generalmente con 5-10 nervaduras secundarias tenues por cada lado, el retículo terciario conspicuo, la superficie adaxial generalmente lisa, esparcidamente estrigulosa o esparcidamente pilósula a más comúnmente glabrescente, la superficie abaxial esparcidamente estrigosa o esparcidamente pilosa a algunas veces glabrescente, la base atenuada a obtusa, nunca auriculada, los márgenes subenteros a rara vez denticulados, algunas veces escasamente revolutos, el ápice agudo a acuminado, rara vez obtuso; pecíolo 0.1-0.7 cm. Capitulescencia moderada y densamente corimbosa, las cabezuelas erectas, 3-10 por agregado; pedúnculos 5-20 mm, algunas veces folioso-bracteados, generalmente estrigulosos a algunas veces pilósulos, las brácteas hasta c. 20 × c. 4(-6) mm, elíptico-ovadas. Cabezuelas 13-19 mm; involucro 5-8 mm de diámetro, turbinado a campanulado en fruto; brácteas subinvolucrales subyacentes 3-5, 3-14 × 0.8-3 mm, desiguales, lineares a elíptico-lanceoladas, generalmente 1/3-3/4 de la longitud del involucro, diferentes a los filarios en textura y no gradualmente graduando en tamaño hacia los filarios, nervadura reticulada; filarios generalmente 8, 9-15 × 1-2 mm, subiguales, 1(2)-seriados, estrigulosos a densamente estrigulosos, algunas veces glabrescentes o lisos, heterótricos con tricomas no glandulares adpresos y glándulas patentes cortamente estipitadas, la base subgibosa, el ápice agudo a obtuso; clinanto con tricomas 0.5-1.5 mm. Flores 8-15; corola amarilla, esparcidamente papilosa, el tubo y la garganta 5-9 mm, el limbo del labio externo 4-7.5 × 2-3 mm, patente, los lobos internos 3-5 mm, no siempre partidos hasta la base, los labios setulosos apicalmente; caudas de la antera 1.5-2 mm; ramas del estilo 1.5-2.5 mm. Cipselas 4.5-8.5 mm, 5-acostilladas, densamente setulosas con tricomas apareados, también glandular-estipitadas distalmente; vilano de cerdas 7-10.5 mm. Floración generalmente nov.-jun. 2n = 54, 56. *Selvas caducifolias, laderas de matorrales, lechos rocosos de ríos, bordes de bosques, bosques montanos, borde de pastizales, bosques de* Pinus-Quercus, *orillas de caminos, áreas arenosas abiertas, crecimiento secundario, riberas de quebradas, matorrales.* Ch (*Pruski y Ortiz 4181*, MO); Y (*Gaumer 397*, MO); C (*Lundell 1253*, MO); QR (*Cabrera et al. 11144*, MO); G (*Deam 324*, MO); H (*Thieme 5326*, NY); ES (*Standley 21248*, MO); N (*Friedrichsthal 989*, NY); CR (*Skutch 4247*, MO); P (*Allen 201*, MO). 0-2500 m. (SO. Estados Unidos, México, Mesoamérica, Colombia, Venezuela, Cuba, Jamaica, La Española.)

Como ya lo anotó Anderson (1971), los nombres *Trixis frutescens* o *T. radialis* fueron incorrectamente usados (antes de 1971) para Mesoamérica. Una sinonimia más completa se encuentra en Anderson (1972). El Artículo 41 ejemplo 3 de McNeill et al. (2012) permite por "referencia implícita a un binomio lineano", así *T. inula* se considera un nom. nov. para *Inula trixis*.

Las brácteas subinvolucrales grandes que menciona Anderson (1972), aparentemente corresponden a lo que se caracteriza aquí como las brácteas foliosas de los pedúnculos. No se han visto brácteas subinvolucrales tan largas como aquellas mencionadas por Anderson (1972). Las plantas de Yucatán y el Caribe tienden a tener filarios apicalmente estrigulosos a casi glabrescentes, mientras que en aquellas de las tierras bajas del Pacífico estos son con más frecuencia obviamente estrigulosos y/o estipitado-glandulosos (como lo indica el epíteto del sinónimo *T. adenolepis*). Las plantas con hojas obovadas grandes, delgadamente

cartáceas y denticuladas, estas son generalmente del sur de Mesoamérica y norte de Sudamérica.

5. Trixis nelsonii Greenm., *Proc. Amer. Acad. Arts* 41: 270 (1906 [1905]). Holotipo: México, Chiapas, *Nelson 3459* (foto MO! ex GH). Ilustr.: Anderson, *Mem. New York Bot. Gard.* 22(3): 9, t. 1B (1972).

Trixis amphimalaca Standl. et Steyerm.

Arbustos 0.5-1.6 m; tallos erectos a ascendentes, muy ramificados, no alados, vellosos a densamente tomentosos, tricomas no glandulares generalmente hasta c. 0.6 mm; follaje generalmente indistintamente heterótrico, el indumento no glandular generalmente el más aparente, las glándulas estipitadas hasta c. 0.1 mm, dispersas. Hojas pecioladas; láminas (2-)3-7(-10) × 1-2(-3.5) cm, generalmente elípticas a oblongas, rígidamente cartáceas, generalmente con 6-8 nervaduras secundarias por cada lado, el retículo terciario escasamente conspicuo, la superficie adaxial rigurosa, esparcidamente pilosa, la superficie abaxial vellosa a densamente tomentosa, la base angostamente cuneada a obtusa, nunca auriculada, los márgenes subenteros a denticulados, el ápice agudo a obtuso, escasamente apiculado; pecíolo 0.2-1.5 cm. Capitulescencia densamente corimbosa, cabezuelas erectas; pedúnculos 1-11 mm, vellosos a densamente tomentosos. Cabezuelas 12-18 mm; involucro 5-8 mm de diámetro, tempranamente turbinado en el fruto joven; brácteas subinvolucrales subyacentes 4-6, 5-12 × 1-5 mm, más o menos subiguales, lanceoladas a obovadas, generalmente 1/3-2/3 de la longitud del involucro, diferentes a los filarios en textura y no gradualmente graduando en tamaño hacia los filarios; filarios generalmente 8, 10-15 × 1.5-3 mm, subiguales, 1-seriados, generalmente pilosos a estrigosos, algunas veces hírtulos con glándulas estipitadas más abundantes que los tricomas no glandulares, el ápice agudo; clinanto con tricomas hasta c. 3.5 mm. Flores 12-19; corola amarilla, esparcidamente setulosa o papilosa, el tubo y la garganta 7-10 mm, el limbo del labio externo 5.5-8 × 2.4-3 mm, patente o algunas veces recurvado, lobos internos 4-6 mm, los labios setosos apicalmente; caudas de la antera 1.5-2.5 mm; ramas del estilo 1-2.5 mm. Cipselas 5-11 mm, densamente setulosas con tricomas apareados, generalmente también esparcidamente estipitado glandulares; vilano de cerdas 8.5-12 mm. Floración dic.-feb. *Bosques deciduos, bosques de neblina, bosques de* Pinus-Quercus, *orillas de caminos.* Ch (*Breedlove 48883*, MO); G (*Standley 82538*, F). 700-2300 m. (Endémica.)

Trixis nelsonii se encuentra hacia el oeste hasta el Cerro Baúl (en la frontera de Chiapas-Oaxaca), y por esto podría esperarse en Oaxaca.

XVIII. Tribus **NEUROLAENEAE** Rydb.

Neurolaeninae Stuessy, B.L. Turner et A.M. Powell
Descripción de la tribus y clave genérica por J.F. Pruski.

Hierbas perennes o arbustos a árboles pequeños, algunas veces trepadores; follaje sin cavidades secretorias o látex. Hojas alternas u opuestas, rara vez verticiladas, sésiles o pecioladas; láminas no lobadas a lobadas pero rara vez pinnatífidas, frecuentemente punteado-glandulosas, la superficie adaxial con tricomas frecuentemente con base tuberculada. Capitulescencia terminal o axilar, monocéfala a corimbosa o paniculada, abierta a congesta. Cabezuelas radiadas o discoides; involucro cilíndrico a hemisférico; filarios 4-numerosos, imbricados, (1-)3-8-seriados, generalmente en parte herbáceos, ninguno amarillo-escarioso; clinanto convexo a cónico, típicamente paleáceo; páleas frecuentemente conduplicadas, por lo general delgadamente cartáceas o escariosas, algunas veces trífidas. Flores radiadas 1(-3)-seriadas, pistiladas; corola típicamente decidua, el limbo con las células de la superficie ada-

xial ligeramente mamilosas, el ápice frecuentemente 3-lobado. Flores del disco bisexuales (Mesoamérica) a funcionalmente estaminadas en *Heptanthus* Griseb.; corola infundibuliforme a campanulada, la zona de transición tubo-garganta indistinta o abrupta, generalmente 5-lobada, glabra, glandulosa, o setuloso-espiculífera, el tubo dilatado basalmente hasta algunas veces solo ligeramente así, la garganta sin fibras embebidas en las nervaduras, los conductos con resina coloreada, los conductos solitarios a lo largo de las nervaduras del disco de la garganta de la corola o rara vez en *Enydra* aparentemente pareados por una línea incluida longitudinal, pálida al secarse, los lobos cortos a largos, las células de la superficie interna casi lisas; anteras no caudadas, los filamentos glabros, las tecas generalmente de color pálido o algunas veces negras, el patrón del endotecio polarizado, el apéndice apical generalmente ovado, cóncavo-carinado, glanduloso o no glanduloso; estilo sin apéndice o casi sin apéndice, la base nodular, parcialmente inmersa surgiendo desde por dentro del nectario sobre un estípite pequeño, la rama algo aplanada con la superficie estigmática de 2 bandas, el ápice convexo o redondeado hasta algunas veces agudo o atenuado en el extremo. Cipselas isomorfas, prismáticas, nunca aladas, nunca obcomprimidas, pardas a negras, carbonizadas, las paredes sin rafidios, frecuentemente 5-acostilladas pero sin pequeñas estrías longitudinales interrumpiendo la capa carbonizada punteada, el ápice truncado; vilano de numerosas cerdas capilares o de 10-25 escamas cortas a alargadas, radialmente arregladas, rara vez ausente. 5 gen. y aprox. 165 spp. Generalmente América tropical, unas pocas especies también paleotropicales.

Rydberg (1927) circunscribió Neurolaeneae con *Neurolaena* y *Schistocarpha*, mientras que Stuessy (1977) reconoció el grupo como Heliantheae subtribus Neurolaeninae, en el cual fueron incluidos siete géneros adicionales. Stuessy (1977) diagnosticó Neurolaeninae en parte por el disco de las corolas con las nervaduras anaranjadas. Stuessy (1977) ubicó *Calea* en Heliantheae subtribus Galinsoginae diagnosticado por el disco de las corolas con las nervaduras amarillo-verde y *Enydra* en Heliantheae subtribus Ecliptinae. Robinson (1981) removió *Enydra* a Enydrinae H. Rob. y alineó *Calea* y *Neurolaena* en Neurolaeninae. Karis y Ryding (1994b) trataron *Calea*, *Enydra*, y *Neurolaena* juntos, si bien entre muchos otros géneros y dentro de Heliantheae subtribus Melampodiinae (actualmente un sinónimo de Millerieae).

La circunscripción de Neurolaeneae que básicamente se sigue aquí es la de Panero (2007b [2006]) quien reconoció la restablecida Neurolaeneae con *Calea*, *Enydra* y *Neurolaena* y dos géneros extra mesoamericanos adicionales. Turner (2014) siguió la circunscripción tribal de Panero (2007 [2006]), pero esa circunscripción es escasamente modificada aquí por el reconocimiento de *Tyleropappus* Greenm. como distinto de *Calea* así como lo hizo Pruski (1997a). *Schistocarpha*, ubicado adyacente a *Neurolaena* por Rydberg (1927), fue ubicado por Panero en la tribu Millerieae, la cual difiere de Neurolaeneae por las cipselas longitudinalmente microestriadas. A pesar de estas ubicaciones en tribus diferentes, *Neurolaena* es sin embargo reminiscente de *Schistocarpha* (Millerieae), la cual difiere además por las hojas opuestas y corolas radiadas blancas. *Staurochlamys* Baker, *Tetrachyron* y *Unxia*, incluidos por Robinson (1981) en Neurolaeninae, fueron transferidos por Panero (2007 [2006]) a Coreopsideae, Verbesininae y Millerieae, respectivamente.

Bibliografía: Bremer, K. *Asteraceae Cladist. Classific.* 1-752 (1994). Karis, P.O. y Ryding, O. *Asteraceae Cladist. Classific.* 559-624 (1994). Panero, J.L. *Fam. Gen. Vasc. Pl.* 8: 417-420 (2007 [2006]). Pruski, J.F. *Fl. Venez. Guayana* 3: 177-393 (1997a). Robinson, H. *Smithsonian Contr. Bot.* 51: 1-102 (1981). Rydberg, P.A. *N. Amer. Fl.* 34: 289-306 (1927). Stuessy, T.F. *Biol. Chem. Compositae* 2: 621-671 (1977). Turner, B.L. *Phytologia Mem.* 19: 1-156 (2014).

1. Hierbas acuáticas o de pantanos; tallos fistulosos; capitulescencias de 1-pocas cabezuelas subsésiles y solitarias en pocos nudos distales, axilares o de apariencia axilar.   **219. Enydra**
1. Hierbas a arbustos o árboles pequeños terrestres; tallos con médula sólida; capitulescencias generalmente con numerosas cabezuelas y terminales.
  2. Hojas opuestas o verticiladas; corolas glabras o glandulosas, no pelosas, sin tricomas heliantoides no glandulares; tubo y garganta de las corolas del disco típicamente bien diferenciados; vilano de pocas a numerosas escamas, 1-seriadas.   **218. Calea**
  2. Hojas alternas; corolas frecuentemente pelosas con tricomas heliantoides no glandulares; tubo y garganta de las corolas del disco no muy bien diferenciados; vilano de numerosas cerdas, 1-seriadas o 2-seriadas.   **220. Neurolaena**

218. Calea L.

Aschenbornia S. Schauer, *Caleacte* R. Br., *Leontophthalmum* Willd., *Mocinna* Lag., *Tonalanthus* Brandegee

Por J.F. Pruski.

Subarbustos, arbustos, o árboles pequeños, rara vez bejucos o hierbas perennes desde xilopodios; tallos subteretes, ramificados tricotómicamente, erectos a escandentes o trepadores, típicamente foliosos distalmente o rara vez solo proximalmente o basalmente, glabros a tomentosos, la médula típicamente sólida por completo; follaje glabro o con tricomas heliantoides simples, moniliformes, más cortos, y/o glándulas punteadas sésiles. Hojas opuestas o rara vez verticiladas, típicamente pecioladas; láminas anchas o muy rara vez lineares, generalmente cartáceas a rígidamente cartáceas, rara vez coriáceas o subcarnosas, generalmente 3-nervias desde cerca de la base con los nervios secundarios mayores típicamente continuando hasta sobre el 1/2 de la lámina, rara vez pinnatinervias, la superficie glabra a pelosa, la superficie abaxial frecuentemente glandulosa, la base atenuada a obtusa o algunas veces cordata, los márgenes enteros a más generalmente serrados o crenados, rara vez pinnatilobados, el ápice atenuado a redondeado. Capitulescencia generalmente de numerosas cabezuelas (Mesoamérica), terminal o algunas veces axilar, generalmente tirsoide-paniculada, umbelada, o corimbosa, algunas veces monocéfala; pedúnculos típicamente presentes o rara vez las últimas cabezuelas sésilmente ternadas. Cabezuelas radiadas o discoides, con 2-175 flores; involucro cilíndrico a hemisférico; filarios varios a numerosos, imbricados, 2-8-seriados, frecuentemente desiguales y graduados, algunas veces subiguales u obgraduados, más o menos de textura seca similar escarioso-cartácea, en ocasiones los filarios externos herbáceos o con extremo herbáceo hasta escuarroso, adpresos o los externos algunas veces patentes o reflexos, generalmente al menos las series mediales internas amarillas o pajizas con 3-13 estrías parduscas o rojizas; clinanto convexo a cónico, paleáceo, rara vez sin páleas; páleas conduplicadas pero nunca carinadas, algunas veces cimbiformes, escariosas, generalmente amarillentas o pajizas, la vena media más oscura, rara vez indistinta y ligeramente estriada, frecuentemente trífida en 1/3 distal. Flores radiadas: corola con limbo generalmente amarillo o rara vez blanco o anaranjado, en general más largo que el tubo y exerto del involucro, glabro o glanduloso, no peloso, sin tricomas heliantoides no glandulares, el limbo frecuentemente oblongo, 5-11-nervio, frecuentemente glanduloso abaxialmente, el ápice entero a 3-lobado. Flores del disco bisexuales; corola generalmente infundibuliforme o campanulada, típicamente amarilla, rara vez blanca o purpúrea, glabra o glandulosa, no pelosa, sin tricomas heliantoides no glandulares, el tubo y la garganta típicamente bien diferenciados, el tubo frecuentemente más corto que el limbo, obviamente dilatados basalmente, la garganta con conductos resinosos solitarios a lo largo de las nervaduras, los lobos erectos o patentes, típicamente mucho más cortos que la garganta pero en ocasiones tan largos como o mucho más largos que la garganta; anteras exertas, amarillas a algunas veces pardas después de la antesis, los apéndices apicales deltoides, glabras o glandulosas abaxialmente, las bases redondeadas o sagitadas, polen generalmente amarillento; ramas del estilo en general marcadamente recurvadas, el ápice generalmente agudo a redondeado, algunas veces obviamente papiloso o apiculado. Cipselas radiadas y del disco similares, generalmente prismáticas, obcónicas, pardas o negras, carbonizadas por deposición de secreciones de fitomelanina sobre las paredes de las células epidérmicas radiales y tangenciales pero las paredes de las células periclinales más claras en color, resultando en patrones irregularmente oscurecidos, sin microestrías longitudinales pálidas bien definidas, glabras, glandulosas, y/o densamente pelosas con tricomas bífidos antrorsos; carpóforo generalmente esculpido, en ocasiones no esculpido, pálido; vilano de 8-30 escamas subiguales pajizas, moderadamente engrosadas, típicamente 1-seriadas, en la mayoría de las especies de 18-25 escamas linear-lanceoladas con el ápice largamente atenuado, generalmente más de 1/2 de la longitud de la corola del disco y más largas que las cipselas maduras, rara vez de 8-16 escamas desiguales más cortas que las corolas y más cortas que las cipselas maduras a casi tan largas como estas. Aprox. 150 especies. México, Centroamérica, Sudamérica (excepto Chile); Jamaica, Trinidad y Tobago; 1 especie naturalizada en África tropical.

Brown (1817 [1818]) tipificó *Calea* sobre *Santolina jamaicensis* L., y basándose en la circunscripción de Brown, Bentham y Hooker (1873) redujeron *Alloispermum*, *Oteiza*, *Tetrachyron*, y otros pocos géneros extra-mesoamericanos a la sinonimia de *Calea*. Robinson y Greenman (1897d [1896]) y Blake et al. (1926) trataron *Calea* en México y Centroamérica y su límite genérico fue modificado más recientemente por Becker (1979), Fay (1975, 1978), Jansen et al. (1982), Longpre (1970), Pruski (1982, 1997a, 2011a, 2013), Pruski y Urbatsch (1983, 1984, 1988), Robinson (1978a, 1978b, 1981), Turner (2014), Urbatsch y Turner (1975 [1976]), Wussow y Urbatsch (1978, 1979 [1980]), y Wussow et al. (1985). Sinónimos anteriores como *Alloispermum* (tribus Millerieae), *Oteiza* (tribus Millerieae) y *Tetrachyron* (Heliantheae subtribus Verbesininae) fueron restablecidos de la sinonimia de *Calea* en América tropical, respectivamente, por Robinson (1978a), Fay (1975, 1978), y Wussow y Urbatsch (1979 [1980]). De entre géneros similares, *Calea* se distingue por las corolas no setosas, con conductos de resina solitarios a lo largo de las nervaduras, las anteras pálidas, las cipselas radiadas y del disco similares y no microestriadas, y por el vilano de escamas subiguales.

Bentham y Hooker (1873) y Stuessy (1977) trataron *Calea* como un miembro de Heliantheae subtribus Galinsoginae, pero Robinson (1981) excluyó *Calea* de Galinsoginae y la ubicó en Heliantheae subtribus Neurolaeninae. Anteriormente, Rydberg (1927) había descrito Neurolaeneae con *Neurolaena* y *Schistocarpha* (ahora Millerieae, syn. Galinsoginae), pero sin *Calea*. Aquí se sigue a Panero (2007b [2006]), con un concepto más estrechamente definido de Heliantheae excluyendo el restablecida Millerieae (incluyendo el sinónimo Galinsoginae) y ubicando *Calea* en Neurolaeneae, también restablecida por Panero (2007b [2006]) a nivel tribal.

Wussow et al. (1985) publicaron una buena monografía regional y discusión de *Calea* en Mesoamérica; 7 de los 8 nombres usados por ellos se reconocen aquí de una forma u otra, pero se restablecen 3 de los sinónimos y 1 de las especies se rechaza de Mesoamérica. Debido a que las circunscripción de las especies varía grandemente de un tratamiento a otro, los nombres comunes (p. ej., aquellos en González Ayala, 1994) no pueden siempre ser aplicados a especies individuales; por otro lado varios nombres comunes parecen referirse a más de una especie. *Calea oaxacana* (B.L. Turner) B.L. Turner parece ser endémica o al menos centrada cerca de Tehuantepec en la vertiente del Pacífico de Oaxaca, solo c. 150 kilómetros al oeste de Chiapas, donde debería encontrarse. Por las escamas del vilano relativamente cortas, que nunca son largamente atenuadas apicalmente, *C. oaxacana* con cabezuela radiada es moderadamente similar a *C. ternifolia*, ampliamente distribuida, pero difiere de esta por los lobos de la corola del disco cortos.

Bibliografía: Becker, K.M. *Mem. New York Bot. Gard.* 31(2): 1-64 (1979). Bentham, G. y Hooker, J.D. *Gen. Pl.* 2: 163-533 (1873). Blake, S.F. *Contr. U.S. Natl. Herb.* 22: 587-661 (1924). Blake, S.F. et al. *Contr. U.S. Natl. Herb.* 23: 1401-1641 (1926). Brown, R. *Trans. Linn. Soc. London* 12: 76-142 (1817 [1818]). Canne, J.M. *Ann. Missouri Bot. Gard.* 62: 1199-1220 (1975 [1976]). Cockerell, T.D.A. *Torreya* 15: 70-71 (1915). Fay, J.J. *Phytologia* 31: 16-17 (1975); *Allertonia* 1: 235-296 (1978). González Ayala, J.C. *Cuscatlania* 2: 1-189 (1994). Jansen, R. et al. *Syst. Bot.* 7: 476-483 (1982). Klatt, F.W. *Bull. Soc. Roy. Bot. Belgique* 31(1): 183-215 (1892 [1893]); 35(1): 277-296 (1896). Lawalrée, A.G.C. *Bull. Jard. Bot. Natl. Belg.* 52: 129-132 (1982). Longpre, E.K. *Publ. Mus. Michigan State Univ., Biol. Ser.* 4: 287-383 (1970). Pruski, J.F. *Syst. Study Colombian Sp. Gen.* Calea (*Compositae*) 1-178 (1982); *Phytoneuron* 2011-52: 1-9 (2011); 2013-72: 1-14 (2013). Pruski, J.F. y Urbatsch, L.E. *Louisiana Acad. Sci. Proc.* 43:

179 (1980); *Syst. Bot.* 8: 93-95 (1983); *Pl. Syst. Evol.* 144: 151-153 (1984); *Brittonia* 40: 341-356 (1988). Robinson, B.L. y Greenman, J.M. *Proc. Amer. Acad. Arts* 32: 20-30 (1897 [1896]); *Proc. Boston Soc. Nat. Hist.* 29: 105-108 (1901 [1899]). Robinson, H. *Phytologia* 38: 411-412 (1978). Rzedowski, J. *Brittonia* 20: 166-168 (1968). Standley, P.C. y Williams, L.O. *Ceiba* 1: 74-96 (1950). Strother, J.L. *Fl. Chiapas* 5: 1-232 (1999). Sundberg, S. et al. *Amer. J. Bot.* 73: 33-38 (1986). Turner, B.L. *Phytologia* 90: 230-232 (2008). Urbatsch, L.E. y Turner, B.L. *Brittonia* 27: 348-354 (1975 [1976]). Wussow J.R. y Urbatsch, L.E. *Brittonia* 30: 477-482 (1978); *Syst. Bot.* 4: 297-318 (1979 [1980]). Wussow, J.R. et al. *Syst. Bot.* 10: 241-267 (1985).

1. Hierbas perennes con un solo tallo folioso proximalmente; tallos muriendo en pie; cabezuelas radiadas; flores radiadas 12-25, la corola anaranjada. **5. C. megacephala**
1. Arbustos ramificados foliosos distalmente; tallos persistentes, produciendo nuevos crecimientos a partir de yemas axilares; cabezuelas discoides o radiadas; flores radiadas 0-8, la corola amarilla a blanca.
   2. Vilano de escamas lanceoladas a oblanceoladas u oblongas, típicamente más cortas que las cipselas maduras hasta casi tan largas como estas, los ápices agudos a redondeados, rara vez acuminados, nunca largamente atenuados.
      3. Superficie abaxial de la lámina de las hojas no glandulosa, con nervaduras secundarias y terciarias inmersas. **6. C. nelsonii**
      3. Superficie abaxial de la lámina de las hojas glandulosa, las nervaduras secundarias y terciarias elevadas abaxialmente.
         4. Capitulescencias cimosas, con 1-4 cabezuelas; cabezuelas más o menos conspicua y cortamente radiadas; flores radiadas c. 8; corola amarilla; filarios subiguales u obgraduados con los filarios externos herbáceos y vellosos; especie rara. **2. C. crocinervosa**
         4. Capitulescencias compuestas, por lo general densamente corimbosoumbeladas, con cada agregado de pedículos generalmente con varias a numerosas cabezuelas; cabezuelas discoides o inconspicua y cortamente radiadas; flores radiadas 0-3; corolas típicamente blancas a blanco-amarillento; filarios marcadamente graduados, típicamente todos escariosos y subglabros; especie común. **8. C. ternifolia**
   2. Vilano de escamas linear-lanceoladas, más largas que las cipselas maduras, los ápices largamente atenuados.
      5. Cabezuelas radiadas. **10. C. urticifolia**
      5. Cabezuelas discoides.
         6. Hojas linear-lanceoladas, 0.1-0.4(-0.6) cm de ancho. **3. C. fluviatilis**
         6. Hojas lanceoladas o angostas elípticas hasta casi orbiculares, (0.7-)1-6(-8) cm de ancho.
            7. Hojas con las superficies no glandulosas; pedúnculos (1-)3-12 cm; capitulescencias cimosas a umbeladas, con 1-7 cabezuelas, muy exertas de las hojas subyacentes, nunca pluricéfalas ni subglomeradas; cabezuelas globosas; flores (30-)50-80. **4. C. longipedicellata**
            7. Hojas con la superficie abaxial glandulosa; pedúnculos 0.1-3.5 cm; capitulescencias compuesto-paniculadas y pluricéfalas o rara vez subglomeradas y dispuestas dentro de las hojas subyacentes; cabezuelas cilíndricas a anchamente campanuladas; flores 8-26.
               8. Capitulescencias subglomeradas; filarios típicamente subiguales a escasamente obgraduados; hojas con láminas subcoriáceas; especie rara. **1. C. crassifolia**
               8. Capitulescencias compuesto-paniculadas y pluricéfalas; filarios imbricados, típicamente graduados a casi subiguales; hojas con láminas rígidamente cartáceas; especie común.
                  9. Hojas con láminas más anchas cerca del 1/2; capitulescencias umbeladas; ramas del estilo con ápice típicamente ancho y obtuso, nunca apiculado; lobos de las corolas del disco típica y obviamente más cortos que la garganta. **7. C. prunifolia**
                  9. Hojas con láminas más anchas en 1/3 basal; capitulescencias corimbosas; ramas del estilo con ápice típicamente apiculado; lobos de las corolas del disco tan largos como la garganta. **9. C. trichotoma**

1. Calea crassifolia Standl. et Steyerm., *Publ. Field Mus. Nat. Hist., Bot. Ser.* 23: 256 (1947). Holotipo: Guatemala, *Steyermark 45627* (F!). Ilustr.: no se encontró.

Arbustos raros, 1.5-2.5 m; tallos persistentes, produciendo nuevos crecimientos a partir de yemas axilares, subteretes, densamente híspido-hirsutos, los tricomas 0.3-0.6 mm. Hojas opuestas, sésiles o cortamente pecioladas; láminas 4-7 × 3-6 cm, ovadas a anchamente deltoide-ovadas, más anchas por debajo del 1/2, subcoriáceas, 3-nervias desde cerca de la base, las aréolas pelúcidas y las nervaduras oscuras, las superficies casi concoloras, la superficie adaxial escabrosa, lisa, la superficie abaxial hispídula, también densamente glandulosa, la nervadura obviamente reticulada y elevada, la base subcordata a redondeada, los dientes 7-9 por lado, más anchos que profundos, los márgenes gruesamente crenado-serrados, el ápice anchamente obtuso; pecíolo 0-0.3 cm. Capitulescencia subglomerada y dispuesta por dentro de las hojas subyacentes, glomérulos hasta 1.5 × 2.5 cm, con 3-9 cabezuelas; pedúnculos 0.1-0.3 cm, hirsutos o hirsútulos. Cabezuelas 7-9 mm, discoides, campanuladas, 20-26 flores; involucro 6-7 × 3-5 mm, campanulado; filarios subiguales a escasamente obgraduados, 3-seriados; filarios externos 4-6, 6-8 × 2-2.7 mm, ovados u oblongos, herbáceo-foliáceos, escuarrosos, patentes, ambas superficies piloso-hirsutas, el ápice agudo; filarios internos 5-7 × 2-2.5 mm, ovados, cartáceo-escariosos, pajizos, 5-7-estriados, glabros o al menos subglabros, el ápice agudo a obtuso; clinanto c. 1.5 mm, bajo-cónico; páleas c. 4 mm. Flores radiadas 0. Flores del disco 20-25; corola 4-4.8 mm, infundibuliforme, amarilla, glabra, el tubo y el limbo subiguales, el tubo 2-2.4 mm, los lobos c. 0.8-1.1 mm, triangular-lanceolados, escasamente más cortos que la garganta; anteras en parte exertas; ramas del estilo hasta c. 1 mm, el ápice obtuso. Cipselas 2.4-2.7 mm, obcónicas, ligeramente prismáticas, setuloso-hispídulas, no glandulosas; carpóforo moderadamente asimétrico, el carpóforo de las cipselas internas escasamente estipitado; vilano de 20-23 escamas, 4-4.5 mm, casi tan largas como las corolas del disco, linear-lanceoladas, el ápice atenuado. Floración abr. *Crestas de piedra caliza.* G (*Steyermark 45627*, GH). 200-700 m. (Endémica.)

2. Calea crocinervosa Wussow, Urbatsch et G.A. Sullivan, *Syst. Bot.* 10: 247 (1985). Isotipo: México, Chiapas, *Breedlove y Davidse 54237* (LSU!). Ilustr.: Wussow et al., *Syst. Bot.* 10: 249, t. 2 (1985).

Arbustos ramificados raros, de hasta c. 1 m; tallos persistentes, produciendo nuevos crecimientos a partir de yemas axilares, foliosos distalmente, piloso-tomentosos; entrenudos casi tan largos como las hojas o los entrenudos distales más cortos que las hojas. Hojas opuestas, cortamente pecioladas; láminas 2-5 × 1.5-6 cm, deltado-ovadas, 3-nervias desde cerca de la base, la superficie adaxial escabriúscula a glabrescente, la superficie abaxial cercanamente vellosa al menos sobre las nervaduras, también densamente glandulosa, la nervadura obviamente reticulada con las nervaduras elevadas, la base anchamente cuneada a truncada, los márgenes gruesamente crenados, los dientes redondeados, el ápice obtuso a redondeado; pecíolo 0.1-0.3 cm, piloso. Capitulescencia cimosa, con 1-4 cabezuelas; pedúnculos 0.2-0.8 cm, tomentosos. Cabezuelas 8-11 mm, más o menos conspicua y cortamente radiadas; involucro 7-10 × 5-7 mm, anchamente campanulado a casi hemisférico; filarios 16-20, c. 3-seriados, subiguales u obgraduados; filarios externos 3-5, anchamente ovados a casi orbiculares, herbáceos, vellosos; filarios internos lanceolado-ovados a lanceolados, cartáceos a escariosos, esparcidamente vellosos a glabrescentes, algunas veces también glandulosos; clinanto convexo; páleas c. 6 mm, oblongas a lanceoladas, algunas veces trífidas. Flores radiadas c. 8; corola amarilla, el tubo c. 2.5 mm, el limbo c. 4.5 mm, oblongo a obovado, 5-nervio, glanduloso abaxialmente. Flores del disco 20-25; corola c. 4.8 mm, angostamente infundibuliforme a angostamente campanulada, amarilla, el tubo, la garganta y los lobos más o menos subiguales, glabros excepto por el limbo glanduloso, el tubo c. 1.5 mm, los lobos c. 1.5 mm, lanceolados; ramas del estilo c. 1.5-1.8 mm, el ápice cortamente penicilado. Cipselas (inmaduras) c. 2 mm, obcónicas, ligera-

mente prismáticas, setuloso-hispídulas, glandulosas; carpóforo moderadamente asimétrico, el carpóforo de las cipselas internas escasamente estipitado; vilano de c. 16 escamas, c. 2 mm, casi tan largas como las cipselas maduras, llegando hasta casi la base de los lobos del disco, anchamente lanceoladas a oblanceoladas, el ápice obtuso, eroso. Floración oct. *Sabanas de Curatella.* Ch (*Breedlove y Davidse 54237*, CAS). 30-100 m. (México [Oaxaca, Veracruz], Mesoamérica.)

Las hojas con dientes redondeados de *Calea crocinervosa* son similares a aquellas de *C. megacephala* de la misma zona general de la costa del Pacífico. Las cabezuelas radiadas con flores amarillas, folioso-bracteadas de *C. crocinervosa* son similares a aquellas de *C. urticifolia*, ampliamente distribuida; las escamas del vilano con el extremo moderada y cortamente obtuso y las corolas del disco moderadamente glandulosas son similares a aquellas de *C. ternifolia*, especie ampliamente distribuida; por esta razón Turner (2014) ha sugerido que *C. crocinervosa* es un híbrido tetraploide derivado de *C. ternifolia* y *C. urticifolia*.

La segunda colección conocida es de Oaxaca que está como a 140 km al oeste noroeste de la localidad tipo.

3. Calea fluviatilis S.F. Blake, *J. Wash. Acad. Sci.* 22: 385 (1932). Holotipo: Belice, *Bartlett 11790* (US!). Ilustr.: no se encontró.

Subarbustos ramificados raros, 0.2-1 m; tallos persistentes, produciendo nuevos crecimientos a partir de yemas axilares, pocos a varios desde una base leñosa, erectos, foliosos distalmente, simples a varias veces ramificados, glabros a diminutamente hispídulos; entrenudos generalmente c. 1/2 de la longitud de las hojas; follaje con tricomas diminutos 0.1-0.2 mm, generalmente antrorsos o adpresos y no obviamente patentes. Hojas subsésiles o cortamente pecioladas; láminas 1.3-4(-5.5) × 0.1-0.4(-0.6) cm, linear-lanceoladas, rígidamente cartáceas, triplinervias desde cerca de la base, las nervaduras laterales llegando hasta cerca del 1/2 de la lámina, submarginales, las nervaduras secundarias y terciarias levemente rojo opaco-pelúcidas, la superficie adaxial glanduloso-punteada, por lo demás glabra, la superficie abaxial glabra a estrigulosa, también glanduloso-punteada, las nervaduras secundarias escasamente elevadas, las nervaduras terciarias indistintas, la base cuneada a angostamente cuneada, los márgenes poco serrulados, subrevolutos, el ápice agudo a acuminado; pecíolo 0-0.2 cm. Capitulescencia corimbosa, con 3-8 cabezuelas, ligeramente exertas; pedúnculos 0.5-1.5(-2) cm, generalmente más cortos que las hojas subyacentes, hispídulos y esparcidamente glandulosos. Cabezuelas 7-9 mm, discoides; involucro 5-6.5 × 4-5.5 mm, turbinado a angostamente campanulado, algunas veces indistintamente doble; filarios escasamente graduados con los filarios externos al menos 1/2 de la longitud de los internos, rara vez obgraduados, 3-seriados o 4-seriados; filarios externos c. 4, 3-5.5(-6.5) × 0.7-1.4 mm, decusados, lanceolados a triangular-piriformes, adpresos o los dos externos algunas veces patentes, herbáceos distalmente o casi en toda su longitud, 1-3-estriados, esparcidamente glandulosos, los márgenes proximalmente ciliolados, el ápice agudo a obtuso, con callo terminal; filarios internos c. 10, 5-6 × 1.5-2.7 mm, ovados graduando hasta lanceolados, completamente amarillos o algunas veces distalmente purpúreos, 3-7-estriados, glabros, el ápice obtuso a redondeado; clinanto 1-1.5 × c. 1 mm, cortamente cónico; páleas 4-5 mm, lanceoladas a oblongas, trífidas, atenuadas. Flores radiadas 0. Flores del disco 13-25; corola 4.7-5.2 mm, angostamente campanulada, amarilla, glabra, el tubo 1.6-2.3 mm, escasamente más corto que el limbo, la garganta más corta que el tubo, los lobos 1.6-2 mm, casi tan largos hasta casi el doble de la longitud de la garganta, angostamente lanceolados, subiguales a rara vez escasamente desiguales, ascendentes; anteras c. 2.2 mm, el endotecio polarizado, base de la teca sagitada; estilo con base algunas veces bulbosa, las ramas c. 1 mm, angostadas hasta una porción aguda a atenuado-cuspidata de 0.1-0.2 mm. Cipselas 2-2.2 mm, obcónicas, hirsútulas, no glandulosas, carpóforo marcadamente asimétrico; vilano de c. 20 escamas, 3.5-4.7 mm, linear-lanceoladas, llegando hasta la mitad de los lobos de la corola del disco, más largas que las cipselas maduras, escabriúsculas, el ápice largamente atenuado. Floración may., jul.-sep., dic. *Rocas, lechos rocosos de ríos.* B (*McDaniel 14442*, MO). 400-600 m. (Endémica.)

Si *Calea fluviatilis* está restringida a granito como se indica en *Lundell 6787* (MICH, NY), esta podría ser la causa de su aparente endemismo restringido a las crestas montañosas con *Pinus* L.

4. Calea longipedicellata B.L. Rob. et Greenm., *Proc. Amer. Acad. Arts* 32: 28 (1897 [1896]). Isotipo: México, Oaxaca, *Nelson 898* (US!). Ilustr.: no se encontró. N.v.: Chiltota, H.

Subarbustos ramificados a arbustos delgados, infrecuentes, 0.5-2.5(-4.5) m,; tallos persistentes, produciendo nuevos crecimientos a partir de yemas axilares, generalmente pocos y alargados, algunas veces ramificados en la base desde un cáudice leñoso, erectos a escandentes, foliosos distalmente, frecuentemente rojizo oscuros, generalmente esparcidamente foliosos y poco ramificados, glabros a escasamente puberulentos; entrenudos del 1/2 del tallo frecuentemente más largos que las hojas; follaje algunas veces rojizo oscuro, glabro o rara vez escabriúsculo-estriguloso. Hojas opuestas o rara vez las hojas reducidas de los entrenudos más distales de apariencia ternadamente verticilada, cortamente pecioladas; láminas (2-)3-10 × (0.7-)1.5-4.4 cm, lanceoladas o angostamente elípticas a ovadas u obovadas, cartáceo-subcarnosas, 3-nervias desde cerca de la base, las nervaduras secundarias y terciarias escasamente pelúcidas, la superficie adaxial algunas veces lustrosa, no glandulosa, por lo demás glabra o escabriúscula con tricomas subadpresos, las células subsidiarias algunas veces bulbosas, la superficie abaxial no glandulosa, por lo demás glabra o algunas veces indistintamente escabriúsculo-estrigulosa con tricomas adpresos, la nervadura ligeramente reticulada, las nervaduras secundarias elevadas, las nervaduras terciarias mucho menos conspicuas, la base cuneada a cortamente acuminada, los márgenes subenteros a remotamente serrulados o crenulados con 2-4 dientes por lado, el ápice agudo o acuminado a rara vez obtuso o redondeado; pecíolo 0.1-0.8 cm, frecuentemente rojizo oscuro, glabro o algunas veces escasamente puberulento. Capitulescencia por lo general abiertamente cimosa a umbelada, algunas veces monocéfala, con 1-7 cabezuelas desde los 2 o 3 nudos más distales congestas, muy exerta de las hojas subyacentes, no subglomerada; pedúnculos (1-)3-12 cm, hirsútulo-pilósulos, algunas veces escasamente ampliados apicalmente. Cabezuelas 9-15 mm, globosas, con (30-)50-80 flores; involucro 9-12 × 9-13 mm, anchamente campanulado o hemisférico, siempre doble; filarios obgraduados o subiguales, rara vez moderadamente graduados, 3-seriados o 4-seriados, dimorfos; filarios externos 4(-8), 8-15(-19) × 4-9 mm, decusados, elípticos a obovados, ascendentes a patentes, subcarnoso-herbáceos completamente a algunas veces gruesamente pardo-amarillento-escariosos proximalmente, glabros o algunas veces esparcidamente escabriúsculo-estrigulosos proximalmente, los márgenes enteros o rara vez 1-serrulados o 2-serrulados, el ápice obtuso a redondeado; filarios internos 9-12, 6-10 × 2.3-5 mm, oblongos a obovados, adpresos, escariosos con 2-3 mm distales membranáceo-escariosos y frecuentemente rojizo oscuro, glabros, el ápice obtuso a redondeado; clinanto 3-4 × 3-5 mm, cupuliforme; páleas 4.5-5.5 mm, llegando solo hasta casi la cima del tubo de la corola del disco, lanceoladas, enteras o trífidas, abruptamente atenuadas. Flores radiadas 0. Flores del disco (30-)50-80, moderadamente exertas por encima del involucro; corola 6-7.3 mm, cilíndrico-infundibuliforme, amarilla, glabra (Mesoamérica) o en Oaxaca la garganta rara vez glandulosa, el tubo 2.4-3.8 mm, casi tan largo como el limbo, la garganta casi 2 veces tan ancha como el tubo pero ni acampanada ni patente, los lobos 0.9-1.4 mm de largo, los lobos más cortos que la garganta, erectos a ascendentes; anteras c. 2.6 mm, la base de la teca sagitada; ramas del estilo 1.3-1.8 mm, angostadas hasta una porción atenuado-cuspidata de c. 0.2 mm, los tricomas peniciliados con el ápice agudo, nectario c. 0.6 mm. Cipselas 2-2.5 mm, obcónicas, prismáticas, glabras; vilano de 20-25 escamas, 5-6(-6.5) mm, linear-lanceoladas, generalmente lle-

gando hasta cerca de la base de los lobos de la corola, más largas que las cipselas maduras, el ápice largamente atenuado. Floración mar., may.-nov. *Laderas de pastoreo, bosques montanos, bosques de* Pinus, *áreas rocosas, sabanas.* Ch (*Breedlove 28126*, TEX); B (*Schipp 558*, S); G (*Pruski et al. 4545*, MO); H (*Molina R. y Molina 31074*, NO). 0-1000 m. (México [Oaxaca, Veracruz], Mesoamérica.)

Calea longipedicellata parece ser más común o al menos bien colectada en Belice, y en el resto del mundo es rara en la cuenca del Golfo caribeño hacia el este hasta el Istmo de Tehuantepec en Oaxaca (cerca Matías Romero y Choápam) y Veracruz (las laderas sureñas del Volcán Sta. Marta), México y hacia el oeste hasta Olancho (NE. de Catacames), Honduras.

5. Calea megacephala B.L. Rob. et Greenm., *Proc. Amer. Acad. Arts* 32: 21 (1897 [1896]). Isolectotipo (designado por Wussow et al., 1985): México, Chiapas, *Nelson 2884* (US!). Ilustr.: no se encontró.

Calea megacephala B.L. Rob. et Greenm. var. *pachutlana* B.L. Turner, *Tonalanthus aurantiacus* Brandegee.

Hierbas perennes raras, con un solo tallo, 0.3-0.7 m, tallos muriendo en pie, foliosos basalmente o solo proximalmente, los 4-6 entrenudos cercanamente espaciados, en ocasiones foliosos hasta el 1/2 del tallo, erectos, subteretes, estriado-angulosos, hirsuto-pilosos; entrenudos 1-2 cm, mucho más cortos que las hojas, en ocasiones hasta 6 cm y luego casi 1/2 de la longitud de las hojas. Hojas opuestas, aladopecioladas; láminas 5-12 × 1.5-9 cm, deltadas a rómbico-ovadas, delgadamente cartáceas, marcadamente 3-nervias desde la acuminación basal, las nervaduras escasamente pelúcidas, las superficies no glandulosas, la superficie adaxial esparcidamente hirsuto-escabriúscula, la superficie abaxial hirsuto-pilosa a glabrescente, los tricomas multicelulares con las bases robustas y células terminales alargadas, la base cuneada a truncada luego abruptamente contraída y atenuadamente decurrente sobre el pecíolo, algunas veces con los márgenes gruesamente crenados a algunas veces irregularmente dentados, los dientes 2-5 mm, generalmente obtusos a redondeados pero algunas veces mucronulatos, rara vez cada lado de la base con 1-2 lobos ovados de 10-20 mm de largo, el ápice de las hojas proximales obtuso a redondeado graduando a aquel de las hojas distales agudo; pecíolo 1-7 cm, generalmente casi 1/2 de la longitud de la lámina, casi alado hasta la base, la porción alada distalmente hasta 1 cm de diámetro, gradualmente angostándose proximalmente hasta c. 0.2 cm de diámetro. Capitulescencia terminal con cabezuelas sobre 1(-4) pedúnculos afilos 16-55 cm, hirsuto-pilosos a esparcidamente hirsuto-pilosos proximalmente, los tricomas 0.3-2 mm. Cabezuelas (12-)15-22 mm, radiadas, el disco cortamente cónico; involucro 12-20 mm de diámetro, hemisférico; filarios 16-22, 3-seriados o 4-seriados, subiguales a ligeramente graduados, adpresos; filarios externos 2-6, 7-17 × 3.5-4.5 mm, casi tan largos hasta c. 1/2 de la longitud de los internos, elíptico-ovados a oblongos, herbáceos, verdes pero más pálidos proximalmente, hirsuto-pilosos, el ápice agudo a redondeado; filarios internos 11.5-20 × 4-5 mm, lanceolado-ovados, estriados, pajizos pero el ápice frecuentemente púrpuraescarioso, generalmente hírtulos o escabriúsculos, el ápice agudo a redondeado; clinanto c. 11 × 5 mm, cónico; páleas 6.5-10 × c. 1 mm, lanceoladas, conduplicadas proximalmente, pajizo-amarillentas, el ápice acuminado a atenuado, subentero o algunas veces 3-fido. Flores del radio 13-22, el estilo bien exerto del tubo; tubo 5.5-8 mm, delgado, glabro, el limbo 8-15 × 4-6 mm, oblongo, algunas veces con una rasgadura lateral en la base dándole apariencia bilabiada, anaranjado, al secarse amarillo, 11-13-nervio, todas las nervaduras igualmente gruesas, papiloso adaxialmente, el ápice desigualmente lobado. Flores del disco 35-60; corola 9-11 mm, angostamente infundibuliforme, amarilla o amarilla-anaranjada a algunas veces rojiza apicalmente, glabra, el tubo 3-4 mm, la garganta más larga que el tubo, los lobos 2-3.5 mm, triangular-lanceolados a lanceolados, erectos; anteras no exertas; ramas del estilo c. 2.5 mm, ascendentes y no marcadamente recurvadas, algunas veces largamente papilosas apicalmente o abaxial-distalmente. Cipselas 4-5 mm, oblongas, comprimidas, negras, las caras densamente estrigoso-hirsutas, cortamente papilosas, no glandulosas; carpóforo pajizo, marcadamente asimétrico; vilano de 12-20 escamas, 4.5-6 mm, escasamente más largas que las cipselas maduras y llegando hasta c. 1/3 distal de la garganta de la corola del disco, lanceoladas, típicamente con vena media oscura y gruesa especialmente proximalmente, los márgenes y la superficie abaxial imbricado-escabriúsculos o fimbriados. 2*n* = 38. Floración jul.-nov. *Áreas alteradas de la cuenca del Pacífico, pastizales, bosques de* Pinus-Quercus, *bosques estacionales.* Ch (*Urbatsch y Wussow 3338*, LSU). (100-)600-1100 m. (México [Oaxaca], Mesoamérica.)

Cockerell (1915) dio una descripción completa de *Calea megacephala* y Rzedowski (1968) sinonimizó *Tonalanthus aurantiacus.* Sundberg et al. (1986) y Wussow et al. (1985) citaron el futuro tipo de la variedad *pachutlana* de Turner como *C. megacephala.* Los caracteres de pedúnculos más cortos y tricomas pedunculares más cortos usados por Turner (2008) para diagnosticar la variedad se pueden encontrar en colecciones típicas del sureste de Oaxaca y Chiapas, por tanto aquí no se reconocen infraespecies.

6. Calea nelsonii B.L. Rob. et Greenm., *Proc. Amer. Acad. Arts* 32: 25 (1897 [1896]). Isotipo: México, Chiapas, *Nelson 2887* (US!). Ilustr.: no se encontró.

Subarbustos a arbustos ramificados raros, 0.3-1 m; tallos persistentes, produciendo nuevos crecimientos a partir de yemas axilares, erectos o ascendentes, pocos desde un cáudice, foliosos distalmente, estriado-sulcados, glabros a esparcidamente hirsútulos en surcos especialmente cerca de los nudos; follaje por lo general completamente glabro o al menos subglabro, nunca glanduloso. Hojas opuestas, pecioladas; láminas 2.5-6 × 1.2-4.5 cm, rómbico-ovadas o lanceolado-ovadas, subcarnoso-cartáceas o al menos así al secarse, 3-nervias desde cerca de la base, las superficies lisas, verde pálido, concoloras, no glandulosas, por lo demás glabras a esparcidamente adpreso-hírtulas con tricomas c. 0.1 mm, las nervaduras secundarias y terciarias inmersas y obviamente pelúcidas, las nervaduras terciarias algunas veces al secarse más oscuras que la superficie abaxial, la base cuneada a obtusa, los márgenes gruesamente crenados o serrados, el ápice obtuso o agudo a acuminado; pecíolo 0.3-0.7 cm. Capitulescencia densamente corimbosa, algunas veces en panículas compuestas convexas, no todas dispuestas bien por encima de las hojas subyacentes, los agregados terminales 1-3.5 cm de diámetro, con varias-numerosas cabezuelas; pedúnculos generalmente 0.1-0.3 cm. Cabezuelas 7-8 mm, inconspicua y cortamente radiadas; involucro 5-7 × 2-4 mm, cilíndrico a angostamente campanulado; filarios marcadamente graduados, escariosos, glabros, amarillento pálidos, pálido-estriados, 3-5-seriados; filarios externos 1-2 × 1-1.5 mm, triangular-lanceolados, el ápice generalmente agudo; filarios internos 5-7 × 2-2.5 mm, ovados a oblongos, el ápice redondeado u obtuso; páleas 5-5.5 mm, oblongas, llegando hasta casi la cima del tubo de la corola del disco, conduplicadas, las nervaduras algunas veces al secarse obviamente resinosas, el ápice obtuso a truncado. Flores radiadas 2 o 3, inconspicuas; corola 3.5-4 mm, blanca o blanco-amarillento, curvada hacia afuera o al menos al secarse así, no glandulosa, glabra, el limbo c. 2 mm; estilo casi tan largo hasta más largo que la corola. Flores del disco 4-7; corolas escasamente exertas del involucro; corola 4-4.5 mm, anchamente campanulada, blanca o blanco-amarillento, no glandulosa, glabra, el tubo más largo que el vilano y casi tan largo hasta escasamente más largo que el limbo, la garganta 0.5-0.8 mm de largo, más corta que el tubo o los lobos, los lobos 1-1.5 mm, lanceolados; anteras generalmente exertas. Cipselas 1.5-2.2 mm, obcónicas, ligeramente prismáticas, esparcidamente setosas, no glandulosas; vilano de 8-12 escamas, 1-1.5 mm, dispuestas por dentro del involucro, oblongas, nunca linear-lanceoladas, el ápice obtuso, nunca largamente atenuado, las escamas más cortas que la cipsela

madura o el tubo de la corola del disco. 2*n* = c. 36. Floración jul.-sep. *Pinares, sabanas.* Ch (*Purpus 9105*, MO). 100-600 m. (Endémica.)

King 2982 (NY), el ejemplar cromosómico, fue colectado a 10 millas de la frontera con Oaxaca, donde esta especie se puede esperar. Wussow et al. (1985) trataron *Calea nelsonii* en la sinonimia de *C. ternifolia.*

7. Calea prunifolia Kunth in Humb., Bonpl. et Kunth, *Nov. Gen. Sp.* folio ed. 4: 231 (1818 [1820]). Isotipo: Colombia, *Humboldt y Bonpland s.n.* (P!). Ilustr.: Pruski, *Syst. Stud. Colombian Sp. Gen.* Calea (*Compositae*) 126, t. 32 (1982). N.v.: Escobilla, P.

Calea chocoensis Cuatrec., *C. pittieri* B.L. Rob. et Greenm.

Arbustos ramificados o bejucos comunes, 1-6 m; tallos persistentes, produciendo nuevos crecimientos a partir de yemas axilares, erectos o ascendentes hasta laxos o escandentes, foliosos distalmente, estriados, puberulentos a hirsútulo-pilosos; entrenudos desde c.1/2 de hasta la longitud de las hojas. Hojas opuestas, pecioladas; láminas 1.5-10(-12.5) × 1-5.5(-6.5) cm, elípticas a anchamente ovadas o rara vez casi orbiculares, más anchas cerca del 1/2, rígido-cartáceas, 3(-5)-nervias desde por encima la base, las superficies concoloras, la superficie adaxial escabrosa o algunas veces glabra, lisa a rugulosa, la superficie abaxial glandulosa, por lo demás subglabra a moderadamente hirsuto-pilosa, la nervadura algunas veces moderadamente reticulada, la base cuneada a obtusa o algunas veces redondeada pero típicamente con un acumen pequeño, los márgenes algunas veces subrevolutos, típicamente enteros o subenteros a serrulados o algunas veces serrados, con hasta c. 8 dientes por lado, el ápice generalmente obtuso o redondeado a rara vez agudo; pecíolo 0.2-1.6 mm, subglabro a peloso. Capitulescencia sobre la parte distal de la planta con la apariencia compuesto-paniculada y pluricéfala, típicamente de pocas a numerosas ramitas cada una apicalmente umbelada por los entrenudos extremadamente acortados con pedúnculos obviamente decusados y no en el mismo plano de simetría, con 7-45 cabezuelas, algunas veces las cabezuelas obviamente axilares y surgiendo directamente de los nudos distales, maduración de cabezuelas básicamente sincronizada; pedúnculos (0.3-)0.5-3.5 cm, subiguales, esparcida a densamente hirsuto-vellosos, frecuentemente glandulosos. Cabezuelas discoides, cilíndricas o muy angostamente campanuladas, con 5-18(-26) flores; involucro 5.2-8 × 2.5-4.5 mm, cilíndrico o muy angostamente campanulado, flores ligeramente exertas y generalmente solo escasamente más largas que el involucro; filarios imbricados, típicamente graduados o en ocasiones casi subiguales, 3-5-seriados; filarios externos 2-4(-8), 1.5-4(-6) × 1-3(-4) mm, frecuentemente mucho menores que los filarios internos pero algunas veces tornándose grandes y ligeramente foliares, oblanceolados a deltado-ovados o espatulados, al menos herbáceos en el extremo, pero algunas veces casi herbáceos en toda su longitud, la nervación frecuentemente tenue, ligera a densamente pelosos, el ápice generalmente obtuso a redondeado o algunas veces agudo; filarios internos 3-7(-8) × 1.5-2.5(-3) mm, graduando desde ovado-elípticos a lanceolados, escariosos, amarillentos o verdoso-blanco, generalmente 5-7-estriados, glabros o casi glabros, el ápice obtuso a acuminado, hialino-membranáceo; clinanto 0.7-2 × 0.5-1 mm, bajo-cónico; páleas 4.5-6(-7) × c. 1.5 mm, lanceoladas, conduplicadas pero nunca carinadas, delgadamente escariosas, amarillo pálido, escasamente 3-fido. Flores radiadas 0. Flores del disco 5-26; corola 4.4-5.8 mm, infundibuliforme, amarilla, glabra, el tubo más corto que el limbo, la garganta gradualmente más ancha que el tubo, los lobos 1-1.7(-2) mm, triangular-lanceolados a lanceolados, típica y obviamente más cortos que la garganta pero variando desde c. 1/2 hasta casi tan largos como la garganta, ascendentes a escasamente patentes; anteras 1.6-2.2 mm, con frecuencia parcialmente exertas de la garganta, los apéndices glandulosos abaxialmente; estilo 4.8-6.4 mm, las ramas 0.8-1.5 mm, el ápice típicamente ancho y obtuso, nunca apiculado. Cipselas 1.6-2.7 mm, obcónicas, prismáticas, setulosas o puberulentas o algunas veces glabras, no glandulosas; vilano de 18-27 escamas, 3.5-5(-5.7) mm, casi tan largas como las corolas del disco, más largas que las cipselas maduras, linear-lanceoladas, el ápice largamente atenuado. 2*n* = 38. Floración jun.-feb. *Borde de bosques, bosques húmedos, áreas de piedra caliza, claros de bosque, orillas de caminos, laderas rocosas, sabanas, matorrales, vegetación palustre.* N (*Atwood y Moore 381*, MO); CR (*Pruski 442*, LSU); P (*Croat 6729*, MO). 0-1600 m. (Mesoamérica, Colombia, Venezuela, Ecuador.)

Hemsley (1881: 209) y Klatt (1892 [1893]: 208; 1896: 290) reconocieron *Calea prunifolia* en Costa Rica, pero Robinson y Greenman (1901b [1899]) excluyeron a esta especie de Costa Rica y describieron *C. pittieri* basada en tres de las nueve colecciones citadas por Klatt (1892 [1893]). Canne (1975 [1976]) reconoció *C. pittieri* y *C. prunifolia* mientras que Wussow et al. (1985) las redujeron a la sinonimia de *C. jamaicensis* (L.) L.; son tratadas aquí como en Pruski (1982, 1997a), quien reconoció *C. prunifolia* como continental, y trató *C. jamaicensis* como endémica a Jamaica y la caracterizó por cipselas glandulosas. El material de Friedrichsthal citado de Guatemala por Hemsley (1881) y Klatt (1896) es en cambio presumiblemente ya sea de Nicaragua o Costa Rica (en ese entonces parte de la Capitanía General de Guatemala) y *C. prunifolia* se desconoce de Guatemala hasta el día de hoy. El reporte de Pruski (1982) de *C. prunifolia* en Perú está basado en material ahora referido a *C. umbellulata* Hochr.

8. Calea ternifolia Kunth in Humb., Bonpl. et Kunth, *Nov. Gen. Sp.* folio ed. 4: 231 (1820 [1818]). Isotipo: México, estado desconocido, *Humboldt y Bonpland s.n.* (US!). Ilustr.: Schultes y Hofmann, *Bot. Chem. Hallucinogens* ed. 2, 313, t. 141 (1980). N.v.: Sacachichin, sacatechichi, zacachichi, zacatechi, zacatechichi, Ch; tzicin, xicin, Y; amargoso, canilla de zanate, mosca blanca, oregano, oreja de conejo, San Julián, tasiscob blanco, vara blanca, vara negra, G; amargoso, bejuco chirivito, chismuyo, H; bijuco-chismuyo, colorrillo, curarina, curarina blanca, curarina montez, falso simonillo, juralillo, palmillo, simonillo, zacate amargo, ES.

Alloispermum liebmannii (Sch. Bip. ex Klatt) H. Rob., *Aschenbornia heteropoda* S. Schauer, *Calea acuminata* Standl. et L.O. Williams, *C. acuminata* var. *xanthactis* Standl. et L.O. Williams, *C. dichotoma* Standl., *C. leptocephala* S.F. Blake, *C. liebmannii* Sch. Bip. ex Klatt, *C. pringlei* B.L. Rob., *C. pringlei* var. *rubida* Greenm., *C. rugosa* (DC.) Hemsl., *C. salmeifolia* (DC.) Hemsl., *C. sororia* S.F. Blake, *C. tejadae* S.F. Blake, *C. ternifolia* Kunth var. *hypoleuca* (B.L. Rob. et Greenm.) B.L. Turner, *C. zacatechichi* Schltdl., *C. zacatechichi* var. *laevigata* Standl. et L.O. Williams, *C. zacatechichi* var. *macrophylla* B.L. Rob. et Greenm., *C. zacatechichi* var. *rugosa* (DC.) B.L. Rob. et Greenm., *C. zacatechichi* var. *xanthina* Standl. et L.O. Williams, *Calydermos rugosus* DC., *C. salmeifolius* DC.

Arbustos ramificados comunes, 0.5-3 m; tallos persistentes, produciendo nuevos crecimientos a partir de yemas axilares; tallos erectos a arqueados, foliosos distalmente, glabros a piloso-tomentosos, los tricomas generalmente patentes a antrorsos o retrorsos, los entrenudos algunas veces más de dos veces la longitud de las hojas. Hojas opuestas o rara vez ternadamente verticiladas, sésiles o pecioladas; láminas 1.5-8.5(-12) × 0.7-5(-7) cm, lanceolado-ovadas a elípticas u ovadas a algunas veces cordiforme-orbiculares, cartáceas a rígidamente cartáceas, rara vez delgadamente cartáceas, 3-nervias desde cerca de la base, las nervaduras secundarias y terciarias pelúcidas, las superficies concoloras a algunas veces obviamente discoloras, la superficie adaxial lisa a rugosa, escabrosa o híspido-pilosa a subglabra, algunas veces glandulosa, la superficie abaxial glandulosa, por lo demás hirsútulo-pilosa a tomentosa o rara vez muy esparcidamente puberulenta, la nervadura frecuente y marcadamente reticulada con nervaduras elevadas pero las nervaduras terciarias típicamente pálidas y rara vez oscuras al secarse, la base cuneada a subcordata, los márgenes gruesamente crenados a serrados o rara vez subenteros, los dientes en ocasiones hasta 6 mm, el ápice obtuso a acuminado; pecíolo 0.1-1.5 cm, glabro a densamente peloso, frecuentemente también glanduloso. Capitulescencia compuesto-paniculada y pluricéfala, cada rama generalmente densamente corimboso-umbelada, con varios a numerosos agregados pediculados de 1-5 cm de diámetro, los agregados terminales o a veces también axilares, agregados generalmente con varias-numerosas cabezuelas con la cabezuela central sobre el pedúnculo más corto, cuando la capitulescencia es lateral entonces dispuesta sobre ramitas de hojas pequeñas generalmente 5-15 cm, esparcidamente puberulenta a tomentosa, algunas veces también glandulosa; pedúnculos 0.1-1(-2) cm, esparcidamente puberulentos a tomentosos, algunas veces también glandulosos. Cabezuelas 5-9 mm, discoides o inconspicuamente cortamente radiadas, con 5-16(-21) flores; involucro 4-6(-7.5) × 2.5-4(-5) mm, cilíndrico a anchamente campanulado; filarios 11-24, marcadamente graduados, típicamente todos escariosos y subglabros, blanquecinos o amarillento pálido, estriados, los márgenes angostamente hialinos, enteros o en ocasiones tornándose lacerados después del fruto, en ocasiones los filarios solo moderadamente graduados con los externos algunas veces c. 1/2 de la longitud de los internos, 4-6-seriados, cercanamente adpresos o los externos algunas veces solo laxamente adpresos; filarios externos 1-2(-3.5) × 0.5-1.5(-2) mm, típicamente muy reducidos y suborbiculares o anchamente triangulares a ovados, generalmente escariosos y subglabros, en ocasiones moderadamente alargados y oblongos con un ápice herbáceo velloso y glanduloso; filarios de las series externas y medias típicamente con el margen agudo a anchamente redondeado, ciliolado, hialino, frecuentemente oscuro al secarse y así pareciendo con arcos o semicírculos; filarios de las series medias típicamente marcado-convexos adaxialmente; filarios internos 2.5-6(-7.5) × 1-2.5 mm, ovados a elípticos u oblongos, subglabros, nunca tan anchos como el involucro, el ápice anchamente redondeado o apenas obtuso; clinanto 0.5-1 × 0.5-1 mm, convexo-cónico; páleas 4-6.5 mm, oblongas a oblanceoladas, por lo general escasamente más largas que las cipselas con vilano, marcadamente conduplicadas, el ápice obtuso a acuminado, algunas veces trífido. Flores radiadas 0-3, inconspicuas, más cortas hasta casi tan largas como las flores del disco; corola típicamente blanca a blanco-amarillento o rara vez amarillo pálido, marcadamente curvada hacia afuera o al menos al secarse así, el limbo c. 2 mm, frecuentemente glanduloso abaxialmente; estilo típicamente más corto que la corola. Flores del disco generalmente 5-13(-18), los lobos de la corola de las flores externas con frecuencia lateralmente patentes desde el ápice del involucro constricto; corola 3.2-5.2 mm, campanulada o algunas veces hasta al secarse rotácea, típicamente blanca a blanco-amarillento hasta rara vez amarilla brillante, glandulosa especialmente cerca de la garganta, el tubo 1.3-2 mm, frecuentemente glanduloso, la garganta 0.5-0.7 mm, diminuta, mucho más corta que el tubo o los lobos, dilatada, los lobos 1.5-2.5 mm, lanceolados a linear-lanceolados; anteras exertas y básicamente completamente visibles, polen blanco o blanco-amarillento. Cipselas 2-3.5 mm, obcónicas, ligeramente prismáticas, esparcida a densamente setoso-hirsutas, también algunas veces glandulosas, las cipselas internas escasamente más angostas y subestipitadas; vilano de 8-14 escamas, 0.8-1.8(-2.6) mm, generalmente oblanceoladas u oblongas, nunca linear-lanceoladas, algunas veces en parte purpúreas, el ápice agudo a redondeado, rara vez acuminado, nunca largamente atenuado, las escamas más cortas hasta casi tan largas como la cipsela madura, generalmente más cortas que el tubo de la corola del disco, muy rara vez llegando hasta la base de los lobos de la corola del disco, en la antesis típicamente visibles por dentro del involucro de filarios apretadamente adpresos o solo el extremo del ápice visible, generalmente expuestos toda su longitud debido a la maduración de las cipselas y los filarios internos patentes. 2*n* = 38. Floración durante todo el año con un pico de jun.-ene. *Bosques secundarios, laderas, campos abiertos, áreas alteradas, áreas de piedra caliza, pastizales, bosques de* Pinus-Quercus, *orillas de caminos, áreas rocosas, sabanas, matorrales.* T (*Ventura 20916*, MO); Ch (*Cronquist 967*, NY); Y (*Darwin et al. 2187a*, NO); C (*Martínez S. et al. 31432*, MO); QR (Turner, 2014: 18); B (*Schipp 773*, NY); G (*Pruski et al.*

4548, MO); H (*Pruski et al. 4530*, MO); ES (*Standley 19098*, US); N (*Molina R. 23025*, MO); CR (*Brenes 3665*, NY). 0-2400 m. (México, Mesoamérica.)

La mayoría del material de *Calea ternifolia* ha sido llamado *C. zacatechichi* (p. ej., Robinson y Greenman, 1897d [1896]; Blake et al., 1926; Pruski y Urbatsch, 1980), el cual es un alucinógeno auditivo. *Calea ternifolia* fue descrita de material que se creía era de Colombia [Honda], pero Pruski (1982) y Wussow et al. (1985) lo tipificaron de material de México y como un nombre temprano para *C. zacatechichi*. *Calea ternifolia* var. *calyculata* (B.L. Rob.) Wussow, Urbatsch & G.A. Sullivan fue reconocida por Wussow et al. (1985) y Turner (2014) reconoció *C. ternifolia* var. *hypoleuca*, pero cada una es excluida aquí de la sinonimia y reconocida como *C. albida* A. Gray y *C. hypoleuca* B.L. Rob. et Greenm., respectivamente.

Calea ternifolia se circunscribe aquí como típicamente teniendo escamas del vilano moderadamente cortas, capitulescencias compuestas densas corimboso-umbeladas, y corolas blanco-amarillento. *Calea ternifolia* varía ligeramente, en caracteres que son taxonómicamente útiles en otras especies, p. ej., pelosidad de la hoja, número de flores, y la forma del involucro. Algunos otros sinónimos notables incluyen *C. liebmannii*, con hojas delgadamente cartáceas y las plantas con flores amarillas descritas por Standley y Williams (1950). Parece haber una tendencia general de las plantas de la región sureste del área de distribución a tener escamas del vilano relativamente largas y a tener cabezuelas discoides, como lo es en el tipo del sinónimo *C. dichotoma*. Por otro lado, el alguna vez sinónimo *C. nelsonii* con hojas no glandulosas subglabras y la segregada *C. crocinervosa*, ambas endémicas a la ladera del Pacífico en Chiapas cerca de Tonalá, se reconocen aquí como distintas.

9. Calea trichotoma Donn. Sm., *Bot. Gaz.* 13: 299 (1888). Holotipo: Guatemala, *von Türckheim 1353* (US!). Ilustr.: no se encontró.

Calea peckii B.L. Rob.

Arbustos ramificados o bejucos comunes, 0.5-3.5 m; tallos persistentes, produciendo nuevos crecimientos a partir de yemas axilares, erectos o ascendentes hasta arqueados o escandentes, rara vez postrados, foliosos distalmente, estriados, puberulentos a piloso-tomentosos; entrenudos frecuentemente casi tan largos como las hojas. Hojas opuestas o rara vez ternadamente verticiladas, pecioladas; láminas 2-7.5 × 1.5-5.5 cm, lanceolado-ovadas a anchamente ovadas o triangular-ovadas, más anchas en 1/3 basal, rígido-cartáceas, 3-nervias desde cerca de la base, las nervaduras secundarias y terciarias más oscuras que las aréolas hasta las formas de hojas más delgadas algunas veces claramente pelúcidas, las superficies concoloras a discoloras, la superficie adaxial escabrosa a hirsútula o suave y cortamente pilosa, algunas veces glabra, lisa, la superficie abaxial glandulosa, por lo demás subglabra o muy esparcidamente puberulenta a densamente tomentosa, algunas veces lustrosa, la nervadura con frecuencia obviamente reticulada, la base obtusa o algunas veces redondeada o subcordata, los márgenes subenteros hasta ligeramente serrados o gruesamente crenado-serrados, el ápice agudo o acuminado a obtuso, rara vez atenuado; pecíolo 0.2-0.9 cm, peloso a ligeramente tomentoso. Capitulescencia distal, con aspecto general compuesto-paniculado y pluricéfala, típicamente de pocas a numerosas ramitas cada una apicalmente cimosa o corimboso-umbelada y con 3-10 cabezuelas, algunas veces las cabezuelas obviamente axilares y surgiendo directamente de los nudos distales, todas las cabezuelas típicamente pedunculadas o las ramitas axilares muy rara vez con cabezuelas subsésiles en glomérulos ternados; pedúnculos (0.1-)0.3-1.5(-2) cm, pelosos a tomentosos. Cabezuelas discoides, cilíndricas a anchamente campanuladas, con (8-)12-20 flores; involucro 5-8 × 2.8-6 mm, cilíndrico o turbinado a más generalmente campanulado hasta anchamente campanulado, las flores moderadamente exertas; filarios moderadamente imbricados, moderadamente graduados a casi subiguales, 3-seriados o 4-seriados; filarios externos 2-8, 2-5.5 × 0.5-2.2 mm, lanceolados a anchamente ovados, frecuente-

mente patentes o hasta escuarrosos, herbáceos o al menos herbáceos en el extremo, frecuentemente casi 1/2 de la longitud de los internos, frecuentemente 3-nervios, puberulentos a tomentosos, también glandulosos, el ápice agudo a obtuso; filarios internos 3-8 × 1.5-3.1 mm, lanceolados a lanceolado-ovados, adpresos, escariosos a ligeramente hialino-membranáceos distalmente, amarillentos o algunas veces matizados de púrpura, estriados, glabros o casi glabros, el ápice obtuso a agudo; clinanto c. 1 × 1 mm, bajo-cónico; páleas 4.5-6 × 1-1.5 mm, lanceoladas a elíptico-lanceoladas, escariosas, amarillo pálido, trífidas. Flores radiadas 0. Flores del disco (8-)12-20; corola 4.3-6.2 mm, infundibuliforme-campanulada, amarilla, glabra o muy rara vez el limbo esparcidamente glanduloso (islas hondureñas), el tubo generalmente casi tan largo como el limbo, la garganta típicamente más corta que el tubo o los lobos, la garganta abruptamente más ancha que el tubo, los lobos 1.5-2.7 mm, lanceolados, ascendentes a escasamente patentes pero no incurvados; anteras por lo general completamente exertas con las partes distales de los filamentos frecuentemente visibles, el apéndice típicamente glanduloso; ramas del estilo 1-1.5 mm, el ápice típicamente con el extremo apiculado c. 0.1 mm, rara vez agudo a acuminado. Cipselas 1.7-2.7 mm, angostamente obcónicas, prismáticas, típicamente no glandulosas completamente, muy rara vez glandulosas (en el Golfo de las islas hondureñas), por lo demás también setulosas o hirsútulas; vilano de 20-27 escamas, 4-5.8 mm, más largas que las cipselas maduras, c. 2/3 de la longitud hasta casi tan largas como las corolas del disco, generalmente llegando hasta casi la mitad de los lobos de la corola, linear-lanceoladas, el ápice largamente atenuado. 2*n* = 38. Floración durante todo el año, principalmente may.-oct. *Bosques secundarios, laderas, campos abiertos, áreas de piedra caliza, ruinas Mayas, pastizales, bosques de* Pinus, *orillas de caminos, áreas rocosas, playas, sabanas, selvas bajas subcaducifolias, matorrales.* T (*Cowan y Magaña 3217*, NY); Ch (*Pruski et al. 4186*, MO); Y (*Chan 6849*, MO); C (*Cabrera y Cabrera 13455*, MO); QR (*Taylor y Taylor 12598*, NY); B (*Lundell 4867*, LD); G (*von Türckheim II 688*, PR); H (*Harmon y Dwyer 3982*, MO); N (*Molina R. 14867*, NY); CR (*Burger y Burger 7880*, MO). 0-1700 m (S. México [Veracruz], Mesoamérica.)

Wussow et al. (1985) trataron *Calea trichotoma* y *C. peckii* en sinonimia de *C. jamaicensis*, el tipo del género, pero Pruski (1997a) restableció *C. trichotoma* de la sinonimia. Aquí *C. jamaicensis* es excluida de Mesoamérica y es interpretada como endémica de Jamaica, diferenciándose por las cipselas consistentemente glandulosas. Numerosas plantas de elevaciones bajas tienen hojas abaxialmente subglabras o muy esparcidamente puberulentas con nervaduras terciarias ligeramente elevadas y cabezuelas angostas de pocas flores, así concordando con el tipo de *C. peckii*, pero estas formas se mezclan con las formas típicas, y *C. peckii* es tratada aquí en sinonimia.

10. Calea urticifolia (Mill.) DC., *Prodr.* 5: 674 (1836). *Solidago urticifolia* Mill., *Gard. Dict.,* ed. 8, *Solidago* no. 30 (1768). Holotipo: México, Veracruz, *Houstoun s.n.* (foto NY! ex BM). Ilustr.: Lisowski, *Fragm. Florist. Geobot.* 37(Suppl. 1): 185, t. 40 (1991). N.v.: Chichiquizo, hierba de la rabia, hoja amargo, quinina, tacote, Ch; hierba de paloma, xicin, Y; chichipate, mosca amarilla, G; amargo, amargoso, chichilsaca, chirivito, cipria, conrodo, jalacate amargoso, marapolon, oreganillo, sulfato de monte, tatascán, vara de flor amarillo, H; juanislama, rodillo, ES; jalacate, jaral, CR.

Calea axillaris DC., *C. axillaris* var. *urticifolia* (Mill.) B.L. Rob. et Greenm., *C. brachiata* (Lag.) DC.?, *C. cacosmioides* Less., *C. pellucidinerva* Klatt, *C. urticifolia* (Mill.) DC. var. *axillaris* (DC.) S.F. Blake, *C. urticifolia* var. *yucatanensis* Wussow, Urbatsch et G.A. Sullivan, *Caleacte urticifolia* (Mill.) R. Br., *Galinsoga brachiata* (Lag.) Spreng.?, *G. serrata* (Lag.) Spreng., *Mocinna brachiata* Lag.?, *M. serrata* Lag.

Arbustos ramificados o bejucos comunes, 0.6-2(-7) m, algunas veces leñosos solo cerca de la base; tallos persistentes, produciendo nuevos crecimientos a partir de yemas axilares, generalmente desparramados o arqueados, foliosos distalmente, estriados o los tallos jóvenes frecuentemente acostillado-sulcados a hírtulos a pilósulos hasta en ocasiones densamente piloso-hirsutos, las ramas jóvenes frecuentemente purpúreas, la médula algunas veces fistulosa. Hojas opuestas, pecioladas; láminas 3-10(-13) × 1.3-7(-9.5) cm, lanceoladas a ovadas, cartáceas, marcadamente 3-nervias desde cerca de la base, las nervaduras secundarias y terciarias frecuentemente pelúcidas, las hojas distales algunas veces purpúreas, las superficies más o menos concoloras o rara vez grisáceas abaxialmente, la superficie adaxial generalmente escabrosa o hírtula, pero variando de hirsuta a glabrescente, rugosa, la superficie abaxial siempre glandulosa, subglabra o piloso-hirsuta, la nervadura reticulada, la base cuneada a obtusa, rara vez redondeada o subcordata, los márgenes subenteros a más típicamente gruesamente crenados o serrados con 6-12 dientes por lado, el ápice agudo a acuminado; pecíolo 0.3-1(-1.5) cm, hirsuto. Capitulescencia cimosa o umbelada con pedúnculos frecuentemente originándose en el mismo plano de simetría, terminal o algunas veces también axilar, frecuentemente dispuesta por dentro de las hojas subyacentes, los agregados terminales 2-5 cm de diámetro, generalmente con 4-10 cabezuelas, muy rara vez las cabezuelas terminales ternado-subglomeradas con agregados subyacentes a brácteas foliosas más largas que los filarios externos; pedúnculos (0.1-)1-2.5(-3.5) cm, surgiendo desde ramitas axilares cortas o directamente desde las axilas, glabros a tomentosos. Cabezuelas 6-9(-12) mm, radiadas; involucro 4.5-9 × 3-7(-12) mm, típicamente campanulado pero variando desde cilíndrico-turbinado a hemisférico; filarios por lo general moderadamente graduados, con los filarios externos casi 1/2 de la longitud hasta casi tan largos como los filarios internos, 4-seriados o 5-seriados; filarios externos 2-6, (1-)3-7 × 1-2.5 (-3.5) mm, lanceolados a oblongos o rara vez piriformes, ascendentes a patentes, herbáceos o al menos con el extremo herbáceo, algunas veces escuarrosos, generalmente 3-nervios, típicamente hirsútulos al menos distalmente, algunas veces glandulosos, el ápice agudo a obtuso; filarios de las series medias e internas 5-9 × 2-4 mm, lanceolados a ovados, adpresos, escariosos a algunas veces hialino-membranáceos distalmente, 7-13-estriados, amarillentos a algunas veces de color rosa o purpúreos distalmente o en yema casi en toda su longitud, el ápice obtuso a redondeado; clinanto hasta c. 2 × 1.5 mm, bajo-cónico; páleas 5-7 × 1.3-2.5 mm, lanceoladas, conduplicadas, algunas veces trífidas, escariosas. Flores radiadas 3-5(-8), moderadamente conspicuas y escasamente exertas del involucro, más largas que las flores del disco; corola amarilla o amarillo pálido, frecuentemente al secarse blancoamarillento y contrastando en color con la corola del disco, el tubo 2-3 mm, el limbo 3-7(-10) × 1.5-3(-4) mm, oblongo a anchamente obovado, patente o tornando hacia abajo, 5-7(-9)-nervio, (2)3 nervaduras del cáliz dirigiéndose a la mitad de cada uno de los (2)3 lobos apicales con frecuencia escasamente más gruesos que las nervaduras, los lobos 1(-2) mm, el ápice redondeado a agudo, el lobo del centro algunas veces emarginado abaxialmente, no glanduloso o rara vez con pocas glándulas esparcidas, el ápice obtuso a algunas veces casi truncado; estilo más corto que el limbo. Flores del disco 12-30(-44), corolas moderadamente exertas del involucro; corola 4.5-5.5 mm, campanulada, amarilla, glabra o algunas veces glandulosa, el tubo escasamente más corto que el limbo, la garganta subigual o más corta que los lobos, los lobos 1-2(-2.4) mm, lanceolados, frecuentemente casi tan largos como la garganta, típicamente patentes o recurvados; anteras generalmente exertas. Cipselas 1.5-3 mm, obcónicas, ligeramente prismáticas, setoso-hirsutas, no glandulosas; vilano de 12-18(-23) escamas, (3-)3.5-4.4 mm o las cipselas del radio antes de la antesis algunas veces más cortas, típicamente visibles distalmente por dentro del involucro, linear-lanceoladas, el ápice largamente atenuado, las escamas más largas que las cipselas maduras y llegando casi hasta la base o la mitad de los lobos de la corola del disco. 2n = 38. Floración todo el año, generalmente nov.-mar. *Sabanas de matorral, áreas alteradas, áreas con piedra caliza, bordes de bosques, bosques de* Quercus-Pinus, *pastizales, orillas de caminos, sabanas, selvas bajas, riachuelos, matorrales, campos arvenses.* Ch (*Urbatsch y Pridgeon 2892*, MO); Y (*Gaumer 23209*, MO); QR (*Gaumer 2096*, UPS); B (*Schipp 757*, Z); G (*Aguilar 460*, H); H (*Harmon y Fuentes 5247*, MO); ES (*Núñez MLR01419*, MO); N (*Baker 2199*, G); CR (*Wussow y Pruski 106*, LSU); P (*Dodge y Allen 17335*, MO). 0-1900 m. (México, Mesoamérica; naturalizada en África.)

Calea urticifolia es común desde México subtropical hasta Panamá, y ha escapado en África (Lawalrée, 1982) de cultivo como medicinal. En el continente americano existe la tendencia general de que plantas con hojas lanceoladas generalmente se encuentran en el norte y las plantas con hojas ovadas son más generalmente del sur de su área. Blake et al. (1926) usaron el nombre *C. urticifolia* var. *axillaris* para las plantas de hojas más angostas. Wussow et al. (1985) usaron el nombre *C. urticifolia* var. *yucatanensis* para plantas con cabezuelas relativamente grandes de c. 50 flores de hasta 12 × 12 mm sobre pedúnculos de c. 3.5 cm, pero Strother (1999) redujo esta variedad a la sinonimia. Igualmente sorprendentes son las plantas inusualmente con pocas flores de Honduras y ladera del Pacífico de México que tienen cabezuelas la 1/2 del tamaño de las poblaciones de Yucatán, pero estas plantas de cabezuelas pequeñas también se mezclan con las formas típicas. Algunas poblaciones de Cayo, Belice, tienen hojas delgadas de base cuneada y filarios internos delgadamente escariosos y débilmente estriados, las cuales podrían ser una raza regional. Varias poblaciones en Heredia, Costa Rica tienen tanto filarios internos como externos con nervadura extremadamente bien pronunciada, pero esta característica puede ser un efecto del secado. Así, *C. urticifolia* es tratada aquí en sentido amplio y sin reconocimiento formal de infrataxones. No se ha visto material auténtico de *Mocinna brachiata* y ésta se lista aquí solo como un posible sinónimo.

219. Enydra Lour.

Cryphiospermum P. Beauv., *Hingtsha* Roxb., *Meyera* Schreb. non Adans., *Sobreyra* Ruiz et Pav., *Tetraotis* Reinw., *Wahlenbergia* Schumach. non Schrad. ex Roth.

Por J.F. Pruski.

Hierbas perennes acuáticas o de pantanos, enraizando en los nudos proximales; tallos teretes, estriados, fistulosos. Hojas opuestas, sésiles o subsésiles (Mesoamérica) o cortamente pecioladas; láminas lanceoladas a elípticas u ovadas, subcarnoso-cartáceas, pinnatinervias, las superficies glandulosas, por lo demás glabras a pilosas o tomentulosas, los márgenes enteros a serrados. Capitulescencia de 1-pocas cabezuelas en pocos nudos distales, cabezuelas solitarias y subsésiles (Mesoamérica) o rara vez pedunculadas, axilares o al rara vez de apariencia axilar por sobrepasar las ramas laterales. Cabezuelas indistintamente radiadas; involucro campanulado a globoso; filarios obviamente 2-seriados; filarios externos 4, decusados, foliáceos, pluriestriados; filarios internos mucho menores e indistintos, marcadamente abrazando las flores del radio, los márgenes internos sobrelapados; páleas semejantes a los filarios internos, marcadamente abrazando las flores del disco, persistentes, tornándose endurecidos en fruto, diversamente glandulosos o piloso-ciliados apicalmente; clinanto convexo-cónico, paleáceo. Corolas frecuentemente verdes en antesis, madurando blanco-amarillentas. Flores radiadas 20-30, 2-seriadas o 3-seriadas; corola con limbo pequeño, no exerto del involucro, blanco, amarillo, o verde, las nervaduras oscuras marcadamente contrastando en color con el limbo, el ápice breve a conspicuamente 3-lobado. Flores del disco 10-40; corola infundibuliforme a campanulada, (4)5-lobada, amarilla o verdosa, el tubo esparcidamente glanduloso, la garganta más corta que los lobos, conductos resinosos con frecuencia obviamente rojizos, algunos de apariencia en pares con líneas longitudinales que secan de color pálido, las superficies del lobo lisas; anteras parduscas a purpúreo-negras, el apéndice frecuentemente glanduloso; ramas del estilo obtuso-papilosas. Cipselas obcónicas o elipsoidales, la unidad cipsela-pálea obviamente obcomprimida, grisáceas o negras con estrías pálidas, glabras, la base estipitada; vilano ausente. $x = 11, 15$. Pantropical y rara vez subtropical, aprox. 4-6 spp.

El género *Enydra* fue revisado por Snow (1980) quien reconoció cuatro especies. Lack (1980) y Robinson et al. (2006a, 2006b) respectivamente proporcionaron tratamientos de esta especie en África tropical occidental y Ecuador. La especie fue llamada *E. sessilis* (Sw.) DC. por Villaseñor Ríos (1989) y Turner (2014), pero esa especie difiere por las hojas cortamente pecioladas con las bases cuneadas, cabezuelas con menos flores, y el ápice de las páleas densamente papiloso.

Bibliografía: Lack, H.W. *Willdenowia* 10: 3-12 (1980). Robinson, H. et al. *Fl. Ecuador* 77(1): 1-230; 77(2): 1-233 (2006). Snow, B.L. *Gen.* Enhydra *(Asteraceae, Heliantheae).* Unpublished M.S. thesis, Mississippi State Univ., 1-158 (1980). Villaseñor Ríos, J.L. *Techn. Rep. Rancho Santa Ana Bot. Gard.* 4: 1-122 (1989).

1. Enydra fluctuans Lour., *Fl. Cochinch.* 2: 511 (1790). Holotipo: Vietnam, *Loureiro s.n.* (BM). Ilustr.: Cabrera, *Fl. Il. Entre Ríos* 6: 346, t. 199 (1974), como *Enydra anagallis*.

Cryphiospermum repens P. Beauv., *Enydra anagallis* Gardner, *E. heloncha* DC., *E. longifolia* (Blume) DC., *E. paludosa* (Reinw.) DC., *E. woollsii* F. Muell., *Hingtsha repens* Roxb., *Meyera fluctuans* (Lour.) Spreng., *M. guineensis* Spreng., *Tetraotis longifolia* Blume, *T. paludosa* Reinw., *Wahlenbergia globularis* Schumach.

Hierbas, 0.1-0.5(-1) m; tallos libremente flotantes o enraizando en los nudos, suculentos, frecuentemente rojizos, glabros a velloso-pilosos; entrenudos frecuentemente más largos que las hojas. Hojas sésiles o subsésiles; láminas 2.5-7 × 0.5-1.5 cm, lanceoladas a oblongas, las superficies glandulosas, por lo demás subglabras a algunas veces esparcidamente puberulentas, la base truncada a subsagitada, los márgenes subenteros o serrulados, el ápice agudo a anchamente obtuso. Capitulescencia de pocas cabezuelas axilares sésiles. Cabezuelas globosas a hemisféricas; involucro 5-9 mm de diámetro, cupuliforme; filarios externos 9-15 × 5-8 mm, dos veces o más la longitud de las páleas, oblongos a ovados, reticulado-nervados, subglabros, el ápice redondeado; filarios internos y páleas 2-4 mm, los ápices subglabros a esparcidamente papilosos. Flores radiadas c. 33, 2-seriadas o 3-seriadas; corola 1-2 mm, el tubo más largo que el limbo; estilo muy exerto, más largo que el limbo. Flores del disco c. 24; corola 2-3 mm, amarillenta-verde. Cipselas 2-3.3 × c. 0.5 mm, negras, glabras o esparcidamente glandulosas. $2n = 22, 30$. Floración nov.-feb., jun. *Lagos, áreas pantanosas.* T (*Cowan 2336*, MO). 0-50 m. (Estados Unidos, México [Veracruz], Mesoamérica, Colombia, Ecuador, Perú, Bolivia, Brasil, Paraguay, Argentina, Asia, África, Islas del Pacífico.)

220. Neurolaena R. Br.

Calea sensu Sw. non L.

Por J.F. Pruski.

Terrestres, hierbas anuales robustas y toscas hasta arbustos o árboles pequeños; tallos erectos, frecuentemente sin ramificar proximalmente a muy ramificados distalmente, frecuentemente surcado-angulados o al menos estriados, adpreso-puberulentos hasta áspero-pelosos o tomentosos, la médula sólida. Hojas simples, alternas, pecioladas a subsésiles; láminas lanceoladas a oblongo-ovadas, cartáceas a rara vez subcoriáceas, pinnatinervias o algunas veces 3-nervias desde muy por encima de la base, las hojas proximales del tallo algunas veces con la lámina profundamente 3(-5)-lobada en la 1/2 proximal, las hojas distales del tallo con los márgenes generalmente subenteros a dentados, las superficies generalmente pilósulas, la superficie abaxial también generalmente glandulosa. Capitulescencia generalmente con numerosas cabezuelas y terminal sobre el eje central o sobre las ramas de los nudos distales, corimboso-paniculada, generalmente convexa. Cabe-

zuelas discoides o rara vez radiadas, generalmente pequeñas de hasta talla mediana, con 12-60(-110) flores, pedunculadas; involucro cilíndrico a hemisférico; filarios lanceolados a ovados, imbricados, graduados, 3-seriados o 4-seriados; filarios externos con puntas ligeramente herbáceas, los filarios internos escariosos, frecuentemente graduando en color desde los externos verde pálidos hasta los internos amarillos, frecuentemente 3-estriados, puberulentos a glabrescentes; clinanto convexo-cónico, paleáceo; páleas casi tan largas como las flores del disco (más fácilmente vistas en botón) o moderadamente más cortas que las flores del disco, 1-nervias, típicamente enteras. Flores radiadas 0(-10); corola con tubo casi tan largo como el limbo, frecuentemente peloso con tricomas heliantoides no glandulares, el limbo escasamente exerto, amarillo a verdoso, 3-nervio a 4-nervio, el ápice brevemente 3-lobado. Flores del disco 15-50(-100); corola infundibuliforme, el tubo y la garganta no muy bien diferenciados, amarilla o algunas veces blanco-verdosa, brevemente 5-lobada, glabra o frecuentemente pelosa con tricomas heliantoides no glandulares, los conductos de resina solitarios a lo largo de las nervaduras, los lobos generalmente deltados a rara vez triangular-lanceolados; anteras pardas o negras; ramas del estilo recurvadas, con líneas estigmáticas pareadas, la rama con líneas estigmáticas llegando hasta cerca del ápice o el ápice agudo, el ápice algunas veces brevemente atenuado distalmente con una cresta de tricomas colectores. Cipselas de las flores radiadas y del disco similares, angostamente obcónicas o ligeramente prismáticas, pardo claro a negro, escasamente 5-acostilladas, puberulentas; carpóforo bien desarrollado pero pequeño, escasamente asimétrico; vilano de numerosas cerdas pajizas, casi tan largas como la corola, 1-seriadas o 2-seriadas, blancas a pardo-rojizas. Aprox. 7-13 spp. México y Centroamérica, 1 spp. extendiéndose hasta las Antillas y norte de Sudamérica.

Rydberg (1927) proporcionó un tratamiento para cuatro de las especies mesoamericanas. Turner (1982) reconoció 10 especies en su sinopsis de *Neurolaena*; Turner (1998) reconoció 12 especies, y Turner (2014) 11 especies en México. Todas las especies del género son moderadamente endémicas regionales no comunes, excepto por *N. lobata*, la cual está ampliamente distribuida en América tropical y es la especie más común en Mesoamérica. La mayoría de las especies mexicanas fuera de Mesoamérica parecen ser segregados muy estrechamente definidos, y el total de las especies del género no es claro. En determinado momento se pensó que el nombre *Pluchea symphytifolia* sí era el nombre correcto para *P. carolinensis* (tribus Inuleae), común arbustiva tropical americana, pero Khan y Jarvis (1989) ubicaron este nombre en la sinonimia de *N. lobata*. Por las cabezuelas radiadas y corolas del disco setuloso-espiculíferas *N. oaxacana* es reminiscente de *Schistocarpha* (Millerieae), la cual difiere más obviamente por las hojas opuestas, corolas radiadas blancas, y cipselas estriadas (Robinson y Brettell, 1973a).

Bibliografía: Khan, R. y Jarvis, C.E. *Taxon* 38: 659-662 (1989). Robinson, B.L. *Rhodora* 37: 61-63 (1935). Robinson, H. y Brettell, R.D. *Phytologia* 25: 439-445 (1973). Turner, B.L. *Pl. Syst. Evol.* 140: 119-139 (1982); *Phytologia* 84: 87-92 (1998).

1. Cabezuelas radiadas.
  2. Tallos subestrigulosos; láminas de las hojas angostamente oblanceoladas, enteras.   **1. N. cobanensis**
  2. Tallos densamente sórdido-pilósulos; láminas de las hojas trulado-ovadas a algunas veces suprabasalmente leve a profundamente 3(-5)-lobadas.   **5. N. oaxacana**
1. Cabezuelas discoides.
  3. Involucros mucho más cortos que las flores del disco; páleas llegando hasta el ápice del tubo de la corola del disco; lobos de la corola del disco triangular-lanceolados.   **4. N. macrophylla**
  3. Involucros casi tan largos como las flores del disco; páleas generalmente casi tan largas como las corolas del disco; lobos de la corola del disco generalmente deltados.

4. Cabezuelas 10-13 × 14-18 mm; pedúnculos 8-25 mm; filarios externos subescuarrosos, patentes; filarios de las series mediales con los ápices agudos. **6. N. schippii**

4. Cabezuelas 6-10 × 3-7(-8) mm; pedúnculos generalmente 3-12 mm; filarios externos adpresos a algunas veces escasamente patentes, no subescuarrosos; filarios de las series mediales generalmente con los ápices obtusos a redondeados.

 5. Filarios externos triangular-ovados, glabros o algunas veces muy esparcidamente hírtulos y ciliolados, por lo demás todos los filarios básicamente glabros en toda su longitud; láminas de las hojas no lobadas, delgadamente cartáceas, ligeramente reticuladas, la superficie abaxial esparcidamente hírtula, también esparcida y diminutamente glandulosa. **2. N. intermedia**

 5. Filarios externos generalmente triangular-lanceolados a linear-lanceolados, los filarios externos y de las series mediales típicamente escabriúsculos o hírtulos al menos en la zona medial distal graduando hasta los filarios internos, glabros o algunas veces esparcidamente escabriúsculo-hírtulos; láminas de las hojas con frecuencia profundamente 3-lobadas desde c. 1/3 proximal, moderada y rígidamente cartáceas, obviamente reticuladas, la superficie abaxial estriguloso-hirsútula o hirsuta a piloso-tomentulosa, también densamente glandulosa. **3. N. lobata**

1. Neurolaena cobanensis Greenm., *Bot. Gaz.* 37: 418 (1904). Isotipo: Guatemala, *von Türckheim 8414* (US!). Ilustr.: no se encontró.

Hierbas perennes ásperas, 1-3 m; tallos subestrigulosos. Hojas sésiles a pecioladas; láminas 10-30 × 1-4 cm, angostamente oblanceoladas, más amplias justo por encima del 1/2, enteras, delgadamente cartáceas, pinnatinervias, ligeramente reticuladas, las superficies esparcidamente puberulentas, la superficie abaxial también densamente glandulosa, la base largamente atenuada y decurrente sobre el pecíolo, los márgenes subenteros a denticulados, el ápice acuminado; pecíolo (0-)0.5-5 cm, angostamente alado distalmente desde la base atenuada de la lámina. Capitulescencia 8-25 × 15-35 cm, las ramas largas y delgadas; pedúnculos generalmente 5-30 mm. Cabezuelas 8-9 × 5-6 mm, radiadas; involucro 5-7 mm, campanulado, casi 3/4 de la longitud de las flores del disco; filarios 3-seriados o 4-seriados, uniformemente graduados, la zona medial oscura, por lo demás inconspicuamente nervios, las superficies densa y finamente puberulentas, el ápice de los filarios externos angostamente agudo, el ápice de los filarios internos agudo a anchamente obtuso; páleas 6-7 mm, casi 3/4 de la longitud de las flores del disco, cabezuelas de este modo obviamente paleáceas. Flores radiadas 8(-10); corola 7-9 mm, amarilla frecuentemente al secarse verde, el limbo 3.5-4.5 mm, casi tan largo como el tubo, c. 5-nervio, abaxialmente glabro. Flores del disco 20-32, moderadamente exertas del involucro; corola 5-6 mm, amarilla, el tubo setuloso o espiculífero, los lobos c. 0.8 mm, deltados. Cipselas 1.5-2 mm, ligeramente 4-prismáticas o 5-prismáticas, glabras; vilano de cerdas de 4-5 mm. Floración ene.-mar. *Bosques de neblina, bosques montanos, selva mediana perennifolia.* Ch (*Reyes-García et al. 4141*, MO); G (*Contreras 11273*, MO); N (*Williams et al. 24921*, F); CR (*Haber 10579*, MO). 1300-1600 m. (Endémica.)

Neurolaena cobanensis es muy reminiscente de la especie simpátrica *Telanthophora cobanensis* (Senecioneae).

2. Neurolaena intermedia Rydb., *N. Amer. Fl.* 34: 307 (1927). Isotipo: Guatemala, *von Türckheim II 2105* (MO!). Ilustr.: no se encontró.

Neurolaena lobata (L.) Cass. var. *indivisa* Donn. Sm.

Hierbas perennes ásperas o arbustos, hasta 3 m; tallos escabriúsculo-hírtulos, los tricomas 0.1-0.2(0.5) mm, más o menos adpresos. Hojas pecioladas; láminas 9-19(-21) × 2-7 cm, lanceoladas a angostamente ovadas, más ampliadas justo debajo del 1/2, enteras, delgadamente cartáceas, pinnatinervias, ligeramente reticuladas, la superficie adaxial escabriúscula, la superficie abaxial esparcidamente hírtula, también esparcida y diminuto-glandulosa, la base atenuada y decurrente sobre

el pecíolo, los márgenes inconspicuamente denticulados, el ápice acuminado a atenuado; pecíolo 0.5-2 cm, angostamente alado distalmente desde la base atenuada de la lámina. Capitulescencia 5-25 cm de diámetro, convexa; pedúnculos generalmente 3-11 mm, escabriúsculo-hírtulos, los tricomas 0.1-0.2(0.5) mm, más o menos adpresos, diminutamente bracteolados. Cabezuelas 8-10 × 4.7-7 mm, discoides; involucro 8-9 mm, casi tan largo como las flores del disco, angostamente campanulado; filarios 4-seriados o 5-seriados, uniformemente graduados; filarios externos glabros o algunas veces muy esparcidamente hírtulos y ciliolados, por lo demás todos los filarios básicamente glabros en toda su longitud; filarios externos triangular-ovados, adpresos a algunas veces escasamente patentes, delgadamente herbáceos en el extremo, no subescuarrosos; filarios internos y de las series mediales oblongos, cartáceo-escariosos, el ápice obtuso a redondeado, moderadamente membranáceo-escarioso; páleas 8-8.5 mm, linear-lanceoladas, casi tan largas como las flores del disco y cabezuelas de este modo más o menos obviamente paleáceas. Flores radiadas 0. Flores del disco 12-18, no exertas del involucro; corola 5.5-6.5 mm, muy angostamente infundibuliforme, completamente glabra excepto por los lobos glandulosos en el extremo, amarilla, los lobos c. 0.6 mm, deltados; anteras c. 2.5 mm, negras; estilo con nudo basal 0.2-0.3 mm, las ramas c. 1 mm, el ápice triangular. Cipselas c. 2 mm, setosas distalmente; vilano de c. 30 cerdas, 5.5-6.5 mm. Floración feb.-abr. *Bosques mixtos desde Copán al Golfo de Honduras.* G (*Marshall et al. 302*, MO). 800-1400 m. (Endémica.)

La especie, interpretada aquí en sentido estricto, es endémica a Guatemala. Sin embargo, si *Neurolaena lamina* B.L. Turner (de la Cuenca del Golfo de México), especie muy similar, fuese incluida en la sinonimia, el área de *N. intermedia* se extendería hacia el norte hasta Veracruz y la reserva Las Tuxtlas.

3. Neurolaena lobata (L.) Cass., *Dict. Sci. Nat.* ed. 2, 34: 502 (1825). *Conyza lobata* L., *Sp. Pl.* 862 (1753). Lectotipo (designado por Khan y Jarvis, 1989): México, Veracruz, *Houstoun Herb. Clifford 405, Conyza 4* (foto MO! ex BM). Ilustr.: Pruski, *Fl. Venez. Guayana* 3: 329, t. 279 (1997). N.v.: An-mánk, mano de lagarto, B; mano de lagarto, tabaquillo, tres puntas, yaxta, G; gavilán, hoja de lagarto, kúna, mano de lagarto, tres puntas, H; capitaneja, gavilana, ES; salvia cimarrona, garrapatilla, N; gavilana, capitana, CR.

Calea lobata (L.) Sw., *C. suriani* Cass., *Conyza symphytifolia* Mill., *Critonia chrysocephala* (Klatt) R.M. King et H. Rob., *Eupatorium chrysocephalum* Klatt, *E. valverdeanum* Klatt, *Neurolaena fulva* B.L. Turner?, *N. integrifolia* Cass., *N. integrifolia* Klatt, *N. suriani* (Cass.) Cass., *Pluchea symphytifolia* (Mill.) Gillis.

Hierbas robustas anuales hasta perennes de vida corta, generalmente con un solo tallo, 1-5 m, algunas veces arbustivas; tallos erectos, poco ramificados, algunas veces desviados en los nudos distalmente, subteretes a angulados, estriados, densamente estrigosos cuando jóvenes. Hojas pecioladas a subsésiles; láminas 8-37 × 1.5-16 cm, enteras (especialmente las hojas distales representadas en numerosos ejemplares de herbario) o frecuentemente las hojas proximales y mediales del tallo profundamente 3-lobadas desde c. 1/3 proximal, lanceoladas a ovadas, más amplias debajo del 1/2, moderadamente rígido-cartáceas, pinnatinervias o algunas veces 3-nervias desde muy por encima de la base con las mayores nervaduras secundarias basales llegando hasta los lobos basales, marcadamente reticuladas, la superficie adaxial escábrida, la superficie abaxial estriguloso-hirsútula o hirsuto a piloso-tomentulosa, también densamente glandulosa, la base cuneada a largamente atenuada, los márgenes subenteros a serrados, los lobos basales (cuando presentes) c. 10 × 6 cm, en ocasiones secundariamente cortamente lobados, el ápice agudo a acuminado; pecíolo (0-)0.2-3 cm, alado distalmente desde la base atenuada de la lámina. Capitulescencia c. 15 cm de diámetro, más ancha que alta, agregados de cabezuelas laxos a densos; pedúnculos generalmente 5-12 mm, con pocas brácteas, generalmente hirsútulos; bractéolas 1-2 mm, linear-lanceoladas. Cabezuelas

6-9 × 3-6(-8) mm, discoides; involucro 5-6 mm, casi tan largo como las flores del disco, angostamente campanulado; filarios 4-seriados o 5-seriados, c. 1.3 mm de diámetro, uniformemente graduados, (1-)3-nervios; filarios externos y de las series mediales típicamente escabriúsculos o hírtulos al menos en la zona media distal, graduando a los filarios internos, estos glabros o algunas veces esparcidamente escabriúsculo-hírtulos; filarios externos 1-2 mm, generalmente triangular-lanceolados a linear-lanceolados, adpresos a algunas veces escasamente patentes, no subescuarrosos, verde pálido o verde-amarillento, el ápice generalmente agudo; filarios internos y de las series mediales c. 7 mm, oblongos, verde pálido a amarillo, nunca completamente herbáceos, el ápice generalmente obtuso a redondeado, a veces notable y anchamente escarioso (hacia la parte más sur del área de distribución algunas veces el cuerpo angosto y el ápice agudo); clinanto convexo; páleas 5-6 mm, linear-lanceoladas, generalmente casi tan largas como las flores del disco y cabezuelas, obviamente paleáceas, 1-nervias, obtusas, las páleas de las series mediales redondeadas. Flores radiadas 0. Flores del disco 15-50, en general escasamente exertas del involucro; corola 4-5.5 mm, amarillo pálido o blanco-verdoso, glabra o setuloso-espiculífera en la unión del tubo con la garganta, el tubo 2.2-3.2 mm, casi tan largo como el limbo hasta algunas veces más largo que el limbo, los lobos 0.6-0.7 mm, generalmente deltados, hacia la parte sur de su área de distribución algunas veces triangular-lanceolados, reflexos, algunas veces hispídulos o esparcidamente glandulosos; ramas del estilo 1-1.5 mm, rara vez atenuadas en el extremo. Cipselas 1.5-2.5(-4) mm, cilíndricas o inconspicuamente 5-acostilladas, hispídulas distalmente, muy rara vez también glandulosas; vilano de 30 cerdas, 4-5 mm. $2n = 22$. Floración durante todo el año, concentrada en nov.-abr. *Claros, áreas alteradas, áreas cultivadas, bosques de* Quercus, *pastizales, quebradas, orillas de caminos, vegetación secundaria, borde de riachuelos, matorrales.* T (*Pruski et al. 4238*, MO); Ch (*Pruski et al. 4216*, MO); Y (Villaseñor Ríos, 1989: 77); C (*Lundell 1199*, NY); QR (*Chan 6324*, MO); B (*Schipp 20*, NY); G (*Tonduz y Rojas 107*, MO); H (*Ramos 137*, MO); ES (*Sandoval 1827*, MO); N (*Baker 2453*, MO); CR (*Wussow y Pruski 150*, LSU); P (*Antonio 1886*, MO). 0-1700 m. (México, Mesoamérica, Colombia, Venezuela, Guayanas, Ecuador, Perú, Bolivia, Brasil, Cuba, Jamaica, La Española, Puerto Rico, Islas Vírgenes, Antillas Menores, Trinidad y Tobago.)

Esta maleza ampliamente distribuida generalmente en Norteamérica tropical es interpretada ampliamente aquí, pero la mayoría del material de esta es consistente en características diagnósticas morfológicas. Algunas colecciones, especialmente aquellas de Costa Rica y Panamá, tienen los filarios con el extremo casi agudo y filarios más angostos de lo típico, pero son aceptados aquí como *Neurolaena lobata*, la única especie regional discoide. Por lo demás, básicamente la variación más notable en *N. lobata* está centrada en Chiapas.

En el centro y norte de Chiapas las plantas con hojas casi pilosotomentulosas de elevaciones medias y altas con filarios externos ligeramente escabriúsculos descritas como *N. fulva* son frecuentes, pero su reducción a la sinonimia por Strother (1999) fue seguida por Turner (2014). Las plantas paleáceas más cortas de lo usual que se encuentran a lo largo de la costa Pacífica son en este sentido reminiscentes de *N. macrophylla* y *N. jannaweissana* B.L. Turner, pero tienen los filarios de las series mediales redondeados y son referidas a *N. lobata*. En las vertientes del Golfo de Chiapas las plantas con filarios externos mucho menos pelosos son ocasionales, pero no parecen acercarse al extremo de aquellas con filarios subglabros y triangular-ovados que diagnostican *N. intermedia*.

4. Neurolaena macrophylla Greenm., *Proc. Amer. Acad. Arts* 39: 118 (1904 [1903]). Isolectotipo (designado por Turner, 1982): México, Chiapas, *Nelson 3766* (US!). Ilustr.: Nash, *Fieldiana, Bot.* 24(12): 538, t. 83 (1976).

Hierbas perennes ásperas o arbustos a árboles pequeños, 1-4(-8) m; tallos pardo-rojizo, esparcidamente adpreso-puberulentos a más densa-mente así en la capitulescencia. Hojas pecioladas; láminas 15-40(-60) × 4-10(-15) cm, típicamente enteras, oblanceoladas a angostamente obovadas, más ampliadas justo por encima del 1/2, delgadamente cartáceas, pinnatinervias, ligeramente reticuladas, la superficie adaxial escabriúscula, la superficie abaxial glabrescente o las nervaduras hírtulas, muy esparcidamente diminuto-glandulosa, la base largamente atenuada y decurrente sobre el pecíolo, los márgenes serrulados a serrados, el ápice acuminado; pecíolo 0.2-3 cm, angostamente alado distalmente desde la base atenuada de la lámina. Capitulescencia 12-20 cm de diámetro; pedúnculos generalmente 3-15 mm, pilósulo-estrigulosos. Cabezuelas 9-12 × 4-7 mm, discoides; involucro 5-7 mm, mucho más corto que las flores del disco, campanulado; filarios c. 4-seriados, uniformemente graduados, generalmente 3-nervios; filarios externos esparcidamente hírtulo-puberulentos graduando a los internos completamente subglabros, el ápice agudo; páleas 5-6 mm, llegando solo hasta la cima del tubo de la corola del disco y las cabezuelas de este modo inconspicuamente paleáceas. Flores radiadas 0. Flores del disco 19-22, muy exertas del involucro; corola 6-7 mm, amarilla, diminutamente espiculífera especialmente sobre el tubo y los lobos, los lobos c. 1 mm, triangular-lanceolados. Cipselas 2-2.5 mm, ligeramente prismáticas, setulosas distalmente; vilano de cerdas 6-7 mm. Floración ene.-mar. *Matorrales húmedos, bordes de bosque, bosques mixtos, vegetación secundaria.* Ch (*Nelson 3766*, US); G (*Standley 68437*, MO). 900-1500(-2000?) m. (Endémica.)

Aunque *Standley 68437* de las vertientes del Pacífico está en estado de flores tardías/fruto temprano con las cabezuelas cercanas a su máxima longitud y las corolas empezando a caer, las páleas aparecen mucho más cortas que las flores del disco, un carácter usado para marcar la especie. Por lo demás la especie por las cabezuelas grandes y hojas largas parece muy similar a *Neurolaena schippii*.

5. Neurolaena oaxacana B.L. Turner, *Phytologia* 37: 251 (1977). Isotipo: México, Oaxaca, *Denton 1691* (foto MO! ex MICH). Ilustr.: no se encontró.

Hierbas robustas perennes o arbustos, 2-5 m; tallos densamente sórdido-pilósulos cuando jóvenes, los tricomas patentes. Hojas pecioladas; láminas (7-)12-35(-45) × 1.5-18 cm, trulado-ovadas a algunas veces suprabasalmente leve a profundamente 3(-5)-lobadas, más ampliadas cerca del 1/2, delgadamente cartáceas, 3-nervias desde muy por encima de la base con las nervaduras secundarias basales mayores llegando hasta los lobos basales, moderadamente reticuladas, la superficie adaxial escabriúsculo-hírtula, la superficie abaxial hirsútula, glandulosa, la base largamente atenuada y decurrente sobre el pecíolo, los márgenes o los lobos serrados, los lobos agudos distalmente, el par principal de lobos laterales o los lóbulos 0.3-10 × 0.3-3 cm, algunas veces secundariamente lobados hacia afuera, el ápice agudo a atenuado; pecíolo 1-4 cm, alado desde la base atenuada de la lámina. Capitulescencia 8-30 cm de diámetro; pedúnculos 2-22 mm, poco bracteolados, generalmente hirsútulos; bracteolas 1-3 mm, linear-lanceoladas. Cabezuelas 5-7 × 4-8 mm, radiadas; involucro 5-6 mm, casi tan largo como las flores, angosta a anchamente campanulado; filarios c. 1.5 mm de diámetro, 3-seriados a 4-seriados, uniformemente graduados, adpresos a los filarios externos algunas veces escasamente patentes, no subescuarrosos; filarios externos y de las series mediales típicamente escabriúsculos o hírtulos graduando a los filarios internos subglabros, los márgenes de las series internas algunas veces angostamente membranáceo-escariosos, el ápice de los filarios externos agudo graduando a aquel de los filarios internos algunas veces obtuso; clinanto c. 2 mm de diámetro, convexo; páleas llegando solo hasta la mitad de la garganta de las corolas del disco hasta casi tan largas como las flores del disco, las cabezuelas algunas veces obviamente paleáceas. Flores radiadas 5-8; corola al secarse amarilla, el tubo 2.8-3 mm, el limbo 3-3.8 × 1-1.5 mm, 4-8-nervio. Flores del disco 30-60; corola 3.6-4.8 mm, anchamente infundibuliforme, amarilla, el tubo setuloso o espiculífero, el limbo esparcidamente setuloso o espiculífero, los lobos 0.5-0.6 mm, deltados, patentes, algunas veces también esparcidamente glandulosos; estilo con nudo basal de c. 0.2 mm, las ramas c. 1 mm. Cipselas 1.4-2 mm, inconspicuamente anguladas, setosas distalmente; vilano de c. 40 cerdas, 3.5-5 mm. $2n = 22$. Floración mar.-may. *Bosques de neblina, bosques montanos.* Ch (Turner, 2014: 10). 900-2300 m. (México [Oaxaca], Mesoamérica).

Neurolaena oaxacana es ocasional en las laderas del Golfo en el noroeste de Oaxaca, pero no común al este del Istmo de Tehuantepec, donde esta se encuentra cerca de la frontera Chiapas-Oaxaca cerca del Cerro Baúl. Plantas ocasionales de *N. oaxacana* con hojas suprabasales y profundamente lobadas tienden también a tener cabezuelas anchamente campanuladas, proporcionalmente páleas y cerdas del vilano más largos, y limbo de la corolas radiadas 8-nervio. Tales plantas, sin embargo, caen dentro de los límites de *N. oaxacana* aunque parecen ser formas de crecimiento inusualmente vigorosas. Por las cabezuelas radiadas y corolas del disco setuloso-espiculíferas *N. oaxacana* se asemeja a *Schistocarpha* (Millerieae), la cual difiere más obviamente por sus hojas opuestas y corolas radiadas blancas.

6. Neurolaena schippii B.L. Rob., *Rhodora* 37: 62 (1935). Holotipo: Belice, *Schipp S-735* (foto MO! ex GH). Ilustr.: no se encontró.

Hierbas perennes ásperas, c. 2.7 m; tallos angulados, sórdidopilósulo-hirsutos, los tricomas c. 0.2 mm, patentes. Hojas pecioladas; láminas 15-45 × 4-10 cm, típicamente enteras, anchamente oblanceoladas, más ampliadas justo por encima del 1/2, delgadamente cartáceas, la nervadura pinnada, ligeramente reticulada, la superficie adaxial escabriúscula, la superficie abaxial esparcidamente sórdido-pilósula, también glandulosa, la base largamente atenuada y decurrente sobre el pecíolo, los márgenes inconspicuamente denticulados, el ápice acuminado; pecíolo 1-2 cm, angostamente alado distalmente desde la base atenuada de la lámina. Capitulescencia c. 25 cm de diámetro; pedúnculos 8-25 mm, sórdido-hirsutos con tricomas patentes. Cabezuelas 10-13 × 14-18 mm, discoides; involucro 8-11 mm, casi tan largo como las flores del disco, anchamente campanulado; filarios 4-seriados o 5-seriados, abruptamente graduando desde las series externas a las series mediales y las series internas; filarios externos lanceolados, herbáceos, subescuarrosos, patentes, sórdido-puberulentos, el ápice acuminado; filarios de las series mediales e internas triangular-ovados a ovado-oblongos, subglabros o ligeramente puberulentos, los márgenes muy angostamente escariosos, los ápices agudos; páleas c. 10 mm, casi tan largas como las flores del disco y las cabezuelas de este modo más o menos obviamente paleáceas, el ápice triangular, incurvado. Flores radiadas 0. Flores del disco 60-100, no exertas; corola 6-7 mm, angostamente infundibuliforme, amarilla, los lobos c. 0.6 mm, deltados. Cipselas c. 2 mm, inmaduras; vilano de 55-65 cerdas, c. 7 mm, pardo-rojizas. Floración mar. *Valles forestados.* 700-800 m. (Endémica.)

Turner (2014: 16, 21) registró *Neurolaena wendtii* B.L. Turner como conocida solo del tipo en la parte más sureste de Veracruz, muy cerca de la frontera Chiapas-Oaxaca. *Neurolaena wendtii* se caracteriza por las cabezuelas discoides con filarios externos lanceolados subescuarrosos sórdido-puberulentos, y como tal siguiendo la clave llegaría a *N. schippii*, similarmente con hojas grandes y cabezuelas moderadamente grandes. También *N. macrocephala* Sch. Bip. ex Hemsl. llega a *N. schippii* por la clave; está centrada en Veracruz y se caracteriza por sus filarios de las series mediales redondeados en el ápice y anchamente membranáceo-escariosos. Tanto *N. macrocephala* y *N. wendtii* como *N. schippii* se esperan tanto al norte de Chiapas como al norte de Guatemala.

XIX. Tribus ONOSERIDEAE Solbrig

[sin rango] *Onoseridae* Kunth, *Onoseridinae* Benth. et Hook. f.
Descripción de la tribu y clave genérica por J.F. Pruski.

Hierbas anuales o perennes, monoicas o rara vez dioicas hasta arbustos o arbolitos; tallos erectos o rastreros, no alados en Mesoamérica; follaje sin látex, cuando pubescente los tricomas simples y/o con punta glandular. Hojas simples o divididas, radicales o alternas, sésiles a largamente pecioladas; láminas lineares a suborbiculares, las superficies glabras o pubescentes, frecuentemente bicolores, enteras o dentadas, el pecíolo alado o no alado. Capitulescencia terminal, mayormente monocéfala, a veces corimbosa o rara vez paniculada. Cabezuelas de tamaño mediano, con 10-numerosas flores, bilabiado-radiadas y heterógamas y al menos algunas flores bilabiadas o a veces discoides y homógamas y las flores tubular-bilabiadas a subactinomorfas; corolas de colores vistosos (rojo, anaranjado, púrpura, rosado) pero a veces teñidas de púrpura; involucro turbinado a hemisférico; filarios linearlanceolados a ovados, en varias series, imbricados; clinanto sin páleas, alveolado, glabro a fimbriado a setoso o piloso. Flores marginales (cuando diferenciadas) estériles o pistiladas pero frecuentemente con estaminodios bien desarrollados y de apariencia bisexual; corola generalmente bilabiada, el labio interior bífido o entero en entonces la corola 3+2 o 3+1, rara vez 3+0, a veces tubular-bilabiada o subactinomorfa; estilo largamente exerto a través de los estaminodios, ligeramente papiloso abaxialmente, el ápice redondeado. Flores centrales bisexuales o a veces unisexuales, funcionalmente estaminadas o en *Lycoseris* a veces pistiladas y sin estaminodios; corola tubular y subactinomorfa (0+5) o tubular-bilabiada (3+2 o 1+4), corta a profundamente 5-lobada, frecuentemente más pálida que las flores marginales; anteras con tecas largamente caudadas, calcaradas, los filamentos a veces papilosos, el apéndice estrechándose, aplanado, el ápice agudo a truncado; polen prolato (rara vez esferoidal), microequinado; estilo largamente exerto a través de los estaminodios, ligeramente papiloso abaxialmente, el ápice redondeado. Cipselas cilíndricas o turbinadas a subfusiformes, sin rostro, 4-10-acostilladas, glabras a pubescentes; vilano de numerosas cerdas algo heteromorfas a similares (en largo y ancho), en 2-4 series. 7 gen. y aprox. 50 spp., mayormente en Sudamérica. 2 gen. y 7 spp. en Mesoamérica, 1 extendida hasta México.

Los géneros de Onoserideae han sido históricamente reconocidos dentro de Mutisieae (p. ej., Cassini, 1819b; Cabrera, 1977; Bremer, 1994). Solbrig (1963) validó la tribu Onoserideae, tratada anteriormente como subtribus Onoseridinae o sin rango como Onoseridae. Pruski (2004a, 2004b) restableció Nassauvieae de la sinonimia de Mutisieae, motivando a Panero y Funk (2007) a reconocer Onoserideae, que parece ser hermana de Mutisieae+Nassauvieae, y dentro del cual ellos trataron 6 géneros. Katinas et al. (2008) trataron a los géneros de Onoserideae en un concepto amplio de Mutisieae y en conjunto en la clave por las flores del disco comúnmente tubulares y las ramas del estilo papilosas. Recientemente Panero y Freire (2013) reconocieron Onoserideae con 7 géneros.

Bibliografía: Bremer, K. *Asteraceae Cladist. Classific.* 1-752 (1994). Cabrera, A.L. *Biol. Chem. Compositae* 2: 1039-1066 (1977). Cassini, H. *J. Phys. Chim. Hist. Nat. Arts* 88: 189-204 (1819). Katinas, L. et al. *Bot. Rev. (Lancaster)* 74: 469-716 (2008). Panero, J.L. y Freire. S.E.

Phytoneuron 2013-11: 1-5 (2013). Panero, J.L. y Funk, V.A. *Phytologia* 89: 356-360 (2007). Pruski, J.F. *Missouri Botanical Garden, Research: Asteraceae (Compositae)* (2004); *Sida* 21: 1225-1227 (2004). Solbrig, O.T. *Taxon* 12: 229-235 (1963).

1. Plantas dioicas; corolas típicamente anaranjadas; filamentos de las anteras glabros; estilo escasamente ensanchado en la base pero sin un nudo basal conspicuo; involucros campanulados a hemisféricos; láminas de las hojas no lobadas, 3-5(-7)-plinervias arriba de la base, los márgenes enteros a serrulados; pecíolos 0.2-1.1 cm, no alados. **221. Lycoseris**

1. Plantas monoicas; corolas rojas (rojo-purpúreas, rojo-rosadas, rojo-anaranjadas); filamentos de las anteras papilosos; estilo con un nudo basal conspicuo; involucros turbinados o en una especie angostamente campanulados; láminas de las hojas generalmente lirado-pinnatífidas o lirado-pinnatisectas, palmatinervias o al menos los lobos terminales más grandes palmatinervios, los márgenes irregularmente sinuado-dentados; bases peciolariformes frecuentemente aladas, c. 4 cm. **222. Onoseris**

221. Lycoseris Cass.
Diazeuxis D. Don

Por J. F. Pruski.

Arbustos o subarbustos trepadores a subescandentes, vistosos, dioicos; tallos subteretes, estriados, frecuentemente lanosos a araneoso-flocosos cuando jóvenes, tornándose glabros con la edad, los entrenudos subapicales generalmente más cortos que las hojas más largas. Hojas simples (no lobadas), alternas, sésiles o cortamente pecioladas; láminas lanceoladas u oblanceoladas a angostamente ovadas u obovadas, rígidamente cartáceas (Mesoamérica) a subcoriáceas, por lo general marcadamente 3-5(-7)-plinervias (nervadura camptódroma) por encima de la base (Mesoamérica) o rara vez pinnatinervias, las superficies no glandulosas, la superficie adaxial verde y glabra, la superficie abaxial frecuentemente blanco-tomentosa, la base a veces angostada en un subpecíolo no amplexicaule, los márgenes enteros a serrulados; pecíolo sin alas o ausente. Capitulescencia terminal, monocéfala a paucicéfala, las plantas estaminadas típicamente con más cabezuelas que las plantas pistiladas, las cabezuelas pedunculadas, algunas veces nutantes; pedúnculos robustos. Cabezuelas heterógamas (con las flores marginales estériles y las flores del disco fértiles), grandes, ovoides a globosas, unisexuales con numerosas flores, las cabezuelas pistiladas más grandes que las cabezuelas estaminadas; involucro campanulado a hemisférico; filarios graduados, pluriseriados, típicamente angostos, frecuentemente araneoso-pelosos, la cara adaxial (interna) generalmente glabra o algunas veces escabriúscula, erectos o reflexos (generalmente erectos o patentes en fruto), las series externas endureciéndose basalmente, algunas veces subherbáceas distalmente, las series internas más delgadas; clinanto aplanado, sin pálea, setuloso. Cabezuelas estaminadas radiadas o algunas veces largamente bilabiadas y subactinomorfas; flores marginales 1-seriadas, estériles pero generalmente con estaminodios, la corola radiada (3+0) o largamente bilabiada (3+1), el limbo exerto lateralmente, el ápice 3(4)-dentado, el labio interno (cuando presente) entero; flores del disco funcionalmente estaminadas, la corola subactinomorfa, infundibuliforme, brevemente 5-lobada, los lobos subiguales o algunas veces desiguales, erectos o flexuosos, las anteras parcialmente exertas, de color crema, los filamentos glabros, las tecas largamente caudadas basalmente, las colas libres y enteras, el apéndice de la antera alargado, agudo, el estilo entero y tornándose solo escasamente exerto, la base escasamente ensanchada, el ovario estéril. Cabezuelas disciformes pistiladas; flores marginales 1(2)-seriadas, típicamente estériles, la corola por lo general indistintamente filiforme-subradiada, el tubo filiforme-tubular, el limbo reducido, enrollado o muy escasamente patente, el ápice 3(4)-dentado, el ovario rudimentario; flores del disco pistiladas, estaminodios ausentes o rara vez presentes, la corola

filiforme-subactinomorfa, muy brevemente 5-lobada, el tubo filiforme-tubular, los lobos subiguales o algunas veces desiguales, el estilo filiforme, escasamente ensanchado basalmente pero sin un nudo basal conspicuo, las ramas cortamente ovadas, aplanadas, patentes, los márgenes papilosos, el ápice obtuso. Flores unisexuales; corola glabra, típicamente anaranjada (aunque a veces amarilla cuando seca), a veces amarillo-anaranjada o rojiza de hasta color violeta, las corolas de las flores marginales algunas veces más oscuras que las corolas del disco. Cipselas cilíndricas o algunas veces fusiformes, 5-10-acostilladas (las costillas frecuentemente anchas en la base, cada una algunas veces sulcada distalmente), pardo claro, glabras; vilano de numerosas cerdas escábridas pajizas, las cabezuelas estaminadas con menos (5-50) cerdas anchas en c. 2 series, más cortas que las corolas, las cabezuelas pistiladas con numerosas (c. 150) cerdas frágiles, pluriseriadas, angostas, algunas veces casi tan largas como las corolas. Aprox. 11 spp. Mesoamérica hasta Bolivia y Brasil (Mato Grosso).

Lycoseris y *Baccharis* son los únicos géneros constantemente dioicos en Mesoamérica, y Don (1830) cita *Lycoseris* [en *Diazeuxis*] como "sin duda el género más notable de toda la familia". El género sudamericano de Mutisiinae, *Chaetanthera*, es raramente dioico.

Lycoseris fue revisado por Egeröd y Ståhl (1991), quienes reconocieron 11 especies. *Lycoseris* es notable por la dioecia, las cabezuelas grandes generalmente con flores anaranjadas y la distribución frecuentemente en las regiones áridas, donde es una de las pocas Asteraceae que florecen durante los meses más secos del año.

Bibliografía: Egeröd, K. y Ståhl, B. *Nordic J. Bot.* 11: 549-574 (1991).

1. Superficie adaxial (interna) de los filarios escábrida. **3. L. triplinervia**
1. Superficie adaxial (interna) de los filarios glabra.
  2. Involucros de las cabezuelas pistiladas 13-20 mm de diámetro; márgenes de los filarios obviamente eroso-ciliolados, los ápices agudos a acuminados; láminas de las hojas en su mayoría 3-5-plinervias.
  1. L. crocata
  2. Involucros de las cabezuelas pistiladas 60-70 mm de diámetro; márgenes de los filarios no obviamente eroso-ciliolados, los filarios de las series medias de las cabezuelas pistiladas con ápices anchamente obtusos a redondeados; láminas de las hojas en su mayoría 5(-7)-plinervias.
  2. L. grandis

1. Lycoseris crocata (Bertol.) S.F. Blake, *Bull. Torrey Bot. Club* 53: 218 (1926). *Aster crocatus* Bertol., *Novi Comment. Acad. Sci. Inst. Bononiensis* 4: 434 (1840). Holotipo: Guatemala, *Velásquez s.n.* (BOLO). Ilustr.: Nash, *Fieldiana, Bot.* 24(12): 594, t. 139 (1976). N.v.: Santo Domingo, G.

Carduus cernuus Bertol. non (L.) Steud., *Lycoseris squarrosa* Benth.

Arbustos escandentes o arqueados, 1-5 m; tallos esparcidamente araneoso-pelosos a rápidamente glabrescentes. Hojas cortamente pecioladas; láminas 6-16 × 2.2-4.5 cm, lanceoladas a angostamente obovadas, 3-5-plinervias muy por encima de la base, el par distal de nervaduras laterales terminando cerca del ápice de la lámina, las superficies generalmente tornándose concoloras, nítidas, la superficie abaxial glabra o algunas veces esparcidamente araneoso-pelosa, la base cuneada a angostamente redondeada, los márgenes enteros o frecuentemente serrulados distalmente, el ápice acuminado; pecíolo 0.5-0.7 cm. Capitulescencia con 1-6-cabezuelas; pedúnculos 1-3.5 cm, las cabezuelas algunas veces subnutantes. Cabezuelas estaminadas 18-21 mm, radiadas o rara vez largamente bilabiadas y subactinomorfas; involucro 16-20 × 13-20 mm; filarios 4-6-seriados, c. 3-estriados, esparcidamente araneoso-pelosos cuando jóvenes a generalmente glabros, la superficie adaxial (interna) glabra, los márgenes por lo general obviamente eroso-ciliolados, el ápice agudo; los filarios externos 6.5-8 × 2-2.5 mm, lanceolado-ovados, reflexos en los 3-5 mm distales (en la antesis);

filarios internos 16-20 × 1.8-3.2 mm, linear-lanceolados a lanceolados, erectos; flores marginales con estaminodios y frecuentemente el estilo entero, la corola 16-21 mm, radiada o rara vez largamente bilabiada, el tubo y el limbo subiguales, el limbo 2.5-3 mm de diámetro, los dientes c. 0.5 mm; flores del disco: corola 11-12 mm, los lobos 1.5-2.5 mm, las anteras 7-8.5 mm, las colas c. 2.5 mm, los apéndices c. 2 mm; clinanto luego de la antesis hasta c. 6 mm de diámetro. Cabezuelas pistiladas 30-38(-45) mm; involucro 22-27(-35) × 23-39 mm; filarios 8-9-seriados, esparcidamente araneoso-pelosos cuando jóvenes a generalmente glabros, la superficie adaxial (interna) glabra, estriada distalmente, los márgenes por lo general obviamente eroso-ciliolados, el ápice agudo a acuminado; filarios externos 12-15 × 4-5.5 mm, triangular-lanceolados, reflexos en los 4-9 mm distales (en la máxima floración); filarios internos 22-27(-35) × 2.8-4 mm, linear-lanceolados a angostamente ovados, erectos; flores marginales: corola 18-20 mm, indistintamente tubular-subradiada, el limbo 3.5-5 × 1-2 mm, ascendente a recurvado, los dientes c. 0.5 mm, subiguales, triangulares; flores del disco: corola 18-20 mm, los lobos 1-1.3 mm, el estilo exerto 3-4 mm, las ramas c. 1 mm; clinanto luego de la fructificación hasta c. 20 mm de diámetro. Cipselas 5-11 mm; cerdas del vilano en las cabezuelas estaminadas 10-12 mm, en las cabezuelas pistiladas c. 15 mm. Floración (nov.)dic.-mar. (jun., ago.). *Selvas caducifolias, áreas rocosas, bosques de* Pinus-Quercus, *orillas de caminos, vegetación secundaria, riberas, matorrales.* B (Nash, 1976g: 434); G (*Deam 326*, MO); H (*Harmon y Dwyer 3932*, MO); ES (Egeröd y Ståhl, 1991: 570); N (*Baker 2316*, MO); CR (*Khan et al. 864*, MO); P (*Hunter y Allen 434*, NY). 0-600 m. (Mesoamérica, Colombia.)

2. Lycoseris grandis Benth., *Vidensk. Meddel. Dansk Naturhist. Foren. Kjøbenhavn* 1852: 111 (1853). Holotipo: Costa Rica, *Oersted 107* (foto MO! ex K). Ilustr.: Egeröd y Ståhl, *Nordic J. Bot.* 11: 570, t. 18 (1991).

Lycoseris macrocephala Greenm.

Subarbustos escandentes, 1-2.5 m; tallos esparcidamente araneoso-pelosos a subglabrescentes. Hojas cortamente pecioladas; láminas (6-)9-22 × 2-9.5 cm, elíptico-lanceoladas a elípticas, en su mayoría 5(-7)-plinervias muy por encima de la base, el par distal de nervaduras laterales terminando cerca del ápice de la lámina, superficies generalmente concoloras, la superficie abaxial laxamente araneoso-pelosa a glabra, la base cuneada a subtruncada, los márgenes serrulados, el ápice agudo; pecíolo 0.2-0.4(-0.5) cm. Capitulescencia con 1-4 cabezuelas; pedúnculos 1-3 cm. Cabezuelas estaminadas 20-26 mm, radiadas; involucro 15-24 × 19-30 mm; filarios 4-5-seriados, adpresos o los externos algunas veces patentes, araneoso-lanuginosos distalmente, los márgenes por lo general no obviamente eroso-ciliolados, la superficie adaxial (interna) glabra, el ápice agudo a obtuso; filarios externos 8-12 × 2-3 mm, triangular-lanceolados a lanceolados, subherbáceos distalmente; filarios internos 15-24 × 2-2.5 mm, espatulados a linear-lanceolados, 3-estriados distalmente; flores marginales frecuentemente con el estilo alargado sin ramificar y algunas veces unos pocos estaminodios cortos, la corola 22-29 mm, radiada, el tubo y el limbo subiguales, el limbo 2.5-3 mm de diámetro, los dientes c. 0.5(-1.5) mm; flores del disco: corola 16-17 mm, los lobos 2.5-3 mm, las anteras 8-10 mm, las colas, las tecas y los apéndices todos subiguales. Cabezuelas pistiladas 40-60 mm; involucro 33-40 × 60-70 mm diámetro; filarios 6-8-seriados, adpresos o algunas veces patentes, indistintamente pluriestriados, araneoso-lanuginosos distalmente, los márgenes por lo general no obviamente eroso-ciliolados, la superficie adaxial (interna) glabra; filarios externos 10-15 × 2-5 mm, lanceolado-oblongos, algunas veces desplazados lateralmente en el fruto maduro (o prensados en el) pero los ápices no típicamente recurvados, subherbáceos u oscurecidos distalmente, el ápice agudo a obtuso; filarios de las series medias 25-30 × 6-7 mm, espatulados, el ápice anchamente obtuso a redondeado; filarios internos 33-40 × 2-4 mm, linear-lanceolados a lanceolados, el ápice agudo; flores marginales: corola 27-38 mm, indistintamente tubular-

subradiada, el limbo 4.5-7 × 1-2 mm, ascendente a recurvado, los dientes 1-2 mm, desiguales; flores del disco: corola 24-35 mm, los lobos 1.1-1.9 mm, el estilo exerto hasta 5 mm, los c. 2 mm basales escasamente ensanchados, las ramas c. 0.5 mm. Cipselas c. 10 mm; cerdas del vilano en las cabezuelas estaminadas 10-13 mm, en las cabezuelas pistiladas 25-34 mm. Floración nov.-abr. *Selvas caducifolias, orillas de ríos, vegetación secundaria, orillas de caminos.* CR (*Zamora et al. 2095*, MO). 0-900 m. (Endémica.)

Lycoseris grandis solo se conoce de la vertiente del Pacífico en el centro y norte de Costa Rica.

3. Lycoseris triplinervia Less., *Linnaea* 5: 257 (1830). Holotipo: Colombia, *Rohr 27* (microficha MO! ex C). Ilustr.: Pruski, *Fl. Venez. Guayana* 3: 310, t. 258 (1997).

Diazeuxis latifolia D. Don, *Lycoseris latifolia* (D. Don) Benth., *L. oblongifolia* Rusby.

Arbustos escandentes a trepadores, 1-6 m; tallos araneoso-lanosos a flocosos. Hojas cortamente pecioladas; láminas 6-16 × 2-5.3 cm, lanceoladas a angostamente ovadas, 3-plinervias muy por encima de la base, el par de nervaduras laterales arqueadas terminando cerca del ápice de la lámina, las superficies siempre discoloras, la superficie abaxial persistentemente blanco-tomentosa, la base atenuada o cuneada, algunas veces obtusa, los márgenes típicamente enteros o subenteros y escasamente revolutos, el ápice acuminado a atenuado; pecíolo 0.5-1.1 cm. Capitulescencia con 1-3 cabezuelas; pedúnculos 1-3 cm. Cabezuelas estaminadas 18-26 mm, radiadas o rara vez largamente bilabiadas y subactinomorfas; involucro 15-20 × 15-22(-30) mm; filarios 4-6-seriados, adpresos y erectos, generalmente 3-estriados, lanosos a araneoso-pelosos proximalmente, la superficie adaxial (interna) escabriúscula, los márgenes por lo general obviamente eroso-ciliolados, el ápice agudo a acuminado; filarios externos 5-8 × 1.5-2.5 mm, triangular-lanceolados; filarios internos 15-20 × 1.5-2 mm, lanceolados; flores marginales generalmente con estaminodios reducidos y frecuentemente el estilo no ramificado, la corola 16-19 mm, radiada o algunas veces largamente bilabiada, el tubo y el limbo subiguales, el limbo 2.5-3 mm de diámetro, los dientes c. 0.5-1.5 mm, subiguales a desiguales, el labio interno (cuando presente) generalmente 4-5 mm, más largo que el estilo; flores del disco: corola 12-14 mm, los lobos 1.5-3(-3.5) mm, escasamente desiguales, las anteras c. 7 mm; clinanto luego de la antesis c. 10 mm de diámetro. Cabezuelas pistiladas 30-40(-50) mm; involucro 20-32 × 30-45 mm; filarios 8-9-seriados, adpresos y erectos, indistintamente pluriestriados, lanosos a araneoso-pelosos proximalmente, la superficie adaxial (interna) escabriúscula, los márgenes por lo general obviamente eroso-ciliolados, el ápice agudo a acuminado; filarios externos 7-13 × 4-5.5 mm, triangular-lanceolados; filarios internos 20-32 × 1-3 mm, linear-lanceolados a lanceolados; flores marginales: corola 18-23 mm, indistintamente tubular-subradiada o tubular y bilabiada, el limbo 5-8 × 1-2 mm, algunas veces casi lobado hasta la base, ascendente a recurvado, los dientes 1.5-2(-5) mm, subiguales a desiguales, lanceolados, el labio interno (cuando presente) generalmente 4-6 mm; flores del disco: corola 18-22 mm, los lobos 1.2-2 mm, el estilo exerto c. 4 mm, las ramas 1-1.5 mm; clinanto luego de la fructificación c. 25 mm de diámetro. Cipselas 8.5-9 mm, fusiformes; cerdas del vilano en las cabezuelas estaminadas 11-13 mm, algunas veces escasamente claviformes distalmente, en las cabezuelas pistiladas 14-20 mm. Floración (nov.)dic.-mar.(abr.). *Barrancos, márgenes de selvas, vegetación secundaria, sabanas, matorrales.* P (*Johnston 1333A*, MO). 0-100 m. (Mesoamérica, Colombia, Venezuela.)

Egeröd y Ståhl (1991) describieron los márgenes foliares de *Lycoseris triplinervia* como serrulados, pero se los encuentra típicamente enteros o casi enteros. *Lycoseris triplinervia* es similar a *L. trinervis* (D. Don) S.F. Blake, y erróneamente identificada como esa especie andina que tiene las hojas 5-plinervias y la base más ancha. Los ejemplares del noroeste de Panamá previamente identificados como *L. triplinervia* han sido en su mayoría identificados como *L. crocata*.

222. Onoseris Willd.

Caloseris Benth., *Centroclinium* D. Don, *Chaetachlaena* D. Don,
Chucoa Cabrera, *Cladoseris* (Less.) Less. ex Spach, *Cursonia* Nutt.,
Hipposeris Cass., *Isotypus* Kunth, *Onoseris* Willd. sect. *Cladoseris*
Less., *O.* subg. *Cladoseris* (Less.) Less., *O.* sect. *Hipposeris* (Cass.)
Less., *O.* subg. *Hipposeris* (Cass.) Less., *Pereziopsis* J.M. Coult.,
Rhodoseris Turcz., *Schaetzellia* Klotzch, *Seris* Willd.

Por J.F. Pruski.

Hierbas anuales o perennes vistosas a arbolitos o bejucos, monoicos; tallos con hojas en su mayoría basales hasta la mitad del tallo, en Mesoamérica con tallo y nunca arrosetadas, erectos a trepadores o rastreros, simples debajo de la capitulescencia (Mesoamérica) a ramificados, sin alas, lanosos o tomentosos; follaje con tricomas simples y algunas veces también heterótricos con tricomas alargados patentes estipitado-glandulares (especialmente en hábitats secos). Hojas simples o pinnatipartidas (frecuentemente descritas como simples con el pecíolo lobulado), radicales o alternas, sésiles o largamente pecioladas (en Mesoamérica la base peciolariforme de más de 4 cm); láminas lineares a hastadas, ovadas u obovadas, cuando pinnatilobadas típicamente con un lobo terminal muy grande (similar a la lámina de las hojas simples) y algunos lobos proximales más pequeños por lado disminuyendo de tamaño proximalmente, palmatinervias o cuando pinnatilobadas al menos el lobo terminal palmatinervio y los lobos proximales pinnatinervios (Mesoamérica) o en Sudamérica la nervadura pinnada y las hojas no lobadas, las superficies generalmente bicolores, la superficie adaxial por lo general laxamente araneosa a glabrescente, ocasionalmente araneoso-lanuginosa, la superficie abaxial araneosa a lanosa o tomentosa, los márgenes irregularmente sinuado-dentados (Mesoamérica) a enteros; pecíolo o la base peciolariforme (frecuentemente descrita como pecíolo lobulado), frecuentemente alado, las especies pinnatilobadas frecuentemente graduando a la lámina de la hoja. Capitulescencia terminal, no foliosa, corimbosa o paniculada (Mesoamérica) a monocéfala (algunas veces escapífera); pedúnculos en su mayoría bracteolados distalmente. Cabezuelas homógamas, bilabiado-tubulares (frecuentemente descritas como discoides) a más generalmente heterógamas (largamente bilabiadas y subactinomorfas o largamente bilabiadas y tubulares y bilabiadas); involucro turbinado a campanulado o hemisférico; filarios uniformemente graduados, 4-12-seriados, frecuentemente patentes lateralmente a reflexos luego de la fructificación, linear-lanceolados o lanceolados (Mesoamérica) a elíptico-lanceolados o algunas veces ovados, frecuentemente purpúreos en parte, el ápice angostamente agudo o atenuado (Mesoamérica) a largamente atenuado; clinanto aplanado, sin páleas, glabro o fimbriado a setoso o piloso. Flores homógamas a más generalmente heterógamas; corolas generalmente dimorfas, largamente bilabiadas, tubular-bilabiadas, y/o subactinomorfas, las corolas marginales en su mayoría rojo-rosadas, rojizas o purpúreas, las centrales rosadas o generalmente amarillentas. Flores marginales (generalmente presentes) 1-seriadas, pistiladas pero frecuentemente con estaminodios bien desarrollados y frecuentemente con apariencia bisexual; corola largamente bilabiada (3+1), el labio externo alargado y frecuentemente exerto del involucro, abaxialmente subglabro a araneoso-peloso, el ápice 3-denticulado, el labio interno linear, bífido o entero; estilo generalmente bien exerto entre los estaminodios. Flores centrales bisexuales; corola subactinomorfa (0+5) o tubular-bilabiada (3+2 o 1+4), el tubo frecuentemente ruguloso-estriado, la garganta angosta, los lobos subiguales o desiguales, cuando tubular y bilabiada generalmente con 3 o 4 lobos subiguales abaxiales y 2 o 1 lobos adaxiales (internos) obviamente más largos (más profundamente incisos) que los lobos abaxiales, erectos o recurvados; filamentos de las anteras papilosos en especial proximalmente, las tecas largamente caudadas, las colas lisas o papilosas, el apéndice apical alargado, agudo; estilo con un nudo basal bulboso conspicuo, las ramas anchamente oblongas pero de apariencia cortamente ovada, proximalmente conniventes la mayor parte de su longitud,

generalmente papilosas abaxialmente o algunas veces lisas, el ápice obtuso. Cipselas cilíndricas a subfusiformes, sin rostro pero algunas veces angostadas apicalmente, parduscas, 4-6-acostilladas, glabras o pelosas, los tricomas gemelos alargados, delgados, finos, de punta aguda; carpóforo bulboso, pajizo; vilano de numerosas cerdas capilares escábridas, las cerdas subiguales y típicamente isomorfas, ocasionalmente algunas con la punta claviforme. $x = 9$. Aprox. 33 spp. América tropical, cerca de la mitad de las especies endémicas de Perú.

Onoseris fue revisado por Ferreyra (1944) quien reconoció 25 especies. Sancho (2004) trató las cuatro especies mesoamericanas como miembros de *O.* subg. *Onoseris*, debido a los tallos simples (por debajo de la capitulescencia), las capitulescencias corimbiformes a paniculadas y las hojas anchas típicamente lirado-pinnatífidas con un lobo terminal palmatilobado. *Onoseris* subg. *Hipposeris* es estrictamente sudamericano y se compone de especies con las hojas estrechas y simples y las nervaduras pinnadas. Los sinónimos genéricos *Isotypus*, *Caloseris*, *Rhodoseris*, *Schaetzellia* y *Seris* están tipificados por la especie mesoamericana *O. onoseroides* (o uno de sus sinónimos taxonómicos) y el sinónimo *Pereziopsis* está tipificado por el basiónimo de la especie mesoamericana *O. donnell-smithii* .

Onoseris costaricensis, *O. donnell-smithii* y *O. onoseroides* son las únicas especies de *Onoseris* con cabezuelas tubular-bilabiadas sin limbos de la corola radiantes y solo con flores bisexuales, homógamas e isomorfas. Estas tres especies se consideran por lo tanto estrechamente emparentadas. *Onoseris silvatica* se parece más a las especies sudamericanas *O. fraterna* S.F. Blake y *O. peruviana* Ferreyra y, en la clave de especies de Ferreyra (1944), se encuentra al lado de esas. *Onoseris onoseroides* y *O. silvatica* son las únicas especies del género que se encuentran en Centroamérica y Sudamérica.

Aunque las especies mesoamericanas suelen tener las hojas lirado-pinnatífidas (frecuentemente descritas como simples con un pecíolo lobulado), individuos de cada especie en ocasiones tienen algunas hojas no divididas. Las capitulescencias de las especies mesoamericanas son muy grandes y a menudo cuentan por aproximadamente 1/3 de la altura de toda la planta. Ferreyra (1944) midió las ramas del estilo de las especies mesoamericanas como 3.5-5.5 mm, pero los c. 3/4 proximales de las ramas son típicamente conniventes. Aquí se da la longitud de los ápices libres de las ramas del estilo como 0.5-1 mm.

Bibliografía: Ferreyra, R. *J. Arnold Arbor.* 25: 349-395 (1944). Greenman, J.M. *Proc. Amer. Acad. Arts* 41: 235-270 (1906 [1905]). Sancho, G. *Syst. Bot.* 29: 432-447 (2004).

1. Cabezuelas largamente bilabiadas y subactinomorfas, con (19-)25-45 flores; flores dimorfas, flores marginales con los labios abaxiales de la corola largamente bilabiados y 3-denticulados con dientes 0.3-0.6 mm, las flores centrales subactinomorfas. **4. O. silvatica**
1. Cabezuelas bilabiado-tubulares, con 10-15 flores; flores isomorfas, las corolas bilabiado-tubulares con los 4 lobos abaxiales 1.6-3(-4) mm.
  2. Cabezuelas 18-22 mm; filarios en su mayoría blanco-grises; lobos adaxiales más largos de la corola 5-6(-7) mm. **1. O. costaricensis**
  2. Cabezuelas 22-35 mm; filarios en su mayoría de apariencia purpúrea; lobos adaxiales más largos de la corola 9-12 mm.
    3. Pedúnculos y filarios estipitado-glandulosos, los filarios con c. 15 tricomas estipitado-glandulosos por mm², esparcidos tanto en la zona media como en los márgenes. **2. O. donnell-smithii**
    3. Pedúnculos y filarios típicamente no estipitado-glandulosos, los filarios rara vez con hasta 10 tricomas estipitado-glandulares por mm², frecuentemente restringidos a las zonas medias o en las líneas cerca de las zonas medias. **3. O. onoseroides**

1. Onoseris costaricensis Ferreyra, *J. Arnold Arbor.* 25: 367 (1944). Holotipo: Costa Rica, *Brenes 6520* (F!). Ilustr.: Ferreyra, *J. Arnold Arbor.* 25: t. 2, f. 13-18 (1944).

Hierbas robustas a arbolitos, perennes, 1-6 m; tallos erectos, grisáceo-lanuginosos, algunas veces heterótricos con papilas esparcidas distalmente o tricomas patentes cerca de los nudos proximales, las hojas algo agregadas a lo largo del tallo. Hojas 11-50 cm, las hojas más grandes simples y triangular-sagitadas o generalmente todas las hojas lirado-pinnatífidas con la base alada peciolariforme; lobo terminal 6-22 × 5-28 cm, c. 1/2 de la longitud de la hoja y generalmente al menos el doble de la longitud de los lobos proximales, triangular-sagitado, 3(-5)-plinervio desde la base, la superficie adaxial laxamente araneoso-pelosa, también diminutamente hirsútulo a lo largo de las nervaduras, la superficie abaxial grisáceo-tomentosa, los márgenes irregularmente sinuado-dentados; lobos proximales 2-4(-10) por lado, 1-11 cm, elípticos; raquis 0.3-0.7 de diámetro; base peciolariforme 5-28 cm, algunas veces variadamente lobada basalmente. Capitulescencia corimboso-paniculada, con 27-45 cabezuelas, las ramas laterales (6-)12-18 cm, paucicéfalas a pluricéfalas, la última porción de las ramas con (5-)9-13 cabezuelas; pedúnculos 0.5-4 cm; bractéolas 2-5 mm, subuladas. Cabezuelas 18-22 mm, homógamas, tubulares y bilabiadas, con 10-15 flores; involucro 16-21 × 6-10 mm, turbinado a anchamente turbinado; filarios 4-5-seriados, frecuentemente blanco-grises, araneoso-tomentosos, la zona media algunas veces visible a través del indumento pero generalmente no verde; filarios externos 3-6 × 0.5-1.5 mm; filarios internos 16-21 × 1.2-2 mm; clinanto setoso, las setas 0.5-0.8 mm. Flores isomorfas, bilabiado-tubulares (4+1), homógamas, bisexuales; corola 14-18 mm, rojo-rosada, en su mayoría completamente glabra o los lobos algunas veces papilosos, el tubo y la garganta obviamente mucho más largos que los 4 lobos abaxiales, los lobos lanceolados, erectos, los 4 lobos abaxiales 1.6-2.5 mm, el lobo adaxial más largo 5-6(-7) mm; anteras 10.5-12 mm, las colas 3-4 mm; base del estilo c. 0.6 mm de diámetro, los ápices libres de las ramas c. 0.5 mm. Cipselas 3-6 mm, seríceas; vilano 13-15 mm. Floración dic.-feb. *Márgenes de selvas, orillas de caminos, bordes de bosques.* CR (*Khan et al. 196,* MO). (500-)800-1500 m. (Endémica.)

El holotipo está numerado *Brenes 6520* (*378*), mientras que un presunto isotipo en NY como *Brenes 378* (*6520*).

2. Onoseris donnell-smithii (J.M. Coult.) Ferreyra, *J. Arnold Arbor.* 25: 368 (1944). *Pereziopsis donnell-smithii* J.M. Coult., *Bot. Gaz.* 20: 53 (1895). Isotipo: Guatemala, *Heyde y Lux 4527* (NY!). Ilustr.: Coulter, *Bot. Gaz.* 20: t. 6 (1895), como *P. donnell-smithii.* N.v.: Papelillio, papelillo, ES.

Hierbas perennes robustas a arbolitos, 0.5-4 m; tallos erectos, grisáceo-lanuginosos, con las hojas agregadas en la punta distal del tallo. Hojas 10-52(-81) cm, algunas de las hojas más grandes simples y triangular-sagitadas a cordiformes, la mayoría de hojas lirado-pinnatífidas; lobo terminal 6-25(-33) × 6.5-30(-36) cm, c. 1/3-1/2 de la longitud de la hoja y generalmente al menos el doble de la longitud de los lobos proximales, triangular-sagitado a cordiforme, 3(-5)-plinervio desde la base, la superficie adaxial araneoso-lanuginoso a laxamente araneoso-pelosa, la superficie abaxial grisáceo-tomentosa, los márgenes irregularmente sinuado-dentados; lobos proximales 1 o 2 por lado, 2.5-8(-15) cm, elípticos; raquis 0.5-0.8 cm de diámetro, algunas veces casi no alado; base peciolariforme 4-27(-48) cm. Capitulescencia corimboso-paniculada, con 9-30(-70) cabezuelas, las ramas laterales 5-35 cm, paucicéfalas a pluricéfalas, la última porción de las ramitas con (3-)5-13 cabezuelas; pedúnculos 0.5-5 cm, heterótricos, grisáceo-lanuginosos y densamente purpúreo y estipitado-glandulosos, con delgados tricomas estipitado-glandulares 0.2-0.5 mm y exertos del indumento lanuginoso-subadpreso; bractéolas 2-4 mm, subuladas, frecuentemente estipitado-glandulosas pero por lo demás en su mayoría subglabras. Cabezuelas 25-35 mm, homógamas, tubulares y bilabiadas, con 10-12(-15) flores; involucro 22-30 × 7-15 mm, turbinado; filarios 5-7-seriados, decurrentes sobre el pedúnculo, frecuentemente de apariencia purpúreos, heterótricos, tomentulosos tornándose glabrescentes, también purpúreo estipitado-glandulosos, los tricomas estipitado-glandulares c. 0.2 mm, delgados, erectos pero algunas veces aplastados como si fueran adpresos, c. 15 tricomas estipitado-glandulares esparcidos (en la zona

media y los márgenes) por mm²; filarios externos 4-7 × 1-1.5 mm; filarios internos 22-30 × 1.2-1.8 mm; clinanto setoso, las setas 0.2-0.6 mm. Flores isomorfas, bilabiado-tubulares (4+1), homógamas, bisexuales; corola 20-23 mm, roja, glabra proximalmente, generalmente papilosa distalmente, el tubo y la garganta obviamente más largos que los 4 lobos abaxiales, los lobos lanceolados, erectos, los 4 lobos abaxiales 2-2.7(-4) mm, subiguales o el lateral o los laterales escasamente desiguales, el lobo adaxial interno más largo 9-10 mm; anteras 13.5-16 mm, las colas 4.3-4.8 mm; base del estilo c. 0.9 mm de diámetro, los ápices libres de las ramas 0.5-0.9 mm. Cipselas 5.5-9 mm, seríceas; vilano 14-16 mm. Floración ene.-feb. *Matorrales, en cultivos, selvas bajas, vegetación secundaria.* G (*Heyde y Lux 4527*, NY); ES (*Standley 19701*, MO). 500-1100 m. (Endémica.)

Onoseris donnell-smithii es aceptado básicamente como un segregado regional estipitado-glanduloso de *O. onoseroides.* Algunos ejemplares de *O. onoseroides* pueden tener los filarios o los pedúnculos ligeramente estipitado-glandulosos, pero nunca los filarios y los pedúnculos tan densamente estipitado-glandulosos como en *O. donnell-smithii.*

Varias especies de *Onoseris* típicamente no glandulosas pueden, de vez en cuando, ser estipitado-glandulosas, pero nunca tanto como para poner en duda los límites de las especies. Por lo tanto, se distinguen básicamente *O. donnell-smithii* y *O. onoseroides* como lo hizo Ferreyra (1944), y se utiliza como caracteres útiles el número de tricomas estipitado-glandulares por mm² en los filarios y la presencia o ausencia de tricomas estipitado-glandulares en pedúnculos y bractéolas. Aunque esta tratamiento se basa en la monografía de Ferreyra (1944) para los conceptos de especie y la sinonimia, cabe señalar que Greenman (1906 [1905]) utilizó el nombre *O. rupestris* (con *Pereziopsis donnell-smithii* como sinónimo) para el material heterótrico. No se ha estudiado el tipo del nombre dado por Bentham (dado más abajo bajo la sinonimia de *O. onoseroides*) que tiene prioridad nomenclatural sobre *O. donnell-smithii.*

3. Onoseris onoseroides (Kunth) B.L. Rob., *Proc. Amer. Acad. Arts* 49: 514 (1914 [1913]). *Isotypus onoseroides* Kunth in Humb., Bonpl. et Kunth, *Nov. Gen. Sp.* folio ed. 4: 9 (1820 [1818]). Holotipo: Venezuela, *Humboldt y Bonpland s.n.* (microficha MO! ex P-Bonpl.). Ilustr.: Nash, *Fieldiana, Bot.* 24(12): 595, t. 140 (1976). N.v.: Algodoncillo, papelillo, H.

Caloseris rupestris Benth., *Onoseris conspicua* (Turcz.) Greenm., *O. isotypus* Benth. et Hook. f., *O. paniculata* Klatt, *O. rupestris* (Benth.) Greenm., *Rhodoseris conspicua* Turcz., *Schaetzellia deckeri* Klotzsch, *Seris conspicua* (Turcz.) Kuntze, *S. onoseroides* (Kunth) Willd. ex Spreng., *S. rupestris* (Benth.) Kuntze.

Hierbas perennes toscas a arbustos, (0.7-)1-3(-5) m; tallos erectos, grisáceo-lanuginosos, las hojas en su mayoría cercanamente espaciadas proximalmente. Hojas (15-)20-60(-80) cm, algunas hojas simples y triangular-sagitadas a cordiformes, la mayoría de las hojas lirado-pinnatífidas; lobo terminal 10-30 × 12-30 cm, 1/3-1/2 de la longitud de la hoja y generalmente al menos dos veces tan largo como los lobos proximales, triangular-sagitado o cordiforme a anchamente ovado, 3-5-plinervio desde la base, la superficie adaxial laxamente araneoso-pelosa a más generalmente glabrescente, la superficie abaxial grisáceo-tomentosa, los márgenes irregularmente sinuado-dentados; lobos proximales 1-4 por lado, 4-20 cm, elípticos a ovados, la base sésil a obviamente peciolada con peciólulo 0.5-4 cm, los márgenes irregularmente dentados a algunas veces secundariamente lobados con los lóbulos hasta 2 cm; raquis 0.4-0.8 cm de diámetro, algunas veces casi no alado; base peciolariforme (5-)10-30(-50) cm. Capitulescencia hasta 1.5 m, paniculada, con (15-)50-200 cabezuelas, las ramas laterales generalmente (10-)15-30(-40) cm, pluricéfalas, la última porción de las cabezuelas largamente pedunculada y algunas veces nutante; pedúnculos 0.5-5(-15) cm, grisáceo-lanuginosos, típicamente no estipitado-glandulosos, rara vez con algunos tricomas estipitado-glandulares; bractéolas 2-8 mm, subuladas, tornándose glabrescentes. Cabezuelas

22-35 mm, homógamas, bilabiado-tubulares, con 4-11 flores; involucro (15-)18-28 × 6-14 mm, turbinado a anchamente turbinado; filarios 5-8-seriados, algunos escasamente decurrentes sobre el pedúnculo o graduando a bractéolas, en su mayoría purpúreos con márgenes proximales pajizos, glabrescentes a frecuentemente tomentulosos basal o lateralmente, típicamente no estipitado-glandulosos, rara vez con c.10 tricomas estipitado-glandulares por mm² restringidos a la zona media o a la línea que bordea la zona media; filarios externos 3-7 × 1-1.6 mm; filarios internos (15-)18-28 × 1.2-1.8 mm; clinanto setoso, las setas 0.3-1 mm. Flores isomorfas, bilabiado-tubulares (4+1), homógamas, bisexuales; corola (15-)18-25 mm, rojo-rosada a rojo-anaranjada, en su mayoría glabra proximalmente, algunas veces papilosa distalmente, el tubo y la garganta mucho más largos que los 4 lobos abaxiales, los lobos lanceolados, erectos, los 4 lobos abaxiales 1.6-3(-4) mm, el lobo interno adaxial más largo 9-12 mm; anteras 12-15 mm, las colas 3.5-4.5 mm; base del estilo c. 0.8 mm de diámetro, los ápices libres de las ramas 0.5-1 mm. Cipselas 5-10 mm, setosas, frecuentemente angostadas apicalmente; vilano 15-18 mm. Floración nov.-may., jul. *Barrancos, selvas caducifolias, selvas medianas perennifolias, bancos de ríos, orillas de caminos, vegetación secundaria, laderas.* Ch (*Breedlove 23997*, MO); B (*Gentle 2356*, NY); G (*Steyermark 31283*, NY); H (*Molina R. et al. 31451*, MO); ES (*Montalvo 4050*, MO); N (*Moreno y Sandino 7914*, MO); CR (*Grayum et al. 11204*, MO); P (*Brother Maurice 850*, MO). 200-1600(-1800) m. (México, Mesoamérica, Colombia, Venezuela.)

4. Onoseris silvatica Greenm., *Proc. Amer. Acad. Arts* 40: 51 (1905 [1904]). Lectotipo (designado por Ferreyra, 1944): Costa Rica, *Pittier 1622* (foto MO! ex GH). Ilustr.: Ferreyra, *J. Arnold Arbor.* 25: t. 4, f. 1-6 (1944).

Hierbas perennes robustas a subarbustos, 0.5-2(-3) m; tallos erectos o subescandentes, grisáceo-lanuginosos, agregado-foliosos hasta casi la mitad del tallo. Hojas 10-60 cm, simples y triangular-sagitadas o lirado-pinnatisectas con la base alada peciolariforme; lobo terminal 6-30 × 4-30 cm, 1/3-1/2 de la longitud de la hoja y generalmente al menos tres veces más largo que los lobos proximales, triangular-sagitado, 3-5-plinervio desde la base, la superficie adaxial laxamente araneoso-pelosa a glabrescente, la superficie abaxial grisáceo-tomentosa, los márgenes irregularmente sinuado-dentados; lobos proximales 1-6(-10) por lado, 1.5-8 cm, elípticos; raquis 0.2-1.5 cm de diámetro; base peciolariforme 4-30 cm, algunas veces diminutamente lobulada basalmente. Capitulescencia corimbosa, con 6-21(-45) cabezuelas, generalmente varias de las ramas laterales monocéfalas, las últimas ramas con 2-5 cabezuelas; pedúnculos (3-)6-15(-20) cm; bractéolas 4-8 mm, subuladas. Cabezuelas 20-26(-30) mm, heterógamas, largamente bilabiadas y subactinomorfas, con (19-)25-45 flores; involucro 15-21(-25) × 12-22 mm, anchamente turbinado a angostamente campanulado; filarios 4-6-seriados, araneoso-tomentosos frecuentemente con verde en la zona media, la zona media algunas veces glabra o papilosa (subestipitado-glandulosa), cuando la zona media es glabra, los filarios son de apariencia longitudinalmente rayada; filarios externos 3-5 × 0.5-1.5 mm; filarios internos 15-21(-25) × 2.5-3.4 mm; clinanto setoso, las setas c. 0.6 mm. Flores heterógamas, dimorfas. Flores marginales c. 12, largamente bilabiadas, pistiladas con estaminodios bien desarrollados; corola 18-22 mm, c. 4 mm más larga que las cerdas del vilano, rojo-purpúrea, el tubo y la garganta diminuta 6-8 mm, el labio externo 12-14 × 1.5-2.5 mm, mucho más largo que el tubo y la garganta, subglabro y nunca araneoso-peloso abaxialmente, c. 6-nervio, con un labio abaxial 3-denticulado, los dientes 0.3-0.6 mm, el labio interno adaxial 9-11 mm, generalmente entero, erecto con ápice enrollado. Flores centrales subactinomorfas, bisexuales; corola 15-19 mm, rojo-rosada, glabra, el tubo y la garganta obviamente más largos que todos los lobos, los lobos 1.9-2.5 mm, subiguales, lanceolados, erectos; anteras 9.5-11 mm, las colas 3-4 mm; base del estilo c. 0.7 mm de diámetro, ápices libres de las ramas c. 0.6 mm. Cipselas 2.5-4.5(-8) mm, seríceo-estrigosas; vilano 14-16 mm. Floración dic.-mar. *Claros en selvas, barrancos, márgenes de ríos.* N (*Castro 2245*, MO); CR (*Solís 533*, MO); P (*Sytsma y D'Arcy 3423*, MO). 50-1000 m. (Mesoamérica, Colombia.)

Ferreyra (1944) excluyó de *Onoseris silvatica* al ejemplar *Pittier 3312*, un sintipo de la misma y lo identificó como un paratipo de la especie que acababa de describir, *O. costaricensis*. Las cabezuelas de *O. silvatica* son visitadas por colibríes. *Onoseris silvatica* tiene las corolas de las flores marginales y centrales homócromas (aquellas del centro algunas veces más pálidas), mientras que la mayoría de especies heterógamas son heterócromas con las flores centrales con corolas amarillentas.

XX. Tribus **PERITYLEAE** B.G. Baldwin
Amauriinae Rydb., *Peritylinae* Rydb.
Descripción de la tribus y clave genérica por J.F. Pruski.

Hierbas anuales o perennes a frecuentemente arbustos rupícolas bajos; follaje frecuentemente punteado-glanduloso o estipitado-glanduloso, sin cavidades secretorias o látex. Hojas caulinares, típicamente opuestas, algunas veces alternas distalmente, generalmente pecioladas; láminas enteras a lobadas, rara vez disecadas, generalmente cartáceas, algunas veces subsuculentas, generalmente trinervias. Capitulescencias generalmente terminales, monocéfalas a abiertamente cimosas. Cabezuelas radiadas o discoides; involucro cilíndrico a hemisférico; filarios 8-21, subimbricados, subiguales, 1 o 2(3)-seriados, generalmente naviculares (cimbiformes) o algunas veces algunos casi aplanados, subherbáceos, persistentes; clinanto aplanado o convexo, sin páleas (Mesoamérica) o muy rara vez paleáceo. Flores radiadas, 1-seriadas, pistiladas; corola generalmente blanca o amarilla, el limbo con las nervaduras típicamente delgadas, la superficie adaxial típicamente fino-papilosa con células epidérmicas cuadrangulares, el ápice generalmente 3-lobado. Flores del disco bisexuales o a veces algunas flores internas funcionalmente estaminadas; corola brevemente 4(5)-lobada, generalmente amarilla, generalmente glandulosa, la garganta sin conductos resinosos coloreados, los lobos papilosos por dentro; anteras no caudadas, los filamentos glabros, las tecas pálidas, el patrón del endotecio polarizado, los apéndices ovados o elíptico-ovados, por lo general escasamente constrictos en la base, en ocasiones sésil-glandulosos; estilo cortamente apendiculado (Mesoamérica) o sin apéndices, la base glabra, las ramas delgadas, escasamente aplanadas, con las superficies estigmáticas en 2 bandas, el apéndice diminuto, mucho más corto que las porciones estigmáticas de las ramas, acuminado a obtuso, papiloso. Cipselas isomorfas o dimorfas, frecuentemente comprimidas u obcomprimidas, carbonizadas, las paredes sin rafidios, no finamente estriadas; vilano ausente o de 2(-30) cerdas o una corona corta, laciniada. Aprox. 7 gen. y 85 spp. América, generalmente en el suroeste de Estados Unidos y norte de México. 2 gen. y 2 spp. en Mesoamérica.

Los géneros mesoamericanos (*Galeana* y *Perityle*) tienen clinantos sin páleas y fueron tratados en la tribu Helenieae por Bentham y Hooker (1873), Rydberg (1914), Karis y Ryding (1994a) y Villarreal-

Quintanilla et al. (2008), mientras que Turner y Powell (1977) ubicaron *Perityle* en Senecioneae. Helenieae s. str. difiere de Perityleae por las cipselas no carbonizadas. Aunque los dos géneros fueron tratados como Heliantheae s. l. tanto por Robinson (1981) como por Strother (1999), debido a las flores del disco 4-meras vs. 5-meras, estos fueron ubicados en diferentes subtribus Hymenopappinae Rydb. (donde *Galeana* alineó con *Loxothysanus* de la tribus Bahieae) y Peritylinae.

Karis y Ryding (1994a) mantuvieron a Helenieae s. str. parafilética porque era "práctico" tratarla así, mientras que Baldwin et al. (2002) segregaron a la tribu Perityleae de Helenieae. Baldwin et al. (2002), sin embargo, trataron *Galeana* sin asignarle a una tribu, mientras que Panero (2007b [2006]) trató ambos géneros mesoamericanos en una tribu Perityleae expandida. Entre las Heliantheae Helenioideae, Perityleae es un divergente tardío y hermana de Eupatorieae. Otros segregadas Helenioideas similares incluyen Chaenactideae y Madieae, ambas se podrían eventualmente encontrar en Mesoamérica, y Bahieae, que está moderadamente bien representada en Mesoamérica. Miembros de Perityleae generalmente se diferencian por las corolas del disco 4-meras y las cipselas comprimidas ciliadas, siendo anómalo *Galeana* con las corolas del disco 5-meras y los frutos dimorfos. Este tratamiento sigue el sistema de Panero (2007b [2006]).

Villanova anemonifolia (Kunth) Less. se conoce de los Andes de Antioquia, Colombia (Pruski y Funston, 2011) y es de esperarse en las áreas montañosas adyacentes de Panamá. *Villanova achilleoides* (Less.) Less. se encuentra en bosques de pino en el Cerro Perote y Pico Orizaba (frontera entre Puebla y Veracruz) (Villarreal-Quintanilla et al., 2008) y se debe esperar en hábitats similares del Volcán Tacana (Chiapas, México y Guatemala). *Villanova* Lag. se caracteriza por las hojas pinnatífidas, las corolas 5-lobadas y las cipselas isomorfas.

Bibliografía: Baldwin, B.G. et al. *Syst. Bot.* 27: 161-198 (2002). Bentham, G. y Hooker, J.D. *Gen. Pl.* 2: 163-533 (1873). Karis, P.O. y Ryding, O. *Asteraceae Cladist. Classific.* 521-558 (1994). Panero, J.L. *Fam. Gen. Vasc. Pl.* 8: 507-510 (2007 [2006]). Robinson, H. *Smithsonian Contr. Bot.* 51: 1-102 (1981). Rydberg, P.A. *N. Amer. Fl.* 34: 1-80 (1914). Strother, J.L. *Fl. Chiapas* 5: 1-232 (1999). Turner, B.L. y Powell, A.M. *Biol. Chem. Compositae* 2: 699-737 (1977). Villarreal-Quintanilla, J.A. et al. *Fl. Veracruz* 143: 1-67 (2008).

1. Cabezuelas con 6-8 flores; filarios 5, poco estriados, las estrías embebidas, no obviamente acostillados; corolas del disco 5-lobadas; cipselas dimorfas, glabras, el vilano ausente, las cipselas radiadas con los márgenes tornándose suberoso-aladas. **223. Galeana**

1. Cabezuelas con 35-93 flores; filarios 14-22(-30), 2-acostillados proximalmente; corolas del disco 4-lobadas; cipselas isomorfas, los márgenes sin alas y blanco-ciliados, el vilano coroniforme y de 1 o 2 cerdas largas. **224. Perityle**

223. Galeana La Llave

Chlamysperma Less.

Por J.F. Pruski.

Hierbas delgadas anuales; tallos simples desde la base pero rara vez simples, erectos, generalmente con pocas ramificaciones opuestas en la mitad del tallo (las plantas tardías en la estación más densamente ramificadas) tornándose moderadamente dicótomo-ramificados distalmente con las ramas laterales sobrepasando la capitulescencia monocéfala corta, de crecimiento determinado terminal sobre el eje central; follaje víscido, peloso frecuentemente con tricomas subiguales estipitado-glandulares y no glandulares, también frecuentemente sésil-glandulosos. Hojas opuestas, pecioladas a las más distales subsésiles; láminas triplinervias desde la base; pecíolo típicamente muy angostamente alado, algunas veces subabrazador. Capitulescencias monocéfalas a abiertamente cimosas, de 1-3 cabezuelas, de apariencia foliosa y no

dispuestas por encima de las hojas subyacentes; pedúnculos desnudos. Cabezuelas pequeñas, radiadas, con 6-8 flores; involucro obovoide a campanulado; filarios 5, 1-seriados o 2-seriados, los márgenes traslapados, frecuentemente cóncavos, herbáceos, adpresos a reflexos luego de la fructificación, poco estriados, las estrías embebidas, no obviamente acostillados. Flores radiadas 3; corola blanco-amarillenta, el tubo estipitado-glanduloso, el limbo ligeramente exerto del involucro, el ápice 3-lobado. Flores del disco 3-5, las 1 o 2 flores externas bisexuales, las internas funcionalmente estaminadas con el ovario abortivo; corola infundibuliforme a campanulada, moderadamente ampliada, 5-lobada, blanco-amarillenta, el tubo de las flores bisexuales estipitado-glanduloso, el tubo de las flores funcionalmente estaminadas glabro, el limbo algunas veces sésil-glanduloso; anteras basalmente obtusas, el apéndice apical angostamente agudo; ramas del estilo ligeramente recurvadas, el ápice obtuso. Cipselas dimorfas, glabras, lisas a ligeramente tuberculadas al madurar, el vilano ausente; cipselas del radio marcadamente cóncavo-obovoides, obcomprimidas, las caras negras, los márgenes tornándose suberoso-alados y pajizos, madurando negros; cipselas del disco triquetro-claviformes, sin alas, negras o algunas veces los márgenes pajizos. x = 9. 1 sp. México, Mesoamérica.

Rydberg (1914) reconoció 3 spp. de *Galeana*, pero Blake (1945) las redujo a una sola especie y discutió la variación morfológica de las especies.

Bibliografía: Blake, S.F. *Contr. U.S. Natl. Herb.* 29: 117-137 (1945).

1. Galeana pratensis (Kunth) Rydb., *N. Amer. Fl.* 34: 42 (1914). *Unxia pratensis* Kunth, *Nov. Gen. Sp.* folio ed. 4: 219 (1820 [1818]). Holotipo: México, Michoacán, *Humboldt y Bonpland s.n.* (microficha MO! ex P-Bonpl.). Ilustr.: Hooker y Arnott, *Bot. Beechey Voy.* t. 64 1841 [1838], como *Chlamysperma arenarioides*. N.v.: Cominillo, sulfatillo, H; hierba sana, planta de gorrión, sulfatillo, ES; sulfatillo de prado, N.

Chlamysperma arenarioides Hook. et Arn., *C. pratense* (Kunth) Less., *Galeana arenarioides* (Hook. et Arn.) Rydb., *G. hastata* La Llave, *Melampodium minutiflorum* M.E. Jones, *Villanova pratensis* (Kunth) Benth. et Hook f.

Hierbas 10-50 cm; tallos uniformemente foliosos, subteretes a ligeramente sulcado-angulados, verdosos y tornándose color marrón con la edad, piloso-hirsutos. Hojas muy reducidas distalmente; láminas 0.7-2.5(-3.5) × 0.3-1.5(-2.3) cm, deltoide-ovadas a elípticas, frecuentemente subhastado-lobadas (hojas distales frecuentemente elípticas y subenteras), delgadamente cartáceas, las superficies sésil-glandulosas, también piloso-hirsutas con tricomas estipitado-glandulares y no glandulares, los tricomas estipitado-glandulares generalmente marginales, la base subtruncada a anchamente cuneada, con frecuencia angostamente decurrente sobre el pecíolo hasta cerca de la base, los márgenes subenteros a profundamente 3-5-serrados, el ápice acuminado a obtuso; pecíolo 0.2-0.9(-1.3) cm. Capitulescencias casi tan anchas como el par de hojas subyacentes; pedúnculos 2-10(-25) mm. Cabezuelas 3-3.5 mm; involucro (1.5-)2-2.5 mm de diámetro; filarios 2.5-3 × c. 1.6 mm, elíptico-obovados, con frecuencia finamente pilosos distalmente, el ápice obtuso. Flores radiadas: corola 0.6-0.9 mm, el limbo c. 0.5 mm, orbicular a cuneado, frecuentemente más ancho que largo. Flores del disco incluidas en el involucro; corola 1.2-1.7 mm; anteras amarillento pálido; ramas del estilo c. 0.3 mm. Cipselas radiadas 2-2.7 mm, el cuerpo 0.9-2 mm de diámetro, las alas 0.6-1 mm de diámetro; cipselas del disco 2.1-2.5 × 0.6-0.9 mm. Floración jun.-ago. 2n = 18. *Áreas alteradas, encañonados, sabanas, bosques de* Pinus, *bosques de* Quercus, *laderas rocosas, cerca de arroyos, matorrales.* Ch (*Breedlove 19782*, MO); G (*Heyde y Lux 3364*, US); H (*Williams y Molina R. 10125*, MO); ES (*Padilla 229*, US); N (*Oersted 113*, K); CR (*Grayum et al. 9112*, MO). 40-2100 m. (México, Mesoamérica.)

Blake (1945) anotó que el protólogo de *Chlamysperma arenarioides* erró al describir las flores del disco como 4-lobadas.

224. Perityle Benth.

Galinsogeopsis Sch. Bip., *Laphamia* A. Gray, *L.* sect. *Pappothrix* A. Gray, *Nesothamnus* Rydb., *Pappothrix* (A. Gray) Rydb., *Perityle* Benth. sect. *Laphamia* (A. Gray) A.M. Powell

Por J.F. Pruski.

Hierbas anuales a subarbustos perennes; tallos foliosos; follaje frecuentemente víscido-glanduloso. Hojas opuestas, algunas veces distalmente alternas, pecioladas o a veces sésiles; láminas típicamente 3-lobadas pero variando desde enteras a finamente disecadas. Capitulescencias monocéfalas a difusamente cimosas o corimbosas; pedúnculos cortos a largos, con pocas bractéolas o desnudos, algunas veces ampliados y fistulosos distalmente. Cabezuelas radiadas (Mesoamérica) o discoides; involucro cilíndrico a hemisférico; filarios lineares a ovados, 1-seriados o 2(3)-seriados, aplanados a carinados, frecuentemente patentes al madurar; clinanto aplanado a cortamente convexo. Flores radiadas (cuando presentes) generalmente (5-)8-21; corola color crema a amarillenta, el tubo estipitado-glanduloso, el limbo ligera a marcadamente exerto del involucro, el ápice 3-dentado. Flores del disco numerosas, bisexuales; corola tubular-infundibuliforme a campanulada, 4-lobada, amarilla a blanca, frecuentemente estipitado-glandulosa; anteras 4, las tecas angostamente elípticas, basalmente obtusas, el apéndice apical ovado; ramas del estilo recurvadas, el apéndice apical acuminado, papiloso. Cipselas isomorfas, comprimidas o algunas veces subcilíndricas, negras, en Mesoamérica los márgenes sin alas y blanco-ciliados, las caras típicamente setosas; vilano coroniforme (corona de escuámulas erosas o laciniadas) con 1 o 2 cerdas más largas (Mesoamérica), pero el número de cerdas variando de 0-20(-30), las cerdas frecuentemente desiguales. *x* = 17, 19. Aprox. 66 spp. Suroeste de Estados Unidos y norte de México, 1 sp. distribuida hacia el sur hasta Mesoamérica y otra disyunta en Chile.

Panero (2007b [2006]) indicó que *Perityle* se encuentra en "Centroamérica", pero probablemente se basa en la localidad errónea del protólogo de *P. microglossa*.

Bibliografía: Powell, A.M. *Rhodora* 76: 229-306 (1974).

1. Perityle microglossa Benth., *Bot. Voy. Sulphur* 119 (1845). Holotipo: México, Nayarit, *Hinds s.n.* (foto MO! ex K). Ilustr.: McVaugh, *Fl. Novo-Galiciana* 12: 710, t. 117 (1984).

Dos variedades. Suroeste de Estados Unidos, México, Mesoamérica. Según Powell (1974) la localidad del tipo es en México, pero el protólogo dice "Realejo", probablemente Nicaragua.

Powell (1974) reconoció *Perityle microglossa* var. *saxosa* (Brandegee) A.M. Powell, atípica diploide, como restringida al noroeste de México, y caracterizada por los pedúnculos no estipitado-glandulosos y los limbos de las corolas radiadas 3.5-4.5 mm.

1a. Perityle microglossa Benth. var. **microglossa**

Galinsogeopsis spilanthoides Sch. Bip., *Pericome spilanthoides* (Sch. Bip.) Benth. et Hook. f. ex Hemsl., *Perityle acmella* Harv. et A. Gray, *P. effusa* (A. Gray) Rose, *P. microglossa* Benth. var. *effusa* A. Gray, *P. spilanthoides* (Sch. Bip.) Rydb.

Hierbas anuales 20-75 cm; tallos uniformemente foliosos, patenteerectos a decumbentes, opuestamente ramificados generalmente por encima de la base hasta alternamente ramificados distalmente, subteretes, generalmente verdosos, puberulentos hasta distalmente densa y cortamente estipitado-glandulosos; follaje con tricomas estipitado-glandulosos, los tricomas alargados no glandulares, y también en general con glándulas subsésiles (tricomas glandulares incipientes y cortamente estipitados?). Hojas pecioladas; láminas 1.5-6(-8) × 1-5(-7) cm, típicamente ovadas a cordiformes, frecuentemente palmatilobadas, extremadamente variables en tamaño y forma, finamente cartáceas, 3-palmatinervias desde la base, las superficies típicamente piloso-hirsútulas, sésil-glandulosas, también estipitado-glandulosas, rara vez glabrescentes, la base truncada a cordata, muy angostamente atenuada, los márgenes simples o doblemente crenados hasta irregulares, con pocos dientes o lobos palmadamente o subhastadamente dispuestos, el ápice agudo a obtuso; pecíolo 0.5-3(-4) cm. Capitulescencias abiertamente cimosas, de pocas cabezuelas, dispuestas escasamente por encima de las hojas subyacentes; pedúnculos (0.6-)1-4(-10) cm, copiosamente estipitado-glandulosos. Cabezuelas 3.5-5(-6) mm, radiadas, con 35-93 flores; involucro 4-6(-7) mm de diámetro, globoso en yema a subhemisférico o campanulado en la antesis; filarios 14-22(-30), 3-4.5 × 0.6-1 mm, lanceolados a oblanceolados, naviculares, subimbricados, verdes a marginalmente pajizos, algunas veces el ápice purpúreo en yema, 2-acostillados proximalmente, el ápice agudo a acuminado. Flores radiadas 5-13; corola blanca a blanco-amarillenta, el tubo c. 1 mm, el limbo 1.5-3.5 mm, oblongo, exerto del involucro, sésil-glanduloso abaxialmente. Flores del disco 30-80, en parte exertas del involucro; corola 1.3-2 mm, infundibuliforme, angostamente ampliada, amarilla, el tubo sésil-glanduloso y algunas veces también muy brevemente estipitado-glanduloso, el limbo sésil-glanduloso, los lobos c. 0.2 mm, triangulares, esparcidamente puberulentos; anteras generalmente incluidas; ramas del estilo c. 0.6 mm. Cipselas 1.5-2 mm, de contorno oblanceolado a elíptico, comprimidas, las caras glabras o estriguloso-setosas distalmente, los márgenes completamente ciliados toda su longitud; vilano una corona 0.2-0.5 mm, las cerdas 1 o 2, 0.5-1.2 mm, desiguales, erectas, frágiles, ligeramente ancistrosas. Floración oct.-abr., jun. 2*n* = 68, 102. *Laderas rocosas empinadas, encañonados rocosos.* Ch (*Pruski et al. 4202*, MO). 500-1500 m. (SO. Estados Unidos, México, Mesoamérica.)

XXI. Tribus SENECIONEAE Cass.

Descripción de la tribus y clave genérica por J.F. Pruski.

Hierbas anuales a perennes, arbustos, árboles, o bejucos, rara vez suculentos, rara vez crasicaules (en Mesoamérica crasicaule solo *Pittocaulon*), generalmente con tallos foliosos, en Mesoamérica rara vez arbustos ericoides, monoicos o rara vez dioicos, floración solo cuando foliosos o rara vez cuando afilos (en Mesoamérica solo *Pittocaulon* florece en estado afilo); tallos herbáceos a leñosos, rara vez huleosos, generalmente subteretes y estriados, rara vez angulosos, generalmente alargados y muy rara vez abruptamente contraídos o conspicuamente acortados inmediatamente debajo de la capitulescencia, la médula sólida a fistulosa, rara vez obviamente resinosa (en Mesoamérica solo en *Telanthophora*); follaje rara vez purpúreo, (cuando pubescente) típicamente con tricomas simples o rara vez estipitado-glandulares, muy rara vez con tricomas ramificados o punteado-glandulosos, los poliacetilenos ausentes. Hojas simples a pinnatífidas, rara vez espinescentes, alternas o rara vez opuestas, sésiles a generalmente pecioladas, rara vez peltadas; láminas generalmente cartáceas, pinnadas o palmadas, las denticiones (cuando dentadas) generalmente callosas en las puntas. Capitulescencia terminal o lateral, monocéfala a generalmente cimosa a paniculada, los tallos alargados debajo de la capitulescencia (muy rara vez abruptamente contraídos o conspicuamente acortados). Cabezuelas heterógamas (radiadas o disciformes) u homógamas y discoides, las corolas típicamente homócromas, caliculadas (abrazadas por brácteas secundarias) o sin calículo; filarios libres o rara vez escasamente conniventes, rara vez connatos, 1(2)-seriados o en más series, típicamente subiguales, inicialmente adpresos y rara vez de apariencia connivente, subimbricados siendo los externos más angostos y alternando y sobrelapados con los filarios internos más anchos, rara vez todos eximbricados, no completamente secos o más bien completamente escariosos, la región central generalmente verde, los márgenes especialmente de los filarios internos pajizos y anchamente escariosos pero los filarios nunca obviamente escariosos ni delgadamente papiráceos en toda la parte distal, la base típicamente articulada (en especial en la subtribus Tussilagininae Dumort.) giboso-carinada, típicamente persistente pero patente a completamente reflexa después de la fructificación; clinanto sin páleas pero rara vez crestado o escuamoso, liso o a veces alveolado, aplanado a convexo (Mesoamérica) o rara vez cónico. Flores radiadas pistiladas o rara vez estériles, 1(2)-seriadas; corola generalmente amarilla o anaranjada, rara vez blanca a roja o rara vez azul, típicamente glabra, el limbo con células epidérmicas adaxiales generalmente oblongas y no papilosas, 4-nervio y apicalmente 3-denticulado. Flores marginales (en las cabezuelas disciformes) pistiladas, 1-3-seriadas o en más series; corola generalmente tubular-infundibuliforme. Flores del disco bisexuales o rara vez funcionalmente estaminadas; corola estrictamente actinomorfa o rara vez escasamente asimétrica con los lobos partidos desigualmente, infundibuliforme a angostamente campanulada, (4)5-lobada, rara vez asimétricamente lobada, generalmente amarilla o blanca, rara vez anaranjada a roja o rara vez azul, típicamente glabra, los lobos generalmente deltados o triangulares o con menor frecuencia linear-lanceolados, más cortos que la garganta o rara vez alargados y mucho más largos que la garganta, marginalmente nervados o frecuentemente también con un conducto resinoso medial; anteras generalmente no caudadas hasta rara vez caudadas, el collar con forma de balaústre (dilatado basalmente y más ancho que el filamento, las células basales bulboso-alargadas) o cilíndrico y no más ancho que el filamento (células de tamaño completamente uniforme), la base de las tecas generalmente obtusa a redondeada, rara vez cortamente auriculada hasta caudada, las células del endotecio con engrosamientos irregulares solo en las paredes laterales (tejido radial) (en la mayoría en Mesoamérica) o con frecuencia (en subtribus Tussilagininae) pero rara vez en Mesoamérica solo con engrosamientos irregulares en las paredes polares terminales (tejido polarizado), el tejido rara vez de transición, el apéndice apical aplanado, ovado a rara vez angostamente lanceolado, eglanduloso; polen valeculado (la columela en parte separada de la capa del pie), generalmente con la columela sólida (senecioide) o rara vez la columela con forámenes internos (helianthoide); estilo típicamente sin apéndices, liso o con un apéndice estéril (celular o de papilas), la base cilíndrica a dilatada, las ramas del estilo por lo general escasamente aplanadas (rara vez teretes en sección transversal) y generalmente lisas o casi lisas la mayor parte de su longitud abaxialmente, las superficies estigmáticas con 2 bandas continuas generalmente llegando hasta el ápice típicamente truncado u obtuso, las ramas rara vez triangulares a cónicas o estériles y largamente apendiculadas, generalmente con papilas barredoras subapicalmente en un semicírculo abaxial o rara vez largamente papilosas apical o lateralmente, rara vez largamente comoso-fasciculadas apicalmente, rara vez con un apéndice subulado vascularizado vernonioide, las papilas (cuando visibles) generalmente isomorfas hasta rara vez obviamente dimorfas, libres o fusionadas. Cipselas isomorfas por dentro de las cabezuelas, generalmente columnar-cilíndricas u obovoides (subteretes en sección transversal), con menos frecuencia fusiformes, anguladas o aplanadas, generalmente (5-)8-12(-20)-acostilladas, generalmente parduscas y no carbonizadas, frecuentemente con rafidios, glabras o pe-

losas, rara vez glandulosas, típicamente sin rostro, nunca obviamente ruguloso-tuberculadas abaxialmente; carpóforo típicamente anular-simétrico; vilano de las flores del radio y del disco similar, generalmente presente hasta rara vez escuamoso o rara vez ausente (en Mesoamérica ausente solo en *Euryops* que infrecuentemente escapa), 1-pocas series, generalmente de (pocas) numerosas cerdas alargadas, blancas, lisas a ancistrosas, suaves, muy finas, capilares, con frecuencia frágiles (rara vez subplumosas; Small, 1919; Drury y Watson, 1966), subclaviforme-adpresas, p. ej., subpersistentes, subclaviformes con células subisodimorfas terminales y ápices adpresos o rara vez retrorso-rostrados. Aprox. 185 gen. y 3200-3500 spp. Cosmopolita, con la excepción de Antártica.

Senecioneae se caracteriza por los filarios 1-seriados subiguales, las cabezuelas sin páleas, las anteras con frecuencia no caudadas, los estilos truncados en el ápice y las cerdas del vilano capilares. Es la tribus más grande de Asteraceae con casi el 1% de todas las especies de Angiospermas (Bremer, 1994; Nordenstam, 1978, 2007). Los lineamientos genéricos y las subribus reconocidas son básicamente los esquemas y conceptos de Robinson y Brettell (1974), Bremer (1994), Nordenstam (1978, 2007), Barkley et al. (1996), Janovec y Robinson (1997) y Pruski (2012b). Diez de los géneros mesoamericanos tienen el collar de la antera cilíndrico y pertenecen a la subtribus Tussilagininae (Robinson y Brettell, 1974; Nordenstam, 1978, 2007; Jeffrey, 1992; Vincent y Getliffe, 1992; Bremer, 1994; Barkley et al., 1996; Janovec y Robinson, 1997; Pruski, 2012b). *Euryops* es el único género mesoamericano de la subtribus Othonninae Less., y los géneros restantes con el collar de la antera con forma de balaústre se ubican en Senecioninae Dumort. La siguiente clave para géneros se basa en las de Robinson y Brettell (1974), Barkley et al. (1996), Janovec y Robinson (1997).

Los microcaracteres florales que caracterizan las subtribus reconocidas han sido muy usados en las circunscripciones genéricas (Robinson y Brettell, 1973e, 1973f, 1974; Nordenstam, 1978, 2007; Jeffrey, 1992; Vincent y Getliffe, 1992; Bremer, 1994; Barkley et al., 1996; Janovec y Robinson, 1997; Pruski, 2012b). El formato de la Flora Mesoamericana estresa en la confiabilidad de observar fácilmente tricomas de varios tipos y el uso de caracteres florales, como en Drury y Watson (1965), Robinson y Brettell (1973e, 1973f, 1974), Jeffrey (1987), Jeffrey et al. (1977), Nordenstam (1978), Wetter (1983), Vincent y Getliffe (1992) y Pruski (2012b), e impide el estudio sistemático y la incorporación en este tratamiento de numerosos caracteres anatómicos tradicionales (p. ej., anatomía nodal foliar, anatomía de tallos incluyendo características del cámbium y distribución de los conductos resinosos y vasos), caracteres anatómicos (p. ej., patrones celulares epidérmicos del limbo de las corolas radiadas), tipo de los cristales celulares de la pared del ovario y el óvulo y caracteres de distribución, forma y ornamentación de los lóculos de la epidermis del pericarpo (excepto en algunas cipselas maduras donde la pared se manifiesta bien) y caracteres del polen conocidos como taxonómicamente útiles (Drury, 1973; Robinson y Brettell, 1974; Jeffrey et al., 1977; Nordenstam, 1978; Skvarla y Turner, 1966; Vincent y Getliffe, 1992; Janovec y Robinson, 1997). Las descripciones de las ramas del estilo se refieren a aquellas de las flores del disco.

Pippenalia McVaugh y *Packera* Á. Löve et D. Löve son géneros mexicanos que no están representados en Mesoamérica. Si bien *Packera bellidifolia* (Kunth) W.A. Weber et Á. Löve, *P. sanguisorbae* (DC.) C. Jeffrey y *P. tampicana* (DC.) C. Jeffrey, se encuentran en pinares de volcanes y en la Sierra Madre del Sur en Veracruz y Oaxaca, ninguna se extiende hasta el Istmo de Tehuantepec. El género *Packera* (así como *Robinsonecio* y *Telanthophora*) tiene polen helianthoide (Skvarla y Turner, 1966), se acepta como segregado de *Senecio*, y posiblemente se encuentra en Mesoamérica. El género sin vilano *Pippenalia*, se encuentra a lo largo de la costa oeste de México, pero no se conoce en Oaxaca y seguramente no se encuentra en Mesoamérica. No se ha podido constatar aquello que Fernández Casas et al. (1993) determinó como *Cacalia saracenica* L. del Viejo Mundo en los Cuchumatanes, y McVaugh no encontró material correspondiente en MA. Si pertenece a Senecioneae, la descripción de Fernández Casas et al. (1993) de hierbas anuales con hojas aserradas, lanceoladas, decurrentes solo puede corresponder con especies de *Senecio* sect. *Mulgedifolii* Greenm. *Pericallis hybrida* B. Nord. ocasionalmente se cultiva cerca de Antioquia, Colombia (Pruski y Funston, 2011: 334); son hierbas de hojas deltadas que deben escapar en Mesoamérica. Aunque *Othonna* L. es un género de suculentas perennes con cabezuelas de flores amarillas, de creciente popularidad hortícola, no se conoce escapado de cultivo en Mesoamérica.

Bibliografía: Barkley, T.M. et al. *Proc. Int. Compositae Conf.* 1: 613-620 (1996). Bremer, K. *Asteraceae Cladist. Classific.* 1-752 (1994). Clark, B.L. *Sida* 19: 235-236 (2000). Drury, D.G. *New Zealand J. Bot.* 11: 525-554 (1973). Drury, D.G. y Watson, L. *New Phytol.* 64: 307-314 (1965); *Taxon* 15: 309-311 (1966). Fernández Casas, F.J. et al. *Fontqueria* 37: 1-140 (1993). García-Pérez, J. *Fl. Fanerogám. Valle Méx.* ed. 2, 933-949 (2001). Gray, A. *Proc. Amer. Acad. Arts* 19: 1-96 (1884 [1883]). Greenman, J.M. *Monogr.* Senecio. Unpublished Ph.D. thesis, Friedrich-Wilhelms-Univ., Berlin, 1-39 (1901); *Bot. Jahrb. Syst.* 32: 1-33 (1902). Janovec, J.P. y Robinson, H. *Novon* 7: 162-168 (1997). Jeffrey, C. *Bot. Jahrb. Syst.* 108: 201-211 (1987); *Kew Bull.* 47: 49-109 (1992). Jeffrey, C. et al. *Kew Bull.* 32: 47-67 (1977). Nordenstam, R.B. *Opera Bot.* 44: 1-83 (1978); *Fam. Gen. Vasc. Pl.* 8: 208-241 (2007). Pippen, R.W. *Contr. U.S. Natl. Herb.* 34: 365-447 (1968). Pruski, J.F. y Funston, M. *Fl. Antioquia Cat.* 2: 308-340 (2011). Redonda-Martínez, R. y Villaseñor Ríos, J.L. *Fl. Valle Tehuacán-Cuicatlán* 89: 1-64 (2011). Robinson, H. y Brettell, R.D. *Phytologia* 27: 254-264 (1973); 27: 265-276 (1973); 27: 402-439 (1974). Robinson, H. y Cuatrecasas, J. *Novon* 4: 48-52 (1994). Skvarla, J.J. y Turner, B.L. *Amer. J. Bot.* 53: 555-562 (1966). Vincent, P.L.D. y Getliffe, F.M. *Bot. J. Linn. Soc.* 108: 55-81 (1992). Williams, L.O. *Phytologia* 31: 435-447 (1975); *Ceiba* 25: 134-139 (1984).

1. Collar de la antera cilíndrico, sin células basales agrandadas; superficies estigmáticas generalmente continuas (subtribus Tussilagininae).
  2. Básicamente hierbas subescapíferas, básicamente acaules (pero no cespitosas), las hojas generalmente basales.
    3. Cabezuelas discoides; corolas del disco blancas o blanco-amarillentas, los lobos mucho más largos que la garganta. **243. Psacalium**
    3. Cabezuelas radiadas, disciformes o discoides; corolas del disco generalmente amarillas, los lobos generalmente subiguales o más cortos que la garganta.
      4. Hojas largamente pecioladas, peltadas, las láminas orbiculares a lobadas, palmatinervias, los márgenes enteros a lobados. **242. Psacaliopsis**
      4. Hojas sésiles o marginalmente peciolares, las láminas oblanceoladas u oblongas a espatuladas u obovadas, las nervaduras secundarias indistintas, los márgenes nunca lobados. **245. Robinsonecio**
  2. Hierbas caulescentes perennes, con tallo folioso, arbustos o árboles.
    5. Arbustos crasicaules estacionalmente afilos. **241. Pittocaulon**
    5. Hierbas perennes caulescentes con tallo folioso, arbustos o árboles.
      6. Corolas blancas o blanco-amarillentas, profundamente 5-lobadas; endotecio polarizado. **229. Digitacalia**
      6. Corolas generalmente amarillas, típica y breve a moderadamente 5-lobadas; endotecio radial a polarizado.
        7. Hojas pinnatífidas básicamente hasta la vena media. **250. Villasenoria**
        7. Hojas enteras a lobadas, pero nunca lobadas hasta la vena media.
          8. Tallos abruptamente contraídos o conspicuamente acortados inmediatamente debajo capitulescencia.
            9. Bejucos epifíticos o arbustos; cabezuelas discoides. **238. Nelsonianthus**
            9. Arbustos o árboles; cabezuelas generalmente radiadas. **249. Telanthophora**

          8. Tallos alargados.
            10. Hojas subsésiles; tallos con médula pequeña, diminutamente dividida; cabezuelas sin calículo; cipselas estrigoso-pilosas. **225. Barkleyanthus**
            10. Hojas pecioladas; tallos generalmente con médula grande sólida o los tallos fistulosos; cabezuelas caliculadas; cipselas glabras o rara vez pubescentes. **246. Roldana**
1. Collar de la antera con forma de balaústre, con células basales agrandadas; superficies estigmáticas generalmente con 2 bandas (subtribus Othonninae -*Euryops*- y Senecioninae).
  11. Filarios connatos proximalmente.
    12. Arbustos caulescentes con tallos foliosos; hojas alternas, pinnatilobadas; limbos de las corolas radiadas amarillas; cipselas sin vilano. **233. Euryops**
    12. Hierbas acaulescentes, cespitosas; hojas dísticas, anchamente lineares, los márgenes enteros; limbos de las corolas radiadas blancos adaxialmente, cipselas con un vilano de cerdas. **251. Werneria**
  11. Filarios libres o algunas veces ligeramente conniventes, infrecuentemente connatos.
    13. Trepadoras o bejucos.
      14. Hojas palmadas o lobadas.
        15. Cabezuelas discoides; anteras caudadas. **228. Delairea**
        15. Cabezuelas radiadas; anteras no caudadas. **247. Senecio** p. p.
      14. Hojas enteras a serradas o dentadas.
        16. Anteras no caudadas; cabezuelas radiadas; corolas radiadas anaranjadas a rojas; ápice del estilo obvia y largamente triangular a lanceolado. **244. Pseudogynoxys**
        16. Anteras caudadas; cabezuelas radiadas, disciformes o discoides; corolas radiadas (cuando presentes) generalmente amarillas o raras vez anaranjadas; ápice del estilo redondeado u obtuso o truncado rara vez largamente comoso-fasciculado.
          17. Ramas del estilo con papilas obviamente dimorfas, el ápice densa y largamente comoso-fasciculado con 15-20 papilas peniciladas rígidamente erectas casi el doble del diámetro de la rama. **239. Ortizacalia**
          17. Ramas del estilo con papilas isomorfas, el ápice no largamente comoso, las papilas (cuando presentes) mucho más cortas que el diámetro de la rama a rara vez casi tan largas.
            18. Tricomas del follaje con apéndices contortos de paredes gruesas o con tricomas diversamente ramificados; corolas radiadas (cuando presentes) filiformes; cipselas 10-acostilladas. **230. Dresslerothamnus**
            18. Tricomas del follaje simples, rara vez oblicuamente apendiculados pero el apéndice de pared delgada; corolas radiadas (cuando presentes) lanceoladas a elíptico-lanceoladas; cipselas 5-acostilladas. **240. Pentacalia**
    13. Hierbas terrestres, subarbustos, arbustos o árboles.
      19. Arbustos a árboles; tecas de la antera cortamente caudadas.
        20. Subarbustos ericoides hasta árboles ericoides; filarios no resinosos. **237. Monticalia**
        20. Arbustos no ericoides a árboles pequeños no ericoides; filarios anaranjado-resinosos. **252. Género A**
      19. Hierbas no ericoides, arbustos o árboles; tecas de la antera obtusas a redondeadas no cortamente caudadas.
        21. Cabezuelas sin calículo; filarios no basalmente articulados.
          22. Hierbas no suculentas; apéndice del estilo no vascularizado, compuesto de papilas fusionadas. **231. Emilia**
          22. Hierbas suculentas; apéndice del estilo en parte vascularizado, celular pero el ápice también moderadamente papiloso. **236. Kleinia**
        21. Cabezuelas generalmente caliculadas; filarios basalmente articulados.
          23. Ramas del estilo del disco con un apéndice subulado vernoniode vascularizado. **234. Gynura**

23. Ramas del estilo del disco sin un apéndice subulado vernonioide vascularizado.

24. Ramas del estilo del disco sin un apéndice, el ápice generalmente truncado, sin un fascículo central apical de papilas.

247. Senecio p. p.

24. Ramas del estilo del disco ya sea apendiculadas o con papilas terminales y/o parches de papilas laterales aisladas.

25. Ramas del estilo del disco con un apéndice caudado de papilas fusionadas que es más largo que el diámetro de la rama.

227. Crassocephalum

25. Ramas del estilo del disco sin un apéndice caudado de papilas fusionadas que es más largo que el diámetro de la rama.

26. Cabezuelas disciformes.   **232. Erechtites**

26. Cabezuelas radiadas.

27. Plantas frecuentemente con tallos simples con hojas generalmente en rosetas aéreas; capitulescencias corimbiforme-paniculadas, con numerosas cabezuelas, anchamente redondeadas a casi aplanadas distalmente, filarios generalmente 8.

235. Jessea

27. Plantas simples hasta pocas veces ramificadas, foliosas sin hojas en rosetas aéreas; capitulescencias laxamente cimosas, con pocas cabezuelas; filarios generalmente 13.

28. Hojas con láminas glabras, los márgenes serrados pero no lobados, los pecíolos no alados; ramas del estilo del disco sin un fascículo de papilas; cipselas glabras.

226. Charadranaetes

28. Hojas con la superficie abaxial de las láminas pubescente, los márgenes lobados, la base angostamente alado-peciolada; ramas del estilo del disco con un fascículo de papilas apical aislado; cipselas generalmente setulosas.

248. Talamancalia

225. Barkleyanthus H. Rob. et Brettell

Por J.F. Pruski.

Arbustos; tallos subteretes, simples proximalmente, muy ramificados distalmente, la médula con diminutas cámaras, la corteza sin conductos resinosos; follaje generalmente glabro o algunas veces esparcidamente araneoso-puberulento en la capitulescencia. Hojas simples, alternas y generalmente agregadas distalmente, subsésiles; láminas cartáceas, 3-5-plinervias desde el tallo o cerca de la base, los márgenes subenteros o denticulados, las superficies no glandulosas, generalmente glabras. Capitulescencia terminal, paniculada, de numerosas cabezuelas, dispuesta justo por encima de las hojas; pedúnculos diminutamente bracteolados, 1 o 2 bractéolas algunas veces laxamente subyacentes al involucro. Cabezuelas radiadas, sin calículo; filarios (5-)8, 1(2)-seriados, libres, delgadamente cartáceos con márgenes escariosos, verde pálido, 1-nervios, las 2-4 nervaduras laterales generalmente indistintas; clinanto sin páleas, intensamente alveolado (escuamuloso), casi sólido (indistintamente subfistuloso). Flores radiadas pistiladas; corola amarilla, el limbo bidenticulado. Flores del disco bisexuales; corola tubular-infundibuliforme, 5-lobada, amarilla, glabra, el tubo y el limbo subiguales, los lobos algunas veces con vena media resinosa; collar de la antera cilíndrico, sin células basales agrandadas, las tecas pálidas, no caudadas, cortamente auriculadas, las células de las paredes del endotecio radialmente engrosadas; base del estilo escasamente engrosada por encima del nectario, las ramas con superficies estigmáticas continuas, el ápice truncado, papiloso. Cipselas oblongas, pardas, 5-estriadas, estrigoso-pilosas, el carpóforo anular, pardo-amarillento; vilano de numerosas cerdas capilares escábridas, delgadamente pajizas. $x = 30$. 1 sp. Suroeste de los Estados Unidos, México, Mesoamérica.

Bibliografía: Berendsohn, W.G. et al. *Englera* 29(1): 1-438 (2009).

1. Barkleyanthus salicifolius (Kunth) H. Rob. et Brettell, *Phytologia* 27: 407 (1974). *Cineraria salicifolia* Kunth in Humb., Bonpl. et Kunth, *Nov. Gen. Sp.* folio ed. 4: 148 (1820 [1818]). Holotipo: México, Hidalgo, *Humboldt y Bonpland s.n.* (foto MO! ex P-Bonpl.). Ilustr.: Redonda-Martínez y Villaseñor Ríos, *Fl. Valle Tehuacán-Cuicatlán* 89: 8, t. 1 (2011). N.v.: Chilca, Ch; ch'homp, chilca, chilco, chojop, flor de dolores, G; chilco, ES.

Cineraria angustifolia Kunth, *Senecio axillaris* Klatt, *S. salignus* DC., *S. vernus* DC., *S. xarilla* Sessé et Moc.

Frecuentemente arbustos (0.3-)1-3(-4) m, marcadamente desparramados; tallos frecuentemente laxos distalmente, las cámaras de la médula menos de 0.5 mm. Hojas 3-10(-13) × 0.3-1(-1.5) cm (incluyendo la base peciolariforme angostamente alada de 1-5 mm), linear-lanceoladas, agudas a atenuadas en ambos extremos. Capitulescencia 5-15 × 5-15 cm, las ramitas 10-20 cm, frecuentemente con 7-25 cabezuelas agregadas, algunas veces distalmente puberulenta; pedúnculos 4-13(-20) mm; bractéolas c. 1.5 mm, lanceoladas. Cabezuelas 6-8(-9.5) mm; involucro 4-6 mm de diámetro, hemisférico a campanulado-turbinado, las flores del disco por lo general largamente exertas después de la antesis; filarios 4-6(-8) × 1.5-3 mm, elípticos a obovados, glabros excepto por el ápice finamente papiloso, anchamente agudo a redondeado; clinanto con los márgenes alveolados 0.5-0.7 mm, dentado-laciniados. Flores radiadas (3-)5(-8); tubo de la corola 3-3.5 mm, el limbo 4-7 × 2-3 mm, elíptico, 4(-6)-nervio. Flores del disco 14-23(-30); corola 5-7.5 mm, los lobos c. 1.5(-2) mm, rara vez mucho más largos que la garganta y entonces cortados hasta casi la base de la garganta, recurvados; anteras 1.6-2 mm; ramas del estilo c. 1 mm. Cipselas 2-3.3 mm; cerdas del vilano 5-6 mm, casi más largas que las corolas del disco. Floración nov.-jun. $2n = 60$. *Matorrales crasicaules, bosques de* Quercus, *bosques de* Pinus, *bosques de* Pinus-Quercus, *vegetación secundaria, matorrales.* Ch (*Ton y Martínez de López 9779*, MO); Y (*Millspaugh 28*, F); G (*Greenman y Greenman 5967*, MO); H (Williams, 1976c: 418); ES (Williams, 1976c: 418). (40-)1500-3100 m. (SO. Estados Unidos, México, Mesoamérica.)

Senecio cinerarioides Kunth tiene el tamaño de las hojas y las cabezuelas similares a *Barkleyanthus salicifolius* y se debería encontrar en Mesoamérica; como lo indica su nombre, es un arbusto cinéreo, conocido del Pico Orizaba, más al norte, y aunque parecido a este género, corresponde a un verdadero *Senecio* en cuanto a las microcaracterísticas senecioides de las superficies estigmáticas con dos bandas y el collar de la antera con forma de balaústre. No se verificó la identidad de la planta de Yucatán citada por Standley (1930: 452), y de otra forma la elevación más baja conocida es de 1300 metros.

226. Charadranaetes Janovec et H. Rob.

Por J.F. Pruski.

Hierbas perennes decumbentes o ascendentes hasta subarbustos, glabros o subglabros, malolientes; tallos 1-varios desde la base, poco ramificados distalmente, las hojas no en rosetas aéreas, muy decrecientes. Hojas alternas, simples, pecioladas; láminas delgadamente cartáceas, pinnatinervias, los márgenes serrados pero no lobados, las superficies glabras; pecíolo delgado, sin alas, dilatado en la base. Capitulescencia terminal, ascendente, laxamente cimosa, con pocas cabezuelas; pedúnculos delgados, generalmente varias veces linear-bracteados, las brácteas patentes. Cabezuelas radiadas; involucro cilíndrico a angostamente campanulado, irregular y laxamente caliculado; filarios generalmente 13-14, los márgenes delgadamente escariosos; clinanto convexo, sólido, generalmente liso. Flores radiadas pistiladas; corola amarillo-dorada o anaranjada, el limbo largamente exerto. Flores del disco bisexuales, moderadamente exertas del involucro; corola angostamente infundibuliforme, amarilla a amarillo-dorada, glabra, el tubo alargado o el tubo (especialmente antes de la antesis) apenas o más o menos subigual al limbo, los lobos lanceolados, subiguales a la garganta, ascendentes (no recurvados), con la vena media resinosa; anteras escasamente exertas, el collar con forma de balaústre angosto, c. 1/3 tan largo como la teca más el apéndice, el collar con células basales agrandadas, escasamente más ancho que los filamentos, c. 1/3 de la longitud del apéndice de la teca, la base de las tecas obtusa, no caudada, el tejido endotecial radial, el apéndice apical triangular, agudo a obtuso apicalmente; base del estilo con un nudo bulboso, el estilopodio libre del nectario y asentado encima de este, las ramas y la porción distal del tronco exertas, las ramas recurvadas, redondeadas apicalmente, indistintamente apendiculadas con un subapéndice en forma de domo, pequeño, liso, sin un apéndice caudado, generalmente con un semicírculo de papilas subapical-abaxiales pero sin un fascículo apical de papilas bien definido, las superficies estigmáticas de dos bandas o a veces indistintamente de dos bandas. Cipselas cilíndricas, 8-10-nervias, glabras, las células epidérmicas alargadas, el carpóforo prominente, anular; vilano del radio y del disco similares, de cerdas 1-2-seriadas, blancas, ancistrosas, llegando hasta casi la base del disco de los lobos de la corola. 1 sp. Mesoamérica.

El género *Charadranaetes* tiene el hábito similar, las nervaduras y la estructura de la capitulescencia como en el género sudamericano *Garcibarrigoa* Cuatrec., pero se diferencia por las hojas no abrazadoras, las ramas del estilo sin un mechón apical de papilas, las cerdas del vilano menos estriadas y las cipselas con células epidérmicas alargadas.

1. Charadranaetes durandii (Klatt) Janovec et H. Rob., *Novon* 7: 165 (1997). *Senecio durandii* Klatt, *Bull. Soc. Roy. Bot. Belgique* 31(1): 211 (1892 [1893]). Lectotipo (designado por Janovec y Robinson, 1997): Costa Rica, *Pittier 220* (BR). Ilustr.: Janovec y Robinson, *Novon* 7: 164, t. 7-10 (1997).

Pseudogynoxys durandii (Klatt) B.L. Turner.

Hierbas a subarbustos 15-65 cm; tallos algunas veces purpúreos. Hojas más largas que los entrenudos; láminas 4-11 × 0.5-3.5 cm, angostamente lanceoladas o rara vez elíptico-lanceoladas, generalmente con 8-12 pares subopuestos de nervaduras secundarias moderadamente arqueadas, la base cuneada, los márgenes generalmente con 10-17 dientes por lado dirigidos hacia el ápice, el ápice acuminado a atenuado; pecíolo 1-4 cm. Capitulescencia de 1-6 cabezuelas; pedúnculos (cuando pluricéfalos) 2-8 cm, algunas veces ligeramente puberulentos. Cabezuelas 10-16 mm; involucro 5-15 mm de diámetro; filarios 9-13 × 1-2 mm, lanceolados, amarillo-verdosos o rara vez purpúreos, generalmente 3-estriados, frecuentemente puberulentos apicalmente, el ápice agudo a acuminado; brácteas caliculares generalmente 7-12, 7-10 × c. 1 mm, la mitad de la longitud hasta más largas que los filarios, linear-lanceoladas, verdes. Flores radiadas 7-13 (frecuentemente 8); tubo de la corola 6-9 mm, el limbo 17-23 × 2-3 mm, linear-lanceolado, 4-nervio, 3-denticulado. Flores del disco 15-52; corola 9-15 mm, el tubo acrescente durante la antesis, los lobos 1.6-2.4 mm; anteras 1.7-2 mm, el collar c. 0.5 mm; ramas del estilo 1.4-2 mm. Cipselas 1.5-2.5 mm, pardas o algunas veces las nervaduras pardo-amarillentas, el carpóforo 0.1-0.2 mm; vilano 6-7 mm. Floración ene.-ago. *Lechos rocosos de arroyos.* CR (*Almeda et al. 5791*, MO). 1400-2400 m. (Endémica.)

227. Crassocephalum Moench

Cremocephalum Cass., *Senecio* L. subg. *Gynuropsis* Muschl.
Por J.F. Pruski.

Hierbas anuales o perennes, caulescentes, hasta 1.5 m; tallos erectos o ascendentes, rectos o poco ramificados, uniformemente foliosos; follaje con tricomas simples. Hojas alternas, generalmente pecioladas; láminas generalmente anchas, cartáceas, pinnatinervias, la base algunas veces auriculada. Capitulescencia generalmente terminal, congesta o abiertamente cimosa-corimbosa a rara vez monocéfala, foliosa o rara vez esparcidamente foliosa. Cabezuelas discoides (o muy rara vez radiadas), caliculadas; involucro anchamente cilíndrico o urceolado (típicamente engrosado basalmente en el clinanto y constricto por encima), las corolas del disco generalmente escasamente exertas; filarios linear-lanceolados, escasamente acostillados especialmente basalmente, los márgenes angostamente escariosos; bractéolas caliculares desiguales, lineares, algunas veces purpúreas apicalmente; clinanto (forantio o clinanto) sin páleas, aplanado. Flores radiadas casi siempre ausentes. Flores del disco numerosas, bisexuales; corola tubular-infundibuliforme, blanco-amarillenta o amarilla hasta violeta o (Mesoamérica) roja a rojizo-anaranjada, el tubo tubular-alargado, indistintamente dilatado basalmente, el limbo corto, gradualmente muy angostamente ampliado en el 1/4-1/5 distal; collar de la antera con forma de balaústre angosto, c. 1/3 tan largo como la teca más el apéndice, el collar con células basales agrandadas, la base de las tecas obtusa a cortamente auriculada, el apéndice triangular a lanceolado; estilo obvia pero moderadamente apendiculado, la base gradual y escasamente dilatada, las ramas moderadamente alargadas, subteretes, patentes a recurvadas, las superficies estigmáticas proximales, de dos bandas, la porción fértil lisa abaxialmente, laxamente patente fasciculado-papilosa en un semicírculo abaxial inmediatamente por encima de la banda estigmática e inmediatamente debajo del apéndice, las ramas a partir de ahí abrupta (cortamente), moderada y angostamente apendiculadas, el apéndice generalmente caudado, compuesto de papilas fusionadas, no vascularizadas, diferenciándose en textura de la estructura celular de las porciones proximales de las ramas del estilo. Cipselas angostamente cilíndricas a ovoides hasta obovoides, 8-10-acostilladas, escasamente constrictas debajo del anillo anular angosto, glabras o papilosas en líneas, las células epidérmicas del ovario u óvulo con cristales simples; cerdas del vilano blancas, escabriúsculas, frecuentemente caducas. x = 10. 24 spp. Principalmente nativo de África, en la actualidad Pantropical.

1. Crassocephalum crepidioides (Benth.) S. Moore, *J. Bot.* 50: 211 (1912). *Gynura crepidioides* Benth. in Hook., *Niger Fl.* 438 (1849). Sintipo: Sierra Leona, *Don s.n.* (foto MO! ex BM). Ilustr.: Alston, *Kandy Fl.* t. 283 (1938), como *G. crepidioides*.

Crassocephalum diversifolium Hiern, *C. diversifolium* var. *crepidioides* (Benth.) Hiern, *C. diversifolium* var. *polycephalum* (Benth.) Hiern, *Gynura polycephala* Benth., *Senecio diversifolius* A. Rich. non Dumort.

Hierbas anuales 0.3-1.3 m; tallos estriados, delgados crespos pardo-puberulentos a rara vez densamente crespos; follaje pubescente con tricomas multicelulares. Hojas pecioladas; láminas (3.5-)5-18(-25) × 1.5-8(-10) cm, de contorno elíptico a ovado u obovado, simples o especialmente las hojas proximales frecuentemente lirado-lobadas, las superficies glabras a puberulentas, la base obtusa a atenuada o algunas veces decurrente, los márgenes gruesa e irregularmente intenso-serrados, los lobos proximales (cuando presentes) 1-2(-3) por margen, (1-)2-4 × (0.3-)1-1.7 cm, elíptico-oblongos, generalmente dirigidos lateralmente, lobo terminal mucho mayor que los laterales, el ápice agudo a acuminado o rara vez obtuso; pecíolo 0.5-4(-5.5) cm, delgado, exauriculado. Capitulescencia congestamente corimbosa, con pocas a numerosas cabezuelas, las cabezuelas nutantes en yema y flor inmadura, tornándose erectas en fruto, foliosas, no dispuesta muy por encima de las hojas caulinares; pedúnculos 0.5-5(-10) cm, desnudos o algunas veces diminutamente 1-bracteolados, crespo-puberulentos. Cabezuelas 10-16 mm, discoides, todas las flores bisexuales; involucro 4-8 mm de diámetro, truncado basalmente; filarios 13-21, 9-13 × 0.5-1.5 mm, finamente 5-7-estriados, igualmente delgados en toda su longitud, no gibosos basalmente, el ápice frecuentemente oscurecido, los 2 o 3 filarios adyacentes frecuentemente connatos en ápices papilosos; bractéolas caliculares (6-)10-15(-21), 1.5-5(-7) mm, laxamente ascendentes, puberulentas o ciliadas. Flores del disco: corola 8-12 mm, roja a rojizo-anaranjada (rara vez amarillenta?; tubo frecuentemente pálido), glabra, el tubo gradual y escasamente dilatado proximalmente (subcilíndrico en la base), los lobos 0.5-1 mm, triangular-lanceolados, ascendente-erectos, en ocasiones con nervios medios resinosos delgados, mamilosos apicalmente; anteras c. 1 mm, pardo-amarillentas, el apéndice apical largamente lanceolado; polen blanco; estilo gradual y escasamente dilatado en 1-1.5 mm basales, las ramas c. 1 mm, rojizo o violeta, el apéndice 0.3-0.4 mm, caudado, c. 1/4 de la longitud de la rama, c. 3 células de ancho. Cipselas 1.8-2.5 mm, delgadas, pardusco-purpúreas, las costillas y los canales concoloros, adpreso-papilosas en los canales, las costillas redondeadas; cerdas del vilano 8-12 mm, blancas, finamente escabriúsculas, c. 2(3) células de ancho. Floración jun.-dic. $2n$ = 20, 40. *Cafetales, áreas alteradas, pastizales, orillas de caminos.* G (*Holt E8965*, foto de campo); H (*Pruski et al. 4531*, MO); CR (*Pruski et al. 3956*, MO). 900-2200 m. (Nativa de África tropical, naturalizada en Asia tropical, Australia, Islas del Pacífico, menos frecuente en el continente americano, donde parece estar ausente del Sudamérica y las Antillas Menores; Estados Unidos (Florida), Mesoamérica, Jamaica, La Española, Puerto Rico.)

228. **Delairea** Lem.

Senecio L. sect. *Delairea* (Lem.) Benth. et Hook. f.
Por J.F. Pruski.

Bejucos subsuculentos, herbáceos, perennes; tallos semitrepadores, ramificados; follaje glabro o casi glabro, cuando puberulento con tricomas simples. Hojas caulinares simples, alternas, pecioladas, frecuentemente auriculadas; láminas palmatinervias, palmatilobadas, cartáceas. Capitulescencia terminal o axilar, corimboso-paniculada, de numerosas cabezuelas; pedúnculos delgados. Cabezuelas discoides, cortamente caliculadas, las corolas exertas; involucro cilíndrico-campanulado; filarios persistentes, 7-8, 1(2)-seriados, libres; clinanto aplanado a cortamente convexo, ligeramente alveolado. Flores del disco bisexuales; corola amarilla, angostamente campanulada, moderadamente larga, 5-lobada, el tubo mucho más corto que el limbo; collar de la antera con forma de balaústre, con células basales agrandadas, no caudada, el apéndice lanceolado; ramas del estilo con la superficie estigmática de dos bandas, el ápice o más o menos truncado. Cipselas prismáticas, 5-anguladas; cerdas del vilano subiguales a la corola, frágiles, capilares, numerosas, blancas. x = 10. 1 sp. Nativo de Sudáfrica, ampliamente cultivado.

Bibliografía: Jeffrey, C. *Kew Bull.* 41: 873-943 (1986).

1. Delairea odorata Lem., *Ann. Sci. Nat., Bot.* ser. 3, 1: 380 (1844). Tipo: cultivado en Europa a partir de semillas de origen desconocido (P?). Ilustr.: Barkley et al., *Fl. N. Amer.* 20: 608 (2006) N.v.: German ivy, hort.

Senecio mikanioides Otto ex Walp.

Bejucos hasta 6 m. Hojas: láminas 3-8 × 3-10 cm, (3-)5-9-lobadas o con más lobos, de contorno poligonal a orbicular, la base cordata, los márgenes de los lobos enteros, el seno redondeado, el ápice de los lobos agudo, las superficies glabras; pecíolo 2-10 cm, delgado. Capitulescencia frecuentemente de pocas a varias ramas axilares agregadas en el ápice, cada grupo 3-5 × 2-3 cm, más o menos aplanado distalmente, con 10-20(-40) cabezuelas; pedúnculos generalmente c. 10 mm, 1-3-bracteolados, las bractéolas 1-2 mm, oblanceoladas. Cabezuelas 6-9 mm; involucro 2-4 mm de diámetro, las corolas y el vilano generalmente 1.5-2 veces más largos; filarios 3-4 mm, lanceolados, verdes o verde-amarillentos con los márgenes escariosos; calículo diminuto, 1-4(5)-bracteolado, las bractéolas 0.5-1.5 mm. Flores del disco 8-25; corola c. 5 mm, el tubo delgado más corto que el limbo hasta rara vez más largo que este, el limbo abrupta y angostamente ampliado, los lobos c. 1.2 mm, ascendentes a recurvados, rara vez con una delgada vena media resinosa; anteras hasta c. 2 mm, las colas c. 0.4 mm, casi más largas que el collar; ramas del estilo c. 1 mm, el ápice algunas

veces esparcidamente papiloso abaxialmente. Cipselas c. 2 mm, glabras; cerdas del vilano c. 5 mm, blancas, escábridas. $2n$ = 20. *Cultivada, algunas veces naturalizada.* 500-2000 m. (Nativa de Sudáfrica, ampliamente cultivada en Estados Unidos, México, Colombia, Venezuela, Brasil, Argentina, Antillas, Europa, Asia, África, Australia, Nueva Zelanda, Islas del Pacífico.)

Bejucos discoides de *Delairea odorata* (syn.: *Senecio mikanioides*) pertenecen al grupo paleotropical Synoide caracterizado por las anteras caudadas y las corolas del disco angostamente campanuladas y moderada y largamente lobadas. *Delairea odorata* se debería encontrar cultivada en Mesoamérica. Otros géneros de bejucos Synoides (sensu Jeffrey, 1986) cercanamente emparentados con *S. tamoides* son el género indomalayo *Cissampelopsis* (DC.) Miq. y el género africano *Mikaniopsis* Milne-Redh.

229. **Digitacalia** Pippen

Por J.F. Pruski.

Hierbas caulescentes, perennes, rígidamente erectas, hasta 4 m; tallos anuales, la roseta basal ausente al madurar, por lo demás uniformemente foliosos, completamente suberetes a rara vez angulados; follaje con tricomas simples. Hojas alternas, pecioladas; láminas generalmente 3-9-lobadas, profundamente lobadas, pinnadas (Mesoamérica) o generalmente subpalmatilobadas y subpalmatinervias, cartáceas, los lobos con márgenes enteros a serrulados. Capitulescencia grande, al menos 30 cm de alto y ancho, terminal o en las ramas axilares terminales, de numerosas cabezuelas, corimbosas o corimboso-paniculadas, las ramas abrazadas por hojas bracteadas; pedúnculos diminutamente bracteolados. Cabezuelas pequeñas, discoides, caliculadas; involucro turbinado a angostamente campanulado; filarios 5-8, 1(2)-seriados, libres; brácteas caliculares o bractéolas (1-)3-7, generalmente más cortas que los filarios; clinanto más o menos aplanado, foveolado, sin páleas. Flores bisexuales; corola hipocraterimorfa, blanca o blanco-amarillenta, nunca amarilla, glabra, profundamente 5-lobada, el tubo angostamente cilíndrico hasta la base, casi tan largo como el limbo, la garganta presente o ausente, corta cuando presente, hasta c. 1 mm, los lobos 3-nervios; anteras exertas, la base de las tecas obtusa, collar de la antera cilíndrico, sin células basales agrandadas, la células endoteciales con engrosamientos polarizados, el apéndice apical ovado; estilo cilíndrico hasta la base, sin un nudo engrosado, las ramas cada una con una superficie estigmática continua, pero abaxialmente con una línea de color oscuro, patentes a recurvadas, el ápice sin apéndice, truncado a obtuso, algunas veces con papilas laterales de punta redondeada. Cipselas angostamente cilíndricas a oblongas, 8-12-acostilladas, las costillas bien definidas, glabras o setulosas cuando jóvenes; cerdas del vilano numerosas, blancas, capilares, escábridas. x = 30. 5 spp. México, Mesoamérica.

Digitacalia, un género tussilaginoide, fue descrito por Pippen (1968) y expandido por Turner (1990b). Difiere de otros géneros tussilaginoides mesoamericanos por su hábito caulescente, y entre los géneros acaules por las corolas blancas profundamente lobadas es más similar a *Psacalium*. *Digitacalia heteroidea* (Klatt) Pippen pasó a ser una especie de *Roldana*.

Bibliografía: Turner, B.L. *Phytologia* 69: 150-159 (1990).

1. Digitacalia chiapensis (Hemsl.) Pippen, *Contr. U.S. Natl. Herb.* 34: 379 (1968). *Senecio chiapensis* Hemsl., *Biol. Cent.-Amer., Bot.* 2: 238 (1881). Isotipo: México, Chiapas, *Ghiesbreght 537* (MO!). Ilustr.: no se encontró.

Cacalia chiapensis (Hemsl.) A. Gray, *Odontotrichum chiapensis* (Hemsl.) Rydb.

Hierbas hasta 3 m; tallos estriados, fistulosos; follaje glabro o casi glabro. Hojas pinnatilobadas, las hojas jóvenes poco angulosas, glabras o la superficie abaxial con las nervaduras mayores puberulentas;

hojas del tallo principal largamente pecioladas; láminas (6-)10-15 × (4-)9-15 cm, profundamente 5-pinnatilobadas c. 2/3 de la distancia hacia la vena media, la base cordata a truncada, el par de lobos proximales algunas veces cada con un lóbulo proximal, los lobos elíptico-ovados, 3-7 × 1.5-4 cm, enteros o subenteros, el ápice agudo a acuminado, los senos anchamente redondeados, más angostos hasta casi tan anchos como los lobos, las hojas de la capitulescencia abruptamente reducidas, 2-5 × 1-3 cm, pinnadamente poco angulosas, ovadas a rómbicas, la base truncada a anchamente obtusa, enteras o subenteras, el ápice agudo a acuminado; pecíolo (1-)5-7 cm. Capitulescencia hasta 30 × 25 cm, de numerosas cabezuelas, redondeada, las ramas con hojas pequeñas, las ramas laterales sin sobrepasar el eje central; pedúnculos delgados, 5-8 mm, escasamente acostillado-sulcados, 1-4-bracteolados; bractéolas lanceoladas, c. 1 mm. Cabezuelas 5.5-7.5 mm; involucro angostamente campanulado, 3-4 mm de ancho; filarios (6-)8, elíptico-ovados a oblongos, 4-5 × c. 1.5 mm, basalmente subgibosos, la zona central verde angosta, los márgenes pajizos, casi tan anchos como la zona central, agudos, glabros; bractéolas caliculares c. 3, linear-lanceoladas, 1-1.5 mm; clinanto c. 1 mm de ancho. Flores del disco 7-11; corola 3.5-5 mm, el tubo 1.7-2.5 mm, la garganta indistinta, 0.3-0.5 mm, los lobos lanceolados, 1.5-2 mm, patentes o recurvados, las nervaduras submarginales, rara vez también con una vena media resinosa; anteras c. 1.4 mm, las tecas con ápice abruptamente apendiculado, el apéndice elíptico-lanceolado; ramas del estilo recurvadas, c. 0.8 mm. Cipselas (inmaduras) 1.2-1.4 mm, setulosas; vilano 3-4 mm. *Bosques de* Pinus-Quercus, *laderas secas.* Ch (*Breedlove 23342*, MO). 1700-1800 m. (Endémica.)

Gray (1884b [1883]), en su tratamiento de las especies tussilaginoides de México, notó la particularidad de esta "especie singular". Las otras cuatro especies del género difieren de *Digitacalia chiapensis* por las cabezuelas más grandes y las cerdas del vilano más largas. Dos de estas especies, *D. jatrophoides* (Kunth) Pippen y *D. napeifolia* (DC.) Pippen, se encuentran en la Sierra San Felipe del área de Oaxaca, pero ninguna de las dos se conoce del Istmo de Tehuantepec.

230. Dresslerothamnus H. Rob.

Por J.F. Pruski.

Bejucos o rara vez enredaderas; tallos estriados; follaje (generalmente hojas y filarios; el indumento del tallo es frecuentemente denso con tricomas de brazos entretejidos), generalmente con tricomas con apéndices de paredes gruesas contortas (células terminales) (como en Drury y Watson, 1965: 309, t. 1) o con tricomas que son diversamente ramificados, corta a largamente pediculados, las células terminales multicompartimentadas y armadas, lisas (como en Robinson, 1989: t. 2B, 3B) o diversamente multianguladas (similares a aquellas en Metcalfe y Chalk, 1979: t. 5.3K, t. 5.3M, t. 5.3; y Robinson, 1989: t. 1B), algunas veces también heterotricas con tricomas simples entremezclados. Hojas simples, alternas, pecioladas; láminas anchas, pinnatinervias, los márgenes enteros, pecioladas. Capitulescencia axilar en las pocas hojas distales, paniculada, las ramas laterales principales sin ramificar en la 1/2 proximal, las ramitas distales bracteoladas, los últimos agregados de cabezuelas subracemosos a subumbelados; bractéolas linear-lanceoladas. Cabezuelas radiadas o disciformes, irregularmente poco caliculadas, las bractéolas caliculares y bractéolas pedunculares similares, ascendentes. Flores del disco exertas casi 2-5 mm del involucro; filarios generalmente 8(-11), 1-seriados, libres, verdes a algunas veces con tintes rojizos o purpúreos, los más anchos con márgenes pardo-amarillento-escariosos; clinanto sin páleas, setoso o setuloso a aristado-escamuloso, sólido; bractéolas caliculares linear-lanceoladas, semejando bractéolas pedunculares. Flores radiadas o flores marginales 5 u 8, pistiladas, rara vez con estaminodios; corola glabra, actinomorfa o radiada, cuando radiada el limbo filiforme, exerto, o más o menos amarillo a algunas veces amarillo-dorado. Flores del disco 5-19, bisexuales; corola infun-

dibuliforme, 5-lobada, amarilla, glabra, el tubo alargado, gradualmente dilatado en la base, casi tan largo como el limbo, así la garganta más corta que el tubo, los lobos lanceolados; antera con tecas pálidas, angostamente caudadas, las colas de apariencia lisa, el collar con forma de balaústre o indistintamente así, sin células basales agrandadas, las células de la pared del endotelio con engrosamientos indistintamente radiales, el apéndice apical lanceolado a lanceolado-ovado, angosto apicalmente o a veces obtuso; estilo por lo general cortamente triangular-subapendiculado, la base gradualmente dilatada, las ramas recurvadas hasta una vez enrolladas, las superficies estigmáticas con 2 bandas angostas, el ápice subtruncado, por lo general escasamente comoso, no largamente comoso, las papilas isomorfas, distales, laterales y/o terminales, ligeramente más cortas a algunas veces más largas que el diámetro de la rama, libres, el ápice agudo (rara vez redondeado), las papilas laterales abaxiales gradualmente graduando a papilas terminales algunas veces las más largas. Cipselas madurando tardíamente, cilíndricas, finamente 10-acostilladas, glabras, pardas, el carpóforo anular, pardo-amarillento; vilano de numerosas cerdas capilares pajizas delgadas, escábridas, el ápice de la célula terminal escasamente redondeado-bulboso (especialmente antes de la antesis) o largamente atenuado. 4 spp. Costa Rica a Colombia.

Robinson (1989) presentó una sinopsis del género, incluyendo ilustraciones y una discusión de los tipos de tricomas ramificados. Robinson (1989) aseguró que las colas de la antera de *Dresslerothamnus* podían ser retrorso-dentadas, pero parecen lisas, si bien es cierto que las colas y tecas algunas veces son infectadas con hifas de hongos. Pruski (2017a) revisó el género para Sudamérica.

Bibliografía: Pruski, J.F. *Phytoneuron* 2017: en prensa (2017). Robinson, H. *Syst. Bot.* 14: 380-388 (1989).

1. Cabezuelas radiadas.
  2. Hojas relativa y cortamente pecioladas, los pecíolos robustos; láminas 7-16 × 3.5-10 cm, elípticas a ovadas; follaje con tricomas seudoestrellados; flores radiadas 5-8; flores del disco 10-15; clinantos largamente setosos, las setas 0.5-1 mm.   **1. D. angustiradiatus**
  2. Hojas relativa y largamente pecioladas, los pecíolos delgados; láminas 1.5-3 × 1-2.5 cm, ovadas a suborbiculares; follaje con tricomas 2(3)-ramificados, en forma de T o Y; flores radiadas 5; flores del disco 5-8; clinantos aristado-escamulosos, las escuámulas c. 0.5 mm.
                    3. D. peperomioides
1. Cabezuelas disciformes.
  3. Flores del disco 5-6.   **2. D. hammelii**
  3. Flores del disco c. 19.   **4. D. schizotrichus**

1. Dresslerothamnus angustiradiatus (T.M. Barkley) H. Rob., *Phytologia* 40: 494 (1978). *Senecio angustiradiatus* T.M. Barkley, *Ann. Missouri Bot. Gard.* 62: 1263 (1975 [1976]). Isotipo: Panamá, *Dressler 4616* (NY!). Ilustr.: Robinson, *Syst. Bot.* 14: 383, t. 1 (1989).

Bejucos; tallos hirsuto-vellosos, también heterotricos con vestidura híspida de tricomas simples, estos tricomas simples mucho más largos que los tricomas ramificados; follaje con tricomas seudoestrellados, rojo-parduscos, los tricomas con el pedículo y las ramas más o menos subiguales, los tricomas de los filarios cortamente pediculados. Hojas relativamente corto-pecioladas; láminas 7-16 × 3.5-10 cm, elípticas a ovadas, subcoriáceas, las nervaduras laterales c. 4 por cada lado, la base redondeada, el ápice obtuso a acuminado, la superficie adaxial esparcidamente hirsuto-vellosa a generalmente subglabra, la superficie abaxial hirsuto-vellosa a esparcidamente hirsuto-vellosa, los tricomas ramificados hasta c. 1 mm; pecíolo 7-15 mm, robusto. Capitulescencia cilíndrico-paniculada, las ramas laterales principales 7-28 cm, afilas, de 10-20 cabezuelas, las ramas y ramitas pardas, rectas; ramitas laterales secundarias pocas, 2-9 cm, de aspecto columnar, los últimos grupos de pocas cabezuelas o más o menos racemosos; pedúnculos 7-10 mm, hirsuto-vellosos, 1(-4)-bracteolados; bractéolas distales c. 3 mm. Cabezuelas 10-13 mm, radiadas; involucro (4-)5-8 mm de diámetro, cilíndrico a campanulado; filarios 8-11, 6.5-8 × 1.5-2.5 mm, estrigoso-vellosos (tricomas cortamente pediculados), los filarios más anchos con los márgenes más angostos que la zona coloreada central; clinanto setoso, las setas 0.5-1 mm; bractéolas caliculares 2-3(-5) mm. Flores radiadas 5-8; tubo de la corola 4.5-6 mm, el limbo 7-12 mm. Flores del disco 10-15; corola 7.5-9 mm, el tubo c. 5 mm, los lobos 1-1.5(-2) mm, moderadamente papilosos; anteras c. 2.5 mm, las tecas c. 1.5 mm, las colas c. 0.5 mm, lisas, el collar c. 0.5 mm, el apéndice c. 0.5 mm; ramas del estilo 1-1.4 mm, las papilas 0.1-0.25 mm, la apical frecuentemente la más larga. Cipselas 1-2 mm; cerdas del vilano 7-7.5 mm, las células terminales puntiagudas. Floración feb.-abr. *Selvas.* CR (*Grayum et al. 9648*, MO); P (*McPherson 12334*, MO). 300-1300(-1500?) m. (Endémica.)

Las plantas con cabezuelas 5-radiadas tienden a tener los limbos de la corola radiada más cortos (7-8 mm) que los de plantas 8-radiadas.

2. Dresslerothamnus hammelii Pruski, *Phytoneuron* 2017 en prensa (2017). Holotipo: Panamá, *Kirkbride y Duke 977* (MO!). Ilustr.: Pruski, *Phytoneuron* 2017 en prensa, t. 1 (2017).

Sufrútices volubles; tallos glabros a distalmente pubérulos. Hojas alternas, pecioladas; láminas 3-4 × 1.5-2 cm, elíptico-ovadas, subcarnosas, pinnatinervias, concoloras, glabrescentes a pubérulas, la base cuneada, los márgenes enteros; pecíolo 0.7-1.4 cm. Capitulescencia 1.5-3 × 2-4 cm, terminal, compacta, corimbosa, redondeada, los tricomas aplanado-ramosos; pedúnculos 1-6 mm. Cabezuelas 9-10 mm, heterógamas disciformes; involucro 2-3 mm de diámetro, cilíndrico; filarios 6-8, 6.5-7.5 × c. 1 mm, lanceolados, glabros. Flores pistiladas 5; corola 5-6 mm, tubular, amarilla, los lobos 4-5, c. 1 mm, lanceolados. Flores del disco 5-6; corola 6-7 mm, infundibuliforme, amarilla, glabra, el tubo y el limbo subiguales, los lobos 5, c. 1.5 mm, lanceolados; anteras 2.2-2.5 mm, caudadas, la base de la columna angostamente dilatada, el apéndice apical c. 1 mm, lanceolado; ramas del estilo 1.2-1.5 mm, brevemente apendiculadas, las papilas 0.1-0.2 mm, las superficies estigmáticas discretas. Cipselas 1.3-2.2 mm, c. 5-acostilladas, glabras; cerdas del vilano 5-5.5 mm. Floración nov.-abr. *Bosques de neblina, selvas bajas perennifolias.* P (*Hammel 6290*, MO). 900-2200. (Endémica.)

3. Dresslerothamnus peperomioides H. Rob., *Syst. Bot.* 14: 386 (1989). Holotipo: Panamá, *McPherson 11160* (MO!). Ilustr.: Robinson, *Syst. Bot.* 14: 387, t. 3 (1989).

Bejucos escandentes; tallos pilosos, las hojas generalmente bracteadas sobre ramas floríferas, los tallos mayores poco foliosos; follaje con tricomas parduscos, 2(3)-ramificados, en forma de T o en forma de Y, el pedículo del tricoma generalmente más corto que las ramas, las ramas infrecuentemente diminutas (o quebradas) y el tricoma entero falsamente semejando glándulas estipitadas. Hojas relativamente largamente pecioladas; láminas 1.5-3 × 1-2.5 cm, ovadas a suborbiculares, subcarnosas, las nervaduras laterales 1-2 por cada lado, la base anchamente obtusa a subtruncada, el ápice anchamente obtuso a redondeado, las superficies esparcidamente pilósulas; pecíolo 0.6-1.5 cm, delgado. Capitulescencia paniculado-piramidal, las ramas laterales principales 15-25 cm, bracteado-foliosa proximalmente, de 20-30 cabezuelas, las ramas y ramitas pardas, rectas; ramitas laterales secundarias 2-4 cm, los últimos grupos de 4-8 cabezuelas umbeliformes con los pedúnculos proximales notablemente alargados pero no sobrepasando los pedúnculos distales; pedúnculos 3-9 mm, hirsuto-vellosos, c. 3-bracteolados; bractéolas distales c. 2 mm. Cabezuelas 9-12 mm, típicamente radiadas (rara vez disciformes); involucro 2.5-3.5(-4) mm de diámetro, cilíndrico, la base esparcidamente pilósula; filarios generalmente 8, (6.5-)7-8.5 × 1-1.6(-2.1) mm, lanceolados, glabros por la mayoría de su longitud, los filarios más anchos con los márgenes subiguales en diámetro (rara vez mucho más angostos) a la zona central

coloreada, el ápice agudo a acuminado; clinanto aristado-escuamuloso, las escuámulas c. 0.5 mm, con alvéolos en los bordes; bractéolas caliculares c. 2 mm, lineares a linear-lanceoladas. Flores radiadas 5; tubo de la corola 3.5-4 mm, el limbo 4-7 mm, frecuentemente dañado. Flores marginales pistiladas (cuando presentes) actinomorfas, la corola c. 6.5 mm, los lobos c. 1.5 mm. Flores del disco 5-8; corola 7.5-8 mm, el tubo c. 4 mm, los lobos 1-1.5 mm, débilmente papilosos; ramas del estilo con papilas 0.1-0.2 mm. Cipselas 1.2-2.5 mm; cerdas del vilano 5-7.5 mm, las células terminales redondeadas. Floración mar., jul.-ago., nov. *Selvas.* P (*McPherson 12848*, MO). 1100-1400(-2200) m. (Endémica.)

Las poblaciones de elevaciones altas son del Cerro Pate Macho y son típicamente menos pelosas (con las ramas del tricoma frecuentemente quebradas) y tienen cabezuelas disciformes frecuentemente con cinco filarios.

4. Dresslerothamnus schizotrichus (Greenm.) C. Jeffrey, *Kew Bull.* 47: 64 (1992). *Senecio schizotrichus* Greenm., *Publ. Field Mus. Nat. Hist., Bot. Ser.* 18: 1518 (1938). Holotipo: Costa Rica, *Skutch 2502* (MO!). Ilustr.: no se encontró.

Bejucos trepadores altos; tallos densamente grisáceo-vellosos, fistulosos; follaje con tricomas cortamente pediculados, multiangulados, irregularmente 4-6-armados, las células terminales aplanadas. Hojas moderadamente pecioladas; láminas 3.5-9.5 × 1.5-4.5 cm, elíptico-lanceoladas a elípticas, cartáceas, las nervaduras laterales 5-7 por cada lado, la base cuneada a obtusa, el ápice agudo, las superficies hirsuto-vellosas a esparcidamente hirsuto-vellosas; pecíolo 7-12 mm, moderadamente delgado. Capitulescencia subcilíndrica o angostamente piramidal, las ramas laterales principales 4-11 cm, afilas, de c. 20 cabezuelas, las ramas y ramitas grisáceo-vellosas, deflexas en los nudos; ramitas laterales secundarias menos de 2 cm, de aspecto columnar, los últimos grupos de cabezuelas irregularmente ternados o cortamente racemosos; pedúnculos 1-3 mm, hirsuto-vellosos, 1-3-bracteolados; bractéolas distales 2.5-7 mm. Cabezuelas (al principio de la antesis) 9-12 mm, disciformes; involucro 3.5-4 mm de diámetro, cilíndrico-turbinado; filarios 7-8 × 1.5-1.8 mm, rara vez ligeramente connatos hasta cerca del ápice, puberulentos con ambos tricomas seudodolabriformes y simples, los filarios más anchos con los márgenes escasamente más angostos que la zona central coloreada; clinanto setuloso, las sétulas 0.1-0.2 mm; bractéolas caliculares 2.5-4 mm. Flores marginales 5; corola 4.5-6.5 mm, actinomorfa, tubular-infundibuliforme, amarilla, el tubo 3-4 mm, los lobos 5, c. 1 mm. Flores del disco c. 19; corola 6.5-7.8 mm, el tubo c. 3.8 mm, los lobos 1-1.4 mm, débilmente papilosos; antera con apéndice angostamente lanceolado, el ápice obtuso; ramas del estilo 1-1.4 mm, las papilas distales c. 0.1 mm, generalmente laterales. Cipselas (inmaduras) c. 1 mm; cerdas del vilano 6-7 mm, las células terminales puntiagudas. Floración ene. *Selvas.* CR (Burt-*Utley 5858*, MO). 1000 m. (Endémica.)

Dresslerothamnus schizotrichus fue descrita en el protólogo como discoide. Al momento de describir esta especie se conocía solo del tipo, pero se anticipa que haya otras colecciones en los herbarios bajo *Pentacalia* indeterminadas.

231. Emilia Cass.

Pithosillum Cass., *Pseudactis* S. Moore, *Senecio* L. sect. *Emilia* (Cass.) Baill., *S.* subg. *Emilia* (Cass.) O. Hoffm., *S.* sect. *Emilioidei* Muschl., *S.* sect. *Spathulati* Muschl.

Por J.F. Pruski.

Hierbas débiles a robustas, difusas, no suculentas, anuales (Mesoamérica) a perennes de vida corta, ligeramente subescapíferas; tallos erectos a ascendentes o rara vez procumbentes, simples hasta poco ramificados, las hojas proximal-caulinares generalmente congestas o rara vez solo radicales, en general remotamente foliosos más allá de la mitad del tallo, generalmente estriados, araneosos a pilosos proximalmente donde los nudos están cercanamente espaciados (frecuentemente en Mesoamérica) a glabros, la médula sólida; follaje algunas veces glauco, cuando peloso con tricomas multicelulares simples. Hojas simples a pinnatífidas, alternas, las hojas proximales y distales frecuentemente dimorfas, las hojas proximales típicamente pecioladas o atenuadas hacia la base, graduando a sésiles de base ancha y frecuentemente las hojas distales semiamplexicaules; láminas anchas, generalmente cartáceas, pinnatinervias, las superficies frecuentemente glabras, las aurículas de las hojas de la mitad del tallo agudas a redondeadas, los márgenes subenteros a dentados o pinnados o lirado-lobados, el lobo terminal frecuentemente grande. Capitulescencia generalmente terminal, abiertamente cimosa o laxamente corimbosa, con (1-)pocas cabezuelas, dispuesta muy por encima de las hojas caulinares, las cabezuelas erectas; pedúnculos cortos a largos, rara vez 1-2-bracteolados. Cabezuelas discoides (Mesoamérica) o en África rara vez radiadas, sin calículo, casmógamas o rara vez cleistógamas; involucro ligeramente urceolado (típicamente engrosado basalmente donde rodea el clinanto y constricto por encima), luego angostamente cilíndrico a campanulado, las corolas del disco incluidas a largamente exertas; filarios 8-13(-21), algunas veces acrescentes en fruto, frecuentemente conniventes pero separándose en fruto, verdes con los márgenes angostamente escariosos, con estrías cortas inmersas, glabros o vellosos; clinanto sin páleas. Flores radiadas ausentes o rara vez presentes. Flores del disco 10-50 (-100), bisexuales o las internas algunas veces de apariencia funcionalmente estaminada; corola tubular-infundibuliforme, anaranjada o roja a rosada o lavanda, algunas veces amarilla, rara vez blanca, el tubo moderadamente delgado, la base cilíndrica a escasamente dilatada, casi tan largo que el limbo hasta mucho más largo que este, los lobos triangulares a generalmente lanceolados, ascendentes a patentes, frecuentemente 3-nervios con un canal de resina centra y las gargantas por tanto aparenciendo 10-nervias; collar de la antera con forma de balaústre angosto, con células basales agrandadas, la base de las tecas (truncada-) anchamente redondeada; estilo muy escasamente dilatado en la base encima del nectario cilíndrico, por lo general obviamente apendiculado hasta rara vez casi sin apéndice, las ramas moderadamente alargadas, escasamente aplanadas, la superficie estigmática de dos bandas, llegando hasta cerca del ápice, la porción fértil de la rama lisa abaxialmente, el apéndice típicamente caudado y más angosto pero más largo que el diámetro de la rama, no vascularizado, compuesto de papilas fusionadas y diferenciándose en textura de la estructura celular de las porciones proximales fértiles de las ramas del estilo. Cipselas cilíndricas a algunas veces subfusiformes, generalmente rojizo-pardas, 5-anguladas y 10-15-acostilladas, generalmente papiloso-setulosas en canales elevados parduscos sobre los ángulos los cuales están cercanamente marginados por costillas pajizas o rara vez completamente glabras, las caras glabras frecuentemente 3-acostilladas, las flores internas algunas veces con ovarios estériles; cerdas del vilano escabriúsculas, blancas (purpúreas), caducas, solo más largas que el tubo de la corola hasta casi más largas que la corola, el vilano rara vez ausente (solo en el Viejo Mundo). $x = 5, 8$?. Aprox. 100 spp. Principalmente África, en la actualidad pantropical, 1 sp. nativa de América tropical, 3 spp. en las regiones cálidas del continente americano, 2 como malezas, y 1 escapando de cultivo.

1. Hojas proximales lirado-pinnatífidas; involucros angostamente cilíndricos, las corolas incluidas hasta solo escasamente exertas; corolas generalmente rosadas o lavanda, los lobos 0.5-0.8 mm; estilo de las flores del disco indistintamente apendiculado, el apéndice hasta 0.1 mm, no más largo que ancho, convexo. **3a. E. sonchifolia** var. **sonchifolia**
1. Hojas proximales no lirado-pinnatífidas; involucros anchamente cilíndricos a campanulados, las corolas moderada largamente exertas; corolas generalmente anaranjadas o rojas a rosado-rojas, los lobos 1.1-2.2 mm;

estilo de las flores del disco obviamente apendiculado, el apéndice 0.2-0.3 mm, caudado.
2. Márgenes foliares casi subenteros; involucros campanulados, ligeramente más largos que anchos, las corolas largamente exertas; corolas anaranjado brillantes a rojas, los lobos 1.6-2.2 mm. **1. E. coccinea**
2. Márgenes foliares por lo general gruesamente dentados; involucros anchamente cilíndricos, (1)2 veces más largos que anchos, las corolas moderadamente exertas; corolas generalmente rojo pálidas o rosado-rojas, los lobos 1.1-1.6 mm. **2. E. fosbergii**

1. Emilia coccinea (Sims) G. Don in Sweet, *Hort. Brit.* ed. 3, 382 (1839). *Cacalia coccinea* Sims, *Bot. Mag.* 16: t. 564 (1802). Lectotipo (designado por Nicolson, 1980): Sims, *Bot. Mag.* 16: t. 564 (1802). Ilustr.: Sims, *Bot. Mag.* 16: t. 564 (1802). N.v.: Clavel del diablo, gota de sangre, pincel, pincel de la reina, ES.

Cacalia sagittata Willd. non Vahl, *Emilia flammea* Cass., *E. sagittata* DC., *E. sonchifolia* (L.) DC. var. *sagittata* C.B. Clarke.

Hierbas 0.1-0.6 m; tallos ocasionalmente varias veces ramificados desde cerca de la base, foliosos en el 1/3 proximal, rara vez completamente glabros. Hojas no lirado-pinnatífidas, ligeramente subsuculentas, algunas veces purpúreas abaxial y marginalmente, al menos crespo-pilósulas sobre la vena media por la superficie abaxial, frecuentemente glabrescentes, los márgenes casi subenteros (remota a levemente sinuado-dentados); hojas proximales (4-)6-12 × (1-)2-4 cm, frecuentemente más pequeñas que las hojas de la mitad del tallo, espatuladas a elípticas, alado-peciolares; hojas de la mitad del tallo y distales 3-16(-18) × 1-4(-5) cm, lanceoladas u ovadas a espatuladas u oblongas, casi 3 veces (Jeffrey, 1997) más largas que anchas, sésiles, el ápice generalmente obtuso a redondeado. Capitulescencias generalmente 2 o 3 por planta, cada una con 2-6 cabezuelas, el eje principal 14-30 cm, generalmente sin ramificar por la mayoría de su longitud; pedúnculos 1-3(-10) cm. Cabezuelas 9-15 mm, con 50-90 flores; involucro 5-10 mm de diámetro, campanulado, tan largo o escasamente más largo que ancho, las corolas largamente exertas por 3-5 mm, patentes; filarios (10-)13, (5-)6-10 × 0.8-1.5 mm, glabros. Flores del disco generalmente 50-90, polinizadas por insectos; corola (6-)7.5-9.5 mm, anaranjado brillante a roja, distalmente setulosa, típicamente glabra proximalmente, el tubo y el limbo subiguales, la garganta más larga que los lobos, los lobos 1.6-2.2 mm, largamente lanceolados; anteras c. 2.5 mm; polen amarillo; estilo obviamente apendiculado, amarillo, las ramas 1.5-2 mm, el apéndice 0.2-0.3 mm, caudado, las papilas patentes. Cipselas 2-4 mm; cerdas del vilano 4.5-6 mm, casi más largas que el tubo de la corola y no exertas del involucro. Floración jul.-ago. $2n = 10$ (diploide). *Cafetales, jardines, áreas alteradas.* G (Williams, 1976c: 394); H (*Molina R. y Molina 26067*, MO); ES (*Calderón 560*, MO); CR (Nicolson, 1980: 402); P (Barkley, 1975 [1976]: 1246). 700-1300 m. (Nativa de África; cultivada ampliamente y escapando frecuentemente, Estados Unidos, México, Mesoamérica, Colombia, Venezuela, Guyana, Surinam, Brasil, Cuba, La Española, Puerto Rico, Antillas Menores, Europa, Asia, Australia, Nueva Zelanda, Islas del Pacífico.)

2. Emilia fosbergii Nicolson, *Phytologia* 32: 34 (1975). Holotipo: Bahamas, *Curtiss 6* (US!). Ilustr.: no se encontró. N.v.: Pincel, pincelillo, H; lamparita, ES.

Emilia sonchifolia (L.) DC. var. *rosea* Bello.

Hierbas 0.15-0.5(-1) m; tallos algunas veces varias veces ramificados desde cerca de la base, uniformemente foliosos en la 1/2 proximal o las hojas rara vez basales. Hojas no lirado-pinnatífidas (rara vez subliradas), cartáceas, las superficies glabras o la vena media crespo-pilósula en la superficie abaxial, los márgenes por lo general gruesamente dentados; hojas basales espatuladas, pecioladas; hojas proximales (3-)6-15(-20) × (1-)3-5(-8) cm, frecuentemente más pequeñas que las hojas del 1/2 del tallo hasta más largas que estas, espatuladas a oblanceoladas hasta obovadas, la porción expandida de la lámina frecuentemente más corta que la base, la base angostada o anchamente alada, generalmente no anchamente dilatada, el ápice generalmente obtuso; hojas de la mitad del tallo (3-)5-15 × 2-7 cm, casi 2 veces más largas que anchas, lanceoladas u ovadas a oblongas u obovadas, la base sésil y auriculada, algunas veces dilatada, el ápice generalmente agudo; hojas más distales frecuentemente muy reducidas y bracteadas, amplexicaules, subenteras o proximalmente serradas. Capitulescencias 1-4(-6) por planta, el eje principal simple o poco ramificado proximalmente, los últimos agregados con 2-5 cabezuelas; pedúnculos 1-5(-7) cm. Cabezuelas 10-16 mm, con (20-)30-60 flores; involucro 4-8 mm de diámetro, anchamente cilíndrico, (1)2 veces más largo que ancho, las corolas moderadamente exertas 2-4 mm; filarios 8-13, (8-)10-14 × 0.7-1.4(-2) mm, 3-5-estriados, glabros o algunas veces persistentemente pilosos. Flores del disco generalmente 40-50; corola 8-11.3 mm, generalmente rojo pálido o rojo-rosada, no anaranjada o amarilla (en Hawái muy rara vez así), el tubo por lo general escasamente más largo que el limbo, los lobos 1.1-1.6 mm, lanceolados; polen amarillento; estilo obviamente apendiculado, amarillento, las ramas 1-1.5 mm, el apéndice c. 0.2 mm, caudado. Cipselas 3-4 mm; cerdas del vilano 6-7 mm, casi más largas que el tubo de la corola y no exertas del involucro. Floración durante todo el año. 2*n* = 20 (tetraploide). *Áreas cultivadas, áreas alteradas, dunas costeras, bordes de bosque, pastizales, potreros, orillas de caminos, áreas rocosas, vegetación de playas, quebradas, selvas altas perennifolias.* T (*Ventura 21219*, MO); Y (*Tapia 2044*, MO); C (*Martínez S. et al. 31793A*, MO); QR (*Cabrera y Cabrera 2136*, MO); B (*Arvigo 1987-19*, NY); G (*Pruski et al. 4503*, MO); H (*Molina R. 31788*, MO); ES (*Monro et al. 2915*, MO); N (*Greenman y Greenman 5818*, MO); CR (*Pruski y Sancho 3802*, MO); P (*Sytsma 1752*, MO). 0-1700 m. (SE. de Estados Unidos, Mesoamérica, Colombia, Venezuela, Guayanas, Ecuador, Perú, Bolivia, Brasil, Paraguay, Argentina, Bahamas, Cuba, Jamaica, La Española, Puerto Rico, Islas Vírgenes, Antillas Menores, Trinidad y Tobago, Taiwán, Islas del Pacífico.)

Las flores de *Emilia fosbergii* son polinizadas por insectos.

3. Emilia sonchifolia (L.) DC. in Wight, *Contr. Bot. India* 24 (1834). *Cacalia sonchifolia* L. *Sp. Pl.* 835 (1753). Lectotipo (designado por Grierson, 1980): Sri Lanka, *Herb. Hermann 2: 25; 4: 36; 4: 66, no. 305* (BM). Ilustr.: no se encontró. N.v.: Pincelillo, H; falso rábano, molendera, rabanillo, ES.

Cacalia sagittata Vahl, *Crassocephalum sonchifolium* (L.) Less., *Emilia javanica* (Burm. f.) C.B. Rob., *E. marivelensis* Elmer, *E. sinica* Miq., *E. sonchifolia* (L.) DC. var. *javanica* (Burm. f.) Mattf., *E. taiwanensis* S.S. Ying, *Hieracium javanicum* Burm. f., *Prenanthes javanica* (Burm. f.) Willd., *Senecio auriculatus* Burm. f., *S. rapae* F. Br., *S. sagittatus* Hieron., *S. sonchifolius* (L.) Moench., *Sonchus javanicus* (Burm. f.) Spreng.

Emilia sonchifolia, en la actualidad pantropical, consiste de dos variedades nativas de Asia; *E. sonchifolia* var. *javanica* es una hierba robusta anual, con los involucros 6-8 mm de diámetro y cabezuelas con 25-35 flores.

3a. Emilia sonchifolia (L.) DC. var. **sonchifolia.**

Hierbas débiles 0.1-0.5(-0.6) m; tallos algunas veces varias veces ramificados desde cerca de la base, foliosos en c. 1/2 proximal. Hojas cartáceas, las superficies glabras a levemente puberulentas, por lo general irregularmente incisas a lobadas; hojas proximales varias, 4-12 × 1.5-5 cm, lirado-pinnatífidas, de contorno generalmente elíptico-lanceolado a oblanceolado u obovado, atenuadas hasta una base peciolar de 4 cm, el lobo terminal triangular siempre el más grande, anchamente agudo a obtuso o algunas veces redondeado apicalmente; hojas del tallo algunas veces ligeramente lirado-pinnatífidas, frecuentemente lanceoladas y sésiles, la base auriculada, los márgenes lirado-lobados a serrados, los lobos laterales c. 2.5 × 1.5 cm, el ápice angostamente agudo a acuminado; hojas distales pocas, linear-lanceoladas. Capitu-

lescencia poco ramificada, cada rama generalmente con 3-6 cabezuelas, las ramas laterales a veces sobrepasando el eje principal; pedúnculos 1-2(-4) cm. Cabezuelas (7-)9-12 mm, con 10-30 flores, al menos algunas veces pareciendo cleistógamas; involucro 2-4 mm de diámetro, angostamente cilíndrico, 3-4 veces tan largo como ancho, las corolas incluidas o solo escasamente exertas c. 1.5 mm; filarios 8, (7-)9-12 (-13) × 0.5-1.3(-1.8) mm, 3-7-estriados, algunas veces persistentemente pilosos en c. 2/3 distales. Flores del disco generalmente 15-30, pareciendo con frecuencia cleistógamas; corola 7-8.5 mm, generalmente rosada o color lavanda (rara vez casi blanca en el centro-este de África), no anaranjada o amarilla, el tubo 2-3 veces tan largo como el limbo, los lobos 0.5-0.8 mm, triangulares; polen blanco; estilo indistintamente apendiculado, rosado-lavanda, las ramas c. 0.5 mm, los apéndices hasta 0.1 mm, no más largos que anchos, convexos, las papilas apicales y subapicales laterales subiguales 0.05-0.1 mm. Cipselas 2.5-4 mm; cerdas del vilano 5.5-7 mm, casi llegando hasta la base de los lobos de la corola. Floración durante todo el año. 2*n* = 10 (diploide). *Claros de bosque, vegetación secundaria, pastizales, selvas altas perennifolias, orillas de caminos, lechos rocosos de ríos, vegetación de playa, bordes de riachuelos.* T (*Hanan-Alipi et al. 1191*, MO); Ch (*Lavin et al. 5309*, TEX); B (*Gentle 1455*, MO); G (*Greenman y Greenman 5981*, MO); H (*Croat y Hannon 64552*, MO); ES (*Rosales 2676*, MO); N (*Seymour y Atwood 3162*, MO); CR (*Folsom 8840*, MO); P (*Burch et al. 1409*, NY). 0-1200(-1800) m. (E. Estados Unidos, México, Mesoamérica, Colombia, Venezuela, Guayanas, Ecuador, Perú, Bolivia?, Brasil, Cuba, Jamaica, La Española, Puerto Rico, Islas Vírgenes, Antillas Menores, Trinidad y Tobago, Asia, África, Australia, Islas del Pacífico.)

232. Erechtites Raf.

Neoceis Cass., *Senecio* L. sect. *Erechtites* (Raf.) Baill.
Por J.F. Pruski.

Hierbas caulescentes robustas, anuales (Mesoamérica) o perennes de vida corta o subarbustos, típicamente con raíces fibrosas; tallos generalmente solitarios desde la base, erectos, simples hasta poco ramificados, uniformemente foliosos pero sin hojas basales en la antesis (Mesoamérica) o rara vez las hojas agregadas hacia la base, glabros a pelosos, fistulosos o la médula algunas veces compartimentada; follaje (cuando peloso) con tricomas simples generalmente multicelulares, rara vez apenas ciliado. Hojas simples a pinnatífidas, alternas, sésiles a pecioladas; láminas cartáceas, pinnatinervias, la superficie adaxial glabra, la superficie abaxial glabra, la base decurrente o amplexicaule, los márgenes por lo general irregularmente dentado a diversamente pinnatilobados o incisos. Capitulescencia terminal o también axilar, por lo general densamente cimosa a corimboso-paniculada o rara vez solitaria, foliosa, dispuesta cerca de las hojas subyacentes, las cabezuelas erectas; pedúnculos casi la 1/2 de la longitud de las cabezuelas hasta mucho más largos que las cabezuelas, ampliados apicalmente. Cabezuelas disciformes, con 20-130(-155) flores, caliculadas; involucro cilíndrico o urceolado (típicamente engrosado basalmente en el clinanto y constricto por encima), las corolas del disco incluidas a escasamente exertas; filarios generalmente 13-21, linear-lanceolados, igualmente estrechos en toda su longitud, pluriacostillados, no gibosos basalmente, los márgenes escariosos, erectos y escasamente conniventes pero rápidamente patentes, verdes con márgenes escariosos pardo-amarillentos, el ápice algunas veces rojizo; bractéolas caliculares desiguales; clinanto sin páleas. Flores marginales 10-105, 1-3-seriadas, pistiladas; corola filiforme-tubular, 4-5-lobada, blanco-amarillenta algunas veces verdosa apicalmente; estilo muy indistintamente apendiculado (sect. *Goyazenses* Belcher) o en Mesoamérica apenas indistintamente apendiculado (sect. *Erechtites*). Flores del disco (3-)10-25 (-50), bisexuales; corola tubular-infundibuliforme, generalmente blanco-amarillenta al menos proximalmente, el tubo mucho más largo que el limbo, ancha y cortamente infundibuliforme, los lobos triangular-lanceolados, erectos a ascendentes, frecuentemente con un canal de resina central con la garganta apareciendo por tanto 10-nervia, algunas veces ligeramente color violeta, frecuentemente papilosos; anteras pajizas o pardusco pálido, el collar con forma de balaústre angosto, con células basales agrandadas, la base de las tecas obtusa, el apéndice apical ovado; estilo indistintamente apendiculado, la base no obviamente dilatada, las ramas moderadamente cortas, aplanadas, patentes a recurvadas, cortamente exertas, la superficie estigmática de 2 bandas llegando hasta cerca del ápice, las ramas lisas abaxialmente, el apéndice convexo a cortamente cónico, compuesto de papilas apicales conniventes generalmente más largas que las papilas laterales, el apéndice no vascularizado, diferenciado en textura de la estructura celular de las porciones proximales de las ramas del estilo, sin un apéndice con papilas fusionadas caudadas que es más largo que el diámetro de la rama. Cipselas subcilíndricas a subfusiformes, ligeramente hinchadas, escasa y largamente atenuadas en ambos extremos, 8-12(-20)-acostilladas, las costillas y los surcos generalmente discoloros al madurar con costillas pajizas, los surcos pardos, frecuentemente puberulentos, el anillo pardo-amarillento; cerdas del vilano escabriúsculas caducas, blancas, algunas veces con punta rosada. x = 20. 5 spp. Nativo del continente americano, 2 spp.; ocasional en Asia y áreas cercanas.

1. Hojas de la mitad del tallo sésiles; láminas de las hojas generalmente dentadas a incisas; bractéolas caliculares ciliadas a pilosas; cerdas del vilano blancas; apéndices en las ramas del estilo de las flores del disco 0.02-0.05 mm **1. E. hieraciifolius**
1. Hojas de la mitad del tallo largamente pecioladas; láminas de las hojas generalmente runcinadas o profundamente pinnatilobadas; bractéolas caliculares generalmente glabras o casi glabras; cerdas del vilano generalmente rosadas distalmente; apéndices en las ramas del estilo de las flores del disco 0.05-0.1 mm **2. E. valerianifolius**

1. Erechtites hieraciifolius (L.) Raf. ex DC., *Prodr.* 6: 294 (1837 [1838]). *Senecio hieraciifolius* L., *Sp. Pl.* 866 (1753). Lectotipo (designado por Belcher, 1956): Norteamérica, *Herb. Linn. 996.1* (microficha MO! ex LINN). Ilustr.: no se encontró. N.v.: Chi'ub, muk'ul chiob, tzajal chi'ub, Ch; buubxiu, Y; té del suelo, ES.

Cineraria canadensis Walter, *Erechtites agrestis* (Sw.) Standl. et Steyerm., *E. cacalioides* (Fisch. ex Spreng.) Less., *E. carduifolius* (Cass.) DC., *E. hieraciifolius* (L.) Raf. ex DC. var. *cacalioides* (Fisch. ex Spreng.) Griseb., *E. hieraciifolius* var. *carduifolius* (Cass.) Griseb., *E. hieraciifolius* var. *intermedius* Fernald, *E. hieraciifolius* var. *megalocarpus* (Fernald) Cronquist, *E. megalocarpus* Fernald, *E. praealtus* (Raf.) Fernald, *E. megalocarpus* Fernald, *E. praealtus* Raf., *E. sulcatus* Gardner, *Gynura aspera* Ridl., *G. malasica* (Ridl.) Ridl., *G. zeylanica* Trim. var. *malasica* Ridl., *Neoceis carduifolia* Cass., *N. hieraciifolia* (L.) Cass., *N. rigidula* Cass., *Senecio cacalioides* Fisch. ex Spreng., *S. carduifolius* (Cass.) Desf., *S. fischeri* Sch. Bip., *S. hieraciifolius* L. var. *giganteus* Raf., *S. seminudus* Bory, *S. vukotinovici* Schloss., *Sonchus agrestis* Sw., *S. brasiliensis* Meyen et Walp., *S. occidentalis* Spreng.

Hierbas erectas, hasta 1.5(-3) m; tallos estriados, glabros a pilosos especialmente en las axilas de las hojas, generalmente con hojas caulinares. Hojas basales típicamente ausentes en la floración, las hojas de la mitad del tallo y distales siempre sésiles; láminas 3-15(-30) × (0.4-)2-4(-9) cm, lanceoladas o oblanceoladas a elíptico-ovadas, muy rara vez linear-lanceoladas, las nervaduras secundarias frecuentemente bien espaciadas, rectas, ramificadas desde la vena media en ángulos de c. 45°, la superficie abaxial glabra a rara vez esparcidamente pilosa, la base de las hojas de la mitad del tallo y distales generalmente amplexicaule a subauriculada, las hojas proximales algunas veces cuneadas en la base, los márgenes gruesa e irregularmente dentados a (en general levemente) incisos, rara vez subpinnatífidos con los lobos triangulares hasta c. 3(-4) cm, el ápice agudo a cortamente acuminado; pecíolo (cuando presente) de las hojas proximales 0.5-2 cm,

angostamente alado distalmente. Capitulescencia generalmente con 10-40 cabezuelas, cortamente pedunculada o subsésil y densamente agregada, erecta o lateralmente patente pero no obviamente nutante; pedúnculos 5-35(-50) mm. Cabezuelas 9-16 mm, casi 2 veces más largas que anchas, con 20-85(-125) flores; involucro 4-8(-12) mm de diámetro, típicamente urceolado o anchamente cilíndrico; filarios generalmente c. 21, 9-15(-17) × 0.5-1.1 mm, 3-7-acostillado-estriados, glabros o algunas veces esparcidamente pilosos, el ápice algunas veces cortamente papiloso; bractéolas caliculares 5-15, 1-7 mm, lineares, mucho más cortas que los filarios hasta casi 1/2 de la longitud de estos, ciliadas a pilosas; clinanto típicamente 5-10(-12) mm de diámetro. Flores marginales 12-60, 2-3-seriadas; corola 7-10 mm, el limbo hasta c. 1 mm. Flores del disco 8-25; corola 8-12 mm, el tubo algunas veces dilatado en la base después de la antesis, el limbo 0.8-1.5 mm, abruptamente ampliado, los lobos 0.5-0.8 mm; anteras generalmente incluidas, c. 1.1 mm, el collar casi la 1/2 de la longitud de la teca o más largo que esta; ramas del estilo c. 0.6 mm, el apéndice apical 0.02-0.05 mm. Cipselas 2.3-3(-4) mm; cerdas del vilano 8-11 mm, blancas. Floración durante todo el año. 2n = 40. *Áreas quemadas, claros de bosque, vegetación secundaria, vegetación de playas, quebradas, selvas altas perennifolias.* T (Villaseñor Ríos, 1989: 51); Ch (*Martínez S. 8880*, MO); Y (*Gaumer 2394*, F); C (*Matuda 3858*, MO); QR (Villaseñor Ríos, 1989: 51); B (*Gentle 918*, MO); G (*Pruski et al. 4504*, MO); H (*Williams y Molina R.12053*, F); ES (*Montalvo 3014*, MO); N (*Pipoly 3953*, MO); CR (*Pruski et al. 422*, LSU); P (*Kuntze 1904*, NY). 0-1200(-2400) m. (Canadá, Estados Unidos, México, Mesoamérica, Colombia, Venezuela, Guayanas, Ecuador, Perú, Bolivia, Brasil, Paraguay, Uruguay, Argentina, Cuba, Jamaica, La Española, Puerto Rico, Islas Vírgenes, Antillas Menores, Trinidad y Tobago; Europa, Asia, Islas del Pacífico.)

2. Erechtites valerianifolius (Link ex Spreng.) DC., *Prodr.* 6: 295 (1837 [1838]). *Senecio valerianifolius* Link ex Spreng., *Syst. Veg.* 3: 565 (1826). Neotipo (designado por Belcher, 1956): cultivado en Europa, *Reichenbach 16256* (W). Ilustr.: no se encontró. N.v.: Tzajal chi'ub, Ch; falso epasote de altura, ES.

Cacalia prenanthoides Kunth, *Crassocephalum valerianifolium* (Link ex Spreng.) Less., *Erechtites ambiguus* DC., *E. organensis* Gardner, *E. petiolatus* Benth., *E. prenanthoides* (Kunth) Greenm. et Hieron. non (A. Rich.) DC., *E. valerianifolius* (Link ex Spreng.) DC. forma *organensis* (Gardner) Belcher, *E. valerianifolius* forma *prenanthoides* (Kunth) Cuatrec. ex Belcher, *E. valerianifolius* forma *reducta* Belcher, *Senecio albiflorus* Sch. Bip., *S. lactucoides* Klatt.

Hierbas erectas 0.3-1(-2) m; tallos estriados, glabros o distalmente piloso-hirsutos a algunas veces ligeramente araneosos apicalmente, algunas veces fistulosos. Hojas subsésiles (distales) a las proximales y de la mitad del tallo largamente pecioladas; láminas 5-17(-30) × 2-10(-15) cm, profunda e irregularmente incisas a generalmente runcinadas o profundamente pinnatilobadas hasta un raquis angostamente alado generalmente de 2-5 mm de diámetro, de contorno lanceolado a ovado-lanceolado, la superficie abaxial glabra o esparcidamente vellosa, la base no auriculado-amplexicaule, generalmente decurrente, los márgenes (cuando hojas subsimples) con incisiones de c. 2 mm (y luego las nervaduras secundarias cercanamente espaciadas) hasta general y profundamente lobados, los lobos generalmente 2-5 × 0.5-2 cm, lanceolados a angostamente lanceolados, generalmente en 4-8 pares generalmente subopuestos lateralmente orientados, desiguales, el lobo terminal generalmente el más largo o el más ancho, la base de los lobos proximales decurrente sobre el raquis, el margen de los lobos subentero a serrado o rara vez secundariamente lobado, los senos subiguales a los lobos o frecuentemente más anchos que los lobos, el ápice acuminado; pecíolo 0.5-5 cm, por lo general angostamente alado distalmente. Capitulescencia generalmente de varios agregados ligera y densamente redondeados de varias a numerosas cabezuelas, escasamente dispuesta por encima de las hojas subyacentes pero ligeramente foliosa, los varios nudos distales del tallo cada uno típicamente con un agregado terminando en una rama lateral patente de hasta 10 cm, las ramas laterales casi más largas que las hojas subyacentes del tallo; pedúnculos 5-15(-25) mm. Cabezuelas 9-14 mm, casi 3 veces más largas que anchas, con 20-50 flores; involucro 2-5 mm de diámetro, cilíndrico a angosto-cilíndrico, subtruncado basalmente en el disco puberulento de c. 2 mm de diámetro; filarios c. 13, 8-11 × 0.5-0.9 mm, finamente 5-7-estriados, glabros o casi glabros; bractéolas caliculares 5-8, 2-4 mm, subuladas, laxamente ascendentes, generalmente glabras o casi glabras, rara vez persistentemente araneoso-crespo-puberulentas, marginalmente subenteras. Flores marginales 1(2)-seriadas; corola c. 7 mm. Flores del disco generalmente más numerosas que las flores marginales, indistintamente bisexuales con anteras incluidas; corola 8-9 mm, los lobos algunas veces matizados de rosado o color violeta; estilo algunas veces exerto con la bifurcación de las ramas visibles, las ramas 0.6-0.8 mm, el apéndice apical 0.05-0.1 mm. Cipselas 2.5-3.6 mm; cerdas del vilano 8-10 mm, generalmente rosadas distalmente, rara vez completamente blancas. $2n = 40$. Floración durante todo el año. *Cafetales, claros, áreas alteradas, bordes de bosques, bosques abiertos, pastizales, bosques de pino-encino, bordes de carreteros, vegetación secundaria, riachuelos, áreas húmedas.* Ch (*Matuda 1971*, MO); G (*Tuerckheim II-1396*, F); H (*Clewell y Hazlett 3895*, MO); ES (*Sandoval y Sandoval 1429*, MO); N (*Moreno 4077*, MO); CR (*Pruski et al. 3957*, MO); P (*Allen 1367*, F). (20-)500-2500 m. (S. México, Mesoamérica, Colombia, Venezuela, Guyana, Guayana Francesa, Ecuador, Perú, Bolivia, Brasil, Paraguay, Argentina, La Española, Puerto Rico, Antillas Menores; Asia, Australia, Islas del Pacífico.)

El pliego anotado como *Erechtites valerianifolius* en Williams (1976c) muestra las hojas amplexicaules no representativas de la especie. Belcher (1956) reconocí tres formas no típicas basadas en diferencias de la forma de la hoja, pero cada forma se trata aquí en sinonimia.

233. **Euryops** (Cass.) Cass.
Othonna L. subg. *Euryops* Cass.
Por J.F. Pruski.

Hierbas perennes a arbustos, rara vez hierbas anuales; follaje cuando pubescente con tricomas simples. Hojas alternas, simples a diversamente lobadas o pinnatisectas, sésiles. Capitulescencia terminal o axilar, generalmente monocéfala a abiertamente subcimosa. Cabezuelas radiadas o rara vez discoides; involucro sin calículo; filarios connatos proximalmente, no basalmente articulados; clinanto sin páleas. Flores radiadas pistiladas; corola amarilla. Flores del disco bisexuales o rara vez funcionalmente estaminadas; corola infundibuliforme, brevemente 5-lobada, amarilla; collar de la antera con forma de balaústre, con células basales agrandadas, la base de las tecas no caudada; ramas del estilo con ápice truncado a obtuso, papilosas, las superficies estigmáticas con 2 bandas. Cipselas elipsoidales, estriadas o lisas, glabras o pelosas; cerdas del vilano caducas o algunas veces ausentes. $x = 10$. Aprox. 100 spp. Nativo de África, algunas especies son cultivadas.

1. Euryops chrysanthemoides (DC.) B. Nord., *Opera Bot.* 20: 365 (1968). *Gamolepis chrysanthemoides* DC., *Prodr.* 6: 40 (1837 [1838]). Sintipo: Sudáfrica, *Ecklon s.n.* (microficha MO! ex G-DC). Ilustr.: Nordenstam, *Opera Bot.* 20: 367, t. 62C-G (1968).

Arbustos 0.5-2 m, subglabros con tricomas no glandulosos en las axilas de las hojas. Hojas 3-9 × 1-2.5 cm, pinnatilobadas, oblanceoladas a oblongas, los lobos generalmente 7-10 por lado, generalmente 1-1.5 cm, lanceolados, aquellos distales dirigidos hacia adelante, los senos más anchos que los lobos, el ápice mucronulato. Capitulescencia monocéfala; pedúnculos 5-15 cm, sin brácteas. Cabezuelas c. 10 mm; involucro campanulado; filarios 5-8 × 2-3 mm, triangular-lanceolados, connatos hasta la mitad del filario. Flores radiadas c. 13; limbo de la corola 15-25 mm. Cipselas no comosas. Floración feb. *Cultivada, algunas veces escapando.* G (*Pruski y Ortiz 4269*, MO). 1500-2500 m.

(Nativa de Sudáfrica; ampliamente cultivada en las regiones cálidas del mundo.)

Es posible que los ejemplares mesoamericanos sean de origen híbrido.

234. **Gynura** Cass., nom. cons.
Senecio L. sect. *Gynura* (Cass.) Baill.
Por J.F. Pruski.

Hierbas perennes típicamente caulescentes (rara vez arrosetadas), rara vez bejucos o rara vez subarbustos, las raíces algunas veces tuberosas; tallos erectos a rara vez trepadores o procumbentes, estrictos o poco ramificados, típica y uniformemente foliosos en la 1/2 proximal o algunas veces las hojas en una roseta basal, algunas veces subsuculentos, glabros o generalmente pelosos; follaje (cuando pubescente) con tricomas patentes simples. Hojas simples a pinnatífidas, alternas, sésiles o pecioladas; láminas cartáceas a algunas veces subsuculentas, pinnatinervias, los márgenes generalmente serrados. Capitulescencia típicamente terminal, por lo general abiertamente corimbosa y con pocas a numerosas cabezuelas hasta rara vez monocéfala, generalmente dispuesta (Mesoamérica) erecta muy por encima de las hojas. Cabezuelas discoides, caliculadas, con muchas a numerosas flores; involucro cilíndrico a campanulado, la base no engrosada, las corolas del disco por lo general largamente exertas; filarios 8-13, elíptico-lanceolados, marcadamente 3-acostillados basalmente, el margen escarioso a anchamente escarioso; bractéolas caliculares desiguales, lineares; clinanto sin páleas. Flores radiadas ausentes. Flores del disco bisexuales; corola tubular-infundibuliforme, amarilla o anaranjada a rara vez rojiza a purpúrea especialmente después de la antesis, el tubo alargado, abrupta y conspicuamente dilatado en la base engrosada (Backer, 1939: 450), el limbo angosta pero obvia y abruptamente ampliado, los lobos triangulares a lanceolados, algunas veces papilosos apicalmente; collar de la antera generalmente con forma de balaústre, rara vez escasa y angostamente con forma de balaústre (Davies, 1981), con células basales agrandadas, la base de las tecas obtusa a redondeada o escasamente auriculada, el apéndice apical ovado a lanceolado; polen senecioide sin foramina interna (Davies, 1981); estilo gradual pero obviamente apendiculado, la base abrupta y conspicuamente bulbosa, las ramas del estilo alargadas, simétricamente subuladas, ascendentes en la antesis (luego patentes), largamente exertas, la superficie estigmática proximal, de 2 bandas (Belcher, 1955: 457), continuando hasta la base del apéndice estéril, la porción fértil de la rama lisa abaxialmente, el apéndice subulado, casi tan largo o más largo que la porción fértil de la rama, muy gradualmente angostada distalmente, porciones fértiles de la rama texturalmente continuas, el apéndice celular y vascularizado (Belcher, 1955, 1956, 1989), completamente papiloso por fuera (vernonioide, véase Cassini, 1825b: 392). Cipselas prismático-cilíndricas, pardas, 8-10-acostilladas, glabras o los canales puberulentos, truncadas apicalmente, el anillo y el carpóforo pardo-amarillentos, las células epidérmicas del ovario u óvulo con cristales drusiformes; cerdas del vilano blancas (Mesoamérica) a amarillento-escabriúsculas frecuentemente persistentes. $x = 10$. 44-45 spp. Paleotropical, 2 spp. en el continente americano.

1. Gynura aurantiaca (Blume) DC., *Prodr.* 6: 300 (1837 [1838]). *Cacalia aurantiaca* Blume, *Bijdr. Fl. Ned. Ind.* 908 (1826). Holotipo: Java, *Blume 520* (L). Ilustr.: Small, *Man. S.E. Fl.* 1475 (1933). N.v.: Hoja tornasol, G; ala de ángel, H; tornasol, túnica de nazareno, CR.

Crassocephalum aurantiacum (Blume) Kuntze, *C. aurantiacum* var. *chrysanthum* Kuntze, *Gynura aurantiaca* (Blume) DC. var. *ovata* Miq., *G. densiflora* Miq., *G. dichotoma* Turcz., *G. lyrata* Sch. Bip. ex Zoll., *G. mollis* Sch. Bip. ex Zoll., *G. sumatrana* Miq., *Pseudogynoxys alajuelana* B.L. Turner.

Hierbas 0.4-1(-2) m, semisuculentas, robustas y toscas, sin tubérculos, pero tornándose duras en la base; tallos escasa a variadamente ramificados, estriados, densamente velloso-hirsutos, los tricomas hasta 1 mm; follaje con tricomas multicelulares articulados purpúreos. Hojas pecioladas o las distales sésiles, generalmente auriculadas pero las aurículas prontamente caducas; láminas 5-10(-15) × 2.5-6.5(-9) cm, generalmente ovadas o algunas veces obovadas a escasamente liradas, las superficies escabrosas a densamente crespo-pelosas, los tricomas 0.5-0.7 mm, la base cuneada a obtusa o algunas veces decurrente sobre el pecíolo, rara vez cordata en las hojas más proximales, los lobos proximales (cuando presentes) 1(-2) por margen, 0.5-1(-4) mm, dirigidos lateralmente, las nervaduras laterales 7-10 por lado, los márgenes moderada e irregularmente serrados, los dientes hasta c. 3 mm, el ápice agudo a acuminado; pecíolo 1-4(-8) cm, generalmente auriculado al menos cuando joven. Capitulescencia terminal, abierto-corimbosa, con 2-10 cabezuelas, las ramas frecuentemente 10-20 cm y anchamente patentes; pedúnculos 2-10 cm, algunas veces flexuosos, algunas veces diminutamente bracteolados, purpúreo-crespo-hirsutos. Cabezuelas 12-18 mm, discoides, malolientes; involucro 6-10 mm de diámetro, campanulado; filarios (10-)12-13, 6-11 × 1.5-2.5 mm, marcadamente 3-acostillados proximalmente, crespo-hirsutos en la zona central; bractéolas caliculares 6-12, 3-5(-6) mm, laxamente dispuestas. Flores del disco 30-45, frecuentemente patentes lateralmente 3-6 mm desde el involucro; corola 9-14(-16) mm, amarillo-anaranjada, glabra, el tubo más largo que el limbo, dilatado y algunas veces endurecido en los 1-1.5 mm basales, el limbo 3-4 mm, los lobos 1-1.5 mm, triangular-lanceolados, el conducto resinoso central ausente; anteras 2-2.5 mm, amarillas, el collar (cortamente) alargado, subcilíndrico (angostamente con forma de balaústre) a conspicuamente con forma de balaústre, el apéndice apical 0.5-0.7 mm, lanceolado; base del estilo abruptamente globosa en c. 0.3 mm basales, las ramas del estilo 3-4 mm, amarillo-anaranjadas, el apéndice c. 2 mm. Cipselas 2-4 mm, glabras, las células de cipselas inmaduras algunas veces bulboso-papilosas; cerdas del vilano 10-12 mm, casi más largas que la corola, blanco-gris, 3-5 células de ancho, ligeramente frágiles. Floración dic.-ene., abr. $2n = 20$. *Cultivada.* G (Williams, 1976c: 397); H (Molina R., 1975: 114); ES (*Rodríguez 176*, MO); CR (*Tonduz 18054*, MO). 600-1100 m. (Nativa de Java y Sumatra; cultivada y en ocasiones escapando pantropicalmente; Estados Unidos [Florida], México, Mesoamérica, Colombia, Brasil.)

Se excluyen de esta especie numerosos ejemplares anteriormente referidos a esta en la literatura de América tropical. Por ejemplo el ejemplar cultivado *Rueda et al. 18346* (MO) de Nicaragua corresponde al cultivar *Gynura* 'Purple Passion', aunque este cultivar se registra como naturalizada en el continente ameriano solo en Florida, y puede encontrarse escapado en Mesoamérica.

235. Jessea H. Rob. et Cuatrec.

Senecio L. sect. *Multinervii* Greenm.

Por J.F. Pruski y B. Nordenstam.

Hierbas perennes a árboles pequeños, frecuentemente con tallo simple o al menos escasamente ramificado, las hojas generalmente en rosetas aéreas; tallos erectos, anchos, las hojas frecuentemente agregadas distalmente con las hojas frecuentemente mucho más largas que los entrenudos distales, frecuentemente sulcado-estriados, algunas veces las hojas ligeramente remotas y los nudos distales deflexos, la médula grande y sólida o algunas veces fistulosa; follaje con tricomas simples. Hojas simples o pinnado-inciso-lobadas cerca la base, alternas, subsésiles a pecioladas, generalmente semiamplexicaules al tallo; láminas, cartáceas, cercanamente pinnatinervias, las nervaduras generalmente en ángulos de 70-85°, los márgenes generalmente serrados al menos distalmente, los dientes con la punta obtuso-callosa, el ápice obtuso a frecuentemente angosto. Capitulescencia terminal, erecta a ascendente, corimboso-paniculada, anchamente redondeada a casi aplanada distalmente, los últimos agregados por lo general densamente hemisférico-

redondeados; pedúnculos generalmente puberulentos, generalmente bracteolados. Cabezuelas radiadas; involucro cilíndrico a campanulado, irregular y laxamente caliculado en 1-2 series; filarios (5-)8, mucho más cortos que las flores del disco, frecuentemente estriados a cortamente estriados, los márgenes delgadamente escariosos; clinanto sólido, denticulado o escuamuloso; bractéolas caliculares lineares o angostamente linear-lanceoladas. Flores radiadas 3-8, pistiladas; corola amarilla o anaranjada, glabra, el limbo exerto, generalmente 4-7-nervio, el ápice 3-denticulado. Flores del disco 5-18, bisexuales, largamente exertas en la antesis; corola angostamente infundibuliforme, amarilla a amarillo dorado o algunas veces anaranjada, glabra, el tubo alargado, más largo que el limbo, el limbo conspicuo pero angostamente ampliado, los lobos más cortos hasta mucho más largos que la garganta, cada lobo generalmente con nervaduras resinosas laterales y centrales, sin un apéndice caudado de papilas; anteras frecuentemente apenas escasamente exertas cuando los lobos de la corola se han alargado, el collar con forma de balaústre, con células basales agrandadas, la base de las tecas redondeada, no caudada, el tejido endotecial radial o transicional, el apéndice apical oblongo, frecuentemente con la vena media resinosa; estilo con el nudo basal dilatado, las ramas redondeadas apicalmente, con papilas laterales subapicales y un fascículo de papilas apical solitario, las papilas frecuentemente más largas que el diámetro de la rama, la superficie estigmática de 2 bandas. Cipselas cilíndricas, 8-acostilladas, glabras o en ocasiones setulosas, el carpóforo indistinto; cerdas del vilano del radio y del disco similares, 3-4-seriadas, blancas, ancistrosas, casi más largas que el tubo de la corola del disco y los filarios. $x = 50$. 4 spp. Costa Rica y Panamá.

Jessea comprende cuatro especies, todas conocidas al menos en parte de Costa Rica. *Jessea gunillae* se conoce solo del tipo, mientras que *J. cooperi* y *J. megaphylla* están ampliamente distribuidas desde cerca de Monteverde hasta el norte de Panamá. A pesar de que Jeffrey (1992) ubicó 3 especies, en ese entonces no descritas de *Jessea*, en el género caribeño *Jacmaia* B. Nord., Robinson y Cuatrecasas (1994) indicaron que *Jacmaia* difiere por las anteras caudadas (vs. no caudadas). Nordenstam (1996) notó que en *Jessea* se presenta hibridización y frecuentemente se encuentran ejemplares intermedios en el núcleo de estas tres especies. Consecuentemente, numerosas identificaciones y registros elevacionales en la base de datos Tropicos son erróneos.

Bibliografía: Barkley, T.M. *Ann. Missouri Bot. Gard.* 62: 1244-1272 (1975 [1976]). Nordenstam, R.B. *Bot. Jahrb. Syst.* 118: 147-152 (1996).

1. Capitulescencia con las ramas escábridas a hírtulas; cipselas glabras o setulosas.
  2. Cipselas setulosas; flores radiadas 5-8, el limbo de la corola 9-13 mm; filarios 8; láminas de las hojas lobadas proximalmente.   **1. J. cooperi**
  2. Cipselas glabras; flores radiadas 2-3, el limbo de la corola 6-7 mm; filarios 5-7; láminas de las hojas no lobadas.   **2. J. gunillae**
1. Capitulescencia con ramas araneoso-tomentosas a glabrescentes; cipselas glabras.
  3. Hojas generalmente subsésiles, las láminas generalmente no lobadas, la base peciolar 0.4-1 cm o más de diámetro, típicamente ancha, generalmente alada hasta la base; lobos de la corola del disco subiguales a la garganta.   **3. J. megaphylla**
  3. Hojas pecioladas, las láminas frecuentemente lobadas basalmente, los pecíolos 0.1-0.2 cm de diámetro, delgados, sin alas; lobos de la corola del disco generalmente más cortos que la garganta.   **4. J. multivenia**

1. Jessea cooperi (Greenm.) H. Rob. et Cuatrec., *Novon* 4: 50 (1994). *Senecio cooperi* Greenm., *Publ. Field Columb. Mus., Bot. Ser.* 2: 284 (1907). Isolectotipo (designado por Barkley, 1975 [1976]): Costa Rica, *Cooper 5803* (NY!). Ilustr.: Barkley, *Ann. Missouri Bot. Gard.* 62: 1267, t. 99 (1975 [1976]).

Jacmaia cooperi (Greenm.) C. Jeffrey.

Hierbas perennes, arbustivas hasta arbustos, 1-4 m; tallos simples, escabrosos a hírtulos distalmente, tornándose glabrescentes proximalmente. Hojas generalmente subsésiles con una base peciolar alargada típicamente alada; láminas 10-42 × (5-)10-27 cm, lanceoladas a obovadas o subpanduradas, ligeramente lirado-lobadas proximalmente, las superficies puberulentas o vilósulas especialmente sobre las nervaduras en la superficie abaxial hasta generalmente glabrescentes, la base atenuada a casi truncada, decurrente, los lobos basales 1-10 cm, triangulares a lanceolados, los márgenes irregularmente serrados o dentados, los dientes generalmente 1-3 mm, el ápice generalmente agudo; base peciolar 5-15 cm, amplexicaule, típicamente alada. Capitulescencia hasta 30 × 25 cm, bracteada, las ramas escábridas a hírtulas, las hojas bracteadas 7-20 cm, lanceoladas a elíptico-lanceoladas, subsésiles; pedúnculos generalmente 3-9 mm, hírtulos, frecuentemente bracteolados. Cabezuelas 12-18 mm; involucro 4-6 mm de diámetro, anchamente cilíndrico; filarios 8, 8-11 mm, lanceolados, glabros, el ápice fimbriolado o con la punta penicelada; bractéolas caliculares pocas, 1-3 mm. Flores radiadas 5-8; tubo de la corola 6-8 mm, el limbo 9-13 × 1-2 mm, lanceolado. Flores del disco 10-18; corola 11-15 mm, profundamente 5-lobada, el tubo más largo que el limbo, los lobos 2.5-4 mm, más largos hasta mucho más largos que la garganta, lanceolados; anteras c. 3 mm. Cipselas 1.5-2.5 mm, setulosas o rara vez ligeramente setulosas después de la dehiscencia; cerdas del vilano 6-8 mm. Floración durante todo el año. *Bosques de neblina, áreas alteradas, borde de bosques, bosques mixtos, selvas medianas perennifolias, páramos, laderas de ríos, orillas de caminos, matorrales secundarios, laderas empinadas, laderas de volcanes.* CR (*Skutch 3700*, NY); P (*Maurice 864*, MO). (600-)1000-3000 m. (Endémica.)

2. Jessea gunillae B. Nord., *Bot. Jahrb. Syst.* 118: 148 (1996). Holotipo: Costa Rica, *Nordenstam 9154* (S!). Ilustr.: Nordenstam, *Bot. Jahrb. Syst.* 118: 149, t. 1 (1996).

Arbustos erectos, c. 3 m; tallos escábridos a hírtulos distalmente, tornándose glabrescentes proximalmente. Hojas subsésiles a cortamente pecioladas; láminas 15-22 × 4-6 cm, lanceoladas, no lobadas, las superficies puberulentas a generalmente glabrescentes, la base cuneada a atenuada, ligeramente decurrente, los márgenes cercanamente denticulados a dentados, los dientes generalmente 0.3-1.2 mm, el ápice acuminado; base peciolar 2-4 cm, semiamplexicaule, angostamente alada. Capitulescencia hasta 25 × 20 cm, bracteada, las ramas escábridas a hírtulas, las brácteas 1-4 cm, lanceoladas, subsésiles; pedúnculos generalmente 2-5 mm, frecuentemente bracteolados. Cabezuelas c. 10 mm; involucro c. 5 mm de diámetro, anchamente cilíndrico-campanulado; filarios 5-7, 7-9 mm, lanceolados, glabros; bractéolas caliculares 2-5 mm. Flores radiadas 2-3; tubo de la corola c. 5 mm, el limbo 6-7 × c. 1.5 mm. Flores del disco 5-8; corola 8-10 mm, profundamente 5-lobada, el tubo generalmente más largo que el limbo, los lobos 2-2.5 mm, subiguales o más largos que la garganta, lanceolados; anteras c. 2.5 mm; ramas del estilo hasta 2.5 mm. Cipselas 1.5-2 mm, glabras; cerdas del vilano 5-7 mm. Floración mar. *Bosques de neblina.* CR (*Nordenstam 9154*, US). 2000-2100 m. (Endémica.)

3. Jessea megaphylla (Greenm.) H. Rob. et Cuatrec., *Novon* 4: 50 (1994). *Senecio megaphyllus* Greenm., *Publ. Field Columb. Mus., Bot. Ser.* 2: 284 (1907). Isolectotipo (designado por Barkley, 1975 [1976]): Costa Rica, *Tonduz 11700* (US!). Ilustr.: no se encontró.

Jacmaia megaphylla (Greenm.) C. Jeffrey.

Hierbas perennes arbustivas hasta arbustos, 1-5 m; tallos rectos o rara vez deflexos en los nudos distales, araneoso-tomentosos especialmente en las axilas de las hojas a glabrescentes. Hojas subsésiles; láminas generalmente 10-50 × 2-20 cm, oblanceoladas a elípticas, generalmente no lobadas, las superficies araneoso-tomentosas hasta pronto glabrescentes excepto no glabrescentes sobre la vena media, la base cuneada a atenuada, típicamente decurrente sobre la base peciolar, los márgenes regular a irregularmente serrados a dentados, los dientes generalmente 0.5-4 mm, el ápice agudo o acuminado; base peciolar casi 1/4-1/3 de la longitud de la hoja, 0.4-1 cm de diámetro,

típicamente ancha, generalmente alada hasta la base. Capitulescencia generalmente hasta 20 × 25 cm, las ramas araneoso-tomentosas a glabrescentes, folioso-bracteadas en los nudos, las brácteas generalmente 3-5 cm, lanceoladas, palmatinervias; pedúnculos generalmente 2-10 mm, frecuentemente bracteolados. Cabezuelas 9-13 mm; involucro 3.5-4.5 mm de diámetro, cilíndrico-campanulado; filarios 8, generalmente 6-7 mm, lanceolados a elíptico-ovados, glabros con el ápice fimbriado; bractéolas caliculares generalmente 3-4 mm. Flores radiadas generalmente 5; tubo de la corola 4-6 mm, el limbo 5-9 × 1-1.8 mm, lanceolado a elíptico-lanceolado. Flores del disco 9-16; corola generalmente 9-12 mm, profundamente 5-lobada, el tubo 5-8 mm, el limbo c. 4 mm, los lobos c. 2 mm, subiguales a la garganta, lanceolados. Cipselas c. 2 mm, glabras; cerdas del vilano 5-8 mm. Floración nov.-ago.(-sep.). 2*n* =100. *Bosques de neblina, bosques alterados, borde de bosques, bosques mixtos, selvas medianas perennifolias, páramos, laderas de ríos, borde de caminos, laderas empinadas, selvas altas perennifolias, matorrales.* CR (*Burger 3953*, MO); P (*Knapp y Monro 9985*, MO). 1100-3200 m. (Endémica.)

4. Jessea multivenia (Benth.) H. Rob. et Cuatrec., *Novon* 4: 50 (1994). *Senecio multivenius* Benth., *Vidensk. Meddel. Dansk Naturhist. Foren. Kjøbenhavn* 1852: 109 (1853). Holotipo: Costa Rica, *Oersted 151* (foto MO! ex K). Ilustr.: Alfaro, *Pl. Comunes P.N. Chirripó, Costa Rica* ed. 2, 174 (2003), como *S. multivenius*. N.v.: Quiebrahacha, tabaquillo, CR.

Jacmaia multivenia (Benth.) C. Jeffrey.

Arbustos erectos o árboles pequeños, 1-5 m; tallos araneosotomentosos a glabrescentes. Hojas pecioladas; láminas generalmente 10-30 × 4-13 cm, lanceoladas a ovadas, frecuentemente lobadas basalmente, los márgenes regular a general e irregularmente afiladoserrados, algunas veces proximalmente pinnatiincisos 1/4-1/2 de la distancia a la vena media o ligeramente lirado-lobados, los dientes generalmente 1-4 mm, las superficies glabras o subglabras, la base atenuada a obtusa, el ápice agudo a atenuado; pecíolo 1-10 cm, delgado, sin alas, algunas veces abruptamente dilatado y auriculado en la base. Capitulescencia hasta 25 × 28 cm, las ramas araneoso-tomentosas a glabrescentes, folioso-bracteada en los nudos, las brácteas 1-6 × 0.7-3 cm, ovadas, palmatinervias; pedúnculos generalmente 2-7 mm, frecuentemente bracteolados. Cabezuelas 10-13 mm; involucro 4-5 mm de diámetro, campanulado; filarios 5-8, 5-8(-9) mm, lanceolados a elíptico-ovados, glabros; bractéolas caliculares generalmente 2-5(-6) mm. Flores radiadas generalmente 5; tubo de la corola 4.5-5 mm, el limbo 6-7(-8) × 1.3-2 mm, lanceolado a elíptico-lanceolado. Flores del disco 9-16; corola generalmente 10.5-14.5 mm, levemente 5-lobada, el tubo generalmente más largo que el limbo o antes de la antesis subigual al limbo, los lobos 1-1.5 mm, generalmente más cortos que la garganta, triangulares a triangular-lanceolados; anteras 2-2.4 mm, más o menos incluidas. Cipselas c. 2 mm, glabras; cerdas del vilano 5-8 mm. Floración (oct.-)nov.-jun.(-ago.). *Bosques de neblina, bordes de bosques, bosques mixtos, selvas medianas perennifolias, páramos, riberas, orillas de caminos.* CR (*Davidse y Pohl 1577*, MO). 900-3500 m. (Endémica.)

236. Kleinia Mill.

Notonia DC., *Notoniopsis* B. Nord., *Senecio* L. sect. *Kleinia* (Mill.) Benth. et Hook. f., *S.* subg. *Kleinia* (Mill.) O. Hoffm., *S.* subg. *Notonia* (DC.) O. Hoffm.

Por J.F. Pruski.

Hierbas perennes, suculentas a arbustos; tallos a veces hinchados, las hojas deciduas o persistentes; follaje frecuentemente glauco, cuando pubescente con tricomas simples. Hojas alternas, generalmente desarrolladas, simples, generalmente enteras. Capitulescencia terminal, monocéfala, generalmente con pocas cabezuelas. Cabezuelas discoides; involucro caliculado o algunas veces sin calículo; filarios libres, no basalmente articulados; clinanto sin páleas. Flores radiadas ausentes. Flores del disco bisexuales; corola infundibuliforme, 5-lobada, amarilla a púrpura o roja, algunas veces blanca; collar de la antera largamente con forma de balaústre, con células basales agrandadas la base de las tecas no caudada; ramas del estilo con ápice convexo a largamente acuminado y parcialmente vascularizado, moderadamente papilosas, las superficies estigmáticas de 2 bandas. Cipselas oblongas, estriadas, glabras (en Mesoamérica) o a veces pubescentes, las células epidémicas del ovario ou óvulo con cristales dusiformes; vilano de numerosas cerdas subiguales, ancistrosas, blancas, casi más largas que el involucro. Aprox. 40 spp. Nativo de África, 20 spp. o más en cultivo.

Este tratamiento está basado en Halliday (1988).

1. Kleinia petraea (R.E. Fr.) C. Jeffrey, *Kew Bull.* 41: 926 (1986). *Notonia petraea* R.E. Fr., *Acta Horti Berg.* 9: 148 (1928). Holotipo: Tanzania, *Busse 291* (B). Ilustr.: Halliday, *Hooker's Icon. Pl.* 39(4): 66, t. 3887 (1988).
Notoniopsis petraea (R.E. Fr.) B. Nord., *Senecio jacobsenii* Rowley, *S. petraeus* Muschl. non Boiss. et Reut.

Hierbas hasta 0.5 m, subglabras; tallos gruesos, decumbentes, cercanamente foliosos proximalmente, poco ramificados distalmente en la capitulescencia. Hojas 1.5-5 × 0.8-3 cm, oblongas a obovadas, los márgenes enteros, subsésiles. Capitulescencia con c. 4 cabezuelas, dispuestas muy por encima de las hojas; pedúnculos 2-7 cm, poco bracteolados. Cabezuelas c. 25 mm; involucro c. 10 mm de diámetro, cilíndrico-campanulado, sin calículo; filarios c. 8, 15-17 mm. Flores del disco 20-30; corola 20-25 mm, anaranjada. Cipselas c. 5 mm, glabras; cerdas del vilano 15-20 mm. Floración feb. *Cultivada, tal vez escapando.* ES (*Montalvo 6228*, MO). 800-900 m. (Nativa de África; cultivada cosmopolita.)

Kleinia petraea tiene los apéndices de las ramas del estilo triangulares (vs. largamente acuminados), pero por lo demás son similares a *Kleinia abyssinica* (A. Rich.) A. Berger, una especie de hojas grandes. En Mesoamérica fueron catalogadas como naturalizadas, lo cual es posible debido a que el género se reproduce fácilmente a partir de esquejes.

237. Monticalia C. Jeffrey

Microchaete Benth. nom. rej. non *Microchaeta* Nutt., *Pentacalia* Cass. subg. *Microchaete* (Benth.) Cuatrec.
Por J.F. Pruski.

Subarbustos ericoides, erectos a algunas veces postrados, hasta árboles ericoides; tallos ramificados con hojas típicamente cercanamente insertas, frecuentemente acostillado-anguladas; follaje (cuando pubescente) con tricomas simples, los tricomas rara vez complanado-escuamosos. Hojas simples, alternas o rara vez opuestas; láminas cartáceas a subcoriáceas, típicamente pinnatinervias, en general no glandulosas, los márgenes generalmente enteros o cuando serrados los dientes regulares. Capitulescencia terminal, corimbosa a corimboso-paniculada aplanada distalmente a redondeada. Cabezuelas radiadas o discoides; involucro 1(2)-seriado; filarios libres, al menos algunos con los márgenes generalmente escariosos; clinanto aplanado, sin páleas. Flores radiadas (cuando presentes), pistiladas, 1-seriadas; corola generalmente amarilla, el tubo generalmente más corto que el limbo. Flores del disco bisexuales; corola brevemente 5-lobada, generalmente amarilla, el tubo generalmente dilatado basalmente; anteras cortamente caudadas, el collar con forma de balaústre, con células basales agrandadas; ramas del estilo truncadas a redondeadas, el ápice ligeramente papiloso, las superficies estigmáticas de 2 bandas. Cipselas 5-anguladas; carpóforo conspicuo; vilano de numerosas cerdas escabriúsculas frágiles (o rara vez subclaviforme-adpresas y algo persistentes), blancas, generalmente

casi tan largas como las corolas del disco. $x = 10, 20, 40$. Aprox. 70 spp. Sur de Mesoamérica y Sudamérica (generalmente en los Andes).

Monticalia es un segregado de *Pentacalia*, a su vez un segregado de *Senecio* y en Mesoamérica solo se conocen de las montañas de Talamanca. Ninguna de las especies aquí tratada fue registrada en Panamá por Barkley (1975 [1976]). En la clave de Nordenstam (2007) *Monticalia* aparece como con cabezuelas solo radiadas, pero en las dos especies mesoamericanas son discoides.

Bibliografía: Díaz Piedrahita, S. y Cuatrecasas, J. *Publ. Acad. Colomb. Ci. Exact., Colecc. Jorge Alvarez Lleras* 12: 1-389 (1999).

1. Láminas de las hojas discoloras, tomentosas en la superficie abaxial; cerdas del vilano escábridas. **1. M. andicola**
1. Láminas de las hojas concoloras, las superficies glabras; cerdas del vilano 3-4 mm, subclaviforme-adpresas. **2. M. firmipes**

1. Monticalia andicola (Turcz.) C. Jeffrey, *Kew Bull.* 47: 69 (1992). *Senecio andicola* Turcz., *Bull. Soc. Imp. Naturalistes Moscou* 24(2): 91 (1851). Holotipo: Ecuador, *Jameson 847* (imagen en Internet ex KW!). Ilustr.: Díaz Piedrahita y Cuatrecasas, *Publ. Acad. Colomb. Ci. Exact., Colecc. Jorge Alvarez Lleras* 12: 271, t. 89 (1999), como *Pentacalia andicola*.
Pentacalia andicola (Turcz.) Cuatrec.

Arbustos 1.5-3 m; tallos moderadamente ramificados alternamente, foliosos generalmente en los 10-30 cm distales, glabros a persistentemente tomentosos distalmente. Hojas 2-6 × 0.8-2 cm, cortamente pecioladas; láminas elíptico-lanceoladas a elípticas, la vena media algunas veces escasamente impresa, las nervaduras secundarias escasamente visibles, 4-8 por lado, las superficies discoloras, la superficie adaxial glabra o glabrescente, la superficie abaxial blanco-gris tomentosa, la vena media algunas veces glabrescente o tomentulosa, la base redondeada a subcordata, los márgenes enteros, revolutos, el ápice obtuso, mucronado. Capitulescencia hasta 15 × 14 cm, no exerta de las hojas subyacentes, generalmente con 7-25 cabezuelas; pedúnculos generalmente 5-15 mm, generalmente araneoso-tomentosos, bracteolados, las bractéolas pocas, generalmente 4-6 mm, lanceoladas a oblanceoladas. Cabezuelas 5-8 mm, discoides; involucro generalmente 5-7 mm de diámetro, campanulado; filarios 8-10, 4.5-6.5 mm, 1(2)-seriados, glabros o laxamente araneoso-tomentosos, aquellos externos angostamente ovados con el ápice agudo, aquellos internos ovados u obovados con el ápice agudo a obtuso; bractéolas caliculares varias, generalmente 3-5 mm y cerca de la mitad de la longitud del involucro. Flores radiadas ausentes. Flores del disco 25-50, ligeramente exertas; corola 4-6 mm, amarilla, a veces blanco-amarillenta, los lobos 0.7-1.2 mm, triangular-lanceolados. Cipselas 1-1.5 mm; cerdas del vilano 4-5.5 mm, cortamente escábridas. Floración ago.-sep., ene.-mar. $2n = 40$. *Selvas bajas perennifolias, páramos, selvas altas perennifolias, pastizales.* CR (*Pruski et al. 3886*, MO); P (*Davidse et al. 25302*, MO). (2500-)3000-3600 m. (Mesoamérica, Colombia, Venezuela, Ecuador, Perú.)

2. Monticalia firmipes (Greenm.) C. Jeffrey, *Kew Bull.* 47: 70 (1992). *Senecio firmipes* Greenm., *Proc. Amer. Acad. Arts* 39: 119 (1904 [1903]). Isosintipo: Costa Rica, *Pittier 10472* (US!). Ilustr.: Alfaro, *Pl. Comunes P.N. Chirripó, Costa Rica* ed. 2, 172 (2003), como *S. firmipes*.
Pentacalia firmipes (Greenm.) Cuatrec.

Arbustos redondeados, 1-3 m; tallos muy ramificados, generalmente con 5-10 ramitas agregado-fasciculadas en el extremo distal de las ramas, foliosos generalmente en los 5-25 cm distales, la base de los pecíolos generalmente persistente, glabros o casi glabros. Hojas 1-3.5 × 0.3-0.8 cm, subsésiles o cortamente pecioladas; láminas lanceoladas o oblanceoladas a rara vez elípticas, patentes lateralmente, la vena media generalmente escasamente impresa, las nervaduras secundarias generalmente indistintas, las superficies concoloras, glabras, la base cuneada a obtusa, la zona transversal de absición a 3-5 mm del tallo, la base marcescente subadpresa, los márgenes enteros, finamente ciliolados, el ápice apiculado; base peciolar subadpresa, marcescente. Capitulescencia generalmente 2-5 cm de diámetro, no exerta de las hojas subyacente, generalmente de 15-30 cabezuelas; pedúnculos 1-3 mm, frecuentemente laxamente araneosos, bracteolados, las bractéolas pocas, 1-2 mm, lanceoladas. Cabezuelas 4-6 mm, discoides; involucro generalmente 3-4 mm de diámetro, campanulado; filarios generalmente 8, 3-4 mm, oblongos a obovados, 1-seriados, glabros, el ápice obtuso; bractéolas caliculares generalmente 2-3 mm. Flores radiadas ausentes. Flores del disco 12-20, largamente exertas; corola 3.5-4.5 mm, amarilla claro a blanco-amarillenta, los lobos hasta c. 0.5 mm, triangulares. Cipselas c. 1 mm; cerdas del vilano 3-4 mm, subclaviforme-adpresas. Floración nov.-abr.(-jul.), sep. *Ciénagas, selvas bajas perennifolias, selvas altas perennifolias, bosques de neblina, páramos, matorrales, pastizales.* CR (*Pruski et al. 3876*, MO); P (*Weston 10188*, MO). 2600-3700 m. (Endémica.)

Monticalia firmipes se diagnostica por las cerdas subclaviforme-adpresas, ya que de otra manera es muy similar al tipo del género (*M. pulchella* (Kunth) C. Jeffrey) y a *M. trichopus* (Benth.) C. Jeffrey, ambos de Colombia, esta última diferenciándose de la mayoría de Monticalias por los tallos con tricomas escamoso-complanados.

238. Nelsonianthus H. Rob. et Brettell
Por J.F. Pruski.

Arbustos epifíticos o bejucos; tallos poco ramificados, fistulosos o con una médula compartimentada, la corteza sin conductos resinosos; follaje generalmente glabro o glabrescente, los tricomas (cuando presentes) simples. Hojas simples, alternas, largamente pecioladas; láminas gruesamente cartáceas, pinnatinervias, las superficies no glandulosas. Capitulescencia una abrupta panícula convexa terminal afila. Cabezuelas discoides (Mesoamérica) o radiadas, irregularmente poco caliculadas; filarios 8, 1-seriados, libres, delgadamente cartáceos con los márgenes escariosos, verde pálido a purpúreos, delgadamente 3-nervios; clinanto sin páleas, más o menos sólido, aristado-escuamuloso; bractéolas caliculares linear-lanceoladas, semejando bractéolas pedunculares, ascendentes. Flores radiadas (cuando presentes) 5, pistiladas; limbo de la corola 2-3 × c. 1 mm, elíptico, amarillo. Flores del disco 9-20, bisexuales; corola angostamente infundibuliforme, 5-lobada, amarilla, glabra, la garganta más corta que el limbo; collar de la antera cilíndrico, con células basales agrandadas, las tecas pálidas, sagitadas (aurículas c. 1/5 de la longitud del collar), engrosamientos de las células de las paredes del endotecio polarizados, el apéndice apical angostamente lanceolado, más angosto que las tecas; polen con patrón ultraestructural de la pared senecioide; ramas del estilo ascendentes, lisas, las superficies estigmáticas continuas o excepto angostamente hendidas en la base misma, el ápice obtuso. Cipselas cilíndricas, pardas, acostilladas, glabras, el carpóforo anular, pardo-amarillento; vilano de numerosas cerdas capilares delgadas algunas veces frágiles pajizo-escábridas, el ápice levemente atenuado. 2 spp. Sur de México, Mesoamérica.

En su descripción genérica, Robinson y Brettell (1973d: 53-54) afirmaron que la corteza del tallo no tiene conductos resinosos.

Bibliografía: Robinson, H. y Brettell, R.D. *Phytologia* 27: 53-54 (1973).

1. Nelsonianthus epiphyticus H. Rob. et Brettell, *Phytologia* 27: 54 (1973). Isotipo: Guatemala, *Skutch 764* (MO!). Ilustr.: no se encontró.
Senecio armentalis L.O. Williams.

Epífitas subsuculentas; tallos 0.5-1.5 m, patentes, foliosos distalmente o algunas veces afilos en la antesis. Hojas: pecíolo 1.5-2.5(-3.5) cm; láminas 4-10(-11.5) × 2-6(-7) cm, elíptico-lanceoladas a ovadas, las nervaduras laterales en la mitad proximal de la lámina, 2-3 por lado, la base obtusa a redondeada, los márgenes subenteros a calloso-

denticulados, el ápice agudo o acuminado, las superficies glabras o rara vez esparcidamente araneosas. Capitulescencia 5-12 cm de diámetro, con 7-21 cabezuelas, 1-3-ramificada en los 3/4 proximales, las ramas glabras a araneoso-vellosas; pedúnculos 5-15 mm, 1-3-bracteolados, rojo-parduscos, araneoso-vellosos; bractéolas distales 2-4 mm. Cabezuelas 11-14 mm; involucro 3-7 mm de diámetro, cilíndrico-turbinado tornándose angostamente campanulado después de la antesis, la base glabra o algunas veces araneoso-vellosa, las flores incluidas o exertas hasta c. 3 mm; filarios 9-12 × 1.5-2 mm, glabros al menos por la mayoría de su longitud; escuámulas receptaculares 0.2-0.8 mm. Flores radiadas ausentes. Flores del disco 9-12; corola 10-11 mm, los lobos 1.5-2 mm; anteras c. 3.5 mm; ramas del estilo 1.7-2.5 mm. Cipselas 2-4 mm, c. 10-acostilladas; cerdas del vilano c. 8 mm, llegando solo hasta la base de los lobos de la corola. Floración nov.-feb. *Epifítica sobre robles en selvas medianas perennifolias abiertas, bosques de neblina.* Ch (*Matuda 739*, MO); G (*Williams et al. 41747*, MO). 2400-4000 m. (Endémica.)

239. Ortizacalia Pruski
Por J.F. Pruski.

Bejucos subglabros escandentes a trepadores; tallos foliosos distalmente, puberulentos distalmente, glabros proximalmente, la médula sólida; follaje (cuando pubescentes) con tricomas contorto-crespos oblicuamente apendiculados con apéndices de paredes gruesas de apariencia unicelular (como en Jeffrey, 1987: 207, t. 3A). Hojas simples, alternas, pecioladas; láminas oblanceoladas a oblongas, subcarnosas, pinnatinervias, los márgenes enteros, las superficies glabras, no glandulosas; pecíolo delgado, sin alas. Capitulescencia redondeado corimboso-paniculada, terminal, mucho más larga que las hojas subyacentes, las ramas de la capitulescencia proximales y mediales típicamente abrazadas por brácteas foliosas subsésiles, las ramitas distales poco bracteoladas, delgadamente crespo-puberulentas, los últimos agregados de las cabezuelas redondeados; pedúnculos delgadamente crespo-puberulentos, 1-poco bracteolados. Cabezuelas cortamente radiadas, generalmente con 12-21 flores; involucro cilíndrico, irregular y laxamente caliculado; filarios 8, 1-seriados, libres, generalmente glabros pero el ápice generalmente puberulento; clinanto aplanado, sin páleas, crestado, sólido. Flores radiadas pistiladas; corola amarilla a anaranjada, glabra, el limbo escasamente exerto, lanceolado a elíptico-lanceolado, 4-nervio, el ápice 3-denticulado. Flores del disco bisexuales, más largas que el involucro; corola infundibuliforme o angostamente campanulada, 5-lobada, amarilla, glabra, el tubo y el limbo subiguales el tubo acrescente durante la antesis y escasamente más largo, el limbo conspicuo, moderadamente ampliado, los lobos triangular-lanceolados, más cortos que la garganta, el ápice papiloso; collar de la antera con forma de balaústre, con células basales agrandadas, la base de las tecas caudada, el tejido transicional endotecial, el apéndice apical ovado, casi tan ancho como la teca, el ápice redondeado; base del estilo bulbosa, las ramas con papilas obvia y marcadamente dimorfas, la mitad distal con densas papilas colectoras abaxialmente, largamente papiloso subapicalmente, el ápice densa y largamente comoso-fasciculado con 15-20 papilas peniceladas rígidamente erectas casi dos veces la longitud del diámetro de la rama (Pruski, 2012c: 3, t. 2), las superficies estigmáticas con 2 bandas. Cipselas madurando tardíamente, subcilíndricas, c. 5-acostilladas, glabras, el carpóforo con un borde distalmente; vilanos del radio y del disco similares, 1-seriados, de numerosas cerdas ancistrosas blancas llegando hasta cerca de la base de los lobos de la corola del disco. 1 sp. Costa Rica.

Las papilas obvia y marcadamente dimorfas de las ramas del estilo caracterizan a *Ortizacalia*, con las papilas colectoras anchas abaxiales culminando en un denso semicírculo apical marcadamente más largo que las 15-20 papilas peniceladas rígidas, erectas y mucho más delgadas como está ilustrado en Pruski (2012c: 3, t. 2). El denso semicírculo apical de papilas colectores es una característica que se encuentra en ocasiones también en *Dresslerothamnus* y en *Pentacalia*, pero en esos géneros hay un apéndice apical y las papilas son isomorfas. El apéndice ovado del apéndice de la antera en *Ortizacalia* es casi tan ancho como la teca (como ilustrado en Jeffrey 1987: 207, t. 5d), con el ápice redondeado (Pruski, 2012c: 2, t. 1A) caracterizando aún más el género.

Bibliografía: Pruski, J.F. *Phytoneuron* 2012-50: 1-8 (2012).

1. Ortizacalia austin-smithii (Standl.) Pruski, *Phytoneuron* 2012-50: 6 (2012c). *Senecio austin-smithii* Standl., *Publ. Field Mus. Nat. Hist., Bot. Ser.* 22: 128 (1940). Isotipo: Costa Rica, *Smith H299* (MO!). Ilustr.: Pruski, *Phytoneuron* 2012-50: 3, t. 2 (2012).

Bejucos trepadores, 1.6-5 m; tallos rectos a escasamente curvados distalmente. Hojas: láminas 4-9 × 1-2.5 cm, las nervaduras secundarias generalmente 3-4, delgadas, rectas, en ángulos de c. 45° con la vena media, las nervaduras de tercer orden indistintas, adaxialmente sublustrosas, la base cuneada a atenuada, los márgenes algunas veces escasamente revolutos, el ápice generalmente obtuso a redondeado; pecíolo 0.8-2.5 cm. Capitulescencia 8-25 × 6-18 cm, con 30-100 cabezuelas, las brácteas foliosas proximales y de la mitad de la capitulescencia 2-3 × 0.4-1 cm, angostamente oblanceoladas, glabras, las bractéolas de las ramitas distales 0.5-1 cm, lanceoladas, sésiles, subglabras a delgadamente puberulentas; pedúnculos 4-15 mm, las bractéolas 1-2 mm, linear-lanceoladas, sésiles. Cabezuelas 10-12 mm; involucro 3.5-5(-6) mm de diámetro; filarios 6-7.5 × 0.8-1.3 mm, lanceolados, aquellos internos con los márgenes angostamente escariosos más angostos que la zona central verde. Flores radiadas (0-)2-5; tubo de la corola 4-5.5 mm, el limbo 5-8 × 0.8-1.2 mm, subigual o escasamente más largo que el tubo. Flores del disco 10-16; corola 8-9.5 mm, los lobos c. 1.5 mm, más cortos que la garganta; anteras c. 2.5 mm; ramas del estilo 1.3-1.7 mm, las papilas comosas apicales 15-20, c. 0.4-0.5 mm. Cipselas (inmaduras) 1.3-2 mm, glabras; cerdas del vilano 7.5-8.5 mm. Floración nov.-abr. *Selvas medianas perennifolias.* CR (*Haber y Zuchowski 9847*, MO). 1300-1900 m. (Endémica.)

240. Pentacalia Cass.

Senecio L. sect. *Streptothamni* Greenm.

Por J.F. Pruski.

Bejucos leñosos escandentes a trepadores, rara vez las ramas floríferas péndulas, largas; tallos subteretes, pubescentes o glabros, las hojas generalmente dispuestas en la 1/2 distal pero con frecuencia no decrecientes, los entrenudos distales más cortos que las hojas; follaje cuando pubescente con tricomas simples, rara vez oblicuamente apendiculados pero el apéndice de pared delgada. Hojas simples, alternas o rara vez opuestas; láminas generalmente elípticas a ovadas, rara vez oblanceoladas u obovadas, subcarnosas a rara vez coriáceas, típicamente pinnatinervias, los márgenes generalmente enteros o cuando serrados los dientes regulares, en general no glandulosos, pecioladas o rara vez sésiles. Capitulescencia terminal (sobre el eje principal o en ramas alargadas mucho más largas que las hojas del tallo principal) o con menos frecuencia axilar sobre ramas más cortas que las hojas subyacentes, en general corimbiforme-paniculada, piramidal o aplanada distalmente, con menos frecuencia cilíndrica, generalmente no foliosa con bráecteas primarias especializadas grandes. Cabezuelas radiadas, discoides o disciformes, generalmente con (5-)11-64 flores erectas, subsésiles o generalmente pedunculadas; involucro cilíndrico a campanulado, 1-seriado, rara vez caliculado con bractéolas subglabras generalmente pequeñas y más cortas que la mitad de la longitud del involucro (rara vez obviamente caliculado con bráecteas caliculares blanco-lanosas c. 1/2 de la longitud del involucro); filarios generalmente 5-13, libres, rara vez marcadamente conniventes hasta cerca del ápice, algunos angostamente escariosos alternando con otros anchamente escarioso-marginados, escasa a moderadamente patentes en

fruto; clinanto aplanado, sin páleas, brevemente crestado. Flores radiadas (cuando presentes) generalmente (1-)4-14, pistiladas, la corola rara vez rápidamente decidua; corola generalmente amarilla, glabra, el tubo generalmente más corto que el limbo, el limbo ligera a moderadamente exerto, generalmente lanceolado a elíptico-lanceolado. Flores marginales disciformes (cuando presentes), pistiladas, generalmente 1-8; corola tubular-infundibuliforme, breve y simétricamente 3-5-lobada, el limbo radiado-aplanado ausente, o muy rara vez las corolas seudobilabiadas y las flores con estaminodios. Flores del disco generalmente (4-)7-50, bisexuales; corola generalmente infundibuliforme y muy alargada al madurar, generalmente amarilla, glabra, el tubo generalmente dilatado al madurar, los lobos más largos que anchos, rara vez con un conducto resinoso central; anteras pajizas, el collar con forma de balaústre (engrosado), con células basales agrandadas, las tecas caudadas (no redondeadas), las colas generalmente más cortas que el collar, el apéndice apical oblongo; ramas del estilo con dos líneas estigmáticas, con papilas isomorfas, los ápices truncados u obtusos, no largamente comosos, lisos a escasamente papilosos, las papilas (cuando presentes) mucho más cortas que el diámetro de las ramas. Cipselas indistintamente 5-anguladas al madurar, generalmente 8-10-acostilladas, glabras o rara vez largamente pilosas cerca de la base; carpóforo anular y más ancho que la base de la cipsela, con borde distal angosto; vilano del disco y del radio de cerdas similares, numerosas, 1(2)-seriadas, blancas a pajizas (rara vez rosadas), escabriúsculas a ancistrosas, casi más largas que las corolas del disco, el ápice por lo general uniformemente angostado. $n = 20, 40, 45-51$. Aprox. 200 spp. América tropical.

Pentacalia es un segregado de *Senecio*: se diferencia por el hábito como bejuco y las anteras caudadas. Las flores radiadas y las flores pistiladas marginales algunas veces tienen corolas no más largas que los filarios o son decidusas: esos ejemplares se piensa erróneamente que son discoides. El grupo fue tratado por Greenman (1950), Robinson y Cuatrecasas (1978, 1993) y Williams (1984).

Barkley (1990) provisionalmente asignó a *P. venturae* (T.M. Barkley) C. Jeffrey dos ejemplares de Chiapas, un taxón que él compara con *P. magistri*, *P. morazensis*, *P. parasitica* y *P. phorodendroides*. Aquí estos ejemplares colecciones de Chiapas se refieren a *P. epidendra*, pero como no se ha visto el material tipo de Veracruz de *P. venturae*, una especie similar, se le ubica adjunta, más que en sinonimia con *P. epidendra*.

Bibliografía: Barkley, T.M. *Phytologia* 69: 138-149 (1990). Greenman, J.M. *Ceiba* 1: 119-124 (1950). Robinson, H. y Cuatrecasas, J. *Phytologia* 40: 37-50 (1978); *Novon* 3: 284-301 (1993).

1. Superficies de las láminas de las hojas marcadamente discoloras.
   1. P. brenesii
1. Superficies de las láminas de las hojas concoloras.
   2. Cabezuelas obviamente caliculadas con bráecteas caliculares blanco-lanado-tomentosas, elípticas a obovadas y generalmente casi la 1/2 de la longitud del involucro.
      2. P. calyculata
   2. Cabezuelas sin calículo o cuando caliculadas con bractéolas subglabras, más cortas que la 1/2 de la longitud del involucro.
      3. Capitulescencias generalmente en ramitas axilares más cortas que las hojas subyacentes a escasamente más largas que estas; cabezuelas varias por rama con algunos filarios connatos hasta cerca del ápice.
         9. P. phorodendroides
      3. Capitulescencias terminales o cuando axilares en ramas generalmente mucho más largas que las hojas subyacentes; filarios libres rara vez marcadamente conniventes (en *P. candelariae* y *P. morazensis*).
         4. Cabezuelas disciformes o rara vez discoides.
            5. Láminas de las hojas cartáceas, las nervaduras secundarias patentes desde la vena media en ángulos de 75-80°, las nervaduras terciarias visibles y generalmente formando un retículo con aréolas c. 1mm de diámetro, los márgenes denticulados o dentados; corolas del disco blancas; cerdas del vilano 2-seriadas.
               8. P. phanerandra

5. Láminas de las hojas subcarnosas, las nervaduras secundarias patentes desde la vena media en ángulos de 45-60°, las nervaduras terciarias generalmente no visibles, cuando visibles generalmente formando un retículo extremadamente laxo con aréolas de 2-5 mm de diámetro, los márgenes enteros; corolas del disco generalmente amarillas o amarillo pálido; cerdas del vilano 1(2)-seriadas.

  6. Filarios 4.3-6 mm; cabezuelas con 8-14 flores; últimos agregados de cabezuelas generalmente subfasciculados; follaje (cuando pubescente) con tricomas crespos.   **3. P. candelariae**

  6. Filarios (5-)6-8.5 mm; cabezuelas con (15-)19-23 flores; últimas cabezuelas generalmente abiertas (bien espaciadas); follaje glabro o subglabro.   **7. P. parasitica**

4. Cabezuelas generalmente radiadas.

  7. Cabezuelas anchamente campanuladas.

    8. Pedúnculos moderadamente puberulentos; láminas de las hojas 6-14 cm, las nervaduras secundarias moderadamente prominentes; lobos de las corolas del disco 1-1.5 mm, generalmente más cortos que la garganta.   **4. P. epidendra**

    8. Pedúnculos esparcidamente puberulentos; láminas de las hojas 4-7(-8) cm, las nervaduras secundarias generalmente inmersas; lobos de las corolas del disco 1.5-2 mm, casi más largos que la garganta.   **6. P. morazensis**

  7. Cabezuelas cilíndricas a angostamente campanuladas o turbinado-campanuladas.

    9. Capitulescencias mayormente en las partes foliosas de los tallos más grandes generalmente en las ramas laterales más largas que las hojas subyacentes; filarios 5.   **5. P. matagalpensis**

    9. Capitulescencias terminales en los tallos más grandes y sostenidas por arriba de las hojas; filarios 5-8.

      10. Capitulescencias con brácteas primarias especializadas foliáceas, grandes, elípticas a ovadas.   **11. P. tonduzii**

      10. Capitulescencias sin brácteas foliáceas especializadas.

        11. Tallos puberulentos a glabrescentes; filarios 8; lobos de la corola del disco 1.5-2 mm, casi más largos que la garganta; cerdas del vilano generalmente alcanzando c. 1/2 de los lobos de la corola del disco.   **10. P. streptothamna**

        11. Tallos glabros; filarios 5(-8); lobos de la corola del disco más cortos que la garganta; cerdas del vilano al madurar generalmente alcanzando solo la base de los lobos de la corola del disco.   **12. P. wilburii**

1. Pentacalia brenesii (Greenm. et Standl.) Pruski, *Phytoneuron* 2017-. -??: ?? (2017). *Senecio brenesii* Greenm. et Standl., *Publ. Field Mus. Nat. Hist., Bot. Ser.* 18: 1513 (1938). Isotipo: Costa Rica, *Brenes 5342* (NY!). Ilustr.: no se encontró.

Bejucos trepadores, las ramas en antesis péndulas; tallos poca a varias veces ramificados distalmente, gris-parduscos lanado-tomentosos distalmente, glabrescentes proximalmente, la médula sólida, los entrenudos c. la mitad de la longitud de las hojas; follaje con tricomas apendiculados oblicuos con apéndices de paredes gruesas pluricelulares contortas (células terminales) (como en Drury y Watson, 1965: 309, t. 1). Hojas pecioladas; láminas 5-9 × 1.7-4 cm, elípticas a elíptico-ovadas, subcarnosas, pinnatinervias, con 2-4 nervaduras secundarias por lado, arqueadas, divergiendo en ángulos de 45°, las superficies marcadamente discoloras, la superficie adaxial glabra, la superficie abaxial pardo-amarilla, densamente lanado-tomentosa, la vena media visible, las nervaduras secundarias delgadas y ocultas por el indumento, la base anchamente cuneada a redondeada, los márgenes enteros, el ápice acuminado; pecíolo 0.7-2.5 cm. Capitulescencia 10-23 × 5-10 cm, terminal, angostamente corimbiforme-paniculada, las ramitas axilares generalmente 5-8, 2-5 cm, subiguales a ligeramente más cortas que las hojas subyacentes, a veces de aspecto columnar, terminadas por un grupo subumbelado de 3-7(-13) cabezuelas; pedúnculos 3-9 mm, lanado-tomentosos. Cabezuelas 10-14 mm, disciformes; involucro 5-6 mm de diámetro, campanulado o angostamente campanu-

lado, las flores del disco moderadamente exertas (o en fruto a veces largamente exertas por c. 5 mm); filarios c. 8, 7.5-9.5 × 1-2 mm, lanceolados, laxamente tomentosos a glabrescentes, las bases prontamente endurecidas; setas receptaculares hasta 0.5 mm. Flores radiadas ausentes. Flores del disco 15-23; corola 9-12 mm, amarilla, glabra, el tubo mucho más largo que el limbo, los lobos 1.2-1.6 mm, más cortos que la garganta a más largos que esta; anteras 2.2-2.4 mm, el collar c. 0.5 mm, las colas casi la mitad de la longitud de la teca, el apéndice 0.3-0.4 mm, lanceolado-ovado, el ápice obtuso; estilo con la base gradualmente dilatada en los c. 0.7 mm basales, las ramas 1.6-1.9 mm, el ápice obtuso, estigmáticas hasta el ápice, penicilado-papilosas con un mechón de contorno triangular, abaxialmente papilosas el 1/4 distal con papilas más pequeñas pero de otra forma similares a las papilas apicales, compuestas de material celular, lateral y apicalmente papilosas, las papilas 0.1-0.2 mm, isomorfas, subiguales a generalmente más cortas que el diámetro de las ramas. Cipselas 1-1.5 mm, glabras; cerdas del vilano 8-10 mm, generalmente hasta la mitad de la longitud de los lobos de la corola del disco. Floración feb. *Selvas, quebradas, laderas de volcanes.* CR (*Herrera y Schik 3830*, MO). 800-1100 m. (Endémica.)

2. Pentacalia calyculata (Greenm.) H. Rob. et Cuatrec., *Phytologia* 40: 41 (1978). *Senecio calyculatus* Greenm., *Bot. Gaz.* 37: 419 (1904). Isotipo: Costa Rica, *Pittier 7503* (=*13242*) (MO!). Ilustr.: no se encontró.

Bejucos leñosos, hasta 10 m; tallos densamente araneoso-pelosos a rápidamente puberulentos o glabrescentes, la médula sólida. Hojas pecioladas; láminas 2.5-6 × 1.3-4 cm, elípticas a ovadas, subcarnosas, pinnatinervias, generalmente con 2-5 pares de nervaduras secundarias en parte inmersas y divergiendo en ángulos de c. 45°, las nervaduras terciarias indistintas, las superficies concoloras, glabras o la vena media adaxialmente araneoso-puberulenta, la base cuneada a rara vez obtusa, los márgenes enteros, el ápice agudo a rara vez obtuso; pecíolo 1-2 cm. Capitulescencia terminal, anchamente corimboso-paniculada, moderadamente densa, sin brácteas primarias especializadas grandes, con pocas bractéolas, los últimos agregados con cabezuelas no fasciculadas, las bractéolas hasta 10 mm, lanceoladas; pedúnculos 1-7 mm, araneoso-puberulentos, 1-2-bracteolados, las bractéolas generalmente araneoso-puberulentas o blanco-lanado-pelosas. Cabezuelas 8-11 mm, radiadas, con 8-12 flores, obviamente caliculadas; involucro 3-4 mm de diámetro, angostamente campanulado, escasamente más corto que las flores del disco o los del disco en fruto rara vez exertos 3-4 mm; filarios 5-6(-7) × 1.2-2.5 mm, anchamente lanceolados a ovados, esparcidamente araneoso-puberulentos a glabrescentes, el ápice agudo a obtuso, fimbriado-papiloso; brácteas caliculares 2-3(4), 3-4.5 mm, generalmente c. 1/2 de la longitud del involucro, elípticas a obovadas, completamente cubiertas por un denso indumento blanco-lanado-peloso. Flores radiadas 2-5; corolas radiadas amarillas, glabras, el limbo 3-4 mm, casi más corto que el tubo, elíptico-lanceolado. Flores del disco 6-7; corola 5.5-7 mm, angostamente infundibuliforme, amarilla, glabra, los lobos c. 1.5 mm, triangular-lanceolados, escasamente más cortos que la garganta a casi más largos que esta. Cipselas 1-2 mm, glabras; cerdas del vilano 4-6 mm, generalmente llegando hasta c. 1/2 de los lobos de la corola del disco. Floración (sep.-)nov.-feb. *Selvas medianas perennifolias, bordes de pastizales.* CR (*Jiménez 2649*, MO). 2000-3100(-3300?) m. (Endémica.)

3. Pentacalia candelariae (Benth.) H. Rob. et Cuatrec., *Phytologia* 40: 41 (1978). *Senecio candelariae* Benth., *Vidensk. Meddel. Dansk Naturhist. Foren. Kjøbenhavn* 1852: 108 (1853). Holotipo: Costa Rica, *Oersted 148* (foto MO! ex K). Ilustr.: no se encontró.

Bejucos trepadores; tallos densamente crespo-pubescentes o vellosos a subglabros, los tallos principales rara vez angostamente fistulosos; follaje (cuando pubescente) con tricomas crespos. Hojas pecioladas; láminas 6-9 ×2-4.5 cm, lanceoladas a elípticas o con menos frecuencia elíptico-ovadas, subcarnosas, finamente pinnatinervias con 3-6 nervaduras secundarias visibles patentes desde la vena media en ángulos de 45-60° hasta con nervaduras indistintamente pinnadas con las nervaduras secundarias rara vez inmersas, las nervaduras terciarias inmersas o escasamente visibles y formando un retículo muy laxo con aréolas 2-5 mm de diámetro, las superficies concoloras, esparcidamente crespopuberulentas a glabras, la base cuneada a obtusa o con menos frecuencia redondeada, los márgenes enteros, el ápice agudo a atenuado; pecíolo 0.5-2 cm. Capitulescencia generalmente terminal, rara vez en ramas axilares que son casi 1.5 veces más largas que las hojas subyacentes grandes del tallo principal, con numerosas cabezuelas, piramidalmente corimbiforme-paniculada, cada ramita abrazada por una bractéola 2-4 mm, linear-lanceolada, las ramas y ramitas crespo-puberulentas o vellosas, los últimos agregados con 3-7 cabezuelas generalmente subfasciculadas y subsésiles; pedúnculos 0-2(-6) mm, crespo-puberulentos o vellosos, rara vez poco bracteolados, las bractéolas 1-2 mm, generalmente mucho más cortas que la mitad de la longitud de los filarios, lanceoladas a elípticas. Cabezuelas 6-8 mm, disciformes, con 8-14 flores; involucro c. 3 mm de diámetro, anchamente cilíndrico, las flores del disco solo escasamente exertas a bien exertas, los filarios generalmente 8, 4.3-6 × c. 1.1 mm, lanceolados a lanceolado-ovados, típicamente libres o rara vez ligeramente connatos hasta cerca del ápice, glabros o esparcidamente crespo-puberulentos, el ápice generalmente agudo, rara vez ciliado-fimbriado. Flores radiadas ausentes. Flores marginales 1-3, notablemente más pequeñas que las flores del disco, la corola rara y rápidamente decidua; corola 4-4.5 mm, generalmente amarilla o amarillo pálido, los lobos 1-1.2 mm. Flores del disco 7-11; corola 4.8-5.6 mm, generalmente amarilla o amarillo pálido, glabra, los lobos 1.3-1.6 mm, casi más largos que la garganta o más largos que esta, las venas medias tenues y rara vez visibles. Cipselas 1-2 mm, glabras; cerdas del vilano 4-5.3 mm, generalmente 1-seriadas, generalmente llegando hasta c. 1/2 de los lobos de la corola del disco. Floración feb.-may. *Bosques de neblina, selvas premontanas, selvas altas perennifolias, orillas de arroyos.* CR (*Wilbur 14351*, MO); P (*Churchill et al. 4573*, MO). 800-2000 m. (Endémica.)

4. Pentacalia epidendra (L.O. Williams) H. Rob. et Cuatrec., *Phytologia* 40: 41 (1978). *Senecio epidendrus* L.O. Williams, *Phytologia* 31: 440 (1975). Isotipo: México, Chiapas, *Breedlove 9053* (NY!). Ilustr.: no se encontró.

Bejucos leñosos; tallos moderadamente araneoso-puberulentos, fistulosos. Hojas pecioladas; láminas 6-14 × 4.5-9 cm, ovadas, subcarnosas, pinnatinervias con 4-8 nervaduras secundarias por lado, moderadamente prominentes, divergiendo en ángulos c. 55°, las superficies concoloras, glabras o esparcidamente puberulentas en la superficie abaxial, la base anchamente cuneada a obtusa, los márgenes enteros, el ápice agudo; pecíolo 1.5-3 cm. Capitulescencia corimbiforme-paniculada, terminal o en ramas axilares patentes más largas que las hojas subyacentes, las ramas principales sin brácteas primarias especializadas grandes; pedúnculos 5-15 mm, moderadamente araneosopuberulentos, indistintamente bracteolados. Cabezuelas 9-13 mm, radiadas, escasamente caliculadas; involucro 4-9 mm de diámetro, anchamente campanulado. Flores del disco largamente exertas; filarios 8, 4.5-8 mm, angostamente oblongos a ovados, generalmente puberulentos; bractéolas caliculares pocas, 2-3 mm, generalmente surgiendo de la base del subinvolucro and por tanto sin llegar al punto medio de los filarios. Flores radiadas c. 5; corola amarilla, glabra, el limbo 5-6 × 1-1.5 mm, casi tan largo como el tubo, oblanceolado, 4-nervio. Flores del disco 15-25; corola 7-8 mm, infundibuliforme, amarilla, glabra, los lobos 1-1.5 mm, generalmente más cortos que la garganta. Cipselas 1-2 mm, glabras; cerdas del vilano generalmente 5-7 mm, llegando hasta c. 1/2 de la longitud de los lobos de la corola del disco. Floración ene.-mar. *Selvas altas perennifolias, bosques de neblina, bosques de* Quercus. Ch (*Breedlove 49771*, MO); G (*Steyermark 42889*, MO). 2000-2700 m. (Endémica.)

Barkley (1990) provisionalmente asignó dos ejemplares de Chiapas a *Pentacalia venturae*, un taxón que él comparó con *P. magistri*, *P morazensis*, *P. parasitica*, y *P. phorodendroides*. En este tratamiento, esos ejemplares se consideran como *P. epidendra*, pero ya que no se ha visto el material tipo de Veracruz de la especie muy similar *P. venturae*, se le ubica cercana a esa, más que en sinonimia de *P. epidendra*.

5. Pentacalia matagalpensis H. Rob., *Phytologia* 40: 43 (1978). Isotipo: Nicaragua, *Williams et al. 25036* (NY!). Ilustr.: no se encontró.

Bejucos trepadores; tallos muy ramificados, pardo pálido, hispídulos distalmente a subglabros, entrenudos alargados, al menos algunos tricomas oblicuamente apendiculados. Hojas pecioladas; láminas 2.5-6 × 1-2.3 cm, elípticas, subcarnosas, ligeramente pinnatinervias, generalmente con 2-4 nervaduras secundarias visibles por cada lado divergiendo en ángulos de c. 45°, las superficies concoloras, glabras, la base cuneada, los márgenes enteros, el ápice acuminado; pecíolo 0.5-1 cm. Capitulescencia mayormente en las partes foliosas de los tallos más grandes generalmente en ramas axilares (posición típicamente aparente en los ejemplares de herbario) más largas que las hojas subyacentes, generalmente 10-20 cm, cada una piramidal y moderadamente más larga que la hoja subyacente, las últimas cabezuelas cercanamente espaciadas; pedúnculos 1-4 mm, crespo-hirsútulos, generalmente 1-4 bracteolados o las cabezuelas 1-2 caliculadas, las bractéolas pedunculares o caliculares 1-1.5(-2) mm, sésiles, elíptico-ovadas, cartáceas. Cabezuelas 6.5-8.5 mm, indistinta y cortamente radiadas, con 5-7 flores; involucro 2-2.5 mm de diámetro, cilíndrico, moderadamente más corto que las flores; filarios 5, 5-6 × 1-1.5 mm, lanceolados a elíptico-lanceolados, glabros, el ápice agudo a obtuso. Flores radiadas 1-2; corola blanco-amarillenta, glabra, el tubo 3-4 mm, el limbo 2-2.5 × c. 0.5 mm, más corto que el tubo, elíptico-lanceolado. Flores del disco 4-5; corola c. 6 mm, blanco-amarillenta, glabra, los lobos 1.5-2.5 mm, lanceolados, casi más largos que la garganta o más largos que esta; ramas del estilo distal, abaxial y marginalmente papilosas, las papilas c. 0.1 mm. Cipselas 1-2 mm, glabras; cerdas del vilano c. 5 mm. Floración feb., mar. *Bosques de neblina, selvas bajas perennifolias, bosques secundarios.* N (*Pipoly 6076*, MO). (900-)1100-1500 m. (Endémica.)

6. Pentacalia morazensis (Greenm.) H. Rob. et Cuatrec., *Phytologia* 40: 44 (1978). *Senecio morazensis* Greenm., *Ceiba* 1: 122 (1950). Holotipo: Honduras, *Williams y Molina R. 13976* (MO!). Ilustr.: no se encontró.

Pentacalia magistri (Standl. et L.O. Williams) H. Rob. et Cuatrec.?, *Senecio magistri* Standl. et L.O. Williams?.

Bejucos trepadores, 1-3 m; tallos glabros, fistulosos. Hojas pecioladas; láminas 4-7(-8) × (1.5-)2-3 cm, elíptico-lanceoladas a rara vez ovadas, subcarnosas, delgadamente pinnatinervias, con 4-5 nervaduras secundarias por cada lado, generalmente inmersas, divergiendo en ángulos de c. 45°, las superficies concoloras, glabras, la base anchamente cuneada a obtusa, los márgenes enteros, el ápice acuminado a agudo; pecíolo 1-1.5 cm. Capitulescencia corimbiforme-paniculada, terminal o en ramas axilares patentes más largas que las hojas subyacentes; pedúnculos 5-15 mm, glabros o esparcidamente crespo-puberulentos, 1-3 bracteolados; bractéolas 3-5 mm, sésiles, linear-lanceoladas, delgadamente cartáceas. Cabezuelas 10-14 mm, radiadas a rara vez de apariencia disciformes (en substratos pobres); involucro 5-8 mm de diámetro, anchamente campanulado. Flores del disco largamente exertas; filarios 8-13, 6-7 × 2-3 mm, linear-lanceolados a oblongos, glabros excepto el ápice ciliado-fimbriado, algunos filarios en parte connatos, el ápice agudo a obtuso; brácteas caliculares 3-6 mm, generalmente lineares a muy agostamente oblanceoladas, aunque frecuentemente surgiendo de la base del subinvolucro sin embargo con frencuencia tan largas como el involucro, ligera y escasamente patentes, a veces secan mucho más pálidas en color que los filarios. Flores radiadas 5-8; corola amarilla, glabra, el tubo 3-3.5 mm, el limbo 4-7 × 1-2.5 mm, elíptico a oblongo, rara vez profundamente bilobado hasta cerca de la base del tubo, los lobos 1-2 mm y por tanto las cabezuelas de apariencia disciforme. Flores del disco 17-30; corola 5.5-6.5 mm, amarilla, glabra, los lobos 1.5-2 mm, casi más largos que la garganta. Cipselas (inmaduras) 1-1.8 mm, glabras; cerdas del vilano 7-8 mm, generalmente llegando hasta c. 1/2 de los lobos de la corola del disco, antes de la antesis subclaviforme-adpresas con el ápice cortamente claviforme. Floración (nov.)ene.-mar.(-abr.). *Bosques de neblina, laderas secas, vegetación secundaria, selvas altas perennifolias, rara vez áreas graníticas.* Ch (*Breedlove y Smith 31764*, MO); H (*Williams 17423*, EAP); ES (*Martínez 874*, MO); N (*Stevens et al. 32812*, MO). 2000-2600(-2800) m. (Endémica.)

Robinson y Cuatrecasas (1978) reconocieron *Pentacalia morazensis* como distinta por las cerdas del vilano cortamente claviformes y *P. magistri*, por las cerdas del vilano apicalmente angostadas, mientras que Williams (1984) trató a *P. magistri* en la sinonimia de *P. morazensis*. El estudio de los ápices de las cerdas del vilano sugiere que en esta especie la forma del ápice de las cerdas tiene una influencia de desarrollo, siendo la condición cortamente clavelada básicamente manifiesta solo antes de la antesis. Mientras que la condición de cerdas del vilano claveladas fue utilizada por Robinson y Cuatrecasas (1978) para distinguir *P. magistri*, su tipo (*Molina 5050*) es sin embargo, una planta similar y obviamente radiada. En su lugar se encuentra la condición de cerdas del vilano claveladas en plantas que son en efecto disciformes, lo que sugiere que tal vez un ecotipo de suelos pobres, pero como probablemente podría representar una especie no descrita. Aunque las plantas de Honduras claveladas/disciformes pueden ser no descrita, no se tiene a mano para comparación el tipo de *P. magistri* con pedúnculo araneoso, que puede llegar a ser un sinónimo de *P. epidendra* o, alternativamente, el nombre correcto para las plantas de Honduras disciforme. Por tanto la sinonimia de Williams (1984) se sigue solo en forma provisional dado que se necesitan más estudios de la variación de este grupo de especies.

Barkley (1990) provisionalmente identificó el ejemplar *Breedlove 31764* como *P. venturae*, una especie plástica de cabezuelas originalmente descritas como radiadas, pero que a veces tiene las flores marginales con estaminodios y corolas seudobilabiadas. El ejemplar *Breedlove 31764* tiene típicas cabezuelas radiadas y por tanto en este tratamiento se lo ubica confiablemente dentro del concepto de *P. morazensis*.

7. Pentacalia parasitica (Hemsl.) H. Rob. et Cuatrec., *Phytologia* 40: 44 (1978). *Senecio parasiticus* Hemsl., *Biol. Cent.-Amer., Bot.* 2: 244 (1881). Sintipo: México, Veracruz, *Botteri 1087* (foto MO! ex K). Ilustr.: Redonda-Martínez, R. y Villaseñor Ríos, J.L. *Fl. Valle Tehuacán-Cuicatlán* 89: 16, t. 3 (2011).

Cacalia parasitica (Hemsl.) Sch. Bip. ex A. Gray.

Bejucos trepadores; follaje glabro o subglabro. Hojas pecioladas; láminas 4-9 ×1.4-2.5 cm, elíptico-ovadas a ovadas, subcarnosas, finamente pinnatinervias con 2-4 nervaduras secundarias visibles por lado, patentes desde la vena media en ángulos de casi 45-60°, las nervaduras indistintamente pinnadas con las nervaduras secundarias generalmente inmersas, las nervaduras terciarias generalmente no visibles, cuando visibles formando un retículo extremadamente laxo con aréolas c. 5 mm de diámetro, las superficies concoloras, glabras, la base cuneada a obtusa, los márgenes enteros, el ápice acuminado a atenuado; pecíolo 0.4-1.2 cm. Capitulescencia hasta 20 × 15 cm, generalmente terminal, con numerosas cabezuelas, piramidalmente corimbiforme-paniculada, las últimas 2-4 cabezuelas generalmente abiertas o bien espaciadas (rara vez cercanamente espaciadas); pedúnculos 0-4(-5) mm, puberulentos o subglabros, rara vez ligeramente 1-2 bracteolados o las cabezuelas 1-2 subcaliculadas, las bractéolas 1-1.5 mm, sésiles, lanceoladas, cartáceas. Cabezuelas 7.5-9.5 mm, disciformes (a veces discoides?), con (15-)19-23 flores; involucro 2.5-4 mm de diámetro, anchamente cilíndrico. Flores del disco generalmente solo escasamente exertas a rara vez largamente exertas hasta c. 5 mm; filarios generalmente 8, (5-)6-8.5 × 1-1.5 mm, lanceolados a elíptico-lanceolados, típicamente

libres, glabros o rara vez el ápice ciliado-fimbriado, el ápice agudo a obtuso. Flores radiadas ausentes. Flores marginales generalmente (4)5, asociadas con un filario individual y no largamente exerto desde este; corola 5-6 mm, amarilla, los lobos c. 1 mm. Flores del disco (11)14-18; corola 6-7.5 mm, amarilla, glabra, los lobos 1-1.5 mm, generalmente más cortos que la garganta a casi más largos que esta. Cipselas 1-2 mm, glabras; cerdas del vilano 5-7 mm, 1(2)-seriadas, generalmente llegando hasta c. 1/2 de los lobos de la corola del disco. Floración [en México] oct.-abr. *Bosques atlánticos, bosques mesófilos, bosques de Quercus.* Ch (Redonda-Martínez y Villaseñor Ríos, 2011: 18); G (*Contreras 9451*, MO). 1000-2300 m. (S. México, Mesoamérica.)

Los ejemplares de *Pentacalia parasitica* de Oaxaca generalmente tienen los involucros mucho más cortos que las flores del disco como es típico en *P. guerrerensis* (T.M. Barkley) C. Jeffrey de Guerrero, pero por lo demás estos ejemplares se asemejan a *P. parasitica*. *Torres y Martínez 4831* (MO) de Oaxaca, de la base occidental del Cerro Baúl unos pocos kilómetros dentro de la frontera con Chiapas, parece ser una forma corta de la forma disciforme involucral de *P. parasitica*. Algunos ejemplares de Guatemala y Chiapas antes referidos a *P. parasitica* tienen capitulescencias axilares y en la actualidad se identifican como *P. phorodendroides*. Barkley (1975 [1976]) identificó material de Panamá como *P. parasitica*, pero Robinson y Cuatrecasas (1978) excluyeron a esta especie de Panamá.

8. Pentacalia phanerandra (Cufod.) H. Rob. et Cuatrec., *Phytologia* 40: 44 (1978). *Senecio phanerandrus* Cufod., *Arch. Bot. (Forlì)* 9: 203 (1933). Isotipo: Costa Rica, *Cufodontis 544* (MO!). Ilustr.: no se encontró.

Arbustos desparramados a bejucos trepadores, 1-5 m; tallos muy ramificados, pluriestriados, hirsútulo-puberulentos al menos en las axilas a rara vez subglabros. Hojas pecioladas; láminas 2.5-8 × 1-2.8 cm, lanceoladas a elípticas, cartáceas a rígidamente cartáceas, pinnatinervias, las nervaduras secundarias no inmersas, 6-13 por lado, patentes desde la vena media en ángulos de 75-80°, las nervaduras terciarias visibles y formando un retículo con aréolas c. 1 mm de diámetro, las superficies concoloras, glabras, la base cuneada a obtusa, los márgenes generalmente denticulados o dentados con 10-17 dientes por lado o rara vez subenteros, el ápice generalmente agudo a acuminado; pecíolo 0.5-1.4 cm. Capitulescencia terminalmente corimbiforme-paniculada en las numerosas ramas distales alargadas (10-25 cm), las ramas axilares lateralmente patentes mucho más largas que las hojas subyacentes, las últimas cabezuelas 3-10 en agregados 1-2 cm de diámetro; pedúnculos 2-5 mm, crespo-puberulentos, 1-2 bracteolados; bractéolas c. 1 mm, sésiles, elíptico-lanceoladas, delgadamente cartáceas. Cabezuelas 5-7 mm, disciformes o rara vez discoides; involucro generalmente 2(-2.5) mm de diámetro, más corto que las flores, anchamente cilíndrico, por lo general laxamente 2-5 caliculado, las bractéolas caliculares 1-3 mm, elíptico-lanceoladas; filarios 8, 3.8-4.2 × 0.8-1.2 mm, linear-lanceolados, típicamente libres, 3-acostillados proximalmente, glabros o el ápice rara vez fimbriado, la base gibosa, generalmente angostamente marginados, el ápice agudo a obtuso. Flores radiadas ausentes. Flores marginales (0)1-2; corola 4-5-lobada. Flores del disco 10-12; corola 3.5-4.5 mm, blanca, glabra, los lobos 1.2-1.7 mm, generalmente mucho más largos que la garganta, recurvados; anteras por lo general largamente exertas, rara vez color violeta pálido; estilos dirigidos hacia afuera, los márgenes distalmente papilosos, el ápice rara vez también papiloso. Cipselas 1-1.5 mm, glabras; cerdas del vilano 3-3.5 mm, 2-seriadas con algunas cerdas conspicuamente insertadas por dentro de las series externas. Floración ene.-may.(-jul.). *Bosques de neblina, selvas bajas perennifolias, selvas medianas perennifolias, páramos, vegetación secundaria, laderas de volcanes.* CR (*Greenman y Greenman 5392*, MO); P (*Klitgaard et al. 835*, MO). 1300-3300 m. (Endémica.)

Greenman (1950) y Robinson y Cuatrecasas (1978) citan *Pentacalia phanerandra* como endémica de Costa Rica. La forma típica es muy similar a la especie sudamericana *P. arborea* (Kunth) H. Rob. et Cuatrec., que Díaz Piedrahita y Cuatrecasas (1999) describieron como teniendo cabezuelas estrictamente homógamo-discoides y brácteas caliculares más largas. Las plantas con hojas lanceoladas y enteras se refieren provisionalmente a *P. phanerandra*, y aunque tienen las cabezuelas más consistentemente disciformes, se requieren estudios de campo para determinar la variación e importancia de esta característica capitular.

9. Pentacalia phorodendroides (L.O. Williams) H. Rob. et Cuatrec., *Phytologia* 40: 44 (1978). *Senecio phorodendroides* L.O. Williams, *Phytologia* 31: 445 (1975). Holotipo: Guatemala, *Standley 64554* (foto MO! ex F). Ilustr.: no se encontró.

Pentacalia horickii H. Rob.

Bejucos trepadores grandes; tallos subglabros, entrenudos mucho más cortos que las hojas. Hojas pecioladas; láminas 4.5-10 × 1-4 cm, lanceoladas a elípticas u oblongas, subcarnosas, indistintamente pinnatinervias, las superficies concoloras, glabras, la base angostamente cuneada, los márgenes enteros, el ápice acuminado o atenuado a rara vez obtuso; pecíolo 0.7-1.5 cm. Capitulescencia con numerosas cabezuelas, cilíndrica, generalmente en ramitas axilares (posición prontamente aparente en ejemplares de herbario) con agregados laxos corimbosos o corimbiforme-paniculados terminales desde los 5-10 nudos distales, cada agregado 3.5-10 cm y más corto que la hoja subyacente a escasamente más largo que esta; pedúnculos 1.5-13 mm, puberulentos, 1-3-bracteolados; bractéolas 1-2 mm, sésiles, lanceoladas, cartáceas. Cabezuelas 7.5-9.5 mm, inconspicuas y cortamente radiadas o ligera e indistintamente disciformes (rara vez ambas condiciones en un mismo individuo); involucro 2-3.5 mm de diámetro, angostamente campanulado. Flores del disco largamente exertas, rara vez laxamente poco caliculadas; filarios 5-8, 4-6 × 1.2-2.5 mm, lanceolados a ovados, glabros, el ápice acuminado a obtuso, numerosas cabezuelas por rama con algunos filarios connatos hasta cerca del ápice. Flores marginales 2-3, sea zigomorfas y radiadas o actinomorfas y angostamente tubulares; corola amarilla, glabra, el tubo (3-)4-5 mm, más largo que el limbo, el limbo 1-2 × c. 0.5 mm y zigomorfo o 1-2.5 mm y actinomórficamente 3-5-lobado, cuando zigomorfo rara vez laxamente encerrando el tronco del estilo. Flores del disco 8-15; corola 6-7 mm, amarilla, glabra, los lobos (1-)1.5-2.2 mm, casi más largos que la garganta; ramas del estilo con la superficie distal abaxial y los márgenes cortamente papilosos, las papilas c. 0.1 mm, más cortas que el diámetro de la rama. Cipselas 1.4-2.4 mm, glabras; cerdas del vilano 5-6.5 mm, generalmente llegando hasta c. 1/2 de los lobos de la corola del disco. Floración dic.-feb. *Bosques de neblina, vertiente del Pacífico, selvas medianas perennifolias, laderas de volcanes.* Ch (*Breedlove y Thorne 31042*, MO); G (*Standley 85080*, MO). 1100-2800 m. (Endémica.)

Pentacalia phorodendroides es ocasionalmente cultivada y fue descrita por Williams (1975b) como "discoide". Los paratipos *Standley 85080* de San Martín Chile Verde y *Matuda 5461* de Chiapas fueron citados por Williams (1975b), respectivamente, como 58080 y 15461. *Matuda 5461* proviene de 2585 metros de elevación, pero fue citado por Williams como 258 m. *Pentacalia phorodendroides* es similar a *P. parasitica*, que se encuentra en las selvas de la vertiente del Atlántico y tiene los filarios casi más largos que las flores del disco. Esperada en El Salvador.

10. Pentacalia streptothamna (Greenm.) H. Rob. et Cuatrec., *Phytologia* 40: 44 (1978). *Senecio streptothamnus* Greenm., *Publ. Field Mus. Nat. Hist., Bot. Ser.* 18: 1518 (1938). Isotipo: Costa Rica, *Tonduz 13275* (MO!). Ilustr.: no se encontró.

Bejucos leñosos, hasta 15 m; tallos puberulentos a glabrescentes, a veces fistulosos. Hojas pecioladas; láminas (2.5-)4-7 × 1.5-2.5(-3.5) cm, elípticas a ovadas u oblanceoladas, cartáceas a subcarnosas, pinnatinervias, con 3-5 nervaduras secundarias por lado, generalmente inmersas, divergiendo en ángulos de c. 45°, las nervaduras terciarias ligeramente conspicuas, las superficies concoloras, glabras, la base cuneada a atenuada, los márgenes enteros, el ápice acuminado a obtuso; pecíolo 0.5-1(-2) cm. Capitulescencia terminal en los tallos más grandes sostenida por arriba de las hojas, corimboso-paniculada, no folioso-bracteada, sin brácteas primarias especializadas grandes, moderadamente densa, las ramitas mayores abrazadas por una bractéola 5-20 mm, lanceolada a ovada, delgadamente cartácea; pedúnculos 2-20 mm, poco bracteoladas, crespo-puberulentos, las bractéolas 2-4 mm, linear-lanceoladas, patentes. Cabezuelas (6-)7-10 mm, radiadas; involucro 3-5 mm de diámetro, angostamente campanulado. Flores del disco escasa a moderadamente exertas; filarios 8, 5-6.5(-7) mm, lanceolados, glabros con el ápice generalmente ciliado-fimbriado; bractéolas caliculares 1-3 mm, lanceoladas a elípticas. Flores radiadas 2-5; corola amarilla, glabra, el tubo c. 3.5 mm, el limbo 2.5-5 × 1-1.5 mm, oblanceolado-elíptico, 4-nervio. Flores del disco 8-10; corola (4.5-)5.5-7 mm, angostamente infundibuliforme, amarilla, glabra, los lobos 1.5-2 mm, casi más largos que la garganta; ramas del estilo con papilas c. 0.15 mm. Cipselas 1-2 mm, glabras o subglabras; cerdas del vilano 5-6 mm, generalmente llegando hasta c. 1/2 de los lobos de la corola del disco. Floración feb.-jul. *Bosques riparios, selvas medianas perennifolias, bosques de* Quercus. N (Dillon et al., 2001: 356); CR (*Skutch 3440*, MO); P (*van der Werff y Herrera 7103*, MO). 500-2600 m. (Endémica.)

11. Pentacalia tonduzii (Greenm.) H. Rob. et Cuatrec., *Phytologia* 40: 44 (1978). *Senecio tonduzii* Greenm., *Publ. Field Mus. Nat. Hist., Bot. Ser.* 18: 1519 (1938). Holotipo: Costa Rica, *Tonduz 12542* (US!). Ilustr.: no se encontró.

Bejucos trepadores; tallos puberulentos con tricomas oblicuo-apendiculados, la médula rara vez y angostamente fistulosa. Hojas de los tallos principales pecioladas; láminas 6-19 × 3.5-9.5 cm, ovadas, cartáceas, pinnatinervias con 3-5 nervaduras secundarias por lado, parcial a mayormente inmersas, divergiendo en ángulos c. 50 grados, las superficies concoloras, glabras o subglabras, la base cuneada, los márgenes enteros, el ápice acuminado a agudo; pecíolo 1-2.5 cm. Capitulescencia terminal en los tallos más grandes y sostenida por arriba de las hojas, abiertamente corimbosa en ramas moderadamente más largas que las hojas subyacentes, moderadamente con pocas cabezuelas, folioso-bracteadas con brácteas primarias especializadas grandes hasta c. 4 cm, elípticas a ovadas; pedúnculos 10-30 mm, paucibracteolados, puberulentos. Cabezuelas 9-10 mm, radiadas; involucro 5-7 mm de diámetro, turbinado-campanulado. Flores del disco escasa a moderadamente exertas; filarios 8, 6-8 mm, lanceolados, glabros con el ápice ciliado-fimbriado. Flores radiadas 5(-8); corola amarilla, glabra, el tubo 3.7-5 mm, el limbo 3.7-5 mm, oblanceolado a oblongo. Flores del disco 12-16; corola 7.2-8 mm, angostamente infundibuliforme, amarilla, glabra, los lobos 1.5-2 mm, casi más largos que la garganta; anteras 2-2.2 mm; ramas del estilo con papilas c. 0.1 mm. Cipselas (inmaduras) c.1 mm, glabras; cerdas del vilano 4-5.5 mm, llegando solo hasta casi la base de los lobos de la corola del disco. Floración may. *Selvas.* CR (*Morales 6205*, MO). 1500-2200 m. (Endémica.)

12. Pentacalia wilburii H. Rob., *Phytologia* 40: 44 (1978). Holotipo: Panamá, *Wilbur et al. 10919* (foto MO! ex DUKE). Ilustr.: no se encontró.

Bejucos leñosos; tallos glabros, rara vez endurecidos distalmente con células color blanco marfil. Hojas pecioladas; láminas 3-6.5 × 1.5-3.3 cm, elípticas a obovadas, carnosas, pinnatinervias, con 2-3 nervaduras secundarias ligeramente visibles por lado, completamente inmersas, divergiendo en ángulos de c. 45 grados, sin nervaduras terciarias visibles, las superficies concoloras, glabras, la base cuneada a ligeramente atenuada, los márgenes enteros, el ápice agudo; pecíolo 1-1.7 cm. Capitulescencia terminal en los tallos más grandes y sostenida por arriba de las hojas, corimboso-paniculada, no folioso-bracteada, sin brácteas primarias grandes especializadas, moderadamente densas, las ramitas mayores abrazadas por una bractéola hasta 10 mm, linear-oblanceolada, delgadamente cartácea; pedúnculos 3-10 mm, poco bracteolados, crespo-puberulentos, los tricomas oblicuo-flageliformes, las bractéolas 3-4 mm, lineares. Cabezuelas 8-10 mm, radiadas; involucro 3-4 mm de diámetro, cilíndrico a angostamente campanulado. Flores del disco escasamente exertas; filarios 5(-8), 5-7 × 1-2 mm, linear-lanceolados a oblongos, glabros con el ápice ciliado-fimbriado; bractéolas caliculares 3-4 mm, lineares. Flores radiadas 2-3; corola amarilla, glabra, el tubo c. 3.5 mm, el limbo 3.5-4 × c. 1.5 mm, elíptico, 3-6-nervio. Flores del disco 5-8(-11); corola 7-8 mm, angostamente infundibuliforme, amarilla, glabra, los lobos 1.3-1.7 mm, más cortos que la garganta; anteras 2.5-3 mm; ramas del estilo con papilas c. 0.1 mm. Cipselas 1.5-2 mm, glabras; cerdas del vilano 4-6 mm, al madurar generalmente llegando solo hasta casi la base de los lobos de la corola del disco. Floración ene.-mar. *Selvas medianas perennifolias, bosques de* Quercus. CR (*Alfaro 1582*, MO); P (*Klitgaard et al. 734*, MO). 1900-3100 m. (Endémica.)

241. **Pittocaulon** H. Rob. et Brettell
Por J.F. Pruski.

Arbustos estacionalmente áfilos, erectos, crasicaules, suavemente sub-suculentos o árboles 1-5 m, generalmente floreciendo cuando áfilos; tallos simples proximalmente tornándose pocas a varias veces ramificados distalmente, glabros a pelosos distalmente, las hojas agregadas distalmente, cicatrices de las hojas frecuentemente prominentes, nudos distales más cortos que las hojas, corteza con conductos resinosos frecuentemente visibles, la médula compartimentada. Hojas generalmente palmatilobadas, alternas, pecioladas; láminas generalmente ovadas, cartáceas a subcarnosas, la nervadura palmada, los lobos marginales deltados a triangulares, los márgenes generalmente lisos, el ápice acuminado a obtuso. Capitulescencia terminal, el eje abruptamente acortado, los agregados corimboso-umbeliformes desarrollándose en el ápice de las ramas de un año de edad, seguidos por un agregado de hojas nuevas; pedúnculos bracteolados. Cabezuelas radiadas; involucro cilíndrico a anchamente campanulado, sin calículo (algunas veces ligeramente subcaliculado); filarios generalmente (5-)8-21, imbricados, los márgenes delgada a anchamente escariosos; clinanto sólido a ligeramente fistuloso, liso a ligeramente alveolado. Flores radiadas generalmente 5-13, pistiladas; corola amarilla, el limbo exerto, el ápice 3-denticulado. Flores del disco 6-70, bisexuales, escasamente más largas que el involucro; corola infundibuliforme, amarilla, glabra, brevemente 5-lobada, los lobos deltados a triangulares; collar de la antera cilíndrico, sin células basales agrandadas, la base de las tecas obtusa, el tejido endotecial radial; polen con las paredes con patrón de ultra-estructura senecioide; base del estilo escasamente dilatada, nudo estipitado por encima del nectario, las ramas patentes a recurvadas, generalmente obtusas apicalmente, diminutamente papiladas, la superficie estigmática continua. Cipselas cilíndricas, acostilladas, glabras, el carpóforo indistinto a conspicuo; cerdas del vilano del radio y del disco similares, 1-poco seriadas, blancas, ancistrosas, llegando hasta cerca del ápice de los lobos de la corola del disco. *n* = 30. 5 spp. México, Mesoamérica.

Robinson y Brettell (1973c) segregaron *Pittocaulon* de *Senecio* por los microcaracteres tussilaginoides y el hábito crasicaule, similares a los del género eupatorioide *Pachythamnus*. Robinson y Brettell (1973c) y Clark (2000) indicaron que los ejemplares mesoamericanos se podrían reconocer por las cicatrices de la hoja aplanadas y pocas flores por cabezuela.

Bibliografía: Robinson, H. y Brettell, R.D. *Phytologia* 26: 451-453 (1973).

1. Pittocaulon velatum (Greenm.) H. Rob. et Brettell, *Phytologia* 26: 453 (1973). *Senecio velatus* Greenm., *Ann. Missouri Bot. Gard.* 1:

280 (1914). Holotipo: México, Jalisco, *Pringle 5160* (foto MO! ex GH). Ilustr.: Redonda-Martínez, R. y Villaseñor Ríos, J.L. *Fl. Valle Tehuacán-Cuicatlán* 89: 22, t. 4 (2011), como *P. velatum* var. *velatum*.
Senecio morelensis Miranda, *S. praecox* (Cav.) DC. var. *morelensis* (Miranda) McVaugh.

Pittocaulon velatum consiste de 2 variedades. Es muy similar a *P. praecox* (Cav.) H. Rob. et Brettell, especie común y ampliamente distribuida en México, la cual difiere por las cabezuelas con 15-18 flores del disco.

1a. Pittocaulon velatum (Greenm.) H. Rob. et Brettell var. **tzimolensis** (T.M. Barkley) B.L. Clark, *Sida* 19: 235 (2000). *Senecio praecox* (Cav.) DC. var. *tzimolensis* T.M. Barkley, *Phytologia* 69: 142 (1990). Holotipo: México, Chiapas, *Breedlove 50226* (imagen en Internet ex CAS!). Ilustr.: Barkley, *Phytologia* 69: 143-144, t. 3-4 (1990).

Arbustos o árboles pequeños, hasta 3 m; tallos foliosos después de la antesis, glabros a casi glabros distalmente, las cicatrices de la hoja aplanadas, adnatas al tallo. Hojas: láminas 5-10 × 3-11 cm, elíptico-ovadas a anchamente ovadas, finamente reticuladas, la base redondeada a subcordata, los márgenes inconspicuamente dentados, el ápice acuminado a agudo, las superficies araneoso-tomentosas a generalmente glabrescentes; pecíolo 5-10 cm, la base completamente decidua. Capitulescencia 5-10 cm de diámetro, con 15-30 cabezuelas, el pedículo subpeduncular generalmente 1-2 cm de diámetro; pedúnculos 3-10 mm, las bractéolas 0.3-1 mm, lanceoladas. Cabezuelas 10-15 mm; involucro 3-5 mm de diámetro, cilíndrico; filarios (5 o)8, 7-10(-12) × 1-2.5 mm, lanceolados o elíptico-lanceolados, frecuentemente c. 3-estriados, aquellos internos con los márgenes escariosos c. 0.5 mm de diámetro, tan anchos como la zona central verde. Flores radiadas (3-)5; limbo de la corola 8-15 × 2-4 mm, más largo que el tubo, lanceolado a elíptico, 4-nervio, el ápice agudo. Flores del disco 6-8(-10); corola 8-11 mm, los lobos 1-2 mm; anteras 3-4.5 mm; estilo con el nudo basal c. 0.4 mm, las ramas 1.5-2 mm. Cipselas 2.5-4 mm, glabras; cerdas del vilano 7-10 mm. Floración (nov.-)feb.-abr. *Bosques deciduos, áreas rocosas, laderas de volcanes.* Ch (*Breedlove 51027*, CAS); G (*Véliz y Morales MV15699*, MO). 900-1600 m. (Endémica.)

242. **Psacaliopsis** H. Rob. et Brettell
Senecio L. sect. *Psacaliopsides* (H. Rob. et Brettell) L.O. Williams
Por J.F. Pruski.

Hierbas perennes, erectas, básicamente acaules (pero no cespitosas), subescapíferas, las hojas generalmente basales; cáudice con la base densamente lanosa; follaje con tricomas simples. Hojas alternas, largamente pecioladas; láminas cartáceas a subcoriáceas, palmatinervias, los márgenes enteros a lobados, peltadas; pecíolo con la base frecuentemente vaginada, piloso. Capitulescencia escapífera, monocéfala hasta con pocas cabezuelas y poco ramificada; pedúnculos desnudos o rara vez 1-foliados, el ápice bracteolado. Cabezuelas radiadas o discoides, con 25-60 flores, subcaliculadas; involucro ancho; filarios 15-20, subiguales, 1-2-seriados, libres; clinanto sin páleas. Flores radiadas (cuando presentes) pistiladas; limbo de la corola amarilla, largamente exerto. Flores del disco bisexuales; corola amarilla a purpúrea, brevemente 5-lobada, el tubo alargado, cilíndrico, no dilatado basalmente, la garganta débilmente 10-nervia, los lobos deltado-triangulares, 3-nervios; collar de la antera cilíndrico, sin células basales agrandadas, las tecas con la pared de las células del endotecio con engrosamiento radial; ramas del estilo escasamente aplanadas, cada con una solo con la superficie estigmática continua en el ápice o casi hasta el ápice, sin apéndices. Cipselas estriadas a acostilladas, la base subestipitada, el carpóforo regular, inconspicuo; vilano persistente, de numerosas cerdas capilares blancas. *x* = 30. Aprox. 6 spp. 5 spp. endémicas en México y una en Guatemala.

Psacaliopsis, se caracteriza por los lobos de las corolas del disco más largos que la garganta y tipificado por *Senecio purpusii* Greenm. ex Brandegee, se circumscribe ampliamente y se acepta provisionalmente como fue propuesto por Robinson y Brettell (1974) y modificado por Funston (2008). Sin embargo, ninguna especie mesoamericana tiene las hojas profundamente lobadas como el tipo del género y podrían se no congenéricas entre sí. *Psacaliopsis pudica* se diferencia ademas de *P. purpusii* (Greenm. ex Brandegee) H. Rob. et Brettell por las cabezuelas nutantes, que son discoides en *Psacalium*.

1. Capitulescencia abierta cimoso-paniculada, con 3-12 cabezuelas erectas; cabezuelas radiadas, con 31-45 flores; involucro 8-13 mm de diámetro; filarios 1-3 mm de diámetro, esparcidamente estipitado-glandulosos.
    1. P. pinetorum
1. Capitulescencia monocéfala, las cabezuelas nutantes; cabezuelas discoides, con 50-60 flores; involucro 20-25 mm de diámetro; filarios 3-5 mm de diámetro, esparcidamente vellosos a glabros, no glandulosos.
    2. P. pudica

1. Psacaliopsis pinetorum (Hemsl.) Funston et Villaseñor, *Ann. Missouri Bot. Gard.* 95: 334 (2008). *Senecio pinetorum* Hemsl., *Biol. Cent.-Amer., Bot.* 2: 245 (1881). Lectotipo (designado por Funston, 2008): México, Oaxaca, *Galeotti 2019* (imagen en Internet ex K!). Ilustr.: Gibson, *Revis. Sect.* Palmatinervii 130 (1969), como *S. pinetorum*.
    Psacaliopsis paneroi (B.L. Turner) C. Jeffrey, *Roldana pinetorum* (Hemsl.) H. Rob. et Brettell, *Senecio merendonensis* Ant. Molina, *S. paneroi* B.L. Turner.

Hierbas perennes, 20-50 cm, escapíferas, con el cáudice leñoso, lanoso; tallos purpúreos, heterótricos, estipitado-glandulosos y pilosohirsutos. Hojas caulinar-basales, central a excéntricamente peltadas; láminas 4-12 cm de diámetro, orbiculares a ligeramente 7-11-lobadas hasta menos de 1/4 de la distancia a la vena media, cartáceas, adaxialmente glabras o rara vez esparcidamente estipitado-glandulosas, abaxialmente glabrescentes a densamente estipitado-glandulosas, los lobos anchamente triangulares, el ápice de los lobos obtuso a redondeado; pecíolos 5-19 cm. Capitulescencia abierta cimoso-paniculada, con 3-12 cabezuelas, no foliosa, el eje central 25-45 cm, estipitado-glandular, las cabezuelas erectas; pedúnculos 1.5-6 cm, con 1-pocas bractéolas, las bractéolas 1-2 mm, lineares. Cabezuelas 10-15 mm, radiadas, con 31-45 flores; involucro 8-13 mm de diámetro, campanulado; filarios 8-13, 8-11 × 1-3 mm, esparcidamente estipitado-glandulosos; bractéolas caliculares pocas, 2-7 × 0.5-1 mm. Flores radiadas c. 8; corola glabra, el tubo 4-7 mm, el limbo 20-20 × 2-3 mm, 5-7-nervio. Flores del disco 23-37; corola 9-10.5 mm, infundibuliforme, glabra, el tubo escasamente más corto que el limbo, los lobos 1-2 mm; ramas del estilo 2-3 mm. Cipselas 1.5-3 mm, cilíndrico-fusiformes, 5-7-acostilladas, glabras; cerdas del vilano 5-10 mm. Floración feb., ago. *Bosques de* Pinus-Quercus*, bosques de neblina.* H (*Molina 22122*, F); ES (*Villacorta 1037*, MO). 1800-3500 m. (México [Oaxaca], Mesoamérica.)

Funston (2008) removió *Psacaliopsis pinetorum* de *Roldana* y en verdad no parece ser congenérica con *R. lobata*. Sin embargo, *Roldana* parece ser polifilético, y queda por verse si *P. pinetorum* calza o no con los taxones herbáceos escapíferos de *Roldana* sensu Robinson y Brettell (1974).

2. Psacaliopsis pudica (Standl. et Steyerm.) H. Rob. et Brettell, *Phytologia* 27: 408 (1974). *Cacalia pudica* Standl. et Steyerm., *Publ. Field Mus. Nat. Hist., Bot. Ser.* 23: 255 (1947). Holotipo: Guatemala, *Steyermark 48344* (F!). Ilustr.: Williams, *Fieldiana, Bot.* 24(12): 588, t. 133 (1976), como *Senecio nubivagus*.
    Pericalia pudica (Standl. et Steyerm.) Cuatrec., *Senecio nubivagus* L.O. Williams.

Hierbas perennes, 18-32 cm; tallos simples, erectos, escapíferos, el rizoma fibroso-enraizado, el cáudice corto, lanoso. Hojas pocas, generalmente radicales, rara vez sobre el escapo, simples, largamente peciolo-

ladas; láminas 3.5-6 cm, orbiculares a con forma de estrella, centralmente peltadas, onduladas a ligeramente c. 7-lobadas, los lobos anchamente triangulares, 5-12 mm, el ápice de los lobos anchamente obtuso a redondeado, con el apículo c. 0.1 mm, los márgenes de los lobos también con un apículo c. 0.1 mm, la superficie adaxial glabra, la superficie abaxial esparcidamente velloso-flocosa; hojas caulinares 0-1, más pequeñas y más profundamente lobadas que las hojas radicales, excéntrico-peltadas; pecíolo (5-)10-15 cm, delgado, velloso a glabro. Capitulescencia monocéfala, largamente pedunculada, 1 por cáudice, las cabezuelas nutantes; pedúnculos 18-32 cm, abruptamente ampliados distalmente, poco bracteolados, densamente velloso-pelosos distalmente, subglabros proximalmente, la parte ancha distal c. 7 ×10 mm, obcónico-turbinada; bractéolas 6-15 mm, lanceoladas distalmente a hastiformes o palmatífidas proximalmente. Cabezuelas 10-12 mm, discoides, con 50-60 flores, sin calículo a subcaliculadas; involucro 20-25 mm de diámetro (prensado), anchamente campanulado a hemisférico, surgiendo desde la parte más ancha de los pedúnculos; filarios 10-12, 10-12 × 3-5 mm, los internos más anchos que los externos, elíptico-ovados, 2-seriados, purpúreos o los internos menos purpúreos, con pocas nervaduras, subreticulados, esparcidamente vellosos a glabros, no glandulosos, agudos u obtusos. Flores del disco no exertas del involucro; corola 7.5-8.5 mm, purpúrea al menos distalmente, 5-lobada, infundibuliforme, glabra, el tubo c. 2.3 mm, los lobos 1.1-1.8 mm, triangular-lanceolados; anteras c. 2 mm, ocupando menos de la 1/2 de la longitud de la garganta, la base obtusa a redondeada, el apéndice apical c. 0.4 mm, angostamente lanceolado; estilo con tronco cilíndrico hasta la base o escasamente angostado en el nectario bajo y cilíndrico, las ramas c. 2 mm, ligeramente recurvadas, largamente papilosas (cuando hidratadas), las papilas casi más largas que el diámetro de las ramas, el ápice obtuso. Cipselas 3-3.5 mm, anchamente fusiformes, c. 10-nervias, glabras, la base c. 0.5 mm, angosta; cerdas del vilano 6-7 mm, escabriúsculas. Floración jul.-sep. *Pastizales alpinos, chaparrales con* Juniperus. G (*Cobar 1348*, MO). 3400-3800 m. (Endémica.)

Esta especie es endémica de Cuchumatanes. El protólogo describe las hojas como frecuentemente glandulosas en la superficie abaxial, pero no se ha visto tricomas glandulares. Posiblemente la descripción se refiere a las cavidades secretoras internas. Williams (1976c) describió las cabezuelas como caliculadas, pero la asociación ocasional de solo una bractéola con la cabezuela no es consistente y se han descrito en este tratamiento como subcaliculadas.

243. Psacalium Cass.

Mesoneuris A. Gray, *Odontotrichum* Zucc., *Senecio* L. sect. *Odontotrichum* (Zucc.) Baill.

Por J.F. Pruski.

Hierbas perennes básicamente acaules (pero no cespitosas), hasta 3 m, subescapíferas, las hojas generalmente basales, las raíces gruesamente carnosas, los tubérculos rara vez presentes; tallos solitarios o agregados, erectos, finamente estriados a rara vez acostillados, la mayoría remota y ampliamente foliosos basalmente, basal y proximalmente caulinares, las hojas distalmente caulinares poco numerosas, bracteados, el cáudice por lo general densamente lanoso, las partes distales pubescentes a desigualmente glabrescentes; follaje generalmente con tricomas simples no glandulares. Hojas alternas, pecioladas o las hojas distales bracteadas, sésiles; palmatilobadas o pinnatisectas a pinnatilobadas, cartáceas a subcoriáceas, pinnatinervias o palmatinervias, las superficies glabras a escasa y densamente pubescentes o rara vez densamente lanoso-pubescentes; pecíolo marginal o las hojas peltadas. Capitulescencia corimbosa o corimbiforme-paniculada, las cabezuelas pocas a numerosas, las ramas típicamente abrazadas por hojas vaginadas, bracteadas, pubescentes, estipitado-glandulosas o no glandulosas. Cabezuelas discoides, con 5-40(-80) flores, subcaliculadas o caliculadas; involucro cilíndrico a campanulado; filarios 5-8(-17); brácteas

449

caliculares 1-3(-5), más largas que los filarios o más cortas que estos; clinanto sin páleas. Flores radiadas ausentes. Flores del disco bisexuales; corola campanulada a hipocraterimorfa, blanca o blanco-amarillenta (Mesoamérica) a muy rara vez amarilla, profundamente 5-lobada, glabra, el tubo angostamente cilíndrico pero dilatado basalmente, la garganta diminuta, los lobos mucho más largos que la garganta, ascendentes o patentes, linear-lanceolados a elípticos, generalmente 3-nervios; collar de la antera cilíndrico, sin células basales agrandadas, las tecas con bases sagitadas, la pared de las células del endotecio con engrosamientos radiales, el apéndice apical ovado; estilo con la base frecuentemente dilatada, las ramas corta y escasamente aplanadas hasta largas y subfiliformes, cada una solo con una superficie estigmática continua hasta el ápice o casi hasta el ápice, patentes a recurvadas, glabras a finamente papilosas subapicalmente, el ápice truncado u obtuso a angostado. Cipselas elipsoidales a obovoides o piriformes, subcomprimidas cuando inmaduras, 10-20-estriadas a 10-20-acostilladas, glabras o pelosas, el carpóforo inconspicuo; cerdas del vilano presentes o rara vez ausentes. $x = 25, 30$. Aprox. 42 spp. distribuidas principalmente en México, 1 sp. en el suroeste de Estados Unidos, 2 spp. endémicas de Guatemala.

Gray (1884b [1883]) trató como *Cacalia* L. a las hierbas perennes, subescapíferas, con cabezuelas discoides y corolas blancas largamente lobadas de México, luego la destipificó y en la actualidad es rechazada (Wiersema et al., 2015). Gray (1884b [1883]) fue el primero en sinonimizar *Odontotrichum* y *Mesoneuris*. Rydberg (1924a, 1924b) y Pippen (1968) reconocieron *Odontotrichum* y *Psacalium*; *Psacalium* se diferencia por las hojas peltadas. Robinson y Brettell (1973e) redujeron *Odontotrichum* a la sinonimia de *Psacalium*.

Bibliografía: Cuatrecasas, J. *Brittonia* 8: 151-163 (1955). Rydberg, P.A. *Bull. Torrey Bot. Club* 51: 369-378 (1924); *Bull. Torrey Bot. Club* 51: 409-420 (1924); *N. Amer. Fl.* 34: 289-360 (1927).

1. Hojas basales con pecíolos marginales, las láminas 2-3-pinnatisectas; filarios más de 8 por cabezuela. **1. P. cirsiifolium**
1. Hojas basales (cuando conocidas) peltadas, ligera a moderadamente lobadas; filarios 5 por cabezuela.
  2. Filarios estipitado-glandulosos; flores 5-9 por cabezuela. **2. P. guatemalense**
  2. Filarios no glandulosos; flores 5-6 por cabezuela.
    3. Cabezuelas 15-17 mm; filarios 10-11 mm, hirsútulos; corola 11-12 mm, el tubo 7-8 mm; cerdas del vilano casi más largas que el tubo de la corola. **3. P. pinetorum**
    3. Cabezuelas 11-13 mm; filarios 8-10 mm, puberulentos a glabros; corola 6.5-9 mm, el tubo 3.5-5 mm; cerdas del vilano mucho más largas que el tubo de la corola. **4. P. tabulare**

1. Psacalium cirsiifolium (Zucc.) H. Rob. et Brettell, *Phytologia* 27: 260 (1973). *Odontotrichum cirsiifolium* Zucc., *Abh. Math.-Phys. Cl. Königl. Bayer. Akad. Wiss.* 1: 311 (1832). Holotipo: cultivado en Europa a partir de semillas mexicanas, *Karwinski s.n.* (imagen en Internet ex M!). Ilustr.: Hemsley, *Biol. Cent.-Amer., Bot.* 2: t. 51 (1881).

Cacalia cervariifolia DC., *Mesoneuris bipinnatifida* A. Gray, *Odontotrichum bipinnatifidum* (A. Gray) Rydb., *Senecio cervariifolius* (DC.) Sch. Bip.

Hierbas hasta 1.5 m; tallos c. 4 mm de diámetro en la base de la capitulescencia, no glandulosos, esparcida a moderadamente araneoso-pubescentes a cortamente tomentosos, los tricomas c. 0.5 mm, generalmente crespos; médula sólida. Hojas basales y de la mitad del tallo 2-5, largamente pecioladas con el pecíolo marginal; láminas 18-15 × 14-22 cm, 2-3-pinnatisectas, de contorno elíptico a ovado, la superficie adaxial glabra a esparcidamente pubescente, la superficie abaxial densamente lanado-pubescente, el raquis 0.2-0.8 cm de diámetro, los lobos primarios en 7-10 pares (además del lobo terminal), 8-12 cm, opuestos o tornándose alternos distalmente, decurrentes sobre el raquis, los lobos secundarios en 2-6 pares (además del lobo terminal), 1-3.5 ×

0.1-0.9 cm, lanceolados, opuestos o tornándose alternos distalmente, el ápice de los lobos agudo a acuminado, los senos primarios y secundarios tan anchos hasta más anchos que los lobos y los lóbulos; pecíolo 8-17 cm, rara y angosta e irregularmente subalado hasta la base. Hojas caulinares distales poco numerosas, 2-12 × 1-7 cm, gradualmente decrecientes, 1-2-pinnatífidas o las más distales apenas lacerado-pinnatilobadas, elípticas a ovadas, finamente reticuladas, las superficies glabras, la base ancha, rara vez subabrazadora, el ápice acuminado a atenuado, sésiles. Capitulescencia 20-30 × 10-20 cm, con 10-40(-50) cabezuelas abiertas, más o menos aplanadas distalmente con las ramas laterales frecuentemente más largas que el eje central, las ramas laterales generalmente 2 o 3 por tallo, 5-20 cm, cada una abrazada por una hoja bracteada; pedúnculos 1-6 cm, delgados, densamente crespo-pubescentes, las bractéolas 0-pocas, c. 5 mm, lineares. Cabezuelas 9-13 mm; involucro 8-13 mm de diámetro, campanulado; filarios (8-)11-13(-15), (4-)5-7(-9) × 2-3 mm, lanceolado-ovados, esparcidamente araneosos en yema a generalmente glabros al madurar, el ápice rara vez papiloso; bractéolas caliculares 3-5, hasta c. 10 mm, lineares. Flores del disco 20-30(-40); corola 7-8(-8.5) mm, hipocraterimorfa, glabra, el tubo 3-3.5 mm, la garganta diminuta, los lobos 4-4.5(-5) mm; anteras 2.5-3 mm; ramas del estilo 1-1.5 mm. Cipselas 3-6 × c. 3 mm, obovoides a piriformes, glabras o rara vez setulosas, los márgenes escasa pero abruptamente ampliados así como los anillos anuales que portan el vilano; cerdas del vilano c. 30, 3-3.5 mm, casi más largas que el tubo de la corola, frágiles a caducas. Floración ago., sep. $2n = 60$. *Bosques de* Pinus-Quercus, *laderas pastosas, laderas rocosas.* Ch (*Ghiesbreght 805*, MO). 900-2800 m. (Suroeste de México, Mesoamérica.)

Rydberg (1924b) y Pippen (1968) reconocieron este taxón como *Odontotrichum cirsiifolium*.

2. Psacalium guatemalense (Standl. et Steyerm.) Cuatrec., *Brittonia* 8: 157 (1955). *Cacalia guatemalensis* Standl. et Steyerm., *Publ. Field Mus. Nat. Hist., Bot. Ser.* 23: 99 (1944). Holotipo: Guatemala, *Steyermark 32823* (F!). Ilustr.: no se encontró.

Hierbas robustas, hasta 1.2 m, víscidas, infrecuentes; tallos sin ramificar hasta la capitulescencia, 8-9 mm de diámetro en la base de la capitulescencia, homótricos, moderada y cortamente estipitado-glandulosos, las glándulas estipitadas 0.1-0.2 mm, fistulosos al menos distalmente, la base del cáudice desconocida. Hojas: basales y caulinares inferiores desconocidas; hojas de la mitad del tallo poco numerosas, no bracteadas, 25-27 × 10-18 cm, oblongas a obovadas, ligera y desigualmente pinnadas, c. 9-lobadas, cartáceas, la base cordato-amplexicaule, los lobos 3-10 × 3-7 cm, ovados, la superficie adaxial indistintamente heterótrica, puberulenta y también esparcida y cortamente estipitado-glandular, los tricomas no glandulares hasta c. 0.6 mm, la superficie abaxial laxamente lanosa, los tricomas patentes, crespos, por debajo con una capa pubescente-lanosa, los márgenes ondulados a lobulados, el ápice de los lobos obtuso, los senos redondeados, mucho más angostos que los lobos cercanamente espaciados, las hojas sésiles. Hojas caulinares distales 3-6 × c. 1.5 cm, bracteoladas, oblanceoladas, subyacentes a las ramas de la capitulescencia. Capitulescencia 30-45 × c. 25 cm, corimbiforme-paniculada, subpiramidal, con muchas cabezuelas, terminal en el eje principal y en las ramas laterales marcadamente ascendentes y proximalmente desnudas 15-30 cm, densa y cortamente estipitado-glandulosas, las panículas individuales 8-10 × 6-8 cm, terminales, ovadas, bracteoladas, las bractéolas lineares, casi más largas que la rama o ramita asociada; pedúnculos 0.2-0.4 cm, 1-2-bracteolados; bractéolas 4-5 mm, lineares. Cabezuelas 9-14 mm, sin calículo o subcaliculadas; involucro 3.5-6 mm de diámetro, cilíndrico a turbinado; filarios 5, 7.5-9.5 × 1.5-2.5 mm, lanceolados, cortamente estipitado-glandulosos, los externos rara vez de color violeta distalmente. Flores del disco 5-9; corola 8.6-10 mm, hipocraterimorfa, glabra, el tubo 4.5-5.5 mm, la garganta diminuta, c. 0.3 mm, los lobos 3.8-4.2 mm, recurvados, débilmente 3-nervios; anteras 3-3.2 mm, el collar c. 0.4 mm, cilíndrico, el apéndice apical lanceolado; estilo dilatado en el basal 0.5 mm, las ramas c. 1.5 mm. Cipselas 4-5.7 mm, obcónicas con una constricción apical debajo del anillo más ancho, pardo claro, c. 16-acostilladas, glabras; cerdas del vilano c. 5 mm, subiguales, casi más largas que el tubo de la corola. Floración dic. *Bosques de* Pinus. G (*Steyermark 32823*, F). 2000-2200 m. (Endémica.)

3. Psacalium pinetorum (Standl. et Steyerm.) Cuatrec., *Brittonia* 8: 157 (1955). *Cacalia pinetorum* Standl. et Steyerm., *Publ. Field Mus. Nat. Hist., Bot. Ser.* 23: 142 (1944). Holotipo: Guatemala, *Steyermark 34933* (F!). Ilustr.: Williams, *Fieldiana, Bot.* 24(12): 586, t. 131 (1976).

Hierbas hasta 1 m, infrecuentes; tallos sin ramificar hasta la capitulescencia, 6-7 mm de diámetro en la base de la capitulescencia, obviamente heterótricos, esparcida a moderadamente velloso-hirsútulos a cortamente vellosos, los tricomas generalmente 0.2-0.4 mm, también cortamente estipitado-glandulares, las glándulas estipitadas generalmente 0.1(-0.2) mm, víscidas, la base del cáudice lanosa. Hojas no glandulosas; hojas caulinares basales y proximales c. 2, peltadas; láminas 10-18.5 cm, suborbiculares, cartáceas, palmatinervias, moderadamente 7-8-palmatilobadas, los lobos 2.5-7 × 1.5-4 cm, elíptico-lanceolados a obovados, la superficie adaxial vellosa a esparcidamente vellosa en las nervaduras principales, las aréolas esparcidamente vellosas a glabras, la superficie abaxial densamente lanado-pubescente, los márgenes ondulados a denticulados, el ápice de los lobos obtuso, los senos redondeados, mucho más angostos que los lobos cercanamente espaciados; pecíolo 13-25 cm. Hojas caulinares distales poco numerosas, 4-10 × 1-8 cm, bracteadas, no peltadas, la pubescencia como en las hojas caulinares basales y proximales, 7-lobado-palmatinervias y anchamente alado-pecioladas y gradualmente hasta ser oblanceoladas y sésiles. Capitulescencia 30-50 × c. 10 cm, corimbiforme-paniculada, subcilíndrica, con numerosas cabezuelas, terminal en el eje principal y en las 1-3 ramas laterales, las ramas 7-10 cm, estrictas, marcadamente ascendentes, abrazadas por una hoja bracteada angosta, con 1-4 agregados redondeados con pocos cabezuelas 2-3 cm de ancho en las ramitas 2-5 cm, las ramas y ramitas sin sobrepasar el eje central, moderada a densamente hirsútulas y cortamente estipitado-glandulosas, bracteoladas; pedúnculos 0.5-1.5 cm, moderada a densamente hirsútulos y cortamente estipitado-glandulosos, poco bracteolados; bractéolas 5-9 mm, lineares, hirsútulas, no glandulosas. Cabezuelas 15-17 mm; involucro 4.5-6 mm de diámetro, cilíndrico; filarios 5, 10-11 × 2-3 mm, lanceolados a anchamente lanceolados, hirsútulos, no glandulosos. Flores del disco 5; corola 11-12 mm, hipocraterimorfa, glabra, el tubo 7-8 mm, la garganta diminuta, c. 0.2 mm, los lobos c. 3.8 mm, típicamente 3-nervios; anteras c. 3.3 mm, el collar c. 0.3 mm, subcilíndrico, gradualmente ensanchado distalmente; estilo dilatado en los 2 mm basales, las ramas c. 1 mm. Cipselas (2.5-)5-6 mm, obcónicas, c. 10-acostilladas, glabras, el anillo apical c. 0.2 mm; cerdas del vilano 6-8 mm, desiguales, casi más largas que el tubo de la corola. Floración ene. *Bosques de* Pinus, *bosques mixtos, laderas abiertas, barrancos*. G (*Williams et al. 22856*, F). 2600-3200 m. (Endémica.)

Williams (1976c) registró en los ejemplares de esta especie, pero solo se ha visto el tipo. Williams (1976c) describió los filarios como de "7-8 mm" y "glandular-puberulentos" pero los filarios del holotipo son más largos y no glandulosos. Esta especie no fue considerada en la monografía de *Psacalium* por Pippen, aunque fue tratada en ese género por Cuatrecasas (1955).

4. Psacalium tabulare (A. Gray) Rydb., *Bull. Torrey Bot. Club* 51: 375 (1924). *Cacalia tabularis* A. Gray, *Proc. Amer. Acad. Arts* 19: 52 (1884 [1883]). Isotipo: México, Veracruz, *Bourgeau 2926* (MO!). Ilustr.: no se encontró.

Psacalium pippenianum L.O. Williams, *Senecio tabularis* Hemsl. non (Thunb.) Sch. Bip.

Hierbas 1-2 m; tallos sin ramificar hasta la capitulescencia, 5-7 mm de diámetro en la base de la capitulescencia, velloso-hirsútulos a cor-

tamente vellosos. Hojas basales y proximales caulinares generalmente 2-4, peltadas; láminas 16-50(-60) cm, suborbiculares, cartáceas, palmatinervias, la superficie adaxial hírtula a cortamente vellosa, la superficie abaxial vellosa, los márgenes 7-9- palmatilobados 1/4-1/2 la distancia hasta el pecíolo, los lobos 3-10 × 3-8 cm, ovados a cuneados, secundariamente 3-lobados, los senos redondeados, mucho más angostos que los lobos cercanamente espaciados, los márgenes por lo demás ondulados a denticulados, el ápice generalmente obtuso; pecíolo 20-35 cm. Hojas caulinares distales bracteadas 1-4, 8-17 cm, no peltadas, palmatilobadas y anchamente alado-pecioladas graduando a oblanceoladas u obovadas y sésiles, la pubescencia similar a la de las hojas basales y caulinares proximales. Capitulescencia 20-40 × 7-30 cm, corimbiforme-paniculada, las ramas laterales 1-3, hasta 20 cm, marcadamente ascendentes, abrazadas por una hoja bracteada angosta, cortamente velloso-hirsútulas, rara vez también cortamente estipitado-glandulosas; pedúnculos 0.3-1 cm, cortamente velloso-hirsútulos, las bractéolas 1-4, 2-5 mm. Cabezuelas 11-13 mm, subcaliculadas; involucro 3-5 mm de diámetro, cilíndrico; filarios 5, 8-10 × 2-3.4 mm, lanceolados a elíptico-ovados, pluriestriados, puberulentos a glabros, no glandulosos. Flores del disco 5-6; corola 6.5-9 mm, hipocraterimorfa, glabra, el tubo 3.5-5 mm, la garganta diminuta, los lobos 3-4 mm, 3-nervios; ramas del estilo 1-1.5 mm. Cipselas 3-5 × 1-1.5 mm, obcónicas, 10-acostilladas, glabras; cerdas del vilano 6.5-7.5 mm, mucho más largas que el tubo de la corola. Floración sep.-nov. *Bosques de neblina, bosques de* Pinus-Quercus, *bosques de* Pinus. Ch (*Breedlove y Strother 46287*, MO). 900-3000 m. (México, Mesoamérica.)

244. Pseudogynoxys (Greenm.) Cabrera

Senecio L. sect. *Convoluloidei* Greenm., *S.. subg. Pseudogynoxys* Greenm.

Por J.F. Pruski.

Bejucos sufruticosos erectos a escandentes o desparramados; tallos pluriestriados, generalmente puberulentos, entrenudos en general más cortos que las hojas, rectos o rara vez deflexos en los nudos, la médula frecuentemente fistulosa; follaje (cuando pubescente) con tricomas simples. Hojas simples, alternas, pecioladas; láminas lanceoladas a ovadas o cordiformes, cartáceas o subcarnosas, subpalmatinervias (con algunas nervaduras secundarias no paralelas a otras) hasta pinnatinervias (con todas las nervaduras secundarias más o menos paralelas), las nervaduras frecuentemente arqueadas hacia el ápice, las superficies glabras a subtomentosas, los márgenes subenteros a gruesamente dentados, rara vez lobados, el ápice agudo a acuminado o algunas veces atenuado. Capitulescencia terminal o rara vez axilar, generalmente abierta y con pocas a numerosas cabezuelas, largamente pedunculada. Cabezuelas radiadas, con numerosas flores; involucro 1-seriado, cilíndrico a anchamente campanulado o hemisférico, caliculado; filarios linear-lanceolados a lanceolados o rara vez ovados, libres o rara vez algunos connatos, generalmente verdes; clinanto aplanado, sin páleas, generalmente escuamuloso. Flores radiadas pistiladas; corola anaranjada a roja, vistosa, el limbo oblanceolado a oblongo (linear en yema). Flores del disco bisexuales, moderadamente exertas del involucro; corola largamente tubular-infundibuliforme, algunas veces escasamente zigomorfa, amarilla a anaranjado-amarilla, glabra, el limbo angostamente ampliado, el tubo mucho más largo que el limbo, los lobos desiguales o subiguales, casi más largos que la garganta, lanceolados, frecuentemente con una evidente vena media resinosa; collar de la antera con forma de balaústre, la base de las tecas no caudada, obtusa o auriculada, el apéndice apical lanceolado, ligeramente más angosto que la base de la teca; estilo con base abruptamente bulbosa, el tronco frecuentemente exerto distalmente, las ramas con líneas estigmáticas pareadas, los ápices obvia y largamente triangulares a triangular-lanceolados, papilosos, las papilas más cortas que el diámetro de las ramas. Cipselas cilíndricas, c. 10-acostilladas, setuloso-puberulentas, el carpóforo anular; vilano del radio y del disco similar, 3(-5)-seriado, de numerosas cerdas ancistrosas subiguales blancas, casi más largas que el involucro. 14 spp. América tropical.

Pseudogynoxys es aquí circunscrito como lo hacen Robinson y Cuatrecasas (1977) y Pruski (1996c, 1997a). La reducción implícita hecha por Turner (1991a, 1996a) de *Charadranaetes, Garcibarrigoa* y *Talamancalia* a la sinonimia de *Pseudogynoxys* no es aceptada por el autor). Robinson y Cuatrecasas (1977) anotaron que los caracteres florales de *Pseudogynoxys* son constantes, y que las especies se distinguen generalmente por la hoja, la capitulescencia y los caracteres de la cabezuela como se muestra en la clave de Robinson y Cuatrecasas (1977) y Pruski (1996a). Sin embargo, anteriormente la especie bien conocida *P. chenopodioides* fue a menudo efectivamente tratada (p. ej., Barkley, 1975 [1976]; Clewell, 1975; Williams, 1976c; Dillon et al., 2001) como la única especie en Mesoamérica y con una o más especies mesoamericanas en sinonimias. De acuerdo a Robinson y Cuatrecasas (1977) y Pruski (1996c), sin embargo, la mayoría del material mesoamericano es referido más bien a *P. haenkei*, que está circunscrita con pluricéfala pero sin subinvolucro venoso engrosado. *Pseudogynoxys chenopodioides* se reconoce mejor por el subinvolucro venoso engrosado y los filarios no articulados y la especie paucicéfala *P. cummingii* se reconoce por las cabezuelas grandes largamente pedunculadas y los filarios con puntas angostas; sin embargo, no todo el material de herbario es adecuado para identificación. Los nombres comunes en la literatura (p. ej., Nelson, 2008) no pueden ser aplicados con certeza a especies individuales debido a que determinaciones erróneas son frecuentes en el género.

Bibliografía: Pruski, J.F. *Syst. Bot.* 21: 101-105 (1996). Robinson, H. y Cuatrecasas, J. *Phytologia* 36: 177-192 (1977). Turner, B.L. *Phytologia* 71: 205-207 (1991); *Phytologia* 80: 253-256 (1996).

1. Filarios c. 8, algunas veces connatos hasta cerca del ápice. **3. P. fragrans**
1. Filarios 13-37, libres.
   2. Involucro 15-25(-30) mm de diámetro; filarios 10-15 mm, el ápice largamente atenuado a caudado; flores radiadas con corolas anaranjado oscuro a rojas; flores del disco 100-150. **2. P. cummingii**
   2. Involucro 5-16 mm de diámetro; filarios 3-8 mm, el ápice agudo a acuminado; flores radiadas con corolas anaranjadas; flores del disco generalmente 25-60.
      3. Bractéolas caliculares subglabras a esparcidamente puberulentas, eximbricadas, el ápice recto; filarios glabros o subglabros; pedúnculos obviamente ensanchados y obcónicos debajo del involucro como un subinvolucro. **1. P. chenopodioides**
      3. Bractéolas caliculares crespo-puberulentas a densamente vellosas, generalmente subimbricadas y subescuarrosas; filarios subglabros a generalmente al menos esparcidamente crespo-puberulentos; pedúnculos solo ligeramente ensanchados debajo del involucro como un corto subinvolucro. **4. P. haenkei**

1. Pseudogynoxys chenopodioides (Kunth) Cabrera, *Brittonia* 7: 56 (1950). *Senecio chenopodioides* Kunth in Humb., Bonpl. et Kunth, *Nov. Gen. Sp.* folio ed. 4: 140 (1820 [1818]). Holotipo: México, Campeche, *Humboldt y Bonpland s.n.* (foto MO! ex P-Bonpl.). Ilustr.: Pruski, *Fl. Venez. Guayana* 3: 351, t. 296 (1997). N.v.: Golondrina, maloko, maluco, mamaluca, xkusam, xkusan, Y; Mexican flame vine, B; crespillo, H; canutillo, ES.

Gynoxys berlandieri DC., *G. berlandieri* var. *cordifolia* DC., *G. berlandieri* var. *cuneata* DC., *Pseudogynoxys berlandieri* (DC.) Cabrera, *Senecio berlandieri* (DC.) Hemsl. non (DC.) Sch. Bip., *S. confusus* Britten.

Bejucos 1-5 m; tallos rastreros a trepadores, glabros o algunas veces puberulentos distalmente. Hojas: láminas 2-9 × 0.5-5.5 cm, lanceoladas a lanceolado-ovadas, delgadamente cartáceas o subcarnosas, las nervaduras pinnati-arqueadas desde por encima de la base, generalmente 2-3 pares de nervaduras secundarias mayores por cada lado

proximalmente, las nervaduras terciarias indistintas, las superficies generalmente glabras, la base anchamente cuneada u obtusa a redondeada o truncada, los márgenes gruesa y remotamente serrados o algunas veces subenteros, los dientes generalmente 5-10 por lado, el ápice agudo a atenuado; pecíolo 0.7-2(-3) cm. Capitulescencia terminal, subcimoso-corimbosa, generalmente con 3-13 cabezuelas; pedúnculos (2-)3-9 cm, obviamente ensanchados y obcónicos debajo del involucro como un subinvolucro donde las bractéolas caliculares se unen, esparcidamente puberulentos o algunas veces glabros. Cabezuelas generalmente 10-15 mm; involucro generalmente 8-15 mm de diámetro, campanulado; filarios (13-)21, 3.5-6 × 1-1.5 mm, casi subiguales al subinvolucro exterior, lanceolados, libres, el ápice agudo a acuminado, glabros o subglabros; bractéolas caliculares 2-10 × 0.3-0.4 mm, generalmente más cortas que los filarios, lineares, laxamente insertadas en espiral, eximbricadas, generalmente ascendentes a patentes, el ápice recto, algunas veces ennegrecido, subglabras a esparcidamente puberulentas, los márgenes frecuentemente ciliolados; clinanto 10-15 mm de diámetro, glabro a puberulento, el subinvolucro externo casi tan largo como los filarios. Flores radiadas 15-24; corola anaranjada, el limbo 12-20 × 2-4 mm, lanceolado a elíptico-lanceolado. Flores del disco c. 60; corola 7-10 mm, los lobos 1.5-2.5 mm; ramas del estilo con apéndice 0.5-0.7 mm, triangular-lanceoladas. Cipselas 1.5-2.5 mm; vilano 5-8 mm, generalmente llegando hasta cerca de la base de los lobos de la corola del disco. Floración durante todo el año. *Manglares, orillas de caminos, vegetación secundaria, selvas medianas perennifolias, matorrales.* T (Villaseñor Ríos, 1989: 94); Ch (Breedlove, 1986: 54); Y (*Darwin 2443*, MO); C (*Cabrera y Cabrera 15333*, MO); QR (*Cabrera et al. 8335*, MO); B (*Arnason y Lambert 17649*, NY); G (*Contreras 9532*, MO); H (*Nelson et al. 3590*, MO); ES (*Lara 2172*, MO); N (*Guzmán 69*, MO). 0-1000 m. (S. Estados Unidos [escapando de cultivo a lo largo de la Costa del Golfo], México, Mesoamérica, Colombia, Venezuela, Guyana, Surinam, Antillas Mayores, Islas Vírgenes; ampliamente cultivada y algunas veces escapando en el resto de Sudamérica y en los paleotrópicos.)

Pseudogynoxys chenopodioides, conocida por más de medio siglo como *Senecio confusus*, fue ampliamente circunscrita por Barkley (1975 [1976]), Clewell (1975), Williams (1976c, 1984) y Dillon et al. (2001), quienes la trataron como la única especie del género en México y Centroamérica. La mayoría de identificaciones, distribuciones e intervalos elevacionales en la literatura mesoamericana bajo el nombre *P. chenopodioides* se refiere a otras especies, especialmente a *P. haenkei*.

2. Pseudogynoxys cummingii (Benth.) H. Rob. et Cuatrec., *Phytologia* 36: 185 (1977). *Gynoxys cummingii* Benth., *Vidensk. Meddel. Dansk Naturhist. Foren. Kjøbenhavn* 1852: 106 (1853). Sintipo: Panama et Colombia occidentalis, *Cuming 1278* (foto MO! ex K). Ilustr.: Robinson y Cuatrecasas, *Phytologia* 36: 191, t. 1-8 (1977). N.v.: San Rafael, CR.

Pseudogynoxys chenopodioides (Kunth) Cabrera var. *cummingii* (Benth.) B.L. Turner, *P. hoffmannii* (Klatt) Cuatrec., *Senecio benthamii* Griseb., *S. calocephalus* Hemsl. non Poepp., *S. hemsleyi* Britten, *S. hoffmannii* Klatt.

Bejucos 1-6 m; tallos trepadores o rara vez postrados, puberulentos a densamente pelosos distalmente. Hojas: láminas 4-16 × 2-8.5 cm, lanceoladas a ovadas, cartáceas, las nervaduras pinnati-arqueadas, generalmente 4-6 pares de nervaduras secundarias mayores por cada lado, las nervaduras terciarias reticuladas, las superficies puberulentas, la base generalmente obtusa a truncada, los márgenes crenulados a serrados o doblemente serrados, los dientes frecuentemente 10-22 por lado, el ápice acuminado a atenuado; pecíolo 0.5-3 cm. Capitulescencia terminal, generalmente subcimosa, con 1-3(-5) cabezuelas; pedúnculos (2-)3-12 cm, generalmente robustos pero muy escasamente ensanchados debajo del involucro como un corto subinvolucro, generalmente crespo-puberulentos. Cabezuelas 15-20 mm; involucro 15-25(-30) mm de diámetro, campanulado a hemisférico; filarios generalmente 21-37, 10-15 × 1-1.5 mm, linear-lanceolados, mucho más largos que el subinvolucro exterior, los filarios adyacentes libres, generalmente puberulentos, el ápice largamente atenuado a caudado, rojizo; bractéolas caliculares 15-25, 5-10 × c. 1 mm, generalmente más cortas que los filarios, generalmente lanceoladas, moderada y densamente insertas, subimbricadas, generalmente patentes, puberulentas; clinanto 6-10 mm de diámetro, el subinvolucro externo mucho más corto que los filarios, generalmente crespo-puberulento. Flores radiadas 21-34; corola anaranjado oscuro a roja, el limbo 15-20 × 3-4 mm, generalmente lanceolado a elíptico-lanceolado. Flores del disco 100-150; corola 10-13 mm, los lobos 2-3 mm; ramas del estilo con apéndice 0.7-1 mm, triangular a triangular-lanceolado. Cipselas 2-4 mm; vilano 8-10 mm, generalmente llegando hasta cerca de la base de los lobos de la corola del disco. Floración (nov.-)ene.-jun., sep. *Bosques secos, bosques de galería, corrientes de lava, vegetación secundaria, borde de quebradas, matorrales.* Ch (*Croat 47483*, MO); G (*Greenman y Greenman 5837*, MO); ES (Berendsohn y Araniva de González, 1989: 290-10); N (*Robleto 172*, MO); CR (*Skutch 4002*, MO); P (*Allen 1624*, MO). 0-1500(-1800) m. (México, Mesoamérica, Colombia, Venezuela?; en ocasiones cultivada en otras partes.)

Pseudogynoxys cummingii fue tratada como sinónimo de *P. chenopodioides* por Barkley (1975 [1976]), pero fue reconocida como distinta y circunscrita por Standley (1938), concepto que se sigue en este tratamiento, es decir bajo el nombre de *Senecio hoffmannii.* Aunque *P. cummingii* fue tipificado en parte con material de Nicaragua, no fue mencionado en Dillon et al. (2001). Pruski (1996c) registró la especie como cultivada en el sur de Estados Unidos, pero esos ejemplares cultivados ahora han sido identificados como *P. benthamii* Cabrera (Pruski, 2017a), que se diferencia por tener las hojas con la base cordata y 3-plinervias y los pedúnculos típicamente más pubescentes que las bractéolas caliculares. Estas plantas vistosas se encuentran principalmente en la vertiente del Pacífico y es la única especie del género en Costa Rica y Panamá, dónde es moderadamente común.

3. Pseudogynoxys fragrans (Hook.) H. Rob. et Cuatrec., *Phytologia* 36: 186 (1977). *Gynoxys fragrans* Hook., *Bot. Mag.* 76: t. 4511 (1850). Holotipo: cultivado en Inglaterra, de Guatemala, *Skinner s.n.* (foto MO! ex K). Ilustr.: Hooker, *Bot. Mag.* 76: t. 4511 (1850).

Senecio skinneri Hemsl.

Bejucos c. 3 m; tallos trepadores, raíces tuberosas; follaje glabro o subglabro. Hojas: láminas 3.5-9 × 1.5-5.5 cm, lanceoladas a ovadas, subcarnosas, las nervaduras pinnati-arqueadas, las nervaduras secundarias no prominentes, la base cuneada a redondeada, los márgenes enteros, algunas veces ondulados, el ápice agudo a acuminado; pecíolo 1.4-3.5 cm. Capitulescencia terminal, subcimosa, con 5-6 cabezuelas; pedúnculos 3-4.8 cm, muy escasamente ensanchados debajo del involucro como un subinvolucro corto. Cabezuelas 18-22 mm; involucro 10-13 mm de diámetro, cilíndrico-campanulado; filarios c. 8, 10-13 × 2-5 mm, lanceolados a ovados, mucho más largos que el subinvolucro exterior, los filarios adyacentes libres o algunas veces connatos hasta cerca del ápice, el ápice agudo a acuminado; bractéolas caliculares 4-6, c. 5 × 0.5 mm, mucho más cortas que los filarios, lineares, muy laxamente insertas, eximbricadas; clinanto 5-7 mm de diámetro, subinvolucro externo mucho más corto que los filarios. Flores radiadas 5-7; corola anaranjada, el limbo 13-19 × c. 0.8 mm, linear. Flores del disco 16-17; corola 10-12 mm, los lobos 1-1.5 mm. Cipselas 1.5-3 mm; vilano 8-10 mm, generalmente llegando solo hasta cerca de la base del limbo de la corola del disco. *Hábitat desconocido.* G (*Skinner s.n.,* K). Elevación desconocida. (Endémica.)

A pesar de que se conoce solo del holotipo cultivado, *Pseudogynoxys fragrans* es provisionalmente aceptada debido a los caracteres aparentemente únicos de los filarios. Los caracteres de hojas enteras con base cuneada y el limbo de las corolas angostamente radiado, aunque característicos, también se presentan en otras especies de Mesoamérica.

4. Pseudogynoxys haenkei (DC.) Cabrera, *Brittonia* 7: 54 (1950). *Gynoxys haenkei* DC., *Prodr.* 6: 326 (1837 [1838]). Isotipo: México, estado desconocido, *Haenke s.n.* (foto MO! ex G-DC). Ilustr.: Redonda-Martínez y Villaseñor Ríos, *Fl. Valle Tehuacán-Cuicatlán* 89: 39, t. 7 (2011). N.v.: Canotilla, G; avispa, bejuco de llama, estrellitas, H; bejuco capitaneja, bejuco de llama, canutillo, flor de colmena, solonilla, ES.

Gynoxys oerstedii Benth., *Senecio chinotegensis* Klatt, *S. kermesinus* Hemsl., *S. rothschuhianus* Greenm.

Bejucos 2-6 m; tallos trepadores a algunas veces rastreros, generalmente puberulentos a densamente pubescentes distalmente, frecuentemente glabrescentes proximalmente. Hojas: láminas 4-12 × 1-8 cm, lanceoladas a ovadas, cartáceas, las nervaduras pinnati-arqueadas, generalmente 3-4 pares de nervaduras secundarias mayores por cada lado en la mitad proximal, las nervaduras terciarias reticuladas, las superficies puberulentas, la base generalmente obtusa a truncada o algunas veces subcordata, los márgenes crenulados o finamente serrados a rara vez remotamente serrados o enteros, los dientes frecuentemente 10-20 por lado, el ápice acuminado a atenuado; pecíolo 1-4 cm. Capitulescencia terminal, subcimosa a generalmente corimboso-paniculada, con (4-)7-35 cabezuelas; pedúnculos 1-2(-4) cm, ligeramente ensanchados debajo del involucro como un subinvolucro corto, rara vez el subinvolucro ensanchado, densamente crespo-puberulentos a densamente vellosos. Cabezuelas 8-15(-20) mm; involucro 5-9(-13) mm de diámetro, cilíndrico a rara vez campanulado; filarios generalmente 13-21, 5-8 × c. 1 mm, lanceolados, subiguales a mucho más largos que el subinvolucro exterior, articulados en la base, cóncavos proximalmente, la nervadura del subinvolucro no obviamente continua con aquella de los filarios, los filarios adyacentes libres, el ápice agudo a acuminado, subglabros a al menos esparcidamente crespo-puberulentos; bractéolas caliculares 10-15, 3-4(-5) × c. 0.5 mm, mucho más cortas que los filarios, generalmente lanceoladas, moderada y densamente insertas, generalmente subimbricadas, generalmente subescuarrosas, crespo-puberulentas a densamente vellosas; clinanto 2-5(-8) mm de diámetro, subinvolucro externo generalmente mucho más corto que los filarios, generalmente crespo-puberulento a vilósulo. Flores radiadas generalmente 8-15; corola anaranjada, el limbo 6-17 × 2-4 mm, generalmente lanceolado a elíptico-lanceolado, muy rara vez linear. Flores del disco generalmente 25-50(-60); corola 7.5-11 mm, los lobos 1.5-2.5 mm; ramas del estilo con apéndice 0.5-0.6(-0.7) mm, triangular a triangular-lanceolado. Cipselas 1.5-3 mm; vilano 5.5-8 mm, generalmente llegando solo hasta cerca de la base del limbo de la corola del disco. Floración durante todo el año. *Bosques de galería, corrientes de lava, matorrales, selvas medianas perennifolias, bosques de* Pinus-Quercus, *orillas de caminos, selvas estacionales perennifolias, vegetación secundaria, selvas caducifolias, selvas altas perennifolias, laderas empinadas, orillas de ríos, matorrales.* Ch (*Pruski et al. 4195*, MO); G (*Steyermark 42184*, MO); H (*Molina R. 30444*, MO); ES (*Standley 20025*, MO); N (*Oersted 143*, K). (100-)200-2100 m. (México, Mesoamérica.)

Pseudogynoxys haenkei es la más común de las especies mesoamericanas del género, pero fue tratada por Williams (1976c, 1984) y Dillon et al. (2001) en la sinonimia de *P. chenopodioides.* Por las características vegetativas el tipo del sinónimo *Senecio rothschuhianus* superficialmente se asemeja a *P. fragrans*, pero concuerda con *P. haenkei* en las características de la cabezuela.

245. Robinsonecio T.M. Barkley et Janovec
Por J.F. Pruski.

Hierbas arrosetadas perennes, pequeñas, subescapíferas, el cáudice grueso, la raíz fibrosa; escapo 1(2) por planta, copiosamente flocoso a lanoso basalmente, algunas veces glabrescente distalmente, la roseta prominente, las hojas caulinares remotas y reducidas; follaje lanoso a glabrescente, no glanduloso. Hojas alternas, sésiles o gradualmente atenuados en una base peciolas angostamente alada que se dilata cerca del cáudice; láminas oblanceoladas u oblongas a espatuladas u obovadas, nunca lobadas, los márgenes enteros a remotamente denticulados. Hojas de la roseta espiralmente alternas; láminas con las nervaduras secundarias indistintas, la base gradualmente atenuada hasta la base peciolar angostamente alada la cual es dilatada cerca del cáudice, los márgenes enteros a remotamente denticulados, algunas veces revolutos, las superficies frecuentemente discoloras. Hojas caulinares sésiles, los márgenes enteros. Capitulescencias erectas o ascendentes, laxamente cimosas, con 1-6 cabezuelas. Cabezuelas radiadas; involucro campanulado, irregular y laxamente caliculado; filarios 13-20, imbricados, araneosos o vellosos al menos proximalmente, frecuentemente glabrescentes distalmente, los márgenes de los filarios internos algunas veces anchamente escariosos; clinanto sólido. Flores radiadas pistiladas; corola amarilla o amarillo dorado, el limbo largamente exerto. Flores del disco bisexuales, escasamente exertas del involucro; corola angostamente infundibuliforme, amarilla, glabra, el tubo y el limbo subiguales, los lobos triangular-lanceolados a lanceolados, ascendentes a algunas veces escasamente patentes, con o sin una vena media resinosa; anteras generalmente incluidas, el collar cilíndrico, iguales en diámetro a los filamentos, sin células basales agrandadas, el tejido endotecial típicamente radial, el apéndice apical triangular, agudo apicalmente; polen con patrón ultrastrutural de la pared heliantoide; base del estilo escasamente dilatada y asentada justo sobre el nectario basal más bien que inmerso dentro del nectario, las ramas ligeramente exertas, escasamente dilatadas, el ápice obtuso a truncado, las papilas en un semicírculo subapical-abaxial debajo del ápice, la superficie estigmática continua. Cipselas cilíndricas, 10-nervias, la base gradualmente angostada, el carpóforo prominente; cerdas del vilano del radio y del disco similares, blancas, ancistrosas, casi más largas que la corola del disco. *x* = 30. 2 spp. México, Mesoamérica.

Este tratamiento está basado en Pruski (2012b). Barkley y Janovec (1996) describieron el endotecio de *Robinsonecio gerberifolius* como polarizado, pero Pruski (2012b) encontró que más típicamente este tenía un patrón endotecial radial.

Bibliografía: Barkley, T.M. y Janovec, J.P. *Sida* 17: 77-81 (1996).

1. Robinsonecio gerberifolius (Sch. Bip. ex Hemsl.) T.M. Barkley et Janovec, *Sida* 17: 79 (1996). *Senecio gerberifolius* Sch. Bip. ex Hemsl., *Biol. Cent.-Amer., Bot.* 2: 240 (1881). Lectotipo (designado por Pruski, 2012): México, Veracruz, *Linden 487* (foto MO! ex K). Ilustr.: Pruski, *Phytoneuron* 2012-38: 2, t. 1 (2012).

Hierbas 15-33 cm, los escapos generalmente con 1-3 hojas. Hojas de la roseta largamente peciolariformes; láminas 2-15 × 0.7-2.5(-3.5) cm, angostamente oblanceoladas u oblongas a espatuladas u obovadas, subcoriáceas, la vena media algunas veces impresa adaxialmente, el ápice agudo a rara vez obtuso, escasa a obviamente discolora, la superficie adaxial gris-verde a verde, algunas veces lustrosa, araneoso-flocosa a glabrescente, la superficie abaxial blanco-grisácea, tomentosa a lanosa; base peciolar 1-8 cm. Hojas caulinares 1-3; láminas 2-7 cm, lanceoladas o rara vez oblanceoladas, semiamplexicaules. Capitulescencia con escapo 14-31.2 cm, estriado o poco angulado, densamente flocoso o lanoso, algunas veces araneoso o glabrescente en parches; pedúnculos (cuando pluricéfalos) 1-8(-10) cm. Cabezuelas 10-18 mm; involucro 10-15 mm de diámetro, laxamente araneoso-flocoso en yema; filarios c. 13, 8-13 × 2-3.5 mm, elíptico-lanceolados a angostamente ovados, amarillo-verdosos, pluriestriados, araneosos proximalmente y glabrescentes distalmente, el ápice agudo, algunas veces purpúreo; bractéolas caliculares 1-5(-7), 7-12 × 0.7-1.1 mm, c. 3/4 de la longitud de los filarios, linear-lanceoladas, verdes; clinanto convexo, foveolado. Flores radiadas generalmente 13(11-15); tubo de la corola 5-6 mm, el limbo 11-15 × 3-4 mm, elíptico-lanceolado, 4-9-nervio, 3-denticulado, los dientes apicales 0.1-0.3 mm. Flores del disco 35-65; corola 8-10 mm, los lobos 1-1.6 mm, típicamente con una vena media resinosa; anteras

2.5-3 mm, la base de las tecas obtusa, no caudada, el tejido endotecial radial, la zona connata entre las anteras usualmente con células engrosadas en los polos; ramas del estilo 1.2-1.5 mm. Cipselas 3-4 mm, pardas, glabras a pilosas, los tricomas hasta 0.5 mm; vilano 6.5-8.5 mm. Floración ago., dic. 2*n* = 60. *Zonas subalpinas rocosas.* G (*Steyermark 50178*, MO). 3300-3700 m. (S. México, Mesoamérica.)

246. Roldana La Llave

Pericalia Cass., *Senecio* L. sect. *Palmatinervii* O. Hoffm., *S.* sect. *Roldana* (La Llave) Benth. et Hook. f.

Por J.F. Pruski y A.M. Funston.

Hierbas no crasicaules con tallo folioso, perennes caulescentes (Mesoamérica), arbustos, o árboles pequeños, generalmente con tallo folioso y foliosas durante la floración con tallos alargados inmediatamente debajo de la capitulescencia (rara vez hierbas subacaulescentes, rara vez subcrasicaules estacionalmente deciduas floreciendo cuando son arbustos afilos con tallo subacortado); tallos erectos a ascendentes, con tallo simple, o ramificado solo distalmente, las hojas agregadas a uniformemente distribuidas distalmente, subteretes o rara vez angulados, algunas veces linear-maculados, generalmente delgados con médula grande sólida o tallos fistulosos, la corteza sin conductos resinosos (rara vez subresinosos); follaje por lo general variadamente pubescente o algunas veces glabro, los tricomas simples, algunas veces estipitado-glandulosos con la célula terminal solo escasamente bulbosa. Hojas simples a pinnatífidas, alternas, pecioladas, el pecíolo marginal o las hojas rara vez céntrico-peltadas, muy rara vez sésiles; láminas de forma variada, algunas veces pinnatífidas, rígidamente cartáceas, típicamente más o menos ovadas a redondeadas y 5-13-lobadas, el ápice de los lobos agudo a redondeado, la profundidad del seno típicamente casi la mitad de la distancia a la vena media pero variando desde subentero a profundamente inciso pero en Mesoamérica nunca inciso básicamente hasta la vena media, palmatinervias a algunas veces pinnatinervias, la superficie adaxial típicamente glabrescente, la superficie abaxial glabrescente a densamente lanado-tomentosa o canescente, los márgenes generalmente finamente denticulados en los lobos y entre ellos, rara vez subenteros entre los dientes o los lobos. Capitulescencia típicamente corimbiforme-paniculada, rara vez abierto-cimosa, frecuentemente folioso-bracteada; pedúnculos típicamente con brácteas o bractéolas filiformes a obovadas. Cabezuelas radiadas hasta rara vez disciformes o discoides, generalmente paucicaliculadas (rara vez sin calículo), las corolas homócromas; involucro cilíndrico a campanulado; filarios generalmente 5-13, generalmente ovados o los externos algunas veces lanceolados, frecuentemente giboso-carinados basalmente, típicamente glabros o estipitado-pubescentes, algunas veces araneosos o tomentosos; bractéolas caliculares generalmente (0-)1-5, generalmente 1-3 mm, generalmente lineares; superficie del clinanto alveolada y estriada. Flores radiadas (0-)3-5(-8); corola generalmente amarilla (pero variando desde blanco-amarillento a anaranjada), glabra o rara vez pubescente, el limbo moderadamente exerto, 4-nervio. Flores del disco 6-30(-90), bisexuales; corola algunas veces escasamente zigomorfa, infundibuliforme a angostamente campanulada, típica y brevemente 5-lobada, generalmente amarilla, glabra o rara vez pubescente, los lobos típicamente mucho más cortos que la garganta; anteras con el collar cilíndrico, sin células basales engrosadas, las tecas no caudadas, la base redondeada o cortamente auriculada, el tejido endotecial semi-polarizado, el apéndice apical ovado-lanceolado; polen al menos en el tipo del género *R. lobata* con patrón ultraestructural de la paredsenecioide; estilo sin apéndice, la base cilíndrica o dilatada, libres del nectario, cada rama con una superficie estigmática continua llegando hasta el ápice, el ápice obtuso a cónico, no papiloso-fasciculado. Cipselas glabras o rara vez pubescentes, cilíndricas, (5)10-acostilladas, no glandulosas o rara vez glandulosas, el ovario o las células epidérmicas del óvulo generalmente con cristales simples con forma de drusa, y carpóforo algunas veces agrandado; vilano de numerosas cerdas capilares blancas, en varias series. $x = 30$. Aprox. 53 spp. Estados Unidos, la mayoría en México, Mesoamérica, 1 sp. cultivada pantropicalmente.

Las especies de *Roldana* fueron históricamente tratadas en *Senecio* (p. ej., Hemsley, 1881; Williams, 1975b, 1976c), pero el género fue restablecido por Robinson y Brettell (1974) y alineado con otros géneros actualmente ubicados dentro de la subtribus Tussilagininae. Dentro de las Tussilagininae de Mesoamérica, *Roldana* es similar a *Psacaliopsis*, por las hojas algunas veces peltadas y los lobos del disco de la corola cortos, pero ese género se diferencia por el hábito subescapífero básicamente acaule. Las claves para las especies se encuentran en Greenman (1926), Gibson (1969), Robinson y Brettell (1974), Turner (2005 [2006]) y Funston (2008).

Es de pensar que el reporte de García-Pérez (2001) de *R. angulifolia* (DC.) H. Rob. et Brettell en Chiapas es en referencia a material que aquí se identificaría como *R. gilgii*, o cerca a esa especie. *Roldana lineolata* (DC.) H. Rob. et Brettell (similar a *R. schaffneri*) registrada en Miahuatlán, Oaxaca, ha sido tal vez erróneamente aplicada en Mesoamérica (p. ej., *Ramírez y Hernández 374* en el sitio Web de CAS); sin embargo se podría encontrar en Chiapas. *Roldana eriophylla* y *R. schaffneri* son tratadas aquí de acuerdo a Robinson y Brettell (1974), pero fueron anotadas como atípicas por Robinson y Brettell (1974) y Turner (2005 [2006]). Con limitada convicción se refiere *R. schaffneri* a *Roldana* y las colecciones en el sur de Mesoamérica a esta especie, más bien que a *Telanthophora grandifolia*. *Roldana lobata* fue registrada por Funston (2008) en Guatemala de material solo en botón; se espera verificar esto con ejemplares fértiles. Estos ejemplares de Guatemala fueron referidos (lo mismo que el futuro tipo de *Senecio quezalticus*) a *R. aschenborniana* por Gibson (1969). *Roldana quezaltica*, reconocida por Williams (1975b, 1976c), es tratada en la sinonimia de *R. aschenborniana* siguiendo a Funston (2008). El material mesoamericano llamado *R. oaxacana* por Turner (2005 [2006]) y *R. petasitis* var. *petasitis* por Funston (2008), es reconocido aquí como *R. petasioides* de acuerdo a Clewell (1975), Robinson (1975) y Williams (1976c, 1984). *Roldana petasitis* es excluida de Mesoamérica.

El tipo de *Jungia guatemalensis* (= *J. ferruginea*) fue originalmente identificado en forma errónea como una *Roldana*. Las hojas palmatilobadas y subiguales, los filarios 1(2)-seriados, hacen que *Jungia* (tribus Nassauvieae) sea superficialmente similar a *Roldana*, pero se diferencian por los caracteres tribales.

Quedensley et al. (2014) no incluyeron *R. cristobalensis*, *R. eriophylla* o *R. lobata* en su clave de especies en Guatemala

Bibliografía: Donnell Smith, J. *Bot. Gaz.* 37: 417-423 (1904). Funston, A.M. *Ann. Missouri Bot. Gard.* 95: 282-337 (2008). Gibson, E.S. *Revis. Sect.* Palmatinervii. Unpublished Ph.D. thesis, Kansas State Univ., Manhattan, 1-180 (1969). Greenman, J.M. *Contr. U.S. Natl. Herb.* 23: 1621-1636 (1926). Quedensley, T.S. et al. *Lundellia* 17: 1-4 (2014). Robinson, H. *Phytologia* 32: 331-332 (1975). Turner, B.L. *Phytologia* 79: 43-46 (1995a); *Phytologia* 87: 204-249 (2005 [2006]).

1. Arbustos subcrasicaules con tallos subacortados o árboles por lo general estacionalmente deciduos floreciendo cuando afilos; lobos de la corola del disco más largos que la garganta; corteza algunas veces subresinosa. **5. R. eriophylla**
1. Hierbas no crasicaules de tallos alargados, arbustos, o árboles floreciendo cuando foliosos; tallos alargados; lobos de la corola del disco subiguales a o más cortos que la garganta; corteza sin conductos resinosos.
  2. Filarios 10-13.
    3. Láminas de las hojas pinnatinervias a subpinnadas.
      4. Superficies foliares escasamente discoloras, la superficie abaxial persistentemente tomentulosa a pubescente; capitulescencia no dispuesta por encima de las hojas del tallo; flores del disco solo ligeramente exertas del involucro. **2. R. aschenborniana**
      4. Superficies foliares obviamente discoloras, la superficie abaxial por lo general densamente lanado-tomentosa; capitulescencias dispuestas sobre las hojas del tallo; flores del disco moderadamente exertas del involucro. **3. R. barba-johannis**
    3. Láminas de las hojas palmatinervias a triplinervias.
      5. Capitulescencias laxamente corimbiforme-paniculadas; cabezuelas 9-18 mm.
        6. Cabezuelas radiadas; follaje indistintamente estipitado-glandular, los tricomas 0.5-1 mm; hojas con el pecíolo unido marginalmente; filarios 2-3.5 mm de diámetro. **6. R. gilgii**
        6. Cabezuelas disciformes; pedúnculos y filarios con indumento generalmente de densas glándulas estipitadas, las glándulas estipitadas 0.1-0.2 mm; hojas excéntricamente peltadas debajo de las capitulescencias; filarios 1-2 mm de diámetro. **8. R. heterogama**
      5. Capitulescencias con los últimos agregados moderadamente densos; cabezuelas 7-13 mm.
        7. Hojas suborbiculares a reniformes, palmatinervias; tallos densamente lanado-tomentosos, la médula sólida; superficie abaxial de las hojas densa y persistentemente lanado-tomentosa. **10. R. lanicaulis**
        7. Hojas rómbicas a ovadas, triplinervias; tallos densamente flocoso-tomentosos a glabrescentes en parches, fistulosos; superficie abaxial de las hojas araneoso-pubescente a flocoso-tomentulosa. **11. R. lobata**
  2. Filarios 5-8.
    8. Láminas de las hojas pinnatinervias; filarios 5(-6). **16. R. schaffneri**
    8. Láminas de las hojas palmatinervias a triplinervias; filarios generalmente (5-)8.
      9. Capitulescencia con ramas y pedúnculos esparcidamente araneoso-puberulentos a glabrescentes, los tricomas no glandulares; filarios glabros.
        10. Tallos generalmente cuadrangular-hexagonales; láminas de las hojas triplinervias; capitulescencias folioso-bracteadas; filarios 8; Chiapas y Guatemala. **1. R. acutangula**
        10. Tallos subteretes; láminas de las hojas 5-11-palmatinervias; capitulescencias no folioso-bracteadas; filarios 5(6); Costa Rica. **15. R. scandens**
      9. Capitulescencia con ramas, pedúnculos, o filarios con pubescencia al menos en parte de glándulas estipitadas (o tricomas granular-papilosos) o los filarios por lo general esparcidamente hirsútulos con glándulas indistintamente estipitadas.
        11. Cabezuelas discoides o disciformes.
          12. Cabezuelas discoides; filarios 4-6.5 mm, obviamente estipitado-glandulosos; corolas del disco glabras; hojas con los márgenes levemente 5-9-lobados. **4. R. cristobalensis**
          12. Cabezuelas disciformes; filarios 10-13 mm, por lo general esparcidamente hirsútulos; tubo de las corolas del disco puberulento; hojas con los márgenes (5-)7-13-lobados casi la mitad de la distancia a la base de la vena media. **7. R. greenmanii**
        11. Cabezuelas radiadas.
          13. Flores del radio 7-8; flores del disco 14-18. **14. R. riparia**
          13. Flores del radio 2-5; flores del disco 5-13(-14).
            14. Superficie abaxial de las hojas completamente glabra o algunas veces puberulento-hirsútula sobre las nervaduras basalmente. **9. R. jurgensenii**
            14. Superficie abaxial de las hojas hírtula, laxamente araneoso-puberulenta, o flocoso-tomentosa.
              15. Superficie abaxial de las hojas flocoso-tomentosa; cabezuelas 10-15 mm; filarios 6.5-9 mm. **13. R. petasioides**
              15. Superficie abaxial de las hojas hírtula o laxamente araneoso-puberulenta; cabezuelas 7-10 mm; filarios 4-6.5 mm.
                16. Hojas con márgenes moderadamente lobados; corola de las flores del disco glabra. **12. R. oaxacana**
                16. Hojas con márgenes levemente lobados; tubo de las corolas del disco papiloso-puberulento. **17. R. tonii**

1. Roldana acutangula (Bertol.) Funston, *Ann. Missouri Bot. Gard.* 95: 293 (2008). *Cineraria acutangula* Bertol., *Novi Comment. Acad. Sci. Inst. Bononiensis* 4: 435 (1840). Holotipo: Guatemala, *Velásquez* *s.n.* (foto MO! ex BOLO). Ilustr.: Gibson, *Revis. Sect.* Palmatinervii 43 (1969), como *Senecio acutangulus*.

Senecio acutangulus (Bertol.) Hemsl.

Hierbas arbustivas, robustas, perennes, 1-2.5(-4) m; tallos rectos o rara vez deflexos, generalmente cuadrangular-hexagonales, las costillas sobre los ángulos más gruesas que las estrías sobre cada cara, muy laxamente araneoso-puberulentos a glabrescentes; follaje (cuando pubescente) con tricomas no glandulares. Hojas con pecíolo unido marginalmente; láminas 6-23 × 5-17 cm, ovadas a suborbiculares, 3-5-palmatinervias desde la base o algunas veces desde cerca de la base en las hojas mayores, generalmente con un par distal de nervaduras secundarias marcadamente ascendentes, la superficie adaxial puberulento-papilosa a glabrescente, la superficie abaxial hírtula sobre las nervaduras y algunas veces en las aréolas hasta glabrescente, la base cordata a algunas veces apenas truncada, moderadamente 5-7-palmatilobadas, los lobos generalmente 1-3 cm, triangulares, el ápice agudo; pecíolo 4-12(-18) cm. Capitulescencia corimbiforme-paniculada a tirsoide-paniculada, generalmente folioso-bracteada en la base, las ramas y los pedúnculos esparcidamente araneoso-puberulentos a glabrescentes, los tricomas no glandulares, las brácteas foliosas pecioladas; pedúnculos 2-10 mm. Cabezuelas 9-11 mm, radiadas; involucro 2-3 mm de diámetro, cilíndrico-turbinado; filarios 8, 6-8 × 1.-1.4 mm, glabros. Flores radiadas (2)3-5; corola amarilla, el tubo glabro, el limbo 5-7 mm. Flores del disco 5-9; corola 7-8.5 mm, glabra, los lobos 2-2.5 mm. Cipselas 1.5-2 mm, glabras o esparcidamente setulosas; cerdas del vilano 5.5-7 mm. Floración nov.-mar. 2*n* = 60. *Bosques de neblina, selvas medianas perennifolias, matorrales, laderas de volcanes.* Ch (*Ton 553*, MO); G (*Standley 58735*, MO). (1200-)1500-3300 m. (Endémica.)

2. Roldana aschenborniana (S. Schauer) H. Rob. et Brettell, *Phytologia* 27: 415 (1974). *Senecio aschenbornianus* S. Schauer, *Linnaea* 20: 698 (1847). Lectotipo (designado por Funston, 2008): México, estado desconocido, *Aschenborn 718* (imagen en Internet ex GH!). Ilustr.: Gibson, *Revis. Sect.* Palmatinervii 58 (1969), como *S. aschenbornianus*.

Roldana hirsuticaulis (Greenm.) Funston, *R. quezaltica* (L.O. Williams) H. Rob., *Senecio hirsuticaulis* Greenm., *S. quezalticus* L.O. Williams.

Arbustos 1.5-3 m; tallos algunas veces deflexos en los nudos distales, las hojas solo ligeramente decrecientes, flocoso-tomentosos a glabrescentes proximalmente, la médula sólida; follaje (cuando pubescente) con tricomas no glandulares, no estipitado-glandulares. Hojas con el pecíolo unido marginalmente; láminas 5-11(-15) × 4-10(-11.5) cm, ovadas a orbiculares, típicamente subpinnatinervias o pinnatinervias, la porción basal de la vena media frecuentemente prominente en la superficie abaxial, las superficies escasamente discoloras, la superficie adaxial glabrescente o con las nervaduras esparcidamente hírtulas, la superficie abaxial persistentemente tomentulosa a pubescente, levemente 5-9-lobadas, los lobos 0.4-1 cm, anchamente triangulares, la base redondeada a subcordata; pecíolo 4-6(-9) cm. Capitulescencia moderada y densamente corimbiforme, foliosa pero no dispuesta muy por encima de las hojas grandes del tallo, las bractéolas 2-5 mm; pedúnculos 5-10 mm, araneoso-pubescentes. Cabezuelas 6-9 mm, radiadas; involucro 3-4 mm de diámetro, cilíndrico-turbinado, las flores del disco solo ligeramente exertas; filarios 11-13, 5-7 × c. 1 mm, glabros o muy en la base araneoso-pubescentes. Flores radiadas 6-8; corola amarilla, glabra, el limbo 5-7 mm. Flores del disco 10-15; corola 5.5-7 mm, glabra, los lobos hasta 1 mm. Cipselas c. 2 mm, glabras; cerdas del vilano 5-6.5 mm. Floración ene.-abr. 2*n* = 60. *Bosques de neblina, selvas medianas perennifolias.* Ch (García-Pérez, 2001: 938); G (*Standley 84286*, MO). (2000-)2400-3000 m. (México, Mesoamérica.)

Greenman (1926) dio como 8 el número de filarios, el cual es el carácter técnico de *Roldana albonervia* (Greenm.) H. Rob. et. Brettell

(de México), especie por lo demás similar. Gibson (1969) describió las hojas algunas veces palmatinervias, pero al menos como las especies se manifiestan en Mesoamérica son subpinnatinervias o pinnatinervias. Williams (1975b, 1976c) reconoció *R. quezaltica*, pero Funston (2008) la trató en sinonimia de *R. aschenborniana* en la cual las hojas son típicamente más densamente pubescentes. Turner (2005 [2006]) citó *R. hirsuticaulis* en la sinonimia, pero esta especie mexicana fue reconocida por Funston (2008) y fue provisionalmente reconocida como distinta.

3. Roldana barba-johannis (DC.) H. Rob. et Brettell, *Phytologia* 27: 415 (1974). *Senecio barba-johannis* DC., *Prodr.* 6: 430 (1837 [1838]). Lectotipo (designado por McVaugh, 1984): México, Edo. México, *Andrieux 290* (foto MO! ex G-DC). Ilustr.: McVaugh, *Fl. Novo-Galiciana* 12: 812, t. 140 (1984), como *S. barba-johannis*.

Roldana donnell-smithii (J.M. Coult.) H. Rob. et Brettell, *Senecio donnell-smithii* J.M. Coult., *S. grahamii* Benth., *S. pullus* Klatt.

Subarbustos con tallos simples a poco ramificados hasta árboles pequeños 1-3(-5) m, el cáudice leñoso; tallos algunas veces deflexos en los nudos distales, pardo-rojizos, las hojas por lo general moderadamente decrecientes, lanado-tomentosos distalmente. Hojas con pecíolo unido marginalmente; láminas 7-15 × 5-11 cm, elíptico-lanceoladas a orbiculares, subcoriáceas, pinnatinervias a subpinnatinervias con 2-4 nervaduras secundarias primarias por cada lado, las superficies obviamente discoloras, la superficie adaxial glabra o las nervaduras pubescentes, la superficie abaxial por lo general densamente lanado-tomentosa o rara vez ligeramente tomentosa, la base redondeada a subcordata, los márgenes subenteros o denticulados a sinuosos o 5-9-lobados, los lobos cortamente triangulares; pecíolo 2-9 cm, tomentoso. Capitulescencia tirsoide-paniculada, dispuesta por encima de las hojas del tallo, las ramas tomentosas, las brácteas 3-5 mm, lineares; pedúnculos 2-10 mm, las bractéolas 0-2, 1-2 mm, lineares. Cabezuelas 8-11 mm, radiadas o rara vez discoides; involucro c. 3 mm, campanulado, las flores del disco moderadamente exertas; filarios 10-13, 4-5 × 0.8-1.5 mm, araneoso-tomentosos a glabrescentes, el ápice generalmente purpúreo. Flores radiadas (0-)5-9; corola amarilla, glabra, el limbo (1-)4-6 mm. Flores del disco 10-18; corola 6-8.5 mm, glabra, los lobos 1.1-1.5 mm. Cipselas 1-2 mm, c. 5-acostilladas, glandulosas, por lo demás glabras; cerdas del vilano 6-8 mm. Floración nov.-abr. 2*n* = 60. *Bosques de Quercus, bosques de* Pinus-Quercus, *bosques secundarios, laderas rocosas.* Ch (*Ton 8066*, MO); G (*Pruski y Ortiz 4266*, MO); H (*House 1199*, MO). 2000-3300(-3700) m. (México, Mesoamérica.)

4. Roldana cristobalensis (Greenm.) H. Rob. et Brettell, *Phytologia* 27: 417 (1974). *Senecio cristobalensis* Greenm., *Bull. Herb. Boissier, ser. 2* 6: 867 (1906). Isolectotipo (designado por Funston, 2008): México, Chiapas, *Seler 2106* (foto MO! ex B). Ilustr.: no se encontró. N.v.: Topak, Ch.

Roldana petasitis (Sims.) H. Rob. et Bretell var. *cristobalensis* (Greenm.) Funston.

Arbustos fragantes, 1-2.5 m; tallos rectos o deflexos en los nudos distales, algunas veces elevado-lenticelados, hirsútulos a hispídulos; follaje generalmente no glandular proximalmente o por lo general totalmente estipitado-glandular o solo distalmente. Hojas con el pecíolo básicamente marginal o muy escasa y excéntricamente subpeltado y unido 2-5 mm hacia adentro de la base de la lámina; láminas 7-20 × 7-23 cm, suborbiculares o reniformes, triplinervias o palmatinervias, la superficie adaxial hirsútula o hírtula a glabrescente, la superficie abaxial esparcidamente hirsuto-hispídula, la base cordata a algunas veces truncada, los márgenes levemente 5-9-lobados, los lobos 1-2.5(-3.5) cm, deltados a anchamente triangulares, el ápice obtuso a anchamente agudo; pecíolo 5-15 cm. Capitulescencia corimbiforme-paniculada, folioso-bracteada, las ramas y los pedúnculos estipitado-glandulares o algunas veces heterótricos con tricomas no glandulares esparcidos, las hojas bracteadas generalmente 3-8 cm, estipitado-glandulosas, sésiles o las más proximales alado-peciolariformes; pedúnculos 3-12 mm. Cabezuelas 9-11.5 mm, discoides; involucro 3-4 mm de diámetro, turbinado; filarios 8, 4-6.5 × 1.2-2 mm, obviamente estipitado-glandulosos, los tricomas algunas veces también no glandulares, rara vez en su mayoría no glandulares; bractéolas caliculares rara vez casi más largas que los filarios. Flores radiadas ausentes. Flores del disco 8-16; corola 5.5-7 mm, campanulada, glabra, el tubo algunas veces alargado y más largo que el limbo, los lobos 1-1.5 mm. Cipselas 1.5-3 mm, glabras; cerdas del vilano 5-6 mm. Floración nov.-mar. 2*n* = 60. *Selvas medianas perennifolias, bosques de neblina, bosques de* Pinus-Quercus*, orillas de caminos, bordes de quebradas.* Ch (*Pruski et al. 4212*, MO); G (*von Türckheim II 678*, NY). 1000-2400 m. (México [Oaxaca], Mesoamérica.)

Roldana cristobalensis fue tratada por Turner (2005 [2006]) en la sinonimia de *R. oaxacana* y por Funston (2008) como una variedad de *R. petasitis*, una especie de fuera de Mesoamérica, pero fue reconocida en el rango de especie por Gibson (1969), Robinson y Brettell (1974), y Williams (1976c).

5. Roldana eriophylla (Greenm.) H. Rob. et Brettell, *Phytologia* 27: 418 (1974). *Senecio eriophyllus* Greenm., *Publ. Field Columb. Mus., Bot. Ser.* 2: 282 (1907). Holotipo: México, Oaxaca, *Pringle 13864* (imagen en Internet ex GH!). Ilustr.: Turner, *Phytologia* 79: 45, t. 1 (1995), como *Pittocaulon calzadanum*.

Pittocaulon calzadanum B.L. Turner.

Arbustos subcrasicaules estacionalmente deciduos con los tallos subacortados o árboles, 1-5 m, floreciendo cuando afilos, la corteza algunas veces subresinosa; tallos rectos, escasamente acortados inmediatamente debajo de la capitulescencia, generalmente 2-3-ramificados justo debajo del ápice acortado, el nuevo crecimiento flocoso-tomentoso, esparcidamente araneoso-puberulento a glabrescente proximalmente, la médula aparentemente sólida; follaje únicamente con tricomas no glandulares. Hojas con el pecíolo unido marginalmente; láminas 4-12 × 2-7.5 cm, ovadas a rómbicas, pinnatinervias, las superficies gris-tomentosas o en ocasiones la superficie adaxial laxamente araneoso-tomentosa, la base redondeada a cordata, los márgenes 5-11-lobados, los lobos 0.5-2 cm, deltados a triangulares, los márgenes subenteros entre los lobos, el ápice agudo a obtuso; pecíolo 2.5-4(-6) cm. Capitulescencia tirsoide-paniculada, no folioso-bracteada, ramitas laterales generalmente 3-7, 4-6 cm, casi en ángulos rectos con el eje central, las últimas cabezuelas en grupos redondeados congestos sobre ramitas desnudas; pedúnculos 3-9 mm, flocoso-tomentosos. Cabezuelas 10-12 mm, discoides; involucro 3-4.5 mm de diámetro, cilíndrico-turbinado; filarios 8, 6-8 × 1.2-2.5 mm, carinados, oscuramente carinados basalmente, araneoso-tomentosos basalmente, no glandulosos, glabros en los 2/3 distales. Flores radiadas ausentes. Flores del disco 8-12; corola 7-9 mm, blanca a amarilla, glabra, los lobos 2-4 mm, más largos que o algunas veces subiguales a la garganta. Cipselas 2-4 mm, 10-12-estriadas, glabras; cerdas del vilano 6-7.5 mm. Floración mar.-abr. *Bosques rocosos, selvas bajas caducifolias.* Ch (*Purpus 277*, MO); G (*Steyermark 50784*, MO). 700-1600 m. (S. México, Mesoamérica.)

Turner (1995a) describió plantas de este taxón como *Pittocaulon calzadanum* y aseguró que tenía conductos resinosos corticales. Subsecuentemente, Turner (2005 [2006]) redujo *P. calzadanum* a la sinonimia de *Roldana eriophylla*. Anteriormente Greenman (1926) había tratado este taxón dentro de *Senecio* sect. *Palmatinervii*. *Roldana eriophylla* es la única especie subpaquicaule estacionalmente decidua con tallos acortados dentro de *Roldana* (p. ej., *S.* sect. *Palmatinervii* según Greenman), así mezclando los caracteres que normalmente distinguen los géneros *Digitacalia*, *Pittocaulon* y *Telanthophora*. Ejemplares foliosos estériles fuera de temporada son similares a *R. aschenborniana*, pero difieren por las hojas con los márgenes subenteros entre los lobos.

6. Roldana gilgii (Greenm.) H. Rob. et Brettell, *Phytologia* 27: 419 (1974). *Senecio gilgii* Greenm., *Publ. Field Columb. Mus., Bot. Ser.* 2: 282 (1907). Isolectotipo (designado por Funston, 2008): México, Chiapas, *Nelson 3772* (MO!). Ilustr.: Gibson, *Revis. Sect.* Palmatinervii 81 (1969), como *S. gilgii*. N.v.: Mano de león de tierra fría, sivit, G.

Hierbas arbustivas perennes y robustas hasta arbustos, 1.5-4 m; tallos remotamente foliosos distalmente, rojizo-lanado-tomentosos; follaje con tricomas patentes indistintamente estipitado-glandulares 0.5-1 mm. Hojas con el pecíolo unido marginalmente; láminas 8-22 × 12-30 cm, suborbiculares a reniformes, subcoriáceas, palmatinervias, las superficies escasamente discoloras, la superficie adaxial piloso-hirsuta, la superficie abaxial moderada a densamente piloso-hirsuta, los márgenes 9-13-lobados, los lobos 1.5-3 cm, deltados a triangulares; pecíolo 10-20 cm. Capitulescencia laxamente corimbifome-paniculada, las brácteas foliosas solo subyacentes a las ramas mayores, las ramitas rojizo-lanado-tomentosas, las bractéolas 4-5 mm, lineares; pedúnculos generalmente (5-)10-25 mm, robustos, rojizo-lanado-tomentosos, las bractéolas 2-6, 2-4 mm, lineares. Cabezuelas 12-18 mm, radiadas; involucro 7-12 mm de diámetro, campanulado; filarios 11-13, 10-13 × 2-3.5 mm, oblongos, rojizo-lanado-tomentosos o aquellos internos solo angostos medialmente y lateralmente lisos y cortamente pluriestriados. Flores radiadas 8-9(10); corola amarilla, glabra, el limbo 5-8 mm. Flores del disco 25-35; corola 8-10 mm, glabra, los lobos 2-2.5 mm, lanceolados, casi más largos que la garganta. Cipselas 3-4 mm, glabras; cerdas del vilano 7-9 mm. Floración ene.-mar. *Selvas medianas perennifolias, selvas altas perennifolias, bosques de* Pinus-Quercus*, matorrales, laderas de volcanes.* Ch (*Breedlove 24411*, MO); G (*Skutch 2131*, MO). (1400-)1900-2700(-3000) m. (Endémica.)

El lectotipo fue erróneamente asignado con el número 3773. *Roldana gilgii* es similar a *R. angulifolia*, especie ampliamente distribuida, por el follaje con tricomas largos y las cabezuelas grandes. *R. angulifolia*, con su distribución más al sureste sobre el Pico Orizaba y Sierra San Felipe, debería estar presente en Mesoamérica, y difiere por la capitulescencia no bracteada y las cabezuelas discoides con 8 filarios. *Roldana angulifolia* fue registrada en Chiapas por García-Pérez (2001), pero ese reporte presumiblemente se basa en ejemplares que aquí se determinarían como *R. gilgii* o cerca de esa especie.

7. Roldana greenmanii H. Rob. et Brettell, *Phytologia* 27: 419 (1974). Holotipo: Guatemala, *Stricker 359* (foto MO! ex US). Ilustr.: Williams, *Phytologia* 31: 442 (1975). N.v.: Llovizna blanca, mano de león, G.

Senecio greenmanii (H. Rob. et Brettell) L.O. Williams.

Hierbas perennes, arbustivas hasta árboles, 1-5(-7) m; tallos hirsutos, con médula; follaje con tricomas patentes multicelulares crespos a alargados, 0.3-2 mm y distalmente en la capitulescencia por lo general indistintamente estipitado-glandulosos. Hojas en la mitad del tallo con pecíolos básicamente marginales, muy ligera y excéntricamente subpeltados en las hojas proximales rara vez colectadas; láminas generalmente 8-20(-30) × 10-25(-35) cm, suborbiculares o reniformes, palmatinervias o triplinervias, la base cordata, los márgenes (5-)7-13-lobados casi la mitad de la distancia a la base de la vena media, los lobos 1-9 × 1-3 cm, obovados, las superficies concoloras, la superficie adaxial esparcidamente puberulenta a glabra, la superficie abaxial esparcida a moderadamente hirsútula o hirsuta; pecíolo 10-25 cm. Hojas distales generalmente 6-10 cm, obovadas a subpanduradas, las nervaduras algunas veces subpinnadas, alado-peciolariformes. Capitulescencia corimbiforme-paniculada a tirsoide-paniculada, folioso-bracteada, las ramas y pedúnculos generalmente indistintamente estipitado-glandulosos, las hojas bracteadas generalmente 1-4 cm; pedúnculos 5-20(-30) mm, moderada a densamente hirsútulos o hirsutos. Cabezuelas 11-15 mm, disciformes; involucro 4-6 mm de diámetro, cilíndrico-turbinado a angostamente campanulado; filarios 8, 10-13 × 1-2 mm, lanceolados, por lo general esparcidamente hirsútulos(-subglabros) con glándulas indistintamente estipitadas; bractéolas caliculares 3-5 mm, más cortas que la mitad de la longitud de los filarios, por lo general moderadamente hirsútulas con glándulas estipitadas. Flores marginales 4-9, pistiladas; corola 7-9 mm, tubular-infundibuliforme, 4-5-lobada. Flores del disco 12-18; corola 9-11 mm, el tubo más largo que el limbo, puberulento, los lobos 1-2 mm. Cipselas 2-3 mm, glabras; cerdas del vilano 6-8 mm, llegando hasta la base de la garganta de la corola. Floración feb.-may. *Bosques de neblina, selvas medianas perennifolias, laderas de volcanes.* Ch (*Hampshire et al. 494*, NY); G (*Steyermark 36745*, F). (1400-)1800-2500 m. (México, Mesoamérica.)

Algunos ejemplares tienen las capitulescencias corimbiforme-paniculadas anchas, con involucros angostamente campanulados, otros tienen capitulescencias tirsoide-paniculadas angostas con involucros cilíndrico-turbinados, pero todos son referidos provisionalmente a *Roldana greenmanii.* Funston (2008) describió las corolas del disco como glabras, pero Robinson y Brettell (1974) y Williams (1976c) anotaron que los tubos de las corolas del disco eran puberulentos. Este taxón fue tratado por Gibson (1969) como *Senecio heterogamus* bajo el epíteto varietal inédito "megaphyllus".

8. Roldana heterogama (Benth.) H. Rob. et Brettell, *Phytologia* 27: 420 (1974). *Cacalia heterogama* Benth., *Vidensk. Meddel. Dansk Naturhist. Foren. Kjøbenhavn* 1852: 107 (1853). Lectotipo (designado por Funston, 2008): Costa Rica, *Oersted 192* (foto MO! ex K). Ilustr.: Gibson, *Revis. Sect.* Palmatinervii 105 (1969), como *Senecio heterogamus* var. *heterogamus.*
Cacalia calotricha S.F. Blake, *Senecio heterogamus* (Benth.) Hemsl., *S. heterogamus* var. *kellermannii* Greenm.

Hierbas perennes arbustivas, (0.4-)1-4 m, el cáudice leñoso; tallos pelosos distalmente a glabrescentes proximalmente; follaje heterótrico, follaje de la capitulescencia generalmente estipitado-glandular, las glándulas estipitadas 0.1-0.2 mm, el follaje proximal y las hojas generalmente con tricomas patentes simples parduscos 0.5-1 mm. Hojas excéntricamente peltadas debajo de la capitulescencia, algunas veces alado-peciolares y subamplexicaules por dentro de la capitulescencia; láminas 6-35 × 6-35 cm, suborbiculares o reniformes, rígidamente cartáceas, palmatinervias a triplinervias en las hojas distales, los márgenes 5-9(-13)-lobados, los lobos 1-5 cm, triangulares, las superficies concoloras, el indumento generalmente homótrico de tricomas alargados simples, la superficie adaxial esparcidamente piloso-hirsuta a glabrescente, la superficie abaxial moderada o densamente piloso-hirsuta a glabrescente; pecíolo 4-17 cm, generalmente a 1-10 cm del margen. Hojas distales generalmente 3-10 cm, bracteadas, lanceoladas y alado-peciolares a suborbiculares y pecioladas. Capitulescencia ligera y laxamente corimbifome-paniculada, terminal o axilar, las ramitas heterótricas, las brácteas generalmente 15-25 × 4-8 mm, obovadas a oblanceoladas; pedúnculos generalmente (5-)10-25 mm, obvia y densamente estipitado-glandulosos, las glándulas estipitadas 0.1-0.2 mm, algunas veces heterótricas con algunos tricomas no glandulares, las bractéolas generalmente 4-5 mm. Cabezuelas 9-15 mm, disciformes; involucro 7-11 mm de diámetro, turbinado-campanulado; filarios 10-13, 7-10 × 1-2 mm, lanceolados, el indumento generalmente homótrico de densas glándulas estipitadas, en ocasiones viloso-hirsuto; bractéolas caliculares 3-5 mm, más cortas que la mitad de la longitud de los filarios, generalmente estipitado-glandulosas. Flores marginales 2-7, pistiladas; corola 6-7 mm, tubular-infundibuliforme, 4-5-lobada, los lobos frecuentemente más cortos que la garganta. Flores del disco 20-30; corola 7-8 mm, glabra, los lobos 1.2-2 mm. Cipselas 1-2.5 mm, glabras; cerdas del vilano 5-7.5 mm. Floración sep.-may. *Bosques de neblina, selvas medianas perennifolias, bosques de* Pinus-Quercus, *subpáramos, matorrales, laderas de volcanes.* Ch (*Breedlove 50039*, MO); G (*Heyde y Lux 3390*, MO); CR (*Pruski et al. 3909*, MO); P (*Klitgaard et al. 792*, MO). (1400-)2500-4100 m. (México [Oaxaca], Mesoamérica.)

Roldana heterogama es una especie centroamericana común que se diferencia por las hojas excéntricamente peltadas. Esta especie fue listada para Honduras por Clewell (1975), pero subsecuentemente no lo fue ni por Williams (1984). Algunos ejemplares referidos a *R. hetero-*

gama por Gibson (1969) fueron descritos posteriormente como *R. greenmanii* (Robinson y Brettell, 1974).

9. Roldana jurgensenii (Hemsl.) H. Rob. et Brettell, *Phytologia* 27: 421 (1974). *Senecio jurgensenii* Hemsl., *Biol. Cent.-Amer., Bot.* 2: 242 (1881). Isotipo: México, Oaxaca, *Jürgensen 309* (foto MO! ex G). Ilustr.: Gibson, *Revis. Sect.* Palmatinervii 111 (1969), como *S. jurgensenii.* N.v.: Tejute, H.
Roldana breedlovei H. Rob. et Brettell.

Arbustos 1.5-4(-5) m; tallos rectos o deflexos en los nudos distales, conspicuamente elevado-lenticelados, puberulentos a glabrescentes, algunas veces fistulosos; follaje de crecimiento reciente especialmente en la capitulescencia predominantemente estipitado-glanduloso, también esparcidamente pubescente con tricomas no glandulares más largos. Hojas con el pecíolo en esencia marginalmente unido o en las hojas proximales escasamente subpeltado; láminas 8-15 × 9-16 cm, ovadas a suborbiculares, por lo general delgadamente cartáceas, 3-7-subpalmatinervias, la superficie adaxial puberulento-papilosa a glabrescente, la superficie abaxial completamente glabra o algunas veces puberulento-hirsútula sobre las nervaduras basalmente, la base truncada a cordata, los márgenes moderadamente 5-7-palmatilobados, los lobos generalmente 1.5-3.5 cm, triangulares, rara vez anchamente triangulares, el margen de los lobos entero a remotamente denticulado, sin la tendencia de lobos secundarios en los lobos mayores (excepto en el tipo de *Roldana breedlovei*), el ápice agudo a obtuso, rostrado y no redondeado; pecíolo 4-15 cm. Capitulescencia generalmente tirsoide-paniculada, folioso-bracteada, las brácteas foliosas 1.5-7(-9) cm, lanceoladas a ovadas o palmatilobadas, sésiles o alado-peciolariformes; pedúnculos 3-12 mm, moderada a densamente estipitado-glandulosos, algunas veces también con dispersos tricomas no glandulares alargados. Cabezuelas 9-12 mm, radiadas; involucro 2-3.5 mm de diámetro, cilíndrico-turbinado; filarios 8, 5-9 × 1.2-1.8 mm, estipitado-glandulosos o granular-papilosos a rara vez glabros. Flores radiadas (4)5; corola amarilla, glabra, el limbo 6-9 mm. Flores del disco 7-11; corola 6-8 mm, glabra, los lobos 1-1.5 mm. Cipselas 2-4 mm, glabras; cerdas del vilano 5.5-7 mm. Floración dic.-mar.(-abr.). $2n = 60$. *Bosques de neblina, selvas medianas perennifolias, bosques de* Pinus-Quercus, *matorrales, laderas de volcanes.* Ch (*Breedlove 9228*, NY); G (*Standley 84415*, MO); H (*House 1183*, MO); ES (Gibson, 1969: 119). 1000-3000(-3500) m. (México [Oaxaca], Mesoamérica.)

Aunque el protólogo de *Senecio jurgensenii* (Hemsley, 1881) dice "lobis rotundatis vel subacutis", los lobos de las hojas son triangulares hasta rara vez anchamente triangulares. Estos nunca son anchamente redondeados como frecuentemente los son en *Roldana oaxacana* y *R. petasitis.* El tipo de *R. breedlovei* (*Breedlove 9228*) tiene filarios glabros (Robinson y Brettell, 1974). Sin embargo, se ha observado variación en la característica de la pubescencia del filario; *Breedlove 9228* fue citada por Gibson (1969) como *S. jurgensenii*, lo cual se ha seguido en este tratamiento. Williams (1976c), Turner (2005 [2006]), y Funston (2008) trataron a *R. breedlovei* como un sinónimo de *R. jurgensenii.*

10. Roldana lanicaulis (Greenm.) H. Rob. et Brettell, *Phytologia* 27: 421 (1974). *Senecio lanicaulis* Greenm., *Publ. Field Columb. Mus., Bot. Ser.* 2: 283 (1907). Isolectotipo (designado por Williams, 1976c): Guatemala, *Heyde y Lux 3377* (imagen en Internet ex K!). Ilustr.: Gibson, *Revis. Sect.* Palmatinervii 117 (1969), como *S. lanicaulis.*

Arbustos 2-4(-6) m; tallos densamente lanado-tomentosos, la médula sólida; follaje solo con tricomas no glandulares. Hojas con el pecíolo unido marginalmente; láminas 15-30 × 13-25 cm, suborbiculares a reniformes, palmatinervias, generalmente c. 7-nervias, las superficies obviamente discoloras, la superficie adaxial esparcidamente araneoso-pubescente a glabrescente, la superficie abaxial densa y persistentemente lanado-tomentosa, la base cordata, los márgenes levemente 9-15-lobados, los lobos 0.3-1 cm, sinuosos; pecíolo 8-18 cm, araneoso-tomentoso a densamente lanoso-tomentoso. Capitulescencia corimbifome-paniculada, el eje principal generalmente 30-45 cm, no folioso-bracteado (o al menos no representado así en los ejemplares de herbario), los últimos agregados moderadamente densos, las bractéolas 1-2 mm; pedúnculos 1-4 mm, araneoso-pubescentes. Cabezuelas 7-9 mm, radiadas; involucro c. 3 mm de diámetro, cilíndrico; filarios 10-13, 4-5 × c. 1 mm, glabros o muy en la base araneoso-pubescentes, no glandulosos. Flores radiadas 4-6; corola amarilla, glabra, el limbo 3.5-4.5 mm. Flores del disco 8-15; corola 5-6.5 mm, glabra, los lobos 1-1.5 mm. Cipselas 1-1.5 mm, glabras; cerdas del vilano 4.5-6 mm, llegando hasta la porción proximal de los lobos de la corola. Floración nov.-feb. *Selvas medianas perennifolias, bosques de neblina, bosques de* Pinus-Quercus. Ch (*Nelson 3771*, MO); G (*Steyermark 49830*, MO). 2000-3000 m. (S. México, Mesoamérica.)

Funston (2008) describió las hojas como glandular-pubescentes adaxialmente, pero Greenman (1926) usó en la clave para esta especie "en ningún sentido glanduloso".

11. Roldana lobata La Llave, *Nov. Veg. Descr.* 2: 10 (1825). Neotipo (designado por Funston, 2008): México, estado desconocido, *Alaman s.n.* (foto MO! ex G-DC). Ilustr.: Sánchez Sánchez, *Fl. Valle México* ed. 4, t. 335A (1978), como *Senecio roldana*.

Senecio jaliscanus S. Watson, *S. roldana* DC., *S. rotundifolius* Sessé et Moc. non Stokes non Lapeyr. nec Hook f., *S. schumannianus* S. Schauer.

Hierbas perennes a arbustos, 1-2(-4) m, generalmente con tallo simple, el cáudice leñoso; tallos rígidamente erectos y no obviamente deflexos en los nudos distales, las hojas gradual pero conspicuamente decrecientes, densamente flocoso-tomentosos al menos distalmente hasta glabrescente en parches, fistulosos pero las ramitas de la capitulescencia sólidas; follaje solo con tricomas no glandulares. Hojas con el peciolo unido marginalmente; láminas 7-20(-25) × 6-15(-20) cm, rómbicas a ovadas, rígidamente cartáceas, las hojas distales triplinervias justo encima de la base, las hojas más grandes proximales subpinnatinervias, finamente reticuladas, las superficies por lo general obviamente discoloras, la superficie adaxial esparcidamente araneoso-hírtula a pronto glabrescente, la superficie abaxial araneoso-pubescente a flocoso-tomentulosa, la base truncada a cordata, los márgenes leve y sinuosamente 5-9-lobados, los lobos proximales frecuentemente los más grandes, los lobos 0.3-2(-3) cm, sinuosos a algunas veces triangulares, el ápice obtuso a redondeado; pecíolo 7-17 cm, araneoso-pubescente a flocoso-tomentuloso. Capitulescencia tirsoide-paniculada, foliosobracteada y dispuesta muy por encima de las hojas del tallo folioso, las hojas bracteadas generalmente 3-6(-10) cm, mucho menores que las hojas del tallo, los últimos agregados moderadamente densos; pedúnculos (1-)3-10 mm, araneoso-pubescentes. Cabezuelas 9-13 mm, radiadas o rara vez discoides o disciformes; involucro 3-5 mm de diámetro, turbinado-campanulado, las flores del disco moderada a largamente exertas; filarios 10-13, 4-6 × 1-1.8 mm, menos de la mitad de la longitud de las flores, purpúreos, no glandulosos, generalmente densamente flocoso-tomentosos en c. 3/4 proximales y el ápice glabrescente; bractéolas caliculares algunas veces a la mitad de la longitud de los filarios. Flores radiadas (0-)2-6(-8); corola amarilla a amarillo-anaranjada, el tubo escasamente setuloso distalmente, el limbo 2-6 mm. Flores del disco 12-20; corola 6-8 mm, el tubo escasamente setuloso distalmente, los lobos 1-1.6 mm. Cipselas 1.5-2.5 mm, glabras; cerdas del vilano 5-7.5 mm. Floración (botones) nov. *Selvas medianas perennifolias.* G (*Standley 77351*, MO). 700-1700 m. (México, Mesoamérica.)

Gibson (1969) indicó como a veces 8 el número de filarios en *Roldana lobata*. El único ejemplar que se conoce de Guatemala está en botón y fue identificado por Jesse Greenman (en ejemplar de MO) como *Senecio roldana*. Subsecuentemente, Gibson (1969) refirió este ejemplar (lo mismo que el futuro tipo de *S. quezalticus*) a *R. aschenborniana*. Williams (1975b, 1976c, como *Senecio*) llamó a estas colecciones de Guatemala *R. quezaltica* y no reportó *R. lobata* en Guatemala, mientras que Funston (2008) llamó estos ejemplares *R. lobata*.

El ejemplar *Standley 77351,* aunque está solo en botón, concuerda con *R. lobata* por las hojas gradual pero marcadamente decrecientes, la porción distal de la nervadura triplinervia desde encima de la base, los filarios proximalmente flocoso-tomentosos y las capitulescencias foliáceo bracteadas y dispuestas por encima de las hojas grandes del tallo. Se espera hacer la verificación de esta especie en Mesoamérica de ejemplares en flor.

12. Roldana oaxacana (Hemsl.) H. Rob. et Brettell, *Phytologia* 27: 422 (1974). *Senecio oaxacanus* Hemsl., *Biol. Cent.-Amer., Bot.* 2: 244 (1881). Isotipo: México, Oaxaca, *Galeotti 2009* (NY!). Ilustr.: Redonda-Martínez y Villaseñor Ríos, *Fl. Valle Tehuacán-Cuicatlán* 89: 47, t. 8 (2011).

Roldana chiapensis H. Rob. et Brettell, *R. hederoides* (Greenm.) H. Rob. et. Brettell, *R. petasitis* (Sims) H. Rob. et Bretell var. *oaxacana* (Hemsl.) Funston, *Senecio hederoides* Greenm., *S. hypomalacus* Greenm.

Arbustos 1-3 m; tallos casi rectos a escasamente deflexos en los nudos distales, algunas veces escasamente lenticelados, hírtulos o hirsútulos, generalmente estipitado-glandulosos distalmente, rara vez fistulosos; follaje de crecimiento reciente especialmente en la capitulescencia predominantemente hírtulo-estipitado-glandular. Hojas con el pecíolo básicamente marginal o muy escasamente excéntricamente subpeltado y unido 2-5 mm hacia dentro de la base de la lámina; láminas generalmente 4-11(-12) × 5-13(-15) cm, suborbiculares, triplinervias o subpalmatinervias, la superficie adaxial hirsútula o hírtula a glabrescente, la superficie abaxial esparcidamente hírtula, la base cordata a truncada, los márgenes moderadamente 5-7-lobados, los lobos 1.5-3 cm, triangulares o a veces anchamente triangulares, los lobos con margen entero a remotamente denticulado, el ápice agudo a algunas veces obtuso; pecíolo 2-9(-10.5) cm. Capitulescencia corimbiforme-paniculada a tirsoide-paniculada, por lo general obviamente folioso-bracteada, las ramas y pedúnculos estipitado-glandulosos, las hojas bracteadas generalmente 2-6 cm, hírtulo-estipitado-glandulosas, sésiles o subsésiles; pedúnculos 5-13 mm. Cabezuelas 7-9(-10) mm, radiadas; involucro 4-6 mm de diámetro, turbinado-campanulado, las flores del disco largamente exertas en la antesis; filarios 8, 4-6 × 1.5-2.2 mm, ovados o los externos algunas veces elíptico-lanceolados, estipitado-glandulosos; bractéolas caliculares 0-2. Flores radiadas (4)5; corola amarilla, glabra, el limbo 3-5 mm. Flores del disco 8-13; corola 5.5-7 mm, glabra, la garganta más larga que los lobos, los lobos 1-1.5 mm. Cipselas 1-2 mm, glabras; cerdas del vilano 4-6 mm. Floración dic.-ene. $2n = 60$. *Selvas medianas perennifolias.* Ch (*Breedlove 31499*, MO). c. 1600 m. (México [Oaxaca], Mesoamérica.)

Turner (2005 [2006]) definió ampliamente a *Roldana oaxacana* distribuida desde Veracruz a Nicaragua, pero aquí se la circunscribe más estrechamente como especie mexicana debido a los filarios cortos, más o menos concordando con el concepto de Gibson (1969). Turner (2005 [2006]) trató a *R. cordovensis* (Hemsl.) H. Rob. et Brettell en la sinonimia de *R. oaxacana*, pero *R. cordovensis* de hojas peltadas fue reconocida como distinta por Funston (2008). *Roldana chiapensis* (descrita por Robinson y Brettell, 1974) fue tratada por Williams (1975b, 1976c) en la sinonimia de *R. petasioides*. Sin embargo, *R. chiapensis* con los filarios cortos y las corolas del disco glabras, se asemeja a *R. oaxacana*, donde fue tratada en sinonimia por Turner (2005 [2006]), y Redonda-Martínez y Villaseñor Ríos (2011).

13. Roldana petasioides (Greenm.) H. Rob., *Phytologia* 32: 331 (1975). *Senecio petasioides* Greenm., *Bot. Gaz.* 37: 419 (1904). Isotipo: Guatemala, *Heyde et Lux 4522* (MO!). Ilustr.: Gibson, *Revis. Sect. Palmatinervii* 127 (1969), como *S. petasitis*. N.v.: Hoja de queso, G; falso papelillo, islicapuco, papelillo montés, papelillo de queso, ES.

Arbustos 1-3(-4) m; tallos casi rectos a escasamente deflexos en los nudos distales, algunas veces escasamente lenticelados, subtomentosos a hírtulos, generalmente estipitado-glandulosos distalmente, algunas veces fistulosos; follaje de crecimiento reciente en la capitulescencia estipitado-glandular e hirsuto con tricomas no glandulares. Hojas con el pecíolo unido marginalmente; láminas 6-22 × 7-24 cm, ovadas a suborbiculares, palmatinervias, la superficie adaxial granulosa-hírtula a subglabrescente, la superficie abaxial flocoso-tomentosa, la base cordata a algunas veces truncada, los márgenes moderadamente 7-11-lobados, los lobos 1-3 cm, deltados a anchamente-triangulares, el margen de los lobos entero a remotamente denticulado, el ápice agudo a obtuso; pecíolo 4-17 cm. Capitulescencia corimbifome-paniculada, folioso-bracteada, las ramas y los pedúnculos estipitado-glandulosos, las hojas bracteadas generalmente 2-6 cm, hírtulo-estipitado-glandulosas, sésiles o subsésiles; pedúnculos 8-20 mm. Cabezuelas 10-15 mm, radiadas; involucro 3.5-6 mm de diámetro, turbinado a campanulado, las flores del disco moderadamente exertas en la antesis; filarios 8, 6.5-9 × 1.2-2 mm, elíptico-lanceolados, estipitado-glandulosos, los tricomas c. 0.1 mm, pálido-coloreados; bractéolas caliculares 0-3. Flores radiadas generalmente 5; corola amarilla, glabra, el limbo 6-10 mm. Flores del disco 9-14; corola 8-10 mm, glabra, los lobos 1.5-2 mm. Cipselas 2-3.5 mm, glabras; cerdas del vilano 6-8 mm. Floración dic.-abr.(jun.). *Selvas medianas perennifolias, bosques de* Pinus-Quercus. G (*Pruski y Ortiz 4288*, MO); H (*Standley 56152*, MO); ES (*Calderón 468*, MO); N (*Moreno 23521*, MO). 900-2600(-3200) m. (Endémica.)

En este tratamiento se sigue la tradición (Donnell Smith, 1904; Greenman, 1926; Robinson y Brettell (1974); Williams (1975b, 1976c) al reconocer como distintas a *Roldana cristobalensis*, *R. oaxacana*, *R. petasioides* y la especie de fuera de Mesoamérica *R. petasitis*. Sin embargo, Gibson (1969) y Turner (2005 [2006]) reconocieron solo tres de las cuatro como especies, y Funston (2008) básicamente trató cada de las cuatro como variedades de *R. petasitis*. En este tratamiento se circunscribe *R. petasioides* de la misma forma que Gibson (1969), como *Senecio petasitis* (Sims) DC. Gibson (1969) dio el tipo de *S. petasitis* como dudosamente de México y circunscribió el taxón de otra manera conocido de cultivo y silvestre desde Guatemala hasta Nicaragua. Robinson (1975) y Williams (1975b, 1976c), pensaron que Gibson erróneamente aplicó el nombre *R. petasitis* a las plantas mesoamericanas, y trataron contrariamente a *R. petasitis* como de fuera de Mesoamérica y como un nombre anterior para el sinónimo *S. sartorii* Sch. Bip. ex Hemsl.

El nombre que tiene prioridad como es aplicado a las plantas mesoamericanas con hojas abaxialmente flocoso-tomentosas es *R. petasioides*, tal como fue usado por Clewell (1975), Robinson (1975), y Williams (1975b, 1976c, 1984). *Roldana petasioides* y *R. petasitis* como fueron circunscritos aquí básicamente concuerdan, respectivamente, con *R. oaxacana* y *R. petasitis* de Turner (2005 [2006]) y *R. petasitis* var. *petasitis* y *R. petasitis* var. *sartorii* (Sch. Bip. ex Hemsl.) Funston de Funston (2008). Además de las diferencias de la hoja, las plantas centroamericanas tienen filarios con tricomas pálidamente coloreados y las flores del disco moderadamente exertas en la antesis, mientras que los filarios de la especie mexicana *R. petasitis* tienen tricomas articulados púrpura de 0.2-0.5 mm (Gibson, 1969) y las flores del disco son ligeramente exertas en la antesis (Williams, 1975b).

14. Roldana riparia Quedensley, Véliz et L. Velásquez, *Lundellia* 17: 1 (2014). Holotipo: Guatemala, *Quedensley et al. 10188* (foto MO! ex BIGU). Ilustr.: Quedensley et al., *Lundellia* 17: 2, t. 1 (2014).

Subarbustos 1-2.5 m; tallos erectos a escandentes, estriados, casi erectos y no obviamente deflexos en los nudos distales, no estipitado-glandulosos, de otra forma glabros distalmente a pilosos proximalmente, los entrenudos más cortos que las hojas. Hojas con pecíolo marginal; láminas generalmente 6-12 × 8-15 cm, reniformes, palmatinervias, la superficie adaxial estrigulosa, la superficie abaxial esparcidamente estrigulosa, la base cordata a truncada, los márgenes 8-10(-12)-lobados, los lobos 1.5-2 cm, anchamente triangulares, los márgenes de los lobos denticulados, el ápice agudo a obtuso; pecíolo 8-18 cm, pubescente. Capitulescencia presumiblemente cimosa abierta,

las ramas y los pedúnculos presumiblemente no estipitado-glandulosos (al menos no indicado en el protólogo); pedúnculos 7-11 mm, flocosos, bracteolados. Cabezuelas radiadas; involucro cilíndrico a turbinado; filarios 7-8, 7-8 × 1-2 mm, mamilosos pero presumiblemente no estipitado-glandulosos (al menos no indicado en el protólogo), el ápice velloso; bractéolas caliculares pocas. Flores radiadas 7-8; corola amarilla, el limbo 9-11 mm. Flores del disco 14-18; corola c. 10 mm, los lobos presumiblemente (según figura del protólogo) más largos que la garganta. Cipselas 1-2 mm, glabras; cerdas del vilano 7-8 mm. Floración dic. G (*Quedensley et al. 10188*, US). 2900-3000 m. (Endémica.)

Aunque solo se ha visto el protólogo y fotografías del tipo de *Roldana riparia* (Quedensley et al., 2014), la especie parece ser distinta por el número de flores. Es reminiscente tanto de *Psacalium* y *Psacaliopsis*, por las cabezuelas moderadamente grandes, pero ambos difieren por el hábito acaulescente. *Psacalium* difiere además de *R. riparia* por las cabezuelas discoides y *Psacaliopsis* por las hojas peltadas.

15. Roldana scandens Poveda et Kappelle, *Brenesia* 37: 157 (1992). Isotipo: Costa Rica, *Kappelle 5843* (NY!). Ilustr.: Poveda y Kappelle, *Brenesia* 37: 160, t. 1 (1992).

Arbustos 1-5 m; tallos esparcidamente araneoso-puberulentos a rápidamente glabrescentes; follaje (cuando pubescente) con tricomas no glandulares. Hojas con el pecíolo unido marginalmente; láminas 4-10 × 5-14 cm, orbiculares a reniformes, 5-11-palmatinervias, las superficies rápidamente glabrescentes, los márgenes levemente 5-11-palmatilobados, los lobos 0.3-0.8 cm, sinuados a corta y anchamente triangulares; pecíolo 4-8.5 cm. Capitulescencia anchamente corimbifome-paniculada, no folioso-bracteada, las ramas y los pedúnculos esparcidamente adpreso-araneoso-puberulentos a glabrescentes, los tricomas siempre no glandulares; pedúnculos 3-10 mm. Cabezuelas 8-9 mm, radiadas; involucro 2-3 mm de diámetro, cilíndrico-turbinado; filarios 5(-6), 5-7 × c. 1 mm, glabros. Flores radiadas c. 2; corola amarilla, glabra, el limbo 6-7 mm. Flores del disco c. 5; corola 7-8 mm, glabra, los lobos 2-3 mm, casi más largos que la garganta. Cipselas c. 2 mm, glabras; cerdas del vilano 6.5-7.5 mm. Floración ago.-sep., ene. *Selvas bajas perennifolias, bosques de* Quercus. CR (*Davidse 24716*, MO). 2700-3300 m. (Endémica.)

16. Roldana schaffneri (Sch. Bip. ex Klatt) H. Rob. et Brettell, *Phytologia* 27: 423 (1974). *Senecio schaffneri* Sch. Bip. ex Klatt, *Leopoldina* 24: 126 (1888). Lectotipo (designado por Greenman, 1926): México, Veracruz, *Liebmann 151* (C). Ilustr.: no se encontró. N.v.: Quesillo de monte, G; hoja negra, tabaquillo, H.

Senecio ghiesbreghtii Regel var. *pauciflorus* J.M. Coult., *S. grandifolius* Less. var. *glabrior* Hemsl., *S. orogenes* L.O. Williams, *S. santarosae* Greenm.

Arbustos suaves a árboles pequeños, 1-3.5(-6) m; tallos ascendentes-erectos, generalmente rectos o rara vez escasamente deflexos en los nudos distales, foliosos distalmente, por lo general densamente araneoso-tomentulosos distalmente hasta irregularmente glabrescentes proximalmente. Hojas con pecíolo unido marginalmente; láminas 5-22 × 2-12 cm, oblanceoladas a elípticas o ovadas u obovadas, duramente cartáceas a subcoriáceas, pinnatinervias, generalmente con 5-7 nervaduras secundarias por cada lado patentes desde la vena media en ángulos de c. 45°, las superficies concoloras, la superficie adaxial glabra, la superficie abaxial ligeramente araneoso-pubescente a glabrescente, la base generalmente cuneada a algunas veces anchamente redondeada o truncada, los márgenes subenteros a denticulados, no lobados a levemente lobados, los lobos generalmente 1-2 cm, sinuosos a cortamente triangulares, agudos a obtusos, el ápice agudo; pecíolo 2-8 cm, glabrescente o fasciculado-araneoso axilarmente; Capitulescencia corimbifome-paniculada, las ramitas araneoso-flocosas, las ramas principales no obviamente folioso bracteadas, las bractéolas de las ramitas c. 2 mm, lineares; pedúnculos 2-5 mm, araneoso-pubescentes o glabrescentes, las bractéolas diminutas. Cabezuelas 7-10 mm, radiadas; involucro

2-2.5 mm de diámetro, cilíndrico, las flores del disco largamente exertas; filarios 5(-6), 4.5-6(-7) × 1-1.8 mm, ligeramente araneoso-pubescentes a glabrescentes, el ápice frecuentemente obtuso a redondeado; bractéolas caliculares diminutas. Flores radiadas 1-3; corola amarilla, glabra, el limbo generalmente 3-4 mm. Flores del disco 3-6; corola 6.5-8 mm, largamente exerta, glabra, los lobos 1-2 mm, algunas veces casi más largos que la garganta. Cipselas 2-3 mm, glabras; cerdas del vilano 5-6 mm. Floración ene.-jul. *Bosques de neblina, selvas medianas perennifolias, bosques de* Pinus-Quercus*, matorrales.* Ch (*Breedlove 24959*, MO); G (*Heyde y Lux 4520*, NY); H (*Evans 1239*, MO); ES (*Carlson 780*, MO); N (*Williams et al. 24679*, F). (600-)1000-2400 m. (México, Mesoamérica.)

Roldana schaffneri, ubicada por Greenman (1901) en *Senecio* sect. *Terminales* en parte debido a las hojas pinnatinervias, no fue incluida por Gibson (1969) en la revisión de *S.* sect. *Palmatinervii*. *Roldana schaffneri* fue mencionada por Robinson y Brettell (1974), Turner (2005 [2006]) como atípica. Los nombres de Hemsley, Coulter y Greenman fueron puestos en sinonimia por Williams (1975b). Esta especie tiene hojas de formas variables y en general parecen graduar desde formas con hojas lanceoladas no lobadas en poblaciones al norte de Mesoamérica hasta con hojas lobadas y ovadas en el sur de Mesoamérica. Los ejemplares con hojas lanceoladas no lobadas de *R. schaffneri* son frecuentemente confundidos con *Telanthophora grandifolia*, la cual al igual que *R. schaffneri*, fue también tratada por Greenman (1901) en *S.* sect. *Terminales*. Similarmente, *R. schaffneri* y *T. grandifolia* fueron ubicadas por Williams (1976c) dentro de *S.* sect. *Fruticosi* Hook. (syn. *S.* sect. *Terminales*). Las formas con hojas lobadas de *R. schaffneri*, debido a las corolas del disco exertas con los lobos algunas veces más largos que la garganta, a veces son confundidas con especies de *Digitacalia*, las cuales difieren por las corolas generalmente blanco-amarillentas y el tejido endotecial polarizado.

La especie mexicana *R. lineolata* se encuentra en las cercanías de Oaxaca y debería encontrarse en Mesoamérica. Se diferencia de *R. schaffneri*, especie por lo demás similar, por tener 8 filarios (vs. generalmente 5) y las cabezuelas generalmente más grandes con c. 5 flores radiadas (vs. 1-3) y 9-13 flores del disco (vs. 3-6).

17. Roldana tonii (B.L. Turner) B.L. Turner, *Phytologia* 87: 249 (2005 [2006]). *Senecio tonii* B.L. Turner, *Phytologia* 71: 304 (1991). Isotipo: México, Chiapas, *Ton 9481* (MO!). Ilustr.: Turner, *Phytologia* 71: 305, t. 1 (1991), como *S. tonii*.

Arbustos 1.5-2 m; tallos con varias costillas, no maculados, generalmente heterótricos con tomento araneoso no glandular mucho más largo que y más o menos cubriendo la capa de glándulas cortamente estipitadas. Hojas con el pecíolo marginalmente unido; láminas 8-13 × 8-14.5 cm, ovadas a suborbiculares, por lo general delgadamente cartáceas, c. 5-palmatinervias, el retículo escasamente elevado en la superficie adaxial, la superficie adaxial hírtula a glabrescente, la superficie abaxial laxamente araneoso-puberulenta, la base truncada a subcordata, los márgenes levemente 7-11-lobulados, los lóbulos sinuados o anchamente triangulares, el margen de los lóbulos entero a remotamente denticulado, el margen de los lobos irregularmente denticulado a irregularmente serrulado, el ápice rostrado y no redondeado; pecíolo 2-6 cm. Capitulescencia anchamente corimbosa desde los nudos distales, generalmente folioso-bracteada, las ramas y los pedúnculos heterótricos con tomento araneoso más largo que la capa de glándulas cortamente estipitadas y más o menos cubriéndola; pedúnculos 4-10 mm. Cabezuelas 8-10 mm, radiadas, involucro 3-3.5 mm de diámetro, cilíndrico-turbinadas; filarios 8, 5-6.5 × 1.1-1.8 mm, laxamente araneoso-tomentulosos y cortamente estipitado-glandulosos. Flores radiadas 3-5; corola amarilla, el tubo papiloso-puberulento, el limbo 3-6 mm. Flores del disco 8-10; corola 7-8 mm, el tubo papiloso-puberulento, los lobos 1-1.5 mm. Cipselas c. 1.5 mm, glabras; cerdas del vilano 5-6 mm. Floración nov.-dic. *Bosques de* Pinus-Quercus*, bosques nublados.* Ch (*Breedlove 23034*, MO). 2400-2800 m. (Endémica.)

Turner (2005 [2006]) reconoció a *Roldana subcymosa* H. Rob. y *R. tonii* como distintas, mientras que Funston (2008) las trató como sinónimos de *R. hartwegii* (Benth.) H. Rob. et Brettell var. *subcymosa* (H. Rob.) Funston. Gibson (1969) trató *R. hartwegii* como una especie de fuera de Mesoamérica y Turner (2005 [2006]) trató a *R. hartwegii* y *R. subcymosa* como especies de fuera de Mesoamérica. Turner (2005 [2006]) diagnosticó a *R. tonii* por el tubo de las corolas del disco papiloso-puberulento, así diferenciándose de *R. subcymosa* con el tubo glabro, la cual Turner (2005 [2006]) indicó como endémica de Oaxaca. Dentro de las especies mesoamericanas, *R. tonii* muestra una combinación de caracteres tanto de *R. acutangula* como de *R. jurgensenii*.

247. Senecio L.

Por J.F. Pruski.

Hierbas anuales o perennes, terrestres, raramente arbustos o rara vez árboles; tallos con hojas basales y/o caulinares; follaje glabro o cuando pubescente con tricomas simples. Hojas simples a pinnatífidas, alternas, pecioladas (especialmente las hojas proximales) a sésiles, raramente amplexicaules; láminas filiformes a ovadas, rara vez orbiculares, generalmente cartáceas a rígidamente cartáceas, pinnatinervias o con menos frecuencia subpalmatinervias. Capitulescencia generalmente terminal, cimosa o corimbosa a paniculada, rara vez monocéfala, las cabezuelas erectas o raramente nutantes; pedúnculos generalmente delgados y bracteolados, las bractéolas rara vez gradualmente volviéndose bractéolas caliculares. Cabezuelas radiadas o discoides o raramente disciformes, caliculadas; involucro cilíndrico a hemisférico. Flores del disco (Mesoamérica) generalmente solo escasa, rara y moderadamente exertas; filarios 5-21(-34), 1(-2)-seriados, libres, generalmente verdes en la región medial con los márgenes escariosos o pajizos, adpresos con los márgenes superpuestos, persistentes pero generalmente reflexos luego de la fructificación; clinanto sin páleas, raramente alveolado, fistuloso. Flores radiadas (cuando presentes) (1-)5-21(-34), pistiladas; corola generalmente amarilla, el limbo generalmente 4-nervio, el ápice 3-denticulado. Flores del disco (3-)5-80, bisexuales; corola generalmente amarilla, generalmente tubular-infundibuliforme a angostamente campanulada, por lo general brevemente 5-lobada, el tubo dilatado basalmente, el tubo y el limbo subiguales o el limbo más largo, los lobos generalmente deltados a cortamente triangulares; anteras con el collar con forma de balaústre, con células basales agrandadas, las tecas con la base por lo general brevemente obtuso-auriculada, el tejido del endotecio radial (con las paredes celulares irregularmente engrosadas lateralmente y de apariencia de hileras de cuentas ensartadas en hilos); estilo sin apéndice, con el nudo basal dilatado dispuesto por encima del nectario, las ramas cada una con las superficies estigmáticas en dos 2 bandas llegando casi hasta el ápice, el ápice generalmente truncado a raramente anchamente obtuso, sin fascículo apical central de papilas, con cortas papilas barredoras subapicales con la punta redondeada lateralmente, patentes, dispuestas en un semicírculo abaxial. Cipselas cilíndricas, 5-10-estriado-acostilladas, glabras a pubescentes; vilano del radio y del disco similares, de numerosas cerdas generalmente capilares, blanco-pajizas, escabriúsculas (suavemente ancistrosas, rara vez subclaviforme-adpresas). Aprox. 1000-1200 spp. Cosmopolita, con la excepción de Antártica.

Como se ha reconocido a *Senecio* en este tratamiento, está caracterizado principalmente por las cabezuelas caliculadas, los estilos con 2 bandas, sin apéndices, apicalmente truncados, las anteras con las tecas basalmente no caudadas y collares con forma de balaústre (Robinson y Brettell, 1974; Jeffrey, 1992; Nordenstam, 1978, 2007; Vincent y Getliffe, 1992; Bremer, 1994; Barkley et al., 1996; Janovec y Robinson, 1997; Pruski, 2012b). En trabajos anteriores (p. ej., Bentham y Hooker, 1873; Hemsley, 1881; Williams, 1976c), *Senecio* fue tratado típicamente en el sentido amplio (p. ej., Bentham y Hooker, 1873, reconocieron 28 secciones de las cuales en la actualidad varias se reconocen como géneros), e incluyendo elementos subtribales tussi-laginoides y senecioides. Recientemente, varios géneros (p. ej., *Dresslerothamnus, Jessea, Monticalia, Ortizacalia, Pentacalia, Psacalium, Roldana, Talamancalia, Telanthophora*) han sido segregados de *Senecio* y han sido ampliamente reconocidos (Robinson y Brettell, 1974; Jeffrey, 1992; Nordenstam, 1978, 2007; Bremer, 1994; Barkley et al., 1996; Janovec y Robinson, 1997; Pruski, 2012b). Nordenstam (1978), Wetter (1983), Vincent y Getliffe (1992) y Pruski (2012b), ilustraron algunos de los microcaracteres que definen *Senecio* y que han sido usados como base para segregar los numerosos géneros. Los infra-géneros reconocidos son generalmente aquellos en Greenman (1901, 1902), Williams (1976c), Cuatrecasas (1982a), Villaseñor Ríos (1991) y Barkley et al. (1996).

Dos especies alpinas de *S.* sect. *Mulgedifolii, S. roseus* Sch. Bip. [*Cacalia runcinata* Kunth?] y *S. runcinatus* Less., están emparentadas entre sí y son moderadamente frecuentes desde el Pico Orizaba hasta la Ciudad de México (Villaseñor Ríos, 1991), y deben estar presentes en forma disyunta en los volcanes al este del Istmo de Tehuantepec (p. ej., Volcán Tacaná). Varias otras especies de *S.* sect. *Mulgedifolii* que contienen alcaloides pirolizidinados [p. ej., *S. bracteatus* Klatt, *S. conzattii* Greenm*., S. polypodioides* (Greene) T. Durand et B.D. Jacks.] se encuentran en Oaxaca (Villaseñor Ríos, 1991) y podrían estar presentes al este del Istmo de Tehuantepec. Es probable que se encuentren especies sudamericanas de *S.* sect. *Culcitiopsis* Cuatrec. en los pára-mos de Costa Rica y Panamá.

Senecio bicolor Viv. (como *S. cineraria* DC. en Standley, 1938: 1514 y Nelson, 2008: 193) es una hierba perenne con hojas grises di-secadas en ocasiones cultivada en Mesoamérica, pero rara vez florece y no se conoce que escape. *Curio rowleyanus* (H. Jacobsen) P.V. Heath (como *S. rowleyanus* H. Jacobsen en Barkley et al. 2006b, 20: 545) crece en áreas urbanas de Mesoamérica. Es generalmente usado en las regiones tropicales como planta colgante de maceta o para cubrir jar-dines. *Curio rowleyanus* se caracteriza por el follaje suculento y los tallos postrados formando tapetes con las hojas orbicular-globosas uniformemente espaciadas y las cabezuelas discoides blancas; escapa fácilmente y se podría encontrar en Mesoamérica.

Bibliografía: Bentham, G. y Hooker, J.D. *Gen. Pl.* 2(1): 163-533 (1873). Blake, S.F. *Bull. Torrey Bot. Club.* 53: 215-218 (1926). Cua-trecasas, J. *Phytologia* 52: 159-166 (1982). Hilliard, O.M. y Burtt, B.L. *Notes Roy. Bot. Gard. Edinburgh* 32: 303-387 (1973). Turner, B.L. *Phytoneuron* 2012-56: 1-5 (2012). Villaseñor Ríos, J.L. 1991. *Syst.* Senecio. Unpublished Ph.D. thesis, Claremont Graduate School, Claremont, 1-241 (1991). Wetter, M.A. *Brittonia* 35: 1-22 (1983).

1. Bejucos.
  2. Láminas de las hojas 3(-7)-palmatilobadas, carnosas; cabezuelas con las flores del disco escasamente exertas; involucros 7-12 mm de diámetro, campanulado-turbinados; flores radiadas 8; flores del disco 40-60, las corolas 6.2-7.5 mm. **8. S. macroglossus**
  2. Láminas de las hojas 5-9-palmatilobadas, cartáceas; cabezuelas con las flores del disco largamente exertas; involucros 3-4 mm de diámetro, cilíndricos; flores radiadas 5; flores del disco 10-13, las corolas 11-14 mm. **14. S. tamoides**
1. Hierbas anuales o perennes a raramente subarbustos pequeños.
  3. Cabezuelas generalmente discoides (rara vez cortamente radiadas en *S. godmanii*).
    4. Hierbas anuales; cipselas adpreso-setosas a esparcidamente puberulen-tas [*S.* sect. *Senecio*]. **15. S. vulgaris**
    4. Hierbas perennes; cipselas glabras [*S.* sect. *Mulgediifolii*].
      5. Hojas basales y la mayoría de las caulinares runcinadas; cabezuelas generalmente subnutantes en la antesis; filarios generalmente rosá-ceos; corolas del disco al menos de las flores externas purpúreas hasta rara vez blanco-amarillentas.
        6. Hojas caulinares basales y proximales runcinado-pinnatífidas; capi-tulescencias con 20-80 cabezuelas. **1. S. callosus**

        6. Hojas caulinares basales y proximales runcinado-bipinnatisectas; capitulescencias con 10-20 cabezuelas. **13. S. rhyacophilus**
      5. Hojas basales y la mayoría de las caulinares simples o al menos con la lámina generalmente no lobada; cabezuelas erectas; filarios verdes con un ápice pequeño (c. 0.2 mm), rosáceo, las corolas del disco, al menos en yema, amarillentas o verdosas y al madurar purpúreas.
        7. Hierbas moderadamente delicadas; hojas cartáceas a delgadamente cartáceas, la superficie adaxial lisa; hojas basales generalmente ate-nuadas apicalmente; láminas de las hojas basales y proximal-cauli-nares hastadas en la base. **4. S. doratophyllus**
        7. Hierbas robustas o rara vez subarbustos; hojas rígidamente cartáceas a subcoriáceas, la superficie adaxial rugulosa; hojas basales general-mente agudas a obtusas apicalmente; láminas de las hojas basales y proximales del tallo obtusas a cordatas en la base, rara vez hastadas. **5. S. godmanii**
  3. Cabezuelas radiadas.
    8. Hojas profunda y gruesamente pectinado-laciniado-pinnatífidas. **2. S. costaricensis**
    8. Láminas de las hojas con los márgenes enteros a doblemente serrado-dentados o doblemente serrados.
      9. Hierbas escapíferas o subescapíferas. **3. S. cuchumatanensis**
      9. Hierbas caulescentes o subarbustos.
        10. Láminas de las hojas anchamente lanceoladas a ovadas u obovadas, 1.8-17 cm de ancho, los márgenes serrados a serrado-dentados.
          11. Láminas de las hojas discoloras, la superficie abaxial blanco-gris-tomentosa; flores radiadas c. 13. **11. S. oerstedianus**
          11. Láminas de las hojas generalmente concoloras, la superficie aba-xial glabrescente a esparcidamente araneosa (rara vez tomentu-losa); flores radiadas generalmente 7-8.
            12. Capitulescencias terminales, abiertas y laxamente corimbosas; cabezuelas 11-13 mm; filarios 19-23, 7.5-9 mm. **9. S. mirus**
            12. Capitulescencias apretadamente corimbiforme-paniculadas; ca-bezuelas 6.5-9 mm; filarios generalmente 13, 4.5-6 mm. **10. S. multidentatus**
        10. Hojas típicamente linear-lanceoladas o linear-oblanceoladas a lan-ceoladas u oblanceoladas (rara vez elíptico-lanceoladas a elíptico-oblanceoladas), 0.2-1(-2.5) cm de ancho, los márgenes enteros a denticulados.
          13. Hojas basales presentes en antesis, las hojas abruptamente decre-cientes distalmente.
            14. Hierbas rizomatosas; limbo de las corolas radiadas 3.5-5 mm de ancho, oblongo; flores del disco 112-129. **6. S hansweberi**
            14. Hierbas estoloníferas; limbo de las corolas radiadas 3-3.5 mm de ancho, oblanceolado; flores del disco 54-66. **7. S. kuhbieri**
          13. Hojas basales ausentes en antesis, las hojas gradualmente decre-cientes distalmente.
            15. Hierbas perennes caulescentes; cipselas glabras. **12. S. picridis**
            15. Subarbustos típicamente con una base caulescente leñosa pe-queña; cipselas marcadamente papilosas. **16. S. warszewiczii**

1. Senecio callosus Sch. Bip., *Flora* 28: 498 (1845). Holotipo: México, Edo. México, *Andrieux 299* (foto MO! ex G-DC). Ilustr.: Sán-chez Sánchez, *Fl. Valle México* ed. 4, t. 334D (1978), como *S. prenan-thoides* A. Rich.

Cacalia toluccana DC. non *Senecio toluccanus* DC., *S. coulteri* Greenm., *S. decorus* Greenm., *S. eximius* Hemsl.

Hierbas perennes, 0.35-1.5(-1.8) m; tallos erectos, ramificados solo distalmente, estriados, purpúreos, glabros a crespo-hirsútulos o tomen-tulosos, fistulosos. Hojas basales (generalmente marchitas en la ante-sis) y caulinares, ascendentes, cartáceas, pinnatinervias, la superficie adaxial lisa, generalmente glabra, la superficie abaxial en ocasiones purpúrea, araneoso-tomentulosa a glabrescente, los tricomas general-mente (aparentemente) patentes en la base y flagelado-adpresos apical-mente, al menos distalmente los márgenes irregularmente dentados; hojas basales poco numerosas, subrosetadas, amplexicaules o al menos dilatadas basalmente; hojas basales y proximales del tallo (10-)15-35(-45) × 2.5-15(-20) cm (incluyendo el pecíolo), típicamente runcinado-pinnatífidas, los márgenes generalmente 2-4 lobados e incisos más de la 1/2 o rara vez casi hasta la vena media, el lobo terminal el más grande (c. 10 cm), generalmente acuminado (agudo) apicalmente, el pecíolo 2-20 × 0.4-1 cm, alado o interrumpidamente alado a no alado; hojas de la mitad del tallo y caulinares distales 6-20(-30) × 1.5-6(-14) cm, runcinado-liradas hasta simples y lanceoladas en la porción distal, el lobo terminal (cuando presente) rara vez tan angosto o más angosto que los lobos laterales, el ápice atenuado, sésiles y auriculadas. Capitulescencia corimbiforme-paniculada, con 20-80 cabezuelas, básicamente afila, las ramas laterales abrazadas por 2-6 hojas bracteadas; pedúnculos 0.5-2 cm, generalmente 1-2-bracteolados, crespo-hirsútulos, purpúreos, las bractéolas c. 3 mm, linear-lanceoladas, rosáceas al menos distalmente, subglabras. Cabezuelas 9-15 mm, discoides, laxamente poco caliculadas, generalmente subnutantes en la antesis; involucro (4-)5-8 mm de diámetro, campanulado, flores del disco exertas 2-3 mm; filarios 12-13, 7-11 × (0.8-)1-1.5 mm, linear-lanceolados, generalmente rosáceos o rara vez verdes en la base, generalmente glabros; bractéolas caliculares 2-4 mm, linear-lanceoladas, glabras; clinanto alveolado. Flores radiadas ausentes. Flores del disco 18-30(-40); corola 7-11 mm, angostamente infundibuliforme, purpúrea a rara vez blanco-amarillenta, glabra proximalmente, el tubo 3.5-4 mm, la garganta escasamente más larga que el tubo, los lobos 5, 0.6-1.1 mm, deltados a cortamente triangulares, glandular-papilosos; las anteras 2-3 mm, la base del estilo abruptamente dilatada, las ramas 1-1.5 mm. Cipselas 1.5-4 mm, teretes, estriadas, glabras; cerdas del vilano 6-9 mm, frágiles. Floración nov.-feb.(-abr.). $2n = 40(80)$. *Bosques mesófilos de montaña, bosques de coníferas, bosques de* Pinus-Quercus, *laderas de volcanes (generalmente en dirección norte).* Ch (*Breedlove 29355*, MO); G (*Donnell Smith 2361*, NY). 2700-4000 m. (C. y S. México, Mesoamérica.)

Senecio callosus fue ubicada en *S.* sect. *Mulgedifolii* por Greenman (1901, 1902) y Villaseñor Ríos (1991) debido a los filarios y las corolas frecuentemente purpúreos. Esta especie se encuentra con más frecuencia al norte de Mesoamérica (donde se conoce del Cerro San Felipe y hacia el noroeste y se compara con *S. runcinatus*), pero en ocasiones es localmente común en Mesoamérica. *Senecio iodanthus* Greenm. fue tratado por McVaugh (1984) como un sinónimo de *S. callosus*, pero fue reconocido como distinto por Villaseñor Ríos (1991).

2. Senecio costaricensis R.M. King, *Rhodora* 67: 239 (1965). Holotipo: Costa Rica, *King 5392* (foto MO! ex US). Ilustr.: King, *Rhodora* 67: 240, t. 1312 (1965).

Hierbas erectas, caulescentes, de tallo simple 1-2 m; tallos moderadamente foliosos desde la mitad y hacia el ápice, estriados, fistulosos, los entrenudos c. 1/2 de la longitud hasta casi más largos que las hojas; follaje subglabro y las partes jóvenes brevemente pubescentes con tricomas ancistrorsos recurvados. Hojas alternas, sésiles a frecuente y angostamente alado-subpecioladas, profunda y gruesamente pectinado-laciniado-pinnatífidas con 10-20 lobos; láminas 5-25 × 1-12 cm, de contorno elíptico a ovado, cartáceas, pinnatinervias, la base amplexicaule, el raquis muy angostamente alado proximalmente hasta 1-2 cm de ancho distalmente, el ápice acuminado, los senos anchamente redondeados y generalmente 1-1.5 veces más anchos que los lobos, los lobos laterales generalmente opuestos, lanceolados, el ápice obtuso, los márgenes de los lobos sinuado-dentados, rara y cortamente pubescentes adaxialmente. Capitulescencia c. 22 × 26 cm, corimbiforme-paniculada y dispuesta por encima de las hojas progresivamente más pequeñas, más o menos aplanada distalmente con las ramas laterales casi más largas que el eje central, con muchas cabezuelas; pedúnculos 0.5-1.5 cm, delgados, en general brevemente pelosos, generalmente 1-3-bracteolados; bractéolas 1-2 mm, lanceolado-subuladas. Cabezuelas 5-7 mm, radiadas, con 17-25 flores; involucro 3-4 mm de diámetro, angostamente campanulado; filarios c. 12, 4-5 × c. 0.8 mm, lanceola-

dos, la zona central verde angosta, los márgenes anchos pajizos, gradualmente acuminados, glabros a esparcidamente setulosos apicalmente; bractéolas caliculares 2-6, 0.5-2 mm, linear-subuladas; clinanto aplanado, c. 1.5 mm de ancho. Flores radiadas 5-8; corola amarilla, glabra, el tubo 2.5-3.3 mm, el limbo 4.5-5.5 × 1.3-2 mm, oblongo, 4-nervio. Flores del disco 12-20; corola 4-5 mm, infundibuliforme, amarilla, glabra, el tubo 2-2.2 mm, escasamente más corto a casi tan largo como el limbo, los lobos 0.5-0.8 mm, lanceolados; anteras apicalmente exertas, c. 1.5 mm, el ápice de la teca gradualmente apendiculado, el apéndice ovado; ramas del estilo c. 0.5 mm. Cipselas 1.2-1.4 mm, 6-9-acostilladas, glabras; cerdas del vilano 4-4.5 mm. Floración mayormente may.-oct. $2n = 40$. *Áreas alteradas, áreas pantanosas, bosques de* Pinus, *páramos arbustivos, orillas de caminos, sabanas, laderas inclinadas, matorrales, laderas de volcanes.* CR (*Pruski et al. 3875*, MO). 2400-3400 m. (Endémica.)

3. Senecio cuchumatanensis L.O. Williams et Ant. Molina, *Phytologia* 31: 438 (1975). Holotipo: Guatemala, *Steyermark 50170* (foto MO! ex F). Ilustr.: Pruski, *Phytoneuron*, 2012-38: 2, t. 1 (2012).

Hierbas perennes, escapíferas o subescapíferas, 0.15-0.33 m, el cáudice grueso, la raíz fibrosa, los escapos 1(-3) por planta, en la base densamente flocosos, remotamente bracteados o rara vez con 1-2 hojas, las hojas basales 3-10, agregadas en el ápice del cáudice. Hojas de la roseta espiralmente alternas, largamente pecioladas; láminas 1-3.5 × 1-2.5 cm, oblongas a anchamente ovadas, cartáceas, pinnatinervias, las 3-6 nervaduras secundarias por cada lado impresas en la superficie adaxial, la superficie adaxial verde, araneosa a glabrescente, la superficie abaxial purpúreo o grisáceo, araneoso-flocosa a laxamente araneoso-flocosa, la base obtusa a redondeada o con menos frecuencia cuneada, abruptamente atenuada en un pecíolo angostamente alado, los márgenes remota y escasamente serrulados, revolutos, el ápice obtuso a redondeado; pecíolo 1-4.5 cm. Hojas caulinares sésiles; láminas 2-4 × 0.4-0.8 cm, oblanceoladas, la base amplexicaule, los márgenes enteros. Capitulescencia con 1, 2(3) cabezuelas, el escapo 14-32 cm, estriado o poco angulado, rara vez 1-bracteado o 2-bracteado, las brácteas 10-20 mm, lanceoladas. Cabezuelas 9-12 mm, radiadas; involucro c. 8 mm de diámetro, campanulado, densamente araneoso-flocoso en yema, flores del disco escasamente exertas; filarios c. 21, 7-9 × 0.8-1.2 mm, linear-lanceolados, 1-nervios, glabros proximalmente, los márgenes angostamente escariosos, el ápice acuminado, araneoso; bractéolas caliculares poco numerosas, 3-5 mm, lanceoladas. Flores radiadas 9-13; corola amarilla, el tubo 4-6 mm, el limbo 10-14 × 1.5-2.5 mm, lanceolado, 4-7-nervio, los dientes apicales 0.3-1 mm. Flores del disco 40-50; corola 5.5-6.5(-8) mm, angostamente infundibuliforme, amarilla, glabra, el tubo y el limbo subiguales, los lobos 0.7-1.1 mm, triangulares, sin una nervadura media resinosa, patentes a reflexos; anteras 2-2.2 mm, generalmente incluidas, el collar moderadamente con forma de balaústre, las bases de las tecas escasamente caudadas, el tejido del endotecio radial, el apéndice apical ovado, obtuso a redondeado apicalmente; base del estilo engrosada, las ramas c. 0.7 mm, ligeramente exertas. Cipselas c. 2 mm, setulosas; cerdas del vilano 5-6(-7) mm, frágiles. Floración ago. *Zonas subalpinas rocosas.* G (*Steyermark 50117*, MO). 3300-3700 m. (Endémica.)

Barkley y Janovec (1996) sugirieron que *Senecio cuchumatanensis* podría ser una especie tussilaginoide de *Robinsonecio*, pero Pruski (2012b) ilustró los microcaracteres senecionoides usados para mantener a esta especie taxonómicamente dentro de *Senecio*. El holotipo fue erróneamente citado como *Steyermark 50107*.

4. Senecio doratophyllus Benth., *Pl. Hartw.* 87 (1841). Isotipo: Guatemala, *Hartweg 594* (NY!). Ilustr.: no se encontró.

Cacalia cuspidata Bertol.? non *Senecio cuspidatus* DC., *S. alatipes* Greenm., *S. guatimalensis* Sch. Bip.?

Hierbas perennes, moderadamente delicadas, 0.4-1.8 m; tallos erectos a rara vez semitrepadores, ramificados solo distalmente, estriado-acostillados, rara vez purpúreos, glabros o esparcidamente araneosos, fistulosos. Hojas basales (marchitas en la antesis) y caulinares, simples, con al menos las láminas generalmente no lobadas, ascendentes, cartáceas a delgadamente cartáceas, pinnatinervias, la superficie adaxial lisa, glabra, la superficie abaxial araneoso-tomentulosa a glabra, los tricomas generalmente (aparentemente) patentes en la base y flagelado-adpresos apicalmente, por los márgenes por lo general irregulares, doble y marcadamente serrados; hojas basales poco numerosas; hojas basales y proximales del tallo largamente pecioladas, las hojas (incluyendo el pecíolo) 12-40(-60) × (1-)2-10(-12) cm, oblongas a obovadas, la base generalmente hastada, a veces obtusa o cordata, el ápice generalmente agudo, y en las basales generalmente atenuado; pecíolo 5-23(-30) × 0.3-1 cm, alado, irregularmente serrado a crenulado, el pecíolo rara vez más largo que la lámina; hojas de la mitad del tallo y caulinares distales 7-20 × 1-6 cm, triangular-oblanceoladas a lanceoladas o muy angostamente lanceoladas, generalmente sésiles y auriculadas hasta rara vez muy angostamente alargado-pecioladas, los márgenes típicamente poco lobados, el último lobo típicamente hastado, el ápice atenuado. Capitulescencia corimbiforme-paniculada o con menos frecuencia corimbosa, con (4-)20-60-cabezuelas, generalmente afila, las cabezuelas erectas; pedúnculos 0.04-0.15(-0.35) cm, con (0-)pocas bractéolas, esparcidamente araneosos; bractéolas 2-5(-7) mm, lineares a linear-lanceoladas, rosáceas en la punta, subglabras. Cabezuelas 8-12 mm, discoides (rara vez radiadas?), laxa y escasamente caliculadas, erectas en la antesis; involucro 3-6 mm de diámetro, cilíndrico a angostamente campanulado, flores del disco exertas 2-4 mm; filarios (8-)13, 5.5-9 × (0.5-)1-1.5 mm, linear-lanceolados, verdes con ápice (c. 0.2 mm) rosáceo, glabros a rara vez muy esparcidamente araneosos; bractéolas caliculares 1.5-2.5 mm, lineares, glabras; clinanto alveolado. Flores del disco 12-25(-30); corola (6.5-)7.5-9 mm, infundibuliforme, amarillo-verdosa (al menos en yema) o con la edad frecuentemente purpúrea, glabra, el tubo 3-3.7 mm, el tubo y garganta subiguales, los lobos 5, 0.6-1 mm, deltados a cortamente triangulares; anteras 2-2.5 mm; base del estilo abruptamente dilatada, las ramas 1-1.5 mm. Cipselas 1.5-3.5 (-4) mm, teretes, estriadas, glabras; cerdas del vilano 6-8 mm, frágiles. Floración jul.-feb.(-may.). $2n = 40$. *Áreas abiertas de bosques mesófilos de montaña, bosques de neblina, bosques de coníferas, laderas de volcanes.* Ch (*Villaseñor y Martínez S. 1097*, MO); G (*Steyermark 49881*, MO); H (*Daniel y Araque 9870*, MO). (1800-)2100-3800 m. (Endémica.)

Si bien no se ha estudiado el tipo de *Senecio alatipes* para este proyecto, se puede ver que no tiene las hojas con el retículo más prominente ni la superficie adaxial rugulosa como en la especie similar *S. godmanii*. Por tanto, *S. alatipes* parece ser un sinónimo de *S. doratophyllus*, como fue indicado por Villaseñor Ríos (1991). Blake (1926a) citó *Cacalia cuspidata* como un sinónimo taxonómico de *S. godmanii*, mientras que Villaseñor Ríos (1991) la puso en sinonimia de *S. doratophyllus*. *Senecio guatimalensis* fue propuesto como un nombre nuevo de *C. cuspidata* (ya que el epíteto estaba previamente ocupado en *Senecio*) y tiene prioridad nomenclatural sobre *S. godmanii*. Por estabilidad nomenclatural, y debido a que los tipos de todos los nombres involucrados no fueron estudiados, parece mejor listar *C. cuspidata* como un posible sinónimo de *S. doratophyllus*.

En Guatemala, especialmente en los Cuchumatanes, se encuentran ocasionalmente plantas con cabezuelas relativamente grandes con la base peciolar. Fueron referidas a *S. doratophyllus* por Villaseñor Ríos (1991). Williams (1975b) caracterizó el ejemplar *Steyermark 34098* (F) como radiado, y Villaseñor Ríos (1991) incluyó el mismo en la cita de ejemplares de *S. doratophyllus*. No se ha estudiado ese ejemplar, que puede ser un raro individuo radiado de *S. doratophyllus*.

5. Senecio godmanii Hemsl., *Biol. Cent.-Amer., Bot.* 2: 240 (1881). Holotipo: Guatemala, *Salvin y Godman 327* (foto MO! ex K). Ilustr.: no se encontró. N.v.: Flor jazmín, lengua de vaca, G.

Hierbas perennes, robustas, o rara vez subarbustos, (0.5-)1-1.7 m; tallos robustos, erectos, ramificados solo distalmente, estriado-acosti-

llados, fistulosos, esparcidamente araneosos. Hojas basales (marchitas en la antesis) y caulinares, simples o al menos las láminas generalmente no lobadas, rígidamente cartáceas a subcoriáceas, pinnatinervias, la superficie adaxial rugulosa, glabra, o rara vez esparcidamente araneosa, la superficie abaxial esparcidamente araneosa a glabra, los márgenes irregular a doblemente serrados, con menos frecuencia incisos, los dientes o incisiones 1-3(-20) mm; hojas basales poco numerosas; hojas basales y proximales del tallo alado-pecioladas, las hojas (incluyendo el pecíolo) 15-38(-60) × 6-15(-18) cm, oblongas a obovadas, la base obtusa a cordata o rara vez hastada, escasamente subamplexicaule, generalmente aguda a obtusa apicalmente, el pecíolo 5-18 × 0.7-1.5(-6) cm, por lo general uniforme y angostamente (c. 1.5 cm de diámetro) alado y entero o rara vez irregular y anchamente (c. 6 cm de diámetro) inciso y alado; hojas de la mitad del tallo y caulinares subdistales generalmente 5-15 × 1-5 cm, lanceoladas a oblanceoladas, sésiles y auriculadas, el ápice acuminado. Capitulescencia corimbiforme-paniculada, con numerosas cabezuelas, generalmente afilas, las cabezuelas erectas; pedúnculos 0.1-0.8(-2.5) cm, con (0-)pocas bractéolas, crespo-hirsútulo-tomentulosos; bractéolas 2-4(-5) mm, linear-lanceoladas o las proximales elíptico-lanceoladas, la punta rosácea, subglabras. Cabezuelas 9-10(-13) mm, discoides o rara vez cortamente radiadas, laxamente poco caliculadas, las cabezuelas erectas en la antesis; involucro 3-5 mm de diámetro, angostamente campanulado, flores del disco exertas 3-4 mm; filarios 13, 6.5-8.5 × 0.7-1.3 mm, linear-lanceolados, verdes con el ápice (c. 0.2 mm) rosáceo, glabros; bractéolas caliculares 1.5-3.5 mm, linear-lanceoladas, glabras; clinanto alveolado o rara vez liso luego de la fructificación. Flores radiadas típicamente ausentes, rara vez presentes y 2-5 por cabezuela, 7-9 mm, amarillas, glabras a esparcida y largamente papilosas, los estaminodios no vistos, el tubo 2.5-3 mm, el limbo dentado a profundamente 3-lobado y aparentemente subteratológico. Flores del disco 16-20; corola (6-) 7-9 mm, infundibuliforme, amarilla, glabra o los lobos esparcidamente papilosos, el tubo c. 3 mm, el tubo y la garganta subiguales, 5(10)-nervio, los lobos 5, 0.8-1 mm, cortamente triangulares; anteras 2-2.5 mm, el tejido del endotecio radial, el collar c. 0.4 mm, el apéndice apical 0.3-0.4 mm, angostamente lanceolado; base del estilo gradualmente dilatada, las ramas c 1.1 mm; nectario muy reducido. Cipselas 1.5-3.2 mm, teretes, estriadas, glabras; cerdas del vilano 6-8.5 mm, frágiles. Floración jun.-abr. *Colonias densas, bosques de neblina, laderas rocosas, bosques de* Quercus, *laderas de volcanes.* Ch (*Matuda 2891*, MO); G (*Williams y Molina R. 15310*, MO). (2000-)2200-3800 m. (Endémica.)

Williams (1976c) incluyó los ocasionales ejemplares con cabezuelas radiadas de *Senecio godmanii* en la sinonimia de *S. doratophyllus*, pero fueron restablecidos por Villaseñor Ríos (1991).

6. Senecio hansweberi Cuatrec., *Phytologia* 52: 159 (1982). Holotipo: Costa Rica, *Kuhbier 0439* (foto MO! ex US). Ilustr.: no se encontró.

Hierbas perennes, 0.2-0.6 m, caulescentes, subarrosetadas, rizomatosas; rizoma de 1-pocos brotes; tallos simples, erectos, moderadamente foliosos, las hojas basales presentes en la antesis, las hojas abruptamente decrecientes distalmente, frágiles, purpúreas a verde-purpúreas, estriados, esparcidamente araneosos, los entrenudos distales c. 1/2 de la longitud de las hojas. Hojas ascendentes, alternas, sésiles o las basales rara vez con la base subpeciolar angostada, rígidamente cartáceas, pinnatinervias, las superficies discoloras, la superficie adaxial verde, glabra o esparcidamente araneosa en las hojas distales, la superficie abaxial blanco-lanada pero con la vena media elevada verde-purpúrea glabra, la base subpeciolar 4-8 cm, los márgenes enteros, revolutos, el ápice agudo a atenuado; hojas basales varias, progresivamente en menor cantidad y más espaciadas distalmente; hojas basales y proximales 9-20 × 0.4-1 cm, linear-oblanceoladas, la base largamente atenuada; hojas de la mitad del tallo y distales 2-9 × 0.2-0.7 cm, lanceoladas, la base dilatada, subamplexicaule. Capitulescencia 3-13 cm de ancho, abierta, corimbosa, más o menos aplanada distalmente con las

ramitas laterales casi más largas que el eje central, con 3-7(-15) cabezuelas; pedúnculos 1.5-7.5 cm, amarillo-verdosos, rígidos, esparcidamente araneosos, con varias bractéolas; bractéolas 6-14 mm, lanceolado-subuladas, subglabras a esparcidamente araneosas. Cabezuelas
14-18 mm, radiadas, con 125-142 flores; involucro 9-12 mm de diámetro, campanulado; filarios c. 21, 8.5-10 × 1.5-2 mm, elíptico-
lanceolados, la zona media verde ancha y casi dos veces más ancha que
el margen angostamente pajizo, el ápice agudo, ciliolado; bractéolas
caliculares c. 8, 5-6 mm, linear-lanceoladas; clinanto convexo, 4-6 mm
de ancho. Flores radiadas 13; corola 13.5-18 mm, amarilla, glabra, el
tubo 3.5-5 mm, el limbo 10-13 × 3.5-5 mm, oblongo, 4-6-nervio. Flores
del disco 112-129; corola 6.8-9 mm, infundibuliforme, amarilla, glabra o casi glabra, el tubo 3-4.5 mm, casi tan largo como el limbo, los
lobos 0.7-1.2 mm, triangular-lanceolados, rara vez con una vena media
resinosa tenue; anteras 2-2.5 mm, el ápice de la teca gradualmente
apendiculado, el apéndice ovado; ramas del estilo c. 1.5 mm. Cipselas
(2.5-)4-4.5 mm, pálidas, c. 10-acostilladas, glabras; cerdas del vilano
6-8 mm. *Páramos de turberas.* CR (*Pruski et al. 3912*, MO). 3400-
3700 m. (Endémica.)

Cuatrecasas (1982a) ubicó a *Senecio hansweberi* dentro de *S.* sect.
Culcitiopsis, donde es muy similar a la especie andina *S. comosus* Sch.
Bip.

7. Senecio kuhbieri Cuatrec., *Phytologia* 52: 161 (1982). Holotipo: Costa Rica, *Kuhbier 0381* (foto MO! ex US). Ilustr.: no se encontró.

Hierbas perennes, caulescentes (subrosetadas), estoloníferas, hasta
0.5 m; estolones poco numerosos, más cortos que el alto de la planta,
araneoso-lanados; tallos ascendentes a erectos, esparcida a moderadamente foliosos, las hojas basales presentes en la antesis, las hojas
abruptamente decrecientes distalmente, purpúreas, estriadas, araneoso-
lanadas, los entrenudos distales casi más largos que las hojas. Hojas
ascendentes a patentes, alternas, rígidamente cartáceas, pinnatinervias,
las superficies discoloras, la superficie adaxial verde, glabra o en las
hojas del tallo esparcidamente araneosa, la superficie abaxial blanco-
lanada pero con la vena media elevada glabra, los márgenes denticulados, subrevolutos, el ápice agudo; hojas basales 2-6, oblanceoladas, las
láminas 5-9 × 0.5-1 cm, el pecíolo 5-10 cm; hojas del tallo generalmente 5 o 6, 1.5-8 × 0.2-0.8 cm, lanceoladas, la base dilatada, subamplexicaule. Capitulescencia 3.5-6 cm de ancho, abierta, corimbosa o
rara vez monocéfala, más o menos aplanada distalmente, con las ramitas laterales casi tan largas a escasamente más largas que el eje central,
con (1-)3-4(-9) cabezuelas; pedúnculos 2.5-5 cm, esparcidamente araneosos, con varias bractéolas; bractéolas 2-6 mm, abruptamente más
pequeñas que las hojas más distales en el tallo, linear-subuladas, subglabras a esparcidamente araneosas. Cabezuelas c. 13 mm, radiadas,
con 66-80 flores; involucro 7-9 mm de diámetro, campanulado; filarios
c. 21, 9.5-10 × 1-1.8 mm, lanceolados, el ápice obtuso, ciliolado; bractéolas caliculares 7-9, 4-5 mm, linear-subuladas; clinanto 3-4 mm de
diámetro, convexo. Flores radiadas 12-14; corola 18-21 mm, amarilla,
glabra, el tubo c. 5 mm, el limbo 13-16 × 3-3.5 mm, oblanceolado.
Flores del disco 54-66; corola 8.5-9 mm, infundibuliforme, glabra o
casi glabra, amarilla, el tubo c. 4 mm, los lobos c. 1 mm, triangular-
lanceolados; anteras c. 2.5 mm, el apéndice oblongo; ramas del estilo
1.5-1.8 mm. Cipselas (inmaduras) 2.8-3 mm, glabras; cerdas del vilano
7-8 mm. Floración ene.-mar., ago.-sep. *Cimas rocosas, matorrales en
páramos.* CR (*Weston 12351*, US). 3400-3600 m. (Endémica.)

La especie rara *Senecio kuhbieri* está cercanamente emparentada
con la especie simpátrica *S. hansweberi*, que parece diferenciarse por
ser estrictamente rizomatosa y tener las cabezuelas más grandes con
las bractéolas más largas.

8. Senecio macroglossus DC., *Prodr.* 6: 404 (1837 [1838]). Lectotipo (designado por Hilliard y Burtt, 1973): Sudáfrica, *Drège 5123*
(microficha MO! ex G-DC). Ilustr.: Hooker, *Bot. Mag.* 101: t. 6149
(1875). N.v.: Cape Ivy, hort.

Bejucos herbáceos perennes, generalmente 1-3 m; tallos trepadores
o escandentes, estriados; follaje glabro o casi glabro. Hojas caulinares,
simples, alternas, pecioladas; láminas 3-7 × 3-7 cm, deltoide-hastadas,
3(-7)-palmatilobadas, carnosas, 3(-7)-palmatinervias, las superficies
concoloras, glabras, los lobos basales, generalmente solo 2, grandes y
acuminados como el lobo central, los lobos rara vez con lobos secundarios proximales, muy rara vez también con un lobo distal menor, la
base cordata a hastada, los márgenes de los lobos enteros, el ápice de
los lobos y la lámina agudo o acuminado; pecíolo 1.5-3 cm, casi en
ángulo recto con la lámina, exauriculado, uniformemente delgado.
Capitulescencia terminal o axilar, monocéfala o abiertamente corimbosa
y con 2-3 cabezuelas; pedúnculos 4-15 cm, 2-5-bracteolados, rara vez
puberulentos; bractéolas 2-10 mm, subapicales, oblanceoladas. Cabezuelas c. 10 mm, radiadas, largamente caliculadas, las flores del disco
escasamente exertas; involucro 7-12 mm de diámetro, campanulado-
turbinado; filarios 12-13, 9-10 × 1-1.5 mm, angostamente oblanceolados, verdes o con los márgenes escariosos, glabros; calículo obvio, c.
10-bracteado; brácteas caliculares 8-10 mm, casi más largas que el involucro, ascendente-patentes, angostamente elípticas, rara vez ciliadas;
clinanto sin páleas. Flores radiadas 8; corola amarillo pálido, glabra,
el tubo 4.5-5.5 mm, el limbo 10.5-14 × 2-3 mm, oblongo, 9-11-nervio,
ligeramente más grueso que en las otras especies (tal vez debido al
hábito nativo mediterráneo). Flores del disco 40-60; corola 6.2-7.5 mm,
angostamente infundibuliforme, amarilla, brevemente 5-lobada, glabra,
el tubo 2-2.5 mm, más corto que el limbo, escasamente dilatado basalmente, el limbo muy angostamente ampliado, los lobos c. 1.1 mm,
triangulares, generalmente 3-nervios; anteras c. 3 mm, cortamente
sagitadas, el collar c. 0.5 mm, notablemente con forma de balaústre, las
células del endotecio con engrosamientos radiales, el apéndice apical
triangular-ovado; base del estilo 0.3-0.4 mm, abruptamente agrandada,
bulbosa o con forma de barril, las ramas c. 1.5 mm, delgadas, patente-
recurvadas, la superficie estigmática angostamente en 2 bandas continuas hasta el ápice, el ápice truncado, lateralmente papiloso, la superficie abaxial rara y escasamente papilosa distalmente. Cipselas c. 2(-4.5)
mm, cilíndricas, pardas, acostilladas, glabras; cerdas del vilano c. 6 mm,
casi más largas que las corolas del disco, capilares, ligeramente escabriúsculas, blancas, las bases connatas al menos cuando secas (tal vez
por excreciones resinosas más que ontogénicamente). Floración jul.
Escapada de cultivo. ES (*Villacorta RV-00585*, MO). c. 800 m. (Nativa
de Sudáfrica, cultivada en exteriores pantropicalmente, y ocasionalmente cultivada en interiores en las zonas templadas.)

Hilliard y Burtt (1973) dicen que esta planta "ha sido largamente
cultivada en Europa". Uno de los sintipos de Candolle con las hojas
con varios lobos y las brácteas caliculares mucho más pequeñas fue
descrita subsecuentemente y es el tipo de *Senecio macroglossoides*
Hilliard.

9. Senecio mirus Klatt, *Bull. Soc. Roy. Bot. Belgique* 31(1): 213
(1892 [1893]). Isotipo: Costa Rica, *Pittier 3405* (foto MO! ex GH).
Ilustr.: no se encontró.

Senecio chirripoensis H. Rob. et Brettell.

Hierbas perennes de vida corta, de hojas grandes, decumbentes a
ascendentes, el tallo simple, caulescente 0.5-1 m; tallos moderadamente foliosos, excepto en la base, estriados, glabros o rara y esparcidamente adpreso-puberulentos, los entrenudos hasta c. 1/2 de la longitud de las hojas, la médula sólida. Hojas alternas, sésiles a pecioladas,
cartáceas, pinnatinervias, los márgenes doblemente serrados, las superficies concoloras, esparcidamente araneosas a glabrescentes; hojas
proximales y de la mitad del tallo con pecíolo angosto o la base subpeciolar alada, las láminas (o porción expandida de la hoja) 10-15 × 4-8
cm, ovadas a triangulares, la base cordata a truncada, el ápice agudo a
acuminado, el pecíolo hasta 8 cm o la base subpeciolar hasta 6 × 1.5
cm; hojas distales 9-13 × 1-2.5 cm, lanceoladas a linear-lanceoladas,
sésiles, la base amplexicaule y los márgenes rara y brevemente decurrentes sobre el tallo como alas angostas hasta 2 cm, el ápice atenuado.

Capitulescencias abiertas y laxamente corimbosas, dispuestas por encima de las hojas, más o menos aplanadas distalmente, las ramitas laterales casi más largas que el eje central, con pocas cabezuelas; pedúnculos 1-4 cm, delgados, glabros o casi glabros, con pocas bractéolas; bractéolas 1-5 mm, lanceolado-subuladas. Cabezuelas 11-13 mm, con 52-58 flores, radiadas; involucro 6-7 mm de diámetro, campanulado; filarios 19-23, 7.5-9 × 1-1.2 mm, linear-lanceolados, el ápice esparcidamente pardo-setuloso; bractéolas caliculares 4-8, 3-4 mm, linear-subuladas. Flores radiadas 7-8; corola c. 13 mm, amarilla, glabra, el limbo c. 3 mm de ancho. Flores del disco 45-50; corola c. 8 mm, angostamente infundibiliforme, amarilla, glabra, el tubo c. 3 mm, los lobos c. 0.5 mm, cortamente triangulares, el ápice esparcidamente papiloso; anteras c. 2 mm, el apéndice angostamente oblongo; ramas del estilo truncadas. Cipselas (inmaduras) 1.2-1.4 mm, glabras; cerdas del vilano 6-7 mm. *A lo largo de arroyos rocosos, bosques de* Quercus. CR (*Burger 8324*, MO). 3000-3200 m. (Endémica.)

10. Senecio multidentatus Sch. Bip. ex Hemsl., *Biol. Cent.-Amer., Bot.* 2: 243 (1881). Sintipo: México, Veracruz, *Linden 1126* (imagen en Internet ex K!). Ilustr.: no se encontró.

Hierbas perennes, caulescentes, 0.4-0.6 m; tallos erectos, poco ramificados, foliosos o rara vez arrosetados, estriados, tomentulosos a glabrescentes. Hojas sésiles o las hojas basales (cuando presentes) pecioladas; láminas 20-30(-40) × 1.8-6(-15) cm, oblongas o angostamente obovadas a rara vez runcinadas, cartáceas, pinnatinervias, las superficies generalmente concoloras, la superficie adaxial tomentulosa a glabra, la superficie abaxial glabrescente (-tomentulosa), la base (de las hojas distales) auriculada, semiamplexicaule, los márgenes por lo general fina y regularmente serrado-dentados a rara vez doblemente serrado-dentados, c. 30 dientes por cada lado, el ápice agudo a acuminado; pecíolo de las hojas basales 15-30 cm. Capitulescencia apretadamente corimbiforme-paniculada, aplanada distalmente; pedúnculos 0.4-2 cm, tomentulosos, bracteolados. Cabezuelas 6.5-9 mm, radiadas; involucro 5-9 mm de diámetro, campanulado o rara vez cilíndrico; filarios generalmente 13, 4.5-6 mm, glabros a tomentulosos, el ápice acuminado, laciniado; bractéolas caliculares 3-6 mm, lineares. Flores radiadas generalmente 8; limbo de la corola generalmente 5-9 mm. Flores del disco c. 45; corola 5-7 mm. Cipselas 2-3 mm; cerdas del vilano 4-6 mm. *Hábitat desconocido.* Ch (Breedlove, 1986: 54). (México, Mesoamérica.)

Breedlove (1986) registró seis ejemplares de Chiapas como *Senecio multidentatus* "vel. aff." De estos seis ejemplares solo se ha estudiado *Ton 510* (NY), que corresponde a *S. godmanii*; esta identificación hace pensar en la posibilidad de que las otras cinco colecciones citadas por Breedlove como parecidas a *S. multidentatus* son *S. godmanii* o tal vez otra especie de la sect. *Mulgedifolii*. Además, Turner (2012a) no citó *S. multidentatus* en Chiapas. Sin embargo, *S. multidentatus* es tratada aquí en base a la confiable referencia bibliográfica de Breedlove y debido a que otros taxones presentan disyunciones (p. ej., *Robinsonecio gerberifolius*) entre el Volcán Orizaba y Mesoamérica. *Senecio multidentatus* se ha circunscrito en este tratamiento como lo hace García-Pérez (2001) y Turner (2012a), quienes no trataron *S. multidentatus* var. *huachucanus* (A. Gray) T.M. Barkley como conspecífica.

11. Senecio oerstedianus Benth., *Vidensk. Meddel. Dansk Naturhist. Foren. Kjøbenhavn* 1852: 109 (1853). Holotipo: Costa Rica, *Oersted 25* (foto MO! ex K). Ilustr.: Alfaro, *Pl. Comunes P.N. Chirripó, Costa Rica* ed. 2, 115 (2003). N.v.: Papillito, CR.

Hierbas robustas perennes, caulescentes, 0.3-1.5 m; tallos erectos, 1-pocos desde un cáudice leñoso grueso, generalmente simples, estriados, araneoso-pelosos, las hojas uniformemente distribuidas, los entrenudos más cortos que las hojas. Hojas basales y proximales del tallo largamente pecioladas; láminas generalmente 10-30 × 6-17 cm, elíptico-lanceoladas a ovadas, gruesamente cartáceas, pinnatinervias, con c. 20 nervaduras secundarias por cada lado, lateralmente patentes, cercana-

mente espaciadas, las superficies discoloras, la superficie adaxial esparcidamente araneosa en parches a glabrescente, la superficie abaxial blanco-gris tomentosa, la base cuneada a cordata, los márgenes densamente serrado-dentados, el ápice agudo a redondeado; pecíolo generalmente 8-25 cm, densamente araneoso-peloso; hojas de la mitad del tallo y distales 5-15 × 2-5 cm, anchamente lanceoladas, las superficies discoloras, la superficie abaxial blanco-gris tomentosa, la base dilatada y subabrazadora, los márgenes serrado-dentados, el ápice acuminado a caudado, sésiles y bracteadas. Capitulescencia 7-30 cm de diámetro, corimbiforme-paniculada, los últimos agregados moderadamente densos; pedúnculos generalmente 2-6 cm, araneoso-pelosos, bracteolados, las bractéolas 3-10 mm, lineares, patentes. Cabezuelas 10-15 mm, radiadas; involucro 5-9 mm de diámetro, (cilíndrico-)campanulado; filarios (13-)21, 6-10 mm, gruesamente 2-3-acostillados, subglabrescentes pero diminutamente erosos en la punta, los internos con los márgenes escariosos, el ápice agudo a acuminado; bractéolas caliculares varias, c. 1/2 de la longitud de los filarios a subiguales, lineares, desigualmente araneoso-pelosas. Flores radiadas c. 13; corola amarilla, el limbo 7-10 × 3-4 mm, elíptico, generalmente 4-6-nervio. Flores del disco (20-)50-100; corola 7-9.5 mm, el tubo y el limbo subiguales, los lobos c. 1 mm. Cipselas 2-3 mm, glabras; cerdas del vilano 6-9 mm, en fruto por lo general escasamente exertas del involucro. $2n = 20$. Floración durante todo el año. *Bosques de neblina, áreas alteradas, matorrales alpinos, pastizales, bosques de* Quercus, *selvas altas perennifolias, páramos, laderas y cimas de volcanes.* Ch (*Matuda 2869*, MO); G (*Steyermark 35520*, MO); CR (*Pruski et al. 3901*, MO); P (*Pittier 3094*, US). (2000-)2500-4000(-4600) m. (Endémica.)

12. Senecio picridis S. Schauer, *Linnaea* 19: 733 (1847). Holotipo: México, Hidalgo, *Aschenborn 279* (foto MO! ex B). Ilustr.: no se encontró.

Hierbas perennes, caulescentes, 0.3-1 m; tallos erectos, 1-pocos desde la base, simples o ramificados, los tallos ascendentes a erectos, moderada y uniformemente foliosos, las hojas basales ausentes en antesis, las hojas gradualmente decrecientes distalmente, estriados, araneoso-pubescentes a araneoso-pelosos. Hojas subsésiles; láminas 3-10 × 0.3-0.8 cm, linear-lanceoladas a angostamente oblanceoladas, cartáceas, pinnatinervias, las nervaduras secundarias pocas, indistinta y remotamente arqueadas, la superficie adaxial araneoso-tomentulosa a glabra, la superficie abaxial araneoso-tomentulosa a araneoso-pelosa, la base generalmente atenuada y angostamente alado-peciolar, dilatada y auriculada, los márgenes remotamente denticulados, revolutos, el ápice acuminado a atenuado, subsésiles. Capitulescencia corimbosa, con 4-20 cabezuelas, aplanada distalmente; pedúnculos 1-2 cm, araneoso-tomentulosos, con pocas bractéolas. Cabezuelas 7-10 mm, radiadas; involucro cilíndrico-campanulado; filarios 13(-21), 6-8 mm, generalmente glabros, el ápice agudo a acuminado, oscuros; bractéolas caliculares 5-8, 3-4.5 mm, lineares, araneoso-pelosas proximalmente. Flores radiadas generalmente 8; limbo de la corola generalmente 5-7 mm. Flores del disco c. 30; corola 5.5-7 mm. Cipselas 2-3 mm, glabras; cerdas del vilano 4-6 mm. *Bosques de* Quercus, *bosques de* Pinus, *laderas de volcanes.* Ch (Breedlove, 1986: 54). 2200-2800 m. (México, Mesoamérica.)

13. Senecio rhyacophilus Greenm., *Publ. Field Columb. Mus., Bot. Ser.* 2: 280 (1907). Lectotipo (designado por Williams, 1976c): Guatemala, *Heyde y Lux 4502* (foto MO! ex GH). Ilustr.: no se encontró.

Hierbas perennes rizomatosas 1-1.5 m; tallos solitarios, erectos, ramificados solo distalmente, estriados, fistulosos, subglabros proximalmente a esparcidamente puberulentos distalmente. Hojas basales y caulinares, (1)2-bipinnatisectas, ascendentes, delgadamente cartáceas, pinnatinervias, ambas superficies glabras o subglabras; hojas basales 12-31 × 2.5-8 cm, de contorno oblongo, subarrosetadas, muy angostamente alado-pecioladas, runcinado-bipinnatisectas hasta muy cerca de la vena media, la base indistintamente subamplexicaule, los márgenes generalmente con 5-10 lobos primarios por cada lado, raquis muy angostamente alado, generalmente 2-5 mm de diámetro, los lobos desiguales e irregulares, los lobos primarios 2-5 cm, oblongos, el seno casi el doble del ancho de los lobos primarios, los lobos secundarios generalmente 2-4 por margen de cada lobo primario, generalmente 2-10 mm, triangular-lanceolados, el lobo terminal casi del mismo tamaño que los lobos laterales; hojas caulinares de la mitad del tallo y subdistales gradualmente más pequeñas, lanceoladas a oblanceoladas, pinnatífidas, sésiles, semiamplexicaules, la base 1.5-2.5 cm de diámetro, los lobos en menor número y más cortos que en las hojas basales; hojas caulinares distales 4-7 cm, de contorno linear-lanceolado, subbracteadas, una vez pinnatífidas. Capitulescencia laxamente corimbosa, 10-20 cabezuelas, casi áfilas; pedúnculos 1-3 cm, con pocas bractéolas, crespopuberulentos, una bractéola generalmente basal-axilar, las bractéolas 3-6 mm, linear-lanceoladas, glabras. Cabezuelas 12-15 mm, discoides, laxa y escasamente caliculadas, generalmente subnutantes en la antesis; involucro 4-6 mm de diámetro, angostamente campanulado, las flores del disco escasamente exertas (2-3 mm); filarios 11-13(-14), 9-11 × 0.7-1.3 mm, linear-lanceolados, rosáceos, glabros con el ápice setuloso; bractéolas caliculares 2-4(-5) mm, linear-lanceoladas, glabras. Flores radiadas ausentes. Flores del disco (16-)20-25; corola 7-9(-10) mm, angostamente campanulada, rosácea o las flores internas rara vez blanco-amarillentas, glabra o los lobos esparcidamente papilosos, el tubo y la garganta subiguales, los lobos 5, 0.7-1 mm, deltados a cortamente triangulares; anteras 2.5-3(-3.5) mm, el apéndice apical 0.5-0.6 mm, angostamente lanceolado, el collar c. 0.6 mm; ramas del estilo 1.3-1.5 mm. Cipselas 2-3 mm, teretes, estriadas, glabras; cerdas del vilano 7-8(-9) mm, frágiles. Floración nov.-abr. *Selvas altas perennifolias, selvas medianas perennifolias, arroyos.* G (*Skutch 1699*, MO). 2400-2700(-3000) m. (Endémica.)

Aunque Breedlove (1986) citó los ejemplares *Breedlove 10890* y *Breedlove 28194* de Chiapas como *Senecio rhyacophilus* "vel aff.", la especie en este tratamiento está excluida de México. Ambos ejemplares citados por Breedlove están actualmente identificados como *S. doratophyllus*. Los recientes ejemplares de *S. rhyacophilus* distribuidos en MO han probado ser *S. callosus*.

14. Senecio tamoides DC., *Prodr.* 6: 403 (1837 [1838]). Holotipo: Sudáfrica, *Drège 5160* (foto MO! ex G-DC). Ilustr.: Pole-Evans, *Fl. Pl. South Africa* 5: t. 174 (1925). N.v.: Canary creeper.

Bejucos herbáceos, subsuculentos, perennes, 1-2 m; tallos trepadores o escandentes, ramificados, volubles, estriados a angulados; follaje glabro o casi glabro. Hojas caulinares, simples, alternas, largamente pecioladas; láminas 3-7(-9) × 3-7(-11) cm, deltoide-hastadas a anchamente ovadas, ligera y desigualmente 5-9-palmatilobadas, cartáceas, 3(-7)-palmatinervias, las superficies concoloras, glabras o rara vez puberulentas en la superficie abaxial, la base cordata a hastada o truncada, los lobos o los dientes de los márgenes enteros, los lobos 5-15 mm, triangulares, el ápice de los lobos o dientes agudo a acuminado, el seno redondeado; pecíolo 1-4(-6) cm, recto, exauriculado, uniformemente delgado, rara vez puberulento, casi tan largo como la lámina. Capitulescencia 5-6 × 9-12 cm, terminal o axilar, corimbiforme-paniculada, fasciculada, con 10-15 cabezuelas, abiertas, aplanada distalmente, el eje corto, poco ramificado muy por debajo del punto medio, los últimos agregados subumbeliformes; pedúnculos 0.7-1.6(-2.5) cm, delgados, con pocas bractéolas; bractéolas rara vez papilosas. Cabezuelas 9-20 mm, en fruto la 1/2 de la longitud que cuando en flor, radiadas, cortamente caliculadas; involucro 3-4 mm de diámetro, cilíndrico, flores del disco largamente exertas, pero el vilano de las flores radiadas y del disco mucho más corto y solo escasamente exerto; filarios 8, 5-6(-9) × 1.2-1.5 mm, anchamente lanceolados, verdes o verde-amarillentos con los márgenes escariosos, el ápice triangular, agudo, purpúreo, papiloso; calículo diminuto, 2-5-bracteolado; bractéolas caliculares 1-1.5 mm, linear-lanceoladas, rara vez papilosas; clinanto aplanado a cortamente convexo, sin páleas. Flores radiadas 5, el estilo largamente

exerto; corola amarilla o con menos frecuencia amarillo-anaranjada, glabra, el tubo 4.5-6 mm, el limbo 10-12 × 2.5-4 mm, oblongo, 4(5)-nervio. Flores del disco 10-13; corola 11-14 mm, angostamente infundibuliforme, amarilla o con menos frecuencia amarillo-anaranjada, brevemente 5-lobada, glabra, el tubo 2 o más veces más corto que el limbo, escasamente dilatado basalmente donde es más grueso y se vuelve ligeramente endurecido, el limbo muy angostamente ampliado, 5-10-nervio, los lobos c. 1 mm, triangulares, con una nervadura central delgada además de 2 laterales gruesas; anteras 2.3-2.8 mm, cortamente sagitadas, el collar 1-2 mm, con forma de balaústre angosto, el apéndice apical ovado; estilo cilíndrico o casi cilíndrico hasta la base, la base c. 0.5 mm, con células bulbosas, más claras en color que la parte distal del tronco del estilo, las ramas 1.5-2 mm, recurvadas, la superficie estigmática indistinta y angostamente en 2 bandas, las superficies estigmáticas continuas hasta el ápice, abaxialmente lisas, el ápice obtuso, el extremo del ápice efímero-papiloso. Cipselas (2.7-)3.5-4.5 mm, cilíndrico-prismáticas, pardas, c. 8-nervias, glabras, el carpóforo angostamente anular, pajizo; cerdas del vilano 4.5-5.5 mm, casi 2 veces más cortas que las corolas, capilares, ligeramente escabriúsculas o apenas subclaviforme-adpresas, blancas. *En ocasiones cultivada, rara vez persistente, rara vez escapa.* G (*Pruski 4510*, MO). 800-1500 m. (Nativa de Sudáfrica, cultivada pantropicalmente y como anual en zonas templadas.)

15. Senecio vulgaris L., *Sp. Pl.* 867 (1753). Lectotipo (designado por Jeffrey en Jarvis et al., 1993): Europa, *Herb. Clifford 406, Senecio 1A* (foto MO! ex BM). Ilustr.: Cronquist, *Intermount. Fl.* 5: 191, izquierda (1994).

Hierbas anuales, 0.1-0.4(-0.6) cm, con raíz axonomorfa; tallos erectos, esparcida a moderadamente foliosos, subsuculentos, simples hasta con pocas ramas alternas, las ramas laterales más largas que el eje central; follaje glabro a laxamente araneoso-peloso. Hojas alternas, sésiles o las proximales angostamente alado-subpecioladas; láminas 2-8(-11) × 0.5-3.5 cm, de contorno oblanceolado a obovado, ligera a profunda y gruesamente pinnatilobadas con 4-8 lobos laterales generalmente opuestos, cartáceas, pinnatinervias, la base atenuada, las hojas distales subamplexicaules, el ápice obtuso. Capitulescencia corimbosa, los últimos agregados redondeados, 1-4 cm de ancho, con pocas cabezuelas, erectas en la antesis; pedúnculos 0.05-0.15(-0.2) cm, delgados, por lo general laxamente araneoso-pelosos, con pocas bractéolas; bractéolas 1-2 mm, lanceolado-subuladas, negras en la mitad. Cabezuelas 5-8 mm, discoides, con 50-70 flores; involucro (2-)3-4 mm de diámetro, anchamente cilíndrico (campanulado en material de herbario); filarios 18-23, 4-7 × 0.5-0.7 mm, linear-lanceolados, generalmente glabros, la zona del medio verde, los márgenes anchos, pajizos, el ápice típicamente negro, la punta apical c. 1 mm, triangular, acuminada a atenuada, setulosa; bractéolas caliculares 5-11(-15), 1-2.5 mm, linear-subuladas, la mitad distal negra; clinanto c. 4 mm de diámetro, angostamente fistuloso, rara vez profundamente alveolado. Flores radiadas ausentes. Flores del disco bisexuales (rara vez las series externas con apariencia pistilada debido a las anteras incluidas y las cabezuelas por tanto de apariencia disciforme); corola 4-6 mm, (4)5-lobada, angostamente infundibuliforme, amarilla, glabra, el tubo 2.5-4 mm, generalmente casi 1.5 veces tan largo como el limbo, los lobos 0.2-0.4 mm, deltados; anteras c. 0.7 mm, incluidas, el ápice de la teca abruptamente apendiculado, el apéndice lanceolado; ramas del estilo c. 0.5 mm. Cipselas 2-2.5 mm, anchamente c. 10-acostilladas, las costillas redondeadas, adpreso-setosas a esparcidamente puberulentas; cerdas del vilano 4-5 mm, casi más largas que la corola, rara vez subclaviforme-adpresas. $2n = 40$. *Áreas alteradas, bosques abiertos de* Pinus, *laderas de volcanes.* Ch (*Breedlove 51817*, CAS); G (*Pruski y Ortiz 4280*, MO); CR (*Pruski et al. 3826*, MO). 2600-3300 m. (Canadá, Estados Unidos, México, Mesoamérica, Colombia, Venezuela, Ecuador, Perú, Bolivia, Brasil, Uruguay, Chile, Argentina, Cuba, Jamaica, La Española, Europa, Asia, África, Australia, Islas del Pacífico.)

Senecio vulgaris es el tipo del género y es nativo de Eurasia; no fue citado para Costa Rica por Standley (1938) ni para Guatemala por Williams (1976c).

16. Senecio warszewiczii A. Braun et Bouché, *Index Sem. (Berlin)* 1851: 13 (1851). Holotipo: cultivado en Berlín de semillas colectadas en Guatemala, *Warszewicz s.n.* (foto MO! ex B). Ilustr.: no se encontró. N.v.: Margarita de monte, G.

Subarbustos típicamente pequeños, caulescentes, con base leñosa (rara vez florecen como hierbas caulescentes perennes), 0.3-1(-1.5) m, poco ramificados basalmente y luego de nuevo en la capitulescencia; tallos ascendentes a erectos, moderada a densamente foliosos desde cerca de la base hasta el ápice, las hojas basales ausentes en la antesis, las hojas gradualmente decrecientes distalmente, algunos brotes foliosos frecuentemente prolíficos en las axilas, acostillado-sulcados, blanco-araneoso-lanados. Hojas simples, alternas, sésiles o las hojas proximales rara vez angostamente alado-pecioladas, dilatadas basalmente a abruptamente auriculado-abrazadoras; láminas 3-8(-15) × 0.3-1(-2.5) cm, linear-lanceoladas o linear-oblanceoladas a rara vez elíptico-lanceoladas o elíptico-oblanceoladas, rígidamente cartáceas, pinnatinervias con las nervaduras secundarias generalmente ocultas, las superficies escasa a obviamente discoloras, la superficie adaxial verde-gris a rara vez verde, esparcidamente araneosa a rara vez densamente araneosa o rara vez glabrescente, la superficie abaxial densamente blanco-flocoso-pelosa, la base cuneada a generalmente auriculada, los márgenes subenteros a denticulados, rara vez escasamente revolutos, el ápice agudo a acuminado; pecíolo 0(-2) cm. Capitulescencia 5-15 cm de diámetro, ligera y abiertamente corimbosa a corimbiforme-paniculada, varias a numerosas cabezuelas, casi aplanadas distalmente con las ramitas laterales casi más largas que el eje central; pedúnculos 0.5-2(-3) cm, laxamente lanosos, con pocas bractéolas; bractéolas c. 5 mm, abruptamente más pequeñas que las hojas más distales del tallo, lineares, laxamente lanosas a glabrescentes. Cabezuelas 9-12 mm, radiadas, generalmente variadamente caliculadas; involucro generalmente 5-8 mm de diámetro, campanulado; filarios 13-21, 6.5-9 × 0.8-1.2 mm, lanceolados, araneosos basalmente a casi glabros, el ápice acuminado, los 0.5-1 mm distales oscurecidos, los 0.2 mm distales generalmente papilosos a setosos; bractéolas caliculares 2-6 mm, linear-lanceoladas, generalmente araneoso-lanadas; clinanto alveolado, 4-6 mm de diámetro, fistuloso por dentro. Flores radiadas 8-10, exertas; corola amarillo pálido, glabra, el tubo 4-5.5 mm, el limbo 5-10 × 2-3 mm, elíptico-oblongo, 4(-7)-nervio, tornándose revoluto. Flores del disco (30-)45-61, escasamente exertas del involucro; corola 6-8 mm, infundibuliforme, amarilla, glabra, el tubo y la garganta subiguales o la garganta escasamente más larga, los lobos 0.7-1 mm, triangular-lanceolados; anteras 2-3 mm, la base del estilo dilatada, las ramas 1-1.3 mm, el ápice truncado, papiloso. Cipselas 2.5-3.7 mm, marcadamente papilosas; cerdas del vilano 5.5-6.5 mm, frágiles. Floración nov.-mar., jun., ago. *Laderas alpinas, bosques de coníferas, selvas bajas perennifolias, bosques de* Quercus*, bosques de* Pinus*, bordes de caminos, arroyos, laderas de volcanes.* Ch (*Matuda 2876*, MO); G (*Pruski y Ortiz 4262*, MO). (1600-)2000-4100 m. (Endémica.)

Senecio warszewiczii se acepta provisionalmente como distinto de *S. calcarius* Kunth (syn. *S. mairetianus* DC.), especie similar de fuera de Mesoamérica, la cual se diferencia por las hojas menos obviamente auriculadas y las cabezuelas más grandes generalmente con 21 filarios lanosos y 13 flores radiadas, con el limbo de la corola de 12-17 mm. Las plantas de *S. warszewiczii* que se encuentran por debajo de los 3000 metros tienen las hojas más anchas que las poblaciones de hojas angostas que frecuentemente se encuentran a elevaciones más altas (3000-4100 m).

Se presume que el reporte de García-Pérez (2001) de *S. mairetianus* en Chiapas se refiere a ejemplares que se hubieran identificado como *S. warszewiczii*.

248. Talamancalia H. Rob. et Cuatrec.

Por J.F. Pruski.

Hierbas perennes a subarbustos; tallos erectos a patentes, simples a poco ramificados, lanosos a glabrescentes, foliosos con hojas no en rosetas aéreas, las hojas decrecientes y por lo general remotamente bracteadas distalmente, los nudos muy escasamente deflexos proximalmente, generalmente alargados distalmente, la médula sólida o en parte fistulosa. Hojas frecuentemente lirado-pinnatilobadas pero algunas veces no lobadas, alternas, angostamente alado-peciolares hasta una base dilatado-subamplexicaule; láminas de contorno lanceolado a ovado, cartáceas a rígidamente cartáceas, las nervaduras cercanamente arqueado-pinnadas, la superficie abaxial pubescente, los márgenes generalmente serrados al menos en la 1/2 distal. Capitulescencia terminal, erecta a ascendente, laxamente cimosa, con pocas cabezuelas, los últimos agregados anchamente redondeados a ligeramente aplanados distalmente. Cabezuelas radiadas; involucro campanulado a anchamente campanulado, irregular y laxamente caliculado en 2 o 3 series; filarios 12-19, los márgenes delgadamente escariosos; clinanto sólido, generalmente liso; brácteas caliculares linear-lanceoladas a ovadas. Flores radiadas (0-)8-15, pistiladas; corola amarilla o anaranjada, glabra, el limbo exerto, el ápice 3-denticulado. Flores del disco 20-90, bisexuales, ligeramente exertas del involucro; corola angostamente infundibuliforme, amarilla a anaranjada claro, glabra, el tubo cilíndrico, subigual a más largo que el limbo, los lobos lanceolados, casi de la misma longitud hasta más largos que la garganta, lanceolados, ascendentes a ligeramente patentes (no recurvados), generalmente con nervadura lateral y media resinosa; anteras frecuentemente exertas, el collar con forma de balaústre, con células basales agrandadas, la base de las tecas obtusa a redondeada, no caudada, el tejido endotecial radial, la zona connata no polinífera entre las anteras usualmente con células engrosadas en los polos, el apéndice apical conspicuo, frecuentemente con vena media resinosa; polen con patrón ultraestructural de la pared helantioide; base del estilo escasamente dilatada, las ramas redondeadas apicalmente, con papilas laterales subapicales y un fascículo apical separado de papilas, las papilas más cortas hasta subiguales al diámetro de la rama del estilo, sin un apéndice caudado de papilas fusionadas que es más largo que el diámetro de la rama, las superficies estigmáticas con 2 bandas. Cipselas cilíndricas, 10-nervias, generalmente setulosas, las células epidérmicas cortamente cuadrangulares, el carpóforo indistinto; cerdas del vilano del radio y del disco similares, 3-4-seriadas, blancas, ancistrosas, llegando hasta casi la base de los lobos de la corola del disco. 4 spp. Centroamérica, Ecuador, Perú.

Robinson y Cuatrecasas (1994) describieron el género senecioide *Talamancalia* de Costa Rica y Panamá, destacando taxonómicamente las características de las ramas del estilo y los lobos de la corola lanceolados. Nordenstam y Pruski (1995) expandieron *Talamancalia* para incluir una tercera especie (de Ecuador), y posteriormente Beltrán y Pruski (2000) expandieron el área del género hasta Perú. La especie sudamericana *T. putcalensis* (Hieron.) B. Nord. et Pruski se mantiene en *Talamancalia*, sin embargo, se debe anotar que Nordenstam et al. (2009) sugieren que puede ser ubicada en *Lomanthus* B. Nord. et Pelser. Los microcaracteres genéricos esenciales (collar de la antera con forma de balaústre, las papilas estilares, los lobos de la corola del disco lanceolados con una vena media resinosa) de *Talamancalia* fueron ilustrados por Beltrán y Pruski (2000: 15, t. 1).

Bibliografía: Beltrán, H. y Pruski, J.F. *Arnaldoa* 7: 13-18 (2000). Nordenstam, R.B. y Pruski, J.F. *Compositae Newslett.* 27: 31-42 (1995). Nordenstam, B. et al. *Compositae Newslett.* 47: 33-40 (2009). Solano Peralta, D. *Brenesia* 69: 73-74 (2008).

1. Cabezuelas 9-14 mm; brácteas caliculares 5-10 × c. 1 mm, linear-lanceoladas a lanceoladas, no cubriendo los involucros; limbo de las corolas radiadas 9-12 × 2-3 mm, 4-8-nervio; flores del disco 20-35.

        1. T. boquetensis

1. Cabezuelas 20-23 mm; brácteas caliculares 10-12 × 7-9 mm, anchamente ovadas a oblongo-ovadas, cubriendo los involucros; limbo de las corolas radiadas c. 19 × 5-6 mm, 10-15-nervio; flores del disco 80-90.

2. T. westonii

1. Talamancalia boquetensis (Standl.) H. Rob. et Cuatrec., *Novon* 4: 51 (1994). *Senecio boquetensis* Standl., *Publ. Field Mus. Nat. Hist., Bot. Ser.* 22: 394 (1940). Isotipo: Panamá, *Pittier 5382* (US!). Ilustr.: Solano Peralta, *Brenesia* 69: 74, t. 1 (2008).

Pseudogynoxys boquetensis (Standl.) B.L. Turner.

Hierbas perennes a subarbustos, 0.3-2 m; tallos foliosos proximalmente, simples o poco ramificados, algunas veces purpúreos, lanosovellosos o araneosos a glabrescentes, los entrenudos proximales y de la mitad del tallo más cortos que las hojas. Hojas: láminas 6-13 × 2.5-6.5 cm, generalmente lirado-lobadas, de contorno lanceolado a ovado, c. 6-13 nervaduras secundarias mayores por cada lado, las nervaduras algunas veces purpúreas, proximalmente con 2-4 lobos por lado, los lobos generalmente 0.5-2 cm, cupuliformes a triangulares, moderadamente espaciados con el seno entre los lobos casi tan ancho como los lobos, la lámina en plantas menores algunas veces proximalmente cuneada y no lobada, la superficie adaxial verde, laxamente pilosa con tricomas flageliformes a algunas veces glabrescente, la superficie abaxial generalmente blanco-grisácea, lanoso-vellosa o rara vez laxamente araneosa, los márgenes denticulados o serrados a doblemente denticulados o serrados, el ápice agudo a acuminado, típicamente discoloro; base peciolar (1-)2-8 cm. Capitulescencia (3-)5-15 cm de diámetro, generalmente sobre un pedículo poco bracteado dispuesto 15-35 cm por encima de las hojas más distales, generalmente con (1-)3-21 cabezuelas, con 1-5 agregados de pocas a numerosas cabezuelas, las brácteas generalmente 1-3(-4) cm, lineares o lanceoladas, algunas veces ligeramente liradas; pedúnculos generalmente 1-2.5 cm, ligeramente puberulentos a glabrescentes. Cabezuelas 9-14 mm; involucro 7-10 mm de diámetro, campanulado; filarios 12-19, 7-9 × 1-1.5(-2) mm, lanceolados, amarillo-verdosos a algunas veces purpúreos, 3-5-estriados, frecuentemente erosos o fimbriados apicalmente, el ápice agudo a acuminado; brácteas caliculares generalmente 6-11, 5-10 × c. 1 mm, c. 1/2 de la longitud a escasamente más largas que los filarios, linear-lanceoladas a lanceoladas, no cubriendo el involucro, verdes a algunas veces purpúreas, 1-nervias, patentes a reflexas, setosas a glabrescentes; clinanto alveolado. Flores radiadas generalmente 8 o muy rara vez pareciendo ausentes; corola anaranjada, el tubo 3.8-6 mm, el limbo 9-12 × 2-3 mm, elíptico-lanceolado, 4-8-nervio. Flores del disco 20-35; corola 7-9 mm, anaranjado clara, el tubo y el limbo subiguales, los lobos 2-3 mm, más largos que la garganta, ligeramente patentes, frecuentemente con una vena media resinosa; anteras 2.5-3 mm, el collar c. 0.5 mm, el apéndice apical 0.4-0.6 mm, angostamente lanceoladas; ramas del estilo 1.5-2 mm, las papilas laterales y apicales 0.05-0.1 mm, más cortas que el diámetro de las ramas del estilo. Cipselas 2-3 mm, parduscas; cerdas del vilano 5-7 mm. Floración nov.-abr. *Pantanos, lechos rocosos de arroyos, sabanas, laderas de volcanes.* CR (*Solano y Kriebel 780*, INB); P (*Terry 1299*, MO). 1000-3000 m. (Endémica.)

2. Talamancalia westonii H. Rob. et Cuatrec., *Novon* 4: 52 (1994). Holotipo: Costa Rica, *Weston 12373* (US!). Ilustr.: Robinson y Cuatrecasas, *Novon* 4: 51, t. 1 (1994).

Pseudogynoxys westonii (H. Rob. et Cuatrec.) B.L. Turner.

Subarbustos c. 0.3 m; tallos 2-3-ramificados desde la base, aparentemente foliosos generalmente en la mitad, blanco-lanosos, los entrenudos proximales 0.5-1 cm, mucho más cortos que las hojas. Hojas: láminas 5-5.3 × 1.7-2.5 cm, pinnatilobadas, de contorno elíptico-lanceolado, con c. 8-10 nervaduras secundarias mayores por cada lado, proximalmente lirado-lobuladas con 3-5 lobos por lado, los lobos generalmente 0.5-1 cm, cercanamente espaciados con el seno entre los lobos más angosto que los lobos, los márgenes irregularmente serrados, las superficies discoloras, la superficie adaxial verde-grisáceo, laxamente araneosa con tricomas flageliformes, la superficie abaxial densamente blanco-tomentosa, el ápice acuminado; base peciolar c. 1 cm. Capitulescencia 4-5 cm de diámetro, el eje principal 4-5 cm, dispuesto escasamente por encima de las hojas más distales, delgadamente lanuginoso, conteniendo 2 agregados cada uno con 2-4 cabezuelas, las ramas con brácteas subfoliares 2.5-3.5 × c. 1.5 cm, ovadas, sésiles; pedúnculos 0.5-1 cm. Cabezuelas 20-23 mm; involucro 9-14 mm de diámetro, anchamente campanulado; filarios c. 13, 10-11 × 1-2 mm, lanceolados, la superficie por lo general delgadamente lanuginosa, el ápice acuminado; brácteas caliculares generalmente 7, 10-12 × 7-9 mm, casi más largas que los filarios, anchamente ovadas a oblongo-ovadas, cubriendo el involucro, delgadamente lanuginosas. Flores radiadas c. 15; corola anaranjada, el tubo c. 9 mm, el limbo c. 19 × 5-6 mm, elíptico-lanceolado, 10-15-nervio. Flores del disco 80-90; corola 18-20 mm, anaranjado claro, generalmente el tubo 12-13 mm, más largo que el limbo, los lobos c. 4 mm, más largos que la garganta, lanceolados; anteras (incluyendo el apéndice apical) c. 4.2 mm, el collar c. 0.5 mm, el apéndice apical c. 0.7 mm, lanceolado. Cipselas c. 3 mm; cerdas del vilano c. 7 mm. Floración feb. *Páramos.* CR (*Weston 12373*, US). 3100 m. (Endémica.)

249. Telanthophora H. Rob. et Brettell

Senecio L. sect. *Terminales* Greenm.

Por B.L. Clark y J.F. Pruski.

Arbustos o árboles erectos, caulescentes, con tallos foliosos, simples o poco ramificados; tallos raramente subpaquicaules, con rosetas aéreas de hojas distalmente agregadas, conspicuamente contraídas inmediatamente debajo de la capitulescencia, la médula sólida o rara vez separada en cámaras, la corteza (de los tallos de 0.5-1 cm de diámetro) con obvios conductos de resina; follaje (cuando pubescente) con tricomas simples. Hojas alternas, simples, pecioladas; láminas pinnatinervias o raramente los nervios indistintos, los márgenes raramente lobados, pero nunca básicamente hasta la vena media. Capitulescencia terminal, subumbelada a corimbosa o corimbiforme-paniculada, el eje conspicuamente contraído; pedúnculos bracteolados. Cabezuelas radiadas o discoides (en Mesoamérica solo discoides en *Telanthophora cobanensis*), inconspicuamente caliculadas; involucro cilíndrico a angostamente campanulado; filarios 4-9, lanceolados, libres, los internos con los márgenes escariosos; bractéolas caliculares poco numerosas, lineares; clinanto aplanado, sin páleas, sólido a raramente fistuloso. Flores radiadas 0-11, pistiladas; limbo de las corolas amarillo, 3-denticulado. Flores del disco 2-11, bisexuales, por lo general escasamente exertas; corola gradual a abruptamente ampliada, moderadamente 5-lobada pero nunca casi hasta el tubo, amarilla, los lobos raramente más largos que la garganta; collar de la antera cilíndrico, sin células basales agrandadas, las bases de las tecas sagitadas, engrosamientos de las paredes de las células del endotecio generalmente radiales; ápices de las ramas del estilo truncados a cónicos, la superficie estigmática continua. Cipselas cilíndricas, glabras; vilanos del rayo y del disco similares, de numerosas cerdas blancas ancistrosas. $x = 30$. Aprox. 9 spp. México, Mesoamérica.

Las especies de *Telanthophora* fueron históricamente tratadas en *Senecio* (p. ej., Hemsley, 1881; Williams, 1975b, 1976c), pero el género fue descrito como nuevo por Robinson y Brettell (1974). Robinson y Brettell (1974) lo ubicaron en la subtribu Tussilagininae debido a microcaracteres, y aquí se lo identifica en la clave con otros géneros de esa subtribu. Williams (1975b, 1976c) trató tanto a *S. cobanensis* var. *sublaciniatus* como a *S. molinae* Phil. bajo la sinonimia de *S. cobanensis*, pero en este tratamiento se reconocen *T. cobanensis*, *T. molinae* y *T. sublaciniata*. El presente tratamiento difiere del de Clark (2000) porque trata a *T. cobanensis* y *T. grandifolia* sin infrataxones y reconoce a *T. molinae*. El reporte de Berendsohn y Araniva de González (1989: 290-12) de *T. andrieuxii* (DC.) H. Rob. et Brettell y *T. cobanensis* en El Salvador posiblemente es en referencia a ejemplares que se han identificado en otras especies.

Bibliografía: Clark, B.L. *Sida* 19: 235-236 (2000).

1. Filarios c. 8; cabezuelas radiadas.
  2. Láminas de las hojas con las superficies obviamente discoloras, la superficie abaxial densamente araneoso-pelosa o raramente glabrescente en parches, nunca completamente glabrescente.   **5. T. steyermarkii**
  2. Láminas de las hojas con las superficies más o menos concoloras, la superficie abaxial laxamente araneoso-pubescente a glabrescente.
    3. Pecíolos 2-4 cm; hojas indistintamente pinnatinervias, las nervaduras secundarias inmersas y generalmente indistintas, los márgenes generalmente enteros o denticulados.   **1. T. bartlettii**
    3. Pecíolos 4-18 cm; hojas claramente pinnatinervias, las nervaduras secundarias abaxialmente esculpidas, 13-50 × 7-30 cm, por lo general ligera a profundamente pinnatilobadas.   **3. T. grandifolia**
1. Filarios c. 5; cabezuelas radiadas o discoides.
  4. Flores radiadas ausentes; láminas de las hojas con nervaduras secundarias inmersas y generalmente indistintas.   **2. T. cobanensis**
  4. Flores radiadas 1 o 2; láminas de las hojas pinnatinervias.
    5. Hojas con los márgenes sublaciniados; lobos de la corola de las flores del disco mucho más largos que la garganta o subiguales a la garganta; pedúnculos araneoso-pelosos.   **6. T. sublaciniata**
    5. Hojas con los márgenes enteros a remotamente serrados; lobos de la corola de las flores del disco mucho más largos que la garganta o subiguales a la garganta; pedúnculos pelosos en las axilas, por lo demás glabros.
      6. Láminas de las hojas con la base atenuada a angostamente cuneada.   **4. T. molinae**
      6. Láminas de las hojas con la base cuneada a raramente casi obtusa.   **7. T. uspantanensis**

1. Telanthophora bartlettii H. Rob. et Brettell, *Phytologia* 27: 426 (1974). Isotipo: Belice, *Bartlett 11852* (MO!). Ilustr.: no se encontró.
Senecio montidorsensis L.O. Williams.

Arbustos hasta 3 m, de tallo simple; tallos tomentosos a irregularmente glabrescentes. Hojas: láminas 10-20 × 2.5-7 cm, oblanceoladas a ovadas, subcarnosas, indistintamente pinnatinervias, las superficies más o menos concoloras, las nervaduras secundarias inmersas, la superficie adaxial glabrescente, la superficie abaxial puberulenta en la vena media, la base cuneada, los márgenes enteros o denticulados, con menos frecuencia muy ligeramente 3-4-sublobados, el ápice agudo; pecíolo 2-4 cm, peloso en la axila. Capitulescencia 8-20 cm de diámetro; pedúnculo con axilas pubescentes. Cabezuelas 9-11 mm, cortamente radiadas; involucro 3.5-5 mm de diámetro; filarios 8, 6-8 mm, glabros; bractéolas caliculares c. 3 mm, pelosas. Flores radiadas (3)4-5(6); limbo de la corola (1.5-)3-4 mm. Flores del disco 6-9; corola 7-8 mm, los lobos c. 2 mm. Cipselas 2-3 mm; cerdas del vilano 4.5-6 mm. Floración mar. *Matorrales, bosques de* Pinus-Quercus. B (*Davidse y Brant 32108*, MO). 300-1000 m. (Endémica.)

2. Telanthophora cobanensis (J.M. Coult.) H. Rob. et Brettell, *Phytologia* 27: 427 (1974). *Senecio cobanensis* J.M. Coult., *Bot. Gaz.* 16: 101 (1891). Isotipo: Guatemala, *von Türckheim 1158* (NY!). Ilustr.: no se encontró. N.v.: Hoja de rabia, H.

Arbustos o árboles ramificados, 1-7 m; tallos glabros o subglabros. Hojas: láminas 7-25 × 2-4.5 cm, oblanceoladas a rara vez obovadas, subcarnosas, las nervaduras secundarias inmersas y generalmente indistintas, la superficie adaxial glabra, la superficie abaxial glabra o rara vez la vena media puberulenta, la base atenuada a rara vez cuneada, los márgenes enteros, el ápice atenuado o acuminado a rara vez obtuso; pecíolo 1-7 cm. Capitulescencia generalmente 10-20 cm de diámetro, no dispuesta muy por encima de las hojas subyacentes; pedúnculo con axilas blanco-pubescentes; bractéolas c. 2 mm, glabras. Cabezuelas 6-9(-10) mm, discoides; involucro 2-3 mm de diámetro; filarios 5, 5-8(-9) mm, glabros; bractéolas caliculares c. 1 mm, glabras. Flores radiadas ausentes. Flores del disco (4)5 o 6; corola 4-6 mm, los lobos 1-3 mm, más largos que la garganta o subiguales. Cipselas 2-3 mm; cerdas del vilano 4-6 mm. Floración (dic.-)feb.-may. *Bosques de neblina, laderas forestadas, bosques de* Pinus, *bosques de* Pinus-Quercus, *arroyos.* Ch (*Matuda 16257*, MO); G (*von Türckheim II 1656*, MO); H (*Molina R. y Molina 25563*, MO); N (*Stevens et al. 32838*, MO). 1300-2600 m. (S. México, Mesoamérica.)

La cita de Balick et al. (2000) de *Telanthophora cobanensis* de Belice probablemente se refiere a ejemplares que se hubieran identificado como *T. bartlettii*.

3. Telanthophora grandifolia (Less.) H. Rob. et Brettell, *Phytologia* 27: 427 (1974). *Senecio grandifolius* Less., *Linnaea* 5: 162 (1830). Holotipo: México, Veracruz, *Schiede 362 (332)* (imagen en Internet ex HAL!). Ilustr.: Carrière, *Rev. Hort.* 62: 492 (1890), como *S. ghiesbreghtii*. N.v.: Jol tuluk' vomal, Ch; estrello, mano de león, G; tapatamal, H.

Senecio arborescens Steetz, *S. chicharrensis* Greenm., *S. copeyensis* Greenm., *S. ghiesbreghtii* Regel, *S. serraquitchensis* Greenm., *Telanthophora arborescens* (Steetz) H. Rob. et Brettell, *T. chicharrensis* (Greenm.) H. Rob. et Brettell, *T. copeyensis* (Greenm.) H. Rob. et Brettell, *T. grandifolia* (Less.) H. Rob. et Brettell var. *serraquitchensis* (Greenm.) B.L. Clark, *T. serraquitchensis* (Greenm.) H. Rob. et Brettell.

Arbustos o árboles hasta 10 m de tallos simples o ramificados; tallos pelosos a flocoso-pelosos distalmente a irregularmente glabrescentes. Hojas: láminas 13-50 × 7-30 cm, elípticas a ovadas, cartáceas, claramente pinnatinervias con 8-15 nervaduras secundarias por cada lado patentes con la vena media en ángulos de casi 60-80°, las superficies más o menos concoloras, la superficie adaxial generalmente glabrescente, la superficie abaxial laxamente araneoso-pubescente a glabrescente, la base oblicuo-cuneada a cordata, los márgenes subenteros a más generalmente ligera a profundamente pinnatilobados, los lobos generalmente 2-7 por lado, 1-15 cm y raramente incisos hasta cerca de la vena media, el ápice acuminado a obtuso; pecíolo 4-18 cm. Capitulescencia generalmente 10-30 cm; pedúnculos con axilas pubescentes. Cabezuelas 7-13 mm, cortamente radiadas (muy rara vez discoides); involucro 3-5 mm de diámetro; filarios generalmente 8, 4-7 mm, glabros o raramente pelosos; bractéolas caliculares c. 1 mm. Flores radiadas (0-)1-6; limbo de la corola generalmente 3-6 mm. Flores del disco 4-11; corola 4-7 mm, los lobos 1.5-2.5 mm. Cipselas 1-3 mm; cerdas del vilano 4-7 mm. Floración nov.-ago. $2n = 60$. *Selvas medianas perennifolias, bosques de* Pinus-Quercus, *arroyos, vegetación secundaria, laderas de volcanes.* Ch (*Breedlove 49924*, MO); G (*Skutch 2081*, MO); H (*Daniel y Molina R. 9535*, MO); ES (*Standley 21487*, US); N (*Davidse et al. 30417*, MO); CR (*Tonduz 11663*, NY); P (*White 330*, MO). 500-2500 m. (México, Mesoamérica; en ocasiones cultivada en invernaderos en las zonas templadas y al ambiente en las regiones tropicales.)

4. Telanthophora molinae H. Rob. et Brettell, *Phytologia* 27: 428 (1974). Holotipo: Guatemala, *Williams et al. 26271* (foto MO! ex US). Ilustr.: Williams, *Fieldiana, Bot.* 24(12): 587, t. 132 (1976), como *Senecio cobanensis*.

Telanthophora cobanensis (J.M. Coult.) H. Rob. et Brettell var. *molinae* (H. Rob. et Brettell) B.L. Clark.

Arbustos ramificados, hasta 4 m; tallos poco ramificados, hirsutos distalmente. Hojas: láminas 10-25 × 2-3.5 cm, angostamente oblanceoladas, pinnatinervias con 4-7 nervaduras secundarias por cada lado, patentes con la vena media en ángulos de casi 45-60°, reticuladas en los ejemplares secos, las superficies glabras, la base atenuada a angostamente cuneada, los márgenes remotamente serrados, el ápice agudo a acuminado; pecíolo 3-3.5 mm. Capitulescencia 10-13 cm de diámetro, no dispuesta muy por encima de las hojas subyacentes; pedúnculo 2-5 mm, glabro. Cabezuelas 6.5-8 mm, radiadas; involucro c. 3 mm de diámetro; filarios 5, 6-7.5 mm, glabros; bractéolas caliculares c. 1 mm. Flores radiadas 1-2; limbo de la corola 5-6 mm. Flores del disco c. 3; corola 5.5-7 mm, los lobos 1.5-3 mm, más cortos que la garganta a más largos que esta. Cipselas 1-2 mm; cerdas del vilano c. 5 mm. Floración dic.-feb. *Bosques de neblina.* G (*Williams et al. 26080*, US). 1800-2500 m. (Endémica.)

Esta especie parece ser intermedia entre *Roldana schaffneri* y *Telanthophora sublaciniata*, cada una con cabezuelas pauciradiadas con 5 filarios diversamente más cortos hasta casi más largos que las flores del disco y con largos lobos de la corola del disco. Las diferencias finas y las diferencias de los caracteres genéricos del tallo no son siempre claras en los ejemplares de herbario. Lo que confío es que, por las cabezuelas radiadas, *T. molinae* está fuera de lugar dentro de *T. cobanensis*, donde fue ubicada por Clark (2000). En forma similar, la ilustración de esta planta con hojas remotas serradas con pocos rayos citada arriba se parece bastante a *T. molinae* más que a *T. cobanensis*.

5. Telanthophora steyermarkii (Greenm.) Pruski, *Phytoneuron* 2017-??: ?? (2017). *Senecio steyermarkii* Greenm., *Ceiba* 1: 124 (1950). Holotipo: Guatemala, *Steyermark 49556* (MO!). Ilustr.: Pruski, *Phytoneuron* 2017-??: ?? (2017).

Arbustos crasicaules 3-7 m; tallos flocoso-pelosos distalmente a irregularmente subglabrescentes. Hojas: láminas 10-22 × 4-10 cm, elíptico-ovadas, rígidamente cartáceas, pinnatinervias con 10-12 nervaduras secundarias por cada lado patentes con la vena media en ángulos de casi 60-80°, las superficies obviamente discoloras, la superficie adaxial verde, esparcidamente araneoso-pelosa a lo largo de las nervaduras hasta glabrescente, la superficie abaxial blanco-gris, densa y persistentemente araneoso-pelosa o raramente glabrescente en parches, nunca completamente glabrescente, la base cuneada a obtusa, los márgenes subenteros a remota y ligeramente sinuoso-lobulados, los lóbulos 0.2-0.5 cm, el ápice acuminado a obtuso; pecíolo 3-8 cm. Capitulescencia 6-15 cm de diámetro, las ramas y el pedúnculo tomentulosos, las bractéolas 3-5 mm, linear-lanceoladas. Cabezuelas 6.5-8 mm, cortamente radiadas; involucro 3-4 mm de diámetro, campanulado; filarios c. 8, 4-5.5 mm, tomentulosos en la zona media o solo basalmente; bractéolas caliculares 1-2 mm, linear-lanceoladas. Flores radiadas 2-3; limbo de la corola c. 3 mm, ligeramente exerto, 5-6-nervio. Flores del disco 7-10; corola c. 5 mm, el tubo más corto que el limbo, los lobos 1.5-2 mm, casi más largos que la garganta, largamente lanceolados, con un conducto central de resina. Cipselas (inmaduras) 1-1.5 mm; cerdas del vilano c. 5 mm. Floración mar., jul., sep., nov. *Cafetales, selvas medianas perennifolias.* G (*Steyermark 49510*, F). 1100-1800 m. (Endémica.)

6. Telanthophora sublaciniata (Greenm.) B.L. Clark, *Sida* 19: 236 (2000). *Senecio cobanensis* J.M. Coult. var. *sublaciniatus* Greenm., *Ceiba* 1: 120 (1950). Holotipo: Guatemala, *Standley 63680* (MO!). Ilustr.: no se encontró.

Arbustos o árboles pequeños, 2-6 m; tallos con los 10 cm distales cercanamente araneoso-pubescentes a fasciculado-araneoso-pubescentes en las axilas, proximalmente glabrescentes. Hojas: láminas 6-17 × 1-3.5 cm, lanceoladas a elíptico-lanceoladas, pinnatinervias, 4-6 nervaduras secundarias por cada lado marcadamente dirigidas hacia adelante, delgadas, divergiendo en ángulos de casi 30° con la vena media, las superficies glabras o glabrescentes, la base angostamente cuneada, los márgenes sublaciniados, los dientes o lobos 2-6(-10) mm, remotos, el ápice agudo; pecíolo 2.5-5.5 mm, pubescente en la axila. Capitulescencia c. 10 cm de diámetro; pedúnculo araneoso-peloso, las bractéolas 1-2 mm, lineares. Cabezuelas 8-11 mm, cortamente radiadas; involucro 3-4 mm de diámetro; filarios 5, 4.5-6 mm, los internos con los márgenes escariosos más anchos que la zona media verde, el ápice agudo

a anchamente obtuso, araneoso-puberulentos a glabrescentes; bractéolas caliculares c. 1 mm. Flores radiadas 1; limbo de la corola 4-5 mm. Flores del disco 3-4, largamente exertas; corola 5.5-7 mm, rara y escasamente asimétrica, los lobos 2.5-3 mm, subiguales a desiguales, mucho más largos que la garganta hasta subiguales. Cipselas c. 2 mm; cerdas del vilano 5-7 mm. Floración ene.-jun. *Vegetación secundaria, selvas altas perennifolias, bosques de* Pinus. G (*Steyermark 46994*, MO); ES (*Villacorta y Berendsohn 1062*, MO). 1600-2200 m. (Endémica.)

7. Telanthophora uspantanensis (J.M. Coult.) H. Rob. et Brettell, *Phytologia* 27: 428 (1974). *Senecio ghiesbreghtii* Regel var. *uspantanensis* J.M. Coult., *Bot. Gaz.* 20: 52 (1895). Lectotipo (designado por Williams, 1976c): Guatemala, *Heyde y Lux 3368* (F!). Ilustr.: no se encontró.

Senecio uspantanensis (J.M. Coult.) Greenm.

Arbustos o árboles, 2-7.5 m; tallos cortamente vellosos en las axilas a glabrescentes. Hojas: láminas (8-)15-33 × (2-)3-9.5 cm, angostamente elípticas a oblongas, subcarnosas, pinnatinervias, la superficie adaxial glabra, la superficie abaxial glabra o raramente la vena media puberulenta, la base cuneada a raramente casi obtusa, los márgenes enteros o subenteros, el ápice agudo a acuminado; pecíolo 6-11 cm. Capitulescencia generalmente 10-25 cm de diámetro, no dispuesta muy por encima de las hojas subyacentes; pedúnculos pubescentes en las axilas, por lo demás glabros, las bractéolas 1-3 mm, glabras a puberulentas. Cabezuelas 7-9 mm, radiadas; involucro 2.5-3.5 mm de diámetro; filarios 4-5, 6-8 mm, glabros; bractéolas caliculares 0.5-1 mm, glabras. Flores radiadas 1 o 2; limbo de la corola 5-5.5 mm. Flores del disco 2-3, escasamente exertas en la antesis; corola 5-7 mm, los lobos 2-3 mm, más largos que la garganta o subiguales. Cipselas 1.5-2 mm; cerdas del vilano 4-5 mm. *Bosques de neblina, selvas medianas perennifolias.* Floración oct.-jun. Ch (*Matuda 1941*, MO); G (*Steyermark 46943*, MO). 1300-2800 m. (S. México, Mesoamérica.)

El ejemplar *Donnell Smith 1598*, un sintipo de *Senecio ghiesbreghtii* var. *uspantanensis*, es el tipo de *S. serraquitchensis*.

250. Villasenoria B.L. Clark

Por J.F. Pruski.

Hierbas perennes de tallos simples a arbustos, las hojas agregadas distalmente; tallos glabros o algunas veces hirsutos, la médula sólida. Hojas pinnatífidas básicamente hasta la vena media, alternas, pecioladas; laminas cartáceas, los folíolos generalmente en 4(-6) pares, los márgenes subenteros a denticulados, las superficies no glandulosas. Capitulescencia terminal, alargada, dispuesta bien por encima de las hojas del tallo más distales, el eje principal no conspicuamente acortado basalmente, corimboso-paniculado, ramificado solo en 1/2-1/4 distal y generalmente sosteniendo un agregado laxo de 5-15 cabezuelas, agregados terminales individuales frecuentemente anchamente redondeados, el eje principal y ramas laterales diminutamente poco bracteolados, esparcidamente puberulentos. Cabezuelas radiadas, con (14-)18-28 flores; involucro generalmente cilíndrico; clinanto aplanado, sin páleas, ligeramente alveolado; filarios generalmente 8, lanceolados, glabros, irregular y laxamente caliculados. Flores radiadas pistiladas; corola amarilla, el limbo moderadamente exerto. Flores del disco bisexuales, escasamente exertas del involucro; corola angostamente infundibuliforme, amarilla, glabra, el tubo escasamente más corto que el limbo, los lobos triangular-lanceolados, ascendentes a patentes, típicamente con una vena media resinosa; anteras incluidas, el collar cilíndrico, la base de las tecas cordata, el tejido endotecial radial, el apéndice apical elíptico-lanceolado, el ápice agudo; estilo con base cilíndrica, las ramas escasamente exertas, escasamente recurvadas, la superficie estigmática continua (algunas veces de apariencia ligeramente hendida), el ápice truncado a obtuso, diminutamente papiloso.

Cipselas cilíndricas, 10-nervias, glabras pero al madurar papiloso-ásperas; cerdas del vilano del radio y del disco similares, numerosas, blancas, ancistrosas, casi más largas que las corolas del disco. 1 sp. Sur de México.

Bibliografía: Clark, B.L. *Sida* 18: 631-634 (1999).

1. Villasenoria orcuttii (Greenm.) B.L. Clark, *Sida* 18: 633 (1999). *Senecio orcuttii* Greenm., *Publ. Field Mus. Nat. Hist., Bot. Ser.* 2: 350 (1912). Isotipo: México, Veracruz, *Orcutt 3150* (MO!). Ilustr.: no se encontró.

Telanthophora orcuttii (Greenm.) H. Rob. et Brettell.

Hierbas perennes a arbustos, 1-3 m; tallos erectos. Hojas (incluyendo el pecíolo) 10-30(-70) × 10-25(-40) cm, de contorno obovado, los folíolos 4-17 × 1-6 cm, elíptico-lanceolados a ovados u obovados, dirigidos lateralmente o el par terminal mayor dirigido ligeramente hacia adelante, las nervaduras del folíolo arqueado-pinnadas con 3-4 nervaduras secundarias principales por cada lado, los folíolos distales generalmente con la base proximalmente decurrente sobre la vena media, los folíolos proximales generalmente muy brevemente peciolulados, los ápices agudos a atenuados, la superficie adaxial glabra a esparcidamente puberulenta, la superficie abaxial esparcidamente pelosa; pecíolo 2-13 cm. Capitulescencia frecuentemente 15-25 cm de diámetro, las ramas laterales generalmente divergiendo del eje principal en ángulos de 45-60°; pedúnculos generalmente 10-20 mm. Cabezuelas 10-14 mm; involucro c. 4(-5) mm de diámetro, escasamente más corto que las flores del disco; filarios 9-12 × 1-2.5 mm, el ápice generalmente agudo a acuminado; bractéolas caliculares 0-4, 1-2 mm, lineares. Flores radiadas 2-5; tubo de la corola c. 7 mm, el limbo 7-10 × c. 3(-4) mm, elíptico-lanceolado, generalmente 4-nervio, el ápice obtuso a redondeado, 3-denticulado. Flores del disco (12-)16-23; corola 8-10(-14) mm, los lobos 0.8-1.2 mm; anteras 2.5-3 mm; ramas del estilo 2.3-2.5 mm. Cipselas 2.5-4 mm, pardas; vilano 7.5-10 mm. Floración nov. *Afloramientos calizos*. Ch (Clark, 1999: 633). 1200-1300 m. (México [Veracruz], Mesoamérica.)

251. **Werneria** Kunth

Por J.F. Pruski.

Hierbas perennes, solitarias o agrupadas; rizoma grueso. Hojas basales o agregadas proximalmente sobre un escapo muy corto, sésiles, los márgenes enteros, las superficies glabras. Capitulescencia monocéfala, las cabezuelas sésiles o pedunculadas. Cabezuelas radiadas, sin calículo; involucro campanulado o hemisférico; filarios connatos, generalmente por al menos la mitad de su longitud; clinanto sin páleas. Flores radiadas pistiladas; corola con limbo exerto, al menos adaxialmente blanca o rara vez amarilla. Flores del disco bisexuales; corola blanca o amarilla; anteras sagitadas, el collar con forma de balaústre, con células basales agrandadas; ramas del estilo cortas, cada una con superficie estigmática de dos bandas, el ápice obtuso, papiloso. Cipselas oblongas, pardas, acostilladas, glabras; vilano de numerosas cerdas capilares escábridas delgadas pajizas. Aprox. 25-30 spp. Sudamérica (Andes), 1 sp. en Mesoamérica.

Bibliografía: Kappelle, M. y Horn, S.P. *Páramos Costa Rica* 1-767 (2005). Rockhausen, M. *Bot. Jahrb. Syst.* 70: 273-342 (1940 [1939]).

Small (1919) correctamente sugirió que *Werneria* como entonces circunscrito era polifilético.

1. Werneria nubigena Kunth in Humb., Bonpl. et Kunth, *Nov. Gen. Sp.* folio ed. 4: 151 (1820 [1818]). Holotipo: Ecuador, *Humboldt y Bonpland s.n.* (microficha MO! ex P-Bonpl.). Ilustr.: Williams, *Fieldiana, Bot.* 24(12): 589, t. 134 (1976). N.v.: Margarita, G.

Werneria disticha Kunth, *W. dombeyana* (Wedd.) Hieron., *W. mocinniana* DC., *W. nubigena* Kunth var. *dombeyana* Wedd., *W. stuebelii* Hieron.

Hierbas acaules (Mesoamérica) cespitosas, localmente frecuentes, las plantas solitarias; cáudice 1.5-2 cm de diámetro, densamente pajizo-lanoso, la base de las hojas persistente. Hojas 4-13(-30) × (0.2-) 0.6-1(-3) cm, anchamente lineares, dísticas, subcoriáceas, indistintamente 1-nervias, la base dilatada y amplexicaule, el ápice obtuso a redondeado. Capitulescencia una cabezuela sésil (Mesoamérica), rara vez sobre un pedúnculo hasta 15 cm. Cabezuelas (excluyendo los radios) 2-2.5 cm de diámetro; filarios 15-28, c. 15(-30) × 3-4 mm, linear-lanceolados, connatos en 1/3-1/2 proximal, los márgenes escariosos hasta el ápice, glabros excepto el ápice papiloso. Flores radiadas c. 21 (15-35); tubo de la corola hasta c. 9 mm, el limbo 10-25(-45) × 3-5 mm, 6-13-nervio, blanco adaxialmente, frecuentemente color violeta abaxialmente, el ápice obtuso, 3-denticulado. Flores del disco (50-)100-200; corola 6-11 mm, angostamente infundibuliforme, amarilla, el tubo y la garganta subiguales, los lobos 1-1.5 mm; anteras 3-3.5 mm, el apéndice ovado; ramas del estilo c. 1.2 mm. Cipselas 2-4 mm; cerdas del vilano 9-11 mm. Floración nov., ene.-mar., may. *Pastizales alpinos, páramos, laderas de volcanes*. Ch (*Breedlove 24279*, MO); G (*Pruski y Ortiz 4283*, MO); CR (Kappelle y Horn, 2005: 417); P (*Weston 10164*, MO). 2700-4300 m. (México, Mesoamérica, Colombia, Ecuador, Perú, Bolivia.)

Werneria nubigena es circunscrita incluyendo en la sinonimia individuos pedunculados nombrados como *W. stuebelii*; así se sigue la monografía genérica de Rockhausen (1940 [1939]).

252. **Género A**

Por J.F. Pruski.

Arbustos no ericoides a pequeños árboles no ericoides; tallos ramificados, subteretes, sulcado-estriados pero nunca fuertemente angulosos, foliosos igual y laxamente en la parte distal pero las hojas nunca amontonadas distalmente en rosetas aéreas, la base de las hojas persistente; médula sólida, de hasta 5 mm de diám., sin compartimientos; follaje (cuando pubescente) araneoso-tomentoso generalmente con tricomas no glandulares simples sin células basales claras y con la célula terminal sinuosa y muy alargada. Hojas simples, alternas, pecioladas o las más distales a veces subsésiles; láminas nunca como *Ilex* L., rígidamente cartáceas, pinnatinervias con 5-10 nervaduras secundarias por lado, el retículo terciario ocasionalmente prominente, las superficies discoloras, no glandulosas, los márgenes subenteros a denticulados, con frecuencia ligeramente revolutos. Capitulescencia terminal, con numerosas cabezuelas y generalmente corimbiforme a corimbiforme-paniculada, redondeada por arriba, cortamente pedunculada; pedúnculo pluribracteolado; bractéolas lineares. Cabezuelas radiadas, con pocos calículos laxos; involucros 1-seriados; filarios 12-15, lanceolados, libres, la vena media anchamente anaranjado-resinosa, los canales de resina continuos, algunas veces presentes dos nervios resiníferos laterales delgados y menos diferenciados, al menos algunos con los márgenes generalmente escariosos, el ápice a veces subcuculado; bractéolas caliculares linear-subuladas; clinanto aplanado. Flores radiadas 6-8, pistiladas, uniseriadas; corola amarillo pálido, glabra, el tubo más corto que el limbo. Flores del disco bisexuales; corola angostamente infundibuliforme, amarilla, glabra, cortamente 5-lobada, los ductos resiníferos 10, el tubo ligeramente dilatado basalmente, los lobos triangulares, 3-nervios; anteras cortamente caudadas, el collar del filamento con forma de balaustre, las células basales ligeramente agrandadas, el tejido endotecial radial, las colas de las tecas c. 1/3 tan largas como el collar; estilo básicamente sin apéndices, el estilopodio moderadamente dilatado, las papilas colectoras abaxiales cortas mayormente subapicales, los ápices de las ramas obtusos a redondeados, las superficies estigmáticas moderadamente discretas y con 2 bandas. Cipselas teretes en sección transversal, 10-acostilladas; carpopodio diferenciado; vilano de muchas cerdas blancas alargadas, las cerdas generalmente tan largas como las corolas del disco, nunca estriadas. 1 sp. México, Mesoamérica.

Senecio deppeanus es un sinónimo de un género y especies arborescentes en la actualidad no identificados, con microcaracteres senecioides que lo ubican en la subtribus Senecioninae. Debido a las anteras caudadas se puede excluir a priori de *Senecio* y no puede ser tratado en *Senecio* sin alterar la circunscripción genérica actual en la tribus Senecioneae. De igual forma, por las ramas del estilo exapendiculadas este *S. deppeanus* se puede excluir de *Dresslerothamnus*, *Jacmaia*, y *Ortizacalia* todos con estilo apendiculado; por los tricomas simples se puede excluir de *Dresslerothamnus*, y por el hábito arborescente no ericoide y los filarios resinosos se excluye de *Monticalia*, *Ortizacalia* y *Pentacalia*.

Por el hábito arborescente no ericoide, el follaje con tricomas simples no glandulares tipo 13.07 (véase Jeffrey, 1987), las hojas alternas, discoloras, pinnatinervias, nunca como *Ilex*, las cabezuelas radiadas, los filarios uniseriados, los microcaracteres senecioides y las anteras caudadas, las plantas que se han llamado frecuentemente *S. deppeanus* (una especie sinónima) pertenecen a este género recientemente descrito similar a *Elekmania* B. Nord., *Scrobicaria* Cass. y *Zemisia* B. Nord., los dos géneros antillanos tratados por Nordenstam (2007 [2006]). Para determinar las afinidades se están llevando a cabo estudios de los tipos de tricomas y de los cristales de las cipselas en estos géneros putativamente emparentados anticipando se revele géneros más similares a las plantas llamadas *S. deppeanus*.

Bibliografía: Jeffrey, C. *Bot. Jahrb. Syst.* 108: 201-211 (1987). Nordenstam, B. *Opera Bot.* 44: 1-83 (1978); *Fam. Gen. Vasc. Pl.* 8: 208-241 (2007 [2006]); *Compositae Newslett.* 44: 50-73 (2006).

1. Género A sp. **A**. Ilustr.: no se encontró. N.v.: Hoja de ceniza, papelillo, G; amargo, amargoso, crespillo, estrellita, hoja blanca, hoja de rabia, molul, mulule hembra, H; panza de burro, papelillo, ES.

Arbustos robustos o árboles pequeños, 1-3(-5) m; tallos ascendentes a erectos, poco ramificados, alargados, estriado-acostillados, densamente blanco-araneoso-tomentosos, igualmente foliosos distalmente pero nunca con hojas amontonadas distalmente en las rosetas aéreas, la base foliar persistente. Hojas: láminas 6-19 × 1-6 cm, generalmente lanceoladas o elíptico-lanceoladas, rara vez linear-lanceoladas, la superficie adaxial verde, lisa hasta frecuentemente rugulosa, la vena media adpreso-tomentulosa, la superficie de otro modo esparcidamente araneosa o comúnmente glabra, la superficie abaxial densamente blanco-flocoso tomentosa, la base cuneada a obtusa, el ápice angostamente agudo a acuminado; pecíolo (0-)1-2.5 cm, las hojas más distales a veces subsésiles. Capitulescencia 5-20 cm de diámetro, con las ramas laterales no sobrepasando el eje central; pedúnculos 0.3-1.1 cm, laxamente lanados, con varias bractéolas, las bractéolas generalmente 2-5 mm, abruptamente más pequeñas que las hojas más distales del tallo, laxamente lanadas, algunas veces glabrescentes; clinanto c. 2 mm diám. Cabezuelas 7-9 mm, con (20-)27-33 flores; involucro 3.5-5 mm de diámetro, anchamente cilíndrico, laxamente araneoso basalmente; filarios 5.5-6 × 0.8-1.1 mm, el ápice subcuculiforme; bractéolas caliculares 2-3 mm; clinanto alveolado. Flores radiadas cortamente exertas; corola tubo 3.5-4.2 mm, el limbo (2.5-)3.6-4.2 × 1.2-1.5 mm, oblongo, 4-nervio, el limbo en las plantas en fructificación temprana destruido pero el tubo intacto. Flores del disco (13-)21-25; corola 4.5-6.5 mm, el tubo c. 2.5 mm, dilatado basalmente, el limbo 10-nervio, los lobos c. 0.7 mm, mucho más cortos que la garganta; anteras c. 2 mm, el collar c. 0.5 mm, las células basales ligeramente agrandadas, las colas de las tecas c. 1/3 de la longitud del collar, el apéndice lanceolado; estilo con ramas c. 1 mm, abaxialmente papilosas en el 1/3 distal, el ápice convexo; nectario c. 0.2 mm, cilíndrico. Cipselas 1.2-2 mm, vilano de cerdas 4.5-6 mm. Floración (oct.-)dic.-jul. *Bosques abiertos, laderas rocosas, bosques de neblina, bosques de* Pinus, *vegetación secundaria.* Ch (*Breedlove 24567*, MO); G (*Greenman y Greenman 5911*, MO); H (*Williams y Molina R. 14014*, MO); ES (*Villacorta y Lara 2540*, MO); CR (*Donnell Smith 12500*, F). 600-2200 m. (S. México, Mesoamérica.)

XXII. Tribus **TAGETEAE** Cass.
Descripción de la tribus y clave genérica por J.F. Pruski.

Hierbas anuales o perennes, algunas veces arbustos o rara vez árboles pequeños; follaje con notorias líneas de las cavidades secretorias pelúcidas internas, estas de olor fuerte y llenas con aceites esenciales volátiles. Hojas alternas u opuestas, no lobadas a 2-pinnatisectas, filiformes a ovadas. Capitulescencia terminal, monocéfala a corimbosa y obviamente pedunculada, o rara vez glomerulada con cabezuelas subsésiles. Cabezuelas radiadas o rara vez discoides, las corolas homócromas; involucro cilíndrico a hemisférico, algunas veces caliculado; filarios libres a completamente connatos, subiguales o algunas veces moderadamente graduados, 1 o 2(-5)-seriados; clinanto aplanado o convexo, sin páleas. Flores radiadas generalmente presentes, 5, 8, o 13, 1-seriadas, pistiladas; corola amarilla o anaranjada, distalmente el limbo típicamente con un patrón celular epidérmico senecioide adaxial (células oblongo-tabulares con la superficie externa de la cutícula convexa, diminuta y transversalmente con rayas rugulosas). Flores del disco (1-)5-70(-150 o más), bisexuales; corola simétricamente y brevemente 5-lobada a rara vez asimétricamente lobada, amarilla o anaranjada, glabra a indistintamente setosa o glandulosa; anteras no caudadas, los filamentos glabros, las tecas pálidas, la base truncada a débilmente sagitada, el patrón del endotecio típicamente polarizado, el apéndice apical lanceolado-ovado, frecuentemente esclerificado, no glanduloso; estilo con la base glabra, las ramas algo aplanadas, con las superficies estigmáticas en 2 bandas, no confluentes apicalmente, el ápice truncado y sin apéndice o algunas veces atenuado y apendiculado. Cipselas isomorfas, en general prismáticas a cilíndricas, negras a algunas veces pardas, carbonizadas, las paredes sin rafidios, en general finamente estriadas (interrupción en la capa carbonizada) entre ángulos y costillas, generalmente 5-10-estriado-acostilladas, el carpóforo frecuentemente bien desarrollado, el ápice truncado; vilano típicamente con pocas a numerosas cerdas (algunas veces disecadas) escamas generalmente persistentes y 1-seriadas, algunas veces desiguales con las cerdas y las escamas en varias combinaciones, algunas veces coroniforme, rara vez ausente. Aprox. 32 gen., 270 spp. Suroeste de los Estados Unidos, México, Mesoamérica.

Rydberg (1914), Strother (1977), Turner (1996c), Villarreal-Quintanilla (2003) y Panero (2007b [2006]) reconocieron Tageteae, pero los géneros de Mesoamérica fueron tratados dentro de las subtribus Flaveriinae, Pectidinae o Tagetinae Dumort., dentro de las tribus Heliantheae (Robinson, 1981) o Helenieae (Bentham y Hooker, 1873; Karis y Ryding, 1994a). Rydberg (1914) y Strother (1977), sin embargo, excluyeron *Flaveria* de Tageteae.

Turner (1996c) trató *Adenophyllum* y *Comaclinium* como sinónimos de *Dyssodia*. Varias especies de *Flaveria* y *Pectis* son de interés por la fotosíntesis tipo C-4 y por tener las células mesófilas de la vaina concéntricas cercanamente rodeando los haces vasculares de la hoja (anatomía de Kranz).

Thymophylla tenuifolia (Cass.) Rydb. y *T. tenuiloba* (DC.) Small se esperan encontrar en Mesoamérica escapadas de cultivo ya que se esperan como nativas al sur de México.

Bibliografía: Bentham, G. y Hooker, J.D. *Gen. Pl.* 2: 163-533 (1873). Dillon, M.O. et al. *Monogr. Syst. Bot. Missouri Bot. Gard.* 85: 374-377 (2001). Karis, P.O. y Ryding, O. *Asteraceae Cladist. Classific.* 521-558 (1994). Neher, R.T. *Monogr. Gen. Tagetes (Compositae).* Unpublished Ph.D. dissertation, Indiana Univ., Bloomington, 1-306 (1965). Panero, J.L. *Fam. Gen. Vasc. Pl.* 8: 420-431 (2007 [2006]). Robinson, H. *Smithsonian Contr. Bot.* 51: 1-102 (1981). Rydberg, P.A. *N. Amer. Fl.* 34: 1-80 (1914). Strother, J.L. *Biol. Chem. Compositae* 2: 769-783 (1977); *Sida* 11: 371-378 (1986). Turner, B.L. *Phytologia Mem.* 10: i-ii, 1-22, 43-93 (1996). Villarreal-Quintanilla, J.A. *Fl. Bajío* 113: 1-85 (2003).

1. Hojas y filarios no pelúcido-glandulosos.   **256. Flaveria**
1. Hojas y/o filarios pelúcido-glandulosos.
  2. Hojas simples y sésiles; flores radiadas iguales en número a los filarios y cada una dispuesta en la base de un filario cercanamente subyacente.   **258. Pectis**
  2. Hojas simples o algunas compuestas, sésiles o pediceladas; flores radiadas ausentes o en número distinto a los filarios, cada flor radiada sin un filario individual cercanamente asociado.
    3. Todos los filarios libres hasta la base o casi hasta la base.
      4. Involucro sin calículo; filarios 1-seriados; cabezuelas discoides; vilano de 25-50 o más cerdas libres.   **259. Porophyllum**
      4. Involucro caliculado; filarios 2-seriados; cabezuelas radiadas o rara vez discoides; vilano de 15-20 escamas libres, todas disecadas en 5-10 cerdas.
        5. Hojas simples o rara vez 3-foliadas, pelúcido-glandulosas en líneas entre las nervaduras secundarias; corola del disco con lobos lanceolados; clinanto largamente escamoso o largamente setoso, escamas o setas tan largas como las cipselas o más largas.   **254. Comaclinium**
        5. Hojas pinnatífidas a pinnatisectas en 5-15 lobos, las glándulas pelúcidas esparcidas o submarginales; corola del disco con lobos deltados; clinanto glabro o cortamente setoso, las setas típicamente más cortas que las cipselas.   **255. Dyssodia**
    3. Por lo menos los filarios internos connatos desde el 1/3 hasta más del 1/2 de su longitud.
      6. Vilano en general con 10 o menos escamas, algunas veces las escamas erosas; involucro sin calículo.   **260. Tagetes**
      6. Vilano de (8-)15-20 escamas, por lo menos algunas escamas disecadas en 3-11 cerdas; involucro frecuentemente caliculado.
        7. Hojas pinnadas o pinnatífidas; filarios generalmente 12-20, por lo menos los internos ligeramente connatos 1/3-2/3 de su longitud.   **253. Adenophyllum**
        7. Hojas simples; filarios 5-13, connatos hasta cerca del ápice.   **257. Gymnolaena**

253. Adenophyllum Pers., nom. cons.

Dyssodia Cav. sect. *Adenophyllum* (Pers.) O. Hoffm.
Por J.L. Strother.

Hierbas anuales o perennes, o arbustos; hojas y filarios pelúcido-glandulosos. Hojas opuestas o alternas, pecioladas, pinnadas o pinnatífidas, las glándulas pelúcidas marginales y subterminales en el extremo de los lobos, frecuentemente asociadas con la base de los lobos, la base, el raquis, y dientes en general setoso-cerdosos. Capitulescencia terminal, en general monocéfala. Cabezuelas radiadas o algunas veces discoides; involucro 8-25 mm, turbinado a hemisférico; filarios (8-)12-20(-30), 2-seriados, por lo menos los internos ligeramente connatos 1/3-2/3 proximales, los de las series externas algunas veces libres casi hasta la base, pelúcido-glandulosos; calículo de (0-)12-22 bractéolas,

frecuentemente con una seta en el extremo. Flores radiadas (0-)8-16, en número distinto a los filarios, cada flor radiada sin un filario individual cercanamente asociado; corola amarilla a color escarlata. Flores del disco 30-60. Cipselas obpiramidales; vilano de (8-)15-20 escuámulas, variando entre múticas, aristadas, o por lo menos algunas disecadas en 3-11 cerdas. 10 spp. SO. Estados Unidos, México, Mesoamérica, Antillas.

1. Arbustos desparramados; hojas pinnadas; folíolos 3-7(-11), ovados a lanceolados; calículo de bractéolas lineares a subuladas.   **1. A. appendiculatum**
1. Anuales toscas; hojas pinnatífidas en 7-13 lobos lineares a obovados; calículo de bractéolas pectinado-setáceas.
  2. Cabezuelas discoides; vilano de escuámulas todas disecadas en 5-10 cerdas.   **2a. A. porophyllum** var. **porophyllum**
  2. Cabezuelas inconspicuamente radiadas; vilano externo de escamas erosas múticas.   **2b. A. porophyllum** var. **radiatum**

1. Adenophyllum appendiculatum (Lag.) Strother, *Sida* 11: 376 (1986). *Dyssodia appendiculata* Lag., *Gen. Sp. Pl.* 29 (1816). Holotipo: México, Guerrero, *Née s.n.* (no localizado). Ilustr.: no se encontró.

Arbustos desparramados, hasta 2 m. Hojas en general opuestas, pinnatífidas; folíolos 3-7(-11), 1.5-4.5 × 0.7-1.5 cm, ovados a lanceolados, glabros, serrados, el ápice en general lanceolado-subulado, con glándulas pelúcidas subyacentes. Cabezuelas: involucro 12-18 mm; filarios c. 20, lanceolado-lineares, connatos c. 1/2 de su longitud, la mayoría con 1-5 glándulas pelúcidas; calículo de 12-20 glándulas lineares a subuladas, las glándulas con bractéolas. Flores radiadas 8-16; corola anaranjada a roja. Flores del disco 40-60; corola 12-13 mm. Cipselas 4-6 mm, esparcidamente pelosas; vilano de 9-11 mm, con 10-15 escuámulas subiguales, cada una disecada en 5-9 cerdas. $2n = 26$. *Laderas arboladas, barrancos, orillas de caminos.* Ch (*Breedlove 46461*, CAS). 300-1200 m. (México [Guerrero], Mesoamérica.)

Adenophyllum appendiculatum fue tratada por Turner (1996c) como un sinónimo de *Dyssodia aurantia* (L.) B.L. Rob.

2. Adenophyllum porophyllum (Cav.) Hemsl., *Biol. Cent.-Amer., Bot.* 2: 218 (1881). *Pteronia porophyllum* Cav., *Icon.* 3: 13 (1794 [1795]). Holotipo: crece en España proveniente de semillas mexicanas (MA). Ilustr.: Cavanilles, *Icon.* 3: t. 225 (1794 [1795]).
Dyssodia porophyllum (Cav.) Cav.

Hierbas anuales toscas, hasta 1(-2) m. Hojas 2-7 cm, volviéndose alternas, pinnatífidas en 7-13 lobos lineares a obovados, pelúcido-glandulosos, los márgenes de los lobos dentados o partidos, dientes con setas 7-12 mm. Cabezuelas discoides o inconspicuamente radiadas; involucro 5-12 mm; filarios 12-18, lanceolados, connatos c. 2/3 de su longitud, cada uno carinado y con una glándula pelúcida; calículo de 6-18 glándulas pectinado-setáceas, las glándulas con bractéolas. Flores radiadas ausentes o c. 13. Flores del disco 30-60; corola 6-9 mm. Cipselas 4-5.5 mm; vilano de c. 20 escuámulas, todas disecadas en cerdas o las externas múticas. $2n = 26$. *Campos ruderales, orillas de caminos.* 200-1900 m. (C. México, Mesoamérica, Cuba.)

2a. Adenophyllum porophyllum (Cav.) Hemsl. var. **porophyllum**.
Cabezuelas discoides. Flores radiadas ausentes. Vilano de todas las escuámulas disecadas en 5-10 cerdas. $2n = 26$. G (*Standley 57947*, MO). 1500-1900 m. (México [Jalisco, Oaxaca], Mesoamérica.)

2b. Adenophyllum porophyllum (Cav.) Hemsl. var. **radiatum** (DC.) Strother, *Sida* 11: 377 (1986). *Dyssodia porophyllum* (Cav.) Cav. var. *radiata* DC., *Prodr.* 5: 639 (1836). Holotipo: *Sessé y Mociño, Fl. Mex. Icon.* t. 636 (G). Ilustr.: White et al., *Torner Coll.* t. 1635 [345] (1998). N.v.: Copa de rey, varilla de San José, G; cambray de muerto, flor de muerto, H.

Dyssodia porophyllum (Cav.) Cav. var. *radiata* (DC.) Strother, *Lebetina cubana* Rydb.

Cabezuelas inconspicuamente radiadas. Flores radiadas c. 13; corola rojo-anaranjada, el limbo c. 3 mm. Vilano externo con escamas erosas múticas. T (Cowan, 1983: 24, como *Dyssodia porophyllum* var. *radiata*); Ch (*Breedlove 55452*, CAS); Y (*Gaumer 304*, BM); G (*White 5244*, F); H (*Standley 22449*, GH); N (*Williams et al. 23766*, F). 200-1900 m. (México [Veracruz], Mesoamérica, Cuba.)

254. Comaclinium Scheidw. et Planch.

Por J. L. Strother.

Hierbas perennes; hojas y filarios pelúcido-glandulosos. Hojas opuestas, tornándose alternas, simples o rara vez 3-folioladas, sésiles o pecioladas, pelúcido-glandulosas en líneas entre las nervaduras secundarias. Capitulescencia terminal, monocéfala. Cabezuelas radiadas; involucro campanulado, 12-15 mm; filarios 10-16, 2-seriados, libres hasta la base o casi hasta la base, rayados con glándulas pelúcidas lineares o elípticas; calículo con 3-12 bractéolas; clinanto largamente escamoso o largamente setoso, las escamas o setas tan largas o más largas que las cipselas. Flores radiadas 10-15, no iguales en número a los filarios, cada flor radiada no cercanamente asociada con un filario individual; corola anaranjada. Flores del disco c. 50 o más; lobos de la corola lanceolados. Cipselas obpiramidales, pelosas; vilano de c. 20 escamas libres, las externas más cortas, todas disecadas en 5-10 cerdas. Género monotípico. Mesoamérica.

1. Comaclinium montanum (Benth.) Strother, *Sida* 11: 377 (1986). *Clomenocoma montana* Benth., *Pl. Hartw.* 86 (1841). Holotipo: Guatemala, *Hartweg 592* (K). Ilustr.: Williams, *Fieldiana, Bot.* 24(12): 572, t. 117 (1976), como *Dyssodia montana*. N.v.: Flor amarilla, flor de fuego, mirasol, Paulina, valeriana, G; mirasol silvestre, valeriana roja, ES.

Comaclinium aurantiacum Scheidw. et Planch., *Dyssodia integrifolia* A. Gray, *D. montana* (Benth.) A. Gray, *Gymnolaena integrifolia* (A. Gray) Rydb.

Hierbas 0.3-1 m. Hojas 4-10 cm, ovadas a lanceoladas, frecuentemente con 2-6 lóbulos setáceos en la base. Capitulescencia: pedúnculos 10-25 mm. Cabezuelas: filarios oblongos a elípticos. Flores radiadas: el limbo de la corola 10-15 mm. Flores del disco: corola 9-12 mm. Cipselas c. 3 mm; vilano de hasta 10 mm. 2*n* = 26. *Laderas abiertas hasta matorrales, riberas.* Ch (*Breedlove 47674*, CAS); G (*Standley 74897*, US); H (*Williams et al. 43008*, US); ES (*Standley 19299*, US); CR (*Almeda 2395*, OS); P (*Pittier 5079*, US). 100-1900 m. (Endémica.)

255. Dyssodia Cav.

Boebera Willd., *Rosilla* Less., *Syncephalantha* Bartl.

Por J. L. Strother. y J.F. Pruski

Hierbas anuales o perennes; hojas y filarios pelúcido-glandulosos. Hojas opuestas, tornándose alternas, pecioladas; láminas pinnatífidas a pinnatisectas en (3-)5-15(-17) lobos, las glándulas pelúcidas esparcidas o submarginales. Capitulescencia terminal, monocéfala o algunas veces glomerulada. Cabezuelas radiadas o rara vez discoides; involucro 5-10 mm, cilíndrico a turbinado; filarios 4-16, 2-seriados, libres hasta la base o casi hasta la base, pelúcido-glandulosos; calículo con 1-9 bractéolas; clinanto glabro o cortamente setoso, las setas típicamente más cortas que las cipselas. Flores radiadas 0-8, en número diferente a los filarios, cada una no cercanamente asociada con un filario individual; corola amarilla a anaranjada. Flores del disco 12-50; lobos de la corola deltados. Cipselas obcónicas a obpiramidales; vilano de 15-20 escamas libres, todas disecadas en 5-10 cerdas. 4-7 spp. Estados Unidos, México, Mesoamérica, Sudamérica.

Bibliografía: Strother, J.L. *Univ. Calif. Publ. Bot.* 48: 1-88 (1969); *Sida* 11: 371-378 (1986). Villarreal-Quintanilla, J.A. *Fl. Bajío* 113: 1-85 (2003).

1. Capitulescencia glomerulada; flores del radio 0-2.   **1. D. decipiens**
1. Capitulescencia monocéfala a abiertamente cimosa o de agregados subsésiles laxos; flores del radio 3-8.
  2. Hierbas anuales; pedúnculos mayormente 0-2 cm, delgados a todo lo largo; corolas radias con limbo 1.5-2.5 mm.   **2. D. papposa**
  2. Hierbas perennes; pedúnculos 5-10 cm, conspicuamente hinchados apicalmente; limbos de las corolas del radio 5-6 mm.   **3. D. tagetiflora**

1. Dyssodia decipiens (Bartl.) M.C. Johnst., *Rhodora* 64: 13 (1962). *Syncephalantha decipiens* Bartl., *Index Sem. (Gottingen)* 6 (1836). Tipo: cultivado en Göttingen a partir de semillas colectadas por *Karwinski*, probablemente en Oaxaca, México (imagen de Internet ex GOET!). Ilustr.: Strother, *Univ. Calif. Publ. Bot.* 48: 28, t. 4 (1969), como *D. sanguinea*.

Dyssodia sanguinea (Klatt) Strother, *Syncephalantha macrophylla* Klatt, *S. sanguinea* Klatt.

Hierbas anuales o perennes de vida corta, hasta 0.5 m. Hojas hasta 5.5 cm, pinnatífidas en 5-15 lobos linear-cuneados a oblanceolados. Capitulescencia glomerulada, compuesta de una cabezuela discoide central envuelta periféricamente por 5-7 cabezuelas radiadas. Cabezuelas: involucro 5-8 mm, turbinado a anguloso; filarios 5, anchamente obovados; calículo de 1-5 bractéolas. Flores radiadas 0-2; limbo de la corola 6-9 mm. Flores del disco 14-30; corola 3-4 mm. Cipselas 2.5-4 mm, obpiramidales; vilano de c. 20 escuámulas, cada una disecada en 5-10 cerdas. 2*n* = 26. *Lugares abiertos, bosques mixtos, algunas veces ruderales.* Ch (*Breedlove 46420*, CAS); G (*Kellerman 4400*, OS). 600-2300 m. (S. México, Mesoamérica.)

2. Dyssodia papposa (Vent.) Hitchc., *Trans. Acad. Sci. St. Louis* 5: 503 (1891 [1892]). *Tagetes papposa* Vent., *Descr. Pl. Nouv.* 4: 36 (1801). Holotipo: Estados Unidos, *Michaux s.n.* (P). Ilustr.: Calderón de Rzedowski y Rzedowski, *Fl. Bajío, Fasc. Compl.* 20: 111 (2004).

Boebera chrysanthemoides Willd., *B. ciliosa* Rydb., *B. glandulosa* Pers., *B. papposa* (Vent.) Rydb., *B. roseata* Rydb., *Dyssodia chrysanthemoides* (Willd.) Lag., *D. ciliosa* (Rydb.) Standl., *D. fastigiata* DC., *D. roseata* (Rydb.) Gentry.

Hierbas anuales, hasta 0.7 m. Hojas 1.5-5 cm, pinnatisectas en 11-15 lobos lineares a lanceolados. Capitulescencia monocéfala o de agregados subsésiles laxos; pedúnculo mayormente 0-2 cm, delgado en toda su extensión. Cabezuelas: involucro 6-10 mm, turbinado a campanulado; filarios 6-12, ovados a oblanceolados, cada uno con 1-7 glándulas pelúcidas; calículo con 4-9 bractéolas, al menos las externas patente-ciliadas. Flores radiadas 3-8, inconspicuas; limbo de la corola 1.5-2.5 mm. Flores del disco 12-50; corola c. 3 mm. Cipselas c. 3 mm, obpiramidales; vilano de c. 20 escuámulas desiguales, cada una disecada en 5-10 cerdas. 2*n* = 26. *Ruderal.* Ch (*Breedlove 47074*, CAS); G (*Williams 41152*, US). 1100-2700 m. (Canadá, Estados Unidos, México, Mesoamérica, Bolivia, Argentina.)

3. Dyssodia tagetiflora Lag., *Gen. Sp. Pl.* 29 (1816). Sintipo: México, estado desconocido, *Sessé y Mociño 2976* (microficha MO! ex MA). Ilustr.: White et al., *Torner Coll.* 0646 (1998).

Boebera fastigiata Kunth, *B. tagetiflora* (Lag.) Spreng.

Hierbas perennes 0.4-0.9 m. Hojas 2-5.5 cm, pinnatisectas en 11-17 lobos linear-oblanceolados, los lobos 0.8-1.8 × 0.2-0.4 cm. Capitulescencia monocéfala o abiertamente cimosa; pedúnculo 5-10 cm, conspicuamente hinchado apicalmente. Cabezuelas: involucro 7-8 mm, turbinado a campanulado; filarios 8, oblanceolados a obovados, desiguales, los externos rayados con 3-7 glándulas pelúcidas lineares, los internos con menos glándulas más redondeadas; calículo de 6-7 bractéolas, finamente cilioladas, el ápice angostamente agudo. Flores radiadas 5-8; limbo de la corola 5-6 mm. Flores del disco 45-60; corola 4-4.5 mm. Cipselas 3-4 mm, obpiramidales; vilano de 15-20 escuámulas desiguales, cada una disecada en 5-10 cerdas. *2n = 26. Cortes de carreteros en bosques de pino-encino*. Ch (*Soule et al. 2094*, MO). 2000-2100 m. (C-S México, Mesoamérica.)

Alguna vez se presumió incorrectamente que la cita sin ejemplar de Villarreal- Quintanilla (2003: 24) de *Dyssodia tagetiflora* en Chiapas era en referencia sea a *D. decipiens* o *D. papposa*.

256. Flaveria Juss.

Brotera Spreng. non Cav., *Dilepis* Suess. et Merxm., *Nauenburgia* Willd., *Vermifuga* Ruiz et Pav.

Por J.F. Pruski.

Hierbas anuales o perennes en general glabras hasta subarbustos, rara vez árboles; tallos erectos o decumbentes, ramificados distalmente o en toda su longitud, ramificaciones opuestas o a menudo seudodicótomas por superposición; follaje en general ligeramente suculento, hojas y filarios no pelúcido-glandulosos. Hojas simples, opuestas, sésiles o angostadas hasta una base peciolariforme hasta 2 cm; láminas lineares a oblongo-ovadas, cartáceas, frecuentemente triplinervias, las superficies glabras o algunas veces cortamente pelosas, los márgenes enteros a serrados, el ápice agudo a atenuado, rara vez obtuso. Capitulescencia corimbosa, de varios agregados algo compactos de varias cabezuelas apretadas y distalmente aplanadas, o de glomérulos axilares sésiles; pedúnculos en general muy cortos. Cabezuelas radiadas o discoides, cabezuelas radiadas y discoides frecuentemente en el mismo agregado con cabezuelas radiadas periféricas y cabezuelas discoides centrales; involucro cilíndrico o turbinado, no caliculado pero frecuentemente con 1-pocas bractéolas pedunculares subyacentes; filarios 2-5(-9), persistentes, pajizos, subiguales, 1-seriados o 2-seriados, lanceolados a ovados, algunas veces cimbiformes, el ápice agudo hasta algunas veces redondeado, el clinanto pequeño, convexo. Flores radiadas ausentes o 1(2), pistiladas; corola amarilla o blanquecina, el limbo inconspicuo y no muy exerto del involucro. Flores del disco 1-15; corola 2-4 mm, infundibuliforme a campanulada, 5-lobada, amarilla, algunas veces papilosa o estipitado-glandulosa hasta setosa, el tubo algunas veces de apariencia tan largo como la garganta, la garganta frecuentemente ampliada solo muy por encima del tubo, los lobos deltados, finamente papilosos; anteras pajizas, el collar de filamento angosto; base del estilo muy escasamente agrandada, el ápice de las ramas truncado-papiloso. Cipselas angostamente obcónicas, en general no comosas, negras, escasamente comprimidas, c. 10-nervias, glabras; vilano (presente en 2 especies) con pocas escuámulas basalmente connatas. *x* = 18. 21 spp. Género mayormente americano pero con una especie endémica de Australia y con 2 especies arvenses en el Viejo Mundo; S. Estados Unidos y México, 2 especies en Mesoamérica, 3 spp. en Sudamérica; Inglaterra, Asia, África, Australia y Hawái.

Flaveria bidentis (L.) Kuntze, incluida como un sinónimo del tipo del género, fue usada tradicionalmente (Johnston, 1904 [1903]) como un colorante amarillo y un vermífugo. Esta es una hierba anual con una capitulescencia terminal y cabezuelas con 3 filarios; se encuentra en La Española, Antillas Menores, costa del golfo en Estados Unidos, y se podría encontrar en la Península de Yucatán.

Flaveria es un ejemplo raro de una compuesta que tiene cabezuelas radiadas sin flores del disco, a pesar de que estas cabezuelas periféricas se encuentran en capitulescencias básicamente sincéfalas. *Flaveria* es también notable (Powell, 1978 [1979]) debido a que varias especies tienen anatomía de Kranz, típica de fotosíntesis C4, y como podría esperarse varias especies se encuentran en áreas alcalinas o salinas. *Sartwellia* A. Gray es superficialmente similar a especies de *Flaveria*, ambas con capitulescencias corimbosas, pero difiere en tener 3-5 flores radiadas por cabezuela y un vilano aristado.

Bibliografía: Candolle, A.P. de *Prodr.* 5: 4-695 (1836). Cassini, H. *Dict. Sci. Nat.* ed. 2, 34: 304-309 (1825). Johnston, J.R. *Proc. Amer. Acad. Arts* 39: 279-292 (1904 [1903]). Mohr, C. *Contr. U.S. Natl. Herb.* 6: 1-921 (1901). Persoon, C.H. *Syn. Pl.* 2: 273-657 (1807). Powell, A.M. *Ann. Missouri Bot. Gard.* 65: 590-636 (1978 [1979]). Sprengel, C.K. *J. Bot. (Schrader)* 1800(2): 186-189 (1801). Willdenow, C.L. *Sp. Pl.* 3(3): [1476]-2409 (1803).

1. Capitulescencia terminal, de agregados corimboso-paniculados; filarios 5(6); cabezuelas en general con 5-8 flores. **1. F. linearis**
1. Capitulescencia axilar, sésil, glomerulada; filarios en general 2; cabezuelas en general con 1(2) flores. **2. F. trinervia**

1. Flaveria linearis Lag., *Gen. Sp. Pl.* 33 (1816). Tipo: Cuba, *Boldo s.n.* (no visto). Ilustr.: Godfrey y Wooten, *Aquatic Wetland Pl. S.E. U.S. Dicot.* 807, t. 723 (1981). N.v.: Cardo santo, k'aan lool xiw, k'anlotxiw, kan lol xiw, kanlol xiu, xk'aan lool xiw, xk'anlolxiw, Y; k'aan lool xiw, k'anlotxiw, kan lol xiw, kanlol xiu, xk'aan lool xiw, xk'anlolxiw, QR.

Flaveria latifolia (J.R. Johnst.) Rydb., *F.* × *latifolia* (J.R. Johnst.) R.W. Long et Rhamstine, *F. linearis* Lag. var. *latifolia* J.R. Johnst., *F. maritima* Kunth, *F. tenuifolia* Nutt., *Gymnosperma nudatum* (Nutt.) DC., *Selloa nudata* Nutt.

Hierbas arbustivas perennes de raíces fibrosas, 30-90 cm; tallos ramificados basalmente, erectos, nudos casi tan largos como las hojas asociadas o los nudos distales más largos, subteretes, generalmente glabros. Hojas sésiles o subsésiles; láminas 3-8(-12) × 0.1-0.4(-1) cm, linear-lanceoladas o rara vez elíptico-lanceoladas, atenuadas basalmente, los márgenes subenteros, el ápice agudo a acuminado. Capitulescencia terminal, corimboso-paniculada, distalmente aplanada, de numerosas cabezuelas, exerta desde las hojas subyacentes, ramas distales algunas veces puberulentas, cabezuelas subsésiles a cortamente pedunculadas en varios agregados de numerosas cabezuelas; pedúnculos hasta c. 0.5 mm, algunas veces puberulentos. Cabezuelas radiadas o algunas veces discoides, en general con 5-8 flores; involucro 0.9-1.5 mm de diámetro, más o menos cilíndrico, frecuentemente abrazado por 1 o 2 bractéolas; bractéolas 1-2.5 mm, lineares; filarios 5(6), 3-4.5 mm, oblanceolados, subimbricados, frecuentemente rígidamente persistentes. Flores radiadas (0)1; corola 3-3.5 mm, más larga que la cipsela, el tubo c. 1.5 mm, algunas veces esparcidamente setoso, el limbo hasta c. 2 mm, oblongo, amarillo. Flores del disco en general 5-7; corola c. 2.7 mm, infundibuliforme-campanulada, el tubo y la garganta frecuentemente setosos, el tubo c. 1 mm, la garganta 1.3 mm, los lobos c. 0.4 mm. Cipselas 1.2-1.8 mm, lineares; vilano ausente. *2n = 36. Bordes de pantanos salinos, dunas, orillas de caminos, playas, llanos salinos, los márgenes de lagunas, bordes de vegetación de manglar*. Y (*Gaumer et al. 1147*, MO); C (*Cabrera y Cabrera 13366*, MO); QR (*Lewis 6860*, MO); B (*Balick et al. 1989*, NY). 0-5 m. (Estados Unidos [Florida], Mesoamérica, Bahamas, Cuba.)

Las plantas que concuerdan con aquellas descritas como *Flaveria linearis* var. *latifolia* no son comunes, pero se encuentran en Mesoamérica tanto como en la Península de la Florida.

2. Flaveria trinervia (Spreng.) C. Mohr, *Contr. U.S. Natl. Herb.* 6: 810 (1901). *Oedera trinervia* Spreng., *Bot. Gart. Halle* 63 (1800). Tipo: cultivado en Halle, presumiblemente de plantas de origen Sudamericano (P?). Ilustr.: Baillon, *Hist. Pl.* 8: 55, t. 94-95 (1886 [1882]), como *F. trinervata*.

Brotera contrayerba Spreng., *B. sprengelii* Cass., *B. trinervata* (Willd.) Pers., *Dilepis dichotoma* Suess. et Merxm., *Flaveria repanda* Lag., *F. trinervata* Baill., *Nauenburgia trinervata* Willd.

Hierbas arbustivas anuales de raíces axonomorfas, 0.2-1(-1.5) m; tallos erectos, subteretes a angulados, glabros o rara vez puberulentos, nudos frecuentemente más largos que las hojas asociadas. Hojas con la base peciolariforme de 1-2 cm, o las hojas distales sésiles; láminas

2-6(-10) × 0.5-2(-3) cm, oblanceoladas a elíptico-obovadas, las bases atenuadas o aquellas de las hojas distales un poco angostadas, frecuentemente ciliadas, los márgenes serrulados, el ápice agudo. Capitulescencia axilar, sésil, glomerulada y casi sincéfala, de numerosas cabezuelas pero los glomérulos simulando una sola cabezuela de numerosas flores, subesférica, 1-1.5 cm de diámetro, abrazada por hojas reducidas, eje del glomérulo (un clinanto falso) rígidamente setoso con setas erectas a patentes de 1-2 mm. Cabezuelas radiadas o discoides, en general con 1 flor; involucro 0.7-1 mm de diámetro, más o menos cilíndrico; filarios en general 2, 3.8-4.5 mm, oblanceolados, eximbricados, apretadamente conduplicados alrededor de los bordes de las cipselas maduras y deciduos con ellas. Flores radiadas (0)1; corola c. 1.5 mm, más corta que la cipsela, el tubo papiloso, el limbo 0.5-1 mm, ovado, amarillo pálido o blanquecino. Flor del disco 1 (cuando presente); corola 2-2.5 mm, campanulada, el tubo 0.5-1.4 mm, basalmente papiloso, la garganta 0.5-0.8 mm, los lobos c. 1 mm. Cipselas 2-2.6 mm; vilano ausente. $2n = 36$. *Dunas, playas arenosas, áreas secundarias, orillas de caminos.* Ch (*Breedlove y Strother 46452*, MO); Y (*Gaumer et al. 23404*, MO); C (*King 6855*, MO); QR (*Darwin 2389*, MO); B (*Balick 2149*, NY). 5-300(-1200) m. (S. Estados Unidos, Mesoamérica, Venezuela, Ecuador, Perú, Brasil, Cuba, Jamaica, Puerto Rico, Antillas Menores; introducida en Asia, África, Hawái.)

Flaveria trinervia, nativa del continente americano, es arvense en partes del Viejo Mundo. Las colecciones mesoamericanas, excepto por las pocas colecciones de Chiapas, se encuentran por debajo de 300 m de elevación. Las cabezuelas de *F. trinervia* tienen en general una flor, siendo esta radiada o discoide. La especie no se conoce de la costa caribeña de Guatemala, sin embargo fue tratada por Williams (1976b).

En este tratamiento se sigue la tradición establecida por Willdenow (1803) y posteriormente aceptada por Persoon (1807), Cassini (1825), Candolle (1836), Mohr (1901), Johnston (1904 [1903]) y Powell (1978 [1979]) de aceptar que el nombre *Brotera contrayerba* de Sprengel está basada en un tipo diferente al de *Milleria contrayerba* Cav. Tanto Sprengel (1801), Willdenow (1803), Persoon (1807), Cassini (1825) así como Candolle (1836), trataron estas dos especies en dos géneros distintos, aunque en la actualidad se tratan como congéneres. Cassini (1825), comentó que la reutilización del epíteto "contrayerba" por Sprengel (1801) fue "impropre et fondé sur une erreur de synonymie," aunque Cassini propuso remplazar el nombre *B. sprengelii* por *B. contrayerba* el cual sería de igual forma nomenclaturalmente superfluo. Siguiendo el uso tradicional de tomar estos nombres como heterotípicos, debemos señalar (como hizo Willdenow, etc.) que las descripciones e ilustraciones de cada uno de ellas son de diferentes plantas: *M. contrayerba*, con una capitulescencia terminal, es sinónimo de la especie sudamericana *F. bidentis*, mientras que *B. contrayerba*, caracterizada por una capitulescencia axilar, es un sinónimo de *F. trinervia*.

257. Gymnolaena (DC.) Rydb.

Dyssodia Cav. sect. *Gymnolaena* DC.

Por J.L. Strother

Arbustos; hojas y filarios pelúcido-glandulosos. Hojas en general opuestas, simples, ovadas a lanceoladas, serradas, glabras o puberulentas, pelúcido-glandulosas, subsésiles o cortamente pecioladas. Capitulescencia terminal, monocéfala o en agregados corimbosos. Cabezuelas radiadas; involucro 1-2 cm, cilíndrico; filarios 5-13, 1-seriados, connatos hasta cerca del ápice, punteados o rayados con glándulas pelúcidas; calículo de 0-3 bractéolas. Flores radiadas 5-13, no iguales en número a los filarios, cada una de las flores radiadas no cercanamente asociadas con un filario individual; corola amarilla a roja. Flores del disco 10-40 o más. Cipselas obpiramidales a claviformes, pelosas; vilano de 15-20 escuámulas, cada una profundamente disecada en 5-10 cerdas desiguales. 3 spp. S. México. 1 sp. en Mesoamérica.

Bibliografía: Strother, J.L. *Sida* 3: 110-114 (1967).

1. Gymnolaena chiapasana Strother, *Sida* 3: 112 (1967). Holotipo: México, Chiapas, *Ghiesbreght 519* (BM!). Ilustr.: no se encontró.

Arbustos hasta 3 m. Hojas 10-15 cm, lanceoladas, atenuadas, con 2-4 lobos subulados en la base. Capitulescencia: pedúnculos (2-)8-14 cm. Cabezuelas: involucro 17-20 × 8-10 mm; filarios c. 13. Flores radiadas 8-12; limbo de la corola 7-8 mm, rojo-anaranjado. Flores del disco 30-40; corola c. 9 mm. Cipselas c. 6 mm, claviformes; vilano de 9-11 mm, con escuámulas disecadas en 7-10 cerdas. $2n = 26$. *Riscos, matorrales secundarios, laderas sombreadas.* Ch (*Breedlove 46503*, CAS). 600-900 m. (Endémica.)

258. Pectis L.

Cheilodiscus Triana, *Chthonia* Cass., *Cryptopetalon* Cass., *Helioreos* Raf., *Lorentea* Lag., *Lorentea* Less., *Pectidium* Less., *Pectidopsis* DC., *Seala* Adans., *Tetracanthus* A. Rich.

Por J.F. Pruski.

Hierbas bajas aromáticas anuales o no aromáticas perennes; tallos procumbentes a erectos, en general subteretes cuando perennes hasta en general hexagonales cuando anuales, en general foliosos en toda su longitud, con frecuencia densamente ramificados, algunas veces seudodicotómicamente ramificados con tallos laterales grandemente sobrepasando con frecuencia al eje central marchito, glabros a puberulentos; hojas o filarios pelúcido-glandulosos. Hojas simples, sésiles, opuestas, lineares a angostamente elípticas, cartáceas, algunas veces rígidas, 1-nervias, las superficies diversamente punteadas con glándulas oleíferas grandes embebidas, la vena media algunas veces puberulenta abaxialmente, por lo demás típicamente glabras, la base típicamente subperfoliada y envainadora, los márgenes ciliados con (0-)3-10 pares de cerdas largas desde cerca del ápice proximalmente hasta solo proximalmente, las cerdas algunas veces más largas que el ancho de la lámina, por lo demás en general enteras. Capitulescencia en general terminal, de 1-varias cabezuelas, corimbosa; pedúnculos cortos a alargados, en general delgados, rara vez dilatados distalmente, frecuentemente bracteolados; bractéolas en general alternas. Cabezuelas breve a inconspicuamente radiadas; involucro cilíndrico o turbinado hasta algunas veces campanulado, patente con la edad, el calículo ausente; filarios (3)4-8(-12), lineares a oblongos, en general libres o algunas veces connatos en la base, subimbricados, subiguales, 1(2)-seriados, conduplicado-involutos, por lo menos en la base, e iguales en número a las flores radiadas, la base en general gibosa, algunas veces carinados, lateralmente finamente acostillados, con glándulas pectinadas, las glándulas en general elípticas o lineares, por lo demás glabros a rara vez puberulentos; clinanto aplanado o convexo. Flores radiadas pistiladas, iguales en número a los filarios y cada una dispuesta en la base de un filario cercanamente subyacente; corola amarilla o matizada con rojo, glabra o el tubo ligeramente puberulento, el limbo cortamente ascendente a moderadamente exerto, el ápice emarginado a rara vez 3-denticulado; ramas del estilo alargadas, linear-lanceoladas. Flores del disco pocas a numerosas; corola actinomorfa y 5-lobada, o zigomorfa con un lobo mucho más profundamente cortado que los otros y opuesto a estos (frecuentemente descrita en floras como bilabiada), típicamente amarilla, glabra o el tubo puberulento; anteras pajizas, la base obtusa, incluida; estilo con tronco papiloso, las ramas cortas, elíptico-ovadas, papilosas, con líneas estigmáticas ligeramente apareadas. Cipselas alargadas, angostamente cilíndricas, frecuentemente tan largas como las corolas del disco o cerdas del vilano o más largas que estas, negras, en general estrigulosas; vilano variado, con pocas a varias escamas aristadas basalmente dilatadas, las aristas escábridas o rara vez lisas, o cerdas delgadas, tan largas como o más largas que las corolas del disco, o formando una corona baja de solo escuámulas o estas entremezcladas con cerdas, algunas veces coroniforme, pajizo o algunas veces purpúreo. Aprox. 85 spp. Estados Unidos, México, Mesoamérica, Sudamérica tropical y subtropical, Antillas.

Los tratamientos de Gray (1884b [1883]), Fernald (1898 [1897]), Rydberg (1916) y Urban (1904-1908) han sido útiles para seguir históricamente el uso de nombres (Fernald, por ejemplo, da muchos "sinónimos usados"), así como para la comprobación de sinonimias. Floras recientes por Keil (1996), Strother (1999) y Dillon et al. (2001), sin embargo, son la base de los conceptos de especies en este tratamiento, aunque a menudo no se reconocieron infrataxones. La mayoría de los números cromosómicos que figuran a continuación fueron tomados de Keil (1977) y Keil (1996). Aunque el género es fácilmente reconocible por las hojas angostas y ciliadas, los filarios subiguales, libres y las cipselas alargadas, Gray (1884b [1883]) afirmó que "parece imposible la división" en infragéneros. Sin embargo, tanto Gray (1884b [1883]) como Fernald (1898 [1897]) reconocieron tres infragéneros, en gran medida definidos por caracteres del vilano; no obstante, Fernald reconoció que "estos grupos no son constantes en sus caracteres". La variación del vilano se refleja en la sinonimia genérica que incluye dos nombres genéricos propuestos por Cassini (*Chthonia* y *Cryptopetalon*) y dos por Lessing (*Lorentea* y *Pectidium*), cada uno de los cuatro separados de *Pectis* en base a la morfología del vilano. Fernald (1898 [1897]) hace referencia a algunas dificultades taxonómicas señalando que las cerdas delgadas del vilano en algunas especies... "pueden estar dilatadas basalmente" (así asemejándose a escamas aristadas), en varias especies pueden ser "totalmente obsoletas", además "en muchos casos plantas originalmente perennes con una base sufruticosa pueden desarrollarse como plantas anuales".

En este tratamiento los especímenes más difíciles de asignar a especies fueron plantas anuales en mal estado e individuos distribuidos más hacia el sur, con cabezuelas coroniformes pequeñas que en general fueron asignados a *Pectis uniaristata* o a *P. bonplandiana*. Por ejemplo, las plantas sudamericanas que Pruski (1997a, con el sinónimo *P. venezuelensis*) llamó *P. swartziana* parecen posiblemente conespecíficas con aquellas que Dillon et al. (2001) llamaron *P. uniaristata* var. *holostemma*, pero no coinciden con la variedad mexicana *P. uniaristata* var. *holostemma* de Keil (1996). Debido a que la verdadera *P. swartziana* es una planta comosa cubana, que concuerda con el tipo mexicano, y también con la especie comosa *P. bonplandiana*, las plantas distribuidas más hacia el sur con cabezuelas coroniformes pequeñas de Pruski (1997a) y Dillon et al. (2001) pudieron haber sido erróneamente determinadas y merecer en la actualidad considerarse como sinónimos (ya sea *P. cyrilii* 1954, *P. panamensis* 1911 o *P. venezuelensis* 1953). Debido a estas dificultades, se posterga el juicio del concepto de especie y se usa los conceptos de Keil (1996) y Dillon et al. (2001).

El nombre *Pectis depressa* Fernald ha sido mal aplicado al material mesoamericano.

Bibliografía: Fernald, M.L. *Proc. Amer. Acad. Arts* 33: 57-86 (1898 [1897]). Gray, A. *Proc. Amer. Acad. Arts* 19: 1-96 (1884 [1883]). Howard, R.A. *Fl. Lesser Antilles* 6: 509-620 (1989). Keil, D.J. *Ann. Missouri Bot. Gard.* 62: 1220-1241 (1975 [1976]); *Rhodora* 79: 79-94 (1977); 80: 135-146 (1978); *Ann. Missouri Bot. Gard.* 68: 225 (1981); *Phytologia Mem.* 10: 22-43 (1996). Rydberg, P.A. *N. Amer. Fl.* 34: 181-288 (1916). Sosa, V. et al. *Etnofl. Yucatanense* 1: 5-225 (1985). Urban, I. *Symb. Antill.* 5: 212-286 (1904-1908).

1. Hierbas postradas, perennes, enraizando en los nudos; involucro 9-12 mm. **7. P. multiflosculosa**
1. Hierbas erectas a postradas, anuales a perennes, nunca enraizando en los nudos; involucros hasta 8 mm.
  2. Cabezuelas sésiles; hierbas postradas (ascendentes), anuales. **8. P. prostrata**
  2. Cabezuelas pedunculadas; hierbas erectas a postradas, anuales o perennes.
    3. Hierbas perennes con tallos subteretes; pedúnculos 1-9 cm.
      4. Filarios glabros; flores radiadas y filarios 5 por cabezuela; flores del disco 7-15 por cabezuela; vilano de las flores radiadas de 0-5 escamas, flores del disco de vilano de 3-12 escamas. **3. P. capillipes**

      4. Filarios en general puberulentos; flores radiadas y filarios 7-13 por cabezuela; flores del disco 20 o más por cabezuela; flores radiadas sin vilano o el vilano escuamuloso o de pocas cerdas; vilano de las flores del disco de 20-40 cerdas. **9. P. saturejoides**
    3. Hierbas anuales o bianuales con tallos subhexagonales; pedúnculos hasta 4 cm.
      5. Involucro 1.8-2.3 mm. **2. P. brachycephala**
      5. Involucro 2.5 mm o más.
        6. Lobos de la corola del disco en su mayoría con una glándula; vilano típicamente con 1-5 aristas robustas, lisas, algunas veces horizontalmente refractadas; pares de cerdas foliares (0)1 o 2. **6. P. linifolia**
        6. Lobos de la corola del disco sin glándulas pelúcidas; vilano de escamas escábridas o cerdas patentes pero nunca horizontalmente refractadas, algunas veces reducido y escuamuloso-coroniforme; pares de cerdas foliares en general 3-10.
          7. Flores radiadas 5-8(-11). **1. P. bonplandiana**
          7. Flores radiadas 5.
            8. Vilano de 2-20 aristas, las cerdas o escamas 2-5 mm o más.
              9. Vilano de 3-20 cerdas delgadas; pedúnculos 0.5-1.5(-2.5) cm. **4. P. elongata**
              9. Vilano de 2-6 escamas de base ancha; pedúnculos 2-4 cm. **5. P. linearis**
            8. Vilano de 1-5(-10) cerdas hasta 2.2 mm, o coroniforme.
              10. Filarios inmaduros obtusos; flores radiadas 5-8(-11); flores del disco 6-15(-22); vilano de 1-6(-10) cerdas o coroniforme. **1. P. bonplandiana**
              10. Filarios siempre agudos a acuminados; flores radiadas 5; flores del disco en general 3-7; vilano de 1 cerda o coroniforme. **10a. P. uniaristata** var. **holostemma**

1. Pectis bonplandiana Kunth in Humb., Bonpl. et Kunth, *Nov. Gen. Sp.* folio ed. 4: 206 (1820 [1818]). Holotipo: México, Querétaro, *Humboldt y Bonpland s.n.* (microficha MO! ex P-Bonpl.). Ilustr.: no se encontró. N.v.: Culantrillo, G.

Lorentea castelloniana Ram. Goyena, *Pectis flava* Standl. et Steyerm., *P. panamensis* Brandegee?, *P. pratensis* C. Wright, *P. swartziana* Less., *P. venezuelensis* Steyerm.?

Hierbas erectas a patentes o algunas veces postradas, aromáticas, anuales a bianuales, 5-40 cm; tallos varias veces seudodicotómicamente ramificados, subhexagonales, glabros. Hojas 10-20(-40) × 1.5-3(-5) mm, lineares a elíptico-lanceoladas o falcadas, glabras, la base ancha, los márgenes algunas veces escabrosos, el ápice agudo a obtuso, cortamente mucronulado, las glándulas esparcidas. Capitulescencia difusa, corimbosa, dispuesta escasamente por encima de las hojas subyacentes; pedúnculos 0.5-2(-3.5) cm, glabros, diminutamente 1-3(-6)-bracteolados; bractéolas 1-2 mm, filiformes, escasamente patentes. Cabezuelas 4.5-5.5 mm, pedunculadas, inconspicuamente radiadas, corolas ligeramente exertas del involucro; involucro 3.5-4.5 × 1-2 mm, turbinado a angostamente campanulado; filarios 5-8(-11), 0.5-1 mm de diámetro, linear-lanceolados a oblanceolados, con frecuencia marcadamente conduplicados (aunque solo delgadamente carinados) especialmente cuando secos, el ápice obtuso cuando inmaduros, tornándose agudo a acuminado en la antesis, las glándulas pocas, linear-elípticas. Flores radiadas 5-8(-11); corola amarilla tornándose purpúrea, el limbo 1-2 × hasta c. 0.6 mm, elíptico-ovado a espatulado, 3-5-nervio. Flores del disco 6-15(-22), rara vez fuera de Mesoamérica 4 o 5; corola 1.5-2 mm, cilíndrica, un lobo más largo que los otros, los lobos sin glándulas pelúcidas. Cipselas (1.8-)2.5-3 mm, estrigulosas; vilano diminuto fimbriado escuamuloso-coroniforme de hasta c. 0.5 mm, o también con 1-6(-10) cerdas de 1-2(-2.2) mm, patentes pero nunca horizontalmente refractadas, las cerdas frecuentemente pardas. $2n = 48$. *Playas, pastizales, laderas, vegetación secundaria, pantanos, orillas de caminos, sabanas.* T (*Ventura 20933*, MO); Ch (*Ventura y López 2348*, MO); Y (Strother, 1999: 87); B (*Schipp 673*, MO); G (*Contreras 7804*, MO); N (*Nee y Miller 27556*, MO); CR (*Morales y Rodríguez 5729*, MO); P

(*Duke 6037*, MO). 0-400(-900) m. (México, Mesoamérica, Colombia, Venezuela, Cuba, Jamaica, La Española.)

Urban (1907) y Pruski (1997a) listaron esta especie como presente al sur hasta Bolivia, pero esos reportes se basaron en identificaciones erróneas hechas a inicios de 1900s basándose en colecciones de Herzog. Similarmente, tanto Williams (1976b) como Strother (1999) citaron esta especie presente en El Salvador, pero estas citas están presumiblemente basadas en identificaciones erróneas, de acuerdo al material que se ha visto de El Salvador. Material panameño con más de 5 flores radiadas/cabezuela en general se ha incluido en este tratamiento, pero esta distinción parece arbitraria. Las poblaciones panameñas y sudamericanas tienen cabezuelas más pequeñas, c. 5 flores del disco por cabezuela, y son escuamuloso-coroniformes (así semejándose a *Pectis uniaristata*), mientras que las poblaciones mexicanas frecuentemente tienen hojas más anchas, 10 o más flores del disco por cabezuela, y vilano de 4-6(-10) cerdas. Estas diferencias podrían ser importantes a nivel de especie. El reporte de Fernald (1898 [1897]) de *P. swartziana* en Panamá presumiblemente hace referencia a esta especie o a *P. uniaristata*.

2. Pectis brachycephala Urb., *Symb. Antill.* 5: 268 (1907). Tipo: Aruba, *Suringar s.n.* (WAG?). Ilustr.: Keil, *Brittonia* 26: 31, t. 1 (1974).
Pectis minutiflora D.J. Keil.

Hierbas erectas anuales de raíces axonomorfas, hasta 15 cm; tallos varias veces dicotómica-tricotómicamente ramificados, patentes, subhexagonales, glabros. Hojas 5-15(-25) × 1-2.5 mm, lineares a linearoblanceoladas, glabras, los márgenes proximalmente con 1 o 2 pares de cerdas c. 1 mm, el ápice agudo, mucronulado, las glándulas en una línea por lado inmediatamente adyacente al margen, rara vez esparcidas. Capitulescencia difusa, corimbosa, dispuesta escasamente por encima de las hojas subyacentes; pedúnculos 0.8-1.5(-2) cm, filiformes, glabros, diminutamente 2-3(-6)-bracteolados; bractéolas c. 1 mm, filiformes, escasamente patentes. Cabezuelas 2-2.5 mm, pedunculadas, inconspicuamente radiadas, corolas ligeramente exertas del involucro; involucro 1.8-2.3 × 1-1.5 mm, anchamente turbinado a campanulado; filarios 5(-7), 0.8-1.3 mm de diámetro, ovados a obovados, delgadamente carinados excepto apicalmente, el ápice obtuso, las glándulas pocas, linear-elípticas, inmediatamente adyacentes al nervio medio. Flores radiadas 5(-7); corola 1-1.5(-1.8) mm, amarilla, el limbo hasta c. 0.7 × hasta c. 0.3 mm, elíptico-ovado, débilmente 3-nervio. Flores del disco 12-29; corola 1-1.2 mm, infundibuliforme, 4-lobada, los lobos subiguales. Cipselas 1.2-1.5 mm, glabras o esparcidamente estrigulosas; vilano ausente o diminutamente escuamuloso-coroniforme, de hasta c. 0.2 mm. *Planicies costeras del Pacífico.* Ch (*Purpus 9162*, MO). 0-100 m. (México [Oaxaca], Mesoamérica, Venezuela, Aruba.)

Pectis brachycephala es la especie de *Pectis* con flores más pequeñas. Strother (1999) la reconoció como *P. minutiflora*, pero Keil (1996) la redujo a la sinonimia.

3. Pectis capillipes (Benth.) Hemsl., *Biol. Cent.-Amer., Bot.* 2: 225 (1881). *Lorentea capillipes* Benth., *Vidensk. Meddel. Dansk Naturhist. Foren. Kjøbenhavn* 1852: 70 (1853). Isotipo: Nicaragua, *Oersted 8954* (microficha MO! ex C). Ilustr.: no se encontró. N.v.: Pata de paloma, H.
Pectis erecta Fernald.

Hierbas perennes, no aromáticas, con rizoma leñoso, 5-30 cm; tallos erectos o ascendentes hasta algunas veces decumbentes, poco ramificados a dicotómicamente ramificados en toda su longitud, las ramas frecuentemente alargado-patentes, glabras a finamente hirsútulas, subteretes (pero algunas veces escasamente angulado-estriadas distalmente), entrenudos escasamente más cortos que las hojas hasta mucho más cortos distalmente. Hojas 10-50 × 1-3 mm, linear-lanceoladas, la vena media ligeramente prominente, las glándulas redondeadas, en 1 o 2 líneas por lado, las superficies por lo demás glabras a muy finamente hirsútulas, los márgenes engrosados, algunas veces revolutos, el ápice acuminado, largamente mucronato. Capitulescencia de pocas cabezue-

las axilares por planta, cada una portada cerca del ápice de las ramitas laterales, típicamente muy exertas de las hojas subyacentes; pedúnculos 1-7 cm, glabros, diminutamente 2-6-bracteolados; bractéolas 2-3 mm, subuladas, ascendentes. Cabezuelas 6-8 mm, pedunculadas, cortamente radiadas, corolas moderadamente exertas del involucro; involucro 4-6.5 × 3-4.5 mm, angostamente turbinado; filarios 5, 1.5-2 mm de diámetro, oblongos, delgadamente carinados excepto distalmente, el ápice agudo a obtuso, glabros, las glándulas inconspicuas. Flores radiadas 5; corola amarilla o purpúrea cuando joven, el tubo 1.5-3 mm, el limbo 2-6 × hasta c. 1 mm, oblongo, débilmente 3-5-nervio, los márgenes frecuentemente involutos. Flores del disco 7-15; corola 3.5-5 mm, amarilla o los lobos algunas veces purpúreos, los lobos hasta c. 2 mm, desiguales, uno más largo que los otros; estilo algunas veces bastante exerto. Cipselas 2-3 mm, estrigulosas; vilano algunas veces purpúreo, con escamas escábridas de aristas desiguales y frecuentemente de escúmulas basales de 1-2 mm, en las flores radiadas el vilano de 0-5 escamas de 3-4 mm, en las flores del disco el vilano de 3-12 escamas de 2-5 mm. $2n = 24$. *Laderas con matorrales, pastizales húmedos, matorrales secos, pinares, orillas de caminos, planicies salinas, sabanas, vegetación secundaria.* G (*Véliz y Pérez MV13285*, MO); H (*Molina R. y Molina 25783*, MO); ES (*Monterrosa y Rivera 596*, MO); N (*Baker 2556*, F); P (Hemsley, 1881: 225). 0-1400 m. (Endémica.)

Entre las especies mesoamericanas, *Pectis capillipes* es más similar a *P. linearis*, una especie anual, pero difiere por las hojas gruesamente marginadas y el vilano frecuentemente de escúmulas. La especie mexicana perenne *P. diffusa* Hook. et Arn. es muy similar pero difiere por las corolas radiadas con el limbo más largo y la corola del disco con los lobos más largos. Los ejemplares de Nicaragua citados por Hemsley probablemente son *P. capillipes*, mientras que el único espécimen de Panamá citado por Hemsley (1881) y Gray (1884b [1883]) como *P. diffusa* necesita ser verificado.

4. Pectis elongata Kunth in Humb., Bonpl. et Kunth, *Nov. Gen. Sp.* folio ed. 4: 206 (1820 [1818]). Holotipo: Colombia, *Humboldt y Bonpland s.n.* (microficha MO! ex P-Bonpl.). Ilustr.: Kunth, *Nov. Gen. Sp.* folio ed. 4: t. 392 (1820 [1818]). N.v.: Comillo, G; pericón, H; hierba del talepate, ES; anisillo, coronillo, CR; hierba limon castilla, limoncillo, P.

Lorentea polycephala Gardner, *Pectis elongata* Kunth var. *divaricata* Hieron., *P. elongata* var. *floribunda* (A. Rich.) D.J. Keil, *P. elongata* var. *oerstediana* (Rydb.) D.J. Keil, *P. floribunda* A. Rich., *P. oerstediana* Rydb., *P. plumieri* Griseb.

Hierbas delgadas frecuentemente erectas, aromáticas, anuales o bianuales, hasta 0.5(-1) m; tallos simples debajo de la capitulescencia, luego poco ramificados a tricotómicamente (rara vez dicotómicamente) ramificados, frecuentemente rojizos, subhexagonales, glabros o escabrosos sobre los ángulos o en nudos, entrenudos (por lo menos aquellos proximales) frecuentemente más largos que las hojas. Hojas 10-40(-60) × 1-4 mm, linear-lanceoladas, las glándulas redondeadas, esparcidas, las superficies por lo demás glabras hasta algunas veces escabrosas, el ápice agudo a obtuso, mucronato o aristado. Capitulescencia difusa, tirsoide-paniculada, en general comprendiendo la 1/2 de la planta, cada una de las ramas secundarias con un agregado corimboso terminal, frecuentemente aplanado distalmente con las ramas de tercer orden tan largas como el eje secundario, dispuestas por dentro o ligeramente exertas de las hojas subyacentes; pedúnculos 0.5-1.5(-2.5) cm, glabros, diminutamente 2-bracteolados o 3-bracteolados; bractéolas 1-1.5 mm, subuladas, ascendentes. Cabezuelas 5-6.5 mm, pedunculadas, inconspicuamente radiadas; involucro 4-5.5(-6) × 1-3 mm, cilíndrico a angostamente campanulado; filarios 5, 0.5-1 mm de diámetro, angostamente lanceolados, delgadamente carinados excepto distalmente, el ápice agudo a acuminado, las glándulas pocas, elípticas, por lo demás glabros. Flores radiadas 5; corola amarilla, el limbo 2-4 mm, linear-lanceolado, débilmente 3-5-nervio. Flores del disco 5-9; corola 2-4 mm, 4-5-lobada, un lobo más profundamente cortado que los otros, los lobos sin glándulas pelúcidas. Cipselas 2-2.5 mm, estrigulosas; vilano de 3-20 cerdas delgadas de 2-5 mm, patentes pero nunca horizontalmente refractadas. 2*n* = 24. *Áreas alteradas, laderas secas, sitios rocosos, pastizales, bosques abiertos, bosques de* Pinus-Quercus, *orillas de caminos, áreas arenosas, sabanas, los márgenes de arroyos.* Ch (Keil, 1996: 31), Y (Villaseñor Ríos, 1989: 82); QR (Villaseñor Ríos, 1989: 82); G (*Standley 76187*, MO); H (*Standley 27600*, MO); ES (*Calderón 125*, MO); N (*Baker 2137*, US); CR (*Williams et al. 26392*, F); P (*Allen 1018*, MO). 0-1000(-1500) m. (México, Mesoamérica, Colombia, Venezuela, Guayanas, Ecuador, Brasil, Cuba, Jamaica, La Española, Puerto Rico, Antillas Menores.)

Esta es la especie más común de *Pectis* en Mesoamérica. Frecuentemente se han reconocido infraespecies dentro de *P. elongata* (p. ej., Keil, 1996; Dillon et al., 2001; Pruski, 1997a), pero dos de estas se tratan aquí en sinonimia, mientras que *P. elongata* var. *fasciculiflora* (DC.) D.J. Keil, la tercera y última variedad no típica, se reconoce aquí como *P. fasciculiflora* DC. Aunque Villaseñor Ríos (1989) cita a esta especie como presente en Yucatán y Quintana Roo, la distribución no fue verificada para este tratamiento, ni fue citada en Keil (1996).

5. Pectis linearis La Llave, *Reg. Trim.* 1: 451 (1832). Posible tipo: México, Oaxaca, *Mairet? s.n.* (microficha MO! ex G-DC). Ilustr.: Hall, *Ann. Hort. Bot.* 4: lámina no numerada como "*Pectis febrifuga*" página opuesta 33 (1861).

Pectis capillaris DC., *P. densa* Rusby, *P. elongata* Kunth var. *schottii* Fernald, *P. febrifuga* H.C. Hall, *P. graveolens* Klatt, *P. rosea* Rusby, *P. schottii* (Fernald) Millsp. et Chase.

Hierbas erectas aromáticas, anuales, hasta 25 cm; tallos 7-50 cm, patentes, varias veces dicotómicamente (tricotómicamente) ramificados, frecuentemente rojizos, subhexagonales, glabros o muy finamente puberulentos, entrenudos escasamente más largos hasta mucho más cortos que las hojas. Hojas 10-20(-30) × 1-2 mm, linear-lanceoladas, las glándulas redondeadas, en una línea por cada lado, las superficies por lo demás glabras a muy finamente puberulentas, el ápice agudo, mucronato. Capitulescencia difusa, de pocas cabezuelas por planta, cada una dispuesta cerca del ápice de las ramitas laterales, típicamente bastante exertas de las hojas subyacentes; pedúnculos 2-4 cm, glabros, diminutamente 3-bracteolados o 4-bracteolados; bractéolas 1-2 mm, subuladas, ascendentes. Cabezuelas 5-7 mm, pedunculadas, inconspicuamente radiadas; involucro 4-5.5 × 2-3 mm, angostamente turbinado; filarios 5, c. 1 mm de diámetro, angostamente lanceolados, delgadamente carinados excepto distalmente, el ápice acuminado, las glándulas pocas, lineares, por lo demás glabros. Flores radiadas 5; corola 2.5-3 mm, amarilla o algunas veces rosada, el limbo 1-1.5 × c. 0.4 mm, linear-lanceolado, 3-nervio. Flores del disco 5-9; corola 2-3 mm, los lobos escasamente desiguales, sin glándulas pelúcidas. Cipselas 2-2.5 mm, estrigulosas; vilano de 2 (flores radiadas) a 6 (flores del disco) escamas escábridas, 2-3 mm, de base ancha y con aristas subiguales, patentes pero nunca horizontalmente refractadas, las escuámulas ausentes. 2*n* = 24. *Sabanas y pastizales.* Y (*Schott 666*, F); C (*Chan 2306*, CICY). 0-300 m. (México, Mesoamérica, Venezuela, Jamaica, Puerto Rico, Islas Vírgenes, Antillas Menores, Curazao.)

Pectis schottii (también conocida como *P. elongata* var. *schottii*) fue tipificada por material de Yucatán y fue reducida a la sinonimia por Keil (1996). El informe de Rydberg (1916) de *P. febrifuga* (sinónimo *P. linearis*, especie anual) en Costa Rica (no verificado ni por Adams, 1972 ni por Standley, 1938) hace posiblemente referencia a las plantas con un vilano en parte de escuámulas (como el registrado por Rydberg, 1916) que en este tratamiento se determinaría como *P. capillipes*, una especie perenne. Howard (1989) citó el holotipo de Mairet de *P. capillaris* en G-DC como el lectotipo, pero aunque es de la misma localidad, esta elección está tal vez en conflicto con el protólogo de La Llave que citó una colección de Pineda. El ejemplar en G-DC es solo un posible tipo del nombre de La Llave.

6. Pectis linifolia L., *Syst. Nat.*, ed. *10* 2: 1221 (1759). Lectotipo (designado por Keil, 1978): Jamaica, *Browne Herb. Linn. 1011.2* (microficha MO! ex LINN). Ilustr.: Lamarck, *Tabl. Encycl.* 3: t. 684 (1823), como *Pectis*. N.v.: Mazcabmiz, Y.

Pectidium punctatum (Jacq.) Less., *Pectis linifolia* L. var. *hirtella* S.F. Blake, *P. linifolia* var. *marginalis* Fernald, *P. punctata* Jacq., *Tetracanthus linearifolius* A. Rich., *Verbesina linifolia* L.

Hierbas anuales, erectas, delgadas, no aromáticas, hasta 1 m; tallos pocas a varias veces seudodicotómicamente ramificados distalmente, las ramas laterales ascendentes y sobrepasando considerablemente el en general eje central marchito/cabezuela, frecuentemente purpúreos, entrenudos (por lo menos los proximales) típicamente más largos que las hojas, glabros o los ángulos finamente puberulentos. Hojas 10-65 × 1-4.5(-8) mm, lineares a linear-lanceoladas, las glándulas redondeadas, esparcidas o en 1 o 2 líneas por lado, glabras a finamente hírtulas en la superficie abaxial de la vena media y sobre los márgenes, los márgenes proximalmente con (0)1 o 2 (Mesoamérica) pares de cerdas de 1-2 mm, rara vez hasta 3 pares de 7 mm, el ápice agudo. Capitulescencia difusa, seudodicasial, corimbosa, muy exerta de las hojas subyacentes; pedúnculos 1-3 cm, glabros, diminutamente 1-5-bracteolados, algunas veces la bractéola solo en el nudo subyacente; bractéolas c. 1 mm, subuladas, ascendentes a patentes. Cabezuelas 5-8(-9) mm, pedunculadas, inconspicuamente radiadas; involucro 4.5-7.5 × 1-2 mm, cilíndrico; filarios 5, c. 0.6 mm de diámetro, linear-lanceolados, algunas veces purpúreos, en general glabros, el ápice en general obtuso, algunas veces ciliolado, las glándulas hasta c. 1 mm, lineares o tornándose elípticas distalmente, obvias. Flores radiadas 5; corola 2-3 mm, amarilla algunas veces al secarse purpúrea, el tubo 1-2 mm, el limbo c. 1(-2.5) × 0.2-0.3 mm, oblongo, débilmente 2-nervio o 3-nervio, los márgenes algunas veces involutos, el ápice algunas veces 3-denticulado, frecuentemente 1-punteado-glanduloso o 2-punteado-glanduloso. Flores del disco 1-4(-6); corola 2-3(-4) mm, amarilla pero típicamente al secarse purpúrea, los lobos subiguales, la mayoría con una sola glándula redonda apicalmente. Cipselas fértiles (Mesoamérica) o algunas veces discos estériles, 3-7 mm, en ocasiones casi tan largas como el involucro, estrigulosas; vilano de 1-5 aristas lisas, 2-3 mm, robustas, purpúreas, algunas veces horizontalmente refractadas, rara vez un disco (fuera de Mesoamérica) de escuámulas. 2*n* = 24. *Matorrales, orillas de caminos, laderas rocosas, orillas marinas, vegetación secundaria.* Y (*Gaumer 979*, MO); QR (Villaseñor Ríos, 1989: 83); G (*Standley 73633*, US); P (*D'Arcy 10218*, MO). 0-500 m. (SO. Estados Unidos, México, Mesoamérica, Colombia, Venezuela, Ecuador, Perú, Bolivia, Cuba, Jamaica, La Española, Puerto Rico, Islas Vírgenes, Antillas Menores, Bahamas, Galápagos, Hawái.)

Esta especie fue revisada por Keil (1978), pero aquí *Pectis linifolia* var. *hirtella*, reconocida por Keil (1978), es reducida a la sinonimia de *P. linifolia*, y *P. linifolia* se trata aquí sin reconocimiento de infraespecies. La especie no fue tratada por Keil (1975), y fue por primera vez registrada en Panamá por Keil (1981).

7. Pectis multiflosculosa (DC.) Sch. Bip. in Seem., *Bot. Voy. Herald* 309 (1856). *Lorentea multiflosculosa* DC., *Prodr.* 5: 102 (1836). Lectotipo (designado por Keil, 1975 [1976]): Perú, *Haenke s.n.* (microficha MO! ex G-DC). Ilustr.: Robinson et al., *Fl. Ecuador* 77(2): 61, t. 43 (2006). N.v.: Verdolaga, ES.

Cheilodiscus littoralis Triana, *Pectis arenaria* Benth., *P. bibracteata* Klatt, *P. falcata* Cufod., *P. grandiflora* Klatt, *P. lehmannii* Hieron., *P. maritima* Sessé et Moc.

Hierbas perennes, semisuculentas postradas, no aromáticas, enraizando en los nudos; tallos hasta 1(-5 o más) cm, algunas veces ascendentes hasta 10 cm, completamente glabros o puberulentos proximalmente desde la subfoliación nodal. Hojas (5-)20-40 × 1-5(-8) mm, lineares a elípticas u oblanceoladas, las glándulas redondeadas, marginales o algunas veces esparcidas, algunas veces glaucas, por lo demás glabras, los márgenes algunas veces serrulados, el ápice obtuso a agudo, mucronato. Capitulescencia monocéfala sobre las ramitas laterales, en general escasamente exerta de las hojas subyacentes; pedúnculos 1-6 cm, 1-4-bracteolados; bractéolas hasta c. 5 mm, subuladas, opuestas o ascendentes o adpresas. Cabezuelas hasta c. 15 mm, cortamente radiadas, las corolas radiadas algunas veces muy exertas del involucro; involucro 9-13 × 7-10 mm, angostamente campanulado; filarios 5-8(-9), 2-4 mm de diámetro, lanceolados a obovados, 1-seriado o 2-seriado, el ápice agudo a obtuso, ciliado, con glándulas lineares, en líneas hasta inconspicuas, por lo demás glabros. Flores radiadas 5-8(-9); corola amarilla, el tubo 2-3.5 mm, el limbo 6-9 mm. Flores del disco 15-50 o más; corola 5.5-7.5 mm, los lobos desiguales (4+1), el más largo c. 3 mm, linear, los más cortos 0.5-1 mm. Cipselas 6-8 mm, claviformes, glabras o esparcidamente setulosas distalmente; vilano de 10-20 cerdas escábridas desiguales y moderadamente anchas, 1-7 mm, algunas veces con pocas escuámulas diminutas. $2n = 72$. *Playas del océano Pacífico, dunas, vegetación alterada.* Ch (*Davidse et al. 30107*, MO); H (*Molina R. 23283*, MO); ES (*Renderos 132*, MO); N (*Levy 384*, K); CR (*Pittier 7342*, GH); P (*Dwyer 2520*, MO). 0-10 m. (México, Mesoamérica, Colombia, Ecuador, Perú.)

Pectis multiflosculosa se esperar encontrar en Guatemala según Williams (1976b).

8. Pectis prostrata Cav., *Icon.* 4: 12 (1797). Posible tipo: México, estado desconocido, *Née s.n.* (microficha MO! ex MA-476086). Ilustr.: Villarreal-Quintanilla, *Fl. Bajío* 113: 30 (2003). N.v.: Guarda camino, H; cominillo, N.

Lorentea prostrata (Cav.) Lag., *Pectis costata* Ser. et P. Mercier ex DC., *P. multisetosa* Rydb., *P. portoricensis* Urb., *P. prostrata* Cav. var. *urceolata* Fernald, *P. urceolata* (Fernald) Rydb.

Hierbas anuales, frecuentemente no aromáticas, postradas (a ascendentes); tallos 1-30 cm, simples o patentes a basalmente muy ramificados y formando tapetes, foliosos en toda su longitud y más densamente foliosos apicalmente donde los nudos son en general mucho más cortos que las hojas, los entrenudos proximales frecuentemente más largos que las hojas, puberulentos, los tricomas frecuentemente en líneas desde la subperfoliación nodal. Hojas 10-35 × 1.5-5 mm, lineares a oblanceoladas, submucronatas, las glándulas redondeadas, esparcidas, los márgenes algunas veces escabrosos, las cerdas marginales desde cerca del ápice hasta la base, 1-3(-4) mm, el ápice agudo u obtuso. Capitulescencia de cabezuelas axilares, una sola o congestas, no exertas de las hojas subyacentes; pedúnculos 0-1 mm. Cabezuelas hasta c. 8 mm, sésiles o subsésiles, inconspicuamente radiadas; involucro 4.5-7.5 × c. 3 mm, cilíndrico a angostamente campanulado, frecuentemente con dehiscencia junto con las cipselas envueltas; filarios 5, 1-2 mm de diámetro, oblongos a obovados, carinados proximalmente, el ápice agudo a más en general obtuso o truncado, las glándulas pocas, en general apicales, por lo demás glabros a puberulentos. Flores radiadas 5; corola amarilla, el tubo c. 1 mm, el limbo 1.5-2 mm. Flores del disco (3-)5-10(-17); corola 2-2.5 mm, un lobo escasamente más largo que los otros. Cipselas 2.5-4.5 mm; vilano 1.5-2.5 mm, con 2-5 escamas escábridas lanceoladas. $2n = 24$. *Playas, bordes de lagos, áreas rocosas, potreros, orillas de caminos, sabanas, selvas caducifolias, arroyos, matorrales.* T (*Fernández y Guadarrama-Zamudio 1489*, MO); Ch (*Breedlove 51994*, MO); Y (*Gaumer 778*, MO); C (Villaseñor Ríos, 1989: 83); B (*Schipp 831*, MO); G (*Pruski et al. 4520*, MO); H (*Molina R. y Molina 34245*, MO); ES (*Montalvo et al. 6323*, MO); N (*Seymour 2846*, MO); CR (*Poveda et al. 3823*, MO); P (*D'Arcy y D'Arcy 6102*, MO). 0-1500 m. (S. Estados Unidos, México, Mesoamérica, Colombia, Venezuela, Ecuador, Cuba, Jamaica, Puerto Rico, Bahamas.)

9. Pectis saturejoides (Mill.) Sch. Bip. in Seem., *Bot. Voy. Herald* 309 (1856). *Inula saturejoides* Mill., *Gard. Dict.* ed. 8 *Inula* no. 8 (1768). Holotipo: México, Veracruz, *Houstoun s.n.* (BM). Ilustr.: Houstoun, *Reliq. Houstoun.* t. 19 (1781), como *"Aster saturejae foliis..."*. N.v.: Colchón de niño, G.

Lorentea saturejoides (Mill.) Less., *Pectis canescens* Kunth var. *villosior* J.M. Coult., *P. polyantha* Rydb.

Hierbas perennes difusas, no aromáticas, 10-30 cm, desde un cáudice leñoso; tallos erectos a patentes y decumbentes, simples hasta en general muy ramificados desde la base, subteretes, brevemente puberulentos a canescente-tomentosos. Hojas 10-30 × 1.5-4 mm, lineares a angostamente elípticas, subglabras a densamente canescente-hirsútulas sobre ambas superficies, las cerdas marginales algunas veces desde la mitad de la lámina hasta la base, margen algunas veces revoluto, el ápice agudo a acuminado, largamente mucronato, mucrón hasta 2 mm o más. Capitulescencia de pocas cabezuelas solitarias cada una largamente pedunculada desde nudos distales; pedúnculos 3-9 cm, bracteolados; bractéolas 2-4 mm, subuladas, ascendentes. Cabezuelas 6.5-8.5 mm, pedunculadas, cortamente radiadas, el limbo de las corolas radiadas muy exerto del involucro; involucro 6-7 × 6-10 mm, campanulado; filarios 7-13, 6-7 × 1-2 mm, lineares a oblanceolados, frecuentemente con tinte purpúreo, 1-seriados o 2-seriados, el ápice agudo a obtuso, escasamente carinados desde la base, algunas veces ciliados especialmente las series externas, en general puberulentos. Flores radiadas 7-13; corola amarilla, el tubo 2-3 mm, el limbo 5-9 mm, angostamente elíptico, 5-nervio. Flores del disco 20-40(-60); corola 4-6 mm, angostamente infundibuliforme, los lobos 1-1.7 mm, uno de estos c. 2 veces el largo de los otros; ramas del estilo cortamente ovadas, c. 0.3 mm. Cipselas negras, 3-4 mm, setuloso-estrigulosas; flores radiadas sin vilano o el vilano escamuloso o con pocas cerdas; vilano de las flores del disco 3.5-6 mm, con 20-40 cerdas escábridas, algunas veces rojizas. $2n = 24$. *Playas, crestas de caliza, vegetación secundaria, los márgenes de lagos, orillas de caminos, dunas arenosas, sabanas, selvas caducifolias.* T (*Matuda 3515*, MO); Ch (*Davidse et al. 20548*, MO); G (*Heyde y Lux 3401*, F); H (*Standley 28197*, MO); N (*Baker 2133*, GH); CR (*Oersted 204*, C). 0-900(-1700) m. (México, Mesoamérica.)

Rydberg (1916) ubicó *Pectis auricularis* (DC.) Sch. Bip. como un sinónimo de *P. saturejoides*, pero es, según Keil (1996) un sinónimo de *P. canescens* Kunth.

10. Pectis uniaristata DC., *Prodr.* 5: 99 (1836). Holotipo: México, estado desconocido, *Alaman s.n.* (microficha MO! ex G-DC).

Esta especie tiene tres variedades (Keil, 1996), dos en México fuera del área de Mesoamérica, una de estas disyunta en Mato Grosso, Brasil, y la tercera variedad en el área de Mesoamérica. (México, Mesoamérica, Colombia, S. Brasil.)

10a. Pectis uniaristata DC. var. **holostemma** A. Gray, *Proc. Amer. Acad. Arts* 19: 46 (1884 [1883]). Holotipo: México, Veracruz, *Liebmann 394* (GH). Ilustr.: no se encontró.

Pectis cyrilii Cuatrec.?, *P. dichotoma* Klatt.

Hierbas erectas o ascendentes, no aromáticas, anuales, 5-50 cm; tallos varios, patentes, seudodicotómico-tricotómicamente ramificados, subhexagonales, glabros a escabrosos sobre los ángulos. Hojas 10-25(-40) × 1-4(-5) mm, linear-lanceoladas, en general glabras, base ancha, el ápice agudo a obtuso, mucronulato, las glándulas esparcidas. Capitulescencia terminal o axilar, difusa, corimbosa, dispuesta escasamente por encima de las hojas subyacentes; pedúnculos 0.8-2.5 cm, glabros, diminutamente 2-bracteolados o 3-bracteolados; bractéolas 1-1.5 mm, subuladas. Cabezuelas 3.5-5 mm, pedunculadas, inconspicuamente radiadas; involucro 3-4 × 1-2 mm, cilíndrico; filarios 5, 0.5-0.9 mm de diámetro, linear-oblanceolados, el ápice siempre agudo a acuminado, las glándulas pocas, linear-elípticas. Flores radiadas 5; corola amarillo pálido o rosada abaxialmente, el limbo 1-1.8 × 0.3-0.5 mm, linear-oblanceolado, débilmente 3-nervio. Flores del disco en general 3-7; corola 1.3-1.9 mm, cilíndrica, un lobo más largo que los otros, sin glándulas pelúcidas; ramas del estilo casi incluidas. Cipselas

1.4-2.5 mm, estrigulosas; vilano diminutamente fimbriado escuamuloso-coroniforme de c. 0.2 mm, o algunas veces también con 1 cerda 1-2 mm, patente pero nunca horizontalmente refractada. 2*n* = 24. *Ruderal*. Ch (*Purpus 9162A*, MO); G (Keil, 1996: 42); H (*Keil 9509*, MO); ES (*Calderón 983*, MO); N (*Moreno 24798*, MO); CR (*Heithaus 349*, MO). 0-700(-800) m. (México [Oaxaca, Veracruz], Mesoamérica, Colombia.)

El holotipo de *Pectis uniaristata* var. *holostemma* es un isotipo de *P. dichotoma*. Esta especie es muy similar a plantas poco aristadas de *P. bonplandiana*, y como tal levanta dudas acerca de la utilidad del reconocimiento de infraespecies. El reporte de Hokche et al. (2008) de esta especie en Venezuela está posiblemente basado en una identificación errónea, pero ilustra el hecho de que tal vez se necesita sacar un nombre de la sinonimia a donde se pueda alojar esta entidad.

259. Porophyllum Guett.

Por J.L. Strother.

Hierbas anuales perennes, o arbustos, fuertemente aromáticos; hojas o filarios pelúcido-glandulosos. Hojas opuestas o alternas, simples, enteras a crenadas, marcadas con glándulas pelúcidas, sésiles o pecioladas. Capitulescencias abiertas, solitarias o en agregados cimosos foliosos de pocas cabezuelas. Cabezuelas discoides, el calículo ausente; involucro 5-25 mm, cilíndrico a turbinado; filarios 5-10, 1-seriados, libres hasta la base, marcados con glándulas pelúcidas redondeadas a lineares. Flores radiadas ausentes. Flores del disco 10-100. Cipselas fusiformes a cilíndricas; vilano de 25-50 o más cerdas escabrosas finas a toscas, libres, desiguales. Aprox. 25 spp. SO. Estados Unidos, México, Mesoamérica, Sudamérica, Antillas.

Bibliografía: Cowan, C.P. *Listados Florist. México* 1: 1-123 (1983). Dillon, M.O. et al. *Monogr. Missouri Bot. Gard.* 85: 360-361 (2001). Johnson, R.R. *Univ. Kansas Sci. Bull.* 48: 225-267 (1969). Villaseñor Ríos, J.L. *Techn. Rep. Rancho Santa Ana Bot. Gard.* 4: i-iii, 1-122 (1989).

1. Subarbustos o arbustos; involucros 8-12 mm.
  2. Hojas obovadas a elípticas, (2-)3-6 veces más largas que anchas; cabezuelas solitarias; pedúnculos delgados de 2-4 cm; flores 15-30.
    1. P. nelsonii
  2. Hojas ovadas a anchamente elípticas, 1-2 veces más largas que anchas; cabezuelas en general agregado-cimosas; pedúnculos frecuentemente claviformes de 1-2(-3) cm; flores 10-20. **3. P. punctatum**
1. Hierbas robustas anuales; involucros 1.5-2.5 cm.
  3. Plantas en general menos de 0.6 m; flores 12-15 por cabezuela; cipselas c. 7 mm. **2. P. pringlei**
  3. Plantas en general 1-1.5 m; flores 30-80 o más por cabezuela; cipselas 8-12 mm.
    4. Hojas 1-3.5(-5) cm; pedúnculos en general inflados; cipselas en general 9-12 mm. **4a. P. ruderale** var. **macrocephalum**
    4. Hojas 2-9 cm; pedúnculos relativamente delgados, escasamente o no del todo inflados; cipselas en general 8-9 mm.
      4b. P. ruderale var. **ruderale**

1. Porophyllum nelsonii B.L. Rob. et Greenm., *Proc. Amer. Acad. Arts* 32: 32 (1897 [1896]). Lectotipo (designado por Strother, 1999): México, Oaxaca, *Nelson 2399* (GH!). Ilustr.: no se encontró.
Porophyllum guatemalense Rydb.
Arbustos hasta 0.6 m. Hojas opuestas, pecioladas; láminas 1.5-3 cm, obovadas a elípticas, (2-)3-6 veces más largas que anchas, con glándulas pelúcidas. Cabezuelas solitarias, erectas sobre pedúnculos delgados 2-4 cm; involucro 8-12 mm; filarios 5, linear-oblongos, purpúreos, ligeramente glaucos, marcados con glándulas pelúcidas. Flores 15-30; corola 5-8 mm, blanco-amarillenta, matizada de color púrpura distalmente. Cipselas 5-7 mm; vilano de c. 30 cerdas de hasta 6 mm.

2*n* = 24. *Laderas arboladas*. Ch (*Breedlove 46595*, CAS); G (*Nelson 3523*, US). 600-1100 m. (México [Oaxaca], Mesoamérica.)

Tanto Johnson (1969) como Turner (1996c) trataron *Porophyllum nelsonii* y *P. guatemalense* como sinónimos de *P. punctatum*.

2. Porophyllum pringlei B.L. Rob., *Proc. Amer. Acad. Arts* 27: 178 (1893). Lectotipo (designado por McVaugh, 1984): México, Jalisco, *Pringle 2954* (GH!). Ilustr.: no se encontró.
Hierbas robustas anuales hasta 0.6 m. Hojas opuestas o alternas; láminas 2-4 cm, elípticas a obovadas, algunas veces glaucas, con glándulas pelúcidas; pecíolos hasta 2.4 cm. Cabezuelas erectas, solitarias o laxamente agregado-cimosas, pedúnculos 1-3 cm; involucro 15-18 mm; filarios 5, angostamente lineares, marcados con glándulas pelúcidas. Flores 12-15; corola 7-10 mm, blanco-amarillenta. Cipselas c. 7 mm; vilano de c. 30 cerdas de hasta 8 mm. 2*n* = no conocido. *Laderas arboladas*. Ch (*Breedlove 41160*, CAS). 700-1500 m. (C. México, Mesoamérica.)

3. Porophyllum punctatum (Mill.) S.F. Blake, *Contr. Gray Herb.* 52: 58 (1917). *Eupatorium punctatum* Mill., *Gard. Dict.* ed. 8 *Eupatorium* no. 11 (1768). Holotipo: México, Veracruz, *Houstoun s.n.* (BM). Ilustr.: McVaugh, *Fl. Novo-Galiciana* 12: 767, t. 129 (1984). N.v.: Pech uk', pech-uk(il), Y; piojo, pio-jillo, yierba de piojo, B; sorrio, ziz', G.
Porophyllum millspaughii B.L. Rob., *P. pittieri* Rydb.
Arbustos a subarbustos erectos a desparramados hasta 2 m o más. Hojas mayormente opuestas; láminas 0.9-2(-3) cm, ovadas a anchamente elípticas, 1-2 veces más largas que anchas, con glándulas pelúcidas; pecíolo hasta 1 cm. Cabezuelas en general laxamente cimosoagregadas, frecuentemente péndulas, pedúnculos frecuentemente claviformes, 1-2(-3) cm; involucro 9-12 mm; filarios 5, lineares a oblongos, marcados con glándulas pelúcidas. Flores 10-20; corola 6-8 mm, blanco-amarillenta a parda o color púrpura. Cipselas 5-7 mm; vilano de 20-30 cerdas desiguales de hasta 7 mm. 2*n* = 24. *Laderas secas de matorral, bosques secundarios, dunas costeras, bosques espinosos, matorrales secos*. T (*Cowan y Magaña 3216*, MO); Ch (*Breedlove 45954*, CAS); Y (*Gaumer 523*, US); C (*Cabrera y Cabrera 2327*, MO); QR (*Ramamoorthy et al. 2072*, MO); B (*Arvigo et al. 953*, MO); G (*Williams et al. 41843*, US); H (*Williams y Molina R. 13232*, US); ES (*Standley 20422*, US); N (*Rueda et al. 16024*, MO); CR (*Wilbur 20046*, OS). 0-1300 m. (México, Mesoamérica.)

4. Porophyllum ruderale (Jacq.) Cass. in F. Cuvier, *Dict. Sci. Nat.* ed. 2, 43: 56 (1826). *Kleinia ruderalis* Jacq., *Enum. Syst. Pl.* 28 (1760). Lectotipo (designado por Keil, 1975 [1976]): Jacq., *Select. Stirp. Amer. Hist.* t. 127 (1763). Ilustr.: Pruski, *Fl. Venez. Guayana* 3: 347, t. 293 (1997).
Cacalia ruderalis (Jacq.) Sw., *Porophyllum ellipticum* Cass. var. *ruderale* (Jacq.) Urb.
Hierbas toscas robustas, anuales, 0.5-1.5 m. Hojas opuestas o alternas, pecioladas; láminas 1-9 cm, ovadas a elípticas u obovadas, con glándulas pelúcidas. Cabezuelas solitarias sobre pedúnculos delgados o claviformes 15-65 mm; involucro 15-25 mm; filarios 5, lineares a linear-lanceolados, marcados con glándulas pelúcidas. Flores 30-80 o más; corola verdosa proximalmente, purpúrea distalmente, 8-13 mm. Cipselas 8-12 mm; vilano de 50-100 cerdas de 5-11 mm. 2*n* = 22, 44. *Áreas alteradas, vegetación secundaria, laderas arboladas, orillas de caminos, paredes de cañones, barrancos, riberas*. T-P. 0-1500(-2500) m. (América tropical.)

Los dos ejemplares citados por Balick et al. (2000) documentando *Porophyllum ruderale* en Belice han sido vueltos a identificar como *P. punctatum*.

4a. Porophyllum ruderale (Jacq.) Cass. var. **macrocephalum** (DC.) Cronquist, *Madroño* 20: 255 (1970). *Porophyllum macrocepha-*

lum DC., *Prodr.* 5: 648 (1836). Holotipo: México, Guanajuato, *Méndez s.n.* (G-DC). Ilustr.: Keil, D.J., *Ann. Missouri Bot. Gard.* 62: 1236, t. 92 (1975 [1976]). N.v.: Hierba del venado, Y; oreja de monte, ruda cimarrona, G; hierba del cadejo, ruda montes, ES; ruda simarrona, yerba de cabra, N.

Porophyllum ruderale subsp. *macrocephalum* (DC.) R.R. Johnson. Láminas de las hojas 1-3.5(-5) cm. Pedúnculos en general claviformes, marcadamente inflados distalmente. Cipselas en general 9-12 mm. $2n = 22$. *Áreas alteradas, vegetación secundaria, laderas arboladas, orillas de caminos, paredes de cañones.* T (Cowan, 1983: 21); Ch (*Breedlove 46496*, CAS); Y (*Gaumer 23453*, US); QR (*Darwin 2356*, MO); G (*Harmon y Dwyer 3512*, MO); H (*Standley 55058*, US); ES (*Calderón 1890*, US); N (*Moreno 24830*, MO); CR (*Jiménez y Lepiz 2353*, MO); P (*Nee 8149*, OS). 30-1500 m. (SO. Estados Unidos, México, Mesoamérica, Colombia, Venezuela, Ecuador, Perú, Bolivia, Brasil.)

4b. Porophyllum ruderale (Jacq.) Cass. var. **ruderale**.
Láminas de las hojas 2-9 cm. Pedúnculos relativamente delgados, solo ligeramente inflados. Cipselas en general 8-9 mm. $2n = 22, 44$. *Áreas alteradas, barrancos, orillas de caminos, riberas.* CR (*Pittier 9746*, US); P (*Standley 31217*, US). 0-1500(-2500) m. (Mesoamérica, Colombia, Venezuela, Guayanas, Ecuador, Perú, Bolivia, Brasil, Paraguay, Uruguay, Argentina, Cuba, Jamaica, La Española, Puerto Rico, Islas Vírgenes, Antillas Menores, Trinidad y Tobago.)

260. Tagetes L.

Adenopappus Benth., *Diglossus* Cass., *Enalcida* Cass., *Solenotheca* Nutt., *Vilobia* Strother.

Por J.F. Pruski.

Hierbas anuales a perennes, erectas (Mesoamérica) o rara vez decumbentes, glabras o algunas veces pelosas, o algunas veces arbustos, típicamente aromáticos o malolientes; tallos con frecuencia muy ramificados, ramificaciones opuestas a típicamente alternas distalmente, las ramas en general ascendentes por lo menos en 45°, en general foliosas desde la mitad del tallo hasta el ápice, en general subteretes, frecuentemente estriadas; hojas o filarios típicamente pelúcido-glandulosos o pelúcido-lineados. Hojas simples o pinnatisectas y partidas casi hasta un raquis angostamente alado, opuestas proximalmente hasta algunas veces alternas distalmente, generalmente pecioladas o algunas veces sésiles, con frecuencia escasamente dilatadas basalmente y subamplexicaules; láminas cartáceas, las nervaduras de segundo o tercer orden frecuentemente visibles pero no prominentes, las superficies en general glabras y concoloras, las glándulas típicamente redondeadas, esparcidas a algunas veces asociadas con dientes o lobos individuales, los folíolos en general patentes lateralmente hasta solo escasamente dirigidos hacia adelante; folíolos o dientes en ocasiones espinulosos distalmente. Capitulescencia terminal, corimbosa a algunas veces solitaria, típicamente con pocas a numerosas cabezuelas, abiertas hasta rara vez congestas; pedúnculos cortos a alargados, filiformes a robustos, cilíndricos a frecuentemente dilatados distalmente, algunas veces bracteolados, luego las bractéolas típicamente alternas. Cabezuelas inconspicua a conspicuamente radiadas o rara vez discoides, pequeñas a grandes, con pocas a numerosas flores; involucro cilíndrico o angostamente urceolado a campanulado; calículo ausente; filarios en general 5-13, 1-seriados, verdes o algunas veces con los márgenes membranáceos, connatos desde más allá de la mitad de su longitud hasta cerca del ápice, rara vez partiéndose hasta el 1/2 del filario cuando maduro, las glándulas linear-elípticas gradualmente disminuyendo en tamaño apicalmente y desde ahí redondeadas o completamente redondeadas, en 2(-4) hileras verticales, por lo demás típicamente glabros; clinanto convexo a cónico. Flores radiadas ausentes hasta pocas a numerosas, pistiladas, en número desigual a los filarios, cada flor radiada no cer-

canamente asociada con un filario individual; corola glabra o rara vez el tubo papiloso, el tubo más corto a más largo que el limbo, el limbo erecto a patente, en general amarilla, algunas veces blanca, violeta, o rojiza, el tejido ligeramente engrosado, las nervaduras del limbo algunas veces divaricadas o anastomosando distalmente. Flores del disco pocas a numerosas, actinomorfas o raramente modificadas y similares a las radiadas, infundibuliformes a angostamente infundibuliformes; corola amarilla a algunas veces anaranjada, glabra o rara vez el tubo o la garganta papilosos, los lobos mucho más cortos que el tubo y la garganta; anteras pajizas, el apéndice abruptamente peniciliado a atenuado; ramas del estilo arqueadas, el apéndice acuminado a deltado. Cipselas negras, en general oblongoide-fusiformes, algunas veces comprimidas, algunas veces todas cortamente cilíndricas, 3-5-anguladas, setulosas o algunas veces glabras, caras muy finamente estriadas; vilano pajizo, en general una combinación de 3-10 escamas y aristas alargadas, escamas algunas veces connatas, frecuentemente truncadas, las aristas subuladas, típicamente más cortas que las corolas del disco, rara vez angostadas y similares a cerdas; vilano muy rara vez ausente. $n = 11, 12$. Aprox. 45 spp. SO. Estados Unidos hasta América tropical.

Las glándulas embebidas en el follaje varían desde anaranjado-resinoso a vacías y completamente transparentes. Véase Williams (1976b) acerca de los usos medicinales y ornamentales y la derivación de algunos nombres comunes de algunas especies. *Tagetes erecta* es la especie ornamental casi más común en Mesoamérica, y especialmente es notorio el uso de *T. lucida* como té medicinal.

La identificación y los nombres usados en los especímenes han diferido ampliamente; por ejemplo, ninguno de los cuatro nombres que Bentham (1844 [1845]) usó en Centroamérica se reconocen aquí. La extensa revisión de Neher (1965) había estabilizado muchos usos. Sin embargo, algunos usos recientes del nombre varían sobre todo cuando se trata de material cultivado, como se ve por el reconocimiento de Dillon et al. (2001) de *T. microglossa* y *T. patula*, la reducción de *T. patula* a *T. erecta* por Turner (1996c) y Strother (1999), el uso de Strother (1999) de *T. elongata* contrarrestando la reducción a *T. erecta* por Turner (1996c), la amplia definición así mismo de *T. tenuifolia* incluyendo *T. microglossa*, y el restablecimiento así mismo de *T. sororia* en este tratamiento, aunque sinonimizada por varios autores como Strother (1999), Turner (1996c) y Williams (1976b). Hay desacuerdo *a priori* a qué nivel de poliploidía representa un taxón distinto específicamente a partir de un padre diploide (como ha sido discutido, por ejemplo, por Soltis et al., 2007) como puede inferirse del tratamiento de los individuos diploides y tetraploides que se ha observado, así como también del nombre *T. patula*, en la sinonimia formal de *T. erecta*.

Bibliografía: Rydberg, P.A. *N. Amer. Fl.* 34: 1-80 (1914); 81-180 (1915). Soltis, D.E. et al. *Taxon* 56: 13-30 (2007). Standley, P.C. y Steyermark, J.A. *Publ. Field Mus. Nat. Hist., Bot. Ser.* 23: 111-150 (1944).

1. Hojas simples.   **4. T. lucida**
1. Hojas pinnatisectas.
  2. Hojas 1-pinnatisectas o 2-pinnatisectas; folíolos lineares de c. 0.5 mm de ancho.
    3. Hojas 1-pinnatisectas; filarios verdes, no separándose en fruto, con glándulas redondeadas, el ápice aristado, las aristas 0.2-0.4 mm; flores radiadas (cuando presentes) con la corola blanca a amarillo pálido, el tubo 2-2.5 mm; flores del disco con los lobos de la corola 4(5); vilano de aristas de 5-7 mm.   **2. T. filifolia**
    3. Hojas en general 2-pinnatisectas; filarios verdes proximalmente con la mitad distal purpúrea, algunas veces separándose en fruto, con glándulas linear-elípticas a elípticas, el ápice redondeado a triangular; flores radiadas con la corola amarilla, algunas veces amarillo pálido, el tubo 8-11 mm; flores del disco con 5 lobos de la corola; vilano de aristas de 8-11 mm.   **7. T. subulata**
  2. Hojas 1-pinnatisectas; folíolos linear-lanceolados a ovados de 1 mm o más de ancho.

4. Cabezuelas dimorfas, la mayoría multifloras, pero en general una cabezuela uniflora o biflora por agregado; vilano de escuámulas de 0.3-0.6 mm. **9. T. terniflora**

4. Cabezuelas monomorfas, todas multifloras; vilano de escuámulas o escamas de 1 mm o más.

  5. Hierbas perennes hasta arbustos, pelosos; involucro no partido cuando maduro.

    6. Ramificaciones en general opuestas; hojas en general opuestas, 5-12 cm; folíolos 3-7, en general cercanamente espaciados sobre la parte distal del raquis, (1-)2-8 cm, la superficie abaxial en general esparcidamente puberulenta a glabrescente; filario con ápice anchamente triangular, hasta c. 1 mm, obtuso; flores radiadas 5(-7). **5. T. nelsonii**

    6. Ramificaciones en general alternas; hojas en general alternas, 2-6 cm; folíolos 9-15, uniformemente espaciados sobre todo el raquis, (0.5-)1-3.5 cm, la superficie abaxial densamente pilósula; filarios con ápice largamente triangular, 2.5-3 mm, acuminado a atenuado; flores radiadas 8. **6. T. sororia**

  5. Hierbas anuales o bianuales glabras; involucro frecuentemente partido cuando maduro.

    7. Cabezuelas inconspicuamente radiadas; filarios con una sola glándula redonda central en el ápice; flores del disco 4-12, no exertas del involucro; flores radiadas y del disco con el tubo de la corola papiloso-setoso. **3. T. foetidissima**

    7. Cabezuelas cortamente radiadas a conspicuamente radiadas; filario en el ápice generalmente con glándulas apareadas linear-elípticas o redondeadas; flores del disco 13-numerosas, los lobos exertos del involucro; flores radiadas y del disco con el tubo de la corola glabro o subglabro.

      8. Cabezuelas conspicuamente radiadas; pedúnculos robustos, marcadamente dilatados distalmente; involucro angosta a anchamente campanulado, en general hasta 2 veces tan largo como ancho, 6-18(-25) mm de diámetro; filarios frecuentemente separándose con la edad hasta c. 1/2, las glándulas proximales en 3 o 4 hileras; limbo de las corolas radiadas 10-28 × 10-20 mm. **1. T. erecta**

      8. Cabezuelas cortamente radiadas; pedúnculos delgados o algunas veces tornándose escasamente robustos y dilatados distalmente; involucro angostamente cilíndrico a angostamente urceolado, típicamente por lo menos c. 3 veces tan largo como ancho, 3-7 mm de diámetro; filarios rara vez separándose en fruto, las glándulas en 2 hileras; limbo de las corolas radiadas 3-7(-9) × 4-7 mm. **8. T. tenuifolia**

1. Tagetes erecta L., *Sp. Pl.* 887 (1753). Lectotipo (designado por Howard, 1989): México, estado desconocido, *Herb. Linn. 1009.3* (microficha MO! ex LINN). Ilustr.: Lamarck, *Tabl. Encycl.* 3: t. 684 (1823), como *Tagetes*. N.v.: Ch'ulelal nichim, kelem nichim, zantziltusus, zanziltusus, Ch; ts'uul xpujuk, xpa'ajuk, xpa'ajul, xpayjul, xpuhuc, xpuuk xiw, Y; flor de muerto, C; French marigold, ishtiipn naranjada, ishtupu amarillo, B; chus, col tus, cotzij caminiac, coxuá, flor de muerto, ixtupug, kaqi tus, q'an tus, sanpuel, subay tus, tutz, G; flor de muerto, N; flor de muerto, manzanilla, rudillo, CR; amapola, clavellina, flor de muerto, P.

Tagetes elongata Willd.?, *T. major* Gaertn., *T. patula* L.

Hierbas anuales, 0.3-0.8(-1.3) m, glabras; tallos frecuentemente con pocas a varias ramificaciones alternas distalmente, verdes con estrías pajizas. Hojas alternas u opuestas proximalmente, 5-12(-20) cm, pinnatisectas, de contorno elíptico a obovado, los folíolos primarios (5-)7-13, (0.7-)1.5-5 × (0.2-)0.4-1(-1.5) cm, linear-lanceolados a oblanceolados, subopuestos a opuestos y uniformemente espaciados sobre el raquis, el terminal mayor que los laterales, 2-4 pares basales abruptamente reducidos y apenas c. 0.2 cm, la base aguda, los márgenes gruesamente serrados a algunas veces subenteros, el ápice agudo a acuminado, dientes de las hojas más distales frecuentemente espinulosos; pecíolo 1-2 cm y c. 1/4 de la longitud de la hoja, subamplexi-

caule. Capitulescencia monocéfala de hasta pocas cabezuelas y corimbosa y en este caso abierta y foliosa; pedúnculos 3-12 cm, robustos, claviformes, dilatados distalmente, proximalmente 1-3-bracteolados; bractéolas 5-10 mm, setoso-pinnatisectas. Cabezuelas 1.5-3 cm, conspicuamente radiadas; involucro 13-22 × 6-18(-25) mm, angosta a anchamente campanulado (en general c. 2 veces tan largo como ancho); filarios (5-)7-11, 3-4.5 mm de diámetro, verdes frecuentemente tornándose purpúreos distalmente hasta cerca de la mitad del filario con la edad, las glándulas linear-elípticas, (por lo menos en la 1/2 proximal) en 3 o 4 hileras, el ápice triangular, con glándulas redondeadas apareadas, ciliolados a diminutamente puberulentos apicalmente. Flores radiadas (5-)8-12 y 1-seriadas hasta numerosas, y las flores modificadas del disco 2-seriadas o más en las plantas cultivadas; corola amarilla a anaranjada o roja, muy exerta, glabra o subglabra, el tubo 5-12 mm, el limbo 10-28 × 10-20 mm, obovado a orbicular, 10-15-nervio o más, 2-lobado a emarginado o truncado. Flores del disco 30-100 o más, las externas o en ocasiones todas modificadas y de apariencia radiada como en las plantas cultivadas, los lobos exertos del involucro; corola 10-20 mm, frecuentemente concolora en las corolas radiadas pero algunas veces listada de color púrpura ventralmente, el tubo glabro o subglabro, los lobos subiguales o más en general desiguales (4+1), el más largo 2.5-4 mm, los más cortos 1-2.5 mm, linear-lanceolados, en general purpúreos internamente (algunas veces amarillentos), los márgenes setosos, las setas 0.2-0.3 mm; tecas 2-3 mm, pajizas; ramas del estilo 1-2.5 mm. Cipselas 5.5-10(-12) mm, esparcidamente setulosas; vilano de 4-8 aristas escabriúsculas y escamas connatas, las aristas de 6-11 mm, con 1-3 nervios débiles paralelos, las escamas formando una corona irregular de 3-6 mm, pero partida en segmentos al madurar. $2n = 24, 48$. *Llanuras, áreas alteradas, campos, jardines, laderas, bosques de* Quercus*, potreros, orillas de caminos, matorrales.* T (Villaseñor Ríos, 1989: 100); Ch (*Ton 4558*, MO); Y (*Gaumer 1129*, MO); C (*Cabrera y Cabrera 15262*, MO); QR (Villaseñor Ríos, 1989: 100); B (*Lundell 4971*, MO); G (*Standley 24309*, MO); H (*Molina R. 34409*, MO); ES (*Calderón 95*, MO); N (*Cháves 302*, US); CR (*Polakowski 372*, W); P (*von Wedel 2832*, MO). 5-2700 m. (Estados Unidos, C. y S. México, Mesoamérica, Colombia, Venezuela, Guyana, Surinam, Ecuador, Perú, Bolivia, Paraguay, Cuba, Jamaica, La Española, Puerto Rico, Islas Vírgenes, Antillas Menores, Trinidad y Tobago, Europa, Asia, África, Australia, Nueva Zelanda, Islas del Pacífico.)

Esta es la especie mesoamericana de *Tagetes*, comúnmente cultivada y a menudo con numerosas flores, y que se reconoce por las cabezuelas acampanadas grandes con flores radiadas largas sobre pedúnculos distalmente dilatados. Grierson (1980) citó uno de los dos pliegos en BM-CLIFF sin especificar cuál era el tipo, pero Howard (1989) efectuó la tipificación citando el único pliego en LINN. Rydberg (1915), Neher (1965) y Dillon et al. (2001) reconocieron tanto *T. patula* como *T. erecta*, pero recientemente Turner (1996) y Strother (1999) reconocieron una especie única variable (especialmente en el tamaño de las cabezuelas, y número y tamaño de las flores radiadas). Muchos ejemplares neotropicales de *T. erecta* son plantas cultivadas o se presume que han escapado de cultivo y muchos tienen la mayoría o todas las flores del disco modificadas en flores radiadas que no llevan polen viable. Todos los especímenes del Viejo Mundo y de las zonas templadas son de plantas cultivadas.

Tagetes elongata?, *T. ernstii*, *T. heterocarpha* Rydb. y *T. remotiflora* Kunze fueron citados por Turner (1996c) como sinónimos de *T. erecta*, pero solo el primero se acepta en la sinonimia en el presente tratado, y solo como un posible sinónimo, porque no se ha visto ningún material tipo en B-W. Por otro lado, *T. ernstii* es sinónimo de *T. tenuifolia* y tanto *T. heterocarpha* como *T. remotiflora* son posiblemente distintas (aunque similares a *T. tenuifolia*) y extra-mesoamericanas. De hecho, Villarreal-Quintanilla (2003) reconoció *T. remotiflora* como extra-mesoamericana. La cita de Standley (1938) de *T. remotiflora* en Costa Rica es en referencia a las plantas que aquí se identifican como *T. tenuifolia*.

2. Tagetes filifolia Lag., *Gen. Sp. Pl.* 28 (1816). Posible tipo: México, estado desconocido, *Sessé y Mociño 3929* (MA). Ilustr.: Villarreal-Quintanilla, *Fl. Bajío* 113: 52 (2003). N.v.: Kulanto jomol, mantzaniya wamal, tzail mantzania, tzitz jomol, Ch; anís, anís de chucho, anisillo, anisillo de monte, r-anis c'o, G; anis de monte, anisillo, H; anicillo, anís de monte, anisillo, ES; anisillo, N; anis, anisillo, flor de muerto, manzanilla, CR; anisillo, flor de muerto, P.

Diglossus variabilis Cass., *Tagetes anisata* Lillo, *T. congesta* Hook. et Arn., *T. dichotoma* Turcz., *T. foeniculacea* Poepp. ex DC. non Desf., *T. fragrantissima* Sessé et Moc., *T. multifida* DC., *T. pseudomicrantha* Lillo, *T. pusilla* Kunth, *T. scabra* Brandegee, *T. silenoides* Meyen et Walp.?

Hierbas frecuentemente delgadas, glabras, anuales, 0.1-0.4 m; tallos subhexagonales distalmente, foliosos en toda su longitud, simples o en general con varias ramificaciones opuestas hasta algunas veces tornando alternas distalmente, las ramas laterales mucho más largas que los entrenudos principales del tallo, verdes a purpúreos con estrías pajizas. Hojas opuestas o algunas veces alternas distalmente, 1.5-3 cm, pinnatisectas, de contorno ovado; folíolos 7-13, (1-)4-13 × c. 0.5 mm, dirigidos hacia adelante en c. 45°, lineares, alternos a algunas veces subopuestos sobre el raquis, los folíolos más proximales algunas veces reducidos a espínulas, los márgenes enteros, escabriúsculos a glabrescentes, los ápices mucronulatos a aristados; pecíolo 1-4 mm, connato-subamplexicaule. Capitulescencia corimbosa, abierta, foliosa, no dispuesta muy por encima de las hojas subyacentes; pedúnculos 1-10(-20) mm, filiformes, frecuentemente 1-bracteolados; bractéola 2-7(-10) mm, linear. Cabezuelas 0.9-1 cm, inconspicuamente radiadas o discoides; involucro 6-8 × c. 2(-2.5) mm, angostamente cilíndrico; filarios 5, c. 1 mm de diámetro, verdes, las glándulas redondeadas, pocas a varias en 2 hileras, el ápice truncado, abrupta y cortamente aristado, no glanduloso, la arista 0.2-0.4 mm, glabros o muy esparcidamente puberulentos. Flores radiadas 0-3; corola 3-5 mm y casi tan larga como las frecuentemente más cortas aristas del vilano, inconspicua, blanca a amarillo pálido, el tubo 2-2.5 mm, el limbo 1-2.5 × hasta c. 1 mm, ovado, más o menos erecto a escasamente patente, las nervaduras inconspicuas a obsoletas, el ápice truncado-mucronato, algunas veces bilobado. Flores del disco 4-10; corola 3-4 mm y casi tan larga hasta frecuentemente más corta que las aristas del vilano, amarilla o algunas veces anaranjada, los lobos 4(5), c. 0.5 mm, subiguales, lanceolados, glabros o casi glabros; tecas hasta c. 0.8 mm; ramas del estilo 0.5-1 mm. Cipselas 4-6 mm, con numerosas costillas, setulosas; vilano en general con 2 o 3 aristas escabrosas y c. 2 escamas o escuámulas, las aristas de 3-4.3 mm, casi tan largas o más largas que la corola, las escamas o escuámulas de 1-2 mm. $2n = 24$. *Áreas alteradas, cafetales, vegetación secundaria, jardines, flujos de lava, bosques de* Quercus, *bosques de* Pinus-Quercus, *orillas de caminos, laderas rocosas, pastizales subalpinos, matorrales, matorrales espinosos.* T (Cowan, 1983: 27); Ch (*Ton 4556*, MO); G (*von Türckheim II 1958*, NY); H (*Molina R. y Molina 34790*, MO); ES (*Padilla 217*, MO); N (*Garnier 1350*, F); CR (*Skutch 2884*, NY); P (*Folsom y Page 6008*, MO). 300-2500 (-3200) m. (C. y S. México, Mesoamérica, Colombia, Venezuela, Ecuador, Perú, Bolivia, Argentina.)

Tagetes filifolia (junto con *T. tenuifolia*) es una de las dos especies del género más comunes en Mesoamérica. Dillon et al. (2001) reportaron que la especie se encuentra en Chile, pero no tengo conocimiento de ningún ejemplar testigo. Las plantas subalpinas florecen al alcanzar solo unos pocos centímetros, mientras que en elevaciones más bajas, a menudo son una maleza tan común que se asemejan a las hierbas de la carretera. Es muy similar a la especie mexicana *T. micrantha* Cav., que difiere por los pedúnculos más largos y el vilano de aristas más largas. *Tagetes silenoides* se describe con 7-9 filarios por cabezuela y corolas radiadas rojas, pero coincide con la especie mesoamericana en muchas otras características. *Tagetes foeniculacea* Desf. se excluye de la sinonimia: se describió (por Cassini como *Enalcida pilifera* Cass.) con

hojas bipinnatisectas y se toma aquí como un presumido sinónimo de la especie mexicana *T. coronopifolia* Willd. *Solenotheca tenella* Nutt., listada como sinónimo de *T. filifolia* por Strother (1999) en cambio es sinónimo de la especie sudamericana *T. multiflora* Kunth.

3. Tagetes foetidissima DC., *Prodr.* 5: 645 (1836). Lectotipo (designado por McVaugh, 1984): México, estado desconocido, *Alamán s.n.* (G-DC). Ilustr.: no se encontró. N.v.: Flor de muerto, G; falsa flor de muerto, flor de muerto, hoja de muerto, ES.

Tagetes triradiata Greenm.

Hierbas glabras anuales, 0.1-1 m; tallos con pocas a varias ramificaciones opuestas proximalmente hasta alternas distalmente, verdes o frecuentemente pardos, estriados. Hojas alternas u opuestas proximalmente, 2.5-6(-8) cm, pinnatisectas, de contorno elíptico a obovado; folíolos 11-21(-25), 7-25 × 1-4(-5) mm, oblanceolados, alternos a subopuestos hasta opuestos, regularmente espaciados sobre el raquis, la base atenuada, los márgenes serrados a gruesamente serrados, la mayoría de los dientes basales tornándose espinulosos, el ápice obtuso; pecíolo corto, algunas veces pectinado. Capitulescencia cimbiforme, de pocas cabezuelas, los grupos cercanamente espaciados sobre ramas foliosas; pedúnculos en general 5-22 mm, delgados, escasamente dilatados distalmente, en general 1-bracteolados; bractéolas 2-5 mm, pinnatisectas. Cabezuelas 1.2-1.8 cm, inconspicuamente radiadas; involucro 12-18 × 3-4.5(-6.5) mm, cilíndrico-urceolado a elipsoidal; filarios 5, c. 1.5 mm de diámetro, color púrpura intenso o algunas veces verdes, rara vez separándose hasta c. 1/2 del involucro cuando maduro, las glándulas pocas, linear-elípticas, gradualmente disminuyendo en tamaño distalmente, en 2(-4) hileras, el ápice deltado, algunas veces escasamente patente, agudo a obtuso, en general con una sola glándula central, diminutamente disecado. Flores radiadas 3-5; corola amarillo-verdosa, ligeramente exerta y erecta o ascendente, el tubo 5.5-6.5(-8) mm, mucho más largo que el limbo, papiloso-setoso, el limbo 1-2.5 × c. 1 mm, oblongo, el ápice algunas veces emarginado. Flores del disco 4-12, típicamente no exertas del involucro; corola 5-7(-8) mm, angostamente infundibuliforme, amarillo-verdosa, papiloso-setosa, los lobos c. 1 mm, subiguales, linear-lanceolados; tecas c. 1.2 mm; ramas del estilo c. 1 mm. Cipselas 5-6.5 mm, estrigulosas; vilano de 1 o 2 aristas y 2-4 escamas o escuámulas, las aristas de 4.5-8 mm, las escamas o escuámulas de 1-2 mm, connatas o cuando separadas oblongas. $2n =$ desconocido. *Áreas alteradas, barrancos, selvas altas perennifolias, bosques abiertos, bosques de* Pinus-Quercus, *orillas de caminos, laderas de volcanes.* Ch (*Ghiesbreght 536*, MO); G (*Véliz 96.5563*, MO); ES (*Berendsohn y Sipman 1557*, MO); CR (*Rodríguez y Ramírez 2169*, MO). 1000-3600 m. (C. y S. México, Mesoamérica.)

Las colecciones de Costa Rica tienden a tener cabezuelas con c. 12 flores del disco e involucros verdes que son de hasta 6.5 mm de diámetro, mientras que las colecciones del noroeste de Mesoamérica tienen c. 8 flores del disco y algunas veces los involucros verdes de c. 4 mm de diámetro. Esta variación es aceptable en mi opinión, y así el material de Costa Rica anotado con el nombre inédito "inclusa" es aceptado en este tratamiento e incluido dentro de *Tagetes foetidissima*.

4. Tagetes lucida Cav., *Icon.* 3: 33 (1794 [1795-1796]). Tipo: cultivado en Madrid originaria de México, *Anon. s.n.* (MA). Ilustr.: McVaugh, *Fl. Novo-Galiciana* 12: 848, t. 146 (1984). N.v.: Mantzania wamal, pericón, pimente wamal, Ch; hierba de San Juan, hipericón, iya, jolomocox, liya, pericón, ucá, G; hipericón, pericón, ES.

Tagetes anethina Sessé et Moc., *T. schiedeana* Less., *T. seleri* Rydb.

Hierbas subglabras, perennes, 0.2-0.9 m; tallos 1-5 desde un cáudice corto, único o con pocas ramificaciones opuestas distalmente, subteretes a algunas veces estriado-sulcados distalmente, entrenudos distales casi tan largos como las hojas, nudos frecuentemente puberulentos. Hojas opuestas, 1.5-8 × 0.2-1(-1.4) cm, simples, linear-lanceoladas a oblanceoladas, inconspicuamente pinnatinervias muy desde la base, las nervaduras pocas, marcadamente arqueadas hacia el ápice pero nunca llegando hasta este, la base angostamente connata, los márgenes finamente serrulados hasta algunas veces cerdosos especialmente basalmente, las cerdas (cuando presentes) 0.5-1.5 mm, el ápice agudo a atenuado, rara vez obtuso, sésiles. Capitulescencia 3-12 cm de ancho, corimbosa, con pocas a numerosas cabezuelas, más o menos compacta y aplanada distalmente, dispuesta escasamente por encima de las hojas subyacentes; pedúnculos en general 5-15(-25) mm, delgados, alternadamente 1-bracteolados o 2-bracteolados; bractéolas 2-3 mm, subuladas. Cabezuelas 1-1.3 cm, cortamente radiadas; involucro 5-7.5 × 2-3 mm, angostamente cilíndrico; filarios 5-7, c. 1.1 mm de diámetro, verdes, las glándulas redondeadas, pocas a varias en 2 hileras, el ápice truncado-cuspidado, frecuentemente membranáceo, no glanduloso, el ápice hasta c. 0.5 mm, con numerosas glándulas esparcidas. Flores radiadas 3(4); corola amarilla, escasamente exerta, el tubo c. 3 mm, el limbo 3-4 × 3-5(-7) mm, orbicular, c. 10-nervio, el ápice emarginado o truncado. Flores del disco 5-10; corola 4.5-6 mm, amarilla, los lobos 1.5-1.8 mm, subiguales; tecas c. 1.5 mm; ramas del estilo c. 1.5 mm. Cipselas 5-7 mm, los ángulos setulosos; vilano de c. 4 escamas o escámulas de 1-1.5 mm, y de 2(3) aristas de 3-4 mm. $2n = 22, 24$. *Campos, bosques de* Quercus, *bosques de* Pinus-Quercus, *orillas de caminos, laderas rocosas, sabanas.* T (*Cowan 1630*, CAS); Ch (*Seler y Seler 3085*, NY); C (*Martínez Salas et al.*, 2001: 25); G (*Heyde y Lux 3798*, MO); H (*Williams y Molina R. 13301*, MO); ES (*Padilla 218*, MO). 200-2400 m. (México, Mesoamérica.)

5. Tagetes nelsonii Greenm., *Proc. Amer. Acad. Arts* 39: 117 (1904 [1903]). Sintipo: México, Chiapas, *Nelson 3314* (US!). Ilustr.: no se encontró.

Subarbustos a arbustos subglabros a puberulentos hasta c. 1 m; tallos con ramificaciones opuestas, glabros a esparcidamente puberulentos, entrenudos distales del tallo c. 5 cm o más y en general tan largos como las hojas, longitud del entrenudo abruptamente reduciéndose (hasta c. 2 cm) por dentro de la capitulescencia. Hojas opuestas o algunas veces alternas distalmente, 5-12 cm, pinnatisectas, de contorno deltoide a ovado; folíolos 3-7, (1-)2-8 × 0.6-2.5 cm, opuestos sobre el raquis, en general cercanamente espaciados sobre c. 2(-5) cm distales del raquis, lanceolados o elípticos a angostamente ovados, los tres folíolos distales mayores que los folíolos proximales los cuales gradualmente disminuyen en tamaño por dentro de la lámina misma y de ahí abruptamente disminuyen sobre el pecíolo donde típicamente aparecen como seudopectinados, la superficie adaxial glabra a esparcidamente puberulenta, la superficie abaxial esparcidamente puberulenta a glabrescente, la base y el ápice agudos a acuminados, los márgenes gruesamente serrados; pecíolo en general 1/4-1/2 de la longitud de la hoja, frecuentemente seudopectinado, subamplexicaule. Capitulescencia 3-8 cm de ancho, aplanada distalmente y con numerosas cabezuelas, los últimos agregados algo densamente corimbosos a subglomerulados, no dispuestos muy por encima de las hojas subyacentes; pedúnculos 1-4(-15) mm, cortamente robustos, dilatados apicalmente, desnudos o alternadamente 1-2-bracteolados; bractéolas 2-4 mm, pinnatisectas. Cabezuelas hasta c. 1 cm, breve pero conspicuamente radiadas; involucro 6-8 × 2.5-4 mm, cilíndrico; filarios 5-8, c. 1.5 mm de diámetro, verdes, algunas veces al secarse casi negros, las glándulas pocas, linear-elípticas y en 2 líneas, el ápice hasta c. 1 mm, anchamente triangular, obtuso, en general con una sola glándula elíptica central. Flores radiadas 5(7); corola amarilla, moderadamente exerta, el tubo 2-3 mm, papiloso, el limbo 5-8 × 2-3 mm, elíptico-ovado, débilmente 5-10-nervio, obtuso a emarginado. Flores del disco 9-20; corola 5-6.5 mm, amarillo-verdosa, los lobos c. 1-1.5 mm, subiguales; ramas del estilo c. 1.5 mm. Cipselas 4-5 mm, esparcidamente setulosas; vilano de 4-7 escamas desiguales de 1-2(-3) mm, algunas veces con la punta aristada. $2n = 24$. *Matorrales, pantanos, laderas, bosques de* Pinus. Ch (*Breedlove 29225*, MO); G (*Melhus y Goodman 3690*, F). 1200-2700 m. (Endémica.)

El ápice "cuspidado" del filario mencionado por Neher (1965) no se encontró en ninguno de los ejemplares estudiados.

6. Tagetes sororia Standl. et Steyerm., *Publ. Field Mus. Nat. Hist., Bot. Ser.* 23: 146 (1944). Holotipo: Guatemala, *Standley 85228* (F!). Ilustr.: Williams, *Fieldiana, Bot.* 24(12): 580, t. 125 (1976), como *T. nelsonii*.

Hierbas pelosas perennes hasta subarbustos con la base leñosa, hasta 1 m; tallos en general con ramificaciones alternas, esparcida y cortamente pilosos o vilosos especialmente en los nudos, los entrenudos distales del tallo 2-10 cm o más, frecuentemente más largos que las hojas, hasta aquellos justo debajo de la capitulescencia los cuales son más cortos que las hojas. Hojas alternas distalmente u opuestas, 2-7 cm, pinnatisectas, de contorno obovado; folíolos 9-15, (5-)11-35 × (2-)4-8 mm, angostamente elípticos, opuestos, uniformemente espaciados sobre el raquis, folíolos distales gradualmente mayores, la superficie adaxial puberulenta a pilósula, la superficie abaxial densamente pilósula, la base y el ápice agudos a acuminados, los márgenes gruesamente serrados; pecíolo hasta c. 1 cm, algunas veces seudopectinado, subamplexicaule. Capitulescencia corimbosa, abierta, con pocas a varias cabezuelas, dispuestas muy por encima de las hojas subyacentes; pedúnculos 5-9 cm, delgados, escasamente dilatados distalmente, desnudos o alternadamente 1-bracteolados o 2-bracteolados; bractéolas 2-4 mm, pinnatisectas. Cabezuelas c. 1.5 cm, conspicuamente radiadas; involucro 8-12 × 4.5-6 mm, angostamente campanulado; filarios 8, c. 2 mm de diámetro, verdes, las glándulas pocas, 0-3, elípticas, en 2 líneas, el ápice 2.5-3 mm, largamente triangular, acuminado a atenuado, por lo demás glabros. Flores radiadas 8; corola amarilla a amarillo dorado, exerta, glabra, el tubo c. 4.5 mm, el limbo 9-12 × 4-5 mm, elíptico-ovado, débilmente c. 10-nervio, obtuso a emarginado. Flores del disco 35-46; corola 5.5-7 mm, angostamente infundibuliforme, amarilla, los lobos c. 1 mm, subiguales; ramas del estilo 1-1.5 mm. Cipselas 5-6 mm, subglabras; vilano de 2(3) aristas y c. 3 escámulas, las aristas de 2.5-4 mm, las escámulas de 0.7-1.2 mm. $2n$ = desconocido. *Vegetación secundaria, bosques de* Pinus-Quercus. G (*Hartweg 537*, NY). 2000-3700 m. (Endémica.)

Rydberg (1915) usó el nombre *Tagetes zypaquirensis* Bonpl., una especie norte-andina, para los ejemplares guatemaltecos, pero Standley y Steyermark (1944), la segregaron (como el epíteto infiere) como *T. sororia.* Williams (1976b) y Strother (1999) redujeron *T. sororia* a la sinonimia de *T. nelsonii* y Turner (1996c) la puso en la sinonimia de *T. zypaquirensis*, de otra forma especie sudamericana; en este tratamiento se restablece de la sinonimia y se usa en el sentido de Neher (1965). No se conocen intermediarios geográficos entre Guatemala y Colombia (Standley y Steyermark, 1944). Las características de *T. zypaquirensis* con el ápice obtuso de los folíolos, los filarios pubescente-glandulosos en 2-4 filas con el ápice cortamente triangular de c. 1.5 mm, además de la geografía, sirven para distinguirlo de *T. sororia*, así como también de *T. nelsonii.*

7. Tagetes subulata Cerv. en La Llave et Lex., *Nov. Veg. Descr.* 1: 31 (1824). Tipo: México, Edo. México, *Cervantes s.n.* (MA?). Ilustr.: no se encontró. N.v.: Anisillo, flor de muerto, ES; flor de muerto, San Diego, N.

Tagetes multiseta DC., *T. wislizenii* A. Gray.

Hierbas delgadas glabras, anuales, 0.1-0.5 m; tallos foliosos excepto hacia la base, con pocas a varias ramificaciones opuestas hasta frecuentemente tornándose alternas distalmente, rara vez con un tallo único, ramas laterales mucho más largas que los entrenudos del tallo principal y algunas veces sobrepasando el eje central, verde con estrías pajizas. Hojas opuestas o algunas veces alternas distalmente, 1-2(-3.5) cm, (1)2-pinnatisectas, de contorno obovado, los folíolos de primer orden (5-)9-13, 1-10 × c. 0.5 mm, lineares, subopuestos sobre el raquis, muy profundamente dentados hasta mucho más generalmente pinnatisectos de segundo orden, los folíolos distales generalmente los más largos, el ápice algunas veces espinuloso. Capitulescencia corimbosa, abierta, dispuesta muy por encima de las hojas subyacentes sobre pedúnculos mucho más largos que los entrenudos; pedúnculos 3-9 cm, alargados, filiformes, desnudos. Cabezuelas 1.4-1.9 cm, inconspicuamente radiadas; involucro 13-18 × 3-6 mm, angostamente cilíndrico o urceolado; filarios 5, c. 2.5 mm de diámetro, verdes con la 1/2 distal purpúrea, en parte separándose en el fruto, las glándulas pocas a varias, linear-elípticas y en general en 2 líneas, disminuyendo en tamaño apicalmente, el ápice agudo, frecuentemente con una sola glándula elíptica central, esparcidamente puberulentos muy en el ápice. Flores radiadas 3-5; corola inconspicua, amarilla, el tubo 7-11 mm, delgado, el limbo 1-2.5 ×1-2.5 mm, escasamente exerto y escasamente patente, ovado a orbicular, c. 5-nervio, el ápice obtuso a truncado. Flores del disco (5?-)10-20(-40?); corola 10-12 mm, delgado-cilíndrica, amarilla frecuentemente con el ápice de los lobos purpúreo, los lobos 1-1.5 mm, subiguales, lanceolados, algunas veces papilosos; tecas hasta c. 1.2 mm; ramas del estilo hasta c. 1 mm. Cipselas 3-5 mm, los ángulos frecuentemente estrigulosos; vilano de 5 escamas connatas formando una corona de 4-6 mm, en general con (1)2 aristas escabrosas de 8-11 mm, casi tan largas como la corola o el tubo de la corola. 2n = 24. *Áreas alteradas, laderas con pastizales, bosques mixtos, selvas altas perennifolias, bosques de* Pinus-Quercus, *bordes de arroyos*. Ch (*Purpus 6792*, MO); G (*Bernoulli 113*, NY); H (*Molina R. 3778*, MO); ES (*Standley 22709*, MO); N (*Oersted 172*, K); CR (*Grayum 4296*, MO). 400-1400 m. (O. México, Mesoamérica, Colombia, Venezuela.)

Además de *Tagetes multiseta* y *T. wislizenii*, Neher (1965) también listó *T. aristata* Klatt y *T. oligocephala* como sinónimos de *T. subulata*, pero el nombre de Klatt es una *Dyssodia* y el nombre de Candolle es referido aquí a *T. tenuifolia*. Neher (1965) describió las cabezuelas como teniendo solo "5-9" flores del disco, mientras que Strother (1999) dio el número de flores del disco como "20-40", pero ninguno de estos dos extremos fue observado dentro de los ejemplares estudiados.

8. Tagetes tenuifolia Cav., *Icon.* 2: 54 (1793). Tipo: cultivado en Madrid, proveniente de Perú [presumiblemente de México], *Anon. s.n.* (MA). Ilustr.: Cavanilles, *Icon.* 2: t. 169 (1793). N.v.: Flor de muerto, G; flor de muerto, H; falsa flor de muerto, flor de muerto, flor de muerto sencilla, sapupa, ES; flor de muerto, manzanilla, rudillo, CR.

Tagetes ernstii H. Rob. et Nicolson, *T. jaliscensis* Greenm. var. *minor* Greenm., *T. macroglossa* Pol., *T. microglossa* Benth., *T. oligocephala* DC.

Hierbas frecuentemente glabras, anuales, 0.3-1.1 m; tallos con pocas a varias ramificaciones alternas, verdes o algunas veces marrón, frecuentemente con estrías pajizas. Hojas alternas u opuestas proximalmente, 3-10 cm, pinnatisectas, de contorno elíptico a obovado; folíolos 9-23, 5-30(-38) × 1-7 mm, linear-lanceolados a angostamente elípticos, subopuestos a opuestos, regular a irregularmente espaciados sobre el raquis, la base y el ápice agudo, los márgenes gruesamente serrados, dientes de las hojas más distales frecuentemente espinulosos; pecíolo en general 0.5-1 cm y en general menos del 1/5 de la longitud de la hoja, subamplexicaule. Capitulescencia de pocas cabezuelas y corimbiforme, abierta y foliosa; pedúnculos en general 2-6(-7) cm, delgados o algunas veces tornándose escasamente robustos y dilatados distalmente, 1-4-bracteolados; bractéolas 5-10 mm, pinnatisectas con folíolos largamente lineares. Cabezuelas 1.2-2.3 cm, cortamente radiadas; involucro 10-20 × 3-7 mm (típicamente por lo menos c. 3 veces tan largo como ancho), angostamente cilíndrico a angostamente urceolado; filarios 5, c. 2 mm de diámetro, verdes o algunas veces purpúreos distalmente, rara vez separándose en fruto, las glándulas pocas, linear-elípticas y en 2 hileras, el ápice cortamente triangular, en general con glándulas redondeadas apareadas muy hacia el ápice, glabros. Flores radiadas 3-5; corola amarilla a anaranjada, moderadamente exerta, glabra o subglabra, el tubo 4-7 mm, tan largo hasta más largo que el limbo, el limbo 3-7(-9) × 4-7 mm, más o menos orbicular, 10-nervio, truncado-mucronato. Flores del disco 13-25, los lobos exertos del involucro; corola 5-9

mm, amarilla, el tubo glabro o subglabro, los lobos c. 1(-1.7) mm, típicamente subiguales, lanceolados, los márgenes curvados hacia adentro, en general amarillento-setosos, las setas 0.1-0.2 mm; anteras c. 2 mm; ramas del estilo c. 1.2 mm. Cipselas 7.2-8.5 mm, los ángulos setulosos; vilano de 3-6 aristas escabrosas y escamas adpresas, las aristas de 5-7 (-9) mm, rara vez ausentes, aquellas de las flores del disco frecuentemente llegando hasta la base de los lobos de la corola, las escamas de 3-4.5 mm, ovadas, algunas veces completamente connatas. 2n = 24. *Bosques secos, áreas alteradas, campos, jardines, laderas, bosques de* Quercus, *bosques abiertos, pastizales, bosques de* Pinus, *orillas de caminos, riberas, matorrales, cráteres de volcanes.* Ch (*Breedlove y Thorne 20560*, NY); Y (Turner, 1996c: 58); G (*Pruski y MacVean 4508*, MO); H (*Molina R. y Molina 34776*, MO); ES (*Padilla 219*, MO); N (*Budier 6354*, MO); CR (*Wussow y Pruski 125*, LSU); P (*Gentry 3069*, MO). (300-)700-2700 m. (C. y S. México, Mesoamérica, Colombia.)

Tagetes tenuifolia es una especie ampliamente circunscrita con cabezuelas cilíndricas de tamaño moderado, cortamente radiadas, no agrupadas, y es una de las dos especies de *Tagetes* (junto con *T. filifolia*) más comunes en Mesoamérica. El concepto incluye por ejemplo *Breedlove y Thorne 20560* de Chiapas (anotado *in sched.* como el tipo de la especie inédita "excelsa"), los sinónimos *T. macroglossa* y *T. microglossa* de Dillon et al. (2001), los sinónimos *T. jaliscensis* var. *minor* y *T. oligocephala* de Turner (1996c), así como también *T. ernstii* tratado por Turner (1996c) en la sinonimia de *T. erecta*. Mientras que, el tipo mexicano de *T. tenuifolia* tiene hojas oblongas con folíolos disminuyendo en tamaño uniformemente hacia ambos extremos y *T. macroglossa* es el único componente descrito de material mesoamericano, la mayoría de los ejemplares estudiados fue anteriormente (por ejemplo, Standley, 1938) referida a *T. microglossa*, tipificado por material de Ecuador. El material de Ecuador es ocasionalmente determinado como *T. verticillata* Lag. et Rodr. El material de Chiapas ocasionalmente determinado como *T. lunulata* Ortega resulta ser *T. tenuifolia*. Neher (1965) trata *T. heterocarpha* en la sinonimia de *T. tenuifolia*, pero en este trabajo se excluye y es posiblemente distinta.

9. Tagetes terniflora Kunth in Humb., Bonpl. et Kunth, *Nov. Gen. Sp.* folio ed. 4: 154 (1820 [1818]). Holotipo: Ecuador, *Humboldt y Bonpland s.n.* (P-Bonpl.). Ilustr.: Cabrera, *Fl. Prov. Jujuy* 10: 446, t. 187 (1978).

Tagetes cabrerae M. Ferraro, *T. gigantea* Carrière, *T. graveolens* L'Hér. ex DC.

Hierbas glabras anuales o bianuales, 1-2 m; tallos con pocas a varias ramificaciones opuestas proximalmente hasta alternas distalmente, verdes con estrías pajizas, ramas laterales frecuentemente tan largas como el eje principal. Hojas opuestas a algunas veces alternas distalmente, 4-10 cm, pinnatífidas, de contorno elíptico a obovado; folíolos 7-13, 15-50 × 2-10 mm, linear-lanceolados a lanceolados, subopuestos y regularmente espaciados sobre el raquis, el terminal en general el más largo, la base y el ápice acuminados, los márgenes gruesamente serrados; pecíolo corto, algunas veces pectinado, subamplexicaule. Capitulescencia aplanada distalmente y con numerosas cabezuelas, los últimos agregados c. 2 cm ancho, algo densamente cimbiforme, de 3-9 cabezuelas, cada agregado típicamente con una cabezuela proximal-lateral uniflora más pequeña; pedúnculos 1-15 mm, frecuentemente abrazados por una sola bractéola linear a escasamente pinnatisecta de 2-4 mm. Cabezuelas 0.9-1.2 cm, cortamente radiadas, dimorfas; cabezuelas multifloras con 8-15 flores, con 5 filarios; cabezuela uniflora (biflora) en general hacia la base de un agregado individual, filarios 2, en las flores radiadas 1(2), 0(1) en las flores del disco; involucro 8-11 × 3-4.5 mm, cilíndrico-urceolado en todas las cabezuelas, algunas veces aplanado; filarios (2)5, 1.5-3 mm de diámetro, verdes, las glándulas pocas, linear-elípticas y en 2 hileras, la vena media frecuentemente prominente y algunas veces carinada, el ápice triangular, agudo a escasamente obtuso, algunas veces con un par de glándulas elípticas, glabros. Flores radiadas (1-)3-5; corola amarillo pálido, ligeramente exerta, el tubo 3.5-4 mm, más largo que el limbo, acostillado, papiloso, el limbo 2-2.4 × 1.5-2 mm, obovado o espatulado, 5-nervio proximalmente, las nervaduras desapareciendo distalmente, el ápice redondeado a truncado. Flores del disco (0-)5-9; corola 3.8-5 mm, angostamente infundibuliforme, amarillo pálido, el tubo acostillado, glabro o diminutamente papiloso, los lobos 0.4-0.8 mm, subiguales, triangulares; tecas de 1-1.5 mm; ramas del estilo c. 1 mm. Cipselas 4-6 mm, estrigulosas; vilano de 1 o 2 aristas y 3-6 escuámulas, las aristas de 2-4 mm, las escuámulas de 0.3-0.6 mm, las aristas y las escuámulas con ápice rostrado. 2*n* = 48. *Áreas alteradas, campos, jardines, bosques de* Pinus-Quercus. Ch (*Breedlove 40843*, MO). 800-2800 m. (Mesoamérica, Colombia, Venezuela, Ecuador, Perú, Bolivia, Argentina.)

Tagetes terniflora no es nativa ni de México ni de Mesoamérica, y se conoce como escapada de cultivo.

XXIII. Tribus **VERNONIEAE** Cass.

Trichospirinae Less.

Descripción de la tribus y clave genérica por J.F. Pruski.

Hierbas hasta arbustos o árboles generalmente perennes (rara vez anuales, algunas veces subescandentes), muy rara vez hierbas acuáticas emergentes; follaje típicamente con tricomas simples sin células subsidiarias bulbosas agrandadas, los tricomas rara vez ramificados, estrellados, o lepidotos. Hojas alternas (Mesoamérica), rara vez opuestas o verticiladas, algunas veces en una roseta basal, enteras o remotamente dentadas, rara vez lobadas, pinnatinervias a rara vez 3-nervias, sésiles o pecioladas. Capitulescencia típicamente terminal o rara vez axilar, monocéfala a paniculada, con frecuencia en cimas moderadamente escorpioides con cabezuelas individuales con frecuencia regular y cercanamente abrazadas por hojas bracteadas o glomeruladas a sincéfalas, rara vez cimosas densamente escorpioides con ápices curvados, muy rara vez monocéfala con una cabezuela sésil folioso-bracteada. Cabezuelas homógamas, típicamente discoides, algunas veces discoide-subliguladas (pero entonces con 4 flores y 8 filarios en 4 pares decusados), con frecuencia moderadamente pequeñas (Mesoamérica), con 1-numerosas flores, rara y consistentemente con 4 flores; involucro cilíndrico a hemisférico o globoso, algunas veces ligeramente comprimido; filarios generalmente en espiral o imbricados, en (1)-varias series, rara vez en 4 pares decusados o con los filarios equitantes, generalmente persistentes, o al menos rara vez prontamente deciduos, no escuarrosos ni subescuarrosos; clinanto aplanado a ligeramente convexo, sin páleas o rara vez paleáceo. Flores del disco regulares, algunas veces zigomorfas con 1 o 2 incisiones más profundas entre los lobos, bisexuales; corola tubular, generalmente regular (subligulada con el limbo profundamente dentado en el grupo de *Elephantopus*), (3-)5-lobada, con frecuencia cerrada hacia el mediodía, generalmente blanca a rojiza o purpúrea, muy rara vez amarillenta (en Mesoamérica nunca amarilla), muy rara vez estipitado-glandulosa, con frecuencia glandulosa y algunas veces setosa; anteras calcariformes pero generalmente no caudadas, las tecas con frecuencia sagitadas basalmente con aurículas obtusas, pajizas a rojizas o purpúreas, nunca ennegrecidas, el apéndice apical conspicuo y alargado, obtuso-redondeado, muy delgado y translúcido; patrón endotecial polarizado; polen generalmente equinado, con téctum continuo o lofado (tipos básicos enumerados en Keeley y Jones, 1979; y Jones, 1981), en Mesoamérica rara vez silolofado; estilo con la base cilíndrica o nodular, la porción distal del tronco y la cara abaxial de las ramas papilosas, las ramas generalmente largas y delgadas, el ápice subulado o al menos agudo, las superficies estigmáticas continuas. Cipselas teretes hasta rara vez comprimidas, con frecuencia 10-acostilladas o 4-anguladas o 5-anguladas, muy rara vez lisas o finamente 5-estriadas y no anguladas, monomorfas o muy rara vez dimorfas, el carpóforo simétrico o casi simétrico; vilano generalmente de escuámulas y/o cerdas (algunas veces doble), algunas veces coroniforme o reducido, rara vez ausente, muy rara vez de 2 aristas divergentes. Aprox. 120 gen. y 1200 spp. Generalmente pantropical.

Nash (1976a) incluyó a Liabeae en la tribu Vernonieae mientras que Barkley (1975) trató Liabeae dentro de Senecioneae con la cual está más distantemente relacionada. Hasta en el concepto más estricto de Vernonieae, los taxones pueden tener hojas opuestas pero estas son rara vez 3-nervias, y las corolas son rara vez amarillentas. En Nash (1976a), Elias (1975), Rzedowski y Calderón de Rzedowski (1995), Turner (2007), y Redonda-Martínez y Villaseñor Ríos (2009) *Vernonia* fue tratada en sentido amplio, pero varios segregados se han reconocido en los últimos 30 años, los cuales fueron usados por Pruski (1997a) y resumidos en Robinson (1999). Jones (1977) anotó que el número cromosómico básico y los tipos de sesquiterpeno-lactonas de *Vernonia* s. l. en el material del Viejo Mundo son típicamente diferentes a aquellos de los taxones del Nuevo Mundo. Robinson (1999) proporcionó una revisión completa de los géneros del Nuevo Mundo y su distribución subtribal.

Este trabajo se basa en los tratamientos de Gleason (1906, 1922), Jones (1976, 1977), Keeley (1978), Redonda-Martínez y Villaseñor Ríos (2009), Rzedowski y Calderón de Rzedowski (1995) y Turner (2007).

Stokesia laevis (Hill) Greene, nativa del sureste de los Estados Unidos, a veces se cultiva en Mesoamérica, pero se desconoce si ha escapado. Se caracteriza por las flores externas con corolas subliguladas como en los géneros del grupo *Elephantopus*, pero difiere de estos por ser las flores mucho más largas y por los filarios no decusados.

Bibliografía: Baker, C.F. *Trans. Acad. Sci. St. Louis* 12: 43-56 (1902). Busey, P. *Ann. Missouri Bot. Gard.* 62: 873-888 (1975 [1976]). Clonts, J.A. y McDaniel, S.T. *N. Amer. Fl.* ser. 2, 10: 196-202 (1978). Gleason, H.A. *Bull. New York Bot. Gard.* 4: 144-243 (1906); *N. Amer. Fl.* 33: 47-110 (1922). Jones, S.B. *Rhodora* 78: 180-206 (1976); *Biol. Chem. Compositae* 503-521 (1977); *Rhodora* 83: 59-75 (1981). Keeley, S.C. *J. Arnold Arbor.* 59: 360-413 (1978). Millspaugh, C.F. y Chase, M.A. *Publ. Field Columb. Mus., Bot. Ser.* 3: 85-151 (1904). Pruski, J.F. *Novon* 6: 96-102 (1996); *Fl. Venez. Guayana* 3: 177-393 (1997). Redonda-Martínez, R. y Villaseñor Ríos, J.L. *Fl. Valle Tehuacán-Cuicatlán* 72: 1-23 (2009). Robinson, H. *Smithsonian Contr. Bot.* 89: 1-116 (1999). Rzedowski, J. y Calderón de Rzedowski, G. *Fl. Bajío* 38: 1-49 (1995). Turner, B.L. *Phytologia Mem.* 12: 1-144 (2007).

1. Cabezuelas discoide-subliguladas, generalmente con 4 flores; filarios 8, en 4 pares decusados.
  2. Cerdas del vilano diferentes, las 2 laterales espiraladas o plegadas cerca de las puntas. **275. Pseudelephantopus**
  2. Cerdas del vilano rectas, todas similares.
    3. Vilano de 5-8 cerdas. **265. Elephantopus**
    3. Vilano de 20-40 cerdas. **271. Orthopappus**
1. Cabezuelas discoides, con 1-numerosas flores; filarios generalmente en espiral o imbricados.
  4. Cipselas comprimidas; vilano de 2 aristas divergentes. **280. Trichospira**
  4. Cipselas más o menos teretes en sección transversal hasta a veces ligeramente angulosas; vilano variado, no de 2 aristas divergentes.

5. Corolas estipitado-glandulosas; capitulescencia generalmente monocéfala de una cabezuela sésil, folioso-bracteada. **261. Centratherum**
5. Corolas no estipitado-glandulosas; capitulescencia variada, no monocéfala de una cabezuela sésil folioso-bracteada.
6. Capitulescencia de cabezuelas sésiles axilares (distales) solitarias o glomeruladas; vilano coroniforme (de cerdas cortas).
7. Hojas con superficies concoloras; cabezuelas con 35-65 flores. **279. Struchium**
7. Hojas con superficies discoloras; cabezuelas con 1-11 flores.
8. Cabezuelas con 8-11 flores. **267. Harleya**
8. Cabezuelas con 1 flor.
9. Hierbas perennes o subarbustos; vilano coroniforme; glomérulo sin brácteas. **276. Rolandra**
9. Hierbas anuales perennes hasta de vida corta; vilano de cerdas cortas; glomérulo con brácteas. **277. Spiracantha**
6. Capitulescencia ya sea terminal o no glomerulada; vilano no coroniforme.
10. Hierbas acuáticas emergentes; capitulescencia de cabezuelas solitarias axilares sésiles; cipselas 8-12 mm; polen silolofado. **272. Pacourina**
10. Árboles, arbustos, trepadores o hierbas anuales o perennes, no acuáticas emergentes; capitulescencia de cabezuelas solitarias axilares sésiles; cipselas menos de 8 mm; polen generalmente equinado.
11. Filarios internos por lo general prontamente deciduos; follaje con tricomas simples o frecuentemente con tricomas estrellados o lepidotos.
12. Series internas del vilano de 5-8 escamas linear-lanceoladas; involucro moderadamente comprimido y los filarios espiralados o equitantes; estilos sin nudo basal. **274. Piptocoma**
12. Vilano, o cuando el vilano doble interno, de numerosas cerdas alargadas; involucro no comprimido, filarios imbricados en espiral; estilos con nudo basal escasamente agrandado.
13. Capitulescencia terminal, con frecuencia una panícula piramidal grande; anteras con tecas sagitadas a obtusas en la base, sin colas esclerosadas. **266. Eremosis**
13. Capitulescencia de fascículos axilares; anteras caudadas, las colas esclerificadas. **273. Piptocarpha**
11. Filarios internos no prontamente deciduos; follaje sin tricomas estrellados o lepidotos.
14. Capitulescencias abiertamente cimosas con pocas cabezuelas grandes; filarios escuarrosos o subescuarrosos. **269. Lepidonia**
14. Capitulescencias no abiertamente cimosas generalmente con varias-numerosas cabezuelas; filarios no escuarrosos.
15. Hierbas anuales; anteras con apéndice delgado y translúcido; cipselas lisas o finamente 5-estriadas y no anguladas. **262. Cyanthillium**
15. Hierbas generalmente perennes hasta arbustos o árboles; anteras con apéndice delgado y translúcido; cipselas generalmente (5-)8-10 acostilladas o 4-anguladas o 5-anguladas.
16. Capitulescencias cimosas densamente escorpioides con ápices curvados.
17. Capitulescencia con las cabezuelas más viejas en la base de cimas deciduas; cerdas de las series internas del vilano claviformes apicalmente. **263. Cyrtocymura**
17. Capitulescencia con las cabezuelas más viejas en la base de cimas no deciduas; cerdas de las series internas del vilano no claviformes apicalmente. **264. Eirmocephala**
16. Capitulescencias variadas, cimosas no densamente escorpioides sin ápices curvados.
18. Polen tricolporado o equinado con téctum continuo.
19. Anteras comúnmente con cola (caudadas) y sin polen (no calcaradas); base de la planta erecta; capitulescencia corimbiforme-paniculada; pedúnculos 0-15 mm. **281. Vernonanthura**

19. Anteras basalmente no caudadas, espolonadas, calacaradas; base de la planta decumbente; capitulescencia patentecimosa; pedúnculos 1-4(-8) cm. **282. Vernonia**
18. Polen generalmente equinolofado.
20. Capitulescencia generalmente estricta y no arqueada; cabezuelas con 3-6(-10) flores; cipselas sin rafidios. **278. Stenocephalum**
20. Capitulescencia con ramas por lo general ligeramente arqueadas; cabezuelas con más de 8 flores; cipselas generalmente con rafidios alargados a cuadrados.
21. Hojas lanceoladas a ovadas; cipselas generalmente con rafidios cuadrados a alargados. **268. Lepidaploa**
21. Hojas lineares a linear-lanceoladas; cipselas generalmente con rafidios cuadrados. **270. Lessingianthus**

261. Centratherum Cass.
Ampherephis Kunth, *Oiospermum* Less.?
Por J.F. Pruski.

Hierbas muy ramificadas o rara vez subarbustos menos de 1 m; tallos vellosos a glabrescentes; follaje con tricomas simples y con frecuencia tricomas dolabriformes indistintos. Hojas caulinares, alternas, pecioladas a sésiles; láminas lineares a ovadas u obovadas, cartáceas, pinnatinervias, las superficies glabras a glandulosas o pelosas, la base cuneada a atenuada, los márgenes serrados o lobados. Capitulescencia monocéfala o a veces 2-3 cabezuelas agregadas, terminal o raramente axilar, las cabezuelas sésiles y abrazadas por brácteas foliosas, o pedunculadas y no inmediatamente abrazadas por brácteas foliosas. Cabezuelas discoides, con 50-100 flores; involucro campanulado a hemisférico, con apariencia de ser doble debido a las brácteas foliosas subyacentes, las brácteas patentes lateralmente; filarios propiamente dichos imbricados, graduados, en varias series, adpresos, con frecuencia glandulosos o pelosos distalmente, el ápice redondeado a aristado o mucronado; clinanto aplanado a subconvexo, sin páleas, con frecuencia alveolado. Flores bisexuales; corola actinomorfa, infundibuliforme, 5-lobada, rojizo-púrpura a azul, estipitado-glandulosa, algunas veces pelosa; anteras sagitadas en la base; polen tricolporado, equinado (téctum continuo); estilo sin nudo basal, largamente papiloso en el 1/2 distal, las ramas delgadas. Cipselas cilíndricas a anchamente obcónicas, 8-10-acostilladas, glabras; vilano de pocas cerdas pajizas cortas (mucho más cortas que la corola), deciduas, rara vez ausentes. $x = 16$. 3 spp. América tropical, Asia, Australia, Islas del Pacífico.

El género fue revisado por Kirkman (1981); la sinonimia de las subespecies mesoamericanas es mayormente adaptada de esta revisión.
Bibliografía: Kirkman, L.K. *Rhodora* 83: 1-24 (1981).

1. Centratherum punctatum Cass. in F. Cuvier, *Dict. Sci. Nat.* ed. 2, 7: 384 (1817). Holotipo: Panamá, *Jussieu s.n.* (foto MO! ex P-JU). Ilustr.: Pruski, *Fl. Venez. Guayana* 3: 237, t. 195 (1997). N.v.: Alcanfor, chupón, margarita, San Martín, siempreviva, verbena, Virginia, H; mejorana, ES.
El holotipo existe, así que la neotipificación de Kirkman (1981) no se puede seguir.

1a. Centratherum punctatum Cass. subsp. **punctatum**.
Ampherephis aristata Kunth, *A. intermedia* Link, *A. mutica* Kunth, *A. pilosa* Cass., *Baccharoides brachylepis* (Sch. Bip. ex Baker) Kuntze, *B. holtonii* (Baker) Kuntze, *B. muticum* (Kunth) Kuntze, *B. punctatum* (Cass.) Kuntze, *Centratherum brachylepis* Sch. Bip. ex Baker, *C. brevispinum* Cass., *C. camporum* (Hassl.) Malme, *C. camporum* var. *longipes* (Hassl.) Malme, *C. holtonii* Baker, *C. intermedium* (Link) Less., *C. longispinum* Cass., *C. muticum* (Kunth) Less., *C. punctatum* Cass. subsp. *camporum* Hassl., *C. punctatum* forma *foliosum* (Chodat) Hassl., *C. punctatum* var. *foliosum* Chodat, *C. punctatum* var. *longipes*

Hassl., *C. punctatum* var. *parviflorum* Baker, *C. punctatum* var. *viscosissimum* Hassl.

Hierbas 20-60 cm; tallos desparramados a erectos, vellosos, los tricomas hasta 1 mm, patentes o crespos, con esparcidos tricomas dolabriformes casi adpresos. Hojas (1-)2-7(-10) × (0.2-)0.8-3(-5) cm, lanceoladas a ovadas u obovadas, las nervaduras secundarias 4-8 por lado, ascendentes en un ángulo de c. 45°, ambas superficies generalmente glandulosas y cortamente vellosas, la base cuneada a atenuada, los márgenes por lo general aguda, profunda y doblemente serrados, los dientes 2-4 mm, el ápice generalmente obtuso. Capitulescencia con el eje debajo de la cabezuela generalmente afilo los 2-5(-7) cm distales. Cabezuelas 0.8-2 cm; involucro 0.7-1 × 1-2(-3) cm; brácteas foliosas 3-10, 1-3 cm; filarios 1.5-2 mm de diámetro, 4-seriados o 5-seriados, deltados a lanceolados, cartáceos, distalmente purpúreos, la arista del ápice 1-3(-4) mm, los filarios de las series externas con arista más larga que los de las series internas, los de las series internas algunas veces obtusos y no aristados apicalmente; clinanto c. 1 cm. Flores: corola 7-8(-10) mm, exerta del involucro, la corola externa con frecuencia patente-lateral desde el involucro, el tubo más largo que el limbo, los lobos 1-1.5 mm; ramas del estilo 1-2 mm. Cipselas 1.6-2.5 mm; vilano con cerdas de 1.2-2.5 mm. Floración durante todo el año. 2*n* = 32. *Áreas alteradas, bordes de bosques, orillas de caminos, pastizales, peñascos rocosos, sabanas, matorrales, algunas veces cultivada y escapada.* T (Pérez J. et al., 2005: 84); G (*DASA 4984*, MO); H (*Nelson 2186*, MO); ES (*Berendsohn y Berendsohn 167*, MO); N (*Rueda y Caballero 14163*, MO); CR (*Campos 73*, MO); P (*Lewis et al. 653*, NY). 0-1500(-2000) m. (México, Mesoamérica, Colombia, Venezuela, Guyana, Guayana Francesa, Ecuador, Perú, Bolivia, Brasil, Paraguay, Argentina, La Española, Puerto Rico, Antillas Menores, Trinidad y Tobago; a veces cultivada en el paleotrópico como también en zonas templadas.)

Kirkman (1981) listó *Ampherephis pulchella* Cass. bajo la sinonimia de *Centratherum punctatum* subsp. *punctatum*, pero el tipo fue cultivado a partir de material supuestamente de Nueva Zelanda, donde *C. punctatum* no se encuentra. La descripción de *A. pulchella* coincide con la subespecie australiana *C. punctatum* subsp. *australianum* K. Kirkman, y consecuentemente *A. pulchella* es referida bajo su sinonimia y de esta manera es excluida de la sinonimia de *C. punctatum* subsp. *punctatum*.

262. Cyanthillium Blume

Isonema Cass. non R. Br., *Seneciodes* L. ex T. Post et Kuntze, *Triplotaxis* Hutch., *Vernonia* Schreb. sect. *Tephrodes* DC., *V.* subsect. *Tephrodes* (DC.) S.B. Jones

Por J.F. Pruski.

Hierbas perennes anuales (Mesoamérica) o rara vez de vida corta; tallos generalmente erectos, estriados, puberulentos. Hojas sésiles o pecioladas; láminas lanceoladas a obovadas, cartáceas, pinnatinervias, los márgenes subenteros a serrados; pecíolo algunas veces alado. Capitulescencia terminal, corimbosa o corimboso-paniculada, con ramificación divaricada y sostenida bien por encima de las hojas. Cabezuelas discoides, con 13-94 flores; involucro campanulado; filarios imbricados a ligeramente imbricados, graduados, 3(-5)-seriados, esparcidamente pilosos y glandulosos, el ápice agudamente atenuado; clinanto sin páleas. Flores bisexuales: corola actinomorfa, infundibuliforme a campanulada, brevemente 5-lobada, distalmente azul o color lavanda, pilosa o glandulosa en los lobos con tricomas no glandulares de 3 o 4 células, la célula terminal alargada, las glándulas cupuliformes; anteras pajizas, el apéndice apical delgado y translúcido; polen equinolofado; estilo sin nudo basal. Cipselas subcilíndricas a obcónicas, lisas a finamente 5-acostilladas, adpreso-pilosas, idioblastos algunas veces visibles; vilano 2-seriado, blanco, las series externas de escuámulas persistentes algunas veces connatas formando una corona, las series internas de

numerosas cerdas capilares, frágiles o deciduas, escábridas o ancistrosas, más largas que las cipselas. *x* = 9, 10, 11. 7-25 spp. Estados Unidos (Florida), México, Mesoamérica, norte de Sudamérica, Antillas, Asia, África, Islas del Pacífico. Presumiblemente nativo de Asia tropical.

Aunque Gleason (1913) sacó a *Cyanthillium* de la sinonimia de *Vernonia* y registró *C. chinense* (L.) Gleason en las Antillas, posteriormente (Gleason, 1922) trató separadamente a *Cyanthillium* y *V.* sect. *Tephrodes*. Robinson (1990c) ubicó a *V.* sect. *Tephrodes* en la sinonimia de *Cyanthillium* y proporcionó las combinaciones necesarias para las especies en Mesoamérica. *Cyanthillium cinereum* fue tratada dentro de *Vernonia* por Nash (1976a), Clewell (1975) y Elias (1975), pero como ya fue anotado por Robinson (1990c), *Cyanthillium* difiere de *Vernonia* por las cipselas lisas a finamente 5-acostilladas (vs. (5-)8-10-acostilladas), por el polen equinolofado (vs. tricolporado) y por el número cromosómico básico generalmente reportado como *x* = 9 o 10 (vs. *x* = 17).

Bibliografía: Gleason, H.A. *Bull. Torrey Bot. Club* 40: 305-332 (1913). Robinson, H. *Proc. Biol. Soc. Wash.* 103: 248-253 (1990).

1. Cyanthillium cinereum (L.) H. Rob., *Proc. Biol. Soc. Wash.* 103: 252 (1990). *Conyza cinerea* L., *Sp. Pl.* 862 (1753). Lectotipo (designado por Jeffrey, 1988): Sri Lanka, *Herb. Hermann 3: 16, no. 419* (BM). Ilustr.: Pruski, *Fl. Venez. Guayana* 3: 257, t. 214 (1997). N.v.: Andi pata, H.

Cacalia cinerea (L.) Kuntze, *Erigeron pisonis* Burm. f.?, *Eupatorium myosotifolium* Jacq., *Seneciodes cinereum* (L.) Kuntze, *Serratula cinerea* (L.) Roxb., *Vernonia cinerea* (L.) Less.

Hierbas comúnmente arvenses, hasta 0.8 m; tallos sin ramificar o frecuentemente poco ramificados. Hojas 1.5-5 × 1-4 cm, elípticas a ovadas u obovadas, las nervaduras secundarias 3-6 por lado y ascendentes, la superficie adaxial puberulenta a casi glabra, la superficie abaxial pilosa, también generalmente glandulosa, la base atenuada hasta el pecíolo alado, el ápice agudo a obtuso; pecíolo (cuando presente) 0.5-4 cm, angostamente alado distalmente, las hojas distales sésiles. Capitulescencia más o menos aplanada distalmente, hasta 15 cm de ancho, las ramas laterales casi sobrepasando al eje central, con 5-numerosas cabezuelas pedunculadas; pedúnculos 0.4-2 cm, 1-bracteolados o 2-bracteolados. Cabezuelas con 13-20 flores, hasta 5(-5.5) mm; involucro 2.5-3 mm de diámetro; filarios de las series externas muy reducidos, 0.5-1.5 × 0.2-0.4 mm, linear-lanceolados, rápidamente graduando hasta 2 series internas; filarios de las series internas subiguales, 3-3.5(-4) × c. 0.7 mm, oblanceolados, el ápice purpúreo. Flores: corola 3-4 mm, exerta 1.5-2 mm del involucro, el tubo largo y angosto, 2-3 mm, el limbo corto, poco setoso, garganta c. 0.5 mm, los lobos c. 0.5 mm, poco glandulosos en el ápice; anteras c. 0.4 mm; ramas del estilo c. 0.6 mm. Cipselas 1-1.5 mm; vilano externo 0.3-0.5 mm, las escuámulas lanceoladas, laceradas, vilano interno de cerdas 3-4 mm, exertas del involucro c. 1 mm y casi tan largas como la corola. 2*n* = 18. *Playas, áreas cultivadas, áreas alteradas, pastizales, potreros, orillas de caminos, áreas rocosas, sabanas, vegetación secundaria, áreas en selvas altas perennifolias.* T (*Pruski et al. 4232*, MO); Ch (*Pruski y Ortiz 4178*, MO); C (*Álvarez 525*, MO); QR (*Cabrera y Cabrera 15427*, MO); B (*Lundell 4712*, MO); G (*Contreras 8915*, MO); H (*Clewell et al. 4286*, MO); N (*Seymour 4413*, MO); CR (*Pruski y Sancho 3813*, MO); P (*D'Arcy y D'Arcy 6020*, MO). 0-500 m. (Estados Unidos [Florida], S. México, Mesoamérica, Colombia, Venezuela, Guayanas, Ecuador, Brasil, Cuba, Jamaica, Española, Puerto Rico, Islas Vírgenes, Antillas Menores, Trinidad y Tobago, Asia, África, Islas del Pacífico.)

Esta especie razonablemente se espera encontrar en Yucatán, pero no necesariamente en El Salvador. Ha sido registrada como medicinal y también como veneno para peces. *Erigeron pisonis* parece ser el único posible sinónimo heterotípico basado en material de América tropical. Algunas variedades han sido propuestas, por ejemplo Candolle (1836) propuso cinco, pero reconocer o sinonimizar cualquiera de ellas está fuera del alcance de este trabajo. Se piensa que el reporte por Gleason (1913, 1922) de *Cyanthillium chinense* en las Antillas está basado en una identificación errónea de *C. cinereum*.

263. Cyrtocymura H. Rob

Por J.F. Pruski.

Hierbas perennes a arbustos, algunas veces trepadoras, 0.5-3 m; tallos moderadamente ramificados, algunas veces marcadamente angulados, densamente pelosos a tomentosos. Hojas alternas, pecioladas; láminas lanceoladas a ovadas, cartáceas, pinnatinervias, las superficies discoloras, la superficie adaxial hirsuta o pilosa a ligeramente pilosa, verde, la superficie abaxial densamente pelosa a tomentosa, glandulosa, verde pálida a gris, la base atenuada a subcordata, margen entero a serrado o dentado. Capitulescencia terminal sobre las ramas de los nudos más distales, ligeramente compacta a alargada, densamente escorpioide-cimosa con ápices curvados, algunas veces divaricadamente 1-2-furcada, cada una con 6-30 o más cabezuelas, las ramas densamente pelosas a tomentosas, las cabezuelas sésiles, las cabezuelas más viejas en la base de la cima deciduas, las cabezuelas individuales no foliosas (Mesoamérica) hasta con frecuencia regular y cercanamente abrazadas por hojas bracteadas. Cabezuelas discoides, con 14-30 flores; involucro angostamente campanulado; filarios subimbricados, graduados a casi subiguales, 3-4-seriados, pilosos a tomentosos y algunas veces también glandulosos, angostamente agudos a filiformes y sinuosos, persistentes o aquellos internos deciduos; clinanto aplanado a convexo, sin páleas. Flores bisexuales; corola infundibuliforme, 5-lobada, color violeta, glabra o los lobos pilosos o glandulosos; anteras espolonadas; polen tricolporado, equinado, no lofado; estilo con un nudo basal (Mesoamérica), las ramas ascendentes, ligeramente exerto. Cipselas obcónicas, 10-acostilladas, seríceas; vilano 2-seriado a inconspicuamente 2-seriado, algunas veces frágil y caedizo desde la base, blanco de hasta color crema, las series externas de escuámulas diminutas o cerdas cortas, las series internas de cerdas alargadas, los ápices no claviformes. 6 spp. México, Mesoamérica, Sudamérica tropical y subtropical, La Española, Trinidad.

1. Cyrtocymura scorpioides (Lam.) H. Rob., *Proc. Biol. Soc. Wash.* 100: 852 (1987). *Conyza scorpioides* Lam., *Encycl.* 2: 88 (1786). Holotipo: Brasil, *Commerson s.n.* (P-LAM). Ilustr.: Pruski, *Fl. Venez. Guayana* 3: 259, t. 215 (1997). N.v.: Anil, apazotillo, christmas blossom, Santo Domingo, H.

Cacalia scorpioides (Lam.) Kuntze, *C. scorpioides* var. *glabriuscula* Kuntze, *C. scorpioides* var. *tomentosa* Kuntze, *C. tournefortioides* (Kunth) Kuntze, *Chrysocoma repanda* Vell., *Lepidaploa scorpioides* (Lam.) Cass., *Vernonia arborescens* (L.) Sw. var. *corrientensis* Hieron., *V. centriflora* Link et Otto, *V. flavescens* Less., *V. scorpioides* (Lam.) Pers., *V. scorpioides* var. *centriflora* DC., *V. scorpioides* var. *longearacemosa* DC., *V. scorpioides* var. *longifolia* DC., *V. scorpioides* var. *subrepanda* (Pers.) DC., *V. scorpioides* var. *subtomentosa* DC., *V. subrepanda* Pers., *V. tournefortioides* Kunth.

Hierbas semitrepadoras hasta arbustos trepadores, 1-3 m; tallos poco ramificados, estriados, corta a densamente pilosos, los tricomas patentes a antrorsos. Hojas angostamente insertas al tallo; láminas 2-12(-15) × 2-6(-8) cm, elíptico-lanceoladas a ovadas, cartáceas, con casi 3-6 nervaduras secundarias marcadamente arqueadas por lado, la superficie adaxial no glandulosa, estrigulosa a hirsútula, la superficie abaxial con frecuencia glandulosa, también hirsuta a pilosa o tomentosa, la base abruptamente contraída, atenuada o rara vez casi truncada, los márgenes subenteros a algunas veces serrulados, el ápice agudo a atenuado; pecíolo 0.5-1.5(-2) cm. Capitulescencia poco ramificada, de 3-7 cimas escorpioides de (2-)5-11 cm, patentes, las cimas con 10-20 cabezuelas, afilas, sin ramificar o raramente 1-ramificadas y luego típicamente con una cabezuela sésil en la axila, algunas veces poco bracteolada, las cabezuelas sésiles o subsésiles, espaciadas 3-7 mm entre

sí, en 2 filas sobre el eje adaxial, las corolas rara vez abiertas cuando las cimas jóvenes son subglomeruladas, la rama que sostiene las cimas 1-6 cm, subafelpada. Cabezuelas generalmente con 20-25 flores, 6-9 mm; involucro 3.5-5.5 × 3-6 mm; filarios c. 4-seriados, lanceolados, pilósulos a cortamente vellosos, ciliados, los 1 o 2 más externos algunas veces persistentes; filarios de las series externas c. 1.5 × 0.5-0.8 mm; filarios de las series internas 3.5-5.5 × 0.6-1.2 mm, el ápice con frecuencia purpúreo, acuminado a atenuado, algunas veces glanduloso, algunas veces recurvado; clinanto foveolado, las estrías algunas veces laceradas o setosas. Flores bastante exertas del involucro; corola 4-7.5 mm, angostamente campanulada, color lavanda, los lobos 1.3-2.5 mm, algunas veces desiguales, lanceolados, largamente setosos o rara vez esparcida y largamente setosos, rara vez también glandulosos; anteras 1-2 mm, los apéndices no glandulosos; polen equinado; estilo con nudo basal, las ramas 1.5-2 mm. Cipselas 1(-1.7) mm, madurando lentamente, estriguloso-setosas, no glandulosas, el carpóforo anular; vilano 2-seriado, blanco, la serie externa de escuámulas 0.7-1.8 mm, angosta, la serie interna de cerdas 4.5-6.5 mm, alargada. $2n = 34$. *Playas, áreas alteradas, bordes de bosques, bosques de galería, bordes de lagunas, potreros, orillas de caminos, sabanas, bosques secundarios, matorrales.* Ch (Breedlove, 1986: 58); Y (Turner, 2007: 126); C (*Ortiz y Herrera 831*, MO); B (Nash, 1976a: 29); G (*Harmon y Fuentes 1884*, MO); H (*Yuncker et al. 8260*, MO); N (*Moreno y Robleto 20456*, MO). 0-400(-1100) m. (Mesoamérica, Colombia, Venezuela, Guayanas, Ecuador, Perú, Bolivia, Brasil, Paraguay, Uruguay, Argentina, Española, Trinidad y Tobago.)

264. Eirmocephala H. Rob.

Por J.F. Pruski.

Hierbas perennes a arbustos 1-6 m; tallos moderadamente ramificados, angulados. Hojas alternas, cortamente pecioladas, anchamente insertadas al tallo; láminas lanceoladas a ovadas, cartáceas, pinnatinervias, ambas superficies diversamente pelosas, el envés glanduloso, la base casi alada, los márgenes generalmente serrados. Capitulescencia terminal sobre las ramas de los nudos más distales, de pocas a varias, ligeramente alargada, divaricada, densamente escorpioide-cimosa con ápices curvados, las cabezuelas sésiles, las cabezuelas más viejas en la base de la cima no deciduas. Cabezuelas discoides, con 7-35 flores; involucro con 24-65 filarios; filarios subimbricados, graduados, pluriseriados; clinanto aplanado a convexo, sin páleas. Flores bisexuales; corola infundibuliforme, 5-lobada, color violeta, glabra o los lobos esparcidamente glandulosos; anteras espolonadas, apéndice glanduloso o no glanduloso; polen tricolporado, equinado, lofado o no lofado; estilos con un nudo basal. Cipselas obcónicas, 10-acostilladas, setosas, glandulosas en la base; vilanos 2-seriados, series internas de cerdas alargadas no claviformes apicalmente. 3 spp., Mesoamérica, norte de Sudamérica.

1. Eirmocephala brachiata (Benth.) H. Rob., *Proc. Biol. Soc. Wash.* 100: 854 (1987). *Vernonia brachiata* Benth., *Vidensk. Meddel. Dansk Naturhist. Foren. Kjøbenhavn* 1852: 67 (1853). Sintipo: Costa Rica, *Oersted 6* (K). Ilustr.: D'Arcy, *Ann. Missouri Bot. Gard.* 62: 867, t. 6 (1975 [1976]). N.v.: Caña de danto, tabaquillo, CR.

Cacalia brachiata (Benth.) Kuntze.

Hierbas arbustivas a arbustos, 1-3 m, rara vez con látex; tallos ascendentes, subteretes y angulosos distalmente, estriados, cortamente hirsútulas a glabrescentes. Hojas sésiles o alado-seudopecioladas, anchamente insertadas al tallo; láminas 5-30 × 2.5-14 cm, elípticas a elíptico-obovadas, delgadamente cartáceas, con 5-10 nervaduras secundarias por lado divergentes desde la vena media casi a 45° o más agudamente en la porción distal, las nervaduras terciarias con frecuencia indistintas, la superficie adaxial no glandulosa, subglabra a esparcidamente estrigulosa, la superficie abaxial esparcidamente glandulosa, estrigulosa a hírtula, la base contraída y atenuada como un seudopecíolo alado, algunas veces subauriculada, los márgenes subenteros o serrulados a rara vez serrados, el ápice acuminado. Capitulescencia de pocas cimas escorpioides alargadas, cimas 0-40 cm, eje principal erecto, poco ramificado en los c. 10 cm proximales, las ramas sin hojas y sin bractéolas, rara vez una rama proximal abrazada por una hoja no expandida y rara vez pocas bractéolas lineares de 1-2 mm presentes distalmente, patentes distalmente y lunulares en forma, de 20-45 cabezuelas, las cabezuelas subsésiles, espaciadas 3-8 mm entre sí, en 1 sola fila a lo largo de un eje común, ligeramente estriado-sulcadas, hirsutas; pedúnculos 0.1-0.3 mm. Cabezuelas con 18-22 flores, 7-10 mm; involucro 3-4.5 × 4-5 mm, turbinado; filarios 1-4.5 mm, 4-seriados o 5(6)-seriados, finalmente deciduos o los de las series más externas algunas veces persistentes; filarios de las series externas hasta 0.5 mm de ancho, linear-lanceolados, el ápice agudo, por lo general completamente puberulentos, graduando hasta aquellos de las series internas; filarios de las series internas c. 1 mm de ancho, oblanceolados, generalmente glabros y pajizos proximalmente, puberulentos a esparcidamente puberulentos y verdes de hasta color violeta distalmente y a lo largo de la vena media, algunas veces glandulosos, el ápice agudo a obtuso. Flores muy exertas del involucro, las externas algunas veces lateralmente así; corola 5.2-6.5 mm, color lavanda, esparcidamente glandulosa en especial distalmente, el tubo y el limbo subiguales, los lobos 2-2.5 mm; anteras 2.5-3 mm, apéndices no glandulosos, las colas rostradas; polen equinolofado; ramas del estilo 2-2.5 mm. Cipselas 1-2.4 mm, madurando lentamente, angostamente obcónicas, pilósulas con tricomas subadpresos o frecuentemente patentes, algunas veces glandulosas, carpóforo engrosado, más ancho que la base de la cipsela; vilano frágil, pajizo, la serie externa 0.3-0.5 mm, la serie interna 4-5 mm, algunas veces las cerdas muy escasamente claviformes apicalmente. *Bordes de bosques, orillas de caminos, vegetación secundaria, orillas de ríos.* CR (*Gillis y Plowman 10075*, MO); P (*Liesner 10*, MO). 100-1500 m. (Mesoamérica, Colombia, Venezuela, Ecuador.)

En un tratamiento de las Vernonieae peruanas, Jones (1980) reconoció *Eirmocephala brachiata* (como *Vernonia brachiata*) y trató *V. digitata* Rusby y *V. megaphylla* Hieron. como sinónimos de esta. En este tratado *V. digitata* y *V. megaphylla* son excluidas de la sinonimia de *E. brachiata*. *Eirmocephala brachiata* parece ser mucho más rara en Panamá que en Costa Rica.

265. Elephantopus L.

Por J.F. Pruski.

Hierbas perennes rizomatosas; tallos erectos, simples o poco ramificados, glabros o esparcidamente pilosos, las hojas generalmente basales y proximal-caulinares, las plantas algunas veces escapíferas. Hojas alternas, sésiles, angostamente lanceoladas a ovadas u obovadas, cartáceas, pinnatinervias, ambas superficies pilosas, la superficie abaxial también finamente glandulosa, la base con frecuencia abrazadora o amplexicaule, los márgenes enteros a crenados o dentados. Capitulescencia terminal o axilar, corimboso-paniculada, las cabezuelas glomeruladas formando una sinflorescencia, la sinflorescencia hemisférica, densa, con 4-numerosas cabezuelas, abrazada por 2 o 3 brácteas; brácteas cordatas a ovadas, foliares, verdes, las nervaduras abiertamente reticuladas. Cabezuelas discoide-subliguladas, con (1-)4(5) flores; involucro cilíndrico pero ligeramente comprimido, 2-seriado; filarios 8, conduplicados, en 4 pares decusados, los 4 externos más cortos que los 4 internos, lanceolados, glandulosos, agudos a atenuados; clinanto aplanado o casi aplanado, sin páleas, algunas veces alveolado. Flores bisexuales; corola discoide pero zigomorfa con los lobos radiando hacia afuera, profunda y desigualmente 5-lobada, más profundamente cortada entre los dos lobos adaxial-laterales, color crema hasta azul intenso o rojizo, el limbo corto, ancho; anteras blancas, muy cortamente espolonadas basalmente, los espolones más cortos que el cuello

del filamento; polen triporado, equinolofado; estilo sin nudo basal, el tronco largamente papiloso distalmente, las ramas lineares, largamente papilosas, delgadas, gradualmente atenuadas. Cipselas obcónicas o ligeramente aplanadas, c. 10-acostilladas, hispídulas o subestrigulosas, algunas veces glandulosas; vilano 1-seriado y subigual o raramente 2-seriado y desigual, de 5-8 (rara vez más) cerdas rectas, todas similares, con frecuencia basalmente agrandadas, rara vez reducidas a una corona corta. Aprox. 25-30 spp. Generalmente pantropical.

Se concuerda con la lectotipificación de Gleason (1906) de *Elephantosis* Less., a partir de *E. biflora* Less., y con Gleason en cuanto a la segregación simultánea de *Orthopappus* fuera de *Elephantopus*. Aunque en el continente americano *Orthopappus* es claramente distinto por su vilano de numerosas cerdas, algunas especies africanas de *Elephantopus* se acercan a esta condición. Clonts (1972) trató *Orthopappus* y *Pseudelephantopus* en la sinonimia de *Elephantopus*.

Algunos reportes de *Elephantopus scaber* L. y *E. tomentosus* L. en Mesoamérica hacen referencia a material que se ha identificado como *E. mollis*. El material mesoamericano anteriormente identificado como *E. tomentosus* se lo ha interpretado como una forma de crecimiento de *E. mollis* con hojas generalmente basales pero teniendo vilano de cerdas abruptamente (vs. por lo general gradualmente) dilatadas en la base como en *E. tomentosus* s. str. Igualmente, el material mesoamericano previamente identificado como *E. scaber* se lo ha interpretado como una forma con hojas caulinares de *E. mollis* con vilano de cerdas ligera y gradualmente (vs. el más típico abruptamente) dilatadas en la base. Debe anotarse que ambos nombres lineanos tienen prioridad sobre *E. mollis*; también similar a *E. mollis* es la especie nortemplada *E. carolinianus* Raeusch., la cual se asemeja por las hojas generalmente caulinares en la antesis, pero la cual difiere por el vilano de cerdas muy gradualmente ampliadas basalmente. *Elephantopus mollis* se usa aquí siguiendo la tradicional aplicación regional del nombre.

Bibliografía: Clonts, J.A. *Revis. Gen.* Elephantopus. Unpublished Ph.D. thesis, Mississippi State University, 1-195 (1972).

1. Hojas angostamente oblanceoladas, 0.6-2.2 cm de ancho.   **1. E. dilatatus**
1. Hojas oblanceoladas a obovadas, (0.6-)1-6.5 (-10) cm de ancho.   **2. E. mollis**

1. Elephantopus dilatatus Gleason, *Bull. New York Bot. Gard.* 4: 240 (1906). Isotipo: Costa Rica, *Pittier 3733* (US!). Ilustr.: Clonts, *Revis. Gen.* Elephantopus t. 10A (1972).

Hierbas 15-45 cm; tallos simples hasta la capitulescencia, ascendentes a rígidamente erectos, piloso-subestrigulosos. Hojas 5-18 × 0.6-2.2 cm, angostamente oblanceoladas, densamente insertas proximalmente, las superficies piloso-subestrigosas, la superficie abaxial también glandulosa, la base largamente atenuada, amplexicaule, los márgenes serrulados, el ápice agudo. Capitulescencia abierta, sostenida bien por encima de las hojas caulinares, de varias a numerosas sinflorescencias glomeruladas, laxamente subdivaricado-ramificadas; sinflorescencias hasta 8 × 15 mm, con c. 10 cabezuelas, las hojas secundarias subyacentes a las ramas más proximales mucho menores que las hojas caulinares primarias; brácteas 2 o 3, 4-8 mm, típicamente más cortas que el involucro, algunas veces subiguales al involucro, ovadas, sinflorescencias con pedicelos generalmente 2-5 cm. Cabezuelas: involucro 7-8 mm; filarios 3-8 mm, glandulosos, esparcidamente subestrigulosos en 1-2 mm distales con tricomas 0.2-0.3 mm, también con frecuencia glandulosos, el ápice acuminado a cuspidado. Flores: corola 5-6 mm, color lavanda, generalmente glabra, los lobos 1.2-2 mm. Cipselas 2-3 mm, esparcidamente glandulosas y estrigulosas; vilano de 5 o 6 cerdas, 3-4.5 mm, por lo general abruptamente dilatadas basalmente. Floración nov.-abr. *Bosques de neblina, quebradas, rupícola a lo largo de los bordes de quebradas, riberas arenosas.* CR (*Pittier 3733*, US); P (*Dodge y Allen 17383*, MO). 0-1200 m. (Mesoamérica, Colombia.)

2. Elephantopus mollis Kunth in Humb., Bonpl. et Kunth, *Nov. Gen. Sp.* folio ed. 4: 20 (1820 [1818]). Holotipo: Venezuela, *Humboldt y Bonpland 629* (microficha MO! ex P-Bonpl.). Ilustr.: Pruski, *Mem. New York Bot. Gard.* 76(2): 107, t. 38 (2002). N.v.: Poxil il patil, Ch; oreja de coche, G; alberrania, hoja de San Antonio, mozote, oreja de burro, oreja de chancho, oreja de coyote, oreja de perro, tamosa, verbena, H; hierba de pincel, ES.

Elephantopus carolinianus Willd. p. p. non Raeusch., *E. carolinianus* var. *mollis* (Kunth) Beurlin, *E. cervinus* Vell., *E. hypomalacus* S.F. Blake, *E. martii* Graham, *E. mollis* Kunth var. *bracteosus* Domin, *E. mollis* var. *capitulatus* Domin, *E. pilosus* Philipson, *E. sericeus* Graham, *E. serratus* Blanco.

Hierbas 0.3-1.5 m; tallos poco ramificados, subteretes, pilosos, las hojas generalmente caulinares en la antesis, raramente en su mayoría basales, las hojas basales en roseta (generalmente ausentes en la antesis) solo escasamente mayores que las hojas caulinares. Hojas (2-)5-20(-27) × (0.6-)1-6.5 (-10) cm, oblanceoladas a obovadas, la superficie adaxial pilosa, la superficie adaxial pilosa a tomentosa, finamente glandulosa, gradualmente atenuadas basalmente y abrazando el tallo, los márgenes crenulados a serrulados, el ápice obtuso a agudo. Capitulescencia difusa; sinflorescencia pedicelada 1-6 cm, pilosa o subestrigulosa; sinflorescencia 7-15 × c. 20 mm, con 10-25(-40) cabezuelas; brácteas (2-)3, 7-13 × 7-10 mm, casi tan largas o más cortas que la sinflorescencia, anchamente cordiformes a deltoides, la superficie adaxial pilosa a tomentosa, glandulosa, los márgenes algunas veces ciliados, el ápice agudo a acuminado. Cabezuelas individuales 6-8 × 1-2 mm, típicamente con 4 flores; filarios apicalmente pilosos y/o glandulosos, apiculados, los 4 filarios externos 2-3.6 mm, los 4 filarios internos 5-7 mm. Flores: corola 4-5.5 mm, rosada o color crema distalmente, glabra o los lobos a veces glandulosos, el tubo 2.5-3.5 mm, angosto, la garganta c. 0.6 mm, abruptamente ampliada, los lobos 0.9-1.4 mm. Cipselas 1.5-3.1 mm, pardo claro o cuando maduras las costillas pálidas y los sucos pardos; vilano de 5-8 cerdas, 3-4.5 mm, llegando hasta la base del limbo de la corola, 1-seriadas, subiguales, la base 0.1-0.3 mm de diámetro, escasa y gradualmente o más común abruptamente dilatadas basalmente, las bases de cerdas adyacentes no superpuestas. 2n = 22. *Cafetales, áreas cultivadas, áreas alteradas, campos, bordes de bosques, bosques de galería, jardines, campos abiertos, orillas de caminos, bosques de* Pinus, *bosques de* Pinus-Quercus, *pendientes rocosas, sabanas, vegetación secundaria, áreas arvenses.* T (*Cowan 2767*, MO); Ch (*Breedlove 41241*, MO); B (*Schipp 723*, NY); G (*Pruski et al. 4514*, MO); H (*Clewell 3736*, MO); ES (*Carballo y Aldana RAC00565*, MO); N (*Atwood 3001*, NY); CR (*Holway 314*, GH); P (*Busey 329*, MO). 0-2400 m. (México, Mesoamérica, Colombia, Venezuela, Guayanas, Ecuador, Perú, Bolivia, Brasil, Paraguay, Uruguay, Argentina, Cuba, Jamaica, La Española, Puerto Rico, Islas Vírgenes, Antillas Menores, Trinidad y Tobago, Asia, África, Islas del Pacífico.)

266. Eremosis (DC.) Gleason

Monosis DC. sect. *Eremosis* DC., *Turpinia* Lex. non Vent., *Vernonia* Schreb. sect. *Eremosis* (DC.) Sch. Bip.

Por J.F. Pruski.

Arbustos, bejucos o árboles de hasta 13 m; tallos subteretes a estriados, algunas veces angulosos; follaje generalmente con tricomas simples o dolabriformes (con forma de "T"), los tricomas nunca lepidotos ni dendroides. Hojas alternas (Mesoamérica) u opuestas, pecioladas o rara vez sésiles; láminas lanceoladas a ovadas u obovadas, cartáceas a subcoriáceas, pinnatinervias, las superficies pubescentes a tomentosas, frecuentemente glandulosas, rara vez completamente glabras, los márgenes enteros a serrulados o denticulados. Capitulescencias terminales (rara vez axilares), frecuentemente una panícula piramidal grande, las

últimas cabezuelas algunas veces subglomeruladas. Cabezuelas discoides, con 1-10(-20) flores, generalmente subsésiles o cortamente pedunculadas; involucro cilíndrico a campanulado; filarios imbricados, graduados en 4-8-series, generalmente amarillento-cartáceos frecuentemente con una zona herbácea apical pequeña, los filarios externos con frecuencia cercanamente insertados y densamente imbricados, persistentes, los filarios internos algo laxamente imbricados y rápidamente deciduos; clinanto sin páleas. Flores: corola actinomorfa, infundibuliforme a angostamente campanulada, rara vez hipocraterimorfa, 5-lobada, blanca o color lavanda, con frecuencia glandulosa especialmente en los lobos; tecas de las anteras sagitadas a obtusas en la base, sin espolones esclerificados; polen tricolporado, equinado (no lofado); estilo con el nudo basal ligeramente engrosado, el tronco papiloso distalmente, las ramas delgadas, las papilas con la punta obtusa. Cipselas obcónico-primadas, 3-10-acostilladas, glabras, glandulosas o pubescentes, los cristales alargados; vilano de muchas cerdas escábridas, blancas, alargadas, frágiles, uniseriadas, a veces biseriadas con la serie externa de cerdas más pequeñas. *x* = 17, 18, 19. Aprox. 85 spp. México, Mesoamérica, Andes de Sudamérica, muy pocas especies en Brasil.

Gleason (1922) reconoció a las especies mesoamericanas como *Eremosis*, pero Jones (1973), quien revisó las especies mexicanas y centroamericanas, reconoció el grupo como *Vernonia* sect. *Eremosis*. Cuatrecasas trató las especies similares sudamericanas con *V.* sect. *Critoniopsis* (Sch. Bip.) Benth. et Hook. f. Robinson (1993) reconoció *Critoniopsis* Sch. Bip. a nivel del género, y trató *Eremosis* como un sinónimo de ese. *Critoniopsis* ha sido reconocido por algún tiempo como genéricamente distinto, pero el nombre más antiguo sería *Turpinia* Bonpl., un nombre formalmente rechazado contra el nombre conservado *Turpinia* Vent. (Staphyleaceae). Otro nombre anterior que incluye especies de *Critoniopsis* es *Gymnanthemum* Cass., que como está lectotipificado, sin embargo, prueba ser un género paleotropical. En este tratamiento se restablece *Eremosis* de la sinonimia de *Critoniopsis* (según Robinson 1993), del cual se diferencia por el vilano estrictamente uniseriado y los tricomas simples o rara vez con forma de "T" (nunca lepidotos ni dendroides).

Breedlove (1986) citó *E. pallens* (Sch. Bip.) Gleason (como *V. pallens* Sch. Bip.) para Chiapas basado en *Breedlove 24648* y *Ton 2073*. Turner (2007), sin embargo, listó esta especie como llegando solo hasta el noroeste de Chiapas, y *Breedlove 24648* es aquí identificado como *E. triflosculosa*. Así, *E. pallens* queda excluida de Mesoamérica. *Eremosis leiocarpa*, *E. standleyi* y *E. triflosculosa* se encuentran a veces o son hasta moderadamente comunes en Mesoamérica, donde las otras especies son todas más bien infrecuentes. El reporte de Sousa Sánchez y Cabrera Cano (1983: 81) de *E. barbinervis* (Sch. Bip.) Gleason (como *V. barbinervis* Sch. Bip.) de Quintana Roo está basado en una identificación errónea.

Bibliografía: Cuatrecasas, J. *Bot. Jahrb. Syst.* 77: 52-84 (1956). Jones, S.B. *Brittonia* 25: 86-115 (1973). Pruski, J.F. *Phytoneuron* 2016-50: 1-41 (2016). Robinson, H. *Proc. Biol. Soc. Wash.* 106: 606-627 (1993).

1. Cabezuelas con una flor; superficie abaxial de las hojas tomentulosa con tricomas con forma de "T". **1. E. angusta**
1. Cabezuelas con 3 flores o más; superficie abaxial de las hojas (cuando pubescente) con tricomas simples.
  2. Cipselas glabras o algunas veces glandulosas.
    3. Cabezuelas con c. 10 flores. **4. E. mima**
    3. Cabezuelas con 3-6(7) flores.
      4. Cipselas igualmente10-acostilladas, teretes, 4-6.5 mm; involucros 10-13 mm; corolas casi completamente glandulosas. **6. E. shannonii**
      4. Cipselas desigualmente 3-4-acostillado-anguladas, 2.5-3.2 mm; involucros 4-7 mm; corolas no glandulosas o glandulosas mayormente en la mitad distal, el tubo rara vez glanduloso.

5. Láminas de las hojas piloso-hirsutas a esparcidamente tomentulosas; garganta de la corola presente, los lobos 1.4-2 mm, c. 2 veces tan largos como la garganta; capitulescencia 10-15 cm de diám., subglomerulado-paniculada. **2. E. heydeana**

5. Láminas de las hojas en general densamente tomentosas abaxialmente; garganta de la corola casi ausente, los lobos partidos casi hasta el tubo; capitulescencia 5-23 cm de diám., densamente subglomerulado-paniculada. **3. E. leiocarpa**

2. Cipselas pelosas, algunas veces también glandulosas, rara vez glabras.

6. Capitulescencias de glomérulos axilares, los glomérulos generalmente sésiles; lobos de la corola casi 1/2 de la longitud de las corolas, partidos casi hasta la base del limbo, la garganta casi ausente. **7. E. standleyi**

6. Capitulescencias diversamente paniculadas, terminales o algunas veces laterales; lobos de la corola generalmente 1/3-1/4 de la longitud de las corolas.

7. Capitulescencias cilíndrico-paniculadas, generalmente sobre ramitas laterales a lo largo de la longitud de los tallos. **5. E. oolepis**

7. Capitulescencias redondeado-paniculadas o piramidal-paniculadas, terminales.

8. Involucros angostamente campanulados. **8. E. thomasii**

8. Involucros cilíndricos. **9. E. triflosculosa**

1. Eremosis angusta Gleason, *N. Amer. Fl.* 33: 98 (1922). Holotipo: Guatemala, *Kellerman 6132* (foto MO! ex F). Ilustr.: no se encontró.

Critoniopsis angusta (Gleason) H. Rob., *Vernonia angusta* (Gleason) Standl.

Arbustos o árboles pequeños hasta 5 m; tallos tomentulosos. Hojas pecioladas; láminas 5-19(-6) × 1.5-2(-3) cm, lanceoladas a elíptico-lanceoladas, generalmente más amplias por encima del 1/2, las nervaduras secundarias generalmente 5 por lado, la superficie adaxial escabrosa, la superficie abaxial esparcidamente tomentulosa con tricomas dolabriformes (con forma de "T"), también glandulosa, la base cuneada, los márgenes enteros, revolutos, el ápice agudo a acuminado; pecíolo 5-10 mm. Capitulescencia c. 10 cm de diámetro, densamente subglomerulado-paniculada, redondeada, terminal desde los nudos más distales, las cabezuelas subsésiles a cortamente pedunculadas. Cabezuelas con 1 flor; involucro 6-8 × c. 1.5 mm, angostamente cilíndrico; filarios c. 6-seriados, esparcidamente tomentulosos, el mucrón apical hasta 0.5 mm; filarios externos c. 1.7 × 1.1 mm, anchamente ovados, el ápice obtuso; filarios internos 5.5-8 × c. 1 mm, oblanceolados, el ápice agudo. Flores: corola c. 6.6 mm, blanca. Cipselas 2-2.5 mm, ligeramente acostilladas, piloso-hirsutas, no glandulosas; vilano interno de cerdas c. 6 mm. Floración feb.-mar. *Hábitat desconocido.* G (*Kellerman 7922*, F). 100-1100 m. (Endémica.)

Vernonia angusta fue citada por Villaseñor Ríos (2016) para México, pero ni Jones (1973) ni Turner (2007) la reportaron en México. Pruski (2012a) excluyó *Eremosis angusta* de México, ya que no se encontraron ejemplares mexicanos.

2. Eremosis heydeana (J.M. Coult.) Gleason, *Bull. New York Bot. Gard.* 4: 234 (1906). *Vernonia heydeana* J.M. Coult., *Bot. Gaz.* 20: 42 (1895). Isotipo: Guatemala, *Heyde y Lux 3392* (foto MO! ex US). Ilustr.: no se encontró.

Critoniopsis heydeana (J.M. Coult.) H. Rob.

Arbustos a árboles, de hasta 8(-15) m; tallos algunas veces trepadores, hirsútulos o finamente tomentulosos a glabrescentes. Hojas pecioladas; láminas 5-10 × 2.8-6 cm, generalmente ovadas, generalmente más anchas en o debajo del 1/2, las nervaduras secundarias generalmente 5-7 por lado, la superficie adaxial hirsúta a glabrescente, algunas veces glandulosa, la superficie abaxial piloso-hirsuta a esparcidamente tomentulosa, pilosa con tricomas simples, también glandulosa, la base cuneada, los márgenes enteros a remotamente denticulados, el ápice agudo a acuminado; pecíolo 9-20 mm. Capitulescencia 10-15 cm de diámetro, laxamente subglomerulado-paniculada, redondeada a largamente piramidal, terminal desde los nudos más distales, las cabezuelas subsésiles a cortamente pedunculadas. Cabezuelas con 3-6 flores; involucro 4-6 × 3-4 mm, campanulado, sobre estípites bracteolados; filarios 5-7-seriados; filarios externos numerosos, 1-1.5 × 0.4-0.6 mm, triangulares, esparcidamente tomentulosos, el ápice agudo a obtuso; filarios internos 4-6 × 0.8-1.1 mm, oblanceolados, subglabros, el ápice obtuso. Flores: corola 5.2-6.3 mm, generalmente glandulosa en la 1/2 distal, el tubo rara vez glanduloso, la garganta presente, los lobos 1.4-2 mm, c. el doble de la longitud de la garganta, casi c. 1/3 de la longitud de la corola. Cipselas c. 3 mm, desigualmente 3-4-acostillado-anguladas, glabras o algunas veces esparcidamente glandulosas; vilano ligeramente 2-seriado, las cerdas externas pocas, hasta c. 1 mm, las cerdas internas 5-6 mm. Floración ene.-abr. *Bosques de Quercus, selvas caducifolias.* Ch (*Reyes-García et al. 1448*, MO); G (*Heyde y Lux 3392*, F). 900-1800 m. (México, Mesoamérica.)

3. Eremosis leiocarpa (DC.) Gleason, *Bull. New York Bot. Gard.* 4: 232 (1906). *Vernonia leiocarpa* DC., *Prodr.* 5: 34 (1836). Holotipo: México, estado desconocido, *Karwinsky s.n.* (M). Ilustr.: Pruski, *Phytoneuron* 2016-50: 4, t. 2B (2016). N.v.: Baktez, ch'ail te', tuxnuk' ch'o, tzajal sitit, Ch; palito de negro, qán ea'ax, supup, suquinay, G; acerillo, amargoso, conror, desmay, escambrón, gusnay, hoja blanca, manteca, mulule, palo de quesillo, quesillo, tatascán, H; hierba blanca, hierba de montaña, oreja de gato, oreja de gato blanco, palo de asma, ES.

Cacalia leiocarpa (DC.) Kuntze, *Critoniopsis leiocarpa* (DC.) H. Rob., *Eremosis melanocarpa* Gleason, *Vernonia melanocarpa* (Gleason) S.F. Blake.

Comúnmente arbustos o árboles 1-5 m, las coronas densas y redondeadas; tallos densamente tomentosos a proximalmente glabrescentes. Hojas pecioladas; láminas 6-14(-18) × 2-9 cm, elíptico-ovadas a ovadas, generalmente más anchas debajo del 1/2, las nervaduras secundarias generalmente 5-8 por lado, la superficie adaxial velloso-pilosa o esparcidamente tomentulosa a glabrescente, la superficie abaxial por lo general densamente tomentosa, pubescente con tricomas simples, la base cuneada a obtusa o algunas veces redondeada, los márgenes enteros a denticulados, el ápice agudo a acuminado; pecíolo 10-30 mm. Capitulescencia 5-23 cm de diámetro, densamente subglomerulado-paniculada, piramidal, terminal desde los nudos más distales, las ramas laterales principales generalmente más largas que las hojas subyacentes, las cabezuelas subsésiles a cortamente pedunculadas. Cabezuelas con 3-5(-7) flores; involucro 3.5-7 × 2.2-3 mm, angostamente campanulado; filarios 5-6-seriados, algunas veces en líneas verticales definidas, distalmente tomentosos a tomentulosos; filarios externos 1.3-2.2 × 1-1.9 mm, anchamente triangulares, el ápice anchamente obtuso; filarios internos 3.5-6 × 1-1.9 mm, oblanceolados, subglabros, el ápice obtuso o algunas veces agudo. Flores: corola 6-6.7 mm, blanca a rosada, los lobos algunas veces distalmente glandulosos o setulosos, la garganta casi ausente, los lobos partidos hasta casi el tubo, casi 1/2 de la longitud de la corola. Cipselas 2.5-3.2 mm, desigualmente 3-acostillado-anguladas, glabras, no glandulosas; vilano interno de cerdas 5-6.5 mm. $2n = 34, 36$. Floración (oct.-)nov.-jun.(-ago.). *Laderas abiertas, bosques de Pinus, bosques de Pinus-Quercus, quebradas secas, laderas rocosas, selvas caducifolias, selvas perennifolias, matorrales.* Ch (*Jones y Jones 21675*, MO); B (*Hicks 65*, MO); G (*Heyde y Lux 3416*, MO); H (*Clewell 3771*, MO); ES (*Standley 20372*, NY); N (*Moreno 23515*, MO). 600-2500 m. (México, Mesoamérica.)

4. Eremosis mima (Standl. et Steyerm.) Pruski, *Phytoneuron* 2016-50: 18 (2016). *Vernonia mima* Standl. et Steyerm., *Publ. Field Mus. Nat. Hist., Bot. Ser.* 23: 264 (1947). Holotipo: Guatemala, *Standley 82871* (foto MO! ex F). Ilustr: Pruski, *Phytoneuron* 2016-50: 17, t. 13 (2016).

Arbustos 2-3 m; tallos subescandentes, estriados, tomentulosos a cortamente vellosos. Hojas pecioladas; láminas 5-12.5 × 3-8 cm, ovadas o elíptico-ovadas, más amplias en el 1/2 o debajo del 1/2, pinnatinervias, las nervaduras secundarias 5-8 por lado, la superficie adaxial esparcidamente puberulenta a hírtula o glabrescente, la superficie abaxial tomentulosa a vellosa, pubescente con tricomas simples, la base obtusa o redondeada, algunas veces con acumen cortamente decurrente, los márgenes subenteros, el ápice agudo; pecíolo 1-3 cm. Capitulescencia en los 20-30 cm distales de los tallos mayores, corimbosopaniculada o subumbelada, de varios grupos anchamente redondeados ligeramente congestos de 5-10 cm de diámetro sobre ramas laterales de (3-)7-15 cm desde los 3-7 nudos distales, las ramas laterales en c. 45-80° con los tallos mayores; pedúnculos 2-6 mm, tomentulosos a cortamente vellosos, las cabezuelas rara vez subsésiles. Cabezuelas 10-13 mm, con c. 10 flores; involucro 8-9 × 4-5 mm, turbinado-campanulado; filarios 5-6-seriados, ascendentes, algunas veces los externos escasamente decurrentes sobre el pedúnculo, verdoso pálido, los márgenes a veces ciliado-vellosos; filarios externos 0.1-2 × 0.5-1 mm, triangular-lanceolados, cortamente vellosos, el ápice agudo o acuminado; filarios internos 7-9 × 1-1.4 mm, casi tan altos como el vilano, lanceolados, distalmente escasamente patentes y finalmente deciduos, subglabros o algunas veces cortamente vellosos, el ápice agudo o algunas veces obtuso. Flores: corola 7-8 mm, blanco-amarillenta, glandulosa, el tubo c. 5 mm, más largo que el limbo, delgada, garganta campanulada, los lobos 1.5-2.5 mm, más largos que la garganta, c. 1/3 de la longitud de la corola. Cipselas 2.3-2.9 mm, turbinadas, desigualmente 3-4-acostillado-anguladas, glabras, no glandulosas; vilano interno con cerdas 4.5-6 mm. Floración ene.-mar. *Bosques de* Quercus, *matorrales, laderas de volcanes.* G (*Castillo y Vargas 2765*, MO). 1700-2100 m. (Endémica.)

5. Eremosis oolepis (S.F. Blake) Gleason, *N. Amer. Fl.* 33: 97 (1922). *Vernonia oolepis* S.F. Blake, *Contr. Gray Herb.* 52: 20 (1917). Isotipo: México, Yucatán, *Gaumer s.n.* (foto MO! ex F). Ilustr.: no se encontró. N.v.: Tamanbub, Y.

Critoniopsis oolepis (S.F. Blake) H. Rob.

Arbustos trepadores hasta 3 m; tallos densa y finamente tomentulosos, algunas veces glabrescentes proximalmente. Hojas pecioladas; láminas 6-10 × 2-5 cm, elíptico-ovadas, más anchas en el 1/2, las nervaduras secundarias generalmente 5-7 por lado, la superficie adaxial glabra, no glandulosa, la superficie abaxial tomentulosa, pubescente con tricomas simples, también glandulosa, la base cuneada, los márgenes enteros, subrevolutos, el ápice acuminado; pecíolo 2-5 mm. Capitulescencia hasta 40 cm, cilíndrico-paniculada, generalmente sobre ramitas laterales 5-15 cm a lo largo de la longitud de los tallos trepadores alargados, cada ramita redondeada apicalmente con varios glomérulos de 3-8 cabezuelas, estas ramitas floríferas laterales c. 1.5 veces tan largas como las hojas subyacentes, las cabezuelas subsésiles; pedúnculos 0-1(-2) mm. Cabezuelas con 3-5 flores; involucro 5-6 × 2-3 mm, angostamente campanulado; filarios 5-7-seriados, araneoso-ciliados; filarios externos 1-1.8 × 0.7-1.1 mm, triangular-ovados, el ápice anchamente agudo; filarios internos 5-6.5 × 1-1.4 mm, oblongos, el ápice obtuso. Flores: corola 5.5-7 mm, glabra, los lobos c. 1.5 mm, c. 1/3 de la longitud de la corola. Cipselas 1.5-3 mm, 6-7-acostilladas, las 3 costillas abaxiales prominentes, completamente setuloso-subestrigulosas; vilano ligeramente 2-seriado, las cerdas externas generalmente 1-2 mm, las cerdas internas 5-6 mm. Floración dic.-abr. *Matorrales secos, selvas subperennifolias.* Y (*Carnevali y Tapia-Muñoz 6576*, MO); C (*Chab 2009*, CICY); QR (*Ucán y Poot 5102*, MO). 0-100 m. (Endémica.)

Jones (1973) describió las corolas casi de "13 mm". Turner (2007) notó que *Eremosis triflosculosa* es muy similar a *E. oolepis*, la cual supuestamente difiere por las corolas de más de 10 mm. El material disponible para este tratado e identificado como *E. oolepis* tiene corolas de hasta 7 mm.

6. Eremosis shannonii (J.M. Coult.) Gleason, *Bull. New York Bot. Gard.* 4: 234 (1906). *Vernonia shannonii* J.M. Coult., *Bot. Gaz.* 20: 42 (1895). Holotipo: Guatemala, *Shannon 605* (imagen en Internet ex US!). Ilustr.: no se encontró.

Critoniopsis shannonii (J.M. Coult.) H. Rob.

Arbustos a árboles 3-10 m; tallos esparcidamente tomentulosos a glabrescentes. Hojas pecioladas; láminas (7-)10-17 × (2.5-)4-7 cm, generalmente elíptico-ovadas, generalmente más anchas en el 1/2, las nervaduras secundarias generalmente 7-9 por lado, las superficies no glandulosas, generalmente glabras (araneoso-tomentulosas con tricomas simples cuando jóvenes), la base cuneada a acuminada, los márgenes enteros, el ápice agudo a acuminado; pecíolo 5-20 mm. Capitulescencia 5-10 cm de diámetro, corimbosa, anchamente redondeada, terminal; pedúnculos 5-10 mm. Cabezuelas con 5-6 flores; involucro 10-13 × 3-5 mm, angostamente campanulado; filarios c. 5-seriados, glabros o el ápice muy esparcidamente araneoso-ciliado; filarios externos 2-4 × 1.5-3 mm, anchamente ovados, el ápice agudo; filarios internos 8-11 × 1.4-2.4 mm, oblongos, el ápice obtuso a redondeado. Flores: corola 9-12 mm, color lavanda, glandulosa casi completamente, los lobos c. 1/3 de la longitud de la corola. Cipselas 4-6.5 mm, teretes, igualmente 10-acostilladas, algunas veces esparcidamente glandulosas distalmente, por lo demás glabras; vilano interno de cerdas 7-8.1 mm. Floración dic.-feb. *Bosques mixtos, laderas de montañas, bosques de* Quercus, *bosques de* Pinus-Quercus, *bosques nublados.* Ch (*Breedlove y Thorne 31196*, MO); G (*Keeley y Keeley 3161*, MO). 2500-3800 m. (Endémica.)

7. Eremosis standleyi (S.F. Blake) Pruski, *Phytoneuron* 2016-50: 21 (2016). *Vernonia standleyi* S.F. Blake, *J. Wash. Acad. Sci.* 13: 143 (1923). Holotipo: El Salvador, *Standley 19703* (foto MO! ex US). Ilustr.: Nash, *Fieldiana, Bot.* 24(12): 465, t. 11 (1976). N.v.: Vara de candela, H.

Critoniopsis standleyi (S.F. Blake) H. Rob., *Vernonia calderonii* S.F. Blake.

Arbustos 1-3 m; tallos finamente tomentulosos y glandulosos tornándose glabrescentes, algunas veces escasamente fractiflexos. Hojas cortamente pecioladas; láminas 4-12 × 1.5-5 cm, elípticas a obovadas, generalmente más anchas en o por encima del 1/2, las nervaduras secundarias generalmente 5-9 por lado, la superficie adaxial finamente puberulenta especialmente a lo largo de la vena media y glandulosa, la superficie abaxial densamente pilósula a tomentosa, pubescente con tricomas simples, también glandulosa, la base cuneada, los márgenes enteros a serrulados, el ápice agudo a acuminado (rara vez obtuso); pecíolo 2-7 mm. Capitulescencia de densos glomérulos 1-2.3(-3) cm de diámetro, axilares, redondeados, sésiles (rara vez sobre pedicelos cortos 1-2 cm), las cabezuelas subsésiles sobre pedúnculos hasta 1 mm. Cabezuelas con 4-5 flores; involucro 4-5.5 × 2-3 mm, campanulado; filarios 5-7-seriados, en el 1/2 distal araneosos a vellosos y también glandulosos; filarios externos 1-1.5 × 0.5-1 mm, ovados, el ápice agudo a obtuso; filarios internos 4-5.5 × 1-1.4 mm, lanceolados, el ápice agudo a acuminado. Flores: corola 4-5 mm, blanco-amarillenta, glandulosa y algunas veces también hispídula especialmente sobre el tubo, los lobos hasta 2.5 mm, casi 1/2 de la longitud de la corola, partidos hasta la base de la garganta casi ausente. Cipselas 2-3.5 mm, 5-7-acostilladas, densamente seríceas, anillo glabro; vilano interno de cerdas 3.7-5 mm. Floración sep.-mar. *Laderas, matorrales, bosques de* Pinus, *bosques de* Pinus-Quercus. G (*Standley 74968*, F); H (*Standley 28221*, MO); ES (*Calderón 2499*, US); N (*Moreno 22722*, MO). 600-1400 m. (Endémica.)

8. Eremosis thomasii (H. Rob.) Pruski, *Phytoneuron* 2016-50: 22 (2016). *Critoniopsis thomasii* H. Rob., *Phytologia* 78: 388 (1995). Holotipo: Honduras: *Hawkins 571* (MO). Ilustr.: Pruski, *Phytoneuron* 2016-50: 23, t. 16 (2016).

Arbustos trepadores 4-10 m; tallos tomentulosos; follaje con algunos tricomas dolabriformes o estrellados. Hojas cortamente pecioladas; láminas 2.5-9 × 1-5 cm, elíptico-ovadas, generalmente más anchas en o por encima del 1/2, las nervaduras secundarias generalmente 5-7 por lado, la superficie adaxial hírtula con tricomas simples, algunas veces también glandulosa, la superficie abaxial hírtula con tricomas simples también glandulosa, la base cuneada a obtusa, los márgenes enteros, el ápice agudo a obtuso; pecíolo 4-7 mm. Capitulescencia terminal, piramidal-paniculada, las cabezuelas subsésiles en grupos numerosos; pedúnculos 0-1.6 mm. Cabezuelas con 3-4 flores; involucro 4.5-6.5 × 2.5-3 mm, angostamente campanulado; filarios 5-6-seriados, glabros o el ápice puberulento; filarios externos 0.6-1 × 0.4-0.6 mm, anchamente ovados; filarios internos 4-5 × 1-1.4 mm, oblanceolados, el ápice agudo. Flores: corola 4.6-5.8 mm, blanca, glandulosa distalmente, los lobos c. 1.5 mm, c. 1/3 de la longitud de la corola. Cipselas 2-2.3 mm, c. 8-acostilladas, setuloso-subestrigulosas, anillo glabro; vilano de cerdas c. 4.5 mm, subiguales. Floración mar.-abr. *Selvas altas perennifolias.* H (*Hawkins 884*, MO). 1100-1700 m. (Endémica.)

9. Eremosis triflosculosa (Kunth) Gleason, *Bull. New York Bot. Gard.* 4: 233 (1906). *Vernonia triflosculosa* Kunth in Humb., Bonpl. et Kunth, *Nov. Gen. Sp.* folio ed. 4: 31 (1820 [1818]): Holotipo: México, Guerrero, *Humboldt y Bonpland 3909* (foto MO! ex P-Bonpl.). Ilustr.: Zamora et al., *Árboles Costa Rica* 2: 282 (2000). N.v.: Pie de paloma, G; palo de tierra, H; barreto, rájate bien, rájate luego, sauquillo, suquinay prieto, ES; quitirrí, tubusí, CR.

Cacalia triantha (S. Schauer) Kuntze, *C. triflosculosa* (Kunth) Kuntze, *Critoniopsis triflosculosa* (Kunth) H. Rob., *Gymnanthemum congestum* Cass., *Vernonia dumeta* Klatt, *V. luxensis* J.M. Coult., *V. triantha* S. Schauer.

Comúnmente arbustos o árboles pequeños (2-)4-12 m, la corona densa y redondeada; tallos canescentes o tomentosos tornándose glabrescentes; follaje algunas veces con tricomas dolabriformes o estrellados. Hojas cortamente pecioladas; láminas 5-13 × 1-3 cm, oblanceoladas a obovadas, generalmente más anchas por encima del 1/2, las nervaduras secundarias generalmente 5-7 por lado, la superficie adaxial puberulenta a generalmente glabrescente, la superficie abaxial glandulosa, por lo demás glabra a subtomentulosa con tricomas simples, la base obtusa a más generalmente acuminada a atenuada y subdecurrente, los márgenes enteros a serrulados o denticulados, el ápice agudo a acuminado; pecíolo 4-12(-17) mm. Capitulescencia terminal redondeado-paniculada, las cabezuelas subsésiles en grupos numerosos. Cabezuelas con 3(4) flores; involucro 4.5-6.5 × 1.3-2.5 mm, cilíndrico; filarios 4-6-seriados, subglabros; filarios externos 0.5-1 × 0.7-1.4 mm, anchamente ovados, el ápice obtuso a redondeado; filarios internos 3.5-6.5 × 1-1.6 mm, oblanceolados, el ápice agudo. Flores: corola 5-6 mm, blanca, los lobos hasta 1.5 mm, generalmente 1/3-1/4 de la longitud de la corola. Cipselas 2-3 mm, setosas, 7-10-acostilladas; vilano interno de cerdas 4-5.5 mm. Floración feb.-jun. *Campos, laderas rocosas, matorrales secos, pastizales, vegetación secundaria, selvas bajas caducifolias, matorrales.* Ch (*Breedlove 24648*, MO); QR (Turner, 2007: 133); G (*Heyde y Lux 3421*, US); H (*Williams y Molina R. 12115*, MO); ES (*Martínez 771*, MO); N (*Moreno 8273*, MO); CR (*Tonduz 7076*, MO); P (*Davidson 642*, MO). (100-)600-1600 m. (México, Mesoamérica.)

Eremosis triflosculosa es uno de los árboles regionales con el tronco más grande entre las Asteraceae. La subespecie norteña *Vernonia triflosculosa* subsp. *palmeri* (Rose) S.B. Jones de hojas lanceoladas fue reconocida por Jones (1973). Aquí se reconoce *E. triflosculosa* en el sentido de *V. triflosculosa* subsp. *triflosculosa* de Jones (1973), pero sin dar opinión sobre el estado de *V. triflosculosa* subsp. *palmeri*, la cual no fue tratada por Robinson (1993). Villaseñor Ríos (2016) listó *E. corymbosa* (Mill.) Pruski (como *Critoniopsis salicifolia* (DC.) H. Rob.) en Chiapas, que parece referirse a material que aquí se abría identificado como *E. triflosculosa*.

267. Harleya S.F. Blake

Por J.F. Pruski.

Hierbas estoloníferas perennes o subarbustos; tallos erectos, simples o poco ramificados en la capitulescencia, tomentosos a subglabrescentes, subteretes a irregularmente angulados distalmente, 1/2 distal foliosa; follaje con tricomas contortos. Hojas alternas, subsésiles a pecioladas; láminas anchas, cartáceas, pinnatinervias, las superficies discoloras, la superficie abaxial tomentosa con una densa capa de tricomas adpresos, los márgenes subenteros o sinuados a dentados. Capitulescencia axilar (rara vez terminal), glomerulada, glomérulos con frecuencia abrazados por una hoja joven. Cabezuelas discoides, sésiles o casi sésiles, con 8-11 flores; involucro oblongo-turbinado; filarios imbricados, graduados, en varias series, erectos, apicalmente acuminado-cuspidados; clinanto aplanado, sin páleas, foveolado. Flores bisexuales; corola actinomorfa, tubular-infundibuliforme, 5-lobada, glandulosa, escasamente exerta del involucro, color violeta a púrpura; antera pajiza, apéndice apical obtuso a redondeado, basalmente espolonado, espolón fértil, redondeado basalmente; polen tricolporado, lofado; estilo con tronco largamente papiloso distalmente, las ramas ascendente-alargadas, largamente papilosas, la base generalmente con nudo estilar. Cipselas isomorfas, obcónico-turbinadas, 4-5-anguladas, glandulosas, caras algunas veces 1-nervias; vilano coroniforme, pajizo. 1 sp. Endémica en Mesoamérica.

Harleya oxylepis, descrita por Bentham (Bentham y Hooker, 1873) en *Oliganthes* Cass. (Vernonieae), fue excluida de la tribus por Gleason (1922), pero fue reintegrada como un miembro de Vernonieae por Blake et al. (1926). Blake (1932) describió *Harleya* como un género monoespecífico de Vernonieae, y Nash (1976a), Pruski (1992) y Robinson (1999) siguieron a Blake al reconocer *Harleya*. Pruski (1996a) transfirió la mayoría de las especies americanas una vez ubicadas en *Oliganthes* a *Piptocoma*, y trató *Oliganthes* s. str. como endémico de Madagascar.

Bibliografía: Bentham, G. y Hooker, J.D. *Gen. Pl.* 2: 163-533, 536-537 (1873). Blake, S.F. *J. Wash. Acad. Sci.* 22: 381 (1932). Blake, S.F. et al. *Contr. U.S. Natl. Herb.* 23: 1401-1641 (1926). Nash, D.L. *Fieldiana, Bot.* 24(12): 4-32, 455-465 (1976). Pruski, J.F. *Novon* 2: 19-25 (1992).

1. Harleya oxylepis (Benth.) S.F. Blake, *J. Wash. Acad. Sci.* 22: 381 (1932). *Oliganthes oxylepis* Benth., *Gen. Pl.* 2: 233 (1873). Isotipo: México, Yucatán o Tabasco, *Johnson 21* (NY!). Ilustr.: Nash, *Fieldiana, Bot.* 24(12): 458, t. 4 (1976).

Hierbas perennes rara vez erectas o subarbustos hasta 1 m; tallos escasamente estriados, distalmente tomentosos, tornándose subglabrescentes proximalmente. Hojas subsésiles o cortamente pecioladas; láminas (3-)6-13 × (1.5-)2.5-5 cm, elíptico-ovadas a algunas veces oblongas u obovadas, las nervaduras terciarias más o menos inconspicuas, la superficie adaxial verde oscuro, glabra o finamente glanduloso-punteada, la superficie abaxial blanco-tomentosa, la base cuneada a escasamente atenuada y decurrente sobre el pecíolo, los dientes marginales, cuando presentes, cubriendo 2/3 distales de la lámina, 10-13, cada uno típicamente abrazado por una vena secundaria, el ápice agudo a raramente obtuso; pecíolo alado hasta la base o casi hasta la base, 0.3-0.6 cm. Capitulescencia glomerulada, típicamente sostenida apenas por encima de las hojas subyacentes sobre ramas tomentosas 0.4-4 cm; glomérulos individuales 1.5-3 cm de diámetro, con 9-15 cabezuelas; pedúnculos (0-)1 mm, 1-bracteolados o 2-bracteolados, bractéola 1-2 mm, semejando filarios externos, pero no tan apicalmente rostradas. Cabezuelas 9-13 mm; involucro 2.5-4 mm de diámetro; filarios 25-30, 5-seriados o 6-seriados, lanceolados, medial y distalmente rojizos o purpúreos, glabros, los márgenes delgados y ligeramente hialinos; filarios de las series externas 3-4 mm, largamente cuspidados apicalmente, el mucrón hasta 2 mm, filarios de las series internas 8-9 × c. 1.5 mm, cortamente cuspidados apicalmente, el mucrón hasta 1 mm. Flores: corola 6-8 mm, color violeta a color púrpura, glandulosa, el tubo muy angosto, de ninguna manera acercándose al ancho del ápice de las cipselas, no bien diferenciado de la garganta, los lobos hasta 2 mm, con frecuencia recurvados; anteras escasamente exertas de la garganta; ramas del estilo 1.3-2 mm, ascendentes. Cipselas 1.4-2 mm, pajizas, corona 0.4-0.5 mm, muy gruesa. *Áreas alteradas, campos, orillas de caminos, márgenes de quebradas, tintales.* T (*Johnson 21*, NY); Ch (*Martínez S. 17860*, MO); Y (*Johnson 21*, NY); QR (*Sanders et al. 9904*, MO); B (*Bartlett 12042*, MO); G (*Steyermark 45774*, MO). 0-200 m. (Endémica.)

268. Lepidaploa (Cass.) Cass.
Vernonia Schreb. sect. *Lepidaploa* (Cass.) DC., *V.* subg. *Lepidaploa* Cass.

Por J.F. Pruski.

Hierbas anuales o perennes, pubescentes, frecuentemente hierbas glandulosas o arbustos de hasta 3m; tallos erectos con frecuencia muy ramificados, con frecuencia pelosos, generalmente no glandulosos. Hojas alternas, sésiles o pecioladas; láminas generalmente elípticas, pinnatinervias. Capitulescencia terminal o axilar, cimosa, las ramas por lo general ligeramente arqueadas, las cabezuelas solitarias o agregadas, con frecuencia abrazadas por hojas bracteadas reducidas. Cabezuelas homógamas, discoides, con 8-40 flores; involucro generalmente campanulado; filarios persistentes, graduados, 3-6-seriados, los filarios externos a menudo patentes, delgados con ápices aristados, los internos comúnmente con ápices agudos; clinanto sin páleas. Flores bisexuales; corola actinomorfa, infundibuliforme, generalmente color violeta, con frecuencia pelosa o glandulosa, especialmente sobre los 5 lobos alargados; anteras con apéndices glandulosos o no glandulosos, espolonadas en la base, los espolones más largos que el collar; polen tricolporado, generalmente equinolofado; ramas del estilo ascendente-alargadas, filiforme-subuladas, la base generalmente con nudo estilar. Cipselas prismáticas, generalmente 8-10-acostilladas, en general setosas con tricomas antrorsos, con frecuencia también glandulosas, las células de la superficie generalmente con rafidios alargados; carpóforo bien desarrollado; vilano doble, persistente, las series externas de varias escamas cortas conspicuas, las series internas de numerosas cerdas capilares largas. Aprox. 120 spp. América tropical.

Lepidaploa es un segregado de *Vernonia*, mayormente diferenciado por el polen equinolofado (vs. equinado tricolporado). Keeley (1982) trató *Lepidaploa* como un sinónimo de *Vernonia* y *V. canescens* como un sinónimo de la especie más ampliamente distribuida *V. arborescens* (L.) Sw., pero aquí *L. canescens* es reconocida como distinta como en Pruski (2010). La cita de Hemsley (1881: 73) de *Vernonia punctata* Sw. ex Wikstr. (un sinónimo de *L. glabra* (Willd.) H. Rob. de las Antillas) en Belice probablemente hace referencia a ejemplares que han sido identificados aquí como *L. uniflora*.

La especie sudamericana *L. lehmannii* (Hieron.) H. Rob. se encuentra en Colombia a pocos kilómetros de Panamá y se espera encontrar en Mesoamérica.

Bibliografía: Blake, S.F. *Proc. Biol. Soc. Wash.* 39: 144 (1926). Keeley, S.C. *Syst. Bot.* 7: 71-84 (1982).

1. Cabezuelas 9-15 mm.
   2. Hojas cartáceas; lobos de la corola 1-1.6 mm; filarios nunca gruesamente acostillados. **5. L. salzmannii**
   2. Hojas rígidamente cartáceas; lobos de la corola (2.2-)3.5-4 mm; filarios de las series externas y medias gruesamente acostillados. **7. L. tortuosa**
1. Cabezuelas menos de 12 mm.
   3. Capitulescencias generalmente foliosas, las cabezuelas con frecuencia en las axilas de las hojas del tallo.
      4. Filarios externos con ápices típicamente espinoso-aristados. **2a. L. canescens** var. **canescens**
      4. Filarios externos con ápices largamente subulados.
         5. Hierbas anuales o perennes de vida corta, hasta 1 m; corolas 4-5 mm, los lobos c. 1.1 mm. **1. L. acelepis**
         5. Hierbas perennes a subarbustos, 1-1.5 m; corolas 6-7 mm, los lobos c. 2.5 mm. **8. L. uniflora**

3. Capitulescencias no foliosas, sostenidas por encima de las hojas del tallo.
   6. Hojas con las nervaduras secundarias no prominentes en la superficie abaxial. **3. L. chiriquiensis**
   6. Hojas con las nervaduras secundarias prominentes a ligeramente prominentes en la superficie abaxial.
      7. Cabezuelas con 17-25 flores; cerdas del vilano interno 4-5 mm. **4. L. polypleura**
      7. Cabezuelas con 8-15 flores; cerdas del vilano interno c. 6 mm. **6. L. tenella**

1. **Lepidaploa acilepis** (Benth.) Pruski, *Phytoneuron* 2017-50: 7 (2017). *Vernonia acilepis* Benth., *Vidensk. Meddel. Dansk Naturhist. Foren. Kjøbenhavn* 1852: 68 (1853). Holotipo: Nicaragua, *Oersted 2* (foto MO! ex K). Ilustr.: no se encontró.

Hierbas anuales o perennes de vida corta, 0.2-1 m; tallos estriados, delgadamente estrigulosos a cortamente vellosos, no glandulosos. Hojas cortamente pecioladas; láminas (2-)3-6(-8) × 1-3(-4) cm, ovadas a oblanceoladas (más anchas en 1/2 o por encima de esta), las nervaduras secundarias 4 o 5 por lado, ambas superficies delgada y esparcidamente velloso-pilosas, los tricomas 0.5-1 mm o más largos, la base cuneada a acuminada, los márgenes serrulados a serrados, el ápice agudo a acuminado; pecíolo 0.1-0.5 cm. Capitulescencia de (1-)3-5 o más cimas subescorpioides foliosas en 1/2-2/3 distal del tallo, cada cima con 4-8 cabezuelas, las cabezuelas remotas, generalmente 2-3 cm entre sí, 1(2) por nudo, sésiles. Cabezuelas 8-10 mm, con 12-19 flores; involucro 7-9.5 × 4-6(-7) mm, cilíndrico a turbinado-campanulado; filarios 3-seriados o 4-seriados, erectos o aquellos de las series externas ligeramente patentes, velloso-estrigulosos, no glandulosos; filarios de las series externas 2-4 × 0.3-1 mm, linear-lanceolados, el ápice largamente subulado con un mucrón apical de 1-2 mm; filarios de las series internas 7-9.5 × 1.2-1.7 mm, elíptico-lanceolados, el ápice acuminado. Flores: corola 4-7 mm, rosado pálido de hasta color lavanda, los lobos c. 1.1 mm, glabra. Cipselas 1.3-3 mm, subestrigosas, no glandulares; vilano blanco o algunas veces pardo, la serie externa de escuámulas 0.6-1 mm, la serie interna de cerdas 4-5 mm. Floración sep.-dic. *Áreas alteradas, áreas abiertas o rocosas, bosques de* Pinus, *selvas bajas caducifolias.* T (Cowan, 1983: 27); Ch (Breedlove, 1986: 57); G (Nash, 1976a: 21); ES (*Sandoval ES-01704*, MO); N (*Neill 2925*, MO); CR (*Heithaus 482*, MO). 100-700(-1500) m. (Mesoamérica, Colombia, Venezuela, Guayanas, Bolivia, Brasil, Paraguay, Chile, Argentina, Antillas.)

Las citas de Breedlove (1986), Cowan (1983) y Nash (1976a) de *Vernonia acilepis* en México se basan en identificaciones erróneas de material que aquí se hubiese llamado *Lepidaploa salzmannii* o *L. uniflora*. El nombre *L. remotiflora* (Rich.) H. Rob. ha sido con frecuencia mal aplicado a *L. acilepis*.

2. **Lepidaploa canescens** (Kunth) H. Rob., *Proc. Biol. Soc. Wash.* 103: 483 (1990). *Vernonia canescens* Kunth in Humb., Bonpl. et Kunth, *Nov. Gen. Sp.* folio ed. 4: 27 (1820 [1818]). Holotipo: Perú, *Humboldt y Bonpland s.n.* (microficha MO! ex P-Bonpl.). Ilustr.: Kunth, *Nov. Gen. Sp.* folio ed. 4: t. 317 (1820 [1818]), como *V. canescens*. N.v.: Caratillo, G; cola de venado, contrarña, H; ciguapate de parra, ES; tuete, CR; hierba de San Juan, P.

Cacalia bullata (Benth.) Kuntze, *C. canescens* (Kunth) Kuntze, *Vernonia arborescens* (L.) Sw. var. *cuneifolia* Britton, *V. bullata* Benth., *V. cuneifolia* (Britton) Gleason, *V. geminata* Kunth, *V. hirsutivena* Gleason, *V. medialis* Standl. et Steyerm., *V. micradenia* DC.?, *V. micrantha* Kunth, *V. patuliflora* Rusby, *V. pseudomollis* Gleason, *V. purpusii* Brandegee, *V. rusbyi* Gleason, *V. sodiroi* Hieron., *V. unillensis* Cuatrec., *V. volubilis* Hieron.

El número cromosómico de la especie es 2*n* = 32, 34.

2a. Lepidaploa canescens (Kunth) H. Rob. var. **canescens**.
Subarbustos a arbustos 1-5(-8) m; tallos erectos a escandentes, vellosos o densamente puberulentos, glabrescentes proximalmente. Hojas

alternas, cortamente pecioladas; láminas (3-)5-14(-20) × (1.5-)2.5-5(-7) cm, lanceoladas a ovado-elípticas, rara vez ovadas u oblongas, las nervaduras secundarias típicamente 6-11 por lado prominentes en la superficie abaxial, la superficie adaxial algunas veces rugulosa o buliforme, escábrida con tricomas cortos erectos hasta subestrigulosa o pilosa con tricomas alargados, los tricomas con la base algunas veces prominente, no glandulosa, la superficie abaxial pilósula a densamente serícea y típicamente glandulosa, rara vez glabrescente y no glandulosa, la base cuneada a anchamente obtusa o redondeada, los márgenes enteros a remotamente serrulados, algunas veces revolutos, el ápice agudo a largamente acuminado; pecíolo 0.3-1.7 cm. Capitulescencia terminal no foliosa, una panícula escorpioide patente de hasta 20 × 15 cm, de pocas a numerosas cimas esparcidamente ramificadas de típicamente 4-10 cm de diámetro, cimas con frecuencia dispuestas en grandes panículas, las últimas ramitas con varias cabezuelas remotas y solitarias típicamente sésiles (rara vez cortamente pedunculadas) y sin bractéolas (rara vez inconspicuamente linear-bracteoladas), las ramitas rara vez acortadas con cabezuelas ligeramente congestas. Cabezuelas 5-8 mm, con 18-27 flores; involucro generalmente 4-6 × 4-5 mm, campanulado; filarios 4-6-seriados, graduados, con frecuencia matizados de color violeta; filarios de las series externas 1-2.5 mm, angostamente lanceolados, ligeramente patentes, seríceos a laxamente araneoso-tomentosos, el ápice típicamente espinoso-aristado; filarios de las series internas 4-6 mm, lanceolados, subadpresos, seríceos o solo apicalmente seríceos, el ápice a veces escasamente glanduloso, típicamente obtuso, con frecuencia cortamente apiculado, rara vez aristado. Flores: corola 3.8-5.3 mm, blanca hasta color violeta, los lobos 1.5-2.2 mm, generalmente setosos y algunas veces también ligeramente glandulosos. Cipselas 1.2-2(-2.5) mm, acostilladas, seríceas o estrigulosas, generalmente con idioblastos resiníferos; vilano pajizo a blanco, la serie externa de escamas fimbriadas 0.6-1 mm, la serie interna de cerdas generalmente 3.5-5 mm. *Bosques de neblina, selvas caducifolias, vegetación secundaria, laderas, pastizales, orillas de caminos, bosques de* Pinus-Quercus, *bosques de* Pinus, *selvas bajas caducifolias, matorrales, áreas arvenses.* T (Villaseñor Ríos, 1989: 108); Ch (*Purpus 7189*, MO); Y (*Gaumer 1325*, NY); QR (*Calónico et al. 22593*, MO); B (Villaseñor Ríos, 1989: 108); G (*Standley 87473*, F); H (*Keeley y Keeley 4026*, MO); ES (*Standley 20301*, NY); N (*Greenman y Greenman 5800*, MO); CR (*King 6773*, MO); P (*Fendler 160*, MO). 0-2500 m. (México, Mesoamérica, Colombia, Venezuela, Ecuador, Perú, Bolivia, Brasil, Trinidad y Tobago.)

D'Arcy (1975a [1976]) y Nash (1976a) usaron el nombre *Vernonia canescens* para el material mesoamericano, pero Millspaugh y Chase (1904) y Rzedowski y Calderón de Rzedowski (1995) citaron *V. arborescens* en la península de Yucatán. Keeley (1982) trató *Lepidaploa canescens* como un sinónimo de la especie ampliamente definida *L. arborescens* (L.) H. Rob. Sin embargo, Robinson (1999) reconoció *L. arborescens* como una especie endémica de las Antillas y refirió al material sudamericano y centroamericano como *L. canescens*. Robinson (1990d) anotó que *L. canescens* generalmente difiere del material de las Antillas por tener las hojas más grandes, los involucros más pequeños, los filarios más densamente pelosos, y en general por la ausencia de bractéolas en la capitulescencia. Pruski (2010) aplicó el nombre *L. canescens* al material sudamericano, y lo caracterizó como típicamente teniendo los lobos de la corola setosos. Pruski (2010) anotó que la especie antillana *L. arborescens* con frecuencia tiene los lobos de la corola densamente glandulosos, así se diferencia del material continental. La variedad no típica, *L. canescens* var. *opposita* (H. Rob.) H. Rob., parece ser endémica de Colombia.

Vernonanthura patens, sin filarios externos espinoso-aristados, es con frecuencia erróneamente identificada como *L. canescens*, y numerosos registros de *L. canescens* de la península de Yucatán podrían estar basados en identificaciones erróneas. Por ejemplo, Cowan (1983) citó *Cowan 1986* de Tabasco como *L. canescens*, pero aquí se ha identificado ese ejemplar como *V. patens. Lepidaploa canescens* es similar a la especie sudamericana *L. lehmannii*, la cual se puede esperar en Mesoamérica.

3. Lepidaploa chiriquiensis (S.C. Keeley) H. Rob., *Phytologia* 78: 385 (1995). *Vernonia chiriquiensis* S.C. Keeley, *Brittonia* 39: 45 (1987). Holotipo: Panamá, *Folsom et al. 7212* (MO!). Ilustr.: Keeley, *Brittonia* 39: 46, t. 2 (1987).

Arbustos, c. 1 m; tallos algunas veces trepadores, glabros a estrigosos o híspidos. Hojas pecioladas; láminas 6-16 × 1.5-3.5 cm, lanceoladas a elíptico-lanceoladas, las nervaduras secundarias 5-10 por lado, no prominentes en la superficie abaxial, las superficies glabras a esparcidamente subestrigulosas, la base cuneada, los márgenes enteros, el ápice acuminado; pecíolo 0.6-1 cm. Capitulescencia 5-15 cm de diámetro, abierto-corimbosa, no foliosa, sostenida por encima de las hojas del tallo; pedúnculos 5-20 mm. Cabezuelas 10-12 mm, con 19-21 flores; involucro 8-9.5 × 6-8 mm, campanulado; filarios 5-seriados o 6-seriados, subestrigulosos a subseríceos; filarios de las series externas 1-2 × c. 0.6 mm, triangulares, el ápice acuminado; filarios de las series internas 6-7 × 1-2 mm, oblanceolados, el ápice agudo a obtuso. Flores: corola 6-7 mm, blanca a rosada, los lobos 2.5-3 mm, el tubo esparcidamente glanduloso. Cipselas c. 2 mm, seríceas; vilano 2-seriado, la serie externa de escuámulas c. 1 mm, la serie interna de cerdas 6-8 mm. Floración dic.-mar. *Laderas boscosas, selvas bajas perennifolias.* P (*McPherson 13561*, MO). 1300-2100 m. (Endémica.)

4. Lepidaploa polypleura (S.F. Blake) H. Rob., *Smithsonian Contr. Bot.* 89: 72 (1999). *Vernonia polypleura* S.F. Blake, *J. Wash. Acad. Sci.* 28: 478 (1938). Holotipo: México, Chiapas, *Matuda 730* (US!). Ilustr.: no se encontró.

Arbustos a árboles, 3-19 m; tallos densamente tomentulosos a tomentosos. Hojas pecioladas; láminas 10-22 × 2.5-7.5 cm, lanceoladas o elíptico-lanceoladas a oblanceoladas o rara vez obovadas, las nervaduras secundarias 8-12(-17) por lado, prominentes en la superficie abaxial, la superficie adaxial esparcidamente piloso-hirsuta hasta solo hirsuta sobre las nervaduras con aréolas subglabras, los tricomas patentes o subadpresos, con frecuencia deciduos por encima de la base ligeramente prominente, no glandulosa o algunas veces glandulosa, la superficie abaxial densamente piloso-vellosa a tomentosa, también glandulosa, la base acuminada, los márgenes enteros o subenteros, el ápice agudo a acuminado; pecíolo 1-3 cm. Capitulescencia terminal, no foliosa, sostenida por encima de las hojas del tallo (rara vez pocas cabezuelas proximales bracteadas), una serie de cimas escorpioides o una panícula escorpioide difusa, las cabezuelas generalmente 1-1.5(-2) cm entre sí, sésiles, las últimas ramas 5-25 cm, densamente tomentulosas. Cabezuelas 7-10 mm, con 17-25 flores; involucro 6-7 ×5-8 mm, campanulado; filarios 5-seriados o 6-seriados, graduados, erectos, cortamente vellosos a estriguloso-seríceos; filarios de las series externas 1-2 × c. 0.5 mm, triangular-lanceolados, el ápice acuminado pero nunca largamente subulado; filarios de las series internas 6-7 × 0.8-1.3 mm, elíptico-lanceolados, el ápice agudo a obtuso, algunas veces escasamente constrictos debajo del ápice. Flores: corola 5-6 mm, rosada de hasta color lavanda, los lobos c. 2 mm, el limbo y especialmente los lobos setulosos. Cipselas 1.6-2.5 mm, subestrigosas, no glandulosas; vilano pajizo a pardo-amarillento, la serie externa de escuámulas 0.5-0.8 mm, la serie interna de cerdas 4-5 mm. Floración dic.-mar. *Bosques de neblina, selvas caducifolias, vegetación secundaria, bordes de selvas medianas perennifolias, bosques de* Pinus-Quercus, *selvas bajas perennifolias.* Ch (*Breedlove y Almeda 58096*, MO); G (Nash, 1976a: 28); H (*Evans 1116*, MO); ES (*Martínez 528*, MO). 1300-2400 m. (México [Oaxaca], Mesoamérica.)

5. Lepidaploa salzmannii (DC.) H. Rob., *Proc. Biol. Soc. Wash.* 103: 492 (1990). *Vernonia salzmannii* DC., *Prodr.* 5: 55 (1836). Holotipo: Brasil, *Salzmann s.n.* (microficha MO! ex G-DC). Ilustr.: Pruski, *Fl. Venez. Guayana* 3: 207, t. 256 (1997). N.v.: Cola de macho, colimacho, H.

Cacalia argyropappa (H. Buek) Kuntze, *C. salzmannii* (DC.) Kuntze, *C. virens* (Sch. Bip. ex Baker) Kuntze, *Vernonia argyropappa* H. Buek, *V. geminiflora* Poepp., *V. guianensis* V.M. Badillo, *V. miersiana* Gardner, *V. poeppigiana* DC. (1836: 55) non DC. (1836: 20), *V. velutina* Hieron., *V. virens* Sch. Bip. ex Baker.

Hierbas perennes o subarbustos, 0.5-2 m; tallos erectos, hirsutos a pilosos con tricomas adpresos o ascendentes. Hojas subsésiles o cortamente pecioladas; láminas 3-14 × 0.7-3.5 cm, lanceoladas a elíptico-lanceoladas o algunas veces oblanceoladas, las nervaduras secundarias generalmente 4-6 por lado, prominentes en la superficie abaxial, la superficie adaxial con las nervaduras impresas dando a las hojas apariencia rugosa, puberulenta a híspida o estrigosa, la superficie abaxial estrigosa a vellosa con tricomas de c. 1 mm, también glandulosa, la base cuneada u obtusa, algunas veces redondeada, los márgenes generalmente enteros o algunas veces diminutamente serrulados, algunas veces subrevolutos, el ápice agudo a acuminado; pecíolo 1-5 mm. Capitulescencia foliosa, de cimas débilmente escorpioides, poco ramificadas, las últimas ramas generalmente 10-15 cm, de 5-12 cabezuelas separadas 1-3 cm entre sí, las cabezuelas sésiles y siempre abrazadas por una hoja mucho mayor que la cabezuela, las hojas de la capitulescencia similares a las hojas vegetativas pero apenas menores. Cabezuelas 9-12 mm, con 21-35(-40) flores; involucro 6-10 × 9-14 mm, campanulado a casi hemisférico; filarios 4-6-seriados, moderadamente graduados con los de las series externas generalmente al menos 1/2 de la longitud de los de las series internas, pilosos hasta en las series internas algunas veces solo esparcidamente pilosos; filarios de las series externas y de las series medias 3-6 × 0.3-0.8 mm, linear-lanceolados, el ápice subulado-espinoso, algunas veces recurvado; filarios de las series internas 6-10 × 1-1.5 mm, lanceolados, el ápice acuminado; clinanto hasta 3 mm de diámetro, con frecuencia cupuliforme. Flores: corola 5-8 mm, rojizo-color púrpura, los lobos 1-1.6 mm, glabra o el ápice de los lobos algunas veces papiloso-glanduloso. Cipselas 1.5-2.8 mm, densamente subestrigosas a hirsútulas, no glandulosas o algunas veces al madurar glandulosas en especial proximalmente (algunas veces con idioblastos resiníferos prominentes en toda la superficie); vilano blanco, la serie externa de escuámulas 1-1.5 mm, la serie interna de cerdas 6-8 mm. Floración (ago.-)dic.-may.(jun.). *Bosques de neblina, bordes de bosques, áreas abiertas, bosques de* Pinus, *bosques de* Pinus-Quercus, *potreros, laderas rocosas, sabanas, vegetación secundaria, selvas bajas caducifolias, riberas, matorrales, orillas arvenses.* T (Villaseñor Ríos, 1989: 108: 13, como *Vernonia argyropappa*); Ch (*Matuda 1914*, MO); C (Martínez Salas et al., 2001: 25, como *V. argyropappa*); QR (Sousa Sánchez y Cabrera Cano, 1983: 80, como *V. argyropappa*); B (*Gentle 8144*, NY); G (*Véliz 95.4360*, MO); H (*Nelson et al. 7905*, MO); ES (Berendsohn y Araniva de González, 1989: 290-7: 13, como *V. argyropappa*); N (*Atwood 4018*, MO); CR (*Skutch 4176*, MO); P (*Correa et al. 4786*, MO). 0-1500(-1800) m. (México, Mesoamérica, Colombia, Venezuela, Guyana, Ecuador, Perú, Bolivia, Brasil, Paraguay?, Argentina?)

Por las cabezuelas relativamente grandes *Lepidaploa salzmannii* es ligeramente similar a *L. tortuosa*, pero *L. salzmannii* difiere por las hojas cartáceas subsésiles (pecíolo 1-5 mm), los lobos de la corola solo 1-1.6 mm, filarios de las series externas y de las series medias con frecuencia más pelosos que los filarios de las series internas, y por los filarios externos y de las series medias subiguales con la vena media indistinta o apenas ligeramente prominente. El tubo de la corola de *L. salzmannii* con frecuencia se alarga notablemente en la flor.

La cita de Berendsohn y Araniva de González (1989) de *L. salzmannii* en El Salvador es posiblemente basada en ejemplares erróneamente identificados de *L. canescens* o *L. tortuosa*, ambas comunes en El Salvador.

6. Lepidaploa tenella (D.L. Nash) H. Rob., *Proc. Biol. Soc. Wash.* 103: 495 (1990). *Vernonia tenella* D.L. Nash, *Fieldiana, Bot.* 36: 74 (1974). Holotipo: Guatemala, *Williams et al. 26876* (foto MO! ex F). Ilustr.: no se encontró.

Lepidaploa boquerona (B.L. Turner) H. Rob., *Vernonia boquerona* B.L. Turner.

Arbustos, 2.5-3 m; tallos arqueados a subescandentes, puberulentos a subestrigulosos o glabrescentes. Hojas pecioladas; láminas 5-12 × 1.5-3 cm, lanceoladas a oblanceoladas, las nervaduras secundarias generalmente 5-7 por lado, ligeramente prominentes en la superficie abaxial, divergiendo desde la vena media a casi 45°, las superficies no glandulosas, la superficie adaxial glabra o la vena puberulenta, la superficie abaxial puberulenta especialmente sobre las nervaduras, la base acuminada a atenuada, los márgenes enteros, el ápice agudo a acuminado; pecíolo 0.3-1.5 cm. Capitulescencia en panícula escorpioide, difusa, terminal, no foliosa, las cabezuelas generalmente 1-2 cm entre sí, sésiles, las últimas ramas 5-10 cm, adpreso-pelosas a tomentulosas. Cabezuelas 8-10 mm, con c. 15 flores; involucro 6-8 mm, campanulado; filarios graduados, 4-5-seriados, erectos, cortamente vellosos a estrigoso-seríceos; series externas 1-2 × c. 0.5 mm, triangular-lanceoladas, el ápice agudo a acuminado pero nunca largamente subulado; series internas 6-8 × 0.9-1.3 mm, lanceoladas o oblanceoladas, el ápice agudo a obtuso. Flores: corola 6-7 mm, purpúrea, los lobos 2-3 mm. Cipselas 2(-3) mm, subestrigosas; vilano pajizo a pardo-amarillento, la serie externa de escuámulas c. 1 mm, la serie interna de cerdas c. 6 mm. Floración nov.-ene. *Selvas medianas perennifolias, bosques de pino-encino en laderas empinadas.* Ch (*Breedlove y Sigg 66139*, CAS); G (*Williams et al. 26876*, F). 1800-2400 m. (Endémica.)

7. Lepidaploa tortuosa (L.) H. Rob., *Proc. Biol. Soc. Wash.* 103: 495 (1990). *Conyza tortuosa* L., *Sp. Pl.* 862 (1753). Lectotipo (designado por Britten, 1898): México, Veracruz, *Houstoun Herb. Clifford 405, Conyza 5* (foto MO! ex BM). Ilustr.: no se encontró. N.v.: Xorhonul, B; rash k'ám, G; flor de campo, H; aroma, ES.

Cacalia schiedeana (Less.) Kuntze, *C. seemanniana* (Steetz) Kuntze, *Conyza scandens* Mill., *Vernonia schiedeana* Less., *V. seemanniana* Steetz, *V. tortuosa* (L.) S.F. Blake, *V. vernicosa* Klatt, *V. vernicosa* var. *comosa* Greenm.

Arbustos, 1-5 m; tallos generalmente escandentes o trepadores, cortamente vellosos o pilósulos hasta típica y densamente tomentulosos (rara vez glabros). Hojas pecioladas o cortamente pecioladas; láminas (5-)8-17 × 2-6(-8) cm, elíptico-lanceoladas a ovadas, las nervaduras secundarias generalmente 6-10 por lado, la superficie adaxial glabra a estrigulosa o hirsuta especialmente a lo largo de la vena media, las nervaduras algunas veces impresas, la superficie abaxial ligeramente serícea o estrigulosa a tomentosa (rara vez glabra), las nervaduras generalmente prominentes, algunas veces también escasamente glandulosa, la base cuneada a redondeada (rara vez subcordata), los márgenes generalmente enteros, algunas veces subrevolutos, el ápice acuminado a anchamente obtuso; pecíolo 3-16 mm. Capitulescencia de cimas escorpioides foliosas bracteadas a panículas escorpioides libremente ramificadas, ligeramente foliosas, con las últimas ramitas generalmente 7-15 cm, paniculadas, las cabezuelas remotamente espaciadas (entrenudos 1-4 cm), sésiles o subsésiles, las hojas bracteadas similares a las hojas vegetativas pero mucho menores; pedúnculos 0-2(-3) mm. Cabezuelas (9-)11-15 mm, con (18-)25-40(-50) flores; involucro (7-)9-12 × (5-)7-11 mm, campanulado; filarios marcadamente graduados, 5-8(-10)-seriados, subestrigulosos o subseríceos especialmente medialmente en las series medias a subglabros o rara vez glabros; filarios externos patentes; filarios externos y de las series medias 1-6 × 0.5-1.5 mm, triangulares a lanceolados, la vena media gruesa y elevada en 1/2-1/3 distal, el ápice sólidamente cuspidado; series internas de filarios 1-2, (6-)8-12 × 2-3 mm, oblanceoladas a oblongas, las nervaduras indistintas, los márgenes con frecuencia distalmente velloso-ciliados, el ápice con frecuencia escasamente constricto luego distalmente escasamente dilatado, con frecuencia escarioso, obtuso a redondeado; clinanto hasta 6 mm de diámetro, generalmente aplanado. Flores: corola 6-7 mm, angostamente infundibuliforme, rojiza a rosada, el tubo escasamente más largo que el limbo, la garganta corta, los lobos c. 2.5 mm, esparcida a moderadamente setosos distalmente hasta algunas veces proximalmente hasta cerca de la garganta, glandulosos distalmente. Cipselas (1.5-)2-2.5 mm, densamente subestrigosas a hirsútulas, no glandulosas; vilano 2-seriado, blanco a pajizo, las escuámulas externas 1-2 mm, las cerdas internas (5-)6-8 mm, llegando hasta casi la cima del involucro y hasta casi la base de los lobos de la corola. Floración (nov.)dic.-abr.(-ago.). *Chaparrales, bordes de bosques, áreas abiertas, bosques abiertos, bosques de* Pinus*, bosques de* Pinus-Quercus*, laderas rocosas, sabanas, vegetación secundaria, riberas, matorrales, orillas arvenses.* T (*Cowan 2772*, MO); Ch (*Pruski et al. 4239*, MO); B (*Arvigo y Shropshire 202*, NY); G (*von Türckheim II 1627*, MO); H (*Nelson y Clewell 404*, MO); ES (*Standley 19922*, MO); N (*Nelson 4914*, MO); CR (*Tonduz 7065*, MO); P (*Seemann 1589*, BM). 5-1900 m. (México, Mesoamérica.)

Gleason (1922) reconoció *Vernonia schiedeana*, *V. seemanniana* y *V. vernicosa* como especies distintas, pero Blake (1926b) reconoció *V. tortuosa* y ubicó a *V. schiedeana* en su sinonimia. Robinson (1999) expandió la sinonimia de Blake tratando *V. seemanniana* y *V. vernicosa* en sinonimia. *Vernonia vernicosa* de Costa Rica es casi glabra y de cabezuelas grandes, pero tiene los filarios marcadamente graduados y los filarios de las series externas y del medio gruesamente acostillados distalmente como los caracteres diagnósticos de *Lepidaploa tortuosa*.

Se presume que el registro de *V. schiedeana* por Hemsley (1881: 74) de "Yucatán y Tabasco" basado en *Johnson 15* (K) es de Tabasco. No se conoce ninguna colección de *Johnson* de Yucatán, donde esta especie aún no ha sido registrada.

8. Lepidaploa uniflora (Mill.) H. Rob., *Proc. Biol. Soc. Wash.* 103: 496 (1990). *Conyza uniflora* Mill., *Gard. Dict.* ed. 8, *Conyza* no. 13 (1768). Sintipo: México, estado desconocido, *Anon. s.n.* (foto MO! ex BM). Ilustr.: no se encontró.

Cacalia uniflora (Mill.) Kuntze non Schumach. et Thonn., *Vernonia ctenophora* Gleason.

Hierbas perennes a subarbustos, 1-1.5 m; tallos poco ramificados, cortamente vellosos, también glandulosos. Hojas cortamente pecioladas; láminas 2.5-5.5 × 0.8-2.3 cm, lanceoladas a elíptico-lanceoladas (más anchas debajo del 1/2), las nervaduras secundarias 4-6 por lado, las superficies glandulosas, la superficie adaxial también delgada, esparcida y cortamente velloso-estrigulosa, la superficie abaxial cortamente velloso-estrigulosa a velloso-estrigosa con tricomas antrorsos, algunas veces grisáceos hasta 0.5 mm, la base redondeada u obtusa, los márgenes enteros, el ápice acuminado; pecíolo 1-4 mm. Capitulescencia axilar, foliosa, de cimas subescorpioides, las cabezuelas remotas, solitarias y sésiles en los nudos distales. Cabezuelas 7-10 mm, con 18-23 flores; involucro 6-7(-8) × 4-6(-7) mm, turbinado a campanulado; filarios 0.2-1.5 mm diám., subestrigulosos a subseríceos y glandulosos distalmente; filarios de las series externas linear-lanceolados, el ápice largamente subulado con mucrón apical de 1-2 mm; filarios de las series internas elíptico-lanceolados, el ápice acuminado. Flores: corola 6-7 mm, angostamente infundibuliforme, rojiza a rosada, el tubo escasamente más largo que el limbo, la garganta corta, los lobos c. 2.5 mm, esparcida a moderadamente setosos distalmente hasta algunas veces proximalmente hasta cerca de la garganta, glandulosos distalmente. Cipselas 1.3-1.5 mm, estrigulosas, también esparcidamente glandulosas; vilano 2-seriado, las escuámulas externas 0.6-1 mm, las cerdas internas 4-5 mm, llegando hasta el 1/3 proximal de los lobos de la corola. Floración nov.-may. *Selvas bajas perennifolias, tintales.* T (*Matuda 3112*, MO); C (*Goldman 508*, US); QR (*Carnevali et al. 5437*, MO); B (*Davidse y Brant 32784*, MO); G (*Contreras 8545*, MO). 30-200 m. (Endémica.)

Lepidaploa uniflora es una especie endémica de la península de Yucatán, que se encuentra en Guatemala solo en el Petén, y posiblemente fue tipificada a partir de material de Campeche.

269. **Lepidonia** S.F. Blake

Por J.F. Pruski.

Arbustos a árboles; tallos típicamente foliosos solo distalmente. Hojas alternas, pecioladas, grandes; láminas pinnatinervias. Capitulescencia terminal o subterminal, abiertamente cimosa desde los pocos nudos distales, las cabezuelas individuales nunca regular y cercanamente abrazadas por hojas bracteadas, los pedúnculos más cortos que las hojas. Cabezuelas discoides, grandes; involucro hemisférico, ancho; filarios imbricados, graduados, en varias series, los filarios externos laxamente imbricados, patentes, los filarios internos imbricados, adpresos, la base generalmente pajiza y endurecida, el ápice con frecuencia obtuso a redondeado o algunas veces acuminado, los filarios de las series externas y/o medias generalmente con un apéndice bien desarrollado, herbáceo o subherbáceo, escuarroso o subescuarroso (ausente en *Lepidonia corae*); clinanto sin páleas o rara vez paleáceo, convexo. Flores bisexuales; corola actinomorfa, infundibuliforme, 5-lobada, blanca o color violeta a púrpura, el tubo y la garganta mucho más largos que los lobos; anteras pajizas, espolonadas, las aurículas obtusas a redondeadas basalmente, el apéndice apical ovado, obtuso a redondeado, el polen tricolporado, equinado, el téctum continuo (tipo A, Keeley y Jones, 1979); estilo sin nudo basal, el tronco largamente piloso distalmente, las ramas linear-subuladas, largamente papilosas, papilas rostradas apicalmente. Cipselas isomorfas, obcónico-turbinadas, 4-5-anguladas, glabras, los idioblastos algunas veces obvios, truncadas o casi truncadas apicalmente, el ápice con anillo calloso angosto; vilano en (1-)pocas series, de numerosas cerdas muy frágilmente caducas, las cerdas típicamente pajizas, ancistrosas, gradualmente desiguales y nunca claramente dobles, las más largas llegando solo hasta casi la base de los lobos de la corola. $x = 19$. 7 spp. México, Mesoamérica.

Lepidonia es similar a *Leiboldia* Schltdl. ex Gleason, en el cual Gleason (1922) ubicó a *Lepidonia salvinae*, pero *Leiboldia* difiere por los filarios rostrados estrechamente adpresos. *Pacourina* también es similar por las cabezuelas grandes con filarios subescuarrosos, pero se diferencia por las cabezuelas axilares sésiles. *Centauropsis* Bojer ex DC. de Madagascar, especialmente *C. rhaponticoides* (Baker) Drake de cabezuelas grandes, cercanamente se asemeja a *Lepidonia* por el hábito leñoso, la química de las lactonas (de acuerdo a Turner, 1981), el tipo de polen, los filarios escuarrosos, las cerdas del vilano cortas y frágiles y los clinantos paleáceos.

Lepidonia generalmente se puede reconocer, y así mismo diferenciar de otros géneros americanos, por el hábito leñoso en zonas de selvas medianas perennifolias, por las cabezuelas grandes con al menos algunos filarios obviamente escuarrosos (el género relacionado *Leiboldia* carece de apéndice), y por las cerdas del vilano extremadamente frágiles. El tipo de *Lepidonia* tiene un clinanto paleáceo, pero como fue circunscrito por Robinson (1999), todas las especies excepto el tipo tienen un clinanto sin páleas. Las especies sin páleas fueron revisadas por Jones (1979) como *Vernonia* sect. *Leiboldia* Benth. et Hook. f., pero fueron tratadas por Turner (1981) como *V.* sect. *Lepidonia* (S.F. Blake) B.L. Turner.

Lepidonia lankesteri y *L. salvinae* son ocasionales, pero *L. corae* y *L. paleata* son raras y conocidas de muy pocas colecciones. Las especies mesoamericanas son aparentemente similares a *V. alamanii* por las pocas cabezuelas relativamente grandes, pero esa especie tiene el vilano doble de cerdas persistentes y fue retenida en *Vernonia* por Robinson (1999).

Bibliografía: Jones, S.B. *Castanea* 44: 229-237 (1979). Turner, B.L. *Brittonia* 33: 401-412 (1981).

1. Corolas blancas. **1. L. alba**
1. Corolas color violeta a púrpura.
   2. Superficies de las hojas bicoloras; clinantos paleáceos; involucros menos de 7-8 mm. **4 L. paleata**
   2. Superficies de las hojas concoloras; clinantos sin páleas; involucros más de 13-20 mm.
      3. Lobos de la corola con ápices densamente setulosos cuando jóvenes; filarios no obviamente escuarrosos. **2. L. corae**
      3. Lobos de la corola con ápices no setulosos; filarios escuarrosos a subescuarrosos.
         4. Filarios verdes distalmente; superficie abaxial de las hojas frecuentemente subglabra. **3. L. lankesteri**
         4. Filarios verde-purpúreos distalmente; superficie abaxial de las hojas moderadamente estrigulosa a estrigosa. **5. L. salvinae**

1. Lepidonia alba Redonda-Martínez et E. Martínez, *Syst. Bot.* 40: 1139 (2015). Holotipo: México, Chiapas, *Martínez S. et al. 42631* (MEXU). Ilustr.: Redonda-Martínez y E. Martínez, *Syst. Bot.* 40: 1138, t. 2 (2015).

Arbustos, c. 4 m; tallos estriados, distalmente ferrugíneo-pilosos tomentulosos, tornándose subglabrescentes proximalmente, los entrenudos distales c. 1 cm, mucho más cortos que las hojas. Hojas: láminas 11-17 × 2.5-6 cm, lanceoladas a oblanceoladas a oblongas, más anchas en o arriba del 1/2, delgadamente cartáceas, las nervaduras secundarias generalmente 6-7 pares por lado, las superficies concoloras, pilosas y glandulosas, la base atenuada, los márgenes serrulados a serrados, el ápice agudo a acuminado; pecíolo 1.5-2 cm. Capitulescencia abiertamente cimosa, con 2-4 cabezuelas, ocasionalmente cuando colectada joven monocéfala; pedúnculos 2.5-4 cm, sin brácteas, pardo-pilosos. Cabezuelas hasta 20 mm, con 90-100 flores; involucro c. 15 × 20 mm; filarios en 5-6 series, piloso-glandulosos; series externas c. 6 × 4 mm; filarios internos 15 × 2.5 mm; clinanto aplanado. Flores: corola c. 17.5 mm, moderadamente exerta del involucro, blanca, glandulosa, el tubo c. 9.5 mm, los lobos c. 8 mm, el ápice densamente setuloso cuando joven; anteras c. 4.5 mm. Cipselas c. 4.5 mm, 4-5-angulosas; vilano con escamas 6-6.5 mm, subiguales. Floración ene. *Laderas sombreadas húmedas, riberas, bosques montanos.* Ch (*Martínez S. et al. 42631*, NY). 2100-2200 (Endémica).

Se espera encontrar *Lepidonia alba* en Guatemala.

2. Lepidonia corae (Standl. et Steyerm.) H. Rob. et V.A. Funk, *Bot. Jahrb. Syst.* 108: 225 (1987). *Vernonia corae* Standl. et Steyerm., *Publ. Field Mus. Nat. Hist., Bot. Ser.* 22: 395 (1940). Holotipo: Guatemala, *Steyermark 36787* (foto MO! ex F). Ilustr.: no se encontró.

Arbustos a árboles pequeños, 1.5-4 m; tallos distalmente tomentulosos, tornándose subglabros proximalmente, los entrenudos distales c. 1 cm, mucho más cortos que las hojas. Hojas: láminas (10-)20-30 × (2.5-)6-9.5 cm, oblanceoladas a oblongas u obovadas, más anchas en 1/2 o por encima de esta, delgadamente cartáceas, las nervaduras secundarias generalmente 6-8 por lado, las superficies concoloras, la superficie adaxial esparcidamente adpreso-pilosa a glabrescente o las nervaduras tomentulosas, la superficie abaxial híspido-pilósula o las nervaduras tomentulosas también glandulosas, la base atenuada, los márgenes serrulados, el ápice agudo a acuminado; pecíolo 1.5-3.5 cm. Capitulescencia en cimas con 3 o 4 cabezuelas; pedúnculos 3-8 cm, sin brácteas. Cabezuelas 2-2.5 cm, con 100-150 flores; involucro 15-20 × 25-35 mm; filarios 6-seriados o 7-seriados, color verde oliva distalmente, completamente cartáceo-escariosos y no obviamente escuarrosos, escabriúsculo-estrigulosos distalmente; filarios de las series externas 7-10 × 5-9 mm, ovados, el ápice obtuso a redondeado; filarios de las series internas 16-18 × 1.9-4.8 mm, oblanceolados a espatulados, el ápice agudo a acuminado, mucronado y fimbriado; clinanto sin páleas. Flores: corola 16-19 mm, moderadamente exerta del involucro, glandulosa, los lobos c. 4.5 mm, el ápice densamente setuloso cuando joven. Cipselas 2.7-3 mm, 4-anguladas, pardo oscuro; vilano de cerdas

2-3 mm, subiguales, parduscas. Floración feb.-mar. *Selvas altas perennifolias, laderas sombreadas, barrancos, laderas volcánicas.* G (*Standley 68574*, F). 1200-2700 m. (Endémica.)

3. Lepidonia lankesteri (S.F. Blake) H. Rob. et V.A. Funk, *Bot. Jahrb. Syst.* 108: 225 (1987). *Vernonia lankesteri* S.F. Blake, *J. Wash. Acad. Sci.* 15: 106 (1925). Holotipo: Costa Rica, *Lankester 712* (foto MO! ex US). Ilustr.: no se encontró.

Arbustos a árboles, (1-)2-10 m; tallos por lo general cortamente vellosos distalmente, algunas veces tomentosos, glabrescentes proximalmente, los entrenudos distales generalmente 1-3 cm, mucho más cortos que las hojas. Hojas: láminas 9-25 × 3-9 cm, obovadas, más anchas en 1/2 o por encima de esta, cartáceas, las nervaduras secundarias generalmente 9-12 por lado, las superficies concoloras, la superficie adaxial esparcidamente puberulenta, esparcidamente glandulosa, la superficie abaxial densamente glandulosa, frecuentemente subglabra o algunas veces esparcidamente puberulento-estrigulosa especialmente sobre las nervaduras principales, la base largamente acuminada a atenuada, los márgenes serrulados a serrados, el ápice acuminado; pecíolo 2-9 cm. Capitulescencia en cimas de 3-13 cabezuelas; pedúnculos 3-6(-8.5) cm, sin brácteas. Cabezuelas (2-)2.5-3 cm, con 75-100 flores; involucro 15-18 × 16-25 mm; filarios c. 7-seriados, verdes distalmente, esparcidamente estrigulosos a cortamente vellosos distalmente, escuarrosos con puntas herbáceas reflexas generalmente 3-4 mm; filarios de las series externas 3-4 × 1-1.5 mm, triangular-lanceolados, el ápice agudo; filarios de las series internas y de las series medias 11-18 × 1.8-5 mm, oblongos a obovados, el ápice obtuso a redondeado, los filarios de las series medias más anchos que los filarios de las series internas; clinanto sin páleas. Flores: corola 15-22 mm, moderadamente exerta del involucro, esparcidamente papiloso-glandulosa, los lobos 4-6 mm, el ápice no setuloso. Cipselas 2-3.5 mm, 5-anguladas, pardo oscuro, algunas veces con idioblastos resinosos; vilano de cerdas 1.5-4(-5) mm, desiguales pero solo gradualmente, los más largos mucho más cortos que la corola. Floración ene., abr.-jul., oct. *Bosques de neblina, bosques abiertos, selvas premontanas, quebradas.* CR (*Proctor 32381*, MO). 1000-1800(-2600) m. (Endémica.)

Como fue anotado por Turner (1981), *Lepidonia lankesteri* es muy similar a *L. salvinae*, la cual difiere por sus capitulescencias con pocas cabezuelas y los tallos densamente tomentosos distalmente.

4. Lepidonia paleata S.F. Blake, *J. Wash. Acad. Sci.* 26: 454 (1936). Holotipo: Guatemala, *von Türckheim 583* (foto MO! ex US). Ilustr.: Blake, *J. Wash. Acad. Sci.* 26: 453, f. 1 (1936).

Vernonia paleata (S.F. Blake) B.L. Turner, *V. salvinae* Hemsl. var. *canescens* J.M. Coult.

Arbustos, c. 2 m; tallos densamente lanoso-pilosos, los entrenudos distales 1-2 cm, mucho más cortos que las hojas. Hojas: láminas 16-21.5 × 6-8 cm, obovadas, más anchas por encima de 1/2, delgadamente cartáceas, las nervaduras secundarias 8-10 por lado, las superficies discoloras, la superficie adaxial finamente pilósula, la superficie abaxial densa y cercanamente blanco-tomentosa pero las nervaduras apenas pilosas y parduscas, la base atenuada, los márgenes serrulados, el ápice agudo a acuminado; pecíolo 1-2 cm. Capitulescencia en cimas con c. 4 cabezuelas; pedúnculos 4-6 cm, sin brácteas. Cabezuelas 1-1.5 cm, con c. 50 flores; involucro 7-8 × 13-18 mm; filarios 5-8-seriados, verdes distalmente, el ápice obtuso, los de las series externas escuarrosos, densamente pilósulos distalmente, los de las series internas glandulosos distalmente, con márgenes ciliados; filarios de las series externas 2-3 mm, ovados; filarios de las series internas 7-8 × 1.3-1.8 mm, oblanceolados; clinanto paleáceo, las páleas 5-7.5 mm, linear-lanceoladas, rígidas, pajizas, esparcidamente estrigulosas, persistentes. Flores: corola 10.5-12 mm, moderadamente exerta del involucro, glandulosa, los lobos 3.5-3.8 mm. Cipselas (inmaduras) c. 1.8 mm, 4-anguladas, pardo-verdes; vilano de cerdas 1.5-3 mm, subiguales. Floración mar. *Selvas altas perennifolias.* G (*von Türckheim 583*, F). 1400-1500 m. (Endémica.)

5. Lepidonia salvinae (Hemsl.) H. Rob. et V.A. Funk, *Bot. Jahrb. Syst.* 108: 225 (1987). *Vernonia salvinae* Hemsl., *Biol. Cent.-Amer., Bot.* 2: 73 (1881). Holotipo: Guatemala, *Salvin s.n.* (imagen en Internet ex K!). Ilustr.: Hemsley, *Biol. Cent.-Amer., Bot.* 2: t. 41 (1881).

Cacalia salvinae (Hemsl.) Kuntze, *Leiboldia salvinae* (Hemsl.) Gleason.

Arbustos a árboles pequeños, 1.5-6 m; tallos densamente tomentosos distalmente, algunas veces glabrescentes proximalmente, los entrenudos distales 1-5 cm, mucho más cortos que las hojas. Hojas: láminas (7-)11-20(-25) × (1.5)2.5-6(-9) cm, oblanceoladas a oblongas, más anchas en el 1/2 o por encima del 1/2, delgado-cartáceas, las nervaduras secundarias 4-9 por lado, las superficies concoloras, glandulosas, la superficie adaxial esparcidamente estrigulosa a glabrescente, la superficie abaxial moderadamente estrigulosa a estrigosa con tricomas adpresos, la base atenuada a largamente atenuada, los márgenes subenteros a serrulados, el ápice acuminado; pecíolo (0.5-)1-2(-4) cm. Capitulescencia en cimas con 1-4 cabezuelas; pedúnculos (1-)2-8 cm, sin brácteas. Cabezuelas 1.6-3 cm, con 50-75 flores; involucro 13-18 × 15-30 mm; filarios 4-seriados o 5-seriados, verde- purpúreos distalmente, pilósulos a cortamente vellosos distalmente, subescuarrosos con puntas subherbáceas reflexas generalmente 4-6 mm; filarios de las series externas 6-9 × 2-3 mm, lanceolados, el ápice agudo a acuminado; filarios de las series internas y del medio 13-18 × 2-7 mm, espatulados a oblongos, el ápice obtuso a redondeado, los filarios de las series medias más anchos que los filarios de las series internas; clinanto sin páleas. Flores: corola 19-28 mm, bien-exerta del involucro, con frecuencia papiloso-glandulosa, los lobos 3.5-5 mm, el ápice no setuloso. Cipselas 3-5 mm, 4-anguladas, pardo oscuro; vilano de cerdas generalmente 5-8 mm, desiguales pero solo gradualmente, las más largas solo c. 1/2 de la longitud del tubo. Floración nov.-abr. *Bosques de neblina, bosques mixtos, bosques de* Pinus-Quercus, *matorrales, laderas de volcanes.* Ch (*Matuda 2761*, MO); G (*Castillo 723*, MO). 1200-2700 m. (Endémica.)

Gleason (1922) indicó una longitud de "0.8-1.1" mm para las cerdas del vilano de *Lepidonia salvinae*. Los ejemplares de Costa Rica citados por Gleason (1922) y Jones (1979) como *L. salvinae* (como *Vernonia salvinae*) se han identificado aquí como *L. lankesteri*. El registro de Jones (1979) de *L. salvinae* en Costa Rica basado en *Stork 2241* (WIS), también lo citamos como *L. lankesteri*.

270. **Lessingianthus** H. Rob.

Por J.F. Pruski.

Hierbas escapíferas perennes a arbustos hasta 2 m, algunas veces xilopódicos; tallos (cuando presentes) simples a moderadamente ramificados, algunas veces angulados, puberulentos a densamente tomentosos, rara vez glabros. Hojas basales o más generalmente caulinares, alternas, sésiles o cortamente pecioladas; láminas lineares a ovadas, generalmente subcoriáceas, 1-nervias o pinnatinervias, las superficies glabras o más generalmente puberulentas a densamente seríceas o densamente tomentosas, la superficie abaxial con frecuencia también glandulosa y típicamente más densamente pelosa que la adaxial, los márgenes generalmente enteros. Capitulescencia terminal o axilar, monocéfala a cimosa, rara vez subumbeliforme, las ramas por lo general ligeramente arqueadas, las cabezuelas sésiles a largamente pedunculadas, con frecuencia abrazadas por hojas gradualmente reducidas. Cabezuelas discoides, con 15-200 flores; involucro campanulado a hemisférico; filarios imbricados, graduados a subiguales, en pocas a varias series, persistentes, linear-lanceolados a anchamente triangulares, glabros a tomentosos, las series internas y externas generalmente de la misma forma; clinanto generalmente aplanado, sin páleas. Flores: corola actinomorfa, infundibuliforme, profundamente 5-lobada, generalmente color violeta, glabra o los lobos algunas veces glandulosos o puberulentos, el tubo alargado, los lobos ascendentes a patentes; an-

teras generalmente exertas, espolonadas en la base, el apéndice apical no glanduloso; polen (tipo B, Keeley y Jones, 1979) tricolporado, equinolofado, el téctum discontinuo; estilo con tronco hispídulo hacia arriba, la base sin un nudo. Cipselas obcónicas a cilíndricas, 5-10-estriadas, glabras a por lo general densamente seríceas, siempre no glandulosas, rara vez con idioblastos resinosos, los rafidios en las paredes de la cipsela cuadrangulares a subcuadrangulares; vilano 2-seriado a ligera e indistintamente 2-seriado, las series externas de escuámulas a escamas lanceoladas más cortas que las cipselas, las series internas de numerosas cerdas capilares mucho más largas que las cipselas. *x* = 17. Aprox. 110 spp. Generalmente Sudamérica tropical y subtropical, concentrado en el Planalto de Brasil, 1 sp. se extiende hasta Mesoamérica.

Bibliografía: Dematteis, M. *Bonplandia* (*Corrientes*) 13: 5-13 (2004).

1. Lessingianthus rubricaulis (Bonpl.) H. Rob., *Proc. Biol. Soc. Wash.* 101: 948 (1988). *Vernonia rubricaulis* Bonpl., *Pl. Aequinoct.* 2: 66 (1809 [1810-1811]). Holotipo: Colombia, *Humboldt y Bonpland 1817* (foto MO! ex P-Bonpl.). Ilustr.: Bonpland, *Pl. Aequinoct.* 2: t. 99 (1809 [1810-1811]).

Cacalia intermedia (DC.) Kuntze, *C. rubricaulis* (Bonpl.) Kuntze, *Vernonia chromolepis* Gardner, *V. intermedia* DC., *V. intermedia* var. *ramosior* DC., *V. rubricaulis* Bonpl. var. *australis* Hieron., *V. rubricaulis* forma *bonplandia* Less., *V. rubricaulis* var. *glomerata* Hieron.?

Subarbustos xilopódicos, 0.8-2 m; tallos rígidamente erectos, simples proximalmente a poco ramificados en la capitulescencia, estriados, rojizos, tomentoso-vellosos a glabrescentes hasta puberulentos a subestrigulosos o glabrescentes, los entrenudos distales mucho más cortos que las hojas. Hojas sésiles; láminas 4-14 × 0.2-0.6(-1) cm, lineares a linear-lanceoladas, rígidamente cartáceas, de apariencia 1-nervias, la vena media sobresaliendo en la superficie abaxial, ligeramente prominente, las superficies discoloras, no glandulosas pero algunas veces con tricomas de base vidriosa, la superficie adaxial glabra a escabriúsculo-hírtula, la superficie abaxial densamente velutino-tomentulosa con tricomas hasta 0.2 mm o la vena media glabrescente, la base atenuada, los márgenes subrevolutos, el ápice agudo a acuminado; pecíolo ausente. Capitulescencia terminal, con 1-pocas cimas escorpioides foliosas, las cabezuelas varias a numerosas, generalmente 1-3 cm entre sí, sésiles, las ramas laterales 5-15 cm, marcadamente ascendentes. Cabezuelas 10-15 mm, con 20-30(-40) flores; involucro 6-7.5 × 6-10 mm, campanulado; filarios graduados, 4-6-seriados, erectos o aquellos de las series externas patentes, esparcidamente araneoso-tomentosos distalmente, el ápice generalmente agudo y cortamente apiculado; filarios de las series externas 1-2 × 0.8-1 mm, triangulares a ovados; filarios de las series internas 5-7.5 × 1-1.5 mm, oblanceolados. Flores: corola 9-10 mm, bien exerta del involucro, glabra, los lobos 3-4 mm; ramas del estilo 2-3 mm. Cipselas 2.5-3.5 mm, turbinadas, c. 10-acostilladas, esparcidamente setulosas distalmente, algunas veces con idioblastos resinosos; vilano 2-seriado, blanco; escuámulas externas c. 1 mm; cerdas internas 5-7 mm, llegando solo hasta cerca de la base de los lobos de la corola. Floración jun. 2*n* = 32. *Sabanas de* Pinus. N (*Neill 4403*, MO). c. 10 m. (Mesoamérica, Colombia, Venezuela?, Perú, Bolivia, Brasil, Paraguay, Uruguay, Argentina.)

La sinonimia fue adoptada de aquella en Dematteis (2004), quien excluye numerosos nombres anteriormente sinonimizados. El género se conoce en Mesoamérica de una sola colección.

271. **Orthopappus** Gleason

Por J.F. Pruski.

Hierbas cespitosas perennes; tallos solitarios o pocos desde un cáudice, sin ramificar o algunas veces poco ramificados en la capitulescencia, pelosos; follaje con tricomas rígidos simples. Hojas generalmente basales y mucho menores cuando son proximal-caulinares, alternas, subsésiles, espatuladas a oblanceoladas o las distales linear-lanceoladas, cartáceas, pinnatinervias, la base largamente atenuada, amplexicaule, subenteras a crenadas, agudas a redondeadas en el ápice, ambas superficies pelosas, la superficie adaxial glandulosa y marcadamente pelosa. Capitulescencias 1-pocas por cáudice, terminales, no foliosas, de varios glomérulos, simples y espigadas a racemoso-espigadas y ligeramente ramificadas con glomérulos proximales pedunculados, cada glomérulo bracteolado, con 6-20 o más cabezuelas sésiles. Cabezuelas discoides-subliguladas, con 4 flores; involucro cilíndrico pero ligeramente comprimido, filarios 8, 2-3-seriados, en 4 pares decusados, adpresos o patentes al madurar, los pares primarios y terciarios conduplicados y subcarinados, los pares secundarios y cuaternarios aplanados, los dos pares externos más cortos que los internos, pelosos, lanceolados, atenuados; clinanto sin páleas. Flores bisexuales; corola zigomorfa, subligulada, campanulada, color crema a lavanda, los lobos generalmente radiando hacia afuera, profunda y desigualmente 5-lobada, más profundamente cortada entre los dos lobos laterales; anteras muy cortamente espolonadas basalmente; polen triporado, cortamente equinolofado; estilo con tronco largamente papiloso distalmente, las ramas delgadas, largamente papilosas. Cipselas pardas, obcónicas, c. 10-acostilladas, pelosas; vilano de 20-40 cerdas erectas, alargadas, subigual pajizas, 1(2)-seriado, la base no abruptamente ampliada. $x = 11$. 1 sp. América tropical.

Orthopappus fue segregado del género cercano *Elephantopus* por Gleason (1906) y fue devuelto a *Elephantopus* por Busey (1975 [1976]) y Clonts y McDaniel (1978), pero es en general reconocido como distinto (p. ej., Gleason, 1922; Pruski, 1997a; Robinson, 1999). Se concuerda con la lectotipificación realizada por Gleason (1906) de *Elephantosis* basada en la primera de las dos especies (*E. biflora* de Brasil) ubicada por Lessing en *Elephantosis*. El nombre *Elephantosis* es un sinónimo de *Elephantopus*, y el nombre *Orthopappus* concebido por Gleason (1906) queda disponible para ser usado aquí para la segunda especie de Lessing, *Elephantosis quadriflora*, como sinónimo de *O. angustifolius*. También se concuerda con Gleason (1906) de que el intento de tipificación de *Elephantosis* por Baker (1902) basado en "*angustifolia* Sw." es incorrecto, todo esto debido a que *Elephantopus angustifolius* no es un elemento original de *Elephantosis*.

1. Orthopappus angustifolius (Sw.) Gleason, *Bull. New York Bot. Gard.* 4: 238 (1906). *Elephantopus angustifolius* Sw., *Prodr.* 115 (1788). Tipo: Jamaica, *Swartz s.n.* (S). Ilustr.: Pruski, *Fl. Venez. Guayana* 3: 331, t. 281 (1997). N.v.: Spanish needles, B.

Elephantopus quadriflorus (Less.) D. Dietr., *Elephantosis angustifolia* (Sw.) DC., *E. quadriflora* Less.

Hierbas con raíces fibrosas, frecuentemente erectas, 0.3-1(-1.5) m, con un órgano reptante subterráneo; tallos estrigosos a hirsutos, los tricomas generalmente adpresos y antrorsos. Hojas basales y proximales varias, (6-)10-25 × (0.7-)1.5-4.2(-6) cm, agregadas, las superficies pilosas o con más frecuencia estrigosas, la vena media más estrigosa; hojas caulinares distales pocas, linear-lanceoladas, finalmente 2-4 × c. 0.2 mm. Capitulescencia con eje florífero (5-)15-30 cm, el eje velloso-estrigoso, los glomérulos bien espaciados proximalmente hasta algunas veces agregados distalmente, los glomérulos 1.5-2.5 cm de diámetro, las bractéolas lanceoladas, hasta 8 mm, típicamente densamente estrigosas, porción del eje no florífero en general mucho más larga que la porción fértil. Cabezuelas con involucro 9-11 × 2(-3) mm de ancho; los dos pares de filarios externos 3-5 mm, los dos pares de filarios internos 7-11 × 1-2 mm, proximalmente pajizos, verdes y largamente estrigosos distalmente, la vena media verde distalmente. Flores escasamente exertas del involucro al madurar; corola (4-)6-8 mm, el tubo delgado, (3-)4-5 mm, los lobos (1-)1.5-3 mm, glandulosos apicalmente. Cipselas c. 2 mm, setoso-subestrigosas; vilano de cerdas (4-)7-8 mm. $2n = 22$. *Sabanas, bordes de matorrales, pastizales inclinados, praderas abiertas de Pinus, pastizales, potreros, orillas de caminos.* T (Cowan, 1983: 25); Ch (*Breedlove 27534*, MO); B (*Schipp 756*, NY);

G (*Aguilar 301*, MO); H (*Yuncker et al. 5949*, MO); ES (Nash, 1976a: 5); N (*Friedrichsthal 1197*, W); CR (*Hammel y Nepokroeff 18267*, MO); P (*Standley 26319*, US). 0-1000(-1300) m. (México [Oaxaca, Veracruz], Mesoamérica, Colombia, Venezuela, Guayanas, Perú, Bolivia, Brasil, Paraguay, Uruguay, Argentina, Cuba, Jamaica, La Española, Antillas Menores, Trinidad y Tobago.)

272. Pacourina Aubl.
Haynea Willd., *Pacourinopsis* Cass.
Por J.F. Pruski.

Hierbas acuáticas emergentes; tallos erectos, simples o poco ramificados, glabros o subglabros a esparcidamente pilosos, fistulosos; follaje (cuando peloso) con pequeños tricomas simples. Hojas caulinares, simples a pinnatilobadas, alternas, sésiles o angostamente alado-pecioliformes en los 2-4 cm proximales; láminas cartáceas, pinnatinervias, espinoso-dentadas, las superficies glandulosas, por lo demás glabras o subglabras. Capitulescencia de cabezuelas solitarias sésiles axilares en los nudos distales. Cabezuelas grandes, discoides, con numerosas flores; involucro hemisférico a globoso; filarios 35-50, imbricados, graduados, c. 3-seriados, adpresos proximalmente, los márgenes escariosos, ligera y laxamente patentes y subherbáceo-subescuarrosos distalmente, el ápice espinuloso; clinanto aplanado, sin páleas. Flores bisexuales, c. 50; corola actinomorfa, infundibuliforme-campanulada, blanca a color violeta, 5-lobada, los lobos esclerosados distalmente; anteras espolonadas (calcariformes), pardo-amarillentas, el apéndice apical lanceolado u oblongo, aplanado, esclerosado; polen triporado, psilolofado, emicropunctato; estilo sin nudo basal obvio, el tronco esparcidamente papiloso distalmente, las ramas subuladas, las papilas alargadas, el ápice rostrado. Cipselas cilíndrica-prismáticas, c. 10-acostilladas, pardas, glandulosas; vilano desigual, pluriseriado, las series externas de numerosas cerdas ancistrosas cortas, caducas y pajizas mucho más cortas que las cipselas, las series internas en una corona lacerada persistente escuamulosa, aparentemente algunas veces con unas pocas cerdas intermedias. 1 sp. América tropical.

El protólogo describió el clinanto como paleáceo, lo cual es erróneo. *Pacourinopsis* fue subsecuentemente descrito sin páleas, convirtiéndolo en sinónimo.

1. Pacourina edulis Aubl., *Hist. Pl. Guiane* 2: 800 (1775). Holotipo: Guayana Francesa, *Aublet s.n.* (foto NY! ex BM). Ilustr.: Nash, *Fieldiana, Bot.* 24(12): 461, t. 7 (1976). N.v.: Tabaquillo, ES.

Calea sessiliflora Stokes, *Haynea edulis* (Aubl.) Willd., *Pacourina cirsiifolia* Kunth, *P. edulis* Aubl. var. *spinosissima* Britton, *Pacourinopsis dentata* Cass., *P. integrifolia* Cass.

Hierbas poco frecuentes, 1-2 m; tallos algunas veces subsuculentos, 1-3 cm de diámetro en la base, los entrenudos típicamente mucho más cortos que las hojas. Hojas 10-25 × 1-5(-9) cm, oblongo-elípticas a espatuladas, las nervaduras secundarias c. 9 por lado, en un ángulo de c. 70° desde la vena media, los márgenes irregular y agudamente dentados a lobados, el ápice atenuado. Cabezuelas 1.5-2 cm; involucro 2-3 cm de diámetro; filarios 7-20 × 6-8 mm, oblongos a ovados, delgadamente pluriestriados. Flores: corola 10-11 mm, el tubo y la garganta subiguales, gradualmente ampliada, los lobos 4-5 mm, patentes a revolutos, con nervaduras intramarginales, con frecuencia alargado-glandulosos en 1 o 2 filas longitudinales entre las nervaduras; anteras 5-6.5 mm, los espolones c. 0.7 mm, el apéndice c. 1 mm; ramas del estilo 5.5-7 mm. Cipselas 8-12 mm; vilano con series externas de cerdas 2-3 mm, las series internas con una corona de escuámulas de 0.2-0.3 mm. *Floración abr.-jun., ago.-ene. Bordes secundarios, bordes de lagunas, bordes del ríos, pantanos, ciénagas, suelos inundados, vegetación secundaria.* G (*Steyermark 31876*, F); ES (*Villacorta y Echeverría RV-02376*, MO); N (*Nee y Robleto 28139*, MO); CR (*Herrera et al. 1894*, MO); P (*Montenegro 1370*, MO). 20-100(-500) m. (Mesoamérica, Colombia, Venezuela, Guayanas, Ecuador, Perú, Bolivia, Brasil, Paraguay, Argentina, Cuba, La Española.)

273. Piptocarpha R. Br.

Carphobolus Schott ex Sch. Bip., *Monanthemum* Griseb. non Scheele
Por J.F. Pruski.

Bejucos trepadores, arbustos escandentes o árboles; follaje con tricomas lepidotos o estrellados. Hojas alternas, pecioladas; láminas lanceoladas a ovadas, rígidamente cartáceas a coriáceas, pinnatinervias, la superficie adaxial glabrescente, la superficie abaxial lepidota, estrellado-tomentosa o glandulosa, la base con frecuencia oblicua, los márgenes enteros a serrados. Capitulescencia axilar o rara vez terminal, en general corimbosa, glomerulada, o umbelada, rara vez tirsoide-paniculada. Cabezuelas con 1-35 flores, sésiles o pedunculadas; involucro campanulado, cilíndrico, o turbinado; filarios imbricados, graduados, con frecuencia pelosos y oscurecidos en el ápice; filarios internos ligera y laxamente imbricados y prontamente deciduos; clinanto sin páleas o rara vez paleáceo. Flores: corola actinomorfa, infundibuliforme a ligeramente campanulada, profundamente 5-lobada, color crema, generalmente glandulosa, los lobos recurvados; anteras color crema a purpúreas, casi tan largas como la garganta de la corola, generalmente exertas, especialmente cuando los lobos de la corola se enrollan, con colas basales estériles (caudado), las colas esclerosadas, rostradas u obtusas en el extremo proximal; polen tricolporado, equinado (no lofado); estilo con nudo basal escasamente agrandado, el tronco largamente papiloso distalmente, las ramas delgadas, largamente papilosas. Cipselas obcónicas, 10-acostilladas, glabras, glandulosas, o esparcidamente pilosas en el ápice; vilano generalmente 2-seriado, la serie externa de cerdas o escamas desiguales, algunas veces ausente, la serie interna de numerosas cerdas alargadas. $x = 17$. 46 spp. América tropical, 45 spp. sudamericanas (no conocido en Chile y Uruguay), 44 de estas endémicas de Sudamérica y Trinidad, 1 sp. ampliamente distribuida desde México hasta Brasil, 1 sp. endémica de las Antillas.

La especie mesoamericana fue tratada por Nash (1976a), Clewell (1975) y Elias (1975) en las floras de Guatemala, Honduras y Panamá, respectivamente, como *Piptocarpha chontalensis*, la cual fue ubicada en la sinonimia de *P. poeppigiana* por Smith y Coile (2007).

Bibliografía: Smith, G.L. y Coile, N.C. *Fl. Neotrop.* 99: 1-94 (2007).

1. Piptocarpha poeppigiana (DC.) Baker in Mart., *Fl. Bras.* 6(2): 131 (1873). *Vernonia poeppigiana* DC., *Prodr.* 5: 20 (1836). Holotipo: Perú, *Poeppig 1425* (microficha MO! ex G-DC.). Ilustr.: Nash, *Fieldiana, Bot.* 24(12): 462, t. 8 (1976). N.v.: Hoja blanca, N.

Cacalia poeppigiana (DC.) Kuntze, *Carphobolus poeppigiana* (DC.) Sch. Bip., *C. tereticaulis* (DC.) Sch. Bip., *Piptocarpha chontalensis* Baker, *P. costaricensis* Klatt, *P. foliosa* Cuatrec., *P. laxa* Rusby, *P. paraensis* Cabrera, *P. tereticaulis* (DC.) Baker, *Vernonia tereticaulis* DC.

Arbustos escandentes a trepadoras bajas, las ramas ampliamente patentes, 3-9(-20) m largo; tallos estriados, lepidoto-tomentosos. Hojas: láminas (4-)6-15(-20) × (1.5-)3-9(-11) cm, elípticas a ovadas, subcoriáceas, las nervaduras secundarias 7-10 por lado, la superficie adaxial glabra, la superficie abaxial amarillo-pardusca, estrellado-tomentosa y a veces glandulosa, la base oblicua, los márgenes enteros a ligeramente denticulados, el ápice agudo a brevemente acuminado; pecíolo (5-)8-15 mm. Capitulescencia axilar, en fascículos de 20-60 cabezuelas cercanamente agregadas en los 10 nudos distales, cada fascículo de base ancha, con c. 10 ramitas primarias, cada una generalmente 5-10 mm y de pocas cabezuelas; pedúnculos robustos, 1-5 mm, estrellado-tomentosos. Cabezuelas con c. 6 flores; involucro 4.5-5.5 × (2)3-4 mm, angostamente campanulado; filarios c. 4-seriados; filarios de las series externas deltoides, tomentulosos, el ápice agudo; filarios de las series internas lanceolado-elípticos, tomentulosos a ligeramente tomentulosos, los márgenes ciliados a araneosos, el ápice obtuso. Flores: corola

5-6.5 mm, color crema, los lobos 1.5-2.5 mm, setosos o rara vez glabros; anteras 3-3.5 mm, las colas c. 0.5 mm, rostradas; ramas del estilo c. 2 mm. Cipselas 2.5-3.2 mm, glandulosas, por lo demás glabras; vilano ligeramente 2-seriado, la serie externa de cerdas c. 1 mm, la serie interna de cerdas alargadas de 4.5-6 mm. *Selvas con caliza, selvas bajas perennifolias, selvas medianas perennifolias, selvas altas perennifolias, bosques riparios, matorrales, riberas, sotobosques, vegetación secundaria.* Ch (*Breedlove 34507*, MO); B (*Schipp 138*, MO); G (*Contreras 6692*, MO); H (*Molina R. y Molina 25646*, MO); N (*Tate 163*, K); CR (*Pittier 4927*, GH); P (*McPherson 12269*, MO). 15-800 (-2000) m. (S. México, Mesoamérica, Colombia, Venezuela, Guyana, Ecuador, Perú, Bolivia, Brasil.)

274. Piptocoma Cass.

Adenocyclus Less., *Dialesta* Kunth, *Odontoloma* Kunth,
Pollalesta Kunth
Por J.F. Pruski.

Árboles o arbustos, rara vez bejucos, muy ramificados; tallos angulados, generalmente tomentosos; follaje con tricomas lepidotos o estrellados. Hojas alternas, pecioladas; láminas angostamente lanceoladas a ovadas o cordiformes, cartáceas o subcoriáceas, pinnatinervias, anchamente agudas a acuminadas apicalmente, los márgenes enteros o serrulados, generalmente glandulosas en ambas superficies, la superficie abaxial blanco-tomentosa o rojizo-tomentosa, los tricomas estrellados. Capitulescencia terminal, corimboso-paniculada, las últimas cabezuelas algunas veces glomeruladas; pedúnculos cortos. Cabezuelas discoides, con 1-12 flores; involucro angostamente campanulado o más generalmente cilíndrico; filarios imbricados, graduados, espiralados o equitantes, escariosos o membranáceos, los internos algunas veces deciduos; clinanto subconvexo a aplanado, sin páleas o rara vez con 1 o 2 cerdas similares a páleas. Flores bisexuales; corola actinomorfa, infundibuliforme, profundamente 5(6)-lobada, glandulosa, blanca a púrpura; anteras color crema, con espolones basales fértiles (calcariformes); polen tricolporado, equinado (no lofado); estilo sin nudo basal, la base glabra, el tronco largamente papiloso distalmente, las ramas delgadas, largamente papilosas. Cipselas obcónicas, rara vez hinchadas y piriformes, 3-5-anguladas cuando jóvenes, 8-10-acostilladas al madurar, glandulosas, por lo demás glabras a puberulentas; vilano blanco a color crema, el vilano y las cipselas marcadamente discoloros, 2-seriados o rara vez una o ambas series ausentes, las series externas de c. 10 escámulas cortas en una corona conspicua a falsa, estas deciduas o frágiles y persistentes, las series internas con (0)1-15 escamas aplanadas, escasamente retorcido-alargadas. 18 spp., 4 spp. en las Antillas, 1 sp. en Mesoamérica y las 13 restantes en Sudamérica.

Aristeguieta (1963), Elias (1975) y Stutts (1981) reconocieron a los miembros continentales del género como *Pollalesta* y Aristeguieta y Stutts trataron *Oliganthes* como endémica de Madagascar. Stutts y Muir (1981) reconocieron *Piptocoma* con solo 3 especies restringidas a las Antillas. Pruski (1996a) redujo *Pollalesta* a la sinonimia de *Piptocoma*, expandiendo el área del género a América tropical continental e incrementando a 18 el número de especies reconocidas en *Piptocoma*. Pruski (1997a) y Robinson (1999) siguieron a Pruski (1996a) y trataron *Pollalesta* como sinónimo de *Piptocoma*.

Bibliografía: Aristeguieta, L. *Bol. Soc. Venez. Ci. Nat.* 23: 255-288 (1963). Elias, T.S. *Ann. Missouri Bot. Gard.* 62: 857-873 (1975). Stutts, J.G. *Rhodora* 83: 385-419 (1981). Stutts, J.G. y Muir, M.A. *Rhodora* 83: 77-86 (1981).

1. Piptocoma discolor (Kunth) Pruski, *Novon* 6: 97 (1996). *Dialesta discolor* Kunth in Humb., Bonpl. et Kunth, *Nov. Gen. Sp.* folio ed. 4: 35 (1820 [1818]). Holotipo: Colombia, *Humboldt y Bonpland s.n.* (microficha MO! ex P-Bonpl.). Ilustr.: Pruski, *Monogr. Syst. Bot. Missouri Bot. Gard.* 114: 402, t. 88 (2010). N.v.: Térraba skur, CR.

Dialesta discolor Kunth var. *polychaeta* Steetz, *Oliganthes corei* Cuatrec., *O. discolor* (Kunth) Sch. Bip., *O. ferruginea* Gleason, *O. karstenii* Sch. Bip., *Pollalesta argentea* Aristeg., *P. brasiliana* Aristeg., *P. colombiana* Aristeg., *P. corei* (Cuatrec.) Aristeg., *P. discolor* (Kunth) Aristeg., *P. ecuatoriana* Aristeg., *P. ferruginea* (Gleason) Aristeg., *P. karstenii* (Sch. Bip.) Aristeg., *P. klugii* Aristeg., *P. peruviana* Aristeg.

Arbustos grandes hasta árboles, 5-30 m, sin contrafuertes, con un solo tronco de hasta 30 cm de diámetro, ramificado en la corona; tallos irregularmente angulados distalmente, finamente estriados, estrellado-tomentosos. Hojas: láminas (3-)5-20 × (1.5-)3-9 cm, angostamente elípticas a obovadas, cartáceas, la superficie adaxial glabra a delgadamente puberulenta, la superficie abaxial con frecuencia gris, estrellado-tomentosa, glandulosa, las glándulas generalmente ocultas por el tomento estrellado, la base cuneada a oblicuamente atenuada, los márgenes enteros a rara vez remotamente serrulados, el ápice atenuado a rara vez agudo; pecíolo (0.5-)1-3.5 cm. Capitulescencia sostenida apenas por encima de las hojas más distales en las últimas cabezuelas glomeruladas, tomentosas, los glomérulos individuales con c. 20 cabezuelas, c. 1.5 × 2 cm; pedúnculos 2.5-4 mm. Cabezuelas con (1)2(3) flores; involucro cilíndrico a angostamente turbinado, moderadamente comprimido; filarios 5-8-series, 4.5-7(-8) × 1.5-3 mm, graduados, equitantes, persistentes; filarios de las 2 o 3 series externas escuamiformes, 0.5-1.5 mm, deltados, lanosos a apenas apicalmente pelosos, graduando hasta los internos; filarios de las series internas 5-7 mm, elíptico-lanceolados, conduplicados, pajizos o pardo-verdosos apicalmente, glabros o rara vez muy laxamente araneoso-pelosos distalmente. Flores algunas veces fragantes; corola (4-)5-6.5 mm, color crema a púrpura, el limbo exerto del involucro, escasamente glanduloso, el tubo y la garganta (2-)3-3.5 mm, los lobos 2-3 mm; ramas del estilo c. 1.1 mm. Cipselas 1.8-2.4 mm; vilano 2-seriado, dimorfo, la serie externa de escuámulas hasta c. 0.2 mm, la serie interna de 5-8 escamas de 3-4.5 mm. *Parches de bosques, bordes de bosques, vegetación secundaria, selvas altas perennifolias premontanas, bosques de neblina, orillas de caminos, cafetales, matorrales costeros, sabanas.* CR (*Pittier 12138*, US); P (*Allen 1036*, MO). 100-1400 m. (Mesoamérica, Colombia, Ecuador, Perú, Brasil).

Piptocoma discolor es la especie más ampliamente distribuida del género encontrándose desde Mesoamérica hasta Sudamérica, y es la especie del género que llega más al sur. Esta especie es un árbol de crecimiento rápido en áreas alteradas, potencialmente valorada como cosecha para leña, en este respecto similar a *Tessaria integrifolia* (Inuleae).

275. Pseudelephantopus Rohr, nom. cons.

Chaetospira S.F. Blake, *Distreptus* Cass., *Matamoria* La Llave, *Spirochaeta* Turcz.

Por J.F. Pruski.

Hierbas perennes, a veces estoloníferas; tallos erectos, simples a poco ramificados, pilosos a subglabros; follaje con tricomas rígidos simples. Hojas generalmente basales y proximal-caulinares, alternas, sésiles, generalmente amplexicaules, las distales progresivamente muy reducidas hasta brácteas en la capitulescencia, oblanceoladas a obovadas, cartáceas, pinnatinervias, sinuadas o subenteras a ligeramente serradas, glabrescentes a pilosas, generalmente glandulosas abaxialmente. Capitulescencia terminal y lateral, de pocas a varias ramas espigadas ascendente-bracteadas, la espiga indeterminada, interrumpida o continua, las cabezuelas agregadas, pocos a numerosos agregados por espiga, cada agregado cilíndrico, con 1-5 cabezuelas, en general abrazado por 1 o 2 brácteas o bractéolas con frecuencia foliares y oblanceoladas. Cabezuelas discoide-subliguladas, con 4 flores escasamente exertas del involucro al madurar; involucro cilíndrico pero ligeramente comprimido; filarios 8, 2-3-seriados, en 4 pares decusados, adpresos, el primero y tercer par conduplicados y subcarinados, el segundo y cuarto

par aplanados, los dos pares externos más cortos que los internos, lanceolados, con frecuencia glandulosos y algunas veces setosos distalmente, especialmente los filarios internos; clinanto sin páleas. Flores bisexuales; corola discoide pero zigomorfa, todos los lobos radiando hacia afuera del involucro, blanca a púrpura, infundibuliforme, profunda y desigualmente 5-lobada, más profundamente cortada entre los dos lobos lateral-ventrales, el tubo más largo que el limbo, muy cortamente espolonado basalmente; polen triporado, cortamente equinolofado; estilo sin nudo basal, cilíndrico en la base, el tronco largamente papiloso distalmente, las ramas lineares, largamente papilosas. Cipselas pardas, obcónicas, c. 10-acostilladas, las costillas prominentes, pelosas, glandulosas entre las costillas; vilano de 3-12 cerdas pajizas similares o diferentes, iguales o desiguales, las laterales o todas plegadas o torcidas en espiral en el ápice, gradualmente más anchas o abruptamente dilatadas basalmente, el vilano generalmente más largo que las cipselas. $x = 13$. 2 spp. Nativo de América tropical, pero una especie es una maleza pantropical.

Pseudelephantopus es en general reconocido como distinto de *Elephantopus* (p. ej., Busey, 1975 [1976]; Cronquist, 1971; Gleason, 1922; Pruski, 1997a; Robinson, 1999; Rzedowski y Calderón de Rzedowski, 1995). Tanto *Pseudelephantopus* como el sinónimo *Spirochaeta* fueron reconocidos por Baker (1902), mientras que Clonts y McDaniel (1978) trataron ambos géneros en la sinonimia del género relacionado *Elephantopus*. Nicolson (1981) hizo importantes observaciones nomenclaturales y de tipificación.

Cassini (1830) fue el primero en tratar *Pseudelephantopus* con solo dos especies, aunque bajo el sinónimo del nombre genérico *Distreptus*. Cassini describió el vilano de *P. spiralis* (como el nombre ilegítimo *D. crispus*, un sinónimo de *P. spicatus*) como "très tortillées et comme frisées supérieurement" y el de *P. spicatus* (como *D. spicatus*) como "pliées et repliées deux fois".

Debe anotarse que incluidos en la sinonimia de *P. spicatus* están *D. crispus*, *E. crispus* y *P. crispus*, cada uno un nombre ilegítimo del sinónimo *E. nudiflorus*, mientras que el nombre heterotípico *E. crispus* D. Dietr. basado en parte en material determinado por Cassini como "*Distreptus crispus* Cass." con vilano de cerdas "très tortillées et comme frisées supérieurement" pasa a ser sinónimo de *P. spiralis*.

Bibliografía: Adams, C.D. *Fl. Pl. Jamaica* 738-777 (1972). Cassini, H. *Dict. Sci. Nat.* ed. 2, 60: 563-601 (1830). Cronquist, A. *Fl. Galápagos Isl.* 300-367 (1971). Moore, S.L.M. *Fl. Jamaica* 7: 150-289 (1936). Nicolson, D.H. *Taxon* 30: 489-494 (1981).

1. Vilano de cerdas desiguales, notablemente más anchas que los tricomas del filario, las 2 laterales plegadas distalmente; filarios glabros a distalmente glandulosos, el ápice a veces esparcidamnte setoso; hierbas frecuentemente rizomatosas; espigas generalmente bracteadas e interrumpidas; cipselas 4-7 mm, estrigosas, los tricomas mayormente 0.2-0.5 mm y obviamente más largos que el ancho de la vena media. **1. P. spicatus**

1. Vilano de cerdas subiguales, filiformes distalmente y casi tan delgadas como los tricomas del filario, todas curvadas o espiraladas distalmente; al menos algunos filarios apicalmente setosos; hierbas estoloníferas; espigas generalmente bracteoladas y densas; cipselas 2.5-3.2 mm, cortamente hispídulos a estrigulosos, los tricomas c. 0.1 mm y casi tan largos como el ancho de la vena media. **2. P. spiralis**

1. Pseudelephantopus spicatus (Juss. ex Aubl.) C.F. Baker, *Trans. Acad. Sci. St. Louis* 12: 55 (1902). *Elephantopus spicatus* Juss. ex Aubl., *Hist. Pl. Guiane* 2: 808 (1775). Tipo: Sloane, *Hist.* 1: t. 150, f. 3, 4 (1707). Ilustr.: Pruski, *Fl. Venez. Guayana* 3: 349, t. 295 (1997). N.v.: Bayal xiw, C; espinillo, B; oreja de conejo, G; barrehono, cola de pato, contraraña, escoba de San Antonio, escobilla, fuego de San Antonio, hierba de chancho, lechuguilla, mozote, oreja de coyote, oreja de venado, San Antonio, verbena, H; amor-seco, escoba, mata-coyote, oreja de chucho, oreja de coyote, tabaquillo, ES; oreja de chancho, sheep tongue, N.

Distreptus crispus Cass., *D. nudiflorus* (Willd.) Less., *D. spicatus* (Juss. ex Aubl.) Cass., *D. spicatus* var. *interruptus* Ram. Goyena?, *D. spicatus* var. *nicaraguensis* Ram. Goyena?, *Elephantopus crispus* Sch. Bip., *E. glaber* Sessé et Moc., *E. nudiflorus* Willd., *E. spicatus* Juss. ex Aubl. var. *densiflorus* Kuntze?, *E. spicatus* var. *laxiflorus* Kuntze?, *E. spicatus* var. *roseus* Klatt?, *Matamoria spicata* La Llave, *Pseudelephantopus crispus* Cabrera.

Hierbas perennes frecuentemente rizomatosas, hasta 1 m; tallos simples o basalmente poco ramificados, estriados, pilosos a subestrigosos a subglabros. Hojas obovadas u oblanceoladas, las basales y proximales 4-17(-21) × (0.7-)2-4.2(-6) cm, adaxialmente estrigosas a glabrescentes, abaxialmente glandulosas y en general también subestrigosas, la base atenuada y algunas veces dilatada, los márgenes subenteros a serrulados, el ápice agudo a obtuso. Capitulescencia 10-30 cm, el eje de la espiga generalmente interrumpido hasta muy rara vez continuo, con pocos(-15) agregados axilares cada uno con 1-3(-5) cabezuelas, los agregados proximales en general patente-bracteados, los agregados distales en general ascendente-bracteolados; brácteas y bractéolas oblanceoladas, algunas veces más largas que la cabezuela, los márgenes con frecuencia largamente ciliados, dilatados y amplexicaules basalmente. Cabezuelas con involucro 9-12 × 2-3 mm; filarios con la parte proximal y la vena media pajizas, los márgenes verdes distalmente, el ápice mucronado, glabros a distalmente glandulosos, el ápice rara vez setoso, los 2 pares de filarios externos 6-7 × 1.5-2 mm, los 2 pares de filarios internos (8-)9-12 × 1.5-2.5 mm; corola 7-10 mm, blanca o purpúrea, el tubo 4-6 mm, los lobos 2-3 mm, glabros o algunas veces glandulosos; anteras c. 1.5 mm; ramas del estilo hasta c. 2 mm. Cipselas 4-7 mm, estrigosas; vilano de 8-12 cerdas heteromorfas, 2-seriadas, desiguales, notablemente más anchas que los tricomas del filario, 2-3 mm proximales de cada cerda gradualmente ampliados, algunas veces lacerados, las 2 cerdas laterales 5-7 mm y conspicuamente una vez plegadas (porción plegada c. 1 mm) distalmente a muy rara vez doblemente plegadas y aparentemente espiraladas, todas las otras cerdas erectas, c. 4 cerdas más largas de 4-6 mm, generalmente con 2-6 cerdas más cortas de c. 3 mm. $2n = 22$ (Clonts y McDaniel, 1978), 28 (Cronquist, 1971). *Áreas alteradas, bordes de bosques, selvas bajas, matorrales, pastizales, bosques de* Pinus*, plantaciones, barrancos, orillas de caminos, bosques de* Quercus*, áreas rocosas, riberas de quebradas, vegetación secundaria, laderas de volcanes, selvas altas perennifolias.* T (*Cowan 1764*, NY); Ch (*Pruski et al. 4221*, MO); Y (*Gaumer et al. 1015*, F); C (Villaseñor Ríos, 1989: 89); QR (Villaseñor Ríos, 1989: 89); B (*Arvigo et al. 332*, NY); G (*Pruski et al. 4513*, MO); H (*Nelson et al. 6723*, MO); ES (*Calderón 128*, MO); N (*Barclay 2116*, MO); CR (*Skutch 3027*, MO); P (*Fendler 175*, K). 0-1200(-1800) m. (Estados Unidos [Florida], México, Mesoamérica, Colombia, Venezuela, Guayanas, Ecuador, Perú, Chile, Cuba, Jamaica, Española, Puerto Rico, Islas Vírgenes, Antillas Menores, Trinidad y Tobago, Asia, África, Islas del Pacífico.)

Se ha examinado un ejemplar (*Kirkbride y Bristan 1570*, MO) donde las cerdas son doblemente plegadas. Este ejemplar fue citado por Busey (1975 [1976]) como *Pseudelephantopus spiralis*, y realmente las cerdas pueden ser erróneamente interpretadas como espiraladas. La espiga es interrumpida y las cerdas no filamentosas distalmente, no obstante, características típicas de *P. spicatus*.

2. Pseudelephantopus spiralis (Less.) Cronquist, *Madroño* 20: 255 (1970). *Distreptus spiralis* Less., *Linnaea* 6: 690 (1831). Holotipo: Jamaica, *Anon. s.n.* (microficha MO! ex UPS). Ilustr.: Pruski, *Monogr. Syst. Bot. Missouri Bot. Gard.* 114: 404, t. 89 (2010).

Chaetospira funckii (Turcz.) S.F. Blake, *C. spiralis* (Less.) Aspl. et S.F. Blake, *Elephantopus crispus* D. Dietr., *E. crispus* forma *hirsuta* Hieron., *E. spiralis* (Less.) Clonts, *Pseudelephantopus funckii* (Turcz.) Philipson, *Spirochaeta funckii* Turcz.

Hierbas estoloníferas, 0.1-0.8(-1.2) m; tallos ramificados, estriados, pilosos, a veces fistulosos. Hojas 2-7 (14) × 1.2-2 (4.5) cm, oblanceo-

ladas a oblongas, ambas superficies pilosas, la base cuneada a atenuada, los márgenes sinuados a ligeramente serrados, el ápice agudo a anchamente obtuso. Capitulescencia hasta 20 cm, por lo general densamente florífera a rara vez interrumpida, con hasta 25 agregados axilares cada uno con 1-5 cabezuelas, abrazados por bractéolas en general escasamente más largas que los agregados o los agregados proximales con brácteas foliosas amplexicaules expandidas, las bractéolas generalmente ascendentes, largamente ciliadas. Cabezuelas con involucros 5.5-7 × 1.5-2 mm; filarios apicalmente verdes, por lo demás color crema con los márgenes hialinos o rara vez purpúreos, el ápice verde en general glanduloso, con frecuencia esparcidamente setoso, por lo demás glabro, al menos algunos filarios apicalmente setosos, el ápice mucronado, ligeramente carinado, los 2 pares de filarios externos 2-3 × c. 1 mm, los 2 pares de filarios internos 5.5-7 × 1.5-2 mm; corola 3.5-5.5 mm, blanca o purpúrea, el tubo c. 1.7-3.5 mm, los lobos 0.7-1.3 mm, ambos glabros; anteras c. 1.1 mm; ramas del estilo hasta 1.2 mm. Cipselas 2.5-3.2 mm, cortamente hispídulas; vilano de 3-8 cerdas subiguales, 1-seriadas, filiformes y casi tan delgadas como los tricomas del filario, 4-5.5 mm, algunas abruptamente dilatadas basalmente, todas curvadas o espiraladas distalmente. *Pastizales, áreas alteradas, orillas de caminos, chaparral, potreros, orillas de ríos.* CR (*González 833*, MO); P (*Lewis et al. 2775*, MO). 10-1800 m. (Mesoamérica, Colombia, Venezuela, Ecuador, Perú, Bolivia, Brasil, Argentina, Jamaica?, Puerto Rico, Antillas Menores, Trinidad y Tobago.)

El holotipo especifica Jamaica tal como se cita en el protólogo de Lessing, a pesar de que esto no fue registrado para Jamaica ni por Moore (1936) ni por Adams (1972). El hecho de que se encuentra en Puerto Rico indica la posibilidad de que la localidad del protólogo como Jamaica sea incorrecta.

A pesar de que Baker (1902) y Cabrera (1944) trataron *Distreptus crispus* como legítimo, se concuerda con Clonts y McDaniel (1978) que este nombre es un nombramiento superfluo, y por lo tanto sería un sinónimo nomenclatural de *Elephantopus nudiflorus*. Si se tomara *D. crispus* de 1830 como una nueva especie, precedería por un año a *D. spiralis*, necesitándose entonces un cambio de nombre. Afortunadamente este no es el caso, y se puede seguir tratando el nombre *D. crispus* como ilegítimo y basado en el tipo de Willdenow, aunque con una descripción que encaja con la especie heterotípica *Pseudelephantopus spiralis*.

276. Rolandra Rottb.

Por J.F. Pruski.

Hierbas perennes o subarbustos; tallos blanco-seríceos distalmente, glabrescentes con la edad; follaje con tricomas simples. Hojas generalmente caulinares, alternas, cortamente pecioladas; láminas cartáceas, pinnatinervias, las superficies marcadamente discoloras. Capitulescencia generalmente axilar en los nudos distales, cada una con un glomérulo esférico denso, sésil, sin brácteas, cada glomérulo semejando una sola cabezuela pero realmente compuesto de numerosas cabezuelas, 1-4 ramas laterales de 10-20 cm a veces presentes subdistalmente. Cabezuelas discoides, con 1 flor, sésiles o casi sésiles; involucro cilíndrico, comprimido; filarios 2, opuestos (uno por dentro del otro), desiguales, cimbiformes, subcarinados, el externo aristado y el interno apiculado, una bractéola lanceolada menor algunas veces laxamente subyacente a los 2 filarios principales; clinanto diminuto, sin páleas, ligeramente piloso. Flores 1, bisexuales; corola actinomorfa, campanulada, profundamente 3-4-lobada, en general blanca, glabra, la garganta casi ausente con los lobos partidos casi hasta el ápice del tubo angosto, los lobos esclerosados apicalmente; anteras basalmente espolonadas, los espolones más largos que el cuello del filamento; polen triporado, equinolofado; estilo sin nudo basal, el tronco largamente papiloso distalmente, las ramas muy cortas, semisubulado, gradualmente atenuado, las papilas alargadas, el ápice puntiagudo. Cipselas obcónicas, ligeramente 4-acostilladas o 5-acostilladas, glandulosas, por lo demás glabras; vilano coroniforme, pajizo, la corona baja, delgada, laciniada. 1 sp. América tropical; naturalizado en partes de los paleotrópicos.

Este tratamiento es una adaptación de Beltrán y Pruski (2000 [2001]).

Bibliografía: Beltrán, H. y Pruski, J.F. *Arnaldoa* 7: 13-18 (2000) [2001].

1. Rolandra fruticosa (L.) Kuntze, *Revis. Gen. Pl.* 1: 360 (1891). *Echinops fruticosus* L., *Sp. Pl.* 815 (1753). Lectotipo (designado por Howard, 1989): Plum., *Pl. Amer.* 114, t. 123, f. 1 (1757). Ilustr.: Beltrán y Pruski, *Arnaldoa* 7: 16, t. 2 (2000) [2001]. N.v.: Niagurgin, sin asumurgid, P.

Echinops nodiflorus Lam., *Rolandra argentea* Rottb., *R. diacantha* Cass., *R. monacantha* Cass.

Comúnmente hierbas o subarbustos, (0.2-)0.5-1.5(-2) m; tallos algunas veces ramificados basalmente, ascendentes a trepadores, algunas veces rastreros, generalmente sin ramificar en los 30-70 cm distales hasta algunas veces poco ramificados, subteretes. Hojas: láminas 3-11 × 1-5 cm, elípticas a lanceoladas, las nervaduras secundarias generalmente 8-12 por lado, subparalelas, generalmente rectas, en un ángulo de c. 45° con la vena media, la superficie adaxial verde, esparcidamente pilosa a glabrescente, la superficie abaxial apretadamente blanco-tomentosa entre las nervaduras secundarias, el indumento glanduloso oculto por el tomento, la vena media y las nervaduras secundarias con frecuencia pardo-amarillentas a parduscas debajo del indumento blanco-seríceo, la base cuneada a obtusa, los márgenes enteros o serrulados, el ápice agudo a acuminado, algunas veces mucronulado; pecíolo 0.2-0.8(-1.5) cm, dilatado basalmente, subamplexicaule, seríceo. Capitulescencia de glomérulos axilares generalmente al menos en los 7-9 nudos distales, cada glomérulo 1-2(-2.5) cm de diámetro con el terminal frecuentemente siendo el más grande, con (50-)100-150 cabezuelas. Cabezuelas con una sola flor frecuentemente exerta lateralmente desde el involucro aristado; involucro 0.6-1.3 mm de diámetro; filarios elíptico-lanceolados, escariosos, parduscos, glabros a ligeramente seríceos y glandulosos apicalmente, el filario externo 4.5-6.5 mm, la arista 1-1.5 mm, erecta, el filario interno 2.5-4.5 mm. Flores: corola 2.7-3.5 mm, el tubo 1.6-2 mm, los lobos 1.1-1.5 mm; anteras 1-1.2 mm; ramas del estilo c. 0.2 mm. Cipselas 1.5-2 mm; vilano una corona 0.2-0.3 mm. Floración nov.-sep. *Orillas de lagos, áreas abiertas, orillas de caminos, sabanas, vegetación secundaria, riberas, matorrales, áreas arvenses.* H (Beltrán y Pruski, 2000 [2001]: 17); N (*Moreno 14614*, MO); CR (*Gómez 3289*, MO); P (*Fendler 143*, MO). 0-900 m. (Mesoamérica, Colombia, Venezuela, Guayanas, Perú, Bolivia, Brasil, La Española, Puerto Rico, Antillas Menores, Trinidad y Tobago; naturalizada en Japón, Java.)

277. Spiracantha Kunth

Por J.F. Pruski.

Hierbas anuales a perennes de vida corta; tallos erectos o decumbentes, poco ramificados, subteretes, laxamente blanco-seríceos distalmente; follaje con tricomas simples. Hojas generalmente caulinares, alternas, cortamente pecioladas; láminas cartáceas, pinnatinervias, las superficies moderadamente discoloras, no glandulosas. Capitulescencia sésil en glomérulos globosos bracteados, foliosos, terminales sobre ramitas cortas o rara vez axilares y sésiles, cada glomérulo con (3)4-13(-22) cabezuelas, abrazado por (3)4-5(-8) brácteas foliosas, adpreso proximalmente, desde ahí exerto lateralmente, cada bráctea conduplicado-cóncava rodeando una cabezuela periférica por dentro de su cavidad cupuliforme proximal, las cabezuelas del centro de cada glomérulo sin brácteas, el indumento de la bráctea como aquel sobre las hojas. Cabezuelas discoides, con 1 flor, sésil o casi sésil por dentro del glomérulo;

involucro cilíndrico-turbinado; filarios 5-8, imbricados, escasamente desiguales, subgraduados con los externos más 1/2 de la longitud de las penúltimas series 2-3-seriadas, la mayoría de los filarios insertos en espiral o algunas veces dísticos, el ápice espinoso, espina horizontalmente refractada, (c. 2 últimos internos mucho más cortos, ocultos y no visibles lateralmente, los ápices atenuados pero espinosos); clinanto sin páleas. Flores 1, bisexuales; corola actinomorfa, tubular-infundibuliforme, profundamente 4-5-lobada, color violeta o lavanda, el limbo exerto, los lobos setulosos; anteras basalmente espolonadas, los espolones más largos que el cuello del filamento, apéndice elíptico; polen triporado, equinolofado; estilo sin nudo basal, el tronco largamente papiloso distalmente, las ramas muy cortas, subuladas, las papilas alargadas, el ápice puntiagudo. Cipselas turbinadas, subcompresas, ligeramente 5-acostilladas, glandulosas o resinosas en el anillo apical, por lo demás glabras o esparcidamente setulosas; vilano de 10-12 cerdas desiguales, cortas, pajizas, 1-seriadas o 2-seriadas, algunas frágiles. *x* = 8. 1 sp. América tropical.

1. Spiracantha cornifolia Kunth in Humb., Bonpl. et Kunth, *Nov. Gen. Sp.* folio ed. 4: 23 (1820 [1818]). Holotipo: Colombia, *Humboldt y Bonpland 1367* (microficha MO! ex P-Bonpl.). Ilustr.: D'Arcy, *Ann. Missouri Bot. Gard.* 62: 887, t. 10 (1975 [1976]). N.v.: Mozote, H; culantro de monte, N.

Spiracantha denticulata Ernst.

Hierbas, (0.1-)0.3-1(-1.5) m; tallos con frecuencia rojizos o purpúreos. Hojas pecioladas; láminas 2-11 × 1-5.5 cm, elípticas o rara vez lanceoladas, las nervaduras secundarias generalmente 7-10 por lado, subparalelas, en un ángulo de 45-55° con la vena media, cercanamente espaciadas, la superficie adaxial verde, esparcidamente pilosa a glabrescente, la superficie abaxial laxamente blanco-serícea, la base obtusa a algunas veces con acumen, los márgenes enteros o denticulados a serrulados, el ápice agudo o rara vez acuminado, algunas veces mucronulado; pecíolo (1-)3-15 mm, dilatado basalmente, subamplexicaule a rara vez envainador. Capitulescencia en glomérulos generalmente en los 5-10 nudos distales, cada glomérulo 1-3 cm de diámetro (incluyendo las brácteas), las brácteas 1-2 cm, exertas lateralmente o ligeramente dobladas hacia abajo, ovadas a oblongas, rígidas pero delgadas, reticuladas, espinulosas; ramas subyacentes (0-)1-4(-10) cm, el ápice (clinanto del glomérulo) piloso con tricomas hasta 1 mm. Cabezuelas 5-7 mm, con 1 flor solitaria parcialmente exerta; involucro 2-3 mm de diámetro, con frecuencia de apariencia comosa apicalmente; filarios de las series externas a penúltimas con lámina 3-5 mm, obovados, subcarinados, adpresos, escariosos, pajizos, piloso-seríceos, algunas veces finamente glandulosos, el ápice abruptamente espinoso, la espina 1.3-1.8 mm, con frecuencia purpúrea basalmente. Flores: corola 2-3 mm, los lobos 1-1.4 mm, partidos 1/2-2/3 hasta el tubo, escasamente patente por el cilindro de la antera generalmente expuesto; anteras 0.7-0.9 mm; ramas del estilo c. 0.3 mm. Cipselas c. 2 mm; vilano de cerdas 0.5-1 mm, casi 1/2 de la longitud de las cipselas. Floración sep., jul. 2*n* = 16. *Vegetación secundaria, pastizales, riberas, orillas de caminos, selvas bajas alteradas, áreas arenosas, vegetación costera.* T (*Novelo et al. 88*, MO); Y (*Duno et al. 1834*, MO); C (*Martínez S. et al. 29488*, MO); QR (*Sanders et al. 9915*, MO); B (*Gentle 5000*, NY); G (Nash, 1976a: 18); H (*Molina R. 34399*, MO); ES (*Sandoval ES-01680*, MO); N (*Seymour 1866*, F); CR (*Grayum 10456*, MO); P (*Busey 327*, MO). 0-800(-1300) m. (México [Veracruz], Mesoamérica, Colombia, Venezuela, La Española, Puerto Rico.)

278. Stenocephalum Sch. Bip.

Por J.F. Pruski.

Hierbas perennes o subarbustos, generalmente xilopódicas; tallos ligeramente ramificados, glabros o más generalmente pilosos; follaje con tricomas simples, los de los tallos y de la superficie abaxial con frecuencia contortos. Hojas caulinares, alternas, sésiles o cortamente pecioladas; láminas rígidamente cartáceas, pinnatinervias, algunas veces auriculadas basalmente, los márgenes enteros a ligeramente serrulados, con frecuencia revolutos, las superficies discoloras, generalmente no glandulosas, la superficie adaxial verde, con frecuencia con tricomas flageliformes, la superficie abaxial blanco-tomentosa a pardo-tomentosa. Capitulescencia axilar, generalmente recta y no arqueada, foliosa, generalmente con 1-varias cabezuelas cercanamente espaciadas, sésiles, algunas veces terminando en ramas laterales proximalmente foliosas. Cabezuelas discoides, con 3-6(-10) flores; involucro cilíndrico; filarios 3-5-seriados, imbricados, marcadamente graduados, persistentes, ligeramente pilosos a densamente seríceos, obviamente espinosos en el ápice y patentes a recurvados la mayor parte de su longitud (Mesoamérica), algunas veces redondeados a atenuados; clinanto sin páleas. Flores bisexuales; corola actinomorfa, infundibuliforme, exerta del involucro, glabra o los lobos largamente pilosos, profundamente 5-lobada, los lobos color violeta, ascendentes, el tubo alargado, color pálido; anteras cortamente espolonadas, la base redondeada; polen tricolporado, equinolofado; estilo con nudo basal poco desarrollado, hundido en un nectario cilíndrico, el tronco cortamente papiloso distalmente, las ramas ascendentes, las papilas cortas, el ápice puntiagudo. Cipselas obcónicas, 10-acostilladas, la superficie parda, blanco-serícea en líneas sobre las costillas, no glandulosas, las células de la superficie sin rafidios, el carpóforo conspicuo, simétrico; vilano doble (2-seriado), persistente, pardo-amarillento, las series externas de c. 20 cerdas cortas, las series internas de numerosas cerdas escabriúsculas alargadas, escasamente exertas de las puntas de los filarios. *x* = 12, 17?. 5 spp. América tropical.

1. Stenocephalum jucundum (Gleason) H. Rob., *Proc. Biol. Soc. Wash.* 100: 583 (1987). *Vernonia jucunda* Gleason, *Bull. Torrey Bot. Club* 46: 248 (1919). Isotipo: México, Chiapas, *Purpus 7060* (NY!). Ilustr.: no se encontró.

Vernonia llanorum V.M. Badillo, *V. spinulosa* Gleason.

Hierbas delgadas o subarbustos, 0.4-1 m; tallos rígidamente erectos, las ramas distales laterales 10-25 cm, pilosos o vellosos a glabrescentes, los entrenudos típicamente mucho más cortos que las hojas. Hojas cortamente pecioladas; láminas 1.5-9 × 0.8-4 cm, elípticas o rara vez elíptico-lanceoladas, las nervaduras secundarias 4-7 por lado, en c. 50° hasta la vena media, la base obtusa a redondeada, los márgenes algunas veces revolutos, el ápice agudo a acuminado, la superficie adaxial algunas veces rugulosa, glabra a delgadamente pilosa, la superficie adaxial cinéreo-blanco-tomentosa, no glandulosa debajo del tomento; pecíolo 2-4 mm, tomentoso. Capitulescencia con 1-2(-5) cabezuelas en los nudos distales, las cabezuelas ya sea axilares u opuestas a las hojas, rara vez supraaxilares. Cabezuelas 8-12(-13) mm, con (5)6(7) flores; involucro 9-12(-13) × 2-3 mm de diámetro; filarios c. 15 o más, c. 3-seriados, pilósulos distalmente, progresivamente graduándose desde los externos (c. 2 mm y lanceolados) hasta los internos, estos 10-12(-13) × c. 2 mm, oblongos, adpresos proximalmente, patente-subescuarrosos en c. 2 mm distales, el ápice espinoso. Flores: corolas 8-9 mm, el tubo y la garganta gradualmente ampliados, glabros, los lobos 2-3 mm; anteras 2.6 mm, las ramas del estilo 1.1-1.5 mm; nectario 0.3-0.5 mm, blanco a pajizo. Cipselas 2-3(-4) mm, el carpóforo anular c. 0.3 mm; vilano con la serie externa de cerdas 0.9-1.3 mm, la serie interna con cerdas 5.5-6.5 mm, casi dos veces la longitud de las cipselas, llegando hasta casi la base de los lobos de la corola. *Áreas alteradas, pastizales, selvas altas perennifolias estacionales, selvas caducifolias de las laderas del Pacífico, bosques de* Pinus-Quercus. Ch (*Reyes-García y Alvarado 5516*, MO); G (Turner, 2007: 97). 100-1000 m. (México [Oaxaca], Mesoamérica, Colombia, Venezuela.)

Stenocephalum jucundum es similar a la especie sudamericana *S. apiculatum* (Mart. ex DC.) Sch. Bip., la cual difiere por las hojas lanceoladas y las cabezuelas mucho más angostas. La población sudamericana de *S. jucundum* típicamente tiene las cabezuelas mayores que

aquellas de las poblaciones mesoamericanas, pero en lo demás coinciden. Por las hojas discoloras similares y por la mayoría de los filarios con ápices espinosos a horizontalmente refractados, *S. jucundum* se asemeja a *Spiracantha cornifolia*, la cual difiere por la capitulescencia glomerulada, las cabezuelas con filarios subgraduados y el vilano de cerdas casi 1/2 de la longitud de las cipselas glandulosas.

279. Struchium P. Browne
Athenaea Adans., *Sparganophorus* Boehm.
Por J.F. Pruski.

Hierbas anuales; tallos erectos, simples o poco ramificados, subglabros a esparcidamente pilosos, fistulosos; follaje con tricomas simples. Hojas caulinares, alternas, pecioladas; pecíolo delgado; láminas delgadamente cartáceas, pinnatinervias, glabras o casi glabras. Capitulescencia axilar, sésil, solitaria o glomerulada. Cabezuelas discoides, con numerosas flores; involucro hemisférico; filarios 20-25, imbricados, graduados, 3-4-seriados, adpresos, subcarinados apicalmente; clinanto subconvexo, sin páleas. Flores bisexuales; corola actinomorfa, profundamente 3-4-lobada, blanco-verdosa a blanco-amarillenta; anteras incluidas, pajizas, la base espolonada (calcariforme), los conectivos algunas veces glandulosos; polen subtriporado hasta con una sola laguna polar (no lofado); estilo con nudo basal indistinto, el tronco largamente papiloso distalmente, las ramas semisubuladas, las papilas alargadas, el ápice puntiagudo. Cipselas angostamente obpiramidales, 3-5-anguladas, acostilladas, finamente glandulosas; vilano cilíndrico-coroniforme, corona gruesa, cartilaginosa, persistente, blanca a pajiza, así discolora del cuerpo oscuro de las cipselas, entero o crenulado. *x* = 16. 1 sp. América tropical, paleotrópicos.

Struchium es un nombre genérico válido (Pruski, 1997a), sin embargo tratado por Jeffrey (1988) como inválido.

Bibliografía: Jeffrey, C. *Kew Bull.* 43: 195-277 (1988).

1. Struchium sparganophorum (L.) Kuntze, *Revis. Gen. Pl.* 1: 366 (1891). *Ethulia sparganophora* L., *Sp. Pl.*, ed. 2 2: 1171 (1763). Lectotipo (designado por Hind en Jarvis y Turland, 1998): Vaill., *Mém. Acad. Roy. Sci. Paris* 1719: 309, t. 20, f. 35 (1719). Ilustr.: Pruski, *Monogr. Syst. Bot. Missouri Bot. Gard.* 114: 408, t. 90 (2010). N.v.: Hierba de faja, H.

Ethulia struchium Sw., *Sparganophorus africanus* (P. Beauv.) Steud., *S. ethulia* Crantz, *S. fasciatus* Poir., *S. sparganophora* (L.) C. Jeffrey, *S. struchium* (Sw.) Poir., *S. vaillantii* Crantz, *S. vaillantii* Gaertn., *S. vaillantii* var. *longifolius* Griseb., *Struchium africanum* P. Beauv., *S. americanum* Poir., *S. herbaceum* J. St.-Hil.

Hierbas semiacuáticas, 0.4-1 m, erectas; tallos algunas veces subsuculentos, subteretes, estriados, los entrenudos típicamente mucho más cortos que las hojas. Hojas: láminas (2.5-)5-14(-17) × (0.3-)1.5-4.5(-7) cm, oblongas a elípticas, rara vez lanceoladas, las nervaduras secundarias c. 7 por lado, en un ángulo de 50-60° con la vena media, luego curvando distalmente, las superficies concoloras, la superficie adaxial glabra o ligeramente estrigulosa, la superficie abaxial por lo general ligeramente estrigulosa, también con frecuencia indistinta y finamente glandulosa, a veces glabrescente, la base atenuada, los márgenes enteros a serrulados o rara vez serrados, el ápice agudo a atenuado; pecíolo 0.4-1.6(-2.5) cm, por lo general brevemente alado desde la lámina decurrente. Capitulescencia con 1-5(-8) cabezuelas por nudo. Cabezuelas con 35-65 flores; involucro 4-4.5 × 5-7 mm; filarios 2-4.5 × 1-1.5 mm, deltoides a anchamente lanceolado-elípticos. Flores: corola 1.5-1.9 mm, el tubo 0.9-1 mm, el limbo ampliado, generalmente exerto del cilindro del vilano, los lobos 0.6-0.9 mm; anteras c. 0.7 mm, apéndice alargado, angostamente agudo apicalmente; estilo color violeta o lavanda, el nudo basal menos de 0.1 mm, el tronco en parte exerto, las ramas 0.2-0.4 mm. Cipselas 1.4-2 mm, glandulosas; vilano con corona 0.9-1.2 mm, casi 1/2 de la longitud de las cipselas.

Floración ene.-ago., nov. 2*n* = 32. *Áreas cultivadas, áreas pantanosas, orillas de caminos, barrancos, matorrales, selvas altas perennifolias.* T (*Matuda 3419*, MO); B (*Schipp 942*, NY); G (*Steyermark 46308*, MO); H (*Clewell y Cruz 4072*, MO); N (*Pipoly 3695*, MO); CR (*Lent 2558*, MO); P (*Fendler 142*, MO). 0-500(-900) m. (México, Mesoamérica, Colombia, Venezuela, Guayanas, Ecuador, Perú, Bolivia, Brasil, Cuba, Jamaica, La Española, Puerto Rico, Islas Vírgenes, Antillas Menores, Trinidad y Tobago, Asia, África.)

280. Trichospira Kunth

Por J.F. Pruski.

Hierbas perennes de vida corta; tallos con frecuencia varios desde la base, postrados a erectos, esparcidamente ramificados distalmente, con frecuencia enraizando en los nudos proximales, estriados, puberulentos a araneoso-pelosos. Hojas generalmente caulinares, alternas a subopuestas distalmente en la capitulescencia, sésiles; láminas cartáceas, pinnatinervias, las superficies con tricomas contortos, la superficie adaxial algunas veces finamente glandulosa, la superficie abaxial blancotomentosa y no glandulosa, las hojas subopuestas amplexicaules o auriculadas con una amplia depresión cupuliforme proximal rodeando las cabezuelas. Capitulescencia en las axilas de varios pares de hojas distales, de cabezuelas sésiles solitarias o pareadas. Cabezuelas discoides; involucro campanulado; filarios imbricados, subiguales, 1-seriados o 2-seriados, 5-10, persistentes, membranáceo-escariosos, cortamente vellosos y algunas veces víscido-glandulosos distalmente, el ápice redondeado; clinanto irregularmente subpaleáceo, las páleas tal vez relictos de la sincefalia, pocas, oblanceoladas. Flores c. 10: corola actinomorfa, infundibuliforme, profundamente 4-lobada, color azul a púrpura, el tubo glabro, los lobos glandulosos; anteras cortamente obtusas basalmente, los apéndices obtusos; polen tricolporado, equinado (no lofado); estilo sin nudo basal, el tronco distal y las ramas largamente papilosas (papilas algunas veces septadas, el ápice rostrado), las ramas semisubuladas. Cipselas cuneadas, comprimidas u obcomprimidas, finamente espiculíferas especialmente sobre bordes y estrías, también glandulosas distalmente; vilano de 2 aristas divergentes, pajizas, lisas al menos distalmente, algunas veces con unas pocas escuámulas intermedias angostas. *x* = 10. 1 sp. América tropical.

Trichospira se separa del resto de las Vernonieae mesoamericanas por las hojas fértiles subopuestas, el clinanto irregularmente subpaleáceo y los frutos comprimidos.

1. Trichospira verticillata (L.) S.F. Blake, *Torreya* 15: 106 (1915). *Bidens verticillata* L., *Sp. Pl.* 833 (1753). Tipo: México, Veracruz, *Houstoun Herb. Clifford 399, Bidens 4* (foto MO! ex BM). Ilustr.: Pruski, *Fl. Venez. Guayana* 3: 380, t. 326 (1997). N.v.: Mostaza de monte, H.

Rolandra reptans Willd. ex Less., *Trichospira biaristata* Less., *T. menthoides* Kunth, *T. prieurei* DC., *T. pulegium* Mart. ex DC.

Hierbas, 15-50 cm; tallos finamente estriados. Hojas 1.5-5(-9) × 0.5-2(-3.5) cm, obovado-oblongas a espatuladas o algunas veces liradas, las nervaduras secundarias generalmente 3-6 por lado, en un ángulo de c. 50° con la vena media, la superficie adaxial verde, glabra a rara vez ligeramente tomentulosa, la base cuneada, los márgenes irregular y profundamente poco crenados a dentados o rara vez lirados, el ápice obtuso a redondeado. Cabezuelas 4-5 mm; involucro 2.5-3.5 mm de diámetro; filarios 2.5-3.5 × 0.5-0.7 mm, lanceolados a oblongos; páleas 2.5-4 mm, casi tan largas como las cipselas, aplanadas, pelosas y glandulosas en el ápice. Flores: corolas 1.6-2 mm, mucho más cortas que las cipselas maduras, los lobos 0.8-1 mm; anteras c. 0.5 mm; ramas del estilo c. 0.2 mm, semisubuladas, largamente papilosas (las papilas algunas veces septadas, ápice rostrado). Cipselas 2.5-4 mm, 2-estriadas o 3-estriadas en cada cara; vilano de aristas 1.5-3 mm, las escuámulas 0.2-0.4 mm. Floración feb., abr.-ago. 2*n* = 20. *Áreas pantanosas, claros*

de bosque, orillas de caminos, áreas arenosas, sabanas, riberas, selvas altas perennifolias. T (*Ventura 20566*, MO); Ch (*Matuda 2710*, MO); B (Nash, 1976d: 328); G (*Heyde y Lux 4495*, MO); H (Clewell, 1975: 233); ES (Nash, 1976d: 328); N (*Nee y Miller 27545*, MO); CR (*Zamora y Chacón 1391*, MO); P (*Bartlett y Lasser 16393*, MO). 0-800(-1000) m. (México [Veracruz, Oaxaca], Mesoamérica, Colombia, Venezuela, Guyana, Guayana Francesa, Perú, Bolivia, Brasil, Cuba, La Española.)

281. Vernonanthura H. Rob.

Por J.F. Pruski.

Subarbustos con tallos herbáceos a arbustos o árboles, la base de la planta erecta, a veces xilopódicos, algunas veces bejucos; tallos poco ramificados a muy ramificados, algunas veces marcadamente angulados, puberulentos a tomentosos; follaje con tricomas simples o simétricamente dolabriformes. Hojas alternas, sésiles a pecioladas; láminas generalmente cartáceas, pinnatinervias, las superficies con tricomas simples o dolabriformes, la superficie adaxial glabra a densamente tomentosa, algunas veces glandulosa, la superficie abaxial puberulenta a tomentosa, rara vez glabra, con frecuencia glandulosa. Capitulescencia terminal desde los nudos distales, típicamente corimbiforme paniculada o tirsoide-paniculada, inmediatamente abrazada por, pero con frecuencia sostenida por encima de las hojas distales, no foliar, típicamente sin bractéolas, poco ramificada a varias veces ramificada, las ramas individuales cortas, las cabezuelas sésiles o casi sésiles. Cabezuelas discoides, con 4-45 flores; involucro turbinado a frecuentemente campanulado; filarios imbricados, graduados, en pocas a varias series, glabros a puberulentos o ciliados, rara vez hasta tomentosos o apicalmente tomentosos; clinanto sin páleas. Flores: corola actinomorfa, infundibuliforme, profundamente 5-lobada, color violeta o algunas veces blanca, glabra o frecuentemente con lobos glandulosos (pero nunca setosos); anteras espolonadas o calcaradas, pajizas, el apéndice apical largamente triangular, con frecuencia glanduloso; polen tricolporado, equinado, el téctum continuo (tipo A, Keeley y Jones, 1979); estilo con nudo bien desarrollado. Cipselas obcónicas a prismáticas, (5-)8-10-acostilladas, setosas o glandulosas, rara vez glabras, con carpóforo angosto a agrandado, con frecuencia color crema; vilano 2-seriado a vagamente 2-seriado, blanco a pardo, las series externas de varias escuámulas a cerdas cortas, más cortas hasta casi de la misma longitud que la de la cipsela, las series internas de numerosas cerdas alargadas exertas del involucro hasta casi de la misma longitud que la de las corolas. *x* = 17. Aprox. 80-200 spp. Generalmente pantropical.

Bibliografía: Robinson, H. *Phytologia* 87: 80-96 (2005).

1. Capitulescencias subescorpioide-paniculadas, las cabezuelas mayormente sésiles o subsésiles; cabezuelas con (14-)15-27 flores. **4. V. patens**
1. Capitulescencias corimbiforme-paniculadas o subumbeladas, al menos algunas cabezuelas claramente pedunculadas, los pedúnculos (0-)1-15 mm; cabezuelas con 10-14 flores.
  2. Trepadoras; filarios con los ápices obtusos. **2. V. cocleana**
  2. Arbustos; filarios con los ápices agudos o acuminados.
    3. Láminas de las hojas oblongas a obovadas, más anchas arriba del 1/2, los ápices obtusos a redondeados; cabezuelas con 20-35(-45) flores; flores exertas de los involucros, las corolas 4-5.5 mm; vilano de cerdas pajizas. **1. V. brasiliana**
    3. Láminas de las hojas elípticas a ovadas, más anchas abajo del 1/2, los ápices agudos o a veces obtusos; cabezuelas con 10-14 flores; flores incluidas o casi incluidas dentro de los involucros, las corolas 7.5-9 mm; vilano de cerdas blancas. **3. V. oaxacana**

1. Vernonanthura brasiliana (L.) H. Rob., *Phytologia* 73: 69 (1992). *Baccharis brasiliana* L., *Sp. Pl., ed. 2* 2: 1205 (1763). Lectotipo (designado por Keeley en Jarvis y Turland, 1998): Marcgrave,

Hist. Nat. Bras. 2: 81 (1648), arriba izquierda como Tremate Brasiliensibus. Ilustr.: Pruski, *Fl. Venez. Guayana* 3: 389, t. 333 (1997).

Vernonia brasiliana (L.) Druce non (Spreng.) Less., *V. odoratissima* Kunth, *V. odoratissima* var. *caracasana* Sch. Bip., *V. odoratissima* var. *guianensis* Sch. Bip., *V. scabra* Pers.

Arbustos 1-3.5 m; tallos con varias ramas, angulado-acostillados, subestrigulosos o hirsútulos. Hojas cortamente pecioladas; láminas 2-6(-10) × 1-4 cm, oblongas a obovadas, más anchas arriba del 1/2, subcoriáceas, pinnatinervias, las nervaduras secundarias 5-9 por lado, la nervadura poco prominente abaxialmente, la superficie adaxial escábrida, algunas veces débilmente glandulosa, la superficie abaxial hirsúta a densamente hirsúta, algunas veces débilmente glandulosa, la base cuneada a obtusa, los márgenes subenteros a remotamente crenulados o serrulados, el ápice obtuso a redondeado; pecíolo 0.2-1 cm. Capitulescencia corimbiforme-paniculada, una corona anchamente redondeada de muchas ramitas subdicótomas de cimas escorpioides con pocas cabezuelas, terminales en las varias ramas laterales 10-30 cm, ramificando en un ángulo de c. 45 grados desde el eje principal, al menos algunas cabezuelas claramente cortamente pedunculadas; pedúnculos (0-)1-10 mm, hirsútulos. Cabezuelas 7-9 mm, con 20-35(-45) flores; involucro 3.8-5 × 5-6 mm, campanulado; filarios lanceolados, 4-6-seriados, adpreso-ascendentes, pajizos proximalmente con una mancha distal verde, puberulentos, el ápice agudo o acuminado, apiculado. Flores exertas del involucro; corola 4-5.5 mm, color violeta pálido, glabra, el tubo tan largo como el limbo a ligeramente más largo que este, los lobos 1.2-2 mm, lanceolados. Cipselas 1-2 mm, setulosas, generalmente también pustuloso-glandulosas; vilano 2-seriado, las cerdas pajizas, las cerdas externas 1-1.2 mm, las cerdas internas 3.5-5.4 mm. $2n = 34$. Floración dic.-ene. *Sabanas*. N (*Stevens y Montiel 30802*, MO). 75-500 m. (Mesoamérica, Colombia, Venezuela, Guayanas, Perú, Bolivia, Brasil, Paraguay.)

2. Vernonanthura cocleana (S.C. Keeley) H. Rob., *Phytologia* 73: 69 (1992). *Vernonia cocleana* S.C. Keeley, *Brittonia* 39: 44 (1987). Holotipo: Panamá, *Allen 2397* (MO!). Ilustr.: Keeley, *Brittonia* 39: 45, t. 1 (1987).

Bejucos; tallos glabros a subglabros. Hojas pecioladas; láminas 2-8 × 0.8-2.5 cm, elípticas, las nervaduras secundarias c. 4 por lado, la superficie adaxial glabra, la superficie abaxial esparcidamente estrigulosa a velloso-pilosa, la base cuneada, los márgenes enteros, ligeramente ondulados, el ápice agudo a subobtuso; pecíolo 0.5-1.5 cm. Capitulescencia corimboso-paniculada, subcilíndrica, las cabezuelas pedunculadas; pedúnculos 5-15 mm, glabros. Cabezuelas 6-7 mm, con 10-11 flores; involucro 5.5-6.5 × 4-7 mm, campanulado; filarios c. 5-seriados, oblongos a oblanceolados, glabros a subglabros, el ápice generalmente obtuso. Flores: corola 5.5-7 mm, blanca, los lobos c. 2.8 mm. Cipselas c. 2 mm, setulosas; vilano 1-seriado, las cerdas 5-7 mm, blancas. Floración abr. *Hábitat desconocido*. P (*Allen 2397*, MO). c. 1000 m. (Endémica.)

3. Vernonanthura oaxacana (Sch. Bip. ex Klatt) H. Rob., *Phytologia* 73: 72 (1992). *Vernonia oaxacana* Sch. Bip. ex Klatt, *Leopoldina* 20: 74 (1884). Sintipo: México, Oaxaca, *Liebmann 50* (foto MO! ex C). Ilustr.: no se encontró.

Arbustos, 1-3 m; tallos estriados, tomentosos a hirsútulos-cortamente vellosos, rara vez subglabrescentes. Hojas cortamente pecioladas; láminas 3-14 × 2-7(-8.5) cm, elípticas a ovadas, las nervaduras secundarias 5-7 por lado, la superficie adaxial hírtula a hirsúta, la superficie abaxial tomentosa a hirsuto-vellosa, la base cuneada a obtusa o algunas veces redondeada, los márgenes subenteros a frecuentemente serrulados, el ápice agudo a algunas veces obtuso; pecíolo 0.5-1.2(-2) cm. Capitulescencia corimboso-paniculada o subumbelada, piramidal o anchamente redondeada, sobre ramas laterales de 5-12 cm a partir de 3-6 nudos distales, las ramitas subdistales con frecuencia 1-2.5 cm,

ramificadas en un ángulo de c. 45° con las ramas laterales principales, cabezuelas cortamente pedunculadas; pedúnculos (0-)1-10 mm, generalmente puberulentos. Cabezuelas 6-10 mm, con 10-14 flores; involucro 5-7 × 3-5 mm, turbinado-campanulado; filarios 4-6-seriados, adpreso-ascendentes, glabros o subglabros, el ápice agudo o acuminado; filarios de las series externas 0.7-2 × 0.3-0.8 mm, triangular-lanceolados; filarios de las series internas 5-7 × 0.8-1.4 mm, lanceolados. Flores: corola 7.5-9 mm, purpúrea, glabra, el tubo casi tan largo o escasamente más largo que el limbo, los lobos 2-2.5 mm. Cipselas 1.5-3 mm, setulosas, algunas veces glandulosas; vilano con cerdas externas hasta 1(-1.5) mm y cerdas internas 5-7 mm. Floración dic.-feb. $2n = 34$. *Selvas secas, laderas con pastizales, bosques de* Quercus, *áreas abiertas o rocosas, orillas de caminos, bosques espinosos*. Ch (*Martínez S. et al. 19984*, MO). 300-1100 m. (S. México, Mesoamérica.)

Redonda-Martínez y Villaseñor Ríos (2009) describieron los filarios como pilosos y los lobos de la corola como pubescentes, pero se encuentra que ambos son generalmente glabros.

4. Vernonanthura patens (Kunth) H. Rob., *Phytologia* 73: 72 (1992). *Vernonia patens* Kunth in Humb., Bonpl. et Kunth, *Nov. Gen. Sp.* folio ed. 4: 32 (1820 [1818]). Holotipo: America meridionali, *Humboldt y Bonpland s.n.* (foto MO! ex P-Bonpl.). Ilustr.: Jones, *Fieldiana, Bot.* n.s. 5: 37, t. 1 (1980). N.v.: Cihuapatli, flor de cuaresma, zitit, Ch; semém, suquinay, suquinay hembra, G; apazotillo, barrchorno, cucunango, iris kasnin, mumule, puijillo, risku dusa, sucunán, suquinayo, tatascán, zuncel, H; palo blanco, pie de zope, rájateluego, suquinay, suquinayo, ES; tuete, tuete blanco, CR.

Cacalia deppeana (Less.) Kuntze, *C. patens* (Kunth) Kuntze non Kunth, *C. stellaris* (La Llave) Kuntze, *Conyza tomentosa* Mill. non Burm. f., *Vernonanthura deppeana* (Less.) H. Rob., *Vernonia deppeana* Less., *V. stellaris* La Llave.

Arbustos a árboles, 1.5-8(-13) m; tallos glabros a tomentulosos o lanosos. Hojas pecioladas; láminas 4-22(-29) × 2-6(-9.5) cm, elípticas a lanceoladas o rara vez oblanceoladas, las nervaduras secundarias generalmente 10 por lado, la superficie abaxial esparcida y muy cortamente estrigulosa (con tricomas adpresos anchos en forma de "L" de c. 0.1 mm e inicialmente de apariencia sólida y blanca), también hirsuta a algunas veces vellosa o tomentosa con tricomas delgados, a veces glandulosa, la base en general cuneada u obtusa, los márgenes enteros a remotamente serrulados, el ápice en general agudo a acuminado; pecíolo 0.3-2(-3.8) cm. Capitulescencia subescorpioide-paniculada, las capitulescencias de las ramas laterales típicamente hasta c. 20 × 15, la capitulescencia terminal generalmente mucho más larga, las cabezuelas mayormente sésiles o subsésiles; pedúnculos 0-1(-2) mm, tomentulosos, subcilíndricos. Cabezuelas 6-9 mm, con (14)15-27 flores; involucro (3.3-)4-5(-5.5) × (2.5-)4-5 mm, campanulado; filarios 4 o 6(7)-seriados, glabrescentes hasta los externos y el ápice de los internos puberulentos a rara vez hírtulos, algunas veces glandulosos apicalmente; filarios de las series externas 0.6-1.3 mm, elíptico-lanceolados, el ápice generalmente agudo; filarios de las series internas 4-5(-5.5) × 1.2-1.7 mm, oblanceolados, el ápice generalmente agudo a apiculado. Flores: corola (5-)5.5-7 mm, color blanco a violeta pálido, glabra o rara vez esparcidamente glandulosa, los lobos (1.8-)2-2.5 mm. Cipselas 1.5-2.5 mm, setosas; vilano con cerdas externas 0.3-0.6 mm y cerdas internas 5-7 mm. Floración durante todo el año. $2n = 34$. *Cafetales, áreas cultivadas, selvas caducifolias, áreas alteradas, laderas abiertas secas, campos, bordes de bosques, barrancos rocosos, bosques de galería, pastizales empinados, bosques de* Pinus-Quercus, *potreros, sabanas, vegetación secundaria, selvas bajas caducifolias, matorrales, áreas arvenses*. T (*Cowan 1986*, MO); Ch (*Matuda 1081*, MO); C (*Chan 4699*, MO); QR (Sousa Sánchez y Cabrera Cano, 1983: 81, como *Vernonia deppeana*); B (*Brewer y Cho 7396*, MO); G (*Keeley y Keeley 3297*, MO); H (*Williams y Molina R. 13443*, MO); ES (*Berendsohn 1258*, MO); N (*Baker 2252*, US); CR (*Skutch 2488*, MO);

P (*McDade 745*, MO). 0-1900 m. (México, Mesoamérica, Colombia, Venezuela, Ecuador, Perú, Bolivia, Brasil.)

Vernonanthura patens es tratada en sentido amplio como en Pruski (2010), donde se encuentra una sinonimia completa. La especie es con frecuencia muy variable e incluye plantas con hojas cuyo envés gradúa desde esparcidamente estriguloso hasta tomentoso, ya sea glanduloso o no glanduloso, y con el tubo de la corola más largo que la garganta o rara vez con la garganta más larga que el tubo. Los tricomas en forma de "L" de *Vernonanthura patens* se asemejan a aquellos de *V. cabralensis* H. Rob. como lo anotó Robinson (2005, t. 6C-D). Dichos tricomas son prominentes sobre ejemplares de hojas menos pelosas y la posible ausencia de dichos tricomas en los ejemplares con hojas tomentosas de *V. deppeana* podría ser taxonómicamente significativa. El nombre *Vernonia aschenborniana* S. Schauer ha sido mal aplicado al material de Mesoamérica.

282. Vernonia Schreb., nom. cons.

Por J.F. Pruski.

Hierbas perennes a arbustos, rizomatosas, las bases frecuentemente decumbentes; follaje con tricomas simples o simétricamente dolabriformes. Hojas alternas, sésiles a cortamente pecioladas; láminas pinnatinervias, los márgenes enteros a serrados, las superficies generalmente pubescentes. Capitulescencias terminales, cimoso-patentes con ramas más largas que el eje central, no densamente escorpioide cimosas con ápices recurvados, las cabezuelas individuales pedunculadas. Cabezuelas discoides, con 8-120 flores; filarios imbricados, graduados, mayormente 5-6 seriados; clinanto aplanado o convexo, sin páleas, a veces pubescente. Flores bisexuales; corola actinomorfa, infundibuliforme, muy exerta del involucro, color violeta o a veces blanca, profundamente 5-lobada, nunca estipitado-glandulosa; lobos del tubo, garganta y tubo más o menos subiguales; anteras pajizas, basalmente no caudadas, espolonadas, el apéndice apical frecuentemente glanduloso; polen tricolporado, equinado, no lofado con el téctum continuo (tipo A, Keeley y Jones, 1979); estilo bien exerto, la base con un nudo bien desarrollado, el tronco largamente papiloso. Cipselas obcónicas a prismáticas, 5-10-acostilladas, generalmente setosas y glandulosas, los cristales cuadrangulares; vilano 2-seriado, blanco a pardo, las series externas de varias escuámulas cortas, las series internas de muchas cerdas alargadas exertas del involucro hasta casi tan largas como las corolas. $x = 17$. Aprox. 22 spp. Canadá a Mesoamérica, 2 spp. en Sudamérica.

Vernonia, como se reconoce tradicionalmente, incluye el grupo *Lepidaploa*, y V*ernonanthura* reconocidos aquí como distintos. No se tiene certeza de la disposición genérica de las numerosas especies del Viejo Mundo. *Vernonia karvinskiana* DC. se podría encontrar en Mesoamérica.

1. Vernonia alamanii DC., *Prodr.* 5: 61 (1836). Holotipo: México, estado desconocido, *Alaman s.n.* (foto MO! ex G-DC). Ilustr.: Rzedowski y Calderón de Rzedowski, *Fl. Bajío* 38: 17 (1995).

Cacalia alamanii (DC.) Kuntze, *Vernonia alamanii* DC. var. *dictyophlebia* (Gleason) McVaugh, *V. dictyophlebia* Gleason.

Subarbustos a arbustos, 1-2.5(-4) m; tallos estriados, vellosos a subtomentosos, los entrenudos distales generalmente 2-5 cm, casi 1/3-1/2 de la longitud de las hojas. Hojas cortamente pecioladas; láminas 7-14 × 2.5-6 cm, lanceoladas a ovadas, las nervaduras secundarias 5-8 por lado, la superficie adaxial hírtula a hirsútula, la superficie abaxial piloso-híspida a subglabrescente, también glandulosa, la base cuneada a algunas veces obtusa, los márgenes cercana y agudamente serrulados, el ápice agudo a acuminado; pecíolo 0.3-0.7(-2) cm. Capitulescencia terminal o subterminal, corimboso-cimosa o subumbelada, generalmente con 3-15(-25) cabezuelas; pedúnculos 1-4(-8) cm, generalmente con 1 a pocas bractéolas. Cabezuelas 15-25 mm, con 45-75 flores; involucro 10-22 × 11-19 mm, anchamente campanulado; filarios 5-seriados o 6-seriados, graduados, completamente cartáceo-escariosos y nunca escuarrosos, glabros, algunas veces apiculados; filarios de las series externas patentes a recurvados, 4.5-9 × 1.5-3 mm, anchamente lanceolados hasta el ápice obtuso a redondeado; filarios de las series medias 3-4.5 mm de diámetro, oblongos; filarios de las series internas adpresos o ascendentes, 11-19 × c. 1.5 mm, lanceolados distalmente. Flores: corola 12-19 mm, color violeta a color púrpura, esparcidamente glandulosa, los lobos 3-5.5 mm. Cipselas 3-4.5 mm, obcónicas, 10-acostilladas, glandulosas; vilano con cerdas externas 0.7-1.6 mm y cerdas internas 7.5-11 mm. $2n = 34$. *Bosques de* Pinus-Quercus. Ch (Turner, 2007: 63). c. 2000 m. (México, Mesoamérica.)

Vernonia alamanii común en el centro de México, y registrada por Jones (1976) hacia el sur en Guerrero, también se conoce de Oaxaca, pero fue registrada en Chiapas por Turner (2007). Este grupo de especies concentradas alrededor de *V. alamanii* fue revisado por Jones (1976), quien trató las especies en el grupo informal *V.* subsect. *Paniculatae*. Gleason (1906) llamó la atención sobre las similitudes del hábito entre *V. alamanii* y *Lepidonia*.

BIBLIOGRAFÍA

Acevedo-Rodríguez, P. 1990. The occurrence of piscicides and stupefactants in the plant kingdom. *Advances Econ. Bot.* 8: 1-23.

Adams, C.D. 1972. 183. Compositae (Asteraceae). *Flowering Plants of Jamaica*: 738-777. Univ. of the West Indies, Mona.

Adanson, M. 1763. *Familles des Plantes* 2: (1)-(24), 1-640. Vincent, Paris.

Alavi, S.A. 1983. Asteraceae. *Fl. Libya* 107: 1-455. National Academy for Scientific Research, Tripoli.

Alfaro Vindas, E. 2003. *Plantas Comunes del Parque Nacional Chirripó, Costa Rica = Common Plants of Chirripó National Park*: 1-266. INBio, Santo Domingo.

Alston, A.H.G. 1938. *The Kandy Flora*: i-xvii, 1-109, t. 1-404. Ceylon Government Press, Colombo.

Amo Rodríguez, S. y A. Gómez Pompa. 1976 [1977]. Variability in *Ambrosia cumanensis* (Compositae). *Syst. Bot.* 1(4): 363-372.

Anderberg, A.A. 1991a. Taxonomy and phylogeny of the tribe Plucheeae (Asteraceae). *Pl. Syst. Evol.* 176(3-4): 145-177.

——. 1991b. Taxonomy and phylogeny of the tribe Gnaphalieae (Asteraceae). *Opera Bot.* 104: 1-195.

Anderberg, A.A. y S.E. Freire. 1989. Transfer of two species of *Anaphalis* to *Chionolaena*. *Notes Roy. Bot. Gard. Edinburgh* 46(1): 37-41.

Anderson, C.E. 1971. New names and combinations in *Trixis* (Compositae). *Brittonia* 23(4): 347-353.

——. 1972. A monograph of the Mexican and Central American species of *Trixis* (Compositae). *Mem. New York Bot. Gard.* 22(3): 1-68.

Anderson, L.C., R.L. Hartman y T.F. Stuessy. 1979. Morphology, anatomy, and taxonomic relationships of *Otopappus australis* (Asteraceae). *Syst. Bot.* 4(1): 44-56.

Applequist, W.L. 2002. A reassessment of the nomenclature of *Matricaria* L. and *Tripleurospermum* Sch. Bip. (Asteraceae). *Taxon* 51(4): 757-761.

——. 2013. Report of the Nomenclature Committee for Vascular Plants: 65. *Taxon* 62(6): 1315-1326.

Arellano Rodríguez, J.A., J.S. Flores Guido, J. Tun Garrido y M.M. Cruz Bojórquez. 2003. Nomenclatura, forma de vida, uso, manejo y distribución de las especies vegetales de la Península de Yucatán. *Etnofl. Yucatanense* 20: 1-815.

Aristeguieta, L. 1963. El género *Oliganthes* de Madagascar y su equivalente americano *Pollalesta*. *Bol. Soc. Venez. Ci. Nat.* 23(103): 255-288.

——. 1964a. Compositae. *En*: Lasser, T. (ed.), *Flora de Venezuela* 10(1): i-xiii, 1-486. Fondo Editorial Acta Científica Venezolana, Caracas.

——. 1964b. Compositae. *En*: Lasser, T. (ed.), *Flora de Venezuela* 10(2): i-vi, 495-949. Fondo Editorial Acta Científica Venezolana, Caracas.

Ariza Espinar, L. 1979. Contribución al conocimiento del género *Tessaria* (Compositae). *Kurtziana* 12-13: 47-62.

Ariza Espinar, L. y G. Delucchi. 1998. 280. Asteraceae, parte 11. Tribu XI. Cardueae. *Fl. Fan. Argent.* 60: 3-26. Museo Botánico, IMBIV, Córdoba.

Arriagada Mathieu, J.E. 2003. Revision of the genus *Clibadium* (Asteraceae, Heliantheae). *Brittonia* 55(3): 245-301.

Arriagada Mathieu, J.E. y N.G. Miller. 1997. The genera of Anthemideae (Compositae; Asteraceae) in the southeastern United States. *Harvard Pap. Bot.* 2(1): 1-46.

Arriagada Mathieu, J.E. y T.F. Stuessy. 1990. A new species and subgenus of *Desmanthodium* (Compositae, Heliantheae) from southern Mexico. *Brittonia* 42(4): 283-285.

Augier, J. y M.-L. du Mérac. 1951. La phylogénie des Composées. *Rev. Sci. France, n.s.* 89(3): 167-182.

Ayers, T.J., R.W. Scott y B.L. Turner. 1989. Systematic study of the monotypic genera *Mexianthus* and *Neohintonia* (Asteraceae: Eupatorieae). *Sida* 13(3): 335-344.

Baagøe, J. 1974. The genus *Guizotia* (Compositae). A taxonomic revision. *Bot. Tidsskr.* 69(1): 1-39.

——. 1977. Microcharacters in the ligules of the Compositae. *En*: Heywood, V.H., J.B. Harborne y B.L. Turner (eds.), *The Biology and Chemistry of the Compositae* 1: 119-139. Academic Press, New York.

Babcock, E.B. 1947. The genus *Crepis*. Part two: Systematic treatment. *Univ. Calif. Publ. Bot.* 22: 199-1030.

Babcock, E.B. y G.L. Stebbins. 1937. The genus *Youngia*. *Publ. Carnegie Inst. Wash.* 484: i-ii, 1-106.

Bacigalupi, R.C.F. 1931. A monograph of the genus *Perezia*, section *Acourtia*, with a provisional key to the section *Euperezia*. *Contr. Gray Herb.* 97: 1-81.

Backer, 1939. The genera *Gynura* and *Crassocephalum* in Java. *Recueil Trav. Bot. Néerl.* 36: 449-459.

Badillo Franceri, V.M. 1946. Sobre la posición sistemática de ciertas especies americanas incluidas en los géneros *Conyza* y *Erigeron*. *Bol. Soc. Venez. Ci. Nat.* 10(67): 255-258.

——. 1947a. Compositae. *Catálogo de la Flora Venezolana* 2: 475-546. Lit. y Tip. Vargas Caracas, Caracas.

——. 1947b. Una especie nueva del género *Lagenophora* en los Andes de Venezuela. *Darwiniana* 7(3): 331-332.

——. 1974. *Blumea viscosa* y *Piptocarpha cuatrecasasiana*, dos nuevas combinaciones en Compositae. *Revista Fac. Agron. (Maracay)* 7(3): 9-16.

——. 1994. *Enumeración de las Compuestas (Asteraceae) de Venezuela*: 1-191. Univ. Central Venezuela, Facultad de Agronomía, Maracay.

——. 1997a. Los géneros de las Compuestae (Asteraceae) de Venezuela. *Ernstia, ser. 2* 6(2-3): 51-168.

——. 1997b. Addenda a la "Enumeración de las compuestas (Asteraceae) de Venezuela". *Ernstia, ser. 2* 6(4): 171-199.

Badillo Franceri, V.M. y M. González Sánchez. 1999. Taxonomía de *Achyrocline* (Asteraceae: Gnaphalieae) en Venezuela. *Ernstia, ser. 2* 9(3-4): 187-229.

Bailey, L.H. 1914. *The Standard Cyclopedia of Horticulture* 2: 603-1200. The Macmillan Company, New York.

———. 1949. *Manual of Cultivated Plants most Commonly Grown in the Continental United States and Canada*: 1-1116. Macmillan Co., New York.

Baillon, H.E. 1886. Composées. *Histoire des Plantes* 8: 1-316. Libraire Hachette & Co., Paris.

Baker, C.F. 1902. A revision of the Elephantopeae—1. *Trans. Acad. Sci. St. Louis* 12: 43-56, t. 9.

Baker, J.G. 1884. Compositae IV. Helianthoideae, Helenioideae, Anthemideae, Senecionideae, Cynaroideae, Ligulatae, Mutisiaceae. *En*: Martius, C.F.P. von (ed.), *Fl. Bras.* 6(3): 135-442, t. 45-108.

Baldwin, B.G., B.L. Wessa y J.L. Panero. 2002. Nuclear rDNA evidence for major lineages of helenioid Heliantheae (Compositae). *Syst. Bot.* 27(1): 161-198.

Balick, M.J., M.H. Nee y D.E. Atha. 2000. Checklist of the vascular plants of Belize. *Mem. New York Bot. Gard.* 85: i-ix, 1-246.

Ballard, R.E. 1986. *Bidens pilosa* complex (Asteraceae) in North and Central America. *Amer. J. Bot.* 73(10): 1452-1465.

Barkley, T.M. 1975 [1976]. Flora of Panama, Part IX. Family 184. Compositae. VIII. Senecioneae. *Ann. Missouri Bot. Gard.* 62(4): 1244-1272.

———. 1990. New taxa in *Senecio* from México. *Phytologia* 69(3): 138-149.

Barkley, T.M. y J.P. Janovec. 1996. *Robinsonecio* (Asteraceae: Senecioneae) a new genus from Mexico and Guatemala. *Sida* 17(1): 77-81.

Barkley, T.M., L. Brouillet y J.L. Strother. 2006a. Asteraceae. *Fl. N. Amer.* 19: 3-579.

———. 2006b. Asteraceae. *Fl. N. Amer.* 20: 3-666.

———. 2006c. Asteraceae. *Fl. N. Amer.* 21: 3-616.

Barkley, T.M., B.L. Clark y A.M. Funston. 1996. The segregate genera of *Senecio* sensu lato and *Cacalia* sensu lato (Asteraceae: Senecioneae) in Mexico and Central America. *Proceedings of the International Compositae Conference, Kew, 1994* 1: 613-620. Royal Botanic Gardens, Kew.

Barrie, F.R., C.E. Jarvis y J.L. Reveal. 1992. The need to change Article 8.3 of the code. *Taxon* 41(3): 508-512.

Barroso, G.M. 1986. *Sistemática de Angiospermas do Brasil* 3: 1-326. Univ. Federal de Viçosa, Viçosa.

Bayer, R.J. y J.R. Starr. 1998. Tribal phylogeny of the Asteraceae based on two non-coding chloroplast sequences, the trnL intron and the trnL/trnF intergenic spacer. *Ann. Missouri Bot. Gard.* 85(2): 242-256.

Beaman, J.H. 1990. Revision of *Hieracium* (Asteraceae) in Mexico and Central America. *Syst. Bot. Monogr.* 29: 1-77.

Beaman, J.H. y D.C.D. De Jong. 1965. A new species of *Lagenophora* (Compositae) from Guatemala. *Rhodora* 67(769): 36-41.

Bean, A.R. 2001. Pappus morphology and terminology in Australian and New Zealand thistles (Asteraceae, tribe Cardueae). *Austrobaileya* 6(1): 139-152.

Becker, K.M. 1979. A monograph of the genus *Lasianthaea* (Asteraceae). *Mem. New York Bot. Gard.* 31(2): 1-64.

Behjou, A.M., A. Moradi, H. Riahi y S.K. Osaloo. 2016. Achene micromorphology in *Tanacetum* (Asteraceae-Anthemideae) and its taxonomic and phylogenetic implications. *Flora, Morphol. Distr. Funct. Ecol.* 222: 37-51.

Beentje, H.J. 2002. *Fl. Trop. E. Africa* Compositae (Part 2): 315-546.

Belcher, R.O. 1955. The typification of *Crassocephalum* Moench. and *Gynura* Cass. *Kew Bull.* 10(3): 455-465.

———. 1956. A revision of the genus *Erechtites* (Compositae), with inquiries into *Senecio* and *Arrhenechthites*. *Ann. Missouri Bot. Gard.* 43(1): 1-85.

———. 1989. *Gynura* (Compositae) in Australia and Malesia, emended. *Kew Bull.* 44(3): 533-542.

Beltrán, H. y J.F. Pruski. 2000. *Talamancalia* y *Rolandra* (Asteraceae): dos nuevos registros para el Perú. *Arnaldoa* 7(1-2): 13-18.

Bentham, G. 1844a. Compositae. *The Botany of the Voyage of H.M.S. Sulphur*: 20-33, t. 14-17. Smith, Elder, London.

———. 1844b. Compositae. *The Botany of the Voyage of H.M.S. Sulphur*: 109-122, t. 41-42. Smith, Elder, London.

———. 1853. Compositae centroamericanae (Bestemmelser og Beskrivelser af G. Bentham). *Vidensk. Meddel. Dansk Naturhist. Foren. Kjøbenhavn* 1852(5-7): 65-121.

———. 1873. Notes on the classification, history, and geographical distribution of Compositae. *J. Linn. Soc., Bot.* 13: 335-577.

———. 1876. *Hooker's Icon. Pl.* 12: 1-90, t. 1101-1200.

Bentham, G. y J.D. Hooker. 1873. Compositae. *Genera Plantarum* 2(1): 163-533, 536-537. Reeve y Co., London.

Berendsohn, W.G. y A.E. Araniva de González. 1989. Listado básico de la Flora Salvadorensis: Dicotyledonae, Sympetalae (pro parte): Labiatae, Bignoniaceae, Acanthaceae, Pedaliaceae, Martyniaceae, Gesneriaceae, Compositae. *Cuscatlania* 1(3): 290-1-290-13.

Berendsohn, W.G., A.K. Gruber y J.A. Monterrosa Salomón. 2009. Nova silva cuscatlanica. Árboles nativos e introducidos de El Salvador. Parte 1: Angiospermae—Familias A a L. *Englera* 29(1): 1-438.

Biddulph, S.F. 1944. A revision of the genus *Gaillardia*. *Res. Stud. Washington State Univ.* 12: 195-256.

Biên, L.K. 2007. Asteraceae. *Fl. Vietnam* 7: 7-723.

Bierner, M.W. 1972. Taxonomy of *Helenium* sect. *Tetrodus* and a conspectus of North American *Helenium* (Compositae). *Brittonia* 24(4): 331-355.

———. 1974. A systematic study of *Dugaldia* (Compositae). *Brittonia* 26(4): 385-392.

———. 1994. Submersion of *Dugaldia* and *Plummera* in *Hymenoxys* (Asteraceae: Heliantheae: Gaillardiinae). *Sida* 16(1): 1-8.

Binns, S.E., B.R. Baum y J.T. Arnason. 2001. (1508) Proposal to conserve the name *Rudbeckia purpurea* (Asteraceae) with a conserved type. *Taxon* 50(4): 1199-1200.

——. 2002. A taxonomic revision of *Echinacea* (Asteraceae: Heliantheae). *Syst. Bot.* 27(3): 610-632.

Bittmann, M. 1990a. Die Gattung *Adenocaulon* (Compositae): 1. Morphologie. *Candollea* 45(1): 389-420.

——. 1990b. Die Gattung *Adenocaulon* (Compositae): 2. Ökologie, Verbreitung und Systematik. (The genus *Adenocaulon* (Compositae): 2. Ecology, distribution and systematics.). *Candollea* 45(2): 493-518.

Blake, S.F. 1914 [1913]. II. A revision of *Encelia* and some related genera. *Proc. Amer. Acad. Arts* 49(6): 346-396, t. 1.

——. 1915a. *Stenocarpha* Blake (Compositae-Heliantheae-Galinsogiannae) gen. nov. *Bull. Misc. Inform. Kew* 1915: 348-349.

——. 1915b. *Zexmenia costaricensis* Benth. *J. Bot.* 53(625): 13-14.

——. 1915c. A revision of *Salmea* and some allied genera. *J. Bot.* 53(631): 193-202.

——. 1915d. A revision of *Salmea* and some allied genera (concluded). *J. Bot.* 53(632): 225-235.

——. 1917a. Notes on the systematic position of *Clibadium*, with descriptions of some new species. *Contr. Gray Herb.* 52: 1-8.

——. 1917b. A revision of the genus *Dimerostemma* Cass. *Contr. Gray Herb.* 52: 8-16.

——. 1917c. New and noteworthy Compositae, chiefly Mexican. *Contr. Gray Herb.* 52: 16-59.

——. 1917d. Descriptions of new Spermatophytes, chiefly from the collections of Prof. M.E. Peck in British Honduras. *Contr. Gray Herb.* 52: 59-106.

——. 1918. A revision of the genus *Viguiera*. *Contr. Gray Herb.* 54: 1-205, t. 1-3.

——. 1921a. Revision of the genus *Acanthospermum*. *Contr. U.S. Natl. Herb.* 20(10): 383-392, pl. 23.

——. 1921b. Revision of the genus *Flourensia*. *Contr. U.S. Natl. Herb.* 20(10): 393-409.

——. 1921c. Revision of the genus *Oyedaea*. *Contr. U.S. Natl. Herb.* 20(10): 411-422.

——. 1921d. Revision of the genus *Tithonia*. *Contr. U.S. Natl. Herb.* 20(10): 423-436.

——. 1921e. A remarkable new species of *Ichthyothere*. *J. Wash. Acad. Sci.* 11(13): 301-303.

——. 1921f. New trees and shrubs from Yucatan. *Proc. Biol. Soc. Washington* 34: 43-46.

——. 1922a. New plants from Guatemala and Honduras. *Contr. U.S. Natl. Herb.* 24(1): 1-32.

——. 1922b. Key to the genus *Diplostephium*, with descriptions of new species. *Contr. U.S. Natl. Herb.* 24(3): 65-86.

——. 1922c. Two new species of *Acanthospermum* from the Galapagos Islands. *J. Wash. Acad. Sci.* 12(8): 200-205.

——. 1922d. The identity of the genus *Adventina* Raf. *Rhodora* 24(278): 34-36.

——. 1924a. *Hemibaccharis*, a new genus of Baccharidinae. *Contr. U.S. Natl. Herb.* 20(13): 543-554, t. 48-51.

——. 1924b. New American Asteraceae. *Contr. U.S. Natl. Herb.* 22(8): i-vii, 587-661, t. 54-63.

——. 1924c. Eight new Asteraceae from Mexico, Guatemala, and Hispaniola. *Proc. Biol. Soc. Washington* 37: 55-62.

——. 1925. On the status of the genus *Chaenocephalus*, with a review of the section *Lipactinia* of *Verbesina*. *Amer. J. Bot.* 12(10): 625-640.

——. 1926a. Bertolini's Guatemalan Asteraceae. *Bull. Torrey Bot. Club* 53(4): 215-218.

——. 1926b. New names for five American Asteraceae. *Proc. Biol. Soc. Washington* 39(32): 144.

——. 1928. Review of the genus *Diplostephium*. *Amer. J. Bot.* 15(1): 43-64.

——. 1930. Notes on certain type specimens of American Asteraceae in European herbaria. *Contr. U.S. Natl. Herb.* 26(5): 227-263.

——. 1932. New Central American Asteraceae collected by H.H. Bartlett. *J. Wash. Acad. Sci.* 22(13): 379-386.

——. 1934. New Asteraceae from Guatemala collected by A.F. Skutch. *J. Wash. Acad. Sci.* 24(10): 432-443.

——. 1936. *Lepidonia*, a new genus of Vernonieae, with a nomenclatorial note on the name *Leiboldia*. *J. Wash. Acad. Sci.* 26(11): 452-460.

——. 1937. New Asteraceae from Guatemala and Costa Rica collected by A.F. Skutch. *Brittonia* 2(4): 329-361.

——. 1941. Compositae. *En*: Woodson Jr., R.E. y R.W. Schery (eds.), Contributions toward a Flora of Panama. V. Collections chiefly by Paul H. Allen, and by Robert E. Woodson, Jr. and Robert W. Schery. *Ann. Missouri Bot. Gard.* 28(4): 472-476.

——. 1945. Asteraceae described from Mexico and the southwestern United States by M. E. Jones, 1908-1935. *Contr. U.S. Natl. Herb.* 29(2): 117-137.

——. 1947. Three new Asteraceae from Guatemala. *Proc. Biol. Soc. Washington* 60(9): 41-44.

——. 1951. Note on some names in *Schkuhria*. *Leafl. W. Bot.* 6(7): 154-155.

——. 1957 [1958]. Two new genera of Compositae from Peru and Costa Rica. *J. Wash. Acad. Sci.* 47(12): 407-410.

Blake, S.F., B.L. Robinson, J.M. Greenman y P.C. Standley. 1926. 157. Asteraceae. Aster family. *Contr. U.S. Natl. Herb.* 23(5): 1401-1641.

Böcher, T.W. y K. Larsen. 1957. Cytotaxonomical studies in the *Chrysanthemum leucanthemum* complex. *Watsonia* 4: 11-16.

Bohm, B.A. y T.F. Stuessy. 2001. *Flavonoids of the Sunflower Family (Asteraceae)*: i-viii, 1-831. Springer Verlag, Vienna.

Bolick, M.R. 1991. Systematics of *Salmea* DC. (Compositae: Heliantheae). *Syst. Bot.* 16(3): 462-477.

Bonpland, A.J.A. 1809 [1810-1811]. *Vernonia*. *Plantae Aequinoctiales* 2: 66-68, t. 99. F. Schoell, Paris

Bosserdet, P. 1970. Deux acceptions d'*Aster subulatus*. *Taxon* 19(2): 244-250.

Boulos, L. 1960. Cytotaxonomic studies in the genus *Sonchus*. 2. The genus *Sonchus*, a general systematic treatment. *Bot. Not.* 113(4): 400-420.

——. 1961. Cytotaxonomic studies in the genus *Sonchus*. *Bot. Not.* 114(1): 57-64.

——. 1972. Révision systématique du genre *Sonchus* L. s.l.— I. Introduction et classification. *Bot. Not.* 125(4): 287-319.

——. 1973. Révision systématique du genre *Sonchus* L. s.l.— IV. Sous-genre 1. *Sonchus*. *Bot. Not.* 126(2): 155-196.

Breedlove, D.E. 1986. Flora de Chiapas. *Listados Floríst. México* 4: i-v, 1-246.

Bremer, K. 1987. Tribal interrelationships of the Asteraceae. *Cladistics* 3(3): 210-253.

——. 1989. Les astéracées. *Recherche* 20(212): 864-874.

——. 1994. *Asteraceae, Cladistics & Classification*: 1-752. Timber Press, Portland.

——. 1996. Major clades and grades of the Asteraceae. *Proceedings of the International Compositae Conference, Kew, 1994* 1: 1-7. Royal Botanic Gardens, Kew.

Bremer, K. y C.J. Humphries. 1993. Generic monograph of the Asteraceae-Anthemideae. *Bull. Nat. Hist. Mus. London, Bot.* 23(2): 71-177.

Bremer, K. y R.K. Jansen. 1992. A new subfamily of the Asteraceae. *Ann. Missouri Bot. Gard.* 79(2): 414-415.

Bremer, K., A.A. Anderberg, P.O. Karis y J. Lundberg. 1994. Tribe Eupatorieae. *En*: Bremer, K., *Asteraceae, Cladistics & Classification*: 625-680. Timber Press, Portland.

Bremer, K., R.K. Jansen, P.O. Karis, M. Källersjö, S.C. Keeley, K.J. Kim, H.J. Michaels, J.D. Palmer y R.S. Wallace. 1992. A review of the phylogeny and classification of the Asteraceae. *Nordic J. Bot.* 12(2): 141-148.

Britten, J. 1898. The conyzas of Miller's dictionary. *J. Bot.* 36: 51-55.

Britton, N.L. 1918. The flora of the American Virgin Islands. *Brooklyn Bot. Gard. Mem.* 1: 19-118.

Britton, N.L. y A. Brown. 1913a. Compositae. *An Illustrated Flora of the Northern United States, Canada and the British Possessions* 3: 347-560. New York Botanical Garden, New York.

——. 1913b. Cichoriaceae. *An Illustrated Flora of the Northern United States, Canada and the British Possessions* 3: 304-338. New York Botanical Garden, New York.

Britton, N.L. y P. Wilson. 1925. Botany of Porto Rico and the Virgin Islands, descriptive flora—Spermatophyta (continued). *Botany of Porto Rico and the Virgin Islands* 6(2): 159-316.

——. 1926. Botany of Porto Rico and the Virgin Islands, descriptive flora—Spermatophyta, with appendix (concluded). *Botany of Porto Rico and the Virgin Islands* 6(3): 317-521.

Brown, E.A. et al. 1992. Asteraceae. *Fl. New South Wales* 3: 131-341. New South Wales Univ. Press, Kensington.

Brown, R. 1817 [1818]. Some observations on the natural family of plants called Compositae. *Trans. Linn. Soc. London* 12(1): 76-142.

Burkart, A.E. 1944. Estudio del género de compuestas *Chaptalia* con especial referencia a las especies argentinas. *Darwiniana* 6(4): 505-594.

Busey, P. 1975 [1976]. Flora of Panama, Part IX. Family 184. Compositae. I. Vernonieae. B. Elephantopodinae. *Ann. Missouri Bot. Gard.* 62(4): 873-888.

Cabrera, L. 1992. *Systematics of* Rzedowskiella *Gen. Nov. (Asteraceae: Mutisieae: Nassauviinae)*. Unpublished Ph.D. thesis: 1-230. Univ. of Texas, Austin.

Cabrera, A.L. 1944. Vernonieas Argentinas (Compositae). *Darwiniana* 6(3): 265-379.

——. 1959. Notas sobre tipos de Compuestas Sudamericanas en herbarios Europeos. I. *Bol. Soc. Argent. Bot.* 7(3-4): 233-246.

——. 1961. Observaciones sobre las Inuleae-Gnaphalineae (Compositae) de América del Sur. *Bol. Soc. Argent. Bot.* 9: 359-386.

——. 1966. The genus *Lagenophora* (Compositae). *Blumea* 14(2): 285-308.

——. 1974. Compositae, Compuesta. *Flora Ilustrada de Entre Ríos (Argentina)* 6(6): 106-538. Instituto Nacional de Tecnología Agropecuaria, Buenos Aires.

——. 1977. Mutisieae—systematic review. *En*: Heywood, V.H., J.B. Harborne y B.L. Turner. (eds.), *The Biology and Chemistry of the Compositae* 2: 1039-1066. Academic Press, New York.

——. 1978. Compositae. *Flora de la Provincia de Jujuy* 10: 1-726. Instituto Nacional de Tecnología Agropecuaria, Buenos Aires.

Cabrera, A.L. y A.M. Ragonese. 1978. Revisión del género *Pterocaulon* (Compositae). *Darwiniana* 21(2-4): 185-257.

Calderón de Rzedowski, G. 1997. Familia Compositae, tribu Lactuceae. *Fl. Bajío* 54: 1-55.

Calderón de Rzedowski, G. y J. Rzedowski. 2004. Manual de malezas de la región de Salvatierra, Guanajuato. *Fl. Bajío, Fasc. Compl.* 20: 1-315.

Caligari, P.D.S. y D.J.N. Hind (eds.). 1996. Compositae: Biology y Utilization. *Proceedings of the International Compositae Conference, Kew, 1994* 2: i-xii, 1-689. Royal Botanic Gardens, Kew.

Candolle, A.P. de. 1812. Observations sur les plantes composées, ou syngenéses. *Ann. Mus. Natl. Hist. Nat.* 19: 59-72, t. 3-7.

——. 1836. Compositae (compositarum tribus priodes). *Prodromus Systematis Naturalis Regni Vegetabilis* 5: 4-695. Treuttel & Würtz, Paris.

——. 1837 [1838]. Sistens compositarum continuationem. *Prodromus Systematis Naturalis Regni Vegetabilis* 6: 1-687. Treuttel & Würtz, Paris.

——. 1838. Sistens compositarum tribus ultimas er ordinis mantissam. *Prodromus Systematis Naturalis Regni Vegetabilis* 7: 1-330. Treuttel & Würtz, Paris.

——. 1839 [1840]. Compositae. *Icones Selectae Plantarum* 4: 1-52, t. 1-100. Treuttel 1& Würtz, Paris.

Canne-Hilliker, J.M. 1975 [1976]. Flora of Panama, Part IX. Family 184. Compositae. V. Heliantheae. G. Galinsoginae. *Ann. Missouri Bot. Gard.* 62(4): 1199-1220.

——. 1977. A revision of the genus *Galinsoga* (Compositae: Heliantheae). *Rhodora* 79(819): 319-389.

Cariaga, K.A., J.F. Pruski, R. Oviedo, A.A. Anderberg, C.E. Lewis y J. Francisco-Ortega. 2008. Phylogeny and systematic position of *Feddea* (Asteraceae: Feddeeae): a taxonomically enigmatic and critically endangered genus endemic to Cuba. *Syst. Bot.* 33(1): 193-202.

Carlquist, S. 1957. Anatomy of Guayana Mutisieae. *Mem. New York Bot. Gard.* 9(3): 441-475.

——. 1958. Anatomy of the Guayana Mutisieae. Part II. *Mem. New York Bot. Gard.* 10(1): 157-184.

——. 1976. Tribal interrelationships and phylogeny of the Asteraceae. *Aliso* 8(4): 465-492.

——. 2003. Diversity in trichomes and glandular structures of Madiinae. *En*: Carlquist, S., B.G. Baldwin y G.D. Carr (eds.), *Tarweeds & Silverswords: Evolution of the Madiinae*: 105-114. Missouri Botanical Garden Press, St. Louis.

Carnevali, G., J.L. Tapia-Muñoz, R. Duno de Stefano y I.M. Ramírez Morillo. 2010. *Flora Ilustrada de la Peninsula Yucatán: Listado Florístico*: 1-326. Centro de Investigación Científica de Yucatán, Mérida.

Carr, G.D., R.M. King, A.M. Powell y H. Robinson. 1999. Chromosome numbers in Compositae. XVIII. *Amer. J. Bot.* 86(7): 1003-1013.

Carrière, É.A. 1890. *Senecio ghiesbreghti. Rev. Hort.* 62: 492 [como 429]-493.

Cassini, H.1813. Observations sur le style et le stigmate des Synanthérées. *J. Phys. Chim. Hist. Nat. Arts* 76: 97-128, 181-201, 249-275. t. 1.

——. 1818. Composées ou Synanthérées. *En*: Cuvier, G.F. (ed.), *Dictionnaire des Sciences Naturelles [Second edition]* 10: 131-159. Éditeur F.G. Levrault, Strasbourg.

——. 1819a. Sixième mémoire sur la famille des Synanthérées, contenant les caractères des tribus. *J. Phys. Chim. Hist. Nat. Arts* 88: 150-163.

——. 1819b. Suite du sixième mémoire sur la famille des Synanthérées, contenant les caractères des tribus. *J. Phys. Chim. Hist. Nat. Arts* 88: 189-204.

——. 1821. Hamulion, *Hamulium*. *En*: Cuvier, G.F. (ed.), *Dictionnaire des Sciences Naturelles [Second edition]* 20: 260-261. Éditeur F.G. Levrault, Strasbourg.

——. 1824. Mératie, *Meratia*. (Bot.). *En*: Cuvier, G.F. (ed.), *Dictionnaire des Sciences Naturelles [Second edition]* 30: 65-69. Éditeur F.G. Levrault, Strasbourg.

——. 1825a. Navenburgie, *Brotera*. (Bot.). *En*: Cuvier, G.F. (ed.), *Dictionnaire des Sciences Naturelles [Second edition]* 34: 304-309. Éditeur F.G. Levrault, Strasbourg.

——. 1825b. Neocéide, *Neoceis*. (Bot.) *En*: Cuvier, G.F. (ed.), *Dictionnaire des Sciences Naturelles [Second edition]* 34: 386-393. Éditeur F.G. Levrault, Strasbourg.

——. 1826a. Ptilostèphe, *Ptilostephium*. (Bot.). *En*: Cuvier, G.F. (ed.), *Dictionnaire des Sciences Naturelles [Second edition]* 44: 60-64. Éditeur F.G. Levrault, Strasbourg.

——. 1826b. *Opuscules Phytologiques* 1: i-lxvii, 1-426, t. 1-20. Paris, Levrault.

——. 1826c. *Opuscules Phytologiques* 2: i-iii, 1-552. Paris, Levrault.

——. 1827. Synanthérologie. *En*: Cuvier, G.F. (ed.), *Dictionnaire des Sciences Naturelles [Second edition]* 51: 443-455. Éditeur F.G. Levrault, Strasbourg.

——. 1828. *Tridax*. (Bot.). *En*: Cuvier, G.F. (ed.), *Dictionnaire des Sciences Naturelles [Second edition]* 55: 262-280. Éditeur F.G. Levrault, Strasbourg.

——. 1829a. Ximénésie, *Ximenesia*. (Bot.). *En*: Cuvier, G.F. (ed.), *Dictionnaire des Sciences Naturelles [Second edition]* 59: 134-147. Éditeur F.G. Levrault, Strasbourg.

——. 1829b. Tableau synoptique des synanthérées. *Ann. Sci. Nat. (Paris)* 17: 387-423.

——. 1830. Table méthodique. *En*: Cuvier, G.F. (ed.), *Dictionnaire des Sciences Naturelles [Second edition]* 60: 563-601. Éditeur F.G. Levrault, Strasbourg.

——. 1834. *Opuscules Phytologiques* 3: i-xxx, I-XIV, 15-221. Paris, Levrault.

Cavanilles, A.J. 1791. *Icones et Descriptiones Plantarum* 1: i-iv, 1-67, t. 1-100. Typographia regia, Madrid.

——. 1793. *Icones et Descriptiones Plantarum* 2: 1-79, t. 101-220. Typographia regia, Madrid.

——. 1794 [1795]. *Icones et Descriptiones Plantarum* 3(1): 1-30, t. 201-260. Typographia regia, Madrid.

——. 1797. *Icones et Descriptiones Plantarum* 4(1): 1-36, t. 301-360. Typographia regia, Madrid.

——. 1803. Observaciones botánicas y descripción de algunas plantas nuevas. *Anales Ci. Nat.* 6(18): 323-340, t. 44.

Clark, B.L. 1999. *Villasenoria* (Asteraceae: Senecioneae): a new genus and combination from Mexico. *Sida* 18(3): 631-634.

——. 2000. A new variety and four new combinations in *Pittocaulon* and *Telanthophora* (Asteraceae: Senecioneae) from Mexico. *Sida* 19(2): 235-236.

Clewell, A.F. 1975. Las compuestas de Honduras. *Ceiba* 19(2): 119-244.

Clonts, J.A. 1972. *A Revision of the Genus* Elephantopus, *Including* Orthopappus *and* Pseudelephantopus *(Compositae).* Unpublished Ph.D. dissertation: i-viii, 1-390. Mississippi State College, Starkville.

Clonts, J.A. y S.T. McDaniel. 1978. *Elephantopus. N. Amer. Fl.*, ser. 2, 10: 196-202.

Cockerell, T.D.A. 1915. The Helianthoid genus *Tonalanthus*. *Torreya* 15(4): 70-71.

CONABIO. 2009. Catálogo taxonómico de especies de México. *Capital Natural de México* 1. CONABIO, Mexico City [CD series—vol. 1, cd 1 (versión final) 26-enero-2009.].

Correa A., M.D., C. Galdames y M. Stapf. 2004. *Catálogo de las Plantas Vasculares de Panamá*: 1-599. Smithsonian Tropical Research Institute, Panamá.

Correll, D.S. y H.B. Correll. 1972. *Aquatic and Wetland Plants of Southwestern United States*: i-xv, 1-1777. Environmental Protection Agency, Washington, DC.

———. 1982. *Flora of the Bahama Archipelago*: (1)-(50), 1-1692. J. Cramer, Vaduz.

Correll, D.S. y M.C. Johnston. 1970. *Manual of the Vascular Plants of Texas*: i-xv, 1-1881. The Univ. of Texas at Dallas, Richardson.

Coulter, J.M. 1895. New or noteworthy Compositae from Guatemala. *Bot. Gaz.* 20(2): 41-53.

Cowan, C.P. 1983. Flora de Tabasco. *Listados Floríst. México* 1: 1-123.

Crawford, D.J. 1970. Systematic studies on Mexican *Coreopsis* (Compositae). *Coreopsis mutica*: flavonoid chemistry, chromosome numbers, morphology, and hybridization. *Brittonia* 22(2): 93-111.

———. 1982. Chromosome numbers and taxonomic notes for Mexican *Coreopsis*, sections *Electra* and *Pseudoagarista* (Compositae: Heliantheae). *Brittonia* 34(4): 384-387.

Croat, T.B. 1972. *Solidago canadensis* complex of the Great Plains. *Brittonia* 24(3): 317-326.

Cronquist, A.J. 1943. The separation of *Erigeron* from *Conyza*. *Bull. Torrey Bot. Club* 70(6): 629-632.

———. 1952. Order Asterales. Compositae, the Composite family. *The New Britton and Brown Illustrated Flora of the Northeastern United States and Adjacent Canada*. 3: 323-545. New York Botanical Garden, New York.

———. 1955. Phylogeny and taxonomy of the Compositae. *Amer. Midl. Naturalist* 53(2): 478-511.

———. 1970. New combinations in the Compositae of the Galápagos Islands. *Madroño* 20(5): 255-256.

———. 1971. Compositae (Asteraceae). Composite or Aster family. *Flora of the Galápagos Islands*: 300-367. Stanford Univ. Press, Stanford.

———. 1977. The Compositae revisited. *Brittonia* 29(2): 137-153.

———. 1980. Asteraceae. *Vascular Flora of the Southeastern United States* 1: i-xv, 1-261. The Univ. of North Carolina Press, Chapel Hill.

———. 1981. *An Integrated System of Classification of Flowering Plants*: i-xviii, 1-1262. Columbia Univ. Press, New York.

———. 1988. *The Evolution and Classification of Flowering Plants*: i-viii, 1-555. The New York Botanical Garden, Bronx.

———. 1994. Asterales. *Intermountain Flora* 5: 1-496. Hafner Pub. Co., New York.

Cuatrecasas, J. 1955. A new genus and other novelties in Compositae. *Brittonia* 8(2): 151-163.

———. 1956. Neue *Vernonia* Arten und Synopsis der andinen Arten der Sektionen *Critoniopsis*. *Bot. Jahrb. Syst.* 77(1): 52-84.

———. 1961. Notas sobre Astereas andinas. *Ciencia (México)* 21: 21-32.

———. 1967. Estudios sobre plantas andinas. X. *Caldasia* 10(46): 3-26.

———. 1969. Prima Flora Colombiana 3. Compositae—Astereae. *Webbia* 24(1): 1-335.

———. 1973. Supplemental characterization of genus *Pseudoconyza* (Compositae, Inuleae-Plucheinae). *Phytologia* 26(6): 410-412.

———. 1977. *Westoniella*, a new genus of the Astereae from the Costa Rican paramos. *Phytologia* 35(6): 471-487.

———. 1982a. Studies in neotropical Senecioneae—III. New taxa in *Senecio*, *Pentacalia*, and *Gynoxys*. *Phytologia* 52(3): 159-166.

———. 1982b. Miscellaneous notes on neotropical flora—XV. New taxa in the Astereae. *Phytologia* 52(3): 166-177.

———. 1986. Un género nuevo de Astereae. Compositae de Colombia. (A new genus of Astereae. Compositae from Colombia.). *Anales Jard. Bot. Madrid* 42(2): 415-426.

———. 2013. A systematic study of the subtribe Espeletiinae. *Mem. New York Bot. Gard.* 107: i-xii, 1-689.

Cullen, J., J.C.M. Alexander, C.D. Brickell, J.R. Edmondson, P.S. Green, V.H. Heywood, P.M. Jørgensen, S.L. Jury, S.G. Knees, H.S. Maxwell, D.M. Miller, N.K.B. Robson, S.M. Walters y P.F. Yeo. 2000. CCXLII. Compositae. *The European Garden Flora* 6: 508-666. Cambridge Univ. Press, Cambridge.

D'Arcy, W.G. 1973. A name change in *Pseudoconyza* (Compositae-Inulae). *Phytologia* 25(5): 281.

———. 1975a [1976]. Flora of Panama, Part IX. Family 184. Compositae. *Ann. Missouri Bot. Gard.* 62(4): 835-1321.

———. 1975b [1976]. Flora of Panama, Part IX. Family 184. Compositae. III. Astereae. *Ann. Missouri Bot. Gard.* 62(4): 1004-1032.

———. 1975c [1976]. Flora of Panama, Part IX. Family 184. Compositae. IV. Inuleae. *Ann. Missouri Bot. Gard.* 62(4): 1033-1053.

———. 1975d [1976]. Flora of Panama, Part IX. Family 184. Compositae. V. Heliantheae. E. Helianthinae. *Ann. Missouri Bot. Gard.* 62(4): 1101-1174.

———. 1975e [1976]. Flora of Panama, Part IX. Family 184. Compositae. V. Heliantheae. F. Coreopsidinae. *Ann. Missouri Bot. Gard.* 62(4): 1174-1199.

———. 1975f [1976]. Flora of Panama, Part IX. Family 184. Compositae. VII. Anthemideae. *Ann. Missouri Bot. Gard.* 62(4): 1241-1244.

———. 1987. Flora of Panama. Checklist and Index. Part 2: Index. *Monogr. Syst. Bot. Missouri Bot. Gard.* 18: vi-ix, 1-672.

D'Arcy, W.G. y A.S. Tomb. 1975 [1976]. Flora of Panama, Part IX. Family 184. Compositae. XIII. Lactuceae. *Ann. Missouri Bot. Gard.* 62(4): 1292-1306.

Davies, F.G. 1981. The genus *Gynura* (Compositae) in Malesia and Australia. *Kew Bull.* 35(4): 711-734.

Davis, P.H. 1974. Materials for a flora of Turkey XXX: Compositae, I. *Notes Roy. Bot. Gard. Edinburgh* 33(2): 207-264.

———. 1975. Compositae (Asteraceae). *Flora of Turkey and the*

East Aegean Islands 5: 1-890. Edinburgh Univ. Press, Edinburgh.

De Jong, D.C.D. 1965. A systematic study of the genus *Astranthium* (Compositae, Astereae). *Publ. Mus. Michigan State Univ., Biol. Ser.* 2(9): 429-528.

Degener, O. 1934. *Fl. Hawaiiensis*, Honolulu.

Delessert, J.P.B. 1839 [1840]. *Icones Selectae Plantarum* 4: I-III, 1-52, t. 1-100. Treuttel & Würtz, Paris.

Delprete, P.G. 1995. Systematic study of the genus *Delilia* (Asteraceae, Heliantheae). *Pl. Syst. Evol.* 194(1/2): 111-122.

Dematteis, M. 2004. Taxonomía del complejo *Vernonia rubricaulis* (Vernonieae, Asteraceae). *Bonplandia (Corrientes)* 13: 5-13.

Desfontaines, R.L. 1802. Description du genre *Tithonia*. *Ann. Mus. Natl. Hist. Nat.* 1: 49-51, t. 4.

Díaz de la Guardia, C. y G. Blanca. 1992. Lectotypification of five Linnaean species of *Tragopogon* L. (Compositae). *Taxon* 41(3): 548-551.

Díaz Piedrahita, S. y J. Cuatrecasas. 1999. Asteraceas de la flora de Colombia. Senecioneae-I, géneros *Dendrophorbium* y *Pentacalia*. *Publ. Acad. Colomb. Ci. Exact., Colecc. Jorge Alvarez Lleras* 12: i-viii, 1-389.

Dillenius, J.J. 1732. *Hortus Elthamensis* 1: 1-206, t. 1-167, 166bis. Sumptibus auctoris, London.

Dillon, M.O. 1981. Family Compositae: Part II. Tribe Anthemideae. Flora of Peru. *Fieldiana, Bot.* n.s. 7: 1-21.

——. 1982. Family Compositae: Part IV. Tribe Cardueae. Flora of Peru. *Fieldiana, Bot.* n.s. 10: 1-8.

——. 1983. A new species of *Bidens* (Heliantheae-Asteraceae) from Guatemala. *Phytologia* 54(4): 225-227.

——. 1984. A systematic study of *Flourensia* (Asteraceae, Heliantheae). *Fieldiana, Bot.* n.s. 16: iii, 1-66.

Dillon, M.O. y W.G. D'Arcy. 1978 [1979]. New and noteworthy Asteraceae from Panama. *Ann. Missouri Bot. Gard.* 65(2): 766-769.

Dillon, M.O. y F. Luebert. 2015. *Gnaphaliothamus nesomii* (Asteraceae: Gnaphalieae), a new species from Guatemala and nomenclatorial changes. *J. Bot. Res. Inst. Texas* 9(1): 63-73.

Dillon, M.O. y A. Sagástegui Alva. 1991a. Family Asteraceae: Part V. Tribe Inulae. Flora of Peru. *Fieldiana, Bot.* n.s. 26: i-iv, 1-70.

——. 1991b. Sinopsis de los géneros de Gnaphaliinae (Asteraceae-Inuleae) de Sudamérica. *Arnaldoa* 1(2): 5-91.

Dillon, M.O., N.A. Harriman, B.L. Turner, S.C. Keeley, D.J. Keil, T.F. Stuessy, S.D. Sundberg, R.K. Jansen y D.M. Spooner. 2001. Asteraceae. *En*: Stevens, W.D., C. Ulloa, A. Pool y O.M. Montiel (eds.), Flora de Nicaragua. *Monogr. Syst. Bot. Missouri Bot. Gard.* 85(1): 271-393.

Dittrich, M. 1977. Cynareae—systematic review. *En*: Heywood, V.H., J.B. Harborne y B.L. Turner (eds.), *The Biology and Chemistry of the Compositae* 2: 999-1015. Academic Press, New York.

Dittrich, M., B. Nordenstam y K.H. Rechinger. 1989. *Fl. Iranica* 164: 1-125, t. 1-83.

Dittrich, M., F. Petrak, K.H. Rechinger y G. Wagenitz. 1980. Compositae III. Cynareae. *Fl. Iranica* 139b: 287-468, t. 277-417.

Dodson, C.H. y A.H. Gentry. 1978. Flora of the Río Palenque Science Center: Los Ríos Province, Ecuador. *Selbyana* 4(1-6): i-xxx, 1-628.

Don, D. 1830. Descriptions of the new genera and species of the class Compositae belonging to the floras of Peru, Mexico, and Chile. *Trans. Linn. Soc. London* 16(2): 169-303.

Donnell Smith, J. 1888. Undescribed plants from Guatemala. III. *Bot. Gaz.* 13(4): 74-77.

——. 1895. *Enumeratio Plantarum Guatemalensium* 4: 1-189. H.N. Patterson, Oquawkae.

——. 1904. Undescribed plants from Guatemala and other central American republics. XXVI. *Bot. Gaz.* 37(6): 417-423.

Dormer, K.J. 1961. The crystals in the ovaries of certain Compositae. *Ann. Bot. (Oxford)* n.s. 25(2): 241-254.

——. 1962. The fibrous layer in the anthers of Compositae. *New Phytol.* 61(2): 150-153.

Drury, D.G. 1970. A fresh approach to the classification of the genus *Gnaphalium* with particular reference to the species present in New Zealand (Inuleae-Compositeae). *New Zealand J. Bot.* 8(2): 222-248.

——. 1971. The American spicate cudweeds adventive to New Zealand: (*Gnaphalium* section *Gamochaeta*—Compositae). *New Zealand J. Bot.* 9: 157-185.

——. 1973. Nodes and leaf structure in the classification of some Australasian shrubby Senecioneae-Compositae. *New Zealand J. Bot.* 11: 525-554.

Drury, D.G. y L. Watson. 1965. Anatomy and the taxonomic significance of gross vegetative morphology in *Senecio*. *New Phytol.* 64(2): 307-314.

——. 1966. A bizarre pappus form in *Senecio*. *Taxon* 15(8): 309-311.

Dwyer, J.D. y D.L. Spellman. 1981. A list of the Dicotyledoneae of Belize. *Rhodora* 83(834): 161-236.

Egeröd, K. y B. Ståhl. 1991. Revision of *Lycoseris* (Compositae-Mutisieae). *Nordic J. Bot.* 11(5): 549-574.

Ehleringer, J.R. y C.S. Cook. 1987. Leaf hairs in *Encelia*. *Amer. J. Bot.* 74(10): 1532-1540.

Elias, T.S. 1975 [1976]. Flora of Panama, Part IX. Family 184. Compositae. I. Vernonieae. A. Vernoniinae. *Ann. Missouri Bot. Gard.* 62(4): 857-873.

Ellison, W.L. 1964a. A systematic study of the genus *Bahia* (Compositae), to be concluded. *Rhodora* 66(765): 67-86.

——. 1964b. A systematic study of the genus *Bahia* (Compositae), cont. *Rhodora* 66(766): 177-215.

——. 1964c. A systematic study of the genus *Bahia* (Compositae), concluded. *Rhodora* 66(767): 281-311.

Erbar, C. 2015. Bi- to multi-seriate stylar hairs in Eremothamneae, Oldenburgieae, Stifftieae, and Wunderlichieae (Asteraceae). *Syst. Bot.* 40(4): 1144-1158.

Erbar, C. y P. Leins. 2015. Cuticular patterns on stylar hairs in

Asteraceae: a new micromorphological feature. *Int. J. Pl. Sci.* 176(3): 269-284.

Espinosa García, F.J. 2001. *Gnaphalium. Flora Fanerogámica del Valle de México, ed. 2, actualizada e integrada en un solo volume*: 840-856. Instituto de Ecología A.C., Pátzcuaro.

Fay, J.J. 1973. New species of Mexican Asteraceae. *Brittonia* 25(2): 192-199.

——. 1975. New combinations in *Perymenium* and *Oteiza* (Asteraceae-Heliantheae). *Phytologia* 31(1): 16-17.

——. 1978. Revision of *Perymenium* (Asteraceae—Heliantheae) in Mexico and Central America. *Allertonia* 1(4): 235-296.

Fayed, A.A. 1979. Revision der Grangeinae (Asteraceae-Astereae). *Mitt. Bot. Staatssamml. München* 15: 425-576.

Feddema, C. 1966. *Systematic Studies in the Genus* Sclerocarpus *and the Genus* Aldama *(Compositae).* Unpublished Ph.D. thesis: 1-159. Univ. of Michigan, Ann Arbor.

——. 1971. Re-establishment of the genus *Aldama* (Compositae-Heliantheae). *Phytologia* 21(5): 308-314.

——. 1972. *Sclerocarpus uniserialis* (Compositae) in Texas and Mexico. *Phytologia* 23(2): 201-209.

Fernald, M.L. 1898 [1897]. A systematic study of the United States and Mexico species of *Pectis. Proc. Amer. Acad. Arts* 33(5): 57-86.

——. 1933. Recent discoveries in the Newfoundland flora. *Rhodora* 35(419): 364-386.

——. 1935. Midsummer vascular plants of southeastern Virginia (concluded). *Rhodora* 37(444): 423-454, t. 394-405.

——. 1942. The seventh century of additions to the flora of Virginia. *Rhodora* 44(528): 457-479.

Fernández, C.F. 1980. *A Systematic Study of* Alloispermum *(Asteraceae: Heliantheae).* Unpublished M.S. thesis: i-vii, 1-232. Louisiana State Univ., Baton Rouge.

Fernández Casas, F.J., M.A. Puig Samper y F.J. Sánchez García. 1993. Guatimalensis prima flora seu catalogus plantarum vascularium atque descriptiones nonnullorum generum specierumque, a missu in Novam Hispaniam allatae, secundum manuscriptum in Horto Regio Matritensi servatum a Iosepho Marianno Mocino exarata. *Fontqueria* 37: 1-140.

Ferrer-Gallego, P.P. 2016. Typification of the Linnaean name *Coreopsis alba*, basionym of *Bidens alba* (Asteraceae). *Phytotaxa* 282(1): 71-76.

Ferreyra, R. 1944. Revisión del género *Onoseris. J. Arnold Arbor.* 25(3): 349-395, t. 1-9.

Fisher, T.R. 1957. Taxonomy of the genus *Heliopsis* (Compositae). *Ohio J. Sci.* 57(3): 171-191.

Fosberg, F.R. y M.-H. Sachet. 1980. Systematic studies of Micronesian plants. *Smithsonian Contr. Bot.* 45: 1-40.

Foster, R.C. 1958. A catalogue of the ferns and flowering plants of Bolivia. *Contr. Gray Herb.* 184: 1-223.

Freire, S.E. 1993. A revision of *Chionolaena* (Compositae, Gnaphalieae). *Ann. Missouri Bot. Gard.* 80(2): 397-438.

Freire, S.E. y L. Iharlegui. 1997. Preliminary synopsis of the genus *Gamochaeta* (Asteraceae, Gnaphalieae). *Bol. Soc. Argent. Bot.* 33(1-2): 23-35.

Funk, V.A. 1982. The systematics of *Montanoa* (Asteraceae, Heliantheae). *Mem. New York Bot. Gard.* 36: 1-133.

Funk, V.A. y J.F. Pruski. 1996. Asteraceae. *En*: Flora of St. John U.S. Virgin Islands. *Mem. New York Bot. Gard.* 78: 85-122.

Funk, V.A. y. H. Robinson. 2009. A new tribe Platycarpheae and a new genus *Platycarphella* in the Cichorioideae (Compositae or Asteraceae). *Compositae Newslett.* 47: 24-27.

Funk, V.A., A. Susanna, T.F. Stuessy y R.J. Bayer. 2009. *Systematics, Evolution, and Biogeography of Compositae*: 1-965. International Assoc. for Plant Taxonomy, Vienna.

Funston, A.M. 2008. Taxonomic revision of *Roldana* (Asteraceae: Senecioneae), a genus of the southwestern U.S.A., Mexico, and Central America. *Ann. Missouri Bot. Gard.* 95(2): 282-337.

Gabrieljan, E.T. y N.S. Chandjian. 1986. Revisio generis *Artemisia* L. (Asteraceae) transcaucasiae australis. *Novosti Sist. Vyssh. Rast.* 23: 206-217.

Gandhi, K.N. y R.D. Thomas. 1989. Asteraceae of Louisiana. *Sida Bot. Misc.* 4: 1-202.

——. 1991. Additional notes on the Asteraceae of Louisiana. *Sida* 14(3): 514-517.

García López, E. y S.D. Koch. 1995. Familia Compositae tribu Cardueae. *Fl. Bajío* 32: 5-51.

García Regalado, G. 2004. *Asteraceae: Las Compuestas de Aguascalientes*: 1-380. Univ. Autónoma de Aguascalientes, Aguascalientes.

García-Pérez, J. 2001. *Senecio* L. *Flora Fanerogámica del Valle de México, ed. 2, actualizada e integrada en un solo volumen*: 933-949. Instituto de Ecología A.C., Pátzcuaro.

Gargiullo, M.B., B. Magnuson y L. Kimball. 2008. *A Field Guide to Plants of Costa Rica*: i-xlviii, 1-494. Oxford Univ. Press, Oxford.

Garilleti, R. 1993. Herbarium cavanillesianum seu enumeratio plantarum exsiccatarum aliquo modo ad novitates cavanillesianas pertinentium, quae in Horti Regii Matritensis atque Londinensis Societatis Linnaeanae herbariis asservantur. *Fontqueria* 38: 1-248.

Gentry, A.H. 1993. *A Field Guide to the Families and Genera of Woody Plants of Northwest South America*: i-xxiv, 1-895. Conservation International, Washington, D.C.

Ghafoor, A. 2002. Asteraceae (I): Anthemideae. *Fl. Pakistan* 207: 1-172.

Gibson, E.S. 1969. *A Revision of the Section* Palmatinervii *of the Genus* Senecio *(Compositae) and its Allies.* Unpublished Ph.D. thesis: i-vi, 1-180. Kansas State Univ., Manhattan.

Gillis, W.T. 1977. *Pluchea* revisited. *Taxon* 26(5/6): 587-591.

Gleason, Jr., H.A. 1906. A revision of the North American Vernonieae. *Bull. New York Bot. Gard.* 4(13): 144-243.

——. 1913. Studies on the West Indian Vernonieae, with one new species from Mexico. *Bull. Torrey Bot. Club* 40(7): 305-332.

——. 1922. Vernonieae. *N. Amer. Fl.* 33(1): 47-110.

——. 1952. *The New Britton and Brown Illustrated Flora of the Northeastern United States and Adjacent Canada.* 3: 1-589. New York Botanical Garden, New York.

Godfrey, R.K. 1952. *Pluchea*, section *Stylimmnus*, in North America. *J. Elisha Mitchell Sci. Soc.* 68(2): 238-271, t. 20-23.

——. 1958. A synopsis of *Gnaphalium* (Compositae) in the south-eastern United States. *Quart. J. Florida Acad. Sci.* 21(2): 177-184.

Godfrey, R.K. y J.W. Wooten. 1981. *Aquatic and Wetland Plants of Southeastern United States: Dicotyledons*: 1-944. Univ. of Georgia Press, Athens.

González Ayala, J.C. 1994. Botánica medicinal popular: etnobotánica medicinal de El Salvador. *Cuscatlania* 2: 1-189.

Gopinathan, K. y R. Varatharajan. 1982 [1983]. On the morphology, topography and the significance of stomata on floral nectaries of some Compositae. *Phytomorphology* 32(2-3): 265-269.

Grashoff, J.L. 1972. *A Systematic Study of the North and Central American Species of* Stevia. Unpublished Ph.D. thesis: 1-624. Univ. of Texas, Austin.

——. 1974. Novelties in *Stevia* (Compositae: Eupatorieae). *Brittonia* 26(4): 347-384.

——. 1976. *Stevia. En*: Nash, D.L. y L.O. Williams (eds.), Flora of Guatemala—Part XII. *Fieldiana, Bot.* 24(12): 115-128, 482.

Grashoff, J.L. y J.H. Beaman. 1969. Studies in *Eupatorium* (Compositae). I. Revision of *Eupatorium bellidifolium* and allied species. *Rhodora* 71(788): 566-576.

Gray, A. 1852. Plantae Wrightianae texano-neo-mexicanae: an account of a collection of plants made by Charles Wright. *Smithsonian Contr. Knowl.* 3(5): 1-146, t. 1-10.

——. 1862 [1861]. A cursory examination of a collection of dried plants made by L.C. Ervendberg around Wartenberg, near Tantoyuca, in the ancient province Huasteca, Mexico, in 1858 and 1859. *Proc. Amer. Acad. Arts* 5: 174-191.

——. 1880. III. Botanical Contributions. *Proc. Amer. Acad. Arts* 15: 25-52.

——. 1882. Contributions to North American botany. *Proc. Amer. Acad. Arts* 17: 163-230.

——. 1884a. Caprifoliaceae-Compositae. *Synoptical Flora of North America.* 1(2): 1-474. American Book Company, New York.

——. 1884b [1883]. Contributions to North American botany. *Proc. Amer. Acad. Arts* 19(1): 1-96.

Greenman, J.M. 1901. *Monographie der nord- und centralamerikanischen Arten der Gattung* Senecio, *I. Teil Allgemeines und Morphologie.* Ph.D. thesis: 1-39. Friedrich-Wilhelms-Universität zu Berlin.

——. 1902. Monographie der nord- und centralamerikanischen Arten der Gattung *Senecio. Bot. Jahrb. Syst.* 32(1): 1-33.

——. 1904a [1903]. New and otherwise noteworthy Angiosperms from Mexico and Central America. *Proc. Amer. Acad. Arts* 39(5): 69-120.

——. 1904b. Notes on Southwestern and Mexican Plants. I. The indigenous Centaureas of North America. *Bot. Gaz.* 37(3): 219-222.

——. 1905a [1904]. Diagnoses and synonymy of Mexican and Central American spermatophytes. *Proc. Amer. Acad. Arts* 40(1): 28-52.

——. 1905b [1903]. *Grypocarpha. En*: Sargent, C.S. (ed.), *Trees and Shrubs* 1(3): 145-146, t. 73.

——. 1906 [1905]. Descriptions of Spermatophytes from the Southwestern United States, Mexico and Central America. *Proc. Amer. Acad. Arts* 41(9): 235-270.

——. 1914. Descriptions of North American Senecioneae. *Ann. Missouri Bot. Gard.* 1(3): 263-290.

——. 1926. 108. *Senecio* L. *Contr. U.S. Natl. Herb.* 23(5): 1621-1636.

——. 1950. Studies of Mexican and Central American species of *Senecio. Ceiba* 1(2): 119-124.

Greuter, W.R. 2003. The Euro+Med treatment of Astereae (Compositae): Generic concepts and required new names. *Willdenowia* 33(1): 45-47.

——. 2007. (1776) Proposal to conserve the name *Melampodium ruderale* against *Eleutheranthera ovata* (Compositae, Heliantheae). *Taxon* 56(2): 607-608.

Greuter, W.R., J. McNeill, F.R. Barrie, H.M. Burdet, V. Demoulin, T.S. Filgueiras, D.H. Nicolson, P.C. Silva, J.E. Skog, P. Trehane, N.J. Turland y D.L. Hawksworth. 2000. International Code of Botanical Nomenclature (St. Louis Code) adopted by the Sixteenth International Botanical Congress St. Louis, Missouri, July-August 1999. *Regnum Veg.* 138: i-xviii, 1-474.

Grierson, A.J.C. 1971. The identity of *Gnaphalium indicum* Linn. *Notes Roy. Bot. Gard. Edinburgh* 31(1): 135-138.

——. 1974a. *Matricaria* L. *Notes Roy. Bot. Gard. Edinburgh* 33(2): 252-254.

——. 1974b. *Tanacetum* L. *Notes Roy. Bot. Gard. Edinburgh* 33(2): 259-262.

——. 1980. Compositae. *Revis. Handb. Fl. Ceylon* 1: 111-278.

Grisebach, A.H.R. 1861. Synanthereae. *Flora of the British West Indian Islands*: 352-385. Lovell, Reeve & Co., London.

Gustafsson, M.H.G. 1995. Petal venation in the Asterales and related orders. *Bot. J. Linn. Soc.* 118(1): 1-18.

——. 1996. Phylogenetic hypotheses for Asteraceae relationships. *En*: Hind, D.J.N. y H. Beentje (eds.), Compositae Systematics: *Proceedings of the International Compositae Conference, Kew, 1994* 1: 9-19. Royal Botanic Gardens, Kew.

Gustafsson, M.H.G. y K. Bremer. 1995. Morphology and phylogenetic interrelationships of the Asteraceae, Calyceraceae, Campanulaceae, Goodeniaceae and related families (Asterales). *Amer. J. Bot.* 82(2): 250-265.

Gutiérrez, D.G. 2008. Understanding *Oligactis* (Asteraceae:

Liabeae): the true identity of *O. sessiliflora* and *O. volubilis*. *J. Bot. Res. Inst. Texas* 2(2): 1207-1213.

Hajra, P.K., R.R. Rao, D.K. Singh y B.P. Uniyal. 1995. Asteraceae (Anthemideae-Heliantheae). *Fl. India* 12: 1-454.

Hall, H.H.C. v. 1861. *Pectis febrifuga* van Hall. *Ann. Hort. Bot.* 4: 33-35, t. s.n.

Halliday, P. 1988. Noteworthy species of *Kleinia*. *Hooker's Icon. Pl.* 39(4): i-iv, 1-135.

Hammel, B.E. y W.G. D'Arcy. 1981. New taxa from the uplands of western Panama. *Ann. Missouri Bot. Gard.* 68(1): 213-217.

Hansen, H.V. 1985. A taxonomic revision of the genus *Gerbera* (Compositae, Mutisieae) sections *Gerbera, Parva, Piloselloides* (in Africa) and *Lasiopus*. *Opera Bot.* 78: 5-36.

——. 1988. A taxonomic revision of the genera *Gerbera* sect. *Isanthus, Leibnitzia* (in Asia), and *Uechtritzia* (Compositae, Mutisieae). *Nordic J. Bot.* 8(1): 61-76.

——. 1990. Phylogenetic studies in the *Gerbera* complex (Compositae, tribe Mutiseae, subtribe Mutisiinae). *Nordic J. Bot.* 9(5): 469-485.

——. 1991. Phylogenetic studies in Compositae tribe Mutisieae. *Opera Bot.* 109: 5-50.

——. 2006. Simplified keys to four sections with 34 species in the genus *Dahlia* (Asteraceae-Coreopsideae). *Nordic J. Bot.* 24(5): 549-553.

Hansen, H.V. y J.P. Hjerting. 1996. Observations on chromosome numbers and biosystematics in *Dahlia* (Asteraceae, Heliantheae) with an account on the identity of *D. pinnata, D. rosea*, and *D. coccinea*. *Nordic J. Bot.* 16(4): 445-455.

Harling, G.W. 1995. The genus *Jungia* L. fil. (Compositae-Mutisieae). *Acta Regiae Soc. Sci. Litt. Gothob., Bot.* 4: 1-133.

Harms, V.L. 1965. Biosystematic studies in the *Heterotheca subaxillaris* complex (Compositae: Astereae). *Trans. Kansas Acad. Sci.* 68(2): 244-257.

Haro-Carrión, X. y H. Robinson. 2008. A review of the genus *Critoniopsis* in Ecuador (Vernonieae: Asteraceae). *Proc. Biol. Soc. Wash.* 121(1): 1-18.

Harriman, N.A. 1989. *Aldama mesoamericana* (Asteraceae: Heliantheae), a new species from Nicaragua. *Syst. Bot.* 14(4): 580-582.

Hartman, R.L. y T.F. Stuessy. 1983. Revision of *Otopappus* (Compositae, Heliantheae). *Syst. Bot.* 8(2): 185-210.

Hegnauer, R. 1977. The chemistry of the Compositae. *En*: Heywood, V.H., J.B. Harborne y B.L. Turner (eds.), *The Biology and Chemistry of the Compositae* 1: 283-335. Academic Press, New York.

Heiser, C.B. 1945. A revision of the genus *Schkuhria*. *Ann. Missouri Bot. Gard.* 32(3): 265-278.

Heiser, C.B., D.M. Smith, S. Clevenger y W.C. Martin. 1969. The North American sunflowers (*Helianthus*). *Mem. Torrey Bot. Club* 22(3): 1-218.

Hemsley, W.B. 1881. Order LXXIII. Compositae. *Biologia Centrali-Americana;... Botany* 2: 69-263, t. 40, f. 10-15, t. 41-51. R.H. Poret and Dulau & Co., London.

——. 1886-1888 [1887]. *Biologia Centrali-Americana;... Botany* 4(22): 49-144. R.H. Poret and Dulau & Co., London.

Herman, P.P.J. 2001. Observations on hairs in the capitula of some southern African Asteraceae genera. *S. African J. Bot.* 67(1): 65-68.

Hermann, P. 1698. *Paradisus Batavus*: i-xx, 1-247, t. 1-111. Abrahamum Elzevier, Lugduni-Batavorum

Hernández Magaña, R. y M. Gally Jordá. 1981. *Plantas Medicinales:* 1-254. Arbol Editorial, México, D.F.

Hess, R. 1938. Vergleichende Untersuchungen über die Zwillingshaare der Compositen. *Bot. Jahrb. Syst.* 68(5): 435-496, t. XLIX-LXII.

Heywood, V.H., J.B. Harborne y B.L. Turner (eds.). 1977a. *The Biology and Chemistry of the Compositae* 1: i-xiv, 1-619. Academic Press, New York.

——. 1977b. *The Biology and Chemistry of the Compositae* 2: 621-1189. Academic Press, New York.

Hilliard, O.M. y B.L. Burtt. 1973. Notes on some plants of Southern Africa chiefly from Natal: 3. *Notes Roy. Bot. Gard. Edinburgh* 32(3): 303-387.

——. 1981. Some generic concepts in Compositae-Gnaphaliinae. *Bot. J. Linn. Soc.* 82(3): 181-232.

Hind, D.J.N. 1993. Mutisieae. *Fl. Mascareignes* 109: 11-13.

——. 1996. Plant portraits: 283. *Plectocephalus rothrockii*. Compositae. *Curtis's Bot. Mag.* 13(1): 3-7.

——. 2007 [2006]. II. Tribe Mutisieae. *En*: Kubitzki, K. (ed.), *The Families and Genera of Vascular Plants* 8: 90-123.

Hind, D.J.N. y H.J. Beentje (eds.) 1996. Compositae systematics. *Proceedings of the International Compositae Conference, Kew, 1994* 1: 1-784. Royal Botanic Gardens, Kew.

Hind, D.J.N. y H. Robinson. 2007 [2006]. XXX. Tribe Eupatorieae. *En*: Kubitzki, K. (ed.), *The Families and Genera of Vascular Plants* 8: 510-574.

Hind, D.J.N., C. Jeffrey y G.V. Pope (eds.). 1995. *Advances in Compositae Systematics*: i-ii, 1-469. Royal Botanic Gardens, Kew.

Hind, D.J.N., C. Jeffrey y A.J. Scott. 1993. 109. Composées. *Fl. Mascareignes* 1-261.

Hitchcock, A.S. y M.L. Green. 1929. Standard species of Linnaean genera of Phanerogamae (1753-1754). *Nomenclatural Proposals by British Botanists*: 111-199. His Majesty's Stationery Office, London.

Hoffmann, K.A.O. 1894 [1890]. Compositae. *Nat. Pflanzenfam.* 4(5): 177-224.

——. 1894 [1891]. Compositae. *Nat. Pflanzenfam.* 4(5): 225-272.

Hokche, O., P.E. Berry y O. Huber. 2008. *Nuevo Catálogo de la Flora Vascular de Venezuela*: 1-859. Fundación Instituto Botánico de Venezuela, Caracas.

Holm, L.G., J. Doll, E. Holm, J. Pancho y J. Herberger. 1997. *World Weeds: Natural Histories and Distribution*: 1-1129. Wiley, New York.

Holmes, W.C. 1990. The genus *Mikania* (Compositae-Eupatorieae) in Mexico. *Sida Bot. Misc.* 5: 1-45.

——. 1991. Dioecy in *Mikania* (Compositae: Eupatorieae). *Pl. Syst. Evol.* 175(1-2): 87-92.

Holmes, W.C. y S.T. McDaniel. 1982. Family Compositae: Part III. Genus *Mikania*. Tribe Eupatorieae. Flora of Peru. *Fieldiana, Bot.* n.s. 9: 1-56, map.

Holmes, W.C. y J.F. Pruski. 2000. New species of *Mikania* (Compositae: Eupatorieae) from Ecuador and Peru. *Syst. Bot.* 25(4): 571-576.

Hooker, J.D. 1875. *Senecio macroglossus*. *Bot. Mag.* 101: t. 6149.

——. 1899. *Bot. Mag.* 125: t. 7632-7691.

Hooker, W.J. 1842. *Sinclairia discolor*. *Icon. Pl.* 5: t. 451-452.

——. 1850. *Gynoxys fragrans*. *Bot. Mag.* 76: t. 4511.

——. 1851. *Hebeclinium ianthinum*. *Bot. Mag.* 77: t. 4574.

Hooker, W.J. y G.A.W. Arnott. 1841 [1833]. Ord. XXVI. Compositae Juss. *The Botany of Captain Beechey's Voyage* (4): 145-151. Henry G. Bohn, London.

——. 1841 [1838]. Ord. XLVIII. Compositae Juss. *The Botany of Captain Beechey's Voyage* (7): 296-300. Henry G. Bohn, London.

Houstoun, W. 1781. *Reliq. Houstoun.* 1-12, t. 1-26.

Howard, R.A. 1989. Compositae. *En*: Howard, R.A. (ed.), *Fl. Lesser Antilles* 6: 509-620.

Hu, S.Y. y Y. Wong. 2009. Asteraceae (Compositae). *Fl. Hong Kong* 3: 245-328.

Huber-Morath, A. 1974 [1975]. Die türkischen Arten der Gattung *Achillea* L. *Ber. Schweiz. Bot. Ges.* 84(2): 123-172.

Humbert, H. 1962. Composées. *Fl. Madagasc.* 189(2): 339-622.

Humbles, J. 1972. Observations on the genus *Sigesbeckia*. *Ci. & Nat.* 13: 2-19.

Humphries, C.J. 1976. A revision of the Macaronesian genus *Argyranthemum* Webb ex Schultz Bip. (Compositae—Anthemideae). *Bull. Brit. Mus. (Nat. Hist.), Bot.* 5(4): 147-240.

Huxley, A.J., M. Griffiths y M. Levy. 1992. *Dictionary of Gardening* 1: vii-lviii, 1-815. Macmillan Press, London.

Ingram, J.W. 1975. Nomenclatural notes for Hortus Third: Compositae. *Baileya* 19(4): 167-168.

Ivey, R.D. 2003. *Flowering Plants of New Mexico* [*Fourth edition*]: 1-573. R.D. Ivey, Albuquerque.

Jackson, B.D. 1895. *Index Kewensis* 2: 1-1299. Clarendon Press, Oxford.

Jackson, J.D. 1974. Notes on *Archibaccharis* (Compositae-Astereae). *Phytologia* 28(3): 296-302.

——. 1975. A revision of the genus *Archibaccharis* Heering (Compositae-Astereae). *Phytologia* 32(2): 81-194.

Jacquin, N.J. 1763. *Selectarum Stirpium Americanarum Historia*: i-vii, 1-301, t. I-CLXXXIII. Ex Officina Krausiana, Vindobonae.

——. 1781-1786 [1784]. *Lactuca intybacea*. *Icones Plantarum Rariorum* 1: 16, t. 162. Editae a Nicolao Josepho Jacquin, Vindobonae.

——. 1788 [1789]. *Collectanea* 2: 1-364, t. 1-8. Ex officina Wappleriana, Vindobonae.

——. 1797. *Plantarum Rariorum Horti Caesarei Schoenbrunnensis* 2: 1-68, t. 130-250. C.F. Wappler, Viennae.

Janovec, J.P. y H. Robinson. 1997. *Charadranaetes*, a new genus of the Senecionae (Asteraceae) from Costa Rica. *Novon* 7(2): 162-168.

Jansen, R.K. 1981. Systematics of *Spilanthes* (Compositae: Heliantheae). *Syst. Bot.* 6(3): 231-257.

——. 1985. The systematics of *Acmella* (Asteraceae-Heliantheae). *Syst. Bot. Monogr.* 8: 1-115.

Jansen, R.K. y K.J. Kim. 1996. Implications of chloroplast DNA data for the classification and phylogeny of the Asteraceae. *Proceedings of the International Compositae Conference, Kew, 1994* 1: 317-339. Royal Botanic Gardens, Kew.

Jansen, R.K. y J.D. Palmer. 1987. A chloroplast DNA inversion marks an ancient evolutionary split in the sunflower family (Asteraceae). *Proc. Natl. Acad. Sci. U.S.A.* 84(16): 5818-5822.

Jansen, R.K., N.A. Harriman y L.E. Urbatsch. 1982. *Squamopappus* gen. nov. and redefinition of *Podachaenium* (Compositae: Heliantheae). *Syst. Bot.* 7(4): 476-483.

Jansen, R.K., H.J. Michaels y J.D. Palmer. 1991. Phylogeny and character evolution in the Asteraceae based on chloroplast DNA restriction site mapping. *Syst. Bot.* 16(1): 98-115.

Jarvis, C.E. 2007. *Order Out of Chaos: Linnaean Plant Names and Their Types*: 1-1016. Linnaean Society of London, London.

Jarvis, C.E. y N.J. Turland. 1998. Typification of Linnaean specific and varietal names in the Compositae (Asteraceae). *Taxon* 47(2): 347-370.

Jarvis, C.E., F.R. Barrie, D.M. Allan y J.L. Reveal. 1993. A list of Linnaean generic names and their types. *Regnum Veg.* 127: 1-100.

Jeanes, J.A. 2002. Family Asteraceae (Compositae). *En*: Spencer, R. (ed.), *Horticultural Flora of South-Eastern Australia*. 4: 348-449. UNSW Press, Sydney.

Jeffrey, C. 1967. Notes on Compositae: II. The Mutisieae in East Tropical Africa. *Kew Bull.* 21(2): 177-223.

——. 1968. Notes on Compositae: III. The Cynareae in East Tropical Africa. *Kew Bull.* 22(1): 107-140.

——. 1979. Note on the lectotypification of the names *Cacalia* L., *Matricaria* L. and *Gnaphalium* L. *Taxon* 28(4): 349-351.

——. 1986. Notes on Compositae: IV. The Senecioneae in East Tropical Africa. *Kew Bull.* 41(4): 873-943.

——. 1987. Developing descriptors for analysis of Senecioneae (Compositae). *Bot. Jahrb. Syst.* 108(2-3): 201-211.

——. 1988. Notes on Compositae: V. The Vernonieae in East Tropical Africa. *Kew Bull.* 43(2): 195-277.

——. 1992. The tribe Senecioneae (Compositae) in the Mascarene Islands with an annotated world check-list of the genera of the tribe. Notes on Compositae—VI. *Kew Bull.* 47(1): 49-109.

——. 1997. What is *Emilia coccinea* (Sims) G. Don (Compositae)? A revision of the large-headed *Emilia* species of Africa. *Kew Bull.* 52(1): 205-212.

——. 2007 [2006]. Introduction with key to tribes. *En*: Kubitzki, K. (ed.), *The Families and Genera of Vascular Plants* 8: 61-79.

Jeffrey, C. y Y.L. Chen. 1984. Taxonomic studies on tribe Senecioneae (Compositae) of eastern Asia. *Kew Bull.* 39(2): 205-446.

Jeffrey, C., P. Halliday, C.M. Wilmot-Dear y S.W. Jones. 1977. Generic and sectional limits in *Senecio* (Compositae): I. Progress report. *Kew Bull.* 32(1): 47-67.

Johnson, M.F. 1971. A monograph of the genus *Ageratum* L. (Compositae-Eupatorieae). *Ann. Missouri Bot. Gard.* 58(1): 6-88.

Johnson, R.R. 1969. Monograph of the plant genus *Porophyllum* (Compositae: Helenieae). *Univ. Kansas Sci. Bull.* 48(7): 225-267.

Johnston, J.R. 1904 [1903]. A revision of the genus *Flaveria*. *Proc. Amer. Acad. Arts* 39(11): 279-292.

Jones, A.G. 1980. A classification of the New World species of *Aster* (Asteraceae). *Brittonia* 32(2): 230-239.

Jones, S.B. 1973. Revision of *Vernonia* sect. *Eremosis* (Compositae) in North America. *Brittonia* 25(2): 86-115.

——. 1976. Revision of *Vernonia* (Compositae) subsection *Paniculatae* series *Umbelliformes* of the Mexican Highlands. *Rhodora* 78(814): 180-206.

——. 1977. Vernonieae—systematic review. *En*: Heywood, V.H., J.B. Harborne y B.L. Turner (eds.), *The Biology and Chemistry of the Compositae* 1: 503-521. Academic Press, New York.

——. 1979. Taxonomic revision of *Vernonia* Section *Leiboldia* (Compositae: Vernonieae). *Castanea* 44: 229-237.

——. 1980. Family Compositae: Part I. Tribe Vernonieae. Flora of Peru. *Fieldiana, Bot.* n.s. 5: 22-73.

——. 1981. Synoptic classification and pollen morphology of *Vernonia* (Compositae: Vernonieae) in the Old World. *Rhodora* 83(833): 59-75.

Jones, W.W. 1906 [1905]. A revision of the genus *Zexmenia*. *Proc. Amer. Acad. Arts* 41(7): 143-167.

Juan, A., D.J.N. Hind y M.A. Alonso. 2015. Lectotypification of the name *Ximenesia enceлioides*, basionym of *Verbesina encelioides* (Asteraceae: Heliantheae: Verbesininae). *Phytotaxa* 238(3): 298–300.

Kappelle, M. y S.P. Horn. 2005. *Páramos de Costa Rica*: 1-767. Instituto Nacional de Biodiversidad, Santo Domingo de Heredia.

Karis, P.O. y O. Ryding. 1994a. Tribe Helenieae. *En*: Bremer, K., *Asteraceae, Cladistics & Classification*: 521-558. Timber Press, Portland.

——. 1994b. Tribe Heliantheae. *En*: Bremer, K., *Asteraceae, Cladistics & Classification*: 559-624. Timber Press, Portland.

Katinas, L. 1996. Revisión de las especies sudamericanas del género *Trixis* (Asteraceae, Mutisieae). *Darwiniana* 34: 27-108.

——. 2004. The *Gerbera* complex (Asteraceae: Mutisieae): to split or not to split. *Sida* 21(2): 935-940.

Katinas, L., J.F. Pruski, G. Sancho y M.C. Tellería. 2008. The subfamily Mutisioideae (Asteraceae). *Bot. Rev. (Lancaster)* 74(4): 469-716.

Katinas, L., M.S. Vitali y M.J. Apodaca. 2014. Sinonimias en el género *Chaptalia* (Asteraceae), con una clave actualizada de las especies argentinas. *Bol. Soc. Argent. Bot.* 49(4): 605-612.

Kawahara, T., T. Yahara y K. Watanabe. 1989. Distribution of sexual and agamospermous populations of *Eupatorium* (Compositae) in Asia. *Pl. Spec. Biol.* 4(1): 37-46.

Keck, D.D. 1946. A revision of the *Artemisia vulgaris* complex in North America. *Proc. Calif. Acad. Sci.* 25(17): 421-468.

Keeley, S.C. 1978. A revision of the West Indian Vernonias (Compositae). *J. Arnold Arbor.* 59(4): 360-413.

——. 1982. Morphological variation and species recognition in the neotropical taxon *Vernonia arborescens* (Compositae). *Syst. Bot.* 7(1): 71-84.

——. 1987. Two new species of *Vernonia* (Asteraceae: Vernonieae) from Panama. *Brittonia* 39(1): 44-48.

Keeley, S.C. y S.B. Jones. 1979. Distribution of pollen types in *Vernonia* (Vernonieae: Compositae). *Syst. Bot.* 4(3): 195-202.

Keil, D.J. 1974. New taxa in *Pectis* (Compositae: Pectidinae) from Mexico and the southwestern United States. *Brittonia* 26(1): 30-36.

——. 1975 [1976]. Flora of Panama, Part IX. Family 184. Compositae. VI. Tageteae. *Ann. Missouri Bot. Gard.* 62(4): 1220-1241.

——. 1977. Chromosome studies in North and Central American species of *Pectis* L. (Compositae: Tageteae). *Rhodora* 79(817): 79-94.

——. 1978. Revision of *Pectis* section *Pectidium* (Compositae: Tageteae). *Rhodora* 80(821): 135-146.

——. 1981. *Pectis linifolia* (Compositae: Tageteae) added to the Flora of Panama. *Ann. Missouri Bot. Gard.* 68(1): 225.

——. 1996. *Pectis* L. *En*: Turner, B.L., The comps of Mexico: A systematic account of the family Asteraceae, vol. 6. Tageteae and Athemideae. *Phytologia Mem.* 10: 22-43.

Keil, D.J. y T.F. Stuessy. 1981. Systematics of *Isocarpha* (Compositae: Eupatorieae). *Syst. Bot.* 6(3): 258-287.

Keil, D.J., M. Luckow y D.J. Pinkava. 1987. *Cymophora* (Asteraceae: Heliantheae) returned to *Tridax*. *Madroño* 34(4): 354-358.

Khan, R. y C.E. Jarvis. 1989. The correct name for the plant known as *Pluchea symphytifolia* (Miller) Gillis (Asteraceae). *Taxon* 38(4): 659-662.

Kiers, A.M. 2000. Endive, chicory, and their wild relatives. A systematic and phylogenetic study of *Cichorium* (Asteraceae). *Gorteria Suppl.* 5: 1-78.

Kilian, N. 1997. Revision of *Launaea* Cass. (Compositae, Lactuceae, Sonchinae). *Englera* 17: 1-478. Direktion des Botanischen Gartens und Botanischen Museums, Berlin.

Kilian, N. y B. Smalla. 2001. *Ageratum salvanaturae* (Eupatorieae, Compositae), a new species from the National Park El Imposible, Ahuachapán, El Salvador. *Willdenowia* 31(1): 137-140.

Kim, K.J. y R.K. Jansen. 1995. *ndhF* sequence evolution and the major clades in the sunflower family. *Proc. Natl. Acad. Sci. U.S.A.* 92(22): 10379-10383.

Kim, K.J., K.S. Choi y R.K. Jansen. 2005. Two chloroplast DNA inversions originated simultaneously during the early evolution of the sunflower family (Asteraceae). *Molec. Biol. Evol.* 22(9): 1783-1792.

Kimball, R.T. y D.J. Crawford. 2004. Phylogeny of Coreopsideae (Asteraceae) using ITS sequences suggests lability in reproductive characters. *Molec. Phylogen. Evol.* 33(1): 127-139.

King, R.M. 1965. A new species of *Senecio* from Costa Rica. *Rhodora* 67(771): 239-241.

——. 1967a. Studies in the Eupatorieae, (Compositae). IV. *Rhodora* 69(779): 352-371.

——. 1967b. Studies in the Compositae-Eupatorieae, V. Notes on the genus *Piqueria*. *Sida* 3(2): 107-109, t. 1.

King, R.M. y H. Robinson. 1966. Generic limitations in the *Hofmeisteria* complex. *Phytologia* 12(8): 465-476.

——. 1969. Studies in the Compositae—Eupatorieae. XVI. A monograph of the genus *Decachaeta* DC. *Brittonia* 21(3): 275-284.

——. 1970a. Studies in the Eupatorieae (Compositae). XIX. New combinations in *Ageratina*. *Phytologia* 19(4): 208-229.

——. 1970b. Studies in the Eupatorieae (Compositae). XXI. A new genus, *Neomirandea*. *Phytologia* 19(5): 305-310.

——. 1970c. Studies in the Compositae-Eupatorieae, XV. *Jaliscoa, Macvaughiella, Oaxacania*, and *Planaltoa*. *Rhodora* 72(789): 100-105.

——. 1972a. Studies in the Eupatorieae (Asteraceae). LXXXV. Additions to the genus *Ageratina* with a key to the Costa Rican species. *Phytologia* 24(2): 79-104.

——. 1972b. Studies in the Eupatorieae (Asteraceae). LXXXVIII. Additions to the genus, *Ageratum*. *Phytologia* 24(2): 112-117.

——. 1972c. Studies in the Eupatorieae (Asteraceae) LXXXIX. A new genus, *Blakeanthus*. *Phytologia* 24(2): 118-119.

——. 1972d. Studies in the Eupatorieae (Asteraceae). XCIX. A new genus, *Amolina*, and a new combination in *Bartlettina*. *Phytologia* 24(4): 265-266.

——. 1973. Studies in the Eupatorieae (Asteraceae). CXV. A new genus and species, *Pseudokyrsteniopsis perpetiolata*. *Phytologia* 27(4): 241-244.

——. 1974a. Studies in the Eupatorieae (Asteraceae). CXVII. A new species of *Oxylobus* from Oaxaca, Mexico. *Phytologia* 27(6): 385-386.

——. 1974b. Studies in the Eupatorieae (Asteraceae). CXXVII.

Additions to the American and Pacific Adenostemmatinae: *Adenostemma, Gymnocoronis*, and *Sciadocephala*. *Phytologia* 29(1): 1-20.

——. 1975 [1976]. Flora of Panama, Part IX. Family 184. Compositae. II. Eupatorieae. *Ann. Missouri Bot. Gard.* 62(4): 888-1004.

——. 1976. Studies in the Eupatorieae (Asteraceae). CLIX. Additions to the genus *Ayapana*. *Phytologia* 34(1): 57-66.

——. 1977. Studies in the Eupatorieae (Asteraceae). CLXIII. Additions to the genus *Fleischmanniopsis*. *Phytologia* 36(3): 193-200.

——. 1978. Studies in the Eupatorieae (Asteraceae). CLXVIII. Additions to the genus *Ageratina*. *Phytologia* 38(4): 323-355.

——. 1984. Studies in the Eupatorieae (Asteraceae). CCXVIII. A second species of *Iltisia*. *Phytologia* 56(4): 249-251.

——. 1987. The genera of the Eupatorieae (Asteraceae). *Monogr. Syst. Bot. Missouri Bot. Gard.* 22: i-ix, 1-581.

King, R.M., D.W. Kyhos, A.M. Powell, P.H. Raven y H. Robinson. 1976 [1977]. Chromosome numbers in Compositae. XIII. Eupatorieae. *Ann. Missouri Bot. Gard.* 63(4): 862-888.

King-Jones, S. 2001. Revision of *Pluchea* Cass. (Compositae, Plucheeae) in the Old World. *Englera* 23: 1-136. Direktion des botanischen Gartens und botanischen Museums, Berlin.

Kirkbride, Jr., J.H. y J.H. Wiersema. 2007. (1785) Proposal to conserve the name *Zinnia elegans* against *Z. violacea* (Compositae). *Taxon* 56(3): 958-959.

Kirkman, L.K. 1981. Taxonomic revision of *Centratherum* and *Phyllocephalum* (Compositae: Vernonieae). *Rhodora* 83(833): 1-24.

Kirschner, J. y J. Štěpánek. 2011. Typification of *Leontodon taraxacum* L. (= *Taraxacum officinale* F.H. Wigg.) and the generic name *Taraxacum*: a review and a new typification proposal. *Taxon* 60(1): 216-220.

Klatt, F.W. 1873. Sur quelques Composées des Colonies Françaises. *Ann. Sci. Nat., Bot.* sér. 5, 18: 361-377.

——. 1878. Die Gnaphalien Amerikas. *Linnaea* 42: 111-144.

——. 1892 [1893]. Compositae. En: Durand, T. y H. Pittier (eds.), Primitiae Florae Costaricensis. *Bull. Soc. Roy. Bot. Belgique* 31(1): 183-215.

——. 1894. Neue Compositen aus dem Wiener Herbarium. *Ann. K. K. Naturhist. Hofmus.* 9: 355-368.

——. 1895. *Compositae Novae Costaricenses*: 1-8. E. Blochmann & Sohn, Dresden.

——. 1896. Compositae II. En: Durand, T. y H. Pittier (eds.), Primitiae Florae Costaricensis. *Bull. Soc. Roy. Bot. Belgique* 35(1): 277-296.

Knowles, G.B. y F. Westcott. 1838. *The Floral Cabinet* 2: 1-188, t. 46-99. William Smith and J. M. Knott, London.

Koch, M.F. 1930a. Studies in the anatomy and morphology of the composite flower. I. The corolla. *Amer. J. Bot.* 17(9): 938-952.

——. 1930b. Studies in the anatomy and morphology of the

composite flower. II. The corollas of the Heliantheae and Mutisieae. *Amer. J. Bot.* 17(10): 995-1010.

Koyama, H. 1967. Taxonomic studies on the tribe Senecioneae of Eastern Asia. I. General Part. *Mem. Coll. Sci. Kyoto Imp. Univ., Ser. B, Biol.* 33(3): 181-209.

Koyama, H. y D.E. Boufford. 1981. Proposal to change one of the examples in Article 57. *Taxon* 30(2): 504-505.

Kubitzki, K. 2007 [2006] (ed.). Asterales. *The Families and Genera of Vascular Plants* 8: 1-635.

Kunth, C.S. 1820a [1818]. Compositae. *Nov. Gen. Sp.* folio ed. 4: 1-305, t. 301-412.

———. 1820b [1818]. *Conyza gnaphalioides. Nov. Gen. Sp.* folio ed. 4: t. 327.

———. 1820c [1818]. *Erigeron gnaphalioides. Nov. Gen. Sp.* folio ed. 4: t. 331.

La Duke, J.C. 1982. Revision of *Tithonia. Rhodora* 84(840): 453-522.

Lack, H.W. 1977. *Cichorium. Fl. Iranica* 122: 6-9.

———. 1980. The genus *Enydra* (Asteraceae, Heliantheae) in west tropical Africa. *Willdenowia* 10(1): 3-12.

———. 2007 [2006]. VII. Tribe Cichorieae. *En*: Kubitzki, K. (ed.), *The Families and Genera of Vascular Plants* 8: 180-199.

Lagasca y Segura, M. 1811. Disertación sobre un orden nuevo de plantas de la clase de las compuestas. *Amen. Nat. Españ.* 1(1): 26-43.

Lamarck, J.-B. 1823. *Tabl. Encycl.* 3: t. 501-750.

Lane, M.A. 1982. Generic limits of *Xanthocephalum, Gutierrezia, Amphiachyris, Gymnosperma, Greenella*, and *Thurovia* (Compositae: Astereae). *Syst. Bot.* 7(4): 405-416.

Langel, D., D. Ober y P.B. Pelser. 2011. The evolution of pyrrolizidine alkaloid biosynthesis and diversity in the Senecioneae. *Phytochem. Rev.* 10(1): 3-74.

Larsen, E.L. 1933. *Astranthium* and related genera. *Ann. Missouri Bot. Gard.* 20(1): 23-44.

Lawalrée, A. 1982. Une Asteracée américaine introduite au Zaïre: *Calea urticifolia* (Miller) DC. *Bull. Jard. Bot. Natl. Belg.* 52(1-2): 129-132.

Lessing, C.F. 1832. *Synopsis Generum Compositarum*: vii-xi, 1-473. Sumtibus Dunckeri et Humblotii, Berolini.

———. 1835a [1834]. Compositae L. *En*: Schlechtendal, D.F.L. von (ed.), De plantis mexicanis a G. Schiede M. Dre. collectis nuntium adfert. *Linnaea* 9(2): 263-272.

———. 1835b. Compositae L. Continuatio. *En*: Schlechtendal, D.F.L. von (ed.), De plantis mexicanis a G. Schiede M. Dre. collectis nuntium adfert. *Linnaea* 9(5): 589-591.

Linares, J.L. 2003 [2005]. Listado comentado de los árboles nativos y cultivados en la república de El Salvador. *Ceiba* 44(2): 105-268.

Lindley, J. 1832. *Helianthus tubaeformis. Edwards's Bot. Reg.* 18: t. 1519.

Ling, Y.-R. 1995. The New World *Artemisia* L. *Advances in Compositae Systematics*: 255-281.

Linnaeus, C. von. 1737 [1738]. *Hortus Cliffortianus*: i-xxii, 1-502. George Clifford, Amsterdam.

———. 1753. *Species Plantarum* 2: 561-1200. Imprensis Laurentii Salvii, Holmiae.

———. 1763. *Species Plantarum, Editio Secunda* 2: 785-1684. Imprensis Direct. Laurentii Salvii, Holmiae.

Liogier, A.H. 1962 [1963]. Rubiales—Valerianales—Cucurbitales—Campanulales—Asterales. *Fl. Cuba* 5: 1-362.

———. 1996. *Flora de la Española* 8: 1-588. Univ. Central del Este, San Pedro de Macorís.

Lisowski, S. 1991. Les Asteraceae dans la flore d'Afrique centrale (excl. Cichorieae, Inuleae et Vernonieae): vol. 1. *Fragm. Florist. Geobot.* 37(Suppl. 1, 1): 1-249.

Lloyd, D.G. 1972. A revision of the New Zealand, Subantarctic, and South American species of *Cotula*, section *Leptinella. New Zealand J. Bot.* 10(2): 277-372.

Longpre, E.K. 1970. The systematics of the genera *Sabazia, Selloa* and *Tricarpha* (Compositae). *Publ. Mus. Michigan State Univ., Biol. Ser.* 4(8): 287-383.

Lourteig, A. y J. Cuatrecasas. 1985. Nomenclatura plantarum Americanum—III. Compositae. *Phytologia* 58(7): 475-476.

Lowden, R.M. 1970. William Ashbrook Kellerman's Botanical Expeditions to Guatemala (1905-1908). *Taxon* 19(1): 19-35.

Lundberg, J. y K. Bremer. 2003. A phylogenetic study of the order Asterales using one morphological and three molecular data sets. *Int. J. Pl. Sci.* 164(4): 553-578.

Lundin, R. 2006. *Nordenstamia* Lundin (Compositae-Senecioneae), a new genus from the Andes of South America. *Compositae Newslett.* 44: 14-18.

Luteyn, J.L. 1999. Páramos, a checklist of plant diversity, geographical distribution, and botanical literature. *Mem. New York Bot. Gard.* 84: viii-xv, 1-278.

Mabry, T.J. y F. Bohlmann. 1977. Summary of the chemistry of the Compositae. *En*: Heywood, V.H., J.B. Harborne y B.L. Turner (eds.), *The Biology and Chemistry of the Compositae* 2: 1097-1104. Academic Press, New York.

Magenta, M.A.G., B. Loeuille, D.J.N. Hind y J.R. Pirani. 2012. Lectotypification of the name *Helianthus dentatus* Cav., basionym of *Viguiera dentata* (Cav.) Spreng. (Asteraceae: Heliantheae). *Phytotaxa* 58(1): 56-58.

Manilal, K.S. 1971. Vascularization of the corolla of the Compositae. *J. Indian Bot. Soc.* 50(2): 189-196.

Márquez Alonso, C., F. Lara Ochoa, B.E. Rodríguez y R.M. Essayag. 1999. *Plantas Medicinales de México: Composición, Usos y Actividad Biológica* 2: 9-178. Univ. Nacional Autónoma de México, México.

Martínez Salas, E.M., C.H. Ramos Álvarez y F. Chiang Cabrera. 1994. Lista florística de la Lacandona, Chiapas. *Bol. Soc. Bot. México* 54: 99-177.

Martínez Salas, E.M., M. Sousa Sánchez y C.H. Ramos Álvarez. 2001. Región de Calakmul, Campeche. *Listados Floríst. México* 22: 1-55.

Matuda, E. 1950. A contribution to our knowledge of the wild and cultivated flora of Chiapas—I. Districts Soconusco and Mariscal. *Amer. Midl. Naturalist* 44(3): 513-616.

526

——. 1957. El género *Baccharis* en México. *Anales Inst. Biol. Univ. Nac. México* 28(1-2): 143-174.

McClintock, D. y J.B. Marshall. 1988. On *Conyza sumatrensis* (Retz.) E. Walker and certain hybrids in the genus. *Watsonia* 17(2): 172-173.

McGregor, R.L. 1968. The taxonomy of the genus *Echinacea* (Compositae). *Univ. Kansas Sci. Bull.* 48(4): 113-142.

McKenzie, R.J., J. Samuel, E.M. Muller, A.K.W. Skinner y N.P. Barker. 2005. Morphology of cypselae in subtribe Arctotidinae (Compositae-Arctotideae) and its taxonomic implications. *Ann. Missouri Bot. Gard.* 92(4): 569-594.

McNeill, J., F.R. Barrie, H.M. Burdet, V. Demoulin, D.L. Hawksworth, K. Marhold, D.H. Nicholson, J. Prado, P.C. Silva, J.E. Skog, J.H. Wiersema y N.J. Turland. 2006. International Code of Botanical Nomenclature (Vienna Code) adopted by the Seventeenth Botanical Congress, Vienna, Austria, July 2005. *Regnum Veg.* 146: i-xviii, 1-568.

McNeill, J., F.R. Barrie, W.R. Buck, V. Demoulin, W.R. Greuter, D.L. Hawksworth, P.S. Herendeen, S. Knapp, K. Marhold, J. Prado, W.F. Prud'homme van Reine, G.F. Smith, J.H. Wiersema y N.J. Turland. 2012. International Code of Nomenclature for algae, fungi, and plants (Melbourne Code) adopted by the Eighteenth International Botanical Congress, Melbourne, Australia, July 2011. *Regnum Veg.* 154: i-xxx, 1-208.

McVaugh, R. 1972a. Compositarum Mexicanarum pugillus. *Contr. Univ. Michigan Herb.* 9(4): 359-484.

——. 1972b. Nomenclatural and taxonomic notes on Mexican Compositae. *Rhodora* 74(800): 495-516.

——. 1977. Botanical results of the Sessé & Mociño expedition (1787-1803). I. Summary of excursions and travels. *Contr. Univ. Michigan Herb.* 11(3): 97-195.

——. 1984. Compositae. *En*: McVaugh, R. (ed.), *Fl. Novo-Galiciana* 12: 1-1157.

——. 2000. A guide to relevant scientific names of plants. *Botanical Results of the Sessé & Mociño Expedition (1787-1803)* 7: i-vii, 1-626. Hunt Institute for Botanical Documentation, Pittsburgh.

McVaugh, R. y C.E. Anderson. 1972. North American counterparts of *Sigesbeckia orientalis* (Compositae). *Contr. Univ. Michigan Herb.* 9(5): 485-493.

McVaugh, R. y C.W. Laskowski. 1972. The genus *Trigonospermum* Less. (Compositae, Heliantheae). *Contr. Univ. Michigan Herb.* 9(6): 495-506.

McVaugh, R. y N.J. Smith. 1967. *Calyptocarpus vialis* and *C. wendlandii* (Compositae). *Brittonia* 19(3): 268-272.

Melchert, T.E. 1976. *Bidens* Linnaeus. *En*: Nash, D.L. y L.O. Williams (eds.), Flora of Guatemala—Part XII. *Fieldiana, Bot.* 24(12): 193-214, 509.

——. 1990. *Cosmos caudatus* (Asteraceae: Coreopsideae) in México: a cytotaxonomic reappraisal. *Phytologia* 69(3): 200-215.

——. 2010a. *Bidens* L. *Phytologia Mem.* 15: 3-56, 138-150, 175-190, map 1-26; f. 1-16.

——. 2010b. *Cosmos* Cav. *Phytologia Mem.* 15: 82-105, 157-161, 205-209, map 40-48; f. 31-35.

Melville, M.R. y J.K. Morton. 1982. A biosystematic study of the *Solidago canadensis* (Compositae) complex. I. The Ontario populations. *Canad. J. Bot.* 60(6): 976-997.

Merxmüller, H. y H. Roessler. 1984. Compositen-Studien X. *Mitt. Bot. Staatssamml. München* 20: 1-9.

Mesfin Tadesse y D.J. Crawford. 2014 [2013]. The phytomelanin layer in traditional members of *Bidens* L. and *Coreopsis* L. and phylogeny of the Coreopsideae (Compositae). *Nordic J. Bot.* 32(1): 80-91.

Mesfin Tadesse, D.J. Crawford y E.B. Smith. 1995a. Comparative capitular morphology and anatomy of *Coreopsis* L. and *Bidens* L. (Compositae), including a review of generic boundaries. *Brittonia* 47(1): 61-91.

——. 1995b. New synonyms in *Coreopsis* L. and notes on *C.* sect. *Pseudoagarista* (Compositae: Heliantheae). *Compositae Newslett.* 27: 11-30.

Metcalfe, C.R. y L. Chalk. 1979. Systematic anatomy of leaf and stem, with a brief history of the subject. *Anat. Dicotyledons (ed. 2)* 1: 1-276.

Miller, P. 1760 [1755]. *Figures of Plants in the Gardeners Dictionary* 1: 1-100, t. 1-150, London.

Millspaugh, C.F. y M.A. Chase. 1904. Plantae Yucatanae. (Regionis antillanae). Plants of the insular, coastal and plain regions of the peninsula of Yucatan, Mexico. Fascicle II. Compositae. *Publ. Field Columb. Mus., Bot. Ser.* 3(2): 85-151.

Millspaugh, C.F. y E.E. Sherff. 1922. *Xanthium* L. *N. Amer. Fl.* 33(1): 37-44.

Mohr, C. 1901. Plant life of Alabama. *Contr. U.S. Natl. Herb.* 6: 1-921.

Molina R., A. 1975. Enumeración de las plantas de Honduras. *Ceiba* 19(1): 1-118.

——. 1984. New records of flowering plants for Honduras. *Ceiba* 25(2): 127-133.

Moore, A.H. 1907. Revision of the genus *Spilanthes*. *Proc. Amer. Acad. Arts* 42(20): 521-569.

Moore, S.L.M. 1936. Family CXXV. Compositae. *En*: Fawcett, W. y J.B. Rendle (eds.), *Fl. Jamaica* 7: 150-289. British Museum, London.

Moran, E. y V.A. Funk. 2006. A revision of *Erato* (Compositae: Liabeae). *Syst. Bot.* 31(3): 597-609.

Morgan, D.R. 1993. A molecular systematic study and taxonomic revision of *Psilactis* (Asteraceae: Astereae). *Syst. Bot.* 18(2): 290-308.

Morton, J.F. 1981. *Atlas of Medicinal Plants of Middle America: Bahamas to Yucatán*: i-xxviii, 1-1420. C.C. Thomas, Springfield.

Mukherjee, S.K. 2001. Cypselar features in nineteen taxa of the tribe Senecioneae (Asteraceae) and their taxonomic significance. *En*: Maheshwari, J.K. y A.P. Jain (eds.), *Recent Researches in Plant Anatomy and Morphology*: 253-274. Scientific Publishers, Jodhpur.

Mukherjee, S.K. y B. Nordenstam. 2008. Diversity of pappus structure in some tribes of the Asteraceae. *Phytotaxonomy* 8: 32-46.

——. 2010. Distribution of calcium oxalate crystals in the cypselar walls in some members of the Compositae and their taxonomic significance. *Compositae Newslett.* 48: 63-88.

——. 2012. Diversity of trichomes from mature cypselas surface of some taxa from the basal tribes of Compositae. *Compositae Newslett.* 50: 78-125.

Mukherjee, S.K. y A.K. Sarkar. 2001. Morphological diversity of pappus in the subfamily Asteroideae (Asteraceae). *En*: Maheshwari, J.K. y A.P. Jain (eds.), *Recent Researches in Plant Anatomy and Morphology*: 275-295. Scientific Publishers, Jodhpur.

Müller, J. 2006. Systematics of *Baccharis* (Compositae-Astereae) in Bolivia, including an overview of the genus. *Syst. Bot. Monogr.* 76: 1-341.

Nakamura, K., T. Denda, G. Kokubugata, P.I. Forster, G. Wilson, C-I. Peng y M. Yokota. 2012. Molecular phylogeography reveals an antitropical distribution and local diversification of *Solenogyne* (Asteraceae) in the Ryukyu Archipelago of Japan and Australia. *Biol. J. Linn. Soc.* 105(1): 197-217.

Nash, D.L. 1975. Studies in American plants, VII. *Phytologia* 31(4): 361-364.

——. 1976a. Tribe I, Vernonieae. *En*: Nash, D.L. y L.O. Williams (eds.), Flora of Guatemala—Part XII. *Fieldiana, Bot.* 24(12): 4-32, 455-465.

——. 1976b. Tribe III, Astereae. *En*: Nash, D.L. y L.O. Williams (eds.), Flora of Guatemala—Part XII. *Fieldiana, Bot.* 24(12): 128-164, 483-495.

——. 1976c. Tribe IV, Inuleae. *En*: Nash, D.L. y L.O. Williams (eds.), Flora of Guatemala—Part XII. *Fieldiana, Bot.* 24(12): 164-181, 496-502.

——. 1976d. Tribe V, Heliantheae. *En*: Nash, D.L. y L.O. Williams (eds.), Flora of Guatemala—Part XII. *Fieldiana, Bot.* 24(12): 181-361, 503-570.

——. 1976e. Tribe VII, Anthemideae. *En*: Nash, D.L. y L.O. Williams (eds.), Flora of Guatemala—Part XII. *Fieldiana, Bot.* 24(12): 386-392, 581-584.

——. 1976f. Tribe IX, Cynareae. *En*: Nash, D.L. y L.O. Williams (eds.), Flora of Guatemala—Part XII. *Fieldiana, Bot.* 24(12): 423-428, 590.

——. 1976g. Tribe X, Mutisieae. *En*: Nash, D.L. y L.O. Williams (eds.), Flora of Guatemala—Part XII. *Fieldiana, Bot.* 24(12): 429-440, 591-597.

——. 1976h. Tribe XI, Cichorieae. *En*: Nash, D.L. y L.O. Williams (eds.), Flora of Guatemala—Part XII. *Fieldiana, Bot.* 24(12): 440-454, 598-603.

Nash, D.L. y L.O. Williams. 1976. Flora of Guatemala—Part XII: Compositae. *Fieldiana, Bot.* 24(12): i-x, 1-603.

Neher, R.T. 1965. *Monograph of the genus* Tagetes *(Compositae)*. Unpublished Ph.D. thesis: 1-306. Indiana Univ., Bloomington.

Nelson, C.H. 2008. *Catálogo de las Plantas Vasculares de Honduras*: 1-1576. Secretaría de Recursos Naturales y Ambiente, Tegucigalpa.

Nesom, G.L. 1982. Nomenclatural changes and clarifications in Mexican *Erigeron* (Asteraceae). *Sida* 9(3): 223-229.

——. 1983a. Biology and taxonomy of American *Leibnitzia* (Asteraceae: Mutisieae). *Brittonia* 35(2): 126-139.

——. 1983b. The evolutionary origin of *Blumea viscosa* (Asteraceae) and a first report from North America. *Sida* 10(1): 30-32.

——. 1984. Taxonomy and distribution of *Chaptalia dentata* and *C. albicans* (Asteraceae: Mutisieae). *Brittonia* 36(4): 396-401.

——. 1988. Studies in Mexican *Archibaccharis* (Compositae). *Phytologia* 65(2): 122-128.

——. 1989a. Infrageneric taxonomy of New World *Erigeron* (Compositae: Astereae). *Phytologia* 67(1): 67-93.

——. 1989b. New species, new sections, and a taxonomic overview of American *Pluchea* (Compositae: Inuleae). *Phytologia* 67(2): 158-167.

——. 1990a. Taxonomy of *Achyrocline* (Asteraceae: Inuleae) in México and Central America. *Phytologia* 68(3): 181-185.

——. 1990b. Taxonomic status of *Gamochaeta* (Asteraceae: Inuleae) and the species of the United States. *Phytologia* 68(3): 186-198.

——. 1990c. Taxonomy of the genus *Laennecia* (Asteraceae: Astereae). *Phytologia* 68(3): 205-228.

——. 1990d. Two new species of *Achyrocline* (Asteraceae: Inuleae) from México. *Phytologia* 68(5): 363-365.

——. 1990e. Taxonomy of *Gnaphaliothamnus* (Asteraceae: Inuleae). *Phytologia* 68(5): 366-381.

——. 1990f. Two new species of *Gnaphalium* (Asteraceae: Inuleae) from the high peaks of northeastern México. *Phytologia* 68(5): 413-417.

——. 1990g. An additional species of *Gnaphaliothamnus* (Asteraceae: Inuleae) and further evidence for the integrity of the genus. *Phytologia* 69(1): 1-3.

——. 1990h. Two new species of Mexican *Baccharis* (Asteraceae: Astereae). *Phytologia* 69(1): 32-39.

——. 1990i. Taxonomy of *Heterotheca* sect. *Heterotheca* (Asteraceae: Astereae) in México, with comments on the taxa of the United States. *Phytologia* 69(4): 282-294.

——. 1991. Two new species of *Archibaccharis* (Asteraceae: Astereae) from Mexico with a reevaluation of sectional groupings in the genus. *Phytologia* 71(2): 152-159.

——. 1994a. Comments on *Gnaphaliothamnus* (Asteraceae: Inuleae). *Phytologia* 76(2): 185-191.

——. 1994b. Subtribal classification of the Astereae (Asteraceae). *Phytologia* 76(3): 193-274.

——. 1994c [1995]. Review of the taxonomy of *Aster* sensu lato (Asteraceae: Astereae), emphasizing the New World species. *Phytologia* 77(3): 141-297.

——. 1995. Revision of *Chaptalia* (Asteraceae: Mutisieae)

from North America and continental Central America. *Phytologia* 78(3): 153-188.

———. 1998a. Two newly recognized species of *Baccharis* (Asteraceae: Astereae) from Mexico. *Phytologia* 84(1): 43-49.

———. 1998b. Two new species of *Archibaccharis* (Asteraceae: Astereae) from Mexico. *Phytologia* 84(1): 50-52.

———. 2000. Generic conspectus of the tribe Astereae (Asteraceae) in North America, Central America, the Antilles, and Hawaii. *Sida Bot. Misc.* 20: 1-100.

———. 2001. New combinations in *Chionolaena* (Asteraceae: Gnaphalieae). *Sida* 19(4): 849-852.

———. 2004a. New species of *Gamochaeta* (Asteraceae: Gnaphalieae) from the eastern United States and comments on similar species. *Sida* 21(2): 717-741.

———. 2004b. *Pseudognaphalium canescens* (Asteraceae: Gnaphalieae) and putative relatives in western North America. *Sida* 21(2): 781-789.

———. 2004c. New distribution records for *Gamochaeta* (Asteraceae: Gnaphalieae) in the United States. *Sida* 21(2): 1175-1185.

———. 2005. Taxonomy of the *Symphyotrichum* (Aster) subulatum group and *Symphyotrichum* (*Aster*) *tenuifolium* (Asteraceae: Astereae). *Sida* 21(4): 2125-2140.

Nesom, G.L. y D.E. Boufford. 1990. Typification of Mexican Astereae (Asteraceae), based on specimens in the Harvard University Herbaria. *Phytologia* 69(5): 382-386.

Nesom, G.L. y J.F. Pruski. 2005. (1704) Proposal to conserve the name *Gnaphalium purpureum* (Compositae: Gnaphalieae) with a conserved type. *Taxon* 54(4): 1103-1104.

———. 2011. Resurrected species of *Erigeron* (Asteraceae: Astereae) from Central America. *Phytoneuron* 2011-36: 1-10.

Nesom, G.L. y H. Robinson. 2007 [2006]. XV. Tribe Astereae. *En*: Kubitzki, K. (ed.), *The Families and Genera of Vascular Plants* 8: 284-342.

Nesom, G.L. y S.D. Sundberg. 1985. New combinations in *Erigeron* (Asteraceae). *Sida* 11(2): 249-250.

Nesom, G.L., Y.B. Suh, D.R. Morgan, S.D. Sundberg y B.B. Simpson. 1991. *Chloracantha*, a new genus of North American Astereae. *Phytologia* 70(5): 371-381.

Nicolson, D.H. 1980. Summary of cytological information on *Emilia* and the taxonomy of four Pacific taxa of *Emilia* (Asteraceae: Senecioneae). *Syst. Bot.* 5(4): 391-407.

———. 1981. Proposal (652) to conserve the spelling *Pseudelephantopus* over *Pseudo-Elephantopus* with a commentary on "Plant genera described by First Lieutenant von Rohr with added remarks by Professor Vahl" (1792). *Taxon* 30(2): 489-494.

Nordenstam, B. 1968. The genus *Euryops*: Part I. Taxonomy. *Opera Bot.* 20: 1-409.

———. 1978. Taxonomic studies in the tribe Senecioneae (Compositae). *Opera Bot.* 44: 1-83.

———. 1996. *Jessea gunillae* B. Nord. (Compositae: Senecioneae), a new species from Costa Rica. *Bot. Jahrb. Syst.* 118(2): 147-152.

———. 2006a. New genera and combinations in the Senecioneae of the Greater Antilles. *Compositae Newslett.* 44: 50-73.

———. 2006b. New combinations in *Nordenstamia* (Compositae-Senecioneae) from Argentina, Bolivia, Peru and Ecuador. *Compositae Newslett.* 44: 19-23.

———. 2007 [2006]. XI. Tribe Corymbieae; XII. Tribe Senecioneae; XIII. Tribe Calenduleae. *En*: Kubitzki, K. (ed.), *The Families and Genera of Vascular Plants* 8: 207-245.

Nordenstam, B. y J.F. Pruski. 1995. Additions to *Dorobaea* and *Talamancalia* (Compositae—Senecioneae). *Compositae Newslett.* 27: 31-42.

Nordenstam, B., P. Pelser y L.E. Watson. 2009. *Lomanthus*, a new genus of the Compositae-Senecioneae from Ecuador, Peru, Bolivia and Argentina. *Compositae Newslett.* 47: 33-40 (2009).

Norlindh, T. 1943. Studies in the Calenduleae. I. *Monograph of the genera* Dimorphotheca, Castalis, Osteospermum, Gibbaria *and* Chrysanthemoides: 1-432. C.W.K. Gleerup, Lund.

Novelo Retano, A. y L. Ramos Ventura. 2005. Vegetación acuática. *Biodiversidad del Estado de Tabasco* Cap. 5: 111-144. CONABIO-UNAM, México.

Noyes, R.D. 2000. Biogeographical and evolutionary insights on *Erigeron* and allies (Asteraceae) from ITS sequence data. *Pl. Syst. Evol.* 220(1-2): 93-114.

Noyes, R.D. y L.H. Rieseberg. 1999. ITS sequence data support a single origin for North American Astereae (Asteraceae) and reflect deep geographic divisions in *Aster* s.l. *Amer. J. Bot.* 86(3): 398-412.

Olorode, O. y A.M. Torres. 1970 [1971]. Artificial hybridization of the genera *Zinnia* (Sect. Mendezia) and *Tragoceras* (Compositae-Zinninae). *Brittonia* 22(4): 359-369.

Olsen, J.S. 1985. Synopsis of *Verbesina* sect. *Ochractinia* (Asteraceae). *Pl. Syst. Evol.* 149(1-2): 47-63.

———. 1986. Revision of *Verbesina* section *Verbesina* (Asteraceae: Heliantheae). *Brittonia* 38(4): 362-368.

———. 1988. A revision of *Verbesina* section *Platypteris* (Asteraceae: Heliantheae). *Sida* 13(1): 45-56.

Orchard, A.E. 2013a. A new species of *Sphagneticola* (Asteraceae: Ecliptinae) from Indonesia. *Blumea* 58(1): 49-52.

———. 2013b. The *Wollastonia/Melanthera/Wedelia* generic complex (Asteraceae: Ecliptinae), with particular reference to Australia and Malesia. *Nuytsia* 23: 337-466.

Ownbey, G.B., P.H. Raven y D.W. Kyhos. 1975 [1976]. Chromosome numbers in some North American species of the genus *Cirsium*. III. Western United States, Mexico, and Guatemala. *Brittonia* 27(4): 297-304.

Pandey, A.K. y M.R. Dhakal. 2001. Phytomelanin in Compositae. *Curr. Sci.* 80(8): 933-940.

Panero, J.L. 1992. Systematics of *Pappobolus* (Asteraceae-Heliantheae). *Syst. Bot. Monogr.* 36: 1-195.

———. 2007a [2006]. Key to the tribes of the Heliantheae alliance. *En*: Kubitzki, K. (ed.), *The Families and Genera of Vascular Plants* 8: 391-395.

———. 2007b [2006]. XVIII. Tribe Athroismeae; XIX. Tribe

Helenieae; XX. Tribe Coreopsideae; XXI. Tribe Neurolaeneae; XXII. Tribe Tageteae; XXIII. Tribe Chaenactideae; XXIV. Tribe Bahieae; XXV. Tribe Polymnieae; XXVI. Tribe Heliantheae; XXVII. Tribe Millerieae; XXIX. Tribe Perityleae. *En*: Kubitzki, K. (ed.), *The Families and Genera of Vascular Plants* 8: 395-492, 507-510.

Panero, J.L. y S.E. Freire. 2013. *Paquirea*, a new Andean genus for *Chucoa lanceolata* (Asteraceae, Mutisioideae, Onoseridea). *Phytoneuron* 2013-11: 1-5.

Panero, J.L. y V.A. Funk. 2002. Toward a phylogenetic subfamilial classification for the Compositae (Asteraceae). *Proc. Biol. Soc. Washington* 115(4): 909-922.

———. 2007. New infrafamilial taxa in Asteraceae. *Phytologia* 89(3): 356-360.

———. 2008. The value of sampling anomalous taxa in phylogenetic studies: major clades of the Asteraceae revealed. *Molec. Phylogen. Evol.* 47(2): 757-782.

Panero, J.L. y E.E. Schilling. 1988. Revision of *Viguiera* sect. *Maculatae* (Asteraceae: Heliantheae). *Syst. Bot.* 13(3): 371-406.

———. 1992. Two new species of *Simsia* (Asteraceae: Heliantheae) from southern Mexico. *Novon* 2(4): 385-388.

Panero, J.L. y J.L. Villaseñor Ríos. 1996 [1997]. *Tehuana calzadae* (Asteraceae: Heliantheae) gen. et sp. nov. from the Pacific coast of Oaxaca, Mexico. *Syst. Bot.* 21(4): 553-557.

Panero, J.L., J.L. Villaseñor Ríos y R. Medina Lemos. 1993. New species of Asteraceae—Heliantheae from Latin America. *Contr. Univ. Michigan Herb.* 19: 171-193.

Panero, J.L., S.E. Freire, L. Ariza Espinar, B.S. Crozier, G.E. Barboza y J.J. Cantero. 2014. Resolution of deep nodes yields an improved backbone phylogeny and a new basal lineage to study early evolution of Asteraceae. *Molec. Phylogen. Evol.* 80(1): 43-53.

Parker, T. 2008. *Trees of Guatemala*: iv-vi, 1-1033. The Tree Press, Austin.

Parks, J.C. 1973. A revision of North American and Caribbean *Melanthera* (Compositae). *Rhodora* 75(802): 169-210.

Payne, W.W. 1964. A re-evaluation of the genus *Ambrosia* (Compositae). *J. Arnold Arbor.* 45(4): 401-430, t. I-VIII.

Peng, C.-I, K.-F. Chung y H.L. Li. 1998. 144. Compositae. *Fl. Taiwan (ed. 2)* 4: 807-1101.

Pérez J., L.A., M. Sousa Sánchez, A.M. Hanan-Alipi, F. Chiang Cabrera y P. Tenorio L. 2005. Vegetación terrestre. *Biodiversidad del Estado de Tabasco*. Cap. 4: 65-110. CONABIO-UNAM, México.

Persoon, C.H. 1807. *Synopsis Plantarum* 2(2): 273-657. Carol. Frid. Cramerum, Paris.

Petrak, F. 1910. Die mexikanischen und zentralamerikanischen Arten der Gattung *Cirsium*. *Beih. Bot. Centralbl., Abt. 2* 27(2): 207-255, t. 1-2.

———. 1911. Beiträge zur Kenntnis der mexikanischen und zentral-amerikanischen Cirsien. *Bot. Tidsskr.* 31(1): 57-72.

———. 1917. Die nordamerikanischen Arten der Gattung *Cirsium*. *Beih. Bot. Centralbl., Abt. 2* 35(2): 223-567.

Pippen, R.W. 1968. Mexican Cacalioid genera allied to *Senecio* (Compositae). *Contr. U.S. Natl. Herb.* 34(6): 365-447.

Plovanich, A.E. y J.L. Panero. 2004. A phylogeny of the ITS and ETS for *Montanoa* (Asteraceae: Heliantheae). *Molec. Phylogen. Evol.* 31(3): 815-821.

Plukenet, L. 1692. *Phytographia* 3: [i-vii], t. 121-250. L. Plukenet, London.

Poeppig, E.F. 1845 [1843]. *Polymnia. En*: E.F. Poeppig y S.F.L. Endlicher, *Nov. Gen. Sp. Pl.* 3: 47-48, t. 254. Sumptibus Friderici Hofmeister, Leipzig.

Pole-Evans, I.I.B. 1925. *Fl. Pl. South Africa* 5(18): t. 171-180.

Polakowski, H. 1877. Plantas Costaricenses, anno 1875 lectas. *Linnaea* 41: 545-598.

Poljakov, P.P. 1967. *Sistematika i Proiskhozhdenie Slozhnotsvetnykh [Systematics and Origin of the Compositae]*: 1-335. Akad. Nauk Kazakh. S.S.R. Inst. Bot., Alma-Ata.

Poveda Álvarez, L.J. y B.E. Hammel. 1989 [1990]. *Verbesina tapantiana* (Asteraceae), una especie nueva de hierba arborescente para Costa Rica. *Brenesia* 32: 123-126.

Poveda Álvarez, L.J. y M. Kappelle. 1992. *Roldana scandens* (Asteraceae), una especie nueva de arbusto escandente para Costa Rica. *Brenesia* 37: 157-160.

Powell, A.M. 1965. Taxonomy of *Tridax* (Compositae). *Brittonia* 17(1): 47-96.

———. 1974. Taxonomy of *Perityle* section *Perityle* (Compositae-Peritylinae). *Rhodora* 76(806): 229-306.

———. 1978 [1979]. Systematics of *Flaveria* (Flaveriinae-Asteraceae). *Ann. Missouri Bot. Gard.* 65(2): 590-636.

Pruski, J.F. 1982. *A Systematic Study of the Colombian Species of the Genus* Calea *(Compositae)*. Unpublished M.S. thesis: i-x, 1-178. Louisiana State Univ., Baton Rouge.

———. 1992. Compositae of the Guayana Highlands-VI. *Huberopappus maigualidae* (Vernonieae), a new genus and species from Venezuela. *Novon* 2(1): 19-25.

———. 1994. Compositae of the Guayana Highland-IX. *Tridax procumbens* L. (Heliantheae), a genus and species new for the Venezuelan Guayana. *Ernstia, ser. 2* 4(3-4): 133-136.

———. 1996a. Compositae of the Guayana Highland-X. Reduction of *Pollalesta* to *Piptocoma* (Vernonieae: Piptocarphinae) and consequent nomenclatural adjustments. *Novon* 6(1): 96-102.

———. 1996b. Compositae of the Guayana Highland-XI. *Tuberculocarpus* gen. nov. and some other Ecliptinae (Heliantheae). *Novon* 6(4): 404-418.

———. 1996c. *Pseudogynoxys lobata* (Compositae: Senecioneae), a new species from Bolivia and Brazil. *Syst. Bot.* 21(1): 101-105.

———. 1997a. Asteraceae. *Fl. Venez. Guayana* 3: 177-393.

———. 1997b. (1324) Proposal to conserve the name *Acanthospermum* against *Centrospermum* (Compositae: Heliantheae). *Taxon* 46(4): 805-806.

———. 1998a. Compositae of the Guayana Highland—XIII. New combinations in *Conyza* (Astereae), *Praxelis* (Eupatorieae), and *Riencourtia* (Heliantheae) based on names proposed by L.C.M. Richard. *Brittonia* 50(4): 473-482.

——. 1998b. *Helianthus porteri* (A. Gray) Pruski (Compositae), a new combination validated for the Confederate Daisy. *Castanea* 63(1): 74-75.

——. 2000. [Book review of] Flora of Chiapas, Part 5. Compositae—Heliantheae s.l. by John L. Strother. *Brittonia* 52(1): 118-119.

——. 2001. A new combination in *Elaphandra* and a new variety of *Eleutheranthera ruderalis* (Compositae: Heliantheae: Ecliptinae) from Andean South America. *Revista Acad. Colomb. Ci. Exact.* 25(96): 315-319.

——. 2002. Asteraceae (Compositae Family). *En*: Mori, S. et al., Guide to the Plants of Central French Guiana. Part 2. Dicotyledons. *Mem. New York Bot. Gard.* 76(2): 94-116.

——. 2004a. Missouri Botanical Garden, Research: Asteraceae (Compositae). Lado uno [de cartel de doble lado en calendario MBG]. Missouri Botanical Garden, St. Louis.

——. 2004b. *Panphalea heterophylla* (Compositae: Mutisioideae: Nassauvieae), a genus and species new for the Flora of North America. *Sida* 21(2): 1225-1227.

——. 2005. Studies of neotropical Compositae—I. Novelties in *Calea, Clibadium, Conyza, Llerasia*, and *Pluchea*. *Sida* 21(4): 2023-2037.

——. 2007. (1774) Proposal to conserve the name *Chrysogonum peruvianum* (Compositae) with a conserved type. *Taxon* 56(2): 603-605.

——. 2010. Asteraceae Bercht. & J. Presl (Compositae Giseke, nom. alt. et cons.). *En*: Vásquez M., R., R. Rojas G. y H. van der Werff (eds.), Flora del Río Cenepa, Amazonas, Perú. *Monogr. Syst. Bot. Missouri Bot. Gard.* 114(1): 339-420, t. 84-90.

——. 2011a. Compositae of the Guayana Highland-XIV. Four new species of *Calea* (Neurolaeneae) from tepui summits in Venezuela. *Phytoneuron* 2011-52: 1-9.

——. 2011b. Studies of Neotropical Compositae-III. *Dichrocephala integrifolia* (Astereae: Grangeinae) in Guatemala, an exotic genus and species new to the Americas. *Phytoneuron* 2011-65: 1-9.

——. 2012a. Studies of Neotropical Compositae-IV. *Pseudognaphalium leucostegium*, a new species from Huehuetenango, Guatemala, and a new combination in *Chionolaena* (Gnaphalieae). *Phytoneuron* 2012-1: 1-5.

——. 2012b. Compositae of Central America-I. The tussilaginoid genus *Robinsonecio* (Senecioneae), microcharacters, generic delimitation, and exclusion of senecioid *Senecio cuchumatanensis*. *Phytoneuron* 2012-38: 1-8.

——. 2012c. Compositae of Central America-II. *Ortizacalia* (Senecioneae: Senecioninae), a new genus of lianas with comose style branches. *Phytoneuron* 2012-50: 1-8.

——. 2012d. Studies of Neotropical Compositae-VII. *Schistocarpha eupatorioides* (Millerieae) in the Dominican Republic, a new generic record for the West Indies. *Phytoneuron* 2012-104: 1-6.

——. 2013. Studies of Neotropical Compositae-IX. Four new species of *Calea* (Neurolaeneae) from Bolivia, Brazil and Paraguay. *Phytoneuron* 2013-72: 1-14.

——. 2014. Compositae of Central America—III. *Fleischmannia pinnatifida* (Eupatorieae), a pinnatifid-leaved new species from Nicaragua. *Phytoneuron* 2014-65: 1-7.

——. 2015. Studies of Neotropical Compositae-X. Revision of the West Indian genus *Narvalina* (Coreopsideae). *Phytoneuron* 2015-31: 1-15.

——. 2016a. Compositae of Central America-IV. The genus *Eremosis* (Vernonieae), non-glandular trichomes and pericarp crystals. *Phytoneuron* 2016-50: 1-41.

——. 2016b. Compositae of Central America-VI. *Perymenium hondurense, Podachaenium salvadorense*, and *Verbesina monteverdensis*, three new woody species of Heliantheae. *Phytoneuron* 2016-83: 1-21.

——. 2017a. Compositae of Central America–VII. New species and combinations in *Dresslerothamnus, Pentacalia*, and *Telanthophora* (Senecioneae). *Phytoneuron* 2017 en prensa.

——. 2017b. Compositae of Central America–VIII. The genus *Lepidaploa* (Vernonieae). *Phytoneuron* 2017-50: 1-39.

——. 2017c. Compositae of Central America–IX. *Talamancaster* (Astereae), a new grangioid genus from Guatemala, Costa Rica, Panama, and Venezuela. *Phytoneuron* 2017-61: 1-35.

Pruski, J.F. y T. Clase G. 2012. Studies of Neotropical Compositae-VI. New species of Eupatorieae from Belize, Hispaniola, and Peru. *Phytoneuron* 2012-32: 1-15.

Pruski, J.F. y A.M. Funston. 2011. Asteraceae. *En*: Idárraga P., A., R. del C. Ortiz, R. Callejas P. y M. Merello (eds.), *Flora de Antioquia: Catálogo de las Plantas Vasculares* 2: 308-340. Univ. de Antioquia, Medellín.

Pruski, J.F. y R.L. Hartman. 2012. Synopsis of *Leucosyris*, including synonymous *Arida* (Compositae: Astereae). *Phytoneuron* 2012-98: 1-15

Pruski, J.F. y G.L. Nesom. 2004. *Gamochaeta coarctata*, the correct name for *Gamochaeta spicata* (Compositae: Gnaphalieae). *Sida* 21(2): 711-715.

Pruski, J.F. y H. Robinson. 1997. [Book review of] Cassini on Compositae II and Cassini on Compositae III by R. M. King, P. C. Janaske, and D. B. Lellinger. *Compositae Newslett.* 31: 24-26.

Pruski, J.F. y G. Sancho. 2004. Asteraceae or Compositae (aster or sunflower family). *Flowering Plants of the Neotropics*: 33-39. Princeton Univ. Press, Princeton.

——. 2006. *Conyza sumatrensis* var. *leiotheca* (Compositae: Astereae), a new combination for a common neotropical weed. *Novon* 16(1): 96-101.

Pruski, J.F. y L.E. Urbatsch. 1980. A systematic study of the *Calea zacatechichi* Schlechtendal complex. *Proc. Louisiana Acad. Sci.* 43: 179. [Resumen.]

——. 1983. *Calea bucaramangensis* (Asteraceae), a new species from the Colombian Andes. *Syst. Bot.* 8(1): 93-95.

——. 1984. Chromosome counts in *Calea* (Asteraceae-Heliantheae). *Pl. Syst. Evol.* 144(2): 151-153.

——. 1988. Five new species of *Calea* (Compositae: Heliantheae) from Planaltine Brazil. *Brittonia* 40(4): 341-356.

Pruski, J.F., J.E. Jiménez Vargas y D. Rodríguez. 2016. Compositae of Central America-V. The genus *Brickellia* (Eupatorieae) in Costa Rica. *Phytoneuron* 2016-84: 1-11.

Pruski, J.F., Mesfin Tadesse y D.J. Crawford. 2015. Studies of Neotropical Compositae-XI. The new generic name *Electranthera* (Coreopsideae). *Phytoneuron* 2015-68: 1-17.

Quedensley, T.S. y T.B. Bragg. 2007. The Asteraceae of northwestern Pico Zunil, a cloud forest in western Guatemala. *Lundellia* 10: 49-70.

Quedensley, T.S., M.E. Véliz Pérez y M.E. Velásquez Méndez. 2014. A new species of *Roldana* (Asteraceae) from Huehuetenango, Guatemala *Lundellia* 17: 1-4.

Ramatuelle, T.A.J. 1792. Description de la Camomille à grandes fleurs. *J. Hist. Nat.* 2: 233-250.

Ramayya, N. 1962. Studies on the trichomes of some Compositae I. General structure. *Bull. Bot. Surv. India* 4(1-4): 177-188.

Ramírez Goyena, M. 1911. Familia Compuestas. *Flora Nicaragüense* 2: i-ix, 443-1064, i-vi. Compañia Tipográfica Internacional, Managua.

Rauschert, S. 1974. Nomenklatorische Probleme in der Gattung *Matricaria* L. *Folia Geobot. Phytotax.* 9(3): 249-260.

Rechinger, K.H. 1989. Tribus Heliantheae Cass. *Fl. Iranica* 164: 33-40.

Rechinger, K.H., H.W. Lack, J.L. v. Soest et al. 1977. Compositae II—Lactuceae. *Fl. Iranica* 122: 1-352, t. 1-208.

Redonda-Martínez, R. y Martínez Salas, E.M. 2015. *Lepidonia alba* (Asteraceae: Vernonieae: Leiboldiinae) a new species from the state of Chiapas, Mexico. *Syst. Bot.* 40(4): 1137-1143.

Redonda-Martínez, R. y J.L. Villaseñor Ríos. 2009. Asteraceae. Tribu Vernonieae. *Fl. Valle Tehuacán-Cuicatlán* 72: 1-23. Universidad Nacional Autónoma de México: Instituto de Biología, México.

——. 2011. Asteraceae. Tribu Senecioneae. *Fl. Valle Tehuacán-Cuicatlán* 89: 1-64. Universidad Nacional Autónoma de México: Instituto de Biología, México.

Redonda-Martínez, R., J.L. Villaseñor Ríos y T. Terrazas. 2012. Trichome diversity in the Vernonieae (Asteraceae) of Mexico I: *Vernonanthura* and *Vernonia* (Vernoniinae). *J. Torrey Bot. Soc.* 139(3): 235-247.

Reichenbach, H.G.L. 1827-1830 [1829]. *Iconogr. Bot. Exot.* 2(6-10): 21-36, t. 151-200.

——. 1860 [1858]. Compositae. *Icon. Fl. Germ. Helv.* 19: 1-100, t. MCCCLII-MDLXIX.

Reveal, J.L. y R.M. King. 1973. Re-establishment of *Acourtia* D. Don. *Phytologia* 27(4): 228-232.

Reveal, J.L., C.R. Broome, M.L. Brown y G.F. Frick. 1987. On the identities of Maryland plants mentioned in the first two editions of Linnaeus' *Species Plantarum. Huntia* 7: 209-245.

Richards, A.J. 1972. The *Taraxacum* flora of the British Isles. *Watsonia* 9(Suppl.): i-ii, 1-141.

——. 1976. An account of some neotropical *Taraxacum* species. *Rhodora* 78(816): 682-706.

——. 1985. Sectional nomenclature in *Taraxacum* (Asteraceae). *Taxon* 34(4): 633-644.

Rindos, D.J. 1980. *Generic Delimitation in the Verbesinoid Heliantheae (Compositae) I: the genus* Zexmenia *Llave.* Unpublished M.S. thesis: 1-122, Cornell Univ., New York.

Robinson, B.L. 1894. Notes upon the genus *Galinsoga. Proc. Amer. Acad. Arts* 29: 325-327.

——. 1901. Synopsis of the genus *Melampodium. Proc. Amer. Acad. Arts* 36(26): 455-466.

——. 1904. 2. Synopsis of the Mikanias of Costa Rica. *Proc. Boston Soc. Nat. Hist.* 31: 254-257.

——. 1907 [1906]. Studies in the Eupatorieae—I. Revision of the genus *Piqueria. Proc. Amer. Acad. Arts* 42(1): 4-16.

——. 1908 [1907]. New and otherwise noteworthy Spermatophytes, chiefly from Mexico. *Proc. Amer. Acad. Arts* 43(2): 21-48.

——. 1909. A revision of the genus *Rumfordia. Proc. Amer. Acad. Arts* 44(21): 592-596.

——. 1914a [1913]. I. A generic key to the Compositae-Eupatorieae. *Proc. Amer. Acad. Arts* 49(8): 429-437.

——. 1914b [1913]. II. Revisions of *Alomia, Ageratum,* and *Oxylobus. Proc. Amer. Acad. Arts* 49(8): 438-491.

——. 1917. A monograph of the genus *Brickellia. Mem. Gray Herb.* 1: 3-151.

——. 1919a [1918]. A descriptive revision of the Colombian Eupatoriums. *Proc. Amer. Acad. Arts* 54(4): 264-330.

——. 1919b [1918]. Keyed recensions of the Eupatoriums of Venezuela and Ecuador. *Proc. Amer. Acad. Arts* 54(4): 331-367.

——. 1920a [1919]. A recension of the Eupatoriums of Peru. *Proc. Amer. Acad. Arts* 55(1): 42-88.

——. 1920b. Further diagnoses and notes on tropical American Eupatorieae. *Contr. Gray Herb.* 61: 3-30.

——. 1920c. The Eupatoriums of Bolivia. *Contr. Gray Herb.* 61: 30-80.

——. 1922. The Mikanias of northern and western South America. *Contr. Gray Herb.* 64: 21-116.

——. 1926. 16. *Eupatorium* L. *Contr. U.S. Natl. Herb.* 23(5): 1432-1469.

——. 1930a. The Stevias of the Argentine Republic. *Contr. Gray Herb.* 90: 58-79.

——. 1930b. The Stevias of North America. *Contr. Gray Herb.* 90: 90-160.

——. 1935. A new species of *Neurolaena* from British Honduras. *Rhodora* 37(434): 61-63.

Robinson, B.L. y J.M. Greenman. 1897a [1896]. Revision of the genus *Tridax. Proc. Amer. Acad. Arts* 32(1): 3-10.

——. 1897b [1896]. Synopsis of the Mexican and Central American species of the genus *Mikania*. *Proc. Amer. Acad. Arts* 32(1): 10-13.

——. 1897c [1896]. A revision of the genus *Zinnia*. *Proc. Amer. Acad. Arts* 32(1): 14-20.

——. 1897d [1896]. Revision of the Mexican and Central American species of the genus *Calea*. *Proc. Amer. Acad. Arts* 32(1): 20-30.

——. 1899a. Revision of the genera *Montanoa*, *Perymenium*, and *Zaluzania*. *Proc. Amer. Acad. Arts* 34(20): 507-534.

——. 1899b. Synopsis of the genus *Verbesina*, with an analytical key to the species. *Proc. Amer. Acad. Arts* 34(20): 534-566.

——. 1901a [1899]. Revision of the genus *Gymnolomia*. *Proc. Boston Soc. Nat. Hist.* 29(5): 87-104.

——. 1901b [1899]. Supplementary notes upon *Calea*, *Tridax*, and *Mikania*. *Proc. Boston Soc. Nat. Hist.* 29(5): 105-108.

——. 1905a [1904]. Revision of the genus *Sabazia*. *Proc. Amer. Acad. Arts* 40(1): 3-6.

——. 1905b [1904]. Revision of the Mexican and Central American species of *Trixis*. *Proc. Amer. Acad. Arts* 40(1): 6-14.

——. 1905c [1904]. Revision of the Mexican and Central American species of *Hieracium*. *Proc. Amer. Acad. Arts* 40(1): 14-24.

Robinson, H. 1975. Studies in the Senecioneae (Asteraceae). VII. Additions to the genus *Roldana*. *Phytologia* 32(4): 331-332.

——. 1977. Studies in the Heliantheae (Asteraceae). VIII. Notes on genus and species limits in the genus *Viguiera*. *Phytologia* 36(3): 201-215.

——. 1978a. Studies in the Heliantheae (Asteraceae). IX. Restoration of the genus *Alloispermum*. *Phytologia* 38(5): 411-412.

——. 1978b. Studies in the Heliantheae (Asteraceae). X. The relationship of *Calea skutchii*. *Phytologia* 38(5): 413-414.

——. 1978c. Studies in the Heliantheae (Asteraceae). XII. Reestablishment of the genus *Smallanthus*. *Phytologia* 39(1): 47-53.

——. 1978d. Studies in the Heliantheae (Asteraceae). XV. Various new species and new combinations. *Phytologia* 41(1): 33-38.

——. 1978e. 190(2). Compositae: Liabeae. *Fl. Ecuador* 8: 1-62.

——. 1978f. *Lundellianthus*, a new genus from Guatemala (Heliantheae: Asteraceae). *Wrightia* 6(2): 40-42, t. 81.

——. 1979. A study of the genus *Schistocarpha* (Heliantheae: Asteraceae). *Smithsonian Contr. Bot.* 42: 1-20.

——. 1981. A revision of the tribal and subtribal limits of the Heliantheae (Asteraceae). *Smithsonian Contr. Bot.* 51: i-iv, 1-102.

——. 1983. A generic review of the tribe Liabeae (Asteraceae). *Smithsonian Contr. Bot.* 54: 1-69.

——. 1984. Studies in the Heliantheae (Asteraceae). XXXI. Additions to the genus *Dimerostemma*. *Proc. Biol. Soc. Washington* 97(3): 618-626.

——. 1989. A revision of the genus *Dresslerothamnus* (Asteraceae: Senecioneae). *Syst. Bot.* 14(3): 380-388.

——. 1990a. Notes on *Ageratina* in Mesoamerica (Eupatorieae: Asteraceae). *Phytologia* 69(2): 61-86.

——. 1990b. Notes on *Ageratum* in Mesoamerica (Eupatorieae: Asteraceae). *Phytologia* 69(2): 93-104.

——. 1990c. Six new combinations in *Baccharoides* Moench and *Cyanthillium* Blume (Vernonieae: Asteraceae). *Proc. Biol. Soc. Washington* 103(1): 248-253.

——. 1990d. Studies in the *Lepidaploa* complex (Vernonieae: Asteraceae) VII. The genus *Lepidaploa*. *Proc. Biol. Soc. Washington* 103(2): 464-498.

——. 1991. New species and new combinations of Critoniinae from Mesoamerica (Eupatorieae: Asteraceae). *Phytologia* 71(3): 176-180.

——. 1992. New combinations in *Elaphandra* Strother (Ecliptinae—Heliantheae—Asteraceae). *Phytologia* 72(2): 144-151.

——. 1993. A review of the genus *Critoniopsis* in Central and South America (Vernonieae: Asteraceae). *Proc. Biol. Soc. Washington* 106(3): 606-627.

——. 1994. A new species of *Oblivia* and a new combination in *Elaphandra* from Ecuador (Ecliptinae: Heliantheae: Asteraceae). *Phytologia* 76(1): 24-26.

——. 1997. New species of *Aphanactis* in Ecuador and Bolivia and new combinations in *Selloa* (Heliantheae: Asteraceae). *Brittonia* 49(1): 71-78.

——. 1999. Generic and subtribal classification of American Vernonieae. *Smithsonian Contr. Bot.* 89: i-iii, 1-116.

——. 2004. New supertribes, Helianthodae and Senecionodae, for the subfamily Asteroideae (Asteraceae). *Phytologia* 86(3): 116-120.

——. 2005. New species and new combinations in the tribe Vernonieae (Asteraceae). *Phytologia* 87(2): 80-96.

——. 2008. Compositae-Eupatorieae. *Fl. Ecuador* 83: 1-206, 294-347.

Robinson, H. y R.D. Brettell. 1972. Studies in the Heliantheae (Asteraceae). II. A survey of the Mexican and Central American species of *Simsia*. *Phytologia* 24(5): 361-377.

——. 1973a. Tribal revisions in the Asteraceae. IV. The relationships of *Neurolaena*, *Schistocarpha* and *Alepidocline*. *Phytologia* 25(7): 439-445.

——. 1973b. Tribal revisions in the Asteraceae. VIII. A new tribe, Ursinieae. *Phytologia* 26(2): 76-85.

——. 1973c. Studies in the Senecioneae (Asteraceae). I. A new genus, *Pittocaulon*. *Phytologia* 26(6): 451-453.

——. 1973d. Studies in the Senecioneae (Asteraceae). II. A new genus, *Nelsonianthus*. *Phytologia* 27(1): 53-54.

——. 1973e. Studies in the Senecioneae (Asteraceae). III. The genus *Psacalium*. *Phytologia* 27(4): 254-264.

——. 1973f. Studies in the Senecioneae (Asteraceae). IV. The genera *Mesadenia*, *Syneilesis*, *Miricacalia*, *Koyamacalia* and *Sinacalia*. *Phytologia* 27(4): 265-276.

——. 1973g. Tribal revisions in the Asteraceae. III. A new tribe, Liabeae. *Phytologia* 25(6): 404-407.

——. 1973h. Tribal revisions in the Asteraceae. XI. A new tribe, Eremothamneae. *Phytologia* 26(3): 163-166.

——. 1974. Studies in the Senecioneae (Asteraceae). V. The genera *Psacaliopsis*, *Barkleyanthus*, *Telanthophora* and *Roldana*. *Phytologia* 27(6): 402-439.

Robinson, H. y J. Cuatrecasas. 1973. The generic limits of *Pluchea* and *Tessaria* (Inuleae, Asteraceae). *Phytologia* 27(4): 277-285.

——. 1977. Notes on the genus and species limits of *Pseudogynoxys* (Greenm.) Cabrera (Senecioneae, Asteraceae). *Phytologia* 36(3): 177-192.

——. 1978. A review of the Central American species of *Pentacalia* (Asteraceae: Senecioneae). *Phytologia* 40(1): 37-50.

——. 1993. New species of *Pentacalia* (Senecioneae: Asteraceae) from Ecuador, Peru, and Bolivia. *Novon* 3(3): 284-301.

——. 1994. *Jessea* and *Talamancalia*, two new genera of the Senecioneae (Asteraceae) from Costa Rica and Panama. *Novon* 4(1): 48-52.

Robinson, H. y W.C. Holmes. 2008. *Mikania* Willd. *Fl. Ecuador* 83: 206-294.

Robinson, H. y C. Marticorena. 1986. A palynological study of the Liabeae (Asteraceae). *Smithsonian Contr. Bot.* 64: 1-50.

Robinson, H. y J.F. Pruski. 2013. *Zyzyura*, a new genus of Eupatorieae (Asteraceae) from Belize. *PhytoKeys* 20: 1-7.

Robinson, H., A.M. Powell, R.M. King y J.F. Weedin. 1985. Chromosome numbers in Compositae, XV: Liabeae. *Ann. Missouri Bot. Gard.* 72(3): 469-479.

Robinson, H., A.M. Powell, G.D. Carr, R.M. King y J.F. Weedin. 1989. Chromosome numbers in Compositae, XVI: Eupatorieae II. *Ann. Missouri Bot. Gard.* 76(4): 1004-1011.

Robinson, H. et al. 2006a. 190(6). Compositae-Heliantheae Part I: Introduction, genera A—L. *Fl. Ecuador* 77(1): 1-230.

Robinson, H. et al. 2006b. 190(6). Compositae-Heliantheae Part II. genera M—Z. *Fl. Ecuador* 77(2): 1-233.

Rockhausen, M. 1940 [1939]. Verwandtschaft und Gliederung der Compositen-Gattung *Werneria*. *Bot. Jahrb. Syst.* 70(3): 273-342.

Rodríguez González, A. 2005. Sinopsis de *Neomirandea* (Asteraceae: Eupatorieae) en Costa Rica. *Lankesteriana* 5(3): 201-210.

Rodriguez, D. 2015. *Liabum bourgeaui* y *Zinnia peruviana* (Asteraceae), nuevos registros para la flora de El Salvador. *Phytoneuron* 2015-57: 1-3.

Rodriguez, E., G.H.N. Towers y J.C. Mitchell. 1977. Allergic contact dermatitis and sesquiterpene lactones. *Compositae Newslett.* 4: 4-10.

Rodríguez, J.A.A., J.S. Flores Guido, J. Tun Garrido y M.M. Cruz Bojórquez. 2003. Compositae (Asteraceae). *Etnofl. Yucatanense* 20: 117-152.

Rollins, R.C. 1950. The Guayule rubber plant and its relatives. *Contr. Gray Herb.* 172: 3-72.

Roseman, R.R. 1990. New species, varieties, and combinations in *Bidens* section *Greenmania* (Asteraceae: Coreopsideae). *Phytologia* 69(3): 177-188.

Rydberg, P.A. 1914. Family 2. Carduaceae. Tribe 10. Helenieae. *N. Amer. Fl.* 34(1): 1-80.

——. 1915. (Carduales). Carduaceae, Helenieae, Tageteae. *N. Amer. Fl.* 34(2): 81-180.

——. 1916. (Carduales). Carduaceae, Tageteae, Anthemideae. *N. Amer. Fl.* 34(3): 181-288.

——. 1924a. Some senecioid genera—I. *Bull. Torrey Bot. Club* 51(9): 369-378.

——. 1924b. Some senecioid genera—II. *Bull. Torrey Bot. Club* 51(10): 409-420.

——. 1927. (Carduales) Carduaceae, Liabeae, Neurolaeneae, Senecioneae (pars). *N. Amer. Fl.* 34(4): 289-360.

Ryding, O. y K. Bremer. 1992. Phylogeny, distribution, and classification of the Coreopsideae (Asteraceae). *Syst. Bot.* 17(4): 649-659.

Rzedowski, J. 1968. Nota sobre la identidad de los géneros *Aiolotheca* DC. y *Tonalanthus* T. S. Brandegee (Compositae). *Brittonia* 20(2): 166-168.

——. 1970. Estudio sistematico del género *Microspermum* (Compositae). *Bol. Soc. Bot. México* 31: 49-107.

——. 1978. Claves para la identificación de los géneros de la familia Compositae en México. *Acta Ci. Potos.* 7(1-2): 1-145.

Rzedowski, J. y G. Calderón de Rzedowski. 1987. *Carminatia alvarezii*, una nueva especie mexicana de Compositae, Eupatorieae. *Anales Esc. Nac. Ci. Biol.* 31: 9-11.

——. 1995. Familia Compositae. Tribu Vernonieae. *Fl. Bajío* 38: 1-49.

——. 1997. Familia Compositae. Tribu Anthemideae. *Fl. Bajío* 60: 1-29.

——. 2005. *Crepis capillaris* Wallr. (Compositae, Lactuceae), una adición a la flora adventicia de México. *Acta Bot. Mex.* 73: 69-73.

——. 2008. Familia Compositae. Tribu Heliantheae I (géneros *Acmella—Jefea*). *Fl. Bajío* 157: 1-344, map.

Rzedowski, J., G. Calderón de Rzedowski y P. Carrillo-Reyes. 2011. Familia Compositae. Tribu Heliantheae (géneros *Lagascea-Zinnia*). *Fl. Bajío* 172: 1-409.

Sánchez Sánchez, O. 1969. *La Flora del Valle de México*: v-viii, 3-519. Herrero S.A., México.

——. 1978. *La Flora del Valle de México* ed. 4: 1-519. Editorial Herrero, México.

Sancho, G. 2004. Phylogenetic relationships in the genus *Onoseris* (Asteraceae, Mutisieae) inferred from morphology. *Syst. Bot.* 29(2): 432-447.

Sancho, G. y L. Ariza Espinar. 2003. 280. Asteraceae, parte 16, Tribu III. Astereae, parte B, Subtribus Bellidinae, Asterinae (excepto *Grindelia* y *Haplopappus*). *Fl. Fan. Argent.* 81: 3-102.

Sancho, G. y L. Katinas. 2002. Are the trichomes in the corollas of Mutisieae really twin hairs? *Bot. J. Linn. Soc.* 140(4): 427-433.

Sancho, G. y J.F. Pruski. 2004. *Laennecia araneosa* (Compositae: Astereae), a new combination for the West Indies. *Novon* 14(4): 486-488.

Sancho, G., D.J.N. Hind y J.F. Pruski. 2010. Systematics of *Podocoma* (Asteraceae: Astereae): a generic reassessment. *Bot. J. Linn. Soc.* 163(4): 486-513.

Sanders, R.W. 1977 [1978]. Taxonomy of *Rumfordia* (Asteraceae). *Syst. Bot.* 2(4): 302-316.

Schilling, E.E. y J.L. Panero. 2002. A revised classification of subtribe Helianthinae (Asteraceae: Heliantheae). I. Basal lineages. *Bot. J. Linn. Soc.* 140(1): 65-76.

——. 2010. Transfers to *Simsia* and description of *Davilanthus*, a new genus of Asteraceae (Heliantheae). *Brittonia* 62(4): 309-320.

——. 2011. A revised classification of subtribe Helianthinae (Asteraceae: Heliantheae) II. Derived lineages. *Bot. J. Linn. Soc.* 167(3): 311-331.

Schlechtendal, D.F.L. von. 1841. *Hortus Halensis* 2: 9-16, t. 5-8. C.A. Schwetschke et filium, Halle.

Schultes, R.E. y A. Hofmann. 1980. *The Botany and Chemistry of Hallucinogens (ed. 2)*: 1-437. Charles C. Thomas, Springfield.

Schultz, C.H. 1844. *Ueber die Tanaceteen: mit besonderer Berücksichtigung der deutschen Arten*: 1-69. Ch. Trautmann, Neustadt an der Haardt.

——. 1852-1857 [1856]. Compositae. *The Botany of the Voyage of H.M.S. Herald*: 297-315. Lovel Reeve, London.

——. 1861. *Hamulium* Cassini. *Bonplandia (Hannover)* 9(24): 365.

Schulz, D.L. 1981. Untersuchungen zur Typisierung der peruanischen *Galinsoga* Arten. *Feddes Repert.* 92(5-6): 387-395.

——. 1988. Beitrag zur Sippengliederung der Gattung *Sigesbeckia* L. (Asteraceae-Heliantheae-Melampodiinae) in Mexiko und auf den karibischen Inseln. *Haussknechtia* 4: 25-35.

Schulz, O.E. 1912. Beiträge zur Kenntnis der Gattung *Clibadium*. *Bot. Jahrb. Syst.* 46(5): 613-628.

Scott, A.J. 1993a. Lactuceae Cass. *Fl. Mascareignes* 109: 27-43.

——. 1993b. Astereae Cass. *Fl. Mascareignes* 109: 74-112.

Scott, R.W. 1990. The genera of Cardueae (Compositae; Asteraceae) in the southeastern United States. *J. Arnold Arbor.* 71(4): 391-451.

Seaman, F.C. 1982. Sesquiterpene lactones as taxonomic characters in the Asteraceae. *Bot. Rev. (Lancaster)* 48(2): 121-595.

Seaman, F.C., F. Bohlmann, C. Zdero y T.J. Mabry. 1990. *Diterpenes of Flowering Plants: Compositae (Asteraceae)*: i-vi, 1-638. Springer, New York.

Seidenschnur, C.E. y J.H. Beaman. 1966. *Cuchumatanea*—a new genus of the Compositae (Heliantheae). *Rhodora* 68(774): 139-146.

Semple, J.C. 1978 [1979]. A revision of the genus *Borrichia*

Adans. (Compositae). *Ann. Missouri Bot. Gard.* 65(2): 681-693.

——. 2012. Typification of *Solidago gracillima* (Asteraceae: Astereae) and application of the name. *Phytoneuron* 2012-107: 1-10.

——. 2013. Application of the names *Solidago stricta* and *S. virgata* (Asteraceae: Astereae). *Phytoneuron* 2013-42: 1-3.

Semple, J.C. y F.D. Bowers. 1985. A revision of the goldenaster genus *Pityopsis* Nutt. (Compositae: Astereae). *Univ. Waterloo Biol. Ser.* 29: 1-34.

Semple, J.C. y L. Brouillet. 1980. A synopsis of North American asters: The subgenera, sections and subsections of *Aster* and *Lasallea*. *Amer. J. Bot.* 67(7): 1010-1026.

Semple, J.C. y G.S. Ringius. 1983. The goldenrods of Ontario: *Solidago* L. and *Euthamia* Nutt. *Univ. Waterloo Biol. Ser.* 26: 1-84.

Semple, J.C., V.C. Blok y P. Heiman. 1980. Morphological, anatomical, habit, and habitat differences among the goldenaster genera *Chrysopsis*, *Heterotheca*, and *Pityopsis* (Compositae-Astereae). *Canad. J. Bot.* 58(2): 147-163.

Sharp, W.M. 1935. A critical study of certain epappose genera of the Heliantheae-Verbesininae of the natural family Compositae. *Ann. Missouri Bot. Gard.* 22(1): 51-152.

Sherff, E.E. 1926. *Cosmos blakei*, a new species from Guatemala. *Bot. Gaz.* 82(3): 333-335.

——. 1932. Revision of the genus *Cosmos*. *Publ. Field Mus. Nat. Hist., Bot. Ser.* 8(6): 399-447.

——. 1936. Revision of the genus *Coreopsis*. *Publ. Field Mus. Nat. Hist., Bot. Ser.* 11(6): 279-475.

——. 1937a. The genus *Bidens*. Part I. *Publ. Field Mus. Nat. Hist., Bot. Ser.* 16(1): 1-346, t. I-LXXXVIII.

——. 1937b. The genus *Bidens*. Part II. *Publ. Field Mus. Nat. Hist., Bot. Ser.* 16(2): 347-709, t. LXXXIX-CLXXXIX.

——. 1951. Miscellaneous notes on new or otherwise noteworthy Dicotyledonous plants. *Amer. J. Bot.* 38(1): 54-73.

——. 1966. Two new additions to *Hidalgoa* and *Bidens* (Compositae). *Sida* 2(3): 261-263.

Sherff, E.E. y E.J. Alexander. 1955. Family Compositae. Tribe Heliantheae. Subtribe Coreopsidinae. *N. Amer. Fl.* ser. 2, 2: 1-149.

Shinners, L.H. 1949 [1950]. Revision of the genus *Egletes* Cassini north of South America. *Lloydia* 12(4): 239-247.

——. 1951. *Pinaropappus*. *Field & Lab.* 19(1): 48.

Shultz, L.M. 2006. *Artemisia* L. *Fl. N. Amer.* 19: 503-534.

Simpson, B.B. 1975 [1976]. Flora of Panama, Part IX. Family 184. Compositae. XII. Mutiseae. *Ann. Missouri Bot. Gard.* 62(4): 1276-1291.

Simpson, B.B. y C.E. Anderson. 1978. Compositae: Mutisieae. *N. Amer. Fl.* ser. 2, 10: 1-13.

Sims, J. 1802. *Cacalia coccinea*. Scarlet-flowered *Cacalia*. *Bot. Mag.* 16: t. 564.

Skvarla, J.J. y B.L. Turner. 1966. Pollen wall ultra structure and its bearing on the systematic position of *Blennosperma* and *Crocidium* (Compositae). *Amer. J. Bot.* 53(6): 555-562.

Sloane, H. 1707. *A Voyage to the Islands Madera, Barbados, Nieves, S. Christophers and Jamaica* 1: i-cliv, 1-264, t. 1-156. London.

Small, J. 1919. The origin and development of the Compositae. *New Phytol. Repr.* 11: i-xi, 1-334 , t. 1-6.

Small, J.K. 1903. *Flora of the Southeastern United States*: i-x, 1-1370. J.K. Small, New York.

——. 1933. *Manual of the Southeastern Flora*: i-xxii, 1-1554. Publ. by the author, New York.

Smith, G.L. y N.C. Coile. 2007. *Piptocarpha* (Compositae: Vernonieae). *Fl. Neotrop. Monogr.* 99: 1-94.

Snow, B.L. 1980. *The Genus* Enhydra *(Asteraceae, Heliantheae).* Unpublished M.S. thesis: 1-158. Mississippi State Univ., Starkville.

Solano Peralta, D. 2008. *Talamancalia boquetensis* (Asteraceae), un nuevo registro en la flora de Costa Rica. *Brenesia* 69: 73-74.

Solbrig, O.T. 1963. Subfamilial nomenclature of Compositae. *Taxon* 12(6): 229-235.

Soltis, D.E., P.S. Soltis, D.W. Schemske, J.F. Hancock, J.N. Thompson, B.C. Husband y W.S. Judd. 2007. Autopolyploidy in angiosperms: have we grossly underestimated the number of species? *Taxon* 56(1): 13-30.

Soreng, R.J. y E.A. Cope. 1991. On the taxonomy of cultivated species of the *Chrysanthemum* genus-complex (Anthemidae; Compositae). *Baileya* 23(3): 145-165.

Sørensen, P.D. 1969a. Revision of the genus *Dahlia* (Compositae, Heliantheae-Coreopsidinae). *Rhodora* 71(786): 309-365.

——. 1969b. Revision of the genus *Dahlia* (Compositae, Heliantheae-Coreopsidinae). *Rhodora* 71(787): 367-416.

Sosa, V., J. Salvador Flores, V. Rico-Gray, R. Lira Saade y J.J. Ortiz Díaz. 1985. Etnoflora Yucatanense: Fascículo 1. Lista florística y sinónima Maya. *Etnofl. Yucatanense* 1: 5-225.

Sousa Sánchez, M. y E.F. Cabrera Cano. 1983. Flora de Quintana Roo. *Listados Florist. México* 2: 1-100.

Spooner, D.M. 1990. Systematics of *Simsia* (Compositae—Heliantheae). *Syst. Bot. Monogr.* 30: 1-90.

Sprengel, C.K. 1801. *Milleria Contrayerua* Cavan., neu untersucht und bestimmt. *J. Bot. (Schrader)* 1800(2): 186-189, t. 5.

St. John, H. y D. White. 1920. The genus *Galinsoga* in North America. *Rhodora* 22(258): 97-101.

Stafleu, F.A. y R.S. Cowan. 1979. Taxonomic literature. A selective guide to botanical publications and collections with dates, commentaries and types. Volume II: H-Le. *Regnum Veg.* 98: viii-xviii, 1-991.

Standley, P.C. 1930. Flora of Yucatan. *Publ. Field Mus. Nat. Hist., Bot. Ser.* 3(3): 157-492.

——. 1931. Flora of the Lancetilla Valley, Honduras. *Publ. Field Mus. Nat. Hist., Bot. Ser.* 10: 1-418, t. I-LXVIII.

——. 1938. Flora of Costa Rica. Part IV. *Publ. Field Mus. Nat. Hist., Bot. Ser.* 18(4): 1137-1571.

Standley, P.C. y S. Calderón. 1925. *Lista Preliminar de las Plantas de El Salvador*: 1-274. Tipografía La Unión-Dutriz Hermanos, San Salvador.

——. 1941. *Lista Preliminar de las Plantas de El Salvador* ed. 2: 1-450. Imprenta Nacional, San Salvador.

Standley, P.C. y J.A. Steyermark. 1940. Studies of Central American Plants—II. *Publ. Field Mus. Nat. Hist., Bot. Ser.* 22(5): 323-396.

——. 1944. Studies of Central American plants—V. *Publ. Field Mus. Nat. Hist., Bot. Ser.* 23(3): 111-150.

Standley, P.C. y L.O. Williams. 1950. Plantas nuevas Hondureñas y Nicaraguenses. *Ceiba* 1(2): 74-96.

Staples, G.W. y D.R. Herbst. 2005. *A Tropical Garden Flora*: i-xxiv, 1-908. Bishop Museum Press, Honolulu.

Stearn, W.T. 1957. An introduction to the Species Plantarum and cognate botanical works of Carl Linnaeus. *Species Plantarum, a facsimile of the first edition, 1753* 1: 1-176. Ray Society, London.

Stebbins, G.L. 1953. A new classification of the tribe Cichorieae, family Compositae. *Madroño* 12(3): 65-81.

Steetz, J. 1852-1857 [1854]. Compositae. *The Botany of the Voyage of H.M.S. Herald*: 139-163, t. 29-31. Lovell Reeve, London.

Steyermark, J.A. 1934. Studies in *Grindelia*. I. A monograph of the North American species of the genus *Grindelia*. *Ann. Missouri Bot. Gard.* 21(3): 433-608.

——. 1963. *Flora of Missouri*: i-lxxxii, 1-1728. Iowa St. Univ. Press, Ames.

Stones, M. 1991. *Flora of Louisiana: watercolor drawings by Margaret Stones, with botanical descriptions by Lowell Urbatsch*: i-xvii, 1-220. Louisiana State Univ. Press, Baton Rouge.

Strother, J.L. 1967. Taxonomy of *Gymnolaena* (DC.) Rydb. (Compositae: Tagetae). *Sida* 3(2): 110-114.

——. 1969. Systematics of *Dyssodia* Cavanilles (Compositae: Tageteae). *Univ. Calif. Publ. Bot.* 48: 1-88.

——. 1977. Tageteae—systematic review. *En*: Heywood, V.H., J.B. Harborne y B.L. Turner (eds.), *The Biology and Chemistry of the Compositae* 2: 769-783. Academic Press, New York.

——. 1983. *Pionocarpus* becomes *Iostephane* (Compositae: Heliantheae): a synopsis. *Madroño* 30(1): 34-38.

——. 1986. Renovation of *Dyssodia* (Compositae: Tageteae). *Sida* 11(4): 371-378.

——. 1989a. *Oblivia*, a new genus for *Zexmenia mikanioides* (Compositae: Heliantheae). *Syst. Bot.* 14(4): 541-543.

——. 1989b. Expansion of *Lundellianthus* (Compositae: Heliantheae). *Syst. Bot.* 14(4): 544-548.

——. 1991. Taxonomy of *Complaya, Elaphandra, Iogeton, Jefea, Wamalchitamia, Wedelia, Zexmenia,* and *Zyzyxia* (Compositae—Heliantheae—Ecliptinae). *Syst. Bot. Monogr.* 33: 1-111.

——. 1997. Synoptical keys to genera of Californian composites. *Madroño* 44(1): 1-28.

536

——. 1999. Compositae-Heliantheae s. l. *Flora of Chiapas* 5: 1-232. California Academy of Sciences, San Francisco.

——. 2006. *Calyptocarpus. Fl. N. Amer.* 21: 133.

Strother, J.L. y B.G. Baldwin. 2002. Hymenocleas are Ambrosias (Compositae). *Madroño* 49(3): 143-144.

Stuessy, T.F. 1969. Re-establishment of the genus *Unxia* (Compositae—Heliantheae). *Brittonia* 21(4): 314-321.

——. 1970a. Six new species of *Melampodium* (Compositae: Heliantheae) from Mexico and Central America. *Brittonia* 22(4): 112-124.

——. 1970b. The genus *Acanthospermum* (Compositae-Heliantheae-Melampodinae): taxonomic changes and generic affinities. *Rhodora* 72(789): 106-109.

——. 1972a. Revision of the genus *Melampodium* (Compositae: Heliantheae) [prim.]. *Rhodora* 74(797): 1-70.

——. 1972b. Revision of the genus *Melampodium* (Compositae: Heliantheae) [concl.]. *Rhodora* 74(798): 161-219.

——. 1973. Revision of the genus *Baltimora* (Compositae, Heliantheae). *Fieldiana, Bot.* 36(5): 31-50.

——. 1975a [1976]. Flora of Panama, Part IX. Family 184. Compositae. V. Heliantheae. A. Milleriinae. *Ann. Missouri Bot. Gard.* 62(4): 1057-1061.

——. 1975b [1976]. Flora of Panama, Part IX. Family 184. Compositae. V. Heliantheae. B. Melampodiinae. *Ann. Missouri Bot. Gard.* 62(4): 1062-1091.

——. 1975c [1976]. Flora of Panama, Part IX. Family 184. Compositae. V. Heliantheae. C. Ambrosiinae. *Ann. Missouri Bot. Gard.* 62(4): 1091-1096.

——. 1977. Heliantheae—systematic review. *En*: Heywood, V.H., J.B. Harborne y B.L. Turner (eds.), *The Biology and Chemistry of the Compositae* 2: 621-671. Academic Press, New York.

——. 1978. Revision of *Lagascea* (Compositae, Heliantheae). *Fieldiana, Bot.* 38(8): 75-133.

Stuessy, T.F., C. Blöch, J.L. Villaseñor Ríos, C.A. Rebernig y H. Weiss-Schneeweiss. 2011. Phylogenetic analyses of DNA sequences with chromosomal and morphological data confirm and refine sectional and series classification within *Melampodium* (Asteraceae, Millerieae). *Taxon* 60(2): 436-449.

Stutts, J.G. 1981. Taxonomic revision of *Pollalesta* H.B.K. (Compositae: Vernonieae). *Rhodora* 83(835): 385-419.

Stutts, J.G. y M.A. Muir. 1981. Taxonomic revision of *Piptocoma* Cass. (Compositae: Vernonieae). *Rhodora* 83(833): 77-86.

Sullivan, V.I. 1975. Pollen and pollination in the genus *Eupatorium* (Compositae). *Canad. J. Bot.* 53(6): 582-589.

——. 1976. Diploidy, polyploidy, and agamospermy among species of *Eupatorium* (Compositae). *Canad. J. Bot.* 54(24): 2907-2917.

Sundberg, S.D. 1984. *Archibaccharis jacksonii* (Compositae, Astereae): a new species from Costa Rica. *Syst. Bot.* 9(3): 295-296.

——. 1985. Micromorphological characters as generic markers in the Astereae. *Taxon* 34(1): 31-37.

——. 1991. Infraspecific classification of *Chloracantha spinosa* (Benth.) Nesom (Asteraceae) Astereae. *Phytologia* 70(5): 382-391.

——. 2004. New combinations in North American *Symphyotrichum* subgenus *Astropolium* (Asteraceae: Astereae). *Sida* 21(2): 903-910.

Sundberg, S.D. y T.F. Stuessy. 1990. A new species of *Trigonospermum* (Compositae, Heliantheae) from Central America. *Ann. Missouri Bot. Gard.* 77(2): 418-420.

Sundberg, S.D., C.P. Cowan y B.L. Turner. 1986. Chromosome counts of Latin American Compositae. *Amer. J. Bot.* 73(1): 33-38.

Sutton, J. 2001. *The Plantfinder's Guide to Daisies*: 1-192. Timber Press, Portland.

Swartz, O. 1797. *Flora Indiae Occidentalis* 1: 1-640, t. 1-15. Jo. Jacobi Palmii, Erlangen.

Taylor, C.E.S. y R.J. Taylor. 1984. *Solidago* (Asteraceae) in Oklahoma and Texas. *Sida* 10(3): 223-251.

Thompson, I.R. 2007. A taxonomic treatment of tribe Lactuceae (Asteraceae) in Australia. *Muelleria* 25: 59-100.

Torrecilla, P. y M. Lapp. 2010. Patrones de engrosamiento de la pared endotecial en géneros de Senecioneae (Asteroideae-Asteraceae) de Venezuela. *Ernstia, ser. 2* 20(2): 141-157.

Torres, A.M. 1963a. Taxonomy of *Zinnia. Brittonia* 15(1): 1-25.

——. 1963b. Revision of *Tragoceras* (Compositae). *Brittonia* 15(4): 290-302.

——. 1964. Revision of *Sanvitalia* (Compositae-Heliantheae). *Brittonia* 16(4): 417-433.

——. 1968. Revision of *Jaegeria* (Compositae-Heliantheae). *Brittonia* 20(1): 52-73.

——. 1969 [1970]. Revision of the genus *Philactis* (Compositae). *Brittonia* 21(4): 322-331.

Tudge, C. 1997. Roots of a pioneer famly. *Kew* 20(Summer): 12-17.

Turland, N.J. 2004. (1647) Proposal to conserve the name *Chrysanthemum coronarium* (Compositae) with a conserved type. *Taxon* 53(4): 1072-1074.

Turner, B.L. 1963. Taxonomy of *Florestina* (Helenieae, Compositae). *Brittonia* 15(1): 27-46.

——. 1966. The taxonomic status of *Stemmatella* (Compositae-Heliantheae). *Madroño* 18(7): 203-206.

——. 1974. Taxonomy of *Loxothysanus* (Compositae, Helenieae). *Wrightia* 5(2): 45-50.

——. 1976. New species and combinations in *Sabazia* (Heliantheae, Galinsoginae). *Wrightia* 5(8): 302-305.

——. 1978. Taxonomic study of the scapiform species of *Acourtia* (Asteraceae-Mutisiieae). *Phytologia* 38(6): 456-468.

——. 1980. La taxonomía del género *Aphanactis* (Asteraceae—Heliantheae). *Bol. Soc. Argent. Bot.* 19(1-2): 33-44.

——. 1981. New species and combinations in *Vernonia* sections *Leiboldia* and *Lepidonia* (Asteraceae) with a revisional conspectus of the groups. *Brittonia* 33(3): 401-412.

——. 1982. Taxonomy of *Neurolaena* (Asteraceae—Heliantheae). *Pl. Syst. Evol.* 140(2-3): 119-139.

——. 1984. Update on the genus *Jaegeria* (Compositae—Heliantheae). *Phytologia* 55(4): 243-251.

——. 1985. Revision of *Verbesina* sect. *Pseudomontanoa* (Asteraceae). *Pl. Syst. Evol.* 150(3-4): 237-262.

——. 1986. An underview of the genus *Schistocarpha* (Asteraceae-Heliantheae). *Phytologia* 59(4): 269-286.

——. 1987a. A trifoliate species of *Koanophyllon* (Asteraceae-Eupatorieae) from Chiapas, Mexico. *Phytologia* 63(6): 413-414.

——. 1987b. Reduction of the genera *Piqueriopsis* and *Iltisia* to *Microspermum* (Asteraceae-Eupatorieae). *Phytologia* 63(6): 428-430.

——. 1988a. *Blainvillea brasiliensis* Blake transferred to *Calyptocarpus* (Asteraceae). *Phytologia* 64(3): 214.

——. 1988b. A new species of *Oxylobus* (Asteraceae, Eupatorieae) from Puebla, Mexico. *Phytologia* 65(5): 375-378.

——. 1988c. New species and combinations in *Lasianthaea* (Asteraceae, Heliantheae). *Phytologia* 65(5): 359-370.

——. 1988d. A new species of, and observations on, the genus *Smallanthus* (Asteraceae-Heliantheae). *Phytologia* 64(6): 405-409.

——. 1988e. Taxonomic study of *Chrysanthellum* (Asteraceae, Coreopsideae). *Phytologia* 64(6): 410-444.

——. 1988f. Taxonomy of *Carminatia* (Asteraceae, Eupatorieae). *Pl. Syst. Evol.* 160(3-4): 169-179.

——. 1989a. A new species of *Rumfordia* (Asteraceae, Heliantheae) from Nuevo Leon, Mexico. *Phytologia* 65(6): 491-492.

——. 1989b. Revisionary treatment of the genus *Sinclairia*, including *Liabellum* (Asteraceae, Liabeae). *Phytologia* 67(2): 168-206.

——. 1990a. *Trixis anomala* (Asteraceae, Mutiseae), a new species from Chiapas, México. *Phytologia* 68(6): 435-438.

——. 1990b. An overview of the Mexican genus *Digitacalia* (Asteraceae, Senecioneae). *Phytologia* 69(3): 150-159.

——. 1990c. Taxonomic status of *Zexmenia villosa* (Asteraceae-Heliantheae). *Phytologia* 69(5): 368-372.

——. 1990d. A reevaluation of the genus *Alepidocline* (Asteraceae, Heliantheae, Galinsoginae) and description of a new species from Oaxaca, México. *Phytologia* 69(5): 387-392.

——. 1991a. Transfer of two species of *Senecio* to *Pseudogynoxys* (Asteraceae-Senecioneae). *Phytologia* 71(3): 205-207.

——. 1991b. *Nesomia chiapensis* (Asteraceae-Eupatorieae), a new genus and species from Mexico. *Phytologia* 71(3): 208-211.

——. 1991c. A new species of *Senecio* (Asteraceae) from Chiapas, México. *Phytologia* 71(4): 304-306.

——. 1992. New names and combinations in New World *Wedelia* (Asteraceae, Heliantheae). *Phytologia* 72(5): 389-395.

——. 1993a. A new scapose species of *Acourtia* (Asteraceae, Mutisieae) from Belize. *Phytologia* 74(2): 138-140.

——. 1993b. New taxa, new combinations, and nomenclatural comments on the genus *Acourtia* (Asteraceae, Mutisieae). *Phytologia* 74(5): 385-413.

——. 1994a. Taxonomic study of the genus *Synedrella* (Asteraceae, Heliantheae). *Phytologia* 76(1): 39-51.

——. 1994b. Systematic study of the genus *Eupatoriastrum* (Asteraceae, Eupatorieae). *Pl. Syst. Evol.* 190(1-2): 113-127.

——. 1995a. A new species of *Pittocaulon* (Asteraceae, Senecioneae) from Oaxaca, Mexico. *Phytologia* 79(1): 43-46.

——. 1995b. Taxonomy and nomenclature of *Schkuhria pinnata* (Asteraceae, Helenieae). *Phytologia* 79(5): 364-368.

——. 1996a. New species and combinations in *Pseudogynoxys* (Senecioneae). *Phytologia* 80(4): 253-256.

——. 1996b. Revision of *Desmanthodium* (Asteraceae). *Phytologia* 80(4): 257-272.

——. 1996c. The comps of Mexico: A systematic account of the family Asteraceae, vol. 6. Tageteae and Anthemideae. *Phytologia Mem.* 10: i-ii, 1-22, 43-93.

——. 1997a. The comps of Mexico: A systematic account of the family Asteraceae, vol. 1—Eupatorieae. *Phytologia Mem.* 11: i-iv, 1-272.

——. 1997b [1998]. New combinations in Mexican species of Eupatoriae (Asteraceae). *Phytologia* 82(6): 385-387.

——. 1998. A new species of *Neurolaena* (Asteraceae) from Oaxaca, Mexico. *Phytologia* 84(2): 87-92.

——. 2002. A new species of *Schistocarpha* (Asteraceae: Heliantheae) from northwestern Oaxaca and closely adjacent Guerrero, Mexico. *Sida* 20(2): 505-510.

——. 2005 [2006]. A recession of the Mexican species of *Roldana* (Asteraceae: Senecioneae). *Phytologia* 87(3): 204-249.

——. 2007. The comps of Mexico. Chapter 8: Liabeae and Vernonieae. A systematic account of the family Asteraceae. *Phytologia Mem.* 12: 1-144.

——. 2008. A new variety of *Calea megacephala* (Asteraceae: Heliantheae) from Oaxaca, Mexico. *Phytologia* 90(2): 230-232.

——. 2009. The comps of Mexico. A systematic account of the family Asteraceae (chapter 9: subfamily Mutisioideae). *Phytologia Mem.* 14: 1-129.

——. 2010. The comps of Mexico. A systematic account of the family Asteraceae (chapter 10: subfamily Coreopsideae). *Phytologia Mem.* 15: 1-3, 56-81, 105-129, 151-157, 162-171, 191-204, 210-224, map 27-39, 49-68; f. 17-30, 36-40.

——. 2011. A new species of *Alepidocline* (Asteraceae: Heliantheae) from Oaxaca, Mexico. *Phytoneuron* 2011-44: 1-4.

——. 2012a. Taxonomy and distribution of *Senecio huachucanus* and *S. multidentatus* (Asteraceae). *Phytoneuron* 2012-56: 1-5.

——. 2012b. A new species of *Achyropappus* (Asteraceae: Bahieae) from Querétaro, Mexico. *Phytoneuron* 2012-83: 1-5.

——. 2013a. Two new species of *Wamalchitamia* (Asteraceae: Heliantheae) from Oaxaca, Mexico. *Lundellia* 16: 1-7.

——. 2013b. The comps of Mexico. A systematic account of the family Asteraceae (chapter 11: tribe Helenieae). *Phytologia Mem.* 16: 1-100.

——. 2014. The family Asteraceae (Chapter 14, Tribe: Neurolaeneae. Tribe: Heliantheae: subtribes: Ambrosiinae, Chromolepidinae and Dugesiinae). *Phytologia Mem.* 19: 1-156.

——. 2016. The comps of Mexico. A systematic account of the family Asteraceae (chapter 21: subtribe Zaluzaniinae: *Hybridella, Zaluzania*; subtribe Zinniinae: *Heliopsis, Philactis, Sanvitalia, Tehuana, Trichocoryne, Zinnia.*). *Phytologia Mem.* 25: 1-114.

Turner, B.L. y D.B. Horne. 1964. Taxonomy of *Machaeranthera* sect. *Psilactis* (Compositae-Astereae). *Brittonia* 16(3): 316-331.

Turner, B.L. y K.M. Kerr. 1985. Revision of the genus *Oxylobus* (Asteraceae-Eupatorieae). *Pl. Syst. Evol.* 151(1-2): 73-87.

Turner, B.L. y J.L. Panero. 1992. New species and combinations in *Podachaenium* (Asteraceae, Heliantheae). *Phytologia* 73(2): 143-148.

Turner, B.L. y A.M. Powell. 1977. Helenieae: systematic review. *En*: Heywood, V.H., J.B. Harborne y B.L. Turner (eds.), *The Biology and Chemistry of the Compositae* 2: 699-737. Academic Press, New York.

Turner, B.L. y S.D. Sundberg. 1986. Systematic study of *Osbertia* (Asteraceae-Astereae). *Pl. Syst. Evol.* 151(3-4): 229-240.

Turner, B.L. y K. Triplett. 1996. Revisionary study of the genus *Milleria* (Asteraceae, Heliantheae). *Phytologia* 81(5): 348-360.

Turner, B.L. y T.J. Watson. 2007. Taxonomic revision of *Gaillardia* (Asteraceae). *Phytologia Mem.* 13: 1-112.

Tutin, T.G., N.A. Burges, D.H. Valentine, S.M. Walters y D.A. Webb. 1976. Plantaginaceae to Compositae (and Rubiaceae). *Flora Europaea* 4: i-xxx, 1-505, 5 maps. Cambridge Univ. Press, Cambridge.

Tzvelev, N.N. 2000. Genus 1538. *Tanacetum* L. emend. Tzvel. *En*: Shetler, S.G. y E. Unumb (eds.), *Fl. U.S.S.R.* 26: 303-344.

Üksip, A.A. 2002. Compositae. Genus *Hieracium*. *En*: Shetler, S.G., E. Unumb y G.N. Fet (eds.), *Fl. U.S.S.R.* 30: i-xxxiv, 1-706.

Urban, I. 1902-1903. Nova genera et species II. *Symbolae Antillanae seu Fundamenta Florae Indiae Occidentalis* 3: 280-420. Fratres Borntraeger, Lipsiae.

——. 1904-1908 [1907]. Compositae. *Symbolae Antillanae seu Fundamenta Florae Indiae Occidentalis* 5(2): 212-286. Fratres Borntraeger, Lipsiae.

Urbatsch, L.E. y B.L. Turner. 1975 [1976]. New species and combinations in *Sabazia* (Heliantheae, Galinoginae). *Brittonia* 27(4): 348-354.

Urbatsch, L.E., K.M. Neubig y P.B. Cox. 2006. *Echinacea* Moench. *Fl. N. Amer.* 21: 88-92.

Urbatsch, L.E., J.F. Pruski y K.M. Neubig. 2013. *Youngia thunbergiana* (Crepidinae, Cichorieae, Asteraceae), a species overlooked in the North American flora. *Castanea* 78(4): 330-337.

Vahl, M. 1794. *Symb. Bot.* 3: 1-106, t. 51-75.

Velayos Rodríguez, M., M.D. Correa A., C. Galdames, S. Castroviejo Bolíbar y B. Araúz Servellón. 1997. Primera aproximación al catálogo de las plantas vasculares de la isla de Coiba (Panamá). *Flora y Fauna del Parque Nacional de Coiba (Panamá). Inventario preliminar*: 245-327. Real Jardín Botánico, Madrid.

Ventenat, E.P. 1803. *Xeranthemum bracteatum* Vent. *Jard. Malmaison* t. 2.

Villar Anléu, L.M. 1998. *La Flora Silvestre de Guatemala*: 1-99. Univ. de San Carlos, Guatemala.

Villarreal-Quintanilla, J.A. 2003. Familia Compositae. Tribu Tageteae. *Fl. Bajío* 113: 1-85.

Villarreal-Quintanilla, J.A., J.L. Villaseñor Ríos y R. Medina Lemos. 2008. Familia Compositae. Tribu Helenieae. *Fl. Veracruz* 143: 1-67.

Villaseñor Ríos, J.L. 1989. Manual para la identificación de las Compositae de la Peninsula de Yucatán y Tabasco. *Techn. Rep. Rancho Santa Ana Bot. Gard.* 4: 1-122.

——. 1991. *The systematics of* Senecio *section* Mulgediifolii *(Asteraceae: Senecioneae).* Unpublished Ph.D. thesis: i-xii, 1-241. Claremont Graduate School, Claremont.

——. 2016. Checklist of the native vascular plants of Mexico. Catálogo de las plantas vasculares nativas de México. *Revista Mex. Biodivers.* 87(3): 559-902.

Villaseñor Ríos, J.L. y O. Hinojosa Espinosa. 2011. El género *Sclerocarpus* (Asteraceae, Heliantheae) en México. *Revista Mex. Biodivers.* 82(1): 51-61.

Villaseñor Ríos, J.L. y J.L. Strother. 1989. *Tuxtla*, a new genus for *Zexmenia pittieri* (Compositae: Heliantheae). *Syst. Bot.* 14(4): 529-540.

Villaseñor Ríos, J.L. y J.A. Villarreal-Quintanilla. 2006. El género *Pluchea* (familia Asteraceae, tribu Plucheeae) en México. *Revista Mex. Biodivers.* 77(1): 59-65.

Vincent, P.L.D. y F.M. Getliffe. 1988. The endothecium of *Senecio* (Asteraceae). *Bot. J. Linn. Soc.* 97(1): 63-71.

——. 1992. Elucidative studies on the generic concept of *Senecio* (Asteraceae). *Bot. J. Linn. Soc.* 108(1): 55-81.

Vitali, M.S., G. Sancho y L. Katinas. 2015. A revision of *Smallanthus* (Asteraceae, Millerieae), the "yacón" genus. *Phytotaxa* 214(1): 1-84.

Vuilleumier, B.S. 1973. The genera of Lactuceae (Compositae) in the southeastern United States. *J. Arnold Arbor.* 54(1): 42-93.

Wagenitz, G. 1976. Systematics and phylogeny of the Compositae (Asteraceae). *Pl. Syst. Evol.* 125(1): 29-46.

——. 1980. *Centaurea*. *En*: Dittrich, M. et al. (eds.), *Fl. Iranica* 139b: 313-420.

Wagenknecht, B.L. 1960a. Revision of *Heterotheca* sectio *Heterotheca* (Compositae). *Rhodora* 62(735): 61-76.

——. 1960b. Revision of *Heterotheca* sectio *Heterotheca* (Compositae) (Concluded). *Rhodora* 62(736): 97-107.

Wagner, W.L. y H. Robinson. 2001 [2002]. *Lipochaeta* and *Melanthera* (Asteraceae: Heliantheae subtribe Ecliptinae): establishing their natural limits and a synopsis. *Brittonia* 53(4): 539-561.

Walsh, N.G. y T.J. Entwisle. 1999. Dicotyledons. Cornaceae to Asteraceae. *Fl. Victoria* 4: vii-xii, 1-1088. Inkata Press, Melbourne.

Watson, E.E. 1929. Contributions to a monograph of the genus *Helianthus. Pap. Michigan Acad. Sci.* 9: 305-475.

Weberling, F.H.E. y J.A. Lagos. 1960. Neue Blütenpflanzen für El Salvador—C.A. (Vorläufige Liste). *Beitr. Biol. Pflanzen* 35(2): 177-201.

Weddell, H.A. 1855. Ord. I. Compositae. *Chloris Andina* 1: 1-231, t. 1-42. P. Bertrand, Paris.

Wells, J.R. 1965. A taxonomic study of *Polymnia* (Compositae). *Brittonia* 17(2): 144-159.

Wetter, M.A. 1983. Micromorphological characters and generic delimitation of some New World Senecioneae. *Brittonia* 35(1): 1-22.

White, J.J., R. McVaugh y R.W. Kiger. 1998. *The Torner Collection of Sessé and Mociño Biological Illustrations [electronic resource]. 1 computer optical disc: col.; 4 3/4 in.* Carnegie Mellon CD Press, Pittsburgh.

Whittemore, A.T. 1987. *The Systematics and Chemistry of* Eupatorium *section* Dalea. Unpublished Ph.D. thesis: iii-iv, 1-199. Univ. Texas, Austin.

Wiersema, J.H., J. McNeill, F.R. Barrie, W.R. Buck, V. Demoulin, W.R. Greuter, D.L. Hawksworth, P.S. Herendeen, S. Knapp, K. Marhold, J. Prado, W.F. Prud'homme van Reine y G.F. Smith. 2015. International Code of Nomenclature for Algae, Fungi, and Plants (Melbourne Code) Adopted by the Eighteenth International Botanical Congress, Melbourne, Australia, July 2011. Appendices II-VIII. *Regnum Veg.* 157: v-xix, 1-492.

Wijnands, D.O. 1983. *The Botany of the Commelins*: i-viii, 1-232. A.A. Balkema, Rotterdam.

Wiklund, A.M. 1992. The genus *Cynara* L. (Asteraceae-Cardueae). *J. Linn. Soc., Bot.* 109(1): 75-123.

Wild, H. 1965. The African species of the genus *Melanthera* Rohr. *Kirkia* 5: 1-17.

Willdenow, C.L. v. 1803. *Species Plantarum. Editio quarta* 3(3): [1476]-2409. Impensis G.C. Nauk, Berolini.

Williams, L.O. 1961. Tropical American plants, II. *Fieldiana, Bot.* 29(6): 345-372.

——. 1975a. Tropical American plants, XVII. *Fieldiana, Bot.* 36(10): 77-110.

——. 1975b. Tropical American plants, XVIII. *Phytologia* 31(6): 435-447.

——. 1976a. Tribe II, Eupatorieae. *En*: Nash, D.L. y L.O. Williams (eds.), Flora of Guatemala—Part XII. *Fieldiana, Bot.* 24(12): 32-128, 466-482.

——. 1976b. Tribe VI, Helenieae. *En*: Nash, D.L. y L.O. Wil-

liams (eds.), Flora of Guatemala—Part XII. *Fieldiana, Bot.* 24(12): 361-386, 571-580.

——. 1976c. Tribe VIII, Senecioneae. *En*: Nash, D.L. y L.O. Williams (eds.), Flora of Guatemala—Part XII. *Fieldiana, Bot.* 24(12): 392-423, 585-589.

——. 1984. *Senecio* (Compositae) in Honduras, Nicaragua and El Salvador: a synopsis. *Ceiba* 25(2): 134-139.

Wilson, P. 1917. The vegetation of Vieques Island. *Bull. New York Bot. Gard.* 8: 379-410.

Wussow, J.R. y L.E. Urbatsch. 1978. A taxonomic study of the *Calea orizabensis* complex and its bearing on the nomenclature of *Verbesina standleyi* (Asteraceae). *Brittonia* 30(4): 477-482.

——. 1979 [1980]. A systematic study of the genus *Tetrachyron* (Asteraceae: Heliantheae). *Syst. Bot.* 4(4): 297-318.

Wussow, J.R., L.E. Urbatsch y G.A. Sullivan. 1985. *Calea* (Asteraceae) in Mexico, Central America, and Jamaica. *Syst. Bot.* 10(3): 241-267.

Yates, W.F. y C.B. Heiser. 1979. Synopsis of *Heliomeris* (Compositae). *Proc. Indiana Acad. Sci.* 88: 364-372.

Yavin, Z. 1970. A biosystematic study of *Anthemis* section *Maruta* (Compositae). *Israel J. Bot.* 19(2/3): 137-154.

Zahn, K.H. 1921a. Compositae-*Hieracium*. Sect. I. *Glauca*—Sect. VII. *Vulgata* (Anfang). *Pflanzenr.* IV. 280(Heft 75): 1-284.

——. 1921b. Compositae-*Hieracium*. Sect. VII. *Vulgata* (Forsetzung und Schluss) bis Sect. X. *Pannosa* (Anfang). *Pflanzenr.* IV. 280(Heft 76): 285-576.

——. 1921c. Compositae-*Hieracium*. Sect. X. *Pannosa* (Forsetzung und Schluss) bis Sect. XVI. *Tridentata* (Anfang). *Pflanzenr.* IV. 280(Heft 77): 577-864.

——. 1922. Compositae-*Hieracium*. Sect. XVI. *Tridentata* (Forsetzung und Schluss) bis Sect. XXXIX. *Mandonia*. *Pflanzenr.* IV. 280(Heft 79): 865-1146.

——. 1923. Compositae-*Hieracium*. Abteilung II. Sect. XL. *Pilosellina*—Sect. XLVII. *Praealtina*. Addenda et Corrigenda Species non satis notae vel exclusae. Verzeichnis der Herbarien- und Hieracien- Samlungen. Register. *Pflanzenr.* IV. 280(Heft 82): 1147-1705.

Zamora V., N., Q. Jiménez M. y L.J. Poveda Á. 2000. *Árboles de Costa Rica* 2: 1-374. INBio, Santo Domingo de Heredia.

Zardini, E.M. 1974. Sobre la presencia del género *Gerbera* en América. *Bol. Soc. Argent. Bot.* 16(1-2): 103-108.

——. 1975. Revisión del género *Trichocline* (Compositae). *Darwiniana* 19(2/4): 618-733.

——. 1981. Contribuciones para una monografía del género *Conyza* Less. II. Rehabilitación del género *Laennecia* Cass. *Darwiniana* 23(1): 159-169.

GLOSARIO PARA ASTERACEAE

Por J.F. Pruski y H. Robinson.

acetileno. Compuestos secundarios defensivos de cadena larga contenidos en sistemas secretorios resinosos; en Asteraceae tan importantes como lactonas sesquiterpénicas, y ausentes primariamente en Cichorieae, la cual desarrolla en su lugar un sistema de látex conteniendo acetilenos resinosos, y en Senecioneae (y algunas Eupatorieae) que a menudo contienen en su lugar alcaloides tóxicos.

aigrette. Término de Cassini para vilano, su uso prevalece en la literatura de los 1800.

alianza helianthoide. Grupo de tribus de la subfamilia Asteroideae (p. ej., Heliantheae, Eupatorieae) a menudo caracterizados por tener cipselas carbonizadas, clinanto paleado, y cabezuelas radiadas.

ancistroso, sa. Se refiere a las setas del vilano donde las células laterales patentes (extremos libres de las células) son casi iguales en diámetro a las setas del vilano.

anillo. En Asteraceae estructura anular sobre el cual el vilano típicamente se eleva y en el cual el tubo de la corola y el nectario se asientan.

anteropodio. Véase collar de la antera.

apéndice. Una parte secundaria o accesoria; parte o suplemento saliente o colgante. En los estilos se refiere a la porción distal estéril (sin tejido estigmático) de una rama del estilo que puede estar vascularizada, no vascularizada, o compuesta solamente de papilas; en anteras se refiere a la porción terminal estéril plana o cóncava la cual es una continuación del conectivo que se extiende más allá de las tecas; algunas veces también se aplica a los filarios. Muchas Asteraceae pueden no tener apéndices del estilo y en cambio tienen tejido estigmático fértil en toda su longitud. Los apéndices en las anteras están raramente ausentes en Asteraceae.

apendiculado, da. Descripción usada para una estructura con apéndice.

apomorfía. Carácter derivado único para un determinado clado terminal.

aquenio. Véase cipsela.

areolado (o foveolado). Se refiere a un clinanto con depresiones circulares a poligonales prominentes bordeadas por una cresta delgada.

balaustre (con forma de). Se refiere a los cuellos de las anteras que están basalmente hinchados con células agrandadas. Usado en la tribu Senecioneae.

biconvexo, xa. Se refiere a las cipselas que a pesar de ser radialmente planas están algo hinchadas en cada cara lateral.

bilabiado, da. Con dos labios. Término aplicado a ya sea una flor con corola zigomorfa 2-labiada o a una flor heterógama u homógama conteniendo al menos algunas flores 2-labiadas. El labio interno a menudo más corto de una flor 2-labiada (en Mesoamérica) es típicamente bífido hasta la base.

bráctea subinvolucral. Una bráctea o bractéola que está cercanamente abrazando el involucro. Véase también calículo.

bráctea/bractéola calicular. Una bráctea/bractéola individual del calículo.

bráctea involucral. Véase filario.

cabezuela (o capítulo). Inflorescencia densa, compacta, esférica o aplanada, compuesta de flores sésiles, insertadas en un receptáculo común. Característica de las Asteraceae. Una cabeza con involucro; inflorescencia primaria indeterminada, polisimétrica en Asteraceae compuesta de 1-numerosas flores sésiles emergiendo de un clinanto común, epaleado o paleado, y abrazadas por un involucro estéril de (1)2-muchos filarios.

calatio (calatidio). Término de Cassini (tal vez usado por Mirbel, 1776-1854) para una cabezuela, de uso corriente en la literatura de los 1800.

calículo (algunas veces involucro externo). Cáliz simulado. En Asteraceae se refiere a la serie de brácteas/bractéolas subinvolucrales que inmediatamente rodean el involucro (p. ej., como se usa en Senecioneae). En algunos géneros el calículo a menudo se confunde con el involucro debido a que las brácteas caliculares son iguales en longitud a los filarios; generalmente son mucho más cortas.

capitulescencia. La inflorescencia secundaria determinada o un arreglo secundario de cabezuelas individuales (inflorescencias primarias) de Asteraceae, sésil o pedunculada.

capítulo. Véase cabezuela.

carbonizado, da. Término aplicado a una cipsela (básicamente de la alianza Helianthoide) que al madurar se oscurece en diferentes patrones por depósitos de fitomelanina en su pericarpio.

carinado, aquillado, da. Provisto de una línea central prominente longitudinalmente o un surco sobre la superficie dorsal o inferior. En Asteraceae se refiere a un filario abaxialmente aquillado.

carpopodio. La base estéril de la cipsela a menudo de color pálido, delgada y anular hasta variadamente ornamentada, y con células dimorfas algunas veces infladas en la porción fértil de la cipsela, representando en parte la zona de abscisión basal de la cipsela y característicamente sésil sobre el clinanto.

cartáceo, a. En Asteraceae el término es usado para la textura de la hoja que en el resto de las familias es a menudo llamado membranácea, pero en términos relativos es llamado cartácea en Asteraceae debido a la superabundancia en Mutisioides de hojas extremadamente gruesas y coriáceas como las hojas de *árboles* de *Magnolia grandiflora* del macizo guayanés, cuyas hojas son referidas como coriáceas.

cavado. Término aplicado al polen que tiene columelas parcialmente separadas de la capa del pie, como ocurre en tribus miembros de la alianza Helianthoide. La región de la cava está generalmente asociada con la toma de agua.

cerda capilar (seta capilar). Seta del vilano fina y generalmente lisa como aquellas en los miembros de las tribus Cichorieae y Senecioneae.

cilindro de la antera. Término que se refiere al tubo formado por la fusión lateralmente longitudinal de las tecas internamente dehiscentes de la antera. Los filamentos están característicamente libres, pero en raras ocasiones están también lateralmente connatos.

cipsela. Fruto pequeño, seco indehiscente, con una sola semilla y un pericarpo delgado no soldado con ella, en Asteraceae derivado de un ovario ínfero unilocular pero bicarpelado; el pericarpio y la testa a menudo efectivamente fusionados en una única capa, pero claramente algunas veces separadas, como en semillas de girasol. Las cipselas en Asteraceae son raramente drupáceas, como en *Tilesia*.

cleistógama. En Asteraceae se refiere a una cabezuela que nunca se abre, como ocurre con las cabezuelas otoñales en *Chaptalia*, *Leibnitzia*, *Uechtritzia* (tribus Mutisieae).

clinanto. La superficie compartida de una cabezuela individual (inflorescencia primaria) de la cual surgen (por ejemplo) las flores radiadas, páleas y flores del disco, a menudo dejando cicatrices remanentes; a menudo llamado un receptáculo, que en sentido estricto es un término aplicado a flores individuales y no aplicable a Asteraceae. Filarios se encuentran en la zona estéril de la porción apical del pedúnculo y el margen externo del clinanto en el lugar donde se juntan, con filarios herbáceos foliosos externos generalmente considerados de origen peduncular.

cola (cauda). Término aplicado a un alargamiento/prolongación basal de una teca individual en la antera. Usado algunas veces para describir 'colas' caudadas estériles mientras que el término 'espolón' calcariforme se puede restringir a usarse en la descripción de una prolongación fértil. En anteras caudadas las tecas son sin embargo basifijas, y solo confusa y raramente llamadas dorsifijas.

cola calcariforme de la antera. Una extensión basal (proximal) polinífera/fértil de las tecas de la antera.

cola caudada de la antera. Extensión espolonada no polinífera/estéril basal (proximal) de las tecas de la antera.

collar de la antera. El cilindro o media luna de tejido a menudo celularmente diferenciado localizado en el extremo del filamento donde se junta con el par de tecas.

collar del filamento. Véase collar de la antera.

comprimido, da. Aplanado, especialmente lateralmente. Se refiere a la cipsela que está aplanada a lo largo del eje radial en una cabezuela individual.

compuesta. En Asteraceae se refiere a una especie de esta familia. Véase también Compositae.

Compositae. Nombre tradicional para la familia Asteraceae, llamadas así en referencia a lo compuesto o a la naturaleza compuesta de la cabezuela.

conceptáculo. Una estructura endurecida lisa hasta a menudo rugulosa o espinosa completamente encerrando 1-pocas cipselas; derivado de filario(s) internos endurecidos (y algunas veces llegando a ser connatos) y algunas veces del clinanto; usado para describir las estructuras pseudofructíferas, por ejemplo en *Acanthospermum*, *Melampodium* y *Xanthium* (cuando no son endurecidas y derivadas de páleas son periginiformes).

conduplicado. Describe un órgano doblado a lo largo, como una pálea envolviendo una flor del disco.

corimbiforme. Término para una capitulescencia determinada con múltiples cabezuelas en Asteraceae en el cual la forma de la capitulescencia es plana a fuertemente convexa, pero con las cabezuelas centrales general y cortamente pedunculadas y floreciendo primero.

corimbiforo. Término confuso infrecuentemente usado para el eje central principal no folioso de una capitulescencia; el 'pedúnculo' del pedúnculo, si se puede decir.

dimorfo. Véase heteromorfo.

disciforme. Término aplicado a una flor individual con una corola tubular, o a una cabezuela heterógama no radiada (de apariencia discoide) en el cual todas las corolas son actinomorfas (o casi así), pero las series externas de flores tienen corolas angostas sin anteras y son dimorfas desde las series internas y bisexuales.

discoide. Que tiene solo flores del disco. Término aplicado a una cabezuela homógama en el que todas las flores (estaminadas, pistiladas, o bisexuales) tienen corolas que son actinomorfas (o casi así).

ecaliculado. Se refiere a cabezuelas sin calículo.

enación nodal. Véase seudoestípula.

endotecio polarizado. Un patrón del endotecio con solo las paredes de las células terminales (polares) irregularmente engrosadas.

endotecio radial. Un patrón del endotecio con las paredes de las células laterales irregularmente engrosadas y a menudo apareciendo entre células contiguas como una cadena de cuentas.

epaleado. En Asteraceae indica sin páleas. Se refiere a un clinanto que no tiene páleas.

epaposo. Sin vilano. Se refiere a la cipsela que carece de vilano.

escábrido, da. Se refiere a las setas del vilano donde las células laterales patentes (extremo de la célula libre) son mucho menores que el diámetro de las setas del vilano.

escrobiculado. Un clinanto con el haz vascular de la flor persistente entre cada cicatriz.

escuámula. Escama pequeña. Un elemento del vilano relativamente corto, ancho y delgado.

estereoma. La base del filario a menudo cartilaginosa, como se usa en Gnaphalieae que a menudo tiene el filario con una porción distalmente dimórfica hialina o escariosa,

estilopodio. Base del estilo; puede estar hinchada (nodular), inmersa en el nectario anular o cilíndrico, o libre y entonces hinchada y reposando encima y claramente distinta del nectario. La base del estilo se dice que es simple cuando no está hinchada.

estipitado-glandular. Se refiere a tricomas secretorios que típicamente tienen un estipe más largo que las células del extremo. Véase también glandular y punteado-glandular.

exapendiculado. Usado para describir una estructura sin apéndice.

eximbricado (o distante). Se refiere a los filarios pluriseriados no imbricados (no superpuestos), p. ej., como usado por B.L. Robinson en Eupatorieae.

fenestrado, da. Se refiere a los filarios con áreas centrales delgadas y transparentes o translúcidas (p. ej., como usado en Gnaphalieae).

filario estéril. Término algunas veces aplicado a un filario externo no inmediatamente abrazando y no en relación uno a uno con una flor del radio; término generalmente usado solo cuando los filarios (fértiles) internos están en asociación uno a uno con una flor individual del radio.

filaria. Véase filarios.

filarios. En Asteraceae se refieren a las brácteas del involucro. Brácteas involucrales externas a las flores más externas; término algunas veces aplicado a los filarios internos de una cabezuela que están en asociación uno a uno con una flor individual del radio. El término 'bráctea involucral' ha sido abandonado para evitar confusión con brácteas caliculares y páleas.

filarios fértiles. Término algunas veces aplicado a los filarios internos de una cabezuela que inmediatamente abrazan y que están en relación obvia uno a uno con una flor individual radiada.

fitomelanina. Secreciones negras de las cipselas en la mayoría de los miembros de la alianza Helianthoide. Dichas cipselas oscurecidas por depósitos de fitomelanina se dice que son carbonizadas.

flor (flósculo). Cada flor individual de una Asteraceae.

flor del disco. Flor tubular en el centro de las cabezuelas de la mayoría de las Asteraceae. En cabezuelas homógamas o heterógamas un término aplicado a las flores bisexuales, pistiladas o funcionalmente estaminadas/estériles que surgen de la porción interna/central del disco del clinanto y tienen corolas actinomórficas.

flor del radio (radiada). En cabezuelas heterógamas una flor pistilada o zigomorfa estéril con el limbo de la corola radiado pero que no es bilabiado.

flores marginales. Término general, en cabezuelas disciformes a menudo se refiere a flores pistiladas (con corola tubular) que se encuentran en varias series; en Mutisioides se refiere a las flores zigomorfas externas pistiladas o bisexuales que son dimorfas de las flores internas; ocasionalmente se aplica a otras flores raras/condiciones de la cabezuela.

foveolado. Punteado, con fosas o concavidades (fovéolas). Véase areolado.

funcionalmente estaminada. Término que típicamente se aplica a una flor del disco aparentemente bisexual, pero que tiene ovario estéril (generalmente linear) y ramas del estilo no estigmáticas que permanecen cercanamente adpresas después de la antesis.

garganta. La abertura u orificio formada por una corola o perianto gamopétalo; el sitio donde el limbo se une al tubo. La porción frecuentemente dilatada de la corola de las flores del disco por arriba del tubo y que da origen a (3-)5 lobos.

glanduloso, sa. Que tiene glándulas. Cuando no se especifica describe una condición punteado-glandulosa. También estipitado-glanduloso y punteado-glanduloso.

heterógamo, ma. Con dos o más clases de formas de flores. Se refiere a la cabezuela con flores de diferente sexo (p. ej., como se ve en cabezuelas radiadas).

heteromorfo (o dimorfo), fa. Término en una cabezuela a menudo usado para describir flores isógamas con corolas de dos o más formas (p. ej., algunas Mutisioides) o para describir cipselas de dos o más formas (p. ej., *Synedrella*).

homógamo, ma. Con un solo tipo de flor. Se refiere a una cabezuela con todas las flores teniendo la misma condición sexual (p. ej., como se ve en cabezuelas discoides o en cabezuelas liguladas de Cichorieae).

homoplasia. Carácter derivado independientemente, ya sea por convergencia o paralelismo.

involucro. Uno o más verticilos de brácteas. Término que se refiere a una estructura ciatiforme abrazando las flores y compuesta de 2 a más brácteas que típicamente salen de la zona del borde del pedúnculo del clinanto.

involucro doble. Término usado para referirse a un involucro en el que los filarios externos son notablemente diferentes en color, talla y textura, etc. de los filarios internos. (p. ej., típico de Coreopsideae, en Mesoamérica exceptuando solo *Goldmanella*).

lactonas sesquiterpénicas. Una subclase de terpenoides volátiles C15 comunes en Asteraceae.

ligulado, da. Que tiene lígula. Término aplicado ya sea a una flor zigomórfica bisexual individual con limbo 5-dentado o a una cabezuela homógama compuesta de flores liguladas. En Asteraceae básicamente ese se encuentra solo en miembros de Cichorieae.

limbo. Término aplicado a la porción expandida de la corola excluyendo el tubo, p. ej., a la porción radiando de una flor zigomorfa o a la garganta y los lobos de una flor actinomorfa.

membranáceo, a. Término usado en el resto de las familias para describir la textura de la hoja pero en Asteraceae se aplica mayormente para describir los órganos florales, y solo en las especies con hojas más delgadas (p. ej., Eupatorieae).

mixógenas. Se refiere a las papilas dobles o células de la superficie (células babosas) que producen mucilago cuando húmedas (p. ej., en algunas Anthemideae y Gnaphalieae).

nervio/vena calicino/a (nervio/vena de soporte). Término erróneamente aplicado (por Koch, 1930a, 1930b) a los dos nervios/venas laterales de soporte engrosados no marginales (que a menudo demarcan las líneas de doblez longitudinal en el limbo) encontrados en los limbos de la corola en flores radiadas de muchos miembros de la alianza Helianthoide.

nervios de la corola. Término colectivo que a menudo se refiere a haces vasculares o nervios y fibras y/o conductos resinosos asociados. Un nervio individual puede manifestarse como una banda solitaria (a menudo cuando los conductos de resina contienen resina incolora), como una banda de 2-líneas, o como una banda de 3-líneas (así típicamente con vena medial sin color y un par de conductos resinosos laterales coloreados). Los nervios en Asteraceae se anastomosan/entrelazan distalmente, distinguiendo Asteraceae de la mayoría de las Angiospermas.

nudo (nodular, adj.). En Asteraceae término usado en descripciones del estilo para estilos con la base del estilo agrandada.

obcomprimido, da. Aplanada en ángulos rectos al plano primario o eje. Se refiere a una cipsela aplanada a lo largo del eje tangencial de una cabezuela individual.

obgraduado. Término para un involucro en el cual los filarios externos son más largos que los filarios internos.

pálea. En Asteraceae se refiere a una bractéola interna saliendo del clinanto y abrazando basalmente una flor del disco.

paleáceo, a. Que tiene páleas. Término usado en referencia ya sea a un clinanto paleado o a las escuámulas del vilano.

paleado (paleáceo). Se refiere al clinanto que tiene páleas abrazando las flores del disco.

papilas colectoras. Las papilas apicales y abaxiales de las ramas del estilo que sirven para empujar el polen desde el cilíndro de la antera. Típicamente las papilas colectoras no se desarrollan sobre las ramas del estilo de cabezuelas pistiladas.

paposo. Se refiere a la cipsela con pappus o vilano.

pappus. Véase vilano.

pedicelo. Eje que sostiene cada flor individual; en Asteraceae su uso está restringido al pedículo que sale del clinanto y es atado al carpopodio sobre una cipsela individual (u ovario), como en la cipsela del radio de *Cotula*. Técnicamente pedicelos están ausentes en la mayoría de las Asteraceae, en las que el carpopodio está atado directamente al (sésil sobre) clinanto. El término pedicelo es a menudo erróneamente aplicado en Asteraceae, y en turno el término pedúnculo a menudo erróneamente aplicado para referirse al eje central (corimbiforo) de la inflorescencia secundaria (la capitulescencia).

pedúnculo. Eje que sostiene una inflorescencia compuesta. Pedículo inmediatamente abrazando una cabezuela (inflorescencia primaria) individual.

periclinio. Un término de Cassini para el involucro, uso prevalente en la literatura de los 1800.

periginiforme. Se refiere a la estructura lisa y no fuertemente endurecida compuesta de una cipsela o una pálea completamente o casi completamente envolvente, con la estructura así formada siendo decidua como una unidad así como en, por ejemplo, *Aldama* y *Sclerocarpus* (cuando endurecida y derivada de filarios o sea también de un conceptáculo).

plesiomorfia. Un carácter 'primitivo'.

plumoso, sa. Semejante a una pluma. Se refiere a una seta del vilano donde las células laterales patentes (extremos distales de las células libres) son mucho más largas que el diámetro de las setas del vilano.

polen helianthoide, Polen con columelas teniendo un foramen interno.

polen senecioide. Polen con columela sólida.

punteado-glandular. En Asteraceae se refiere a tricomas secretorios que son sésiles o retraídos en la superficie. Las glándulas punteadas' son por lo general simplemente llamadas 'glándulas' debido a que la condición glandular sésil es prevalente en la familia. Véase también glandular y estipitado-glandular.

radiado, da. Con flores marginales. Una cabezuela heterógama compuesta de flores del radio pistiladas (o estériles) y típicamente flores del disco pistiladas.

ramas del estilo. Las 2 ramas distales y fértiles del estilo bífido en Asteraceae.

receptáculo. El extremo del tallo o eje floral más o menos agrandado. Véase clinanto.

seta capilar. Véase cerda capilar.

seudo (o sub). Prefijo usado para describir estados o condiciones morfológicas atípicas como en seudoradiado, seudobilabiado, subrostrado, y similares.

seudocefalio. Véase sinflorescencia.

seudoestípulas. Término generalmente aplicado a enaciones nodales algunas veces verdes y foliares (o desde el tejido de la base de la hoja) de un par de hojas opuestas. El término es mayormente usado en especies de Liabeae y *Mikania*. Llamadas 'seudoestípulas' debido a que Asteraceae no tiene estípulas reales.

simplesiomorfía. Carácter ancestral compartido por dos o más clados tempranamente divergentes.

sinanterología. Taxonomía de Asteraceae.

sinanterólogo. Persona especializada en la taxonomía de Asteraceae.

sinapomorfía. Caracteres derivados compartidos de clados terminales que también están presentes en su ancestro común más reciente.

sincalatio. Véase sinflorescencia.

sinflorescencia (o sincalatio o seudocefalio). Término usado para describir una inflorescencia glomerulada. En Asteraceae se refiere a grupos compactos de cabezuelas (que en polinización efectivamente funcionan como una cabezuela única) que son a menudo secundariamente involucrados (como se encuentran, por ej., en *Echinops*, *Lagascea*, *Pseudelephantopus* y *Sphaeranthus*). En algunas especies discoides con una inflorescencia en la que las flores externas de toda la estructura compuesta no son en ocasiones característicamente (inclusive en grupos de otra manera estrictamente discoides) zigomorfas.

singenésico. Se refiere a tener los estambres connatos por las anteras.

sub (o seudo). Prefijo usado para describir estados morfológicos o condiciones atípicas como en subrostrado, seudoradiado, seudobilabiado y similares.

subimbricado. Término que se aplica a los filarios laxamente superpuestos de una cabezuela individual.

subinvolucro. La unión externa a menudo hinchada o abruptamente expandida del pedúnculo y la cabezuela.

superficie estigmática. Las zonas adaxiales o ventro-marginales de las papilas estigmáticas sobre cada rama del estilo; puede ser de 2 bandas (en 2 bandas paralelas) o continua, ocurriendo a todo lo largo (desde la base hasta el ápice) de la rama del estilo o solo proximalmente así y entonces coronada por un apéndice estéril.

tirsoide-paniculado, da. Término que describe una capitulescencia en Asteraceae que tiene múltiples cabezuelas y es compuesta.

tricomas gemelos. Estructuras 2-celulares compuestas de 2 tricomas lateralmente fusionados con células apicales alargadasls que pueden originarse de la peridermis.

triquetro, tra. Término generalmente aplicado a los ovarios del radio o a las cipselas del radio que son triangulares en corte transversal con el tercer borde adaxial y la tercera cara abaxial.

tronco del estilo. Porción del estilo proximal a las ramas. El tronco del estilo es típicamente liso y glabro, siendo característica y largamente papiloso distalmente primariamente en Cichorioides, algunas Inuloides, y en los miembros de la Alianza mesoamericana Helianthoide *Cosmos* y *Rojasianthe*.

tubo estaminal. Véase cilindro de la antera.

uñas (aristas). En Asteraceae se refiere a los miembros del vilano engrosados o muy robustos.

vilano. En la Flora Mesoamericana se usa el término vilano en lugar de papo (pappus en latín), como lo hace la Flora Ibérica. Se refiere al 'cáliz' o mechón de pelos encima de la cipsela en Asteraceae; término usado para tejido estéril muy bien desarrollado saliendo del anillo de la cipsela y (falsamente) homólogo al cáliz; un término colectivo para todos los miembros del vilano. Los elementos del vilano varían desde cerdas capilares hasta escamas de base ancha o aristas engrosadas. Algunas veces el vilano puede ser coroniforme.

vilano doble. Término usado para referirse a un tipo específico de vilano pluriseriado en el que los elementos externos son más cortos que los elementos internos (p. ej., común en Vernonieae).

xilopodio. Una raíz subterránea leñosa (carnosa) hinchada; a menudo plantas xilopodiales, cuando poseen tallos aéreos anuales, son variadamente y someramente llamadas ya sea subarbustos o hierbas.

ÍNDICE

Las siguientes reglas fueron usadas para el índice. Para los taxones aceptados en esta obra y tratados en este volumen así como su número de página correspondiente se emplearon las **negritas**; éstas solo en la entrada que encabeza la descripción de los taxones; en las discusiones se utilizaron redondas. Los sinónimos y su número de página correspondiente aparecen en *cursivas*; en las discusiones se representan en redondas blancas. En los nombres erróneamente usados y su(s) número(s) de página(s) correspondientes se utilizaron las *cursivas*; en las discusiones se emplearon las redondas blancas. Para los nombres científicos solamente citados en las discusiones y sus(s) número(s) de página(s) correspondiente(s) se emplearon redondas blancas lo mismo que para los nombres vulgares y sus número(s) de página(s) respectivo(s). Se excluyeron los nombres científicos incluidos en las claves y los citados en las ilustraciones.

Abaco del monte, 329
Abasoloa La Llave, *251*
Abasoloa taboada La Llave, *251*
Absinthium Mill., *10*
Acahual, 94
Acanthambrosia Rydb., *237*
Acanthophyton Less., *76*
Acanthospermum Schrank (Millerieae), **360**, 361
Acanthospermum australe (Loefl.) Kuntze, 361
Acanthospermum hispidum DC., 361, **361**, 361
Acanthospermum humile (Sw.) DC., **361**
Acanthospermum humile var. *hispidum* (DC.) Kuntze, *361*
Acanthotheca DC., *64*
Acanthoxanthium (DC.) Fourr., *240*
Acate, 301
Acaute, 301
Aceitilla blanca, 390
Acerillo, 494
Achaenipodium Brandegee, *323*
Achaetogeron A. Gray, 28, *41*
Achaetogeron guatemalensis (S.F. Blake) De Jong., 28, *42*
Achicoria, 77, 89
Achicoria común, 77
Achillea L. (Anthemideae), **8**
Achillea millefolium L., **8**
Achillea millefolium subsp. *occidentalis* (DC.) Hyl., *8*
Achillea millefolium var. *occidentalis* DC., *8*
Achillea occidentalis (DC.) Raf. ex Rydb., *8*
Achillea pecten-veneris Pollard, *8*
Achyrocline (Less.) DC. (Gnaphalieae), **214**, 215
Achyrocline deflexa B.L. Rob. et Greenm., 215, **215**
Achyrocline satureioides (Lam.) DC., 216
Achyrocline satureioides var. *vargasiana* (DC.) Baker, *215*
Achyrocline turneri G.L. Nesom, *215*
Achyrocline vargasiana DC., 215, **215**, 216, 224
Achyrocline ventosa Klatt, 215
Achyrocline yunckeri S.F. Blake, *215*
Achyropappus Kunth (Bahieae), **59**, 232
Achyropappus depauperatus (S.F. Blake) B.L. Turner, **60**
Achyropappus pedatus (Cav.) Less., *61*
Achyrophorus Adans., *83*
Achyrophorus roseus Less., *87*
Acmella Rich. ex Pers. (Heliantheae, Spilanthinae), 244, 312, **313**, 314, 315, 317, 319

Acmella subg. *Helepta* (Raf.) Raf., *339*
Acmella alba (L.'Hér.) R.K. Jansen, 316
Acmella brachyglossa Cass., 313, **314**, 317
Acmella brasiliensis Spreng., *274*
Acmella buphthalmoides (Jacq.) Rich., *340*
Acmella ciliata (Kunth) Cass., 313, **314**, 317
Acmella filipes (Greenm.) R.K. Jansen, **314**, 315, 317
Acmella filipes var. *cayensis* R.K. Jansen, *314*
Acmella filipes var. *parvifolia* (Benth.) R.K. Jansen, *314*
Acmella fimbriata (Kunth) Cass., *314*
Acmella hirta Lag., *368*
Acmella lundellii R.K. Jansen, **315**, 317
Acmella mutisii Cass., *340*
Acmella nuttaliana Raf., *316*
Acmella occidentalis Nutt. non Rich., *316*
Acmella occidentalis Rich., *340*
Acmella oleracea (L.) R.K. Jansen, 313
Acmella oppositifolia (Lam.) R.K. Jansen, 313, 317, *340*
Acmella oppositifolia var. *repens* (Walter) R.K. Jansen, *316*
Acmella papposa (Hemsl.) R.K. Jansen, **315**, 317
Acmella papposa var. *macrophylla* (Greenm.) R.K. Jansen, *315*
Acmella parvifolia Raf., 314
Acmella pilosa R.K. Jansen, **315**, 316, 317
Acmella poliolepidica (A.H. Moore) R.K. Jansen, 315, **316**
Acmella radicans (Jacq.) R.K. Jansen, 313, **316**
Acmella radicans var. *debilis* (Kunth) R.K. Jansen, *316*
Acmella repens (Walter) Rich., 313, 316, **316**, 317
Acmella spilanthoides Cass., *274*
Acmella tenella (Kunth) Cass., *316*
Acmella uliginosa (Sw.) Cass., 313, 314, **317**
Acocotli quauhuahuacensis F. Hern. ex Altam. et Ramírez, *94*
Acourtia D. Don (Nassauvieae), **401**
Acourtia belizeana B.L. Turner, *403*
Acourtia carpholepis (A. Gray) Reveal et R.M. King, **402**, 403
Acourtia coulteri (A. Gray) Reveal et R.M. King, **402**
Acourtia formosa D. Don, 404
Acourtia fruticosa (Lex.) B.L. Turner, 404
Acourtia glandulifera (D.L. Nash) B.L. Turner, **402**, 403
Acourtia guatemalensis B.L. Turner, 402, **403**
Acourtia hondurana B.L. Turner, 401, **403**, 404
Acourtia humboldtii (Less.) B.L. Turner, 404
Acourtia lobulata (Bacig.) Reveal et R.M. King, 402
Acourtia molinana B.L. Turner, 401, 403, **403**
Acourtia nudicaulis (A. Gray) B.L. Turner, 401, 403, 403, **403**
Acourtia patens (A. Gray) Reveal et R.M. King, 402
Acourtia reticulata (Lag. ex D. Don) Reveal et R.M. King, **404**
Acourtia reticulata var. *maculata* B.L. Turner, *404*
Acourtia scapiformis (Bacig.) B.L. Turner, 404
Acourtia wrightii (A. Gray) Reveal et R.M. King, 402
Actinea Juss., *233*
Actinea integrifolia Kunth, *235*
Actinella Pers., *233*
Actipsis Raf., *50*
Actites Lander, *87*
Adenocauleae Rydb., *393*
Adenocaulon Hook. (Mutisieae), **394**, **395**
Adenocaulon lyratum S.F. Blake, **395**, 396
Adenocritonia R.M. King et H. Rob. (Eupatorieae), **116**
Adenocritonia heathiae (B.L. Turner) H. Rob., 116, **116**

Adenocritonia steyermarkii H. Rob., **117**
Adenocyclus Less., *504*
Adenolepis Less., *93*
Adenopappus Benth., *483*
Adenophyllum Pers. (Tageteae), **474**
Adenophyllum appendiculatum (Lag.) Strother, **474**
Adenophyllum porophyllum (Cav.) Hemsl., **474**
Adenophyllum porophyllum var. **porophyllum**, **474**
Adenophyllum porophyllum var. **radiatum** (DC.) Strother, **474**
Adenospermum Hook. et Arn., *102*
Adenospermum tuberculatum Hook. et Arn., *103*
Adenostemma J.R. Forst. et G. Forst. (Eupatorieae), **117**
Adenostemma flintii R.M. King et H. Rob., **117**
Adenostemma fosbergii R.M. King et H. Rob., **117**
Adenostemma hirtiflorum Benth., **117**
Adenostemma lavenia (L.) Kuntze, 117
Adenostemma platyphyllum Cass., **118**
Adormemuela, 316
Adventina Raf., *365*
Adventina ciliata Raf., *366*
Adventina parviflora Raf., *366*
Aganippea DC., *368*
Agassizia A. Gray et Engelm., *232*
Ageratina Spach (Eupatorieae), 2, **118**, 204, 386
Ageratina subg. *Pachythamnus* R.M. King et H. Rob., *203*
Ageratina abronia (Klatt) R.M. King et H. Rob., *130*
Ageratina adenophora (Spreng.) R.M. King et H. Rob., **120**, 121, 134
Ageratina alexanderi R.M. King et H. Rob., **121**
Ageratina allenii (Standl.) R.M. King et H. Rob., **121**
Ageratina almedae R.M. King et H. Rob., *125*
Ageratina anchistea (Grashoff et Beaman) R.M. King et H. Rob., **121**
Ageratina anisochroma (Klatt) R.M. King et H. Rob., **121**
Ageratina areolaris (DC.) Gage ex B.L. Turner, *205*
Ageratina aschenborniana (S. Schauer) R.M. King et H. Rob., *129*
Ageratina atrocordata (B.L. Rob.) R.M. King et H. Rob., **122**
Ageratina austin-smithii R.M. King et H. Rob., **122**
Ageratina badia (Klatt) R.M. King et H. Rob., **122**
Ageratina barbensis R.M. King et H. Rob., **122**
Ageratina bellidifolia (Benth.) R.M. King et H. Rob., **123**
Ageratina bimatra (Standl. et L.O. Williams) R.M. King et H. Rob., *170*
Ageratina burgeri R.M. King et H. Rob., **123**
Ageratina bustamenta (DC.) R.M. King et H. Rob., *129*
Ageratina caeciliae (B.L. Rob.) R.M. King et H. Rob., **123**
Ageratina capillipes R.M. King et H. Rob., **123**
Ageratina carmonis (Standl. et Steyerm.) R.M. King et H. Rob., **123**
Ageratina cartagoensis R.M. King et H. Rob., **124**, 129
Ageratina chazaroana B.L. Turner, **124**
Ageratina chiapensis (B.L. Rob.) R.M. King et H. Rob., *133*
Ageratina chiriquensis (B.L. Rob.) R.M. King et H. Rob., **124**
Ageratina ciliata (Less.) R.M. King et H. Rob., 129
Ageratina conspicua R.M. King et H. Rob., 126, 131
Ageratina contigua R.M. King et H. Rob., **124**
Ageratina costaricensis R.M. King et H. Rob., **124**
Ageratina crassiramea (B.L. Rob.) R.M. King et H. Rob., *204*
Ageratina croatii R.M. King et H. Rob., **125**
Ageratina cupressorum (Standl. et Steyerm.) R.M. King et H. Rob., *205*
Ageratina diversipila R.M. King et H. Rob., **125**
Ageratina fosbergii R.M. King et H. Rob., *122*
Ageratina glauca (Sch. Bip. ex Klatt) R.M. King et H. Rob., **125**
Ageratina grandidentata (DC.) R.M. King et H. Rob., *128*
Ageratina guatemalensis R.M. King et H. Rob., **125**

Ageratina hebes (H. Rob.) R.M. King et H. Rob., 133
Ageratina helenae R.M. King et H. Rob., **125**, 126, 168
Ageratina herrerae R.M. King et H. Rob., **126**
Ageratina hirtella R.M. King et H. Rob., **126**
Ageratina huehueteca (Standl. et Steyerm.) R.M. King et H. Rob., **126**
Ageratina intibucensis R.M. King et H. Rob., **126**
Ageratina ixiocladon (Benth.) R.M. King et H. Rob., **126**
Ageratina kupperi (Suess.) R.M. King et H. Rob., **127**
Ageratina ligustrina (DC.) R.M. King et H. Rob., 123, **127**
Ageratina loeseneri (B.L. Rob.) R.M. King et H. Rob., 133
Ageratina mairetiana (DC.) R.M. King et H. Rob., **127**
Ageratina malacolepis (B.L. Rob.) R.M. King et H. Rob., **128**
Ageratina molinae R.M. King et H. Rob., **128**, 168
Ageratina motozintlensis R.M. King et H. Rob., *133*
Ageratina muelleri (Sch. Bip. ex Klatt) R.M. King et H. Rob., **128**
Ageratina oaxacana (Klatt) R.M. King et H. Rob., 118
Ageratina oligocephala (DC.) R.M. King et H. Rob., 131
Ageratina oreithales (Greenm.) B.L. Turner, *130*
Ageratina ovilla (Standl. et Steyerm.) R.M. King et H. Rob., **128**
Ageratina pazcuarensis (Kunth) R.M. King et H. Rob., 125, **128**
Ageratina peracuminata R.M. King et H. Rob., 122
Ageratina petiolaris (Moc. ex DC.) R.M. King et H. Rob., **129**
Ageratina pichinchensis (Kunth) R.M. King et H. Rob., 124, **129**, 129
Ageratina pichinchensis var. **bustamenta** (DC.) R.M. King et H. Rob., **129**
Ageratina pichinchensis (Kunth) R.M. King et H. Rob. var. pichinchensis, 129
Ageratina plethadenia (Standl. et Steyerm.) R.M. King et H. Rob., *127*
Ageratina pringlei (B.L. Rob. et Greenm.) R.M. King et H. Rob., **129**
Ageratina prunellifolia (Kunth) R.M. King et H. Rob., **130**
Ageratina rafaelensis (J.M. Coult.) R.M. King et H. Rob., *127*
Ageratina reserva B.L. Turner, *125*
Ageratina resinifera H. Rob., **130**
Ageratina reticulifera (Standl. et L.O. Williams) R.M. King et H. Rob., **130**
Ageratina rivalis (Greenm.) R.M. King et H. Rob., 126, **130**, 131
Ageratina salvadorensis R.M. King et H. Rob., **131**
Ageratina saxorum (Standl. et Steyerm.) R.M. King et H. Rob., **131**
Ageratina schaffneri (Sch. Bip. ex B.L. Rob.) R.M. King et H. Rob., **131**
Ageratina skutchii (B.L. Rob.) R.M. King et H. Rob., *130*
Ageratina standleyi R.M. King et H. Rob., **131**
Ageratina subcordata (Benth.) R.M. King et H. Rob., **131**
Ageratina subcoriacea R.M. King et H. Rob., **132**
Ageratina subglabra R.M. King et H. Rob., **132**
Ageratina subinclusa (Klatt) R.M. King et H. Rob., **132**
Ageratina subpenninervia (Sch. Bip. ex Klatt) R.M. King et H. Rob., *132*
Ageratina thomasii R.M. King et H. Rob., *131*
Ageratina tomentella (Schrad.) R.M. King et H. Rob., **132**
Ageratina tonduzii (Klatt) R.M. King et H. Rob., **133**
Ageratina valerioi R.M. King et H. Rob., **133**
Ageratina vernalis (Vatke et Kurtz) R.M. King et H. Rob., 132, 132, **133**
Ageratina vulcanica (Benth.) R.M. King et H. Rob., *129*
Ageratina whitei R.M. King et H. Rob., *121*
Ageratina xanthochlora (B.L. Rob.) R.M. King et H. Rob., *128*
Ageratina zunilana (Standl. et Steyerm.) R.M. King et H. Rob., **133**, 134
Ageratum L. (Eupatorieae), 114, **134**, 139, 149
Ageratum sect. *Caelestina* (Cass.) A. Gray ex B.L. Rob., *134*

Ageratum subg. *Caelestina* (Cass.) Baker, *134*
Ageratum adscendens Sch. Bip. ex Hemsl., *203*
Ageratum albidum (DC.) Hemsl. var. *nelsonii* B.L. Rob., *136*
Ageratum arbutifolium Kunth, *203*
Ageratum benjamin-lincolnii R.M. King et H. Rob., *140*
Ageratum chiriquense (B.L. Rob.) R.M. King et H. Rob., **135**
Ageratum chortianum Standl. et Steyerm., **135**
Ageratum ciliare L., *135*
Ageratum conyzoides L., **135**, 136, 138, 139
Ageratum conyzoides var. *mexicanum* (Sims) DC., *137*
Ageratum cordatum (S.F. Blake) L.O. Williams, *149*
Ageratum corymbosum Zuccagni, 137, 141
Ageratum corymbosum forma *elachycarpum* (B.L. Rob.) M.F. Johnson, *141*
Ageratum echioides (Less.) Hemsl., **136**
Ageratum elachycarpum B.L. Rob., *141*
Ageratum elassocarpum S.F. Blake, 134, **136**
Ageratum ellipticum B.L. Rob., **136**
Ageratum gaumeri B.L. Rob., **137**
Ageratum gaumeri forma *fallax* B.L. Rob., *137*
Ageratum glandulifer Sch. Bip. ex Hemsl., *203*
Ageratum guatemalense M.F. Johnson, **137**
Ageratum hondurense R.M. King et H. Rob., **137**
Ageratum houstonianum Mill., 136, **137**, 138
Ageratum intermedium Hemsl., *138*, 138
Ageratum isocarphoides (DC.) Hemsl., *136*
Ageratum isocarphoides (DC.) L.O. Williams, *136*
Ageratum latifolium (Benth.) Hemsl. non Cav., *139*
Ageratum littorale A. Gray, **138**, 138
Ageratum littorale var. *hondurense* B.L. Rob., *138*
Ageratum littorale forma *setigerum* B.L. Rob., *138*
Ageratum lundellii R.M. King et H. Rob., **138**
Ageratum maritimum Kunth, 138, **138**
Ageratum maritimum var. *intermedium* (Hemsl.) B.L. Rob., *138*
Ageratum mexicanum Sims, *137*
Ageratum microcarpum (Benth.) Hemsl., **139**
Ageratum microcephalum Hemsl., 136
Ageratum molinae R.M. King et H. Rob., **139**
Ageratum munaense R.M. King et H. Rob., **139**
Ageratum nelsonii (B.L. Rob.) M.F. Johnson, *136*
Ageratum oerstedii B.L. Rob., **139**
Ageratum oliveri R.M. King et H. Rob., *139*
Ageratum paleaceum (Gay ex DC.) Hemsl., 134
Ageratum panamense B.L. Rob., *140*
Ageratum peckii B.L. Rob., **139**
Ageratum pedatum (Cav.) Ortega, *61*
Ageratum perplexans M.F. Johnson, *366*
Ageratum petiolatum (Hook. et Arn.) Hemsl., **140**
Ageratum pinetorum (L.O. Williams) R.M. King et H. Rob., 136, *137*
Ageratum platylepis (B.L. Rob.) R.M. King et H. Rob., **140**
Ageratum punctatum Ortega, *211*
Ageratum purpureum Sessé et Moc. non Vitman, *212*
Ageratum radicans B.L. Rob., *139*, 140
Ageratum reedii R.M. King et H. Rob., *140*
Ageratum riparium B.L. Rob., **140**
Ageratum rivale B.L. Rob. non Sessé et Moc., *140*
Ageratum robinsonianum L.O. Williams, *141*
Ageratum rugosum J.M. Coult., 134, **140**, 141
Ageratum salvanaturae Smalla et N. Kilian, **141**
Ageratum scabriusculum (Benth.) Hemsl., *140*
Ageratum sordidum S.F. Blake, *203*
Ageratum standleyi B.L. Rob., **141**
Ageratum tehuacanum R.M. King et H. Rob., **141**
Ageratum tomentosum (Benth.) Hemsl., **142**
Ageratum tomentosum forma bracteatum M.F. Johnson, 141

Ageratum viscosum Sessé et Moc. non Ortega, 210
Ajan pimil, 206
Ajania Poljakov, 11
Ajenjillo, 223
Ajenjo, 7, 10, 11, 36, 240
Ajenjo del país, 10
Ájuya saika, 36
Ak' wamal, 28
Akylopsis suaveolens (Pursh) Lehm., *16*
Ala de ángel, 438
Alacate, 293
Alberrania, 493
Alcachofa, 2, 73, 74
Alcachofa de monte, 70
Alcanfor, 8, 310, 348, 489
Alcina Cav., *369*
Alcina minor Cass., *371*
Alcina ovalifolia Lag., *371*
Alcina ovatifolia J. Jacq., *371*
Alcina perfoliata Cav., *374*
Alcotán, 32, 316
Aldama La Llave (Heliantheae, Helianthinae), 236, 286, **287**, 303
Aldama dentata La Llave, 287, **288**, 292
Aldama mesoamericana N.A. Harriman, **288**
Aldama uniserialis (Hook.) A. Gray, *293*
Alepidocline S.F. Blake (Millerieae), 359, 360, **362**
Alepidocline annua S.F. Blake, **362**
Alepidocline breedlovei (B.L. Turner) B.L. Turner, **362**
Alepidocline macrocephala (H. Rob.) B.L. Turner, 362
Alfombrilla de altura, 155
Alfombrilla de huacal, 173
Algalia, 36
Algaria, 397
Algodón, 397
Algodoncillo, 424
Alhucema, 8
Allendea La Llave, *354*
Allendea lanceolata La Llave non Liabum lanceolatum (Ruiz et Pav.) Sch. Bip., *354*
Allocarpus Kunth, *362*
Allocarpus integrifolius DC., *363*
Allocarpus sabazioides Schltdl., *378*
Alloispermum Willd. (Millerieae), **362**, 363, 366, 410
Alloispermum colimense (McVaugh) H. Rob., 363
Alloispermum integrifolium (DC.) H. Rob., **363**
Alloispermum liebmannii (Sch. Bip. ex Klatt) H. Rob., *414*
Alloispermum scabrum (Lag.) H. Rob., **363**
Alomia chiriquensis B.L. Rob., *135*
Alomia cordata S.F. Blake, *149*
Alomia echioides (Less.) B.L. Rob., *136*
Alomia guatemalensis B.L. Rob., *140*
Alomia isocarphoides (DC.) B.L. Rob., *136*
Alomia microcarpa (Benth.) B.L. Rob., *139*
Alomia microcarpa forma *torresii* Standl., *139*
Alomia pinetorum L.O. Williams, *137*, 138
Alomia platylepis B.L. Rob., *140*
Alomia robinsoniana L.O. Williams, *141*
Alomia wendlandii B.L. Rob., *141*
Altamirania Greenm. non Altamiranoa Rose, *320*
Altamiranoa Rose, 320
Altamis, 11
Altamís, 238
Altamisa, 11, 17, 238, 240, 321
Altamisa de monte, 308
Altamisia, 238

Altamiz, 238
Altamiza de mar, 238
Aman, 72
Amapola, 484
Amargo, 333, 407415, 473
Amargón, 90, 397
Amargoso, 36, 127, 151, 153, 407, 414, 415, 473, 494
Amarillo de bajillo, 275
Amauriinae Rydb, *425*
Amblyolepis DC., *233*
Amblyopappus mendocinus Phil., *63*
Ambolia, 344, 345
Ambolia de monte, 345
Ambrosia L. (Heliantheae, Ambrosiinae), 2, 10, 236, 237, **237**, 238
Ambrosia artemisiifolia L., 238
Ambrosia artemisiifolia var. *trinitensis* Griseb., *238*
Ambrosia crithmifolia DC., *238*
Ambrosia cumanensis Kunth, **238**
Ambrosia elatior L., 238
Ambrosia hispida Pursh, **238**, 239
Ambrosia microcephala DC., 238
Ambrosia orobanchifera Meyen, *238*
Ambrosia paniculata Michx. var. *cumanensis* (Kunth) O.E. Schulz, *238*
Ambrosia paniculata var. *peruviana* (Willd.) O.E. Schulz, *238*
Ambrosia peruviana Willd. non All., *238*
Ambrosia psilostachya DC., *238*
AMBROSIACEAE Bercht. et J. Presl, *237*
Ambrosieae Cass., *237*
Ambrosiinae Less., **237**, 238, 240
Ambrosioideae Raf., *237*
Amellus asper (Jacq.) Kuntze, *262*
Amellus asper var. *canescens* Kuntze, *262*
Amellus asper var. *glabriusculus* Kuntze, *262*
Amellus carolinianus Walter, *251*
Amellus niveus (L.) Kuntze, *262*
Ammodia Nutt., *45*
Ammoseris Endl., *85*
Ammoseris surinamensis (Miq.) D. Dietr., *86*
Amolinia R.M. King et H. Rob. (Eupatorieae), **142**
Amolinia heydeana (B.L. Rob.) R.M. King et H. Rob., **142**
Amor de barre horno, 151
Amor-seco, 505
Ampherephis Kunth, *489*
Ampherephis aristata Kunth, *489*
Ampherephis intermedia Link, *489*
Ampherephis mutica Kunth, *489*
Ampherephis pilosa Cass., *489*
Ampherephis pulchella Cass., 490
Anactis Raf., *50*
Anacyclus australis Sieber ex Spreng., *12*
Anaitis DC., *342*, *343*
Anaitis acapulcensis DC., 342
Anandria Less., *399*
Anaphalis DC., 226
Anaphalis margaritacea (L.) Benth. et Hook. f., 226
Andi pata, 490
Andrieuxia DC., *339*
Andrieuxia mexicana DC., *340*
Andromachia Bonpl., *354*
Andromachia sect. *Oligactis* Kunth, *355*
Andromachia sessiliflora Kunth, *355*
Anicillo, 485
Anil, 491
Anis, 485

Anís, 485
Anís de chucho, 485
Anis de monte, 485
Anís de monte, 485
Anisillo, 112, 173, 479, 485, 486
Anisillo de monte, 485
An-mánk, 418
Anomostephium buphthalmoides DC., *280*
Anthemideae Cass., **7**, 7, 10, 12, 14, 241
Anthemis L. (Anthemideae), 7, **8**, 9
Anthemis americana L., *103*
Anthemis americana L. f. non L., *340*
Anthemis arvensis L., 9
Anthemis buphthalmoides Jacq., *340*
Anthemis cotula L., **9**, 16
Anthemis grandiflora Ramat., *11*
Anthemis occidentalis Willd., *340*
Anthemis oppositifolia Lam., 317, *340*
Anthemis ovatifolia Ortega, *340*
Anthemis repens Walter, *316*
Anthemis trinervia Sessé et Moc., *316*
Antizl chilkan, 31
Antzil ch'a te', 321
Apazotillo, 491, 510
Aphanactis Wedd., 360, 364, 368, 382
Aphanactis breviligulata (Longpre) B.L. Turner, *382*
Aphanactis obtusata (S.F. Blake) B.L. Turner, *383*
Aphanactis standleyi Steyerm., *369*
Aphanostephus DC., *19*
Aphanostephus pinulensis J.M. Coult., *17*
Aphanostephus ramosissimus DC., 19
Aphyllocaulon Lag., *398*
Archibaccharis Heering (Astereae), 1, 19, **20**
Archibaccharis aequivenia (S.F. Blake) D.L. Nash, **21**
Archibaccharis androgyna (Brandegee) S.F. Blake, 20, **22**
Archibaccharis asperifolia (Benth.) S.F. Blake, **22**, 24
Archibaccharis blakeana Standl. et Steyerm., **22**
Archibaccharis breedlovei G.L. Nesom et B.L. Turner, 27
Archibaccharis caloneura S.F. Blake, *27*
Archibaccharis corymbosa (Donn. Sm.) S.F. Blake, **23**
Archibaccharis flexilis (S.F. Blake) S.F. Blake, **23**
Archibaccharis hirtella (DC.) Heering, 21
Archibaccharis hirtella var. *taeniotricha* S.F. Blake, *27*
Archibaccharis irazuensis (S.F. Blake) S.F. Blake, 22, **23**, 24
Archibaccharis jacksonii S.D. Sundb., **24**
Archibaccharis lineariloba J.D. Jacks., **24**
Archibaccharis lucentifolia L.O. Williams, **24**
Archibaccharis mucronata (Kunth) S.F. Blake, *26*
Archibaccharis mucronata sin rango *paniculata* (Donn. Sm.) S.F. Blake, *26*
Archibaccharis mucronata var. *paniculata* (Donn. Sm.) S.F. Blake, *26*
Archibaccharis nicaraguensis G.L. Nesom, **25**
Archibaccharis panamensis S.F. Blake, **25**
Archibaccharis prorepens S.F. Blake, *31*
Archibaccharis salmeoides (S.F. Blake) S.F. Blake, **25**, 26
Archibaccharis schiedeana (Benth.) J.D. Jacks., **26**
Archibaccharis serratifolia (Kunth) S.F. Blake, **26**
Archibaccharis serratifolia var. *paniculata* (Donn. Sm.) S.F. Blake, *26*
Archibaccharis sescenticeps (S.F. Blake) S.F. Blake, *22*
Archibaccharis standleyi S.F. Blake, 21, **26**
Archibaccharis standleyi var. *aequivenia* S.F. Blake, *21*
Archibaccharis standleyi S.F. Blake var. standleyi, 26
Archibaccharis subsessilis S.F. Blake, **27**
Archibaccharis taeniotricha (S.F. Blake) G.L. Nesom, 23, **27**

Archibaccharis torquis (S.F. Blake) S.F. Blake, *26*
Archibaccharis trichotoma (Klatt) G.L. Nesom, **27**
Archibaccharis tuxtlensis G.L. Nesom, 25
Archibaccharis venturana G.L. Nesom, 25
Archibaccharis vesticaulis G.L. Nesom, *25*, 26
Arctium L., 66
Arctium minus (Hill) Bernh., 66
Arctotheca calendula (L.) Levyns, 18
Arctotideae Cass., 2, **18**
Arctotis L. (Arctotideae), **18**
Arctotis grandis Thunb., *18*, 19
Arctotis stoechadifolia P.J. Bergius, **18**, 19
Arctotis venusta Norl., *18*, 19
Arcyna Wiklund, *73*
Arepaxiu, 178
Argyranthemum Webb ex Sch. Bip. (Anthemideae), 7, **9**, 11, 13
Argyranthemum foeniculaceum (Willd.) Webb ex Sch. Bip., *9*, 10
Argyranthemum frutescens (L.) Sch. Bip., **9**
Argyranthemum frutescens (L.) Sch. Bip. subsp. frutescens, 9
Argyrochaeta Cav., *239*
Arito, 150
Armania Bertero ex DC., *294*
Árnica, 328, 397, 403
Arnica, 32, 89, 301, 310, 387
Arnica che, 256
Arnica de cabro, 375
Árnica del país, 397
Arnica montés, 372
Arnica silvestre, 372
Aroma, 499
Arrayan, 29, 30
Artaniza, 240
Artemisa, 7, 17, 238, 240
Artemisia L. (Anthemideae), 7, **10**, 238
Artemisia subg. *Absinthium* (Mill.) Less., *10*
Artemisia absinthium L., 2, 10, **10**
Artemisia capillifolia Lam., *165*
Artemisia dracunculus L., 10, 11
Artemisia ghiesbreghtii Rydb., *10*
Artemisia indica Willd. var. *mexicana* (Willd. ex Spreng.) Besser, *10*
Artemisia ludoviciana Nutt., **10**, 11, 11
Artemisia ludoviciana subsp. **mexicana** (Willd. ex Spreng.) D.D. Keck, **10**
Artemisia ludoviciana var. *mexicana* (Willd. ex Spreng.) Fernald, *10*
Artemisia mexicana Willd. ex Spreng., *10*, 11
Artemisia muelleri Rydb., *10*
Artemisia tridentata Nutt., 10
Artemisia verlotiorum Lamotte, 11
Artemisia viridis Blanco, *251*
Artemisia vulgaris L., 11, **11**
Artemisia vulgaris subsp. *ludoviciana* (Nutt.) H.M. Hall et Clem., *10*
Artemisia vulgaris var. *ludoviciana* (Nutt.) Kuntze, *10*
Artemisia vulgaris subsp. *mexicana* (Willd. ex Spreng.) H.M. Hall et Clem., *10*
Artemisia vulgaris var. *mexicana* (Willd. ex Spreng.) Torr. et A. Gray, *10*
Artemisia, 240
Artemsia segunda, 40
Artichoke, 73
Asaitilla, 101
Asan tanni, 256
Ascalea lanceolata (L.) Hill, *73*
Aschenbornia S. Schauer, *409*
Aschenbornia heteropoda S. Schauer, *414*
Aspilia Thouars, 241, 279

Aspilia bolivarana V.M. Badillo, *276*
Aspilia costaricensis (Benth.) Klatt, *303*
Aspilia grosseserrata M.E. Jones, *298*
Aspilia pachyphyllum Klatt, 320
Aspilia purpurea Greenm., *279*, *282*
Aspilia quinquenervis S.F. Blake, 252
Aspilia scabrida Brandegee, *282*
Aspiliopsis Greenm., *320*
Astago, 309
Aster L., 33, 52
Aster sect. *Oxytripolium* (DC.) Torr. et A. Gray, *52*
Aster subg. *Oxytripolium* (DC.) A. Gray, *52*
Aster subg. *Solidago* (L.) Kuntze, *50*
Aster sect. *Spinosi* (Alexander) A.G. Jones, *33*
Aster [sin rango] *Spinosi* Alexander, *33*
Aster subg. *Symphyotrichum* (Nees) A.G. Jones, *52*
Aster amellus L., 52
Aster annuus L., *41*
Aster asteroides (Bertero ex Colla) Rusby, *53*
Aster bahamensis Britton, *53*
Aster bangii Rusby, *53*
Aster barcinonensis Sennen, *53*
Aster bimater Standl. et Steyerm., *54*
Aster brevilingulatus (Sch. Bip. ex Hemsl.) McVaugh, *50*
Aster bullatus Klatt, *53*
Aster canadensis (L.) E.H.L. Krause, *35*
Aster canadensis (L.) Kuntze, *51*
Aster caricifolius Kunth, 54
Aster chinensis L., *33*
Aster crocatus Bertol., *421*
Aster divaricatus L. var. *graminifolius* (Spreng.) Baker, *53*
Aster divaricatus var. *sandwicensis* A. Gray ex H. Mann, *53*
Aster ensifer Bosser., *53*
Aster exilis Elliott, 54
Aster exilis var. *australis* A. Gray, *53*
Aster exilis var. *conspicuus* Hieron., *53*
Aster exilis forma *subalpinus* R.E. Fr., *53*
Aster heleius Urb., *53*
Aster inconspicuus Less., *53*
Aster jalapensis Fernald., *53*
Aster laevis L., *53*
Aster linifolius Griseb., *53*
Aster madrensis M.E. Jones, *53*
Aster mexicanus (L.) Kuntze, *51*
Aster moranensis Kunth, 54
Aster novi-belgii L., 53
Aster pauciflorus Nutt. var. *gracilis* Benth. ex Hemsl., *53*
Aster sandwicensis (A. Gray ex H. Mann) Hieron., *53*
Aster sempervirens (L.) Kuntze, *51*
Aster spinosus Benth., *33*
Aster spinosus var. *jaliscensis* McVaugh, *33*, 34
Aster spinosus var. *spinosissimus* Brandegee, *34*
Aster squamatus (Spreng.) Hieron., *53*
Aster squamatus var. *graminifolius* (Spreng.) Hieron., *53*
Aster stenactis E.H.L. Krause, *41*
Aster subtropicus Morong, *53*
Aster subulatus Michx., *53*
Aster subulatus var. *australis* (A. Gray) Shinners, *53*
Aster subulatus var. *bahamensis* (Britton) Bosser., *53*
Aster subulatus var. *cubensis* (DC.) Shinners, *53*
Aster subulatus var. *elongatus* Bosser. ex A.G. Jones et Lowry, *53*
Aster subulatus var. *euroauster* Fernald et Griscom, *53*
Aster subulatus var. *obtusifolius* Fernald, *53*
Aster subulatus var. *sandwicensis* (A. Gray ex H. Mann) A.G. Jones, *53*

Aster trilineatus Sch. Bip. ex Klatt, *54*
ASTERACEAE Bercht. et J. Presl, **1**, 2, 3, 4, 7, 65, 75, 85, 90, 109, 113, 232, 237, 245, 246, 251, 259, 394, 421, 428
Asterales Link, 3
Astereae Cass., 12, **19**, 350
Asterigeron Rydb., *41*
Asteriscodes Kuntze, *33*
Asteriscodes chinensis (L.) Kuntze, *33*
Asteroideae Lindl., 1, 3, 4
Astradelphus J. Rémy, *41*
Astranthium Nutt. (Astereae), **28**
Astranthium guatemalense S.F. Blake, 28, *42*
Astranthium purpurascens (B.L. Rob.) Larsen, **28**
Atalanthus D. Don, *87*
Athanasia hastata Walter, *262*
Athenaea Adans., *508*
Athroismeae Panero, 1
Athronia Neck., *313*
Austroeupatorium R.M. King et H. Rob. (Eupatorieae), **142**
Austroeupatorium inulifolium (Kunth) R.M. King et H. Rob., **142**
Avispa, 453
Ax, 385
Axiniphyllum Benth., 360
Ayapana Spach (Eupatorieae), **143**
Ayapana amygdalina (Lam.) R.M. King et H. Rob., **143**
Ayapana elata (Steetz) R.M. King et H. Rob., **143**
Ayapana herrerae R.M. King et H. Rob., **143**
Ayapana stenolepis (Steetz) R.M. King et H. Rob., **143**
Azota de caballo, 154
Azotacaballo, 154
Azota-caballo, 154
Azulina, 53
Babcockia Boulos, *87*
Baby, 240
Baccharis L. (Astereae), 1, 19, **28**, 29, 421
Baccharis adnata Humb. et Bonpl. ex Willd., *349*
Baccharis androgyna Brandegee, *22*
Baccharis asperifolia Benth., *22*
Baccharis asteroides Bertero ex Colla, *53*
Baccharis brasiliana L., *509*
Baccharis braunii (Pol.) Standl., *30*
Baccharis confertoides G.L. Nesom, *30*
Baccharis dioica Vahl, **29**
Baccharis elegans Kunth var. *seemannii* Sch. Bip., *26*
Baccharis erioptera Benth., *351*
Baccharis glandulifera G.L. Nesom, **29**, 30
Baccharis halimifolia L., 29
Baccharis heterophylla Kunth, 29, 30
Baccharis ivifolia Blanco, *37*
Baccharis kellermanii Greenm., *31*
Baccharis lancifolia Less., **30**
Baccharis mexicana Cuatrec., 32
Baccharis micrantha Kunth, *26*
Baccharis monoica G.L. Nesom, *31*
Baccharis mucronata Kunth, *26*
Baccharis multiflora Kunth, **30**
Baccharis multiflora var. herbacea McVaugh, 30
Baccharis multiflora Kunth var. **multiflora**, **30**
Baccharis nervosa DC., 29
Baccharis parviflora Less. non (Ruiz et Pav.) Pers., *31*, 32
Baccharis pedunculata (Mill.) Cabrera, 19, 29, **30**, 31
Baccharis prorepens (S.F. Blake) J.D. Jacks., *31*, 32
Baccharis salicifolia (Ruiz et Pav.) Pers., **31**
Baccharis salicifolia subsp. **monoica** (G.L. Nesom) Joch. Müll., 28, **31**

Baccharis salicifolia (Ruiz et Pav.) Pers. subsp. salicifolia, 31
Baccharis scabridula Brandegee, *22*
Baccharis scandens Less. non (Ruiz et Pav.) Pers., *26*
Baccharis schiedeana Benth., *26*
Baccharis serratifolia Kunth, *26*
Baccharis serrifolia DC., 30, **31**, 32
Baccharis thomasii Klatt, *26*
Baccharis trichotoma Klatt, *27*
Baccharis trinervis Pers., 19, 29, **32**
Baccharis trinervis var. rhexioides (Kunth) Baker, 32
Baccharis vaccinioides Kunth, 30, 30
Baccharis vahlii DC., *29*
Baccharis viscosa Walter non Lam., *348*
Baccharoides brachylepis (Sch. Bip. ex Baker) Kuntze, *489*
Baccharoides holtonii (Baker) Kuntze, *489*
Baccharoides muticum (Kunth) Kuntze, *489*
Baccharoides punctatum (Cass.) Kuntze, *489*
Bacché, 127
Bac-ché, 127
Bahia Lag., 59, 232
Bahia anthemoides (Kunth) A. Gray, 59
Bahia depauperata S.F. Blake, *60*
Bahia nepetifolia A. Gray, 62, *62*
Bahia sinuata Less., *62*
Bahieae B.G. Baldwin, **58**, 59, 232, 236, 426
Bahiinae Rydb., *58*
Baillieria Aubl., *245*
Baillieria aspera Aubl., *249*, 250
Baillieria barbasco Kunth, *249*
Baillieria sylvestris Aubl., *249*, 250
Bajche, 318
Bak pom te', 153
Bak sitit, 348
Bak te', 31
Bak te' wamal, 211
Baktez, 494
Bakuch wamal, 151
Balbisia Willd., *388*
Balbisia canescens Pers., *390*
Balbisia divaricata Cass., *390*
Balbisia elongata Willd., *390*
Balduina Nutt., 231
Balim k'in, 385
Baltimora L. (Heliantheae, Ecliptinae), **243**, 243, 273
Baltimora alata Meerb., *243*
Baltimora alba Pers., *243*
Baltimora geminata (Brandegee) Stuessy, 243
Baltimora recta L., 242, **243**, 244
Baltimora recta var. *scolospermum* Hassl., *243*
Baltimora scolospermum Steetz, *243*
Baltimora scolospermum var. *panamensis* Steetz, *243*
Baltimora trinervata Moench, *243*
Baq ce', 127
Bara blanca, 273
Barba fina, 32
Barbasco, 100, 249
Barkhausia Moench, *77*
Barkleyanthus H. Rob. et Brettell (Senecioneae), **430**
Barkleyanthus salicifolius (Kunth) H. Rob. et Brettell, **430**
Barnadesia Mutis ex L. f., 4
Barnadesieae D. Don, 2, 4, 65, 394
Barnadesiinae Benth. et Hook. f., 3, 394
Barnadesioideae K. Bremer et R.K. Jansen, 1, 3, 394
Barosco, 249
Barrattia A. Gray et Engelm., *294*

Barrchorno, 510
Barrecama, 309
Barrehono, 505
Barretillo, 127
Barreto, 496
Barriquete, 153
Bartlettia A. Gray, 59
Bartlettina R.M. King et H. Rob. (Eupatorieae), **144**
Bartlettina breedlovei R.M. King et H. Rob., **145**, 146
Bartlettina brevipetiolata (Klatt) R.M. King et H. Rob., 148
Bartlettina chiriquensis R.M. King et H. Rob., **145**
Bartlettina guatemalensis R.M. King et H. Rob., **145**, 146, 147
Bartlettina hastifera (Standl. et Steyerm.) R.M. King et H. Rob., **145**
Bartlettina hylobia (B.L. Rob.) R.M. King et H. Rob., **146**, 147
Bartlettina lanicaulis (B.L. Rob.) B.L. Turner, *159*
Bartlettina luxii (B.L. Rob.) R.M. King et H. Rob., **146**
Bartlettina matudae R.M. King et H. Rob., 148
Bartlettina maxonii (B.L. Rob.) R.M. King et H. Rob., **146**
Bartlettina montigena (Standl. et Steyerm.) R.M. King et H. Rob., **146**
Bartlettina oresbia (B.L. Rob.) R.M. King et H. Rob., **146**, 147
Bartlettina oresbioides (B.L. Rob.) R.M. King et H. Rob., 146, 147, **147**
Bartlettina ornata R.M. King et H. Rob., **147**
Bartlettina pansamalensis (B.L. Rob.) R.M. King et H. Rob., 146, **147**
Bartlettina pinabetensis (B.L. Rob.) R.M. King et H. Rob., **147**
Bartlettina platyphylla (B.L. Rob.) R.M. King et H. Rob., **148**
Bartlettina prionophylla (B.L. Rob.) R.M. King et H. Rob., **148**
Bartlettina ruae (Standl.) R.M. King et H. Rob., *147*
Bartlettina silvicola (B.L. Rob.) R.M. King et H. Rob., **148**
Bartlettina sordida (Less.) R.M. King et H. Rob., **148**
Bartlettina tuerckheimii (Klatt) R.M. King et H. Rob., **148**
Bartlettina williamsii R.M. King et H. Rob., **149**
Bartolina Adans., *388*
Bastón de San José, 397
Batschia Moench non J.F. Gmel., *118*
Batzil, 385
Bayal xiw, 505
Baziasa Steud., *377*
Baziasa sarmentosa (Less.) Steud., *378*
Baziasa urticifolia (Kunth) Steud., *366*
Bejuco capitaneja, 453
Bejuco chirivito, 414
Bejuco de esponja, 328
Bejuco de llama, 453
Bejuco de maliote, 264
Bejuco de tatascamite, 264
Bejuco lila, 155
Bejuco llovizna, 193
Bejuco raspador, 265
Bellis L. (Astereae), **32**
Bellis perennis L., **32**, 33
Bellis purpurascens B.L. Rob., *28*
Bellis ramosa Jacq., *251*
Berjima, 344
Berniera DC., *398*
Berthelotia DC. non Bertholletia Bonpl., *347*
Bertholletia Bonpl., 347
Bidens L. (Coreopsideae), 92, **93**, 94, 99, 100, 103, 105
Bidens sect. *Campylotheca* (Cass.) Nutt., *93*
Bidens abortiva Schumach. et Thonn., *94*
Bidens affinis Klotzsch et Otto, *102*
Bidens alata Melchert, 96, 97

Bidens alausensis Kunth, *99*
Bidens alba (L.) DC., 94, **94**, 95, 96, 100
Bidens alba (L.) DC. var. alba, 95
Bidens alba var. *radiata* (Sch. Bip.) R.E. Ballard ex Melchert, *94*
Bidens amphicarpa Sherff, *96*
Bidens angustifolia Lam., *319*
Bidens anthriscoides DC.var. *angustiloba* DC., *96*
Bidens antiguensis J.M. Coult., *100*
Bidens antiguensis var. *procumbens* (Donn. Sm.) Roseman, *100*
Bidens antiguensis var. *salvadorensis* Roseman, *100*
Bidens apiifolia L., *103*
Bidens arbuscula Ant. Molina, *97*
Bidens arguta Kunth, *95*
Bidens arguta var. *luxurians* (Willd.) DC., *95*
Bidens artemisiifolia Kuntze non Poepp., *108*
Bidens artemisiifolia Poepp., *102*
Bidens artemisiifolia var. *caudata* (Kunth) Kuntze, *107*
Bidens artemisiifolia var. *rubra* Kuntze, *107*
Bidens artemisiifolia var. *sulphurea* (Cav.) Kuntze, *108*
Bidens atriplicifolia L., *180*
Bidens attenuata Sherff, *102*
Bidens aurea (Aiton) Sherff, 94, **95**, 96
Bidens aurea var. *wrightii* (A. Gray) Sherff, *95*
Bidens berteriana Spreng., *107*
Bidens bicolor Greenm., 94, 96, **96**
Bidens bigelovii A. Gray, 96, **96**, 97
Bidens bigelovii var. *angustiloba* (DC.) Ballard ex Melchert, *96*
Bidens bigelovii var. *pueblensis* Sherff, *96*
Bidens bipinnata L., 98
Bidens bipinnata var. *cynapiifolia* (Kunth) M. Gómez, *97*
Bidens blakei (Sherff) Melchert, **96**, 97
Bidens bonplandii Sch. Bip., *94*
Bidens boquetiensis Roseman, *100*
Bidens brachycarpa DC., *94*
Bidens brittonii Sherff, *100*
Bidens canescens Bertol., *102*
Bidens caucalidea DC., *94*
Bidens caudata (Kunth) Sch. Bip., *107*
Bidens chiapensis Brandegee, **97**, 102
Bidens chiapensis var. *feddemana* (Sherff) Melchert, *97*
Bidens chilensis DC., *99*
Bidens chrysanthemifolia (Kunth) Sherff, **97**, 101, 102
Bidens chrysanthemifolia var. *parvulifolia* (Sherff) Sherff, *97*
Bidens chrysanthemoides Michx., *98*
Bidens consolidifolia Turcz., *102*
Bidens coreopsidis DC., *100*
Bidens coreopsidis var. *procumbens* Donn. Sm., *100*
Bidens costaricensis Benth., *99*
Bidens crithmifolia Kunth, *102*
Bidens cynapiifolia Kunth, **97**, 98
Bidens daucifolia DC., *94*
Bidens deamii Sherff, *94*
Bidens decolorata Kunth, *95*
Bidens decumbens Greenm., 94, 95
Bidens delphinifolia Kunth, *102*
Bidens demissa Sherff, *97*
Bidens diversifolia (Otto ex Knowles et Westc.) Sch. Bip., *107*
Bidens duranginensis Sherff, *96*
Bidens ekmanii O.E. Schulz var. *paucidentata* O.E. Schulz ex Urb., *101*
Bidens elegans Greene, *98*
Bidens exaristata DC., *94*
Bidens exigua Sherff, 101
Bidens expansa Greene, *98*
Bidens feddemana Sherff, *97*

Bidens ferulifolia (Jacq.) DC., *95*
Bidens formosa Greene, *98*
Bidens formosa Sch. Bip., *106*
Bidens frutescens Mill., *256*
Bidens fruticosa L., *256, 257, 283*
Bidens geraniifolia Brandegee, *102*
Bidens glaberrima DC., *102*
Bidens grandiflora DC. var. *breviloba* Kuntze, *102*
Bidens grandiflora var. *humilis* (Kunth) Kuntze, *102*
Bidens guatemalensis Klatt, *99*
Bidens helianthoides Kunth, *98*
Bidens heterophylla Ortega, *95*
Bidens heterophylla var. *wrightii* A. Gray, *95*
Bidens hirsuta Nutt., *99*
Bidens hirtella Kunth, *102*
Bidens hispida Kunth, *99*
Bidens holwayi Sherff et S.F. Blake, **98**, 100
Bidens holwayi var. colombiana Sherff, *98*
Bidens humilis Kunth, *102*
Bidens humilis var. *macrantha* Wedd., *102*
Bidens humilis var. *tenuifolia* Sch. Bip. ex Griseb., *102*
Bidens inermis S. Watson, *94*
Bidens izabalensis Roseman, *100*
Bidens kunthii Sch. Bip., *97*
Bidens laevis (L.) Britton, Sterns et Poggenb., **98**
Bidens leucanthema (L.) Willd., *94*
Bidens leucanthema forma *discoidea* Sch. Bip., *99*
Bidens leucanthema var. *humilis* Walp., *94*
Bidens leucanthema var. *pilosa* (L.) Griseb., *99*
Bidens lindleyi Sch. Bip., *106*
Bidens longifolia DC., *95*
Bidens lugens Greene, *98*
Bidens luxurians Willd., *95*
Bidens mcvaughii Sherff, *97*
Bidens mexicana Sherff, *100*
Bidens mollis Poepp., *102*
Bidens montaubani Phil., *99*
Bidens nana M.O. Dillon, **98**
Bidens nivea L., *262*
Bidens odorata Cav., *95, 99*
Bidens odorata var. *chilpancingensis* R.E. Ballard, *94*
Bidens odorata var. *oaxacensis* R.E. Ballard, *94*
Bidens odorata var. *rosea* (Sch. Bip.) Melchert, *94*
Bidens oerstediana (Benth.) Sherff, 97, **99**
Bidens oligocarpa Sherff, *96*
Bidens ostruthioides (DC.) Sch. Bip., **99**
Bidens ostruthioides var. *costaricensis* (Benth.) Sherff, *99*
Bidens ostruthioides var. *matritensis* Sherff, *99*
Bidens oxyodonta DC., *94*
Bidens parryi Greene, *98*
Bidens parvulifolia Sherff, *97*
Bidens pedunculata Phil., *102*
Bidens persicifolia Greene, *98*
Bidens pilosa L., 94, 95, 96, **99**, 100
Bidens pilosa var. *alausensis* (Kunth) Sherff, *99*
Bidens pilosa var. *albus* (L.) O.E. Schulz, *94*
Bidens pilosa var. bimucronata (Turcz.) O.E. Schulz, 95
Bidens pilosa var. *brachycarpa* (DC.) O.E. Schulz, *94*
Bidens pilosa forma *decumbens* (Greenm.) Sherff, *94, 95*
Bidens pilosa forma *discoidea* Sch. Bip., *99*
Bidens pilosa var. *discoidea* (Sch. Bip.) J.A. Schmidt, *99*
Bidens pilosa var. *humilis* (Walp.) Reiche, *94*
Bidens pilosa forma *indivisa* Sherff, *99*
Bidens pilosa var. *leucanthema* (L.) Harv. et Sond., *94*
Bidens pilosa var. *minor* (Blume) Sherff, *99, 100*

Bidens pilosa forma *odorata* (Cav.) Sherff, *95*
Bidens pilosa forma *radiata* Sch. Bip., *94*
Bidens pilosa subvar. *radiata* (Sch. Bip.) Pit., *94*
Bidens pilosa var. *radiata* (Sch. Bip.) J.A. Schmidt, *94, 95*
Bidens pilosa var. *subbiternata* Kuntze, *99*
Bidens procumbens Kunth, *102*
Bidens quadriaristata DC., *98*
Bidens ramosissima Sherff, *94*
Bidens reflexa Link, *99*
Bidens refracta Brandegee, *101*
Bidens reptans (Benth.) Sch. Bip., *107*
Bidens reptans (L.) G. Don, 94, **100**
Bidens reptans var. *bipartita* O.E. Schulz, *100*
Bidens reptans var. *coreopsidis* (DC.) Sherff, *100*
Bidens reptans var. *dissecta* O.E. Schulz, *100*
Bidens reptans var. *tomentosa* O.E. Schulz, *100*
Bidens reptans var. *urbanii* (Greenm.) O.E. Schulz, *100*
Bidens riparia Kunth, **101**
Bidens riparia var. *refracta* (Brandegee) O.E. Schulz, *101*
Bidens rosea Sch. Bip., *94*
Bidens rostrata Melchert, **101**
Bidens rubifolia Kunth, *100*
Bidens rubifolia var. *coreopsidis* (DC.) Baker, *100*
Bidens sartorii Sch. Bip., *107*
Bidens scandens L., *318*
Bidens scandicina Kunth, *99*
Bidens schaffneri (A. Gray) Sherff, *96*
Bidens serrata Pav. ex DC., *102*
Bidens speciosa Parish, *98*
Bidens squarrosa Kunth, *100*
Bidens squarrosa var. *atrostriata* Roseman, *100*
Bidens squarrosa var. *hondurensis* Roseman, *100*
Bidens squarrosa var. *indivisa* (B.L. Rob.) Roseman, *100*
Bidens squarrosa var. *speciosa* Roseman, *100*
Bidens squarrosa var. *tereticaulis* (DC.) Roseman, *100*
Bidens steyermarkii Sherff, 97, **101**, 102
Bidens sulphurea (Cav.) Sch. Bip., *108*
Bidens sundaica Blume var. *minor* Blume, *99*
Bidens tenera O.E. Schulz, 96, **101**
Bidens tenera var. *paucidentata* (O.E. Schulz ex Urb.) Sherff, *101*
Bidens tenera var. *tetracera* Sherff, *101*
Bidens tereticaulis DC., *100*
Bidens tereticaulis var. *antiguensis* (J.M. Coult.) O.E. Schulz, *100*
Bidens tereticaulis var. *indivisa* B.L. Rob., *100*
Bidens tereticaulis var. *sordida* Greenm., *100*
Bidens tetragona (Cerv.) DC., *95*
Bidens triplinervia Kunth, 97, 99, 101, **102**
Bidens triplinervia var. *boyacana* Sherff, *102*
Bidens triplinervia var. *eurymera* Sherff, *102*
Bidens triplinervia var. *macrantha* (Wedd.) Sherff, *102*
Bidens triplinervia var. *mollis* (Poepp.) Sherff, *102*
Bidens triplinervia var. *nematoides* Sherff, *102*
Bidens triplinervia forma *octoradiata* Sherff, *102*
Bidens urbanii Greenm., *100*
Bidens valladolidensis Sch. Bip., *107*
Bidens verticillata L., *509*
Bidens warszewicziana Regel, *95*
Bidens warszewicziana var. *pinnata* Regel, *95*
Bidentideae Godr., *92*
Bidentidinae Griseb., *92*
Bijuco-chismuyo, 414
Bilil, 322
Bisib, 32
Bisik' am, 32
Blainvillea Cass., 242, 244

Blainvillea brasiliensis (Nees et Mart.) S.F. Blake, 244
Blainvillea dichotoma (Murray) Cass. ex Hemsl., 242, 244
Blainvillea gayana Cass., *275*
Blainvillea tampicana (DC.) Hemsl., *244*
Blakeanthus R.M. King et H. Rob. (Eupatorieae), **149**
Blakeanthus cordatus (S.F. Blake) R.M. King et H. Rob., **149**
Blaxium Cass., *64*
Blumea DC., 350
Blumea aurita (L. f.) DC., *350*
Blumea aurita var. *aegyptiaca* DC., *350*
Blumea aurita var. *berteriana* DC., *350*
Blumea aurita var. *foliolosa* (DC.) C.D. Adams, *350*
Blumea aurita var. *indica* Steetz, *350*
Blumea aurita var. *mossambiquensis* Steetz, *350*
Blumea bojeri Baker, *350, 351*
Blumea glutinosa DC., *350, 351*
Blumea guineensis (Willd.) DC., *350*
Blumea guineensis var. *foliolosa* DC., *350*
Blumea lyrata (Kunth) V.M. Badillo, *350*
Blumea obliqua (L.) Druce var. *aurita* (L. f.) Naik et Bhog., *350*
Blumea viscosa (Mill.) V.M. Badillo, *351*
Blumea viscosa var. *lyrata* (Kunth) D'Arcy, *351*
Boebera Willd., *475*
Boebera chrysanthemoides Willd., *475*
Boebera ciliosa Rydb., *475*
Boebera fastigiata Kunth, *475*
Boebera glandulosa Pers., *475*
Boebera papposa (Vent.) Rydb, *475*
Boebera roseata Rydb., *475*
Boebera tagetiflora (Lag.) Spreng., *475*
Bolon eek' xiw, 250
Bolophyta Nutt., *239*
Borrichia Adans. (Heliantheae, Engelmanniinae), 285, **285**
Borrichia × *cubana* Britton et S.F. Blake, *286*
Borrichia arborescens (L.) DC., 285, **285**, 286
Borrichia argentea (Kunth) DC., 286
Borrichia frutescens (L.) DC., 285, 286, **286**
Borrichia frutescens var. *angustifolia* DC., *286*
Borrichia glabrata Small, *286*
Borrichia peruviana (Lam.) DC., 285
Boton blanco, 262
Botón blanco, 262
Botón de oro, 90, 108, 371
Botoncillo, 150, 250, 256, 262, 273
Botoncillo blanco, 262
Botoncillo de costa, 262
Botoncillo de laguna, 316
Botoncito de altura, 264, 308
Bowmania Gardner, *405*
Brachyramphus DC., *85*
Brachyramphus caribaeus DC., *86*
Brachyramphus goraeensis (Lam.) DC., *86*
Brachyramphus intybaceus (Jacq.) DC., *86*
Bracteantha Anderb. et Haegi, *231*
Bracteantha bracteata (Vent.) Anderb. et Haegi, *231*
Brassavola Adans., *233*
Brauneria Neck. ex Porter et Britton, *339*
Brauneria purpurea (L.) Britton, *339*
Bretillo, 172
Bretonica, 203
Brickellia Elliott (Eupatorieae), **149**
Brickellia adenocarpa B.L. Rob., *150*, 151
Brickellia adenocarpa var. *glandulipes* B.L. Rob., *150*, 151
Brickellia argyrolepis B.L. Rob., **150**, 151
Brickellia cavanillesii (Cass.) A. Gray, 150

Brickellia diffusa (Vahl) A. Gray, **150**
Brickellia glandulosa (La Llave) McVaugh, **150**
Brickellia guatemalensis B.L. Rob., *150*, 151
Brickellia hartwegii A. Gray, *151*
Brickellia hebecarpa (DC.) A. Gray, 151
Brickellia kellermanii Greenm., **151**
Brickellia kellermanii forma *podocephala* B.L. Rob., *151*
Brickellia oliganthes (Less.) A. Grey, 151
Brickellia orizabaensis Klatt, 150
Brickellia pacayensis J.M. Coult., *150*
Brickellia paniculata (Mill.) B.L. Rob., 150, **151**
Brickellia recondita (McVaugh) D.J. Keil et Pinkava, *152*
Brickellia scoparia (DC.) A. Gray, **151**
Brickellia tenuiflora (DC.) D.J. Keil et Pinkava, *152*
Brotera Spreng. non Cav., *476*
Brotera contrayerba Spreng., *476, 477*
Brotera sprengelii Cass., *476, 477*
Brotera trinervata (Willd.) Pers., *476*
Bulbostylis DC. non Kunth, *149*
Bulbostylis diffusa (Vahl) DC., *150*
Bulbostylis ramosissima Gardner, *179*
Bulum eek' xiw, 250
Buphthalmum arborescens L., *285*
Buphthalmum asperrimum Spreng., *280*
Buphthalmum frutescens L., *286*
Buphthalmum peruvianum Lam., 286
Buphthalmum repens Lam., *274*
Buphthalmum strigosum Spreng., *274*
Burning bush, 262
Buubxiu, 437
C'an xumac, 371
C'olox, 109
Caal ce, 349
Cabeza de pollo, 40, 250
Cabeza de vaca, 245
Cabezona, 245
Cacalia L., 450
Cacalia alamanii (DC.) Kuntze, *511*
Cacalia argyropappa (H. Buek) Kuntze, *499*
Cacalia aurantiaca Blume, *438*
Cacalia brachiata (Benth.) Kuntze, *491*
Cacalia bullata (Benth.) Kuntze, *497*
Cacalia calotricha S.F. Blake, *458*
Cacalia canescens (Kunth) Kuntze, *497*
Cacalia cervariifolia DC., *450*
Cacalia chiapensis (Hemsl.) A. Gray, *432*
Cacalia cinerea (L.) Kuntze, *490*
Cacalia coccinea Sims, *435*
Cacalia cordifolia L. f., *190*
Cacalia cuspidata Bertol. non Senecio cuspidatus DC., *463, 464*
Cacalia deppeana (Less.) Kuntze, *510*
Cacalia guatemalensis Standl. et Steyerm., *450*
Cacalia heterogama Benth., *458*
Cacalia intermedia (DC.) Kuntze, *502*
Cacalia leiocarpa (DC.) Kuntze, *494*
Cacalia parasitica (Hemsl.) Sch. Bip. ex A. Gray, *446*
Cacalia patens (Kunth) Kuntze non Kunth, *510*
Cacalia pinetorum Standl. et Steyerm., *451*
Cacalia poeppigiana (DC.) Kuntze, *504*
Cacalia prenanthoides Kunth, *437*
Cacalia pudica Standl. et Steyerm., *449*
Cacalia rubricaulis (Bonpl.) Kuntze, *502*
Cacalia ruderalis (Jacq.) Sw., *482*
Cacalia runcinata Kunth, 462
Cacalia sagittata Vahl, *436*

Cacalia sagittata Willd. non Vahl, *435*
Cacalia salvinae (Hemsl.) Kuntze, *502*
Cacalia salzmannii (DC.) Kuntze, *499*
Cacalia saracenica L., *429*
Cacalia schiedeana (Less.) Kuntze, *499*
Cacalia scorpioides (Lam.) Kuntze, *491*
Cacalia scorpioides var. *glabriuscula* Kuntze, *491*
Cacalia scorpioides var. *tomentosa* Kuntze, *491*
Cacalia seemanniana (Steetz) Kuntze, *499*, 500
Cacalia sonchifolia L., *436*
Cacalia stellaris (La Llave) Kuntze, *510*
Cacalia tabularis A. Gray, *451*
Cacalia toluccana DC. non Senecio toluccanus DC., *462*
Cacalia tournefortioides (Kunth) Kuntze, *491*
Cacalia triantha (S. Schauer) Kuntze, *496*
Cacalia triflosculosa (Kunth) Kuntze, *496*
Cacalia uniflora (Mill.) Kuntze non Schumach. et Thonn., *500*
Cacalia virens (Sch. Bip. ex Baker) Kuntze, *499*
Cachillo, 245
Cachito, 245, 275
Cachito bravo, 245
Cacho de venado, 182
Cadejo, 212
Caelestina Cass., *134*
Caelestina isocarphoides DC., *136*
Caelestina latifolia Benth., *139*
Caelestina maritima (Kunth) Torr. et A. Gray, *138*
Caelestina microcarpa Benth., *139*
Caelestina petiolata Hook. et Arn., *140*
Caelestina scabriuscula Benth., *140*
Caelestina tomentosa Benth., *142*
Caenotus canadensis (L.) Raf., *35*
Cagarina, 109
Cahacillo, 26
Caicán, 363
Cajete, 309
Cakiax, 238
Calacate, 293
Calea L. (Neurolaeneae), 320, 322, 363, 409, **409**, 410
Calea sensu Sw. non L., *417*
Calea sect. *Calebrachys* (Cass.) Benth. et Hook. f., *362*
Calea subg. *Calebrachys* Cass., *362*
Calea sect. Oteiza (La Llave) Benth. et Hook. f., *376*
Calea subg. Oteiza (La Llave) B.L. Rob. et Greenm., *376*
Calea sect. *Tetrachyron* (Schltdl.) Benth. et Hook. f., *322*
Calea subg. *Tetrachyron* (Schltdl.) B.L. Rob. et Greenm., *322*
Calea [sin rango] *Tephrocalea* A. Gray, *322*
Calea subg. *Tephrocalea* (A. Gray) B.L. Rob. et Greenm., *322*
Calea acuminata Standl. et L.O. Williams, *414*
Calea acuminata var. *xanthactis* Standl. et L.O. Williams, *414*
Calea albida A. Gray, *415*
Calea amellus (L.) L., *318*
Calea aspera Jacq., *262*
Calea axillaris DC., *415*
Calea axillaris var. *urticifolia* (Mill.) B.L. Rob. et Greenm., *415*
Calea brachiata (Lag.) DC., *415*
Calea cacosmioides Less., *415*
Calea chocoensis Cuatrec., *413*
Calea crassifolia Standl. et Steyerm., **411**
Calea crocinervosa Wussow, Urbatsch et G.A. Sullivan, **411**, 415
Calea dichotoma Standl., *414*, 415
Calea fluviatilis S.F. Blake, **411**, 412
Calea guatemalensis Donn. Sm., *322*
Calea hypoleuca B.L. Rob. et Greenm., *415*
Calea insignis S.F. Blake, *376*

Calea integrifolia (DC.) Hemsl., *363*
Calea integrifolia var. *dentata* J.M. Coult., *363*
Calea jamaicensis (L.) L., 414, 415
Calea leptocephala S.F. Blake, *414*
Calea liebmannii Sch. Bip. ex Klatt, *414*, 415
Calea lobata (L.) Sw., *418*
Calea longipedicellata B.L. Rob. et Greenm., **412**
Calea megacephala B.L. Rob. et Greenm., 411, **412**, 413
Calea megacephala var. *pachutlana* B.L. Turner, *412*, 413
Calea nelsonii B.L. Rob. et Greenm., **413**, 415
Calea oaxacana (B.L. Turner) B.L. Turner, 410
Calea oppositifolia (L.) L., *181*
Calea orizabensis Klatt, *322*
Calea peckii B.L. Rob., *415*
Calea peduncularis Kunth, *363*
Calea peduncularis var. *epapposa* Humb., Bonpl. et Kunth ex B.L. Rob. et Greenm., *363*
Calea peduncularis var. *livida* B.L. Rob. et Greenm., *363*
Calea peduncularis var. *longifolia* (Lag.) A. Gray, *363*
Calea pellucidinerva Klatt, *415*
Calea pittieri B.L. Rob. et Greenm., *413*, 414
Calea pringlei B.L. Rob., *414*
Calea pringlei var. *rubida* Greenm., *414*
Calea prunifolia Kunth, **413**, 414
Calea purpusii Brandegee, *363*
Calea rugosa (DC.) Hemsl., *414*
Calea rupestris Brandegee, *322*
Calea sabazioides (Schltdl.) Hemsl., *378*
Calea salmeifolia (DC.) Hemsl., *414*
Calea savannarum Standl. et Steyerm., *314*
Calea scabra (Lag.) B.L. Rob., *363*
Calea scabra var. *livida* (B.L. Rob. et Greenm.) B.L. Rob., *363*
Calea scabra var. *longifolia* (Lag.) B.L. Rob., *363*
Calea scabra var. *palustris* McVaugh, *363*
Calea scabra var. *peduncularis* (Kunth) B.L. Rob., *363*
Calea sessiliflora Stokes, *503*
Calea skutchii S.F. Blake, 320, 322, *322*
Calea sororia S.F. Blake, *414*
Calea standleyi Steyerm., 320, *321*, 322
Calea suriani Cass., *418*
Calea tejadae S.F. Blake, *414*
Calea ternifolia Kunth, 410, 411, 413, **414**, 415
Calea ternifolia var. calyculata (B.L. Rob.) Wussow, Urbatsch et G.A. Sullivan, 415
Calea ternifolia var. *hypoleuca* (B.L. Rob. et Greenm.) B.L. Turner, *414*, 415
Calea thysanolepis B.L. Rob. et Greenm., *363*
Calea trichotoma Donn. Sm., **415**
Calea umbellulata Hochr., *414*
Calea urticifolia (Mill.) DC., 411, **415**, 416
Calea urticifolia var. *axillaris* (DC.) S.F. Blake, *415*, 416
Calea urticifolia var. *yucatanensis* Wussow, Urbatsch et G.A. Sullivan, *415*, 416
Calea verbenifolia DC., *255*
Calea zacatechichi Schltdl., *414*, 415
Calea zacatechichi var. *laevigata* Standl. et L.O. Williams, *414*
Calea zacatechichi var. *macrophylla* B.L. Rob. et Greenm., *414*
Calea zacatechichi var. *rugosa* (DC.) B.L. Rob. et Greenm., *414*
Calea zacatechichi var. *xanthina* Standl. et L.O. Williams, *414*
Caleacte R. Br., *409*
Caleacte urticifolia (Mill.) R. Br., *415*
Calebrachys Cass., *362*
Calebrachys peduncularis (Kunth) Cass. ex Less., *363*
Calendula L. (Calenduleae), 2, **64**
Calendula americana Mill., *344*

Calendula officinalis L., **64**
Calendula pluvialis L., *65*
Calenduleae Cass., **64**
Caleopsis Fedde, *111*
Caleopsis sarmentosa (Greenm.) Fedde, *111*
Calhounia A. Nelson, *291*
Calhounia helianthifolia (Kunth) A. Nelson, *291*
Calhounia suaveolens (Kunth) A. Nelson, *291*
Calhounia tomentosa (B.L. Rob. et Greenm.) A. Nelson, *291*
Cáliz verde, 397
Calliopsis tinctoria (Nutt.) DC., *105*
Callistemma Cass., *33*
Callistemma chinensis (L.) Skeels, *33*
Callistemma hortense Cass., *33*
Callistephus Cass. (Astereae), **33**
Callistephus chinensis (L.) Nees, 33, **33**
Callistephus hortensis Cass. ex Nees, *33*
Calonnea Buc'hoz, *232*
Calonnea pulcherrima Buc'hoz, *232*
Caloseris Benth., *423*
Caloseris rupestris Benth., *424*
CALYCERACEAE R. Br. ex Rich., 3
Calydermos Lag., *362*
Calydermos sect. *Calebrachys* (Cass.) DC., *362*
Calydermos atriplicifolius (L.) Spreng., *180*
Calydermos longifolius Lag., *363*
Calydermos peduncularis (Kunth) DC., *363*
Calydermos rugosus DC., *414*
Calydermos salmeifolius DC., *414*
Calydermos scaber Lag., *363*
Calyptocarpus Less. (Heliantheae, Ecliptinae), **244**, 245, 245, 275, 342
Calyptocarpus biaristatus (DC.) H. Rob., 244
Calyptocarpus blepharolepis B.L. Rob., *245*, *342*
Calyptocarpus tampicanus (DC.) Small, *244*
Calyptocarpus vialis Less., 244, **244**, 245, 245
Calyptocarpus wendlandii Sch. Bip., 244, 245, **245**, 342
Camaliote, 338
Cambray, 107, 108, 232, 344
Cambray de lo alto, 298
Cambray de muerto, 474
Cambray rojo, 107
Cambrillo, 256
Camelia, 291
Camote blanco, 311
Campana, 300
CAMPANULACEAE Juss., 3
Campuloclinium DC. (Eupatorieae), **151**
Campuloclinium macrocephalum (Less.) DC., **152**
Campuloclinium surinamense Miq., *179*
Campylotheca Cass., *93*
Cana de agua, 109
Caña de danto, 491
Cana rancho, 309
Canary creeper, 467
Candelilla, 153, 155
Canilla, 273
Canilla de zanate, 414
Cano cillo, 26
Canotilla, 453
Canutillo, 31, 32, 100, 155, 452, 453
Cape Ivy, 465
Capitana, 331, 418
Capitaneja, 328, 418
Capitanejo, 311, 338

Caratillo, 497
Carbeni Adans., *66*
Cardillo, 295
Cardo, 67, 69, 70, 72
Cardo bendito, 67
Cardo mariano, 74
Cardo santo, 69, 70, 71
Cardo santo macho, 70
Cardol blanco, 291
Cardón, 72, 74
Cardoon, 73
Cardo-santo, 70, 476
Cardosanto, 72
Cardueae Cass., 2, **65**, 66, 69
Carduoideae Cass. ex Sweet, 394
Carduus L., 66, 69
Carduus cernuus Bertol. non (L.) Steud., *421*
Carduus lanceolatus L., *73*
Carduus marianus L., *74*
Carduus mexicanus (DC.) Greene, *70*
Carduus nutans L., 66, 69
Carduus pinetorum Small, *70*
Carduus smallii (Britton) H.E. Ahles, *70*
Carduus spinosissimus Walter non Cirsium spinosissimum (L.) Scop., *70*
Carduus subcoriaceus Less., *72*
Carduus vittatus Small, *70*
Carduus vulgaris Savi, *73*
Carelia Fabr., *134*
Carelia Juss. ex Cav. non Fabr., *207*
Carelia adscendens (Sch. Bip. ex Hemsl.) Kuntze, *203*
Carelia arbutifolia (Kunth) Kuntze, *203*
Carelia conyzoides (L.) Kuntze, *135*
Carelia echioides (Less.) Kuntze, *136*
Carelia houstoniana (Mill.) Kuntze, *137*
Carelia isocarphoides (DC.) Kuntze, *136*
Carelia latifolia (Benth.) Kuntze, *139*
Carelia littorale (A. Gray) Kuntze, *138*
Carelia maritima (Kunth) Kuntze, *138*
Carelia petiolata (Hook. et Arn.) Kuntze, *140*
Carelia scabriuscula (Benth.) Kuntze, *140*
Carelia tomentosa (Benth.) Kuntze, *142*
Carga-pino, 154, 154
Cargapino, 154
Cargilla Adans., *369*
Carlo santo, 70
Carmen, 407
Carminatia Moc. ex DC. (Eupatorieae), **152**
Carminatia recondita McVaugh, **152**, 152
Carminatia tenuiflora DC., **152**
Carolina, 344
Carphobolus Schott ex Sch. Bip., *504*
Carphobolus poeppigiana (DC.) Sch. Bip., *504*
Carphobolus tereticaulis (DC.) Sch. Bip., *504*
Carphostephium Cass., *388*, *389*
Carphostephium trifidum (Kunth) Cass., *389*
Carricillo, 387
Carrizo, 160
Carrizo de río, 160
Cártamo, 66
Carthamus L. (Cardueae), 2, 65, **66**, 67
Carthamus lanatus L., 66, 74
Carthamus tinctorius L., **66**
Cassinia R. Br., 214
Castalis Cass., *64*

Castra Vell., *405*
Catalina, 109, 249
Catarina, 109
Catarina de tierra fría, 309
Catarino de baijo, 311
Caycám, 318
Cedrillo, 386
Ceitia, 278
Ceitilla, 99
Cencerex q'en, 176
Centaurea L. (Cardueae), 1, 65, **66**, 67
Centaurea americana Nutt., **67**, 68
Centaurea benedicta (L.) L., 66, 67, **67**, 68
Centaurea calcitrapa L., 67
Centaurea cyanus L., **68**
Centaurea melitensis L., 67
Centaurea mexicana DC., *67*
Centaurea nuttallii Spreng., *67*
Centaurea rothrockii Greenm., 67, **68**
Centaurea solstitialis L., 67
Centaureeae Cass., *65*
Centaureinae Dumort., 65
Centauropsis Bojer ex DC., 500
Centauropsis rhaponticoides (Baker) Drake, 500
Centipeda Lour. sect. *Sphaeromorphaea* (DC.) C.B. Clarke, *346*
Centipeda latifolia Cass. ex Less., *38*
Centratherum Cass. (Vernonieae), **489**
Centratherum brachylepis Sch. Bip. ex Baker, *489*
Centratherum brevispinum Cass., *489*
Centratherum camporum (Hassl.) Malme, *489*
Centratherum camporum var. *longipes* (Hassl.) Malme, *489*
Centratherum holtonii Baker, *489*
Centratherum intermedium (Link) Less., *489*
Centratherum longispinum Cass., *489*
Centratherum muticum (Kunth) Less. *489*
Centratherum punctatum Cass., **489**, 490
Centratherum punctatum subsp. australianum K. Kirkman, 490
Centratherum punctatum subsp. *camporum* Hassl., *489*
Centratherum punctatum forma *foliosum* (Chodat) Hassl., *489*
Centratherum punctatum var. *foliosum* Chodat, *489*
Centratherum punctatum var. *longipes* Hassl., *489*
Centratherum punctatum var. *parviflorum* Baker, *490*
Centratherum punctatum Cass. subsp. **punctatum**, **489**, 490
Centratherum punctatum var. *viscosissimum* Hassl., *490*
Centroclinium D. Don, *423*
Centrospermum Kunth, *360*, 361
Centrospermum humile (Sw.) Less., *361*
Centuria, 68
Cephalobembix Rydb., *62*
Cephalophora Cav., *233*
Cephalophora subgen. *Hymenoxys* (Cass.) Less., *235*
Cephalophora integrifolia(Kunth) Steud., *235*
Ceratocephalus Kuntze, *313*
Ceratocephalus acmella (L.) Kuntze var. *depauperata* Kuntze, *317*
Ceratocephalus americanus Kuntze, *340*
Ceratocephalus caespitosus (DC.) Kuntze, *314*
Ceratocephalus ciliatus (Kunth) Kuntze, *314*
Ceratocephalus debilis (Kunth) Kuntze, *316*
Ceratocephalus ecliptoides (Gardner) Kuntze, *368*
Ceratocephalus exasperatus (Jacq.) Kuntze, *316*
Ceratocephalus fimbriatus (Kunth) Kuntze, *314*
Ceratocephalus karvinskianus (DC.) Kuntze, *368*
Ceratocephalus papposus (Hemsl.) Kuntze, *315*
Ceratocephalus parvifolius (Benth.) Kuntze, *314*
Ceratocephalus poeppigii (DC.) Kuntze, *314*

Ceratocephalus repens (Walter) Kuntze, *316*
Ceratocephalus sessilifolius (Hemsl.) Kuntze, *368*
Ceratocephalus sessilis (Poepp.) Kuntze, *368*
Ceratocephalus tenellus (Kunth) Kuntze, *316*
Ceratocephalus urens (Jacq.) Kuntze, *319*
Ceratocephalus wedelioides (Hook. et Arn.) Kuntze, *251*
Cerbatana, 160, 329
Cercostylos Less., *232*
Cerraja, 88, 89
Ch'aal wamal, 31, 87, 209, 318
Ch'aba ch'a ak', 318
Ch'ik bu'ul, 101
Ch'unbal te', 53
Ch'uy akan, 31
Ch'a k'olom, 87
Ch'a nichim, 234
Ch'a te', 127
Ch'a te' wamal, 141
Ch'aal te' wamal, 211
Ch'aal wamal, 31, 87, 209, 318
Chachalaco, 309
Chactsul, 107
Chacxul, 97, 107
Chaczuum, 300
Chaenactideae B.G. Baldwin, 59, 232, 236, 426
Chaenactidinae Rydb., 59
Chaenactis DC., 59
Chaenanthophorae Lag., 394
Chaenocephalus Griseb., *323*
Chaenocephalus petrobioides Griseb. var. *trichanthus* Kuntze, *337*
Chaetachlaena D. Don, *423*
Chaetanthera Ruiz et Pav., 393, 394, 421
Chaetanthereae D. Don, *393*
Chaetanthereae Dumort., *393*
Chaetospira S.F. Blake, *505*
Chaetospira funckii (Turcz.) S.F. Blake, *506*
Chaetospira spiralis (Less.) Aspl. et S.F. Blake, *506*
Ch'ail te', 494
Chak tsul, 107
Chal chaay, 329
Chal che, 348
Chal keej, 329
Chal-ch, 348
Chalcha, 240
Chal-che, 348
Chãl-ché, 348
Chamaechaenactis Rydb., 58, 59
Chamaemelum Mill., 7, 9
Chamaemelum cotula (L.) All., *9*
Chamaemelum millefolium (L.) E.H.L. Krause, *8*
Chamaemelum nobile (L.) All., 2, 9
Chamaestephanum Willd., *62*
Chamomilla Gray, 15, 16
Chamomilla chamomilla (L.) Rydb., *16*
Chamomilla courrantiana (DC.) K. Koch, *16*
Chamomilla discoidea (DC.) J. Gay ex A. Braun, *16*
Chamomilla recutita (L.) Rauschert, 16, *16*
Chamomilla suaveolens (Pursh) Rydb. non *Matricaria suaveolens* L., 16, *16*
Chamomilla vulgaris Gray, *16*
Chaparro amargo, 397
Chaptalia Vent. (Mutisieae), **396**, 399, 400
Chaptalia albicans (Sw.) Vent. ex B.D. Jacks., **396**, 397
Chaptalia alsophila Greene, *400*
Chaptalia crispula Greene, *396*, 397

Chaptalia dentata (L.) Cass., 397, 400
Chaptalia diversifolia Greene, *397*
Chaptalia ebracteata (Kuntze) K. Schum., *397*
Chaptalia ehrenbergii (Sch. Bip.) Hemsl., *400*
Chaptalia erosa Greene, *397*
Chaptalia graminifolia (Dusén ex Malme) Cabrera, 398
Chaptalia hintonii Bullock, 399
Chaptalia hololeuca Greene, 398
Chaptalia integrifolia (Cass.) Baker var. *leiocarpa* (DC.) Baker, *396*
Chaptalia leiocarpa (DC.) Urb., *396*, *397*
Chaptalia leucocephala Greene, *400*
Chaptalia lyrata D. Don non (Willd.) Spreng., *400*
Chaptalia majuscula Greene, *397*
Chaptalia monticola Greene, *400*
Chaptalia nutans (L.) Pol., 397, **397**, 398, 398
Chaptalia nutans var. *leiocarpa* (DC.) Griseb., *396*
Chaptalia oblonga D. Don, 396
Chaptalia piloselloides (Vahl) Baker, 398
Chaptalia potosina Greene, *400*
Chaptalia runcinata Kunth in Humb., **398**
Chaptalia seemannii (Sch. Bip.) Hemsl., *400*
Chaptalia sonchifolia Greene, *400*
Chaptalia subcordata Greene, *397*
Chaptalia texana Greene, 397, 398
Chaptalia tomentosa Vent., 396
Chaptalia transiliens G.L. Nesom, **398**
Charadranaetes Janovec et H. Rob. (Senecioneae), **430**, 431, 452
Charadranaetes durandii (Klatt) Janovec et H. Rob., **431**
Charavasca, 310
Chatiakella Cass., *276*
Chatiakella platyglossa Cass., *276*
Chatiakella stenoglossa Cass., *276*
Cheilodiscus Triana, *477*
Cheilodiscus littoralis Triana, *480*
Chelek pal wamal, 327
Ch'homp, 430
Chicajol, 127
Chichavac, 381
Chichilsaca, 415
Chichinguaste, 205, 262
Chichipate, 415
Chichiquizo, 415
Chichol mut, 26
Chicorée, 76
Chicoria, 2, 76, 77, 89
Chikaryo ka', 88
Chikin chij, 155
Chilca, 32, 178, 430
Chilco, 176, 430
Chilicacate, 300, 301
Chilodia R. Br., *276*
Chiltota, 412
Chimaliote, 160, 160, 309, 325, 330, 331, 332, 334, 338
Chimaliote amarillo, 325
Chimaliote blanco, 330, 334, 338
Chimaliote hueco, 160
Chimaliote negro, 330, 332, 338
Chimuyo, 155
Chinchiguaste, 279, 281, 297
Chinchin redondo, 310
Chinchingua, 375
Chionolaena DC. (Gnaphalieae), **216**, 217
Chionolaena aecidiocephala (Grierson) Anderb. et Freire, 216
Chionolaena corymbosa Hemsl., *217*
Chionolaena costaricensis (G.L. Nesom) G.L. Nesom, *217*

Chionolaena cryptocephala (G.L. Nesom) G.L. Nesom, **216**
Chionolaena eleagnoides Klatt, 216
Chionolaena lavandulaceum Benth. et Hook. f. ex Hemsl., *217*
Chionolaena lavandulifolia (Kunth) Benth. et Hook. f. ex B.D. Jacks., 216, **217**
Chionolaena macdonaldii (G.L. Nesom) G.L. Nesom, *217*
Chionolaena salicifolia (Bertol.) G.L. Nesom, **217**
Chionolaena sartorii Klatt, **217**
Chionolaena seemannii (Sch. Bip.) S.E. Freire, *217*
Chionolaena sp. **A**, **217**
Chionolaena stolonata (S.F. Blake) Pruski, 217, *229*
Chiquisá, 245
Chirivisca, 151
Chirivito, 129, 415
Ch'ishwash, 70
Chismuyo, 414
Chispa, 105
Chi'ub, 437
Chlaenobolus Cass., *351*
Chlaenobolus alopecuroides (Lam.) Cass., *351*
Chlaenobolus virgata (L.) Cass., *352*
Chlamysperma Less., *426*
Chlamysperma arenarioides Hook. et Arn., *426*
Chlamysperma polygama Triana, *63*
Chlamysperma pratense (Kunth) Less., *426*
Chloracantha G.L. Nesom, Y.B. Suh, D.R. Morgan, S.D. Sundb. et B.B. Simpson (Astereae), **33**
Chloracantha spinosa (Benth.) G.L. Nesom, **33**, 54
Chloracantha spinosa var. *jaliscensis* (McVaugh) S.D. Sundb., *34*
Chloracantha spinosa var. *spinosissima* (Brandegee) S.D. Sundb., *34*
Chloracantha spinosa var. *strictospinosa* S.D. Sundb., *34*
Chlorocrepis Griseb., *78*
Chlorocrepis fendleri (Sch. Bip.) W.A. Weber, *80*
Chocotorro, 385
Chojop, 430
Ch'oliw wamal, 206
Chondrilla japonica (L.) Lam., *91*
Chondrilla rhombifolia (Humb. ex Willd.) Poir., *150*
Chople, 160
Christmas blossom, 491
Chromolaena DC. (Eupatorieae), **153**
Chromolaena breedlovei R.M. King et H. Rob., **153**
Chromolaena collina (DC.) R.M. King et H. Rob., **153**, 154
Chromolaena glaberrima (DC.) R.M. King et H. Rob., **154**
Chromolaena hypodictya (B.L. Rob.) R.M. King et H. Rob., **154**
Chromolaena ivifolia (L.) R.M. King et H. Rob., **154**
Chromolaena laevigata (Lam.) R.M. King et H. Rob., **154**
Chromolaena lundellii R.M. King et H. Rob., **154**, 155
Chromolaena odorata (L.) R.M. King et H. Rob., 155, **155**
Chromolaena oerstediana (Benth.) R.M. King et H. Rob., *154*
Chromolaena opadoclinia (S.F. Blake) R.M. King et H. Rob., 154, **155**
Chromolaena quercetorum (L.O. Williams) R.M. King et H. Rob., **155**
Chrysanthellina swartzii Cass., *103*
Chrysanthellinae Ryding et K. Bremer, 92
Chrysanthellum Rich. (Coreopsideae), 92, **102**, 103
Chrysanthellum americanum (L.) Vatke, **103**, 103
Chrysanthellum americanum var. *integrifolium* (Steetz) Alexander, 103, 103, *104*
Chrysanthellum argentinum Ariza et Cerana, *103*
Chrysanthellum indicum DC., 103, **103**
Chrysanthellum indicum subsp. **mexicanum** (Greenm.) B.L. Turner, **103**
Chrysanthellum indicum var. *mexicanum* (Greenm.) B.L. Turner, *103*

Chrysanthellum integrifolium Steetz, 103, **103**

Chrysanthellum mexicanum Greenm., *103*

Chrysanthellum perennans B.L. Turner,103, **104**

Chrysanthellum pilzii Strother, 103

Chrysanthellum procumbens Rich., *103*

Chrysanthellum tuberculatum (Hook. et Arn.) Cabrera, *103*

Chrysanthellum weberbaueri I.C. Chung, *103*

Chrysanthemum, 11

Chrysanthemum L. (Anthemideae), 2, 7, **11**, 12, 13, 14, 17

Chrysanthemum ×*superbum* Bergmans ex J.W. Ingram, *14*

Chrysanthemum carinatum Schousb., 13

Chrysanthemum chamomilla (L.) Bernh., *16*

Chrysanthemum coccineum Willd., *17*

Chrysanthemum coronarium L., 11, 13, *13*, 14

Chrysanthemum foeniculaceum (Willd.) Steud., *9*

Chrysanthemum frutescens L., *9*

Chrysanthemum grandiflorum Brouss. exWilld., 11

Chrysanthemum indicum L., 11, 12, 13

Chrysanthemum lacustre Brot., 14, 15

Chrysanthemum leucanthemum L., 15, *15*

Chrysanthemum morifolium Ramat., **11**, 12, 33

Chrysanthemum parthenium (L.) Bernh., *17*

Chrysanthemum procumbens (L.) Sessé et Moc., *390*

Chrysanthemum roseum Adams, *17*

Chrysanthemum segetum L., *14*

Chrysanthemum vulgare (L.) Bernh. non (Tourn. ex Lam.) Gaterau, *18*

Chrysanthemum vulgare (Lam.) Gaterau, *15*

Chrysocoma repanda Vell., *491*

Chrysogonum L. sect. *Baltimora* (L.) Baill., *243*

Chrysogonum peruvianum L., 343, *345*

Chrysopsidinae G.L. Nesom, 19, 48

Chrysopsis (Nutt.) Elliott, 45, 49

Chrysopsis [sin rango] *Pityopsis* (Nutt.) Torr. et A. Gray, *49*

Chrysopsis argentea (Pers.) Elliott, *49*

Chrysopsis correllii Fernald, *49*

Chrysopsis graminifolia (Michx.) Elliott, *49*

Chrysopsis graminifolia (Michx.) Nutt. ex Torr. et A. Gray, *49*

Chrysopsis graminifolia var. *latifolia* Fernald, *49*

Chrysopsis graminifolia var. *microcephala* (Small) Cronquist, *49*

Chrysopsis lamarckii Nutt., *45*

Chrysopsis latifolia (Fernald) Small, *49*

Chrysopsis microcephala Small, *49*

Chrysopsis nervosa (Willd.) Fernald, *49*

Chrysopsis nervosa var. *stenolepis* Fernald, *49*

Chrysopsis nervosa var. *virgata* Fernald, *49*

Chrysopsis scabra Elliott, *45*

Chrysopsis tracyi Small, *49*

Chthonia Cass., *477*, *478*

Chuchulkén, 218

Chucoa Cabrera, *423*

Ch'ulelal nichim, 484

Chunay de zopa, 109

Chunis-boch, 109

Chupamiel, 407

Chupón, 489

Churro, 329

Chus, 484

Chusita, 17

Chylodia Rich. ex Cass., *276*

Chylodia sarmentosa (Rich.) Rich. ex Cass., *276*

Cichorieae Lam. et DC., 1, 2, **74**, 75

Cichorioideae Chevall., 1, 3

Cichorium L. (Cichorieae), 2, **76**

Cichorium sect. *Acanthophyton* (Less.) DC., *76*

Cichorium byzantinum Clementi, *77*

Cichorium cicorea Dumort., *77*

Cichorium crispum Mill., *76*

Cichorium endivia L., 75, 76, **76**, 77, 77

Cichorium endivia var. *crispum* (Mill.) Lam., *76*, 77

Cichorium endivia subsp. divaricatum (Schousb.) P.D. Sell, 77

Cichorium endivia var. *latifolium* Lam., *76*, 77

Cichorium endivia var. *sativa* DC., *76*

Cichorium glabratum C. Presl, *77*

Cichorium glaucum Hoffmanns. et Link, *77*

Cichorium intybus L., *76*, 77, **77**

Cichorium intybus var. *eglandulosum* Freyn et Sint., *77*

Cichorium intybus var. *endivia* (L.) C.B. Clarke, *76*

Cichorium intybus subsp. *glabratum* (C. Presl) Wagenitz et Bedarff, *77*

Cichorium intybus var. *glabratum* (C. Presl) Gren. et Godr., *77*

Cichorium intybus subsp. sativum (Bisch.) Janch., 77

Cichorium perenne Stokes, *77*

Cichorium pumilum Jacq., 77

Cichorium rigidum Salisb., *77*

Cichorium sylvestre Garsault, *77*

Ciguapate, 348

Ciguapate de parra, 497

Cihuapatli, 348, 510

Cimarrón, 223

Cineraria acutangula Bertol., *455*

Cineraria angustifolia Kunth, *430*

Cineraria canadensis Walter, *437*

Cineraria salicifolia Kunth, *430*

Cipria, 415

Cirsium Mill. (Cardueae), 65, **68**, 69

Cirsium anartiolepis Petr., 69, 73

Cirsium arvense (L.) Scop., *72*

Cirsium cernuum Lag., 69

Cirsium chrismarii (Klatt) Petr., *70*

Cirsium consociatum S.F. Blake, **69**, 70

Cirsium conspicuum (G. Don) Sch. Bip., 69, 73

Cirsium costaricense (Pol.) Petr., *70*

Cirsium ehrenbergii Sch. Bip., 73

Cirsium guatemalense S.F. Blake, *71*, 72

Cirsium heterolepis Benth., *72*

Cirsium horridulum Michx., 69, **70**, 73

Cirsium horridulum subsp. *chrismarii* (Klatt) Petr., *70*

Cirsium horridulum forma *elliottii* (Torr. et A. Gray) Fernald, *70*

Cirsium horridulum var. *elliottii* Torrey et A. Gray, *70*

Cirsium horridulum var. *megacanthum* (Nutt.) D.J. Keil, *70*

Cirsium horridulum var. *vittatum* (Small) R.W. Long, *70*

Cirsium jorullense (Kunth) Spreng., 71

Cirsium lanceolatum (L.) Scop. non Hill, *73*

Cirsium maximum Benth., *72*

Cirsium megacanthum Nutt., *70*

Cirsium mexicanum DC., **70**

Cirsium mexicanum var. *bracteatum* Petr., *70*

Cirsium nigriceps Standl. et Steyerm., **71**

Cirsium nivale (Kunth) Sch. Bip., 69

Cirsium pinetorum (Small) Small non Greenm., *70*

Cirsium pinnatisectum (Klatt) Petr., *72*

Cirsium platycephalum Benth., *72*

Cirsium radians Benth., 70, **71**, 72

Cirsium skutchii S.F. Blake, 70, **72**

Cirsium smallii Britton, *70*

Cirsium spinosissimum (L.) Scop., 70

Cirsium subcoriaceum (Less.) Sch. Bip., 69, **72**, 73

Cirsium vittatum (Small) Small, *70*

Cirsium vulgare (Savi) Ten., **73**

Cissampelopsis (DC.) Miq., 432
Cladoseris (Less.) Less. ex Spach, *423*
Clavel de muerto, 108
Clavel del diablo, 435
Clavellín de playa, 274
Clavellina, 484
Clavigera DC., *149*
Clavigera scabra Benth., *151*
Clavigera scoparia DC., *151*
Cleistanthium Kunze, *399*
Clibadium F. Allam. ex L. (Heliantheae, Ecliptinae), **245**, 246
Clibadium acuminatum Benth., **246**, 250
Clibadium anceps Greenm., **247**
Clibadium appressipilum S.F. Blake, *249*
Clibadium arboreum Donn. Sm., **247**, 249
Clibadium arriagadae Pruski, 246, 248
Clibadium asperum (Aubl.) DC., *249*, 250
Clibadium badieri (DC.) Griseb., *249*
Clibadium barbasco (Kunth) DC., *249*
Clibadium caracasanum DC., *249*
Clibadium caudatum S.F. Blake, *249*
Clibadium chocoense Cuatrec., *247*
Clibadium donnell-smithii J.M. Coult., *247*
Clibadium eggersii Hieron., 236, 246, **247**, 248
Clibadium glomeratum Greenm., **248**
Clibadium grande S.F. Blake, *248*
Clibadium grandifolium S.F. Blake, **248**
Clibadium havanense DC., *249*
Clibadium lanceolatum Rusby, *249*
Clibadium latifolium Rusby, *249*
Clibadium lehmannianum O.E. Schulz, *249*
Clibadium leiocarpum Steetz, **248**, 249, 250
Clibadium leiocarpum var. *strigosum* S.F. Blake, *248*, 249
Clibadium oligandrum S.F. Blake, *247*
Clibadium pacificum Cuatrec., *248*
Clibadium parviceps S.F. Blake, *246*
Clibadium pediculatum Aristeg., *246*
Clibadium pentaneuron S.F. Blake, 248
Clibadium pilonicum Stuessy, *247*
Clibadium pittieri Greenm., *247*, 248
Clibadium pittieri forma *phrixium* Greenm., *247*
Clibadium polygynum S.F. Blake, *247*
Clibadium propinquum S.F. Blake, *247*
Clibadium pueblanum S.F. Blake, *247*
Clibadium schulzii S.F. Blake, *248*
Clibadium sessile S.F. Blake, **249**
Clibadium sneidernii Cuatrec., *246*
Clibadium sodiroi Hieron., 247
Clibadium strigillosum S.F. Blake, *249*
Clibadium subauriculatum Stuessy, *249*
Clibadium surinamense L., 246, 247, 249, **249**, 250
Clibadium surinamense var. *asperum* (Aubl.) Baker, *249*
Clibadium surinamense var. *macrophyllum* Steyerm., *249*
Clibadium sylvestre (Aubl.) Baill., 246, 247, 248, 248, 249, 249, **249**, 250
Clibadium terebinthinaceum (Sw.) DC. var. *badieri* DC., *249*
Clibadium terebinthinaceum subsp. *colombiense* Cuatrec., *248*
Clibadium terebinthinaceum var. *pittieri* (Greenm.) O.E. Schulz, *247*
Clibadium trinitatis DC., *249*
Clibadium vargasii DC., *249*
Clibadium villosum Benth., *249*
Clipteria Raf., *251*
Clipteria dichotoma Raf., *251*
Clomenocoma montana Benth., *475*
Cnicus L., 66, 67

Cnicus benedictus L., 67, *67*
Cnicus chrismarii Klatt, *70*
Cnicus costaricensis Pol., *70*
Cnicus heterolepis (Benth.) A. Gray, *72*
Cnicus horridulus (Michx.) Pursh., *70*
Cnicus lanceolatus (L.) Willd., *73*
Cnicus mexicanus (DC.) Hemsl., *70*
Cnicus pinnatisectus Klatt, *72*
Cnicus radians (Benth.) Hemsl., *71*
Cnicus subcoriaceus (Less.) Hemsl., *72*
Col tus, 484
Cola de alacrán, 135, 403
Cola de ardilla, 8
Cola de caballo, 154
Cola de macho, 499
Cola de pato, 505
Cola de venado, 497
Cola de zorro, 363
Colacate, 293
Colchón de niño, 481
Coleosanthus Cass., *149*
Coleosanthus adenocarpus [sin rango] *glandulipes* (B.L. Rob.) S.F. Blake, *150*
Coleosanthus adenocarpus (B.L. Rob.) Arthur, *150*
Coleosanthus diffusus (Vahl) Kuntze, *150*
Coleosanthus glandulosus (La Llave) Kuntze, *150*
Coleosanthus pacayensis (J.M. Coult.) J.M. Coult., *150*
Coleosanthus paniculatus (Mill.) Standl., *151*
Coleosanthus rigidus Kuntze, *151*
Coleosanthus scoparius (DC.) Kuntze, *151*
Coleosanthus tiliifolius Cass., *178*
Coleostephus myconis (L.) Cass., 7
Collaea procumbens Spreng., *103*
Colimacho, 499
Colmillo de león, 89
Colobogyne Gagnep., *313*
Colorrillo, 414
Comaclinium Scheidw. et Planch. (Tageteae), 260, 473, **475**
Comaclinium aurantiacum Scheidw. et Planch., *475*
Comaclinium montanum (Benth.) Strother, **475**
Comida de cache, 109
Comida de yegua, 32
Comillo, 479
Cominillo, 366, 426, 481
Cominillo rosado, 366
Complaya Strother, *274*
Complaya trilobata (L.) Strother, *274*
COMPOSITAE Giseke, 1
Conchalagua, 63, 279
Conchita, 14
Condurango, 190
Condurango de San Jorge, 193
Condylidium R.M. King et H. Rob. (Eupatorieae), **155**
Condylidium iresinoides (Kunth) R.M. King et H. Rob., **156**
Conoclinium DC. (Eupatorieae), **156**
Conoclinium betonicifolium (Mill.) R.M. King et H. Rob., **156**
Conoclinium betonicum DC., *156*
Conoclinium betonicum var. *integrifolium* A. Gray, *156*
Conoclinium ianthinum Morren, *148*
Conoclinium integrifolium (A. Gray) Small, *156*
Conrado, 318
Conrodo, 415
Conror, 494
Contraraña, 211, 505
Contrarña, 330, 497

Contrayerba, 403
Conyza Less. (Astereae), 19, **34**, 41, 46, 50, 350
Conyza sect. *Laennecia* (Cass.) Cuatrec., *45*
Conyza subgen. *Leptogyne* Elliott, *347*
Conyza adnata (Humb. et Bonpl. ex Willd.) Kunth, *349*
Conyza albida Willd. ex Spreng., *37*
Conyza alopecuroides Lam., *351*
Conyza altissima Naudin ex Debeaux, *37*
Conyza ambigua DC., *35*
Conyza angustifolia Nutt. non Roxb., *349*
Conyza apurensis Kunth, 34, *36*
Conyza apurensis var. *hispidior* Benth., *36*
Conyza asperifolia (Benth.) Benth. et Hook. f. ex Hemsl., *22*
Conyza aurita L. f., *351*
Conyza baccharis Mill., *348*
Conyza berteroana Phil., *53*
Conyza bonariensis (L.) Cronquist, 34, **35**, 37, 37
Conyza bonariensis forma *subleiotheca* Cuatrec., *37*
Conyza bonariensis var. *leiotheca* (S.F. Blake) Cuatrec., *37*
Conyza bonariensis var. *microcephala* (Cabrera) Cabrera, *37*
Conyza canadensis (L.) Cronquist, 34, **35**, 35, 36, 54
Conyza canadensis var. **canadensis**, 35
Conyza canadensis var. *glabrata* (A. Gray) Cronquist, *35*
Conyza canadensis var. **pusilla** (Nutt.) Cronquist, **35**, 36
Conyza cardaminifolia Kunth, 36, 37
Conyza carolinensis Jacq., *348*
Conyza chiapensis Brandegee, *351*
Conyza chilensis Spreng., 34, *37*
Conyza cinerea L., *490*
Conyza confusa Cronquist, *46*
Conyza coronopifolia Kunth, **36**
Conyza cortesii Kunth, *348*
Conyza coulteri A. Gray var. *tenuisecta* A. Gray, *47*
Conyza erigeroides DC., *37*
Conyza erythrolaena Klatt, *47*
Conyza evacioides Rusby, *47*
Conyza filaginoides (DC.) Hieron., *46*
Conyza floribunda Kunth, *37*
Conyza floribunda var. *laciniata* Cabrera, *37*
Conyza floribunda var. *subleiotheca* (Cuatrec.) J.B. Marshall, *37*
Conyza gnaphalioides Kunth, 46, *47*
Conyza graminifolia Spreng., *53*
Conyza groegeri V.M. Badillo, *37*
Conyza guineensis Willd., *351*
Conyza laevigata (Rich.) Puski, **36**, 351
Conyza linearis DC., *35*
Conyza linifolia (Willd.) Täckh., *35*
Conyza lobata L., *418*
Conyza lyrata Kunth, *350*
Conyza lyrata var. *pilosa* Fernald, *351*
Conyza marilandica Michx., *349*
Conyza microcephala Hemsl., 36, **36**, 37
Conyza myosotifolia Kunth, *37*
Conyza naudinii Bonnet, *37*
Conyza obtusa Kunth, *36*
Conyza odorata L., *349*
Conyza panamensis Willd., 29
Conyza parva Cronquist, *35*
Conyza pedunculata Mill., *30*
Conyza plebeja Phil., *35*
Conyza primulifolia (Lam.) Cuatrec. et Lourteig, 34, **37**
Conyza pulchella Kunth, *47*
Conyza pulcherrima M.E. Jones, *47*
Conyza purpurascens Sw., *349*
Conyza riparia Kunth, *352*

Conyza salicifolia Mill., *349*
Conyza scabiosifolia J. Rémy, *37*
Conyza scandens Mill., *499*
Conyza schiedeana (Less.) Cronquist, *47*
Conyza scorpioides Lam., *491*
Conyza senegalensis Willd., *351*
Conyza serpentaria Griseb., *47*
Conyza sophiifolia Kunth, *47*
Conyza squamata Spreng., *53*
Conyza subdecurrens DC., *47*
Conyza subspathulata Cronquist, *36*
Conyza sumatrensis (Retz.) E. Walker, 34, *37*
Conyza sumatrensis var. *floribunda* (Kunth) J.B. Marshall, *37*
Conyza sumatrensis var. **leiotheca** (S.F. Blake) Pruski et G. Sancho, **37**
Conyza sumatrensis (Retz.) E. Walker var. **sumatrensis**, **37**
Conyza symphytifolia Mill., *418*
Conyza tomentosa Mill. non Burm. f., *510*
Conyza tortuosa L., *499*
Conyza trinervis Lam. non Mill., *32*
Conyza uniflora Mill., *500*
Conyza villosa Willd., *351*
Conyza virgata (L.) L., *352*
Conyza viscosa Mill., *350*
Conyza yungasensis Rusby, *37*
Conyzanthus Tamamsch., *52*
Conyzanthus graminifolius (Spreng.) Tamamsch., *53*
Conyzanthus squamatus (Spreng.) Tamamsch., *53*
Conyzella canadensis (L.) Rupr., *35*
Copa de rey, 474
Copalilla, 22
Copalillo, 158, 160
Coque, 349
COREOPSIDACEAE Link, *92*
Coreopsideae Lindl., 1, 2, **92**, 111, 111, 232, 409
Coreopsidées, 232
Coreopsidinae Dumort., *92*
Coreopsidodinae C. Jeffrey, *92*
Coreopsis, 2
Coreopsis L. (Coreopsideae), 92, 99, 103, **104**, 105, 111
Coreopsis sect. Calliopsis (Rchb.) Nutt, 105
Coreopsis sect. Electra S.F. Blake, 105
Coreopsis L. sect. Coreopsis, 104
Coreopsis sect. Leptosyne (DC.) O. Hoffm., 105
Coreopsis acmella (L.) K. Krause var. *uliginosa* (Sw.) K. Krause, *317*
Coreopsis alba L., *94*
Coreopsis amplexicaulis Cav., *295*
Coreopsis artemisiifolia Jacq., *108*
Coreopsis artemisiifolia Sessé et Moc., *108*
Coreopsis aurea Aiton, *95*
Coreopsis baccata L., *276*
Coreopsis chrysantha Spreng., *100*
Coreopsis diffusa M.E. Jones, *103*
Coreopsis ferulifolia Jacq. var. *odoratissima* Sherff, *94*
Coreopsis foetida Cav., *296*
Coreopsis formosa Bonato, *106*
Coreopsis georgina Cass., *110*
Coreopsis lanceolata L., 104, **105**
Coreopsis leucanthema L., *94*
Coreopsis lucida Cav., *95*
Coreopsis mexicana (DC.) Hemsl., *111*
Coreopsis mutica DC., 105, *111*
Coreopsis mutica var. *microcephala* D.J. Crawford, *111*
Coreopsis odoratissima Cav. ex Pers, *94*
Coreopsis oerstediana Benth., *99*

Coreopsis perfoliata Walter, *98*
Coreopsis petrophila A. Gray et S. Watson, 104
Coreopsis petrophiloides B.L. Rob. et Greenm., 104
Coreopsis pinnatisecta S.F. Blake, 104
Coreopsis pubescens Elliott, 104
Coreopsis radiata Mill., *98*
Coreopsis reptans L., *100*
Coreopsis rhyacophila Greenm., 104, 105
Coreopsis scandens Sessé et Moc., *100*
Coreopsis tetragona Cerv., *95*
Coreopsis tinctoria Nutt., 105, **105**
Coreopsis trichosperma Michx. var. *aurea* (Aiton) Nutt., *95*
Coreopsis trifoliata Bertol., *100*
Coreopsis variifolia Salisb., *100*
Coriente, 240
Corona, 247
Coronillo, 479
Corozonillo, 154
Corrimiento, 32, 100
Corrimiento aak', 100
Corynanthelium Kunze, *187*
Cosmin, 107
Cosmos Cav. (Coreopsideae), 92, 103, 105, **105**
Cosmos aurantiacus Klatt, *108*
Cosmos bipinnatus Cav., 106, **106**, 107
Cosmos bipinnatus var. *exaristatus* DC., *106*
Cosmos blakei Sherff, *96*
Cosmos calvus (Sch. Bip. ex Miq.) Sherff, 108
Cosmos caudatus Kunth, 106, **107**
Cosmos caudatus var. exaristatus Sherff, 107
Cosmos chrysanthemifolius Kunth, *97*
Cosmos crithmifolius Kunth, **107**
Cosmos diversifolius Otto ex Knowles et Westc., **107**, 108
Cosmos exiguus A. Gray non Bidens exigua Sherff, *101*
Cosmos gracilis Sherff, *108*
Cosmos hintonii Sherff, *298*
Cosmos pacificus Melchert, 107, 108
Cosmos pacificus var. *chiapensis* Melchert., *107*
Cosmos peucedanifolius Wedd., 108
Cosmos pilosus Kunth, *95*
Cosmos reptans Benth., *107*
Cosmos scabiosoides Kunth, 108
Cosmos steyermarkii Sherff, *96*, 97
Cosmos sulphureus Cav., 106, **108**
Cosmos sulphureus var. *exaristatus* Sherff, *108*
Cosmos sulphureus var. *hirsuticaulis* Sherff, *108*
Cosmos tenellus Kunth, *95*
Cosmos tenuifolius (Lindl. ex DC.) Lindl., *106*
Cotula L. (Anthemideae), **12**
Cotula sect. *Strongylosperma* (Less.) Benth., *12*
Cotula alba (L.) L., *251*
Cotula australis (Sieber ex Spreng.) Hook. f., **12**
Cotula bicolor Roth, *38*
Cotula coronopifolia L., 12
Cotula latifolia Pers., *38*
Cotula mexicana (DC.) Cabrera, 7, **13**
Cotula minuta (L. f.) Schinz non G. Forst., *13*
Cotula pedicellata (Ruiz et Pav.) Cabrera non Compton, *13*
Cotula prostrata (L.) L., *251*
Cotula pygmaea (Kunth) Benth. et Hook. f. ex Hemsl. non Poir., *13*
Cotula spilanthes L., *319*
Cotula villosa DC., *12*
Cotula viscosa L., *40*
Cotzij caminiac, 484
Coxuá, 484

Coyontura, 176
Crassina Scepin, *343*
Crassina elegans (Jacq.) Kuntze, *344*
Crassina leptopoda (DC.) Kuntze, *345*
Crassina peruviana (L.) Kuntze, *345*
Crassina tenuiflora (Jacq.) Kuntze, *345*
Crassinia verticillata (Andrews) Kuntze, *345*
Crassocephalum Moench (Senecioneae), 2, **431**
Crassocephalum aurantiacum (Blume) Kuntze, *438*
Crassocephalum aurantiacum var. *chrysanthum* Kuntze, *438*
Crassocephalum crepidioides (Benth.) S. Moore, **431**
Crassocephalum diversifolium Hiern, *431*
Crassocephalum diversifolium var. *crepidioides* (Benth.) Hiern, *431*
Crassocephalum diversifolium var. *polycephalum* (Benth.) Hiern, *431*
Crassocephalum sonchifolium (L.) Less., *436*
Crassocephalum valerianifolium (Link ex Spreng.) Less., *437*
Cremocephalum Cass., *431*
Crepis L. (Cichorieae), 75, **77**, 91
Crepis ambigua A. Gray non Balb., *80*
Crepis capillaris (L.) Wallr., **78**
Crepis cooperi A. Gray, *78*
Crepis diffusa DC., *78*
Crepis formosana Hayata, *91*
Crepis heterophylla Klatt, 75, 78
Crepis japonica (L.) Benth., *91*
Crepis parviflora Moench, *78*
Crepis tectorum L., 78
Crepis virens L., *78*
Crespillo, 99, 193, 452, 473
Crisantema, 14
Crisantemo, 2, 7, 11, 12
Crisantemon, 11
Critonia P. Browne (Eupatorieae), **156**
Critonia aromatisans (DC.) R.M. King et H. Rob., 157
Critonia bartlettii (B.L. Rob.) R.M. King et H. Rob., **157**, 158, 158
Critonia belizeana B.L. Turner, *159*
Critonia billbergiana (Beurl.) R.M. King et H. Rob., 158, **158**, 159
Critonia breedlovei R.M. King et H. Rob., 157, **158**
Critonia campechensis (B.L. Rob.) R.M. King et H. Rob., **158**
Critonia chrysocephala (Klatt) R.M. King et H. Rob., *418*
Critonia conzattii (Greenm.) R.M. King et H. Rob., 161
Critonia daleoides DC., **158**
Critonia eggersii (Hieron.) R.M. King et H. Rob., *158*
Critonia hebebotrya DC., **159**
Critonia hemipteropoda (B.L. Rob.) R.M. King et H. Rob., *160*
Critonia hospitalis (B.L. Rob.) R.M. King et H. Rob., 157, 158, 161
Critonia iltisii R.M. King et H. Rob., **159**
Critonia lanicaulis (B.L. Rob.) R.M. King et H. Rob., **159**
Critonia laurifolia (B.L. Rob.) R.M. King et H. Rob., 158, **159**
Critonia magistri (L.O. Williams) R.M. King et H. Rob., *158*
Critonia microdon (B.L. Rob.) B.L. Turner, *162*
Critonia morifolia (Mill.) R.M. King et H. Rob., 157, **160**
Critonia nicaraguensis (B.L. Rob.) R.M. King et H. Rob., **160**
Critonia quadrangularis (DC.) R.M. King et H. Rob., **160**
Critonia sexangularis (Klatt) R.M. King et H. Rob., **160**
Critonia siltepecana (B.L. Turner) R.M. King et H. Rob., **161**
Critonia thyrsoidea (Moc. ex DC.) R.M. King et H. Rob., *160*
Critonia tuxtlae R.M. King et H. Rob., 157, **161**
Critonia wilburii R.M. King et H. Rob., **161**
Critonia yashanalensis (Whittem.) R.M. King et H. Rob., **161**
Critoniadelphus R.M. King et H. Rob. (Eupatorieae), **161**, 162
Critoniadelphus microdon (B.L. Rob.) R.M. King et H. Rob., **162**
Critoniadelphus nubigenus (Benth.) R.M. King et H. Rob., **162**
Critoniopsis Sch. Bip., 493
Critoniopsis angusta (Gleason) H. Rob., *494*

Critoniopsis heydeana (J.M. Coult.) H. Rob., *494*
Critoniopsis leiocarpa (DC.) H. Rob., *494*
Critoniopsis oolepis (S.F. Blake) H. Rob., *495*
Critoniopsis salicifolia (DC.) H. Rob., 496
Critoniopsis shannonii (J.M. Coult.) H. Rob., *495*
Critoniopsis standleyi (S.F. Blake) H. Rob., *495*
Critoniopsis thomasii H. Rob., *495*
Critoniopsis triflosculosa (Kunth) H. Rob., *496*
Cross wiss, 158
Crucetilla, 155
Crucita amarilla, 156
Crucita olorosa, 155
Crucita plateada, 156
Crucito, 32, 153, 155, 168, 179
Cruz de campo, 155
Cruznan aak', 100
Cruz-quen, 155
Cryphiospermum P. Beauv., *416*
Cryphiospermum repens P. Beauv., *417*
Cryptopetalon Cass., *477*, *478*
Cuanahuatch pega-pega, 384
Cube, 330, 338
Cuchumatanea Seid. et Beaman (Millerieae), 360, **364**
Cuchumatanea steyermarkii Seid. et Beaman, **364**
Cucunango, 510
Cucursapi, 170
Cuernecillo, 245, 275
Culantrillo, 150, 478
Culantrillo de monte, 107
Culantro de monte, 505
Culebrina, 26
Cura dolor de muelas, 316
Curagusano, 390
Curarina, 155, 414
Curarina blanca, 414
Curarina de monte, 155
Curarina montez, 414
Curforal, 348
Curio rowleyanus (H. Jacobsen) P.V. Heath, 462
Cursonia Nutt., *423*
Cyanthillium Blume (Vernonieae), **490**
Cyanthillium chinense (L.) Gleason, 490, 491
Cyanthillium cinereum (L.) H. Rob., 490, **490**, 491
Cyanus Mill., *66*
Cymophora B.L. Rob., 388
Cynara L. (Cardueae), 2, **73**
Cynara cardunculus L., **73**, 74
Cynara cardunculus var. *scolymus* (L.) Fiori, *73*
Cynara scolymus L., *73*, 74
Cynareae Less., *65*
Cynarocephaleae Lam. et DC., *65*
Cyrtocymura H. Rob (Vernonieae), **491**
Cyrtocymura scorpioides (Lam.) H. Rob., **491**
Dahlia Cav. (Coreopsideae), 92, **108**, 109
Dahlia australis (Sherff) P.D. Sørensen, **109**
Dahlia australis var. *chiapensis* P.D. Sørensen, *109*
Dahlia australis var. *liebmannii* P.D. Sørensen, *109*
Dahlia australis var. *serratior* (Sherff) P.D. Sørensen, *109*
Dahlia coccinea Cav., 109, **109**, 110
Dahlia coccinea var. *gentryi* (Sherff) Sherff, *109*
Dahlia coccinea var. *palmeri* Sherff, *109*
Dahlia coccinea var. *steyermarkii* Sherff, *109*
Dahlia dumicola Klatt, *109*
Dahlia excelsa Benth., 110
Dahlia gentryi Sherff, *109*

Dahlia imperialis Roezl ex Ortgies, 109, **109**, 110, 110
Dahlia lehmannii Hieron., *109*
Dahlia lehmannii var. *leucantha* Sherff, *109*
Dahlia maximiliana hort., *109*
Dahlia maxonii Saff., *109*
Dahlia merckii Lehm., 109
Dahlia pinnata Cav., 109, **110**
Dahlia pinnata var. *coccinea* (Cav.) Voss, *109*
Dahlia pinnata var. *variabilis* (Willd.) Voss, *110*
Dahlia popenovii Saff., *109*
Dahlia purpurea (Willd.) Poir., *110*
Dahlia purpusii Brandegee, **110**
Dahlia rosea Cav., *110*
Dahlia sambucifolia Salisb., *110*
Dahlia scapigera (A. Dietr.) Knowles et Westc. forma *australis* Sherff, *109*
Dahlia scapigera var. *australis* Sherff, *109*
Dahlia scapigera var. *liebmannii* Sherff, *109*
Dahlia scapigera forma *purpurea* Sherff, *109*
Dahlia scapigera forma *serratior* Sherff, *109*
Dahlia sorensenii H.V. Hansen et Hjert., 109, 110
Dahlia superflua (DC.) W.T. Aiton, *110*
Dahlia variabilis (Willd.) Desf., *110*
Dalea P. Browne non L., *156*
Dalia, 2, 109, 110, 310
Dalia de monte, 109, 327
Dalia de palo, 109
Dalia imperial, 109
Damiana, 403
Darwiniothamnus Harling, *41*
Dasyanthus Bubani, *221*
Dasyphyllum Kunth, 4
Decachaeta DC. (Eupatorieae), **162**
Decachaeta incompta (DC.) R.M. King et H. Rob., **163**
Decachaeta ovandensis (Grashoff et Beaman) R.M. King et H. Rob., **163**
Decachaeta perornata (Klatt) R.M. King et H. Rob., **163**
Decachaeta thieleana (Klatt) R.M. King et H. Rob., **163**
Delairea Lem. (Senecioneae), **432**
Delairea odorata Lem., **432**
Delilia Spreng. (Heliantheae, Ecliptinae), **250**, 360, 375
Delilia berteroi Spreng., *250*
Delilia biflora (L.) Kuntze, **250**
Delucia DC., *93*, *94*, *99*
Delucia ostruthioides DC., *99*
Demetria Lag., *44*
Dendranthema (DC.) Des Moul., *7*, *11*, 12
Dendranthema grandiflorum (Ramat.) Kitam. non Chrysanthemum grandiflorum Brouss. ex Willd., *11*, 12
Dendranthema morifolium (Ramat.) Tzvelev, *11*, 12
Dendroviguiera E.E. Schill et Panero, 303
Dendroviguiera puruana (Paray) E.E. Schill. et Panero, *306*
Dendroviguiera sylvatica (Klatt) E.E. Schill. et Panero, *306*
Desmanthodiinae H. Rob., *359*, 360
Desmanthodium Benth. (Millerieae), **364**
Desmanthodium caudatum S.F. Blake, *365*
Desmanthodium congestum Arriagada et Stuessy, *365*
Desmanthodium guatemalense Hemsl., **364**, 365
Desmanthodium hondurense Ant. Molina, 364, *364*
Desmanthodium perfoliatum Benth., **365**
Desmanthodium tomentosum Brandegee, **365**
Desmay, 494
Desmocephalum Hook. f., *250*
Dialesta Kunth, *504*
Dialesta discolor Kunth, *504*

Dialesta discolor var. *polychaeta* Steetz, *505*
Diazeuxideae D. Don, *393*
Diazeuxis D. Don, *421*
Diazeuxis latifolia D. Don, *422*
Dichrocephala L'Hér. ex DC. (Astereae), 19, **38**
Dichrocephala bicolor (Roth) Schltdl., *38*
Dichrocephala integrifolia (L. f.) Kuntze, 38, **38**
Dichrocephala latifolia DC., *38*
Dicoma Cass., *394*
Diente de león, 2, 90
Digitacalia Pippen (Senecioneae), **432**, 457, 461
Digitacalia chiapensis (Hemsl.) Pippen, **432**, 433
Digitacalia heteroidea (Klatt) Pippen, 432
Digitacalia jatrophoides (Kunth) Pippen, 433
Digitacalia napeifolia (DC.) Pippen, 433
Diglossus Cass., *483*
Diglossus variabilis Cass., *485*
Dilepis Suess. et Merxm., *476*
Dilepis dichotoma Suess. et Merxm., *476*
Dimerostemma Cass., *267*
Dimorphanthes floribunda (Kunth) Cass., *37*
Dimorphotheca Moench. (Calenduleae), **64**
Dimorphotheca annua Less., *65*
Dimorphotheca pluvialis (L.) Moench., **65**
Diodonta Nutt., *93*
Diodonta aurea (Aiton) Nutt., *95*
Diomedea Cass., *285*
Diomedea bidentata Cass., *286*
Diomedea glabrata Kunth, *286*
Diomedea indentata Cass., *286*
Diplemium Raf., *41*
Diplogon graminifolium (Michx.) Kuntze, *49*
Diplopappus chinensis (L.) Less., *33*
Diplopappus graminifolius (Michx.) Less., *49*
Diplopappus scaber (Elliott) Hook., *45*
Diplosastera tinctoria (Nutt.) Tausch., *105*
Diplostephium Kunth (Astereae), **38**
Diplostephium corymbosum Donn. Sm., *23*
Diplostephium costaricense S.F. Blake, **39**
Diplostephium floribundum (Benth.) Wedd., 39
Diplostephium paniculatum Donn. Sm., *26*
Diplostephium rupestre (Kunth) Wedd., 39
Diplostephium schultzii Wedd., 39
Diplostephium sp. **A**, **39**
Diplostephium venezuelense Cuatrec., 39
Diplothrix DC., *343*
Distreptus Cass., *505*
Distreptus crispus Cass., 505, *506*, 506
Distreptus nudiflorus (Willd.) Less., *506*
Distreptus spicatus (Juss. ex Aubl.) Cass., 505, *506*
Distreptus spicatus var. *interruptus* Ram. Goyena, *506*
Distreptus spicatus var. *nicaraguensis* Ram. Goyena, *506*
Distreptus spiralis Less., *506*
Docaj, 137
Dog-fennel, 9
Dolores, 176
Doradilla, 112
Dresslerothamnus H. Rob. (Senecioneae), **433**, 443, 462, 473
Dresslerothamnus angustiradiatus (T.M. Barkley) H. Rob., **433**
Dresslerothamnus hammelii Pruski, **434**
Dresslerothamnus peperomioides H. Rob., **434**
Dresslerothamnus schizotrichus (Greenm.) C. Jeffrey, **434**
Duerme boca, 180, 316
Duerme lengua, 180
Duerme-boca, 318

Duerme-lengua, 316
Duermemuele, 340
Dugaldia Cass., *235*
Dugaldia integrifolia (Kunth) Cass., *235*
Dugesia A. Gray, 285
Dumerilia Lag. ex DC., *404*
Dumerilia Less. non Lag. ex DC., *401*
Dumerilia alamanii DC., 404
Dumerilia axillaris Lag. ex DC., 405
Dysipela, 371
Dysodium Rich., *369*
Dysodium divaricatum Rich., *371*, 372
Dyssodia Cav. (Tageteae), 473, **475**, 487
Dyssodia sect. *Adenophyllum* (Pers.) O. Hoffm., *474*
Dyssodia sect. *Gymnolaena* DC., *477*
Dyssodia appendiculata Lag., *474*
Dyssodia aurantia (L.) B.L. Rob., 474
Dyssodia chrysanthemoides (Willd.) Lag., *475*
Dyssodia ciliosa (Rydb.) Standl., *475*
Dyssodia decipiens (Bartl.) M.C. Johnst., **475**, 476
Dyssodia fastigiata DC., *475*
Dyssodia integrifolia A. Gray, *475*
Dyssodia montana (Benth.) A. Gray, *475*
Dyssodia papposa (Vent.) Hitchc., **475**, 476
Dyssodia porophyllum (Cav.) Cav., *474*
Dyssodia porophyllum var. *radiata* DC., *474*
Dyssodia porophyllum var. *radiata* (DC.) Strother, *475*
Dyssodia roseata (Rydb.) Gentry, *475*
Dyssodia sanguinea (Klatt) Strother, *475*
Dyssodia tagetiflora Lag., **475**, 476
Dzahunxiu, 262
Dzahunxiu, 262
Ec-cul, 146
Echetrosis Phil., *239*
Echetrosis pentasperma Phil., *240*
Echinacea Moench (Heliantheae, Zinniinae), 2, 338, **339**
Echinacea, 339
Echinacea chrysantha Sch. Bip., *291*
Echinacea laevigata (C.L. Boynton et Beadle) S.F. Blake, 339
Echinacea purpurea (L.) Moench, 339, **339**
Echinacea purpurea forma *liggettii* Steyerm., *339*
Echinacea purpurea var. *arkansana* Steyerm., *339*
Echinacea purpurea var. *serotina* (Nutt.) L.H. Bailey, *339*
Echinacea serotina (Nutt.) DC., *339*
Echinocephalum Gardner, *261*
Echinocephalum discoideum Baker, *262*
Echinops fruticosus L., *507*
Echinops nodiflorus Lam., *507*
Echinopseae Cass., *65*
Echinopsinae Dumort., 65
Eclipta L. (Heliantheae, Ecliptinae), 241, **251**
Eclipta adpressa Moench, *251*
Eclipta alba (L.)Hassk., *251*
Eclipta alba forma *erecta* (L.) Hassk., *251*
Eclipta alba var. *erecta* (L.) Miq., *251*
Eclipta alba forma *longifolia* (Schrad.) Hassk., *251*
Eclipta alba forma *prostrata* (L.) Hassk., *251*
Eclipta alba var. *prostrata* (L.) Hassl., *251*
Eclipta alba var. *prostrata* (L.) Miq., *251*
Eclipta alba forma *zippeliana* (Blume) Hassk., *251*
Eclipta alba var. *zippeliana* (Blume) Miq., *251*
Eclipta angustifolia C. Presl, *251*
Eclipta brachypoda Michx., *251*
Eclipta dichotoma Raf., *251*
Eclipta dubia Raf., *251*
Eclipta erecta L., *251*

Eclipta erecta var. *brachypoda* Torr. et A. Gray, *251*
Eclipta erecta var. *diffusa* DC., *251*
Eclipta flexuosa Raf., *251*
Eclipta hirsuta Bartl., *251*
Eclipta humilis Kunth, *251*
Eclipta linearis Otto ex Sweet, *251*
Eclipta longifolia Raf., *251*
Eclipta longifolia Schrad., *251*
Eclipta marginata Boiss., *251*
Eclipta nutans Raf., *251*
Eclipta nutans var. *diffusa* Raf., *251*
Eclipta nutans var. *pauciflora* Raf., *251*
Eclipta parviflora Wall. ex DC., *251*
Eclipta patula Schrad., *251*
Eclipta philippinensis Gand., *251*
Eclipta procumbens Michx., *251*
Eclipta procumbens var. *patula* (Schrad.) DC., *251*
Eclipta prostrata (L.) L., 136, **251**
Eclipta prostrata var. *undulata* (Willd.) DC., 251, *253*
Eclipta pumila Raf., *251*
Eclipta punctata L., *251*
Eclipta pusilla (Poir.) DC., *251*
Eclipta simplex Raf., *251*
Eclipta strumosa Salisb., *251*
Eclipta sulcata Raf., *251*
Eclipta thermalis Bunge, *251*
Eclipta tinctoria Raf., *251*
Eclipta undulata Willd., *253*
Eclipta zippeliana Blume, *251*
Eclipteae K. Koch, *236*
Ecliptica Rumph. ex Kuntze, *251*
Ecliptica alba (L.) Kuntze, *251*
Ecliptica alba var. *parviflora* (Wall. ex DC.) Kuntze, *251*
Ecliptica alba var. *prostrata* (L.) Kuntze, *251*
Ecliptica alba var. *zippeliana* (Blume) Kuntze, *251*
Eek' xiw, 250
Ecliptinae Less., 236, **241**, 273, 274, 284, 285, 312, 312, 318, 319, 329, 338, 360, 409
Egletes Cass. (Astereae), **39**
Egletes floribunda Poepp., *40*
Egletes liebmannii Sch. Bip. ex Klatt, **40**
Egletes liebmannii var. *yucatana* Shinners, *40*, 41
Egletes obovata Benth., *40*
Egletes pringlei Greenm., *40*
Egletes prostrata (Sw.) Kuntze, 40
Egletes viscosa (L.) Less., 40, **40**
Egletes viscosa forma *bipinnatifida* Shinners, *40*
Egletes viscosa var. *dissecta* Shinners, *40*
Egletes viscosa var. *sprucei* Baker, *40*
Eihuapatli, 348
Eirmocephala H. Rob. (Vernonieae), **491**
Eirmocephala brachiata (Benth.) H. Rob., **491**, 492
Elaphandra Strother (Heliantheae, Ecliptinae), 241, **252**
Elaphandra bicornis Strother, **252**
Electra DC. non Panz., *110*
Electra mexicana DC., *111*
Electra mutica (DC.) Mesfin et D.J. Crawford, *111*
Electra mutica var. *microcephala* (D.J. Crawford) Mesfin et D.J. Crawford, *111*
Electranthera Mesfin, D.J. Crawford et Pruski (Coreopsideae), 2, **110**, 111
Electranthera mutica (DC.) Mesfin, D.J. Crawford et Pruski, 92, **111**
Electranthera mutica var. **microcephala** (D.J. Crawford) Mesfin, D.J. Crawford et Pruski, **111**

Elekmania B. Nord., 473
Elephantopus L. (Vernonieae), 488, **492**, 503, 505
Elephantopus angustifolius Sw., 503, *503*
Elephantopus carolinianus Willd. p. p. non Raeusch., *493*
Elephantopus carolinianus Raeusch., 492
Elephantopus carolinianus var. *mollis* (Kunth) Beurlin, *493*
Elephantopus cervinus Vell., *493*
Elephantopus crispus D. Dietr., 505, *506*
Elephantopus crispus Sch. Bip., *506*
Elephantopus crispus forma *hirsuta* Hieron., *506*
Elephantopus cuneifolius E. Fourn., *262*
Elephantopus dilatatus Gleason, **492**
Elephantopus glaber Sessé et Moc., *506*
Elephantopus hypomalacus S.F. Blake, *493*
Elephantopus martii Graham, *493*
Elephantopus mollis Kunth, 492, **493**
Elephantopus mollis var. *bracteosus* Domin, *493*
Elephantopus mollis var. *capitulatus* Domin, *493*
Elephantopus nudiflorus Willd., 505, *506*, 506
Elephantopus pilosus Philipson, *493*
Elephantopus quadriflorus (Less.) D. Dietr., *503*
Elephantopus scaber L., 492
Elephantopus sericeus Graham, *493*
Elephantopus serratus Blanco, *493*
Elephantopus spicatus Juss. ex Aubl., *505*
Elephantopus spicatus var. *densiflorus* Kuntze, *506*
Elephantopus spicatus var. *laxiflorus* Kuntze, *506*
Elephantopus spicatus var. *roseus* Klatt, *506*
Elephantopus spiralis (Less.) Clonts, *506*
Elephantopus tomentosus L., 492
Elephantosis Less., 492, 503
Elephantosis angustifolia (Sw.) DC., *503*
Elephantosis biflora Less., 492, 503
Elephantosis quadriflora Less., 503, *503*
Eleutheranthera Poit. (Heliantheae, Ecliptinae), **252**, 253, 290
Eleutheranthera divaricata (Rich.) Millsp., *371*
Eleutheranthera ovata Poit., 253, *253*
Eleutheranthera prostrata (L.) Sch. Bip., *251*
Eleutheranthera ruderalis (Sw.) Sch. Bip., **253**, 253
Eleutheranthera ruderalis var. radiata Pruski, 253
Eleutheranthera ruderalis (Sw.) Sch. Bip. var. **ruderalis**, 251, **253**, 289
Elvira Cass., *250*, 375
Elvira biflora (L.) DC., *250*
Elvira martynii Cass., *250*
Embergeria Boulos, *87*
Emilia Cass. (Senecioneae), **434**
Emilia coccinea (Sims) G. Don, **435**
Emilia flammea Cass., *435*
Emilia fosbergii Nicolson, **435**, 436
Emilia javanica (Burm. f.) C.B. Rob., *436*
Emilia marivelensis Elmer, *436*
Emilia sagittata DC., *435*
Emilia sinica Miq., *436*
Emilia sonchifolia (L.) DC., **436**
Emilia sonchifolia var. *javanica* (Burm. f.) Mattf., *436*
Emilia sonchifolia var. *rosea* Bello, *435*
Emilia sonchifolia var. *sagittata* C.B. Clarke, *435*
Emilia sonchifolia (L.) DC. var. **sonchifolia**, **436**
Emilia taiwanensis S.S. Ying, *436*
Enalcida Cass., *483*
Enalcida pilifera Cass., 485
Encaje, 240
Encelia Adans., 284, 294, 336
Encelia sect. *Simsia* (Pers.) A. Gray, *294*

Encelia adenophora Greenm., *297*
Encelia amplexicaulis (Cav.) Hemsl., *295*
Encelia chaseae Millsp., *296*
Encelia collodes Greenm., *284*
Encelia conzattii Greenm., *331*
Encelia cordata (Kunth) Hemsl., *295*
Encelia foetida (Cav.) Hemsl., *296*
Encelia ghiesbreghtii A. Gray, *297*
Encelia grandiflora (Benth.) Hemsl., *297*
Encelia heterophylla (Kunth) Hemsl., *295*
Encelia lagascaeformis (DC.) A. Gray ex Hemsl., *298*
Encelia montana Brandegee, *304*
Encelia pilosa Greenm., *298*
Encelia pleistocephala Donn. Sm., *335*
Encelia polycephala (Benth.) Hemsl., *297*
Encelia purpurea Rose, *298*
Encelia sanguinea (A. Gray) Hemsl., *298*
Encelia sanguinea var. *palmeri* A. Gray, *298*
Encelia sericea Hemsl., *297*
Enceliinae Panero, **284**, 284
Encensio, 223
Endivia, 2, 76, 77
Endivia belga, 76
Engelmanniinae Stuessy, **285**
Enydra Lour. (Neurolaeneae), 408, 409, **416**, 417
Enydra anagallis Gardner, *417*
Enydra fluctuans Lour., **417**
Enydra heloncha DC., *417*
Enydra longifolia (Blume) DC., *417*
Enydra paludosa (Reinw.) DC., *417*
Enydra sessilis (Sw.) DC., 417
Enydra woollsii F. Muell., *417*
Enydrinae H. Rob., 409
Epaltes Cass. (Inuleae), 346, **346**
Epaltes sect. *Ethuliopsis* (F. Muell.) F. Muell., *346*
Epaltes brasiliensis DC., 347
Epaltes cunninghamii (Hook.) Benth., 346
Epaltes mexicana Less., **346**, 347
Erato DC. (Liabeae), **353**
Erato costaricensis E. Moran et V.A. Funk, **354**
Erato polymnioides DC., 354
Erato vulcanica (Klatt) H. Rob., 354
Erechtites Raf. (Senecioneae), **436**
Erechtites Raf. sect. Erechtites, 436
Erechtites sect. Goyazenses Belcher, 436
Erechtites agrestis (Sw.) Standl. et Steyerm., *437*
Erechtites ambiguus DC., *437*
Erechtites cacalioides (Fisch. ex Spreng.) Less., *437*
Erechtites carduifolius (Cass.) DC., *437*
Erechtites hieraciifolius (L.) Raf. ex DC., 89, **437**
Erechtites hieraciifolius var. *cacalioides* (Fisch. ex Spreng.) Griseb., *437*
Erechtites hieraciifolius var. *carduifolius* (Cass) Griseb., *437*
Erechtites hieraciifolius var. *intermedius* Fernald, *437*
Erechtites hieraciifolius var. *megalocarpus* (Fernald) Cronquist, *437*
Erechtites hieraciifolius var. *praealtus* (Raf.) Fernald, *437*
Erechtites megalocarpus Fernald, *437*
Erechtites organensis Gardner, *437*
Erechtites petiolatus Benth., *437*
Erechtites praealtus Raf., *437*
Erechtites prenanthoides (Kunth) Greenm. et Hieron. non (A. Rich.) DC., *437*
Erechtites sulcatus Gardner, *437*
Erechtites valerianifolius (Link ex Spreng.) DC., **437**, 438
Erechtites valerianifolius forma *organensis* (Gardner) Belcher, *437*

Erechtites valerianifolius forma *prenanthoides* (Kunth) Cuatrec. ex Belcher, *437*
Erechtites valerianifolius forma *reducta* Belcher, *437*
Eremohylema A. Nelson, *347*, 348
Eremosis (DC.) Gleason (Vernonieae), **493**
Eremosis angusta Gleason, **494**
Eremosis barbinervis (Sch. Bip.) Gleason, 493
Eremosis corymbosa (Mill.) Pruski, 496
Eremosis heydeana (J.M. Coult.) Gleason, **494**
Eremosis leiocarpa (DC.) Gleason, 493, **494**
Eremosis melanocarpa Gleason, *494*
Eremosis mima (Standl. et Steyerm.) Pruski, **494**
Eremosis oolepis (S.F. Blake) Gleason, **495**
Eremosis pallens (Sch. Bip.)Gleason, 493
Eremosis shannonii (J.M. Coult.) Gleason, **495**
Eremosis standleyi (S.F. Blake) Pruski, 493, **495**
Eremosis thomasii (H. Rob.) Pruski, **495**
Eremosis triflosculosa (Kunth) Gleason, 493, 495, **496**
Eremothamnus O. Hoffm., 2
Eriachaenium Sch. Bip., 395
Erigerodes L. ex Kuntze, *346*
Erigerodes mexicanum (Less.) Kuntze, *347*
Erigeron L. (Astereae), 19, 28, 33, 34, **41**
Erigeron sect. *Spinosi* (Alexander) G.L. Nesom et S.D. Sundb., *33*
Erigeron adenophorus Greenm., *57*
Erigeron affinis DC., *43*
Erigeron albidus (Willd. ex Spreng.) A. Gray, *37*
Erigeron annuus (L.) Pers., **41**
Erigeron annuus forma *discoideus* Vict. et J. Rousseau, *41*
Erigeron annuus var. *discoideus* (Vict. et J. Rousseau) Cronquist, *41*
Erigeron apurensis (Kunth) Griseb., *36*
Erigeron aquarius Standl. et Steyerm., **42**
Erigeron bellioides Griseb., 42
Erigeron bonariensis L., *35*
Erigeron bonariensis var. *floribundus* (Kunth) Cuatrec., *37*
Erigeron bonariensis forma *glabrata* Speg., *37*
Erigeron bonariensis forma *grisea* Chodat et Hassl., *37*
Erigeron bonariensis var. *leiothecus* S.F. Blake, *37*
Erigeron bonariensis var. *microcephalus* Cabrera, *37*
Erigeron buchii Urb., *37*
Erigeron canadensis L., *35*
Erigeron canadensis var. *glabratus* A. Gray, *35*
Erigeron canadensis var. *pusillus* (Nutt.) B. Boivin, *35*
Erigeron canadensis var. *strictus* (DC.) Farw., *35*
Erigeron chilensis (Spreng.) D. Don ex G. Don, *37*
Erigeron chinensis Jacq., 351
Erigeron chiriquensis Standl., *43*
Erigeron crispus Pourr., *35*
Erigeron crispus subsp. *naudinii* (Bonnet) Bonnier, *37*
Erigeron cuneifolius DC., **42**
Erigeron deamii B.L. Rob., *43*
Erigeron depilis Phil., *53*
Erigeron domingensis Urb., 42
Erigeron expansus Poepp. ex Spreng., *53*
Erigeron floribundus (Kunth) Sch. Bip., *37*
Erigeron gaudichaudii DC., *42*
Erigeron gnaphalioides Kunth non *Conyza gnaphalioides* Kunth, *46*
Erigeron guatemalensis (S.F. Blake) G.L. Nesom, 28, **42**
Erigeron heleniastrum Greene, *49*
Erigeron heterophyllus Muhl. ex Willd., *41*
Erigeron hispidus Baker, *36*
Erigeron irazuensis Greenm., **41**, **42**, 43
Erigeron jamaicensis L., 42
Erigeron karvinskianus DC., 41, **42**, 43
Erigeron karvinskianus var. *mucronatus* (DC.) Asch., *42*

Erigeron laevigatus Rich., *36*
Erigeron leucanthemifolius S. Schauer, *42*
Erigeron linifolius Willd., *35*
Erigeron longipes DC., **43**
Erigeron lyratus (Kunth) M. Gómez, *351*
Erigeron macranthus Sch. Bip. ex Klatt, *43*
Erigeron maxonii S.F. Blake, 41, 42, 43, **43**
Erigeron mucronatus DC., *42*
Erigeron multiflorus Hook. et Arn., *53*
Erigeron musashensis Makino, *37*
Erigeron naudinii (Bonnet) Humbert., *37*
Erigeron nervosus Willd., *49*
Erigeron orizabensis Sch. Bip. ex Klatt, *43*
Erigeron ortegae S.F. Blake, 33, *34*
Erigeron pacayensis Greenm., 41, 43, **43**
Erigeron paniculatus Lam., *35*
Erigeron pinetorus Urb., *37*
Erigeron pisonis Burm. f., *490*
Erigeron primulifolius (Lam.) Greuter, *37*
Erigeron pusillus Nutt., *35*
Erigeron scaberrimus (Less.) G.L. Nesom non Gardner, 43
Erigeron scaposus DC., *43*
Erigeron scaposus var. *latifolius* DC., *43*
Erigeron schiedeanus Less., *47*
Erigeron semiamplexicaulis Meyen, *53*
Erigeron spathulatus Vahl, *36*
Erigeron stipulatus Thonn., *351*
Erigeron strictus DC., *35*
Erigeron subdecurrens (DC.) Sch. Bip. ex A. Gray, *47*
Erigeron subspicatus Benth., *47*
Erigeron subspicatus var. *leiocarpus* S.F. Blake, *47*
Erigeron sumatrensis Retz., *37*
Erigeron tripartitus S.F. Blake, *43*
Erigeron variifolius S.F. Blake, *36*
Eriocarpha Cass., *307*
Eriocephalus trinervatus Sessé et Moc., *392*
Eriocoma Kunth non Nutt., *307*
Eriocoma atriplicifolia (Pers.) Kuntze, *308*
Eriocoma clematidea (Walp.) Kuntze, *310*
Eriocoma crenata (Sch. Bip. ex K. Koch) Kuntze, *310*
Eriocoma floribunda Kunth, *311*
Eriocoma hibiscifolia (Benth.) Kuntze, *309*
Eriocoma speciosa (DC.) Kuntze, *310*
Eriocoma tomentosa (Cerv.) Kuntze, *311*
Eriocoma uncinata (Sch. Bip. ex K. Koch) Kuntze, *310*
Eriocoma xanthiifolia (Sch. Bip. ex K. Koch) Kuntze, *311*
Eriolepis lanceolata (L.) Cass., *73*
Erythradenia (B.L. Rob.) R.M. King et H. Rob., 162
Escambrón, 494
Escarola, 76, 77
Eschenbachia lyrata (Kunth) Britton et Millsp., *351*
Eschenbachia tenuisecta (A. Gray) Wooton et Standl., *47*
Escoba, 505
Escoba amarga, 63, 127, 240
Escoba de San Antonio, 505
Escobilla, 240, 413, 505
Escobillo negro, 375
Escobita blanca, 128
Espejoa DC. (Bahieae), **60**, 232
Espejoa mexicana DC., **60**
Espeletiinae Cuatrec., 359
Espina, 72, 312
Espina de agua, 34
Espina de bagre, 34, 53
Espinaza, 34

Espinillo, 245, 505
Espinosilla, 34
Esponja, 328
Estafiate, 10
Estragón, 10
Estrella, 345
Estrella del mar, 107
Estrellita, 91, 344, 473
Estrellitas, 453
Estrello, 470
Ethulia integrifolia (L. f.) D. Don, *38*
Ethulia paniculata Schkuhr, *38*
Ethulia sparganophora L., *508*
Ethulia struchium Sw., *508*
Ethuliopsis F. Muell., *346*
Eupatoriastrum Greenm. (Eupatorieae), **163**, 164, 186
Eupatoriastrum angulifolium (B.L. Rob.) R.M. King et H. Rob., **164**
Eupatoriastrum corvi (McVaugh) B.L. Turner, *186*
Eupatoriastrum nelsonii Greenm., **164**
Eupatoriastrum nelsonii var. *cardiophyllum* B.L. Rob. et Greenm., *164*
Eupatoriastrum opadoclinium S.F. Blake, *155*
Eupatorieae Cass., 2, 4, **113**, 114, 214, 232, 236, 316, 386, 426
Eupatorio chiquito, 170
Eupatoriophalacron Mill., *251*
Eupatoriophalacron album (L.) Hitchc., *251*
Eupatorium L. (Eupatorieae), 2, 114, 127, 157, **164**
Eupatorium sect. *Campuloclinium* (DC.) Benth. ex Baker, *151*
Eupatorium sect. *Cylindrocephalum* DC., *153*
Eupatorium abronium Klatt, *130*
Eupatorium adenophorum Spreng., *120*
Eupatorium adspersum Klatt, *121*
Eupatorium ageratifolium DC. var. *purpureum* J.M. Coult., *182*
Eupatorium albertinae Ant. Molina, *152*
Eupatorium albicaule Sch. Bip. ex Klatt, *182*
Eupatorium allenii Standl., *121*
Eupatorium altiscandens McVaugh, *198*
Eupatorium amarum Vahl, *193*
Eupatorium amygdalinum Lam., *143*
Eupatorium anchisteum Grashoff et Beaman, *121*
Eupatorium angulare B.L. Rob., *198*
Eupatorium angulifolium B.L. Rob., *164*
Eupatorium anisochromum Klatt, *121*
Eupatorium anisopodum B.L. Rob., *167*
Eupatorium antiquorum Standl. et Steyerm., *173*
Eupatorium araliifolium Less., *198*
Eupatorium areolare DC., *205*
Eupatorium argutum Kunth, *167*
Eupatorium aromatisans DC., 160
Eupatorium arthrodes B.L. Rob., *198*
Eupatorium aschenbornianum S. Schauer, *129*
Eupatorium atrocordatum B.L. Rob., *122*
Eupatorium badium Klatt, *122*
Eupatorium barclayanum Benth., *143*
Eupatorium bartlettii B.L. Rob., *157*
Eupatorium bellidifolium Benth., *123*
Eupatorium betonicifolium Mill., *156*
Eupatorium billbergianum Beurl., *158*
Eupatorium bimatrum Standl. et L.O. Williams, *170*
Eupatorium blakei B.L. Rob., *167*
Eupatorium bohlmannianum (R.M. King et H. Rob.) C. Nelson, *167*
Eupatorium braunii Pol., *30*
Eupatorium breedlovei (R.M. King et H. Rob.) B.L. Turner, *153*
Eupatorium brenesii Standl., *201*

Eupatorium brevisetum DC., *205*
Eupatorium burgeri (R.M. King et H. Rob.) L.O. Williams, *123*
Eupatorium bustamentum DC., *129*
Eupatorium caeciliae B.L. Rob., *123*
Eupatorium campechense B.L. Rob., *158*
Eupatorium capillifolium (Lam.) Small ex Porter et Britton, **165**
Eupatorium capillipes Benth., *126, 128, 167*
Eupatorium carletonii B.L. Rob., *168*
Eupatorium carmonis Standl. et Steyerm., *123*
Eupatorium carnosum Kuntze, *199*
Eupatorium chiapense B.L. Rob., *133*
Eupatorium chiriquense B.L. Rob., *124*
Eupatorium chlorophyllum Klatt, *122*
Eupatorium chrysocephalum Klatt, *418*
Eupatorium collinum DC., *153*
Eupatorium collinum var. mendezii (DC.) McVaugh, 154
Eupatorium conspicuum Kunth et Bouché non Mart. ex Colla, 131
Eupatorium conyzoides (L.) E.H.L. Krause non Mill., *135*
Eupatorium conyzoides Mill., *155*
Eupatorium conyzoides var. *floribunda* (Kunth) Hieron., *155*
Eupatorium corvi McVaugh, *186*
Eupatorium costaricense Kuntze, *176*
Eupatorium coulteri B.L. Rob., *182*
Eupatorium crassirameum B.L. Rob., *204*
Eupatorium critonioides Steetz, *160*
Eupatorium crocodilium Standl. et Steyerm., *169*
Eupatorium cupressorum Standl. et Steyerm., *205*
Eupatorium cyrilli-nelsonii Ant. Molina, *204*
Eupatorium daleoides (DC.) Hemsl., *158,* 159
Eupatorium decussatum Klatt, *184*
Eupatorium diffusum Vahl, *150*
Eupatorium divergens Less., *155*
Eupatorium donnell-smithii J.M. Coult., *129*
Eupatorium drepanophyllum Klatt, *182*
Eupatorium durandii Klatt, *121*
Eupatorium ecuadorae Klatt, *179*
Eupatorium eggersii Hieron., *158*
Eupatorium elatum Steetz, *143*
Eupatorium enigmaticum B.L. Turner, *169*
Eupatorium erythropappum B.L. Rob., *127*
Eupatorium eximium B.L. Rob., *199*
Eupatorium filicaule Sch. Bip. ex A. Gray, *184*
Eupatorium fistulosum B.L. Rob. non Barratt., *198*
Eupatorium floribundum Kunth, *155*
Eupatorium foeniculoides Walter, *165*
Eupatorium fruticosum Mill., *192*
Eupatorium galeottii B.L. Rob., *182*
Eupatorium glaberrimum DC., *154,* 155
Eupatorium glaberrimum var. *michelianum* (B.L. Rob.) B.L. Rob., *154*
Eupatorium glandulosum Kunth non Michx., *121*
Eupatorium glaucum Sch. Bip. ex Klatt, *125*
Eupatorium glumaceum DC., *156*
Eupatorium graciliflorum DC., *155*
Eupatorium grandidentatum DC., *128*
Eupatorium griseum J.M. Coult., *204*
Eupatorium guadalupense Spreng., *170*
Eupatorium guatemalense Regel, 214
Eupatorium hartwegii Benth., *156*
Eupatorium hastiferum Standl. et Steyerm., *145*
Eupatorium heathiae B.L. Turner, *116*
Eupatorium hebebotryum (DC.) Hemsl., *159*
Eupatorium hemipteropodum B.L. Rob., 157, *160*
Eupatorium heterolepis B.L. Rob., *198*
Eupatorium heydeanum B.L. Rob., *142*

Eupatorium hitchcockii B.L. Rob., *200*
Eupatorium hondurense B.L. Rob., *182,* 183
Eupatorium houstonianum L., *192*
Eupatorium houstonis L., *192*
Eupatorium huehuetecum Standl. et Steyerm., *126*
Eupatorium hygrohylaeum B.L. Rob., *178*
Eupatorium hylobium B.L. Rob., *146*
Eupatorium hylonomum B.L. Rob., *183*
Eupatorium hymenophyllum Klatt, *170*
Eupatorium hypodictyon B.L. Rob., *154*
Eupatorium hypomalacum B.L. Rob. ex Donn. Sm., *183*
Eupatorium hypomalacum var. *wetmorei* B.L. Rob., *185*
Eupatorium ianthinum (Morren) Hemsl., *148*
Eupatorium iltisii (R.M. King et H. Rob.) Whittem. ex B.L. Turner, *159*
Eupatorium imitans B.L. Rob., *170*
Eupatorium incisum Rich., *155*
Eupatorium incomptum DC., *163*
Eupatorium inulifolium Kunth, *142*
Eupatorium iresinoides Kunth, *156*
Eupatorium ivifolium L., *154*
Eupatorium ixiocladon Benth., *126*
Eupatorium jejunum Standl. et Steyerm., *168*
Eupatorium klattii Millsp., *155*
Eupatorium kupperi Suess., *127*
Eupatorium laevigatum Lam., *154*
Eupatorium lanicaule B.L. Rob., *159*
Eupatorium laurifolium B.L. Rob., *159*
Eupatorium leucocephalum Benth., *176, 176,* 176
Eupatorium leucocephalum var. *anodontum* B.L. Rob., *176*
Eupatorium leucoderme B.L. Rob., *182*
Eupatorium ligustrinum DC., *127*
Eupatorium lucentifolium L.O. Williams, *162*
Eupatorium luxii B.L. Rob., 145, *145, 146, 147,* 147
Eupatorium lyratum J.M. Coult., *351*
Eupatorium macrocephalum Less., *152*
Eupatorium macrophyllum L., *178*
Eupatorium macrum Standl. et Steyerm., *156*
Eupatorium magistri L.O. Williams, *158*
Eupatorium mairetianum DC., *127,* 128
Eupatorium mairetianum var. *adenopodum* B.L. Rob., *127*
Eupatorium malacolepis B.L. Rob., *128*
Eupatorium matudae (R.M. King et H. Rob.) B.L. Turner, *170*
Eupatorium maxonii B.L. Rob., *146*
Eupatorium megaphyllum M.E. Jones non Baker, *160*
Eupatorium melanolepis Sch. Bip. ex Klatt, *132*
Eupatorium mendax Standl. et Steyerm., *176*
Eupatorium michelianum B.L. Rob., *154*
Eupatorium microdon B.L. Rob., *162*
Eupatorium microstemon Cass., *170,* 171
Eupatorium mimicum Standl. et Steyerm., *182*
Eupatorium miradorense Hieron., 148
Eupatorium miserum B.L. Rob., *171*
Eupatorium molinae L.O. Williams, *200*
Eupatorium monticola L.O. Williams, *132*
Eupatorium montigenum Standl. et Steyerm., *146*
Eupatorium morifolium Mill., *160*
Eupatorium muelleri Sch. Bip. ex Klatt, *128*
Eupatorium multinerve Benth., *171*
Eupatorium multiplinerve Benth. ex Ant. Molina, 171
Eupatorium myosotifolium Jacq., *490*
Eupatorium myriadenium S. Schauer, *127*
Eupatorium myrianthum Klatt, *163*
Eupatorium myriocephalum Klatt, *163*
Eupatorium neaeanum DC., *153*

Eupatorium nemorosum Klatt, *206*
Eupatorium nicaraguense B.L. Rob., *160*
Eupatorium nubigenoides B.L. Rob., *176*
Eupatorium nubigenum Benth., 157, *162*
Eupatorium nubivagum L.O. Williams, *130*
Eupatorium odoratum L., *155*
Eupatorium oerstedianum Benth., *154*
Eupatorium omphaliifolium Kunth et Bouché, *198*
Eupatorium opadoclinium (S.F. Blake) McVaugh, *155*
Eupatorium oreithales Greenm., *130*
Eupatorium oreophilum L.O. Williams, *198*
Eupatorium oresbioides B.L. Rob., *147*
Eupatorium oresbium B.L. Rob., 145, 146, *146*, 147, 147
Eupatorium orinocense (Kunth) M. Gomez, *193*
Eupatorium ornatum (R.M. King et H. Rob.) B.L. Turner, *147*
Eupatorium orogenes L.O. Williams, *200*
Eupatorium ovandense Grashoff et Beaman, *163*
Eupatorium ovillum Standl. et Steyerm., *128*
Eupatorium pacacanum Klatt, *172*
Eupatorium paniculatum Mill., *151*
Eupatorium paniculatum Schrad., *170*
Eupatorium pansamalense B.L. Rob., *147*
Eupatorium parasiticum Klatt, 200, 201
Eupatorium parviflorum Aubl., *193*
Eupatorium pazcuarense Kunth, *128*, 129
Eupatorium perornatum Klatt, *163*
Eupatorium perpetiolatum (R.M. King et H. Rob.) L.O. Williams, *206*
Eupatorium petiolare Moc. ex DC., *129*
Eupatorium phoenicolepis B.L. Rob., *204*
Eupatorium phoenicolepis var. *guatemalensis* B.L. Rob., *204*
Eupatorium pichinchense Kunth, *129*
Eupatorium pinabetense B.L. Rob., *147*
Eupatorium pinetorum L.O. Williams et Ant. Molina, *159*
Eupatorium pithecobium B.L. Rob., *201*
Eupatorium pittieri Klatt, *183*
Eupatorium platyphyllum B.L. Rob., *148*
Eupatorium plectranthifolium Benth., *172*
Eupatorium plethadenium Standl. et Steyerm., *127*
Eupatorium polanthum Klatt, *121*
Eupatorium populifolium Kunth, *160*
Eupatorium pratense Klatt, *172*
Eupatorium pringlei B.L. Rob. et Greenm., *129*
Eupatorium prionophyllum B.L. Rob., *148*
Eupatorium prionophyllum var. *asymmetrum* B.L. Rob., *147*
Eupatorium prunellifolium Kunth, *130*
Eupatorium psiadiifolium DC., *154*
Eupatorium psoraleum B.L. Rob., *201*
Eupatorium punctatum Mill., *482*
Eupatorium pycnocephaloides B.L. Rob., *173*
Eupatorium pycnocephaloides var. *glandulipes* B. L. Rob., *173*
Eupatorium pycnocephalum Less., 167, 172, *172*
Eupatorium quadrangulare DC., *160*
Eupatorium quercetorum L.O. Williams, *155*
Eupatorium quinquesetum Benth., *167*
Eupatorium rafaelense J.M. Coult., *127*
Eupatorium ravenii (R.M. King et H. Rob.) B.L. Turner, *184*
Eupatorium reticuliferum Standl. et L.O. Williams, *130*
Eupatorium rigidum Benth. non Sw., *151*
Eupatorium rivale Greenm., *130*
Eupatorium rivulorum B.L. Rob., *170*
Eupatorium rojasianum Standl. et Steyerm., *173*
Eupatorium roseum Klatt non Gardner, *172*
Eupatorium ruae Standl., *147*
Eupatorium salinum Standl. et Steyerm., *130*

Eupatorium saxorum Standl. et Steyerm., *131*
Eupatorium schaffneri Sch. Bip. ex B.L. Rob., *131*
Eupatorium schiedeanum Schrad., *172*
Eupatorium schiedeanum var. *capitatum* Steetz, *172*
Eupatorium schiedeanum var. *tomentosum* Steetz, *172*
Eupatorium schultzii Schnittsp., *205*
Eupatorium schultzii forma *erythranthodium* B.L. Rob., *205*
Eupatorium schultzii forma *ophryolepis* B.L. Rob., *205*
Eupatorium schultzii forma *velutipes* B.L. Rob., *205*
Eupatorium scoparioides L.O. Williams, *184*
Eupatorium selerianum B.L. Rob., 169, *173*, 175
Eupatorium semialatum Benth., *127*
Eupatorium sexangulare (Klatt) B.L. Rob., *160*
Eupatorium sideritidis Benth., *173*
Eupatorium siltepecanum B.L. Turner, *161*
Eupatorium silvicola B.L. Rob., *148*
Eupatorium sinclairii Benth., *173*, 174
Eupatorium skutchii B.L. Rob., *130*, 131
Eupatorium sodalis L.O. Williams, *184*
Eupatorium solidaginoides Kunth, *184*
Eupatorium sordidum Less., *148*
Eupatorium sorensenii (R.M. King et H. Rob.) L.O. Williams, *184*
Eupatorium sotorum C. Nelson, *160*
Eupatorium sprucei B.L. Rob., *143*
Eupatorium standleyi B.L. Rob., *201*
Eupatorium stenolepis Steetz, *143*
Eupatorium subcordatum Benth., *131*
Eupatorium subinclusum Klatt, *132*
Eupatorium subpenninervium Sch. Bip. ex Klatt., *132*
Eupatorium tenejapanum B.L. Turner, *145*
Eupatorium tepicanum (Hook. et Arn.) Hemsl., *159*
Eupatorium thespesiifolium DC., *148*
Eupatorium thieleanum Klatt, *163*
Eupatorium thyrsoideum Moc. ex DC., *160*
Eupatorium tomentellum Schrad., *132*
Eupatorium tonduzii Klatt, *133*
Eupatorium trichosanthum A. Rich., *150*
Eupatorium triptychum B.L. Rob., *207*
Eupatorium tubiflorum Benth., *205*
Eupatorium tuerckheimii Klatt, *148*
Eupatorium tunii L.O. Williams, 157, 158, *158*
Eupatorium ultraisthmium McVaugh, *164*
Eupatorium valerianum Standl., *170*
Eupatorium valverdeanum Klatt, *418*
Eupatorium vernale Vatke et Kurtz, *133*
Eupatorium vernonioides J.M. Coult., *154*
Eupatorium vetularum Standl. et Steyerm., *123*
Eupatorium villosum Sw., *185*
Eupatorium vincifolium Lam., *193*
Eupatorium viscidipes B.L. Rob., *174*
Eupatorium vitalbae DC., *179*
Eupatorium vulcanicum Benth., *129*
Eupatorium wageneri Hieron., *156*
Eupatorium weinmannianum Regel et Körn, *127*
Eupatorium xanthochlorum B.L. Rob., *128*
Eupatorium yashanalense Whittem., *161*
Eupatorium ymalense B.L. Rob., *182*
Eupatorium zunilanum Standl. et Steyerm., *133*
Euryops (Cass.) Cass. (Senecioneae), 428, **438**
Euryops chrysanthemoides (DC.) B. Nord., **438**
Euxenia radiata Nees et Mart., *276*
Eyrea F. Muell. non Champ. ex Benth., *347*
Eyselia Rchb., *39*
Faberiopsis C. Shih et Y.L. Chen, *84*
Faciscó, 256

Falsa contrayerba, 403
Falsa flor de muerto, 485, 487
Falsa salviona, 298
False algalia, 35
False chamomile, 16
Falso epasote de altura, 437
Falso papelillo, 459
Falso rábano, 436
Falso simonillo, 414
Feaea Spreng., *382*
Feddeeae Pruski, P. Herrera, Anderb. et Franc.-Ort., 346
Ferdinanda eminens Lag., *321*
Feverfew, 17
Filaginae Benth. et Hook. f., 214
Filaginella Opiz, *221*
Fingalia Schrank, *252*
Fingalia hexagona Schrank, *253*
Fisherman's tobacco, 285
Flaveria Juss. (Tageteae), 103, 232, 473, **476**
Flaveria × latifolia (J.R. Johnst.) R.W. Long et Rhamstine, *476*
Flaveria bidentis (L.) Kuntze, 476, 477
Flaveria latifolia (J.R. Johnst.) Rydb., *476*
Flaveria linearis Lag., **476**
Flaveria linearis var. *latifolia* J.R. Johnst., *476*
Flaveria maritima Kunth, *476*
Flaveria perfoliata Sch. Bip. ex Klatt., *365*
Flaveria repanda Lag., *476*
Flaveria tenuifolia Nutt., *476*
Flaveria trinervata Baill., *476*
Flaveria trinervia (Spreng.) C. Mohr, **476**, 477
Flaveriinae Less., 232, 473
Fleischmannia Sch. Bip. (Eupatorieae), **165**
Fleischmannia allenii R.M. King et H. Rob., **166**, 167
Fleischmannia anisopoda (B.L. Rob.) R.M. King et H. Rob., **167**, 173
Fleischmannia antiquorum (Standl. et Steyerm.) R.M. King et H. Rob., *173*
Fleischmannia arguta (Kunth) B.L. Rob., **167**
Fleischmannia blakei (B.L. Rob.) R.M. King et H. Rob., **167**
Fleischmannia bohlmanniana R.M. King et H. Rob., **167**
Fleischmannia capillipes (Benth.) R.M. King et H. Rob., 126, 128, **167**, 168
Fleischmannia carletonii (B.L. Rob.) R.M. King et H. Rob., **168**
Fleischmannia chiriquensis R.M. King et H. Rob., **168**
Fleischmannia ciliolifera R.M. King et H. Rob., **168**
Fleischmannia coibensis S. Díaz, **168**
Fleischmannia croatii R.M. King et H. Rob., *172*
Fleischmannia crocodilia (Standl. et Steyerm.) R.M. King et H. Rob., **169**
Fleischmannia deborabellae R.M. King et H. Rob., **169**, 173
Fleischmannia gentryi R.M. King et H. Rob., 167, **169**
Fleischmannia gonzalezii (B.L. Rob.) R.M. King et H. Rob., 165
Fleischmannia guatemalensis R.M. King et H. Rob., **169**
Fleischmannia hammelii H. Rob., **169**
Fleischmannia hymenophylla (Klatt) R.M. King et H. Rob., 167, **170**
Fleischmannia imitans (B.L. Rob.) R.M. King et H. Rob., **170**
Fleischmannia jejuna (Standl. et Steyerm.) R.M. King et H. Rob., *168*
Fleischmannia langlassei B.L. Rob., *179*
Fleischmannia matudae R.M. King et H. Rob., 165, **170**
Fleischmannia mayana Pruski, *213*
Fleischmannia microstemon (Cass.) R.M. King et H. Rob., **170**
Fleischmannia misera (B.L. Rob.) R.M. King et H. Rob., **171**
Fleischmannia multinervis (Benth.) R.M. King et H. Rob., **171**

Fleischmannia nix R.M. King et H. Rob., **171**
Fleischmannia panamensis R.M. King et H. Rob., *172*
Fleischmannia pinnatifida Pruski, **171**
Fleischmannia plectranthifolia (Benth.) R.M. King et H. Rob., **172**
Fleischmannia pratensis (Klatt) R.M. King et H. Rob., 165, **172**, 173
Fleischmannia profusa H. Rob., **172**
Fleischmannia pycnocephala (Less.) R.M. King et H. Rob., 165, 172, **172**, 173
Fleischmannia pycnocephaloides (B.L. Rob.) R.M. King et H. Rob., **173**
Fleischmannia rhodostyla Sch. Bip., *167*
Fleischmannia rivulorum (B.L. Rob.) R.M. King et H. Rob., *170*
Fleischmannia saxorum (Standl. et Steyerm.) R.M. King et H. Rob., *131*
Fleischmannia seleriana (B.L. Rob.) R.M. King et H. Rob., **173**
Fleischmannia sideritidis (Benth.) R.M. King et H. Rob., **173**
Fleischmannia sinclairii (Benth.) R.M. King et H. Rob., **173**
Fleischmannia splendens R.M. King et H. Rob., **174**
Fleischmannia suderifica R.M. King et H. Rob., **174**
Fleischmannia tysonii R.M. King et H. Rob., **174**
Fleischmannia urenifolia (Hook. et Arn.) Benth. et Hook. f. ex Hemsl., *179*
Fleischmannia valeriana (Standl.) R.M. King et H. Rob., *170*
Fleischmannia viscidipes (B.L. Rob.) R.M. King et H. Rob., **174**
Fleischmannia yucatanensis R.M. King et H. Rob., 171, 173, **175**
Fleischmanniopsis R.M. King et H. Rob. (Eupatorieae), **175**
Fleischmanniopsis anomalochaeta R.M. King et H. Rob., **175**
Fleischmanniopsis langmaniae R.M. King et H. Rob., **175**, 176
Fleischmanniopsis leucocephala (Benth.) R.M. King et H. Rob., **176**
Fleischmanniopsis leucocephala var. *anodonta* (B.L. Rob.) R.M. King et H. Rob, *176*
Fleischmanniopsis mendax (Standl. et Steyerm.) R.M. King et H. Rob., 176, **176**
Fleischmanniopsis nubigenoides (B.L. Rob.) R.M. King et H. Rob., **176**
Fleischmanniopsis paneroi B.L. Turner, 175
Flor amarilla, 243, 256, 288, 293, 301, 302, 371, 475
Flor amarillo, 309
Flor azul, 135
Flor celeste, 146
Flor de algodón, 164
Flor de bolas, 309
Flor de campo, 407, 499
Flor de cinco estrellas, 107
Flor de coco, 274
Flor de colmena, 100, 453
Flor de concepción, 308
Flor de cuaresma, 510
Flor de dolores, 171, 176, 430
Flor de fuego, 475
Flor de la concebida, 109
Flor de la seda, 230
Flor de la vida, 262
Flor de mosquito, 63
flor de muela, 340
Flor de muerto, 107, 108, 474, 484, 485, 486, 487
Flor de muerto sencilla, 487
Flor de octubre, 141, 172, 211, 310, 325
Flor de Pascua, 127, 308
Flor de plata, 176
Flor de sacramento, 173
Flor de Sajoc, 376
Flor de San Antonio, 153
Flor de San Diego, 205

Flor de San Juan, 137
Flor de Santa Lucía, 139, 172, 308, 309
Flor de sol, 302
Flor jazmín, 464
Flor noble, 135, 137
Flor Pascua, 154
Flora amarillo, 301
Florecilla, 234, 375, 381
Florecilla de bagre, 34
Florestina Cass. (Bahieae), **60**, 61, 61, 232
Florestina latifolia (DC.) Rydb., 61, **61**, 64
Florestina pedata (Cav.) Cass., 59, **61**
Florestina platyphylla (B.L. Rob. et Greenm.) B.L. Rob. et Greenm.,
    61, **61**, 62, 64
Florestina viscosissima (Standl. et Steyerm.) Heiser, *61*
Flourensia DC. (Heliantheae, Enceliinae), 284, **284**
Flourensia collodes (Greenm.) S.F. Blake, 284, **284**
Forbicina Ség., *93*
Fornicaria Raf., *318*
Fornicaria scandens (L.) Raf., *318*
Fougeria Moench, *243*
Fougeria tetragona Moench, *243*
Fougerouxia Cass., *243*
Fougerouxia alba (Pers.) DC., *243*
Fougerouxia recta (L.) DC., *243*
Fragmosa Raf., *41*
Franseria Cav., *237*
Fregona, 155
French marigold, 484
Frijolillo, 60
Fuego de San Antonio, 505
Gaertneria Medik., *237*
Gaillardia Foug. (Helenieae), 231, **232**
Gaillardia bicolor Lam., *232*
Gaillardia bicolor var. *drummondii* Hook., *232*
Gaillardia bicolor [sin rango] *integrifolia* Hook., *232*
Gaillardia drummondii (Hook.) DC., *232*
Gaillardia lobata Buckley, *232*
Gaillardia neomexicana A. Nelson, *232*
Gaillardia picta D. Don, *232*
Gaillardia picta var. *tricolor* Planch., *232*
Gaillardia pulchella Foug., **232**, 233
Gaillardia pulchella var. *albiflora* Cockrell, *232*
Gaillardia pulchella var. *australis* B.L. Turner et M. Whalen, *232*
Gaillardia pulchella var. *drummondii* (Hook.) B.L. Turner, *232*
Gaillardia pulchella var. *picta* (D. Don) A. Gray, *232*, 233
Gaillardia scabrosa Buckley, *232*
Gaillardia suavis (A. Gray et Engelm.) Britton et Rusby, 232
Gaillardia villosa Rydb., *232*
Gaillardiinae Less., *231*, 232
Galatella hauptii (Ledeb.) Lindl. ex DC. var. *tenuifolia* (Lindl. ex
    DC.) Avé-Lall., *106*
Galatella tenuifolia Lindl. ex DC., *106*
Galeana La Llave (Perityleae), 425, 426, **426**
Galeana arenarioides (Hook. et Arn.) Rydb., *426*
Galeana hastata La Llave, *426*
Galeana pratensis (Kunth) Rydb., **426**
Galinsoga Ruiz et Pav. (Millerieae), **365**, 366, 391
Galinsoga aristulata E.P. Bicknell, *366*
Galinsoga bicolorata H. St. John et D. White, *366*
Galinsoga brachiata (Lag.) Spreng., *415*
Galinsoga brachystephana Regel, *366*
Galinsoga caracasana (DC.) Sch. Bip., *366*
Galinsoga ciliata (Raf.) S.F. Blake, *366*
Galinsoga discolor Spreng., *308*

Galinsoga eligulata Cuatrec., *366*
Galinsoga hispida Benth., *366*
Galinsoga hispida (DC.) Hieron. ex Engl. et Urb., *366*
Galinsoga humboldtii Hieron., *366*
Galinsoga macrocephala H. Rob., 362
Galinsoga oblongifolia (Hook.) DC., *251*
Galinsoga parviflora Cav., 366, **366**
Galinsoga parviflora var. *caracasana* (DC.) A. Gray, *366*
Galinsoga parviflora var. *hispida* DC., *366*
Galinsoga parviflora var. *quadriradiata* (Ruiz et Pav.) Pers., *366*
Galinsoga parviflora var. *quadriradiata* (Ruiz et Pav.) Poir., *366*
Galinsoga parviflora var. *semicalva* A. Gray, *366*
Galinsoga purpurea H. St. John et D. White, *366*
Galinsoga quadriradiata Ruiz et Pav., 366, 366, **366**, 379
Galinsoga quadriradiata forma *albiflora* Thell., *366*
Galinsoga quadriradiata var. *hispida* (DC.) Thell., *366*
Galinsoga quadriradiata forma *purpurascens* Thell., *366*
Galinsoga quadriradiata forma *vargasiana* Thell., *366*
Galinsoga quinqueradiata Ruiz et Pav., *366*
Galinsoga semicalva (A. Gray) H. St. John et D. White, *366*
Galinsoga serrata (Lag.) Spreng., *415*
Galinsoga urticifolia (Kunth) Benth., *366*
Galinsogea Kunth, *388*
Galinsogeopsis Sch. Bip., *427*
Galinsogeopsis spilanthoides Sch. Bip., *427*
Galinsoginae Benth. et Hook. f., *359*, 360, 409, 410
Gallarda, 232
Gallardía, 232
Gallardina, 232
Galophthalmum Nees et Mart., 244
Gamochaeta Wedd. (Gnaphalieae), **217**, 218, 219, 221, 222
Gamochaeta americana (Mill.) Wedd., 218, **218**, 219, 219, 221
Gamochaeta americana var. *alpina* Wedd., *218*
Gamochaeta americana subvar. *interrupta* Wedd., *218*
Gamochaeta americana var. *vulgaris* Wedd., *218*
Gamochaeta coarctata (Willd.) Kerguélen, 218, 219, **219**, 220
Gamochaeta falcata (Lam.) Cabrera, 221
Gamochaeta guatemalensis (Gand.) Cabrera, *218*
Gamochaeta irazuensis G.L. Nesom, *218*, 219
Gamochaeta paramorum (S.F. Blake) Anderb., *230*
Gamochaeta pensylvanica (Willd.) Cabrera, 218, **219**, 220, 221
Gamochaeta purpurea (L.) Cabrera, 218, **220**
Gamochaeta rosacea (I.M. Johnst.) Anderb., *220*
Gamochaeta simplicicaulis (Willd. ex Spreng.) Cabrera, 218, **220**
Gamochaeta sphacelata (Kunth) Cabrera, 221
Gamochaeta spicata Cabrera, *219*
Gamochaeta stagnalis (I.M. Johnst.) Anderb., 220, **220**, 221
Gamochaeta standleyi (Steyerm.) G.L. Nesom, **221**
Gamolepis chrysanthemoides DC., *438*
Gamusa, 359
Ganloo xuw, 286
Garcibarrigoa Cuatrec., 431, 452
Garcilassa Poepp. (Heliantheae, Helianthinae), **288**, 289, 303
Garcilassa rivularis Poepp., **289**, 338
Garrapata, 135, 137, 155
Garrapatilla, 418
Gavilán, 418
Gavilana, 418
Gazania Gaertn., 18
Género A (Senecioneae), **472**
Género A sp. A, **473**
Georgia bipinnata (Cav.) Spreng, *106*
Georgina Willd., *108*
Georgina coccinea (Cav.) Willd., *109*
Georgina purpurea Willd., *110*

Georgina rosea (Cav.) Willd., *110*
Georgina superflua DC., *110*
Georgina variabilis Willd., *110*
Gerbera L. (Mutisieae), 394, 396, **398**, 399, 400
Gerbera L. sect. Gerbera, 399
Gerbera sect. *Lasiopus* (Cass.) Sch. Bip., *398*, 399
Gerbera sect. Parva H.V. Hansen, 399
Gerbera sect. *Piloselloides* Less., *398*, 399
Gerbera subg. *Piloselloides* (Less.) Less., *398*
Gerbera bicolor Sch. Bip., *398*
Gerbera ehrenbergii Sch. Bip., *400*
Gerbera hieracioides (Kunth) Zardini, 399
Gerbera jamesonii Adlam, 399, **399**
Gerbera lyrata Sch. Bip., *400*
Gerbera nutans (L.) Sch. Bip., *397*
Gerbera seemannii Sch. Bip., *400*
Gerberas, 2
Gerbereae Lindl., *393*
Gerberinae Benth. et Hook. f., *393*
German ivy, 432
Girasol, 2, 256, 289, 344
Girasol de monte, 137
Girasol morado, 106
Girosol, 278
Glebionis Cass. (Anthemideae), 11, **13**
Glebionis coronaria (L.) Cass. ex Spach, 10, **13**, 14, 14
Glebionis segetum (L.) Fourr., **14**
Gnaphalieae Cass. ex Lecoq et Juill., **214**, 216, 346
Gnaphaliinae Dumort., *214*
Gnaphaliothamnus Kirp., *216*, 217
Gnaphaliothamnus costaricensis G.L. Nesom, *217*
Gnaphaliothamnus cryptocephalus G.L. Nesom, *216*
Gnaphaliothamnus macdonaldii G.L. Nesom, *217*
Gnaphaliothamnus nesomii M.O. Dillon et Luebert, 217, 229
Gnaphaliothamnus salicifolius (Bertol.) G.L. Nesom, *217*
Gnaphaliothamnus sartorii (Klatt) G.L. Nesom, *217*
Gnaphalium L. (Gnaphalieae), 215, 218, **221**
Gnaphalium subg. *Achyrocline* Less., *214*
Gnaphalium sect. *Gamochaeta* (Wedd.) Benth. et Hook. f., *217*
Gnaphalium subg. *Gamochaeta* (Wedd.) Gren., *217*
Gnaphalium alatocaule D.L. Nash, *223*
Gnaphalium americanum Mill., *218*
Gnaphalium attenuatum DC., *216*, *223*, 229
Gnaphalium attenuatum var. sylvicola McVaugh, 226
Gnaphalium brachyphyllum Greenm., *224*
Gnaphalium brachypterum DC., *224*, *225*, 225
Gnaphalium canescens DC., 222
Gnaphalium chartaceum Greenm., *225*
Gnaphalium chilense Spreng., *229*
Gnaphalium chinense Gand., *219*
Gnaphalium coarctatum Willd., *219*
Gnaphalium consanguineum Gaudich., *218*
Gnaphalium crenatum Greenm., *230*
Gnaphalium domingense Lam., 222, 225
Gnaphalium elegans Kunth, 222, *225*
Gnaphalium gracile Kunth, *230*
Gnaphalium gracillimum Perr. ex DC., 222
Gnaphalium greenmanii S.F. Blake, *225*
Gnaphalium guatemalense Gand., *218*
Gnaphalium hirtum Kunth, *230*
Gnaphalium imbaburense Hieron., 229
Gnaphalium indicum L., 221, 222
Gnaphalium lavandulaceum DC., *217*
Gnaphalium lavandulifolium (Kunth) S.F. Blake non Willd., *217*
Gnaphalium leptophyllum DC., *230*

Gnaphalium leucocephalum A. Gray, 225, 226
Gnaphalium liebmannii Sch. Bip. ex Klatt, 226, 227
Gnaphalium liebmannii var. *monticola* (McVaugh) D.L. Nash, *227*
Gnaphalium linearifolium Greenm. non (Wedd.) Franch., 224, *225*
Gnaphalium luteoalbum L., *227*
Gnaphalium montevidense Spreng., 229
Gnaphalium multicaule Willd. non Lam., *221*
Gnaphalium niliacum Spreng., *221*
Gnaphalium oaxacanum Greenm., 229
Gnaphalium oxyphyllum DC., *227*, 228
Gnaphalium oxyphyllum var. *nataliae* F.J. Espinosa, 227
Gnaphalium oxyphyllum var. *semilanatum* DC., 227, 229
Gnaphalium paramorum S.F. Blake, *230*
Gnaphalium pensylvanicum Willd., *219*
Gnaphalium peregrinum Fernald, *219*
Gnaphalium poeppigianum DC., *225*
Gnaphalium polycaulon Pers., 221, **221**, 222
Gnaphalium purpureum L., *220*
Gnaphalium purpureum var. *americanum* (Mill.) Klatt, *218*
Gnaphalium purpureum var. *macrophyllum* Greenm., *218*
Gnaphalium purpureum var. *simplicicaule* (Willd. ex Spreng.) Klatt., *220*
Gnaphalium purpureum var. *spathulatum* Baker, *219*
Gnaphalium purpureum var. *spicatum* Klatt, *219*
Gnaphalium rhodanthum Sch. Bip., *217*
Gnaphalium rhodarum S.F. Blake, *228*
Gnaphalium rosaceum I.M. Johnst., *220*
Gnaphalium roseum Kunth, 222, 227, *228*, 228, 229
Gnaphalium roseum var. *angustifolium* Benth., *224*
Gnaphalium roseum var. *hololeucum* Benth., *224*, 231
Gnaphalium roseum var. *sordescens* Benth., *224*
Gnaphalium roseum var. *stramineum* Kuntze, *224*
Gnaphalium salicifolium (Bertol.) Sch. Bip., *217*
Gnaphalium sartorii (Klatt) F.J. Espinosa, *217*
Gnaphalium satureioides Lam. var. *vargasianum* (DC.) Kuntze, *215*
Gnaphalium seemannii Sch. Bip., *217*
Gnaphalium semiamplexicaule DC., *228*, 229
Gnaphalium semilanatum (DC.) McVaugh, 227
Gnaphalium simplicicaule Willd. ex Spreng., *220*
Gnaphalium spathulatum Lam. non Burm. f., *219*
Gnaphalium spicatum Lam. non Mill., *219*
Gnaphalium spicatum Mill., *352*
Gnaphalium spicatum var. *interruptum* DC., *219*
Gnaphalium sprengelii Hook. et Arn., *229*
Gnaphalium stagnale I.M. Johnst., *220*
Gnaphalium standleyi Steyerm., *221*
Gnaphalium stolonatum S.F. Blake, *229*
Gnaphalium stramineum Kunth, *229*
Gnaphalium strictum Roxb. non Lam., *221*
Gnaphalium subsericeum S.F. Blake, *229*, 230
Gnaphalium tenue Kunth, *230*
Gnaphalium virgatum L., *352*
Gnaphalium viscosum Kunth, *230*
Gnaphalium vulcanicum I.M. Johnst., *226*
Gnaphalium vulcanicum var. *monticola* McVaugh, *227*
Gochnatia Kunth, 394
Gochnatia obtusata S.F. Blake, 394
Gochnatia smithii B.L. Rob. et Greenm., 394
Gochnatieae Rydb., 394
Gochnatiinae Benth. et Hook. f., 394
Goldenrod, 51
Goldmanella Greenm. (Coreopsideae), 92, **111**
Goldmanella sarmentosa (Greenm.) Greenm., **111**
Goldmania Greenm. non Rose ex Micheli, *111*
Goldmania sarmentosa Greenm., *111*

Golondrina, 452

Gongrostylus R.M. King et H. Rob (Eupatorieae), **176**

Gongrostylus costaricensis (Kuntze) R.M. King et H. Rob., **176**

Gongylolepis R.H. Schomb., 394

Gordo lobo, 228

Gordolobo, 223, 225

Gota de sangre, 435

Graemia Hook., *233*

Grangea bicolor (Roth) Willd. ex Loudon, *38*

Grangea domingensis (Cass.) M. Gómez var. *viscosa* (L.) M. Gómez, *40*

Grangea lanceolata Poir., *251*

Grangea latifolia Lam. ex Poir. non Desf., *38*

Green stick, 160

Greenmania Hieron., *392*

Greenmania boladorensis Hieron., *393*

Greenmania ulei Hieron., *393*

Grindelia Willd. (Astereae), **44**

Grindelia hirsutula Hook. et Arn., **44**

Grindelia nana Nutt., *44*

Grindelia perennis A. Nelson, *44*

Grypocarpha Greenm., *340*

Grypocarpha liebmannii (Klatt) S.F. Blake, *341*

Grypocarpha nelsonii Greenm., *341*

Guácara, 147, 262, 303

Guaco, 176, 190, 191, 194

Guaco licor, 191

Guarda camino, 481

Guarda-barranca, 32

Guardiola Cerv. ex Bonpl., 360

Guasmara, 300

Guayule, 239

Guentheria Spreng., *232*

Guizano de caballo, 241

Guizotia Cass. (Millerieae), **367**

Guizotia abyssinica (L. f.) Cass., **367**

Guizotia oleifera (DC.) DC., *367*

Gundelia L., 2

Gundlachia A. Gray, 44

Gusmania J. Rémy non Guzmania Ruiz et Pav., *41*

Gusnay, 494

Gutierrezia Lag., 44

Guzmania Ruiz et Pav., 41

Gymnanthemum Cass., 493

Gymnanthemum congestum Cass., *496*

Gymnocoronis DC. (Eupatorieae), **177**

Gymnocoronis latifolia Hook et Arn., 177

Gymnocoronis matudae R.M. King et H. Rob., 177, **177**

Gymnocoronis nutans (Greenm.) R.M. King et H. Rob., 177

Gymnocoronis sessilis S.F. Blake, 177, **177**

Gymnolaena (DC.) Rydb. (Tageteae), **477**

Gymnolaena chiapasana Strother, **477**

Gymnolaena integrifolia (A. Gray) Rydb., *475*

Gymnolomia Kunth, *252, 290, 304*

Gymnolomia acuminata S.F. Blake, *288*

Gymnolomia costaricensis (Benth.) B.L. Rob. et Greenm., *303*

Gymnolomia cruciata Klatt, *276*

Gymnolomia decurrens Klatt, *301*

Gymnolomia ehrenbergiana Klatt, *303*

Gymnolomia guatemalensis (B.L. Rob. et Greenm.) Greenm., *303*

Gymnolomia liebmannii Klatt, *298*

Gymnolomia longifolia B.L. Rob. et Greenm., *290*

Gymnolomia maculata Ker Gawl., *276*

Gymnolomia microcephala Less., *303*, 304

Gymnolomia microcephala var. *abbreviata* (B.L. Rob. et Greenm.) B.L. Rob. et Greenm., *303*

Gymnolomia microcephala var. *brachypoda* (B.L. Rob. et Greenm.) B.L. Rob. et Greenm., *303*

Gymnolomia microcephala var. *guatemalensis* (B.L. Rob. et Greenm.) B.L. Rob. et Greenm., *303*

Gymnolomia ovata A. Gray, *298*

Gymnolomia patens A. Gray, *303*

Gymnolomia patens var. *abbreviata* B.L. Rob. et Greenm., *303*

Gymnolomia patens var. *brachypoda* B.L. Rob. et Greenm., *303*

Gymnolomia patens var. *guatemalensis* B.L. Rob. et Greenm., *303*

Gymnolomia pittieri Greenm., *301*

Gymnolomia platylepis A. Gray, *301*

Gymnolomia scaberrima (Benth.) Greenm., *301*

Gymnolomia scaposa Brandegee, *291*

Gymnolomia subflexuosa (Hook. et Arn.) Benth. et Hook. f. ex Hemsl., *303*, 304

Gymnolomia sylvatica Klatt, *340*

Gymnolomia tenuifolia (A. Gray) Benth. et Hook. f. ex Hemsl, *306*

Gymnopsis costaricensis Benth., *303*, 304

Gymnopsis dentata (La Llave) DC., *288*

Gymnopsis divaricata Benth., *293*

Gymnopsis euxenioides DC., *276*

Gymnopsis microcephala Gardner, 253

Gymnopsis schiedeana DC., *288*

Gymnopsis uniserialis Hook., *293*

Gymnopsis vulcanica Steetz, *303*

Gymnosperma Less. (Astereae), **44**

Gymnosperma corymbosum DC., *44*

Gymnosperma glutinosum (Spreng.) Less., **44**

Gymnosperma multiflorum DC., *44*

Gymnosperma nudatum (Nutt.) DC., *476*

Gymnosperma scoparium DC., *44*

Gymnostyles Raf., *347*

Gymnostyles marilandica (Michx.) Raf., *349*

Gymnostyles minuta (L. f.) Spreng., *13*

Gymnostyles peruviana Spreng., *13*

Gynaphanes Steetz, *346*

Gynema Raf., *347*

Gynheteria Willd., *352*

Gynheteria dentata (Ruiz et Pav.) Spreng., *352*

Gynheteria incana Spreng., *352*

Gynheteria salicifolia Willd. ex Less., *352*

Gynoxys berlandieri DC., *452*

Gynoxys berlandieri var. *cordifolia* DC., *452*

Gynoxys berlandieri var. *cuneata* DC., *452*

Gynoxys cummingii Benth., *452*

Gynoxys fragrans Hook., *453*

Gynoxys haenkei DC., *453*

Gynoxys oerstedii Benth., *453*

Gynura Cass. (Senecioneae), 2, **438**, 439

Gynura aspera Ridl., *437*

Gynura aurantiaca (Blume) DC., **438**

Gynura aurantiaca var. *ovata* Miq., *438*

Gynura crepidioides Benth., *431*

Gynura densiflora Miq., *438*

Gynura dichotoma Turcz., *438*

Gynura lyrata Sch. Bip. ex Zoll., *438*

Gynura malasica (Ridl.) Ridl., *437*

Gynura mollis Sch. Bip. ex Zoll., *438*

Gynura polycephala Benth., *431*

Gynura 'Purple Passion', 439

Gynura sumatrana Miq., *438*

Gynura zeylanica Trim. var. *malasica* Ridl., *437*

Hamulium Cass., *323*

Haplopappus Cass. sect. *Osbertia* (Greene) H.M. Hall, *48*
Haplopappus gramineus Benth., *49*
Haplopappus stolonifer DC., *48*
Haplopappus stolonifer var. *glabratus* J.M. Coult., *49*
Haplopappus stolonifer var. *heleniastrum* (Greene) S.F. Blake, *49*
Haplopappus stolonifer var. *puber* DC., *49*
Haplopappus stoloniferus DC., 48, 49
Harleya S.F. Blake (Vernonieae), **496**
Harleya oxylepis (Benth.) S.F. Blake, 496, **496**
Haseval, 342
Hauay, 240
Haynea Willd., *503*
Haynea edulis (Aubl.) Willd., *503*
Hebeclinium DC. (Eupatorieae), **177**
Hebeclinium atrorubens Lem., *148*
Hebeclinium costaricense R.M. King et H. Rob., **178**
Hebeclinium hygrohylaeum (B.L. Rob.) R.M. King et H. Rob., **178**
Hebeclinium ianthinum (Morren) Hook., *148*
Hebeclinium knappiae R.M. King et H. Rob., **178**
Hebeclinium macrophyllum (L.) DC., 152, **178**
Hebeclinium reedii R.M. King et H. Rob., **178**
Hebeclinium tepicanum Hook. et Arn., *159*
Hecubaea DC., *233*
Hecubaea aptera S.F. Blake, *234*
Hecubaea scorzonerifolia DC., *234*
HELENIACEAE Raf., *231*
Heleniastrum Fabr., *233*
Heleniastrum integrifolium (Kunth) Kuntze, *235*
Heleniastrum mexicanum (Kunth) Kuntze, *234*
Heleniastrum quadridentatum (Labill.) Kuntze, *234*
Heleniastrum varium (Schrad.) Kuntze, *234*
Helenieae Lindl., 59, 63, 187, **231**, 232, 425, 426, 473
Héléniées, 232
Heleniinae Dumort., *231*, 232
Helenium L. (Helenieae), 232, **233**, 235
Helenium subg. *Tetrodus* Cass., *233*
Helenium alatum (Jacq.) C.C. Gmel., *234*
Helenium apterum (S.F. Blake) Bierner, *234*, 235
Helenium centrale Rydb., *234*
Helenium discovatum Raf., *234*
Helenium integrifolium (Kunth) Benth. et Hook. f. ex Hemsl., 233, 235, *235*
Helenium lanatum (Benth.) A. Gray, *235*
Helenium linearifolium Moench., *234*
Helenium mexicanum Kunth, **233**
Helenium quadridentatum Labill., **234**
Helenium quadripartitum Link, *234*
Helenium scorzonerifolium (DC.) A. Gray, **234**, 235
Helenium scorzonerifolium var. *ghiesbreghtii* A. Gray, *234*
Helenium varium Schrad. ex Less., *234*
Helepta Raf., *339*
Heliantheae Cass., 1, 2, 3, 4, 92, 114, 232, **236**, 268, 360, 379, 410, 426, 473
Helianthinae Dumort., 236, **286**
Helianthoideae Lindl. , 2
Helianthus L. (Heliantheae, Helianthinae), 2, **289**
Helianthus amplexicaulis DC., *295*
Helianthus annuus L., **289**, 290
Helianthus dentatus Cav., *304*
Helianthus hastatus Sessé et Moc., *298*
Helianthus laevis L., *98*
Helianthus lindheimerianus Scheele, *289*
Helianthus longiradiatus Bertol., *301*
Helianthus membranifolius Poir., *276*
Helianthus microclinus (DC.) M. Gómez, *304*

Helianthus porteri (A. Gray) Pruski, 289
Helianthus quinquelobus Sessé et Moc., *300*
Helianthus sarmentosus Rich., *276*
Helianthus sericeus Sessé et Moc., *295*
Helianthus speciosus Hook., *301*
Helianthus triqueter Ortega, *304*
Helianthus tuberosus L., 289
Helianthus tubiformis Jacq., *302*
Helianthus tubiformis Ortega, *302*
Helichroa Raf., *339*
Helichrysum Mill., 215, 226
Helichrysum bracteatum (Vent.) Haw., *231*
Helichrysum indicum (L.) Grierson, 222
Helichrysum lavandulifolium Kunth, *217*
Helichrysum salicifolium Bertol., *217*
Heliogenes Benth., *368*
Heliomeris Nutt. (Heliantheae, Helianthinae), **290**
Heliomeris annua (M.E. Jones) Cockerell, 290
Heliomeris longifolia (B.L. Rob. et Greenm.) Cockerell, **290**, 301
Heliomeris multiflora Nutt., 290, 290
Heliomeris tenuifolia A. Gray non Viguiera tenuifolia Gardner, *306*
Heliopsis Pers. (Heliantheae, Zinniinae), **339**, 340
Heliopsis subg. *Kallias* Cass., *339*
Heliopsis buphthalmoides (Jacq.) Dunal, 313, 317, **340**
Heliopsis canescens Kunth, *340*
Heliopsis dubia Dunal, *340*
Heliopsis laevis (L.) Pers., *98*
Heliopsis oppositifolia (L.) Druce, 313, 340
Heliopsis oppositifolia (Lam.) S. Díaz non (L.) Druce, *340*
Heliopsis parviceps S.F. Blake, 340
Heliopsis platyglossa Cass., *367*
Heliopsis pulchra T.R. Fisher, *340*
Helioreos Raf., *477*
Heliotropo de monte, 130
Helminthotheca echioides (L.) Holub, 75
Helogyne Benth. non Nutt., *179*
Hemiambrosia Delpino, *237*
Hemibaccharis S.F. Blake, *20*
Hemibaccharis androgyna (Brandegee) S.F. Blake, *22*
Hemibaccharis asperifolia (Benth.) S.F. Blake, *22*
Hemibaccharis corymbosa (Donn. Sm.) S.F. Blake, *23*
Hemibaccharis flexilis S.F. Blake, *23*
Hemibaccharis irazuensis S.F. Blake, *23*
Hemibaccharis mucronata (Kunth) S.F. Blake, *26*
Hemibaccharis mucronata var. *paniculata* (Donn. Sm.) S.F. Blake, *26*
Hemibaccharis salmeoides S.F. Blake, *25*
Hemibaccharis sescenticeps S.F. Blake, *22*
Hemibaccharis torquis S.F. Blake, *26*
Hemixanthidium Delpino, *237*
Heptanthus Griseb., 408
Heterachaena Fresen., *85*
Heterochaeta DC. non Besser, *41*
Heterochaeta gnaphalioides (Kunth) DC., *46*
Heterochaeta stricta Benth., *47*
Heterocondylus R.M. King et H. Rob. (Eupatorieae), **179**
Heterocondylus vitalbae (DC.) R.M. King et H. Rob., **179**
Heteropleura fendleri (Sch. Bip.) Rydb., *80*
Heterosperma Cav. (Coreopsideae), 92, **112**
Heterosperma pinnatum Cav., **112**
Heterothalamus trinervis (Pers.) Hook. et Arn., *32*
Heterotheca Cass. (Astereae), **45**, 49
Heterotheca Cass. sect. Heterotheca, 45
Heterotheca sect. *Pityopsis* (Nutt.) V.L. Harms, *49*
Heterotheca chrysopsidis DC., 45
Heterotheca correllii (Fernald) H.E. Ahles, *49*

Heterotheca graminifolia (Michx.) Shinners, 45, *49*

Heterotheca graminifolia var. *tenuifolia* (Torr.) Gandhi et R.D. Thomas, *49*

Heterotheca inuloides Cass., 45

Heterotheca lamarckii Cass., 45

Heterotheca latifolia Buckley, 45

Heterotheca latifolia var. *arkansana* B. Wagenkn., *45*

Heterotheca latifolia var. *macgregoris* B. Wagenkn., *45*

Heterotheca microcephala (Small) Shinners, *49*

Heterotheca nervosa (Willd.) Shinners, *49*

Heterotheca psammophila B. Wagenkn., *45*

Heterotheca scabra (Elliott) DC., *45*

Heterotheca subaxillaris (Lam.) Britton et Rusby, 45, **45**

Heterotheca subaxillaris subsp. *latifolia* (Buckley) Semple, *45*

Heterotheca subaxillaris var. *latifolia* (Buckley) Gandhi et R.D. Thomas, *45*

Heterotheca subaxillaris var. *petiolaris* Benke, *45*

Heterotheca subaxillaris var. *procumbens* B. Wagenkn., *45*

Hexinia H.L. Yang, *85*

Heyfeldera Sch. Bip., *49*

Heyfeldera sericea Sch. Bip., *49*

Hidalgoa La Llave (Coreopsideae), 92, **112**

Hidalgoa breedlovei Sherff, 112, *112*

Hidalgoa lessingii DC., *112*

Hidalgoa pentamera Sherff, *112*

Hidalgoa steyermarkii Sherff, *112*

Hidalgoa ternata La Llave, **112**

Hidalgoa uspanapa B.L. Turner, **113**

Hidalgoa wercklei Hook. f., **113**

Hieraciodes Kuntze, *77*

Hieracium L. (Cichorieae), 75, 78, **78**

Hieracium abscissum Less., 78, **79**, 82

Hieracium abscissum forma *hypoglossum* Zahn, *79*

Hieracium abscissum subsp. *morelosanum* S.F. Blake, *79*

Hieracium anthurum Fr., *79*

Hieracium arvense (L.) Scop., *88*

Hieracium bulbisetum Arv.-Touv., *82*

Hieracium clivorum Standl. et Steyerm., **79**, 80

Hieracium comaticeps S.F. Blake, *81*

Hieracium comatum Fr., *79*

Hieracium comatum var. *felipense* Zahn, *79*

Hieracium comatum var. *irregularis* Fr., *79*

Hieracium culmenicola Standl. et Steyerm., *80*

Hieracium fendleri Sch. Bip., **80**, 80

Hieracium fendleri Sch. Bip. subsp. fendleri, 80

Hieracium fendleri subsp. **ostreophyllum** (Standl. et Steyerm.) Beaman, **80**

Hieracium fendleri var. *ostreophyllum* (Standl. et Steyerm.) B.L. Turner, *80*

Hieracium friesii Sch. Bip. non Hartm., *82*

Hieracium gronovii L., 80, **80**

Hieracium guatemalense Standl. et Steyerm., **80**

Hieracium hirsutum Sessé et Moc. non Bernh. ex Froel., *79*

Hieracium hondurense S.F. Blake, *80*

Hieracium hypocomum Zahn, *81*

Hieracium intybiforme Arv.-Touv., *79*

Hieracium irasuense Benth., 78, 79, **81**

Hieracium jalapense Standl. et Steyerm., *81*

Hieracium jaliscense B.L. Rob. et Greenm., *81*

Hieracium jaliscense var. *eriobium* Zahn, *81*

Hieracium jaliscense var. *ghiesbreghtii* B.L. Rob. et Greenm., *81*

Hieracium jaliscense subvar. *guadalajarense* Zahn, *81*

Hieracium jaliscense var. *guatemalense* Sleumer, *81*

Hieracium jaliscopolum S.F. Blake, *82*

Hieracium javanicum Burm. f., *436*

Hieracium lagopus D. Don, 78, 81

Hieracium liebmannii Zahn, *82*

Hieracium maxonii S.F. Blake, *81*

Hieracium melanochryseum S.F. Blake, *82*

Hieracium mexicanum Less., **81**

Hieracium mexicanum forma *glabrescens* Zahn, *81*

Hieracium mexicanum subsp. *niveopappum* (Fr.) Zahn, *81*

Hieracium mexicanum subsp. *praemorsiforme* (Sch. Bip.) Zahn, *81*

Hieracium minarum Standl. et Steyerm., *80*

Hieracium nicolasii S.F. Blake, *82*

Hieracium niveopappum Fr., *81*

Hieracium oaxacanum B.L. Rob. et Greenm., *82*

Hieracium orizabaeum Arv.-Touv., *79*

Hieracium ostreophyllum Standl. et Steyerm., *80*

Hieracium panamense S.F. Blake, *80*

Hieracium pilosella L., 78

Hieracium praemorsiforme Sch. Bip., *81*

Hieracium pringlei A. Gray, 80, **81**

Hieracium rusbyi Greene, *79*

Hieracium rusbyi var. *wrightii* A. Gray, *82*

Hieracium schultzii Fr., **82**

Hieracium selerianum Zahn, *81*

Hieracium skutchii S.F. Blake, 80, **82**

Hieracium sphagnicola S.F. Blake, 78, **82**

Hieracium standleyi S.F. Blake, *82*

Hieracium strigosum D. Don, *79*

Hieracium stuposum Fr. non Rchb., *81*, 82

Hieracium stuppatum Zahn, *81*

Hieracium stupposum Rchb., 82

Hieracium tacanense Standl. et Steyerm., *81*

Hieracium thyrsoideum Fr., *79*

Hieracium thyrsoideum var. *plebejum* Fr., *79*

Hieracium thyrsoideum var. *spectabile* Fr., *79*

Hieracium venosum L., 80

Hieracium wrightii (A. Gray) B.L. Rob. et Greenm., *82*

Hieracium wrightii var. *palmeri* Zahn, *82*

Hierapicra Kuntze, *66*

Hierba abrojo, 245

Hierba blanca, 494

Hierba cachito, 245

Hierba de arriero, 403

Hierba de chancho, 505

Hierba de chucho, 137

Hierba de faja, 508

Hierba de halcón, 83

Hierba de la rabia, 316, 414

Hierba de montaña, 494

Hierba de paloma, 415

Hierba de perro, 137

Hierba de pincel, 493

Hierba de plata, 176

Hierba de pollo, 135

Hierba de San Juan, 390, 485, 497

Hierba de Santo Domingo, 32, 407

Hierba de seda, 218

Hierba de toro, 375

Hierba del caballo, 244, 262

Hierba del cadejo, 483

Hierba del chucho, 371

Hierba del higado, 390

Hierba del histérico, 350

Hierba del sapo, 89, 316, 346, 371

Hierba del sapo de bajillo, 316

Hierba del talepate, 479

Hierba del tamagas, 173

Hierba del toro, 375, 390
Hierba del venado, 483
Hierba limon castilla, 479
Hierba sana, 426
Hierba-tan, 223
Hingtsha Roxb., *416*
Hingtsha repens Roxb., *417*
Hinojo de San Antonio, 212
Hipericón, 485
Hippia bicolor (Roth) Sm., *38*
Hippia integrifolia L. f., *38*
Hippia minuta L. f., *13*
Hipposeris Cass., *423*
Hofmeisteria Walp. (Eupatorieae), **179**
Hofmeisteria urenifolia (Hook. et Arn.) Walp., **179**
Hoj, 331
Hoja amargo, 415
Hoja blanca, 156, 473, 494, 504
Hoja de ceniza, 473
Hoja de lagarto, 418
Hoja de muerto, 485
Hoja de poeta, 104
Hoja de queso, 459
Hoja de rabia, 470, 473
Hoja de San Antonio, 493
Hoja lisa, 127
Hoja negra, 460
Hoja nueva, 366
Hoja tornasol, 438
Hokin-zacun, 182
Homahak, 308
Hopkirkia DC. non Spreng., *62*
Hopkirkia Spreng., *318*
Hopkirkia anthemoides DC., *63*
Hopkirkia eupatoria (DC.) Spreng., *318*
Hyalis D. Don ex Hook. et Arn., *394*
Hymenoclea Torr. et A. Gray, *237*, 238
Hymenopappinae Rydb., 426
Hymenopappus pedatus (Cav.) Cav. ex Lag., *61*
Hymenopappus pedatus (Cav.) Kunth, *61*
Hymenostephium Benth., 289, *302*, 303, 304
Hymenostephium cordatum (Hook. et Arn.) S.F. Blake, *303*
Hymenostephium gracillimum (Brandegee) E.E. Schill. et Panero, *305*
Hymenostephium guatemalense (B.L. Rob. et Greenm.) S.F. Blake, *303*, 304
Hymenostephium mexicanum Benth., *303*
Hymenostephium microcephalum (Less.) S.F. Blake, *303*
Hymenostephium molinae (H. Rob.) E.E. Schill. et Panero., *305*
Hymenostephium pilosulum S.F. Blake, *303*, 304
Hymenostephium rivularis (Poepp.) E.E. Schill. et Panero, *289*
Hymenostephium strigosum (Klatt) E.E. Schill. et Panero, *306*
Hymenostephium tenue (A. Gray) E.E. Schill. et Panero, *307*
Hymenoxys Cass. (Helenieae), 233, **235**
Hymenoxys chrysanthemoides (Kunth) DC., 235
Hymenoxys integrifolia (Kunth) Bierner, **235**
Hypochaeris L. (Cichorieae), 75, **83**
Hypochaeris chillensis (Kunth) Britton, 83
Hypochaeris glabra L., **83**
Hypochaeris microcephala (Sch. Bip.) Cabrera var. albiflora (Kuntze) Cabrera, 83
Hypochaeris radicata L., 83, **83**, 84
Hypochaeris radicata subsp. *glabra* (L.) Mateo et Figuerola, *83*
Hypochoeris, 83
Hysterophorus Adans., *239*

Ichil ok wamal, 238
Ichthyothere Mart. (Millerieae), **367**
Ichthyothere scandens S.F. Blake, **367**
Iclab, 318
Ik'al k'ail, 385
Ik'al k'ayil, 300
Ik'al ok vomol, 211
Ilamate, 338
Ilex L., 472 , 473
Iltisia S.F. Blake (Eupatorieae), **179**, 187
Iltisia echandiensis R.M. King et H. Rob., **180**
Iltisia repens S.F. Blake, **180**
Imaliote, 309, 338
Imaliote ramifacado, 330
Incensio, 10, 11, 35, 223
Incienso, 223
Incienso aak', 265
Incienso ak, 265
Incienso de monte, 10
Inmortal, 172, 231
Insienso de monte, 10
Inula argentea Pers., *49*
Inula graminifolia Michx., *49*
Inula graminifolia var. *tenuifolia* Torr., *49*
Inula primulifolia Lam., *37*
Inula saturejoides Mill., *481*
Inula scabra Pursh, *45*
Inula subaxillaris Lam., *45*
Inula trixis L., *407*, 408
INULACEAE Bercht. et J. Presl, *346*
Inuleae Cass., 214, **346**, 350, 351, 395, 417, 505
Inulinae Dumort., *346*
Inuloideae Lindl., *346*
Iogeton Strother (Heliantheae, Ecliptinae), **253**
Iogeton nowickeanus (D'Arcy) Strother, **253**
Iostephane Benth. (Heliantheae, Helianthinae), **290**
Iostephane trilobata Hemsl., **291**
Iris kasnin, 510
Ish-tá, 256
Ishtiipn naranjada, 484
Ishtupu amarillo, 484
Isinni saika, 289
Iskanari saika, 262
Islicapuco, 459
Ismaria Raf., *149*
Ismaria glandulosa (La Llave) Raf., *150*
Ismelia Cass., 13
Isocarpha Less. non R. Br., *134*
Isocarpha R. Br. (Eupatorieae), **180**, 316
Isocarpha alternifolia Cass., *180*
Isocarpha atriplicifolia (L.) R. Br. ex DC., **180**
Isocarpha atriplicifolia subsp. *billbergiana* (Less.) Borhidi, *180*
Isocarpha billbergiana Less., *180*
Isocarpha echioides Less., *136*
Isocarpha oppositifolia (L.) Cass., 180, **181**
Isonema Cass. non R. Br., *490*
Isotypus Kunth, *423*
Isotypus onoseroides Kunth, *424*
Iva L., *237*
Iva asperifolia Less., 237
Iva cheiranthifolia Kunth, 237
Iva frutescens L., 237
Iva xanthiifolia Nutt., 237
Iveae Rydb., *237*
Ixhotz, 182

Ixtupug, 484
Iya, 485
Jaboncillo, 31
Jacea segetum Lam., *68*
Jacmaia B. Nord., 439, 473
Jacmaia cooperi (Greenm.) C. Jeffrey, *439*
Jacmaia megaphylla (Greenm.) C. Jeffrey, *440*
Jacmaia multivenia (Benth.) C. Jeffrey, *440*
Jaegeria Kunth (Millerieae), **368**
Jaegeria abyssinica (L. f.) Spreng., *367*
Jaegeria bellidioides Spreng., *368*
Jaegeria discoidea Klatt, *368*
Jaegeria hirta (Lag.) Less., 368, **368**
Jaegeria hirta var. *glabra* Baker, *368*
Jaegeria mnioides Kunth, *368*
Jaegeria parviflora DC., *368*
Jaegeria repens DC., *368*
Jaegeria standleyi (Steyerm.) B.L. Turner, **369**
Jaegeria sterilis McVaugh, 368
Jaegeria uliginosa (Sw.) Spreng., *317*
Jaegeria urticifolia (Kunth) Spreng., *366*
Jalacate, 232, 293, 300, 415
Jalacate amargoso, 415
Jalacate extranjero, 232
Jalacatillo, 270
Jambu, 313
Jaral, 415
Jarilla, 112
Jaumea mexicana (DC.) Benth. et Hook. f. ex Hemsl., *60*
Jefea Strother (Heliantheae, Ecliptinae), **254**, 283
Jefea phyllocephala (Hemsl.) Strother, **254**
Jessea H. Rob. et Cuatrec. (Senecioneae), **439**, 462
Jessea cooperi (Greenm.) H. Rob. et Cuatrec., 439, **439**
Jessea gunillae B. Nord., 439, **440**
Jessea megaphylla (Greenm.) H. Rob. et Cuatrec., 439, **440**
Jessea multivenia (Benth.) H. Rob. et Cuatrec., **440**
Jol tuluk' vomal, 470
Jolacate, 293
Jolomacach, 173
Jolomocox, 485
Jom tzotzil, 223
Juanislama, 415
Julgunero, 335
Jungia L. f. (Nassauvieae), **404**, 405, 455
Jungia sect. *Dumerilia* (Lag. ex DC.) Harling, *404*, 405
Jungia axillaris (Lag. ex DC.) Spreng., 405
Jungia bogotensis Hieron., *405*
Jungia coarctata Hieron., 405
Jungia colombiana Cuatrec., *405*
Jungia ferruginea L. f., **405**, 455
Jungia guatemalensis Standl. et Steyerm., *405*, 455
Jungia paniculata (DC.) A. Gray, 405
Jungia pringlei Greenm., 405
Jungia reticulata Steyerm., *405*
Jungia trianae Hieron., *405*
Jungieae D. Don, *400*
Juralillo, 414
Juronero blanco, 330
K'aan lool xiw, 476
K'ajk'al chikin buro wamal, 363
K'an aak', 97
K'an mul, 94
K'an nich wamal, 373
K'anal chlob, 224
K'anal nich, 95, 303, 363, 373

K'analnich wamal, 371
K'anlej nich, 48
K'anlej wamal, 48
K'oxox chij, 363
K'oxox wamal, 390
Kallias (Cass.) Cass., *339*
K'amalnich wamal, 259
Kan kun, 274
Kan kun bop, 274
Kan lol xiw, 476
K'anal akan te', 150
K'anal ch'a te', 322
K'anal nich, 95, 303, 363, 373
K'anal ton ch'a te', 127
Kanimia Gardner, *187*
Kanlol xiu, 476
K'anlotxiw, 476
Kanmul, 94
Kantumbu, 342
Kantunbub, 342
K'an-xikin, 256
Kaqi tus, 484
Kaxlan chiub, 230
Kaxnan may te', 348
K'ayil, 300
Kegelia Sch. Bip., *252*
Kegelia ruderalis (Sw.) Sch. Bip., *253*
Kekchicay, 318
Kelem nichim, 484
Keren tusus, 95
Kerneria Moench, *93*
Kerneria helianthoides (Kunth) Cass., *98*
Kerneria leucanthema (L.) Cass., *95*
Kerneria pilosa (L.) Lowe, *99*
Kerneria pilosa var. *discoidea* (Sch. Bip.) Lowe, *99*
Kerneria pilosa var. *radiata* (Sch. Bip.) Lowe, *95*
Kerneria tetragona Moench., *99*
Ki nam, 371
Kirkianella Allan, *87*
Kisauri-alnimuk, 397
Kleinia Mill. (Senecioneae), **440**
Kleinia abyssinica (A. Rich.) A. Berger, 441
Kleinia petraea (R.E. Fr.) C. Jeffrey, **441**
Kleinia ruderalis Jacq., *482*
Koanophyllon Arruda (Eupatorieae), **181**
Koanophyllon albicaule (Sch. Bip. ex Klatt) R.M. King et H. Rob., **182**
Koanophyllon celtidifolium (Lam.) R.M. King et H. Rob., 181
Koanophyllon coulteri (B.L. Rob.) R.M. King et H. Rob., **182**
Koanophyllon dukei R.M. King et H. Rob., *183*
Koanophyllon galeottii (B.L. Rob.) R.M. King et H. Rob., **182**, 184
Koanophyllon hondurense (B.L. Rob.) R.M. King et H. Rob., **182**
Koanophyllon hylonomum (B.L. Rob.) R.M. King et H. Rob., **183**
Koanophyllon hypomalacum (B.L. Rob. ex Donn. Sm.) R.M. King et H. Rob., **183**
Koanophyllon jinotegense R.M. King et H. Rob., **183**
Koanophyllon mimicum (Standl. et Steyerm.) R.M. King et H. Rob., *182*
Koanophyllon panamense R.M. King et H. Rob., **183**
Koanophyllon pittieri (Klatt) R.M. King et H. Rob., 182, **183**
Koanophyllon ravenii R.M. King et H. Rob., **184**
Koanophyllon solidaginoides (Kunth) R.M. King et H. Rob., **184**
Koanophyllon sorensenii R.M. King et H. Rob., **184**
Koanophyllon standleyi (B.L. Rob.) R.M. King et H. Rob., **184**
Koanophyllon tripartitum B.L. Turner, **185**

Koanophyllon villosum (Sw.) R.M. King et H. Rob., **185**
Koanophyllon wetmorei (B.L. Rob.) R.M. King et H. Rob., **185**
K'onon, 300
Kuhnia L., *149*
Kulanto jomol, 485
Kulantu wamal, 95
Kulishpimil, 88
Kúna, 418
Kúnsisil, 193
K'utumbuy, 274
Kwinkwimae, 249
Kyrstenia Neck. ex Greene, *118*
Kyrstenia bellidifolia (Benth.) Greene, *123*
Kyrstenia collina (DC.) Greene., *153*
Kyrstenia donnell-smithii (J.M. Coult.) Greene, *129*
Kyrstenia grandidentata (DC.) Greene, *128*
Kyrstenia guadalupensis (Spreng.) Greene, *170*
Kyrstenia oreithales (Greenm.) Greene, *130*
Kyrstenia pazcuarensis (Kunth) Greene, *128*
Kyrsteniopsis R.M. King et H. Rob., 116
Kyrsteniopsis chiapasana B.L. Turner, *206*
Kyrsteniopsis heathiae (B.L. Turner) B.L. Turner, *116*
Kyrsteniopsis iltisii (R.M. King et H. Rob.) B.L. Turner, *159*
Kyrsteniopsis perpetiolata (R.M. King et H. Rob.) B.L. Turner, *206*
Labiatiflorae DC., 394
Lactuca L. (Cichorieae), 2, 75, **84**, 85, 86
Lactuca arabica Jaub. et Spach., *86*
Lactuca brachyrrhyncha Greenm., 85
Lactuca canadensis L., 85
Lactuca elongata Muhl. ex Willd. var. *graminifolia* Chapm., *84*
Lactuca floridana (L.) Gaertn., 84, 85
Lactuca goraeensis (Lam.) Sch. Bip., *86*
Lactuca graminifolia Michx., **84**, 85
Lactuca graminifolia var. arizonica McVaugh, 84
Lactuca graminifolia var. *mexicana* McVaugh., *84*, 85
Lactuca heyneana DC., *86*
Lactuca hirsuta Muhl. ex Nutt., 85
Lactuca intybacea Jacq., *86*
Lactuca ludoviciana (Nutt.) Riddell, 84, 84, 85
Lactuca petitiana A. Rich., *86*
Lactuca pinnatifida (Lour.) Merr., *86*
Lactuca remotiflora DC., *86*
Lactuca runcinata DC., *86*
Lactuca sativa L., **85**
Lactuca schimperi Jaub. et Spach, *86*
Lactuca serriola L., 84, 85
Lactuca villosa Jacq., 84
Lactuceae Cass., 65, 74, 75
Lactucella Nazarova, *84*
Lactucoideae Lindl., 3
Lactucosonchus (Sch. Bip.) Svent., *87*
Laennecia Cass. (Astereae), 34, **45**, 46
Laennecia confusa (Cronquist) G.L. Nesom, **46**
Laennecia filaginoides DC., **46**, 47, 47
Laennecia gnaphalioides (Kunth) Cass., 46, 47, **47**
Laennecia parvifolia DC., *46*, 47
Laennecia pinnatifida Turcz., *46*
Laennecia prolialba (Cuatrec.) G.L. Nesom, 47
Laennecia schiedeana (Less.) G.L. Nesom, **47**
Laennecia sophiifolia (Kunth) G.L. Nesom, **47**
Laestadia Auersw. non Kunth ex Less., 48
Laestadia Kunth ex Less. (Astereae), **48**
Laestadia costaricensis S.F. Blake, **48**
Laestadia linearis J. Bommer et M. Rousseau, 48
Lagascea Cav. (Heliantheae, Helianthinae), 286, **291**

Lagascea campestris Gardner, *292*
Lagascea helianthifolia Kunth, **291**
Lagascea helianthifolia var. *adenocaulis* B.L. Rob., *291*
Lagascea helianthifolia Kunth var. helianthifolia, 291
Lagascea helianthifolia var. *levior* (B.L. Rob.) B.L. Rob., *291*, 292
Lagascea helianthifolia var. *suaveolens* (Kunth) B.L. Rob., *291*
Lagascea kunthiana Gardner, *292*
Lagascea latifolia (Cerv.) DC., *291*
Lagascea mollis Cav., **292**
Lagascea parvifolia Klatt, *292*
Lagascea pteropoda (S.F. Blake) Standl., *291*
Lagascea suaveolens Kunth, *291*
Lagascea tomentosa B.L. Rob. et Greenm., *291*
Lagedium Soják, *84*
Lagenophora Cass., 55
Lagenophora sect. *Pseudomyriactis* Cabrera, *54*, 55
Lagenophora andina V.M. Badillo, *55*
Lagenophora cuchumatanica Beaman et De Jong, *55*
Lagenophora minuscula Cuatrec., *55*
Lagenophora panamensis S.F. Blake, *56*
Lagenophora sakirana Cuatrec., *56*
Lagenophora westonii Cuatrec., *56*
Lagenophorinae G.L. Nesom, 55
Laggera aurita (L. f.) Benth. ex C.B. Clarke, *351*
Laggera lyrata (Kunth) Leins, *351*
Lagoseriopsis Kirp., *85*
Lamparita, 435
Lamún, 312
Lancisia Fabr., *12*
Lancisia australis (Sieber ex Spreng.) Rydb., *12*
Lancisia minuta (L. f.) Rydb., *13*
Laphamia A. Gray, *427*
Laphamia sect. *Pappothrix* A. Gray, *427*
Laphangium (Hilliard et B.L. Burtt) Tzvelev, *222*, 227
Laphangium luteoalbum (L.) Tzvelev., *227*
Lapsana capillaris L., *78*
Lapsana communis L., 75
Largo trapo, 32
Lasallea Greene, *52*
Lasianthaea DC. (Heliantheae, Ecliptinae), 241, 242, 253, **254**, 255, 257, 258, 268, 283, 283, 329
Lasianthaea belizeana B.L. Turner, *258*
Lasianthaea breedlovei B.L. Turner, *258*
Lasianthaea ceanothifolia (Willd.) K.M. Becker, 255, **255**, 256
Lasianthaea ceanothifolia var. **ceanothifolia**, **255**
Lasianthaea crocea (A. Gray) K.M. Becker, 255
Lasianthaea fruticosa (L.) K.M. Becker, 256, **256**, 257, 259, 283
Lasianthaea fruticosa var. fasciculata (DC.) K.M. Becker, 255
Lasianthaea fruticosa (L.) K.M. Becker var. **fruticosa**, 255, **256**
Lasianthaea fruticosa var. *villosa* (Pol.) B.L. Turner, *256*, 257
Lasianthaea guatemalensis (Donn. Sm.) B.L. Turner, *257*, *259*
Lasianthaea kingii (H. Rob.) B.L. Turner, *260*
Lasianthaea lundellii (H. Rob.) B.L. Turner, *268*
Lasianthaea nowickeana D'Arcy, *253*
Lasianthaea salvinii (Hemsl.) B.L. Turner, *260*
Lasianthaea steyermarkii (S.F. Blake) B.L. Turner, *260*
Lasiopus Cass., *398*
Latreillea DC., *367*
Launaea Cass. (Cichorieae), 75, **85**, 88
Launaea goraeensis (Lam.) O. Hoffm., *86*
Launaea intybacea (Jacq.) Beauverd, 85, **86**
Launaea kuriensis Vierh., *86*
Launaea remotiflora (DC.) Amin ex Rech. f., *86*
Lavenia Sw., *117*
Lavenia spathulata Juss., 118

Lebetina cubana Rydb., *475*
Lechuga, 2, 85, 89
Lechuga montés, 89
Lechuga silvestre, 77, 89
Lechuguilla, 89, 90, 350, 505
Lecocarpus Decne., 361
Leibnitzia Cass. (Mutisieae), 393, 396, 399, **399**, 400
Leibnitzia lyrata (Sch. Bip.) G.L. Nesom, 397, **400**
Leibnitzia occimadrensis G.L. Nesom, 400
Leibnitzia seemannii (Sch. Bip.) G.L. Nesom, *400*
Leiboldia Schltdl. ex Gleason, 500
Leiboldia salvinae (Hemsl.) Gleason, *502*
Leighia speciosa (Hook.) DC., *301*
Leioligo Raf., *50*
Lemus, 338
Lengua de buey, 329
Lengua de gallina, 31
Lengua de gallo, 32
Lengua de gato, 363
Lengua de vaca, 32, 154, 160, 291, 331, 334, 338, 464
Lengua de venado, 154
Lenteja, 250
Lentejilla, 250
Lentejuela, 250
Leontodon L., 75, 83
Leontodon hirtus L., 83
Leontodon saxatilis Lam., 83
Leontodon taraxacoides (Vill.) Mérat non Hoppe et Hornsch., 83
Leontodon taraxacum L., *90*, 90
Leontodon tomentosum L. f. non Chaptalia tomentosa Vent. nec Tussilago tomentosa Ehrh., 396
Leontophthalmum Willd., *409*
Lepia Hill, *343*
Lepia multiflora (L.) Hill, *345*
Lepia pauciflora (L.) Hill, *345*
Lepiactis Raf., *50*
Lepidanthus suaveolens (Pursh) Nutt., *16*
Lepidaploa (Cass.) Cass. (Vernonieae), **497**, 511
Lepidaploa acilepis (Benth.) Pruski, **497**
Lepidaploa arborescens (L.) H. Rob., 498
Lepidaploa boquerona (B.L. Turner) H. Rob., *499*
Lepidaploa canescens (Kunth) H. Rob., 497, **497**, 498, 499
Lepidaploa canescens (Kunth) H. Rob. var. **canescens**, 497
Lepidaploa canescens var. opposita (H. Rob.) H. Rob., 498
Lepidaploa chiriquiensis (S.C. Keeley) H. Rob., **498**
Lepidaploa glabra (Willd.) H. Rob., 497
Lepidaploa lehmannii (Hieron.) H. Rob., 497, 498
Lepidaploa polypleura (S.F. Blake) H. Rob., **498**
Lepidaploa remotiflora (Rich.) H. Rob., 497
Lepidaploa salzmannii (DC.) H. Rob., 497, **498**, 499
Lepidaploa scorpioides (Lam.) Cass., *491*
Lepidaploa tenella (D.L. Nash) H. Rob., **499**
Lepidaploa tortuosa (L.) H. Rob., 499, **499**, 500
Lepidaploa uniflora (Mill.) H. Rob., 497, **500**
Lepidonia S.F. Blake (Vernonieae), **500**, 511
Lepidonia alba Redonda-Martínez et E. Martínez, **501**
Lepidonia corae (Standl. et Steyerm.) H. Rob. et V.A. Funk, 500, **501**
Lepidonia lankesteri (S.F. Blake) H. Rob. et V.A. Funk, 500, **501**, 502
Lepidonia paleata S.F. Blake, 500, **501**
Lepidonia salvinae (Hemsl.) H. Rob. et V.A. Funk, 500, 501, **502**
Leptilon bonariense (L.) Small, *35*
Leptilon canadense (L) Britton, *35*
Leptilon canadense var. *pusillum* (Nutt.) Daniels, *35*

Leptilon integrifolium Wooton et Standl., *47*
Leptilon linifolium (Willd.) Small, *35*
Leptilon pusillum (Nutt.) Britton, *35*
Leptilon subdecurrens (DC.) Small, *47*
Leptophora Raf., *233*
Leptopoda Nutt., *233*
Leria DC. non Adans., 396, 397
Leria leiocarpa DC., *396*
Leria lyrata Cass., *397*
Leria nutans (L.) DC., *397*
Leriinae Less., *393*
Lessingianthus H. Rob. (Vernonieae), **502**
Lessingianthus rubricaulis (Bonpl.) H. Rob., **502**
Lettuce, 85
Leucacantha Nieuwl. et Lunell, *66*
Leucacantha cyanus (L.) Nieuwl. et Lunell, *68*
Leucanthemum Mill. (Anthemideae), 11, **14**
Leucanthemum ×superbum (Bergmans ex J.W. Ingram) D.H. Kent, 14, **14**, 15
Leucanthemum lacustre (Brot.) Samp., 14
Leucanthemum leucanthemum (L.) Rydb., *15*
Leucanthemum maximum (Ramond) DC., 15
Leucanthemum vulgare Tourn. ex Lam., 14, 15, **15**
Leucheria Lag., 400
Leucopholis Gardner, *216*
Leucosyris riparia (Kunth) Pruski et R.L. Hartm., 19
Leucosyris spinosa (Benth.) Greene, *34*
Liabeae Rydb., 1, 2, **353**, 488
Liabellum Rydb., *356*
Liabum Adans. (Liabeae), **354**
Liabum andrieuxii (DC.) Benth. et Hook. f. ex Hemsl., *356*
Liabum asclepiadeum Sch. Bip., 354
Liabum biattenuatum Rusby, *355*
Liabum bourgeaui Hieron., **354**
Liabum brachypus (Rydb.) S.F. Blake, *357*
Liabum deamii B.L. Rob. et Bartlett, *356*
Liabum dimidium S.F. Blake, *357*
Liabum discolor (Hook. et Arn.) Benth. et Hook. f. ex Hemsl., *357*
Liabum glabrum Hemsl., *357*
Liabum homogamum Hieron., *200*
Liabum hypochlorum S.F. Blake, *358*
Liabum igniarium (Bonpl.) Less., 354
Liabum lanceolatum (Ruiz et Pav.) Sch. Bip., 354
Liabum megacephalum Sch. Bip., *355*
Liabum polyanthum Klatt, *358*
Liabum sagittatum Sch. Bip., *355*
Liabum sericolepis Hemsl., *358*
Liabum subglandulare S.F. Blake, *357*
Liabum sublobatum B.L. Rob., *357*
Liabum tajumulcense Standl. et Steyerm., *358*
Liabum tonduzii B.L. Rob., *358*
Liabum vagans S.F. Blake, *359*
Liabum valeri Standl., *355*
Liatris Gaertn. ex Schreb., 114
Liguliflorae, 3
Lik, 31
Lila, 53, 155
Lilita, 15
Limoncillo, 30, 479
Limonoseris Peterm., *77*
Lipochaeta DC. sect. *Catomenia* Torr. et A. Gray, *279*
Lipochaeta fasciculata DC., *256*
Lipochaeta monocephala DC., *256*
Lipochaeta serrata (La Llave) DC., *283*
Lipochaeta umbellata DC., *255*

Lipochaeta umbellata var. *conferta* DC., *255*
Lipotriche R. Br. Wild, 261
Lipotriche gymnolomoides Less., *271*
Liya, 485
Llacon, 387
Llovizna, 172
Llovizna blanca, 457
Lluvia de oro, 322
Lokab, 137
Lomanthus B. Nord. et Pelser, 468
Lomatolepis Cass., *85*
Lophopappus Rusby, 400
Lorentea Lag., *477*
Lorentea Less., *477*, 478
Lorentea Ortega, *341*
Lorentea atropurpurea Ortega, *342*
Lorentea capillipes Benth., *479*
Lorentea castelloniana Ram. Goyena, *478*
Lorentea multiflosculosa DC., *480*
Lorentea polycephala Gardner, *479*
Lorentea prostrata (Cav.) Lag., *481*
Lorentea saturejoides (Mill.) Less., *481*
Loxodon longipes Cass., *398*
Loxothysanus B.L. Rob. (Bahieae), **62**, 232, 426
Loxothysanus filipes B.L. Rob., *62*
Loxothysanus sinuatus (Less.) B.L. Rob., **62**
Lucilia paramora (S.F. Blake) V.M. Badillo, *230*
Lundellianthus H. Rob. (Heliantheae, Ecliptinae), 242, 255, 256,
  257, 258, 261, 283
Lundellianthus belizeanus (B.L. Turner) Strother, 258, **258**
Lundellianthus breedlovei (B.L. Turner) Strother, 258, **258**
Lundellianthus guatemalensis (Donn. Sm.) Strother, 258, **259**, 260
Lundellianthus harrimanii Strother, 258, **259**, 260, 260
Lundellianthus kingii (H. Rob.) Strother, 259, 260, **260**
Lundellianthus petenensis H. Rob., *259*
Lundellianthus salvinii (Hemsl.) Strother, 255, 258, 260, **260**
Lundellianthus steyermarkii (S.F. Blake) Strother, 242, 258, **260**
Lycoseris Cass. (Onoserideae), 1, 394, 420, **421**
Lycoseris crocata (Bertol.) S.F. Blake, **421**, 422
Lycoseris grandis Benth., **422**
Lycoseris latifolia (D. Don) Benth., *422*
Lycoseris macrocephala Greenm., *422*
Lycoseris oblongifolia Rusby, *422*
Lycoseris squarrosa Benth., *421*
Lycoseris trinervis (D. Don) S.F. Blake, 422
Lycoseris triplinervia Less., **422**
Lygodesmia D. Don, 75, 91
Mabal, 340
Mac, 312, 377
Macdougalia A. Heller, *235*
Macella K. Koch, *368*
Macella hirta K. Koch, *368*
Machaeranthera Nees, 19
Machaeranthera sect. *Psilactis* (A. Gray) B.L. Turner et D.B. Horne,
  50
Machaeranthera brevilingulata (Sch. Bip. ex Hemsl.) B.L. Turner et
  D.B. Horne, *50*
Macho, 10, 81
Machul, 235
Macvaughiella R.M. King et H. Rob. (Eupatorieae), **185**
Macvaughiella chiapensis R.M. King et H. Rob., **185**, 186, 186
Macvaughiella mexicana (Sch. Bip.) R.M. King et H. Rob., 185,
  186
Macvaughiella mexicana var. *standleyi* (Steyerm.) R.M. King et H.
  Rob., *186*

Macvaughiella oaxacensis R.M. King et H. Rob., 186
Macvaughiella standleyi (Steyerm.) R.M. King et H. Rob., **186**
Madieae Jeps., 59, 232, 426
Madre contrahierba, 164
Mafitero, 127, 153
Majitero, 153
Mala hierba, 368
Malacate, 335
Malacatillo, 272
Malacothrix crepoides A. Gray, *78*
Maleza de cerdo, 262
Mallinoa J.M. Coult., *118*
Mallinoa corymbosa J.M. Coult., *128*
Maloko, 452
Maluco, 452
Malva morada, 298
Malvarosa de la playa, 238
Mamaluca, 452
Mandonia Wedd., *388*
Mano de lagarto, 332, 418
Mano de león, 338, 457, 470
Mano de león de tierra fría, 457
Mano de león ó imaliote, 309
Manta lisa, 153
Manteca, 494
Mantzania wamal, 485
Mantzaniya wamal, 485
Manzanilla, 7, 16, 34, 40, 484, 485, 487
Manzanilla común, 16
Manzanilla montera, 240
Manzanilla romana, 9
Manzanilla silvestre, 42
Marapasica, 385
Marapolon, 415
Maraquita, 243
Margarita, 2, 7, 9, 11, 14, 15, 17, 110, 195, 256, 274, 308, 310, 344,
  345, 385, 472, 489
Margarita amarilla, 83, 105
Margarita azul, 65
Margarita de mar, 238, 285
Margarita de monte, 54, 87, 468
Margarita de rosa, 43
Margarita de Transvaal, 399
Margarita grande, 14
Margarita margaritilla, 53
Margarita montes, 309
Margarita silvestre, 53, 54
María, 309
Mariana Hill, *74*
Mariana mariana (L.) Hill, *74*
Marsea bonariensis (L.) V.M. Badillo, *35*
Marsea bonariensis var. *leiotheca* (S.F. Blake) V.M. Badillo, *37*
Marsea canadensis (L.) V.M. Badillo, *35*
Marsea chilensis (Spreng.) V.M. Badillo, *37*
Marsea gnaphalioides (Kunth) V.M. Badillo, *47*
Marsea sophiifolia (Kunth) V.M. Badillo, *47*
Marshallia Schreb., 231
Marshalliinae H. Rob., *231*
Martrasia Lag., *404*
Maruta cotula (L.) DC., *9*
Mastranzo de monte, 249
Matacoyote, 505
Matamoria La Llave, *505*
Matamoria spicata La Llave, *506*
Matapalo, 198

Matapulgas, 61, 178
Matricaria L. (Anthemideae), 7, 9, **15**, 16
Matricaria chamomilla L., 2, 7, 15, 16, **16**
Matricaria chamomilla var. *coronata* Boiss., *16*
Matricaria chamomilla forma *courrantiana* (DC.) Fiori, *16*
Matricaria chamomilla var. *recutita* (L.) Fiori, *16*
Matricaria coronaria (L.) Desr., *14*
Matricaria coronata (Boiss.) J. Gay ex W.D.J. Koch, *16*
Matricaria courrantiana DC., *16*
Matricaria discoidea DC., **16**
Matricaria leucanthemum (L.) Desr., *15*
Matricaria matricarioides (Less.) Porter ex Britton, 16, 16
Matricaria morifolia Ramat., *11*
Matricaria parthenium L., *17*
Matricaria recutita L., 15, 16, *16*
Matricaria recutita var. *coronata* (Boiss.) Fertig, *16*
Matricaria segetum (L.) Schrank, *14*
Matricaria suaveolens L., *16*, 16
Matricaria suaveolens (Pursh) Buchenau non L., *16*
Matrimonio, 344
Matsa ch'ich bu'ul, 97
Matsab ch'ik bu'ul, 94, 101
Matudina R.M. King et H. Rob. (Eupatorieae), 164, **186**
Matudina corvi (McVaugh) R.M. King et H. Rob., **186**
Mayweed, 9
Mazcabmiz, 480
Me caso no me caso, 274
Me quiere, 17
Me-caso-no-me-caso, 371
Megaliabum Rydb., *356*
Megaliabum andrieuxii (DC.) Rydb., *356*
Megalodonta Greene, *93*
Mejen, 273
Mejoran chaparro, 135
Mejorana, 135, 137, 141, 155, 172, 209, 489
Mejorana chaparro, 137
Mejorana de conejo, 209
Mejorana morada, 172
Melampodiinae Less, *359*, 360, *409*
Melampodium L. (Millerieae), **369**
Melampodium sect. *Alcina* (Cav.) DC., *369*
Melampodium [sin rango] *Alcina* (Cav.) Kunth, *369*
Melampodium [sin rango] *Dysodium* (Rich.) Kunth, *369*
Melampodium sect. *Zarabellia* (Cass.) DC., *369*
Melampodium americanum L., **370**
Melampodium angustifolium DC., *370*
Melampodium anomalum M.E. Jones, *344*
Melampodium aureum Brandegee, 374
Melampodium berteroanum Spreng., *371*, 372
Melampodium bibracteatum S. Watson, **371**
Melampodium brachyglossum Donn. Sm., *374*
Melampodium camphoratum (L. f.) Baker, *393*
Melampodium canescens Brandegee, *372*
Melampodium copiosum Klatt, *371*
Melampodium costaricense Stuessy, 369, **371**, 372
Melampodium diffusum Cass., *370*
Melampodium divaricatum (Rich.) DC., 369, 371, **371**, 372, 374
Melampodium divaricatum var. *macranthum* Schltdl., *371*
Melampodium flaccidum Benth., *371*
Melampodium gracile Less., **372**, 373
Melampodium gracile var. *oblongifolium* (DC.) A. Gray, *372*
Melampodium heterophyllum Lag., *370*
Melampodium hidalgoa DC., *112*
Melampodium hispidum Kunth, 373, *375*
Melampodium humile Sw., *361*

Melampodium kunthianum DC., *370*
Melampodium lanceolatum Sessé et Moc., *373*
Melampodium liebmannii Sch. Bip. ex Klatt, *374*
Melampodium linearilobum DC., 306, **372**, 373, 375
Melampodium longipes (A. Gray) B.L. Rob., *370*
Melampodium longipilum B.L. Rob., **373**
Melampodium microcarpum S.F. Blake, *372*
Melampodium microcephalum Less., **373**
Melampodium minutiflorum M.E. Jones, *426*
Melampodium montanum Benth., **373**, 374
Melampodium montanum var. *viridulum* Stuessy, *374*
Melampodium nayaritense Stuessy, 370
Melampodium nelsonii Greenm., *370*
Melampodium oblongifolium DC., *372*, 373
Melampodium ovatifolium Rchb., *371*
Melampodium paludosum Kunth, *371*
Melampodium panamense Klatt, *371*
Melampodium paniculatum Gardner, 369, 369, 372, 373, **374**
Melampodium perfoliatum (Cav.) Kunth, 372, **374**, 375
Melampodium pilosum Stuessy, *370*
Melampodium pringlei B.L. Rob., 375
Melampodium pumilum Benth., *371*
Melampodium repens Sessé et Moc., 371
Melampodium ruderale Sw., *253*, 253
Melampodium sericeum Kunth, 306, *370*
Melampodium sericeum Lag., 369, **375**
Melampodium sericeum var. *exappendiculatum* B.L. Rob., *375*
Melampodium sericeum var. *longipes* A. Gray, *370*
Melampodium tenellum Hook. et Arn. var. *flaccidum* Benth., *371*, *371*
Melampodium ternatum (La Llave) DC. ex Stuessy, *112*
Melampodium villicaule Greenm., *373*
Melanthera Rohr (Heliantheae, Ecliptinae), 236, 241, 242, **261**, 264, 276
Melanthera amellus (L.) D'Arcy, *318*
Melanthera amellus var. *subhastata* (O.E. Schulz) D'Arcy, *262*
Melanthera angustifolia A. Rich., 261, **261**, 262, 262
Melanthera angustifolia var. *subhastata* O.E. Schulz, *262*
Melanthera aspera (Jacq.) Steud. ex Small, 261, *262*
Melanthera aspera var. *glabriuscula* (Kuntze) J.C. Parks, *262*
Melanthera aspera var. *subhastata* (O.E. Schulz) D'Arcy, *262*
Melanthera brevifolia O.E. Schulz, *262*
Melanthera canescens (Kuntze) O.E. Schulz, *262*
Melanthera carpenteri Small, *262*
Melanthera confusa Britton, *262*
Melanthera corymbosa Spreng., *262*
Melanthera crenata O.E. Schulz, *262*
Melanthera deltoidea Michx., *262*
Melanthera fruticosa Brandegee, *341*
Melanthera hastata Michx., *262*
Melanthera hastata subsp. *cubensis* (O.E. Schulz) Borhidi, *262*
Melanthera hastata var. *cubensis* O.E. Schulz, *262*
Melanthera hastata var. *scaberrima* Benth., *262*
Melanthera hastifolia S.F. Blake, *262*
Melanthera lanceolata Benth., *262*
Melanthera latifolia (Gardner) Cabrera, 276
Melanthera ligulata Small, *262*
Melanthera linearis S.F. Blake, *262*
Melanthera linnaei Kunth, *262*
Melanthera lobata Small, *262*
Melanthera longipes Rusby, *262*
Melanthera microphylla Steetz, *262*
Melanthera molliuscula O.E. Schulz, *262*
Melanthera nivea (L.) Small, 261, 262, **262**
Melanthera oxycarpha S.F. Blake, *262*
Melanthera oxylepis DC., *262*

Melanthera panduriformis Cass., *262*
Melanthera parviceps S.F. Blake, *262*
Melanthera purpurascens S.F. Blake, *262*
Melanthera trilobata Cass., *262*
Melanthera urticifolia Cass., *262*
Mendezia DC., *343*
Menotriche Steetz, *279*
Meratia Cass., *250*
Meratia sprengelii Cass., *250*
Mes te', 30
Mesodetra Raf., *233*
Mesodetra alata (Jacq.) Raf., *234*
Mesoligus Raf., *52*
Mesoligus subulatus (Michx.) Raf., *53*
Mesoneuris A. Gray, *449*, *450*
Mesoneuris bipinnatifida A. Gray, *450*
Mexican flame vine, 452
Meyera Schreb. non Adans., *416*
Meyera capitata (G. Mey.) Spreng., *276*
Meyera fluctuans (Lour.) Spreng., *417*
Meyera guineensis Spreng., *417*
Micrelium Forssk., *251*
Micrelium tolak Forssk., *251*
Microchaeta Nutt., 441
Microchaete Benth. non Microchaeta Nutt., *441*
Micrococia Hook. f., *250*
Microrhynchus Less., *85*
Microrhynchus surinamensis Miq., *86*
Microspermum Lag. (Eupatorieae), **186**, 187
Microspermum debile Benth., **187**
Microspermum debile Benth. var. debile, 187
Microspermum repens (S.F. Blake) L.O. Williams, 180, *180*
Mielcilla, 368
Mieria La Llave, *62*
Mieria virgata La Llave, *63*
Mikania Willd. (Eupatorieae), 1, **187**
Mikania amara Willd., *193*
Mikania amara var. *guaco* (Bonpl.) Baker, *191*
Mikania amblyolepis B.L. Rob., **189**
Mikania anomala M.E. Jones, *206*
Mikania antioquiensis Hieron., *189*
Mikania aromatica Oerst., 196
Mikania aschersonii Hieron., **189**
Mikania badieri DC., *192*
Mikania banisteriae DC., **189**
Mikania bogotensis Benth., **189**
Mikania castroi R.M. King et H. Rob., **190**
Mikania concinna Standl. et Steyerm., **190**
Mikania congesta DC., 193
Mikania convolvulacea DC., *190*
Mikania cordifolia (L. f.) Willd., **190**
Mikania cristata B.L. Rob., **190**
Mikania eriophora Sch. Bip. ex B.L. Rob. et Greenm., *194*
Mikania eriophora var. *chiapensis* B.L. Rob., *194*
Mikania eupatorioides S.F. Blake, *189*
Mikania fendleri Klatt, *190*
Mikania globosa (J.M. Coult.) Donn. Sm., **191**
Mikania gonoclada DC., *190*
Mikania gonzalezii B.L. Rob. et Greenm., **191**
Mikania gracilis Sch. Bip. ex Miq., *192*
Mikania guaco Bonpl., **191**
Mikania guatemalensis Standl. et Steyerm., *192*
Mikania holwayana B.L. Rob., **191**
Mikania hookeriana DC., **192**
Mikania hookeriana var. *badieri* (DC.) B.L. Rob., *192*

Mikania hookeriana var. *platyphylla* (DC.) B.L. Rob., *192*
Mikania houstoniana (L.) B.L. Rob., **192**
Mikania houstoniana var. *guatemalensis* (Standl. et Steyerm.) L.O. Williams, *192*
Mikania huitzensis Standl. et Steyerm., **192**
Mikania hylibates B.L. Rob., *194*
Mikania iltisii R.M. King et H. Rob., **192**
Mikania imrayana Griseb., *192*
Mikania leiostachya Benth., **193**
Mikania lindleyana DC., 187
Mikania miconioides B.L. Rob., *195*
Mikania micrantha Kunth, **193**
Mikania microptera DC., 187
Mikania nubigena B.L. Rob., *194*
Mikania olivacea Klatt, *191*
Mikania orinocensis Kunth, *193*
Mikania panamensis B.L. Rob., *189*
Mikania parviflora (Aubl.) H. Karst., **193**
Mikania petrina Standl. et Steyerm., **193**
Mikania pittieri B.L. Rob., **194**
Mikania platyphylla DC., *192*
Mikania psilostachya DC., **194**
Mikania psilostachya var. *racemulosa* (Benth.) Baker, *194*
Mikania psilostachya var. *scabra* (DC.) Baker, *194*
Mikania pterocaula Sch. Bip. ex Klatt, **194**
Mikania punctata Klatt non Gardner, *196*
Mikania pyramidata Donn. Sm., *189*, **194**
Mikania racemulosa Benth., *194*
Mikania riparia Greenm., **195**
Mikania ruiziana Poepp., *189*
Mikania scabra DC., *194*
Mikania simpsonii W.C. Holmes et McDaniel, 193
Mikania skutchii S.F. Blake, *189*
Mikania standleyi B.L. Rob., *191*
Mikania standleyi R.M. King et H. Rob. non B.L. Rob., *192*
Mikania stipulifera L.O. Williams, **195**
Mikania suaveolens Kunth, *190*
Mikania sylvatica Klatt, **195**
Mikania tonduzii B.L. Rob., **195**, 196
Mikania tysonii R.M. King et H. Rob., **196**
Mikania verapazensis R.M. King et H. Rob., **196**
Mikania vitifolia DC., **196**
Mikania vitrea B.L. Rob., *192*
Mikania wedelii W.C. Holmes et McDaniel, **196**
Mikania zonensis R.M. King et H. Rob., *191*
Mikaniopsis Milne-Redh., 432
Mil en rama, 8, 348
Milenrama, 8
Millefolium Mill., *8*
Milleria L. (Millerieae), **375**, 376, 388
Milleria biflora L., *250*, 375
Milleria contrayerba Cav., 477
Milleria glandulosa DC., *375*
Milleria maculata Mill., *375*, 376
Milleria perfoliata B.L. Turner, *375*, 376
Milleria peruviana H. Rob., *375*, 376
Milleria quinqueflora L., 375, **375**, 376
Milleria quinqueflora var. *maculata* (Mill.) DC., *375*
Milleria triflora Mill., *375*, 376
Millerieae Lindl., 232, 236, **359**, 360, 393, 409, 410, 417, 420
Milliérées, 232
Milleriinae Benth. et Hook. f., *359*, 360, 388
Mirasol, 106, 235, 243, 254, 289, 293, 297, 300, 301, 304, 385, 475
Mirasol cimarrón, 302
Mirasol de bejuco, 328

Mirasol silvestre, 475
Mirasolia (Sch. Bip.) Benth. et Hook. f., *300*
Mirasolia diversifolia Hemsl., *300*
Mirasolia scaberrima (Benth.) Benth. et Hook. f. ex Hemsl., *301*
Mocinna Lag., *409*
Mocinna brachiata Lag., *415*, 416
Mocinna serrata Lag., *415*
Molendera, 436
Molina salicifolia Ruiz et Pav., *31*
Molul, 473
Monanthemum Griseb. non Scheele, *504*
Monenteles Labill., *351*
Monillos, 141
Monophalacrus Cass., *352*
Monosis DC. sect. *Eremosis* DC., *493*
Montagnaea DC., 308
Montanoa Cerv. (Heliantheae, Montanoinae), **307**, 308
Montanoa arborescens DC., *310*
Montanoa arsenei S.F. Blake, *310*
Montanoa atriplicifolia (Pers.) Sch. Bip., **308**, 311
Montanoa clematidea Walp., *310*
Montanoa crenata Sch. Bip. ex K. Koch, *310*
Montanoa dumicola Klatt, *308*
Montanoa echinacea S.F. Blake, **309**
Montanoa floribunda (Kunth) DC., *311*
Montanoa grandiflora DC., 311
Montanoa guatemalensis B.L. Rob. et Greenm., **309**, 309
Montanoa hexagona B.L. Rob. et Greenm., 308, 309, **309**
Montanoa hibiscifolia Benth., 308, **309**
Montanoa leucantha (Lag.) S.F. Blake, **310**
Montanoa leucantha subsp. **arborescens** (DC.) V.A. Funk, **310**
Montanoa leucantha var. *arborescens* (DC.) B.L. Turner, *310*
Montanoa myriocephala B.L. Rob. et Greenm., *311*
Montanoa palmeri Fernald, *311*
Montanoa patens A. Gray, *310*
Montanoa pauciflora Klatt, *308*, 309
Montanoa pilosipalea S.F. Blake, *311*
Montanoa pittieri B.L. Rob. et Greenm., *309*
Montanoa pteropoda S.F. Blake, **310**
Montanoa purpurascens B.L. Rob. et Greenm., *310*
Montanoa rekoi S.F. Blake, *311*
Montanoa samalensis J.M. Coult., *309*
Montanoa schottii B.L. Rob. et Greenm., *308*
Montanoa seleriana B.L. Rob. et Greenm., *311*
Montanoa speciosa DC., 310, **310**, 311
Montanoa standleyi V.A. Funk, **311**
Montanoa subglabra S.F. Blake, *311*
Montanoa thomasii Klatt, *303*
Montanoa tomentosa Cerv., **311**
Montanoa tomentosa subsp. microcephala (Sch. Bip. ex K. Koch) V.A. Funk, 311
Montanoa tomentosa subsp. **xanthiifolia** (Sch. Bip. ex K. Koch) V.A. Funk, **311**
Montanoa tomentosa var. *xanthiifolia* (Sch. Bip. ex K. Koch) B.L. Turner, *311*
Montanoa uncinata Sch. Bip. ex K. Koch, *310*
Montanoa xanthiifolia Sch. Bip. ex K. Koch, *311*
Montanoinae H. Rob., 236, **307**
Monte blanco, 256
Monte cuadrangulares, 160
Monte negro, 146
Monticalia C. Jeffrey (Senecioneae), **441**, 462, 473
Monticalia andicola (Turcz.) C. Jeffrey, **441**
Monticalia firmipes (Greenm.) C. Jeffrey, **441**, 442
Monticalia pulchella (Kunth) C. Jeffrey, 442

Monticalia trichopus (Benth.) C. Jeffrey, 442
Moon-daisy, 15
Moriseco, 99
Mosca amarilla, 415
Mosca blanca, 414
Moscharia Ruiz et Pav., *400*
Mostaza de monte, 509
Mota, 137, 141
Mota morada, 137
Motitas, 396
Mozote, 94, 99, 100, 245, 375, 493, 505, 507
Mozote de milpa, 99
Mozote-doradilla, 107
Mozotillo, 99, 100, 135
Muk'ul chiob, 437
Muk'ul sak nich wamal, 380
Muk'ul yaxal nich wamal, 380
Muk'ta sun, 301
Muk'tik ch'a te', 127
Muk'tikil k'ayil, 309
Mulata, 60, 344, 345
Mulata silvestre, 345
Mulgedium Cass., *84*
Mulito, 94
Mulule, 494
Mulule hembra, 473
Mumule, 510
Muñeca, 338
Munnozia Ruiz et Pav. (Liabeae), **354**
Munnozia megacephala (Sch. Bip.) H. Rob. et Brettell, *355*
Munnozia sagittata (Sch. Bip.) H. Rob. et Brettell non Wedd., *354*
Munnozia senecionidis Benth., **355**
Munnozia wilburii H. Rob., **355**
Musik witzir, 348
Musteron Raf., *41*
Mutisia L. f., 394
Mutisieae Cass., 1, 2, 3, 65, **393**, 394, 395, 401, 420
Mutisieae Dumort., *393*
Mutisiinae Less., *393*, 394
Mutisioideae Lindl., 3, 4, 394, 400
Mut'tik ch'a te', 322
Mycelis Cass., *84*, 91
Myriactis Less., 16, 55
Myriactis andina (V.M. Badillo) M.C. Velez, *55*
Myriactis cuchumatanica (Beaman et De Jong) Cuatrec., *55*
Myriactis minuscula (Cuatrec.) Cuatrec., *55*
Myriactis panamensis (S.F. Blake) Cuatrec., *56*
Myriactis sakirana (Cuatrec.) Cuatrec., *56*
Myriactis westonii (Cuatrec.) Cuatrec., *56*
Nabuk' ak', 89
Najtil akan, 79, 363
Ñame de ratón, 193
Narvalina domingensis (Cass.) Less., 256
Narvalina fruticosa (L.) Urb., *256*
Nassauvieae Cass., 1, 394, 395, **400**, 401, 420, 455
Nassauvieae Dumort., *400*
Nassauviinae Less., 395, *400*, 401
Natuapate, 348
Nauenburgia Willd., *476*
Nauenburgia trinervata Willd., *476*
Neilreichia Fenzl, *379*
Neilreichia eupatorioides Fenzl, *380*
Nelsonianthus H. Rob. et Brettell (Senecioneae), **442**
Nelsonianthus epiphyticus H. Rob. et Brettell, **442**
Neobartlettia R.M. King et H. Rob. non Schltr., *144*

Neobartlettia hastifera (Standl. et Steyerm.) R.M. King et H. Rob., *145*

Neobartlettia hylobia (B.L. Rob.) R.M. King et H. Rob., *146*

Neobartlettia luxii (B.L. Rob.) R.M. King et H. Rob., *146*

Neobartlettia maxonii (B.L. Rob.) R.M. King et H. Rob., *146*

Neobartlettia oresbia (B.L. Rob.) R.M. King et H. Rob., *146*

Neobartlettia oresbioides (B.L. Rob.) R.M. King et H. Rob., *147*

Neobartlettia pansamalensis (B.L. Rob.) R.M. King et H. Rob., *147*

Neobartlettia platyphylla (B.L. Rob.) R.M. King et H. Rob., *148*

Neobartlettia prionophylla (B.L. Rob.) R.M. King et H. Rob., *148*

Neobartlettia ruae (Standl.) R.M. King et H. Rob., *147*

Neobartlettia sordida (Less.) R.M. King et H. Rob., *148*

Neobartlettia tuerckheimii (Klatt) R.M. King et H. Rob., *149*

Neoceis Cass., *436*

Neoceis carduifolia Cass., *437*

Neoceis hieraciifolia (L.) Cass., *437*

Neoceis rigidula Cass., *437*

Neohintonia R.M. King et H. Rob., 181

Neomirandea R.M. King et H. Rob. (Eupatorieae), **197**

Neomirandea allenii R.M. King et H. Rob., **198**

Neomirandea angularis (B.L. Rob.) R.M. King et H. Rob., **198**

Neomirandea araliifolia (Less.) R.M. King et H. Rob., **198**

Neomirandea arthrodes (B.L. Rob.) R.M. King et H. Rob., **198**

Neomirandea biflora R.M. King et H. Rob., **198**

Neomirandea burgeri R.M. King et H. Rob., **199**

Neomirandea carnosa (Kuntze) R.M. King et H. Rob., **199**

Neomirandea chiriquensis R.M. King et H. Rob., **199**

Neomirandea costaricensis R.M. King et H. Rob., **199**

Neomirandea croatii R.M. King et H. Rob., **199**

Neomirandea eximia (B.L. Rob.) R.M. King et H. Rob., **199**

Neomirandea folsomiana M.O. Dillon et D'Arcy, **200**

Neomirandea gracilis R.M. King et H. Rob., **200**

Neomirandea grosvenorii R.M. King et H. Rob., *199*

Neomirandea guevarae R.M. King et H. Rob., **200**

Neomirandea homogama (Hieron.) H. Rob. et Brettell, **200**

Neomirandea ovandensis R.M. King et H. Rob., **200**

Neomirandea panamensis R.M. King et H. Rob., *199*

Neomirandea parasitica (Klatt) R.M. King et H. Rob., **200**

Neomirandea pendulissima Al. Rodr., **201**

Neomirandea pithecobia (B.L. Rob.) R.M. King et H. Rob., **201**

Neomirandea pseudopsoralea R.M. King et H. Rob., *198*

Neomirandea psoralea (B.L. Rob.) R.M. King et H. Rob., **201**

Neomirandea standleyi (B.L. Rob.) R.M. King et H. Rob., **201**

Neomirandea tenuipes R.M. King et H. Rob., **201**

Neomirandea ternata R.M. King et H. Rob., **202**

Neomirandea turrialbae R.M. King et H. Rob., *198*

Neomolina F.W. Hellw. non Neomolinia Honda, *28*

Neomolina multiflora (Kunth) F.H. Hellw., *30*

Neomolinia Honda, 28

Neothymopsis Britton et Millsp., 58

Nesomia B.L. Turner (Eupatorieae), **202**

Nesomia chiapensis B.L. Turner, **202**

Nesothamnus Rydb., *427*

Neurolaena R. Br. (Neurolaeneae), 409, 410, **417**

Neurolaena cobanensis Greenm., *418*

Neurolaena fulva B.L. Turner, *418*, 419

Neurolaena integrifolia Cass., *418*

Neurolaena integrifolia Klatt, *418*

Neurolaena intermedia Rydb., *418*, 419

Neurolaena jannaweissana B.L. Turner, 419

Neurolaena lamina B.L. Turner, 418

Neurolaena lobata (L.) Cass., 347, 417, **418**, 419

Neurolaena lobata var. *indivisa* Donn. Sm., *418*

Neurolaena macrocephala Sch. Bip. ex Hemsl., 420

Neurolaena macrophylla Greenm., 419, **419**

Neurolaena oaxacana B.L. Turner, 417, **419**, 420

Neurolaena schippii B.L. Rob., 419, **420**

Neurolaena suriani (Cass.) Cass., *418*

Neurolaena wendtii B.L. Turner, 420

Neurolaeneae Rydb., 232, 236, **408**, 409, 410

Neurolaeninae Stuessy, B.L. Turner et A.M. Powell, 320, 322, 393, *408*, 409, 410

Niagurgin, 507

Nich wamal, 42, 310

Niebuhria Neck. ex Britten, *279*

Niebuhria Scop., *243*

Ninguno, 345

Ninun sapu, 249

No me quiere, 17

Nobar, 160

Nocca Cav., *291*

Nocca helianthifolia (Kunth) Cass., *291*

Nocca helianthifolia var. *levior* B.L. Rob., *291*

Nocca helianthifolia var. *suaveolens* (Kunth) B.L. Rob., *291*

Nocca latifolia Cerv., *291*

Nocca mollis (Cav.) Jacq., *292*

Nocca pteropoda S.F. Blake, *291*

Nocca suaveolens (Kunth) Cass., *291*

Nocca tomentosa (B.L. Rob. et Greenm.) B.L. Rob., *291*

Noche buena, 176

Notonia DC., *440*

Notonia petraea R.E. Fr., *441*

Notoniopsis B. Nord., *440*

Notoniopsis petraea (R.E. Fr.) B. Nord., *441*

Notoptera Urb., *263*, 264

Notoptera brevipes (B.L. Rob.) S.F. Blake, *264*

Notoptera curviflora (R. Br.) S.F. Blake, *264*

Notoptera gaumeri (Greenm.) Greenm., *265*

Notoptera guatemalensis Urb., *265*

Notoptera leptocephala S.F. Blake, *265*

Notoptera scabridula S.F. Blake, *264*

Ñame de raton, 193

Oa'ax, 270

Oa-grá, 248

Oberan, 211

Oblivia Strother (Heliantheae, Ecliptinae), **262**, 263

Oblivia mikanioides (Britton) Strother, **263**

Odontoloma Kunth, *504*

Odontotrichum Zucc., *449*, 450

Odontotrichum bipinnatifidum (A. Gray) Rydb., *450*

Odontotrichum chiapensis (Hemsl.) Rydb., *432*

Odontotrichum cirsiifolium Zucc., *450*

Oedera trinervia Spreng., *476*

Ogiera leiocarpa Cass., *253*

Ogiera ruderalis (Sw.) Griseb., *253*

Ogiera triplinervis Cass., *253*

Ogiera triplinervis var. *leiocarpa* (Cass.) DC., *253*

Ogiera triplinervis var. *portoriccensis* DC., *253*

Oiospermum Less., *489*

Ojo de gallo, 342

Old women's walking stick, 182

Oligactis (Kunth) Cass. (Liabeae), **355**

Oligactis biattenuata (Rusby) H. Rob. et Brettell, *355*

Oligactis sessiliflora (Kunth) H. Rob. et Brettell, **355**

Oligactis valeri (Standl.) H. Rob. et Brettell, *355*

Oligactis volubilis (Kunth) Cass., 355, 356

Oliganthes Cass., 496, 504

Oliganthes corei Cuatrec., *505*

Oliganthes discolor (Kunth) Sch. Bip., *505*

Oliganthes ferruginea Gleason, *505*

Oliganthes karstenii Sch. Bip., *505*
Oliganthes oxylepis Benth., *496*
Oligogyne tampicana DC., *244*
Oligoneuron Small, *50*
Oligosporus mexicanus (Willd. ex Spreng.) Less., *10*
Olla vieja, 375
Omil, 70
Omil-o, 70
Onopordum L., 66
Onopordum acanthium L., 66
Onoseridae Kunth, *420*
Onoserideae Solbrig., 1, 394, **420**
Onoseridinae Benth. et Hook. f., 394, *420*
Onoseris Willd. (Onoserideae), 394, **423**, 424
Onoseris sect. *Cladoseris* Less., *423*
Onoseris subg. *Cladoseris* (Less.) Less., *423*
Onoseris sect. *Hipposeris* (Cass.) Less., *423*
Onoseris subg. *Hipposeris* (Cass.) Less., *423*
Onoseris Willd. subg. Onoseris, 423
Onoseris conspicua (Turcz.) Greenm., *424*
Onoseris costaricensis Ferreyra, 423, **423**, 425
Onoseris donnell-smithii (J.M. Coult.) Ferreyra, 423, **424**
Onoseris fraterna S.F. Blake, 423
Onoseris isotypus Benth. et Hook. f., *424*
Onoseris onoseroides (Kunth) B.L. Rob., 423, 424, **424**
Onoseris paniculata Klatt, *424*
Onoseris peruviana Ferreyra, 423
Onoseris rupestris (Benth.) Greenm., 424, *424*
Onoseris silvatica Greenm., 423, **425**
Oomil, 70
Ophryosporus solidaginoides (Kunth) Hieron., *184*
Ophrys crucigera Jacq., 349
Oracón, 158
ORCHIDACEAE Juss., 349
Oreganillo, 415
Oregano, 414
Oregano de monte, 151
Oreja de burro, 493
Oreja de chancho, 493, 505
Oreja de chucho, 505
Oreja de coche, 493
Oreja de conejo, 414, 505
Oreja de coyote, 211, 493, 505
Oreja de gato, 494
Oreja de gato blanco, 494
Oreja de monte, 483
Oreja de perro, 493
Oreja de venado, 505
Oreoseris DC., *398*
Oro soos amarillo, 305
Oropel, 231
Orozuz, 262
Orsinia Bertol. ex DC., *245*
Orthopappus Gleason (Vernonieae), 492, **502**, 503
Orthopappus angustifolius (Sw.) Gleason, 503, **503**
Ortizacalia Pruski (Senecioneae), **442**, 443, 462, 473
Ortizacalia austin-smithii (Standl.) Pruski, **443**
Osbertia Greene (Astereae), 19, **48**
Osbertia heleniastrum (Greene) Greene, *49*
Osbertia heleniastrum var. *glabrata* (J.M. Coult.) Greene, *49*
Osbertia heleniastrum var. *scabrella* Greene, *49*
Osbertia stolonifera (DC.) Greene, 48, **48**, 49
Osmia Sch. Bip., *153*
Osmia floribunda (Kunth) Sch. Bip., *155*
Osmia glaberrima (DC.) Sch. Bip., *154*

Osmia ivifolia (L.) Sch. Bip., *154*
Osmia laevigata (Lam.) Sch. Bip., *154*
Osmia odorata (L.) Sch. Bip., *155*
Oswalda Cass., *245*
Oswalda baillierioides Cass., *249*
Oteiza La Llave (Millerieae), 360, **376**, 410
Oteiza ruacophila (Donn. Sm.) J.J. Fay, **376**
Othonna L., 429
Othonna subg. *Euryops* Cass., *438*
Othonninae Less., 428
Otopappus Benth. (Heliantheae, Ecliptinae), 241, 261, 263, **263**, 264, 278, 284, 318, 329
Otopappus sect. Loxosiphon (S.F. Blake) R.L. Hartm. et Stuessy, 265
Otopappus asperulus S.F. Blake, *266*
Otopappus australis S.F. Blake, *263*
Otopappus brevipes B.L. Rob., **264**, 265, 265
Otopappus brevipes var. *glabratus* (J.M. Coult.) B.L. Rob., *264*
Otopappus curviflorus (R. Br.) Hemsl., **264**, 265, 265
Otopappus curviflorus var. *glabratus* J.M. Coult., *264*
Otopappus ferrugineus V.M. Badillo, *263*
Otopappus glabratus (J.M. Coult.) S.F. Blake, *264*
Otopappus guatemalensis (Urb.) R.L. Hartm. et Stuessy, **265**
Otopappus mexicanus (Rzed.) H. Rob., 263
Otopappus olivaceus (Klatt) Klatt, *334*
Otopappus scaber S.F. Blake, **265**, 267
Otopappus syncephalus Donn. Sm., 265, **266**
Otopappus trinervis S.F. Blake, *266*
Otopappus verbesinoides Benth., **266**, 267, 284, 329
Ox-eye daisy, 15
Oxydon bicolor Less., *398*
Oxylepis lanata Benth., *235*
Oxylobus (DC.) Moc. ex A. Gray (Eupatorieae), 202, 386
Oxylobus adscendens (Sch. Bip. ex Hemsl.) B.L. Rob. et Greenm., **203**
Oxylobus arbutifolius (Kunth) A. Gray, **203**
Oxylobus glandulifer (Sch. Bip. ex Hemsl.) A. Gray, 203, **203**
Oxylobus oaxacanus S.F. Blake, **203**
Oxyoket jomol, 137
Oyedaea DC. (Heliantheae, Ecliptinae), 236, 242, 255, 258, **267**, 283
Oyedaea acuminata (Benth.) Benth. et Hook. f. ex Hemsl., *268*
Oyedaea lundellii H. Rob., 255, 267, **267**
Oyedaea macrophylla (Benth.) Benth. et Hook. f. ex Hemsl., *268*
Oyedaea steyermarkii S.F. Blake, *260*, 267
Oyedaea verbesinoides DC., 242, **268**
Oyedaea verbesinoides var. *glabrior* Steyerm., *268*
Oyedaea verbesinoides var. hypomalaca Steyerm., 268
Pachylaena D. Don et Arn. ex Hook., 394
Pachythamnus (R.M. King et H. Rob.) R.M. King et H. Rob. (Eupatorieae), 118, **203**, 204, 448
Pachythamnus crassirameus (B.L. Rob.) R.M. King et H. Rob., **204**
Pachythelia Steetz, *346*
Pachythelia mexicana (Less.) Steetz, *347*
Packera Á. Löve et D. Löve, 428
Packera bellidifolia (Kunth) W.A. Weber et Á. Löve, 428
Packera sanguisorbae (DC.) C. Jeffrey, 428
Packera tampicana (DC.) C. Jeffrey, 428
Pacourina Aubl. (Vernonieae), 500, **503**
Pacourina cirsiifolia Kunth, *503*
Pacourina edulis Aubl., **503**
Pacourina edulis var. *spinosissima* Britton, *503*
Pacourinopsis Cass., *503*
Pacourinopsis dentata Cass., *503*
Pacourinopsis integrifolia Cass., *503*
Padilla, 234
Paira, 262

Palafoxia Lag., 61
Palafoxia latifolia DC., *61*
Palafoxia pedata (Cav.) Shinners, *61*
Paleista Raf., *251*
Paleista brachypoda (Michx.) Raf., *251*
Paleista procumbens Raf., *251*
Palito de negro, 494
Palmillo, 414
Palo blanco, 510
Palo de agua, 160
Palo de asma, 494
Palo de cón de monte, 270
Palo de escoba, 256
Palo de flor blanca, 129
Palo de marimba, 308, 309
Palo de quesillo, 494
Palo de tierra, 496
Palo de varavara, 309
Palo hueco, 160
Palo negro, 183
Palo santo, 309
Palpala, 163
Panphalea Lag., 400
Panza de burro, 473
Papelillio, 354, 424, 473
Papelillo, 81, 204, 223, 424
Papelillo de queso, 459
Papelillo montés, 459
Papillito, 466
Pappobolus S.F. Blake, 289
Pappothrix (A. Gray) Rydb., *427*
Parachionolaena M.O. Dillon et Sagást., *216*
Paraje tzajal jo', 368
Paramicrorhynchus Kirp., *85*
Partheniastrum Fabr., *239*
Parthenium L. (Heliantheae, Ambrosiinae), 2, 238, **239**
Parthenium argentatum A. Gray, 239
Parthenium bipinnatifidum (Ortega) Rollins, 239
Parthenium fruticosum Less., **239**, 240, 240
Parthenium fruticosum var. *trilobatum* Rollins, *239*
Parthenium hysterophorus L., 239, **240**
Parthenium lobatum Buckley, *240*
Parthenium parviceps S.F. Blake, *239*
Parthenium pinnatifidum Stokes, *240*
Parthenium schottii Greenm., 240, **240**
Parthenium tomentosum DC., 240
Parthineae Lindl., *236*
Pascalia baccata (L.) Spreng., *276*
Pascua, 127, 309
Pascua de monte, 338
Pascueta, 34
Pasmado, 333
Pasmo, 274
Pata de paloma, 479
Patastillo, 193
Pate, 191
Paulina, 475
Pech uk', 482
Pecho de paloma, 182
Pech-uk(il), 482
Pectidinae Less., 232, 473
Pectidium Less., *477*, 478
Pectidium punctatum (Jacq.) Less., *480*
Pectidopsis DC., *477*
Pectis L. (Tageteae), 103, 473, **477**, 478, 479, 480, 480

Pectis arenaria Benth., *480*
Pectis auricularis (DC.) Sch. Bip., 481
Pectis bibracteata Klatt, *480*
Pectis bonplandiana Kunth, 478, **478**, 482
Pectis brachycephala Urb., **479**
Pectis canescens Kunth, 481
Pectis canescens var. *villosior* J.M. Coult., *481*
Pectis capillaris DC., *480*
Pectis capillipes (Benth.) Hemsl., **479**, 480
Pectis costata Ser. et P. Mercier ex DC., *481*
Pectis cyrilii Cuatrec., 478, *481*
Pectis densa Rusby, *480*
Pectis depressa Fernald, 478
Pectis dichotoma Klatt., *481*, 482
Pectis diffusa Hook. et Arn., 479
Pectis elongata Kunth, **479**, 480
Pectis elongata Kunth var. *divaricata* Hieron., *479*
Pectis elongata var. fasciculiflora (DC.) D.J. Keil, 480
Pectis elongata var. *floribunda* (A. Rich.) D.J. Keil, *479*
Pectis elongata var. *oerstediana* (Rydb.) D.J. Keil, *479*
Pectis elongata Kunth var. *schottii* Fernald, *480*
Pectis erecta Fernald, *479*
Pectis falcata Cufod., *480*
Pectis fasciculiflora DC., 480
Pectis febrifuga H.C. Hall, *480*
Pectis flava Standl. et Steyerm., *478*
Pectis floribunda A. Rich., *479*
Pectis grandiflora Klatt, *480*
Pectis graveolens Klatt, *480*
Pectis lehmannii Hieron., *480*
Pectis linearis La Llave, 479, **480**
Pectis linifolia L., **480**
Pectis linifolia var. *hirtella* S.F. Blake, *480*
Pectis linifolia var. *marginalis* Fernald, *480*
Pectis maritima Sessé et Moc., *480*
Pectis minutiflora D.J. Keil, *479*
Pectis multiflosculosa (DC.) Sch. Bip., **480**, 481
Pectis multisetosa Rydb., *481*
Pectis oerstediana Rydb., *479*
Pectis panamensis Brandegee, 478, *478*
Pectis pinnata Lam., *63*
Pectis plumieri Griseb., *479*
Pectis polyantha Rydb., *481*
Pectis portoricensis Urb., *481*
Pectis pratensis C. Wright, *478*
Pectis prostrata Cav., **481**
Pectis prostrata var. *urceolata* Fernald, *481*
Pectis punctata Jacq., *480*
Pectis rosea Rusby, *480*
Pectis saturejoides (Mill.) Sch. Bip., **481**
Pectis schottii (Fernald) Millsp. et Chase, *480*
Pectis swartziana Less., 478, *478*, 479
Pectis uniaristata DC., 478, 479, **481**
Pectis uniaristata var. **holostemma** A. Gray, 478, **481**, 482
Pectis urceolata (Fernald) Rydb., *481*
Pectis venezuelensis Steyerm., 478, *478*
Pega chivo, 375
Pegajosa, 384
Pelito de San Antonio, 204
Pentacalia Cass. (Senecioneae), 434, 441, 443, **443**, 462, 473
Pentacalia subg. *Microchaete* (Benth.) Cuatrec., *441*
Pentacalia andicola (Turcz.) Cuatrec., *441*
Pentacalia arborea (Kunth) H. Rob. et Cuatrec., 447
Pentacalia brenesii (Greenm. et Standl.) Pruski, **444**
Pentacalia calyculata (Greenm.) H. Rob. et Cuatrec., **444**

Pentacalia candelariae (Benth.) H. Rob. et Cuatrec., **444**

Pentacalia epidendra (L.O. Williams) H. Rob. et Cuatrec., 443, **445**, 446

Pentacalia firmipes (Greenm.) Cuatrec., *441*

Pentacalia guerrerensis (T.M. Barkley) C. Jeffrey, 446

Pentacalia horickii H. Rob., *447*

Pentacalia magistri (Standl. et L.O. Williams) H. Rob. et Cuatrec., 443, 445, *445*, 446

Pentacalia matagalpensis H. Rob., **445**

Pentacalia morazensis (Greenm.) H. Rob. et Cuatrec., 443, 445, **445**, 446

Pentacalia parasitica (Hemsl.) H. Rob. et Cuatrec., 443, 445, **446**, 447

Pentacalia phanerandra (Cufod.) H. Rob. et Cuatrec., **446**, 447

Pentacalia phorodendroides (L.O. Williams) H. Rob. et Cuatrec., 443, 445, 446, **447**

Pentacalia streptothamna (Greenm.) H. Rob. et Cuatrec., **447**

Pentacalia tonduzii (Greenm.) H. Rob. et Cuatrec., **447**

Pentacalia venturae (T.M. Barkley) C. Jeffrey, 443, 445, 446

Pentacalia wilburii H. Rob., **447**

Perdicieae D. Don, *393*

Perdicium L., 396

Perdicium divaricatum Kunth, *407*

Perdicium flexuosum Kunth, *407*

Perdicium havanense Kunth, *407*

Perdicium laevigatum Bergius, *407*

Perdicium mexicanum Sessé et Moc. non *Proustia mexicana* Lag. ex D. Don, *404*

Perdicium radiale L., *407*

Peregrino, 344

Pererina, 268

Perezia Lag., 401

Perezia sect. *Acourtia* (D. Don) A. Gray, *401*

Perezia carpholepis A. Gray, *402*

Perezia coulteri A. Gray, *402*

Perezia glandulifera D.L. Nash, *402*

Perezia lobulata Bacig., 402

Perezia microcephala Ant. Molina non (DC.) A. Gray, *403*

Perezia nudicaulis A. Gray, *403*, 404

Perezia patens A. Gray, 402

Perezia reticulata (Lag. ex D. Don) A. Gray, *404*

Pereziopsis J.M. Coult., *423*

Pereziopsis donnell-smithii J.M. Coult., *424*

Pericalia Cass., *454*

Pericalia pudica (Standl. et Steyerm.) Cuatrec., *449*

Pericallis hybrida B. Nord., 429

Pericome spilanthoides (Sch. Bip.) Benth. et Hook. f. ex Hemsl., *427*

Pericón, 2, 272, 479, 485

Periquillo, 99

Perityle Benth. (Perityleae), 425, 426, **427**

Perityle sect. *Laphamia* (A. Gray) A.M. Powell, *427*

Perityle acmella Harv. et A. Gray, *427*

Perityle effusa (A. Gray) Rose, *427*

Perityle microglossa Benth., 427, **427**

Perityle microglossa var. *effusa* A. Gray, *427*

Perityle microglossa Benth. var. **microglossa**, **427**

Perityle microglossa var. saxosa (Brandegee) A.M. Powell, 427

Perityle spilanthoides (Sch. Bip.) Rydb., *427*

Perityleae B.G. Baldwin, 59, 59, 114, 232, **425**, 426

Peritylinae Rydb., 232, *425*, 426

Pertya Sch. Bip., 394

Perymenium Schrad. (Heliantheae, Ecliptinae), 236, **268**, 269

Perymenium chalarolepis B.L. Rob. et Greenm., *270*

Perymenium chloroleucum S.F. Blake, **269**, 270

Perymenium ghiesbreghtii B.L. Rob. et Greenm., **270**

Perymenium goldmanii Greenm., *271*

Perymenium gracile Hemsl., **270**

Perymenium grande Hemsl., **270**

Perymenium grande Hemsl. var. **grande**, **271**

Perymenium grande var. **nelsonii** (B.L. Rob. et Greenm.) J.J. Fay, **271**

Perymenium grande var. *strigillosum* B.L. Rob. et Greenm., *271*

Perymenium gymnolomoides (Less.) DC., 270, 270, **271**

Perymenium hondurense Pruski, **271**

Perymenium inamoenum Standl. et Steyerm., *270*

Perymenium jalapanum Standl. et Steyerm., **271**

Perymenium klattianum J.J. Fay, **272**

Perymenium latisquamum S.F. Blake, *271*

Perymenium leptopodum S.F. Blake, *270*

Perymenium microcephalum Sch. Bip. ex Klatt., *270*

Perymenium nelsonii B.L. Rob. et Greenm., *271*

Perymenium nicaraguense S.F. Blake, 270, **272**

Perymenium peckii B.L. Rob., *271*

Perymenium pinetorum Brandegee, 270, **272**

Perymenium purpusii Brandegee, *270*

Perymenium ruacophilum Donn. Sm., *376*

Perymenium strigillosum (B.L. Rob. et Greenm.) Greenm., *271*

Perymenium tuerckheimii Klatt., *271*

Peteravenia R.M. King et H. Rob. (Eupatorieae), **204**

Peteravenia cyrilli-nelsonii (Ant. Molina) R.M. King et H. Rob., **204**

Peteravenia grisea (J.M. Coult.) R.M. King et H. Rob., **204**

Peteravenia phoenicolepis (B.L. Rob.) R.M. King et H. Rob., **204**

Peteravenia schultzii (Schnittsp.) R.M. King et H. Rob., **205**

Phaenixopus intybaceus (Jacq.) Less., *86*

Phalacroloma Cass., *41*

Phalacromesus Cass., *352*

Phania DC. sect. *Oxylobus* DC., 202

Phania arbutifolia (Kunth) DC., *203*

Phania trinervia DC., *203*

Phania urenifolia Hook. et Arn., *179*

Philactis Schrad. (Heliantheae, Zinniinae), **340**

Philactis liebmannii (Klatt) S.F. Blake, **341**

Philactis nelsonii (Greenm.) S.F. Blake, 341, **341**

Philactis zinnioides Schrad, 341

Phileozera Buckley, *235*

Picao, 368

Pico de alacrán, 150

Pico siro, 247

Picradenia Hook., *235*

Pie de paloma, 150, 496

Pie de zope, 510

Pilosella Hill, *78*

Pilosella abscissa (Less.) F.W. Schultz et Sch. Bip., *79*

Pilosella friesii F.W. Schultz et Sch. Bip., *82*

Pilosella mexicana (Less.) F.W. Schultz et Sch. Bip., *81*

Pilosella niveopappa (Fr.) F.W. Schultz et Sch. Bip., *81*

Pilosella praemorsiformis (Sch. Bip.) F.W. Schultz et Sch. Bip., *81*

Pilosella strigosa (D. Don) F.W. Schultz et Sch. Bip., *79*

Pilosella stuposa F.W. Schultz et Sch. Bip., *81*

Piloselloides (Less.) C. Jeffrey ex Cufod., *398*, 399

Pimente wamal, 485

Pinaropappus Less. (Cichorieae), 75, **86**

Pinaropappus caespitosus Brandegee, *87*

Pinaropappus roseus (Less.) Less., 86, **87**

Pinaropappus roseus var. foliosus Shinners, 86

Pinaropappus scapiger Walp., *87*

Pinaropappus spathulatus Brandegee, 86, 87, **87**

Pinaropappus spathulatus var. *chiapensis* McVaugh, *87*

Pincel, 435

Pincel de la reina, 435, 436
Pincelillo, 435
Pineapple weed, 16
Pingraea Cass., *28*
Pingraea salicifolia (Ruiz et Pav.) F.H. Hellw., *31*
Pinus L., 412
Piofontia Cuatrec., *38*
Pio-jillo, 482
Piojo, 11, 482
Pionocarpus S.F. Blake, *290*
Pippenalia McVaugh, 428
Piptocarpha R. Br. (Vernonieae), 2, **504**
Piptocarpha chontalensis Baker, 504, *504*
Piptocarpha costaricensis Klatt, *504*
Piptocarpha foliosa Cuatrec., *504*
Piptocarpha laxa Rusby, *504*
Piptocarpha paraensis Cabrera, *504*
Piptocarpha poeppigiana (DC.) Baker, **504**
Piptocarpha sexangularis Klatt, *160*
Piptocarpha tereticaulis (DC.) Baker, *504*
Piptocoma Cass. (Vernonieae), 496, **504**
Piptocoma discolor (Kunth) Pruski, **504**, 505
Piptothrix A. Gray (Eupatorieae), **205**
Piptothrix areolaris (DC.) R.M. King et H. Rob., **205**
Piqueria Cav. (Eupatorieae), **205**
Piqueria ovata G. Don, *206*
Piqueria pilosa Kunth, 206
Piqueria standleyi B.L. Rob., *184*
Piqueria trinervia Cav., **205**
Piqueria trinervia var. *luxurians* Kuntze, *206*
Piretro, 2, 7, 234
Pithosillum Cass., *434*
Pito sico, 348
Pittocaulon H. Rob. et Brettell (Senecioneae), 427, **448**, 457
Pittocaulon calzadanum B.L. Turner, *457*
Pittocaulon praecox (Cav.) H. Rob. et Brettell, 448
Pittocaulon velatum (Greenm.) H. Rob. et Brettell, **448**
Pittocaulon velatum var. **tzimolensis** (T.M. Barkley) B.L. Clark, **448**
Pittocaulon velatum (Greenm.) H. Rob. et Brettell var. velatum, 448
Pityopsis Nutt. (Astereae), 45, **49**
Pityopsis argentea (Pers.) Nutt., *49*
Pityopsis graminifolia (Michx.) Nutt., **49**, 50
Pityopsis graminifolia var. *aequilifolia* F.D. Bowers et Semple, *49*
Pityopsis graminifolia (Michx.) Nutt. var. graminifolia, 50
Pityopsis graminifolia var. *latifolia* (Fernald) Semple et F.D. Bowers, *49*, *50*
Pityopsis graminifolia var. *microcephala* (Small) Semple, *49*
Pityopsis graminifolia var. **tenuifolia** (Torr.) Semple et F.D. Bowers, **49**, 50
Pityopsis graminifolia var. *tracyi* (Small) Semple, *49*
Pityopsis nervosa (Willd.) Dress., *49*
Placus odoratus (L.) M. Gómez, *349*
Placus purpurascens (Sw.) M. Gómez, *349*
Placus purpurascens var. *glabratum* (DC.) M. Gómez, *349*
Plagiocheilus Arn. ex DC., 12
Plagiocheilus erectus Rusby, *103*
Plagiolophus Greenm. (Heliantheae, Ecliptinae), **272**, 273
Plagiolophus millspaughii Greenm., **273**
Planta de gorrión, 426
Platypteris Kunth, *323*
Platystephium Gardner, *39*
Platystephium graveolens Gardner, *40*, *40*
Plectocephalus D. Don, 66, 67
Plectocephalus americanus (Nutt.) D. Don, *67*
Plectocephalus rothrockii (Greenm.) D.J.N. Hind, *68*

Pluchea Cass. (Inuleae), 346, **347**, 348, 349, 352
Pluchea sect. Amplectifolium G.L. Nesom, 347
Pluchea sect. *Berthelotia* (DC.) A. Gray, *347*
Pluchea subg. *Chlaenobolus* Cass., *351*
Pluchea sect. *Eyrea* Benth., *347*
Pluchea Cass. sect. Pluchea, 347
Pluchea sect. Pterocaulis G. L. Nesom, 347
Pluchea sect. *Stylimnus* (Raf.) DC., *347*
Pluchea adnata (Humb. et Bonpl. ex Willd.) C. Mohr, *349*, 350
Pluchea adnata [sin rango] *canescens* (A. Gray) S.F. Blake, *350*
Pluchea amorifera V.M. Badillo, *349*
Pluchea auriculata Hemsl., 347
Pluchea baccharis (Mill.) Pruski, 347, 348, **348**
Pluchea bifrons (L.). DC., 347
Pluchea camphorata (L.) DC., 349
Pluchea camphorata (L.) DC. var. *angustifolia* Torr. et A. Gray, *349*
Pluchea carolinensis (Jacq.) G. Don, 347, **348**, 349, 417
Pluchea cortesii (Kunth) DC., *348*
Pluchea eggersii Urb., *348*
Pluchea fastigiata Griseb., 349
Pluchea floribunda Hemsl., *26*
Pluchea foetida (L.) DC., 347, 348
Pluchea glabrata DC., *349*
Pluchea marilandica (Michx.) Cass., *349*
Pluchea mexicana (R.K. Godfrey) G.L. Nesom, 347, 348
Pluchea odorata (L.) Cass., 347, 348, **349**
Pluchea odorata var. *brevifolia* Kuntze, 348, *349*
Pluchea odorata var. ferruginea Rusby, 349
Pluchea odorata var. *succulenta* (Fernald) Cronquist, *349*
Pluchea petiolata Cass., *349*
Pluchea purpurascens (Sw.) DC., 347, *349*
Pluchea purpurascens var. *glabrata* (DC.) Griseb., *349*
Pluchea purpurascens forma *obovata* Fernald, *349*
Pluchea purpurascens var. *succulenta* Fernald, *349*
Pluchea rosea R.K. Godfrey, 347, *348*
Pluchea rosea var. mexicana R.K. Godfrey, 347
Pluchea sagittalis (Lam.) Cabrera, 347, 350
Pluchea salicifolia (Mill.) S.F. Blake, 347, **349**, 350
Pluchea salicifolia var. **canescens** (A. Gray) S.F. Blake, **350**
Pluchea salicifolia var. parviflora (A. Gray) S.F. Blake, 349
Pluchea salicifolia (Mill.) S.F. Blake var. **salicifolia**, **350**
Pluchea senegalensis Klatt, *349*
Pluchea sericea (Nutt.) Coville, 348
Pluchea suaveolens (Vell.) Kuntze, 350
Pluchea subdecurrens Cass., *349*
Pluchea subdecurrens var. *canescens* A. Gray, *350*
Pluchea symphytifolia (Mill.) Gillis, 347, 417, *418*
Pluchea yucatanensis G.L. Nesom, 347, 348, **350**
Plucheeae Anderb., *346*
Plucheinae Dumort., *346*, 350
Plumajillo, 8
Plumero, 397
Plumero de moño, 397
Plumilla, 397
Plumillo, 397, 407
Plummera A. Gray, *235*
Plumón, 150
Podachaenium Benth. (Heliantheae, Verbesininae), **320**, 322, 338
Podachaenium andinum André, *321*
Podachaenium chiapanum B.L. Turner et Panero, **320**, 321
Podachaenium eminens (Lag.) Sch. Bip., 308, 320, **321**, 322
Podachaenium pachyphyllum (Klatt) R.K. Jansen, N.A. Harriman et Urbatsch, 320, 321
Podachaenium paniculatum Benth., *321*
Podachaenium salvadorense Pruski, **321**

Podachaenium skutchii (S.F. Blake) H. Rob., 320, *322*
Podachaenium standleyi (Steyerm.) B.L. Turner et Panero, 321, **321**
Podocominae G.L. Nesom, 19
Poh, 312
Poilania Gagnep., *346*
Polinegra, 141
Pollalesta Kunth, 504
Pollalesta argentea Aristeg., *505*
Pollalesta brasiliana Aristeg., *505*
Pollalesta colombiana Aristeg., *505*
Pollalesta corei (Cuatrec.) Aristeg., *505*
Pollalesta discolor (Kunth) Aristeg., *505*
Pollalesta ecuatoriana Aristeg., *505*
Pollalesta ferruginea (Gleason) Aristeg., *505*
Pollalesta karstenii (Sch. Bip.) Aristeg., *505*
Pollalesta klugii Aristeg., *505*
Pollalesta peruviana Aristeg., *505*
Polyachyreae D. Don, *400*
Polyachyrinae Endl., *400*
Polyachyrus Lag., 400
Polyactidium DC., *41*
Polyactis Less. non Link ex Gray, *41*
Polyanthina R.M. King et H. Rob. (Eupatorieae), **206**
Polyanthina nemorosa (Klatt) R.M. King et H. Rob., **206**
Polygyne Phil., *251*
Polygyne inconspicua Phil., *251*
Polymnia Kalm, 385
Polymnia abyssinica L. f., *367*
Polymnia edulis Wedd., *388*
Polymnia latisquama S.F. Blake, *387*
Polymnia maculata Cav., *385*
Polymnia maculata var. *adenotricha* S.F. Blake, *385*, 386
Polymnia maculata var. *glabricaulis* S.F. Blake, *385*
Polymnia maculata var. *hypomalaca* S.F. Blake, *385*
Polymnia maculata var. *vulgaris* S.F. Blake, *385*
Polymnia nelsonii Greenm., *386*
Polymnia nervata M.E. Jones, *310*
Polymnia oaxacana Sch. Bip. ex Klatt, *386*
Polymnia odoratissima Sessé et Moc., *384*
Polymnia perfoliata (Cav.) Poir., *374*
Polymnia quichensis J.M. Coult., *387*
Polymnia riparia Kunth, *387*
Polymnia sonchifolia Poepp., *387*
Polymnia standleyi Steyerm., *377*
Polymnia verapazensis Standl. et Steyerm., *377*
Polymniastrum Small non Lam., *384*
Polypteris latifolia (DC.) Hemsl., *61*
Pom ch'a te', 127, 129
Pompón, 232, 328
Pomtez, 256
Porophyllum Guett. (Tageteae), **482**
Porophyllum ellipticum Cass. var. *ruderale* (Jacq.) Urb., *482*
Porophyllum guatemalense Rydb., *482*
Porophyllum macrocephalum DC., *482*
Porophyllum millspaughii B.L. Rob., *482*
Porophyllum nelsonii B.L. Rob. et Greenm., **482**
Porophyllum pittieri Rydb., *482*
Porophyllum pringlei B.L. Rob., **482**
Porophyllum punctatum (Mill.) S. F. Blake, 482, **482**, 482
Porophyllum ruderale (Jacq.) Cass., **482**
Porophyllum ruderale subsp. *macrocephalum* (DC.) R.R. Johnson, *483*
Porophyllum ruderale var. **macrocephalum** (DC.) Cronquist, **482**
Porophyllum ruderale (Jacq.) Cass. var. **ruderale**, **483**
Posita, 372

Poxil il patil, 493
Preauxia Sch. Bip., *9*
Prenanthes japonica L., *91*
Prenanthes javanica (Burm. f.) Willd., *436*
Prenanthes rhombifolia Humb. ex Willd., *150*
Prenanthes sonchifolia Willd., *86*
Prionanthes Schrank, *405*
Prionanthes antimenorrhoea Schrank, *407*
Pronacron Cass., *392*
Pronacron ramosissimum Cass., *393*
Proustia Lag., 400
Proustia mexicana Lag. ex D. Don, 404
Proustia reticulata Lag. ex D. Don, *404*
Psacaliopsis H. Rob. et Brettell (Senecioneae), **448**, 449, 455, 460
Psacaliopsis paneroi (B.L. Turner) C. Jeffrey, *449*
Psacaliopsis pinetorum (Hemsl.) Funston et Villaseñor, **449**
Psacaliopsis pudica (Standl. et Steyerm.) H. Rob. et Brettell, 449, **449**
Psacaliopsis purpusii (Greenm. ex Brandegee) H. Rob. et Brettell, 449
Psacalium Cass. (Senecioneae), 432, 449, **449**, 450, 451, 460, 462
Psacalium cirsiifolium (Zucc.) H. Rob. et Brettell, **450**
Psacalium guatemalense (Standl. et Steyerm.) Cuatrec., **450**
Psacalium pinetorum (Standl. et Steyerm.) Cuatrec., **451**
Psacalium pippenianum L.O. Williams, *451*
Psacalium tabulare (A. Gray) Rydb., **451**
Pseudactis S. Moore, *434*
Pseudelephantopus Rohr (Vernonieae), 492, **505**
Pseudelephantopus crispus Cabrera, 505, *506*
Pseudelephantopus funckii (Turcz.) Philipson, *506*
Pseudelephantopus spicatus (Juss. ex Aubl.) C.F. Baker, 505, **505**, 506
Pseudelephantopus spiralis (Less.) Cronquist, 505, 506, **506**
Pseudobaccharis Cabrera, *28*
Pseudobaccharis trinervis (Pers.) V.M. Badillo, *32*
Pseudoconyza Cuatrec. (Inuleae), 346, **350**
Pseudoconyza lyrata (Kunth) Cuatrec., *351*
Pseudoconyza viscosa (Mill.) D'Arcy, **350**, 351
Pseudoconyza viscosa var. *lyrata* (Kunth) D'Arcy, *351*
Pseudognaphalium Kirp. (Gnaphalieae), 221, **222**, 224, 226, 227
Pseudognaphalium subg. *Laphangium* Hilliard et B.L. Burtt, *222*
Pseudognaphalium alatocaule (D.L. Nash) Anderb., **223**
Pseudognaphalium attenuatum (DC.) Anderb., 223, **223**, 224, 225
Pseudognaphalium attenuatum var. sylvicola (McVaugh) Hinojosa et Villaseñor, 224
Pseudognaphalium bourgovii (A. Gray) Anderb., 223, 225
Pseudognaphalium brachyphyllum (Greenm.) Anderb., **224**
Pseudognaphalium brachypterum (DC.) Anderb., **224**, 225, 230
Pseudognaphalium chartaceum (Greenm.) Anderb., **225**, 226
Pseudognaphalium cheiranthifolium (Lam.) Hilliard et B.L. Burtt, 223
Pseudognaphalium elegans (Kunth) Kartesz, 225, **225**
Pseudognaphalium greenmanii (S.F. Blake) Anderb., 224, **225**, 226
Pseudognaphalium leucocephalum (A. Gray) Anderb., 225, 226
Pseudognaphalium leucostegium Pruski, **226**
Pseudognaphalium liebmannii (Sch. Bip. ex Klatt) Anderb., **226**, 227
Pseudognaphalium liebmannii (Sch. Bip. ex Klatt) Anderb. var. **liebmannii**, **227**
Pseudognaphalium liebmannii var. **monticola** (McVaugh) Hinojosa et Villaseñor, **227**, 228
Pseudognaphalium luteoalbum (L.) Hilliard et B.L. Burtt, 222, **227**
Pseudognaphalium oxyphyllum (DC.) Kirp., 227, **227**, 228
Pseudognaphalium oxyphyllum var. nataliae (F.J. Espinosa) Hinojosa et Villaseñor, 225

Pseudognaphalium paramorum (S.F. Blake) M.O. Dillon aff., 222, **230**
Pseudognaphalium purpurascens (DC.) Anderb., 224
Pseudognaphalium rhodarum (S.F. Blake) Anderb., 227, **228**, 228, 229
Pseudognaphalium roseum (Kunth) Anderb., 228, **228**
Pseudognaphalium semiamplexicaule (DC.) Anderb., 226, 228, **228**, 229
Pseudognaphalium sp. **A**, 224, 225, 227, **230**
Pseudognaphalium stolonatum (S.F. Blake) M.O. Dillon, 222, **229**
Pseudognaphalium stramineum (Kunth) Anderb., 227, **229**
Pseudognaphalium subsericeum (S.F. Blake) Anderb., 222, **229**
Pseudognaphalium viscosum (Kunth) Anderb., 223, **230**
Pseudogynoxys (Greenm.) Cabrera (Senecioneae), 260, **451**, 452
Pseudogynoxys alajuelana B.L. Turner., *438*
Pseudogynoxys benthamii Cabrera, 453
Pseudogynoxys berlandieri (DC.) Cabrera, *452*
Pseudogynoxys boquetensis (Standl.) B.L. Turner, *469*
Pseudogynoxys chenopodioides (Kunth) Cabrera, 452, **452**, 453, 453
Pseudogynoxys chenopodioides var. *cummingii* (Benth.) B.L. Turner, *452*
Pseudogynoxys cummingii (Benth.) H. Rob. et Cuatrec., 452, **452**, 453
Pseudogynoxys durandii (Klatt) B.L. Turner, *431*
Pseudogynoxys fragrans (Hook.) H. Rob. et Cuatrec., **453**, 453
Pseudogynoxys haenkei (DC.) Cabrera, 452, 452, **453**
Pseudogynoxys hoffmannii (Klatt) Cuatrec., *452*
Pseudogynoxys westonii (H. Rob. et Cuatrec.) B.L. Turner, *469*
Pseudokyrsteniopsis R.M. King et H. Rob. (Eupatorieae), **206**
Pseudokyrsteniopsis perpetiolata R.M. King et H. Rob., **206**
Pseudoligandra M.O. Dillon et Sagást., *216*
Pseudoyoungia D.Maity et Maiti, *91*
Psila Phil., *28*
Psila trinervis (Pers.) Cabrera, *32*
Psilactis A. Gray (Astereae), **50**, 50
Psilactis brevilingulata Sch. Bip. ex Hemsl., **50**
Psilactis brevilingulata forma *andina* Cuatrec., *50*
Ptarmica Mill., *8*
Pterocaulon Elliott (Inuleae), **351**, 352
Pterocaulon alopecuroides (Lam.) DC., **351**, 352, 352
Pterocaulon alopecuroides var. *glabrescens* Chodat, *351*
Pterocaulon alopecuroides var. *polystachyum* DC., *351*
Pterocaulon alopecuroides var. salicifolium Chodat, 352
Pterocaulon balansae Chodat, 352
Pterocaulon interruptum DC., *351*, 352
Pterocaulon interruptum var. *monostachyum* DC., *351*
Pterocaulon interruptum var. *polystachyum* DC., *351*
Pterocaulon latifolium Kuntze, *351*
Pterocaulon pilcomayense Malme, *352*
Pterocaulon pompilianum Standl. et L.O. Williams, *352*
Pterocaulon rugosum (Vahl) Malme, 352
Pterocaulon subspicatum Malme ex Chodat, *352*
Pterocaulon virgatum (L.) DC., 352, **352**
Pterocaulon virgatum forma *alopecuroides* (Lam.) Arechav., *351*
Pterocaulon virgatum var. *alopecuroides* (Lam.) Griseb., *351*
Pterocaulon virgatum forma *subcorymbosum* Arechav., *351*
Pterocaulon virgatum forma *subvirgatum* (Malme) Arechav., *352*
Pteronia porophyllum Cav., *474*
Ptilostephium Kunth, *388*, *389*
Ptilostephium coronopifolium Kunth, *389*
Ptilostephium trifidum Kunth, *389*
Puijillo, 510
Pukin aak', 265
Pukin ak, 265

Púkpukia, 36
Pulagaste, 301
Pulguilla, 63
Punzaquedito, 70
Purca, 385
Putinín, 182
Putunín, 182
Putzil momol, 130
Pyrethrum, 17
Pyrethrum Zinn., *17*, 17
Pyrethrum sect. *Dendranthema* DC., *11*
Pyrethrum coccineum (Willd.) Vorosch., *17*
Pyrethrum foeniculaceum Willd., *9*
Pyrethrum frutescens (L.) Willd., *9*
Pyrethrum leucanthemum (L.) Franch., *15*
Pyrethrum parthenium (L.) Sm., *17*
Pyrethrum roseum (Adams) M. Bieb., *17*
Pyrethrum segetum (L.) Moench, *14*
Pyrethrum vulgare (L.) Boiss., *18*
Qán ea'ax, 494
Q'an tus, 484
Q'eqci káy, 127
Q'il, 300
Quesillo, 375, 381, 494
Quesillo de monte, 460
Quiaquén, 235
Quiebrahacha, 440
Quil, 300, 309
Quil amargo, 300
Quinina, 415
Quita dolor, 316
Quitirrí, 496
Rabanillo, 436
Rabbit paw, 371
Radicchio, 77
Raiján, 30
Raiján cachump, 30
Raíz de lombriz, 397
Rájate bien, 496
Rájate luego, 496
Rájate-luego, 510
Ramillete, 53
Ramtilla DC., *367*
Ramtilla oleifera DC., *367*
R-anis c'o, 485
Rasca paubero, 265
Rasca sombrero, 265
Rash k'ám, 499
Raspapiedra, 273
Rastrojera, 47
Rensonia S.F. Blake (Heliantheae, Ecliptinae), **273**, 360
Rensonia salvadorica S.F. Blake, **273**
Repolla, 36
Repollo, 143
Rey del todo, 155
Rhabdotheca Cass., *85*
Rhinactina Willd., *404*
Rhodoseris Turcz., *423*
Rhodoseris conspicua Turcz., *424*
Riencourtia Cass. (Heliantheae, Ecliptinae), **273**, 274
Riencourtia latifolia Gardner, 274, **274**
Riencourtia ovata S.F. Blake, *274*
Riencourtia pittieri S.F. Blake, *274*
Risku dusa, 510
Risku pata, 249

Robinsonecio T.M. Barkley et Janovec (Senecioneae), 428, **453**, 463
Robinsonecio gerberifolius (Sch. Bip. ex Hemsl.) T.M. Barkley et Janovec, 454, **454**, 466
Rodillo, 415
Rojasianthe Standl. et Steyerm. (Heliantheae, Rojasianthinae), 236, **312**
Rojasianthe superba Standl. et Steyerm., **312**
Rojasianthinae Panero, 236, **311**, 312
Rolandra Rottb. (Vernonieae), **506**
Rolandra argentea Rottb., *507*
Rolandra diacantha Cass., *507*
Rolandra fruticosa (L.) Kuntze, **507**
Rolandra monacantha Cass., *507*
Rolandra reptans Willd. ex Less., *509*
Roldana La Llave (Senecioneae), 432, 449, **454**, 455, 462
Roldana acutangula (Bertol.) Funston, **455**, 461
Roldana albonervia (Greenm.) H. Rob. et. Brettell, 456
Roldana angulifolia (DC.) H. Rob. et Brettell, 455, 457
Roldana aschenborniana (S. Schauer) H. Rob. et Brettell, 455, **456**, 457, 459
Roldana barba-johannis (DC.) H. Rob. et Brettell, **456**
Roldana breedlovei H. Rob. et Brettell, *458*
Roldana chiapensis H. Rob. et Brettell, *459*
Roldana cordovensis (Hemsl.) H. Rob. et Brettell, 459
Roldana cristobalensis (Greenm.) H. Rob. et Brettell, 455, **456**, 457, 460
Roldana donnell-smithii (J.M. Coult.) H. Rob. et Brettell, *456*
Roldana eriophylla (Greenm.) H. Rob. et Brettell, 455, **457**
Roldana gilgii (Greenm.) H. Rob. et Brettell, 455, **457**
Roldana greenmanii H. Rob. et Brettell, **457**, 458, 458
Roldana hartwegii (Benth.) H. Rob. et Brettell, 461
Roldana hartwegii var. subcymosa (H. Rob.) Funston, 461
Roldana hederoides (Greenm.) H. Rob. et. Brettell, *459*
Roldana heterogama (Benth.) H. Rob. et Brettell, **458**
Roldana hirsuticaulis (Greenm.) Funston, *456*
Roldana jurgensenii (Hemsl.) H. Rob. et Brettell, **458**, 461
Roldana lanicaulis (Greenm.) H. Rob. et Brettell, **458**
Roldana lineolata (DC.) H. Rob. et Brettell, 455, 461
Roldana lobata La Llave, 449, 454, 455, **459**
Roldana oaxacana (Hemsl.) H. Rob. et Brettell, 455, 457, 458, **459**, 460
Roldana petasioides (Greenm.) H. Rob., 455, 459, **459**, 460
Roldana petasitis (Sims) H. Rob. et Brettell, 455, 457, 458, 460
Roldana petasitis var. *cristobalensis* (Greenm.) Funston, *456*
Roldana petasitis var. *oaxacana* (Hemsl.) Funston, *459*
Roldana petasitis (Sims) H. Rob. et Brettell var. petasitis, 455, 460
Roldana petasitis var. sartorii (Sch. Bip. ex Hemsl.) Funston, 460
Roldana pinetorum (Hemsl.) H. Rob. et Brettell, *449*
Roldana quezaltica (L.O. Williams) H. Rob., 455, *456*, 459
Roldana riparia Quedensley, Véliz et L. Velásquez, **460**
Roldana scandens Poveda et Kappelle, **460**
Roldana schaffneri (Sch. Bip. ex Klatt) H. Rob. et Brettell, 455, **460**, 461, 471
Roldana subcymosa H. Rob., 461
Roldana tonii (B.L. Turner) B.L. Turner, **461**
Romerillo de la costa, 304
Rompehuevos, 293
Rosa de novia, 11
Rosa sombrero, 265
Rosalesia La Llave, *149*
Rosalesia glandulosa La Llave, *150*
Rosca, 338
Rosea de mano de león, 309
Rosilla Less., *475*
Rothia Lam. non Schreb., *62*

Rothia pinnata (Lam.) Kuntze, *63*
Rothia pinnata var. *pallida* Kuntze, *63*
Rothia pinnata var. *purpurascens* Kuntze, *63*
RUBIACEAE Juss., 3
Rubus L., 247
Ruda cimarrona, 483
Ruda montes, 483
Ruda simarrona, 483
Rudbeckia L., 2, 338
Rudbeckia alata Jacq., *234*
Rudbeckia chrysantha Klatt., *291*
Rudbeckia leucantha Lag., *310*
Rudbeckia mollis Elliott, 338
Rudbeckia purpurea L., *339*
Rudbeckia purpurea var. *serotina* Nutt., *339*
Rudbeckia serotina (Nutt.) Sweet, *339*
Rudbeckieae Cass., *236*
Rudbeckiées, 232
Rudbeckiinae H. Rob., *338*
Rudillo, 484, 487
Rumfordia DC. (Millerieae), **376**, 377, 378
Rumfordia aragonensis Greenm., *377*
Rumfordia attenuata B.L. Rob., *377*
Rumfordia guatemalensis (J.M. Coult.) S.F. Blake, 377, **377**
Rumfordia media S.F. Blake, *377*
Rumfordia oreopola B.L. Rob., *377*
Rumfordia penninervis S.F. Blake, **377**
Rumfordia polymnioides Greenm., *377*
Rumfordia standleyi (Steyerm.) Standl. et Steyerm., *377*
Rumfordia verapazensis S.F. Blake, *377*
Runai, 109
Rydbergia Greene, *235*
Sa qi paxl, 72
Sabal wamal, 129
Sabanera, 150
Sabazia Cass. (Millerieae), 362, 366, 368, **377**
Sabazia annua (S.F. Blake) B.L. Turner, *362*
Sabazia breedlovei B.L. Turner, *362*
Sabazia brevilingulata B.L. Turner, *362*
Sabazia densa Longpre, **378**, 378
Sabazia humilis (Kunth) Cass., *251*, 379
Sabazia liebmannii Klatt, 379
Sabazia microglossa DC., *366*
Sabazia mullerae S.F. Blake, 378
Sabazia obtusata S.F. Blake, *383*
Sabazia pinetorum S.F. Blake, **378**
Sabazia pinetorum var. *dispar* S.F. Blake, *378*
Sabazia radicans S.F. Blake, *378*
Sabazia sarmentosa Less., **378**, 379
Sabazia sarmentosa var. *papposa* (S.F. Blake) Canne, *378*
Sabazia sarmentosa var. *triangularis* (S.F. Blake) Longpre, *378*
Sabazia triangularis S.F. Blake, *378*
Sabazia triangularis var. *papposa* S.F. Blake, *378*
Sabazia urticifolia (Kunth) DC., *366*
Sabazia urticifolia var. *venezuelensis* Steyerm., *366*
Sac tohozo, 273
Sacachichie, 414
Sacahuax, 221
Sacamal, 218
Sacapoc, 309, 310, 321
Sacatechichi, 414
Sac-kilocuj, 363
Sac-moquan, 230
Sactah, 256
Sagebrush, 10

Sahum, 273, 294
Sa-hun, 273
Saitilla, 101
Saj taj, 265
Saján, 256, 300, 303, 375, 381, 392
Saján del río, 303
Saján grande, 300
Sajon, 315
Sajum, 273
Sak ba te', 368
Sak bakte', 26
Sak nich ch'aal wamal, 211
Sak nich ch'all, 402
Sak nich vomol, 206, 228, 380
Sak nich wamal, 28, 42, 150
Sak sho xiu, 304
Sak ta, 308
Sak tah, 273, 308
Sak taj, 265
Sak tojoso, 273
Sak'al'te, 326
Sakil, 310
Sakil baksuntez, 338
Sakil ch'a ak', 318
Sakil ch'aal wamal, 22
Sakil ch'ajtez, 127
Sakil jomol, 215
Sakil nich te', 150
Sakil nich wamal, 28, 42, 137
Sakil payte, 127
Sakil suy te', 224
Sakil ton ch'aj, 129
Sakil turisno te', 22
Sakil vala xik', 32
Sakil wamal, 238
Sakil womol, 228
Sakil xijch, 32
Sakilnich yaal wamal, 137
Sak-k'an-xikin, 256
Salmea DC. (Heliantheae, Spilanthinae), 263, 312, **318**
Salmea curviflora R. Br., *264*
Salmea curviflora var. *glabrata* (J.M. Coult.) Greenm., *264*
Salmea eupatoria DC., *318*
Salmea eupatoria var. *intermedia* DC., *318*
Salmea gaumeri Greenm., *265*
Salmea grandiceps Cass., *318*
Salmea mikanioides Britton, *263*
Salmea oppositiceps Cass., *318*
Salmea orthocephala Standl. et Steyerm., 318, **318**
Salmea parviceps Cass., *318*
Salmea pubescens (S.F. Blake) Standl. et Steyerm., 318, *318*
Salmea salicifolia Brongn. ex Neum., *318*
Salmea scandens (L.) DC., **318**
Salmea scandens var. *amellus* (L.) Kuntze, *318*
Salmea scandens var. *genuina* (L.) S.F. Blake, *318*
Salmea scandens var. *obtusata* S.F. Blake, *318*
Salmea scandens subsp. *paraguariensis* Hassl., *318*
Salmea scandens var. *pubescens* S.F. Blake, 318, *318*
Salmea sessilifolia Griseb., *318*
Salmea tomentosa D.L. Nash, 318, *318*
Salmeopsis Benth., *318*
Salmeopsis claussenii Benth., *318*
Salsifí, 2
Salta afuera, 318
Salvia, 348

Salvia cimarrona, 418
Salvia santa, 348
Samalotodo, 225
San Antonio, 505
San Carlos, 72
San Diego, 486
San Juan del monte, 390
San Julián, 414
San Martín, 152, 489
San Nicolás, 366
San Pedro, 407
San Rafael, 344, 452
Sanalatodo, 223
Sanalotodo, 223, 228, 230
Sanatodo, 230
Sanguinaria, 342
Sanguinaria de flores negros, 342
Sanjoncillo, 182
Sanpuel, 484
Santa Catarina, 109, 310
Santa Lucía, 172, 308
Santa Lucia, 139
Santa María, 17, 32, 160, 240, 348
Santa María cimarrona, 349
Santa Teresa, 309
Santa Teresita, 310
Santo Domingo, 32, 215, 363, 407, 421, 491
Santolina amellus L., *318*
Santolina chamaecyparissus L., 7
Santolina jamaicensis L., 410
Santolina oppositifolia L., *181*
Santolina suaveolens Pursh, *16*
Sanvitalia Lam. (Heliantheae, Zinniinae), 244, 245, **341**, 342, 342
Sanvitalia acinifolia DC., *342*
Sanvitalia longepedunculata M.E. Jones, *316*
Sanvitalia ocymoides DC., 245, **342**
Sanvitalia procumbens Lam., **342**
Sanvitalia procumbens var. *oblongifolia* DC., *342*
Sanvitalia tragiifolia DC., *342*
Sanvitalia villosa Cav., *342*
Sanvitaliopsis Sch. Bip. ex Greenm., *340*
Sanvitaliopsis liebmannii (Klatt) Sch. Bip. ex Greenm., *341*
Sanvitaliopsis nelsonii (Greenm.) Greenm., *341*
Sapupa, 487
Saqi lokab q'eqi lokab, 184
Saqi mank, 336
Sartwellia A. Gray, 476
Sasajan, 184
Sauce, 31
Sauquillo, 206, 496
Saussurea DC., 65
Scariola F.W. Schmidt, *84*
Schaetzellia Klotzch, *423*
Schaetzellia Sch. Bip. non Klotzsch, *185*
Schaetzellia deckeri Klotzch, *424*
Schaetzellia mexicana Sch. Bip., *186*
Schaetzellia standleyi Steyerm., *186*
Schistocarpha Less. (Millerieae), **379**, 409, 410, 417, 420
Schistocarpha bicolor Less., 379, 381, 382
Schistocarpha chiapensis H. Rob., *380*, 381
Schistocarpha croatii H. Rob., 379, **380**, 381
Schistocarpha eupatorioides (Fenzl) Kuntze, 379, **380**
Schistocarpha hoffmannii Kuntze, *380*
Schistocarpha hondurensis Standl. et L.O. Williams, **380**, 381
Schistocarpha kellermanii Rydb., *381*

Schistocarpha longiligula Rydb., 379, 380, **380**, 381, 381, 382
Schistocarpha longiligula var. *seleri* (Rydb.) B.L. Turner, *380*
Schistocarpha margaritensis Cuatrec., *380*
Schistocarpha matudae H. Rob., 379, **381**
Schistocarpha oppositifolia (Kuntze) Rydb., *380*
Schistocarpha paniculata Klatt, 379, 380, 381, **381**
Schistocarpha platyphylla Greenm., 379, 381, **381**, 382
Schistocarpha pseudoseleri H. Rob., 382, **382**
Schistocarpha seleri Rydb., *380*, 381, 382
Schistocarpha steyermarkiana H. Rob., *376*
Schistocarpha wilburii H. Rob., *381*
Schkuhria Roth (Bahieae), **62**, 63, 232
Schkuhria abrotanoides Roth, *63*
Schkuhria abrotanoides var. *pomasquiensis* Hieron., *63*
Schkuhria advena Thell., *63*
Schkuhria anthemoides (DC.) J.M. Coult. non (Kunth) Wedd., *63*
Schkuhria anthemoides (Kunth) Wedd. non (DC.) J.M. Coult., 59, 63
Schkuhria anthemoides forma *flava* (Rydb.) Heiser, *63*
Schkuhria anthemoides var. *guatemalensis* (Rydb.) Heiser, *63*
Schkuhria bonariensis Hook. et Arn., *63*
Schkuhria coquimbana Phil., *63*
Schkuhria guatemalensis (Rydb.) Standl. et Steyerm., *63*
Schkuhria hopkirkia A. Gray, *63*
Schkuhria isopappa Benth., *63*
Schkuhria octoaristata DC., *63*
Schkuhria pinnata (Lam.) Kuntze ex Thell., 59, 61, 61, **63**, 64
Schkuhria pinnata var. *abrotanoides* (Roth) Cabrera, *63*
Schkuhria pinnata var. *guatemalensis* (Rydb.) McVaugh, *63*, 64
Schkuhria pinnata var. *octoaristata* (DC.) Cabrera, *63*
Schkuhria pinnata (Lam.) Kuntze ex Thell. var. pinnata (A. Gray)
    B.L. Turner, 63
Schkuhria pinnata forma *pringlei* (S. Watson) Heiser, *63*
Schkuhria pinnata var. *virgata* (La Llave) Heiser, *63*, 64
Schkuhria pinnata var. *wislizeni* (A. Gray) B.L. Turner, *63*, 64
Schkuhria platyphylla B.L. Rob. et Greenm., *61*
Schkuhria pringlei S. Watson, *63*
Schkuhria virgata (La Llave) DC., *63*
Schkuhria viscosissima Standl. et Steyerm., *61*
Schkuhria wislizeni A. Gray, *63*
Schkuhria wislizeni forma *flava* (Rydb.) S.F. Blake, *63*
Schkuhria wislizeni var. *frustrata* S.F. Blake, *63*
Schkuhria wislizeni var. *guatemalense* (Rydb.) S.F. Blake, *63*
Schkuhria wislizeni var. *wrightii* (A. Gray) S.F. Blake, *63*
Schkuhria wrightii A. Gray, *63*
Sciadocephala Mattf. (Eupatorieae), **207**
Sciadocephala dressleri R.M. King et H. Rob., **207**
Sclerocarpus Jacq. (Heliantheae, Helianthinae), 236, 287, **292**
Sclerocarpus africanus Jacq., 292, 293
Sclerocarpus baranquillae (Spreng.) S.F. Blake, 293
Sclerocarpus coffeicola Klatt, *288*
Sclerocarpus columbianus Rusby et S.F. Blake, 293
Sclerocarpus dentatus (La Llave) Benth. et Hook. f. ex Hemsl., *288*
Sclerocarpus divaricatus (Benth.) Benth. et Hook. f. ex Hemsl., **293**
Sclerocarpus elongatus (Greenm.) Greenm. et C.H. Thomps., *288*
Sclerocarpus frutescens Brandegee, *294*
Sclerocarpus kerberi E. Fourn., *288*
Sclerocarpus major Small, *293*
Sclerocarpus orcuttii Greenm., *293*
Sclerocarpus papposus(Greenm.) Feddema, 292
Sclerocarpus phyllocephalus S.F. Blake, 292, **293**
Sclerocarpus schiedeanus (DC.) Benth. et Hook. f. ex Hemsl., *288*
Sclerocarpus schiedeanus var. *elongatus* Greenm., *288*
Sclerocarpus triunfonis M.E. Jones, *293*
Sclerocarpus uniserialis (Hook.) Benth. et Hook. f. ex Hemsl., 292, **293**, 294

Sclerocarpus uniserialis var. **frutescens** (Brandegee) Feddema, **293**, 294
Sclerocarpus uniserialis (Hook.) Benth. et Hook. f. ex Hemsl. var. uniserialis, 293
Scolospermum Less., *243*
Scolospermum baltimoroides Less., *243*
Scolospermum fougerouxiae DC., *243*
Scorzonera L., 75
Scorzonera angustifolia L., 75
Scorzonera graminifolia L., 75, 91, 91
Scorzonera hispanica L., 75
Scorzonera picroides L., 75, 87
Scorzonera pinnatifida Lour., *86*
Scrobicaria Cass., 473
Sea ox-eye daisy, 285, 286
Seala Adans., *477*
Seitilla, 99
Selloa Kunth non Spreng. (Millerieae), 359, 360, **382**
Selloa Spreng. non Kunth, *44*
Selloa breviligulata Longpre, **382**
Selloa corymbosa (DC.) Kuntze, *44*
Selloa glutinosa Spreng., *44*
Selloa multiflora (DC.) Kuntze, *44*
Selloa nudata Nutt., *476*
Selloa obtusata (S.F. Blake) Longpre, **383**
Selloa scoparia (DC.) Kuntze, *44*
Semém, 510
Senecio L. (Senecioneae), 3, 428, 430, 441, 443, 448, 455, 459, **461**, 462, 463, 464, 469, 473
Senecio sect. *Convoluloidei* Greenm., *451*
Senecio sect. Culcitiopsis Cuatrec., 462, 465
Senecio sect. *Delairea* (Lem.) Benth. et Hook. f., *432*
Senecio sect. *Emilia* (Cass.) Baill., *434*
Senecio subg. *Emilia* (Cass.) O. Hoffm., *434*
Senecio sect. *Emilioidei* Muschl., *434*
Senecio sect. *Erechtites* (Raf.) Baill., *436*
Senecio sect. Fruticosi Hook., 461
Senecio sect. *Gynura* (Cass.) Baill., *438*
Senecio subg. *Gynuropsis* Muschl., *431*
Senecio sect. *Kleinia* (Mill.) Benth. et Hook. f., *440*
Senecio subg. *Kleinia* (Mill.) O. Hoffm., *440*
Senecio sect. Mulgedifolii Greenm., 429, 462, 463, 466
Senecio sect. *Multinervii* Greenm., *439*
Senecio subg. *Notonia* (DC.) O. Hoffm., *440*
Senecio sect. *Odontotrichum* (Zucc.) Baill., *449*
Senecio sect. *Palmatinervii* O. Hoffm., *454*, 457, 461
Senecio sect. *Psacaliopsides* (H. Rob. et Brettell) L.O. Williams, *448*
Senecio subg. *Pseudogynoxys* Greenm., *451*
Senecio sect. *Roldana* (La Llave) Benth. et Hook. f., *454*
Senecio sect. *Spathulati* Muschl., *434*
Senecio sect. *Streptothamni* Greenm., *443*
Senecio sect. *Terminales* Greenm., 461, *469*
Senecio acutangulus (Bertol.) Hemsl., *456*
Senecio alatipes Greenm., *463*, 464
Senecio albiflorus Sch. Bip., *437*
Senecio andicola Turcz., *441*
Senecio angustiradiatus T.M. Barkley, *433*
Senecio arborescens Steetz, *470*
Senecio armentalis L.O. Williams, *442*
Senecio aschenbornianus S. Schauer, *456*
Senecio auriculatus Burm. f., *436*
Senecio austin-smithii Standl., *443*
Senecio axillaris Klatt, *430*
Senecio barba-johannis DC., *456*
Senecio benthamii Griseb., *452*

594

Senecio berlandieri (DC.) Hemsl. non (DC.) Sch. Bip., *452*
Senecio bicolor Viv., 462
Senecio boquetensis Standl., *469*
Senecio bracteatus Klatt, 462
Senecio brenesii Greenm. et Standl., *444*
Senecio cacalioides Fisch. ex Spreng., *437*
Senecio calcarius Kunth, 468
Senecio callosus Sch. Bip., **462**, 463, 467
Senecio calocephalus Hemsl. non Poepp., *452*
Senecio calyculatus Greenm., *444*
Senecio candelariae Benth., *444*
Senecio carduifolius (Cass.) Desf., *437*
Senecio cervariifolius (DC.) Sch. Bip., *450*
Senecio chenopodioides Kunth, *452*
Senecio chiapensis Hemsl., *432*
Senecio chicharrensis Greenm., *470*
Senecio chinotegensis Klatt, *453*
Senecio chirripoensis H. Rob. et Brettell, *465*
Senecio ciliatus Walter, *35*
Senecio cineraria DC., 462
Senecio cinerarioides Kunth, 430
Senecio cobanensis J.M. Coult., *469*, *470*, 470
Senecio cobanensis var. *sublaciniatus* Greenm., *469*, *471*
Senecio comosus Sch. Bip., 465
Senecio confusus Britten, *452*
Senecio conzattii Greenm., *462*
Senecio cooperi Greenm., *439*
Senecio copeyensis Greenm., *470*
Senecio costaricensis R.M. King, **463**
Senecio coulteri Greenm., *462*
Senecio cristobalensis Greenm., *456*
Senecio cuchumatanensis L.O. Williams et Ant. Molina, **463**
Senecio cuspidatus DC., 463
Senecio decorus Greenm., *462*
Senecio deppeanus Hemsl., 473
Senecio diversifolius A. Rich. non Dumort., *431*
Senecio donnell-smithii J.M. Coult., *456*
Senecio doratophyllus Benth., **463**, 464, 464, 467
Senecio durandii Klatt, *431*
Senecio epidendrus L.O. Williams, *445*
Senecio eriocephalus Klatt, *57*
Senecio eriophyllus Greenm., *457*
Senecio eximius Hemsl., *462*
Senecio firmipes Greenm., *441*
Senecio fischeri Sch. Bip., *437*
Senecio gerberifolius Sch. Bip. ex Hemsl., *454*
Senecio ghiesbreghtii Regel, *470*
Senecio ghiesbreghtii var. *pauciflorus* J.M. Coult., *460*
Senecio ghiesbreghtii var. *uspantanensis* J.M. Coult., *471*
Senecio gilgii Greenm., *457*
Senecio godmanii Hemsl., 464, **464**, 466
Senecio grahamii Benth., *456*
Senecio grandifolius Less., *470*
Senecio grandifolius var. *glabrior* Hemsl., *460*
Senecio greenmanii (H. Rob. et Brettell) L.O. Williams, *457*
Senecio guatimalensis Sch. Bip, 463, 464
Senecio hansweberi Cuatrec., **464**, 465, 465
Senecio hederoides Greenm., *459*
Senecio hemsleyi Britten, *452*
Senecio heterogamus (Benth.) Hemsl., *458*, *458*
Senecio heterogamus (Benth.) Hemsl. var heterogamus, 458
Senecio heterogamus var. *kellermannii* Greenm., *458*
Senecio hieraciifolius L., *437*
Senecio hieraciifolius var. *giganteus* Raf., *437*
Senecio hirsuticaulis Greenm., *456*

Senecio hoffmannii Klatt, *452*, 453
Senecio hypomalacus Greenm., *459*
Senecio iodanthus Greenm., 463
Senecio jacobsenii Rowley, *441*
Senecio jaliscanus S. Watson, *459*
Senecio jurgensenii Hemsl., *458*
Senecio kermesinus Hemsl., *453*
Senecio kuhbieri Cuatrec., **465**
Senecio lactucoides Klatt, *437*
Senecio lanicaulis Greenm., *458*
Senecio macroglossoides Hilliard, 465
Senecio macroglossus DC., **465**
Senecio magistri Standl. et L.O. Williams, *445*
Senecio mairetianus DC., 468
Senecio megaphyllus Greenm., *440*
Senecio merendonensis Ant. Molina, *449*
Senecio mikanioides Otto ex Walp., *432*
Senecio mirus Klatt, **465**
Senecio molinae Phil., 469
Senecio montidorsensis L.O. Williams, *470*
Senecio morazensis Greenm., *445*
Senecio morelensis Miranda, *448*
Senecio multidentatus Sch. Bip. ex Hemsl., **466**
Senecio multidentatus var. huachucanus (A. Gray) T.M. Barkley, 466
Senecio multivenius Benth., *440*
Senecio nubivagus L.O. Williams, *449*
Senecio oaxacanus Hemsl., *459*
Senecio oerstedianus Benth., **466**
Senecio orcuttii Greenm., *472*
Senecio orogenes L.O. Williams, *460*
Senecio paneroi B.L. Turner, *449*
Senecio parasiticus Hemsl., *446*
Senecio petasioides Greenm., *459*
Senecio petasitis (Sims) DC., 459, 460
Senecio petraeus Muschl. non Boiss. et Reut., *441*
Senecio phanerandrus Cufod., *446*
Senecio phorodendroides L.O. Williams, *447*
Senecio picridis S. Schauer, **466**
Senecio pinetorum Hemsl., *449*
Senecio polypodoides (Greene) T. Durand et B.D. Jacks, 462
Senecio praecox (Cav.) DC. var. *morelensis* (Miranda) McVaugh, *448*
Senecio praecox var. *tzimolensis* T.M. Barkley, *448*
Senecio prenanthoides A. Rich., 462
Senecio pullus Klatt, *456*
Senecio purpusii Greenm. ex Brandegee, 449
Senecio quezalticus L.O. Williams, 455, *456*, 459
Senecio rapae F. Br., *436*
Senecio rhyacophilus Greenm., **466**, 467
Senecio roldana DC., *459*
Senecio roseus Sch. Bip., 462
Senecio rothschuhianus Greenm., *453*
Senecio rotundifolius Sessé et Moc. non Stokes non Lapeyr. nec Hook. f., *459*
Senecio rowleyanus H. Jacobsen, 462
Senecio runcinatus Less., 462, 463
Senecio sagittatus Hieron., *436*
Senecio salignus DC., 430
Senecio santarosae Greenm., *460*
Senecio sartorii Sch. Bip. ex Hemsl, 460
Senecio schaffneri Sch. Bip. ex Klatt, *460*
Senecio schizotrichus Greenm., *434*
Senecio schumannianus S. Schauer, *459*
Senecio seminudus Bory, *437*
Senecio serraquitchensis Greenm., *470*, 471
Senecio skinneri Hemsl., *453*

595

Senecio sonchifolius (L.) Moench., *436*
Senecio steyermarkii Greenm., *471*
Senecio streptothamnus Greenm., *447*
Senecio tabularis Hemsl. non (Thunb.) Sch. Bip., *451*
Senecio tamoides DC., 432, **467**
Senecio toluccanus DC, 462
Senecio tonduzii Greenm., *447*
Senecio tonii B.L. Turner, *461*
Senecio uspantanensis (J.M. Coult.) Greenm., *471*
Senecio valerianifolius Link ex Spreng., *437*
Senecio velatus Greenm., *448*
Senecio vernus DC, *430*
Senecio vukotinovici Schloss., *437*
Senecio vulgaris L., **467**, 468
Senecio warszewiczii A. Braun et Bouché, **468**
Senecio xarilla Sessé et Moc., *430*
Senecioides L. ex T. Post et Kuntze, *490*
Senecioides cinereum (L.) Kuntze, *490*
Senecioneae Cass., 2, 89, 379, 418, 426, **427**, 428, 429, 473, 488
Senecioninae Dumort., 428, 473
Sereno, 137
Seris Willd., *423*
Seris conspicua (Turcz.) Kuntze, *424*
Seris onoseroides (Kunth) Willd. ex Spreng., *424*
Seris rupestris (Benth.) Kuntze, *424*
Serraja, 89
Serrajilla, 89
Serratula cinerea (L.) Roxb., *490*
Seruneum Rumph. ex Kuntze, *279*
Seruneum acapulcensis (Kunth) Kuntze, *279*
Seruneum affine (DC.) Kuntze, *280*
Seruneum ambiguum (DC.) Kuntze, *280*
Seruneum buphthalmoides (DC.) Kuntze, *280*
Seruneum crucianum (Rich.) Kuntze, *280*
Seruneum frutescens (Jacq.) Kuntze var. *calycinum* (Rich.) Kuntze, *280*
Seruneum latifolium (DC.) Kuntze, *280*
Seruneum scaberrimum (Benth.) Kuntze, *280*
Seruneum trilobatum (L.) Kuntze, *274*
Ses -oh, 348
Shasta daisy, 14
Sheep tongue, 505
Shil, 312
Shti-pú, 256, 385
Shup, 173
Siban te' wamal, 32
Sidneya E.E. Schill. et Panero, 303
Sidneya tenuifolia (A. Gray) E.E. Schill. et Panero, *306*
Siempreviva, 231, 489
Siemprevive, 274
Sierra picuda, 150
Siete hermanas, 310
Sigesbeckia L. (Millerieae), **383**, 388
Sigesbeckia agrestis Poepp., **383**, 384, 384
Sigesbeckia andersoniae B.L. Turner, 384
Sigesbeckia bogotensis D.L. Schulz, *384*
Sigesbeckia cordifolia Kunth, *384*
Sigesbeckia jorullensis Kunth, 383, **384**
Sigesbeckia nudicaulis Standl. et Steyerm., **384**
Sigesbeckia orientalis L., 383
Sigesbeckia repens B.L. Rob. et Greenm., 384
Sigesbeckia serrata DC., *384*
Siguapate, 348
Siguatepeque, 348
Si'isim, 11

Siiu, 11, 240
Sikil wamal, 332
Siksa saika, 137
Silantro, 240
Silphium arborescens Mill., *334*
Silphium trilobatum L., *275*
Silybum Vaill. (Cardueae), **74**
Silybum marianum (L.) Gaertn., 66, **74**
Simonillo, 46, 414
Simsia Pers. (Heliantheae, Helianthinae), **294**, 303
Simsia adenophora (Greenm.) S.F. Blake, *297*
Simsia amplexicaulis (Cav.) Pers., **295**, 297
Simsia amplexicaulis var. *decipiens* (S.F. Blake) S.F. Blake, *295*
Simsia amplexicaulis var. *genuina* S.F. Blake, *295*
Simsia annectens S.F. Blake, **295**, 296
Simsia annectens var. **grayi** (Sch. Bip. ex S.F. Blake) D.M. Spooner, **295**
Simsia auriculata DC., *295*
Simsia chaseae (Millsp.) S.F. Blake, **296**, 296, 297
Simsia eurylepis S.F. Blake, **296**, 298
Simsia exaristata A. Gray, *298*
Simsia exaristata var. *epapposa* S.F. Blake, *298*
Simsia exaristata var. *perplexa* S.F. Blake, *298*
Simsia ficifolia Pers., *296*
Simsia foetida (Cav.) S.F. Blake, 295, **296**, 297, 297, 305
Simsia foetida var. *decipiens* S.F. Blake, *295*
Simsia foetida (Cav.) S.F. Blake var. **foetida**, 297
Simsia foetida var. **grandiflora** (Benth.) D.M. Spooner, **297**
Simsia foetida var. jamaicensis (S.F. Blake) D.M. Spooner, 296
Simsia foetida var. megacephala D. Spooner, 296
Simsia foetida var. **panamensis** (H. Rob. et Brettell) D.M. Spooner, **297**
Simsia ghiesbreghtii (A. Gray) S.F. Blake, 294, **297**
Simsia grandiflora Benth., *297*
Simsia grayi Sch. Bip. ex S.F. Blake, *295*
Simsia guatemalensis H. Rob. et Brettell, *297*
Simsia heterophylla (Kunth) DC., *295*
Simsia holwayi S.F. Blake, **297**, 298
Simsia kunthiana Cass., *295*
Simsia lagascaeformis DC., **297**, 298
Simsia molinae H. Rob. et Brettell, **298**
Simsia ovata (A. Gray) E.E. Schill. et Panero, 294, **298**
Simsia panamensis H. Rob. et Brettell, *297*
Simsia polycephala Benth., *297*
Simsia sanguinea A. Gray, 294, **298**, 299
Simsia sanguinea subsp. *albida* S.F. Blake, *299*
Simsia sanguinea var. *palmeri* (A. Gray) S.F. Blake, *299*
Simsia santarosensis D.M. Spooner, **299**
Simsia sericea (Hemsl.) S.F. Blake, *297*
Simsia steyermarkii H. Rob. et Brettell, **299**
Simsia submollicoma S.F. Blake, *296*
Simsia triloba S.F. Blake, *299*
Simsia villasenorii D.M. Spooner, 299, **299**
Sin asumurgid, 507
Sinclairia Hook. et Arn. (Liabeae), **356**
Sinclairia andrieuxii (DC.) H. Rob. et Brettell, **356**
Sinclairia brachypus Rydb., *357*
Sinclairia deamii (B.L. Rob. et Bartlett) Rydb., **356**
Sinclairia dimidia (S.F. Blake) H. Rob. et Brettell, **357**
Sinclairia discolor Hook. et Arn., **357**, 358
Sinclairia glabra (Hemsl.) Rydb., **357**
Sinclairia hypochlora (S.F. Blake) Rydb., **358**
Sinclairia pittieri Rydb., *358*
Sinclairia polyantha (Klatt) Rydb., 357, 357, **358**, 359
Sinclairia sericolepis (Hemsl.) Rydb., **358**

Sinclairia subglandularis (S.F. Blake) Rydb., *357*
Sinclairia sublobata (B.L. Rob.) Rydb., *357*
Sinclairia tajumulcensis (Standl. et Steyerm.) H. Rob. et Brettell, **358**
Sinclairia tonduzii (B.L. Rob.) Rydb., **358**, 359
Sinclairia vagans (S.F. Blake) H. Rob. et Brettell, **359**
Singking, 303
Sipolisiinae H. Rob, 2
Sirvulaca, 297, 316
Sisi saika, 371
Sisin, 11
Sitil choj, 348
Sitit q'en, 245
Sivit, 457
Smallanthus Mack. (Millerieae), 377, **384**, 385, 388
Smallanthus latisquamus (S.F. Blake) H. Rob., 385, *387*
Smallanthus lundellii H. Rob., 385, *385*, 386
Smallanthus maculatus (Cav.) H. Rob., 385, **385**, 386, 387
Smallanthus oaxacanus (Sch. Bip. ex Klatt) H. Rob., 386, **386**, 387
Smallanthus obscurus B.L. Turner, 385, *385*, 386
Smallanthus putlanus B.L. Turner, 387
Smallanthus quichensis (J.M. Coult.) H. Rob., **387**
Smallanthus riparius (Kunth) H. Rob., **387**
Smallanthus siegesbeckius (DC.) H. Rob., 387
Smallanthus sonchifolius (Poepp.) H. Rob., 385, **387**, 388
Smallanthus uvedalia (L.) Mack., 385, 386
Sneezeweed, 233, 234
Sobreyra Ruiz et Pav., *416*
Sogalgina Cass., *388*
Soi kay, 250
Soj wamal, 291
Sojbac-che, 264
Solenotheca Nutt., *483*
Solenotheca tenella Nutt., 485
Solidago L. (Astereae), **50**
Solidago altissima L., 51
Solidago canadensis L., **51**
Solidago fruticosa Mill., *407*
Solidago maya Semple, 51, *52*
Solidago mexicana L., *51*, 52
Solidago sempervirens L., **51**, 52
Solidago sempervirens subsp. *mexicana* (L.) Semple, *51*
Solidago sempervirens var. **mexicana** (L.) Fernald, **51**, 52
Solidago sempervirens L. var. sempervirens, 52
Solidago stricta Aiton, 52, 52
Solidago stricta Aiton subsp. stricta, 52
Solidago urticifolia Mill., *415*
Solidago virgata Michx., 51, **52**
Soliva Ruiz et Pav., 7, 12
Soliva anthemifolia (Juss.) Sweet., 7
Soliva mexicana DC., *13*
Soliva minuta (L. f.) Sweet., *13*
Soliva pedicellata Ruiz et Pav., *13*
Soliva pterosperma (Juss.) Less., 7
Soliva pygmaea Kunth, *13*
Soliva sessilis Ruiz et Pav., 7
Soliva tenella A. Cunn., *12*
Solonilla, 453
Soncho, 89
Sonchus L. (Cichorieae), 85, **87**, 88
Sonchus subg. *Lactucosonchus* Sch. Bip., *87*
Sonchus L. subg. Sonchus, 88
Sonchus agrestis Sw., *437*
Sonchus arvensis L., 75, **88**
Sonchus asper (L.) Hill, **88**, 89

Sonchus brasiliensis Meyen et Walp., *437*
Sonchus carolinianus Walter, 88
Sonchus goraeensis Lam., 86
Sonchus gracilis Phil., *89*
Sonchus javanicus (Burm. f.) Spreng., *436*
Sonchus occidentalis Spreng., *437*
Sonchus oleraceus L., 89, **89**
Sonchus oleraceus var. *asper* L., *88*
Sonchus paniculatus Sessé et Moc. ex D. Don, 85
Sonchus rivularis Phil., *89*
Sorrio, 482
Sos negro, 256
Soscha, 182
Sotacaballo, 149, 154
Soyoco, 183
Spanish needle, 262
Spanish needles, 503
Sparganophorus Boehm., *508*
Sparganophorus africanus (P. Beauv.) Steud., *508*
Sparganophorus ethulia Crantz, *508*
Sparganophorus fasciatus Poir., *508*
Sparganophorus sparganophora (L.) C. Jeffrey, *508*
Sparganophorus struchium (Sw.) Poir., *508*
Sparganophorus vaillantii Crantz, *508*
Sparganophorus vaillantii Gaertn., *508*
Sparganophorus vaillantii var. *longifolius* Griseb., *508*
Sphaeromorphaea DC., *346*
Sphagneticola O. Hoffm. (Heliantheae, Ecliptinae), 241, **274**
Sphagneticola annua Orchard, *243*, 244
Sphagneticola calendulacea (L.) Pruski, 274
Sphagneticola trilobata (L.) Pruski, 274, **274**, 275, 343
Sphagneticola ulei O. Hoffm., *275*
Spilanthes Jacq. (Heliantheae, Spilanthinae), 312, 313, 315, 316, 317, **319**, 338
Spilanthes sect. *Acmella* (Rich. ex Pers.) DC., *313*
Spilanthes acmella (Pers.) DC.var. *uliginosa* (Sw.) Baker, *317*
Spilanthes alba L.'Hér., 316
Spilanthes americana Hieron., 313, 316, 317, *340*
Spilanthes americana forma *lanitecta* A.H. Moore, *316*
Spilanthes americana forma *parvifolia* (Benth.) A.H. Moore, *314*
Spilanthes americana var. *parvula* A.H. Moore, *316*
Spilanthes americana var. *repens* (Walter) A.H. Moore, *316*
Spilanthes arrayana Gardner, *314*
Spilanthes atriplicifolius (L.) L., *180*
Spilanthes beccabunga DC. var. *parvula* B.L. Rob., *316*
Spilanthes botterii S. Watson, *316*
Spilanthes caespitosa DC., *314*
Spilanthes charitopis A.H. Moore, *317*
Spilanthes ciliata Kunth, 314, *314*
Spilanthes debilis Kunth, *316*
Spilanthes diffusa Poepp., *317*
Spilanthes disciformis B.L. Rob. var. *phaneractis* Greenm., *317*
Spilanthes ecliptoides Gardner, *368*
Spilanthes eggersii Hieron., *314*
Spilanthes exasperata Jacq., *316*
Spilanthes exasperata var. *cayennensis* DC., *316*
Spilanthes filipes Greenm., *314*
Spilanthes fimbriata Kunth, *314*
Spilanthes hirta (Lag.) Steud., *368*
Spilanthes iabadicensis A.H. Moore, *317*
Spilanthes karvinskiana DC., *368*
Spilanthes lateraliflora Klatt, *317*
Spilanthes leucophaea Sch. Bip. ex Klatt, *316*
Spilanthes limonica A.H. Moore, *314*
Spilanthes litoralis Sessé et Moc., *262*

Spilanthes lundii DC., *317*
Spilanthes macrophylla Greenm., *315*
Spilanthes mariannae DC., *368*
Spilanthes melampodioides Gardner, *314*
Spilanthes muticus Sessé et Moc., *253*
Spilanthes mutisii Kunth, *340*
Spilanthes nervosa Chodat, 319
Spilanthes nitida La Llave, *318*
Spilanthes nuttallii Torr. et A. Gray, *317*
Spilanthes ocymifolia (Lam.) A.H. Moore, 313, 316
Spilanthes ocymifolia var. *acutiserrata* A.H. Moore, *316*
Spilanthes ocymifolia forma *radiifera* A.H. Moore, *314*
Spilanthes oppositifolia (Lam.) D'Arcy, 313, 315, 316, 317, *340*
Spilanthes pammicrophylla A.H. Moore, *314*
Spilanthes paniculata Wall. ex DC., 314
Spilanthes papposa Hemsl., *315*
Spilanthes parvifolia Benth. non Acmella parvifolia Raf., *314*
Spilanthes phaneractis (Greenm.) A.H. Moore, *317*
Spilanthes poeppigii DC., *314*
Spilanthes poliolepidica A.H. Moore, *316*
Spilanthes popayanensis Hieron., *314*
Spilanthes radicans Jacq., *316*
Spilanthes repens (Walter) Michx., *317*
Spilanthes salzmannii DC., *317*
Spilanthes sessilifolia Hemsl., *368*
Spilanthes sessilis Poepp., *368*
Spilanthes tenella Kunth, *316*
Spilanthes uliginosa Sw., *317*
Spilanthes uliginosa var. *discoidea* Aristeg., *317*
Spilanthes urens Jacq., **319**
Spilanthes urens var. *megalophylla* S.F. Blake, *319*
Spilanthes wedelioides Hook. et Arn., *251*
Spilanthinae Panero, **312**, 338
Spiracantha Kunth (Vernonieae), **507**
Spiracantha cornifolia Kunth, **507**, 508
Spiracantha denticulata Ernst., *507*
Spirochaeta Turcz., *505*
Spirochaeta funckii Turcz., *506*
Spiropodium F. Muell., *347*
Squamopappus R.K. Jansen, N.A. Harriman et Urbatsch (Heliantheae, Verbesininae), 320, **322**, 338
Squamopappus skutchii (S.F. Blake) R.K. Jansen, N.A. Harriman et Urbatsch, 320, **322**
S-suq sa'an, 336
Standleyanthus R.M. King et H. Rob. (Eupatorieae), **207**
Standleyanthus triptychus (B.L. Rob.) R.M. King et H. Rob., **207**
Starkea Willd., *354*
Staphyleaceae Martinov, 493
Staurochlamys Baker, 409
Steiractinia S.F. Blake, 269
Stelmanis scabra (Elliott) Raf., *45*
Stemmatella Wedd. ex Benth. et Hook. f., *365*
Stemmatella lehmannii Hieron., *366*
Stemmatella sodiroi Hieron., *366*
Stemmatella urticifolia (Kunth) O. Hoffm. ex Hieron., *366*
Stemmatella urticifolia var. *eglandulosa* Hieron., *366*
Stemmodontia Cass., *279*
Stemmodontia affinis (DC.) O.F. Cook et G.N. Collins, *280*
Stemmodontia asperrima (Spreng.) C. Mohr, *280*
Stemmodontia buphthalmoides (DC.) O.F. Cook et G.N. Collins, *280*
Stemmodontia calycina (Rich.) O.E. Schulz ex Small, *280*
Stemmodontia caracasana (DC.) J.R. Johnst., *280*
Stemmodontia carnosa (Rich.) O.F. Cook et G.N. Collins, *275*
Stemmodontia elongata Rusby, *340*
Stemmodontia trilobata (L.) Small, *275*

Stenactis Cass., *41*
Stenactis annua (L.) Cass. ex Less., *41*
Stenocarpha S.F. Blake, 365
Stenocephalum Sch. Bip. (Vernonieae), **507**
Stenocephalum apiculatum (Mart. ex DC.) Sch. Bip., 508
Stenocephalum jucundum (Gleason) H. Rob., **508**
Stenotheca Monnier, *78*
Stevia, 2
Stevia Cav. (Eupatorieae), 2, **207**, 211
Stevia alatipes B.L. Rob., **208**
Stevia amabilis Lemmon ex A. Gray, *212*
Stevia arachnoidea B.L. Rob., *211*
Stevia arbutifolia (Kunth) Willd. ex Less., *203*
Stevia bicrenata Klatt, *209*
Stevia caracasana DC., 208, **209**
Stevia chiapensis Grashoff, **209**
Stevia chortiana Standl. et Steyerm., *209*
Stevia clinopodia DC., *210*
Stevia connata Lag., **209**
Stevia coronifera DC., *210*
Stevia deltoidea Greene, **209**
Stevia dissoluta Schltdl., *209*
Stevia ehrenbergiana Schltdl., *211*
Stevia elatior Kunth, **209**, 210
Stevia elatior var. *dissoluta* (Schltdl.) B.L. Rob., *209*
Stevia elatior var. *podophylla* B.L. Rob., *209*
Stevia elliptica Hook. et Arn., *209*
Stevia elongata Kunth, *209*
Stevia elongata var. *caracasana* (DC.) B.L. Rob., *209*
Stevia fascicularis Less., *211*
Stevia fastigiata Kunth, *210*
Stevia glandulifera Schltdl., *210*
Stevia glutinosa Kunth, *210*
Stevia glutinosa var. *oaxacana* DC., *210*
Stevia hirsuta DC. non Hook. et Arn., *209*
Stevia hirsuta var. *chortiana* (Standl. et Steyerm.) Grashoff., *209*
Stevia hirtiflora Sch. Bip., *209*
Stevia incognita Grashoff, **210**
Stevia ivifolia Willd., *211*
Stevia jorullensis Kunth, **210**
Stevia jorullensis var. *ehrenbergiana* (Schltdl.) Sch. Bip, *211*
Stevia laxiflora DC., *212*
Stevia lehmannii Hieron., **210**
Stevia leuconeura DC., *212*
Stevia liebmannii Sch. Bip. ex Klatt, 211
Stevia liebmannii var. *chiapensis* B.L. Rob., *209*
Stevia lozanoi B.L. Rob., *212*
Stevia lucida Lag., **210**
Stevia lucida var. *oaxacana* (DC.) Grashoff., *210*
Stevia microchaeta Sch. Bip., **210**
Stevia monardifolia Kunth, 208
Stevia nepetifolia Kunth, *212*
Stevia nervosa DC., *211*
Stevia origanifolia Walp., *210*
Stevia ovata Willd., **210**
Stevia ovata var. *reglensis* (Benth.) Grashoff, *211*
Stevia paniculata Lag., *211*
Stevia pedata Cav., *61*
Stevia pilosa Lag., 210
Stevia podocephala DC., *209*
Stevia polycephala Bertol., **211**
Stevia pratheri B.L. Turner, **211**
Stevia pubescens Kunth non Lag., *211*
Stevia punctata (Ortega) Pers., *211*
Stevia purpurea Lag. non Pers., *212*

Stevia rebaudiana (Bertoni) Bertoni, 114
Stevia reglensis Benth., *211*
Stevia rhombifolia Kunth, *211*
Stevia rhombifolia var. *uniaristata* (DC.) Sch. Bip., *211*
Stevia seemannii Sch. Bip., **211**
Stevia seemannii var. selerorum B.L. Rob., 211
Stevia serrata Cav., **211**
Stevia serrata var. *ivifolia* (Willd.) B.L. Rob., *211*
Stevia suaveolens Lag., **212**
Stevia subpubescens Lag., **212**
Stevia subpubescens var. intermedia Grashoff, 212
Stevia subpubescens var. opaca (Sch. Bip.) B.L. Rob., 212
Stevia tephrophylla S.F. Blake, 208, **212**
Stevia ternifolia Kunth, *211*
Stevia tomentosa Kunth, 208
Stevia trichopoda Harv. et A. Gray, *209*
Stevia triflora DC., 211, **212**
Stevia uniaristata DC., *211*
Stevia viminea Schrad. ex DC., *209*
Stevia virgata Kunth, *211*
Stevia viscida Kunth, **212**, 213
Stevia vulcanicola Standl. et Steyerm., *210*
Stevia westonii R.M. King et H. Rob., **213**
Stevia williamsii Standl., *212*
Stifftieae D. Don, 394
Stokesia laevis (Hill) Greene, 488
Straw-flower, 231
Strongylosperma Less., *12*
Strongylosperma australe (Sieber ex Spreng.) Less., *12*
Struchium P. Browne (Vernonieae), **508**
Struchium africanum P. Beauv., *508*
Struchium americanum Poir., *508*
Struchium herbaceum J. St.-Hil., *508*
Struchium sparganophorum (L.) Kuntze, **508**
Stylimnus Raf., *347*
Suacuamán, 348
Subay tus, 484
Subub, 363
Suctzún, 70
Sucunán, 510
Suelda con suelda, 160
Sulfatillo, 426
Sulfatillo de prado, 426
Sulfato de monte, 415
Sum, 302
Sun, 300, 301
Sunflower, 289
Sunsumpate, 137
Suplicio, 155
Supup, 494
Suquinai blanco, 336
Suquinay, 330, 348, 494, 510
Suquinay blanco, 336
Suquinay hembra, 510
Suquinay prieto, 496
Suquinayo, 348, 510
Susacque, 89
Sventenia Font Quer, *87*
Swamp tomato, 40
Sympetalae Rchb., 2
Symphyotrichum Nees (Astereae), **52**
Symphyotrichum bahamense (Britton) G.L. Nesom, *53*
Symphyotrichum bullatum (Klatt) G.L. Nesom, **53**
Symphyotrichum divaricatum (Nutt.) G.L. Nesom, 54
Symphyotrichum expansum (Poepp. ex Spreng.) G.L. Nesom, *53*, 54

Symphyotrichum graminifolium (Spreng.) G.L. Nesom, *53*
Symphyotrichum laeve (L.) Á. Löve et D. Löve, **53**
Symphyotrichum novae-angliae (L.) G.L. Nesom, 52
Symphyotrichum novi-belgii (L.) G.L. Nesom, 53
Symphyotrichum squamatum (Spreng.) G.L. Nesom, *53*
Symphyotrichum subulatum (Michx.) G.L. Nesom, **53**, 54
Symphyotrichum subulatum sensu Sundberg non (Michx.) G.L. Nesom, 54
Symphyotrichum subulatum var. *elongatum* (Bosser. ex A.G. Jones et Lowry) S.D. Sundb., *53*
Symphyotrichum subulatum var. *parviflorum* (Nees) S.D. Sundb., *54*
Symphyotrichum subulatum var. *squamatum* (Spreng.) S.D. Sundb., *54*
Symphyotrichum tenuifolium (L.) G.L. Nesom, 54
Symphyotrichum trilineatum (Sch. Bip. ex Klatt) G.L. Nesom, **54**
Syncephalantha Bartl., *475*
Syncephalantha decipiens Bartl., *475*
Syncephalantha macrophyllus Klatt, *475*
Syncephalantha sanguinea Klatt, *475*
Synedrella Gaertn. (Heliantheae, Ecliptinae), 241, 244, **275**
Synedrella nodiflora (L.) Gaertn., **275**
Synedrella vialis (Less.) A. Gray, *244*
T'isib, 32
Ta, 304
Tabaco cimarrón, 348, 350
Tabaco del monte, 332
Tabaco del ratón, 350
Tabaquillo, 37, 329, 330, 332, 334, 338, 348, 350, 440, 460, 491, 503, 505
Tabaquillo del ratón, 350
Tabbac cinarron, 348
Tabi, 407
Tabi', 407
Tacana, 240
Taco, 160, 160, 338
Tacote, 415
Taeckholmia Boulos, *87*
Tageteae Cass., 232, **473**
Tagetes L. (Tageteae), **483**, 484, 487
Tagetes anethina Sessé et Moc., *485*
Tagetes anisata Lillo, *485*
Tagetes aristata Klatt, 487
Tagetes cabrerae M. Ferraro, *487*
Tagetes congesta Hook. et Arn., *485*
Tagetes coronopifolia Willd., 485
Tagetes dichotoma Turcz., *485*
Tagetes elongata Willd., 483, *484*
Tagetes erecta L., 483, **484**, 487
Tagetes ernstii H. Rob. et Nicolson, 484, *487*
Tagetes filifolia Lag., **485**, 487
Tagetes foeniculacea Desf., 485
Tagetes foeniculacea Poepp. ex DC. non Desf., *485*
Tagetes foetidissima DC., **485**
Tagetes fragrantissima Sessé et Moc., *485*
Tagetes gigantea Carrière, *487*
Tagetes graveolens L'Hér. ex DC., *487*
Tagetes heterocarpha Rydb., 484, 487
Tagetes jaliscensis Greenm. var. *minor* Greenm., *487*
Tagetes lucida Cav., 2, 483, **485**
Tagetes lunulata Ortega, 487
Tagetes macroglossa Pol., *487*
Tagetes major Gaertn., *484*
Tagetes micrantha Cav., 485
Tagetes microglossa Benth., 483, *487*
Tagetes multifida DC., *485*

Tagetes multiflora Kunth, 485
Tagetes multiseta DC., *486*, 487
Tagetes nelsonii Greenm., **486**, 486
Tagetes oligocephala DC., 487, *487*
Tagetes papposa Vent., *475*
Tagetes patula L., 483, *484*
Tagetes pseudomicrantha Lillo, *485*
Tagetes pusilla Kunth, *485*
Tagetes remotiflora Kunze, 484
Tagetes rotundifolia Mill., *301*
Tagetes scabra Brandegee, *485*
Tagetes schiedeana Less., *485*
Tagetes seleri Rydb., *485*
Tagetes silenoides Meyen et Walp., *485*
Tagetes sororia Standl. et Steyerm., 483, **486**
Tagetes subulata Cerv., **486**, 487
Tagetes tenuifolia Cav., 483, 484, 485, 487, **487**
Tagetes terniflora Kunth, **487**, 488
Tagetes triradiata Greenm., *485*
Tagetes verticillata Lag. et Rodr., 487
Tagetes wislizenii A. Gray, *486*, 487
Tagetes zypaquirensis Bonpl., 486
Tagetinae Dumort., 473
Tah, 304
Tahche', 304
Tahonal, 304
Taj, 243, 274, 304
Taj che', 304
Tajonal, 304
Ta'jonal, 243
Talamancalia H. Rob. et Cuatrec. (Senecioneae), 452, 462, **468**
Talamancalia boquetensis (Standl.) H. Rob. et Cuatrec., **469**
Talamancalia putcalensis (Hieron.) B. Nord. et Pruski, 468
Talamancalia westonii H. Rob. et Cuatrec., **469**
Talamancaster Pruski (Astereae), **54**, 55
Talamancaster andinus (VM Badillo) Pruski, **55**
Talamancaster cuchumatanicus (Beaman et De Jong) Pruski, **55**
Talamancaster minusculus (Cuatr.) Pruski, **55**
Talamancaster panamensis (S.F. Blake) Pruski, 55, **56**
Talamancaster sakiranus (Cuatr.) Pruski, **56**
Talamancaster westonii (Cuatrec.) Pruski, **56**
Talía, 350
Talía, 36
Talilla, 36, 350
Taliya, 36, 350
Tallo hueco, 160
Talquezal, 8
Tamanbub, 495
Támara de montaña, 32
Tameagua, 159
Tameague, 159
Tameaque, 159
Tamosa, 262, 493
Tan chi'ub, 230
Tan loj wamal, 87
Tan wamal, 36, 87, 218, 225, 238
Tan yax wamal, 238
Tanaceto, 2
Tanacetum L. (Anthemideae), 2, 11, **17**
Tanacetum cinerariifolium (Trevir.) Sch. Bip., 17
Tanacetum coccineum (Willd.) Grierson, **17**
Tanacetum huronense Nutt., 16
Tanacetum leucanthemum (L.) Sch. Bip., *15*
Tanacetum morifolium Kitam., *11*
Tanacetum parthenium (L.) Sch. Bip., **17**

Tanacetum pauciflorum Richardson, 16
Tanacetum roseum (Adams) Sch. Bip., *17*
Tanacetum suaveolens (Pursh) Hook., *16*
Tanacetum vulgare L., **18**
Tankas ak', 318
Tapa barranco, 32
Tapahorno, 158
Tapatamal, 470
Taraxacum F.H. Wigg. (Cichorieae), 2, 75, 77, **89**, 90, 90
Taraxacum sect. *Mexicana* A.J. Richards, *89*, 90, 90
Taraxacum F.H. Wigg. sect. Taraxacum, 90, 90
Taraxacum erythrospermum Andrz., 90
Taraxacum mexicanum DC., *90*
Taraxacum officinale F.H. Wigg., 89, 90, **90**
Taraxacum palustre (Lyon) Symons, 90
Taraxacum taraxacum (L.) H. Karst., *90*
Taraxacum tenejapense A.J. Richards, *90*
Taraxacum vulgare Schrank, *90*
Tasiscob blanco, 414
Tasiscobo colorado, 256
Tatascama, 256
Tatascame, 256, 270, 308, 309, 335
Tatascamile, 273
Tatascamillo, 273
Tatascamite, 256, 271, 279, 309, 311, 321
Tatascamite blanco, 264, 308, 309, 311, 330
Tatascamite de altura, 111
Tatascamite rojo, 256
Tatascán, 149, 158, 182, 256, 270, 271, 415, 494, 510
Tatascán blanco, 264
Tatascán colorado, 153
Tatascancito, 278
Tatascanite blanco, 311
Taulum, 137
Taxánx, 331
Taxiscon, 256
Taxixte, 256
Tazonal, 304
Té, 31, 172, 377
Te ahorco, 100
Té de manzanilla, 2
Té de milpa, 94
Té de montaña, 31
Té de monte, 31, 404
Té del suelo, 437
Té silvestre, 26
Tecmarsis DC., *347*
Tehuana Panero et Villaseñor (Heliantheae, Zinniinae), 340, **342**, 343, 343
Tehuana calzadae Panero et Villaseñor, 236, **343**
Tejute, 459
Tela de araña, 215
Telanthophora H. Rob. et Brettell (Senecioneae), 427, 428, 457, 462, **469**
Telanthophora andrieuxii (DC.) H. Rob. et Brettell, 470
Telanthophora arborescens (Steetz) H. Rob. et Brettell, *470*
Telanthophora bartlettii H. Rob. et Brettell, **470**, 470
Telanthophora chicharrensis (Greenm.) H. Rob. et Brettell, *470*
Telanthophora cobanensis (J.M. Coult.) H. Rob. et Brettell, 418, 469, 470, **470**, 471
Telanthophora cobanensis var. *molinae* (H. Rob. et Brettell) B.L. Clark, *470*
Telanthophora copeyensis (Greenm.) H. Rob. et Brettell, *470*
Telanthophora grandifolia (Less.) H. Rob. et Brettell, 455, 461, 469, **470**

Telanthophora grandifolia var. *serraquitchensis* (Greenm.) B.L. Clark, *470*
Telanthophora molinae H. Rob. et Brettell, 469, 470, **470**, 471
Telanthophora orcuttii (Greenm.) H. Rob. et Brettell, *472*
Telanthophora serraquitchensis (Greenm.) H. Rob. et Brettell, *470*
Telanthophora steyermarkii (Greenm.) Pruski, **471**
Telanthophora sublaciniata (Greenm.) B.L. Clark, 469, 471, **471**
Telanthophora uspantanensis (J.M. Coult.) H. Rob. et Brettell, **471**
Telesia Raf., *254*
Telkox, 10
Tenorea Colla non Raf., *405*
Tenorea berteroi Colla, *407*
Teorco, 100
Tepemisque, 256
Tepion Adans., *323*
Teresita, 109, 310
Térraba skur, 504
Terranea Colla, *41*
Tessaria Ruiz et Pav. (Inuleae), 346, **352**
Tessaria subg. *Monophalacrus* Cass., *352*
Tessaria sect. *Phalacrocline* A. Gray, *347*, 348
Tessaria subg. *Phalacromesus* Cass., *352*
Tessaria absinthioides (Hook. et Arn.) DC., 352
Tessaria ambigua DC., 352
Tessaria dentata Ruiz et Pav., *352*
Tessaria dodonaeifolia (Hook. et Arn.) Cabrera, 352
Tessaria integrifolia Ruiz et Pav., 352, **352**, 353, 505
Tessaria legitima DC., *352*
Tessaria mucronata DC., *352*
Tetascame blanco, 309
Tetracanthus A. Rich., *477*
Tetracanthus linearifolius A. Rich., *480*
Tetracarpum Moench, *62*
Tetracarpum anthemoideum (DC.) Rydb., *63*
Tetracarpum flavum Rydb., *63*
Tetracarpum guatemalense Rydb., *63*
Tetracarpum pringlei (S. Watson) Rydb., *63*
Tetracarpum virgatum (La Llave) Rydb., *63*
Tetracarpum wislizeni (A. Gray) Rydb., *63*, 64
Tetracarpum wrightii (A. Gray) Rydb., *63*
Tetrachyron Schltdl. (Heliantheae, Verbesininae), 320, **322**, 409, 410
Tetrachyron orizabense (Klatt) Wussow et Urbatsch, **322**
Tetragonotheca guatemalensis J.M. Coult., *377*
Tetraneuridinae Rydb., *231*
Tetraotis Reinw., *416*
Tetraotis longifolia Blume, *417*
Tetraotis paludosa Reinw., *417*
Tetrodus (Cass.) Less., *233*
Tetrodus quadridentatus (Labill.) Cass. ex Less., *234*
Thelechitonia Cuatrec., *274*
Thelechitonia trilobata (L.) H. Rob. et Cuatrec., *275*
Thistle, 69
Thymophylla tenuifolia (Cass.) Rydb., 474
Thymophylla tenuiloba (DC.) Small, 474
Thyrsanthema Neck. ex Kuntze, *396*
Thyrsanthema ebracteata Kuntze, *397*
Thyrsanthema ehrenbergii (Sch. Bip.) Kuntze, *400*
Thyrsanthema lyrata Kuntze, *400*
Thyrsanthema nutans (L.) Kuntze, *397*
Thyrsanthema runcinata (Kunth) Kuntze, *398*
Thyrsanthema seemannii (Sch. Bip.) Kuntze, *400*
Thyrsanthema tomentosum (L. f.) Kuntze, *396*
Tilesia G. Mey. (Heliantheae, Ecliptinae), 236, 241, **276**
Tilesia baccata (L.) Pruski, 276, **276**, 276
Tilesia baccata G. Mey. var. **baccata**, **276**
Tilesia baccata var. discoidea (S.F. Blake) Pruski, 276
Tilesia capitata G. Mey., *276*
Timanthea Salisb., *243*
Timanthea tristis Salisb., *243*
Tiñe-cordel, 182
Tisate, 256
Tithonia Desf. ex Juss. (Heliantheae, Helianthinae), **300**, 302
Tithonia sect. *Mirasolia* (Sch. Bip.) La Duke, *300*
Tithonia subg. *Mirasolia* Sch. Bip., *300*
Tithonia aristata Oerst., *301*
Tithonia diversifolia (Hemsl.) A. Gray, 300, **300**, 301
Tithonia diversifolia subsp. *glabriuscula* S.F. Blake, *300*
Tithonia helianthoides Bernh., *302*
Tithonia heterophylla Griseb., *301*
Tithonia hondurensis La Duke, 290, 300, **301**
Tithonia longiradiata (Bertol.) S.F. Blake, 300, **301**
Tithonia macrophylla S. Watson, *301*
Tithonia pittieri (Greenm.) S.F. Blake300, 300, *301*
Tithonia rotundifolia (Mill.) S.F. Blake, 300, 301, **301**, 302
Tithonia scaberrima Benth., 300, *301*
Tithonia speciosa (Hook.) Hook. ex Griseb., *301*
Tithonia speciosa (Hook.) Klatt, *301*
Tithonia tagetiflora Lam., 300, *301*
Tithonia tubiformis (Jacq.) Cass., 300, **302**
Tithonia tubiformis var. *bourgaeana* Pamp., *302*
Tithonia uniflora J.F. Gmel., *301*
Tithonia vilmoriniana Pamp., *301*
Tizate, 256
Tobus, 72
Tocabal, 155
Tocaban, 155
Toh, 304
Tokabal, 407
Tok'abal, 407
Tokaban, 407
Tok'ja'aban, 407
Toklanxi'ix, 262
Tonalanthus Brandegee, *409*
Tonalanthus aurantiacus Brandegee, *412*, 413
Ton-tzun, 383
Topak, 456
Topan xix, 262
Top'lan sel, 250
Top'lan sil, 250
Top'lan xiix, 250, 262
Toplanxin, 262
Toplanxiw, 250, 256
Top'lanxiw, 262
Toquillo, 309, 330, 336, 338
Toquillo muñeca, 338
Tora, 309, 321, 385
Tora blanca, 321
Tora bueca, 198
Torilla, 333
Tornasol, 438
Toronjito, 154
Tostimontia S. Díaz, *404*, 405
Tostoncillo, 250
Totalquelite, 262
Totoposte, 363
Trachodes D. Don, *85*, 88
Trachodes paniculatus D. Don, 85, *86*
Tragoceros Kunth, *343*
Tragoceros americanum (Mill.) S.F. Blake, *344*
Tragoceros microglossum DC., 344

Tragoceros mocinianum A. Gray, 344
Tragoceros schiedeanum Less., *344*
Tragoceros zinnioides Kunth, 344
Tragopogon L. (Cichorieae), 2, 74, 75, 83, **90**, 91
Tragopogon dubius Scop., 91
Tragopogon porrifolius L., 91, **91**
Tragopogon pratensis L., 91
Trastrás, 32
Tree-Dahlia, 109
Tres puntas, 418
Tres putas, 155
Tricarpha Longpre, *377*
Trichapium Gilli, *245*
Trichocline Cass., 396, 399
Trichospira Kunth (Vernonieae), **509**
Trichospira biaristata Less., *509*
Trichospira menthoides Kunth, *509*
Trichospira prieurei DC., *509*
Trichospira pulegium Mart. ex DC., *509*
Trichospira verticillata (L.) S.F. Blake, **509**
Trichospirinae Less., *488*
Trichostemma Cass., *279*
Trichostephium Cass., *279*
Tridax L. (Millerieae), 365, **388**, 389, 390
Tridax coronopifolia (Kunth) Hemsl., 375, **389**
Tridax coronopifolia var. *alboradiata* (A. Gray) B.L. Rob. et
   Greenm., *389*
Tridax ehrenbergii Sch. Bip. ex Klatt., *378*
Tridax lanceolata Klatt, *389*
Tridax macropoda Gand., *389*
Tridax oaxacana B.L. Turner, 391
Tridax platyphylla B.L. Rob., **389**, 390, 391
Tridax procumbens L., **390**
Tridax procumbens var. *canescens* (Pers.) DC., *390*
Tridax procumbens var. *ovatifolia* B.L. Rob. et Greenm., *390*
Tridax purpurea S.F. Blake, **390**, 391
Tridax purpusii Brandegee, **391**
Tridax scabrida Brandegee, *389*
Tridax trifida (Kunth) A. Gray, *389*
Tridax trifida var. *alboradiata* A. Gray, *389*
Trigonospermum Less. (Millerieae), 375, 383, 388, **391**
Trigonospermum adenostemmoides Less., **392**
Trigonospermum annuum McVaugh et Lask., 392, **392**
Trigonospermum floribundum Greenm., *392*
Trigonospermum hispidulum S.F. Blake, *392*
Trigonospermum melampodioides DC., **392**
Trigonospermum stevensii S.D. Sundb. et Stuessy, *392*
Trigonospermum tomentosum B.L. Rob. et Greenm., *392*
Trimorpha Cass., *41*
Trinacte Gaertn., *404*
Trinacte ferruginea (L. f.) Gaertn., *405*
Tripleurospermum Schp. Bip., 7, 16
Tripleurospermum inodorum (L.) Sch. Bip., 16
Tripleurospermum maritimum (L.) W.D.J. Koch, 16
Triplotaxis Hutch., *490*
Tripolium Dodoens ex Nees sect. *Oxytripolium* DC., *52*
Tripolium conspicuum J. Rémy, *54*
Tripolium conspicuum Lindl. ex DC., *54*
Tripolium moelleri Phil., *54*
Tripolium oliganthum Phil., *54*
Tripolium subulatum (Michx.) Nees, *54*
Tripolium subulatum var. *boreale* DC., *54*
Tripolium subulatum var. *cubense* DC., *54*
Tripolium subulatum var. *parviflorum* Nees, *54*
Triptilion Ruiz. et Pav., 400

Trixideae D. Don, *400*
Trixideae Lindl., *400*
Trixidinae Less., *400*
Trixis P. Browne (Nassauvieae), **405**, 406
Trixis Sw. non P. Browne, *245*
Trixis adenolepis S.F. Blake, *407*, 408
Trixis amphimalaca Standl. et Steyerm., *408*
Trixis anomala B.L. Turner, 406, **406**
Trixis antimenorrhoea (Schrank) Mart. ex Kuntze, *407*
Trixis antimenorrhoea (Schrank) Mart. ex Kuntze subsp.
   antimenorrhoea, 407
Trixis antimenorrhoea var. *divaricata* (Kunth) Kuntze, *407*
Trixis antimenorrhoea var. *petiolata* Kuntze, *407*
Trixis aspera (Aubl.) Sw., *249*
Trixis aspera var. *sylvestris* (Aubl.) Pers., *249*
Trixis auriculata Hook., *407*
Trixis chiantlensis S.F. Blake, *407*
Trixis chiapensis C.E. Anderson, 406, **406**, 407
Trixis corymbosa D. Don, *407*
Trixis deamii B.L. Rob., *407*
Trixis diffusa Rusby, *407*
Trixis discolor D. Don, 407
Trixis divaricata (Kunth) Spreng., 406, **407**
Trixis divaricata var. *auriculata* (Hook.) DC., *407*
Trixis ehrenbergii Kunze, *407*
Trixis flexuosa (Kunth) Spreng., *407*
Trixis frutescens P. Browne ex Spreng., *407*, 408
Trixis frutescens var. *angustifolia* DC., *407*
Trixis frutescens var. *glabrata* Less., *407*
Trixis frutescens var. *latifolia* Less., *407*
Trixis frutescens var. *obtusifolia* Less., *407*
Trixis glabra D. Don, *407*
Tristis havanensis (Kunth) Spreng., *407*
Trixis inula Crantz, 406, **407**, 408
Trixis laevigata (Bergius) Lag. ex Spreng., *407*
Trixis latifolia Hook. et Arn., 404
Trixis nelsonii Greenm., **408**
Trixis radialis Kuntze, *407*, 408
Trixis silvatica B.L. Rob. et Greenm., 406, 407
Tsi'itsim, 11
Tsitsilche, 137
Ts'uul xpujuk, 484
Tuberculocarpus Pruski, 241
Tuberostylis Steetz (Eupatorieae), **213**
Tuberostylis rhizophorae Steetz, **213**
Tubú, 72
Tubuliflorae, 3
Tubusí, 496
Tuete, 497, 510
Tuete blanco, 510
Tuil jabnal, 149
Tulán verde, 407
Tulukua, 397
Tun k'is, 72
Tunay, 109
Tunehuac, 147
Túnica de nazareno, 438
Tupalca, 172
Tup-tan-xix, 138
Turpinia Bonpl., 493
Turpinia Lex. non Vent., *493*
Turpinia Vent., 493
Tus pim, 238
Tussilagininae Dumort., 428, 455, 469
Tussilago albicans Sw., *396*

Tussilago nutans L., *397*
Tussilago tomentosa Ehrh., 396
Tussilago vaccina Vell., *397*
Tusus wamal, 95
Tutúhura, 190
Tutúhura pauni, 190
Tutz, 484
Tuxnuk' ch'o, 494
Tuxtla Villaseñor et Strother (Heliantheae, Ecliptinae), 263, **276**
Tuxtla pittieri (Greenm.) Villaseñor et Strother, **277**
Tyleropappus Greenm., 409
Tz'ibal k'ayil, 385
Tzail mantzania, 485
Tzajal akan, 373
Tzajal akan wamal, 206
Tzajal baksuntez, 332
Tzajal chi'ub, 437
Tzajal sitit, 494
Tzajal soj, 298
Tzajal turisno te', 149
Tzajal vala xik', 26
Tzalac-cat, 243
Tzelek' pat, 338
Tzicin, 414
Tzijtzim wamal, 53
Tzitz jomol, 485
Tzitzim, 11
Tzobtomba, 238
Tzoloj, 109
Tzooh, 286
Tzotz akan, 209
Tzotz chi'ub, 224, 227
Tzotzil momol, 318
Tzotzotz balam k'ia, 377
Tzum, 301
U najil tikin xiw, 274, 349
Ucá, 485
Ucacou Adans, *275*
Ucacou nodiflorum (L.) Hitchc., *275*
Unxia L. f. (Millerieae), 359, 360, 388, **392**, 393, 409
Unxia camphorata L. f., **393**
Unxia digyna Steetz, *393*
Unxia hirsuta Rich., *393*
Unxia pratensis Kunth, *426*
Urbanisol Kuntze, *300*
Urbanisol aristatus (Oerst.) Kuntze, *301*
Urbanisol heterophyllus (Griseb.) Kuntze, *301*
Urbanisol tagetiflora (Desf.) Kuntze, *301*
Urbanisol tagetiflora var. *diversifolius* (Hemsl.) Kuntze, *300*
Urbanisol tagetiflora var. *flavus* Kuntze, *300*
Urbanisol tagetiflora var. *normalis* Kuntze, *301*
Urbanisol tagetiflora var. *speciosus* Kuntze, *301*
Urbanisol tubiformis (Jacq.) Kuntze, *302*
Ursinieae H. Rob. et Brettell, *7*
Valeriana, 32, 89, 328, 397, 403, 475
Valeriana blanca, 397
Valeriana de loma, 403
Valeriana del país, 397
Valeriana roja, 475
Vara blanca, 160, 160, 162, 256, 330, 334, 338, 364, 414
Vara ceniza, 273
Vara colorada, 256
Vara de agua, 160
Vara de bagre, 34
Vara de bajareque, 160

Vara de cama, 153, 273
Vara de candela, 153, 495
Vara de carrizo, 331
Vara de flor amarillo, 415
Vara de fuego, 318
Vara de jaula, 309
Vara de San José, 149, 330
Vara de sum, 325
Vara de zope, 273
Vara hueca, 160, 160, 309
Vara morada, 209
Vara negra, 153, 155, 160, 414
Varavara, 309, 309
Varga amarga, 301
Vargasia DC. non Bertero ex Spreng., *365*
Vargasia caracasana DC., *366*
Varilla blanca, 162
Varilla de San José, 474
Varilla negra, 325
Varta blanca, 273
Vasargia Steud., *365*
Vasargia caracasana (DC.) Steud., *366*
Vasquezia Phil., 59
Vasquezia depauperata (S.F. Blake) Ellison, *60*
Venadillo, 149, 154
Veneno, 235
Venidium Less., *18*
Verbena, 135, 172, 211, 489, 493, 505
Verbesina L. (Heliantheae, Verbesininae), 254, 320, **323**, 338
Verbesina sensu auct. non L., 323
Verbesina sect. *Hamulium* (Cass.) DC., *323*
Verbesina sect. Lipactinia B.L. Rob. et Greenm., 323
Verbesina sect. Ochractinia B.L. Rob. et Greenm., 323, 331, 334
Verbesina sect. *Platypteris* (Kunth) DC., *323*
Verbesina sect. Pseudomontanoa B.L. Rob. et Greenm., 323
Verbesina sect. Saubinetia (J. Rémy) B.L. Rob. et Greenm., 331
Verbesina L. sect. Verbesina, 323
Verbesina sect. *Ximenesia* (Cav.) A. Gray, *323*
Verbesina abscondita Klatt, 324, 326
Verbesina agricolarum Standl. et Steyerm., 324, **325**, 326
Verbesina alata L., 323
Verbesina alba L., *251*
Verbesina ampla M.E. Jones, *328*
Verbesina apleura S.F. Blake, **326**, 335, 336
Verbesina apleura var. *foliolata* Standl. et Steyerm., *326*
Verbesina arborescens (Mill.) S. F. Blake non M. Gómez, *334*
Verbesina argentea Bertol. non Gaudich., *297*
Verbesina atriplicifolia Pers., *308*
Verbesina baruensis Hammel et D'Arcy, **326**
Verbesina breedlovei B.L. Turner, 323, **326**
Verbesina calciphila Standl. et Steyerm., **327**
Verbesina carnosa (Rich.) M. Gómez, *275*
Verbesina carnosa var. *triloba* (Rich.) M. Gómez, *275*
Verbesina ceanothifolia Willd., *255*
Verbesina chiapensis B.L. Rob. et Greenm., **327**, 330, 333
Verbesina conyzoides Trew, *251*
Verbesina costaricensis B.L. Rob., *332*
Verbesina crocata (Cav.) Less., 324, 334
Verbesina cronquistii B.L. Turner, 323, **327**
Verbesina debilis Spreng., *251*
Verbesina donnell-smithii J.M. Coult., *335*
Verbesina encelioides (Cav.) Benth. et Hook. f., **327**, 328
Verbesina eperetma S.F. Blake, **328**
Verbesina exalata Steyerm., *338*
Verbesina fastigiata B.L. Rob. et Greenm., 323, **328**

Verbesina foliacea Spreng., 253
Verbesina fraseri Hemsl., 323, **328**, 329, 334
Verbesina fraseri var. *nelsonii* Donn. Sm., *333*
Verbesina fruticosa (L.) L., *256*
Verbesina fuscasiccans (D'Arcy) D'Arcy, **329**
Verbesina gigantea Jacq., 323, **329**
Verbesina gigantoides B.L. Rob., 324, *332*
Verbesina grandis M.E. Jones, *328*
Verbesina greenmanii Urb., *328*
Verbesina guatemalensis B.L. Rob. et Greenm., 323, **330**, 334
Verbesina guatemalensis var. *glabrata* Standl. et Steyerm., *330*
Verbesina guerreroana B.L. Turner, 330
Verbesina holwayi B.L. Rob., 323, **330**
Verbesina holwayi var. *megacephala* Olsen, *330*
Verbesina hypargyrea B.L. Rob. et Greenm., **330**, 333
Verbesina hypoglauca Sch. Bip. ex Klatt, **331**
Verbesina hypsela B.L. Rob., 323, **331**
Verbesina lanata B.L. Rob. et Greenm., 323, 324, 327, **331**, 336
Verbesina lindenii (Sch. Bip.) S.F. Blake, *334*
Verbesina linifolia L., *480*
Verbesina medullosa B.L. Rob., *330*
Verbesina microcephala Benth., *338*
Verbesina microptera DC., 335
Verbesina minarum Standl. et Steyerm., 323, **331**
Verbesina minuticeps S.F. Blake, 329
Verbesina monteverdensis Pruski, **332**
Verbesina mutica L., *103*
Verbesina myriocephala Sch. Bip. ex Klatt, 323, 329, **332**
Verbesina neriifolia Hemsl., 327, **332**, 333
Verbesina nicaraguensis Benth., *338*
Verbesina nodiflora L., *275*
Verbesina oaxacana DC., 330
Verbesina oerstediana Benth., 324, 326, 331, **333**, 335, 337
Verbesina oerstediana var. *glabrior* S.F. Blake, *333*
Verbesina oligantha B.L. Rob., **333**, 336
Verbesina olivacea Klatt, *334*
Verbesina oppositiflora Poir., *276*
Verbesina ovatifolia A. Gray, 323, 329, **333**, 334
Verbesina pachyphylla (Klatt) Wussow et Urbatsch, 321
Verbesina pallens Benth., 323, **334**
Verbesina persicifolia DC., **334**
Verbesina perymenioides Sch. Bip. ex Klatt, 324, **335**
Verbesina petzalensis Standl. et Steyerm., 323, **335**
Verbesina phyllolepis S.F. Blake, *332*
Verbesina pinnatifida Cav. non Sw., *328*
Verbesina pinnatifida Sw., *329*
Verbesina pinnatifida var. *undulata* DC., *328*
Verbesina pleistocephala (Donn. Sm.) B.L. Rob., **335**, 336
Verbesina pringlei B.L. Rob., *336*
Verbesina prostrata L., *251*
Verbesina punctata B.L. Rob. et Greenm., *334*
Verbesina pusilla Poir., *251*
Verbesina salvadorensis S.F. Blake, *330*
Verbesina scabra Benth., 328
Verbesina scabriuscula S.F. Blake, 323, **336**
Verbesina scandens Klatt, *318*
Verbesina sericea Kunth et Bouché, 333
Verbesina serrata Cav., 323, **336**
Verbesina serrata var. *pringlei* (B.L. Rob.) B.L. Rob. et Greenm., *336*
Verbesina sousae J.J. Fay, **336**, 337
Verbesina standleyi (Steyerm.) D.L. Nash., *321*
Verbesina steyermarkii Standl., *335*
Verbesina strotheri Panero et Villaseñor, **337**
Verbesina sublobata Benth., *338*
Verbesina sylvicola Brandegee, *283*

Verbesina tapantiana Poveda et Hammel, **337**
Verbesina tomentosa DC., 338
Verbesina tonduzii Greenm., *333*
Verbesina trichantha (Kuntze) S.F. Blake, 323, **337**
Verbesina tridentata Spreng., *275*
Verbesina turbacensis Kunth, 323, 335, **338**
Verbesina vicina S.F. Blake, *333*
Verbesina virginica L., 323, 334
Verbesininae Benth. et Hook. f., 236, 241, 273, 284, 285, 308, 312, **319**, 320, 322, 338, 409, 410
Verdolaga, 480
Verdolaga del mar, 285, 286
Vermifuga Ruiz et Pav., *476*
Vernonanthura H. Rob. (Vernonieae), **509**, 511
Vernonanthura brasiliana (L.) H. Rob., **509**
Vernonanthura cabralensis H. Rob., 511
Vernonanthura cocleana (S.C. Keeley) H. Rob., **510**
Vernonanthura deppeana (Less.) H. Rob., *510*, 511
Vernonanthura oaxacana (Sch. Bip. ex Klatt) H. Rob., **510**
Vernonanthura patens (Kunth) H. Rob., 498, **510**, 511
Vernonia Schreb. (Vernonieae), 488, 490, 497, 500, **511**
Vernonia sect. Critoniopsis (Sch. Bip.) Benth. et Hook. f., 493
Vernonia sect. *Eremosis* (DC.) Sch. Bip., *493*
Vernonia sect. Leiboldia Benth. et Hook. f., 500
Vernonia subg. *Lepidaploa* Cass., *497*
Vernonia sect. *Lepidaploa* (Cass.) DC., *497*
Vernonia sect. Lepidonia (S.F. Blake) B.L. Turner, 500
Vernonia subsect. Paniculatae, 511
Vernonia sect. *Tephrodes* DC., *490*
Vernonia subsect. *Tephrodes* (DC.) S.B. Jones, *490*
Vernonia acilepis Benth., *497*
Vernonia alamanii DC., 500, **511**
Vernonia alamanii var. *dictyophlebia* (Gleason) McVaugh, *511*
Vernonia andrieuxii DC., *356*
Vernonia angusta (Gleason) Standl., *494*
Vernonia arborescens (L.) Sw., 497, 498
Vernonia arborescens var. *corrientensis* Hieron., *491*
Vernonia arborescens var. *cuneifolia* Britton, *497*
Vernonia argyropappa H. Buek, *499*
Vernonia aschenborniana S. Schauer, 511
Vernonia barbinervis Sch. Bip., 493
Vernonia boquerona B.L. Turner, *499*
Vernonia brachiata Benth., *491*, 492
Vernonia brasiliana (L.) Druce non (Spreng.) Less., *510*
Vernonia bullata Benth, *497*
Vernonia calderonii S.F. Blake, *495*
Vernonia canescens Kunth, 497, *497*, 498
Vernonia centriflora Link et Otto, *491*
Vernonia chiriquiensis S.C. Keeley, *498*
Vernonia chromolepis Gardner, *502*
Vernonia cinerea (L.) Less., *490*
Vernonia cocleana S.C. Keeley, *510*
Vernonia corae Standl. et Steyerm., *501*
Vernonia ctenophora Gleason, *500*
Vernonia cuneifolia (Britton) Gleason, *497*
Vernonia deppeana Less., *510*
Vernonia dictyophlebia Gleason, *511*
Vernonia digitata Rusby, 492
Vernonia dumeta Klatt, *496*
Vernonia flavescens Less., *491*
Vernonia geminata Kunth, *497*
Vernonia geminiflora Poepp., *499*
Vernonia guianensis V.M. Badillo, *499*
Vernonia heydeana J.M. Coult., *494*
Vernonia hirsutivena Gleason, *497*

Vernonia intermedia DC., *502*
Vernonia intermedia var. *ramosior* DC., *502*
Vernonia jucunda Gleason, *508*
Vernonia karvinskiana DC., *511*
Vernonia lankesteri S.F. Blake, *501*
Vernonia leiocarpa DC., *494*
Vernonia llanorum V.M. Badillo, *508*
Vernonia luxensis J.M. Coult., *496*
Vernonia medialis Standl. et Steyerm., *497*
Vernonia megaphylla Hieron., *492*
Vernonia melanocarpa (Gleason) S.F. Blake, *494*
Vernonia micradenia DC., *497*
Vernonia micrantha Kunth, *497*
Vernonia miersiana Gardner, *499*
Vernonia mima Standl. et Steyerm., *494*
Vernonia oaxacana Sch. Bip. ex Klatt, *510*
Vernonia odoratissima Kunth, *510*
Vernonia odoratissima var. *caracasana* Sch. Bip., *510*
Vernonia odoratissima var. *guianensis* Sch. Bip., *510*
Vernonia oolepis S.F. Blake, *495*
Vernonia paleata (S.F. Blake) B.L. Turner, *501*
Vernonia pallens Sch. Bip., *493*
Vernonia patens Kunth, *510*
Vernonia patuliflora Rusby, *497*
Vernonia poeppigiana DC., *504*
Vernonia poeppigiana DC. non DC. (1836: 20), *499*
Vernonia polypleura S.F. Blake, *498*
Vernonia pseudomollis Gleason, *497*
Vernonia punctata Sw. ex Wikstr., *497*
Vernonia purpusii Brandegee, *497*
Vernonia rubricaulis Bonpl., *502*
Vernonia rubricaulis var. *australis* Hieron., *502*
Vernonia rubricaulis forma *bonplandia* Less., *502*
Vernonia rubricaulis var. *glomerata* Hieron., *502*
Vernonia rusbyi Gleason, *497*
Vernonia salvinae Hemsl., *502*
Vernonia salvinae var. *canescens* J.M. Coult., *501*
Vernonia salzmannii DC., *498*
Vernonia scabra Pers., *510*
Vernonia schiedeana Less., *499, 500*
Vernonia scorpioides (Lam.) Pers., *491*
Vernonia scorpioides var. *centriflora* DC., *491*
Vernonia scorpioides var. *longeracemosa* DC., *491*
Vernonia scorpioides var. *longifolia* DC., *491*
Vernonia scorpioides var. *subrepanda* (Pers.) DC., *491*
Vernonia scorpioides var. *subtomentosa* DC., *491*
Vernonia seemanniana Steetz, *499*
Vernonia shannonii J.M. Coult., *495*
Vernonia sodiroi Hieron., *497*
Vernonia spinulosa Gleason, *508*
Vernonia standleyi S.F. Blake, *495*
Vernonia stellaris La Llave, *510*
Vernonia subrepanda Pers., *491*
Vernonia tenella D.L. Nash, *499*
Vernonia tereticaulis DC., *504*
Vernonia tortuosa (L.) S.F. Blake, *499, 500*
Vernonia tournefortioides Kunth, *491*
Vernonia triantha S. Schauer, *496*
Vernonia triflosculosa Kunth, *496*
Vernonia triflosculosa subsp. palmeri (Rose) S.B. Jones, 496
Vernonia triflosculosa Kunth subsp. triflosculosa, 496
Vernonia unillensis Cuatrec., *497*
Vernonia velutina Hieron., *499*
Vernonia vernicosa Klatt, *499, 500*
Vernonia vernicosa var. *comosa* Greenm., *499*

Vernonia virens Sch. Bip. ex Baker, *499*
Vernonia volubilis Hieron., *497*
Vernonia zaragozana B.L. Turner, *402*
Vernonieae Cass., 1, 2, **488**, 492, 496, 509
Veslingia Vis. non Heist. ex Fabr., *367*
Vigolina Poir., *365*
Viguiera Kunth (Heliantheae, Helianthinae), 286, 287, 289, 290, **302**, 303, 304
Viguiera ser. Grammatoglossae S.F. Blake, 294, 303
Viguiera sect. *Heliomeris* (Nutt.) S.F. Blake, *290*
Viguiera sect. Maculatae (S.F. Blake) Panero et E.E. Schill., 306
Viguiera acuminata Benth., *268*
Viguiera blakei McVaugh, *306*
Viguiera brevipes DC., *304*
Viguiera canescens DC., *304*
Viguiera cordata (Hook. et Arn.) D'Arcy, **303**, 304, 305, 307
Viguiera dentata (Cav.) Spreng., 303, 304, **304**, 305
Viguiera dentata var. *brevipes* (DC.) S.F. Blake, *304*
Viguiera dentata var. *canescens* (DC.) S.F. Blake, *304*
Viguiera dentata var. *helianthoides* (Kunth) S.F. Blake, *304*
Viguiera drymonia Klatt, *268*
Viguiera gracillima Brandegee, **305**, 305, 306, 307
Viguiera helianthoides Kunth, *304*
Viguiera laxa DC., *304*
Viguiera laxa var. *brevipes* (DC.) A. Gray, *304*
Viguiera longifolia (B.L. Rob. et Greenm.) S.F. Blake, *290*
Viguiera macrophylla Benth., *268*
Viguiera microcline DC., *304*
Viguiera mima S.F. Blake, **305**
Viguiera molinae H. Rob., 305, **305**, 306
Viguiera mucronata S.F. Blake, *304*
Viguiera nelsonii B.L. Rob. et Greenm., *304*
Viguiera oppositipes DC., *304*
Viguiera ovata (A. Gray) S.F. Blake, 294, *298*, 303
Viguiera pedunculata Seaton, *304*
Viguiera porteri (A. Gray) S.F. Blake, 289
Viguiera puruana Paray, **306**
Viguiera sagraeana DC., *304*
Viguiera stenoloba S.F. Blake, **306**
Viguiera strigosa Klatt, **306**, 307
Viguiera sylvatica Klatt, 304, 306, **306**, 307
Viguiera tenuifolia Gardner, 306
Viguiera tenuis A. Gray, 304, 305, 306, **307**
Viguiera tenuis forma *alba* (Rose) S.F. Blake, *307*
Viguiera tenuis var. *alba* Rose, *307*
Viguiera triquetra DC., *304*
Villanova Lag., 426
Villanova Ortega non Lag., *239*
Villanova achilleoides (Less.) Less., 426
Villanova anemonifolia (Kunth) Less., 426
Villanova pratensis (Kunth) Benth. et Hook f., *426*
Villasenoria B.L. Clark (Senecioneae), **471**
Villasenoria orcuttii (Greenm.) B.L. Clark, **472**
Vilobia Strother, *483*
Viojinia, 344
Virgilia L'Hér., *232*
Virgilia helioides L'Hér., *232*
Virginia, 344, 489
Virginia k'aax, 273
Virgulus Raf., *52*
Virgulus bimater (Standl. et Steyerm.) Reveal et Keener, *54*
Visquita, 150
Vitalino, 348, 350
Vivavira, 223
Wahlenbergia Schumach. non Schrad. ex Roth, *416*

Wahlenbergia globularis Schumach, *417*
Walak' xik', 32
Wamalchitamia Strother (Heliantheae, Ecliptinae), **277**, 283
Wamalchitamia appressipila (S.F. Blake) Strother, **277**
Wamalchitamia aurantiaca (Klatt) Strother, 260, **278**, 279
Wamalchitamia dionysi Strother, **278**
Wamalchitamia strigosa (DC.) Strother, 278
Wamalchitamia williamsii (Standl. et Steyerm.) Strother, **278**, 279
Warionia Benth. et Coss., 2
Water wood, 182
Wedelia Jacq. (Heliantheae, Ecliptinae), 236, 241, 242, 255, 263, 274, **279**, 283
Wedelia sect. *Aglossa* DC., *252*
Wedelia sect. *Stemmodon* Griseb., *274*
Wedelia acapulcensis Kunth, 278, **279**, 280
Wedelia acapulcensis Kunth var. acapulcensis, 280
Wedelia acapulcensis var. *cintalapana* Strother, *279*
Wedelia acapulcensis var. *parviceps* (S.F. Blake) Strother, *279*, 280
Wedelia acapulcensis var. *ramosissima* (Greenm.) Strother, *279*
Wedelia acapulcensis var. *tehuantepecana* (B.L. Turner) Strother, *279*
Wedelia adhaerens S.F. Blake, *279*
Wedelia affinis DC., *280*
Wedelia ambigens S.F. Blake, 276
Wedelia ambigua DC., *280*
Wedelia annua Gilli, *340*
Wedelia brasiliensis (Spreng.) S.F. Blake, *275*
Wedelia buphthalmoides (DC.) Griseb., *280*
Wedelia buphthalmoides var. *antiguensis* Nichols ex Griseb., *280*
Wedelia buphthalmoides var. *dominicensis* Griseb., *280*
Wedelia calycina Rich., **280**, 281
Wedelia calycina var. *asperrima* (Spreng.) Domin, *280*
Wedelia calycina var. *dominicensis* (Griseb.) Domin, *280*
Wedelia calycina var. *involucrata* (O.E. Schulz) Domin, *280*
Wedelia calycina var. *parviflora* (Rich.) Alain, *280*
Wedelia caracasana DC., *280*
Wedelia caribaea Spreng., *280*
Wedelia carnosa Rich., *275*
Wedelia carnosa [sin rango] *aspera* Rich., *275*
Wedelia carnosa [sin rango] *glabella* Rich., *275*
Wedelia carnosa [sin rango] *triloba* Rich., *275*
Wedelia cordata Hook. et Arn., *303*
Wedelia crenata Rich., *275*
Wedelia cruciana Rich., *280*
Wedelia discoidea Less., *253*
Wedelia fertilis McVaugh, 278
Wedelia filipes Hemsl., **281**
Wedelia fructicosa Jacq., 280
Wedelia frutescens Jacq., 280
Wedelia fuscasiccans D'Arcy, *329*
Wedelia gossweileri S. Moore, *275*
Wedelia heterophylla Rusby, *280*
Wedelia hispida Kunth var. *ramosissima* (Greenm.) K.M. Becker, *279*
Wedelia inconstans D'Arcy, *280*
Wedelia iners (S.F. Blake) Strother, **281**
Wedelia jacquinii Rich. forma *andersonii* O.E. Schulz, *280*
Wedelia jacquinii var. *andersonii* (O.E. Schulz) Stehlé, *280*
Wedelia jacquinii forma *angustifolia* O.E. Schulz, *280*
Wedelia jacquinii var. *angustifolia* (O.E. Schulz) Stehlé, *280*
Wedelia jacquinii subsp. *calycina* (Rich.) Stehlé, *280*
Wedelia jacquinii var. *calycina* (Rich.) O.E. Schulz, *280*
Wedelia jacquinii subsp. *caracasana* (DC.) Stehlé, *280*
Wedelia jacquinii var. *caracasana* (DC.) O.E. Schulz, *280*
Wedelia jacquinii subsp. *cruciana* (Rich.) Stehlé, *280*
Wedelia jacquinii var. *cruciana* (Rich.) O.E. Schulz, *280*
Wedelia jacquinii subsp. *involucrata* (O.E. Schulz) Stehlé, *280*

Wedelia jacquinii var. *involucrata* O.E. Schulz, *280*
Wedelia jacquinii var. *magdalenae* Stehlé, *280*
Wedelia jacquinii var. *mariae-galantae* Stehlé, *280*
Wedelia jacquinii subsp. *parviflora* (Rich.) Stehlé, *280*
Wedelia jacquinii var. *parviflora* (Rich.) O.E. Schulz, *280*
Wedelia jacquinii forma *truncata* O.E. Schulz, *280*
Wedelia jacquinii var. *truncata* (O.E. Schulz) Stehlé, *280*
Wedelia keatingii D'Arcy, *281*
Wedelia latifolia DC., *280*
Wedelia ligulifolia (Standl. et L.O. Williams) Strother, **281**
Wedelia minor Hornem., *371*
Wedelia paludicola Poepp., *275*
Wedelia paludosa DC., *275*
Wedelia parviceps S.F. Blake, *279*, 280
Wedelia parviflora Rich., *280*
Wedelia penninervia S.F. Blake, 276
Wedelia perfoliata (Cav.) Willd., *374*
Wedelia phyllocephala Hemsl., *254*
Wedelia pinetorum (Standl. et Steyerm.) K.M. Becker, *279*
Wedelia populifolia Hook. et Arn., *243*
Wedelia psammophila Poepp., *251*
Wedelia purpurea (Greenm.) B.L. Turner, **282**
Wedelia scaberrima Benth., *280*
Wedelia sieberi Griseb., *280*
Wedelia subflexuosa Hook. et Arn., *303*
Wedelia tambilloana B.L. Turner, 279
Wedelia tehuantepecana B.L. Turner, *279*
Wedelia trilobata (L.) Hitchc., *275*
Wedelia trilobata var. *hirtella* O.E. Schulz, *275*
Wedelia trilobata var. *pilosissima* S.F. Blake, *275*
Wedelia zuliana S. Jiménez, *280*
Werneria Kunth (Senecioneae), **472**
Werneria disticha Kunth, *472*
Werneria dombeyana (Wedd.) Hieron., *472*
Werneria mocinniana DC., *472*
Werneria nubigena Kunth, **472**
Werneria nubigena var. *dombeyana* Wedd., *472*
Werneria stuebelii Hieron., *472*
Werrinuwa, 367
Westoniella Cuatrec. (Astereae), 19, **56**
Westoniella barqueroana Cuatrec., 57, **57**
Westoniella chirripoensis Cuatrec., 57, **57**
Westoniella eriocephala (Klatt) Cuatrec., 57, **57**
Westoniella kohkemperi Cuatrec., 57, **57**
Westoniella lanuginosa Cuatrec., 57, 57, **58**
Westoniella triunguifolia Cuatrec., 56, 57, **58**
Wiborgia Roth non Thunb., *365*
Wiborgia oblongifolia Hook., *251*
Wiborgia parviflora (Cav.) Kunth, *366*
Wiborgia urticifolia Kunth, 366, *366*
Wikstroemia Spreng., *156*
Wild cosmos, 107
Wild marigold, 274
Willoughbya Neck. ex Kuntze, *187*
Willoughbya badieri (DC.) Kuntze, *192*
Willoughbya banisteriae (DC.) Kuntze, *189*
Willoughbya bogotensis (Benth.) Kuntze, *189*
*Willoughbya cordifoli*a (L. f.) Kuntze, *190*
Willoughbya globosa J.M. Coult., *191*
Willoughbya gracilis (Sch. Bip. ex Miq.) Kuntze, *192*
Willoughbya guaco (Bonpl.) Kuntze, *191*
Willoughbya imrayana (Griseb.) Kuntze, *192*
Willoughbya leiostachya (Benth.) Kuntze, *193*
Willoughbya micrantha (Kunth) Rusby, *193*
Willoughbya parviflora (Aubl.) Kuntze, *193*

Willoughbya parviflora var. *guaco* (Bonpl.) Kuntze, *191*
Willoughbya platyphylla (DC.) Kuntze, *192*
Willoughbya ruiziana (Poepp.) Kuntze, *189*
Willoughbya scabra (DC.) Kuntze, *194*
Willoughbya scandens (L.) Kuntze var. *orinocensis* (Kunth) Kuntze, *193*
Willoughbya vitifolia (DC.) Kuntze, *196*
Wiramani pauni, 191
Wol nich te', 31
Wolk'an nich, 363
Wollastonia DC. ex Decne., 261
Wollastonia biflora (L.) DC., 261
Woodvillea DC., *41*
Wulffia Neck., *276*
Wulffia Neck. ex Cass., *276*
Wulffia baccata (L.) Kuntze, *276*
Wulffia baccata var. *oblongifolia* (DC.) O.E. Schulz, *276*
Wulffia baccata var. *vincentina* O.E. Schulz, *276*
Wulffia blanchetii DC., *276, 276*
Wulffia capitata (G. Mey.) Sch. Bip., *276*
Wulffia elongata Miq., *276*
Wulffia havanensis DC., *276*
Wulffia longifolia Gardner, *276*
Wulffia maculata (Ker Gawl.) DC., *276*
Wulffia oblongifolia DC., *276*
Wulffia platyglossa (Cass.) DC., *276*
Wulffia quitensis Turcz., *276*
Wulffia salzmannii DC., *276*
Wulffia scandens DC., 276
Wulffia sodiroi Hieron., *247*
Wulffia stenoglossa (Cass.) DC., *276*
Wulffia suffruticosa Gardner, *276*
Wyomingia A. Nelson, *41*
Xanthidium Delpino non Ehrenb. ex Ralfs, *237*
Xanthieae Rchb., *236*
Xanthium L. (Heliantheae, Ambrosiinae), 236, 238, **240**
Xanthium sect. *Acanthoxanthium* DC., *240*
Xanthium ambrosioides Hook. et Arn., 240
Xanthium catharticum Kunth, 240
Xanthium cavanillesii Schouw, *241*
Xanthium echinatum Murray var. *cavanillesii* (Schouw) O. Bolòs et Vigo, *241*
Xanthium spinosum L., 240
Xanthium strumarium L., 240, **241**
Xanthium strumarium subsp. *cavanillesii* (Schouw) D. Löve et Dans, *241*
Xanthium strumarium var. *cavanillesii* (Schouw) D. Löve et Dans, *241*
Xanthocephalum glutinosum (Spreng.) Shinners, *44*
Xantophtalmum Sch. Bip., *13*
Xantophtalmum segetum (L.) Sch. Bip., *14*
X-chc-toka'ban, 250
Xchikin chij, 155
Xchikin vakax, 155
Xela momol, 228
Xenismia DC., *64*
Xentoloc, 375
Xeranthemum bracteatum Vent., *231*
Xerobius Cass., *39*
Xerochrysum Tzvelev (Gnaphalieae), **231**
Xerochrysum bracteatum (Vent.) Tzvelev, **231**
X-fanam, 243
Xicin, 182, 414, 415
Xijch, 32
Ximenesia Cav., *323*
Ximenesia cordata Kunth, *295*

Ximenesia encelioides Cav., *327*
Ximenesia foetida (Cav.) Spreng., *296*
Ximenesia heterophylla Kunth, *295*
Xixil, 309
Xjomotolok, 375
Xk'aan lool xiw, 476
Xk'aanam, 243
Xk'anlolxiw,476
Xkantumbub, 342
Xkusam, 452
Xkusan, 452
X-mehen, 273
Xoltexnuc, 182
Xoon-dhon-bo zo', 262
Xorho-nul, 499
Xou, 331
Xpa'ajuk, 484
Xpa'ajul, 484
Xpayjul, 484
Xpuhuc, 484
Xpuuk xiw, 484
Xtokabal, 155
Xtok'ja'aban, 407
Xulel wamal, 211
Ya'ax k'an aak', 100
Yaax kaan ak, 407
Yacón, 387
Yak' tz'I' wamal, 48
Yashal nich-wamal, 137
Yashal zichil zak, 318
Yax ak' wamal, 52, 318
Yax tutz' ni', 52
Yax tzotz-wamal, 141
Yax wamal, 129
Yaxal vomal, 363
Yaxal vomol, 316
Yaxhatz, 155
Yaxta, 418
Yerba de cabra, 483
Yerba de culebra, 80, 81
Yerba del toro, 390
Yerba San Juan del monte, 390
Yierba de piojo, 482
Yierba escaldadura, 371
Youngia Cass. (Cichorieae), 75, **91**
Youngia formosana (Hayata) H. Hara, *91*
Youngia japonica (L.) DC., **91**
Youngia japonica subsp. elstonii (Hochr.) Babc. et Stebbins, 92
Youngia japonica subsp. *formosana* (Hayata) Kitam., *91*
Youngia japonica var. *formosana* (Hayata) H.L. Li, *91*
Youngia japonica subsp. genuina (Hochr.) Babc. et Stebbins, 92
Youngia lyrata Cass., *91*
Youngia thunbergiana DC., 92
Yucar, 334
Yucul Q'en, 223
Yumo, 301
Zacachichi, 414
Zacate amargo, 414
Zacatechi, 414
Zacatechichi, 414
Zacmizib, 137
Zac-tah, 256
Zactocaban, 182
Zaitilla, 245
Zalackat, 243

Zalagueña, 249
Zandera D.L. Schulz, 383, *391*
Zantziltusus, 484
Zanziltusus, 484
Zarabellia Cass., *369*
Zemisia B. Nord., 473
Zexmenia La Llave (Heliantheae, Ecliptinae), 241, 242, 244, 253, 255, 257, 258, 263, 263, 267, **282**, 283
Zexmenia sect. *Otopappus* (Benth.) O. Hoffm., *263*
Zexmenia aggregata S.F. Blake, *256*
Zexmenia appressipila S.F. Blake, *277*
Zexmenia aurantiaca Klatt, *278*
Zexmenia brevifolia A. Gray, 254
Zexmenia caracasana (DC.) Benth. et Hook. f. ex B.D. Jacks, *280*
Zexmenia ceanothifolia (Willd.) Sch. Bip., *255*
Zexmenia ceanothifolia var. *conferta* (DC.) A. Gray ex W.W. Jones., *255*
Zexmenia chiapensis Brandegee, *283*, 284
Zexmenia cholutecana Ant. Molina, *278*
Zexmenia columbiana S.F. Blake, *263*
Zexmenia costaricensis Benth., *256*
Zexmenia costaricensis var. *villosa* (Pol.) S.F. Blake, *256*
Zexmenia dulcis J.M. Coult., *283*
Zexmenia elegans Sch. Bip. ex W.W. Jones, *256*
Zexmenia elegans var. *kellermanii* Greenm., *256*, 257
Zexmenia epapposa M.E. Jones, *279*
Zexmenia fasciculata (DC.) Sch. Bip., *256*
Zexmenia frutescens (Mill.) S.F. Blake, *256*
Zexmenia frutescens var. *villosa* (Pol.) S.F. Blake, *256*
Zexmenia fruticosa Rose, *256*
Zexmenia gracilis W.W. Jones, *255*
Zexmenia gradata S.F. Blake, *255*
Zexmenia guatemalensis Donn. Sm., *259*
Zexmenia hispida (Kunth) A. Gray [sin rango] *ramosissima* Greenm., *279*
Zexmenia hispida var. *ramosissima* (Greenm.) Greenm., *279*
Zexmenia hispidula Buckley, *244*
Zexmenia iners S.F. Blake, *281*
Zexmenia kingii H. Rob., *260*
Zexmenia leucactis S.F. Blake, *283*, 284
Zexmenia ligulifolia Standl. et L.O. Williams, *281*
Zexmenia lindenii Sch. Bip., *334*
Zexmenia longipes Benth., *279*
Zexmenia macropoda S.F. Blake, *256*, 257
Zexmenia melastomacea S.F. Blake, *278*, 279
Zexmenia michoacana S.F. Blake, *256*
Zexmenia microcephala Hemsl., *255*
Zexmenia mikanioides (Britton) S.F. Blake, *263*
Zexmenia mikanioides var. *australis* (S.F. Blake) R.L. Hartm. et Stuessy, *263*
Zexmenia monocephala (DC.) Heynh., *256*
Zexmenia perymenioides S.F. Blake, *278*
Zexmenia phyllocephala (Hemsl.) Standl. et Steyerm., *254*
Zexmenia phyllostegia Klatt, *254*
Zexmenia pinetorum Standl. et Steyerm., *279*

Zexmenia pittieri Greenm., *277*
Zexmenia purpusii Brandegee, *256*
Zexmenia rotundata S.F. Blake, *255*
Zexmenia salvinii Hemsl., *260*
Zexmenia scandens Hemsl., *283*, *283*
Zexmenia serrata La Llave, 259, 283, **283**, 284
Zexmenia subsericea S.F. Blake, *254*
Zexmenia thysanocarpa Donn. Sm., *342*
Zexmenia trachylepis Hemsl., *283*
Zexmenia valerioi Standl. et Steyerm., *278*
Zexmenia verbenifolia (DC.) S.F. Blake, *255*
Zexmenia villosa Pol., *256*
Zexmenia virgulta Klatt, 283, **283**, 284
Zexmenia williamsii Standl. et Steyerm., *278*
Zinnia L. (Heliantheae, Zinniinae), 312, **343**, 344, 345
Zinnia sect. *Tragoceros* (Kunth) Olorode et A.M. Torres, *343*
Zinnia americana (Mill.) Olorode et A.M. Torres, 338, 343, **344**
Zinnia angustifolia Kunth, 344
Zinnia australis F.M. Bailey, *344*
Zinnia bicuspis DC., 344
Zinnia elegans Jacq., **344**, 345, 345
Zinnia flavicoma (DC.) Olorode et A.M. Torres, 343
Zinnia floridana Raf., *345*
Zinnia hybrida Roem. et Usteri, *345*
Zinnia intermedia Engelm., *345*
Zinnia leptopoda DC., *345*
Zinnia liebmannii Klatt, *341*
Zinnia microglossa (DC.) McVaugh, 344
Zinnia multiflora L., *345*
Zinnia pauciflora L., *345*
Zinnia peruviana (L.) L., **345**
Zinnia purpusii Brandegee, 343, **345**
Zinnia revoluta Cav., *345*
Zinnia tenuiflora Jacq., *345*
Zinnia verticillata Andrews, *345*
Zinnia violacea Cav., *344*, 345
Zinnia zinnioides (Kunth) Olorode et A.M. Torres, 344
Zinnias, 2
Zinniinae Benth. et Hook. f., 236, 244, 312, **338**, 342, 343
Zitit, 510
Ziz', 482
Zizim, 11
Zoapate, 348
Zollikoferia DC. non Nees, *85*
Zta'ach, 256
Zuncel, 510
Zuncelillo, 154
Zuskuntez, 380
Zuum, 301
Zycona Kuntze, *379*
Zycona oppositifolia Kuntze, *380*
Zyzyura H. Rob. et Pruski (Eupatorieae), **213**
Zyzyura mayana (Pruski) H. Rob. et Pruski, **213**
Zyzyxia Strother, 242, *267*
Zyzyxia lundellii (H. Rob.) Strother, 242, 267, *268*

Flora Mesoamericana
vol. 5, parte 2 (Asteraceae),
se terminó de imprimir en enero de 2018
en los talleres de Sheridan Books.
La composición tipográfica y la paginación
se hicieron en Integrated Publishing Solutions;
la coordinación de la producción
estuvo a cargo de Missouri Botanical Garden Press.
La edición cuenta con 500 ejemplares.

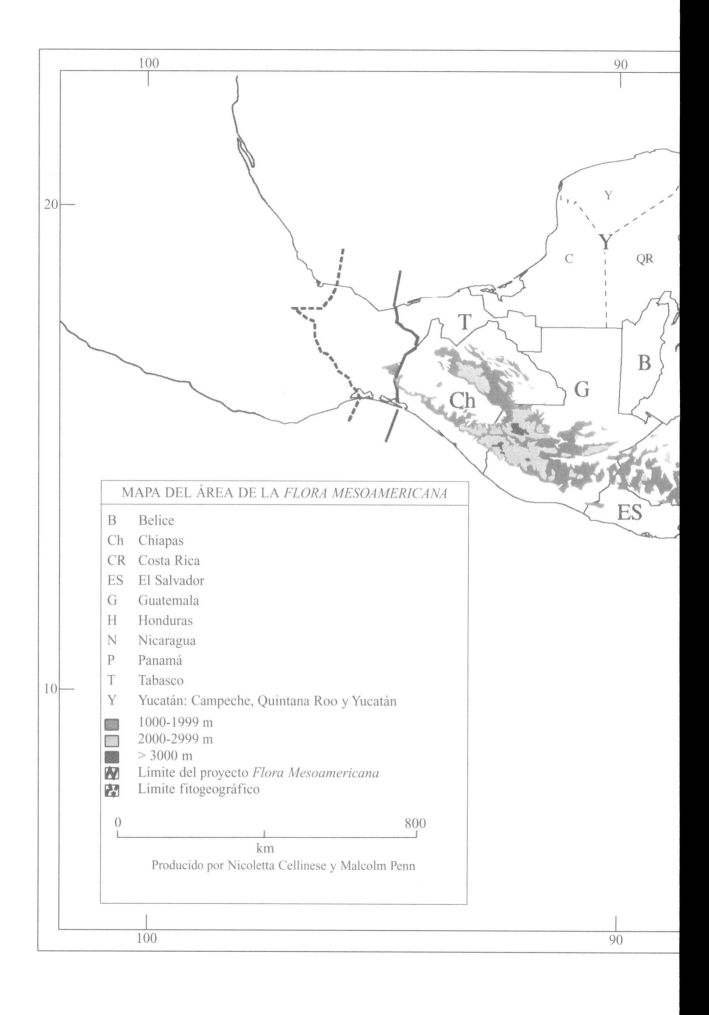

MAPA DEL ÁREA DE LA *FLORA MESOAMERICANA*

B   Belice
Ch   Chiapas
CR   Costa Rica
ES   El Salvador
G   Guatemala
H   Honduras
N   Nicaragua
P   Panamá
T   Tabasco
Y   Yucatán: Campeche, Quintana Roo y Yucatán

   1000-1999 m
   2000-2999 m
   > 3000 m
   Límite del proyecto *Flora Mesoamericana*
   Límite fitogeográfico

0   800
                    km
Producido por Nicoletta Cellinese y Malcolm Penn